国家科学技术学术著作出版基金
上海科技专著出版资金　资助项目
同济大学学术专著(自然科学类)出版基金

地下结构设计理论与方法及工程实践

孙　钧　　等　著
朱汉华　　主　审
许建聪　　副主审

图书在版编目(CIP)数据

地下结构设计理论与方法及工程实践/孙钧等著.
—上海：同济大学出版社，2016.6
ISBN 978-7-5608-6428-0

Ⅰ.①地… Ⅱ.①孙… Ⅲ.①地下工程—结构设计 Ⅳ.①TU93

中国版本图书馆 CIP 数据核字(2016)第 146265 号

地下结构设计理论与方法及工程实践

孙 钧 等 著　　朱汉华 主 审　　许建聪 副主审

出 品 人：华春荣
策划编辑：杨宁霞
责任编辑：季 慧 胡 毅
封面设计：陈益平
责任校对：徐春莲

出版发行　同济大学出版社　www.tongjipress.com.cn
　　　　　(上海市四平路 1239 号　邮编：200092　电话：021-65985622)
经　　销　全国各地新华书店、建筑书店、网络书店
排版制作　南京新翰博图文制作有限公司
印　　刷　上海中华商务联合印刷有限公司
开　　本　787 mm×1 092 mm　1/16
印　　张　58.25
字　　数　1 454 000
版　　次　2016 年 6 月第 1 版　2016 年 6 月第 1 次印刷
书　　号　ISBN 978-7-5608-6428-0
定　　价　199.00 元

内 容 提 要

本书为国家科学技术学术著作出版基金、上海科技专著出版资金、同济大学学术专著（自然科学类）出版基金资助项目。

全书系统总结了孙钧院士学术团队近十年来主持承担各类重大地下工程结构设计理论与方法研究的若干创意性成果，包括：海底隧道制定最小埋深及其衬砌结构设计、软基盾构法越江隧道纵向三维数值计算、水工输水隧洞预应力混凝土复合衬砌相互作用及其深大竖井基坑围护结构静动力分析、地下工程施工变形预测与控制的人工智能方法、地下水封油库围岩块体稳定分析与渗流控制等方面所作的较深入细致的探讨；在一些地下结构设计关键技术与工程应用方面，也体现了多项学术上新的突破，如：桥梁桩基础的群桩效应和工后沉降、桩基三维非线性抗震动力分析与试验台试验、江床浅层砂土局部液化动三轴试验及其对大桥桩基承载力的影响、悬索大桥锚碇结构计入土体流变响应的时效数值分析与相关非常规土工试验以及选用多个根键式小沉井的组合式锚碇方案、飞机跑道软基土纵向差异沉降的固结与蠕变三维黏弹塑性耦合效应，等等；最后，搜集了近年来作者在国内多次专业研讨会议、论证会议以及与专业媒体访谈中所提的书面意见，并进行了摘引。

本书可供各类地下工程和隧道业界广大设计科研人员以及高校相关专业的老师与研究生们参考阅读。

学术简历

孙钧，岩土力学与工程、隧道与地下建筑工程专家。1949 年春毕业于上海国立交通大学土木工程学系，1956 年随苏联专家 CHИTKO 教授攻读钢桥工程副博士学位，1980 年美国北卡州立大学从事“博士后”研究。现任同济大学地下建筑工程系资深荣誉一级教授，1991 年当选中国科学院（技术科学部）学部委员/院士。历任国际岩石力学学会副主席暨中国国家小组主席、中国土木工程学会副理事长（现学会顾问、名誉理事）、中国岩石力学与工程学会理事长（现名誉理事长）；全国“博士后”管委会专家委员会土建学科评审组召集人，国家自然科学奖评委，国内外若干所知名大学和研究院所的名誉教授、客座研究员。1960 年起，在同济大学主持兴办了国内外首个“隧道与地下建筑工程学”专业。在隧道与地下结构学科领域建立并开拓了新的学科分支——地下结构工程力学，是国内外该子学科的主要奠基人和开拓者之一。在岩土材料工程流变学、地下结构黏弹塑性理论、地下防护工程抗震抗爆动力学、城市环境土工学和软科学理论与方法在岩土力学与工程中的应用等学科领域有深厚学术造诣并作出了重要贡献。20 世纪 80 年代初叶起，承担并完成了国家重点科技攻关项目，国家自然科学基金重大、重点和面上项目，省、部（上海市）级重大研究项目以及各项重点工程研究课题约 70 项。参与许多国家重大工程建设项目，诸如：长江三峡工程，南水北调工程，港珠澳大桥岛隧工程，京珠高速、秦岭高速、兰武客运专线等越岭公路、铁路隧道群；厦门、青岛和长江口海底隧道，多座跨越长江/黄浦江/钱塘江水底隧道；北京、上海、南京、广州、深圳、天津、杭州、青岛等诸大城市的地下铁道和城市地下空间的规划与建设；鲁布革、天生桥、天荒坪、拉西瓦、小湾和漫湾等水电地下工程，大亚湾核电站广州从化抽水蓄能电站地下厂房；淮南、淮北大型煤矿山巷峒工程；以及长江中、下游和跨越珠江若干座特大跨悬索大桥和斜拉大桥工程（阳逻、润扬、苏通、泰州、虎门一桥）等等，不一而足。科研成果应用于生产实际，取得了巨大的技术、经济效益。在国内外发表学术论文 380 余篇，并专著 10 部、参著 3 部学术著作。数十年来先后获国家级奖励 4 项、部委（省、市）级奖励 17 项，其中一等奖 4 项；由国外和知名人士颁发的终生荣誉一等奖 2 项，连同其他各种奖励合共 26 项。1997 年入选英国剑桥传纪中心世界名人录；2015 年初获国际岩石力学学会会士（ISRM Fellow 2015）荣誉称号。

序

应邀谨为同济大学教授孙钧先生的近作《地下结构设计理论与方法及工程实践》专著，写一点介绍。

孙钧先生，同济大学一级、荣誉教授，中国科学院资深院士，国内外老一辈的岩土力学与工程、隧道与地下工程学者和专家。他结合培养博士研究生和博士后，一生孜孜不倦从事高水平的土木工程有关应用基础与工程技术方面的科学研究，成果丰硕，是国内外“地下结构工程力学”(1963—1965)子学科研究的主要奠基人和开拓者之一。孙先生数十年来笔耕不辍，自20世纪80年代初起已先后在国内外发表学术论文360余篇，科技专著10部。先生在岩土材料工程流变学、地下结构黏弹塑性理论和地下工程抗震抗爆动力学等子学科研究领域均有深厚造诣；近25年来，又致力于城市环境土工学和软科学(侧重智能科学)的理论与方法在岩土力学及工程中的应用方面的学术研究，也已有新的创意和进取。其中，在大变形非线性岩土流变力学、地下工程施工变形的人工智能预测与模糊逻辑控制和隧道结构耐久性设计与服役寿命预测等方面开展原创性研究，据专家鉴定认定：各该方面的学术成果居国际领先地位，成果应用于许多国家重大地下结构与隧道工程建设项目，取得了巨大的技术效益和经济效益。

我读过孙先生的一些论著，这次又粗阅了本书的“前言”和“目录”，深感孙先生写作的特色是在追求学术水平和理论严密的同时，更十分注意学科理论密切联系工程实际。这次他将十多年来从事研究的许多工程项目，择其比较重大的十多项，基本上以每项工程为书中的一章，在以原先已完成的各项《工程研究总结报告》为素材的基础上，重新梳理成学术专著性文稿。作为书中各章研究对象的工程项目主要有：厦门翔安我国首座海底隧道、上海崇明越江隧道、国家特大型战略地下水封储油洞库、南水北调中线穿越黄河输水隧洞、上海市地下铁道、特长大跨城市下立交地道，以及长江中下游阳逻、润扬、泰州和马鞍山等多座大跨悬索大桥的桩基和锚碇工程，以及浦东国际机场跑道软基工程等，不一而足。以上各该工程项目就其规模而言，许多都位列国内外前茅，有的更处于世界第一。所有这些重大国家建设项目的技术成就都为本书内容及其立论基础提供并奠定了极其丰富的工程技术内涵和生产实践应用上的有力支撑。书中各项研究都已在工程设计中成功采用，深受工程设计界的认可和欢迎。各项研究以国家重大工程项目为对象和依托，研究成果又为工程实际采用提供了理论依据和技术支撑，这是十分难能可贵的。

本书研究工作的另一个特色，是其在内容和研究方法上的创新性。该书的创意特色是能很好利用从以上工程实践中涌现出来的技术难题，使之升华到理性高度上来认识，利用作者及其学术团队扎实的理论功底和技术经验，进一步求得问题的优化解决。书中所着重阐述的，诸如：海底隧道围岩最小覆盖层厚度、不同类别围岩对隧道衬砌变形约束的抗力系数、混凝土衬砌结构限裂和可靠度设计、硬岩块体力学稳定分析与地下水渗流控制、地下深大基坑施工变形的智能预测与控制、有压输水隧洞管片外衬与整筑复合衬砌（环向预施应力）的耦合相互作用分析、大桥墩基的群桩效应与工后沉降及大桥三维非线性抗震动力分析与振动台试验、中等烈度地震条件下江床浅层砂土的局部液化与地基侧向大变形对桩基承载力的影响，以及大跨悬索桥锚碇软土基础的结构时效变形与受力性状以及岩土非常规流变试验、新型组合式锚碇、土体固结与流变的三维耦合相互作用效应，等等，均极具创意性，有的研究内容和方法在国内外尚罕见报道，其原创性的研究特色是十分明显和突出的。

当前，国内基本建设蓬勃发展，其规模也日益恢宏，对高水平工程科学研究的需求更感日益迫切和需要。相信本书的付梓问世，对我国隧道与地下工程界的科技发展定有很大助益，这是可以预期的。我乐以见到本书的早日出版，并知晓已分别喜获国家科学技术学术著作出版基金、上海市科技专著出版资金和同济大学学术专著（自然科学类）出版基金的支持和资助，高兴地写述了以上一点文字，是为序。

钱七虎

2014年11月19日

中国工程院首届院士

中国人民解放军理工大学教授

中国岩石力学与工程学会理事长

我国著名岩土力学与地下工程学者、专家

前　言

自20世纪90年代中叶始，作者及其团队成员先后承担并完成了十多项国家重大和特大型地下工程、各类隧道和桥梁深水基础方面的科学研究任务，所进行的各项研究均以这些工程项目为背景和技术依托，通过研究使之在学科理论层面得到进一步的升华，运用工程地质、岩土力学、地下结构、计算机技术，乃至软科学（侧重智能科学）的理论与方法等手段，试从问题的本质和机理上为众多技术难题得到其优化解决，此处将所得成果汇撰成这本书作。本书素材多摘取自上述各该工程科学研究项目的成果总结报告，经过精选和提炼并着力深化到理论高度来理解和认识，进而作出较为详细深入的剖析而形成这一专著性文稿。

作者从多年来的科研实践中深切体会到，作为一本为工程技术服务的学科理论性专著，其研究内容必须既富学术内涵又有重要的工程实用价值。本书选题源自于近年来两届国家五年计划的科技攻关项目和863项目，以及由国家自然科学基金资助的重点和面上项目，部委和省市委托下达的行业攻关与工程研究课题。书中研究成果都已分别通过了查新检索、结题验收和项目鉴定，其中的绝大多数已为工程纳用，成为各该工程项目设计施工中的重要参考，并取得了相当的技术效益和经济效益。

在学术创意性进取方面，本书内容经作者归纳整理后得到以下各项，它们是（按书中所在各章的位次排序）：

（1）在海底隧道设计中，对抗受高水头外水压力下隧道围岩沿纵向的最小覆盖层厚度，大跨曲墙扁坦拱形隧道其周圈各类别围岩对约束隧道衬砌变形的抗力系数，钢筋混凝土衬砌结构为抗受海水腐蚀和高围压要求的限裂设计、其日后运营期的使用可靠性，以及海床下岩体风化囊区段计入围岩流变时效特性的分析计算等，均是隧道设计施工上的重要技术关键。本书这方面的研究成果不仅富含学术内涵，在工程实用上也极具价值。

（2）埋置于软黏性地基内的盾构法长大越江水底隧道的结构设计，一般多侧重于其衬砌管片横剖面的内力和变形分析，而对沿隧道轴向纵长的设计计算则常有忽视，这是不够完整的。隧道的纵向受力和变形在管片错缝拼装条件下，要求涉及三维问题；在深埋情况下，还必须改用双面地基梁的理论和方法进行。这些都在一定程度上增加了设计计算上的难度和复杂性。在隧道纵向设计中，为了优化结构纵向受力条件，还要求妥慎考虑纵向沉降缝的设置，它的设缝间距问题已成为业界探讨的热点。以上这些问题在本书中均有详尽细致的研究，这在当今的已有文献中尚少见报道。

（3）对大直径输水有压水工盾构法隧洞设计，在国内首次采用了预制管片外衬与现浇预应力钢筋混凝土内衬构成的复合式衬砌结构，就其内、外衬层间界面设置防排水垫层与否的各种不同工况条件，着重对垫层与衬护新老混凝土间存在的不同粘结强度和摩擦阻力从而形成的界面剪应力传递及其分布情况，进行了细致周详的数值分析，论证了设置上述垫层与否的两种方案在受力上各自的优缺点与存在的问题。上项成果经工程竣工后现场测试，情况良好，成果应用于南水北调中线一期穿黄隧洞工程，研究水平可暂居当今国际领先前沿。

(4) 有压输水水工圆形大跨隧洞采用盾构法掘进跨越江河，其两岸深大竖井采用地下连续墙作围护结构并逆作二次整筑式内衬，井内还设置有弯管和接头以及出入井口与竖井井筒顶底板构造；此外，盾构进、出井口时要求对口外地基进行各种加固处理。此处详细研讨了在各种不利的施工和运营工况下井筒复杂的三维受力与变形情况，还进行了竖井结构的抗震动力分析。

(5) 采用软科学(侧重智能科学)的理论和方法，主要是B. P. 人工神经网络法进行软土地铁车站深大基坑和区间隧道以及悬索大桥锚碇基坑结构等施工开挖变形进行的多步滚动智能化预测与模糊逻辑控制。该法被誉为是一项高一层次的信息化设计施工方法，采用层次递阶法对诸相关施工参数作调整的敏感性分析，节约了工期和巨额的附加投入，保证了工程安全。成果已为多处现场有效采用，取得了极大成功。

(6) 在传统赤平投影法的基础上，首次提出了采用“赤平投影解析法”及所研制的专用程序软件，应用于某特大型国家战略水封式地下储油洞库的硬岩块体稳定分析，详细论述了防止库内油品外泄和洞外饱水围岩地下水内渗产生交互渗流的有效控制方法。这些研究成果均已在工程中成功实施，为确保地下水封储油的安全提供了理论依据。

(7) 在为长江中下游几座大跨过江大桥塔墩桩基础所分别进行的以下三项研究中，本书相应各章分别详细探讨并分析了以下技术关键问题：

① 定量论证并得出了：因“群桩效应”使大桥群桩基础总的承载力要较(单桩承载力×桩数)所得的总承载力为小，而桩基沉降量则较单桩沉降值为大的结论，这有助于维护桩基工程安全、保证设计质量。进而，采用土工流变力学方法分析了大桥主跨合龙后桩基工后沉降的历时发展，为计算悬索大桥因地基不均匀沉降引起上部桥跨结构的附加内力和变形提供了科学依据。

② 从多点、多自由度大型振动台试验(在日本九州大学由中日双方高校人员合作进行)，结合大桥桩基进行了三维非线性抗震动力响应分析，研制了相应的计算机专用模块。

③ 首次提出了在中等地震烈度条件下，由土动三轴室内试验，研讨江床浅表部松散砂层产生“局部液化”(指砂土地震时土体仍可保留部分残余抗剪强度)的机理及其相应的土动力学表现，进而得出了地震时和震后因桩基础周边砂土局部液化对其承载力部分丧失所导致的不利影响并作出了定量评价。

(8) 在分别对长江中下游阳逻和润扬悬索大桥两座分别为深大圆形和矩形的重力型锚碇结构的研究中，就当时号称“神州第一锚”的嵌岩地下连续墙围护结构及其整筑式内衬，采用土工流变力学的理论与方法，辅之以土工流变室内试验，按各个不同施工工况，分别就墙体变形位移、坑周地表沉降和坑底地基塑性隆起的历时发展变化，及对工程周近长江大堤的汛期安全维护等众多技术难题逐一进行了剖析，确保了大桥锚碇工程安全实施。成果获2008年度国家科学技术进步二等奖。此外，还就由中交集团第二公路工程局创议的、就马鞍山市跨长江悬索大桥从传统采用的庞大巨型单一沉井式锚碇结构改为应用多个根键式小沉井作“化整为零”处理的比选方案，对其优缺点及存在的问题，从土工流变学的观点进行了详细的分析和论证。

(9) 在填海促淤造地，建设浦东机场二期跑道软基土体加固机理方面，深入剖析了软黏土主固结与其颗粒骨架蠕变变形相耦合并相互作用进行的黏弹塑性分析研究，作出了对沿该跑道纵向差异沉降与工后沉降的有效控制，确保了在地基土性不均匀情况下，约4 000 m

长跑道在大型宽体747波音客机起降时的安全运营。

众所周知，我国近年来陆续蓬勃兴建的许多重大和特大型地下工程建设项目，就其主体尺寸或其在长度、直径和跨度等方面从全球范围而言多位居同类工程的前列。一些在过去中小型工程中不显突出的问题，由于它们在现行设计规范、规程中尚未及时纳入，更未见具体列述和反映，为此，在各该工程的设计中必须以高层次的理论分析和试验、测试为其建设提供科学依据与保障，进而使问题得到切实有效的优化解决。以上这些就为本书研究工作提供了必要的技术依托。另外，在当今众多相关学科间的有机融合与相互渗透，并在其结合点上派生出新的学科分支或边缘学科，则是各门学科发展的趋势和特色，这些在本书中多处涉及的、迄今尚不完全成熟的岩土和地下结构子学科中就反映得尤为突出和明显。本书在许多方面对上述情况均有一定程度的反映，似应看作是为适应现今学术潮流进展的一种体现。

本书与作者早年出版的一本《地下工程设计理论与实践》(上海科学技术出版社，1996年12月出版)和新近出版的一本《隧道结构关键技术研究与应用》(人民交通出版社，2014年12月出版)三书共为姊妹篇，可请读者合并评阅。

本书的成功付梓出版，作者要深深感谢有关研究项目/课题下达部门的大力支持和协助，它们是：国家科委(科技部)有关司、处，国家自然科学基金委，国务院南水北调办公室，江苏省科技厅，福建省交通厅，上海市科委和建交委，中国石油天然气管道工程公司，中国交通建设集团第二航务工程局和第二公路工程局，长江委勘察设计研究院，润扬、阳逻、马鞍山、泰州等长江公路大桥建设指挥部，上海市地下铁道总公司，上海隧道工程股份有限公司，上海隧道工程与轨道交通设计研究院等政府和地方企业各部门、各单位。

本书承国家科学技术学术著作出版基金、上海市科技专著出版资金和同济大学学术专著(自然科学类)出版基金的支持和资助，谨在此深表谢意。

在本书问世之时，作者还要衷心感谢参与本书各章研究工作和分工助我撰作成稿的同济大学地下工程系和研究所的主要成员，他们是：高大钊、冯紫良、蔡晓鸿(校外)、陆浩亮、张子新、谢楠(校外)、郑永来、赵春风、许建聪等各位教授、副教授、副研究员，以及当时尚在学的各位博士后和博士生：赵其华、李云安、阮文军、李忠、马亢、郭永建等现已结业出站的博士后和刘洪洲、齐明山、赵旭峰、涂忠仁、荣耀、虞兴福、朱忠隆、袁金荣、姜安龙、王余富、廖一雷、吴小建、刘成、杨钊、戚玉亮、王东栋、潘晓明、王艳丽、黄慷、骆艳斌、袁灯平、孙昊、牛富生等已在我处获博士(个别硕士)学位的众多砚弟们。作者要在此深深铭记他们当年为完成上项科研任务或为本书写作付出的汗水与辛劳，作出的宝贵奉献；还要特别铭谢当年作者的助手和文秘、今已光荣退休的颜宝新女士，是她冒严寒、顶酷暑为我打印文稿而全身心地投入和服务。

作者怀着深深的敬意和感激，在此特别要向浙江省公路管理局总工程师、本书的主审朱汉华教授级高工，以及我室副主任、本书副主审许建聪副研究员两位表示真挚的谢忱，是他们夜以继日地为本书的审稿和编排在百忙中付出了大量心血，对本书内容的取舍和更好地组织写作等都提出了许多宝贵的经验、意见和建议。本书的顺利如期出版与朱、许两位的无私奉献是决然分不开的。作者谨在此再一次向二位鞠躬致谢!

我还要在此致意老友钱七虎、梁文灏两院士和我校袁勇教授，承他们慨允费心为拙著出版书写了过奖的推荐；更又承钱老学长百忙中费心为本书撰写序言，为拙著增光添彩。作者在极不敢当的同时，只能在此再说一句：深深拜谢了!

作者还要再三感谢同济大学出版社杨宁霞编审和本书责任编辑胡毅先生、季慧博士等多位在本书编辑完稿全过程中的劳心费力，给了我热忱而又卓有成效的协助和通力合作，谨在此再次深表我的感激之情！

韶华易度，岁月催人。大好青壮时光，转瞬已成追忆。作者现已老迈，而欣逢今朝国家昌盛，喜迎璀璨绚烂的大好时代！耄耋之年所幸拙体尚健，自不敢稍自懈怠，有意将这本能基本反映本人学术理念的点滴成果付梓问世，恭请业界广大同仁、读者和后人们评说、参考与借鉴，也是对自己数十年来笔耕不辍的些许慰藉吧。

孙钧

于乙未羊年雪冬佳日

记写于沪滨同济园

编写说明

一、本书参研和参编人员分工说明

本书各章为作者和所在项目组团队人员近年来承担有关各项工程科学研究任务进行探讨的学术成果，由作者负责和指导的团队成员们集体完成。具体参加各章研究工作的主要人员和此后又参加本书相关各章初稿撰写的执笔人员名单，均一并汇列入以下清单，恭请参考，并志念。

参与本书各章研究工作与初稿撰写的人员姓名清单

章　次	参与各章研究的主要人员	参与各章初稿撰写的人员
1	齐明山、涂忠仁、荣耀、赵旭峰、谢楠、蔡晓鸿	孙钧、许建聪、牛富生
2	李忠	李忠、孙钧
3	杨钊、王余富	郭永建
4	黄慷、郑永来、骆艳斌、袁灯平	郭永建
5	赵其华、李云安、朱忠隆、阮文军、袁金荣、虞兴福、孙昊	郭永建
6	张子新、廖一雷、刘成、王艳丽、许建聪	郭永建
7	王东栋、陆浩亮、冯紫良	马亢
8	戚玉亮、冯紫良	马亢
9	王艳丽、冯紫良	马亢
10	刘洪洲、高大钊、赵春风、姜安龙	郭永建
11	潘晓明	郭永建
12	吴小建	郭永建
13	孙钧	孙钧、郭永建

本书主审：朱汉华；副主审：许建聪。

二、各章研究对象所分别依托的重大工程建设项目说明

第 1 章　厦门市翔安海底隧道工程

第 2 章　上海市崇明长江水底隧道工程

第 3 章　南水北调中线一期穿越黄河盾构法输水隧洞工程

第 4 章　同第 3 章，穿黄隧洞的北岸深大竖井工程

第 5 章　上海市地下铁道和北虹路下立交地道工程、武汉市阳逻和镇江市润扬两座跨江悬索大桥深大基坑工程（智能反演、预测与控制）

第 6 章　某特大型国家战略水封地下储油洞库工程

第 7 章　江苏省泰州长江大桥主跨边墩桩基础工程（静力分析）

第 8 章　同第 7 章（抗地震动力分析）

第 9 章　同第 7 章（地震砂土液化）

第 10 章　润扬、阳逻两座悬索大桥锚碇基础工程（数值分析）

第 11 章　安徽省马鞍山市跨江悬索大桥锚碇基础工程（结构选型方案之一）

第 12 章　上海市浦东国际机场二期跑道地基工程

附　录　作者近年来在各地若干大型桥、隧工程专家评审会议上的书面发言和受约访谈文稿，经摘引后的汇编

目　录

第1章　海底隧道衬砌结构设计若干技术关键研究

1.1　引　言

近年来在某市已完建通车的国内首座海底隧道工程，是我国第一条跨海城市道路隧道，是该市城市规划骨干交通网络中的重要组成部分，也是日后城市中心岛连接大陆的另一处重要通道。它的建成对该市经济发展、尤其是市属郊远地区的开发和腾飞将起到十分重要的作用。

在海床下岩盘内施工水底隧道，在许多方面与越岭隧道(如：铁路、公路隧道，城市地铁与市政隧道和各类水工隧洞、矿山巷道等)有很大的共性，我国在各类越岭隧道方面已有的极为丰富而成熟的工程经验，可为本项工程的顺利建成提供厚实的实践基础与技术保障；但在其设计方面，也有区别于上述各类其他隧道的不同特点，这些将是本章阐述的重点。

本章研究工作的内容和方法，体现了：

(1) 海底隧道工程当年在我国属首次兴建，在国外也相对少见，且其中的大多数均为海峡隧道，次之为越江隧道，与越岭公路隧道比，有其自身不同的特点，有关设计施工方面的经验也相对匮乏。本章结合该海底隧道的工程实际，针对一些不同的特点进行研究。

(2) 与常见的越岭隧道两相比照，在海底隧道衬砌结构的设计和分析计算方面，将具有若干与一般隧道不尽相同的技术关键问题，亟待在设计中着重反映。这些内容将在此处的海底隧道结构设计中进行专门探讨。

(3) 富含特色与有创意性的科研成果将是保证海底隧道设计施工质量、体现现代化设计施工水平重要的理论依据和技术支撑，它将为我国今后拟建的多处相类似海底隧道设计研究提供参考借鉴。

在本章研究工作中，结合该海底隧道结构设计施工已进行的各个子项专题研究内容为：

(1) 抗外水压力海底隧道围岩最小覆盖层厚度研究；

(2) 海底隧道围岩抗力系数的理论分析及其设计应用；

(3) 海底隧道钢筋混凝土衬砌结构的限裂与裂控设计；

(4) 海底隧道衬砌结构运营期的可靠性问题；

(5) 海床下岩体风化囊区段考虑围岩流变时效特性的数值分析。

1.2　抗外水压力海底隧道围岩最小覆盖层厚度研究

1.2.1　研究内容和目的

隧道开挖后，其上覆围岩在达到和超过一定的厚度时，将可提供相当的自稳与自承能力，岩体自重荷载的绝大部分将不再下传由衬砌结构承受；反之，当覆盖层厚度不够时，则将不足以提供其自稳和自承能力，它的自重荷载将大部分或全部下传由衬砌结构承受。围岩体以能提供自承与自稳能力的最小厚度称为最小覆盖层厚度 $H_{\min}$。

在海底和床底基岩裂隙水的作用下，对注浆密封岩体而言，将能形成强大的围岩承载圈。此时，外水压力和上覆岩体自重将由衬砌结构会同围岩承载圈来共同承受，而不只由衬砌结构独自担当，这样设计计算出的衬砌厚度和配筋显然更为经济并符合工作实际。围岩能以形成承载圈的厚度称为围岩承载圈厚度 H_B。

通过围岩最小覆盖层和最小承载圈厚度的研究，可以保证隧道设计的安全和经济，最大程度减少开挖施工中的风险和技术难度，它是跨海隧道工程设计施工的基础。

此处海底隧道施工场区的工程地质条件可区分为上覆浅表土层和下伏岩浆岩两大类，海底隧道走向与埋深主要设计在下伏的微风化花岗闪长岩和中粗粒黑云母花岗岩内。工程场区由于长期受风化侵蚀与海水作用，其隧址南北两岸陡坎状海边浅滩区段多见坍塌，而海湾、海底还不同程度地分布有冲积海床淤泥质软土层，海底岩盘则有潜蚀等多处不良地质现象，勘察中已发现了多处风化深槽与断裂破碎带，这些都对该隧道工程的设计和开挖施工提出了严峻挑战。

针对洞口以内附近处的浅埋暗挖段（中、强风化，Ⅳ、Ⅴ级围岩）以及 F_1，F_2，F_3 三处全强风化深槽和 F_4 风化囊的不良地质区段（松散破碎、饱水，但全断面注浆封堵，Ⅳ，Ⅴ级围岩），主要进行以下方面的研究：

（1）确定围岩最小覆盖层厚度 $H_{\min}$；

（2）计算作用于衬砌上的围岩压力，包括松动压力、形变压力；

（3）确定围岩承载圈厚度 H_B；

（4）当能形成承载圈时，考虑围岩与衬砌二者的耦合相互作用，并由此得出内衬结构的应力分布及大小，再又转换为截面弯矩和轴力，以便供设计衬砌横截面配筋时参考。当不能形成承载圈时，则不计入承载圈作用。

1.2.2 最小覆盖层厚度和围岩压力计算

围岩压力是洞室周围岩层作用于衬砌结构的主动荷载。它通常是作用在地下结构上的主要荷载，也是最难以确定的荷载。

围岩压力分为围岩垂直压力、围岩水平压力和洞室底部的围岩底部上拱压力。在坚硬岩层中，围岩水平压力很小，常可忽略不计；在松软岩层中，围岩水平压力较大，计算中必须考虑。围岩底部压力是自下而上作用在衬砌结构仰拱底板上的荷载。一般来说，在松软地层和膨胀性岩层中建造的地下结构会受到较大的底部压力，而修建在较好的岩石地层中的地下结构的底部压力很小，计算中常不予考虑。

围岩压力的形成是由于围岩的过大变形和破坏而引起的。当岩石比较坚硬完整时，洞室开挖后重分布的应力一般都在岩石的弹性极限以内，围岩应力重分布过程中所产生的弹性变形在开挖过程中就已瞬时地完成了，也就没有围岩压力。如果岩石的强度比较低，流变比较明显，围岩应力重分布过程中不仅产生弹性变形，还会产生较长时间持续发展变化，最终才能收敛完成的黏弹、黏塑或黏弹塑性变形，支护的存在限制了这种变形的继续发展，如岩体整体性好或用注浆使成整体，则后续引起的围岩压力，称为形变压力。在极其松散破碎或被裂隙纵横切割的遍节理发育岩体中，围岩应力极易超过岩体强度，使破碎岩体松动塌落，直接作用于支护结构上。这种由塌落岩体重量引起的压力，称为松动压力。

确定围岩压力一般有三种方法。第一种方法是现场实测，这是比较切合实际的方法，但由于受现场量测设备、技术水平、经费和其他条件的限制，应用尚不广泛，也不能在早期施工前的设计中得到。第二种方法是进行理论估算，由于影响围岩压力的因素比较多并十分复杂，理论估算方法还需作进一步研究，迄今为止，只有很少几种简单情况才可以得到围岩压力的解析计算公式。第三种方法是工程类比法，即以大量的已建工程的统计资料为基础，先进行数学回归等理论分析，然后按照围岩分类分别提出适合于不同具体情况的经验公式估算围岩压力。

1）围岩松动压力

普氏地压理论、太沙基(K. Terzaghi)理论、岩柱法等产生于早期先开挖后支护施工工艺年代，对现代施工工艺适应性有差距。另外，还有《公路隧道设计规范》(JTG D70—2004)方法、人工岩石洞室围岩分类法、《水工隧洞设计规范》(SL 279—2002)方法、"岩芯质量指标"(RQD)的围岩分类法、"岩石结构评价"(RSR)的多参数组合围岩分类法、挪威巴顿(Barton)分类法(Q分类法)各有特点，可供研究设计等借鉴对比之用，具体可参考文献。

2）围岩形变压力

(1) 弹塑性理论计算围岩压力

多年来，许多岩石力学工作者以弹塑性理论为基础研究了围岩的应力和稳定情况以及围岩压力。从理论上讲，弹塑性理论比较严密，但数学运算复杂，在进行公式推导时也必须附加一些假设，否则也得不出所需要的解答。为了简化计算和分析，一般总是对圆形洞室进行分析，因为圆形洞室在特定的条件下是应力轴对称的，数学上容易解决。当遇到矩形和直墙拱形、马蹄形等洞室时，可将它们看作相当的圆形进行近似计算。在这当中比较有名的有芬纳(Fenner)公式、卡柯(Caquot)公式和勃莱(Bray)公式，具体可参考文献。

(2) 考虑围岩的流变效应计算围岩压力

按弹性或弹塑性理论的计算方法，均不能计入围岩和支护的变形随时间发展这一客观存在的因素，显然有很大的不足；而黏弹塑性理论则能为经济合理地选择支护施作时间和支护刚度，提供更有依据的计算方法，反映围岩-支护系统的受力实际。具体参见：①黏弹性变形压力公式；②黏弹-塑性变形压力公式。

1.2.3 海底隧道的最小覆盖层厚度

1）隧道最小覆盖层厚度的影响因素

隧道最小覆盖层厚度反映了围岩的自承与自稳能力，因此与岩体的物理力学性质密切相关。影响最小覆盖层厚度的因素主要有以下方面。

(1) 岩石质量

从工程观点来看，岩石质量的好坏主要表现于它的强度和变形性能。岩石强度一般取决于岩石的矿物成分、组织结构以及受风化作用影响的程度。岩石的坚硬程度常用饱和抗压强度表示，采用饱和抗压强度评价岩石强度的原因，是因为岩石遇水后强度和弹性模量都会有不同程度的降低。近期研究还表明，评价和衡量岩石质量的好坏不应忽视它的变形性能。有的学者，如狄尔等提出岩石的模量比分类法，即将岩石的弹性模量和抗压强度的比值作为岩石分类的一个重要指标。

(2) 岩体结构

岩体的情况与室内试验用的岩块有很大差别，它们常被各种软弱结构面，例如断层、节理、裂隙、层理、岩脉及其相邻的破碎带所分割，成为不连续的非均质岩体结构。工程实践和试验研究表明,大部分围岩的破坏主要是沿软弱结构面的剪切滑移和拉裂,最终导致围岩松动、破裂以至失稳坍塌。如结合岩体结构产状来分析隧道最小覆盖层厚度的大小,则可认为火成岩系整体状结构,未曾或只经过轻微的区域构造运动,在没有断层和不良软弱结构面的不利组合时,这种岩体的完整性好、强度高,最小覆盖层厚度就小;而碎块状岩体结构,因其完整性差,最小覆盖层厚度就较大,甚至围岩在没有支护的情况下无法自稳。

(3) 地下水

地下水的长期作用对于地下结构有明显的不利影响,主要表现在它削弱岩体的强度(特别是岩体的抗剪强度),加速围岩的风化,从而削弱围岩的自承与自稳能力。一般来说,火成岩和大部分变质岩,以及少数的沉积岩岩层,受水的影响比较小;少部分变质岩和多数沉积岩岩层,尤其是那些泥质岩岩层,受水的影响比较大。

(4) 洞室形状和尺寸

洞室的形状和尺寸会影响围岩的应力分布,从而影响最小覆盖层厚度的大小。一般而言,圆形、团圆形和拱形洞室的应力集中程度较小,破坏也少,岩石比较稳定,最小覆盖层厚度也就较小,而矩形和梯形洞室其最小覆盖层厚度较大,因为后者易在顶部围岩中出现较大的拉应力,并在两边转角处出现明显的应力集中。

洞室的跨度对岩石最小覆盖层厚度的影响较大。跨度越大,围岩的自稳能力就越差,相应最小覆盖层厚度也就越大。

(5) 施工方法

钻眼爆破掘进施工会对隧洞围岩产生不利的扰动,从而削弱围岩的自稳能力。尤其对工程地质条件较差的岩层,常常引起围岩严重破碎,甚至产生塌方现象。采用光面爆破、预裂爆破和掘进机开挖能尽量减少对围岩的扰动。

(6) 支护形式

目前采用的支护可分为两类,一类是外部支护,这种支护作用在围岩的外部,依靠支护结构的承载能力来承受围岩压力。在与岩石紧密结合或者回填密实的情况下,这种支护也能起到限制围岩变形、维持围岩稳定的作用。另一类是近代发展起来的自承支护,它是通过化学灌浆或水泥灌浆、锚杆支护、预应力锚杆支护以及喷混凝土支护等方式,加固围岩,使围岩处于稳定状态。这种支护的特点是能增强围岩的自承和自稳能力。

(7) 初始地应力

初始地应力的研究还处于初期阶段。目前一般仅是根据初始地应力的主方向与洞轴走向之间的关系来评价围岩的工程地质条件。当洞轴走向与初始地应力的主方向一致或夹角较小时,岩体都比较稳定,否则岩体稳定性就较差。

2) 围岩物理力学参数

根据施工图阶段地质勘察报告和公路隧道设计规范,计算中所用岩体物理力学参数取值情况如表 1-1 所示。

表 1-1 围岩计算物理力学参数

围岩级别 s	重度 γ(kN/m^3)	弹性模量 E(GPa)	泊松比 μ	黏聚力 c(MPa)	内摩擦角 φ(°)	饱和抗压强度 R_c(MPa)	普氏岩石坚固性系数 f
Ⅰ	26.5	36	0.15	1.5	50	93.53	10
Ⅱ	26.5	28	0.2	0.7	39	93.53	8

（续表）

围岩级别 s	重度 γ(kN/m³)	弹性模量 E(GPa)	泊松比 μ	黏聚力 c(MPa)	内摩擦角 φ(°)	饱和抗压强度 R_c(MPa)	普氏岩石坚固性系数 f
Ⅲ	26	16	0.29	0.45	33	60.3	4
Ⅳ	25	4	0.32	0.2	27	46.87	2
Ⅴ	19	1	0.48	0.05	20	15	1

3）规范方法计算最小覆盖层厚度

隧道最小覆盖层厚度在概念上亦即公路隧道设计规范中的深、浅埋隧道的分界深度 H_p 值。根据规范，H_p 按荷载等效高度来判定。

$$H_p = (2 \sim 2.5)h_q \tag{1-1}$$

$$h_q = q/\gamma \tag{1-2}$$

$$q = 0.45 \times 2^{s-1}\gamma\omega \tag{1-3}$$

据初步设计，东通道左右隧道毛洞宽 B=16.38 m，高 h_0=12.35 m；服务隧道毛洞宽 B=7.92 m，高 h_0=7.368 m。最小覆盖层厚度计算结果如表 1-2—表 1-3 所示。

表 1-2　主线隧道计算结果

s	γ(kN/m³)	ω	h_q (m)	H_p (m)
Ⅰ	26.5	2.138	0.962	1.92
Ⅱ	26.5	2.138	1.924	3.85
Ⅲ	26	2.138	3.848	7.70
Ⅳ	25	2.138	7.697	19.24
Ⅴ	19	2.138	15.394	38.48

表 1-3　服务隧道计算结果

s	γ(kN/m³)	ω	h_q (m)	H_p (m)
Ⅰ	26.5	1.292	0.581	1.16
Ⅱ	26.5	1.292	1.163	2.33
Ⅲ	26	1.292	2.326	4.65
Ⅳ	25	1.292	4.651	11.63
Ⅴ	19	1.292	9.302	23.26

4）按普氏压力拱理论计算最小覆盖层厚度

如图 1-1 所示，取 $OFGB$ 为脱离体进行分析。在 OF 和 GB 的切面上，岩体不能承受拉应力而只能承受压应力。同时，假设 O 处拱顶和 G 处岩表的拉应力部分岩石已经完全崩落，所以 O 点和 G 点为拉、压应力的交界点，其应力为零。在弹性介质假设下，再假定压应力从 O 点自下向上和从 G 点自上向下均呈线性增大，分别在 F 点、B 点达到最大值 σ_{max}。OF 面上的总压力为 $S=\frac{1}{2}\sigma_{max}h$，其作用点位于距 O 点 $\frac{2}{3}h$ 处。作用于 $OFGB$ 上的垂直力有这部分岩体自重和基岩层面上的残积土荷载以及海水压力，这些竖向力的合力用 P 表示，P 的作用点也不难求得。

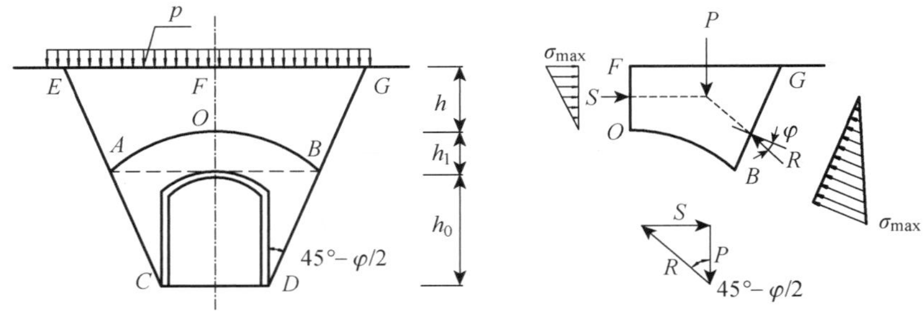

图 1-1　*OFGB* 脱离体受力分析

在拱脚 BG 面处，假定 BG 面上的反力 R 与该面的法线成 φ 角（φ 为岩石的内摩擦角）。根据静力平衡条件，P，R，S 三力必相交于一点。据此，可以用图解法求出 S，即：

$$S = P\tan(45^\circ - \varphi/2) \tag{1-4}$$

从而求得 OF 面上的最大压应力 $\sigma_{\max}$ 为：

$$\sigma_{\max} = \frac{2S}{h} = \frac{2P\tan(45^\circ - \varphi/2)}{h} \tag{1-5}$$

如果 $\sigma_{\max}$ 达到岩石的允许抗压强度 $[R_c]$，则认为压力拱将处于临界破坏的允许极限。允许抗压强度用下式计算：

$$[R_c] = \frac{R_c}{F_s} \tag{1-6}$$

式中：R_c ——岩石的单轴极限抗压强度；

F_s ——安全系数，其值根据岩石的物理力学性质和岩体的工程地质与水文地质条件决定，由于岩体的离散性和随机性很大，工程中一般应采用 $F_s = 8$。

若 $\sigma_{\max} \leqslant [R_c]$，即当

$$h \geqslant \frac{2P\tan(45^\circ - \varphi/2)}{R_c} F_s \tag{1-7}$$

则上覆岩体将具有形成承载拱的条件。

将式(1-7)展开得到关于覆盖层厚度 H 的一元二次不等式：

$$k_1 H^2 + k_2 H + k_3 \leqslant 0 \tag{1-8}$$

其中，k_1，k_2，k_3 为系数，分别为：

$$k_1 = \gamma_r \frac{\tan^2(45^\circ - \varphi/2)}{R_c} F_s$$

$$k_2 = \gamma_r a_1 \frac{2\tan(45^\circ - \varphi/2)}{R_c} F_s + p \frac{2\tan^2(45^\circ - \varphi/2)}{R_c} F_s - 1$$

$$k_3 = \left(p a_1 - \frac{2a_1^2}{3f}\gamma_r\right) \frac{2\tan(45^\circ - \varphi/2)}{R_c} F_s + \frac{a_1}{f}$$

式中：H ——覆盖层厚度，$H = h + h_1$；

γ_r ——岩石重度；

φ ——岩石内摩擦角；

a_1 ——压力拱半跨，有 $a_1 = a + h_0 \tan(45° - \varphi / 2)$；

a ——毛洞半跨；

h_0 ——毛洞高度；

p ——基岩层面上的残积土荷载以及海水压力；

f ——普氏岩石坚固性系数。

式(1-8)需要编程计算，洞口附近浅埋暗挖段以及 F_1，F_2，F_3，F_4 断层破碎带附近围岩最小覆盖层厚度计算结果如表 1-4—表 1-6 所列。

表 1-4　左线隧道计算结果

区段	起讫里程	围岩级别	最小覆盖层厚度 H_{min} (m)
洞口暗挖段	EZK6+600—EZK7+486	Ⅴ	21.66
	EZK7+486—EZK7+521	Ⅳ	8.68
	EZK7+521—EZK7+566	Ⅲ	4.05
F_1 破碎带	EZK8+242—EZK8+257	Ⅳ	8.35
	EZK8+257—EZK8+307	Ⅴ	25.06
	EZK8+307—EZK8+339	Ⅳ	8.65
F_4 破碎带	EZK8+860—EZK8+875	Ⅳ	9.03
	EZK8+875—EZK8+972	Ⅴ	35.30
	EZK8+972—EZK8+985	Ⅳ	9.30
F_2 破碎带	EZK10+150—EZK10+164	Ⅲ	4.36
	EZK10+164—EZK10+207	Ⅴ	32.56
	EZK10+207—EZK10+218	Ⅲ	4.29
F_3 破碎带	EZK10+650—EZK10+664	Ⅲ	4.51
	EZK10+664—EZK10+708	Ⅳ	9.61
	EZK10+708—EZK10+751	Ⅲ	4.56
洞口暗挖段	EZK10+913—EZK10+980	Ⅲ	4.53
	EZK10+980—EZK11+009	Ⅳ	9.54
	EZK11+009—EZK11+140	Ⅴ	43.82
	EZK11+140—EZK11+228	Ⅴ	39.73
	EZK11+228—EZK11+268	Ⅳ	9.59
	EZK11+268—EZK12+178	Ⅴ	21.66
	EZK12+178—EZK12+410	Ⅴ	21.66

表 1-5　服务隧道计算结果

区段	起讫里程	围岩级别	最小覆盖层厚度 H_{min}（m）
洞口暗挖段	ENK6+602—ENK7+304	Ⅴ	10.16
	ENK7+304—ENK7+500	Ⅳ	4.61
	ENK7+500—ENK7+602	Ⅲ	2.16
	ENK7+602—ENK7+678	Ⅳ	4.61
F_1破碎带	ENK8+278—ENK8+290	Ⅳ	4.48
	ENK8+290—ENK8+379	Ⅴ	11.87
	ENK8+379—ENK8+392	Ⅳ	4.70
F_4破碎带	ENK8+904—ENK8+922	Ⅳ	4.94
	ENK8+922—ENK8+992	Ⅴ	14.99
	ENK8+992—ENK9+004	Ⅳ	4.95
F_2破碎带	ENK10+120—ENK10+178	Ⅱ	1.06
	ENK10+178—ENK10+208	Ⅳ	4.81
	ENK10+208—ENK10+248	Ⅱ	1.06
F_3破碎带	ENK10+584—ENK10+614	Ⅱ	1.05
	ENK10+614—ENK10+708	Ⅴ	14.28
	ENK10+708—ENK10+732	Ⅲ	2.32
洞口暗挖段	ENK10+982—ENK10+996	Ⅳ	4.92
	ENK10+996—ENK11+052	Ⅴ	14.94
	ENK11+052—ENK11+090	Ⅳ	5.00
	ENK11+090—ENK11+210	Ⅲ	2.38
	ENK11+210—ENK11+290	Ⅳ	5.07
	ENK11+290—ENK12+102	Ⅴ	10.16
	ENK12+102—ENK12+410	Ⅴ	10.16

表 1-6　右线隧道计算结果

区段	起讫里程	围岩级别	最小覆盖层厚度 H_{min}（m）
洞口暗挖段	EYK6+619—EYK7+318	Ⅴ	21.66
	EYK7+318—EYK7+530	Ⅳ	8.68
	EYK7+530—EYK7+592	Ⅲ	4.12
F_1破碎带	EYK8+316—EYK8+324	Ⅳ	8.43
	EYK8+324—EYK8+460	Ⅴ	26.18
	EYK8+460—EYK8+540	Ⅳ	9.14

（续表）

区段	起讫里程	围岩级别	最小覆盖层厚度 H_{min}（m）
F_4 破碎带	EYK8＋941—EYK8＋960	Ⅳ	9.29
	EYK8＋960—EYK9＋004	Ⅴ	35.30
	EYK9＋004—EYK9＋021	Ⅳ	9.29
F_2 破碎带	EYK10＋180—EYK10＋250	Ⅱ	2.00
F_3 破碎带	EYK10＋586—EYK10＋596	Ⅳ	9.07
	EYK10＋596—EYK10＋660	Ⅴ	31.00
	EYK10＋660—EYK10＋690	Ⅳ	9.06
洞口暗挖段	EYK10＋934—EYK10＋983	Ⅳ	9.52
	EYK10＋983—EYK11＋151	Ⅴ	42.19
	EYK11＋151—EYK11＋307	Ⅳ	9.69
	EYK11＋307—EYK12＋252	Ⅴ	21.66
	EYK12＋252—EYK12＋410	Ⅴ	21.66

5）两种方法计算结果分析比较

《公路隧道设计规范》方法借用的是《铁路隧道设计规范》方法。铁路隧道经验公式是通过对 127 座单线铁路隧道的 417 个塌方资料的统计分析，以 5 m 为基本跨度整理而成的。公路隧道与铁路隧道相比，在限界、跨度、高跨比等方面有其自身的特点，引用铁路隧道经验公式必然存在较大的误差。

压力拱理论方法是基于极限平衡条件推导最小覆盖层厚度公式。需要指出的是，推导过程中假设图 1-1 中 B，F 两点应力同时达到最大，这适用于金属类塑性材料，应用于岩石类脆性材料则显得勉强。因为对岩石来说，当 B 点的应力达到最大值后，它并非保持不变只发生塑性流动，而是出现脆性开裂发生破坏，此时 F 点的应力往往并没有达到最大值。另外，假定压应力呈线性分布也与实际不符。因此，据以推出的公式必然有很大的局限性。

两种方法均考虑了洞跨、洞高、围岩级别对最小覆盖层厚度的影响，压力拱理论还考虑到基岩层面上的外载影响，但没有考虑洞室形状、岩体结构、地下水、施工方法、支护形式等因素的作用。

从计算结果可知，规范方法和压力拱理论的计算结果均呈现出以下规律：围岩级别越高（即越破碎），相应最小覆盖层厚度越大；洞室跨度越大，最小覆盖层厚度越大；基岩层面上的外荷载越大，最小覆盖层厚度也越大。这些都与前述相一致。

由表 1-4、表 1-6 可知，对于左、右线隧道，Ⅴ级围岩按压力拱理论计算的最小覆盖层厚度，除左线 EZK11＋009—EZK11＋140 和右线 EYK10＋983—EYK11＋151 外，绝大部分落在 20～40 m 范围内，比规范方法所得结果 38.48 m 要小；Ⅳ级围岩按压力拱理论计算的最小覆盖层厚度，均落在 8～10 m 范围内，比规范方法所得结果 19.24 m 小很多；Ⅲ级围岩按压力拱理论计算的最小覆盖层厚度，均落在 4～5 m 范围内，也比规范方法所得 7.7 m 略小。对于服务隧道，Ⅴ级围岩按压力拱理论计算的最小覆盖层厚度，落在 10～15 m 范围内，小于规范方法所得结果 23.26 m；Ⅳ级围岩按压力拱理论计算的最小覆盖层厚度，在 4～5 m

范围内，比规范方法所得结果 11.63 m 小很多；Ⅲ级围岩按压力拱理论计算的最小覆盖层厚度，在 2～3 m 范围内，略小于规范方法所得结果 4.65 m。因此，规范方法的计算结果与压力拱理论的计算结果相差较大，规范方法的计算结果偏于安全，并且围岩级别越高，自稳能力越差，二者也相差越大，自稳能力较好的围岩（Ⅰ，Ⅱ，Ⅲ级）其计算结果相近。究其原因，笔者认为有以下几点：①规范方法沿用的是铁路隧道的经验公式，缺乏理论依据，从工程安全角度考虑要偏保守；②正如前述，压力拱理论作了种种理想化的假定，与实际情况不符，所得结果必然会偏离实际；③同其他岩石力学公式一样，由于岩体结构的多样性和随机性，压力拱理论推导的公式中岩石物理力学参数的选取也存在较大误差，这势必会影响计算结果的准确性。

6）海底隧道最小覆盖层厚度的建议值

根据上述计算结果和分析，取规范方法和压力拱理论方法计算值中大值作为海底隧道最小覆盖层厚度的建议值，如表 1-7—表 1-9 所示。

表 1-7　左线隧道建议值

区段	起讫里程	围岩级别	最小覆盖层厚度 H_{min} (m)
洞口暗挖段	EZK6＋600—EZK7＋486	Ⅴ	38.48
	EZK7＋486—EZK7＋521	Ⅳ	19.24
	EZK7＋521—EZK7＋566	Ⅲ	7.70
F_1 破碎带	EZK8＋242—EZK8＋257	Ⅳ	19.24
	EZK8＋257—EZK8＋307	Ⅴ	38.48
	EZK8＋307—EZK8＋339	Ⅳ	19.24
F_4 破碎带	EZK8＋860—EZK8＋875	Ⅳ	19.24
	EZK8＋875—EZK8＋972	Ⅴ	38.48
	EZK8＋972—EZK8＋985	Ⅳ	19.24
F_2 破碎带	EZK10＋150—EZK10＋164	Ⅲ	7.70
	EZK10＋164—EZK10＋207	Ⅴ	38.48
	EZK10＋207—EZK10＋218	Ⅲ	7.70
F_3 破碎带	EZK10＋650—EZK10＋664	Ⅲ	7.70
	EZK10＋664—EZK10＋708	Ⅳ	19.24
	EZK10＋708—EZK10＋751	Ⅲ	7.70
洞口暗挖段	EZK10＋913—EZK10＋980	Ⅲ	7.70
	EZK10＋980—EZK11＋009	Ⅳ	19.24
	EZK11＋009—EZK11＋140	Ⅴ	43.82
	EZK11＋140—EZK11＋228	Ⅴ	39.73
	EZK11＋228—EZK11＋268	Ⅳ	19.24
	EZK11＋268—EZK12＋178	Ⅴ	38.48
	EZK12＋178—EZK12＋410	Ⅴ	38.48

表 1-8　服务隧道建议值

区段	起讫里程	围岩级别	最小覆盖层厚度 H_{min}（m）
洞口暗挖段	ENK6+602—ENK7+304	Ⅴ	23.26
	ENK7+304—ENK7+500	Ⅳ	11.63
	ENK7+500—ENK7+602	Ⅲ	4.65
	ENK7+602—ENK7+678	Ⅳ	11.63
F_1 破碎带	ENK8+278—ENK8+290	Ⅳ	11.63
	ENK8+290—ENK8+379	Ⅴ	23.26
	ENK8+379—ENK8+392	Ⅳ	11.63
F_4 破碎带	ENK8+904—ENK8+922	Ⅳ	11.63
	ENK8+922—ENK8+992	Ⅴ	23.26
	ENK8+992—ENK9+004	Ⅳ	11.63
F_2 破碎带	ENK10+120—ENK10+178	Ⅱ	2.33
	ENK10+178—ENK10+208	Ⅳ	11.63
	ENK10+208—ENK10+248	Ⅱ	2.33
F_3 破碎带	ENK10+584—ENK10+614	Ⅱ	2.33
	ENK10+614—ENK10+708	Ⅴ	23.26
	ENK10+708—ENK10+732	Ⅲ	4.65
洞口暗挖段	ENK10+982—ENK10+996	Ⅳ	11.63
	ENK10+996—ENK11+052	Ⅴ	23.26
	ENK11+052—ENK11+090	Ⅳ	11.63
	ENK11+090—ENK11+210	Ⅲ	4.65
	ENK11+210—ENK11+290	Ⅳ	11.63
	ENK11+290—ENK12+102	Ⅴ	23.26
	ENK12+102—ENK12+410	Ⅴ	23.26

表 1-9　右线隧道建议值

区段	起讫里程	围岩级别	最小覆盖层厚度 H_{min}（m）
洞口暗挖段	EYK6+619—EYK7+318	Ⅴ	38.48
	EYK7+318—EYK7+530	Ⅳ	19.24
	EYK7+530—EYK7+592	Ⅲ	7.70
F_1 破碎带	EYK8+316—EYK8+324	Ⅳ	19.24
	EYK8+324—EYK8+460	Ⅴ	38.48
	EYK8+460—EYK8+540	Ⅳ	19.24
F_4 破碎带	EYK8+941—EYK8+960	Ⅳ	19.24
	EYK8+960—EYK9+004	Ⅴ	38.48
	EYK9+004—EYK9+021	Ⅳ	19.24

（续表）

区段	起讫里程	围岩级别	最小覆盖层厚度 H_{min}（m）
F_2 破碎带	EYK10＋180—EYK10＋250	Ⅱ	3.85
F_3 破碎带	EYK10＋586—EYK10＋596	Ⅳ	19.24
	EYK10＋596—EYK10＋660	Ⅴ	38.48
	EYK10＋660—EYK10＋690	Ⅳ	19.24
洞口暗挖段	EYK10＋934—EYK10＋983	Ⅳ	19.24
	EYK10＋983—EYK11＋151	Ⅴ	42.19
	EYK11＋151—EYK11＋307	Ⅳ	19.24
	EYK11＋307—EYK12＋252	Ⅴ	38.48
	EYK12＋252—EYK12＋410	Ⅴ	38.48

1.2.4 海底隧道围岩压力

1）围岩压力的分类

目前，国内外对围岩压力尚无统一的分类方法。分类的依据除考虑围岩压力的成因外，还须考虑围岩压力的特征，应用较广的分法是把围岩压力分成松动压力、变形压力、冲击压力和膨胀压力四类。

（1）松动压力

由于开挖而松动或塌落的岩体以重力形式直接作用在支护上的压力称为松动压力。这种压力直接表现为荷载的形式，通常由下述三种情况形成：

① 在整体稳定的岩体中，可能出现个别松动掉块的岩石对支护造成的落石压力；

② 在松散软弱的岩体中，隧洞顶部和两侧片帮冒落对支护造成的散体压力；

③ 在节理发育的裂隙岩体中，围岩某些部位的岩体沿弱面发生剪切破坏或拉坏，形成可局部塌落的松动压力。

（2）变形压力

变形压力是由于围岩变形受到支护的抑制而产生的，所以变形压力除与围岩应力有关外，还与支护时间和支护刚度等有关。按其成因可进一步分为弹性变形压力、塑性变形压力和流变压力。

当采用紧跟开挖面进行支护的施工方法时，由于存在着开挖面的“空间效应”而使支护受到一部分围岩的弹性变形作用，由此产生的变形压力称为弹性变形压力。

由于围岩塑性变形（有时还包括一部分弹性变形）而使支护受到的压力称为塑性变形压力，这是最常见的一种围岩变形压力。

围岩变形随时间增长而增加，压力是由岩体变形、流动引起的，有显著的时间效应，称为流变压力。

（3）膨胀压力

某些岩体具有吸水膨胀崩解的特性，其膨胀、崩解、体积增大可以是物理性的，也可以是化学性的。由于围岩膨胀崩解而引起的压力称为膨胀压力。膨胀压力与变形压力的基本区别在于它是由吸水膨胀引起的。

(4) 冲击压力

又称岩爆,它是在围岩积蓄了大量的弹性变形能之后突然释放出来时所产生的压力。它与岩体的弹性模量直接相关。弹性模量较大的岩体在高地应力作用下,易于积累大量的弹性变形能,一旦遇到适宜条件,就会突然猛烈地大量释放。

2) 围岩压力的影响因素

影响围岩压力的因素很多,通常可分为两大类:一类是地质因素,包括原岩应力状态、岩石力学性质、岩体结构和岩石组成及其物理化学性质等;另一类是工程因素,包括隧洞形状和轴比、开挖方法、支护形式和设置时间等。

(1) 岩石力学性质的影响

不言而喻,强度小的岩体,围岩压力必然大。变形模量、黏聚力、内摩擦角大的岩体,其围岩压力小,其中内摩擦角的影响要较黏聚力大。岩体的塑性变形和黏性流动也是影响围岩压力大小的重要因素,它们常常引起较大的围岩压力。

(2) 岩体结构的影响

当结构面强度远小于结构体强度时,结构面对围岩压力的影响就显得十分重要。通常岩体破坏首先从弱面开始,这是围岩压力在节理、破碎带、断层和褶皱区表现显著的重要原因。如果岩层走向与隧洞轴向平行或夹角很小,则岩体结构容易与隧洞轴线形成不稳定的松动体,围岩压力显著要大。水平岩层容易造成顶部围岩压力,而陡倾岩层容易造成侧向围岩压力。

(3) 原岩应力状态的影响

原岩应力是引起围岩变形、破坏的根本作用力,原岩体中主应力的大小和方向不同,对隧洞的作用力也不同,因而直接影响着围岩压力。

原岩引力随深度的增加而增加,所以隧洞埋深越大,围岩压力一般也就越大。当隧洞轴向与最大主应力的方向垂直时,隧洞横截面受到的作用力大,围岩压力也就大,平行时围岩压力就小。静止侧压力系数 K 对围岩压力的大小和分布均有影响。一般而言,K 越小,围岩压力也越小,但分布越不均匀。

(4) 施工方法的影响

分部分逐次开挖使围岩应力和变形有多次转移、平衡过程,并可减少围岩临空面的幅度,从而保证围岩稳定,由此引起的围岩压力要较全断面一次开挖法小。采用机械掘进和光面爆破能减少对围岩的振动破坏,并尽可能使围岩表面平整光滑,要较普通爆破所引起的围岩压力小。

(5) 衬砌设置时间和衬砌刚度的影响

实践和理论分析都表明,由于开挖面"空间效应",以及围岩塑性变形和黏性流动,通常支护越早,则支护前围岩已释放的位移就越小,因而围岩就越稳定,但由此引起的围岩压力也就越大。当然,这仅限于隧洞稳定的条件下,如果围岩变形发展到使围岩破坏,则围岩压力在性质上将由变形压力转化为松动压力,在量值上也将大大增加。

一般衬砌刚度越大,围岩压力也就越大。但当衬砌已经有一定厚度后,继续增加衬砌厚度,对改善围岩稳定性效果不显著,围岩压力的增加也不明显。

(6) 洞室形状和尺寸的影响

通常认为,圆形和椭圆形隧洞的围岩压力要较矩形或梯形隧洞小。当洞形相近时,洞室的跨高比影响着围岩压力的大小。随着隧洞跨度的增大,洞周围岩塑性区范围及塑性位移均增加，围岩压力的增长速率超过跨度的增长速率，因而随着跨高比的增加，围岩压力有所增大。

3）规范方法计算围岩压力

现行《公路隧道设计规范》规定，深、浅埋隧道的围岩压力为松散荷载时，按以下公式计算。

(1) 当 $H \geqslant H_p$ 时

垂直均布压力为：

$$q = 0.45 \times 2^{s-1} \gamma \omega$$

水平均布压力为：

Ⅰ，Ⅱ级围岩	$e = 0$
Ⅲ级围岩	$e < 0.15q$
Ⅳ级围岩	$e = (0.15 \sim 0.3)q$
Ⅴ级围岩	$e = (0.3 \sim 0.5)q$
Ⅵ级围岩	$e = (0.5 \sim 1.0)q$

(2) 当 $h_q < H < H_p$ 时

垂直均布压力为：

$$q = \gamma H \left(1 - \frac{H}{B_t} \lambda \tan \theta\right)$$

水平侧压力为：

$$\left.\begin{aligned} e_1 &= \gamma H \lambda \\ e_2 &= \gamma h \lambda \end{aligned}\right\}$$

视为均布压力时

$$e = \frac{1}{2}(e_1 + e_2)$$

(3) 当 $H \leqslant h_q$ 时

垂直均布压力为：

$$q = \gamma H$$

水平均布压力为：

$$e = \gamma \left(H + \frac{1}{2} H_t\right) \tan^2(45° - \varphi / 2)$$

洞口附近浅埋暗挖段以及 F_1，F_2，F_3，F_4 断层破碎带附近围岩压力计算结果如表1-10—表1-12所列。

4）压力拱理论计算围岩压力

洞室开挖后，由于围岩应力重分布，洞顶往往出现拉应力。如果这些拉应力超过岩石的抗拉强度，则顶部岩石破坏，一部分岩块失去平衡而塌落。根据大量观察和散粒体的模型试验证明，这种塌落不是无止境的，到一定程度后，就不再继续塌落，岩体又进入新的平衡状态。所以作用于衬砌上的垂直围岩压力就可以认为是压力拱与衬砌之间的岩石重量，而与拱外岩体无关。根据普氏压力拱理论，作用于衬砌上的围岩垂直均布压力为：

$$q=\gamma\frac{a_1}{f}$$

围岩水平压力为：

$$e_1=\gamma h_1\tan^2(45°-\varphi/2)$$

$$e_2=\gamma(h_1+h)\tan^2(45°-\varphi/2)$$

普氏压力拱理论的基本前提是洞室上方的岩石能够形成自然压力拱，也即要求洞室上覆岩层厚度 $H \geqslant H_{min}$，因而普氏理论适用于深埋隧道。对于浅埋隧道，即当 $H < H_{min}$，太沙基理论则给出了很好的解答。根据太沙基理论，作用于衬砌上的围岩垂直均布压力为：

$$\sigma_B=\frac{a_1\left(\gamma-\frac{c}{a_1}\right)}{K\tan\varphi}[1-\exp(-Kn\tan\varphi)]+P\exp(-Kn\tan\varphi)$$

围岩水平压力为：

$$e_1=\sigma_B\tan^2(45°-\varphi/2)$$
$$e_2=e_1+\gamma h\tan^2(45°-\varphi/2)$$

洞口附近浅埋暗挖段以及 F_1，F_2，F_3，F_4 断层破碎带附近围岩压力计算结果如表1-10—表1-12所列。

表1-10 左线隧道计算结果

区段	起讫里程	垂直围岩压力(kPa)		水平围岩压力(kPa)	
		规范方法	压力拱理论	规范方法	压力拱理论
洞口暗挖段	EZK6+600—EZK7+486	113.05～467.10	88.11～361.00	37.94～329.01	100.72～234.52
	EZK7+486—EZK7+521	192.42	196.98	43.29	131.94
	EZK7+521—EZK7+566	100.06	96.82	10.01	75.87
F_1 破碎带	EZK8+242—EZK8+257	192.42	196.98	43.29	131.94
	EZK8+257—EZK8+307	470.75	390.97	332.76	249.21
	EZK8+307—EZK8+339	192.42	196.98	43.29	131.94
F_4 破碎带	EZK8+860—EZK8+875	192.42	196.98	43.29	131.94
	EZK8+875—EZK8+972	476.87	448.26	339.20	277.30
	EZK8+972—EZK8+985	192.42	196.98	43.29	131.94

（续表）

区段	起讫里程	垂直围岩压力(kPa)		水平围岩压力(kPa)	
		规范方法	压力拱理论	规范方法	压力拱理论
F_2 破碎带	EZK10+150—EZK10+164	100.06	96.82	10.01	75.87
	EZK10+164—EZK10+207	470.50	433.75	332.50	270.18
	EZK10+207—EZK10+218	100.06	96.82	10.01	75.87
F_3 破碎带	EZK10+650—EZK10+664	100.06	96.82	10.01	75.87
	EZK10+664—EZK10+708	192.42	196.98	43.29	131.94
	EZK10+708—EZK10+751	100.06	96.82	10.01	75.87
洞口暗挖段	EZK10+913—EZK10+980	100.06	96.82	10.01	75.87
	EZK10+980—EZK11+009	192.42	196.98	43.29	131.94
	EZK11+009—EZK11+140	361.65	424.35	241.17	265.58
	EZK11+140—EZK11+228	339.65	401.71	226.04	254.48
	EZK11+228—EZK11+268	192.42	196.98	43.29	131.94
	EZK11+268—EZK12+178	177.33～460.18	132.24～355.54	59.37～322.10	122.36～231.84
	EZK12+178—EZK12+410	74～177.33	59.27～132.24	24.92～59.37	86.58～122.36

表 1-11　服务隧道计算结果

区段	起讫里程	垂直围岩压力(kPa)		水平围岩压力(kPa)	
		规范方法	压力拱理论	规范方法	压力拱理论
洞口暗挖段	ENK6+602—ENK7+304	158.73～263.30	107.58～187.60	70.70～216.86	87.07～126.30
	ENK7+304—ENK7+500	116.28	105.94	26.16	74.37
	ENK7+500—ENK7+602	60.47	51.74	6.05	43.49
	ENK7+602—ENK7+678	116.28	105.94	26.16	74.37
F_1 破碎带	ENK8+278—ENK8+290	116.28	105.94	26.16	74.37
	ENK8+290—ENK8+379	176.75	173.26	70.70	119.27
	ENK8+379—ENK8+392	116.28	105.94	26.16	74.37
F_4 破碎带	ENK8+904—ENK8+922	116.28	105.94	26.16	74.37
	ENK8+922—ENK8+992	176.75	173.26	70.70	119.27
	ENK8+992—ENK9+004	116.28	105.94	26.16	74.37
F_2 破碎带	ENK10+120—ENK10+178	30.81	24.76	0	27.84
	ENK10+178—ENK10+208	116.28	105.94	26.16	74.37
	ENK10+208—ENK10+248	30.81	24.76	0	27.84

（续表）

区段	起讫里程	垂直围岩压力(kPa)		水平围岩压力(kPa)	
		规范方法	压力拱理论	规范方法	压力拱理论
F_3 破碎带	ENK10+584—ENK10+614	30.81	24.76	0	27.84
	ENK10+614—ENK10+708	176.75	173.26	70.70	119.27
	ENK10+708—ENK10+732	60.47	51.74	6.05	43.49
洞口暗挖段	ENK10+982—ENK10+996	116.28	105.94	26.16	74.37
	ENK10+996—ENK11+052	176.75	173.26	70.70	119.27
	ENK11+052—ENK11+090	116.28	105.94	26.16	74.37
	ENK11+090—ENK11+210	60.47	51.74	6.05	43.49
	ENK11+210—ENK11+290	116.28	105.94	26.16	74.37
	ENK11+290—ENK12+102	176.75～263.30	163.86～186.03	70.70～216.86	114.66～125.53
	ENK12+102—ENK12+410	172.76～239.22	116.90～163.86	120.75～179.42	91.63～114.66

表 1-12　右线隧道计算结果

区段	起讫里程	垂直围岩压力(kPa)		水平围岩压力(kPa)	
		规范方法	压力拱理论	规范方法	压力拱理论
洞口暗挖段	EYK6+619—EYK7+318	76.72～417.64	61.32～322.97	25.83～283.85	87.59～215.87
	EYK7+318—EYK7+530	192.42	196.98	43.29	131.94
	EYK7+530—EYK7+592	100.06	96.82	10.01	75.87
F_1 破碎带	EYK8+316—EYK8+324	192.42	196.98	43.29	131.94
	EYK8+324—EYK8+460	456.17	388.95	318.19	248.22
	EYK8+460—EYK8+540	192.42	196.98	43.29	131.94
F_4 破碎带	EYK8+941—EYK8+960	192.42	196.98	43.29	131.94
	EYK8+960—EYK9+004	491.60	456.08	355.70	281.13
	EYK9+004—EYK9+021	192.42	196.98	43.29	131.94
F_2 破碎带	EYK10+180—EYK10+250	50.99	46.64	0	47.84
F_3 破碎带	EYK10+586—EYK10+596	192.42	196.98	43.29	131.94
	EYK10+596—EYK10+660	473.53	428.15	335.66	267.44
	EYK10+660—EYK10+690	192.42	196.98	43.29	131.94
洞口暗挖段	EYK10+934—EYK10+983	192.42	196.98	43.29	131.94
	EYK10+983—EYK11+151	372.45	424.06	248.90	265.44
	EYK11+151—EYK11+307	380.87	295.49	129.92	168.93

（续表）

区段	起讫里程	垂直围岩压力(kPa)		水平围岩压力(kPa)	
		规范方法	压力拱理论	规范方法	压力拱理论
洞口暗挖段	EYK11＋307—EYK12＋252	190.76～447.99	140.96～346.06	63.84～310.45	126.64～227.19
	EYK12＋252—EYK12＋410	104.92～190.76	82.23～140.96	35.23～63.84	97.84～126.64

5）弹塑性理论计算围岩压力

弹塑性理论研究围岩的应力和稳定情况以及围岩压力，由于数学手段的限制，目前一般总是对圆形洞室进行分析。对于本问题中的非圆形洞室，按变形等效原则化为近似的圆形进行计算。下面分别采用了最大变形等效原则和平均变形等效原则进行了计算。所谓最大变形等效原则，即在埋深、围岩性质等外部条件一致时，开挖实际形状隧洞引起的洞室边界最大变形与开挖一定半径的圆形隧洞引起的洞室边界最大变形相等时，认为二者等效，即可以用该圆形隧洞来代替实际隧洞进行计算。虑及隧道衬砌结构为高次超静定结构，内力具重分布特点，采用变形量较大圆弧加权平均变形量确定相应圆形隧道的洞室半径，即平均变形等效原则。通过数值分析得出，按最大变形等效原则，东通道主隧道的等效圆半径为 8.3 m，服务隧道等效圆半径为 3.96 m；按平均变形等效原则，东通道主隧道的等效圆半径为8.15 m，服务隧道等效圆半径为 3.9 m。为偏安全计，选择主隧道等效圆半径为 8.3 m，服务隧道等效圆半径为 3.96 m。

运用弹塑性理论来求解围岩应力和变形时，可以用无限大平板中的孔口问题来模拟，在无限大平板的周边上作用有原岩应力。由此而引起的计算误差，在洞周是不大的，并随着隧洞埋深的增加而减小，当埋深大于 10 倍洞跨时，可略去不计。在工程设计实践中，一般认为圆形洞室埋深为其半径的 5 倍时即可按此方式进行应力分析。

以下讨论初始地应力为静水压力状态，即静止侧压力系数为 1 时，圆形隧洞围岩应力及变形的弹塑性解。计算简图如图 1-2 所示。由于荷载及洞形均是轴对称的，因此洞周塑性区是一等厚圆，且应力及变形均仅是 r 的函数，而与 θ 无关。

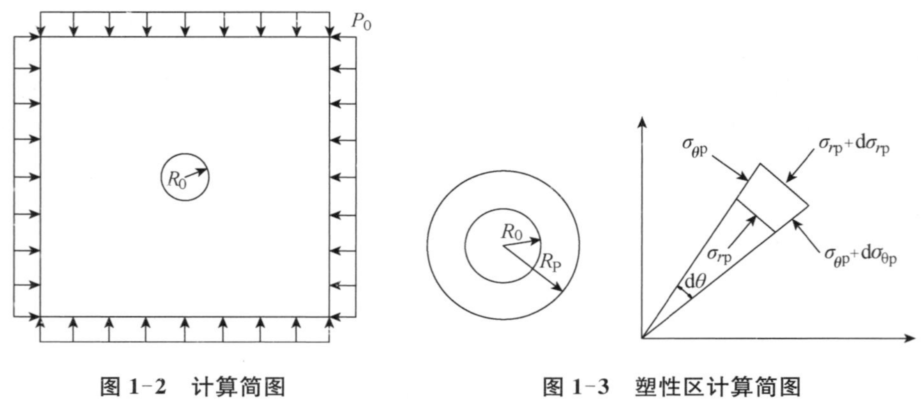

图 1-2　计算简图　　　图 1-3　塑性区计算简图

图 1-3 是按极坐标系在地层塑性区中取出的单元体。将塑性区的径向应力记为 σ_{rp}，切向应力记为 $\sigma_{\theta p}$，则由单元体静力平衡条件 $\sum r = 0$ 可得：

$$\frac{\mathrm{d}\sigma_{rp}}{\mathrm{d}r}+\frac{\sigma_{rp}-\sigma_{\theta p}}{r}=0 \tag{1-9}$$

取摩尔-库仑准则为塑性屈服准则，则塑性区应力分量尚需满足

$$\sigma_{\theta p}=\frac{1+\sin\varphi}{1-\sin\varphi}\sigma_{rp}+\frac{2c\cos\varphi}{1-\sin\varphi} \tag{1-10}$$

式中 c，φ 分别为围岩黏聚力和内摩擦角。

支护与围岩界面上（$r=R_0$）的应力边界条件为：

$$\sigma_{rp}=P_i \tag{1-11}$$

P_i 为衬砌对塑性区地层的作用力，即支护抗力。

联立式(1-9)、式(1-10)、式(1-11)解得塑性区内应力的计算式为

$$\left.\begin{aligned}\sigma_{rp}&=(P_i+c\cot\varphi)\left(\frac{r}{R_0}\right)^{\frac{2\sin\varphi}{1-\sin\varphi}}-c\cot\varphi\\ \sigma_{\theta p}&=(P_i+c\cot\varphi)\left[\frac{1+\sin\varphi}{1-\sin\varphi}\right]\left(\frac{r}{R_0}\right)^{\frac{2\sin\varphi}{1-\sin\varphi}}-c\cot\varphi\end{aligned}\right\} \tag{1-12}$$

弹性区计算简图如图1-4所示，将弹性区的径向应力和切向应力分别计为 σ_{rt}、$\sigma_{\theta t}$，由弹性理论可得到：

$$\left.\begin{aligned}\sigma_{rt}&=\frac{B}{r^2}+A\\ \sigma_{\theta t}&=-\frac{B}{r^2}+A\end{aligned}\right\} \tag{1-13}$$

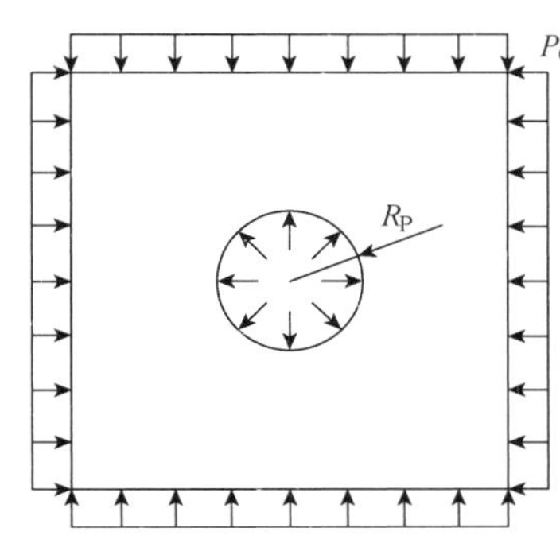

图1-4 弹性区计算简图

边界条件：当 $r\to\infty$ 时，$\sigma_{rt}=P_0$；当 $r=R_P$ 时，$\sigma_{rt}=\sigma_{rp}$。可得弹性区径向应力与切向应力的表达式分别为：

$$\left.\begin{aligned}\sigma_{rt}&=c\cot\varphi\left[\left(\frac{R_P}{R_0}\right)^{\frac{2\sin\varphi}{1-\sin\varphi}}-1\right]\left(\frac{R_P}{r}\right)^2+P_i\left(\frac{R_P}{R_0}\right)^{\frac{2\sin\varphi}{1-\sin\varphi}}\left(\frac{R_P}{r}\right)^2+P_0\left(1-\frac{R_P^2}{r^2}\right)\\ \sigma_{\theta t}&=P_0\left(1+\frac{R_P^2}{r^2}\right)-c\cot\varphi\left[\left(\frac{R_P}{R_0}\right)^{\frac{2\sin\varphi}{1-\sin\varphi}}-1\right]\left(\frac{R_P}{r}\right)^2-P_i\left(\frac{R_P}{R_0}\right)^{\frac{2\sin\varphi}{1-\sin\varphi}}\left(\frac{R_P}{r}\right)^2\end{aligned}\right\} \tag{1-14}$$

由边界条件：当 $r=R_P$ 时，$\sigma_{\theta t}=\sigma_{\theta p}$，可得塑性区半径 R_P 的计算式为：

$$R_P=\left[\frac{(P_0+c\cot\varphi)(1-\sin\varphi)}{P_i+c\cot\varphi}\right]^{\frac{1-\sin\varphi}{2\sin\varphi}}R_0 \tag{1-15}$$

为了确定塑性区半径 R_P 和支护抗力 P_i，必须考虑支护与围岩的共同工作。设由开挖引起的洞周径向位移为 u_0，塑性区外缘的径向位移为 u_p。

由拉梅公式可写出在 P_0 作用下弹性区内缘的应力增量为：

$$\Delta\sigma_\theta = P_0\left(1+\frac{R_P^2}{r^2}\right)-P_0 = \frac{R_P^2}{r^2}P_0$$

$$\Delta\sigma_r = P_0\left(1-\frac{R_P^2}{r^2}\right)-P_0 = -\frac{R_P^2}{r^2}P_0$$

因有

$$\varepsilon_\theta = \frac{1-\mu^2}{E}\left(\Delta\sigma_\theta-\frac{\mu}{1-\mu}\Delta\sigma_r\right)=\frac{u}{r}$$

可得由 P_0 引起的塑性区外缘的径向位移 u'_p 为：

$$u'_p=\frac{1+\mu}{E}P_0R_P$$

同理可得，由塑性区对弹性区的径向作用力 σ_{rp} 引起的塑性区外缘的径向位移 u''_p 为：

$$u''_p=-\frac{1+\mu}{E}\sigma_{rp}R_P$$

这样，由开挖引起的塑性区外缘径向位移为：

$$u_p = u'_p+u''_p=\frac{1+\mu}{E}\left\{P_0-c\cot\varphi\left[\left(\frac{R_P}{R_0}\right)^{\frac{2\sin\varphi}{1-\sin\varphi}}-1\right]-P_i\left(\frac{R_P}{R_0}\right)^{\frac{2\sin\varphi}{1-\sin\varphi}}\right\}R_P \tag{1-16}$$

假设塑性区体积在变形前后保持不变，可得：

$$\pi(R_P^2-R_0^2)=\pi[(R_P-u_p)^2-(R_0-u_0)^2]$$

略去高阶小量，上式简化为：

$$u_0 = u_p\frac{R_P}{R_0}$$

将式(1-16)代入上式，即得由开挖引起的洞周径向位移为：

$$u_0 = \frac{1+\mu}{E}\left\{P_0-c\cot\varphi\left[\left(\frac{R_P}{R_0}\right)^{\frac{2\sin\varphi}{1-\sin\varphi}}-1\right]-P_i\left(\frac{R_P}{R_0}\right)^{\frac{2\sin\varphi}{1-\sin\varphi}}\right\}\frac{R_P^2}{R_0} \tag{1-17}$$

作用在衬砌外缘的径向应力为 P_i，由厚壁圆筒理论可得衬砌应力的计算式为：

$$\left.\begin{aligned}\sigma_r&=\frac{P_i}{\left(\frac{1}{R_0^2}-\frac{1}{R_1^2}\right)r^2}-\frac{P_i}{\left(\frac{1}{R_0^2}-\frac{1}{R_1^2}\right)R_1^2}\\ \sigma_\theta&=\frac{-P_i}{\left(\frac{1}{R_0^2}-\frac{1}{R_1^2}\right)r^2}-\frac{P_i}{\left(\frac{1}{R_0^2}-\frac{1}{R_1^2}\right)R_1^2}\end{aligned}\right\} \tag{1-18}$$

由此可得衬砌外缘的径向位移为：

$$u_0 = \varepsilon_\theta R_0 = \frac{1+\mu_1}{E_1}P_i\left[\frac{R_1^2+(1-2\mu_1)R_0^2}{R_0^2-R_1^2}\right]R_0 \tag{1-19}$$

因在洞周围岩位移与衬砌位移应相等，故由式(1-17)、式(1-19)可得：

$$P_i = \frac{\left\{P_0 - c\cot\varphi\left[\left(\frac{R_P}{R_0}\right)^F - 1\right]\right\}\frac{R_P^2}{R_0}}{D + \left(\frac{R_P}{R_0}\right)^{F+2} R_0} \tag{1-20}$$

其中

$$F = \frac{2\sin\varphi}{1-\sin\varphi}$$

$$D = \frac{E}{1+\mu}\frac{1+\mu_1}{E_1}\frac{R_1^2+(1-2\mu_1)R_0^2}{R_0^2-R_1^2}R_0$$

式中：E，μ——分别为洞室围岩的弹性模量和泊松比；

E_1，μ_1——分别为衬砌材料的弹性模量和泊松比。

将式(1-20)代入式(1-15)，化简可得：

$$(P_0 + c\cot\varphi)R_0\sin\varphi\left(\frac{R_P}{R_0}\right)^{F+2} + c\cot\varphi\left(\frac{R_P}{R_0}\right)^F D = (P_0 + c\cot\varphi)(1-\sin\varphi)D \tag{1-21}$$

上式为关于未知量 R_P 的代数方程，可用牛顿迭代法求解。求出 R_P 后代入式(1-20)即可求得 P_i。

根据该隧道的初步设计，初期支护均为锚喷支护，主隧道喷层厚度为 27 cm，服务隧道喷层厚度为 23 cm。C25 喷射混凝土弹性模量 E=23 GPa，泊松比 $\mu=0.2$。围岩有关计算参数见表 1-1。按弹塑性理论的计算结果如表 1-13—表 1-15 所列。

表中还给出了按卡柯公式的计算结果。应用卡柯公式时，认为塑性区已获得充分发展，塑性圈半径达到最大值 R_{max}。R_{max} 值可通过在芬纳公式中令 $\sigma_a=0$ 反解得之。又考虑到塑性圈内岩体因松动破碎而使得其抗剪强度指标 c、φ 降低的情况，在具体计算中按照经验进行取用：对于塑性圈内岩体的内摩擦角 φ，取试验值的 90%作为计算值；对于塑性圈内的黏聚力 c，取试验值的 20%作为计算值。

表 1-13　左线隧道计算结果

区段	起讫里程	本文公式计算结果(kPa)	卡柯理论计算结果(kPa)
洞口暗挖段	EZK6+600—EZK7+486	102.50～334.44	206.07～408.01
	EZK7+486—EZK7+521	218.36	148.33
	EZK7+521—EZK7+566	68.35	0
F_1 破碎带	EZK8+242—EZK8+257	242.98	154.69
	EZK8+257—EZK8+307	338.28	410.26
	EZK8+307—EZK8+339	229.03	151.18
F_4 破碎带	EZK8+860—EZK8+875	234.13	152.49
	EZK8+875—EZK8+972	344.87	414.09
	EZK8+972—EZK8+985	252.18	156.88

（续表）

区段	起讫里程	本文公式计算结果(kPa)	卡柯理论计算结果(kPa)
F_2 破碎带	EZK10+150—EZK10+164	68.69	0
	EZK10+164—EZK10+207	338.01	410.11
	EZK10+207—EZK10+218	68.66	0
F_3 破碎带	EZK10+650—EZK10+664	61.08	0
	EZK10+664—EZK10+708	207.43	145.25
	EZK10+708—EZK10+751	59.94	0
洞口暗挖段	EZK10+913—EZK10+980	0	0
	EZK10+980—EZK11+009	187.01	138.97
	EZK11+009—EZK11+140	244.93	348.73
	EZK11+140—EZK11+228	229.61	336.99
	EZK11+228—EZK11+268	148.22	124.54
	EZK11+268—EZK12+178	128.74～327.37	240.20～403.80
	EZK12+178—EZK12+410	86.92～128.74	182.71～240.20

表 1-14　服务隧道计算结果

区段	起讫里程	本文公式计算结果(kPa)	卡柯理论计算结果(kPa)
洞口暗挖段	ENK6+602—ENK7+304	0～385.68	74.07～155.83
	ENK7+304—ENK7+500	295.63	28.32
	ENK7+500—ENK7+602	119.69	0
	ENK7+602—ENK7+678	385.25	34.98
F_1 破碎带	ENK8+278—ENK8+290	372.61	34.14
	ENK8+290—ENK8+379	436.96	167.55
	ENK8+379—ENK8+392	326.73	30.84
F_4 破碎带	ENK8+904—ENK8+922	354.88	32.92
	ENK8+922—ENK8+992	461.96	172.89
	ENK8+992—ENK9+004	372.07	34.11
F_2 破碎带	ENK10+120—ENK10+178	0	0
	ENK10+178—ENK10+208	369.97	33.97
	ENK10+208—ENK10+248	0	0
F_3 破碎带	ENK10+584—ENK10+614	0	0
	ENK10+614—ENK10+708	440.20	168.26
	ENK10+708—ENK10+732	114.58	0

（续表）

区段	起讫里程	本文公式计算结果(kPa)	卡柯理论计算结果(kPa)
洞口暗挖段	ENK10+982—ENK10+996	316.39	30.03
	ENK10+996—ENK11+052	370.86	152.22
	ENK11+052—ENK11+090	286.48	27.54
	ENK11+090—ENK11+210	0	0
	ENK11+210—ENK11+290	0	23.19
	ENK11+290—ENK12+102	222.55～425.43	108.56～165.01
	ENK12+102—ENK12+410	0～222.55	79.48～108.56

表 1-15　右线隧道计算结果

区段	起讫里程	本文公式计算结果(kPa)	卡柯理论计算结果(kPa)
洞口暗挖段	EYK6+619—EYK7+318	87.99～288.32	184.41～379.22
	EYK7+318—EYK7+530	199.75	142.98
	EYK7+530—EYK7+592	66.15	0
F_1 破碎带	EYK8+316—EYK8+324	241.14	154.24
	EYK8+324—EYK8+460	323.37	401.39
	EYK8+460—EYK8+540	206.95	145.11
F_4 破碎带	EYK8+941—EYK8+960	253.90	157.28
	EYK8+960—EYK9+004	361.77	423.65
	EYK9+004—EYK9+021	261.48	159.00
F_2 破碎带	EYK10+180—EYK10+250	0	0
F_3 破碎带	EYK10+586—EYK10+596	238.34	153.55
	EYK10+596—EYK10+660	341.24	411.99
	EYK10+660—EYK10+690	239.62	153.86
洞口暗挖段	EYK10+934—EYK10+983	193.13	140.93
	EYK10+983—EYK11+151	252.76	354.52
	EYK11+151—EYK11+307	143.87	122.66
	EYK11+307—EYK12+252	134.29～315.46	246.76～396.56
	EYK12+252—EYK12+410	99.23～134.29	201.39～246.76

6）计算结果分析比较

《公路隧道设计规范》方法采用的是铁路隧道经验公式，即通过对 127 座单线铁路隧道的 417 个塌方资料的统计分析，以 5 m 为基本跨度整理而成。由于公路隧道是以 8 m 为基本跨度，加之其在限界、洞形、高跨比等方面的特点，计算结果与实际值存在偏差。根据已建隧道的观测结果，该方法应用于山岭公路隧道时偏于安全。

压力拱理论是根据工程实际中隧洞塌落资料而提出的一种假设,并由松散体材料的模型试验得以证实。压力拱理论的核心内容是对压力拱曲线形状的假设,它也是决定其计算结果准确性的一个关键因素。普氏理论假定压力拱曲线为二次抛物线,并据以推出围岩压力计算公式,成为20世纪五六十年代隧道建设中常用的计算方法。但是普氏理论的应用受到两个关键因素的制约。其一就是洞室的埋深。大量的工程实例说明若上覆岩体厚度不大,洞顶不会形成平衡拱,而往往产生冒顶现象。因此普氏理论要求洞室必须具有一定的埋深。其二是普氏岩石坚固性系数的确定。普氏岩石坚固性系数在概念上是模糊的,没有确定的物理意义。虽然普氏给出了其经验值,但在实际应用中,还必须根据施工现场、地下水的渗漏情况、岩体的完整性等给予适当的修正。

太沙基从应力传递概念出发,推导了围岩压力计算公式,至今仍被广泛应用。大量工程实践表明,太沙基理论应用于浅埋隧道能获得较好的结果。因此,笔者将其与普氏理论相结合,采用普氏理论计算深埋隧道围岩压力,太沙基理论计算浅埋隧道围岩压力。

对于均质岩层中的圆形洞室,在作适当简化后可以推导其弹塑性封闭解。实际应用时应当注意,在其推导过程中,有以下几点简化假设和前提条件。第一,认为岩体初始应力为静水压力状态,即静止侧压力系数等于1。对于静止侧压力系数不为1的情况,即在双向不等压的受力状态下,因洞室周围地层在出现椭圆形塑性区后地层内的应力将趋于均匀,故对这种受力状态可采用折算P值计算塑性区的平均半径和衬砌与地层间的平均相互作用力。第二,只有当洞室埋深大于10倍洞跨时,采用计算简图1-2所引起的误差才可以忽略。第三,认为开挖和衬砌是同时进行的,即在施作衬砌前洞壁不产生变形。施作衬砌后,围岩与衬砌共同变形,它们之间的相互作用力即为围岩压力。衬砌材料始终处于弹性变形阶段。

卡柯理论推导的围岩压力是以弹塑性分析为基础的塑性松动压力,因为它仅考虑塑性圈内的岩体自重并以其作为作用在支护上的荷载。纵观卡柯公式推导的整个过程可知,塑性松动压力的计算是一个近似的计算公式,假设在塑性圈边界上的应力为零的条件,也不尽合理。实际应用卡柯公式时,塑性圈半径的确定还有待作进一步研究。随着测试技术手段的提高,利用超声波技术测得塑性圈半径,再利用卡柯公式计算将更符合工程实际情况,结果也会更趋合理。

将表1-10—表1-15的计算结果用曲线表示,如图1-5、图1-6所示。图中只给出规范方法和压力拱理论计算的垂直围岩压力结果。

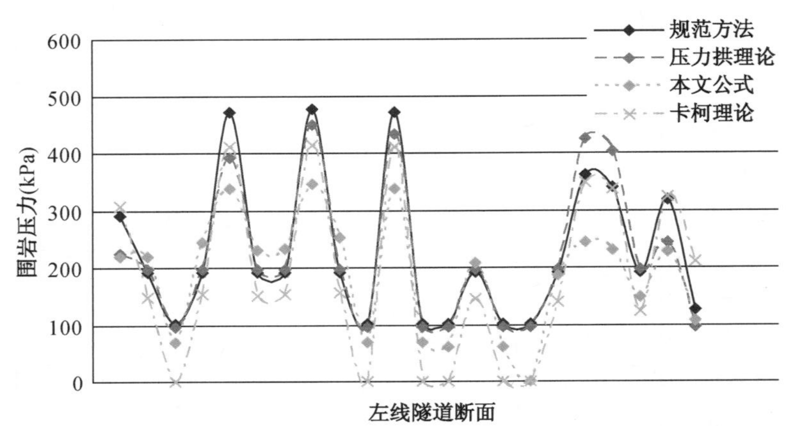

图1-5 左线隧道围岩压力

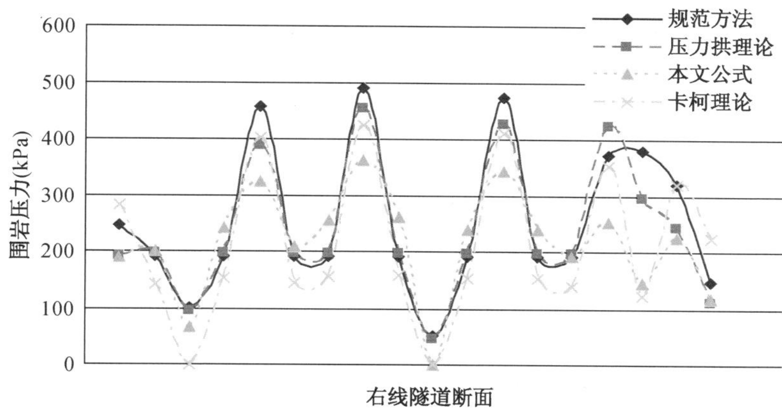

图 1-6　右线隧道围岩压力

从计算结果可以得出，围岩级别越高（即越破碎），相应的围岩压力也越大；洞室跨度越大，围岩压力越大；对于浅埋地段，基岩层面上的外荷载越大，围岩压力也越大。

左线隧道按规范方法计算的垂直围岩压力最大达 480 kPa，水平围岩压力最大达 340 kPa，位于 F_4 破碎带地段。右线隧道按规范方法计算的垂直围岩压力最大达 490 kPa，水平围岩压力最大达 360 kPa，位于 F_4 破碎带地段。服务隧道按规范方法计算的垂直围岩压力最大达 260 kPa，水平围岩压力最大达 220 kPa，位于两端洞口暗挖段，四个破碎带地段最大垂直围岩压力为 180 kPa，最大水平围岩压力为 71 kPa。

左线隧道按压力拱理论计算的最大垂直围岩压力为 450 kPa，最大水平围岩压力为 280 kPa，小于规范方法的计算结果，也是位于 F_4 破碎带地段。右线隧道按压力拱理论计算的最大垂直围岩压力为 460 kPa，最大水平围岩压力为 280 kPa，小于规范方法的计算结果，同样位于 F_4 破碎带地段。服务隧道按压力拱理论计算的最大垂直围岩压力为 190 kPa，最大水平围岩压力为 130 kPa，小于规范方法的计算结果，位于两端洞口暗挖段，四个风化破碎带地段最大垂直围岩压力为 170 kPa，小于规范方法计算结果，最大水平围岩压力为 120 kPa，大于规范方法计算结果。从表 1-10—表 1-12 中可以看出，规范方法计算的垂直围岩压力大多数均比压力拱理论的计算结果要大，而水平围岩压力则相反。这可能与压力拱理论采用朗金土压力理论来计算水平围岩压力有关。

左线隧道按弹塑性理论根据本文公式计算的最大均布围岩压力为 345 kPa，小于规范方法的计算结果，位于 F_4 风化破碎带地段。右线隧道根据本文公式计算的最大均布围岩压力为 360 kPa，位于 F_4 风化破碎带地段。

左线隧道按卡柯公式计算的最大均布围岩压力为 414 kPa，位于 F_4 风化破碎带地段。右线隧道按卡柯公式计算的最大均布围岩压力为 424 kPa，位于 F_4 风化破碎带地段。服务隧道按卡柯公式计算的最大均布围岩压力为 170 kPa，位于 F_4 风化破碎带地段。

从图 1-5、图 1-6 可见，利用弹塑性理论计算围岩压力，所得结果较离散并且与规范方法和压力拱理论结果相差较大。分析可能是由于下列原因造成的：①隧道为马蹄形，计算中采用等效圆必然会带来相当大的误差；②隧道最大埋深也只有 4 倍洞跨大小，采用图 1-2 的计算模式，对深埋地段引起的误差较小，而实际浅埋地段围岩压力为松动压力，并非弹塑性理论公式计算得到的形变压力；③计算中若考虑到支护前洞壁围岩已释放了部分应力，并产生了位移，以及锚杆对围岩的加固改善作用，则结果会更合理。

7）海底隧道围岩压力的建议值

综合上述计算结果，得到该海底隧道围岩压力的建议值，如表 1-16—表 1-18 所示。

表 1-16　左线隧道建议值

区段	起讫里程	垂直围岩压力(kPa)	水平围岩压力(kPa)
洞口暗挖段	EZK6+600—EZK7+486	113.05～467.10	37.94～329.01
	EZK7+486—EZK7+521	196.98	131.94
	EZK7+521—EZK7+566	100.06	75.87
F_1破碎带	EZK8+242—EZK8+257	196.98	131.94
	EZK8+257—EZK8+307	470.75	332.76
	EZK8+307—EZK8+339	196.98	131.94
F_4破碎带	EZK8+860—EZK8+875	196.98	131.94
	EZK8+875—EZK8+972	476.87	339.20
	EZK8+972—EZK8+985	196.98	131.94
F_2破碎带	EZK10+150—EZK10+164	100.06	75.87
	EZK10+164—EZK10+207	470.50	332.50
	EZK10+207—EZK10+218	100.06	75.87
F_3破碎带	EZK10+650—EZK10+664	100.06	75.87
	EZK10+664—EZK10+708	196.98	131.94
	EZK10+708—EZK10+751	100.06	75.87
洞口暗挖段	EZK10+913—EZK10+980	100.06	75.87
	EZK10+980—EZK11+009	196.98	131.94
	EZK11+009—EZK11+140	424.35	265.58
	EZK11+140—EZK11+228	401.71	254.48
	EZK11+228—EZK11+268	196.98	131.94
	EZK11+268—EZK12+178	177.33～460.18	59.37～322.10
	EZK12+178—EZK12+410	74～177.33	86.58～122.36

表 1-17　服务隧道建议值

区段	起讫里程	垂直围岩压力(kPa)	水平围岩压力(kPa)
洞口暗挖段	ENK6+602—ENK7+304	158.73～263.30	70.70～216.86
	ENK7+304—ENK7+500	116.28	74.37
	ENK7+500—ENK7+602	60.47	43.49
	ENK7+602—ENK7+678	116.28	74.37

（续表）

区段	起讫里程	垂直围岩压力(kPa)	水平围岩压力(kPa)
F_1 破碎带	ENK8+278—ENK8+290	116.28	74.37
	ENK8+290—ENK8+379	176.75	119.27
	ENK8+379—ENK8+392	116.28	74.37
F_4 破碎带	ENK8+904—ENK8+922	116.28	74.37
	ENK8+922—ENK8+992	176.75	119.27
	ENK8+992—ENK9+004	116.28	74.37
F_2 破碎带	ENK10+120—ENK10+178	30.81	27.84
	ENK10+178—ENK10+208	116.28	74.37
	ENK10+208—ENK10+248	30.81	27.84
F_3 破碎带	ENK10+584—ENK10+614	30.81	27.84
	ENK10+614—ENK10+708	176.75	119.27
	ENK10+708—ENK10+732	60.47	43.49
洞口暗挖段	ENK10+982—ENK10+996	116.28	74.37
	ENK10+996—ENK11+052	176.75	119.27
	ENK11+052—ENK11+090	116.28	74.37
洞口暗挖段	ENK11+090—ENK11+210	60.47	43.49
	ENK11+210—ENK11+290	116.28	74.37
	ENK11+290—ENK12+102	176.75～263.30	70.70～216.86
	ENK12+102—ENK12+410	172.76～239.22	120.75～179.42

表 1-18　右线隧道建议值

区段	起讫里程	垂直围岩压力(kPa)	水平围岩压力(kPa)
洞口暗挖段	EYK6+619—EYK7+318	76.72～417.64	25.83～283.85
	EYK7+318—EYK7+530	196.98	131.94
	EYK7+530—EYK7+592	100.06	75.87
F_1 破碎带	EYK8+316—EYK8+324	196.98	131.94
	EYK8+324—EYK8+460	456.17	318.19
	EYK8+460—EYK8+540	196.98	131.94
F_4 破碎带	EYK8+941—EYK8+960	196.98	131.94
	EYK8+960—EYK9+004	491.60	355.70
	EYK9+004—EYK9+021	196.98	131.94
F_2 破碎带	EYK10+180—EYK10+250	50.99	47.84

（续表）

区段	起讫里程	垂直围岩压力(kPa)	水平围岩压力(kPa)
F_3 破碎带	EYK10+586—EYK10+596	196.98	131.94
	EYK10+596—EYK10+660	473.53	335.66
	EYK10+660—EYK10+690	196.98	131.94
洞口暗挖段	EYK10+934—EYK10+983	196.98	131.94
	EYK10+983—EYK11+151	424.06	265.44
	EYK11+151—EYK11+307	380.87	168.93
	EYK11+307—EYK12+252	190.76～447.99	63.84～310.45
	EYK12+252—EYK12+410	104.92～190.76	97.84～126.64

1.2.5 对海底隧道渗水围岩承载圈的论证

围岩形成承载圈的条件是：①承载圈的大小应在高压灌浆和施锚区的半径范围内。为偏安全计，“围岩承载圈厚度 H_B”不应大于全断面帷幕注浆所期望达到的理论计算加固深度的 2/3，也不应大于施锚区的锚固力作用半径。这时，承载圈内的裂隙均经灌浆密实并经施锚而加固，结合成为一个整体的密封岩圈；②在全压静力水头（不考虑折减）作用下，原先压密的裂隙或原先受拉张开但经灌浆密封后的受压裂隙，均不致因水压而劈裂拉开。

从数值分析得出围岩承载圈外半径 R_B 值的基本思路是：由“水力劈裂准则”，可以表述为：

$$F_2 \cdot \gamma_w \cdot H_1 \leqslant \sigma_{\text{II}\min} \tag{1-22}$$

式中：$\sigma_{\text{II}\min}$——从开挖二次应力场的主应力轨迹得出的最小主应力（压应力）；

F_2——水力劈裂安全系数，现暂取 $F_2=1.3\sim1.5$；

$\gamma_w \cdot H_1$——最大渗透压力，它对岩体裂隙面产生水力劈裂作用。

在满足式(1-22)的条件下，承载圈 R_B 半径范围内的岩体裂隙仍将处于受压状态，而不会因水力劈裂而拉开。此处的 R_B 值也即围岩承载圈厚度 H_B。

计算分析隧洞开挖后的二次应力场时须计入：①隧洞开挖后由洞周释放荷载引起的应力重分布；②锚喷后施锚区围岩的 c，φ 值增高；③注浆压力引起的围岩应力重分布。

以下是用 Ansys 进行计算的结果。

1) 计算工况与模型

根据详勘资料，考虑取围岩级别分别为Ⅳ，Ⅴ级，洞顶上覆岩层厚度分别为 40 m，20 m，海水深度分别为 20 m，5 m 八种工况下作分析计算。具体工况组合如表 1-19 所列。

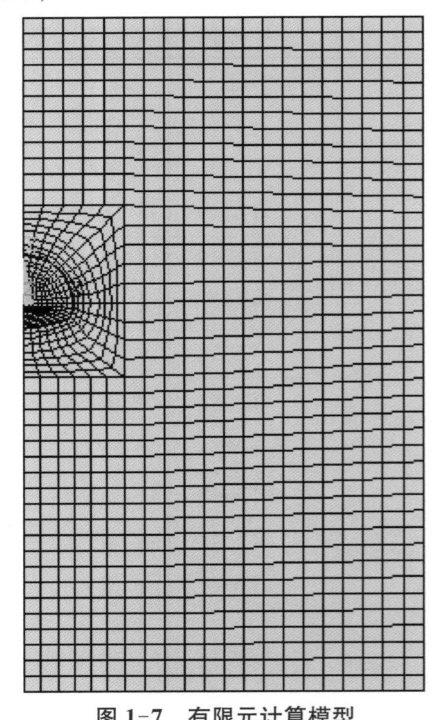

图 1-7 有限元计算模型

建立的有限元数值分析模型如图 1-7 所示。隧道两侧及底部围岩体选用 4 倍洞径范围作为有限元分析范围，顶部为基岩面，作用有海水压力。模型左右边界水平位移约束，底部边界竖直方向位移约束，顶部为自由面。按平面应变问题考虑，由于对称性，仅取右半部分作分析计算。

表 1-19 计算工况组合

工况序号	1	2	3	4	5	6	7	8
围岩级别	Ⅳ	Ⅳ	Ⅳ	Ⅳ	Ⅴ	Ⅴ	Ⅴ	Ⅴ
覆盖层厚(m)	40	40	20	20	40	40	20	20
海水深度(m)	20	5	20	5	20	5	20	5

数值计算所采用的围岩参数如表 1-20 所示。根据《公路隧道设计规范》，为体现喷锚支护的作用，对于喷锚区，计算时将Ⅳ级围岩黏聚力 c 值提高 20%，Ⅴ级围岩黏聚力 c 值提高 30%，而内摩擦角 φ 值保持不变。

表 1-20 围岩计算参数

围岩级别	弹性模量 E(kPa)	泊松比 μ	重度 γ(kN/m^3)	黏聚力 c(MPa)	内摩擦角 φ(°)
Ⅳ	4×10^6	0.32	25	0.2	27
Ⅴ	1×10^6	0.48	19	0.05	20

2）计算结果分析

根据前述承载圈确定准则，承载圈应当在锚固力作用范围以内。因此，仅选取图 1-8 所示施锚区范围内岩体作分析。

为判断承载圈存在与否，需比较各单元在二次开挖应力场中的最小主应力(压应力)和其所在位置处的静水压力大小。为此，以单元号为横坐标，以单元所对应的最小主应力和静水压力为纵坐标，得到图 1-9 所示各计算工况下的曲线。图中的静水压力是在没有考虑水力劈裂安全系数下的取值，即为式(1-22)中 $\gamma_w \cdot H_1$，最小主应力是洞周围岩在全断面帷幕注浆下开挖并作喷锚支护后的应力场，即为式(1-22)中 $\sigma_{\mathrm{II}\min}$。可以看出绝大部分施锚区围岩所在位置处的最小主应力均比静水压力要小，只有靠近洞室底部外圈的少数单元的最小主应力会略大于静水压力，这样，根据水力劈裂准则，衬砌外围的围岩无法形成承载圈。

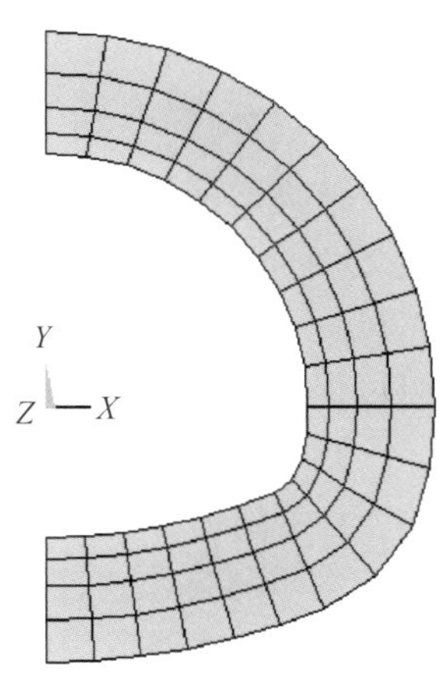

图 1-8 洞周施锚区范围

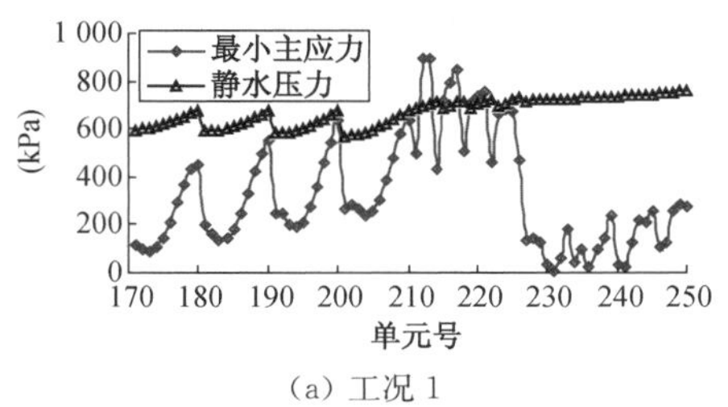

(a) 工况 1

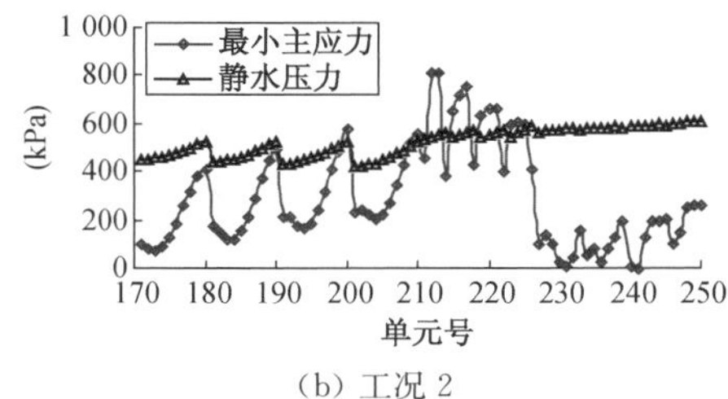

(b) 工况 2

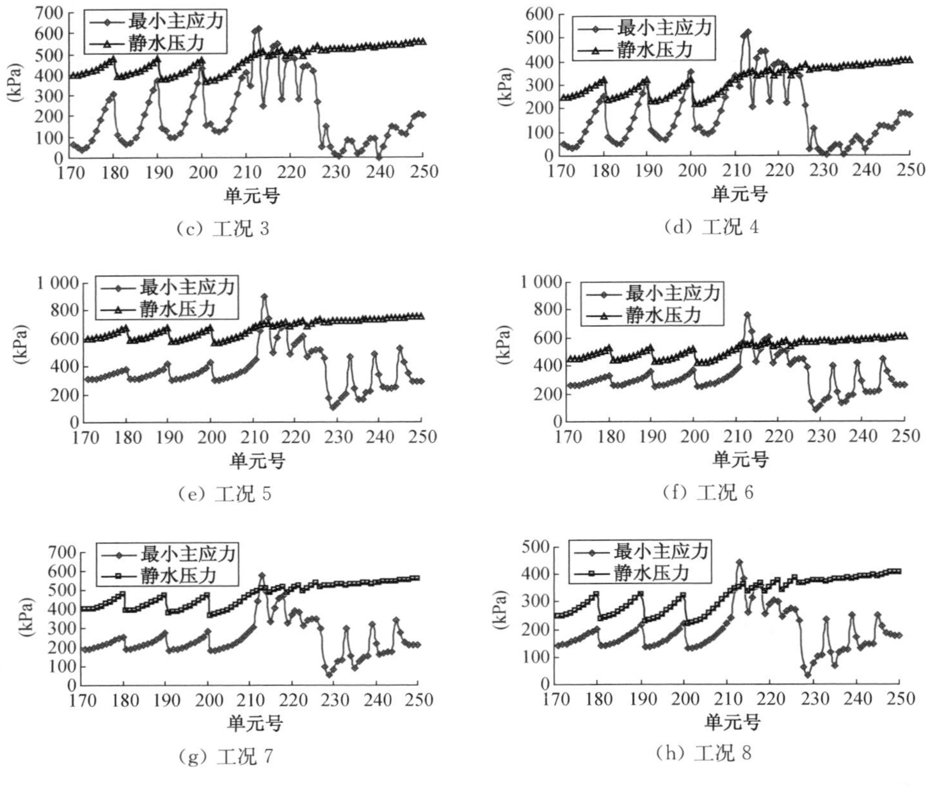

(c) 工况 3　(d) 工况 4

(e) 工况 5　(f) 工况 6

(g) 工况 7　(h) 工况 8

图 1-9　单元最小主应力和静水压力的比较

1.2.6　本节小结

该海底隧道海域段基本上处于弱微风化花岗岩岩层，主要的不良地质区段为 F_1，F_2，F_3 三处全强风化深槽和 F_4 风化囊。谋求最大限度地降低隧道穿越海域风化槽/囊时的施工风险，是工程建设成败的关键。通过海底隧道围岩最小覆盖层和最小承载圈厚度的研究，可以保证隧道设计的安全和经济，减少隧道开挖施工中的技术难度。

1）主要研究结论

(1) 隧道开挖后，其上覆围岩在达到或超过相应的最小覆盖层厚度($H \geqslant H_{min}$)时，围岩能够自承与自稳。这时，只有围岩承载拱以下部分的岩体重量才下传至由衬砌结构承受。

(2) 海底隧道最小覆盖层厚度受围岩级别、洞室跨度、洞形和海水压力等因素的影响。围岩级数越大(指Ⅳ，Ⅴ，Ⅵ等级数，即围岩越松散破碎)，相应地所需的围岩最小覆盖层厚度则越大；洞室跨度越大，或呈扁坦形拱圈时，围岩所需的最小覆盖层厚度也越大；基岩层面上的外荷载(包括海水压力和残积土荷载)越大，其最小覆盖层厚度也需相应加大。

(3) 按现行《公路隧道设计规范》方法确定围岩最小覆盖层厚度借用的基本上是铁路隧道经验公式。公路隧道与铁路隧道相比，在限界、拱形、跨度、高跨比等方面有其自身的特点，引用铁路隧道经验公式必然存在较大的误差。与传统压力拱理论计算结果的比较也表明，规范方法常偏于保守而不能确切反映其工作实际。

(4) 海底隧道围岩压力受围岩级别、洞室跨度、洞形和地下水等因素的影响而变化。如上述围岩级数越大(即越松散破碎)，相应的围岩压力也越大；洞室跨度越大，围岩压力越大；对于浅埋地段，基岩层面上的外荷载越大，围岩压力也越大。

(5) 该海底隧道左、右线主隧道的最大垂直围岩压力和最大水平围岩压力均位于 F_4 破碎带地段;服务隧道最大垂直围岩压力和最大水平围岩压力则位于两端洞口暗挖段。

(6) 与其他几种计算方法相比,由公路隧道设计规范方法计算所得的围岩压力数值偏大,用于隧道设计中将偏于保守和安全。

(7) 由数值分析,根据水力劈裂准则,海底隧道衬砌外圈围岩将不能形成外水压承载圈。故而,在进行隧道二衬设计时,不应计入围岩承载圈的作用。这样,在 F_4 风化囊区段,在衬砌厚度一般允许的情况下(如≤1.5 m),全部外水压力由衬砌结构独自完全承担,而设计成全水压、全封闭式的内衬结构是合理和可行的。

2) 对本项研究的认识与建议

(1) 从本项研究成果看,根据公路隧道设计规范确定围岩最小覆盖层厚度和围岩压力,结果大多偏于保守,这有助于工程安全。本项研究中给出的围岩最小覆盖层厚度和围岩压力建议值,也是取几种计算结果的大值,以策安全。

(2) 岩土业界的一些人士认为,岩体内的外水压力应进行适当折减后再作用于隧道内衬结构。海底隧道的风化槽/囊区段岩体裂隙和地下水通道发育,地下水受海水补给充分,进行隧道二衬设计时,在现时未有严格可靠实测数据的条件下,建议以全水头考虑外水压力作用,这是偏安全的,设计上也更有保证。

(3) 地下水处理是否得当是海底隧道建设成败的关键。在风化槽/风化囊区段,建议采用全断面帷幕注浆并加止水衬砌,以封堵地下水。施工中,应严格控制注浆质量,确保工程开挖与衬护顺利进行。

3) 有待进一步研讨的问题

(1) 数值方法可以考虑洞室形状、跨度、围岩类别、地下水、施锚区等多种因素的影响。若能找到合适的判别准则,采用数值方法确定海底隧道最小覆盖层厚度,并与本项研究的理论计算结果进行比较验证,则结果当会更加合理、有据。

(2) 风化深槽/风化囊区段岩体松散、破碎,流变效应显著,围岩压力随时间而增长变化。因此,在确定围岩压力时,考虑岩体的流变时效作用是很有必要的。

(3) 海水外水压力是以全水头还是经折减后作用于二衬结构之上,应视岩体属性而抉择,目前仍是应研究的重点和热点。

(4) 本项研究中,在判断是否存在并确定围岩承载圈厚度时,将地下水的作用以面力的形式给出,并按施加于海床面上作简化考虑。实际上,地下水在岩体裂隙中运动,是以体力的形式与岩体相互作用的。因此,考虑渗流场与岩体应力场之间的耦合,进而得到围岩开挖二次应力场和位移场,并据此判断围岩承载圈的存在与否并确定其承载圈厚度,应该是更为合适的,有待进一步深化探究。

1.3 海底隧道围岩抗力系数的理论分析及其设计应用

1.3.1 研究意义和内容

人们对隧道围岩作用的认识,一开始认为其仅为对隧道衬砌结构施加荷载的来源,经过长期工程实践,逐渐意识到围岩不仅是隧道结构物的荷载来源,同时还与衬砌一道共同工作,因结构向围岩变形而形成被动抗力以承受一部分由于衬砌受力变形产生的约束作用,它与地层中的结构物共同组成一个统一的受力体系。

在目前隧道设计方法中,大多仍采用局部变形理论[即文克尔(Winkler)假定]指导隧道衬砌设计，其中围岩抗力系数是一个极其重要的基础计算参数，它的取值与衬砌设计内力关系密切。在一般山岭隧道衬砌的设计过程中，设计人员通常采用查表来确定围岩抗力系数，鉴于本项目为国内首条大跨度和曲墙扁坦拱形的海底公路隧道，且在高水头外水压作用下，围岩抗力系数的取值关系到设计计算的正确性，而又无相关针对性好的表格可供查选取用，《公路隧道设计规范》中的相应查表值又过于粗略，对此处参照意义不大，为此，必须对其作专门研究再妥慎选定。

如前所述，隧道围岩不仅被视为传递上覆荷载的介质，其自身更具有极为可观的自承能力，并对衬砌结构的变形提供约束抗力，从而大大增加了衬砌的承载能力。正确评价并充分估计围岩的这种被动性的约束抗力，对减小衬砌厚度并进而减少隧道石方开挖量、降低工程造价，都有着巨大的作用。

围岩抗力数值的大小与各种影响因子：围岩强度、节理裂隙等弱面的发育程度、断层破碎带和含水地层的分布等许多因素有关，因而规范中对各类围岩分别拟定的围岩抗力系数的取值范围变化幅度很大，含许多不定的随机因素。设计时如何确切选取合适的值常感十分困难。笔者认为，查表取值法通常应局限于一般性量大面广的中小型隧道设计。

目前，所能得到的围岩抗力系数取值范围来源于大量的单线铁路隧道围岩抗力的实测资料及对长期积累的设计成功经验的总结。依据公路隧道设计新规范，两相邻隧道间的最小间距应按围岩地质条件及隧道断面尺寸和施工方法等因素确定：一般情况下，在Ⅳ～Ⅴ类围岩中为(2.5～3.5)B(B 为隧道的跨度)；而在Ⅱ～Ⅲ类围岩中则为(1.5～2.0)B(B 为隧道跨度)[见《公路隧道设计规范》(JTG D70—2004)第 4.3.2 条]。该海底公路隧道在比上述规定更近的范围内分别布置着左线隧道、右线隧道以及服务隧道三条分离式的独立三洞，此处，服务隧道建成后净宽 4.94 m，主隧道建成后净宽 14.35 m。两主隧道中心线距服务隧道中心线距离均为 28 m，隧道围岩为Ⅱ，Ⅲ，Ⅳ，Ⅴ类围岩，比规范规定的最小值还小，在空间上三者必然会在一定程度上相互影响各自衬砌墙背围岩抗力的发挥，因此，围岩抗力系数在本项研究中还应考虑实际隧道位置产生的空间相互作用效应，不宜简单套用现成的经验查表值。

根据围岩可能出现的多种状况，分别采用弹性理论、弹塑性理论以及统一强度理论，结合有限环计算模型进行推导，得出了符合文克尔假定条件多种计算模型条件下的围岩抗力系数值的封闭解析表达式。

众所周知，此处从理论上释义可见：

严格符合局部变形理论和上述文氏假定条件的情况是：圆形毛洞沿洞周内缘施加均匀分布的压力面力 σ 作用，其计算所得的围岩抗力系数值 K(图 1-10)为：

$$K=\frac{\sigma}{\delta}$$

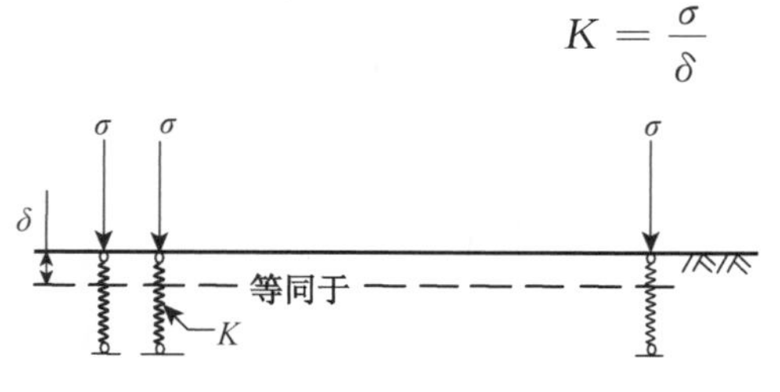

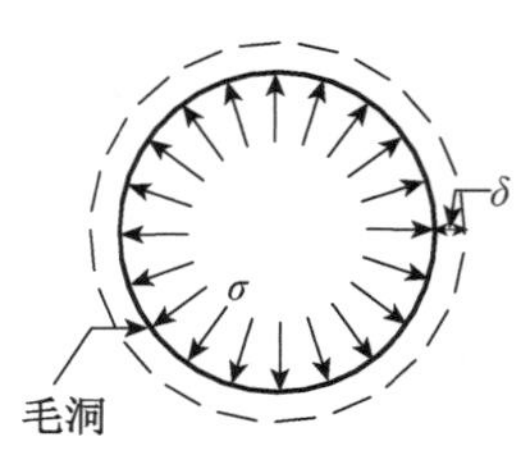

图 1-10　理论释义图

式中，δ 为沿洞周径向产生指向围岩的位移。

这样，就为求找严格的解析解提供了可能。

1.3.2　围岩抗力系数的理论与方法

1）局部变形理论

目前，隧道设计规范采用的计算围岩抗力系数的方法主要是源于局部变形理论（Winkler 假定）。Winkler 假定将地基简化为一系列彼此相互独立的地基弹簧，当外荷载作用于某个弹簧时，变形仅出现在该弹簧位置，其他弹簧保持原有状态而不受任何力的作用与影响。在应用于工程实际情况时，由于将连续地基离散化，忽略了地基弹簧间的摩擦力传递，必然会引起理论计算结果与实际情况的偏差。但如上述，在圆形洞型情况下，假若洞周受到均匀内压，此时采用该假定得到的理论解和实际情况则是严格精确的，完全符合 Winkler 假定。

2）规范相关规定（以下各小节的序号编号见原规范的相应条文）

（1）《公路隧道设计规范》（JTG D70—2004）条文

9.2　衬砌计算

9.2.1　深埋隧道中的整体式衬砌、浅埋隧道中的整体式与复合式衬砌，以及明洞衬砌等均应采用结构荷载法。深埋隧道中的复合式衬砌也可采用结构荷载法。

9.2.2　采用荷载结构法计算隧道衬砌的内力和变形时，应通过考虑弹性抗力等体现围岩对衬砌变形的约束作用。弹性抗力的大小及分布，对回填密实衬砌结构可采用局部变形理论。按式（9.2.2）计算确定。

$$\sigma = K\delta \tag{9.2.2}$$

I.0.1　设计原理（见规范附录 I）

按荷载结构法的设计原理，认为隧道开挖后地层的作用主要是对衬砌结构产生荷载并提供被动抗力以约束变形位移，衬砌结构应能安全可靠地承受地层压力等荷载的作用。计算时将支护和围岩分开考虑，支护结构是承载主体，围岩作为荷载的来源和支护结构的弹性支承，按地层分类法或由实用公式确定地层压力，然后按弹性地基上结构物的计算方法计算衬砌内力，并进行结构截面设计。

这种方法的特点是概念清楚，计算简单，但是没有完全如实地反映出洞室开挖后围岩应力的实际动态对支护结构的作用。

该规范中关于围岩抗力系数取值的规定，见表 1-21。

表 1-21　各级围岩的物理力学指标标准值

围岩级别	重度 γ (kN/m^3)	弹性抗力系数 k (MPa/m)	变形模量 E (GPa)	泊松比 μ	内摩擦角 φ (°)	黏聚力 c (MPa)	计算摩擦角 φ_c (°)
Ⅰ	26～28	1 770～2 800	>33	<0.2	>60	>2.1	>78
Ⅱ	25～27	1 200～1 770	20～33	0.2～0.25	50～60	1.5～2.1	70～78
Ⅲ	23～25	500～1 200	6～20	0.25～0.3	39～50	0.7～1.5	60～70
Ⅳ	20～23	200～500	1.3～6	0.3～0.35	27～39	0.2～0.7	50～60
Ⅴ	17～20	100～200	1～2	0.35～0.45	20～27	0.05～0.2	40～50
Ⅵ	15～17	<100	<1	0.4～0.5	<20	<0.2	30～40

(2)《铁路隧道设计规范》(TB 1003—2001)条文

10.1　一般规定

10.1.3　计算隧道整体式衬砌时，应考虑围岩对衬砌变形的约束作用，如弹性抗力。弹性抗力的大小及分布可根据衬砌在荷载作用下的变形、回填情况和围岩的变形性质等因素，采用局部变形理论，由式(10.1.3)计算确定：

$$\sigma = K\delta \tag{10.1.3}$$

10.1.3 条文说明

由理论分析和模型试验说明：隧道衬砌承载后将受到围岩对径向变形的约束，引起围岩的约束抗力，阻止衬砌向围岩变形的发展，从而改善衬砌的工作状态，提高衬砌的承载能力。这是地下结构区别于地面结构的主要标志，故在计算衬砌时应考虑围岩对衬砌变形的约束作用。

弹性抗力、衬砌与围岩的黏结力均属围岩的约束力，由于黏结力约束作用以往研究不多，今后应加强注意。

为了简化计算，弹性抗力的摩擦力对衬砌内力的影响可不考虑。由于切向摩擦力的存在，可以减小荷载分布的不均匀程度，从而改善结构的受力情况，这对结构安全储备是有利的。

(3)《水工隧洞设计规范》(SL 279—2002)条文

6.3　混凝土和钢筋混凝土衬砌

6.3.4　隧洞衬砌结构计算可根据衬砌结构特点、荷载作用形式、围岩条件和施工方法及各阶段的要求等，选取合适的计算方法和计算模型，并应符合下列规定：

1. 将围岩作为承载结构的隧洞，可采用有限元法进行围岩和衬砌的分析计算。计算时应根据围岩特性选取适宜的力学模型，并应模拟围岩中的主要构造。

2. 对于Ⅳ、Ⅴ类围岩中的洞段，可采用结构力学方法计算。

3. 对于无压隧洞可采用结构力学方法计算。

6.3.5　衬砌按结构力学方法计算时，围岩抗力的大小和分布，可根据实测变形数据、工程类比或理论公式分析确定。

6.3.5 条文说明

用结构力学法进行衬砌结构内力计算时，应根据围岩的实际情况考虑围岩的弹性抗力，如对Ⅳ、Ⅴ类围岩是否采用了围岩内部加固措施，加固效果如何；如对无压隧洞圆形断面可采用假定反力图形的方法；对非圆形断面可采用衬砌边值法中的弹性抗力系数等等。总之，围岩抗力的大小和分布，可根据现场实测或试验数据，通过工程类比和必要的分析研究确定。

1.3.3　利用有限环理论的围岩抗力系数计算

已见前述，按圆形洞室受均布内压作用可得围岩抗力系数 K 严格、精确的封闭解；为此，以下均据此就轴对称问题作解析计算。

1) 模型一：弹性模型

假定围岩为均匀、连续、各向同性的理想弹性体，此时的围岩抗力系数通常称为围岩弹性抗力系数。

Winkler 假定可表示为：

$$\sigma = K\delta \tag{1-23}$$

或者

$$p_1 = Ku \tag{1-24}$$

所以，围岩弹性抗力系数 K 为：

$$K = \frac{p_1}{u} \tag{1-25}$$

式中：p_1 ——由于衬砌向外变形，而在与围岩接触面上形成的围岩压力；

u ——洞壁的径向向外变形；

K ——围岩弹性抗力系数。

此时，围岩可视为内半径为 r_1、外半径为无穷大、受沿洞周均布内压力 p_1 的厚壁圆筒，如图 1-11 所示。

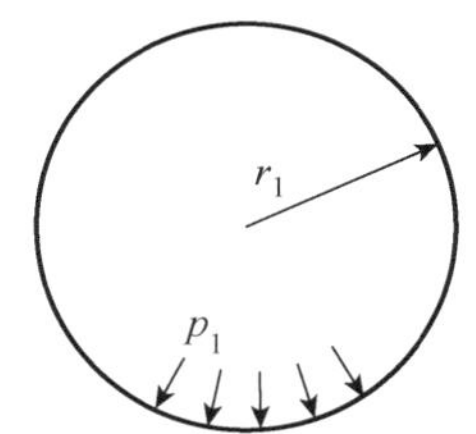

图 1-11　圆形隧道计算简图

由于隧道洞室是埋在无限大弹性体内的围岩之中，且隧道纵向长度远大于横向尺寸，所以实际洞室可以视作轴对称平面应变问题，对于这类问题采用极坐标十分便捷。公式(1-26)即表示在围岩为理想弹性体时，圆形隧道其弹性抗力系数的计算公式。

$$K = \frac{E_d}{(1+\mu_d)r_1} \tag{1-26}$$

2）模型二：有裂缝的弹性模型

实际岩体往往不能符合理想弹性体这一假定，由于开挖后卸荷和爆破震动影响，隧道周围一般可设定产生有一个环形裂缝区。设裂缝区内半径为 r_1、外半径为 r_2、所受内压力为 p_1，如图 1-12 所示。

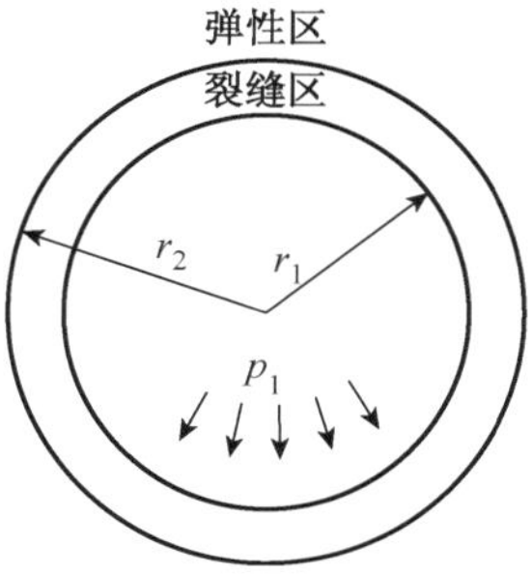

弹性区
裂缝区

图 1-12　有裂缝区围岩弹性抗力计算简图

对于裂缝区，只能传递径向压力，其切向抗拉强度为零。此时应力平衡方程为：

$$\frac{d\sigma_r}{dr} + \frac{\sigma_r}{r} = 0 \tag{1-27}$$

可以推导为：

$$K = \frac{E_d}{r_1(1+\mu_d)\left[(1-\mu_d)\ln\frac{r_2}{r_1}+1\right]} \tag{1-28}$$

根据实测资料，对于新鲜完整的岩体，$\ln\frac{r_2}{r_1}$ 一般可取为 1.1；对于页岩一类软弱岩体或多裂隙岩体，可取 5.7。

式(1-28)为有裂缝弹性围岩的抗力系数计算公式。

3）模型三：理想弹塑性模型

随着施工技术的进步，不少隧道采用全断面隧道掘进机施工，使得由上述施工开挖和爆破引起的裂缝区有可能完全避免。此外，在较高内压力作用下，部分围岩有可能进入塑性变形状态。

为了适合上述洞室开挖工况，采用弹塑性围岩计算模型。设想在均匀弹性的岩体中，有一个没有裂缝环的隧道，内壁受均匀压力 p_1 作用。当 p_1 较小时，围岩处于弹性状态；当 p_1 增大到某一数值时，隧道周围将产生部分塑性区，其厚度为 r_2-r_1，在塑性区外层则是弹性区，如图 1-13 所示。

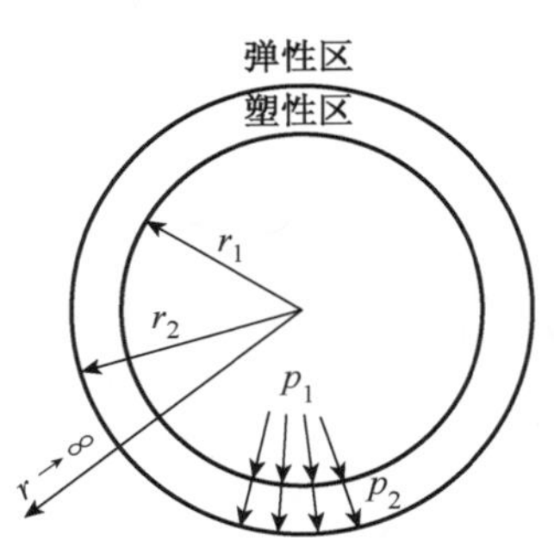

图 1-13　弹塑性计算模型

根据此计算模型，即可用弹性及塑性理论求解围岩抗力系数。即：

$$K=\frac{1}{\dfrac{(1+\mu_d)r_1\tau_s}{E_d p_1}\exp\left(\dfrac{p_1}{\tau_s}-1\right)} \tag{1-29}$$

或

$$K=\frac{E_d}{(1+\mu_d)r_1}\frac{p_1}{\tau_s}\exp\left(1-\frac{p_1}{\tau_s}\right) \tag{1-30}$$

$$r_2=r_1\exp\left[\frac{1}{2}\left(\frac{p_1}{\tau_s}-1\right)\right] \tag{1-31}$$

式(1-29)或式(1-30)，即为按理想弹塑性计算模型，围岩抗力系数的解析计算式。

4) 模型四：有裂缝的弹塑性计算模型

一般情况下，隧道围岩周围有环形裂缝区，其厚度为 r_2-r_1；裂缝区外围是一层塑性区，其厚度为 r_3-r_2；塑性区外围再是弹性区。这样隧道围岩可视为三层的有限环。裂缝区中只能传递径向压力，其切向抗拉强度为零，如图 1-14、图 1-15 所示。

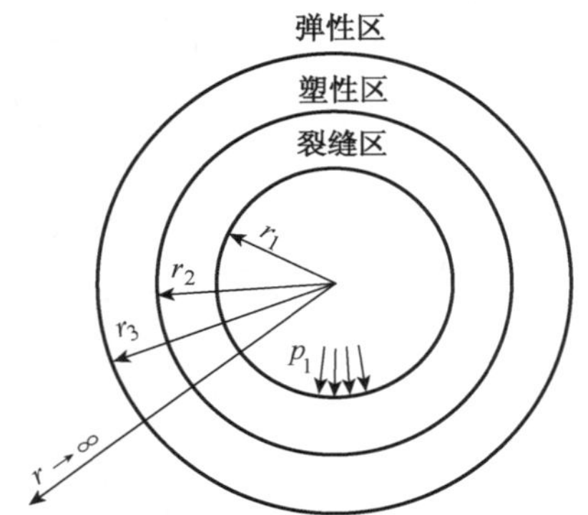

图 1-14　弹塑性裂缝围岩计算模型

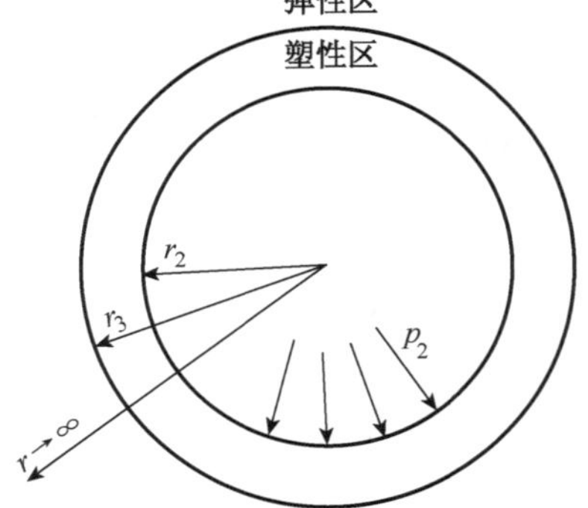

图 1-15　弹性区与塑性区

通过推导可得出公式：

$$K=\frac{1}{r_1\left[\dfrac{(1+\mu_d)\tau_s r_2}{E_d p_1 r_1}\exp\left(\dfrac{p_1 r_1}{\tau_s r_2}-1\right)+\dfrac{(1-\mu_d^2)}{E_d}\ln\dfrac{r_2}{r_1}\right]} \tag{1-32}$$

或

$$K=\frac{E_d}{r_1\left[(1+\mu_d)\dfrac{\tau_s r_2}{p_1 r_1}\exp\left(\dfrac{p_1 r_1}{\tau_s r_2}-1\right)+(1-\mu_d^2)\ln\dfrac{r_2}{r_1}\right]} \tag{1-33}$$

式(1-33)即为圆形隧道弹塑性裂缝模型围岩弹性抗力系数的通用计算公式。

5）模型五：塑性理论线性强化模型

在推导式(1-33)时，将围岩视为理想弹塑性体，采用全量理论中的小变形弹塑性理论。但岩体力学的大量试验都表明，岩体不是理想弹性体，在反复加载、卸载过程中，其残余变形十分突出；岩体也不是理想弹塑性体，不存在应力达到某一极限后变形将无约束地增加的应力应变关系。根据试验结果，在有足够大的侧压力约束条件下，岩体具有弹塑性强化趋势。

下面根据岩体变形曲线为折线或近似折线，按应力-应变曲线的相似性，采用塑性理论线性强化模型来建立新的计算公式，它无疑更符合实际情况。

一般情况下，隧道围岩周围有环形裂缝区，其厚度为 r_2-r_1；里面一层是塑性区，其厚度为 r_3-r_2；塑性区外围则是弹性区，如图 1-16 所示。

对于裂缝区，只能传递径向压应力，切向抗拉强度为零，此时应力平衡方程为：

$$\frac{d\sigma_r}{dr}+\frac{\sigma_r}{r}=0 \tag{1-34}$$

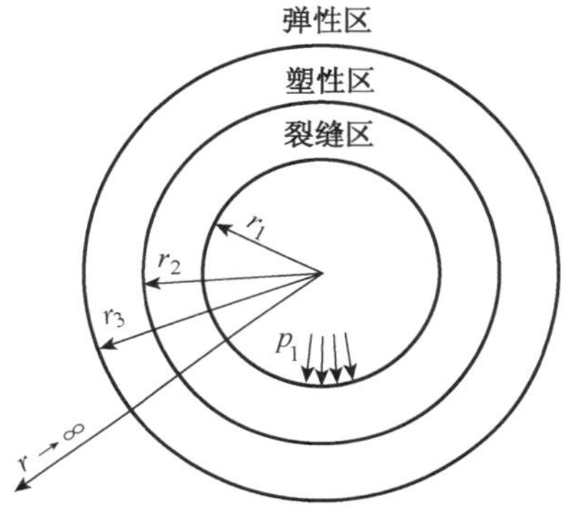

图 1-16　计算简图

将推导得围岩抗力计算公式为：

$$K=\frac{1}{r_1\left[\dfrac{1-\mu_0^2}{E_0}\ln\dfrac{r_2}{r_1}+\dfrac{\sqrt{3}(2-\mu_d)\sigma_s r_2}{3E_d p_1 r_1}\exp\left(\dfrac{\sqrt{3}p_1 r_1}{\sigma_s r_2}-1\right)-\dfrac{1-2\mu_d}{E_d}\right]} \tag{1-35}$$

为了简便，可以取 $E_d=E_0$，$\mu_d=\mu_0$。这样，围岩抗力计算公式则简化为：

$$K=\frac{1}{r_1\left[\dfrac{1-\mu_d^2}{E_d}\ln\dfrac{r_2}{r_1}+\dfrac{\sqrt{3}(2-\mu_d)\sigma_s r_2}{3E_d p_1 r_1}\exp\left(\dfrac{\sqrt{3}p_1 r_1}{\sigma_s r_2}-1\right)-\dfrac{1-2\mu_d}{E_d}\right]} \tag{1-36}$$

式(1-36)即为塑性区为理想塑性区计算模型的围岩抗力系数计算公式。

6）模型六：摩尔-库仑屈服条件计算模型

有必要说明的是，以塑性强化模型推求的围岩抗力系数 K 的计算公式是与米赛斯(Mises)屈服条件相关联的；而以理想弹塑性模型推求的围岩抗力系数 K 的计算公式则是与特雷斯卡(Tresca)屈服条件相关联的。上述两类计算模型，对于塑性岩石能给出较为满意的结果。鉴于目前在岩石力学领域与上述两个屈服条件相并行且使用更多的是摩尔-库仑

(Mohr-Coulomb)屈服条件,为此,有必要研究在摩尔-库仑屈服条件下的圆形隧道围岩抗力系数 K 的计算式。

一般情况下,隧道围岩周围有环形裂缝区,其厚度为 $r_2 - r_1$;里面一层是塑性区,其厚度为 $r_3 - r_2$;塑性区外围则是弹性区,如图 1-17 所示。

对于裂缝区,只能传递径向压应力,切向抗拉强度为零,此时应力平衡方程为:

$$\frac{\mathrm{d}\sigma_r}{\mathrm{d}r} + \frac{\sigma_r}{r} = 0 \tag{1-37}$$

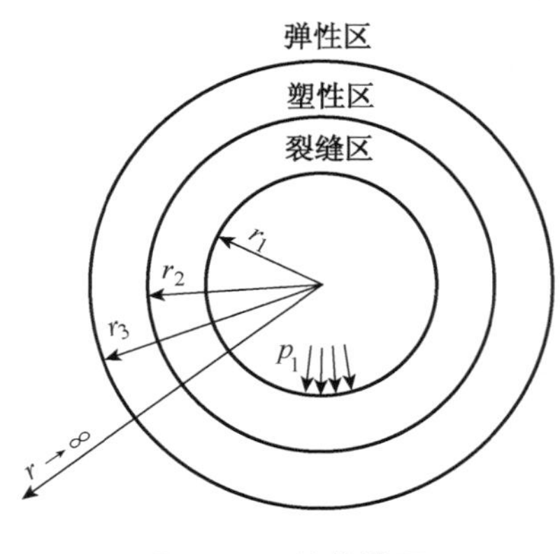

图 1-17　计算简图

经推导得出公式

$$K = \frac{1}{\dfrac{1-\mu_0^2}{E_0} r_1 \ln\dfrac{r_2}{r_1} + \dfrac{r_2}{E_\mathrm{d} p_1}\left\{-(1-2\mu_\mathrm{d})\dfrac{p_1 r_1}{r_2} - \left(\dfrac{p_1 r_1}{r_2} + c\cot\varphi\right)\left(1-\dfrac{1}{2}\mu_\mathrm{d}\right)\left[\dfrac{c\cot\varphi(1-\sin\varphi)}{c\cot\varphi + \dfrac{p_1 r_1}{r_2}}\right]^{\frac{1}{\sin\varphi}} \dfrac{2\sin\varphi}{1-\sin\varphi}\right\}} \tag{1-38}$$

式(1-38)即为摩尔-库仑屈服条件计算模型的围岩抗力系数计算公式。

7) 模型七:统一强度理论计算模型

摩尔-库仑屈服条件的优点在于简单实用,在岩土工程中得到了广泛应用,近期众多的研究表明:摩尔-库仑强度准则没有考虑中间主应力的影响而偏于保守,而大量的岩石力学试验结果已证实,中间主应力对岩石的强度有时会有大的影响,可使其增大 30%左右;其次,摩尔-库仑准则仅适用于 $\tau_\mathrm{s} = \dfrac{\sigma_\mathrm{t}\sigma_\mathrm{c}}{\sigma_\mathrm{t}+\sigma_\mathrm{c}}$ 的材料,其中 σ_t 是材料的抗拉强度,σ_c 是材料的抗压强度,大量岩石材料的真三轴试验结果与摩尔-库仑强度准则不符。俞茂宏教授于 1990 年提出的统一强度理论,将常见的各种强度理论统一于一个力学模型中,得出了以统一形式描述的表达式,它可以灵活应用于工程上的各种岩土和混凝土材料,为此,有必要考虑应用统一强度理论研究隧道围岩抗力系数。

一般情况下,隧道围岩周围有环形裂缝区,其厚度为 $r_2 - r_1$;裂缝区外围是一层塑性区,其厚度为 $r_3 - r_2$;塑性区外围是弹性区,即隧道围岩可视为 3 层有限环。裂缝区中只能传递径向压力,切向抗拉强度为零,如图 1-18 所示。

对于裂缝区,只能传递径向压力,其切向抗拉强度为零,此时应力平衡方程为:

$$\frac{\mathrm{d}\sigma_r}{\mathrm{d}r} + \frac{\sigma_r}{r} = 0 \tag{1-39}$$

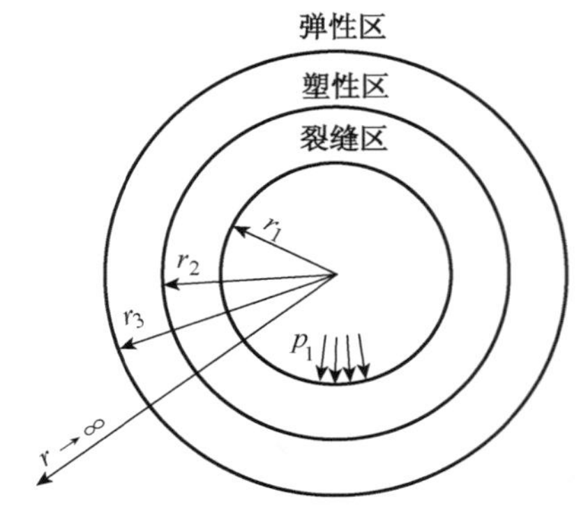

图 1-18　计算简图

可推导得公式

$$k=\frac{p_1}{\frac{(1-\mu_0^2)p_1r_1}{E_0}\ln\frac{r_2}{r_1}-\frac{1+\mu_d}{E_d}c_t\cos\varphi_t r_2\left(\frac{\frac{p_1r_1}{r_2}+c_t\cot\varphi_t}{c_t(\cot\varphi_t-\cos\varphi_t)}\right)^{-\frac{1-\sin\varphi_t}{\sin\varphi_t}}+\frac{(1+\mu_d)(1-2\mu_d)}{E_d}r_2\left\{c_t\cot\varphi_t\left[1-\left(\frac{\frac{p_1r_1}{r_2}+c_t\cot\varphi_t}{c_t(\cot\varphi_t-\cos\varphi_t)}\right)^{-\frac{1-\sin\varphi_t}{\sin\varphi_t}}\right]-\left(\frac{p_1r_1}{r_2}+c_t\cot\varphi_t\right)\left[1-\left(\frac{\frac{p_1r_1}{r_2}+c_t\cot\varphi_t}{c_t(\cot\varphi_t-\cos\varphi_t)}\right)^{-\frac{1}{\sin\varphi_t}}\right]\right\}}\tag{1-40}$$

式(1-40)即为利用双剪强度理论计算所得的围岩抗力系数公式。

下节将分别按以上推导的各种围岩模型，对此处海底隧道各区段所处不同围岩等级，作具体计算；所得的围岩抗力系数 K 将与按隧道设计规范建议的查表值作出比较，最后可对 K 值的推荐采用值提出建议，供设计部门参考、借量。

1.3.4　海底隧道各区段围岩抗力系数计算

公路隧道设计新规范(2004 年颁布发行)规定，隧道结构设计计算建议按“荷载-结构”法进行，这样围岩抗力系数 K 值的合理选用将是首要，也是最重要的计算参数。此处，按上节所演引得的各种围岩计算模型，对该海底隧道不同围岩登记的各个区段，分别作出具体计算。

1）计算参数

(1）洞室几何参数

根据设计资料，海底隧道左右双线隧道和服务隧道的设计开挖主体尺寸分别为：

主隧道——16.38 m(宽)×12.35 m(高)；

服务隧道——6.50 m(宽)×6.05 m(高)。

计算时取水平方向裸洞最大宽度的一半，作为裸洞等效圆的半径值，也即

主隧道：r=8.19 m(取 8.20 m)；服务隧道：r=3.25 m(取 3.30 m)。

此处适当考虑了毛洞扩挖的情况。

(2）土工物理力学参数

根据工程场区地质详勘资料，场区内暗挖段基岩按其风化程度可划分成五类区带，分别是：全风化带(地层代号：W_4)、强风化带(地层代号：W_3)、弱风化带(地层代号：W_2)、微风化带(地层代号：W_1)、微风化岩破碎带(地层代号：f)。暗挖隧道场区岩土体工程特性及其设计参数的建议值见表 1-22。

表 1-22　暗挖隧道场区岩土体工程特性及其设计参数的建议值

地层代号	岩土名称	工程特性	重度 γ (kN/m³)	动弹性模量 E_d (GPa)	动剪切模量 G_d (GPa)	静弹性模量 E (GPa)	泊松比 μ	计算摩擦角 φ (°)	摩擦系数(圬工与围岩) f
Q_3^{al+pl}	黏性土	中等压缩性，承载力较高	20						0.3
	黏土质砂		19						0.3

（续表）

地层代号	岩土名称	工程特性	重度 γ (kN/m³)	动弹性模量 E_d (GPa)	动剪切模量 G_d (GPa)	静弹性模量 E (GPa)	泊松比 μ	计算摩擦角 φ (°)	摩擦系数（圬工与围岩）f
Q^{el}	砂质黏土，亚黏土	中等压缩性，承载力较高	18						0.3
W_4	全风化带	中等压缩性，承载力较高	18	0.7	0.2	0.1	0.48	25	0.3
W_3	强风化带	中等压缩性，承载力较高	19	2.4	0.8	1	0.46	30	0.4
W_2	弱风化带	连续性差，不均匀，抗剪、抗拉强度小	25	33	13	25	0.29	50	0.5
W_1	微风化带	连续性好，均匀，抗剪、抗拉强度高	26.5	63	26	40	0.20	70	0.6
f	微风化岩破碎带	连续性较差，抗剪、抗拉强度较低	26	35	14	25	0.28	55	0.5

（3）其他计算参数

① 形变荷载

根据相关研究结果，衬砌作用在围岩上的荷载随着上覆层厚度以及围岩条件的变异而发生相应的变化，各研究重点区段作用的荷载具体采用值见表 1-23、表 1-24。

表 1-23　Ⅴ级围岩计算荷载结果汇总　　(kPa)

区段	左线隧道		服务隧道		右线隧道	
	起讫里程	荷载	起讫里程	荷载	起讫里程	荷载
洞口暗挖段	EZK6+540—EZK7+486	467	ENK6+504—ENK7+304	263	EYK6+559—EYK7+318	417
F_1破碎带	EZK8+257—EZK8+305	470	ENK8+290—ENK8+379	173	EYK8+324—EYK8+460	456
F_4破碎带	EZK8+875—EZK8+972	476	ENK8+922—ENK8+992	173	EYK8+960—EYK9+004	491
F_2破碎带	EZK10+164—EZK10+207	470				
F_3破碎带			ENK10+614—ENK10+708	173	EYK10+596—EYK10+660	473
洞口暗挖段	EZK11+268—EZK12+175	460	ENK11+290—ENK12+102	263	EYK11+307—EYK12+252	447

表 1-24　Ⅳ级围岩计算荷载结果汇总　(kPa)

区　段	左线隧道		服务隧道		右线隧道	
	起讫里程	荷载	起讫里程	荷载	起讫里程	荷载
洞口暗挖段	EZK7+486—EZK7+521	192	ENK7+304—ENK7+500	116	EYK7+318—EYK7+530	192
F_1破碎带	EZK8+242—EZK8+257	192	ENK8+379—ENK8+392	116	EYK8+460—EYK8+540	192
F_4破碎带	EZK8+860—EZK8+875	192	ENK8+992—ENK9+004	116	EYK9+004—EYK9+021	192
F_2破碎带			ENK10+175—ENK10+208	116		
F_3破碎带	EZK10+664—EZK10+708	192			EYK10+660—EYK10+690	192
洞口暗挖段	EZK11+228—EZK11+268	192	ENK11+210—ENK11+290	116	EYK11+151—EYK11+307	380

② 岩土抗拉强度σ_s和抗剪强度τ_s

根据该海底隧道地质详勘资料，岩土抗拉强度σ_s和抗剪强度τ_s分别按照表 1-25 取用。

表 1-25　各类围岩的抗拉强度σ_s和抗剪强度τ_s

地层代号及岩土名称	黏聚力 c (kPa)	内摩擦角 φ (°)	抗剪强度 τ_s (MPa)			抗拉强度 σ_s (MPa)			备注
			左线隧道	服务隧道	右线隧道	左线隧道	服务隧道	右线隧道	
W_4(全风化带)	22.5	26.0	0.25	0.11	0.26	0.10	0.05	0.11	隧道水域
W_3(强风化带)	29.1	29.4	0.29	0.13	0.31	0.12	0.05	0.13	隧道水域
W_4(全风化带)	24.1	23.0	0.22	0.14	0.22	0.09	0.06	0.09	隧道陆域
W_2(弱风化带)	400	50	3.19			1.31			σ_c = 46.87 MPa
W_1(微风化带)	>0.7	>60	10.2			7.65			

注：1. W_2(弱风化带)一栏，其抗剪强度$\tau_s=0.068\sigma_c$和抗拉强度$\sigma_s=0.028\sigma_c$的经验关系，摘自林宗元《岩土工程勘察设计手册》，辽宁科学技术出版社，1996 年版，σ_c为抗压强度。

2. W_3(强风化带)和W_4(全风化带)，其抗剪强度按照摩尔-库仑公式$\tau_s=c+\sigma\tan\varphi$，根据各自承受的垂直荷载大小，计算得出左线隧道、右线隧道和中间服务隧道的围岩抗剪强度值，抗拉强度值按照注 1 由经验公式$\sigma_s=\frac{0.028}{0.068}\tau_s$计算得到。

③ 裂缝区影响范围

在按前节得出的 7 种理论计算模型中，有 5 种模型中出现裂缝环，因此，有必要考虑裂缝影响范围。具体可按下述方法选取。

对于模型 2，按经验关系式计算裂缝影响范围的半径，即

$$\ln\frac{r_2}{r_1}=1.1 \tag{1-41}$$

式中：r_2 ——裂缝环半径；

r_1 ——隧道开挖范围的等效圆半径。

其他模型的裂缝影响范围，根据隧道大量爆破的经验数据，通过类比方法，得出不同爆破方法对不同围岩的破坏深度，具体如下：

全风化带（岩体完整性极差）、强风化带（岩体完整性很差），采用预裂爆破、光面爆破、普通爆破引起的围岩破坏深度大约分别为 0.87 m，1.23 m 和 1.45 m。

弱风化带（岩体完整性较好）、破碎微风化带（岩体完整性尚好）和微风化带（岩体完整性好）区段，采用预裂爆破、光面爆破、普通爆破引起的围岩破坏深度为 0.4～0.6 m，0.8～1.0 m 和 1.0～1.2 m。

在主隧道爆破设计时，在全风化、强风化花岗岩区段，建议采用光面爆破（或者定向预裂爆破），并进行台阶法开挖，所以，对于Ⅳ～Ⅴ类围岩，为偏安全计，其破坏影响深度取 1.23 m，即

$$r_2 = r_1 + 1.23 \tag{1-42}$$

式中符号含义与式(1-41)同。

2）不同围岩级别各区段的围岩抗力系数

（1）隧道围岩分级

根据该海底隧道岩土工程地质水文地质特征，按《公路隧道设计规范》(JTG D070—2004)第三章第六节隧道围岩分级方法，并从初步设计确定的隧道埋深，将隧道围岩分为Ⅴ，Ⅳ，Ⅲ，Ⅱ，Ⅰ共 5 级。

① Ⅴ级围岩

分布在隧道两端和海域风化槽/囊处，其中左运营隧道：6＋540—7＋486，8＋257—8＋307，8＋875—8＋972，10＋164—10＋207，11＋009—11＋228，11＋268—12＋485，累计总长 2 572 m；右运营隧道：6＋559—7＋318，8＋324—8＋460，8＋960—9＋004，10＋596—10＋660，10＋983—11＋151，11＋307—12＋510，累计总长 2 374 m；服务隧道：6＋542—7＋304，8＋290—8＋379，8＋922—8＋992，10＋614—10＋708，10＋996—11＋052，11＋290—12＋510，累计总长 2 291 m。浅部上覆围岩以全强风化花岗闪长岩、全强风化中粗粒黑云母花岗岩为主，海域风化槽/囊处的极破碎弱风化岩也归纳到Ⅴ级围岩。除两岸陆域段外，此级围岩多处于海域或潮间带，全强风化岩体对水的浸透作用十分敏感，岩体易崩解，在地下水位以下部分没有自稳能力，围岩开挖后拱部无支撑易产生大坍塌；侧壁易失稳、易出现小坍塌，应先加固后再开挖；海域风化槽/囊处的极破碎弱风化围岩也应先加固后开挖。

② Ⅳ级围岩

沿隧道全长和纵向全断面均有分布，其洞身虽在弱微风化岩层中，但隧道洞顶岩层安全厚度小于 10 m 或 15 m，尤其在海域风化槽两侧边坡，是Ⅴ级围岩和Ⅱ，Ⅰ级围岩的过渡带。其中，左运营隧道：7＋486—7＋521，8＋242—8＋257，8＋307—8＋339，8＋444—8＋472，8＋860—8＋875，8＋972—8＋985，10＋664—10＋708，10＋980—11＋008，累计总长 210 m；右运营隧道：7＋318—7＋530，8＋316—8＋324，8＋460—8＋540，8＋941—8＋960，9＋004—9＋021，10＋586—10＋596，10＋660—10＋690，10＋934—10＋983，11＋151—11＋307，累计总长 581 m；服务隧道：7＋304—7＋500，7＋602—7＋678，8＋278—8＋290，8＋392—8＋468，8＋904—8＋922，8＋992—9＋004，9＋360—9＋381，10＋

175—10+208，10+982—10+996，11+052—11+090，11+266—11+290，累计总长517 m。该级围岩以弱风化岩为主，岩体较破碎（在海域风化槽两侧边坡段，岩体破碎），K_v 值=0.52，R_c 平均值=46.87，巴顿质量系数 BQ=360，[BQ]=260。由于隧道毛跨达16 m以上，洞顶岩层安全厚度小于10 m或15 m，围岩开挖后无自稳能力，拱部无支护时可产生较大的坍塌，侧壁易失稳；在海域风化槽两侧边坡段，应先加固后再开挖。

③ Ⅲ级围岩

主要分布在Ⅳ级围岩与Ⅱ，Ⅰ级围岩的过渡带，洞身多处于微风化岩体中，隧道洞顶岩层安全厚度略小于10 m或15 m，其中，左运营隧道：7+521—7+566，8+420—8+444，8+472—8+484，10+150—10+164，10+207—10+218，10+650—10+664，10+708—10+751，10+913—10+980，11+228—11+268，累计总长270 m；右运营隧道：7+530—7+592，8+300—8+316，8+540—8+560，9+353—9+396，10+690—10+768，10+838—10+934，累计总长315 m；服务隧道：7+500—7+602，7+678—7+712，8+251—8+278，8+392—8+450，8+468—8+488，9+004—9+024，9+338—9+360，9+381—9+396，10+708—10+732，10+964—10+982，11+090—11+266，累计总长516 m。该级围岩以微风化岩为主，岩体较完整，裂隙较发育，K_v 值=0.67，R_c 值在60.1～154.3之间，平均值93.53，取 R_c=60.3，BQ=438，[BQ]=358。拱部无支护时可产生小坍塌，侧壁基本稳定，爆破震动过大时亦易坍塌。

④ Ⅱ级围岩

Ⅱ级围岩洞身处于微风化岩体中，隧道洞顶岩层安全厚度略大于15 m，且以微风化岩体为主，其中，左运营隧道：8+218—8+242，8+484—8+496，8+985—9+100，9+922—10+150，10+218—10+270，10+588—10+650，10+751—10+913，累计总长655 m；右运营隧道：8+924—8+941，9+021—9+052，9+326—9+353，9+396—9+432，10+177—10+250，10+540—10+586，10+768—10+838，累计总长297 m；服务隧道：8+236—8+251，8+882—8+904，10+120—10+175，10+208—10+248，10+584—10+614，10+732—10+964，累计总长397 m。该级围岩岩体较完整，裂隙较发育但呈密闭型，K_v 值=0.73，R_c 平均值93.53，BQ=553，[BQ]=493。开挖后暴露时间较长时可能出现局部小坍塌，侧壁稳定；如存在缓倾角的裂隙，顶部岩块易沿裂隙塌落。

⑤ Ⅰ级围岩

Ⅰ级围岩洞身处于微风化岩体中，隧道洞顶岩层安全厚度大于15 m，且在隧道洞顶15 m内岩层为微风化花岗闪长岩，其中，左运营隧道：7+566—8+218，8+339—8+420，8+496—8+860，9+100—9+922，10+270—10+580，累计总长2 229 m；右运营隧道：7+592—8+300，8+560—8+924，9+052—9+326，9+432—10+177，10+250—10+544，累计总长2 388 m；服务隧道：7+712—8+236，8+488—8+882，9+024—9+338，9+396—10+120，10+248—10+584，累计总长2 292 m。该级围岩岩体完整，裂隙不发育，K_v 值=0.82，R_c 平均值93.53，BQ=575，[BQ]=555。围岩稳定，无坍塌；初步设计阶段在CZK3B孔进行了地应力测试，分析成果表明：隧道洞深最大水平主应力约为3.0 MPa，属于低应力区（不足其饱和抗压强度的 $\frac{1}{20}$），方位为N30W—N45W，即NNW向（与隧道轴向正交），从应力角度对该隧道洞身段进行岩爆预测分析认为，该隧道在施工期无岩爆现象发生；但在Ⅰ级围岩段，微风化的花岗闪长岩岩体新鲜完整、质地坚硬、性脆、抗压强度高、裂隙不发育，存在产生岩爆的岩性条件，在隧道开挖后围岩会产生应力集中现象，而且由于钻爆法施工，洞壁凸凹不平会增加洞壁应力集中程度，沿洞壁凸凹不平壁面处会形成破裂松弛型岩爆。

(2) 围岩抗力系数计算

根据上述的围岩分级情况，计算各级围岩的抗力系数。具体某级围岩采用何种计算模型恰当，应由其自身的工程特性综合决定。在本项目研究中按下面建议采用不同的计算模型：

① 对于Ⅰ～Ⅲ级围岩，由于处于 W_1 地层中，属于微风化带岩体，连续性好，均匀，其抗剪和抗拉强度高，故建议采用弹性模型及裂缝弹性模型计算围岩抗力系数。

② 对于Ⅳ～Ⅴ级围岩，由于处于 W_2 地层中，属于弱风化带，工程特性为连续性差，不均匀，其抗剪和抗拉强度低，不宜采用弹性模型和带裂缝的弹性模型，所以建议依次采用模型3—模型7进行计算，可得到相应各区段围岩抗力系数。

3) 计算结果分析及围岩抗力系数的建议采用值

(1) 计算公式及相应参数汇总

① 模型1：

$$K=\frac{E_d}{(1+\mu_d)r_1}$$

式中参数：$E_d=40\ 000\ \text{MPa}$，$\mu_d=0.20$，$r_1=\begin{cases}8.20\ \text{m(主隧道)}\\3.30\ \text{m(服务隧道)}\end{cases}$。

② 模型2：

$$K=\frac{E_d}{r_1(1+\mu_d)\left[(1-\mu_d)\ln\dfrac{r_2}{r_1}+1\right]}$$

式中参数：$E_d=40\ 000\ \text{MPa}$，$\mu_d=0.20$，$r_1=\begin{cases}8.20\ \text{m(主隧道)}\\3.30\ \text{m(服务隧道)}\end{cases}$，$\ln\dfrac{r_2}{r_1}=1.1$。

③ 模型3：

$$K=\frac{E_d}{(1+\mu_d)r_1}\frac{p_1}{\tau_s}\exp\left(1-\frac{p_1}{\tau_s}\right)$$

式中参数：$r_1=\begin{cases}8.20\ \text{m(主隧道)}\\3.30\ \text{m(服务隧道)}\end{cases}$；

Ⅳ级围岩(W_2)：

左线隧道$\begin{cases}E_d=25\ \text{GPa}\\\mu_d=0.29\\p_1=0.192\ \text{MPa}\\\tau_s=3.19\ \text{MPa}\end{cases}$；服务隧道$\begin{cases}E_d=25\ \text{GPa}\\\mu_d=0.29\\p_1=0.116\ \text{MPa}\\\tau_s=3.19\ \text{MPa}\end{cases}$；右线隧道$\begin{cases}E_d=25\ \text{GPa}\\\mu_d=0.29\\p_1=0.192\ \text{MPa}\\\tau_s=3.19\ \text{MPa}\end{cases}$；

右线隧道桩号区域为EYK11+151—EYK11+307，$p_1=0.380\ \text{kPa}$；

Ⅴ级围岩(W_3)：

左线隧道$\begin{cases}E_d=1\ \text{GPa}\\ \mu_d=0.46\\ p_1=0.470\ \text{MPa}\\ \tau_s=0.29\ \text{MPa}\end{cases}$；服务隧道$\begin{cases}E_d=1\ \text{GPa}\\ \mu_d=0.46\\ p_1=0.176\ \text{MPa}\\ \tau_s=0.13\ \text{MPa}\end{cases}$；右线隧道$\begin{cases}E_d=1\ \text{GPa}\\ \mu_d=0.46\\ p_1=0.490\ \text{MPa}\\ \tau_s=0.31\ \text{MPa}\end{cases}$；

Ⅴ级围岩(W_4)，水域部分：

左线隧道$\begin{cases}E_d=0.1\ \text{GPa}\\ \mu_d=0.48\\ p_1=0.470\ \text{MPa}\\ \tau_s=0.25\ \text{MPa}\end{cases}$；服务隧道$\begin{cases}E_d=0.1\ \text{GPa}\\ \mu_d=0.48\\ p_1=0.176\ \text{MPa}\\ \tau_s=0.11\ \text{MPa}\end{cases}$；右线隧道$\begin{cases}E_d=0.1\ \text{GPa}\\ \mu_d=0.48\\ p_1=0.490\ \text{MPa}\\ \tau_s=0.26\ \text{MPa}\end{cases}$；

Ⅴ级围岩(W_4)，陆域部分：

左线隧道$\begin{cases}E_d=0.1\ \text{GPa}\\ \mu_d=0.48\\ p_1=0.460\ \text{MPa}\\ \tau_s=0.22\ \text{MPa}\end{cases}$；服务隧道$\begin{cases}E_d=0.1\ \text{GPa}\\ \mu_d=0.48\\ p_1=0.263\ \text{MPa}\\ \tau_s=0.14\ \text{MPa}\end{cases}$；右线隧道$\begin{cases}E_d=0.1\ \text{GPa}\\ \mu_d=0.48\\ p_1=0.450\ \text{MPa}\\ \tau_s=0.22\ \text{MPa}\end{cases}$。

④ 模型 4：

$$K=\frac{E_d}{r_1\left[(1+\mu_d)\dfrac{\tau_s r_2}{p_1 r_1}\exp\left(\dfrac{p_1 r_1}{\tau_s r_2}-1\right)+(1-\mu_d^2)\ln\dfrac{r_2}{r_1}\right]}$$

式中参数：$r_1=\begin{cases}8.20\ \text{m(主隧道)}\\ 3.30\ \text{m(服务隧道)}\end{cases}$；$r_2=r_1+1.23=\begin{cases}9.43\ \text{m(主隧道)}\\ 4.53\ \text{m(服务隧道)}\end{cases}$；

Ⅳ级围岩(W_2)：

左线隧道$\begin{cases}E_d=25\ \text{GPa}\\ \mu_d=0.29\\ p_1=0.192\ \text{MPa}\\ \tau_s=3.19\ \text{MPa}\end{cases}$；服务隧道$\begin{cases}E_d=25\ \text{GPa}\\ \mu_d=0.29\\ p_1=0.116\ \text{MPa}\\ \tau_s=3.19\ \text{MPa}\end{cases}$；右线隧道$\begin{cases}E_d=25\ \text{GPa}\\ \mu_d=0.29\\ p_1=0.192\ \text{MPa}\\ \tau_s=3.19\ \text{MPa}\end{cases}$；

右线隧道桩号区域为 EYK11+151—EYK11+307，$p_1=0.380$ MPa；

Ⅴ级围岩(W_3)：

左线隧道$\begin{cases}E_d=1\ \text{GPa}\\ \mu_d=0.46\\ p_1=0.470\ \text{MPa}\\ \tau_s=0.29\ \text{MPa}\end{cases}$；服务隧道$\begin{cases}E_d=1\ \text{GPa}\\ \mu_d=0.46\\ p_1=0.176\ \text{MPa}\\ \tau_s=0.13\ \text{MPa}\end{cases}$；右线隧道$\begin{cases}E_d=1\ \text{GPa}\\ \mu_d=0.46\\ p_1=0.490\ \text{MPa}\\ \tau_s=0.31\ \text{MPa}\end{cases}$；

Ⅴ级围岩(W_4)，水域部分：

左线隧道$\begin{cases}E_d=0.1\ \text{GPa}\\ \mu_d=0.48\\ p_1=0.470\ \text{MPa}\\ \tau_s=0.25\ \text{MPa}\end{cases}$；服务隧道$\begin{cases}E_d=0.1\ \text{GPa}\\ \mu_d=0.48\\ p_1=0.176\ \text{MPa}\\ \tau_s=0.11\ \text{MPa}\end{cases}$；右线隧道$\begin{cases}E_d=0.1\ \text{GPa}\\ \mu_d=0.48\\ p_1=0.490\ \text{MPa}\\ \tau_s=0.26\ \text{MPa}\end{cases}$；

Ⅴ级围岩(W_4)，陆域部分：

左线隧道$\begin{cases}E_d=0.1\ \text{GPa}\\ \mu_d=0.48\\ p_1=0.460\ \text{MPa}\\ \tau_s=0.22\ \text{MPa}\end{cases}$；服务隧道$\begin{cases}E_d=0.1\ \text{GPa}\\ \mu_d=0.48\\ p_1=0.263\ \text{MPa}\\ \tau_s=0.14\ \text{MPa}\end{cases}$；右线隧道$\begin{cases}E_d=0.1\ \text{GPa}\\ \mu_d=0.48\\ p_1=0.450\ \text{MPa}\\ \tau_s=0.22\ \text{MPa}\end{cases}$。

⑤ 模型 5：

$$K=\frac{1}{r_1\left[\dfrac{1-\mu_d^2}{E_d}\ln\dfrac{r_2}{r_1}+\dfrac{\sqrt{3}(2-\mu_d)\sigma_s r_2}{3E_d p_1 r_1}\exp\left(\dfrac{\sqrt{3}p_1 r_1}{\sigma_s r_2}-1\right)-\dfrac{1-2\mu_d}{E_d}\right]}$$

式中参数：$r_1=\begin{cases}8.20\ \text{m(主隧道)}\\ 3.30\ \text{m(服务隧道)}\end{cases}$；$r_2=r_1+1.23=\begin{cases}9.43\ \text{m(主隧道)}\\ 4.53\ \text{m(服务隧道)}\end{cases}$；

Ⅳ级围岩(W_2)：

左线隧道$\begin{cases}E_d=25\ \text{GPa}\\ \mu_d=0.29\\ p_1=0.192\ \text{MPa}\\ \sigma_s=1.31\ \text{MPa}\end{cases}$；服务隧道$\begin{cases}E_d=25\ \text{GPa}\\ \mu_d=0.29\\ p_1=0.116\ \text{MPa}\\ \sigma_s=1.31\ \text{MPa}\end{cases}$；右线隧道$\begin{cases}E_d=25\ \text{GPa}\\ \mu_d=0.29\\ p_1=0.192\ \text{MPa}\\ \sigma_s=1.31\ \text{MPa}\end{cases}$；

右线隧道桩号区域为 EYK11＋151—EYK11＋307，$p_1=0.380$ MPa；

Ⅴ级围岩(W_3)：

左线隧道$\begin{cases}E_d=1\ \text{GPa}\\ \mu_d=0.46\\ p_1=0.470\ \text{MPa}\\ \sigma_s=0.12\ \text{MPa}\end{cases}$；服务隧道$\begin{cases}E_d=1\ \text{GPa}\\ \mu_d=0.46\\ p_1=0.176\ \text{MPa}\\ \sigma_s=0.05\ \text{MPa}\end{cases}$；右线隧道$\begin{cases}E_d=1\ \text{GPa}\\ \mu_d=0.46\\ p_1=0.490\ \text{MPa}\\ \sigma_s=0.13\ \text{MPa}\end{cases}$；

Ⅴ级围岩(W_4)，水域部分：

左线隧道$\begin{cases}E_d=0.1\ \text{GPa}\\ \mu_d=0.48\\ p_1=0.470\ \text{MPa}\\ \sigma_s=0.10\ \text{MPa}\end{cases}$；服务隧道$\begin{cases}E_d=0.1\ \text{GPa}\\ \mu_d=0.48\\ p_1=0.176\ \text{MPa}\\ \sigma_s=0.05\ \text{MPa}\end{cases}$；右线隧道$\begin{cases}E_d=0.1\ \text{GPa}\\ \mu_d=0.48\\ p_1=0.490\ \text{MPa}\\ \sigma_s=0.11\ \text{MPa}\end{cases}$；

Ⅴ级围岩(W_4)，陆域部分：

左线隧道$\begin{cases}E_d=0.1\ \text{GPa}\\ \mu_d=0.48\\ p_1=0.460\ \text{MPa}\\ \sigma_s=0.09\ \text{MPa}\end{cases}$；服务隧道$\begin{cases}E_d=0.1\ \text{GPa}\\ \mu_d=0.48\\ p_1=0.263\ \text{MPa}\\ \sigma_s=0.06\ \text{MPa}\end{cases}$；右线隧道$\begin{cases}E_d=0.1\ \text{GPa}\\ \mu_d=0.48\\ p_1=0.450\ \text{MPa}\\ \sigma_s=0.09\ \text{MPa}\end{cases}$。

⑥ 模型 6：

$$K=\frac{1}{\dfrac{1-\mu_0^2}{E_0}r_1\ln\dfrac{r_2}{r_1}+\dfrac{r_2}{E_d p_1}\left\{-(1-2\mu_d)\dfrac{p_1 r_1}{r_2}-\left(\dfrac{p_1 r_1}{r_2}+c\cot\varphi\right)\left(1-\dfrac{1}{2}\mu_d\right)\left[\dfrac{c\cot\varphi(1-\sin\varphi)}{c\cot\varphi+\dfrac{p_1 r_1}{r_2}}\right]^{\frac{1}{\sin\varphi}}\dfrac{2\sin\varphi}{1-\sin\varphi}\right\}}$$

式中参数：$r_1=\begin{cases}8.20\ \text{m(主隧道)}\\3.30\ \text{m(服务隧道)}\end{cases}$；$r_2=r_1+1.23=\begin{cases}9.43\ \text{m(主隧道)}\\4.53\ \text{m(服务隧道)}\end{cases}$；

Ⅳ级围岩(W_2)：

$$\text{左线隧道}\begin{cases}E_d=25\ \text{GPa}\\E_0=0.5\ \text{GPa}\\\mu_d=0.29\\\mu_0=0.29\\p_1=0.192\ \text{MPa}\\c=0.4\ \text{MPa}\\\varphi=50^\circ\end{cases};\text{服务隧道}\begin{cases}E_d=25\ \text{GPa}\\E_0=0.5\ \text{GPa}\\\mu_d=0.29\\\mu_0=0.29\\p_1=0.116\ \text{MPa}\\c=0.4\ \text{MPa}\\\varphi=50^\circ\end{cases};\text{右线隧道}\begin{cases}E_d=25\ \text{GPa}\\E_0=0.5\ \text{GPa}\\\mu_d=0.29\\\mu_0=0.29\\p_1=0.192\ \text{MPa}\\c=0.4\ \text{MPa}\\\varphi=50^\circ\end{cases};$$

右线隧道桩号区域为 EYK11＋151—EYK11＋307，$p_1=0.380$ MPa；

Ⅴ级围岩(W_3)：

$$\text{左线隧道}\begin{cases}E_d=1\,000\ \text{MPa}\\E_0=50\ \text{MPa}\\\mu_d=0.46\\\mu_0=0.46\\p_1=0.470\ \text{MPa}\\c=29.1\ \text{kPa}\\\varphi=29.4^\circ\end{cases};\text{服务隧道}\begin{cases}E_d=1\,000\ \text{MPa}\\E_0=50\ \text{MPa}\\\mu_d=0.46\\\mu_0=0.46\\p_1=0.176\ \text{MPa}\\c=29.1\ \text{kPa}\\\varphi=29.4^\circ\end{cases};\text{右线隧道}\begin{cases}E_d=1\,000\ \text{MPa}\\E_0=50\ \text{MPa}\\\mu_d=0.46\\\mu_0=0.46\\p_1=0.490\ \text{MPa}\\c=29.1\ \text{kPa}\\\varphi=29.4^\circ\end{cases};$$

Ⅴ级围岩(W_4)，水域部分：

$$\text{左线隧道}\begin{cases}E_d=100\ \text{MPa}\\E_0=5\ \text{MPa}\\\mu_d=0.48\\\mu_0=0.48\\p_1=0.470\ \text{MPa}\\c=22.5\ \text{kPa}\\\varphi=26^\circ\end{cases};\text{服务隧道}\begin{cases}E_d=100\ \text{MPa}\\E_0=5\ \text{MPa}\\\mu_d=0.48\\\mu_0=0.48\\p_1=0.176\ \text{MPa}\\c=22.5\ \text{kPa}\\\varphi=26^\circ\end{cases};\text{右线隧道}\begin{cases}E_d=100\ \text{MPa}\\E_0=5\ \text{MPa}\\\mu_d=0.48\\\mu_0=0.48\\p_1=0.490\ \text{MPa}\\c=22.5\ \text{kPa}\\\varphi=26^\circ\end{cases};$$

Ⅴ级围岩(W_4)，陆域部分：

$$\text{左线隧道}\begin{cases}E_d=100\ \text{MPa}\\E_0=5\ \text{MPa}\\\mu_d=0.48\\\mu_0=0.48\\p_1=0.460\ \text{MPa}\\c=24.1\ \text{kPa}\\\varphi=23^\circ\end{cases};\text{服务隧道}\begin{cases}E_d=100\ \text{MPa}\\E_0=5\ \text{MPa}\\\mu_d=0.48\\\mu_0=0.48\\p_1=0.263\ \text{MPa}\\c=24.1\ \text{kPa}\\\varphi=23^\circ\end{cases};\text{右线隧道}\begin{cases}E_d=100\ \text{MPa}\\E_0=5\ \text{MPa}\\\mu_d=0.48\\\mu_0=0.48\\p_1=0.450\ \text{MPa}\\c=24.1\ \text{kPa}\\\varphi=23^\circ\end{cases}。$$

⑦ 模型 7：

$$K=\cfrac{p_1}{\begin{aligned}&\frac{(1-\mu_0^2)p_1r_1}{E_0}\ln\frac{r_2}{r_1}-\frac{1+\mu_d}{E_d}c_t\cos\varphi_t r_2\left[\frac{\frac{p_1r_1}{r_2}+c_t\cot\varphi_t}{c_t(\cot\varphi_t-\cos\varphi_t)}\right]^{-\frac{1-\sin\varphi_t}{\sin\varphi_t}}+\\&\frac{(1+\mu_d)(1-2\mu_d)}{E_d}r_2\left\{c_t\cot\varphi_t\left[1-\left[\frac{\frac{p_1r_1}{r_2}+c_t\cot\varphi_t}{c_t(\cot\varphi_t-\cos\varphi_t)}\right]^{-\frac{1-\sin\varphi_t}{\sin\varphi_t}}\right]-\right.\\&\left.\left(\frac{p_1r_1}{r_2}+c_t\cot\varphi_t\right)\left[1-\left[\frac{\frac{p_1r_1}{r_2}+c_t\cot\varphi_t}{c_t(\cot\varphi_t-\cos\varphi_t)}\right]^{-\frac{1}{\sin\varphi_t}}\right]\right\}\end{aligned}}$$

式中参数：$r_1=\begin{cases}8.20\text{ m(主隧道)}\\3.30\text{ m(服务隧道)}\end{cases}$；$r_2=r_1+1.23=\begin{cases}9.43\text{ m(主隧道)}\\4.53\text{ m(服务隧道)}\end{cases}$；

Ⅳ级围岩（W_2）：

左线隧道$\begin{cases}E_d=25\text{ GPa}\\E_0=0.5\text{ GPa}\\\mu_d=0.29\\\mu_0=0.29\\p_1=0.192\text{ MPa}\\c=0.4\text{ MPa}\\\varphi=50^\circ\end{cases}$；服务隧道$\begin{cases}E_d=25\text{ GPa}\\E_0=0.5\text{ GPa}\\\mu_d=0.29\\\mu_0=0.29\\p_1=0.116\text{ MPa}\\c=0.4\text{ MPa}\\\varphi=50^\circ\end{cases}$；右线隧道$\begin{cases}E_d=25\text{ GPa}\\E_0=0.5\text{ GPa}\\\mu_d=0.29\\\mu_0=0.29\\p_1=0.192\text{ MPa}\\c=0.4\text{ MPa}\\\varphi=50^\circ\end{cases}$；

右线隧道桩号区域为 EYK11+151—EYK11+307，$p_1=0.380$ MPa；

Ⅴ级围岩（W_3）：

左线隧道$\begin{cases}E_d=1\,000\text{ MPa}\\E_0=50\text{ MPa}\\\mu_d=0.46\\p_1=0.470\text{ MPa}\\c=29.1\text{ kPa}\\\varphi=29.4^\circ\end{cases}$；服务隧道$\begin{cases}E_d=1\,000\text{ MPa}\\E_0=50\text{ MPa}\\\mu_d=0.46\\p_1=0.176\text{ MPa}\\c=29.1\text{ kPa}\\\varphi=29.4^\circ\end{cases}$；右线隧道$\begin{cases}E_d=1\,000\text{ MPa}\\E_0=50\text{ MPa}\\\mu_d=0.46\\p_1=0.490\text{ MPa}\\c=29.1\text{ kPa}\\\varphi=29.4^\circ\end{cases}$；

Ⅴ级围岩（W_4），水域部分：

左线隧道$\begin{cases}E_d=100\text{ MPa}\\E_0=5\text{ MPa}\\\mu_d=0.48\\p_1=0.470\text{ MPa}\\c=22.5\text{ kPa}\\\varphi=26^\circ\end{cases}$；服务隧道$\begin{cases}E_d=100\text{ MPa}\\E_0=5\text{ MPa}\\\mu_d=0.48\\p_1=0.176\text{ MPa}\\c=22.5\text{ kPa}\\\varphi=26^\circ\end{cases}$；右线隧道$\begin{cases}E_d=100\text{ MPa}\\E_0=5\text{ MPa}\\\mu_d=0.48\\p_1=0.490\text{ MPa}\\c=22.5\text{ kPa}\\\varphi=26^\circ\end{cases}$；

Ⅴ级围岩(W_4)，陆域部分：

$$
左线隧道\begin{cases}E_d = 100\ \text{MPa}\\ E_0 = 5\ \text{MPa}\\ \mu_d = 0.48\\ p_1 = 0.460\ \text{MPa}\\ c = 24.1\ \text{kPa}\\ \varphi = 23^\circ\end{cases}；服务隧道\begin{cases}E_d = 100\ \text{MPa}\\ E_0 = 5\ \text{MPa}\\ \mu_d = 0.48\\ p_1 = 0.263\ \text{MPa}\\ c = 24.1\ \text{kPa}\\ \varphi = 23^\circ\end{cases}；右线隧道\begin{cases}E_d = 100\ \text{MPa}\\ E_0 = 5\ \text{MPa}\\ \mu_d = 0.48\\ p_1 = 0.450\ \text{MPa}\\ c = 24.1\ \text{kPa}\\ \varphi = 23^\circ\end{cases}。
$$

(2) 给定围岩抗力系数计算结果汇总

根据上面的各计算参数以及所列公式，可以分别计算得到该海底隧道各区段的围岩抗力系数，具体计算结果见表 1-26。

表 1-26　某海底隧道围岩抗力系数 *K* 计算结果　　(MPa/m)

围岩级别		模型 1	模型 2	模型 3	模型 4	模型 5	模型 6	模型 7	公路规范取值(作比较用)
Ⅰ～Ⅲ级	左线隧道	4 060	2 160						1 770～2 800(Ⅰ) 1 200～1 770(Ⅱ) 500～1 200(Ⅲ)
	服务隧道	10 100	5 370						
	右线隧道	4 060	2 160						
Ⅳ级	左线隧道			360	310	200	680	780	200～500
	服务隧道			560	400	150	690	760	
	右线隧道(洞口暗挖段)			360 (680)	310 (590)	200 (730)	680 (580)	780 (620)	
Ⅴ级(W_3)	左线隧道			70	70	40	60	60	100～200
	服务隧道			200	170	170	60	60	
	右线隧道			70	70	40	60	60	
Ⅴ级(W_4)水域	左线隧道			6	7	3	5.8	5.8	100～200
	服务隧道			18	17	17	6	6	
	右线隧道			6	7	3	6	6	
Ⅴ级(W_4)陆域	左线隧道			6	6	2	6	6	100～200
	服务隧道			16	17	16	6	6	
	右线隧道			6	6	2	6	6	

注：右线隧道经过Ⅳ级围岩时，由于在里程桩号 EYK11+151—EYK11+307 区段(洞口暗挖段)垂直荷载与其余桩号的垂直荷载差异较大，需要单独列出并计算，计算结果为括弧中的数值，其余桩号处的围岩抗力系数与左线隧道围岩抗力系数相同。

(3) 计算结果分析

① 模型 1 的计算结果，是采用围岩条件良好的微风化花岗闪长岩的岩土物理力学参数进行计算得到的，其围岩抗力系数值大于《公路隧道设计规范》对Ⅰ级围岩抗力系数的上限值，这一方面说明在地质详勘资料准确的前提条件下，工程场区内的微风化围岩具有十分可观的分承能力，能够很好地发挥其对衬砌结构的变形的约束作用；另一方面，必须意识到模

型 1 是一种理想化的弹性模型，在实际工程场区地质情况未准确探明前，不应盲目乐观地将围岩抗力系数数值制订得过高。为此，关于模型 1 的计算结论为：对于Ⅰ～Ⅲ级围岩条件(微风化)，衬砌设计时不推荐采用模型 1 计算其围岩抗力系数。

② 模型 2 是在模型 1 的基础上，考虑到实际工程采用钻爆法施工，不可避免地会在开挖限界以外一定范围内的围岩体中形成卸荷和爆破裂隙而建立的。其计算结果与模型 1 相对照，可以发现围岩抗力系数值下降显著(主隧道和服务隧道下降幅度约为 47%)。其中，主隧道的围岩抗力系数值一般都在《公路隧道设计规范》对Ⅰ级围岩条件下其围岩抗力系数的取值范围之内；服务隧道由于水平向跨度较小，其围岩抗力系数数值大于规范对Ⅰ级围岩抗力系数的上限值 2 800 MPa/m。

关于模型 2 的结论为：在围岩条件良好(Ⅰ～Ⅲ级)时，可建议采用该模型来计算围岩抗力系数值。

③ 围岩条件较好时，围岩与衬砌共同工作形成围岩塑性区的可能性不大，故对于Ⅰ～Ⅲ级条件良好的围岩，不宜采用具有塑性区的模型 3—模型 7 来计算围岩抗力系数，故在研究时未考虑采用模型 3—模型 7 计算围岩条件良好时的围岩抗力系数。若将来实测Ⅰ～Ⅲ级围岩的应力-应变曲线，证实有可能在承载圈中形成塑性区，则可以参照前面的计算过程，另按相应的参数再作计算。同理，对于围岩条件较差(Ⅳ，Ⅴ级围岩)，岩体破碎，全强风化围岩对地下水的浸透作用十分敏感，易于崩解，采用弹性模型或者带裂缝的弹性模型显得不尽合理，研究时亦未采用模型 1、模型 2 计算围岩条件较差时的围岩抗力系数。

④ 对于Ⅳ级围岩，围岩大多为弱风化岩体。采用弹塑性模型(模型 3)和带裂缝的弹塑性模型(模型 4)分别计算得到的围岩抗力系数与公路隧道设计规范相同级别围岩抗力系数的规定值相比，此处所作的理论计算结果出现在规范取值范围上下限间的平均值附近。按照塑性理论线性强化模型(模型 5)计算得到的结果，则在规范的下限值附近。故为安全计，宜采用模型 5 以确定围岩抗力系数，取规范规定的下限值进行衬砌内力计算，同时，可以采用模型 3 和模型 4 的计算结果用作比对。

⑤ 模型 6 是按照衬砌变形产生的内压力小于外部岩体压力，并以岩土工程界常用的摩尔-库仑准则为屈服条件建立的。在Ⅳ级围岩条件下，其计算结果均大于规范取值的上限 500 MPa/m。由于围岩抗力系数对围岩裂缝区弹性模量 E_0、黏聚力 c 和内摩擦角 φ 各值变化都十分敏感，在现有地质详勘资料基础上，按照规范中围岩抗力规定的上限取值用于设计是安全的，但必须考虑地质资料本身具有显著的离散性，在局部区段，倘若围岩裂缝区弹性模量 E_0、黏聚力 c 和内摩擦角 φ 中有某些变化时，上述结论将有其局限性。

综合第 4 条和第 5 条，对于Ⅳ类围岩，可用于确定围岩抗力系数的计算模型将有较多选择余地，具体设计时可以采用模型 3、模型 4 和模型 5 来计算围岩抗力系数，对比后取用，此时，模型 6 可用于校核。

⑥ 在Ⅴ级围岩条件下，由于上覆层岩体状况变化复杂，致使衬砌与围岩间的抗力也随之发生剧烈变化，在本项目研究中分别按强风化(W_3)围岩参数、全风化(W_4)围岩参数(分陆域部分和水域部分)，采用模型 3 至模型 7 进行计算，计算结果与实际情况比较吻合：在各种围岩条件下，得到的围岩抗力系数值均较小，这说明理论计算能够反映受风化、断层等不良地质营力作用的影响，围岩基本丧失了与衬砌共同工作抗御松散和形变荷载的能力，这与人们的实际工程经验是相吻合的。鉴于此，在Ⅴ级(或者更差)围岩中进行衬砌设计时，不宜将围岩考虑与衬砌结构共同工作，而应将其视为松散塌落体，换言之，此时不建议采用“荷

载-结构”法的思想指导设计。当然，在实际工程中，对于Ⅴ级围岩必须先进行诸如全断面(帷幕)超前注浆及长短结合的超前小导管注浆等内部加固而后开挖，实施内部加固措施后，围岩性质将得到一定改善，相应地，围岩抗力系数也有所增加；但是，由于影响注浆效果的因素很多，实际围岩加固效果无法准确预估，所以在衬砌设计时，建议将内部加固引起的围岩抗力系数增加值只视为一种附加的安全储备，而不纳入计算，这是偏安全的。

⑦ 对比主隧道和服务隧道的计算结果可以看出：各种围岩条件下，围岩抗力系数并不是常数，它与开挖半径成反比变化，这说明围岩抗力系数值的大小与开挖空间尺寸之间有一定的相关性。

⑧ 由模型 2 至模型 5 计算结果看到，围岩抗力系数对围岩弹性模量的变化相当敏感，有必要开展围岩弹性模量与围岩抗力系数间关系的室内台架试验研究，以及围岩裂缝区弹性模量折减试验研究，这将在下一步实验工作阶段再作进一步的深化研究。

(4) 围岩抗力系数的建议采用值

根据上述计算结果和相应的分析评价，从此处理论分析结果，得到了该海底隧道各相应区段的围岩抗力系数的建议采用值，见表 1-27。这些建议值尚待与后续将进行的实验结果再作对比分析，最终妥慎确定。

表 1-27　某海底隧道主隧道围岩抗力系数建议采用值　(MPa/m)

围岩级别	围岩抗力系数 K	
	主隧道	服务隧道
Ⅰ级	4 060	10 100
Ⅱ级	3 110	7 700
Ⅲ级	2 160	5 400
Ⅳ级	200～360	400～560
Ⅴ级及以下	0(即不再考虑围岩抗力)	

1.3.5　本节小结

通过上面的研究，可得出关于围岩抗力系数计算模型选取、设计建议采用值，以及可对室内台架试验中需要重点研究的参数等有关结论意见。

1) 计算模型的选取

根据研究，得到了各级围岩条件下围岩抗力系数的计算模型及其解析表达式，具体如下。

Ⅰ～Ⅲ级围岩：模型 1、模型 2；

Ⅳ级围岩：模型 3、模型 4 和模型 5；

Ⅴ级围岩：模型 3、模型 5、模型 6 和模型 7。

2) 设计建议采用值

围岩抗力系数设计建议采用值，如前述表 1-27 所示。

3) 下一阶段室内台架试验需要深化研讨的重点参数

在对围岩条件不佳的Ⅳ、Ⅴ级围岩，其围岩抗力系数的计算模型推导中，发现一些共同的特点，即某些围岩岩性参数的变异对计算结果的影响很大，它们是：围岩弹性模量 E_d、裂

缝区围岩弹性模量 E_0、围岩黏聚力 c 和内摩擦角 φ。所以，下一阶段进行室内台架试验的研究内容中建议重点放在以上岩性参数对试验围岩抗力系数值的影响方面的探讨。

1.4 海底隧道钢筋混凝土衬砌结构的限裂设计与分析

1.4.1 概述

隧道衬砌裂缝的防治是国内外公认的难题，其技术是集地下工程与工程化学于一体的边缘科学，有许多问题亟待人们研究和探讨。混凝土是一种由砂石骨料、水泥、水及其他外加材料混合而形成的非均质脆性材料。由于混凝土施工和本身变形、约束等一系列问题，硬化成型的混凝土中存在着众多的微孔隙、气穴和微裂缝，正是由于这些初始缺陷的存在才使混凝土呈现出一些非均质的特性。微裂缝通常是一种无害裂缝，对混凝土的承重、防渗及其他一些使用功能不产生危害。但是在混凝土受到荷载、温差等作用之后，微裂缝就会不断地扩展和连通，最终形成我们肉眼可见的宏观裂缝，也就是混凝土工程中常说的裂缝。混凝土建筑和构件通常都是带缝工作的，由于裂缝的存在和发展通常会使内部钢筋等材料产生腐蚀，降低钢筋混凝土材料的承载能力、耐久性及抗渗能力，影响建筑物的外观、使用寿命，严重者将会威胁到人们的生命和财产安全。很多工程的失事都是由于裂缝的不稳定发展所致。近代科学研究和大量的混凝土工程实践证明，在混凝土工程中裂缝问题是不可避免的，在一定的范围内也是可以接受的，只是要采取有效的措施将其危害程度控制在一定范围之内。钢筋混凝土规范也明确规定有些结构在所处的不同条件下，允许存在一定宽度的裂缝。但在施工中应尽量采取有效措施控制裂缝产生，使结构尽可能不出现裂缝或尽量减少裂缝的数量和宽度，尤其要尽量避免有害裂缝的出现，从而确保工程质量。

1）海底隧道工程中结构裂缝的严重性及对策

早期建成的隧道中二次衬砌开裂问题出现较多，如果不及时有效地处治，会引发渗水，甚至塌落等病害，进一步恶化隧道的运营环境。因此，随着公路隧道建设的迅速发展，对隧道二次衬砌开裂的加固处治愈来愈重视。目前，对二次衬砌加固方案归纳为三个方面：一是降低围岩类别，拆除重做；二是压缩隧道空间，视原二次衬砌为初期支护，加做新的二次衬砌；三是设置加强肋，加厚原二次衬砌。具体采用哪种方案更为合适，将根据病害产生的原因而定。

（1）隧道渗漏水

因为隧道裂缝而导致隧道渗漏水是隧道常见的病害，这些病害产生的原因是多方面的，一旦形成将大大影响这些工程的正常使用。下面是一些常见的病害：

① 对行车造成危害。渗漏水最直接的问题是，如果置之不理，路面会打滑，就会危及行车及旅客的安全。在冬天，由于汽车风压和振动还会发生冰柱掉落、漏水四溅、车轮空转等情况。因此寒冷地区的隧道，每天都要利用夜间交通空隙时间，进行除冰等繁重保养作业，这会大大增加隧道的维护费用。

② 洞内设备功能下降。在漏水的隧道内，路面腐蚀严重，如处于电气化区段，拱顶部悬吊的冰柱或漏水接触馈线、导线和绝缘子，就会破坏绝缘效果。另一方面，隧道漏水有时会给路面结构和排水设备的功能造成影响，比如，因漏水而使路基泥泞化，甚至冒泥。更为严重的是，随着漏水的发生，隧道周围围岩中土砂流到洞内，淤泥沉积，造成排水状况不良，会使路面结构更加恶化。

③ 衬砌极限强度降低。由于漏水、冻害会使隧道周围地压改变，局部加大，同时会使衬

砌材料老化变质造成变形增大。漏水、冻害的主要影响有：

A. 加速地压等外力造成的变形。在隧道中作用的地压有：塑性区、偏压、坡面蠕变、坍塌、围岩松弛造成的垂直压、水压、冻压等。这些压力都与水密切相关。特别需要注意的是，伴随漏水、冻害，衬砌材料会加快老化变质，降低极限强度，结果发生因地压造成的变形、开裂。另一方面，在一些隧道中，由于水的渗漏中夹带泥砂，使衬砌背部局部被掏空，形成空隙，从而可能产生局部偏压或地表下沉。

B. 加速衬砌的老化变质。隧道衬砌的老化大多与漏水有关，以及酸性水、冻害、盐害那样的外在因素以及材料本身不良等内在因素的综合作用。其中，漏水本身就是衬砌材料老化的主要原因，一旦长期发生一定程度的漏水，则混凝土就会溶解流出。如果水质是强酸性的，则混凝土的 pH 值就会降低，衬砌材料就会恶化变质。在寒冷地带，由于衬砌内水的冻结膨胀压而会造成混凝土破坏，即发生所谓的冻害。冻害所产生的衬砌材料的老化可以说是寒冷地区衬砌老化的主要原因。

(2) 衬砌裂缝

随着我国公路建设的发展，公路等级、质量要求越来越高。在公路隧道建设过程中，衬砌裂缝是一种常见质量缺陷。有些裂缝是由施工原因造成的，这种裂缝多发生在衬砌上部，而且，由于隧道内光线昏暗，能见度差，出现裂缝后难以及时发现，往往导致同类裂缝在整条隧道中多次出现。如徐琳分析了两座主隧道，一座为双向分离式隧道，左、右线长度分别为 289.7 m 和 309.7 m，建筑宽 11 m、高 7 m；围岩以Ⅴ类为主，仅在洞口段局部出现Ⅱ类围岩；施工时基本无地下水。另一座亦为双向分离式隧道，左、右线长度分别为 345.7 m 和 319.6 m，建筑宽度和高度与隧道一相同；围岩以Ⅳ类居多，Ⅲ类围岩较少，仅洞口段局部出现Ⅱ类围岩，施工时地下水较丰富。根据新奥法施工要求，两隧道开挖后及时支护，加强监控量测，确定围岩变形基本稳定后进行衬砌浇筑。日后，发现两隧道衬砌存在多条裂缝，主要分布在拱顶和边墙，拱脚较少；大部分裂缝为水平向，少量为斜裂和竖向裂缝(不包括环向施工缝处开裂)；裂缝长度 2～10 m，宽度 0.7～0.15 mm，深度 11.8～56.6 mm。分析其出现裂缝的原因，主要有：

① 拆模过早

拆模过早是导致衬砌产生裂缝的主要原因。拆模时部分混凝土龄期只有 10 h 左右，强度低，难以达到抗压和抗拉要求，致使拱部混凝土受自重作用而产生水平向的弯拉裂缝。拱顶弯矩最大，故拱部裂缝多集中在拱顶，这与实际情况吻合；拆模后，拱部衬砌自重全部传递给拱脚和边墙，此时混凝土强度很低，无法承受如此大的自重应力；由于衬砌为曲墙式，墙脚断面尺寸远大于拱脚断面，虽然墙脚轴力最大，但压应力最大值却发生在边墙中部附近，该处裂缝(碎裂)相对集中，这与实际情况亦吻合。拆模时曾在边墙处发现水平向裂缝，表现特征为挤出变形带，带宽 0.5～1 cm，凸起高 2～3 mm，长度与衬砌分段施工长度基本相等。干缩后该挤出带较宽。

② 混凝土配合比不科学

衬砌采用泵送混凝土，水灰比大且砂细，早期强度低。拌合物黏聚性和保水性较差，浇筑振捣容易使混凝土均匀性受到影响，同时，混凝土收缩变形大。

③ 衬砌厚度不均匀

光面爆破控制不好，岩面不平整，围岩超挖部分衬砌变厚，而局部欠挖处围岩又侵入衬砌，使得衬砌厚度不均匀。由于衬砌局部偏薄等原因，在衬砌内形成了多处薄弱面。这些薄弱面受混凝土收缩、温度变化等综合作用而开裂,形成不规则的斜向和竖向裂缝。

④ 施工原因

衬砌分段施工,分段长度约 12 m,每段衬砌浇筑时间 20 h 左右。浇筑期间偶遇停电,而自备发电设备无法及时供电,造成水平施工缝。因模板为整体式,施工中不能进行单块拆卸,施工缝无法按规范进行接缝处理,形成一薄弱层。该薄弱层处易形成水平向裂缝。

裂缝处治采用环氧树脂补强,环氧树脂硬化后有较高的强度。一般抗压强度为 167~174 MPa,抗弯强度为 90~120 MPa,抗拉强度为 46~70 MPa,粘结强度可达 10 MPa 以上,大大超过混凝土的相应强度。同时,环氧树脂收缩率较小,热膨胀系数小,可以在常温下固化。

2) 隧道钢筋混凝土衬砌裂缝的特点

前人曾经对已经建成的单洞隧道进行了裂缝调查。在调查的隧道中,大多存在地质条件差、岩层节理发育等地质方面的原因,在单洞隧道中,施工方面的原因和渗漏水也给隧道带来了危害,而连拱隧道中偏压原因也占了重要的因素。其他原因主要包括混凝土本身干缩与冷缩等温度变化引起的裂缝等。施工方面的原因包括拱顶衬砌背后回填不实、混凝土水灰比过大、衬砌距开挖面太近、拆模过早、施工方案选择不当,混凝土振捣不实等,见图1-19、图 1-20。

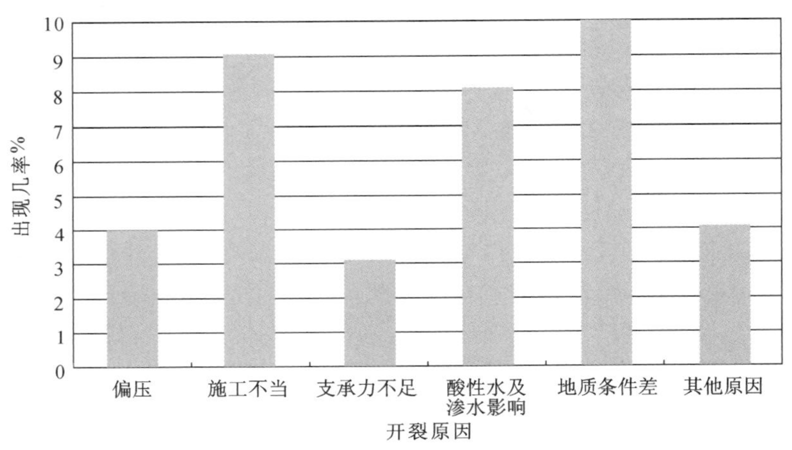

图 1-19　单洞隧道衬砌开裂原因调查

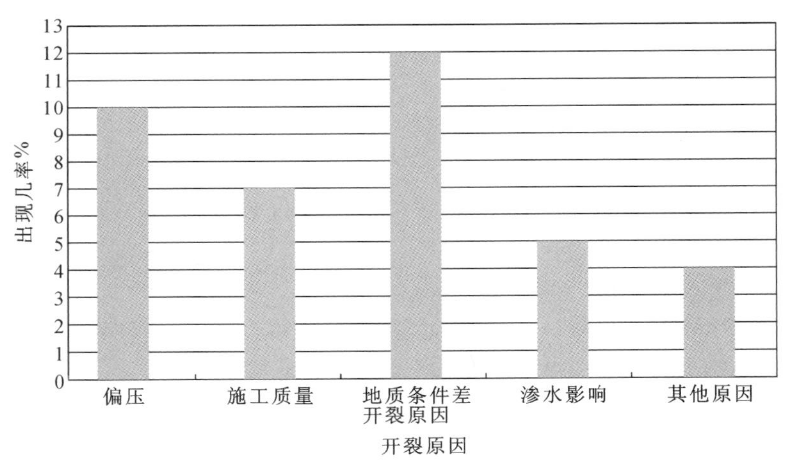

图 1-20　连拱隧道衬砌开裂原因调查

从以上的调查分析表明，不管是单洞还是边拱隧道，裂缝产生的部位多是在拱顶和拱腰部位(图 1-21)，故此，对隧道裂缝的控制应重点放在隧道的拱顶和拱腰。

1.4.2　海底隧道钢筋混凝土衬砌结构的限裂设计

1）应用断裂力学进行钢筋混凝土衬砌结构限裂设计的概念

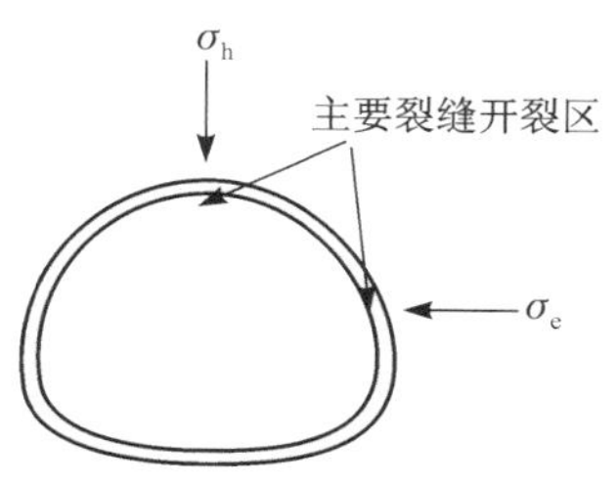

图 1-21　隧道衬砌开裂主要部位

钢筋混凝土结构设计应首先进行承载能力极限状态计算，以保证结构构件的安全可靠。此处，许多结构构件还需进行正常使用极限状态验算，以保证结构构件的适用性、美观和设计使用期限内的耐久性。正常使用极限状态验算包括抗裂或裂缝开展宽度验算及变形验算。一般而言，承载能力极限状态验算是控制工况，但有些情况下，正常使用极限状态的验算也可能成为设计中的控制工况。

我国建成了为数众多的水工隧洞，其中相当部分是按限裂要求设计的，积累了相当丰富的工程实践经验，促进了限裂设计理论和方法的发展。目前，水工隧洞衬砌限裂设计中所采用的基本上仍然是普通钢筋混凝土结构的裂缝参数计算公式，其计算结果是裂缝“密而细”。但是，室内试验与原型观测均表明，水工隧洞衬砌出现裂缝的规律与一般钢筋混凝土结构差异显著，大相径庭。水工隧洞裂缝宽度远较采用《水工混凝土结构设计规范》(SL/T 191—96)所算出的结果大，但裂缝条数却比计算值少，裂缝呈“稀而宽”的特征。究其原因是与隧洞结构特点和衬砌开裂后应力状态变化有关，当衬砌在洞段围岩某薄弱处出现裂缝后，裂缝处的拉应力立即消除，近处围岩、衬砌的应力重新调整。

上述隧道衬砌开裂特点及裂缝的扩展规律，也说明隧道衬砌按限裂要求进行设计更为合理。同时表明，普通钢筋混凝土结构的裂缝参数计算公式是很难适用于隧道衬砌钢筋混凝土结构的，有必要从隧洞衬砌为非独立结构，它是与围岩联合承载这一工程结构特点入手，采用与之相匹配的计算模型，建立隧道衬砌限裂计算方法。

对此处海底隧道衬砌结构进行限裂设计研究，是反映隧道限裂衬砌能按允许出现裂缝但又限制裂缝开展宽度与裂缝间距，而保证正常使用极限状态进行设计的必要手段。在此，应用断裂力学的原理和方法来分析衬砌的裂缝扩展和限裂稳定性，并根据裂缝允许延伸度进行配筋，以确保日后隧道衬砌在长期运营阶段的安全，体现在适用期限内的可靠性和耐久性。

(1) 缝端应力与裂缝扩展

混凝土是一种抗压强度较高，抗拉强度很低的材料，其裂缝的产生和扩展是在拉应用作用下，拉应变超过混凝土的拉伸极限变形所致。因此，在研究隧道配筋对裂缝宽度扩展的限制时，采用如下张开型裂缝缝端 r_{00} 邻域应力计算式(柱坐标表示)：

$$\sigma_r=\frac{K_{\mathrm{I}}}{\sqrt{2\pi r_{00}}}\left(\frac{5}{4}\cos\frac{\theta}{2}-\frac{1}{4}\cos\frac{3\theta}{2}\right)$$

$$\sigma_\theta=\frac{K_{\mathrm{I}}}{\sqrt{2\pi r_{00}}}\left(\frac{3}{4}\cos\frac{\theta}{2}+\frac{1}{4}\cos\frac{3\theta}{2}\right)$$

$$\tau_{r\theta}=\frac{K_{\mathrm{I}}}{\sqrt{2\pi r_{00}}}\left(\frac{1}{4}\sin\frac{\theta}{2}+\frac{1}{4}\sin\frac{3\theta}{2}\right)\tag{1-43}$$

式中，θ 为柱坐标的角度；K_{I} 为应力强度因子，其值与结构、裂缝形状、尺寸以及裂缝扩展力大小、分布有关，当 K_{I} 超过混凝土的断裂韧度 K_{Ic} 时，K_{Ic} 裂缝就会失稳扩展，由断裂试验测定。

隧道衬砌混凝土第二开裂区（即半径 $r_2 \sim r_3$），如图 1-22 所示，裂缝深度为 $r_3 - r_2$。此时，应力将产生重新分布，原所受的切向拉应力 σ_θ 释放，相当于开裂面上作用有反向的压应力 σ_θ，这种作用力可以称为劈缝力。缝端的应力场可视为裂前的应力场与劈缝力产生的应力场和。

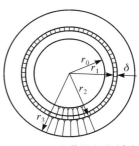

图 1-22　隧道混凝土衬砌开裂计算简图

显然，只有劈缝力才在裂缝缝端产生“奇点应力”。在式(1-43)第 2 式中，令裂缝开展深度为：

$$s = r_0 \tag{1-44}$$

式中，r 为衬砌变动半径。

若 $\theta = 0$，有：

$$\sigma_\theta = \frac{K_{\mathrm{I}}}{\sqrt{2\pi s}} \tag{1-45}$$

由于混凝土为弹塑性材料，在开裂状态，在裂缝深度半径 r 处作用有劈缝力，即

$$p_r = \frac{r_2 p_2}{r} \tag{1-46}$$

在衬砌混凝土未配置钢筋时，显然有

$$p_r = \frac{r_0 p_0}{r} \tag{1-47}$$

取横坐标在裂缝深度之中点，纵坐标沿裂缝展开方向。当裂缝中有一对集中力 p_r 作用，如图 1-23 所示，可得断裂强度因子 K_{I} 为：

$$K_{\mathrm{I}} = \frac{p_r}{\sqrt{\pi a}}\sqrt{\frac{a+b}{a-b}} \approx \sqrt{\frac{2}{\pi s}}\left(1 - \frac{s}{4a}\right)p_r \tag{1-48}$$

$$a = \frac{1}{2}(r_3 - r_2)$$

$$s = r_3 - r$$

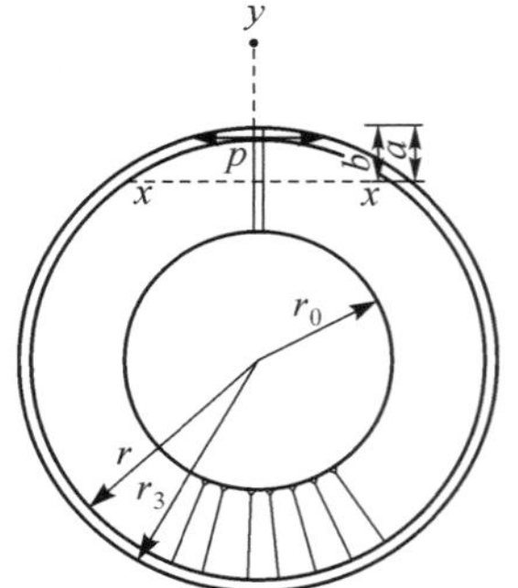

图 1-23　混凝土衬砌断裂力学计算简图

式中：s——集中力 p_r 作用处裂缝计算深度；

a,b——分别为混凝土衬砌第二开裂区端部前后的纵坐标值。

由于混凝土裂缝在一定的范围内扩展，于是对式(1-48)积分，可得应力强度因子为：

$$K_{\mathrm{I}} = \sqrt{\frac{2}{\pi}}\int_{r_0}^{r_3} \frac{p_0 r_0}{r} \frac{1}{\sqrt{r_3 - r}}\left[1 - \frac{r_3 - r}{2(r_3 - r_0)}\right]\mathrm{d}r$$

$$= p_0 r_0 \sqrt{\frac{2}{\pi}} \left[\frac{1}{\sqrt{r_3 - r_0}} + \sqrt{r_3} \left(\frac{1}{r_3 - r_0} - \frac{2}{r_3} \right) \ln \frac{\sqrt{r_0}}{\sqrt{r_3} + \sqrt{r_3 - r_0}} \right] \tag{1-49}$$

当 $K_{\mathrm{I}} > K_{\mathrm{Ic}}$ 时，裂缝继续扩展；当 $K_{\mathrm{I}} < K_{\mathrm{Ic}}$ 时，裂缝趋于稳定。

(2) 钢筋混凝土的限裂计算

工程师常在混凝土裂缝顶部布设跨缝钢筋，其目的是限制裂缝的开展宽度和防止裂缝向深部延伸。那么，配置钢筋能否达到限制裂缝宽度开展的目的呢？为达到限裂要求，又应如何确定钢筋配置呢？

当劈缝力所产生的 K_{I} 超过断裂韧度 K_{Ic} 时，裂缝就将扩展。此时，钢筋应力也将增大。如果劈缝力与钢筋应力联合作用产生的应力集中因子 K_{I} 小于混凝土断裂韧度 K_{Ic}，则裂缝在穿过跨缝钢筋后不远处就将停止扩展。

设劈缝力产生的应力强度因子为 K_{P}，钢筋应力所产生的应力强度因子为 K_{g}，则当 $K_{\mathrm{P}} - K_{\mathrm{g}} < K_{\mathrm{Ic}}$ 时，裂缝不再扩展。

混凝土开裂后，有：

$$p_0 r_0 = p_1 r_1$$

由平衡方程得：

$$p_0 r_0 = \sigma_{\mathrm{g}} F_{\mathrm{g}} + p_2 r_2 \tag{1-50}$$

式中：σ_{g}——钢筋应力；

F_{g}——单位长度衬砌中钢筋截面积；

P_2——钢筋层所受外压力，亦即混凝土与围岩弹性抗力，于是有：

$$p_2 = \frac{K_0 u}{r_2} \tag{1-51}$$

式中：K_0——第二开裂区混凝土与围岩单位弹性抗力系数，其单位与 E_{g} 一致；

u——衬砌第二开裂区孔口处的变位。

由钢筋与混凝土及围岩变位连续可得：

$$u = \frac{\sigma_{\mathrm{g}} r_2}{E_{\mathrm{g}}} \tag{1-52}$$

将式(1-52)代入式(1-51)得：

$$p_2 = \frac{K_0 \sigma_{\mathrm{g}}}{E_{\mathrm{g}}} \tag{1-53}$$

考虑到钢筋应力的不均匀性，设 ψ 为钢筋应力不均匀系数(一般取 $\psi = 0.5$)，则：

$$p_2 = \frac{\psi K_0 \sigma_{\mathrm{g}}}{E_{\mathrm{g}}} \tag{1-54}$$

从而有：

$$p_0 r_0 = \sigma_{\mathrm{g}} F_{\mathrm{g}} + \frac{\psi K_0 \sigma_{\mathrm{g}}}{E_{\mathrm{g}}} r_2 \tag{1-55}$$

于是得：

$$\sigma_g=\frac{p_0 r_0}{F_g+\frac{\psi K_0 r_2}{E_g}} \tag{1-56}$$

如隧道承受内水头为 h，则

$$p_0=\gamma_w h \tag{1-57}$$

$$\sigma_g=\frac{\gamma_w h r_0}{F_g+\frac{\psi K_0 r_2}{E_g}} \tag{1-58}$$

设每延米中配置 m 根直径为 d(cm)的钢筋，则平均单位长度(cm)中的钢筋截面面积为($\mathrm{cm}^2/\mathrm{cm}$)：

$$F_g=\frac{m\pi d^2}{400} \tag{1-59}$$

于是每单位长度钢筋的作用力为：

$$p_g=F_g\sigma_g=\frac{m\pi d^2}{400}\sigma_g \tag{1-60}$$

此为一集中力，据式(1-48)得钢筋应力强度因子为：

$$K_g=\frac{\sqrt{2}pg}{\sqrt{\pi s}}\left(1-\frac{s}{4a}\right)\approx\frac{\sqrt{2}pg}{\sqrt{\pi s}} \tag{1-61}$$

显然，当 $K_P-K_g<K_{Ic}$ 时，裂缝停止扩展，从而可据此选择限制裂缝扩展所需的配筋量。

2) 隧道围岩及衬砌应力和位移弹性分析

隧道混凝土衬砌裂缝控制关系到隧道结构能否满足正常使用条件，衬砌出现裂缝将增大漏水量，渗漏水过大有可能引起围岩失稳，以致需对隧道进行维修或加固处理方能保证工程安全运行。因此，限裂设计便成为海底隧道设计的又一核心问题，其计算理论与计算方法长期以来倍受关注。本节采用弹性理论、断裂力学多层有限环接触问题模型，对钢筋混凝土衬砌进行限裂设计。

计算简图取为 5 层有限环接触问题，各结构层间联合协调工作，如图 1-24 所示。

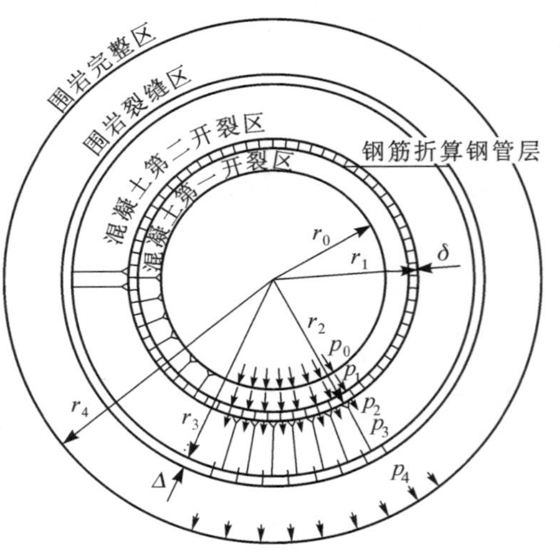

图 1-24　隧道限裂设计计算简图

图中：r_0 ——混凝土衬砌第一开裂区内半径；

r_1 ——混凝土衬砌第一开裂区外半径，即折算钢管半径；

δ ——钢筋折算成连续钢管厚度；

r_2 ——折算钢管外半径，即混凝土第二开裂区内半径；

r_3 ——混凝土第二开裂区外半径；

r_4 ——围岩裂缝区外半径，即围岩完整区内半径；

p_0 ——隧道承受的内水压力，此处海底隧道为 0；

p_1 ——钢筋折算钢管层承受的径向压力；

p_2 ——钢筋折算钢管承受的径向外压力，即混凝土衬砌第二开裂区所承受的径向内压力；

p_3 ——围岩裂缝区承受的径向内压力；

p_4 ——围岩完整区承受的径向内压力，即围岩裂缝区承受的径向外压力；

q ——围岩所承受的二次围岩压力；

$r_3+\Delta$ ——围岩裂缝区内半径；

Δ ——混凝土衬砌与围岩间缝隙，$\Delta=\Delta_{OR}+\Delta_R$，其中：

Δ_{OR} ——混凝土衬砌施工缝隙，如混凝土填筑密实，并作认真回填灌浆，可取 0.2 mm；未作认真回填灌浆，可取 0.4 mm；

Δ_R ——混凝土衬砌冷缩缝隙，围岩在孔口处的径向变位表达式应为：

$$\Delta_R=\alpha_d(1+\mu_d)\Delta t_R r_3$$

式中：α_d ——围岩的膨胀系数；

μ_d ——围岩的泊松比；

Δt_R ——围岩计算温降，可近似用平均地温与最低 3 个月平均水温之差。

在岩体内开挖隧道，洞室围岩将产生应力重分布。在初始地应力作用下，围岩完整区、围岩裂缝区、混凝土第二开裂区、钢筋折算钢管层、混凝土第一开裂区所承受的外压力如图 1-24 所示。

(1) 围岩完整区应力与位移计算

围岩完整区应力可据经典的拉梅解，由边界条件：

$$\begin{aligned}\sigma_r\big|_{r=r_4}&=-p_4^*\\ \sigma_r\big|_{r=+\infty}&=-q\end{aligned}\tag{1-62}$$

求得：

$$\begin{aligned}\sigma_r&=\left(1-\frac{r_4^2}{r^2}\right)q-\frac{r_4^2}{r^2}p_4^*\\ \sigma_\theta&=-\left(1+\frac{r_4^2}{r^2}\right)q+\frac{r_4^2}{r^2}p_4^*\end{aligned}\tag{1-63}$$

特别地，由 $\sigma_\theta\big|_{r=r_4}=0$，得 $p_4^*=2q$。于是式(1-62)可写成：

$$\begin{aligned}\sigma_r&=\left(1-\frac{3r_4^2}{r^2}\right)q\\ \sigma_\theta&=-\left(1-\frac{r_4^2}{r^2}\right)q\end{aligned}\tag{1-64}$$

径向位移表达式为：

$$u=-\frac{(1+\mu_d)(1-2\mu_d)}{E_d}rq-\frac{1+\mu_d}{E_d}\frac{(q-p_4^*)r_4^2}{r} \tag{1-65}$$

式中，E_d、μ_d 分别为岩体的弹性模量、泊松比。

特别地，在围岩完整区内半径 r_4 处，位移为：

$$u_{r_4}=u_r\Big|_{r=r_4}=-\frac{(1+\mu_d)(1-2\mu_d)}{E_d}r_4q-\frac{1+\mu_d}{E_d}\frac{(q-p_4^*)r_4^2}{r} \tag{1-66}$$

(2) 围岩裂缝区应力与位移计算

对于裂缝区，只能传递径向压力，切向抗拉强强度为零。此时应力平衡方程为：

$$\frac{\mathrm{d}\sigma_r}{\mathrm{d}r}+\frac{\sigma_r}{r}=0 \tag{1-67}$$

以边界条件 $\sigma_r\Big|_{r=r_4}=-p_4^*$ 为定解条件，积分上式得：

$$\sigma_r=-\frac{r_4}{r}p_4^* \quad (r_3\leqslant r\leqslant r_4) \tag{1-68}$$

于是围岩裂缝区内半径处所受均匀外压力为：

$$p_3^*=-\sigma_r\Big|_{r=r_3}=\frac{r_4}{r_3}p_4^*=\frac{2r_4}{r_3}q \tag{1-69}$$

由弹性理论几何方程和平面应变问题的物理方程可得围岩裂缝区径向位移表达式：

$$u_r=\frac{1-\mu_d^2}{E_d}p_4^*r_4\ln\frac{r_4}{r}-\frac{(1+\mu_d)(1-2\mu_d)}{E_d}r_4q-\frac{1+\mu_d}{E_d}(q-p_4^*) \tag{1-70}$$

围岩裂缝区在半径 r_3 处位移为：

$$u_{r_3}=u_r\Big|_{r=r_3}=\frac{1-\mu_d^2}{E_d}p_4^*r_4\ln\frac{r_4}{r_3}-\frac{(1+\mu_d)(1-2\mu_d)}{E_d}r_4q-\frac{1+\mu_d}{E_d}(q-p_4^*) \tag{1-71}$$

(3) 衬砌混凝土第一开裂区应力与位移计算

此时，以边界条件 $\sigma_r\Big|_{r=r_1}=-p_1^*$ 作定解条件，积分式(1-66)得：

$$\sigma_r=-\frac{r_1}{r}p_1^* \quad (r_0\leqslant r\leqslant r_1) \tag{1-72}$$

类似于式(1-69)的推导，混凝土衬砌第一开裂区位移表达式：

$$u_r=\frac{(1-\mu_s)r_1p_1^*}{E_s(r_2^2-r_1^2)}[(1-2\mu_s)r_1^2+r_2^2]-\frac{2(1-2\mu_s^2)}{E_s(r_2^2-r_1^2)}p_2^*r_1r_2^2+\frac{1-\mu_c}{E_c}p_1^*r_1\ln\frac{r_1}{r} \tag{1-73}$$

式中，E_s，μ_s 分别为钢的弹性模量、泊松比；E_c，μ_c 分别为混凝土的弹性模量、泊松比。

(4) 钢筋层应力与位移计算

设 F 为一根钢筋(环向)的截面积，b 为环向钢筋的间距。沿隧道轴向不连续配置的环向钢筋折算连续的钢筋环，折算钢管厚度为：

$$\delta=\frac{F}{b} \tag{1-74}$$

于是钢管可视作受内压力 p_1^*，外压力 p_2^* 作用的圆环，其应力、位移表达式分别为：

$$\left.\begin{aligned}\sigma_r&=\frac{p_1^* r_1^2-p_2^* r_2^2}{r_2^2-r_1^2}+\frac{r_1^2 r_2^2(p_2^*-p_1^*)}{r_2^2-r_1^2}\frac{1}{r^2}\\ \sigma_\theta&=\frac{p_1^* r_1^2-p_2^* r_2^2}{r_2^2-r_1^2}-\frac{r_1^2 r_2^2(p_2^*-p_1^*)}{r_2^2-r_1^2}\frac{1}{r^2}\end{aligned}\right\}\quad(r_1\leqslant r\leqslant r_2) \tag{1-75}$$

$$u_r=\frac{(1+\mu_s)(1-2\mu_s)}{E_s}\frac{p_1^* r_1^2-p_2^* r_2^2}{r_2^2-r_1^2}r-\frac{(1+\mu_s)}{E_s}\frac{r_1^2 r_2^2(p_2^*-p_1^*)}{r_2^2-r_1^2}\frac{1}{r} \tag{1-76}$$

特别地，

$$u_{r_1}=u_r\Big|_{r=r_1}=\frac{(1+\mu_s)p_1^* r_1^2 r_2}{E_s(r_2^2-r_1^2)}[(1-2\mu_s)r_1^2+r_2^2]-\frac{2(1-\mu_s^2)}{E_s(r_2^2-r_1^2)}p_2^* r_1 r_2^2 \tag{1-77}$$

$$u_{r_2}=u_r\Big|_{r=r_2}=\frac{2(1-\mu_s^2)}{E_s(r_2^2-r_1^2)}p_1^* r_1^2 r_2-\frac{(1+\mu_s)}{E_s}\frac{(1-2\mu_s)r_2^2+r_1^2}{(r_2^2-r_1^2)}p_2^* r_2 \tag{1-78}$$

(5) 混凝土衬砌第二开裂区应力与位移计算

此时，以边界条件 $\sigma_r\Big|_{r=r_2}=-p_2^*$ 作定解条件，积分式(1-66)得：

$$\sigma_r=-\frac{r_2}{r}p_2^* \tag{1-79}$$

显然对变动半径 r，其衬砌周边受内力为：

$$p_r^*=-\sigma_r=\frac{r_2}{r}p_2^* \tag{1-80}$$

将边界条件 $\sigma_r\Big|_{r=r_3}=-p_3^*$ 代入式(1-74)，得：

$$p_3^*=\frac{r_2}{r_3}p_2^* \tag{1-81}$$

将式(1-68)代入上式，可得：

$$p_2^*=\frac{2r_4}{r_2}q \tag{1-82}$$

混凝土衬砌第二开裂区位移表达式为：

$$u_r=\frac{2(1-\mu_s^2)p_1^* r_1^2 r_2}{E_s(r_2^2-r_1^2)}-\frac{(1+\mu_s)}{E_s}\frac{(1-2\mu_s)r_2^2+r_1^2}{r_2^2-r_1^2}p_2^* r_2-\frac{1-\mu_c^2}{E_c}p_2^* r_2\ln\frac{r_2}{r} \tag{1-83}$$

$$u_{r_3}=u_r\Big|_{r=r_3}=\frac{2(1-\mu_s^2)p_1^* r_1^2 r_2}{E_s(r_2^2-r_1^2)}-\frac{(1+\mu_s)}{E_s}\frac{(1-2\mu_s)r_2^2+r_1^2}{r_2^2-r_1^2}p_2^* r_2-\frac{1-\mu_c^2}{E_c}p_2^* r_2\ln\frac{r_2}{r_3} \tag{1-84}$$

比较式(1-70)、式(1-84),并注意到混凝土衬砌与围岩间有总宽度为 Δ 的缝隙及关系式:

$$p_2^* r_2 = p_3^* r_3 = p_4^* r_4 \tag{1-85}$$

可得

$$p_1^* = \frac{E'_s(r_2^2 - r_1^2)}{r_1^2}\left\{\left[\frac{1+\mu_d}{E_d} + \frac{1+\mu_s}{E_s}\frac{(1-2\mu_s)r_2^2 + r_1^2}{r_2^2 - r_1^2} + \frac{1}{E'_d}\ln\frac{r_4}{r_3} + \frac{1}{E'_c}\ln\frac{r_3}{r_2}\right]\frac{r_4}{r_2}q - \frac{\Delta}{2r_2}\right\} \tag{1-86}$$

式中,$E'_s = \dfrac{E_s}{1-\mu_s^2}$;$E'_d = \dfrac{E_d}{1-\mu_d^2}$;$E'_c = \dfrac{E_c}{1-\mu_c^2}$。

3) 隧道衬砌结构伸缩缝间距计算与裂缝开展宽度计算

温度的变化必然会引起混凝土开裂,但是开裂产生的裂缝大小是关键,当裂缝宽度小于 0.01 mm 时,这些裂缝都是可以自愈的,不会对隧道衬砌产生危害,这时候主要是围岩的作用力对衬砌起关键作用。通常研究由于隧道衬砌混凝土的干缩、热胀冷缩和衬砌外侧围岩阻碍了衬砌的自由胀缩,所以在衬砌内部产生温度应力。混凝土是抗拉强度远远低于抗压强度的材料,故常能抵抗升温时产生的压应力,而难以抵抗降温时产生的拉应力。一般混凝土所能承受的降温只有 7～10 ℃,故除在热带和亚热带外,都能在隧道轴线方向的衬砌内产生环向裂缝。这些裂缝不仅影响隧道衬砌的受力,而且是隧道渗漏水的通道。据统计,早年(1990 年 4 月 1 日前),日本已建成并投入使用的 6 705 座公路隧道有 60%的运营隧道由于衬砌的开裂和变形而发生渗漏水。上海地铁上海火车站站施工时就发现顶板衬砌有裂缝及漏水。因此,对隧道进行弹性温度应力计算,是隧道设计中必不可少的重要组成部分。

(1) 隧道温度应力

图 1-25 为计算简图,隧道壁厚为 t,平均周长为 s(即通过截面中心的周长),任意点的水平位移为 u,假定岩石阻碍隧道变形的剪应力与该点的水平位移成比例,为:

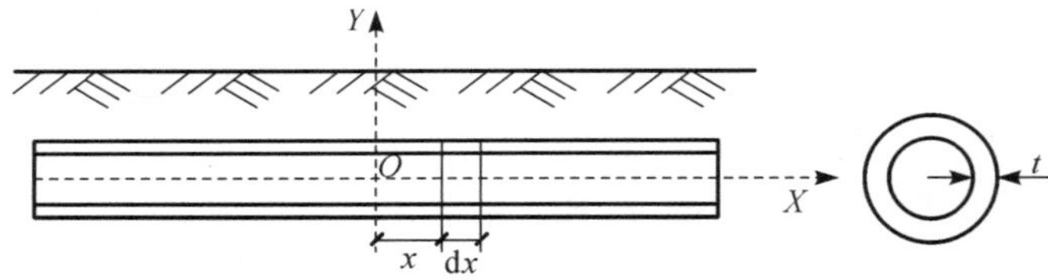

图 1-25　地下隧道温度应力计算简图

$$\tau = C_x u \tag{1-87}$$

式中,C_x 为岩土对基础的水平阻力系数(N/mm^2)。

在隧道某处截取一微体 $\mathrm{d}x$ 段,其平衡方程为:

$$(-\sigma_x + \sigma_x + \mathrm{d}\sigma_x)ts + \tau s\,\mathrm{d}x = 0 \tag{1-88}$$

$$\frac{\mathrm{d}\sigma_x}{\mathrm{d}x} + \frac{\tau}{t} = 0 \tag{1-89}$$

$$u = u_0 + \alpha T x \quad (u_0\ \text{为约束位移}) \tag{1-90}$$

$$\frac{\mathrm{d}\sigma_x}{\mathrm{d}x} = \frac{\mathrm{d}\left(E\dfrac{\mathrm{d}u_0}{\mathrm{d}x}\right)}{\mathrm{d}x} = E\frac{\mathrm{d}^2 u_0}{\mathrm{d}x^2}$$

将式(1-89)、式(1-90)代入上式得：

$$E\frac{d^2u}{dx^2}-\frac{C_xu}{t}=0 \tag{1-91}$$

$$\frac{d^2u}{dx^2}-\beta u=0 \tag{1-92}$$

式中，$\beta=\frac{C_x}{tE}$。

方程(1-92)是线性二阶常微分方程，其全解为：

$$u=C_1e^{\beta x}+C_2e^{-\beta x} \tag{1-93}$$

式中，C_1、C_2 为积分常数，由边界条件确定。

将上式用双曲正弦 $\sinh x=\frac{e^x+e^{-x}}{2}$、双曲余弦 $\cosh x=\frac{e^x-e^{-x}}{2}$ 变换形式得：

$$u=A\cosh\beta x+B\sinh\beta x \tag{1-94}$$

式中，$A=C_1-C_2$，$B=C_1+C_2$，由边界条件确定：

当 $x=0$，$u=0$(变形不动点)，代入上式有 $A=0$；

当 $x=L/2$，$\sigma_x=0$(自由端)，即

$$\sigma_x=E\frac{du_0}{dx}=E\left(\frac{du}{dx}-\alpha T\right)=0\text{，即 }\frac{du}{dx}=\alpha T \tag{1-95}$$

由式(1-94)有：

$$\frac{du}{dx}=B\beta\cosh\beta x \tag{1-96}$$

由式(1-95)、式(1-96)得：

$$B=\frac{\alpha T}{\beta\cosh\beta\frac{L}{2}} \tag{1-97}$$

将式(1-97)代入式(1-93)，则有：

$$u=\frac{\alpha T}{\beta\cosh\beta\frac{L}{2}}\sinh\beta x \tag{1-98}$$

$$\sigma_x=E\left(\frac{du}{dx}-\alpha T\right)=-E\alpha T\left(1-\frac{\cosh\beta x}{\cosh\beta\frac{L}{2}}\right) \tag{1-99}$$

$$\tau=-C_xu=-\frac{C_x\alpha T}{\beta\cosh\beta\frac{L}{2}}\sinh\beta x \tag{1-100}$$

式中：T——温差；

α——线膨胀系数；

L——隧道长度或变形缝间距。

上述应力为材料是弹性材料时的应力情况，实际岩石具有黏弹性，混凝土也具有徐变性质，将引起应力松弛，以 $H(t)$表示，则最终应力：

$$\sigma_x = -E\alpha T\left(1-\frac{\cosh\beta x}{\cosh\beta\frac{L}{2}}\right)H(t) \tag{1-101}$$

式中，$H(t)$一般取 0.3～0.5。

在 $x=0$ 处有最大应力为：

$$\sigma_{x_{\max}} = -E\alpha T\left(1-\frac{1}{\cosh\beta\frac{L}{2}}\right)H(t) \tag{1-102}$$

(2) 温度裂缝的开展规律

① 裂缝间距的推导

当衬砌混凝土受到的拉应力大于混凝土的极限拉应力时，衬砌混凝土开始产生裂缝，此时令：

$$\sigma_{x_{\max}} = R_f = E\varepsilon_p = -E\alpha T\left(1-\frac{1}{\cosh\beta\frac{L}{2}}\right)H(t) \tag{1-103}$$

式中：$\cosh\beta\frac{L}{2} = \frac{E\alpha T}{E\alpha T + E'\varepsilon_p}$；

$\frac{L}{2} = \frac{1}{\beta}\operatorname{arccosh}\frac{\alpha T}{\alpha T + \gamma\varepsilon_p}$；

$E' = \frac{E}{H(t)}$；

$\gamma = \frac{E'}{E} = \frac{1}{H(t)}$；

R_f——混凝土的极限拉应力；

ε_p——混凝土的极限拉应变。

当 T 为正温差时，约束应力为压应力，极限拉伸是压缩变形(负值)；当 T 为负值时，约束应力为拉应力，极限拉伸变形为正。为了方便计算，取绝对值，得最大间距为：

$$[L_{\max}] = 2\sqrt{\frac{Et}{C_x}}\operatorname{arccosh}\frac{|\alpha T|}{|\alpha T| - |\gamma\varepsilon_p|} \tag{1-104}$$

当 $\sigma_{\max} = R_f$ 时，最可能从中间开裂，得最小间距为：

$$[L_{\min}] = \frac{1}{2}[L_{\max}] \tag{1-105}$$

计算时取平均值：

$$[L]=1.5\sqrt{\frac{Et}{C_x}}\operatorname{arccosh}\frac{|\alpha T|}{|\alpha T|-|\gamma\varepsilon_p|} \tag{1-106}$$

② 裂缝的开展宽度

裂缝宽度即为裂缝两端位移之和，即 $\delta=2u$；由式(1-98)可得：

$$u=\frac{\alpha T}{\beta\cosh\beta\frac{L}{2}}\sinh\beta x \tag{1-107}$$

当 $x=\frac{L}{2}$，即在最大应力开裂处，裂缝宽度公式写为：

$$\delta_f=2U_{max}=2\frac{\alpha T}{\beta}\tanh\beta\frac{L}{2} \tag{1-108}$$

当求出平均、最大、最小裂缝间距后，可以求出相应的平均、最大、最小裂缝开裂宽度分别为：

$$\delta_f=2\varphi\frac{\alpha T}{\beta}\tanh\beta\frac{L}{2} \tag{1-109}$$

$$\delta_{fmax}=2\varphi\frac{\alpha T}{\beta}\tanh\beta\frac{[L_{max}]}{2} \tag{1-110}$$

$$\delta_{fmin}=2\varphi\frac{\alpha T}{\beta}\tanh\beta\frac{[L_{min}]}{2} \tag{1-111}$$

式中，φ 为裂缝宽度衰减系数。

(3) 海底隧道变形引起的裂缝宽度和间距计算

① 混凝土温差的理论分析

混凝土温差主要是水化热温差加上收缩当量温差，是产生贯穿性裂缝的主要原因。收缩当量温差引起自约束应力，是产生表面裂缝的主要原因。

A. 混凝土收缩当量温差 $T_y(t)$ 的计算

根据国内外的统计资料得：

$$T_y(t)=\varepsilon_y(t)/a$$

式中：a——混凝土线膨胀系数，一般取 1.0×10^{-5}/℃；

t——混凝土的龄期；

$\varepsilon_y(t)$——各龄期混凝土的收缩变形值；

$$\varepsilon_y(t)=\varepsilon_{0y}M_1M_2M_3\cdots M_{10}(1-e^{-0.001t})$$

式中：ε_{0y}——标准状态的极限收缩值，一般取 3.24×10^{-4}；

$M_1, M_2, M_3, \cdots, M_{10}$——非标准条件的各种修正系数，它们与水泥品种、细度及骨料、水灰比、水泥浆量、养护期、空气湿度、振捣、配筋率等有关。

查表得 $M_1, M_2, M_3, \cdots, M_{10}$ 的取值分别为：1.0，1.35，1.0，1.42，1.0，0.93，0.7，

1.0，1.0，0.95。各龄期收缩当量温差如表 1-28 所示。

表 1-28　各龄期收缩当量温差

龄期(d)	3	6	9	12	15	18	21	24	27	30
当量温差(℃)	1.14	2.24	3.31	4.34	5.35	6.33	7.28	8.20	9.09	9.96

B. 混凝土水化热温升 $T_r(t)$ 的计算：

$$T_r(t)=\frac{WQ_0}{C\gamma}(1-e^{-mt})$$

绝热最高温升

$$T_{max}=WQ_0/C\gamma$$

式中：W——每立方米混凝土水泥用量(kg/m^3)，取 296 kg/m^3；

Q_0——水泥水化热(J/kg)，525＃普通硅酸盐水泥 $Q_0=327$ kJ/kg；

C——混凝土的比热[J/(kg·℃)]，取 0.96 kJ/(kg·℃)；

γ——混凝土的重度(kN/m^3)，取 23.5 kN/m^3；

m——水泥品种与温升速度有关的系数，一般为 0.3～0.5；

t——混凝土的龄期。

计算得混凝土绝热最高温升 $T_{max}=42.01$ ℃。

根据大体积混凝土各龄期实际温升 $T_r(t)$与绝热温升 T_{max}关系的资料，其经验比值如表 1-29 所示。

表 1-29　混凝土各龄期实际温升 $T_r(t)$与绝热温升 T_{max}关系经验比值

龄期(d)	3	6	9	12	15	18	21	24	27	30
$T_r(t)/T_{max}$	0.65	0.62	0.57	0.48	0.38	0.29	0.23	0.19	0.16	0.15

因此，各龄期水化热温升值见表 1-30。

表 1-30　各龄期水化热温升值

龄期(d)	3	6	9	12	15	18	21	24	27	30
$T_r(t)$(℃)	36.47	26.60	24.45	20.59	16.30	12.44	9.87	8.15	6.86	6.43

经计算，说明水化热温升在早期 (3d)较为明显，$T_r(3)=36.47$ ℃。

C. 降温差的确定　降温差即混凝土中心最高温升(包括混凝土入模温度和水化热温升)冷却至环境气温的差。

混凝土因外约束引起的温度应力(二维)的公式为：

$$\sigma_{(t)}=\frac{E(t)\alpha\Delta T_i}{1-\mu}H(t)R$$

式中：$E(t)$——混凝土各龄期弹性模量，$E(t)=E_0(1-e^{-0.09t})$，E_0 为成龄期弹性模量，$E(15)=2.22\times10^4$ N/mm^2，$E(30)=2.79\times10^4$ N/mm^2；

α——线膨胀系数，取 1.0×10^{-5}；

ΔT_i——各龄期的最大综合温差，$\Delta T_i=\Delta T_y(t)+\Delta T_x(t)$，$\Delta T_y(t)$ 为各龄期收缩当

量温差，$\Delta T_x(t)$ 为降温差；

$H(t)$——考虑徐变的松弛系数，$H(15)=0.411$，$H(28)=0.336$，$H(30)=0.324$；

R——混凝土外约束系数，$R=0.5$；

μ——混凝土的泊松比，取 0.15。

混凝土抗裂安全系数为：

$$K=\frac{R_{f(t)}}{\sigma_{(t)}}>1.15$$

式中，$R_{f(t)}$ 为不同龄期混凝土的抗拉强度，$R_{f(t)}=0.8R_{f0}(\lg t)^{2/3}$，$R_{f0}$ 为龄期 28 d 的混凝土抗拉强度，C30 取 $R_{f0}=1.5\ \mathrm{N/mm^2}$；

即
$$\Delta T_i<\frac{R_{f(t)}(1-\mu)}{1.15H(t)RE(t)\alpha}$$

以 $t=15$ d 计算得，当衬砌的最大综合温差 $\Delta T(15)<21.5$ ℃，降温差 $\Delta T(15)$ 控制在 21.5 ℃之内不会产生危害性贯穿裂缝。

结合大体积混凝土浇筑的经验，若混凝土的入模温度控制在 28 ℃之内，根据计算可知混凝土中心最高温升为 67.65 ℃。因此，要控制温度裂缝的产生，必须控制混凝土水化热温差和混凝土收缩当量温差。

② 衬砌裂缝间距的理论计算

A. 根据极限变形控制裂缝间距的理论，最大、最小、平均裂缝间距分别为：

$$[L_{\max}]=2\sqrt{\frac{E\delta}{C_x}}\operatorname{arccosh}\frac{|\alpha T|}{|\alpha T|-|\gamma\varepsilon_p|}$$

$$[L_{\min}]=\frac{1}{2}[L_{\max}]$$

$$[L]=1.5\sqrt{\frac{E\delta}{C_x}}\operatorname{arccosh}\frac{|\alpha T|}{|\alpha T|-|\gamma\varepsilon_p|}$$

式中：δ——衬砌厚度；

C_x——地基水平阻力系数，混凝土与混凝土为 $0.9\sim1.5\ \mathrm{N/mm^2}$，混凝土与碎石垫层为 $0.1\ \mathrm{N/mm^2}$；

α——线膨胀系数，取 1.0×10^{-5}；

T——综合温差，包括水化热温差、气温差、收缩当量温差，$T=T_0+\frac{2}{3}T(t)+T_y(t)-T_h$；其中，$T_0$ 为混凝土的入模温度(℃)，夏季晚上浇筑时取 $T_0=28$ ℃；T_h 为混凝土浇筑后达到稳定时的温度，一般根据历年气象资料取当地年平均气温(℃)，对于厦门来说取 20.8 ℃；

$E(t)$——混凝土的弹性模量，$E(t)=E_0(1-e^{-0.09t})$，E_0 为成龄期的弹性模量，C30 取 $3.0\times10^4\ \mathrm{N/mm^2}$；

$$\gamma=\frac{E'}{E}=\frac{1}{H(t)};$$

ε_p——混凝土极限拉伸应变，包括弹性极限拉伸和徐变拉伸，取 1.0×10^{-4}(mm/mm)。

取 t=30 d，计算结果如表 1-31 所示。

表 1-31　衬砌裂缝间距的理论计算值

裂缝间距	L_{max}	L_{min}	L
分段长度理论值(m)	18.9	9.46	14.2

通过计算，分段长度为 9.46～18.9 m。

B. 裂缝宽度的验算　平均、最大、最小裂缝开裂宽度，计算公式分别为：

$$\delta_f = 2\varphi\frac{\alpha T}{\beta}\tanh\beta\frac{L}{2}$$

$$\delta_{fmax} = 2\varphi\frac{\alpha T}{\beta}\tanh\beta\frac{[L_{max}]}{2}$$

$$\delta_{fmin} = 2\varphi\frac{\alpha T}{\beta}\tanh\beta\frac{[L_{min}]}{2}$$

裂缝宽度计算结果如表 1-32 所示。

表 1-32　裂缝宽度计算表

项　　目	δ_{fmax}	δ_{fmin}	δ_f
裂缝宽度值(mm)	0.19	0.13	0.16

4) 隧道衬砌限裂设计

当衬砌内的局部应力值达到混凝土的抗拉强度时，结构开裂产生首条裂缝，此后，由于裂缝随衬砌变形的增长并向衬砌深部延伸，进而形成贯穿性裂缝，此时，衬砌蜕变为弹性地基上的开口圆环，开裂断面混凝土衬砌的拉应力基本上全部释放，在一定范围内围岩抗力将作调整变化而重新分布，改变原先的围岩性态，在距第一条裂缝一定远处的衬砌应力又达到混凝土的抗拉强度，进而导致产生第二条裂缝。显然，第二条裂缝出现的条件与第一条出现的条件不同，它属于弹性地基曲梁的裂缝开展问题。这时，混凝土衬砌可按弹性地基内的曲梁计算，求出内力和应力，然后求裂缝的间距和裂缝宽度。

据弹性地基梁对称可知，须校核在外压力作用下曲梁中点的内缘应力是否超过了混凝土的允许抗拉强度。若超过，则在曲线中点又将产生一条新裂缝，此时，裂缝间距便变为 $L_{cr}/2$，可据其进行衬砌混凝土裂缝宽度计算。进一步分析可得如下结论。

(1) 若裂缝等间距分布，则裂缝宽度为：

$$b = 2\left|u\left(\frac{\theta_c}{2}\right)\right| \tag{1-112}$$

(2) 若裂缝间距不等，则须分别求出各段弹性曲梁端点的切向变位 u_1 及 u_2，其绝对值相加便得所求裂缝宽度，即

$$b = |u_1| + |u_2| \tag{1-113}$$

该海底隧道荷载引起的裂缝宽度和间距计算如下。

① 裂缝间距计算

A. 确定开裂临界围岩压力和外水压力　衬砌在临界围岩压力和外水压力作用下，未开裂断面内力由结构荷载法可以计算得到，设为 $N_{0\text{I}}=-2\ 261.85$ kN，$M_{0\text{I}}=-160$ kN·m。

衬砌开裂后，裂缝断面的作用力有钢筋拉力，配筋率取为 1.5%，裂缝断面处的作用力设为 N_0，M_0，则混凝土开裂前后裂缝断面的内力改变值为：

$$N_{0\,\text{II}}=N_0-N_{0\,\text{I}}=-5\ 968+2\ 261.85=-2\ 854.15\ \text{kN}$$
$$M_{0\,\text{II}}=M_0-M_{0\,\text{I}}=-762.3+160=-492.3\ \text{kN}\cdot\text{m}$$

基本参数见表 1-33。

表 1-33　隧道衬砌混凝土参数

E_c (MPa)	K (MPa/m)	r_0 (m)	r_1 (m)	F (m^2)	$M_{0\,\text{I}}$ (kN·m)	$N_{0\,\text{I}}$ (kN)	M_0 (kN·m)	N_0 (kN)
2.0×10^4	200	7.8	7.2	0.6	160	2 261.85	5 116	652.3

B. 求积分系数 C_1，C_2　由公式可求得：$C_1=-0.911\ 46$；$C_2=0.591$。

C. 计算裂缝间距　求得：$\theta_c=0.61$，于是裂缝间距 $L_{cr}=r_i\theta_c=0.41\times7.5=3.075$ m。

② 裂缝宽度计算

A. 求积分系数 C_1'，C_2'　由公式可求得：$C_1'=1.43$；$C_2'=-2\ 723$。

B. 计算裂缝宽度 b　计算得曲梁端点变位 $u\left(\dfrac{\theta_c}{2}\right)=0.071\ 183\ 3$ mm，则得裂缝宽度：$b=2\times0.071\ 183\ 3=0.142\ 366$ mm。

1.4.3　海底隧道钢筋混凝土衬砌裂缝控制

1）钢筋混凝土参数选取

为了增加钢筋混凝土抗裂特性，选取合适的含水量、水灰比、砂石粒径大小非常关键，下面就选取的参数提出建议。

(1) 水泥品种及水泥细度

应优先选用混凝土硅酸盐水泥和普通混凝土硅酸盐水泥，细度大的水泥配制的衬砌混凝土，收缩变形越大，衬砌越易产生裂缝，因此应选用细度小的水泥。考虑温度应力，水泥选用水化热较低的普通硅酸盐水泥，以控制因水化热引起的温升较高、降温幅度大而产生的温度裂缝。

(2) 配筋

混凝土材料结构是非均质的，承受拉作用时，截面中各质点受力是不均匀的，有大量不规则的应力集中点，这些点由于应力首先达到抗拉强度极限，会引起局部塑性变形，如无钢筋，继续受力，便在应力集中处出现裂缝。如进行适当配筋，钢筋将约束混凝土的塑性变形，从而分担混凝土的内应力，推迟混凝土裂缝的出现，亦即提高了混凝土极限拉伸。大量工程实践证明了适当配筋能够提高混凝土的极限拉伸，其关键在“适当”二字。国内外研究表明，配筋应该做到细、密。可采取适当的构造钢筋或构造措施来控制裂缝的开展。在满足规范的条件下，直径小而且间距密的配筋，可使混凝土的干缩变形更趋均匀化，若能增加配筋率，更能提高极限拉伸，减少干缩变形。

（3）选择减水剂

选择YJ-2型减水剂可以改善混凝土的性能，补偿混凝土收缩率$(1.0\sim1.5)\times10^{-4}$。这可减少用水量，在水灰比不变的情况下，可减少单位水泥用量，延缓混凝土的降温速率，降低混凝土的收缩，满足工程设计和施工要求，对抗裂有利而且可节约水泥12%～20%。

（4）水灰比

宜取小于0.4。

（5）外加剂

可以选择加粉煤灰，其磨细度为二级，可改善混凝土的和易性和可泵性，降低水化热。

（6）骨料种类及粒径大小

一些骨料配制的衬砌混凝土收缩变形较小，衬砌不易产生裂缝，如花岗岩、石灰岩等，因此在采用骨料时应采用花岗岩、石灰岩等作为骨料。

粗骨料必须采用自然连续级配，粒级5～25 mm，据前人研究，混凝土骨料的粒径最大值取为25 mm较为合适。泥块含量<0.5%（水洗），针片状含量<1%和含泥量<1%。这不仅可提高混凝土可泵性，还可减少砂率、水泥用量，达到减少混凝土自身收缩的目的。

细骨料采用级配合理的中粗砂，细度模数M_x为2.5～2.8，含泥量<1.5%，泥块含量<0.5%。这可减少用水量，从而降低混凝土的干缩。控制粗细骨料的含泥量，可减少混凝土的收缩，增加混凝土的抗拉强度。

2）隧道衬砌结构伸缩缝间距与裂缝开展宽度控制

在进行二衬混凝土浇筑时，应把由温度应力引起不均匀变形产生的裂缝和混凝土养护不当产生的干缩裂缝，作为混凝土质量控制的重点。根据温度应力计算，对混凝土出机温度影响最大的是石子及水的温度，砂的温度次之，水泥的温度影响最小，因此降低出机温度最有效的办法是采取措施降低石子的温度。由于管段混凝土制作要经历冬季、春季和夏季，在夏季对石料就要洒冷水降温。混凝土浇筑温度是指混凝土从出料，经搅拌车运输、卸料、泵送、浇筑振捣、平仓等工序后的温度。为降低混凝土最高温升，减少混凝土内外温差，混凝土浇筑温度应控制在28 ℃之内。此时，根据计算可知混凝土中心最高温升为67.65 ℃。因此，要控制温度裂缝的产生，必须控制混凝土水化热温差和混凝土收缩当量温差。要在施工过程中对入仓温度进行有效的控制，对混凝土进行适当的养护。由计算确定伸缩缝间距取15 m以内，根据混凝土绝热温升的计算，确定混凝土中心最高温度从而确定混凝土的养护时间，一般不小于15 d，15 d内在养护作用下内外温差控制在21.5 ℃，能够有效地控制温度裂缝的产生。

3）隧道衬砌限裂设计

（1）《混凝土结构设计规范》

在配筋率为1.5%，钢筋平均直径为20 mm，衬砌厚度为0.6 m，Ⅴ级围岩，外部水压为0.7 MPa和围岩压力作用下，其弯矩和轴力分别为762.3 kN·m，5 968 kN，计算出的最大裂缝宽度为0.125 8 mm，当限制裂缝宽度取为0.15 mm时，配筋率可以根据公式反算得到：0.013 45。

（2）《水工混凝土结构设计规范》

在配筋率为1.5%，钢筋平均直径为18 mm，衬砌厚度为0.6 m，Ⅴ级围岩，外部水压为0.7 MPa和围岩压力作用下，其弯矩和轴力分别为762.3 kN·m，5 968 kN，计算出的最大裂缝宽度为：短期荷载效应下为0.189 mm，长期荷载效应下为0.202 mm，当限制裂缝宽度取为

0.15 mm时,配筋率可以根据公式反算得到:短期荷载取0.017 43,长期荷载取0.018 18。

(3)《铁路隧道设计规范》

在配筋率为1.5%,钢筋平均直径为20 mm,衬砌厚度为0.6 m,Ⅴ级围岩,外部水压为0.7 MPa和围岩压力作用下,其弯矩和轴力分别为762.3 kN·m,5 968 kN,计算出的最大裂缝宽度为0.158 7 mm,规范规定的限裂宽度为0.2 mm,满足要求;当限制裂缝宽度取为0.15 mm时,配筋率可以根据公式反算得到:0.015 35。

(4)《公路隧道设计规范》

在配筋率为1.5%,钢筋平均直径为20 mm,衬砌厚度为0.6 m,Ⅴ级围岩,外部水压为0.7 MPa和围岩压力作用下,其弯矩和轴力分别为762.3 kN·m,5 968 kN,计算出的最大裂缝宽度为0.158 7 mm,规范规定的限裂宽度为0.2 mm,满足要求;当限制裂缝宽度取为0.15 mm时,配筋率可以根据公式反算得到:0.015 35;计算公式与《铁路隧道设计规范》相同。

(5)按弹性地基曲梁法

在配筋率为1.5%,钢筋平均直径为20 mm,衬砌厚度为0.6 m,Ⅴ级围岩,外部水压为0.7 MPa和围岩压力作用下,其弯矩和轴力分别为762.3 kN·m,5 968 kN,计算出的最大裂缝宽度为0.142 366 mm,裂缝间距为3.075 m。

拟建该海底隧道工程,呈北东向展布,隧道全长约5.9 km,其中海域段长约4.2 km。海底隧道最深处离海面达40多米,海水通过围岩渗透产生作用力,隧道钢筋混凝土衬砌要承受围岩压力和外水压力,根据以上的计算分析,公路和铁路设计规范的计算值是相同的,公路隧道规范基本采用铁路隧道规范规定的限裂计算公式;采用公路隧道混凝土规范,在水压为0.7 MPa和围岩压力作用下,墙角位置为最不利截面,在配筋率取为0.015时,根据公路隧道设计规范和铁路隧道设计规范计算出的最大裂缝宽度为0.158 7 mm(当限制裂缝宽度取为0.15 mm时,配筋率可以根据公式反算得到:0.015 35),其裂缝宽度限制均为0.2 mm,虽然按公路隧道设计规范和铁路隧道设计规范计算出的结果能满足规范的要求,但在公路隧道规范里总则里就提到,公路隧道规范是为山岭公路隧道设计提供技术准则的,而本隧道是我国第一条海底隧道,隧道衬砌受围岩压力和外水压力的共同作用,而且海水具有腐蚀性,故认为公路隧道规范中的限裂规定用于此处海底隧道似有不妥。在水压为0.7 MPa和围岩压力作用下,墙角位置为最不利截面,在配筋率取为0.015时,采用水工钢筋混凝土规范计算的混凝土衬砌最大宽度短期荷载效应下为0.189 mm,长期荷载效应下为0.202 mm(当限制裂缝宽度取为0.15 mm时,配筋率可以根据公式反算得到:短期荷载取0.017 43,长期荷载取0.018 18),而按该海底隧道所处的环境,据水工钢筋混凝土规范,环境为海水浪溅区及盐雾作用区,潮湿并有严重侵蚀性介质作用,为四类环境,在此环境下,混凝土衬砌最大宽度短期荷载效应下为0.15 mm,长期荷载效应下为0.10 mm,根据前面计算,其最大裂缝宽度超出了水工规范的要求。在水压为0.7 MPa和围岩压力作用下,墙角位置为最不利截面,在配筋率取为0.015时,采用混凝土结构设计规范得到的最大裂缝宽度为0.125 8 mm(当限制裂缝宽度取为0.15 mm时,配筋率可以根据公式反算得到:0.013 45),混凝土结构设计规范总则中明确界定:"本规范适用于房屋和一般构筑物的钢筋混凝土承重结构的设计",公路隧道规范中的防裂规定基本上是采用铁路隧道规范中的防裂计算,但是公路隧道的断面形式与铁路隧道的断面形式相差很大,而且又不同于地上的普通钢筋混凝土建筑结构,有其自身的特点,采用铁路规范或是混凝土结构设计规范来对海底隧道衬砌进行防裂设计是值得商榷的。海底隧道又不同于一般的山岭隧道，由于其受外水压力作用，海水会对隧道衬砌产生腐蚀性，此种情况下设计规范似应采用水工混凝土设计规范，如按水工混凝土设计规范计算则计算出的最大裂缝宽度在四类环境下不能满足规范要求，而按公路隧道设计规范计算其限裂规定为 0.2 mm，计算值为 0.158 7 mm，虽然能满足要求，但于环境不符，如果按水工混凝土规范取裂缝限制宽度为 0.1 mm，其配筋率达到了 0.024，从经济上来说是不适宜的。对限宽度考虑到各规范的适应性以及经济性，认为取 0.15 mm 是合适的。按本文提出的考虑了地下结构特殊性的弹性地基曲梁法，在配筋率为 1.5%，钢筋平均直径为 20 mm，衬砌厚度为 0.6 m，Ⅴ级围岩，外部水压为 0.7 MPa 和围岩压力作用下，其弯矩和轴力分别为 762.3 kN·m，5 968 kN，计算出的最大裂缝宽度为 0.142 366 mm，裂缝间距为 3.075 m。本研究认为对于Ⅴ级围岩下衬砌配筋取 1.5%是合适的，并采取相应的设计和施工的限裂措施来达到控制裂缝的目的。

4）施工工艺控制

（1）拌和方式

搅拌站搅拌时应适当延长混凝土搅拌时间，使混凝土各组分充分水化，包裹紧密，杜绝拌和物泌水、离析，一般可为 2～3 min。水灰比是强度的重要保证要素，过多的自由水是引起麻面、水泡、气泡等缺陷的主要原因，因此，应严格按试验室签发的施工配合比进行搅拌施工，严禁在泵车外加生水。抗拉强度对混凝土匀质性比抗压强度更敏感，施工中应尽量保证混凝土搅拌均匀。

（2）运输方式

衬砌混凝土浇注应采用轨行式衬砌台架和组合钢模板、混凝土运输车。

（3）混凝土浇筑

混凝土输送泵完成，采用两侧对称的连续全断面泵送灌注；混凝土灌注时的自由倾落高度不超过 2 m，当受条件限制造成离析现象时，应利用滑槽；混凝土的浇筑应连续进行，如因故间断或分层浇筑时，间断时间应小于前层混凝土的初凝时间（90 min）；使用振动棒时，移动间距应不超过振动器作用半径的 1.5 倍（60 cm），与钢模保持 5～10 cm 的距离，插入下层混凝土 5～10 cm。每一处振动完毕后，边振动边徐徐提出振动棒，避免振动棒碰撞模板和钢筋，对每一振动部位，必须振动到该部位混凝土密实为止。

（4）养护

养护时间越长，养护条件越好，衬砌混凝土收缩变形越慢，衬砌越不易产生裂缝。现在施工的很多隧道对衬砌混凝土没有进行很好的养护，这是隧道衬砌开裂的主要原因。根据前面温度应力计算结果，养护条件必须使 15 d 内的温度差控制在 21.5 ℃内，因此养护时间必须在 15 d 以上。混凝土脱模后要有专人进行喷水养护，脱模前模板变热即需洒水降温；保持混凝土终凝前表面湿润，或者在混凝土表面喷洒养护剂等进行养护。

为了防止干缩裂缝和塑性收缩裂缝，应加强混凝土结构的早期养护或覆盖，适当延长养护时间；冬季施工时要适当延长混凝土保温覆盖时间。洞口如果为素混凝土，建议人为增加收缩缝：如每 6 m 设置 1 条收缩缝；发现混凝土有微小裂缝，应马上洒水养护。如遇风季，需设置挡风设施。

5）隧道衬砌裂缝防治

（1）裂缝检查和观测

全面检查裂缝的长度、宽度及分布情况，选取有代表性的裂缝定期观测其长度、宽度及深度变化情况。选取方法应综合考虑裂缝长度、宽度和位置、围岩类别、衬砌类型、地下水等情况，数量应不少于裂缝总数的 30%。对代表性裂缝作好标记，先用超声波法检测 1 次深度，然后每隔半个月观测 1 次裂缝宽度和长度，作好记录。连续 3 个月内裂缝长度和宽度没有变化时，可改为每月观测 1 次。半年后作 1 次深度检测。若连续半年以上裂缝长度、宽度及深度均没有变化，应认为裂缝没有发展，可进行裂缝封闭处理。若裂缝继续发展，应重新分析原因，视情况进行补强处理。

观测时应做好空气温度、湿度记录，便于修正温度、湿度变化对裂缝产生的影响。

(2) 掺加纤维

掺加纤维是控制混凝土裂缝的一种有效方法。在混凝土拌制时加入短纤维（合成纤维或钢纤维）搅拌均匀，按常规方法浇筑成型。由于纤维的存在，可减少混凝土早期坍落收缩；提高混凝土的抗拉强度，减少早期微裂缝的开展；减少混凝土干缩；增加混凝土的密实性，保护结构钢筋，延缓混凝土碳化速度。掺加纤维宜选用抗拉强度高、化学性能稳定、价格相对便宜的合成纤维或钢纤维，纤维长度 10～20 cm，直径 100 μm，用量约为混凝土体积的 0.1%。

对于表层性裂缝，不影响结构使用的，可待裂缝停止发展后用装饰性砂浆进行找平抹面，也可用填缝剂进行填缝。

对于深入贯通性裂缝，应对裂缝进行发展观测，如围岩较好地段，裂缝属稳定性裂缝，可以免于处理，对表层凿整齐的槽，用砂浆进行填槽。

对于在软弱及其他不良地质地段的裂缝，经过不良时期检验，如雨季等仍然为稳定的，仍需要对裂缝进行分段打孔注浆。裂缝处于发展状态的，一般都需进行返工处理。对于处于发展、但裂缝发展趋于收敛的，也要认真对待，因为一旦进入运营状态，重载高速汽车及其他荷载的作用都是不容忽视的。

对于在软弱及其他不良地质地段裂缝位于拱腰、纵向连通或位于拱顶纵向连通的，证明拱结构已遭到彻底破坏，除返工外，还要考虑到结构应该予以加强。相比之下，环向裂缝是可以通过裂缝处理得到解决的。裂缝是混凝土结构中普遍存在的一种现象，它的出现不仅会降低建筑物的抗渗能力，影响建筑物的使用功能，而且会引起钢筋的锈蚀、混凝土的碳化，降低材料的耐久性，影响建筑物的承载能力，因此要对混凝土裂缝进行认真研究、区别对待，采用合理的方法进行处理，并在施工中采取各种有效的措施来预防裂缝的出现和发展，保证建筑物和构件安全、稳定地工作。

(3) 不同成因裂缝的控制措施

① 沉降和塑性收缩裂缝

A. 沉陷收缩裂缝　在泵送混凝土现浇的各种钢筋混凝土结构中，特别是板、墙面系数大的结构之中，经常出现一种早期裂缝。这种裂缝位于钢筋上部，裂缝中部较宽、两端较窄、呈梭状；与混凝土上表面垂直，其深度往往从表面一直延伸到钢筋表面。如果不加以预防和消除，将会加速钢筋的锈蚀。

混凝土沉陷裂缝的主要控制措施如下：

(a) 混凝土用水量越大，越易引起沉降裂缝，所以，要严格控制混凝土单位用水量在 170 kg/m^3，水灰比在 0.6 以下，对于泵送混凝土，在满足泵送和浇筑要求时，宜尽可能减少坍落度；还可以应用减水率大的高效减水剂或终凝高效减水剂大幅度减少用水量；应用保水性较好的普通硅酸盐水泥，连续级配的粗骨料，偏粗的中砂。

(b) 掺加适量、质量良好的泵送剂和掺合料,改善工作性和减少沉陷。

(c) 混凝土的搅拌时间要适当,时间过短、过长都会造成拌合物的均匀性变差而增大沉陷。

(d) 混凝土的凝结时间越长,越易引起沉降裂缝,所以,混凝土的凝结时间不宜过长。

(e) 混凝土浇筑时,下料不宜太快,防止堆积或振捣不充分。

(f) 混凝土应振捣密实,但应避免过振。时间以 10~15 s/次为宜。截面厚度相差较大的构筑物,可先浇筑较深部位,静置 2~3 h,待沉降稳定再与上部薄截面混凝土同时浇筑;进行二次振捣,一般在混凝土浇筑 1~1.5 h 后,混凝土尚未凝结之前进行。此时,以振捣棒振实再拔出时混凝土表面未留下任何明显痕迹为宜。

(g) 在炎热的夏季和大风天气,为防止水分蒸发激烈,形成内外硬化不均和异常收缩引起裂缝,应采取措施缓凝和覆盖。

B. 塑性收缩裂缝　塑性收缩裂缝出现在暴露于空气中的混凝土表面。裂缝较浅,长短不一,短的仅 20~30 cm,长的可达 2~3 m,宽 1~5 mm,裂缝互不连贯,类似干燥的泥浆面。

防止出现塑性裂缝的原理:一是降低混凝土表面游离水的蒸发速度;二是减小混凝土的面层干缩量,三是增大混凝土面层早期的抗裂强度。

混凝土塑性裂缝的主要控制措施如下:

(a) 选用干缩较小、早期强度较高的硅酸盐或普通硅酸盐水泥,严格控制水泥用量和掺合料的用量,选用级配良好的砂子和石子。气温较低时,在混凝土中掺加促凝剂,以加速混凝土的凝结和强度发展。掺加一定量的纤维,如钢纤维、聚丙烯纤维等。

(b) 浇筑混凝土前,将基层和模板浇水湿透,避免吸收混凝土中的水分。

(c) 振捣密实,减少混凝土的收缩量。

(d) 混凝土浇筑后,在初凝前完成抹平工作,终凝前完成压光工作。建议推广二次抹压工艺。抹光后及时用潮湿的草袋或塑料薄膜覆盖,认真养护,也可喷涂混凝土养护剂。

(e) 在气温高、风速大、干燥的天气施工时,加挡风设施。混凝土浇筑后应及早进行喷水养护,使其保持湿润。大面积混凝土宜浇完一段,养护一段。在炎热季节,需加强表面的抹压和养护。必要时加设遮阳挡风及喷雾设施等。

② 温度裂缝　水泥水化过程中放出大量的热,且主要集中在挠筑后的前 7 d 内,一般每克水泥可以放出 502 J 的热量,如果以水泥用量 350~550 kg/m^3 来计算,每立方米混凝土将放出 175 700~276 100 kJ 的热量,从而使混凝土内部温度升高(可达 70 ℃左右,甚至更高)。尤其对大体积混凝土来说,这种现象更严重。因为混凝土内部和表面的散热条件不同,所以混凝土中心温度低,形成温度梯度,造成温度变形和温度应力。温度应力和温度差成正比,当这种温度应力超过混凝土的内外约束应力(包括混凝土抗拉强度)时,就会产生裂缝。这种裂缝初期出现时很细,随着时间的发展会继续扩大,甚至达到贯穿的情况。

混凝土内部的温度与混凝土厚度及水泥品种、用量有关。对于大体积混凝土,其形成的温度应力与结构尺寸相关,在一定尺寸范围内,混凝土结构尺寸越大,温度应力也越大,因而引起裂缝的危险性也越大。因此防止大体积混凝土出现裂缝最根本的措施就是控制混凝土内部和表面的温度差。

温度裂缝的控制措施:

A. 考虑选择粉煤灰水泥、矿渣水泥、火山灰水泥或复合水泥,对于体积较大的结构,应优先选择中热水泥甚至低热水泥。再有,可充分利用混凝土后期强度,以减少水泥用量。大量试验研究和工程实践表明，每立方米混凝土的水泥用量增减 10 kg，其水化热将使混凝土的温度相应升高或降低 1 ℃。因此，为更好地控制水化热所造成的温度升高，减少温度应力，可根据工程结构实际承受荷载的情况，与设计单位协商，将 56 d 或 90 d 抗压强度代替 28 d 抗压强度作为设计强度。对于大体积钢筋混凝土基础的高层建筑，大多数的施工期限很长，少则 1～2 年，多则 4～5 年，28 d 不可能向混凝土结构，特别是大体积钢筋泥凝土基础施加设计荷载，因此将试验混凝土标准强度的龄期推迟到 56 d 或 90 d 是合理的，正是基于这一点，国内外许多专家均提出类似的建议。如果充分利用混凝土的后期强度。则可使每立方米混凝土的水泥用量减少 40～70 kg，则混凝土温度相应降低 4～7 ℃。最后，减少水泥水化热和降低内外温差的办法是减少水泥用量，将水泥用量尽量控制在 450 kg/m^3 以下。如果强度允许，可采用掺加粉煤灰的方法来调整。

B. 浇筑大体积混凝土结构不得已而采用硅酸盐水泥或普通硅酸盐水泥时，应考虑在保证强度指标的情况下，掺加一定量活性掺合料（如粉煤灰、矿渣微粉等），活性掺合料对水泥的替代率越大，降低混凝土温升的效果越好。掺加粉煤灰混凝土的温度和水化热，在 1～28 d 龄期内，大致为：掺入粉煤灰的百分数就是温度和水化热降低的百分数，即掺加 20%粉煤灰的水泥混凝土，其温升和水化热约为未掺粉煤灰的水泥混凝土的 80%，可见掺加粉煤灰对降低混凝土的水化热和温升的效果是非常显著的。

C. 在混凝土中添加一定量的具有减水、增塑、缓凝、引气的外加剂，可以改善混凝土拌合物的流动性、黏聚性和保水性。由于其减水作用和分散作用，在降低用水量和提高强度的同时，还可以降低水化热，推迟放热峰的出现时间，因而减少温度裂缝。

D. 对于大体积混凝土，应控制混凝土料的入模温度，掌握好浇筑的时间。应加强养护，一般在浇筑完成后，对混凝土表面进行覆盖，并进行测温跟踪，以保证混凝土内外温差不超过 25 ℃，否则应立即采取措施来改善。

③ 干缩裂缝　干燥收缩主要是由水分在硬化后较长时间产生的蒸发引起的。由于骨料的收缩很小，因此混凝土的干燥收缩主要是由水泥石干燥收缩造成的。水泥石干燥收缩理论有毛细管张力学说、表面吸附学说和夹层水学说等。混凝土的水分蒸发、干燥过程是由外向内、由表及里逐渐发展的。由于混凝土蒸发干燥非常缓慢，产生干燥收缩裂缝多数在一个月以上，有时甚至一年半载，而且裂缝发生在表层很浅的位置，裂缝细微，有时呈平行线状或网状，常常不被人们重视。但是要特别注意，由于碳化和钢筋锈蚀的作用，干缩裂缝不仅会损害薄壁结构的抗渗性和耐久性，也会使大体积混凝土的表面裂缝发展成为更严重的裂缝，影响结构的耐久性和承载能力。

干缩裂缝的控制措施如下：

A. 选择适合的水泥品种和用量。一般来说，水泥的需水量越大，混凝土的干燥收缩越大。不同水泥的干燥收缩按其大小顺序排列为；矿渣水泥、普通水泥、中低热水泥和粉煤灰水泥，所以，从减少收缩的角度来看，宜采用中低热水泥和粉煤灰水泥。干燥收缩随水泥用量的增加而增大，但是增加量不显著。C20～C60 混凝土的水泥用量一般为 350～600 kg/m^3。

B. 混凝土的干缩受用水量影响很大，在同一水泥用量条件下，混凝土的干燥收缩和用水量成正比，综合水泥用量和用水量来考虑，水灰比越大，干燥收缩越大，因此，在混凝土配合比设计中应尽可能将每立方米混凝土的用水量控制在 170 kg 以下。对于浇筑墙体和板材的单方混凝土，其用水量的控制尤为重要。特别值得注意的是，施工时混凝土的用水量绝对不允许大于配合比设计给定的用水量。

C. 矿渣、火山灰、硅藻土等粉状掺合料，掺加到混凝土中，一般都会增大混凝土的干缩值，但是质量好，含有大量球形颗粒的一级粉煤灰，由于内比表面积小，需水量少，故能降低湿混凝土干缩值。

D. 掺加减水剂，特别是同时掺加粉煤灰的双掺技术不会增大干缩值，但是对于某些减水剂，尤其是其具有引气作用时，有增大混凝土干缩的趋势，因此，要选用干燥收缩小的外加剂。

E. 混凝土浇筑面受到风吹日晒，若表面干燥过快，受到内部混凝土的约束，会在表面产生拉应力而开裂，因此如果混凝土终凝之前进行早期保温、保湿养护，对减少干燥收缩有一定的作用。

④ 混凝土裂缝修补措施　混凝土裂缝出现后，为了保证建筑物的安全、改善建筑物的美观和延长建筑物的使用年限，就要对裂缝采取有效措施进行修补。

目前常用的混凝土裂缝的修补措施主要有：

A. 混凝土置换法　该方法是将严重损坏或失效的混凝土除掉，置换新的混凝土或其他材料。其具体工艺是：

(a) 剔除混凝土；

(b) 处理混凝土面层及钢筋；

(c) 配置置换材料；

(d) 养护及粉刷。

其中置换材料应根据使用条件和处理要求根据其环境适应性、耐久性、耐腐蚀性、弹性模量、强度和与基层的结合性能等选用。目前常用的置换材料有：水泥质混凝土或砂浆、聚合物或改性聚合物混凝土(砂浆)。

B. 表面封闭　这是一种在微细裂缝(宽度一般<0.2 mm)的表面涂膜以提高其防水性及耐久性的方法，是一种极简单和最普通的裂缝修补方法。通过密封裂缝表面达到防止水分、二氧化碳以及其他有害介质侵入的目的(图 1-26)。这种工法的缺点是修补工作无法深入到裂缝内部，不适合有明显水压的裂缝。表面封闭所采用的密封材料因修补目的及使用环境不同而异，通常采用弹性密封胶、聚合物水泥等。

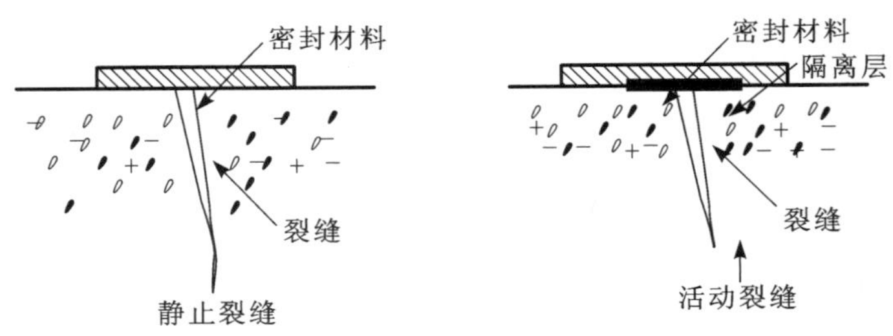

图 1-26　表面封闭法

C. 堵漏法　常用的堵漏方法有以下几种。

(a) 化学灌浆法　化学灌浆堵漏，是采用化学灌浆料来处理混凝土形成的渗漏部位，堵漏时采用化学灌浆料、快速凝结加强剂和膨胀水泥砂浆配合使用。当需要对裂缝全深度范围注入修补材料，以提高其防水性和耐久性时，化学灌浆是经常使用的方法。这种方法一般适用于漏水较为严重的部位，其裂缝一般是贯通的。这种处理方法需要严格的操作和养护，但是恢复效果很好，能将混凝土结构恢复到使用初期的整体状况，在很大程度上使结构强度得到恢复。目前，YJ-自动压力灌浆技术是较为成熟的裂缝修复技术，主要包括袖珍式灌浆的新型机具“YJ-自动压力灌浆器”和灌浆专用树脂“AB-灌浆树脂”两部分。

(b) 嵌缝法　“嵌”是指沿裂缝凿槽，并在槽中嵌填弹塑性或刚性止水材料，以达到封闭裂缝的目的。一般来说变形缝宜采用弹塑性止水材料，且在迎水面采用塑性止水材料，而在背面则采用弹性止水材料，非变形缝则可采用刚性止水材料。弹性密封材料种类有许多，如聚氨酯材料、丙烯酸酯材料、有机硅材料等，应用也较广泛。塑性止水材料以往常用的有聚氯乙烯胶泥等，但这些材料施工极不方便，且环境污染严重。SR塑性止水材料是为面板坝周边缝和伸缩缝止水研制的嵌缝止水材料，具有接缝变形适应性强、抗渗耐老化性好，与混凝土基面粘结性强、冷施工操作简便、材料成本低等特性，在我国面板坝工程建设中获得广泛应用。

(c) 封堵法　“堵”是指对孔洞或续面的封堵。此法主要用于涌水条件下的裂缝、孔洞或孔隙的快速封堵。在这样的漏水部位，封堵比较困难，且堵水效果略差。使用的材料多为快速堵漏剂，即PBM聚合物。PBM聚合物混凝土系互穿网络高分子材料，具有可在水中快速固化、强度增大迅速、与混凝土和金属粘结强度高等特点，而且它在水中自疏平、自密实，同时还可以进行薄层浇筑，适用于水下混凝土孔洞和裂缝的快速封堵。

(d) 涂膜堵漏法　此法是将混凝土表面有渗漏的地方经过处理后，直接在其表面上进行防水处理。这种方法适用于混凝土结构在施工时因振捣不密实或漏振而造成混凝土内部不密实的情况。这种渗水现象较为常见，且无法用压力灌浆法(化学灌浆)和嵌缝法处理，常用于大面积的堵漏。这种方法比较简单，但操作要求严格，混凝土表面的浮灰和杂质必须处理干净，否则会影响混凝土表面与涂膜的黏结作用，降低堵漏防水效果。

D. 电化学防护法　电化学防护法主要有三种：阴极防护法、氧盐提取法和碱性还原法。

灌浆混凝土中，灌浆锈蚀的主要原因是在混凝土和钢筋界面上，水、空气中的氧气、二氧化碳及氮化物等环境介质的浓度不一致，使得灌浆表面处于活性状态，即容易发生电化学反应。阴极防护法的原理就是利用外加电场阻止或减弱可以引起钢筋锈蚀的电流。其中导体面可采用不易腐蚀的可导性网面。这种方法的主要优点是：(ⅰ) 适合于受氧盐侵蚀较为严重的钢筋混凝土结构，其应用受环境因素的影响较小；(ⅱ)即使混凝土已经出现裂缝也可使用；(ⅲ)可应用于新建结构。这对重要工程长期钢筋防腐是很有意义的。值得注意的是，阴极防腐保护法同时存在一些不利的影响，主要有：(ⅰ)由于电场的存在，易引起钢筋周围的碱性离子增加，可能导致碱骨料反应而导致混凝土膨胀、开裂；(ⅱ)正极附近的混凝土会因酸性增大而受到损害。

氧盐提取法和碱性复原法的工作原理均和阴极防腐保护法相似，即利用施加电场在介质中的电化学作用，改变混凝土或钢筋混凝土中的离子分布状态，提高钢筋周围的pH值，钝化钢筋，达到有效防腐的目的。电化学防腐是一种新型的处理方法，有着广阔的发展前景。

E. 仿生自愈合法　此法是模仿生物组织对受创伤部位自动分泌某种物质，而使创伤部位得到愈合的机能，在混凝土传统组分中复合特殊组分(如含粘结剂的液芯纤维或胶囊)以在混凝土内部形成智能型仿生自愈合神经网络系统，当混凝土材料出现裂缝时部分液芯纤维可使混凝土裂缝重新愈合的方法。混凝土的自修复系统对基体微裂缝的修补和有效而延续地避免潜在的危害提供了一种新的方法。具有机敏性自愈合能力的材料由以下几部分促成：

(a) 一种内部损坏的因素，诸如一个导致开裂的动力荷栽；

(b) 一种释放修复用化学制品的刺激物；

(c) 一种用于修复的纤维；

(d) 一种修复用化学制品，它能对刺激物产生反应，发生位移或是变化；

(e) 在交叉连接缀合体的情况下，使基体中的化学制品固化的一种方法或在单体的情况下干燥基体的一种方法。

目前，这种仿生自愈合法还存在许多问题需要解决。例如，有关修复用粘结剂的选择、封入的方法、释放机理的研究、纤维或胶囊的选择、分布特性、其与混凝土的断裂匹配的相容性、愈合后混凝土耐久性能的改善等问题，研究尚不完全。解决好这些问题将对自愈合混凝土的发展产生深远的影响。

F. 环氧树脂补强　环氧树脂硬化后有较高的强度。一般抗压强度为 167～174 MPa，抗弯强度为 90～120 MPa，抗拉强度为 46～70 MPa，粘结强度可达 10 MPa 以上，大大超过混凝土的相应强度。同时，环氧树脂收缩率较小，热膨胀系数小，可以在常温下固化。

(a) 环向裂缝处理——环氧树脂混凝土修补　衬砌分段施工时，由于端模板安装不牢固，在挤压下局部跑模，或者由于环向施工缝处黏连，在温度作用下，会将另一侧的衬砌拉裂，致使环向裂缝不整齐，影响美观。可在环向裂缝两侧各切开一条缝，将中间凿除，形成一深度不小于 3 cm 的凹槽，用毛刷蘸甲苯、丙酮等有机溶液清洗表面并保持干燥，然后用环氧树脂填补，填补至与衬砌表面齐平后抹光，待环氧树脂达到一定强度时进行环向切缝，切缝要规则，深度 3 cm。处理措施如图 1-27 所示。

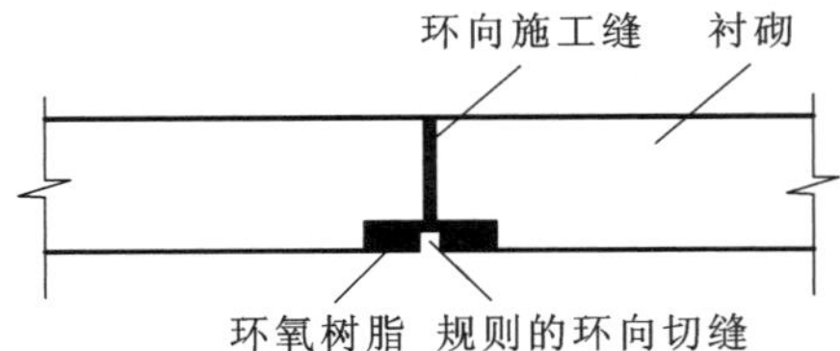

图 1-27　环向裂缝处理措施示意图

(b) 水平向、斜向、竖向裂缝处理——高压注射环氧树脂　修补方法：沿裂缝走向密集钻孔，孔距为 20～30 cm，注入前先清除裂缝表面浮渣、灰尘等污物，用毛刷蘸甲苯、丙酮等有机溶液清洗表面并保持干燥，然后安装注入嘴，用环氧树脂将其余部分裂缝封闭；最后注入环氧树脂。处理措施如图 1-28 所示。

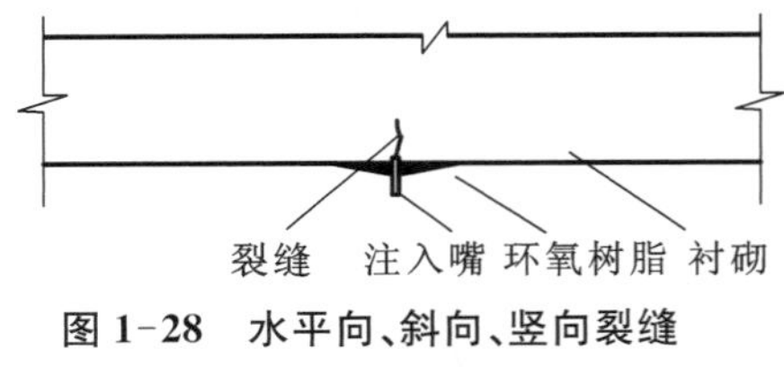

图 1-28　水平向、斜向、竖向裂缝处理措施示意图

1.4.4　本节小结

1) 主要研究成果

(1) 通过本节研究，对海底隧道衬砌裂缝的成因机理进行了分析。其主要影响因素有：① 混凝土自身的性质，如混凝土的抗拉能力和收缩性能等；② 外部作用，包括外荷载和变形作用，如不均匀围岩压力及高压水头、温差及温湿交替作用等；③ 施工工艺，养护时机、时长和手段等。前人对于山岭隧道的调查表明，不均匀的围岩压力是山岭隧道衬砌产生裂缝的主要原因。对此处海底隧道衬砌不同影响因素进行分析，在混凝土本身性质及施工工艺满足相关条件下，使隧道衬砌产生裂缝的最不利因素为不均匀的围岩压力和高压水头作用。针对不同成因的海底隧道衬砌裂缝，本节研究提出了不同的预防和治理措施的建议。

(2) 对海底隧道衬砌进行了温度应力计算。通过研究表明，在施工过程中应对混凝土入仓温度进行有效的控制，对混凝土进行适当的养护；由计算确定伸缩缝间距取15 m以内，根据混凝土绝热温升的计算，确定混凝土中心最高温度，从而确定混凝土的养护时间，一般不小于15 d，15 d内在养护作用下内外温差控制在21.5 ℃，将能够有效地控制温度裂缝的产生。

(3) 用现行规范对海底隧道衬砌裂缝宽度和间距进行了计算。该海底隧道埋藏最深处离海面达40多米，海水通过向围岩渗透产生水头作用力，对风化槽/囊区段，隧道全封闭钢筋混凝土衬砌要承受围岩压力和全水压外水压力。根据以上的计算分析，公路和铁路设计规范的计算值是相同的，公路隧道规范基本上采用了铁路隧道规范规定的衬砌结构限裂计算公式。采用公路隧道混凝土规范，在水压为0.7 MPa和Ⅴ级围岩围压作用下，墙角位置为最不利受力截面，在配筋率取为0.015时，根据公路隧道设计规范和铁路隧道设计规范计算出的最大裂缝宽度为0.158 7 mm(当限制裂缝宽度取为0.15 mm时，配筋率可以根据公式反算得到，为0.015 35)，其裂缝宽度限制均拟定为0.2 mm，虽然按公路隧道设计规范和铁路隧道设计规范计算出的结果能满足规范的要求，但在公路隧道规范“总则”里就提到，公路隧道规范可为山岭公路隧道设计提供技术准则，海底隧道风化槽/囊区段隧道封闭式衬砌受围岩压力和全水头外水压力的共同作用，而且海水具有一定的腐蚀性，故认为将山岭公路隧道规范中的限裂规定沿用于此处海底隧道似多有不妥。在水压为0.7 MPa和围岩压力作用下，墙角位置为最不利截面，在配筋率取为0.015时，采用水工钢筋混凝土规范计算得到的混凝土衬砌裂缝最大宽度在短期荷载效应下为0.189 mm，长期荷载效应下为0.202 mm(当限制裂缝宽度取为0.15 mm时，配筋率可以根据公式反算得到，短期荷载取0.017 43，长期荷载取0.018 18)，而按海底隧道所处的环境，据水工钢筋混凝土规范，环境为海水浪溅区及盐雾作用区，潮湿并有严重侵蚀性介质作用下为四类环境，在此环境下，混凝土衬砌裂缝最大宽度在短期荷载效应下为0.15 mm，长期荷载效应下为0.10 mm，根据前面计算则其最大裂缝宽度超出了水工规范的要求。在水压为0.7 MPa和围岩压力作用下，墙角位置为最不利截面，在配筋率取为0.015时，采用混凝土结构设计规范得到的最大裂缝宽度为0.125 8 mm(当限制裂缝宽度取为0.15 mm时，配筋率可以根据公式反算得到，为0.013 45)。混凝土结构设计规范总则中明确界定：“本规范适用于房屋和一般构筑物的钢筋混凝土承重结构的设计。”公路隧道规范中的防裂规定基本上是采用铁路隧道规范中的防裂计算，但是公路隧道的断面形式与铁路隧道的断面形式相差很大，而且又不同于地上的普通钢筋混凝土建筑结构，有其自身的特点，采用铁路规范或是混凝土结构设计规范来对海底隧道衬砌进行防裂设计是值得商榷的。此外，海底隧道又不同于一般的山岭隧道，由于其受高水压外水压力的持续作用，且海水会对隧道衬砌产生腐蚀性，此种情况下设计规范似宜改用水工或海工混凝土设计规范。如按水工混凝土设计规范计算，则计算出的最大裂缝宽度在四类环境下均不能满足规范要求，而按公路隧道设计规范计算其限裂规定为0.2 mm，计算值为0.158 7 mm，虽能满足要求，但与隧道所处环境不符，如果按水工混凝土规范对裂缝限制宽度取0.1 mm，其配筋率达到了0.024，从经济上而言则是不适宜的。为此，本项研究通过力学手段，对此处海底隧道进行了限裂设计研究，建立了海底隧道衬砌裂缝控制微分方程，进而据此确定了衬砌裂缝的宽度和间距，并作了具体计算：在配筋率为1.5%，钢筋平均直径为20 mm，衬砌厚度为0.6 m，Ⅴ级围岩，外部水压为0.7 MPa和围岩压力作用下，其衬砌截面弯矩和轴力分别为762.3 kN·m和5 968 kN，计算出的最大裂缝宽度为0.142 366 mm，裂缝间距为3.075 m。

(4) 分析了海底隧道衬砌渗漏的原因。主要包括:隧道防水层失效,隧道接缝防水失效和衬砌混凝土结构自防水失效,共三个方面;并针对不同的失效原因,提出了防水建议措施。海底隧道衬砌开裂后的渗漏量与裂缝开度、水压力、衬砌混凝土密实性、围岩渗透系数及衬砌厚度,以及围岩水文地质条件等均密切相关。由于上述影响因素为模糊变量,因而裂缝渗漏量计算存在较大误差,但计算结果仍可为设计提供参考,并揭示出各影响因素间的数量关系。

(5) 针对此处海底隧道,从混凝土参数、裂缝宽度和间距、施工工艺等方面对隧道衬砌裂缝提出了其宽度和间距控制的建议。

2) 研究中尚待进一步深化探讨的问题

(1) 荷载的不确定性,首先是围岩压力作用和水压作用的时间性。因为,在不同土、水压力作用下,衬砌的受力性态存在很大的差异,其控制工况也不同,比如,在0.1 MPa的外水压时,其不利受力截面在拱腰;当外水压增大至0.6 MPa时,其不利截面则在拱脚。此情况已在文中进行过讨论,认为此种情况存在,但目前还没有合适的方法确定外水压力及围岩压力的时效作用问题。

(2) 按不同规范计算最大裂缝宽度时,水工钢筋混凝土规范计算出的缝宽偏大,超过0.2 mm;但其他规范计算出来的结果,如公路隧道规范则仅为0.085 mm,相差比较大。设计使用上最终规范的选用究以何者为准,仍是一个尚未很好解决的难题。

(3) 关于应用断裂力学进行钢筋混凝土衬砌结构限裂设计,文中只是将有关论著中的相关部分摘录附后,它与海底隧道实际断面限裂控制间的偏误尚未及定量估计。

(4) 按温度应力计算的有关参数是采用相应文献提供的参数,与实际的情况可能会存在一定的差别。比如,水泥品种、骨料种类等,只有等海底隧道施工时,取得实际数据后,再作进一步的计算分析。

(5) 采用按弹性地基曲梁计算衬砌的裂缝宽度和间距时,由于海底隧道断面不是圆形,其不同部位的受力情况不同,但计算结果有可能仍类似于圆形截面,裂缝间距此处算得为超过3 m,其与实际情况相符程度如何,并应怎样去评价其正确性,尚缺乏完善的尺度和标准。

1.5 海底隧道衬砌结构运营期可靠性研究

1.5.1 概述

工程结构物的可靠性历来是设计中的重大问题,而隧道工程建造耗资巨大,一旦失效不仅会造成结构本身的巨大损失,还会产生大的次生灾害和附加损失。隧道结构可靠性的设定一般都在相当程度上反映在隧道设计规范中,但作为设计标准,它并不是一成不变的,随着科学技术的发展和主观上新的认识,在继承旧规范合理部分的同时,要不断吸收新的研究成果,逐步修订和完善。隧道结构可靠性控制方法的发展也是如此,先是由定值设计法发展为半概率法,目前又由半概率法逐步向概率极限状态设计法(可靠度设计方法)过渡。它与结构设计规范的发展过程一样,在隧道结构中采用概率极限状态设计方法本身,也是由简单到复杂而不断完善的过程。

研究认为,结构可靠度理论是用以解决工程设计中认识已久的不确定性问题的一种决策方法,虽已积累的经验还不多,但追求合理处理工程中的不确定性问题是工程结构设计的一大进步，统计数据的多少和结构可靠度理论的成熟程度将是现行可靠性研究的基础。隧道工程问题的解决，要求理论与工程经验的结合，掌握的知识和数据资料越多、主观经验越丰富，隧道结构的设计将愈趋合理，这是隧道工程技术研究追求的目标。

海底隧道，既是地下结构，又是海工结构，它与这二者既有共性，又具有自身的工程特色，对其进行可靠性问题研究，对保证其长期的运营安全将尤具独特的重要意义。为此，隧道结构按可靠性准则作设计判定并进而对设计安全程度作出确切评价，可使衬砌结构设计更为科学合理，并有利于推动工程质量和施工技术水平的提高，取得更好的技术经济效益。

安全性和耐久性是广义可靠性研究的两个不同方面：在一般情况下，此处所谓的结构可靠性，多主要从结构设计质量上的安全、经济和适用的角度考虑，而在本专题研究的第二部分：耐久性研究中，则才关系到结构的使用寿命问题。

目前已颁布使用的有关隧道设计的技术法规中，仅在《铁路隧道设计规范》中对概率极限状态设计方法作了一些原则性规定，但《铁路隧道设计规范》的有关条文主要只是针对越岭单线铁路隧道制定的，它基本上不适合借用于此处大断面海底公路隧道工程的可靠性设计。

本节研究旨在建立适合于隧道初次和二次衬砌结构单截面，以及整个支护体系的可靠性评价方法，并根据计算结果对该海底隧道工程结构物进行可靠性分析计算。具体的研究内容包括了以下几个主要方面：

① 分别制定50年和100年设计基准期的目标可靠性指标；

② 确定围岩和喷层混凝土、衬砌钢筋混凝土各有关参数基本随机变量的统计特征；

③ 提出隧道结构的可靠性计算分析；

④ 对此处隧道结构作出可靠性评价。

1）一般说明

该隧道为双向六车道双洞公路隧道，中间另设服务隧道，隧道横断面布置见图1-29。隧道所经海域大部为微风化和弱风化围岩（按隧道2004年新版设计规范Ⅱ级和Ⅲ级），但需穿越几处不良地质区段（风化深槽、风化囊，属Ⅴ和Ⅳ级软弱破碎围岩）。围岩初始应力场主要为自重应力场，构造应力很小，可不予考虑。采用复合衬砌，新奥法施工，一次支护为锚杆、喷混凝土，二次衬砌为整筑钢筋混凝土衬砌。一般地质条件区段支护系统采用锚杆喷混凝土，不良地质条件区段支护系统另再加用超前小导管注浆和预支护。主隧道断面设计见图1-30，服务隧道衬砌断面设计见图1-31，风化深槽处主隧道超前小导管布置见图1-32。

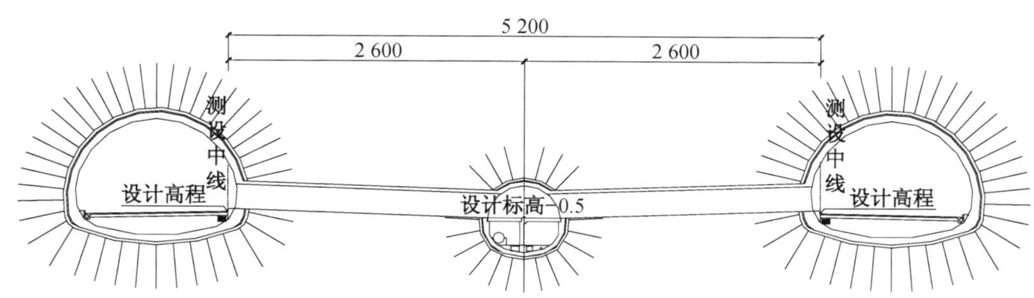

图1-29 隧道横断面布置图

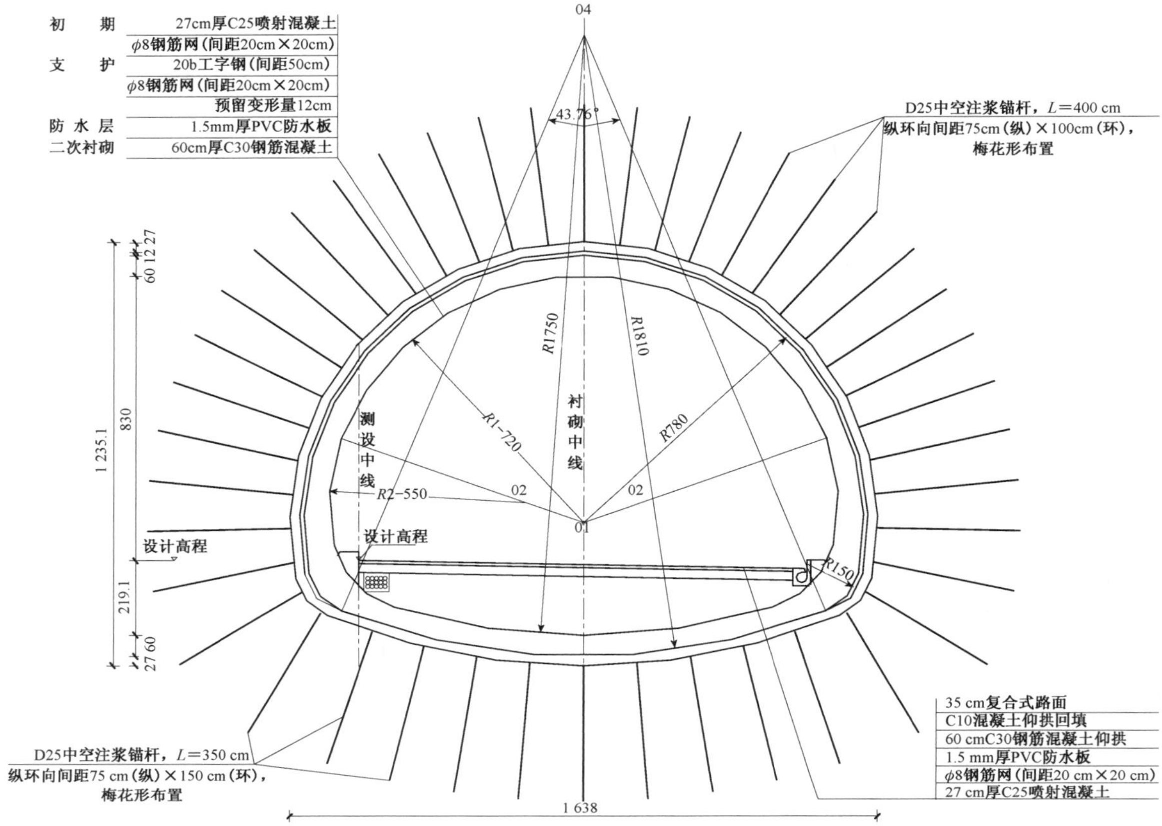

初期支护 27cm厚C25喷射混凝土
ϕ8钢筋网(间距20cm×20cm)
20b工字钢(间距50cm)
ϕ8钢筋网(间距20cm×20cm)
预留变形量12cm
防水层 1.5mm厚PVC防水板
二次衬砌 60cm厚C30钢筋混凝土
04
43.76°
D25中空注浆锚杆，L=400 cm
纵环向间距75cm(纵)×100cm(环)，
梅花形布置
R1750
R1810
R1-720
R780
R2-550
衬砌中线
测设中线
02
02
01
设计高程
设计高程
R150
60 12 27
830
1 235.1
219.1
27 60
35 cm复合式路面
C10混凝土仰拱回填
60 cmC30钢筋混凝土仰拱
1.5 mm厚PVC防水板
ϕ8钢筋网(间距20 cm×20 cm)
27 cm厚C25喷射混凝土
D25中空注浆锚杆，L=350 cm
纵环向间距75 cm(纵)×150 cm(环)，
梅花形布置
1 638

图 1-30　风化深槽处主隧道断面设计图

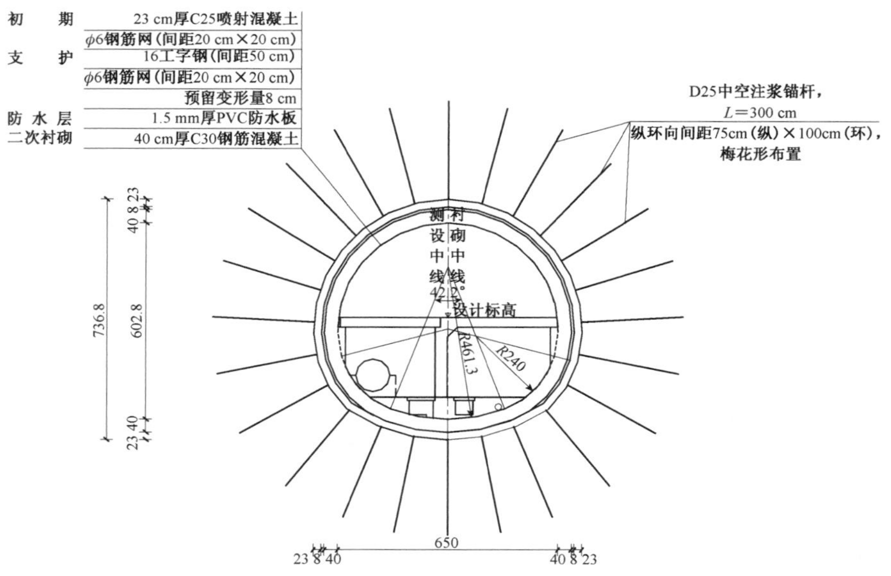

图 1-31　风化深槽处服务隧道衬砌设计图

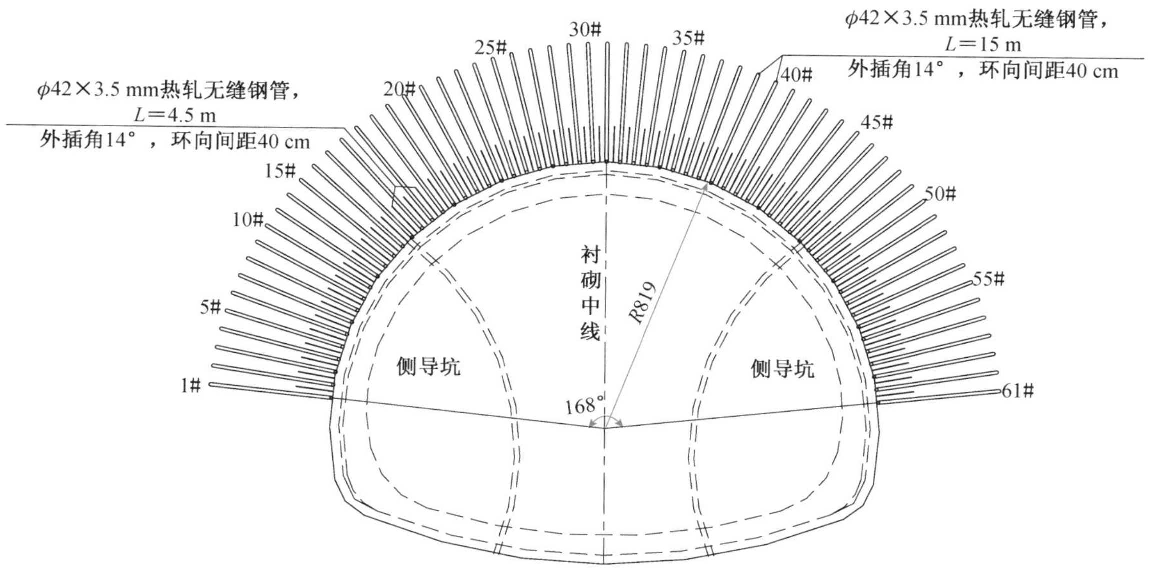

图1-32　风化深槽处主隧道超前小导管布置图

该隧道为我国首次修建的海底隧道，其设计是否安全可靠，十分有必要进行确切论证和评估，而可靠性体系分析则是目前被国内外业界所公认为一种最为科学合理的评估方法之一。

本节研究选取了两个断面进行可靠性分析。对一般地质条件区段的隧道断面，选在桩号为10+250处，设计高程−61.0 m，海底高程−14.6 m，设计高程以上31.6 m范围内为微风化层，再往上为全风化和强风化层；对不良地质条件区段的隧道断面，选在桩号为8+970的风化囊破碎带F4处，设计高程−66.6 m，海底高程−19.0 m，为全风化和强风化层。这样，选取了围岩强弱、好坏的两个极端情况，便于作出分析对比。

2）计算参数统计特征

不良地质条件处隧道围岩按Ⅴ级考虑，对已收集到的相关文献进行整理后，本节研究列出了与其计算有关的随机变量的统计特征。

其中，近43年内高潮位最大值的统计特征是根据本工程的勘测资料得出的，据此反推年高潮位随机变量的统计特征。50年内高潮位最大值随机变量和100年内高潮位最大值随机变量的统计特征，则根据年高潮位随机变量推算得出。

有关混凝土和钢筋混凝土的随机变量统计特征，是参考现行铁路隧道设计规范、公路桥梁设计规范和建筑结构设计规范三方面的研究成果，综合比较后得出的。

对于不良地质条件处的围岩，勘测单位对其重点进行了地质勘测和岩土试验，给出了物理力学参数的均值和标准差。本节研究根据试验数据，分析了物理力学参数的分布类型。有关喷混凝土的随机变量统计特征，是参考了大瑶山隧道喷混凝土的试验数据及其统计结果。

一般地质条件处隧道的围岩按Ⅲ级和Ⅱ级考虑，对已收集到的相关文献进行整理后，本节研究列出了与计算有关的随机变量的统计特征。铁道第二勘察设计院在该项目工程可行性研究阶段地质勘察报告中给出了微风化基岩的物理力学参数的均值和标准差，本节研究参考了其他文献，拟定了其分布类型。

(1) 计算参数的统计特征

本节研究中,所取隧道诸计算参数的统计特征见表 1-34。

表 1-34 可靠性分析中采用的随机变量的特性

变量编号	随机变量	分布类型	均值	标准差	变异系数	参考文献
1	近 43 年内高潮位最大值	极值 Ⅰ 型	375.424 5 cm	22.819 cm	0.060 8	[4]
2	年高潮位	正态分布	265.613 cm	48.800 cm	0.183 7	[4]
3	100 年内高潮位最大值	极值 Ⅰ 型	390.367 cm	20.62 cm	0.052 8	[4]
4	50 年内高潮位最大值	极值 Ⅰ 型	381.55 cm	28.51 cm	0.074 7	[4]
5	全风化基岩密度	正态分布	1 860 kg/m^3	83.7 kg/m^3	0.045	[22]
6	全风化基岩摩擦角	正态分布	22.60°	3.659 0°	0.162	[22]
7	全风化基岩黏聚力	正态分布	30.3 kPa	9.978 kPa	0.329	[22]
8	Ⅱ类围岩变形模量	正态分布	1.5 GPa	0.289 GPa	0.193	[8]
9	全风化基岩泊松比	正态分布	0.481	0.004 81	0.01	[2]
10	强风化基岩密度	正态分布	1 809 kg/m^3	85 kg/m^3	0.045	[22]
11	强风化基岩摩擦角	正态分布	24.30°	2.179 0°	0.090	[22]
12	强风化基岩黏聚力	正态分布	30.4 kPa	8.536 kPa	0.281	[22]
13	全风化基岩压缩模量	正态分布	6.56 MPa	1.190 MPa	0.181	[22]
14	微风化基岩密度	正态分布	2 650 kg/m^3	132.5 kg/m^3	0.05	[21]
15	微风化基岩摩擦角	正态分布	51.60°	2.280°	0.17	[21]
16	微风化基岩黏聚力	正态分布	13.2 MPa	1.14 MPa	0.02	[21]
17	微风化基岩泊松比	正态分布	0.26	0.002 6	0.01	[2]
18	Ⅳ围岩变形模量	正态分布	15 GPa	2.88 GPa	0.192	[8]
19	海水密度	正态分布	1 021.14 kg/m^3	2.3 kg/m^3	0.002 266	[4]
20	喷混凝土衬砌厚度(Ⅱ类围岩)	正态分布	0.27 m	0.035 1 m	0.13	[5]
21	喷混凝土衬砌厚度(Ⅳ类围岩)	正态分布	0.27 m	0.024 8 m	0.092	[5]
22	喷混凝土衬砌厚度(Ⅴ类围岩)	正态分布	0.27 m	0.015 66 m	0.058	[5]
23	C25 混凝土抗压强度	正态分布	23.07 MPa	3.69 MPa	0.16	[9]
24	C30 混凝土抗压强度	正态分布	25.98 MPa	3.63 MPa	0.14	[9]
25	C25 混凝土抗拉强度	正态分布	2.5 MPa	0.5 MPa	0.20	[9]
26	C30 混凝土抗拉强度	正态分布	2.75 MPa	0.55 MPa	0.20	[9]
27	混凝土密度	正态分布	2 650 kg/m^3	196.1 kg/m^3	0.074	[18]
28	C25 混凝土弹性模量	正态分布	29 GPa	2.47 GPa	0.085 3	[17]
29	C30 混凝土弹性模量	正态分布	31 GPa	2.64 GPa	0.085 3	[17]

(续表)

变量编号	随机变量	分布类型	均值	标准差	变异系数	参考文献
30	喷混凝土抗压强度	对数正态分布	23.68 MPa	2.59 MPa	0.109	[16]
28	喷混凝土抗拉强度	正态分布	1.573 MPa	0.115 MPa	0.072	[16]
29	模注混凝土厚度	对数正态分布	按设计图纸取值		0.02	[20]
30	Ⅱ级钢筋强度	正态分布	351.38 MPa	25.26 MPa	0.071 9	[25]
31	钢筋保护层厚度	正态分布	55.96 mm	2.77 mm	0.049 6	[25]
32	Ⅱ级钢筋弹性模量	正态分布	227 GPa	16.4 GPa	0.072	[25]

(2) 海底隧道工程可靠性分析中各随机变量的统计特性

① 近 43 年内的高潮位最大值

近 43 年内的高潮位最大值极值频率曲线图如图 1-33 所示。

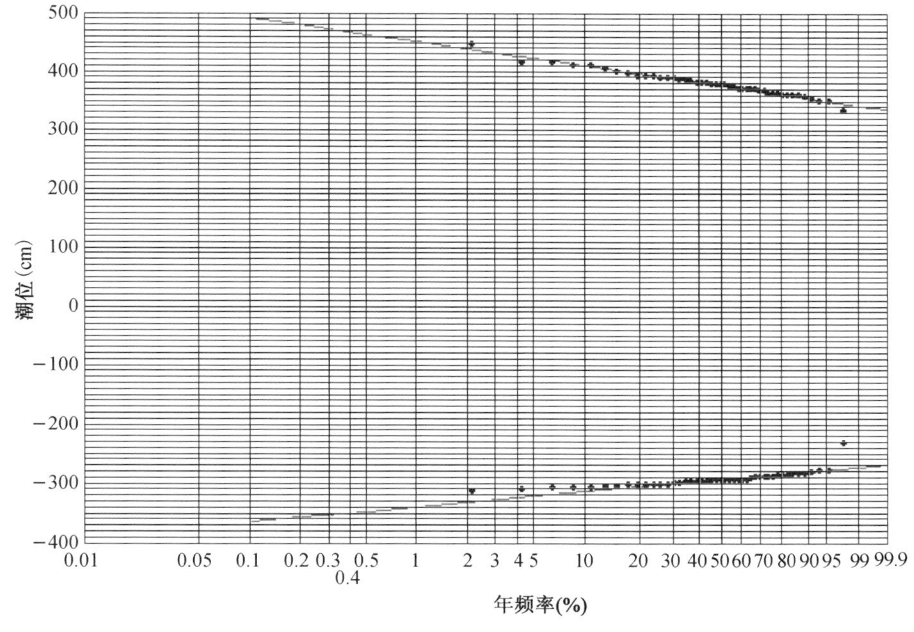

图 1-33　极值频率曲线图

从图 1-33 可以初步判断:近 43 年内高潮位的最大值,服从极值Ⅰ型分布。

根据 2003 年该工程设计水位成果表(表 1-35)反推,进一步确定其服从极值Ⅰ型分布,分布函数为:

$$F(x) = \exp\{-\exp[-0.0562(x-365.155)]\} \tag{1-114}$$

并由此推算出均值和标准差。

② 年高潮位

本研究中假设 43 年(1957—2001 年)中每年的高潮位随机变量独立同分布;候选分布类型为极值Ⅰ型分布和正态分布;由 43 年内高潮位最大值的分布函数可分别推出服从极值Ⅰ型分布和正态分布的统计数字特征,并据此画出累计频率曲线。与厦门海洋站 2001—2002

表 1-35　2003 年该隧道工程设计水位成果表

年频率(%)	0.33	1	2	5	资料年限	高程基面
多年一遇(年)	300	100	50	20	1957—2001 年	1985 国家高程基准
极端高潮位(cm)	468	447	435	418		
极端低潮位(cm)	−355	−344	−336	−326		

年高潮位累计频率曲线比较后(图 1-34),认为正态分布更为合适。

③ 50 年和 100 年内高潮位的最大值

可将 100 年和 50 年内的高潮位,用平稳二项随机过程描述。

设 n 取 100 年和 50 年,将 n 年时间域分为 n 个相等的时段,每个时段为 1 年;在每个时段内,高潮位为独立同分布的正态随机变量,统计特征见表 1-34。因为 n 足够大,所以 n 年中高潮位的最大值服从极值Ⅰ型分布,统计参数可按下列方式求解。

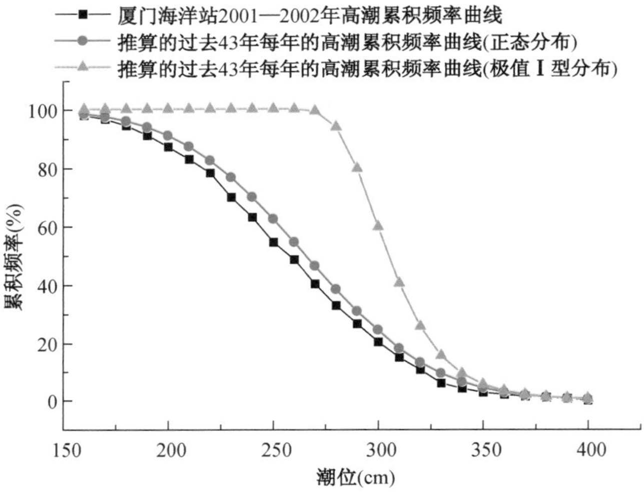

图 1-34　高潮累积频率曲线

设 n 个随机变量 $X_1, X_2, \cdots, X_n$ 独立同分布,均服从正态分布,均值为 μ,标准差为 σ,则最大值 $Y_n = \max(X_1, X_2, \cdots, X_n)$ 服从极值Ⅰ型分布,分布函数为:

$$F_{Y_n}(y) = \exp\{-\exp[-\alpha_n(y-\beta_n)]\} \tag{1-115}$$

其中:

$$\beta_n = \left(\sqrt{2\ln n} - \frac{\ln\ln n + \ln 4\pi}{2\sqrt{2\ln n}}\right)\sigma + \mu$$

$$\alpha_n = \sqrt{2\ln n}/\sigma$$

Y_n的均值

$$\mu_{Y_n} = \beta_n + \frac{0.5772}{\alpha_n} \tag{1-116}$$

Y_n的标准差

$$\sigma_{Y_n} = \frac{1.2826}{\alpha_n} \tag{1-117}$$

④ 喷混凝土力学参数

根据大瑶山隧道 1984 年测得的 485 个试验数据,经统计和换算得出喷混凝土力学参数的统计特征,见表 1-36,本节研究采用其结果。

表 1-36　喷混凝土力学参数的统计特征

统计参数	样本容量	平均值(MPa)	标准差(MPa)	变异系数	标准值(MPa)	概型
抗压强度	485	23.68	2.59	0.109	19.67	对数正态
弹性模量	换算取值	24 863	1 440	0.058	22 494	正态
抗拉强度	换算取值	1.573	0.115	0.072	1.384	正态
泊松比	经验取值	0.200	0.010	0.050	0.184	正态

3）定值结构体系力学模型及初步计算分析

考虑到服务隧道离主隧道很近，计算时无法忽略服务隧道对主隧道的影响，故以服务隧道的中心线为对称轴，取一半计算。图 1-35 为有限元计算简图的考虑范围、边界处理和顶面海水压力示意图。本节中随机变量取均值，以分析隧道支护结构的受力特征。

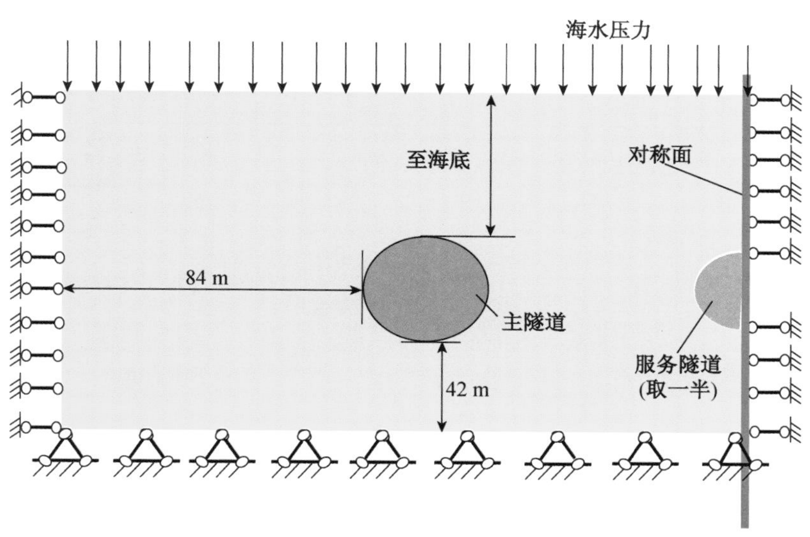

图 1-35　风化深槽处计算示意图

（1）主隧道及服务隧道的力学模型

本节研究用 ANSYS 程序进行计算。采用的有限元单元有：

① 八节点等参平面应变单元(模拟围岩)；

② 梁单元(模拟初次支护和二次衬砌)；

③ 二力杆单元(模拟防水层)，设在两层衬砌之间。考虑海水压力作用下初次衬砌和二次衬砌会出现局部脱离现象，设二力杆单元只受压、不受拉。

海水压力沿二次衬砌和海底均匀作用。采用 Drucker-Prager 破坏准则。

（2）锚杆及预支护对岩体物理特性的影响

本节研究采用“等效材料”的方法，来模拟锚杆及预支护对岩体物理特性的影响。

① 锚杆对岩体物理特性的影响

根据锚杆作用的等效原则来考虑，即以提高围岩的黏聚力和摩擦角来代替锚杆的作用。由于施锚后摩擦角的改变比较少，不予考虑。其中，锚固围岩黏聚力的经验公式为：

$$c = c_0\left(1 + \frac{\eta}{9.8}\frac{\tau s_m}{ab} \times 10^4\right) \tag{1-118}$$

式中：c_0 ——未加锚杆时围岩的黏聚力(MPa)；

c——施作锚杆后围岩的黏聚力(MPa)；

τ ——锚杆最大抗剪应力(MPa)；

S_m ——锚杆的面积(m^2)；

a，b——锚杆纵横向间距(m)；

η ——经验系数，可取 2～5。

根据前人研究成果，针对本工程的特点，本研究中取值为：

A. 围岩黏聚力，提高 1 倍；

B. 围岩内摩擦角和静弹性模量，不提高。

② 超前小导管注浆围岩物理力学性能的变化

超前小导管注浆后围岩物理力学性能发生了较大的变化，如今后有本工程的试验数据，应据以采用。目前，本节研究先整理了以下文献资料，见表 1-37。

表 1-37　各类文献中小导管注浆后围岩物理力学性能变化表

文献	围岩特点	黏聚力变化	内摩擦角变化
[7]	破碎板岩地层	提高约 10 倍	变化不大
[12]	含较多卵石的软土	提高了约 5 倍	变化不大
[12]	含砾石的砂土	提高了 19 倍	变化不大
[13]	襄渝线柴家坡隧道闪长岩与绿泥岩夹层组成的岩体	提高 16 倍	变化不大
[13]	襄渝线柴家坡隧道由绿泥岩夹层组成的岩体	提高 9 倍	变化不大
[13]	襄渝线柴家坡隧道滑动面	2.5 倍	变化不大

结合本处隧道工程的特点，建议在导管注浆后的围岩有关取值为：

A. 围岩黏聚力，提高 5 倍；

B. 围岩内摩擦角和静弹性模量，不提高。

(3) 计算简图及定值结构计算分析

① 不良地质条件区段计算简图及定值计算分析

围岩的单元网格划分见图 1-36，复合衬砌及围岩的单元划分见图 1-37。

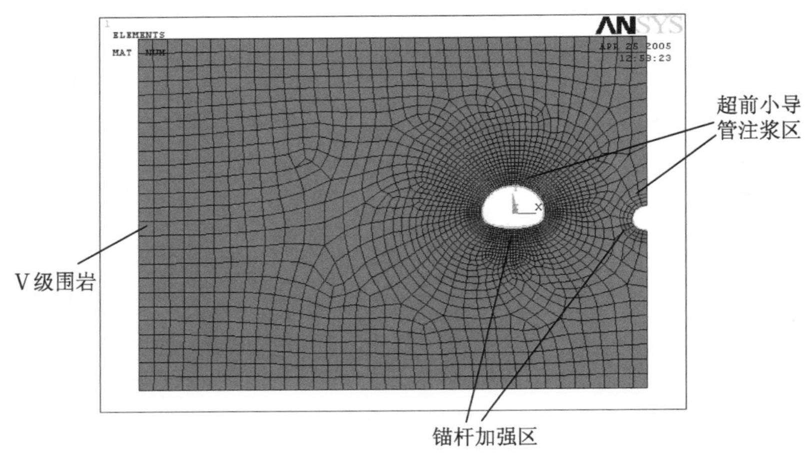

图 1-36　围岩的单元网格划分

各随机变量取均值，全水压取 0.7 MPa，围岩基本上处于弹性工作状态，Von Mises 等效应力分布图和复合衬砌的变形图分别见图 1-38 和图 1-39。

由图 1-39 可见，一次支护后，在拱顶处产生竖向最大位移，位移值约为 11 mm；二次衬砌的竖向最大位移发生在仰拱中部，为 17 mm。拱脚处产生向外的最大水平位移，位移值均

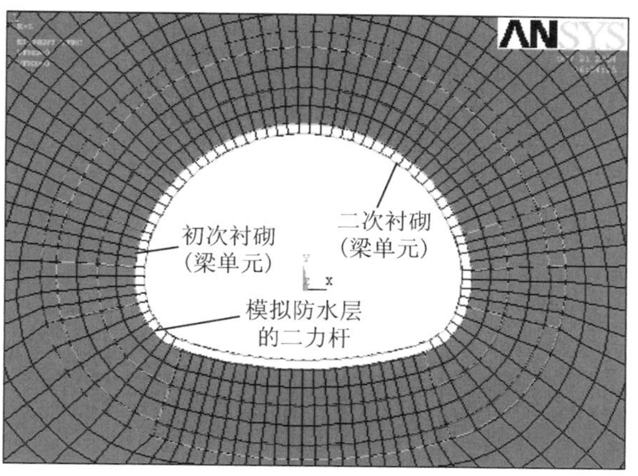

图 1-37　复合衬砌及围岩的单元划分

满足限值要求。

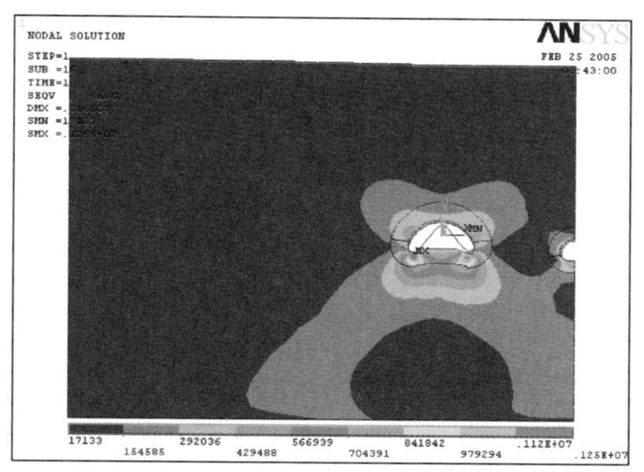

图 1-38　Von Mises 等效应力分布图

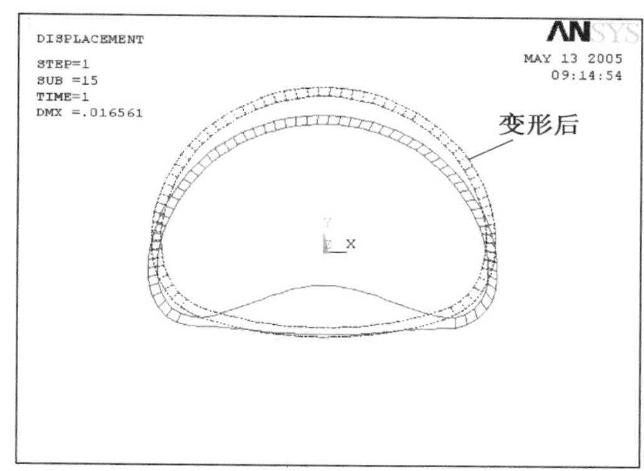

图 1-39　主隧道复合衬砌变形图

一次衬砌的弯矩图和轴力图分别如图 1-40 和图 1-41 所示。

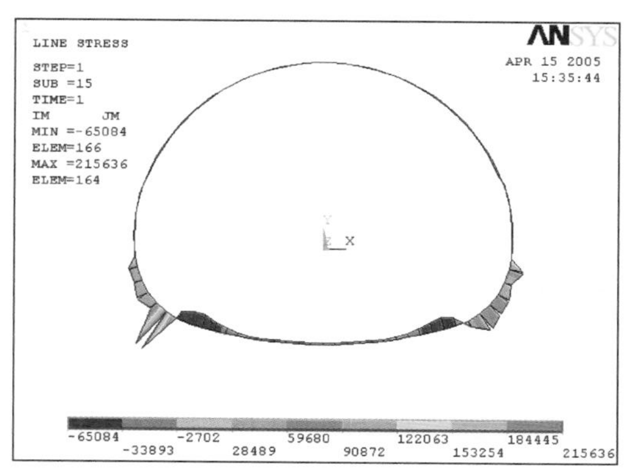

图 1-40　主隧道一次衬砌弯矩图

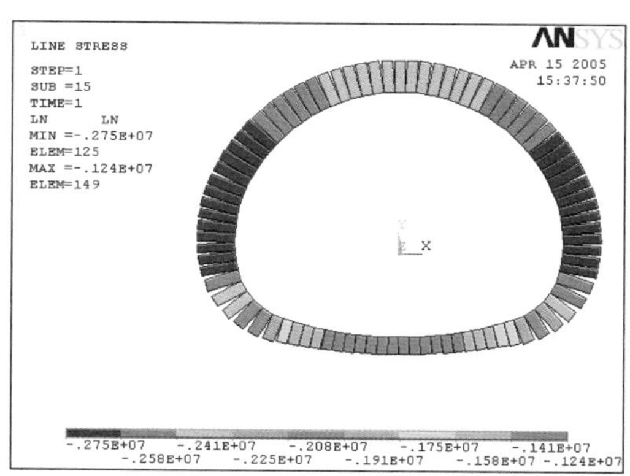

图 1-41　主隧道一次衬砌轴力图

计算结果经分析表明：当海水压力直接作用于二次衬砌时，服务隧道对主隧道一次衬砌的受力有明显影响；一次衬砌截面上的弯矩和轴力比较小，弯矩最大值为 216 kN · m，出现在拱脚；拱腰处轴力最大，为 2 750 kN；拱脚和拱顶次之，仰拱中部轴力最小，为 1 240 kN。

主隧道二次衬砌的弯矩和轴力图，分别如图 1-42 和图 1-43 所示。

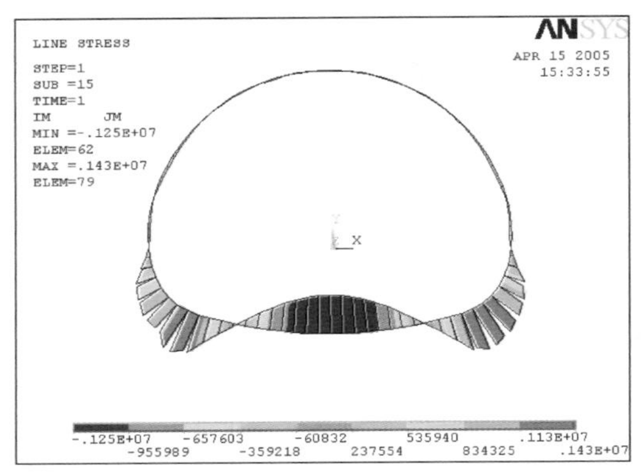

图 1-42 主隧道二次衬砌弯矩图

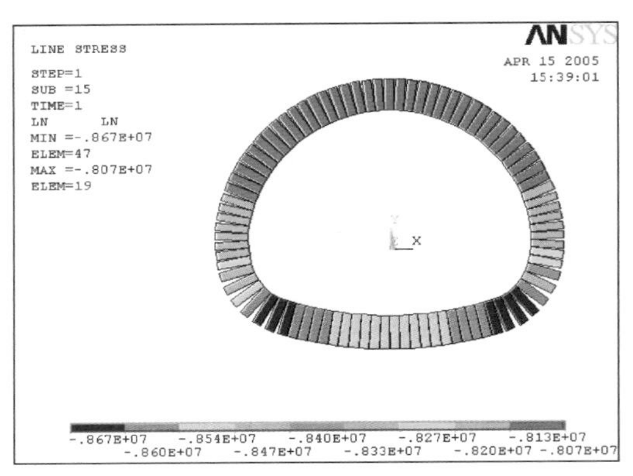

图 1-43 主隧道二次衬砌轴力图

由图 1-42 及图 1-43 可看出：二次衬砌截面上的轴力分布比较均匀，变化范围为 8 050～8 660 kN，最大值出现在拱脚；拱脚和仰拱中部截面弯矩值较大，最大值位于拱脚，为 1 430 kN·m。从计算结果看，二次衬砌的所有截面均处于小偏心受压状态，可在合理的范围内正常配筋。

② 一般地质条件处计算简图及定值计算分析

围岩的单元网格划分见图 1-44，复合衬砌及周围围岩的单元划分见图 1-45。

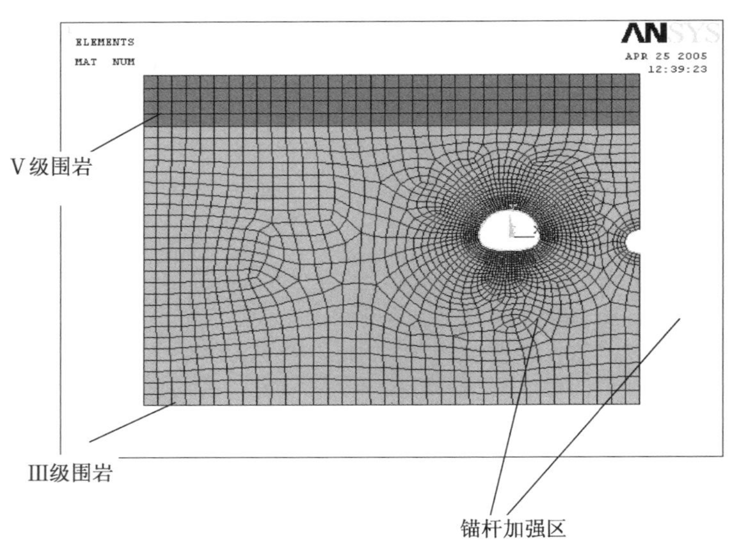

图 1-44 围岩的单元网格划分

各随机变量取均值，水压取部分水压 0.3 MPa，围岩处于弹性工作状态，Von Mises 等效应力分布图和复合衬砌的变形图分别见图 1-46 和图 1-47。

由图 1-47 可见，一次支护在拱顶处产生竖向最大位移，位移值约为 6.46 mm；二次衬砌的最大竖向位移出现在拱顶处，为 7.53 mm。拱脚处发生向外的最大水平变形，位移值均满足限值要求。

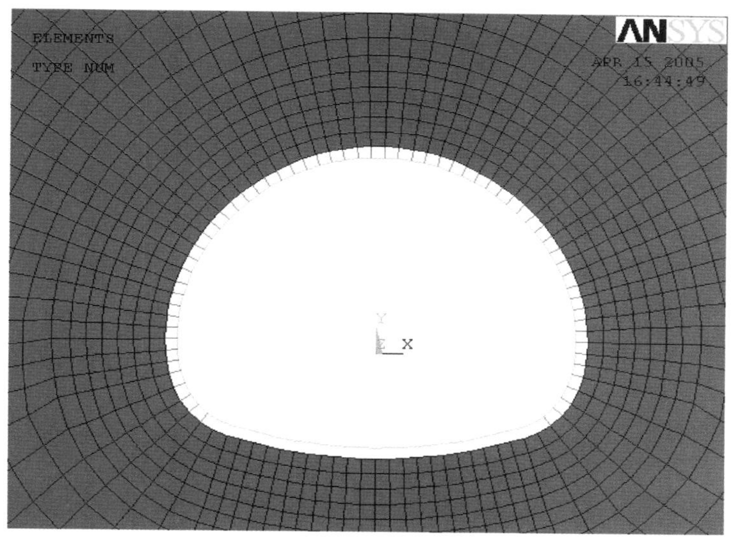

图 1-45　复合衬砌及周围围岩的单元划分

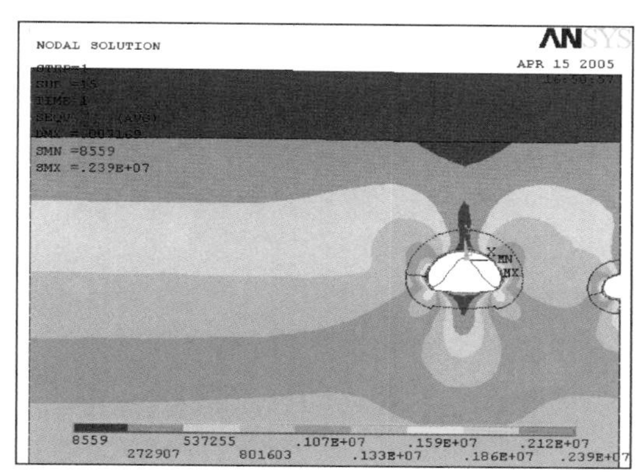

图 1-46　Von Mises 等效应力分布图

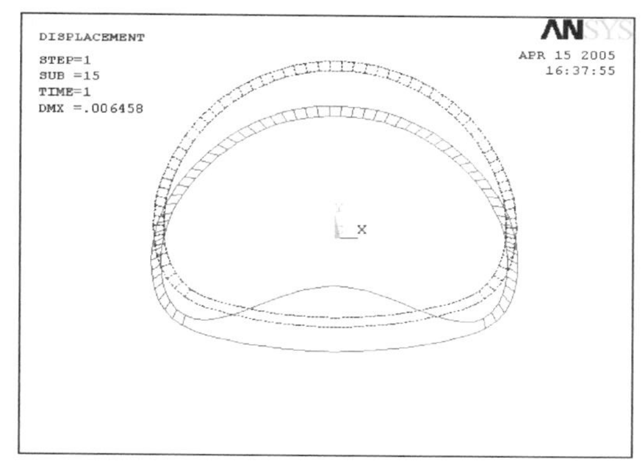

图 1-47　主隧道复合衬砌变形图

一次衬砌的弯矩图和轴力图分别如图 1-48 和图 1-49 所示。

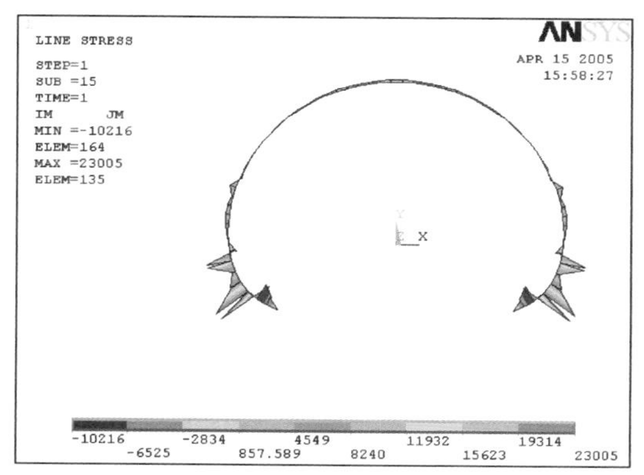

图 1-48　主隧道一次衬砌弯矩图

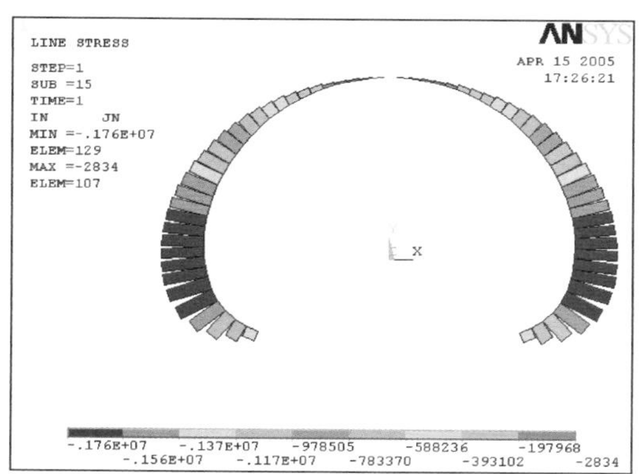

图 1-49　主隧道一次衬砌轴力图

计算结果显示：当部分海水压力直接作用于二次衬砌时，一次衬砌截面上的弯矩和轴力值比较小，弯矩最大值为 23.0 kN·m，出现在拱脚；拱腰处轴力较大，最大值为 1 760 kN，拱顶受力最小，几乎为零。

主隧道二次衬砌的弯矩和轴力图分别如图 1-50 和图 1-51 所示。

从图中可见，二次衬砌截面上的轴力分布比较均匀，变化范围为 3 220～3 630 kN，最大值出现在拱脚截面；拱脚和仰拱中部截面弯矩值较大，最大值位于拱脚，为 701 kN·m。与不良地质条件区段的计算结果比较可以看出：此区段的一次衬砌和二次衬砌的受力均较小。二次衬砌的所有截面均处于小偏心受压状态，由于受力较小，可以按构造配筋。

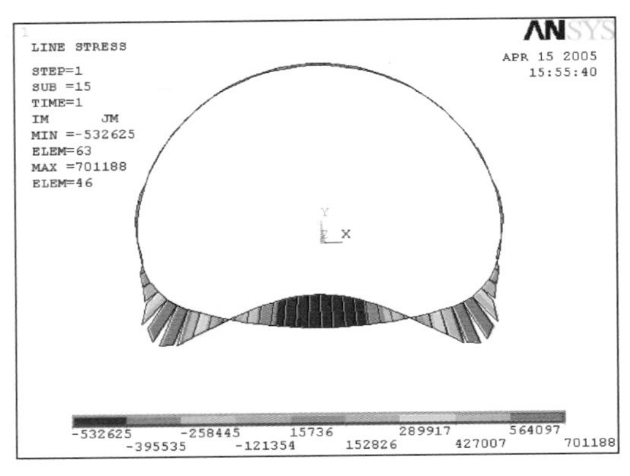

图 1-50　主隧道二次衬砌弯矩图

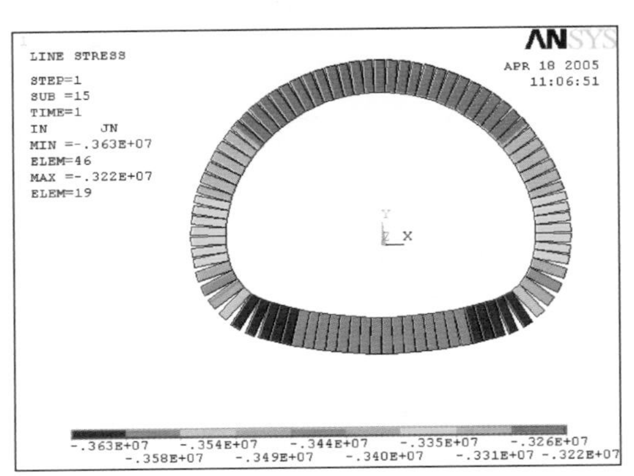

图 1-51　主隧道二次衬砌轴力图

4）小结

本节主要完成了以下工作：

(1) 统计分析了围岩和混凝土诸基本随机变量的统计特征；

(2) 建立了按“连续介质—结构”计算模型，其基本随机变量均取均值，按定值法分析了结构计算，以使与后面各章改按可靠性分析方法的计算结果作比照。

本节得出了以下各点结论认识：

(1) 基本随机变量的统计特征见表 1-34。有以下几点需说明：

① 年高潮位服从正态分布，由于统计样本丰富，可以认为统计结果是准确的；50 年内高潮位最大值和 100 年内高潮位最大值的统计特征由年高潮位的统计特征推出，也可以认为统计结果基本准确；

② 强风化和全风化基岩物理力学参数的统计样本数量较少，但统计结果仍属基本可信；微风化基岩物理力学参数的统计样本偏少，其均值和标准差取自勘察报告，分布类型则参考其他文献酌定，因此统计结果的精度可能不够；

③ 与衬砌有关的随机变量是参考其他工程和规范得出的，可反映一般的施工技术水平。

基于以上说明，可以认为表 1-34 所列的统计分析结果具有一定的参考价值。

(2) 随机变量取均值，不良地质条件区段、全水压取最大值 0.7 MPa，按定值结构作计算分析的结果如下：

① 服务隧道对主隧道一次衬砌的受力有明显影响。

② 一次衬砌在拱顶处产生竖向最大位移，位移值约为 11 mm；二次衬砌的竖向最大位移发生在仰拱中部，为 17 mm。拱脚处产生向外的最大水平位移，位移值均满足限值要求。

③ 一次衬砌截面上的弯矩和轴力都比较小，弯矩最大值为 216 kN・m，出现在拱脚；拱腰处轴力最大，为 2 750 kN；拱脚和拱顶次之，仰拱中部轴力最小，为 1 240 kN。

④ 二次衬砌截面上的轴力分布比较均匀，变化范围为 8 050～8 660 kN，最大值出现在拱脚；拱脚和仰拱中部截面弯矩值较大，最大值位于拱脚，为 1 430 kN・m。

⑤ 二次衬砌的所有截面均处于小偏心受压状态，可在合理的范围内正常配筋。

(3) 各随机变量取均值，一般地质条件区段，按疏排条件下的部分水压 0.3 MPa，按定值结构计算分析的结果如下：

① 与不良地质条件处定值结构计算的比较可以发现：服务隧道对一次衬砌的受力基本无影响，一次衬砌的弯矩和轴力图的形状发生了较大的变化，最不利截面的部位也有所不同；二次衬砌的弯矩和轴力图的形状基本不变。

② 围岩处于弹性工作状态，一次衬砌在拱顶处产生竖向最大位移，位移值约为 6.46 mm；二次衬砌的最大竖向位移出现在拱顶处，约为 7.53 mm。拱脚处发生向外的最大水平变形，位移值均满足限值要求。

③ 一次衬砌截面上的弯矩和轴力值均比较小，弯矩最大值为 23.0 kN・m，出现在拱脚；拱腰处轴力较大，最大值为 1 760 kN，拱顶受力最小，几乎为零。

④ 二次衬砌截面上的轴力分布比较均匀，变化范围为 3 220～3 630 kN，最大值出现在拱脚截面；拱脚和仰拱中部截面弯矩值较大，最大值位于拱脚，为 701 kN・m。

⑤ 二次衬砌的所有截面均处于小偏心受压状态，由于受力较小，可以按构造配筋。

1.5.2　海底隧道运营期可靠性分析

本节的研究内容是以 100 年为设计基准期的可靠性分析，以及考虑混凝土劣化的可靠性分析。前者包括单截面可靠性分析、单截面非概率区间分析和体系可靠性分析；后者则考虑混凝土劣化(耐久性)，以 50 年和 100 年为使用寿命，进行单截面可靠性分析和体系可靠性分析。

1) 隧道单截面可靠性分析的功能函数

功能函数的通用表达式为：

$$Z = g(X) = R - S \tag{1-119}$$

式中：R——构件的抗力；

S——荷载效应，指荷载产生的轴力、弯矩、裂缝宽度等。

不同极限状态、不同受力特点的隧道截面，其抗力和荷载效应的计算方法各不相同，下面逐一说明。

(1) 抗力计算方法

① 承载能力极限状态下，隧道混凝土构件的抗力计算

依据公路隧道设计规范，对于混凝土构件，其抗压强度的计算公式为：

$$KN \leqslant \varphi R_a bh - N \tag{1-120}$$

式中：φ——构件纵向弯曲系数；

R_a——混凝土抗压极限强度；

b——矩形截面的宽度；

h——截面高度；

K——安全系数。

由此得出抗力的计算式：

$$R=\varphi R_a bh \tag{1-121}$$

与式(1-121)对应的荷载效应为轴力。

② 承载能力极限状态下，钢筋混凝土小偏心全截面受压矩形构件的抗力计算

依据公路隧道设计规范，对于钢筋混凝土的小偏心全截面受压矩形构件，其截面强度计算公式为：

$$KNe \leqslant 0.5R_a bh_0^2+R_g A'_g(h_0-a') \tag{1-122}$$

式中：h_0 ——截面的有效高度；

A'_g ——受压应力较大一侧钢筋的截面面积；

a' ——钢筋 A'_g 合力点至截面最近边缘的距离；

e ——轴向力作用点至受压应力较小一侧钢筋 A_g 合力点之间的距离；

R_g ——钢筋强度；

其余符号同式(1-120)。

由此得出抗力的计算式为：

$$R=0.5R_a bh_0^2+R_g A'_g(h_0-a') \tag{1-123}$$

与式(1-123)对应的荷载效应为弯矩。

③ 承载能力极限状态下，钢筋混凝土小偏心部分截面受压矩形构件的抗力计算

公路隧道设计规范和铁路隧道设计规范中未提及钢筋混凝土小偏心部分截面受压矩形构件的承载能力计算表达式，根据力平衡和弯矩平衡的原则，可推导出抗力计算式：

$$\begin{aligned}R&=N_R\\&=\left(R_a b-\frac{BA_g}{h_0}\right)\frac{-\left[R_a b(e-h_0)-\dfrac{BA_g e}{h_0}\right]+\sqrt{\left[R_a b(e-h_0)-\dfrac{BA_g e}{h_0}\right]^2+2R_a b(A_g eC+R_g A'_g e')}}{R_a b}\\&\quad+R_g A'_g-CA_g\end{aligned} \tag{1-124}$$

式中：N_R ——给定偏心矩下截面可提供的轴向抗力；

e' ——轴向力作用点至受压钢筋 A'_g 合力点的距离；

A_g、A'_g ——分别为受拉和受压区钢筋的截面面积；

$B=-1\,309\times10^6$ Pa；

$C=1\,047\times10^6$ Pa。

其余符号同式(1-120)和式(1-122)，与式(1-124)对应的荷载效应为轴力。

④ 正常使用极限状态下的抗力计算

主要考虑裂缝的影响，抗力受允许的裂缝宽度的条件所制约。研究对象为钢筋混凝土二次衬砌，考虑海底隧道使用环境较一般公路隧道差，而防渗水要求又更高，此处的允许裂缝宽度取 0.15 mm。

(2) 荷载效应(轴力、弯矩)的显式表达式

荷载效应 S 指荷载的轴力、弯矩、裂缝宽度等，其中裂缝宽度可由轴力、弯矩值推算。本

节研究以轴力、弯矩为基本的荷载效应，裂缝宽度为轴力、弯矩的函数。

① 轴力、弯矩的显式表达式

由于结构物理力学参数为随机变量，而隧道结构为复杂的、高次超静定的、非线性随机结构。求解此类问题的荷载效应，通常有两种方法：一是随机有限元法；二是响应面法。随机有限元法耗费机时巨大，对于非线性问题，耗时更是惊人。响应面法耗时相对较少，且其计算精度可以接受，目前多采用此法。

A. 响应面法简介

在响应面法中，将各随机变量看作试验因子，用有限次结构计算（称为采样或试验）的结果来拟合一个响应面，以代替未知的真实的荷载效应函数，可给出荷载效应的明确表达式，使可靠度的计算得以进行。

响应面的表达式一般为：

$$S = a_0 + \sum_{i=1}^{n} a_i X_i + \sum_{i=1}^{n} b_i X_i{}^2 + \sum_{i \neq j}^{n} \sum_{j=1}^{n} c_{ij} X_i X_j \tag{1-125}$$

式中，X_i 为基本随机变量；a_0，a_i，b_i，c_{ij} 为待定系数，由有限次采样点及结构计算结果确定。

B. 本节研究响应面函数的选取和采样点的确定

本节研究响应面函数的选取，由于影响衬砌荷载效应的基本随机变量太多，其轴力和弯矩表达式选用时不含交叉项的响应面函数，即

$$S = a + \sum_{i=1}^{n} b_i X_i + \sum_{i=1}^{n} c_i X_i^2 \tag{1-126}$$

式中，X_i $(i = 1, 2, \cdots, n)$ 为影响衬砌荷载效应的基本随机变量；a，b_i，c_i 为响应面函数中的待定系数。

采样点的确定：本节研究采用二水平因子设计（two-level factorial design）和中心复合设计（central composite design），以确定采样点。

下面以三个因子 A，B，C 为例，简单介绍二水平因子设计和中心复合设计。

所谓二水平，通常是指因子取上水平和下水平。取上水平（均值$+f\times$标准差）和下水平（均值$-f\times$标准差）（f 为常数）进行正交试验。二水平因子设计的试验次数与因子的个数有关，当有 n 个因子时，需 2^n 次试验。

中心复合设计法就是在二水平因子设计的基础上，再增加 $2n$ 个（n 为因子个数）星形顶点（$(\mu_1 \pm f_i\sigma_1, \mu_2, \cdots, \mu_n)$，$(\mu_1, \mu_2 \pm f_i\sigma_2, \mu_3, \cdots, \mu_n)$，$(\mu_1, \mu_2, \cdots, \mu_n \pm f_i\sigma_n)$）（$f_i$ 为常数）和均值点处的试验。在三因子空间（图 1-52，坐标原点在均值点处）中，正方体 8 个角点即为二水平因子设计所取的试验点，中心复合设计又在轴上增加了 6 个星形点以及均值点。共做 $(2^n + 2n + 1)$ 次试验。

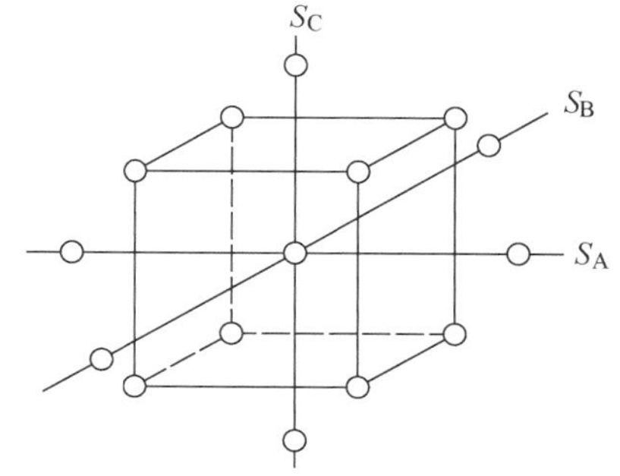

图 1-52　中心复合设计试验点

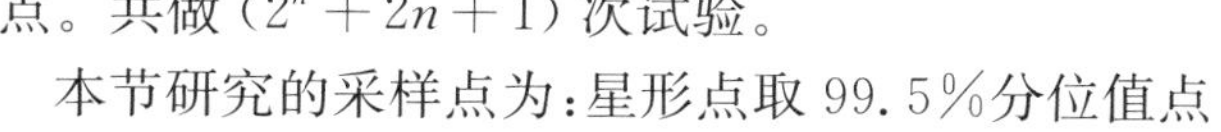
本节研究的采样点为：星形点取 99.5%分位值点和 0.5%分位值点（对于服从正态分布的随机变量，取值为均值+2.58 倍标准差，以及均值−2.58 倍标准差），角点取 95%分位值点和 5%分位值点（对于服从正态分布的随机变量，取值为均值+1.64 倍标准差和均值−1.64 倍标准差）。

C. 响应面函数中待定系数的确定

确定响应面函数中待定系数时，首先按第一章提出的方法做 (2^n+2n+1) 次定值计算，根据 (2^n+2n+1) 次定值计算结果，选用最小二乘法，以式(1-126)中的 S 值与真实 $\overline{S}$ 值的误差平方和最小为原则，即

$$\sum(\overline{S}-S)^2 \rightarrow \min$$

计算式(1-126)中的待定系数。

最小二乘法应用非常广泛，此处不再详细叙述。

② 荷载效应(裂缝宽度)计算

公路隧道设计规范中无计算裂缝宽度的规定，铁路隧道设计规范给出了钢筋混凝土偏心受压构件最大裂缝宽度的计算公式。本节研究将其中的按荷载组合计算出的弯矩值和轴力值用随机变量 M 和 N 代替，其他设计参数用相应的随机变量代替，可得裂缝宽度表达式如下：

$$\omega_{\max}=\alpha\psi\gamma(2.7C_s+0.1d/\rho_{te})\sigma_s/E_s \tag{1-127}$$

式中：α——受力特征系数，取 $\alpha=2.1$；

ψ——裂缝间纵向受拉钢筋应变不均匀系数，$\psi=1.1-0.65f_{ctk}/(\rho_{te}\sigma_s)$，其中：$\rho_{te}$ 为按有效受拉混凝土面积计算的纵向受拉钢筋配筋率，$\rho_{te}=A_s/A_{ce}$；当 $\rho_{te}<0.01$ 时，取 $\rho_{te}=0.01$；当 $\psi<0.4$ 时，取 $\psi=0.4$；当 $\psi>1.0$ 时，取 $\psi=1.0$；

A_s——受拉区纵筋面积；

A_{ce}——有效受拉混凝土截面面积，本项研究取 $A_{ce}=0.5bh$（b、h 分别为混凝土截面的宽度及高度）；

f_{ctk}——混凝土轴心抗拉强度标准值；

γ——纵向受拉钢筋表面特征系数，本项研究取 0.7；

C_s——最外层纵向受拉钢筋外边缘至受拉区底边的距离(mm)；

d——钢筋直径；

σ_s——纵向受拉钢筋的应力(MPa)，按下式计算：

$$\sigma_s=N(e-z)/(A_s z)$$

其中：M，N——弯矩值(MN·m)和轴力值(MN)；

A_s——受拉区纵向钢筋截面面积(m^2)；

e——轴向压力作用点至纵向受拉钢筋合力点之间的距离(m)，按下式计算：

$$e=\eta e_i+y_{sp}$$
$$e_i=e_0+e_s$$

其中：e_0——轴向力对截面重心的偏心距(m)；

e_s——附加偏心距(m)，$e_s=0.12(0.3h_0-e_0)$，当 $e_0\geqslant 0.3h_0$ 时，取 $e_s=0$；

e_i——初始偏心距(m)；

y_{sp}——自截面重心至 A_s 合力点的距离(m)；

η——考虑挠曲影响的轴向力偏心距增大系数，本项研究取 $\eta=1.0$。

z——纵向受拉钢筋合力点至受压区合力点之间的距离(m)，$z=[0.87-0.12(h_0/e)^2]h_0$，且 $z<0.87h_0$；

E_s ——钢筋的弹性模量(MPa)。

2）隧道单截面的可靠性

(1) 可靠性分析方法

将荷载效应和抗力的表达式代入式(1-119),可以给出极限状态表达式。虽然为显式,但也很复杂,如可靠指标不大(小于 5.5),则采用蒙特卡罗(Monte-carlo)模拟法;如可靠指标很大(大于 5.5),则蒙特卡罗模拟法将失效。本节研究根据可靠指标的几何意义(在标准正态坐标系中,失效面到坐标原点的最短距离为可靠指标),用优化法-遗传算法求解。

蒙特卡罗法又称概率模拟方法和统计试验法,其理论基础是概率论中的大数定理,它的优点是应用范围几乎没有什么限制。对随机变量相互独立的情况,设随机变量 X_1, X_2, …, X_n 的分布函数分别为 $F_{X_1}(x_1)$, $F_{X_2}(x_2)$, …, $F_{X_n}(x_n)$, 对于每个随机变量产生符合分布函数的大量子样,将这些子样值代入功能函数 $g(X)$, 统计 $g(X) \leqslant 0$ (失效)的次数,其失效概率为:

$$P_f = P[g(X) \leqslant 0] = \lim_{n \to \infty} \frac{k}{n} \tag{1-128}$$

式中：n——试验的总次数；

k——试验中 $g(x) \leqslant 0$ 的次数；

$\frac{k}{n}$ ——统计变量。

当 n 较小时,估算 P_f 值时容易发生相当大的不确定性。但当模拟次数很大时,直至趋于无穷大,能够得出精确的 P_f 值。

计算框图见图 1-53。

(2) 不良地质条件区段隧道可靠性分析

① 随机变量和关键截面的选取

考虑海水密度变异系数极小, 在本节研究中可将其作为确定性变量。从保守的角度考虑,围岩计算参数采用全风化围岩的统计参数,共考虑 17 个随机变量,其统计特征见表 1-38。

表 1-38　随机变量统计特征表

随机变量	分布类型	均值	标准差	变异系数
100 年高潮位最大值 H_W	极值 Ⅰ 型	3.904 m	0.206 m	0.053
围岩黏聚力 c	正态分布	30.3×10^3 Pa	9.978×10^3 Pa	0.329
围岩摩擦角 F_{RI}	正态分布	22.6°	3.659°	0.162
围岩变形模量 E_R	正态分布	1.5×10^9 Pa	0.289×10^9 Pa	0.193
围岩泊松比 P_R	正态分布	0.481	0.004 81	0.01
围岩密度 DEN_R	正态分布	1 860 kg/m³	83.7 kg/m³	0.045
二次衬砌厚度 H_2	对数正态分布	0.6 m	0.012 m	0.02
C30 混凝土弹性模量 E_{C2}	正态分布	31×10^9 Pa	2.64×10^9 Pa	0.085 3
初次衬砌厚度 H_1	正态分布	0.27 m	0.035 1 m	0.132
C25 混凝土弹性模量 E_{C1}	正态分布	29×10^9 Pa	2.47×10^9 Pa	0.085 3
混凝土密度 DEN_C	正态分布	2 650 kg/m³	196.1 kg/m³	0.074
Ⅱ级钢筋强度 R_g	正态分布	351.38×10^6 Pa	25.26×10^6 Pa	0.071 9

（续表）

随机变量	分布类型	均值	标准差	变异系数
钢筋保护层厚度 a	正态分布	0.055 96 m	0.002 77 m	0.049 6
C25 混凝土抗压强度 R_{a25}	正态分布	23.07×10^6 Pa	3.69×10^6 Pa	0.16
C30 混凝土抗压强度 R_{a30}	正态分布	25.98×10^6 Pa	3.63×10^6 Pa	0.14
Ⅱ级钢筋弹性模量 E_s	正态分布	227×10^9 Pa	16.4×10^9 Pa	0.072
C30 混凝土抗拉强度	正态分布	2.75 MPa	0.55 MPa	0.20

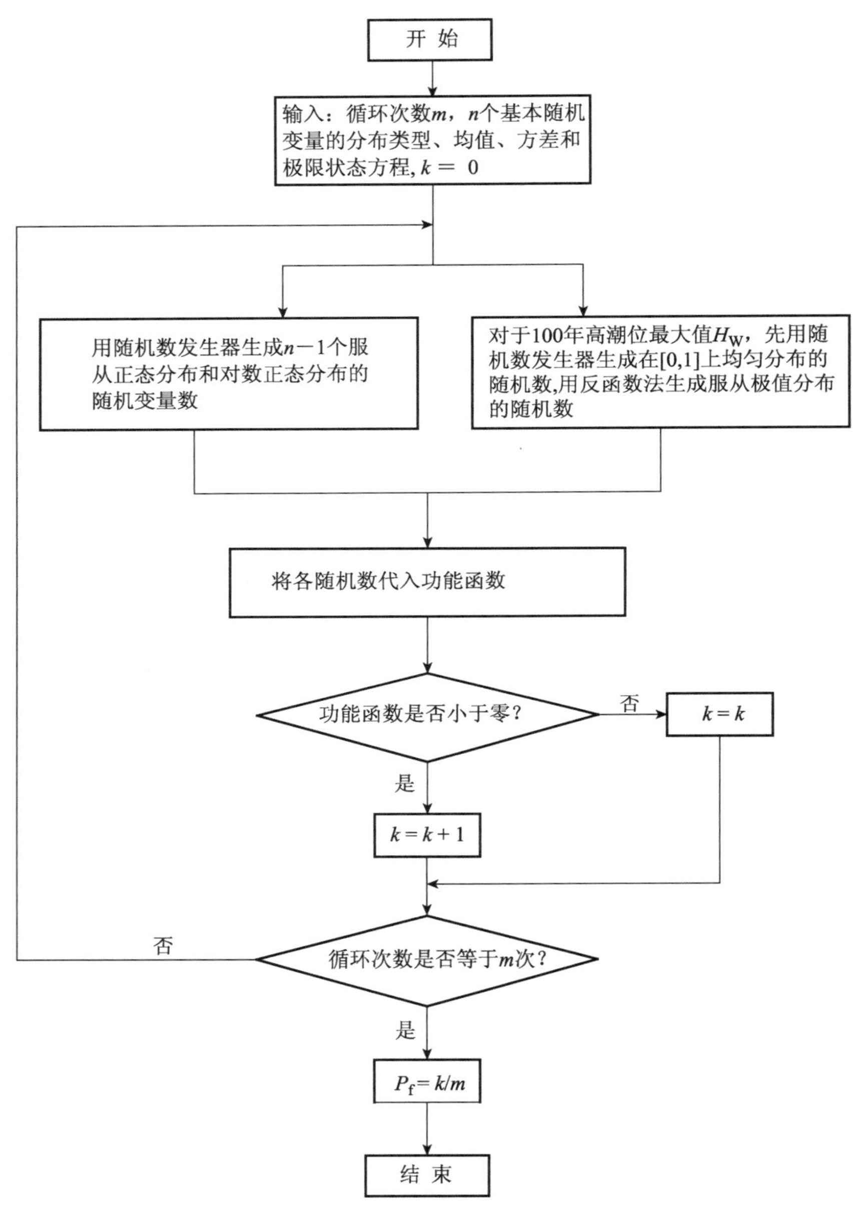

图 1-53　用 MATLAB 实现蒙特卡罗法计算结构失效概率程序框图

本节研究根据隧道初次衬砌和二次衬砌的受力特点，初步得出拱顶、左右拱脚和仰拱中部为具有代表性的关键截面，截面编号及位置见图 1-54 和图 1-55。

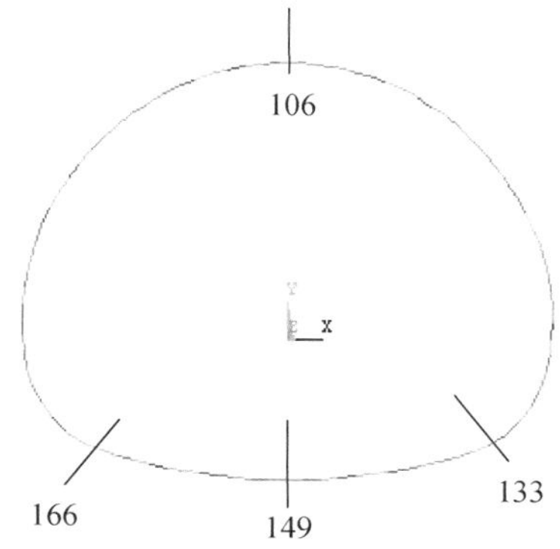

图 1-54　初次衬砌关键截面的位置及编号

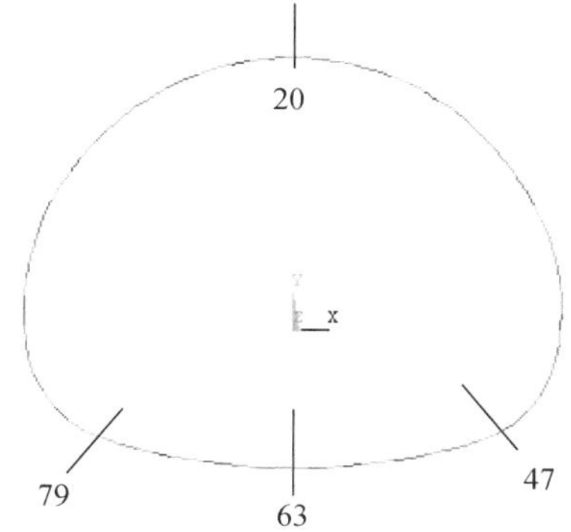

图 1-55　二次衬砌关键截面的位置及编号

② 承载能力极限状态下，二次衬砌单截面的可靠性分析

初次衬砌按混凝土结构考虑，抗力表达式为式(1-121)，荷载效应为轴力；二次衬砌拱顶截面为全截面受压钢筋混凝土，抗力表达式为式(1-123)，荷载效应为弯矩；二次衬砌拱脚和仰拱中部截面为部分截面受压钢筋混凝土，抗力表达式为式(1-124)，荷载效应为轴力。用蒙特卡罗模拟法，经 108 次模拟后，得失效概率 P_f 见表 1-39。设功能函数服从正态分布，相应的可靠指标 β 见表 1-39。

表 1-39　不良地质条件区段承载能力极限状态下的失效概率和可靠指标

衬砌类别	初次衬砌				二次衬砌			
截面编号	106	133	149	166	20	47	63	79
P_f	9.26×10^{-5}	1.94×10^{-5}	1.40×10^{-6}	9.00×10^{-5}	9.00×10^{-7}	1.80×10^{-6}	6.00×10^{-7}	2.00×10^{-6}
β	3.73	4.11	4.69	3.75	4.77	4.63	4.86	4.61
截面高度均值(m)	0.27	0.27	0.27	0.27	0.6	0.8	0.8	0.8
截面配筋					对称配筋，单侧配筋率0.64%	对称配筋，单侧配筋率0.98%	对称配筋，单侧配筋率0.98%	对称配筋，单侧配筋率0.98%

③ 正常使用极限状态下，二次衬砌单截面的可靠性分析

初次衬砌为喷混凝土，不计其开裂后影响，二次衬砌的拱顶处全截面受压，不开裂，所以可只以二次衬砌拱脚和仰拱中部截面为研究对象。

用蒙特卡罗模拟法，编制了计算程序。经 105 次模拟后，得失效概率 P_f 见表 1-40。设功能函数服从正态分布，相应的可靠指标 β 见表 1-40。

(3) 一般地质条件区段隧道可靠性分析

① 随机变量和关键截面的选取

考虑海水密度变异系数极小，在本研究中将其作为确定性变量。上部围岩计算参数采用不良地质条件处围岩(Ⅱ类)的统计参数，下部围岩采用微风化围岩(Ⅳ类)的统计参数。

共考虑 18 个随机变量，其统计特征见表 1-41。

表 1-40　不良地质条件区段正常使用极限状态下的失效概率和可靠指标

衬砌类别	二次衬砌		
截面编号	47	63	79
P_f	4.8×10^{-3}	1.0×10^{-5}	2.5×10^{-3}
β	2.59	4.26	2.81
截面高度均值(m)	0.8	0.8	0.8
截面配筋	对称配筋，单侧配筋率 0.98% Ⅱ级钢筋，直径 25 mm	对称配筋，单侧配筋率 0.98% Ⅱ级钢筋，直径 25 mm	对称配筋，单侧配筋率 0.98% Ⅱ级钢筋，直径 25 mm

表 1-41　随机变量统计特征表

随机变量	分布类型	均值	标准差	变异系数
100 年高潮位最大值 H_W	极值Ⅰ型	3.904 m	0.206 m	0.053
Ⅱ类围岩变形模量 E_R	正态分布	1.5×10^9 Pa	0.289×10^9 Pa	0.193
Ⅱ类围岩泊松比 P_R	正态分布	0.481	0.004 81	0.01
Ⅱ类围岩密度 DEN_R	正态分布	1 860 kg/m³	83.7 kg/m³	0.045
Ⅳ类围岩变形模量 E_{RX}	正态分布	15×10^9 Pa	2.88×10^9 Pa	0.192
Ⅳ类围岩泊松比 P_{RX}	正态分布	0.26	0.002 6	0.01
Ⅳ类围岩密度 DEN_{RX}	正态分布	2 650 kg/m³	132.5 kg/m³	0.05
二次衬砌厚度 H_2	对数正态分布	0.6 m	0.012 m	0.02
C30 混凝土弹性模量 E_{C2}	正态分布	31×10^9 Pa	2.64×10^9 Pa	0.085 3
初次衬砌厚度 H_1	正态分布	0.27 m	0.024 8 m	0.092
C25 混凝土弹性模量 E_{C1}	正态分布	29×10^9 Pa	2.47×10^9 Pa	0.085 3
混凝土密度 DEN_C	正态分布	2 650 kg/m³	196.1 kg/m³	0.074
Ⅱ级钢筋强度 R_g	正态分布	351.38×10^6 Pa	25.26×10^6 Pa	0.071 9
钢筋保护层厚度 a	正态分布	0.055 96 m	0.002 77 m	0.049 6
C25 混凝土抗压强度 R_{a25}	正态分布	23.07×10^6 Pa	3.69×10^6 Pa	0.16
C30 混凝土抗压强度 R_{a30}	正态分布	25.98×10^6 Pa	3.63×10^6 Pa	0.14
Ⅱ级钢筋弹性模量 E_s	正态分布	227×10^9 Pa	16.4×10^9 Pa	0.072
C30 混凝土抗拉强度	正态分布	2.75 MPa	0.55 MPa	0.20

从隧道的初次衬砌和二次衬砌的受力特点，得出初次衬砌左右边墙下端，分别为弯矩和轴力最大的两处截面为最不利截面，可视为具有代表性的关键截面；对于二次衬砌则考虑拱顶、左右拱脚和仰拱中部截面为具有代表性的关键截面（与不良地质条件区段二次衬砌的关键截面位置相同）。截面编号及其相应位置见图 1-56 和图 1-57。

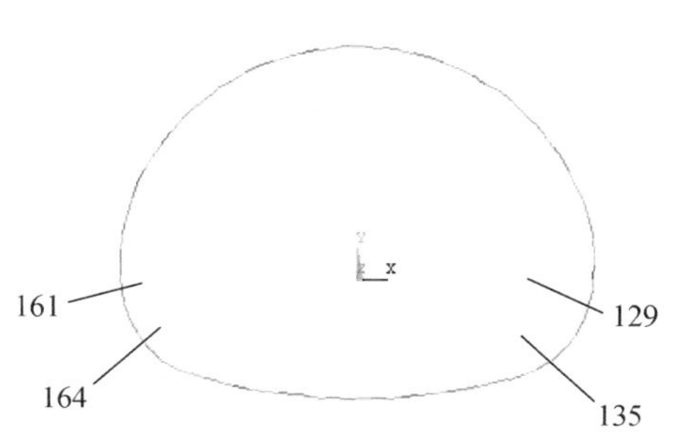

图 1-56　初次衬砌关键截面的位置及编号

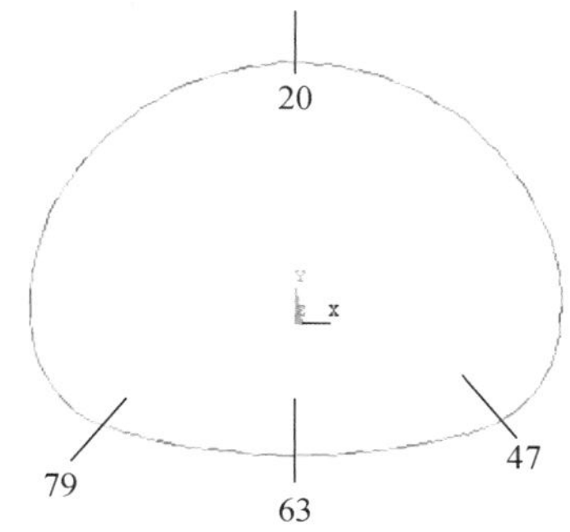

图 1-57　二次衬砌关键截面的位置及编号

② 承载能力极限状态下单一截面的可靠性分析

初次衬砌按混凝土结构考虑，抗力表达式为式(1-121)，荷载效应为轴力；二次衬砌拱顶截面为全截面受压钢筋混凝土，抗力表达式为式(1-123)，荷载效应为弯矩；二次衬砌拱脚和仰拱中部截面为偏心受压钢筋混凝土，抗力表达式为式(1-124)，荷载效应为轴力。截面 129，135，161，164，47 和 79 的失效概率小于 5.5%。用蒙特卡罗模拟法，经 10^8 次模拟后，得截面 129，135，161，164，47 和 79 的失效概率 P_f 见表 1-42。设功能函数服从正态分布，相应的可靠指标 β 见表 1-42。

截面 20 和 63 的可靠性指标很大，用遗传算法计算，可靠性指标 β 见表 1-42；设功能函数服从正态分布，相应的失效概率见表 1-42。

表 1-42　一般地质条件区段承载能力极限状态下的失效概率和可靠性指标

衬砌类别	初次衬砌				二次衬砌			
截面编号	129	135	161	164	20	47	63	79
P_f	1.22×10^{-6}	5.00×10^{-8}	9.10×10^{-7}	4.00×10^{-8}	1.17×10^{-9}	2.00×10^{-8}	2.84×10^{-10}	2.00×10^{-8}
β	4.71	5.34	4.77	5.37	6.27	5.49	6.49	5.49
截面高度均值(m)	0.27	0.27	0.27	0.27	0.6	0.6	0.6	0.6
截面配筋					最低配筋率，单侧配筋率 0.3%	对称配筋，单侧配筋率 0.84%	对称配筋，单侧配筋率 0.84%	对称配筋，单侧配筋率 0.84%

③ 正常使用极限状态下二次衬砌单截面的可靠性分析

初次衬砌虽计算为全截面受压，但不计其开裂影响；二次衬砌的拱顶处全截面受压，不开裂。故此处只以二次衬砌拱脚和仰拱中部截面为研究对象。

用蒙特卡罗模拟法，编制了计算程序，经 10^5 次模拟后，得失效概率 P_f 见表 1-43。设功能函数服从正态分布，相应的可靠性指标 β 见表 1-43。

3) 基于隧道区间分析的非概率单截面可靠性

如果随机变量的采样点不充分，统计特性参数将不准确，进而使可靠性分析的结果不可靠。对于不充分的采样点，可以找出最大值和最小值，将随机变量看作区间变量作出分析计算。

表 1-43　正常使用极限状态下的失效概率和可靠性指标

衬砌类别	二次衬砌		
截面编号	47	63	79
P_f	0.010 3	1.0×10^{-5}	0.009 9
β	2.31	4.26	2.33
截面高度均值(m)	0.6	0.6	0.6
截面配筋	对称配筋,单侧配筋率 0.84% Ⅱ级钢筋,直径 20 mm	对称配筋,单侧配筋率 0.84% Ⅱ级钢筋,直径 20 mm	对称配筋,单侧配筋率 0.84% Ⅱ级钢筋,直径 20 mm

本节研究中,依靠现场地质勘探资料进行围岩参数的统计,采样点不充分时,将其看作区间变量似更合理。

(1) 基于区间分析的非概率可靠性分析方法

① 区间的概念

对于给定的数对 x_1, $x_2 \in R$(R 表示实数空间),若满足条件:

$$x_1 \leqslant x_2$$

则必有界数集合 X:

$$X = [x_1,\ x_2] = \{x \in R \mid x_1 \leqslant x \leqslant x_2\}$$

则称 X 为区间变量,其中 x_1 称为区间变量 X 的下界,x_2 称为区间变量 X 的上界。令 $x_c = (x_1 + x_2)/2$, 称 x_c 为均值(区间中点);$x_r = (x_2 - x_1)/2$, 称 x_r 为离差(区间半径)。

② 区间四则运算法则

对于任给的区间变量 $X = [x_1,\ x_2]$, $Y = [y_1,\ y_2]$, 其四则运算定义为:

$$\begin{aligned}
X+Y &= [x_1 + y_1,\ x_2 + y_2] \\
X-Y &= [x_1 - y_2,\ x_2 - y_1] \\
X\times Y &= [\min(x_1 \times y_1,\ x_1 \times y_2,\ x_2 \times y_1,\ x_2 \times y_2), \\
&\qquad \max(x_1 \times y_1,\ x_1 \times y_2,\ x_2 \times y_1,\ x_2 \times y_2)] \\
X/Y &= [x_1,\ x_2] \times [1/y_1,\ 1/y_2] \\
&= [\min(x_1/y_1,\ x_1/y_2,\ x_2/y_1,\ x_2/y_2), \\
&\qquad \max(x_1/y_1,\ x_1/y_2,\ x_2/y_1,\ x_2/y_2)]
\end{aligned}$$

对于常数 a,可认为 a 是上、下界相等的区间变量,均值是 a ,离差是 0。

③ 基于区间分析的非概率可靠性分析

设向量 $X = (X_1,\ X_2,\ \cdots,\ X_n)$ 表示与结构有关的基本区间变量的集合。同概率可靠性问题一样,取 $Z = g(X) = g(X_1,\ X_2,\ \cdots,\ X_n)$ 为由结构的失效准则确定的功能函数,Z 为区间变量。

当 $g(X)$ 为 $X_i(i = 1,\ 2,\ \cdots,\ n)$ 的连续函数时,设其均值和离差分别为 Z_c 和 Z_r,并令

$$\eta = Z_c / Z_r \tag{1-129}$$

按照结构可靠性分析理论,超曲面 $g(X) = 0$ 称为失效面。它将结构的基本参量空间,区

分为失效域和安全域两部分。$g(X)<0$ 和 $g(X)>0$ 分别表示结构处于失效和可靠状态。根据 η 的表达式，可以用 η 判别可靠度，原则如下：

A. 只要 $\eta>1$，则对任意 X_i，均有 $g(X)>0$。此时，结构可靠；

B. 当 $\eta<-1$ 时，对任意 X_i，均有 $g(X)<0$，结构必然失效；

C. 而当 $-1\leqslant\eta\leqslant 1$ 时，对任意 X_i，$g(X)<0$ 和 $g(X)>0$ 均有可能，即结构可能是可靠的，但也可能不可靠。

总之，η 越大越可靠。

④ 功能函数区间的估计方法

如功能函数为线性函数，含多个自变量，可根据区间四则运算法则准确地估计出功能函数的区间；如非线性功能函数中每个自变量只出现一次，也可根据区间四则运算法则准确估计出功能函数的区间；如非线性功能函数中每个自变量出现多次，根据四则运算法则估计出的功能函数的区间将被扩大。

本节研究中功能函数为非线性函数，且每个自变量出现多次，如果根据区间四则运算法估计功能函数的区间，则将使区间大大扩大，会带来很大的计算误差。因此，研究中放弃了这种算法，而提出了一种新的方法。

(2) 本节研究提出的方法

本节研究中，围岩参数的统计依靠现场的地质勘探，采样点数不充分，将其看作区间变量更为合理。对于统计采样点充分的随机变量，按区间变量考虑，根据工程实际情况，取两组区间，一组为[0.5%分位点，99.5%分位点]，一组为[5%分位点，95%分位点]。

用优化法计算功能函数的最大值和最小值，进而得到功能函数的区间。

优化问题可描述为：

优化变量——区间变量的某个取值 $x_1, x_2, \cdots, x_n$；

优化目标——寻找功能函数的最大值 Z_{max} 和最小值 Z_{min}；

约束条件—— $x_1, x_2, \cdots, x_n$ 在各自的区间内。

作优化分析时，首先将连续区间进行离散，然后用枚举法，在计算机上编程求解。

(3) 不良地质条件区段隧道非概率可靠性分析

本节研究中，围岩参数(围岩黏聚力、围岩摩擦角和围岩密度)的统计数据依靠现场的地质勘探提供，采样点数不充分时，可将其看作区间变量更合理。对于统计采样点充分的随机变量，按区间变量考虑，根据工程实际情况，取两组区间，一组为[0.5%分位点，99.5%分位点]，一组为[5%分位点，95%分位点]，区间变量的区间取值见表 1-44。

表 1-44　不良地质条件区段区间变量的上限和下限

区间变量	第一组		第二组	
	上限	下限	上限	下限
	95%分位值	5%分位值	99.5%分位值	0.5%分位值
初次衬砌厚度 H_1(m)	0.329	0.211	0.362	0.178
二次衬砌厚度 H_2(m)	0.62	0.580	0.631	0.569
围岩变形模量 E_R(Pa)	1.98×10^9	1.02×10^9	2.25×10^9	0.754×10^9
C30 混凝土弹性模量 E_{C2}(Pa)	35.33×10^9	26.67×10^9	37.99×10^9	24.00×10^9

（续表）

区间变量	第一组		第二组	
	上限	下限	上限	下限
	95%分位值	5%分位值	99.5%分位值	0.5%分位值
C25 混凝土弹性模量 E_{C1}(Pa)	33.05×10^9	24.95×10^9	35.54×10^9	22.45×10^9
混凝土密度 DEN_C(kg/m^3)	2 970	2 330	3 160	2 140
100 年高潮位最大值 H_W(m)	4.29	3.63	4.66	3.540
C25 混凝土抗压强度 R_{a25}(Pa)	29.2×10^6	17.0×10^6	32.6×10^6	13.5×10^6
C30 混凝土抗压强度 R_{a30}(Pa)	32.0×10^6	20.0×10^6	35.3×10^6	16.6×10^6
钢筋的保护层厚度 a(m)	0.060 5	0.051 5	0.063 0	0.048 9
钢筋强度 R_g(Pa)	394×10^6	308×10^6	419×10^6	284×10^6
围岩泊松比 P_R	0.489	0.473	0.493	0.469
钢筋弹性模量 E_s(Pa)	254×10^9	200×10^9	269×10^9	185×10^9
	上限		下限	
围岩黏聚力 c(Pa)	80.0×10^3		12.8×10^3	
围岩摩擦角 F_{RI}	41.9		17.9	
围岩密度 DEN_R(kg/m^3)	2 100		1 700	

关键截面见图 1-54 和图 1-55，荷载效应采用优化法（枚举法）求解功能函数的最大值和最小值，得到偏心距和功能函数的区间，根据功能函数的区间，计算出 η，见表 1-45。

表 1-45 不良地质条件区段偏心距和功能函数的区间及 η 值

截面编号	第一组区间					第二组区间				
	偏心距(m)		功能函数		η	偏心距(m)		功能函数		η
	上限	下限	上限	下限		上限	下限	上限	下限	
106	2.20×10^{-3}	0.00	7.87×10^6	5.47×10^5	1.15	3.30×10^{-3}	0.00	1.03×10^7	-8.88×10^5	0.841
133	6.77×10^{-2}	0.00	7.63×10^6	4.04×10^5	1.11	8.30×10^{-2}	0.00	9.53×10^6	-9.16×10^5	0.825
149	1.97×10^{-2}	0.00	8.74×10^6	8.80×10^5	1.22	2.86×10^{-2}	0.00	1.09×10^7	-4.64×10^5	0.918
166	7.96×10^{-2}	0.00	8.18×10^6	-1.41×10^5	0.966	1.11×10^{-1}	0.00	1.05×10^7	-8.79×10^5	0.846
20	2.08×10^{-2}	1.41×10^{-2}	4.09×10^6	1.17×10^6	1.80	3.08×10^{-2}	2.25×10^{-2}	5.01×10^6	5.20×10^5	1.23
47	3.51×10^{-1}	1.77×10^{-1}	1.64×10^7	2.87×10^6	1.42	3.96×10^{-1}	1.43×10^{-1}	2.11×10^7	6.00×10^5	1.06
63	3.14×10^{-1}	1.92×10^{-1}	1.53×10^7	4.20×10^6	1.76	3.47×10^{-1}	1.69×10^{-1}	1.87×10^7	1.87×10^6	1.22
79	3.48×10^{-1}	1.90×10^{-1}	1.56×10^7	2.96×10^6	1.47	3.88×10^{-1}	1.60×10^{-1}	1.98×10^7	7.59×10^5	1.08

注：截面 20 功能函数区间的单位为 N·m，其余截面的单位为 N。

（4）一般地质条件区段隧道非概率可靠性分析

本节研究中，围岩参数的统计数据依靠现场的地质勘探提供，采样点数不充分时，可将其看作区间变量更合理。对于统计采样点充分的随机变量，按区间变量考虑，根据工程实际情况，取两组区间，一组为[0.5%分位点，99.5%分位点]，一组为[5%分位点，95%分位点]，区间变量的区间取值见表 1-46。

表 1-46　一般地质条件区段区间变量的上限和下限

区间变量	第一组		第二组	
	上限	下限	上限	下限
	95%分位值	5%分位值	99.5%分位值	0.5%分位值
初次衬砌厚度 H_1(m)	0.311	0.229 1	0.334	0.206
二次衬砌厚度 H_2(m)	0.620	0.580	0.631	0.569
Ⅱ类围岩变形模量 E_R(Pa)	1.98×10^9	1.02×10^9	2.25×10^9	0.754×10^9
Ⅳ类围岩变形模量 E_{RX}(Pa)	19.8×10^9	10.2×10^9	22.5×10^9	7.54×10^9
C30 混凝土弹性模量 E_{C2}(Pa)	35.33×10^9	26.67×10^9	37.99×10^9	24.00×10^9
C25 混凝土弹性模量 E_{C1}(Pa)	33.05×10^9	24.95×10^9	35.54×10^9	22.44×10^9
混凝土密度 DEN_C(kg/m^3)	2 970	2 330	3 160	2 140
100 年高潮位最大值 H_W(m)	4.29	3.63	4.66	3.54
C25 混凝土抗压强度 R_{a25}(Pa)	29.2×10^6	17.0×10^6	32.6×10^6	13.5×10^6
C30 混凝土抗压强度 R_{a30}(Pa)	32.0×10^6	20.0×10^6	35.3×10^6	16.6×10^6
钢筋的保护层厚度 a(m)	6.05×10^{-2}	5.15×10^{-2}	6.30×10^{-2}	4.89×10^{-2}
钢筋强度 R_g(Pa)	394×10^6	308×10^6	419×10^6	284×10^6
Ⅱ类围岩泊松比 P_R	0.489	0.473	0.493	0.469
Ⅳ类围岩泊松比 P_{RX}	0.264	0.256	0.267	0.253
钢筋弹性模量 E_s(Pa)	254×10^9	200×10^9	269×10^9	185×10^9
	上限		下限	
Ⅱ类围岩密度 DEN_R(kg/m^3)	2 100		1 700	
Ⅳ类围岩密度 DEN_{RX}(kg/m^3)	2 700		2 570	

关键截面见图 1-56 和图 1-57。对一般性地质条件区段，同理，根据功能函数的区间，计算出 η，见表 1-47。

表 1-47　一般地质条件区段偏心距和功能函数的区间及 η 值

截面编号	第一组区间					第二组区间				
	偏心距(m)		功能函数			偏心距(m)		功能函数		
	上限	下限	上限	下限	η	上限	下限	上限	下限	η
129	1.72×10^{-2}	0.00	8.28×10^6	2.01×10^6	1.64	2.36×10^{-2}	0.00	1.02×10^7	4.95×10^5	1.10
135	4.99×10^{-2}	0.00	8.58×10^6	2.38×10^6	1.70	1.237×10^{-1}	0.00	1.05×10^7	9.95×10^4	1.02
161	1.79×10^{-2}	0.00	8.31×10^6	2.09×10^6	1.67	2.57×10^{-2}	0.00	1.03×10^7	6.22×10^5	1.13
164	5.07×10^{-2}	0.00	8.33×10^6	2.70×10^6	1.96	8.98×10^{-2}	0.00	1.02×10^7	3.48×10^5	1.07
20	1.18×10^{-2}	4.50×10^{-3}	5.21×10^6	2.37×10^6	2.67	1.43×10^{-2}	3.40×10^{-3}	6.11×10^6	1.69×10^6	1.77
47	2.505×10^{-1}	1.172×10^{-1}	1.11×10^7	2.21×10^6	1.50	2.751×10^{-1}	7.74×10^{-2}	1.54×10^7	9.67×10^5	1.13
63	1.862×10^{-1}	1.023×10^{-1}	1.17×10^7	3.74×10^6	1.93	2.025×10^{-1}	7.89×10^{-2}	1.49×10^7	2.28×10^6	1.36
79	2.502×10^{-1}	1.153×10^{-1}	1.12×10^7	2.22×10^6	1.50	2.741×10^{-1}	7.46×10^{-2}	1.552×10^7	9.91×10^5	1.14

注：截面 20 功能函数区间的单位为 N・m，其余截面的单位为 N。

4）考虑混凝土劣化的隧道单截面可靠性

（1）混凝土劣化的考虑方法

① 考虑混凝土材性劣化的必要性

首先介绍下日本北海道西部小樽港在筑港工程中，对砂浆和混凝土所进行的100年耐久性试验的情况。第一期工程于1897年开始，1933年检测防波堤时混凝土强度为40 MPa，1997年对混凝土芯样的检测证明又经过60年后，混凝土强度残存率仅75%左右。

本节工程的初次衬砌无防水层保护，二次衬砌虽有防水层保护，但防水层有效寿命最多30～40年，如将隧道设计使用寿命定为50年以上，则有必要考虑由防水层失效和混凝土材性劣化引起的隧道可靠性降低。

② 本节研究混凝土劣化的考虑方法

研究中分别考虑了50年和100年的使用寿命。

由于初次衬砌无防水层保护，海水的长期侵蚀将导致其混凝土强度及弹性模量有所降低；二次衬砌有防水层保护，而且采用自密式混凝土，经研究认为，前50年其混凝土力学性能保持不变，而后50年考虑防水层失效，二次衬砌受海水侵蚀出现劣化，混凝土强度及弹性模量均有所降低。

与强度对应的弹性模量 E_c，近似求解得：

$$E_c = \frac{10^5}{2.2 + \dfrac{34.7}{f_{cu}^0}} \tag{1-130}$$

式中，E_c，f_{cu}^0 的单位为 N/mm^2；f_{cu}^0 为立方体强度。

对于初次衬砌，到100年使用寿命时，取混凝土强度残存率为65%。初次衬砌采用C25混凝土，抗压强度均值为23.07 MPa，100年后抗压强度均值降为13.84 MPa，设变异系数和分布类型不变。代入式(1-130)，得100年后的弹性模量均值为18.1 GPa，考虑到上式呈弱非线性，变异系数和分布类型与100年后抗压强度的一样。其余随机变量的统计特性同表1-34。

对于初次衬砌，到50年使用寿命时，取混凝土强度残存率为80%，50年后抗压强度均值降为18.45 MPa，设变异系数和分布类型不变。代入式(1-130)，得50年后的弹性模量均值为24.5 GPa，考虑到上式呈弱非线性，变异系数和分布类型与50年后抗压强度的一样。其余随机变量的统计特性同表1-34。

对于二次衬砌，到100年使用寿命时，取混凝土强度残存率为80%。二次衬砌采用C30混凝土，其抗压强度均值为25.98 MPa，100年后抗压强度均值为20.78 MPa，设变异系数和分布类型不变。代入式(1-130)得100年后的弹性模量均值为25.84 GPa，考虑到上式呈弱非线性，变异系数和分布类型与100年后抗压强度的一样。其余随机变量的统计特性同表1-34。

对于二次衬砌，到50年使用寿命时，混凝土强度和弹性模量考虑仍可保持不变。

（2）考虑混凝土劣化时隧道结构的定值计算分析

以100年使用寿命为例，研究对象为不良地质条件和一般地质条件两类区段隧道。有限元网格划分与不考虑混凝土劣化的一样，随机变量取均值，为定值计算，并与不考虑混凝土劣化的计算结果进行了比较。

① 不良地质条件区段定值计算分析

由于衬砌的刚度降低，使其内力分布发生了一些变化，二次衬砌与初次衬砌剥离的区域变小，防水层用杆件模拟，见图 1-58。

衬砌的变形和内力分别见图 1-59—图 1-63。从图中可见，初次衬砌在拱顶处产生最大竖向位移，位移值约为 13 mm，大于不考虑混凝土劣化时的位移；初次衬砌的弯矩图发生了改变，拱脚弯矩最大；二次衬砌的弯矩变小，而轴力变大。

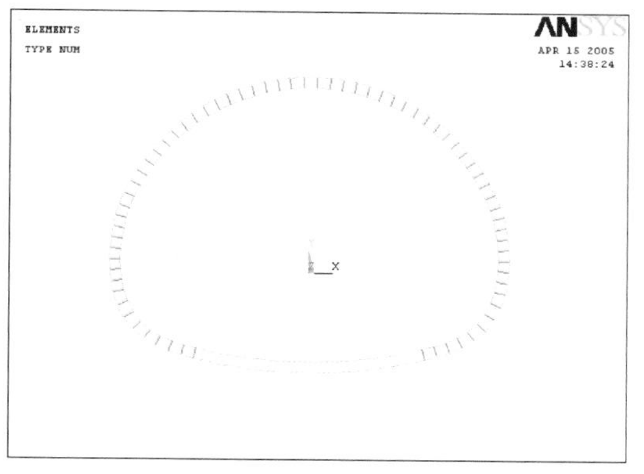

图 1-58　防水层按杆件模拟布置图

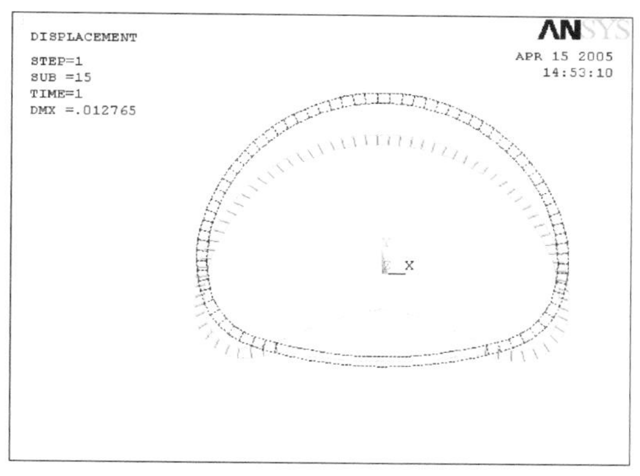

图 1-59　衬砌变形图

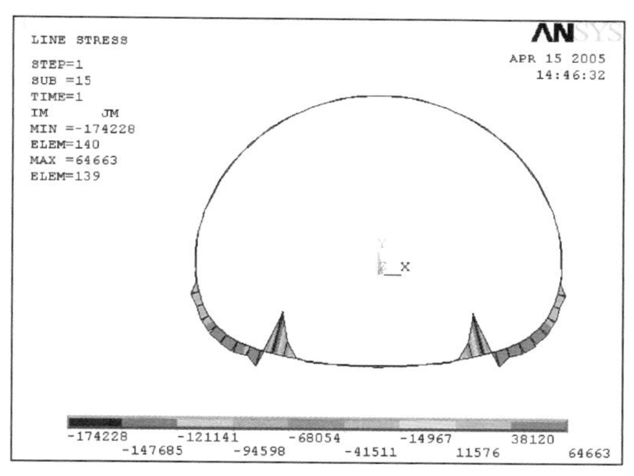

图 1-60　初次衬砌弯矩图

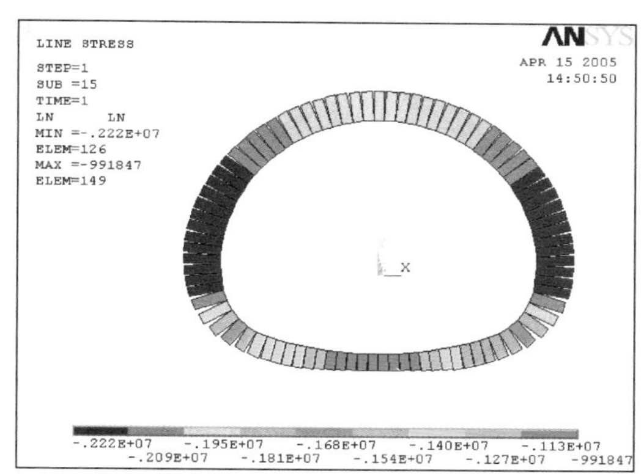

图 1-61　初次衬砌轴力图

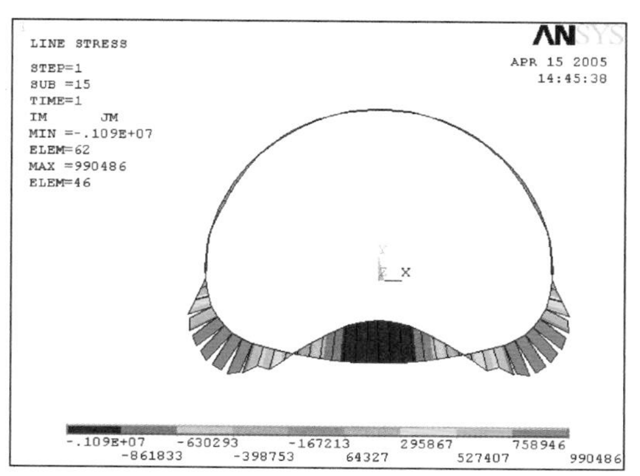

图 1-62　二次衬砌弯矩图

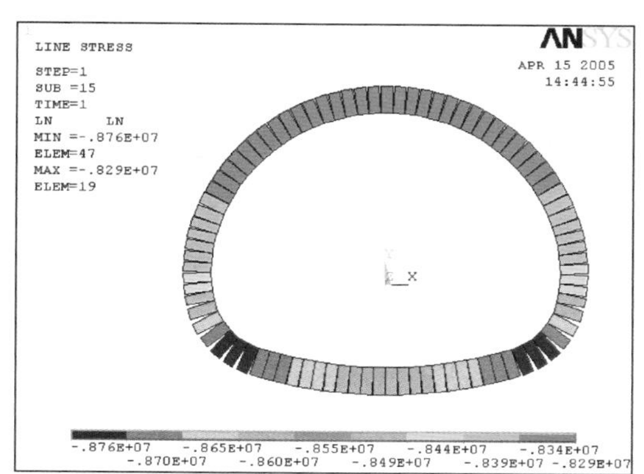

图 1-63　二次衬砌轴力图

② 一般地质条件区段定值计算分析

由于围岩比较好，虽然衬砌的刚度降低，使内力的分布发生了一些变化，但防水层杆件布置没有变化，二次衬砌的内力和衬砌的位移几乎没有变化。

初次衬砌的内力变化分别见图 1-64 和图 1-65。从图中可见，与不考虑混凝土劣化的隧道相比，此处的内力值有一些降低，图形基本上没有变化。

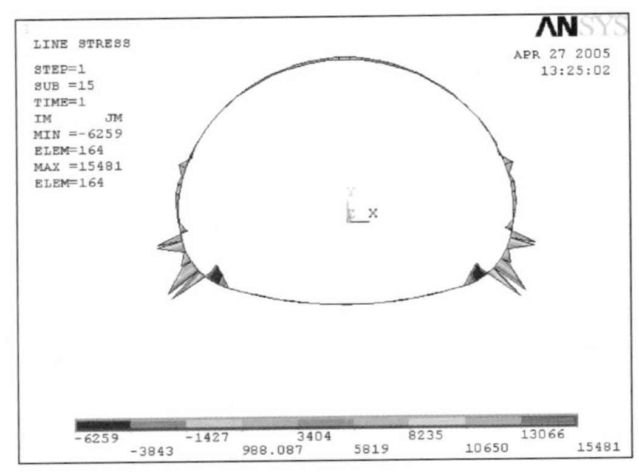

图 1-64 初次衬砌弯矩图

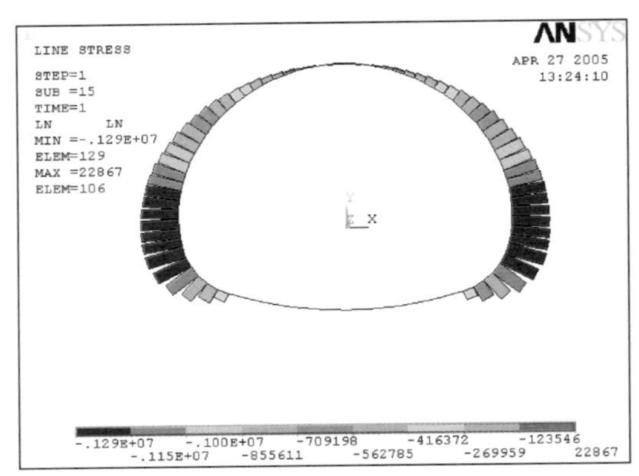

图 1-65 初次衬砌轴力图

总之，混凝土劣化对不良地质条件区段的隧道衬砌受力影响较大，它使初次衬砌的弯矩图发生变化，变形加大；混凝土劣化对一般地质条件区段隧道的初次衬砌受力影响较小，对二次衬砌受力则几乎没有影响。不考虑混凝土劣化时选取的关键截面仍具有代表性，可继续采用。

(3) 不良地质条件区段 100 年使用寿命的隧道可靠性分析

初次衬砌和二次衬砌的关键截面，同图 1-54 和图 1-55。

初次衬砌按混凝土结构考虑，抗力表达式为式(1-121)，荷载效应为轴力；二次衬砌拱顶截面为全截面受压钢筋混凝土，抗力表达式为式(1-123)，荷载效应为弯矩；二次衬砌拱脚和仰拱中部截面为偏心受压钢筋混凝土，抗力表达式为式(1-124)，荷载效应为轴力。截面 129，135，161，164，47 和 79 的失效概率小于 5.5%，用蒙特卡罗模拟法，经 10^8 次模拟后，得截面 129，135，161，164，47 和 79 失效概率 P_f，见表 1-48。设功能函数服从正态分布，相应的可靠性指标 β 见表 1-48。

表 1-48 不良地质条件区段 100 年使用寿命承载能力极限状态下的失效概率和可靠性指标

衬砌类别	初次衬砌				二次衬砌			
截面编号	106	133	149	166	20	47	63	79
P_f	7.40 $\times 10^{-3}$	3.94 $\times 10^{-4}$	2.17 $\times 10^{-5}$	4.11 $\times 10^{-4}$	3.53 $\times 10^{-5}$	1.08 $\times 10^{-5}$	9.30 $\times 10^{-6}$	4.00 $\times 10^{-6}$
β	2.44	3.36	4.09	3.35	3.974 3	4.247 7	4.281 1	4.465 2
截面高度均值(m)	0.27	0.27	0.27	0.27	0.6	0.8	0.8	0.8
截面配筋					对称配筋，单侧配筋率 0.64%	对称配筋，单侧配筋率 0.98%	对称配筋，单侧配筋率 0.98%	对称配筋，单侧配筋率 0.98%

(4) 一般地质条件区段 100 年使用寿命的隧道可靠性分析

初次衬砌和二次衬砌的关键截面同图 1-56 和图 1-57。由于与不考虑混凝土劣化相比，二次衬砌受力几乎没有变化，故采用二次衬砌荷载效应的表达式，在本节中不再另外给出。

初次衬砌按混凝土结构考虑，抗力表达式为式(1-121)，荷载效应为轴力；二次衬砌拱顶截面为全截面受压钢筋混凝土，抗力表达式为式(1-123)，荷载效应为弯矩；二次衬砌拱脚和仰拱中部截面为偏心受压钢筋混凝土，抗力表达式为式(1-124)，荷载效应为轴力。用蒙特卡罗模拟法，经 10^8 次模拟后，得初次衬砌 4 个单截面和二次衬砌 4 个单截面的失效概率 P_f，见表 1-49。设功能函数服从正态分布，相应的可靠性指标 β 见表 1-49。

表 1-49　一般地质条件区段 100 年使用寿命承载能力极限状态下的失效概率和可靠性指标

衬砌类别	初次衬砌				二次衬砌			
截面编号	129	135	161	164	20	47	63	79
P_f	1.02×10^{-5}	3.10×10^{-5}	7.40×10^{-6}	1.67×10^{-5}	1.00×10^{-7}	9.30×10^{-6}	1.80×10^{-6}	9.40×10^{-6}
β	4.260 5	4.35	4.331 6	4.49	5.20	4.281 1	4.633 2	4.278 7
截面高度均值(m)	0.27	0.27	0.27	0.27	0.6	0.6	0.6	0.6
截面配筋					最低配筋率，单侧配筋率 0.3%	对称配筋，单侧配筋率 0.84%；Ⅱ级钢筋，直径 20 mm	对称配筋，单侧配筋率 0.84%；Ⅱ级钢筋，直径 20 mm	对称配筋，单侧配筋率 0.84%；Ⅱ级钢筋，直径 20 mm

5) 隧道支护体系可靠性分析

以上的可靠性分析为隧道某一处截面的可靠性，它只考虑了单截面的失效模态。

当进行承载能力极限状态下体系可靠性分析时，将"围岩-支护系统"看成整个结构体系，那么结构体系的可靠性则是指结构体系在规定的时间内、在正常施工、正常使用和维护条件下，完成预定功能(安全、可靠、适用)的能力。

此处理解为体系，将具有若干的失效模态，可以将体系的失效和若干失效模态的关系用电工学中的串、并联电路形象表示。若某个失效模态发生了，而体系仍可以完成预定的功能，此时体系中只出现了局部并联的失效模态；若一旦某个失效模态发生，体系也随之完全失效，则此时体系中出现了串联的失效模态。

支护体系由初次衬砌和二次衬砌组成，其失效模态可以看成是由初次衬砌失效模态和二次衬砌失效模态相串连而成。

分别对初次衬砌失效模态和二次衬砌失效模态而言，又由各自的次级失效模态(关键的单截面失效)所组成。从隧道衬砌的受力特点可以看出，钢筋混凝土二次衬砌为全截面小偏心受压，初次衬砌为构造配筋属素混凝土构件，在承载能力极限状态下，视为脆性破坏，截面的延性很差，混凝土将被首先压碎脱落，不可能形成偏压塑性铰；而对二次衬砌，考虑 4 个关键截面的失效模态，认为是串联关系，对初次衬砌，考虑 4 个关键截面的失效模态，则认为是串联关系。

支护体系失效模态关系，如图 1-66 所示。

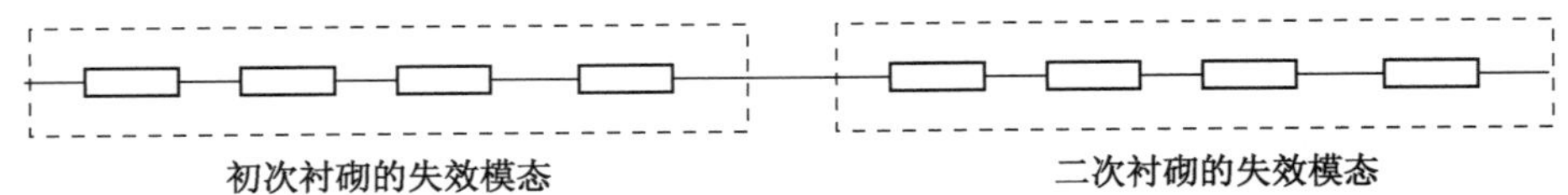

图 1-66　支护体系失效模态关系

(1) 不良地质条件区段承载能力极限状态下的体系可靠性

研究中考虑了以下三种情况：

① 混凝土不劣化；

② 50 年设计寿命，对于初次衬砌，取混凝土强度残存率为 80%，对于二次衬砌，混凝土强度不变；

③ 100 年使用寿命，对于初次衬砌，取混凝土强度残存率为 65%，对于二次衬砌，混凝土强度残存率为 80%。

用蒙特卡罗模拟法，经 10^8 次模拟后，得体系失效概率 P_f，见表 1-50。设功能函数服从正态分布，相应的可靠性指标 β 见表 1-50。

表 1-50　不良地质条件区段承载能力极限状态下的体系失效概率和可靠性指标

		不考虑混凝土劣化	50 年	100 年
可靠指标 β	初衬	3.58	3.36	2.43
	二衬	4.59	4.59	3.97
	体系	3.57	3.36	2.43
失效概率 P_f	初衬	1.73×10^{-4}	3.92×10^{-4}	7.40×10^{-3}
	二衬	2.20×10^{-6}	3.00×10^{-6}	3.57×10^{-5}
	体系	1.75×10^{-4}	3.92×10^{-4}	7.5×10^{-3}

(2) 一般地质条件区段承载能力极限状态下的体系可靠性

研究中考虑了以下三种情况：

① 混凝土性能不劣化；

② 50 年设计寿命，对于初次衬砌，取混凝土强度残存率为 80%，对于二次衬砌，取混凝土强度不变；

③ 100 年使用寿命，对于初次衬砌，取混凝土强度残存率为 65%，对于二次衬砌，取混凝土强度残存率为 80%。

用蒙特卡罗模拟法，经 10^8 次模拟后，得出了体系的失效概率 P_f，以及设功能函数服从正态分布，得出了相应的可靠性指标 β，均见表 1-51。

表 1-51　一般地质条件区段承载能力极限状态下的体系的失效概率和可靠性指标

		不考虑劣化	50 年	100 年
可靠指标 β	初衬	4.71	4.47	4.26
	二衬	5.49	5.49	4.28
	体系	4.71	4.47	4.11

（续表）

		不考虑劣化	50 年	100 年
失效概率 P_f	初衬	1.22×10^{-6}	4.00×10^{-6}	1.02×10^{-5}
	二衬	2.00×10^{-8}	2.00×10^{-8}	9.40×10^{-6}
	体系	1.25×10^{-6}	4.00×10^{-6}	1.98×10^{-5}

1.5.3　对研究方法变更的说明及运营期隧道可靠性监测

1）对研究方法变更的说明

在本节研究中，提出了隧道结构物的基于位移的可靠性分析方法（文献[32]），这种方法对铁路隧道比较适合，对仰拱矢高比接近 13 的此处海底公路隧道则很不适合。原因是承受海水作用的二次衬砌在仰拱处由弯矩和轴力引起的偏心距比较大，二次衬砌底部已接近大偏心的压弯构件，文献[32]的方法只适合于以弯矩为主要内力或以轴力为主要内力的构件，计算分析也表明，本节研究按位移可靠性分析法计算会引起相当大的误差。

在隧道运营期间，荷载和围岩参数均为已知，可以通过有限元计算得出荷载效应，继而按正分析方法计算其可靠性指标，既较准确又思路清晰，所以在以上研究中对上述方法作了变更。

2）对运营期隧道可靠性监测分析的建议

本节研究的可靠性分析是建立在隧道正常使用和正常维护的前提条件下进行的，如果运营期隧道不能满足以上的条件而出现了异常，还可通过位移监测另作可靠性分析。

监测点位置如图 1-67 所示，研究中通过有限元计算和对监测点各个主要方向的位移值作统计分析，得出了其统计特征，见表 1-52，可为异常情况下通过位移监测进行可靠性分析时提供参考。

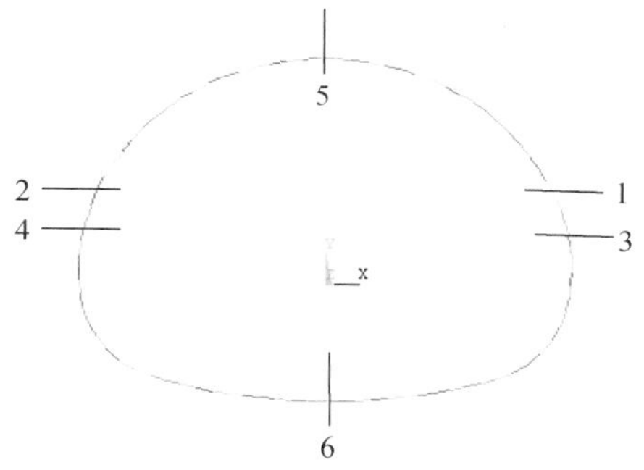

图 1-67　监测点位置

表 1-52　监测点主要方向位移的统计特征

地质条件	监测点编号	分布类型	均值(m)	标准差(m)
不良地质	1(水平方向)	正态分布	-1.04×10^{-3}	2.06×10^{-4}
	2(水平方向)	正态分布	2.22×10^{-4}	4.59×10^{-4}
	3(水平方向)	对数正态分布	3.33×10^{-4}	3.65×10^{-5}
	4(水平方向)	正态分布	-7.89×10^{-4}	5.25×10^{-4}
	5(垂直方向)	正态分布	-1.15×10^{-2}	2.56×10^{-3}
	6(垂直方向)	正态分布	1.67×10^{-2}	3.00×10^{-3}
一般地质	1(水平方向)	对数正态分布	2.77×10^{-4}	1.12×10^{-4}
	2(水平方向)	正态分布	1.10×10^{-4}	2.75×10^{-5}
	3(水平方向)	对数正态分布	1.09×10^{-4}	4.87×10^{-5}
	4(水平方向)	正态分布	-6.37×10^{-4}	3.55×10^{-4}
	5(垂直方向)	正态分布	-6.92×10^{-3}	1.39×10^{-3}
	6(垂直方向)	正态分布	-3.56×10^{-3}	7.53×10^{-4}

1.5.4 本节小结

1）研究内容

本节对该海底隧道运营期进行了隧道结构的可靠性分析，以较为典型的①一般地质条件区段隧道断面[选在桩号为 10＋250 处，考虑经疏解后的部分水压(0.3 MPa)]，以及②不良地质条件区段隧道断面[选在桩号为 8＋970 的风化囊破碎带 F4 处，按全水压(0.7 MPa)]，共两处截面为研究对象，进行了如下各项研究：

(1) 统计各有关随机变量的统计特征；

(2) 建立了岩体连续介质-隧道结构的计算模型，基本随机变量取均值，分析了结构计算结果；

(3) 分别就承载能力极限状态下和正常使用极限状态下，进行了隧道单截面可靠性分析；

(4) 进行了基于隧道区间分析的非概率单截面可靠性分析；

(5) 考虑衬砌混凝土性能劣化的隧道单截面承载能力极限状态下的可靠性分析；

(6) 隧道支护体系的可靠性分析；

(7) 考虑衬砌混凝土性能劣化隧道支护体系的可靠性分析；

(8) 监测点各主要方向位移值的统计分析。

2）主要结论和认识

通过本节研究，可以得出以下主要结论和认识：

(1) 各有关参数随机变量的统计特征如表 1-34 所示。其中，年高潮位服从正态分布，由于统计样本比较丰富，可以认为统计结果是准确的；强风化和全风化基岩诸物理力学参数的统计样本数量尚可，其统计结果也基本可信；微风化基岩物理力学参数的统计样本较少，其均值和标准差取自勘察报告，分布类型则参考其他文献而定，统计结果可能不够准确；而与衬砌有关各参数的随机变量是参考其他工程和规范得出的，统计结果只能反映一般水平。

(2) 各随机变量取均值，隧道结构内力和变形的特点，主要反映为：

① 最大竖向位移发生在拱顶和仰拱中部，最大水平位移则发生在拱脚，位移值均满足限值要求。

② 一般地质条件和不良地质条件区段初次喷混凝土衬砌的内力图差别比较大。但上两类地质条件区段初衬截面的弯矩最大值都出现在拱脚，而轴力最大值则都出现在拱腰。

③ 二次衬砌截面上的轴力分布比较均匀，弯矩分布则较不均匀，最大弯矩出现在拱脚和仰拱中部。从计算结果看，二次衬砌的所有截面均处于小偏心受压状态，可在合理范围内作正常配筋。

(3) 隧道结构承载能力极限状态下与正常使用极限状态下的单截面可靠性分析，表明：

① 不良地质条件区段按结构承载能力极限状态计算，初次衬砌的可靠性指标，最低为 3.73，不能满足目标要求。建议采取措施，如加大截面，以提高结构可靠性。二次衬砌的可靠性指标，最低为 4.61，虽然尚低于目标可靠性指标 4.7 的要求，但可以认为基本上已可满足目标要求；正常使用极限状态下，可靠性指标，最低为 2.59，可以满足目标要求。

② 一般地质条件区段按结构承载能力极限状态计算，初次衬砌的可靠性指标，最低为 4.71，可满足目标要求。二次衬砌的可靠性指标，最低为 5.49，也可满足目标要求；正常使用极限状态下，可靠性指标，最低为 2.31，同样满足了目标要求。

(4) 隧道结构承载能力极限状态下的单截面区间分析，表明：

① 对不良地质条件区段，初次衬砌的非概率可靠性指标，取第一组区间[5%分位点，95%分位点]时，最低为0.97、最高为1.22；取第二组区间[0.5%分位点，99.5%分位点]时，最高为0.92。如各参数随机变量的采样值在较窄的第一组区间内，基本上可以认为初次衬砌作出的单截面区间分析是可靠的，但如有超出，则不能满足要求。

② 对不良地质条件区段，二次衬砌的非概率可靠性指标，无论对于第一组区间还是第二组区间，其最低值均大于1.08。如各参数随机变量的采样值落在较宽的第二组区间内，可以认为二次衬砌作出的单截面区间分析是可靠的。

③ 对一般地质条件区段，初次衬砌和二次衬砌的非概率可靠性指标，无论对于第一组区间还是第二组区间，其最低值均大于1.02。如各参数随机变量的采样值落在较宽的第二组区间内，可以认为初次衬砌和二次衬砌单截面区间分析是可靠的。

(5) 考虑混凝土性能劣化的承载能力极限状态下，隧道单截面可靠性分析，表明：

① 考虑混凝土劣化的海底隧道，初次衬砌的可靠性指标均有下降。对不良地质条件区段，其最低可靠性指标由不考虑混凝土劣化的3.73，降到使用50年后的3.36，再降到使用100年时的2.44，均不能满足目标要求；一般地质条件区段，其最低可靠性指标由不考虑混凝土劣化的4.61，降到使用50年后的4.47，再降到使用100年时的4.26，使用50年后已基本不能满足目标要求，使用100年时更无法满足目标要求。

② 对于隧道二次衬砌，使用50年后由于考虑防水层对其的保护作用，可靠性指标几乎仍保持不变，可满足目标要求；但使用100年时由于防水层失效和混凝土劣化加剧，二次衬砌的可靠性指标均有下降：不良地质条件区段，最低可靠性指标由不考虑混凝土劣化的4.61，降到使用100年后的3.97，不能满足目标要求；一般地质条件区段，最低可靠性指标由不考虑混凝土劣化的4.61，降到使用100年时的3.97，也都不能满足目标要求。

(6) 隧道支护体系的可靠性分析，表明：

① 承载能力极限状态下整体隧道支护体系的可靠性分析表明，支护体系的失效模态可由初次衬砌体系失效模态和二次衬砌体系失效模态串联而成，对初次衬砌体系失效模态和二次衬砌体系失效模态而言，又由各自的次级失效模态(关键的单截面失效)所组成。

② 各个单截面失效模态的相关性非常强，支护体系的失效均由失效概率高的单截面失效模态控制。不良地质条件区段承载能力极限状态下，初次衬砌体系的可靠性指标为3.58，二次衬砌体系的可靠性指标为4.59，而整体隧道支护体系的可靠性指标则为3.57，都不能满足目标要求；一般地质条件区段承载能力极限状态下，初次衬砌体系的可靠性指标为4.71，二次衬砌体系的可靠性指标为5.49，而整体支护体系的可靠性指标为4.71，可以满足目标要求。

(7) 考虑混凝土性能劣化的隧道支护体系的可靠性分析，表明：

与不考虑混凝土劣化的支护体系的可靠性分析相比，其承载能力极限状态下的可靠性指标均有所降低：不良地质条件区段，整体支护体系的可靠性指标由不考虑混凝土劣化的3.57，降到使用50年后的3.36，再降到使用100年时的2.43，都不能满足目标要求；一般地质条件区段，隧道整体支护体系的可靠性指标由不考虑混凝土劣化的4.71，降到使用50年后的4.47，再降到使用100年时的4.11。这样，使用50年后基本上已不能满足目标要求，使用100年时则更无法满足目标要求。

总之，不考虑混凝土材性劣化影响，按概率可靠性分析和非概率可靠性分析的结果，两者比较一致，表明：一般地质条件区段隧道支护体系可以满足安全性要求，也满足适用性要求；不良地质条件区段隧道初次衬砌不能满足安全性要求；但二次衬砌能满足安全性要求，也满足适用性要求。如考虑混凝土材性劣化影响，对于一般地质条件区段隧道，使用 50 年后其支护体系仍可满足安全性要求，但使用 100 年时则支护体系不满足安全性要求；对于不良地质条件区段隧道，使用 50 年后初次衬砌不满足安全性要求，二次衬砌则可满足安全性要求，使用 100 年时支护体系整体上已不能满足安全性要求。

承载能力极限状态下的可靠性分析，以及非概率可靠性分析的计算结果，如表 1-53 和表 1-54 所示，正常使用极限状态下的可靠性分析结果，如表 1-55 所示。

表 1-53　隧道结构按承载能力极限状态下，采用 $\boldsymbol{\beta}$ 和 $\boldsymbol{\eta}$ 作表达的可靠性分析结果汇总表

可靠性指标 β 和 η 值			单一截面（截面编号）								支护体系		
			106	133	149	166	20	47	63	79	初衬	二衬	整体
风化深槽（风化囊）	β 值		3.73	4.11	4.69	3.75	4.77	4.63	4.86	4.61	3.58	4.59	3.57
	区间分析法 η 值	第一组	1.15	1.11	1.22	0.97	1.8	1.42	1.76	1.47	—	—	—
		第二组	0.84	0.83	0.92	0.85	1.23	1.06	1.22	1.08	—	—	—
风化深槽，考虑混凝土劣化	50 年 β 值		3.36	4.05	4.61	3.57	4.77	4.63	4.86	4.61	3.36	4.59	3.36
	100 年 β 值		2.44	3.36	4.09	3.35	3.97	4.25	4.28	4.47	2.43	3.97	2.43
可靠性指标 β 和 η 值			单一截面（截面编号）								支护体系		
			129	135	161	164	20	47	63	79	初衬	二衬	整体
一般地质条件区段	β 值		4.71	5.33	4.77	5.37	6.27	5.49	6.49	5.49	4.71	5.49	4.71
	区间分析法 η 值	第一组	1.64	1.77	1.67	1.96	2.67	1.5	1.93	1.5	—	—	—
		第二组	1.1	1.02	1.13	1.07	1.77	1.13	1.36	1.14	—	—	—
一般地质条件，考虑混凝土劣化	50 年 β 值		4.47	4.53	4.47	4.61	6.27	5.49	6.49	5.49	4.47	5.49	4.47
	100 年 β 值		4.26	4.35	4.33	4.49	5.20	4.28	4.63	4.28	4.26	4.28	4.11

表 1-54　隧道结构按承载能力极限状态下，采用 $\boldsymbol{P_f}$ 作表达的可靠性度分析结果汇总表

失效概率 P_f 及区间上下限				单截面（截面编号）								支护体系		
				106	133	149	166	20	47	63	79	初衬	二衬	整体
风化深槽（风化囊）	P_f 值			9.26×10^{-5}	1.94×10^{-5}	1.40×10^{-6}	9.00×10^{-5}	9.00×10^{-7}	1.80×10^{-6}	6.00×10^{-7}	2.00×10^{-6}	1.73×10^{-4}	2.20×10^{-6}	1.75×10^{-4}
	区间分析法	第一组	上限	7.87×10^{6}	7.63×10^{6}	8.74×10^{6}	8.18×10^{6}	4.09×10^{6}	1.64×10^{7}	1.53×10^{7}	1.56×10^{7}	—	—	—
			下限	5.47×10^{5}	4.04×10^{5}	8.80×10^{5}	-1.41×10^{5}	1.17×10^{6}	2.87×10^{6}	4.20×10^{6}	2.96×10^{6}	—	—	—
		第二组	上限	1.03×10^{7}	9.53×10^{6}	1.09×10^{7}	1.05×10^{7}	5.01×10^{6}	2.11×10^{7}	1.87×10^{7}	1.98×10^{7}	—	—	—
			下限	-8.9×10^{5}	-9.16×10^{5}	-4.64×10^{5}	-8.79×10^{5}	5.20×10^{5}	6.00×10^{5}	1.87×10^{6}	7.59×10^{5}	—	—	—

（续表）

失效概率 P_f 及区间上下限				单截面（截面编号）								支护体系		
				106	133	149	166	20	47	63	79	初衬	二衬	整体
风化深槽考虑混凝土劣化	50 年 P_f 值			3.92×10^{-4}	2.54×10^{-5}	2.00×10^{-6}	6.81×10^{-4}	2.30×10^{-6}	1.60×10^{-6}	6.00×10^{-7}	1.60×10^{-6}	3.92×10^{-4}	3.00×10^{-6}	3.92×10^{-4}
	100 年 P_f 值			7.40×10^{-3}	3.94×10^{-4}	2.17×10^{-5}	4.11×10^{-4}	3.53×10^{-5}	1.08×10^{-5}	9.30×10^{-6}	4.00×10^{-6}	7.40×10^{-3}	3.57×10^{-5}	7.50×10^{-3}
失效概率 P_f 及区间上下限				单截面（截面编号）								支护体系		
				129	135	161	164	20	47	63	79	初衬	二衬	整体
一般地质条件区段	P_f 值			1.22×10^{-6}	5.00×10^{-8}	9.10×10^{-7}	4.00×10^{-8}	1.17×10^{-9}	2.00×10^{-8}	2.84×10^{-10}	2.00×10^{-8}	1.22×10^{-6}	2.0×10^{-8}	1.25×10^{-6}
	区间分析法	第一组	上限	8.28×10^{6}	8.58×10^{6}	8.31×10^{6}	8.33×10^{6}	5.21×10^{6}	1.11×10^{7}	1.17×10^{7}	1.12×10^{7}	—	—	—
			下限	2.01×10^{6}	2.38×10^{6}	2.09×10^{6}	2.70×10^{6}	2.37×10^{6}	2.21×10^{6}	3.74×10^{6}	2.22×10^{6}	—	—	—
		第二组	上限	1.02×10^{7}	1.05×10^{7}	1.03×10^{7}	1.02×10^{7}	6.11×10^{6}	1.54×10^{7}	1.49×10^{7}	1.55×10^{7}	—	—	—
			下限	4.95×10^{5}	9.95×10^{4}	6.22×10^{5}	3.48×10^{5}	1.69×10^{6}	9.67×10^{5}	2.28×10^{6}	9.91×10^{5}	—	—	—
一般地质条件，考虑混凝土劣化	50 年 P_f 值			4.00×10^{-6}	3.00×10^{-6}	4.00×10^{-6}	2.00×10^{-6}	1.17×10^{-9}	2.00E−8	2.84×10^{-10}	2.00×10^{-8}	4.00×10^{-6}	2.0×10^{-8}	4.00×10^{-6}
	100 年 P_f 值			1.02×10^{-5}	3.10×10^{-5}	7.40×10^{-6}	1.67×10^{-5}	1.00×10^{-7}	9.30×10^{-6}	1.80×10^{-6}	9.40×10^{-6}	1.02×10^{-5}	9.40×10^{-6}	1.98×10^{-5}

注：截面 20 功能函数区间的单位为 N·m；其余截面的单位为 N。

表 1-55　隧道结构按正常使用极限状态下，可靠性度分析结果汇总表

截面编号		47	63	79
风化深槽（风化囊）	可靠性指标 β	2.588 5	4.264 9	2.809 6
	失效概率 P_f	0.004 8	1.00×10^{-5}	0.002 5
一般地质条件区段	可靠性指标 β	2.314 1	4.264 9	2.331 3
	失效概率 P_f	0.010 3	1.00×10^{-5}	0.009 9

3）说明

需要说明以下几点：

（1）本节研究在连续介质有限元计算模型中，为考虑海水压力使初次衬砌与二次衬砌部分脱离的现象，将受拉的、模拟防水层的杆件撤除。在车行隧道（“车行主洞”）全封闭衬砌结构计算简图中（采用荷载-结构模型）（图 1-68）没有考虑上述的初次衬砌与二次衬砌部分脱离现象，计算的内力（轴力和弯矩）值约比本项研究的结果小近 40%。

为了证实计算模型的差异不是导致计算结果相差过大的原因，基于本节研究采用的模型，不考虑海水压力引起的初次衬砌与二次衬砌间出现的局部脱离现象。这说明连续介质有限元模型计算的结果与荷载-结构模型计算的结果基本相符。因为，是否考虑初次衬砌与二次衬砌部分脱离的现象，则是两种计算结果有差异的主要原因。

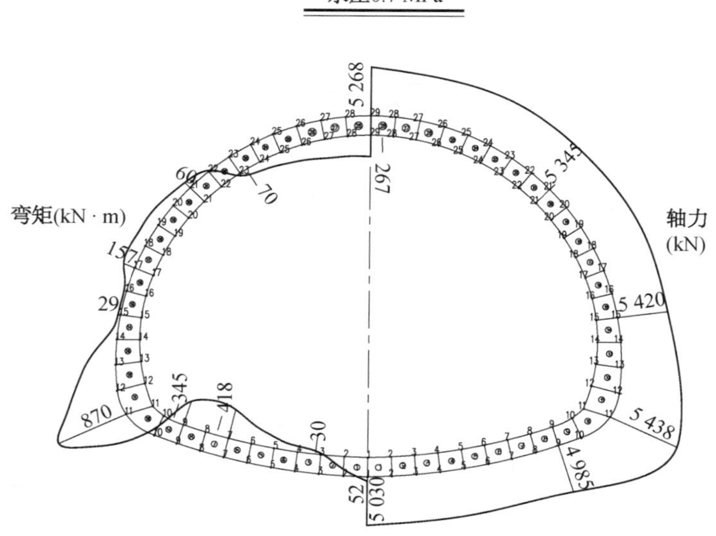

图 1-68　全封闭衬砌结构计算简图

二次衬砌高按 60 cm 计算，计算结论认为可以承受 0.8 MPa 的高水头均布水压，计算表明：如承受均值为 0.7 MPa 的均布水压，则可靠性指标为 2.05，可以认为远未达到目标可靠性指标 4.7，为不安全；如承受 0.8 MPa 水压，则更不安全。

因此，本节研究在进行上述分析比较的基础上，将仰拱和拱脚附近的截面高度加大到 80 cm，变异系数不变；截面的配筋依据是按《混凝土结构设计规范》(GB 50010—2002)。

(2) 考虑到复合衬砌会遭受海水的侵蚀作用，在使用寿命内初次衬砌一直受到海水的侵蚀，所以按 100 年一直遭受海水侵蚀考虑；而二次衬砌因为有防水层保护，认为前 50 年基本上不受海水的侵蚀，50 年后防水层失效，将受海水的侵蚀。

由于设计资料不全，本节研究根据经验认为二次衬砌应该采用自密实型泵送混凝土，保护层厚度标准值取得较大，为 55 mm，并认为混凝土中的钢筋不会受到海水侵蚀。

(3) 与围岩有关区间变量的区间上界和下界是根据地质勘探资料得出的，其余区间变量的区间上界和下界因为无试验数据，是根据相应随机变量的某些分位值人为拟定的。如施工时采集到的试验数据在此区间内，则本节研究的区间分析结论可用；如果数据离散性较大，超出此区间，则本节研究的区间分析结论会有一定误差。

(4) 目前公路隧道尚无规定的目标可靠性指标可资遵循，本节研究参照了铁路隧道设计规范(TB 10003—2001)条文说明第 115 页规定的目标可靠性指标取用，并用以评价本公路隧道工程的可靠度。按安全等级为一级考虑，承载能力极限状态下隧道单截面脆性破坏的目标可靠性指标为 4.7；正常使用极限状态下目标可靠性指标则为 1.0～2.5。

(5) 目前也尚未有结构体系的目标可靠性指标可资遵循，本节研究假定承载能力极限状态下截面脆性破坏的目标可靠性指标与单截面的一样。

(6) 基于区间分析的非概率可靠性分析，目前也还没有规定的目标可靠性指标，一般认为只要功能函数的区间下界大于零，即区间中间值与区间半径的比 η 大于 1，就可以认为安全，η 越大就越安全。

1.6　海床下岩体风化囊区段考虑围岩流变时效特性的数值分析

1.6.1　概述

在此处隧道穿越风化深槽/风化囊的区段，其岩性松散破碎，地下水发育，洞室开挖时的围岩流变效应将十分明显，并将部分进入黏塑性状态。于此，考虑计入这类围岩的黏性流变时效作用，从而对“围岩-衬护系统”作出黏弹塑性数值分析计算，这对更为确切地论证并反映问题的客观实际，从本质和机理上改进和完善设计理念，优化二次衬砌设计施工，都将有重要助益。

大量的现场量测和室内试验都表明，对于软弱岩石以及含有泥质充填物和夹层破碎带的岩体，加之地应力水平高时，其流变属性是非常显著的；即使是比较坚硬的岩石块体，由于受多组节理或发育裂隙的切割，其剪切蠕变也会达到相当的量值。

岩石流变是指岩石矿物组构(骨架)随时间增长而变形不断调整变化，导致其应力、应变状态亦随时间而持续地缓慢增长，一时不易收敛于稳定的终值。对岩石流变学的研究表明，就隧道与地下工程有实用意义的领域而言，包括有以下方面的研究内容：蠕变、应力松弛、长期强度衰减，以及弹性后效的滞后效应；就上述四个方面的岩体流变属性而言，其第一方面，即岩体蠕变，它与岩石地下工程和隧道设计施工的关系最为密切，研究工作也最具重要性。

就隧道和地下洞室围岩的受力和变形而言，只有从上述岩体流变学的观点和方法出发，才能对软岩/软土毛洞失稳、围岩变形位移和形变压力的历时持续增长发展，以及衬砌支护与围岩的相互作用等工程实际问题作出有说服力的合理解释。

若不计及岩体的上项黏性特征，洞体开挖后，洞周附近围岩的应力与变形重分布和弹性或弹塑性的收敛变形，都可认为在成洞的瞬间就已全部释放完成。这样，如果该瞬间围岩的应力不超过其强度值，则认为毛洞将是永远稳定的，其变形也不会进一步增长发展。然而，对毛洞体的长期观察和量测都表明，许多在成洞之初呈稳定的岩体，如不及时支护，则在经过一些时日后，洞体就可能局部或整体失稳而导致坍塌、破坏。这说明洞周变形的增长与时间因素密切相关。

用岩体流变的观点来解释，作用在支护上的围岩压力，主要是因围岩蠕变发展、在支护受力以后又再持续增长变化的形变压力(包括小部分的地层松动压力)。此外，当“围岩-隧洞支护系统”的变形逐步趋于稳定以后，由于岩体的应力松弛效应，使作用于隧洞上的压力以及围岩对支护的约束抗力，仍会有少量的波动变化，并也将再持续相当一段时间。这些，均已经过对隧道围岩的许多试验和实测所充分证实。

再从隧道支护与围岩相互作用的认识来看，在毛洞开挖后进行支护、再待支护强度达到足以参与围岩共同受力，都需要有相当的时间间隔。如果不考虑岩体的上述黏性特征，则在支护发挥作用之前，毛洞的变形就已全部完成，这样，支护与围岩间就谈不上有任何相互作用和共同受力。除非是坚硬致密的岩体，其二次衬砌的如上受力作用不感明显以外，对一般中等和软弱岩体的内衬而言，都与这一论点不相符合。因此，只有在围岩变形随时间而增长发展的情况下，才能充分阐明它与支护间相互作用的受力机理和时效特征的实质。

由上述可见，在此处海底隧道工程中，充分考虑岩体的上述流变特性，对本隧道工程的设计、施工均具有极为重要的实际意义。

该海底隧道穿越 F_1，F_2，F_3，F_4 四条断层破碎带，破碎带内的洞体围岩松散、破碎，它给衬护结构的设计和施工工艺带来一系列特殊性问题。这类岩体的力学特征是强度低，压缩性高，自稳和自承能力差，而岩体流变属性则十分明显，其变形具有突出的黏性时效特征。沿用传统的弹塑性分析方法，将得出与工程实际不相吻合的结果，只有计入岩体的流变时效于工程设计施工，在理念上才是正确的。

如上所述，这类岩体具有明显的时效流变特征，岩体开挖后出现持续增长的黏性变形，对于这类大变形不稳定岩体，包括泥质夹层 、节理弱面、断层破碎带等流变性态，本节研究拟在实验的基础上改用按黏弹-黏塑或黏弹塑性物理模型等来对其作出分析计算。

在此项研究工作中，运用 ANSYS 有限元软件进行该海底隧道风化囊区段围岩-衬护系统相互作用的时间效应研究，在分析计算中，考虑了二次衬砌的设置时间及其刚度这两个主导因素。主要有以下内容：

(1) 采用 F_4 风化囊区段的流变参数，进行此处隧道工程围岩-支护系统流变相互作用的分析计算；

(2) 着重探讨不同的二衬设置时机和二衬刚度情况下的系统受力状态及其时间效应，从中优选出最佳的二衬设置时机和衬砌刚度。

1.6.2 海底隧道穿越风化囊区段围岩的流变属性

1) 岩体流变的力学特性简述

试验工作是了解岩石流变力学属性的主要手段。以下是一些软岩岩体室内流变的试验成果。

在单向压缩条件下，岩石的侧向蠕变比轴向的更为显著，侧向蠕变速率随应力增加也比轴向的更加迅速。多数岩石在较低的单轴压应力作用下表现出黏弹性固体性态；待压应力超过其屈服量值以后，则多表现为黏塑性流体性态。某些砂岩和凝灰岩在单轴压缩条件下都有比较明显的体积蠕变特性，其体积变形常随时间缓慢增大，而出现体积膨胀的应力值则比短时加载时的为低。压缩蠕变的发展，会使岩石的长期强度大为降低，其弹性模量和泊松比也都随加载时间和加载速度的不同而变化。

一些岩石在单向拉伸、扭转和多点弯曲等恒载分别作用下的变形均表现出更加明显的时间效应。在这几种受力条件下，即使应力较低时也显现出似黏弹塑性流体的蠕变性态。试件受单向拉伸作用时，由于侧向应变很小，其体积蠕变和轴向蠕变在性态与量值上都大体相同。花岗岩在单轴拉伸时的蠕变速率比较高，第三期蠕变的时间又极短暂，因而常造成突然破坏。

扭转流变试验是探讨岩石剪切流变属性的重要手段。从某些砂岩的扭转蠕变试验中发现存在一个剪切屈服的上限应力。

在双轴和三轴压缩的复杂应力情况下，岩石的蠕变性态将受到各个方向应力大小及其加载路径的影响。对于围压恒定而轴压增加的情况，软弱破碎岩石在每一级增量荷载下的轴向、侧向和体积变形都具有较明显的时间效应；其轴向和侧向瞬时应变以及轴向第二期平均蠕变速率随应力差的变化规律与单轴压缩情况近似相同。在轴压恒定、围压增加的情况下，体积变形的时间效应则多不明显，其轴向和侧向蠕变值也不大。但许多试验结果又都表明，侧压力对某些岩石蠕变的影响很显著。就花岗岩而言，剪应力增加时，剪应变和体积应变以及蠕变速率均迅速增加；而侧压力加大，这些量值则减小。

软弱夹层和沿节理结构面的剪切流变性态是决定非连续岩体流变特征的关键。沿节理面切向各时间的剪应力-剪应变时程曲线表明：节理面的剪切刚度随时间降低，其剪切应变速率将随剪应力增加而增加。对表面粗糙但无大的起伏角，以及无黏土质矿物夹层充填的节理面，其蠕变曲线相对地比较平缓，变形过程中没有大的起伏和剧变。

仅有的少数试验还表明，含水量对岩石试件蠕变性态也有一定的影响。蠕变随岩石含水量而增加的规律尚待进一步研究。深层岩石在地温升高时的蠕变量会增大。岩石的一些结构因素，诸如颗粒粒径和几何形状，胶结情况以及孔隙率等，对岩石蠕变的量值也有一定的影响。当组成岩石的颗粒粒径比较粗大时，岩石蠕变值将减小。

在恒定的单向压应变作用下，多数岩石都表现出不同程度的应力松弛特性。应力松弛持续的时间具有随岩石单轴抗压强度降低而减小的趋势，同时还受到所施加应力值大小的影响。

所有的试验结果都表明，流变试验时试样破坏的形式与普通短期加载试验试样的破坏形式相似，一般为拉断、剪坏以及两者的复合形式。在单轴或常规三轴蠕变试验中，试件的破坏大多呈剪切破坏。

完整岩块的理论蠕变曲线由图 1-69 所示的三个区段组成。在恒定的应力作用下，除图中曲线 a 的 OA 段为加载后瞬时产生的弹性应变外，AB 段是随时间增长的初期蠕变，其应变速率逐渐递减；BC 段是应变速率呈定值稳定状态的第二期稳态蠕变（等速蠕变），这个区段历时的长短主要取决于应力水平；CD 段则是试件达到破坏前、应变速率呈加速增长的第三期蠕变。如果在 AB 段卸载，试件中的弹性应变将瞬时恢复，其余部分为黏弹性应变，它将随时间逐渐延迟恢复到零；如果在 BC 段卸载，试件的应变除一部分产生瞬时和延迟恢复外，还将存在不可恢复的永久的黏塑性变形。

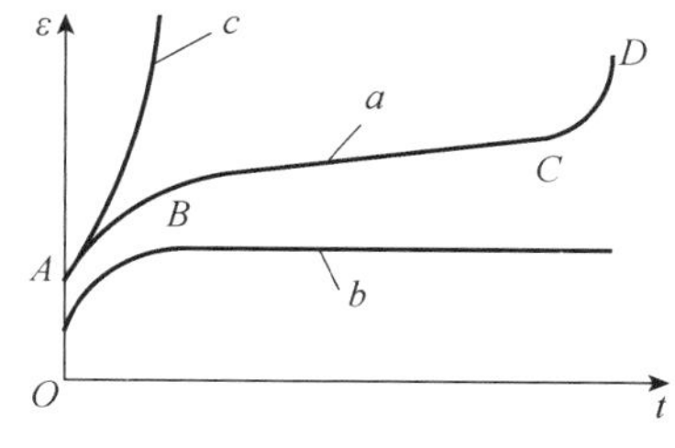

图 1-69　岩石蠕变曲线

显然，随着岩体自身的属性、应力状态以及环境条件等的不同，上述蠕变曲线的性状也将是不同的。当应力水平较低时，可能只产生 AB 和 BC 两个区段的蠕变；当应力水平低于岩石蠕变的下限值时，则不产生蠕变，如曲线 b 所示，该限值应力称为蠕变下限。反之，当应力水平较高时，例如单轴压缩条件下，当应力接近岩石的抗压强度时，上述几个区段的蠕变反映不明显，变形将近似直线状态（对线性流变问题）历时缓慢发展，直至迅速破坏，如图中曲线 c 所示，它在工程实际中处于不稳定的失稳状态；而曲线 b，则显示因应力水平值低于材料流变下限，故不产生蠕变时间效应，可以只按通常弹性或弹塑性问题分析计算。

2）流变本构方程与试验关系式

如何建立流变本构模型是岩土流变学研究中的关键所在，只有建立正确的流变本构模型，即应力、应变、时间三者之间的关系，才能充分、准确地描述岩土的流变特性。国内外学者在这方面作了很多的研究工作，分别从岩土流变的微观或宏观表现出发，或把两者结合起来，建立了各种反映岩土体流变的本构模型。

从岩土流变的宏观表现出发建立流变本构方程，主要分为两方面，一是从岩土体的流变特性（包括实际工程测试及室内流变实验）出发，运用现有的流变理论，即黏弹塑性理论来建立岩土的流变本构模型；另一方面则是从岩土体的流变特性出发，直接测定出岩土流变的经验本构关系式。

（1）岩土流变的理论模型

模型理论是采用一些基本元件来代表物体的某些性质，如用“弹簧”来模拟物体的弹性、用“黏壶”来模拟物体的黏滞性、用“滑块”来模拟物体的塑性，通过这些基本元件的组合来反映物体的黏弹塑性特性。模型理论概念直观、简单、物理意义明确，容易被工程和研究人员接受，它所得到的流变本构方程是一种微分形式的本构关系。

应该指出的是，只要组成模型的基本元件是线性的，无论所建立的多元模型中的元件有多少、模型怎样复杂，最终模型所反映的总是线性黏弹塑性的性质。此外，模型理论中任何元件及其组合都只能反映衰减蠕变或等速蠕变，无法描述加速蠕变。这两点是模型理论的一些不足，但加速蠕变在工程实用多不允许出现，因而它只具理论意义。

(2) 岩土流变的经验本构关系

对于岩土流变的经验本构关系式，一般是直接给出流变方程的函数形式。经验模式一般可分为应力、应变关系的经验函数型和应力、应变速率关系的经验函数型(即速率型本构关系)。Vulliet 和 Hutter(1988)总结了用时间以显式出现在本构关系中和用时间隐式出现在本构关系中的两种岩土体的速率型本构关系。Vyalov(1986)则在研究流变时，采用两个函数来分别代表应力、应变、时间三者中应力、时间对应变的贡献或应变、时间对应力的贡献，然后通过二者的组合得到流变方程。Vyalov 总结了大量的函数形式，认为最普遍的是幂函数型、对数型和指数型的蠕变方程。

① 幂函数型

其基本形式为：

$$\varepsilon(t) = At^{n}$$

式中，A 和 n 是试验常数，其值取决于应力水平、材料特性以及温度条件。见图 1-70。

② 对数型

其基本形式为：

$$\varepsilon(t) = \varepsilon_{e} + B\log t + Dt$$

式中，ε_{e} 为瞬时弹性应变，对 B 和 D，不同的研究含有不同的定义。见图 1-71。

③ 指数型

其基本形式为：

$$\varepsilon(t) = A[1-\exp(f(t))]$$

式中，A 为试验常数，$f(t)$是时间的函数。见图 1-72。

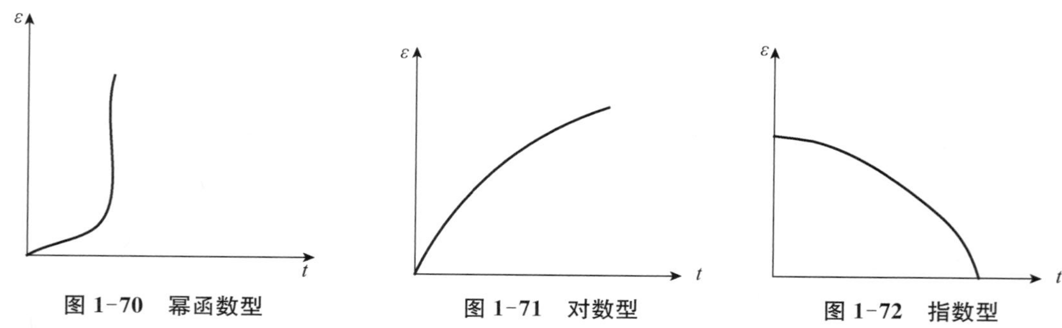

图 1-70　幂函数型　　图 1-71　对数型　　图 1-72　指数型

流变的经验本构关系与由流变理论所得到的本构模型相比，理论指导性有感欠缺，它反映的只是流变外部表现，无法对流变的内部特征及其机理进行反映；而且通用性比较差，即对特定的岩土，需要逐一测试出特定的、与特定岩土相适应的流变经验本构关系，且测试耗资巨大，多只能在特大型工程中进行。本构模型则对量大面广的一般性工程均能适用，而对特定岩土则反映的精度相对比较差。

1.6.3　海底隧道围岩-衬护系统相互作用的流变时效数值分析

工程岩体流变力学的主要目的就是在能全面反映岩体流变特性本构模型的基础上，通过一定的数值解析计算，求得岩体内的应力应变状态，为工程岩体的稳定性评价服务。在目前的数值计算方法中，有限元数值计算方法很有代表性。本节研究采用 ANSYS 商业软件进行计算分析。

ANSYS 软件是美国 ANSYS 公司研制的大型通用有限元分析软件，能够进行结构、热、流体、电磁、声学等学科的研究，广泛应用于土木工程、地质矿产、水利、铁道、汽车交通、国防军工、航空航天、船舶、机械制造、核工业、石油化工、电子、生物医学等一般工业及科学研究。在世界范围内，ANSYS 软件已经成为土木建筑行业 CAE 仿真分析软件的主流。ANSYS 在钢结构和钢筋混凝土房屋建筑、体育场馆、桥梁、大坝、隧道及地下建筑物等工程中得到了广泛的应用，可以对这些结构在各种外载荷条件下的受力、变形、稳定性及各种动力特性作出全面分析，从力学计算、组合分析等方面提出全面的解决方案。ANSYS 软件在中国的很多大型土木工程中都得到了应用，如上海金茂大厦、国家大剧院、上海科技馆太空城、黄河下游特大型公路斜拉桥、龙首电站大坝、南水北调工程、金沙江溪落渡电站、二滩电站、龙羊峡电站、三峡工程等都利用了 ANSYS 软件进行有限元仿真分析。

1）隧道施工过程模拟的 ANSYS 实现

（1）ANSYS 中初始地应力场的模拟

有两种方法可以用来模拟初始地应力。

一是只考虑岩体的自重应力，忽略其构造应力，在分析的第一步，首先计算岩体的自重应力场。这种方法计算简单方便，只需给出岩体的各项参数即可。不足之处是计算出的应力场与实际应力场有偏差，而且岩体在自重作用下还产生了初始位移，在继续分析后续施工工序时，得到的位移结果是累积了初始位移的结果，而现实中初始位移早已结束，对隧洞的开挖没有影响。因此，在后面的每个施工阶段分析位移场时，需要减去初始位移场。

二是在进行结构分析时，ANSYS 中可以使用输入文件把初始应力指定为一种载荷，因此当具有实测的初始地应力资料时，可将初始地应力写成初应力载荷文件，然后读入作为载荷条件，就可以直接进行第一步的开挖计算。所得应力场和位移场就是开挖后的实际应力场和位移场，无需作上述的加减。

对于此处海底隧道，隧道埋深在 50 m 以下，属于浅部开挖问题。另外，根据详勘资料，构造应力不明显，初始地应力主要为自重应力，因此分析中采用第一种方法模拟初始地应力场。

（2）ANSYS 中开挖与支护的实现

在 ANSYS 中可以采用单元的生死技术来实现材料的消除与添加，对于隧道的开挖与支护，采用此项技术即可有效地实现开挖与支护过程的模拟。隧道开挖时，先选定将被挖掉部分所对应的单元，然后将其“杀死”，即可实现开挖的模拟。施作支护时，可首先将相应支护部分在开挖时被“杀死”的单元激活，然后改变其材料性质为支护材料，即实现了支护的模拟。

“杀死”单元时，ANSYS 程序并非将单元从模型中删除，而是将其刚度矩阵乘以一个很小的因子(通用值为 1.0×10^{-6})。死单元的单元载荷将变为 0，从而不对载荷向量生效。同样，死单元的质量、阻尼、比热和其他类似参量也设为 0 值。死单元的质量和能量将不包括在模型求解结果中。当一个单元被重新激活时，其刚度、质量、单元载荷等将恢复其原始数值。重新激活的单元没有应变记录（也无热量存储等）。在一些情况下，单元的生死状态可以根据 ANSYS 的计算结果（如应力、应变等）来决定。利用这一功能，在模拟过程中根据计算结果，可以将超过允许应力或允许应变的单元"杀死"，以此来模拟围岩或结构的破坏。

（3）ANSYS 中连续施工过程的实现

ANSYS 程序中的载荷步功能可以实现不同工况间的连续计算，可以有效地模拟隧道的连续施工过程。开始建立整个有限元模型，包括将要"杀死"和激活的部分，模拟的过程中无需重新划分网格。在一个载荷步计算结束后，可直接进行下道工序的施工，然后求解计算。如此继续，一直到施工结束。需要注意的是，整个连续计算过程应在求解器中完成。若想在每一载荷步求解完成后进入通用后处理器，以便及时查看每一工序的计算结果，则应在开始计算之前设置重启动选项，避免破坏分析的连续性。

2）该区段场区的工程地质条件

工程场区地质、岩性相对单一，基岩为燕山期花岗闪长岩、花岗岩侵入体和喜山期岩脉，岩石坚硬、完整，断裂构造不发育；表层普遍分布厚度不均的第四系松散层、冲坡积层和风化残积层；岸滩及海底分布为海积层，成分相对复杂，多数含有机质，不均匀分布于海底。

两岸引线及隧道洞口陆地及浅滩部分全风化层较厚，海域段隧道基本处于弱微花岗岩岩层，主要不良地质为 F_1，F_2，F_3 三处全强风化深槽和 F_4 风化囊，其中：F_1 强风化基岩深槽走向北西 276°，F_4 强风化基岩深囊走向北西 290°，F_2 强风化基岩深槽走向北西 304.5°，F_3 强风化基岩深槽走向北西 345.5°。经钻孔验证，风化槽/囊处强风化层深厚，在风化槽两侧斜坡上钻孔岩芯可见密集的高角度裂隙及碎裂特征；在 F_1 强风化基岩风化槽、F_4 强风化基岩风化囊处二长岩岩脉发育；F_1 强风化基岩风化槽北东侧球状风化严重，弱微风化岩岩面形态复杂，呈锯齿状。最大限度地降低隧道穿越海域风化槽/囊的风险，是工程成败的关键。

3）有限元法数值建模

（1）蠕变模型

围岩材料选用下面的蠕变方程：

$$\dot{\varepsilon}_{cr} = C_1 \sigma^{C_2} t^{C_3} e^{-C_4/T} \tag{1-131}$$

式中，$\dot{\varepsilon}_{cr}$ 为等效蠕应变率；σ 为等效应力；t 为时间；T 为绝对温度；C_1，C_2，C_3，C_4 为蠕变参数，可由试验得到，如表 1-56 所示。

表 1-56　有限元模型计算参数

计算参数	围岩	施锚加固区岩体	喷射混凝土支护	二次衬砌
弹性模量 E(Pa)	4×10^9	4.262×10^9	2.3×10^{10}	3.1×10^{10}
泊松比 μ	0.32	0.32	0.2	0.2
密度(kg/m³)	2.5×10^3	2.5×10^3		
C_1	2.783×10^{-18}	2.783×10^{-18}		
C_2	2.19	2.19		
C_3	−0.9	−0.9		
C_4	0	0		

锚杆等加固的有限元模型，目前仍是国内外正在研究的课题。根据文献资料及以往经验，锚杆的主要作用并非其自身强度对整体结构的贡献。因为在整个系统中，锚杆刚度和周围岩体刚度相比是微不足道的，而锚杆的真正作用是在施工过程中及时加固、限制塑性区的发展，使岩体能保持较好的连续性和整体性，从而能够很好地起到自承作用。所以，通常用提高施锚区岩体力学参数的方法来模拟锚杆，见表 1-56。

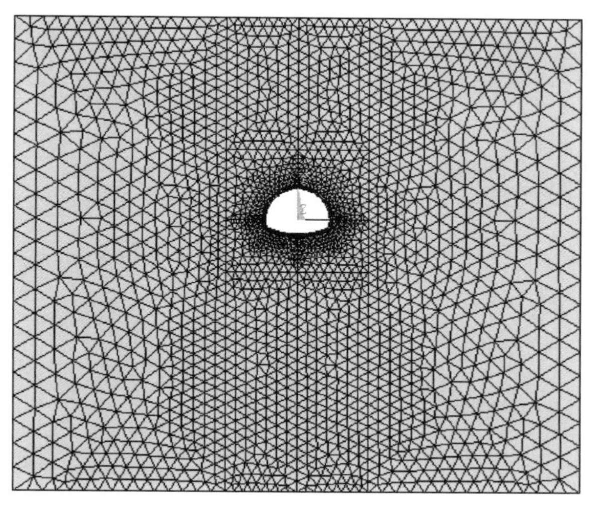

图 1-73　有限元模型

由于混凝土支护一般不致产生塑性变形，并且混凝土材料的流变性态不明显，因此假定喷射混凝土和二次衬砌均为弹性支护，计算参数见表 1-56。

(2) 有限元计算模型

划分网格后的计算模型如图 1-73 所示。隧道埋深 40 m，模型左、右边界和下边界均取至 4 倍洞跨处，左、右边界水平方向位移约束，下边界竖直方向位移约束，上边界取至海底自由面，其上作用有 4.53 m 高的海水压力。

4) 计算结果分析

洞室开挖后，影响围岩应力、变形状态和洞室稳定性的因素主要就是围岩自身物理力学性质、开挖洞室的大小和形状，以及支护设置时间和支护刚度。本节分别对两种情况进行了对比计算：其一，是支护设置时间一定，而支护厚度有变化，为同海底隧道初步设计相一致，锚喷支护的喷层厚度均取为 27 cm 不变，改变二次支护厚度，分别为 20 cm，40 cm，60 cm，80 cm，100 cm；其二，是支护厚度一定，而支护设置时间有变化。初次支护均为洞室开挖后立即施作，改变二次衬砌施作时间，分别为开挖后 0 h，48 h，120 h，240 h，360 h。洞室全断面一次开挖，两种情况下蠕变时间均计算至开挖后 10 年。

(1) 洞壁径向位移

图 1-74 分别给出了开挖后立即施作不同厚度二次衬砌时隧洞拱顶、水平侧腰和拱底处径向位移随时间的变化(时间从隧洞开挖完成时刻算起)。正值表示位移方向指向洞内，负值表示位移方向指向洞外。可以看出，同一时刻，二次衬砌越厚，洞壁径向位移越小，也即刚度大的衬砌限制围岩变形的作用比较明显。同时，曲线间的间距随衬砌厚度的增大而减小，这说明增加衬砌刚度对围岩变形的约束作用有限，开始作用比较明显，但当衬砌厚度增加到一定值后，作用已很微弱。二衬厚 20 cm，60 cm，100 cm 时，10 年后拱顶沉降分别约为洞室高度的 0.121%，0.113%和 0.109%；水平侧腰部位径向位移分别约为洞室跨度的0.014%，0.006%和 0.003%；拱底隆起(沉降)分别约为洞室高度的 0.012%(隆起)，0.005%(隆起)和 0.001%(沉降)。

另外，可见洞室变形呈减速率增长，亦即趋于收敛。其中，拱底和水平侧腰处收敛较快，而拱顶处收敛较慢，并且拱顶处沉降变形也远大于侧腰和拱底处的径向变形，说明当以洞室变形衡量洞室稳定与否时，应以拱顶沉降作为主要标准。

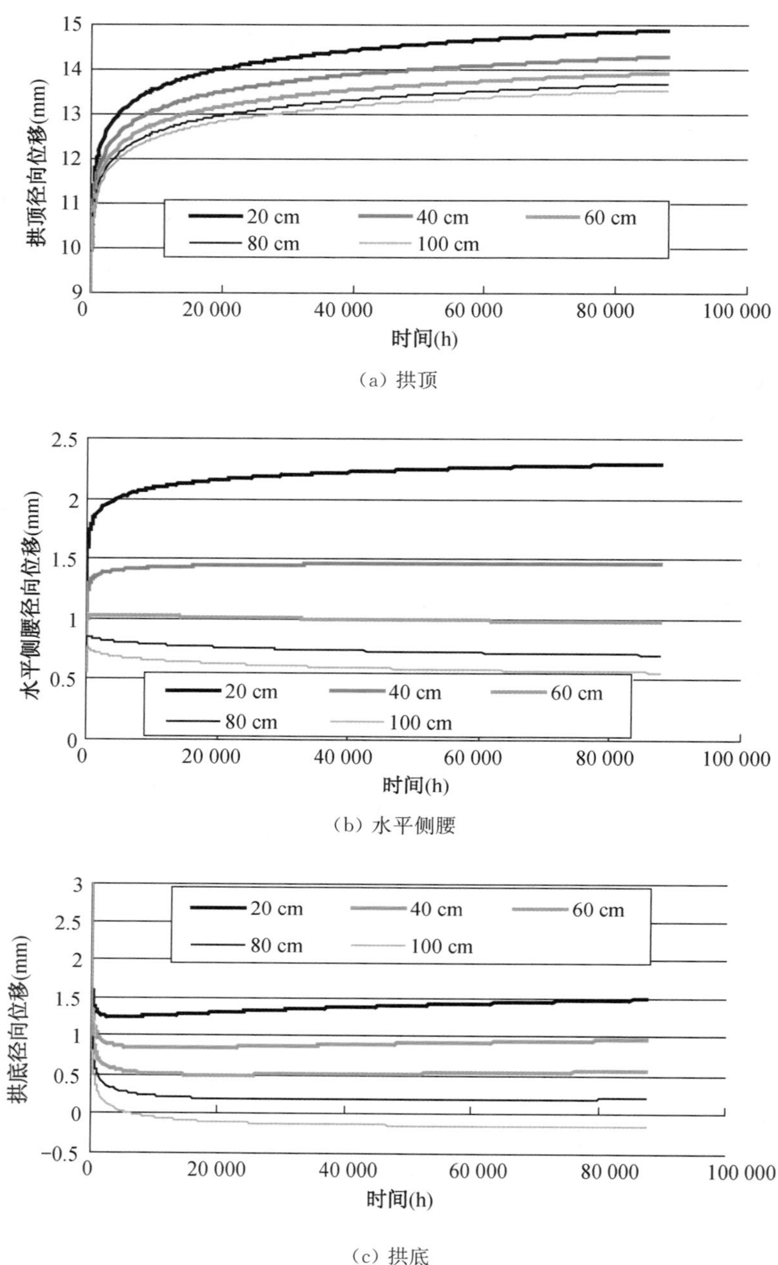

(a) 拱顶

(b) 水平侧腰

(c) 拱底

图 1-74　不同厚度二衬下洞壁径向位移

当二次衬砌厚度达到 100 cm 时，拱底径向位移方向发生变化，开始时位移向上产生隆起变形，而后向下发生沉降。这是由于衬砌厚度增大到一定程度后，二次衬砌的整体刚度已很大，足以阻止拱底的隆起变形。

图 1-75 给出了分别在洞室开挖后 0 h，48 h，120 h，240 h，360 h 施作 60 cm 厚的二次衬砌时拱顶、水平侧腰和拱底部位径向位移的变化。开挖后立即支护与 48 h、360 h 后再支护情况下，10 年后拱顶沉降分别约为洞室高度的 0.113%，0.118%和 0.12%；水平侧腰部位径向位移分别约为洞室跨度的 0.006%，0.012%和 0.014%；拱底隆起分别约为洞室高度

的0.005%，0.009%和0.011%。可以看出,开挖后立即施作二次衬砌能够显著减小围岩变形,之后作用逐渐减弱。因此,从限制变形的角度考虑,衬砌应当及早施作。

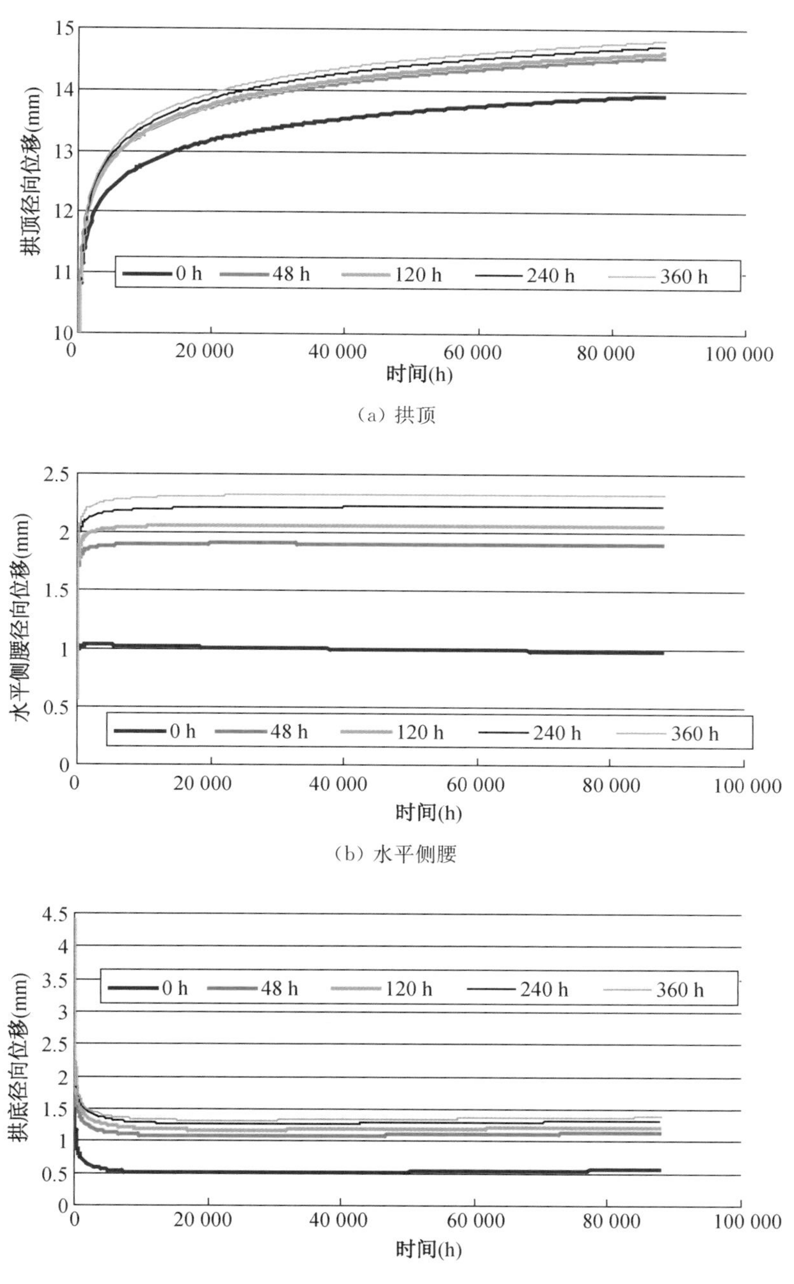

(a) 拱顶

(b) 水平侧腰

(c) 拱底

图 1-75　不同支护设置时间下洞壁径向位移

(2) 初期支护与围岩间接触压力

图 1-76 给出了开挖后立即施作不同厚度二次衬砌时拱顶、水平侧腰、拱底处喷射混凝土支护与围岩间接触压力的变化。可见拱顶和水平侧腰处其变化规律与洞壁径向位移恰好相反,二衬厚度越小即柔性越大时,接触压力越小,当二衬刚度增大到一定程度后,此时衬砌

对围岩变形的约束作用已不明显，即围岩变形相差无几，接触压力也相应变化不大。二衬厚度为 20 cm 时，10 年后拱顶部位接触压力约为上覆岩层重量的 42%；二衬厚度为 60 cm 时，10 年后拱顶部位接触压力约为上覆岩层重量的 51%，降低了 9%；二衬厚度为 100 cm 时，10 年后拱顶部位接触压力约为上覆岩层重量的 53%，降低了 11%。三种情况下，水平侧腰部位接触压力分别约为上覆岩层重量的 57%，86%和 96%；拱底部位接触压力分别约为上覆岩层重量的 19.3%，19.9%和 18.5%，拱底处接触压力变化规律不明确，与二衬刚度间关系不明显，但不同衬砌厚度时相差不大。

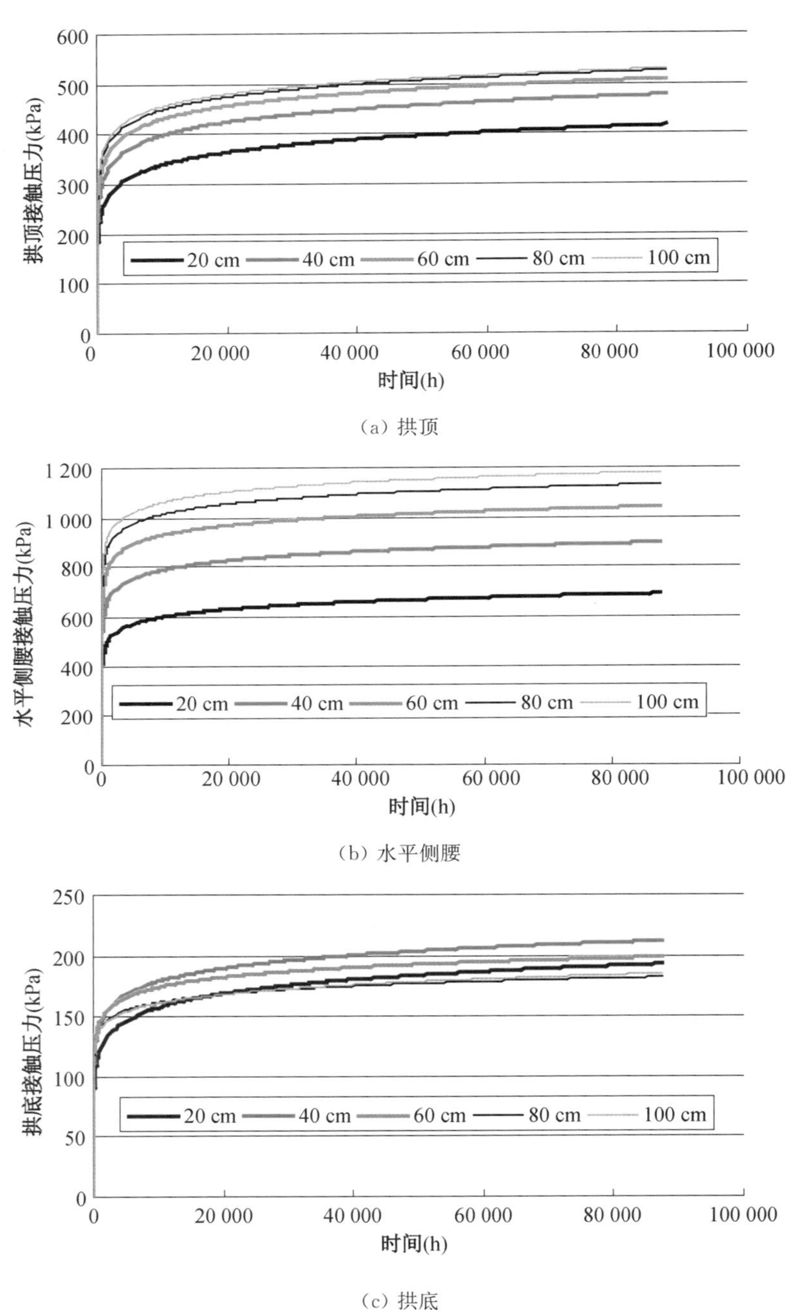

(a) 拱顶

(b) 水平侧腰

(c) 拱底

图 1-76　不同厚度二衬下初期支护与围岩间接触压力

同样，接触压力随时间将逐渐趋于收敛，三处收敛速率基本相当。其中，水平侧腰处的接触压力数值较大，对二衬厚度的反映最强烈，拱底部位最小。

图 1-77 给出了分别在洞室开挖后 0 h，48 h，120 h，240 h，360 h 施作 60 cm 厚二次衬砌时拱顶、水平侧腰和拱底部位喷射混凝土与围岩间接触压力的变化。可见，接触压力随时间以减速率增长。开挖后立即支护情况下，10 年后拱顶部位接触压力约为上覆岩层重量的 51%；开挖 48 h 后再支护情况下，10 年后拱顶部位接触压力约为上覆岩层重量的 46%，降低

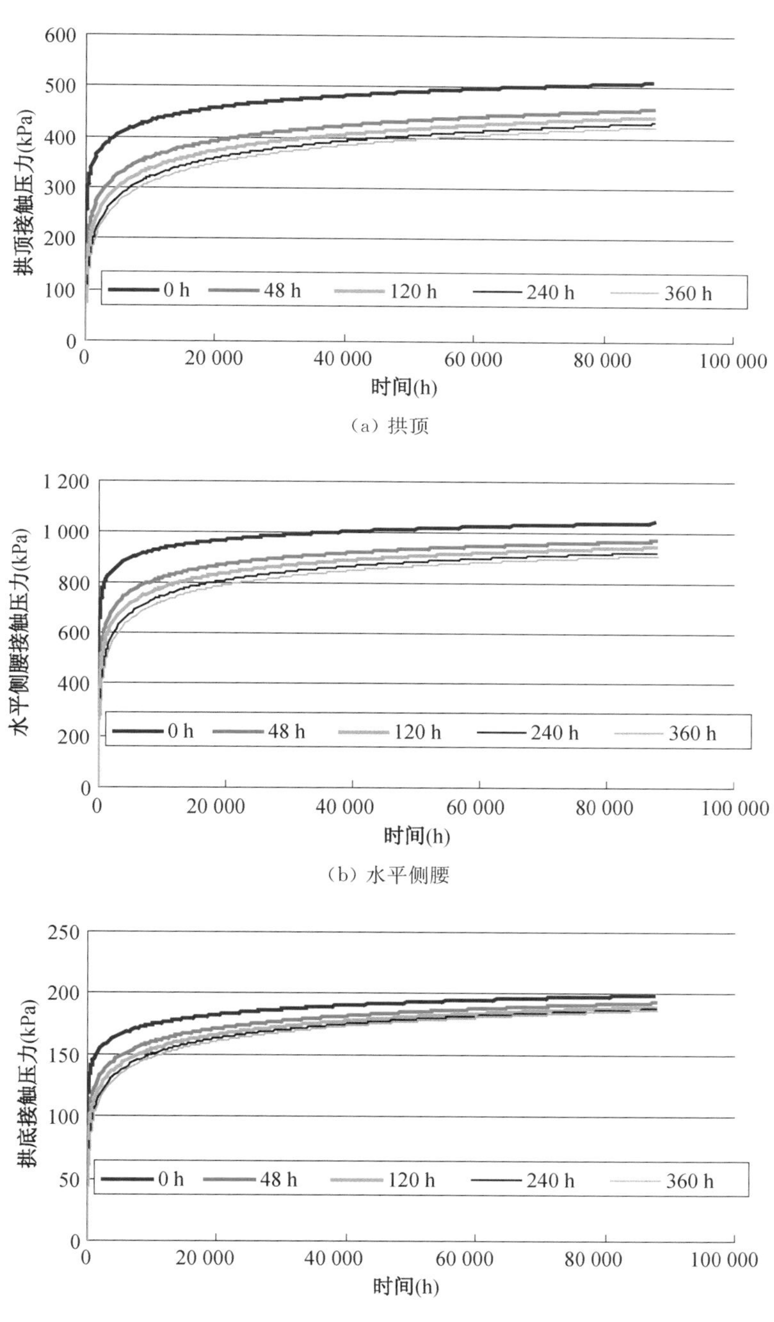

(a) 拱顶

(b) 水平侧腰

(c) 拱底

图 1-77　不同支护设置时间下初期支护与围岩间接触压力

了5%；开挖360 h后再支护情况下，10年后拱顶部位接触压力约为上覆岩层重量的42%，降低了9%。三种情况下，水平侧腰部位接触压力分别约为上覆岩层重量的86%，80%和75%，对二衬施作时间的敏感性同拱顶相当；拱底部位接触压力分别约为上覆岩层重量的19.9%，19.3%和18.6%，对二衬施作时间反映不敏感，但由图1-77(c)在开始两年内曲线间距较大，说明反映也是比较敏感的。可见，二衬施加时间越早，接触压力越大，相应作用于二衬上的荷载也就越大。因此，从减小二衬荷载的角度考虑，应当适当推迟二衬的施作时间，这样可以节约二衬材料，使工程更为经济。

(3) 围岩位移和支护压力的关系

Fenner-Parcher 曲线，也称围岩特征曲线，用于描述隧洞壁面作用力和壁面变形之间的关系。对于隧洞支护的设计来说，围岩特征曲线具有相当重要的意义。已有研究的许多文献则分别从弹性理论、弹塑性理论和线性黏弹性理论出发研究了围岩特征曲线。

Fenner-Parcher 曲线没有考虑围岩-支护系统变形的时间效应，而支护设置时间的先后以及支护厚度不同对其受力大小具有显著的影响，因此 Fenner-Parcher 曲线中应当计入支护时间和支护厚度的影响。

图1-78给出了在开挖后立即施作不同厚度二衬的情况下，洞壁围岩位移和支护压力关系曲线。其中支护压力均为初次支护与围岩间的接触压力，图中虚线代表该厚度支护的情况下，其支护压力与围岩位移的中间变化过程。由图中虚线可见，对于一定厚度的支护，拱顶部位支护压力随围岩位移的增加而增加，二者呈单调递增关系；水平侧腰部位，当支护厚度为20 cm时，支护压力与围岩位移关系曲线近乎于直线，而当支护厚度逐渐增大时，直线逐渐向左弯成为曲线，并且支护厚度越大，曲线的弯曲程度也越大，说明支护厚度的增大有效阻止了侧腰部位的径向水平位移；拱底部位，除起始点外，曲线还另外有一交点，在此交点之前，支护压力随支护厚度的增大而增大，在此交点之后，支护压力与支护厚度间关系不明显，但两种情况下支护压力均相差不大，这与前面的分析相一致。此外，与侧腰处相反，支护厚度越大，曲线越平坦，同样说明了支护厚度的增大有效阻止了拱底隆起变形。

实线表示改变支护厚度所得到的一组支护压力与围岩位移的关系曲线。同样可以看出，对于拱顶和侧腰部位，支护厚度越大，围岩变形越小，而支护压力则越大。随着时间发展，拱顶部位曲线由直线逐渐变为向右上方凸起的曲线；水平侧腰部位曲线形态基本保持不变，近似直线；拱底部位曲线变化较大。

图1-79所示为不同时间施作60 cm厚二次衬砌情况下，洞壁围岩位移和支护压力的关系曲线。图中虚线代表在该时间修筑二衬后，围岩位移和支护压力的中间变化过程。可见，虚线存在转折点，是由于施作二次衬砌的缘故。转折点之前，没有二衬的作用，曲线较平坦，斜率较小，围岩变形较快，支护压力较小；转折点之后，存在二衬的作用，曲线变陡，斜率增大，围岩变形减慢，支护压力增大。

实线表示改变支护设置时间所得到的一组支护压力与围岩位移关系曲线。由于此处没有考虑围岩的塑性软化，从曲线可以看出，对于拱顶和侧腰部位，支护时间越晚，围岩变形越大，而支护压力越小。

(4) 洞周围岩应力

图1-80给出了开挖后立即施作60 cm厚二次衬砌情况下，洞室附近区域(周围10 m范围)围岩应力随时间的变化发展。图中应力为Mises等效应力，应力单位为Pa。从图中可见，由于开挖，使得拱脚和侧墙附近产生较大的应力集中，最大值达到2.9 MPa，位置接近墙

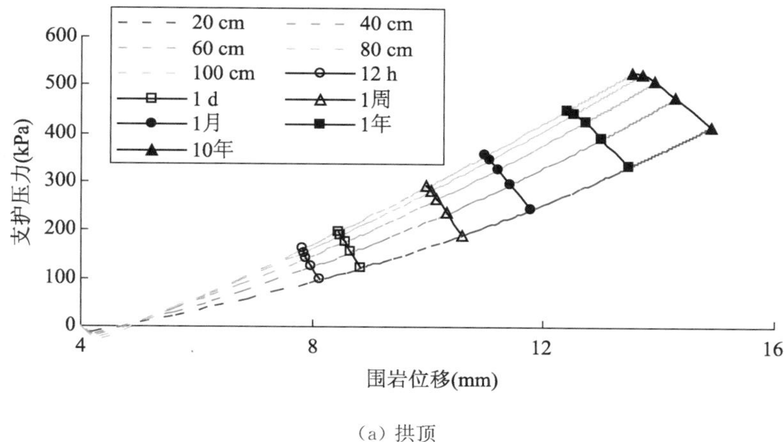

(a) 拱顶

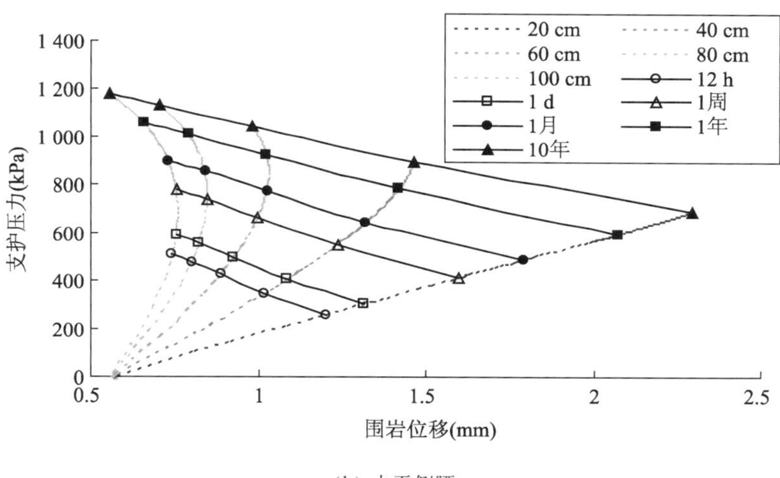

(b) 水平侧腰

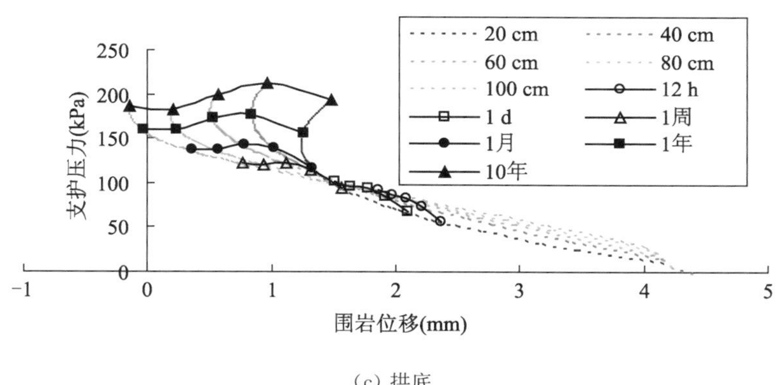

(c) 拱底

图 1-78　不同厚度二衬下支护压力-围岩位移关系曲线

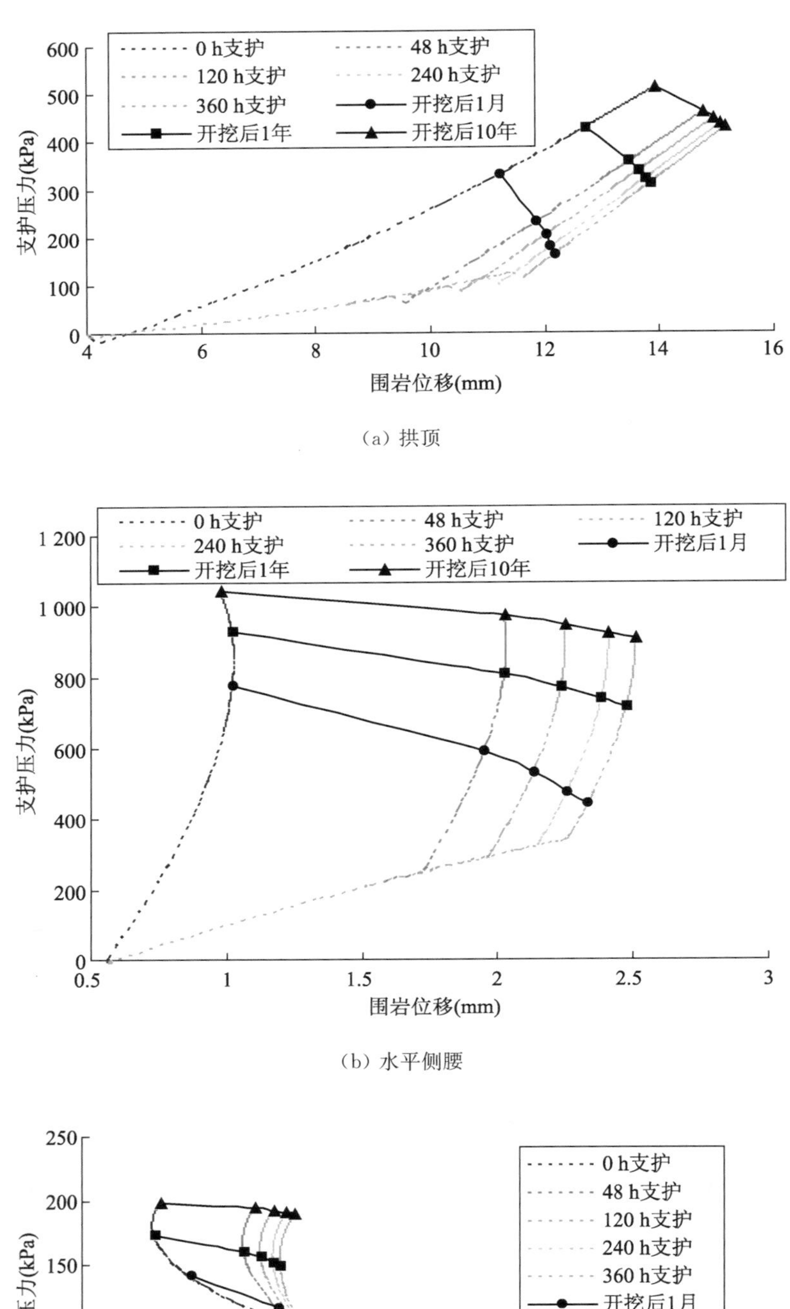

(a) 拱顶

(b) 水平侧腰

(c) 拱底

图 1-79　不同支护设置时间下支护压力-围岩位移关系曲线

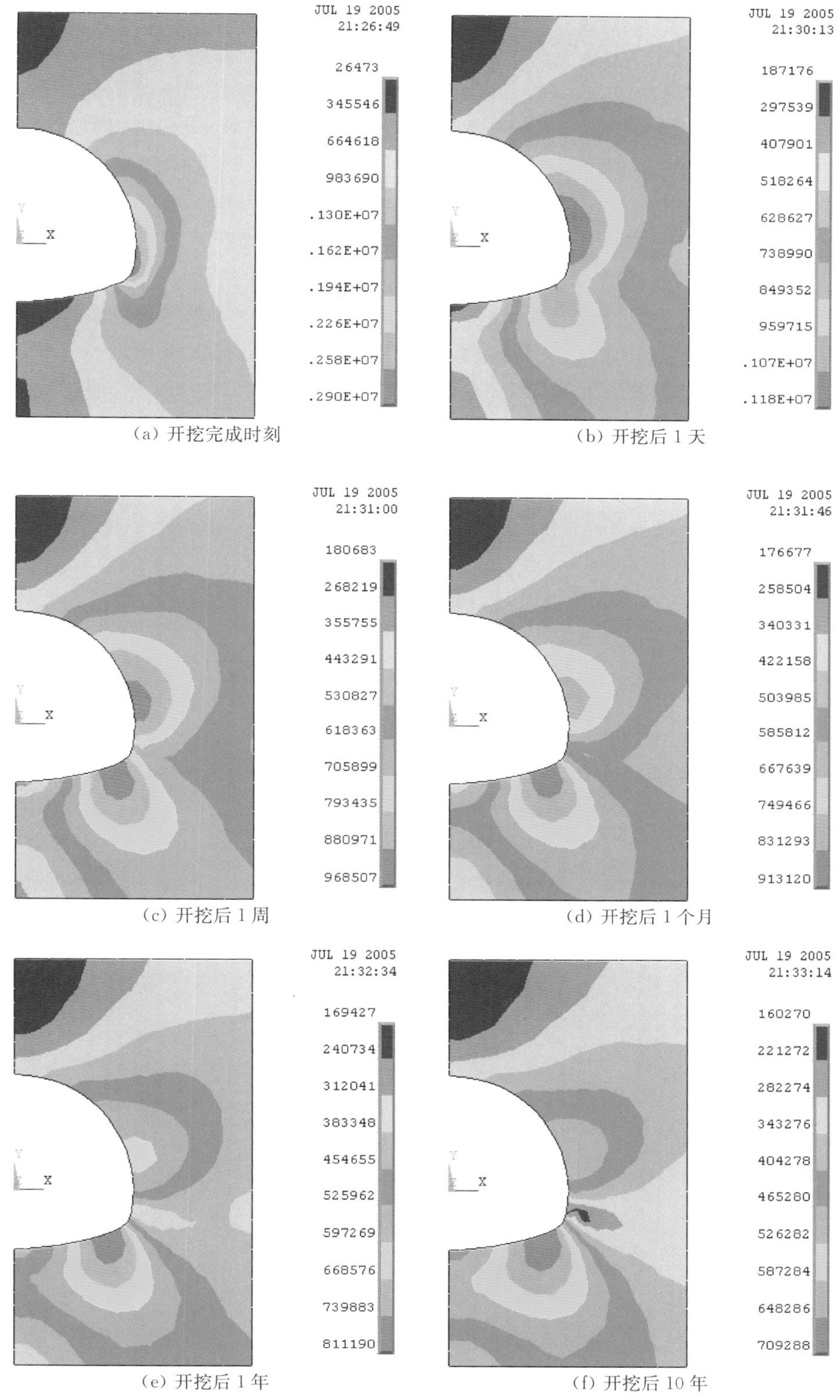

(a) 开挖完成时刻　(b) 开挖后 1 天

(c) 开挖后 1 周　(d) 开挖后 1 个月

(e) 开挖后 1 年　(f) 开挖后 10 年

图 1-80　围岩应力随时间的变化

脚。施作衬护以后，由于衬护与围岩共同变形，相互作用，使得应力集中部位逐渐向上移至水平侧腰部位，并且围岩应力向深部扩散而有所减小，1 天后应力最大值减小到 1.18 MPa，减小幅度达到 60%。再往后，由于岩体的蠕变，使得围岩应力随时间继续重新分布。应力集中部位由水平侧腰处向墙脚和底拱处移动，10 年后应力最大值减小至 0.7 MPa，这是衬护与围岩相互作用以及围岩体蠕变的共同结果。从上述分析可见，水平侧腰和墙脚始终是应力较为集中的部位，因此也是塑性区发展的主要部位，施工中应当给予重点关注。

图 1-81 是开挖后立即施作 20 cm 和 100 cm 厚二次衬砌情况下洞周围岩应力随时间的变化。结合图 1-80 可见，应力分布变化趋势同上，只是围岩应力值大小发生了变化，二次衬砌越厚，经过相同时间后围岩应力值越小。这是由于厚度大的衬砌能够更大程度地阻止围岩的蠕变变形。开挖后 1 d，二次衬砌厚度 20 cm 时，围岩应力最大值为 1.33 MPa；二次衬砌厚度 60 cm 时，围岩应力最大值为 1.18 MPa；二次衬砌厚度 100 cm 时，围岩应力最大值为 1.1 MPa。开挖后 10 年，当二次衬砌厚度分别为 20 cm，60 cm，100 cm 时，围岩应力最大值相应为 0.9 MPa，0.7 MPa 和 0.6 MPa。

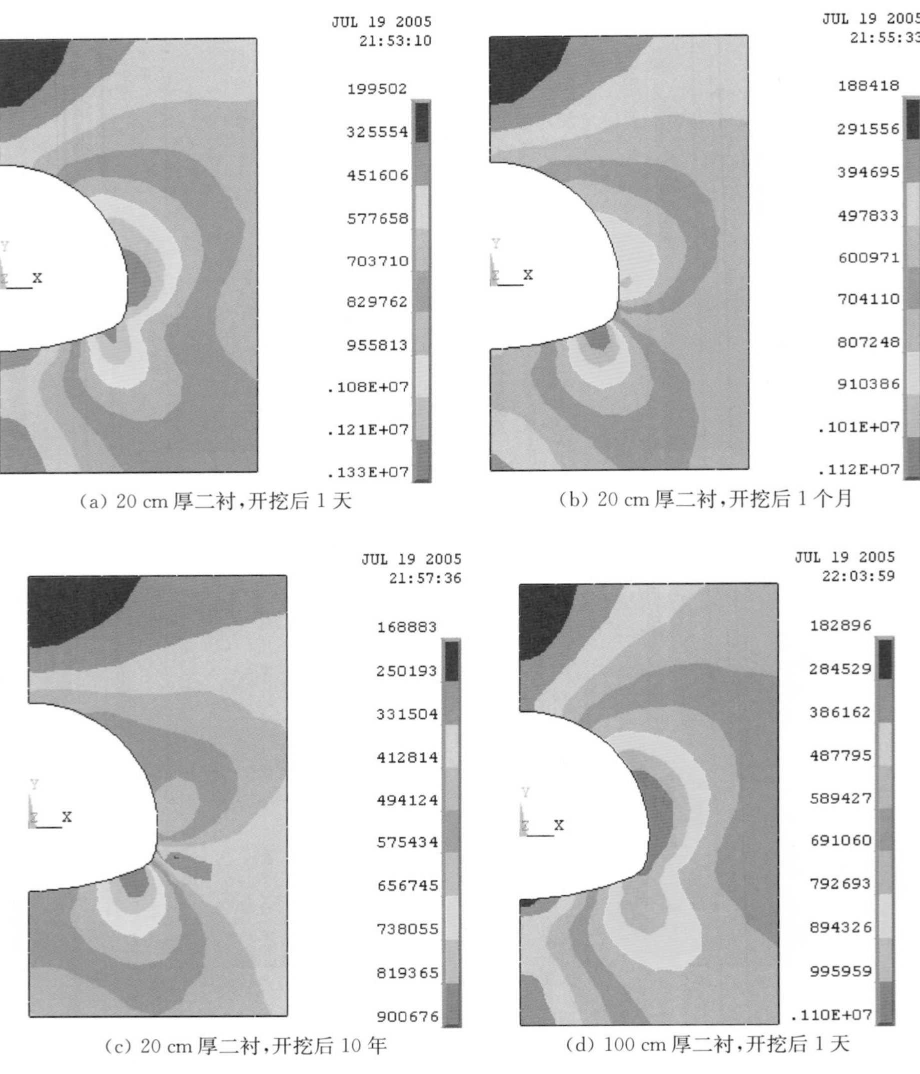

(a) 20 cm 厚二衬，开挖后 1 天　(b) 20 cm 厚二衬，开挖后 1 个月

(c) 20 cm 厚二衬，开挖后 10 年　(d) 100 cm 厚二衬，开挖后 1 天

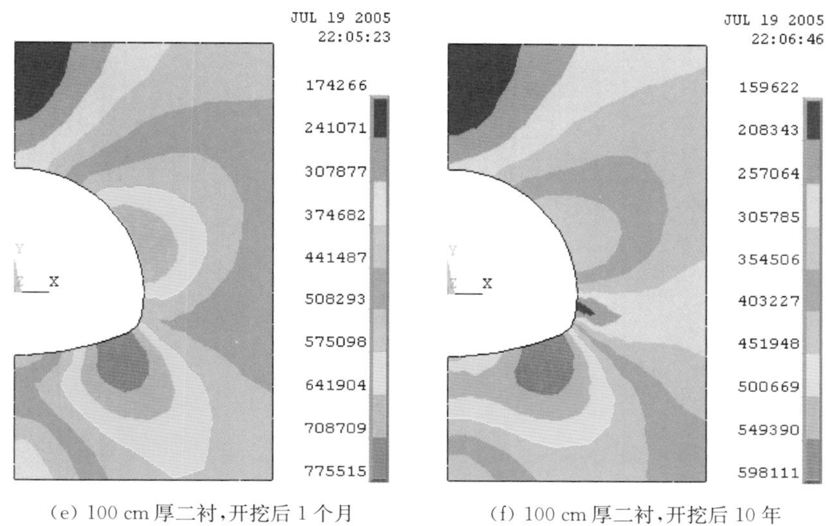

(e) 100 cm 厚二衬，开挖后 1 个月　　(f) 100 cm 厚二衬，开挖后 10 年

图 1-81　不同厚度二衬下围岩应力的变化

图 1-82 示出不同时间施作厚度 60 cm 的二次衬砌时洞周附近围岩应力的变化情况。结合图 1-80 可以看出，衬砌施作时间越早，经过相同时间后围岩应力越小。这进一步反映了衬砌约束围岩蠕变变形的作用。在开挖后第 0 h，48 h 和 360 h 加二次衬砌情况下，经过 1 个月后，相应围岩应力最大值分别为 0.91 MPa，1.03 MPa 和 1.15 MPa，经过 10 年后，相应围岩应力最大值分别为 0.7 MPa，0.75 MPa 和 0.78 MPa。

(5) 二衬混凝土应力

图 1-83 给出了开挖后立即施作 60 cm 二次衬砌时，二衬混凝土应力分布随时间的变化发展。可以看出，墙脚附近始终是应力较为集中的部位，并且二衬混凝土应力随时间逐渐增大。经过 1 天、1 月、1 年、10 年后，相应二衬混凝土应力最大值分别为 5.2 MPa，8.27 MPa，10.1 MPa 和 11.8 MPa。

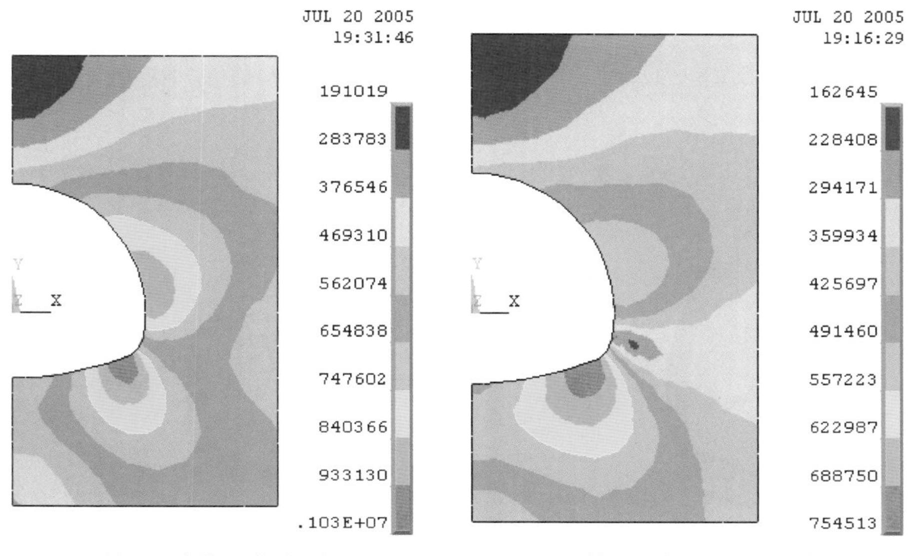

(a) 第 48 h 支护，开挖后 1 个月　　(b) 第 48 h 支护，开挖后 10 年

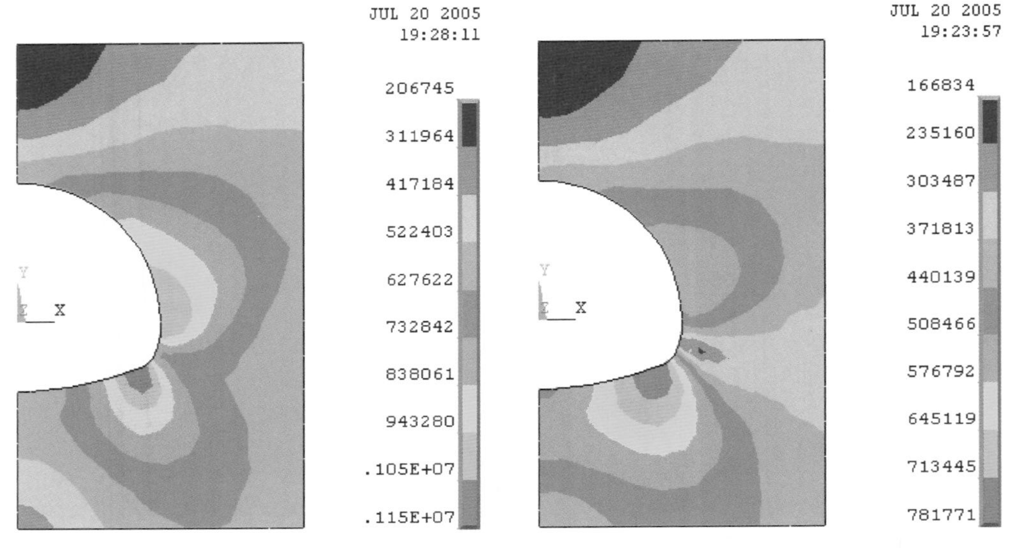

(c) 第 360 h 支护，开挖后 1 个月　　(d) 第 360 h 支护，开挖后 10 年

图 1-82　不同时间施作二次衬砌时围岩应力变化

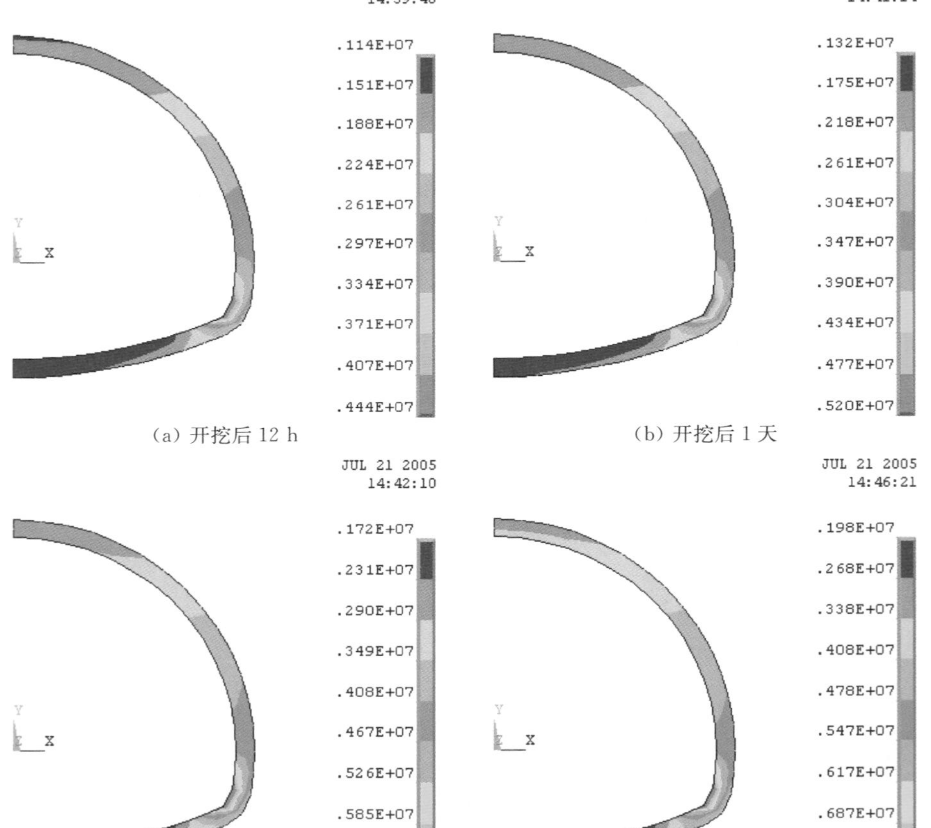

(a) 开挖后 12 h　　(b) 开挖后 1 天

(c) 开挖后 1 周　　(d) 开挖后 1 月

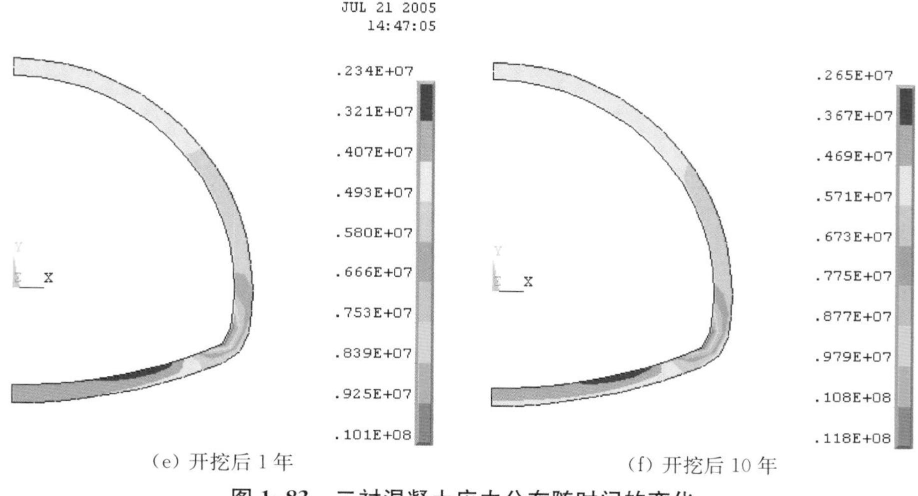

(e) 开挖后 1 年　　(f) 开挖后 10 年

图 1-83　二衬混凝土应力分布随时间的变化

图 1-84 所示为开挖后立即设置不同厚度二衬情况下，二衬混凝土应力随时间的变化。可见，二衬混凝土应力的增长速率随时间的推移而减小，逐步趋于稳定。并且二衬厚度越大，应力值越小。当二衬厚度为 60 cm 时，经过 1 天、1 月、1 年、10 年后，拱顶二衬混凝土应力分别相应为 1.88 MPa，3.33 MPa，4.27 MPa，5.08 MPa；水平侧腰二衬混凝土应力分别相应为 3.46 MPa，5.14 MPa，6.03 MPa，6.7 MPa；拱底二衬混凝土应力分别相应为 1.72 MPa，2.99 MPa，3.86 MPa，4.63 MPa。

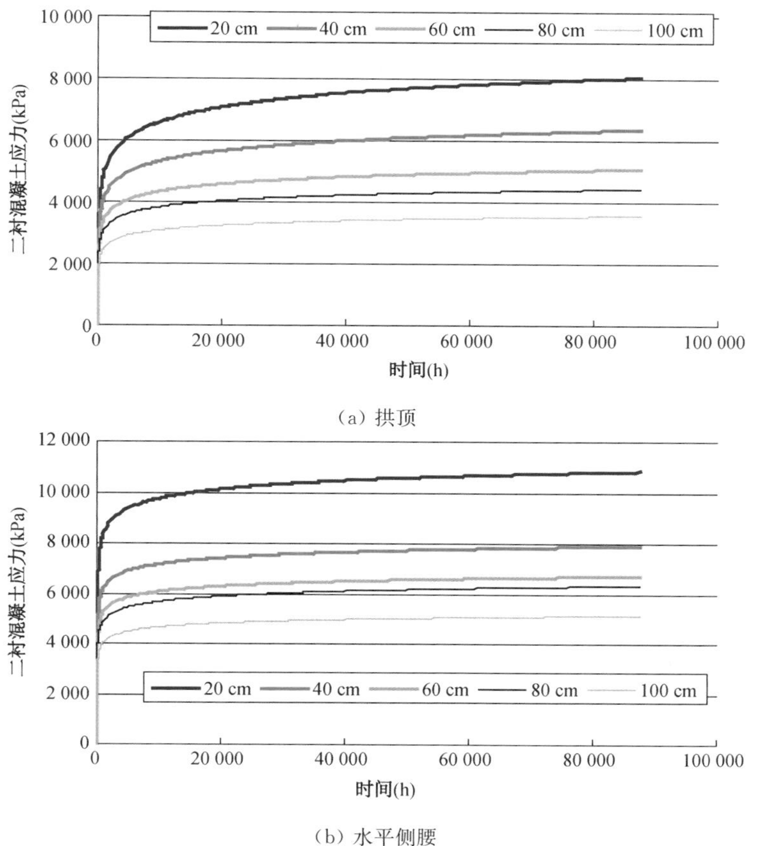

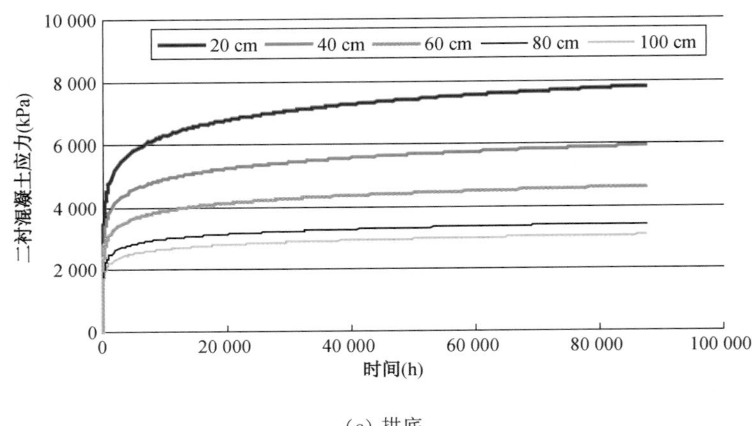

(c) 拱底

图 1-84　不同厚度二衬混凝土应力

图 1-85 给出在不同时间设置 60 cm 二衬情况下，二衬混凝土应力随时间的变化。图中，第 0 h 和第 48 h 的曲线间距较大，而后曲线间距较小，并且越来越小。说明在开挖后 48 h 设置二衬，能够显著减小二衬混凝土应力，再往后对减小二衬混凝土应力作用不明显。若在开挖后 48 h 设置二衬，则经过 1 月、1 年、10 年(从开挖完成时起算)后，拱顶二衬混凝土应力相应分别为 1.59 MPa，2.8 MPa，3.79 MPa；水平侧腰二衬混凝土应力相应分别为 1.91 MPa，3.09 MPa，3.96 MPa；拱底二衬混凝土应力相应分别为 1.39 MPa，2.51 MPa，3.47 MPa。

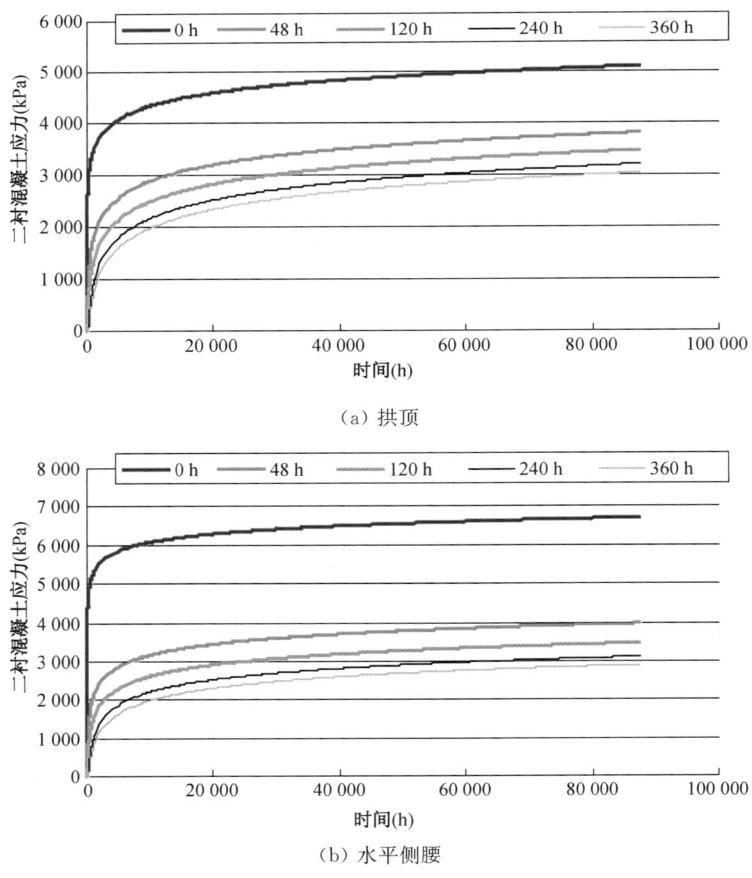

(a) 拱顶

(b) 水平侧腰

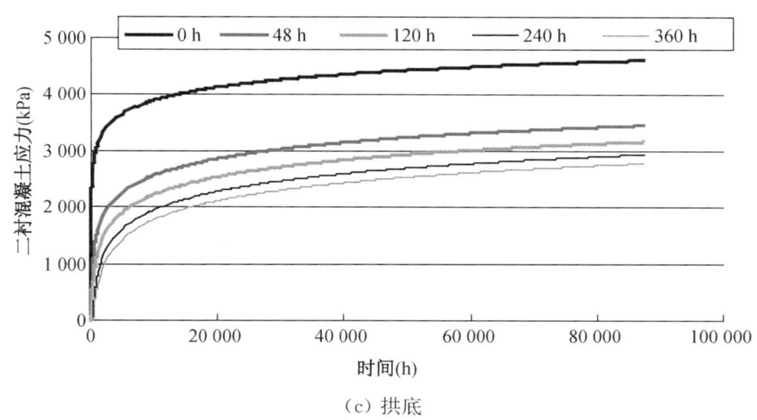

(c) 拱底

图 1-85　不同设置时间二衬混凝土应力

1.6.4　本节小结

本章所依托的某市海底隧道穿越 F_1，F_2，F_3，F_4等 4 条断层破碎带区段，其洞体围岩松散、破碎，加之地下水发育，给隧道衬护结构的设计施工带来一系列问题。这类岩体的力学特征是强度低，压缩性高，自稳和自承能力差，而岩体流变属性则十分明显，其变形具有突出的黏性时效特征。只有在该工程的设计、施工中，计入岩体的流变时效，理念上才是正确的，其分析结果也更能符合工程实际。

1）主要研究结论

（1）由于围岩的流变效应，该海底隧道洞周围岩变形以及围岩与衬砌间的接触压力均随时间而增长，从而导致二次衬砌应力分布及其大小也随时间发展变化。因此，在隧道衬砌设计中必须考虑围岩流变的黏性时效作用。

（2）二次衬砌厚度越大，洞壁径向位移越小，而二衬与围岩间的接触压力也越大，也即刚度大的衬砌限制围岩变形的作用更为明显。同时，增加衬砌刚度对围岩变形的约束作用表现为：开始作用比较明显，当衬砌厚度增加到一定值后，作用即渐趋减弱。

（3）洞室开挖后立即施作二次衬砌能够显著减小围岩变形，之后作用将趋逐渐减弱。因此，从限制此处风化囊区段隧道围岩变形的角度考虑，二衬宜尽早施作以保证围岩的稳定与安全。就结构受力而言，如初期支护及时，而于洞室开挖后 48 h 后设置二衬，能够显著减小二衬混凝土应力，再往后，则对减小二衬混凝土应力的作用已不明显。

（4）由于围岩的蠕变和衬护的作用，洞周围岩应力分布随时间而变化，洞体侧腰和墙趾处始终是围岩应力较为集中的部位，应给予重点关注；而拱顶则是围岩变形较大的部位，也应引起注意；墙趾与仰拱交会处是二衬混凝土应力最为集中的部位，且其应力值随时间渐趋增大，因此，是容易发生破坏的位置。

（5）与毛洞情况相比，采用锚喷支护能有效地控制围岩塑性区范围和塑性应变量值的发展，使塑性区围岩的承载能力保持在较高的幅值上，从而阻止塑性区围岩强度的进一步恶化，围岩岩性能得到相当程度的改善，这点主要反映在塑性区围岩体黏结力 c 值的提高方面，内摩擦角 φ 值提高则相对不明显。

2）研究中的认识与建议

（1）对该海底隧道 F_4 风化囊处岩体所作的数值分析表明，松散、破碎岩体的流变时效作用是很明显的，在隧道的设计施工中必须计入黏性蠕变的影响。

(2) 由于此处风化带内岩体极度松散、破碎，其自承能力很差，并且地下水与海水沟连而十分发育，为使施工顺利进行，在洞室开挖之前先作全断面帷幕注浆，是必要和合适的。开挖瞬间，围岩应力突然释放，围岩产生较大变形，不利于隧洞的稳定，因此，应当即时施作锚喷支护。研究表明，锚喷支护能够相当程度上改善围岩的力学性能，在设计中可将锚喷区的围岩抗剪参数适当提高；而注浆体呈脆性，它能在施工期的短时间内保持完好以阻止地下水的入渗，但随着围岩的流变变形，脆性注浆体会发生胀裂而失去其应有的作用。因此，为安全考虑，设计中未予计入注浆对岩性的改善作用。

(3) 对岩体松散破碎风化囊区段的隧道二衬而言，其厚度采用 60 cm 是合适的，不宜再过分增厚。另则，增加二衬厚度需加大开挖尺寸，且使隧洞围岩的自稳能力因洞幅大而减弱，而施工土石方量则增加。同时，再次增大二衬厚度对限制围岩变形的作用也有限；但二衬厚度也不宜再薄，因为，减小厚度意味着需增加钢筋用量以满足强度要求，由于钢筋的柔性较大，导致衬砌的整体刚度往往不能满足需要。

(4) 施作锚喷支护后，围岩具有了一定的自稳、自承能力，可以适当推迟二衬的施作时间以释放一部分的围岩自由变形，这样可有利于减小作用于二衬上的流变荷载，使二衬断面更加经济，节约造价。但对于此处风化囊、风化深槽区段，由于岩体破碎，稳定性差，加之地下水发育，建议开挖后宜紧跟施作二衬支护，以确保工程安全。

(5) 墙趾与仰拱交会处二衬混凝土应力较为集中，设计时可以适当加大该处二衬厚度，以增强其抗破损能力。

3) 有待继续深入研究的问题

(1) 试验工作是了解岩石流变力学属性的主要手段，岩石流变试验结果是定量描述岩石流变属性不可缺少的重要数据。针对本海底隧道，从 F_4 风化囊处选取岩样进行三轴压剪条件下的蠕变试验，建立“应力-应变-时间”的非线性本构关系，并获得该区段岩体的流变诸参数，是亟待开展的一项研究重点。

(2) 研究表明，知名的西原模型能比较全面反映岩石材料的流变属性，它包涵了岩石的“弹-黏弹-黏塑性”本构特性。若能在下步数值分析中引入该类模型，将其计算结果与本节研究由经验本构关系得到的结果相互对比验证，则必将能更好地为本海底隧道的设计施工服务。

(3) 研究表明，围岩的塑应变软化使围岩与支护沿洞周的位移加大，支护内力也明显剧增，加剧了隧道的不稳定性。因而，在本海底隧道稳定性分析中，如何计入围岩塑应变软化这一不利因素是必要的。

(4) 隧道设计的“收敛-约束法”，能够考虑二次衬砌的最佳设置时机和衬护最优刚度这两个主导因素，如将其引入分析计算，对本海底隧道的设计施工都能提供很好的指导作用。

(5) 在本项研究中，当时由于现场客观条件的限制，使岩体流变实测工作多有困难，而室内岩样流变试验具有可以采样多、能够长期观察、可以严格控制试验条件并排除次要因素的影响，且又可作重复试验的次数多、而耗资则较少等许多优点。它为深入开展岩石流变属性研究奠定了理论依据和计算基础，同时，也能以揭示岩石在不同应力状态和应力水平条件下具有的不同的流变属性。

参考文献

[1] 孙钧. 地下工程设计理论与实践[M]. 上海：上海科学技术出版社，1996.

[2] 孙钧. 岩土材料流变及其工程应用[M]. 北京：中国建筑工业出版社，1999.

[3] 孙钧. 岩石流变力学及其工程应用研究的若干进展[J]. 岩石力学与工程学报，2007，26(6)：1081-1106.

[4] 张有天. 论有压水工隧洞最小覆盖厚度[J]. 水利学报，2002(9)：1-5.

[5] MASHIMO H, ISHIMURA T. Evaluation of the load on shield tunnel lining in gravel[J]. Tunnelling and Underground Space Technology, 2003(18): 233-241.

[6] ZHU Weishen, LI Shucai, LI Shuchen, CHEN Weizhong, LEE C F. Systematic numerical simulation of rock tunnel stability considering different rock conditions and construction effects[J]. Tunnelling and Underground Space Technology, 2003, 18(5): 531-536.

[7] EGGER P. Design and construction aspects of deep tunnels (with particular emphasis on strain softening rocks)[J]. Tunnelling and Underground Space Technology, 2000, 15(4): 403-408.

[8] JENG Fu-Shu, WENG Meng-Chai, HUANG Tsan-Hwei, LIN Ming-Lang. Deformational characteristics of weak sandstone and impact to tunnel deformation[J]. Tunnelling and Underground Space Technology, 2002, 17(3): 263-274.

[9] ORTLEPP William David. The behaviour of tunnels at great depth under large static and dynamic pressures[J]. Tunnelling and Underground Space Technology, 2001 , 16(1): 41-48.

[10] KOVARI Kalman. History of the sprayed concrete lining method—Part I: milestones up to the 1960s [J]. Tunnelling and Underground Space Technology, 2003 , 18(5): 57-69.

[11] LEE In-Mo, NAM Seok-Woo . The study of seepage forces acting on the tunnel lining and tunnel face in shallow tunnels[J]. Tunnelling and Underground Space Technology, 2001 , 16(1): 31-40.

[12] 王丽霞，凌贤长，张云龙. 哈尔滨市松花江隧道顶部覆土安全厚度预测模型[J]. 岩石力学与工程学报，2003，22(5)：849-854.

[13] 张素敏，宋玉香，朱永全. 隧道围岩特性曲线数值模拟与分析[J]. 岩土力学，2004，25(3)：455-458.

[14] 铁道部第四勘察设计院，等. 厦门东通道海底隧道衬砌结构形式及其可靠性研究[R]. 2004:1-6.

[15] 徐栓强，俞茂宏. 考虑中间主应力效应的隧洞岩石抗力系数的计算[J]. 岩石力学与工程学报，2004，23(增1)：4303-4305.

[16] 王铁梦. 工程结构裂缝控制[M]. 北京：中国建筑工业出版社，2002.

[17] 王铁梦. 钢筋混凝土的裂缝控制[J]. 混凝土，2000(5):3-6.

[18] 彭召明，朱益湘. 茶城隧道二次衬砌裂缝加固与处治[J]. 交通科技，2004(2):14-15.

[19] 徐斌. 公路连拱隧道裂缝的研究与防治[D]. 上海：同济大学，2003.

[20] ZAIN M F M, MAHMUD H B, ILHAM Ade, FAIZAL M. Prediction of splitting tensile strength of high-performance concrete[J]. Cement and Concrete Research, 2002, 32 (8):1251-1258.

[21] SWADDIWUDHIPONG Somsak, LU Hai-Rong, WEE Tiong-Huan. Direct tension test and tensile strain capacity of concrete at early age[J]. Cement and Concrete Research, 2003, 33(12): 2077-2084.

[22] KLEPACZKO J R, BRARA A. An experimental method for dynamic tensile testing of concrete by spalling[J]. International Journal of IMPact Engineering, 2001, 25 (4): 387-409.

[23] OSUNADE J A. Effect of replacement of lateritic soils with granite fines on the compressive and tensile strengths of laterized concrete[J]. Building and Environment, 2002, 37 (5): 491-496.

[24] ASHOUR Samir A, WAFA Faisal F, KAMAL Mohmd I. Effect of the concrete compressive strength and tensile reinforcement ratio on the flexural behavior of fibrous concrete beams[J]. Engineering Structures, 2000, 22 (9):1145-1158.

[25] 刘贵应，张斌，张庭柱，等. 四角田下行隧道进口段深长裂缝形成及变形机理的探讨[J]. 岩石力学与工程学报，2001(A01):927-931.

[26] 吴文涛. 砌体结构温度裂缝的研究[D]. 天津：天津大学，2004.

[27] 蒲春平,夏才初,李永盛,等. 隧道的温度应力及由其引起的裂缝开展规律的研究[J]. 中国公路学报,2000,13(2):76-79.
[28] 耿伟. 隧道复合式衬砌收缩裂缝产生原因浅析[J]. 隧道建设,2004,24(2):13-16.
[29] 鞠丽艳. 混凝土裂缝抑制措施的研究进展[J]. 混凝土,2002 (5):11-14.
[30] 中铁大桥勘测设计院有限公司. 厦门东通道工程初步设计阶段工程地质综合勘察报告[R]. 2003.
[31] 中铁大桥勘测设计院有限公司. 厦门东通道施工图工程报告[R]. 2004.
[32] 中交第二公路勘察设计研究院有限公司. 行车主洞全封闭衬砌结构计算(图号 TB-17)[R]. 2004.
[33] 国家海洋局第三海洋研究所,厦门海洋工程勘察设计研究院. 厦门东通道工程海水物理力学参数调查实验专题报告[J]. 2003.
[34] 景诗庭,朱永全,宋玉香. 隧道结构可靠度[M]. 北京:中国铁道出版社,2002.
[35] 铁道第二勘察设计院. 厦门东通道项目工可阶段地质勘察报告[R]. 2002.
[36] 中铁大桥勘测设计院有限公司. 厦门东通道初勘试验统计[R]. 2003.
[37] 李敏. 海底隧道可靠性分析[D]. 北京:北京交通大学,2005.
[38] 郭书祥,吕震宙,冯元生. 基于区间分析的结构非概率可靠性模型[J]. 计算力学学报,2001,18(1):56-60.
[39] 杨成永,张弥,白小亮. 隧道喷混凝土衬砌结构可靠度分析的位移方法[J]. 岩石力学与工程学报,2003,22(2):266-269.
[40] 王永岩,齐珺,杨彩虹,等. 深部岩体非线性蠕变规律研究[J]. 岩土力学,2005,26(1):117-121.
[41] 王贵君. 盐岩层中天然气存储洞室围岩长期变形特征[J]. 岩土工程学报,2003,25(4):431-435.
[42] 张荣安. 软黏土蠕变模型有限元参数的评价方法[J]. 港工技术,2004(3):45-48.
[43] 张素敏,宋玉香,朱永全. 隧道围岩特性曲线数值模拟与分析[J]. 岩土力学,2004,25(3):455-458.
[44] SHALABI F I. FE analysis of time-dependent behavior of tunneling in squeezing ground using two different creep models[J]. Tunnelling and Underground Space Technology, 2005, 20 (3): 271-279.
[45] HEUSERMANN Stefan, ROLFS Olaf, SCHMIDT Uwe. Nonlinear finite-element analysis of solution mined storage caverns in rock salt using the LUBBY2 constitutive model[J]. Computers and Structures, 2003, 81 (8): 629-638.
[46] DAI H L, WANG X, XIE G X, WANG X Y. Theoretical model and solution for the rheological problem of anchor-grouting a soft rock tunnel[J]. International Journal of Pressure Vessels and Piping, 2004, 81 (9): 739-748.

第2章　越江软基盾构法隧道管片衬砌结构纵向三维数值分析

2.1　引　言

2.1.1　问题的提出

软基上修建的隧道与长条形地下结构物由于运营过程中沿其纵向的过量不均匀沉降变形而对结构自身及其周围环境土工方面的影响是明显的，有时还是很突出的。以上海市地铁1号线为例，经过长期的变形监测发现，地铁区间隧道在其长期运营中的纵向不均匀沉降历时多年尚未收敛，沉降值也相当大，至2001年底止，"人民广场站—新闸路站"间区间隧道的最大累计沉降量超过200 mm；"黄陂南路站—人民广场站"间区间隧道的差异沉降量接近100 mm。这些过大的不均匀沉降变形已对隧道安全运营和管片接头防水构成了严重威胁。

通常的隧道设计都简化地将纵向问题视为平面应变状态，以横断面的受力状态为设计依据，对它的纵向受力和变形一般都不作考虑。我国地下铁道和铁路隧道设计规范中所推荐采用的荷载结构模型中，亦未有考虑纵向沉降的影响。在《上海市地基基础设计规范》(DGJ 08-11—1999)中，对盾构隧道纵向沉降进行了一定的考虑，提出了盾构隧道纵向不均匀沉降的影响是不可忽视的，尤其在盾构工作井和区间隧道的连接处、隧道底部下卧土层特性有变化及分层土特性突变处以及覆土厚度有急剧改变处等，都会有较明显的不均匀沉降；并提出了在设计中应按照预估的沉降差，设置适量的沉降缝。然而，大量的工程实践已表明，在软土地基上用盾构法修建的隧道工程，由于纵向荷载分布不均匀、地基不均匀沉降、临近隧道处打设群桩和因地震引起砂土液化等众多因素引起隧道的纵向弯曲变形，从而导致管片环缝张开，产生渗漏水的事故仍时有发生。因此，针对软土地层盾构隧道纵向沉降的性态及相应的控制方法，开展盾构隧道结构纵向设计的相关研究，不仅在设计上具有一定的理论意义，在施工和运营中也具有重要的实用价值。

对于在软基土上修建跨海越江的特长、大直径盾构隧道而言，沿隧道轴纵向不均匀沉降的不利影响更是不可忽视的，尤其是在盾构工作井和区间隧道的连接处、隧道底部下卧土层特性及其分层有突变处以及覆土厚度急剧改变处等，都会有较明显的不均匀差异沉降。另外，随着设计、施工经验的成熟，国内外盾构衬砌管片宽度有不断增加的趋势，一些大直径隧道管片的宽度达到或超过2.0 m。随着管片宽度的增加，且又采用了错缝拼装，由于管片环接头螺栓处产生的剪切力作用，导致管片纵向弯曲应力的增大，这对于隧道管片的纵向受力也是十分不利的。在通常情况下，目前在实际工程中一般都凭借以往工程经验和构造措施，设置适量的沉降缝来解决隧道的上述纵向不均匀沉降及隧道结构的纵向弯曲受力问题，而对于沉降缝设置的数量、间距、位置等尚缺乏严密的理论依据。以下主要针对某大型、特长越江软基盾构法隧道的纵向受力与变形，分别按两维和三维实际受力与变形性态进行计算与分析，以期为盾构隧道管片的纵向设计与施工提供一定的参考。

2.1.2 研究内容与预期成果

本章通过分析当前软土盾构隧道结构纵向设计计算中所存在的问题，结合软土和越江盾构隧道的特性，基于双面弹性地基梁理论和有限元数值分析方法，对某大跨、特长越江盾构隧道工作井与隧道管段的连接部位、隧道底部下卧土层特性各异以及地层分层有突变处、覆土厚度有急剧变化等处就“井—隧”交接处的差异沉降、沉降缝的设置以及隧道沿纵向的受力与变形进行了详细的三维力学分析和计算，并进一步对诸有关设计参数作了优化分析探讨。本章研究成果为盾构隧道纵向设计提供了必要的理论依据。

2.2 盾构法隧道管片衬砌结构纵向分析计算的理论和方法

对处于城市环境条件下软土地层中的盾构隧道而言，其管片衬砌结构自身可设定是由管片在环向和纵向通过螺栓连接而成的非连续性柔性结构。隧道与其周围土体存在复杂的相互作用关系，隧道埋深、地层沿隧道纵向分布的情况、作用在隧道纵向上的荷载等也都呈各种非线性变化。目前，通过现场实测、解析计算、数值模拟等研究手段，在盾构隧道纵向沉降的诱发因素及其防治措施、隧道纵向有效刚度、隧道与土体间的相互作用模型等方面前人已进行过大量的研究，并取得了相当成果。

目前，对盾构隧道进行纵向结构分析的理论模型，一般假定隧道横向为匀质圆环，以弹簧模拟隧道与土体的相互作用。尽管隧道的纵向结构系统实际上是一个三维问题，计算相当复杂，但大多数的纵向结构分析均主要将隧道纵向近似视为一维问题，而忽略横向变形的影响，即将隧道结构简化为纵向一维弹性地基梁模型进行求解。现有的理论分析方法大体上有以下几种。

1）纵向梁-弹簧模型

该模型以梁单元模拟衬砌环，以弹簧的轴向、剪切和转动效应模拟环向接头和螺栓，以线性或非线性弹簧模拟土体与隧道之间的相互约束作用，如图 2-1 所示。这种方法是把隧道以每个管片环为单位进行离散，认为每一管片环在纵向就是一根直梁，隧道通过接头把每个直梁连接成整体。这种方法从理论上看，各个管片、接头的参数都可以调整，可适应各种情况的盾构隧道；但是，一般来说，盾构隧道的直径远大于管片环宽，直梁难以模拟每个管片环的特性。此外，这种方法中弹簧的轴向、剪切和转动效应系数的取值都需要通过试验确定，且没有考虑隧道横向拼装方式（通缝/错缝式拼装）对隧道刚度的影响。

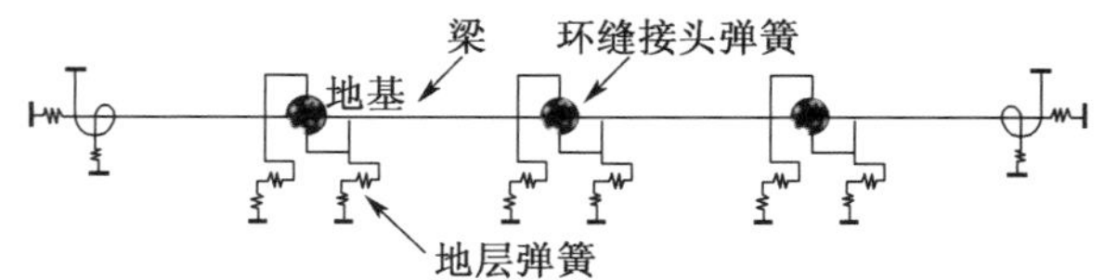

图 2-1 纵向梁-弹簧模型

2）纵向等效连续化模型

该模型认为隧道在横向为一匀质圆环，在纵向采用刚度等效的方法将由接头和管片组成的盾构隧道等效为具有相同刚度和结构特性的均匀连续梁，如图 2-2 所示。

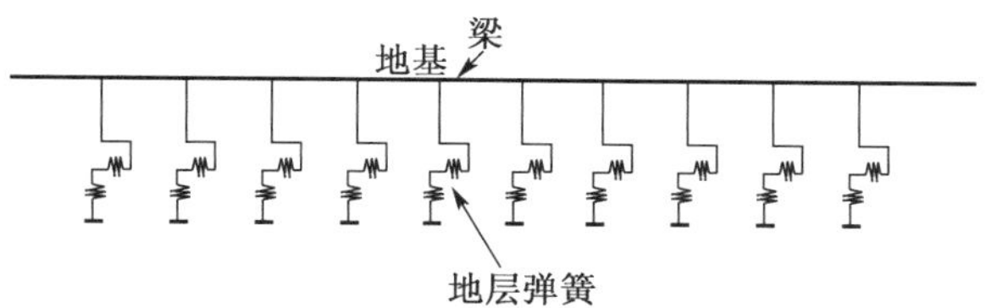

图 2-2　纵向等效连续化模型

这种方法的缺点在于:认为隧道是弹性地基上的直梁,而忽略了错缝拼装对隧道刚度的影响,此时模型仅仅从理论上进行了说明,所得结果缺乏验证,未能充分证明其适用于各盾构隧道的不同情况。但这种方法概念明确,计算相对简单,通过改变计算参数能够适合各种地质条件及不同工况,可以直接给出管片和螺栓应力,设计人员容易学习掌握,是目前研究隧道纵向结构性能方面的一种常用方法。

3）改进纵向等效连续化模型

该方法对各种地基模型下隧道纵向剪切传递效应进行了研究,结合纵向梁-弹簧模型与纵向等效连续化模型,提出纵向接头的影响范围是有限的,并非是纵向等效连续化模型中的整环范围。

4）三维骨架模型

该模型对管片的接头和环缝的接头作了比较具体的建模,因而能比较准确地反映接头处的受力和变形。前人曾在此基础上提出了一种新的纵向三维模型,以壳单元对管片体建模,管片接头以三个方向(轴压、剪切、旋转)的弹簧单元来模拟接头的力学行为,并利用该模型进行了隧道衬砌的纵向沉降性能研究。结果表明,管片错缝拼装衬砌对环缝的约束比通缝拼装的为好,在几种拼装方式条件下,环缝受力相差不多,纵向沉降曲线也较为接近。由于三维模型建模时所需单元数目大幅增多,且建模过程比较复杂,涉及诸多参数(如模拟接头各个方向的弹簧参数),其取值比较困难,因此实际采用上还比较少见。

5）计入土与隧道间相互作用的有限元模型

该模型的基本思想是将隧道在纵向上等效为一根梁,然后,以弹簧模拟土与隧道间的相互作用。进行纵向等效时,依照环缝接头刚度的不同,通过有限元计算对隧道弹性模量和剪切模量分别进行折减。

6）梁-接头非连续模型与管片环间剪切模型

该模型采用直(曲)梁单元来模拟管片,借助一维接头单元来模拟管片间的接头效应。为模拟管片环沿隧道纵向错缝拼装方式对整个系统的受力作用,采用了纵向剪切接头元模型;同时引入了地层对管片的法向及切向弹性约束作用以模拟管片结构和外荷载的非对称效应。

7）隧道纵向结构与土体共同作用的解析模型

在研究隧道纵向沉降时,隧道与土体间的相互作用常用 Winkler 弹性地基梁模型模拟。Winkler 地基模型假设地基为一系列独立的弹簧,地基表面任意位置处的沉降只与该点的压力有关,而与土和基础界面上的其他各点受力无关。隧道经过纵向等效为一根均质梁后作用在地基上,通过弹性地基梁的计算,可以得到隧道产生的纵向沉降及隧道纵向内力的分布情况。由于 Winkler 地基模型假设地基为一系列独立的弹簧,其缺点在于没有反映地基变形的连续性。因此,Winkler 模型尚不足以完整地描述隧道与土体间的相互作用。

前人在 Mindlin 解的基础上,得到双参数模型(Valsov 模型)中的压缩系数与剪切系数计算公式,而后建立了改进的双参数弹性地基梁模型。模型考虑了包括梁外地基剪切影响在内的地基压缩与剪切作用以及外加荷载的影响。利用 Mindlin 基本解可推导得到地基内矩形局部荷载引起隧道结构的附加应力分布公式。该公式不仅考虑了局部荷载作用的深度和范围,还计入了局部荷载与隧道轴线的夹角等,进而由双参数弹性地基梁模型可推导得到由上述附加应力引起的隧道纵向沉降与内力的计算公式。

通过分析当前软土盾构隧道工程设计的现状,结合上海软土盾构隧道的特点,前人还提出了更为符合工程实际的软土盾构隧道结构纵向设计方法——双弹性地基梁,并推导出受集中力、集中力偶、局部均布荷载和局部线性分布荷载作用的双面弹性地基梁的内力、变形及地基反力的解析表达式。上述双面弹性地基梁理论在计算时提出了相对严格的基本假设,可以认为是目前考虑隧道结构与土体相互作用较为合理和完善的一种解析模型。

8) 纵向隧道结构三维的壳-弹簧数值模型

在总结上述方法的基础上,研究者还提出了一种三维的壳-弹簧数值模型,并编制了相应的计算机程序。模型中用矩形平板壳单元来模拟衬砌管片,用弹簧单元来模拟管片的接头效应,运用壳-簧模型对隧道的纵向等效弯曲刚度进行研究分析,考虑了纵缝对纵向等效弯曲刚度的影响,同时也考虑了管片通缝拼装或错缝拼装对纵向等效弯曲刚度的影响;所建立的专门考虑纵缝影响的纵向均质隧道模型,并将分析结果与等效连续化传统模型、修正等效连续化模型与试验进行了比较,验证了壳-弹簧模型程序的正确性。该模型在建立三维壳弹簧模型的基础上对隧道管片结构受力进行了计算,是一种考虑因素较为全面的管片衬砌纵向计算方法,但该方法尚不能充分考虑隧道三维状况下土体与管片结构的相互作用,在对隧道进行纵向沉降计算与分析时仍具有一定的局限性。

2.3 越江软基盾构法隧道管片衬砌结构的纵向数值分析计算

2.3.1 基于双面弹性地基梁法分析的管片结构纵向沉降缝设置计算

1) 计算内容与方法

本章结合某越江隧道管片衬砌结构设计,主要针对越江盾构隧道工作井和区间隧道的连接处(图 2-3)、隧道底部下卧土层特性及分层突变处(图 2-4)、覆土厚度急剧改变处以及江水退潮、涨潮时水位变化等引起的隧道结构纵向不均匀沉降问题,在不同工况和条件下,进行隧道管片衬砌结构的内力及其纵向变形性能分析。

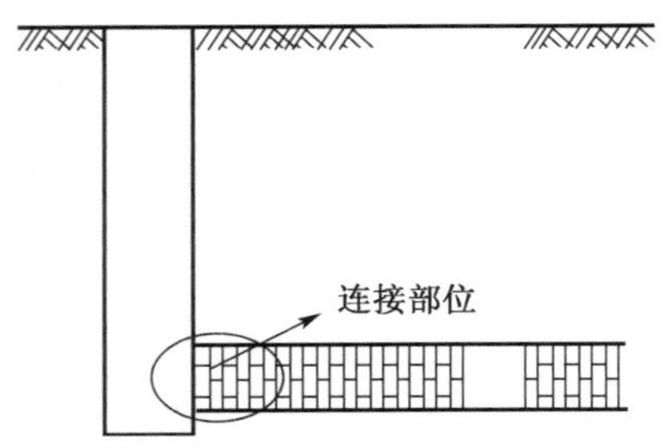

图 2-3　隧道与竖井连接示意图

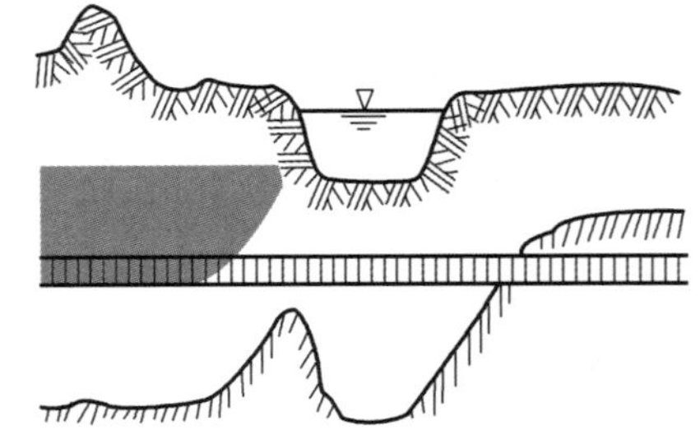

图 2-4　隧道沿纵向穿越不同地层示意图

本章采用隧道纵向结构与土体共同作用理论,并根据双面弹性地基梁解析模型基本原理,借助有限元方法建立双面弹性地基梁平面数值计算模型,对隧道结构纵向受力与变形以及沉降缝设置间距进行计算分析。

2）计算模型选取、计算条件及计算参数

（1）计算模型选取

考虑该越江隧道线路全长 8 945 m，其中江中段全长 7 471 m，隧道中线标高平均约 35 m，在建立隧道结构纵向计算模型时，沿隧道长度方向由于受到数值模型大小及计算能力的限制，不能完全考虑沿纵向全长范围内的结构，因此仅取纵向局部范围的隧道结构作为建模和计算的对象；而在隧道埋置深度方向，则按工程实际设计参数进行建模。计算模型主要包括尺寸确定、作用荷载、边界条件等。

（2）作用荷载、计算工况及基本假设

考虑到隧道纵向变形的原因主要有：外部荷载不均匀或地层不均匀沉降引起的纵向变形；隧道刚度不匹配产生的纵向变形，如工作井与隧道连接处，很容易发生不均匀沉降甚至断裂。因此，综合考虑影响隧道纵向变形的各种因素，对于过江隧道纵向计算的荷载及计算工况考虑如下。

① 荷载作用

A. 自身重力作用（包括土体及隧道自重）；

B. 隧道上部土体受到的江水压力。

② 地层不均匀沉降：主要考虑局部地层下沉以及工作井与隧道连接处产生的不均匀沉降。

③ 基本假设

A. 在进行纵向平面有限元计算时，除设置沉降缝位置之外，将接头和管片组成的盾构隧道等效为具有相同刚度和结构特性的均匀连续梁；

B. 进行纵向计算时土层及衬砌结构材料均处于弹性状态，双面弹性地基弹簧采用非线性；

C. 隧道与土体相互作用界面不发生沿梁纵向方向滑移；

D. 不考虑地下水位变化及水压力等对隧道纵向沉降缝设置影响；

E. 在进行平面计算时，不考虑沿隧道埋深土拱卸载效应对隧道结构纵向受力及变形的影响，采用土柱理论进行盾构隧道拱顶部位的土压力计算，并进行相应折减。

3）双弹性地基梁隧道纵向平面计算模型

（1）有限元平面计算模型示意

隧道结构纵向有限元平面计算模型示意，如图 2-5 所示。

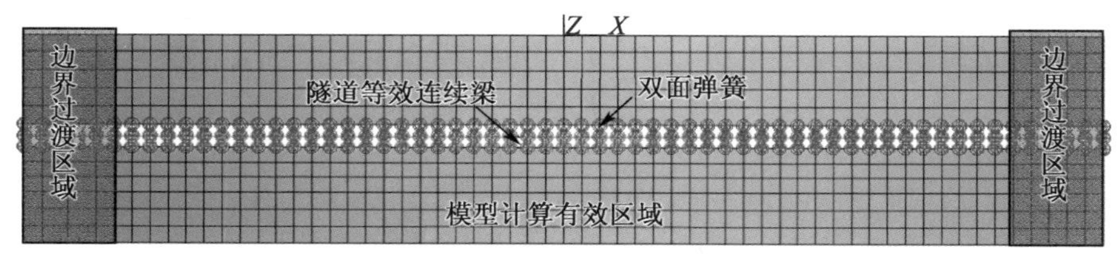

图 2-5　有限元计算模型示意

在图 2-5 中，外部荷载主要考虑江底上部的水荷载，以及江水涨潮、退潮时隧道上部作用荷载的变化；采用位移边界条件，可设定在平面内限制左、右侧水平方向的位移为零，限制底部的竖向位移也为零；反映地层约束拉力的双面弹簧，选用非线性弹簧，对于地层不均匀性引起的隧道沉降，将通过控制土体计算参数及局部边界位移实现。计算模型参数的取值，可详见书中有关建模与计算过程一节所述。

（2）沉降缝设置

根据盾构隧道设置沉降缝的做法，沉降缝的作用在于切断梁内剪力及轴力的传递，但仍能传递部分弯矩。因此，在沉降缝位置处将隧道（等效连续梁）断开，并加设折减后的抗弯弹簧以传递弯矩。

计算模型中沉降缝设置示意如图 2-6 所示。

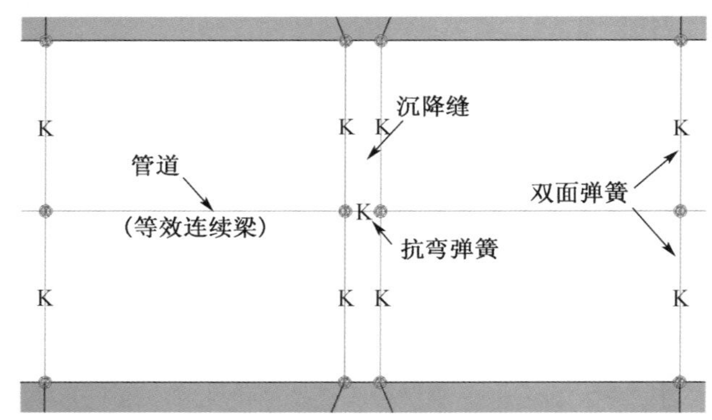

图 2-6　沉降缝计算模型示意

为了计算得到沉降缝的合理设置间距，将沉降缝间距按 10 m，20 m，30 m，40 m 和 50 m分别进行设置，并在计算时取沿隧道纵向方向模型两侧边界各 20 m 范围作为过渡区域，以考虑边界效应对结构计算的影响，模型中间段为计算和分析的有效区域。

（3）等效连续梁抗弯刚度

实际隧道结构为管片通过螺栓连接成的管状结构，要将其简化为弹性梁，首先要按隧道结构的实际截面以及材料计算截面的惯性矩和抗弯刚度，考虑到隧道结构环缝的抗弯刚度明显比其他位置的抗弯刚度要小及隧道与土体的相互作用的因素，隧道结构简化为弹性梁时，其抗弯刚度为计算抗弯刚度经纵向有效率折减后的值。其截面抗弯刚度如式(2-1)所示。

$$EI=\eta EI'=\eta E\,\frac{\pi}{64}[D^4-(D-t)^4]=\frac{\pi\eta E}{64}[D^4-(D-t)^4] \tag{2-1}$$

式中：D——盾构隧道直径；

t——盾构隧道的管片厚度；

E——混凝土管片的弹性模量；

η——纵向刚度有效率；

I——截面惯性矩。

4）软弱地层不均匀沉降条件下，隧道管片结构纵向沉降缝设置计算分析

考虑软弱地层不均匀沉降作用下隧道纵向计算时，选取该越江隧道区段上行线里程 SK4+000—SK4+400 之间为计算区域，其平面位置如图 2-7 所示。对于外部荷载计算，作用在隧道上外荷载主要有江水以及隧道上覆土对隧道顶部产生的竖向压力，对于江水的作用，根据江水的深度换算为垂直作用于土体表面的外部荷载，上覆土按自重计算。

根据该越江隧道地质勘查资料，对照 BG6，BG8，BG10，BG12 钻孔柱状图，在计算区域内各土层分布厚度及土层参数取值如表 2-1 所列。

以下将分别按照沉降缝间距设定为 20 m，30 m，40 m，50 m 和 60 m 几种情况进行分析。结构材料参数及各弹簧刚度取值如表 2-2 所示。

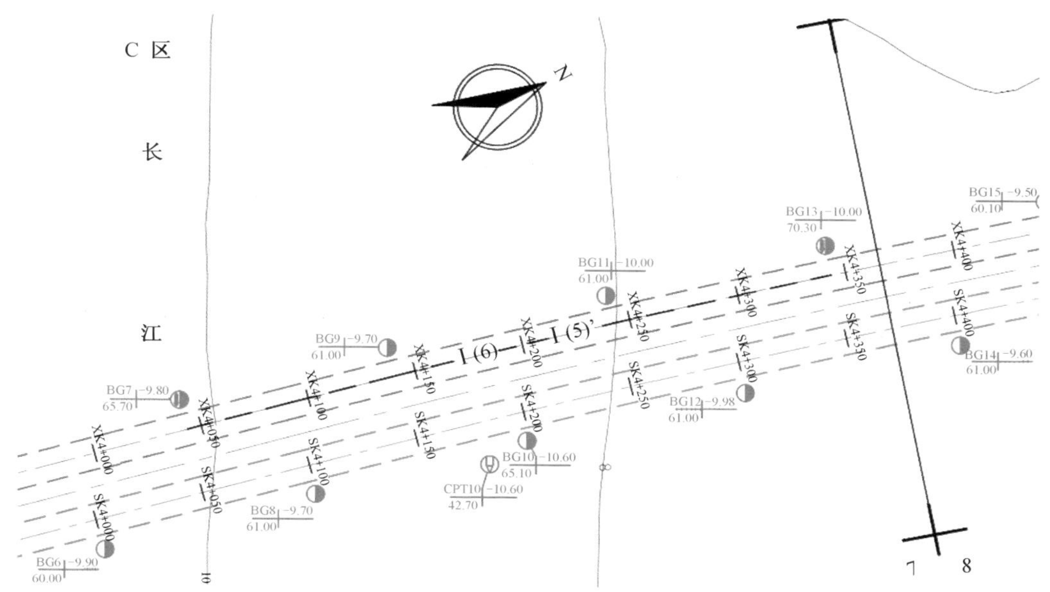

图 2-7　上行线里程 SK4＋000—SK4＋400 平面位置图

表 2-1　土层参数表

土层层号	土层名称	土层厚度(m)	土层深度(m)	重度 γ (kN/m^3)	泊松比 μ	变形模量 E(MPa)	黏聚力 c(kPa)	内摩擦角 φ(°)
①$_3$	灰黄色粉细砂	5.20	5.20	18.5	0.26	5.20	6	31.5
④	灰色淤泥质黏土	11.60	16.80	17.1	0.35	1.41	15.0	10.0
⑤$_3$	灰色粉质黏土	21.4	38.20	18.0	0.33	2.21	18.0	18.0
⑦$_{1\text{-}2}$	灰色粉细砂	10.8	49.0	18.7	0.27	8.2	3.0	32.0
⑦$_2$	灰色细砂	12.5	61.5	18.5	0.28	8.5	3.0	32.0
⑨	灰色粗砂	3.6	65.10	19.6	0.29	9.3	6	30

表 2-2　结构材料参数及各弹簧刚度取值

<table>
<tr><td rowspan="3">结构计算参数</td><td colspan="2">材 料 参 数</td><td colspan="3">截 面 参 数</td></tr>
<tr><td>弹性模量 E(Pa)</td><td>泊松比 μ</td><td>形状</td><td>外径(m)</td><td>内径(m)</td></tr>
<tr><td>3.6×10^{10}</td><td>0.2</td><td>圆环</td><td>15.0</td><td>14.35</td></tr>
<tr><td rowspan="2">弹簧刚度</td><td>抗弯弹簧</td><td>水平弹簧</td><td colspan="3">竖向弹簧(非线性)</td></tr>
<tr><td>2.0×10^{10}</td><td>5.0×10^{12}</td><td colspan="3">弹簧刚度(Pa)：5.90×10⁹，4.90×10⁹，3.90×10⁹，2.90×10⁹，1.90×10⁹，9.00×10⁸，−1.00×10⁸；位移(m)：−0.001，0，0.001，0.002，0.003，0.005</td></tr>
</table>

（1）未设置沉降缝情况

未设置沉降缝时计算模型如图 2-8 所示，隧道沉降区如图中所示，计算时给定隧道下卧层局部沉降量为 0.1 m。

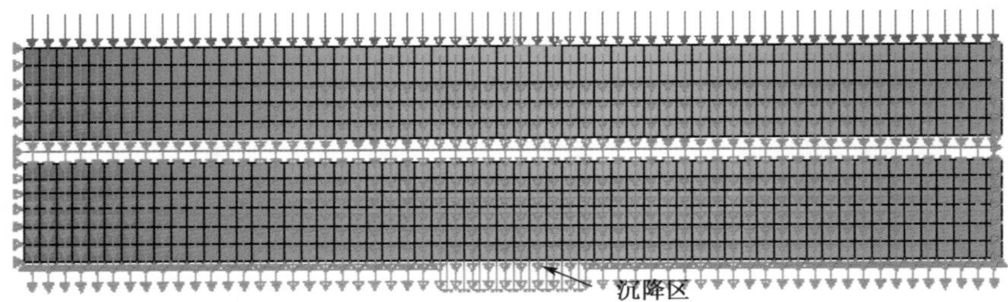

图 2-8　未设置沉降缝时隧道纵向局部沉降计算模型

通过计算，主要计算结果分别如图 2-9—图 2-12 所示。

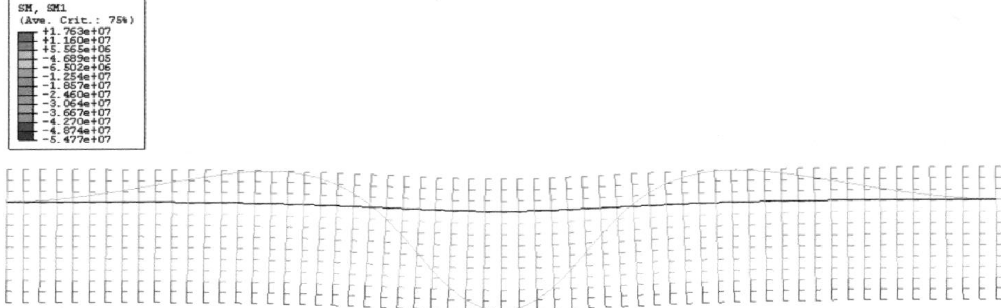

图 2-9　隧道局部沉降下沿结构纵向弯矩图

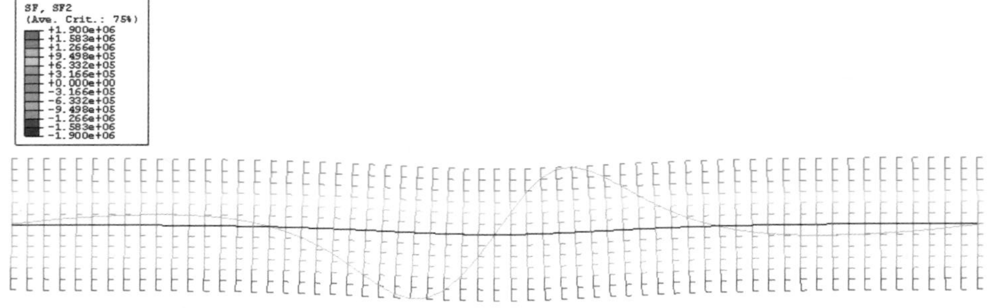

图 2-10　隧道局部沉降下沿结构纵向剪力图

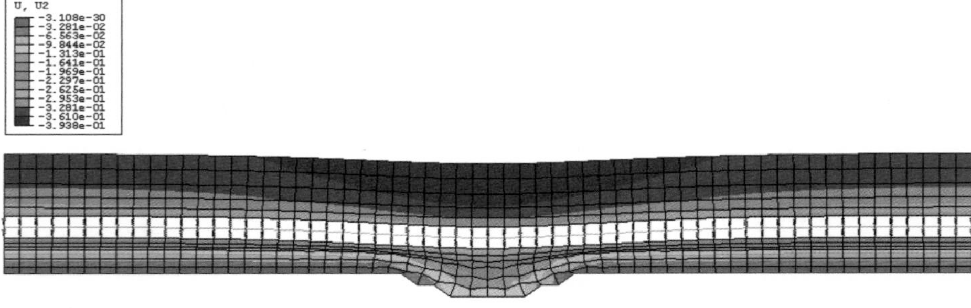

图 2-11　计算区段隧道沉降竖向位移云图

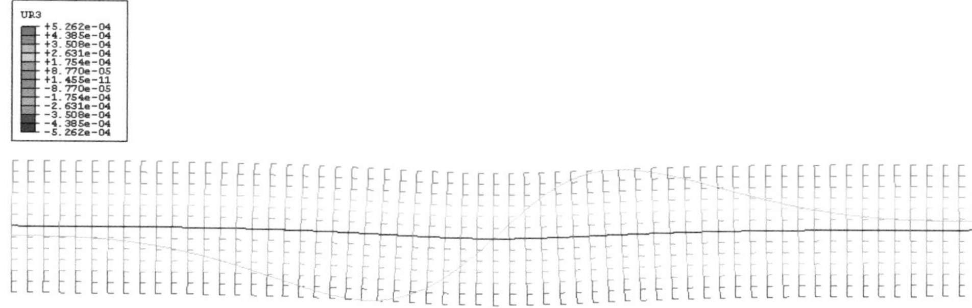

图 2-12　隧道局部沉降下结构纵向截面转角曲线

(2) 沉降缝间距 20 m 情况

计算模型如图 2-13 所示，主要结果分别如图 2-14—图 2-17 所示。

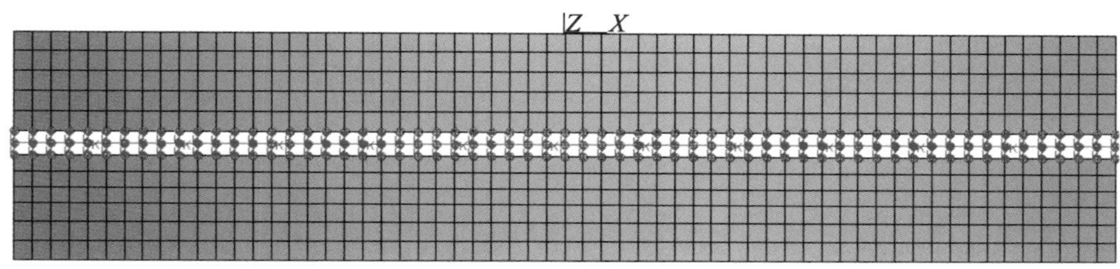

图 2-13　沉降缝间距 20 m 时计算模型

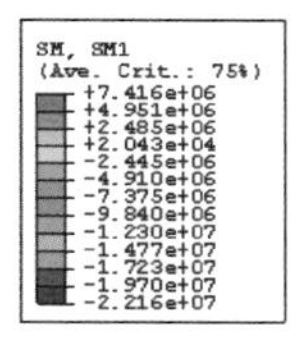

图 2-14　沉降缝间距 20 m 时隧道局部沉降结构纵向弯矩图

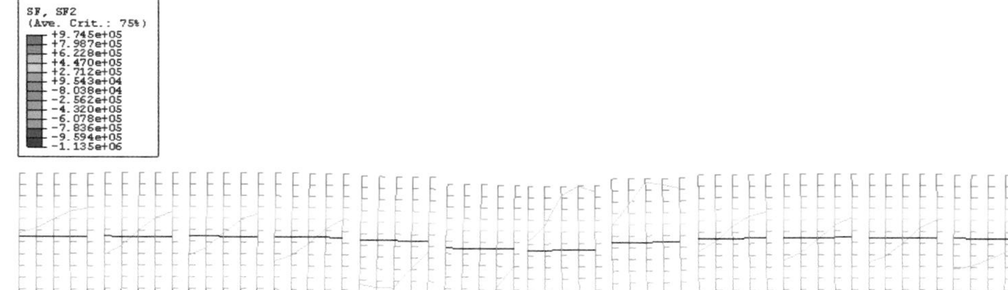

图 2-15　沉降缝间距 20 m 时隧道局部沉降结构纵向剪力图

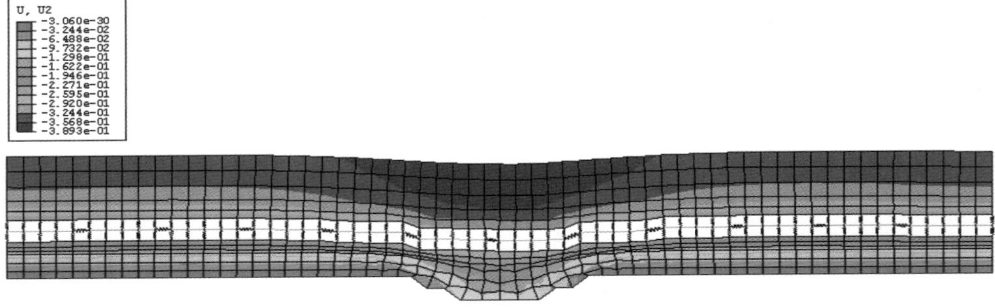

图 2-16　沉降缝间距 20 m 时隧道竖向沉降云图

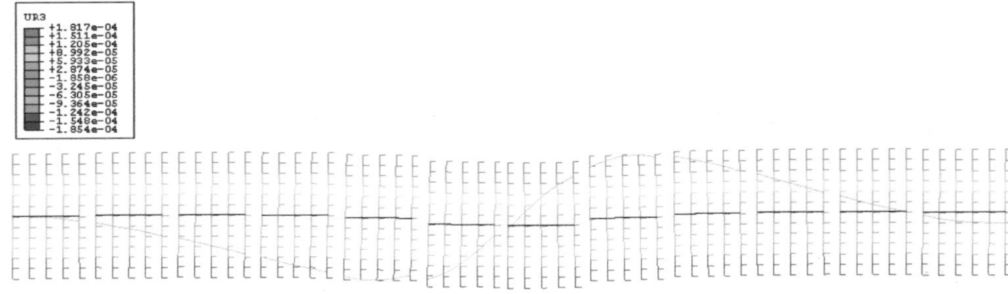

图 2-17　沉降缝间距 20 m 时隧道局部沉降下结构纵向截面转角曲线

(3) 沉降缝间距 30 m 情况

计算模型如图 2-18 所示，通过计算，主要结果分别如图 2-19—图 2-22 所示。

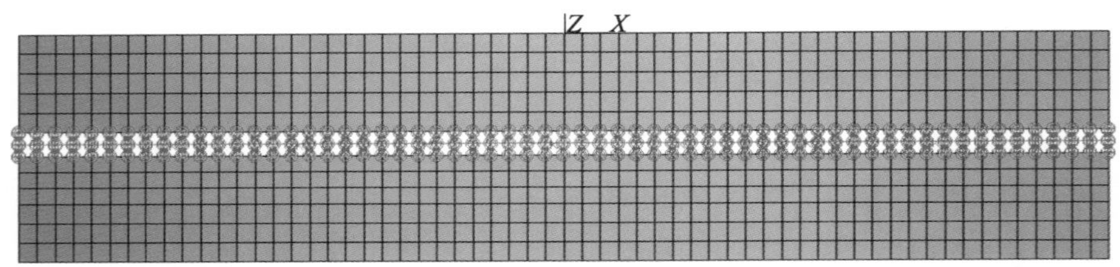

图 2-18　沉降缝间距 30 m 时计算模型

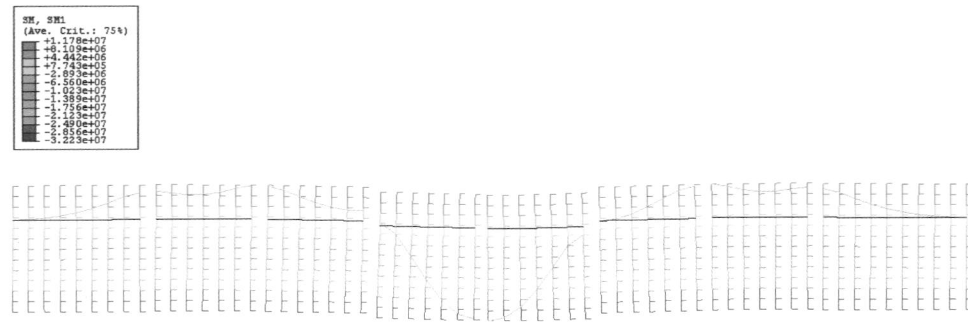

图 2-19　沉降缝间距 30 m 时隧道结构弯矩图

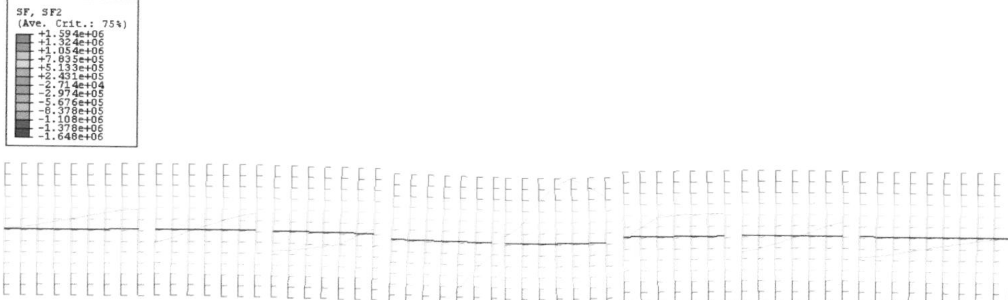

图 2-20　沉降缝间距 30 m 时隧道结构剪力图

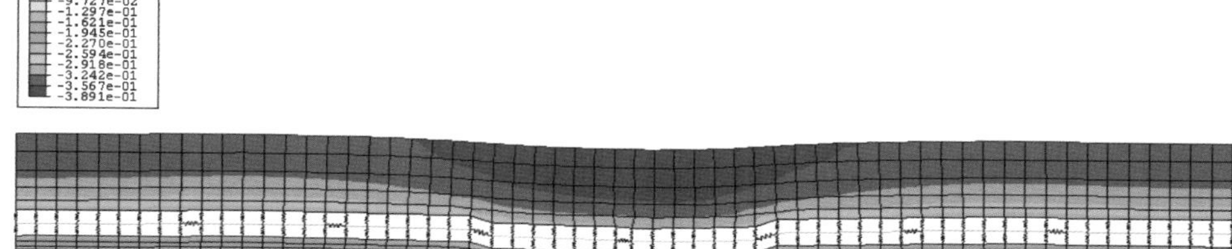

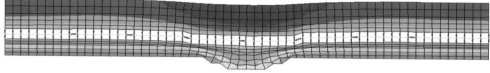

图 2-21　沉降缝间距 30 m 时隧道竖向沉降云图

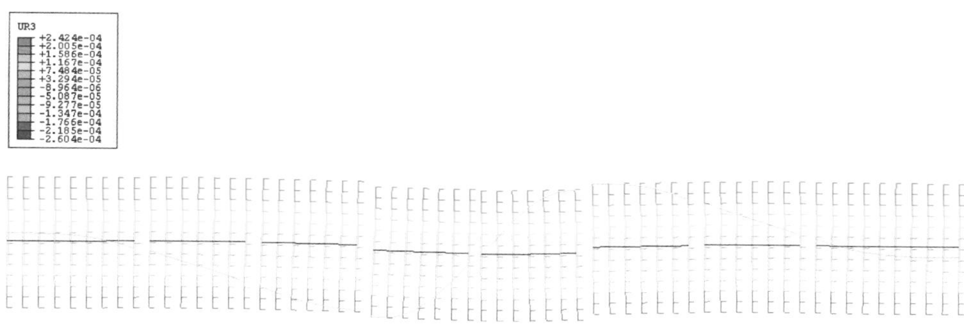

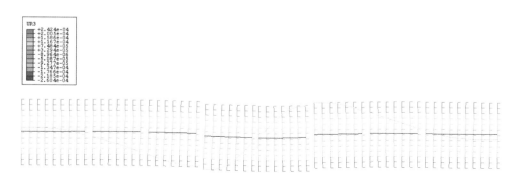

图 2-22　沉降缝间距 30 m 时隧道局部沉降下结构纵向截面转角曲线

(4) 沉降缝间距 40 m 情况

计算模型如图 2-23 所示，通过计算，主要结果分别如图 2-24—图 2-27 所示。

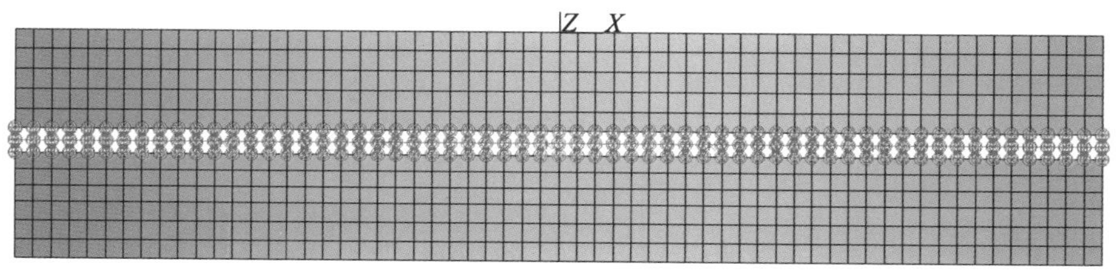

图 2-23　沉降缝间距 40 m 时计算模型

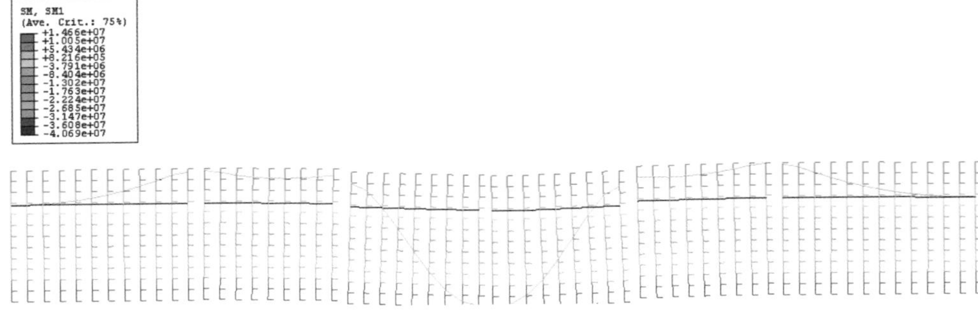

图 2-24　沉降缝间距 40 m 时隧道结构弯矩图

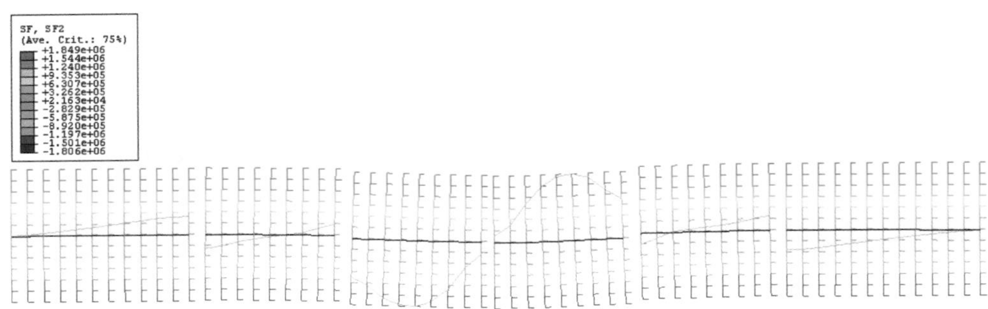

图 2-25　沉降缝间距 40 m 时隧道结构剪力图

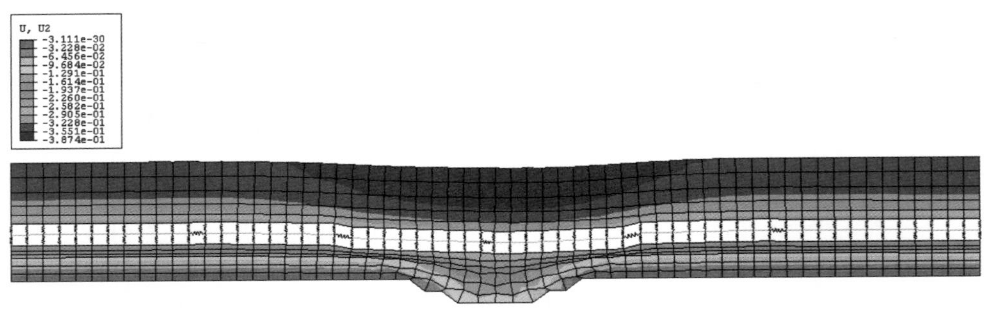

图 2-26　沉降缝间距 40 m 时隧道竖向沉降云图

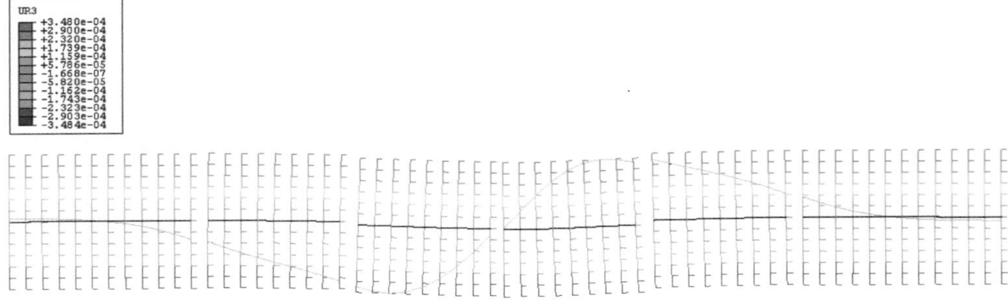

图 2-27　沉降缝间距 40 m 时隧道局部沉降下结构纵向截面转角曲线

（5）沉降缝间距 50 m 情况

计算模型如图 2-28 所示，通过计算，主要结果分别如图 2-29—图 2-32 所示。

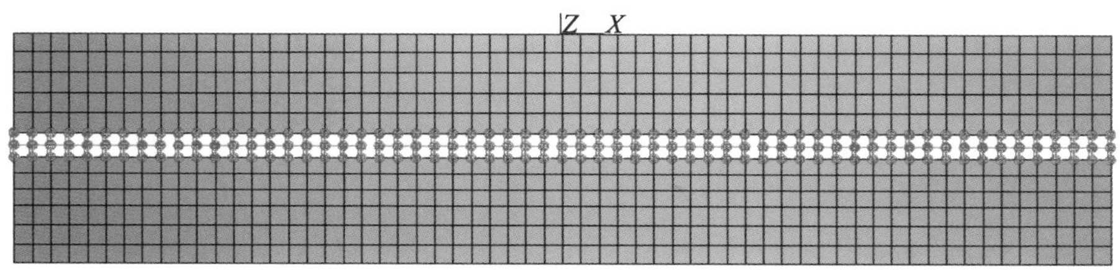

图 2-28　沉降缝间距 50 m 时计算模型

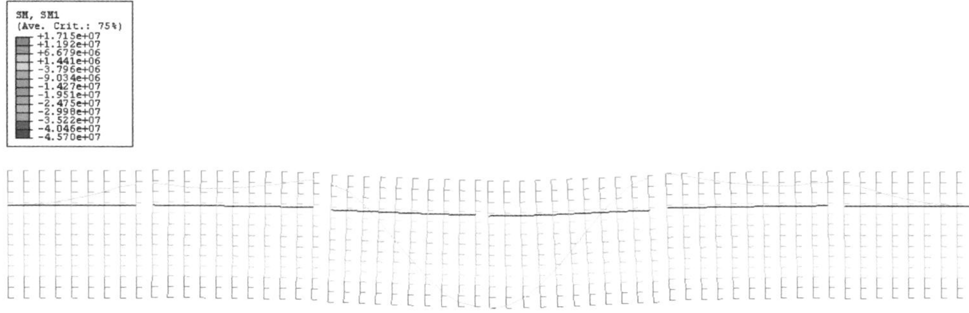

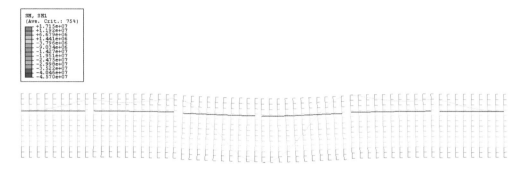

图 2-29　沉降缝间距 50 m 时隧道结构弯矩图

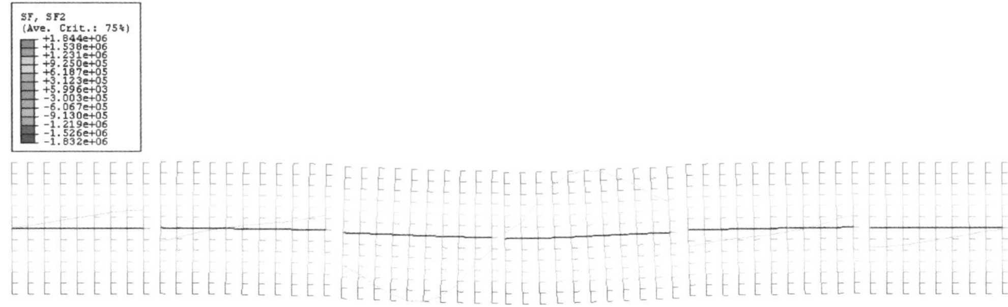

图 2-30　沉降缝间距 50 m 时隧道结构剪力图

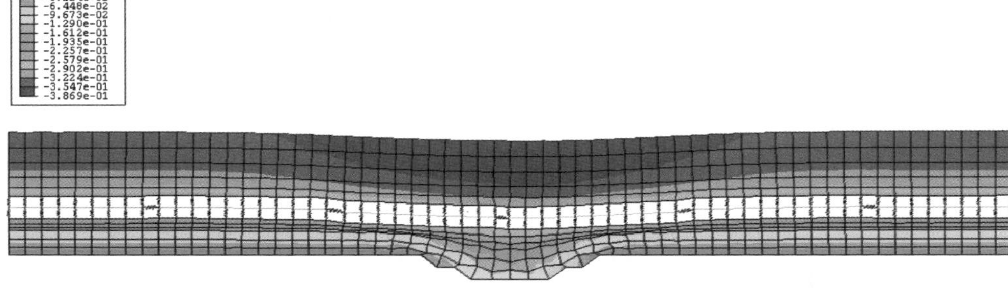

图 2-31　沉降缝间距 50 m 时隧道竖向沉降云图

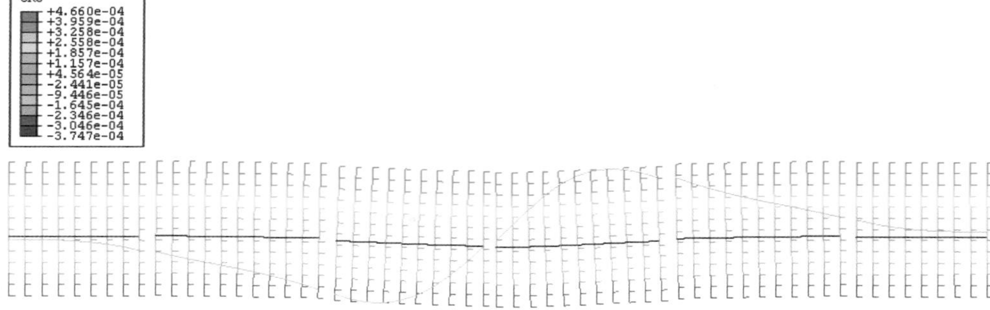

图 2-32　沉降缝间距 50 m 时隧道局部沉降下结构纵向截面转角曲线

(6) 沉降缝间距 60 m 情况

计算模型如图 2-33 所示，通过计算，主要结果分别如图 2-34—图 2-37 所示。

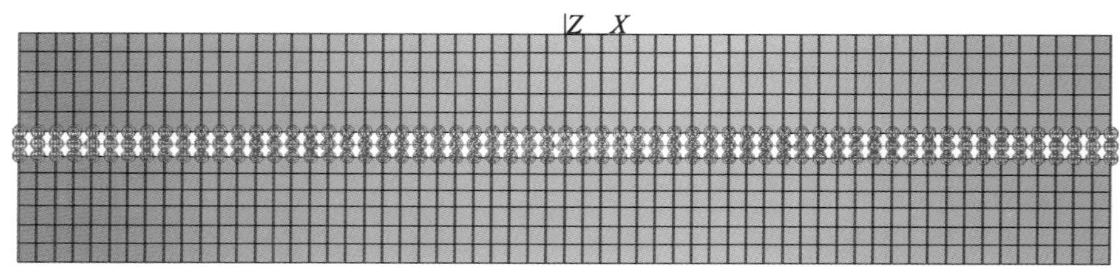

图 2-33　沉降缝间距 60 m 时计算模型

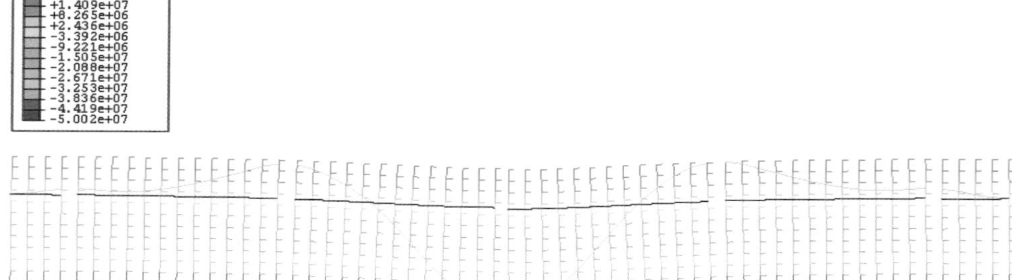

图 2-34　沉降缝间距 60 m 时隧道结构弯矩图

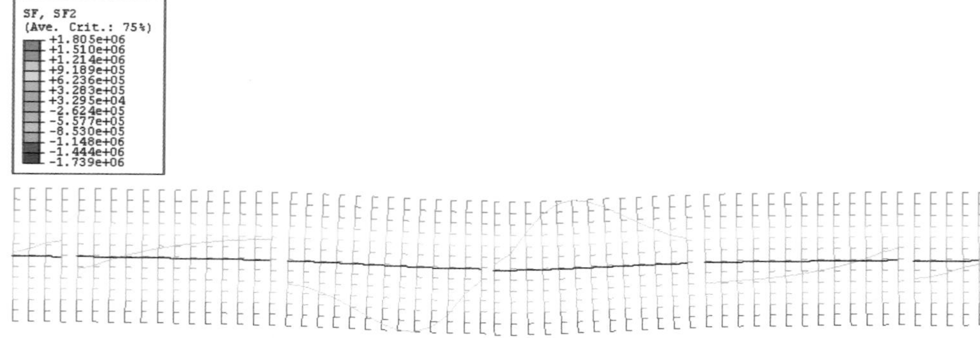

图 2-35　沉降缝间距 60 m 时隧道结构剪力图

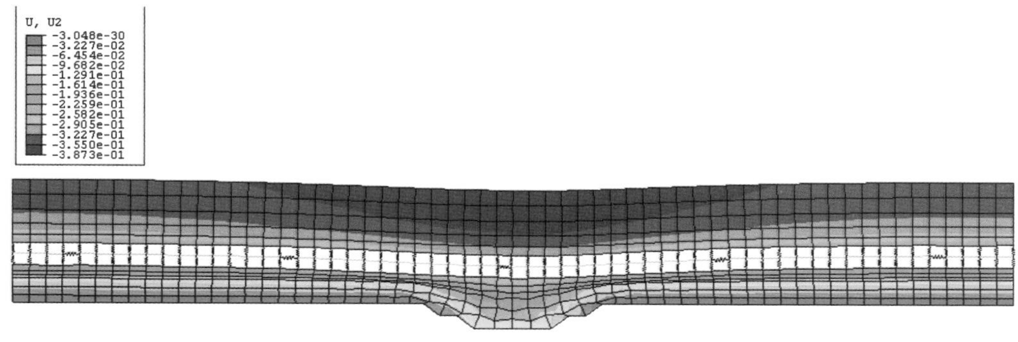

图 2-36　沉降缝间距 60 m 时隧道竖向沉降云图

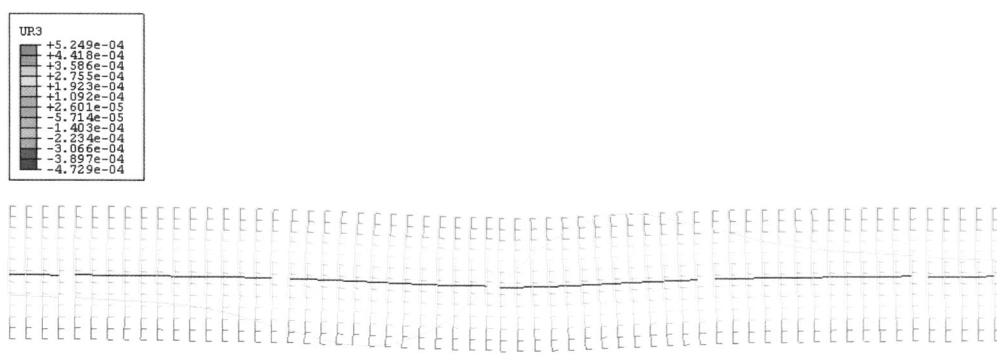

图 2-37　沉降缝间距 60 m 时隧道局部沉降下结构纵向截面转角曲线

(7) 计算结果分析

① 隧道结构纵向弯矩

通过以上沉降缝间从 20～60 m 范围内隧道结构纵向计算，在不同沉降缝间距下隧道结构纵向弯矩变化对比，如图 2-38 所示。

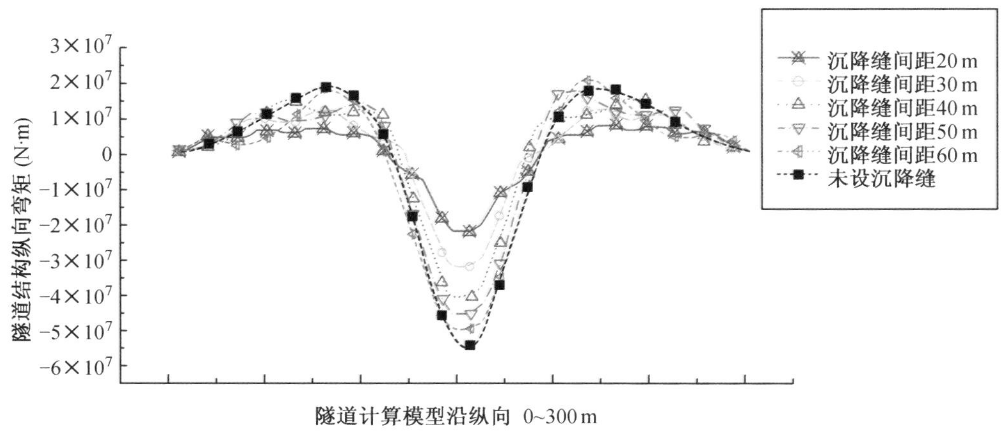

图 2-38　不同沉降缝间距下局部沉降引起隧道结构纵向弯矩变化图

由图 2-38 可见，随着沉降缝间距的减小，隧道结构最大正、负弯矩逐步减小，在设置沉降缝的位置，梁内弯矩则有显著的减小。

随着沉降缝间距变化，隧道结构纵向的最大正、负弯矩变化曲线如图 2-39 所示。

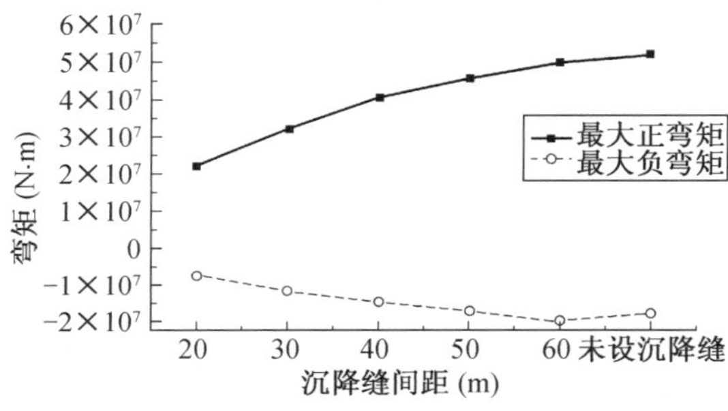

图 2-39　不同沉降缝间距下最大弯矩变化曲线

由图 2-39 可见，随着沉降缝间距从 20～60 m 逐渐增大，最大正弯矩逐渐增大，最大负弯矩绝对值同样随着沉降缝间距的增大而逐步增加，从整体上来看，随着沉降缝间距的增大，最大正、负弯矩幅值均逐渐增大。另外，由图 2-39 中最大弯矩变化曲线可看出，当沉降缝间距为 60 m 时，隧道结构纵向最大弯矩与未设置沉降缝时最大弯矩的差值相对较小，其最大负弯矩的变化更为明显。

通过计算，将设置沉降缝后的隧道结构纵向弯矩与未设沉降缝时相比，得出不同沉降缝间距情况下最大弯矩减少百分比，如图 2-40 所示。

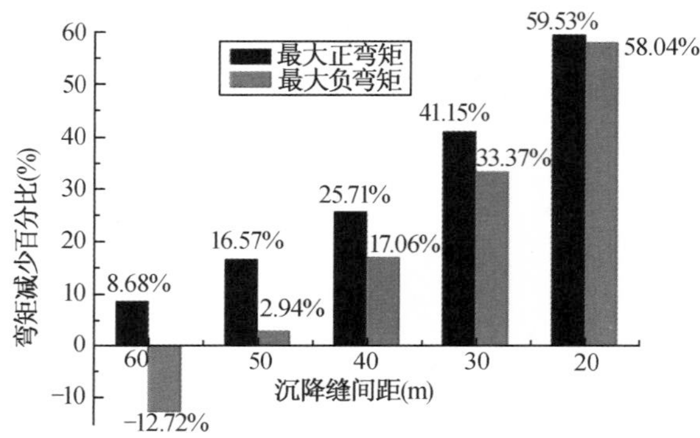

图 2-40　设置不同沉降缝间距条件下最大弯矩减少百分比

由图 2-40 可见，正弯矩最大减小约 59.53%，负弯矩最大减小约 58.04%。从变化趋势来看，随着沉降缝间距从 20～60 m，最大正、负弯矩的减小百分比逐步减小。进一步分析可见，当设置沉降缝间距大于 60 m 时，隧道纵向最大负弯矩的减小百分比为－12.72%，呈负值；最大正弯矩减小为8.68%。此时，隧道纵向弯矩与未设置沉降缝时的隧道纵向弯矩仅相差 10%左右。也可以认为，当沉降缝设置间距大于 60 m 时，沉降缝对于软弱土层不均匀沉降引起的隧道纵向弯矩增大的调幅作用基本失效；当沉降缝设置间距为 20 m 时，沉降缝对于软弱土层不均匀沉降引起的隧道纵向弯矩减幅达 60%，具有显著作用。

② 隧道结构纵向剪力

在沉降缝不同间距下，隧道结构纵向剪力变化的对比，如图 2-41 所示。

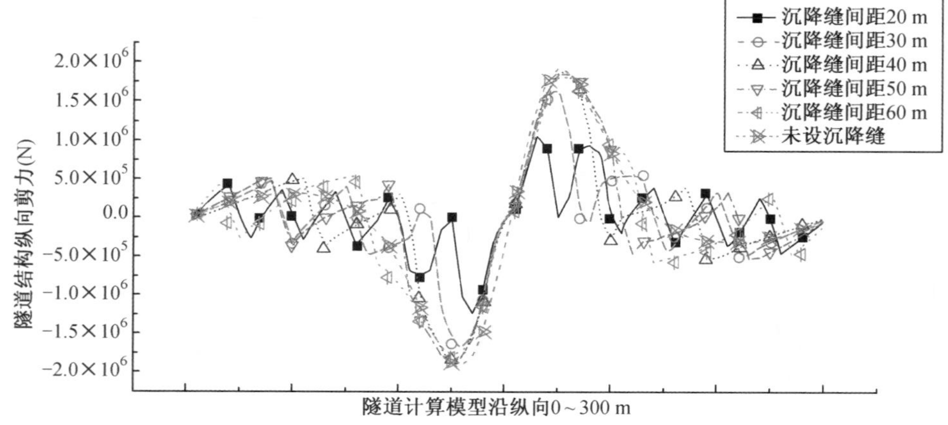

图 2-41　不同沉降缝间距局部沉降隧道纵向剪力变化图

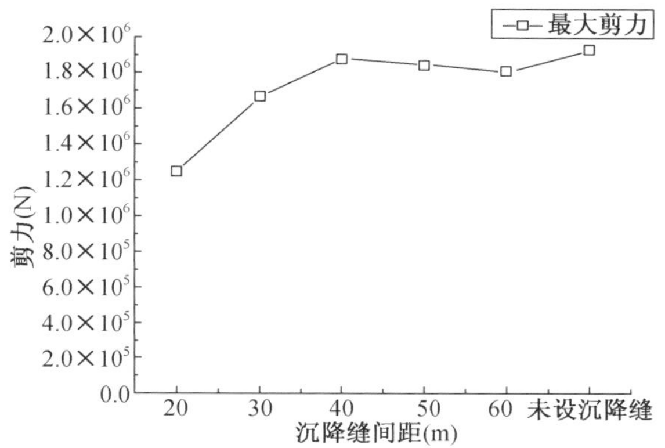

图 2-42　不同沉降缝间距下隧道结构纵向最大剪力变化曲线

对于沉降缝设置后隧道结构剪力的变化：在整个计算区段内，隧道结构纵向剪力变化曲线呈波浪形，随着沉降缝设置条数增多，变化越为明显，位于两沉降缝之间的剪力局部上有一定的降低，沉降缝位置处的剪力发生跳跃和突变。主要原因在于沉降缝的设置切断了各分段梁剪力的互相传递，使结构纵向受力重新分布，但从整体来看，随着沉降缝间距的减小，隧道结构纵向最大剪力呈逐步减小的趋势。

在不同沉降缝间距下，隧道结构纵向最大剪力变化曲线如图 2-42 所示。不同沉降缝间距情况下最大剪力相对减小百分比如图 2-43 所示。

如图 2-42 所示，随着沉降缝间距的增大，隧道纵向最大剪力逐步增大，当沉降缝间距大于 40 m 时，最大剪力与未设置沉降缝时的剪力相当。

由图 2-43 可见，当沉降缝间距为 20 m 时，隧道纵向最大剪力相对于未设置沉降缝时减少约 35.27%，当沉降缝间距大于 40 m 时，隧道纵向最大剪力与未设置沉降缝时相差平均约 5%，此状态的沉降缝间距对于不均匀沉降引起的隧道结构纵向的剪力变化的调解作用已近失效。

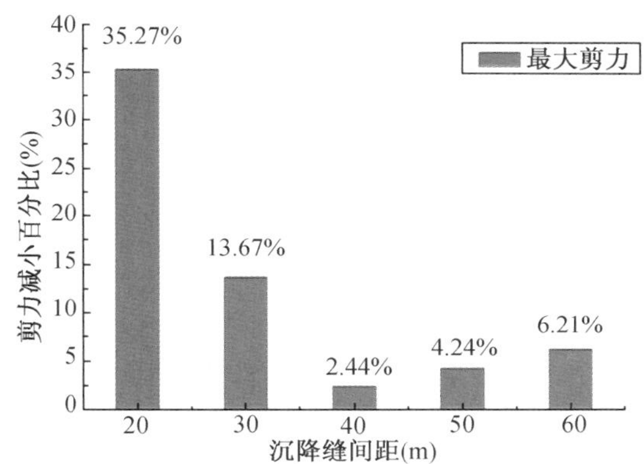

图 2-43　不同沉降缝间距条件下最大剪力减少百分比

③ 隧道结构的纵向沉降变形与截面转角

不同沉降缝条件下，隧道结构纵向截面转角，如图 2-44 所示。

由图 2-44 可见，随着沉降缝间距从 20～60 m 逐渐增大，截面转角逐渐增大，这与隧道结构纵向弯矩变化基本一致。

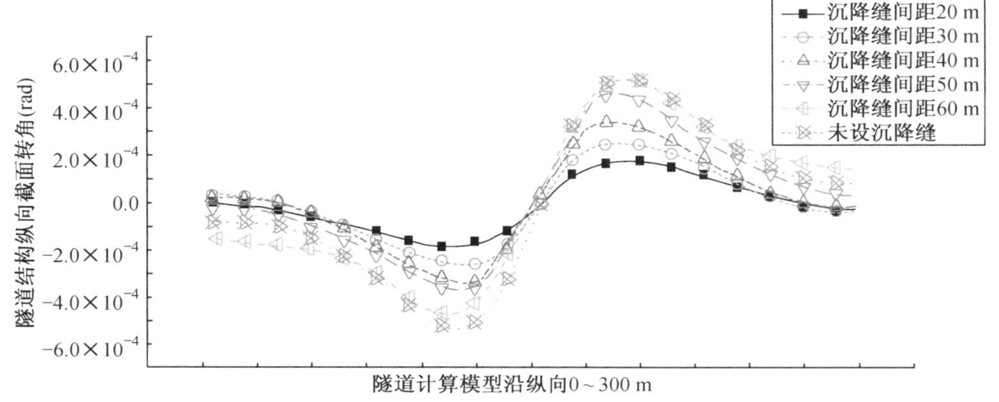

图 2-44　不同沉降缝条件下隧道结构纵向截面转角

不同沉降缝条件下，隧道结构的纵向竖向沉降变形如图 2-45 所示。

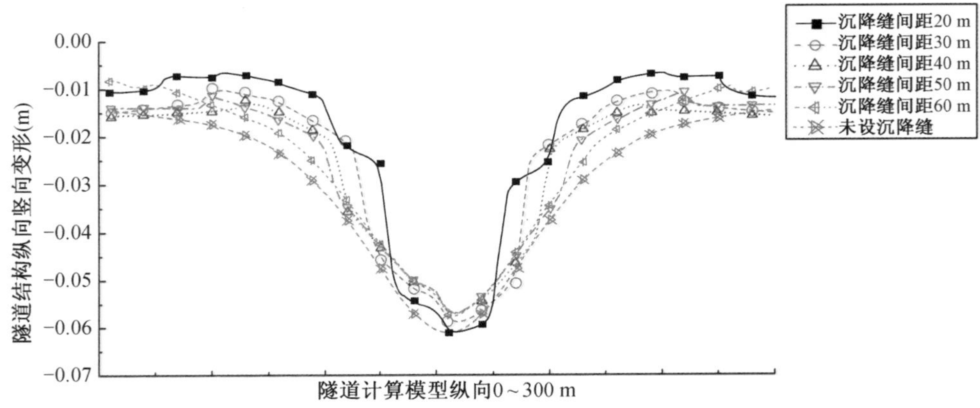

图 2-45　不同沉降缝条件下隧道结构纵向竖向沉降变形

由图 2-45 可见，未设置沉降缝与设置沉降缝相比，隧道结构竖向变形数值相差不大，变形规律与隧道沉降曲线基本一致。此时，沉降缝的设置对隧道结构竖向位移的影响很小。

5）盾构工作井与隧道管段产生差异沉降条件下，隧道管片结构纵向沉降缝设置计算分析

对于盾构隧道工作井和区间隧道的连接处结构的纵向计算，仍然采用有限元平面模型进行计算，如图 2-5 所示。与上节计算内容不同之处在于：①作用于地表的外部荷载为均布荷载；②通过设置边界条件实现地层的不均匀沉降，以模拟隧道工作井与隧道连接处不均匀沉降条件下的隧道纵向结构计算。

以该隧道盾构始发工作井与区间隧道连接处上行线里程桩号 SK0＋483—SK0＋800 段为计算对象建立计算模型，计算区间所在平面位置，如图 2-46 所示。

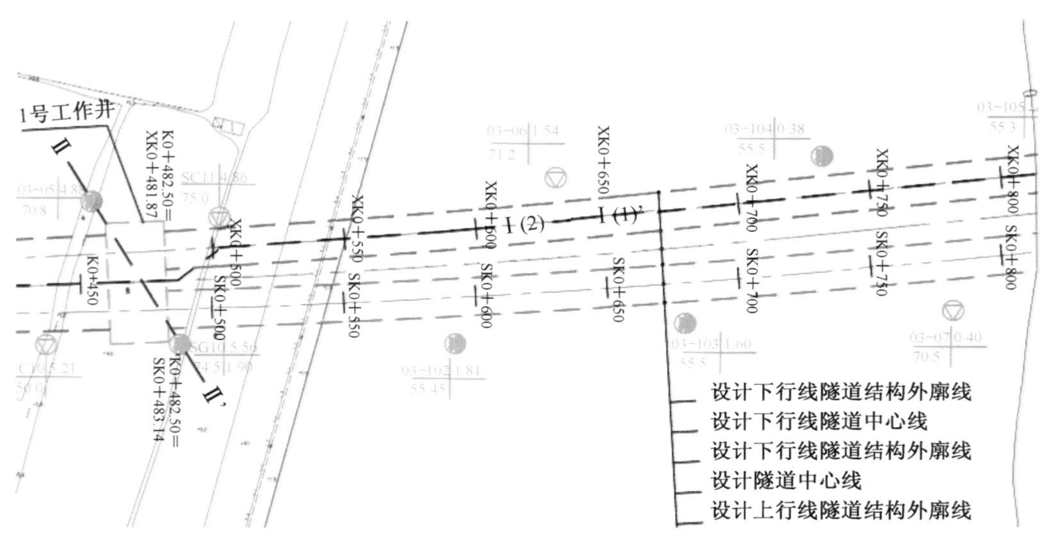

图 2-46　上行线里程 SK0＋483—SK0＋800 平面位置图

根据该越江隧道地质勘查资料，对照 03-102，03-103，03-104，03-105 钻孔柱状图，在计算区域内各土层分布厚度及土层参数的取值，如表 2-3 所列。

表 2-3　盾构始发工作井处土层参数表

土层层号	土 层 名 称	土层厚度(m)	土层深度(m)	重度 γ (kN/m³)	泊松比 μ	变形模量 E(MPa)	黏聚力 c(kPa)	内摩擦角 φ(°)
②$_3$	灰色砂质粉土	5.60	5.60	18.7	0.30	5.20	8.0	27.0
③$_1$	灰色淤泥质粉质黏土	3.40	9.00	17.5	0.35	1.41	13.0	12.5
③$_2$	灰色砂质粉土	1.00	10.00	18.3	0.30	5.30	7.0	28.5
④	灰色淤泥黏土	14.50	24.50	16.9	0.37	2.50	14.0	10.5
⑤$_1$	灰色黏土	1.50	26.00	17.3	0.33	2.21	16.0	12.0
⑤$_2$	灰色黏质粉土	20.00	46.00	18.0	0.31	4.0	12.0	22.0
⑦$_{1-2}$	灰色粉细砂	9.50	55.50	18.2	0.27	8.2	12.0	24.0

未设沉降缝时的有限元模型，如图 2-47 所示。

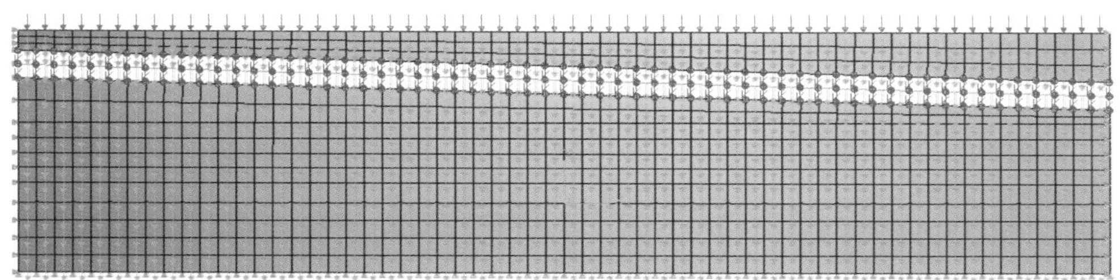

图 2-47　未设沉降缝时有限元平面计算模型

在模型左侧边界结点上设置位移边界条件，同时限制水平位移为零，竖向初步给定位移 50 mm(工作井沉降)，作用于地表的外部荷载设为 50 kN/m，隧道纵向坡度 2.9%，其他如模型尺寸、土体、结构、非线性弹簧等的计算参数与上节相同。以下考虑工作井与区间隧道之间的差异沉降，按照设置的沉降缝间距分别为 20 m，30 m，40 m，50 m 和 60 m 的不同工况进行隧道结构纵向内力及变形计算。

(1) 沉降缝间距 20 m 情况

从左至右，按 20 m 间距设置沉降缝，计算模型如图 2-48 所示。

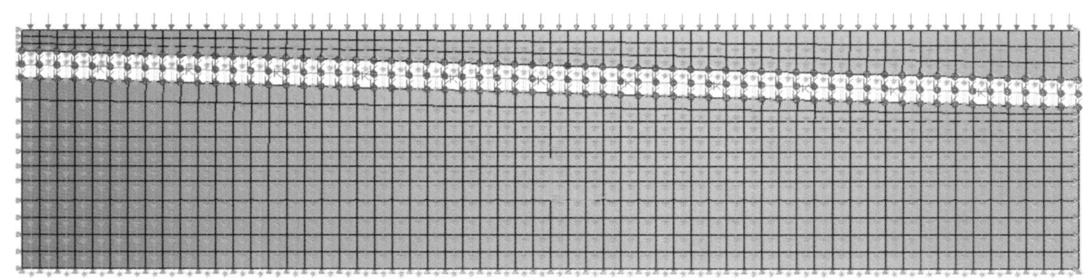

图 2-48　沉降缝间距 20 m 时的计算模型

通过计算，主要结果分别如图 2-49—图 2-52 所示。

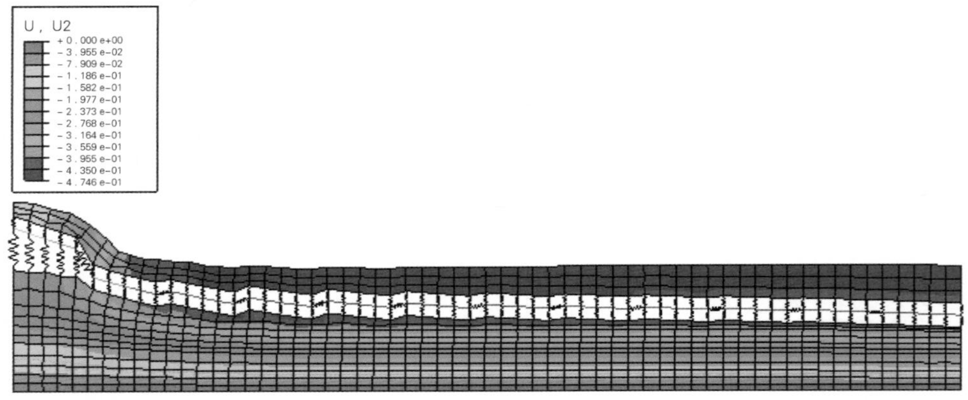

图 2-49　沉降缝间距 20 m 时隧道竖向沉降云图

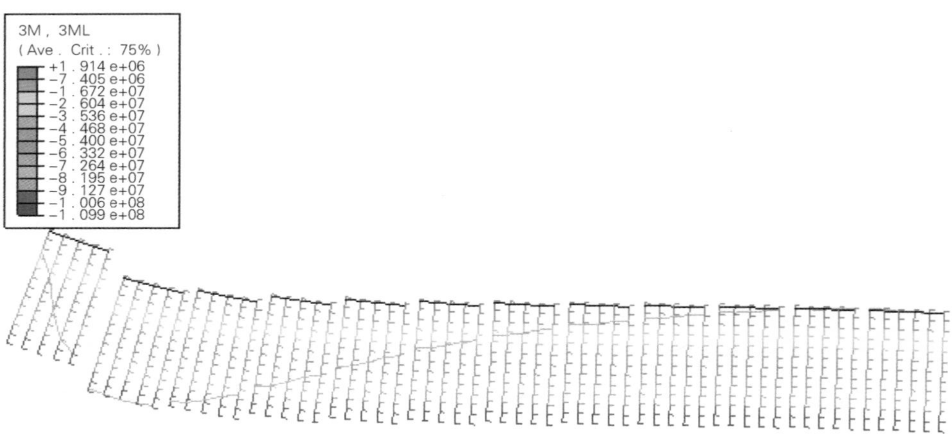

图 2-50　沉降缝间距 20 m 时隧道结构纵向弯矩图

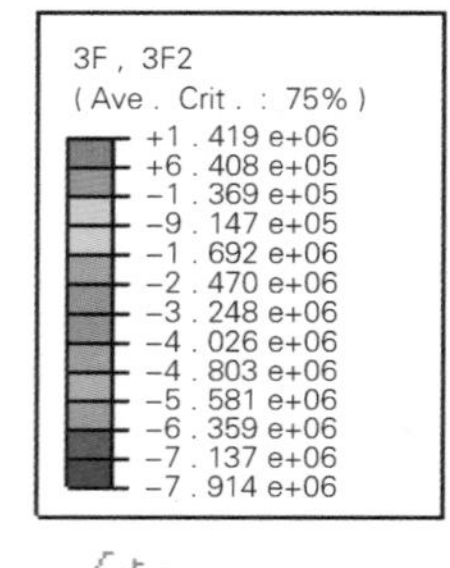

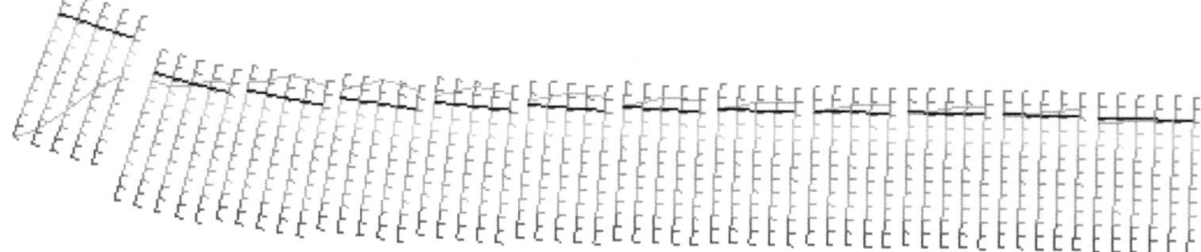

图 2-51　沉降缝间距 20 m 时隧道结构纵向剪力图

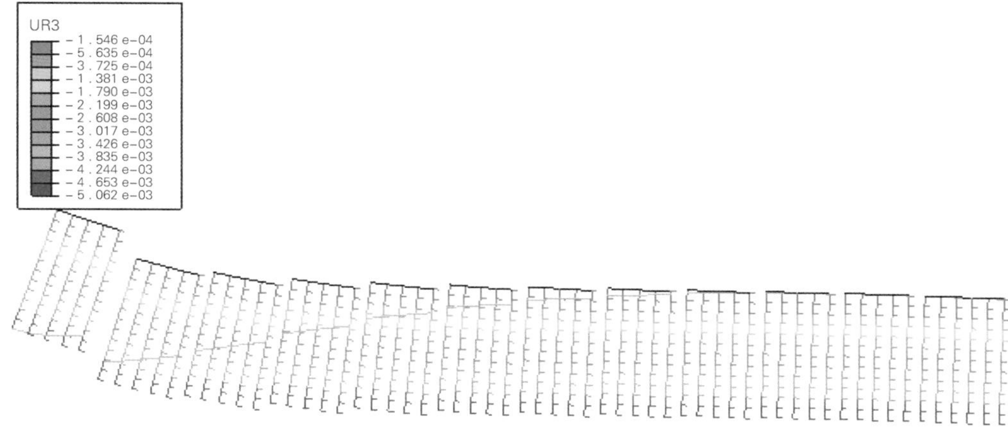

图 2-52　沉降缝间距 20 m 时隧道结构纵向截面转角

(3) 沉降缝间距 30 m 情况

从左至右,按 30 m 间距设置沉降缝,计算模型如图 2-53 所示。

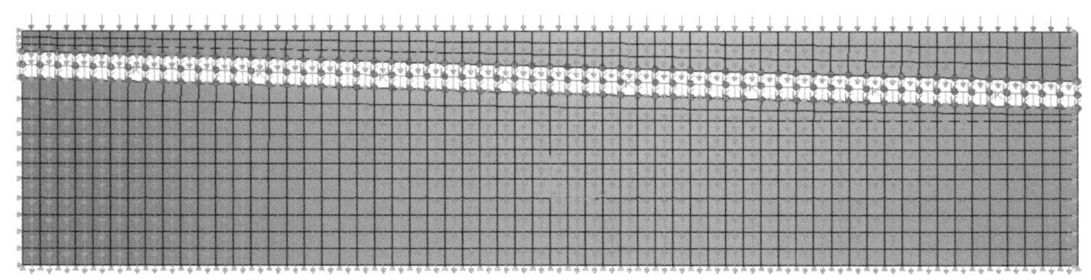

图 2-53　沉降缝间距 30 m 时计算模型

按照 30 m 间距设置沉降缝,通过计算,主要结果分别如图 2-54—图 2-57 所示。

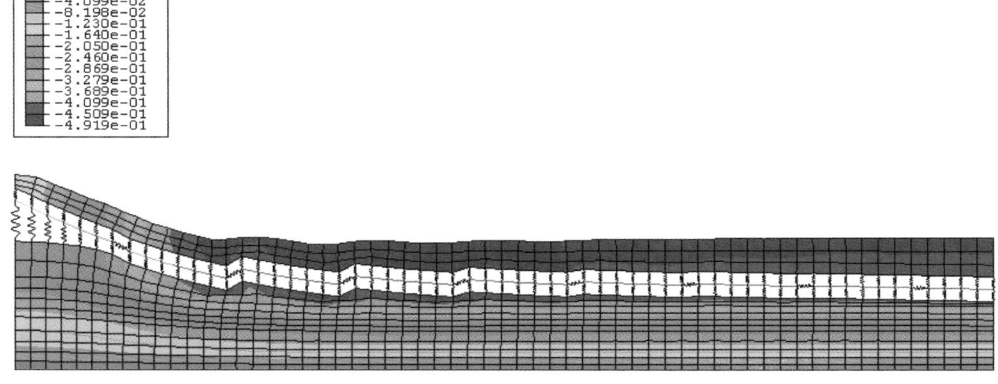

图 2-54　沉降缝间距 30 m 时隧道纵向竖向沉降

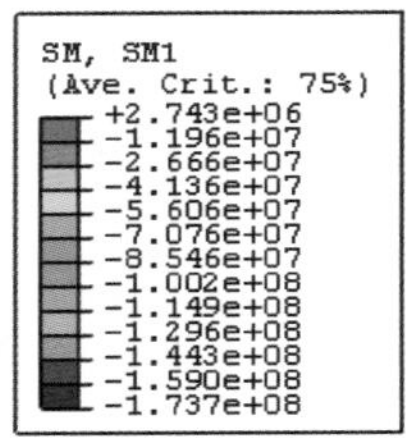

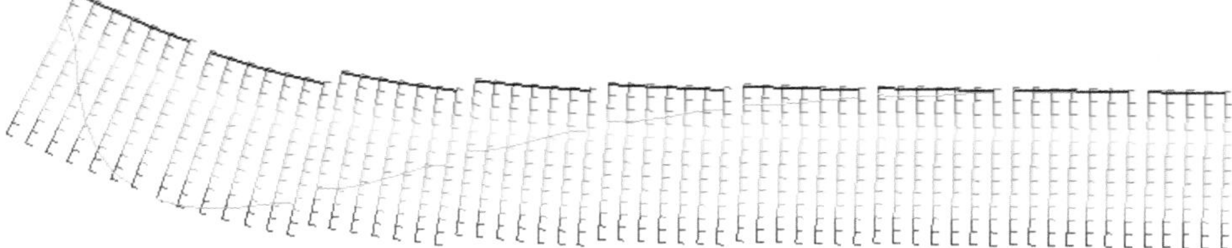

图 2-55　沉降缝间距 30 m 时隧道结构纵向弯矩图

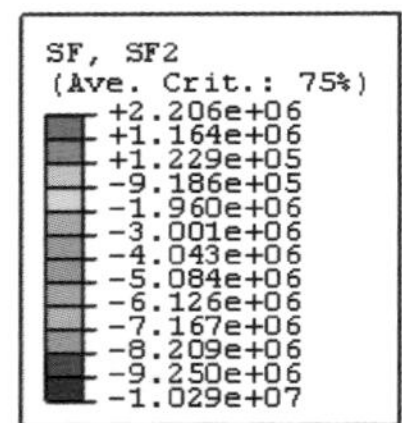

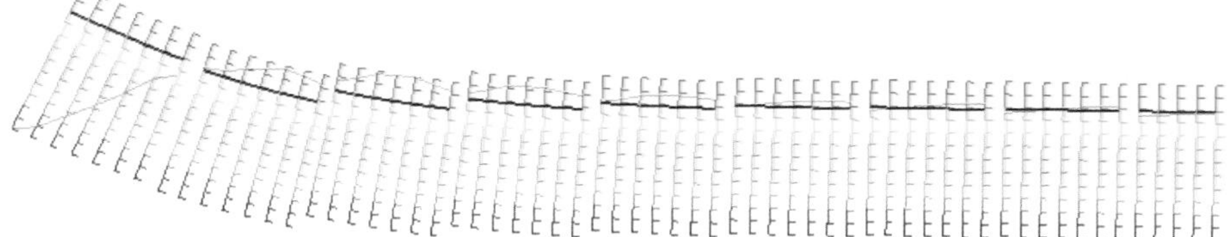

图 2-56　沉降缝间距 30 m 时隧道结构纵向剪力图

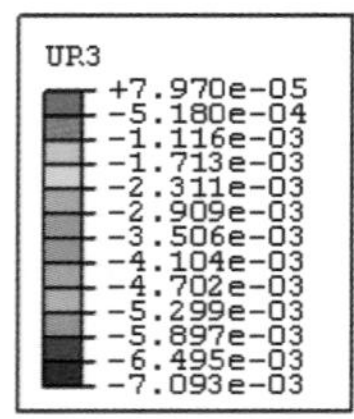

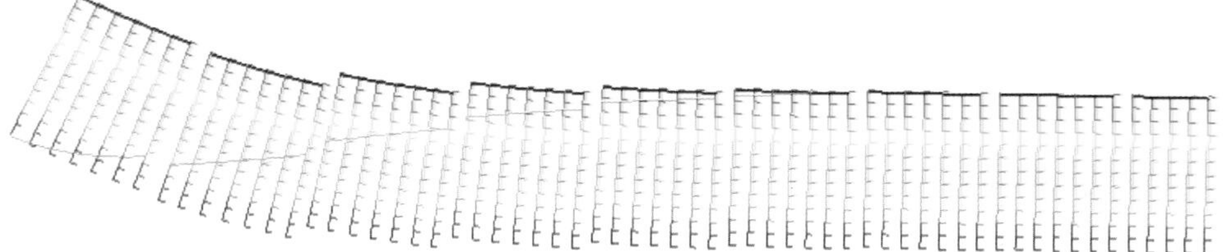

图 2-57　沉降缝间距 30 m 时隧道结构纵向截面转角图

(4) 沉降缝间距 40 m 情况

从左至右，按 40 m 间距设置沉降缝，计算模型如图 2-58 所示。

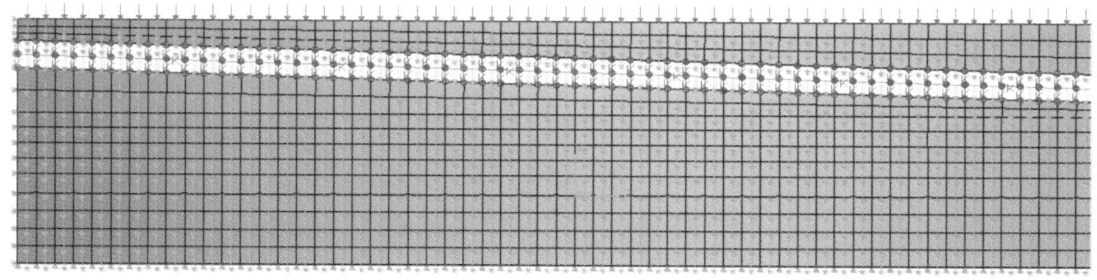

图 2-58　沉降缝间距 40 m 时隧道纵向计算模型

按照 40 m 间距设置沉降缝，通过计算，主要结果分别如图 2-59—图 2-62 所示。

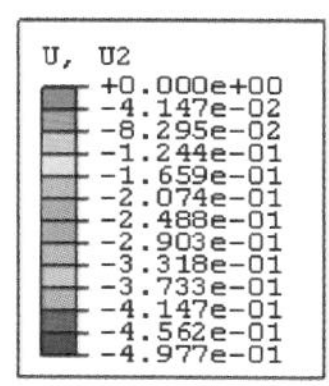

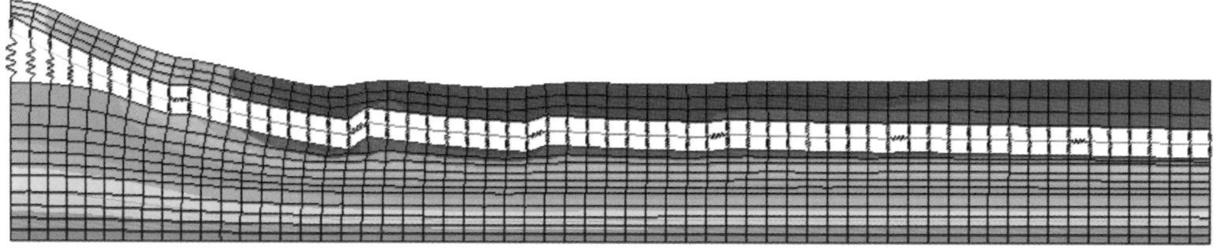

图 2-59　沉降缝间距 40 m 时隧道竖向沉降分布云图

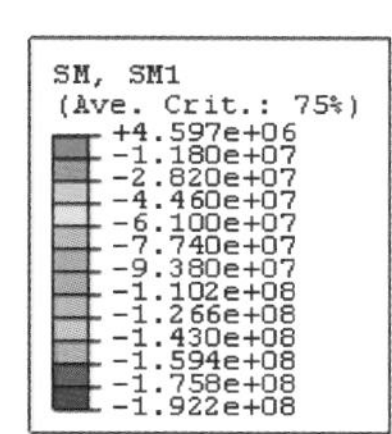

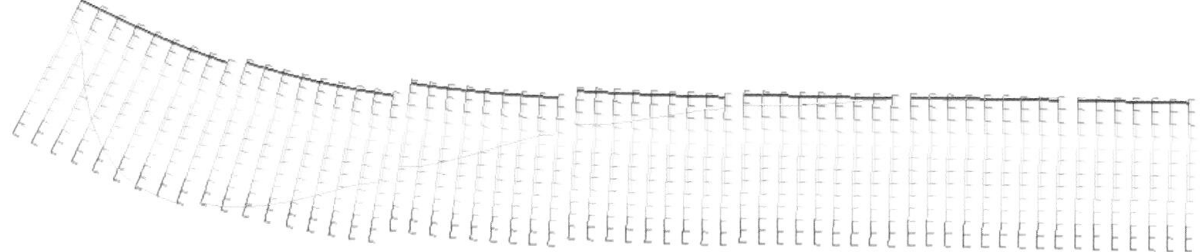

图 2-60　沉降缝间距 40 m 时隧道结构纵向弯矩图

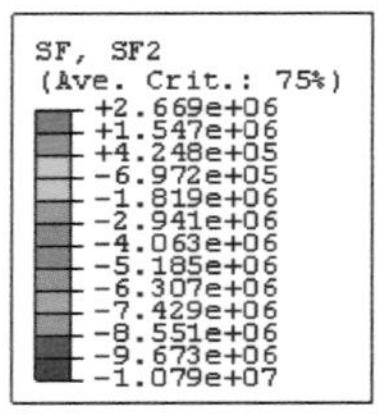

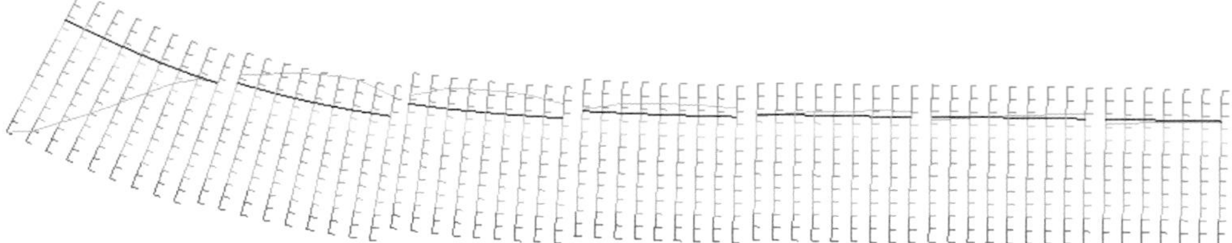

图 2-61　沉降缝间距 40 m 时隧道结构纵向剪力图

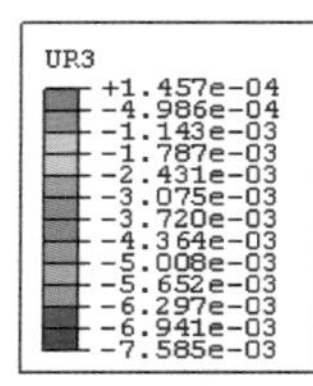

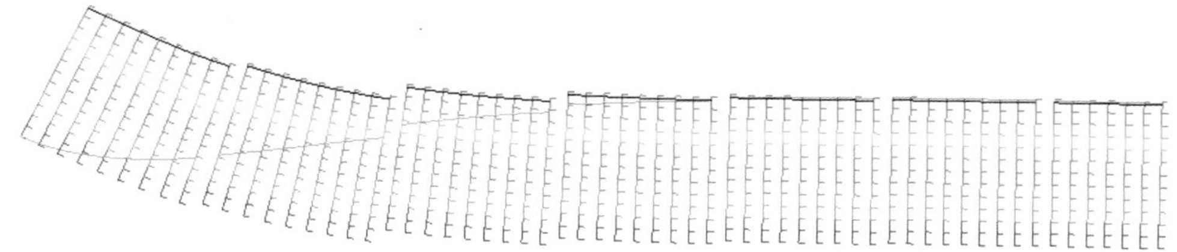

图 2-62　沉降缝间距 40 m 时隧道沿纵向横截面转角

(5) 沉降缝间距 50 m 情况

从左至右，按 50 m 间距设置沉降缝，计算模型如图 2-63 所示。

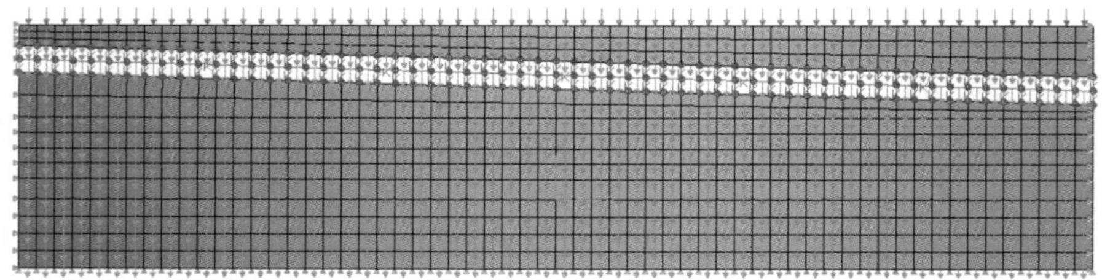

图 2-63　沉降缝间距 50 m 时计算模型

按照 50 m 间距设置沉降缝，通过计算，主要结果分别如图 2-64—图 2-67 所示。

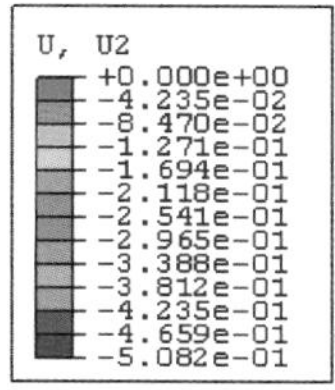

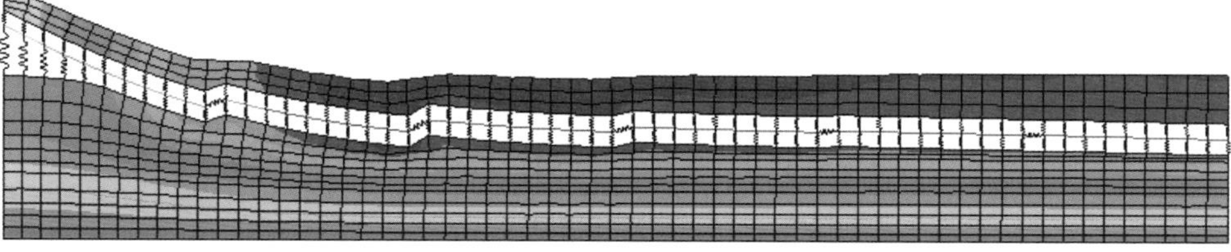

图 2-64　沉降缝间距 50 m 时隧道竖向沉降分布云图

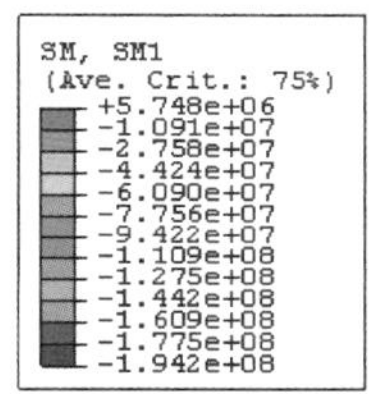

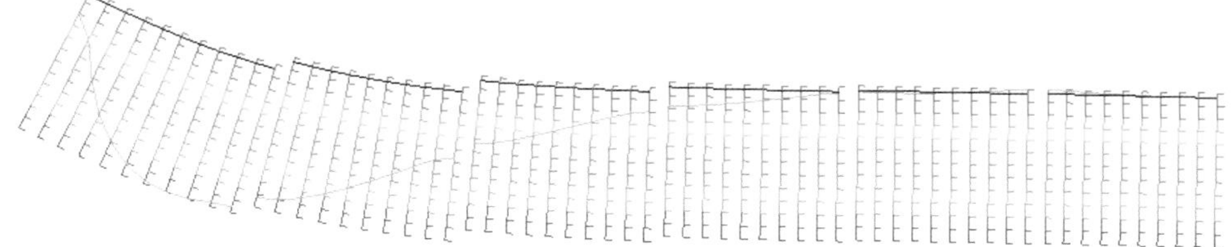

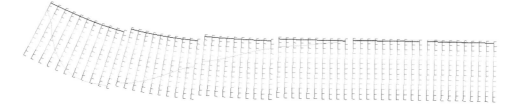

图 2-65　沉降缝间距 50 m 时隧道结构纵向弯矩图

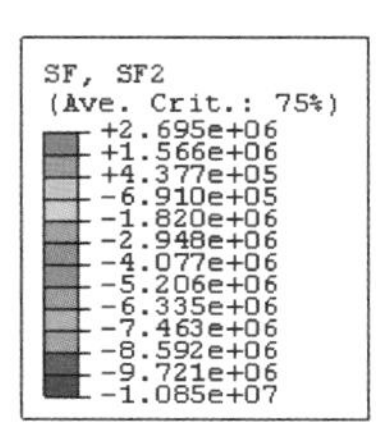

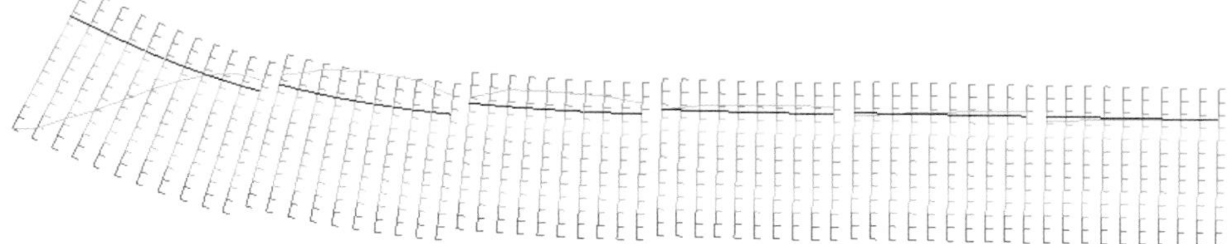

图 2-66　沉降缝间距 50 m 时隧道结构纵向剪力图

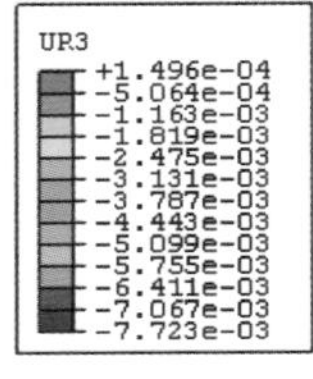

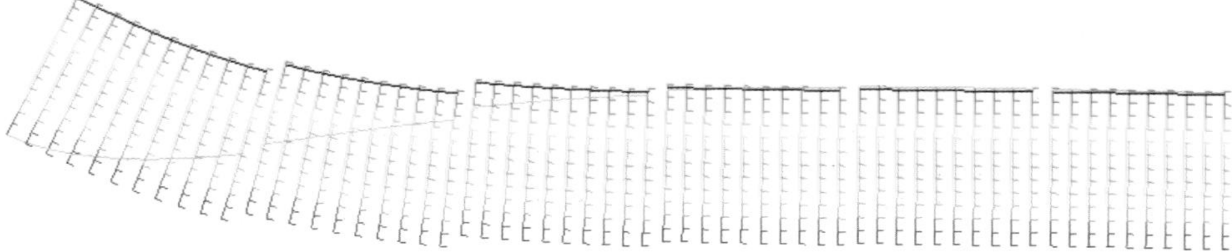

图 2-67 沉降缝间距 50 m 时隧道沿纵向横截面转角

(6) 沉降缝间距 60 m 情况

从左至右，按 60 m 间距设置沉降缝，计算模型如图 2-68 所示。

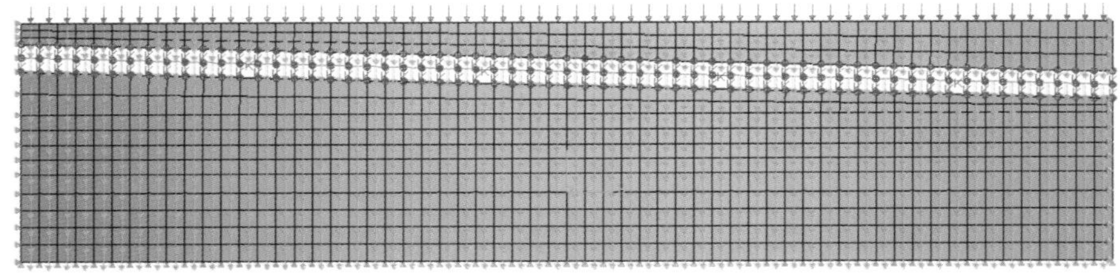

图 2-68 沉降缝间距 60 m 时计算模型

按照 60 m 间距设置沉降缝，通过计算，主要结果分别如图 2-69—图 2-72 所示。

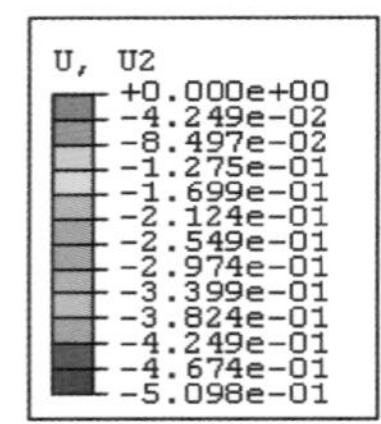

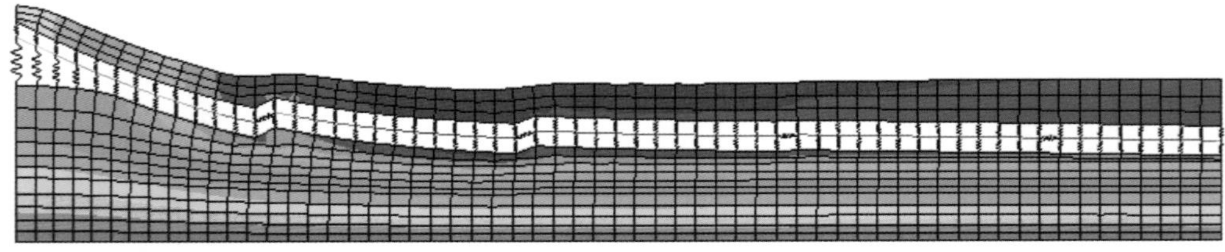

图 2-69 沉降缝间距 60 m 时隧道竖向沉降分布云图

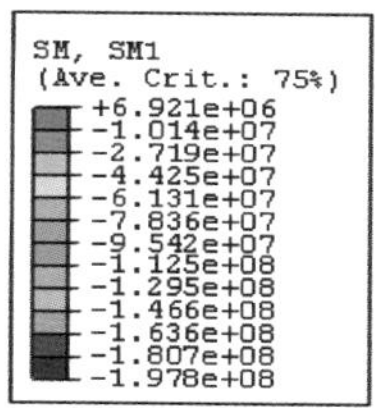

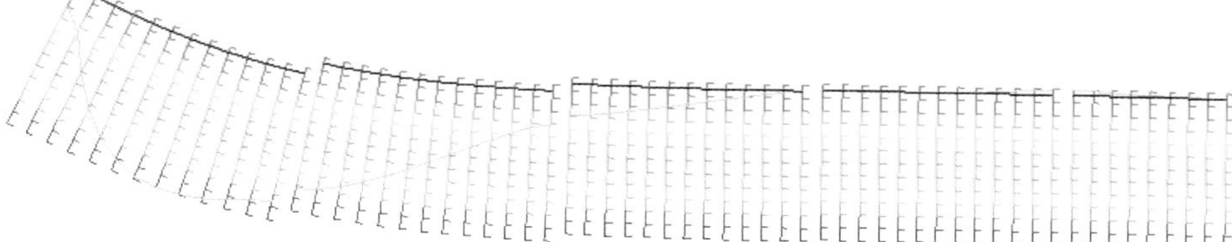

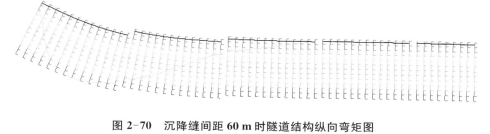

图 2-70　沉降缝间距 60 m 时隧道结构纵向弯矩图

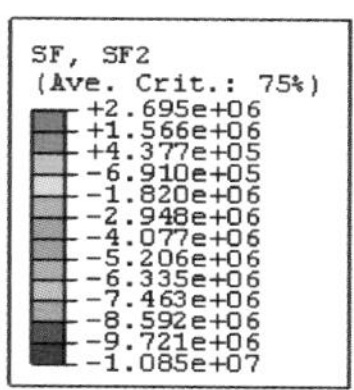

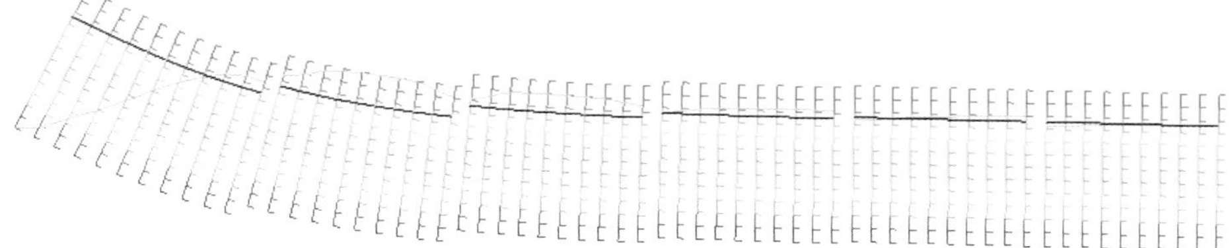

图 2-71　沉降缝间距 60 m 时隧道结构纵向剪力图

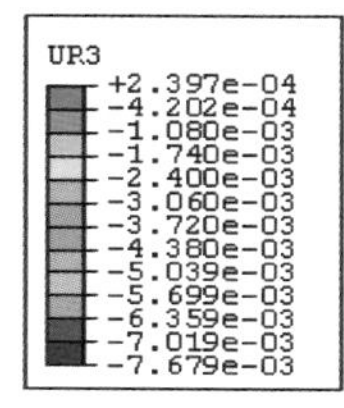

图 2-72　沉降缝间距 60 m 时隧道沿纵向横截面转角

(7) 计算结果分析

① 隧道结构纵向弯矩

不同沉降缝间距条件下隧道结构纵向弯矩变化曲线对比，如图 2-73 所示。

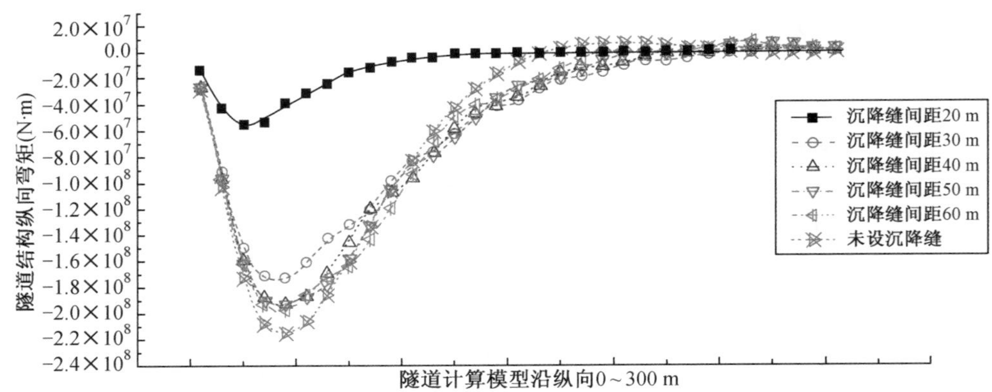

图 2-73　不同沉降缝间距隧道结构纵向弯矩对比

由图 2-73 可见，随着沉降缝间距的增大，在靠近工作井与隧道结构连接区域(图中左侧)的纵向弯矩变化曲线逐级接近未设置沉降缝时的弯矩曲线，且随着离工作井的距离越远，各个不同沉降缝间距条件下的隧道结构纵向弯矩趋于相近。沉降缝间距为 20 m 时，隧道结构纵向弯矩将具有显著的减小。

不同沉降缝间距下，纵向最大弯矩(绝对值)的变化曲线，如图 2-74 所示。

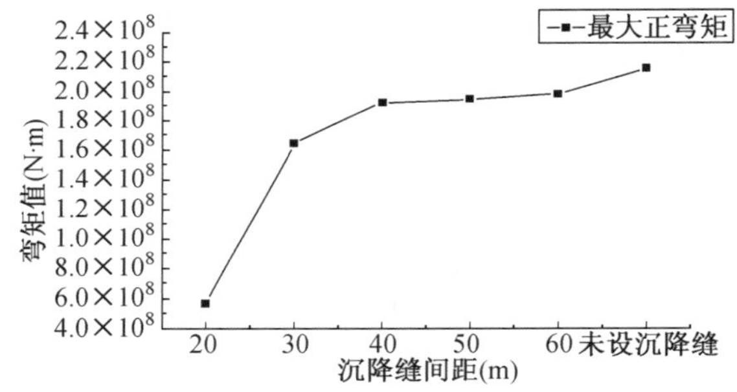

图 2-74　不同沉降缝间距下隧道纵向最大弯矩变化曲线

由图 2-74 可见，随着沉降缝间距从 20～60 m 逐渐增大，最大正弯矩逐渐增大。从曲线走势看，当沉降缝间距为 20～40 m 区段时，隧道结构纵向最大弯矩增长较快；当沉降缝间距为 40～60 m 区段时，隧道结构纵向最大弯矩增长不大，与未设置沉降缝时最大弯矩的相差相对很小。

不同沉降缝间距条件下最大弯矩减小百分比，如图 2-75 所示。

从上述可见，当沉降缝间距为 20 m 时，隧道结构纵向最大弯矩相对于未设沉降缝时减小约 74%；当沉降缝为 40 m 以上时，隧道结构纵向最大弯矩相对未设沉降缝时减小约 10%。

② 隧道结构纵向剪力

不同沉降缝间距条件下隧道结构纵向剪力变化曲线的对比，如图 2-76 所示。

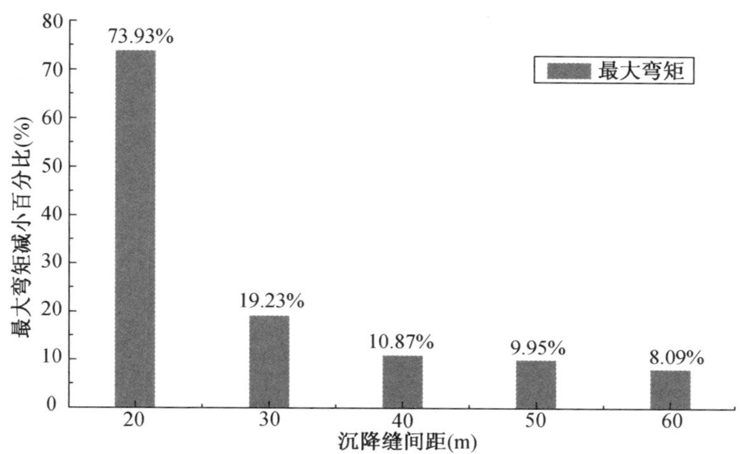

图 2-75　不同沉降缝间距条件下隧道最大弯矩减小百分比

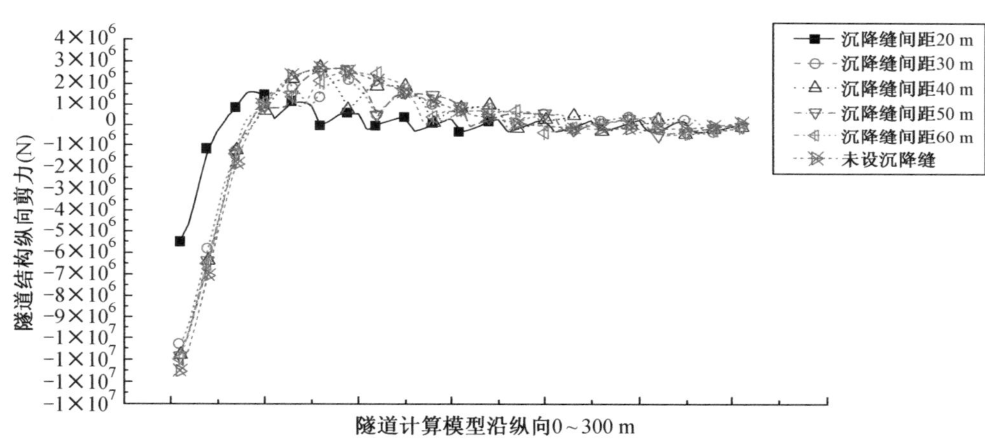

图 2-76　不同沉降缝间距隧道纵向剪力对比

由图 2-76 可见，最大剪力位置处于工作井与隧道连接处，设置沉降缝后的剪力曲线沿纵向上下波动，主要是由于沉降缝处剪力突变所致。当沉降缝间距为 20 m 时，隧道结构纵向剪力变化最为显著，剪力最大值相对未设沉降缝时有较大的减小，剪力曲线的波动幅度也相对较小。

不同沉降缝间距下纵向最大剪力变化曲线，如图 2-77 所示。

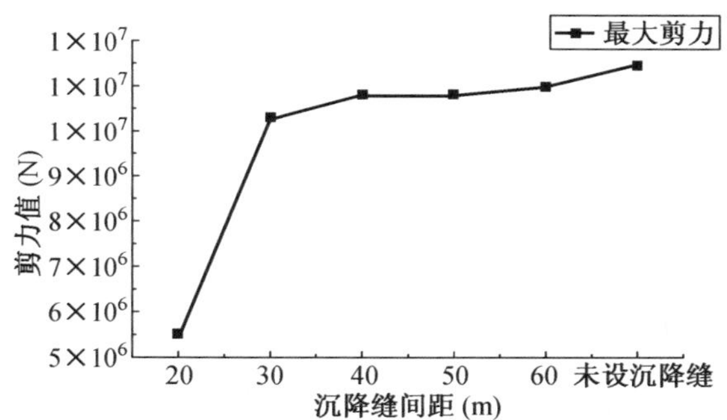

图 2-77　不同沉降缝间距下隧道纵向最大剪力变化曲线

由图 2-77 可见，随着沉降缝间距从 20～60 m 逐渐增大，纵向最大剪力逐渐增大。从曲线走势看，当沉降缝间距大于30 m时，隧道结构纵向最大剪力增长较快；当沉降缝间距为 40～60 m 区段时，隧道结构纵向最大剪力则增长不大，与未设置沉降缝时最大剪力值的相差相对很小。

不同沉降缝间距条件下最大剪力减小百分比，如图 2-78 所示。

由图 2-78 可见，当沉降缝间距为 20 m 时，隧道结构纵向最大剪力值相对未设置沉降缝时减小约 52%；当沉降缝为 40 m 以上时，隧道结构纵向最大剪力相对未设沉降缝时，减小约 5%。

③ 隧道结构纵向变形位移

不同沉降缝间距条件下隧道结构纵向竖向位移，如图 2-79 所示。

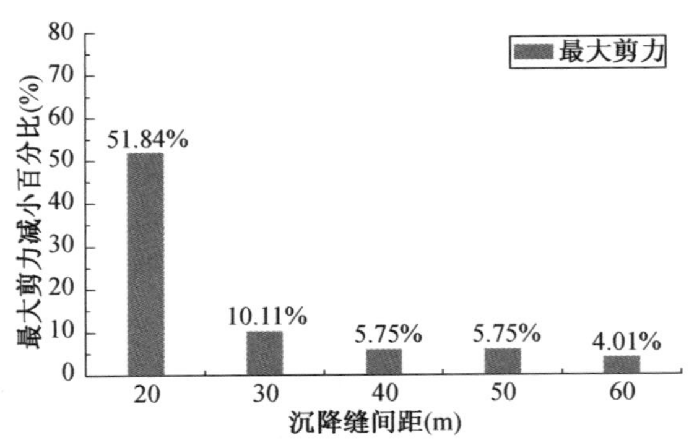

图 2-78　不同沉降缝间距条件下隧道最大剪力减小百分比

由图 2-79 可见，在靠近工作井与隧道连接位置的区域，设置沉降缝后结构竖向位移略大于未设置沉降缝时的值，而距离工作井与隧道连接位置越远，设置沉降缝后结构竖向位移越趋近未设置沉降缝时的结构位移。从结构整体看，在设置不同沉降缝条件下，隧道纵向竖向位移曲线与未设沉降缝时基本相近，沉降缝的设置对于隧道纵向竖向变形值的影响不大。

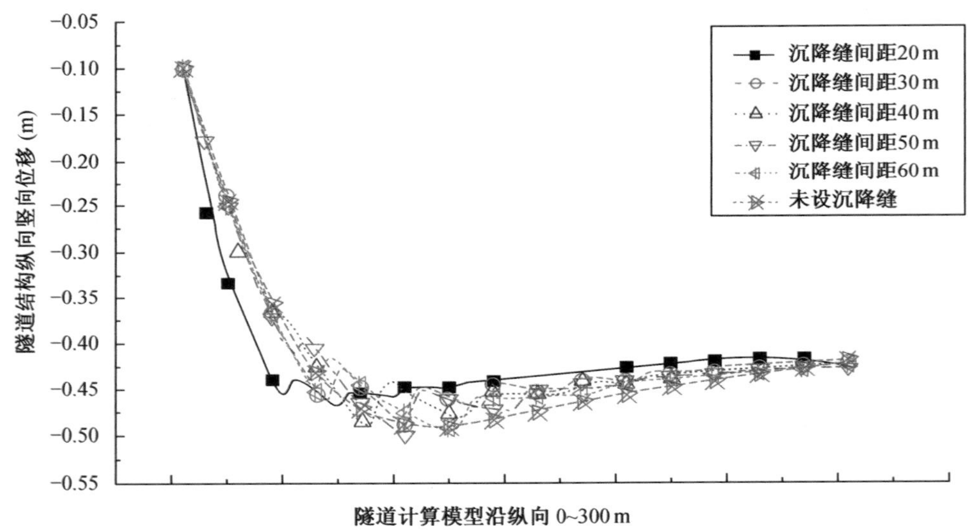

图 2-79　不同沉降缝间距条件隧道结构纵向竖向位移

不同沉降缝间距条件下，隧道结构沿纵向横截面转角，如图 2-80 所示。

由图 2-80 的结构纵向转角随沉降缝设置间距不同的变化可见，结构内力（弯矩值）相对于未设置沉降缝时具有显著减小；而如上述，隧道结构竖向位移则相对没有明显变化。

2.3.2　计入结构与土体相互作用管片衬砌纵向沉降三维数值计算分析

1）计算模型说明

(1) 计算模型选取

由于受到数值模型大小及计算能力的限制，不能完全考虑取纵向全长范围内的结构作计算，在建立隧道结构的纵向计算模型时，沿隧道长度方向仅取纵向局部一定长度范围的隧道结构作为建模和计算对象，沿隧道埋深方向，则按工程设计参数进行建模。计算模型主要

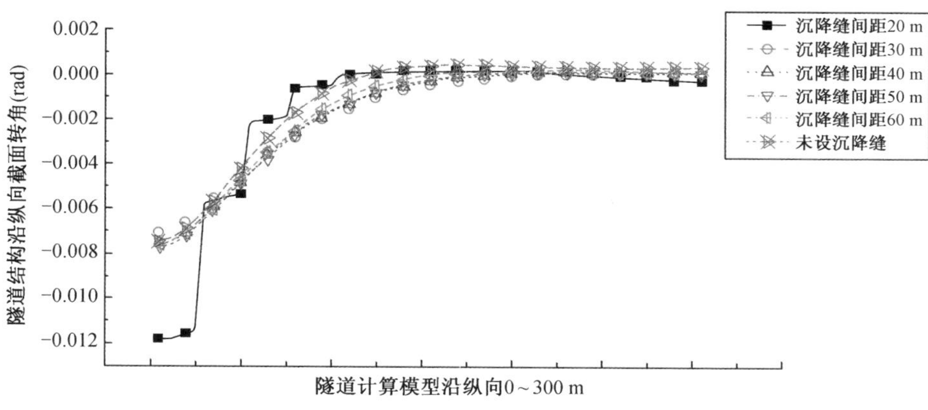

图 2-80　不同沉降缝间距隧道结构沿纵向横截面转角

包括尺寸确定、作用荷载、边界条件等。以隧道上行线为计算对象，选取该越江隧道上行线江中段纵剖面设计的典型区段。

(2) 作用荷载、计算工况及基本假设

考虑到隧道纵向沉降变形产生的原因，主要由土质松软、外部荷载大且呈不均匀分布和地层沿纵向土性不均匀等所引起，对于越江隧道纵向计算的荷载及计算所设定的简化工况如下。

① 荷载作用：

A. 自身重力作用(包括土体及隧道自重)；

B. 隧道上部土体受到的江水压力。

② 地层分布不均匀：考虑地层沿纵向局部产生一定量的差异沉降。

③ 基本假设和初始计算条件：

A. 在进行隧道纵向三维有限元计算时，将每两条沉降缝之间由管片环向接头和管片环组装而成的管片衬砌，等效为连续的圆环状管道结构；

B. 不考虑地下水位变化及水压力等对隧道纵向沉降缝设置的影响；

C. 在计算初始条件中，通过设置边界条件，给定局部地层的不均匀沉降量，以模拟施加的地层局部不均匀沉降作用；

D. 建立计算模型时，软黏性土体采用 Mohr-Coulomb 弹塑性本构模型，管片衬砌则采用弹性本构模拟，土体采用三维实体单元，管片结构采用空间壳单元模拟，沉降缝采用三维线弹性弹簧，每根弹簧通过控制其所有 6 个自由度方向刚度以模拟沉降缝的受力与变形。

2) 隧道结构纵向沉降三维计算模型

(1) 建立三维计算模型

基于结构与土体相互作用的隧道结构纵向有限元三维整体模型，如图 2-81 所示。

三维模型的建立选取该越江隧道区段上行线里程 SK4+160—SK4+400 区间为计算区域，隧道平面位置如图 2-7 所示。三维计算模型宽度取 60 m，模型深度取地表以下 65 m，模型纵向长度取 240 m，隧道管片衬砌结构直径按实际设计值取值。计算模型左、右侧面限制 Z 方向位移为零，前、后侧面设置 X 方向位移为零，底部设定非沉降区域 Y 方向位移为零，沉降区域位移 Y 方向取 100 mm，底部边界沉降示意如图 2-82 所示，隧道纵向管片结构计算模型如图 2-83 所示。

(2) 计算模型参数取值

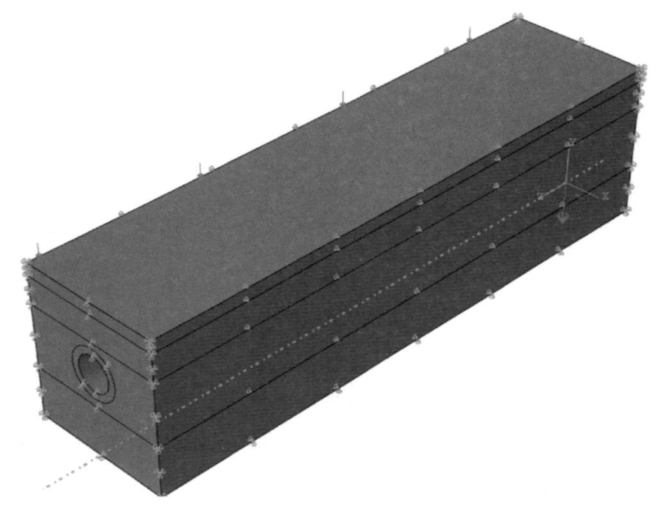

图 2-81 隧道结构纵向有限元三维整体模型

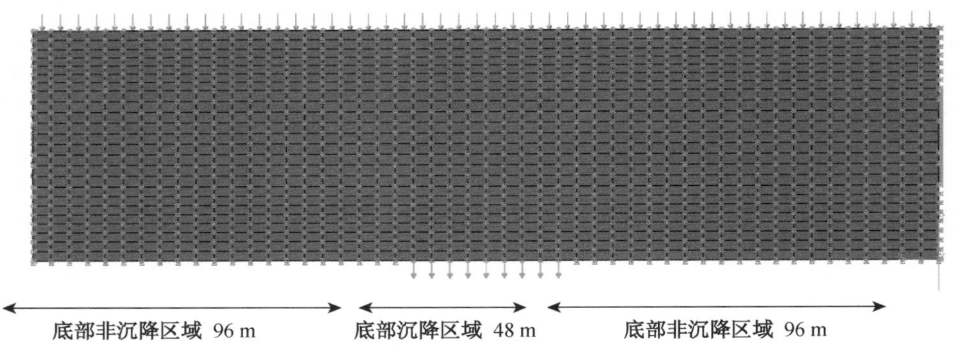

图 2-82 计算模型底部边界沉降条件示意

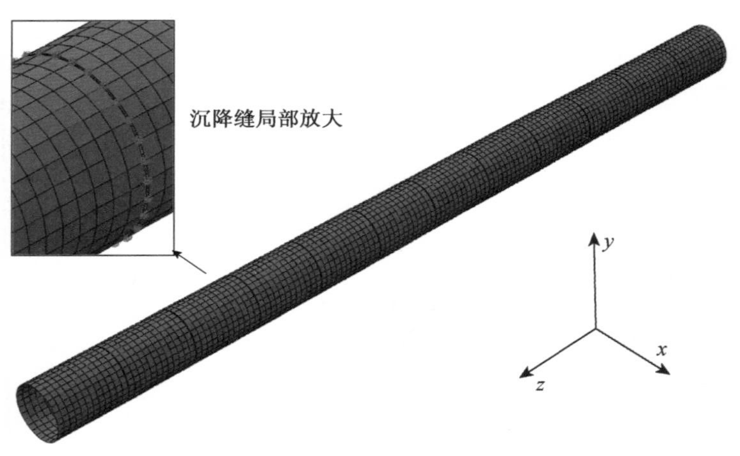

图 2-83 隧道纵向管片结构模型

土体、隧道管片材料及沉降缝处土体弹簧刚度参数，如表 2-4 和表 2-5 所列。

表 2-4　土层参数表

土层层号	土层名称	土层厚度(m)	土层深度(m)	重度 γ (kN/m^3)	泊松比 μ	变形模量 E(MPa)	黏聚力 c(kPa)	内摩擦角 φ(°)	剪胀角 ϕ(°)
①$_3$	灰黄色粉细砂	5.20	5.20	18.5	0.26	5.20	6	31.5	25
④	灰色淤泥质黏土	11.60	16.80	17.1	0.35	1.41	15.0	10.0	6
⑤$_3$	灰色粉质黏土	21.4	38.20	18.0	0.33	2.21	18.0	18.0	12
⑦$_{1-2}$	灰色粉细砂	10.8	49.0	18.7	0.27	8.2	3.0	32.0	20
⑦$_2$	灰色细砂	12.5	61.5	18.5	0.28	8.5	3.0	32.0	20
⑨	灰色粗砂	3.6	65.10	19.6	0.29	9.3	6	30.0	18

表 2-5　结构材料参数及土体各弹簧刚度取值

<table>
<tr><td rowspan="3">结构计算参数</td><td colspan="3">材 料 参 数</td><td colspan="4">截 面 参 数</td></tr>
<tr><td colspan="2">弹性模量
E(Pa)</td><td>泊松比
μ</td><td>形状</td><td colspan="2">外径
(m)</td><td>内径
(m)</td></tr>
<tr><td colspan="2">3.6×10^{10}</td><td>0.2</td><td>圆环</td><td colspan="2">15.0</td><td>14.35</td></tr>
<tr><td rowspan="2">弹簧刚度</td><td>弹簧 1-1</td><td colspan="2">弹簧 2-2</td><td>弹簧 3-3</td><td>弹簧 4-4</td><td>弹簧 5-5</td><td>弹簧 6-6</td></tr>
<tr><td>1.0×10^9</td><td colspan="2">0</td><td>2.0×10^8</td><td>1.2×10^8</td><td>1.6×10^9</td><td>5.0×10^9</td></tr>
</table>

3）地层局部沉降条件下隧道结构纵向沉降三维计算分析

根据上述隧道结构的纵向沉降缝设置做纵向三维计算模型，以下分别按照未设置沉降缝，以及沉降缝间距分别为 20 m，30 m，40 m 和 60 m 四种情况，进行不同沉降缝间距对隧道结构纵向受力及变形的影响分析。

(1) 沉降缝间距为 20 m

沉降缝间距为 20 m 时，隧道管片结构纵向模型如图 2-84 所示。通过计算，与纵向结构相关的主要计算结果，分别如图 2-85—图 2-89 所示。

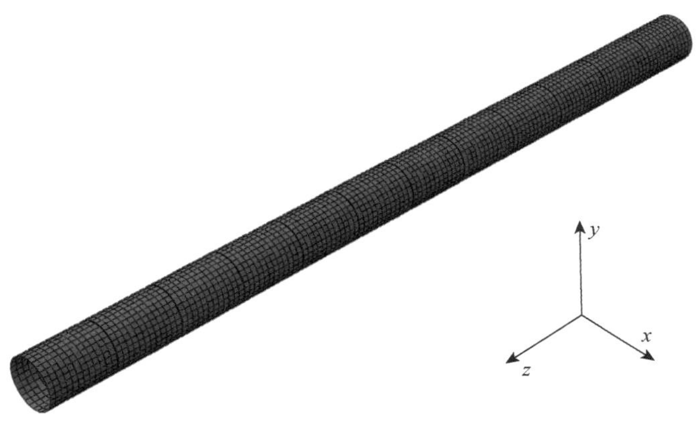

图 2-84　沉降缝间距为 20 m 时隧道管片结构纵向计算模型

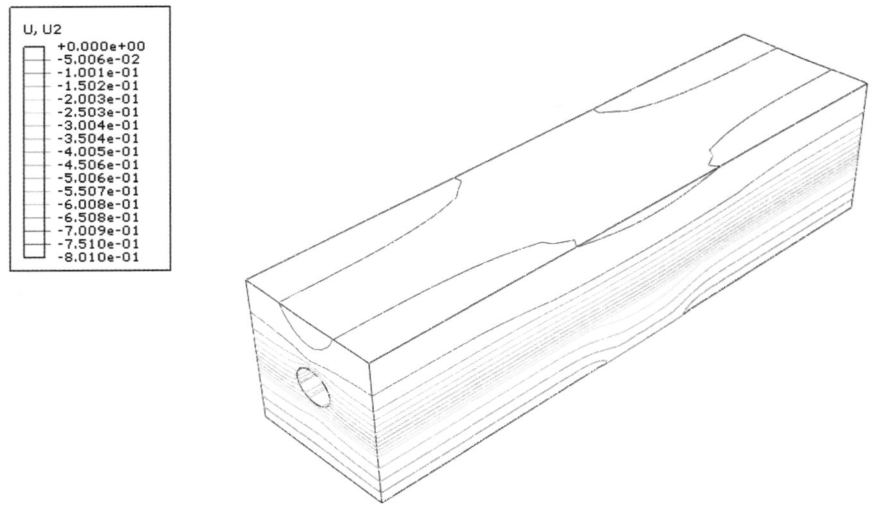

图 2-85　沉降缝间距为 20 m 时隧道纵向竖向沉降等值线分布图

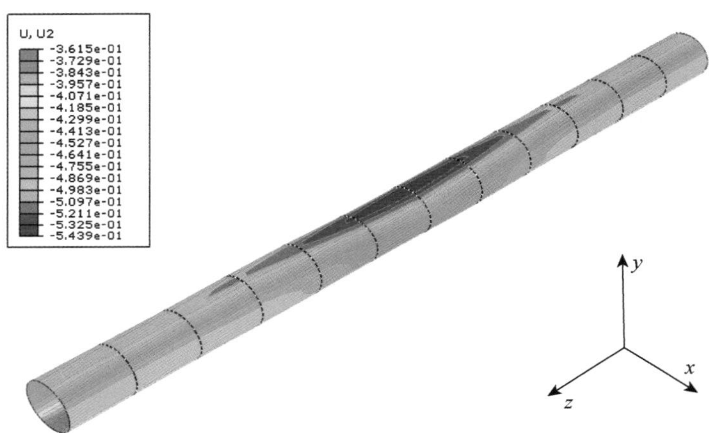

图 2-86　沉降缝间距为 20 m 时隧道纵向管片竖向(沿 y 轴)位移分布云图

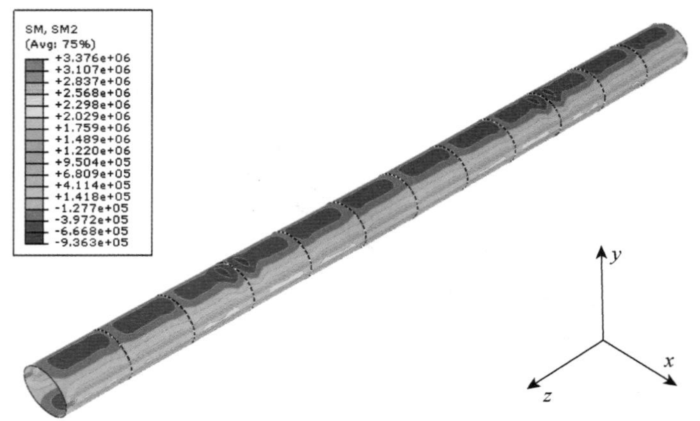

图 2-87　沉降缝间距为 20 m 时隧道纵向管片结构绕 x 轴弯矩分布云图

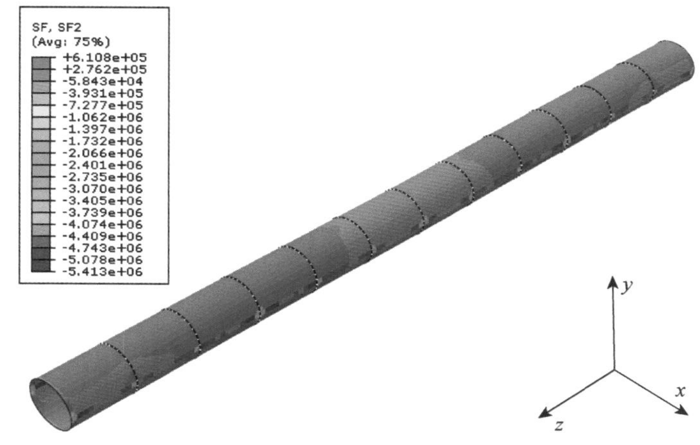

图 2-88　沉降缝间距为 20 m 时隧道纵向管片沿 y 轴剪力分布云图

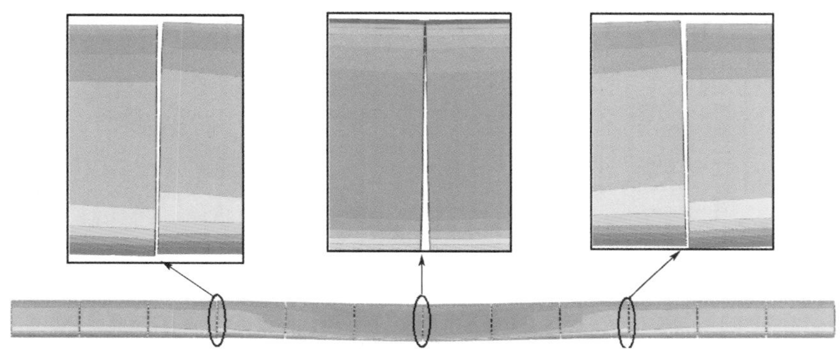

图 2-89　沉降缝间距为 20 m 时隧道纵向沉降缝处横截面变形状况

(2) 沉降缝间距为 30 m

沉降缝间距 30 m 时，隧道管片结构纵向模型如图 2-90 所示。通过计算，与隧道纵向结构相关的主要计算结果，分别如图 2-91—图 2-95 所示。

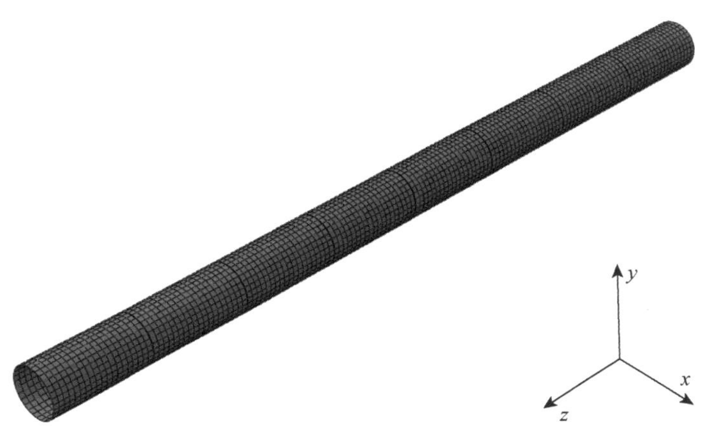

图 2-90　沉降缝间距为 30 m 时隧道管片结构纵向计算模型

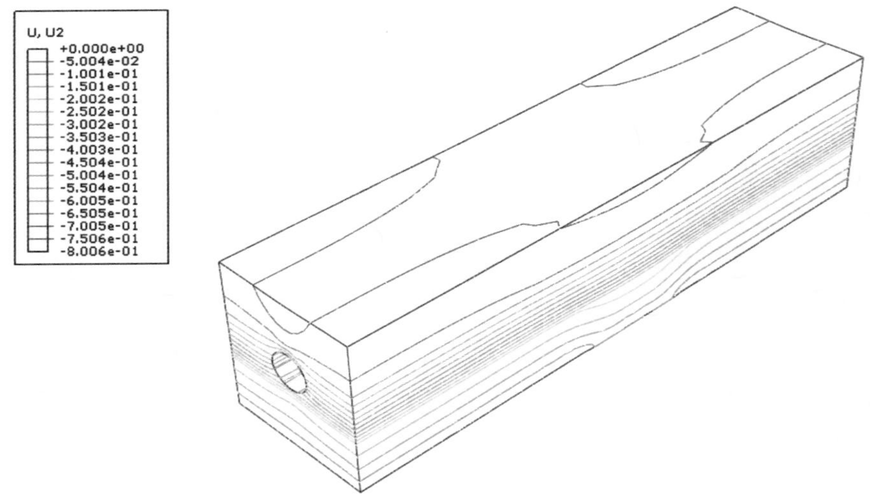

图 2-91　沉降缝间距为 30 m 时隧道纵向竖向沉降等值线分布图

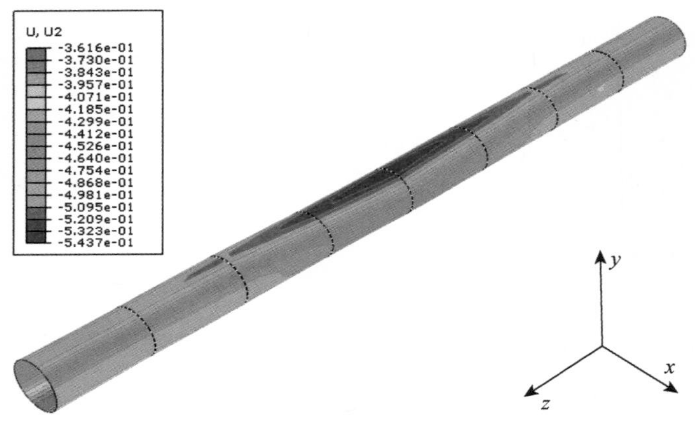

图 2-92　沉降缝间距为 30 m 时隧道纵向管片竖向(沿 y 轴)位移分布云图

图 2-93　沉降缝间距为 30 m 时隧道纵向管片结构绕 x 轴弯矩分布云图

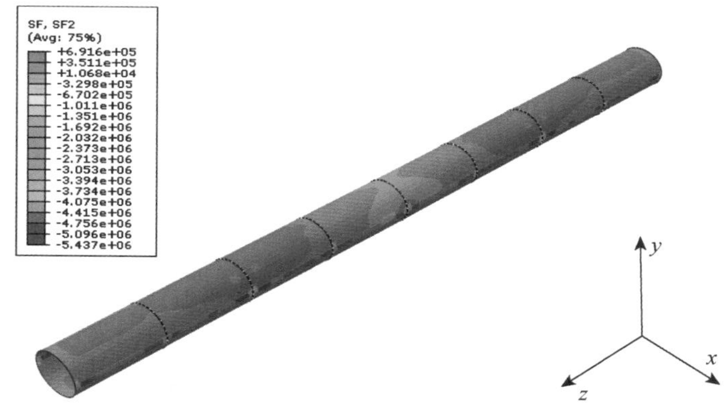

图 2-94　沉降缝间距为 30 m 时隧道纵向管片沿 *y* 轴剪力分布云图

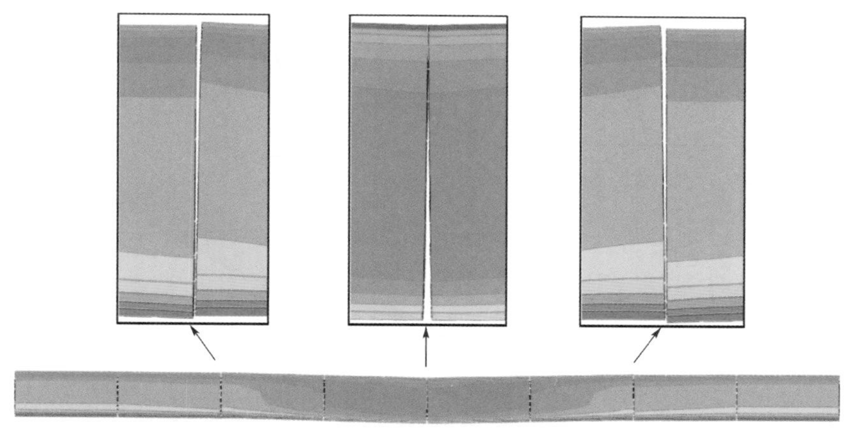

图 2-95　沉降缝间距为 30 m 时隧道纵向沉降缝处横截面变形状况

(3) 沉降缝间距为 40 m

沉降缝间距 40 m 时，隧道管片结构纵向模型如图 2-96 所示。通过计算，与隧道纵向结构相关的主要计算结果，分别如图 2-97—图 2-101 所示。

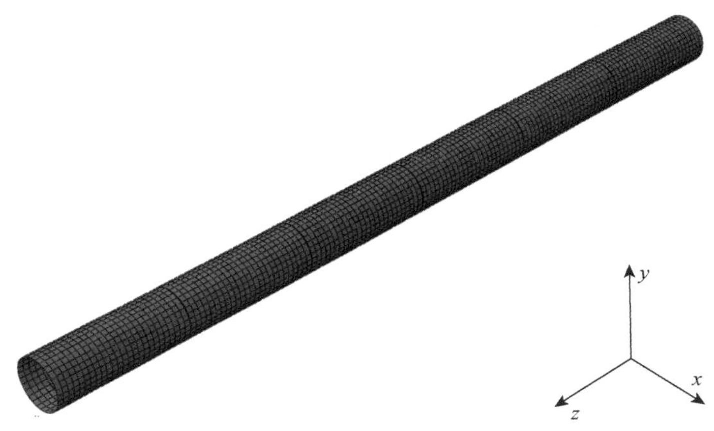

图 2-96　沉降缝间距为 40 m 时隧道管片结构纵向模型

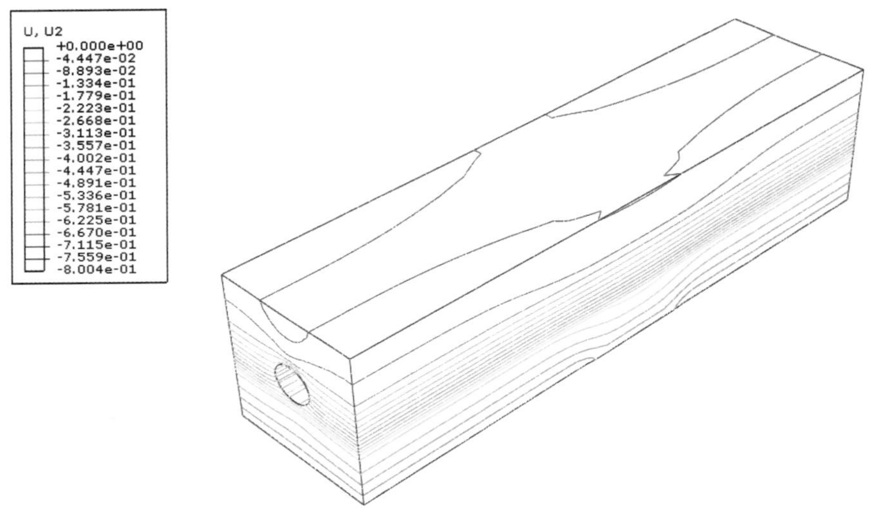

图 2-97　沉降缝间距为 40 m 时隧道纵向竖向沉降等值线分布图

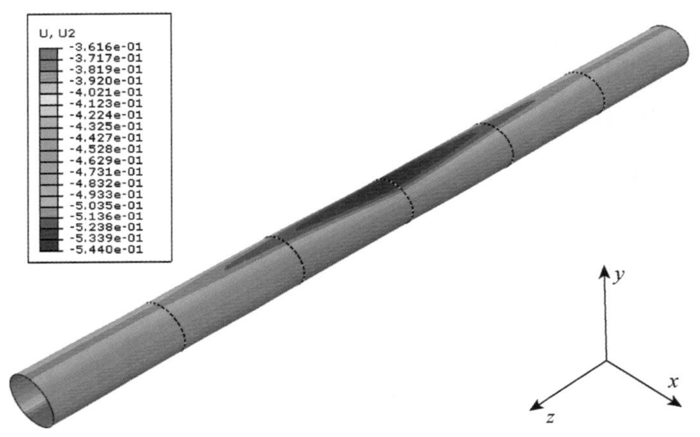

图 2-98　沉降缝间距为 40 m 时隧道纵向管片竖向(沿 y 轴)位移分布云图

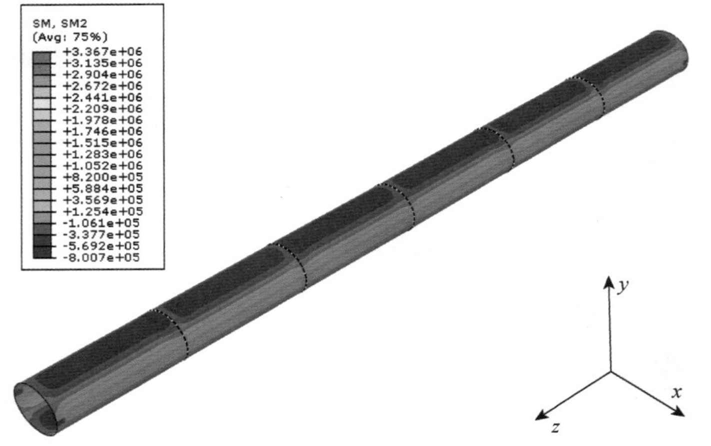

图 2-99　沉降缝间距为 40 m 时隧道纵向管片结构绕 x 轴弯矩分布云图

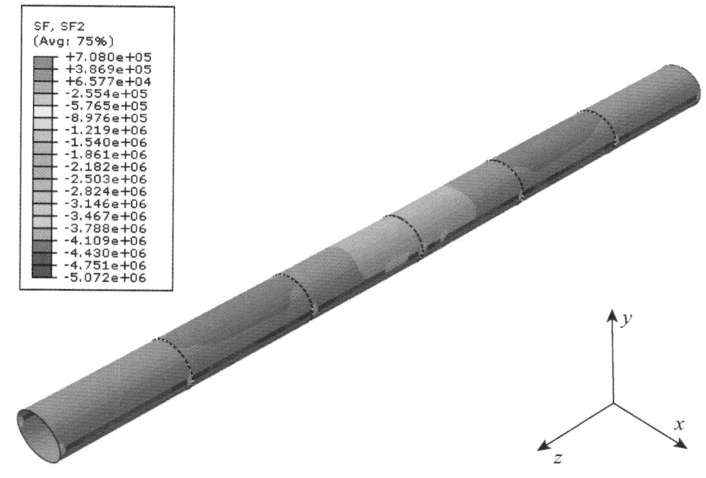

图 2-100　沉降缝间距为 40 m 时隧道纵向管片沿 y 轴剪力分布云图

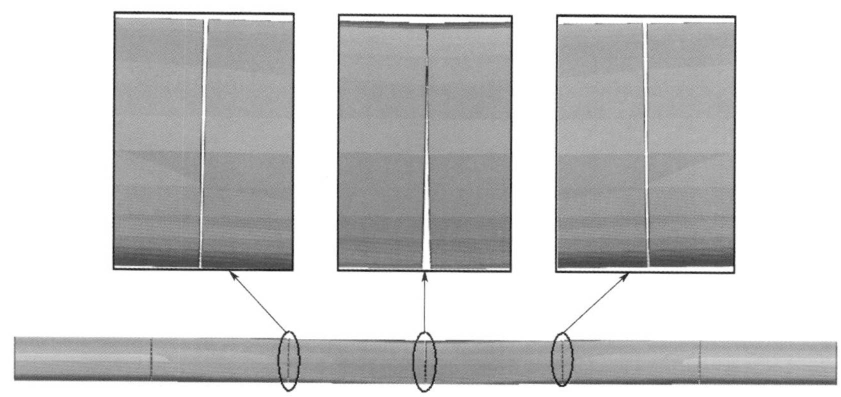

图 2-101　沉降缝间距为 40 m 时隧道纵向沉降缝处横截面变形状况

(4) 沉降缝间距为 60 m

沉降缝间距 60 m 时，隧道管片结构纵向模型如图 2-102 所示。通过计算，与隧道纵向结构相关的主要计算结果，分别如图 2-103—图 2-107 所示。

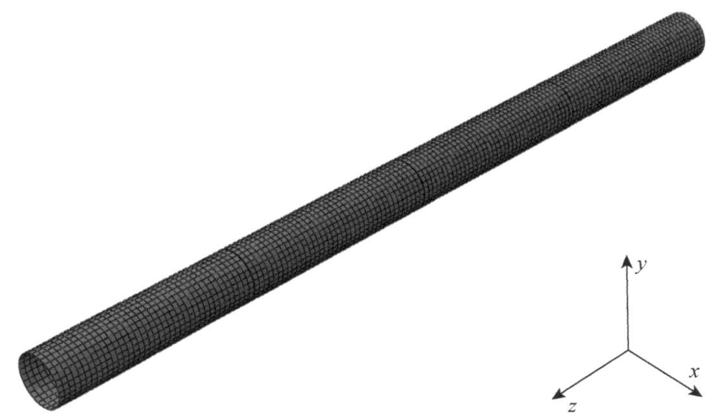

图 2-102　沉降缝间距为 60 m 时隧道管片结构纵向模型

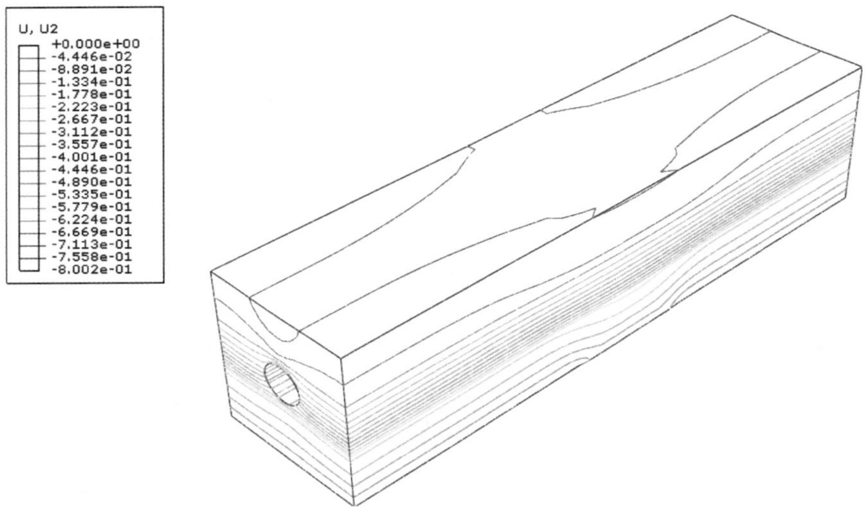

图 2-103　沉降缝间距为 60 m 时隧道纵向竖向沉降等值线分布图

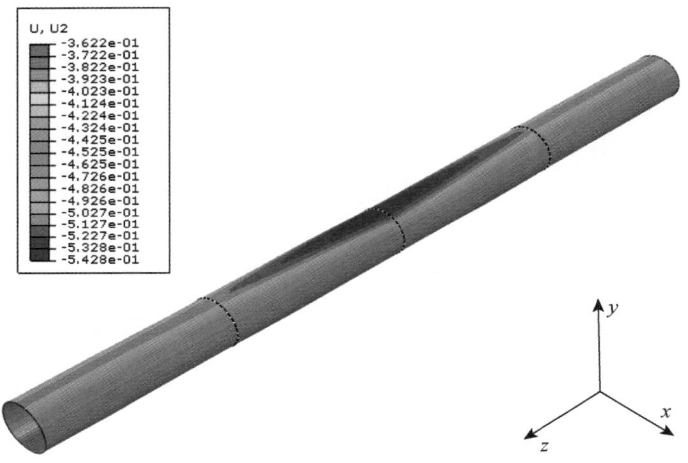

图 2-104　沉降缝间距为 60 m 时隧道纵向管片竖向(沿 y 轴)位移分布云图

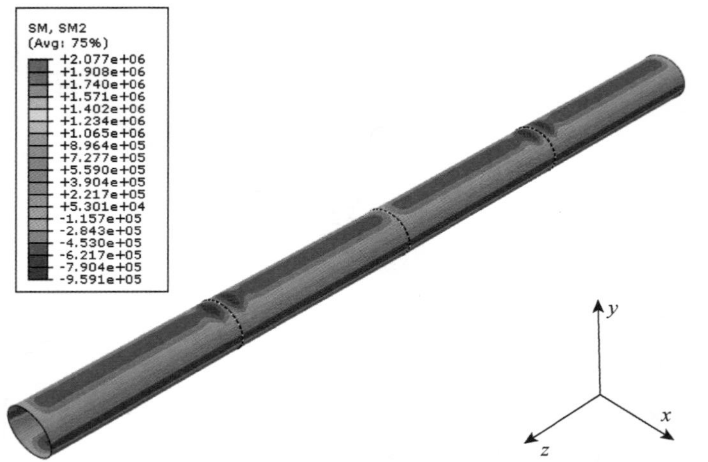

图 2-105　沉降缝间距为 60 m 时隧道纵向管片结构绕 x 轴弯矩分布云图

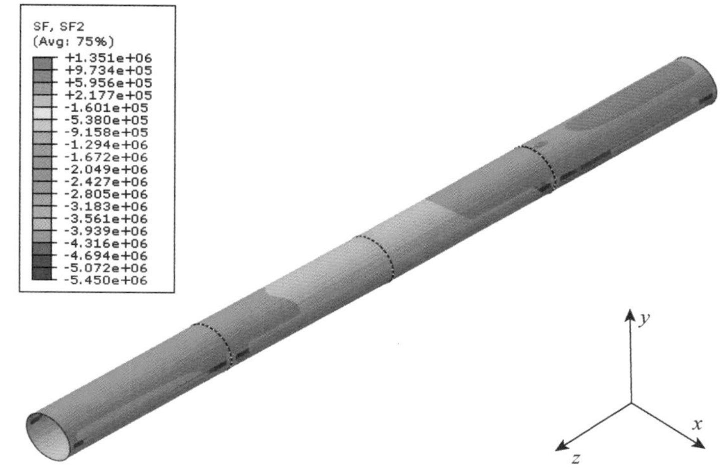

图 2-106　沉降缝间距为 60 m 时隧道纵向管片沿 y 轴剪力分布云图

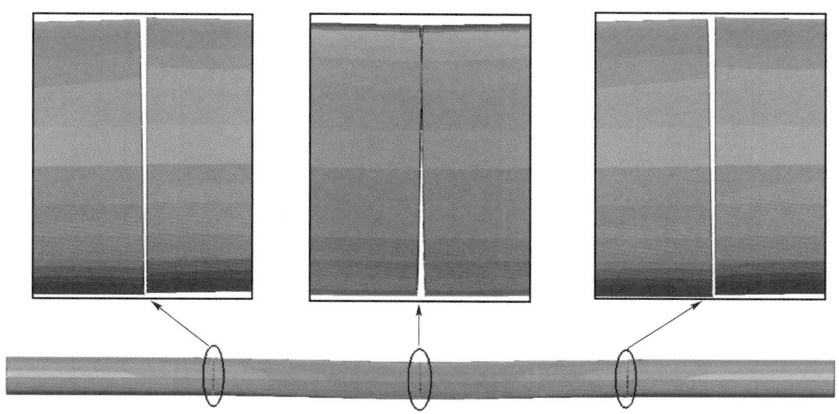

图 2-107　沉降缝间距为 60 m 时隧道纵向沉降缝处横截面变形状况

(5) 未设置沉降缝情况

未设置沉降缝时，隧道管片结构纵向模型如图 2-108 所示。通过计算，与隧道纵向结构相关的主要计算结果，分别如图 2-109—图 2-112 所示。

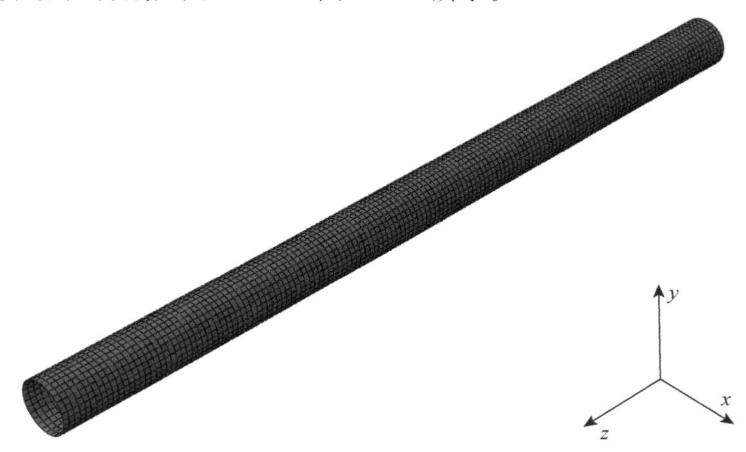

图 2-108　未设沉降缝时隧道管片结构纵向模型

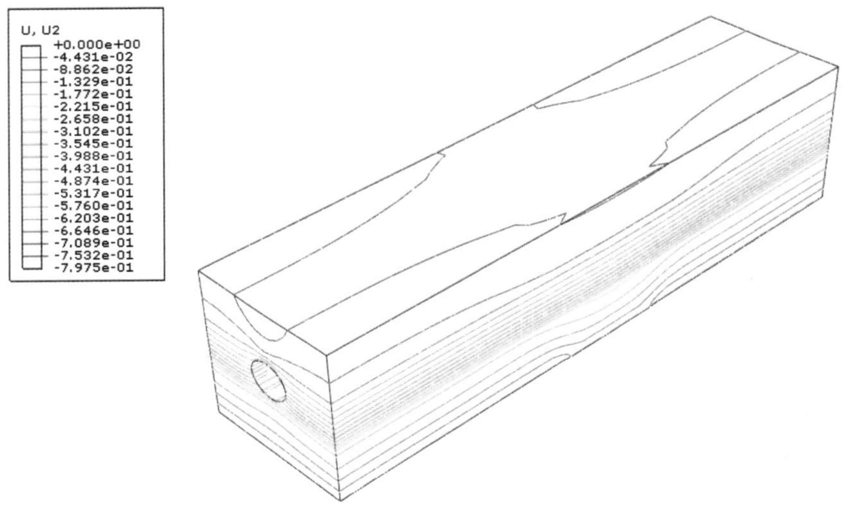

图 2-109　未设沉降缝时隧道纵向竖向沉降等值线分布图

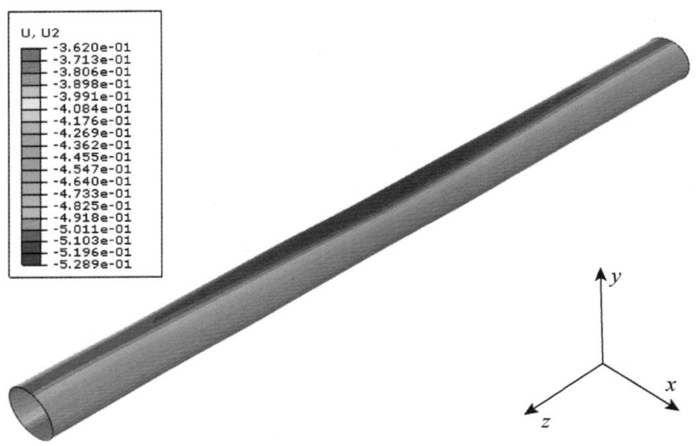

图 2-110　未设沉降缝时隧道纵向管片竖向(沿 y 轴)位移分布云图

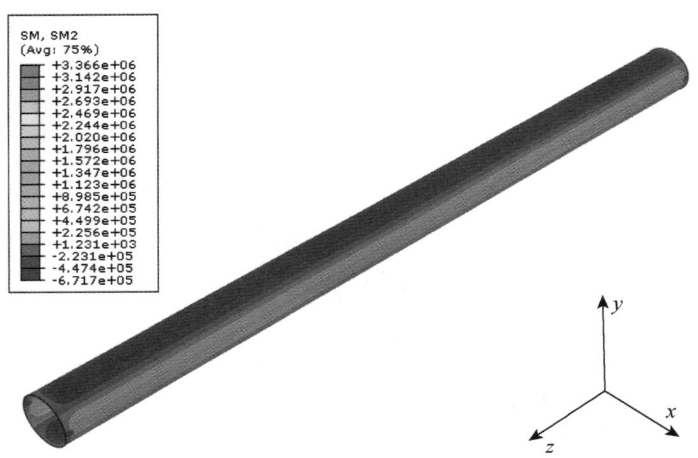

图 2-111　未设沉降缝时隧道纵向管片结构绕 x 轴弯矩分布云图

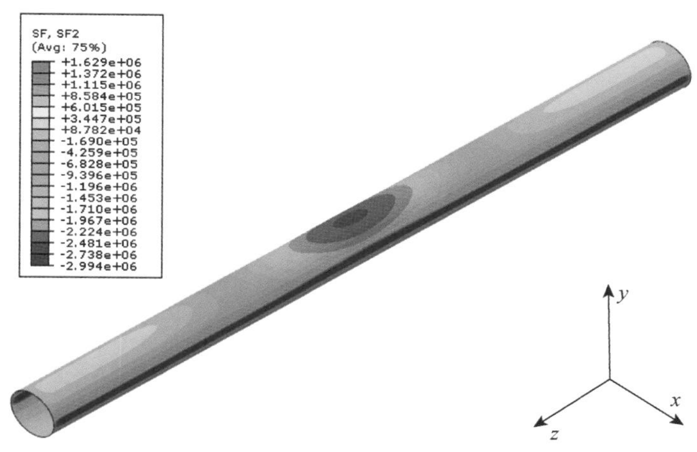

图 2-112　未设沉降缝时隧道纵向管片沿 y 轴剪力分布云图

4）计算结果分析

通过计算，当隧道纵向沉降缝设置间距分别为 20 m，30 m，40 m，60 m 和未设置沉降缝情况下，隧道结构沿纵向的竖向沉降位移、截面弯矩、剪力分布以及沉降缝截面转角等计算结果，分别如以上各图所示。

为了便于对比分析，此处沿隧道纵向选取几个断面，读取断面上的结构弯矩、剪力、变形等计算数据并对其进行分析。考虑到对称性，取计算模型纵向右半段为分析对象，断面位置主要考虑了不与各沉降缝位置相重合，并考虑到边界效应影响。各个断面位置选取，如图 2-113 所示。

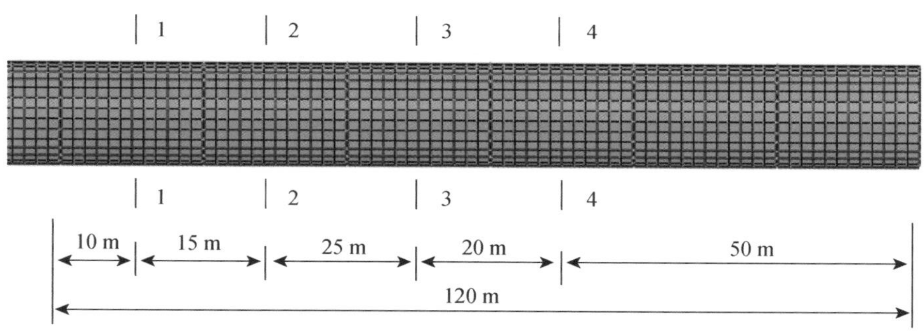

图 2-113　隧道纵向计算结果对比分析选取断面示意图

（1）隧道结构纵向弯矩

管片结构采用壳体单元，在三维计算条件下，经对隧道结构的计算，可以分别得到绕 x，y，z 轴的弯矩。以下采用极坐标系，对隧道各计算横断面处隧道结构绕 x，y，z 轴的弯矩进行了对比分析。在隧道断面环向 360°范围内（以顺时针方向）读取计算结果。

① 隧道管片结构纵向绕 x 轴方向弯矩

不同沉降缝间距条件下，隧道计算断面 1-1，2-2，3-3，4-4 各截面处管片结构绕 x 轴方向弯矩对比，分别如图 2-114—图 2-117 所示。

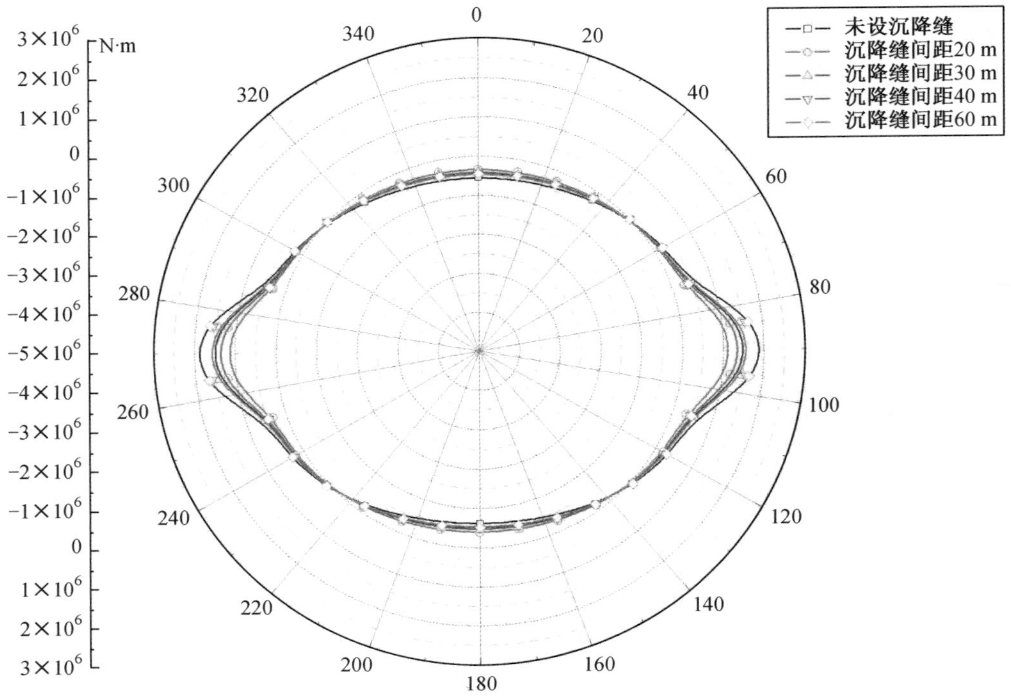

图 2-114　隧道 1-1 计算断面结构绕 x 轴方向弯矩对比

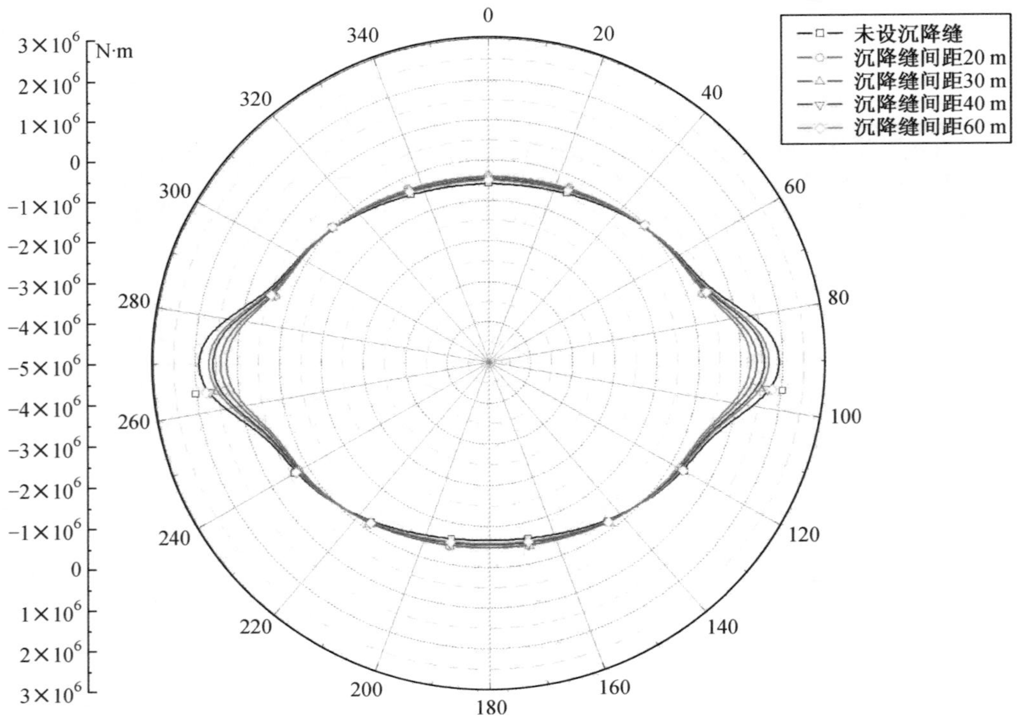

图 2-115　隧道 2-2 计算断面结构绕 x 轴方向弯矩对比

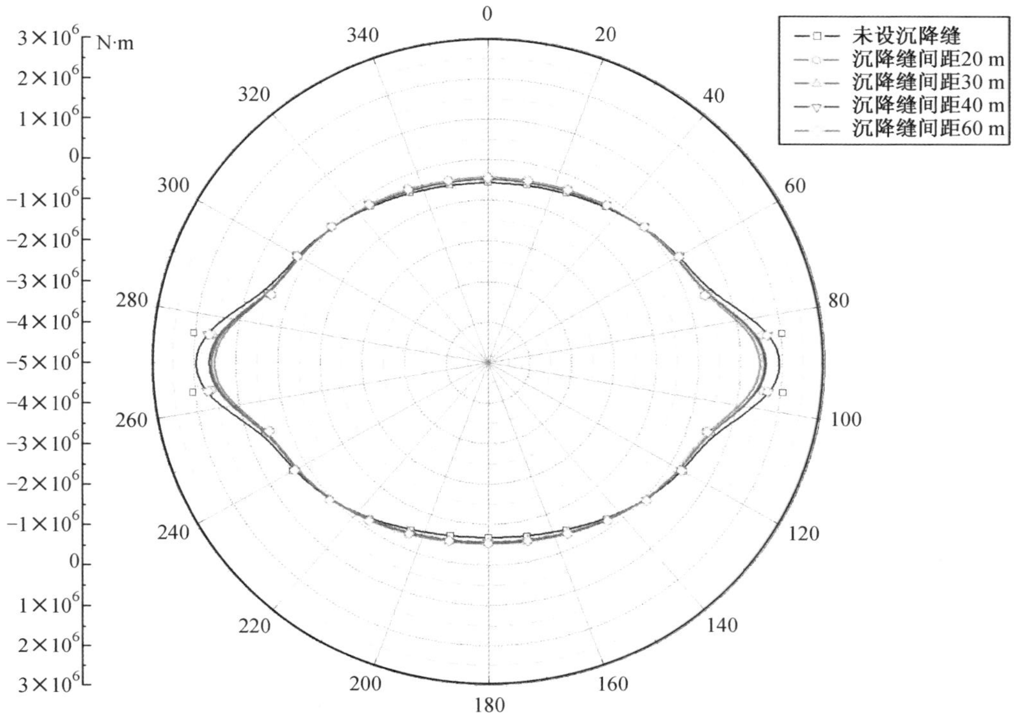

图 2-116　隧道 3-3 计算断面结构绕 x 轴方向弯矩对比

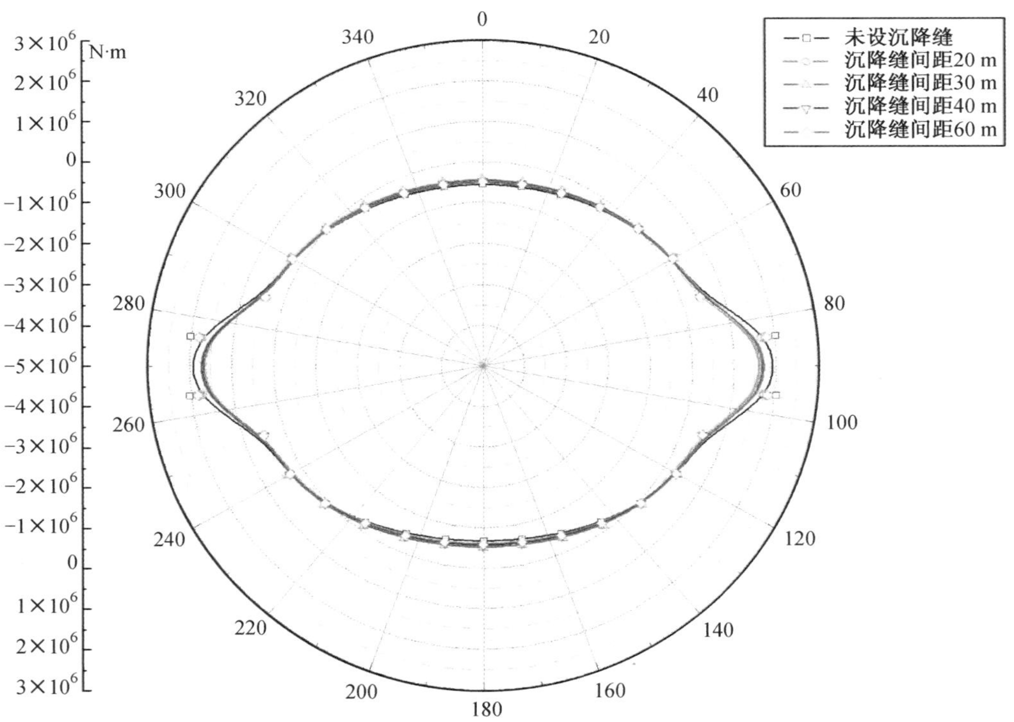

图 2-117　隧道 4-4 计算断面结构绕 x 轴方向弯矩对比

从图 2-114—图 2-117 所示可见，整体上看，在隧道横断面两侧绕 x 轴方向的弯矩值较大，设置沉降缝后，各计算断面处绕 x 轴方向的弯矩减小值在隧道横断面的两侧比较显著，而在隧道横断面的顶部和底部差异则不明显；从计算断面 1-1—4-4 可见，随着远离隧道中部沉降区域位置，沉降缝设置对各计算断面处绕 x 轴方向的弯矩影响逐渐趋小。通过计算，不同沉降缝间距条件下各断面绕 x 轴方向的弯矩减小最大百分比如图 2-118 所示。

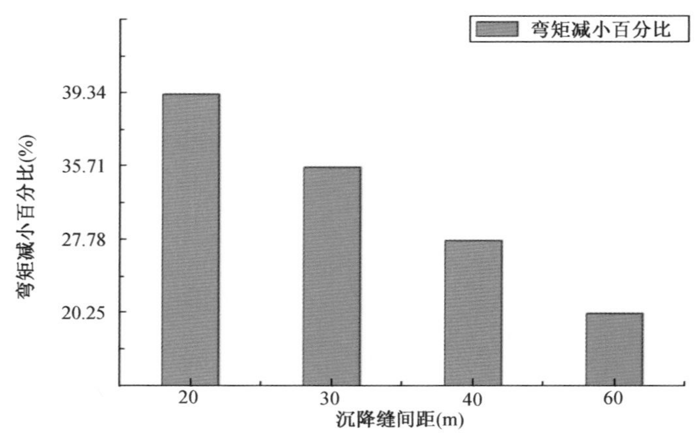

图 2-118　不同沉降缝间距各断面绕 x 轴方向的弯矩减小最大百分比

② 隧道管片结构纵向绕 y 轴方向弯矩

不同沉降缝间距条件下，隧道计算断面 1-1，2-2，3-3，4-4 各截面处管片结构绕 y 轴方向弯矩对比，分别如图 2-119—图 2-122 所示。

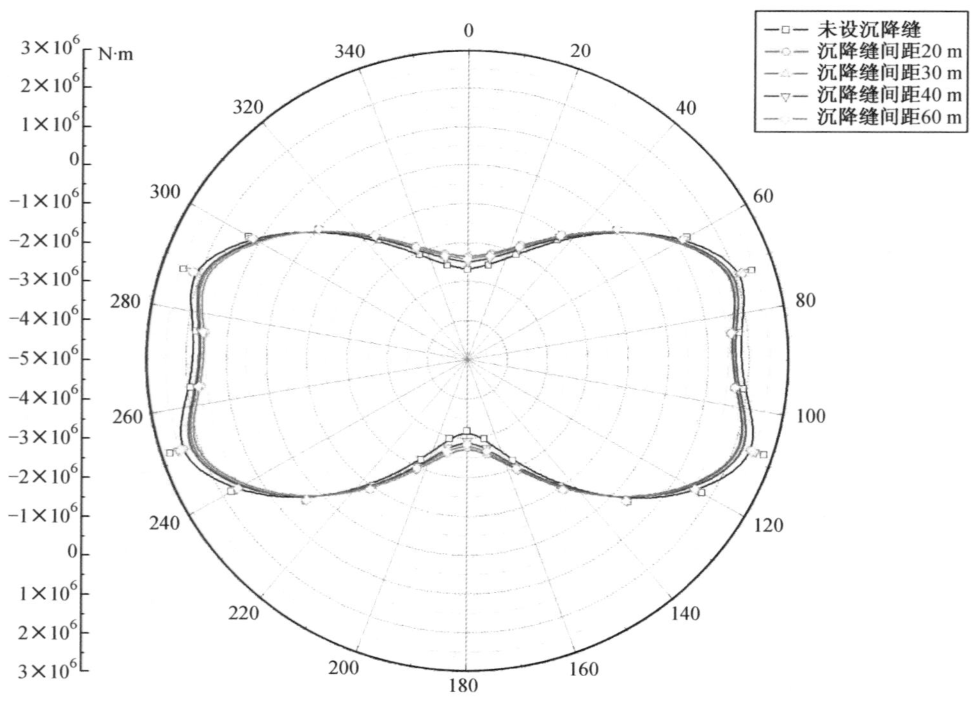

图 2-119　隧道 1-1 计算断面结构绕 y 轴方向弯矩对比

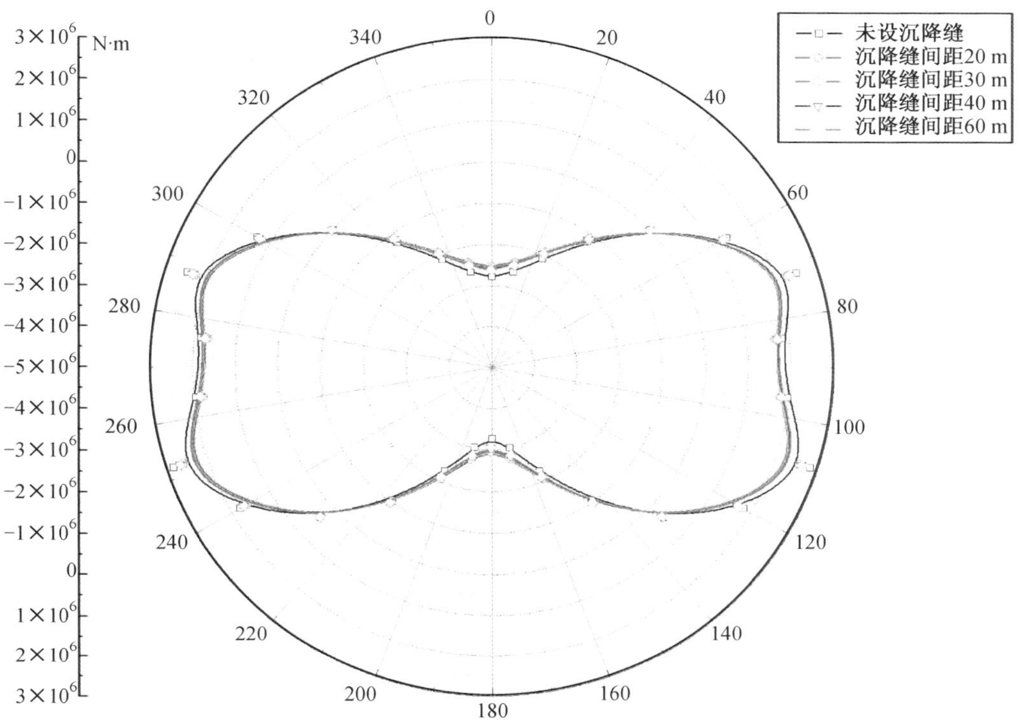

图 2-120　隧道 2-2 计算断面结构绕 y 轴方向弯矩对比

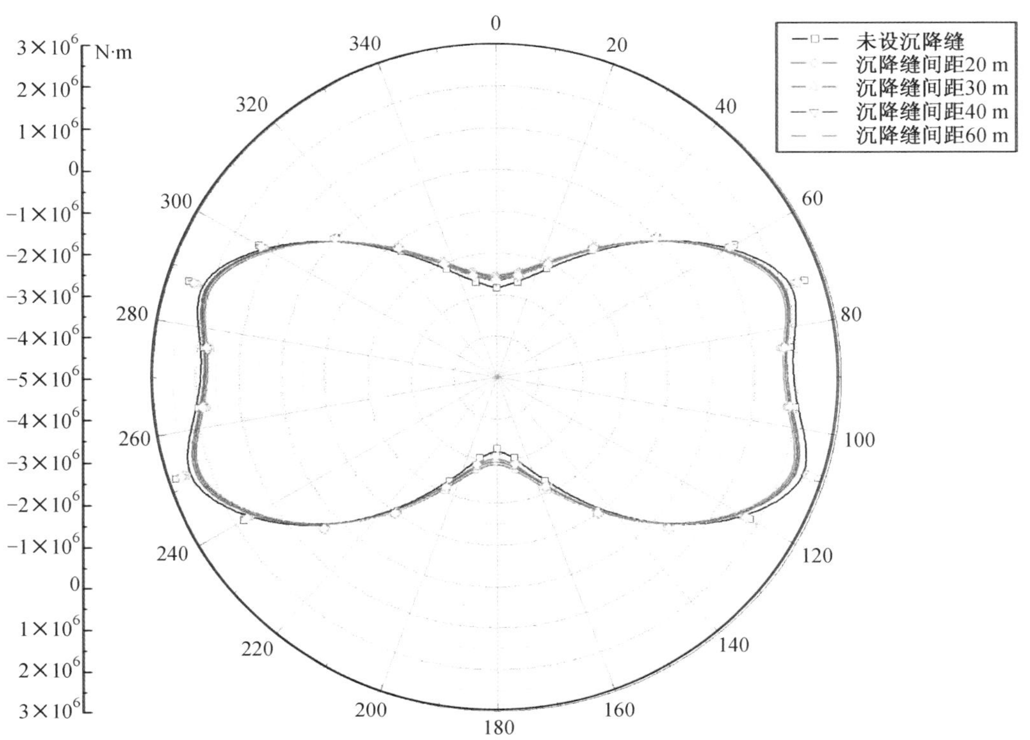

图 2-121　隧道 3-3 计算断面结构绕 y 轴方向弯矩对比

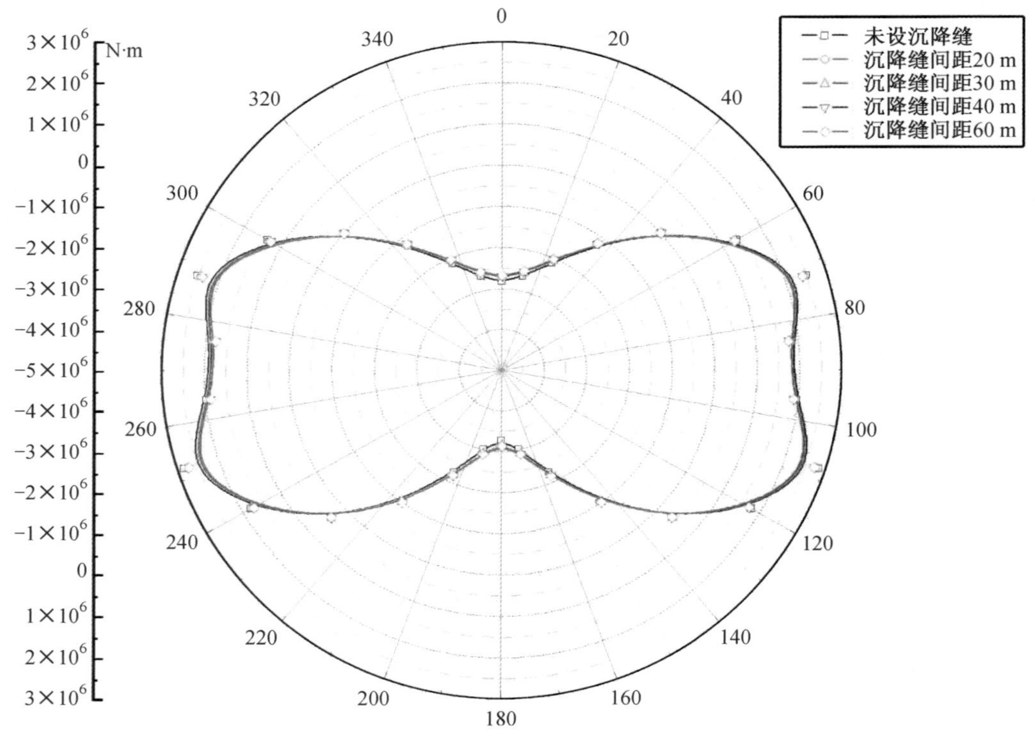

图 2-122　隧道 4-4 计算断面结构绕 y 轴方向弯矩对比

由图 2-119—图 2-122 可见，整体上看，在隧道横断面两侧绕 y 轴方向的弯矩值较大，横断面底部及顶部绕 y 轴方向的弯矩则相对较小，在设置沉降缝后，各计算断面处绕 y 轴方向的弯矩值与未设置沉降缝相比没有显著变化；从计算断面 1-1—4-4 可见，离隧道中部沉降区域位置越远，沉降缝设置对各计算断面处绕 y 轴方向的弯矩影响越小。

③ 隧道管片结构纵向绕 z 轴方向弯矩

不同沉降缝间距条件下，隧道计算断面 1-1，2-2，3-3，4-4 各截面处管片结构绕 z 轴方向弯矩对比，分别如图 2-123—图 2-126 所示。

由图 2-123—图 2-126 可见，整体上看，在横断面上沿圆环 360°范围内，管片结构绕 z 轴的弯矩分布相对均匀，仅局部区域略有差异；在设置沉降缝后，各计算断面处绕 z 轴的弯矩值与未设置沉降缝相比有一定的减小；从计算断面 1-1—4-4 可见，距离隧道中部沉降区域越远，沉降缝设置对各计算断面处绕 z 轴的弯矩影响越小。

通过计算，不同沉降缝间距条件下各断面绕 z 轴方向的弯矩减小最大百分比如图 2-127 所示。

(2) 隧道结构纵向剪力

采用极坐标系，主要考虑沉降缝对沿隧道纵向的竖向剪力的影响，以下对隧道各计算横断面处隧道结构沿 y 轴的剪力分布进行了对比分析。在隧道断面环向 360°范围内(以顺时针方向)读取计算结果。不同沉降缝间距条件下，隧道计算断面 1-1，2-2，3-3，4-4 各截面处管片结构沿 y 轴方向的剪力值对比，如图 2-128—图 2-131 所示。

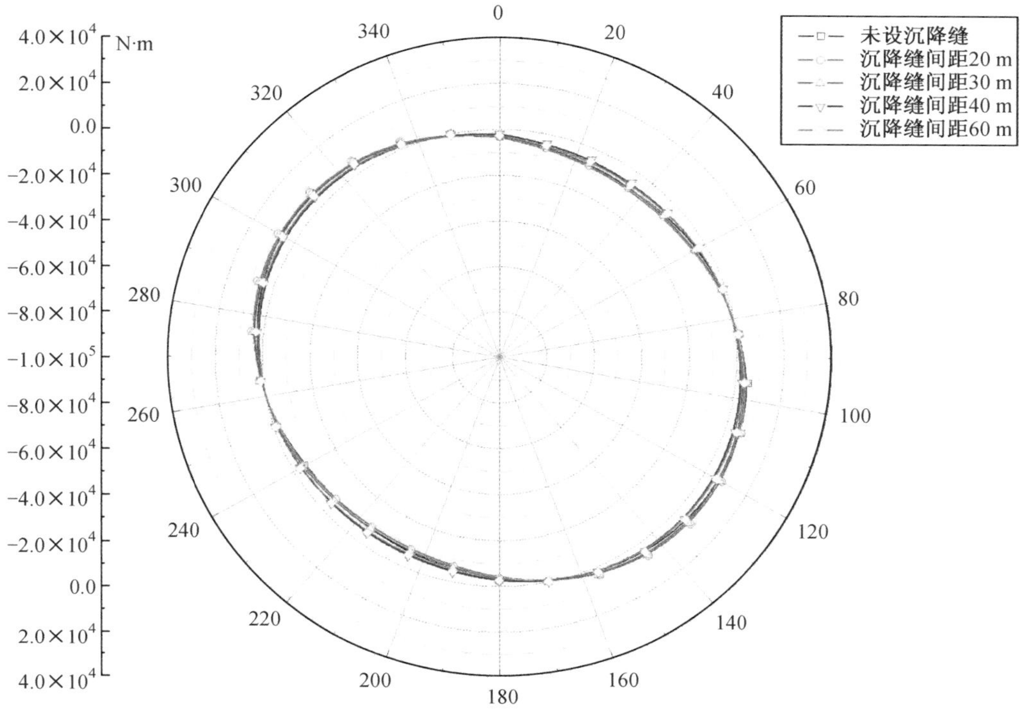

图 2-123　隧道 1-1 计算断面结构绕 z 轴的弯矩对比

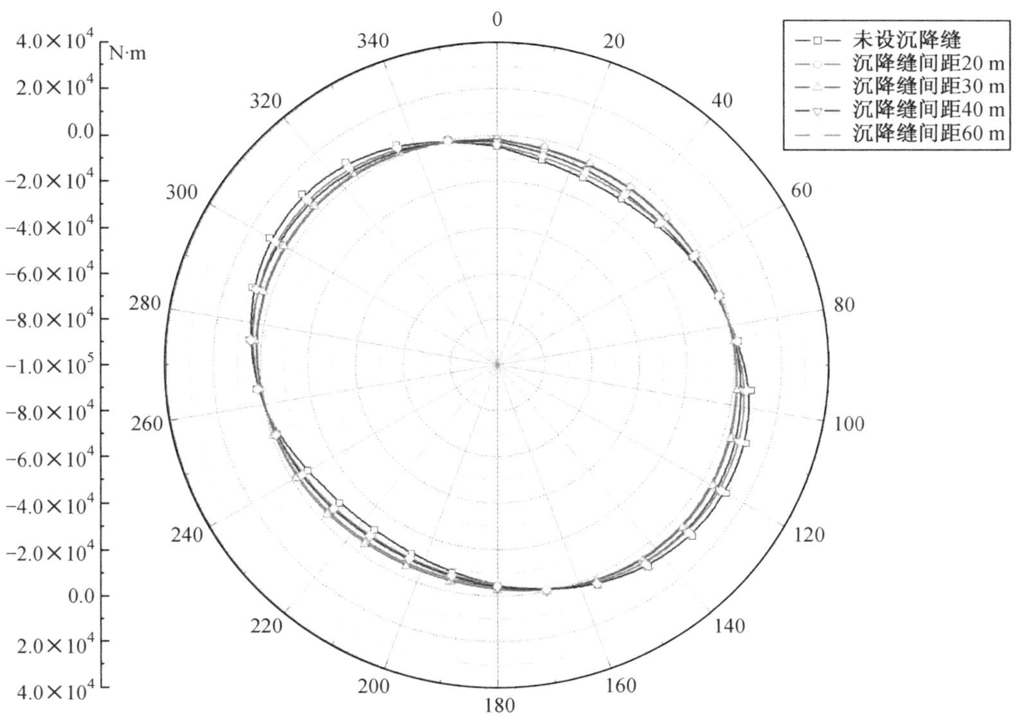

图 2-124　隧道 2-2 计算断面结构绕 z 轴的弯矩对比

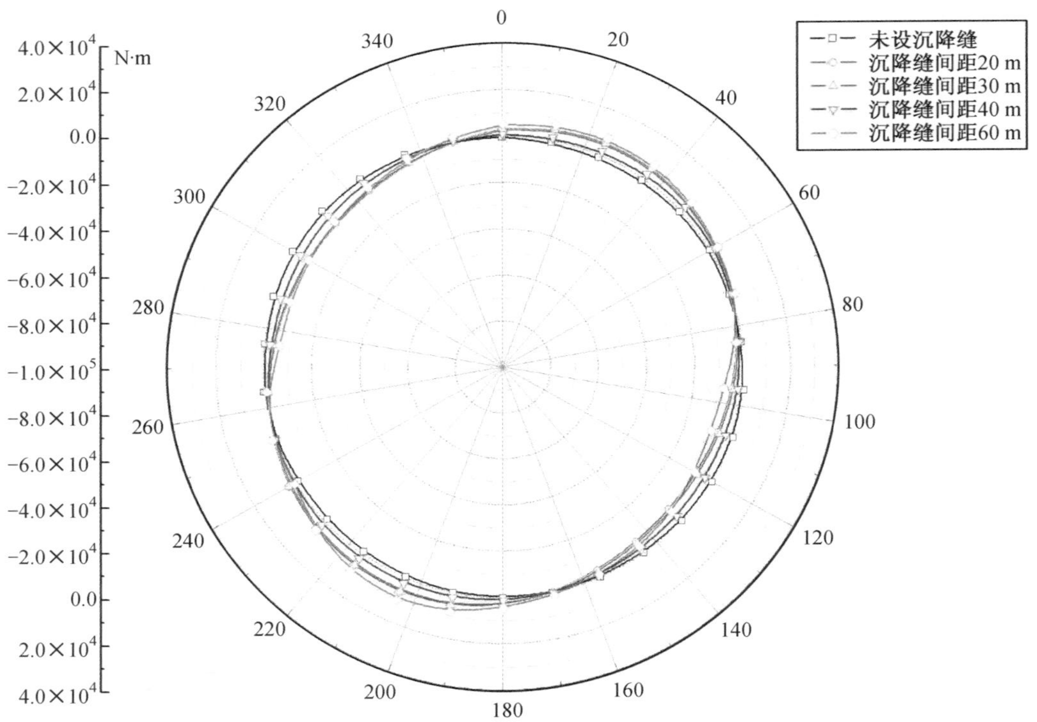

图 2-125　隧道 3-3 计算断面结构绕 z 轴的弯矩对比

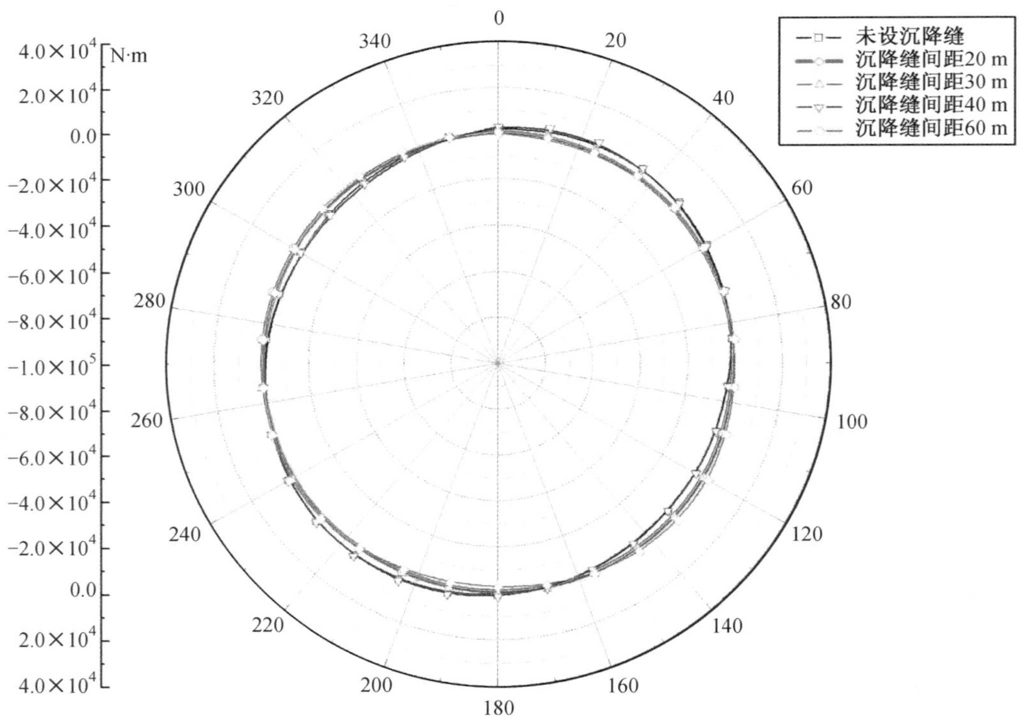

图 2-126　隧道 4-4 计算断面结构绕 z 轴的弯矩对比

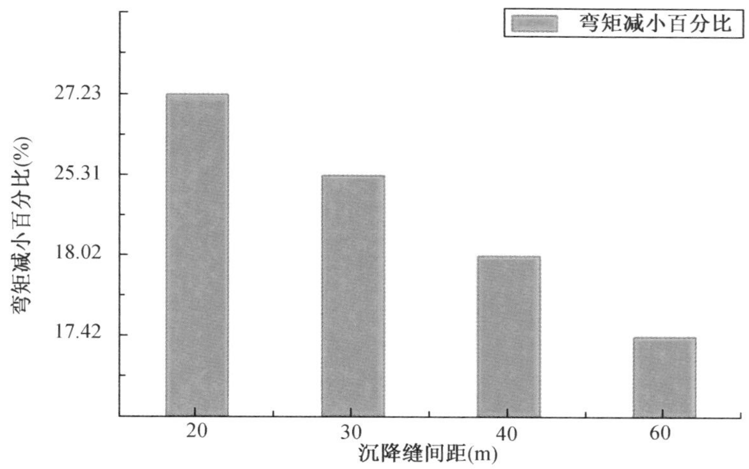

图 2-127　不同沉降缝间距各断面绕 z 轴的弯矩减小最大百分比

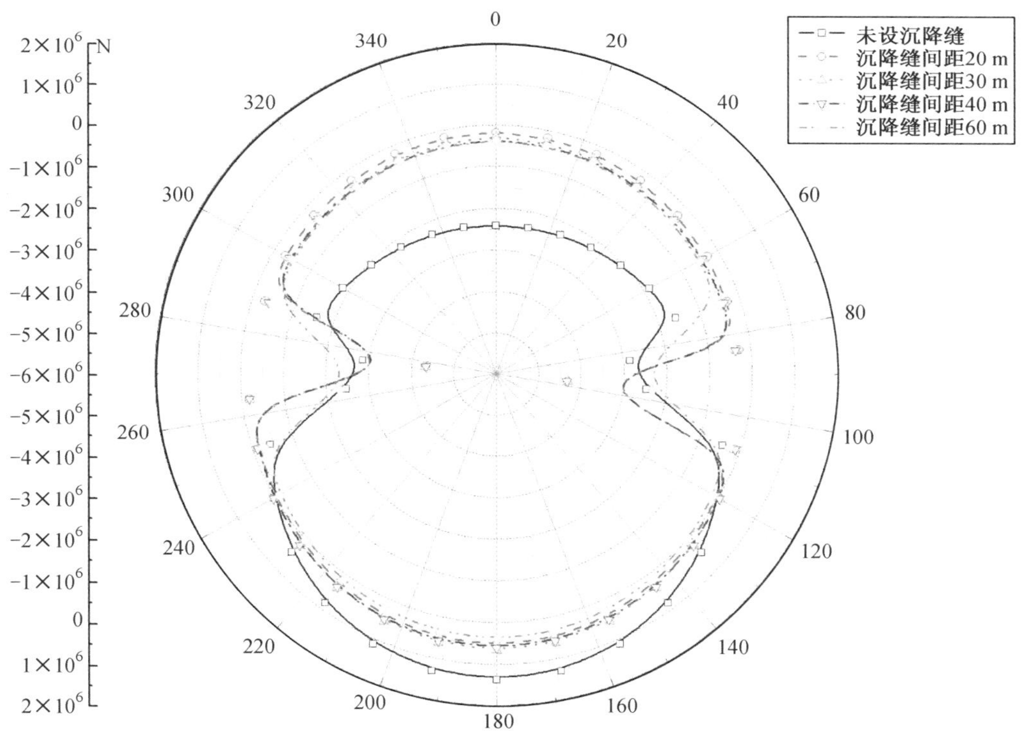

图 2-128　隧道 1-1 计算断面沿 y 轴的剪力对比

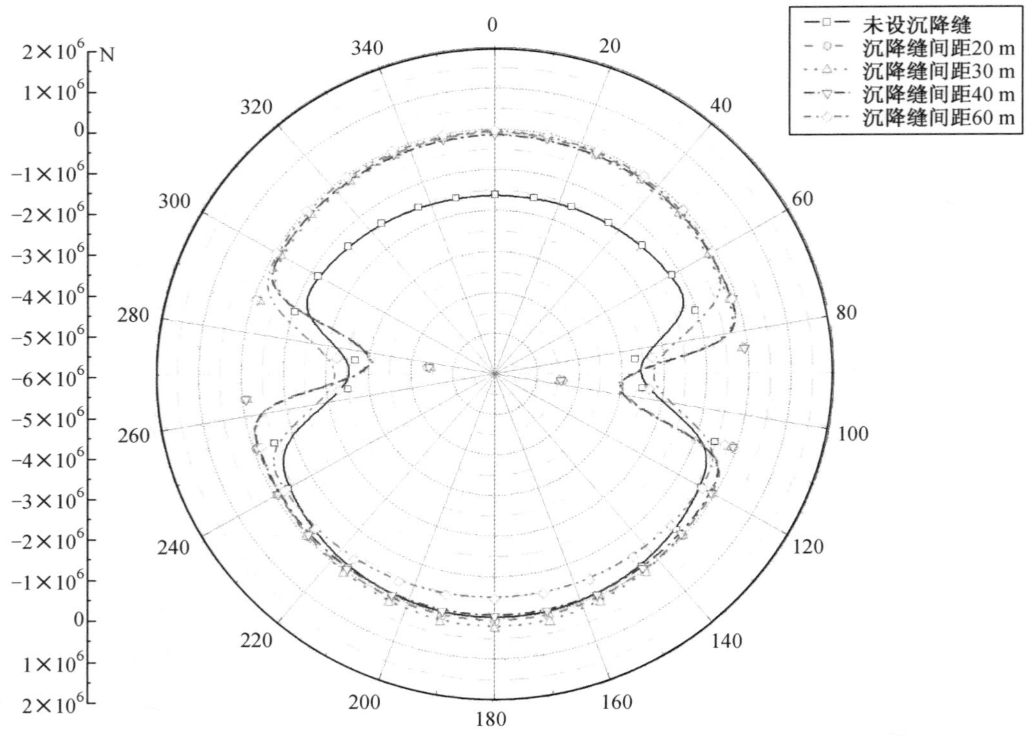

图 2-129　隧道 2-2 计算断面沿 *y* 轴的剪力对比

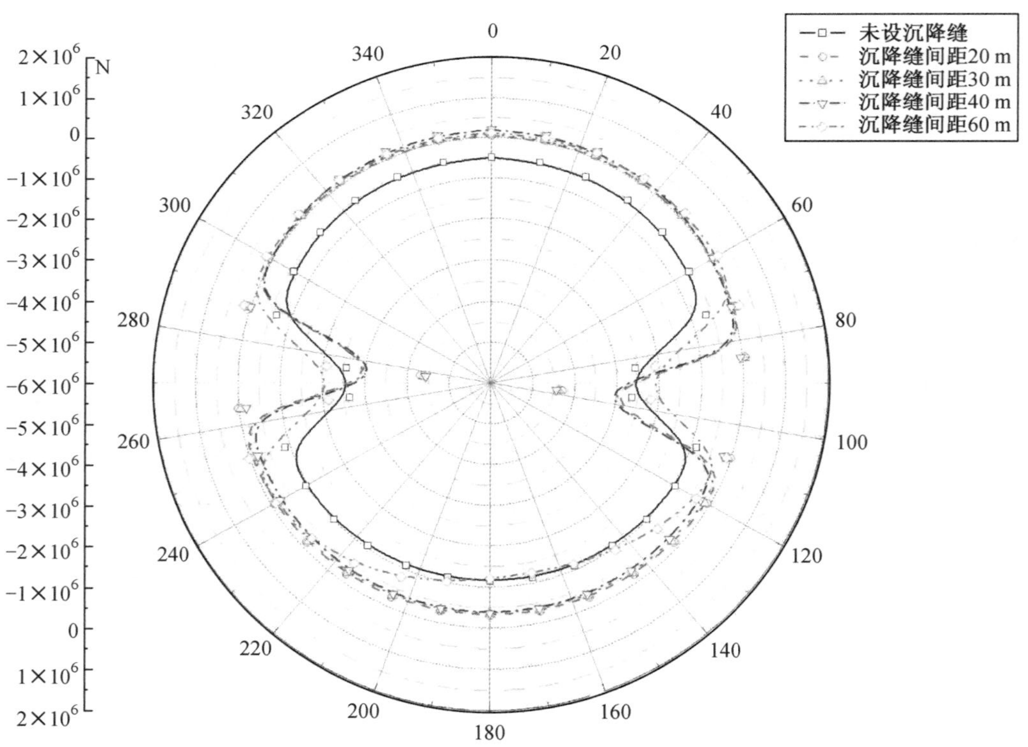

图 2-130　隧道 3-3 计算断面沿 *y* 轴的剪力对比

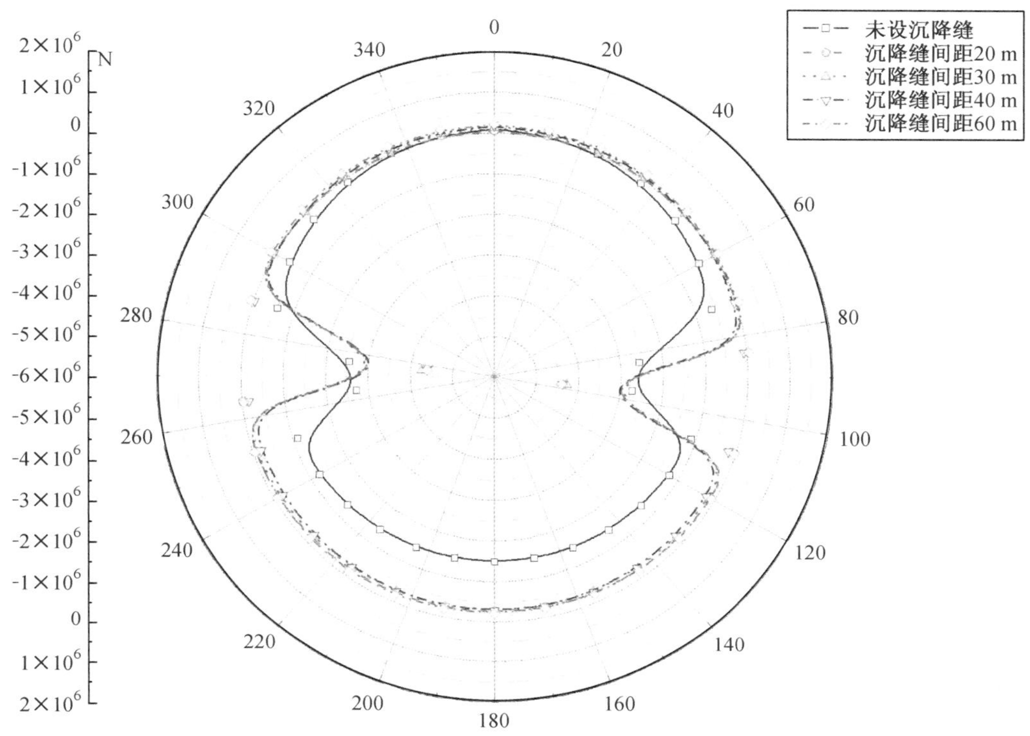

图 2-131　隧道 4-4 计算断面沿 y 轴的剪力对比

由图 2-128—图 2-131 可见，从横断面圆环上剪力分布看，隧道两侧的竖向剪力值相对变化较大，而隧道顶部和底部的竖向剪力则相对较小；设置沉降缝后，在沉降区域内计算断面 1-1 处沿 z 轴的剪力与未设置沉降缝相比在隧道顶部有较大减小。从整体看，由计算断面 1-1～4-4 可见，沉降缝对隧道顶部的竖向剪力变化由影响较大到逐渐趋小；而对隧道底部区域的剪力则由影响较小逐渐趋大。这主要归因于：在隧道底部下卧层产生竖向沉降时，土体作用于隧道底部的反力减小，从而使隧道结构所受的竖向剪力值减小，而随着隧道结构远离沉降区域，土体作用于隧道底部的反力逐渐增加，从而隧道结构所受竖向剪力随之增加，而隧道结构的顶部受到土体的作用则与隧道底部受力相反，由此出现上述现象。

通过计算，在不同沉降缝间距条件下，各计算断面沿 y 轴方向的剪力值减小最大百分比，如图 2-132 所示。

(3) 周边土体对隧道纵向管片结构的法向接触压力

考虑土体与隧道间的相互作用，对隧道纵向管片结构在各计算断面上所受法向接触压力进行了对比分析。沿隧道断面环向 360°范围内(以顺时针方向)读取计算结果，不同沉降缝间距条件下，隧道计算断面 1-1，2-2，3-3，4-4 各截面处隧道纵向管片结构所受法向接触压力对比，如图 2-133—图 2-136 所示。

由图 2-133—图 2-136 可见，在横断面上沿圆环 360°范围内，隧道纵向管片结构的法向接触压力呈不均匀分布，在隧道顶部和底部所受法向压力较大，而隧道两侧所受法向压力则

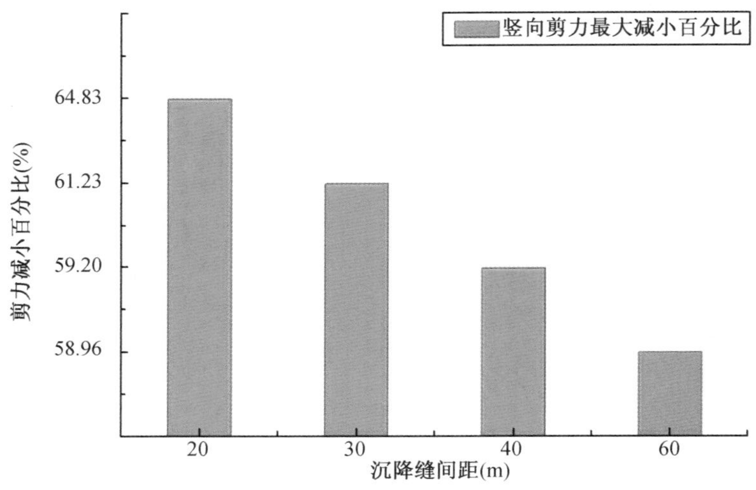

图 2-132　不同沉降缝间距隧道结构沿 y 轴的剪力减小最大百分比

较小;在设置沉降缝后,各计算断面处隧道结构法向压力值有一定的变化,但与未设置沉降缝时相比其差异比较小。故可以认为,沉降缝设置与否对于隧道结构在与土体相互作用下其法向接触压力的影响不大。

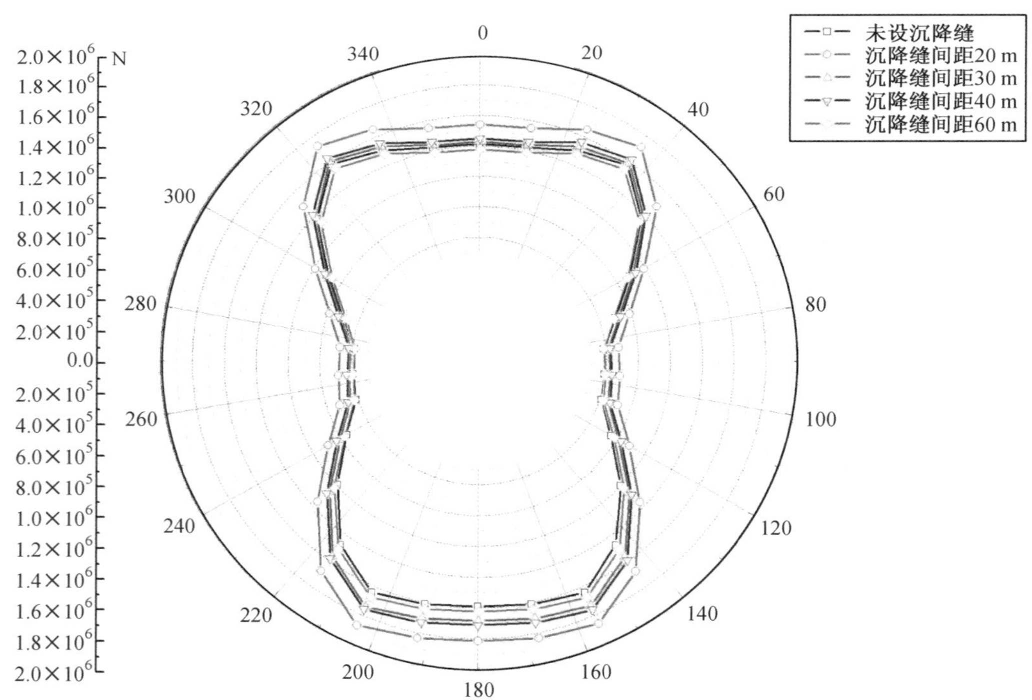

图 2-133　隧道管片结构 1-1 断面法向接触压力对比

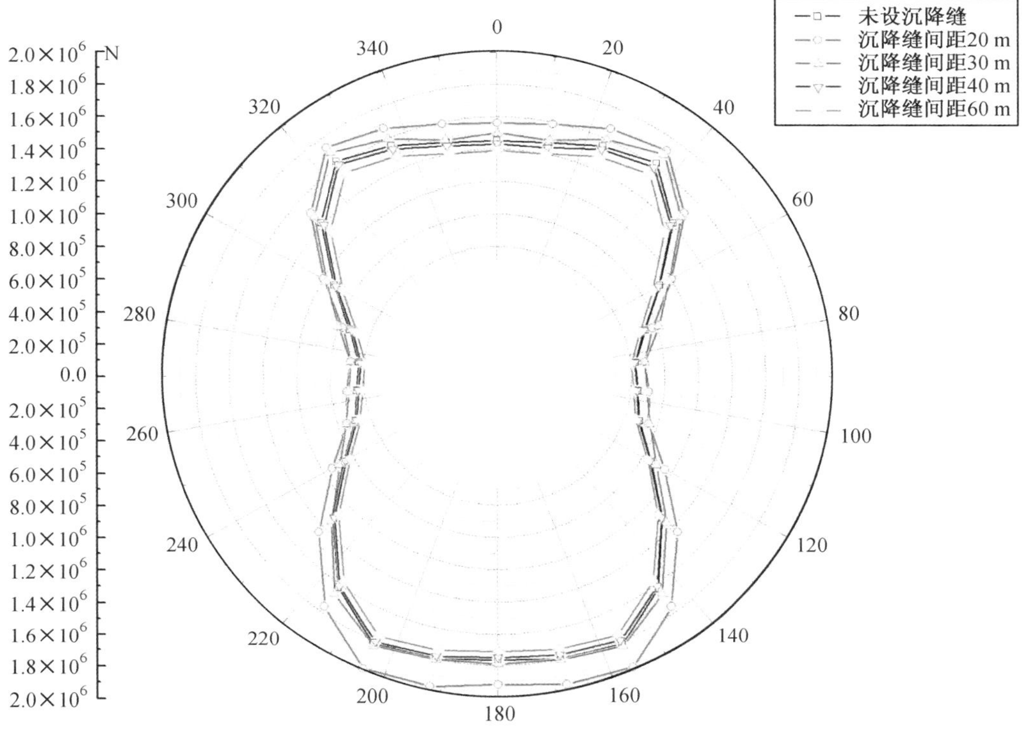

图 2-134　隧道管片结构 2-2 断面法向接触压力对比

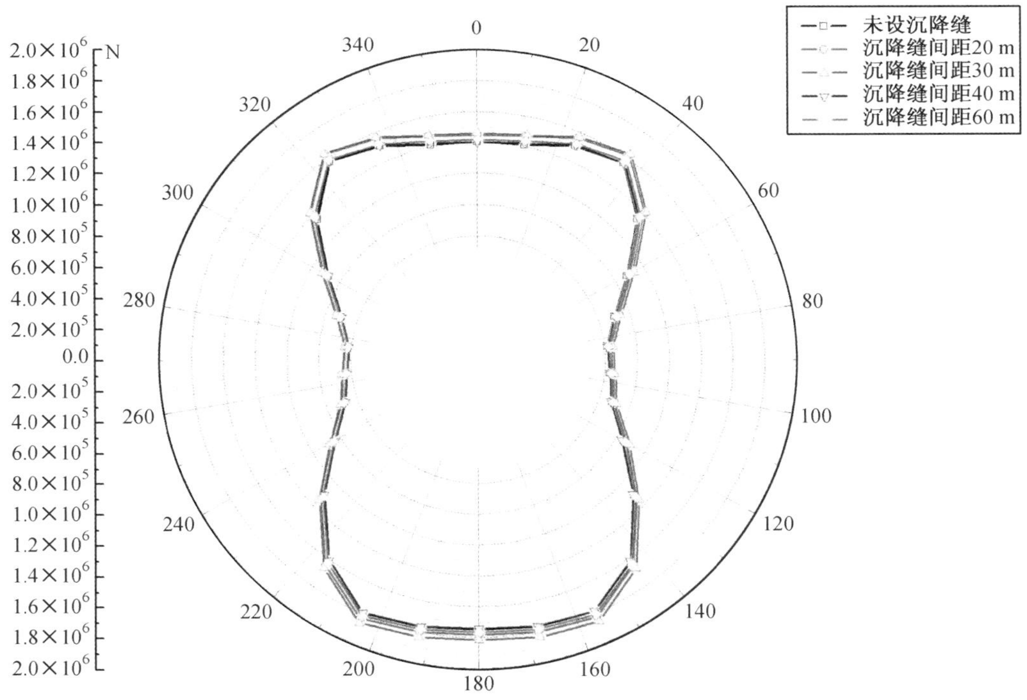

图 2-135　隧道管片结构 3-3 断面法向接触压力对比

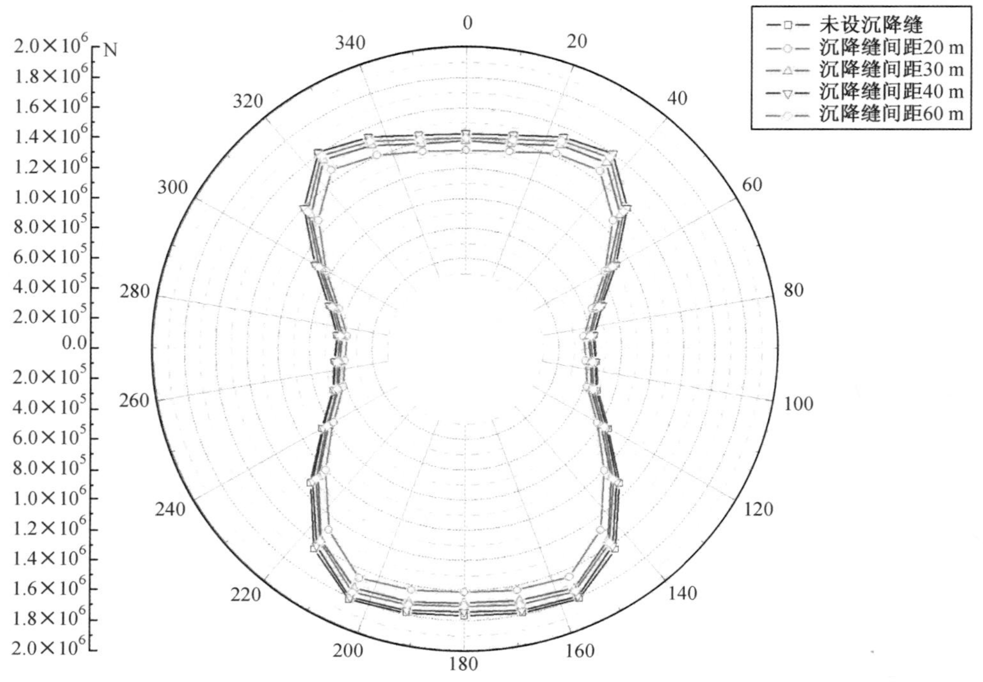

图 2-136　隧道管片结构 4-4 断面法向接触压力对比

(4) 隧道结构纵向沉降缝处横截面转角

不同沉降缝间距条件下,隧道纵向沉降缝处的横截面变形情况,分别如图 2-89、图 2-95、图 2-101 和图 2-107 所示。沿隧道计算模型纵向,在 0~240 m 范围内等间距选取管片结构节点作为分析路径,不同沉降缝间距条件下隧道结构纵向绕 x 轴的转角整体分布对比,如图 2-137 所示。

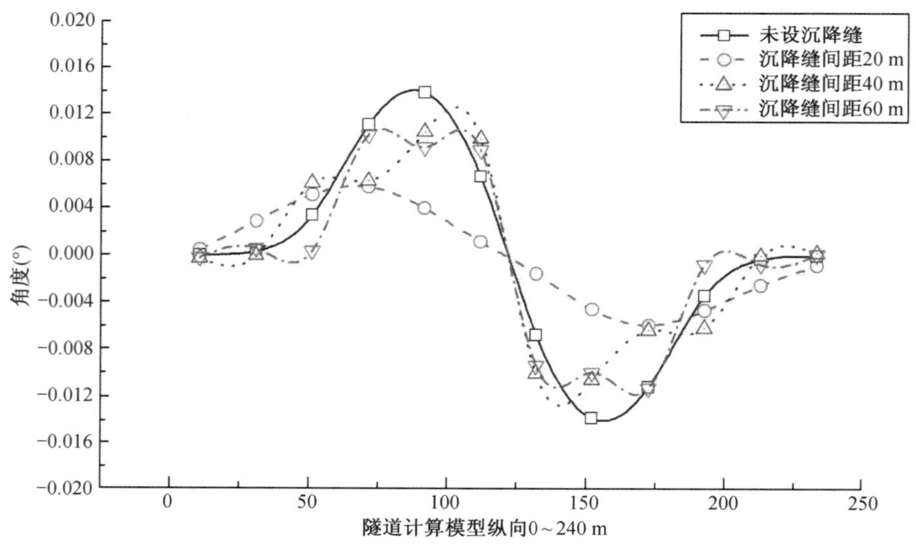

图 2-137　沿计算模型纵向隧道结构绕 x 轴转角整体分布对比

由图 2-137 可见,未设置沉降缝时,隧道纵向产生绕 x 轴的转角比较大;在设置沉降缝后，隧道纵向绕 x 轴的转角有明显减小。

由图 2-89、图 2-95、图 2-101 和图 2-107 可见，在距离隧道计算模型右侧 120 m 处，即模型纵向中点处的沉降缝截面产生的变形为最大，通过对比分析，不同沉降缝间距条件下，隧道结构纵向沉降缝横截面的最大张开量及最大转角如表 2-6 所列，其最大转角变化曲线如图 2-138 所示。

表 2-6　不同沉降缝间距隧道纵向沉降缝截面变形量

沉降缝间距(m)	20	30	40	60	未设缝时相应截面转角
沉降缝截面最大张开量(m)	0.005 1	0.006 0	0.006 8	0.006 5	
沉降缝截面最大转角(°)	0.011	0.013	0.015	0.014	0.016

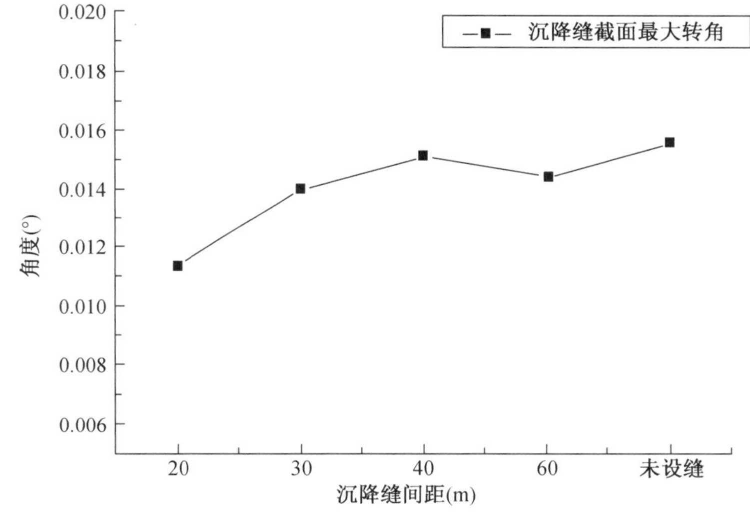

图 2-138　不同沉降缝间距隧道纵向沉降缝截面最大转角变化曲线

如图 2-138 所示，随着沉降缝间距的增大，沉降缝处横截面纵向最大转角也逐渐增大。当沉降缝间距大于 40 m 时，隧道纵向沉降缝处横截面纵向最大转角增长趋于平缓，其最大转角与未设沉降缝的基本相近。可以认为，隧道纵向沉降缝间距大于 40 m 时，对由于局部不均匀沉降引起的隧道纵向受力及变形的调解作用已基本消失。由表 2-6 可见，当隧道纵向沉降缝间距小于 40 m 时，沉降缝截面最大张开量小于 6 mm，可基本满足工程要求。

2.4　本章主要结论

在深厚软基土上采用盾构法修建盾构法管片衬砌隧道结构，其纵向设计一直是业界重点关注的问题，它关系到沿隧道纵向沉降缝的设置、设缝间距和布设位置等有关设计参数的确定。由于隧道埋深、江河水土压力，特别是软基土层沿程的不均匀分布，以及盾构工作井和通风竖井的设置，竖井所在位置与隧道交接处两者沉降的不均匀性，导致隧道纵向产生沿程过大且不均匀的差异沉降，必须在沉降缝设置上做出有科学依据的论证，使问题的解决有所依循。

从土力学和地下、水下结构物的设计而言，隧道是一种纵长很大而又卧置于弹(塑)性地基内的地下工程，结构上、下部的周边土体对结构的相互作用应按双面地基梁模型计入上、下部土体对隧道结构变形和受力的约束作用，而不能只是将土体压力作为外荷载简单地施加于隧道衬砌之上，这是计算上的一项要害。此外，管片错缝拼装并采用斜螺栓将诸相邻管片环沿纵向连接成整体，使过去沿用传统的平面应变计算方法变得不切工程实际。

需要在此指出，本章沿用对软基土体采用弹塑性结构模型，并就土体屈服准则对隧道结构周近土体按弹塑性问题进行计算分析；而对远场土体和管片衬砌结构则按线弹性问题计算，此处未有计及土体蠕变的时间效应。而在许多实际情况下，地基土的变形，以地基沉降为例，它的沉降变形都是随时间历时增长变化和发展的。此处作这样计算处理的原因是，由于隧道与周边土体间存在接触压力(指地基实际承载后的压应力和剪应力)，以上海地区地基软黏性土体而言，经以往的多次土工试验证实：上述土体内的压/剪应力均分别小于这类土体的流变下限，故而不致有塑性蠕变产生；而按线性黏弹性蠕变加塑形变形进行计算的结果，其最后沉降变形达到收敛稳定的终值与此处按弹塑性土体考虑作计算的结果是完全一致的，只是此处按弹塑性土体作计算则未能反应这类变形沉降的历时发展。如果遇有结构自重更大、上覆土压力值也更大，而可能使地基土的压/剪应力超过土体弹塑性流变下限的情况时，计入土体的黏塑性变形则是必须的。应予以注意，此时的黏弹塑性变形，一种可能是最终仍趋于收敛稳定的终值(但此时的值将与不考虑塑性流变的值不同)；也有可能是变形发散，即如果不另作其他的变形控制措施(如压注浆加固地基等)，则其变形沉降将历时持续发展而不会收敛，最终将导致地基土失稳破坏。

通过采用隧道纵向地基梁结构与其上、下部周近土体相互作用的理论和计算方法，本章先是根据双面弹性地基梁的基本原理，基于线性弹簧 Winkler 局部变形理论假定，建立了双面弹性地基梁按二维平面应变问题的简化数值模型，对隧道结构的纵向受力与变形进行了近似计算分析；进而，再以沉降缝设置的不同间距(含不设沉降缝情况)为分析对象，考虑结构与土体相互作用，建立了隧道纵向结构的三维数值模型，对管片结构的受力及变形作了进一步详细的分析。经过上述计算与分析，得出了如下主要结论。

(1) 考虑隧道下卧土层土质分布不均匀产生的隧道纵向差异沉降作用。采用双面弹性地基平面有限元模型，选取该越江隧道上行线里程 SK4＋000—SK4＋400 区段为计算对象，对纵向沉降缝设置间距，分别对 20～60 m 范围内的隧道纵向结构受力及变形分布进行了对比分析和计算。

① 在不同的沉降缝间距情况下，随着沉降缝间距的减小，接缝数量增加，而隧道结构纵向的最大正、负弯矩值均逐渐减小，在设置沉降缝的位置处、结构地基梁内的纵向弯矩值则具有更显著的减小(图 2-38)；反之，随着沉降缝间距从 20 m 到 60 m 逐渐增大，接缝数量减少，结构纵向最大正、负弯矩值则均逐渐增大(图 2-39)。设置沉降缝后，以缝间距 20 m 为例，隧道纵向结构的最大弯矩值与未设沉降缝时相比，其正弯矩值的最大减幅约达 59.53%，负弯矩值的最大减幅约达 58.04%；当设置沉降缝间距加大至 60 m 时，纵截面的最大正弯矩值减幅为 8.68%，与不设置沉降缝情况已趋相近。这说明，当沉降缝间距大于 60 m 后，沉降缝间距对于软弱土层不均匀沉降引起的隧道纵向弯矩增大的调幅作用影响已趋小；而沉降缝间距为 20 m 时的影响则十分显著(图 2-40)。

② 对于隧道结构纵截面的剪力值变化，从整体上看，随着沉降缝间距的减小，隧道结构纵向截面的最大剪力值亦呈逐步减小的趋势。在整个计算区段内，隧道结构纵截面剪力值

的变化曲线呈波浪形，沉降缝设置间距越小则变化越趋明显，沉降缝位置截面处的剪力值更发生了跳跃和突变，其剪力值则有一定量的降低。其主要原因在于，沉降缝的设置切断了各分段梁间剪力的相互传递，使原先结构的纵向内力产生重新分布。当沉降缝间距为 20 m 时，隧道纵向最大剪力值相对于未设置沉降缝时减小约 35.27%；当沉降缝间距大于 40 m 时，隧道纵向最大剪力与未设置沉降缝平均相差则仅约 5%，此时沉降缝间距的变化对于土基不均匀沉降引起的隧道结构纵向剪力值变化的调幅作用已经趋小(图 2-42 和图 2-43)。

③ 对于隧道结构的纵向变形情况，随着沉降缝设置间距从 20 m 到 60 m 逐渐增大，沿纵向隧道相邻横截面间的转角值呈逐渐增大，其变化情况与隧道结构的纵向弯矩值变化一致(图 2-44)。未设置沉降缝与设置沉降缝相比，隧道结构的竖向沉降变形值的相差则不很明显，其变化情况与隧道纵向沉降曲线基本一致。可以认为，沉降缝的设置与否及其不同间距对隧道结构竖向沉降位移值的相对影响都比较小(图 2-45)。这是在作此次计算前未能认识到的，该结论为目前上海地区已考虑在一般地基区段情况下不再留设纵向沉降缝提供了理论基础。

(2) 考虑盾构隧道工作井与隧道管段连接处的土基差异沉降有较大影响，采用双面弹性地基平面有限元模型，以该越江隧道盾构工作井与隧道管段出入口连接处上行线里程 SK0+483—SK0+800 段为计算对象，建立了相应的计算模型，对沉降缝设置间距在 20～60 m范围内的隧道纵向结构受力及变形进行了对比计算。其结果分析如下。

① 不同沉降缝间距设置条件下，随着沉降缝间距的增大，在靠近工作井与隧道结构连接区域的管段截面纵向弯矩变化曲线逐次接近未设置沉降缝时的弯矩曲线，且距离工作井的距离越远，各个不同沉降缝间距条件下的隧道结构纵向弯矩值进一步趋近。当沉降缝间距为 20 m 时，隧道结构纵向截面弯矩值则更有显著的减小(图 2-73)。随着沉降缝间距从 20 m 到 60 m 逐渐增大，最大正弯矩值逐渐增大，从曲线走势看，当沉降缝间距采用每 20～40 m 区段布设时，隧道结构的纵向最大弯矩值增长较快；当沉降缝间距改为采用每 40～60 m区段布设时，则隧道结构纵向最大弯矩值的增长不大，与未设置沉降缝时的最大弯矩相差相对已比较小(图 2-74)。当沉降缝间距为 20 m 时，隧道结构纵向最大弯矩相对未设沉降缝时相比减小竟约达 74%；当沉降缝间距为 40 m 以上后，隧道结构纵向最大弯矩相对未设沉降缝时相比减小则仅约 10%(图 2-75)，此时或更大间距沉降缝的设置与否对于隧道纵向弯矩值的调幅影响也已趋小。

② 不同沉降缝间距条件下，隧道结构纵向截面的最大剪力值通常都位于工作井与隧道管段的连接区域。当沉降缝间距为 20 m 时，隧道结构纵向剪力值的变化最为显著，剪力最大值相对未设沉降缝时有较大幅度的减小，剪力曲线的波动幅度也相对较小(图 2-75)。随着沉降缝间距从 20 m 到 60 m 逐渐增大，纵截面最大剪力值逐渐增大，从曲线走势看，当沉降缝间距大于 30 m 或更大后，隧道结构纵向最大剪力值增长较快；当沉降缝间距为按 40～60 m 区段布设时，隧道结构纵向最大剪力值的增长已不大，其与未设置沉降缝时的最大剪力值相差已相对比较小(图 2-77)。当沉降缝间距为 20 m 时，隧道结构纵向最大剪力与未设置沉降缝时则相比减小约达 51.84%；当沉降缝间距为 40 m 及以上后，隧道结构纵向最大剪力与未设沉降缝时相比则减小仅约 5%(图 2-78)，此时，沉降缝间距设置与否对于土基不均匀沉降引起的隧道结构纵向截面剪力值变化的调幅作用已经趋小。

③ 不同沉降缝间距条件下，在靠近工作井与隧道管段连接位置区域，设置沉降缝后结构的竖向沉降位移值略大于未设置沉降缝时的相应值；而距离工作井与隧道连接位置越远，

设置沉降缝后结构竖向沉降位移值越趋近于不设置沉降缝时的结构位移。故此，从隧道纵向结构整体看，在设置不同沉降缝间距条件下，隧道纵向竖向沉降位移曲线与未设沉降缝时基本相近(图 2-79)。据此亦可以认为，沉降缝的设置对于井、隧接头处隧道纵向竖向沉降变形值的影响同样并不明显。但为偏安全考虑，目前的纵向设计中，在井、隧连接区段的40～100 m 范围内，仍保留布设一定的小缝距的纵向沉降缝。

(3) 考虑隧道软弱下卧层的不均匀沉降条件，基于隧道结构与土体相互作用的理论和计算方法，本章建立了隧道结构纵向沉降缝设置条件下的三维计算模型。选取该越江隧道区段上行线里程 SK4＋160—SK4＋400 区间为计算区域，对沉降缝间距分别为 20 m，30 m，40 m 及 60 m 时的隧道纵向结构受力和变形进行了三维数值模拟计算分析，其主要结论如下。

① 通过三维计算，对于绕 x 轴方向的隧道结构纵向弯矩而言，隧道横截面两侧弯矩值相对比较大；设置沉降缝后，隧道横截面两侧的弯矩值减小比较显著，而隧道横截面顶部和底部的弯矩值的差异则不显著。对于绕 y 轴方向的隧道结构纵向弯矩而言，同样，在隧道横截面两侧绕 y 轴方向的弯矩值比较大，横截面底部和顶部绕 y 轴方向的弯矩值则相对较小；而设置沉降缝后，各计算截面处绕 y 轴方向的弯矩与未设置沉降缝相比均没有显著变化。对于绕 z 轴方向的隧道结构纵向弯矩而言，在隧道横截面上沿圆环 360°范围内，管片结构绕 z 轴的弯矩分布相对均匀，仅局部区域略有差异；在设置沉降缝后，各计算截面处绕 z 轴的弯矩与未设置沉降缝相比会有一定的减小。沿隧道纵向对于隧道绕 x，y，z 轴的弯矩，从计算截面 1-1 至 截面 4－4 区段看，距离隧道中部沉降区域越远，则沉降缝设置间距对各计算截面弯矩值的变化影响就越小。通过计算与分析，当沉降缝间距为 20 m 时，隧道结构绕 x 轴方向的弯矩减小的幅度最大，约为 39.34%，随着沉降缝间距的增大，其减小幅度也逐步降低；当沉降缝间距为 20 m 时，隧道结构绕 x 轴方向的弯矩减小的幅度最大，为 20.25%(图 2-118)。这说明，在隧道地层竖向产生不均匀沉降的情况下，沉降缝间距大小对隧道结构绕 x 轴的弯矩值影响最为显著，而对绕 y 轴的弯矩值则影响不大。

② 对于隧道结构纵向截面的剪力而言，沉降缝设置对隧道截面竖向剪力的影响最为显著。从整体上看，在计算截面 1-1 至截面 4-4 区段范围时，沉降缝对隧道顶部的竖向剪力值变化由影响较大到逐渐变为影响很小，而对隧道底部区域的剪力值变化则由影响较小变为影响较大。从横截面圆环上的剪力分布看，隧道两侧所受的竖向剪力较大，而隧道顶部和底部竖向剪力相对都比较小；设置沉降缝后，在沉降区域内隧道结构截面的竖向剪力与未设置沉降缝相比，在隧道顶部有较大减小。这主要归因于，隧道底部软弱下卧层产生竖向沉降时，土体作用于隧道底部的反力减小，从而使隧道结构所受的竖向剪力减小；而随着隧道结构远离沉降区域，土体作用于隧道底部的反力逐渐增加，隧道结构所受竖向剪力也随之增加，而隧道结构顶部受到土体的作用则与隧道底部的受力情况正好相反。通过计算，不同沉降缝间距条件下各计算截面沿 y 轴方向剪力值减小的最大百分比，如图 2-132 所示。当沉降缝间距为 20 m 时，隧道结构竖向剪力值减小的最大幅度约为 64.83%；随着沉降缝间距的增大，其减小幅度将逐步降低；当沉降缝间距为 60 m 时，剪力值减小的最大幅度为 58.96%。由此可见，在隧道下卧软基地层竖向不均匀沉降的情况下，沉降缝设置对隧道纵向结构竖向剪力值的影响相比于隧道结构纵截面弯矩值的影响要大得多。这点在设计纵向螺栓和错缝管片抗环向剪切强度时需引起关注。

③ 对于土体与隧道结构的相互作用，以隧道管片结构在周边土体层面上所受法向接触

压力(土体对结构向土层变形的约束力)为分析对象,在横截面上沿圆环 360°范围内,隧道纵向管片结构所受法向接触压力呈不均匀分布,在隧道顶部和底部所受法向压力较大,而隧道两侧所受法向压力则比较小。设置沉降缝后,各计算截面处隧道结构所受法向压力将有一定程度的变化,但与未设置沉降缝时相比其差异并不明显。可以认为,沉降缝的设置对于隧道结构在土体相互作用下与周边土体间的法向接触压力值的影响不大。

④ 对于隧道结构变形情况言,未设置沉降缝时,隧道纵向产生绕 x 轴的截面转角比较大,而设置沉降缝后,隧道纵向绕 x 轴的截面转角则有明显减小(图 2-137)。设置沉降缝后,随着沉降缝间距的增大,沉降缝处横截面纵向的最大转角也将逐渐增大。但当沉降缝间距大于 40 m 后,隧道纵向沉降缝处横截面纵向的最大转角的增幅已呈趋于平缓,其最大转角与未设沉降缝时基本相近(图 2-138)。同时,隧道纵向沉降缝间距大于 40 m 后,对由于地层局部不均匀沉降引起的隧道纵向受力和变形的调幅作用亦已趋小。当隧道纵向沉降缝间距小于 40 m 时,沉降缝截面的纵向最大张开量小于 6 mm,可满足工程设计要求。

(4) 对于该越江盾构隧道管片结构纵向沉降缝间距的合理设置,以及对隧道纵向设计的一些建议与今后研究工作展望。

① 在纵向软基分布属正常情况下,对于盾构隧道纵向沉降缝的布置,在沉降缝间距选择为 20～40 m 之间时,其对消除因隧道纵向不均匀沉降引起的结构纵向受力失控、甚至导致错缝处或斜螺栓剪切破坏将最为有效。可根据地质勘察资料,建议在整个隧道纵向范围内不均匀地设置不同间距的沉降缝:对于隧道下卧地层有潜在的软弱土层(含地下暗浜、古河道、断层破碎带及其他软弱地裂缝条带等)的区域,可适当加密沉降缝间距,其缝间距以选用 20 m 为最佳;对于盾构隧道工作井与隧道管段连接区域的缝间距则建议在近井距 100～150 m 范围内,适当加密设置沉降缝,以求消除井、隧间差异沉降对隧道结构的不利影响,此时的缝距亦以选用 20 m 为最佳;对于其他地层虽属性软弱但土性分布均匀的区段且在下卧层性状比较好的情况下,该区段沉降缝的间距则以选用 40 m 为最佳;而当因地质条件相对良好、沉降缝布设间距可采用大于 60 m 时,经本章研究认为已无必要再设置沉降缝,因为当缝间距大于等于 60 m 后,其对结构纵向的受力与变形的影响均已不大,故而可以不再留置。这也已是上海地区当前的设计趋势。

② 对于盾构隧道结构纵向受力和变形性能的研究,本章仅以沉降缝设置为主要讨论对象、对隧道结构纵向的受力与变形进行了较详细的计算分析。通过计算,在三维状态下对于隧道下卧层地质状况较差的情况,在土体纵向不均匀沉降条件下,研讨了沿隧道纵向各横截面间的相互受力影响。计算认为,管片结构在纵向的受力与变形作用是十分复杂多变的。下步如能更充分计入管片相邻环之间沿结构纵向及环向的错缝拼装效应,再在考虑结构与土体间相互作用以及软土自身流变的黏弹或黏弹塑性特性与黏性软土结构性等因素,建立三维实体模型,就盾构隧道纵向设计进行更全面深入的分析,则对进一步完善盾构隧道设计、施工及保证后期运营的安全性将具有重要意义。

③ 本章研究是在一些简化假定的基础上,结合某大型、特长软基越江盾构法隧道,在给定条件下对不同缝距隧道纵向沉降缝的设置情况进行的三维定量数值分析,对隧道结构的纵向受力和变形得出了一些可供设计参考的初步认识。应该指出,对于结构纵向沉降缝的设置间距问题还应该综合考虑施工工艺条件、经济和工程耐久性、运营中使用功能变化,以及在沉降缝处安设各种不同形式止水带的防水和抗老化性能等诸多因素,经进一步论证后,再最终妥慎抉择。

对本章所讨论问题的再认识：

众所周知，在同一条件下软基土盾构隧道的纵向设计问题中，沉降缝和止水带的设置与否及其合理间距的优化抉择，是一项技术关键。从本章研究所得的上述成果表明：与不考虑设置纵向沉降缝的情况相比，前后两缝之间设置间距相对较密（较小间距）的柔性纵向管段，其各段管段的长度比较短、前后段间彼此用只具一定抗剪强度而基本上不能承弯的半铰接式止水带作为前后横缝截面的相互连接。此时，段间管段的纵向弯矩值将有效减小，而纵向呈不均匀分布的差异沉降量则将有所增加，但其增加值较为有限。反之，如再就完全不设置纵向沉降缝的另一种极端选择言，卧坐于黏性土软基上的管段可视为半无限地层内的一根弹（弹塑）性地基梁，因不设沉降缝而稍为增大的纵向弯矩值尚不致导致梁身弯曲裂缝进入不可控的渗水范围（当弯曲纵缝的缝宽＜0.15～0.2 mm 时）；试验也已证实，多种不利工况下，此时均尚不会出现裂缝渗水的严重情况。加之，止水带如设置不当（构造上设置不到位、止水带质量不佳或其施工工艺上有缺陷等），还往往反而造成新的渗漏水通道源。这种不愿见到的现实，多年来却很常见。

为此，上海市的一些隧道与地下工程设计单位，近年来已改弦易辙，现在普遍采用：对一般性软土基的管段纵向，已不再为了控制地基和管段纵向不均匀沉降、特别是为了减小刚性管段的纵向弯矩和转角引起的截面张开变形，而沿纵向遍设密集（间距～20 m）的沉降缝并相应地安设各种类型的止水带，或则尽可能地加大沉降缝/止水带的纵向间距，即尽多减少止水带的设置数量，相反，把止水带设置的重点位置放在盾构工作井井筒与管段之间的过渡区带之内。显然，在这些过渡区带内上述井筒（它基本上不下沉）与其相近管段[以弯曲沉降和过渡段相邻横截面间的剪切变形（上下错动）为主，也含总体下陷]二者间的差异沉降量有时将十分可观，故此，将各该区段沉降缝的设置间距，视实际情况而多数布设在：几个管片的沿纵长环宽以内（或此处更改用特制的薄环宽管片过渡，在几个环宽横缝间密布止水带），是比较适合的。

参考文献

[1] 徐凌，黄宏伟，罗富荣. 软土地层盾构隧道纵向沉降研究进展[J]. 城市轨道交通研究，2007，10(6)：53-56.

[2] 小泉淳，村上博智，西野健三. シールドトンネルの軸方向特性のモデル化について[C]//日本土木工程学会. 土木学会论文集，1988：79-88.

[3] 小泉淳，村上博智，石田智朗，等. 急曲線施工用セダメントの设计法について[C]//日本土木工程学会. 土木学会论文集，1992：111.

[4] 志波由纪夫，川岛一彦，大日方尚己，等. 答变位法によるシールドトンネルの耐震设计法[J]. 土木技术资料，1986，28(5)：45.

[5] 志波由纪夫，川岛一彦，大日方尚己，等. シールドトネルの耐震解析にる长手方向覆工刚性の评价法[C]//日本土木工程学会. 土木学会论文集，1988：319.

[6] VAN EMPEL W H N C, DE WAAL R G A, Van der Veen C. Seg-mental tunnel lining behaviour in axial direction[C]//Preprint volume of proceedings of an international symposium on Geotech-nical aspects of underground construction in soft ground. Tokyo, Japan, 1999.

[7] 林永国. 地铁隧道纵向变形结构性能研究[D]. 上海：同济大学，2001.

[8] 温竹茵，周质炎. 盾构法隧道的纵向受力分析[J]. 特种结构，2002，19(2)：14-16.

[9] 陈郁. 基坑开挖卸荷引起下卧隧道隆起的研究分析[D]. 上海：同济大学，2005.

[10] 陈郁,李永盛.基坑开挖卸荷引起下卧隧道隆起的计算方法[J].地下空间与工程学报,2005,1(1):91-94.

[11] 徐凌.软土盾构隧道纵向沉降研究[D].上海:同济大学,2005.

[12] 余占奎.软土盾构隧道纵向设计方法研究[D].上海:同济大学,2006.

[13] 张冬梅.软黏土的时效性分析及隧道长期沉降的预测[D].上海:同济大学,2003.

[14] COOPER M L, CHAPMAN D N, ROGERS C D, et al. Movements in the Piccadilly Line tunnels due to the Heathrow Express construction[J]. Geotechnique, 2002, 52(4): 243-257.

[15] YVON Riou, PHILIPPE Mestat, HAKIM Merchichi. Modelidation numerique et retour d'experience sur ouvrages-development d'une base de donnes[C]//JNGG 2002, 8 et 9 Octobre 2002, Nancy.

[16] SHIN J H, ADDENBROOKE T L, POTTS D M. A numerical study of the effect of groundwater movement on long-term tunnel behavior[J]. Geotechnique, 2001, 52(6):391-403.

[17] SWOBODA G, ABU-Krisha A. Three-dimensional numerical modeling for TBM tunneling in consolidated clay[J]. Tunneling and Underground Space Technology, 1999,14(3):327-333.

第3章　过江盾构法输水隧洞预应力混凝土复合衬砌的相互作用分析

3.1　引言

3.1.1　问题的提出

输水水工建筑物在跨越江河障碍时，除了采用水上渡槽以外，也可换用掘进隧洞的形式，对穿越河底软土地层则可以采用盾构掘进并安装预制管片以构成隧洞的衬砌结构。由于输水隧洞结构一般均需承受内、外水压不利的组合受力作用，而单层预制管片因为纵、环缝间遍布接头、接缝而不利于承拉，为此，当工程所处河道在冬季内水压力较江河枯水位外水压为高的情况下，常需再补充施筑能承受截面拉应力的二次内衬；此时，如设计中为了沿内衬环向张拉一定量值的后张法预应力并使之与外衬管片一起共同受力，就构成了预应力混凝土复合式衬砌。这种构造形式，已成为本章研讨的我国某大型输水有压隧洞的设计方案之一。本章将系统阐述在计算分析中各种工况条件的受力全过程，重点探讨外层管片与预应力内衬构成复合衬砌后两者间的耦合作用问题。

在外层管片与整筑式预应力混凝土内衬间的层间界面处，是否需施作防排水垫层(防水膜)，是一个值得着重探究的问题。如果内、外层面间敷设了这种垫层，则上、下层界面间由于垫层的存在而丧失了层间传递剪应力的条件，这时，内衬的预压应力不能外传到外层管片之上，因而无法构成内、外两层衬砌间的耦合作用受力。但对不设置垫层情况下，如设定外水压力由管片承担、内水压力由预应力内衬承担，则二者的受力分工将简单明确，设计较易且易于掌握。此外，层间防排水垫层还可以作为有外水内渗和内水外渗时的排泄通道。反之，如果层面间不再铺设防排水垫层，则在层间界面上如能保证有足够粘结强度和层间摩擦力，则内层衬砌的预压应力将能通过层间剪应力的传递，使内、外层衬砌产生有利的耦合作用从而使管片截面也分摊到一部分的预先受压，这对外层管片日后在内水压作用下的抗拉安全将是十分有利的。

在以下研究中，本章将细致详尽地分析探讨设计中对以上两种方案的不同考虑，并从地下结构力学效应的不同角度，分别研究以上两种方案的优缺点及各自存在的问题，以便于设计时妥慎抉择和选用。

该隧洞为特大型倒虹吸输水建筑物，为过河有压水工隧洞，单线长 4 250 m，埋深 23～30 m，双线布置，双层衬砌，其中外衬为厚 40 cm 的管片环，外直径为 8.7 m，由盾构机在掘进过程中拼装；内衬为现浇环向施加预应力的钢筋混凝土结构，厚 45 cm，内直径为 7.0 m。对于内衬与外衬的相互关系，如上所述，初步设计阶段曾研究过两种形式：其一为内衬浇筑后与管片环形成整体式结构，内、外衬联合受力——方案 1；其二为内、外衬间采用防排水垫层(防水膜)分隔,内、外衬按单独受力分析计算——方案2。

作为分隔内、外衬间的垫层,通过试验拟由防水的PE膜和分居其上、下两侧的内、外排水层构成,其中外层排水层为土工布,内层排水层为格栅型排水层,垫层总厚约10 mm。为确保内、外层排放渗漏水各行其道,要求PE膜具有良好的隔水作用,施工期间不允许锚杆或锚钉穿过垫层的PE膜。此时,下列相应的工艺问题必须妥善解决。

(1) 在内衬施工中,内衬钢筋笼拟用钢筋台车安装,在钢筋笼就位后,钢筋台车需退出,而让位于模板台车,若不允许采用锚杆或锚钉吊挂钢筋笼,如何在保证钢筋笼不变形的情况下,确保模板台车顺利就位?

(2) 内衬钢筋笼就位后,当需要通过焊接安装预埋件时,存在焊渣烧坏垫层的可能性,如何有效防止这种情况而又不影响施工进度?

(3) 厚约10 mm的垫层将敷设在外衬内壁上,在不允许采用锚钉固定的条件下,如何确保在垫层自重下其与外衬内壁间的紧密粘贴?当采用粘结剂粘贴时,垫层中的外层土工布有可能与PE膜分离,该如何防止?

相对而言,第一种形式(以下称方案1)——内、外衬联合受力结构形式由于不需要敷设垫层,更适合洞内施工要求。不建议选用方案1的形式,而改为设置层间施作防水膜的方案2的理由,主要是对其内、外衬能否做到联合受力存在疑虑。考虑到工程上较难实施以上(1)—(3)三点的施工困难,此处研究中又重新提出了内、外衬联合受力的第一种结构形式(以下称方案1),希望通过进一步的探讨加深对联合受力工作机理的认识,为重新认定联合受力结构形式作依据,这样不仅方便施工,还将有一定的技术经济效益。

3.1.2 结构受力特征与复合衬砌力学机理

(1) 由于外层管片衬砌现已拼装成型并就位,施工第一阶段将为管片结构独自单层受力;在不考虑土体流变效应——由于此处系砂性土层,且土体应力水平不高,在其相应的流变下限值以内,不需考虑砂土流变。这样,在内衬施加预应力阶段,上层管片的内力和变形位移认为均已经全部完成。在之后隧洞的常年运行中,管片可能要承受进一步增大的土水压力,故而仍将对内衬施加“形变压力”;但作为管片自身,因已按最大洪水和最大淤积的土水压力计算,不会发生问题。

(2) 在对内衬结构作预应力张拉阶段之初,由于张拉对内衬结构产生的径向挤压力和切向拖曳力的作用,使内衬在预应力张拉阶段所产生的径向变位为向内的内净收敛,致使内衬与管片接触界面间出现上、下层间相互拉、剪的应力状态;此时,除在内衬自重作用下,其与管片接触的下半个圆周层面将产生一定的自重接触压力,已经在做相应工况计算时予以计入外,在上述预应力张拉阶段,内衬的上半部分需另作细致的界面应力状态验算。

在界面实际工作情况下,可按内、外衬界面的以下四种工作条件:①新、老混凝土界面无粘结强度,最大抗剪强度取为0.4 MPa;②新、老混凝土界面顶部120°范围内不存在粘结强度且不承剪,其余底部240°范围粘结强度取为0.8 MPa,最大抗剪能力取为0.4 MPa;③新、老混凝土界面顶部90°范围内不存在粘结强度且不承剪,其余底部270°范围粘结强度取为0.8 MPa,最大抗剪能力取为0.4 MPa;④整环接触界面粘结强度取为0.8 MPa,最大抗剪能力取为0.4 MPa,分别计算,以便相互印证和对比研究。

(3) 在进行上述第(2)款的双层衬砌相互作用时,应保留上层管片在第(1)工况时先已产生的初始内力(M、N)和径向变形位移;为设计安全计,也为了与隧洞满负荷水压通水运营工况相符,此时管片内保留的初始内力和变形应按“枯水位、最大冲刷”,也即最小的上覆土、水压力的上覆外压力为最小的不利工况计算结果进行。

(4) 对双层衬砌的相互作用及上、下层能否联合受力的机理判断,关键在于上、下层接触界面“非脱离区”的范围和部位;而在接触界面处的另一些区段、计算上出现“拉/剪脱离区”的部位,则均应视为“脱离区”。位于界面“脱离区”部位的上、下层衬砌将不再联合作用,而应视为“单独”受力。

(5) 两种结构方案,其对应的敷设防水膜与否,分别按上述(4)计算得出的拉/剪脱离区”和“非脱离区”的范围与部位都不尽相同。这是由于:从界面受力机理方面言,对方案 2,敷设的薄层 PE 防水膜、外加其上、下层面上覆盖的土工布(总厚度约为 10 mm)将使双层接触界面相互隔离而完全不能承剪[即使在有径向接触压力存在的情况下,由于层间(膜与混凝土)界面处的摩擦系数值极小而可视之为 0,层面间也没有抗剪摩擦强度,故界面将完全不能承受切向剪应力],从而使脱离区段扩大。反之,对不会设防水膜的方案 1 而言,即使不计及接触面的粘结强度,接触界面如存在法向(径向)压力而会产生一定的摩擦阻力(切向抗剪);同时,新(内衬)、旧(管片)混凝土接触面上亦具有一定的承剪能力;而且,由于改用方案 1 后,补设在管片接头螺栓手孔已如上述“手孔榫头”以及其中插筋(锚筋)对层面抗剪亦有一定助益。这样,由于上述三者的集成效应,则只要界面的计算剪应力值不超过界面新、旧混凝土的承剪能力(合 0.4 MPa);在有接触压强的界面区段,更或小于界面抗剪摩擦力(此处,取新、旧混凝土界面“粘结”与“干摩擦”二者合共产生的“综合摩擦系数 η”;在缺乏实验数据的条件下,此处可暂先偏安全地酌取用较小的经验值,$\eta=0.35\sim0.45$)。可以认为,只要界面的计算剪应力值小于以上三者分别产生的界面抗剪能力之一时,该区段界面将不致出现剪切脱离而仍属于“非脱离区”,这是对方案 1 双层联合受力有利的方面。而在双层界面出现法向(径向)拉应力时,对方案 2 而言,由于层间设有防水膜相隔绝,其上、下层面间将完全不能承拉。此处计算中已作了如上考虑。故此,敷设防水膜的方案 2,对双层衬砌的联合受力、相互间的变形约束作用均为不利。它应归属于上、下层衬砌基本上各自“单独”受力。

3.1.3 主要研究内容

在此处研究中已着重对以下各个控制工况和不利的各受力阶段,分别进行了计算分析,主要内容如下。

(1) 工况 1:单层管片圆环独自受力工况——计入水位涨落和土层冲淤变化,此处计入了管片环向接头抗弯刚度随接头正、负弯矩呈不同的非线性变化。

(2) 工况 2:内衬预应力张拉工况——计入因预应力张拉使内衬产生向内净变位的径向分布挤压力($0.44P$,P 为螺栓预紧力,属环箍效应)以及因双头(或为单头)张拉形成的切向分布拖曳力在上、下层界面处产生的剪应力($0.2P$,沿界面呈不均匀分布),进而作预应力及其各项预应力损失计算。

(3) 工况 3:内衬承受环箍挤压应力后的工况——如上述,因此时沿上部拱圈的双层界面将计入四种不同的接触界面力学性态:①完全拉脱;②顶部 120°拉脱;③顶部 90°拉脱;④完全不拉脱。四种情况分别计算,但均需考虑下部半个拱圈双层界面因内衬自重而受压密贴接触导致的上、下层衬砌间的相互作用。

(4) 工况 4:隧洞运营工况——考虑洞内“全压充水”和“无压水”(指隧洞内满水或不满水,但无水头压力的工况,此时仅计入洞内水体自重作用)以及“洞内水排空检修”等三种工况;为设计安全考虑,在洞内全压充水工况中,应考虑“枯水位和河床流土最大冲刷”的最不利受力条件。

(5) 工况 5:温度变化受力工况——由于当地气温的月变化、河床水温变化、洞上围土地温和土层内地下水温度变化,特别是气温和洞内输水水温在夏季和冬季将有显著变化。其时,隧洞衬砌作为热交换的载体,将通过双层衬砌的内、外温差进行热交换而产生一定的温度应力,进而将最大的温度应力变化计入双层衬砌最终可能产生的最大内力中合并计算考虑。

3.2　研究工作的总体考虑和要求

3.2.1　管片接头模型的考虑

该水工隧洞的外衬管片接头现采用了两种不同的形式,即:凹凸型榫式(邻接块与封闭块之间)和棒槽式(其他各块之间)。接缝处设有上、下两道受力衬垫,故管片接头相邻块的混凝土面与其相邻接混凝土面不直接接触;环间螺栓采用直螺栓连接。

对此,在此次研究中拟采用笔者早前在它处已经研制的"接头非线性刚度程序软件",取接头的变刚度值 k(它随接头的 M 或 θ 值而变化,如近似按与 y 轴呈对称的三次抛物线型函数变化等);此处,M 为接头截面弯矩,或用接头的转角变形 θ 亦可的管片接头模型进行计算。

作为前期计算,可先采用数值模拟方法建立二维平面应变有限元接头模型,将环向螺栓作为一个紧固件。此处,环向螺栓与管片之间只考虑预紧力 400 kN 的作用,而不计及相邻块接触面间和环向螺栓的抗剪能力,因事实上圆形管片环各截面的剪力都很小,一般均不需作这项验算,认为接头缝处的相邻块接触面间不致产生相互剪切错动。待得到接头刚度-弯矩"k-M"曲线后,将可用于上述模型计算。

为了减小计算工作量,在后续的三维计算分析中(考虑管片各纵环间为错缝拼装,它对横向环计算的附加影响属三维受力情况),也需将纵向和环向接头模型作一定简化:纵向接头简化为实体单元——所谓的纵向简化接头模型;而环向接头则拟另采用接触面单元和弹簧单元以分别模拟上述的受力衬垫和错缝拼装后纵向螺栓在前后相邻环之间的剪切作用。

对于前期计算,可先考虑简化采用"常刚度接头系数",这是国内设计界的习惯做法。

设计方先前所得的结果提到:"在任意方案和任意荷载组合情况下,管片接缝处始终处于闭合状态。"笔者研究后认为,管片接头接缝受力而变形后,总会有一定程度的张开,故文字上似应改写为:"管片各处接头接缝张开量的计算值均<4 mm,在规定的控制值以内,就防水而言这样将会是安全的。"

3.2.2　关于管片接头刚度的认识

管片接头的刚度问题在计算中显得十分重要,它反映了接头刚度的取值对管片环产生的附加内力和变形是不容忽视的。笔者多年来已有了一些在计算实践中行之有效的做法,但由于通用的管片接头的构造与此处采用的不同,恐不能照套借用。此处拟就接头处止水弹性密封胶垫的弹簧刚度系数 k 的取值并按照本隧洞所用管片接头的构造,选取以下的计算图示,经简化后取用(图 3-1)。

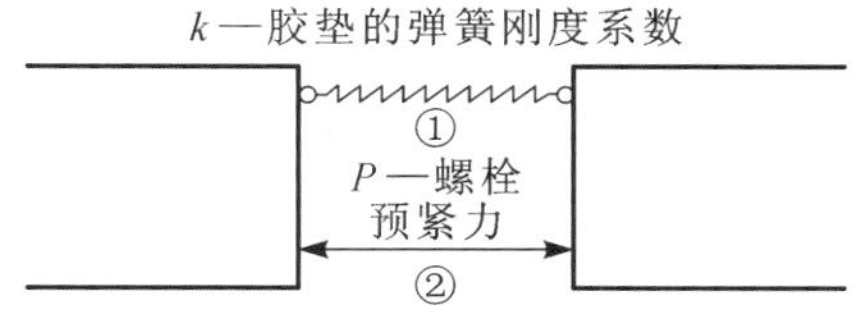

图 3-1　管片接头的构造

①—止水胶垫(可承压、有限承拉,张开度 $\Delta \leqslant$ 4 mm,不能承剪);②—螺栓预紧力,$P=$ 400 kN/环,作为初始条件先行施加

在本书后述的研究成果中，拟换用笔者在过去接头试验研制的“非线性变刚度接头模型”作数值模拟。由于实际上 k 非常数，它将随接头弯矩（要分正、负弯矩 $\pm M$）及其大、小偏压值而变化，亦可视为随接头转角 θ 而变化。

3.2.3　对方案1（不设防水膜），内外衬上下层间的接触单元

拟选用 ABAQUS 软件常用的“库仑摩擦型单元”，ABAQUS 程序未设有经常用的 Goodman 单元，此时：

（1）对于上述接触单元（未设防水膜）的法向承压作用，拟选用“硬接触”，即接触界面之间能传递的接触面压力的大小将不受限制；而当接触压力计算值为零或呈负值时，因界面不能承拉，接触面两边的附近范围则将分离脱开而视为“拉张脱离区”，此时，将在第二次再做的应力重分布计算中除掉相应节点上的接触受压约束。

（2）对于接触面单元的切向承剪作用，拟选用的摩擦模型建议采用库仑摩擦，其中：

① 由计算所得的界面剪应力 τ 值控制；

② 在界面摩擦滑动前未产生剪切破坏的情况下，则需由上、下层间界面的粘结/摩擦力控制。其相应的计算公式，为：

$$\tau = (\mu \times p) < \tau_{crit}$$

式中，τ_{crit} 为临界切应力（界面抗剪强度，取 0.4 MPa）；μ 为界面新、老混凝土相粘结与相摩擦作用的综合效应系数（笔者处有实测值可以借用）；p 为计算得到的法向接触压强。按上述①、②条抗剪条件的切向应力计算值 τ（取①和②两者中的大值）均小于临界切应力 τ_{crit} 值的情况下，上、下双层界面之间将不致发生剪切破坏，即也不出现相对滑动（“剪切脱离区”）。但是，只是按第（1）条计算后不出现拉张破坏的接触面区段，才是双层复合衬砌可视为联合受力的“非脱离区”。此处需着重指出，对第②条，尽管界面已剪裂，但由于上项 p 值的存在，剪裂界面处却仍能保持其承压条件，和小于 τ_{crit} 范围内的一定承剪能力，故而仍应属“非脱离区”而呈双层联合受力。

为此，对方案1内、外衬的联合受力条件，此处的认识如下。

（1）此类受弯、压、剪三者作用的叠合结构能否起到联合受力作用，其关键在于上、下层接触界面间不产生拉张型脱离区；如果界面上有部分区段产生拉张脱离区，则各该区段应视为“单独”受力，而对非脱离区的区段则仍可视为联合受力。产生这种脱离区的条件是：

① 该区段的上、下层面被拉裂，从而彼此间视为相互脱离；

② 尽管该区段的上、下层面产生剪切滑移而彼此间视为有层面错动趋势，甚至已产生界面剪裂，但却仍能承压和一定承剪（$< \tau_{crit}$），对承压和承剪言仍均应属“非脱离区”；

③ 下层后做的现浇内衬，在其混凝土结硬的初期，因失水（混凝土拌和时的一部分自由水将挥发）而凝缩，但因受上层预制管片对其凝缩变形的约束而导致在下层内衬中产生拉应力；而由于混凝土早期的抗拉强度低，导致内衬在界面处产生受拉裂缝（为全截面拉张通缝），同时，将亦造成层面间的剪错滑动。

（2）对此，现再稍作展开阐述，具体内容如下。

① 对上小节情况①，由于圆形叠合结构的上、下层界面间，在土、水压力作用下（含内水压作用），从过去的计算实践，沿厚度径向均未出现过拉断张力；此处，其层面拉脱现象是否会由于内衬在预应力张拉过程中产生向下的“挤压力”而引起？是否需在此处再对该种受力条件进行预应力张拉阶段的界面抗拉验算？笔者的看法则是否定的，因为：张拉时由于千斤

顶的反力作用，将在内衬结构内产生与上项挤压力大小相等而方向相反的挤压力，故两者的作用将相互抵消。

② 对上小节中的情况②，此处由于界面位于叠合结构的中性轴附近，其剪力值为最大部位，故需引起注意；但圆形结构横截面的剪力值通常都很小，一般均不作验算。因此，是否要另就上述预应力张拉过程中的拖曳力进行其界面抗剪验算，需在后续研究中再进一步探讨。

③ 对上小节中的情况③，防治约束收缩变形量的方法，通常有：在混凝土中掺加微膨胀剂，事实上这只使其凝缩量降至最低，计算上可认为无凝缩产生；在内衬沿约束收缩（环向）的法向，即沿各该横截面的一定环向长度处人为地设置抗凝缩的“诱导缝”，诱导缝的间距可由计算确定：在相邻诱导缝间距的长度内所产生的计算凝缩拉应力值应小于混凝土早期的抗拉强度（以脱模时混凝土的抗拉强度计）。这样，由于内衬混凝土凝缩，在界面处产生的剪应力可以不再计算。

3.2.4 对加设防水膜方案，考虑内外衬“单独”受力情况

施工要求在浇筑内衬前先将外层管片下面沿周圈上部270°范围内的所有坑孔先回填抹平，并在该范围的内、外衬之间设置弹性软垫层（防水膜）；而在底部90°范围的内衬混凝土将与外层管片所有坑孔同时浇筑。这样，环内底部90°范围内的内、外层之间将不再设防水膜垫层。

对内、外层间防水膜进行力学模拟。在前期的计算中，拟采用不承拉、不承剪的线性弹簧来模拟防水膜的承压作用。弹簧的刚度可根据防水膜材料的弹模、厚度及“弹簧单元”所包含的垫层材料面积确定。而在后续的深化计算中，拟再另开发“弹性抗力单元”，以模拟防水膜的承压作用，或借鉴有薄层厚度（上下层土工布＋防水膜的总厚为1 cm）的“有厚度的弹性夹层单元”来模拟防水膜的承压作用；这时，可在ABAQUS通用软件中增设专用模块并用接口串结上主程序。

3.2.5 按折线多边形双层叠合框架梁模拟计算

叠合“梁”是指分两次浇捣混凝土的梁：第一次在预制场做成预制管片；再在施工现场现浇内衬混凝土。当预制梁拼装完成后，上钢筋笼架（此处拟只做准备）实施推荐的双层间不设防水膜方案，再泵送内部混凝土并施加后张法预应力，使其叠合成整体。

此处所研究的上项复合衬砌，即属上述的典型的三阶段受力叠合“梁”：第一阶段为仅单层管片；第二阶段为内衬施加预应力；第三阶段为隧洞充水。

杆系有限元如只是将两根“梁”简单地相叠加，是否能作为一根完整的叠合梁考虑，这是叠合梁又不设防水膜方案中存在的问题。对此，笔者的认识已在3.2.3小节中阐述过了，可以参阅。

叠合“梁”界面的数值计算方法具体如下。

（1）将上、下层叠合结构先按层间的全部界面均为“非脱离区”考虑，进行第一次初算。

（2）对计算所得的界面拉应力和剪应力分别按3.2.3小节关于联合受力条件（1）小节中的①、②和③条分别进行界面拉、剪脱离区验算；这样，可分别得出界面的受拉和受剪破坏区段；但按与上述同理可知，此处只将各该拉张破坏区段视为“脱离区”，剪断界面因仍可承压和一定量承剪，故仍属“非脱离区”。

（3）在第二次的界面应力重分布计算中，采用上述的界面“变刚度弹簧单元”，只对“非

脱离区”区段作上、下层联合受力计算：在计算运作上，可取上项变刚度弹簧单元的刚度较比内衬的刚度大 3～4 个数量级即可；而对从以上得出的拉张破坏“脱离区”区段，则另改按上、下层单独受力计算。在计算运作上，则取“脱离区”内的上项变刚度弹簧单元的刚度较比内衬的刚度小 3～4 个数量级即可。

3.2.6 二次内衬施加预应力的计算

在该盾构隧洞结构形式比选的方案中，其内衬采用预应力混凝土。上述两种方案的内衬采用预应力混凝土的施工工艺是完全相同的，其预应力的施加范围应该是整个环形截面、分段张拉。此处，拟先分开对预应力进行计算，得到内衬在预应力作用下的轴力与弯矩后(按线弹性材料考虑)，再与未施加预应力的其他计算值相简单迭加，即得到最终结果。

在施加预应力过程中，锚索锚固段对内衬混凝土施加“挤压力”P_1，而千斤顶在锚索的张拉端对内衬混凝土则施加相等而呈反向的反力 P_2；在 P_1 和 P_2 的作用下使内衬混凝土与外衬管片在界面处产生的正反向“挤压力”，可以抵消预应力锚索作用在内衬上向下的“挤压力”而引起的界面拉张变形，因此，此处将不再进行预应力张拉阶段的界面抗拉验算。

3.2.7 温度应力计算时的各项基础资料

(1) 运行期水温为考虑最不利情况下的冬季最低水温(2 ℃)和夏季最高水温(24 ℃)，计算时拟作为温度荷载条件采用。

(2) 内衬混凝土浇筑时的施工期及其入仓温度，拟参照一般习惯采用，计算温度应力时即作为温度的基准值。

(3) 该地域的最高和最低的月平均江水温度和河床下土层地温即按已有的确认值采用，计算时拟据此取为温度边界条件。

3.2.8 复合衬砌接触界面的数值模拟

由于笔者采用的是 ABAQUS 和 MARC 等国际知名通用软件，其对双层复合衬砌上、下层接触界面的模拟，在此次研究中拟分别采用：

(1) 对方案 1(层间不设防水膜)，用无厚度的 Goodman 接触面单元(“硬接触”承压、有限承剪，但小于界面抗剪强度；在大、小偏压轴力作用下不考虑界面拉开)。

(2) 对方案 2(层间敷设防水膜)，改用有一定薄层厚度($\delta=10$ mm)的夹层单元，它可以有限承压(到压扁即止、不承拉、不承剪)。

(3) 因为笔者未采用设计方沿用的 Super Sap 软件，故未有沿用设计方对两种复合衬砌界面方案分别采取的“刚性臂”和“间隙单元”。

对上述两类单元，宜选用的接触界面有关参数的取值，笔者在慎虑后认为可选用过去的习惯用值。

3.2.9 其他相关方面的问题

(1) 以笔者多年来的设计习惯，由于此处隧洞直径大(外径 8 720 mm)而埋藏浅(最浅处仅约 30 m 或更小些)，对隧洞结构两侧的土体侧压力值在计算上似宜偏保守地、人为地考虑其左、右侧土压力存在有一定程度的不均匀性。这样，可得出较大的截面设计弯矩。其次，设计上一般对左、右侧土体侧压力按计算值分别各再另作±5% 的土侧压值人为偏差量(即左右侧的侧压不相等，其大小相差 10%)，以策计算上的安全。

(2) 笔者此次将分别采用以下方法：

① 以连续介质有限元法为主作两种方案的数值计算，并将以其计算结果作为设计和配

筋的依据；

② 再以杆系结构(即前面所述的：折线多边形双层叠合框架梁)并按弹性抗力法($\sigma=k\cdot\delta$)计算地层对结构变形的约束，它是另一种为辅的计算方法，将同时平行地进行数值计算。

严格地说，以上这两种的计算结果是没有可比性的。因为，①是基于连续介质、“地层结构法”的共同变形理论；而②则是基于“荷载结构法”的局部变形理论。该两种理论的出发点及其基本假设不同，所用的力学计算参数也各异。从笔者多年来对该两种方法所作计算比较的实践说明，二者计算结果的差异一般都相当大。后者因是设计上常用的方法，计算结果仅供参考，不作为依据。

为了考证所用程序软件的适用性和可靠性，特别是此次需要在上述各通用程序内另再串结一些笔者自主研发的专用模块，可能就更有必要检验计算结果的正确性。这里，拟建议采用以下方法：

① 将笔者的这次计算值与设计方之前已经计算得出的各个相应值，在数字成果的量级上、正负号上、变化规律上等方面进行对比和分析；

② 将计算退化为准轴对称问题，采用笔者已有的对圆形复合衬砌准轴对称问题(即，结构左、右侧向荷载为对称，而上、下竖向荷载则不对称)现成的封闭解析解，用之于此处，可使之便于与程序计算所得结果进行相互对比、印证。

3.2.10　内衬施加预应力阶段，内衬与外衬管片的联合受力问题

对在预应力张拉阶段，应否将内衬的上半部分视为不受外层管片径向约束的自由圆环作计算，设计方认为：

(1) 内衬浇筑后，它与外层管片环将形成一个“整体结构”，二者将共同受力；

(2) 在锚索张拉产生的挤压力集度 p 中，已有的试验表明，将在内、外衬界面上产生 $44\%p$(约合 0.53 MPa)的拉应力，但认为该拉应力值尚小，并不会导致界面脱开，为此将可通过层间界面将预应力荷载传递到外层管片环上，使外衬也能产生预压应力，故而内、外衬能够联合工作；

(3) 对于笔者的阶段性计算，在隧洞运行阶段，管片仍然出现较大的拉应力，是与计算中未有计及管片已经产生了由内衬上传于管片的预压应力有关。

对此，笔者认为应该考虑以下各点因素：

(1) 上、下层双层衬砌共同联合受力的条件是：层间界面密合贴紧，接触面上存在一定的压应力。如所周知，管片与内衬上的上半圆部分在内衬浇筑并硬固后还要对层间缝隙采用回填和压密式灌浆。这样，将在管片内产生因不均衡灌浆引起的弯矩和拉应力，由于顾及由此引起管片因灌浆而裂缝，所以一般只能采用低压灌浆，如浆压≤1.0～1.5 MPa，则等浆液收干和固化以后的浆压(残余压应力)将只有 0.5 MPa 左右或稍大些。因此，浆压经过与预应力作用(于内衬后呈环状分布的挤压力)于界面上引起的拉应力 0.53 MPa 相抵消后，界面上实际保持的接触压应力将很小。计算中为了保守考虑和偏安全计，将上、下层间的上半部分界面视为“脱开”的自由面，看来是合适的。当然，如果灌浆压力能达到 1.5～1.8 MPa 以上，则自可将界面(浆压值抵消上述的拉应力以后)视为密贴压紧状态，进而保证管片能够参与内衬共同承受预应力荷载。待日后对拟施加的灌浆压力值的大小和浆压分布确定后将能用于此处作再次的修正计算。

(2) 即使双层界面接触确属密实压紧，也不能视为就是“整体结构”，而认为如同一个结构一样。这是因为，管片与内衬两者如前面所述实际上是一种“叠合式的双层结构”，内衬的

预应力必须要通过接触面上有否足够的剪力来向上层管片作受力传递(有如在叠合梁界面上必要设置剪力键的情况一样),才能对上、下层形成相互作用,特别是此处新、老混凝土双层结构,早在下层内衬受预应力之前,上层管片业已安装就位,其受力和变形均已完成。这就要求上下层面间是否具有承拉和承剪条件,以验算其界面的“拉、剪脱离区”和“非脱离区”。采用连续介质相互作用的理论和相应的数值方法以计算上层管片参与内衬受力的工作性态,含:如何分担内衬施加预应力后的附加影响。因而,不能简单地将两者看作一个整体结构使之共同承担内衬预应力荷载,并简单地认定可将预应力荷载转化为管片的预压应力。故此,认为叠合结构在其下层受到预应力荷载时,上层也能同时受压,在如上述的某些条件下它是不符合叠合结构的工作实际的。

(3) 鉴于上述,如果此处灌浆压力用的足够地大,使上、下层界面在抵消预应力的环箍挤压力效应所引起的界面拉应力后,在界面上仍有富裕的接触压应力的条件下,再补充作这一工况的计算。

(4) 即使如情况(3)所述进行修改再计算,其计算结果的“油水”可能也不会很大。故而也不会在很大程度上改变管片仍然要受拉的不利状态;此外,管片在单独受力施工工况时(隧洞外直径 $\phi=8.7$ m,只用管片厚 40 cm,似过于纤薄些),已经产生了拉裂,这个问题也仍然难以解决。

3.2.11 对几处尚待商榷问题的进一步认识

1) 对内、外衬可否按叠合结构计算的认识

如上所述,在内衬预应力挤压力环箍作用在界面产生拉应力 0.53 MPa 的条件下,要求保持界面密贴接触,则层间接触面上需要在预应力张拉前和张拉时先已有大于 0.53 MPa 的接触压强;否则,只能将两层界面视为“脱开”;这时,下层预应力张拉时其上层管片因不能通过界面传递下层预应力对其的影响,即等同于上半个内衬环需按自由变形圆环作内衬预应力计算。

因而,层间接触面上的接触压强和抗剪强度这二者就成为能否按叠合结构作分析计算的关键,此时要求:①界面接触压强大于 0.53 MPa;或②界面抗剪“强度”大于拖曳力沿界面产生的计算剪应力。

经计算后,有以下两种情况。

(1) 界面应力条件能够满足,或能够满足上述①、②两款条件之一时,均可视为界面为“非脱离区”,这部分区段界面可以上下层联合受力;

(2) 在上述①、②两条中如不能满足其中之一时,则该区段界面应视为“拉张或剪切脱离区”,这些区段的上下层界面,对张拉或抗剪而言将不能联合受力。

2) 对产生界面接触压强条件的认识

(1) 适当加大层间回填灌浆压力,能否达 1.0 MPa 或更稍大(其时,需保证管片在灌浆时的受力安全),使其干固后的残余压强仍可大于 0.53 MPa。

(2) 在内衬浇筑结硬期间,原先已变形稳定了的管片,因再又额外承受了较现已产生的土、水压力更大(现在已安装的管片,估计尚未达到设计的最大值)的上覆土、水压力,使管片此时又进一步变形,进而引起对内衬附加的“形变压力”(这种情况有可能发生,但为设计安全考虑,也因这种考虑中含许多不确定因素,故一般都不予计及)。

(3) 管片预留锚筋与内衬混凝土的握裹力不因界面拉应力 0.53 MPa 而破坏(现作的计算表明,握裹力定将因拉脱而丧失)。

在实际情况下如以上(1)、(2)、(3)条件中任意一个都不能被满足(只要能满足上面三者中的一个就好),则界面接触压强应视之为零;认为在拉应力 0.53 MPa 作用下,其上下层面将“脱开”,并可算得其具体的“脱开量”。

(4) 与整浇混凝土具有一定的抗拉强度的情况不同,此处,上下层老、新混凝土层面间不能具有承拉能力(抗拉“强度”)。

3) 笔者对产生界面接触剪切强度条件的认识

(1) 即使层间界面无接触压强,亦可适当计入新、老混凝土层面间具有很小的承剪能力(抗剪强度),其值是否可按设计方提供的取值,为 0.4 MPa。

(2) 如上所述,层面间具有接触压强的情况下,由于新、老混凝土间的“粘结”和“干摩擦”作用,层间界面上具备的承剪能力$[\tau]$可按下式计算:

$$[\tau]=\mu\cdot p$$

式中,μ 为新、老混凝土层面综合摩擦系数,拟取 0.45。

(3) 考虑管片下插筋(锚筋)的抗剪能力(起到仿同叠合梁界面“抗剪键”作用),可按钢筋混凝土叠合梁规范取用。

只要界面计算剪应力(由拖曳力产生)能小于上述(1)、(2)、(3)条三者之一时,均可认为界面具有相应的承剪能力。

3.3 工况1:单层管片圆环独自受力工况

3.3.1 计算条件

本节中考虑了河床最大淤积厚度并采用了最高校核洪水位,作为未施筑内衬前的施工工况。选取桩号 8+741.13 截面作为模拟施工阶段单层管片的独自受力工况,此时内衬尚未施作,外部的水土压力取其最大值、并由管片单独承担;隧洞位置处考虑了河床最大淤积厚度,最大外水压力则按校核洪水位考虑。管片外直径为 8.7 m,管片内直径为 7.9 m,管片厚为 400 mm,计算环宽取单位宽 1 m。

计算采用“地层结构法”的连续介质有限元法,按平面应变问题考虑(此处暂未计及错缝拼装时相邻各环间的空间约束效应)。数值模拟软件选用国际大型商用软件 ABAQUS。有限元模型尺寸长 60 m(上到卸载土拱松动区的顶面),宽 69.38 m。上部边界采用自由边界,底部边界采用全约束边界条件;左、右侧边界则采用 X 轴方向对称约束。土体单元选用双线性四边形完全积分单元,单元数 5 275 个,节点数 5 525 个。管片采用实体单元,选用能考虑弯曲并可克服剪切自锁的四边形双线性非协调等参单元。管片单元数 168 个,节点数 252 个。有限元模型网格图,如图 3-2 所示。

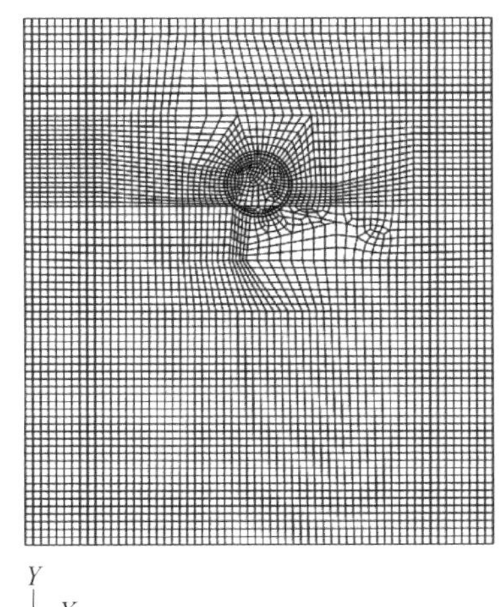

图 3-2 有限元模型网格图

3.3.2 荷载及土层参数

对砂性土采用水土分算。土体的侧向压力系数为 0.45,外水压力直接作用在管片衬砌外层周围。

隧洞中心处外水压力:$P_{外}=0.3674$ MPa,拱顶至拱底侧向水压力呈梯形分布。

在河床最大淤积厚度情况下，土体的计算高度应考虑“土拱卸载效应”后，取：$h=17.4$ m（当计算值小于 $2D$ 时，取等于 $2D$，D 为管片外径）。

土层物理力学参数各值如表 3-1 所列。

表 3-1 土层结构和材料参数表

土　层	天然重度 Γ (kN/m³)	孔隙率 n	饱和重度 γ_{sat} (kN/m³)	浮重度 γ' (kN/m³)	黏聚力 c(kPa)	内摩擦角 φ(°)	侧压力系数 λ	压缩模量 E_s(MPa)	变形模量 E_0(MPa)
粉细砂 Q42-2	18.6	0.454	19.64	9.54	0	30.00	0.50	8.35	6.0
中砂 Q42-1	18.94	0.423	19.83	9.83	0	34.55	0.43	10.30	7.4
中砂 Q41-4	20.16	0.368	20.58	10.58	0	31.80	0.47	11.10	8.0
中砂 Q41-3	20.06	0.392	20.42	10.42	0	33.95	0.441	11.10	8.0
中砂 Q41-2	20.12	0.361	20.21	10.21	0	34.05	0.44	12.40	9.0
黏土岩 N	20.74	0.367	20.67	10.67	50	23.00	0.60	12.00	8.7

3.3.3 管片接头力学性能

管片接头的抗弯、抗压和抗剪刚度性能可以采用三根弹簧来模拟。其中，接头的抗压和抗剪刚度因为对计算的影响相对较小，此处取用两根不同常刚度线性弹簧作近似模拟；而接头的抗弯刚度则换用了由笔者结合输水隧洞管片接头结构研制的非线性耦合弹簧单元作模拟，即接头的抗弯刚度计入了接头截面轴力与弯矩的非线性耦合作用，取 $k=k(M, N)$。管片接头抗压和抗剪常刚度参数的取值，见表 3-2。管片接头的布局位置如图 3-3 所示。

表 3-2 管片接头常刚度参数(对抗压和抗剪)

部位	抗压刚度系数(kN·m)	抗剪刚度系数(kN·m)
接头弹簧	$k_N=5.0\times10^9$	$k_S=5.0\times10^8$

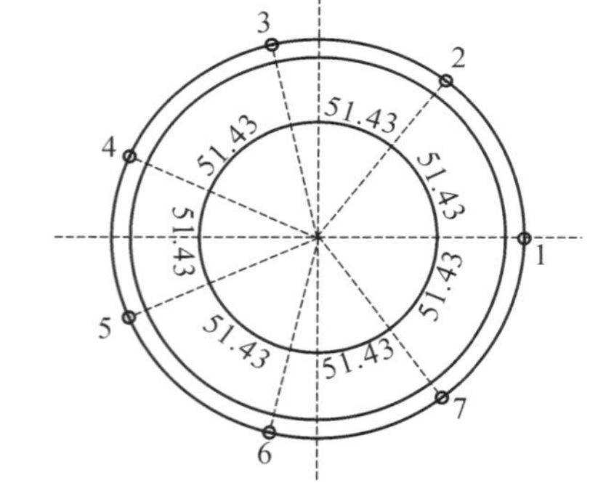

图 3-3 管片拼装方式与接头部位图

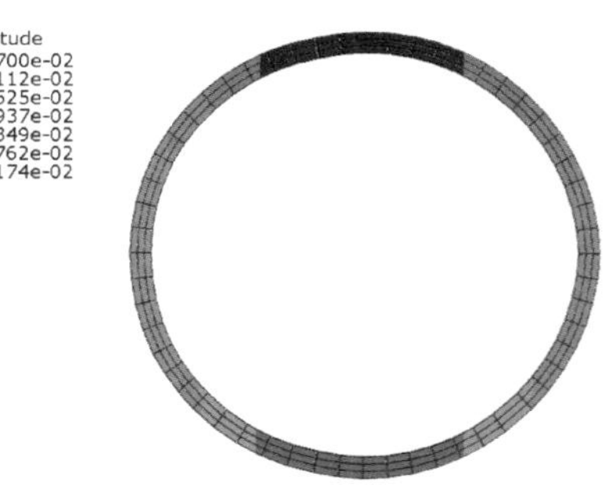

图 3-4 管片总变位图(单位：m)

3.3.4 计算结果分析

1）管片截面变位分析

内衬结构的变位，系指：施作内衬之后在施加预应力荷载和自重荷载联合作用下，内衬各点位与管片层联合受力情况下所发生的变位。需要注意的是，在内衬施作之前，管片变位已经全部释放和完成，因此，在内衬受力之前的位置已经不是它设计时的初始位置。内衬此处的变位矢量，系指内衬截面上各个点位在受力变形后的位置变化，它不仅表示了总变位的方向,而且还示明了各点位变位值的大小。

通过计算得出,管片的变位如图 3-4 所示,由图中可知,在外部水土压力作用下,管片变形后呈扁圆形,水平方向伸长、垂直方向则压缩。

2) 管片截面内力分析

在 ABAQUS 计算程序的前处理中,先定义一个截面(即所要求输出内力的截面);然后,在此截面处建立局部坐标系。坐标原点为截面的形心点,坐标 1 为沿半径方向的径向;坐标 2 的方向则垂直于截面方向,即其环向(其指向按逆时针方向)。在采用 ABAQUS 程序求解并得到了各单元的应力值后,经 ABAQUS 软件具有的自动转换成截面内力的功能,进而得出了各控制截面的内力(M 和 N);再又采用所研制的后处理软件(该软件近年来已成功运用于上海市打浦路隧道、崇明长江隧道和青草沙原水过江隧道等若干重大、重点工程中),可将管片与内衬复合衬砌结构各控制截面的内力(M、N)值,用内力图形清楚表示出,如图 3-5—图3-7 所示。

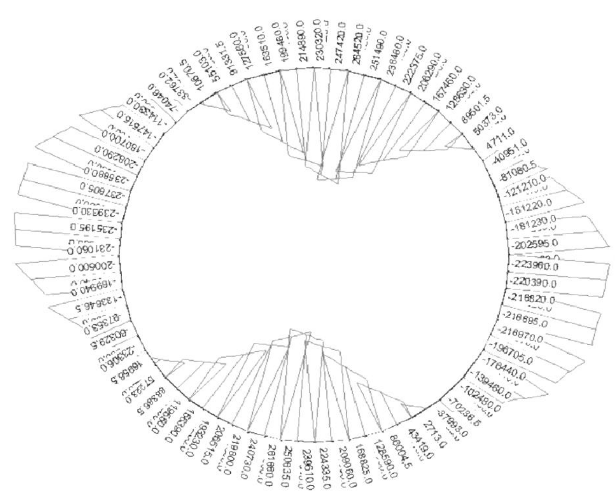

图 3-5　管片截面弯矩图(单位:N·m)

设弯矩作用以管片截面内侧受拉为正。管片弯矩的峰值出现在管顶、管底和两腰,其管顶、管底截面弯矩为正值,两腰弯矩则为负值。最大正弯矩值为 2.61×10^5 N·m;最大负弯矩值为 -2.39×10^5 N·m,如图 3-5 所示。

设管片截面轴力以受压为正,受拉为负。管片各截面均呈全截面受压。轴压值以管顶和管底为小,而管腰为大。截面轴压的最大值为 2.44×10^6 N,如图 3-6 所示。

剪力以截面呈顺时针转动为正,反之为负。管片截面的最大正剪力值为 2.50×10^5 N;最大负剪力值为 -2.03×10^5 N,如图 3-7 所示。

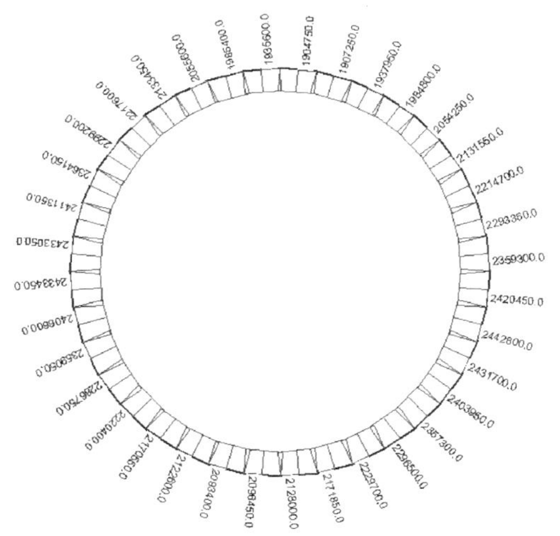

图 3-6　管片截面轴力图(单位:N)

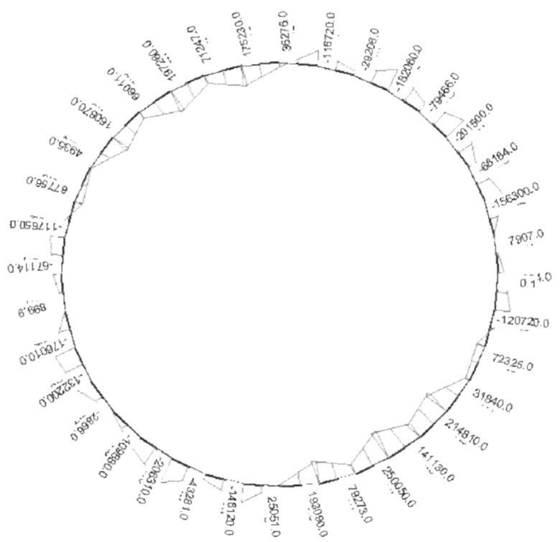

图 3-7　管片截面剪力图(单位:N)

管片各截面和各个接头截面处的弯矩、轴力和剪力，分别如表3-3和表3-4所列。

表3-3 管片在单层独自受力施工工况下各截面的计算内力值表

截面(°)①	弯矩(N·m)	轴力(N)	剪力(N)	截面是否出现拉应力，量值②
0	2.30×10^5	1.91×10^6	3.63×10^4	是，3.88 MPa
45	8.95×10^4	2.05×10^6	-1.40×10^5	否
90	-2.24×10^5	2.40×10^6	-5.39×10^4	是，2.40 MPa
135	-7.02×10^4	2.36×10^6	1.78×10^5	否
180	2.40×10^5	2.11×10^5	2.51×10^4	是，3.73 MPa
225	8.84×10^4	2.22×10^6	-5.64×10^4	否
270	-2.31×10^5	2.44×10^6	-6.71×10^4	是，2.56 MPa
315	-7.40×10^4	2.22×10^6	1.13×10^5	否

注：① 表中起始0°方向为垂直向上，角度随顺时针增加。

② 指在计算中，如弯矩和相应的轴力值在截面内产生的偏心距位于"截面核心"(指距截面形心1/3截面宽度尺寸以内，属小偏心)之外时，即属大偏压状态，此时截面外缘(负弯矩)或内缘(正弯矩)将出拉应力，在超过混凝土容许抗拉强度1.8 MPa时，需要在设计中进行限裂验算；当缝宽≤0.2 mm，作为施工工况是容许的。

表3-4 管片接头截面的弯矩、轴力、剪力以及接头张开量各计算值表

接头号	弯矩(N·m)	轴力(N)	剪力(N)	接头抗弯刚度(N·m/rad)	螺栓拉力(kN)	接头张开量(mm)①
1	-2.24×10^5	2.40×10^6	-5.39×10^4	5.28×10^7	43.9	0.16
2	1.32×10^5	2.01×10^6	-8.39×10^4	1.44×10^7	360.6	闭合
3	1.93×10^5	1.97×10^6	1.66×10^5	1.18×10^7	714.2	2.37
4	-1.82×10^5	2.33×10^6	6.73×10^3	6.28×10^7	58.0	闭合
5	-9.21×10^4	2.39×10^6	-1.73×10^5	3.35×10^7	77.1	闭合
6	2.20×10^5	2.10×10^6	-4.48×10^4	1.13×10^7	847.4	2.93
7	3.88×10^4	2.27×10^6	2.44×10^5	1.16×10^7	127.0	闭合

注：①为所有的接头张开量均小于规定的容许限值4 mm，所以对管片接头防水设计而言仍然是安全的。

3) 管片截面应力分析

设应力以受拉为正、受压为负。极坐标的原点为管片环的圆心点。由图3-8可知，管片截面的内、外缘混凝土不致发生因受压而碎裂破损；但管片截面有多处存在拉应力，其最大值约5.36 MPa，已超出混凝土抗拉强度(C50，$\sigma_{拉}$ 为1.89 MPa)，因此在设计时需要进行裂纹控制(限裂)验算。

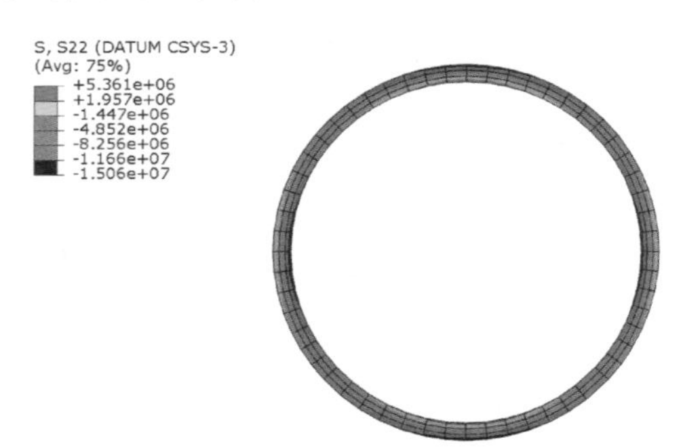

图3-8 管片截面环向应力云图(单位：Pa)

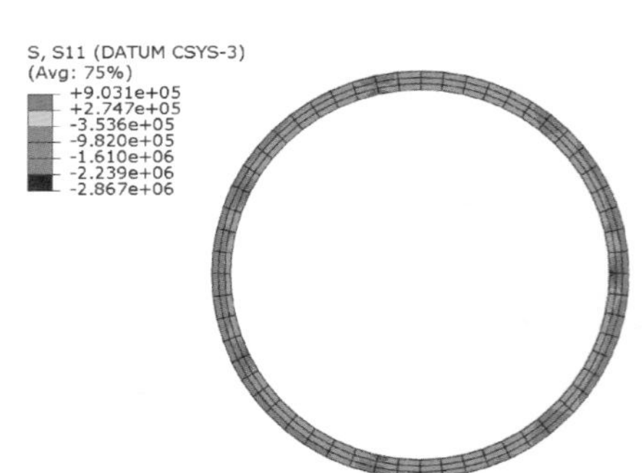

图3-9 管片截面径向应力云图(单位：Pa)

从图3-9可知，在管片接头的接缝处其径向存在一定的应力集中现象，但其值较小，尚不足为虑。

3.4　工况2：预应力钢绞线有效应力计算

3.4.1　概述

预应力衬砌是在压力洞衬砌中先施加预压应力来抵消隧洞承担内水压力所产生的拉应力，使衬砌成为抗裂结构，满足防渗与承载的要求。按衬砌中预应力的形成方式一般可分为高压灌浆式和机械式两种预应力衬砌。高压灌浆式预应力衬砌要求围岩较坚硬，且要有足够的岩体厚度来承受高压灌浆的压力。机械式的预应力衬砌则不受围岩条件的限制，在较差及较薄埋深的围岩中都可应用，后者也就是此处采用的方式。后张式预应力衬砌是目前国外主要采用的一种机械式预应力衬砌。我国清江隔河岩电站工程的引水隧洞首次成功地应用了后张预应力衬砌。经过几年来的运行，衬砌未发生任何裂缝，完全达到了衬砌抗裂防渗的设计要求，同时也证明预应力衬砌是一种安全可靠，且比钢管衬砌更经济的结构形式。小浪底工程和天生桥一级水电站工程也有部分隧洞采用了后张预应力衬砌并取得成功。

此处后张式预应力衬砌一般是在衬砌浇筑时预留孔道，在混凝土达到设计强度以后再把钢索穿入预留孔道中，进而对钢索进行张拉使衬砌中产生压应力。为使沿衬砌环向的预压应力分布均匀，各圈钢索的张拉槽应在洞周错开布置。钢索张拉锁定后对预留孔道进行回填灌浆，对张拉槽回填砂浆或混凝土。

目前，对钢索张拉后在衬砌中产生预应力的计算大都是采用结构力学方法。在结构力学中闭合的圆形衬砌属超静定结构。按超静定结构的线性变换理论，不论预应力荷载作用在何处，其环向挤压力总是为通过断面形心的轴力。因此，钢索张拉后在衬砌中产生的是均匀的预压应力，其值R_c为：

$$R_c = N/A_c \tag{3-1}$$

式中，N为计算截面上的钢索拉力；A_c为衬砌混凝土横截面面积。

由于按结构力学方法计算钢索在衬砌中产生的预应力虽很简单，但它存在很多不足，其计算结果仅能代表衬砌中环向应力的平均值。研究工作的方向是采用弹性力学计算方法以求得解决预应力衬砌中有关沿程环向应力和沿衬砌厚度上径向应力的不均匀分布问题以及钢索放置位置对应力的影响等问题。

3.4.2　内衬预应力张拉阶段工况计算

1）计算基本参数

内衬预应力采用环锚系统，单束锚索由12根钢绞线集束而成，只用一台千斤顶通过弧形垫座顶推工作锚板实现对锚索的张拉；锚索间距为45 cm（计算中，可通过调整锚索间距取得优化效益）。

预应力钢绞线为ϕ_j15.2（1860级），标准强度为1 860 MPa，弹性模量为180 GPa，钢绞线与钢质波纹管之间综合摩阻系数为0.20；弧形垫座中心角为40°，中心半径为500 mm，千斤顶对锚索的张拉控制应力按0.75倍钢绞线标准强度确定。

管片采用C50混凝土，重度为26 kN/m^3，弹性模量为35 GPa，线膨胀系数为10^{-5}；内衬采用 C40 混凝土，重度为 25 kN/m^3，弹性模量为 33 GPa，线膨胀系数为 10^{-5}；管片及内衬混凝土的其他参数及钢筋的参数按有关规范选取。

方案 2 管片与内衬间的软垫层厚 10 mm，弹性模量为 60 MPa。

主要计算参数值取用如下：

锚索间距：45 cm；

结构厚度：45 cm；

单束预应力锚索：12 根 ϕ_j15.2；

钢绞线标准强度：1 860 MPa；

张拉系数：0.75(环形锚具处的张拉系数)；

单束锚索钢绞线面积：1 668 mm^2；

钢绞线弹性模量 E_P：1.8×10^5 MPa；

张拉锚具变形和预应力筋内缩值：6 mm。

2) 预应力钢索应力损失计算

(1) 张拉控制力

预应力钢绞线的张拉控制应力值为：0.75×1 860=1 395(N/mm^2)。

(2) 考虑张拉千斤顶和偏转器预应力损失

根据小浪底排沙洞混凝土衬砌预应力 1∶1 仿真模拟试验及专项测定，由千斤顶和偏转器造成的预应力损失为 8.3%，则锚固端锁定造成的应力损失为：1 395 × 0.083 = 115.8 N/mm^2。

(3) 考虑锚固损失 σ_{l1}

① 对于直线型锚索回缩预应力损失

根据提供的锚固夹片处钢绞线回缩 3 mm，由此产生的预应力损失值为：

$$\sigma_{l1} = \frac{a}{l}E_s = \frac{3}{3.14 \times 7\,900} \times 180\,000 = 21.8\ \text{MPa}$$

② 对于曲线型锚索回缩预应力损失

由于静摩擦效应，锚索回缩只能带动其后一定长度的索段滑动，因反向摩擦而发生的应力损失计算方法与前述相同，反向滑动后锚索沿程应力分布展开示意如图 3-10 所示。

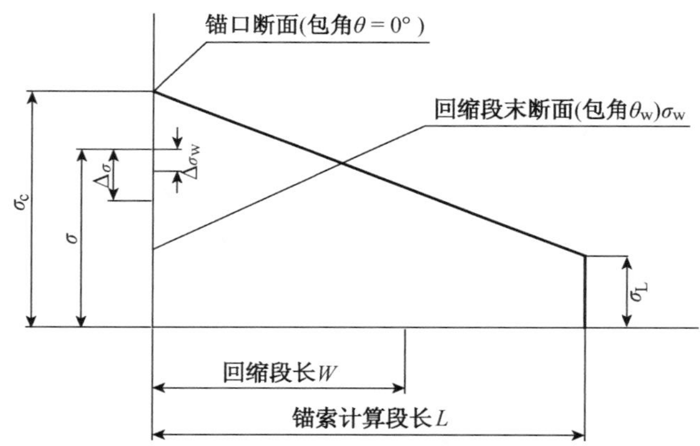

图 3-10 反向滑动后锚索沿程应力分布展开示意

回缩段即反向滑动段，在其完成反向滑动过程中，经历了回缩复位与反向滑动两个过程，因此该段上任一截面的预应力损失 $\Delta\sigma$ 按下式计算：

$$\Delta\sigma = 2\Delta\sigma_w = 2(\sigma - \sigma_w) \tag{3-2}$$

$$\sigma = \sigma_0 e^{-\mu\theta} \tag{3-3}$$

$$\sigma_{w} = \sigma_{0} e^{-\mu\theta_{w}} \tag{3-4}$$

式中：$\Delta\sigma$ ——在反摩擦影响长度小于张拉端至锚固端的长度时考虑反摩擦后在张拉端锚下的回缩预应力损失值；

$\Delta\sigma_{w}$ ——回缩反向滑动引起的预应力损失；

σ_{w} ——预应力钢筋扣除沿途损失后的锚固端应力；

σ_{0} ——张拉端锚下控制应力；

σ ——计算截面的张拉应力；

μ ——孔道对锚索的摩擦系数；

θ ——计算截面与起始端之间累计中心角；

θ_{w} ——回缩段末断面与起始端之间累计中心角；

回缩段长为

$$W = \sqrt{\frac{\Delta W \cdot E_{s} \cdot A_{ps} \cdot r_{s}}{\mu \cdot T_{0}}} \tag{3-5}$$

式中：ΔW ——锚索回缩量；

E_{s}，A_{ps} ——分别为锚索弹性模量和截面积；

r_{s} ——锚索环半径；

T_{0} ——锚索起始端张力；

其余符号意义同前所示。

锚索的回缩量主要取决于锚具系统，通常是已知的。因此用上式可计算回缩段长度 W 和回缩段的包角 θ_{w}，计算锚索回缩应力损失 $\Delta\sigma$。

由于摩擦作用，假设锚索张力平均每米的损失为 ΔP，可近似按下式计算

$$\Delta P = \frac{T_{0} - T_{L}}{L} = \frac{T_{0}}{L}\left(1 - e^{-\frac{\mu\theta}{r_{s}}}\right) \tag{3-6}$$

式中：T_{L} ——锚索计算截面张力；

L ——锚索计算长度；

其余符号意义同前所示。

同样，对上式用泰勒公式简化，若只取前两项，可得

$$\Delta P = \frac{\mu T_{0}}{r_{s}} \tag{3-7}$$

经整理得：

$$W = \sqrt{\frac{\Delta W \cdot E_{s} \cdot A_{ps}}{\Delta P}} \tag{3-8}$$

此次计算采用了第 2 种计算方法，由于 $\Delta W = 3$ mm，公式 $\Delta W = \dfrac{r_{s} \cdot \mu \cdot \theta_{ws}^{2} \cdot \sigma_{0}}{E_{S}}$，$r_{s} =$ 3 850 mm，$\mu = 0.2$，$A_{ps} = 1\ 668\ \text{mm}^{2}$，$\sigma_{0} = 1\ 860$ MPa，$E_{s} = 180\ 000\ \text{N/mm}^{2}$，从而算得 $\theta_{w} =$ 35.2°(=0.614 rad)。

故 $W = \theta_{w} r_{s} = 0.614 \times 3\ 850 = 2\ 364$ mm。

因此，在 35.2°范围内，由于钢索有回缩而产生的预应力损失值为：

$$\sigma = \sigma_0 e^{-\mu\theta} = 1\,860 \times e^{-0.2\theta}\text{（此处 }\theta\text{ 为计算截面处角度）} \tag{3-9}$$

$$\sigma_w = \sigma_0 e^{-\mu\theta_w} = 1\,860 \times e^{-0.2\theta_w} \tag{3-10}$$

因此，回缩段应力损失为：

$$\Delta\sigma = 2\Delta\sigma_w = 2(\sigma - \sigma_w) = 2 \times 1\,860 \times (e^{-0.2\theta} - e^{-0.2\theta_w}) \tag{3-11}$$

(4) 孔道摩擦损失 σ_{l2}

① 在《混凝土结构设计规范》(GB 50010—2002)中，对预应力钢筋的孔道摩擦损失计算如下。

锚索张拉布线示意图如图 3-11 所示。钢绞线与钢质波纹管之间综合摩阻系数为 0.20。

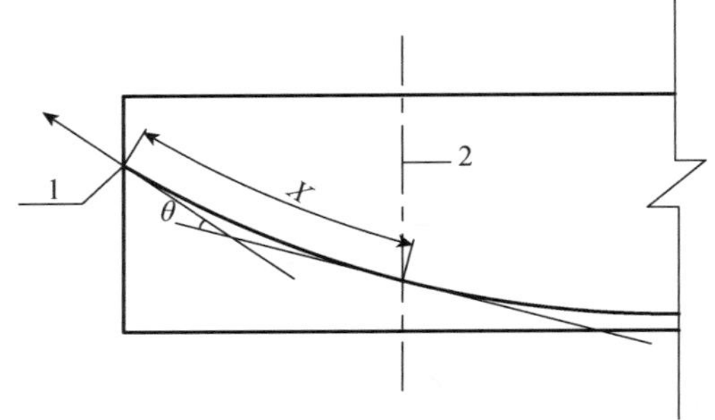

图 3-11　锚索张拉布线示意图

1—张拉端；2—计算截面

孔道摩擦损失是指预应力钢筋与孔道壁之间的摩擦引起的预应力损失，包括长度效应(kx)和曲率效应($\mu\theta$)引起的损失。可按下列公式计算：

$$\sigma_{l2} = \sigma_{con}\left[1 - \frac{1}{e^{(kx+\mu\theta)}}\right] \tag{3-12}$$

当 $(kx + \mu\theta) \leqslant 0.2$ 时（原规范 GBJ 10—89 为 0.3），σ_{l2} 可按下列近似公式计算：

$$\sigma_{l2} = (kx + \mu\theta)\sigma_{con} \tag{3-13}$$

式中：x——张拉端至计算截面的孔道长度(m)，可近似取该段孔道在纵轴上的投影长度；

θ——张拉端至计算截面曲线孔道部分切线的夹角(rad)；

k——考虑孔道每米长度局部偏差的摩擦系数，按规范取值；

μ——预应力钢筋与孔道壁之间的摩擦系数，按规范取值。

② 在实际工程中，由于钢索和孔道间存在的摩擦阻力，使钢索的拉力沿孔道有损失。也就是说，后张预应力衬砌中的荷载并不是轴对称均匀分布的。考虑这种沿程摩阻损失后，预应力衬砌中的钢索拉力可用下式计算：

$$N = N_0 e^{-(kx+\mu\theta)} \tag{3-14}$$

式中：N——计算断面的钢索拉力；

N_0——衬砌张拉端（或计算起始端）的钢索拉力；

x——张拉端至计算截面的孔道长度(m)；

θ——从张拉端至计算截面曲线孔道部分切线的夹角(rad)；

k——考虑孔道每米长度局部偏差的摩擦系数；

μ——钢索与孔道壁的摩擦系数。

因此，由于摩擦阻力产生的内力损失值为：

$$N_f = N_0[1 - e^{-(kx+\mu)\theta}] \tag{3-15}$$

本次计算钢索和孔道间的摩擦阻力为：N_0 取为张拉控制应力 1 860 MPa，$x = 3.85$ m，$k = 0.001\,5$，$\mu = 0.2$。

则

$$\sigma_{\mathrm{f}} = \sigma_{\mathrm{con}}\left[1 - \mathrm{e}^{-(kx+\mu)\theta}\right] = \sigma_{\mathrm{con}}\left[1 - \mathrm{e}^{-(0.0015\times 3.85+0.2)\theta}\right] \tag{3-16}$$

(5) 预应力钢筋的应力松弛损失 σ_{l4}

对于后张法来说,C40 混凝土的龄期按 28 d 后开始张拉预应力锚索,混凝土 28 d 的弹性模量为 3.25×10^4 MPa。

对于预应力钢丝、钢绞线有:

普通松弛: $$\sigma_{l4} = 0.4\psi\left(\frac{\sigma_{\mathrm{con}}}{f_{\mathrm{ptk}}} - 0.5\right)\sigma_{\mathrm{con}}$$

式中,一次张拉:$\psi=1$,超张拉:$\psi=0.9$。

低松弛:当 $\sigma_{\mathrm{con}} \leqslant 0.7f_{\mathrm{ptk}}$ 时,$\sigma_{l4} = 0.125\times\left(\frac{\sigma_{\mathrm{con}}}{f_{\mathrm{ptk}}} - 0.5\right)\sigma_{\mathrm{con}}$;

当 $0.7f_{\mathrm{ptk}} < \sigma_{\mathrm{con}} \leqslant 0.8f_{\mathrm{ptk}}$ 时,$\sigma_{l4} = 0.2\times\left(\frac{\sigma_{\mathrm{con}}}{f_{\mathrm{ptk}}} - 0.575\right)\sigma_{\mathrm{con}}$。

设计采用 $0.75f_{\mathrm{ptk}}$,因此预应力钢筋的应力松弛损失为:

$$\begin{aligned}\sigma_{l4} &= 0.2\times\left(\frac{\sigma_{\mathrm{con}}}{f_{\mathrm{ptk}}} - 0.575\right)\sigma_{\mathrm{con}} = 0.2\times(0.75-0.575)\times0.75\times1\,860\\ &= 48.8\ \mathrm{MPa}\end{aligned}$$

(6) 混凝土的收缩和徐变损失 σ_{l5}

混凝土收缩、徐变引起预应力钢索的预应力损失值 σ_{l5} 可按下列方法确定。

后张法构件 $$\sigma_{l5} = \left(35 + 280\frac{\sigma_{\mathrm{pc}}}{f'_{\mathrm{cu}}}\right)/(1+15\rho)$$

式中:σ_{pc}——在受拉区预应力钢筋合力点处的混凝土法向压应力;

f'_{cu}——施加预应力时的混凝土立方体抗压强度;

ρ——受拉区预应力钢筋和非预应力钢筋的配筋率。

按混凝土收缩和徐变的平均值计算,其值为控制应力的 6%和 5%,即

$$\sigma_{l5} = (0.05+0.06)\sigma_{\mathrm{con}} = 0.11\times0.75\times1\,860 = 153.4\ \mathrm{MPa}$$

(7) 混凝土弹性压缩产生的预应力损失

按控制张拉应力的 1%计,即

$$\sigma_{le} = 0.01\sigma_{\mathrm{con}} = 0.01\times0.75\times1\,860 = 14\ \mathrm{MPa}$$

3) 预应力钢索有效预应力值

预应力钢索最后有效预应力值为钢索的控制张拉应力值减去上述第(3)至第(7)项中的各项预应力损失值(因为总预应力损失值之和大于 80 MPa)。其中第(2)项与第(3)项不同时存在。预应力损失值还将随着索点位环向位置的变化而变化。

4) 总预应力损失的近似估算

《混凝土结构设计规范》(GB 50010—2002)中规定,当计算求得的预应力总损失值小于下列数值时应按下列数值取用:先张法构件按 100 N/mm²;后张法构件按 80 N/mm²。

预应力损失计算是预应力混凝土结构设计的重要内容之一。在进行预应力混凝土结构

设计的初步设计时，并不需要也无法精确计算预应力损失，只要知道预应力筋有效预应力σ_{pe}的预估值，能大制定出预应力筋和非预应力筋用量即可。在此后的设计中，另需再按预应力筋在结构构件中布置形式及预应力工艺，按以上分项计算法较准确地计算出应力损失，以验算结构的使用性能和承载力。按照我国规范分项计算预应力损失，计算工作量大，且非常繁复。因此，对总预应力损失进行估算和简化计算，合理而快捷地进行预应力混凝土结构设计实际上是需要的，具有重要的工程实践价值。

自 20 世纪 50 年代以来，对采用高强钢丝和钢绞线作预应力钢筋的预应力混凝土构件，各国学者进行了大量的试验观测与分析，作出了预应力钢筋总损失的近似估算值的规定。

1975 年美国公路桥梁规范(AASHTO)对预应力钢筋总损失值进行了规定，如表 3-5 所列。

表 3-5　美国公路桥梁规范对预应力钢筋总损失值规定表

预应力钢筋种类	总损失(N/mm^2)	
	f_c'=27.6 MPa	f_c'=34.5 MPa
先张钢绞线	—	310
后张钢丝、钢绞线	221	228
钢筋	152	159

1976 年美国后张混凝土协会(PTI)手册对后张预应力筋近似总损失值进行了规定，如表 3-6 所列。

表 3-6　美国后张混凝土协会手册对后张预应力筋近似总损失值规定表

预应力钢筋	总损失(N/mm^2)	
	板	梁和肋梁
应力消除的 1 862(MPa)级钢绞线和 1 655(MPa)级纲丝	207	241
钢筋	138	172
低松弛 1 862(MPa)级钢绞线	103	138

要确定出一个统一的预应力总损失值是很难的，因为它取决于很多因素，如混凝土和钢材的性能，养护与湿度条件，预加应力的时间和大小以及预应力工艺等等。取用一般工艺的钢材与混凝土，在通常的天气条件下养护的结构，林同炎(1983)提出了一种用张拉控制应力σ_{con}表达的总损失，以及各组成因素损失的平均值，如表 3-7 所列。

表 3-7　张拉控制应力 $\boldsymbol{\sigma_{con}}$ 表达的预应力总损失表

损失项次	先张(%σ_{con})	后张(%σ_{con})
混凝土弹性压缩	4	1
混凝土徐变	6	5
混凝土收缩	7	6
钢材松弛	8	8
总损失	25	20

表 3-7 中的数值已考虑了适当的超张拉以降低松弛和克服摩擦与锚固损失，凡未被克服的摩擦损失必须另加。应力损失值用“张拉控制应力 σ_{con}”的百分比表达有利于显示总损失和它的大致组成。总预应力损失值对先张法取用约 $25\%\sigma_{con}$，对后张法约 $20\%\sigma_{con}$，将与预应力梁逐项计算出现的总损失出入不大。上述的总损失率是根据 20 世纪 50 年代到 70 年代长期应用的数值经适当提高而得出的。上述情况下采用的高强钢材为应力消除的 1 862 (MPa)级钢绞线和 1 655(MPa)级钢丝。

3.5　工况 3:单层管片的初始状态计算

3.5.1　计算条件

在结构内衬施加预应力和隧洞内全压充水之前，外层管片早已安装就位，其时，在此后外周水土压力不再有持续增大、而又不考虑砂土流变的条件下，管片的受力和变形已经基本完成，谓之管片的“初始状态”。考虑到运营工况下、隧洞充水为多年持续进行，需要计算其最不利的运营工况，即：应使管片外周的水、土压力值均为可能发生的最小值。这里选取了：河床最大冲刷、最低枯水位的组合工况（例如，某年夏秋之交，洪峰产生了最大冲刷后，该年冬季又正值水位暴降至最低枯水位，而当年河床回淤则仍未及完成）。上述这一最不利情况，其可能性是存在的，故此，在不同时间段内二者是有可能出现的，其组合当属对结构呈最不利受力状态，需在设计时考虑。

仍选取桩号 8+741.13 截面作为模拟本工况的单层管片受力工况，此时内衬尚未施作，外部的水土压力取其最小，并由管片单独承担；如上所述，隧洞位置处考虑了河床最大冲刷厚度，外水压则考虑为最低枯水位。管片外直径为 8.7 m，管片内直径为 7.9 m，管片厚为 400 mm，仍取单位环宽作计算。

对砂性土采用水土分算。土体的侧向压力系数为 0.45，外水压力直接作用在管片衬砌外层周围。

隧洞中心处外水压力：$P_{外}=0.322\ 9$ MPa，拱顶至拱底侧向水压力呈梯形分布。

河床最大冲刷情况下，取拱顶至最大冲刷线距离作为土体计算高度：$h=11.65$ m；其值小于 $2D$，不能计入卸载土拱效应。土层物理力学参数各值同工况 1。

此处接头的抗剪与抗压刚度参数，其取值均与工况 1(考虑河床淤积和洪水位荷载)管片施工工况时的一样。其接头的抗弯刚度亦采用了非线性耦合弹簧单元作数值模拟，均与工况 1 的相同，不再赘述。

3.5.2　计算结果分析

1）管片截面变位分析

计算结果可以得出，管片变位同工况一的计算结果类似，在外部水土压力作用下，管片变形后呈扁圆形。水平方向伸长、垂直方向则压缩。如图 3-12 所示，管片环左、右侧水平方向最大相对伸长量的总和为 24.7 mm，尚未达到管片环允许的最大变位限值 6‰D (52.2 mm)。如图 3-13 所示，管片环上、下点位垂直方向最大相对压缩量的总和为 26.5 mm，亦尚未达到管片环允许的最大变位限值 6‰D(52.2 mm)。

2）管片截面弯矩、轴力、剪力分析

管片各截面和各个接头截面处的弯矩、轴力、剪力以及接头张开量计算结果，分别如表 3-8 和表 3-9 所列。

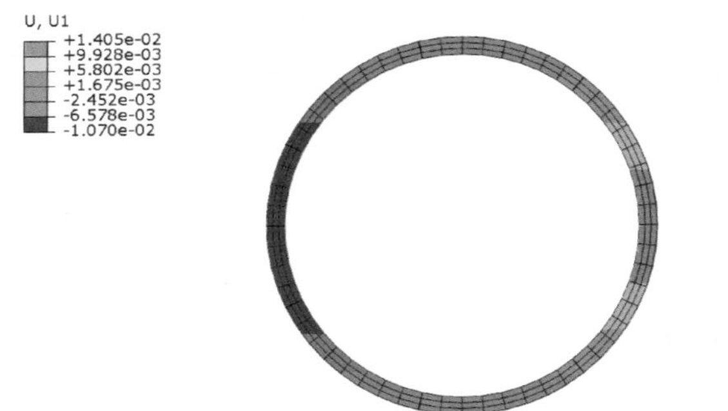

图 3-12　管片水平方向变位图(单位:m)

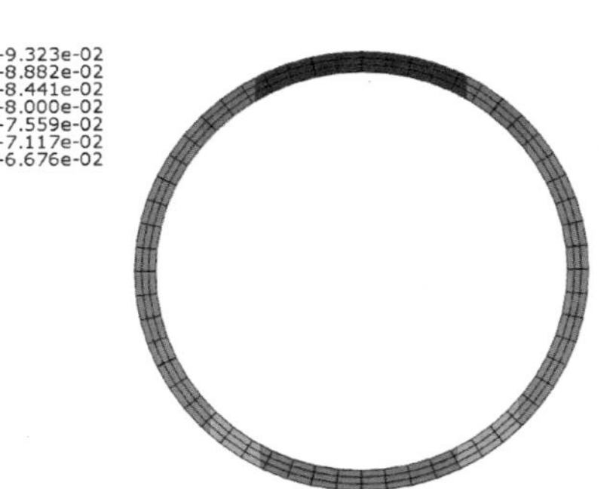

图 3-13　管片竖向变位图(单位:m)

表 3-8　管片(在承受内衬预应力和内水压之前)初始状态下各截面的计算内力值表

截面(°)①	弯矩(N·m)	轴力(N)	剪力(N)	截面是否出现拉应力,量值②
0	1.60×10^5	1.58×10^6	2.32×10^4	是,2.05 MPa
45	6.67×10^4	1.69×10^6	-9.88×10^4	否
90	-1.62×10^5	1.97×10^6	-4.96×10^4	是,1.15 MPa
135	-7.46×10^4	1.99×10^6	7.17×10^4	否
180	1.87×10^5	1.83×10^6	2.20×10^4	是,2.42 MPa
225	6.01×10^4	1.91×10^6	-1.05×10^5	否
270	-1.77×10^5	2.03×10^6	-4.04×10^4	是,1.56 MPa
315	-4.79×10^4	1.81×10^6	8.12×10^4	否

注:① 表中起始 0°方向为垂直向上,角度随顺时针增加。
② 详见工况 1 说明。

表 3-9　管片接头截面的弯矩、轴力、剪力以及接头张开量各计算值表

接头号	弯矩(N·m)	轴力(N)	剪力(N)	接头抗弯刚度(N·m/rad)	螺栓拉力(kN)	接头张开量(mm)①
1	-1.62×10^5	1.97×10^6	-4.96×10^4	5.99×10^7	101.2	张开,0.01
2	9.54×10^4	1.65×10^6	-5.26×10^4	1.60×10^7	289.6	闭合
3	1.37×10^5	1.62×10^6	1.23×10^5	1.34×10^7	483.2	张开,1.33
4	-1.27×10^5	1.91×10^6	4.09×10^2	7.18×10^7	117.3	闭合
5	-8.79×10^4	2.00×10^6	-1.08×10^5	1.56×10^7	119.0	闭合
6	1.76×10^5	1.83×10^6	-3.35×10^4	1.21×10^7	652.2	张开,2.01
7	2.27×10^4	1.94×10^6	1.66×10^5	0.90×10^7	156.0	闭合

注:①指所有的接头张开量均小于规定的容许限值 4 mm,所以对管片接头防水设计而言仍然是安全的。

3) 管片截面环向、径向应力分析

设应力以受拉为正、受压为负。极坐标的原点为管片环的圆心点。由图 3-14 可知,管片截面的内、外缘混凝土不致发生因受压而碎裂破损;但管片截面有多处存在拉应力,其最大值为 3.41 MPa，已超出混凝土抗拉强度（C50，$\sigma_{拉}$ 为 1.89 MPa），在设计时需要进行裂纹控制（限裂）验算。

由图 3-15 可知，在管片接头的接缝处其径向切应力存在一定的应力集中现象，但其值较小，尚不足为虑。

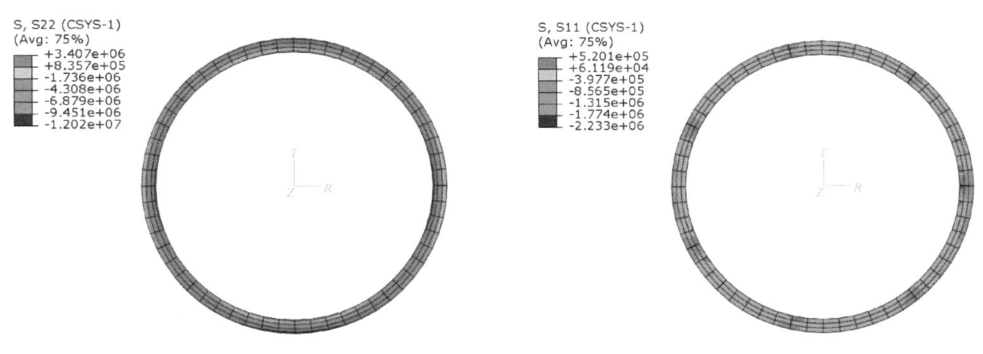

图 3-14　管片截面环向应力云图　　**图 3-15　管片截面径向应力云图**

3.6　工况 4：复合衬砌隧洞内全压通水运营工况，结构选型方案 1，第一种工作条件

此处计算，对预应力荷载作了近似处理，即把设节点集中力，改为沿程分布的非均匀分布力。此处计算为新、老混凝土接触界面的第一种工作条件，即新、老混凝土界面无黏结强度。

3.6.1　计算条件

本节中考虑了河床最大冲刷与最低枯水位，选取桩号 8+741.13 截面为模拟本工况运营阶段的内外衬砌联合受力。此时，外层管片已经施作就位，外部较施工工况 1 为小的水土压力已由管片独自承担；而内衬预应力荷载与洞中全压充水工况下的内水压力则由内衬与管片二者构成的复合衬砌共同承担。管片外直径为 8.7 m，管片厚为 400 mm，二次衬砌厚 450 mm，取单位环宽计算。

对砂性土采用水土分算。土体的侧向压力系数为 0.45，外水压力直接作用在管片衬砌的外层周围。

隧洞中心处外水压力：$P_{外}=0.3229$ MPa，侧向水压从拱顶至拱底呈梯形分布。

河床最大冲刷下，土体计算高度取拱顶至最大冲刷线距离：$h=11.65$ m，其值小于 $2D$，不考虑土拱卸载效应。

隧洞中心处内水压：$P_{内}=0.5175$ MPa，内水压沿高程亦呈梯形分布，沿径向逐次向下加大并作用于内衬结构。同时，要求计入洞内水体自重。

内、外衬的层间接触界面力学行为，采用“库仑摩擦单元”模拟。

外层管片在水土荷载作用下，施作内衬前其变形与受力已达到稳定，作为此时运营工况的“初始状态”输入。在以下计算过程中，荷载采用分步加载，用以模拟接触界面的力学性态：

第一步：施加内衬重力荷载；

第二步：施加预应力荷载；

第三步：施加满水头内水压。

施加预应力荷载在数值模拟中可采用以下两种方法：①等效荷载法；②实体力筋法。

“等效荷载法”是将作用于混凝土结构的荷载通过规范或经验公式先作计算，然后，再施加到预应力钢索的沿程孔道之上。“实体力筋法”则为用实体单元模拟混凝土而用杆系单元或特殊的钢筋单元模拟钢索，进而再用“初应变或等效降温法”来模拟预应力荷载。

“等效荷载法”的优点是：建模简单，不必对钢索单独建模，但必须要对钢索的具体位置建模；且可方便地考虑预应力荷载的各项损失。其主要缺点是：在外荷载作用下力筋与混凝土间的相互作用无法模拟，且不能确定力筋在外荷载作用下的应力增量。

“实体力筋法”的优点是：可以考虑力筋与混凝土之间的相互作用，而它的主要缺点则是：难以考虑预应力荷载的损失，以及在预应力荷载作用下力筋沿程应力分布不均匀等因素。在外荷载的作用下，力筋的计算拉应力有所减小，但实际上力筋的拉应力将有所增大。

在本次计算中，采用上述“等效荷载法”来考虑预应力的影响。如前所述，此处是通过预应力筋孔道沿程施加挤压力和拖曳力以模拟预应力荷载。挤压力与拖曳力均采用了设计方给出的预应力荷载资料（已考虑计入预应力的各项损失）。根据设计方提供的资料，预应力钢索每延米布置 2.5 根，每 4 根钢索的布置为一个循环。在计算中，考虑预应力荷载为 4 根钢索的作用力分布作用在每延米的纵向宽度上。

计算中取管片接头的刚度参数与工况 1 相同。

3.6.2 计算结果分析

1）管片沿环向各点的变位

通过计算可以得出，在外部水土压力、内衬预应力荷载和隧洞满负荷最大内水压力三者的共同作用下，管片的变位呈扁圆形。水平方向伸长，而垂直方向则压缩。

设以拱顶作为起始截面（0°），计算给出了沿顺时针方向各个关键截面的变位值，其中，水平位移以向右为正，竖向位移以向上为正。表 3-10 给出了管片各控制截面的变位量，其水平和竖直向的最大相对变位量均在规定的最大允许限值（$\Delta \leqslant 6‰D$）以内。

方案 1 为双层衬砌，界面不敷设防水膜时，采用“库仑摩擦单元”的数模处理及力学行为特征。

表 3-10　管片各控制截面的变位量值

截面(°)	0	90	180	270
竖直变位(mm)	11.76	22.91	34.89	23.03
水平变位(mm)	0.05	10.92	0.09	−9.09

2）管片截面弯矩、轴力、剪力分析（承受单一预应力荷载作用）

管片各代表性截面和管片各接头处的弯矩、轴力、剪力分别如表 3-11 和表 3-12 所列。

表 3-11　外层管片在承受单一预应力荷载作用时的各截面内力值表

截面(°)	弯矩(N·m)	轴力(N)	剪力(N)	截面有否出现拉应力，量值
0	1.58×10^{5}	1.56×10^{6}	1.68×10^{4}	是，2.00 MPa
45	6.92×10^{4}	1.65×10^{6}	-8.75×10^{4}	否
90	-1.49×10^{5}	1.87×10^{6}	-5.70×10^{4}	是，0.92 MPa

（续表）

截面(°)	弯矩(N·m)	轴力(N)	剪力(N)	截面有否出现拉应力,量值
135	-7.79×10^{4}	1.80×10^{6}	8.31×10^{4}	否
180	1.95×10^{5}	1.57×10^{6}	2.22×10^{4}	是,3.39 MPa
225	6.30×10^{4}	1.69×10^{6}	-1.24×10^{5}	否
270	-1.95×10^{5}	1.89×10^{6}	-5.51×10^{4}	是,2.57 MPa
315	-3.39×10^{4}	1.75×10^{6}	6.86×10^{4}	否

注:表中起始0°方向为垂直向上,角度随顺时针增加。

表3-12　管片各接头在单一预应力荷载作用下的各截面内力值表

接头	弯矩(N·m)	轴力(N)	剪力(N)	接头刚度值(N·m/rad)	螺栓拉力(kN)	接头张开量(mm)
1	-1.49×10^{5}	1.87×10^{6}	-5.70×10^{4}	6.11×10^{7}	115.3	闭合
2	9.29×10^{4}	1.62×10^{6}	-4.56×10^{4}	1.61×10^{7}	286.7	0.85
3	1.36×10^{5}	1.59×10^{6}	1.16×10^{5}	1.34×10^{7}	486.1	1.51
4	-1.09×10^{5}	1.81×10^{6}	-2.09×10^{3}	8.01×10^{7}	132.9	闭合
5	-9.74×10^{4}	1.81×10^{6}	-1.25×10^{5}	9.44×10^{7}	136.1	闭合
6	1.95×10^{5}	1.57×10^{6}	-4.34×10^{4}	1.11×10^{7}	872.0	2.64
7	2.44×10^{4}	1.72×10^{6}	1.61×10^{5}	1.04×10^{7}	179.9	闭合

3）管片截面环向、径向应力分析(承受单一预应力荷载作用)

管片截面环向应力云图(承受单一预应力荷载作用)如图3-16所示,设应力以受拉为正、受压为负。极坐标的原点为管片环的圆心点。由图可知,管片截面的内、外缘混凝土不致发生因受压而碎裂破损;但管片截面有多处存在拉应力,且其最大值为3.44 MPa,已超出管片混凝土抗拉强度(C50,$\sigma_{拉}$为1.89 MPa)。这点,需要进行裂控(裂缝控制)方面验算。

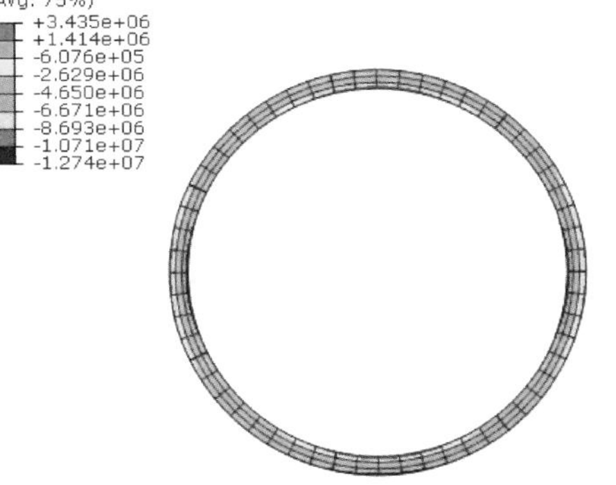

图3-16　管片截面环向应力云图(承受单一预应力荷载作用)

4）管片截面弯矩、轴力、剪力分析(内衬预应力和隧洞满负荷内水压联合作用)

管片各截面和管片各接头处的弯矩、轴力、剪力,分别如表3-13和表3-14所列。

表3-13　外层管片在内衬预应力和隧洞满负荷内水压联合作用下的各截面内力值表

截面(°)	弯矩(N·m)	轴力(N)	剪力(N)	截面有否出现拉应力,量值
0	1.67×10^{5}	1.54×10^{6}	1.71×10^{4}	是,2.42 MPa
45	7.95×10^{4}	1.63×10^{6}	-9.25×10^{4}	否
90	-1.84×10^{5}	1.81×10^{6}	-8.45×10^{4}	是,2.38 MPa

（续表）

截面(°)	弯矩(N·m)	轴力(N)	剪力(N)	截面有否出现拉应力,量值
135	-7.81×10^4	1.68×10^6	8.81×10^4	否
180	2.04×10^5	1.41×10^6	2.01×10^4	是,4.13 MPa
225	6.83×10^4	1.53×10^6	-1.33×10^5	否
270	-2.02×10^5	1.79×10^6	-6.04×10^4	是,3.12 MPa
315	-3.67×10^4	1.71×10^6	7.69×10^4	否

注:表中起始0°方向为垂直向上,角度随顺时针增加。

表 3-14　管片各接头在内衬预应力和隧洞满负荷内水压联合作用下的各截面内力值表

接头	弯矩(N·m)	轴力(N)	剪力(N)	接头刚度值(N·m/rad)	螺栓拉力(kN)	接头张开量(mm)
1	-1.84×10^5	1.81×10^6	-8.45×10^4	4.69×10^7	122.1	0.98
2	1.08×10^5	1.59×10^6	-4.86×10^4	1.52×10^7	348.1	1.06
3	1.46×10^5	1.56×10^6	1.10×10^5	1.28×10^7	553.0	1.70
4	-1.29×10^5	1.77×10^6	1.48×10^4	6.54×10^7	131.4	闭合
5	-1.01×10^5	1.70×10^6	-1.36×10^5	8.08×10^7	146.6	闭合
6	1.99×10^5	1.41×10^6	-5.22×10^4	1.07×10^7	963.7	2.78
7	2.89×10^4	1.60×10^6	1.60×10^5	1.23×10^7	193.7	0.35

5）管片截面环向、径向应力分析(内衬预应力和隧洞满负荷内水压联合作用)

由图3-17可知,管片截面的内、外缘混凝土不致发生因受压而碎裂破损;但管片截面有多处存在拉应力,其最大值为4.21 MPa,已超出混凝土抗拉强度(C50,$\sigma_{拉}$为1.89 MPa)。

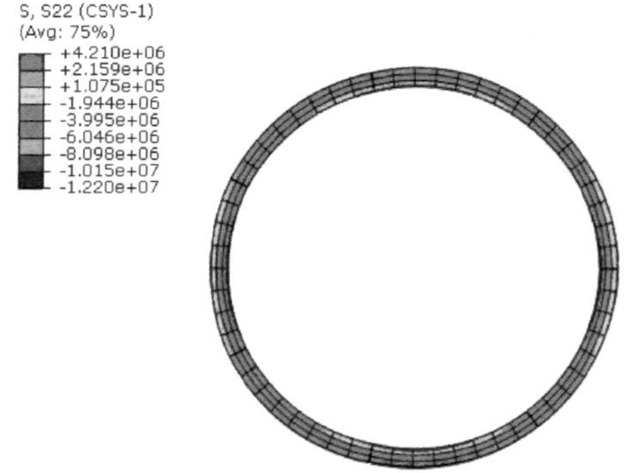

图 3-17　管片截面环向应力云图

6）内衬结构变位分析(内衬预应力和隧洞满负荷内水压联合作用)

计算结果得出,内衬与管片结构一起、在其自重以及洞内不均匀的内水压力和水体自重共同作用下,主要发生了垂直向下的刚体位移;弯曲变形则只是较小部分。

内衬结构水平方向左、右侧的最大相对伸长量的总和仅为1.45 mm,远未达到对隧洞结构允许的最大变位限值6‰D(47.7 mm)。

7）内衬结果截面内力分析(承受单一预应力荷载作用)

内衬结构在承受单一预应力荷载作用时的各截面内力值如表3-15所列。

8）内衬结构内力分析(内衬预应力和隧洞满负荷内水压联合作用)

在洞内满负荷全压通水的内水压作用后,内衬结构弯矩值仍然减小,也即内水压施加后,内水压力对内衬弯矩贡献较小。内衬结构在承受单一预应力荷载作用时的各截面内力值如表3-16所列。

表3-15　内衬结构在承受单一预应力荷载作用时的各截面内力值表

截面(°)	弯矩(N·m)	轴力(N)	剪力(N)
0	2.63×10^4	2.85×10^6	9.51×10^4
45	5.80×10^3	2.86×10^6	6.72×10^4
90	-6.00×10^4	2.92×10^6	7.94×10^4
135	-6.94×10^3	2.90×10^6	1.08×10^5
180	9.13×10^3	2.89×10^6	9.38×10^4
225	4.07×10^3	2.88×10^6	8.13×10^4
270	-2.65×10^4	2.91×10^6	6.89×10^4
315	-3.11×10^4	2.89×10^6	1.18×10^5

表3-16　内衬结构在内衬预应力和隧洞满负荷内水压联合作用下其各截面的内力值表

截面(°)	弯矩(N·m)	轴力(N)	剪力(N)	截面是否出现拉应力
0	4.31×10^4	1.15×10^6	4.72×10^4	否
45	9.61×10^3	1.16×10^6	6.62×10^3	否
90	-4.79×10^4	1.20×10^6	5.60×10^4	否
135	-7.50×10^3	1.22×10^6	6.16×10^4	否
180	2.39×10^4	1.20×10^6	4.33×10^4	否
225	1.23×10^4	1.20×10^6	2.46×10^4	否
270	-3.51×10^4	1.22×10^6	2.18×10^4	否
315	-3.41×10^4	1.19×10^6	6.43×10^4	否

9）内衬结构应力分析（内衬预应力和隧洞满负荷内水压作用）

内衬结构在预应力和内水压共同作用下，为全截面受压（小偏心受压），如图3-18所示。以下分别讨论各个工况下，复合衬砌层面间的接触条件、脱开量和脱离区范围。

10）内衬结构自重作用下，双层衬砌间的层面脱离区

在内衬施作完成后，在其自重荷载作用下，内、外层衬砌的上半部中央附近一定区段有脱开，最大脱离区位于拱顶，最大脱开距离为0.15 mm，如图3-19所示。

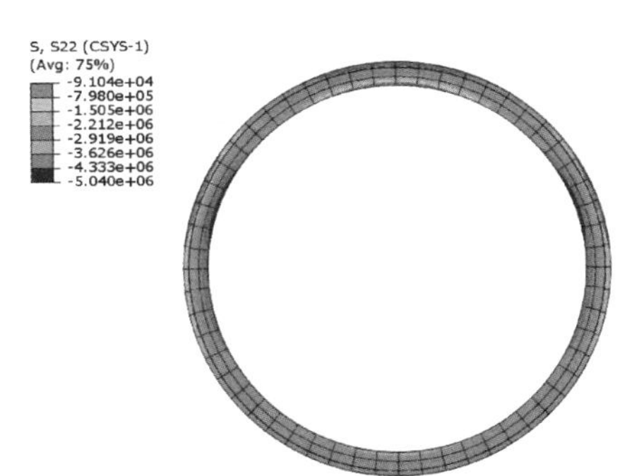

图3-18　内衬结构环向应力云图

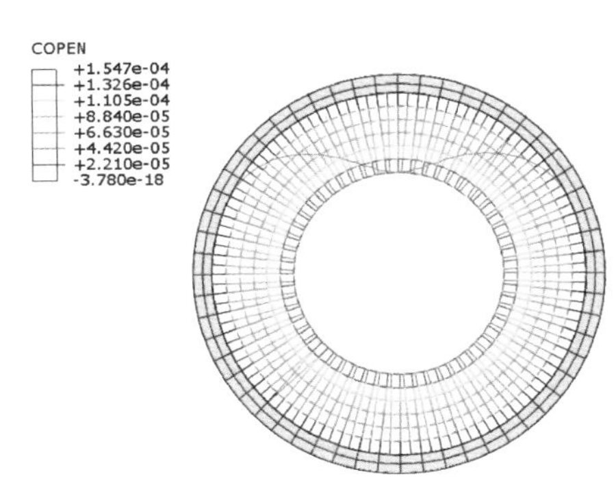

图3-19　内衬自重作用下的层间脱离区（单位：m）

11）内衬预应力作用下，双层衬砌间的层面脱离区

在预应力荷载施加时，内、外层衬砌层面间将进一步脱开，其最大脱离区位于拱顶及其附近，最大脱开距离为 2.98 mm，如图 3-20 所示。

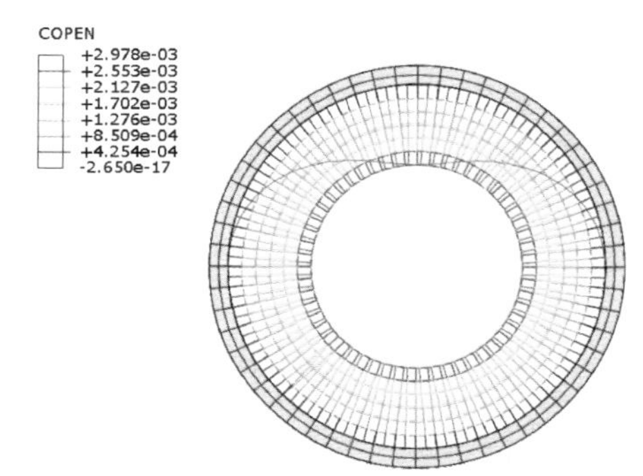

图 3-20　预应力作用下的层面脱离区(单位:m)

12）内衬施加内水压后，双层衬砌层面间的脱离区

在隧洞内水压作用下，内、外层衬砌之间层面处与上述两者[第 10)和 11)小节]相比，其层面脱离区有所减小，但仍有脱开；最大脱开距离由上述的 2.98 mm 减小到 1.61 mm，如图 3-21所示。

13）内衬最终荷载作用下的层间接触压力

在内衬施作完成后，在其自重荷载作用下，内衬与管片间的层面上、内、外层下半部位接触紧密，其接触压力如图 3-22 所示。

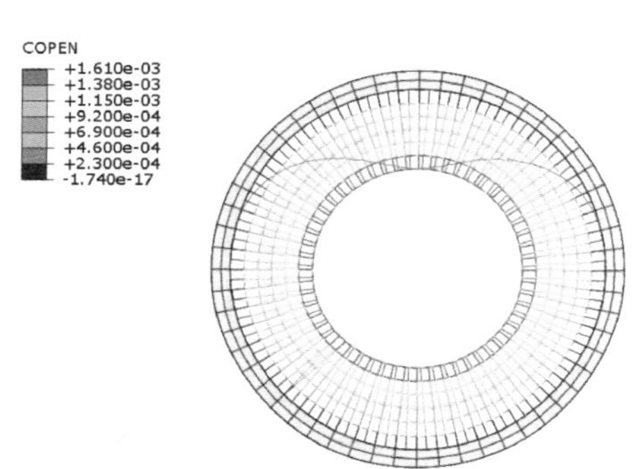

图 3-21　内水压作用下的层面脱离区
(单位:m)

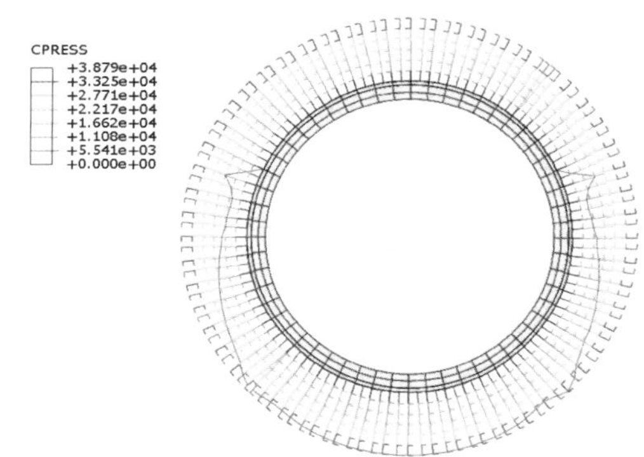

图 3-22　内衬自重作用下的层间接触压力
(单位:Pa)

在内衬预应力荷载施加时，内衬结构上部与管片层间的脱离区进一步扩大，而内衬与管片层间的下半部分则仍接触紧密，如图 3-23 所示。

在隧洞内水压力作用后，内衬与管片层面间的上部脱离区有所减小，而其下半部分层面上的接触压力则有所增大，如图 3-24 所示。

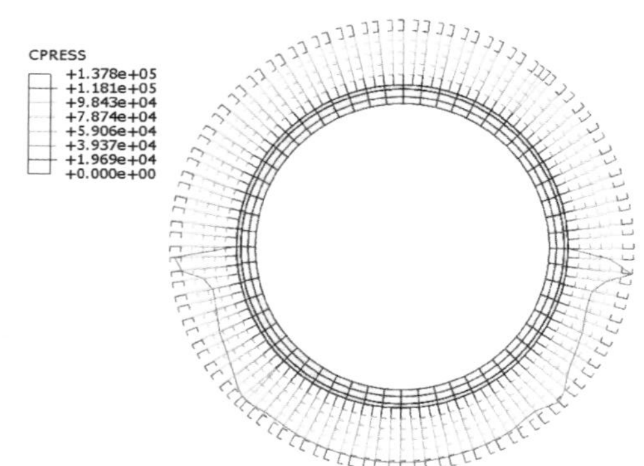

图 3-23　内衬预应力作用下的层间接触压力
(单位:Pa)

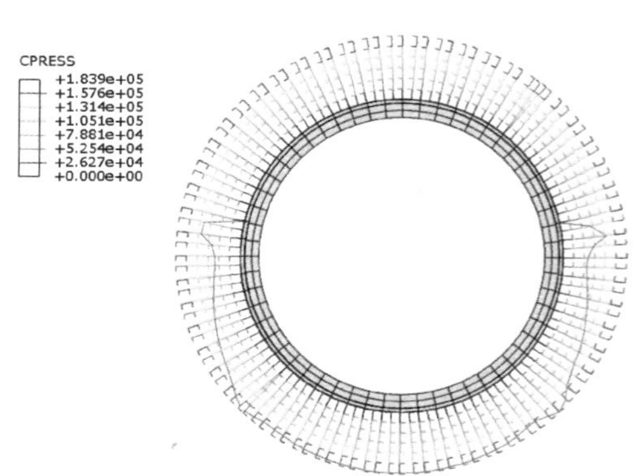

图 3-24　内水压作用下的层间接触压力
(单位:Pa)

3.7　工况4:结构选型方案1,第二种工作条件

3.7.1　计算条件

本节中考虑了河床最大冲刷与最低枯水位,选取桩号8+741.13截面为模拟本工况运营阶段的内外衬砌联合受力。此时,外层管片已经施作就位,外部较施工工况1为小的水土压力已由管片独自承担;而内衬预应力荷载与隧洞内全压充水工况下的内水压力则由内衬与管片二者构成的复合衬砌共同承担。管片外直径为8.7 m,管片厚为400 mm,二次衬砌厚为450 mm,取单位环宽计算。

对砂性土采用水土分算。土体的侧向压力系数为0.45,外水压力直接作用在管片衬砌的外层周围。

隧洞中心处外水压力:$P_{外}=0.322\ 9$ MPa,侧向水压从拱顶至拱底呈梯形分布。

河床最大冲刷下,土体计算高度取拱顶至最大冲刷线距离:$h=11.65$ m,其值小于$2D$,此时已不能考虑上复土拱的卸载效应,按全部饱和土压力计算。

隧洞中心处内水压:$P_{内}=0.517\ 5$ MPa,内水压沿高程亦呈梯形分布,沿径向逐次向下加大,并分布作用于内衬结构。同时,计入了洞内水体自重。

外层管片在水土荷载作用下,施作内衬前其变形与受力已达到稳定,作为此时运营工况的“初始状态”输入。在以下计算中,荷载采用分步加载,用以模拟不同工况下得到的结构受力性态:

(1) 第一步:施加内衬重力荷载;

(2) 第二步:施加预应力荷载;

(3) 第三步:施加满水头内水压。

3.7.2　管片接头刚度性能参数和层间界面处理

计算中取管片接头的抗压和抗剪刚度参数与工况1时取值一样,接头的抗弯刚度亦采用了非线性耦合弹簧单元作数值模拟,均与工况1相同。

内、外衬顶部120°范围内采用“无厚度的接触单元”模拟,接触单元径向力学行为采用“硬接触”模拟,即:双层界面之间能传递的接触面压力的大小将不受限制(一般都在混凝土抗压强度极限值之内),但不能传递接触拉应力,也就是认为上部界面120°范围内,界面不可承拉,只可承压。

考虑内外衬底部240°范围内,接触面内、外衬的层间考虑其联合受力,在层间界面上设置接触-承拉单元(contact-tie element),如果内、外衬界面间的拉应力小于界面的抗拉粘结能力,接触-承拉单元不致脱开,该部位的接触界面两侧上、下层间的位移相协调;如果内、外衬界面间的拉应力大于界面间的抗拉黏结能力,接触-承拉单元将自动脱开。

3.7.3　计算结果分析

1) 管片截面沿环向各点的变位(内衬预应力和隧洞满负荷内水压联合作用)

通过计算可以得出,在外部水土压力、内衬预应力荷载和隧洞满负荷最大内水压力三者的共同作用下,管片的变位呈扁圆形,其水平方向伸长,而垂直方向则压缩。

设以拱顶作为起始截面(0°),计算给出了沿顺时针方向各个关键截面的变位值,其中,水平位移以向右为正,竖向位移以向上为正。表3-17给出了管片各控制截面的变位量,其水平和竖直向的最大相对变位量均在规定的最大允许限值($\Delta\leqslant 6‰D$)以内。

表 3-17 管片各控制截面的变位量值

截面(°)	0	90	180	270
竖直变位(mm)	12.53	23.58	37.02	23.34
水平变位(mm)	0.09	13.27	0.10	−10.29

2) 管片截面弯矩、轴力、剪力分析(承受单一预应力荷载作用)

管片各代表性截面和管片各接头处的弯矩、轴力、剪力分别如表 3-18 和表 3-19 所列。

表 3-18 外层管片在承受单一预应力荷载作用时的各截面内力值表

截面(°)	弯矩(N·m)	轴力(N)	剪力(N)	截面有否出现拉应力,量值
0	1.27×10^5	1.62×10^6	8.21×10^3	是,0.71 MPa
45	8.55×10^4	1.70×10^6	-5.60×10^4	否
90	-1.94×10^5	2.67×10^6	7.71×10^3	是,0.60 MPa
135	-7.37×10^4	3.11×10^6	1.55×10^5	否
180	1.99×10^5	3.22×10^6	7.84×10^4	否
225	6.31×10^4	3.21×10^6	-9.58×10^4	否
270	-2.04×10^5	2.94×10^6	-6.33×10^4	是,0.30 MPa
315	4.30×10^4	1.78×10^6	2.23×10^4	否

注:表中起始 0°方向为垂直向上,角度随顺时针增加。

表 3-19 管片各接头在单一预应力荷载作用下的各截面内力值表

接头	弯矩(N·m)	轴力(N)	剪力(N)	接头刚度值(N·m/rad)	螺栓拉力(kN)	接头张开量(mm)
1	-1.94×10^5	2.67×10^6	7.71×10^3	6.73×10^7	19.1	0.61
2	9.78×10^4	1.67×10^6	-1.68×10^4	1.59×10^7	294.0	闭合
3	1.19×10^5	1.64×10^6	9.14×10^4	1.45×10^7	385.7	1.15
4	-1.66×10^5	2.53×10^6	-3.29×10^4	7.44×10^7	41.6	闭合
5	-1.00×10^5	3.12×10^6	-1.32×10^5	2.38×10^7	22.4	闭合
6	1.88×10^5	3.22×10^6	1.80×10^4	1.37×10^7	339.0	闭合
7	4.25×10^4	3.17×10^6	2.85×10^5	0.97×10^7	34.1	闭合

3) 管片截面环向应力分析(承受单一预应力荷载作用)

设应力以受拉为正、受压为负。极坐标的原点为管片环的圆心点。由图 3-25 可知,管片截面的内、外缘混凝土不致发生因受压而破碎;管片截面多处出现拉应力,其最大值约为 0.74 MPa,尚未超过混凝土管片抗拉强度(f_t为 1.89 MPa)。

4) 内衬结构内力分析(内衬预应力和隧洞满负荷内水压联合作用)

管片各截面和管片各接头处的弯矩、轴力、剪力,分别如表 3-20 和表 3-21 所列。

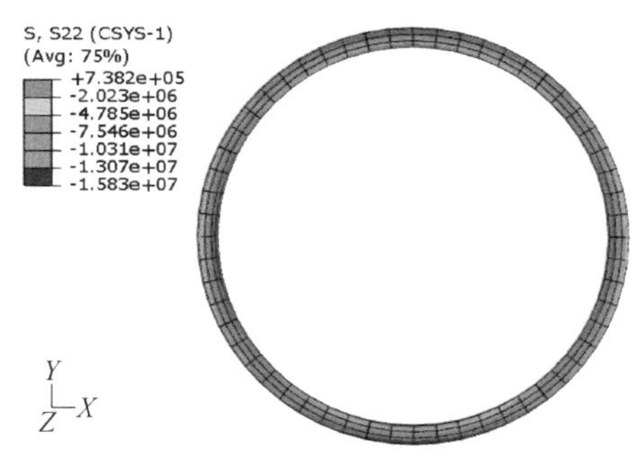

图 3-25　管片截面环向应力云图

表 3-20　外层管片在内衬预应力和隧洞满负荷内水压联合作用下的各截面内力值表

截面(°)	弯矩(N·m)	轴力(N)	剪力(N)	截面是否有出现拉应力,量值
0	1.52×10^5	1.55×10^6	1.51×10^4	是,1.83 MPa
45	7.81×10^4	1.64×10^6	-8.33×10^4	否
90	-1.80×10^5	2.11×10^6	-2.16×10^4	是,1.48 MPa
135	-7.25×10^4	2.33×10^6	1.25×10^5	否
180	1.97×10^5	2.33×10^6	4.93×10^4	是,1.56 MPa
225	6.21×10^4	2.37×10^6	-1.18×10^5	否
270	-1.98×10^5	2.24×10^6	-7.20×10^4	是,1.83 MPa
315	-1.58×10^4	1.73×10^6	6.49×10^4	否

注:表中起始 0°方向为垂直向上,角度随顺时针增加。

表 3-21　管片各接头在内衬预应力和隧洞满负荷内水压联合作用下的各截面内力值表

接头	弯矩 (N·m)	轴力 (N)	剪力 (N)	接头刚度值 (N·m/rad)	螺栓拉力 (kN)	接头开、闭状态 (mm)
1	-1.80×10^5	2.11×10^6	-2.16×10^4	5.83×10^7	81.9	张开,0.71
2	1.01×10^5	1.61×10^6	-4.03×10^4	1.56×10^7	316.4	闭合
3	1.34×10^5	1.58×10^6	1.05×10^5	1.35×10^7	477.9	张开,1.39
4	-1.47×10^5	2.02×10^6	-1.56×10^4	6.61×10^7	100.2	张开,0.12
5	-9.68×10^4	2.33×10^6	-1.42×10^5	2.66×10^7	82.1	闭合
6	1.84×10^5	2.33×10^6	-1.92×10^4	1.27×10^7	545.7	张开,2.12
7	3.62×10^4	2.35×10^6	2.26×10^5	1.08×10^7	117.7	闭合

5) 管片截面环向应力分析(内衬预应力和隧洞满负荷内水压联合作用)

由图 3-26 可知,管片截面的内、外缘混凝土不致发生因受压而破碎;管片截面多处出现拉应力,其最大值约为 1.85 MPa,尚未超过混凝土管片抗拉强度(f_t为 1.89 MPa)。

6) 内衬结构各点位的变位(内衬预应力荷载和自重荷载联合作用)

内衬结构的变位如图 3-27 和图 3-28 所示。由图可知,内衬与管片结构一起,在其自重以及预应力荷载作用下，主要发生了垂直向下的刚体位移；弯曲变形则只是较小部分。

内衬结构水平方向左、右侧的最大相对伸长量的总和不到 1 mm，远未达到对隧洞结构允许的最大变位限值 6‰D(47.7 mm)，如图 3-29 所示。

内衬结构垂直方向上、下点位的最大相对伸长量的总和也仅为 2.0 mm，远未达到对隧洞结构允许的最大变位限值 6‰D(47.7 mm)。其竖向变位云图如图 3-30 所示。

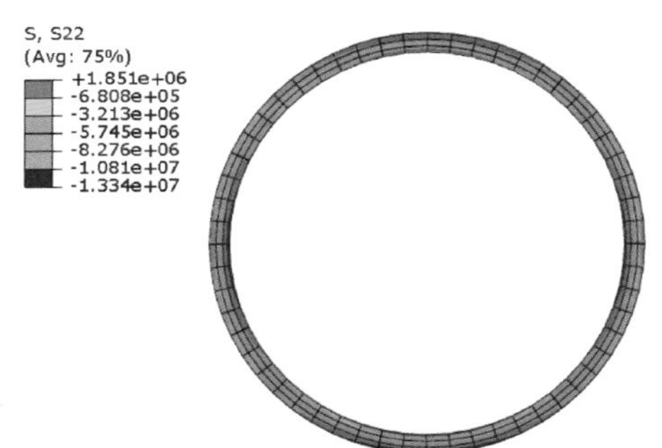

图 3-26　管片截面环向应力云图

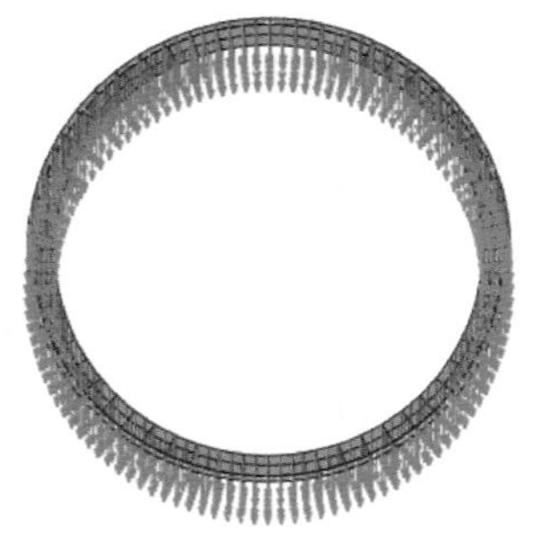

图 3-27　内衬结构各截面点位的变位矢量图

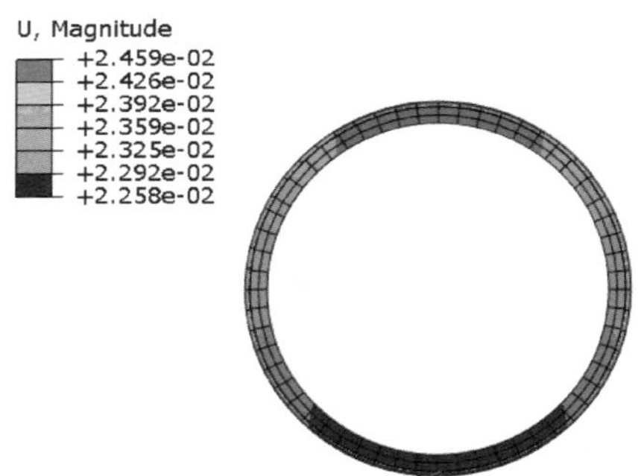

图 3-28　内衬结构整体变位云图

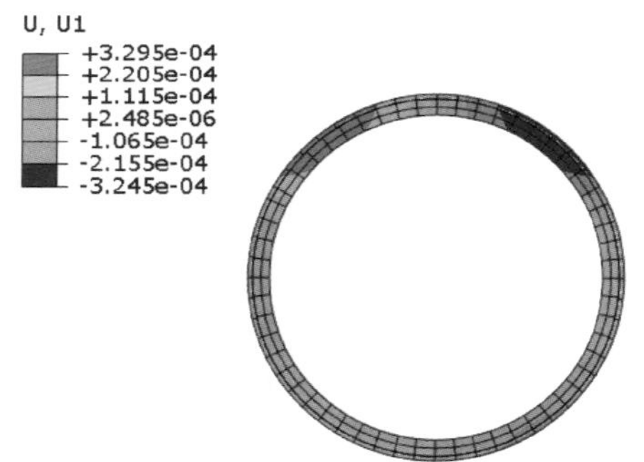

图 3-29　内衬结构水平向变位云图

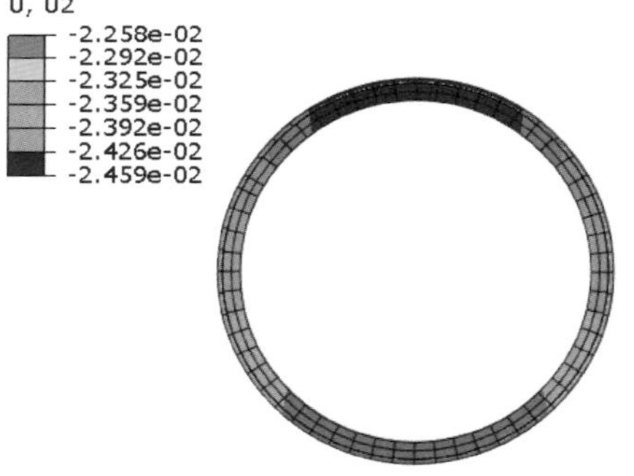

图 3-30　内衬结构竖向变位云图

7）内衬结构内力分析(承受单一预应力荷载作用)

内衬结构在承受单一预应力荷载作用时的各截面内力值如表 3-22 所列。

表 3-22　内衬结构在承受单一预应力荷载作用时的各截面内力值表

截面(°)	弯矩(N·m)	轴力(N)	剪力(N)
0	1.21×10^4	2.91×10^6	8.86×10^4
45	2.00×10^4	2.91×10^6	9.35×10^4
90	-5.79×10^4	2.13×10^6	9.02×10^4

（续表）

截面(°)	弯矩(N·m)	轴力(N)	剪力(N)
135	-4.63×10^{3}	1.55×10^{6}	1.12×10^{5}
180	1.63×10^{4}	1.17×10^{6}	5.16×10^{4}
225	2.53×10^{3}	1.30×10^{6}	2.02×10^{3}
270	-4.37×10^{4}	1.85×10^{6}	-1.19×10^{4}
315	2.06×10^{4}	2.92×10^{6}	-4.33×10^{3}

8）内衬结构内力分析（内衬预应力和隧洞满负荷内水压联合作用）

内衬结构在预应力和内水压共同作用下，各计算截面的内力值如表3-23所列。

表3-23　内衬结构在内衬预应力和隧洞满负荷内水压联合作用下各截面的内力值表

截面(°)	弯矩(N·m)	轴力(N)	剪力(N)	截面是否出现拉应力
0	1.91×10^{4}	1.19×10^{6}	4.12×10^{4}	否
45	8.61×10^{3}	1.20×10^{6}	2.81×10^{4}	否
90	-3.29×10^{4}	9.32×10^{5}	3.98×10^{4}	否
135	-1.49×10^{3}	5.60×10^{5}	6.59×10^{4}	否
180	1.38×10^{4}	2.57×10^{5}	2.00×10^{4}	否
225	3.23×10^{3}	3.60×10^{5}	-1.80×10^{4}	否
270	-2.72×10^{4}	7.73×10^{5}	-1.89×10^{4}	否
315	-2.37×10^{3}	1.21×10^{6}	1.76×10^{3}	否

9）内衬结构环向应力云图（内衬预应力和隧洞满负荷内水压作用）

内衬结构在预应力和内水压共同作用下，为全截面受压（小偏心受压）。其环向应力云图如图3-31所示。

以下分别讨论各个不同工况下，复合衬砌层面间的接触条件、脱开量和脱离区范围。

10）内衬结构自重作用下，双层衬砌间的层面脱离区

如图3-32所示，内衬施作完成后，在其自重荷载作用下，内、外层衬砌的上半部120°范围内有脱开，最大脱离区位于拱顶，最大脱开距离为0.05 mm。

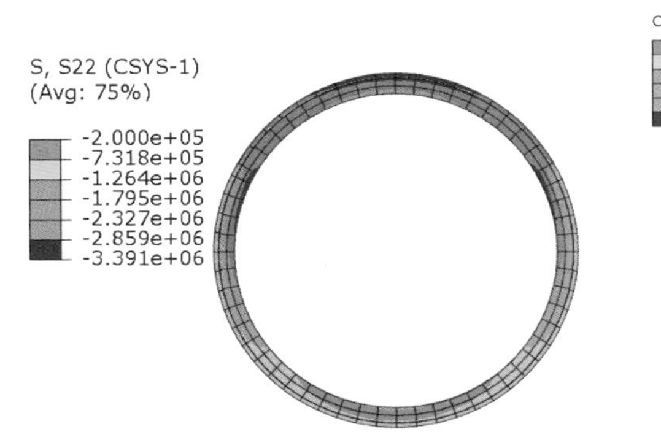

图3-31　内衬结构环向应力云图
（内衬预应力和隧洞满负荷内水压作用）

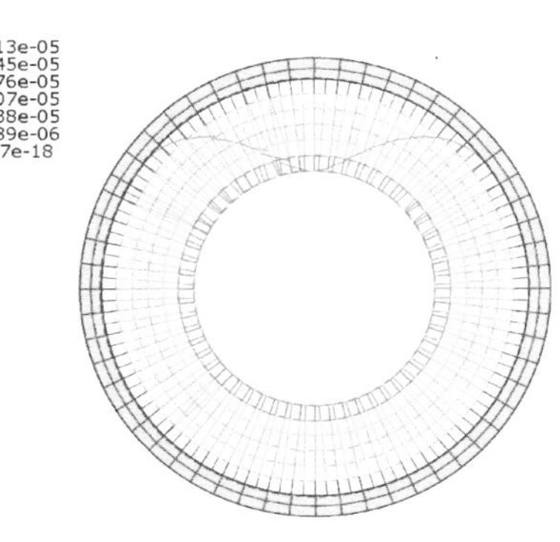

图3-32　内衬自重作用下的层间脱离区
（内衬自重作用下）

11）内衬预应力作用下，双层衬砌间的层面脱离区（承受单一预应力荷载作用）

如图 3-33 所示，在预应力荷载施加时，内、外层衬砌层面间将进一步脱开，其最大脱离区位于拱顶及其附近 120°范围，最大脱开距离为 1.62 mm。

12）内衬施加内水压后，双层衬砌层面间的脱离区

如图 3-34 所示，在后续的隧洞满负荷内水压作用下，拱顶截面及其附近仍有脱开，但其时双层衬砌间接触界面的脱离区较预应力荷载作用时相对有所减小，其最大脱开量由图 3-33 的 1.62 mm 减小为 0.75 mm。

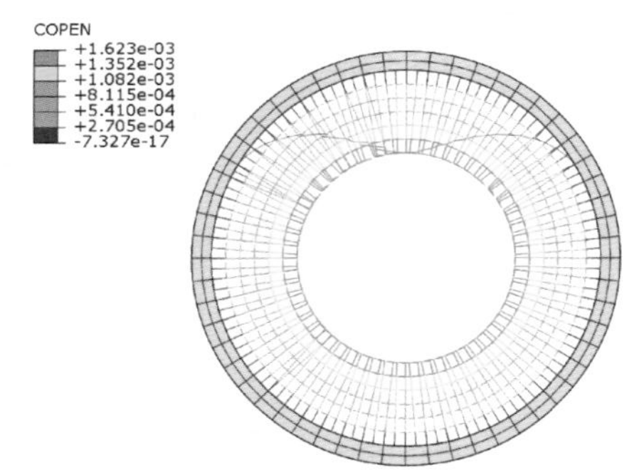

图 3-33　预应力作用下的层面脱离区

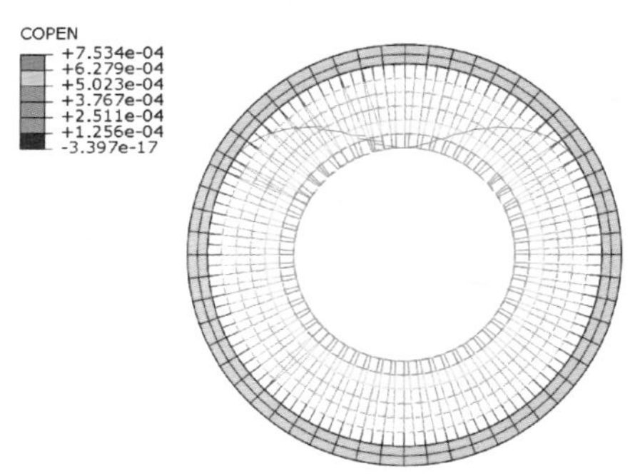

图 3-34　内水压作用后的层面脱离区

13）内衬最终荷载作用下的层间接触压力

如图 3-35 所示，在内衬施作完成后，在其自重荷载作用下，内衬与管片间的层面上，其内、外衬的下半部位接触紧密，接触面产生压应力。在 60°和 300°这两个截面位置处，界面接触压强发生了突然变大的现象，其原因在于：60°和 300°这两处截面位置为接触面的接触属性发生变化的位置，即由按"接触-承拉单元"变为改按"库仑摩擦单元"计算的部位。在以后的各级荷载计算中，在 60°和 300°两处截面位置处，其接触压强也会发生突然变化的类似现象，原因同上。

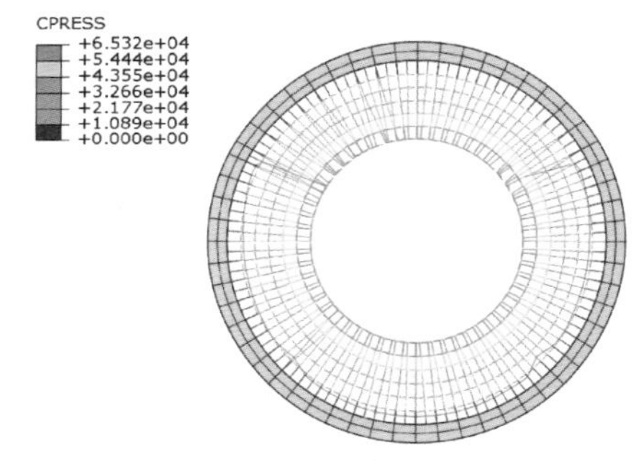

图 3-35　内衬自重作用下的层间接触压力

如图 3-36 所示，在内衬预应力荷载施加时，内衬结构上部与管片层间的脱离区进一步扩大，而内衬与管片层间的底部 240°范围界面受拉，其最大拉应力为 0.50 MPa，尚未超过界面抗拉能力；内衬与外层管片底部其他部位的界面则受压贴紧。

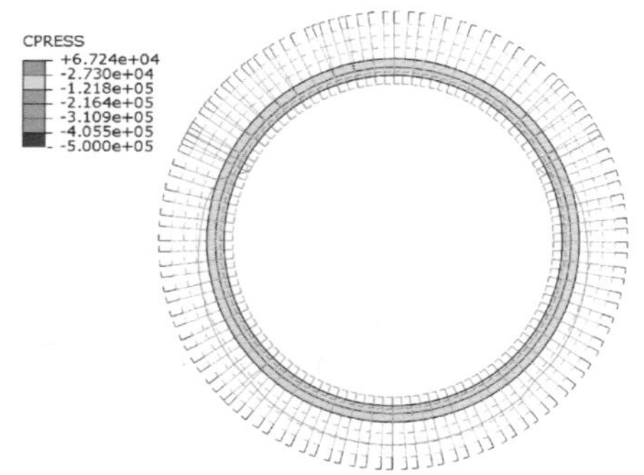

图 3-36　内衬预应力作用下的层间接触压力

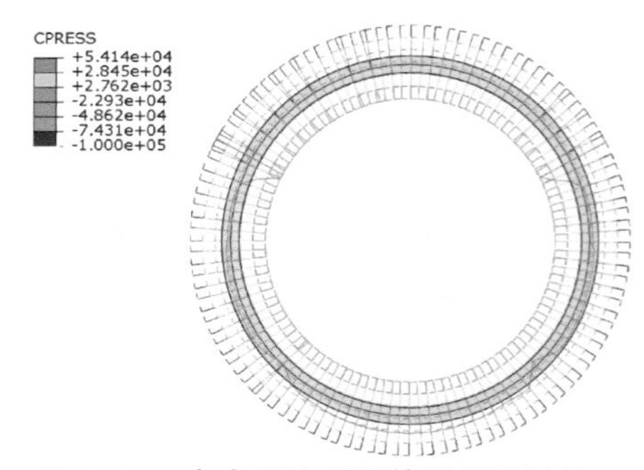

图 3-37　内水压作用下的层间接触压力

如图3-37所示，在后续的隧洞内水压力作用下，内衬与管片层面间的上部脱离区有所减小，而其下半部分层面上的接触压力则有所增大，底部240°范围内的界面受力状态为受拉，但拉应力值变小。

3.8　工况4:结构选型方案1,第三种工作条件

3.8.1　计算条件

本节中考虑了河床最大冲刷与最低枯水位，选取桩号8＋741.13截面为模拟本工况运营阶段的内外衬砌联合受力。此时，外层管片已经施作就位，外部较施工工况1为小的水土压力已由管片独自承担；而内衬预应力荷载与隧洞内全压充水工况下的内水压力则由内衬与管片二者构成的复合衬砌共同承担。管片外直径为8.7 m，管片厚为400 mm，二次衬砌厚为450 mm，取单位环宽计算。

对砂性土采用水土分算。土体的侧向压力系数为0.45，外水压力直接作用在管片衬砌的外层周围。

隧洞中心处外水压力：$P_{外}=0.322\,9$ MPa，侧向水压从拱顶至拱底呈梯形分布。

河床最大冲刷下，土体计算高度取拱顶至最大冲刷线距离：$h=11.65$ m，其值小于$2D$，此时已不能考虑上复土拱的卸载效应，按全部饱和土压力计算。

隧洞中心处内水压：$P_{内}=0.517\,5$ MPa，内水压沿高程亦呈梯形分布，沿径向逐次向下加大，并分布作用于内衬结构。同时，计入了洞内水体自重。

外层管片在水土荷载作用下，施作内衬前其变形与受力已达到稳定，作为此时运营工况的“初始状态”输入。在以下计算中，荷载采用分步加载，用以模拟不同工况下得到的结构受力性态：

(1) 第一步：施加内衬重力荷载；

(2) 第二步：施加预应力荷载；

(3) 第三步：施加满水头内水压。

在本次计算中，采用了“等效荷载法”来考虑预应力的影响。如前所述，此处是通过预应力筋孔道沿程施加挤压力和拖曳力以模拟预应力荷载。挤压力与拖曳力采用了设计方所给的预应力荷载资料(已考虑计入了预应力的各项损失)。根据设计方提供的资料，预应力钢索每延米布置2.5根，每4根钢索的布置为一个循环。在计算中，考虑预应力荷载为4根钢索的作用力分布作用在每延米的纵向宽度上。

3.8.2　计算结果分析

1) 最终荷载作用下管片截面沿环向各点的变位

设以拱顶作为起始截面(0°)，计算给出了沿顺时针方向各个关键截面的变位值，其中，水平位移以向右为正，竖向位移以向上为正。表3-24给出了管片各控制截面的变位量，其水平和竖直向的最大相对变位量均在规定的最大允许限值($\Delta\leqslant 6‰D$)以内。

表3-24　管片各控制截面的变位量值

截面(°)	0	90	180	270
竖直变位(mm)	12.46	23.57	37.00	23.34
水平变位(mm)	0.09	13.29	0.09	−10.32

2）管片截面内力分析（承受单一预应力荷载作用）

管片截面承受单一预应力荷载作用时的各截面内力值如表 3-25 和表 3-26 所列。

表 3-25　外层管片在承受单一预应力荷载作用时的各截面内力值表

截面(°)	弯矩(N·m)	轴力(N)	剪力(N)	截面有否出现拉应力，量值
0	1.38×10^5	1.70×10^6	-6.46×10^3	是，0.93 MPa
45	1.14×10^5	1.77×10^6	-7.00×10^3	否
90	-1.86×10^5	2.76×10^6	1.53×10^4	是，0.08 MPa
135	-1.26×10^5	3.16×10^6	1.53×10^5	否
180	1.93×10^5	3.24×10^6	7.81×10^4	否
225	1.27×10^5	3.25×10^6	-9.26×10^4	否
270	-1.47×10^5	3.02×10^6	-5.66×10^4	否
315	-1.39×10^5	2.48×10^6	1.28×10^5	否

注：表中起始 0°方向为垂直向上，角度随顺时针增加。

表 3-26　管片各接头在单一预应力荷载作用下的各截面内力值表

接头	弯矩(N·m)	轴力(N)	剪力(N)	接头刚度值(N·m/rad)	螺栓拉力(kN)	接头张开量(mm)
1	-1.86×10^5	2.76×10^6	1.53×10^4	7.26×10^7	12.0	0.54
2	1.07×10^5	1.74×10^6	2.51×10^4	1.54×10^7	313.8	闭合
3	1.28×10^5	1.72×10^6	6.15×10^4	1.41×10^7	409.2	1.42
4	-1.61×10^5	2.64×10^6	-3.82×10^4	8.16×10^7	31.5	闭合
5	-9.72×10^4	3.17×10^6	-1.27×10^5	4.19×10^7	0.00	闭合
6	1.89×10^5	3.24×10^6	1.94×10^4	1.37×10^7	339.0	闭合
7	4.39×10^4	3.21×10^6	2.85×10^5	0.98×10^7	10.2	闭合

3）管片截面环向应力分析（承受单一预应力荷载作用）

由图 3-38 可知，管片截面的内、外缘混凝土不致发生因受压而破碎；管片截面多处出现拉应力，其最大值约为 0.94 MPa，尚未超过混凝土管片抗拉强度（f_t 为 1.89 MPa）。

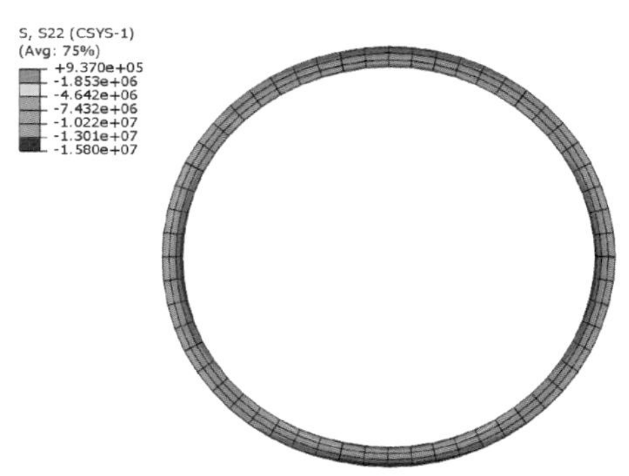

图 3-38　管片截面环向应力云图(承受单一预应力荷载作用)

4）管片截面内力分析(内衬预应力和隧洞满负荷内水压联合作用)

管片各截面和管片各接头处的弯矩、轴力、剪力分别如表3-27和表3-28所列。

表3-27 外层管片在内衬预应力和隧洞满负荷内水压联合作用下的各截面内力值表

截面(°)	弯矩(N·m)	轴力(N)	剪力(N)	截面有否出现拉应力,量值
0	1.50×10^5	1.58×10^6	8.82×10^3	是,1.68 MPa
45	1.02×10^5	1.67×10^6	-6.22×10^4	否
90	-1.76×10^5	2.14×10^6	-2.10×10^4	是,1.25 MPa
135	-7.17×10^4	2.35×10^6	1.24×10^5	否
180	1.97×10^5	2.34×10^6	4.91×10^4	是,1.54 MPa
225	6.27×10^4	2.38×10^6	-1.17×10^5	否
270	-1.93×10^5	2.27×10^6	-6.93×10^4	是,1.56 MPa
315	-6.29×10^4	1.99×10^6	1.01×10^5	否

注:表中起始0°方向为垂直向上,角度随顺时针增加。

表3-28 管片各接头在内衬预应力和隧洞满负荷内水压联合作用下的各截面内力值表

接头	弯矩(N·m)	轴力(N)	剪力(N)	接头刚度值(N·m/rad)	螺栓拉力(kN)	接头开、闭状态(mm)
1	-1.76×10^5	2.14×10^6	-2.10×10^4	6.02×10^7	79.5	张开,0.68
2	1.16×10^5	1.64×10^6	-2.23×10^4	1.47×10^7	371.9	张开,1.27
3	1.40×10^5	1.61×10^6	9.30×10^4	1.32×10^7	503.0	张开,1.76
4	-1.45×10^5	2.07×10^6	-1.74×10^4	6.86×10^7	95.6	张开,0.54
5	-9.52×10^4	2.35×10^6	-1.40×10^5	2.35×10^7	80.4	闭合
6	1.84×10^5	2.34×10^6	-1.87×10^4	1.27×10^7	542.0	张开,0.22
7	3.67×10^4	2.36×10^6	2.25×10^5	1.09×10^7	116.9	闭合

5）最终荷载作用下管片截面环向应力分析

由图3-39可知,管片截面的内、外缘混凝土不致发生因受压而破碎;管片截面多处出现拉应力,其最大值约为1.67 MPa,尚未超过混凝土管片抗拉强度(f_t为1.89 MPa)。

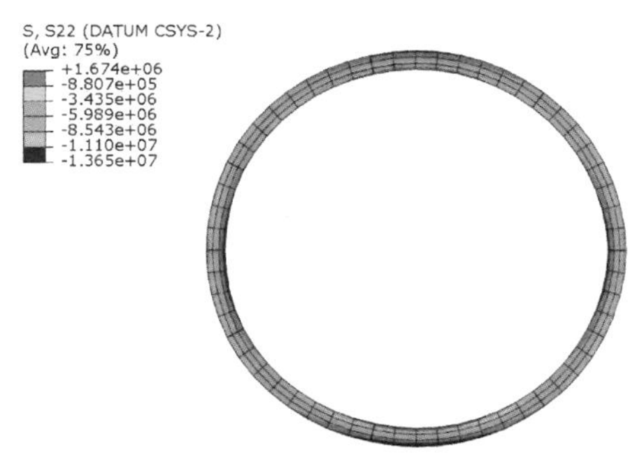

图3-39 管片截面环向应力云图(内衬预应力和隧洞满负荷内水压联合作用下)

6）内衬结构内力分析(承受单一预应力荷载作用)

内衬结构在承受单一预应力荷载作用时的各截面内力值如表 3-29 所列。

表 3-29　内衬结构在承受单一预应力荷载作用时的各截面内力值表

截面(°)	弯矩(N·m)	轴力(N)	剪力(N)
0	6.32×10^{4}	2.82×10^{6}	1.05×10^{5}
45	1.25×10^{4}	2.84×10^{6}	4.11×10^{4}
90	-4.66×10^{4}	2.03×10^{6}	9.91×10^{4}
135	-1.16×10^{3}	1.51×10^{6}	1.05×10^{5}
180	1.74×10^{4}	1.16×10^{6}	5.00×10^{4}
225	5.13×10^{3}	1.28×10^{6}	4.99×10^{3}
270	-3.64×10^{4}	1.77×10^{6}	-7.63×10^{3}
315	-7.87×10^{4}	2.22×10^{6}	-1.85×10^{4}

7）最终荷载作用下内衬结构内力分析

内衬结构在预应力和内水压共同作用下，各计算截面的内力值如表 3-30 所列。

表 3-30　内衬结构在内衬预应力和隧洞满负荷内水压联合作用下各截面的内力值表

截面(°)	弯矩(N·m)	轴力(N)	剪力(N)	截面是否出现拉应力
0	3.95×10^{4}	1.15×10^{6}	4.80×10^{4}	否
45	3.95×10^{3}	1.17×10^{6}	5.67×10^{3}	否
90	-2.83×10^{4}	8.93×10^{5}	4.35×10^{4}	否
135	-1.81×10^{2}	5.43×10^{5}	6.31×10^{4}	否
180	1.42×10^{4}	2.54×10^{5}	1.94×10^{4}	否
225	4.19×10^{3}	3.52×10^{5}	-1.67×10^{4}	否
270	-2.43×10^{4}	7.44×10^{5}	-1.72×10^{4}	否
315	-3.82×10^{4}	9.43×10^{5}	-7.96×10^{2}	否

8）最终荷载作用下内衬结构环向应力云图

内衬结构在预应力和内水压共同作用下，为全截面受压(小偏心受压)。其环向应力云图如图 3-40 所示。

以下分别讨论各个不同工况下，复合衬砌层面间的接触条件、脱开量和脱离区范围。

9）内衬结构自重作用下，双层衬砌间的层面脱离区

在内衬施作完成后，在其自重荷载作用下，内、外层衬砌的上半部 120°范围内有脱开，最大脱离区位于拱顶，最大脱开距离为 0.05 mm，如图 3-41 所示。

10）内衬预应力作用下，双层衬砌间的层面脱离区(承受单一预应力荷载作用)

在预应力荷载施加时，内、外层衬砌层面间将进一步脱开，其最大脱离区位于拱顶及其附近 120°范围，最大脱开距离为 1.59 mm，如图 3-42 所示。

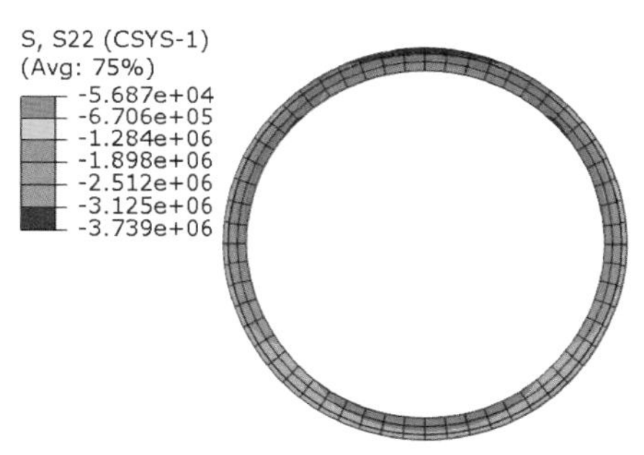

图 3-40　内衬结构环向应力云图
（内衬预应力和隧洞满负荷内水压作用）

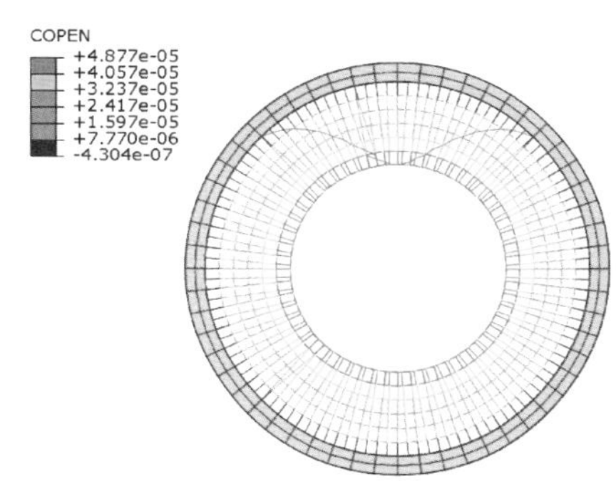

图 3-41　内衬自重作用下的层间脱离区
（内衬自重作用下）

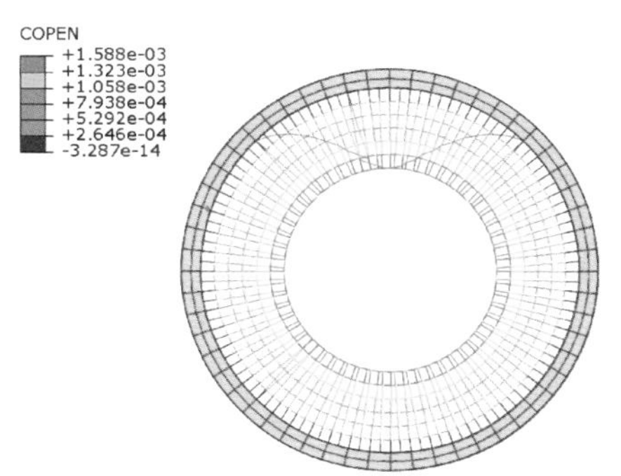

图 3-42　预应力作用下的层面脱离区

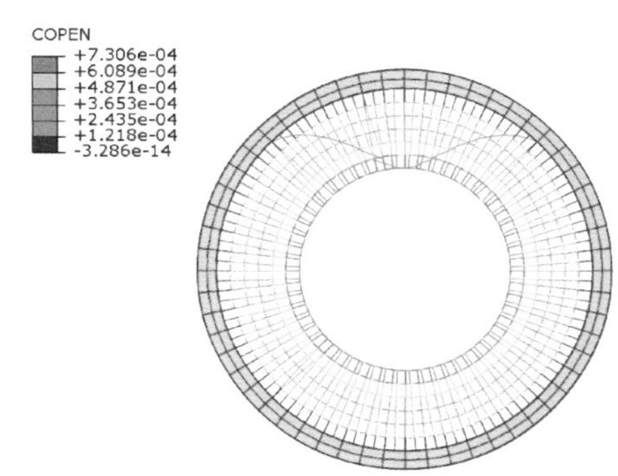

图 3-43　内水压作用后的层面脱离区

11）*内衬施加内水压后，双层衬砌层面间的脱离区*

在后续的隧洞满负荷内水压作用下，拱顶截面及其附近仍有脱开，但其时双层衬砌间接触界面的脱离区较预应力荷载作用时相对有所减小，其最大脱开量由 1.59 mm 减小为 0.73 mm，如图 3-43 所示。

12）*内衬自重、预应力和隧洞满负荷内水压作用下的层间接触压力*

如图 3-44 所示，在内衬施作完成后，在其自重荷载作用下，内衬与管片间的层面上，其内、外衬的下半部位接触紧密，接触面产生压应力。在 45°和 315°这两个截面位置处，界面接触压强发生了突然变大的现象，其原因在于：45°和 315°这两处截面位置为接触面的接触属性发生变化的位置，即由按“接触-承拉单元”变为改按“库仑摩擦单元”计算的部位。在以后的各级荷载计算中，在 45°和 315°两处截面位置处，其接触压强也会发生突然变化的类似现象，原因同上。

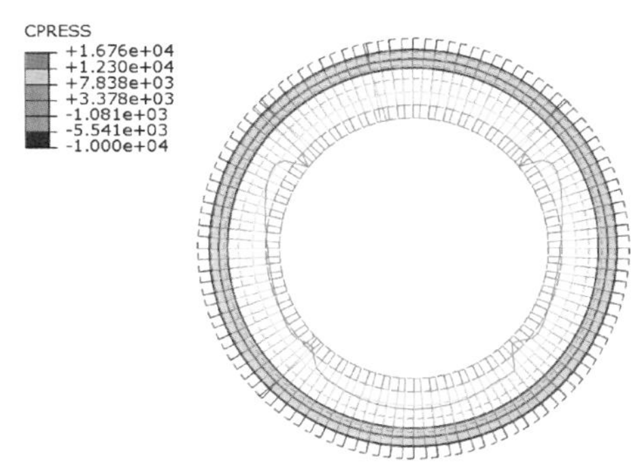

图 3-44　内衬自重作用下的层间接触压力

如图 3-45 所示，在内衬预应力荷载施加时，内衬结构上部与管片层间的脱离区进一步扩大，而内衬与管片层间的底部 240°范围界面受拉，其最大拉应力为 0.50 MPa，尚未超过界面抗拉能力；内衬与外层管片底部其他部位的界面则受压贴紧。

如图 3-46 所示，在后续的隧洞内水压力作用下，内衬与管片层面间的上部脱离区有所减小，而其下半部分层面上的接触压力则有所增大，底部 240°范围内的界面受力状态为受拉，但拉应力值变小。

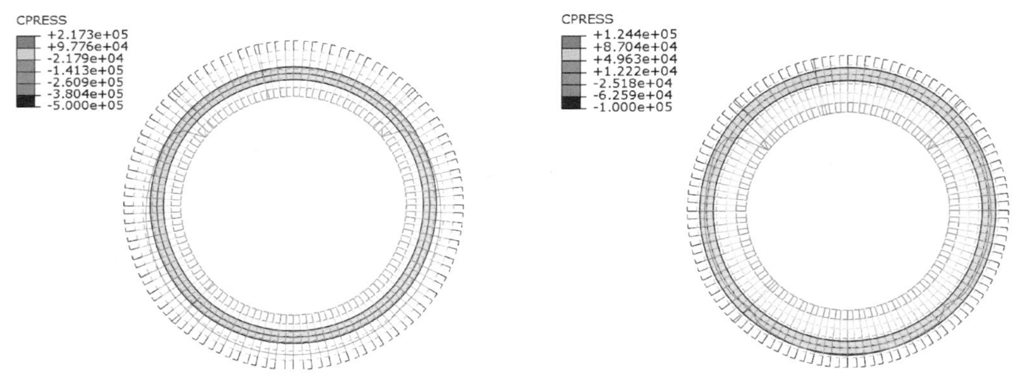

图 3-45　内衬预应力作用下的层间接触压力　　**图 3-46　内水压作用下的层间接触压力**

3.9　工况 4:结构选型方案 1,第四种工作条件

3.9.1　计算条件

本节中考虑了河床最大冲刷与最低枯水位，选取桩号 8+741.13 截面用以模拟本运营阶段工况的内外衬砌联合受力。此时，外层管片已经施作就位，其外周用这次计算、较施工工况 1 为小的土水压力(为可能产生的最小土水压力)已由单层管片独自承担并作为其初始状态考虑；而内衬预应力荷载与洞内全压充水工况下的受力则由内衬与管片二者构成的复合衬砌共同承担。管片外直径为 8.7 m，管片厚为 400 mm，二次衬砌厚 450 mm，取单位环宽计算。

对砂性土采用水土分算。土体的侧向压力系数取 0.45，外水压力直接作用在管片衬砌的外层周围。

隧洞中心处外水压力：$P_{外}=0.322\,9$ MPa，侧向水压从拱顶至拱底呈梯形分布。

在河床最大冲刷条件下，上覆土体的计算高度取拱顶至最大冲刷线距离：$h=11.65$ m，其值小于 $2D$，不能考虑土拱卸载效应。

取隧洞中心处满负荷内水压：$P_{内}=0.517\,5$ MPa，内水压沿高程亦呈梯形分布，沿径向逐次向下加大分布作用于内衬结构的内表面。同时，还计入了洞内水体自重。

内、外衬的层间考虑其联合受力，在层间界面上设置接触-承拉单元。结构变形后，如果内、外衬界面间的拉应力小于界面的抗拉能力(新、老混凝土粘结强度，取 0.8 MPa)，接触-承拉单元不致脱开，该部位的接触界面两侧上、下层间的位移相协调；如果内、外衬界面间的拉应力大于界面间的抗拉粘结能力，接触-承拉单元将自动脱开；这里的接触-承拉单元还可以自动输出接触界面上的径向应力。

外层管片在外周水土荷载作用下，认为其变形与受力在施作内衬前已经达到稳定，并作为此处运营工况的“初始状态”输入(参见本章第 3.2.3 小节)。在以下计算过程中，荷载采用分步加载，用以模拟不同加载步的内、外衬结构受力状态：

(1) 第一步：施加内衬自重荷载；

（2）第二步：内衬施加预应力荷载；

（3）第三步：洞内施加满水头内水压。

在此次计算中，采用了“等效荷载法”来考虑预应力的作用过程。如前所述，此处是通过预应力筋孔道沿程施加挤压力和拖曳力以模拟预应力荷载。挤压力与拖曳力采用了设计方所给的预应力荷载资料（已考虑计入预应力的各项损失）。根据设计方提供的资料，预应力钢索每米布置2.5根，每4根钢索的布置为一个循环。在计算中，考虑预应力荷载为每4根钢索的作用力分布作用在每米的内衬纵向宽度上。

3.9.2　计算结果分析

1）管片截面变位分析

计算结果可以得出，管片变位在外部水土压力、内衬预应力荷载和隧洞满负荷最大内水压力三者的共同作用下，管片的变位呈扁圆形。水平方向伸长、而垂直方向则压缩。管片各控制截面的变位量，其水平和竖直向的最大相对变位量为10.38 mm和23.27 mm，均在规定的最大允许限值（$\Delta \leqslant 6‰ D = 52.2$ mm）以内。

2）管片截面内力分析（承受单一预应力荷载作用）

管片各代表性截面和管片各接头截面处的弯矩、轴力、剪力值，分别如表3-31和表3-32所列。

表3-31　外层管片在承受单一预应力荷载作用时的各截面内力值表

截面(°)	弯矩(N·m)	轴力(N)	剪力(N)	截面有否出现拉应力
0	1.60×10^5	2.90×10^6	6.39×10^4	否
45	6.73×10^4	2.99×10^6	-5.80×10^4	否
90	-1.67×10^5	3.18×10^6	-5.74×10^3	否
135	-7.43×10^4	3.20×10^6	1.28×10^5	否
180	1.87×10^5	3.06×10^6	6.61×10^4	否
225	5.88×10^4	3.14×10^6	-7.91×10^4	否
270	-1.84×10^5	3.22×10^6	-1.69×10^4	否
315	-4.95×10^4	3.08×10^6	1.21×10^5	否

注：表中起始0°方向为垂直向上，角度随顺时针增加。

表3-32　管片各接头在单一预应力荷载作用下的各截面内力值表

接头号	弯矩(N·m)	轴力(N)	剪力(N)	接头刚度值(N·m/rad)	螺栓拉力(kN)	接头张开量(mm)
1	-1.67×10^5	3.18×10^6	-5.74×10^3	6.65×10^7	0.00	闭合
2	1.00×10^5	2.96×10^6	1.79×10^4	1.50×10^7	112.1	闭合
3	1.50×10^5	2.93×10^6	2.22×10^5	1.45×10^7	246.4	闭合
4	-1.34×10^5	3.13×10^6	-7.84×10^3	7.35×10^7	0.00	闭合
5	-9.40×10^4	3.21×10^6	-9.87×10^4	2.35×10^7	20.1	闭合
6	1.77×10^5	3.06×10^6	1.57×10^4	1.39×10^7	326.0	闭合
7	3.31×10^4	3.16×10^6	2.59×10^5	0.82×10^7	320.1	闭合

3）管片截面环向应力分析（承受单一预应力荷载作用）

由图 3-47 可知，管片截面的内、外缘混凝土不致发生因受压而碎裂破损。管片个别截面处存在少许拉应力，其最大值约为 0.04 MPa，远未超过管片混凝土的抗拉强度（C50，$\sigma_{拉}$为 1.89 MPa）。

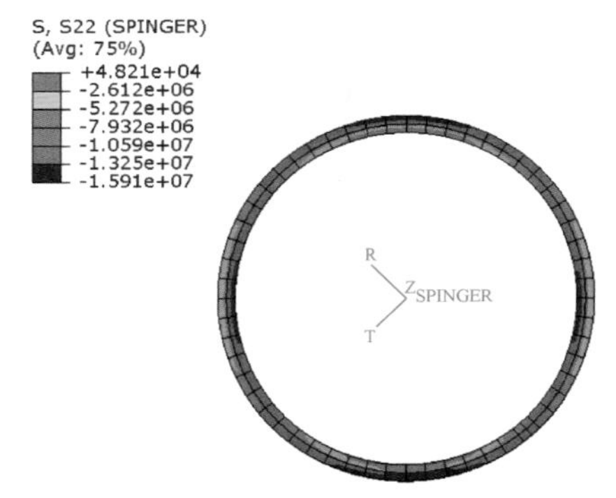

图 3-47 管片截面环向应力云图（承受单一预应力荷载作用）

4）管片截面内力分析（内衬预应力和隧洞满负荷内水压联合作用）

管片各截面和管片各接头处的弯矩、轴力、剪力值，分别如表 3-33 和表 3-34 所列。

表 3-33 外层管片在内衬预应力和隧洞满负荷内水压联合作用下的各截面内力值表

截面(°)	弯矩(N·m)	轴力(N)	剪力(N)	截面有否出现拉应力，量值
0	1.64×10^{5}	2.16×10^{6}	4.29×10^{4}	是，0.75 MPa
45	6.86×10^{4}	2.22×10^{6}	-8.59×10^{4}	否
90	-1.67×10^{5}	2.34×10^{6}	-3.08×10^{4}	是，0.41 MPa
135	-7.31×10^{4}	2.36×10^{6}	1.12×10^{5}	否
180	1.91×10^{5}	2.25×10^{6}	4.35×10^{4}	是，1.54 MPa
225	5.99×10^{4}	2.32×10^{6}	-1.11×10^{5}	否
270	-1.85×10^{5}	2.37×10^{6}	-5.08×10^{4}	是，1.01 MPa
315	-4.98×10^{4}	2.27×10^{6}	9.89×10^{4}	否

注：表中起始 0°方向为垂直向上，角度随顺时针增加。

表 3-34 管片各接头在内衬预应力和隧洞满负荷内水压联合作用下的各截面内力值表

接头	弯矩(N·m)	轴力(N)	剪力(N)	接头刚度值(N·m/rad)	螺栓拉力(kN)	接头张开量(mm)
1	-1.67×10^{5}	2.34×10^{6}	-3.08×10^{4}	6.58×10^{7}	61.2	闭合
2	9.95×10^{4}	2.20×10^{6}	-2.70×10^{4}	1.58×10^{7}	213.0	闭合
3	1.47×10^{5}	2.18×10^{6}	1.69×10^{5}	1.40×10^{7}	390.4	闭合
4	-1.33×10^{5}	2.30×10^{6}	-3.21×10^{3}	7.23×10^{7}	75.0	闭合
5	-9.35×10^{4}	2.38×10^{6}	-1.28×10^{5}	2.27×10^{7}	77.8	闭合
6	1.79×10^{5}	2.25×10^{6}	-2.04×10^{4}	1.28×10^{7}	540.3	1.87
7	3.16×10^{4}	2.34×10^{6}	2.13×10^{5}	0.99×10^{7}	117.2	闭合

5）内衬结构内力分析(承受单一预应力荷载作用)

内衬结构在承受单一预应力荷载作用时的各截面内力值如表3-35所列。

表3-35 内衬结构在承受单一预应力荷载作用时的各截面内力值表

截面(°)	弯矩(N·m)	轴力(N)	剪力(N)
0	-4.04×10^{3}	1.53×10^{6}	4.78×10^{4}
45	-3.68×10^{3}	1.54×10^{6}	4.51×10^{4}
90	-1.29×10^{4}	1.60×10^{6}	4.20×10^{4}
135	-4.79×10^{3}	1.52×10^{6}	6.62×10^{4}
180	-2.92×10^{3}	1.42×10^{6}	4.91×10^{4}
225	-4.61×10^{3}	1.45×10^{6}	3.52×10^{4}
270	-1.36×10^{4}	1.58×10^{6}	3.27×10^{4}
315	-6.07×10^{3}	1.57×10^{6}	5.63×10^{4}

6）最终荷载作用下内衬结构内力分析

内衬结构在预应力和内水压共同作用下其各截面的内力值如表3-36所列。

表3-36 内衬结构在内衬预应力和隧洞满负荷内水压联合作用下其各截面的内力值表

截面(°)	弯矩(N·m)	轴力(N)	剪力(N)	截面是否出现拉应力
0	4.47×10^{3}	5.36×10^{5}	2.02×10^{4}	否
45	7.55×10^{1}	5.76×10^{5}	7.62×10^{3}	否
90	-1.28×10^{4}	6.94×10^{5}	1.69×10^{4}	否
135	-2.00×10^{3}	5.49×10^{5}	4.51×10^{4}	否
180	4.59×10^{3}	3.75×10^{5}	1.90×10^{4}	否
225	-4.50×10^{2}	4.34×10^{5}	-2.62×10^{3}	否
270	-1.38×10^{4}	6.54×10^{5}	1.66×10^{3}	否
315	-4.34×10^{3}	6.45×10^{5}	3.42×10^{4}	否

7）最终荷载作用下内衬结构环向应力云图

内衬结构在预应力和内水压共同作用下，为全截面受压(小偏心受压)。其环向应力云图如图3-48所示。

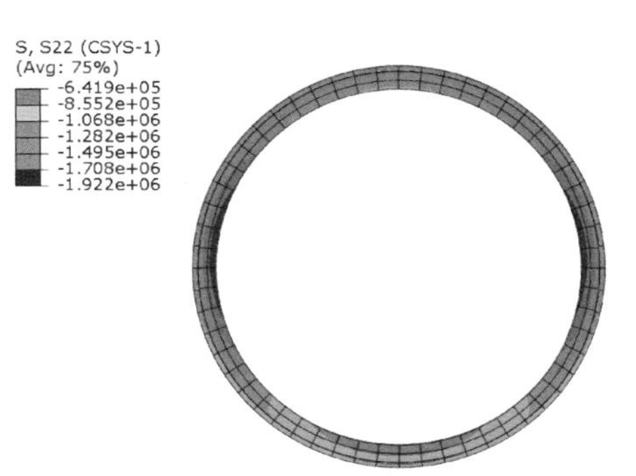

图3-48 内衬结构环向应力云图
(内衬预应力和隧洞满负荷内水压作用)

8）内衬预应力和隧洞满负荷内水压作用下的层间接触压力

内外衬间采用接触-承拉单元，在单一预应力荷载作用下，可以计算得到层间界面接触应力的大小。“+”为接触压应力，“-”为接触拉应力。从图3-49可以看出，内衬在单一预应力作用下，此时层间接触面上均为接触拉应力，即对内衬施加预应力时，由于环箍效应，其对管片有向洞内方向的拉脱作用；此时，拱顶处接触拉应力值最大为 0.35 MPa,小于 0.8 MPa(按设计方提供的数据,认为接触界面间新、老混凝土的黏结强度采用 0.8 MPa),内外衬界面间将不会存在“拉张脱离区”;界面计算剪应力值很小,亦不超过允许的新、老混凝土层面间的允许抗剪强度 0.4 MPa。

如图 3-50 所示,在隧洞内水压力作用后,由于内衬原先预应力的拉脱作用,其与管片接触面间仍为拉应力;但此时的接触拉应力值与单一预应力荷载作用时相比,有所减小,其最大值由 0.35 MPa 减小到 0.17 MPa;由于考虑了新、老混凝土层面间的粘结强度(设计方给定值,取为 0.8 MPa),其层间界面仍为压密接触,而保持了一定的接触压应力。

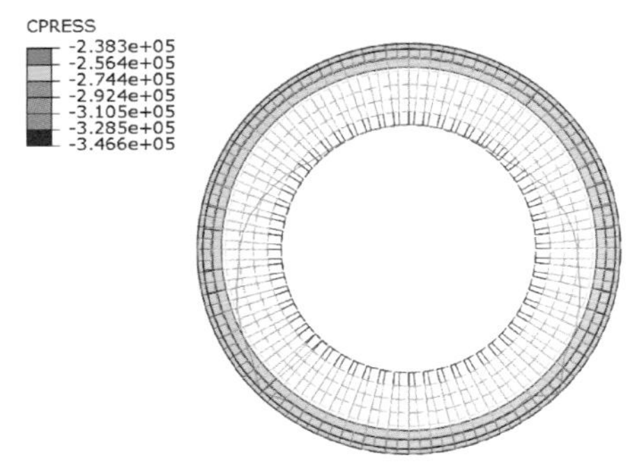

图 3-49 考虑新、老混凝土层面黏结强度后,内衬预应力作用下的层间接触应力(均仍为压应力)

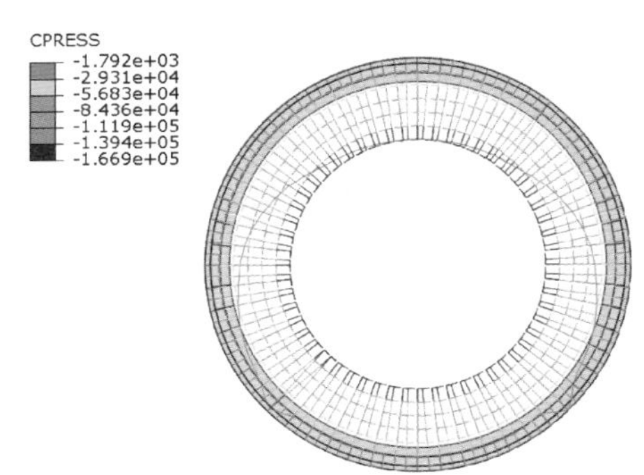

图 3-50 考虑新、老混凝土层面黏结强度后,在内衬预应力和内水压共同作用下的层间接触应力(均为压应力)

3.10 工况 4:结构选型方案 2,第一种工作条件

此处计算,对预应力荷载作了近似处理,即把设节点集中力,改为沿程分布的非均匀分布力。此处计算为新、老混凝土接触界面的第一种工作条件,即新、老混凝土界面无粘结强度。在处理底部 90°范围时,计算认为新、老混凝土界面有限承拉。

3.10.1 计算条件

本节中考虑了河床最大冲刷与最低枯水位,选取桩号 8+741.13 截面为模拟本工况运营阶段的内外衬砌联合受力,此时,外层管片已经施作就位,外部较施工工况 1 为小的水土压力已由管片独自承担;而内衬预应力荷载与洞内全压充水工况下的内水压力则由内衬与管片二者构成的复合衬砌共同承担。管片外直径为 8.7 m,管片厚为 400 mm,二次衬砌厚 450 mm,取单位环宽计算。

计算条件基本都与上一方案 1 第一种工作条件完全相同,与上一方案不同处只是在这该“方案 2”中采用了层间设置的防水膜,因而,层间接触界面的力学性态有了变化,需另作计算。

对砂性土采用水土分算。土体的侧向压力系数为 0.45,外水压力直接作用在管片衬砌的外层周围。

隧洞中心处外水压力:$P_{外}=0.3229$ MPa,侧向水压从拱顶至拱底呈梯形分布。

河床最大冲刷下,土体计算高度取拱顶至最大冲刷线距离:$h=11.65$ m,其值小于 $2D$,不能考虑土拱卸载效应。

隧洞中心处内水压力:$P_{内}=0.5175$ MPa,内水压沿高程亦呈梯形分布,沿径向逐次向下加大,分布作用于内衬结构。同时,要求计入洞内水体自重。

内、外衬的层间接触界面力学行为：在上部 270°范围内，采用有 1 cm 厚度的“夹层单元”；下部 90°范围内，则沿用“库仑摩擦单元”模拟。

外层管片在水土荷载作用下，施作内衬前其变形与受力已达到稳定，作为此时运营工况的“初始状态”输入。在以下计算过程中，荷载采用分步加载，用以模拟接触界面的力学性态：

(1) 第一步：施加内衬重力荷载；

(2) 第二步：施加预应力荷载；

(3) 第三步：施加满水头内水压。

在本次计算中，采用了“等效荷载法”来考虑预应力的影响。已如前述，此处是通过预应力筋孔道沿程施加挤压力和拖曳力以模拟预应力荷载。挤压力与拖曳力采用了设计方所给的预应力荷载资料(已考虑计入预应力的各项损失)。根据设计方提供的资料，预应力钢索每延米布置 2.5 根，每 4 根钢索的布置为一个循环。在计算中，考虑预应力荷载为 4 根钢索的作用力分布作用在每延米的纵向宽度上。

3.10.2　计算结果分析

1) 最终荷载作用下管片截面沿环向各点的变位

设以拱顶作为起始截面(0°)，计算给出了沿顺时针方向各个关键截面的变位值，其中，水平位移以向右为正，竖向位移以向上为正。表 3-37 所示的最大相对变位值均在允许的最大限值(6‰D)以内。

表 3-37　管片在内衬预应力和隧洞满负荷内水压联合作用下各控制截面的变位量值

截面(°)	0	90	180	270
竖直变位(mm)	11.77	22.95	34.99	23.02
水平变位(mm)	0.05	10.92	0.08	−9.05

2) 管片截面内力分析(承受单一预应力荷载作用)

管片各代表性截面和管片各接头处的弯矩、轴力、剪力，分别如表 3-38 和表 3-39 所列。

表 3-38　外层管片在承受单一预应力荷载作用时的各截面内力值表

截面(°)	弯矩(N·m)	轴力(N)	剪力(N)	截面有否出现拉应力，量值
0	1.57×10^5	1.56×10^6	1.63×10^4	是，1.98 MPa
45	7.09×10^4	1.65×10^6	-8.82×10^4	否
90	-1.47×10^5	1.86×10^6	-5.96×10^4	是，0.86 MPa
135	-7.81×10^4	1.76×10^6	7.77×10^4	否
180	1.98×10^5	1.54×10^6	2.16×10^4	是，3.60 MPa
225	6.21×10^4	1.65×10^6	-1.33×10^5	否
270	-1.99×10^5	1.86×10^6	-4.80×10^4	是，2.81 MPa
315	-3.38×10^4	1.74×10^6	6.77×10^4	否

注：表中起始 0°方向为垂直向上，角度随顺时针增加。

表 3-39　管片各接头在单一预应力荷载作用下的各截面内力值表

接头	弯矩 (N·m)	轴力 (N)	剪力 (N)	接头抗弯刚度 (N·m/rad)	螺栓拉力 (kN)	接头张开量 (mm)
1	-1.47×10^{5}	1.86×10^{6}	-5.96×10^{4}	6.15×10^{7}	116.9	闭合
2	9.67×10^{4}	1.62×10^{6}	-4.56×10^{4}	1.59×10^{7}	299.3	0.91
3	1.37×10^{5}	1.59×10^{6}	1.15×10^{5}	1.34×10^{7}	491.7	1.53
4	-1.11×10^{5}	1.81×10^{6}	-1.48×10^{3}	7.82×10^{7}	132.3	闭合
5	-9.88×10^{4}	1.78×10^{6}	-1.29×10^{5}	7.86×10^{7}	138.9	闭合
6	1.90×10^{5}	1.54×10^{6}	-4.51×10^{4}	1.15×10^{7}	848.8	2.55
7	2.23×10^{4}	1.70×10^{6}	1.71×10^{5}	1.05×10^{7}	181.7	闭合

3) 管片截面环向应力云图(承受单一预应力荷载作用)

由图 3-51 可知,管片截面的内、外缘混凝土不致发生因受压而碎裂破损;但管片截面有多处存在拉应力,且其最大值为 3.64 MPa,已超出管片混凝土抗拉强度(C50,$\sigma_{拉}$ 为 1.89 MPa)。

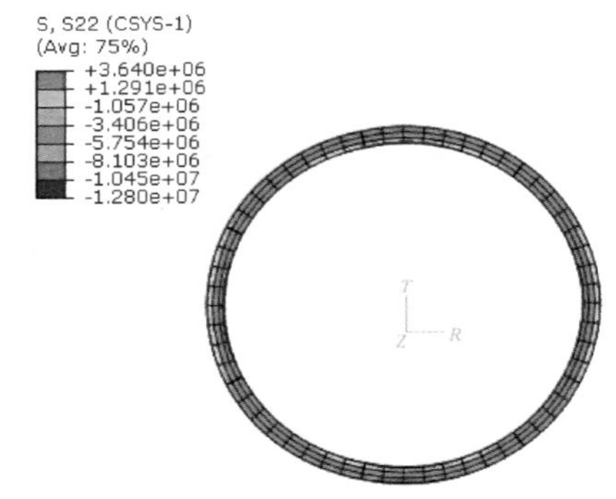

图 3-51　管片截面环向应力云图(承受单一预应力荷载作用)

4) 最终荷载作用下管片截面内力分析

管片各截面和管片各接头处的弯矩、轴力、剪力分别如表 3-40 和表 3-41 所列。

表 3-40　外层管片在内衬预应力和隧洞满负荷内水压联合作用下的各截面内力值表

截面(°)	弯矩(N·m)	轴力(N)	剪力(N)	截面有否出现拉应力,量值
0	1.70×10^{5}	1.54×10^{6}	1.70×10^{4}	是,2.53 MPa
45	7.99×10^{4}	1.62×10^{6}	-9.40×10^{4}	否
90	-1.79×10^{5}	1.80×10^{6}	-7.45×10^{4}	是,2.21 MPa
135	-7.57×10^{4}	1.67×10^{6}	8.17×10^{4}	否
180	2.05×10^{5}	1.40×10^{6}	1.90×10^{4}	是,4.21 MPa
225	6.72×10^{4}	1.52×10^{6}	-1.42×10^{5}	否
270	-2.07×10^{5}	1.79×10^{6}	-6.38×10^{4}	是,3.29 MPa
315	-3.68×10^{4}	1.70×10^{6}	7.69×10^{4}	否

注:表中起始 0°方向为垂直向上,角度随顺时针增加。

表 3-41　管片各接头在内衬预应力和隧洞满负荷内水压联合作用下的各截面内力值表

接头	弯矩 (N·m)	轴力 (N)	剪力 (N)	接头抗弯刚度 (N·m·rad^{-1})	螺栓拉力 (kN)	接头张开量 (mm)
1	-1.79×10^{5}	1.80×10^{6}	-7.45×10^{4}	4.85×10^{7}	121.8	0.92
2	1.07×10^{5}	1.59×10^{6}	-4.99×10^{4}	1.52×10^{7}	343.9	1.05
3	1.47×10^{5}	1.56×10^{6}	1.11×10^{5}	1.27×10^{7}	559.0	2.76
4	-1.25×10^{5}	1.77×10^{6}	1.52×10^{4}	6.72×10^{7}	132.5	闭合
5	-9.62×10^{4}	1.69×10^{6}	-1.39×10^{5}	8.56×10^{7}	149.0	闭合
6	2.03×10^{5}	1.40×10^{6}	-5.24×10^{4}	1.07×10^{7}	972.5	2.84
7	2.61×10^{4}	1.58×10^{6}	1.72×10^{5}	1.16×10^{7}	195.0	闭合

5）最终荷载作用下管片截面环向应力云图

由图 3-52 可知，管片截面的内、外缘混凝土不致发生因受压而碎裂破损；但管片截面有多处存在拉应力，且其最大值为 4.28 MPa，已超出管片混凝土抗拉强度（C50，$\sigma_{拉}$ 为 1.89 MPa）。这点，在后续计算经进一步核实后，需要进行裂缝控制方面的验算。

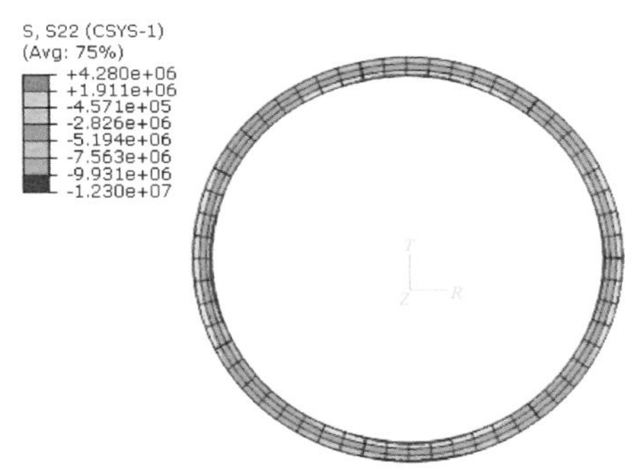

图 3-52　管片截面环向应力云图（内衬预应力和隧洞满负荷内水压联合作用）

通过计算可知，内衬与管片结构一起，在其自重以及洞内不均匀的内水压力和水体自重作用下，主要发生了垂直向下的刚体位移；弯曲变形则只是较小部分。

6）内衬结构截面内力分析（承受单一预应力荷载作用）

内衬结构在承受单一预应力荷载作用时的各截面内力值如表 3-42 所列。

表 3-42　内衬结构在承受单一预应力荷载作用时的各截面内力值表

截面(°)	弯矩(N·m)	轴力(N)	剪力(N)
0	2.79×10^{4}	2.88×10^{6}	9.32×10^{4}
45	6.29×10^{3}	2.88×10^{6}	6.64×10^{4}
90	-6.15×10^{4}	2.93×10^{6}	7.88×10^{4}
135	-7.61×10^{3}	2.94×10^{6}	1.07×10^{5}
180	9.21×10^{3}	2.92×10^{6}	9.06×10^{4}
225	6.05×10^{3}	2.93×10^{6}	8.75×10^{4}
270	-2.82×10^{4}	2.93×10^{6}	6.25×10^{4}
315	-3.14×10^{4}	2.90×10^{6}	1.16×10^{5}

7）内衬截面内力分析（内衬预应力和隧洞满负荷内水压联合作用）

内衬结构在内衬预应力和隧洞满负荷内水压联合作用下的各截面内力值如表 3-43 所列。

表 3-43　内衬结构在内衬预应力和隧洞满负荷内水压联合作用下其各截面的内力值表

截面(°)	弯矩(N·m)	轴力(N)	剪力(N)	截面是否出现拉应力
0	4.40×10^4	1.15×10^6	4.65×10^4	否
45	1.03×10^4	1.17×10^6	6.63×10^3	否
90	-4.88×10^4	1.21×10^6	4.90×10^4	否
135	-1.02×10^4	1.23×10^6	6.44×10^4	否
180	2.40×10^4	1.22×10^6	4.20×10^4	否
225	1.48×10^4	1.23×10^6	3.34×10^4	否
270	-3.60×10^4	1.23×10^6	2.30×10^4	否
315	-3.39×10^4	1.19×10^6	6.39×10^4	否

以下分别讨论各个工况下，复合衬砌层面间的接触条件、脱开量和脱离区范围。

8）内衬结构自重作用下，脱离区双层衬砌间的层面

如图 3-53 所示，在内衬施作完成后，在其自重荷载作用下，内、外层衬砌的上半部中央附近一定区段有脱开，最大脱离区位于拱顶，最大脱开距离为 0.17 mm。

9）内衬预应力作用下，双层衬砌间的层面脱离区（承受单一预应力荷载作用）

如图 3-54 所示，在预应力荷载施加时，内、外层衬砌层面间将进一步脱开，其最大脱离区位于拱顶及其附近，最大脱开距离为 3.03 mm。

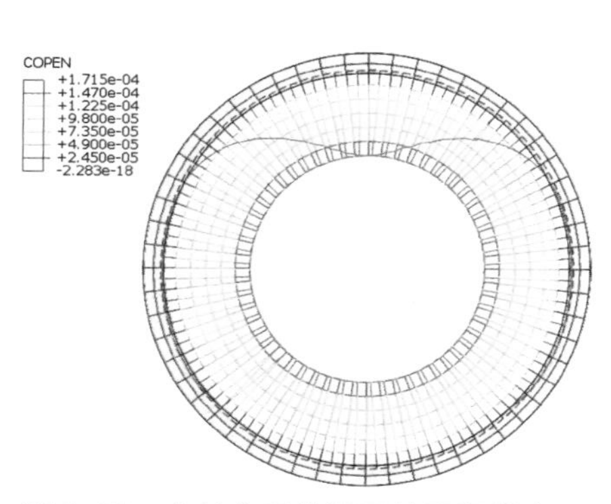

图 3-53　内衬自重作用下的层间脱离区（内衬自重作用下）

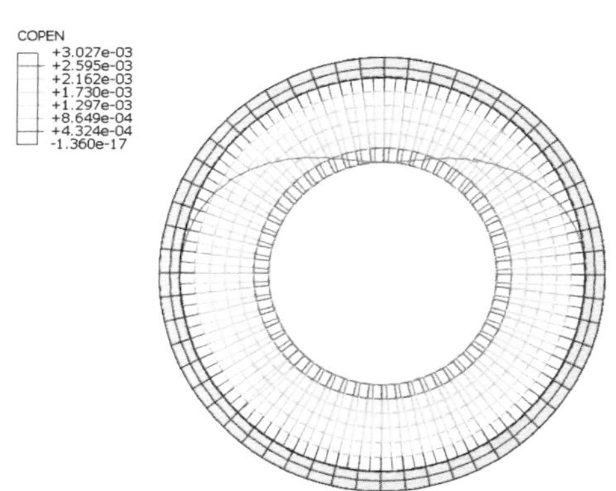

图 3-54　预应力作用下的层面脱离区

10）内衬施加内水压后，双层衬砌层面间的脱离区

如图 3-55 所示，在隧洞内水压作用下，拱顶截面脱开的量值最大，双层间接触界面的脱离区较预应力荷载作用后则相比减小，其最大脱开量由 3.03 mm 减小为 1.66 mm。

11）内衬自重、预应力和隧洞满负荷内水压作用下的层间接触压力

内衬结构自重作用下的层间接触压力如图 3-56 所示。在内衬施作完成后，在其自重荷载作用下，内衬与管片间的层面上，在内、外层下半部位接触紧密。在 135°和 225°这两个截面位置处，界面接触压强发生了突然变大的现象，原因在于：135°和 225°这两处截面位置为接触面的接触属性发生变化的位置，即由按“夹层单元”变为改按“库仑摩擦单元”计算。在

以后的各级荷载计算中，在 135°和 225°截面位置处，其接触压强也会发生突然变化的类似现象，原因同上。

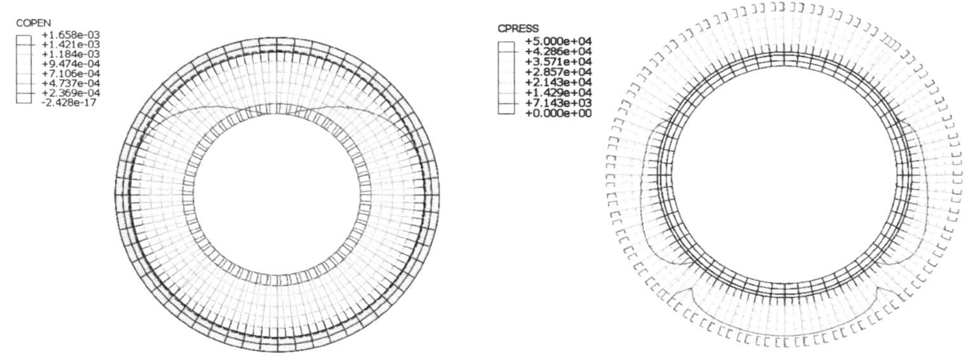

图 3-55　内水压作用下的层面脱离区　　**图 3-56　内衬自重作用下的层间接触压力**

内衬预应力作用下的层间接触压力如图 3-57 所示。在内衬预应力荷载施加时，内衬结构上部与管片层间的脱离区进一步扩大，而内衬与管片层间的下半部分则仍接触紧密。

隧洞满负荷内水压作用下的层间接触压力如图 3-58 所示。在隧洞内水压力作用后，内衬与管片层面间的上部脱离区有所减小，而其下半部分层面上的接触压力则有所增大。

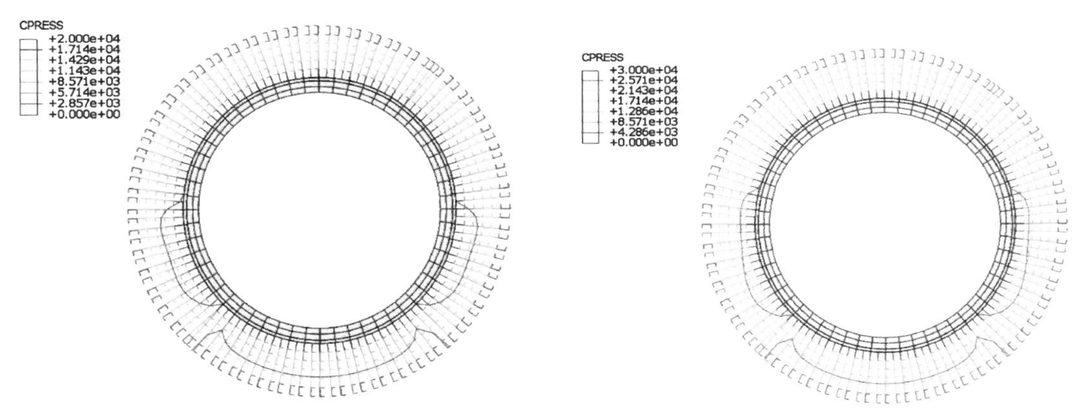

图 3-57　内衬预应力作用下的层间接触压力　　**图 3-58　内水压作用下的层间接触压力**

3.11　工况 4:结构选型方案 2,第二种工作条件

3.11.1　计算条件

本节中考虑了河床最大冲刷与最低枯水位，选取桩号 8＋741.13 截面用以模拟本运营阶段工况的内外衬砌联合受力，此时，外层管片已经施作就位，其外周用于这次计算、较施工工况 1 为小的土水压力(为可能产生的最小土水压力值)已由单层管片独自承担并作为其初始状态考虑；而内衬预应力荷载与洞内全压充水工况下的受力则由内衬与管片二者构成的复合衬砌共同承担。管片外直径为 8.7 m，管片厚为 400 mm，二次衬砌厚 450 mm，取单位环宽计算。

对砂性土采用水土分算。土体的侧向压力系数取 0.45，外水压力直接作用在管片衬砌的外层周围。

隧洞中心处外水压力：$P_{外}$＝0.322 9 MPa，侧向水压从拱顶至拱底呈梯形分布。

在河床最大冲刷条件下，上覆土体的计算高度取拱顶至最大冲刷线距离：h＝11.65 m，其值小于 $2D$，不能考虑土拱卸载效应。

取隧洞中心处满负荷内水压：$P_{内}$＝0.517 5 MPa，内水压沿高程亦呈梯形分布，并沿径向逐次向下加大、分布作用于内衬结构的内表面。同时，还计入了洞内水体自重。

内、外衬的层间接触界面力学行为：在上部 270°范围内，采用有 1 cm 厚度的“夹层单元”；其下部 90°范围内，则与方案 1 相同，仍沿用“库仑摩擦单元”模拟。

外层管片在外周水土荷载作用下，认为其变形与受力在施作内衬前已经达到稳定，并作为此处运营工况的“初始状态”输入。在以下计算过程中，荷载采用分步加载，用以模拟不同加载步接触界面和内、外衬结构的力学状态：

(1) 第一步：施加内衬自重荷载；

(2) 第二步：内衬施加预应力荷载；

(3) 第三步：洞内施加满水头内水压。

3.11.2 管片接头刚度性能参数和层间界面处理

计算中取管片接头的抗压和抗剪刚度参数与工况 1 时取的一样，为常数值不变，而接头抗弯刚度则改按随管片截面内力（M 和 N 值）而呈非线性变化，其接头的抗弯刚度亦采用了非线性耦合弹簧单元作数值模拟，均与工况 1 相同。

对此处方案 2（对双层衬砌，界面设置了防水膜），对大半圆上部 270°范围界面，采用“有厚度的夹层单元”模拟处理。

3.11.3 计算结果分析

1) 外层管片沿环向各点的变位（内衬预应力和隧洞满负荷内水压联合作用）

设以拱顶作为起始截面（0°），计算给出了沿顺时针方向各个关键截面的变位值，其中，水平位移以向右为正，竖向位移以向上为正。表 3-44 所示的最大相对变位值均在允许的最大限值（6‰D＝52.2 mm）以内。

表 3-44 管片在内衬预应力和隧洞满负荷内水压联合作用下各控制截面的变位量值

截面(°)	0	90	180	270
竖直变位(mm)	14.73	23.63	31.87	23.16
水平变位(mm)	0.07	13.42	0.08	−10.51

2) 管片截面内力分析（承受单一预应力荷载作用）

管片各代表性截面和管片各接头截面处的弯矩、轴力、剪力值，分别如表 3-45 和表3-46 所列。

表 3-45 外层管片在承受单一预应力荷载作用时的各截面内力值表

截面(°)	弯矩(N·m)	轴力(N)	剪力(N)	截面有否出现拉应力，量值
0	1.26×10^{5}	1.58×10^{6}	1.56×10^{4}	是，0.78 MPa
45	5.26×10^{4}	1.67×10^{6}	-8.13×10^{4}	否

（续表）

截面(°)	弯矩(N·m)	轴力(N)	剪力(N)	截面有否出现拉应力，量值
90	-1.29×10^{5}	1.87×10^{6}	-4.70×10^{4}	是，0.16 MPa
135	-1.53×10^{4}	1.78×10^{6}	9.82×10^{4}	否
180	1.51×10^{5}	2.40×10^{6}	4.94×10^{4}	否
225	1.54×10^{4}	2.42×10^{6}	-1.32×10^{5}	否
270	-1.57×10^{5}	1.88×10^{6}	-6.28×10^{4}	是，1.19 MPa
315	-3.49×10^{4}	1.76×10^{6}	5.86×10^{4}	否

注：表中起始0°方向为垂直向上，角度随顺时针增加。

表3-46　管片各接头在单一预应力荷载作用下的各截面内力值表

接头号	弯矩(N·m)	轴力(N)	剪力(N)	接头刚度值(N·m/rad)	螺栓拉力(kN)	接头张开量(mm)
1	-1.29×10^{5}	1.87×10^{6}	-4.70×10^{4}	15.67	16.6	闭合
2	7.48×10^{4}	1.64×10^{6}	-3.84×10^{4}	1.68	244.5	闭合
3	1.09×10^{5}	1.61×10^{6}	1.07×10^{5}	1.51	348.0	闭合
4	-9.78×10^{4}	1.82×10^{6}	-1.28×10^{4}	9.47	135.0	闭合
5	-3.80×10^{4}	1.80×10^{6}	-1.45×10^{5}	1.46	137.8	闭合
6	1.39×10^{5}	2.40×10^{6}	-1.48×10^{4}	1.44	307.3	闭合
7	1.69×10^{4}	2.23×10^{6}	2.55×10^{5}	0.63	124.6	闭合

3）管片截面环向应力云图（承受单一预应力荷载作用）

设应力以受拉为正、受压为负。极坐标的原点为管片环的圆心点。由图3-59可知，管片截面的内、外缘混凝土不致发生因受压而碎裂破损；但管片截面有多处存在拉应力，且其最大值为1.48 MPa，尚未超出管片混凝土的抗拉强度（C50，$\sigma_{拉}$为1.89 MPa）。

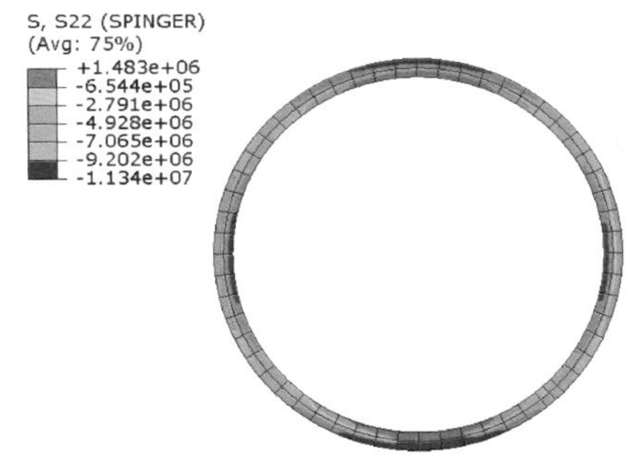

图3-59　管片截面环向应力云图（承受单一预应力荷载作用）

4）管片截面内力分析（内衬预应力和隧洞满负荷内水压联合作用）

管片各截面和管片各接头处的弯矩、轴力、剪力值分别如表3-47和表3-48所示。

表3-47　外层管片在内衬预应力和隧洞满负荷内水压联合作用下的各截面内力值表

截面(°)	弯矩(N·m)	轴力(N)	剪力(N)	截面有否拉应力，量值
0	1.48×10^{5}	1.54×10^{6}	1.67×10^{4}	是，1.7 MPa
45	6.68×10^{4}	1.63×10^{6}	-8.88×10^{4}	否
90	-1.67×10^{5}	1.82×10^{6}	-6.38×10^{4}	是，1.71 MPa

(续表)

截面(°)	弯矩(N·m)	轴力(N)	剪力(N)	截面有否拉应力,量值
135	-3.66×10^{4}	1.68×10^{6}	9.35×10^{4}	否
180	1.75×10^{5}	1.95×10^{6}	3.58×10^{4}	是,1.69 MPa
225	3.91×10^{4}	2.00×10^{6}	-1.42×10^{5}	否
270	-1.78×10^{5}	1.80×10^{6}	-7.13×10^{4}	是,2.18 MPa
315	-3.73×10^{4}	1.72×10^{6}	7.23×10^{4}	否

表 3-48 管片各接头在内衬预应力和隧洞满负荷内水压联合作用下的各截面内力值表

接头	弯矩(N·m)	轴力(N)	剪力(N)	接头刚度值(N·m/rad)	螺栓拉力(kN)	接头张开量(mm)
1	-1.67×10^{5}	1.82×10^{6}	-6.38×10^{4}	5.40×10^{7}	117.4	闭合
2	9.18×10^{4}	1.60×10^{6}	-4.52×10^{4}	1.62×10^{7}	287.0	闭合
3	1.28×10^{5}	1.57×10^{6}	1.10×10^{5}	1.38×10^{7}	448.1	闭合
4	-1.21×10^{5}	1.78×10^{6}	8.98×10^{3}	6.98×10^{7}	132.6	闭合
5	-5.87×10^{4}	1.70×10^{6}	-1.47×10^{5}	1.51×10^{7}	132.9	闭合
6	1.62×10^{5}	1.95×10^{6}	-3.41×10^{4}	1.29×10^{7}	530.1	闭合
7	2.55×10^{4}	1.90×10^{6}	2.23×10^{5}	1.00×10^{7}	161.4	闭合

5) 最终荷载作用下管片截面环向应力云图

设应力以受拉为正、受压为负。极坐标的原点为管片环的圆心点。由图 3-60 可知,管片截面的内、外缘混凝土不致发生因受压而碎裂破损;但管片截面有多处存在拉应力,且其最大值已达到 2.44 MPa,超出了管片混凝土的抗拉强度(C50,$\sigma_{拉}$为 1.89 MPa)。设计中需要进行“限裂”(裂缝控制≤0.2 mm)方面验算。

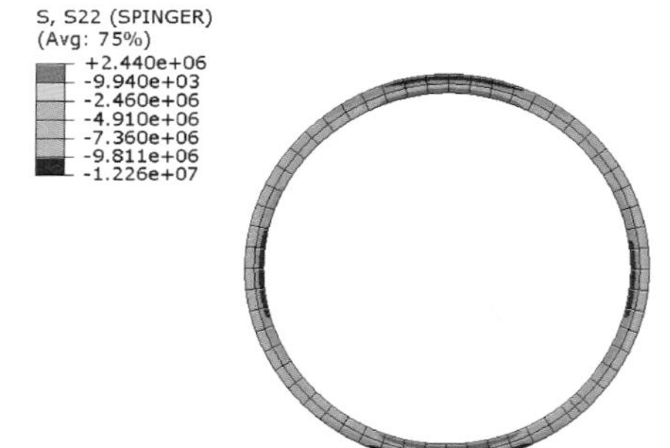

图 3-60 管片截面环向应力云图(内衬预应力和隧洞满负荷内水压联合作用)

6) 最终荷载作用下内衬结构截面各点位的变位

内衬与管片结构一起,在其自重以及洞内不均匀的内水压力和水体自重作用下,主要发生了垂直向下的刚体位移;弯曲变形则只是较小部分。

计算得出,内衬结构水平方向左、右侧的最大相对伸长量的总和仅为 1.33 mm,远未达到对隧洞结构允许的最大变位限值 6‰D(52.2 mm)。内衬结构垂直方向上、下点位的最大相对伸长量的总和更仅为 0.40 mm,远未达到对隧洞结构允许的最大变位限值 6‰D(52.2 mm)。

7) 内衬结构截面内力分析(承受单一预应力荷载作用)

内衬结构在承受单一预应力荷载作用时的各截面内力值如表 3-49 所列。

8) 最终荷载作用下内衬结构截面弯矩、轴力、剪力分析

内衬结构在内衬预应力和隧洞满负荷内水压联合作用下的各截面内力值如表 3-50

所列。

表 3-49 内衬结构在承受单一预应力荷载作用时的各截面内力值表

截面(°)	弯矩(N·m)	轴力(N)	剪力(N)
0	-9.38×10^3	2.89×10^6	9.32×10^4
45	-1.58×10^4	2.90×10^6	8.11×10^4
90	-2.89×10^4	2.93×10^6	1.04×10^5
135	9.19×10^4	2.93×10^6	1.28×10^5
180	-6.11×10^4	2.06×10^6	7.46×10^4
225	-6.16×10^4	2.16×10^6	6.29×10^4
270	3.39×10^4	2.93×10^6	4.29×10^4
315	-3.26×10^4	2.91×10^6	9.99×10^4

表 3-50 内衬结构在内衬预应力和隧洞满负荷内水压联合作用下其各截面的内力值表

截面(°)	弯矩(N·m)	轴力(N)	剪力(N)	截面是否出现拉应力
0	2.07×10^4	1.17×10^6	4.54×10^4	否
45	-3.71×10^3	1.19×10^6	1.57×10^4	否
90	-2.85×10^4	1.22×10^6	5.80×10^4	否
135	5.18×10^4	1.23×10^6	7.73×10^4	否
180	-2.18×10^4	6.70×10^5	3.05×10^4	否
225	-2.38×10^4	7.57×10^5	1.82×10^4	否
270	1.79×10^3	1.23×10^6	8.10×10^3	否
315	-3.40×10^4	1.21×10^6	5.27×10^4	否

9) *内衬结构自重作用下,双层衬砌层面间的脱离区形态*

内衬结构在预应力和内水压共同作用下,为全截面受压(小偏心受压),如图 3-61 所示。

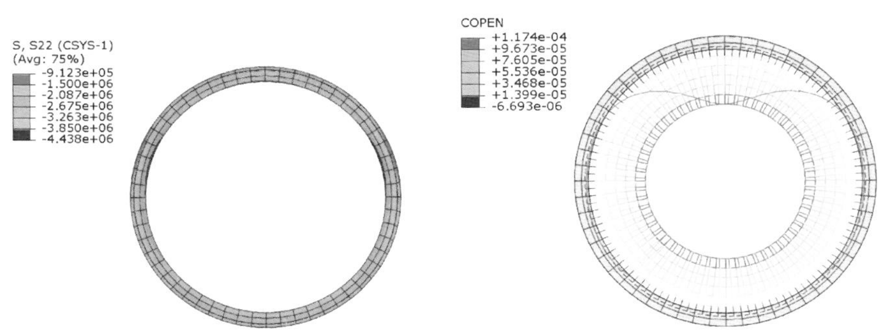

图 3-61 内衬结构环向应力云图

图 3-62 内衬自重作用下的层间脱离区(仅内衬自重作用下)

以下分别讨论各个工况下复合衬砌层面间的接触条件,含层间脱开量和其脱离区范围。

10）内衬结构自重作用下，双层衬砌层面间的脱离区形态

在内衬施作完成后，在其自重荷载作用下，内、外层衬砌上半部中央附近的一定区段有脱开，其最大脱离区位于拱顶，层间最大脱开距离为 0.17 mm，如图 3-62 所示。

11）内衬预应力作用下，双层衬砌间的层面脱离区形态（承受单一预应力荷载作用）

在预应力荷载施加时，内、外层衬砌层面间将进一步脱开，其最大脱离区位于拱顶及其附近，层间最大脱开距离增大为 2.62 mm，如图 3-63 所示。

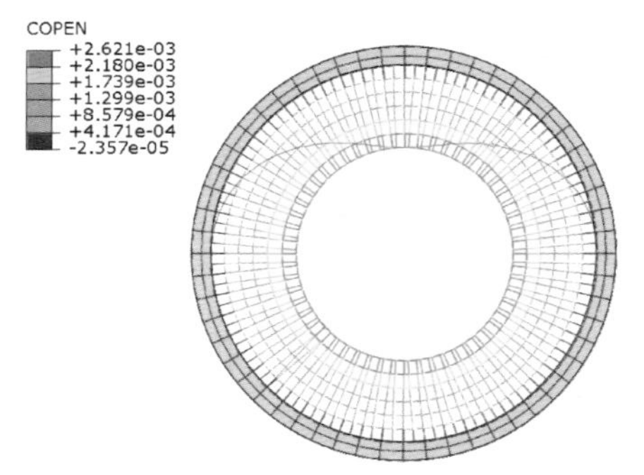

图 3-63　内衬预应力作用下的上、下层面脱离区

12）最终荷载作用下双层衬砌层面间的脱离区形态

在隧洞内水压作用下，拱顶截面脱开的量值最大，双层间接触界面的脱离区较预应力荷载作用后则相比减小，其最大脱开量由 2.62 mm 减小为 1.37 mm，如图 3-64 所示。

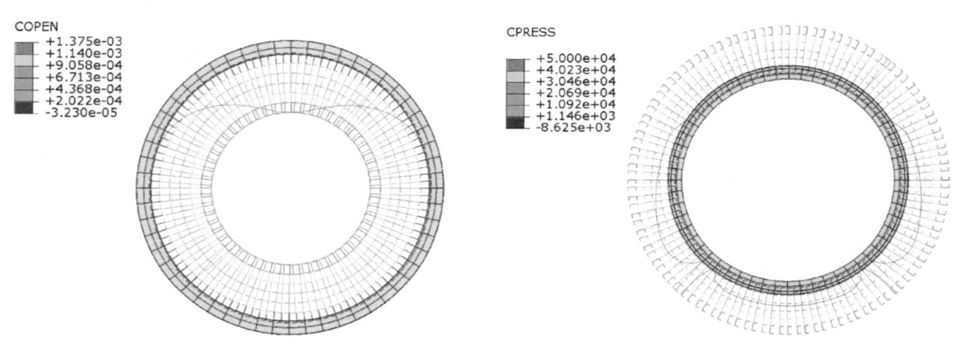

图 3-64　内水压作用下的层面脱离区

图 3-65　内衬自重作用下的层间接触压力

13）最终荷载作用下的层间接触压力

内衬结构自重作用下的层间接触压力如图 3-65 所示。内衬施作完成后，在其自重荷载作用下，内衬与管片层面间在内、外衬层间的下半部位可保持接触紧密；但在 135°和 225°这两个截面位置处，层间界面接触压强有突然变大的现象，原因在于：135°和 225°这两处截面位置为层间接触面接触属性发生变化的位置，即界面由按“夹层单元”形态变为改按“库仑摩擦单元”计算形态；在以后的各级荷载工况计算中，在 135°和 225°截面位置处，其接触压强也会发生这种类似的突变现象。

内衬预应力作用下的层间接触压力如图 3-66 所示。在内衬施加预应力荷载时，内衬结构上部与管片层间的脱离区进一步扩大，而内衬与管片层间的底部 90°范围界面亦为受拉，其最大拉应力为 0.24 MPa，其值很小，而内衬在层间底部的其他部位界面则仍为受压压紧状态。

隧洞满负荷内水压作用下的层间接触压力如图 3-67 所示。在隧洞内水压力作用后，内衬与管片层面间的上部脱离区有所减小，而其下半部分层面上的接触压力则有所增大，底部 90°范围内的界面受力状态由受拉变为受压。

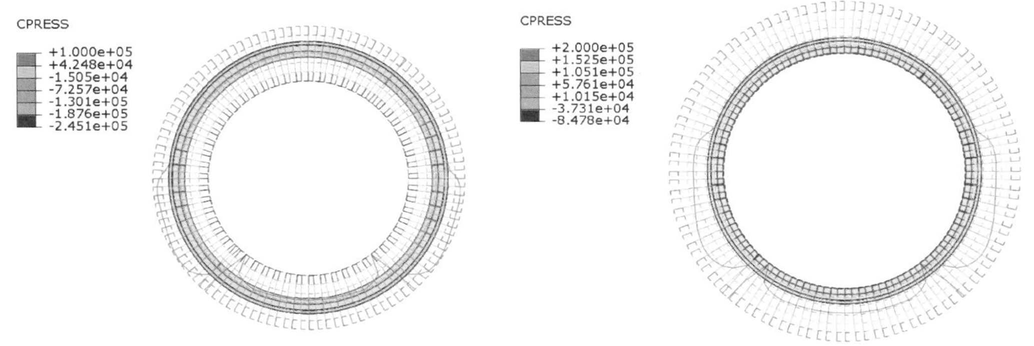

图3-66　内衬预应力作用下的层间接触压力　　图 3-67　内水压作用下的层间接触压力

3.12　隧洞复合衬砌结构温度应力分析计算

关于隧洞温度场计算，对于低温部分，由于衬砌环向内径向收缩，可忽略其外周土体介质的抗力约束作用，而只按自由变形圆环作考虑计算。本节在后续计算中仅考虑了不均匀的温度场荷载所产生的温度应力(计算表明其值也很小)。

3.12.1　概述

由于隧位所处当地气温的月变化、河床水温变化、洞体上方围土地温和土层内地下水温度的变化，特别是气温和洞内输水水温在夏季和冬季将有显著变化，这样，在隧洞衬砌结构内将产生温度应力。其时，隧洞衬砌作为热交换的载体，在通过双层衬砌的内、外温差进行热交换而产生的温度应力中，应将其最大的温度应力值(截面附加弯矩和轴力)计入双层衬砌最终可能产生的最大内力，合并考虑计算。此处研究了衬砌温度变化工况下的受力阶段计算，上项计算需要的基础技术数据已由设计方提供，具体如下。

气温：按工程附近的气象站资料，按当地多年年平均气温 14.1 ℃、极端最高气温 42.7 ℃、极端最低气温－17.9 ℃采用取值；洞内围土温度：按常温考虑，取多年年平均气温加地温增温推算隧洞所在位置的围土温度，地下增温率为 3 ℃/100 m。

在本研究中，讨论了气温、土温和洞内水温变化引起的隧洞衬砌温度场和温度应力的计算问题。计算内容包括：①确定温度荷载及其加(减)载过程，包括确定隧洞内的温度函数及其变化以及热流率与边界温度值的计算；②确定用于模型计算中的热工参数，包括确定混凝土热力学参数和隧洞周围地层土体的导热系数；③探究隧洞平面温度场内有限元的剖分，包括确定计算模型的主体尺寸并划分隧洞平面温度场的有限元网格；④针对方案 1 和方案 2，对双层衬砌层面间设置防水膜与否、分别进行了结构温度应力计算分析，包括讨论了输水隧道工程所在地区的最低和最高月温度，按隧洞充水，在施加热流率条件下进行了结构稳态热分析计算，分别得到了隧洞外层管片和内衬混凝土衬砌的温度云图和应力云图。在层间设置防水膜的方案 2 中，还确定了多层介质的等效传热系数；进而分别得到了隧洞双层衬砌结构对设计具有影响的温度应力(高限和低限值)，并换算出结构的轴力和弯矩值，其中，对所引起的相对较大的混凝土拉应力值给予了关注。

3.12.2　输水隧洞温度场与热传导问题影响隧洞温度场变化的基本因素

1) 环境温度

温度条件是输水隧洞衬砌结构产生温度应力的最直接因素。

当隧洞外周土体介质散失的热量(按全年计)与外界大气补给的热量达到动态平衡时,隧洞外周围土体的温度将会保持洞体开挖以前的温度,而开挖后隧洞周围将不会有新的温度变化,隧洞内、外衬砌内也将不会有明显的温度应力变化,这是理想的热工状态。实际上,随着外界气温的月变化,以及输水隧洞内水体温度的月变化,土层和隧洞衬砌中的温度也将都随之而发生变化。此外,隧洞衬砌支护温度分布的热流条件,除了大气温度和水体温度变化以外,还与水气蒸发、凝结、热辐射以及土体与衬砌结构的热传导系数、比热等因素密切有关。

原始岩土体内部的温度场变化本来呈现有一定的规律性,但在隧洞开挖后,引起空气在隧洞内流动而带走或带来热量,会加速周围土体内部与外界大气间的热交换,从而使隧洞周围一定范围土体介质的温度场发生变化,温度场变化的大小与隧洞周圈环境温度密切相关。此处所述的环境温度,既包括隧洞外界大气温度和隧洞内环境温度,又涉及隧洞所在地区河床下覆土体介质内的初始温度。隧洞内的环境温度则不仅与隧洞外的大气温度相关,也与输水隧洞内水体的流动速度、隧洞长度、隧洞衬砌材料,以及水体与隧洞内表面的热交换系数等有关。在其他条件一定时,隧洞外周围土体的初始温度与隧洞内水体温度相差越大,隧洞区周围土体温度差的改变和温度场改变的范围也就越大。

2) 隧洞外周围土条件

岩土成分和性质的不同,对隧洞温度场将产生很大的影响。岩土成分和性质主要是通过其热物理和含水量来影响隧洞温度场的发育,如潮湿的泥炭土、粉质亚黏土和亚砂土,其周期性稳定状态的热传导系数、在不同温度下会有一定差异,而岩土属性和含水量的差异显然也是很重要的影响因素(高山和丘陵地带的基岩导热系数较大而含水量一般较小);与之相比,平原地区松散土层的导热系数则相对较小而含水量则较大,因而,高山和丘陵地带大气温度对地下温度场的影响将较平原上的为大。

本研究的输水隧洞工程,隧洞埋深相对较大,此处仅按埋深最大处的典型断面进行其温度场和衬砌结构温度应力计算,这样,其设计值将是偏于安全的。

3.12.3 隧洞温度场和衬砌结构温度应力计算

1) 温度荷载的确定与加载

(1) 隧洞内温度函数的确定

在进行隧洞平面温度场计算时,施加于隧洞内轮廓的温度为隧洞内流体的温度。先将隧洞内流体测定点的温度拟合成三角函数,函数拟合的一般方法为:

$$T_{B} = t_{av} + t_{A}\cos[2\pi(t-\varphi)/P] \tag{3-17}$$

式中:T_B——全年任意时刻的温度(℃);

t_{av}——隧位所在地区的年平均流体温度(℃);

t_A——该地区流体温度变幅(℃);

P——1 年小时数(h);

t——经过的时间(从年初算起)(h);

φ——年初温度变幅相位差(h)。

如认定流体温度在 1 年内周期性地按余弦规律随时间而变化,则按瞬态分析时,外界温度可以采用以下余弦函数描述:

$$T_B = t_{av} + t_A \cos\left(\frac{2\pi t}{365} + \frac{3\pi}{2}\right) \tag{3-18}$$

式中，时间 t 的单位为 d。

本次计算仅考虑最不利流体温度(多年旬平均最低气温平均值和多年月平均最高气温)条件下，按热稳态计算隧洞外层管片和内层衬砌的温度及应力值。

(2) 热流率和边界温度值

隧洞所穿越的河床深部以下的地层内可基本保持稳定的温度值。在本项计算时，由于缺乏相应的地热实测数据，只是从相关资料推算出隧位区原始的稳定温度值和热流率。

根据我国东部和西南部分别处于太平洋板块和印度板块与欧亚板块相碰撞影响范围内的地热资料得出：地温年变化深度向下，地温逐渐升高，最低地温即为地温年变化深度处的地温(即年平均地温)。这类地温曲线在地温增温率从年变化深度按 15 m 计时，则在 15～25 m 的深度内的地温增温率为最大，一般为 0.07～0.04 ℃/m；25～50 m 内为 0.05～0.03 ℃/m；50～75 m 内为 0.04～0.03 ℃/m。又，本项计算时的地温梯度按3 ℃/100 m 计。

由以上资料可以看出，根据地温相关资料可以推算出隧位区周围土层内的稳定温度值，为：

$$T_{unif} = t_{av} + H \times i \tag{3-19}$$

式中：T_{unif}——地层内的稳定温度值(℃)；

t_{av}——隧位所在地区的大气平均气温(℃)；

H 和 i——计算点位的埋深(m)和地温梯度(℃/m)。

根据本工程提供的当地气象资料与其他相关资料，可得工程所在地区 1971—2000 年 30 年间的平均气温为：

① 多年日平均最低气温极端值－10.6 ℃(出现时间为 1971 年 12 月 27 日)；

② 多年日平均最低气温平均值－5.5 ℃(1971—2000 年)；

③ 多年旬平均最低气温极端值－4.9 ℃(出现时间为 1971 年 12 月下旬)；

④ 多年旬平均最低气温平均值－1.7 ℃(1971—2000 年)；

⑤ 多年月平均最高气温为 24 ℃；

⑥ 多年年平均气温为 14.1 ℃。

地温梯度为 3 ℃/100 m，则在埋深 35 m 处，可算得隧位区地层的稳定温度值为 16.7 ℃，隧位区的地中热流按 60 mW/m^2 计算。

输水水温为：最低 3 ℃；最高 27.1 ℃。

此处隧洞的参考温度，设为管片衬砌的室内养护温度值，取 18 ℃。

2) 模型计算中材料参数的确定

对于隧洞结构的温度分析，不仅是温度场计算，主要还涉及温度应力问题，需要对计算起作用的诸多材料参数给予如下的设定值。

由于同标号混凝土的性能参数变化不大，故混凝土的材料参数可以参考已有值，具体采用值如表 3-51 所列。

(1) 导热系数

导热系数是表征土体在温度梯度作用下其传导热能能力的指标。在多孔介质中，热能的传递是在各种机理(传导、对流、辐射)共同作用下发生的,由于对流和辐射在热量传递中的影响很小,在工程应用中常可忽略不计。导热系数的定义是指每单位温度梯度下(温度每变化 1 ℃时)、单位时间内通过单位面积的热量,其单位为:W/(m·K)。

土体的导热系数取决于其物质成分、密度和温度,并与土体组构有关,导热系数随土体含水量和含冰量的增大而增大,但增加的速率不等。土体导热系数随温度的降低而缓慢增大。

表 3-51　混凝土的热物理参数

温度(℃)	导热系数[W/(m·K)]	比热容[J/(kg·℃)]	密度(kg/m^3)	弹性模量(MPa)	线膨胀系数(/℃)	泊松比
−15	2.56	1 390	2 480	2.65×10^5	1×10^{-5}	0.2
20	2.23	1 920	2 480	2.65×10^5	1×10^{-5}	0.2

(2) 比热容

比热容是表征介体蓄热性质的物理量,有重量热容和容积热容。重量热容是指使单位重量的介体温度每升高 1 ℃所需要的热量;容积热容则是指使单位体积的介体温度每升高 1 ℃所需要的热量。

(3) 隧洞周围土层的计算参数

通过类比,本项计算的隧洞土体参数选定如表 3-52 所列。

表 3-52　土体计算参数表

参　数　名	0~20 ℃范围
导热系数[W/(m·K)]	1.2~2.4
焓(kJ)	2 400~3 300
比热容[J/(kg·℃)]	0.91
密度(kg/m^3)	1 690

由于对砂土热力学性质的研究比较少,其热膨胀系数的资料不多,根据网上搜索得其热膨胀系数较小,此处暂取为 5.5×10^{-7}/℃。

采用上两节已给定的条件和土体诸有关热工参数,跟据 ANSYS 程序软件,可以建立有限元网格模型并分别计算在多年旬平均最低和多年月平均最高温度条件下,隧洞区的温度场分布以及内、外层衬砌的温度应力分布,进而将其换算为截面的弯矩和轴力值,以便设计时采用。

3) 隧洞平面温度场的有限元划分

隧洞模型尺寸可按以下原则确定。

(1) 隧洞边界要足够远,使边界处受隧洞开挖后洞内温度变化的影响可忽略不计;

(2) 计算模型中的单元数,应在计算时间和计算结果精度的允许范围以内;

(3) 隧洞模型的高宽比例适中。

经过多次试算和比较后,最后确定的隧洞计算模型如图 3-68 所示。图中模型宽为 120 m,高为 80 m,隧洞上覆土体厚度为 35 m。

隧洞平面温度场有限元网格划分,是根据以上所确定的隧洞平面温度场计算模型尺寸,由隧洞内温度梯度的大小对隧洞内土体与结构材料类型进行不同的网格划分。网格划分的基本原则是：温度场内温度梯度大的区域网格划分尽可能密，过渡区较密，而温度梯度变化小的区域的网格可以较稀疏。具体单元尺寸为：隧洞管片初期支护和二次复合衬砌沿隧洞环向的单元尺寸为 0.1 m；沿隧洞径向尺寸为 0.1 m；在隧洞外周围土最外侧的单元尺寸为 5.0 m，从初期支护到模型外边界的单元尺寸为自由过渡。单元划分如图 3-69 所示。

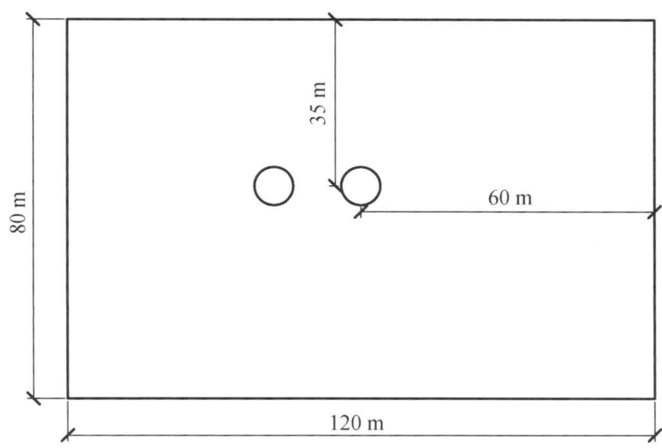

图 3-68　隧洞平面温度场模拟尺寸图

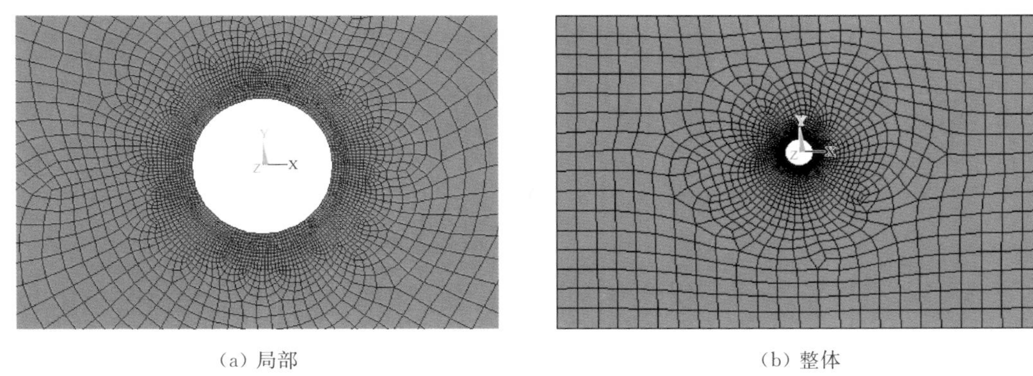

(a) 局部　　(b) 整体

图 3-69　隧洞平面温度场模型有限元划分图

4) 模拟计算之一（方案 1：不设置防水膜）

冬季最低温度（最冷月）计算，1971—2000 年工程所在地区多年的最低旬平均温度为 −1.7 ℃，将其视作计算模型与大气相接触边和隧洞内水体的温度边界条件；而在远离隧洞的两侧沿土体深度方向，温度按相等递增值大小施加，在模型下边（深 80 m 边界处）施加 16.7 ℃的恒温值，并施加热流率进行稳态热分析计算，可以得到隧洞区温度场分布及温度变化在衬砌结构内产生的最大应力值。

隧洞内按水体温度 3 ℃加载于隧洞混凝土衬砌的内表面。

图 3-70—图 3-73 为冬季最冷月隧洞区和内、外层衬砌结构的温度场分布与温度云图。

在冬季最冷月时，由于温度降低，混凝土会产生降温收缩，为了正确分析土体与混凝土间应力状态，模拟计算时采用以下两步：

(1) 将土体与混凝土按连续边界计算；

(2) 若混凝土与土体间拉应力值大于界面拉应力设计值,则对混凝土按无边界自由圆环计算内部不均匀应力分布,否则采用连续边界计算结果。

图 3-74 和图 3-75 为按连续边界计算冬季最冷月隧洞内、外层衬砌结构的温度应力分布云图。

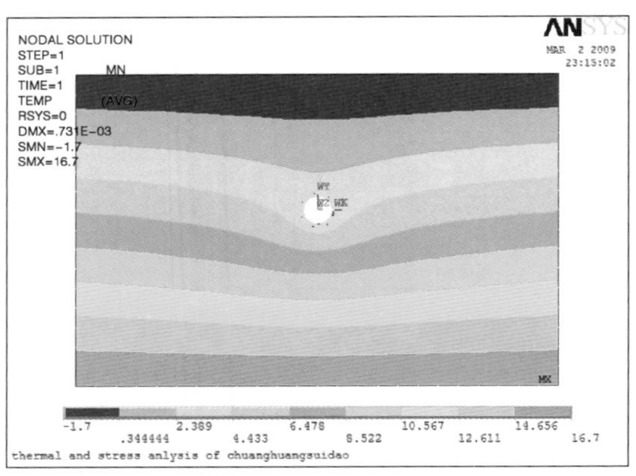

图 3-70 隧洞整体温度场分布云图(最冷月)

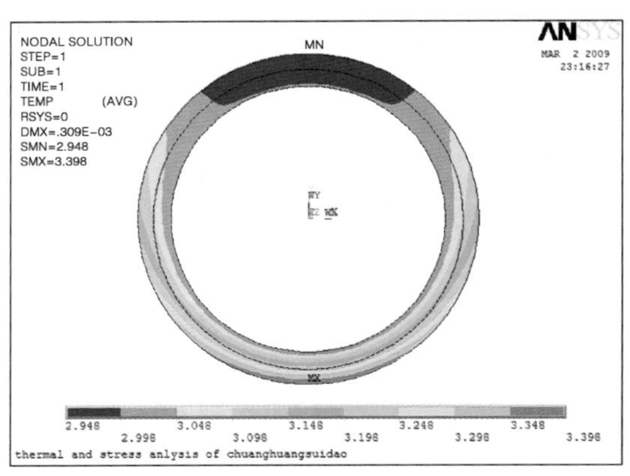

图 3-71 隧洞内、外层衬砌温度云图(最冷月)

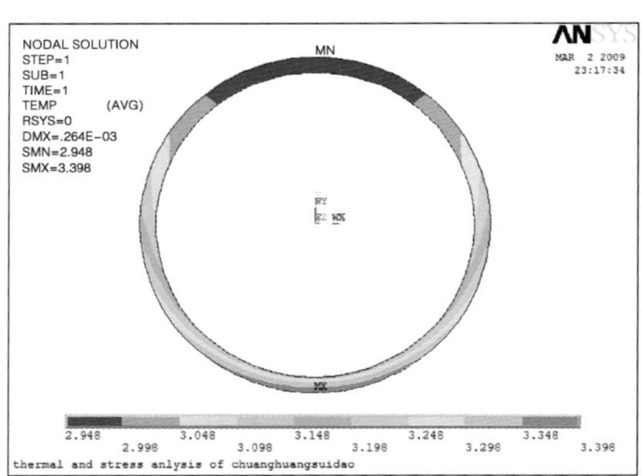

图 3-72 隧洞外层管片(初期支护)温度云图(最冷月)

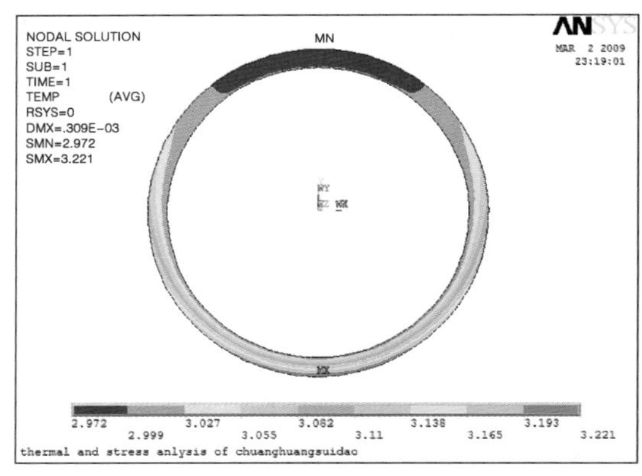

图 3-73 隧洞内衬衬砌(二次支护)温度云图(最冷月)

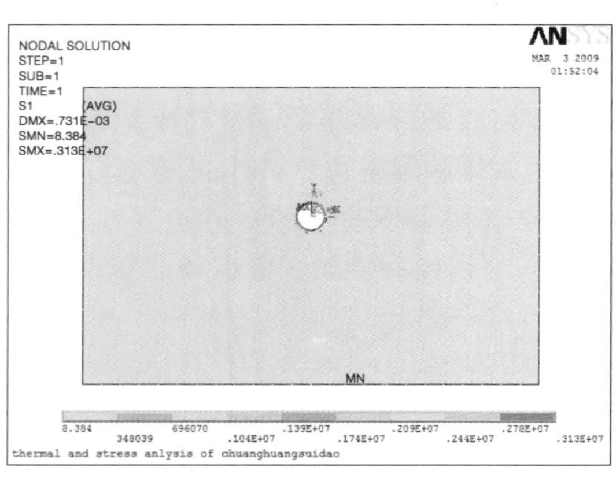

图 3-74 隧洞结构整体温度应力分布图(第一主应力)(最冷月)

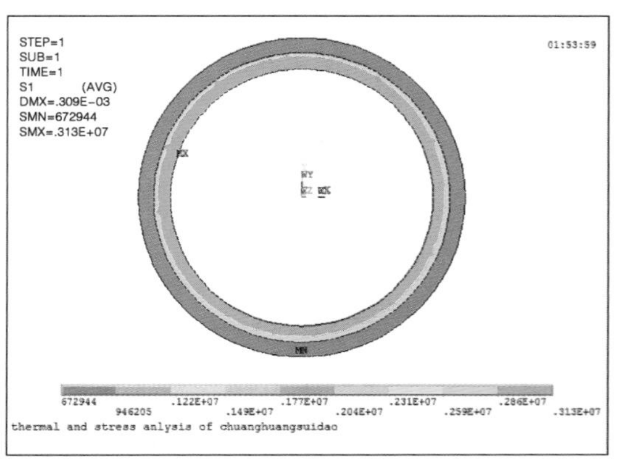

图 3-75 隧洞内、外层衬砌温度应力云图(第一主应力)(最冷月)

由图 3-74 和图 3-75 可知，混凝土与土层间的拉应力值达到 0.35 MPa。隧洞穿越的土层为砂性土，土体抗拉强度及其与混凝土间的粘结力都很低，可以认为砂性土体及其与隧洞外环混凝土管片界面间不承受或仅能承受极小的拉应力，计算值如超过一般砂土体的抗拉强度值，在计算管片混凝土应力时可取其周围土体与混凝土界面间的粘结力为极限抗拉强度。根据地勘资料，松散砂土的黏聚力为 0，因此，如前所述，隧洞混凝土管片和内衬结构在均匀低温应力场状态下的结构内应力值可认为接近于 0，当可忽略不计。为了考虑最不利情况，设将土体与混凝土界面上的法向应力按 40 kPa 考虑，按内、外两层衬砌共同承受不均匀温度变化荷载，则得弹性力学公式如下：

$$\sigma_\theta = -\frac{a^2 b^2}{b^2 - a^2} \times \frac{q_2 - q_1}{r^2} + \frac{a^2 q_1 - b^2 q_2}{b^2 - a^2} \tag{3-20}$$

式中，$q_1 = 0$，$q_2 = 40\ \text{kPa}$，$b = 4.35\ \text{m}$，$a = 3.5\ \text{m}$，可得衬砌环向最大、最小拉应力值为

$$\sigma_\theta = -34.74 \times \frac{40}{r^2} - 117.2 = \begin{pmatrix} -230.6 & r = b = 4.35\ \text{m} \\ -190.6 & r = b = 4.35\ \text{m} \end{pmatrix} (\text{kPa}) \tag{3-21}$$

根据隧洞衬砌与土体界面的连续条件模拟计算得出的隧洞衬砌温度作为荷载值，将隧洞衬砌按自由体得到衬砌因内部温度分布不均匀而产生的温度应力云图，如图 3-76—图 3-78所示。

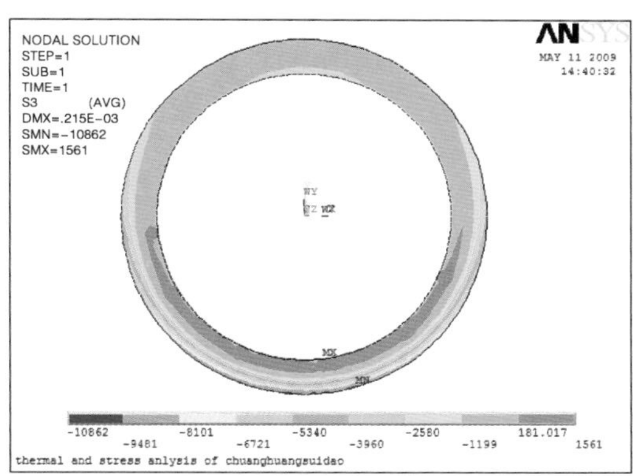

图 3-76　隧洞内、外层衬砌不均匀温度应力云图(第三主应力)(最冷月)

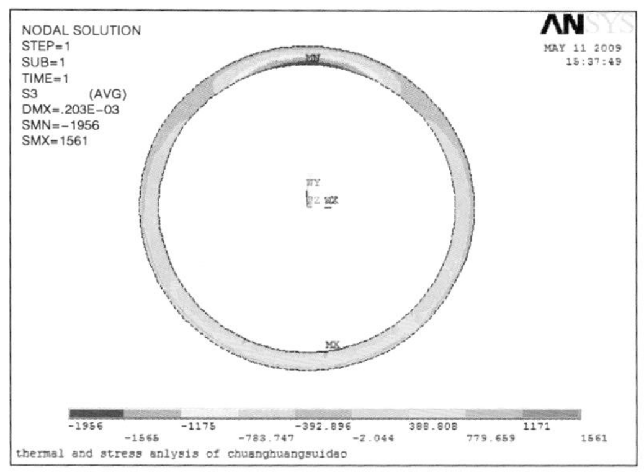

图 3-77　隧洞内环衬砌不均匀温度应力云图(第三主应力)(最冷月)

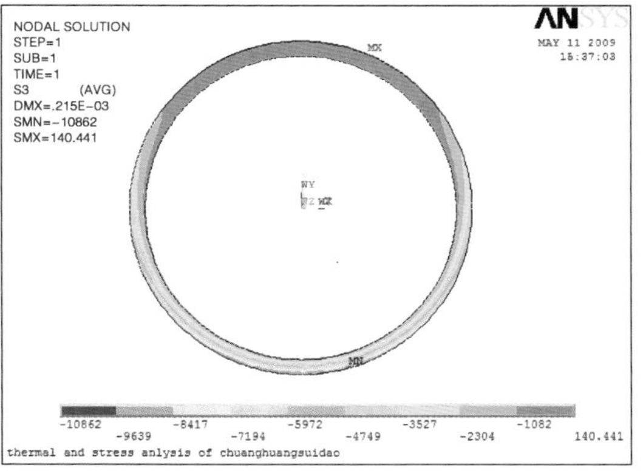

图 3-78　隧洞外层衬砌不均匀温度应力云图(第三主应力)(最冷月)

图中应力正号为拉，负号为压。由图 3-76—图 3-78 可知，隧洞内、外层衬砌结构因温度场不均匀分布而产生了一定的拉、压应力值，但将其与其他荷载(如土压力、水压力、预应力和隧洞充水内压等)所产生的应力值相比都很小，工程中似可忽略。因此，最低温条件下对隧洞衬砌结构所产生的最不利荷载，仅按混凝土与土体间有 40 kPa 的界面拉力，并按弹性力学数值计算即可，即内层衬砌的最大应力值为 0.21 MPa，外层管片的最大应力值为

0.23 MPa。

夏季最高温度(最热月)计算,1991—2003 年工程所在地区年气温的最高月平均温度为 24 ℃,将其视作计算模型与大气相接触边和隧洞内水体的温度边界条件;而在远离隧洞的两侧,沿土体深度方向、温度按相等递减值施加,在模型下边(深 80 m 边界处)施加 16.7 ℃的恒温值,并施加热流率进行稳态热分析计算,可以得到夏季平均温度最高月隧洞区的温度场分布及在衬砌结构内温度变化产生的最大温度应力值。

隧洞内按水体温度 27.1 ℃加载于隧洞混凝土衬砌的内表面。

图 3-79—图 3-82 为夏季平均温度最高月隧洞区温度场分布和内、外层衬砌结构温度云图。

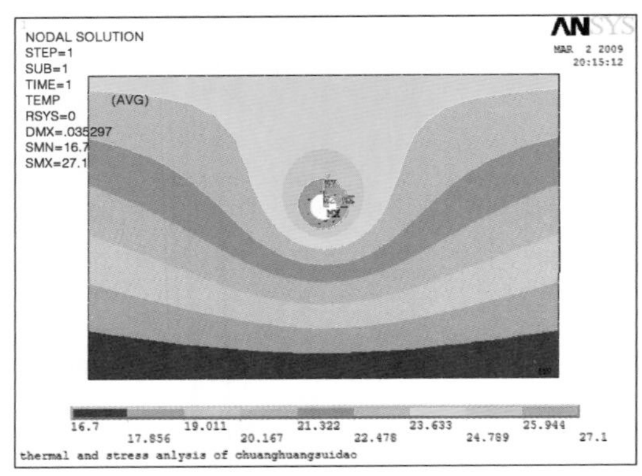

图 3-79 隧洞整体温度场分布云图(温度最高月)

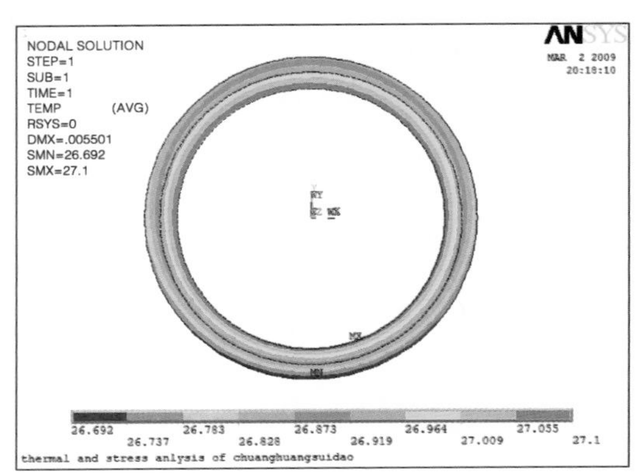

图 3-80 隧洞内、外层衬砌结构温度云图(温度最高月)

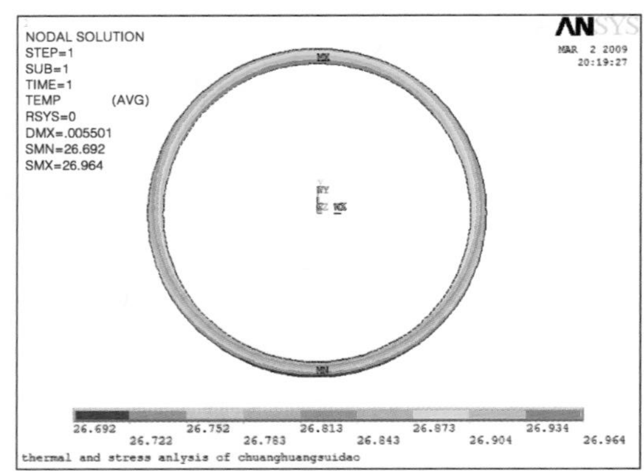

图 3-81 隧洞外层管片温度云图(温度最高月)

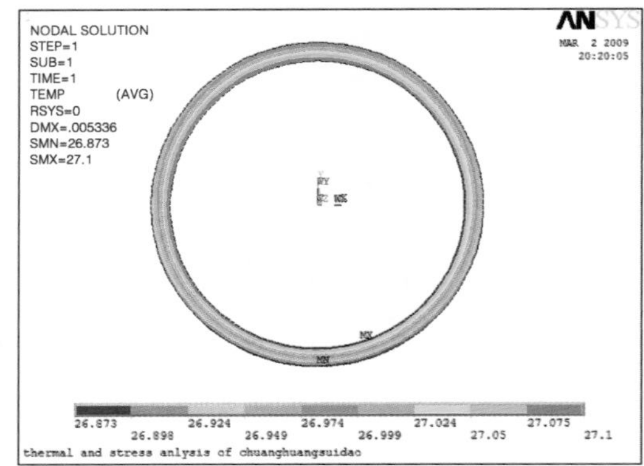

图 3-82 隧洞内衬衬砌温度云图(温度最高月)

图 3-83—图 3-90 为夏季平均温度最高月隧洞区温度应力分布和内、外层衬砌结构温度应力云图。

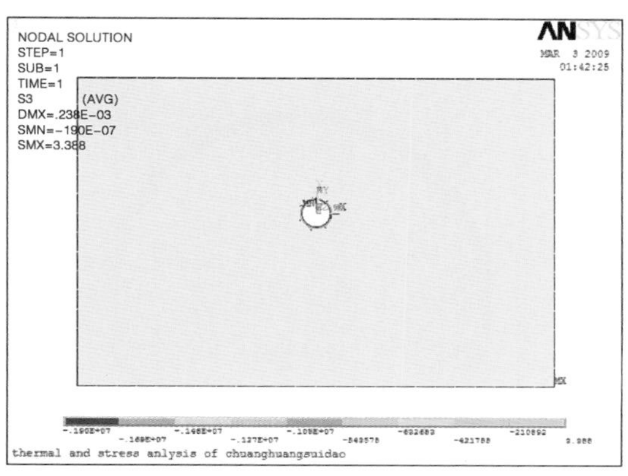

图 3-83　隧洞结构整体温度应力分布图(第三主应力)(温度最高月)

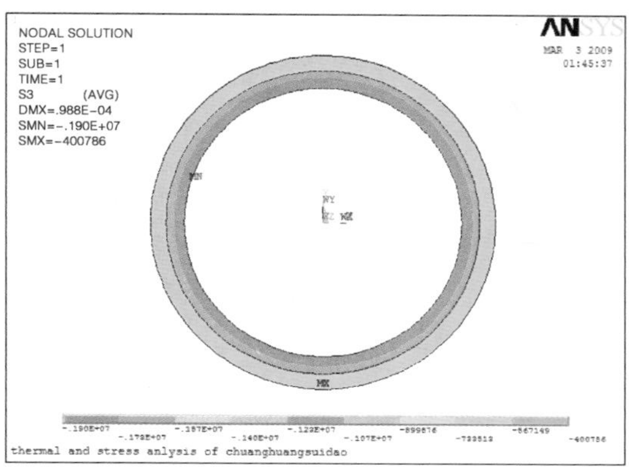

图 3-84　隧洞内外层衬砌温度应力云图(第三主应力)(温度最高月)

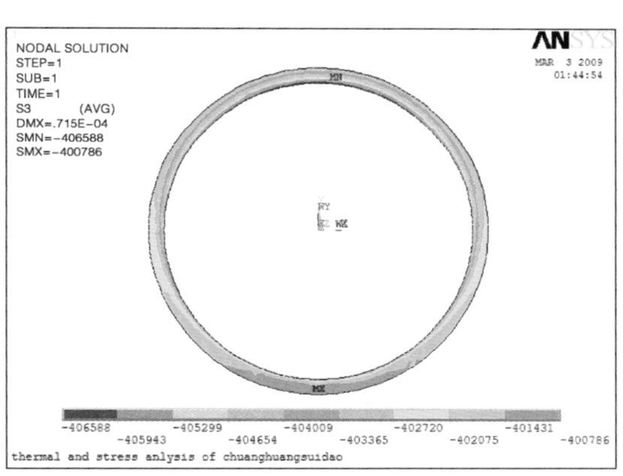

图 3-85　隧洞外层管片温度应力云图(第三主应力)(温度最高月)

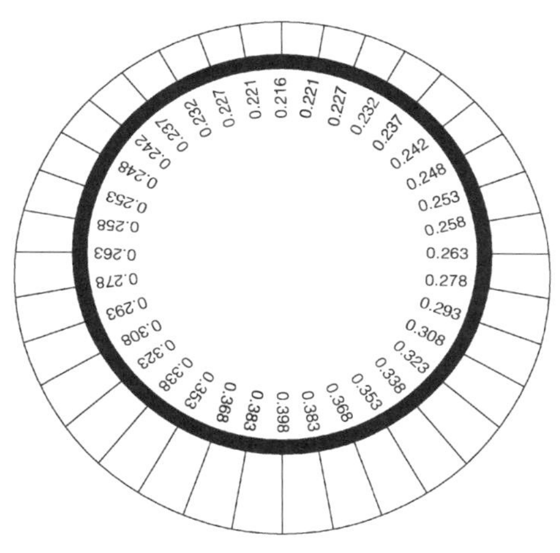

图 3-86　隧洞外层管片弯矩图
(单位:kN·m;温度最高月)

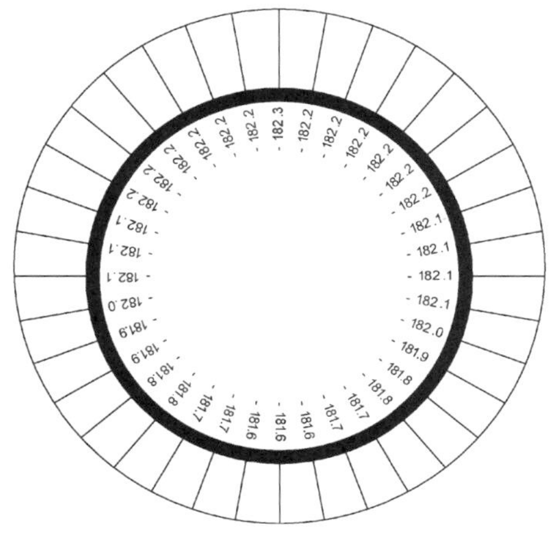

图 3-87　隧洞外层管片轴力图
(单位:kN;温度最高月)

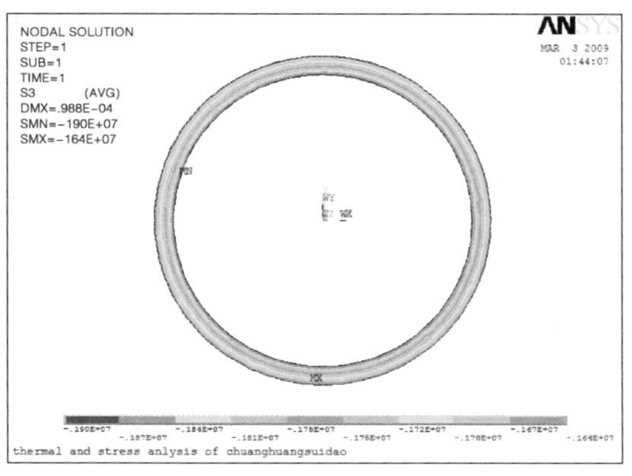

图 3-88　隧洞内衬衬砌温度应力云图(第三主应力)

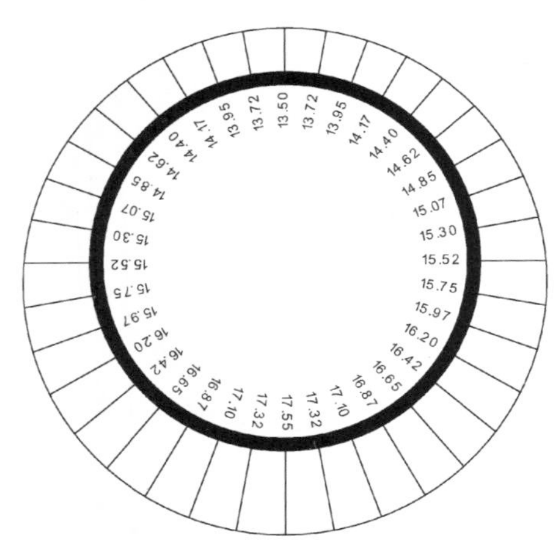

图 3-89 隧洞内衬衬砌弯矩图(单位:kN·m)

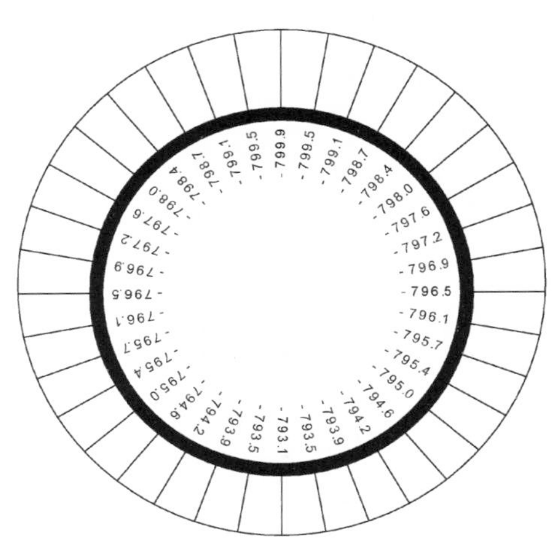

图 3-90 隧洞内衬衬砌轴力图(单位:kN)

5) 模拟计算之二(方案 2:设置防水膜)

(1) 多层介质总热传导系数的确定

① 平板系统传热情况下的热传导系数

由于后面要用到平板传热的概念和相应的公式,这里要先谈一下平板的热传导问题。设有多种材料组成的平板,其一维的热传导过程,如图 3-91 所示。

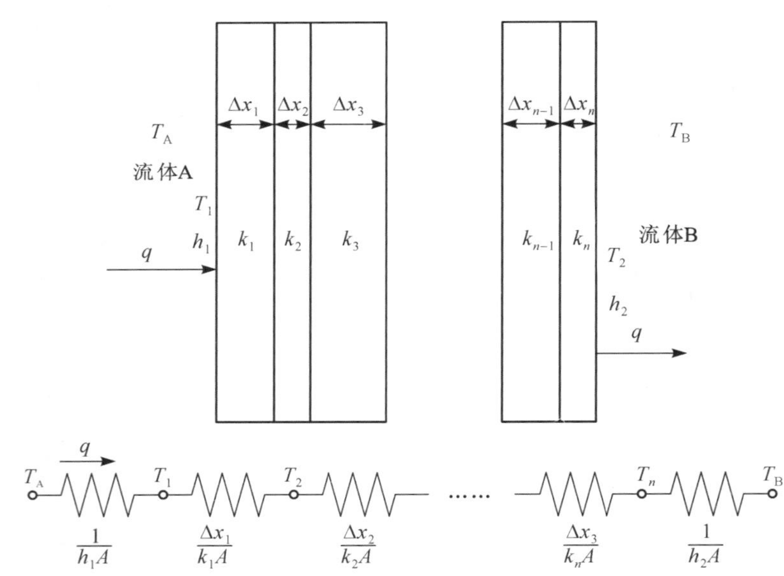

图 3-91 多种材料组成的平板一维热传导示意和模拟图

一侧暴露在温度为 T_A 的流(水)体 A 中,另一侧则暴露在温度为 T_B 的流(水)体 B 中,中间设置有多种材料组成的平板。设中间各材料板的厚度分别为 Δx_1, Δx_2, Δx_3, …, Δx_{n-1}, Δx_n,各板壁面的温度分别是 T_1, T_2, T_3, …, T_{n-1}, T_n;设各自的导热系数分别为 k_1, k_2, k_3, …, k_{n-1}, k_n; h_1 和 h_2 为传热系数,则其热量传导方程可以写成:

$$q = h_1A(T_A - T_1) = \frac{k_1A}{\Delta x_1}(T_1 - T_2) = \frac{k_2A}{\Delta x_2}(T_2 - T_3) = \cdots$$
$$= \frac{k_nA}{\Delta x_n}(T_{n-1} - T_n) = h_2A(T_2 - T_B) \tag{3-22}$$

其热传导过程可用模拟电路的原理作描述，其总的换热量为总温差与“热阻和”之比，为：

$$q = \frac{T_A - T_B}{\dfrac{1}{h_1A} + \dfrac{\Delta x_1}{k_1A} + \dfrac{\Delta x_2}{k_2A} + \dfrac{\Delta x_3}{k_3A} + \cdots + \dfrac{\Delta x_n}{k_nA} + \dfrac{1}{h_2A}} \tag{3-23}$$

式中，$\dfrac{1}{hA}$ 为对流热阻。通常借助于总热传导系数 U 来表示传导与对流二者综合产生的换热量。总的热传导系数的定义由下式给出：

$$q = UA\Delta T \tag{3-24}$$

式中，A 是热流通过的某一适当的面积。从而可以得出总的热传导系数，为：

$$U = \frac{1}{\dfrac{1}{h_1} + \dfrac{\Delta x_1}{k_1} + \dfrac{\Delta x_2}{k_2} + \dfrac{\Delta x_3}{k_3} + \cdots + \dfrac{\Delta x_n}{k_n} + \dfrac{1}{h_2}} \tag{3-25}$$

② 径向系统——圆筒壁的热传导系数

考虑如图 3-92 所示的长圆筒壁，其内表面半径为 r_i；外表面半径为 r_0；长度为 L。

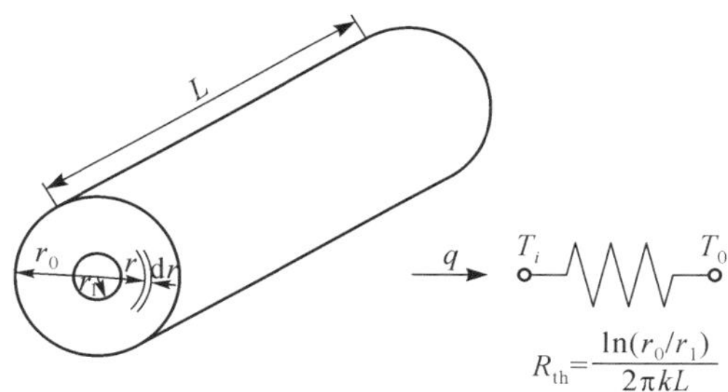

图 3-92　单种材料组成的圆筒的热传导示意和模拟图

圆筒壁内外表面的温度差为 $T_i - T_0$。因热流只沿半径方向传导，因此，该热传导系统可用极坐标 r 表征，再应用傅里叶定律，并将对应的面积关系引入该定律，则在圆筒壁系统中热流通过的面积为：

$$A_r = 2\pi rL \tag{3-26}$$

傅里叶定律可以写为：

$$q_r = -kA_r\frac{dT}{dr} \quad 或 \quad q_r = -2\pi kL\frac{dT}{dr} \tag{3-27}$$

边界条件：在 $r = r_i$ 处，$T = T_i$；在 $r = r_0$ 处，$T = T_0$。

则式(3-27)的解为：

$$q=\frac{2\pi kL(T_{\mathrm{i}}-T_{0})}{\ln(r_{0}/r_{\mathrm{i}})} \tag{3-28}$$

在这种情况下，热阻为：

$$R_{\mathrm{th}}=\frac{\ln(r_{0}/r_{\mathrm{i}})}{2\pi kL} \tag{3-29}$$

有如上述多层平板壁一样，也可以将热阻的概念应用于多层圆筒壁。

对于如图 3-93 所示的多层圆筒，可得其传热量为：

$$q=\frac{2\pi L(T_{1}-T_{n})}{\dfrac{\ln(r_{1}/r_{\mathrm{i}})}{k_{1}}+\dfrac{\ln(r_{2}/r_{1})}{k_{2}}+\dfrac{\ln(r_{3}/r_{2})}{k_{3}}+\cdots+\dfrac{\ln(r_{n}/r_{n-1})}{k_{n}}} \tag{3-30}$$

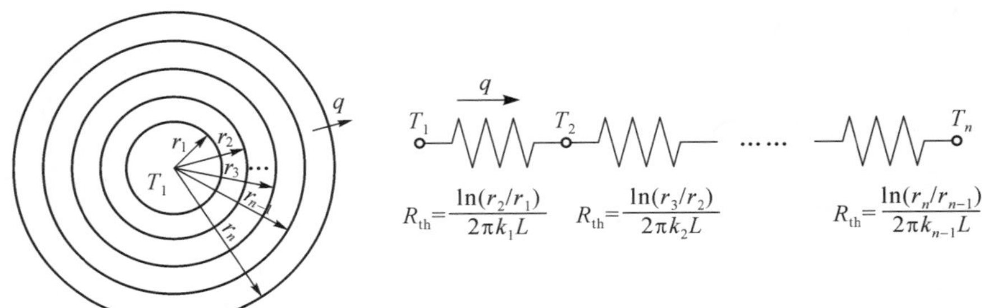

图 3-93　多种材料组成的圆筒的热传导示意和模拟图

图 3-93 给出了内外壁都暴露在对流环境中的圆筒壁的模拟电路，T_{A} 和 T_{B} 是两种流(水)体的温度。应当注意，在这种情况下，两种流(水)体对流换热的表面积是不同的，面积与圆筒壁的内径和厚度有关，按给出的模拟电路，此时总换热量可表示为：

$$q=\frac{T_{\mathrm{A}}-T_{\mathrm{B}}}{\dfrac{1}{h_{\mathrm{i}}A_{\mathrm{i}}}+\dfrac{\ln(r_{0}/r_{\mathrm{i}})}{2\pi kL}+\dfrac{1}{h_{0}A_{0}}} \tag{3-31}$$

总传热系数可借助于圆筒壁表面积或外表面积来表示，它们分别是：

$$U_{\mathrm{i}}=\frac{1}{\dfrac{1}{h_{\mathrm{i}}}+\dfrac{A_{\mathrm{i}}\ln(r_{0}/r_{\mathrm{i}})}{2\pi kL}+\dfrac{A_{\mathrm{i}}}{A_{0}}\dfrac{1}{h_{0}}} \tag{3-32}$$

$$U_{0}=\frac{1}{\dfrac{A_{0}}{A_{\mathrm{i}}}\dfrac{1}{h_{\mathrm{i}}}+\dfrac{A_{0}\ln(r_{0}/r_{\mathrm{i}})}{2\pi kL}+\dfrac{1}{h_{0}}} \tag{3-33}$$

(2) 隧洞内、外层衬砌间设置防水膜时，外层管片热传导系数的确定

由于防水膜的厚度比较薄，其厚度相对于混凝土衬砌而言一般都可忽略不计，此处只考虑混凝土的厚度，但需计入防水膜材料不同对混凝土导热系数引起的变化。若对混凝土导热系数引起的变化大(超过 10%以上)，则应对衬砌结构的整体温度场重新进行计算。根据资料查得隧洞常用 PE 防水膜的导热系数一般为 0.4 W/(m・K)，取其厚度为 10 mm，混凝

土的导热系数为 2.50 W/(m·K)，隧洞外层管片厚度为 0.4 m。由于防水膜厚度较小，采用式(3-24)和式(3-29)作等效计算后，混凝土和防水膜材料总的热传导系数没有太大差别，为了简便，可采用式(3-24)计算(这里取传热系数为无限大)，即：

$$U=\frac{\sum \Delta x_i}{\frac{1}{h_1}+\frac{\Delta x_1}{k_1}+\frac{\Delta x_2}{k_2}+\frac{\Delta x_3}{k_3}+\cdots+\frac{\Delta x_n}{k_n}+\frac{1}{h_2}}=\frac{0.002+0.4}{\frac{0.002}{0.4}+\frac{0.4}{2.5}}=2.42\ \mathrm{W/(m\cdot K)} \tag{3-34}$$

通过上述对导热系数的综合计算，可知混凝土和防水膜的共同热传导系数为 2.42 W/(m·K)，仅比单一混凝土的导热系数减小约 3.2%，且厚度上也可认为没有增加。故知，有无设置防水膜对隧洞温度场变化值的影响可以忽略。

3.13　本章主要结论

某输水隧洞内层现浇式衬砌施加了环向预应力荷载以承受内水压力。由于预应力荷载的环箍效应，使其内外层衬砌界面间的接触状态十分复杂。本章在结合实际工程背景的条件下，利用多种手段对涉及的各种工况进行了较为深入系统的研究，得到了比较丰富的成果。主要体现在以下几个方面。

(1) 从单层管片圆环独自受力工况的计算，可以得出：

① 沿管片水平和竖向径向的相对变位值以及管片各处接头的接缝张开量均小于设计允许值；

② 采用非线性耦合抗弯刚度接头计算所得的管片截面拉应力值超过了 C50 管片混凝土的抗拉强度，其最大拉应力值达 3.41～5.36 MPa。

(2) 从管片后续的对“正常运营工况阶段“(内衬施加预应力并且洞内全压充水后)的计算表明，上述外衬管片承拉情况将有所调整和改善。

(3) 就复合衬砌隧洞内全压通水的运营工况，从结构选型方案 1 的计算可以得出如下结论。

① 第一种工作条件

A. 当认为新、老混凝土界面无黏结强度时，预应力不能通过接触界面传递到外层管片之上。

B. 管片部分区域混凝土在施工和运营阶段拉应力均大于混凝土抗拉强度极限。

② 第二种工作条件

A. 在各级荷载作用下，管片与内衬的变位与受力状态均能满足设计要求。

B. 如设定内外衬界面顶部存在有 120°范围的脱离区时，该范围内的预应力荷载不能向顶部管片传递，在预应力荷载作用时，管片顶部将不受预应力荷载的预压作用，该部段的截面状态较为不利，而截面轴力值则基本保持不变。但由于预应力荷载不是沿整环传递，使得管片顶部产生一个负弯矩的作用，此负弯矩与管片在施工阶段的正弯矩相互抵消了一部分，这保证了管片在预应力荷载作用下其截面拉应力也不致超过管片预制混凝土的抗拉设计强度，对防水而言一般地仍然是安全的。

③ 第三种工作条件

A. 在各级荷载作用下，管片与内衬的变位与受力状态均能满足设计要求。

B. 当改为设定界面顶部存在有 90°范围的脱离区时，该范围内的预应力荷载不能向顶部管片传递，在预应力荷载作用时，管片顶部将不受预应力荷载的预压作用，该部段的截面状态较为不利，而截面轴力值则基本保持不变。但由于预应力荷载不是沿整环传递，使得管片顶部产生一个负弯矩的作用，此负弯矩与管片在施工阶段的正弯矩相互抵消了一部分，这保证了管片在预应力荷载作用下其截面拉应力也不致超过管片预制混凝土的抗拉设计强度，对防水而言一般地仍然是安全的。

④ 第四种工作条件，结构选型方案 1

A. 此次计算考虑了管片接头抗弯刚度的非线性耦合，并在内、外衬界面间设置了接触单元以模拟内、外层衬砌在受力变形后的相互作用。计算所得的内、外层复合衬砌径向的相对变位值以及外管片的接头张开量均小于设计允许值。

B. 内、外层衬砌在各级荷载作用下，由于层间接触界面新、老混凝土粘结力的存在，各处界面均不会产生拉、剪脱离区的不利情况，其联合受力条件得以完全保证。

C. 由于内、外层衬砌界面处具有相当的抗拉和抗剪能力，内衬预应力荷载得以通过界面承剪面传递到外层管片截面；在预应力荷载与满负荷内水压力联合作用情况下，外衬管片沿环向局部的最大拉应力减小到 1.74 MPa，小于 C50 混凝土管片结构的抗拉强度；而内衬混凝土截面则为全截面受压，均能满足设计对裂纹与防水的控制要求。

D. 采用第一方案（双层界面上不设置防水膜），在内、外衬砌界面设置“接触-承拉”(contact-tie)单元模拟。在复合衬砌受力变形后，当内、外衬界面的拉应力不超过新、老混凝土接触面的黏结强度和抗剪强度时，其内、外衬砌之间不存在“拉/剪脱离区”，其时内、外衬砌将联合承受预应力和内水压力荷载；而当内、外衬砌界面的拉应力超过界面抗拉能力时，内、外衬砌界面间存在“拉张脱离区”。计算表明：在单一预应力荷载作用阶段，内、外衬界面之间的拉应力(0.44 MPa)均未超过界面的抗拉（黏结）强度；而在内水压力作用下，界面的拉应力值变小，内、外衬界面间更不会出现“拉脱区”。

⑤ 第四种工作条件，结构选型方案 2，复合衬砌预应力张拉与隧洞全压通水的运营工况

A. 当认为新、老混凝土界面无粘结强度时，预应力不能通过接触界面传递到外层管片上。

B. 管片部分区域混凝土在施工和运营阶段拉应力均大于混凝土抗拉强度极限。有待设计时作裂缝控制（“限裂”）验算，看可否满足管片防水要求。

⑥ 第四种工作条件，复合衬砌预应力张拉与隧洞全压通水的运营工况，结构选型方案 2，第二种工作条件

A. 当采用方案 2(层间设置防水膜)时，其内、外衬砌层间界面只是在底部 90°范围内采用了“接触-承拉”单元来模拟接触面的受力性态；而在上部 270°范围内则改用了“有薄层厚度的夹层单元”以模拟界面此时的受力性态。在单一预应力荷载作用下，由于防水膜将层间相隔离，其内、外衬间的上半和部分下半部分将完全脱开，内衬预应力作用仅能通过底部 90°接触界面传递到外管片上。在满负荷内水压力作用下，内衬将处于全截面受压的小偏心状态；而外衬管片部分截面将有拉应力产生且大于 C50 管片混凝土的抗拉强度，有待设计时作裂缝控制（“限裂”）验算，看可否满足管片防水要求。当然，因层间设置有防水膜与土工布双重的隔水和泄水手段，以及内衬的预压应力作用，今后即使发生外衬渗水情况，也不会有内水漏泄或隧洞进水。

B. 从此处现已进行的计算分析看，在上述设定的条件下，单就管片的强度和刚度言，两

种方案都是可行的。但对方案1情况，其内、外衬砌联合受力作用优越，在内衬预应力张拉阶段和隧洞满负荷通水运营状态下均能保证外管片各截面的拉应力不超过混凝土的抗拉强度（满足设计对“限裂”的控制要求）；而对于方案2，其外衬管片在内衬预应力作用和有压通水运营状态下，管片部分截面的拉张应力将超过其抗拉极限强度而不能满足设计对裂纹的控制要求，且其施工方面有相当难度。

综上所述，方案1不仅在施工工艺上具有明显的优势，且在受力特征和刚度保证以及施工便捷与工期和节约等方面也有相当优势，此处拟建议推荐方案1作为输水隧洞结构的选用方案①。

(4) 隧洞复合衬砌结构温度应力分析计算。

① 通过以上的计算模拟分析，对隧洞衬砌言，在多年平均最低温度时，混凝土和隧洞外周土体理论上均会产生低温收缩；此处砂性土体不考虑黏聚力，而混凝土管片与其外周砂土界面间的拉应力亦可以忽略不计。为了考虑最不利情况，隧洞管片与土体界面间考虑40 kPa的粘结抗拉强度，并按隧洞内、外衬砌共同受力计算。根据弹性力学公式计算得知，内层衬砌的最大拉应力值为0.21 MPa；若内、外层衬砌间敷设有防水层，由于防水层与混凝土管片间无粘结力，因此，内层衬砌由温度变化所产生的应力值可认为趋零。在多年月平均最高温度时，隧洞内层混凝土内衬所产生的最大主应力值(S3：第三主应力值)为−1.90 MPa(混凝土受压)；隧洞外层混凝土管片所产生的最大主应力值(S3：第三主应力值)为−0.41 MPa(混凝土受压)。隧洞外层混凝土管片的截面最大弯矩值为0.40 kN·m，最大轴力值为182.3 kN；隧洞内衬衬砌截面最大弯矩值为17.55 kN·m，最大轴力值为799.9 kN。

② 由于温度变化而产生的衬砌混凝土内的温度应力值沿衬砌径向的变化，其值较小，相对于荷载轴力值而言似可忽略不计。这是由于混凝土厚度不大，其导热系数较好(相对于土体而言)，而输水隧洞内水温随时间变化又比较慢，故计算时可以视作稳态温度场计算。因而，混凝土衬砌内的温度应力值沿其结构径向的变化较小，而由此产生的衬砌轴向温度弯矩值也可忽略不计。

③ 与其他荷载相比，不均匀低温变化所产生的衬砌应力值很小，可忽略不计。

④ 在最高温情况下，隧洞衬砌与土体均受热膨胀，衬砌内会产生较大的压应力，内层衬砌的最大轴压应力值可达−1.9 MPa。

附录：对设计方所提问题的回复意见

此次所作的大型有压输水隧洞复合衬砌内、外衬层间有否敷设防水膜两种不同方案对外衬管片和内衬预应力混凝土结构受力性态影响的研究，已经结合并采纳了该隧洞工程会议上各位专家的意见进行。对此，笔者认为有两点应该再作进一步论述：①会议中似未及考虑即使敷设了防水膜，内水压力也可以通过内衬结构和垫层材料的径向外扩变形上传到外衬管片而使管片承拉；②会议也未有计入在不设置防排水垫层的方案中，还可能通过内、外衬界面的粘结和抗剪能力，将一部分的内衬预压应力通过界面上传到外衬管片，而使管片预压。针对上述两点，在后续的计算分析中均已分别作了简化的解析解并加以说明。

---

① 后经水电部组织的技术专家组多次研讨和评议，对方案1和方案2进行反复论证，认定：方案2，在外衬管片内侧需在施工中挂空（因内衬还未浇筑）粘结来设置防排水垫层，能够在保证施工质量前提下得到完美实施，故此，方案2的受力条件是简单明确的；反之，方案1的计算结论（指内外衬共同耦合受力）则难以确保其在实际复杂受力条件下内外力的可靠传递。最终，层间界面设置防排水垫层的方案2获得通过，并为施工方所接受。

在复函中，设计方提到我方在敷设防水垫层的计算方案中应该考虑：①防水垫层材料应按无承拉材料考虑；②计算中应该考虑到应力路径的实际情况，即先在施工内水压时之前，内、外衬砌之间已经脱开。对此，因为只是想论证当预应力荷载作用后，由于底部管片处仍存在着接触压力即接触紧密，内水压力仍可以传递到底部的外管片上，以及防水膜的存在基本不影响内水压力向外管片传递的比例，因而在计算时只需要采用三层嵌套圆环在内水压力作用下的模型计算(模型假定内水压均匀、内衬与防水膜之间无间隙，防水膜与外衬之间无间隙、防水膜为整环受力条件)，而似不需要按实际的施工顺序去求解整个过程的解析解。这里实际情况是：如果内、外衬混凝土之间存在有足够的黏结强度，在内水压的作用下底部90°范围内的外管片将分担内水压的比值约占25%左右，这在前次的计算分析中已得到了上述结论。关于在隧洞施加内水压之前，由于上一序步预应力荷载的作用，内、外衬砌层面之间已经先期脱开，施加内水压后仍不足以恢复层间界面的密贴接触(即仍然呈拉脱状态)，致内水压力不能传至管片结构的观点。笔者认为：从设计方传来的有关上述计算的数据看，上述设定工况似乎是有可能出现的，但需关注以下三点问题，即：①内、外衬层间在下半个圆环区段约150°范围内，由于内衬向下的自重作用，即使在预应力的环箍内缩作用下，该下半环大部分范围内的层间界面仍然可始终保持密贴接触；②在随后的内水压作用下，以及底部90°环段并不敷设防水膜(即使大半个上下部圆环270°范围均设膜)，致使整个下半环约180°范围的圆环界面仍然足可抗受预应力张拉而呈向内的径向内缩变形，可保持下半环层间的密贴接触；③其提到的层间拉脱空隙量和回压量都是其相应的最大值，由于沿层间环向这些量值各自有不同的变化，故此，还不能说明(即使是上半环)整环界面径向为脱开或密贴的接触状态。以上①、②、③各点，在第一种工作条件中均已经过数值计算所证实。

设计方似是要求计算一个“完整的”层间敷设有防水膜方案的解析解，而事实上这些计算内容在之前的敷设防水膜的子项成果所进行的数值分析中已得出了所要求的结果(当时因为并未考虑整环均“完整地”敷设防水膜的情况，而是按实际情况、底部环向90°范围仍为内、外层混凝土密贴接触)。若按设计方要求，考虑防水膜垫层沿径向为无拉材料，并按实际施工条件，认定在考虑内水压作用之前，其内、外衬砌之间在预应力作用下先已全环360°脱开，如果要按这样的模式做的话，可否即认为：在敷设防水膜方案中，将由外层管片单独承担外周水、土压力，而内衬则单独承担预应力荷载与内水压力。这就是内、外衬砌分工并各自单独如上受力的模型，也即是会议上个别专家意见中建议的模型，专家们是赞成要设置防水膜垫层方案的。这种单独分工受力模型也是比较容易计算的，现已完成这项计算并提交给了设计方，还拟增加计算内衬施加预应力荷载工况。

应该说明，在笔者补充提交的材料所作计算的主旨则与上述要求不同，该计算的设置有防水膜方案的解析解中，只计算了在内水压力作用下三层嵌套圆环模型的解析解，模型假定了内水压沿圆周呈均匀径向分布(使可简化为轴对称问题，以便于采用封闭解析法)，未计入水重、内衬与防水膜之间无间隙、防水膜与外衬之间无间隙、防水膜整环敷设等简化近似条件。此处之所以未计及来函中所提到的上述两个问题，是因为：这次想做解析解计算的目的，主要只是想针对个别专家意见，而所作的一些定性说明。

对此，现再作些补充论述，使能更加清楚地说明以下问题：①即使敷设了防水膜，在内衬底部密贴接触区域，以及内衬自重作用下，内水压力仍然可以通过内衬结构连同薄层防水膜的径向外扩变形而传到外衬管片，从而使管片偏心承拉(属不利条件)；②在不设置防水膜的方案中，则可以通过内、外衬界面间新、老混凝土所具有的黏结强度和抗剪能力，使之能以将一部分的内衬预压应力通过层间界面传到外衬管片，从而使管片经受预压（属有利条件）。为了只从定性上说明这两个方面的问题，针对上述认识，在计算中又加做了敷设防水膜方案的解析解。因为计算中只是想论证当预应力荷载作用后，即使对设膜方案，由于管片底部90°环段仍然属不设置防水膜范围，加上内衬自重和内水压的双重作用，仍然存在着内、外衬界面整个下半环约180°范围的接触压力，因此即使层间贴合紧密，内水压力仍将能传递到整个下半个环段的外衬管片之上。笔者认为薄层防水膜的设置与否基本上不影响内水压力由下半环层面向外管片的传递，故而，在内外层衬砌密贴接触区域，内水压力仍然可以传递到外管片上，且认为防水膜对内水压向管片传递比例的影响不是很大，因而在计算中简化采用了三层嵌套圆环模型在内水压力作用下的解析计算。由于此处的荷载只是计及单一内水压的作用，此时界面沿径向呈压紧作用，由于层间径向此时不会承拉，防水膜是否系按径向无拉材料考虑，其结果应该不会有任何变化。因而，在此处计算中只为讨论内水压在内、外衬层间的传递，近似地采用了三层嵌套圆环在内水压力作用下的模型计算，而并未要求按实际的施工工序去求解整个过程的解析解。

数值计算表明：如果内、外衬新老混凝土之间存在有足够的粘结和抗剪强度，在内水压力的作用下，单只由底部90°范围内传递，外管衬片分担的内水压力约占25%左右。

设计方的来函中还提及：“在敷设有防水膜的情况下，外衬管片的部分截面和一些环向接头位置处会分别产生弯曲裂缝（此时截面呈大偏心受压，管片外缘有相当大的拉应力出现而拉裂）。”这一情况，虽从上述的计算中未能定量示明，但这在之前的阶段研究成果计算中已经得出了结果（采用了最不利的外周土、水压力可能的组合条件——江床最大淤积、最高洪水位），并已有定量表述。

为此，可以认为：当采用内、外衬层间不设防水膜方案，而内、外衬新、老混凝土界面又密贴接触，如果界面粘结强度和抗剪强度足够，在受力变形后不致拉、剪脱开和破坏的条件下，其内、外层衬砌将联合受力。其时，外衬管片一些截面和一些环向接头因产生弯曲裂缝而发生渗泥漏水的可能性将在相当程度上大大降低。

通过此处的计算已可认定：在敷设有防水膜的情况下，外衬管片的部分截面处将会分别产生弯曲裂缝。

通过前文的论证还可知，由于内衬自重的作用，在内衬预应力荷载作用下，不论敷设防水膜与否，即使不计及新、老混凝土层间界面的粘结和剪切能力，内衬与外衬管片在下半圈部分仍然能保持密贴接触；但由于只是下半环接触而并非整环接触，因此内水压力传递到外管片上的比例较之整环密贴（如果上半环在变形后仍然能保持层间密贴的条件）将会有所减小，以往计算中（属上半环界面不计及新、老混凝土间的黏结和剪切能力的一种最不利条件）已考虑了这种传力上的影响，即指第一种工作条件，不计入界面粘结强度、上半环为全脱开情况。

参考文献

[1] 陈立强，李毅强，等. 复合改性新老混凝土界面层劈拉强度的试验研究[J]. 汕头大学学报：自然科学版，2005(3)：65-68.

[2] 王振领，林拥军，等. 新老混凝土结合面抗剪性能试验研究[J]. 西南交通大学学报，2005(5)：600-604.

[3] 潘东芳，乔运峰，等. 新老混凝土界面处理材料的试验研究[J]. 混凝土，2006(9)：60-64.

[4] 赵志方，赵国藩，等. 新老混凝土黏结抗拉性能的试验研究[J]. 建筑结构学报，2001(2)：51-56.

[5] 赵顺波，李树瑶，江瑞俊. 小浪底工程排沙洞无粘结预应力混凝土衬砌试验段实测分析[J]. 水利水电技术，1999，30(9)：28-33.

[6] GEARING B P, Moon H S, Anand L. Plasticity model for interface friction: Application to sheet metal forming[J]. Int. J. Plasticity, 2001, 17: 237-271.

[7] LEE M M K, LLEWELYN P A. Strength prediction for ring-stiffened DT-joints in off-shore jacket structures[J]. Engineering Structures, 2005, 27(3): 421-430.

[8] 亢景付，殷保合，林秀山. 小浪底排沙洞混凝土衬砌预应力效果分析[J]. 人民黄河，2002，24(12)：28-29.

[9] 符志远. 压力隧洞衬砌后张预应力计算[J]. 人民长江，2001，(9)：24-26.

[10] 刘秀珍. 后张预应力隧洞衬砌计算[J]. 水利水电工程设计，1998(9)：21-24.

[11] LIN T Y. Strength of continuous prestressed concrete beams under static and repeated loads[J]. ACI Journal Proceedings, 1955, 51(6): 1037-1059.

[12] BYUNG H O, EUI S K. Realistic evaluation of transfer lengths in pretensioned, prestressed concrete members[J]. ACI Structural Journal, 2000, 97(6): 821-830.

[13] 林同炎. 预应力混凝土结构设计[M]. 路湛沁，译. 北京：中国铁道出版社，1983.

第4章 过江输水隧道盾构始发深大竖井结构静动力分析

4.1 引言

输水水工干渠在跨越大河干流时需要构建大型的河渠交叉建筑物，它往往是总干渠上规模较大的关键性工程。该水工隧洞工程采用盾构法施工，其两岸竖井属最先施作的项目之一，按设计要求盾构机自北岸始发向南岸掘进，故北岸竖井为盾构机始发井；另在南岸还设有临时性施工竖井作为中继井，以满足材料与泥水运输、人员交通以及后续进入前方南岸山体作续推工作井的需要。在北岸竖井井筒二次衬砌完成，盾构出井推进后，还需在井内修建输水隧洞的弯管段，它作为永久性水工建筑物使用，与由此北向的输水明渠相连接。该北岸竖井工程十分重要，直接关系到整个工程后续的运营安全和质量保证；且该工程所在部位地处中等烈度地震区，因此，对复合衬砌型井筒及其内部置弯管结构的静、动力行为作系统研究是十分必要的。本章将对该竖井(含井内弯管)在其施工期与充水期间的静、动力响应加以深入探讨。

4.2 竖井施工期及充水期三维静力分析

4.2.1 工程概况及研究方法

以北岸竖井为例(南、北岸竖井结构形式大体相同)，采用国际通用的大型非线性有限元分析软件 MARC，对北岸竖井施工开挖及充水预压过程开展三维有限元分析，得到了北岸竖井围护结构在施工开挖过程中以及充水预压(并检查封水效果)工作阶段的内力大小及其变形规律，所揭示的技术问题可供工程设计参考、采用。

根据委托方提供的方案图纸及相关资料，北岸工作竖井位于黄河北岸导流堤外，地面高程约为 102 m。为了避免竖井在施工及运营过程中受到影响，在北岸竖井周边约 32 m 范围内，采用堆石、石渣、砂砾石等材料堆筑了厚约 3 m 的工作平台。

根据方案设计，北岸竖井围护结构拟采用圆形地下连续墙及用逆作法施工的满堂内衬方案。地下连续墙内径为 18.0 m、壁厚 1.4 m。冠梁顶标高为 106.000 m，地下连续墙底部标高为 29.000 m，开挖底面标高 57.500 m，嵌固深度 $h_d = 0.55h$，h 为竖井开挖深度；内衬方案经比较后决定采用壁厚为 0.8 m 的满堂内衬，范围自冠梁顶至基坑开挖底面；坑底土层经高喷加固(处理区厚度 5 m)后，浇筑 2 m 厚水工混凝土底板封底。

北岸竖井围护结构如图 4-1 所示。

1) 工程水文地质及工程地质概况

由委托方提供的《输水工程竖井结构特性研究资料》及《输水工程南、北岸竖井补充岩

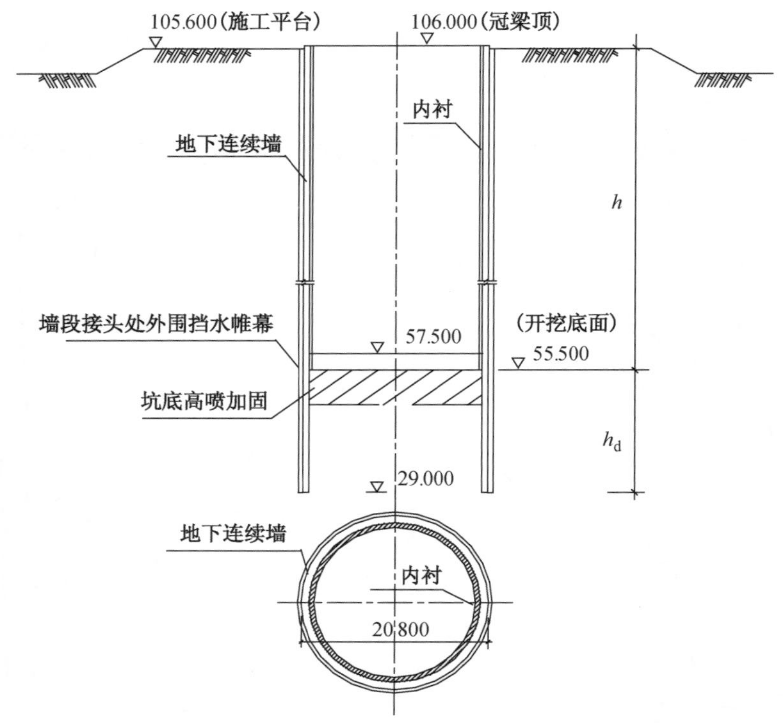

图 4-1　北岸竖井围护结构图

土物理力学参数资料》，经归纳、概化后，如图 4-2 所示。北岸竖井由于地处江河北岸滩地，下卧土层分布相对较为均匀，其开挖深度及以下深度范围内的土层分布由上向下依次如下。

（1）第四系全新统上部冲积层alQ_4^2

① 砂壤土：层厚 2.50～4.14 m，层底标高 98.000～100.500 m，该层在整个北岸竖井区分布广泛，层位较连续。

② 粉砂：层厚 1.38～3.50 m，层底标高 97.000 m，该层在北岸竖井区分布广泛，层位连续。

③ 细砂：层厚 4.00～10.00 m，层底标高 87.000～92.000 m，该层在北岸竖井区分布广泛，层位较连续。

④ 中砂：层厚约 12 m，层底标高 75.000～87.000 m，在北岸竖井区分布广泛，层位连续。

④－2 细砂：层厚 0～3.50 m，层底标高 97.000 m，该层为④层中砂夹层，层位不连续。

（2）第四系全新统下部冲积层alQ_4^1

⑤ 细砂：层厚 0～3.90 m，层底标高 72.000～77.000 m，为⑩层含砾中砂夹层，层位不连续。

⑩ 含砾中砂：层厚 17.00 m，层底标高 57.000 m，在北岸竖井区分布广泛，层位较连续。

⑩－1(⑩－2) 细砂：层厚 0～4.50 m(0～4.30 m)，层底标高 56.000～58.000 m(0～4.30 m)，该层为⑩层含砾中砂夹层，层位不连续。

（3）第四系上更新统冲积层alQ_3

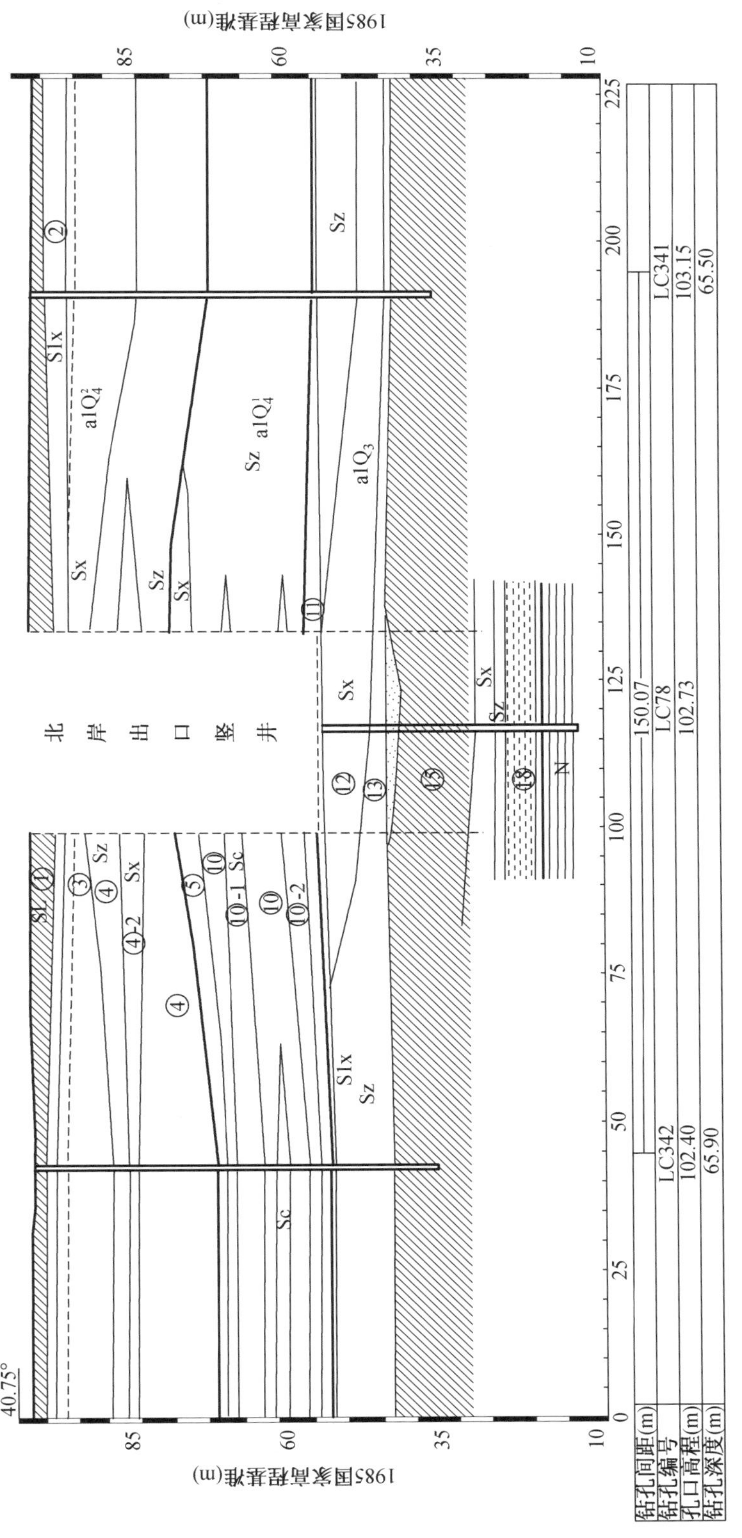

图 4-2　北岸竖井工程地质横剖面图

⑪ 粉质黏土：层厚 0～2.10 m，层底标高 55.000～57.000 m，为薄夹层，层位不连续。

⑫ 细砂：层厚 0～6.80 m，层底标高 46.000～55.500 m，为⑬层中砂夹层，层位不连续。

⑬ 中砂：层厚约 10.00 m，层底标高 45.000 m，在北岸竖井区分布广泛，层位较连续。

⑮ 粉质壤土：顶板标高 45.000 m，在北岸竖井区分布广泛，层位连续。

(4) 中砂、砾砂及黏土岩 N：

中砂：层厚约 4.000 m，分布于标高 29.000～25.000 m 之间，层位较连续。

⑱ 砾砂：层厚约 4.000 m，分布于标高 25.000～20.000 m 之间，层位较连续。

黏土岩：顶板标高 20.000 m，层位分布连续。

以上各土层物理力学指标详见表 4-1，地下水位为 98.000 m。综合以上工程地质和水文地质条件可见，南北岸竖井所处土层分布总体上较为均匀，可按土层平均厚度建立层状土的有限元分析模型。

表 4-1　北岸工作竖井土层岩土物理力学指标表

土层名称		天然重度 γ(kN/m³)			压缩模量 E_S (MPa)	黏聚力 c (kPa)	内摩擦角 φ (°)	平均层厚 (m)	备　注
		天然含水量 ω (%)	干重度 γ_d (kN/m³)	孔隙比 e					
堆石、石渣等	—	—	—	—	—	—	—	3.00	—
砂壤土	①	14.80	14.95	0.808	10.22	22.0	23.0	4.14	—
粉砂	②	21.14	15.00	0.833	8.87	8.7	25.0	1.38	—
细砂	③	19.77	15.30	0.764	10.18	6.7	27.0	4.83	—
细砂	④-2	19.50	17.50	0.565	18.00	0.0	27.0	2.76	—
中砂	④	18.49	16.30	0.657	14.20	6.6	28.0	4.14+6.90	由④-2 夹层分两层
细砂	⑤	20.26	16.41	0.645	12.00	6.0	27.0	3.80	
细砂	⑩-1	16.80	17.25	0.529	23.80	0.0	28.0	3.1+(4.14)	⑩-2 层厚
含砾中砂	⑩	22.33	16.89	0.600	13.31	4.8	30.0	4.14+6.90	由⑩-1 夹层分两层
粉质黏土	⑪	27.70	15.10	0.800	6.25	26.0	16.8	2.07	—
细砂	⑫	23.20	16.27	0.653	12.38	10.0	27.0	6.56	—
中砂	⑬	21.20	16.60	0.566	12.00	0.0	28.0	4.83	—
砂砾石		—	—	—	—	—	34.0	—	—
粉质壤土	⑮	27.49	15.56	0.748	4.59	32.8	20.3	15.00	—
中砂		21.20	16.60	0.566	11.19～13.72	0.0	32.6～35.5	5.00	—
砾砂		19.50	16.56	0.620	14.00～19.00	0.0	34.0	8.00	—
黏土岩		22.00	17.00	0.582	12.00	50.0	23.0	—	—

注：地下水位根据《输水工程竖井结构特性研究资料》所提供资料，拟定为 98.00 m。

2) 研究目的

根据北岸竖井围护结构的情况并结合工程要求，研究目的主要包括：

(1) 北岸临时施工竖井开挖过程中，围护结构的内力及变形规律；

(2) 北岸临时施工竖井充水预压和作封水效果检查过程中，围护结构的内力及变形规律。

3）三维有限元计算模型

根据工程特点，围护结构（地下连续墙和内衬）为圆柱形，土层分布总体上较为均匀，开挖方式为分层、分部开挖。据此，可建立三维有限元法计算模型。

4.2.2　三维有限元计算模型

1）计算域及位移边界条件

根据竖井开挖对周边土体的影响范围，计算区域可按下列原则确定：有限元网格侧边界与基坑中心距离等于 2 倍坑深，取 101 m；底边界自坑底向下与坑底距离取 2 倍坑深，亦取 101 m；上表面在 32 m 范围内取工作平台面（103.00 m）。由此，计算区域拟定为：202.0 m×202.0 m×151.5 m。总体坐标系统以向上为 Z 轴正向，X 轴正向、Y 轴正向根据右手准则确定。所有边界条件均为位移边界条件。其中，模型上表面为自由边界，下表面 Z 方向位移固定，左右边界 X 方向位移固定，前后边界 Y 方向位移固定。

2）荷载工况

根据北竖井的开挖和支护结构施工工序，结合三维分析需要，经简化综合为 19 个工况：Lcase0 为初始工况，计算初始地应力及位移场；Lcase1—Lcase17 模拟竖井开挖及内衬施工：前一工况开挖，后一工况支撑，直至开挖到基坑底面为止；Lcase18 为完成最后一圈内衬；Lcase19 为实现坑底高喷加固，浇筑底板，并充水预压、封水性检查。

各工况开挖深度和内衬施作情况以及计算荷载如图 4-3、表 4-2 和表 4-3 所示。

表 4-2　荷载工况表

序号	工况名	开挖深度(m)	内衬施作深度(m)	内容	荷载
1	Lcase0	0.0	0.0	施作冠梁及地下连续墙	—
2	Lcase1	3.0	0.0	开挖	施工超载
3	Lcase2	6.0	3.0	开挖及支撑	施工超载
4	Lcase3	9.0	6.0	开挖及支撑	施工超载
5	Lcase4	12.0	9.0	开挖及支撑	施工超载
6	Lcase5	15.0	120	开挖及支撑	施工超载
7	Lcase6	18.0	15.0	开挖及支撑	施工超载
8	Lcase7	21.0	18.0.	开挖及支撑	施工超载
9	Lcase8	24.0	21.0	开挖及支撑	施工超载
10	Lcase9	27.0	24.0	开挖及支撑	施工超载
11	Lcase10	30.0	27.0	开挖及支撑	施工超载
12	Lcase11	33.0	30.0	开挖及支撑	施工超载
13	Lcase12	36.0	33.0	开挖及支撑	施工超载
14	Lcase13	39.0	36.0	开挖及支撑	施工超载
15	Lcase14	42.0	39.0	开挖及支撑	施工超载
16	Lcase15	45.0	42.0	开挖及支撑	施工超载
17	Lcase16	48.5	45.0	开挖及支撑	施工超载
18	Lcase17	50.5	48.5	开挖及支撑	施工超载
19	Lcase18	50.5	50.5	支撑	施工超载
20	Lcase19	50.5	50.5	浇底板，高喷加固，充水	施工超载

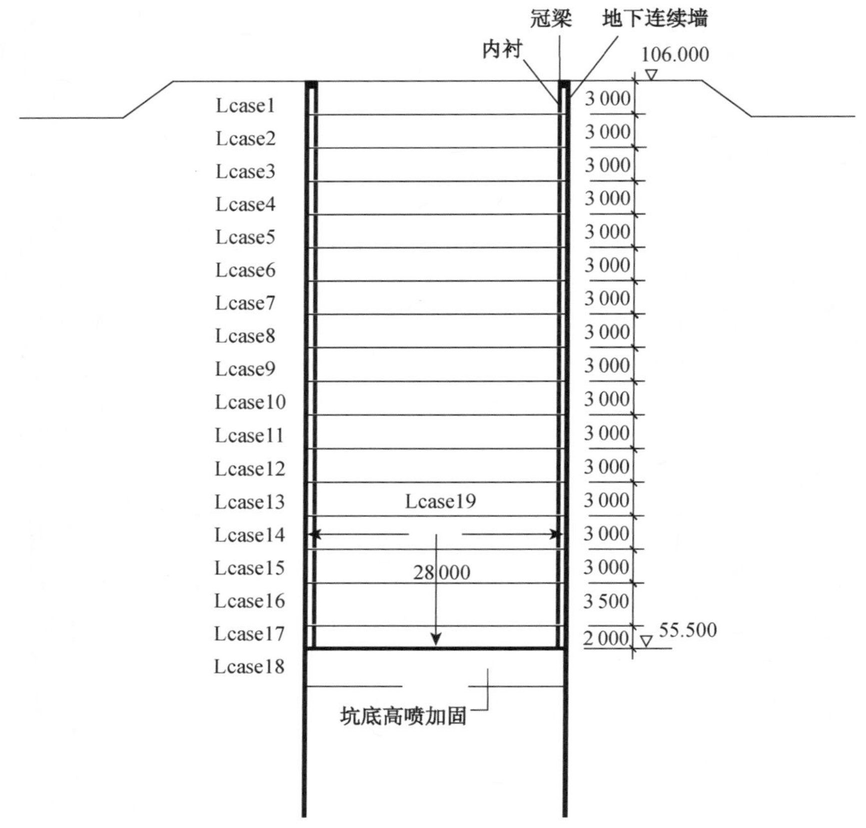

图 4-3　北岸竖井开挖工况示意

表 4-3　计算荷载

类别	荷载量值(kPa)	施加位置
地面超载	30	上边界各单元自由表面

竖井开挖过程中，计入地面超载的影响，取值为 30 kPa，作用于坑周自由边界面上，见工况 Lcase1—Lcase19；充水预压时，竖井充水水位为 105.00 m，水压按静水压力施加于内衬内表面。

3）*模拟方法*

竖井开挖过程中因圆形地下连续墙厚度较大且又施作了圆形内衬砌支撑，结构墙体的水平变形位移一般都很小，此时地下连续墙各部分均处于线弹性弯曲变形状态，因而可以采用线弹性本构模型使计算简便，且能反应其受力实际。导致土体进入塑性状态的原因不外乎源自于土体变形过大或其单元应力状态达到或超过土体的抗剪极限强度这两种因素；之前已通过二维分析论证，这两种因素均不至于导致土体进入塑性状态，故此处三维分析仍然采用线弹性本构模型计算。

在竖井施工过程分析中，土体采用 8 节点六面体实体等参单元模拟，地下连续墙、内衬及底板采用各向同性 4 节点薄板单元模拟，冠梁采用三维梁单元模拟。

地下连续墙体与周围土体之间的切向变形存在不协调性。土层与地下连续墙间的摩擦力与二者之间的摩擦面特性以及周边土层的侧压力有关，当摩擦力达到一定的程度后将会发生剪切错动，此时摩擦力保持不变而变形持续增长。为了模拟这一结构特性，在三维模型的土体实体单元与地下连续墙壳单元之间，设置了一种弹塑性实体单元作为接触元，该单元法向厚度取0.1 m，切向尺寸同相连壳单元。采用摩尔-库仑屈服准则较为合理地反应了土体与地下连续墙间的摩擦力及其与土压力的关系，根据周边土体的 c 和 φ 值计算这一单元的弹塑性参数，弹性模量取值较低，计算结果显示了这一变形特征。

竖井施工中为了避免内衬受到地下连续墙的约束加剧收缩变形开裂，在内衬浇捣前，拟在地下连续墙内表面涂刷一层润滑剂材料，这样处理会导致地下连续墙与满堂内衬间的切向刚度很低。为了在三维分析中反映结构的这一界面变形不协调的受力特性，在三维模型的内衬壳元与地下连续墙壳元之间设置了一层各向异性实体单元作为接触面单元以模拟这一变形特性，该单元法向厚度取0.1 m，切向尺寸同相连壳单元。法向弹性模量取值同混凝土，即 $E=3.0\times10^7$ kPa，切向刚度可取极小的值，计算结果表明，设置此单元较为理想地反映了结构的这一变形特性。

竖井内各层土体的逐层开挖、内衬的逆作法分层浇筑以及地下连续墙的施作，在不同的工况中可采用MARC中的单元“生死”功能实现，即开挖后的单元蜕变成了“空气虚单元”。坑底土层的高喷加固以及地下连续墙与内衬间接触面单元的转变采用了设置状态变量，使计算单元的材料特性在不同的工况步中得以实现转换。根据以上原则确定计算方案，加上合理的参数取值、有限元网格建立和模型计算，可得出竖井开挖过程中较为可信的内力及其变形指标。

4）计算参数

有限元分析结果的准确与否，取决于计算参数取值的正确性，为使计算结果具有可比性，此处三维分析的主要计算参数与前次所作的二维分析保持一致。根据委托方补充的有关资料及参考上海市的工程经验，考虑到三维分析的特点，对个别参数进行了适当的修正。

与计算有关的土层参数列于表4-4。其中，地下水位以上取天然重度 $\gamma=(1+w)\gamma_d$，w 和 γ_d 分别为含水量和土体干重度；地下水位以下取饱和重度，根据表4-1所列数据计算得各土层天然重度，如表4-4所列。通常计算时均按经验取相应土层压缩模量 E_s 的2～4倍而得出相应的弹性模量值。考虑到安全性并与二维分析保持一致，此处只保守地按地质报告中所提土体的压缩模量 E_S 的3倍处理，根据委托方提供资料，泊松比酌取为 $\mu=0.4$。计算厚度按实际的土层分布，根据单元划分进行了适当的调整。

表4-4 地基土层力学计算指标

层序	土层名称	天然重度 ρ(kN/m^3)	弹性模量 E(MPa)	泊松比 μ	固快强度峰值		计算厚度 (m)
					c(kPa)	φ(°)	
	堆石、石渣	−20.00	40.00	0.4	—	—	3.0
①	粉砂	−17.20	30.66	0.4	22.0	23.0	3.0
②	细砂	−18.79	26.61	0.4	8.7	25.0	3.0
③	粉质壤土	−20.22	30.54	0.4	6.7	27.0	6.0
④	中砂	−20.91	44.88	0.4	6.6	28.0	15.0
⑤	细砂	−18.20	36.00	0.4	6.0	27.0	3.0

（续表）

层序	土层名称	天然重度 ρ(kN/m^3)	弹性模量 E(MPa)	泊松比 μ	固快强度峰值		计算厚度 (m)
					c(kPa)	φ(°)	
⑩	含砾中砂	−20.91	51.13	0.4	4.8	30.0	15.5
⑪	粉质黏土	−19.28	18.75	0.4	26.0	16.8	2.0
⑫	细砂	−20.12	27.42	0.4	10.0	28.0	5.0
⑬	中砂	−20.12	27.42	0.4	10.0	28.0	7.0
⑮	粉质壤土	−19.84	13.77	0.4	32.8	20.3	14.5
⑱	中砂、砾砂	−20.90	49.08	0.4	0.0	34.0	8.5
⑳	黏土岩	−18.20	36.00	0.4	50	23.0	66.0
底板下 5 m 范围土体高压旋喷加固		−24.00	1.0×10^5	0.4	—	—	—

注：④、⑩、⑱等层土体的计算参数，按各夹层土按厚度加权平均求得。

表 4-5 为地下连续墙、内衬及冠梁等材料参数。根据委托方提供的有关资料，地下连续墙厚度为 1.4 m。由于地下连续墙为分幅浇筑，而各幅墙体的水平向之间并没有环向钢筋相连接，各幅墙体只是“各自为战，互不为助”，故对其水平向刚度会产生十分显著的削弱，并进而影响到墙体的竖向刚度。此处参照上海地区已有的众多工程设计经验，在计算地下连续墙的内力时，实践上多只取地下连续墙厚度的对折，即折减为 0.7 m 计算，以反映这一不利影响因素，由此所得的内力值将较为符合实际情况。

表 4-5　地下连续墙、内衬及冠梁等材料参数

名称	重度 ρ(kN/m^3)	弹性模量 E(kPa)	泊松比 μ	厚度 t(m)
地下连续墙	25	3.0×10^7	0.167	1.4
基坑底板	25	3.0×10^7	0.167	2.0
满堂内衬	25	3.0×10^7	0.167	0.8
冠梁	25	3.0×10^7	0.167	2.9×3.0
备注	冠梁所列数值为局部坐标系下的值；局部坐标系与总体坐标系的关系如下图所示：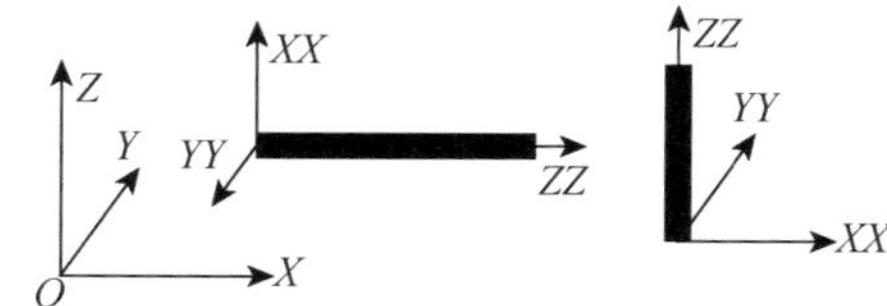			

注：连续墙和内衬混凝土强度等级均为 C30。

5）*初始地应力确定*

由于该工程所处地层主要为大河冲积和洪积层，且下卧基岩埋置较深，故地层的构造地应力水平很低，初始地应力场主要只由土体自重引起，计算中由有限元程序直接求得。

6）*模型网格划分*

根据计算区域及研究问题的需要，同时考虑到计算硬件条件，模型网格划分共计 25 424 个单元、24 858 个节点，分别如图 4-4—图 4-8 所示。

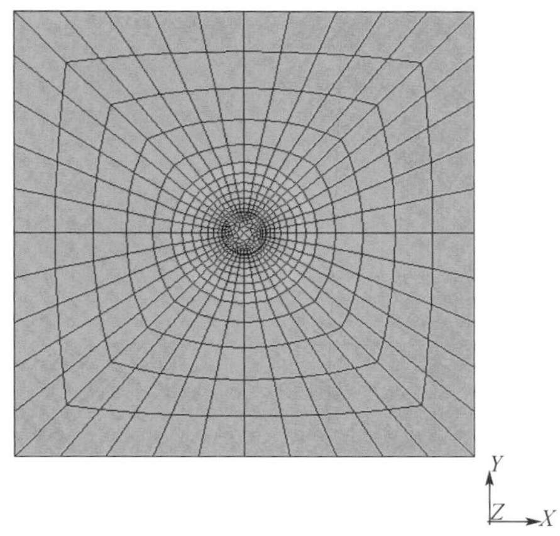

图 4-4　模型俯视图

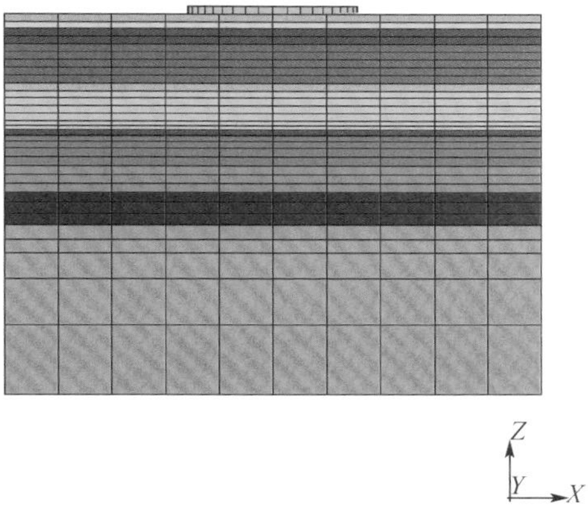

图 4-5　模型土层剖面图

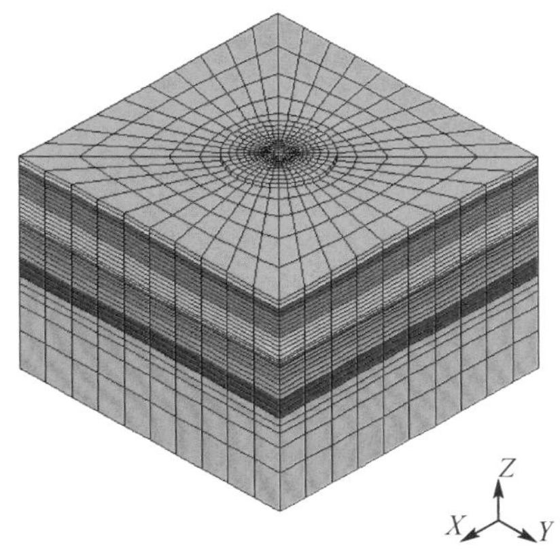

图 4-6　模型三维有限元网格图

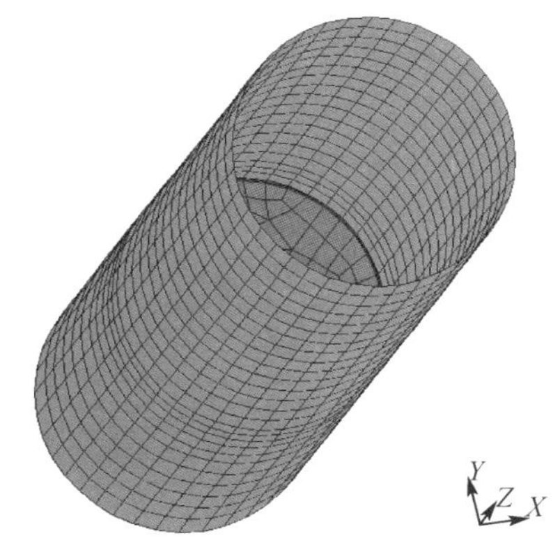

图 4-7　地下连续墙及底板结构图

4.2.3　三维有限元计算成果及分析

为便于理解，对计算结果作如下说明(图 4-9)：

(1) A-A，B-B，C-C，D-D 线在总体坐标系中的位置如图 4-9 所示，其中 A-C，B-D 分别与总体坐系 X 轴、Y 轴平行。

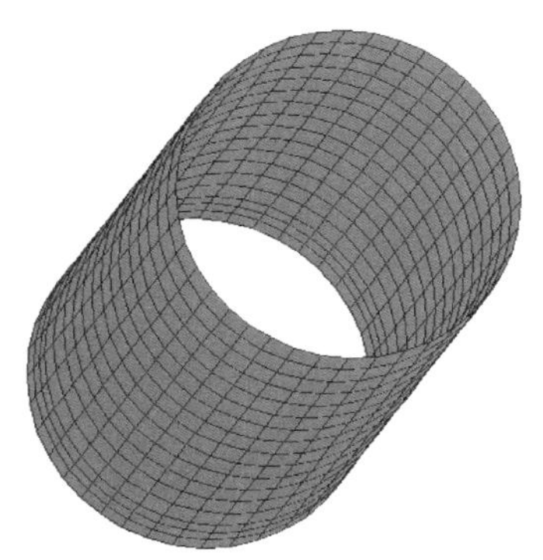

图 4-8　竖井井筒三维有限元网格图

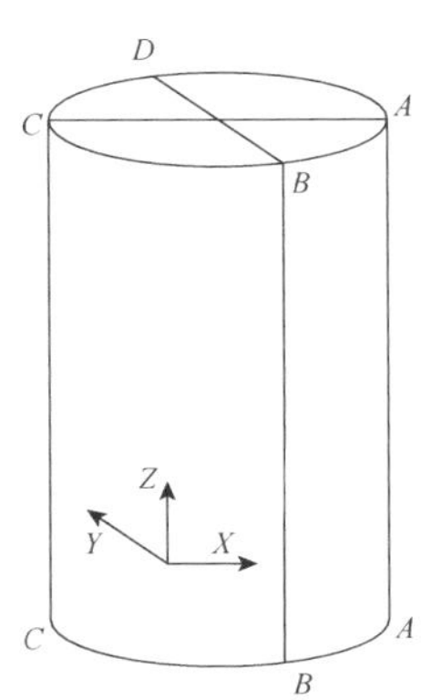

图 4-9　A-A，B-B，C-C，D-D 线

(2) 计算结果中,位移为正值,表示位移方向与整体坐标系正方向一致,反之亦然。

(3) 计算结果中,弯矩为正值,表示地下连续墙或者内衬外侧受拉,负值表示里侧受拉。计算结果中轴向弯矩表示平行于 Z 轴沿竖向取单位宽连续墙(或内衬)所得的弯矩值;同时,环向弯矩表示从某一标高处取单位宽连续墙(或内衬)环所得的弯矩值。

(4) 计算结果中,轴力为正,表示地下连续墙或者内衬受拉,负值表示受压。正轴向轴力表示平行于 Z 轴,竖向取单位宽连续墙(或内衬)所得的轴力值;同时,环向轴力表示从某一标高处取单位宽连续墙(或内衬)环所得的轴力值。

1) 地表隆起、沉降变形

竖井开挖以及充水预压各工况下,基坑外周的地表隆起随工况的变化如图 4-10 所示。

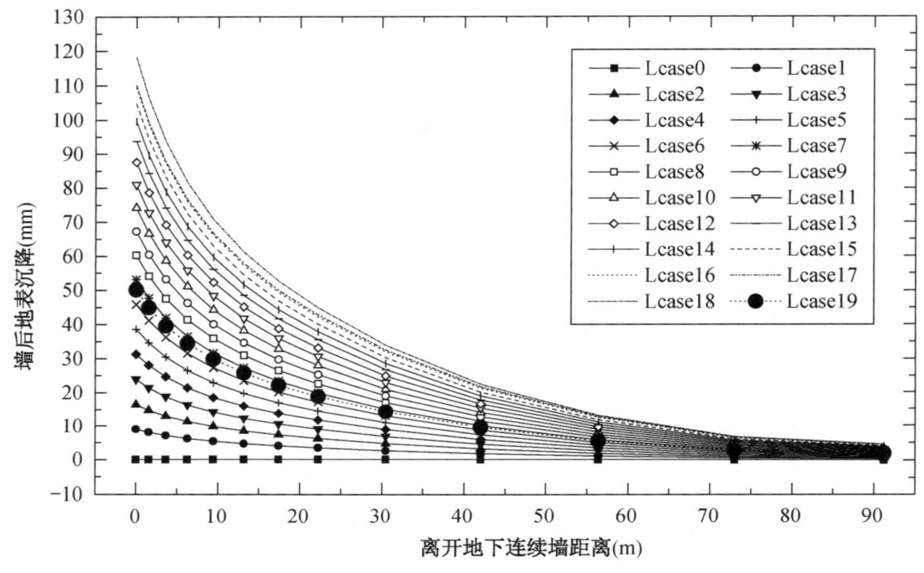

图 4-10 墙后地表沉降

由图 4-10 可见,竖井开挖过程中,墙后地表隆起量随着该处与墙距离的增大而减小,其最大隆起量约为 12 cm,发生在工况 18(开挖全部完成,内衬全部浇注完成)。浇筑底板并充水预压后,墙后地表隆起量减少,其中最大隆起量减少到 5 cm。各工况下,墙后地表最大沉降如表 4-6 所列。

表 4-6 各工况下墙后地表最大沉降

工况	地表沉降(mm)	工况	地表沉降(mm)	工况	地表沉降(mm)	工况	地表沉降(mm)
Lcase0	0.0	Lcase5	38.6	Lcase10	74.23	Lcase15	104.7
Lcase1	9.1	Lcase6	45.9	Lcase11	80.99	Lcase16	109.4
Lcase2	16.5	Lcase7	53.2	Lcase12	87.53	Lcase17	110.1
Lcase3	23.9	Lcase8	60.3	Lcase13	93.78	Lcase18	118.2
Lcase4	31.3	Lcase9	67.3	Lcase14	99.59	Lcase19	50.1

2) 坑底回弹变形

如不计或未采用底板下地基高喷加固情况,则在各工况下,坑底土体最大回弹变形如图

4-11 所示。充水预压后,坑底土体回弹变形距坑边距离的变化如图 4-12 所示。事实上,由于采用了基底高喷加固处理,其隆沉变形量极小,可不再计及。

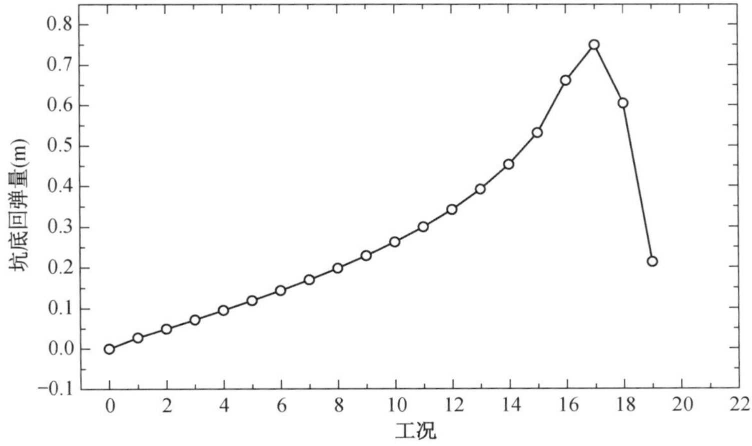

图 4-11　各工况坑底最大回弹变形

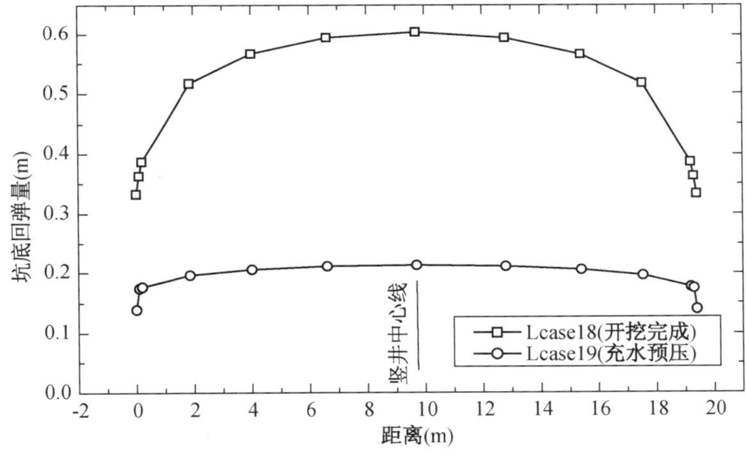

图 4-12　坑底土体回弹变形

计算结果表明,随着开挖的进行,每一步开挖结束后的坑底回弹量逐渐增大。当开挖至设计深度后,坑底最大回弹量可达 75 cm,而当充水预压后坑底最大回弹降低到 21 cm,其量值都十分可观。因而,在浇筑底板前,先期进行基底高喷(满堂或抽条)加固,是十分必要的。

3) 地下连续墙的变位和内力

(1) 地下连续墙的水平向变位

各工况下,地下连续墙水平方向的位移如图 4-13 所示。

计算结果表明,该工程中地下连续墙的水平收敛变形较小。开挖过程中,随着开挖深度的加大,最大水平变形也增大。开挖结束后,最大水平变形仅约为 1.4 mm,充水预压后,最大水平变形减少到 0.9 mm。表 4-7 列出了各工况下地下连续墙的最大水平变形。

(2) 地下连续墙轴向弯矩

各工况下,地下连续墙轴向弯矩如图 4-14 所示。

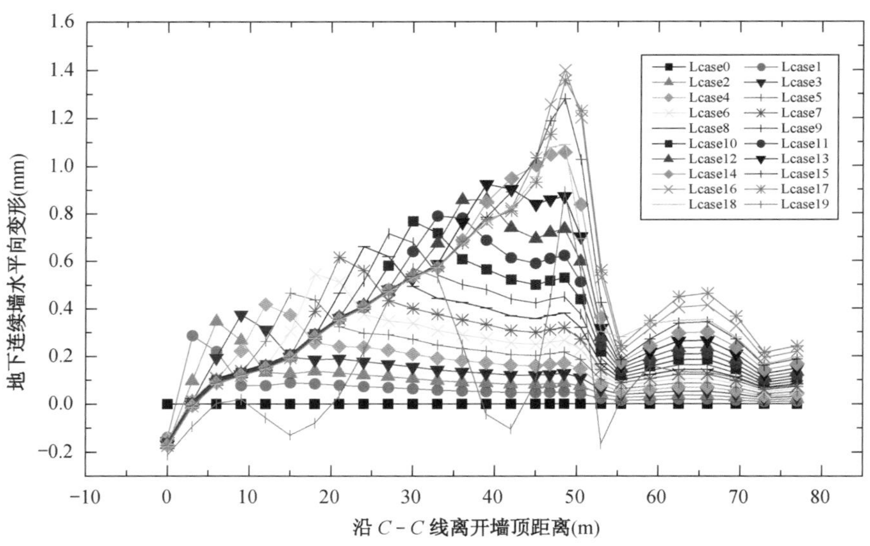

图 4-13　各工况地下连续墙水平变形

表 4-7　各工况下地下连续墙的最大水平变形(沿 *C*-*C* 线)

工况	水平位移(mm)	工况	水平位移(mm)	工况	水平位移(mm)	工况	水平位移(mm)
Lcase0	0	Lcase5	0.47	Lcase10	0.77	Lcase15	1.3
Lcase1	0.3	Lcase6	0.55	Lcase11	0.79	Lcase16	1.4
Lcase2	0.35	Lcase7	0.62	Lcase12	0.86	Lcase17	1.4
Lcase3	0.38	Lcase8	0.66	Lcase13	0.92	Lcase18	1.1
Lcase4	0.42	Lcase9	0.72	Lcase14	1.1	Lcase19	0.9

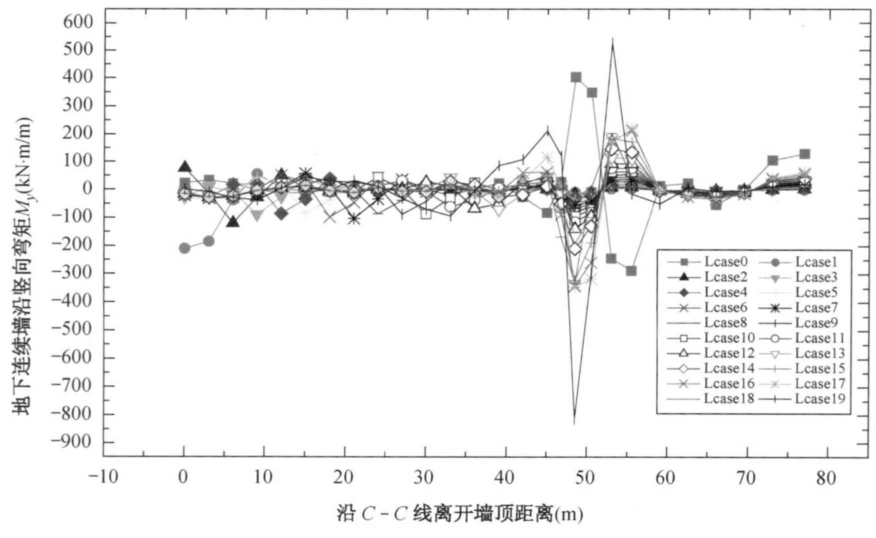

图 4-14　各工况地下连续墙沿 *C*-*C* 线轴向弯矩

计算结果表明，该工程中地下连续墙的轴向弯矩较小。随着开挖深度的加大，最大轴向弯矩出现的位置下移。开挖结束后，最大轴向弯矩绝对值约为 344.4 kN·m/m；充水预压后，最大轴向弯矩绝对值增大到 812.5 kN·m/m。表 4-8 列出了各工况下地下连续墙的最大轴向弯矩。

表 4-8　各工况下地下连续墙的最大轴向弯矩(沿 *C-C* 线)

工况	轴向弯矩 (kN·m/m)	工况	轴向弯矩 (kN·m/m)	工况	轴向弯矩 (kN·m/m)	工况	轴向弯矩 (kN·m/m)
Lcase0	0	Lcase5	44.4/—82.9	Lcase10	45.4/—86.0	Lcase15	183.6/—321.5
Lcase1	55.5/—183.8	Lcase6	51.3/—96.7	Lcase11	77.6/—113.3	Lcase16	212.7/—339.6
Lcase2	51/—119.4	Lcase7	58.0/—110.9	Lcase12	94.4/138.4	Lcase17	221.4/—344.4
Lcase3	41.2/—87.8	Lcase8	40.0/—85	Lcase13	115.4/—164.7	Lcase18	203.4/—330.6
Lcase4	39.6/—84.5	Lcase9	36.2/—86.9	Lcase14	146/—209.1	Lcase19	526.2/—812.5

(3) 地下连续墙轴向轴力

各工况下，地下连续墙轴向轴力如图 4-15 所示。

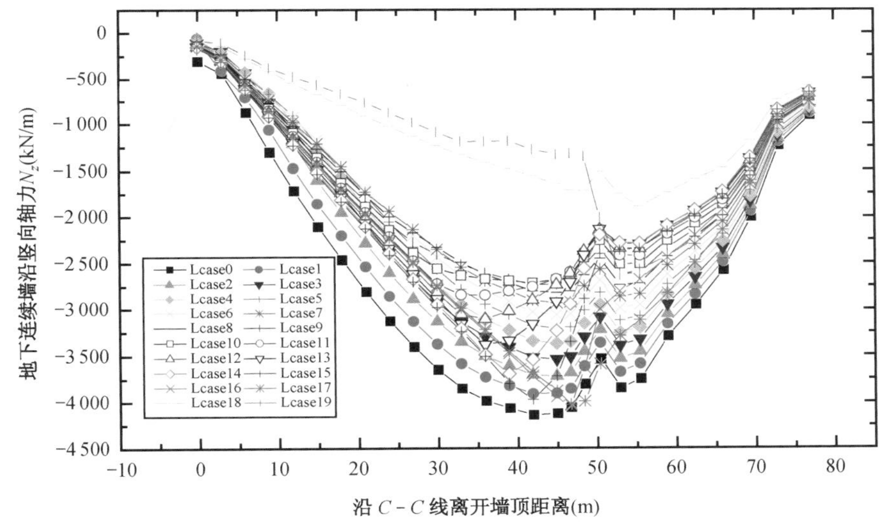

图 4-15　各工况地下连续墙沿 *C-C* 线轴向轴力

计算结果表明，随着开挖深度的加大，最大轴向轴力逐渐减少。开挖之前，最大轴力约为 4 139.7 kN/m。开挖结束后，最大轴向轴力约为 4 022.9 kN/m，充水预压后，最大轴向轴力减少到 2 632.5 kN/m。表 4-9 列出了各工况下地下连续墙的最大轴向轴力值。

表 4-9　各工况下地下连续墙的最大轴向轴力(沿 *C-C* 线)

工况	轴力(kN/m)	工况	轴力(kN/m)	工况	轴力(kN/m)	工况	轴力(kN/m)
Lcase0	—4 139.7	Lcase5	—3 212.8	Lcase10	—2 713.3	Lcase15	—3 969.6
Lcase1	—3 907.4	Lcase6	—3 064.5	Lcase11	—2 842.0	Lcase16	—4 034.5
Lcase2	—3 708.3	Lcase7	—2 931.7	Lcase12	—3 106.0	Lcase17	—4 022.9
Lcase3	—3 520.7	Lcase8	—2 818.7	Lcase13	—3 384.3	Lcase18	—1 886.8
Lcase4	—3 343.7	Lcase9	—2 731.6	Lcase14	—3 544.4	Lcase19	—2 632.5

4）内衬弯矩与轴力

图 4-16 和图 4-17 分别列出了内衬环向弯矩和环向轴力随工况的变化情况。选取的四个代表性位置的标高分别为 103.000 m，91.000 m，76.000 m 和 61.000 m(其中，地表标高为 106.000 m)。

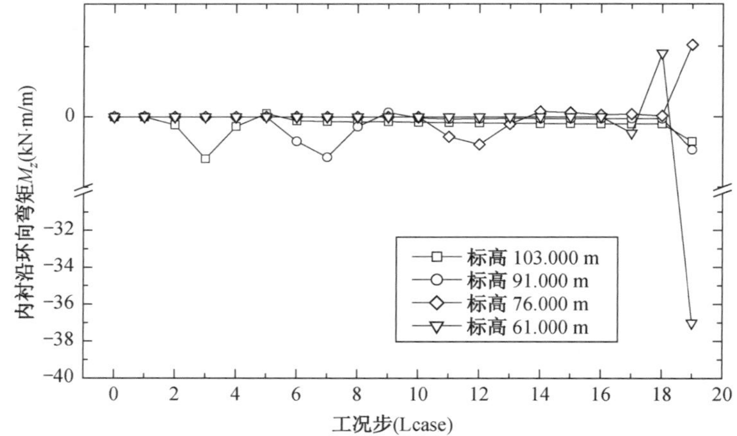

图 4-16　各工况下不同标高处内衬环向弯矩

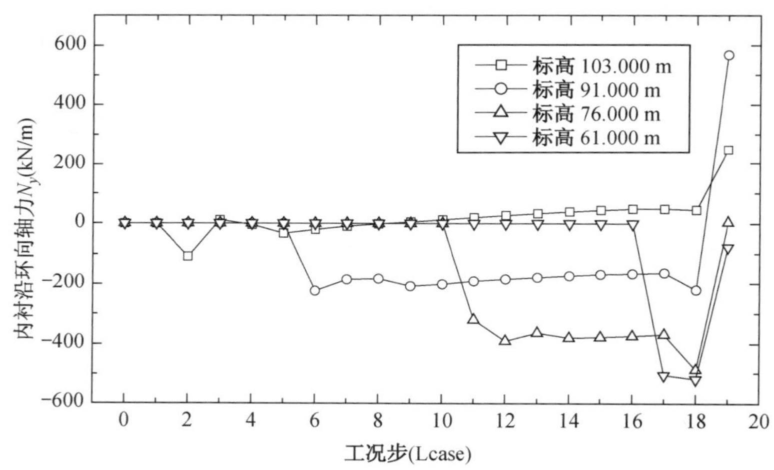

图 4-17　各工况下不同标高处内衬环向轴力

计算结果表明，该工程中内衬环向弯矩值均较小。开挖过程中，各标高处的环向轴力随所在深度的增加而增大。充水预压后，轴力值均有不同程度的减小，并且，标高 103.000 m 和 91.000 m 处内衬环向轴力由压力转化为拉力。表 4-10 列出了各标高处内衬在施工过程中以及充水预压后的最大环向弯矩及轴力值。

表 4-10　各标高处内衬最大环向弯矩与最大环向轴力

标高	最大环向弯矩(kN·m/m)				最大环向轴力(kN/m)			
	正弯矩	发生工况	负弯矩	发生工况	正轴力	发生工况	负轴力	发生工况
103.000	0	—	−2.9	Lcase3	247.2	Lcase19	−108.7	Lcase2
91.000	0	—	−2.5	Lcase19	567.1	Lcase19	−223.9	Lcase6
76.000	5.1	Lcase19	−2.0	Lcase12	—	—	−390.4	Lcase12
61.000	4.5	Lcase18	−37	Lcase19	—	—	−519.6	Lcase18

5）冠梁弯矩与轴力

图 4-18 和图 4-19 分别列出了地下连续墙墙顶处冠梁的弯矩和轴力随工况的变化情况。

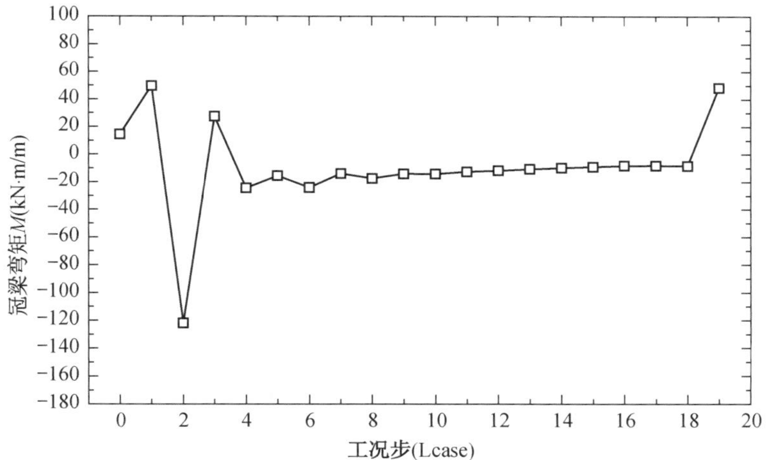

图 4-18　冠梁弯矩随工况的变化

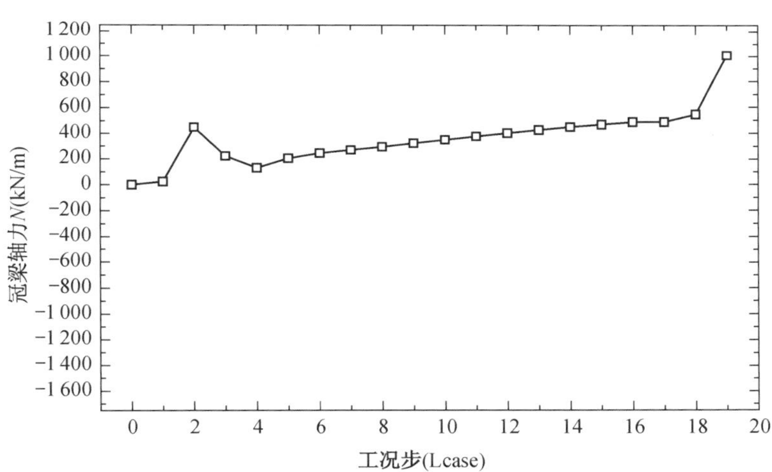

图 4-19　冠梁轴力随工况的变化

计算结果表明，该工程中冠梁环向弯矩值较小。表 4-11 列出了各标高处内衬在施工过程中以及充水预压后的最大环向弯矩及轴力值。

表 4-11　冠梁最大弯矩与轴力

位置	最大弯矩(kN・m)				最大轴力(kN)			
	正弯矩	所在工况	负弯矩	所在工况	正轴力	所在工况	负轴力	所在工况
冠梁	49.6	Lcase1	−121.9	Lcase2	1009.2	Lcase19	—	Lcase0

4.2.4　计算结果和建议

通过以上对北岸竖井结构所作的三维计算分析，对地下连续墙墙体与内衬结构的受力和变形，有以下结论和建议。

(1) 在北岸竖井开挖过程中,墙后地表的隆起量随离开墙体水平距离的增大而减小。当开挖结束,内衬全部浇注完成后,地表的最大隆起量约为 12 cm;浇注底板并充水预压后,墙后地表隆起量减小,其中最大隆起量减小到 5 cm。地表最大沉降量亦约为 12 cm,发生在第 18 工况。对该项工程此处周边土工环保要求不是很高的情况下,坑外周地表的这些隆、沉值将不足为虑。

(2) 每一步开挖结束后的坑底回弹量,随着开挖深度的增加而逐渐增大。当基坑开挖至设计深度后,在不作地基加固处理的情况下,坑底最大回弹可达 75 cm,而在充水预压后坑底最大回弹降低到 21 cm。由于土基回弹量过大,土体有可能出现塑性隆起而局部失稳,进而致使坑外周水土涌入坑内,产生翻砂和管涌;由此论证了在底板施作前,先期对坑内地基进行高喷加固处理的必要性。

(3) 计算结果表明,在施工开挖(按每步开挖 3 m,由上到下逆作进行,先开挖、后施作内衬)以及充水预压工况情况下,地下连续墙的最大水平变位为 1.4 mm,最大轴向弯矩为 812.5 kN·m/m,最大轴力为 4 139.7 kN/m;内衬的最大环向弯矩为 37.0kN·m/m,最大环向轴力为 567.1 kN/m;冠梁的最大环向弯矩为 121.9 kN·m/m,最大环向轴力为 1 009.2 kN/m。表 4-12 列出了各种工况情况下上述各项的绝对最大值。

表 4-12 开挖工况下竖井结构变位与内力的最大值(绝对值)

工况	地下连续墙			内衬		冠梁	
	水平位移 (mm)	轴向弯矩 (kN·m/m)	轴力 (kN/m)	环向弯矩 (kN·m/m)	环向轴力 (kN/m)	弯矩 (kN·m)	轴力 (kN)
Lcase0	0.00	0.0	4 139.7	0.0	0.0	14.5	0
Lcase1	0.30	183.8	3 907.4	0.0	0.0	49.6	24.1
Lcase2	0.35	119.4	3 708.3	0.6	108.7	−121.9	450.4
Lcase3	0.38	87.8	3 520.7	2.9	10.8	27.4	222.1
Lcase4	0.42	84.5	3 343.7	0.7	4.9	−24.4	129.0
Lcase5	0.47	82.9	3 212.8	0.2	32.8	−15.5	203.7
Lcase6	0.55	96.7	3 064.5	1.7	223.9	−24.1	244.2
Lcase7	0.62	110.9	2 931.7	2.9	186.0	−13.9	269.9
Lcase8	0.66	85.0	2 818.7	0.7	183.5	−17.4	294.6
Lcase9	0.72	86.9	2 731.6	0.3	208.3	−14.0	323.9
Lcase10	0.77	86.0	2 713.3	0.4	201.9	−14.2	350.9
Lcase11	0.79	113.3	2 842.0	1.4	320.1	−12.5	377.6
Lcase12	0.86	138.4	3 106.0	2.0	390.4	−11.7	403.0
Lcase13	0.92	164.7	3 384.3	0.5	363.6	−10.6	427.3
Lcase14	1.10	209.1	3 544.4	0.5	380.4	−9.7	449.7
Lcase15	1.30	321.5	3 969.6	0.5	377.7	−8.9	469.1
Lcase16	1.40	339.6	4 034.5	0.5	373.9	−8.2	486.6
Lcase17	1.40	344.4	4 022.9	1.2	506.2	−8.0	487.1
Lcase18	1.10	330.6	1 886.8	4.5	519.6	−8.3	544.3
Lcase19	0.90	812.5	2 632.5	37.0	567.1	48.5	1 009.2

(4) 在已完成的二维计算中，是将地下连续墙(纵向计算)和内衬(环向计算)二者分别计算考虑的。北岸竖井开挖步仅代表性地取五个大步作计算，其每步开挖深度达到 9.50 m，也未及计算充水预压工况。此处做三维详细计算，坑内挖土、支护则按实际开挖的工步数进行了细致分析，并计入了充水预压工况以及内衬分层逆作施工等多种因素。

由于三维计算中充分计入了圆形地下连续墙与内衬相互间成整体的空间拱效应的影响，并且，每一工况地下连续墙未施作内衬支撑前的"无支长度"仅为 3 m；而二维计算中则无法计入整体空间效应，更又由于在二维计算时，为计算出轴对称内衬的截面偏心弯矩，而人为地施加了坑外周两个相对不均匀的主动土压力(φ 值在两个对向，分别按设定值的 $\pm5^{\circ}$ 计算)，故而得出因结构整体侧移发生的偏心弯矩，它比不考虑侧移时的相应各值要大得多。同时如上所述，二维计算中地下连续墙的未支撑长度达 9.50 m，也使按二维计算的结果偏大很多。故此，开挖阶段地下连续墙的三维弯矩和轴力的计算值均较二维的小许多；内衬构件由于轴对称性原因(即未再计入坑外周土压力不均匀等不利因素)，其三维内力的计算值也都比较小。这些看来也还是合理的，并可作出如上述的解释依据。充水工况下的三维结构内力比较大，应作为设计时的控制内力取用。现将两次计算结果列于表 4-13，以便比较分析。

表 4-13　各工况作用下竖井结构变位与内力的最大值(弯矩为绝对值)及与按二维计算条件比较表

工况条件		地下连续墙			内衬		冠梁	
		水平位移 (cm)	轴向弯矩 (kN·m/m)	轴力 (kN/m)	环向弯矩 (kN·m/m)	环向轴力 (kN/m)	弯矩 (kN·m)	轴力 (kN)
三维	充水	0.09	812.5	−2 632.5	37.0	567.1	48.5	1 009.2
	开挖	0.14	344.4	−4 139.7	2.9	−519.6	121.9	487.1
二维	开挖	4.69	1 518.9	−3 080.7	38.3	−2 710.4	—	—

(5) 将此处的计算结果与已完成的接头三维计算作比较分析后可见，二者所得的相应各值尚较接近，这说明该处接头的应力集中现象并不很显著。这是因为，竖井与隧洞接头在制作上仅是将二者的钢筋通过接驳器相勾连，而并未较大范围地灌筑整体混凝土，故而尚不足以构成完整的三维实体，其接头处的应力集中现象自不可能得以充分发挥，这是可以推断与理解的。

(6) 对于上述第(4)点第二段中所述的，在前次所作的二维计算中，将坑外周两个对相土体的主动土压力参数 φ 值较正常值人为地分别加、减 5° 的做法，只是业界习惯上为算出轴对称问题截面弯矩值的一种手段；同时，也因而导致了因结构整体性侧倾而产生了较大的纵向偏心弯矩；尽管这种侧倾量在武汉市阳逻大桥南锚碇基坑的监测位移中得到过证实，但由于这一设计构想并未纳入正式规范，因而，在此处所提交的三维内力的正式计算成果中似不便纳入，而只是在二维计算中考虑，使便于对照参考和比较。是否得当，拟请设计方斟酌后决定。

4.3　竖井内弯管结构三维静力分析

输水隧洞工程在南、北岸边均分别设置有左、右一对工作竖井，施工期其北岸竖井是隧洞盾构掘进的始发井。在盾构推出井筒且隧洞工程竣工后，在北竖井内将浇筑钢筋混凝土输水弯管。弯管下接黄隧洞，下弯管出井后用沉降缝与隧洞衬砌相铰接；其上弯管出井后则经闸室和消力池，再由渐变段与北岸滩地的明渠相连接，弯管出井处亦设置沉降缝。

本节以北岸竖井为例，对弯管结构受力的三维计算分析，分为弯管竣工期和管水排空期、施工充水期和运行期等 3 个工况；以及分别对夏季和冬季验算结构温度应力，进而对多种工况条件的不利荷载组合进行计算分析。

计算中采用了 ANSYS 通用软件程序，按三维实体单元作弹性力学分析，所得为单元应力值；为了与其相应的弯矩值作比较，以便于配筋设计，又进而将上弯管部分单独用壳体单元分析，并与原来按实体单元的应力计算分析结果进行了比较，得出了有设计参考价值的结论意见。

4.3.1 内水压力作用下弯管应力计算

1) 参数取值

弯管结构混凝土强度等级为 C30，按《混凝土结构设计规范》(GB 50010—2002)取用：

混凝土弹性模量 $E_c=3\times10^4\ N/mm^2$，泊松比 $\mu=0.2$；

混凝土抗拉强度设计值为 $1.43\ N/mm^2$，标准值为 $2.01\ N/mm^2$；

混凝土抗压强度设计值为 $14.3\ N/mm^2$，标准值为 $20.1\ N/mm^2$。

2) 模型建立

(1) 模型尺寸

以弯头朝向所在的纸面平面为 xz 平面：x 轴正向与上弯头弯向一致，z 轴正向为竖直向上，y 轴正向垂直纸面向内，坐标原点 O 取在弯管截面突变的内孔圆心处。

实体模型的主要尺寸按照北岸竖井结构布置图确定。

高度上的三个控制标高分别是：横截面突变处(标高 87.00 m)和上、下弯头始弯处(标高 94.50 m，76.00 m)；圆孔内半径为 3.5 m，上半段的外半径为 4.75 m，其他部分为实体混凝土，实体混凝土所占空间为 1.4 m 厚地下连续墙和 2.5 m 厚内衬组成的竖井内空间；弯管半径为 9 m，并考虑其上、下端转弯后的水平段挑出竖井井壁外 2.5 m 长的悬臂(图 4-20)，通过沉降缝分别在竖井外与闸室段以及主输洞相铰接。

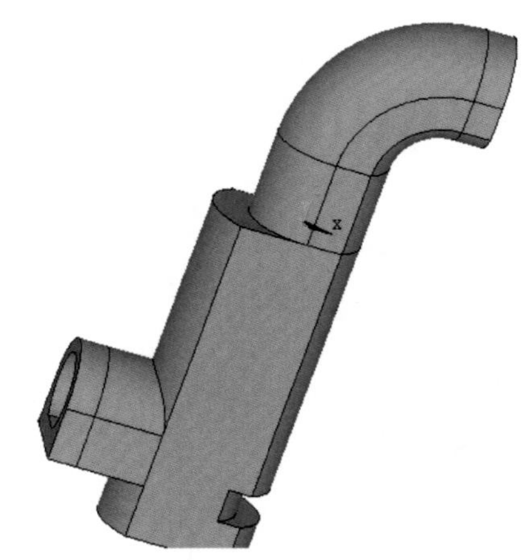

图 4-20 弯管结构实体模型

(2) 单元选取

为了考虑竖井内衬对弯管的约束作用，本子项计算考虑了用弹性约束来代替常规的简支条件，以提高计算的准确性。此处的弹性约束用受压弹簧单元来模拟，即弹簧只能受压不能受拉，受拉即表示弯管外侧与内衬内侧分离，不再接触。弹簧的等效刚度可通过换算得到。因此，本子项计算主要有两种单元：混凝土单元和弹簧单元。

① 混凝土单元

三维混凝土实体单元 Solid65，单元参数按照前面的参数取值进行。总共 15 161 个混凝土单元，采用三维实体 8 节点等参单元。

② 弹簧单元

连接单元 Link10，如上所述，弹簧单元设置为只能受压，总共 417 个弹簧单元。

通过换算求得弹簧的等效刚度后，按照弹簧单元刚度为常数值不变的原则进行其参数设定，即根据 $k=EA/L$ 设定参数。本子项计算经换算得到的弹簧等效刚度为 $k=2\times10^{10}$ N/m，在有限元计算中设定弹簧单元的 $E=1\times10^{10}$ N/m^2，$A=2$ m^2，$L=1$ m。

③ 内衬等效刚度计算

计算原则：由于内衬高度远大于其横截面尺寸，因此可取内衬的圆环截面作为分析对象，如图 4-21(a)所示，在圆环内施加单位径向压力 P，求得径向变形 $\Delta\delta$ 后，由 $k=P/\Delta\delta$ 即可得到内衬的等效刚度。

本子项计算采用当前国际上广泛通用的 ANSYS 软件进行分析计算。单元采用 Plane42，内衬参数按强度等级 C40 的普通混凝土取用：弹性模量 $E_c=3.25\times10^4$ N/mm^2，泊松比 $\mu=0.2$。计算结果：圆环轴向变形为 0.0864×10^{-9} m，由此得内衬等效刚度为 1.157×10^{10} N/m。由于此处计算中未计入地下连续墙和井外周水土压力的附加约束，故计算中采用了将前述结果适当放大来作为竖井内衬的等效刚度：$k=2\times10^{10}$ N/m。

按实体模型进行网格划分后的单元模型图如图 4-22 所示。

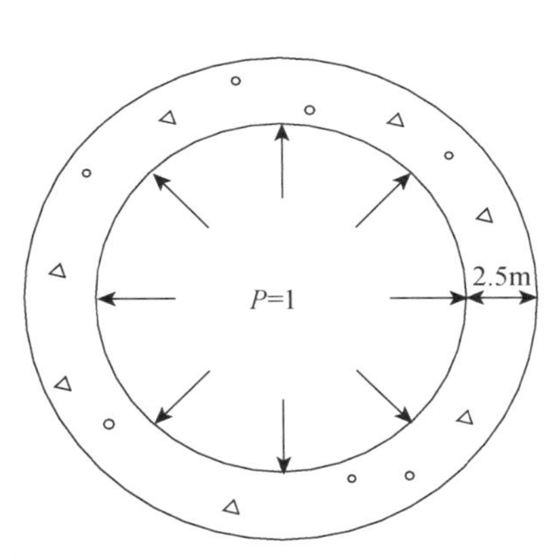

(a) 计算简图

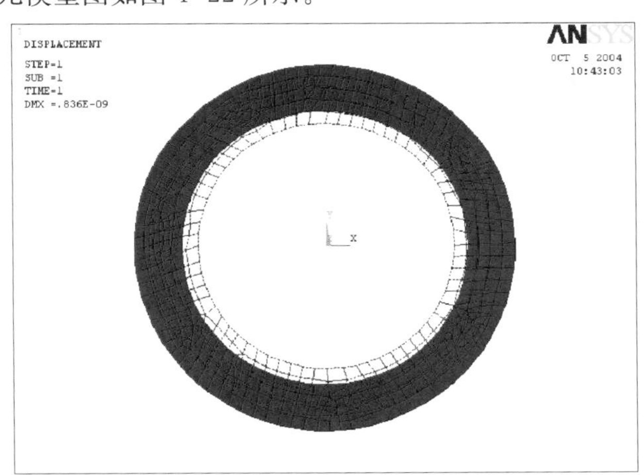

(b) 计算结果

图 4-21　内衬等效弹性刚度计算

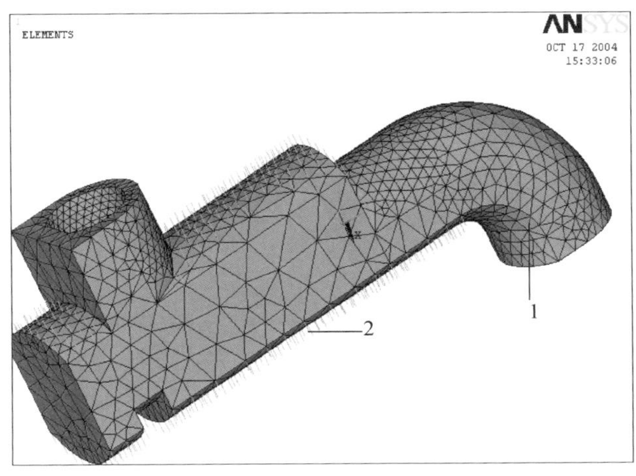

图 4-22　单元模型图

1—混凝土单元；2—弹簧单元

注：弹簧为节点集中弹簧

(3) 边界条件

弯管底座采用简支支座，以约束弯管的竖向位移。

弯管外侧与内衬接触的面采用弹性约束，即上面所述的弹簧单元。单元一端节点为实体混凝土单元节点，二者自由度一致，以保证计算上的协调一致；另一端的三个自由度则设定为全部受约束住。

弯管穿过竖井壁的部分，由结点构造可知，可近似认为受简支支座约束。

3) 计算结果

(1) 工况 1

竣工初期(尚未充水前阶段)以及检修期内水排空阶段工况，该工况的弯管变形位移、主应力与等效应力分布分别如图 4-23—图 4-25 所示。

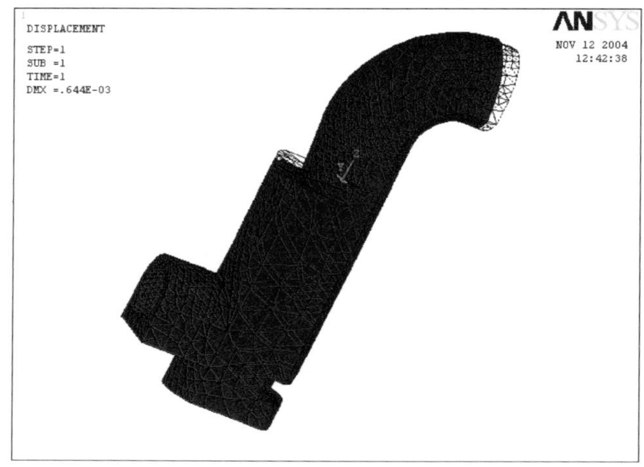

图 4-23 弯管变形计算结果

(节点最大位移：x 方向 −0.630 72 mm，y 方向 0.024 905 mm，z 方向 −0.540 08 mm)

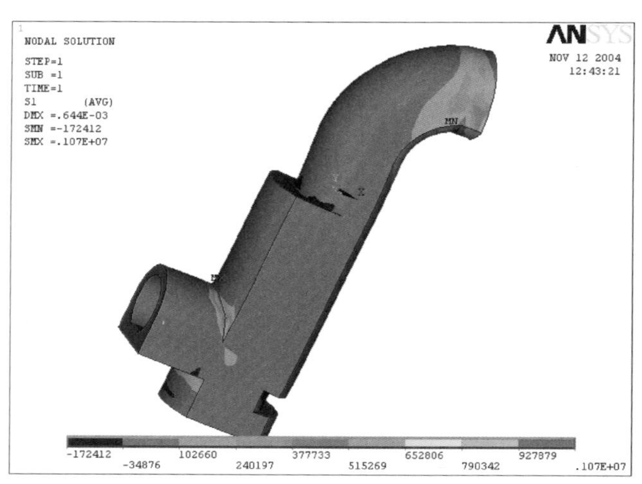

图 4-24 弯管第一主应力分布云图

(第一主应力的最大值为 1.07 N/mm²，出现在下弯头外壁与竖井连接处；
第一主应力的最小值为 −0.172 N/mm²，出现在上弯头出竖井壁处)

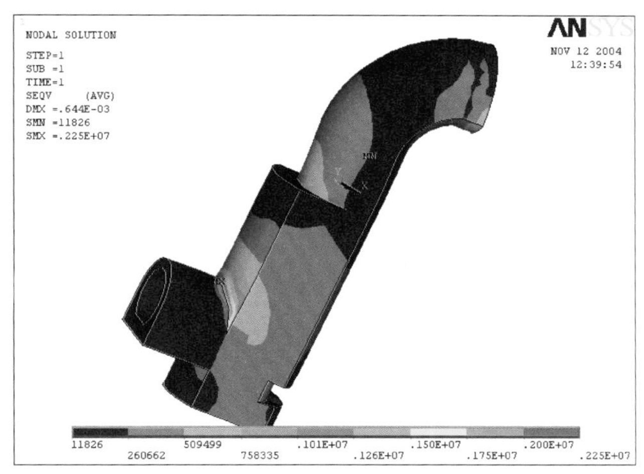

图 4-25　弯管等效应力(按 Von Mises 准则)分布云图

(等效应力的最大值为 2.25 MPa，出现在下弯头外壁上方与竖井连接处；
等效应力的最小值为 0.011 8 MPa，出现在弯管中部右侧面与竖井接触面处)

(2) 工况 2 与工况 3

与上述讨论类似，工况 2(施工期水位 105.0 m 的管内充水阶段工况)以及工况 3(运行期水位 117.0 m 的管内输水阶段工况)也可计算获得弯管变形及最大主应力，结果将在后续汇总给出(表 4-20)，限于篇幅，此处应力云图不再给出。

4.3.2　弯管温度应力计算

季节性气温变化，在弯管混凝土结构内将产生一定的温度应力。此处按夏季和冬季两个不同季节分别考虑，作计算分析。

1) 计算方法

温度应力的计算属于耦合分析。本子项计算采用间接法进行温度应力的分析：首先进行热分析，求出弯管内外表面温度不一致时各节点的温度，然后进行单元转换，并将求得的节点温度作为体荷载施加在转换后的结构单元节点上，进行结构应力分析后即可求得各节点温度应力的大小。

2) 参数取值

弯管混凝土强度等级 C30，按《混凝土结构设计规范》(GB 50010—2002)取用：

混凝土弹性模量 $E_c = 3\times10^4$ N/mm^2；

泊松比 $\mu = 0.2$；

混凝土线膨胀系数 $\alpha_c = 1\times10^{-5}$/℃(温度在 0 ℃到 100 ℃之间时，规范要求按此值取用；当温度在 0 ℃以下时，规范未给出建议值，本计算亦按此取值)；

混凝土导热系数取 2.75 W/(m·℃)[朱伯芳著《大体积混凝土温度应力与温度控制》中给出的混凝土导热系数 λ=8～12 kJ/(m·h·℃)，换算后为 2.22～3.33 W/(m·℃)，本计算取 2.75 W/(m·℃)]。

3) 单元选择

进行热分析时选用三维实体单元 SOLID70，求得节点温度后，将其转化为三维实体单元

SOLID45 进行结构应力分析。

4）温度取值及边界条件

（1）水工混凝土的温度变化

① 常年温度变化

常年温度变化是一种比较缓慢的周期性变化，冬冷夏热，变化相对比较简单。在考虑年温度变化对结构的影响时，均以结构物的平均温度为依据。一般规定以最高与最低月平均温度的变化值为年温度变化幅值。

② 短期温度变化

A. 日照温度变化　日照温度变化的影响因素很多，主要有以下几个方面：太阳的直接辐射、天空辐射、地面和水面反射、气温变化及风速等。弯管由于日照温度变化引起的表面和内部温度变化，是一个随机变化的复杂函数。

B. 骤然降温温度变化　骤然降温温度变化是一种无规律的温度变化，是指水工混凝土结构在冷空气侵袭下，结构外表面迅速降温，在弯管结构中形成内高外低的温度分布状态。

（2）弯管结构的温度荷载

由于缺少当地多年实测气温资料，本子项计算考虑两种典型温度情况分别进行夏、冬两季的工况计算。温度荷载取值如下。

① 夏季：弯管顶面太阳直射面 40 ℃，弯管外壁非太阳直射面 34 ℃，实体内部温度 28 ℃，水温 25 ℃。

② 冬季：弯管外壁 −10 ℃，实体内部温度 1 ℃，水温 4 ℃。

（3）弯管温度计算的边界条件

① 内部水边界

混凝土与水接触时可按第一类边界条件计算，即假定混凝土表面温度等于水温。

② 外部空气边界

混凝土与空气接触时，应按第三类边界条件计算。但是，按照第三类边界条件求解，必须要选取准确的表面放热系数，才能得到较满意的计算结果。由于测定结构表面的放热系数很复杂，至今仍缺乏这方面的实测试验数据。另一方面，对于日变化温度来说，混凝土表面温度变幅只有气温变幅的一半左右；对于年变化来说，混凝土表面温度变幅只比气温年变幅小 3%～6%，可假定混凝土表面温度等于气温，可按第一类边界条件计算。

5）计算结果

（1）工况 1

夏季计算结果如图 4-26—图 4-29 所示。

（2）工况 2

冬季计算结果与前述夏季类似，各应力形变计算结果汇总于后续表 4-14 中。

4.3.3　不利荷载组合工况的弯管应力计算

1）计算方法

首先从热分析计算出弯管实体的温度分布，然后转化为结构分析，将单元节点温度作为体荷载施加在结构上，同时施加其他荷载（如水压力、自重等），求解后可得不利荷载组合下的弯管应力。

计算参数的选取值与前面的分析相同。

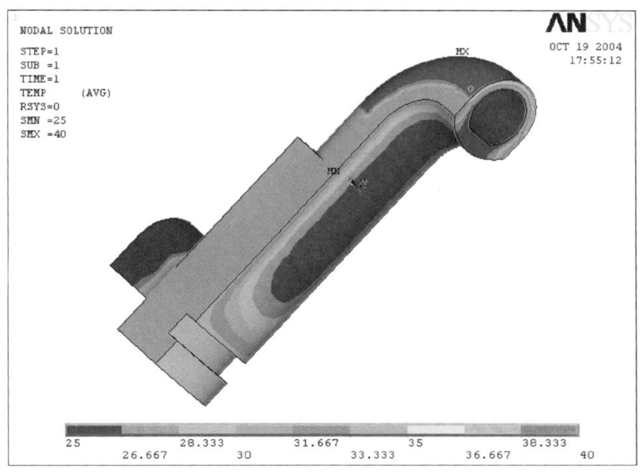

图4-26　弯管温度分布云图(单位:℃)

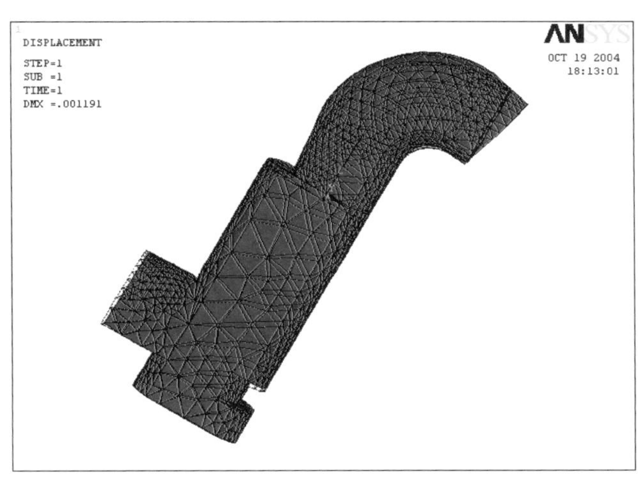

图4-27　弯管温度变形计算结果

(节点最大位移:x 方向 1.149 3 mm, y 方向 0.352 8 mm, z 方向 0.811 48 mm)

2) 计算荷载

(1) 水压力

因为几种荷载的组合是在运行期,所以水压值也就只按运行期水位 117 m 来考虑,而未再计算施工期水位 105 m 的不利组合。

(2) 温度荷载

温度荷载按照前面温度分析中所考虑的夏季和冬季两种情况计算。

(3) 弯管自重

钢筋混凝土结构重度按 25 kN/m^3 考虑,由程序来计算弯管自重。

(4) 土重及土压力

弯管上、下弯头伸出竖井外壁都有 2.5 m 的水平段,水平弯管上面有土体覆盖,考虑了这一悬臂段上面的土体重量,悬臂段管侧也有土压力作用。

3) 工况组合

(1) 工况 1:内水压力+夏季温度荷载+弯管自重+外挑段土重。

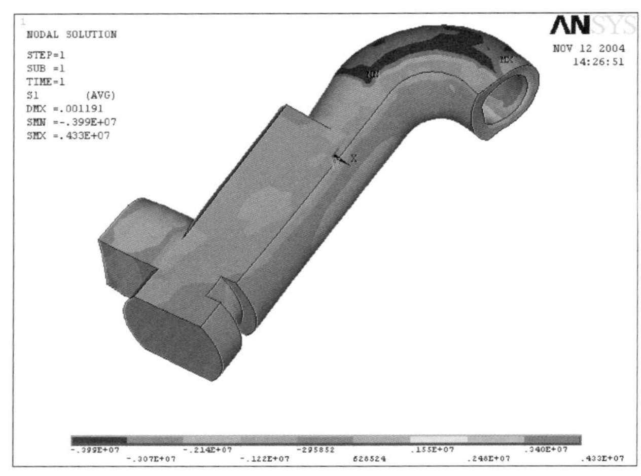

图 4-28　弯管第一主应力云图

（第一主应力的最大值为 4.33 N/mm²，出现在上弯头内壁上部；
第一主应力的最小值为−3.99 N/mm²，出现在上弯头外壁两侧）

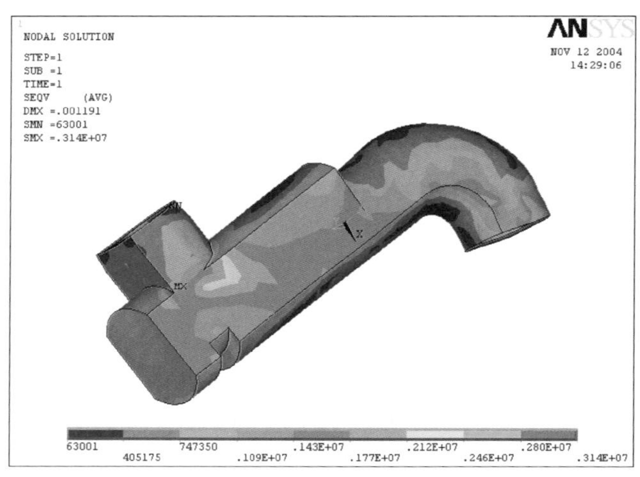

图 4-29　弯管等效应力(按 Von Mises 准则)分布云图

（等效应力的最大值为 3.14 N/mm²，出现在下弯头与实体混凝土连接处外侧下角点；
等效应力的最小值为 0.063 N/mm²，出现在下弯头出口处外侧）

(2) 工况 2：内水压力＋冬季温度荷载＋弯管自重＋外挑段土重。

4) 计算结果

(1) 工况 1

该工况的计算结果如图 4-30—图 4-32 所示。

(2) 工况 2

与上述工况 1 类似，工况 2 的计算结果见后续汇总表 4-14 所列，计算应力图不再给出。

4.3.4　弯管结构应力计算成果汇总

综上所述，现将所有工况下的弯管结构应力计算结果汇总，如表 4-14 所列。

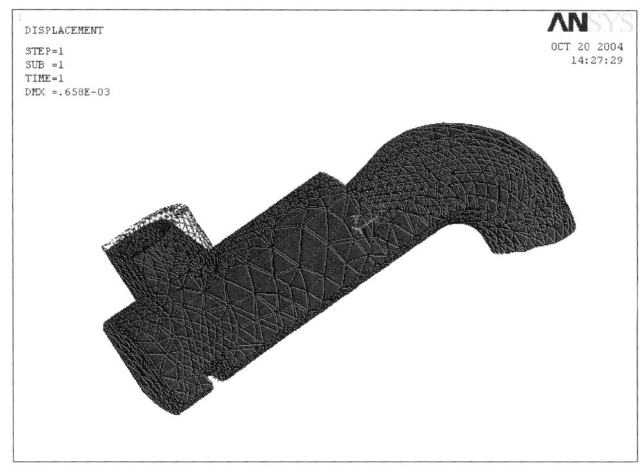

图 4-30　组合工况下弯管变形计算结果

（节点最大位移：x 方向 0. 599 27 mm，y 方向 0. 365 15 mm，z 方向 －0. 649 14 mm）

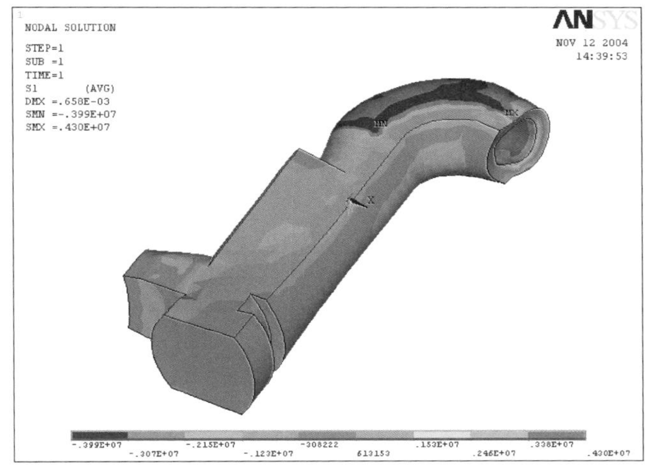

图 4-31　组合工况下弯管第一主应力云图

（第一主应力的最大值为 4. 3 N/mm^2，出现在上弯头内壁；
第一主应力的最小值为 －3. 99 N/mm^2，出现在上弯头外壁两侧 ）

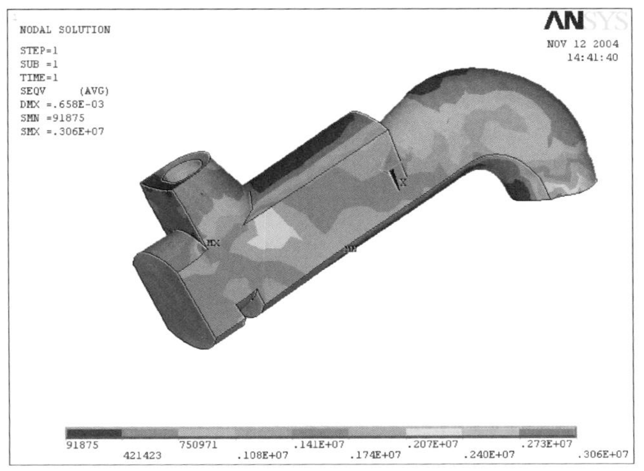

图 4-32　组合工况下弯管等效应力（按 Von Mises 准则）分布云图

（等效应力的最大值为 3. 06 N/mm^2，出现在下弯头与实体混凝土连接处外侧下角点；
等效应力的最小值为 0. 091 9 N/mm^2，出现在弯管外壁中部与竖井接触处）

表 4-14　所有工况下的弯管结构应力计算结果汇总

工况		应力属性		应力值(MPa)	出现位置
水压力	工况 1	S_1	最小值	−0.172 41	上弯头出竖井处下方
			最大值	0.743 29	下弯头外侧上方与实体混凝土连接处
		S_2	最小值	−0.337 79	上弯头出竖井处下方
			最大值	0.222 52	下弯头外侧上方与实体混凝土连接处
		S_3	最小值	−1.882 3	下弯头外侧上方与实体混凝土连接处
			最大值	0.072 834	上弯头外壁上方
		S_{EQV}	最小值	0.013 376	弯管中部右侧面与竖井接触处
			最大值	1.911 3	下弯头外侧上方与实体混凝土连接处
	工况 2	S_1	最小值	−0.166 94	下弯头外下侧
			最大值	1.189 8	下弯头出口上方内壁
		S_2	最小值	−0.274 99	下弯头出竖井壁上方外壁
			最大值	0.406 33	下弯头出竖井壁两侧内壁
		S_3	最小值	−0.610 92	下弯头两侧与竖井接触处
			最大值	0.007 460	上弯头外壁
		S_{EQV}	最小值	0.005 202	弯管左侧面外壁
			最大值	1.275 7	下弯头出口上侧内壁
	工况 3	S_1	最小值	−0.215 8	下弯头外下侧
			最大值	1.586 6	下弯头出口上方内壁
		S_2	最小值	−0.364 63	下弯头出竖井壁上方外壁
			最大值	0.531 5	下弯头出竖井壁两侧内壁
		S_3	最小值	−0.811 78	下弯头两侧与竖井接触处
			最大值	0.022 047	上弯头外壁
		S_{EQV}	最小值	0.013 336	弯管左侧面外壁
			最大值	1.703 2	下弯头出口上侧内壁
温度	工况 1	S_1	最小值	−3.993 4	上弯头始弯处外壁
			最大值	4.326	上弯头内壁
		S_2	最小值	−4.671 6	上弯头始弯处外壁
			最大值	3.908 9	上弯头内壁
		S_3	最小值	−5.401 8	上弯头两侧外壁
			最大值	3.518 5	上弯头内壁
		S_{EQV}	最小值	0.063 001	下弯头出口外壁
			最大值	2.588 2	下弯头与实体混凝土连接处外壁下角点

（续表）

工况		应力属性		应力值(MPa)	出现位置
温度	工况 2	S_1	最小值	−3.416 5	上弯头内壁
			最大值	4.819 7	下弯头与实体混凝土连接处外壁下角点
		S_2	最小值	−3.942 3	上弯头内壁
			最大值	4.336 2	下弯头与实体混凝土连接处外壁上角点
		S_3	最小值	−4.310 4	上弯头内壁
			最大值	3.198 7	下弯头与实体混凝土连接处外壁上角点
		S_{EQV}	最小值	0.047 61	下弯头外壁
			最大值	3.762 6	下弯头与实体混凝土连接处外壁下角点
不利荷载组合	工况 1	S_1	最小值	−3.993 7	上弯头始弯处外壁
			最大值	4.298 6	上弯头内壁
		S_2	最小值	−4.630 9	上弯头始弯处外壁
			最大值	3.801 7	上弯头内壁
		S_3	最小值	−5.720 2	上弯头出口处外壁
			最大值	3.503 7	上弯头内壁
		S_{EQV}	最小值	0.091 875	弯管中部与内衬接触处
			最大值	2.710 4	下弯头与实体混凝土连接处外壁下角点
	工况 2	S_1	最小值	−2.907 2	上弯头内壁
			最大值	7.474 3	下弯头与实体混凝土连接处外壁下角点
		S_2	最小值	−3.680 5	上弯头内壁
			最大值	4.608 3	下弯头与实体混凝土连接处外壁下角点
		S_3	最小值	−5.269 9	下弯头与实体混凝土连接处外壁上方
			最大值	3.383 9	上弯头外壁
		S_{EQV}	最小值	0.229 11	下弯头外壁
			最大值	5.842 4	上弯头外壁下角点

注：① S_1，S_2，S_3和 S_{EQV}分别表示第一、第二、第三主应力和等效应力。
② 应力符号的正号表示拉应力，负号表示压应力。

从表 4-14 可以看出，弯管内的最大拉应力值超过了混凝土的抗拉强度，且一般都出现在上、下弯头处，应需据此配设钢筋。

4.3.5 上弯头截面弯矩计算

采用上述 SOLID 三维实体单元计算只能得到弯管结构的应力及其变形位移状态，由于上、下弯头处的应力一般较大，因此，本子项计算还将上弯头隔离出来作单独分析，目的是为了了解弯管应力与其截面弯矩大小之间的关系，从而能以上面分析所得的应力值大小来概略确定相应的弯矩值，以便于配筋设计。

1）计算模型

上弯头单独计算的模型如图 4-33 所示。

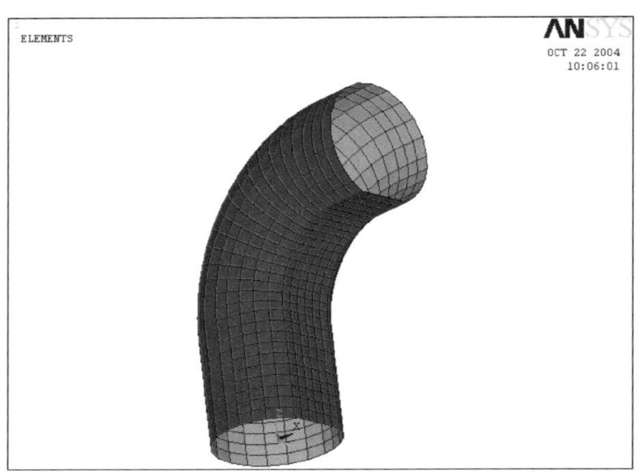

图 4-33　上弯头分析的计算模型

下端(原弯管上、下截面变化处)设定为固定支座,上端与竖井壁接触处仍设定为铰支点。有限元分析模型的单元选用四节点 SHELL63 单元,单元厚度有三种:1.25 m(四节点等厚)、2.07 m(四节点等厚)和两者间的过渡单元(两节点 1.25 m、两节点 2.07 m),其单元厚度与原来的一致不变。

模型计算参数的取值也与前面的相同。

2）计算工况

由于计算模型是从原结构中分离出来的,而其受力状态不会与原结构的完全一样,但基本上还是差不多的。因此,本部分计算只考虑了一种较简单的工况,即内水压力、弯管结构自重和弯管悬挑段上土压力的作用,未考虑温度应力。

3）计算结果

计算得到的主要截面弯矩如图 4-34—图 4-36 所示。

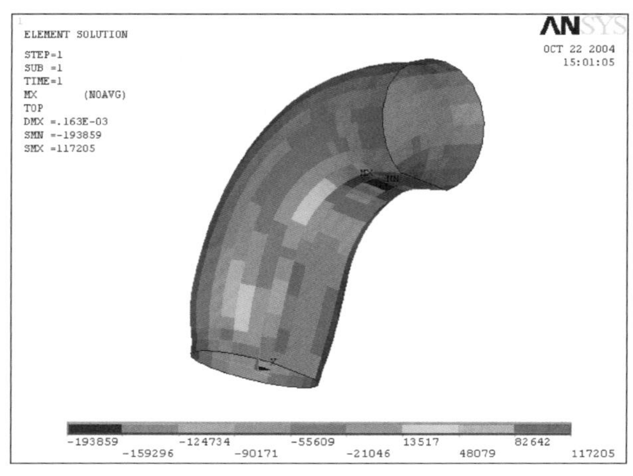

图 4-34　上弯头 *X* 向(环向)单元弯矩云图

(最大值为 117 205 N·m,最小值为 −193 859 N·m,出现在上弯头弯段下侧)

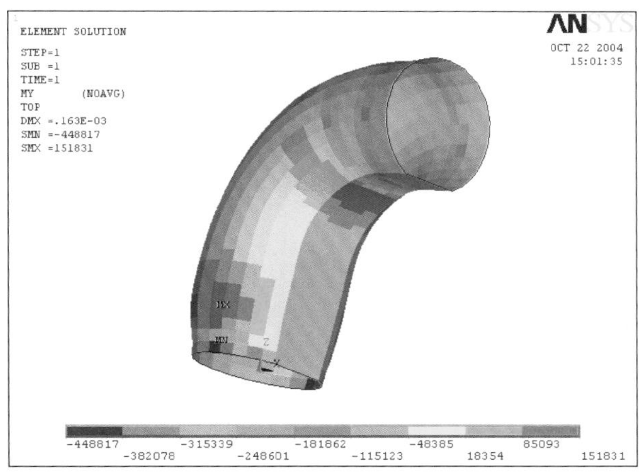

图 4-35　上弯头 *Y* 向(纵向)单元弯矩云图

(最大值为 151 831 N·m,出现在上弯头下部与竖井接触处;
最小值 为－448 817 N·m,出现在上弯头底部)

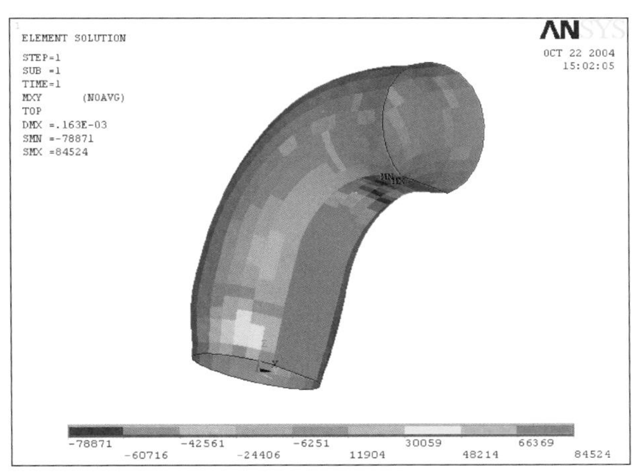

图 4-36　上弯头 *XY* 向单元弯矩云图

(最大值为 84 524 N·m,最小值为－78 871 N·m,出现在上弯头弯段下侧)

4.3.6　弯管结构计算分析结果评价

(1) 从前面的应力计算结果一览表可以看出,如果只在内水压力作用下,弯管结构的应力都没有超过混凝土的强度标准值。考虑温度变化后,弯管结构的拉应力超过了混凝土抗拉强度标准值,但压应力比混凝土抗压强度标准值小许多,弯管结构的最大拉应力一般都出现在上、下弯头处。

(2) 从前述分析得知,除了最下端(假定为固定铰承支座)的应力外,其他各处的应力分布及其大小与相应位置处的计算结果是基本一致的,相应位置处的变形位移值也差不多;因此,此处将上弯头作单独分析与按整个弯管结构分析的结果基本上相一致。所以,在计算中采用按前面的弹性力学分析时,其所有分析所得的应力计算结果可以按照与此处作类比分析的计算结果来拟定相应的各截面弯矩值。

(3) 若按内水压力作用下的上弯头弯矩计算结果来进行配筋,其配筋量不大。上弯头弯矩最大处的单元截面如图 4-37 所示。

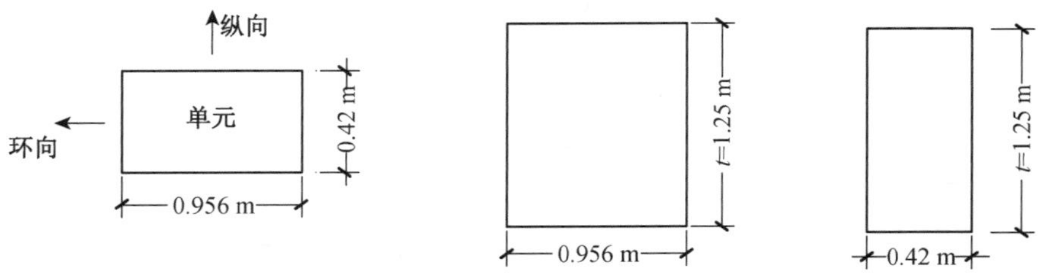

图 4-37 上弯头单元截面示意图

4.4 竖井内弯管结构三维抗震动力计算

4.4.1 概述

输水隧洞工程在南、北岸边均各分别设置有左、右一对施工竖井,其北岸竖井是隧洞盾构掘进的始发井。在盾构推出井筒且隧洞工程竣工后,在北竖井内将浇筑整体式钢筋混凝土输水弯管。弯管下接输水隧洞,下弯管出井后用沉降缝与隧洞衬砌相铰接;其上管出井后则经闸室和消力池,再由渐变段与北岸河滩地的明渠相连接。如图 4-38 所示。

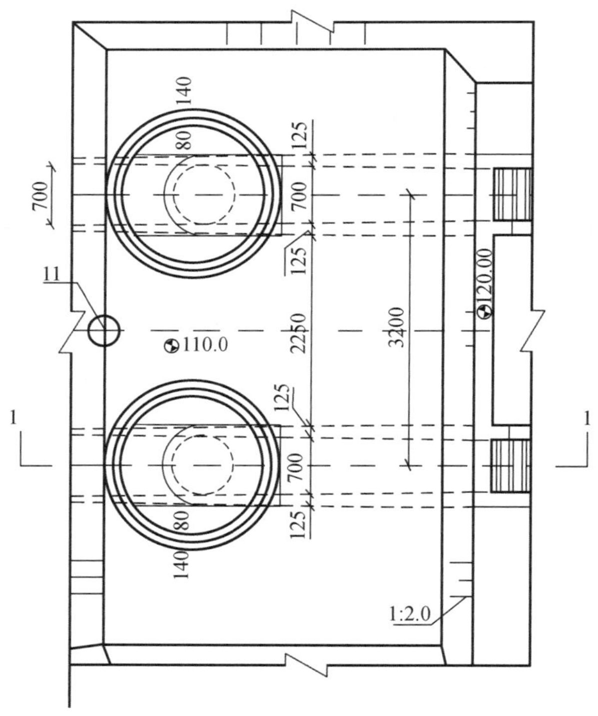

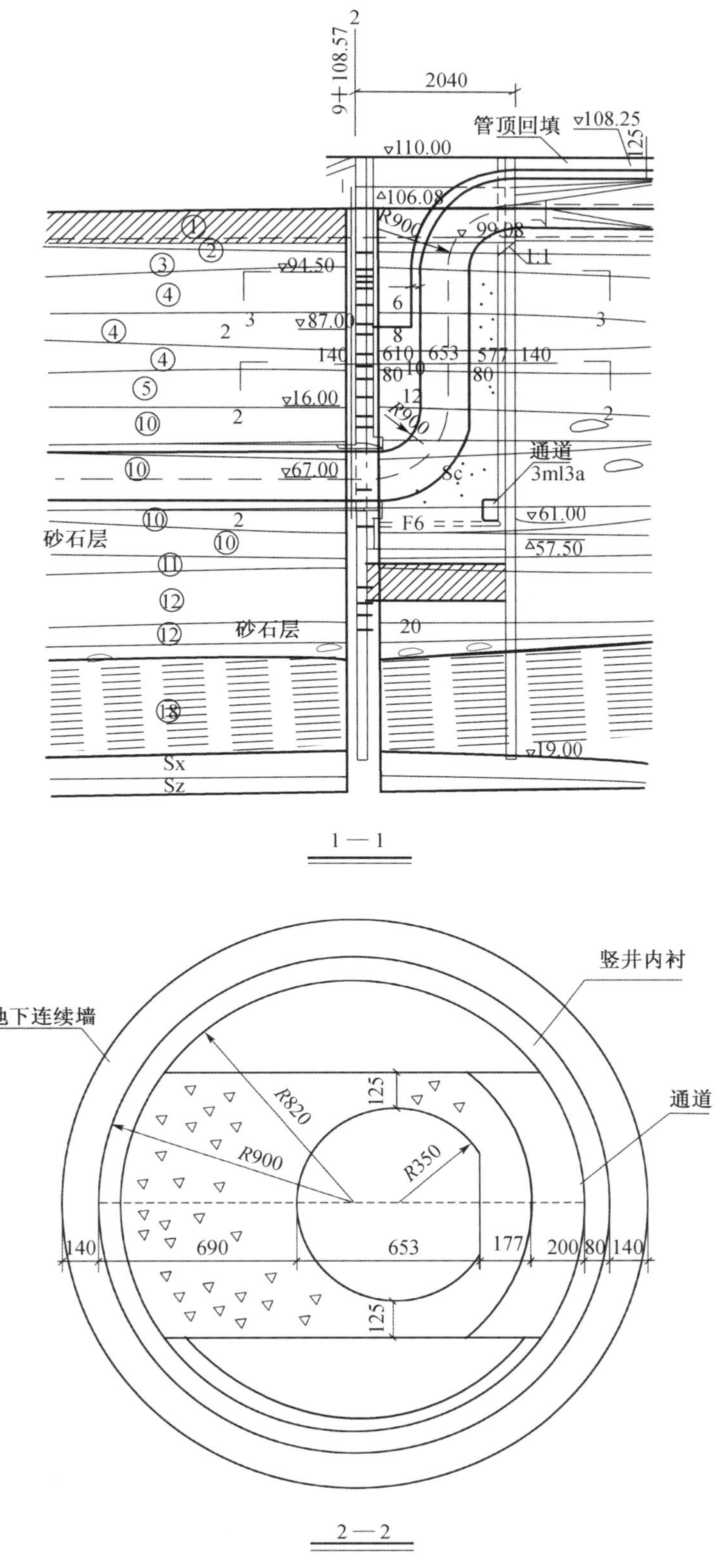
9+108.57
2040
管顶回填
▽108.25
▽110.00
△106.08
R900
▽99.08
▽94.50
▽87.00
140 610 653 577 140
80 80
▽16.00
R900
通道
3ml3a
▽67.00
F6
▽61.00
△57.50
砂石层
砂石层
▽19.00
Sx
Sz
1—1
竖井内衬
地下连续墙
R820
R900
R350
通道
140 690 653 177 200 80 140
125
125
2—2

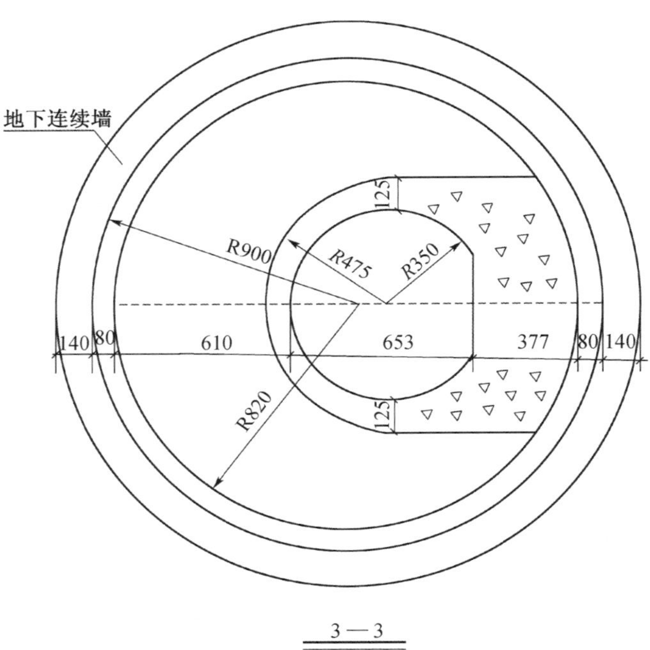

图 4-38　北岸竖井内弯管平面布置和结构布置图

由于工程场地基本地震烈度设定为 7 度，依据《水工建筑物抗震设计规范》(SL 203—1997)，需对北竖井工程建筑物进行抗震安全评价。因此，本子项研究拟对北岸竖井内混凝土弯管结构进行三维抗震计算分析，以分析弯管在地震荷载作用下的抗震稳定性及其动应力、应变状态。

计算采用国际岩土工程业界著名的 FLAC3D(三维)软件程序进行，计算并分析了竖井内混凝土弯管在地震荷载作用下的抗震响应。计算中先进行了拟静力计算，以确定地震荷载下的应力集中区；然后进行了动力计算分析，计算应力集中区在地震作用下的动力响应。

已如前述，北岸竖井井筒结构在盾构掘进施工完成以后，已经"功成身退"，它不再具备隧洞日后运营期间与井内弯管结构共同受力的功能要求。因此，对竖井井筒可不作抗震设防，并据此来单独进行井内弯管抗震动力分析计算，这样对弯管结构而言也将偏于安全。

4.4.2　竖井内弯管结构的抗震拟静力计算分析

1）网格划分

以竖井内弯管轴线所在的平面为 xz 平面，x 轴的正向与弯管上弯头水平部分的弯向一致，z 轴正向为竖直向上，y 轴正向垂直纸面向内，坐标原点 O 取在竖直弯管截面突变的内孔圆心处。

实体模型的主要尺寸按照北岸竖井结构布置图确定。竖井四周在往外延伸的土层 x 向取－32.6～29.8 m，共 62.4 m；y 向取－31.2～31.2 m，共 62.4 m；z 向取－76～23 m，共 99 m。整个土层模型从上到下按土层性质分为 7 层，圆孔内半径为 3.5 m，上半段的外半径为 4.75 m，其他部分为实体混凝土，实体混凝土所占空间为 1.4 m 厚地下连续墙和 0.8 m 厚内衬组成的竖井内空间；弯管轴中心线曲率半径为 9 m。混凝土弯管外面是由混凝土浇注的竖井井筒内壁，其内外直径分别为 13.0 m 和 20.8 m。生成的全部网格如图 4-39 所示，其弯管部分的网格划分如图 4-40 所示。

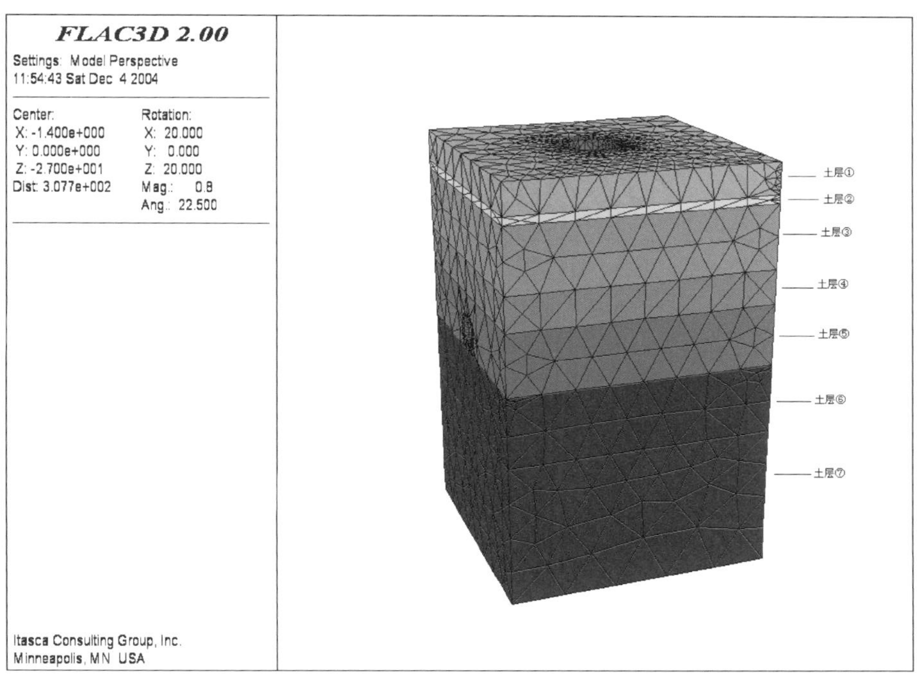

图 4-39　土层分层及总体模型的网格图

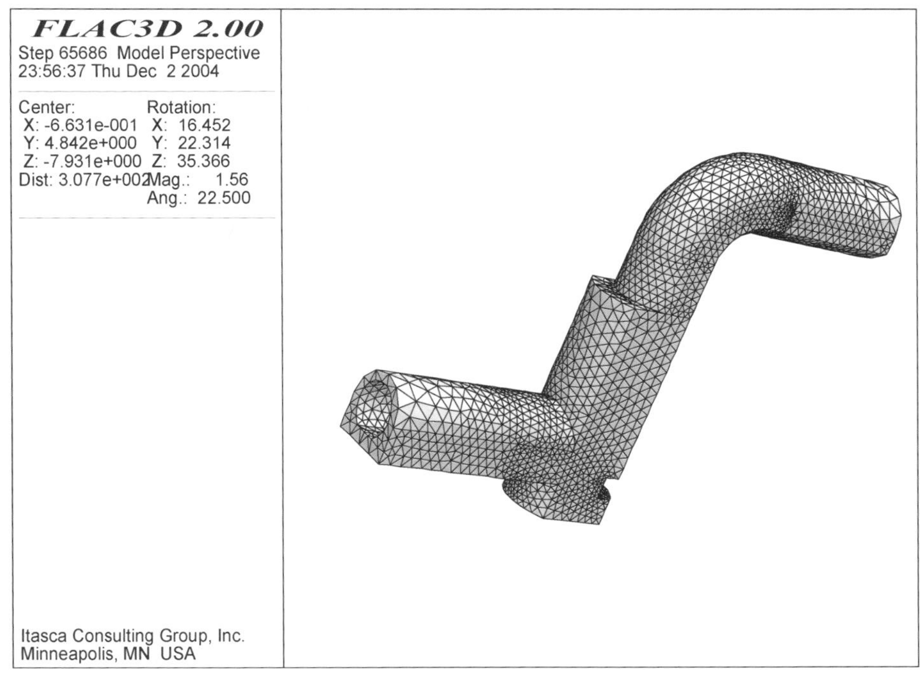

图 4-40　弯管部分网格图

2）计算工况

拟静力计算是在静力计算的基础上进行的，可区分为下列两种工况。

(1) 工况 1：在垂直于水平管道方向施加惯性力 0.1g。

(2) 工况 2:在平行于水平管道方向施加惯性力 0.1g。

3) 物理力学参数

计算中,土层和混凝土采用摩尔-库仑模型。计算所用的混凝土和土层的物理力学参数,分别如表 4-15 和表 4-16 所列。

表 4-15　混凝土的物理力学参数

物理力学参数 / 材料	密度 (kg/m³)	压缩模量 (MPa)	泊松比	摩擦角 (°)	黏聚力 (kPa)	抗拉强度 (kPa)
混凝土	2.4×10^3	3×10^4	0.2	40	1 000	143

表 4-16　土层物理力学参数(静力)

物理力学参数 / 材料	密度 (kg/m³)	压缩模量 (MPa)	泊松比	摩擦角 (°)	黏聚力 (kPa)
土层①	1.72×10^3	10.22	0.4	23.0	22.0
土层②	1.83×10^3	10.18	0.4	27.0	6.7
土层③	1.93×10^3	14.2	0.4	28.0	6.6
土层④	1.97×10^3	12.0	0.4	27.0	6.0
土层⑤	2.07×10^3	13.31	0.4	30.0	4.8
土层⑥	2.04×10^3	12.38	0.4	27.0	10.0
土层⑦	1.98×10^3	4.59	0.4	20.3	32.8

4) 边界条件

(1) 静力计算:底边三个方向均为完全约束,四周侧向完全约束,竖向为自由。

(2) 拟静力计算的第一种工况:底边约束;侧向为竖向约束,解除沿惯性力方向的 y 向(垂直于水平管道方向)约束,施加垂直于水平管道方向的惯性力。

(3) 拟静力计算的第二种工况:底边约束;侧向为竖向约束,解除沿惯性力方向的 x 向(平行于水平管道方向)约束,施加平行于水平管道方向的惯性力。

5) 计算结果

(1) 工况 1

在垂直于水平管道向(y 方向)施加惯性力,进行拟静力计算,可得到弯管的最大主应力分布情况如图 4-41 所示。

由图 4-41 可以看出,对竖直管道截面突变处以上部分的较薄管道内,其最大主应力发生在弯管与混凝土的界面处的偏左侧部分[观测的视点为人站在弯管与混凝土的界面处,面向弯管,如图 4-41(a)所示]。故而后面的动力计算将重点计算该区段的应力应变状态。

(2) 工况 2

在平行于水平管道向(x 方向)施加惯性力,进行拟静力计算,可得到弯管的最大主应力分布情况,如图 4-42 所示。从图 4-42 可以看出,最大主应力发生在弯管的根部,即弯管与混凝土界面处的居中部分(视点同“工况 1”)。故而,后面动力计算时将重点计算该区段的应力应变状态。

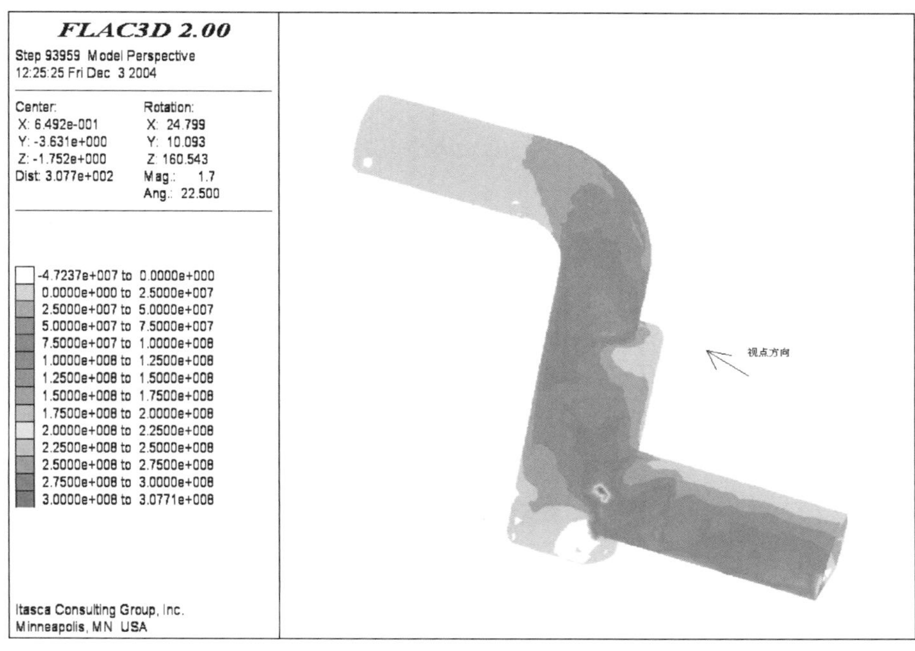

(a) 全局图

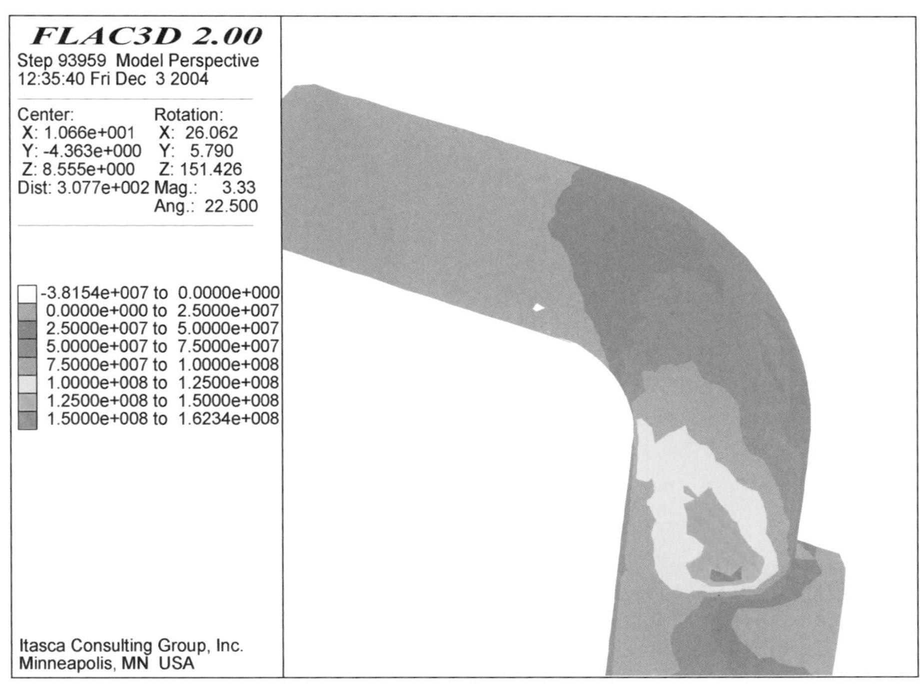

(b) 局部图

图 4-41　拟静力计算弯管的最大主应力云图(工况 1)

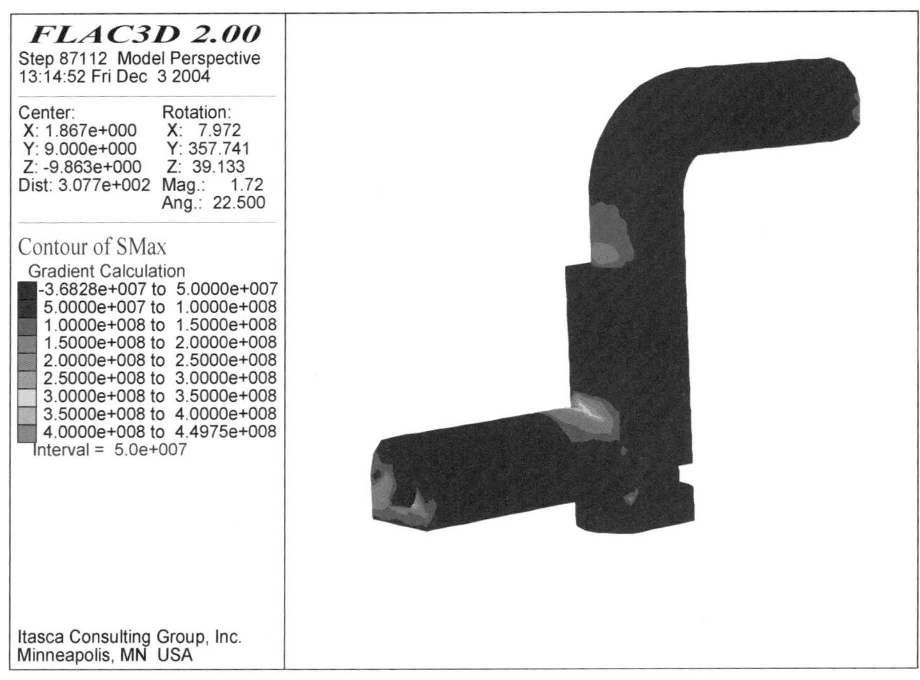

(a) 全局图

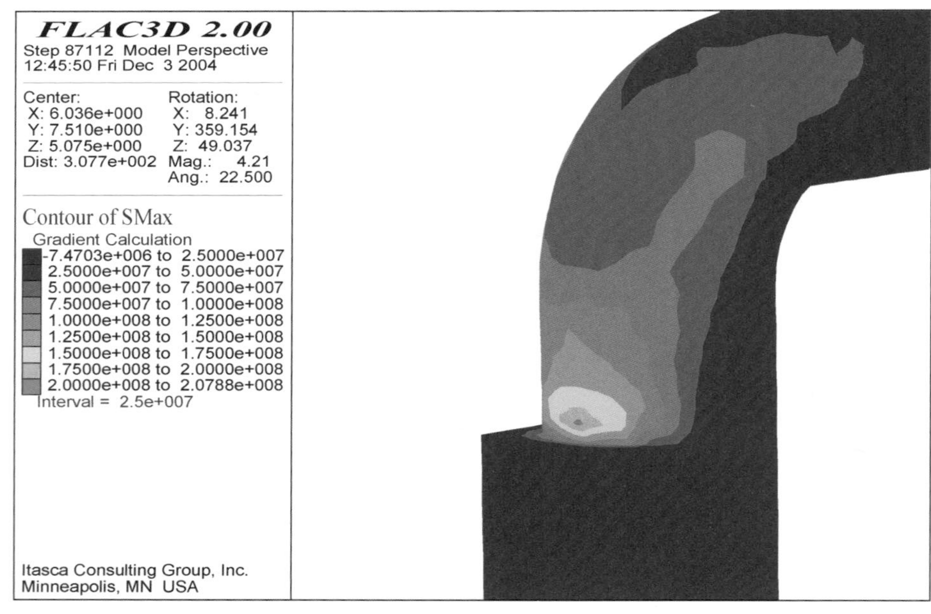

(b) 局部图

图 4-42　拟静力计算弯管的最大主应力云图(工况 2)

经过上面的计算分析，现将两种工况拟静力计算条件下弯管的应力计算结果列于表4-17。

6）计算小结

由抗震拟静力计算结果可知：

表 4-17　拟静力计算条件下弯管应力的计算结果

工　况	应力属性		应力值(MPa)	发生位置
工况 1 (垂直于水平管道方向施加惯性力)	σ_1	最大值	126	下弯头与实体混凝土界面的偏左处
		最小值	−510.6	上弯头出竖井处下方
	σ_3	最大值	0.53	下弯头的中部右侧
		最小值	−160	上弯头出竖井处下方
工况 2 (平行于水平管道方向施加惯性力)	σ_1	最大值	170	下弯头与实体混凝土界面的偏中部
		最小值	−19.6	弯管拐弯处内侧
	σ_3	最大值	3.6	弯管拐弯处外壁的右侧
		最小值	−193	弯管拐弯处内侧

注：1. 表中的 σ_1 指第一主应力；σ_3 指第三主应力。
2. 视点方向为：人站在弯管与混凝土的界面处面向弯管，如图 4-41(a)所示。

(1) 在垂直于水平管道方向施加惯性力作用时，其最大主应力的最大值发生在弯管下弯头与实体混凝土界面的偏左处；

(2) 在平行于水平管道方向施加惯性力作用时，其最大主应力的最大值发生在弯管下弯头与实体混凝土界面的偏中间部位。

4.4.3　竖井内弯管结构的抗震动力计算分析

1) 网格划分

动力计算的网格划分与上述拟静力计算的网格划分相同，如图 4-39 和图 4-40 所示。

2) 计算工况

动力计算也分以下两种工况：

(1) 工况 1：在垂直于水平管道向输入地震波；

(2) 工况 2：在平行于水平管道向输入地震波。

3) 地震输入波

动力计算时要从底部输入地震波，该地震波是以距当地相对较近的唐山地震加速度波为参考，并将其峰值与当地地震波的峰值进行比较，得到两个峰值的比例系数；然后，再把唐山地震波的所有数据都乘以这一比例系数得出当地的地震加速度波形时程变化，如图 4-43 所示。

4) 动力条件下的有关物理力学参数

动力计算所需用到的有关土层物理力学参数如表 4-18 所列。各土层土工动力物理力

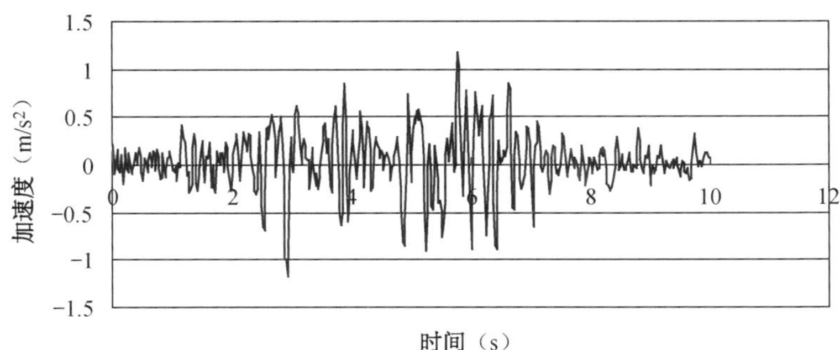

图 4-43　地震输入波时程图

学参数参考相关文献得出。

对于混凝土材料，考虑共同振动条件下的动力特性，并按常规将其弹性模量提高 30%。

表 4-18　土层动物理力学参数

物理力学性质 / 材料	密度 (kg/m³)	等效剪切模量 (MPa)	G/G_0	泊松比	阻尼比
土层 1	1.72×10^3	11.192	0.560	0.4	0.173
土层 2	1.83×10^3	53.232	0.647	0.4	0.124
土层 3	1.93×10^3	77.801	0.686	0.4	0.125
土层 4	1.97×10^3	176.630	0.784	0.4	0.640
土层 5	2.07×10^3	180.700	0.772	0.4	0.066
土层 6	2.04×10^3	248.300	0.823	0.4	0.054
土层 7	1.98×10^3	301.790	1.000	0.4	0.020

5）边界条件

在地震波输入方向不同的动力计算工况条件下，其边界条件应有所不同。

(1) 在垂直于水平管道向（y 向）输入水平向地震波（工况 1）作用时：底边解除约束，同时输入 y 方向的地震波。侧向则 y 向自由，其余方向施加约束。

(2) 在平行于水平管道向（x 向）输入水平向地震波（工况 2）作用时：底边解除约束，同时输入 x 方向的地震波。侧向则 x 向自由，其余方向施加约束。

6）计算结果

(1) 工况 1

在垂直于水平管道向输入地震波作用。根据拟静力计算"工况 1"的计算结果，对应力水平比较高的区段进行记录，分别得到第一主应力及应变的变化时程，如图 4-44 和图 4-45 所示。

(2) 工况 2

该工况为在平行水平管道向输入水平向地震波作用。根据拟静力计算"工况 2"的计算结果，对应力水平比较高的区段进行记录，分别得到第一主应力及应变的变化时程，如图 4-46和图 4-47 所示。

表 4-19 给出了记录的应力集中单元在抗震动力计算过程中的最大、最小主应力值及其所对应的应变状态，以及所在的部位。

表 4-19　抗震动力计算过程中的最大、最小应力及其应变量值与所在部位一览表

工　况	应力应变属性	应力应变值	发生位置
工况 1（垂直于水平管道方向输入地震波作用）	σ_1 最大值	9.24 MPa	下弯头与实体混凝土界面偏左处
	σ_3 最大值	−46.1 MPa	弯管拐弯处内侧
	ε 最大值	2.78×10^{-4}	上弯头出竖井处下方
工况 2（平行于水平管道方向输入地震波作用）	σ_1 最大值	16.5 MPa	下弯头与实体混凝土界面的偏中部
	σ_3 最大值	−49.6 MPa	弯管拐弯处内侧
	ε 最大值	6.43×10^{-4}	弯管拐弯处内侧

注：1. 表中的 σ_1 指第一主应力；σ_3 指第三主应力；ε 指剪应变。
2. 视点方向为：人站在弯管与混凝土的界面处面向弯管，如图 4-41(a)所示。

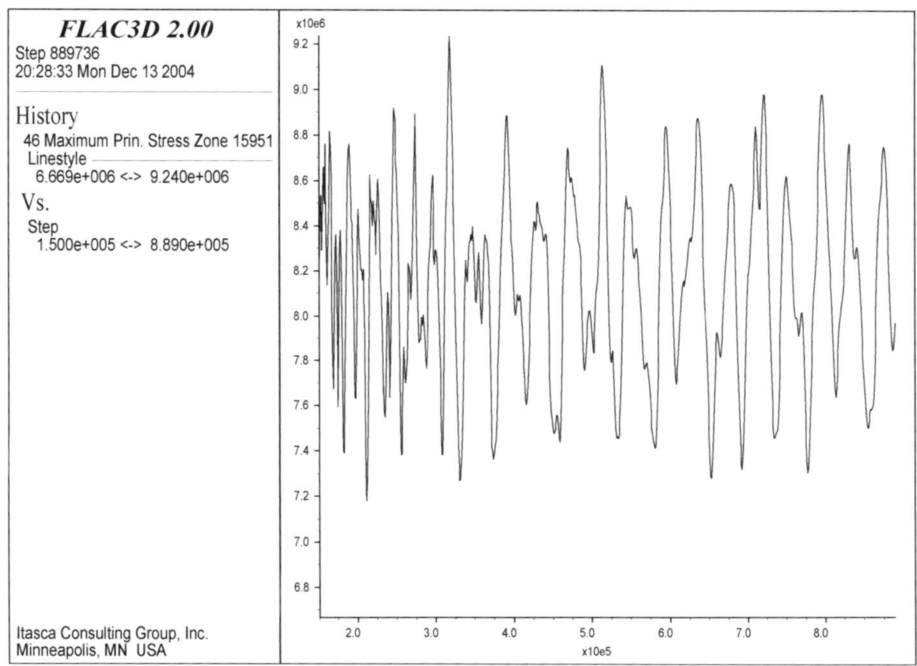

图 4-44　弯管应力集中处的第一主应力变化时程图(工况 1)

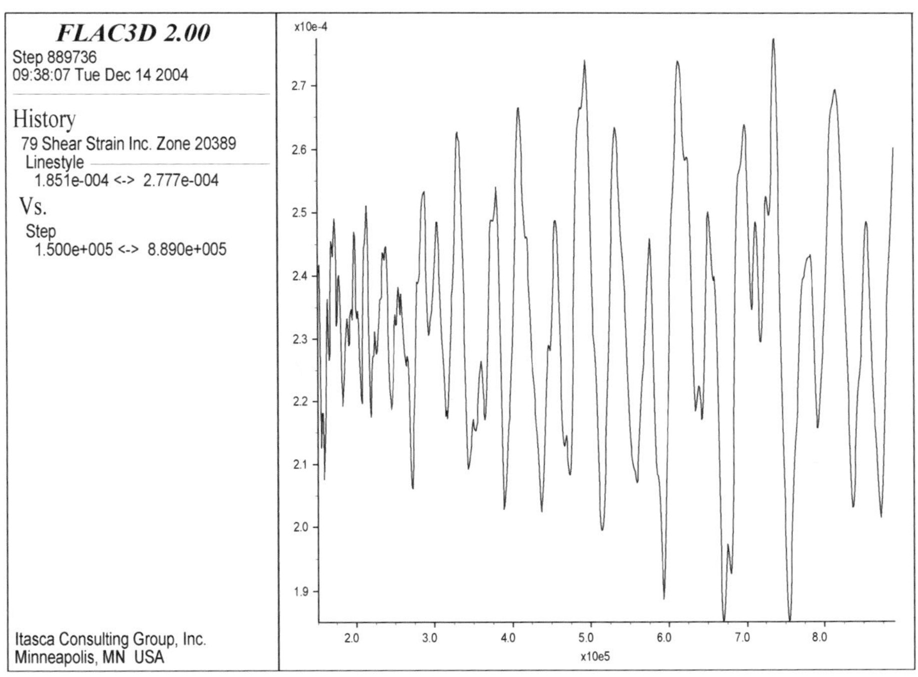

图 4-45　弯管应力集中处的应变变化时程图(工况 1)

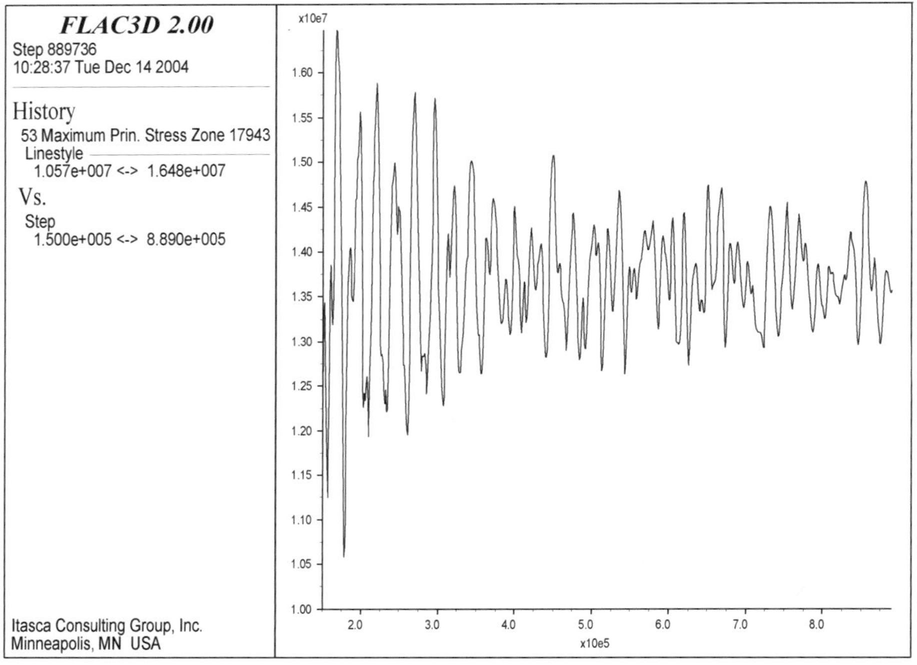

图 4-46　弯管应力集中处的第一主应力变化时程图(工况 2)

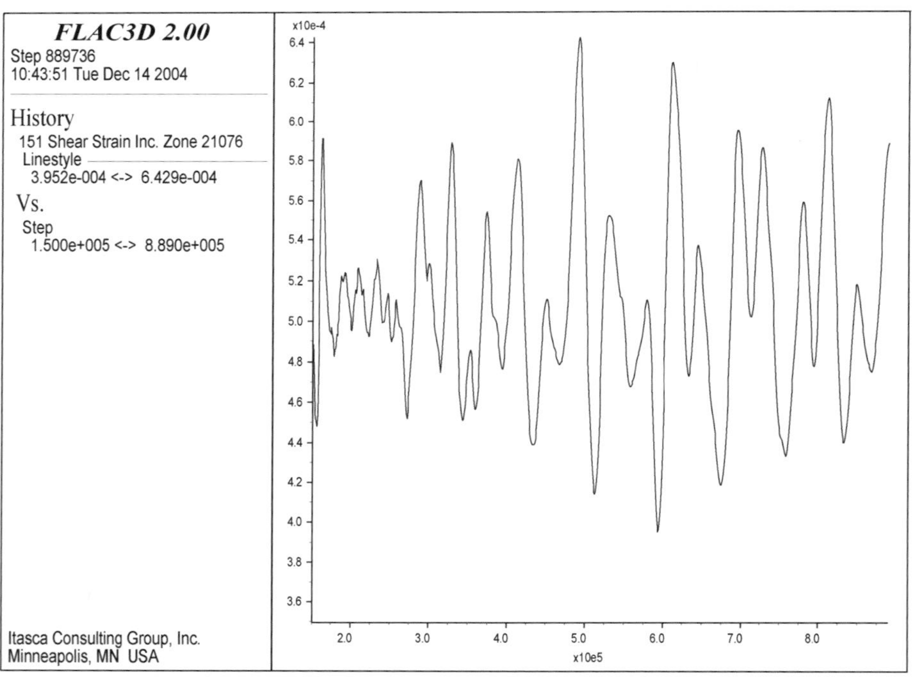

图 4-47　弯管应力集中处的应变变化时程图(工况 2)

7）抗震计算小结

由抗震动力计算结果可知：

（1）在垂直于水平管道方向输入地震波作用时，其最大主应力的最大值发生在弯管下弯头与实体混凝土界面偏左处；

（2）在平行于水平管道方向输入地震波作用时，则最大主应力的最大值发生在弯管下弯头与实体混凝土界面的偏中部。

4.5　本章主要结论

本章研究分别采用“拟静力法”和“动力计算法”计算并分析了在规定设防要求的地震力作用下，北岸竖井井筒和内置弯管结构的抗震稳定性及其应力与变形。

由抗震拟静力计算的结果可见，在垂直于水平管道方向施加地震惯性力作用时，其最大主应力的最大值发生在弯管下弯头与实体混凝土界面的偏左处；在平行于水平管道方向施加地震惯性力作用时，则最大主应力的最大值发生在弯管下弯头与实体混凝土界面的偏中间部位处。

由抗震动力时程计算还可见，在垂直于水平管道方向输入地震波作用时，其最大主应力的最大值发生在弯管下弯头与实体混凝土界面偏左处；在平行于水平管道方向输入地震波作用时，则最大主应力的最大值发生在弯管下弯头与实体混凝土界面的偏中间部位，其最大应力位置和应力水平较比以上拟静力计算的结果在部位上是相同的，而量值上则要偏小许多。

参考文献

[1] 中国水利水电科学研究院. 南水北调中线穿黄渡槽和隧洞结构静动力分析研究与抗震安全评估报告[R]. 2002.

[2] 长委勘察规划设计研究院. 南水北调中线穿黄工程竖井结构特性研究报告[R]. 2004.

[3] 长委勘察规划设计研究院. 南水北调中线一期工程大型盾构工作竖井结构特性研究任务书与研究合同[R]. 2004.

[4] 长委勘察规划设计研究院. 穿黄工程竖井结构特性研究报告[R]. 2004.

[5] 郑永来，杨林德. 地下结构震害与抗震对策[J]. 工程抗震，1999(4)：23-28.

[6] 郑永来，刘曙光，杨林德，等. 软土中地铁区间隧道抗震设计研究[J]. 地下空间，2003，23(2)：111-113+118.

[7] 孙钧，侯学渊. 地下结构(下册)[M]. 北京：科学出版社，1991.

[8] KRAUTHAMMER T, CHEN Y. Soil-structure interface effects on dynamic interaction analysis of reinforced concrete lifelines[J]. Soil Dynamic and Earthquake Engineering, 1989, 8(1): 32-42.

第 5 章　大型地下水封储油洞库硬岩块体稳定分析与渗流控制

5.1　引言

我国当前对国外原油的依存度不断提高，保障石油稳定供应的难度也相应加大。在国际形势错综复杂、国际石油价格步步走高的条件下，加快制定利用国内外石油资源、保障我国中长期石油供应稳定和安全的战略措施将是我国国民经济发展中的一项重要而迫切的战略任务。其中，着力建设具有相当规模的石油储备库，一方面可以应对突发事件而导致的石油供应中断，另一方面又可防御油价剧烈波动对我国国民经济的不利影响。美国、西欧和日本等发达国家都有完善的石油储备体系，石油储备多达 60～90 d，而我国目前国家一级的战略石油储备库存相对甚少，这对于国家和企业应对突发事件和保障国家经济安全都十分不利；同时，国家也由此缺少对石油市场的一种宏观调控手段，企业也不具备应对国际石油市场冲击的能力。其中，进一步开发和利用地下广大空间资源作为工程建设可持续发展的一项战略措施，应引起业界的足够关注和重视。随着工业化进程对油品的大量需求，石油安全储藏成为一个关键问题，特别是对易燃易爆的液态油品和天然气，更需要一个良好的存储空间。由于地下空间具有优越的战备防护性、热稳定性和密封性，欧美等发达国家已经普遍利用地下岩洞作为能源储存的首选手段，从工程造价和维护管理费用等方面而言，当地下储油库的容量大于 $1.5\times10^5\sim2.0\times10^5$ m^3时，其工程造价一般就会等于或低于常规的地面储存方式。

目前，我国石油储存大多仍为地面钢制储罐式储存，而建设大型水封岩洞储油库则尚比较少见，从我国石油的战略性发展看，建立大型水封岩洞储油库势在必行。根据国外经验和我国的实际情况，估计需要若干年后才能建成一批具有一定规模和有效利用的总体石油储备体系。我国目前在水封岩洞储油库建设中的经验较少，所以宜选址在水陆运交通便捷、地址隐蔽而围岩条件又好的地段建设水封岩洞储油库，它将为密封性能好，适宜油品、天然气等存储物的地下围岩洞穴的选取，充分利用地质稳定性佳的天然洞穴和人工隧洞，以及少量合适的煤矿采空区进行国家战略石油的地下储存工作，为努力降低石油储备费用打好技术基础。因此，有必要根据国外地下储油洞库的建设经验，结合我国拟建地下储油库址的实际工程地质和水文条件，开展水封岩洞储油库设计若干重大关键技术问题的研究，为工程顺利施工建设与安全运营以及保证设计施工质量、降低工程造价和运营维护与管理费用，为我国在今后建设更为先进的地下储油洞库积累经验。

水封岩洞储油库储藏油品的基本原理，是以固态自然岩体与赋存于岩体中的地下水共同作用、组成储存油料的压力容器，依靠岩体内的孔隙水和裂隙水压力稍大于水封岩洞储油库内的油压，使水封岩洞储油库内的储油不致渗漏到围岩内而导致储油损失并造成区域地下水的污染，如图 5-1 所示。众所周知，建造这类裸洞储存的地下油库需要满足两个基本条件：一是要具备坚硬致密的岩石条件，以便开挖出的大跨度岩洞罐体其围岩能保证施工期和运营阶段的长期可靠稳定性；另一则是要有一个相对稳定的地下水位，以保证以洞内裸岩作为罐体时，其外围的密封水压满足要求。地下油库需建在稳定的地下水位以下一定深度的岩体内，使罐体围岩中通过节理裂隙地下渗流水的压力始终控制在略大于库罐中油气压力的水平。罐体内的油品被围岩裂隙内的地下渗透水压所包围，在任何不利情况下都不会沿着外周围岩裂隙而渗漏外泄，至多仅有少量渗水沿着围岩节理裂隙流入洞库罐中。由于油品比水轻而又不会互溶，流入罐内的水将顺沿岩壁汇集到储罐底部成为水垫，而油品则始终浮托在水垫之上。这样，为保证渗压和渗流量的稳定，在洞库上方附近一定位置处为补给地下水而设置水幕巷道将是十分必要的。

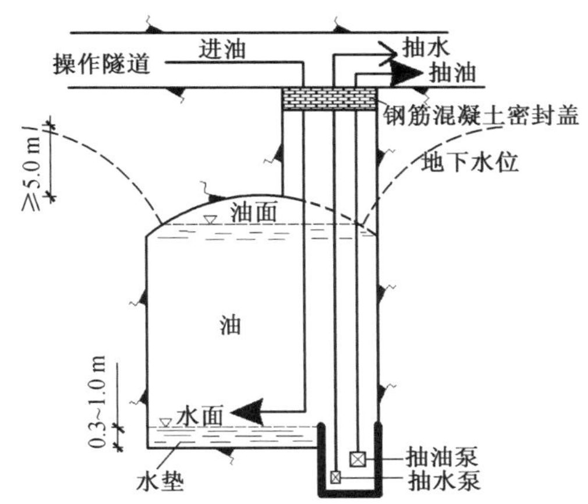

图 5-1　水封岩洞储油库储油原理示意图

地下储油库区洞室围岩的开挖改变了地下水原来的渗流流线，造成开挖区附近地下水的水头势线呈现漏斗形。另外，如设置在我国北方，则属于低温、干燥区带，在该地区建设地下储油库，地下水的补给能力相对较弱，一旦因洞室开挖和油库放空后导致地下水流失，而又未能通过水幕巷道及时人工注水补给以保持渗水量及其渗透压的持续平衡，则将势必产生油料外渗损失并引起生态污染灾害。

由于特大型地下裸岩储油库工程建设在我国缺乏基础资料，且此类洞库工程与一般地下工程相比具有上述的特殊性，所以理论分析研究就显得尤为重要，并要求与工程应用结合进行，以便研究成果能及时为生产建设服务。

各类大型地下裸岩储油库工程一般都是在坚硬致密和比较完整的岩石中开凿洞室，而坚硬围岩的变形和失稳及其稳定性分析与软岩条件下的围岩失稳和变形破坏机制是截然不同的。对于坚硬致密硬岩洞室围岩需采用块体力学作为其稳定性分析手段，这是此类工程建设成败的关键之一。

鉴于在库区内封装油品后其地下水渗流场的变化以及库存油的防渗条件，对于水封岩洞储油库最直接、也是影响最大的关键因素，是确切弄清储油库洞室及其上覆和周边围岩的地下水渗流动态，以及深入研究工程周近区域各类裂隙围岩内地下水岩石渗流动力学的原理及在工程中的具体应用。水封岩洞储油库在不同储油库容和检修放空期间，保证其外周地下水具有稳定的水位、水压和水量是工程能否经济、安全和可靠运营的主要问题。因此，水封岩洞储油库地下水的渗流控制、水封条件保证与水幕设计研究，也是关系工程建设成败的另一技术关键。

对于大型地下战略水封岩洞储油库而言，渗流客体因实际地下渗流系统的复杂性以及人们认识上的局限性，给数值模拟仿真与分析计算带来一定的困难。如系统内部结构、水文地质参数、边界条件、几何条件，以及含水层系统的时空域变化等诸多不确定性信息等，过去采用过的一些为求解岩体开挖稳定性和渗流控制的传统性的数值模拟方法在此处情况下一般都难以获得令人满意的效果。为此，本章提出并建立了一种适用于大型水封岩洞储油库在围岩开挖施工期和储油运行期的洞室稳定性评价，以及地下水渗流控制的新的数值模拟方法，可为该类工程的设计研究提供参考。

5.2 水封岩洞储油库工程概述

5.2.1 地质构造

某水封岩洞储油库工程位于我国沿海地区，库区总储量要求至少达到 300×10^4 m^3，地貌单元属于剥蚀丘陵，海拔高程 12.70～42.83 m，为低缓丘陵区；洞室围岩主要是太古界变质岩和燕山期侵入岩；大地构造单元属燕山台褶带台拱与台陷交接部位东缘的凸起，穹褶断束和凸起交汇处。

经过野外实地勘测，发现有 4 条断层出露地表，从近场区的四条主要断层性质看，除场区北侧 F1 断裂规模较大并被后期中性岩墙侵入外，其他规模均较小，影响宽度不大，都是在人工采砂坑中被揭露，没有发现第四系被错断的迹象，地表没有明显断层显示，说明这些断层在第四纪以来没有明显的活动，不属于活动断层，且没有断层通过预选场区。断层走向以 SN，NE 和 NW 为主，运动性质以斜滑(压扭)为主，与区域主导断裂方向(华夏系 NE 和新华夏系 NNE)和构造主应力方向(NEE)基本一致。断裂构造及其活动性对拟建地下油库影响较小，同时，针对预选场区采用了浅层地震反射波法、浅层地震折射波法、视电阻率联合剖面法，并在所测的异常区内采用了视电阻率垂直测深法、高密度电法及激发极化测深等方法，根据场区物探和后期的钻探结果，均未发现影响洞库安全的大规模活动性断层存在，因此在围岩稳定性分析中不考虑断层影响。

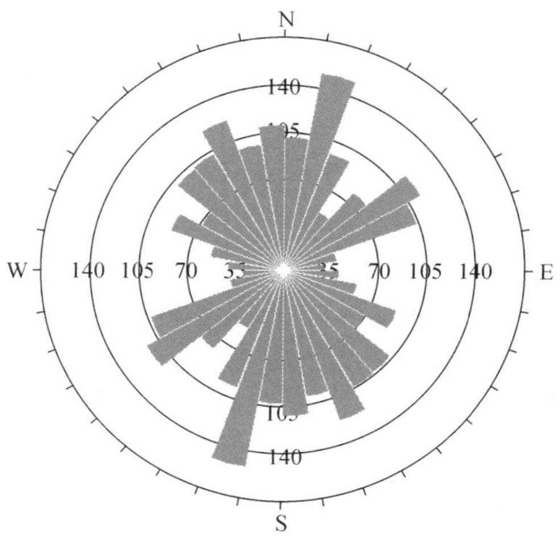

图 5-2 节理(包括岩脉)走向玫瑰图

根据勘查报告知，优势节理主要有 3 组，即 NNE 走向(0°～30°)、NE 走向(40°～70°)及 NW-NNW 走向(320°～360°)(图 5-2)。节理的倾角主要有两组，一组是 25°～55°，另一组是 70°～90°(图 5-3 和图 5-4)。节理面多光滑平直，以压扭性结构面为主。

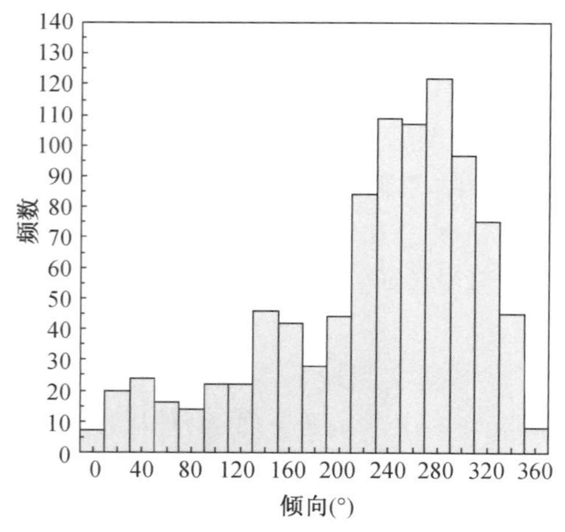

图 5-3 节理倾向统计图

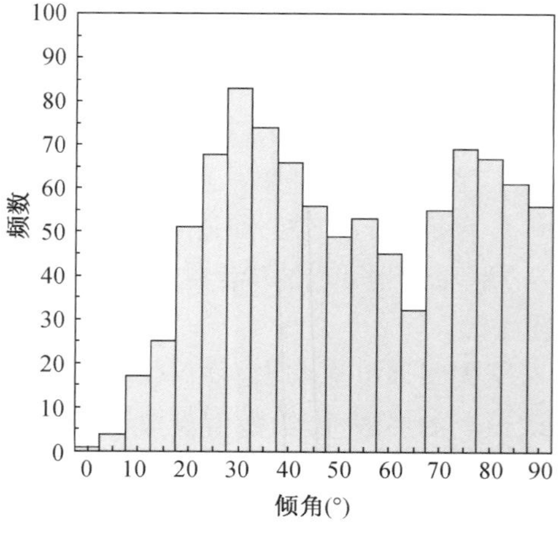

图 5-4 节理倾角统计图

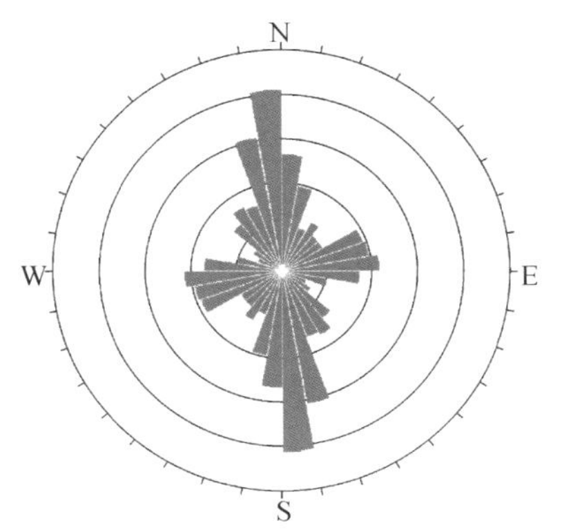

图 5-5　孔内节理走向玫瑰图

根据钻探资料，岩芯中破碎段的出现没有明显的规律，其分布和岩体强度与深度没有必然的联系。在完整段，节理一般不发育，RQD(岩体质量指标，Rock Quality Index)值可达 100%，波速通常大于 5 000 m/s；在破碎段则节理裂隙很发育，RQD 值为 0～25%，波速为 2 500～4 500 m/s。

根据孔内超声波成像统计数据，场区地下结构面产状如图 5-5—图 5-7 所示。

根据上述统计结果，孔内实测主导节理走向为近 S-N 向(350°)，倾角一般为 20°～70°，其中以 30°～60°倾角的节理为主。

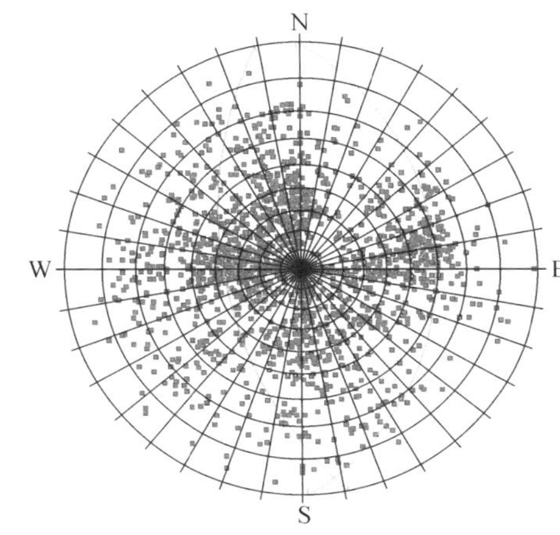

图 5-6　孔内节理极点图

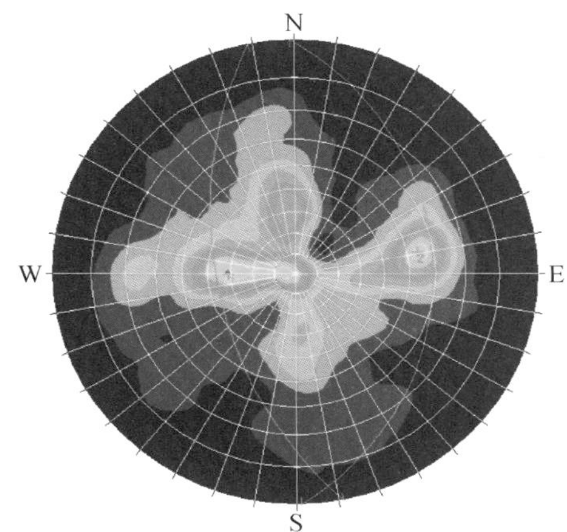

图 5-7　孔内节理等密图

5.2.2　水文地质条件

该水封岩洞储油库所在区域地下水系统枯、丰水期均可排泄地下水，而在地下水集中开采地段于丰水期时，地表水才会补给地下水；地下水总体由北向南流、由东北向西南注入某海湾。工程场区处于整个水系径流区，补给以大气降水的垂直补给、西南向的径流补给和农田灌溉的回渗补给为主；排泄以蒸发和向西径流方式为主。

通过钻孔观测，场区稳定地下水水位标高为 14.22～39.98 m。在场区东南侧一条 SW 流向的小溪斜穿场区，场区地下水对小溪有补给作用。

5.2.3　场区初始地下水渗流场分析

采用修正的 Shepard 法进行数据间插值，运用地下水 3D 等值线图软件，绘制储油库区及其附近初始地下水渗流场的地下水位等值线并对其进行评价。图 5-8 和图 5-9 分别为储油库区初始地下水位三维和二维等值线图，X 方向为东西向(由西向东逐渐增大)，Y 方向为南北方向(由南向北逐渐增大)。由图可知，储油库区地下水位自东北向西南逐渐减小；库区东部地下水位一般在 25～45 m，库区西部和西南部地下水位一般在 10～25 m；地下水总体由北向南流、由东北向西南流动；储油库区最低地下水位为 11.74 m，最高水位为 45.4 m，平均水位为 24.43 m。

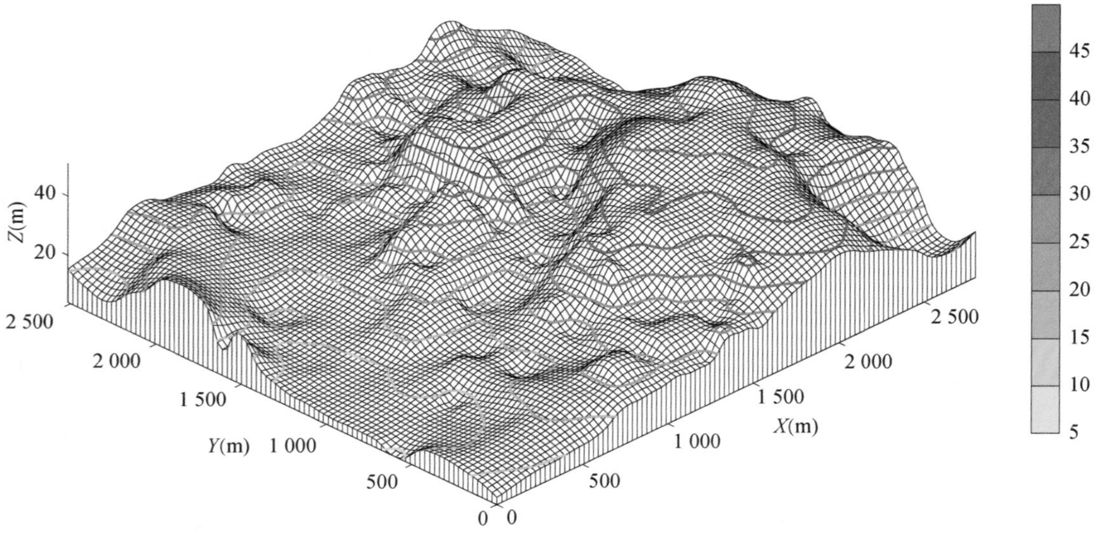

图 5-8 储油库区及其附近地下水位三维等值线图

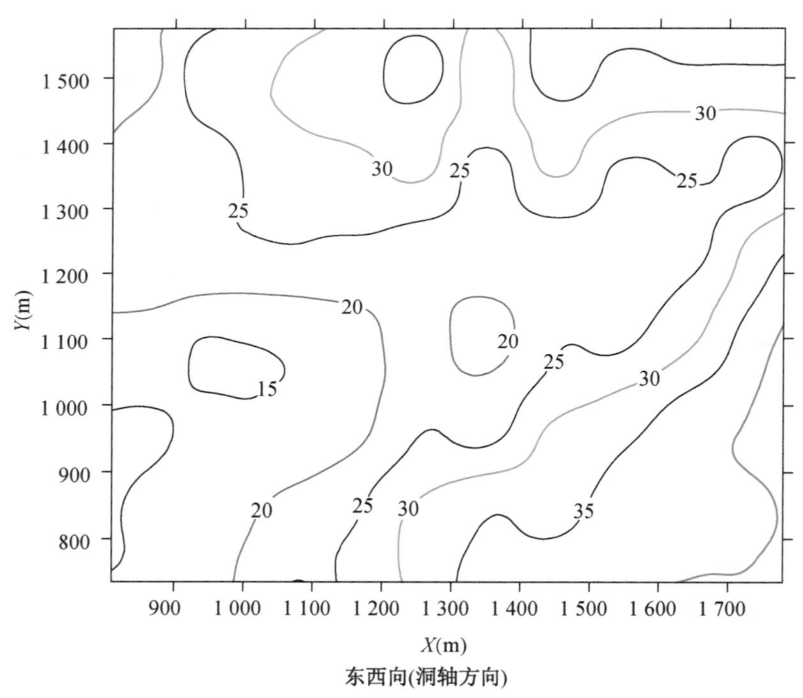

图 5-9 储油库区初始地下水位等值线图

图 5-10 为储油库区初始地下水位三维等值线图，X 方向为东西向(亦为洞轴方向，由西向东逐渐增大)，Y 方向为南北方向(由南向北逐渐增大)。由图可知，储油库区东北部和东部地下水位较高，西南部和西部地下水位较低；地下水总体由北向南、由东北向西南流动。

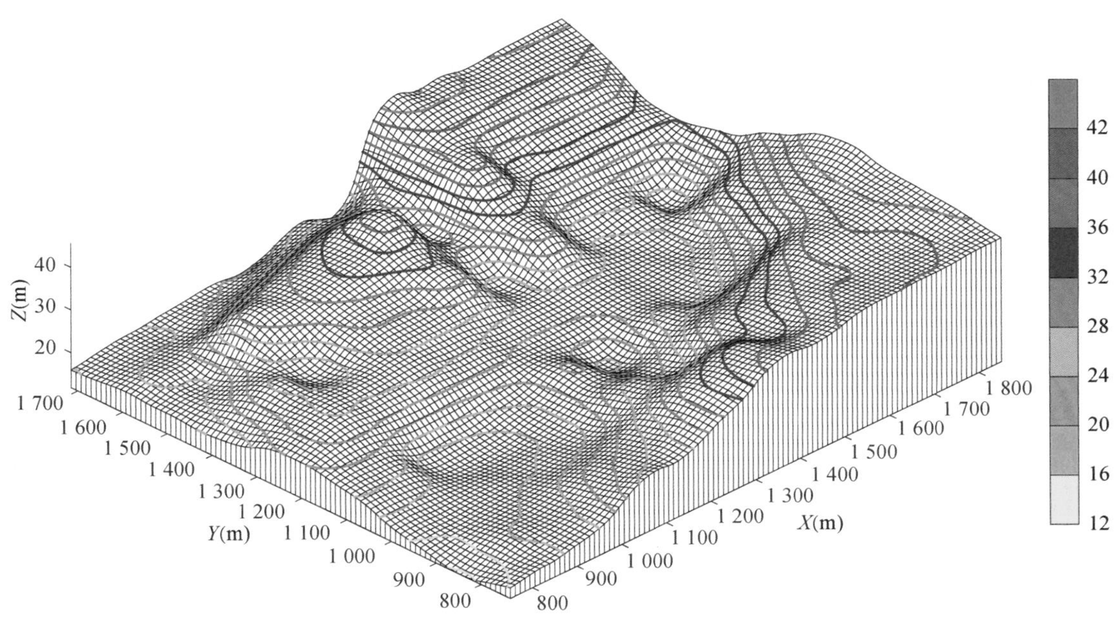

图5-10 储油库区初始地下水位三维等值线图

5.3 水封岩洞储油库洞室围岩块体稳定性分析

5.3.1 概述

水封岩洞储油库基本上是属于一种无支护的地下裸洞,有必要分别对油库洞室在开挖施工期的围岩稳定与其在日后运营期围岩的长期持续稳定性进行详细而确切的分析评价。众所周知,在洞室开挖掘进中和开挖后地下洞室的围岩应力将产生相当程度的重分布作用,由于是坚实致密的硬岩洞室,其围岩的线弹性变形位移已在开挖初的瞬间全部完成,研究中对围岩变形问题不需考虑;而在应力重分布作用下,洞室围岩的力学机理与可能产生的危害,以及在日后内部油压作用对洞壁的影响等方面,均可采用按设定的工程地质与水文地质模型和相应数值分析的有关理论与方法对其进行全面系统的分析研究。通过开展围岩稳定性研究,将有望达到在不同的工程地质和水文地质条件下,为建设该水封岩洞储油库工程制定和验证合理有据的洞轴走向、洞室几何尺寸、围岩局部支护加固方案及运营期间围岩长期稳定性评价等,从而将建立一套系统的围岩稳定分析评定方法。

对此处坚硬致密的岩体而言,与软岩受变形位移或围岩塑性/松动区的控制条件不同,其围岩的整体和局部稳定性应由块体(block)理论和块体力学的手段来进行分析。对此,应先明确并认识下列各点。

所谓岩体,系由不连续的众多硬质岩块和发育与不发育的无数节理裂隙与其他软弱结构面所组成,上述的"坚硬致密"系只对岩块属性为硬岩而言,由于岩块受众多软弱结构面的随机性、不同方向性的支解和切割,使之在开挖和受爆破扰动之初,就有可能局部掉块,甚至产生"多米诺骨牌"似的连锁掉块反应,使之在一定范围内形成"塌孔";而在围岩毛洞自由面处及其附近浅处构成局部或整体失稳。有时塌孔、坍塌或滑裂等的范围还比较大,将构成对洞内人员、设备的威胁，也危及围岩的整体性。此时，应通过此处所说的经过块体力学分析，作出局部支护的合理抉择，以策洞室的永久安全。

与软岩和中等强度岩体的情况不同，硬岩的洞体失稳多发生在围岩爆破开挖、形成洞室之初；如对上述"多米诺骨牌"式的连锁掉块、塌孔，则其研究工作重点则是要找出众多块体中的"关键块"(key block)，"关键块"是导致围岩在一定范围内持续塌落的基础。采用赤平投影方法，并使之与块体力学分析相结合，将更为有效地探找并确知"关键块"的部位、大小及其分布，从而为硬质围岩的稳定性分析与安全提供理论依据与技术支撑。

针对硬岩"关键块"制约洞室稳定性的问题，在水封岩洞储油库研究的基础上，以岩石块体力学赤平投影解析法为理论基础，研发程序软件 Block. exe，程序界面如图 5-11 所示，该软件具有可视化、易操作的特点。其主要功能是已知岩体结构产状和围岩开挖面空间位置，通过该程序软件可方便地得出洞室围岩所有可动块体的结构面和开挖面的半空间组合形式及其关键块体，以便进行必要的支护。

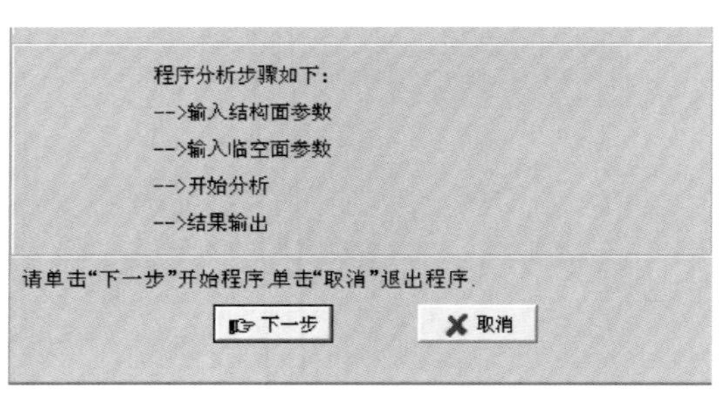

图 5-11　块体围岩稳定性分析程序软件界面

5.3.2　赤平投影解析法略述

块体理论由石根华与 Goodman 于 1985 年创立，它借助于拓扑学、集合论、几何学和矢量代数学而建立，现已成熟地发展成为岩体稳定分析的重要方法之一。它以岩体完全被交错的结构面所切割为前提，适用于节理及块状岩体。传统分析方法主要有矢量分析法和赤平投影法，在实际运用中，各有其优点与缺陷。块体理论赤平投影解析法，将矢量法和赤平投影有机结合起来，并进行了拓宽，可将有限块体的结构面作为一个整体来考虑，大大扩展了块体理论的适用范围。

赤平投影解析法主要包括两大基本原理——有限性原理和可动性原理。由于赤平投影解析法是由赤平投影法发展而来，所以在介绍两大原理之前，先对赤平投影原理进行简单的介绍。

1) 赤平投影原理

赤平投影法是表示几何要素或空间矢量等角距关系的平面投影，它借助一个半径为 R 的参照球(通常取 $R=1$)作为投影工具。首先通过球心作赤道平面(即水平面)，然后将空间平面或射线平移，使之通过球心并与球面相交得球面交线或交点，再以球体的下端或上端向球面交线或交点发出射线，此射线与赤道平面相交的轨迹，即为该平面或射线的极射赤平投影。通过赤平投影方法，可以很容易地把三维空间内的平面和半空间投影简化成二维问题，使空间几何简化为平面几何。

2) 块体有限性原理

有限性判断准则：岩体工程中，失稳的块体都是有限块体，所以判断块体的有限无限是块体理论分析的第一步。设某块体由 n 个半空间组成，平移各半空间至坐标原点，若平移后的半空间，只有坐标原点为公共几何元素(图 5-12)，则该块体有限，这就是块体有限性原理。

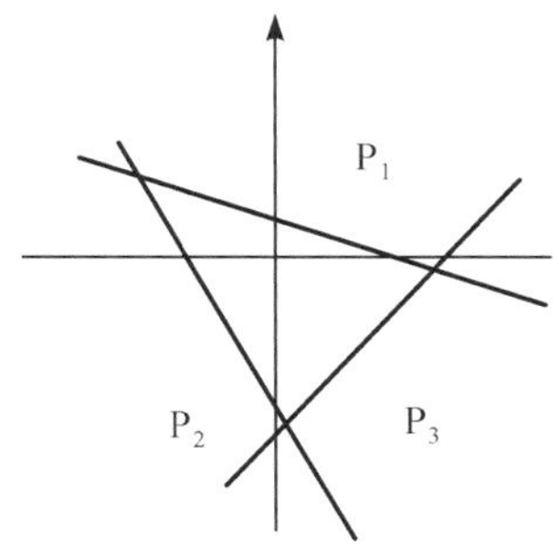

(a) 有限块体初始位置

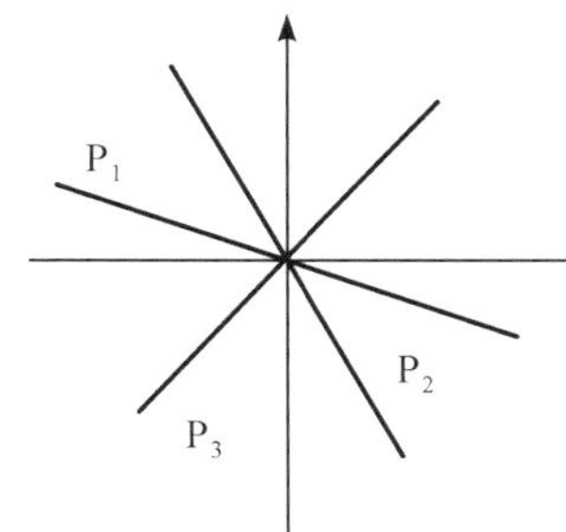

(b) 有限块体平移后

图 5-12　有限块体示意图

(1) 有限凸块体

有限凸块体投影后方程式为：

$$\begin{aligned} U_i &: A_i x + B_i y + C_i z > 0 \\ L_i &: A_j x + B_j y + C_j z < 0 \end{aligned} \quad i = 1, 2, \cdots, n, j = 1, 2, \cdots, m \tag{5-1}$$

其中，$i \geqslant 1$，$j \geqslant 1$，$i + j \geqslant 4$。

如果该方程式只有一个解，即坐标原点，则该方程式代表的交集为有限凸块体；如果方程式(5-1)有一个非零解(x_1, y_1, z_1)，对任何 $t>0$，则$(t_{x_1}, t_{y_1}, t_{z_1})$也是方程的解，即方程有无数解，当 t 无限大时，块体也无限大，所以如果块体有限，则上述方程只有零解，也就是说半空间的投影交集为空集，即有限凸块体的投影判断式为：

$$U_1 \cap U_2 \cdots \cap U_n \cap L_1 \cdots \cap L_m = \varnothing \tag{5-2}$$

(2) 有限凹块体

有限凹块体投影后方程式为：

$$\begin{aligned} U_i &: A_i x + B_i y + C_i z > 0 \quad i = 1,2,\cdots,n \\ L_i &: A_j x + B_j y + C_j z < 0 \quad j = 1, 2, \cdots, m \end{aligned} \tag{5-3}$$

$$\begin{aligned} L_{a_1} &: A_{a_1} x + B_{a_1} y + C_{a_1} z < 0 \\ U_i &: A_i x + B_i y + C_i z > 0 \quad i = 1, 2, \cdots, n \\ L_i &: A_j x + B_j y + C_j z < 0 \quad j = 1, 2, \cdots, m \\ L_{a_2} &: A_{a_2} x + B_{a_2} y + C_{a_2} z < 0 \end{aligned} \tag{5-4}$$

其中，$i \geqslant 1$，$j \geqslant 1$，$i + j \geqslant 4$。

由于凡满足上述两套联立方程式之一的各点坐标均在凹块体内，所以上述两套联立方程式都只有一个解，坐标原点(0, 0, 0)，它们所代表的块体才是有限凹块体，即有限凹块体的投影判断式为：

$$U_1 \cap U_2 \cdots \cap U_n \cap L_1 \cdots \cap L_m \cup L_{a_1} \cup L_{a_2} = \varnothing \tag{5-5}$$

为了简化起见，可用平面投影的交点与半空间投影的相对位置判断块体的有限性。因为有限块体的投影已经缩小为一个点，则其投影区将不包含(0, 0, 0)以外的交点，故可用块体是否包含交点的投影作为有限性的判断准则。

3）块体可动性原理

块体可动条件：岩体被弱面切割，完整性遭到破坏。但是，如果没有人工开挖后形成的临空面，被切割的块体不会发生移动。所以，移动的必要条件是：块体的界面中必须有一个或一个以上的临空面。

如果块体向临空面方向移动时，受到其他部分岩体的阻挡，虽有临空面也不能移动，Q是临空面，由 P_1，P_2 和 P_3 组成的块体，即B块体，并不能向临空面移动，A块体则可能移动（图 5-13），二者之间的差别在于，一个弱面相互收拢，一个则相互发散，块体只能向弱面发散的方向移动。如果没有临空面，弱面互相收拢的将形成有限块体，而弱面发散的将形成无限块体。由此可见，弱面本身能构成有限块体者，即使有临空面也不可能移动。

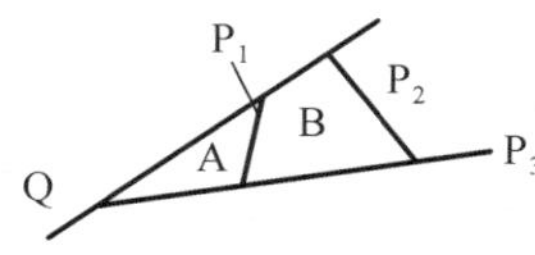

图 5-13 可动块体与不可动块体

综上所述，块体移动的充分条件是：弱面构成的无限块体，被临空面切割后才成为有限块体者，是可动块体。

判断过程：首先根据上述判断方法，寻找出由临空面和结构面所构成的有限块体，然后将这些有限块体的临空面除去，检查剩余的结构面是否能构成有限块体，若能构成有限块体，则该块体不可动，相反的为可动块体。有限块体至少有四个互不平行的界面组成，若临空面和结构面之和为4，它们所构成的有限块体一定是可动块体。只有临空面和结构面之和超过4时，才有可能有不可动的有限块体。上述几何可动性的判别过程与有限性判别基本一致。

可动块体的稳定性判断：可动块体的稳定性分析主要根据力学分析，分析块体的失稳形式，计算块体的滑动力，从而可以确定块体是否稳定，并提出相应的加固措施。

5.3.3 硬岩可动块体的稳定性判别

可动块体的稳定性分析主要根据力学分析，分析块体的失稳形式，计算块体的滑动力，从而可以确定块体是否稳定，并提出相应的加固措施。下面介绍稳定性分析的两种方法，一是赤平解析法，一是矢量分析法。

1）赤平解析法

赤平解析法用于块体只受重力的情况，当块体受力较简单的时候，可以假设块体只受重力作用。采用赤平解析法，利用块体的几何关系就可以很方便地求出块体的失稳形式和滑动力，分析过程如下。

（1）块体移动方向判断

块体一般沿结构面向临空面方向移动，根据块体投影区最低点的位置可判定块体移动方向，参考圆中心到块体投影区最低点的连线的方向即为移动方向，该线的倾角即为移动倾角。块体投影区的最低点可能为某个结构面的最低点，也有可能是两个结构面的交线的最低点。

① 块体投影区最低点为结构面最低点

首先判断结构面最低点是否在块体投影区内：参考圆心与投影圆圆心的连线方位角即为该结构面的倾向 β_i，该连线与 P_i 投影圆相交于两点，一点位于参考圆内，为 P_i 面投影的正交点，其坐标为 $H_i(x, y)$：

$$H_i(x,\ y)=\left(\left(R\tan\alpha-\frac{R}{\cos\alpha}\right)\sin\beta,\left(R\tan\alpha-\frac{R}{\cos\alpha}\right)\cos\beta\right)$$

另一点位于参考圆外，为 P_i 面投影的负交点，其坐标为 $G_i(x,\ y)$：

$$G_i(x,\ y)=\left(\left(R\tan\alpha+\frac{R}{\cos\alpha}\right)\sin\beta,\left(R\tan\alpha+\frac{R}{\cos\alpha}\right)\cos\beta\right)$$

根据有限性分析中确定交点位置参量的方法，可得结构面负交点位置参量 W_k^i。

若 P_i 面投影的负交点位于 P_k 的上盘，则 $W_k^i=1$；

若 P_i 面投影的负交点位于 P_k 的面上，则 $W_k^i=0$；若 P_i 面投影的负交点位于 P_k 的下盘，则 $W_k^i=-1$。

将各平面编号以后，W_k^i 可组成结构面投影负交点位置参量矩阵[式(5-6)]，块体与结构面的相对位置可类似于有限性判断时的块体空间参量 V_i，其组成方式同判断有限性时的参量矩阵一致。同理，可得出判断矩阵，若判断矩阵的第 i 行的元素为 0 或 1，则 P_i 面的负交点在块体投影区内。

$$(\boldsymbol{W}_k^{ij})_{a_2}=\begin{pmatrix} W_1^{12} & W_2^{12} & \cdots & W_{n-2}^{12} & W_{a_2}^{12} \\ W_1^{13} & W_2^{13} & \cdots & W_{n-2}^{13} & W_{a_2}^{13} \\ \cdots & \cdots & \cdots & \cdots & \cdots \\ W_1^{1a_2} & W_2^{1a_2} & \cdots & W_{n-2}^{1a_2} & W_{a_2}^{1a_2} \\ W_1^{23} & W_2^{23} & \cdots & W_{n-2}^{23} & W_{a_2}^{23} \\ \cdots & \cdots & \cdots & \cdots & \cdots \\ W_1^{(n-2)a_2} & W_2^{(n-2)a_2} & \cdots & W_{n-2}^{(n-2)a_2} & W_{a_2}^{(n-2)a_2} \end{pmatrix} \tag{5-6}$$

$$\boldsymbol{W}_k^i=\begin{bmatrix} W_1^1 & W_2^1 & \cdots & W_n^1 \\ W_1^2 & W_2^2 & \cdots & W_n^2 \\ \cdots & \cdots & \cdots & \cdots \\ \cdots & \cdots & \cdots & \cdots \\ W_1^n & W_2^n & \cdots & W_n^n \end{bmatrix} \tag{5-7}$$

② 块体投影区负交点为结构面交线负交点

若块体投影区负交点为结构面交线负交点，块体将沿两个上盘结构面交线移动。块体中有 P_i 和 P_j 的上盘 U_i、U_j，按有限性判断中方法，先求出两结构面的交点，然后区分是正交点 $(x_p,\ y_p)$ 还是负交点 $(x_n,\ y_n)$，因为此两交点的连线必过参考球心，以此两交点作一投影圆，该圆的倾向、倾角即为次交线的倾向、倾角，其半径为：

$$R_{ij}=\frac{1}{2}\sqrt{(x_g-x_h)^2+(y_g-y_h)^2}$$

另外，根据赤平投影原理得：

$$R_{ij}=\frac{R}{\cos\alpha_{ij}}\tag{5-8}$$

$$\cos\alpha_{ij}=\frac{2R}{\sqrt{(x_g-x_h)^2+(y_g-y_h)^2}}\tag{5-9}$$

一般地，$R=1$，$\sin\beta_{ij}=\dfrac{x_g}{\sqrt{x_g^2+y_g^2}}$，因此可动块体沿由此确定的$\left.\begin{aligned}\alpha_h=\alpha_{ij}\\ \beta_h=\beta_{ij}\end{aligned}\right\}$滑动。其滑动形式亦为双面滑动。

(2) 可动块体的滑动形式

若所有结构面的负交点位于块体投影区内，块体可沿任意一结构面移动，则块体将铅垂下落。设滑动角为 α_h，即 $\alpha_h=\dfrac{\pi}{2}$。

若某一结构面的负交点位于投影区内，而可动块体正位于这一结构面的上盘，则块体沿该结构面滑动。该面的倾向 β_i 与倾角 α_i 为滑动的倾向 β_h 和倾角 α_h，此类为单面滑动，且有：

$$\left.\begin{aligned}\alpha_h=\alpha_i\\ \beta_h=\beta_i\end{aligned}\right\}$$

若有两个结构面的负交点在块体投影区内，而可动块体位于其中一个结构面的上盘，则亦是单面滑动，方向同上。

若所有的结构面的负交点不在块体投影区内，或者某一结构面的负交点位于块体投影区内，而可动块体位于这一结构面的下盘，则块体向块体投影区负交点方向滑动，往往沿两个上盘结构面 P_i 和 P_j 的交线移动，称为双面滑动。设结构面交线倾向为 β_{ij}，倾角为 α_{ij}，且有：

$$\left.\begin{aligned}\alpha_h=\alpha_{ij}\\ \beta_h=\beta_{ij}\end{aligned}\right\}$$

(3) 滑动力计算

计算块体滑动力之前，必须先采用直角平面空间几何的方法求块体大小。

① 铅垂下落

铅垂下落的滑动力为块体重力。已知某一结构面 P_i 的产状（倾向 β_i，倾角 α_i）及其上任意一点的坐标 $(x_i,\ y_i)$，可得到结构面空间几何方程式：

$$(x-x_i)+\cot\beta_i(y-y_i)+\cot\alpha_i\csc\beta_i(z-z_i)=0\tag{5-10}$$

同理，可以得到临空面 Q 的空间几何方程式：

$$(x-x_q)+\cot\beta_q(y-y_q)+\cot\alpha_q\csc\beta_q(z-z_q)=0\tag{5-11}$$

由式(5-10)和式(5-11)可以求得个结构面与临空面的交线以及这些交线的交点 $(x_1,\ y_1)$，$(x_2,\ y_2)$，$(x_3,\ y_3)$。如果这些交点的序号按照逆时针排列，可按下式计算块体的底面积 S：

$$S = \frac{1}{2}\begin{vmatrix} x_1 & y_1 & 1 \\ x_2 & y_2 & 1 \\ x_3 & y_3 & 1 \end{vmatrix}$$

块体的高度 H：

$$H = \frac{|Ax_0 + By_0 + Cz_0 + D|}{\sqrt{A^2 + B^2 + C^2}}$$

块体的重量 W：

$$W = \frac{1}{3}SH\gamma$$

② 单面滑动

单面滑动的块体重量计算方法与铅垂下落相同，而滑动力 F 则是块体重量 W 的分力与摩擦力的差值。即：

$$F = W\ \sin\alpha_{\mathrm{h}} - W\ \cos\alpha_{\mathrm{h}}\tan\Phi_i \tag{5-12}$$

③ 双面滑动

双面滑动的块体沿两个滑动面的交线方向滑动，滑动力 F 则是块体重量 W 在交线方向的分力与两个滑动面摩擦力的差值。设两个滑动面的交线倾角为 α_{ij}，倾向为 β_{ij}，块体重量 W 在两个滑动面法线方向的分力分别为 F_{ni} 和 F_{nj}，摩擦系数分别为 $\tan\Phi_i$ 和 $\tan\Phi_j$，则滑动力 F 为：

$$F = W\ \sin\alpha_{ij} - F_{ni}\ \tan\Phi_i - F_{nj}\ \tan\Phi_j \tag{5-13}$$

2）矢量分析法

矢量分析法是利用块体所受合力与块体组成面的几何矢量关系，确定块体失稳形式和滑动力，所以它可用于分析块体受力较为复杂的情况，具有一定的普遍性，缺点是只能用于分析凸块体。由于储油库围岩块体受力较为复杂，同时分析时只考虑凸块体，所以此处分析采用矢量分析法。

采用矢量分析法分析的基本步骤如下。

（1）确定块体组成结构面的向上单位法线矢量 $\boldsymbol{n}_i$。

设块体有 n 组结构面，由各组结构面 P_i 的产状，即倾角 α_i 和倾向 β_i，求出 P_i 的向上单位法线矢量 $\boldsymbol{n}_i$：

$$\boldsymbol{n}_i = (A_i, B_i, C_i) = (\sin\alpha_i\ \sin\beta_i,\ \sin\alpha_i\ \cos\beta_i,\ \cos\alpha_i)$$

（2）确定块体结构面指向块体内部的法线矢量 $\boldsymbol{v}_i$。

矢量 $\boldsymbol{v}_i$ 与 $\boldsymbol{n}_i$ 两者的关系为：

$$\boldsymbol{v}_i = \begin{cases} +\boldsymbol{n}_i，块体在界面\ P_i\ 上盘 \\ -\boldsymbol{n}_i，块体在界面\ P_i\ 下盘 \end{cases}$$

（3）计算块体所受合力矢量 $\boldsymbol{F}$（包括块体自重、水压、油压等）。

（4）判断块体失稳形式。块体失稳形式有三种，即脱离岩体掉落运动、单面滑动以及沿双面滑动。根据合力矢量和块体界面的矢量关系可以求出块体失稳形式。

① 脱离岩体运动。若块体脱离岩体运动，则各矢量满足如下关系，换而言之，若块体各矢量满足如下关系则块体失稳形式为脱离岩体运动。

$$\boldsymbol{F}\cdot\boldsymbol{v}_i>0$$
$$\boldsymbol{F}\cdot\boldsymbol{W}\geqslant 0$$

② 单面滑动。若块体沿 i 面滑动，滑动方向矢量 $\boldsymbol{s}_i$ 可由下式求出：

$$\boldsymbol{s}_i=\frac{(\boldsymbol{n}_i\times\boldsymbol{F})\times\boldsymbol{n}_i}{|(\boldsymbol{n}_i\times\boldsymbol{F})\times\boldsymbol{n}_i|}$$

块体运动方向与结构面 i 平行，各矢量满足如下关系：

$$\boldsymbol{F}\cdot\boldsymbol{v}_i\leqslant 0$$
$$\boldsymbol{s}_i\cdot\boldsymbol{v}_j>0$$

其中，$\boldsymbol{v}_i$ 为块体滑动面 i 指向块体内部的法线矢量；$\boldsymbol{v}_j$ 为块体其他结构面(非滑动面)指向块体内部的法线矢量。

③ 双面滑动。若块体沿着结构面 i 和 j 运动，滑动方向 $\boldsymbol{s}_{ij}$ 平行两结构面的交线，可由下式求出：

$$\boldsymbol{s}_{ij}=\frac{(\boldsymbol{n}_i\times\boldsymbol{n}_j)}{|(\boldsymbol{n}_i\times\boldsymbol{n}_j)|}\mathrm{sign}[(\boldsymbol{n}_i\times\boldsymbol{n}_j)\cdot\boldsymbol{F}] \tag{5-14}$$

其中，

$$\mathrm{sign}[(\boldsymbol{n}_i\times\boldsymbol{n}_j)\cdot\boldsymbol{F}]=\begin{cases}1,\ 当(\boldsymbol{n}_i\times\boldsymbol{n}_j)\cdot\boldsymbol{F}>0\\ 0,\ 当(\boldsymbol{n}_i\times\boldsymbol{n}_j)\cdot\boldsymbol{F}=0\\ -1,\ 当(\boldsymbol{n}_i\times\boldsymbol{n}_j)\cdot\boldsymbol{F}<0\end{cases}$$

块体各矢量满足

$$\boldsymbol{s}_{ij}\cdot\boldsymbol{v}_k>0$$
$$\boldsymbol{s}_i\cdot\boldsymbol{v}_j\leqslant 0$$
$$\boldsymbol{s}_j\cdot\boldsymbol{v}_i\leqslant 0$$

其中，$\boldsymbol{v}_k$ 为非滑动面指向块体内部的法线矢量；$\boldsymbol{v}_i$ 为滑动面 i 指向块体内部的法线矢量；$\boldsymbol{v}_j$ 为滑动面 j 指向块体内部的法线矢量。

（5）计算正压力。块体滑动面的正压力因块体滑动形式不同而不同。

① 脱离岩体运动。块体脱离岩体运动，则块体不与任何结构面发生接触，则块体结构面上的正压力均为0，即：$N_i=0$。

② 单面滑动。若块体沿结构面 i 滑动，则块体只在结构面 i 上有正压力，其他结构面 j 上正压力为0，即：

$$\begin{aligned}N_i&=-\boldsymbol{F}\cdot\boldsymbol{v}_i\\ N_j&=0\end{aligned} \tag{5-15}$$

③ 双面滑动。若块体沿结构面 i 和 j 滑动，则其他结构面 k 的正压力为 0，即：

$$N_i = \frac{-(\boldsymbol{F} \times \boldsymbol{v}_i) \cdot (\boldsymbol{v}_i \times \boldsymbol{v}_j)}{(\boldsymbol{v}_i \times \boldsymbol{v}_j) \cdot (\boldsymbol{v}_i \times \boldsymbol{v}_j)}$$

$$N_j = \frac{-(\boldsymbol{F} \times \boldsymbol{v}_j) \cdot (\boldsymbol{v}_j \times \boldsymbol{v}_i)}{(\boldsymbol{v}_j \times \boldsymbol{v}_i) \cdot (\boldsymbol{v}_j \times \boldsymbol{v}_i)}$$

$$N_k = 0$$

(6) 计算滑动力。块体滑动力 $\overrightarrow{SF}$ 等于块体外力合力在滑动方向上的分力与块体抗滑力之差，块体抗滑力 $\boldsymbol{f}$ 等于块体正压力乘以结构面的摩擦系数：

$$\overrightarrow{SF} = \boldsymbol{F} \cdot \boldsymbol{s} - N \tan \phi \tag{5-16}$$

其中，$\boldsymbol{s}$ 为块体滑动方向。

5.3.4 隧道围岩稳定性块体分析

1) 结构面及开挖面简化

综合考虑地表及钻孔节理勘察情况，且方便块体理论分析，将节理面按如下情况考虑，如表 5-1 所示。

表 5-1　块体分析节理面产状　(°)

编号	倾角	走向	倾向
P_0	40	NNE15	105
P_1	80	NNE15	105
P_2	40	NE55	145
P_3	80	NE55	145
P_4	40	NW-NNW340	70
P_5	80	NW-NNW340	70

洞室轴线方向为 E-W 方向，断面如图 5-14 所示，具体分析中将开挖面简化为矩形(图 5-15)，此种简化不仅便于块体理论分析，而且使分析结果更偏于安全，各面产状如表 5-2 所示。

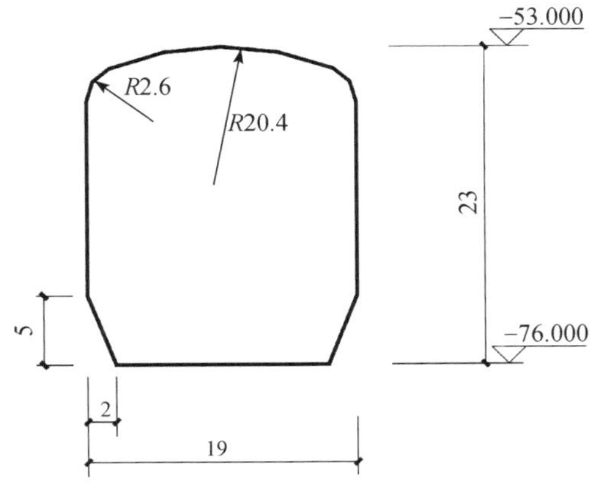

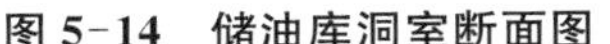
图 5-14　储油库洞室断面图

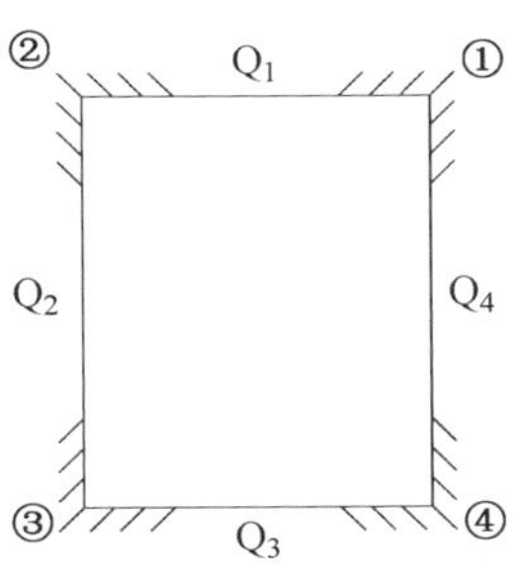

图 5-15　储油库洞室开挖面简化处理

表 5-2　开挖面产状　(°)

编号	倾角	倾向
Q_1	0	180
Q_2	90	180
Q_3	0	180
Q_4	90	180

2）寻找可动块体

寻找可动块体，也就是利用上述可动性原理查明那些能够构成可动块体的结构面和开挖面组合。寻找时，主要分三个部位，分别是洞室顶部（Q_1 上盘）和洞室左、右边墙（Q_2 左盘和 Q_4 右盘），至于底板由于不考虑构造应力和施工的影响，隆起的可能性不大，不加以考虑。

（1）洞室顶部可动块体

① 计算结构面和开挖面的赤平投影方程式。

设参照圆半径 $R=1$，各结构面和开挖面的赤平投影图如图 5-16 所示，赤平投影方程式如下。

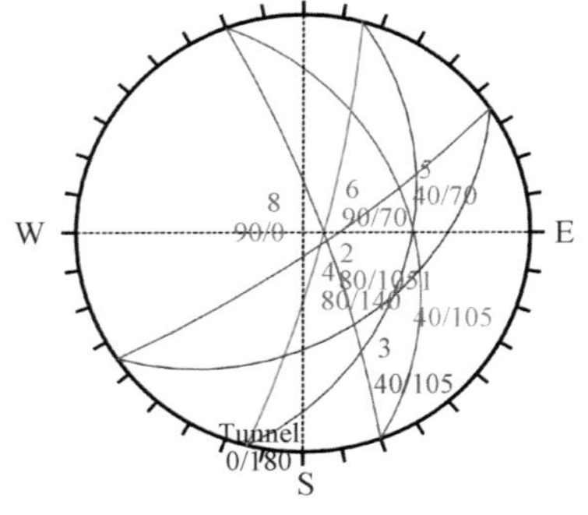

图 5-16　赤平投影图

参照圆：$x^2+y^2=1$

$$P_0:(x-0.810\,508)^2+(y+0.217\,175)^2=1.704\,088 \tag{5-17}$$

$$P_1:(x-5.478\,037)^2+(y+1.467\,835)^2=33.163\,429 \tag{5-18}$$

$$P_2:(x-0.481\,288)^2+(y+0.687\,35)^2=1.704\,088 \tag{5-19}$$

$$P_3:(x-3.252\,913)^2+(y+4.645\,641)^2=33.163\,429 \tag{5-20}$$

$$P_4:(x-0.788\,496)^2+(y-0.286\,989)^2=1.704\,088 \tag{5-21}$$

$$P_5:(x-5.329\,261)^2+(y-1.939\,693)^2=33.163\,429 \tag{5-22}$$

临空面的投影方程式：

$$Q_1,\ Q_3:x^2+y^2=1 \tag{5-23}$$

$$Q_2,\ Q_4:y=0 \tag{5-24}$$

② 计算正交点位置参量矩阵。

首先将 6 个结构面两两组合，然后 6 个结构面再分别与临空面组合，求得投影正交点，如表 5-3 所示。根据正交点坐标分别代入结构面和开挖面 Q_1 的投影方程，得到正交点与结构面以及开挖面 Q_1 的空间位置关系（上盘、下盘或面上），根据块体理论确定交点位置参量矩阵 $\boldsymbol{W}_{1k}^{ij}$［式(5-25)］。

表 5-3　界面正交点坐标

	P_0	P_1	P_2	P_3	P_4	P_5	Q_1，Q_3	Q_2，Q_4
P_0		0.259，0.966	−0.397，0.278	−0.494，−0.272	−0.48，−0.021	−0.256，0.536	0.259，−0.966	−0.477，0
P_1			0.087，0.557	−0.076，0.053	−0.208，−0.556	−0.092，−0.004	−0.259，−0.966	−0.091，0

（续表）

	P_0	P_1	P_2	P_3	P_4	P_5	Q_1，Q_3	Q_2，Q_4
P_2				−0.819，−0.574	−0.511，0.161	−0.223，0.412	−0.819，−0.574	−0.629，0
P_3					−0.419，−0.209	−0.105，0.033	−0.819，−0.574	−0.15，0
P_4						−0.342，0.940	−0.342，0.940	−0.485，0
P_5							−0.342，0.940	−0.093，0

③ 计算判别矩阵。

判别矩阵是判断一个结构面和开挖面组合是否能构成有限块体的有限途径，在确定判别矩阵前需要知道正交点位置参量矩阵和块体空间矩阵。正交点位置参量矩阵 $\boldsymbol{W}_{1k}^{ij}$ 在第②步中已经得到，但是块体空间参量矩阵在结构面和开挖面组合形式不确定的情况下是未知的，所以首先假设块体空间矩阵 $\boldsymbol{V}_k$ 如式(5-26)所示。将式(5-25)和式(5-26)相乘得判别矩阵 $[D_1]=\boldsymbol{W}_{ij}^{k}\times\boldsymbol{V}_k$［式(5-27)］。

根据有限性的判别准则，考虑结构面和开挖面各种组合情况，确定构成可动块体的不同结构面和开挖面 Q_1 组合，但实际上由于结构面个数较多，采用人工分析工作量相当大，所以将上述分析过程编制成程序，计算得到 Q_1 上盘的可动块体共 66 块。

$$\boldsymbol{W}_{1k}^{ij}=\begin{bmatrix} 0 & 0 & -1 & -1 & 1 & 1 & 0 \\ 0 & -1 & 0 & -1 & 1 & -1 & 1 \\ 0 & -1 & 1 & 0 & -1 & -1 & 1 \\ 0 & -1 & 1 & -1 & 0 & -1 & 1 \\ 0 & -1 & -1 & -1 & 1 & 0 & 1 \\ 1 & 0 & 0 & -1 & 1 & 1 & 1 \\ 1 & 0 & 1 & 0 & 1 & 1 & 1 \\ 1 & 0 & 1 & 1 & 0 & -1 & 1 \\ 1 & 0 & 1 & 1 & 1 & 0 & 1 \\ 1 & 1 & 0 & 0 & 1 & 1 & 0 \\ -1 & -1 & 0 & -1 & 0 & -1 & 1 \\ 1 & -1 & 0 & -1 & 1 & 0 & 1 \\ 1 & -1 & 1 & 0 & 0 & -1 & 1 \\ 1 & -1 & 1 & 0 & 1 & 0 & 1 \\ -1 & -1 & -1 & -1 & 0 & 0 & 0 \\ 0 & 0 & -1 & -1 & 1 & 1 & 0 \\ 0 & 0 & -1 & -1 & 1 & 1 & 0 \\ 1 & 1 & 0 & 0 & 1 & 1 & 0 \\ 1 & 1 & 0 & 0 & 1 & 1 & 0 \\ -1 & -1 & -1 & -1 & 0 & 0 & 0 \\ -1 & -1 & -1 & -1 & 0 & 0 & 0 \end{bmatrix} \tag{5-25}$$

$$\boldsymbol{V}_k=\begin{bmatrix} V_0 & 0 & 0 & 0 & 0 & 0 & 0 \\ 0 & V_1 & 0 & 0 & 0 & 0 & 0 \\ 0 & 0 & V_2 & 0 & 0 & 0 & 0 \\ 0 & 0 & 0 & V_3 & 0 & 0 & 0 \\ 0 & 0 & 0 & 0 & V_4 & 0 & 0 \\ 0 & 0 & 0 & 0 & 0 & V_5 & 0 \\ 0 & 0 & 0 & 0 & 0 & 0 & 1 \end{bmatrix} \tag{5-26}$$

$$[D_1]=\begin{bmatrix} 0 & 0 & -V_2 & -V_3 & V_4 & V_5 & 0 \\ 0 & -V_1 & 0 & -V_3 & V_4 & -V_5 & 1 \\ 0 & -V_1 & V_2 & 0 & -V_4 & -V_5 & 1 \\ 0 & -V_1 & V_2 & -V_3 & 0 & -V_5 & 1 \\ 0 & -V_1 & -V_2 & -V_3 & V_4 & 0 & 1 \\ 0 & 0 & V_2 & V_3 & -V_4 & -V_5 & 0 \\ V_0 & 0 & 0 & -V_3 & V_4 & V_5 & 1 \\ V_0 & 0 & V_2 & 0 & V_4 & V_5 & 1 \\ V_0 & 0 & V_2 & V_3 & 0 & -V_5 & 1 \\ V_0 & 0 & V_2 & V_3 & V_4 & 0 & 1 \\ 0 & 0 & V_2 & V_3 & -V_4 & -V_5 & 0 \\ -V_0 & -V_1 & 0 & 0 & -V_4 & -V_5 & 0 \\ -V_0 & -V_1 & 0 & -V_3 & 0 & -V_5 & 1 \\ V_0 & -V_1 & 0 & -V_3 & V_4 & 0 & 1 \\ -V_0 & -V_1 & 0 & 0 & -V_4 & -V_5 & 0 \\ V_0 & -V_1 & V_2 & 0 & 0 & -V_5 & 1 \\ V_0 & -V_1 & V_2 & 0 & V_4 & 0 & 1 \\ -V_0 & -V_1 & 0 & 0 & -V_4 & -V_5 & 0 \\ -V_0 & -V_1 & -V_2 & -V_3 & 0 & 0 & 0 \\ -V_0 & -V_1 & -V_2 & -V_3 & 0 & 0 & 0 \\ -V_0 & -V_1 & -V_2 & -V_3 & 0 & 0 & 0 \end{bmatrix} \tag{5-27}$$

(2) 洞室左边墙可动块体

洞室左边墙可动块体的分析过程与洞室顶部可动块体的分析过程一样。首先，计算得到正交点投影坐标；其次，根据正交点与各面的空间位置关系得到正交点位置参量矩阵；再次，假设块体空间参量矩阵，得到判别矩阵；最后，分析判别矩阵，得到可构成可动块体的结构面和左边墙（Q_2上盘）的组合形式。计算得出，块体空间参量矩阵同式(5-26)，正交点位置参量矩阵 $\boldsymbol{W}_{2k}^{ij}$ 如式(5-28)所示，判别矩阵 $[D_2]$ 如式(5-29)所示。

(3) 洞室右边墙可动块体

洞室右边墙可动块体的分析过程与洞室顶部可动块体的分析过程一样，首先计算得到正交点投影坐标；其次，根据正交点与各面的空间位置关系得到正交点位置参量矩阵；再次，假设块体空间参量矩阵，得到判别矩阵；最后，分析判别矩阵，得到可构成可动块体的结构面和左边墙（Q_4下盘）的组合形式。计算得出：正交点位置参量矩阵同式(5-28)，块体空间矩阵如式(5-30)所示，判别矩阵如式(5-31)所示。

$$
\boldsymbol{W}_{2k}^{ij}=\begin{bmatrix}
0 & 0 & -1 & -1 & 1 & 1 & -1\\
0 & -1 & 0 & -1 & 1 & -1 & -1\\
0 & -1 & 1 & 0 & -1 & -1 & 1\\
0 & -1 & 1 & -1 & 0 & -1 & 1\\
0 & -1 & -1 & -1 & 1 & 0 & -1\\
1 & 0 & 0 & -1 & 1 & 1 & -1\\
1 & 0 & 1 & 0 & 1 & 1 & -1\\
1 & 0 & 1 & 1 & 0 & -1 & 1\\
1 & 0 & 1 & 1 & 1 & 0 & 1\\
1 & 1 & 0 & 0 & 1 & 1 & -1\\
-1 & -1 & 0 & -1 & 0 & -1 & -1\\
1 & -1 & 0 & -1 & 1 & 0 & -1\\
1 & -1 & 1 & 0 & 0 & -1 & 1\\
1 & -1 & 1 & 0 & 1 & 0 & -1\\
-1 & -1 & -1 & -1 & 0 & 0 & -1\\
0 & -1 & 1 & -1 & 1 & -1 & 0\\
1 & 0 & 1 & 1 & 1 & 1 & 0\\
-1 & -1 & 0 & -1 & -1 & -1 & 0\\
1 & -1 & 1 & 0 & 1 & -1 & 0\\
-1 & -1 & 1 & -1 & 0 & -1 & 0\\
1 & -1 & 1 & 1 & 1 & 0 & 0
\end{bmatrix}\tag{5-28}
$$

$$
[D_2]=\begin{bmatrix}
0 & 0 & -V_2 & -V_3 & V_4 & V_5 & -1\\
0 & -V_1 & 0 & -V_3 & V_4 & -V_5 & -1\\
0 & -V_1 & V_2 & 0 & -V_4 & -V_5 & 1\\
0 & -V_1 & V_2 & -V_3 & 0 & -V_5 & 1\\
0 & -V_1 & -V_2 & -V_3 & V_4 & 0 & -1\\
V_0 & 0 & 0 & -V_3 & V_4 & V_5 & -1\\
V_0 & 0 & V_2 & 0 & V_4 & V_5 & -1\\
V_0 & 0 & V_2 & V_3 & 0 & -V_5 & 1\\
V_0 & 0 & V_2 & V_3 & V_4 & 0 & 1\\
V_0 & V_1 & 0 & 0 & V_4 & V_5 & -1\\
-V_0 & -V_1 & 0 & -V_3 & 0 & -V_5 & -1\\
V_0 & -V_1 & 0 & -V_3 & V_4 & 0 & -1\\
V_0 & -V_1 & V_2 & 0 & 0 & -V_5 & 1\\
V_0 & -V_1 & V_2 & 0 & V_4 & 0 & -1\\
-V_0 & -V_1 & -V_2 & -V_3 & 0 & 0 & -1\\
0 & -V_1 & V_2 & -V_3 & V_4 & -V_5 & 0\\
V_0 & 0 & V_2 & V_3 & V_4 & V_5 & 0\\
-V_0 & -V_1 & 0 & -V_3 & -V_4 & -V_5 & 0\\
V_0 & -V_1 & V_2 & 0 & V_4 & -V_5 & 0\\
-V_0 & -V_1 & V_2 & -V_3 & 0 & -V_5 & 0\\
V_0 & -V_1 & V_2 & V_3 & V_4 & 0 & 0
\end{bmatrix}\tag{5-29}
$$

$$
\boldsymbol{V}_k = \begin{bmatrix} V_0 & 0 & 0 & 0 & 0 & 0 & 0 \\ 0 & V_1 & 0 & 0 & 0 & 0 & 0 \\ 0 & 0 & V_2 & 0 & 0 & 0 & 0 \\ 0 & 0 & 0 & V_3 & 0 & 0 & 0 \\ 0 & 0 & 0 & 0 & V_4 & 0 & 0 \\ 0 & 0 & 0 & 0 & 0 & V_5 & 0 \\ 0 & 0 & 0 & 0 & 0 & 0 & -1 \end{bmatrix} \tag{5-30}
$$

$$
[D_3] = \begin{bmatrix} 0 & 0 & -V_2 & -V_3 & V_4 & V_5 & 1 \\ 0 & -V_1 & 0 & -V_3 & V_4 & -V_5 & 1 \\ 0 & -V_1 & V_2 & 0 & -V_4 & -V_5 & -1 \\ 0 & -V_1 & V_2 & -V_3 & 0 & -V_5 & -1 \\ 0 & -V_1 & -V_2 & -V_3 & V_4 & 0 & 1 \\ V_0 & 0 & 0 & -V_3 & V_4 & V_5 & 1 \\ V_0 & 0 & V_2 & 0 & V_4 & V_5 & 1 \\ V_0 & 0 & V_2 & V_3 & 0 & -V_5 & -1 \\ V_0 & 0 & V_2 & V_3 & V_4 & 0 & -1 \\ V_0 & V_1 & 0 & 0 & V_4 & V_5 & 1 \\ -V_0 & -V_1 & 0 & -V_3 & 0 & -V_5 & 1 \\ V_0 & -V_1 & 0 & -V_3 & V_4 & 0 & 1 \\ V_0 & -V_1 & V_2 & 0 & 0 & -V_5 & -1 \\ V_0 & -V_1 & V_2 & 0 & V_4 & 0 & 1 \\ -V_0 & -V_1 & -V_2 & -V_3 & 0 & 0 & 1 \\ 0 & -V_1 & V_2 & -V_3 & V_4 & -V_5 & 0 \\ V_0 & 0 & V_2 & V_3 & V_4 & V_5 & 0 \\ -V_0 & -V_1 & 0 & -V_3 & -V_4 & -V_5 & 0 \\ V_0 & -V_1 & V_2 & 0 & V_4 & -V_5 & 0 \\ -V_0 & -V_1 & V_2 & -V_3 & 0 & -V_5 & 0 \\ V_0 & -V_1 & V_2 & V_3 & V_4 & 0 & 0 \end{bmatrix} \tag{5-31}
$$

3）洞室稳定性判断

结合水封岩洞储油库的特点，洞室稳定性分析主要考虑两种工况：一是油库尚未使用时，即没有油压的情况（以下称工况 1），此时块体主要受自重和水压作用；二是油库已投入运营，同时油充满洞室的情况（以下称工况 2），此时稳定性分析需要考虑自重、水压和油压的综合作用。

由以上分析可得出洞室开挖面和结构面形成的可动块体组合形式，但这些组合形式并不能直接用于稳定性分析，因为上述分析只是在二维赤平投影图下进行，也就是没有考虑结构面和开挖面的空间位置以及块体的体积，所以在进行稳定性分析之前，需要建立洞室范围内的空间坐标系，确定结构面和开挖面的空间方程式。

（1）建立洞室局部坐标系

洞室局部坐标系如图 5-17 所示，坐标系原点位于油库场区 D_1 洞室轴线处，高程等于洞室底面高程，X，Y 和 Z 轴方向与赤平投影所建坐标系方向一致，即 X 指东，Y 指北，Z 指上，如图 5-18 所示。

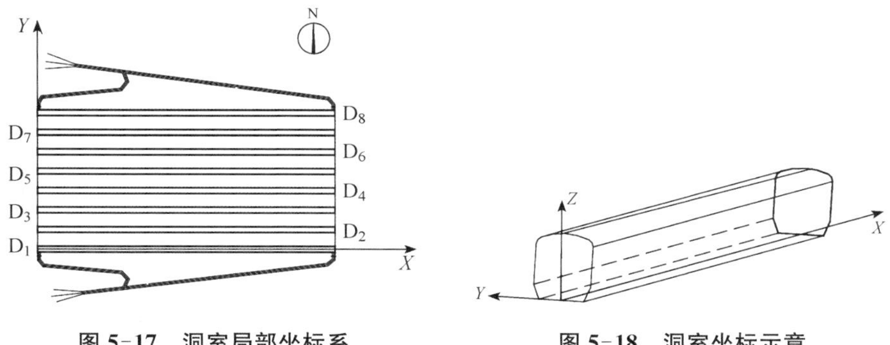

图 5-17　洞室局部坐标系　　图 5-18　洞室坐标示意

（2）确定结构面开挖面空间方程式

在洞室局部坐标系或者储油库场区局部坐标系建立之后，就可以确定结构面和开挖面的空间方程。在知道产状和其上一点坐标的情况下，就可以写出结构面空间方程。在整个场区中，共有 8 个储油库洞室，所处空间位置各有不同，在现建立的坐标系下，空间方程必然也不一样，分析时需要一一分别进行计算。此处以 D_1 为例，来说明分析过程，后面的稳定性分析也均是指 D_1 的稳定性分析。

根据表 5-4 中一点坐标，由式(5-32)得结构面和开挖面的空间方程式为：

$$(x-x_i)+\cot\beta_i(y-y_i)+\cot\alpha_i\csc\beta_i(z-z_i)=0 \tag{5-32}$$

$$P_0: 0.621x-0.166y+0.766z=33.236 \tag{5-33}$$

$$P_1: 0.951x-0.255y+0.174z=40.400 \tag{5-34}$$

$$P_2: 0.369x-0.527y+0.766z=18.412 \tag{5-35}$$

$$P_3: 0.565x-0.807y+0.174z=2.726 \tag{5-36}$$

$$P_4: 0.604x+0.220y+0.766z=36.349 \tag{5-37}$$

$$P_5: 0.925x+0.337y+0.174z=34.781 \tag{5-38}$$

$$Q_1: z=23 \tag{5-39}$$

$$Q_2: y=-9.5 \tag{5-40}$$

$$Q_4: y=9.5 \tag{5-41}$$

表 5-4　界面一点坐标

编　号	一　点　坐　标		
	x	y	z
P_0	20	13	30
P_1	32	−20	28
P_2	14	24.3	34

（续表）

编　　号	一　点　坐　标		
	x	y	z
P_3	31	25	31
P_4	16	−18	40
P_5	24	16.7	40

（3）工况 1 稳定性分析

根据可动块体分析得出，开挖面和结构面组成的可动块体共有 288 块（洞室顶部 66 块，左边墙 111 块，右边墙 111 块），如果要对这 288 块每块进行体积计算、力学分析，工作量将会很大且并不必要，因为在进行稳定性分析制定锚固措施时，所关心的是最大可动块体的大小，因此只需分析每个开挖面上的四面体可动块体的稳定性即可（对块体而言，切割的面越多，块体将会被切得越小）。现将每个开挖面上的可动四面体，即接下来要分析的可动块体列于表 5-5。

表 5-5　可动四面体

	洞室顶部（Q_1 上盘）	洞室左边墙（Q_2 上盘）	洞室右边墙（Q_4 上盘）
可动四面体	$U_1L_3L_5U_{q1}$，$L_0U_3U_4U_{q1}$ $U_1L_2L_5U_{q1}$，$L_0U_2U_5U_{q1}$ $U_1L_3L_4U_{q1}$，$L_0U_3U_5U_{q1}$ $U_0L_2L_4U_{q1}$，$U_1L_2L_4U_{q1}$	$U_0L_2L_5U_{q2}$，$L_2U_4L_5U_{q2}$ $U_0L_2L_3U_{q2}$，$U_0U_1L_3U_{q2}$ $U_1U_2L_3U_{q2}$，$U_0L_1L_2U_{q2}$ $L_2L_3U_4U_{q2}$，$U_1L_3U_4U_{q2}$ $L_1L_2U_4U_{q2}$，$L_0L_2U_4U_{q2}$ $L_0U_1U_4U_{q2}$，$L_0U_3U_4U_{q2}$ $L_1L_4U_5U_{q2}$，$L_1L_3U_5U_{q2}$ $U_0L_3U_5U_{q2}$，$U_2L_3U_5U_{q2}$ $L_1L_2U_5U_{q2}$，$L_0L_1U_5U_{q2}$ $L_3U_4U_5U_{q2}$，$L_0U_4U_5U_{q2}$	$U_0L_4L_5L_{q4}$，$U_3L_4L_5L_{q4}$ $U_0U_1L_5L_{q4}$，$U_1U_2L_5L_{q4}$ $L_2U_3L_5L_{q4}$，$L_0U_3L_5L_{q4}$ $U_1U_3L_5L_{q4}$，$U_1U_4L_5L_{q4}$ $U_0L_3L_4L_{q4}$，$U_0L_1L_4L_{q4}$ $U_0U_2L_4L_{q4}$，$U_1U_2L_4L_{q4}$ $L_1U_3L_4L_{q4}$，$U_2U_3L_4L_{q4}$ $L_0U_1U_2L_{q4}$，$L_1L_2U_3L_{q4}$ $L_0L_1U_3L_{q4}$，$L_0U_2U_3L_{q4}$ $U_2L_4U_5L_{q4}$，$L_0U_2U_5L_{q4}$

稳定性分析的步骤为：首先，确定块体所受各项力的大小，即确定可动四面体的重力、水压力；然后，按照矢量分析法对块体失稳形式进行判断，计算净滑力。

① 块体自重　要知道块体的自重就需要求得块体的质量，所以先要确定块体的密度与体积。块体的密度直接从表 5-6 中查，由于洞室位于地下水最低水位以下较深处，块体密度取饱和密度，同时洞室标高为 −76～−53 m，块体密度为 $\rho=2.62\ \text{g/cm}^3$。

块体的体积利用四面体体积公式计算而得，四面体体积公式如下：

$$V=\frac{1}{6}\begin{vmatrix} x_2-x_1 & y_2-y_1 & z_2-z_1 \\ x_3-x_1 & y_3-y_1 & z_3-z_1 \\ x_4-x_1 & y_4-y_1 & z_4-z_1 \end{vmatrix} \tag{5-42}$$

其中，(x_i，y_i，z_i)为块体四个顶点的坐标。现以 Q_1 上盘 $U_1L_3L_5U_{q1}$ 为例，说明体积计算过程。

表 5-6　场区花岗岩物理指标汇总表

标高＼指标	密度(g/cm³)					软化系数		孔隙率(%)	
	干燥		饱和		天然				
	范围值	平均值	范围值	平均值	平均值	范围值	平均值	范围值	平均值
−5 m以上	2.56～2.63	2.60	2.58～2.64	2.61	2.61	0.59～0.83	0.74	0.23～0.97	0.59
−5～−30 m	2.59～2.63	2.61	2.60～2.63	2.62	2.62	0.83～0.95	0.89	0.11～0.51	0.33
−30～−55 m	2.56～2.62	2.60	2.58～2.63	2.62	2.61	0.70～0.85	0.78	0.35～0.70	0.52
−55～−80 m	2.59～2.66	2.61	2.60～2.67	2.62	2.62	0.76～0.88	0.82	0.12～0.74	0.43
−80～−105 m	2.60～2.63	2.61	2.60～2.64	2.62	2.62	0.73～0.92	0.82	0.11～0.53	0.33
−105 m以下	2.58	2.58	2.59～2.60	2.59	2.59	0.69～0.98	0.83	0.35～0.37	0.36

将 P_1，P_3，P_5 和 Q_1 四个面三三组合求出顶点 P_{135}，P_{15q1}，P_{35q1}，P_{13q1} 的坐标。联立顶点所在三个面的空间方程，得顶点坐标如表 5-7 所示。

将 $U_1L_3L_5U_{q1}$ 四个顶点的坐标代入式(5-42)，得体积为：

$$V=\frac{1}{6}\begin{vmatrix} 83.551 & 3.648 & -452.339 \\ -12.332 & 33.88 & 0 \\ 14.022 & 52.333 & 0 \end{vmatrix}=84\ 469.48\ \mathrm{m}^3$$

取 $g=9.8\ \mathrm{m/s^2}$，$U_1L_3L_5U_{q1}$ 的自重为：$\boldsymbol{W}=V\rho g=2\ 168\ 838\boldsymbol{k}\ \mathrm{kN}$。

同理，可得到其他各可动四面体的顶点坐标、体积和自重。

表 5-7　$U_1L_3L_5U_{q1}$ 顶点坐标

	x	y	z
P_{135}	116.519	−16.148	−429.339
P_{15q1}	32.968	−19.796	23.000
P_{35q1}	20.636	14.084	23.000
P_{13q1}	46.990	32.537	23.000

② 水压力　块体表面的水压力等于块体每个组成面上水压力的矢量和。块体每个组成面上的水压力均垂直于块体表面，并指向块体内部，其大小等于块体形心处的水压乘以块体该面的面积，以 $U_1L_3L_5U_{q1}$ 为例，说明计算过程。

块体 $U_1L_3L_5U_{q1}$ 由 P_1，P_3，P_5 和 Q_1 组成，首先计算组成面面积，计算公式如下：

$$A=\frac{1}{2}\left\{\begin{vmatrix} y_2-y_1 & z_2-z_1 \\ y_3-y_1 & z_3-z_1 \end{vmatrix}^2+\begin{vmatrix} z_2-z_1 & x_2-x_1 \\ z_3-z_1 & x_3-x_1 \end{vmatrix}^2+\begin{vmatrix} x_2-x_1 & y_2-y_1 \\ x_3-x_1 & y_3-y_1 \end{vmatrix}^2\right\}^{\frac{1}{2}} \tag{5-43}$$

其中，(x_i，y_i，z_i)是面上三个顶点坐标。

P_1三个顶点坐标如下：

P_1(116.519，−16.148，−429.339)，(46.99，32.537，23.0)，(32.968，−19.796，23.0)

将坐标代入式(5-43)，得：

$$A=\frac{1}{2}\left\{\begin{vmatrix}48.685 & 452.339\\ -3.648 & 0\end{vmatrix}^2+\begin{vmatrix}452.339 & -69.529\\ 452.339 & -83.622\end{vmatrix}^2+\begin{vmatrix}-69.529 & 48.685\\ -83.622 & -3.648\end{vmatrix}^2\right\}^{\frac{1}{2}}$$
$$=12\ 442.66\ \mathrm{m}^2$$

P_1形心处 z 坐标为：

$$z_0=\frac{1}{3}(z_1+z_2+z_3)=-127.78\ \mathrm{m}$$

根据地质资料，水位高程为 2.5 m，即在洞室局部坐标系下，$z_w=78.5$ m，所以 P_1上的水压为：

$$H_1=(78.5+127.78)\times r_w g=25\ 153\ 343.58\ \mathrm{kN}$$

同样，可得到其他面上的水压力：

$$P_3:H_3=14\ 936\ 375.82\ \mathrm{kN}$$
$$P_5:H_5=16\ 738\ 842.15\ \mathrm{kN}$$

将各面上水压力用矢量表示为：

$$\boldsymbol{H}_1=23\ 927\ 154.13\boldsymbol{i}-6\ 411\ 221.66\boldsymbol{j}+4\ 367\ 862.81\boldsymbol{k}\ \mathrm{kN}$$
$$\boldsymbol{H}_3=-8\ 437\ 023.28\boldsymbol{i}+12\ 049\ 262.20\boldsymbol{j}-2\ 593\ 692.57\boldsymbol{k}\ \mathrm{kN}$$
$$\boldsymbol{H}_5=-15\ 490\ 392.58\boldsymbol{i}-5\ 638\ 060.74\boldsymbol{j}+2\ 906\ 689.76\boldsymbol{k}\ kN$$

其中，$\boldsymbol{i}$ 为 x 坐标分量；$\boldsymbol{j}$ 为 y 坐标分量；$\boldsymbol{k}$ 为 z 坐标分量。

则块体 $U_1L_3L_5U_{q1}$ 上的水压力合力为：

$$H=-261.73\boldsymbol{i}-20.197\boldsymbol{j}-1\ 132\ 519.52\boldsymbol{k}\ \mathrm{kN}$$

③ 稳定性分析　在水压和块体自重确定之后，就可以按照矢量分析法对块体进行稳定性分析，仍以块体 $U_1L_3L_5U_{q1}$ 为例。

第一步，计算合力矢量，工况 1 情况下，块体受自重和水压的共同作用，合力为：

$$\boldsymbol{F}=-261.73\boldsymbol{i}-20.197\boldsymbol{j}-(1\ 132\ 519.52+2\ 168\ 838)\boldsymbol{k}$$
$$=-261.73\boldsymbol{i}-20.197\boldsymbol{j}-3\ 301\ 357.52\boldsymbol{k}$$

第二步，计算块体所有可能的失稳形式的方向矢量，块体 $U_1L_3L_5U_{q1}$ 可能的失稳形式有脱离块体运动，沿 P_1、P_3、P_5滑动，沿 P_1、P_3滑动，沿 P_1、P_5滑动，沿 P_3、P_5滑动共 7 种形式，计算各滑动方向矢量如下。

P_1，P_3，P_5向上的法线矢量分别为：

$$\boldsymbol{n}_1 = \{0.951, -0.255, 0.174\}$$
$$\boldsymbol{n}_3 = \{0.565, -0.807, 0.174\}$$
$$\boldsymbol{n}_5 = \{0.925, 0.337, 0.174\}$$

则根据块体结构面半空间的组合形式，可得 P_1，P_3 和 P_5 指向块体内部的法线矢量分别为：

$$\boldsymbol{v}_1 = \{0.951, -0.255, 0.174\}$$
$$\boldsymbol{v}_3 = \{-0.565, 0.807, -0.174\}$$
$$\boldsymbol{v}_5 = \{-0.925, -0.337, -0.174\}$$
$$\boldsymbol{s}_1 = \frac{(\boldsymbol{n}_1 \times \boldsymbol{F}) \times \boldsymbol{n}_1}{|(\boldsymbol{n}_1 \times \boldsymbol{F}) \times \boldsymbol{n}_1|} = \{0.168, -0.045, -0.985\}$$
$$\boldsymbol{s}_3 = \frac{(\boldsymbol{n}_3 \times \boldsymbol{F}) \times \boldsymbol{n}_3}{|(\boldsymbol{n}_3 \times \boldsymbol{F}) \times \boldsymbol{n}_3|} = \{0.0997, -0.1425, -0.985\}$$
$$\boldsymbol{s}_5 = \frac{(\boldsymbol{n}_5 \times \boldsymbol{F}) \times \boldsymbol{n}_5}{|(\boldsymbol{n}_5 \times \boldsymbol{F}) \times \boldsymbol{n}_5|} = \{0.1635, 0.0596, -0.985\}$$
$$\boldsymbol{s}_{13} = \frac{(\boldsymbol{n}_1 \times \boldsymbol{n}_3)}{|(\boldsymbol{n}_1 \times \boldsymbol{n}_3)|}\mathrm{sign}[(\boldsymbol{n}_1 \times \boldsymbol{n}_3) \cdot \boldsymbol{F}] = \{0.151, -0.106, -0.983\}$$
$$\boldsymbol{s}_{15} = \frac{(\boldsymbol{n}_1 \times \boldsymbol{n}_5)}{|(\boldsymbol{n}_1 \times \boldsymbol{n}_5)|}\mathrm{sign}[(\boldsymbol{n}_1 \times \boldsymbol{n}_5) \cdot \boldsymbol{F}] = \{0.182, 0.008, -0.983\}$$
$$\boldsymbol{s}_{35} = \frac{(\boldsymbol{n}_3 \times \boldsymbol{n}_5)}{|(\boldsymbol{n}_3 \times \boldsymbol{n}_5)|}\mathrm{sign}[(\boldsymbol{n}_3 \times \boldsymbol{n}_5) \cdot \boldsymbol{F}] = \{0.207, -0.065, -0.976\}$$

第三步，根据各失稳形式判别准则，一一试算，满足哪种失稳形式的判别准则，块体就属于哪种失稳形式，如果一个都不满足，则说明块体在不加支护的情况下是稳定的，即为稳定块体。

由于

$$\boldsymbol{F} \cdot \boldsymbol{v}_1 = -574\,680 < 0$$
$$\boldsymbol{s}_1 \cdot \boldsymbol{v}_3 = 0.040 > 0$$
$$\boldsymbol{s}_1 \cdot \boldsymbol{v}_5 = 0.031 > 0$$

所以块体 $U_1L_3L_5U_{q1}$ 沿 P_1 滑动。

第四步，计算正压力，由于块体 $U_1L_3L_5U_{q1}$ 沿 P_1 滑动，所以正压力为：

$$N_1 = -\boldsymbol{F} \cdot \boldsymbol{v}_1 = 574\,679.96$$
$$N_3 = 0$$
$$N_5 = 0$$

第五步，计算滑动力：

$$\overrightarrow{SF} = \boldsymbol{F} \cdot \boldsymbol{s}_1 - N_1 \tan\varphi = 3\,250\,803.69 - 574\,679.96 \tan 35^\circ = 2\,848\,408.89\ \mathrm{kN}$$

同理,可得到其他块体的滑动形式和滑动力,如表 5-8 所示。

表 5-8　可动四面体滑动形式和滑动力

<table>
<tr><th rowspan="2">开挖面</th><th rowspan="2">可动四面体</th><th colspan="2">工况 1</th><th colspan="2">工况 2</th></tr>
<tr><th>滑动形式</th><th>滑动力(kN)</th><th>滑动形式</th><th>滑动力(kN)</th></tr>
<tr><td rowspan="8">洞室顶部
(Q1 上盘)</td><td>$U_1L_3L_5U_{q1}$</td><td>沿 P_1 滑动</td><td>2 848 408.89</td><td>同工况 1</td><td>同工况 1</td></tr>
<tr><td>$L_0U_3U_4U_{q1}$</td><td>沿 P_4 滑动</td><td>1 860.814</td><td>同工况 1</td><td>同工况 1</td></tr>
<tr><td>$U_1L_2L_5U_{q1}$</td><td>沿 P_1 滑动</td><td>417 110.06</td><td>同工况 1</td><td>同工况 1</td></tr>
<tr><td>$L_0U_2U_5U_{q1}$</td><td>沿 P_2 滑动</td><td>5 046</td><td>同工况 1</td><td>同工况 1</td></tr>
<tr><td>$U_1L_3L_4U_{q1}$</td><td>沿 P_1 滑动</td><td>283 812.8</td><td>同工况 1</td><td>同工况 1</td></tr>
<tr><td>$L_0U_3U_5U_{q1}$</td><td>沿 P_3、P_5 滑动</td><td>57 559.2</td><td>同工况 1</td><td>同工况 1</td></tr>
<tr><td>$U_0L_2L_4U_{q1}$</td><td>沿 P_0 滑动</td><td>1 705.97</td><td>同工况 1</td><td>同工况 1</td></tr>
<tr><td>$U_1L_2L_4U_{q1}$</td><td>沿 P_1 滑动</td><td>222 753.3</td><td>同工况 1</td><td>同工况 1</td></tr>
<tr><td rowspan="20">洞室左边墙
(Q2 上盘)</td><td>$U_0L_2L_5U_{q2}$</td><td>稳定块体</td><td>—</td><td>稳定块体</td><td>—</td></tr>
<tr><td>$L_2U_4L_5U_{q2}$</td><td>沿 P_4、P_5 滑动</td><td>913 234.82</td><td>沿 P_2、P_3 滑动</td><td>550 212.07</td></tr>
<tr><td>$L_0U_4U_5U_{q2}$</td><td>稳定块体</td><td>—</td><td>稳定块体</td><td>—</td></tr>
<tr><td>$L_3U_4U_5U_{q2}$</td><td>沿 P_5 滑动</td><td>5 697 165.7</td><td>沿 P_4 滑动</td><td>2 469 844.5</td></tr>
<tr><td>$L_0L_1U_5U_{q2}$</td><td>稳定块体</td><td>—</td><td>稳定块体</td><td>—</td></tr>
<tr><td>$L_1L_2U_5U_{q2}$</td><td>稳定块体</td><td>—</td><td>稳定块体</td><td>—</td></tr>
<tr><td>$U_2L_3U_5U_{q2}$</td><td>沿 P_2 滑动</td><td>4 015 640.4</td><td>稳定块体</td><td>—</td></tr>
<tr><td>$U_0L_3U_5U_{q2}$</td><td>沿 P_0 滑动</td><td>9 783 276.03</td><td>沿 P_0 滑动</td><td>6 395 134.36</td></tr>
<tr><td>$L_1L_3U_5U_{q2}$</td><td>稳定块体</td><td>—</td><td>稳定块体</td><td>—</td></tr>
<tr><td>$L_1L_4U_5U_{q2}$</td><td>沿 P_4 滑动</td><td>19 010 475.3</td><td>沿 P_5 滑动</td><td>18 470 130.02</td></tr>
<tr><td>$L_0U_3U_4U_{q2}$</td><td>稳定块体</td><td>—</td><td>稳定块体</td><td>—</td></tr>
<tr><td>$L_0U_1U_4U_{q2}$</td><td>稳定块体</td><td>—</td><td>稳定块体</td><td>—</td></tr>
<tr><td>$L_0L_2U_4U_{q2}$</td><td>稳定块体</td><td>—</td><td>稳定块体</td><td>—</td></tr>
<tr><td>$L_1L_2U_4U_{q2}$</td><td>沿 P_4 滑动</td><td>594 906.09</td><td>沿 P_4 滑动</td><td>531 697.58</td></tr>
<tr><td>$U_1L_3U_4U_{q2}$</td><td>沿 P_1 滑动</td><td>4 936 120.8</td><td>沿 P_1 滑动</td><td>4 756 670.58</td></tr>
<tr><td>$L_2L_3U_4U_{q2}$</td><td>沿 P_4 滑动</td><td>1 373 245.63</td><td>沿 P_4 滑动</td><td>1 351 975.782</td></tr>
<tr><td>$U_0L_1L_2U_{q2}$</td><td>沿 P_0 滑动</td><td>99 580.44</td><td>沿 P_0 滑动</td><td>77 026.784</td></tr>
<tr><td>$U_1U_2L_3U_{q2}$</td><td>沿 P_2 滑动</td><td>3 816 905.0</td><td>沿 P_1、P_2 滑动</td><td>2 117 032.3</td></tr>
<tr><td>$U_0U_1L_3U_{q2}$</td><td>沿 P_0、P_1 滑动</td><td>20 170 698.75</td><td>沿 P_0、P_1 滑动</td><td>1 467 116.5</td></tr>
<tr><td>$U_0L_2L_3U_{q2}$</td><td>沿 P_0 滑动</td><td>394 379.59</td><td>沿 P_3 滑动</td><td>333 063.963</td></tr>
</table>

（续表）

开挖面	可动四面体	工况 1		工况 2	
		滑动形式	滑动力(kN)	滑动形式	滑动力(kN)
洞室右边墙（Q4 下盘）	$U_0L_4L_5L_{q4}$	脱离岩体运动	6.344	脱离岩体运动	6.344
	$L_0U_2U_5L_{q4}$	沿 P_2 滑动	127 595.9	稳定块体	—
	$U_2L_4U_5L_{q4}$	沿 P_5 滑动	35 766.86	沿 P_5 滑动	30 785.103
	$L_0U_2U_3L_{q4}$	沿 P_2 滑动	156 921.42	沿 P_2 滑动	147 794.89
	$L_0L_1U_3L_{q4}$	沿 P_1 滑动	2 875 643.54	沿 P_1 滑动	1 460 003.09
	$L_1L_2U_3L_{q4}$	沿 P_2 滑动	1 839 862.8	沿 P_1、P_2 滑动	1 004 710.04
	$L_0U_1U_2L_{q4}$	沿 P_0 滑动	405.428	沿 P_0 滑动	370.353
	$U_2U_3L_4L_{q4}$	脱离岩体运动	10 812.89	脱离岩体运动	10 812.89
	$L_1U_3L_4L_{q4}$	沿 P_1 滑动	2 868 946.82	沿 P_1 滑动	1 450 939.51
	$U_1U_2L_4L_{q4}$	脱离岩体运动	9.773	脱离岩体运动	9.773
	$U_0U_2L_4L_{q4}$	脱离岩体运动	7.584	脱离岩体运动	2 241.3
	$U_0L_1L_4L_{q4}$	稳定块体	—	稳定块体	—
	$U_0L_3L_4L_{q4}$	稳定块体	—	稳定块体	—
	$U_1U_4L_5L_{q4}$	沿 P_4 滑动	33 472 489.7	沿 P_4、P_5 滑动	15 917 499
	$U_1U_3L_5L_{q4}$	稳定块体	—	稳定块体	—
	$L_0U_3L_5L_{q4}$	沿 P_0 滑动	231 592.63	沿 P_0 滑动	209 841.98
	$L_2U_3L_5L_{q4}$	沿 P_2 滑动	108 047.55	沿 P_2 滑动	90 215.26
	$U_1U_2L_5L_{q4}$	稳定块体	—	稳定块体	—
	$U_0U_1L_5L_{q4}$	稳定块体	—	稳定块体	—
	$U_3L_4L_5L_{q4}$	脱离岩体运动	15 260.13	脱离岩体运动	15 260.13

(4) 工况 2 稳定性分析

工况 2 考虑洞室充满油的情况，在块体稳定性分析时考虑块体自重、水压以及油压。块体自重、水压在工况 1 中已经算出，油压的计算与水压计算方法相同，即等于开挖面形心处的油压乘以开挖面的面积，这里就不再举例说明计算过程。将计算所得油压和原已计算所得水压、自重合成，得到块体所受合力 $\boldsymbol{F}$，然后按照工况 1 所述方法进行块体的失稳形式和滑动力判断，所得块体滑动形式和滑动力如表 5-8 所示。

4) 关键块体的分布区域、分析评价和处理措施

(1) 储油库洞室关键块体分布及分析评价

由可动分析结果可知，洞室共有可动块体 288 块，其中洞室顶部可动块体 66 块，洞室左边墙与右边墙可动块体数目相同，均为 111 块。从可动块体位置分布柱状图（图 5-19）中可以看出，可动块体主要分布在洞室左、右边墙处。

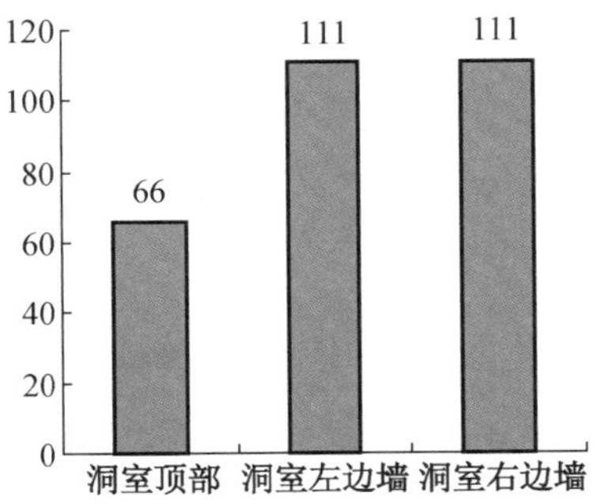

图 5-19　可动块体位置分布图

单个洞室顶部共有可动四面体 8 块，结合块体体积分布饼图（图 5-20）可以得出，体积数量级在 100 m^3 的为 4 块，占到 50%；洞室左、右边墙可动四面体均为 20 块，其中

左边墙块体体积数量级主要在 10 000 m^3，有 12 块，占 60%；右边墙块体体积数量级主要为 1 m^3 和 1 000 m^3，分别占 30%和 35%。由此可见，洞室顶部和洞室右边墙块体体积相对较小，洞室左边墙块体体积相对较大。因此，左右边墙虽然可动块体数目相同，但由于块体体积分布相差较大，右边墙比左边墙要相对安全。事实上，从表 5-8 中可以看出，洞室左边墙的块体滑动力比洞室顶部和右边墙块体的均要大。

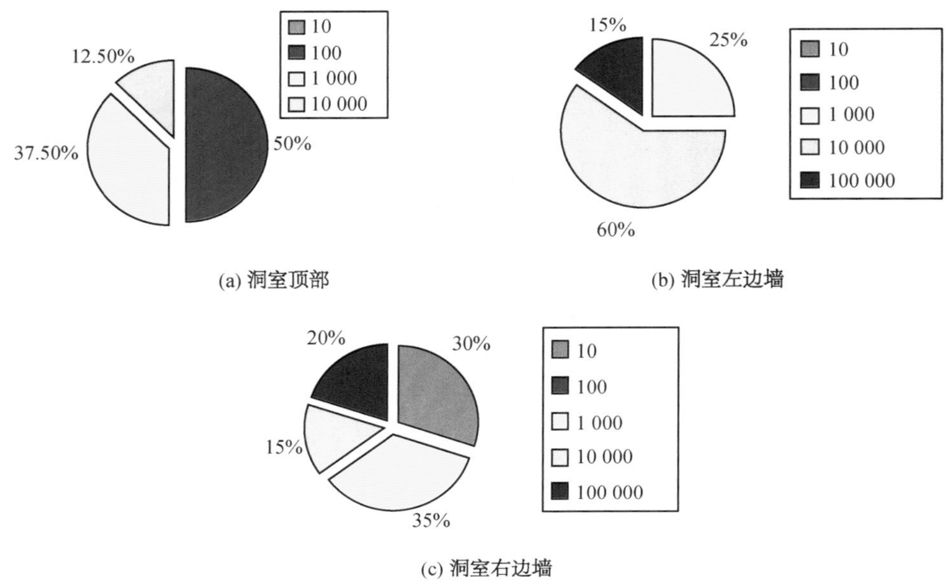

图 5-20　可动四面体体积分布饼图

(2) 储油库洞室围岩关键块体分析评价和处理措施

由表 5-8 可知，洞室左边墙的滑动力普遍比右边墙的要大。综合前面分析的结果可知，洞室左边墙围岩的局部稳定性较差，即更危险，在施工开挖中应引起特别重视。体积最大的块体并非是滑动力最大的块体，原因在于滑动力大的块体其滑动的角度不大，块体在滑动面上的正压力较大时，其抗滑力也增大，这对滑动稳定性有利。

比较洞库内有无油压作用时的围岩块体滑动形式和滑动力大小可以发现，在油压作用下除了洞室顶部块体情况与不受油压或非满库充油时情况相同(当库油充满的理想状态下，洞室顶部块体在冒落时还会受到油压一定的上托力，但这上托力较小且难以估计，从偏安全的角度可忽略不计)外，洞室左右边墙的围岩块体则均受到不同程度的影响，其中大部分的块体滑动形式不变，有些块体滑动形式则发生了一定改变，此外所有块体滑动力均有不同程度的变小，甚至有些块体在油压作用下由不稳定转变为稳定，这一结果也是可以理解的：库内油压自然对提高围岩块体的稳定性有利，因油压作用方向与块体滑落方向相反。这样，计算结果也表明，库内油压有利于洞室围岩块体的稳定。

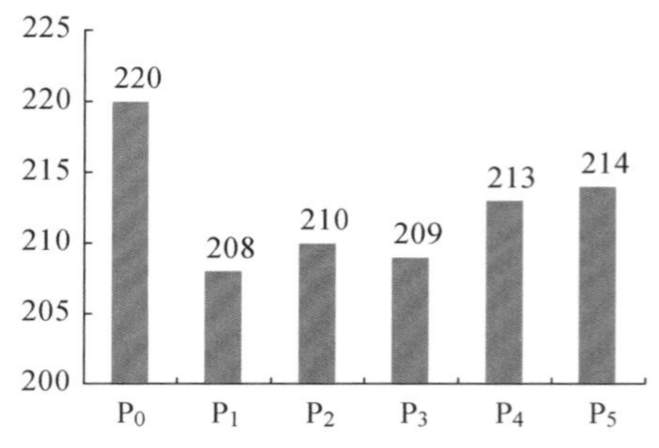

图 5-21　可动块体结构面分布图

为了考察哪些结构面在施工过程需要引起更大的重视，统计出任一岩体结构面构成的块体个数，以柱状图(图 5-21)表示。由图 5-21 可知，各个结构面构成的可动块体相差不大，但 P_0 相对组成的可动块体较多，在施工时需较其他岩体结构面引起更多的关注。

另外，在计算过程中还得到了围岩可动四面体的顶点坐标，通过顶点坐标，可以得到各可动四面体的具体形态与位置，如表 5-9 所示。根据围岩可动四面体的具体形态、位置、大小以及两种工况下相对较大的滑动力，针对不同的围岩块体采取相应的支护措施，支护建议如表 5-9 所示。对于表 5-8 中，两种工况下相对较大的滑动力大于 0 的块体，即不稳定块体，均建议局部施作喷锚支护，锚杆的设计参数、喷射混凝土的厚度、支护的加固范围与位置，依具体不稳定块体而定(由于洞库围岩体整体性较好，所以锚杆不需要承受不加支护时可能坍塌的所有岩石重量，只要能将围岩开挖面上滑动力大于 0 的块体同周围岩体连接起来，防止其坍落，围岩就能在其镶嵌、互锁产生的自承作用下保持稳定)，同时注意锚杆长度一定要穿过不稳定块体，且按穿过块体在两种工况下的滑动面方向打进，锚杆的直径建议取 18～22 mm，为节省成本，锚杆类型的选取要考虑快速支护和永久支护相结合，建议采用砂浆锚固不锈钢锚杆，喷射混凝土厚度取 5～10 cm。对于表 5-8 中两种工况下均稳定的可动四面体，由于在力学上满足稳定条件，无需施加支护，不过仍建议在稳定块体出露处喷射混凝土，防止因施工扰动而滑落，厚度取 5～10 cm。

综上所述，从洞室断面位置看，洞室左边墙较洞室顶部和洞室右边墙的围岩局部稳定性更差，其块体滑动力也较大，在洞室开挖施工过程中应作重点加固；在此次计算分析的 6 个结构面中，P_0 结构面形成的可动块体个数最多，因而 P_0(倾角 40°，倾向 105°)结构面在施工过程中需更多关注。洞室支护措施因块体而异，在表 5-8 中的不稳定块体(两种工况下相对较大的滑动力大于 0 的块体)均需以喷锚支护，支护设计参数大小由不稳定块体的滑动力和块体大小，依据规范设计妥慎确定，并在日后开挖过程中加强监测与施工控制，锚杆类型的选取要考虑快速支护和永久支护相结合，以减少工程成本。对于两种工况下均稳定的四面体，一般均不另加支护或在开挖面出露处喷射混凝土。

表 5-9　可动四面体支护建议

开挖面	可动四面体	块体构形	支护建议
洞室顶部(Q_1 上盘)	$U_1L_3L_5U_{q1}$		采用喷锚支护。锚杆类型选取考虑快速支护和永久支护相结合，建议采用砂浆锚固不锈钢锚杆，锚杆长度须穿过滑动面 P_1(105°/80°)结构面，打入相邻块体，具体大小根据《锚杆喷射混凝土技术设计规范》按局部加固原理计算而得，锚杆直径 18～22 mm，喷射混凝土厚度 6～10 cm
	$L_0U_3U_4U_{q1}$		采用喷锚支护。锚杆类型选取考虑快速支护和永久支护相结合，建议采用砂浆锚固不锈钢锚杆，锚杆长度须穿过滑动面 P_4(70°/40°)结构面，打入相邻块体，具体大小根据《锚杆喷射混凝土技术设计规范》按局部加固原理计算而得，锚杆直径 18～20 mm，喷射混凝土厚度 5～8 cm

（续表）

开挖面	可动四面体	块体构形	支护建议
洞室顶部（Q_1上盘）	$U_1L_2L_5U_{q1}$		采用喷锚支护。锚杆类型选取考虑快速支护和永久支护相结合，建议采用砂浆锚固不锈钢锚杆，锚杆长度须穿过滑动面 P_1（105°/80°）结构面，打入相邻块体，具体大小根据《锚杆喷射混凝土技术设计规范》按局部加固原理计算而得，锚杆直径 18～22 mm，喷射混凝土厚度 6～10 cm
	$L_0U_2U_5U_{q1}$		采用喷锚支护。锚杆类型选取考虑快速支护和永久支护相结合，建议采用砂浆锚固不锈钢锚杆，锚杆长度须穿过滑动面 P_2（145°/40°）结构面，打入相邻块体，具体大小根据《锚杆喷射混凝土技术设计规范》按局部加固原理计算而得，锚杆直径 18～20 mm，喷射混凝土厚度 5～8 cm
	$U_1L_3L_4U_{q1}$		采用喷锚支护。锚杆类型选取考虑快速支护和永久支护相结合，建议采用砂浆锚固不锈钢锚杆，锚杆长度须穿过滑动面 P_1（105°/80°）结构面，打入相邻块体，具体大小根据《锚杆喷射混凝土技术设计规范》按局部加固原理计算而得，锚杆直径 18～22 mm，喷射混凝土厚度 6～10 cm
	$L_0U_3U_5U_{q1}$		采用喷锚支护。锚杆类型选取考虑快速支护和永久支护相结合，建议采用砂浆锚固不锈钢锚杆，锚杆长度须穿过滑动面 P_3（145°/80°）和 P_5（70°/80°）结构面，打入相邻块体，具体大小根据《锚杆喷射混凝土技术设计规范》按局部加固原理计算而得，锚杆直径 18～22 mm，喷射混凝土厚度 5～10 cm
	$U_0L_2L_4U_{q1}$		采用喷锚支护。锚杆类型选取考虑快速支护和永久支护相结合，建议采用砂浆锚固不锈钢锚杆，锚杆长度须穿过滑动面 P_0（105°/40°）结构面，打入相邻块体，具体大小根据《锚杆喷射混凝土技术设计规范》按局部加固原理计算而得，锚杆直径 18～20 mm，喷射混凝土厚度 5～8 cm
	$U_1L_2L_4U_{q1}$		采用喷锚支护。锚杆类型选取考虑快速支护和永久支护相结合，建议采用砂浆锚固不锈钢锚杆，锚杆长度须穿过滑动面 P_1（105°/80°）结构面，打入相邻块体，具体大小根据《锚杆喷射混凝土技术设计规范》按局部加固原理计算而得，锚杆直径 18～22 mm，喷射混凝土厚度 6～10 cm

注：限于篇幅，此处仅列出 Q_1 上盘示意，其余从略。

5.3.5　计算成果

以某水封岩洞储油库为工程依托，结合其具体条件、水文工程地质特点和施工工艺条件，在保证经济和安全的前提下，采用程序软件 Block.exe，对该工程的储油库洞室围岩块体稳定性进行了分析评价，得出的主要研究成果如下。

(1) 单个储油洞室围岩共有可动块体 288 块，其中，洞室顶部的可动块体 66 块，洞室左边墙与右边墙可动块体数目基本相同，均为 111 块。

(2) 单个洞室顶部共有可动四面体 8 块，其中体积数量级在 100 m^3 的为 4 块，占 50%；洞室左右边墙可动四面体则均为 20 块，其中左边墙块体体积数量级主要在10 000 m^3，有 12 块，占 60%；右边墙块体体积数量级主要为 1 m^3 和 1 000 m^3，分别占 30%和 35%。由此可见，洞室顶部和洞室右边墙的块体体积相对较小，而洞室左边墙的块体体积则相对较大。因此，左、右边墙虽然可动块体数目相同，但由于块体体积分布相差较大，右边墙比左边墙要相对安全。

(3) 洞室左边墙的滑动力普遍比右边墙的要大，洞室左边墙围岩的局部稳定性较差，即更危险，在施工开挖中应引起特别重视。体积最大的块体并非是滑动力最大的块体，原因在于滑动力大的块体其滑动的角度不大，块体在滑动面上的正压力较大时，其抗滑力也增大，这对滑动稳定性有利。

(4) 比较洞库内有无油压作用时的围岩块体滑动形式和滑动力大小可以发现，在油压作用下，除了洞室顶部块体情况与不受油压或非满库充油时情况相同外，洞室左、右边墙的围岩块体均受到不同程度的影响，其中大部分的块体滑动形式不变，有些块体滑动形式则发生了一定改变，所有可动块体滑动力均有不同程度的变小，甚至有些块体在油压作用下由不稳定转变为稳定。计算结果表明，库内油压有利于洞室围岩块体的稳定。

(5) 洞室左边墙较洞室顶部和洞室右边墙的围岩局部稳定性更差，其块体滑动力也较大，在洞室开挖施工过程中应作重点加固；在此次计算分析的 6 个结构面中，倾角 40°和倾向 105°的结构面形成的可动块体个数最多，因而该结构面在施工过程中需更多关注。

5.4　水封岩洞储油库地下水渗流控制研究

水封岩洞储油库区洞室围岩的开挖改变了地下水原来的渗流流线，造成开挖区附近地下水的水头势线呈现漏斗形。另外，由于该工程水封岩洞储油库地处我国北方低温、干燥区带，地下水的补给能力相对较弱，一旦因洞室开挖和油库放空后导致地下水流失，如未能通过水幕巷道及时人工注水补给，以保持渗水量及其渗透压的持续平衡，将势必产生油料外渗损失并引起生态污染灾害。

鉴于库区内封装油品以后，其地下水渗流场的变化以及库存油的防渗条件，对于水封岩洞储油库最直接、也是影响最大的技术关键，是确切弄清储油库洞室及其上覆和周边围岩的地下水渗流动态，以及深入研究工程周边区域各类裂隙围岩内地下水岩石渗流动力学的原理及在该工程的具体应用。水封岩洞储油库在不同储油库容和检修放空期间，保证其外周地下水具有稳定的水位、水压和水量是该工程能否经济、安全和可靠运营的主要关键问题。因此，水封岩洞储油库地下水的渗流控制、水封条件保证与水幕设计研究，是关系工程建设成败的技术关键之一。

对于此处特大型水封岩洞储油库，因实际地下渗流系统的复杂性以及人们认识上的局限性，给数值模拟仿真与分析计算带来一定的困难，如系统内部结构、水文地质参数、边界条件、几何条件，以及含水层系统的时空域变化等诸多不确定性信息，导致岩体渗流传统的数值模拟方法在此处情况下难以获得令人满意的效果。通过研究，可提出一种较适用于该工程特大型水封岩洞储油库地下水渗流控制的数值模拟方法。

为了有效地控制水封岩洞储油库周圈围岩的地下水渗流并改善局部不良地质区带内软弱充填物长期的渗透稳定性，以求提供持续稳定的地下水位、水压和水量，最大限度地减少油品损失，降低洞室储油运营后抽水等的经济成本，必须进行如上的渗流控制研究，进而具体确定合理的渗流控制策略和手段及其设计方案。

此外，已如上述，在水封岩洞储油库设计时，要求保证稳定的设计地下水位，以形成可靠的静水压力；在岩体裂隙充水的条件下，其渗水量要尽可能地小，并能随洞内储油量的变化而变化。渗水量小，不仅有利于岩体稳定和开挖施工，且可大大降低运营期间的抽排和水处理费用。因此，还必须研究岩体裂隙与局部断层、破碎带等不良地质现象的处理及相应的技术措施，以确保工程建设的安全施工及后续长期的经济运营。

5.4.1 水封岩洞储油库渗流控制的理论和方法

地下水封储油岩洞库的渗流控制是以工程地质和水文地质学、岩石力学、流体力学以及渗流力学等为理论基础的综合性很强的一门技术学科。目前，各国对这一理论的研究仅限于单学科方面的局部研究，较详细、系统的分析水封岩洞储油库工程的文献几乎没有。特别在国内，地下水封岩洞储油库技术既缺乏工程实践经验，又无专门从事该方面研究的归口单位。因此，笔者在上述学科以及国外研究现状的基础上，结合某水封岩洞储油库工程，对其渗流控制方面进行了较为系统的、详细的研究；主要是从数值模拟等方面来研究地下水封储油岩洞库渗流控制的可行性和合理性。针对地下水封岩洞储油库工程的特点，对施工期储油洞室围岩的渗流场、应力场、涌水量以及洞室不同储油工况下的围岩稳定性及其渗流特点作了较为深入的探讨，并对水幕系统进行设计分析，以求达到该工程的技术要求和深度。在详细研究了地下水封岩洞储油库的库周边围岩的应力场与渗流场相互作用的基础上，对模型的求解作了较深入的探讨，以期对发展我国地下水封储油工程作出积极的贡献。

1）渗流控制的基本理论

（1）围岩应力与裂隙的渗透系数的关系

水封岩洞储油库一般位于岩性非常好的岩体中，开挖后洞室基本处于稳定状态，并不需要衬砌。对此，在进行水封分析时，仅考虑应力场对渗流场的影响。国内外实测及试验表明，孔隙压力变化会引起有效应力的变化，明显地改变裂隙张开度、流速及液体压力在裂隙中的分布。通过对地下洞室开挖后围岩渗透系数变化的研究，提出应力与裂隙的渗透系数的关系式为：

$$K_f = K_f^0 \frac{1}{\left[A\left(\frac{\sigma}{\xi}\right)^a + 1\right]^3} \tag{5-44}$$

式中，σ 为有效正应力；ξ 为裂隙的就位应力；K_f 为应力等于 σ 时裂隙的渗透系数；K_f^0 为应力等于 σ_0 时裂隙的渗透系数；A，a 为待定系数，可根据试验确定。

（2）渗透产生的有效应力与压力巷道周围的水压

Bouvard，Pinto(1969)和 Schleiss(1986)提出压力巷道周围渗透力产生的有效应力变化的解析解，他们把岩体看成是均匀各向同性多孔弹性介质，无衬砌巷道受内部压力 P_i 作用，假设流入巷道的流向为径向，遵守达西定律。根据这些假设，Bouvard，Pinto(1969)得出周围岩体介质中渗透力产生的超孔隙压力 P_w 为：

$$P_w = P_i \frac{\ln \frac{b}{r}}{\ln \frac{b}{a}} \tag{5-45}$$

式中，P_i 为围岩内部压力，可认为等于内部和外部静水压力差（$\Delta P_w = P_i - P_0$，P_0 为外部静水压力）；a 为巷道半径；r 为到关注点的径向距离；b 为渗透力使超孔隙压力变为 0 的任意径向距离。

包含渗透力作用的极坐标系轴对称平衡方程为：

$$\frac{\partial \sigma'_r}{\partial r} + \frac{\sigma'_r - \sigma'_\theta}{r} + \eta \frac{\partial P_w}{\partial r} = 0 \tag{5-46}$$

求解控制微分方程得到径向位移 $u(r)$：

$$\frac{du^2}{dr^2} + \frac{1}{r}\frac{du}{dr} - \frac{u}{r^2} = \frac{dP_w}{dr}\left(\frac{1+\nu}{1-\nu}\right)\left[\frac{\eta(1-2\nu)-\beta}{E}\right] \tag{5-47}$$

式中，$\beta = E\eta(1-2\nu)e$；E 和 ν 分别为骨架弹性模量和泊松比；e 为完整岩体的弹性模量；η 为破碎岩体等效表面空隙率。

Bouvard，Pinto 指出如果完整岩体的模量远大于骨架模量，则 $\beta=0$；Terzaghi 和 Leliavski 通过场地和室内研究得出 η 的值，表面孔隙率通常趋于 1，且总大于 0.85。代入式(5-47)得到：

$$\frac{du^2}{dr^2} + \frac{1}{r}\frac{du}{dr} - \frac{u}{r^2} = \frac{dP_w}{dr}\left(\frac{1+\nu}{1-\nu}\right)\frac{(1-2\nu)}{E} \tag{5-48}$$

式中：
$$\frac{dP_w}{dr} = -\frac{P_i}{r\ln \frac{b}{a}}$$

微分方程式(5-48)的解给出了巷道中心距离 r 处的位移场 u，计算得到应变场，再由本构方程得出径向和切向有效应力 σ'_r 和 σ'_θ。

因为 Bouvard，Pinto 和 Schleiss 提出的流动模型的边界条件的大小与分布，径向和切向有效应力与任意径向距离 b 有关，因此 b 的大小对应力分布影响很大。Bouvard，Pinto 没有提供选择合理 b 的标准，没有考虑地下水位大小与分布对渗透力引起的应力变化。Schleiss 注意到水位的大小的重要性，并给出 b 的建议值，作为巷道和地下水位的垂直距离，即 $b=h_0$。

Schleiss 同时提出了一系列基于式(5-47)的方程，并采用与 Bouvard 和 Pinto 相同的径向流动模型。但是在多数场地应力条件下，巷道外的流动不是完全径向的，其假设条件仅近似适用于地下水位很深的情况。对于巷道距地下水位较浅的情况，真实流动条件与 Bouvard，Pinto 和 Schleiss 基本不一样。而且，由渗透力引起的应力大小评估包含了不能反映真实原地地下水位条件的任意径向距离 b。

Gabriel Fernandez 和 Tirso A. Alvarez Jr 认为受压导管在内部载荷作用下引起岩体应力改变，传统方法假设岩体不可渗透，巷道内部压力被视为加载于开孔墙上，由此估计压力分布，忽略了渗透力的不利影响和自然不连续岩体的渗透作用，造成巷道对准线没有足够的水平与垂直方向封盖。同时，提出了一种把节理岩体当成多孔连续介质并考虑渗透力作用的方法，对可忽略切向渗透力的简单情况推导出封闭解，估算巷道半径范围内的有效应力分布，并采用有限单元法验证其准确性。分析得出在压力巷道建立极小覆盖准则，并且提供目前从液力测试得到的最小原地应力场方法重新评估的基本准则。没有假定巷道外为径向流动，考虑模型的水位线和巷道深度，不用估计渗流达到的任意距离 b，结果也明显不同于 Bouvard，Pinto(1969)和 Schleiss(1986)提出的方法，尤其是潜在渗流较大情况。如图 5-22 所示。

Harr 用图 5-23 建立的流网得到巷道周围岩体的孔压分布，由巷道内部压力得出的各个点的超孔隙压力 P_w 为：

$$P_w = \gamma_w(h_i - h_0)\frac{\ln\left[1+\frac{4h_0}{r}\left(\frac{h_0}{r}-\cos\theta\right)\right]}{\ln\left[1+\frac{4h_0}{a}\left(\frac{h_0}{a}-\cos\theta\right)\right]} = \Delta P_w \frac{\ln\xi_{r\theta}}{\ln\xi_{a\theta}} \tag{5-49}$$

式中，P_w 为超静水压力；r_w 为水的单位重度；h_i 为内部水头；h_0 为外部液压水头(水位线到巷道的深度)；ΔP_w 为内外液压水头差；a 为巷道半径；r 为到巷道中心的径向距离；θ 为从巷道顶端顺时针转过的角度。

因为巷道周围的流场不是径向的，距巷道中心距离 r 的单元力的平衡如图 5-23 所示，包含径向和切向平面的剪切分量。

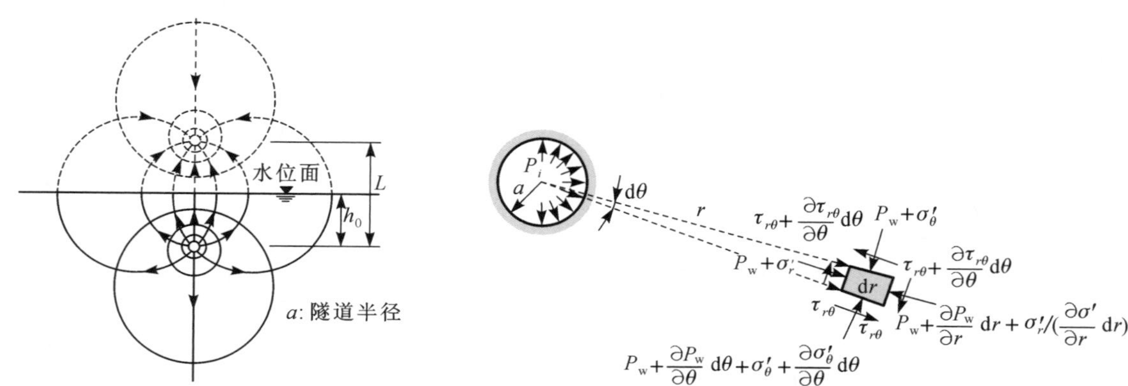

图 5-22 从渗流压力巷道到地下水位的渗流域

图 5-23 多孔介质圆柱部分极小平衡

式(5-47)中与巷道水平半径相交的起拱线的径向渗透力对应的压力梯度为：

$$\frac{\partial P_w}{\partial r} = B_r\bigg|_{\theta=90^\circ} = \frac{-\Delta P_w\frac{8h_0^2}{r^3}}{\left(1+\frac{4h_0^2}{r^2}\right)\ln\left(1+\frac{4h_0^2}{a^2}\right)} \tag{5-50}$$

确定积分常数需要一定的边界条件，设

$$\begin{cases} \sigma_r'(a) = 0 \\ \sigma_r'(\infty) = 0 \\ \sigma_\theta'(\infty) = 0 \end{cases} \tag{5-51}$$

得出切向和径向有效应力为：

$$\frac{\sigma_r^1}{\Delta P_{\mathrm{w}}} = \frac{1}{2(1-\nu)}\left\{\left(\frac{a^2}{r^2}-1\right)+\frac{2\ln\frac{r}{a}+\left[(1-2\nu)\left(1+\frac{4h_0^2}{r^2}\right)-2(1-\nu)\right]\ln\frac{r^2+4h_0^2}{a^2+4h_0^2}}{\ln\left(1+\frac{4h_0^2}{a^2}\right)}\right\} \tag{5-52}$$

$$\frac{\sigma_\theta^1}{\Delta P_{\mathrm{w}}} = \frac{-1}{2(1-\nu)}\left\{\left(\frac{a^2}{r^2}-1\right)+\frac{2\ln\frac{r}{a}-\left[(1-2\nu)\left(1+\frac{4h_0^2}{r^2}\right)+2\nu\right]\ln\frac{r^2+4h_0^2}{a^2+4h_0^2}}{\ln\left(1+\frac{4h_0^2}{a^2}\right)}\right\} \tag{5-53}$$

$$\frac{uE}{\Delta P_{\mathrm{w}}a} = \frac{-(1+\nu)}{2(1-\nu)}\left(\frac{r}{a}\right)\left\{(1-2\nu)+\frac{a^2}{r^2}-\frac{(1-2\nu)\left[2\ln\frac{r}{a}-\left(1+\frac{4h_0^2}{r^2}\right)\right]\ln\frac{r^2+4h_0^2}{a^2+4h_0^2}}{\ln\left(1+\frac{4h_0^2}{a^2}\right)}\right\} \tag{5-54}$$

式中，$\Delta P_{\mathrm{w}} = r_{\mathrm{w}}(h_i - h_0)$。

渗透引起的巷道墙壁处径向位移($r=a$)等于外力施加相等值产生的外部径向位移：

$$u(a) = \frac{-(1+\nu)}{E}\Delta P_{\mathrm{w}}a \tag{5-55}$$

渗透引起的径向和切向有效应力之和 ($\sigma_r'+\sigma_\theta'$) 为：

$$\sigma_r'+\sigma_\theta' = \frac{-P_{\mathrm{w}}(r)_{\theta=90^\circ}}{1-\nu} \tag{5-56}$$

按照渗流力学的理论，求解模型的潜水面方程，潜水含水层中地下水头 $H(x,y,z,t)$ 满足渗流基本方程：

$$\rho S_{\mathrm{s}}\frac{\partial H}{\partial t} = \frac{\partial}{\partial x}\left(\rho K_x\frac{\partial H}{\partial x}\right)+\frac{\partial}{\partial y}\left(\rho K_y\frac{\partial H}{\partial y}\right)+\frac{\partial}{\partial z}\left(\rho K_z\frac{\partial H}{\partial z}\right) \tag{5-57}$$

2) 渗流控制分析的主要步骤

对于水封岩洞储油库渗流控制的研究，主要采用数值模拟方法进行分析，其基本分析步骤如图 5-24 所示。

在进行水封岩洞储油库设计时，保持储洞的液密、气密性和正确预测涌水量是两个重要的关键所在，也是水封理论的基本问题。水封系统受到岩层的水理特性或有无相邻洞室等空洞布置以及地下水涵养量的影响，一旦地下水位不稳定或深度不足，则可采用人工注水形式。一般沿洞周打注水隧道，使之形成水帘幕。

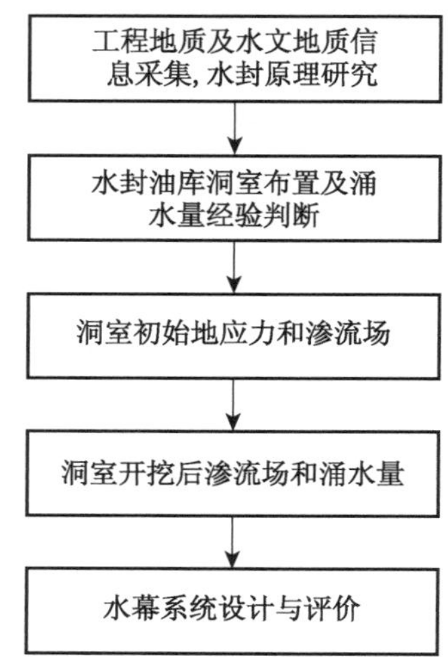

图 5-24　地下水封油库渗流控制分析步骤

5.4.2　水封岩洞储油库围岩地下水渗流量计算

对于特大型水封岩洞储油库而言，渗流客体，因实际地下水渗流系统的复杂性以及人们认识上的局限性，给数值模拟仿真与分析计算带来一定的困难，如系统内部结构、水文地质参数、边界条件、几何条件，以及含水层系统的时空域变化等诸多不确定性信息，导致岩体地下水渗流量计算分析的传统数值模拟方法在此处情况下难以获得令人满意的效果。

在水封岩洞储油库裂隙围岩地下水渗流分析中，首先进行不考虑流固耦合的地下水纯流动分析，然后进行考虑应力场影响的渗流场与应力场全耦合下的地下水渗流模拟分析，对储油库裂隙围岩的渗流场、应力场、位移场的变化情况进行比较分析，最后计算流固全耦合下储油库洞室的渗流量或涌水量，并与采用不同常规水文地质经验公式的计算结果进行比较。

1）计算分析软件的选取

对于流固耦合问题的数值求解，通常有两种方法：有限差分法和有限元法。有限差分法（FDM）是从物理现象引出相应的微分方程，再经过离散得到差分方程。也就是说，是以系数的差分公式解微分方程的，未知系数的连续变化是它的前提。有限差分方法主要成功之处在于将数学离散与偏微分方程的物理演化过程及特征很好地结合起来，发展出了一套技术相对成熟、高效的算法。而有限元法（FEM）是以能量原理为基础，把问题转化为数学问题（即求泛函的极值问题），再经过离散化求解，并假设单元与单元之间不连续变化。对耦合方式来讲，流固耦合可分为全耦合、显式迭代、隐式迭代耦合和解耦耦合。

求解裂隙岩体地下水渗流场与应力场耦合分析需要建立合适的数学模型。目前的数学模型主要有以下几种：等效连续介质模型、离散裂隙网络模型、双重介质模型。等效连续介质模型是 Snow(1969)创立的,以渗透张量理论为基础、用连续介质方法描述岩体渗流问题的数学模型。渗透张量是按裂隙格局统计平均参数所建立的,可以表征裂隙介质及其水流的各向异性。根据统计原理,平均值只是在不存在系统变化下才能可靠地描述岩体,所以只有在岩体的小体积范围,即在系统变化不明显的地方,才能应用渗透张量理论。等效连续介质模型可采用经典的孔隙介质渗流分析方法,使用上极为方便。鉴于我国目前还未有建造特大型地下水封岩洞储油库的先例,相关水文地质试验、工程勘察等资料较缺乏,在此经慎酌后选定采用连续介质快速拉格朗日显式有限差分法进行流固全耦合分析,计算软件采用经二次研发后的大型商业软件 FLAC3D。

2) 岩土体物理力学计算参数选取

在详细分析现有的工程勘察设计资料的基础上,选取库区岩土体物理力学指标综合计算值,详见表 5-10。储油库洞室断面和网格划分分别如图 5-25(a)和(b)所示。

表 5-10　岩土体物理力学指标综合计算值

地层深度范围(m)	密度(kg/m^3)	抗拉强度(MPa)	黏聚力(MPa)	内摩擦角(°)	体积模量(GPa)	剪切模量(GPa)	泊松比	孔隙率(%)	渗透系数(m/s)
+18~25	2 610	0.8	0.2	35	0.333	0.153	0.3	0.16	1×10^{-7}
−40~18	2 615	3	10	41.5	5	2.578	0.28	0.16	1×10^{-7}
−150~−40	2 620	7.71	20.16	45	6.67	4	0.25	0.16	1×10^{-7}

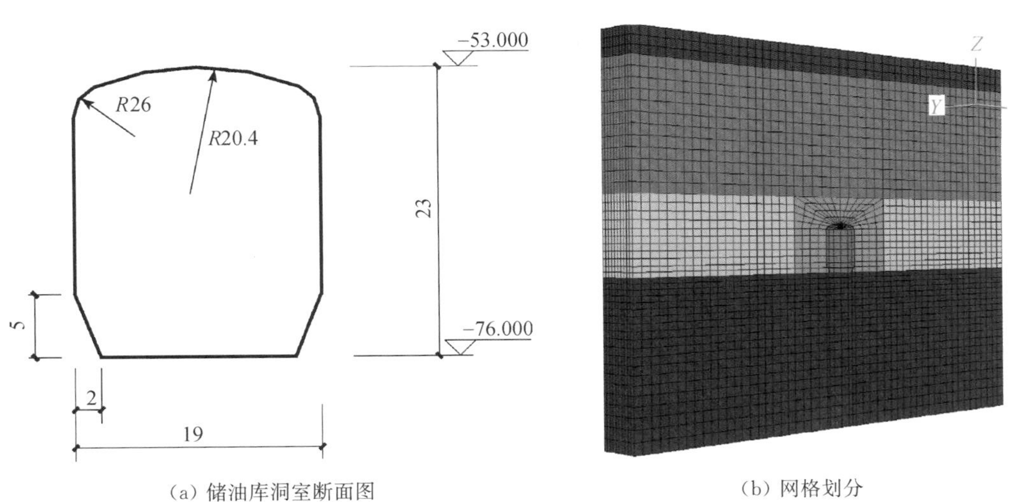

(a) 储油库洞室断面图　　(b) 网格划分

图 5-25　储油库洞室与计算网格划分

3) 储油库岩洞围岩地下水渗流分析

(1) 围岩孔隙水压的分布规律

图 5-26 和图 5-27 分别为不考虑流固耦合和考虑流固耦合时的围岩孔隙水压力云图。洞室开挖后洞周围岩附近的孔隙水压力值均为 0~0.2 MPa;储油库洞室拱顶地下水孔隙水压较小,而底板的地下水孔隙水压较大,说明洞室底板地下水流动比拱顶地下水快;洞室开挖后,地下水在洞室围岩附近形成一个“渗漏漏斗”。

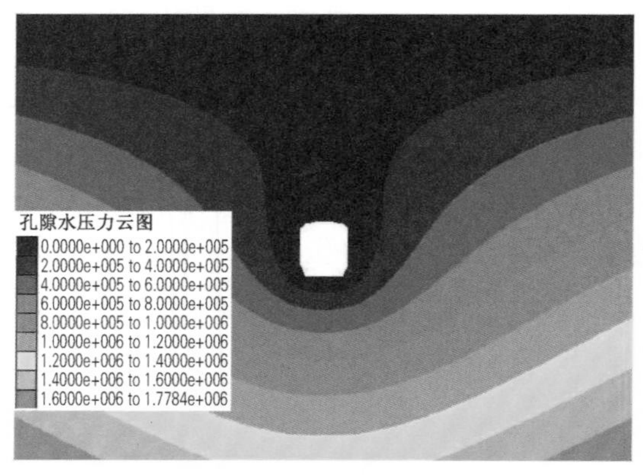

图 5-26　不考虑流固耦合时孔隙水压云图

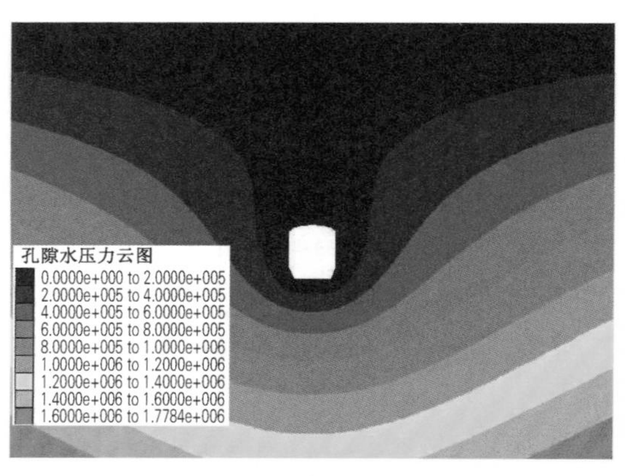

图 5-27　考虑流固耦合时孔隙水压云图

(2) 围岩地下水的渗流场矢量趋势分析

分别进行不考虑耦合作用的纯地下水流动分析和考虑流固耦合作用的渗流分析，得到洞室开挖后，单洞室的涌水量分别为 1 913.68 m^3 和 1 905.0 m^3。由此可知，考虑地下水流固耦合分析时单洞室的涌水量会比纯地下水流动分析时小 0.45%，二者相差不大。

图 5-28 和图 5-29 分别为不考虑流固耦合作用和考虑流固耦合作用时的围岩地下水渗流场矢量图。由图可得，不考虑流固耦合作用和考虑流固耦合作用时洞室开挖后围岩地下水渗流速度最大值分别为 4.213×10^{-7} m/s 和 4.207×10^{-7} m/s，均位于洞脚处；距洞周越近处的围岩的地下水渗流速度越大，反之也然；洞室底板，特别是底脚处，围岩地下水的流速均比洞周其他地方大；考虑流固耦合作用比不考虑流固耦合作用时围岩地下水的最大渗流速度约小 0.142%，相差不大。由此可见，在洞室施工期间，必须尽早浇筑底板混凝土，并对拱顶进行喷混凝土封闭，以减少天然地下水损失。同时，为了避免储油库洞室储油后油品不向洞外泄漏和污染，必须在拱顶设置人工水幕对其进行补水，并在洞室两边墙附近设置人工水幕，对储油库洞室边墙进行补水，以形成真正密闭的“储油容器”。

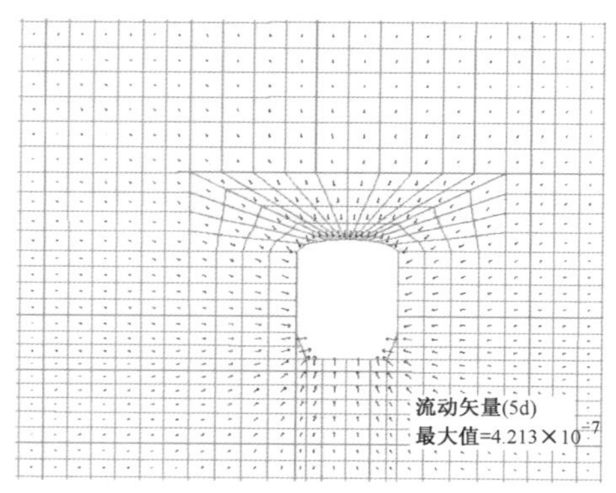

图 5-28　不考虑流固耦合时围岩地下水渗流场矢量

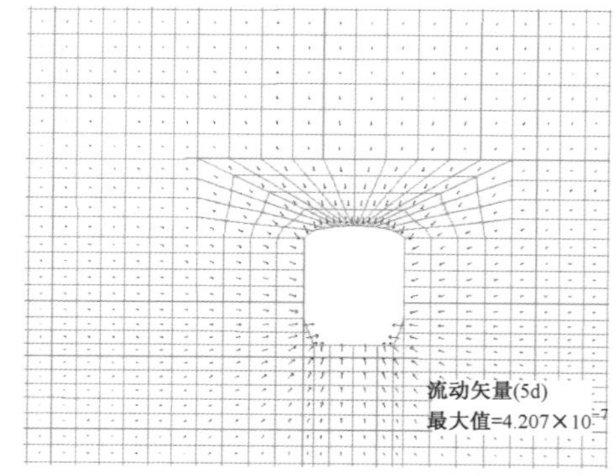

图 5-29　考虑流固耦合时围岩地下水渗流场矢量

(3) 围岩的位移场

在分析不考虑流固耦合的纯地下水流动时，由于没有进行力学计算，所以认为围岩一般不产生位移。图 5-30 是考虑流固耦合作用时围岩位移云图。由图可知，考虑流固耦合作用时洞室开挖后拱顶围岩的位移一般在 4.0～8.0 mm之间，底板围岩的位移一般在 0～6.0 mm 之间；储油库洞室两边墙位移一般在 10～19.134 mm之间，最大位移为 19.134 mm，位于两边墙中部。

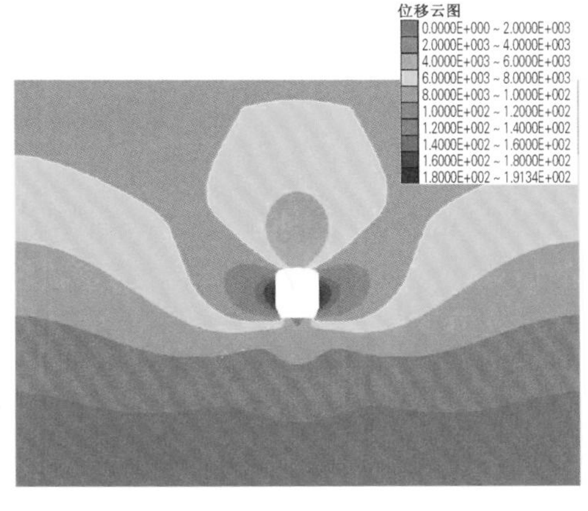

图 5-30　考虑流固耦合时围岩位移云图

(4) 不同隧道涌水量计算方法的比较

采用不同方法，对储油库洞室可能的渗流量或涌水量进行计算或估算。为方便比较，取天然状态的计算参数单洞室跨度为 19 m，洞高为 23 m，洞长为 946 m，洞室底板标高为－76 m，计算水位为 30 m(天然状态下)，渗透系数 $k=1\times10^{-7}$ m/s。

① 采用三维多孔连续介质流固全耦合有限差分数值模拟计算法，计算流固全耦合下单洞室的渗流量或涌水量，得到单储油库洞室的渗流量 $Q=1\ 905\ \mathrm{m^3/d}$。

② 在天然状态下，采用大岛洋志等人推荐的估算方法，洞室渗流量或涌水量可按式(5-58)计算：

$$Q=\frac{2\pi kLm(H-r_0)}{\ln\dfrac{4(H-r_0)}{d}} \tag{5-58}$$

式中：Q——洞库渗流量或涌水量($\mathrm{m^3/d}$)；

L——洞库长度(m)；

k——渗透系数(m/d)；

m——转换系数，一般取 0.86；

H——计算含水层厚度(设计地下水位至洞库底板的距离)(m)；

r_0——洞室半径(m)；

d——洞室直径(m)。

对单洞室：$L=946$ m，$k=1\times10^{-7}\ \mathrm{m/s}=8.64\times10^{-3}\ \mathrm{m/d}$，$m=0.86$，$H=106$ m，$r_0=10.5$ m，$d=21$ m。

经计算，单洞室渗流量或涌水量 $Q=1\ 453.95\ \mathrm{m^3/d}$。

③ 参照《铁路工程水文地质勘测规范》(TB 10049—96)，计算式为：

$$Q=\frac{2\pi kLm(H-r_0)}{\ln\left(\dfrac{2h}{r_0}-1\right)}$$

式中，h 为洞顶含水层的顶面至洞底的距离(m)。

经计算，单洞室洞库渗流量或涌水量 $Q=1\ 564.9\ \mathrm{m^3/d}$。

④ 参照法国 GEOSTOCK 公司的经验估算，当考虑在标高－33 m 处设置水平系统，在洞室之间设置垂直水幕，考虑水幕系统影响，估算单洞室涌水量或渗流量 $Q=2\ 520\ \mathrm{m^3/d}$。

综上计算分析，采用三维多孔连续介质流固全耦合有限差分数值模拟计算法计算流固全耦合下单洞室的渗流量或涌水量，其计算结果与其他三种方法的计算结果的平均值接近，大于采用大岛洋志等人推荐的估算方法和《铁路工程水文地质勘测规范》(TB 10049—96)计算式的计算结果。由此可知,采用等效多孔裂隙介质流固耦合数值计算法计算特大型水封岩洞储油库围岩地下水渗流量或涌水量,是可行和可信的。因此,该方法适用于此工程围岩地下水涌水量的计算和水幕设计。同时,也说明了,在特大型水封岩洞储油库水文地质参数数据资料比较缺乏时,可以采用法国 GEOSTOCK 公司的经验估算值和大岛洋志等人推荐的估算方法对洞室围岩地下水的渗流量或涌水量进行计算,取两者计算结果的平均值为设计建议值。

5.4.3 三维洞室围岩渗流场分析

1) 构建模型及参数选取

根据场区的地质、水文资料,建立三维工程地质模型,图 5-31—图 5-35 分别为小模型、大模型、含水幕系统平面模型、含水幕系统 1/4 模型和水幕系统完全模型,完全采用 FLAC3D 建模。小模型、大模型的计算水位为 30 m。水幕系统分设水平水幕孔和垂直水幕孔,洞室排布以每个储油罐包含两个洞室依次排布,整个模型呈对称分布,从初始应力场到洞室开挖到水幕系统分析两侧反应也是对称的,故后面的各种分析和图形显示都以右边四个洞室(洞 1—洞 4)为研究对象。储油库洞室的断面面积为 392.5 m^2,考虑 500 mm 厚水垫层、5%的气相空间后用于储存油品的有效面积为 364.6 m^2,每组储油库洞罐由相互平行的 2 或 3 条储油库洞室组成,单洞室跨度 19 m,洞高 23 m,长 946 m,洞顶标高 −53 m,洞室底板标高 −76 m,洞室间距 45 m,计算水位标高 17.5 m,在 −34 m 处设有水平与垂直水幕系统,水平水幕孔标高 −33 m,垂直水幕孔底标高 −75 m,水平水幕孔和垂直水幕孔的直径均为 10 cm,间距均为 10 m,岩土体物理力学参数如表 5-11 所示。

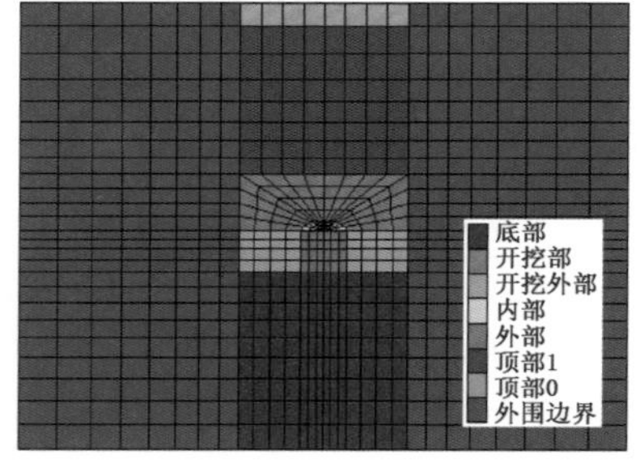

图 5-31 单洞室小模型

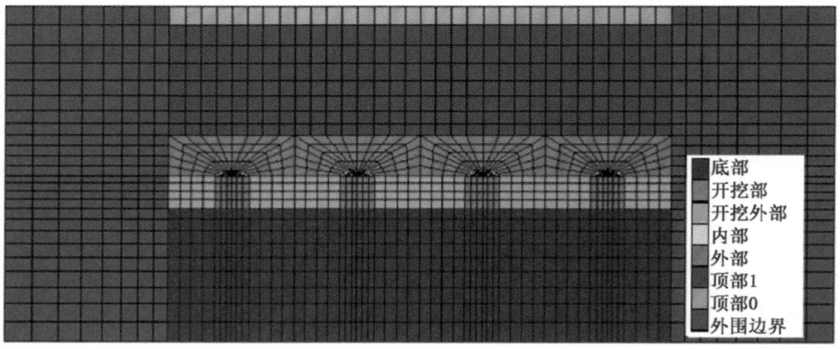

图 5-32 多洞室大模型

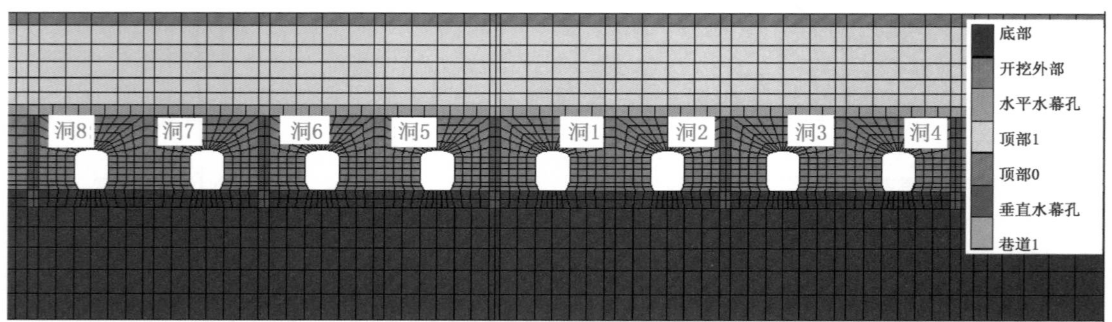

图 5-33 含水幕系统平面模型

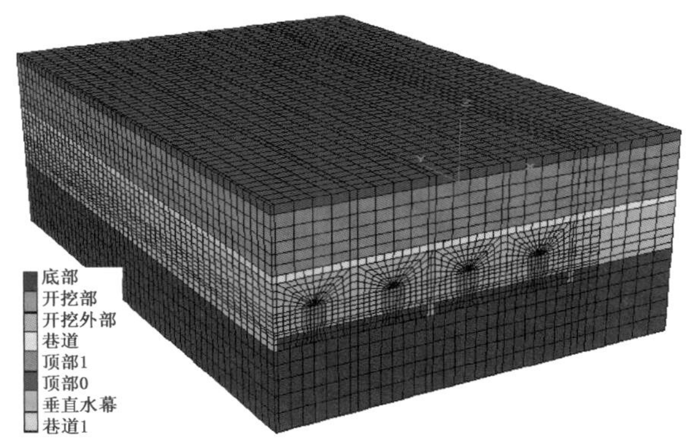

图 5-34　含水幕系统 1/4 模型

图 5-35　水幕系统完全模型

表 5-11　岩土体和油体物理力学计算参数表

	密度 (kg/m³)	抗拉强度 (MPa)	黏聚力 (MPa)	内摩擦角 (°)	体积模量 (MPa)	剪切模量 (MPa)	孔隙率 (%)	渗透系数 (m/s)
−30 m 以上	2 620	7.56	20.16	45	28 700	20 600	0.3	1×10^{-8}
−100～−30 m	2 620	7.56	20.16	45	28 700	20 600	0.3	1×10^{-7}
水	1 000	—	—	—	—	—	—	—
沙特轻质油	857.5	—	—	—	—	—	—	—
沙特中质油	872.0	—	—	—	—	—	—	—
俄罗斯西西伯利亚原油	835.3	—	—	—	—	—	—	—

2）水封岩洞储油库渗流分析

（1）单洞室开挖影响分析

单洞室开挖后洞室左右水头边界条件不变，模拟定水头边界，保持水位恒定，因为远场水位不会因为开挖洞室发生明显变化；模型底部为不透水边界。单洞室开挖后，由于洞室内部孔隙压力降低，水沿着洞壁流入洞内，初始涌水量较大，但随着时间的迁移，涌水量趋于某一定值；在特定的远场水位条件 30 m 标高情况下，洞室涌水量趋于 1 936 m³/d。从涌水量时程曲线图 5-36 可以得出，

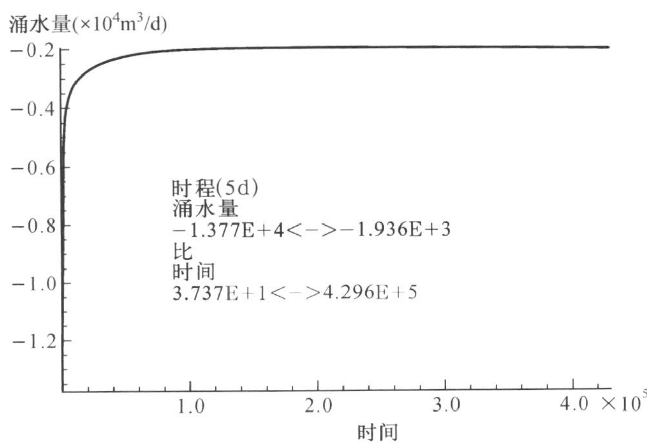

图 5-36　洞室开挖后涌水量时程曲线

在流动时间大于 1 d 时流动已基本稳定；整个流场矢量图分布情况如图 5-37 所示，洞室底部涌水速率最大，直墙次之，顶部最小。

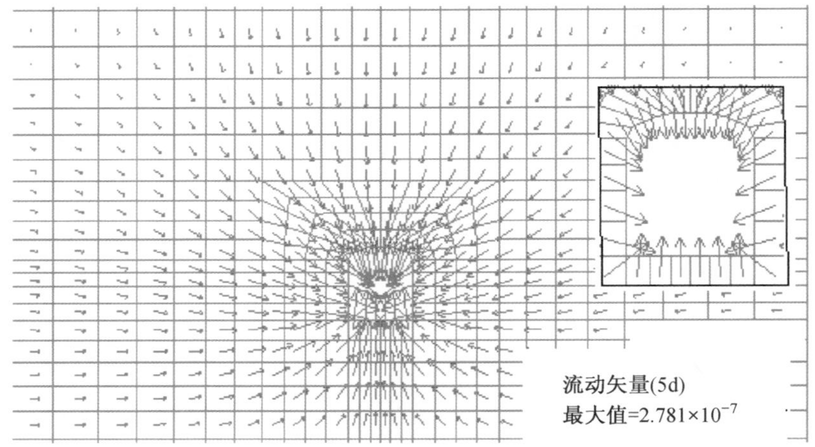

图 5-37　洞室开挖后渗流场矢量图

（2）不同储油工况分析

为了研究不同储油工况的渗流场和涌水量变化，采用初始加 5 m 高度进口原油的等效孔压和面载荷，然后以 5 m 高度为步长，逐级等效加载，观察应力场、孔压场等变化情况和对渗流场及涌水量变化的影响。不同储油工况的最大主应力场云图、孔隙压力分布图分别列于图 5-38—图 5-47。从这些图中可见，由于每种储油工况没有塑性变形产生，不产生塑性流动，位移较小，所以未列出塑性区分布图和不平衡力平衡曲线。计算结果也显示每种储油工况的计算结果都是收敛的。

由图 5-38、图 5-40、图 5-42、图 5-44 和图 5-46 可得，不同储油工况围岩最大主应力基本没有变化，油位改变不会很大影响洞室的应力分布，以后原油的呼吸作业不会对洞库稳定性造成很大影响；同样，洞室孔隙压力分布也没有很大变化。

① 油位 5 m 工况条件(图 5-38 和图 5-39)

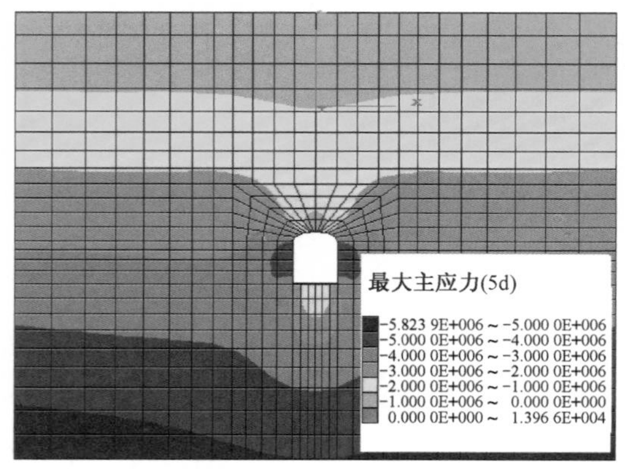

图 5-38　油位 5 m 工况的最大主应力云图

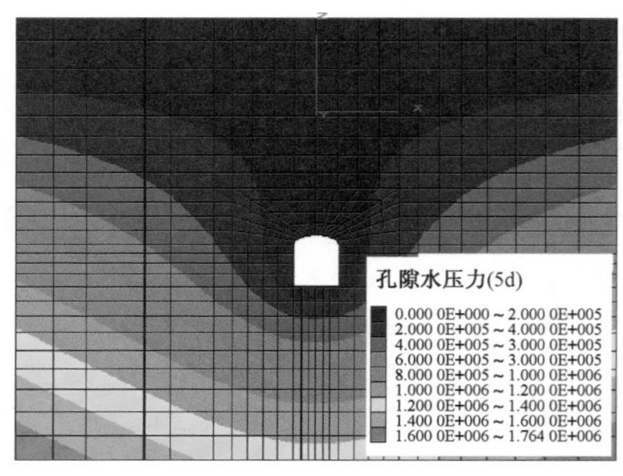

图 5-39　油位 5 m 工况的孔隙压力分布图

② 油位 10 m 工况条件(图 5-40 和图 5-41)

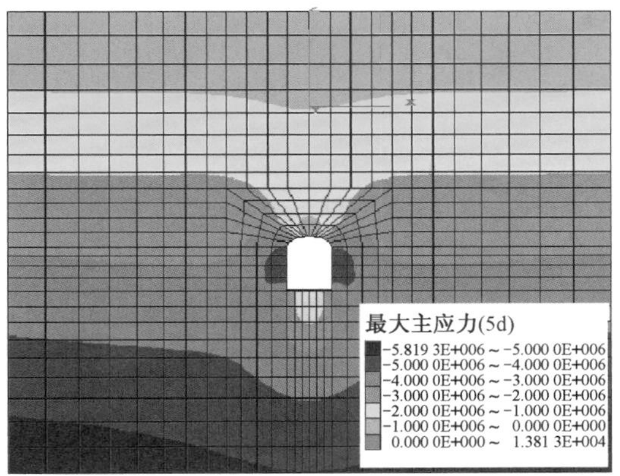

图 5-40　油位 10 m 工况的最大主应力云图

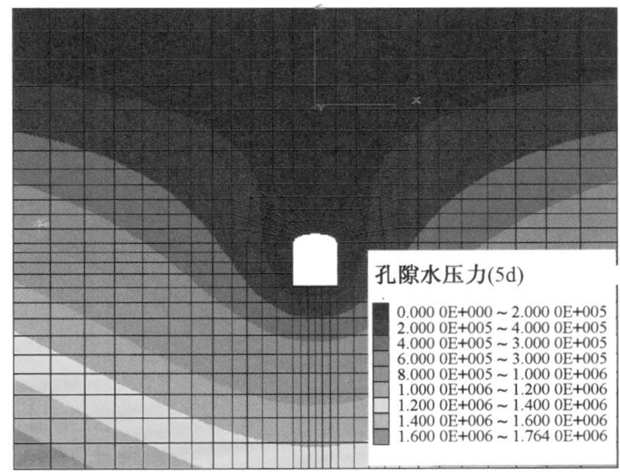

图 5-41　油位 10 m 工况的孔隙压力分布图

③ 油位 15 m 工况条件(图 5-42 和图 5-43)

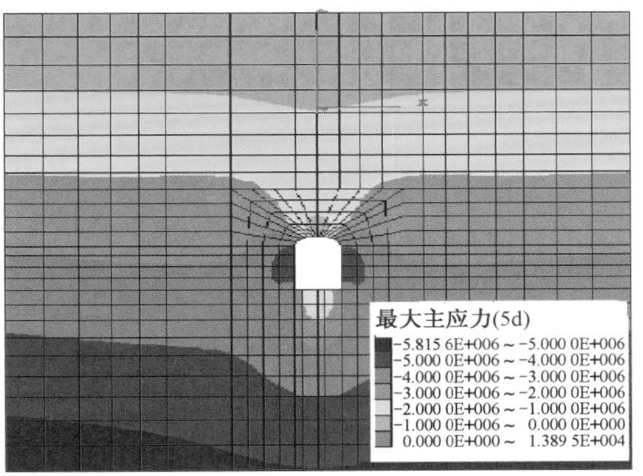

图 5-42　油位 15 m 工况的最大主应力云图

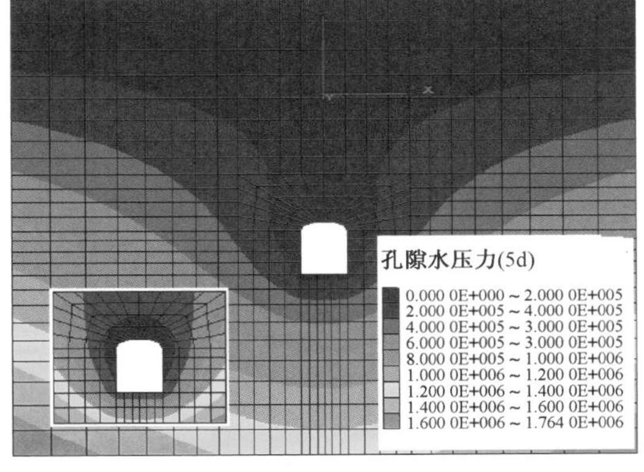

图 5-43　油位 15 m 工况的孔隙压力分布图

④ 油位 20 m 工况条件(图 5-44 和图 5-45)

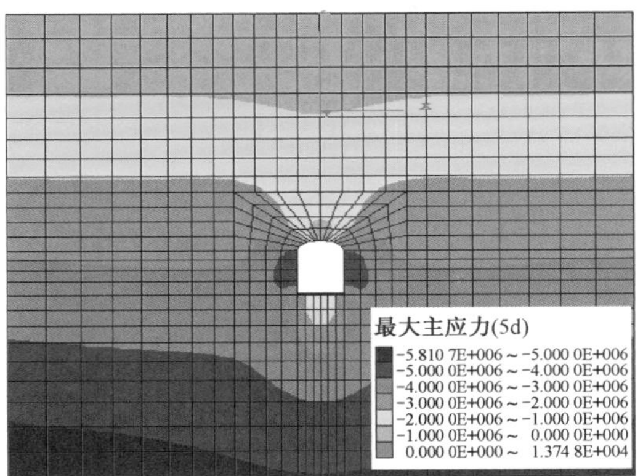

图 5-44　油位 20 m 工况的最大主应力云图

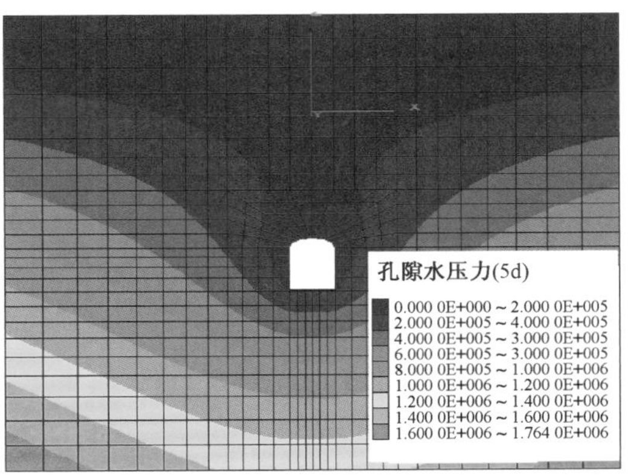

图 5-45　油位 20 m 工况的孔隙压力云分布图

⑤ 油位 22 m 工况条件(图 5-46 和图 5-47)。

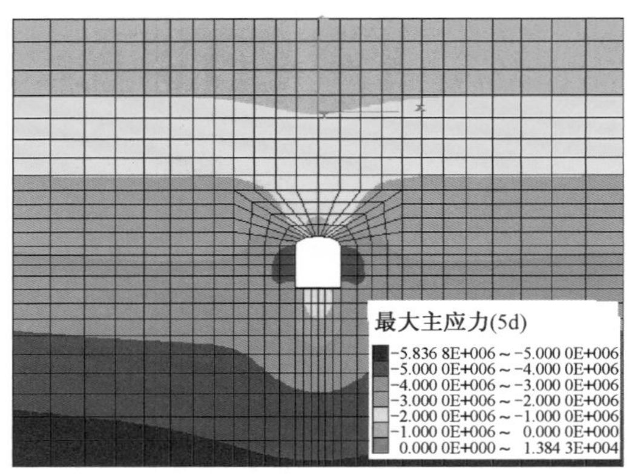

图 5-46 油位 22 m 工况的最大主应力云图

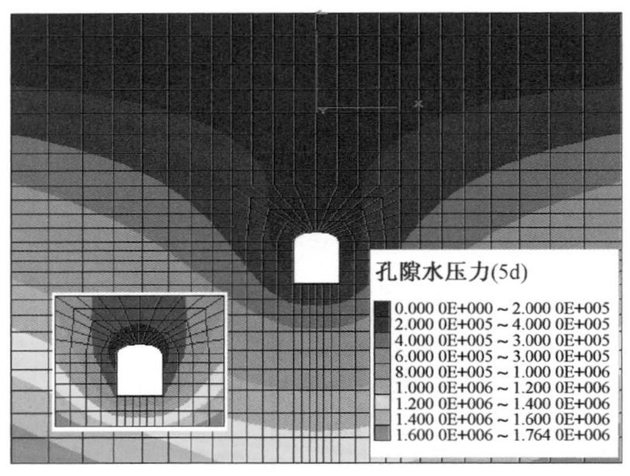

图 5-47 油位 22 m 工况的孔隙压力分布图

不同储油工况流速比较如图 5-48 所示。不同储油工况的平均流速总体上随油位升高而降低,但局部位置的最大流速会有所提高,如果要减少渗流量,需要在特定位置做好防渗措施。在不考虑水幕系统情况下,油位上升,涌水量逐渐降低,变化梯度近似相等,最终涌水量约为 1 737 m^3/d。如果水幕系统提供稳定的水力补给,洞室涌水量会增大,水封效果会更好,但涌水量过大会有很大害处,涌水量过大会使洞内的空气湿度长期处于饱和状态,金属设备长年处在水及水汽之中,锈蚀损坏会逐年加重,维护费用不断加大,不仅会影响石油的存储,也将威胁洞库的安全,同时给废水处理带来经济负担。

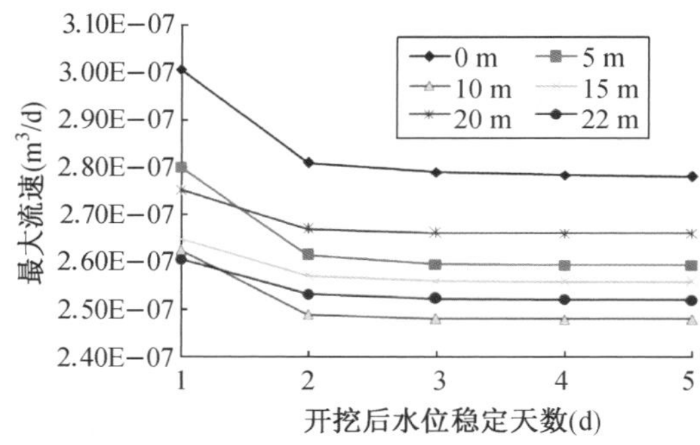

图 5-48 不同储油工况最大流速比较

(3) 多洞室影响分析

多洞室开挖不仅会改变应力场分布,而且由于它们之间的相互影响而会改变孔隙压力分布场从而改变渗流场。

① 两洞室影响分析 由于模型对称性,两洞的最大流速和涌水量基本相同;洞室间距影响孔隙压力场分布,从而影响流速和涌水量。图 5-49—图 5-51 分别为两洞间距为 49.8 m,118.8 m 和 147.6 m 的孔隙压力场等值线图。由图可得,孔隙压力场变化比较明显,在两洞之间流速降低,如果间距太小容易出现断流,因此需要合理安排洞室间距并设计水幕系统,补给水源。如图 5-52 和图 5-53 所示,由于洞室间相互影响,两洞室的平均每洞涌水量比单洞室低,并随着间距的缩小而降低。

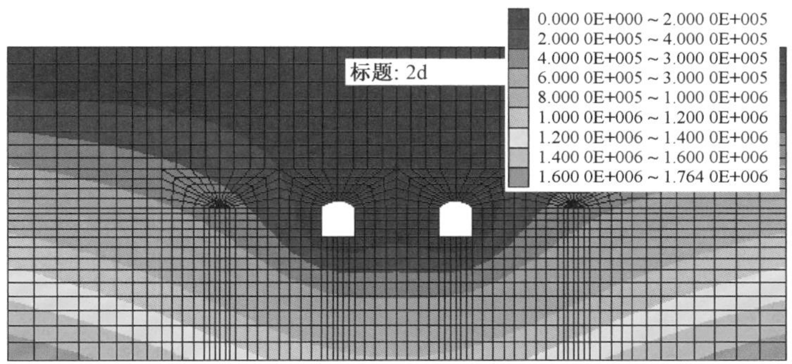

图 5-49　洞室净距 49.8 m 孔隙压力分布图

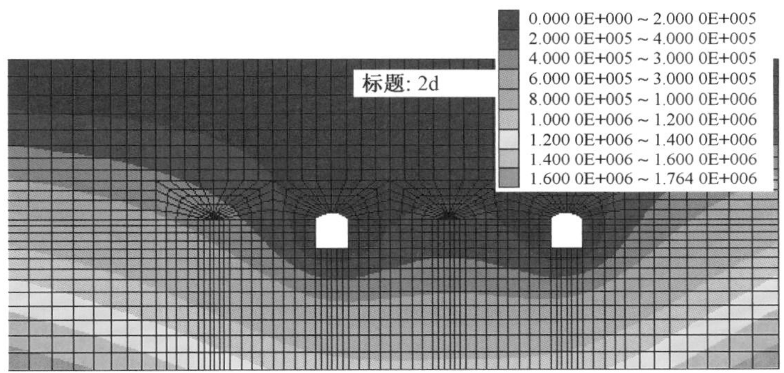

图 5-50　洞室净距 118.8 m 孔隙压力分布图

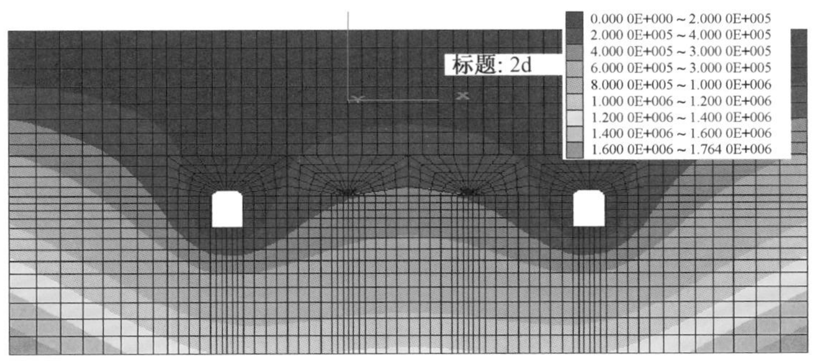

图 5-51　洞室净距 147.6 m 孔隙压力分布图

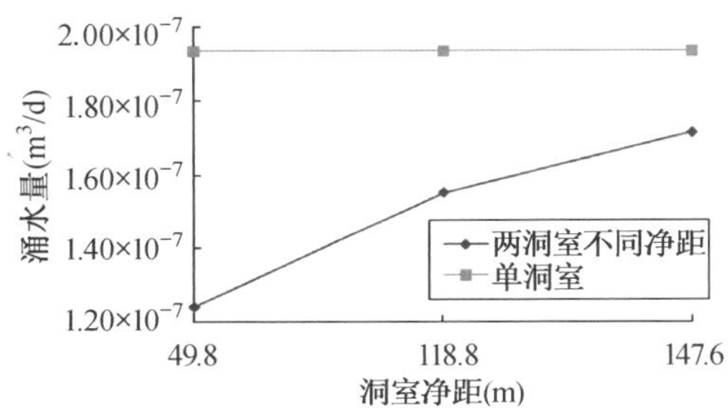

图 5-52　两洞室与单洞室涌水量比较

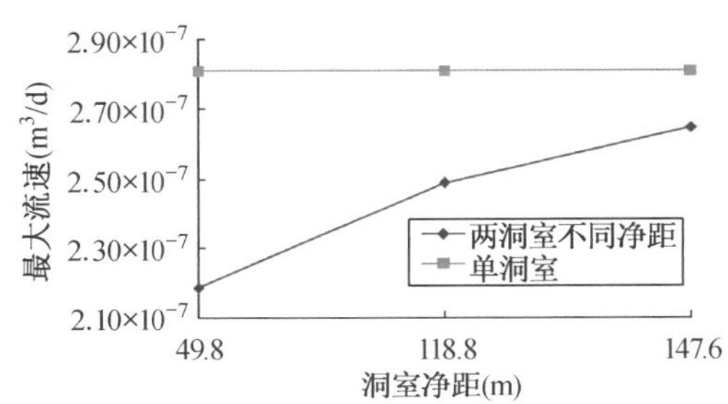

图 5-53　两洞室与单洞室最大流速比较

② 四洞室渗流影响分析　图 5-54 为四洞室孔隙压力等值线图。由图可得,四个洞室与两个洞室情形类似,无法用叠加原理来直接描述,洞室间的影响更为复杂,各个洞室的渗流情况依其位置不同而有所差别。数值计算还得出,处在中间的两洞涌水量下降明显,稍大于两侧洞的涌水量的一半,这跟水力补给和孔隙压力分布有关。因此多洞室布置更需要注意洞室净距的合理设置和水幕系统的设计。

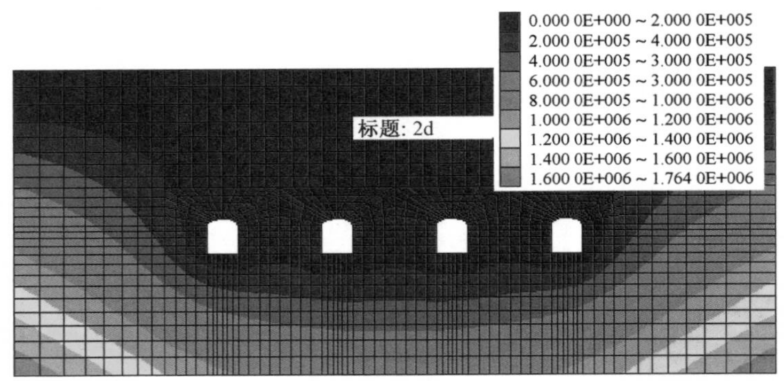

图 5-54　四洞室孔隙压力分布图

5.4.4　水幕系统评价

以含水幕系统的平面模型和含水幕系统的 1/4 模型为研究对象(如图 5-33 和图 5-34 所示),分无水幕工况、不同水幕系统设置工况和在水幕下不同储油油位工况等多种情况,互相对比分析研究。

1) 不同水幕系统设置影响分析

(1) 不同水幕系统设置储油前影响分析

不同的水幕系统设置是在初始重力场和水力边界条件下形成的初始孔隙压力场,在水幕孔相应位置不同深度设置为初始值的 $1/n$ 倍,并保持不变,形成不同的水幕工况情况,具体分为保持初始孔压的孔压水幕系统工况(1/1 倍)和保持初始孔压的 1/2, 1/4, 1/8 和 1/10等水幕系统工况。

不同水幕工况的最大位移如图 5-55 所示。计算结果表明,不同水幕工况的位移分布特点变化不大,水幕孔压等于初始孔压工况的水幕设置的最大位移最小(1.985 mm),保持 1/2, 1/4, 1/8 和 1/10 初始孔压工况的水幕设置的位移逐渐增大,分别为 2.248 mm, 2.368 mm, 2.432 mm和 2.449 mm;无水幕设置工况的最大位移为2.426 mm,介于 1/8 和 1/10 初始孔压工况之间。

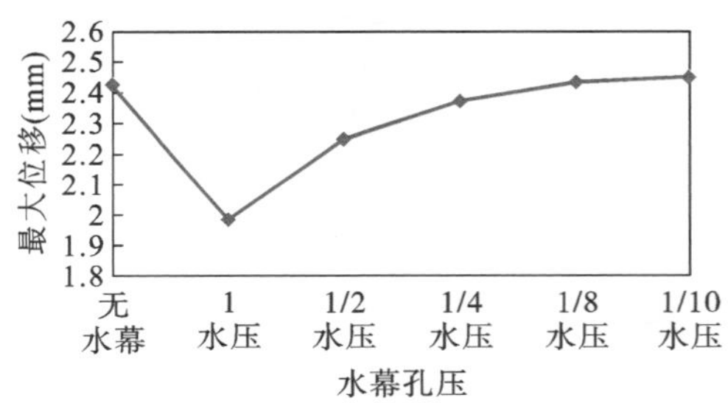

图 5-55　不同水幕工况最大位移比较

洞室之间的位移均呈垂直向下位移;洞室顶部位移最大,呈向下位移;洞壁有斜向下且向外的位移,比洞顶位移小;洞底有开挖回弹位移,量值相对较小。

不同水幕工况的最大压应力和拉应力如图 5-56 和图 5-57 所示。由于水幕系统的存在,通过垂直水幕孔和水平水幕孔注水保持一定的孔隙压力,以减少因为开挖造成的孔隙压力变化，降低最大位移，有利于储油库洞室的开挖稳定，其中保持水幕孔压与初始孔压相等的水幕工况最为有利，其他折减水幕孔压逐渐变差，其值呈抛物线变化规律趋于无水幕工况的最大位移。其中：1/8 和 1/10 初始孔压工况的水幕设置与无水幕工况形成的孔压分布较为接近，最大位移值相当；结合图 5-55 得出，最大位移变化规律与最大拉、压应力变化规律相似，都呈抛物线变化规律；1/8 和 1/10 初始孔压工况的水幕设置与无水幕工况的围岩最大压应力值接近。

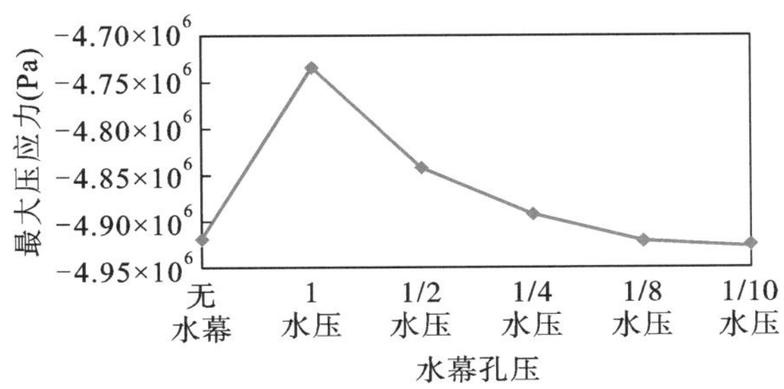

图 5-56　不同水幕工况最大压应力比较

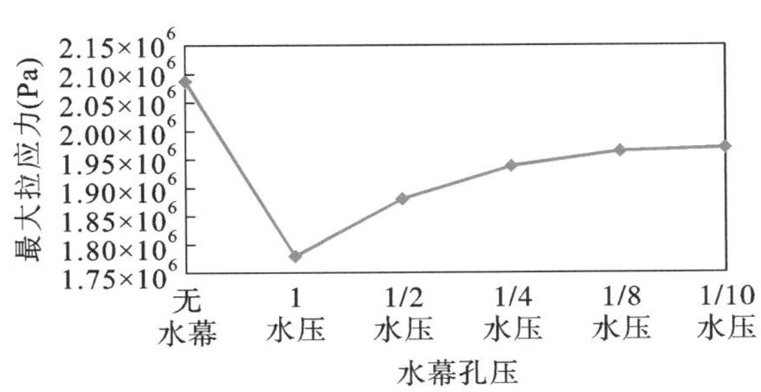

图 5-57　不同水幕工况最大拉应力比较

不同水幕孔压对洞室涌水量影响比较大，如图 5-58—图 5-64 所示。水幕孔孔压等于初始孔隙压力最大涌水量为 2 746 m^3/d，水幕孔孔压等于 1/2，1/4，1/8 和 1/10 初始孔隙压力最大涌水量随之逐渐下降，分别为 1 624 m^3/d，1 062 m^3/d，781 m^3/d 和 726 m^3/d；其中 1/8 和 1/10 初始孔隙压力已经很接近于无水幕工况洞 3 的涌水量 595 m^3/d；无水幕工况洞 4 的的涌水量1 087 m^3/d 较大，约为其他洞室涌水量的 1.8 倍，接近于 1/4 初始孔隙压力最大涌水量；因为洞室之间相互影响，使洞室 4 一侧的水力梯度降低，减少涌水量，小于单洞涌水量 1 601 m^3/d。

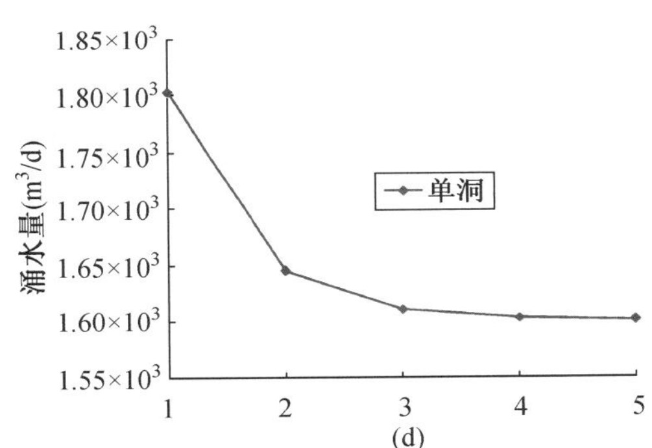

图 5-58　无水幕工况单洞室模型涌水量

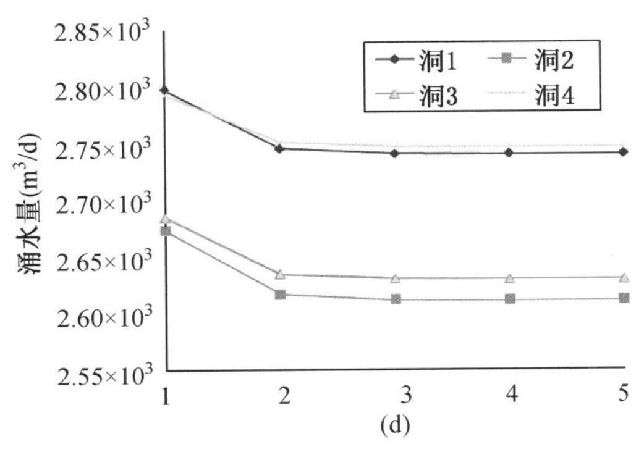

图 5-59　1 孔压水幕工况各洞室涌水量

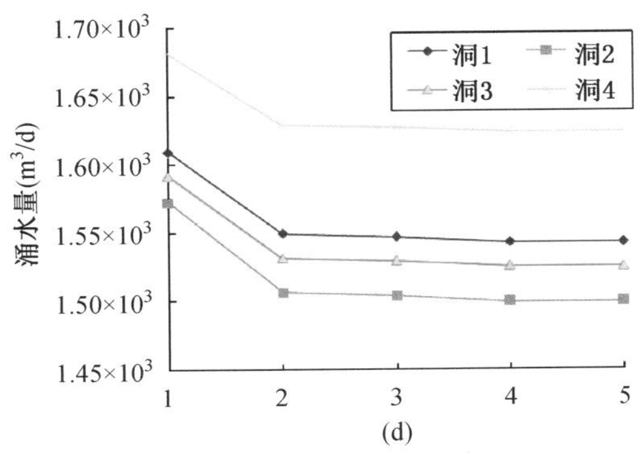

图 5-60　1/2 孔压水幕工况各洞室涌水量

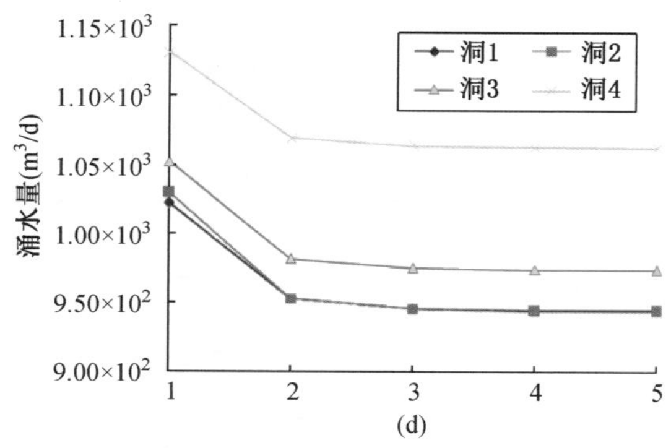

图 5-61　1/4 孔压水幕工况各洞室涌水量

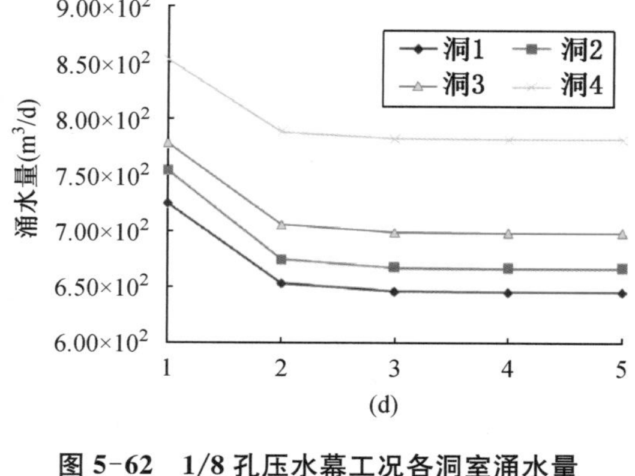

图 5-62　1/8 孔压水幕工况各洞室涌水量

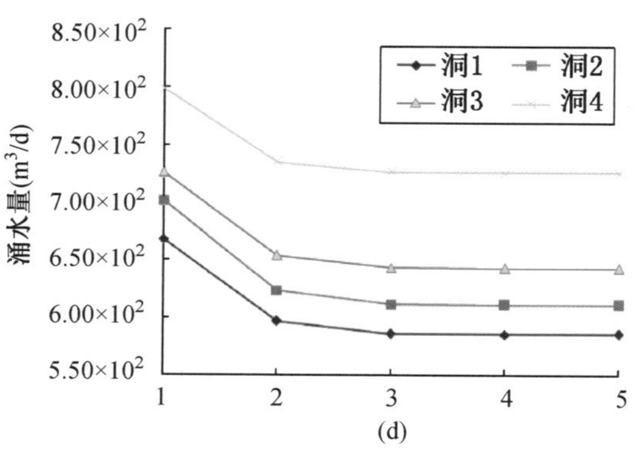

图 5-63　1/10 孔压水幕工况各洞室涌水量

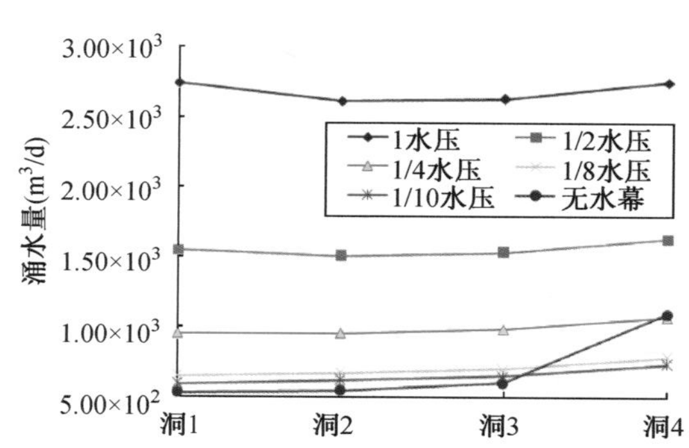

图 5-64　不同孔压水幕工况各洞室涌水量比较

综上所述，由于水幕系统的存在，通过水平水幕孔和垂直水幕孔注水保持一定的孔隙压力，减少因为开挖造成的孔隙压力变化，降低最大压应力和最大拉应力，有利于储油库洞室的开挖稳定，其中保持水幕孔压与初始孔压相等的水幕工况最为有利，其他折减水幕孔压逐渐变差。

(2) 水幕孔压为初始孔压的不同储油工况影响分析

在水幕孔压等于初始孔压工况下，基于网格分布特点，取 4 种油位(5 m，9 m，16 m 和 21 m)与不储油情况 0 m 作对比。由图 5-65—图 5-69 可得，不同储油油位的涌水量变化呈现一定的规律性，随着油位增大，洞室涌水量逐渐增大，且各个洞室的降低值很相近，可以用一个洞室的变化值作为其他洞室的代表。由图 5-70 可得，涌水量变化幅值不是恒定的，而是线性变化的，在 0～5 m 油位范围内涌水量变化平均值为−6.39 m^3/(d·m)，在 5～9 m 油位范围内涌水量变化平均值为−9.41 m^3/(d·m)，在 9～16 m 油位范围内涌水量变化平均值为−11.90 m^3/(d·m)，在 16～21 m 油位范围内涌水量变化平均值为−14.84 m^3/(d·m)。由图 5-71可知，不同储油工况的各个洞室极值涌水量差随油位升高而降低，较高的油位减少洞室内部与外部水力差，油对洞壁的压力可以部分弥补洞室开挖造成的应力变化，有利于洞室稳定。

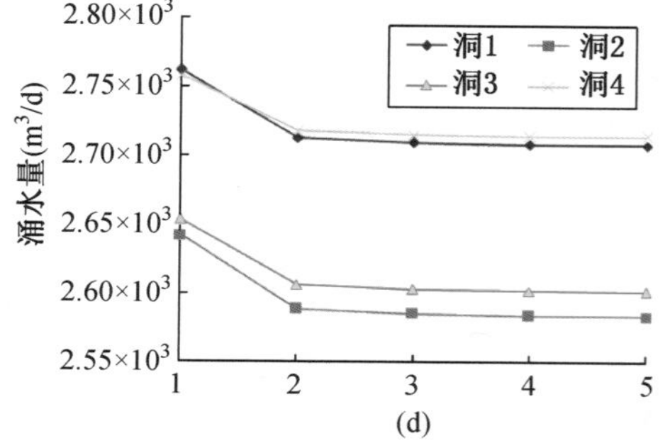

图 5-65　5 m 油位工况各洞室涌水量比较

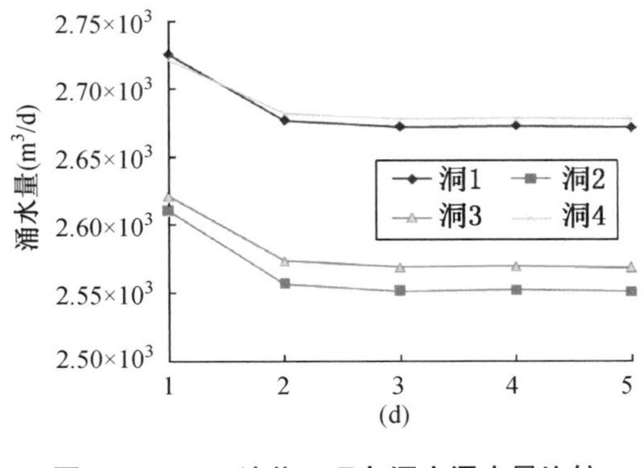

图 5-66　9 m 油位工况各洞室涌水量比较

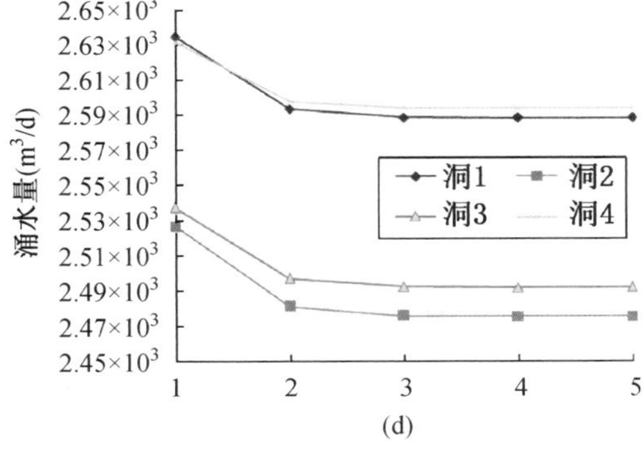

图 5-67　16 m 油位工况各洞室涌水量比较

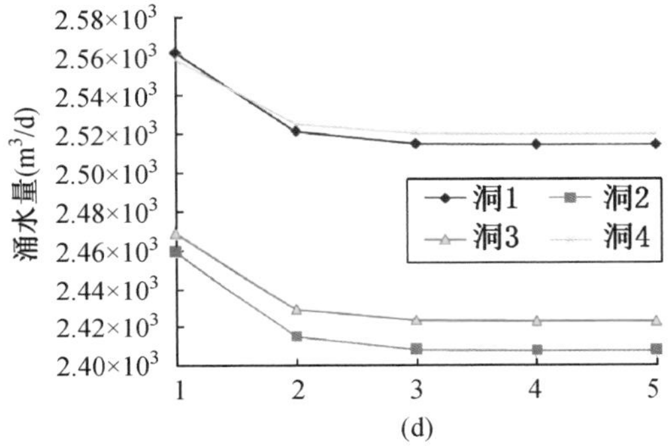

图 5-68　21 m 油位工况各洞室涌水量比较

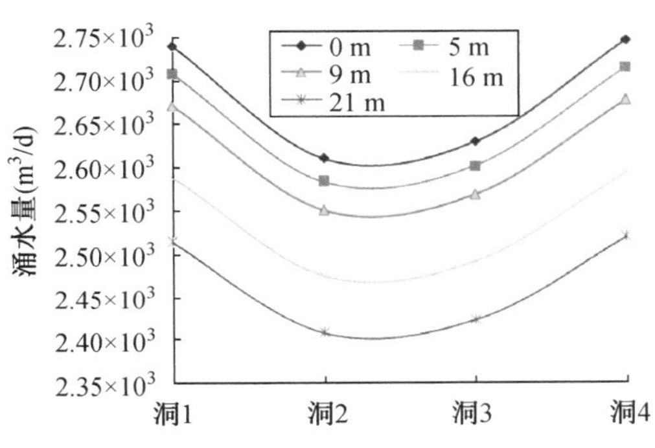

图 5-69　不同油位工况各洞室涌水量比较

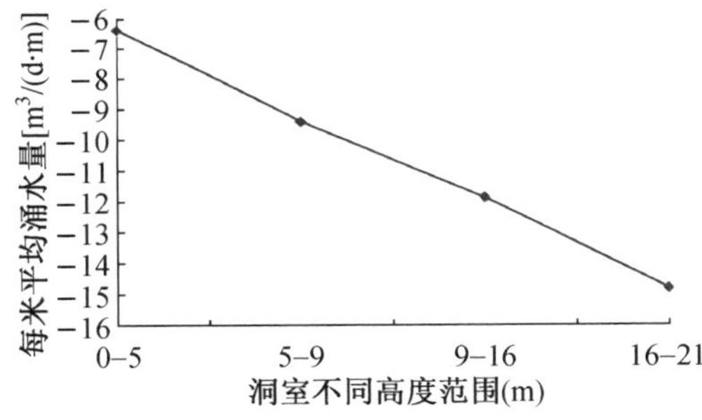

图 5-70　不同油位工况洞室涌水量变化平均值

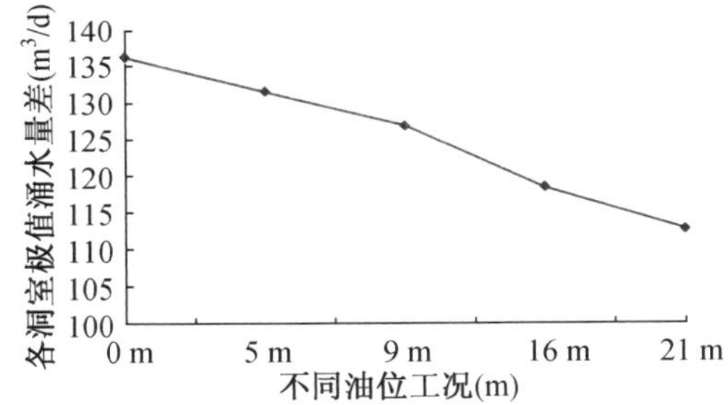

图 5-71　不同油位工况各洞室极值涌水量差比较

(3) 水幕孔压恒定不同水幕系统设置工况影响分析

在水幕孔压等于初始孔压工况下，将水幕系统设置为仅有水平水幕孔充水保持该水平位置稳定孔隙压力和仅有垂直水幕孔保持相应垂直位置的稳定孔隙压力，并与兼设水平和垂直水幕孔工况和无水幕系统设置工况作比较。

由图 5-72 可得，仅设有水平水幕孔工况的各个洞室的涌水量变化规律与无水幕系统情况相似，都是从洞 1 到洞 4 不断增大，洞 1、洞 2 和洞 3 涌水量较为接近，洞 4 最大。此种情况可以理解为：在−34 m 设置稳定不变的地下水位，不会因洞室开挖形成渗透漏斗(一般情形渗透漏斗形成位置在各个洞室的顶部位置)，设置水平水幕孔进行水力补给会造成相应洞顶的涌水量增大，而对洞壁的涌水量影响较小；各个洞室中最大涌水量为 2 051 m³/d，低于兼设水平和垂直水幕孔工况的最低涌水量 2 746 m³/d。

由图 5-73 可得，仅有垂直水幕孔工况的各个洞室的涌水量变化规律与兼设水平和垂直水幕孔工况涌水量接近；洞 1 和洞 4 临近垂直水幕孔，水力梯度较大，涌水量比洞 2 和洞 3 大；由于没有水平水幕孔的稳定水位进行水力补给，故在洞顶形成了渗透漏斗，顶部涌水量减少。

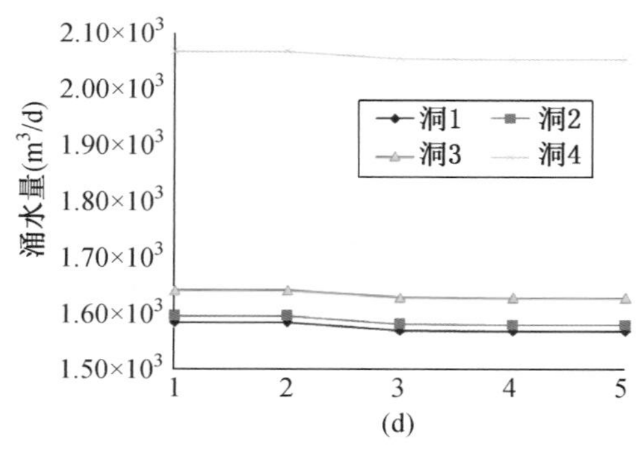

图 5-72　1 孔压水平水幕各洞室涌水量比较

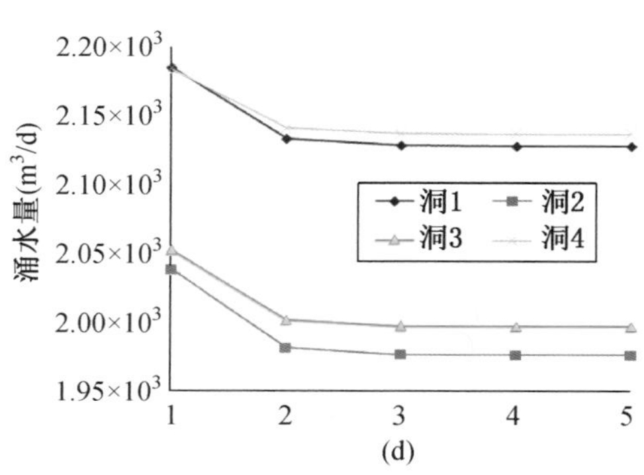

图 5-73　1 孔压垂直水幕各洞室涌水量比较

由图 5-74 可得，不同水幕工况的流速变化较大，与 1, 1/2, 1/4, 1/8 和 1/10 初始孔压工况的水幕设置规律变化不一致。这与洞室周围的孔隙压力差有关，特别是单洞两侧的孔隙压力差对洞室涌水量均衡性有很大关系。不同孔压设置的水幕系统的单洞两侧的孔隙压力分布变化较大，造成四个洞室极值涌水量之差不按上述顺序变化，这些差值都比无水幕工况小。

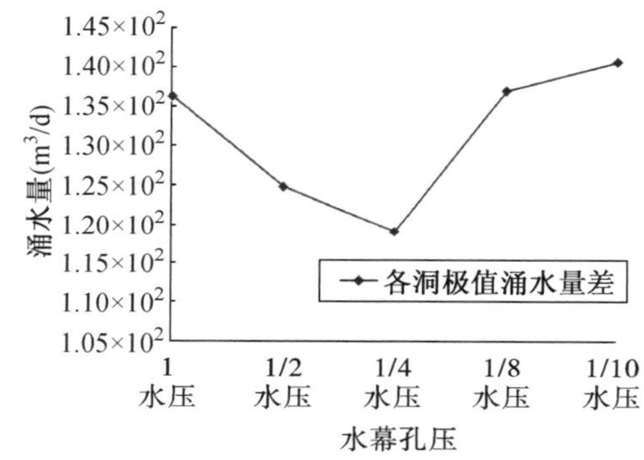

图 5-74　不同水幕孔压各洞室极值涌水量比较

靠近垂直水幕孔的洞壁涌水量比远离垂直水幕孔的涌水量大。水幕孔压等于 1 和 1/2 初始孔压工况下流动矢量靠近垂直水幕孔呈水平分布，单洞两侧涌水量不等，均衡性不好；水幕孔压等于 1/4, 1/8 和 1/10 初始孔压工况下单洞两侧流动矢量呈对称分布，均衡性较好。

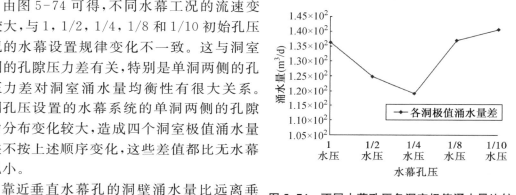

(4) 不同水幕系统设置及其不同储油工况渗流场和应力场

图 5-75—图 5-125 为无水幕工况、不同水幕系统设置工况和在水幕下不同储油油位工况多种情况的洞室开挖后涌水量时程曲线、孔隙压力分布图、最小主应力云图和最大主应力云图。

从最大(s_{max})、最小(s_{min})主应力分布云图可以得出，在洞顶和洞底位置出现张拉应力分布，在洞壁出现压应力分布，这是洞顶产生向下位移、洞底出现开挖回弹以及洞壁出现向外的位移的原因。由于最大拉应力为 2.1 MPa、最大压应力为 5.3 MPa，没有引起塑性屈服，洞室是稳定的。

不同水幕工况影响洞室周围的应力场变化，压应力集中区域有向垂直水幕孔移动的趋势，拉应力集中区域则向洞顶和洞底周围扩散，受力均匀，量值变小，有利于洞室稳定。

① 无水幕工况，见图 5-75—图 5-78。

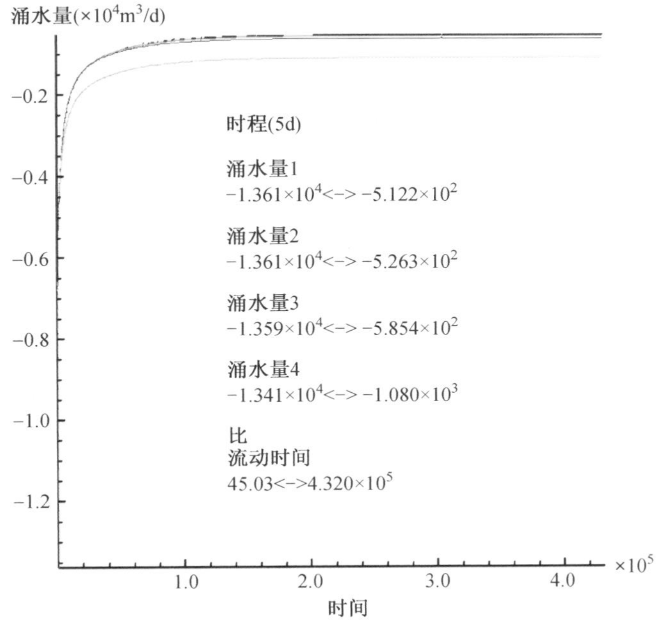

图 5-75　洞室开挖后涌水量时程曲线(无水幕)

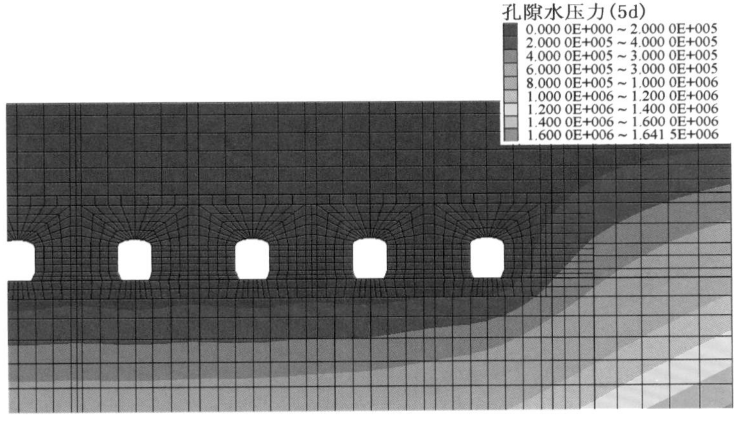

图 5-76　洞室开挖后孔隙压力分布图(无水幕)

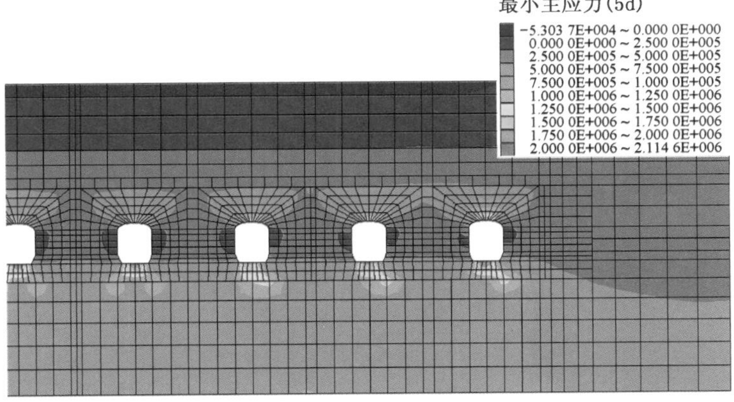

图 5-77　洞室开挖后最小主应力云图(无水幕)

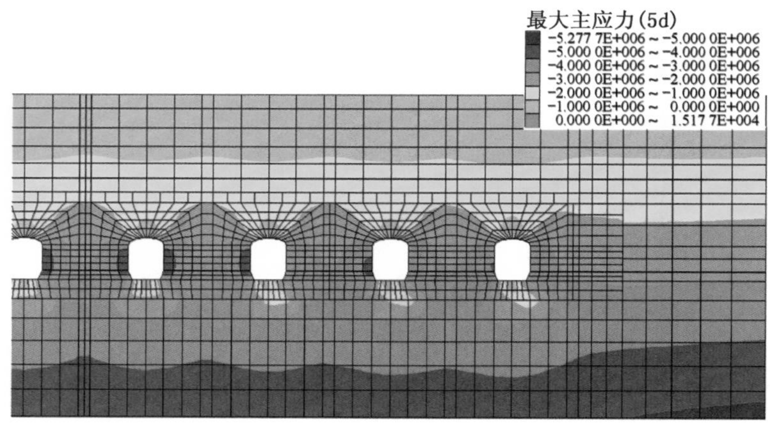

图 5-78　洞室开挖后最大主应力云图(无水幕)

② 含水幕系统设置 1/4 模型无水幕工况,见图 5-79—图 5-81。

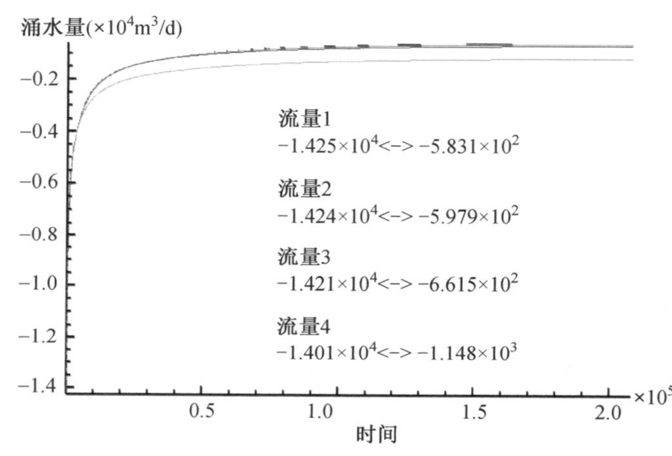

图 5-79　洞室开挖后涌水量时程曲线(无水幕)

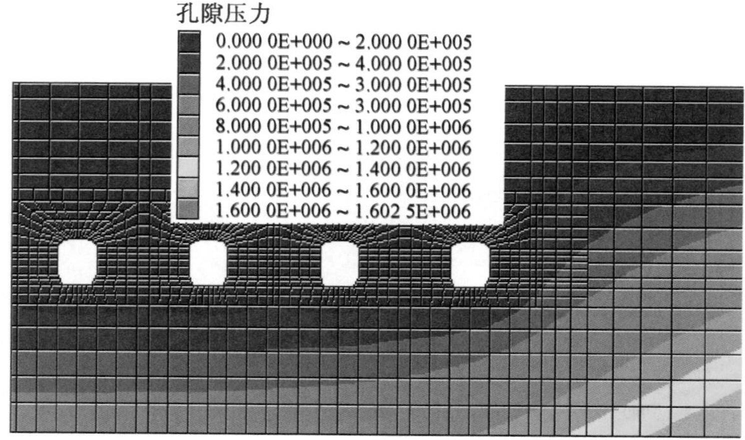

图 5-80　洞室开挖后孔隙压力分布图(模型 y=484.8 m 截面,无水幕)

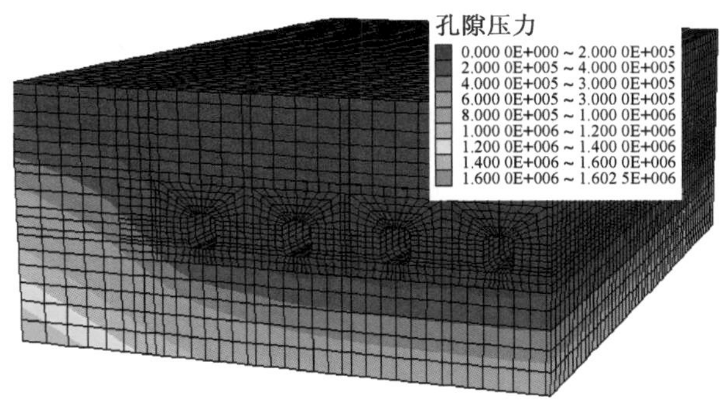

图 5-81 洞室开挖后孔隙压力分布图(无水幕)

③ 1倍初始孔压水幕系统设置工况,见图 5-82—图 5-85。

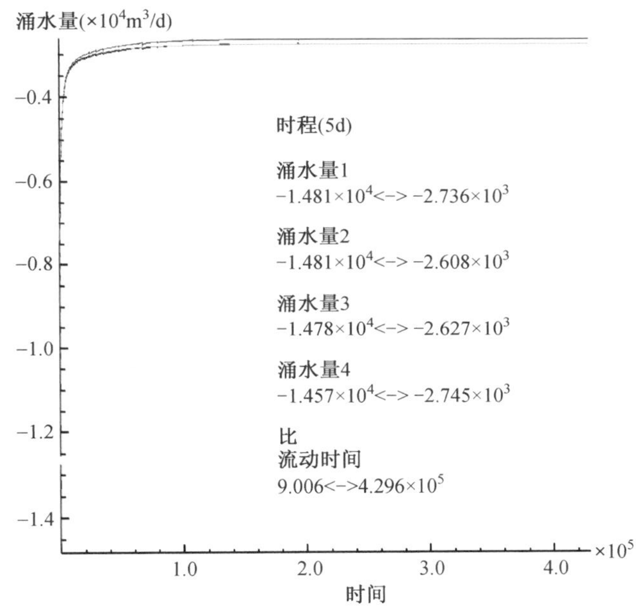

图 5-82 洞室开挖后涌水量时程曲线(1 孔压)

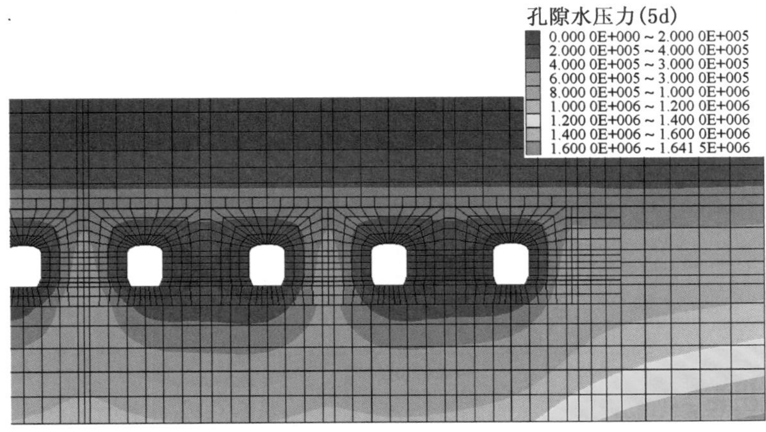

图 5-83 洞室开挖后孔隙压力分布图(1 孔压)

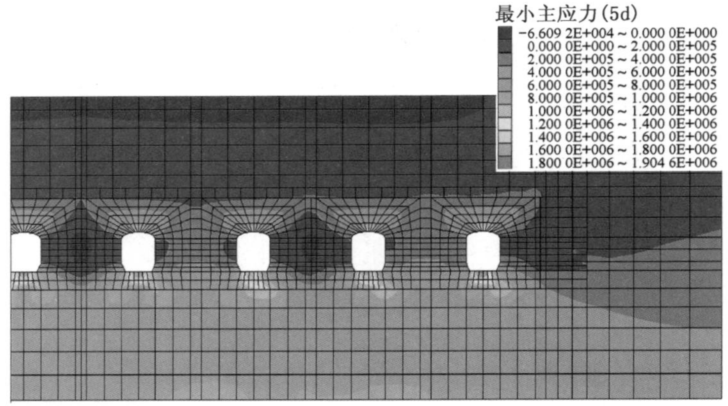

图 5-84 洞室开挖后最小主应力云图(1 孔压)

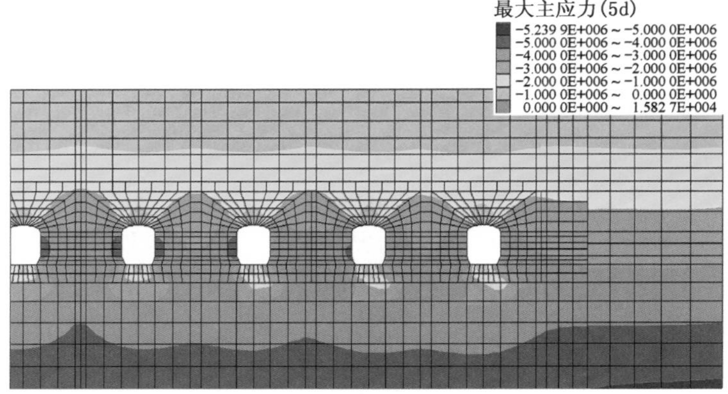

图 5-85 洞室开挖后最大主应力云图(1 孔压)

④ 1/2 倍初始孔压水幕系统设置工况，见图 5-86—图 5-89。

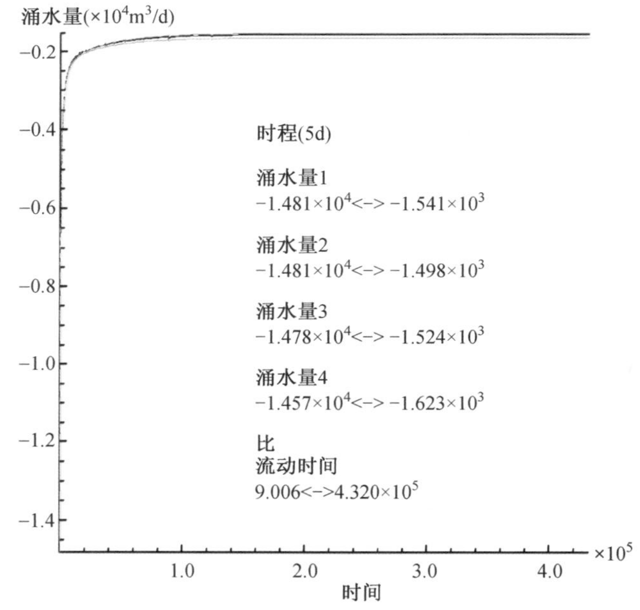

图 5-86 洞室开挖后涌水量时程曲线(1/2 孔压)

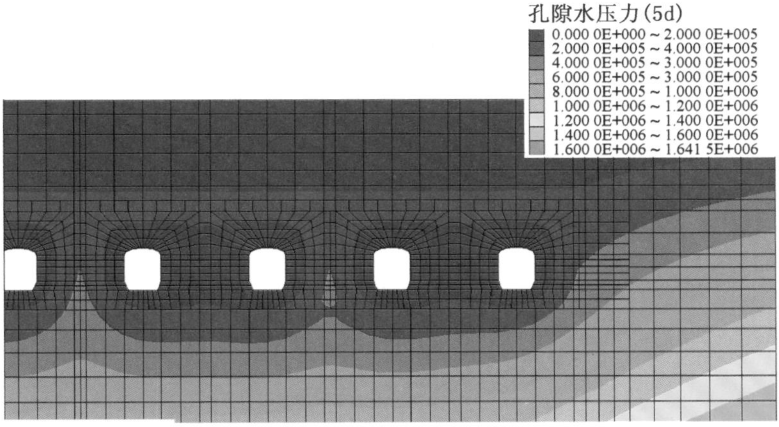

图 5-87　洞室开挖后孔隙压力分布图(1/2 孔压)

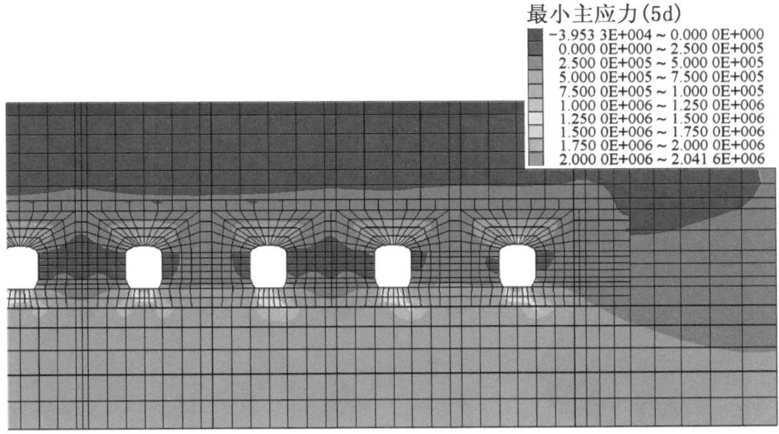

图 5-88　洞室开挖后最小主应力云图(1/2 孔压)

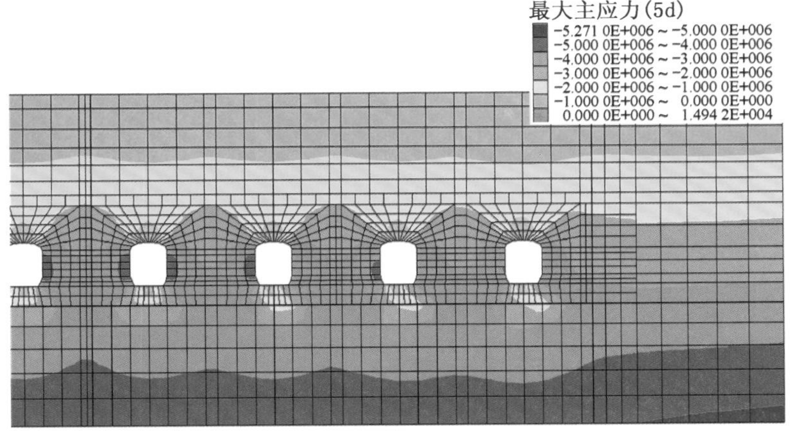

图 5-89　洞室开挖后最大主应力云图(1/2 孔压)

⑤ 1/4 倍初始孔压水幕系统设置工况，见图 5-90—图 5-93。

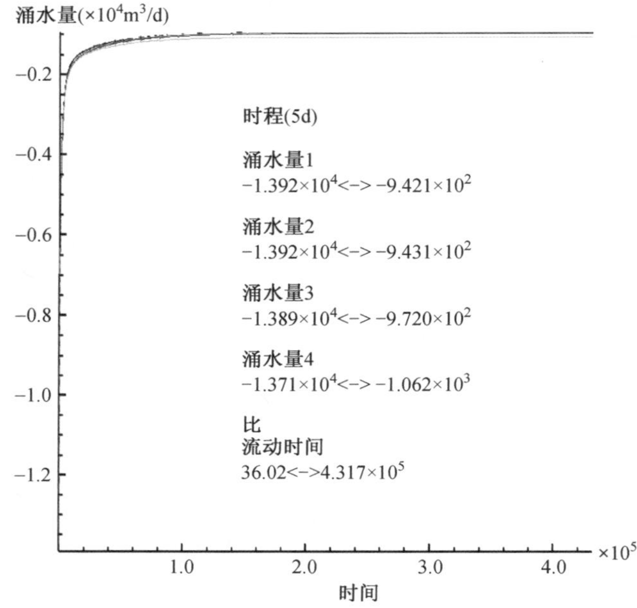

图 5-90　洞室开挖后涌水量时程曲线(1/4 孔压)

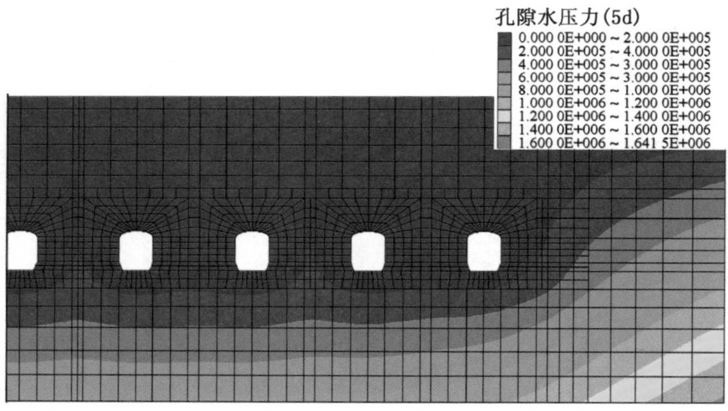

图 5-91　洞室开挖后孔隙压力分布图(1/4 孔压)

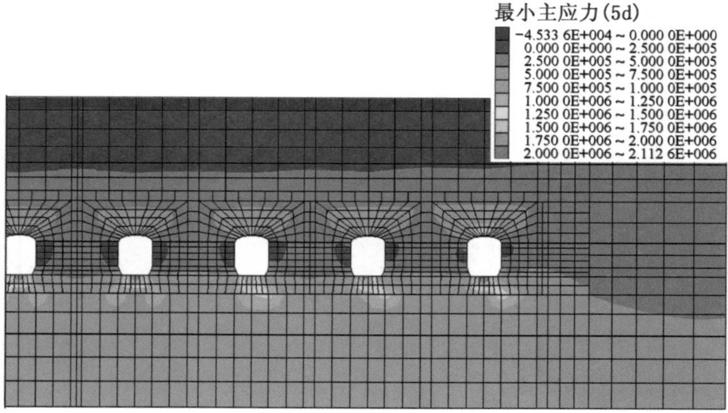

图 5-92　洞室开挖后最小主应力云图(1/4 孔压)

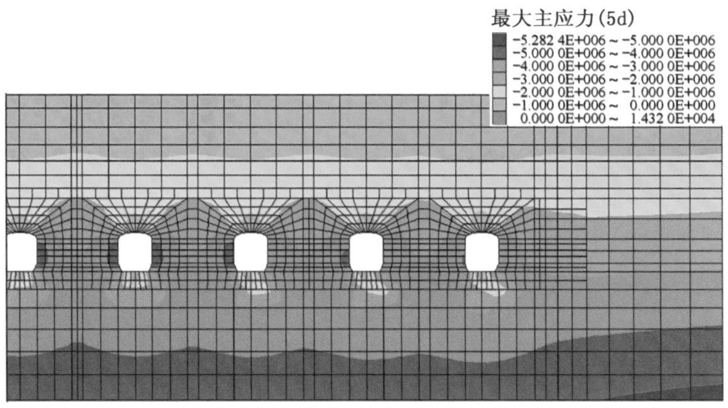

图 5-93　洞室开挖后最大主应力云图(1/4 孔压)

⑥ 1/8 倍初始孔压水幕系统设置工况，见图 5-94—图 5-97。

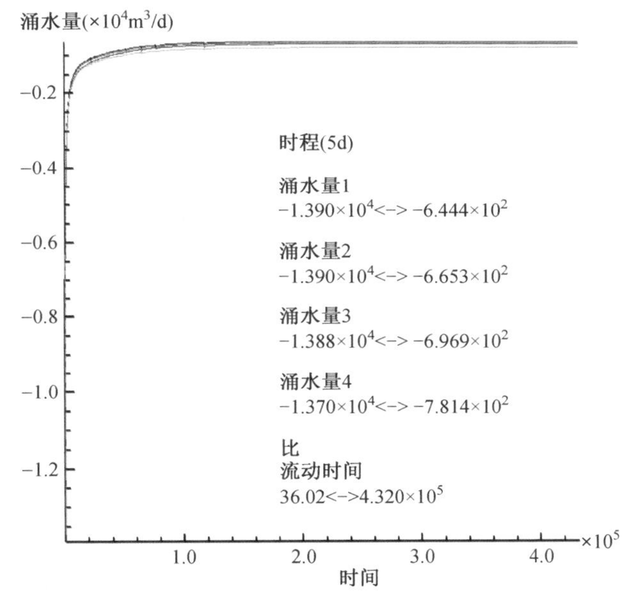

图 5-94　洞室开挖后涌水量时程曲线(1/8 孔压)

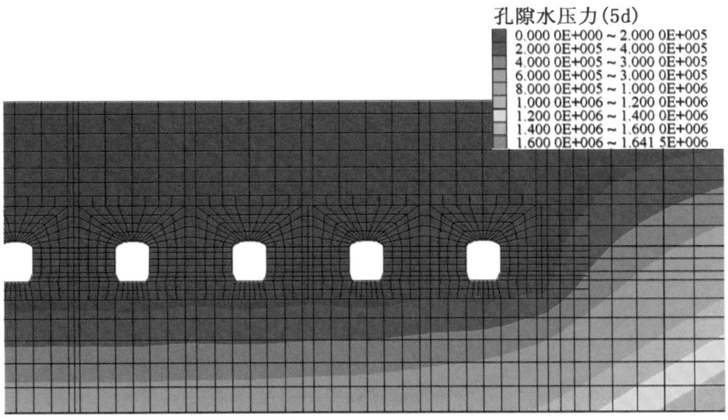

图 5-95　洞室开挖后孔隙压力分布图(1/8 孔压)

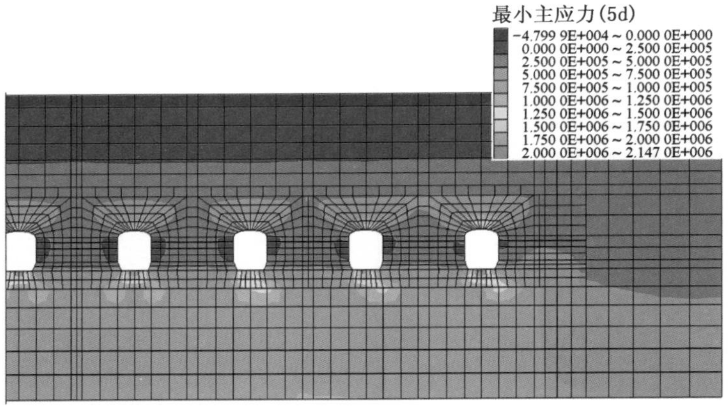

图 5-96　洞室开挖后最小主应力云图(1/8 孔压)

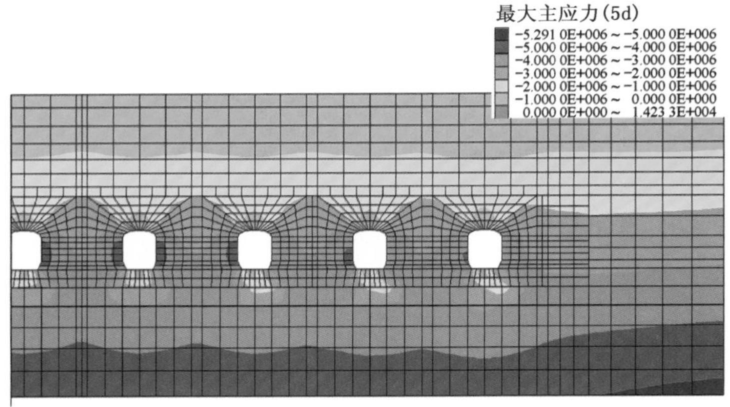

图 5-97　洞室开挖后最大主应力云图(1/8 孔压)

⑦ 1/10 倍初始孔压水幕系统设置工况,见图 5-98—图 5-101。

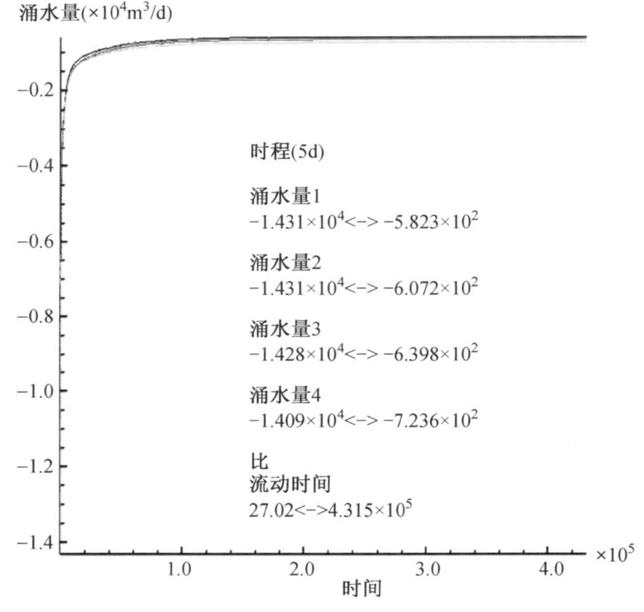

图 5-98　洞室开挖后涌水量时程曲线(1/10 孔压)

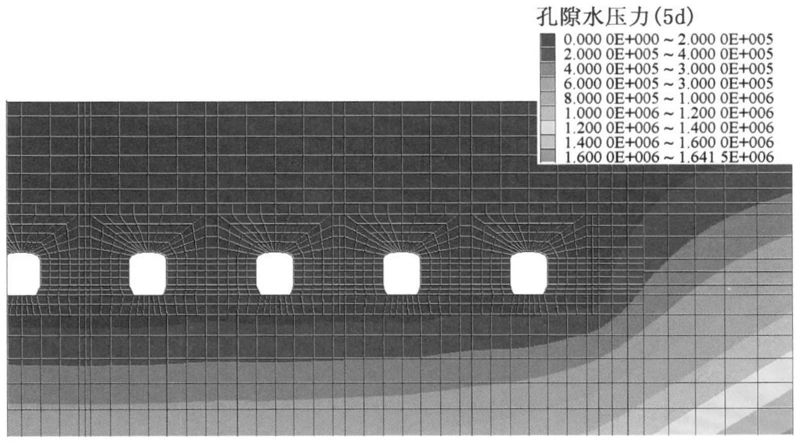

图 5-99　洞室开挖后孔隙压力分布图(1/10 孔压)

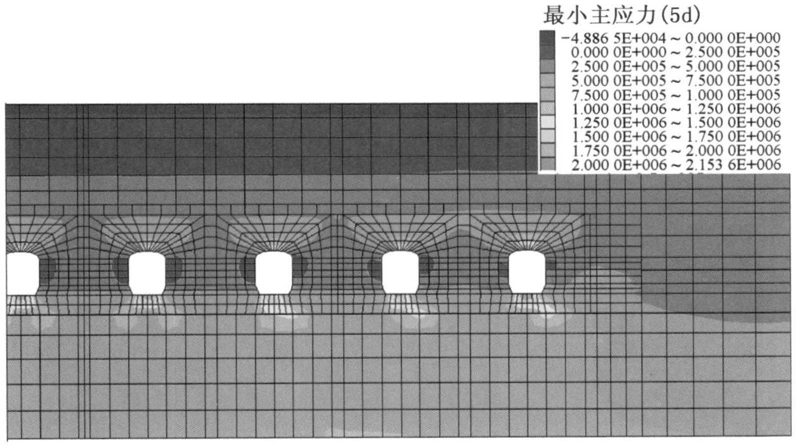

图 5-100　洞室开挖后最小主应力云图(1/10 孔压)

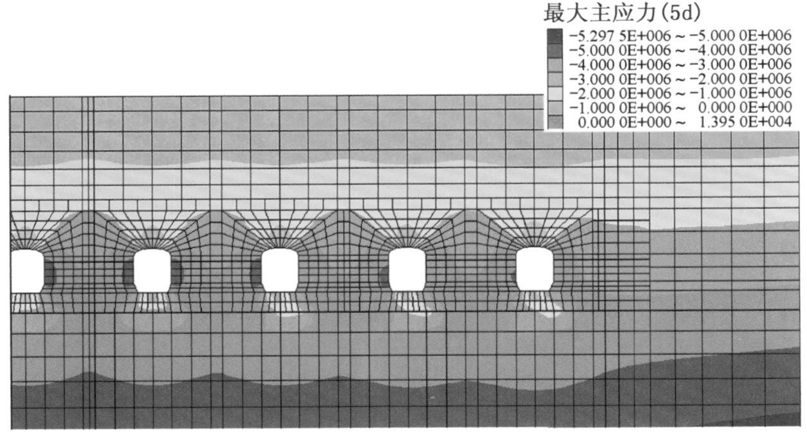

图 5-101　洞室开挖后最大主应力云图(1/10 孔压)

⑧ 1倍初始孔压仅有水平水幕孔设置工况，见图5-102—图5-105。

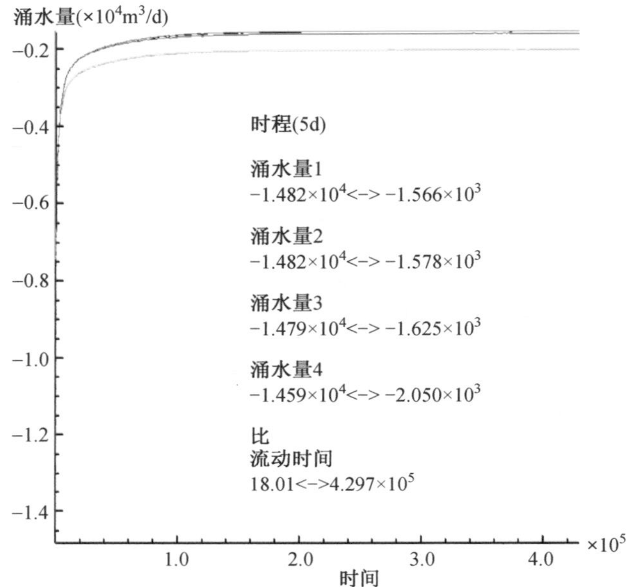

图 5-102　洞室开挖后涌水量时程曲线(1水平水幕孔孔压)

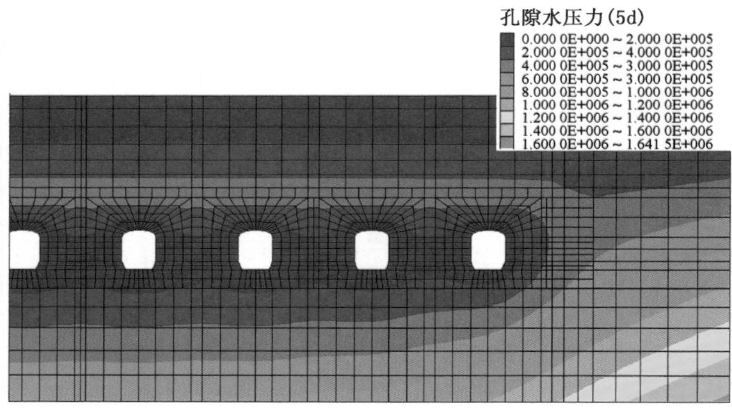

图 5-103　洞室开挖后孔隙压力分布图(1水平水幕孔孔压)

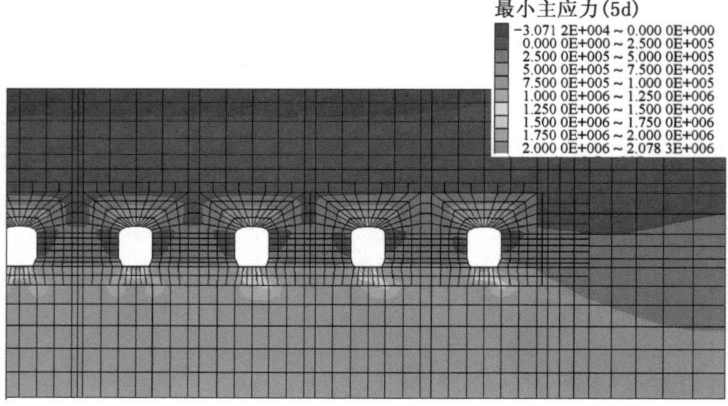

图 5-104　洞室开挖后最小主应力云图(1水平水幕孔孔压)

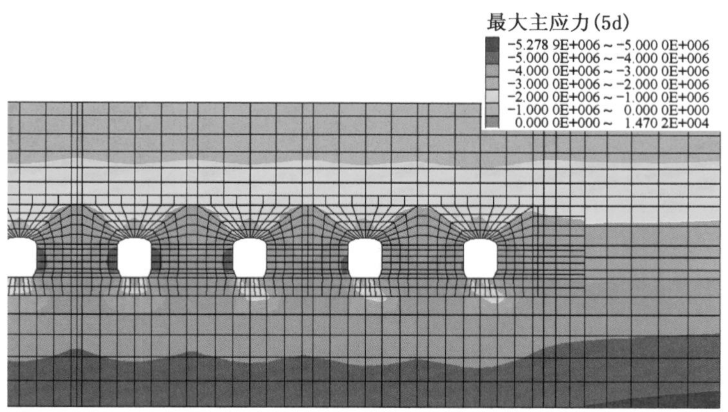

图 5-105　洞室开挖后最大主应力云图(1 水平水幕孔孔压)

⑨ 1 倍初始孔压仅有垂直水幕孔设置工况，见图 5-106—图 5-109。

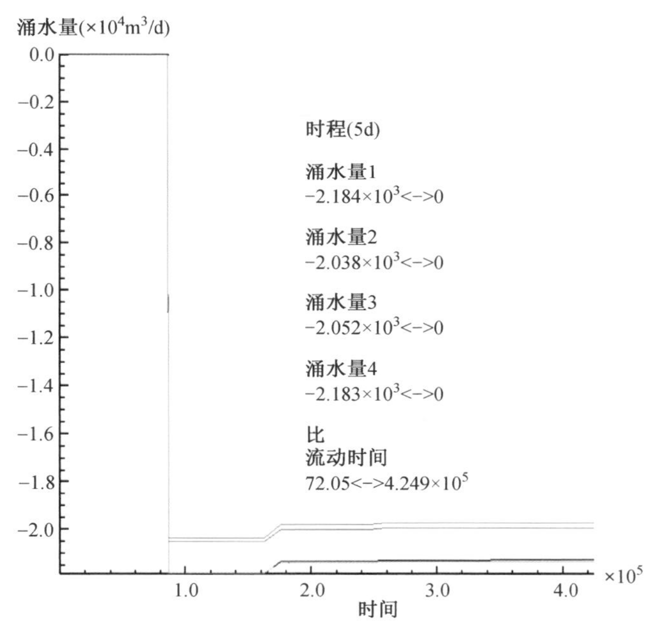

图 5-106　洞室开挖后涌水量时程曲线(1 垂直水幕孔孔压)

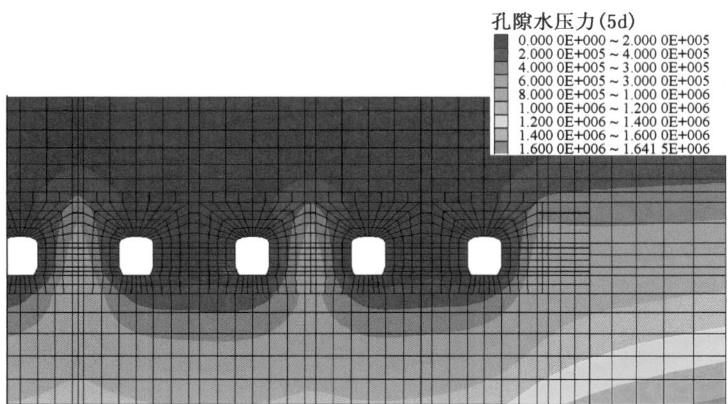

图 5-107　洞室开挖后孔隙压力分布图(1 垂直水幕孔孔压)

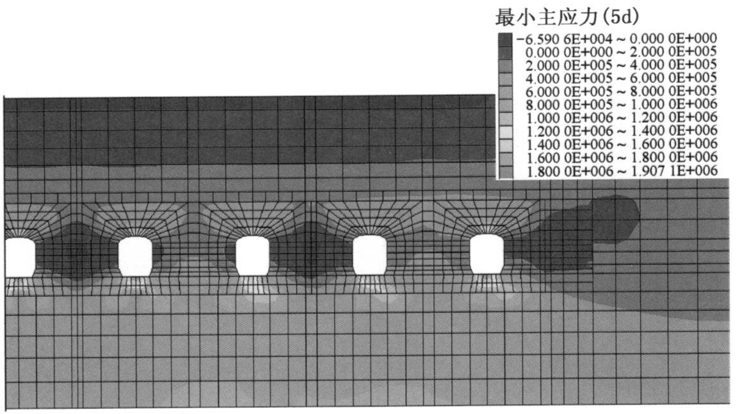

图 5-108　洞室开挖后最小主应力云图(1 垂直水幕孔孔压)

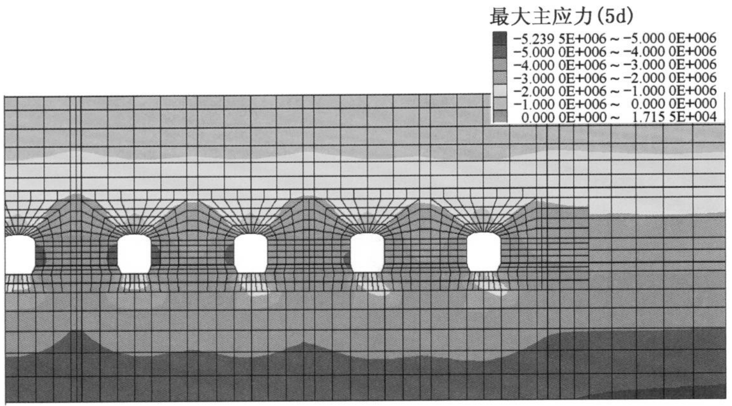

图 5-109　洞室开挖后最大主应力云图(1 垂直水幕孔孔压)

⑩ 1 倍初始孔压水幕系统设置 5 m 油位工况，见图 5-110—图 5-113。

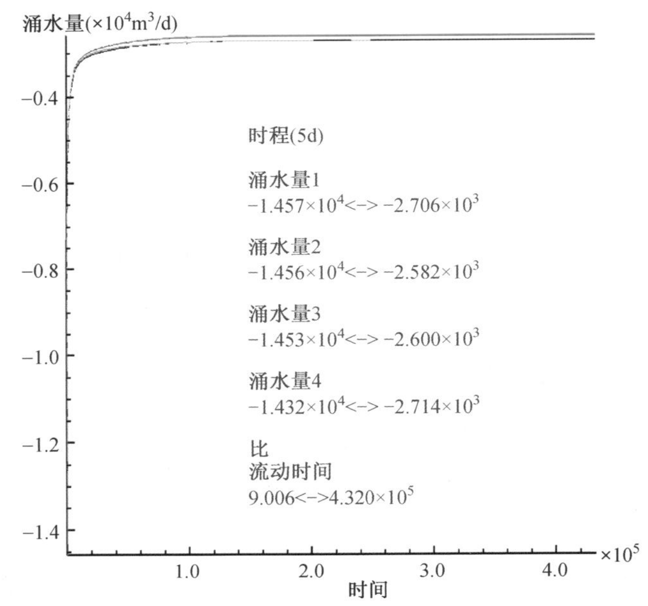

图 5-110　洞室开挖后涌水量时程曲线(5 m 油位)

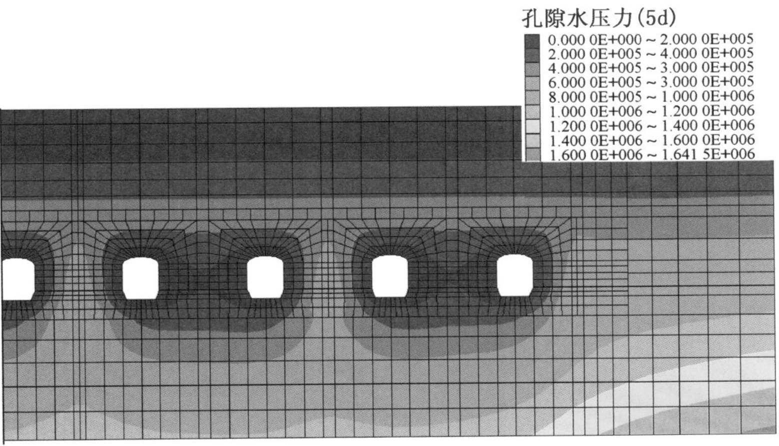

图 5-111　洞室开挖后孔隙压力分布图(5 m 油位)

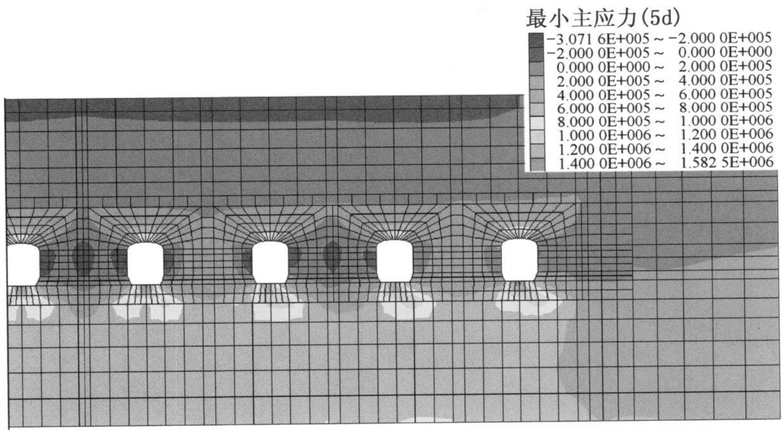

图 5-112　洞室开挖后最小主应力云图(5 m 油位)

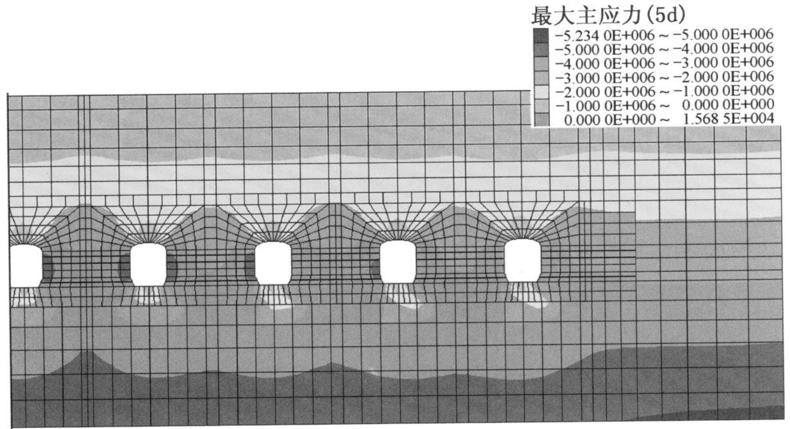

图 5-113　洞室开挖后最大主应力云图(5 m 油位)

⑪ 1 倍初始孔压水幕系统设置 9 m 油位工况，见图 5-114—图 5-117。

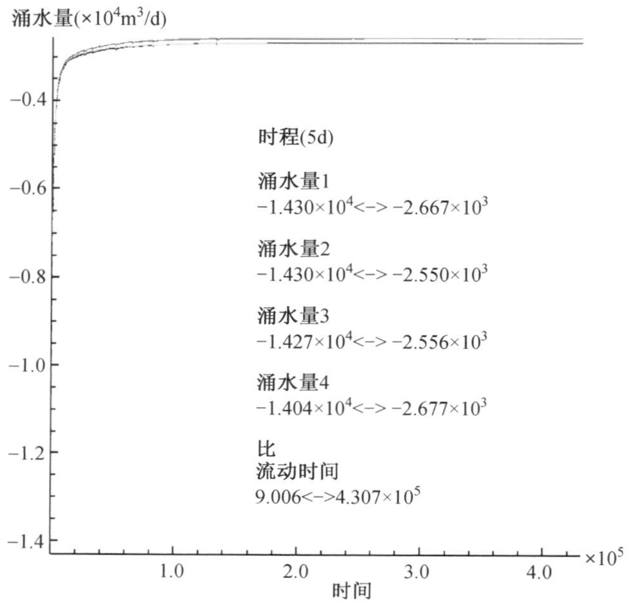

图 5-114　洞室开挖后涌水量时程曲线(9 m 油位)

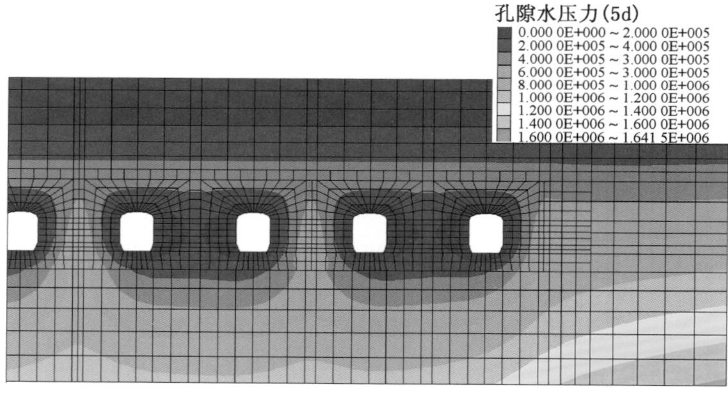

图 5-115　洞室开挖后孔隙压力分布图(9 m 油位)

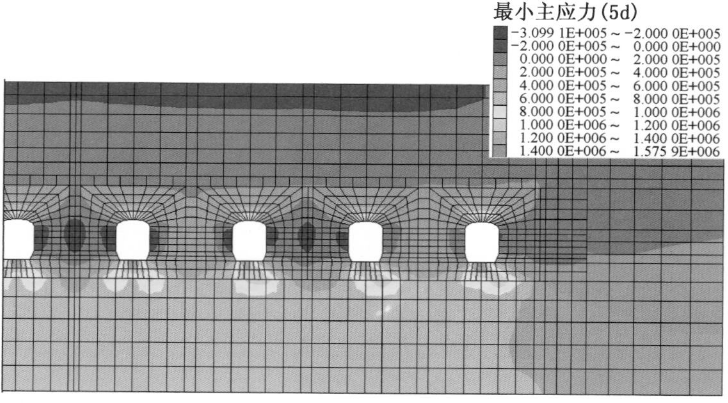

图 5-116　洞室开挖后最小主应力云图(9 m 油位)

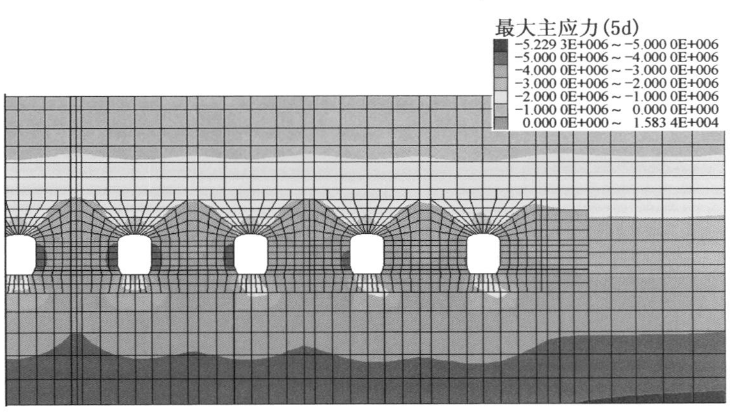

图 5-117　洞室开挖后最大主应力云图(9 m 油位)

⑫ 1 倍初始孔压水幕系统设置 16 m 油位工况，见图 5-118—图 5-121。

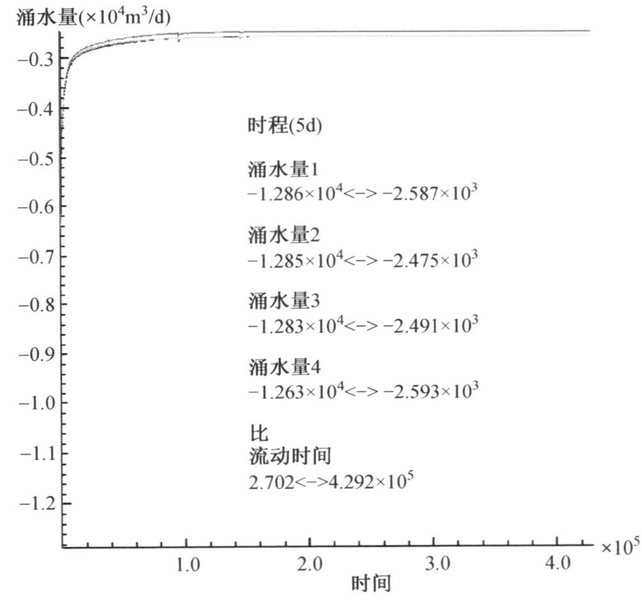

图 5-118　洞室开挖后涌水量时程曲线(16 m 油位)

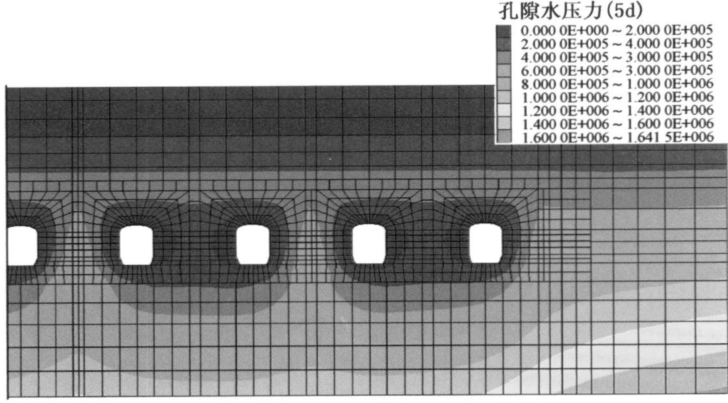

图 5-119　洞室开挖后孔隙压力分布图(16 m 油位)

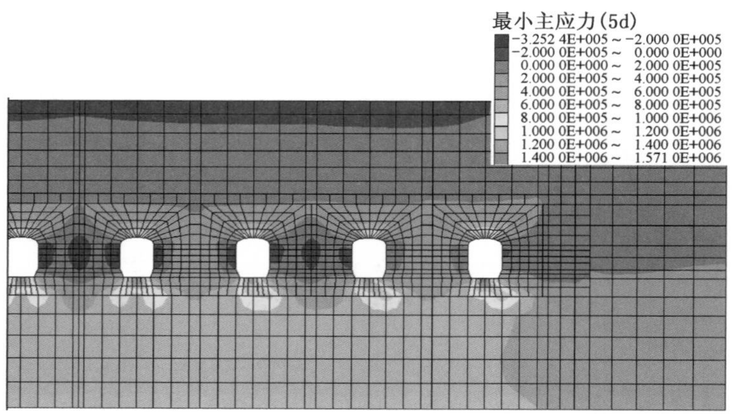

图 5-120　洞室开挖后最小主应力云图(16 m 油位)

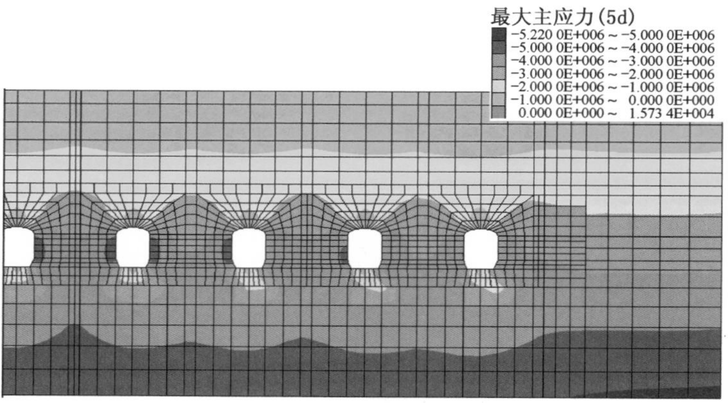

图 5-121　洞室开挖后最大主应力云图(16 m 油位)

⑬ 1 倍初始孔压水幕系统设置 21 m 油位工况,见图 5-122—图 5-125。

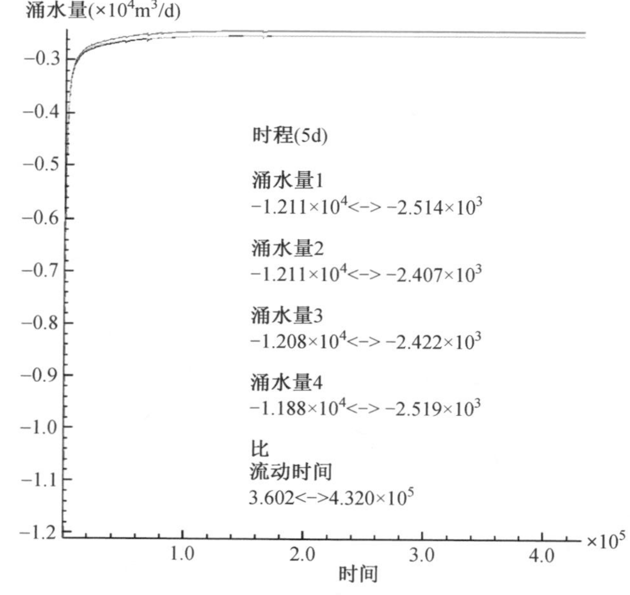

图 5-122　洞室开挖后涌水量时程曲线(21 m 油位)

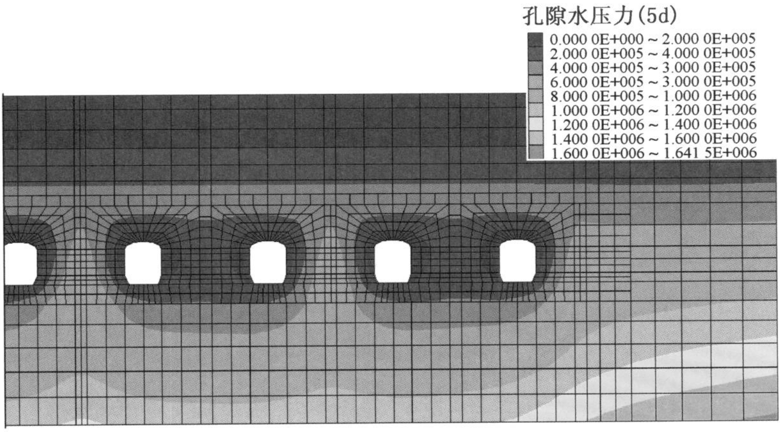

图 5-123　洞室开挖后孔隙压力分布图(21 m 油位)

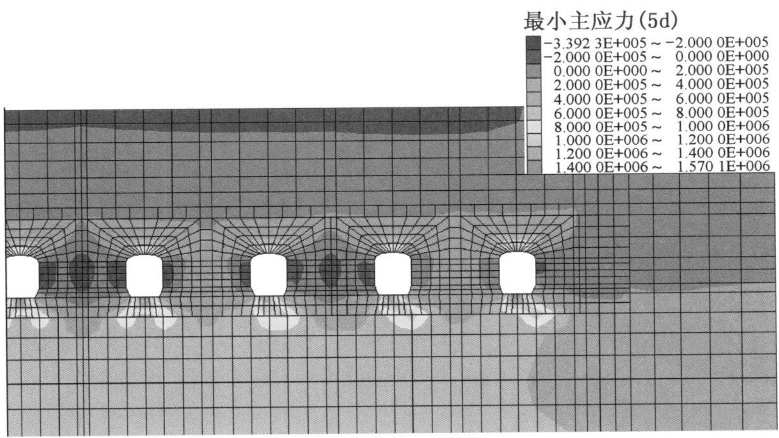

图 5-124　洞室开挖后最小主应力云图(21 m 油位)

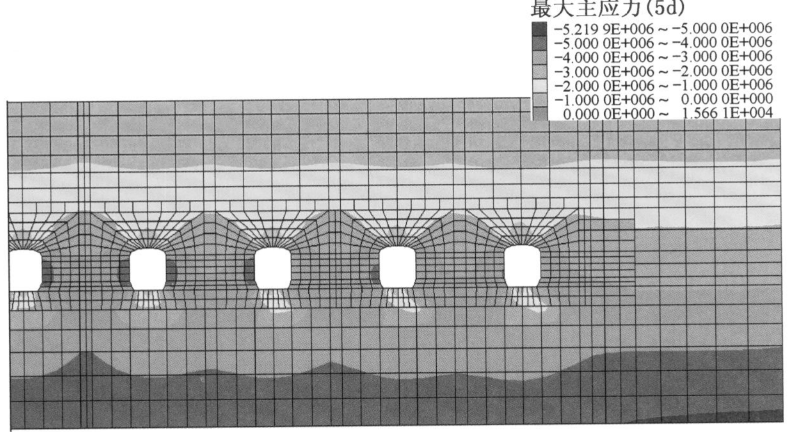

图 5-125　洞室开挖后最大主应力云图(21 m 油位)

2）最佳水幕设计方案的选取

通过无水幕工况、不同水幕系统设置工况和在水幕下不同储油油位工况等的含水幕系统的平面模型和含水幕系统的1/4模型的互相对比分析研究，结合分析图5-75—图5-125，可以得出如下结论。

在一个洞室顶部设置监测点分析不同水幕设置对洞顶孔隙压力的影响，初始重力场下孔隙压力值为0.108 6 MPa，按水幕孔孔压等于1初始孔压水幕系统设置的工况的该点孔压变化较小（0.106 4 MPa），其他工况依次按1/2，1/4，1/8和1/10规律递减，形成了不同的渗透漏斗。

洞室开挖形成渗透漏斗，等水位面下降，孔隙压力等值线下移，这对不同水幕设置都是相似的，但在洞室周围孔隙压力分布大不相同。水幕孔孔压等于初始孔压或者为其1/2，形成了明显的全包围哑铃形孔压分布云图，洞周孔压梯度相近，水封效果较好，但会浪费大量的水资源和能源，其中1/2初始孔压性价比稍好；水幕孔孔压等于初始孔压的1/4水幕设置的均衡性较好，在孔隙压力分布图上，从0.2 MPa至0.4 MPa的水压在各个垂直水幕孔处分布均等，因此洞室流动矢量更趋对称，各个洞室涌水量差值最小，最小涌水量942.1 m^3/d，水封效果稍差；1/8和1/10初始孔压的水幕设置的孔隙压力分布云图与无水幕情况较为接近，洞室涌水量差距不大，但可以避免无水幕工况的涌水量极值差太大的情况。

综上分析，从水封效果、涌水量和能量损耗性价比来看，建议选取水幕孔孔压为1/4～1/2之间，在近洞4和洞8的垂直水幕孔取稍低的注水压减少该处的水力梯度和洞4、洞8的涌水量，达到全部洞室涌水量均衡性的合理统一，可以采用相同功率的泵抽出洞底集水。

5.4.5 储油洞库水封效果评价

目前，评价水幕压与储油各工况合理关系的准则有：① 垂直水力梯度准则，认为只要垂直水力梯度大于1，就可以保证储洞的密封性；② 只要保证沿远离洞室方向上所有可能渗漏路径上某段距离内水压力不断增大，则可以保证不会发生油品泄漏。

因为采用的三维等效多孔连续介质有限差分法（FLAC3D）渗流分析，可以很直观地从洞室围岩孔隙压力分布图上看出沿远离洞室方向上所有可能渗漏路径上水压力的变化。所以，根据安全、经济、合理的原则，建议选择上述准则②作为此工程评价水幕压与储油各工况合理关系的准则。据此，根据上述不同水幕系统和不同储油工况下的围岩孔隙水压力变化来评价对应的水幕密封效果和水封油效果。

不同水幕系统和不同储油工况下洞周围岩的水压均大于储油洞内的油压，而且沿远离洞室方向上所有可能渗漏路径上一定距离内水压力不断增大，根据上面确定的评价水幕压与储油各工况合理关系的准则和从地下水封原理的角度考虑，在初始水位标高为17.5 m时，对应的不同水幕系统和不同储油工况均可达到地下水封储油的要求。

5.5 本章主要结论

此项目中，从对水封岩洞储油库洞室围岩块体稳定性进行的分析研究，可得出的结论如下：

（1）在计算域内的单个储油库洞室周圈岩体共有可动块体288块，其中洞室顶部可动块体66块，洞室左边墙与右边墙可动块体数目相同，均为111块。这些可动块体在一定的不利条件下，有可能导致围岩连锁性失稳的不利情况。

（2）储油库洞室顶部和洞室右边墙块体的体积相对较小，而洞室左边墙块体的体积则相对较大；左、右边墙虽然可动块体数目相同，但由于块体体积分布相差较大，右边墙比左边墙就围岩失稳的机率而言，要相对安全。

(3) 洞室左边墙的的滑动力普遍比右边墙要大，故此，洞室左边墙最感危险，在开挖施工中更应引起特别关注。体积最大的块体并非是滑动力最大的块体，原因在于块体滑动的角度不大，其块体在滑动面上的正压力较大，抗滑力也相应增大。

(4) 比较有、无油压作用时的块体滑动形式和滑动力大小时发现，在油压作用下除洞室顶部块体情况与不受油压情况相同外，洞室左、右边墙的块体均受到了不同程度的影响，其中大部分的块体滑动形式不变，有些块体滑动形式发生改变，而滑动力均有不同程度的变小，甚至有些块体在油压作用下由不稳变为稳定。计算结果表明，油压有利于洞室围岩块体的稳定。

(5) 各结构面构成的可动块体一般相差不大，但倾角 40°、倾向 105°的结构面相对组成的可动块体较多，在开挖施工时需较其他结构面引起更大的关注。

(6) 洞室支护措施因块体而异，滑动力大于 0 的块体均需以锚杆支护，支护长度由块体的滑动力和块体大小而定，对于稳定块体，可以不施作支护。

(7) 此项工程储油库洞室围岩约 60%以上可不需支护；20%～30%需对拱顶部分进行喷混凝土支护，以及对局部不稳定块体进行锚杆支护；10%～20%需对不稳定的块体组合采用砂浆锚杆及喷混凝土加固。

从对此项目中水封岩洞储油库地下水渗流控制进行的分析研究，可得出的结论如下：

(1) 三维等效多孔连续介质流固全耦合的有限差分数值计算法，适用于此处特大型地下水封储油岩石洞库围岩地下水渗流量或涌水量的计算和水幕设计。

(2) 洞室开挖后，洞室周围形成了一个地下水降落漏斗，可能会使洞室上部岩体局部地丧失水封条件。建议在洞室上部岩体中设置一定的竖直注水孔，通过水压力作用使水体充满岩体中的孔隙和裂隙，以达到水封条件并满足预留一定富裕度的要求。

(3) 对于单个洞室，不同储油工况下的平均地下水流速总体上随油位升高而降低，但局部位置的最大流速会有所提高。为要减少渗流量，需要在特定位置做好防渗措施。在不考虑水幕系统情况下，随油位上升，其渗水量逐渐降低，变化梯度近似相等，最终渗水量约为 1 737 m^3/d。

(4) 不同水幕工况下围岩位移分布的特点变化不大，随水幕孔压降低，储油库洞室围岩位移逐渐增大。水幕系统的存在能降低围岩最大位移量，有利于储油库洞室的开挖稳定性，其中，设置能以保持水幕孔压与初始孔压相等的水幕工况最为有利。

(5) 不同水幕孔压对储油库洞室渗、涌水量的影响比较大。储油库洞室的最大渗、涌水量随水幕孔压降低而逐渐下降。

(6) 不同储油油位的渗、涌水量变化呈现一定的规律性。随着油位上升，洞室渗、涌水量逐渐降低，且各个洞室的降低值很为相近，可以用一个洞室的变化值作为其他洞室的代表；渗、涌水量的变化幅值呈线性变化；较高的油位减小了洞室内部与外部的水力差，油品对洞壁的压力可以部分弥补洞室开挖造成的应力变化，有利于洞室稳定。

(7) 从水封效果、涌水量和能量损耗性价比等来看，建议选取水幕孔孔压为 1/4 ~ 1/2 之间，在近洞 4 和洞 8 的垂直水幕孔宜取用稍低的注水压，以减小该处的水力梯度和洞 4、洞 8 的涌水量，达到全部洞室涌水量均衡性的合理统一，可以采用相同功率的水泵抽出洞底集水。

（8）经研究论证，把“只要保证沿远离洞室方向所有可能渗漏路径上某段距离内的水压力呈不断增大，则整体而言基本上可以确保不会发生油品泄漏”，作为评价此处特大型地下水封岩洞储油库工程水幕压与储油各工况合理关系的准则，是比较经济、安全、合理和可行的。

参考文献

[1] 石根华. 岩体稳定的赤平投影方法[J]. 中国科学，1977(3)：269-271.

[2] GOODMAN R E, SHI G H. Block theory and its applications to rock engineering[M]. Eaglewood Cliffs: Prentice-hall, 1985.

[3] 徐绍利，张杰坤. 在我国东部沿海修建地下水封石洞油库若干问题的探讨[J]. 地球科学，1985，10(1)：39-43.

[4] HOEK E，BROWN E T. 岩石地下工程[M]. 北京：冶金工业出版社，1986.

[5] 杜延龄，许国安. 渗流分析的有限元法和电网络法[M]. 北京：水利电力出版社，1992.

[6] 陈平，张有天. 裂隙岩体渗流场与应力耦合分析[J]. 岩石力学与工程学报，1994，13(4)：299-308.

[7] 张秀山. 地下油库岩体裂隙处理及水位动态预测[J]. 油气储运，1995，14(4)：24-27.

[8] 曹阿静. 裂隙岩体渗流与应力耦合数值分析及其工程应用[D]. 武汉：武汉科技大学，2003.

[9] ZHANG Z X, KULATILAKE P H S W. A new stereo-analytical method for determination of removal blocks in discontinuous rock masses[J]. International Journal for Numerical and Analytical Methods in Geomechanics, 2003, 27(10)：791-811.

[10] 周志芳，王锦国. 裂隙介质水动力学[M]. 北京：中国水利水电出版社，2004.

[11] 常中华，张二勇，柴建峰，等. 应用主成分分析法研究渗透介质的渗透稳定问题[J]. 水文地质工程地质，2004(5)：15-20.

[12] 李仲奎，刘辉，曾利，等. 不衬砌地下洞室在能源储存中的作用与问题[J]. 地下空间与工程学报，2005，1(3)：350-357.

[13] 中国石油化工集团公司. 石油储备地下水封石洞油库设计规范(GB 50455—2008)[S]. 北京：中国计划出版社，2008.

第 6 章 桥梁桩基群桩效应及其承载力与沉降研究

6.1 引言

在跨越大江、大河的特大型桥梁工程大量兴建的情况下，位于桥址主河床内桥梁塔墩的深水基础多采用巨型沉管钻孔灌注桩。为了满足桥基承载力检算、工后沉降量控制以及桩基整体稳定性的要求，大桥桩基常设计为桩径大、桩身长而又桩数多的群桩基础。桥梁工程需要刚度巨大的高桩承台将桥跨上部静、动荷载由基桩传递给周边和桩底的地基土体。由于受到地震水平力的作用，要求的群桩基础将是十分巨大的，但却又受到塔身和施工条件等方面的影响与制约，桥塔塔墩承台的尺寸只能是有限的。这样，对于承受巨大上部荷载的群桩桥基而言，往往具有超长、大直径而又密集布桩等特点，其桩间距往往不能完全满足规范要求(事实上，现行规范已经不能满足这些史无前例的特大型桩基工程的设计)。因此，此处将不可避免地存在着高度的“群桩效应”问题。

就大桥工程主跨塔墩桩基采用上述的钻孔灌注桩而言，群桩效应往往导致桩基础总承载力的一定损失以及工后沉降与不均匀差异沉降量的相应增加。沿用传统的桩基计算分析方法来设计该类基础，将无法反映保证日后长期运营中的受力真实情况，这是在此处桩基设计工作中所不容忽视的。此外，由于从承载力及沉降要求决定的桩基布置形式及其引起的群桩效应是相互制约、相互影响的两个方面，为了研究群桩效应与桩基础布置形式及其受力后沉降变形之间的相互关系，必须深入分析桩基础与其上部承台及其周边土体之间的相互受力作用。

就群桩基础而言，前人工作都集中在对其竖向承载力的探讨上，而对桩基沉降特性的研究则相对地要少得多，人们一般都是根据承载力的要求来设计桩基础，沉降计算则仅起一种校核作用；更且，大多数规范所采用的沉降计算方法一般都偏于保守并带有很大的经验性，其理论基础有嫌不足并欠缺深入分析。对于深水大桥桩基工程来说，现有的一些沉降计算方法都难以在成桩工艺因素起相当影响下的超长钻孔灌注桩中使用。因此，亟待对大桥桩基工程的施工期沉降，特别是主跨合龙后的工后沉降进行深入研究，以保证大桥建成后其桩基的工后(此处指大桥主跨合龙以后)沉降量能限控在规定的容许值范围之内，不致由于过大的工后沉降导致上部超静定结构产生超限的附加应力和不容许的附加变形。

本章的研究内容包括以下几个方面。

(1) 结合某跨江特大型三塔悬索桥边塔群桩基础，基于 ABAQUS 软件作计算分析，详尽地探讨其主跨边墩桩基础的“群桩效应”，从桩顶轴力分布、桩身轴力沿深度变化、侧摩阻力沿深度变化以及桩尖端承力和桩侧摩阻力对经由塔墩承台传递桩顶荷载的“分担比”等方面，定量分析研究了其实际存在的“群桩效应”。

（2）以单桩沉降的广义剪切位移法为基础，考虑影响半径内非对称其他未受荷桩的存在对源桩沉降的“加筋作用”，推导源桩沉降折减系数，在此基础上得出表现群桩效应的沉降比的显示表达。

（3）考虑桩周和桩端土体的线性黏弹性性质，将土体的流变特性考虑到桩基沉降计算中。考虑桩顶荷载的累加变化，并结合“加筋效应”的群桩沉降比，通过对单桩沉降的线性叠加而求得群桩基础沉降随时间的变化。

本章研究中所提出一些新的研究构思和有一定创意的计算分析方法，对大桥桩基设计的安全性、合理性和经济性均会有相当助益。

6.2 竖向荷载下桩基工作性状及其影响因素

竖向荷载作用下桩基工作性状的研究是桩基沉降计算分析的理论基础，从桩、土相互作用的观点出发，研究荷载在桩、土间的传递规律和桩基的沉降规律及影响因素对正确计算桩基沉降具有指导意义。

6.2.1 竖向荷载下单桩的荷载传递性状

1）桩土体系的荷载传递机理和基本微分方程

当竖向荷载逐步施加于桩顶时，桩身混凝土受到压缩而产生相对于土的向下位移，从而形成桩侧土抵抗桩侧表面向下位移的向上摩阻力（正摩阻力），此时桩顶荷载通过桩侧表面的侧摩阻力传递到桩周土层中去，致使桩身轴力和桩身压缩变形随深度加大而递减。当桩顶荷载较小时，桩身混凝土的压缩多在桩的上部，桩侧上部土的摩阻力得到逐步发挥，此时在桩身中下部桩土相对位移等于零处，其桩侧摩阻力尚未开始发挥作用而等于零。随着桩顶荷载增加，桩身压缩量和桩土相对位移量逐渐增大，桩侧下部土层的摩阻力随之逐步发挥出来，桩底土层也因桩端受力被压缩而逐渐产生桩端阻力；当荷载进一步增大，桩顶传递到桩端的力也逐渐增大，桩端土层的压缩也逐步增大，而桩端土层压缩和桩身压缩量加大了桩土相对位移，从而使桩侧摩阻力进一步发挥出来。桩侧摩阻力是随着桩顶荷载的增大自上而下逐渐发挥的。由于黏性土地基中桩土相对极限位移只有 6～12 mm，砂性土为 8～15 mm，所以当桩土接触界面相对位移大于极限位移后，桩身上部土体的侧摩阻力就发挥到最大值并出现滑移（此时上部桩侧土的抗剪强度由峰值强度跌落为残余强度）。当桩侧土层的摩阻力几乎全部发挥出来达到极限后，若继续增加桩顶荷载，那么其新加上的荷载增量将会全部由桩端阻力来承担。

从上述荷载传递过程的描述，可以得出桩土体系荷载传递规律如下：

（1）施加于桩顶的竖向荷载将传递给周围土层和下卧土层。一部分荷载由桩周土体的摩阻力承担，另一部分则下传至桩端，由桩端土层承担，也就是端承力。桩顶总荷载等于这两个荷载分量之和。当桩顶荷载极小时，仅由桩侧摩阻力承担。

（2）桩与桩周土体紧密接触，当桩相对于土向下位移时，土对桩体产生向上作用的桩侧摩阻力。在桩顶荷载沿桩身向下传递的过程中，必须不断地克服这种阻力，故桩身截面轴向力随深度加大而逐渐减小，这样，传至桩底截面的轴向力将为桩顶荷载减去全部桩侧土体的侧摩阻力，并与桩底支承反力（即桩端阻力）大小相等、方向相反。

（3）在竖向荷载作用下，桩身上部先产生了错动滑移，桩侧摩阻力开始发挥；随着荷载增大，桩身下部与土体之间也产生了错动滑移，下部土体的侧摩阻力也开始发挥。

也就是说，桩侧摩阻力是自上而下逐渐发挥，而且不同深度土层的桩侧摩阻力是异步发挥的。

(4) 桩侧摩阻力的值取决于两个方面：一是桩土相对位移的大小；二是接触面上正应力的大小，其最大值出现在两者的最佳结合处。

引入荷载传递法来描述上述荷载传递过程：将桩沿桩长方向离散成若干单元，采用剪切位移法的假定，即桩体任意深度的位移只与该深度处的桩侧摩阻力有关，采用独立的弹簧来模拟土体与桩体单元之间的相互作用。由图 6-1 可见，桩身位移和桩身轴力随深度加大而递减，桩侧摩阻力自上而下逐步发挥。

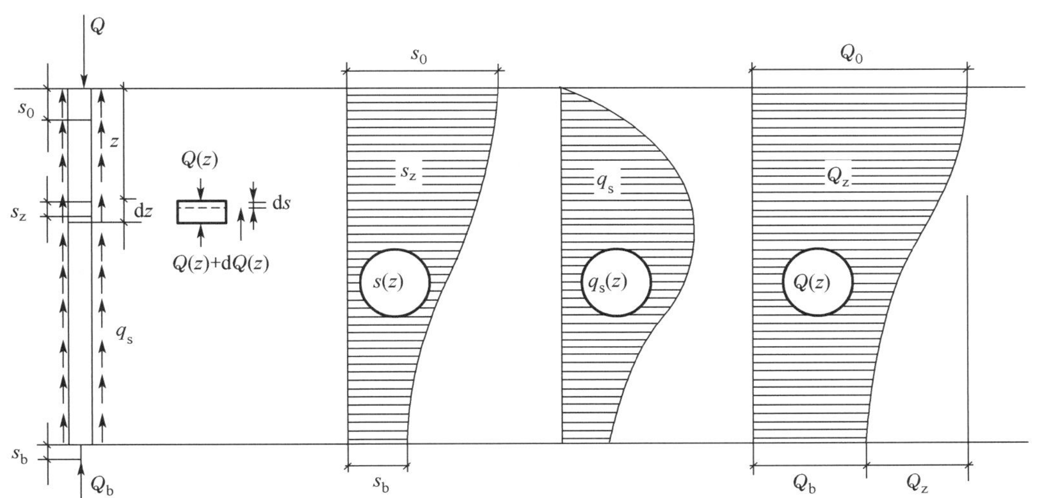

图 6-1　桩土体系的荷载传递

取深度 z 处的微小桩段 dz，由力的平衡条件及桩身压缩变形 $ds(z)$ 与轴力 $Q(z)$ 之间的关系，可得桩土体系荷载传递分析计算的基本微分方程：

$$q_s(z) = \frac{AE_p}{U}\frac{d^2 s(z)}{dz^2} \tag{6-1}$$

式中：$q_s(z)$——深度 z 处桩侧摩阻力；

A——桩身横截面面积；

E_p——桩身弹性模量；

U——桩身横截面周长。

2) 影响单桩荷载传递性状的因素

影响桩土体系荷载传递的因素主要包括桩顶的应力水平，桩端土与桩侧土的刚度比 E_b/E_s，桩与土的刚度比 E_p/E_s，桩长径比 l/d，桩底扩大头与桩身直径比 D/d 和桩土界面粗糙度。

(1) 桩顶的应力水平

当桩顶应力水平较低时，桩侧上部摩阻力得到逐渐发挥，当桩顶应力水平增高时，桩侧摩阻力自上而下逐渐发挥，而且桩端阻力随着桩身轴力传递到桩端土而慢慢发挥。桩顶应力水平继续增高时，桩端阻力的发挥度一般随着桩端土位移的增大而增大。

(2) 桩端土与桩侧土的刚度比 E_b/E_s

桩端土与桩侧土的刚度比 E_b/E_s 愈小，桩身轴力沿深度衰减愈快，即传递到桩端的荷载愈小，如图 6-2 所示。当 $E_b/E_s=0$ 时，荷载全部由桩侧摩阻力所承担，属纯摩擦桩。在均匀土层中的纯摩擦桩，摩阻力接近于均匀分布。当 $E_b/E_s=1$ 时，属均匀土层的摩擦端承桩，其荷载传递曲线和桩侧摩阻力分布与纯摩擦桩相近。当 $E_b/E_s=\infty$ 且为短桩时，为纯端承桩。对于中长桩，桩身荷载上段随深度减小，下段近乎沿深度不变。桩端由于土的刚度大，可分担 60%以上荷载，属端承摩擦桩。

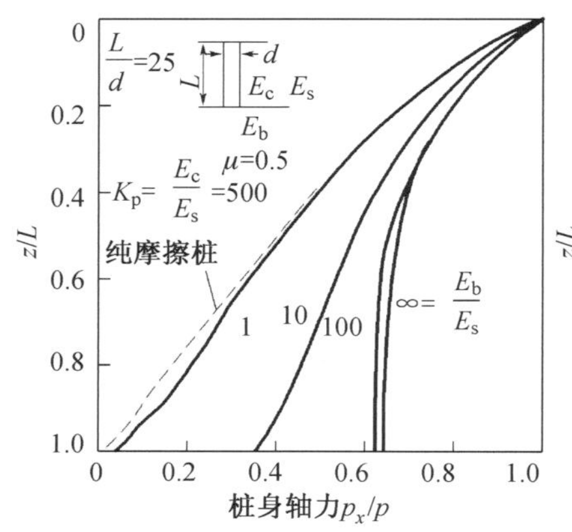

图 6-2　不同 E_b/E_s 下的桩身轴力图

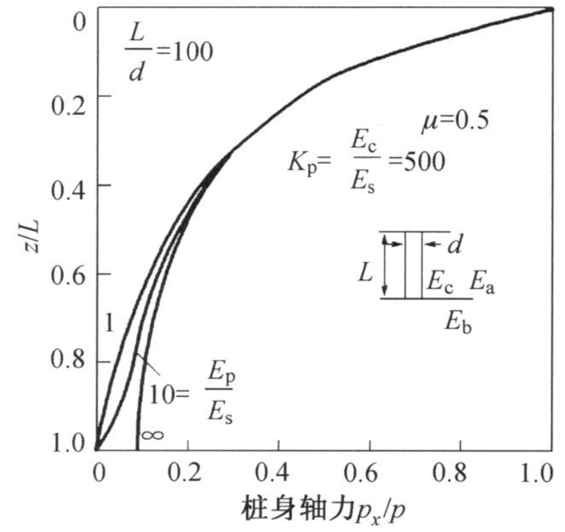

图 6-3　不同 E_p/E_s 下的桩身轴力图

(3) 桩身混凝土与桩侧土的刚度比 E_p/E_s

如图 6-3 所示，E_p/E_s 愈大，传递到桩端的荷载愈大；反之桩端阻力分担的荷载比例降低，桩侧摩阻力分担的比例增大。

(4) 桩长径比 l/d

在其他条件一定时，l/d 对荷载传递的影响较大。在均匀土层中的钢筋混凝土桩，其荷载传递性状主要受 l/d 的影响。当 $l/d>100$ 时，桩端土的性质对荷载传递不再有任何影响。可见，长径比很大的桩都属于摩擦桩或摩擦端承桩。

(5) 桩底扩大头与桩身直径比 D/d

如图 6-4 所示，在其他条件一定时，D/d 愈大则桩端阻力分担的荷载比例也愈大。

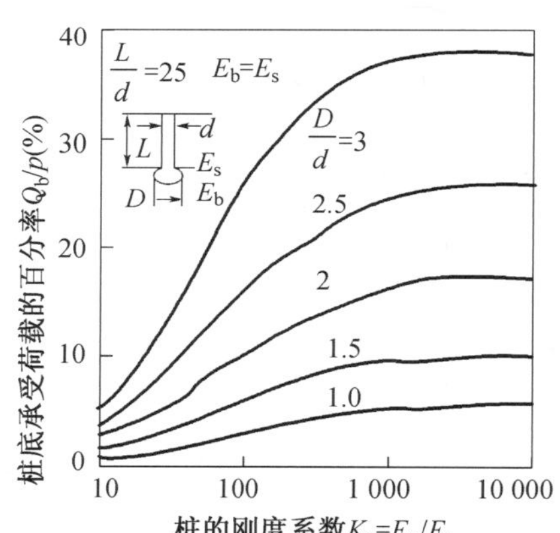

图 6-4　不同 D/d 下的桩身轴力图

(6) 桩土界面粗糙度

一般而言，桩侧表面越粗糙，桩侧摩阻力的发挥度越高；桩侧表面越光滑，桩侧摩阻力的发挥度则越低。

6.2.2　竖向荷载下群桩的工作性状

桩在实际工程中的应用，常以群桩的形式出现。在桩的顶部有承台，承台可以与土接触，即低承台，承台也可以不与土接触，即高承台。在竖向荷载作用下，不仅桩顶直接承受荷载，桩顶荷载传递到桩侧土和桩端土，各个桩之间通过桩间土产生相互影响；而且，在一定条件下，桩间土也可能通过承台底面承受来自承台顶面的竖向力。最终，在桩端平面形成应力的叠加，从而使桩端平面的应力水平大大超过单桩，应力扩散的范围和深度也远远大于单桩，如图6-5所示。这些方面影响的综合结果就是使群桩的工作性状与单桩有很大的区别，群桩-土-承台形成了一个相互影响和共同作用的体系，其表现结果就是所谓的群桩效应。

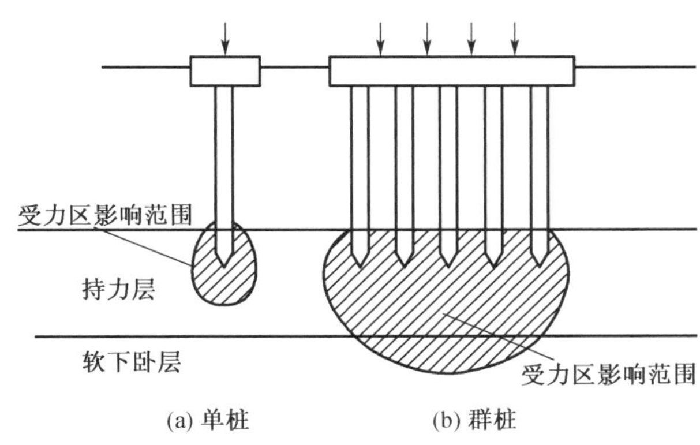

图6-5　单桩与群桩的应力扩散范围和深度示意图

从群桩效应分析的角度，群桩类型主要分为两类：端承型群桩和摩擦型群桩。

1）群桩基础的荷载传递特性

(1) 端承型群桩的荷载传递

由端承桩组成的群桩，其持力层大多刚硬，承载力比较高，通过承台传递的上部结构荷载大部分或全部由桩身直接传递到桩端土层，桩间土分担荷载的作用很小。另一方面，由于桩身沉降小，桩侧摩阻力不能充分发挥，通过桩侧传至桩周土层中的应力就很小，因此群桩中各桩的相互影响很小，从而可以认为端承型群桩中各桩的工作状态与独立单桩接近。

(2) 摩擦型群桩的荷载传递

摩擦型群桩的情况与端承型群桩相反，由于荷载主要通过桩的侧面以桩周土体剪应力的形式向周围土体中扩散传递，应力随着深度逐渐衰减扩散。在常规桩距下，桩与桩之间必然相互影响而引起桩周和桩端平面以下土体应力互相叠加，导致群桩效应十分显著。

2）群桩基础沉降的群桩效应及影响因素

由于群桩基础相邻桩应力的重叠使得桩端平面以下应力水平比单桩高，附加应力沿深度方向的衰减比单桩平缓，因此应力的影响深度也大大超过单桩。一般而言，在相同的桩顶荷载(系指单桩桩顶荷载)作用下，群桩的沉降量比单桩沉降量更大，群桩沉降的延续时间也长于单桩。群桩基础沉降的群桩效应可用相同桩顶荷载下的群桩沉降量 s_G 与单桩沉降量 s_0 的比值(即沉降比 R_s)度量。

群桩沉降比 R_s 主要随以下因素而变化。

(1) 桩数 n 的影响：群桩中的桩数是影响沉降比的主要因素。在常用桩距和非条形排列条件下，沉降比 R_s 随桩数增加而增大。

(2) 桩距的影响：当桩距大于常用桩距时，沉降比 R_s 随桩距增大而减小。

(3) 长径比 l/d 的影响：桩的影响范围与桩长有关，沉降比 R_s 随桩的长径比增大而增大。

(4) 桩型的影响：端承型群桩的可以认为不存在群桩效应，沉降比接近1.0。摩擦型群桩，在桩数较多时，沉降比 R_s 甚至可以大于10.0。

(5) 群桩排列形式的影响：工程实例表明，梅花型排列的群桩比方桩排列的群桩的沉降比小。

6.2.3　桩基沉降计算理论与方法

桩基的沉降计算包括两部分：①单桩沉降计算；②群桩沉降计算，分别简述其计算方法如下。

1）单桩沉降计算理论

在桩基设计中，研究者和工程师们非常关心单桩的沉降问题，主要基于以下几点原因：①近年来，由于高层建筑的迅速发展以及桩基础施工技术的进步。在工程建设实践中采用一柱一桩的单桩结构的情形日趋增多，单桩的沉降计算成为设计所必须进行的一道工序；②单桩沉降计算理论是建立群桩沉降理论的基础，在进行群桩内力分析时，需要提供单桩的轴向刚度，而单桩轴向刚度的确定往往又依赖于单桩的沉降分析；③试图利用以往的研究所建立的群桩与单桩之间的一些关系（例如以弹性理论为基础的群桩沉降与单桩沉降的理论关系，以及由现场试验或室内试验得到的群桩沉降与单桩沉降的经验关系），在某些特定的地质条件下估算群桩基础的沉降。

（1）单桩沉降的组成

竖向荷载作用下的单桩沉降由以下三部分组成：①桩身本身的弹性压缩 s_e；②桩侧摩阻力、桩端阻力引起桩端以下土体压缩所产生的桩端沉降 s_{sc}；③桩端产生的刺入变形 s_{pc}。单桩的桩顶沉降 s_0 可表达为：

$$s_0 = s_e + s_{sc} + s_{pc} \tag{6-2}$$

桩身的弹性压缩可以将桩身材料视作弹性材料，用材料力学理论进行计算。桩端沉降可采用弹性理论 Boussinesq 解或 Mindlin 解计算。对刺入变形目前的研究还不够，无法很好预测。当荷载较小时，桩端基本上不会产生刺入变形。因此，一般情况下，这部分变形不存在。一般的单桩沉降计算方法并不把桩端以下部分沉降割裂开来计算，事实上既没有必要区分也难以区分。有鉴于此，实际工程计算中认为在竖向荷载作用下，单桩的沉降由以下两部分组成：①桩身混凝土自身的弹性压缩 s_e；②桩端以下土体所产生的桩端沉降 s_b。

单桩桩顶沉降 s_0 也可表达为：

$$s_0 = s_e + s_b \tag{6-3}$$

（2）单桩沉降的计算方法

现行计算单桩沉降的方法主要有荷载传递法、剪切位移法、弹性理论法、分层总和法（建筑桩基技术规范）和数值计算方法。

① 荷载传递法

A. 荷载传递法的基本原理

荷载传递法的基本思想是把桩划分为许多弹性单元，每一单元与土体之间用非线性弹簧联系（图 6-6），以模拟桩、土间的荷载传递关系。桩端处土也用非线性弹簧与桩端联系，这些非线性弹簧的应力-应变关系，即表示桩侧摩阻力 τ（或桩端抗力 σ）与剪切位移 s 间的关系，这一关系一般就称为传递函数。荷载传递法的关键在于建立一种真实反映桩土界面侧摩阻力和剪切位移的传递函数（即 τ-s 函数）。传递函数的建立一般有两种途径：一是通过现场测量拟合；二是根据一定的经验及机理分析，探求具有广泛适用性的理论传递函数。目前主要应

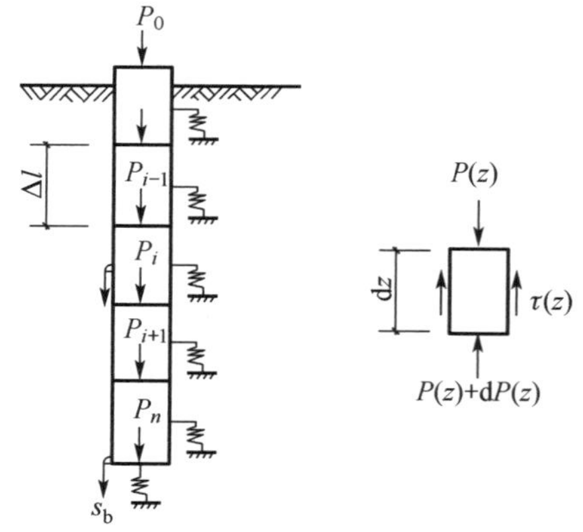

图 6-6　荷载传递法的计算模式

用后者来确定荷载传递函数。

B. 荷载传递法的假设条件

荷载传递法把桩沿桩长方向离散成若干单元,假定桩体中任意一点的位移只与该点的桩侧摩阻力有关,用独立的线性或非线性弹簧来模拟土体与桩体单元之间的相互作用。

C. 荷载传递法微分方程的建立与求解

为了导出荷载传递法的基本微分方程,可根据桩上任一单元体的静力平衡条件(图6-6)得:

$$\frac{\mathrm{d}P(z)}{\mathrm{d}z}=-U\tau(z) \tag{6-4}$$

式中: U——桩截面周长;

$P(z)$——桩身深度 z 处的轴力;

$\tau(z)$——深度 z 处桩侧剪应力。

桩单元体产生的弹性压缩 $\mathrm{d}s$ 为:

$$\mathrm{d}s=\frac{-P(z)\mathrm{d}z}{A_{\mathrm{p}}E_{\mathrm{p}}} \tag{6-5}$$

式中,A_{p}和 E_{p}分别为桩的截面积及弹性模量。

将式(6-5)求导,并以式(6-4)代入得:

$$\frac{\mathrm{d}^2 s}{\mathrm{d}z^2}=\frac{U}{A_{\mathrm{p}}E_{\mathrm{p}}}\tau(z) \tag{6-6}$$

式(6-6)就是荷载传递法的基本微分方程,它的求解在于传递函数 $\tau-s$ 的形式。目前荷载传递法的求解有三种方法:解析法、位移协调法和矩阵位移法。

D. 荷载传递法的优缺点

荷载传递法的优点在于计算简便,能很好地反映桩土间的非线性和成层特征,便于应用。但它假定某一深度处的竖向位移仅与该位置处桩土间的侧摩阻力有关,忽略了桩身单元间的相互影响,也没有考虑桩侧摩阻力通过土向四周传递应力,无法考虑桩与桩之间的相互作用,故不便推广到群桩的分析中。

② 剪切位移法

A. 剪切位移法的基本原理

剪切位移法是将桩土视为理想的同心圆柱体,由剪应力传递引起周围土体沉降而得到桩土体系的受力和变形的一种方法。

如图6-7所示为单桩周围土体剪切变形的模式,在桩土体系中任一高程平面,分析沿桩侧的环形单元$ABCD$,桩受荷前$ABCD$位于水平面位置,桩受荷发生沉降后,单元$ABCD$随之发生位移,并发生剪切变形,成为$A'B'C'D'$,并将剪应力传递给邻近单元$B'E'C'F'$,这个传递过程连续地沿径向往外传递,传递到 x 点距桩中心轴为 $r_{\mathrm{m}}=nr_0$处,在 x 点处剪应变已很小,可忽略不计。假设所发生的剪应变为弹性,即剪应力与剪应变成正比

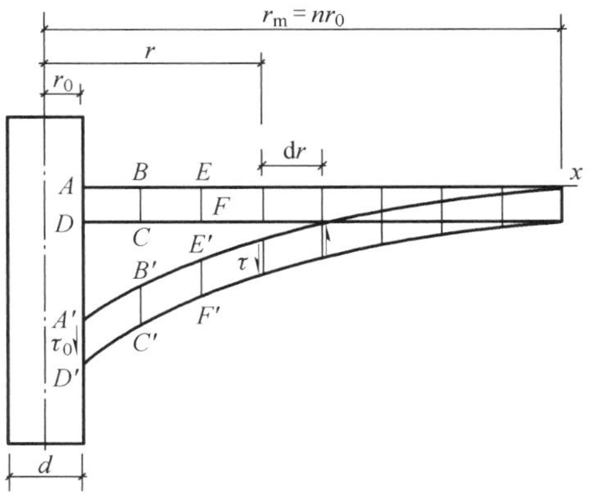

图6-7 剪切变形传递法桩身荷载传递模型

关系。

B. 剪切位移法的假设条件

剪切位移法假定受荷桩身周围土体以承受剪切变形为主，桩土之间没有相对位移，将桩土视为理想的同心圆柱体，剪应力传递引起周围土体沉降。

C. 剪切位移法微分方程的建立与求解

根据上述剪应力传递概念，可求得距桩轴 r 处土单元的剪应变 γ，其剪应力 τ 为：

$$\tau = G_s \gamma = G_s \frac{ds}{dr} \tag{6-7}$$

式中，G_s为土的剪切模量。

根据平衡条件知

$$\tau = \tau_0 \frac{r_0}{r} \tag{6-8}$$

代入式(6-7)可得：

$$ds = \frac{\tau}{G_s} dr = \frac{\tau_0 r_0}{G_s} \frac{dr}{r} \tag{6-9}$$

若土的剪切模量 G_s为常数，则由式(6-9)可得桩侧沉降 s_s的计算公式为：

$$s_s = \frac{\tau_0 r_0}{G_s} \int_{r_0}^{r_m} \frac{dr}{r} = \frac{\tau_0 r_0}{G_s} \ln\left(\frac{r_m}{r_0}\right) \tag{6-10}$$

若假设桩侧摩阻力沿桩身为均匀分布，则桩顶荷载 $P_0 = 2\pi r_0 L \tau_0$，土的弹性模量 $E_s = 2G_s(1+\nu_s)$。当土的泊松比 $\nu_s = 0.5$ 时，则 $E_s = 3G_s$，代入式(6-10)得桩顶沉降量 s_0的计算公式：

$$s_0 = \frac{3}{2\pi} \frac{P_0}{LE_s} \ln\left(\frac{r_m}{r_0}\right) \tag{6-11}$$

Cooke 通过试验认为：一般当 $r_m = nr_0 > 20r_0$ 后，土的剪应变已很小，可略去不计。因此，可将桩的影响半径 r_m定位 $20r_0$。

Randolph 和 Wroth(1978)提出桩的影响半径 $r_m = 2.5L\rho(1-\nu_s)$，其中 ρ 为不均匀系数，表示桩入土深度 1/2 处和桩端处土的剪切模量的比值。因此，对均匀土 $\rho=1$，对 Gibson 土 $\rho=0.5$。在上述确定影响半径的两种经验方法中，Cooke 提出 r_m只与桩径有关，比较简单；而 Randolph 等提出 r_m与桩长及土层性质有关，比较合理。

上述单桩沉降计算公式(6-10)和式(6-11)，由于忽略了桩端处的荷载传递作用，因此对短桩误差较大。Randolph 等提出将桩端作为刚性墩，按弹性力学方法计算桩端沉降量 s_b，即：

$$s_b = \frac{P_b(1-\nu_s)}{4r_0 G_s}\eta \tag{6-12}$$

式中，η 为桩入土深度影响系数，一般 $\eta=0.85\sim1.0$。

D. 剪切位移法微分的优缺点

剪切位移法可以给出桩周土体的位移变化场，因此通过叠加方法可以考虑群桩的共同作用，这较有限元法和弹性理论法简单。但假定桩土之间没有相对位移，桩侧土体上下层之间没有相互作用，这些与实际工程桩工作特性并不相符。

③ 弹性理论法

A. 弹性理论法的基本原理

弹性理论计算方法用于桩基的应力和变形是20世纪60年代初期提出来的，Poulos，Davis和Mattes等人做了大量的工作。他们的基本思路是：为了对桩土性状作系统化的分析，首先将实际问题予以理想化，并使它成为数学上容易处理的模型。当对这个简单模型的数学性状获得经验之后，就可以把这个理想化模型不断地加以改进，使之更加趋近于实际问题。Poulos等人所考虑的最简单问题是均质的、各向同性的半无限弹性体中的单个摩擦桩，从这个基本点出发，对问题的理想化加以改进。

Poulos对单根摩擦桩的分析，是把桩当作是在地面处受轴向荷载 P、桩长为 L、桩身直径为 D、桩底直径 D_b 的一根圆柱。为了便于分析，假设桩侧摩阻力为沿桩身均匀分布的摩擦应力 q，桩端阻力为在桩底均匀分布的垂直应力 P_b。分析中假定桩侧面为完全粗糙，桩底面为完全光滑，并认为土是理想的、均质的、各向同性的弹性半空间，其杨氏模量为 E_s，泊松比为 ν_s，它们都不因桩的存在而改变。如果桩-土界面条件为弹性的，且不发生滑动，则桩和其邻接土的位移必然相等。

B. 弹性理论法的假设条件

弹性理论法假定土为均质的、连续的、各向同性的弹性半空间体，土体性质不因桩体的存在而变化。采用弹性半空间体内集中荷载作用下的Mindlin解计算土体位移，由桩体位移和土体位移协调条件建立平衡方程，从而求解桩体位移和应力。分层土弹性理论法假定地基土为连续、各向同性的层状弹性半空间体，荷载为轴对称分布，土体的性质不因桩的存在而改变。采用分层土弹性半空间体内环形分布或圆形分布的单位荷载作用下位移积分值来计算土体位移，由桩体位移和土体位移协调建立平衡方程，从而求解桩体位移和应力。

C. 均匀土体地基中弹性理论法的微分方程的建立与求解

考虑典型桩单元 i，由于桩单元 j 上的侧摩擦力 p_j 使桩单元 i 处桩周土产生的竖向位移 ρ_{ij}^{s} 可表示为：

$$\rho_{ij}^{s}=\frac{D}{E_s}I_{ij}p_j \tag{6-13}$$

式中，I_{ij} 为单元 j 剪应力 $p_j=1$ 时在单元 i 处产生的土的竖向位移系数。

由所有的 n 个单元应力和桩端应力使单元 i 处土产生竖向位移为：

$$\rho_{i}^{s}=\frac{D}{E_s}\sum_{j=1}^{n}I_{ij}p_j+\frac{D}{E_s}I_{ib}p_b \tag{6-14}$$

式中，I_{ib} 为桩端应力 $p_b=1$ 时在单元 i 处产生的土的竖向位移系数。

对于其他的单元和桩端可以写出类似的表达式，于是，桩所有单元的土位移可用矩阵的形式表示为：

$$\{\rho^{s}\}=\frac{D}{E_s}[I_s]\{p\} \tag{6-15}$$

式中：$\{\rho^s\}$ ——土的竖向位移矢量；

$\{p\}$ ——桩侧剪应力和桩端应力矢量；

$[I_s]$ ——土位移系数的方阵。

根据位移协调原理，若桩土间没有相对位移，则桩土界面相邻的位移相等，即：

$$\{\rho^p\} = \{\rho^s\} \tag{6-16}$$

若考虑桩是不可压缩的，则上式中的位移矢量为常量，等于桩顶沉降。根据静力平衡条件及式(6-15)和式(6-16)，联立解，即可求得 n 个单元的桩周均布应力 p_j，桩端均布应力 p_b 以及桩顶沉降 s_0。Mattes 和 Poulos 在计算时，还考虑了桩的轴向压缩。

D. 弹性理论法的优缺点

弹性理论方法概念清楚，具有比较系统的理论基础，应用灵活。在今天已发展成为一种能实际应用的、较完整的单桩沉降计算理论。但受其假设的限制，且土性参数难以确定，计算量很大，故在实际工程应用中较少，但其适用于程序开发。

④ 单桩沉降计算的分层总和法

单桩沉降的分层总和法计算公式如下：

$$s = \sum_{i=1}^{n} \frac{\sigma_{zi} \cdot \Delta_{zi}}{E_{si}} \tag{6-17}$$

假设单桩的沉降主要由桩端以下土层的压缩组成，桩侧摩阻力以 $\varphi/4$ 扩散角向下扩散，扩散到桩端平面处用以等代的扩展基础代替，扩展基础的计算面积为 A_e(图 6-8)。

$$A_e = \frac{\pi}{4}\left(d + 2l\tan\frac{\bar{\varphi}}{4}\right)^2 \tag{6-18}$$

式中，$\bar{\varphi}$ 为桩侧各层土内摩擦角的加权平均值。

在扩展基础底面的附加应力 σ_0 为：

$$\sigma_0 = \frac{F+G}{A_e} - \bar{\gamma}l \tag{6-19}$$

式中：F——桩顶设计荷载；

G——桩自重；

$\bar{\gamma}$ ——桩底平面以上各土层有效重度的加权平均值；

l ——桩的入土深度。

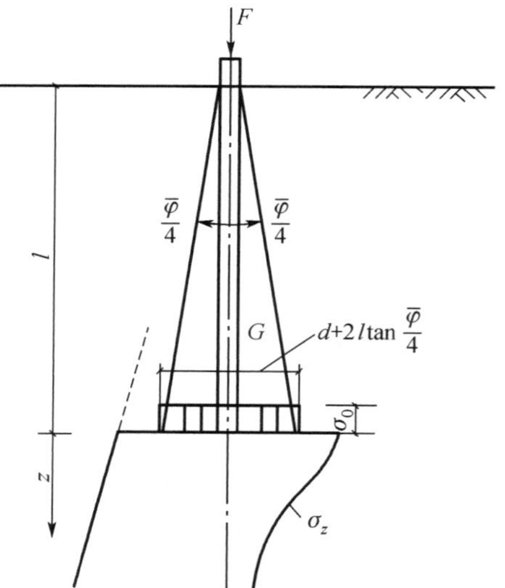

图 6-8 单桩沉降的分层总和法简图

在扩展基础底面以下土中的附加应力 σ_z 分布可以根据基础底面附加应力 σ_0，并用 Boussinesq 解查规范附加应力系数表确定，也可以按 Mindlin 解确定。压缩层计算厚度深度可按附加应力为 20%自重应力确定(对软土可按 10%确定)。

⑤ 单桩的数值分析法

20 世纪 70 年代以来，随着数学、力学理论以及计算机技术的发展，数值分析方法在工程地质和岩石工程领域得到应用，并作为解决复杂介质、复杂边界条件下各类工程问题的重要工具而逐渐得以推广。目前，工程计算中常用数值分析方法用于连续介质的有：有限单元法、边界单元法、有限差分法、无单元法、拉格朗日元法；用于非连续介质的有：关键块体理论、离散元法、不连续变形分析法；可同时用于连续介质和非连续介质的流形元法等。但是，目前应用最广、最可靠、结果最稳定的还是有限元法。虽然数值分析法可以考虑多种复杂因素，但是模型和参数的选取对计算结果影响较大。

2) 群桩沉降计算理论

桩基础在实际工程应用中，经常以群桩的形式出现。因此，群桩基础沉降计算就更具有工程应用和理论研究价值。

(1) 群桩沉降的组成

群桩沉降主要由桩身混凝土的压缩和桩端下卧层的压缩组成。目前在工程中的沉降计算方法大多都只考虑桩端下卧层的压缩，并加以修正得出群桩沉降量。

(2) 群桩沉降的计算方法

目前，群桩沉降计算方法主要有弹性理论法、等代墩基(实体深基础)法、建筑桩基技术规范法、建筑地基基础设计规范法和数值计算方法。

① 弹性理论法

弹性理论法的基本原理和假设在单桩沉降计算理论中已有详细的阐述。群桩中各桩与单桩的不同在于群桩中各桩间存在影响，即群桩中的单桩沉降不仅与该桩所受的荷载有关，而且与群桩中其他各桩在荷载作用下的变形有关系。问题的处理可以分为两大类：一类是直接求解的矩阵位移法，该法常需要借助于计算机技术，通过编制大型程序实现；另一类是Poulos相互作用系数法，该法较为直观，意义明确，计算量较小。

Polous和Mattes等人研究后认为，如果群桩中所有的桩具有相同的特征，即：围绕某一边界内桩为等间距布置，各桩几何尺寸相同以及各桩承受的荷载相同，便可借助叠加原理和对称性，将比较简单的两桩桩群的分析推广到任意桩数的分析，从而使问题简化，即相互作用系数法。

先考虑几何尺寸和受荷条件完全相同的两根桩组成的群桩。定义相互作用系数α为：

$$\alpha = \frac{\text{邻近桩引起的附加沉降}}{\text{桩在自身荷载下的沉降}} \tag{6-20}$$

这里桩自身的荷载与邻桩的荷载假设是相等的。

则对n根桩组成的群桩，桩k的沉降s_k为：

$$s_k = \delta_{kk} \sum_{j=1}^{n} \alpha_{kj} P_j \tag{6-21}$$

式中：δ_{kk}——k桩的柔度系数，即k桩在自身单位荷载下引起的沉降；

α_{kj}——桩k和桩j之间的沉降相互作用系数，按式(6-22)定义；

P_j——桩j承受的荷载。

$$\alpha_{kj} = \frac{\text{由 } j \text{ 桩上单位荷载引起的 } i \text{ 桩的沉降}}{\text{由 } k \text{ 桩单位荷载引起的自身的沉降}} = \frac{\delta_{kj}}{\delta_{kk}} \tag{6-22}$$

弹性理论法计算群桩的沉降结果可用沉降比表示，将群桩的沉降比定义为：

$$R_s = \frac{\text{桩群的平均沉降 } s_G}{\text{桩群中的孤立单桩在相同平均荷载下的沉降 } s_1} \tag{6-23}$$

相互作用系数法中的 δ_{kk} 和沉降比中的 s_1 均可根据单桩静载试验 $Q-s$ 曲线确定。

② 等代墩基法

等代墩基(实体深基础)模式计算群桩基础沉降是在工程实践中应用最广泛的近似方法。该模式假定桩基础如同天然地基上的实体深基础一样,在计算沉降时,等代墩基底面取在桩端平面,同时考虑群桩外围侧面的扩散作用。按浅基础沉降计算方法(分层总和法)进行计算,地基内的应力分布采用 Boussinesq 解。

图 6-9 为通常采用的两种等代墩基法的计算示意图。这两种图式的假想实体基础底面都与桩端齐平,其差别在于不考虑或考虑群桩外围侧面剪应力的扩散作用,两者的共同特点是都不考虑桩间土压缩变形对沉降的影响。

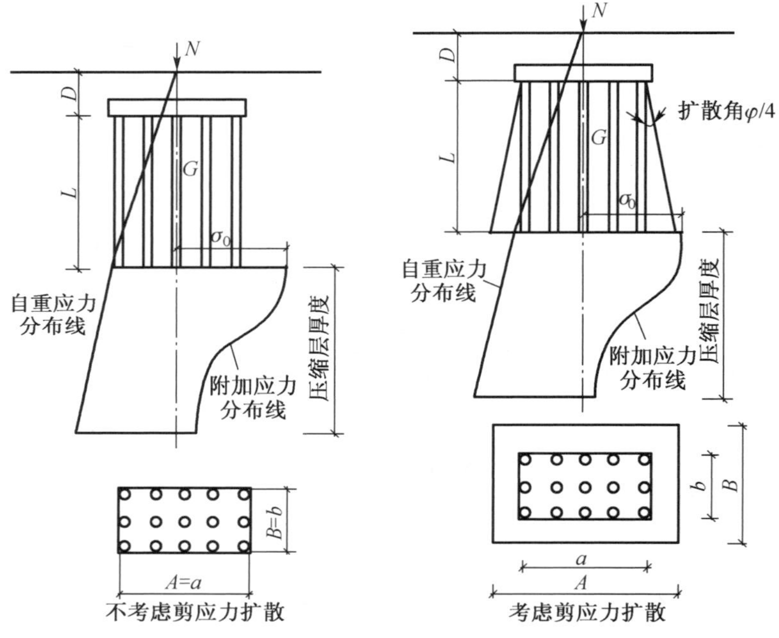

图 6-9　等代墩基法的计算示意图

通常采用群桩桩顶外围按 $\varphi/4$ 向下扩散与假想实体基础底平面相交的面积作为实体基础的底面积 F,以考虑群桩外围侧剪应力的扩散作用。对于矩形桩基础,F 可表示为:

$$F = A \times B = \left(a + 2L\ \tan\frac{\varphi}{4}\right)\left(b + 2L\ \tan\frac{\varphi}{4}\right) \tag{6-24}$$

式中: a 和 b——分别为群桩桩顶外围矩形面的长度和宽度(m);

A 和 B——分别为假想实体深基础底面的长度和宽度(m);

L——桩长(m);

φ——群桩侧面土层内摩擦角的加权平均值。

对于图 6-9 所示的两种计算图式,可用下式计算群桩基础沉降量 s_G:

$$s_G = \psi_s B\sigma_0 \sum_{i=1}^{n} \frac{\delta_i - \delta_{i-1}}{E_{ci}} \tag{6-25}$$

式中：ψ_s——沉降计算经验系数，应根据各地区的经验选择；

B——假想实体基础底面的宽度；

n——基底以下压缩层范围内的分层数目；

δ_i——按 Boussinesq 解计算地基土附加应力时的沉降系数；

E_{ci}——各分层土的压缩模量，取用土的自重应力变化到总应力时的模量值(kPa)；

σ_0——假想实体基础底面处附加压应力(kPa)。

③ 建筑桩基技术规范法

《建筑桩基技术规范》(JGJ 94—2008)中规定，对于桩中心距不大于 6 倍桩径的桩基，其最终沉降量计算可采用等效作用分层总和法。等效作用面位于桩端平面，等效作用面积为桩承台投影面积，等效作用附加压力近似取承台底平均附加压力。等效作用面以下的应力分布采用各向同性均质直线变形体理论。计算模式如图 6-10 所示，桩基任一点最终沉降量可用角点法按下式计算：

$$s = \psi \cdot \psi_e \cdot s' = \psi \cdot \psi_e \cdot \sum_{j=1}^{m} p_{0j} \sum_{i=1}^{n} \frac{z_{ij}\bar{\alpha}_{ij} - z_{(i-1)j}\bar{\alpha}_{(i-1)j}}{E_{si}} \tag{6-26}$$

式中：s——桩基最终沉降量(mm)；

s'——采用 Boussinesq 解，按实体深基础分层总和法计算出的桩基沉降量(mm)；

ψ——桩基沉降计算经验系数；

ψ_e——桩基等效沉降系数；

m——角点法计算点对应的矩形荷载分块数；

p_{0j}——第 j 块矩形底面在荷载效应准永久组合下的附加压力(kPa)；

n——桩基沉降计算深度范围内所划分的土层数；

E_{si}——等效作用面以下第 i 层土的压缩模量(MPa)，采用地基土在自重压力至自重压力加附加压力作用时的压缩模量；

z_{ij}，$z_{(i-1)j}$——桩端平面第 j 块荷载作用面至第 i 层土、第 $i-1$ 层土底面的距离(m)；

$\bar{\alpha}_{ij}$，$\bar{\alpha}_{(i-1)j}$——桩端平面第 j 块荷载作用面至第 i 层土、第 $i-1$ 层土底面深度范围内平均附加应力系数。

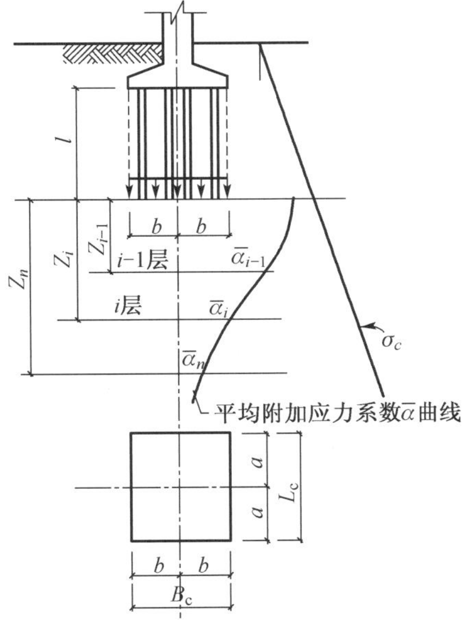

图 6-10　桩基沉降等效分层总和法计算示意图

④ 建筑地基基础设计规范法

《建筑地基基础设计规范》(GB 50007—2011)规定桩基础最终沉降量的计算采用单向压缩分层总和法，公式为：

$$s = \psi_p \sum_{j=1}^{m} \sum_{i=1}^{n_j} \frac{\sigma_{j,i}\Delta h_{j,i}}{E_{sj,i}} \tag{6-27}$$

式中： s——桩基最终沉降量(mm)；

m——桩端平面以下压缩层范围内土层总数；

$E_{sj,i}$——桩端平面下第 j 层土第 i 个分层在自重应力至自重应力加附加应力作用段的压缩模量(MPa)；

n_j——桩端平面下第 j 层土的计算分层数；

$\Delta h_{j,i}$——桩端平面下第 j 层土的第 i 个分层厚度(m)；

$\sigma_{j,i}$——桩端平面下第 j 层土第 i 个分层的竖向附加应力(kPa)；

ψ_p——桩基沉降计算经验系数。

计算桩基础最终沉降量时，也可采用单向压缩分层总和法，按照实体深基础计算。

⑤ 数值分析法

目前，工程计算中应用最广、最可靠、结果最稳定的还应当是有限元法。虽然有限元法可以考虑多种复杂因素，但是模型和参数的选取对计算结果影响较大。群桩基础的数值分析方法和单桩基础的数值分析方法的区别在于数值模型中不再是一根桩和地基土体，而是上部承台、桩群和地基土体。

6.3 考虑群桩效应的桩基竖向承载力研究

以单桩极限承载力为已知参数，根据群桩效应系数计算群桩极限承载力，是一种沿用很久的传统的简单方法。其群桩极限承载力计算式表示为：

$$P_u = \eta \cdot n \cdot Q_u \tag{6-28}$$

式中： η——考虑群桩效应影响的群桩效应系数；

n——桩的根数。

以上方法看似简单，但要准确而合理地确定群桩效应系数 η 却有一定难度。η 值是土性、桩距、桩长、承台和桩型等各个影响因素的函数。

6.3.1 确定群桩效应系数 η 的方法

目前，确定群桩效应系数 η 的方法主要有以下 5 种。

(1) 考虑群桩实体基础周边长的方法

如群桩为 m 列、n 行，则桩数为 $m\times n$，桩距为 s，则群桩周长 p 可由下式计算(以圆形桩为例)：

$$p \approx 2[(m-1)s+(n-1)s]+8\cdot d/2\text{，即 } p=2(m+n-2)s+4d \tag{6-29}$$

单桩的总周边长 p' 可由下式计算：

$$p' = mn(\pi d) \tag{6-30}$$

式中，d 为桩的直径。

则群桩效应系数为：

$$\eta = \frac{p}{p'} = \frac{2(m+n-2)s+4d}{\pi mnd} \tag{6-31}$$

对于方桩，可改用 $4d$ 代替上式的 πd。

(2) Conrerse-Labrre 群桩效应公式

$$\eta = 1 - \frac{\tan^{-1}(d/s)}{90^\circ}\left[\frac{(n-1)m+(m-1)n}{m \cdot n}\right] \tag{6-32}$$

式中，m 和 n 分别为群桩中桩的行数和每行中的桩数。

(3) Seiler-Keeney 群桩效应公式

$$\eta = \left[1 - \frac{11s}{7(s^2-1)} \cdot \frac{m+n-2}{m+n-1}\right] + \frac{0.3}{m+n} \tag{6-33}$$

式中，m 和 n 分别为群桩中桩的行数和每行中的桩数。

(4) 考虑应力叠加的群桩效应公式[交通部《港口工程桩基规范》(JTJ 254—98)]

$(m \times n)$ 群桩，纵向桩距 s_1，横向桩距 s_2，平均折减率为：

$$\bar{A}_{smn} = 2A_{s1}\frac{m-1}{m} + 2A_{s2}\frac{n-1}{n} + 4A_{s3}\frac{m-1}{m} \cdot \frac{n-1}{n} \tag{6-34}$$

式中，$A_{s1} = \left(\frac{1}{3s_1} - \frac{1}{2l\tan\varphi}\right)d$；$A_{s2} = \left(\frac{1}{3s_2} - \frac{1}{2l\tan\varphi}\right)d$；$A_{s3} = \left(\frac{1}{3\sqrt{s_1^2+s_2^2}} - \frac{1}{2l\tan\varphi}\right)d$。

群桩效应系数为：

$$\eta = \frac{1}{1+\bar{A}_{smn}} \approx 1 - \bar{A}_{smn} \tag{6-35}$$

(5) 考虑承台、桩、土相互作用分项群桩效应系数计算法[《建筑桩基技术规范》(JGJ 94—94)]

《建筑桩基技术规范》对桩侧阻力、桩端阻力、承台底土阻力分别考虑群桩效应系数，即：

$$R = \frac{\eta_s Q_{sk}}{\gamma_s} + \frac{\eta_p Q_{pk}}{\gamma_p} + \frac{\eta_c Q_{ck}}{\gamma_c} \tag{6-36}$$

式中：R——基桩(即群桩中的单桩)的竖向承载力设计值；

Q_{sk}，Q_{pk}——分别为单桩总极限桩侧阻力和总桩端阻力的标准值；

Q_{ck}——承台底土总极限阻力标准值；

γ_s，γ_p，γ_c——分别为桩侧阻力、桩端阻力、承台底阻力分项系数；

η_s，η_p，η_c——分别为桩侧阻力、桩端阻力、承台底阻力的群桩效应系数。

笔者认为：方法(1)、(2)和(3)对群桩的工作机理仍感认识不足，还是将群桩基础视为“等代实体基础”，计算的群桩系数 η 远小于 1，也远小于试验得出的 η 值。按偏低的 η 值进行设计，似乎是安全可靠的，但许多情况下往往事与愿违。这是由于过多地对群桩的承载力进行了折减，导致桩数增加，桩距减小，一是造成施工困难；二是导致因桩距小、群桩承载力降低，而增大了沉降量。目前，国内外工程界已经很少还使用上述三种方法。

方法(4)的群桩效应系数公式中，考虑了桩数、桩距、桩径，也考虑了桩长及土的内摩擦角，但没有计及桩、土间的相互作用，也没有考虑应力叠加对桩间土的加强作用。

方法(5)考虑了“承台-桩-土”共同作用的影响，该方法所确定的群桩系数是以群桩基础试验数据为依据，充分考虑了群桩效应对群桩极限承载力的影响，就目前来说它不失为一种概念比较明确而又计算简便的设计方法。

从上面的分析可以看出，以上各种方法对于桩侧、桩端、桩周土体三者各自具体分担荷载的大小都没有加以研究，对“承台-群桩-土”的共同作用机理的认识还有所欠缺，因此采用以上方法尚难以充分考虑在“承台-群桩-土”的共同作用下群桩效应系数随上述诸有关因素的规律性变化。

6.3.2 某大桥群桩基础受力分析

对某跨江大桥南、北塔分别建立了整体有限元模型并施加全部竖向恒、活荷载，计算得出群桩基础在竖向静力荷载作用下的工作性状，含：桩顶轴力分布、桩身轴力沿随深度分布、桩端轴力分布和桩侧摩阻力沿深度分布，其流程如图 6-11 所示。

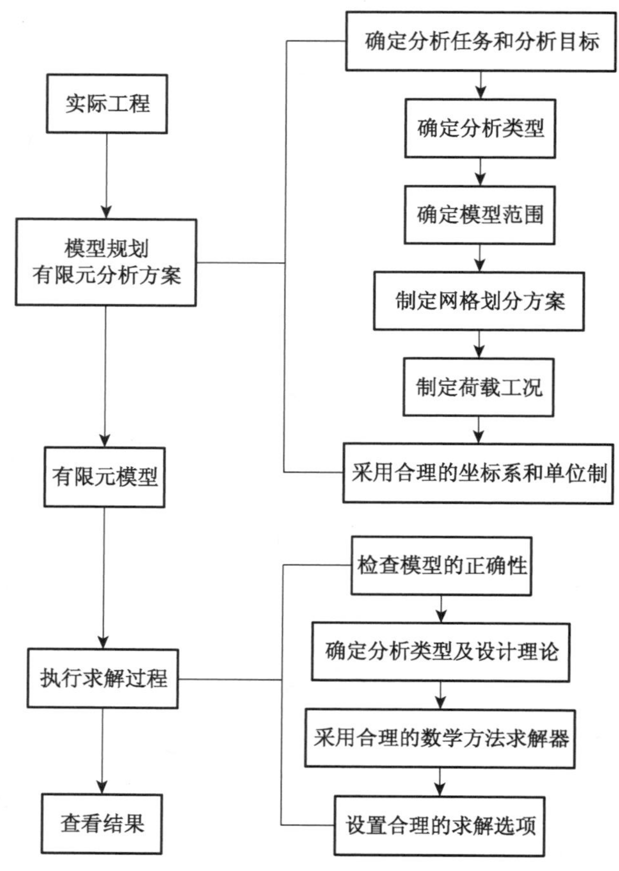

图 6-11　桩基有限元数值模拟计算流程图

1）有限元模型的建立

（1）计算范围及边界条件

研究中的主要部分是承台、群桩和桩周土体相互作用的区域。按照工程经验和前人已有的成果，对于模型范围的选取，拟定为：①纵向（即顺桥方向）边界取 2 倍承台宽度（约 160 m）；②横向（即顺河流方向）边界取 2 倍承台长度（约 350 m）；③土层深度取为地下 240 m，即取至基岩面处；④桩长分别为 97 m（南塔）和 102 m（北塔），桩径为 2.8 m，桩间距为7.2 m；承台高度为 6 m。

边界条件均取位移边界条件：纵向边界采用连杆约束，以约束其水平侧向的自由度；横向边界也采用连杆约束，但约束其另一水平侧向的自由度；底边界改用固定约束，约束其所有方向的自由度，模型的顶面为自由面，不施加任何位移约束。

(2) 计算范围及边界条件

将承台和桩基础混凝土均视为线弹性材料，按设计要求计算时取承台混凝土的弹性模量为 31.5 GPa(C35 混凝土)、桩基础混凝土为 30.0 GPa(C30 混凝土)，泊松比均取 0.2，材料质量密度均取 2 500 kg/m^3。根据勘察报告，南塔墩桩周土体各土层物理力学指标如表 6-1 所列。

计算中对土体的分层做了适当的简化，将南塔墩桩周土体计算范围内的土层大致分为 9 层(假设同一层的土体是均质、各向同性的材料，有相同的物理力学指标)；采用同样方法将北塔墩桩周土体计算范围内的土层大致分为 14 层。

表 6-1　南塔墩各土层主要物理力学指标推荐表

岩土编号	岩土名称	天然含水量 ω (%)	天然密度 ρ (g/cm^3)	天然孔隙比 e	直剪快剪		压缩模量 $E_{s0.1-0.2}$ (MPa)	标贯击数 N(击)	标贯修正击数 N(击)
					黏聚力 c(kPa)	内摩擦角 φ(°)			
1-1	亚黏土	36.1	1.76	1.163	15.0	2.1	3.5	2.4	2.4
1-2	淤泥质亚黏土	39.4	1.81	1.107	17.8	5.1	3.9	3.1	1.9
1-3	亚砂土	30.8	1.91	0.818	13.0	32.1	15.3	9.8	9.1
2-4	细砂	25.1	1.95	0.721	8.5	33.2	12.8	20.3	17.6
2-6a	亚砂土	30.4	1.88	0.900	10.5	34.6	10.2	19.5	15.7
4-3	粉砂	25.4	1.95	0.716	8.2	32.8	13.5	50.7	38.2
4-5	砾砂	13.1	2.09	0.453	—	—	24.2	49.7	35.0
4-6	含砾细砂	16.9	2.01	0.530	—	—	16.4	48.5	33.1
5-1	细砂	21.2	2.04	0.495	—	—	14.3	65.7	44.2
5-1a	亚黏土	30.4	1.93	0.831	33.0	13.2	6.3	—	—
5-3	砾砂	11.8	2.15	0.350	—	—	21.9	58.9	38.1
6-1	粉砂	24.8	1.91	0.759	8.3	33.6	14.7	59.1	36.5
6-1a	亚黏土	30.3	1.90	0.897	28.5	8.4	10.7	33.0	20.2
6-2	砾砂	13.7	2.02	0.605	—	—	35.0	69.0	40.9
6-3	粉砂	19.7	2.00	0.602	7.0	33.1	15.0	75.4	43.6
6-3b	黏土	34.5	1.86	0.872	—	—	4.9	25.0	14.3
6-4	砾砂	11.8	2.02	0.560	13.0	34.8	22.3	75.6	40.3
6-4a	圆砾土	11.4	2.15	0.350	—	—	40.0	87.0	48.5

（续表）

岩土编号	岩土名称	天然含水量 ω (%)	天然密度 ρ (g/cm^3)	天然孔隙比 e	直剪快剪		压缩模量 $E_{s0.1-0.2}$ (MPa)	标贯击数 N(击)	标贯修正击数 N(击)
					黏聚力 c(kPa)	内擦角 φ(°)			
6-5	含砾中砂	15.9	1.95	0.597	—	—	20.0	71.8	35.7
6-6	砾砂	11.9	1.88	0.347	—	—	29.1	67.3	32.0
6-6a	含砾中砂	13.9	2.03	0.454	12.0	33.8	16.2	80.3	37.8
7-1	粉砂	22.3	1.98	0.636	7.3	32.0	17.0	74.4	31.4
7-1a	圆砾土	14.4	2.15	0.350	—	—	40.0	80.6	34.2
7-4	砾砂	16.2	1.99	0.670	39.0	10.2	35.0	—	—
7-4a	粉砂	16.6	2.03	0.572	—	—	17.5	—	—

（3）计算工况荷载的选取

设计提供的上部荷载设计值如表 6-2 所列。

表 6-2　设计提供的上部荷载设计值

一个塔柱	轴力(kN)	横向剪力(kN)	横向弯距(kN·m)	纵向剪力(kN)
恒载	321 185	−578	10 264	0
活载	20 015	0	−1 309	934
横向无车风	20 325	−5 366	142 262	94
横向有车风	7 080	−1 852	49 462	33
纵向无车风	422	0	0	2 043
纵向有车风	142	0	0	690
升温	−1 218	−3 564	74 653	563
降温	1 237	3 559	−75 323	−513
横向组合	轴力(kN)	横向剪力(kN)	横向弯距(kN·m)	
恒＋横无车风＋升温	340 292	−9 508	227 179	
恒＋横无车风＋降温	342 747	−2 385	77203	
恒＋活＋横有车风＋升温	347 062	−5 994	133 070	
恒＋活＋横有车风＋降温	349 517	1 129	−16 906	
纵向组合	轴力(kN)	纵向剪力(kN)	纵向弯距(kN·m)	
恒＋纵无车风＋升温	320 389	2 606	215 606	
恒＋纵无车风＋降温	322 844	2 981	−65 059	
恒＋活＋纵有车风＋升温	340 124	2 187	342 884	
恒＋活＋纵有车风＋降温	342 579	1 111	89 331	

从表 6-2 中选取竖向轴力(恒载＋活载)作为荷载组合，来计算南、北塔群桩基础的工作性状。

（4）模型网格

对于此处特大型钻孔摩擦桩群桩基础，基桩数量较多，同时考虑到桩径较大以及灌注桩施工工艺和方法等因素的影响，为了更合理地设置接触面以及反映桩土间相互作用的受力变形特性，计算中对承台和桩基础采用了三维实体单元模拟。计算网格是影响计算精度的重要因素，因此在桩基础附近网格划分较密，使之能较精确地反映桩基的实际工作情况；而离开桩基和承台较远处，则采用了较稀疏的网格，以减小计算工作量和在现有计算机容量条件下保证计算能得以顺利实现。

网格采用 6 面体 8 节点等参单元。南塔墩群桩基础计算模型共有 177 986 个节点和 160 484 个等参单元；北塔墩群桩基础计算模型共有 180 311 个节点和 162 168 个等参单元。

图 6-12 和图 6-13 是南塔局部区域网格计算图，北塔该区域的网格与南塔类似，仅在桩长方面略长，图 6-14 为南塔桩周土体计算网格图，图 6-15 为南塔模型整体计算网格图。

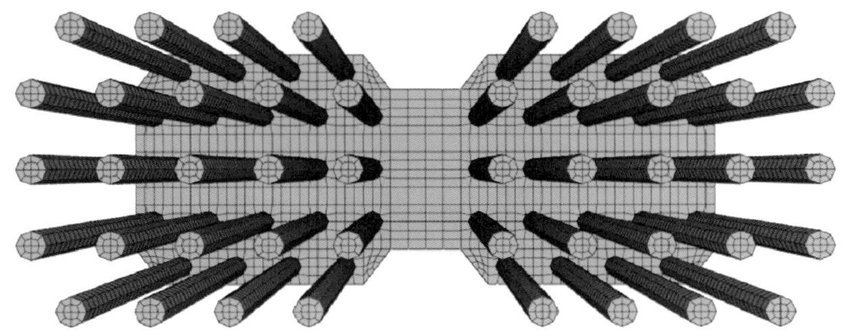

图 6-12　南塔承台、群桩网格图

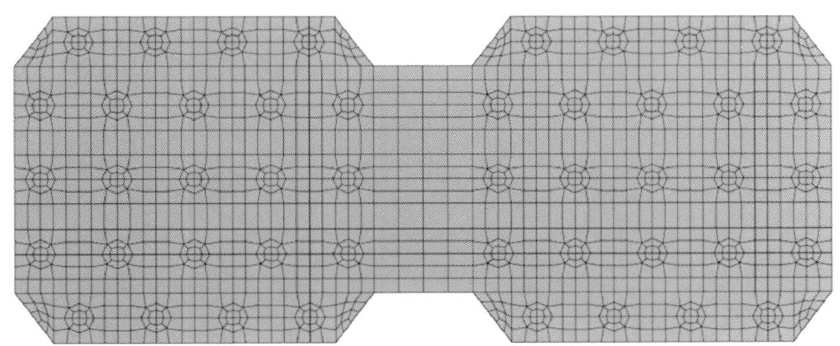

图 6-13　南塔承台、群桩网格俯视网格图

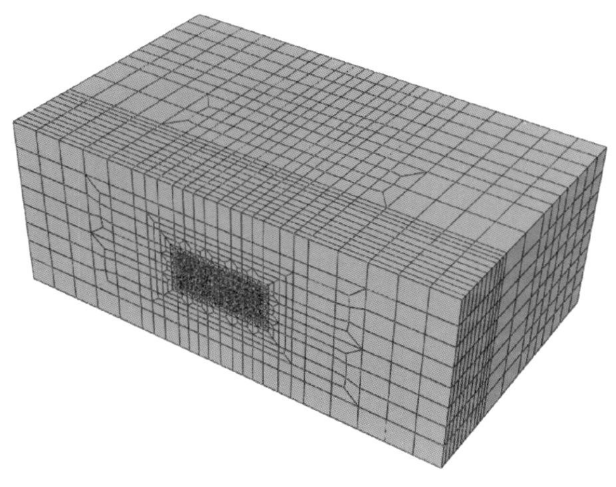

图 6-14　南塔桩周土体计算网格图

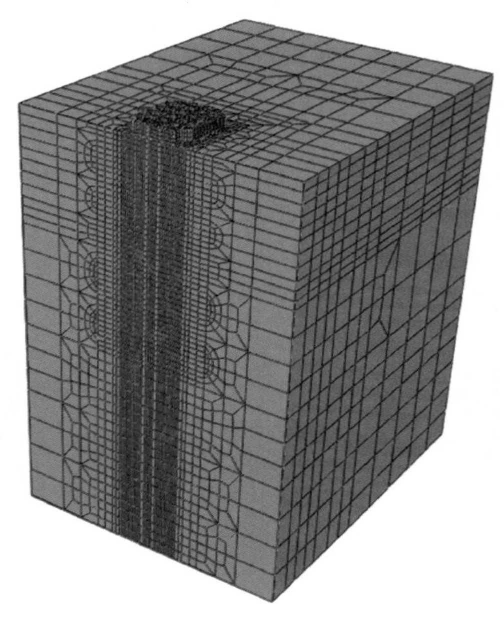

图 6-15 南塔模型整体计算网格图(取对称面处剖开)

2)桩群受力分析

南(北)塔群桩基础中各桩的分布及桩编号相同,如图 6-16 所示。

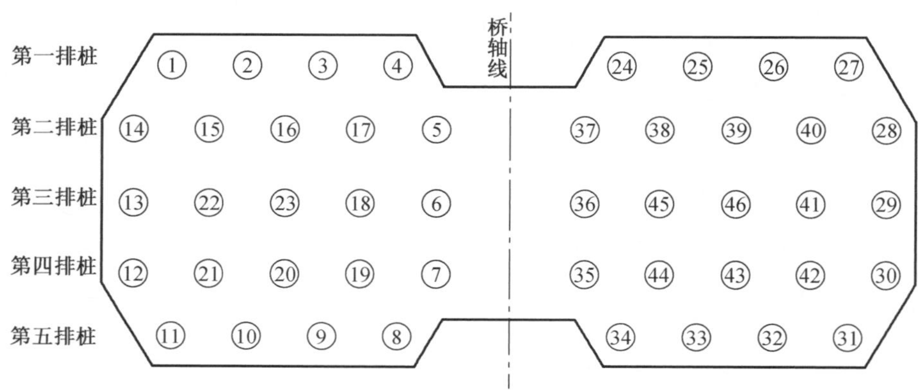

图 6-16 桩基中桩分布及编号图

(1) 典型基桩轴力、侧摩阻力和端承力的计算结果分析

该大桥主塔桩基础由于桩数多(达 46 根),且桩长较长(南、北塔分别达 97 m 和 102 m),桩间距又较小,在竖向荷载作用下,承台、基桩和地基土共同作用,其传力机制非常复杂,群桩效应问题十分突出。其群桩效应主要反映在桩顶轴力分布、桩身轴力、侧摩阻力以及群桩沉降量等几个方面。

由于计算模型具有对称性(结构对称、荷载对称),所以可只选取代表整个群桩受力特性的三排桩进行桩顶轴分析;同时,也选取了承台下不同位置处具有代表性的 5 根桩,分别进行桩身轴力、桩侧摩阻力和端承力分析。其中角桩 2 根:1#,8#。边桩 1 根:13#。内部桩 2 根:6#,23#。

① 群桩的桩顶荷载分布

图 6-17—图 6-22 分别是第一排桩（1# 桩所在桩排）、第二排桩（14# 桩所在桩排）和第三排桩（13# 桩所在桩排）的桩顶轴力分布图。

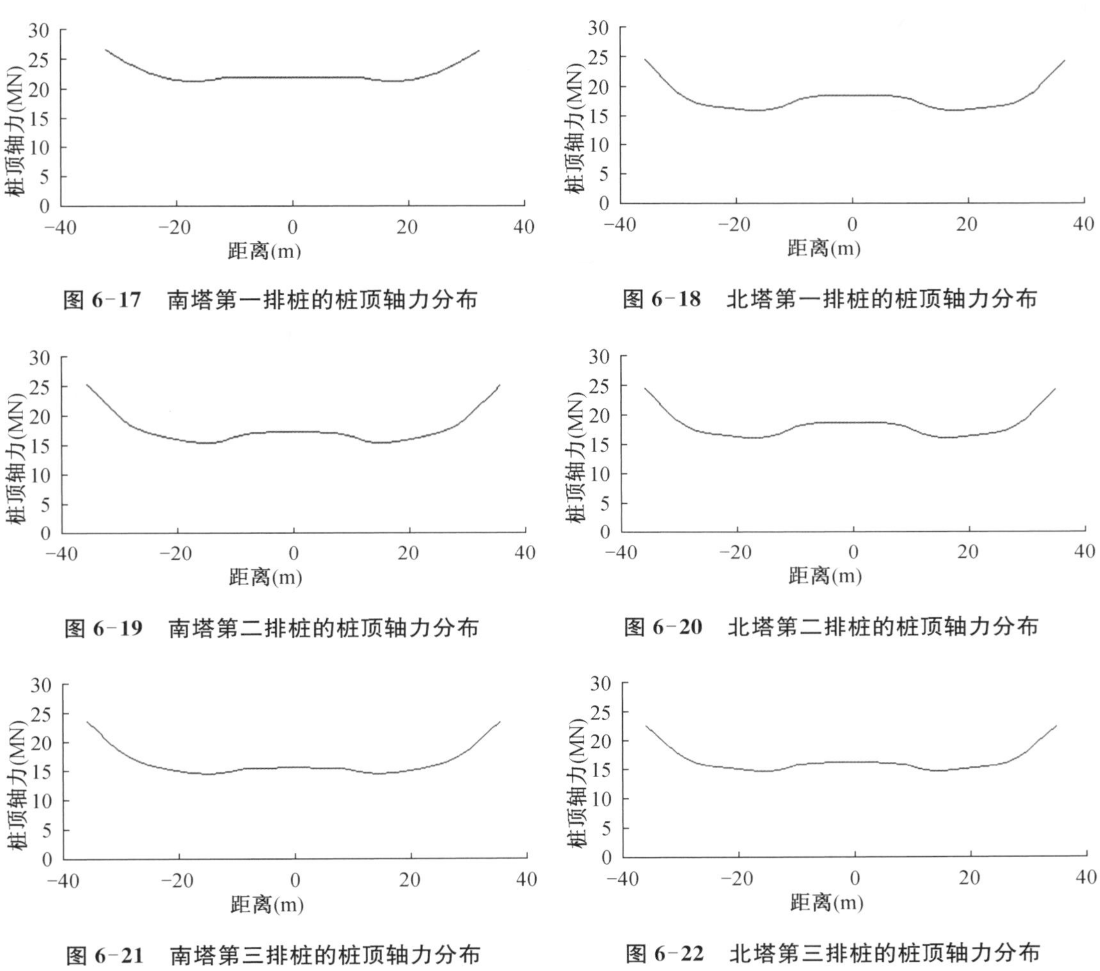

图 6-17　南塔第一排桩的桩顶轴力分布

图 6-18　北塔第一排桩的桩顶轴力分布

图 6-19　南塔第二排桩的桩顶轴力分布

图 6-20　北塔第二排桩的桩顶轴力分布

图 6-21　南塔第三排桩的桩顶轴力分布

图 6-22　北塔第三排桩的桩顶轴力分布

从以上各图可见，在竖向荷载作用下，群桩基础中各根桩所分担的荷载并不是均匀的。本次计算表明：群桩基础中的桩顶荷载分布以角桩最大、边桩次之、内部桩则最小。从图中可以看出，第一排桩的桩顶轴力分布比较均匀，且其值较大，第二排桩次之。各排桩的轴力分布近似呈现 W 形，即承台两端桩顶轴力较大，中间桩顶轴力次之，内部桩的桩顶轴力则最小。

群桩基础桩顶轴力在平面上之所以呈现 W 形的规律，是因为在桩距较小的情况下，基桩与土相互作用导致各桩传递到桩端处的应力互相叠加。边桩和角桩由于其相邻的桩不多，桩端处的应力叠加程度不大，而承台内部桩桩端处应力叠加程度较大，因而具有较大的沉降趋势。在承台的调节作用下，角桩和边桩则分担了较多的荷载来平衡内部桩的过大沉降。

② 群桩的桩身轴力和桩侧摩阻力分布

取所有 5 根典型基桩的桩身轴力沿其深度的分布及其桩侧摩阻力的分布，分别如图 6-23—图 6-42 所示。

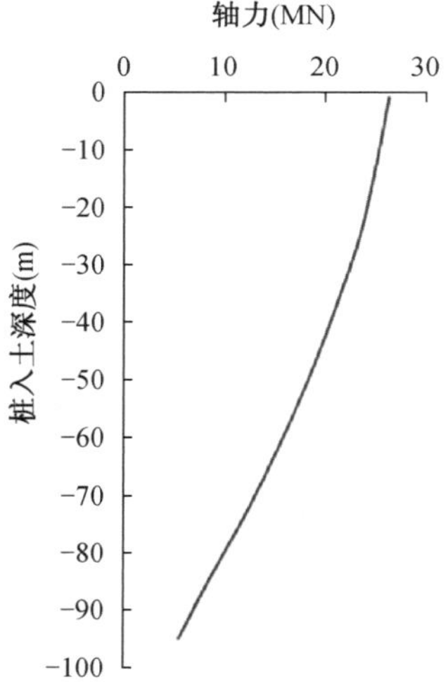

图 6-23 南塔 1# 角桩桩身轴力随深度变化曲线

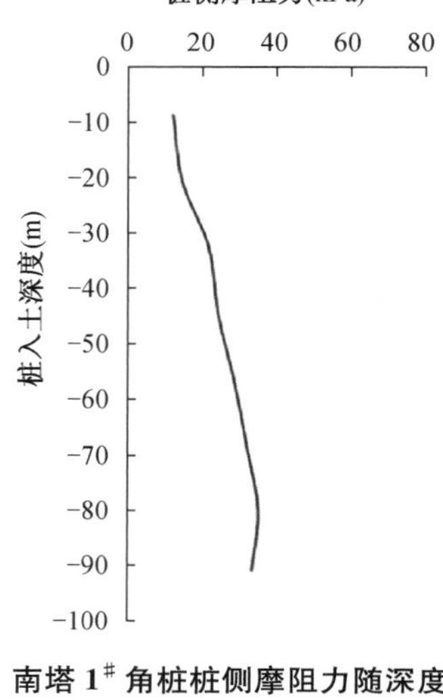

图 6-24 南塔 1# 角桩桩侧摩阻力随深度变化曲线

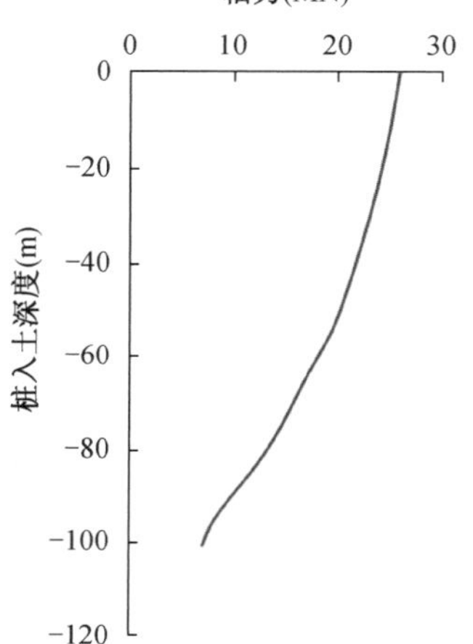

图 6-25 北塔 1# 角桩桩身轴力随深度变化曲线

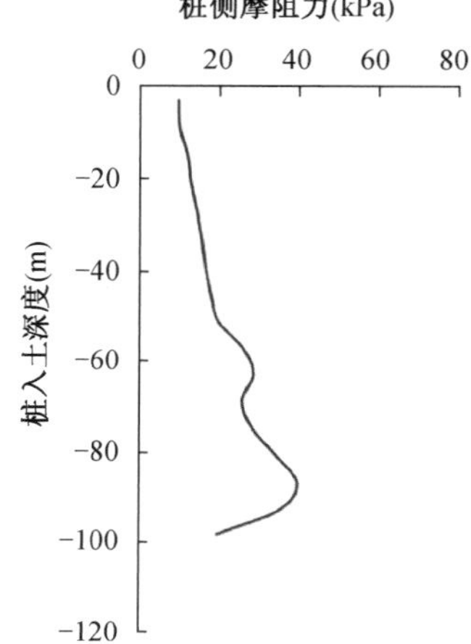

图 6-26 北塔 1# 角桩桩侧摩阻力随深度变化曲线

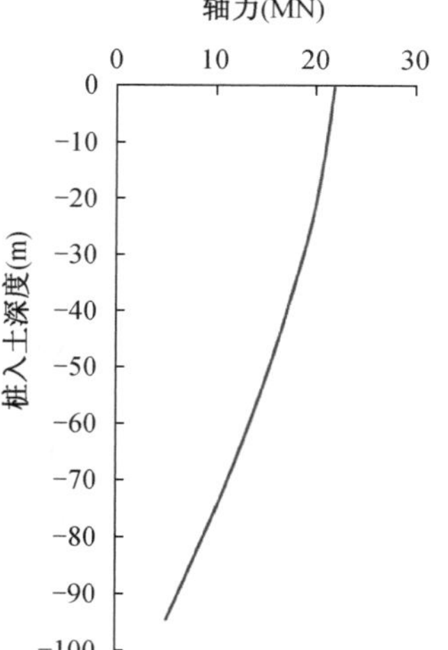

图 6-27 南塔 8# 角桩桩身轴力随深度变化曲线

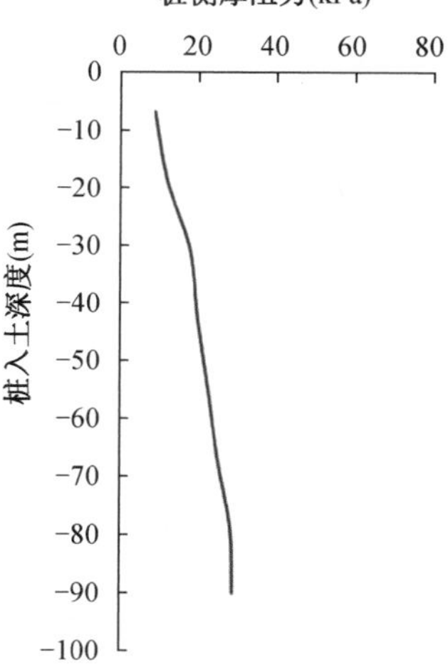

图 6-28 南塔 8# 角桩桩侧摩阻力随深度变化曲线

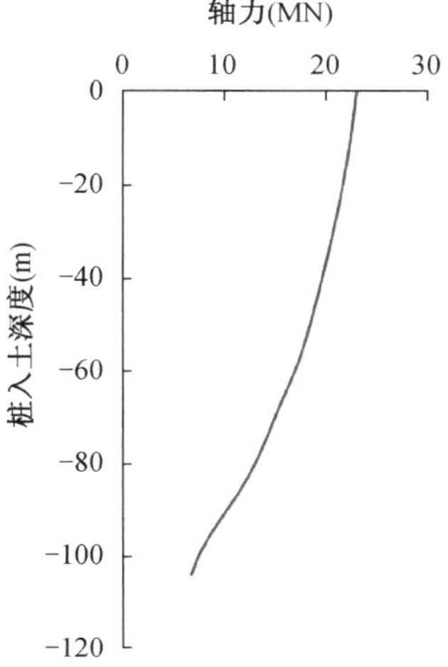

图 6-29　北塔 8# 角桩桩身轴力随深度变化曲线

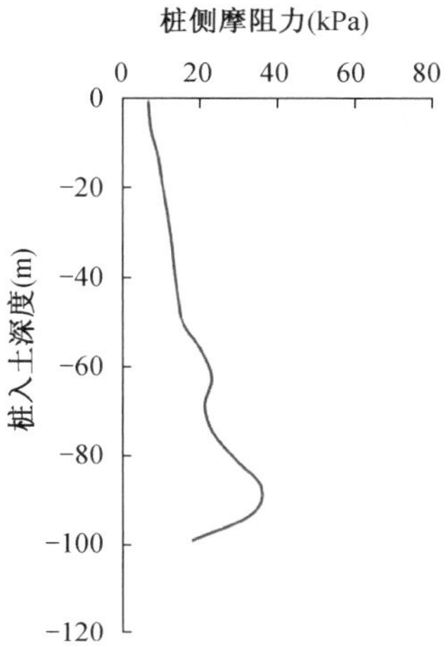

图 6-30　北塔 8# 角桩桩侧摩阻力随深度变化曲线

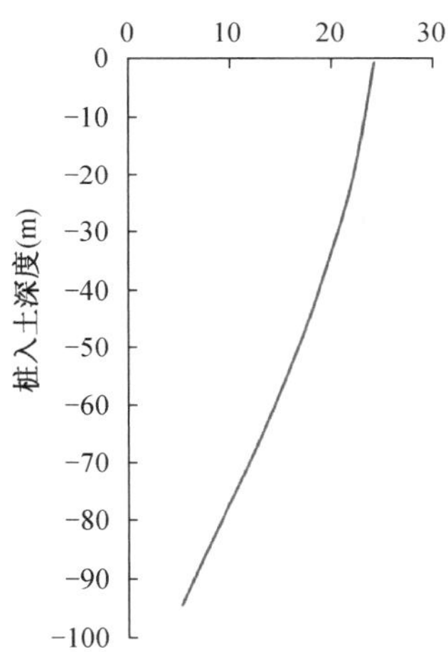

图 6-31　南塔 13# 边桩桩身轴力随深度变化曲线

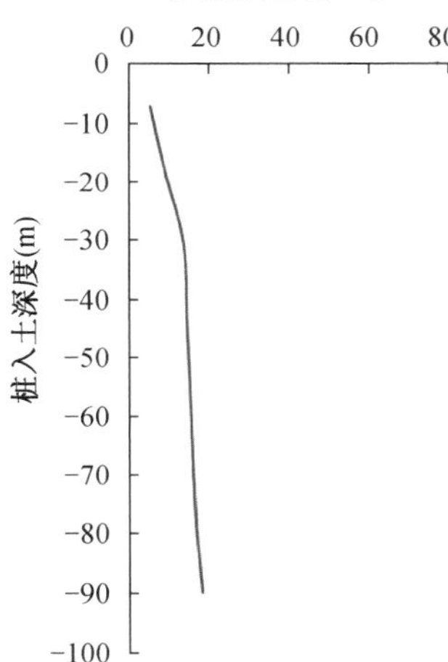

图 6-32　南塔 13# 边桩桩侧摩阻力随深度变化曲线

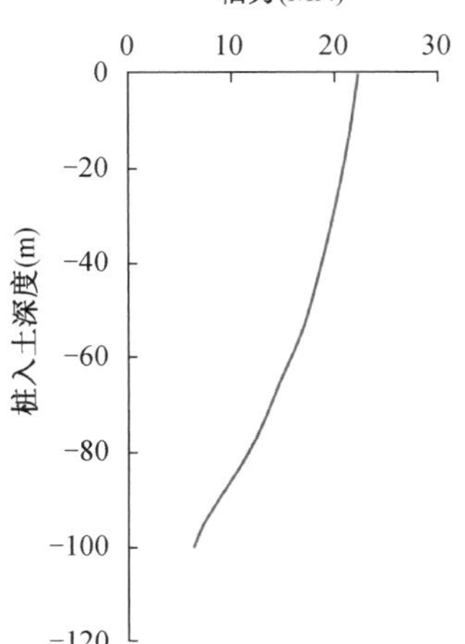

图 6-33　北塔 13# 边桩桩身轴力随深度变化曲线

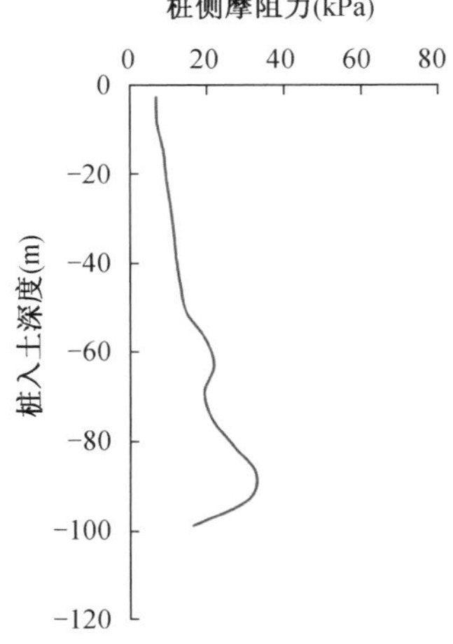

图 6-34　北塔 13# 边桩桩侧摩阻力随深度变化曲线

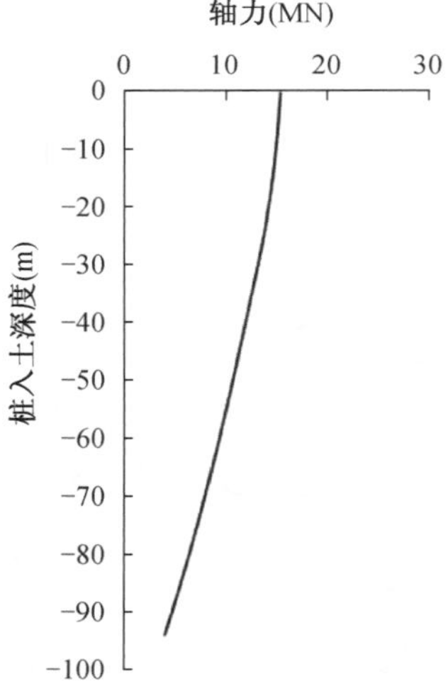

图 6-35　南塔 6# 内部桩桩身轴力随深度变化曲线

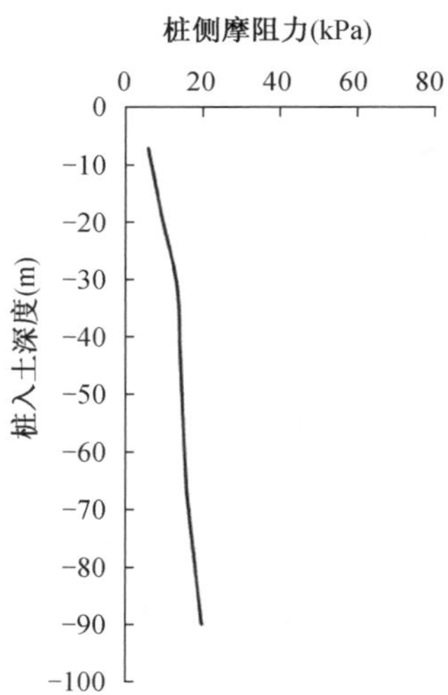

图 6-36　南塔 6# 内部桩桩侧摩阻力随深度变化曲线

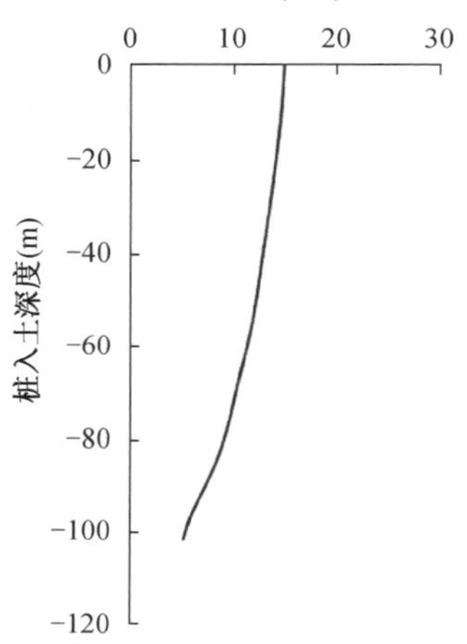

图 6-37　北塔 6# 内部桩桩身轴力随深度变化曲线

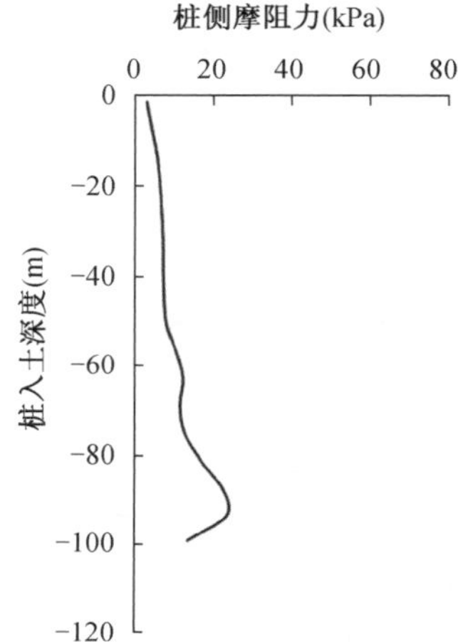

图 6-38　北塔 6# 内部桩桩侧摩阻力随深度变化曲线

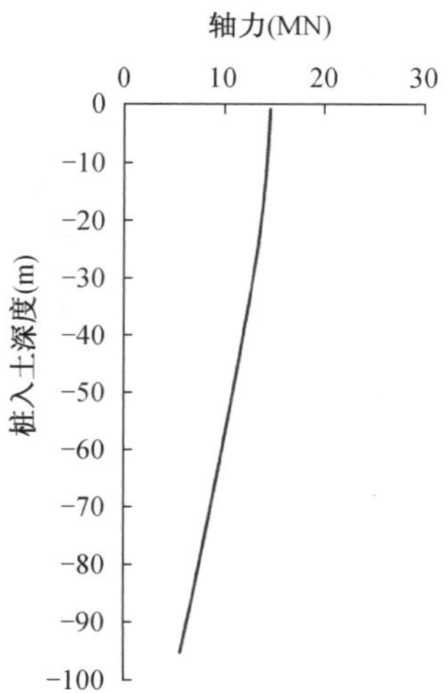

图 6-39　南塔 23# 内部桩桩身轴力随深度变化曲线

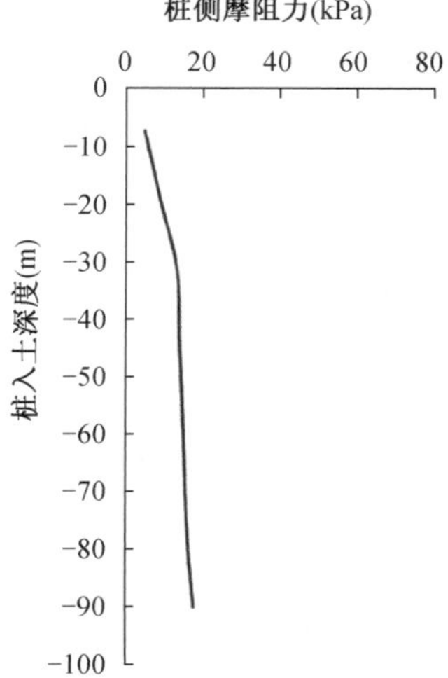

图 6-40　南塔 23# 内部桩桩侧摩阻力随深度变化曲线

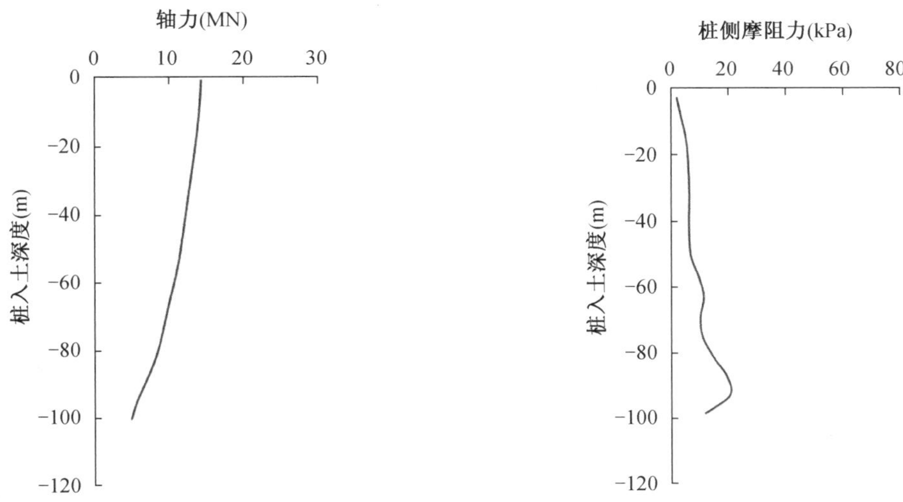

图6-41　北塔23# 内部桩桩身轴力随深度变化曲线　**图6-42　北塔23# 内部桩桩侧摩阻力随深度变化曲线**

从以上各图可以看出,桩轴力随沿桩身入土深度的增大而减少,减少的速率因基桩所处的位置不同而表现出明显的差异。具体言之,角桩和边桩的桩顶轴力较大,其轴力随桩身入土深度的增加而迅速减少,内部桩减少的速率则较慢。边桩和角桩的桩顶轴力较大,其轴力沿桩长的减小比较明显;内部各桩的桩顶轴力则较小,其轴力沿桩长的减小不显著。轴力沿桩身的减小是因为侧摩阻力的作用,边桩和角桩由于其在竖向荷载作用下,桩、土之间产生了比较大的错动滑移,桩侧摩阻力得到较大的发挥,所以轴力沿桩身减小的幅度比较大。

对于摩擦桩来说,桩顶荷载主要通过桩侧摩阻力传布到桩周和桩端土层中,在桩端平面处产生应力重叠。承台土反力也传递到承台以下一定范围内的土层中,从而使桩侧阻力和桩端阻力受到干扰。从图中还可以看出,在竖向荷载作用下,各桩摩阻力随深度增大而增大,在桩端处增大速率变缓;角桩和边桩的侧摩阻力在桩身下部达到最大值,到接近桩端处则减小。

经计算得出,南塔的1#,8#,13#,6#,23#各桩的桩尖端承力占桩体荷载的比值分别为21.09%,22.58%,21.37%,27.79%,27.01%;则其桩侧摩阻力占桩体荷载的比值分别为78.91%,77.42%,78.63%,75.21%,75.99%。北塔的1#,8#,13#,6#,23#各桩的桩尖端承力占桩体荷载的比值分别为26.88%,28.77%,28.27%,33.45%,33.61%;则其桩侧摩阻力占桩体荷载的比值分别为73.12%,71.23%,71.73%,66.55%,66.39%。可见,这些桩都属于摩擦桩,其摩阻力对全部桩体荷载的分担较多;角桩的摩擦侧阻力占全部桩体荷载的比例最大,边桩次之,而内部桩最小。

6.4　考虑群桩效应的桩基沉降研究

在大桥工程中,位于桥址主河床内的塔墩深水基础多设计为桩径大、桩身长而又桩数多的群桩基础,当基础埋藏深度很大时,均按摩擦端承桩设计。群桩桩顶与承台刚性相连,承受竖向力作用时,承台将上部荷载传递于群桩桩顶,形成协调承受上部荷载的"承台-桩群-土体"系统,该体系相互作用,共同工作。为了保证桥梁主体结构的正常使用寿命和安全性,避免因过大沉降造成桥梁主体结构破坏或产生影响结构使用的裂缝，大桥桩基在竖向静荷载作用下的长期沉降计算显得十分必要。在工程设计中如仍沿用实体深基础等代墩基模式计算群桩基础的沉降，其在工程实践中已感不再适用。

众所周知，以跨江悬索大桥等超静定结构而言，在大桥桥跨合龙前的桥基沉降属于施工沉降，它主要由桩体、承台、塔身和桥跨结构的各个自重作用而产生的，可以通过设置预拱度等工程措施消除相邻墩基间的差异沉降，一般都不致危及上部桥跨结构的应力和变形安全。但是，在主跨合龙以后，上述各项自重产生于桩基历时进一步发展的后续附加沉降，以及桥跨合龙后因桥面铺装和行车活荷载作用产生的沉降，则均将不可避免地在大桥主缆和桥面大梁内产生相当的附加应力和附加变形。由于其值受桥跨结构设计的严格制约和限定，它应该约束在规范制定的最大容许阈值范围之内。为此，有必要对大桥桩基础的历时沉降进行深入分析。

目前，在桥梁大直径超长灌注桩基沉降的以上研究中，主要尚存在以下不足：

(1) 将桩端土体发生的次固结与桩身压缩以及桩侧土体发生的剪切流变相互脱离，未及考虑并计入系统之间的整体一致性；

(2) 由单桩沉降成果计算群桩沉降时，未能合理地考虑桩体刚度对地基土的“加筋效应”。

此处将“承台-桩群-土体”视为共同作用的系统，考虑了三者之间应力和变形的耦合关系，桩间土位移场的分布考虑了桩体的“加筋效应”。以单桩在单位荷载下沉降的历时变化为基础分析桥梁桩群基础蠕变随时间的增长发展。

6.4.1 竖向荷载作用下桩基沉降随时间的发展

本节分析均质土体和分层土体中的单桩沉降随时间变化情况，基本假设如下：

(1) 桩体为有限长度等截面的均质杆件，桩身材料为理想线弹性体。

(2) 桩侧、桩端土体为均质各向同性线黏弹性体，用三元件的 Merchant 模型模拟。

(3) 桩身变形符合平截面假定，桩身荷载沿桩纵轴线均匀连续地分布于桩身横截面。

(4) 桩土界面应力和位移协调。

(5) 桩侧土体主要发生环形的剪切变形，忽略压缩变形。

1) 桩侧桩土相互作用等效模型

模拟桩侧土体的 Merchant 模型(或称广义 Kelvin 黏弹性模型)如图 6-43 所示，由一个 Hooke 弹性体与一个 Kelvin 体串联组成，总剪应变为两者应变之和，两者的剪应力相同。其本构关系为：

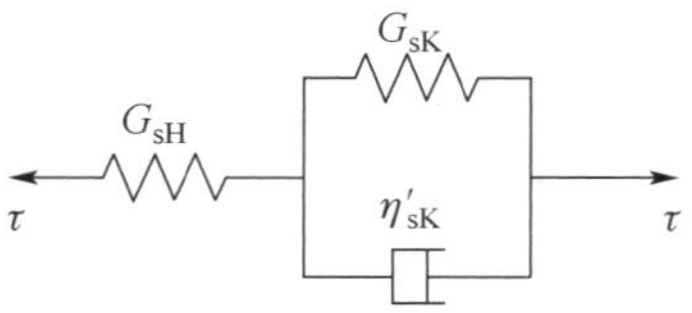

$$\tau + p_1\dot{\tau} = q_0\gamma + q_1\dot{\gamma} \tag{6-37}$$

图 6-43 Merchant 模型示意图

式中，$p_1 = \dfrac{\eta'_{sK}}{G_{sH} + G_{sK}}$，$q_0 = \dfrac{G_{sH}G_{sK}}{G_{sH} + G_{sK}}$，$q_1 = \dfrac{G_{sH}\eta'_{sK}}{G_{sH} + G_{sK}}$。

需要说明的是，在位移函数的右上角加撇号表示对笛卡尔坐标求偏导数；在位移函数的上方加点号表示对时间求偏导数。

在 Laplace 域分析桩侧土体单元的本构方程、平衡方程和几何方程，并根据桩土接触处的位移相容条件：距离桩轴线 r 等于桩半径 r_0 处的土体位移 u_z 即为深度 z 处桩的沉降 $s(z)$，土体剪应力 τ 即为深度 z 处桩侧侧壁阻力 $p(z)$。可得：

$$\bar{s} = \frac{1 + \upsilon p_1}{q_0 + \upsilon q_1} \bar{p} r_0 \ln(r_m / r_0) \tag{6-38}$$

式中，υ 为 Laplace 变换参数，r_m 为桩的影响半径。

经整理，得：

$$f + \frac{c_{s3}}{k_{s1} + k_{s2}} \dot{f} = \frac{k_{s1} k_{s2}}{k_{s1} + k_{s2}} \Delta + \frac{c_{s3} k_{s1}}{k_{s1} + k_{s2}} \dot{\Delta} \tag{6-39}$$

式中，f 为等效模型所受的外力，Δ 为等效模型的变形，其他参数应满足下式：

$$\left.\begin{aligned} k_{s1} &= \frac{2\pi}{\ln(r_m / r_0)} G_{sH} \\ k_{s2} &= \frac{2\pi}{\ln(r_m / r_0)} G_{sK} \\ c_{s3} &= \frac{2\pi}{\ln(r_m / r_0)} \eta'_{sK} \end{aligned}\right\} \tag{6-40}$$

显然，式(6-39)和 Merchant 体的本构方程在形式上一致。据此，在桩侧深度 z 处的桩土相互作用可采用三元件的 Merchant 体等效模拟，各元件等效参数应满足式(6-40)。

2）桩端桩土相互作用等效模型

按弹性力学方法可求得桩端土体的位移 s_b，为：

$$s_b = \frac{P_b (1 - \nu_b)}{4 r_0 G_b} \tag{6-41}$$

式中，P_b 为桩端处桩身轴力，ν_b 为桩底土体泊松比，G_b 为桩底土体剪切模量。

假定桩端土体材料的应力球张量与应变球张量间的关系仍符合弹性假定，不具有黏弹性质，偏张量间符合 Merchant 模型，则桩端土体位移 s_b 的黏弹性解答可由式(6-41)通过弹-黏弹对应原理求得，为：

$$\begin{aligned} s_b(t) = \frac{P_b \eta}{8 r_0} \Bigg\{ & \frac{G_{bH} + G_{bK}}{G_{bH} G_{bK}} + \frac{3(G_{bH} + G_{bK})}{3K_b (G_{bH} + G_{bK}) + G_{bH} G_{bK}} - \frac{1}{G_{bK}} e^{-\frac{G_{bK}}{\eta'_{bK}} t} \\ & - \frac{3 G_{bH}^2}{(3K_b + G_{bH}) [3K_b (G_{bH} + G_{bK}) + G_{bH} G_{bK}]} e^{-\frac{3K_b (G_{bH} + G_{bK}) + G_{bH} G_{bK}}{(3K_b + G_{bH}) \eta'_{bK}} t} \Bigg\} \end{aligned} \tag{6-42}$$

由式(6-42)经拟合分析得到桩端处桩土相互作用可按图 6-44 所示的六元件模型作等效模拟。

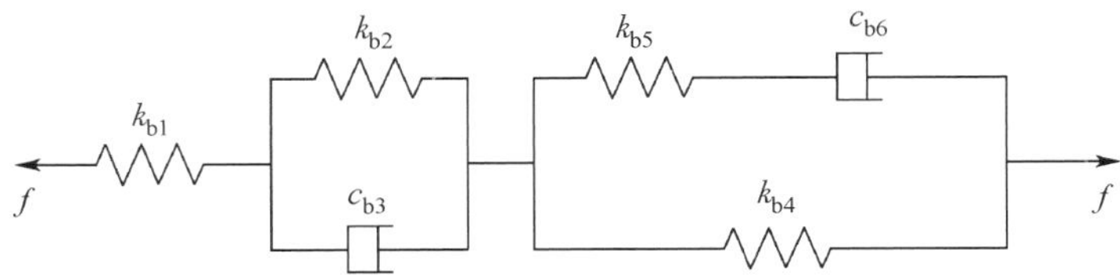

图 6-44　(H—(H‖N))—(H‖(H—N))六元件模型示意图

桩端处桩土相互作用等效模型参数与桩端处土体的 Merchant 模型参数间，需满足：

$$\left.\begin{aligned}
k_{b1} &= \frac{8r_0}{\eta}G_{bH}\\
k_{b2} &= \frac{8r_0}{\eta}G_{bK}\\
c_{b3} &= \frac{8r_0}{\eta}\eta'_{bK}\\
k_{b4} &= \frac{8r_0}{\eta}\frac{3K_b(G_{bH}+G_{bK})+G_{bH}G_{bK}}{3(G_{bH}+G_{bK})}\\
k_{b5} &= \frac{8r_0}{\eta}\frac{G_{bH}^2}{3(G_{bH}+G_{bK})}\\
c_{b6} &= \frac{8r_0}{\eta}\frac{G_{bH}^2}{3(G_{bH}+G_{bK})^2}\eta'_{bK}
\end{aligned}\right\} \tag{6-43}$$

上述(H－(H‖N))－(H‖(H－N))模型的本构方程如下：

$$p_{b2}\ddot{f}+p_{b1}\dot{f}+p_{b0}f=\ddot{\Delta}+q_{b1}\dot{\Delta}+q_{b0}\Delta \tag{6-44}$$

式中，f 为模型的外力，Δ 为模型的变形，其他参数应满足：

$$\left.\begin{aligned}
q_{b0} &= \frac{k_{b2}k_{b4}k_{b5}}{(k_{b4}+k_{b5})c_{b3}c_{b6}}\\
q_{b1} &= \frac{k_{b2}(k_{b4}+k_{b5})c_{b6}+c_{b3}k_{b4}k_{b5}}{(k_{b4}+k_{b5})c_{b3}c_{b6}}\\
p_{b2} &= \frac{k_{b1}+k_{b4}+k_{b5}}{k_{b1}(k_{b4}+k_{b5})}\\
p_{b0} &= \frac{(k_{b1}+k_{b2})k_{b4}k_{b5}+k_{b1}k_{b2}k_{b5}}{k_{b1}(k_{b4}+k_{b5})c_{b3}c_{b6}}\\
p_{b1} &= \frac{(k_{b1}+k_{b2})(k_{b4}+k_{b5})c_{b6}}{k_{b1}(k_{b4}+k_{b5})c_{b3}c_{b6}}+\frac{c_{b3}k_{b4}k_{b5}+k_{b1}k_{b2}c_{b6}+k_{b1}k_{b5}c_{b3}}{k_{b1}(k_{b4}+k_{b5})c_{b3}c_{b6}}
\end{aligned}\right\} \tag{6-45}$$

3) 均质土中竖向静荷载作用下单桩沉降与时间的关系

深度 z 处 dz 段桩身单元在任意 t 时刻的沉降控制偏微分方程为：

$$E_pA_p\frac{\partial^2 s}{\partial z^2}=U_p p \tag{6-46}$$

在 Laplace 域将式(6-46)与桩周桩土接触处等效三元件体的本构方程相联立，得：

$$\left(1+\nu\frac{c_{s3}}{k_{s1}+k_{s2}}\right)E_pA_p\frac{\partial^2\bar{s}}{\partial z^2}=\left(\frac{k_{s1}k_{s2}}{k_{s1}+k_{s2}}+\nu\frac{k_{s1}c_{s3}}{k_{s1}+k_{s2}}\right)\bar{s} \tag{6-47}$$

式(6-47)是桩身沉降控制偏微分方程在 Laplace 域的表达。

假设桩顶处受竖向恒力 P_0(t)作用，则 Laplace 域中均质地基土中单桩沉降随时间变化的边界条件，写为：

$$\left.\begin{aligned}&\left.\frac{\partial\bar{s}}{\partial z}\right|_{z=0}=-\frac{\bar{P}_0(\nu)}{E_pA_p}\\&(p_{b2}\nu^2+p_{b1}\nu+p_{b0})E_pA_p\left.\frac{\partial\bar{s}}{\partial z}\right|_{z=l}=-(\nu^2+q_{b1}\nu+q_{b0})\bar{s}\,|_{z=l}\end{aligned}\right\}\tag{6-48}$$

考虑桩顶($z=0$)处的情形，可得 Laplace 域的桩顶沉降，为：

$$\bar{s}(0,\ \nu)=-\frac{\bar{P}_0(\nu)}{\sqrt{r}E_pA_p}\left(\frac{2}{\dfrac{\sqrt{r}+r'}{\sqrt{r}-r'}\mathrm{e}^{-2\sqrt{r}l}-1}+1\right)\tag{6-49}$$

式中，$r=\dfrac{k_{s1}k_{s2}+\nu k_{s1}c_{s3}}{(k_{s1}+k_{s2}+\nu c_{s3})E_pA_p}$，$r'=\dfrac{-(\nu^2+q_{b1}\nu+q_{b0})}{(p_{b2}\nu^2+p_{b1}\nu+p_{b0})E_pA_p}$。

Schapery 给出了一种形式简单且对准静态黏弹性问题适用的公式：

$$f(t)=[\nu\bar{f}(\nu)]\,|_{\nu=\frac{e^{-c}}{t}\approx\frac{0.5}{t}}\tag{6-50}$$

式中，c 为 Euler 常数，且 $c\approx0.5$。

应用 Schapery 公式对式(6-49)进行 Laplace 逆变换，得到桩顶沉降随时间变化的表达式，为：

$$s(0,\ t)=-\frac{P_0}{\sqrt{r_t}E_pA_p}\left(\frac{2}{\dfrac{\sqrt{r_t}+r'_t}{\sqrt{r_t}-r'_t}\mathrm{e}^{-2\sqrt{r_t}l}-1}+1\right)\tag{6-51}$$

式中，$r_t=\dfrac{2tk_{s1}k_{s2}+k_{s1}c_{s3}}{[2t(k_{s1}+k_{s2})+c_{s3}]E_pA_p}$；$r'_t=-\dfrac{4t^2q_{b0}+2tq_{b1}+1}{(4t^2p_{b0}+2tp_{b1}+p_{b2})E_pA_p}$。

需注意的是，虽然式(6-51)在形式上是关于时间 t 的显示表达式，但究其本质则由其计算得到的桩顶沉降 $s(0,\ t)$ 仍然是一项数值解答，此处称之为半解析解。

4) 分层土中竖向静载作用下单桩沉降与时间的关系

实际工程地基土体的一个主要特征是通常都具有分层性，不同性质的土层对于单桩沉降性状的影响不尽相同。因此，在上述研究的基础上，本节进一步对分层土体中单桩沉降与时间的关系进行了研究。假设桩周第 $i(i=1,\ 2,\ \cdots,\ n)$ 层土体的 Merchant 模型物理力学参数分别为 $G_{sH}(i)$，$G_{sK}(i)$和 $\eta'_{sK}(i)$，轴端土体的 Merchant 模型物理力学参数分别为 G_{bH}，G_{bK}和 η'_{bK}，则桩土相互作用等效模型参数 $k_{s1}(i)$，$k_{s2}(i)$，$c_{s3}(i)$，k_{b1}，k_{b2}，c_{b3}，k_{b4}，k_{b5}和 c_{b6}的取值可分别由式(6-40)和式(6-43)给出。

按土体分层情况相应地将桩身也分为 n 段，在 i 层桩段，令：

$$r(i)=\frac{k_{s1}(i)k_{s2}(i)+\nu k_{s1}(i)c_{s3}(i)}{[k_{s1}(i)+k_{s2}(i)+\nu c_{s3}(i)]E_pA_p}$$

并有

$$\begin{Bmatrix} \bar{s} \\ \bar{P} \end{Bmatrix}_{it} = [J]_i \begin{Bmatrix} \bar{s} \\ \bar{P} \end{Bmatrix}_{ib} \tag{6-52}$$

式中，下标 it 表示第 i 层桩段的顶部，下标 ib 表示第 i 层桩段的端部，P 表示桩身轴力，$[J]_i$ 为系数矩阵，写为：

$$[J]_i = \begin{bmatrix} e^{\sqrt{r(i)}z_{it}} & e^{-\sqrt{r(i)}z_{it}} \\ -E_pA_p\sqrt{r(i)}e^{\sqrt{r(i)}z_{it}} & E_pA_p\sqrt{r(i)}e^{-\sqrt{r(i)}z_{it}} \end{bmatrix} \times \begin{bmatrix} e^{\sqrt{r(i)}z_{ib}} & e^{-\sqrt{r(i)}z_{ib}} \\ -E_pA_p\sqrt{r(i)}e^{\sqrt{r(i)}z_{ib}} & E_pA_p\sqrt{r(i)}e^{-\sqrt{r(i)}z_{ib}} \end{bmatrix}^{-1}$$

从桩顶自上而下，考虑桩身位移和轴力的连续性，经递推可得：

$$\bar{s}_t = \frac{J_{11}\dfrac{\bar{s}_b}{\bar{P}_b} + J_{12}}{J_{21}\dfrac{\bar{s}_b}{\bar{P}_b} + J_{22}} \bar{P}_t \tag{6-53}$$

式中，J_{11}，J_{12}，J_{21} 和 J_{22} 为系数矩阵$[J]$的元素，且 $[J]=[J]_1[J]_2\cdots[J]_n$。

式(6-53)就是分层土体中受竖向静载作用单桩桩顶沉降在 Laplace 域的解析解。由 Schapery 数值反演公式，可得其在时间域的数值解答。

5）算例与分析

假设某分层地基中埋入一根单桩，计算简图如图 6-45 所示。土体在桩身深度范围内分三层：第一层为亚黏土与亚砂土或细砂土层，范围自地表至 −10 m；第二层为细砂，范围自 −10 m 至 −25 m；第三层为亚黏土，范围自 −25 m 至 −40 m。桩端以下土层为细砂和含粒中(粗)砂。土体的物理力学参数如表 6-3 所列。桩的弹性模量为 20.0 GPa，泊松比为 0.167，直径 2.0 m，桩长 40.0 m。桩顶作用静荷载为 100 kN，一次施加，其后维持不变。

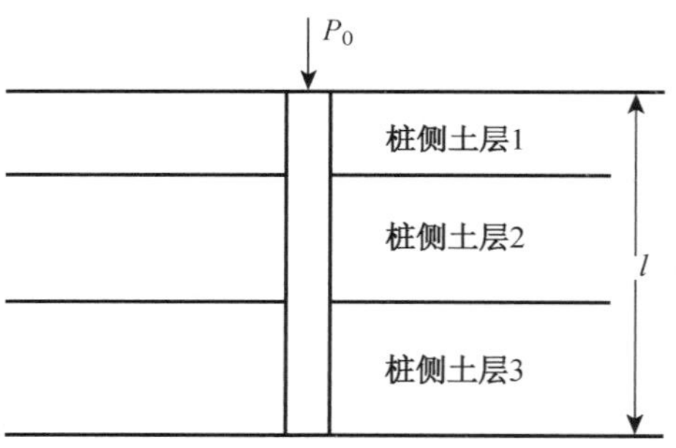

图 6-45　计算模型示意图

表 6-3　土体物理力学力学参数

土层	E_H(kPa)	E_K(kPa)	η(MPa·min)
土层 1	5 760.678	23 332.029	4 679.232
土层 2	29 903.156	121 117.442	24 109.452
土层 3	29 793.429	120 670.023	24 200.322
下卧层	66 335.080	268 671.851	53 882.034

有限元方法采用大型通用有限元分析软件 ABAQUS 进行计算。按照工程经验和前人已有的成果确定模型范围：水平方向总长 41 倍桩径(合 82.0 m)，垂直方向总长 3 倍桩

长(合 120.0 m),计算坐标系取笛卡尔直角坐标系:Z 轴铅直向上指向桩顶,X 轴和 Y 轴水平指向。

边界条件均取位移边界条件:纵向边界采用连杆约束,以约束其水平侧向的自由度;横向边界也采用连杆约束,但约束其另一水平侧向的自由度;底边界改用固定约束,约束其所有方向的自由度,模型的顶面为自由面,不施加任何位移约束。

计算网格的形状和密度是影响计算精度的重要因素。一般而言,8 节点六面体等参单元比 4 节点四面体等参单元具有更高的计算精度,但前者数值模型对几何形状有较高的要求。从理论上说,单元尺寸越小、数量越多,数值解就越逼近解析解。但单元数量越多也就需要更高的计算机配置和更长的计算时间。本算例计算网格如图 6-46 所示,计算中对桩基础和桩侧/端土体均采用了三维实体单元(8 节点六面体等参单元)模拟,桩身划分单元数为 492,桩周/端土体划分单元数为 39 520。

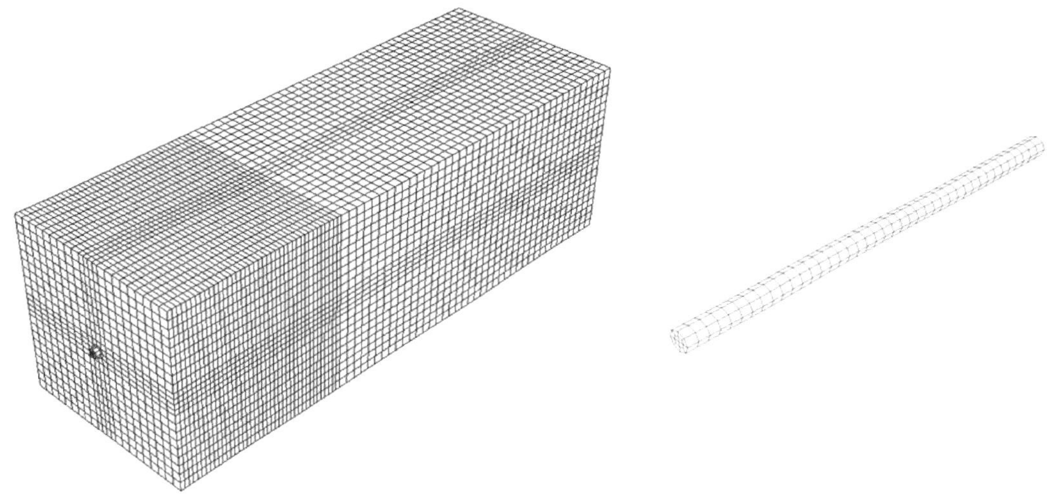

图 6-46　计算模型网格示意图

本章计算方法和有限元方法计算结果如表 6-4 所列,绘制成曲线如图 6-47 所示。

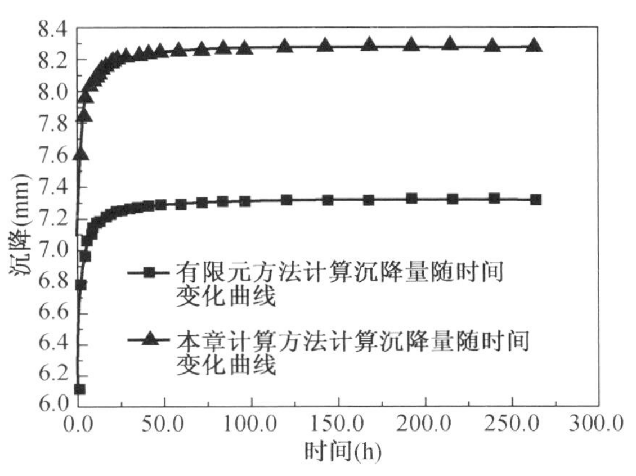

图 6-47　群桩沉降随桩数 n 变化曲线

表 6-4　沉降量计算结果的比较　(mm)

时间(h) \ 计算方法	有限单元法	本章计算方法	两种方法计算的误差
0	6.12	6.81	11.2%
2	6.72	7.62	13.3%
4	6.94	7.85	13.1%
6	7.05	7.97	13.1%
8	7.12	8.03	12.8%
10	7.17	8.08	12.7%
12	7.20	8.11	12.6%
14	7.23	8.13	12.5%
16	7.24	8.15	12.5%
18	7.25	8.16	12.5%
20	7.27	8.18	12.5%
22	7.28	8.19	12.5%
24	7.28	8.19	12.5%
30	7.29	8.21	12.6%
36	7.30	8.22	12.6%
42	7.31	8.23	12.6%
48	7.32	8.24	12.6%
60	7.32	8.25	12.7%
72	7.32	8.26	12.9%
84	7.32	8.26	12.9%
96	7.32	8.26	12.9%
120	7.32	8.27	13.0%
144	7.32	8.27	13.0%
168	7.32	8.27	13.0%
192	7.32	8.28	13.1%
216	7.32	8.28	13.1%
240	7.32	8.28	13.1%
264	7.32	8.28	13.0%

由表 6-4 和图 6-47 可见:①采用本章计算方法与有限元软件计算得到的沉降量计算结果绘成的曲线,趋势一致。有限元方法计算的沉降量达到稳定值的时间要快于本章方法。②有限元方法在沉降量数值上较本章计算方法要小,两者在数值上相差在 15%以内。在初始时刻相差最小为 11.2%,流变初期相差最大误差为 13.3%,稳定沉降值误差约为 13.0%。

在 $t=0$ 和 $t=\infty$ 时刻,黏弹性土体表现出弹性性质,因此可以采用剪切位移法计算这两个特殊时刻的桩顶沉降量,经计算分别为 6.81 mm 和 8.23 mm。可见采用 Schapery 数值反演方法计算得到的时间域的桩顶沉降量在 $t=0$ 时刻较为准确，随时间变化的沉降量计算值偏大。这是由数值反演方法的特点决定的，要改善这一情况可改用精度更高的 Laplace 数值逆变换方法。

Merchant 黏弹性体的蠕变柔量为：

$$J(t)=\frac{1}{E_{\mathrm{H}}}+\frac{1}{E_{\mathrm{K}}}\left(1-\mathrm{e}^{-\frac{E_{\mathrm{K}}}{\eta_{\mathrm{K}}}t}\right) \tag{6-54}$$

由上式可以估算本算例中桩顶沉降达到稳定值的时间。

假设黏弹性体应力 σ_0 不变，则 t 时刻变形达到最终值的比例由下式给出：

$$\frac{J(t)\sigma_0}{J(\infty)\sigma_0}=1-\frac{E_{\mathrm{H}}}{E_{\mathrm{H}}+E_{\mathrm{K}}}\mathrm{e}^{-\frac{E_{\mathrm{K}}}{\eta_{\mathrm{K}}}t} \tag{6-55}$$

则变形达到总变形的 95%所需要的时间为

$$t=-\frac{\eta_{\mathrm{K}}}{E_{\mathrm{K}}}\ln\left(0.05\,\frac{E_{\mathrm{H}}+E_{\mathrm{K}}}{E_{\mathrm{H}}}\right) \tag{6-56}$$

将本算例的各层土体参数代入上式计算得到的时间约为 7.5h，由表 6-4 的数据分析在 7.5 h 时刻桩顶沉降量占最终沉降量的比值也在 95%附近。可见，计算结果具有一定的准确性，本节计算方法可用于分析研究黏弹性地基内桩基的沉降性状。

6.4.2　考虑加筋效应的群桩沉降计算

剪切位移法最初由 Cooke(1974)在试验和理论分析的基础上提出，用于分析均质各向同性弹性地基中纯摩擦桩问题。该法认为，在工作荷载作用下，桩与桩侧土之间位移协调，不产生相对位移，而且随着离开桩侧距离的增大，剪应力逐渐扩散减小，剪切位移随之变小，在单桩周围形成漏斗状位移分布面。Randolph 和 Wroth(1979)通过单桩和群桩的试验结果分别证实了剪切位移法基本假定的合理性。

有学者采用 Poulos 提出的桩间相互作用系数将剪切位移法推广运用到了群桩沉降的计算，认为群桩基础中的被动桩完全服从于主动桩所产生的土体位移场，从而利用对称性和叠加原理对单桩位移场进行简单叠加得到群桩基础的沉降计算方法。由于没有考虑桩的存在对土的位移场的加筋效应(也称对土体的加强效应)，从而低估了群桩基础的刚度，导致计算出来的群桩沉降值偏大。认识到这一现象的文献较多，但具体对此进行定量研究的并不多。Mylonakis 和 Gazetas(1998，2001)基于 Winkler 地基模型考虑未受荷桩的存在对土的加筋效应，对竖向受荷条件下群桩的桩-桩相互作用系数进行了修正，但未对其他问题作进一步分析，且只能对两根桩进行分析。陈明中(2000)、胡德贵(2000)采用类似的方法讨论了加筋效应系数的影响因素。石名磊(2003)、竺松(2008)进一步将受荷桩也考虑进来，分别采用不同的常假定折减系数近似地得出了考虑加筋效应的相互作用系数。Randolph(2003)对 Mylonakis 和 Gazetas 的方法进行了详细的论述。梁发云等(2005)基于 Muki 等提出的较为虚拟桩模型，以两桩相互作用模型为例，讨论了加筋效应，但未见其应用于群桩沉降分析的文献。

本节提出考虑加筋效应的桩间相互作用系数，利用叠加原理得出能计算高桩承台群桩基础在弹性工作性状下沉降量的广义剪切位移法。

1）考虑加筋效应的沉降折减系数

考虑两根几何尺寸相同的桩，两根桩中的单根桩(桩 A)的沉降由 3 个部分叠加组成：

①桩A在荷载 P 作用下,产生的弹性位移,即单桩沉降;②相邻桩B在荷载 P 作用下,引起桩A产生的弹性位移;③在相邻桩B不受桩顶荷载状态下,桩身对地基土体产生加筋(加强)作用,导致桩A产生的弹性位移折减。定义折减系数 η 为桩A沉降折减量与不考虑桩B存在时的沉降量的比值,为无量纲一的数。

通过剪切位移法描述上述两根桩的加筋作用如下:桩A在竖向荷载作用下在深度 z 处产生位移 s_{A0},该位移通过桩周土体的剪切作用向外衰减扩散,传递到桩B同一深度处,其值为 s_{B0}。由于有了桩B的存在,导致 s_{B0} 折减为 s_B,此折减过程也将引起土体位移场的变化,假设其引起桩A的位移折减量为 s_A',桩A受到该激励作用产生的后续反应相对来说,属于二阶小量,可以忽略。假定桩A和桩B间的土体拥有相同的物理力学性质,同一深度 z 处桩A和桩B处的剪切应力有相同的折减系数,定义为 β。按上述思路分析,可得考虑加筋效应的折减系数 η 为:

$$\eta = \frac{\ln(r_m/s_a)}{\frac{s_a}{r_0}\ln(r_m/r_0)+\ln(r_m/s_a)} \tag{6-57}$$

式中: r_m——单桩受荷后沉降,引起桩侧土体发生剪切变形的影响半径;

s_a——桩心距;

r_0——桩身半径。

则考虑加筋效应后深度 z 处桩A的沉降为:

$$s_A=(1-\eta)s_{A0}=\frac{\ln(r_m/r_0)}{\ln(r_m/r_0)+\frac{r_0}{s_a}\ln(r_m/s_a)}\frac{\tau_{A0}r_0}{G}\ln(r_m/r_0) \tag{6-58}$$

需要注意,在实际群桩的沉降计算中,"加筋效应"需根据实际桩数进行叠加。采用上述分析方法和计算步骤,可得到 n 根单桩组成的群桩基础中,桩 i 的沉降折减系数 η_i 为:

$$\eta_i=\frac{\sum\limits_{k=1,k\neq i}^{n}\frac{r_0}{s_{aik}}\ln(r_m/s_{aik})}{\ln(r_m/r_0)+\sum\limits_{k=1,k\neq i}^{n}\frac{r_0}{s_{aik}}\ln(r_m/s_{aik})} \tag{6-59}$$

式中,s_{aik} 为桩 i 和桩 k 的桩心距,且当 $s_{aik}>r_m$ 时,取 $s_{aik}=r_m$。

2) *群桩沉降计算*

对于由 n 根几何尺寸相同的桩组成的群桩基础,其中桩 i 的沉降 s_i 利用弹性理论可表示为:

$$s_i=\sum_{j=1}^{n}\delta_{ij}p_j=\delta_{ii}\sum_{j=1}^{n}\alpha_{ij}p_j \tag{6-60}$$

式中: δ_{ij}——由 j 桩单位荷载引起的 i 桩的沉降;

p_j——作用于桩 j 顶部的荷载;

δ_{ii}——由 i 桩自身单位荷载引起的 i 桩的沉降;

α_{ij}——桩 j 与桩 i 间的相互作用系数,其本质是桩 j 发生单位沉降引起桩 i 发生的沉降量。

如果不考虑加筋效应，群桩基础中的任一根桩在自身单位荷载下引起的沉降都相等，即有 $\delta_{ii}=\delta_{jj}=s_0(i\neq j)$。

考虑加筋效应时，群桩基础中的单桩在单位荷载下的沉降为：

$$\delta_{ii}=(1-\eta_i)s_0=\frac{\ln(r_m/r_0)}{\ln(r_m/r_0)+\sum\limits_{k=1,k\neq i}^{n}\frac{r_0}{s_{aik}}\ln(r_m/s_{aik})}s_0 \tag{6-61}$$

显然，对于群桩基础中的桩 i 和桩 j，在其几何条件不对称情况下，其柔度系数也不相等。

式(6-60)可改写成如下形式：

$$\{s\}=s_0[\alpha][1-\eta]\{p\} \tag{6-62}$$

式中：$[1-\eta]$——考虑加筋效应的柔度折减矩阵，$[1-\eta]=\mathrm{diag}(1-\eta_1,\ 1-\eta_2,\ \cdots,\ 1-\eta_n)$；

$\{p\}$——荷载列阵，且 $\{p\}=(p_1,p_2,\cdots,\ p_n)^{\mathrm{T}}$。

由竖向平衡条件，高桩承台群桩基础总荷载 P 应等于 n 根桩的桩顶荷载之和，即：

$$P=\sum_{i=1}^{n}p_i=\{E\}^{\mathrm{T}}\{p\} \tag{6-63}$$

式中，$\{E\}^{\mathrm{T}}$ 为行向量，且 $\{E\}^{\mathrm{T}}=(1,1,\cdots,1)$。

(1) 对于柔性承台，各桩顶的桩顶荷载相同，即 $\{p\}=P/n\cdot\{E\}$，有：

$$\{s\}=\frac{s_0P}{n}[\alpha][1-\eta]\{E\} \tag{6-64}$$

(2) 对于刚性承台，各桩顶的沉降相同(均为 s_G)，即 $\{s\}=s_G\{E\}$，有：

$$s_G=\frac{Ps_0}{\{E\}^{\mathrm{T}}[1-\eta]^{-1}[\alpha]^{-1}\{E\}} \tag{6-65}$$

3) 群桩沉降比

由于群桩相邻应力的重叠使桩端平面以下应力水平比单桩高，附加应力沿深度方向的衰减比单桩更平缓，因此影响深度与压缩层厚度也大大超过单桩；一般在相同的桩顶荷载下群桩的沉降量比单桩沉降量大。这就是群桩效应在沉降方面的体现。

群桩沉降的群桩效应可用沉降比 R_s 来表示：

$$R_s=\frac{\text{桩群的平均沉降 } s_G}{\text{桩群中的孤立单桩在相同平均荷载下的沉降 } s_1} \tag{6-66}$$

(1) 对于柔性承台，有：

$$R_s=\frac{\dfrac{\{E\}^{\mathrm{T}}\{s\}}{n}}{\dfrac{P}{n}s_0}=\frac{1}{n}\{E\}^{\mathrm{T}}[\alpha][1-\eta]\{E\} \tag{6-67}$$

(2) 对于刚性承台，有：

$$R_s=\frac{s_G}{\dfrac{P}{n}s_0}=\frac{n}{\{E\}^{\mathrm{T}}[1-\eta]^{-1}[\alpha]^{-1}\{E\}} \tag{6-68}$$

6.5 某大桥桩基工程实例分析

6.5.1 工程概况

根据设计方案，某长江公路跨江大桥工程为双跨连续的三塔悬索大桥，主桥桥跨布置为390 m+1 080 m+1 080 m+390 m(图 6-48)。按项目特点，跨江大桥工程分北引桥、北锚碇、北塔墩、中塔墩、南塔墩、南锚碇及南引桥七大部分。

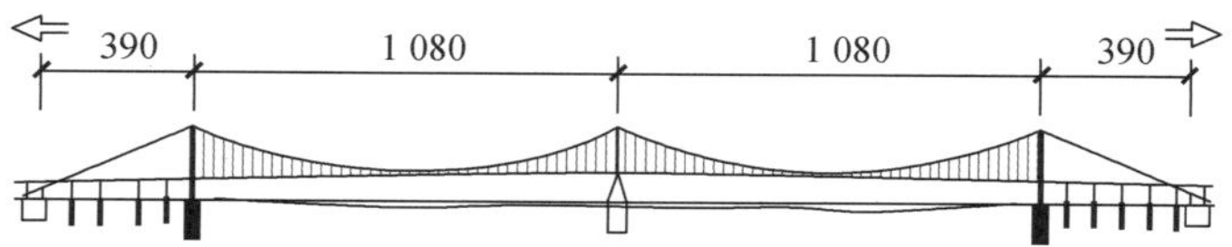

图 6-48 跨江公路大桥三塔悬索桥总体布置图

主跨南塔墩基础采用 46 根直径 2.8 m、间距 7.2 m 的钻孔灌注桩和几何尺寸为77.4 m×32.6 m×6.0 m 的变截面哑铃形混凝土承台组成的大型群桩基础。南塔墩桩基的桩底标高为-101.00 m，桩长 97 m。如图 6-49 和图 6-50 所示。

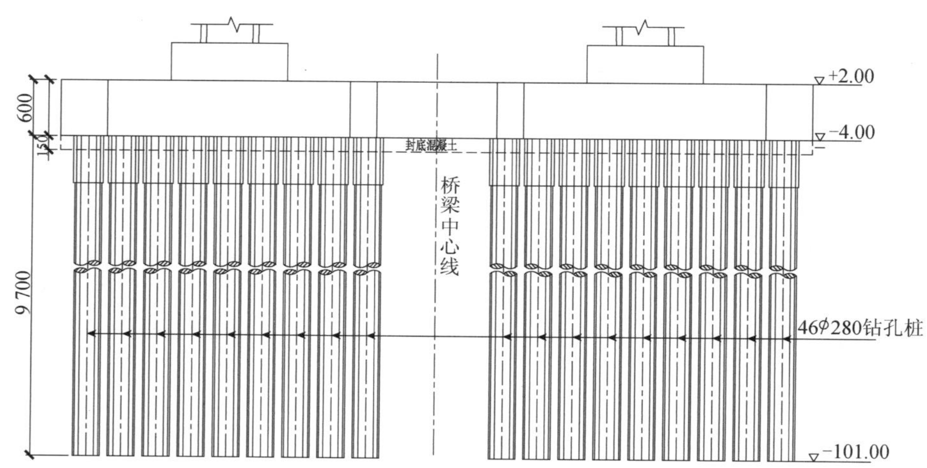

图 6-49 南塔墩钻孔桩基础一般构造立面图(高程单位:m,其他单位: cm)

根据工程特点，结合该桥址区地层特征，按地层时代、成因类型、土性、埋藏条件、土质特征及物理力学性质将桥址区地层分成 8 个大层。

(1) 全新统(Q4)分为 2 层(1—2 层):总体上以松散粉砂为主，局部夹软塑状亚黏土层，土颗粒较细，以砂粒土为主。1 层:表层亚黏土、新近沉积的淤泥质亚黏土、松散的粉砂、细砂，该层含三个亚层。2 层:上部为稍密—中密状粉砂、细砂，下部为亚砂土及亚黏土夹粉砂，塔址区分两个亚层。

(2) 上更新统(Q3)分为 3 层(4—6 层):本期地层上部为细粒土，由上至下土粒逐渐变粗，且具有细-粗-细-粗等韵律特征，为河口冲积洪积相夹海陆过渡相沉积物。3 层:缺失。4 层:为粉砂、细砂、中粗砂等，塔址区分 3 个亚层。5 层:为粉砂、细砂及中粗砂层，塔址区分 2 个亚层。6 层:以粗砂、砾砂为主，局部夹砾、卵石及粉细砂，根据其颗粒特征，将其分为 6 个亚层;其土性具明显的韵律特性。

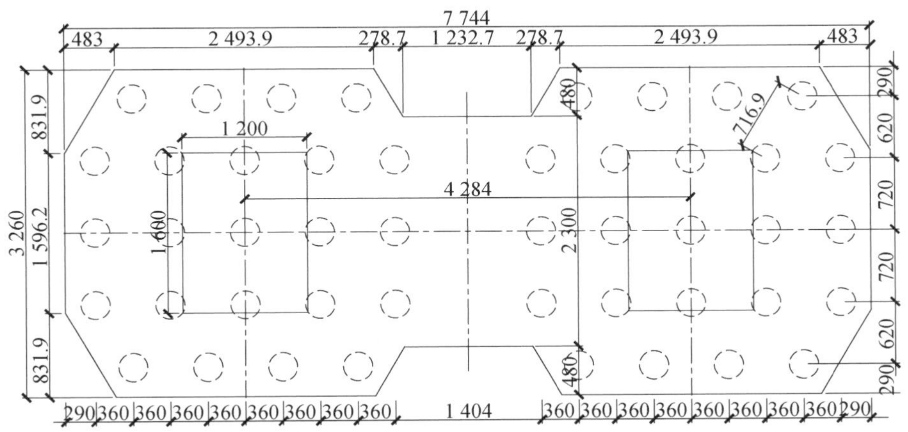

图 6-50　南塔墩钻孔桩基础一般构造平面图(单位：cm)

(3) 中更新统(Q2)分为 2 层(7—8 层)：土层以粗粒土为主，局部间夹细粒土，为河口相沉积物。7 层：上部以粉砂为主，下部以砾砂为主，间夹粉砂、细砂，分 2 个亚层。8 层：以粉砂、砾砂为主，局部夹中砂，分 2 个亚层。

(4) 下更新统(Q1)分为 1 层(9 层)：土层以细粒土为主，局部间夹粗粒土，为河口相沉积物。其特征是上部细、中部粗、下部细；且有细-粗-细等韵律特征。本塔址区在 170 m 深度内未提示该层。

根据该大桥南塔墩工程地质勘察报告，南塔墩桩周土体各土层物理力学指标如表 6-5 所列。

表 6-5　南塔墩各土层主要物理力学指标推荐表

岩土编号	岩土名称	天然含水量 ω (%)	天然密度 ρ (g/cm^3)	天然孔隙比 e	直剪快剪		压缩模量 $E_{s0.1-0.2}$ (MPa)	标贯击数 N(击)	标贯修正击数 N(击)
					黏聚力 c(kPa)	内擦角 φ(°)			
1-1	亚黏土	36.1	1.76	1.163	15.0	2.1	3.5	2.4	2.4
1-2	淤泥质亚黏土	39.4	1.81	1.107	17.8	5.1	3.9	3.1	1.9
1-3	亚砂土	30.8	1.91	0.818	13.0	32.1	15.3	9.8	9.1
2-4	细砂	25.1	1.95	0.721	8.5	33.2	12.8	20.3	17.6
2-6a	亚砂土	30.4	1.88	0.900	10.5	34.6	10.2	19.5	15.7
4-3	粉砂	25.4	1.95	0.716	8.2	32.8	13.5	50.7	38.2
4-5	砾砂	13.1	2.09	0.453	—	—	24.2	49.7	35.0
4-6	含砾细砂	16.9	2.01	0.530	—	—	16.4	48.5	33.1
5-1	细砂	21.2	2.04	0.495	—	—	14.3	65.7	44.2
5-1a	亚黏土	30.4	1.93	0.831	33.0	13.2	6.3	—	—
5-3	砾砂	11.8	2.15	0.350	—	—	21.9	58.9	38.1
6-1	粉砂	24.8	1.91	0.759	8.3	33.6	14.7	59.1	36.5
6-1a	亚黏土	30.3	1.90	0.897	28.5	8.4	10.7	33.0	20.2
6-2	砾砂	13.7	2.02	0.605	—	—	35.0	69.0	40.9
6-3	粉砂	19.7	2.00	0.602	7.0	33.1	15.0	75.4	43.6

（续表）

岩土编号	岩土名称	天然含水量 ω（%）	天然密度 ρ（g/cm^3）	天然孔隙比 e	直剪快剪		压缩模量 $E_{s0.1-0.2}$（MPa）	标贯击数 N（击）	标贯修正击数 N（击）
					黏聚力 c（kPa）	内擦角 φ（°）			
6-3b	黏土	34.5	1.86	0.872	—	—	4.9	25.0	14.3
6-4	砾砂	11.8	2.02	0.560	13.0	34.8	22.3	75.6	40.3
6-4a	圆砾土	11.4	2.15	0.350	—	—	40.0	87.0	48.5
6-5	含砾中砂	15.9	1.95	0.597	—	—	20.0	71.8	35.7
6-6	砾砂	11.9	1.88	0.347	—	—	29.1	67.3	32.0
6-6a	含砾中砂	13.9	2.03	0.454	12.0	33.8	16.2	80.3	37.8
7-1	粉砂	22.3	1.98	0.636	7.3	32.0	17.0	74.4	31.4
7-1a	圆砾土	14.4	2.15	0.350	—	—	40.0	80.6	34.2
7-4	砾砂	16.2	1.99	0.670	39.0	10.2	35.0	—	—
7-4a	粉砂	16.6	2.03	0.572	—	—	17.5	—	—

6.5.2 桩顶竖向荷载水平及土体参数选取

1）桩顶竖向荷载水平

群桩基础的基桩平面布置及桩号如图 6-51 所示。

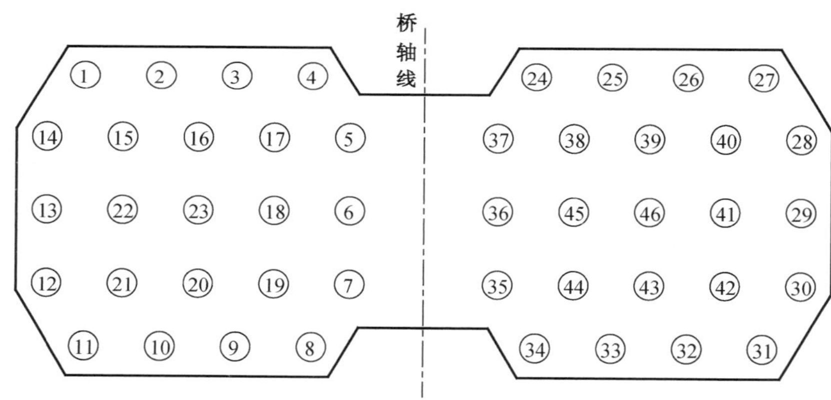

图 6-51　大桥南塔墩基桩布置示意图

南塔墩群桩基础上部竖向荷载如表 6-6 所列，则群桩基础上部荷载设计值可取为 1 030 021.0 kN（活载及其他荷载作为安全裕度也计算在内），单根桩顶部平均竖向荷载为 22 391.8 kN。

表 6-6　南塔墩群桩基础上部荷载设计值

荷载组合	竖向荷载（kN）
承台自重	344 863
承台顶部一期恒载（一个塔柱）	277 985
承台顶部二期恒载（一个塔柱）	43 200
承台顶部活载（一个塔柱）	20 015
其他荷载（风荷载、温度荷载等）（一个塔柱）	1 379

南塔墩工程地质勘察报告以《公路桥涵地基与基础设计规范》为设计依据，给出南塔墩群桩基础单根钻孔灌注桩的极限竖向承载力估算值为 90 166.3 kN，则南塔墩群桩基础单根钻孔灌注桩承受的平均上部荷载占其极限竖向承载力约 24.8%。按照设计要求认定，该长江公路大桥群桩基础的工作性状应处于弹性状态，而土层介质变形后可进入塑性范围。

2）桩、土本构模型的选取

群桩基础所处地基简化分层如图 6-52 所示。考虑冲刷和施工的影响，本次计算取桩基入土深度为 96.0 m。

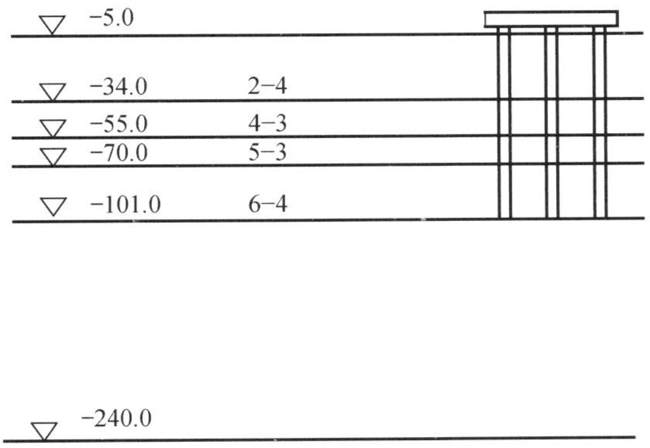

图 6-52 大桥南塔墩桩基土体计算分层示意图

将承台和桩基础混凝土均视为线弹性材料，按设计要求计算时取承台混凝土的弹性模量为 31.5 GPa（C35 混凝土）、桩基础混凝土 30.0 GPa（C30 混凝土），泊松比均取为 0.167，材料质量密度均取为 2 500 kg/m^3。

分层土体视作线黏弹性材料，由于缺乏实测实验数据，此处参考：①笔者所在课题组早年承接的另一跨江大桥科研项目的土体实测流变参数和数值分析；②该地区含水层系统原状饱和砂性土样单轴流变压缩试验。根据上述有关试验研究和数值分析表明：①饱和砂性土的压缩变形具有黏弹性固体所反映出来的应力-应变特征；②三参数的 Merchant 模型、四参数的 Burgers 模型与饱和砂性土试样的固结蠕变曲线拟合得比较好；③对于三参数的 Merchant 模型（图 6-53），黏性土的 E_K/E_H 在 2.0～5.0 之间，而砂性土的则较小一些，其 η_K 值一般在 10^8 MPa·s 量级；④饱和砂性土的蠕变变形量与同等级荷载下的总变形量的比值为 0.17～0.41。经综合考虑，拟定土体的本构模型采用 Merchant 体，计算采用的黏弹性力学参数如表 6-7 所列。

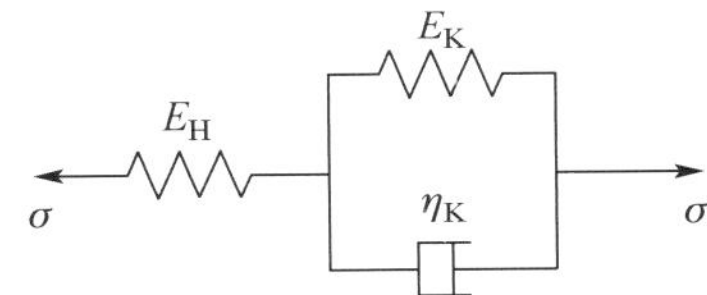

图 6-53 Merchant 模型

表 6-7 土体黏弹性力学参数

土层	E_H(MPa)	E_K(MPa)	η_K(MPa·月)
2-4	19.2	24.0	160.0
4-3	20.3	25.3	168.8
5-3	32.9	41.1	273.8
6-4	33.5	41.8	278.8
桩端平面以下	33.5	41.8	278.8

6.5.3 群桩沉降计算结果与分析

1）基桩沉降折减系数

群桩基础中基桩的沉降折减系数如图 6-54 所示。

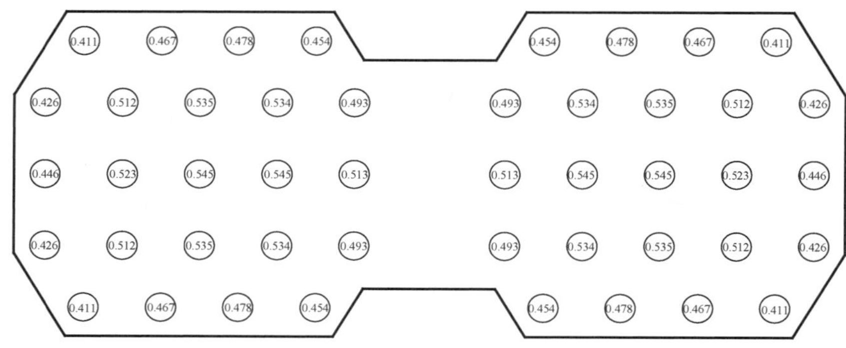

图 6-54　南塔墩基桩沉降折减系数

从图 6-54 可见，基桩的沉降折减系数与基桩所处的位置有关：角桩的折减系数较小，边桩的折减系数稍大，内部桩的折减系数最大；第一排桩的平均折减系数最小，第二排桩稍大，第三排桩最大。这是因为在沉降影响半径范围内，承受竖向荷载的内部桩所影响的范围内地基土体受较多其他桩的加筋作用，从而在其他基桩桩顶不作用荷载情况下产生的沉降量较小；而边桩和角桩由于相邻的基桩较小，因而相同情况下能产生较大的沉降。

上述结论和 6.3.2 小节的结论并不矛盾，应该这样理解：①仅考虑桩顶作用相同的荷载，而不考虑其他因素，则内部桩较边桩和角桩，由于其受较多相邻桩的“加筋作用”因而有产生较小的沉降趋势；②内部桩的桩端处应力叠加程度较边桩和角桩大，因而具有较大的沉降趋势；③综合考虑上述两点因素，产生沉降的趋势仍然是内部桩最大、边桩次之、角桩最小；④大刚度承台能起到调节过大的沉降错移的作用，对沉降趋势较大的桩顶则作用较小的轴力。因此，轴力的分布规律为角桩大于边桩大于内部桩。

2）群桩沉降量随时间的增长变化

设定大桥群桩基础承台施工期为 0.5 年，上部桥跨结构合龙之前桩基的施工期为 1 年，合龙后桥面铺装、人行道铺设等二期恒载施工期为 0.5 年，大桥通车后活荷载作用时间无限制，而此处总的计算时间取为 15 年。假定荷载在每个月末一次性施加，月末施加的荷载如表 6-8 所列。

表 6-8　荷载施加表(月末一次性施加)

时间(月)	1～6	7～18	19～24	25～36	37～180
荷载(MN)	57 477	46 331	14 400	3 566	0

单桩在单位荷载作用下沉降随时间的变化曲线如图 6-55 所示。考虑桩顶荷载的累加以及群桩效应的影响，由已知曲线经过叠加得到该大桥南塔墩群桩基础的沉降随时间的变化曲线如图 6-56 所示。

由图 6-54 和图 6-55 可见：①考虑桩侧土体剪切流变和桩端土体压缩流变特性的大桥南塔墩地基处单桩在单位荷载下的流变沉降量为 0.52 mm，占总沉降量 1.28 mm 的比例为 41%；②考虑加筋效应的大桥南塔墩群桩基础的最终沉降量为 144.4 mm；③在 0～18 个月间，沉降曲线呈下凹状，说明在此期间沉降加速发展；在 19～36 个月间，沉降曲线呈上凸状，说明在此期间，沉降的发展逐渐缓慢，第 36 个月末的沉降量占总沉降量的 95%；在 37 个月之后，沉降曲线基本呈现为直线，说明沉降已经收敛完成。因此可认为大桥合龙1年半后，大桥南塔墩群桩基础沉降趋收敛完成。群桩基础在合龙前的沉降量为108.2 mm，主梁合龙后的沉降量则为36.2 mm，其最终沉降量为144.4 mm，工后沉降量占总沉降量约25.1%。以上计算值经与现场实测值相比照，有一定的吻合度。

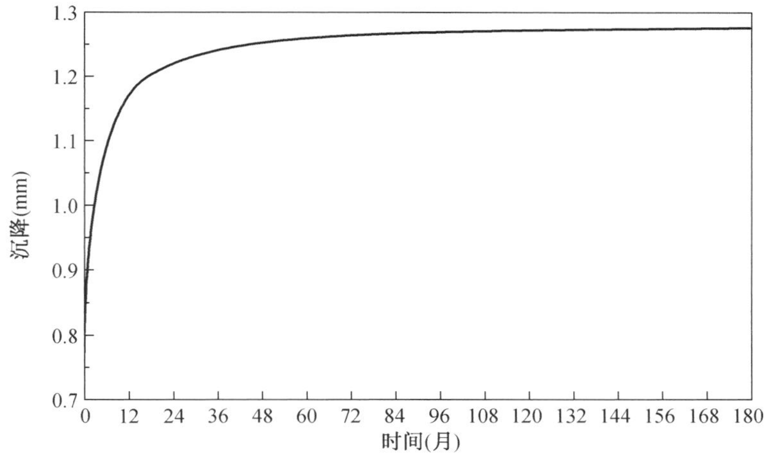

图6-55　单桩沉降-时间曲线

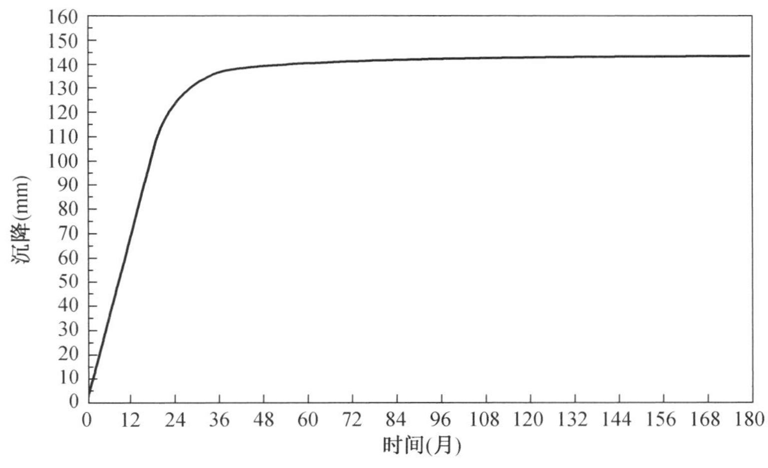

图6-56　南塔墩群桩基础沉降-时间曲线

由此，以大桥合龙前的墩基沉降而言，即使沉降收敛值较大，也不足为虑，因为这可以通过调整大桥主梁的预拱度而得到消除；但在大桥合龙以后，再加筑的路面和铺装以及通车后车辆活载等引起的墩基后续沉降，以及两个墩基土体长期流变产生的附加沉降（含两墩间相对的差异沉降），则将在大桥主缆、吊索和主梁内产生附加内力与变形，所以这是设计上应予关注、分析的重点。本章的研究方法和结果可作为这方面研究的理论依据和参考。由于南、北两边墩对该问题的分析计算方法是类同的，但因两处墩基地质条件有所不同，其沉降量将会有一定差异；中间主墩沉井，由于荷载底面积大，其沉降量经粗算得该值极小，在计算中可视为无沉降考虑。因上述原因，限于篇幅，本章只计算了一处边墩，如需对另一边墩作计算分析，当可参照本章所述方法，此处不再赘列。

6.6 本章主要结论

本章结合某跨江公路大桥主跨南、北边塔墩群桩基础，采用三维非线性有限元法比较细致深入地研究了群桩基础竖向承载特性；又对地基土体采取变形收敛的(以反映砂性土实际)黏弹性本构关系，计算分析了南塔墩群桩基础的施工期沉降量和工后沉降量。研究得出的一些主要认识和结论如下。

(1)“群桩效应”导致桩顶轴力在平面上的分布具有不均匀性，呈现近似 W 形的分布规律性。其角桩和边桩的轴力较大，而承台内部各根桩的轴力则较小。之所以呈现这样的规律性，是因为在桩距较小的情况下，基桩与土体相互作用导致各桩传递到桩端处的应力互相叠加；边桩和角桩由于其相邻的桩相对较少，其桩端处的这种应力叠加程度也相对不大。反之，承台内部各桩桩端处的应力叠加程度则又相对比较大，因而具有较大的沉降趋势。在大刚度承台的调节作用下，角桩和边桩将承担较多的荷载以平衡内部各根桩的过大沉降。可以看出，正是由于这种群桩效应的影响，导致大桥的桩顶荷载呈不均匀分布，边桩和角桩承担的荷载相对较大，而内部各根桩承担的荷载则较小。可以认为，这将使群桩基础整体上其总的竖向承载力存在有一定的损失，而相当程度地小于单桩承载力乘以桩数，值得设计关注。

(2) 桩体轴力沿桩身的分布规律因基桩所在位置的不同而不同。角桩和边桩的轴力沿轴身向下随深度加大而减小的幅度比较大，而承台内部各根桩的轴力沿桩身向下深度而减小的幅度则相对较小。究其原因是因为桩周侧面土体摩阻力的作用，边桩和角桩由于其在竖向荷载作用下，桩土之间产生了比较大的错动滑移，桩侧摩阻力得到了较大的发挥，所以桩轴力沿桩身减小的幅度比较大。

(3)桩侧土体摩阻力沿桩身的分布也因基桩所处位置的不同而不同。桩周侧摩阻力在桩身下部达到其最大值，直至桩端处则趋于减小。其原因是因为在荷载作用下桩身上部先产生了错动滑移，桩侧摩阻力开始发挥；随着荷载增大，桩身下部与土体之间也产生了错动滑移，桩身底部的土体侧摩阻力逐渐发挥。桩侧土体摩阻力值的大小取决于两个方面：一是桩土接触面处相对位移值的大小，二是接触面上土体正应力的大小。其最大值出现在两者的最佳结合处。

(4) 随着对桥基沉降问题研究的深入，越来越多的研究已认识到桥基土层的变形压缩量中包含了一定比例的的流变变形量，不仅黏土具有流变特性，饱和的砂性土的变形在其应力水平达到流变下限值以上时也与时间有关，同样具有宏观的流变特性。但不同之处在于，砂土经过历时压密后的固结度快速增大，在一定时间后沉降变形将呈稳定而收敛于定值。此处采用了土体流变学的理论和方法，用具有变形收敛性的 Merchant 黏弹性模型来模拟饱和砂性土的变形特征，这已为一些室内实验所证实，得到的认识和结论是基本可信的。

(5) 计算表明，在 0～18 个月间沉降加速发展，大桥南塔墩群桩基础沉降曲线呈下凹状；在 19～36 个月间沉降的发展逐渐缓慢，沉降曲线呈上凸状，第 36 个月末的沉降量占总沉降量的 95%；在 37 个月之后，沉降曲线基本呈现为直线，说明沉降已经收敛完成。因此可认为大桥合龙 1 年半后，大桥南塔墩群桩基础沉降趋收敛完成。群桩基础在合龙前的沉降量为 108.2 mm，主梁合龙后的沉降量为 36.2 mm，其最终沉降量为 144.4 mm，工后沉降量占总沉降量约 25.1%。可见，考虑地基土体材料黏滞性的土工流变计算显得十分必要。

参考文献

[1] 史佩栋. 桩基工程手册(桩和桩基础手册)[M]. 北京:人民交通出版社,2008.
[2] 江苏省长江公路大桥建设指挥部. 江阴长江公路大桥工程建设论文集[C]. 北京:人民交通出版社,2000.
[3] 周世忠. 江阴长江公路大桥工程技术总结[M]. 北京:中国科学技术出版社,2005.
[4] 吴胜东,吉林. 润扬长江公路大桥建设:第一册:建设管理[M]. 北京:人民交通出版社,2006.
[5] 吴胜东,吉林. 润扬长江公路大桥建设:第二册:科研、试验与勘测[M]. 北京:人民交通出版社,2005.
[6] 苏通大桥建设指挥部. 苏通大桥论文集:第一辑[C]. 北京:中国科学技术出版社,2007.
[7] 赵维炳,施建勇. 软土固结与流变[M]. 南京:河海大学出版社,1996.
[8] 杨元明. 工程中土的流变特性及其应用[M]. 西安:西安地图出版社,2006.
[9] 刘志峰. 黏性土流变特性及其在桥梁桩基工程中的应用[D]. 上海:同济大学,2007.
[10] MALININ N I, DJUNISBEKOV T M, KESTEL'MAN V N, et al. Stress relaxation in viscoelastic materials [M]. Enfield: Science Publishers,2003.
[11] 王启铜. 柔性桩的沉降(位移)特性及荷载传递规律[D]. 杭州:浙江大学,1991.
[12] 张保良. 层状土中群桩沉降分析[J]. 上海力学,1996,17(1):69-75.
[13] 杨挺青,罗文波,徐平,等. 黏弹性理论与应用[M]. 北京:科学出版社,2007.
[14] 刘金砺. 桩基工程设计与施工技术[M]. 北京:中国建筑工业出版社,1997.
[15] 刘金砺. 高层建筑桩基工程技术[M]. 北京:中国建筑工业出版社,1998.
[16] POULOS H G. Pile group settlement estimation: research to practice[J]. Geotechnical Special Publication, 2006(153):1-22.
[17] 龚晓南. 复合地基理论及工程应用[M]. 北京:中国建筑工业出版社,2002.
[18] 张忠苗. 桩基工程[M]. 北京:中国建筑工业出版社,2007.
[19] 张雁,刘金波. 桩基手册[M]. 北京:中国建筑工业出版社,2009.
[20] RANDOLPH M F, WROTH C P. Analysis of deformation of vertically load piles[J]. Journal of the Geotechnical Engineering Division, ASCE, 1978, 104(12):1465-1488.
[21] MATTES N S, POULOS H G. Settlement of single compressible pile[J]. Journal of the Soil Mechanics and Foundations Divesion, 1969, 95(2):189-207.
[22] POULOS H G, DAVIS E H. The settlement of single axially loaded incompressible piles and piers[J]. Geotechnique, 1968, 18(3):351-371.
[23] COOKE R W. The settlement of frictation pile foundation[C]. Proc Conf Tall Buildings, Kuala Lumper, 1974.
[24] COOKE R W. Jacked piles in London clay: a study of load tranfer and settlement under working condition[J]. Geotechnique, 1979, 29(2):113-147.
[25] RANDOLPH M F, WROTH C P. Analysis of vertical deformation of pile groups[J]. Geotechnique, 1979, 29(4):423-439.
[26] MYLONAKIS G, GAZETAS G. Settlement and additional internal forces of grouped piles in layered soil[J]. Geotechnique, 1998, 48(1):55-72.
[27] MYLONALIS G. Winkler modulus for axially loaded piles[J]. Geotechnique, 2001, 51(5): 455-461.
[28] 陈明中. 群桩沉降计算理论及桩筏基础优化设计研究[D]. 杭州:浙江大学,2000.
[29] 胡德贵,罗书学,赵善锐. 加筋效应对群桩沉降计算的影响[J]. 工业建筑,2000,30(11):38-42.
[30] 石名磊,邓学钧,刘松玉. 群桩间"加筋与遮帘"相互作用研究[J]. 东南大学学报,2003,33(3):343-346.
[31] 竺松. 群桩"加筋遮帘"效应及桩土荷载分担比研究[D]. 杭州:浙江大学,2008.

[32] RANDOLPH M F. Science and empiricism in pile foundation design [J]. Geotechnique, 2003, 53 (10):847-875.

[33] 梁发云,陈龙珠,李镜培. 加筋效应对群桩相互作用系数的影响[J]. 岩土力学,2005,26(11):1757-1760.

[34] MUKI R, STERNBERG E. Elastostatic load-transfer to a half-space from a partially embedded axially loaded rod[J]. International Journal of Solids and Structures, 1970, 6(7):69-90.

[35] SCHAPERY R A. Approximate methods of transform inversion for visco-elastic stress analysis[C]// Proc. the 4th U. S. National Cong. Appl. Mech. Berkeley:[s. n.], 1962, 1075-1085.

[36] 叶建忠,周健. 砂土中桩的刺入变形与端阻力发挥的初步研究[J]. 建筑结构,2007,37(8): 88-90.

[37] 仇亮. 复合地基中刚性桩刺入及沉降变形理论分析[D]. 南京:河海大学,2006.

第 7 章　桥梁桩基三维非线性抗震动力分析与试验

7.1　引　言

7.1.1　问题的提出

土与结构的动力相互作用问题是多年来得到相当发展的、与多学科相互交叉与渗透的研究领域。它涉及土动力学、结构动力学、计算力学、固体力学和计算机技术等多个学科，主要研究土与结构动力系统相互作用的数学模型、力学机理、耦合效应、界面特性和计算分析方法等。数十年来，工程实践对岩土地下结构工程的研究工作提出了更高的要求，通常上部结构与下部结构作分别计算考虑的做法已经不能满足建设百年宏大工程的需要，地基土与上、下部结构的动力耦合相互作用的研究成为迫待解决的学科难题，是岩土与结构工程学科发展的前沿热点。在地震力作用下，由于大桥的空间尺度相对地震波幅度而言不可忽略，而随着土体支承条件的不同，其土性条件和地震波输入也在变化，呈不连贯性反应，所以，其相对于地下建筑结构而言将更易受到桩土与上部桥跨结构相互作用耦合受力的影响。

近年来，对桩基的动力学研究取得了一定进展，但关于承受水平地震荷载下的群桩问题研究则相对较少，理论分析的结果往往与实际情况相差较大。我国《动力基础设计规范》尽管提出了几个承受动荷载桩基础的设计计算程式，但这些算式都是从承受静荷载桩基础的设计理论推广得到的，并没有考虑对桩基振动特性起决定性作用的动载频率和土体阻尼的影响，也未及考虑计入“群桩效应”，这显然是不合理的，对承受抗震动力荷载的桥桩基础进行较系统深入的动力反应分析仍然是一个复杂困难的课题。

从我国现行的抗震规范看，大多将地基视为刚性或匀质各向同性的弹性介质体来简化处理，借助于解析方法将边界条件假定为极简单情形来求解，即视地基运动等同于地面运动，不计及上部桥跨结构对土体变形和动力特性的影响，而仅将上部结构承台面上的地震剪力和弯矩按等效静力作用于桩基承台的顶部，这种简化的动力计算分析方法显然与实际情况会有较大出入。大量的工程实践表明，在桥梁桩基、高层建筑、核电站和海洋平台等大型结构的抗震设计中，采用刚性地基假设，忽略地基基础与结构物间的相互作用所得出的结构动力特性将与视“地基-结构”为一个共同体计算的结果存在明显差别。因为，地震波在向上传播的过程中会产生变化，形成具有不同于基岩输入特征的地面运动，其通过基础传输给上部结构的地震动（最大加速度峰值、位移频谱特性等）都与自由地面的地震动具有显著的差异。对这种差异的忽略，在一些情况下也许是偏于保守的，但若假设条件变为不利时，这种结果的不确定性及其影响程度就更难以确切估计。另一方面，如果结构的质量较大，其平面尺寸与地震波主要频段的对应波长相接近时，则更将不可避免地改变地面运动特性，而这种被改变的地面运动又将直接反馈而影响到结构动力响应。此外，土体作为结构物的支承介质，同时必须具备足够的承载力和稳定性，但在地震动和桩体结构物振动作用下，土体可能发生“土性软化”、“黏土震陷”和“砂土振动液化”现象，对上部结构的稳定性将产生直接的不利影响。在地震载荷作用下，桩基础只能在一定程度上顺从周围土体而运动的同时，它与土体的桩周界面上会产生一定的相对错移。桩基础将同时受到周围土体振动和上部结构惯性运动的双重反馈作用，这种双重作用的效应也是当前业界所关注的。对于这种动力相互作用问题，如不将“土体-桩-上部结构”作为整体系统考虑，事实上就无法进行合理的分析和设计，且更会导致工程浪费或偏于不安全，故此，在进行桥梁上、下部结构动力分析时，考虑土与桩体及上部桥跨结构的相互作用影响是十分必要的。

对上述问题的研究，近似的理论解析已经不能满足工程要求，依赖大型商业有限元软件和高速运行的计算机设备，对复杂桩基进行数值模拟，比较充分地计入地基与结构的相互影响，将是地下桩基结构工程计算分析的发展必然。

现今，土与上、下部结构的静、动力相互作用日益引起国内外科学与工程界的极大关注。原因其一是由于所建工程的尺寸和规模日益宏大，计算得失更显举足轻重；其二是因为这些工程所建的地基条件一般都很复杂，包括地形、地质及岩土的力学特性都常遇到复杂多变的情形（如断层破碎带、风化、软弱土和液化等）；其三是中等以上烈度的地震级别对这些结构物的作用愈益控制设计，近似的粗略计算已显得无能为力。

正是基于上述考虑，本章将围绕桩土与桥梁上、下部结构动力相互作用体系的基本理论以及有限元-无限元组合数值分析方法和振动台试验研究，结合“成层地基土-群桩体-桥跨上部结构”体系的动力相互作用特性，无限域地基的模拟及其地震动输入方式等开展较为合理且系统深入的探讨，供相关设计参考、采用。

7.1.2 土体与结构动力相互作用的研究方法

地震作用下上部结构的振动（惯性）响应是一个结构与地基的运动通过基础发生耦合的复杂相互作用问题。从动力学角度讲，由震源出发，通过场地土传播的地震波输入到结构体系，使其振动。此时，结构体系产生的惯性力如同新的震源又反过来作用于场地，引起的场地变形将使土-结构体系交界面的运动不同于自由场地情况。这种现象称为土-结构体系的动力相互作用（Soil-Structure Interaction，SSI）。这种土-结构相互作用有时明显地影响结构体系的变形和应力，其特性及相互影响程度，不仅取决于土体刚度，同时与结构的刚度和质量有关。

事实上，地基-基础-上部结构是彼此不可分的整体，每一部分的工作性状都是三者相互作用的结果。相互作用分析就是把上部结构、基础和地基看成是一个彼此相关联的整体，在连接点和接触点上满足受力平衡和变形协调的条件下求解整个系统的变形和内力。已有的研究认为考虑相互作用的效果是：第一，结构的动力特性改变，自振周期延长，等效阻尼增大；第二，结构的地震反应改变，内力及弹性位移反应改变；第三，地基运动特性改变，接近结构自振频率的分量加强，加速度幅值减少。

土体与结构动力相互作用问题是一个复杂的研究课题，涉及地基、基础和上部结构的三方面模拟，对于重大工程还涉及地基基础和上部结构的非线性分析，总的来讲，其主要研究方法有：①理论计算分析法；②模型试验法；③现场原位观测法。

1）理论计算分析法

理论计算分析方法是土-结构动力相互作用研究的基础。

(1) 按求解域来分,理论计算分析方法可分为频域分析法和时域分析法。频域分析法只适应于线性问题的求解,时域分析法既可以求解线性问题又可以求解非线性问题。

(2) 按结构计算体系来分,理论计算分析方法可以分为直接法和子结构法。直接法将地基基础和结构作为一个整体进行分析,可以同时得到地基基础与结构的反应。子结构法是将上部结构与地基分成多个子结构,每个子结构分别独立求解,然后通过子结构之间交界面的协调条件进行综合求解,从而得到整个系统的动力反应。子结构法对于当基础可假设为刚性基础或基础的变形可以用少量的自由度数来表示时,应用较为方便,对于每个子系统(结构、基础、地基)的分析,均可以采用最适合于整个问题中该局部部分的分析方法,而且在计算工程中,可以得到有意义的中间结果,从而有助于加深对相互作用效应的理解,也有助于检验最终结果的精度。子结构法在频域上也可方便地用于阻抗函数法,处理线性地震反应,在时域上可用于线性和非线性地震反应分析,但由于子结构法采用了叠加原理,理论上只用于线性系统,另外,子结构法无法获得土体中位移和应力场的变化情况,不能用于土-结构动力相互作用对地基稳定性影响的研究。

(3) 按地震动输入方式不同,将土-结构动力相互作用分为确定性地震反应分析和随机地震反应分析。确定性地震反应分析是针对一条或几条已知的地震加速度时程曲线,进行确定性的数值积分,即将地震动作为时间的确定函数求解结构反应的时间波形。由于地面运动是一个非平稳的随机过程,因此,将随机振动理论应用于结构地震反应分析也是合理的。

(4) 按求解方法分类,理论计算分析方法主要有简化的解析法(集中质量法或 S-R 法为主)和精确的数值法两种。简化法要求简单规则的边界条件及均匀的介质,主要偏重于桩基的动阻抗求取,而数值方法侧重于土域的模拟,如有限元法可以真实地模拟土与结构相互作用的力学性能,能够考虑结构周围土体变形及加速度沿土剖面的变化,适当地考虑土的非线性特点,然而,在反映地基无限域时,有限元方法的计算量很大,虽然可以通过设置人工边界的方法减小工作量,但是又会增加人工边界的精度、稳定性、适应性等问题,通常采用的人工边界有黏滞阻尼边界、协调边界、叠加边界、旁轴边界、多次透射边界、边界元、无限元等。

下面以求解方法为准,进行详细分类介绍。

2) 简化的解析法

简化的解析法中,动力文克尔地基梁法应用最广,此外还有弹性地基梁法和弹性连续体法等。由于动力群桩效应所受影响因素较多,针对其本身的特点,有一些特定的方法。其中,最实用的一种就是基于简化理论的群桩效应因子法,Poulos 和 Davis(1980)在其著作 *Pile Foundations Analysis and Design* 里全面论述了横向受力群桩的静力相互作用过程,尽管这种静力因子不能简单套用在动力分析中,但是却为动力桩基工程实用化提供了一条理论捷径。

(1) 动力文克尔地基梁法(Dynamic Beam-on-Winkler-Foundation)

Berrones 和 Whitmans(1982)是较早将基于文克尔简化动力模型应用于桩-土动力相互作用分析的学者,他们给出了不同的桩头条件、激振方式下的桩土系统的运动特性,得出桩的存在并不能显著减少水平运动,但是却对摇摆有重要影响的结论,当然其最大贡献是明确提出了广为沿用的桩-土-结构共同作用两步骤分析模式(无质量刚性承台假定下的刚体相互作用与惯性相互作用结果的叠加即为体系反应量),这为上、下部结构相互作用的量化分析提供了新的途径。

基于 Winkler 地基假设，每一层土的反应与相邻土层无关，采用梁模拟桩，离散的弹簧系统模拟桩土相互作用。尽管这个假设忽略了土层之间的剪力传递，仍然被证明对于桩的横向静力和动力反应分析是一种行之有效的方法。在土-桩接触处离散成一系列的点，用弹簧和阻尼器组合代表每层土-桩相互作用的刚度和阻尼。土-桩弹簧为线弹性或非线性，通常用来模拟非线性土-桩刚度的 $p-y$ 曲线可由现场试验结果推导。采用 Winkler 地基梁法，还可以考虑土-桩之间的裂缝、土刚度的循环退化等。但是由于它对土-桩接触面进行了二维简化，径向和相互作用的三维分量被忽略了。Nogami(1988)认为在桩基础动力反应分析的几种土-桩相互作用模型中，以 Winkler 模型最为简单、计算最为有效。此外，各国学者还提出了很多不同的计算模型，比较常用的有 Penzien 模型、Matlock 模型、El Naggar 模型、Novak 模型、Nogami 模型、Boulanger 模型和 Kagawa 模型等。

(2) 弹性地基梁法(Beam-on-Elastic-Foundation)

Herenyi 最早给出四阶微分方程形式的弹性地基梁解(即地基反力方法)，其计算式为：

$$EI\,\frac{\mathrm{d}^4 y}{\mathrm{d}z^4} = P \tag{7-1}$$

式中，$P=-E_s y$，E 和 I 为桩的弹性模量和惯性矩，y 为桩的变形，z 为土表面下的深度，E_s 为地基反力模量，P 为土对桩的反力。

由于这是针对弹性连续介质的方法，对于任意分布的土或桩刚度的解析解很难得到。这种方法主要用于横向加载的桩的静力问题，在土-桩-上部结构相互作用分析中可用来确定桩头刚度项。Matlock 和 Recse(1960)对嵌入模量随深度变化的土中的刚性和柔性桩在横向荷载下的情况给出了广义迭代求解方法。Davisson 和 Gill(1963)研究了嵌入层状土介质中横向加载的桩的情形，每层土地基反力模量恒定，但各层不同。他们得出结论：近表面土的模量是桩反应的控制因素，对土的研究和特性应该集中于这个区域。在式(7-1)中，土对桩的水平反力 P 的不同假定，导致了不同的计算方法。地基反力模量 E_0 为常数时，即为张氏(张九龄)法；假定 E_s 随深度线性增长，$E_s=mz$，m 为常数(称为地基反力比例系数)，即为 m 法。我国工程界一般采用 m 法，m 值一般由单桩水平荷载试验资料按一定公式计算。

(3) 弹性连续体法(Elastic Continuum)

弹性连续体法是基于 Mindlin 对点荷载施加于半无限体的近似解而发展起来的。解的精度与土的杨氏模量以及土的其他参数直接相关。这种方法的局限性在于很难考虑土-桩的非线性行为(可以采用等效线性化方法)，它更适合于小应变、稳态振动问题。另外，该方法也不能考虑层状土，只对土层模量随深度恒定、线性增大和按抛物线增大三种情形有解。

连续介质力学模型能够考虑波在土体内的传播和扩散，解决了质弹阻理论难以解决的辐射阻尼问题和参振质量问题，但是它们都难以考虑土的非线性以及土体复杂的边界条件。

3) 数值分析方法

目前，用于土-结构动力相互作用分析的数值分析方法主要有：有限元法、无限元法、边界元法、有限差分法、离散元法以及杂交混合法等。

(1) 有限元法

近三十多年来，随着计算机技术、数值方法的发展，土与结构动力相互作用的研究已经从原来通过层层简化来求得解析解，发展到对大型、复杂的结构物与地基考虑成一个整体，采用有限单元来模拟分析。对整个土体-结构体系进行有限元离散化，从而计算其动力反应的优点是：它不仅可以研究相互作用对结构地震反应的影响，而且可以研究相互作用对土体地震反应的影响，同时，可以更合理地考虑土的非均质性和非线性等动力特性。值得一提的是，Lysmer(1972)等开发编写的频域内计算核电站地震反应的 FLUSH 程序，是目前仍然广泛使用的土-结构动力相互作用分析程序。它采用平面应变单元模拟地基土、梁单元模拟桩及结构；底面采用刚性边界，两侧面采用黏性边界或能量传递边界以模拟地震能量向两侧方向无限远处的逸散，设置面外黏性边界以模拟三维效应。整个计算采用复反应分析方法在频域内进行，对非线性的处理也是采用等效线性化方法。1976 年，Blaney 等采用一致边界矩阵的有限元公式代表自由场，在桩头和基底两种激励形式下，推导出桩的动力刚度系数为无量纲频率的函数。1978 年，Wolf 假定土由具有滞后阻尼的各向同性的黏弹性水平层组成，采用黏性或一致边界模拟远场、边性或固定边界模拟底部，并用有限元法求解了一个由 100 根竖直桩支承的基础，得到了三维解。1981 年，Desai 和 Appel 对横向荷载下的桩给出了三维有限元解。1981 年，Angelides 和 Roesset 发展了 Blaney 的工作，采用等效线性化方法来模拟非线性土-桩反应。Roesset 讨论了土层非线性对侧向承力桩的动力反应的影响，将围绕桩的圆柱区的土用环状有限元离散，桩模拟为一系列与有限元节点刚接的梁段。1983 年，群桩动力相互作用系数尚未引入之前，M. Ettouney 等就摒弃了用静力相互作用影响因子求取群桩动力阻抗的做法，而是采用土的平面应变假设而视桩为一系列有限单元的半数值解法来完成其动力分析，其结果表明：如果采用直接静力作用因子 R_s 来分析动力群桩情形，还不如取 $R_s=1$，即不考虑桩-桩间的影响来的精确；而且动力桩-土-桩的影响间距远较静力情形($S_{max}/D=6$)时大。Arnold, Bea 和 Idms 在 20 世纪 80 年代初期采用有限元法对 SPSI 进行了研究，他们对上部结构不同的部分，根据其可能的受力情况，采用不同的模型：基础的模拟，由非线性的管形梁-柱桩单元，非线性土-桩相互作用单元及自由场土单元构成，无论水平向还是竖向，都用并联的弹簧与阻尼器来模拟。有限元法为进行 SPSI(土体介质与地下结构相互作用)分析提供了最有力的工具，但是目前并没有得到充分体现。有限元法的优点是显然的，它可以模拟任意土层剖面，研究三维效应；对群桩的 SPSI 分析可以以全耦合的方式进行，不必求助于单独计算场地或上部结构的反应，也无须应用群桩相互作用因子。另外，有限元法可以进行真正的非线性动力相互作用分析，而不是采用等效线性化方式。但是成功应用这项技术的挑战在于必须提供合适的土的本构模型，它必须能够模拟土从小到非常大的应变行为、反力退化；另外，在时域内进行整体分析，尤其是三维动力计算分析时，存在计算量相当大、花费多等问题。为缩小地基范围，减少计算量，Lysmer(1972)和廖振鹏等相继提出了黏性边界、透射边界等人工边界，取得了较好的效果，但是人工边界当前存在的主要问题，如计算精度和计算稳定性问题，还需要进一步研究。

(2) 边界元法

边界元法自 1978 年正式问世以来，其应用得到了飞速发展。在分析 SPSI 的应用中，桩被模拟为一系列可横向和竖向运动的梁单元，其性状用动力刚度矩阵来描述，而周围土介质则被假定为均质或成层弹性半空间，用边界元法来模拟。整体分析方程是通过桩与土交界面处的平衡与相容条件来建立的。动力边界元的频域法首先是由 Dominguez 提出，Cruse 和 Rizzo 对于瞬时问题做出了非常有价值的工作。时域法是由 Cole, Niwa, Karabalis 等人较早提出。近些年来在有限元与边界元耦合动力分析方面，Karabalis, Estorff 和 Kobayashi 等人做了较多工作。Banerjee 和 Sen 采用边界元法，对非均匀土质中的群桩竖直和水平动力反应做了分析，采用他得到的 Green 函数，将桩体表面划分成许多圆柱形边界元，得到了群桩竖直振动的位移场。Mamoon 和 Ahmad(1990)基于弹性半空间中的动力 Green 函数，采用边界元法分析了均匀弹性半空间中的单桩对倾斜入射地震波的动力响应。边界元法的优点在于可以减少分析模型的自由度，可以自动满足半空间各个方向上波的辐射条件，不必设置人工边界，适用于分析半无限媒体弹性波动问题，但由于涉及格林函数和求解满阵的联立方程，计算时间较长，边界的光滑性要求较高，且不能进行非线性分析。

(3) 有限差分法

有限差分法与有限元法都属于有限体模型，用于模拟无限地基的辐射阻尼时也需要在边界上施加人工边界条件，或者将地基的离散范围选取得很大，使波在传递到边界时幅值很小。有限差分法曾用于地震地面运动分析，但该法迄今在土-结构动力相互作用分析中的应用相对较少。

(4) 离散元法

离散元法是 Cundall 在 20 世纪 70 年代初提出的一种适用于岩质地基分析的数值模型，假定岩体由互相切割的刚性块体组成，单元间以虚拟弹簧接触来传递相互作用力，从刚体动力学出发，用显式松弛法进行迭代计算。离散元法目前主要用于地下结构围岩以及岩土质边坡的失稳分析，在土坡失稳和土体液化研究方向，同济大学周健教授的研究团队已经做出不少有价值的成果，然而，在土-结构动力相互作用分析方面尚有待进一步探索研究。

(5) 无限元法

无限元法是一种半解析数值方法，将无限地基与结构接触部分的有限区域划分为通常的有限单元网格，而无限地基的其余部分划分为伸向无穷远的无限元，无限元的形函数由插值函数和一个适当的衰减函数的乘积构造。这一衰减函数要求能反映场变量在无穷介质中的分布规律并保证单元刚度矩阵的广义积分满足收敛条件。

(6) 杂交混合法

杂交混合法是通过两种不同方法的结合来求解所提出的问题，它可以是解析法与数值方法的结合，也可以是不同数值方法之间的结合，取各种方法之长。在土-结构动力相互作用问题的研究中，运用较多的还是不同数值方法之间的结合，这种结合大致有以下几种形式：有限元与边界元的结合、有限元与无限元的结合、有限元与半无限元的结合等。

4) 模型试验法

土-结构动力相互作用问题的研究中，最大的困难是缺乏必要的实际数据，因而使土-结构动力相互作用的分析存在着许多不确定性，限制了其在实际工程设计中的应用。所以，进行模型试验验证就成为一种非常重要的研究方法。模型试验法是通过试验研究土-结构动力相互作用规律的一种方法，包括小比例尺模型的室内试验和大比例尺模型的现场试验。小比例尺模型的室内试验的优点是简便易行，条件易于控制等，但是由于其试验条件过于理想化，其试验结果的可靠性往往会引起争议。大比例尺模型的现场试验需要花费大量的人力、物力和财力，所以一般只对重要的建筑物(如核电站等)进行试验。

5) 现场原位观测法

原位观测法是通过分布于各地的地震观测台网以及在实际的模型结构上安放大量的测量仪器来观察和测量真实地震波作用下建筑物(构建物)或地面的地震反应记录。它包括激振试验和强震观测两个方面，在抗震研究中起着相当重要的作用，它不仅可以获得真实的地震记录，而且可以通过埋设或安装在建筑物内的测量仪器得到建筑物的真实反应，由此可验证抗震理论和计算方法的正确性。在这方面，对核电站的原位观测获得了较多的实测数据，如 1975 年美国 Hamboldt 湾核电站，它是国际上第一个取得强震记录并最早将观测结果与计算结果进行比较的一座核电厂。此外，还有中国台湾罗东的大比例尺核电站模型，日本福岛的大比例尺核电站模型等。松谷辉雄等(1995)对 1995 年 1 月 17 日发生在日本关西兵库县南部 7.2 级强烈地震中的一幢超高层钢筋混凝土建筑的地震反应记录以及震情作了详细的报告。这些试验无疑对了解土-结构动力相互作用的机理和验证理论分析方法都有重要意义，特别是由实际地震观测得到的数据更有价值。不过到目前为止进行的原型测量试验仍然很少，对理论模型验证的试验数据还是相当匮乏。

7.2　地基土的无限域模拟研究

7.2.1　概述

在地震工程和结构分析中，地基土与结构的相互作用问题是人们近几十年一直关心和亟待解决的一大难题，这一难题的特点表现在结构为有限域，地基为无限域。过去由于受计算工具和计算方法所限，人们只能用解析的方法分析一些简单的无限域问题，如均质无限弹性空间在集中力或分布力作用下的应力分析，均质无界域中的圆孔内承受均布荷载作用等。20 世纪中后期，计算机与数值计算方法的出现和迅速发展，为土木工程分析提供了强有力的工具和方法，从而使使用有限元法求解大量的工程实际问题成为可能。然而，采用有限元方法研究经常面对的问题是如何定义无限的区域，或者与周围的介质相比，划定的计算区域过小，对于静力问题，根据圣维南原理，这个无限介质可以通过延伸有限元网格来近似地考虑较远区域的影响，而再远的包围在计算区域外的介质的影响被认为足够小，以至于可以忽略掉，即人为截取“足够大”的区域进行几何上的有限元网格剖分，同时在“人为”边界上施加相应的近似约束边界条件。这种处理方法虽然不需引入新概念，但是存在四个较为明显的缺点：一是在对“足够大”的界定上让人感到很无奈，区域较小对数值计算规模的控制很有利，但在理论上会带来较大误差，区域较大能减小理论误差，但数值计算规模将增加；二是有限元截断边界一般是近似地满足实际问题在无限远处应满足的边界条件，造成失真，在动力分析中尤需特别关注，因为网格边界可能会反射能量到模拟区域，进而影响到计算结果；三是不能反映无限域对有限元区域的影响，只能从某种程度上满足工程需要的计算精度；四是对地震动力学问题而言，由于地震波的反射与散射效应，有限地基的假设则可能导致巨大误差，有限地基模型的应用受到了极大的限制。因此，这并非是一种可靠的方法。

为了克服有限元计算方法的缺陷，解决无限域模拟的问题，20 世纪 70 年代初，Ungless 和 Anderson(1973)首先提出无限元的思想，之后 Zienkiewicz 和 Bettess(1975)完成了第一篇关于无限元单元法的论文，并于 1977 年发表了首篇系统的应用于流体波动分析的无限元论文，该文结合有限元方法，研究了不同形状河床对由二维 Helmholtz 方程控制的表面水声波的影响。虽然文中存在一些瑕疵，但已初显无限元法在求解无界域问题方面的魅力。

1984 年，Bettess 等根据整体坐标和局部坐标间的映射，首次提出了一种映射无限单元，我们称之为 Bettess 单元。1985 年，Zienkiewicz 和 Bettess 在完善文献[27, 28]工作的基础上，提出了映射无限元(Bettess 单元)概念，求解了有关浅水表面波的四个问题：①通过圆柱体时的散射；②通过椭圆柱体时的散射；③通过球体时的散射；④入射到抛物线型浅滩时波幅随浅滩几何参数的变化。1992 年，Bettess 汇聚这些研究成果，出版了世界上首部无限元方面的专著 *Infinite Elements*。但是，从 1998 年发表的论文来看，其后的工作只是对文献[30]工作的修改、补充和完善，在无限元的理论上没能再做进一步发展。1983 年，Astley 和 Eversma 结合波包络线（wave envelope）法，开始研究无限元方法，并求解了声辐射问题。1994 年，该法发展成为数学上更严谨、用途更广的映射波包络线单元（也称为 Astley 元），并求解了偶极子、四极子辐射以及圆柱体、方柱体散射等复杂问题。随后，Cremers 等（1995）开发了任意变阶的 Astley 元，用以求解更加复杂的双栅散射问题和单频相干源的反射问题。Astley 元的独特优势是可以很容易地用来求解瞬态波动问题，方法简单，理论严谨。1994 年，Burnett（1998）借助于共焦椭球变换，提出了一种非映射的无限单元，高效高精度地求解了大纵横比结构（如潜艇等）的声辐射问题，该法还可用于求解电磁波的辐射及弹性动力学问题。Burnett 元的理论经文献[39, 40]的工作得到了进一步完善。

1981 年，Chow 和 Smith 提出谐振无限固体单元，将无限元的研究引于固体中波的传播分析。Zhang C. H. 和 Zhao C. B.（1987）较早地将这一方法应用于地基-结构动力相互作用分析中。1995—2006 年，Chung-Bang Yun 等提出并研究了一种新型动力无限元，该方法可对频域和时域内二维、三维桩土动力相互作用进行分析，其位移形函数采用频域内的解析解来近似表达，这样能够反映多重波在无限外域介质中的传播特性，形函数由激励频率和外域土体空间分布和材料特性决定，因此，单元质量和刚度矩阵由频率决定，通过连续傅立叶变换可以将包含频率和波传播特征矩阵的无限单元质量和刚度矩阵由频域变换到时域，并采用实例分析验证了其所述方法应用到频域和时域桩土相互作用分析中的有效性。

许多学者在求解无限域问题的经验表明：有限元与无限元耦合模型在求解工程实际问题方面有着广泛的实用性，在模拟和近似模拟无限域问题方面表现出明显的优越性，结构和近域地基用有限元模拟，远域地基用无限元模拟，以至在保证计算精度的前提下，可大大地缩减计算工作量。总之，无限元为克服有限元在解决无界域问题时而提出，常常与常规有限元同时用来解决更复杂的无界问题，是对有限元方法的一种补充，因而它与有限元方法的“协调”与生俱在，比边界元等其他求解无界域问题的数值方法更具有优势。

无限元的基本思想就是适当地选择单元形函数，使局部坐标趋于 1 时整体坐标趋向无穷大，从几何上趋于无限远处，实现单元计算范围的无限扩大。另外，就是合理地选择位移函数，使局部坐标趋于 1 时，位移趋向零，从而实现无限远处位移为零的边界条件。无限单元法按其形函数构造方法的不同主要分为映射无限元和衰减无限元，映射无限元的坐标和位移采用不同的插值函数，其坐标函数的几何描述由一组映射函数实现，位移模式则采用与普通等参数单元相同的形函数插值得到；衰减无限元则是采用衰减函数与 Lagrange 插值函数之乘积来构造形函数，反映位移衰减特征的衰减函数主要有指数型和双曲线型。

ABAQUS 提供了一阶和二阶无限单元，这是基于 Zienkiewicz 等（1983）静力计算分析，以及 Lysmer 与 Kuhlemeyer（1969）动力响应分析而开发的。这种单元可以与标准有限单元结合，用有限元模拟近场区域，而用无限元模拟远场区域。目前，无限元动力人工边界仅适应于域内局部点源振动问题，即对从有限域穿过人工边界进入无限域的外行波的模拟有效，而对外源入射问题，无限单元尚有待进一步研究。为解决上述问题，本书针对 ABAQUS 无限单元开展了系统的时空域内的外源入射问题研究。

7.2.2　映射无限单元

1）一维二结点映射无限单元

首先，建立映射无限元在整体坐标系与局部坐标系的坐标映射关系（图 7-1），然后，在局部坐标系中进行单元分析。以一维无限元为例，节点 1 在有限元与无限元的交界处，极点到节点 1 的距离 $r_1 = a$ 对应于映射空间中的 $s=-1$。极点到节点 2 的距离为 $r_2 = 2a$（极点在 $r=0$ 处），节点 2 对应于映射空间中的 $s=0$。图 7-1 中无限元在整体坐标与局部坐标间的坐标映射函数 $r(s)$ 为：

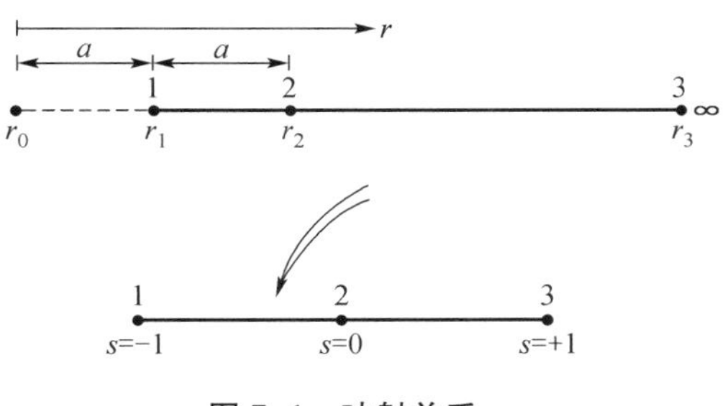

图 7-1　映射关系

$$r = -\frac{2s}{1-s}r_1 + \frac{1+s}{1-s}r_2 \tag{7-2}$$

式中，r 为整体坐标系坐标，s 为局部坐标系坐标；$M_1(r) = -\dfrac{2s}{1-s}$ 和 $M_2(r) = \dfrac{1+s}{1-s}$ 可称为映射函数。

将 $r_1 = a$，$r_2 = 2a$ 代入得：

$$r = \frac{2a}{1-s} \tag{7-3}$$

可转换为：

$$s = 1 - \frac{2a}{r} \tag{7-4}$$

当一个单元需要 $1/r$ 和 $1/r^2$ 时，就将上述的几何映射与 u 关于 s 的标准二次插值函数相结合，u 的标准二次插值函数中取节点 1 和节点 2 的位移值 u_1 和 u_2，其式如下：

$$u = \frac{1}{2}s(s-1)u_1 + (1-s)(1+s)u_2 \tag{7-5}$$

式中，$N_1 = \dfrac{1}{2}s(s-1)$ 和 $N_2 = (1-s)(1+s)$ 可称为形函数；$s=1$ 时，$u=0$，$r \to \infty$。

利用几何映射公式 $s = 1 - \dfrac{2a}{r}$，式(7-5)可变为：

$$u = (-u_1 + 4u_2)\frac{a}{r} + (2u_1 - 4u_2)\left(\frac{a}{r}\right)^2 \tag{7-6}$$

上式即为期望的结果。同样地，当 $1/r^3$ 也需要被考虑时，可用 u 关于 s 的三次插值函数，u 的三次插值函数中除了节点 1 和节点 2 的位移值外，还选用了 $s = \dfrac{1}{2}$ 处的位移值。

$$u = -\frac{1}{3}s(s-1)\left(s-\frac{1}{2}\right)u_1 - 2(1-s^2)\left(s-\frac{1}{2}\right)u_2 + \frac{8}{3}s(1-s^2)u_3 \tag{7-7}$$

其转换后的几何映射关系如下：

$$u = \left(\frac{1}{3}u_1 - 4u_2 + \frac{32}{3}u_3\right)\frac{a}{r} + (-2u_1 + 20u_2 - 32u_3)\left(\frac{a}{r}\right)^2 + \left(\frac{8}{3}u_1 - 16u_2 + \frac{64}{3}u_3\right)\left(\frac{a}{r}\right)^3 \tag{7-8}$$

映射无限元具有以下特点：①在自然坐标系下，一维无限元的无限长将被映射为有限长线段，二维无限元将被映射为正方形，三维无限元将被映射为立方体；②形函数能反映如下的衰减特性：

$$u=\frac{C_1}{r}+\frac{C_2}{r^2}+\frac{C_3}{r^3}+\cdots+\frac{C_n}{r^n} \tag{7-9}$$

式中，C_n 为常数，r 是到极点的距离。

ABAQUS 无限元分为两种：一种是二维和三维的非耦合应力分析，采用位移分量的二次插值函数；另一种是二维和三维的耦合应力-孔隙流体压力单元，其位移模式采用二次插值，而孔隙流体压力在无限远方向上采用三次插值。孔隙流体压力采用高阶插值法是为了协调：因为位移可能按 $1/r^2$ 变化，而应变(应力)可能按 $1/r^3$ 变化。ABAQUS 无限元只能将无限域沿一个方向映射，因此，下面将主要分析单向映射无限元的原理。

2）二维四结点映射无限单元

(1) 坐标变换

整体坐标系中的二维四节点映射无限元与局部坐标系的母单元转换关系如图 7-2 所示。

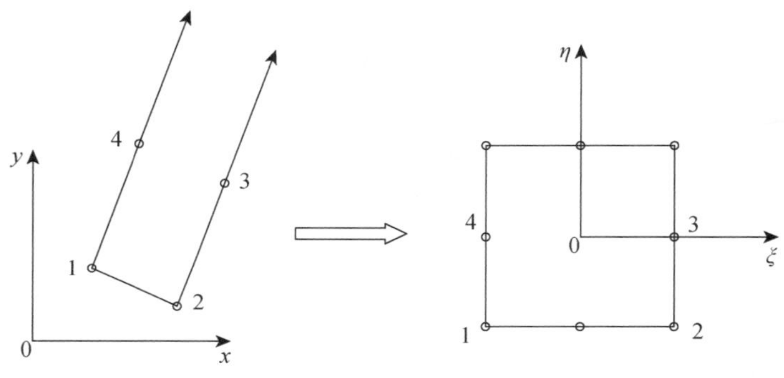

(a) 整体坐标系实际单元　　(b) 局部坐标系母单元

图 7-2　坐标系转换

整体坐标与局部坐标的转换关系为：

$$x=\sum_{i=1}^{4}M_i x_i,\quad y=\sum_{i=1}^{4}M_i y_i \tag{7-10}$$

式中，x_i 和 y_i 为各节点的坐标；M_i 为映射函数，其中：

$$M_1=\frac{-\eta(1-\xi)}{1-\eta},\quad M_2=\frac{-\eta(1+\xi)}{1-\eta},\quad M_3=\frac{(1+\xi)(1+\eta)}{2(1-\eta)},\quad M_4=\frac{(1-\xi)(1+\eta)}{2(1-\eta)} \tag{7-11}$$

(2) 单元位移模式

单元的位移模式为：

$$u=\sum_{i=1}^{4}N_i u_i,\quad v=\sum_{i=1}^{4}N_i v_i \tag{7-12}$$

式中，u_i 和 v_i 为各节点的位移；N_i 为形函数，其中：

$$N_1=\frac{-\eta(1-\xi)(1-\eta)}{4} \tag{7-13}$$

$$N_2 = \frac{-\eta(1+\xi)(1-\eta)}{4} \tag{7-14}$$

$$N_3 = \frac{(1+\xi)(1-\eta^2)}{2} \tag{7-15}$$

$$N_4 = \frac{(1-\xi)(1-\eta^2)}{2} \tag{7-16}$$

(3) 三维八节点映射无限单元

① 坐标变换

整体坐标系中的三维八节点映射无限元与局部坐标系的母单元转换关系如图 7-3 所示。

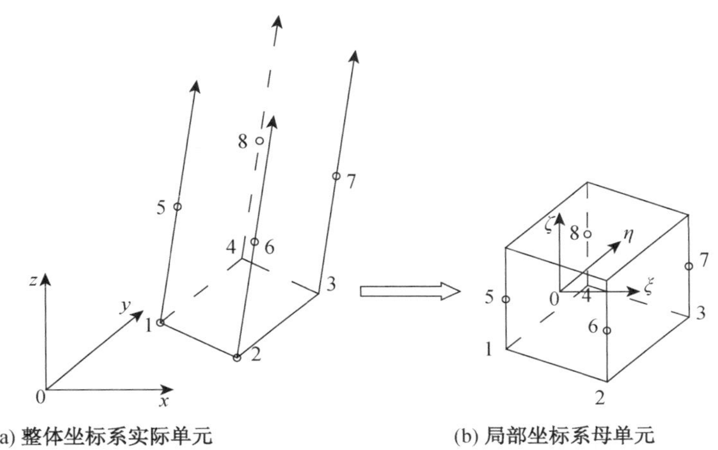

(a) 整体坐标系实际单元　　(b) 局部坐标系母单元

图 7-3　坐标系转换

整体坐标与局部坐标的转换关系为：

$$x = \sum_{i=1}^{8} M_i x_i,\quad y = \sum_{i=1}^{8} M_i y_i,\quad z = \sum_{i=1}^{8} M_i z_i \tag{7-17}$$

式中，x_i、y_i 和 z_i 分别为各节点的坐标值，M_i 为映射函数，其中：

$$M_1 = \frac{-\zeta(1-\xi)(1-\eta)}{2(1-\zeta)} \tag{7-18}$$

$$M_2 = \frac{-\zeta(1+\xi)(1-\eta)}{2(1-\zeta)} \tag{7-19}$$

$$M_3 = \frac{-\zeta(1+\xi)(1+\eta)}{2(1-\zeta)} \tag{7-20}$$

$$M_4 = \frac{-\zeta(1-\xi)(1+\eta)}{2(1-\zeta)} \tag{7-21}$$

$$M_5 = \frac{(1-\xi)(1-\eta)(1+\zeta)}{4(1-\zeta)} \tag{7-22}$$

$$M_6 = \frac{(1+\xi)(1-\eta)(1+\zeta)}{4(1-\zeta)} \tag{7-23}$$

$$M_7 = \frac{(1+\xi)(1+\eta)(1+\zeta)}{4(1-\zeta)} \tag{7-24}$$

$$M_8 = \frac{(1-\xi)(1+\eta)(1+\zeta)}{4(1-\zeta)} \tag{7-25}$$

且映射函数满足：

A. $M_k = \begin{cases} 1 & 当\ k = i \\ 0 & 当\ k \neq i \end{cases} \quad (k,\ i=1,\ 2,\ \cdots,\ 8)$；

B. $\sum_{i=1}^{8} M_i = 1$；

C. 当 $\zeta = 1$ 时，实际单元相应的 ζ 位于无穷远处；

D. 上述构造的映射函数是连续的，即八节点无限元与相邻的八节点有限元满足耦合的要求。

② 单元位移模式

采用和等参单元相同的位移模式：

$$u = \sum_{i=1}^{8} N_i u_i, \quad v = \sum_{i=1}^{8} N_i v_i, \quad w = \sum_{i=1}^{8} N_i w_i \tag{7-26}$$

式中，u_i，v_i 和 w_i 为各节点的位移，N_i 为形函数，其中：

$$N_1 = \frac{-\zeta(1-\xi)(1-\eta)(1-\zeta)}{8} \tag{7-27}$$

$$N_2 = \frac{-\zeta(1+\xi)(1-\eta)(1-\zeta)}{8} \tag{7-28}$$

$$N_3 = \frac{-\zeta(1+\xi)(1+\eta)(1-\zeta)}{8} \tag{7-29}$$

$$N_4 = \frac{-\zeta(1-\xi)(1+\eta)(1-\zeta)}{8} \tag{7-30}$$

$$N_5 = \frac{(1-\xi)(1-\eta)(1-\zeta^2)}{4} \tag{7-31}$$

$$N_6 = \frac{(1+\xi)(1-\eta)(1-\zeta^2)}{4} \tag{7-32}$$

$$N_7 = \frac{(1+\xi)(1+\eta)(1-\zeta^2)}{4} \tag{7-33}$$

$$N_8 = \frac{(1-\xi)(1+\eta)(1-\zeta^2)}{4} \tag{7-34}$$

③ 单元刚度矩阵

单元内一点的应变与应力为：

$$\{\varepsilon\} = [\boldsymbol{B}]\{\delta\}^e, \quad \{\varepsilon\} = [\boldsymbol{D}]\{\varepsilon\}^e \tag{7-35}$$

式中，$[\boldsymbol{B}] = [B_1,\ B_2,\ \cdots,\ B_8]$ 为几何矩阵，$[\boldsymbol{D}]$ 为弹性矩阵。

根据虚功原理，得：

$$\begin{aligned} \{\delta\}^{\mathrm{T}}\{F\} &= \int_V \{\varepsilon\}^{\mathrm{T}}\{\sigma\}\mathrm{d}V = \int_V \{\delta\}^{\mathrm{T}}[\boldsymbol{B}]^{\mathrm{T}}[\boldsymbol{D}][\boldsymbol{B}]\{\delta\}\mathrm{d}V \\ &= \{\delta\}^{\mathrm{T}}\int_V [\boldsymbol{B}]^{\mathrm{T}}[\boldsymbol{D}][\boldsymbol{B}]\mathrm{d}V \cdot \{\delta\} \end{aligned} \tag{7-36}$$

$$\{F\}=\int_{-1}^{1}\int_{-1}^{1}\int_{-1}^{1}[\boldsymbol{B}]^{\mathrm{T}}[\boldsymbol{D}][\boldsymbol{B}]\mid J\mid \mathrm{d}\xi\mathrm{d}\eta\mathrm{d}\zeta\cdot\{\delta\} \tag{7-37}$$

单元刚度矩阵为：

$$[\boldsymbol{K}]=\int_{-1}^{1}\int_{-1}^{1}\int_{-1}^{1}[\boldsymbol{B}]^{\mathrm{T}}[\boldsymbol{D}][\boldsymbol{B}]\mid J\mid \mathrm{d}\xi\mathrm{d}\eta\mathrm{d}\zeta=\sum_{i=1}^{8}\sum_{j=1}^{8}\sum_{k=1}^{8}W_iW_jW_k\mid J\mid[\boldsymbol{B}]^{\mathrm{T}}[\boldsymbol{D}][\boldsymbol{B}] \tag{7-38}$$

式中，$\mid J\mid$ 为 Jacobian 行列式：

$$\mid J\mid=\begin{bmatrix}\dfrac{\partial x}{\partial\xi} & \dfrac{\partial y}{\partial\xi} & \dfrac{\partial z}{\partial\xi}\\ \dfrac{\partial x}{\partial\eta} & \dfrac{\partial y}{\partial\eta} & \dfrac{\partial z}{\partial\eta}\\ \dfrac{\partial x}{\partial\zeta} & \dfrac{\partial y}{\partial\zeta} & \dfrac{\partial z}{\partial\zeta}\end{bmatrix}=\sum_{i=1}^{8}\begin{bmatrix}\dfrac{\partial M_i}{\partial\xi}x_i & \dfrac{\partial M_i}{\partial\xi}y_i & \dfrac{\partial M_i}{\partial\xi}z_i\\ \dfrac{\partial M_i}{\partial\eta}x_i & \dfrac{\partial M_i}{\partial\eta}y_i & \dfrac{\partial M_i}{\partial\eta}z_i\\ \dfrac{\partial M_i}{\partial\zeta}x_i & \dfrac{\partial M_i}{\partial\zeta}y_i & \dfrac{\partial M_i}{\partial\zeta}z_i\end{bmatrix} \tag{7-39}$$

无限元总刚度矩阵的累加和求解与有限元相同，满足稀疏矩阵和带状分布的特点，另外，由于满足无限元处位移为零的边界条件，其总刚矩阵是正定的。

在许多实际工程应用中，尤其是岩土工程问题，需要事先定义一个初始应力场以及与其对应的体力场，如与初始地应力场对应的重力场。对于有限单元，可以通过施加重力加速度的方法实现重力场，然后，将初始地应力场定义为初始条件，反向施加于各节点用以达到平衡，消除节点位移。虽然从物理意义上讲，无限单元不能施加重力，因为单元是无限大的，但是在地基重力场分析计算时，我们可以在无限单元节点上自动插入使其达到静力平衡的力，已达到近似重力场的目的，即这些力的作用效果相当于半无限域的重力场，且在后续分析过程中始终不变，这样，无限元各节点将自动达到初始地应力场平衡，而初始位移为零。

7.2.3　改进的 ABAQUS 动力无限元人工边界

本书在改进的 ABAQUS 动力无限元人工边界推导中，做了如下假定：①临近有限域边界的响应具有足够小的幅值，以至于介质的响应属于线弹性；②无限单元区域介质满足理想弹性体假定，即连续性、均匀性、完全弹性、小变形和各向同性假定；③外部作用力除地震波激励产生的不平衡力外，其他单位体积力矢量为零。则质点运动(平衡)微分方程可取如下形式：

$$\frac{\partial}{\partial\boldsymbol{X}}\cdot\boldsymbol{\sigma}=\rho\frac{\partial^2\boldsymbol{U}}{\partial t^2}\quad\text{或}\quad\sigma_{ij,i}=\rho\frac{\partial^2u_j}{\partial t^2} \tag{7-40}$$

式中，ρ 为材料密度；$\boldsymbol{U}$ 为位移矢量；$\boldsymbol{\sigma}$ 为应力矢量，$\boldsymbol{X}$ 为坐标矢量。由于假定材料的响应是各向同性线弹性体，因此，根据广义胡克定律，应力矢量 $\boldsymbol{\sigma}$ 的各个分量可用应变表示为：

$$\sigma_{ij}=\lambda\varepsilon_{kk}\delta_{ij}+2\mu\varepsilon_{ij} \tag{7-41}$$

式中，ε_{ij} 是应变分量，λ 和 μ 是拉梅常数。其中：

$$\lambda=\frac{E\nu}{(1+\nu)(1-2\nu)} \tag{7-42}$$

$$\mu=G=\frac{E}{2(1+\nu)} \tag{7-43}$$

式中，E 是杨氏模量，ν 是泊松比，G 是剪切模量。

因为假定材料响应为小应变，所以应变和位移的关系可以表示为：

$$\varepsilon_{ij} = \frac{1}{2}(u_{i,j} + u_{j,i}) \tag{7-44}$$

联合式(7-39)、式(7-40)和式(7-43)，可得位移表示的运动方程为：

$$\rho \ddot{u}_i = G\frac{\partial^2 u_i}{\partial x_i \partial x_j} + (\lambda + G)\frac{\partial^2 u_j}{\partial x_i \partial x_j} \tag{7-45}$$

或表示成矢量形式：

$$(\lambda + G)\nabla\theta + G\nabla^2 \boldsymbol{U} = \rho\frac{\partial^2 \boldsymbol{U}}{\partial t^2} \tag{7-46}$$

式中，$\theta = \frac{\partial u}{\partial x} + \frac{\partial v}{\partial y} + \frac{\partial w}{\partial z}$，$\nabla = \left(\frac{\partial}{\partial x}, \frac{\partial}{\partial y}, \frac{\partial}{\partial z}\right)$，$\nabla^2 = \frac{\partial^2}{\partial x^2} + \frac{\partial^2}{\partial y^2} + \frac{\partial^2}{\partial z^2}$。

1）点源振动问题

考虑沿着 x 方向传播的平面波情形，此时，上述运动方程具有两个相同形式的体波解。一个表示平面纵波，形式如下：

$$u_x = f(x \pm c_P t), \quad u_y = u_z = 0 \tag{7-47}$$

将上式代入运动方程(7-44)，可知波速 c_P 为

$$c_P = \sqrt{\frac{\lambda + 2G}{\rho}} = \sqrt{\frac{E(1-\nu)}{\rho(1+\nu)(1-2\nu)}} = \sqrt{\frac{K + 4G/3}{\rho}} \tag{7-48}$$

式中，$K = \frac{E}{3(1-2\nu)}$ 为体积模量，另一个是 S 波(横波)解，具有如下形式：

$$u_y = f(x \pm c_S t), \quad u_x = u_z = 0 \tag{7-49}$$

或

$$u_z = f(x \pm c_S t), \quad u_x = u_y = 0 \tag{7-50}$$

同样将上式代入运动方程(7-45)，可得波速 c_S 为：

$$c_S = \sqrt{\frac{G}{\rho}} \tag{7-51}$$

$f(x-ct)$ 代表沿 x 正方向传播的波，而 $f(x+ct)$ 代表沿 x 负方向传播的波。现有一个边界为 $x = L$ 的模型，$x < L$ 内用有限元模拟。在此边界上采用分布阻尼，如下式：

$$\sigma_{xx} = -B_P \dot{u}_x, \quad \sigma_{xy} = -B_S \dot{u}_y, \quad \sigma_{xz} = -B_S \dot{u}_z \tag{7-52}$$

我们可以通过选择合理的阻尼常数 B_P 和 B_S，来避免纵波和横波能量从边界反射回 $x < L$ 中的有限元区域内。平面纵波接近边界时的位移公式为 $u_x = f_1(x - c_P t)$ 和 $u_y = u_z = 0$，如果它们以平面纵波的形式被完全反射，则它们的反射波将以 $u_x = f_2(x + c_P t)$ 和 $u_y = u_z = 0$ 的形式从边界反射回来。因为是线性问题，位移可以进行叠加 $(f_1 + f_2)$，相应的应力分量 $\sigma_{xx} = (\lambda + 2G)(f'_1 + f'_2)$，其他应力分量 $\sigma_{ij} = 0$，速度为 $\dot{u}_x = -c_P(f'_1 - f'_2)$。为了使这个解满足边界 $x = L$ 处的阻尼行为，尚需满足：

$$(\lambda + 2G - B_P c_P) f'_1 + (\lambda + 2G + B_P c_P) f'_2 = 0 \tag{7-53}$$

此处，可以使 $f_2 = 0$（进而 $f'_2 = 0$），对于任意的 f_1，可令：

$$B_P = \frac{\lambda + 2G}{c_P} = \rho c_P \tag{7-54}$$

采用同样的方法，对于S波(横波)取：

$$B_S = \rho c_S \tag{7-55}$$

2) 外源地震动入射问题

土与上下部结构动力相互作用分析中，对地震波输入处理得合理与否是决定模拟是否成功的关键，它将直接影响计算结果的精度及可信度。地震波在人工边界输入时，输入方法随人工边界的变化而变化。对黏性边界，Joyner 和 Chen 对于一维模型采用将入射运动转化为作用于人工边界上的等效荷载的方法成功地解决了波动输入问题。Yasui 修正了 Joyner 等的方法，使在有限元分析中能近似处理倾斜体波的输入问题。廖振鹏(1995, 2001)等提出了一种对一般无限域模型具有普遍适应性的人工透射边界，入射波由一维单侧波动的叠加构成。刘晶波(2005, 2007)等采用在边界上施加等效荷载，使人工边界上的输入位移和应力与原自由场的相同，实现了黏弹性人工边界的地震动输入，并通过实例分析验证了其准确性[46, 48]。赵建峰等(2007)采用黏弹性人工边界模拟局部不规则、不均匀地形引起的无限地基中的散射波场作用和波场分解技术，将外源波动传播对人工边界的影响通过位移场、速度场转化为应力场施加到人工边界节点上来反映，并借助通用有限元软件，实现了斜入射瞬态平面波条件下的无限域地基中波动传播问题的数值模拟。窦兴旺(1993)研究了四种土-坝动力相互作用分析中应用的地震动输入方式：①在坝基面上直接输入地表自由场记录；②在有限元模型底(或基岩处)输入自由场记录；③在坝基面上直接输入地表自由场记录，但引入无质量地基模型；④将自由场记录进行反演，得到基岩地震动时程，再将该时程输入到基岩进行结构的正演分析。对上述四种地震动输入方法进行对比分析，研究认为：第一种方法忽略了由于坝体的存在而改变了的坝基处地震动和自由场记录的差别，有一定的近似性；第二和第四种输入方法则较为合理；第三种输入方法的坝体地震反应最大。

ABAQUS 无限元能够较好地模拟地基的辐射阻尼，对不考虑无限域地震波影响的内源振动、局部场域或广义结构的散射问题也都有效，然而，它对外源地震波动输入问题却无能为力。本书在 ABAQUS 无限元基础上进行二次开发，研究并提出了一种新的无限元人工边界外源地震波动输入方法。

有限元区域边界的运动主要由已知入射波和基础结构产生的散射波组成，基础结构产生的散射波由外域 ABAQUS 无限元直接吸收，而无限域地震波入射问题却需要采用一定的方法输入到计算区域中，由于假设边界区域为弹性小变形，因此，可以采用等效边界力的叠加原理，对入射波和散射波分开处理，视入射波和散射波在边界上互不影响。将输入地震动转化为作用于有限元、无限元交界面上的等效应力的方法来解决外源波的入射问题。

已知在有限元边界上欲得到的等效动应力为 $\sigma_{ij}^{V_0}(x, y, z, t)$，与之相对应的速度波为 $V_0(x, y, z, t)$，针对前述无限元人工边界，将有限元计算区域作为研究对象，则静、动力共同作用下有限元区域边界结点的总应力为：

$$\sigma_{ij}^{FB}(x, y, z, t) = \sigma_{ij}^{FBS}(x, y, z) + \sigma_{ij}^{FBD}(x, y, z, t) \tag{7-56}$$

其中，$\sigma_{ij}^{FB}(x, y, z, t)$ 是该结点的总应力，它包含了静应力(Statics) $\sigma_{ij}^{FBS}(x, y, z)$ 和动应力(Dynamics) $\sigma_{ij}^{FBD}(x, y, z, t)$ 的双重作用，静力部分主要来自土体自身的原始地应力，动力部分则主要由地震波动引起。即：

$$\sigma_{ij}^{\mathrm{FBD}}(x,\ y,\ z,\ t)=\sigma_{ij}^{V_0}(x,\ y,\ z,\ t) \tag{7-57}$$

同理,无限元人工边界在静、动力共同作用下,无限元内边界结点总应力也由两部分组成,即:

$$\sigma_{ij}^{\mathrm{IB}}(x,\ y,\ z,\ t)=\sigma_{ij}^{\mathrm{IBS}}(x,\ y,\ z)+\sigma_{ij}^{\mathrm{IBD}}(x,\ y,\ z,\ t) \tag{7-58}$$

式中,$\sigma_{ij}^{\mathrm{IB}}(x,\ y,\ z,\ t)$ 是该无限元内边界结点的总应力,同样包含了静应力 $\sigma_{ij}^{\mathrm{IBS}}(x,\ y,\ z)$ 和动应力 $\sigma_{ij}^{\mathrm{IBD}}(x,\ y,\ z,\ t)$ 的双重作用。式中,$\sigma_{ij}^{\mathrm{IBS}}(x,\ y,\ z)$ 是 ABAQUS 无限元在有限元边界上施加的牵引力,用以保持初始地应力场的平衡;$\sigma_{ij}^{\mathrm{IBD}}(x,\ y,\ z,\ t)$ 是无限元动力人工边界产生的阻尼力,有:

$$\sigma_{ij}^{\mathrm{IBD}}(x,\ y,\ z,\ t)=B_0V_0(x,\ y,\ z,\ t) \tag{7-59}$$

由上节可知,对于平面纵波 $B_0=\rho c_{\mathrm{P}}$,而平面 S 波(横波) $B_0=\rho c_{\mathrm{S}}$。

由于静力部分在动力分析之前已达平衡,即:

$$\sigma_{ij}^{\mathrm{FBS}}(x,\ y,\ z)=\sigma_{ij}^{\mathrm{IBS}}(x,\ y,\ z) \tag{7-60}$$

而动力部分是随外源地震动变化的,存在如下关系:

$$\sigma_{ij}^{\mathrm{FBD}}(x,\ y,\ z,\ t)+\sigma_{ij}^{\mathrm{IBD}}(x,\ y,\ z,\ t)=\sigma_{ij}^{V}(x,\ y,\ z,\ t) \tag{7-61}$$

式中,$\sigma_{ij}^{V}(x,\ y,\ z,\ t)$ 为外源输入速度波 $V(x,\ y,\ z,\ t)$ 产生的等效动应力,即无限域自由场的地震动等效荷载。将式(7-57)和式(7-59)代入式(7-61)得:

$$\sigma_{ij}^{V}(x,\ y,\ z,\ t)=\sigma_{ij}^{V_0}(x,\ y,\ z,\ t)+B_0V_0(x,\ y,\ z,\ t) \tag{7-62}$$

外源入射地震动产生的等效动应力等于 $\sigma_{ij}^{V_0}(x,\ y,\ z,\ t)$ 与 $B_0V_0(x,\ y,\ z,\ t)$ 的叠加,即在有限元预加地震动激励产生的应力场基础上叠加一附加应力场,用以平衡有限元边界处结点速度引起的 ABAQUS 动力无限元在边界结点上产生的阻尼应力,消除由于引入无限元人工边界所造成的入射波能量损耗。因为 ABAQUS 无限元人工边界是“quiet”而非“silent”(所有波均能完全地传播),并且此种边界需要邻近它的有限单元具有线弹性解,所以它们应该与所研究的主要有限元区域保持一定的距离。

从上面的讨论中我们注意到无限元能够准确地传播通常的平面体波(假设接近边界的材料性能是线弹性的)。对于非平面体波问题,如入射方向与边界不成直角的波,瑞利表面波和勒夫波,假如波传播的方向垂直于边界或者瑞利波、勒夫波的界面(自由表面),则这种“quiet”边界仍然十分有效(Cohen and Jennings, 1983)。实际上地表以下地层为多层介质,体波经过分层介质界面时,要产生反射与折射现象,经过多次反射与折射,地震波向上传播时逐渐转向垂直入射于地面。

7.2.4 算例分析

取二维弹性模型进行分析,有限元计算区域的范围为 20 m×20 m,外层为无限元计算区域,单个有限单元尺寸为 0.5 m×0.5 m。材料参数如表 7-1 所示。有限元无限元组合网格如图 7-4 所示,图中黑点为监测点的位置。选取圆频率 $w=4\pi$ 的正弦速度波作为入射波,峰值为 0.1 m/s,时间步长 $\Delta t=0.01$ s,如图 7-5 所示。模型在水平 X 向剪切波 $\sin(4\pi t)$ 作用一个周期里,内源振动输入和外源波动输入的动力响应情况如图 7-6 所示,很明显外源波动输入得到的速度响应曲线较合理,与施加的速度波形较接近,外源波动输入速度响应区间为[－0.128，0.116]，内源振动输入速度响应区间为[－0.063，0.071]，内源振动输入得到的速度反应幅值较实际输入地震波小，分析认为因为没有考虑无限域地震波动的影响，所以造成地表面记录点振动幅值的衰减。二者的对比进一步说明了外源波动输入的模拟效果较好。

表 7-1　材料参数

弹性模量(GPa)	泊松比	密度(kg/m^3)	c_s(m/s)	c_P(m/s)
2	0.2	2 000	645.5	1 054.1

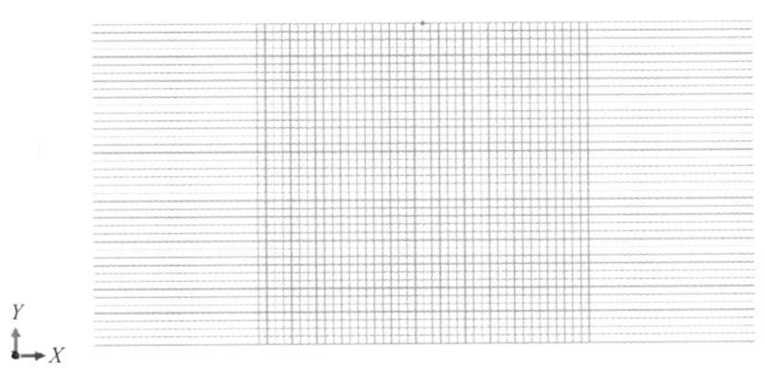

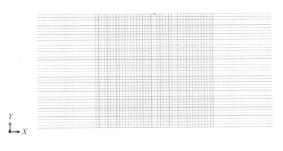

图 7-4　无限元网格图

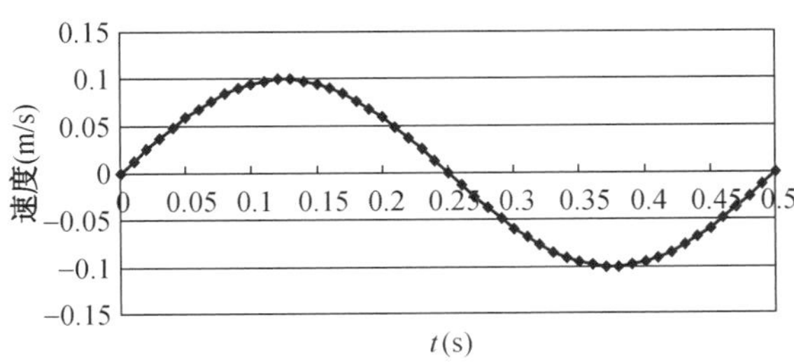

图 7-5　施加的速度波

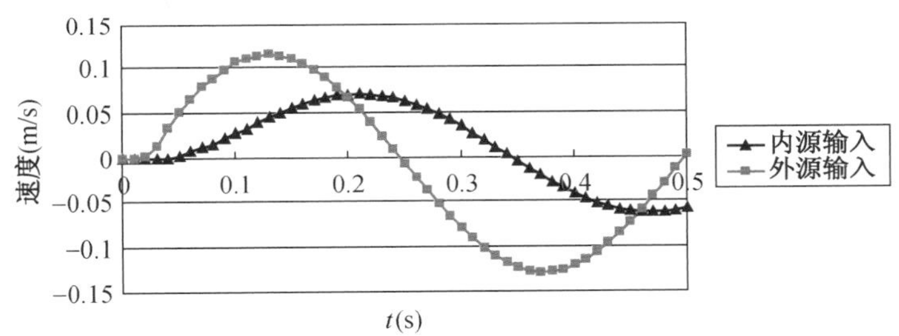

图 7-6　地表速度响应曲线对比

同样材料参数和地震动激励下，纯有限元模型如图 7-7 所示，有限元计算区域的范围为 40 m×20 m，单个有限单元尺寸为 0.5 m×0.5 m。模型两侧边界固定 X 向自由度，底边界固定 Y 向自由度，图中黑点为监测点的位置。有限元模型地表面点速度响应曲线如图 7-8 所示，从图中可以看出，由于能量无法透过固定边界向远域辐射，在计算区域内引起反复振荡，速度响应区间为[－0.013，0.015]，误差较大，与之前的无限元边界对比说明无限元人工边界由于能较好地吸收散射波，因此，结果可靠且具有一定的稳定性。

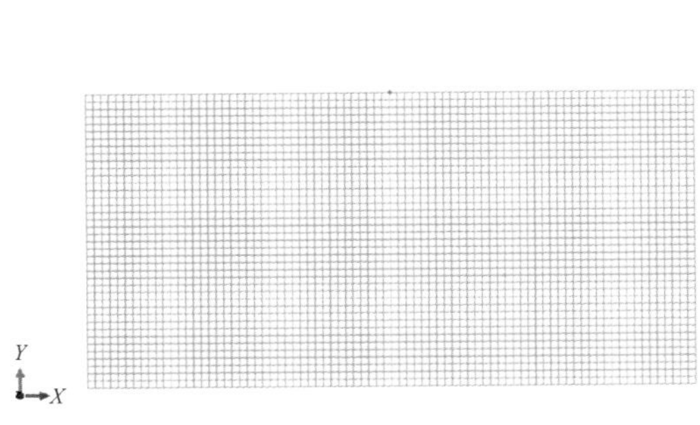

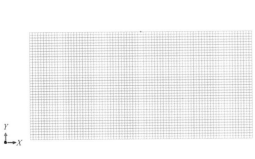

图 7-7　有限元网格图

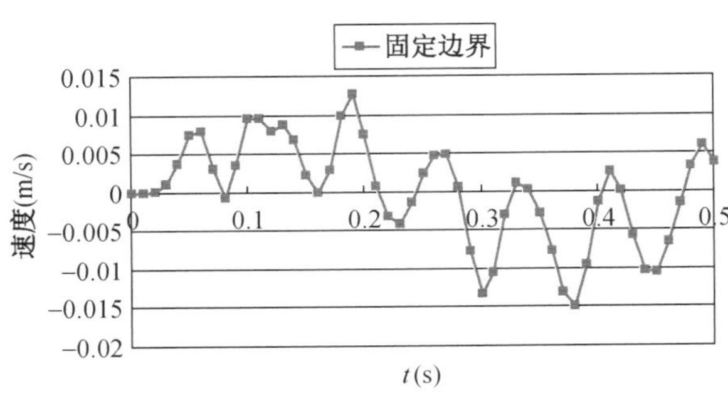

图 7-8　地表速度响应曲线

采用上述有限元模型，在模型两侧边界加弹簧和阻尼器用于模拟黏弹性边界，底边界固定 Y 向自由度。黏弹性人工边界的实质是在人工边界上施加切向和法向弹簧及阻尼器，按杜修力提出的二维平面内波动人工边界的弹簧-阻尼系数公式：

$$\begin{cases} K_{\mathrm{N}} = \dfrac{1}{1+\alpha} \cdot \dfrac{\lambda + 2G}{2r}, & C_{\mathrm{N}} = \beta \rho c_{\mathrm{P}} \\ K_{\mathrm{T}} = \dfrac{1}{1+\alpha} \cdot \dfrac{2G}{2r}, & C_{\mathrm{N}} = \beta \rho c_{\mathrm{S}} \end{cases} \tag{7-63}$$

式中，K_{N} 和 K_{T} 分别表示法向和切向弹簧系数；C_{N}，C_{T} 分别表示法向和切向阻尼系数；r 可简单取为近场结构几何中心到该人工边界点所在边界线或面的距离；c_{P} 和 c_{S} 分别表示 P 波和 S 波波速；λ 为拉梅常数；G 为介质剪切模量；ρ 为介质密度；α 表示平面波与散射波的幅值含量比，反应人工边界外行透射波的传播特性，通常取 0.8；β 表示物理波速与视波速的关系，反映不同角度透射多子波的平均波速特性，通常取 1.1。

同样的震动激励下，黏弹性边界模型地表面点速度响应曲线如图 7-9 所示，从图中可以看出，该波形较固定边界计算的速度响应波形好，稍微有一点振荡，速度响应区间为［−0.054，0.056］，误差进一步减小，说明黏弹性边界对外行散射波具有较好的过滤作用，然而，仍较 ABAQUS 无限元人工边界略显不足。

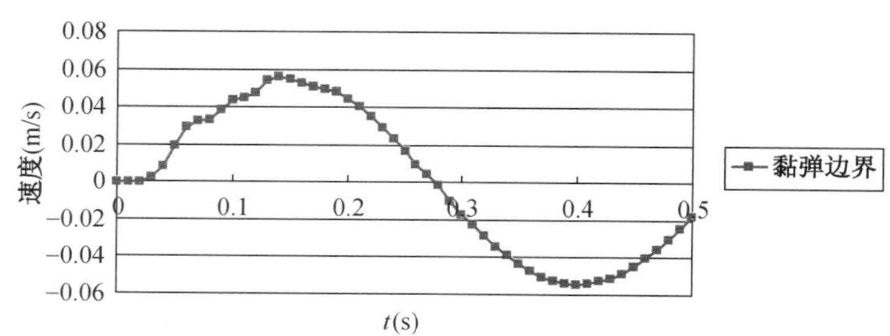

图 7-9　地表速度响应曲线

7.3　大桥塔墩地基场域地震安全性分析

本章继续选用本书第 6 章中提到的跨江公路大桥为例来说明。该大桥是省规划的重点交通基础设施建设项目之一，是完善该省中部地区高速公路路网骨架的重点项目，也是该省内新一轮高速公路网暨过江通道的规划项目。根据设计方案，跨江大桥为主跨 1 080 m 三塔悬索桥，主桥桥跨布置为(390＋1 080＋1 080＋390)m。跨江大桥工程分北引桥、北锚碇、北塔墩、中塔墩、南塔墩、南锚碇及南引桥七大部分。

该跨江公路大桥的桥位地处长江下游冲积平原低河漫滩区，地势平坦开阔。根据相关单位提供的《跨江公路大桥初步设计阶段工程地质勘察报告》，桥位区上覆土层较厚，为 150～190 m。国内外许多地震的震害及已有的工程实践经验均表明，地震时工程场址上覆土层的滤波、放大作用将对场地地震动产生很大影响，且不同场地的地震动效应可能存在较大的差异。因此，对该跨江公路大桥这样的重大建设工程，需在场址区地震危险性分析基础上，根据工程场地土层静、动力性能参数的原位测试结果和试验室试验结果，输入具有场址区地震动特征、满足场址区地震动三要素的基岩地震动加速度时程，进行场地土层的地震反应分析，研究场地的地震动效应，确定对应不同抗震设防水准的设计地震动参数。

地震引起可液化土层液化并导致场地地基失效，造成建、构筑物的破坏属于典型的地震地质灾害现象，并多次为国内外地震震害所证实。因此，场地可液化土层地震液化判别是一个工程场地评价不可缺少的一项工作，也是建设工程场地地震安全性评价的重要内容之一。

7.3.1　场地工程地质条件

1）工程地质与断裂构造特征

桥位区地层大致可以−37～−47 m为界，其以上主要为松散—稍密状粉砂，亚砂土，局部分布软塑—流塑状亚黏土或亚黏土夹粉砂。以下主要为粉细砂及中粗砂，砾砂及卵、砾石，以砂性土为主。

采用高密度电法进行勘探，得到在勘探深度内的第四系可分为三层：第一层以淤泥质粉质黏土、粉土为主，埋深大致在15～20 m；第二层以粉细砂层为主，埋深大致在50～55 m；第三层以中粗砂为主。在高密度电法测线通过地段勘探深度控制范围内(≤85 m)，未发现沉积地层被断层错断迹象。

据浅层地震勘探结果，在桥位区(包括陆地和水域)未发现断裂构造，仅在南塔(ZK606孔)西侧约1 750 m处，存在一条北北西走向的断裂，即扬中—开沙断裂(F_7)，亦名“丰裕桥—陆家桥断裂”。据电法和钻探等实地勘查，分析扬中—开沙断裂未错断或扰动晚更新世以来的沉积层，故该断裂不是活动断裂。另据浅震勘探及其他资料综合分析，推断该断裂是一条前第四纪断裂。

此外，据沿桥轴线布置的各孔钻探结果，在钻探控制深度内(100～150 m)，地层层位稳定，未见被断层错断或扰动的迹象。综上所述，在大桥轴线通过的长江水域及邻近岸滩地区工程场地无隐伏断裂通过。

2）场地土类型及场地类别

大桥桥位区场地地势相对平坦，土层介质横向不均匀性较小，无较大局部地形影响。在场地附近，现代小地震活动微弱；近场区无破坏性地震记载。远场破坏性地震对场地影响烈度最大为Ⅵ度。根据《公路工程抗震设计规范》(JTJ 004—89)及《建筑抗震设计规范》(GB 50011—2010)，将桥址区场地土进行划分。

(1) 根据波速划分

根据《建筑抗震设计规范》中第4.1.4条规定，场地覆盖层厚度按地面至剪切波速大于500m/s土层顶面的距离确定。大桥北塔墩建设场区覆盖层厚度判别如表7-2所列。

表7-2　场地上覆土层厚度判别

孔号	ZK600	ZK602	ZK603	ZK604	ZK605	ZK606	ZK474
覆盖层厚度(m)	>98	111	>76.1	104.3	90.55	>112	>120

根据《建筑抗震设计规范》中第4.1.3条和第4.1.6条规定，利用横波速度进行的土类型及场地类别划分的方法，得出该场地土类别为Ⅲ，如表7-3所列。

表7-3　场地土类型及场地土类别划分

孔　位	等效剪切波速 V_{se}(m/s)	土的类型
ZK474	156.2	中软土

(2) 根据《公路工程抗震设计规范》进行划分

根据钻探、钻孔原位测试、物理力学试验指标等，依据《公路工程抗震设计规范》第4.2.3

条之规定，桥址区为Ⅳ类场地类别。

7.3.2 主塔基岩地震动加速度时程分析

基岩地震动加速度时程需满足桥址区地震动三要素，即峰值加速度、持时和加速度反应谱，才可用于振动台模型试验和作为土-桩-结构的动力时程分析的输入地震波。按设计院提出的抗震设计要求，主要针对大桥主塔墩部分的概率水准如下：100 年超越概率 10%、4%、3%（对应的重现周期分别为 1 000 年、2 500 年、3 300 年）。

1）基岩地震动衰减关系

地震波随着传播距离的增大，由于波的能量在介质中不断损耗，其能量及振幅会愈来愈小，另外，由于地震波在传播过程中传播面越来越大，波的能量密度将越来越小。由此可知，地震波的衰减不仅决定于地震震级的大小，还受传播距离和传播介质的影响，具有相当多的不确定因素。通常的地震波衰减关系是把地震烈度或峰值加速度等表示为与震级及距离的关系式。因此，衰减关系具有明显的地区性。

由于我国本地区缺乏实地观测得到的强震记录，不可能直接统计得到本地区的基岩地震动衰减关系，因此采用由《工程场地地震安全性评价》(GB 17741—2005)推荐并已为国内普遍采用的方法，即以强震记录较为丰富的美国西部地区作为参考区，选取该地区的地震烈度衰减关系和基岩地震动衰减关系，结合本地区的地震烈度衰减关系，推算出本地区的基岩地震动衰减关系式(胡聿贤，1984)。

针对此项工程的实际情况，设计建立了周期长达 20 s 的基岩地震动水平向峰值加速度和反应谱衰减关系的形式：

$$\lg A = c_1 + c_2 M + c_3 M^2 + c_4 \lg(R + c_5 e^{c_6 M}) \tag{7-64}$$

式中，A 为峰值加速度或反应谱值，M 为震级，R 为震中距。式中与周期相关的长轴和短轴衰减关系系数可通过查表获得。图 7-10 为水平向基岩峰值加速度衰减关系。加速度峰值在沿断层方向的长轴和垂直于断层方向的短轴衰减关系无明显差异。

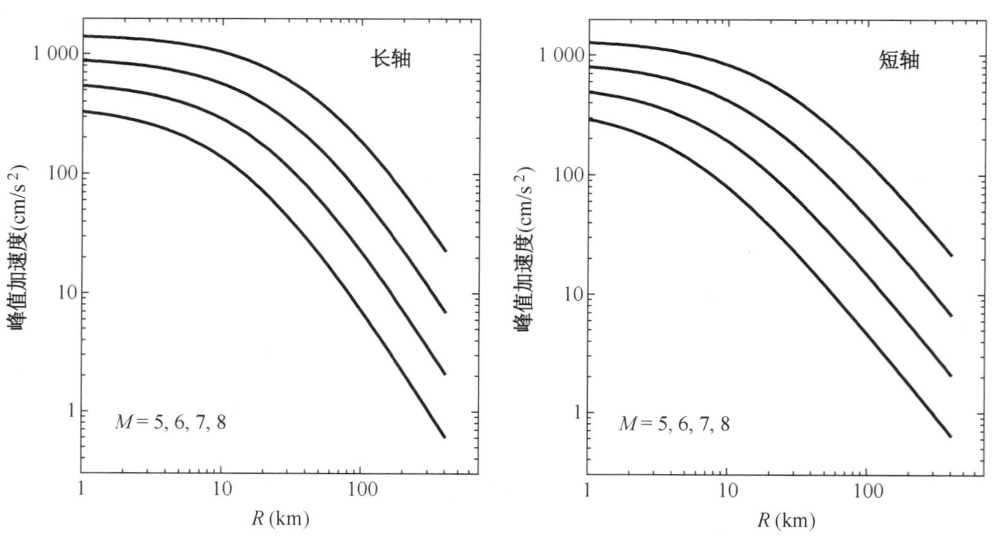

图 7-10 水平向基岩峰值加速度衰减关系图

2）地震危险性分析计算结果

在调查研究场址周围地区的地质构造、历史地震和地球物理资料的基础上，判定并划分出了潜在震源区，确定了各项地震活动性参数，再结合本地区的基岩地震动水平向加速度衰减规律，然后进行地震危险性分析计算。

采用概率分析方法计算得到此工程场地 7 个主要场点 50 年超越概率 10％和 3％，100 年超越概率 10％、4％和 3％的基岩地震动水平向峰值加速度。地震危险性分析的计算结果已进行了不确定性校正，详细计算结果见表 7-4、表 7-5 和图 7-11，图表中的数据是从对此工程场地地震危险性影响较大的、主要是桥位附近的各地潜在震源区的历时观测资料得出，ZK602 表示编号 602 的钻孔。

表 7-4　工程场地地震危险性分析计算结果

各概率水准基岩地震动水平向峰值加速度（gal 或 cm/s²）					
孔号	50 年 10％	50 年 3％	100 年 10％	100 年 4％	100 年 3％
ZK600（陆地）	86.1	135.3	113.5	154.7	169.4
ZK601（陆地）	86.9	136.8	114.7	156.5	171.5
ZK602（水中）	—	—	115.4	157.6	172.7
ZK603（水中）	—	—	117.1	160.1	175.6
ZK604（水中）	—	—	117.1	160.1	175.6
ZK605（水中）	—	—	118.8	162.6	178.6
ZK606（陆地）	90.4	143.3	119.8	164.0	180.1

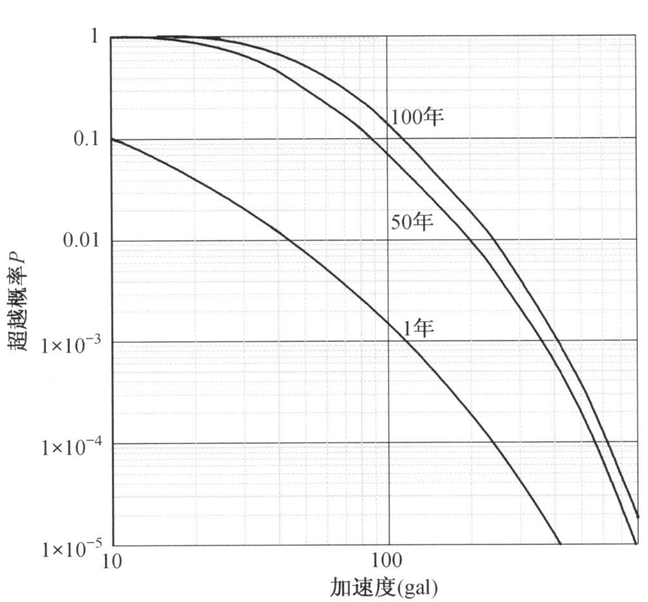

图 7-11　ZK602 基岩水平向设计峰值加速度超越概率曲线

表 7-5 潜在震源区对场址地震危险性的贡献(ZK602)

潜源编号	30.00	50.00	70.00	90.00	120.00	150.00	180.00	200.00
4	0.242×10^{-3}	0.499×10^{-4}	0.153×10^{-4}	0.566×10^{-5}	0.174×10^{-5}	0.476×10^{-6}	0.142×10^{-6}	0.751×10^{-7}
5	0.242×10^{-3}	0.318×10^{-4}	0.448×10^{-5}	0.247×10^{-6}	0	0	0	0
10	0.417×10^{-4}	0.317×10^{-5}	0.120×10^{-6}	0	0	0	0	0
12	0.128×10^{-4}	0.465×10^{-6}	0.199×10^{-8}	0	0	0	0	0
13	0.138×10^{-3}	0.176×10^{-4}	0.283×10^{-5}	0.481×10^{-6}	0.205×10^{-7}	0	0	0
14	0.761×10^{-2}	0.353×10^{-2}	0.193×10^{-2}	0.116×10^{-2}	0.605×10^{-3}	0.344×10^{-3}	0.207×10^{-3}	0.151×10^{-3}
15	0.150×10^{-3}	0.221×10^{-4}	0.445×10^{-5}	0.103×10^{-5}	0.136×10^{-6}	0.122×10^{-7}	0	0
16	0.436×10^{-2}	0.166×10^{-2}	0.770×10^{-3}	0.402×10^{-3}	0.172×10^{-3}	0.827×10^{-4}	0.425×10^{-4}	0.276×10^{-4}
17	0.189×10^{-2}	0.670×10^{-3}	0.283×10^{-3}	0.134×10^{-3}	0.486×10^{-4}	0.196×10^{-4}	0.840×10^{-5}	0.493×10^{-5}
18	0.200×10^{-4}	0.924×10^{-6}	0.265×10^{-7}	0	0	0	0	0
19	0.213×10^{-2}	0.676×10^{-3}	0.271×10^{-3}	0.124×10^{-3}	0.441×10^{-4}	0.177×10^{-4}	0.760×10^{-5}	0.446×10^{-5}
20	0.164×10^{-3}	0.227×10^{-4}	0.411×10^{-5}	0.840×10^{-6}	0.587×10^{-7}	0	0	0
21	0.187×10^{-3}	0.265×10^{-4}	0.482×10^{-5}	0.934×10^{-6}	0.676×10^{-7}	0	0	0
22	0.144×10^{-3}	0.211×10^{-4}	0.393×10^{-5}	0.817×10^{-6}	0.533×10^{-7}	0	0	0
25	0.704×10^{-4}	0.448×10^{-5}	0.175×10^{-6}	0	0	0	0	0
26	0.677×10^{-4}	0.533×10^{-5}	0.323×10^{-6}	0	0	0	0	0
27	0.550×10^{-4}	0.420×10^{-5}	0.272×10^{-6}	0	0	0	0	0
28	0.295×10^{-2}	0.995×10^{-3}	0.369×10^{-3}	0.144×10^{-3}	0.409×10^{-4}	0.110×10^{-4}	0.296×10^{-5}	0.127×10^{-5}
29	0.255×10^{-3}	0.367×10^{-4}	0.612×10^{-5}	0.957×10^{-6}	0.281×10^{-7}	0	0	0
30	0.306×10^{-4}	0.797×10^{-6}	0	0	0	0	0	0
33	0.143×10^{-4}	0.641×10^{-6}	0.579×10^{-8}	0	0	0	0	0
34	0.122×10^{-3}	0.144×10^{-4}	0.208×10^{-5}	0.279×10^{-6}	0.593×10^{-8}	0	0	0
超越概率	0.207×10^{-1}	0.776×10^{-2}	0.366×10^{-2}	0.197×10^{-2}	0.912×10^{-3}	0.475×10^{-3}	0.269×10^{-3}	0.189×10^{-3}

3）地震动加速度时程的合成

根据地震动的特征，通常将其模拟为非平稳随机过程，其数学模型如下：

$$a(t)=\psi(t)\cdot x(t)=\psi(t)\sum_{n=1}^{N}A_n\cos\left(\frac{2\pi}{T}nt+\theta_n\right) \tag{7-65}$$

式中，$\psi(t)$为强度包络函数，是时间确定函数，也是加速度幅值的形状函数；θ_n是初始相位角，取在$(0,\ 2\pi)$区间均匀分布的随机数；T 为加速度过程中的计算时间；A_n 为与 $x(t)$傅立叶变换有关的系数。

目前，工程界普遍采用的人工合成地震动时程方法是式(7-65)所示的调幅谐波线性叠加模型，通过包络函数 $\psi(t)$来模拟其强度的非平稳特征，以反映真实地震记录的地震动特征，即：地震动开始是由弱到强的上升阶段，中间是相对平稳的强震动持续阶段，最后为由强到弱的衰减阶段。包络函数 $\psi(t)$表达了地震记录本身强度分布或能量在时间轴上分布的具体体现，也是对地震动时程形状的描述，因此包络函数也称形状函数。考虑到对此工程场地地震危险性分析影响较大的潜在震源的震级上限和离开工程场地的距离，综合研究确定此项目基岩水平向地震动加速度时程的形状函数，采用如下表达式：

$$\psi(t)=\begin{cases}\left(\dfrac{t}{t_1}\right)^2 & 0<t\leqslant t_1\\ 1 & t_1<t\leqslant t_2\\ \mathrm{e}^{-c(t-t_2)} & t_2<t\leqslant t_e\end{cases} \tag{7-66}$$

式中，c 为 $t\geqslant t_2$的衰减系数；t_1，t_2和 t_e 分别表示形状函数平台的起始、终止时间及地震动持续时间。此工程场地不同超越概率水准的基岩地震动加速度时程包络函数参数列于表 7-6。

表 7-6　加速度时程包络函数参数表

持时参数		T_1(s)	T_2(s)	C
100 年超越概率	10%	3.0	7.5	0.15
	4%	4.0	13.0	0.10
	3%	4.0	14.0	0.10

根据钻孔 ZK602(北纬 32.248 78°，东经 119.873 9°，孔口高程－12.63 m，孔深 150.15 m)地震危险性分析结果所确定的基岩地震动峰值加速度，及其基岩加速度反应谱和强度包络函数，在计算机上合成 ZK602 基岩地震动加速度时程曲线。该场点 100 年超越概率为 10%的一条基岩地震动加速度时程曲线“ZK6025—3.B10”，如图 7-12 所示，地震动持续时间为 55 s，峰值加速度为 72.5 gal，出现在 4.9 s。

7.3.3　场地地震动效应

地震时震源的震动能量是以波动形式向外传播的，地震过程实质上就是一个波动过程。地震震源产生的地震波首先传播至工程场地下部基岩，然后通过上覆土层到达地表，场地地震动效应除与场址所处的地震环境有关外，还取决于场地上覆土层的厚度及土层性状。不同的场地条件及不同的地震环境，场地的地震动效应存在很大差异。

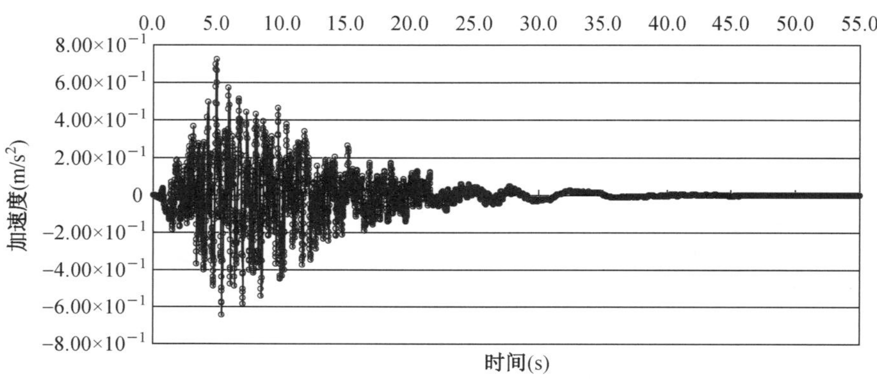

图 7-12　加速度时程曲线

1）场点 ZK602 不同层位的设计峰值加速度

采用计算机合成不同概率水准下满足桥址区地震动三要素（峰值加速度、持时及加速度反应谱）的具有桥址区基岩地震动特征的基岩地震动加速度时程（水平向，每组 3 条）作为地震动输入界面的输入地震波，并根据桥位场域的具体条件，采用中国地震局工程地震研究中心编制的"工程场地地震安全性评价软件包（ESE）"，对该大桥北塔场地 ZK602 钻孔土层进行地震反应分析。计算中各典型土层参数均采用试验和原位实测值（钻孔弹性波速测试和土样动三轴试验），在水平向 100 年 10%抗震设防水准下的计算结果如表 7-7 所列，设计地震动峰值加速度可取表中给出结果的平均值。

表 7-7　北塔墩 ZK602 场点不同层位的设计峰值加速度

（100 年 10%，水平向）

计算孔号	层　位	高程(m)	峰值加速度(*g*)			
			No. 1	No. 2	No. 3	平均值
ZK602	地表	−12.63	0.159	0.163	0.152	0.158
	一般冲刷	−17.13	0.144	0.151	0.146	0.147
	局部冲刷	−41.63	0.133	0.140	0.135	0.136
	桩底	−119.00	0.077	0.061	0.073	0.070

2）设计加速度反应谱分析

《公路工程抗震设计规范》（JTJ 004—89）中，加速度反应谱的标准形式为（图 7-13）：

$$\beta(T)=\begin{cases}1+(\beta_{\max}-1)T/T_1, & 0<T\leqslant T_1\\ \beta_{\max}, & T_1<T\leqslant T_g\\ \beta_{\max}\left(\dfrac{T_g}{T}\right)^k, & T>T_g\end{cases} \tag{7-67}$$

式中：T——结构自振周期（s）；

T_1——反应谱平台段起始周期（s）；

$\beta_{\max}$——反应谱最大值；

T_g——特征周期（s）；

k——下降指数；

$\beta(T)$——反应谱值，根据反应谱计算结果，当 $\beta(T)<0.1$ 时，取 $\beta(T)=0.1$。

为满足大桥抗震性能计算的需要，给出 ZK602 处三种阻尼比(0.02、0.03 及 0.05)、1 个方向(水平向)、4 个层位的加速度反应谱，以 ZK602 钻孔基岩地震动加速度时程曲线“ZK6025—3.B10”(峰值加速度为 72.5 gal，大于同层位的设计峰值加速度 70.0 gal)为例，按公式(7-67)计算所需的反应谱参数如表 7-8 所列。该地震波能量主要集中在 0.16～0.6 s，反应谱曲线如图 7-14 所示。

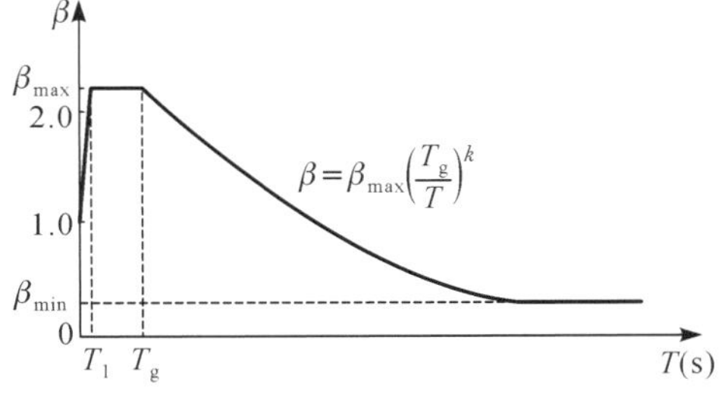

图 7-13　加速度反应谱

表 7-8　ZK602 地震加速度反应谱参数

(100 年 10%，水平向)

层　位	阻　尼　比											
	0.02				0.03				0.05			
	T_1(s)	T_g(s)	β_{max}	k	T_1(s)	T_g(s)	β_{max}	k	T_1(s)	T_g/(s)	β_{max}	k
地表	0.10	0.75	3.20	1.45	0.10	0.75	2.90	1.43	0.10	0.75	2.50	1.40
一般冲刷	0.10	0.72	3.25	1.40	0.10	0.72	2.95	1.38	0.10	0.72	2.50	1.35
局部冲刷	0.10	0.68	3.20	1.35	0.10	0.68	2.95	1.33	0.10	0.68	2.50	1.30
桩底	0.10	0.61	3.20	1.15	0.10	0.61	2.85	1.13	0.10	0.61	2.40	1.10

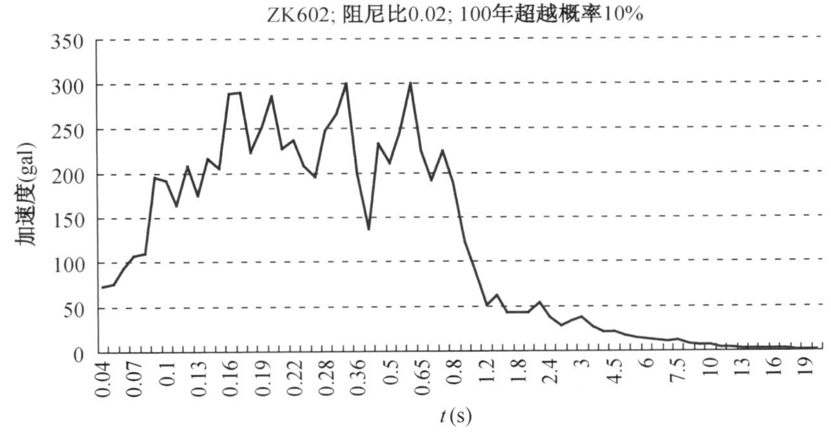

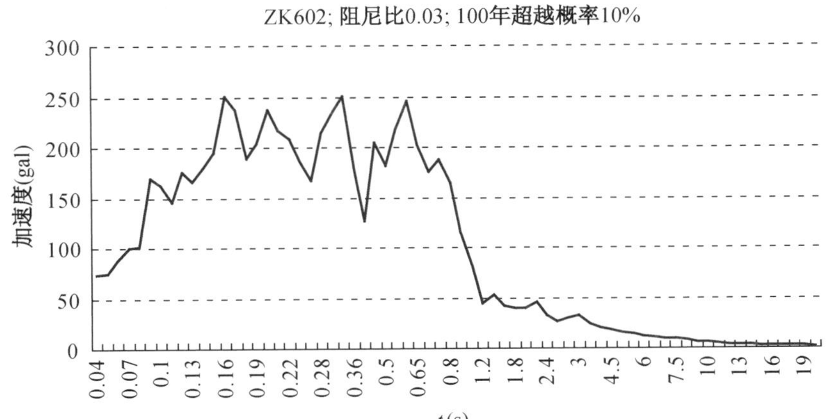

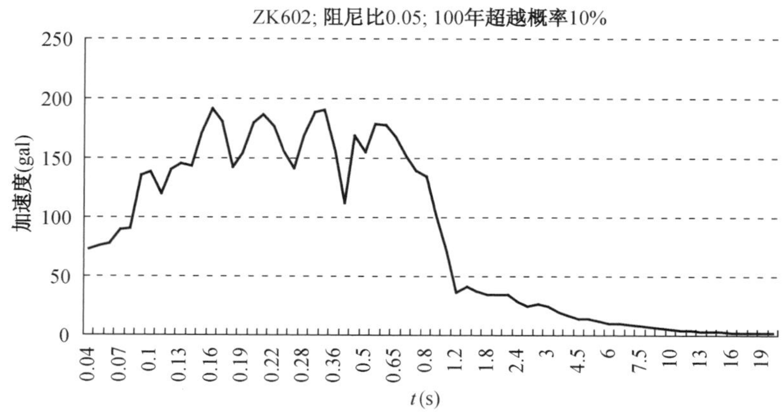

图 7-14　ZK602 基岩地震波相关反应谱

7.3.4　砂土地震液化判别

影响可液化土层液化的宏观地质因素很多，如：地质年代和地貌沉积环境、黏粒含量、饱和程度、地下水位深度、非液化土层覆盖厚度、可液化土层厚度、地震环境因素。通常场地土层液化可根据《公路工程抗震设计规范》(JTJ 004—89)与《建筑抗震设计规范》(GB 50011—2010)的相关规定进行综合判别。

1) 按《公路工程抗震设计规范》判别

《公路工程抗震设计规范》第 2.2.2 条规定，当在地面以下 20 m 范围内有饱和砂土或饱和亚砂土层时，可根据下列情况初步判定其是否有可能液化：

① 地质年代为第四纪晚更新世 Q_3 或以前时，可判为不液化；

② 基本烈度 7 度、8 度和 9 度区，亚砂土的黏粒(粒径小于 0.005 mm 的颗粒)含量百分率 P_c(按重量计)分别不小于 10、13 和 16 时，可判为不液化。

当初步判别认为需进一步进行液化判别时，应采用标准贯入试验法判别地面以下 20 m 以内的饱和砂土及亚砂土的液化，液化判别公式如：

$$N_1 = C_N N_{63.5} \tag{7-68}$$

$$N_c = \left[11.8\left(1 + 13.06\frac{\sigma_V}{\sigma_V}K_h C_V\right)^{\frac{1}{2}} - 8.09\right]\xi \tag{7-69}$$

$$\xi = 1 - 0.17\sqrt{\rho_c} \tag{7-70}$$

若实测修正标准贯入击数 N_1 小于液化临界标贯击数 N_c 则判该点产生液化，否则为不液化。

上式中 C_N 为实测修正标准贯入击数 N_1 的换算系数；C_V 为地震剪应力随深度衰减的折减系数；K_h 为地面水平地震系数；σ_V 为标贯点处土的总上覆压力；σ'_V 为标贯点处土的有效上覆压力；ξ 为黏粒含量修正系数，ρ_c 为黏粒含量。

2) 按《建筑抗震设计规范》判别

现行《建筑抗震设计规范》规定：饱和的砂土或粉土(不含黄土)，当符合下列条件之一时，可初步判为不液化土或可不考虑液化影响：

① 地质年代为第四纪晚更新世(Q_3)或以前时，7、8 度时可判为不液化；

② 粉土的黏粒(粒径小于 0.005 mm 的颗粒)含量百分率，7 度、8 度和 9 度分别不小于

10、13 和 16 时，可判为不液化土[①]；

③ 浅埋天然地基的建筑，当上覆非液化土层厚度和地下水位深度符合下列条件之一时，可不考虑液化影响：

$$d_u > d_o + d_b - 2 \tag{7-71}$$

$$d_w > d_o + d_b - 3 \tag{7-72}$$

$$d_u + d_w > 1.5d_o + 2d_b - 4.5 \tag{7-73}$$

式中：d_w ——地下水位深度(m)，宜按设计基准期内年平均最高水位采用，也可按近期内年最高水位采用；

d_u ——上覆盖非液化土层厚度(m)，计算时宜将淤泥和淤泥质土层扣除；

d_b ——基础埋置深度(m)，不超过 2 m 时应采用 2 m；

d_o ——液化土特征深度(m)，可按表 7-9 采用。

表 7-9　液化土特征深度　(单位：m)

饱和土类别	7 度	8 度	9 度
粉土	6	7	8
砂土	7	8	9

注：当区域的地下水位处于变动状态时，应按不利的情况考虑。

当初步判别认为需进一步进行液化判别时，应采用标准贯入试验判别法判别地面以下 20 m 深度范围内的液化；但对此规范第 4.2.1 条规定可不进行天然地基及基础的抗震承载力验算的各类建筑，可只判别地面下 15 m 范围内土的液化。当饱和土标准贯入锤击数(未经杆长修正)小于或等于液化判别标准贯入锤击数临界值时，应判为液化土。当有成熟经验时，尚可采用其他判别方法。

在地面下 20 m 深度范围内，液化判别标准贯入锤击数临界值可按下式计算：

$$N_{cr} = N_0 \beta [\ln(0.6d_s - 1.5) - 0.1d_w] \sqrt{\frac{3}{\rho_c}} \tag{7-74}$$

式中：N_{cr}——液化判别标准贯入锤击数临界值；

N_0——液化判别标准贯入锤击数基准值，应按表 7-10 采用；

d_s——饱和土标准贯入点深度(m)；

d_w——地下水位(m)；

ρ_c——黏粒含量百分率，当小于 3 或为砂土时，应采用 3；

β ——调整系数，设计地震第一组取 0.80，第二组取 0.95，第三组取 1.05。

表 7-10　液化判别标准贯入锤击数基准值 N_0

设计基本地震加速度(g)	0.10	0.15	0.20	0.30	0.40
液化判别标准贯入锤击数基准值	7	10	12	16	19

3) 地震液化等级划分

根据《建筑抗震设计规范》，对存在液化土层的地基，应探明各液化土层的深度和厚度，

① 用于液化判别的黏粒含量系采用六偏磷酸钠作分散剂测定，采用其他方法时应按有关规定换算。

按下式计算每个钻孔的液化指数，并按表 7-11 综合划分地基的液化等级：

$$I_{LE}=\sum_{i=1}^{n}\left(1-\frac{N_i}{N_{cri}}\right)d_i w_i \tag{7-75}$$

式中：I_{LE}——液化指数；

n——在判别深度范围内每一个钻孔标准贯入试验点的总数；

N_i 和 N_{cri}——分别为 i 点标准贯入锤击数的实测值和临界值，当实测值大于临界值时应取临界值；当只需要判别 15 m 范围以内的液化时，15 m 以下的实测值可按临界值采用；

d_i——i 点所代表的土层厚度(m)，可采用与该标准贯入试验点相邻的上、下两标准贯入试验点深度差的一半，但上界不高于地下水位深度，下界不深于液化深度；

w_i——i 层考虑单位土层厚度的层位影响权函数值(m^{-1})，当该层中点深度 $Z_i \leqslant 5$ m 时取 $w_i=10$，当该层中点深度 $Z_i=20$ m 时取 $w_i=0$，当该层中点深度 5 m$<Z_i<$20 m 时按 $w_i=2\times(20-Z_i)/3$ 计算取值。

表 7-11　液化等级与液化指数的对应关系

液化等级	轻微	中等	严重
液化指数 I_{LE}	$0<I_{LE}\leqslant 6$	$6<I_{LE}\leqslant 18$	$I_{LE}>18$

4) 液化判别结果

根据《公路工程抗震设计规范》和《建筑抗震设计规范》的相关规定对桥位区 0～20 m 深度范围内 1-3 层亚砂土、粉砂和 1-4 层粉砂、细砂及 2-4 层粉砂、细砂层进行液化判别。ZK602 孔按 50 年超越概率 10%抗震设防标准，采用《公路工程抗震设计规范》进行液化判别计算，结果表明 1-3 层粉砂全部液化，2-4 层粉砂不液化；采用《建筑抗震设计规范》进行液化判别计算，结果表明 1-3 层粉砂全部液化，2-4 层粉砂不液化，液化指数为 19.2，液化等级为严重。ZK602 孔按 100 年超越概率 10%抗震设防标准，采用《公路工程抗震设计规范》进行液化判别计算，结果表明 1-3 层粉砂全部液化，2-4 层粉砂不液化；采用《建筑抗震设计规范》进行液化判别计算，结果表明 1-3、2-4 层粉砂全部液化，液化指数为 42.8，液化等级为严重。

由于桥址区各计算场点地震基本烈度皆为 7 度，因此，按 7 度进行液化判别，确定桥位区其他几个钻孔砂性土的液化指数和液化等级判别结果如表 7-12 所列，由表可知，北塔墩工程场地若以地震基本烈度为 7 度进行砂土液化判别，则其液化指数为 10.77～26.18，为中等—严重液化等级。

表 7-12　砂土液化判别结果(地震基本烈度 7 度)

孔号	全孔液化指数	液化等级	液化土层位说明
ZK471	18.5	严重	主要液化土层为 1-3 层粉砂
ZK472	26.18	严重	主要液化土层为 1-3 层粉砂
ZK473	17.58	中等	主要液化土层为 1-3 层粉砂
ZK474	14.39	中等	主要液化层位为 1-3 层粉砂
ZK475	10.77	中等	主要液化层位为 1-3 层粉砂
ZK476	20.53	严重	主要液化层位为 1-3 层粉砂

7.4　桩基振动台试验研究

众所周知，当地基视为刚性时，上部结构可以直接固定在振动台台面上，因此振动台面的加速度输入就是结构底部的自由场地震加速度，而对于群桩基础而言，振动台台面的加速度输入通过土层、桩基础的“过滤”作用后到达结构底部。桩土相互作用不仅会改变结构体系的动力特性，也会对上、下部结构的地震响应产生一定的影响。目前，国内外大部分专家学者关心的都是上部结构的地震响应，而忽视了下部基础结构的动力反应分析，即使有些理论分析研究，也缺少地震记录的验证和试验数据的支持。因此，对其展开系统的振动台试验研究显得非常必要。在日本九州大学建设振动工学研究室的大力支持下，本书进行了群桩-土的振动台试验研究。根据上部质量块加速度和桩基应变响应记录，讨论并研究了不同加速度峰值、频率正弦波及泰州波入射时，考虑桩-土-结构相互作用的群桩基础动力响应问题。本次试验在考虑桩-土-结构相互作用基础上，主要考察桩基的地震反应规律，研究成果将为群桩抗震理论分析积累基础试验数据。

7.4.1　试验设备简介

此试验在日本九州大学建设振动工学研究室设计完成，主要的仪器设备为 RA-004-8 型水平载荷试验振动台装置，如图 7-15 所示。

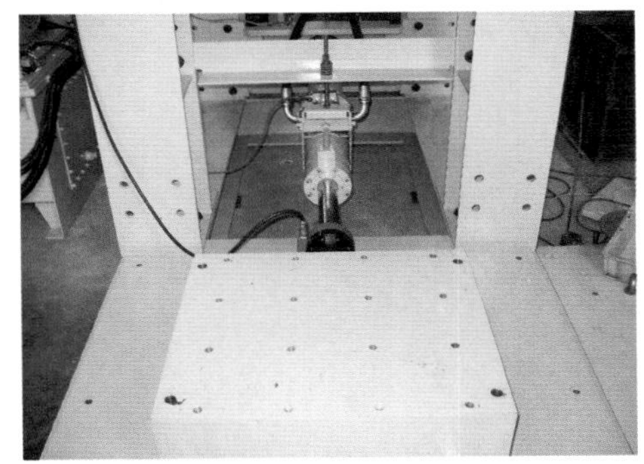

(a) 振动台平台

(b) 控制系统

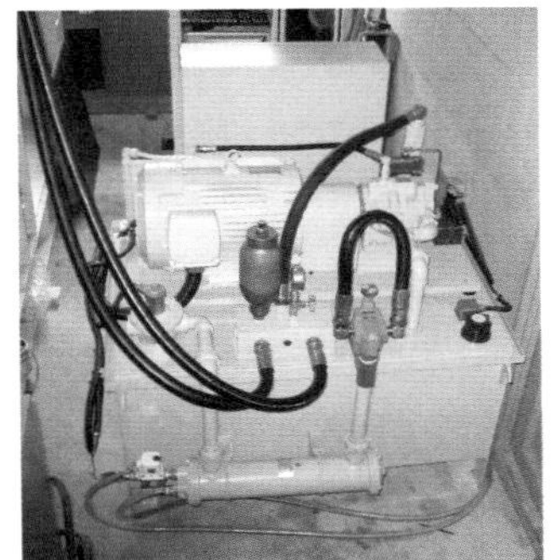

(c) 加载液压系统

图 7-15　水平载荷试验振动台装置

其主要特点如下：①加振方向：水平 1 方向施加；最高速度：203.9 mm/s；②最大变位：±200 mm(表示最大的峰值位移)；③加振载荷：静的 100 kN(动的 70 kN)；④频率范围：0.01～90 Hz；⑤环境条件：温度 0～40 ℃，湿度 0～85%RH；⑥所需电力：3ϕ AC 200V±10%，50/60 Hz，70 A (或 AC100 V，5 A)；⑦保护装置：过变位保护、过电流保护、过负荷保护、各种冷却保护回路。

7.4.2　振动台试验模型

基于此项试验目前的发展水平，振动台试验要真实反映土层在地震载荷下的非线性特征是不太可能的，虽然国内外对桩-土-结构相互作用试验研究中土体相似率进行了考虑研究，但是仍未解决模拟实际土质非线性特征的问题，如自振特性、动泊松比以及重力加速度等的模拟。

1) 模型设计

试验室进行振动台试验一般采用缩尺模型，因而不能完全模拟天然土体和桩体的动应力状态。对于实际工程，可按照 Bockingham π 定理导出试验模型与原型各物理量的相似关系式和相似系数。为了便于应变片测量桩身上的应变，以及模型桩的重复利用，试验模型桩选用钢管。承台尺寸为 250 mm×250 mm×25 mm；2×2 模型桩的外径为 19.1 mm，壁厚为 1.6 mm，桩距为 220 mm，桩长为 510 mm；上部结构采用质量块模拟，在试验中通过增加或减少顶部质量块的方式来改变质量块的动力特性，达到模拟不同上部结构的试验目的，模型采用 12 kg 和 36 kg 两种规格的质量块，承台中部的四个螺钉孔用于固定质量块，如图 7-16 所示。土体采用砂土相对密度 D_r 为 31%，每次试验振动结束后，均需对土体重新制备。模型试验箱为圆形塑料容器，其尺寸为：直径 500 mm，高 610 mm，壁厚 3 mm。试验模型如图 7-17 所示。

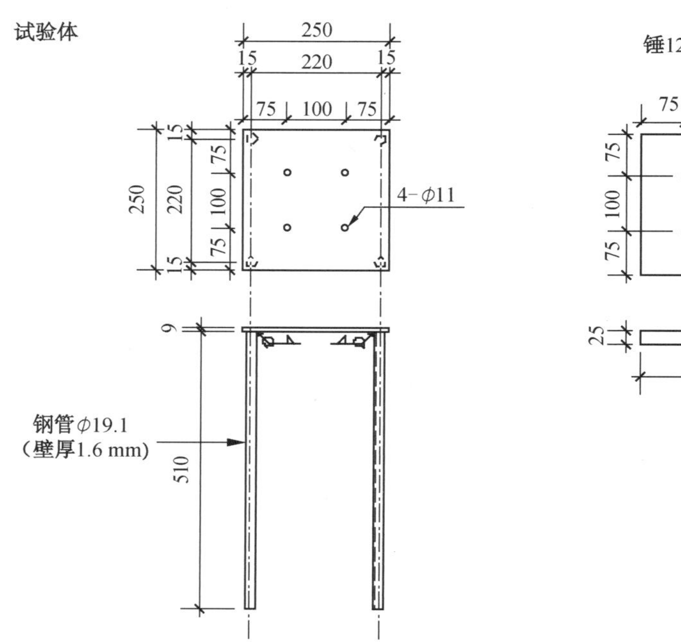

图 7-16　试验体尺寸

2）加速度传感器及应变片布置

试验中采用加速度传感器、应变片量测模型结构的动力响应。加速度计安置于承台和振动台。为了消除试验可能造成的误差，桩身同一断面位置环向对称布置了 3 个应变片，总共 4 组用于实时记录分析，以测量桩身的应变。图 7-18 给出了应变片的位置。

选择对角线上的两根桩进行贴片，沿桩身粘贴应变片时，先在贴片部位用细砂纸将表面打毛，砂纸的磨痕应与应变片轴线成 45°，且呈交叉状；然后用丙酮清除桩表面残留的磨屑；在贴片部位表面用笔划出标记，并用丙酮清洗贴片部位；贴片之前应逐个检查应变片的外形，完成贴片后，先在应变片外涂一层环氧树脂防水层，然后用绝缘橡胶密封，最后再加贴一层塑料胶带，这样就完成了模型桩的制作。

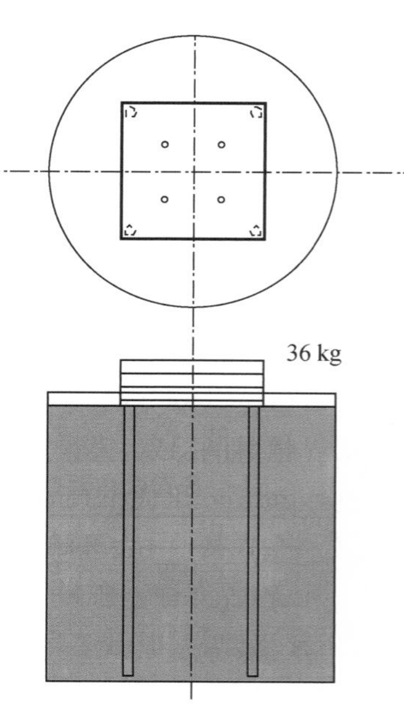

图 7-17　试验模型图

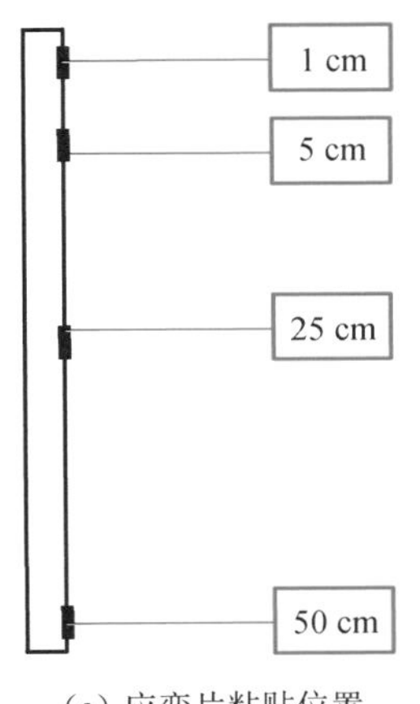

(a) 应变片粘贴位置

(b) 粘贴好应变片的模型桩

图 7-18　桩上应变片布置图

7.4.3　简谐波激励工况分析

1) 输入的正弦波

为了简化问题，方便探索砂土中桩基水平地震荷载下的承载特性，选用频率为 2 Hz、幅值为 0.5g(工况一)和频率为 10 Hz、幅值为 2g(工况二)的正弦波作为振动输入信号进行试验，持时 40 s。图 7-19 和图 7-20 是振动台台面的加速度时程。

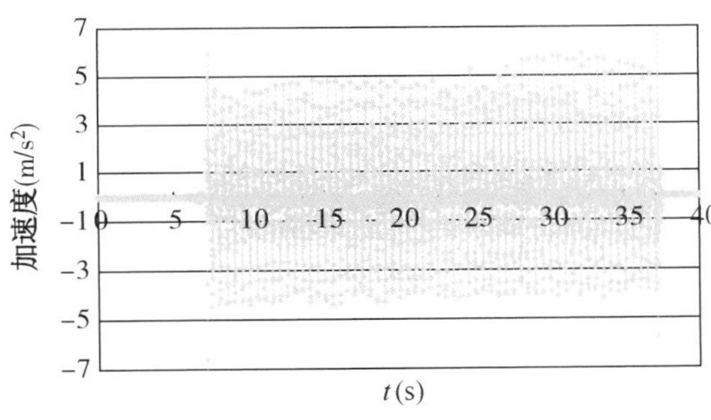

(a) 振动台台面记录加速度时程 2 Hz，幅值 0.5g

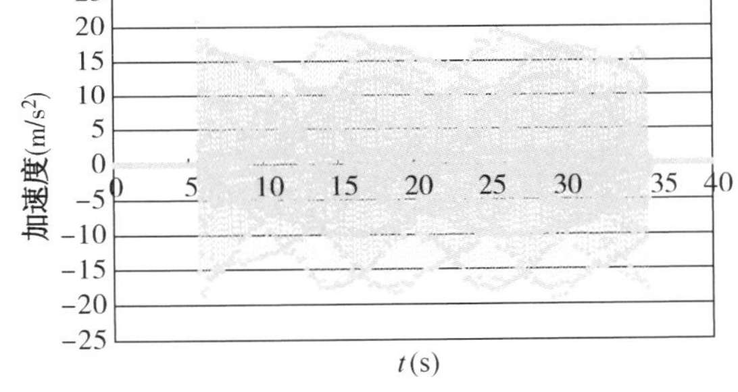

(b) 振动台台面记录加速度时程 10 Hz，幅值 2g

图 7-19　上部质量块重 12 kg 时振动台台面记录加速度时程

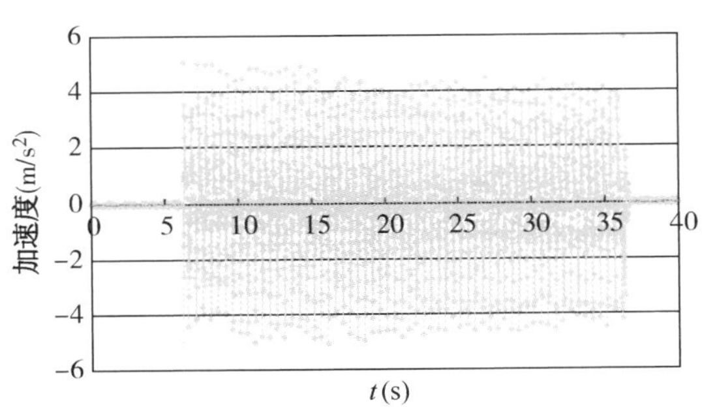

(a) 振动台台面记录加速度时程 2 Hz，幅值 0.5g

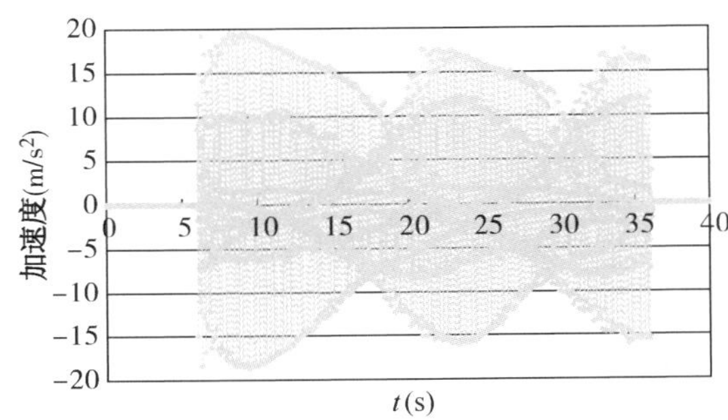

(b) 振动台台面记录加速度时程 10 Hz，幅值 2g

图 7-20　上部质量块重 36 kg 时振动台台面记录加速度时程

2）试验结果分析

上部质量块加速度时程如图 7-21 所示，2 Hz 和 10 Hz 两种工况下，12 kg 的峰值加速度响应均大于 36 kg。与图 7-19 和图 7-20 对比可知，它们的加速度峰值均小于振动台台面的输入加速度峰值。分析认为随着波的输入，地基土不断软化、非线性加强，进而削弱了其传递振动的能力。图 7-21(a)的加速度幅值较图 7-21(c)稍大，图 7-21(b)的加速度幅值则明显大于图 7-21(d)。对于简谐波激励，配重相同的情况下，虽然随着输入加速度峰值增加，质量块加速度幅值均增大，但是 12 kg 工况二的峰值加速度是工况一的 3 倍左右，36 kg 工况二的峰值加速度仅是工况一的 2 倍左右，分析认为下部结构相同的情况下，上部结构自重的增加对抵御高频强震有益。

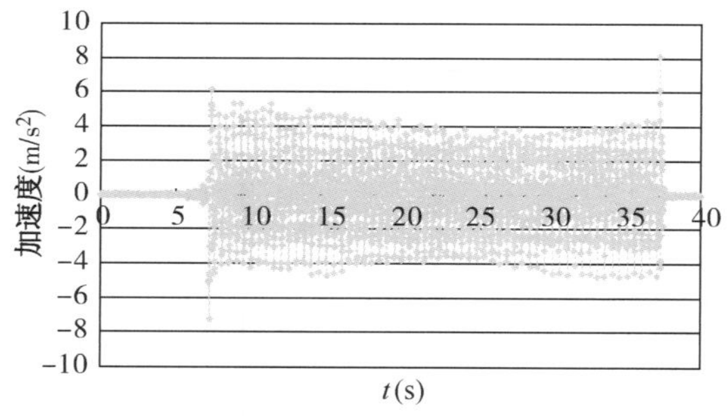

(a) 上部质量块重 12 kg，输入加速度时程 2 Hz，幅值 0.5g

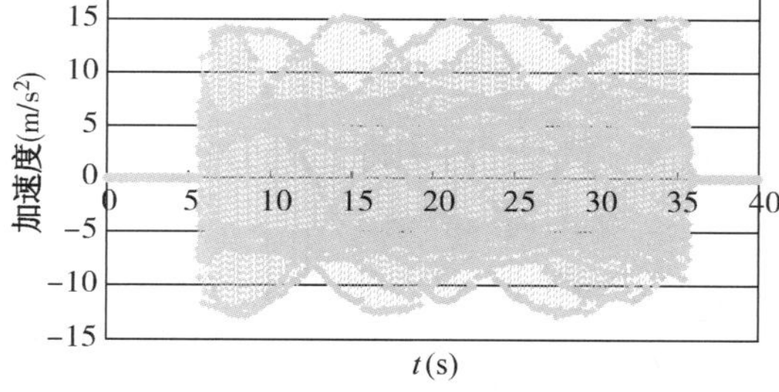

(b) 上部质量块重 12 kg，输入加速度时程 10 Hz，幅值 2g

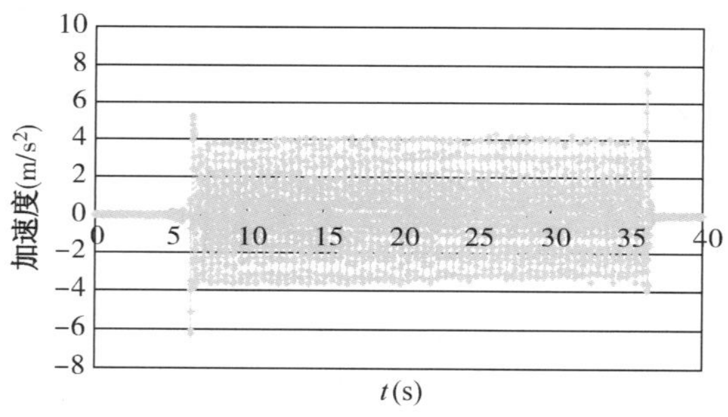

(c) 上部质量块重 36 kg，输入加速度时程 2 Hz，幅值 0.5g

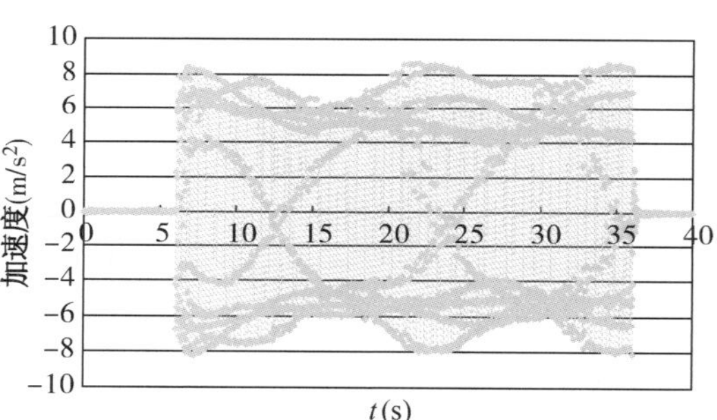

(d) 上部质量块重 36 kg，输入加速度时程 10 Hz，幅值 2g

图 7-21　上部质量块加速度时程

仅从上部结构质量大小的角度来看，如图 7-22 所示，输入相同振动波条件下，上部配重 36 kg 工况的 $3^{\#}$ 桩顶应变响应幅值是上部配重 12 kg 工况的 2～3 倍，表明水平振动一定的条件下，桩基的应变响应幅值大小主要受上部配重水平惯性力的控制，即上、下部结构的惯性相互作用影响。

从图 7-23 和图 7-24 可知，两种工况下，桩基上应变总体上是桩顶位置附近应变幅值变化最大，并随深度增加呈递减趋势，桩底位置应变幅值变化最小，几乎处于无约束状态；工况二的桩基应变响应幅值明显大于工况一；$1^{\#}$ 基桩和 $2^{\#}$ 基桩的振动响应存在此消彼长的对称关系；随着振动时间的增加，基桩应变幅值不断减小。

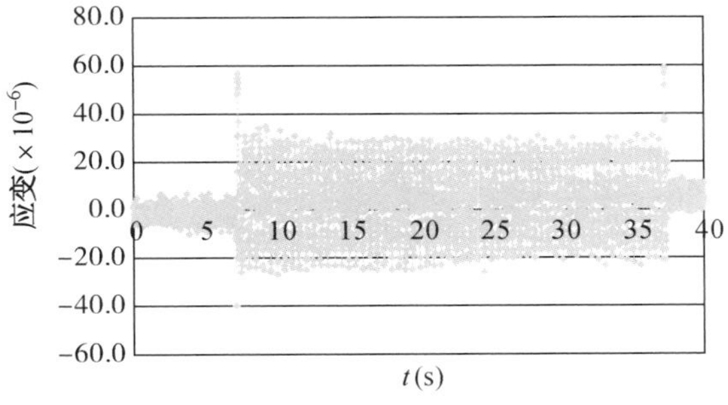

(a) 上部质量块重 12 kg，输入加速度时程 2 Hz，幅值 0.5g，3# 桩 1 测点

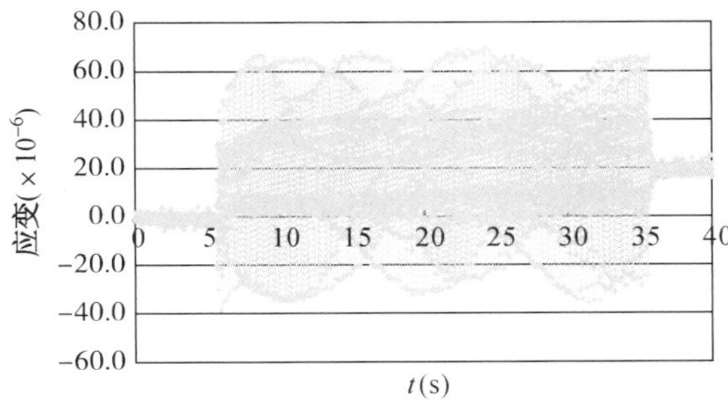

(b) 上部质量块重 12 kg，输入加速度时程 10 Hz，幅值 2g，3# 桩 1 测点

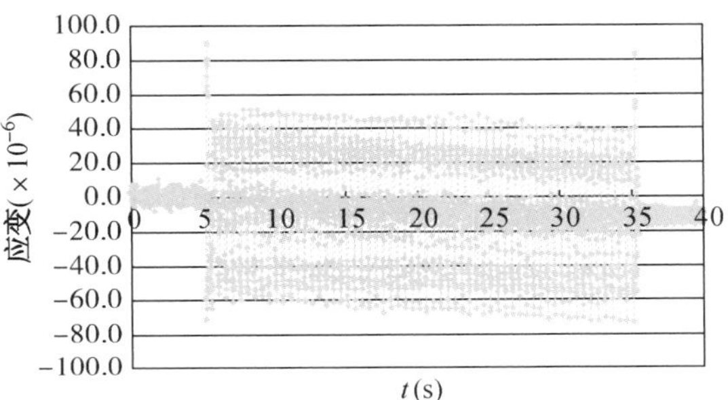

(c) 上部质量块重 36 kg，输入加速度时程 2 Hz，幅值 0.5g，3# 桩 1 测点

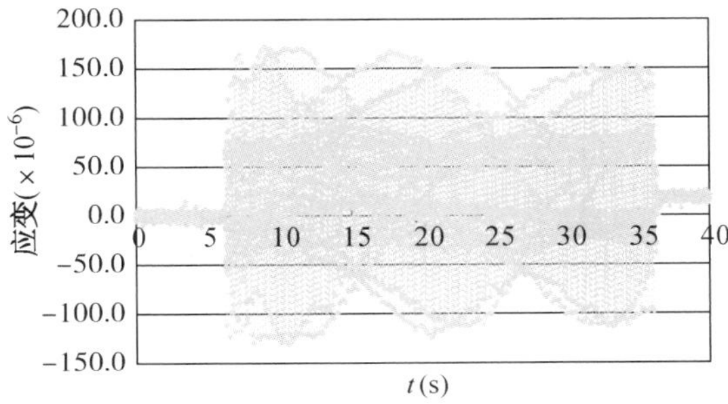

(d) 上部质量块重 36 kg，输入加速度时程 10 Hz，幅值 2g，3# 桩 1 测点

图 7-22 3# 桩顶部 1 测点应变时程曲线

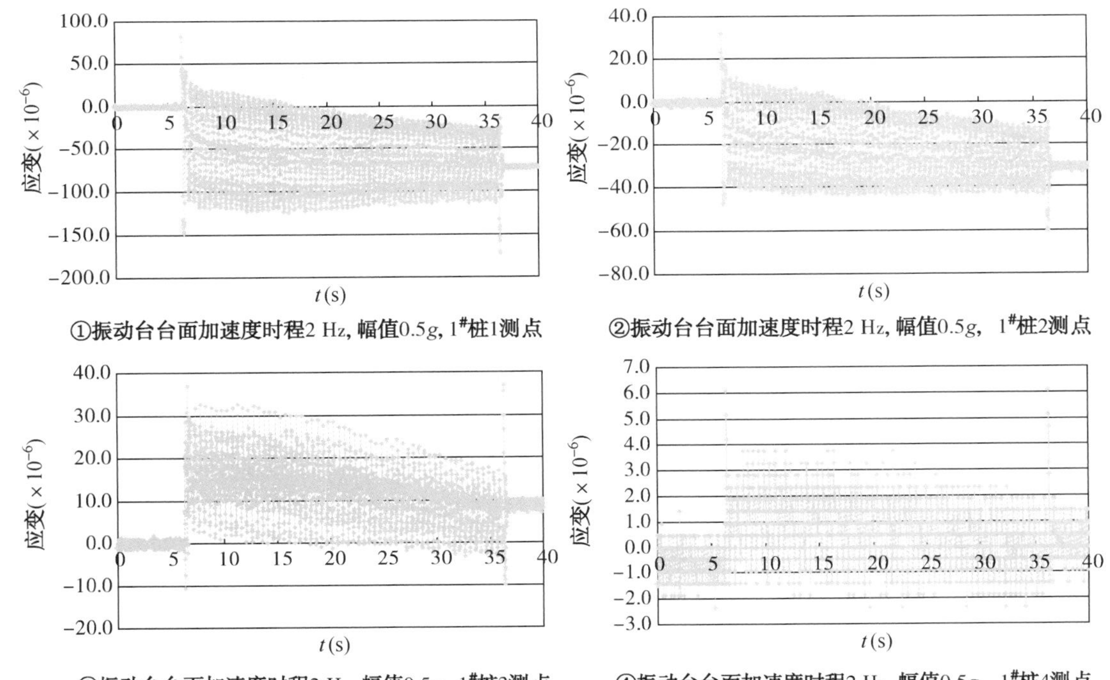

①振动台台面加速度时程2 Hz，幅值0.5g，1#桩1测点

②振动台台面加速度时程2 Hz，幅值0.5g，1#桩2测点

③振动台台面加速度时程2 Hz，幅值0.5g，1#桩3测点

④振动台台面加速度时程2 Hz，幅值0.5g，1#桩4测点

(a) 1# 基桩

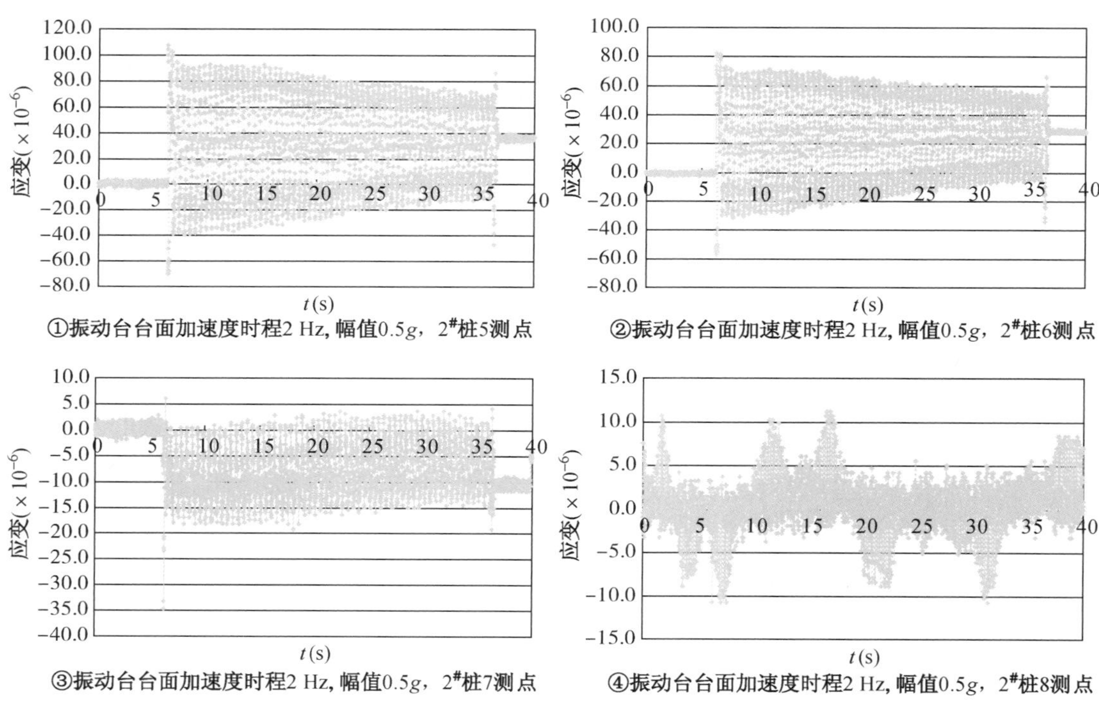

①振动台台面加速度时程2 Hz, 幅值0.5g，2#桩5测点

②振动台台面加速度时程2 Hz, 幅值0.5g，2#桩6测点

③振动台台面加速度时程2 Hz, 幅值0.5g，2#桩7测点

④振动台台面加速度时程2 Hz, 幅值0.5g，2#桩8测点

(b) 2# 基桩

图 7-23　2 Hz 时桩基应变时程曲线

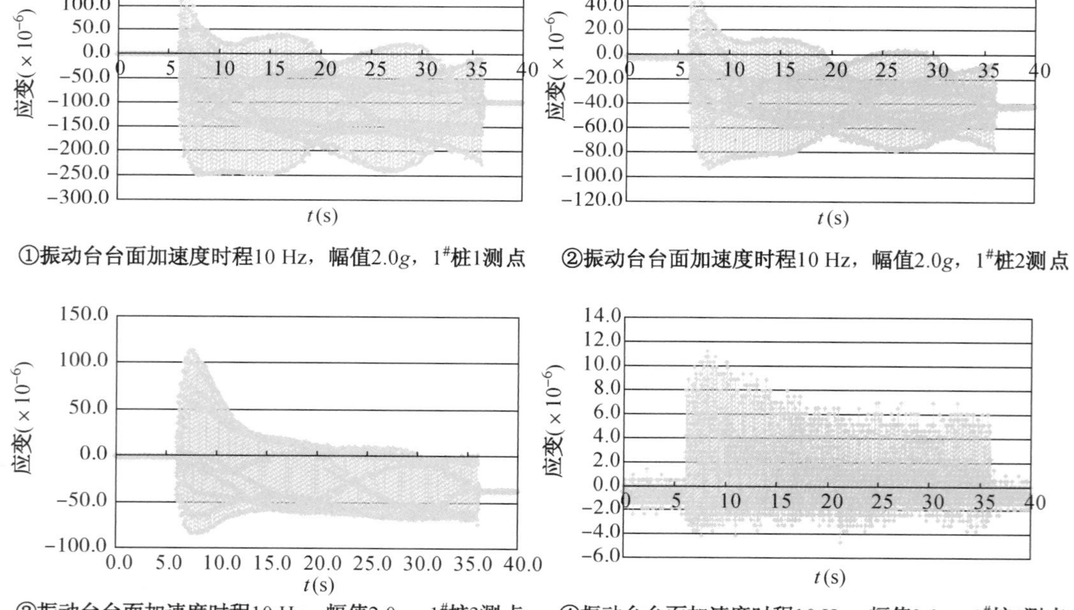

①振动台台面加速度时程10 Hz，幅值2.0g，1#桩1测点

②振动台台面加速度时程10 Hz，幅值2.0g，1#桩2测点

③振动台台面加速度时程10 Hz，幅值2.0g，1#桩3测点

④振动台台面加速度时程10 Hz，幅值2.0g，1#桩4测点

(a) 1# 基桩

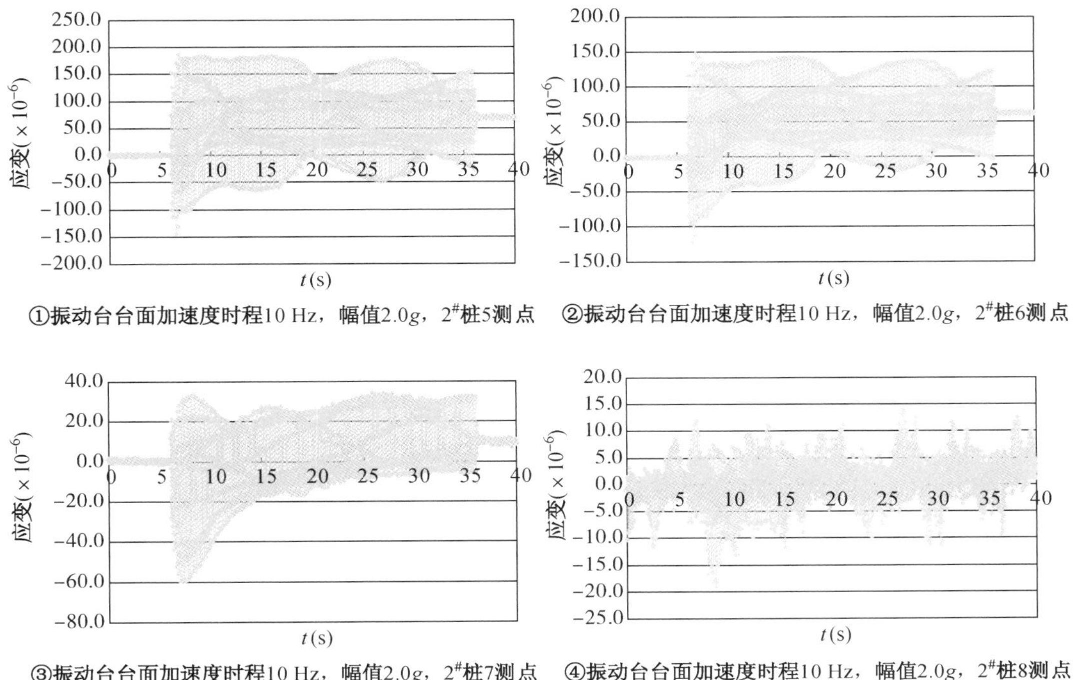

(b) 2# 基桩

图 7-24　10 Hz 时桩基应变时程曲线

根据 1# 和 2# 基桩测点轴力幅值可绘制出它们的包络线，如图 7-25 所示。从中可以看出，基桩顶部位置的轴力幅值最大，沿着深度方向轴力逐渐减小，基桩底部最小。2 Hz 时 1# 和 2# 基桩顶部测点轴力峰值分别为 201 kN 和 187 kN，10 Hz 时 1# 和 2# 基桩顶部测点轴力峰值分别为 379 kN 和 416 kN，后者是前者的 2 倍左右，且 10 Hz 时 1# 基桩轴力明显大于 2# 基桩。随着水平向振动次数的增加和输入振动的增强，群桩的各基桩测点轴力均有不同程度的增大。

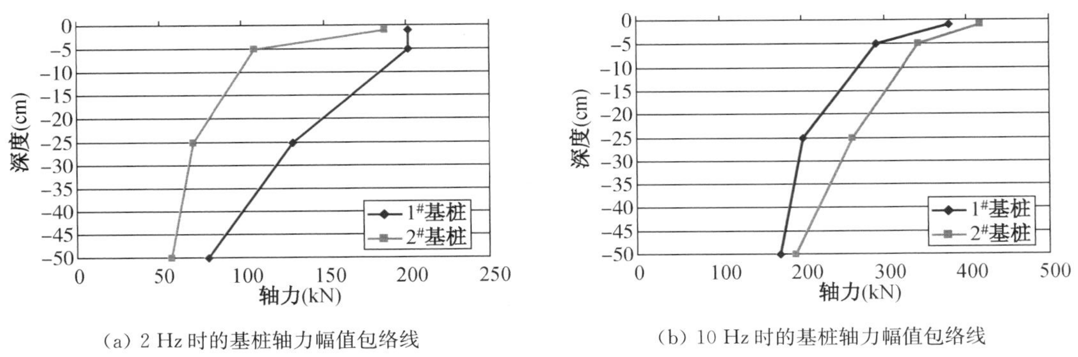

(a) 2 Hz 时的基桩轴力幅值包络线　　(b) 10 Hz 时的基桩轴力幅值包络线

图 7-25　1# 和 2# 基桩轴力幅值包络线

7.4.4　某大桥工程场域地震波激励工况分析实例

选取该大桥基岩地震动加速度时程曲线作为输入波，由于振动台是采用位移控制的,因此需对其进行积分得到位移时程曲线,经过调整后,振动台输入位移时程如图 7-26 所示,位移峰值 62.34 mm,出现在 37.37 s。

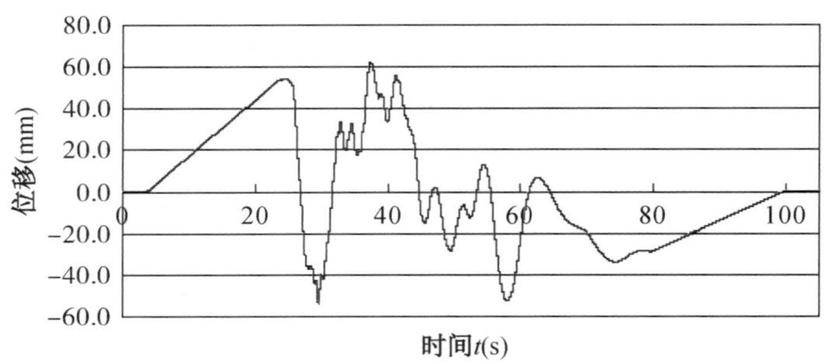

图 7-26 振动台输入位移时程曲线

振动台和上部质量块(36 kg)加速度时程曲线对比如图 7-27 所示。从图中可以看出,振动台加速度峰值为 0.194g,而质量块加速度峰值为 0.17g,前者加速度峰值较后者大 0.024g。分析认为是土-桩-结构的动力相互作用使得结构体系的阻尼增大,另外还有桩土体系的“过滤”作用,造成上部质量块反应减小。整个试验过程,群桩结构未发生倾覆,也无明显沉降产生。

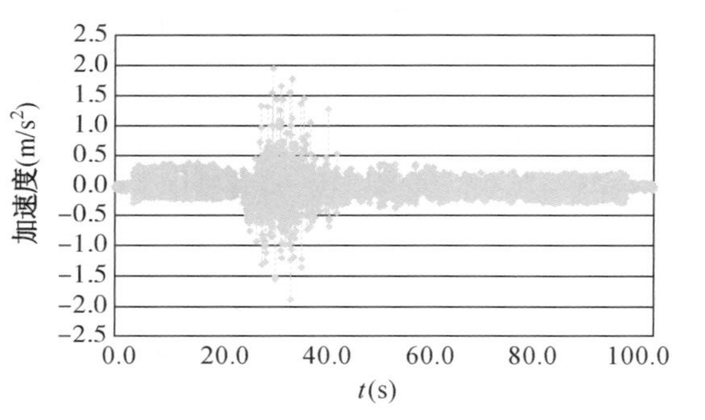

(a) 振动台台面加速度峰值 0.194g

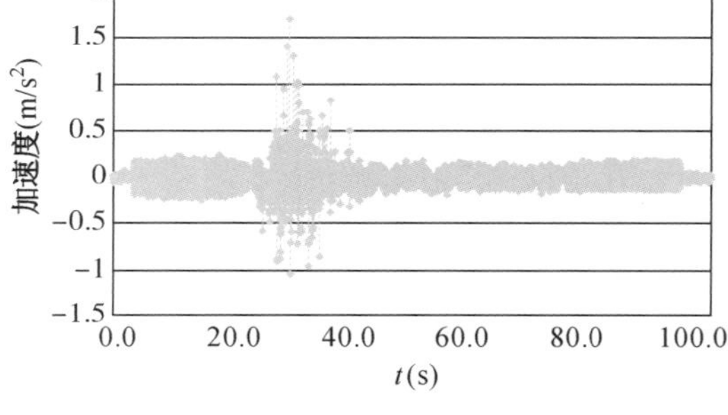

(b) 质量块加速度峰值 0.17g

图 7-27 振动台和质量块加速度时程曲线对比

从图 7-28 中可以看出,1# 基桩(第一排)、2# 基桩(第二排)的地震响应幅值接近。桩基上应变总体上是桩顶位置附近应变幅值变化最大,并随深度增加呈递减趋势,桩底位置应变幅值变化最小,几乎处于无约束状态,与简谐波激励的结果相似,分析认为是桩端未固定导致了基桩下部应变响应幅值较小。

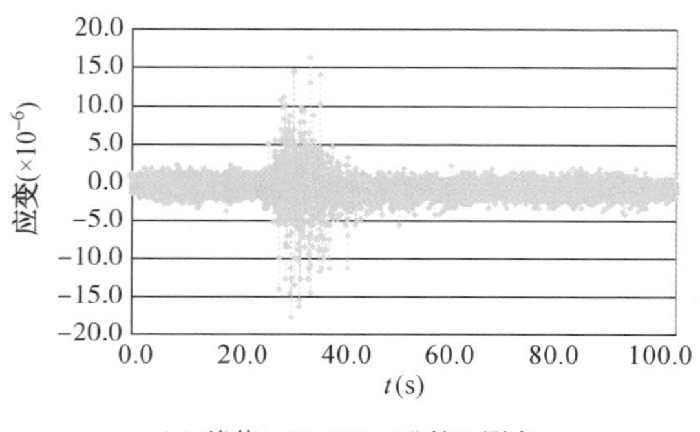

(a) 峰值−17.757,1# 桩 1 测点

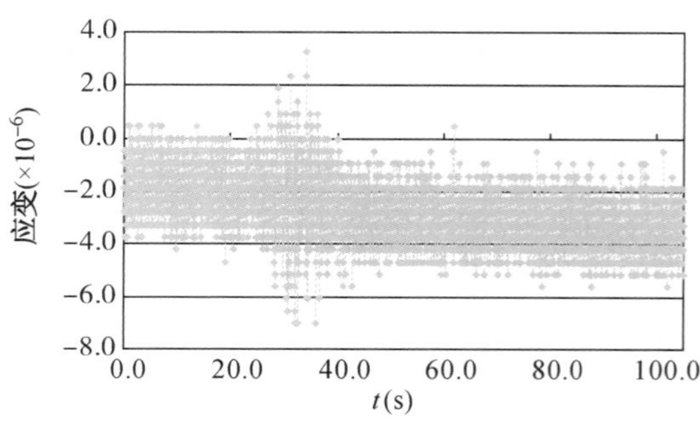

(b) 峰值−7.009,1# 桩 2 测点

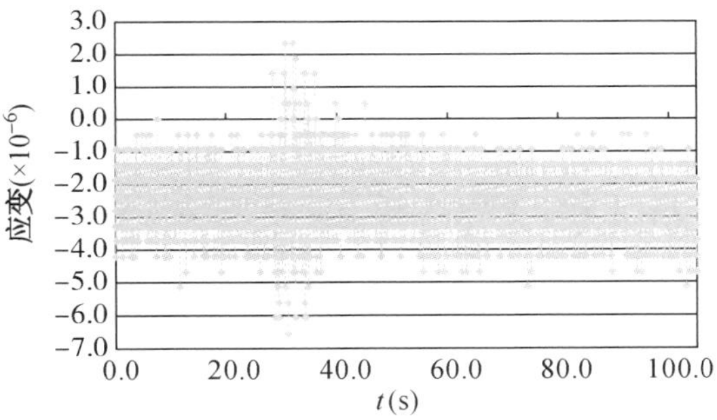

(c) 峰值−6.542，1# 桩 3 测点

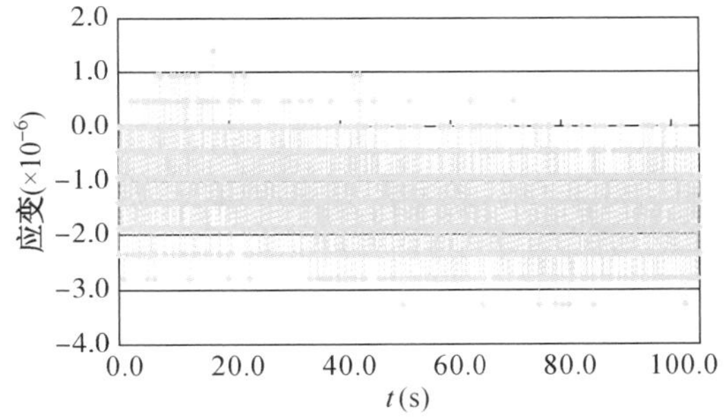

(d) 峰值−3.271，1# 桩 4 测点

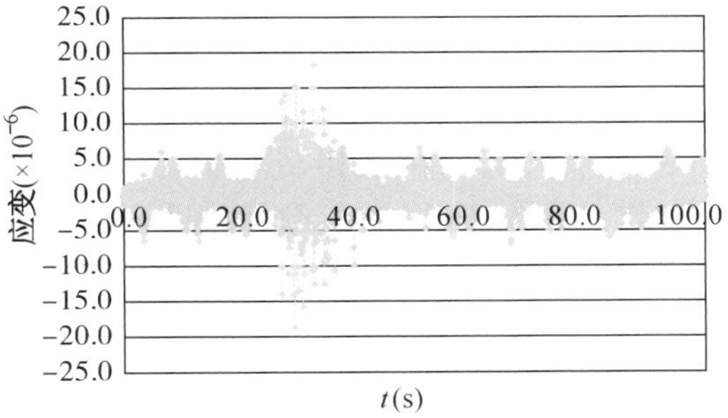

(e) 峰值−18.692，2# 桩 5 测点

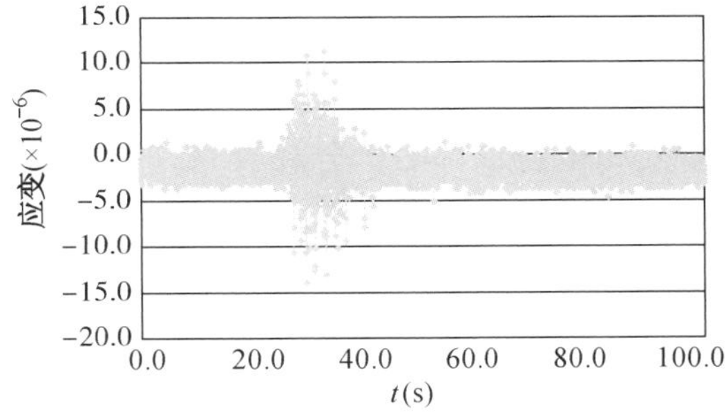

(f) 峰值−14.019，2# 桩 6 测点

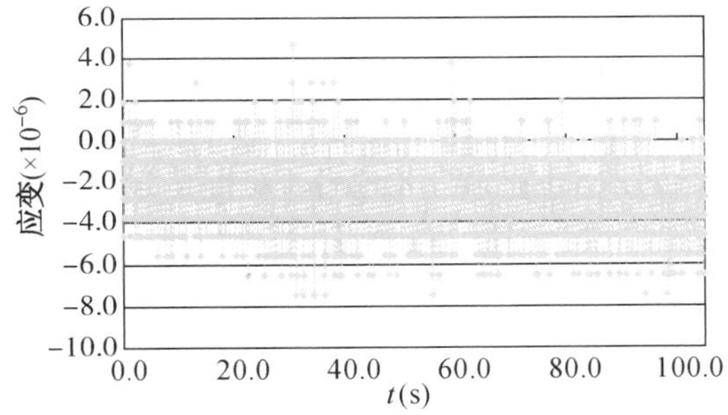

(g) 峰值−7.477，2# 桩 7 测点

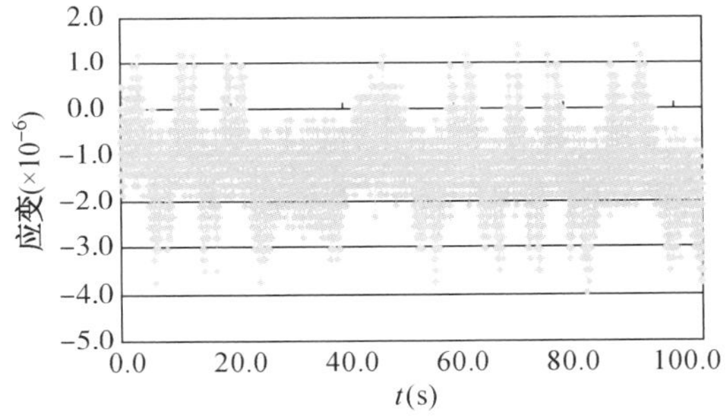

(h) 峰值−3.972，2# 桩 8 测点

图 7-28　泰州波输入时桩基应变时程曲线

根据 1# 和 2# 基桩测点轴力幅值可绘制出它们的包络线，如图 7-29 所示。从中可以看出，1# 基桩中上部的轴力幅值小于 2# 基桩，而中下部则相反；基桩顶部位置的轴力幅值最大，沿着深度方向轴力逐渐减小，基桩底部最小，这些规律总体上与其他模型试验得到的规律是一致的。

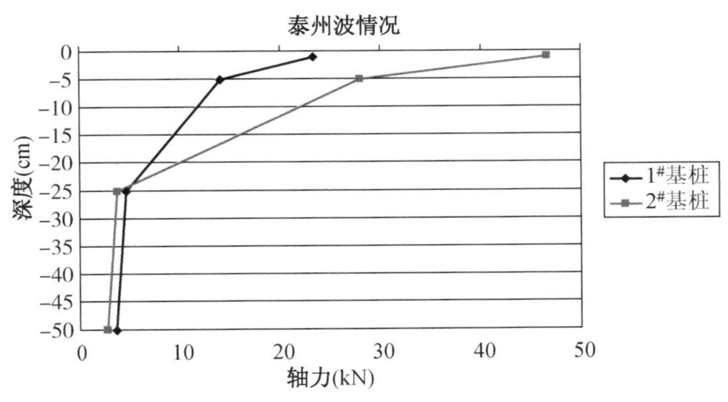

图 7-29　1# 和 2# 基桩轴力幅值包络线

7.5 “地基土-群桩-悬索桥”体系抗震动力相互作用分析

7.5.1 概述

该跨江公路大桥是国内外首座双跨连续的三塔千米级悬索大桥。除桥跨结构外，在主跨边墩桩基方面的抗震动力设计经验也相对比较匮乏，存在一定的技术难度，亟需通过详细而周到的计算分析，得到充分论证。这里，纳入国际桥基工程界的最新设计计算理念是十分必要的，从而作出安全、合理而经济的设计决策，也将是十分重要的。该大桥位于长江中段，如前所述，跨江大桥工程分北引桥、北锚碇、北塔墩、中塔墩、南塔墩、南锚碇及南引桥七大部分。

在历次大地震活动引发的震害中，结构工程地基基础的破坏是导致桥梁等重大结构物地震破坏的主要原因。根据历次地震的经验，地震后桥梁结构、特别是下部结构的修复和重建也都是十分耗资、费时和费力的。桩基与土的共同作用相当复杂，其抗震动力问题就更加如此。关于桩基在地震作用下的工作情况分析和抗震设计计算，目前尚无成熟、完善的理论和方法可资依据。在较强地震作用下，不考虑地基土单元体在应力应变方面的非线性性质可能导致桩身受力和变形计算的重大偏误。桩周浅部砂土地层发生震动液化以后，桩基础的工作状态严重恶化是肯定的，至于具体变化细节则还远不是很清楚。

由于考虑土-桩-上部结构系统共同作用的整体地震反应分析的计算工作量相当大，目前在实际工程中开展得并不很多。现行的常规做法是：经验指导为主，辅以以静代动（等效静力作用）的验算，外加构造措施保证。本章的主要研究目的是：通过大桥边塔墩群桩基础的地震反应分析计算，探索大型土体、桥桩基础与上部桥跨结构作三维非线性时域地震动力反应分析的弹塑性计算方法，获得一些有益于大桥桩基础抗震设计的结论，可供大桥设计参考借鉴。

7.5.2 ABAQUS 有限元程序软件简介

1）程序概述

ABAQUS 是当前国际上最先进的大型通用有限元计算分析软件之一，具有广泛的模拟性能。它拥有较多的单元模型、材料模型、分析过程等模块，可以用来分析很多领域的问题，如固体力学、岩土力学和结构力学等，特别是能够驾驭非常庞大复杂的问题和模拟高度非线性问题。正是由于 ABAQUS 优秀的分析能力和模拟复杂系统的可靠性，使得它在各国的工业和研究中被广泛地采用。

ABAQUS 主要由两个主分析模块——ABAQUS/Standard（通用分析模块）和 ABAQUS/Explicit（显式分析模块），以及与 ABAQUS/Standard 组合的两个特殊用途的分析模块——ABAQUS/Aqua（波动载荷模块）和 ABAQUS/USA（水下冲击分析模块）构成。ABAQUS 还包含一个全面支持求解器的图形用户界面 CAE（Complete ABAQUS Environment），即人机交互前后处理模块——ABAQUS/Pre（前处理模块）和 ABAQUS/Post（后处理模块），它们提供了 ABAQUS 图形界面的交互作用工具。ABAQUS 软件对某些特殊问题还提供了专用模块来加以解决。同所有的有限元计算软件一样，一个完整的 ABAQUS 分析包括三个基本步骤：前处理（pre-processing）、模拟分析计算（simulation）和后处理（post-processing）。

2) ABAQUS 软件动力分析方法比选

ABAQUS 程序中的动态分析，包括两大类基本方法：振型叠加法和直接时域积分求解法。表 7-13 列出了动态分析的不同类型。

表 7-13　动态分析的不同类型

分析类型		ABAQUS/Standard 或 ABAQUS/Explicit	分析步类型	在 ABAQUS/CAE 中的分析步名称
振型叠加法	频率提取	Standard	线性摄动分析步	Frequency
	瞬时模态动态分析	Standard	线性摄动分析步	Modal danamics
	基于模态的稳态动态分析	Standard	线性摄动分析步	Steady-state dynamics, modal
	反应谱分析	Standard	线性摄动分析步	Response spectrum
	随机响应分析	Standard	线性摄动分析步	Random response
直接解法	隐式动态分析	Standard	通用分析步	Dynamics, Implicit
	基于子空间的显式动态分析	Standard	通用分析步	Dynamics, Subspace
	显式动态分析	Explicit	通用分析步	Dynamics, Explicit
	基于直接解法的稳态动态分析	Standard	线性摄动分析步	Steady-state dynamics, Direct
	基于子空间的稳态动态分析	Standard	线性摄动分析步	Steady-state dynamics, Subspace

(1) 振型叠加法

振型叠加法(modal superposition procedure)多适用于线性动态分析，使用 ABAQUS/Standard 来完成，其相应的分析步类型为线性摄动分析步。振型叠加法的基础是先得出结构的各阶特征模态固有频率和振型，因此，在建模时要首先定义一个频率提取分析步，从而得到结构的振型和固有频率，然后才能定义振型叠加法的各种分析步。

(2) 直接时域积分求解法

直接时域积分求解法(direct-solution time-step integral dynamic analysis procedure)主要用于求解非线性动态问题。对于非线性动态问题，必须对系统按时步进行直接积分，即所谓的“直接解法”，它包括以下几种分析类型。

① 隐式动态分析：使用 ABAQUS/Standard，通过隐式直接积分来分析强非线性问题的瞬时动态响应，其相应的分析步类型为通用分析步。

② 基于子空间的显式动态分析：使用 ABAQUS/Standard，通过显式直接积分来求解非线性动态问题，其动力学平衡方程以向量空间的形式来描述，相应的分析步类型为通用分析步，它不能应用于接触问题。

③ 显式动态分析：使用 ABAQUS/Explicit，通过显式直接积分来求解非线性动态问题，其相应的分析步类型为通用分析步。

④ 基于直接解法的稳态动态分析：使用 ABAQUS/Standard，直接分析结构的稳态简谐响应，其相应的分析步类型为线性摄动分析步。

⑤ 基于子空间的稳态动态分析：使用 ABAQUS/Standard 来分析结构的稳态简谐

响应，其稳态动力学方程以向量空间的形式来描述，相应的分析步类型为线性摄动分析步。

ABAQUS 中的所有单元均可用于动态分析，一般情况下，选取单元的一般原则与静力分析相同。ABAQUS/Standard 和 ABAQUS/Explicit 都能分析各种类型的问题，可根据问题的特点和求解效率来选择合适的分析类型。表 7-14 列出了 ABAQUS/Standard 和 ABAQUS/Explicit 的主要区别。

表 7-14　ABAQUS/Standard 和 ABAQUS/Explicit 的主要区别

	ABAQUS/Standard	ABAQUS/Explicit
单元库	提供了丰富的单元库	提供了适用于显式分析的单元库，有些 ABAQUS/Standard 单元不能用于 ABAQUS/Explicit（如 C3D81、C3D20R 单元）
分析步	通用分析步和线性摄动分析步	通用分析步
材料模型	提供了丰富的材料模型	与 ABAQUS/Standard 的材料模型相类似，但一个显著的区别是提供了材料的失效模型
接触问题	能够分析各种复杂的接触问题	分析复杂接触问题的能力优于 ABAQUS/Standard
求解技术	使用了基于刚度的求解技术，具有无条件稳定性	使用显式积分求解技术，具有条件稳定性
占用磁盘空间和内存	由于在增量步中作大量迭代，可能占用大量的磁盘空间和内存	所需的磁盘空间和内存小于 ABAQUS/Standard

一般说来，对于“光滑”的非线性问题，ABAQUS/Standard 更为有效，而 ABAQUS/Explicit 则适用于求解复杂的非线性动力学问题，特别是用于模拟短暂、瞬时的动态事件，如冲击和爆炸问题。有些复杂的接触问题（如模拟成形），使用 ABAQUS/Standard 要进行大量的迭代，甚至可能难以收敛，而使用 ABAQUS/Explicit 就可以大大缩短计算时间。只要网格是相对均匀的，模型的规模越大，ABAQUS/Explicit 在计算成本方面的优势越明显。

在 ABAQUS/Standard 中，可以建议第 1 个增量步的大小，然后它会自动地选择后继增量步的大小。在 ABAQUS/Explicit 中，时间增量步是完全自动默认的，无需用户干预。由于显式方法是条件稳定的，所以对于时间增量步具有一个稳定的极限值。

在 ABAQUS/Standard 和在 ABAQUS/Explicit 的分析工作中，与时间增量有关的问题是非常不同的，原因是在 ABAQUS/Explicit 中的时间增量通常会更小一些。在 1 个增量步中，ABAQUS/Explicit 无需迭代即可获得解答。而采用隐式方法求解时，迭代步是在 1 个增量步中寻找平衡解答的一次试探；在迭代结束时，如果模型不处于平衡状态，那么 ABAQUS/Standard 将进行新一轮迭代。经过每一次迭代，ABAQUS/Standard 获得的解答应当更接近于平衡状态。有时 ABAQUS/Standard 可能需要进行许多次反复迭代才能得到平衡解答，而一旦获得了平衡解答，该增量步即告完成。仅当 1 个增量步结束时，才能输出所需要的结果。

对比而言，ABAQUS/Standard 基于时域的隐式逐步积分法比较适合于本书的研究。

3）ABAQUS 软件的接触分析研究

接触过程由于接触界面的存在使得其较复杂，在力学上常常同时涉及三种非线性，这是接触问题所特有的。接触界面的非线性来源于两个方面：

(1) 接触界面的区域大小和相互位置，同时接触状态不仅事先都是未知的，而且是随时间变化的，需要在求解过程中确定。

(2) 接触条件的非线性。接触条件的内容包括：接触物体不可相互侵入；接触力的法向分量只能是压力；切向接触设定的摩擦条件。这些，在此处讨论桩、土界面的接触条件时都是要遇到并解决好的。

这些条件区别于一般的约束条件，其特点是单边性的不等式约束，同样具有强烈的非线性。

在有限元法分析中，接触条件是一类特殊的不连续约束，它允许载荷从模型的一部分传递到另一部分。因为，只有当两个表面发生接触时才会有约束产生；而当两个接触的表面分开时，就不存在任何约束作用，所以这种约束是不连续的。分析时必须能够判断什么时候两个表面发生接触并采用相应的接触约束以及什么时候两个表面分开并解除接触约束。

分析接触问题存在两个较大的难点：第一，在求解问题之前，并不知道具体的接触区域与表面之间的接触状态，这些随着载荷、材料、边界条件以及其他因素的改变而改变；第二，几乎所有的接触问题都涉及摩擦问题，在计算时有几种摩擦模型可以选择，它们都是非线性的，摩擦使得接触问题分析时达到问题稳定收敛变得十分困难。

4）接触问题的解析

假设 A 和 B 两个物体发生接触，通常称其中一个物体为接触体（通常是刚度较小的一个），另一个为目标体或靶体（通常是刚度较大的一个），产生接触的两个物体必须满足如下接触条件：

法向接触条件主要是需要满足无穿透约束[指物体 A 和物体 B 的位移 V^A 和 V^B 在运动过程中不允许相互贯穿（侵入或覆盖）]，即对于 ${}^tS^A$ 面上任一指定点 P 以及 ${}^tS^B$ 面上一点 Q，应有（图 7-30）：

$$ {}^tg_N = g({}^tX_P^A,\ t) = ({}^tX_P^A - {}^tX_Q^B) \cdot {}^tn_Q^B \geqslant 0 \qquad (7\text{-}76) $$

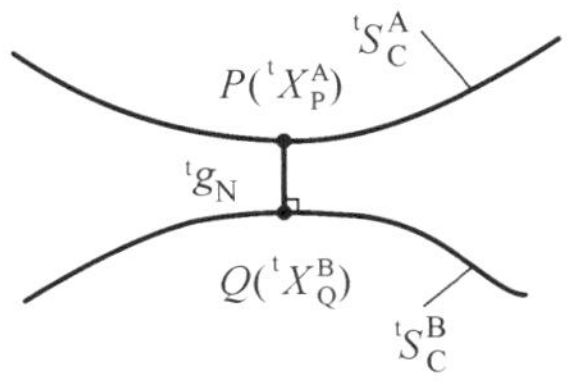

图 7-30　无穿透接触约束

式中，${}^tg_N$ 表示接触的两点间距离；${}^tX_P^A$ 和 ${}^tX_Q^B$ 分别表示 P 和 Q 两点的坐标；${}^tn_Q^B$ 表示 $P\rightarrow Q$ 的方向矢量。

数学上施加无穿透约束的方法有拉格朗日乘子法、罚函数法及直接约束法。现分别作如下简单说明。

(1) 拉格朗日乘子法

拉格朗日乘子法是通过拉格朗日乘子施加接触体必须满足的非穿透约束条件、带约束极值问题的一种常用描述方法。这种方法是把约束条件施加在一个系统中最完美的数学描述。该方法增加了系统变量的数目，并且使系统矩阵的主对角线元素为零。这就需要在数值方案的贯彻中处理非正定系统，此时，数学上将发生困难，需要实施额外的操作才能保证计算精度，也从而使得计算费用增加。

拉格朗日乘子技术经常用于采用特殊的界面单元描述接触的接触问题分析，该方法限制了接触物体之间的相对运动量，并且需要预先知道接触发生的确切部位，以便施加界面单元。

(2) 罚函数法

罚函数法是一种施加接触约束的数值方法，其原理是：一旦接触区域发生穿透，罚函数便夸大这种误差的影响，从而使系统的求解（满足力的平衡和位移的协调）无法正常进行，即只有在约束条件满足之后，才能得出有实际物理意义的结果。

用罚函数法施加接触约束的方法可以类比成在物体之间施加非线性弹簧所起的作用，该方法不增加未知量的数目，但是增加系统矩阵的带宽，其优点是数值上实施比较容易，缺点在于罚函数选择不当将会对系统的数值稳定性造成不良的影响。

(3) 直接约束法

用直接约束法处理接触问题的实质是追踪物体的运动轨迹，一旦探测出发生接触，便将接触所需要的运动约束（即法向无相对运动、切向可以滑动）和节点力（法向压力和切向摩擦力）作为边界条件直接施加在产生接触的节点上。该方法不增加系统的自由度数目，但接触关系的变化会增加系统矩阵的带宽。切向接触条件的模拟可使用 Coulomb 摩擦模型：

$$|{}^{t}F_{\mathrm{P}}^{\mathrm{A}}| = [({}^{t}F_{1}^{\mathrm{A}})^{2} + ({}^{t}F_{2}^{\mathrm{A}})^{2}]^{1/2} \leqslant \mu |{}^{t}F_{\mathrm{N}}^{\mathrm{A}}| \tag{7-77}$$

式中，${}^{t}F_{\mathrm{P}}^{\mathrm{A}}$ 表示摩擦力；${}^{t}F_{1}^{\mathrm{A}}$ 和 ${}^{t}F_{2}^{\mathrm{A}}$ 表示切向和法向接触力；μ 为摩擦系数；$\mu|{}^{t}F_{\mathrm{N}}^{\mathrm{A}}|$ 是摩擦力极限。

接触问题需要采用增量方法求解。将 A 和 B 作为两个求解区域，各自在接触面上的边界可以视为给定的边界，故此，它与时间 $t+\Delta t$ 位形内平衡条件相等效的虚位移原理可以表示为：

$$\begin{aligned}&\int_{t+\Delta t} {}^{t+\Delta t}\tau_{ij}\,\delta_{\,t+\Delta t}e_{ij}\,{}^{t+\Delta t}\mathrm{d}V - {}^{t+\Delta t}W_{\mathrm{L}} - {}^{t+\Delta t}W_{1} - {}^{t+\Delta t}W_{\mathrm{C}}\\&= \sum_{r=V^{r}}^{A,\,B}\left[\int_{t+\Delta t} {}^{t+\Delta t}\tau_{ij}^{r}\,\delta_{\,t+\Delta t}e_{ij}^{r}\,{}^{t+\Delta t}\mathrm{d}V - {}^{t+\Delta t}W_{\mathrm{L}}^{r} - {}^{t+\Delta t}W_{1}^{r} - {}^{t+\Delta t}W_{\mathrm{C}}^{r}\right] = 0\end{aligned} \tag{7-78}$$

式中，${}^{t+\Delta t}\tau_{ij}^{r}$ 为剪切应力张量；$\delta_{t+\Delta t}e_{ij}$ 是相应的无穷小应变的变分；${}^{t+\Delta t}W_{\mathrm{L}}$ 是作用于 $t+\Delta t$ 时刻位形上外载荷的虚功；${}^{t+\Delta t}W_{1}$ 是作用于 $t+\Delta t$ 时刻位形上惯性力的虚功；${}^{t+\Delta t}W_{\mathrm{C}}$ 是作用于 $t+\Delta t$ 时刻接触面上接触力的虚功。

5) 接触算法的基本流程

ABAQUS 软件在模拟接触问题时的整个过程包括：①定义接触体；②探测接触；③施加接触约束；④模拟摩擦；⑤修改接触约束；⑥检查约束的变化；⑦判断分离和穿透。其流程框构示意如图 7-31 所示。

ABAQUS/Standard 问题中的接触算法如图 7-32 所示，它是基于 Newton-Raphson 法则而建立的。

6) ABAQUS 软件的初始地应力场研究

土体初始地应力场对于模拟材料屈服特别是对具有围压依赖性和接触问题的正确分析尤为重要，对于土木工程材料如土体、岩石和混凝土均具有屈服与围压有关的典型特征。而对接触问题，其接触面与目标面之间的库仑摩擦力与层间摩擦系数、法向应力和切向刚度均有关，这对于本书研究的桩土相互作用的模拟是十分重要的。

初始应力场也即自重应力场，针对 ABAQUS 软件模拟实现初始应力场，本书主要研究了如下三种方法。

其中，ABAQUS 传统的初始应力场的定义（平衡）方法有两种：

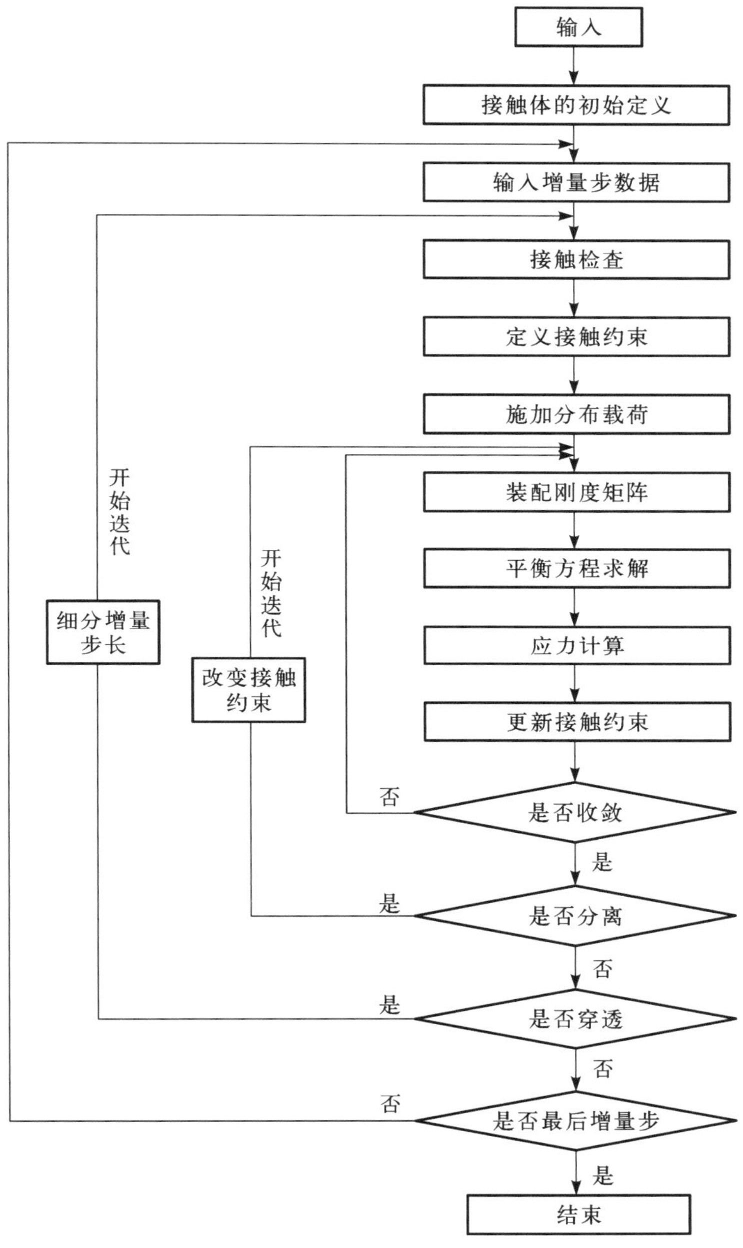

图 7-31　接触算法流程框图

（1） * initial conditions，type=stress，geostatic

Setname，stress1，coord1，stress2，coord2，k0，k1

数据行意义：土体集名，竖向应力 1，竖向坐标 1，竖向应力 2，竖向坐标 2，侧向土压力系数 1，侧向土压力系数 2。

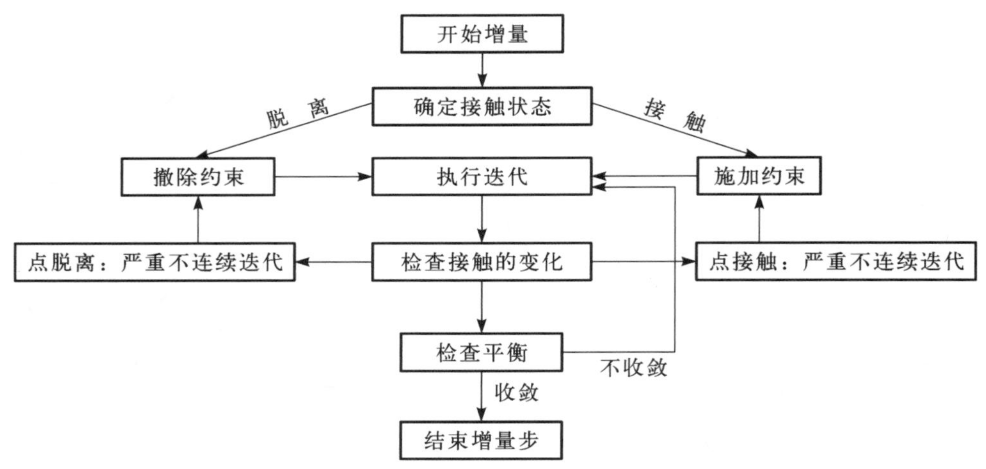

图 7-32 ABAQUS/Standard 问题中的接触算法

(2) * initial conditions, type=stress, input = filename

filename 是要预先读入的初始应力场文件，输入文件可通过对模型进行一次静力分析，然后导出数据获得(*.csv)。

上述的方法(1)仅适用于较简单的有限元模型，方法(2)适用于各种复杂的情况，然而，提取生成 filename 的预读入文件较麻烦，为了避免第二种方法对导出数据处理的麻烦，获得更好的地应力平衡效果，消除或减小初始地应力场引起的初始位移场对后续计算的影响，本书在上述方法的基础上提出了一种新的地应力平衡方法，得到了较为理想的结果，此方法较前两种方法为佳。

第三种方法首先是对模型计算一次得到 JOB-1. odb 和 JOB-1. prt。然后，在 JOB-1. inp 文件中* Step 前加上如下语句并保存为 JOB-2. inp：* INITIAL CONDITIONS, TYPE=STRESS, FILE= JOB-1, STEP=1, INC=1。最后，将 JOB-2. inp、JOB-1. odb 和JOB-1. prt 放到一个新文档里，在 CAE 或 Command 中提交作业 JOB-2. inp 进行计算，即可得到地应力平衡结果。

7.5.3 各部分计算参数的确定

1) 土体计算参数的确定

由于桩周土的土性对于桩土相互作用系统抗震性能的影响很大，根据设计院提供的该跨江公路大桥《工程地质勘察报告》中的钻孔柱状图，以及南北塔钻孔土体设计参数推荐值，取北桥墩处钻孔柱状图进行详细分析，对土层走向有较小高差倾斜处的取与桥墩中心线相交的水平面为分界面，土层参数中沿深度变化不大且土层厚度又较小的两层或多层土可合并为一层，土性参数取各层土相应值的加权平均值。

与大多数结构材料相比，软土受力后将表现出更强烈的非线性特性，特别是地震动荷载对土的强度和变形影响极大，不仅表现出与静力作用下不同的特性，而且还与动荷载的力学特性相关。所以，土层动力参数的选取是一个困难而重要的工作。土的动弹性模量和土体阻尼是土动力特性的两个首要参数，是土层地震反应分析中不可或缺的主要动力参数。

依据钻探、标准贯入试验、波速测试以及室内物理力学试验结果，该跨江公路大桥《地震安全性评价报告》给出了场地土包括含水量、密度、天然孔隙比、黏聚力、内摩擦角、压缩系数、压缩模量、原位横波波速、地基土容许承载力、钻孔极限摩阻力等参数，但并未直接给出土的动弹性模量和阻尼参数值，这就需要根据设计院所提供的工程地质勘察资料和有关研究及经验来确定土的动力特性指标。

2）土体动弹性模量的计算

土的动弹性模量与其静弹性模量相比有着较大差别，这为这些参数的确定带来了一定的困难。已有的研究结果表明，土的动剪应变和动剪应力之间的关系，可以用动剪切模量 G 与最大动剪切模量 G_{max} 比 G/G_{max}、阻尼比 λ 和剪应变 γ 的关系来表示。为确定桥位区典型场地土的非线性特性，在桥位区取得场地典型土层的土样进行实验室动三轴试验，取得了桥位区典型土层的动三轴试验数据。桥位区典型场地土的动剪切模量比 G/G_{max}、阻尼比 λ 与动剪应变 γ 关系见表 7-15 与图 7-33。

表 7-15　典型场地土的动三轴试验结果

土　类	参数	γ							
		5×10^{-6}	1×10^{-5}	5×10^{-5}	1×10^{-4}	5×10^{-4}	1×10^{-3}	5×10^{-3}	1×10^{-2}
粉砂，松散	G/G_{max}	0.980 0	0.962 0	0.848 0	0.747 0	0.408 0	0.272 0	0.083 0	0.047 0
	λ	0.018 6	0.019 9	0.031 8	0.045 2	0.100 7	0.126 5	0.164 4	0.172 0
粉细砂，稍-中密	G/G_{max}	0.981 0	0.966 0	0.872 0	0.787 0	0.477 0	0.334 0	0.112 0	0.065 0
	λ	0.016 5	0.019 6	0.037 1	0.052 9	0.110 7	0.137 3	0.178 7	0.187 4
粉细砂，密实	G/G_{max}	0.984 0	0.971 0	0.894 0	0.824 0	0.544 0	0.398 0	0.144 0	0.085 0
	λ	0.011 3	0.012 5	0.021 5	0.031 2	0.076 4	0.102 7	0.151 4	0.163 1
粗砂，密实	G/G_{max}	0.983 0	0.970 0	0.899 0	0.837 0	0.586 0	0.449 0	0.183 0	0.114 0
	λ	0.017 6	0.019 7	0.031 4	0.041 7	0.083 2	0.106 0	0.149 9	0.161 4
中砂，密实	G/G_{max}	0.972 5	0.950 0	0.830 0	0.732 5	0.430 0	0.349 0	0.162 5	0.132 0
	λ	0.012 0	0.012 0	0.018 0	0.028 0	0.073 0	0.093 0	0.125 0	0.133 0
砾砂，密实	G/G_{max}	0.975 0	0.958 0	0.863 0	0.784 0	0.500 0	0.365 0	0.137 0	0.083 0
	λ	0.011 2	0.011 6	0.016 0	0.022 4	0.062 4	0.090 1	0.148 4	0.164 0
亚黏土，软塑	G/G_{max}	0.990 5	0.984 0	0.940 6	0.889 9	0.640 5	0.486 3	0.169 1	0.090 4
	λ	0.015 4	0.017 3	0.031 9	0.047 3	0.110 7	0.141 1	0.187 1	0.196 3
淤泥质亚黏土，流-软塑	G/G_{max}	0.996 0	0.983 0	0.850 0	0.760 0	0.517 0	0.403 0	0.150 0	0.072 0
	λ	0.012 0	0.015 0	0.033 0	0.055 0	0.136 0	0.170 0	0.200 0	0.205 0
粉细砂，中密	G/G_{max}	0.985 0	0.973 0	0.887 0	0.808 0	0.519 0	0.379 0	0.107 0	0.055 0
	λ	0.014 0	0.015 0	0.027 0	0.043 0	0.108 0	0.135 0	0.173 0	0.180 0
亚砂土，密实	G/G_{max}	0.985 0	0.972 0	0.885 0	0.802 0	0.485 0	0.336 0	0.109 0	0.063 0
	λ	0.011 6	0.013 1	0.025 2	0.038 9	0.100 4	0.132 3	0.183 9	0.194 9
圆砾土，密实	G/G_{max}	0.971 0	0.948 0	0.814 0	0.705 0	0.373 0	0.247 0	0.076 0	0.044 0
	λ	0.019 7	0.023 1	0.044 7	0.063 8	0.125 9	0.150 4	0.184 1	0.190 7

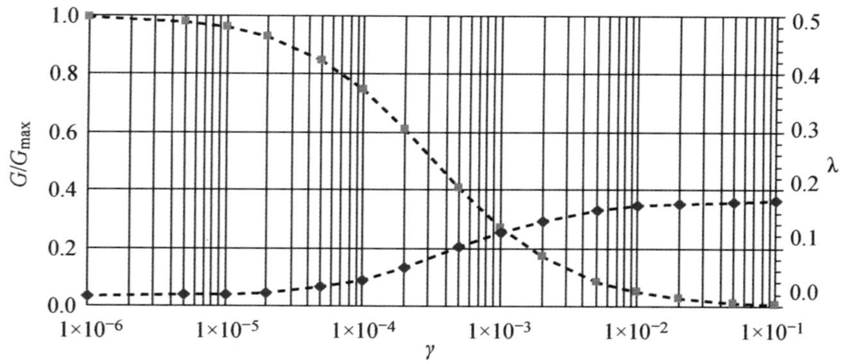

(a) 粉砂(松散)模量比 G/G_{max}、阻尼比 λ 与剪应变幅值 γ 的关系曲线

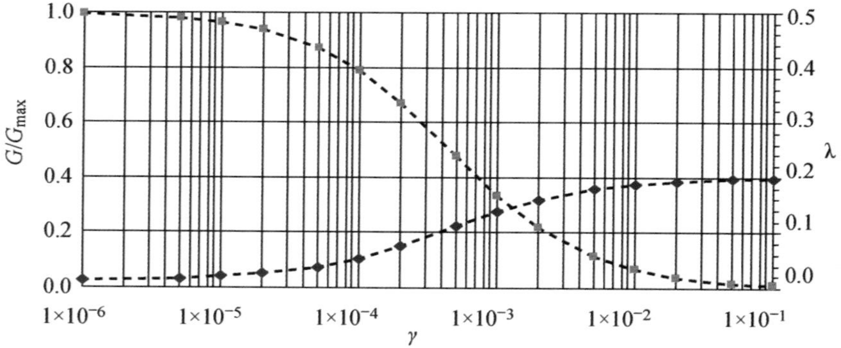

(b) 粉细砂(稍-中密)模量比 G/G_{max}、阻尼比 λ 与剪应变幅值 γ 的关系曲线

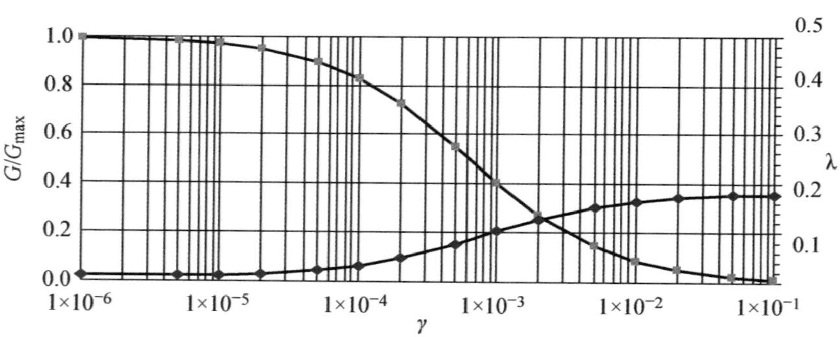

(c) 粉细砂(密实)模量比 G/G_{max}、阻尼比 λ 与剪应变幅值 γ 的关系曲线

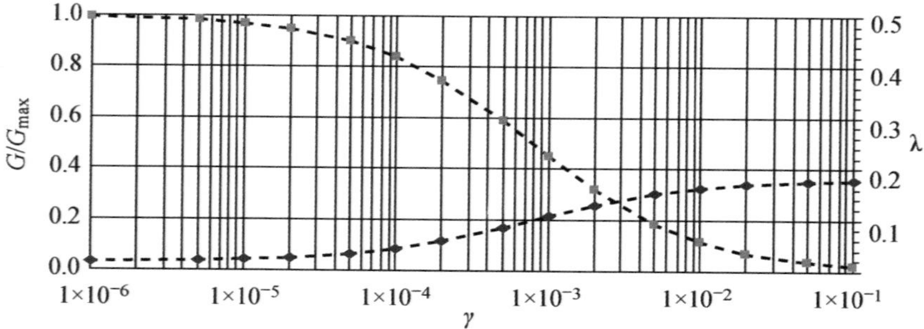

(d) 粗砂(密实)模量比 G/G_{max}、阻尼比 λ 与剪应变幅值 γ 的关系曲线

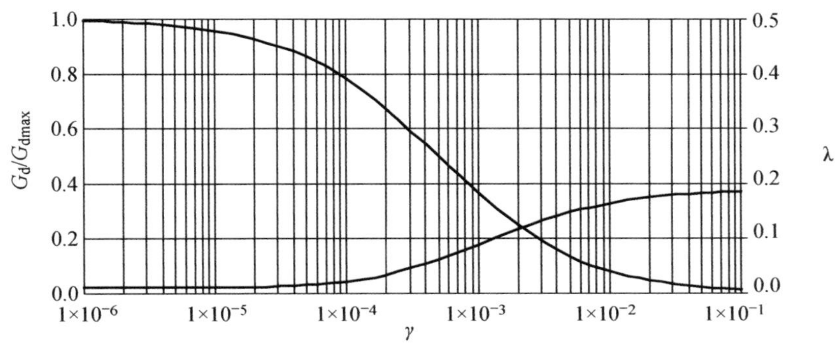

(e) 砾砂(密实)模量比 G/G_{max}、阻尼比 λ 与剪应变幅值 γ 的关系曲线

图 7-33　典型场地土的动三轴试验结果曲线

这是一组曲线关系,在计算中,会带来很多困难,为简化计算,本项研究中采用了单一的剪切模量参数。有研究表明,各种动力测试手段测定的土的动力参数基本一致。通过剪切波速确定的最大剪切模量已经具备一定的动力因素 $G=\rho V_s^2$,而且《建筑抗震设计规范》也是依据剪切波速来确定场地类型,提供的勘测报告已给出了各层土的横波剪切波速,所以本项研究采用了所给的剪切波速来确定最大剪切模量。

根据实测结果,ZK602、ZK604、ZK605 三个钻孔土层的最大剪切波速都达到 500 m/s 以上,满足《工程场地地震安全性评价》(GB 17741—2005)的要求。ZK602 孔最大剪切波速为 569 m/s,各类土的重力密度取工程地质勘察单位提供的土工试验报告中数据的平均值。各土层相关计算参数如表 7-16 所列。

表 7-16　各土层相关计算参数

土层序号	土层名称	层厚(m)	重度(kN/m³)	剪切波速 V_s(m/s)
1	粉砂,松散	8.00	19.1	169
2	粉砂,稍密	9.50	19.3	294
3	亚黏土,软塑	6.75	18.7	320
4	细砂,中密	8.95	19.5	350
5	细砂,密实	5.70	20.2	342
6	中砂,密实	2.80	19.9	324
7	粗砂,密实	3.50	20.5	290
8	砾砂,密实	5.30	20.9	331
9	圆砾土,密实	2.80	20.9	322
10	砾砂,密实	2.40	20.9	356
11	粉砂,密实	2.90	20.2	358
12	中砂,密实	3.00	19.9	313
13	砾砂,密实	6.10	20.9	409
14	亚黏土,软塑	1.60	18.7	465
15	砾砂,密实	4.90	20.9	438
16	细砂,密实	3.60	20.2	452
17	圆砾土,密实	4.30	20.9	488

（续表）

土层序号	土层名称	层厚(m)	重度(kN/m^3)	剪切波速 V_s(m/s)
18	砾砂,密实	3.60	20.9	540
19	圆砾土,密实	2.00	20.9	590
20	砾砂,密实	6.60	20.9	482
21	亚砂土,密实	1.30	19.0	569
22	砾砂,密实	0.80	20.9	500
23	中砂,密实	1.80	19.9	515
24	砾砂,密实	4.50	20.9	501
25	中砂,密实	3.05	19.9	532

由弹性力学可知 $G=\dfrac{E}{2(1+\mu)}$，要得到土的弹性模量，除了知道剪切模量以外，还需要确定土的泊松比或者土的侧压力系数。在这里，按照经验给定的各类土的侧压力系数和泊松比参考值来确定，如表 7-17 所列。

表 7-17　土的侧压力系数 ξ 和泊松比 μ 参考值

土　类	状　态	ξ	μ
砂	密实砂 疏松砂	0.43～0.67 0.25～0.53	0.3～0.4 0.2～0.35
细砂	e=0.4～0.7	0.33	0.25
粗砂	e=0.4～0.7	0.18	0.15
粉质黏土	坚硬状态	0.33	0.25
	可塑状态	0.43	0.3
	软塑及流塑状态	0.53	0.35
砂质黏土	—	0.25～0.53	0.2～0.35
黏土	坚硬状态	0.33	0.25
	可塑状态	0.53	0.35
	软塑及流塑状态	0.72	0.42
湿黏土	—	0.11～0.43	0.1～0.3
淤泥	—	0.43～0.53	0.3～0.35
黏土或淤泥	饱和	0.82～1	0.45～0.5
黄土	—	0.11～0.43	0.1～0.3

由此可以确定各层土的动弹模及泊松比。由于北塔墩基础土层多而薄，在动力分析中会增加建模及其计算的难度，因此，对土层 4-5—7-1 进行加权处理。

本书在建模中将 1-3 层土的动弹性模量、泊松比、内摩擦角和黏聚力定义为一个场变量，让它们随地震波动强度的增加而弱化。

3）土体阻尼值的计算

在结构抗震反应问题中，弹性体系的材料阻尼一般较小，其阻尼比通常在 10%以下，因此，在工程应用中，都假定弹性阻尼用较小的值。土的阻尼的选取是一个很复杂、困难的问题，为简化研究，本项研究中采用瑞利阻尼。瑞利建议，将多自由度体系的阻尼矩阵写成与质量阵 $\boldsymbol{M}$ 和刚度阵 $\boldsymbol{K}$ 分别成线性比例的两项之和，即：$\boldsymbol{C}=\alpha\boldsymbol{M}+\beta\boldsymbol{K}$。为确定这两个比例常数 α 和 β，只能有两个振型供计算时选择和指定，一旦 α 和 β 指定以后，其他各阶振型的阻尼比和相关常数也都随之而定。由瑞利阻尼理论可知，α 和 β 两常数可由下式确定：

$$\zeta_i = \frac{\alpha}{2\omega_i} + \frac{\beta\omega_i}{2} \tag{7-79}$$

式中，ζ_i 和 ω_i 分别为第 i 阶振型的阻尼比和自振频率。

通过有限元模型试算，土层的最大应变基本上达到 10^{-4} 量级以上。从典型场地土的动三轴试验结果可以看出，当应变达到 10^{-4} 量级以上时，大部分土层的阻尼比在5%以上，因此，可以将土的阻尼比统一取定为5%。

通过ABAQUS提取出土体主导振型的频率。经计算，土体的瑞利阻尼因子 α 和 β 分别为0.187 2和0.842 4。

4）桩和承台计算参数的确定

该跨江公路大桥北桥墩基桩长102 m，桩径均为2.8 m，桩基由46根桩组成，群桩编号如图6-16所示，桩顶有5 m长的钢护筒，承台为C35混凝土，桩体为C30水下浇注混凝土。北桥墩桩纵向主筋从桩顶往下72.4 m范围内为30Φ36+30Φ36，从72.4 m至97.4 m为30Φ36。为简化计算，取沿桩体全长为常刚度，由于桩直径较大，配筋率较小，弹性模量参照C30混凝土选取，E=30 GPa；其作动力分析，因此将弹模提高20%（E 取36 GPa），泊松比取为0.2，桩体混凝土质量密度为2 t/m^3，阻尼比取为5%。

承台厚度为6 m，混凝土为C35，承台底部有1.5 m厚的水下C25封底混凝土，承台钢筋混凝土弹性模量 E=31.5 GPa；考虑其作动力分析，因此将弹模值提高20%（E 取38 GPa），泊松比取为0.2，承台混凝土质量密度为2.1 t/m^3，阻尼比取为5%。

5）上部桥跨结构计算参数的确定

该大桥桥型布置如图7-34所示。主缆跨径布置为390 m+2×1 080 m+390 m。中塔为变截面钢塔，塔顶标高为+200.0 m，横桥向为门式框架结构，纵桥向为人字形，上横梁采用横桥向倒K形横梁，中塔与主梁之间设置弹性拉索。边塔为门式混凝土塔，塔顶标高为+180.0 m。中、边塔一般构造图如图7-35所示。主梁梁高3.5 m，全宽39.10 m，标准节段长16 m，如图7-36所示。两根主缆横向中心距为34.8 m，主缆矢跨比采用1/9。每根主缆由169股索股组成，每根索股由91丝直径为5.2 mm的镀锌高强钢丝组成，钢丝极限抗拉强度为1 670 MPa。

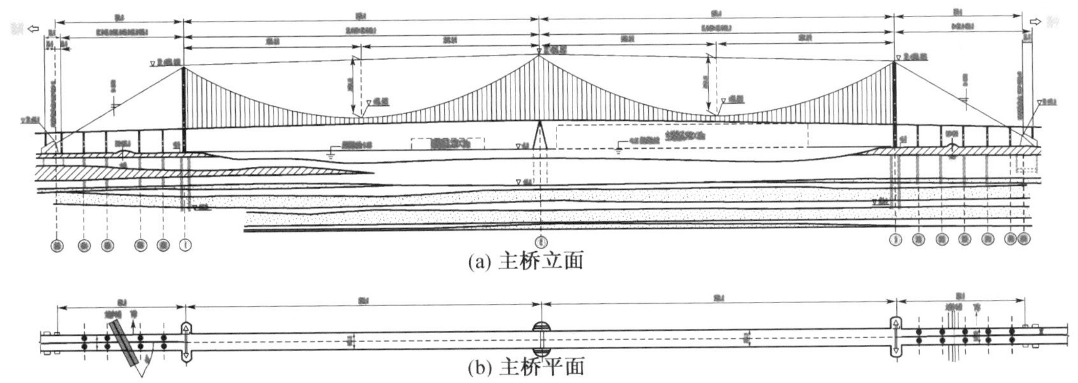

图7-34　主跨2×1 080 m的三塔悬索桥

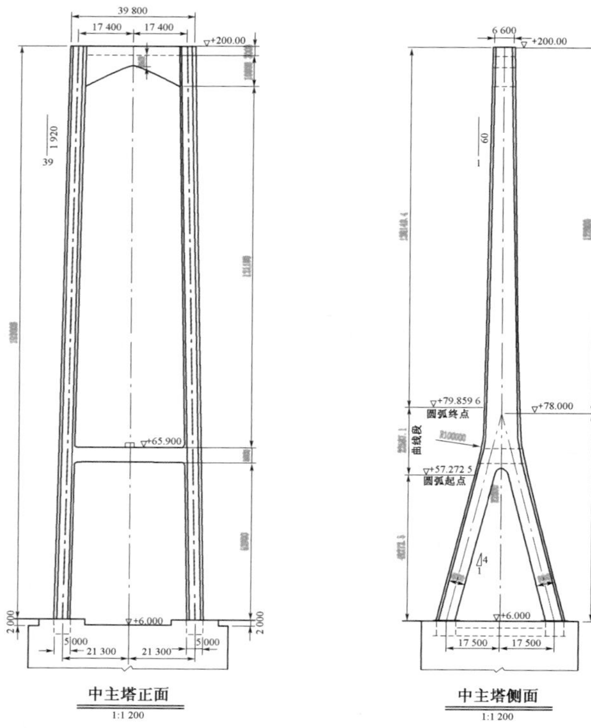

(a) 中塔

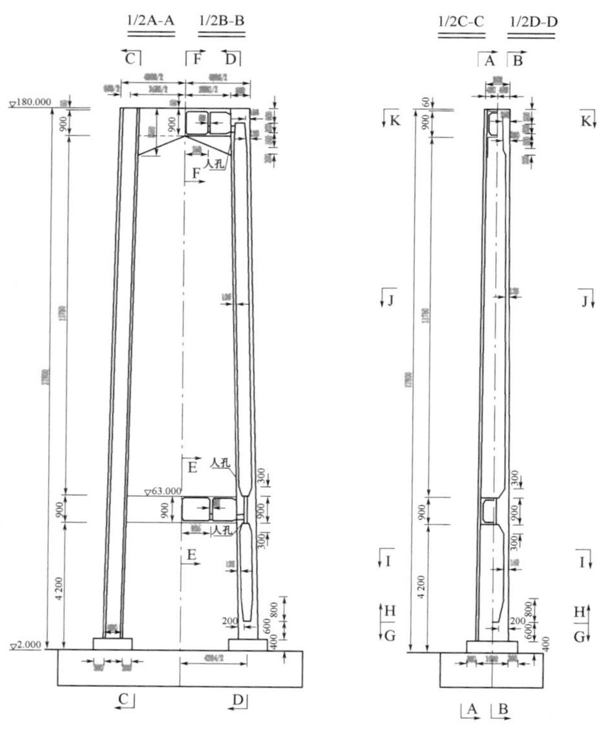

(b) 边塔

图 7-35　中、边塔一般构造图

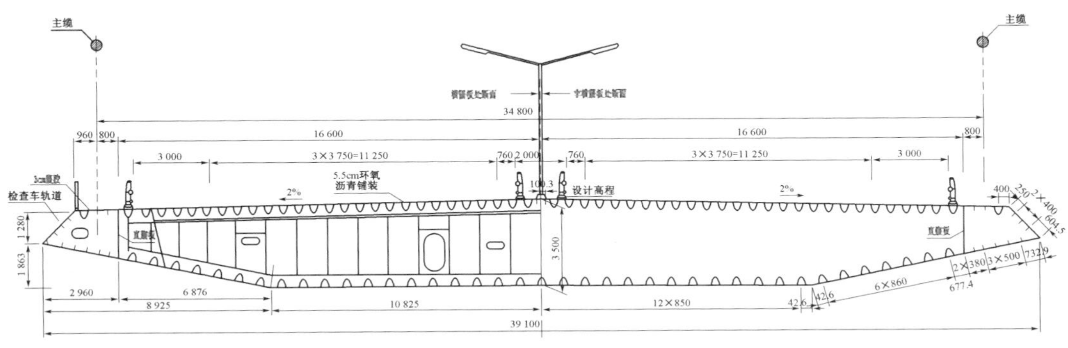

图 7-36　钢箱梁构造图

7.5.4　各部分计算模型的确定

1）土体的计算模型

土的应力应变关系具有明显的非线性（弹塑性）特性。由于土的多样性及其性质的复杂性，土的非线性模型尚不能完全反映土体复杂的弹塑性特性，需要建立特定的弹塑性模型。通常采用的土体弹塑性模型理论体系以经典的屈服面理论为基础，主要由以下几个部分组成：屈服准则和破坏准则、流动法则、硬化规律，其最终的目的则是建立适用的本构方程。

屈服条件的确定是对力学模型的数学分析，对试验所揭示的土的应力应变特性进行归纳、总结和抽象，并加以验证，确定其适用条件，并不断地加以完善，应用塑性理论和土力学原理是建立土体本构模型的基点。建立适当的屈服条件既要反映材料的真实情况，又要简单明了，易于求解，这需要理论和实践相结合。目前，常用的屈服条件有：（广义）H. Tresca 屈服条件、（广义）R. von. Mises 屈服条件、摩尔-库仑（Mohr-Coulomb）屈服条件以及 D. C. Drucke-W. Prager 屈服条件等。经比选，摩尔-库仑强度准则较适合本书的研究，各土层相关物理力学参数按照前述方法结合地质报告进行计算分析。

摩尔-库仑屈服条件认为，在土体任意受力面上的剪应力达到某一极限时，土体开始进入屈服极限状态或破坏状态。其极限抗剪强度表示如下：

$$\tau_n = c + \sigma_n \tan\varphi \tag{7-80}$$

式中，φ 表示土的内摩擦角；σ_n 表示受力面上的正应力；c 表示黏聚力。

上述公式后来经摩尔改进，得：

$$\frac{1}{2}(\sigma_1 - \sigma_3) = c\cos\varphi + \frac{1}{2}(\sigma_1 + \sigma_3)\sin\varphi \tag{7-81}$$

摩尔-库仑屈服条件在主应力空间表示为一棱锥体，在 π 平面上是一个不等角六边形。另外，摩尔-库仑屈服准则把剪切破坏面看作直线破坏面，用 f_s 函数表示：

$$f_s = \sigma_1 - \sigma_3 N_\varphi + 2c\sqrt{N_\varphi} \tag{7-82}$$

其中，$N_\varphi = (1+\sin\varphi)/(1-\sin\varphi)$，当 $f_s < 0$ 时土体进入剪切屈服。这里的两个强度常数 φ 和 c 是由土工实验室的三轴实验获得的。当主应力变为拉力时，该准则就将失去其物理意义。简单情况下，当表面的、在拉应力区域发展到 σ_3 等于单轴抗拉强度的点 σ^t 时，这

个次主应力不会达到拉伸强度，例如：

$$f_t = \sigma_3 - \sigma^t \tag{7-83}$$

当 $f_t > 0$ 时，则土体进入拉伸屈服。土体的抗拉强度通常由室内实验获得，不能超过 σ_3，这和摩尔-库仑关系的顶点的限制是一致的。其最大值由下式给出：

$$\sigma_{max}^{t} = \frac{c}{\tan\varphi} \tag{7-84}$$

模型的破坏包络线和摩尔-库仑强度准则（剪切屈服函数）以及受拉破坏准则（拉屈服函数）相对应。图 7-37 所示即为摩尔-库仑强度准则示意图。

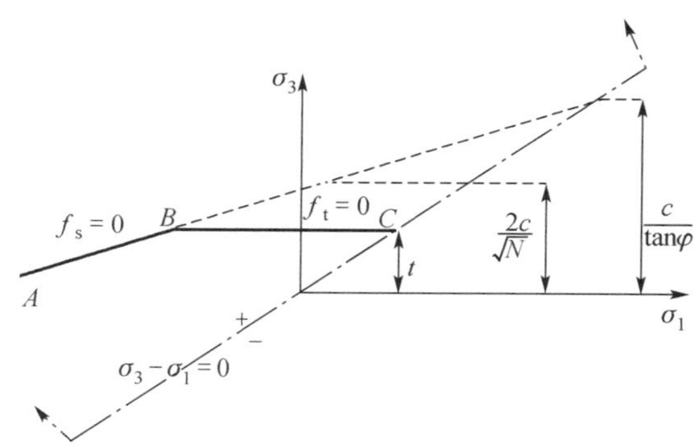

图 7-37　摩尔-库仑强度准则

2）桩和承台计算模型的确定

在 ABAQUS 建模中，为了保证计算精度，更真实地反映“大桥-群桩-土体系统”的动力相互作用，承台、桩体选用 8 节点六面体单元。然而，实体单元不能直接输出桩体的内力，为此，专门研究了实体单元截面力和弯矩值的计算输出。

3）上部桥跨结构的计算模型

上部结构各部分的模拟方式为：悬索桥按单主梁鱼骨架模式模拟，主梁、横梁、主塔和边塔均采用三维 2 节点线性梁单元 B31 模拟，主缆和吊杆采用单向受拉杆单元模拟，中塔、主梁之间横向、纵向及竖向设置主从耦合约束；边塔、主梁之间横向、竖向及绕纵轴设置主从耦合约束；北塔与承台采用运动耦合约束；中塔和南塔在承台处固结；大桥在南北锚碇处固结，相应的约束条件如表 7-18 所列。

表 7-18　三塔悬索桥的各部位约束条件

结构部位	Δx	Δy	Δz	θ_x	θ_y	θ_z
中塔在沉井顶处	1	1	1	1	1	1
边塔在承台顶处	1	1	1	1	1	1
中塔与梁交接处	1	1	1	0	0	0
边塔与梁交接处	1	0	1	0	1	0
主缆在锚碇处	1	1	1	1	1	1

注：y—纵，x—横，z—竖。

7.5.5　桩、土接触界面分析方法

采用有限元法进行桩、土动力相互作用分析时，除了根据土体及结构的特性，分别采用合理的应力-应变关系外，对于土与桩的接触界面，也必须采用恰当的模型来合理地模拟土与结构材料接触界面的变形及其动力相互作用。接触模型的研究主要包括两个方面，一是接触面上的本构行为，即接触应力与接触变形的关系；一是接触面单元的形式，它是在有限元计算中用以模拟接触面变形的一种特殊单元，在土与结构间起界面作用。

此处对桩、土接触问题描述如下：在桩土体系中，桩土的弹性模量相差很大，均在2个量级左右，桩体受荷后，一般处于弹性阶段，而其周边土则容易达到塑性状态。在ABAQUS中采用"接触对"算法以模拟桩、土间的相互作用；桩采用实体单元，桩、土间面面接触，桩面为主面，土体面为从面，考虑摩擦，硬接触罚函数法和接触阻尼，摩擦系数取0.3。桩与承台之间则为"Tie"约束。接触单元是Okamoto与Nakazawa提出的一种模拟接触的单元，它根据接触条件，把接触点对(在接触面上坐标相同的节点)的位移和接触力，以单元的形式表示，可以直接向刚度矩阵中组装，形成的总刚度可以进行向接触面上的凝聚，得到在接触点处经过缩聚的刚度矩阵。

7.5.6　输入地震波特征

由于输入地震波不同，所得出的地震反应可能相差甚远，考虑到地震动的随机性及不同地震波计算结果的差异性，合理选择地震波来进行直接动力分析是保证计算结果可靠性的重要问题。研究表明，虽然对工程场地的未来地震动难以准确地定量确定，但只要正确选择地震动主要参数，且所选用的地震波基本符合这些主要参数，则时程分析结果可以较真实地体现在未来地震作用下结构的反应，满足工程所需要的精确度。

在选用地震波时，应全面考虑上项地震动三要素，并根据情况加以调整。地震动强度(振幅)包括加速度峰值、速度峰值和位移峰值，对一般结构常用的是直接输入地震反应方程的加速度曲线。在结构抗震分析中，以地震过程中加速度最大值(峰值)的大小作为强度标准。振动的持续时间不同，使得能量的损耗积累不同，从而影响地震反应。一般选择持续时间t的原则是：

(1) 保证在选择的持续时间内包含地震记录的最强部分；

(2) 当对结构进行罕遇的地震反应分析时，持续时间尽可能地选短些；而当分析地震作用下结构的耗能过程时，则t应选得长些；

(3) 在地震波形中，尽量选取一段足够长的时程持续时间。

根据上述原则判断，作为合成的ZK602基岩地震动加速度时程曲线"ZK6025-3. B10"是合适的，其峰值加速度为72.5 gal，出现在地震动4.9 s时刻。

采用课题组自行编写的Newmark-β积分转换程序(Fortran语言)，将加速度时程"ZK6025-3. B10"通过积分得到速度时程以及位移时程，并且将原来的0.02 s的时间间隔变为0.01 s。其加速度、速度以及位移时程曲线分别如图7-38—图7-40所示。速度波峰值加速度为7.82 cm/s，出现在地震动6.8 s时刻。位移波峰值为−10.6 cm，出现在地震动4.88 s时刻。

根据国家标准《工程场地地震安全性评价》规定，此项工作场地地震反应分析的地震动输入界面需满足下列要求之一：

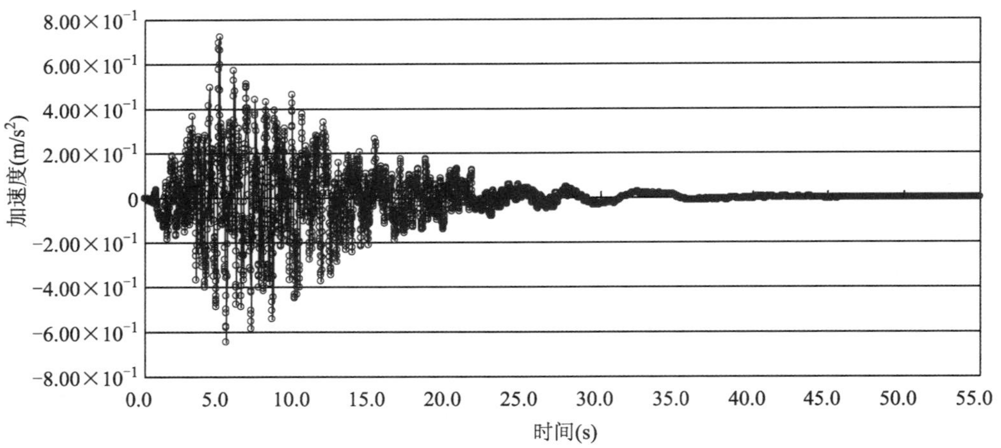

图 7-38 加速度时程曲线

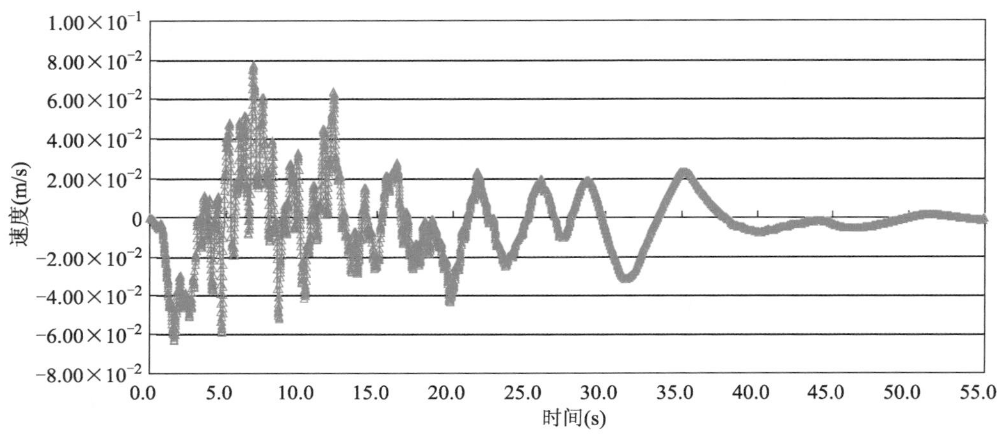

图 7-39 速度时程曲线

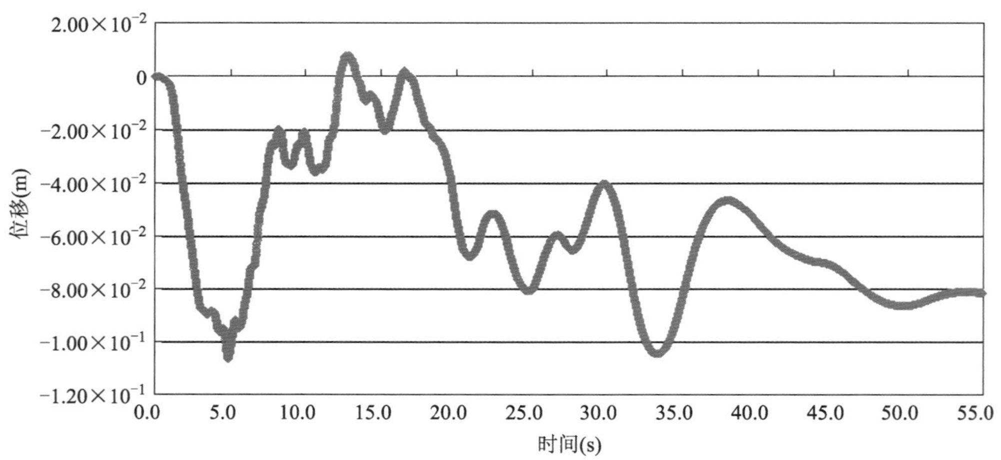

图 7-40 位移时程曲线

(1) 钻探确定的基岩面；

(2) 土层剪切波速不小于 500 m/s 的界面；

(3) 深度超过 100 m，剪切波速有明显跃升的分界面或其他方法确定的基岩面。

大桥北塔墩场地上覆土层厚度为 111 m(ZK602)，地基基础有限元模型深度为 120 m，因此，把模型底部作为地震动输入界面是合理的，符合《工程场地地震安全性评价》的规定。

7.5.7　模型加载情况

建立地基土-群桩-悬索桥的整体模型，如图 7-41 所示，图中坐标系规则：X 轴是横桥向，Y 轴是顺桥向，Z 轴是竖直方向。计算按以下加载步进行：Initial step——初始分析步，建立初始边界条件，同时建立桩土间的的接触关系；Step1——地应力平衡分析步；Step2——自振频率分析步；Step3——静、动力共同作用分析步，分别对考虑外域地震动作用和不考虑两种情况进行分析。

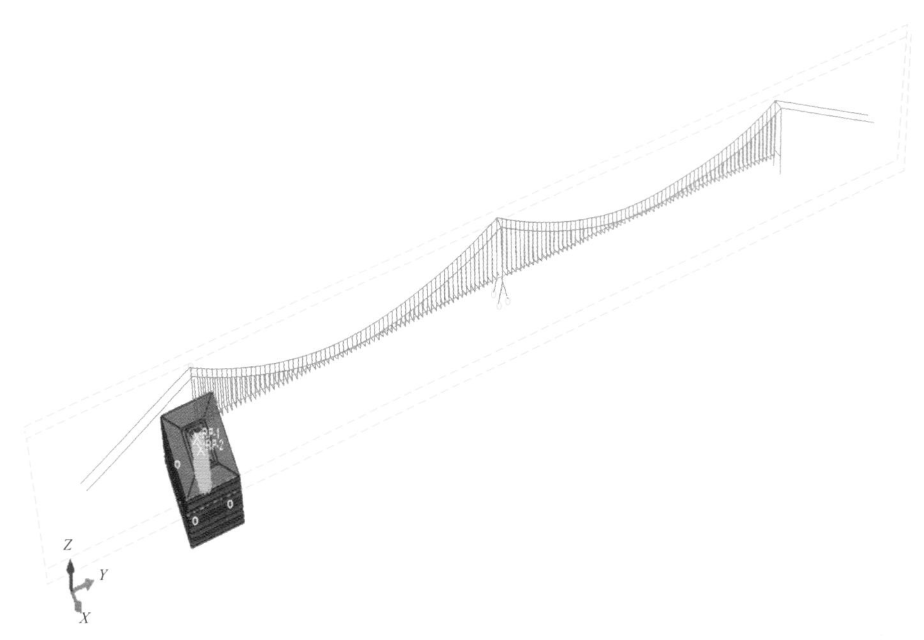

图 7-41　地基土-群桩-悬索桥模型

7.5.8　计算范围及网格划分

基于 ABAQUS 软件的 CAE 建立了“地基土-群桩-悬索桥”体系的动力学分析模型。北塔墩群桩基础有 46 根桩，直径 2.8 m，采用哑铃式分布，承台长宽高为：77.44 m×32.26 m×6.0 m。北塔下部结构计算模型的几何尺寸如表 7-19 所列。

表 7-19　地基土模型几何尺寸

X 方向(m)	Y 方向(m)	Z 方向(m)
内部有限元－80～80，外域无限元	内部有限元－40～40，外域无限元	0～120

“地基土-群桩-悬索桥”动力学模型的网格通过 ABAQUS 的 CAE 生成，地基土的半无

限域空间采用无限元网格进行划分，如图 7-42—图 7-44 所示，模型有限元、无限元网格单元总数为 33 470，节点总数为 51 756。

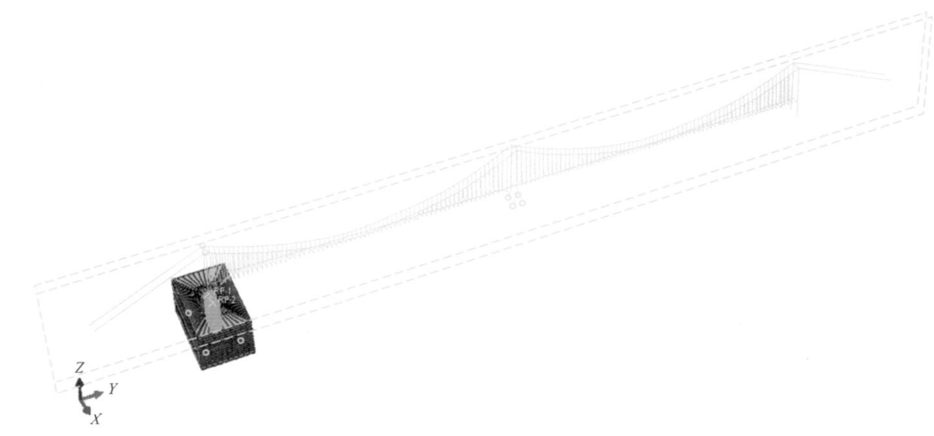

图 7-42　大桥群桩基础动力学模型网格图

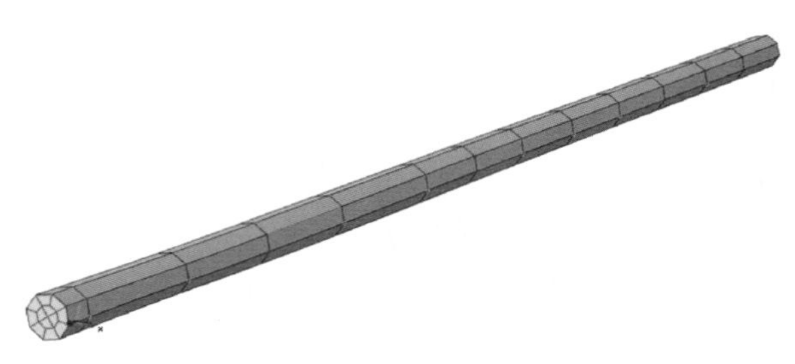

图 7-43　基桩网格图

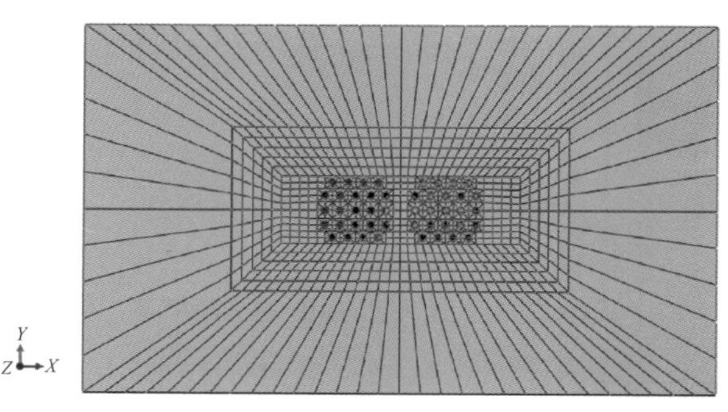

图 7-44　土域网格图

7.5.9　地基土自重应力平衡分析

初始地应力场对于模拟材料屈服具有围压依赖性和接触问题正确分析尤为重要，对于土木工程材料如土、岩石和混凝土具有屈服与围压有关的典型特征。而接触问题，如接触面和目标面之间的库仑摩擦力与层间摩擦系数、法向应力和切向刚度均有关，因此，准确模拟初始应力场对于该工程中桩土相互作用分析是十分重要的。初始应力场即为自重应力场，它是由于自重引起的体积力。进行自重应力平衡分析后，地基土的竖向位移最大值为 6.321 mm，出现在群桩区域内侧地基土，见图 7-45 和图 7-46。地基土的自重应力场平衡效果较好。

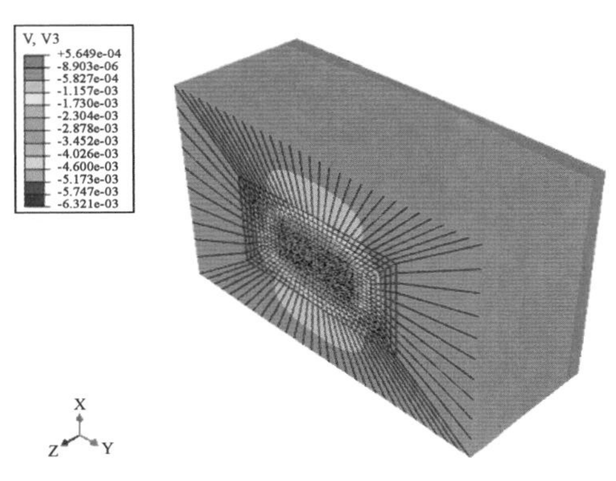

图 7-45　地基土的竖向位移云图 1

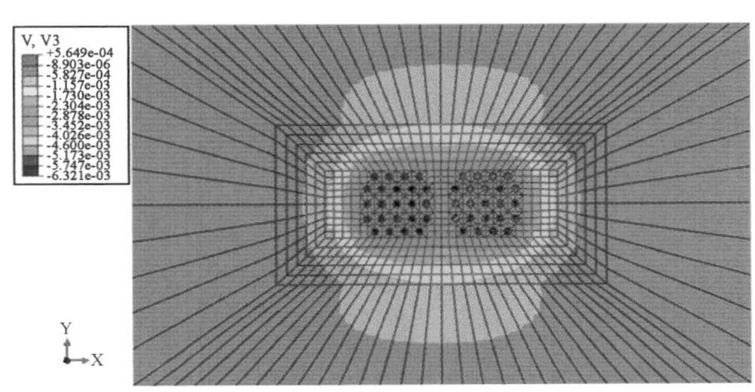

图 7-46　地基土的竖向位移云图 2

7.5.10　“地基土-群桩-悬索桥”体系动力特性分析

通过自振频率分析，提取了地基土-群桩-悬索桥结构体系的主控振型及其频率，如表 7-20 所示。模型具有 6 个自由度，根据提取的各自由度参与系数和有效质量分析可知：第 1 阶振型为 YZ 平面内的主梁一阶反对称竖弯，如图 7-47 所示，振型图的变形按 1∶200 显示；第 2 阶振型为 YZ 平面内的主梁二阶反对称竖弯，如图 7-48 所示；第 3 阶振型为 YZ 平面内的主梁二阶正对称竖弯，如图 7-49 所示；第 4 阶振型为 XY 平面内的主梁一阶反对称侧弯，如图 7-50 所示；第 16 阶振型为主梁一阶反对称扭转，如图 7-51 所示；第 17 阶振型为边塔正对称侧弯，如图 7-52 所示；第 18 阶振型为边塔反对称侧弯，如图 7-53 所示；第 19 阶振型为主塔侧弯，如图 7-54 所示。经参考润扬大桥和江阴大桥，其第一阶频率分别为 0.048 9 Hz 和0.050 9 Hz，振型皆为主梁一阶正对称侧弯。由此可见，主跨相同的三塔悬索桥和双塔悬索桥第一阶振动频率相近，该大桥第一阶振型一阶反对称竖弯，而不是常规双塔大跨径悬索桥的一阶正对称侧弯。该大桥的面内与面外基频比为 0.62(f_1∶f_4)，表明该大桥的面内刚度与面外刚度相差不大。

表 7-20　成桥状态结构体系的动力特性分析

振型阶次	频率(Hz)	振型描述	振型阶次	频率(Hz)	振型描述
1	0.072 53	主梁一阶反对称竖弯	13	0.526 32	主梁二阶正对称侧弯
2	0.081 33	主梁二阶反对称竖弯	16	0.752 92	主梁一阶反对称扭转
3	0.095 96	主梁二阶正对称竖弯	17	0.753 7	边塔正对称侧弯
4	0.117 66	主梁一阶反对称侧弯	18	0.755 34	边塔反对称侧弯
5	0.172 56	主梁三阶反对称竖弯	19	0.850 64	主塔侧弯
6	0.178 11	主梁一阶正对称侧弯	22	0.968 84	纵飘
7	0.181 85	主梁三阶正对称竖弯	24	1.055 6	主梁一阶正对称扭转
8	0.299 86	主梁四阶反对称竖弯	30	1.398 5	地基基础 Z 向转动
9	0.332 94	主梁四阶正对称竖弯	38	1.611 8	地基基础 Y 向平动
10	0.461 74	主梁二阶反对称侧弯	45	1.831 9	地基基础 X 向平动

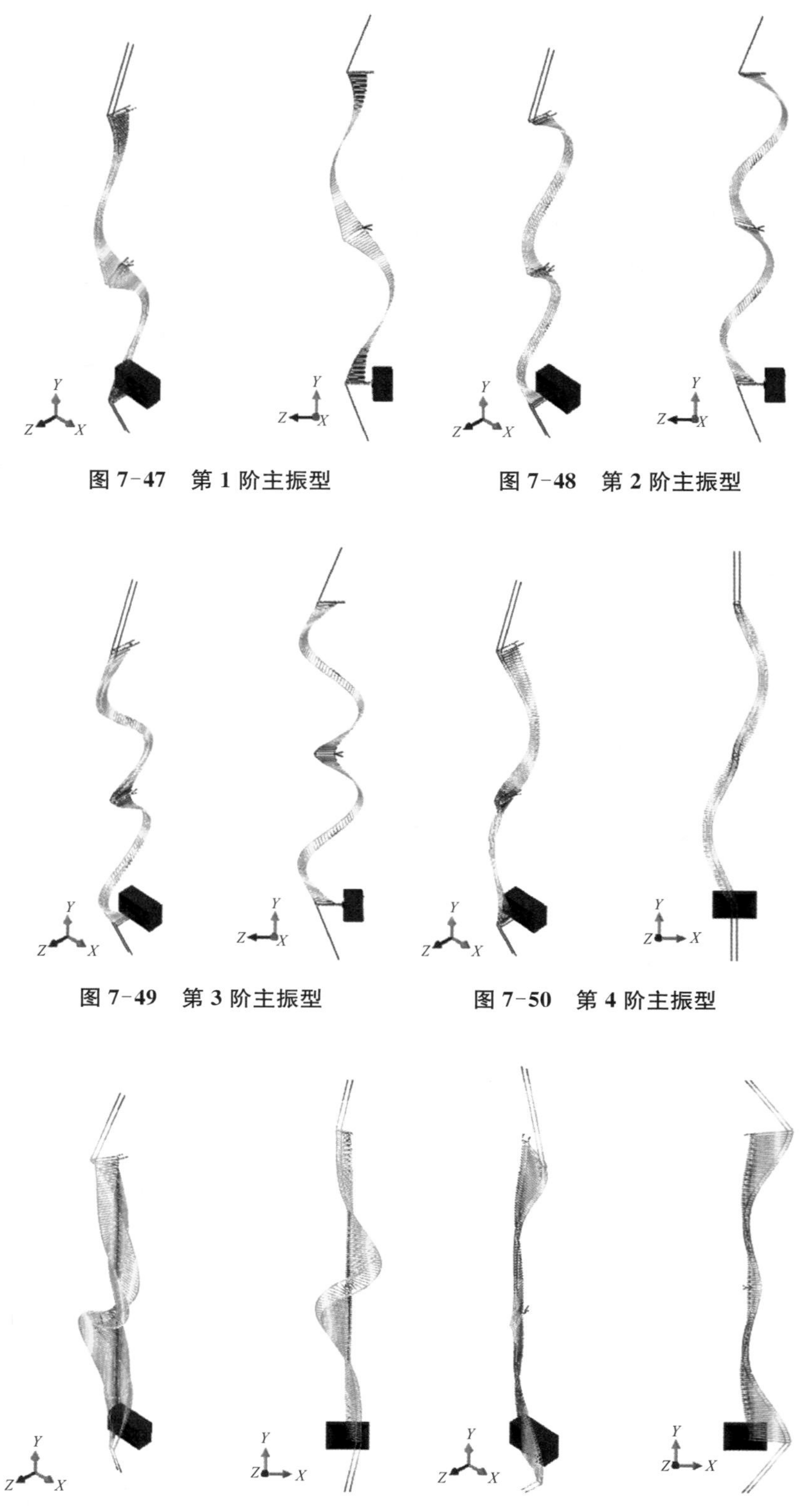

图 7-47　第 1 阶主振型

图 7-48　第 2 阶主振型

图 7-49　第 3 阶主振型

图 7-50　第 4 阶主振型

图 7-51　第 16 阶主振型

图 7-52　第 17 阶主振型

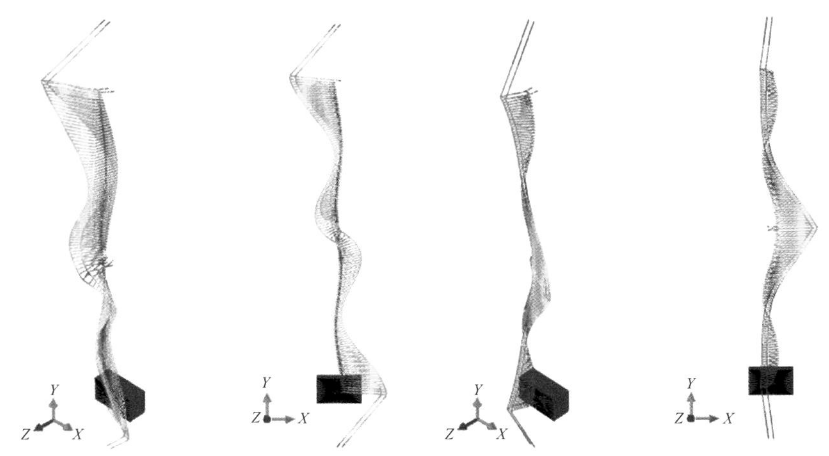

图 7-53　第 18 阶主振型　　　　图 7-54　第 19 阶主振型

7.5.11　“地基土-群桩-悬索桥”体系静、动力共同作用

1）静力作用下桩和承台的内力分析

桩和承台体采用三维 8 节点等参数实体单元进行计算分析，计算精度高，更符合工程实际，然后随之而来的是桩体动内力的计算输出问题。经研究决定采用”截面积分“的方式，后经数次尝试，最终通过定义了“单元面”，这样在截取的单元面局部坐标系中进行截面积分而得到了较为满意的结果。北塔的承台中部和底部定义了两个输出截面，群桩桩体则总共定义了 14 个输出截面。

动力分析初始时刻，桩体内力主要由承台、桩自重和上部静载荷产生，为了与下面计算得到的动内力进行区别以及对比分析，因此有必要对桩体的静内力作以下分析研究。由于计算模型具有对称性(结构对称、荷载对称)，所以只选取代表整个群桩受力特性的前三排桩进行桩体内力分析，同时，也选取了承台下不同位置处具有代表性的基桩，进行桩身轴力、剪力和弯矩，桩侧摩阻力和桩端承载力分析。

(1) 桩的初始轴力分析

从群桩桩顶轴力平面分布图 7-55 可以看出，其分布具有明显的不均匀性，桩顶荷载分布以角桩最大、边桩次之、内部桩则较小，各排桩桩顶轴力呈 W 形分布，周边桩(尤其是角桩)的轴力明显大于内部桩的轴力，而各排桩正中间位置基桩的桩顶轴力又大于其相邻两侧基桩的桩顶轴力，尤以第三排差异最为明显，即哑铃形群桩两翼桩顶轴力较大，中间桩顶轴力次之，内部桩的桩顶轴力则较小，其中，23# 中心桩和 46# 中心桩的桩顶轴力最小，桩基础的群桩效应十分突出。

第一排桩桩顶轴力与第五排桩桩顶轴力相当，较其他基桩桩顶轴力大，第二排桩桩顶轴力与第四排桩桩顶轴力相当，第三排桩桩顶轴力相对较小，具有对称性。此时，群桩桩顶的总轴力大小为 939 500 kN。靠近江心一侧的 1# 角桩和 27# 角桩的桩顶轴力分别为 30 015 kN、30 016 kN，靠近江岸一侧的 11# 角桩和 31# 角桩的桩顶轴力分别为 29 731 kN 和29 734 kN，23# 中心桩和 46# 中心桩的桩顶轴力均为 11 585 kN。

1-3 层土不考虑液化和考虑液化两种工况下哑铃形群桩桩顶轴力分布对比如图 7-55(b)所示，液化工况下群桩各基桩桩顶轴力较未考虑液化的工况下同位置的桩顶轴力大小分布有所变化，哑铃中部 3#，4#，5#，6#，7#，8#，9#，17#，18#，19#，24#，25#，33#，34#，35#，36#，37#，38#，44#，45#基桩桩顶轴力减小，而哑铃两翼各桩桩顶轴力则有不同程度的增加，即群桩两翼基桩桩顶轴力大于未考虑液化的工况下同位置的桩顶轴力，而哑铃中部基桩则刚好相反。1#桩在液化条件下桩顶轴力增大 1 135 kN（3.8%），4#桩在液化条件下桩顶轴力减小 1 719 kN(6.5%)，5#桩在液化条件下桩顶轴力减小 1 529 kN (8.8%)，6#桩在液化条件下桩顶轴力减小 1 316 kN(9.8%)，13#桩在液化条件下桩顶轴力增大 1 918 kN(8.6%)，14#桩在液化条件下桩顶轴力增大 1 935 kN（7.7%）。

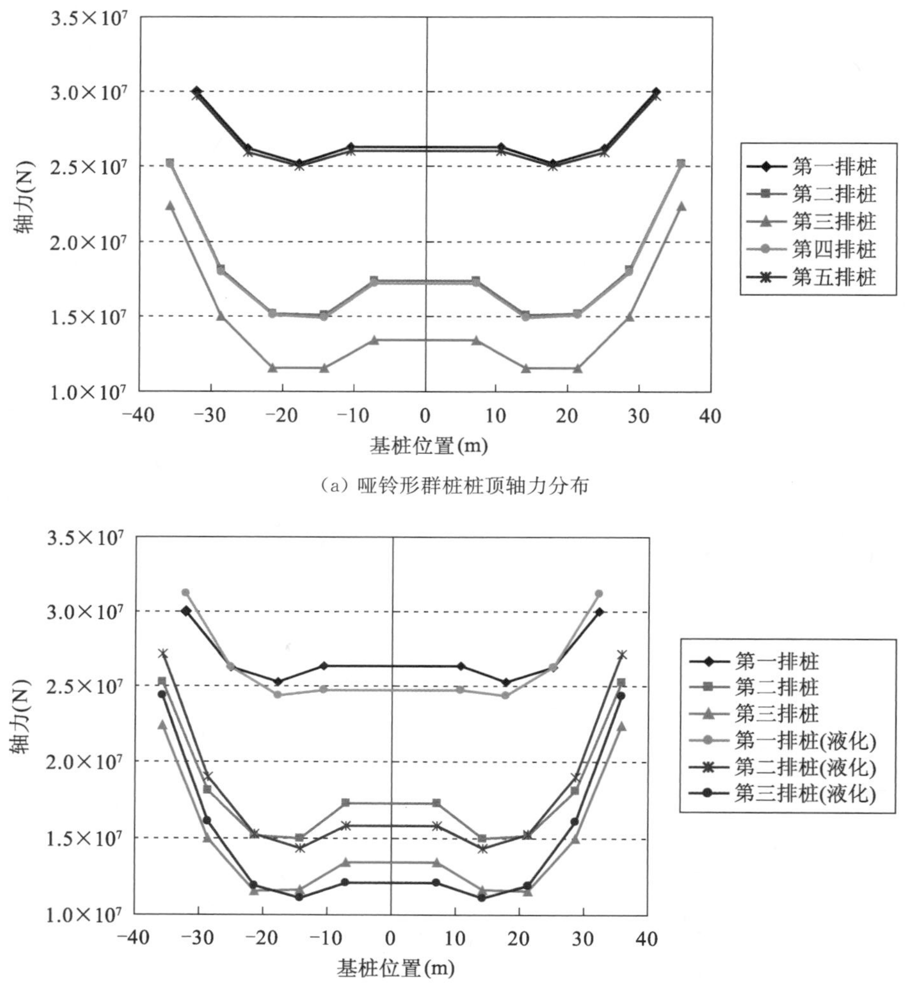

(a) 哑铃形群桩桩顶轴力分布

(b) 液化和不液化两种工况下哑铃形群桩桩顶轴力分布对比

图 7-55　主塔哑铃形群桩桩顶轴力分布

从群桩桩端阻力平面分布图 7-56 可以看出，其分布具有明显的不均匀性，各排桩桩端阻力呈 W 形分布，哑铃中部基桩端承力明显大于其他位置的基桩端承力，结合主塔哑铃形群桩基础竖向位移云图 7-57 进行分析，中心部位基桩桩端竖向位移较周边桩桩端竖向位移大，因此地基土对中心部位基桩桩端的反力较周边桩大。单桩在竖向荷载作用下，桩身将发生弹性压缩，同时桩顶部分荷载通过桩身传递到桩底，致使桩底土层发生压缩变形，这两者之和构成桩顶的竖向位移。然而，对于群桩而言，除前二者外，还有群桩之间的叠加位移，因此更复杂。

从图 7-56 可知，第一排桩桩端阻力与第五排桩桩端阻力相当，较其他基桩桩端阻力大，第二排桩桩端阻力与第四排桩桩端阻力相当，第三排桩桩端阻力相对较小，具有对称性。此时，4# 桩和 24# 桩的桩端阻力最大均为 17 704 kN。

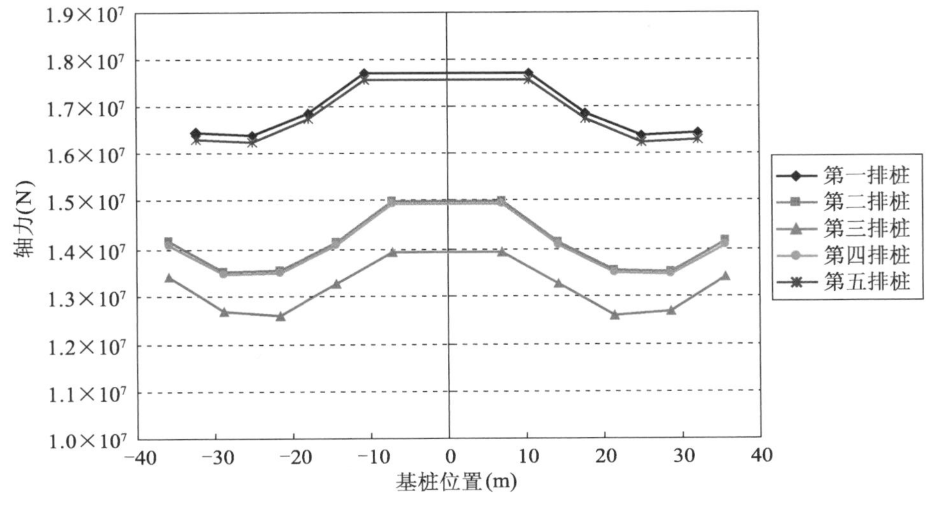

(a) 哑铃形群桩桩端阻力分布

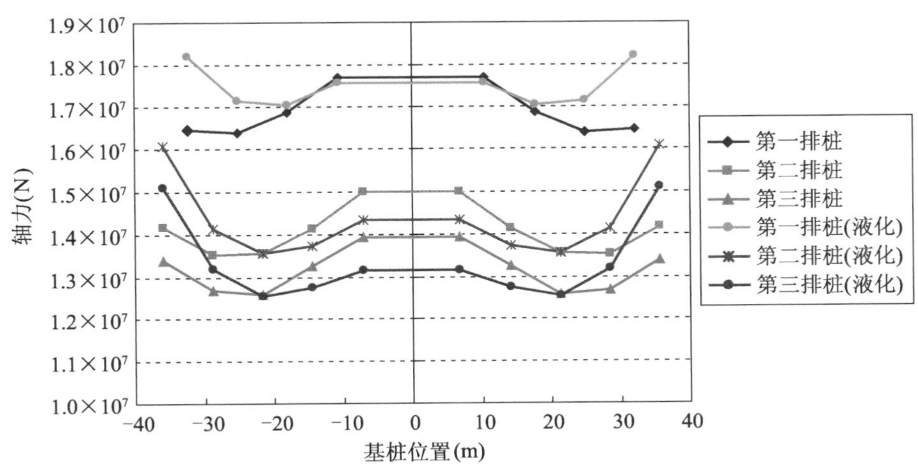

(b) 液化和不液化两种工况下哑铃形群桩桩端阻力分布对比

图 7-56　主塔哑铃形群桩桩端阻力分布

1-3 层土不液化和液化两种工况下哑铃形群桩桩端阻力分布对比如图 7-56(b)所示，液化工况下群桩各基桩端承力较未考虑液化的工况下同位置基桩的端承力大小分布有所变化，哑铃中部基桩桩端阻力减小，而哑铃两翼各桩桩端阻力则有不同程度的增大，即群桩两翼基桩端承力大于未考虑液化的工况下同位置基桩的端承力，而哑铃中部基桩则刚好相反。1# 桩在液化条件下桩端阻力增大 1 749 kN(10.6%)，4# 桩在液化条件下桩端阻力减小 158 kN(0.9%)，5# 桩在液化条件下桩端阻力减小 650 kN(4.3%)，6# 桩在液化条件下桩端阻力减小 772 kN(5.5%)，13# 桩在液化条件下桩端阻力增大 1 713 kN(12.8%)，14# 桩在液化条件下桩端阻力增大 1 943 kN(13.7%)。液化减小了各个基桩之间的差异沉降,使得哑铃两翼各基桩端阻力增大,相应的哑铃中部各基桩端阻力减小,其分布情况与桩顶受力相似。液化使得哑铃形群桩桩端受力更趋明显,同时具有左半部群桩和右半部群桩各自的群桩效应现象。

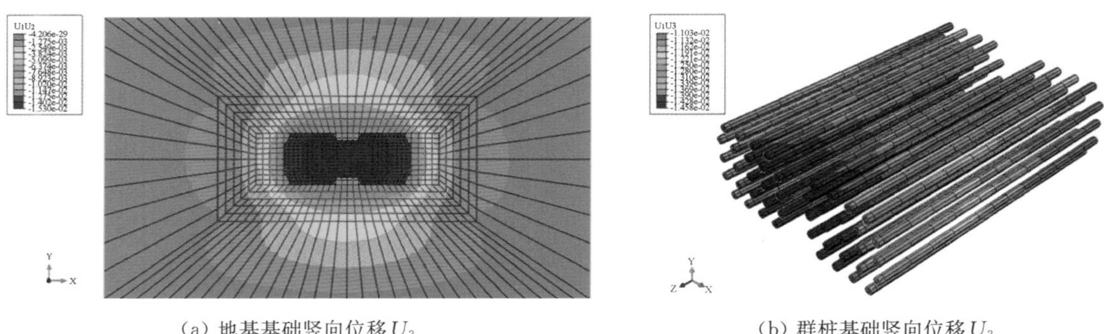

(a) 地基基础竖向位移 U_3　　(b) 群桩基础竖向位移 U_3

图 7-57　地基基础竖向位移

从机理上讲,哑铃形群桩在桩距较小的情况下,基桩与土相互作用导致各桩传递到桩端处的应力互相叠加,边桩由于其相邻的桩不多,桩端处的应力叠加程度相对不大,而承台内部基桩的桩端处应力叠加程度则相对比较大,因而具有较大的沉降趋势。在刚性承台的调节作用下,角桩、边桩将承担较多的荷载来平衡内部基桩的过大沉降。可以看出,正是由于群桩效应的影响,导致哑铃形群桩的桩顶轴力和桩端阻力分布不均匀,角桩、边桩承担的荷载相对较大,而内部各基桩承担的荷载相对较小。

通常情况下,施加于桩上的竖向荷载将传递给周围土层和下卧土层。一部分荷载由桩周摩阻力承担,另一部分则下传到桩端,由桩端下卧土层承担,也就是端阻力,桩顶荷载等于这两个分量之和。然而,本书在群桩基础结构抗震计算中,因为基桩较长、桩径较大且采用实体单元剖分,所以内力分析时桩体需要考虑自重的影响,此时基桩总轴力应由两部分组成,一部分力是由桩体自重引起的,另一部分是由外荷载引起的。桩身轴力主要由桩顶外荷载压力和基桩自重组成,且桩体自重主要由桩端地基土承担。例如,1# 角桩桩顶轴力 $P_{顶}=30\ 015$ kN,桩端阻力 $P_{端}=16\ 456$ kN,基桩自重 $G_{桩}=11\ 084$ kN(桩的截面面积 5.544 m^2),负摩擦阻力 $P_{负摩阻力}=0$,则桩周土体提供的摩阻力为

$$P_{侧摩阻力}=P_{顶}-P_{端}+P_{负摩阻力}+G_{桩} \tag{7-85}$$

计算得 $P_{侧摩阻力}=24\ 643$ kN,实际记录值为 25 383 kN,相对误差为 2.9%,从表 7-21 可知,计算值与实际记录值之间的相对误差控制在 5.4%之内,因此,公式(7-85)可以作为大直径超长钻孔灌注桩侧摩阻力的近似计算。

本书根据实际情况,提出式(7-86)的计算方法,根据建筑桩基技术规范(JGJ 94—2008),桩按承载性状分为:①摩擦型桩,其中,摩擦桩在极限承载力状态下,桩顶荷载由桩侧阻力承受,$\alpha \geqslant 95\%$;端承摩擦型桩在极限承载力状态下,桩顶荷载主要由桩侧阻力承受,$50\%<\alpha<95\%$;②端承型桩,其中,端承桩在极限承载力状态下,桩顶荷载由桩端阻力承受,$\alpha \leqslant 5\%$;摩擦端承桩在极限承载力状态下,桩顶荷载主要由桩端阻力承

受，5%<α<50%。如1#角桩侧摩阻力与桩顶荷载的比值为84.6%，属于端承摩擦桩。

$$\text{桩侧摩阻力与桩顶轴力比公式}\begin{cases}\alpha=\dfrac{P_{\text{总摩阻力}}}{P_{\text{顶}}}, & P_{\text{端}}\geqslant G_{\text{桩}}\\ \alpha=100.0\%, & P_{\text{端}}<G_{\text{桩}}\end{cases}\tag{7-86}$$

考虑液化土影响时，1#桩桩顶轴力为31 150 kN，桩端阻力为18 205 kN，桩周土体提供的摩阻力为24 029 kN，桩侧摩阻力与桩顶竖向荷载的比值为79.7%，仍属于端承摩擦桩。从表7-21可以看出，1-3层土不液化和液化工况下群桩基桩侧摩阻力与桩顶竖向荷载的比值介于76.7%～92.6%，属于典型的端承摩擦桩，其侧摩阻力对外荷载的分担较大，角桩的侧摩阻力占全部桩体荷载的比例最大，边桩次之，而内部桩最小。

考虑土体液化工况，1#桩身最大轴力下移至1-3层液化土底部(−12 m)，见表7-21，桩身最大轴力位于−12 m的还有2#，3#，4#，5#，13#，14#，15#桩等，大部分桩身最大轴力位置发生变化。

大部分基桩桩侧摩阻力是减小的，包括1#，2#，3#，4#，5#，6#，7#，8#，9#，10#，11#，17#，18#，19#桩以及与之对称的哑铃右半部基桩，然而减小幅度不大，最大的4#桩减小1 545 kN(7.55%)。另有部分基桩桩侧摩阻力有所增大，包括12#，13#，14#，15#，16#，20#，21#，22#，23#以及与之对称的哑铃右半部基桩，然而增大幅度较小，最大的22#桩增大582 kN(4.17%)。此处，与桩端阻力变化情况相对应，即减小或增大的侧摩阻力转移到了桩端。据上分析可知，哑铃形群桩在液化时，其基桩桩侧摩阻力并非全部是减小的，不同部位的基桩经过调整后，能够重新发挥其承载性能，而不丧失其整体稳定性。

表7-21　1-3层土不液化和液化工况下典型桩的对比分析

桩号	液化	桩顶轴力(kN)	桩身最大轴力(kN)、位置(m)	桩端阻力(kN)	桩侧摩阻力(kN)			桩侧摩阻力与桩顶轴力比
					计算值	记录值	误差	
1	无	30 015	桩顶	16 456	24 643	25 383	2.9%	84.6%
	有	31 150	32 811 −12	18 205	24 029	24 818	3.2%	79.7%
2	无	26 226	桩顶	16 385	20 925	21 614	3.2%	82.4%
	有	26 256	28 031 −12	17 123	20 217	20 938	3.4%	79.7%
3	无	25 262	桩顶	16 864	19 482	20 165	3.4%	79.8%
	有	24 361	26 172 −12	17 033	18 412	19 117	3.7%	78.5%
4	无	26 368	桩顶	17 704	19 748	20 462	3.5%	77.6%
	有	24 649	26 433 −12	17 546	18 187	18 917	3.9%	76.7%

（续表）

桩号	液化	桩顶轴力(kN)	桩身最大轴力(kN)、位置(m)	桩端阻力(kN)	桩侧摩阻力(kN)			桩侧摩阻力与桩顶轴力比
					计算值	记录值	误差	
5	无	17 339	18 481 —41	14 987	13 436	14 057	4.4%	81.1%
	有	15 810	17 792 —21	14 337	12 557	13 183	4.7%	83.4%
6	无	13 438	16 372 —55	13 939	10 583	11 159	5.2%	83.0%
	有	12 122	16 372 —55	13 167	10 039	10 616	5.4%	87.6%
13	无	22 405	桩顶	13 398	20 091	20 751	3.2%	92.6%
	有	24 323	26 031 —12	15 111	20 296	21 005	3.4%	86.4%
14	无	25 242	桩顶	14 151	22 175	22 869	3.0%	90.6%
	有	27 177	28 841 —12	16 094	22 167	22 911	3.2%	84.3%
15	无	18 095	18 797 —41	13 517	15 662	16 248	3.6%	89.8%
	有	19 058	20 916 —12	14 132	16 010	16 624	3.7%	87.2%
16	无	15 172	17 280 —41	13 547	12 709	13 261	4.2%	87.4%
	有	15 298	17 539 —41	13 544	12 838	13 405	4.2%	87.6%
17	无	15 030	17 301 —55	14 138	11 976	12 535	4.5%	83.4%
	有	14 350	16 955 —41	13 731	11 703	12 270	4.6%	85.5%
18	无	11 604	15 456 —55	13 250	9 438	9 961.1	5.3%	85.8%
	有	11 066	14 877 —55	12 746	9 404	9 932.3	5.3%	89.8%
22	无	15 006	16 769 —41	12 679	13 411	13 966	4.0%	93.1%
	有	16 090	18 079 —55	13 206	13 968	14 548	4.0%	90.4%
23	无	11 585	15 063 —55	12 582	10 087	10 602	4.9%	91.5%
	有	11 955	15 156 —55	12 553	10 486	11 015	4.8%	92.1%

不考虑土体液化影响的哑铃形群桩桩身轴力分析，如图 7-58(a)、(b)、(c)所示。从图中可以看出，周边桩轴力是明显的近似上部轴力大下部轴力小的倾斜直线形，而内部基桩轴力则是典型的抛物线形，最大轴力位于桩身中部，与表 7-21 的分析对应。哑铃形群桩的基桩轴力随桩身入土深度的增加而变化，因基桩所处的位置不同而表现出明显的差异。具体而

言，角桩和边桩的桩顶轴力较大，其轴力随桩身入土深度的增加而迅速减少，这是由于在外荷载作用下，桩、土之间产生了比较大的错动滑移，边桩和角桩的侧摩阻力得到较大的发挥，所以轴力沿桩身减小的幅度比较大，如第一排桩以及 13# 和 14# 桩。内部桩的桩顶轴力较小，加上桩身自重的影响，其轴力随桩身入土深度的增加先增大后又减小，其中，第二排桩的 5#，15#，16# 和 17# 桩以及第三排桩的 22# 桩的桩端阻力小于桩顶轴力，而第三排桩的 6#，18# 和 23# 桩的桩端阻力大于桩顶轴力。

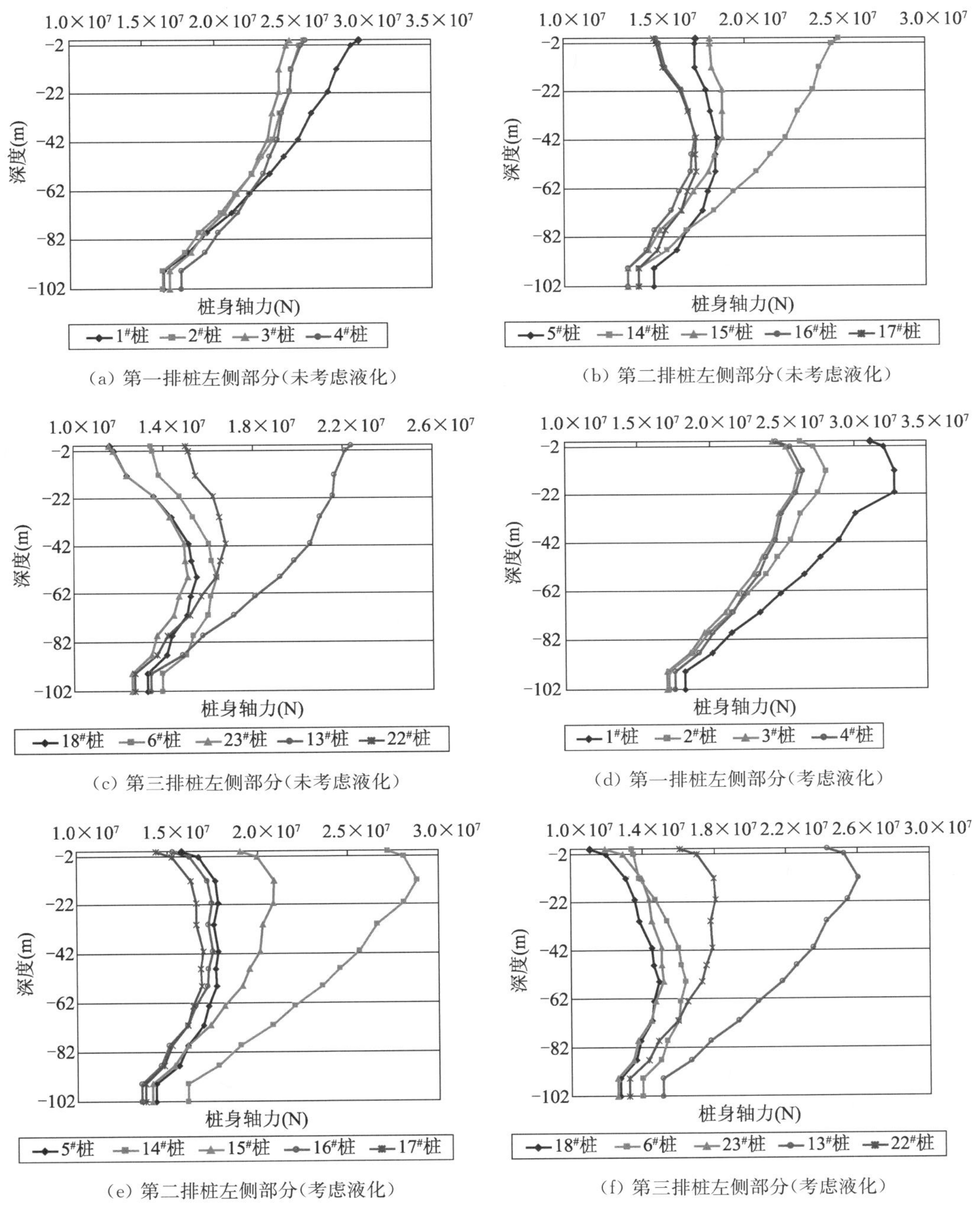

(a) 第一排桩左侧部分(未考虑液化)

(b) 第二排桩左侧部分(未考虑液化)

(c) 第三排桩左侧部分(未考虑液化)

(d) 第一排桩左侧部分(考虑液化)

(e) 第二排桩左侧部分(考虑液化)

(f) 第三排桩左侧部分(考虑液化)

图 7-58　群桩桩身轴力

考虑土体液化影响的哑铃形群桩桩身轴力分析，如图 7-58(d)、(e)、(f)所示，与图 7-58(a)、(b)、(c)比较可知，桩身轴力分布有一定的变化，1-3 层液化土影响范围内，群桩轴力全部是增大的，说明桩身上部有负摩阻力产生。

单桩在竖向荷载作用下，桩身上部先产生错动滑移，桩侧摩阻力开始发挥；随着荷载增大，桩身下部与土体之间也产生了错动滑移，下部土体的侧摩阻力也开始发挥。桩侧摩阻力的值取决于两个方面：一是桩土相对位移的大小，二是接触面上正应力的大小。其最大值出现在两者的最佳结合处。对于大型端承摩擦群桩基础桩来说，桩顶荷载主要通过桩身侧表面和桩尖传递到桩周和桩端土层中，对于该群桩基础将在桩端平面处产生应力重叠。因为采用高桩承台，所以可以不考虑承台土反力对桩侧摩阻力和桩端阻力的影响。

取 1# 桩、4# 桩、13# 桩和 22# 桩进行桩侧摩阻力分析，如图 7-59 和图 7-60 所示，从图中还可以看出，不考虑土体液化工况，在外荷载作用下，1# 角桩、4# 边桩和 13# 边桩侧摩阻力随深度增大而增大，增大速率逐渐变缓，在桩身下部达到最大值，接近桩端时则迅速地减小。23# 桩侧摩阻力随深度增加先增大后减小后又增大，在桩身下部达到最大值，接近桩端时则迅速地减小，其上段出现负摩阻力，分析认为呈现上述特征的主要原因是群桩效应，中心部位土体位移大于桩体位移而产生了负摩阻力。

考虑土体液化影响后，各排桩的桩侧摩阻力分布发生明显变化，1# 角桩、4# 边桩和 13# 边桩上段出现负摩阻力，其值先增大后减小，中性点(桩身向下位移量等于该处桩周土沉降量时，桩-土间处于相对静止状态，桩侧摩阻力强度减为 0，称该点为中性点)位于 1-3 层液化土中部，下部桩侧摩阻力较前一工况明显增大，其增大幅值随深度的增加而逐渐减小。23# 桩上部负摩阻力先增大后减小，中性点位于 1-3 层液化土底部，下部桩侧摩阻力较前一工况明显增大，其增大幅值随深度的增加而迅速减小。

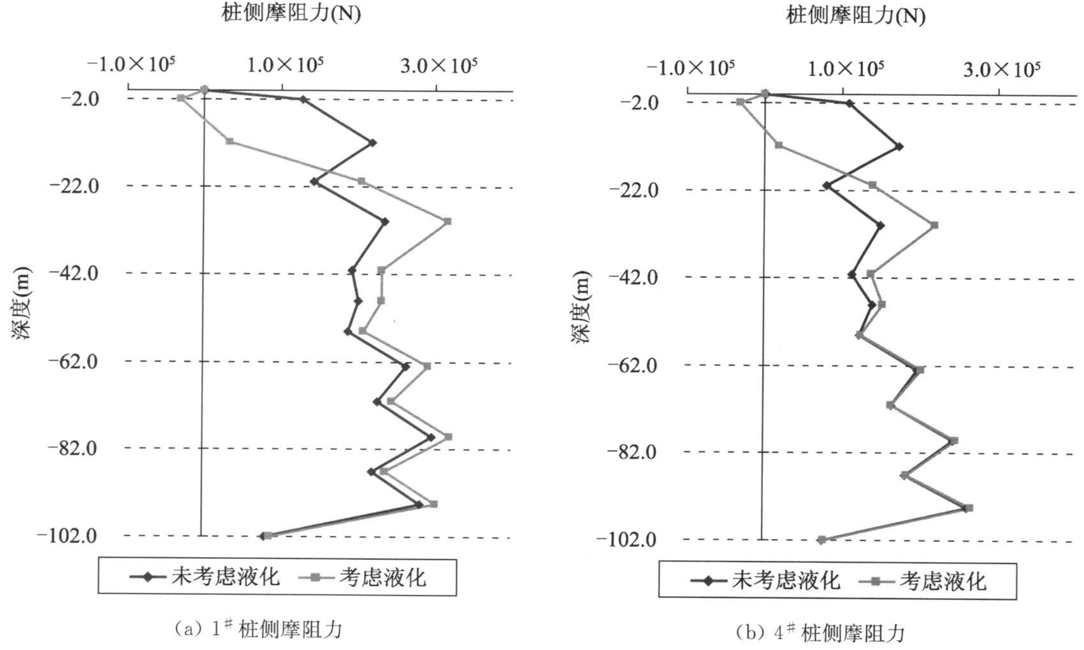

(a) 1# 桩侧摩阻力　　(b) 4# 桩侧摩阻力

图 7-59　第一排桩的典型基桩桩侧摩阻力

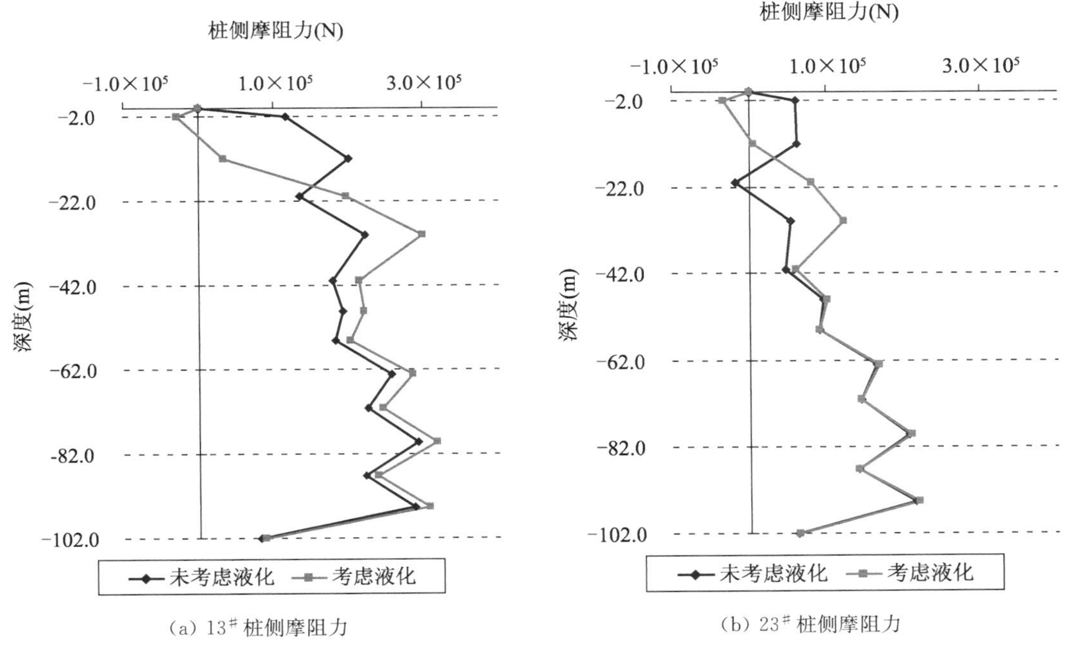

(a) 13# 桩侧摩阻力　　(b) 23# 桩侧摩阻力

图 7-60　第三排桩的典型基桩桩侧摩阻力

(2) 桩的静剪力分析

剪力主要产生在桩与承台的连接处,即桩的顶部。各桩桩顶 X 向剪力分布如图 7-61 所示,1#, 11#, 12#, 13#, 14#, 27#, 28#, 29#, 30# 和 31# 桩桩顶的 X 向剪力较大,最大 X 向剪力为 22 912 kN,位于 13# 桩和 29# 桩的桩顶,大小相等、方向相反。哑铃形群桩中部 16#, 20#, 23#, 39#, 43# 和 46# 桩的桩顶剪力较小。从图 7-61 可知,静载作用下群桩桩顶 X 向剪力具有对称分布特性。

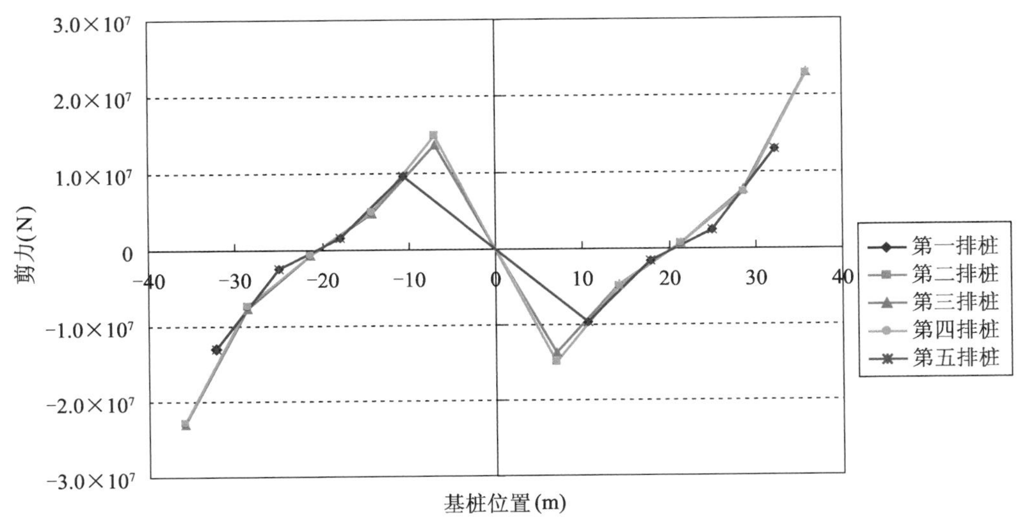

(a) 哑铃形群桩桩顶 X 向剪力分布

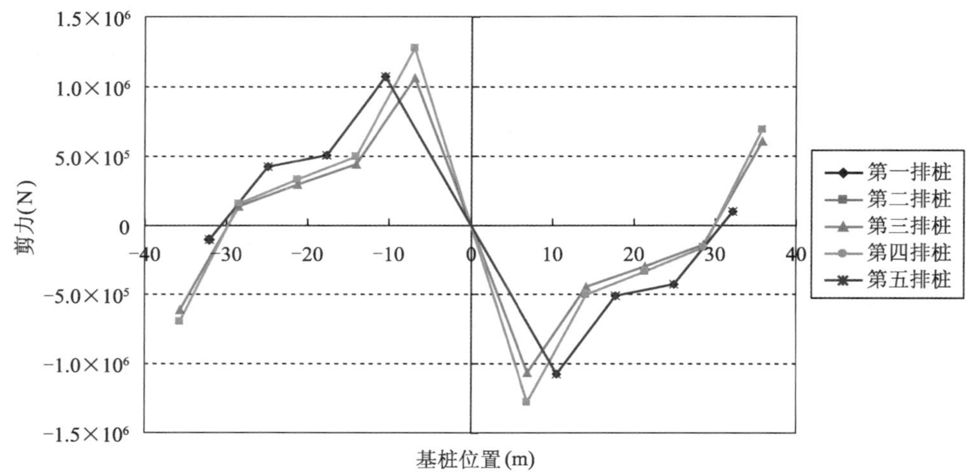

(b) 液化工况下哑铃形群桩桩顶 X 向剪力分布

图 7-61　不液化和液化工况下哑铃形群桩桩顶 X 向剪力分布

1-3 层土不液化和液化两种工况下哑铃形群桩桩顶 X 向剪力分布对比如图 7-61 所示，考虑液化影响的桩顶 X 向剪力则是内部桩较大，角桩、边桩较小，其值也较未考虑液化下同位置的桩明显减小，说明液化对外部桩的影响大于内部桩。1# 桩在液化条件下桩顶 X 向剪力减小 12 926 kN(99.2%)，13# 桩在液化条件下桩顶 X 向剪力减小 22 287 kN(97.3%)，23# 桩不液化和液化两种工况下 X 向剪力分别为－787.7 kN 和 299.9 kN(138%)，个别基桩的 X 向剪力方向也发生变化。

各排桩桩顶 Y 向剪力分布如图 7-62(a)所示。第一排桩和第五排桩桩顶的 Y 向剪力较大，群桩桩顶 Y 向剪力最大值为 25 320 kN，位于 9# 桩和 33# 桩的桩顶，具有对称性。位于中间的第三排桩所受的 Y 向剪力较小。从图 7-62(a)可知，静载作用下群桩桩顶 Y 向剪力具有对称分布特性。

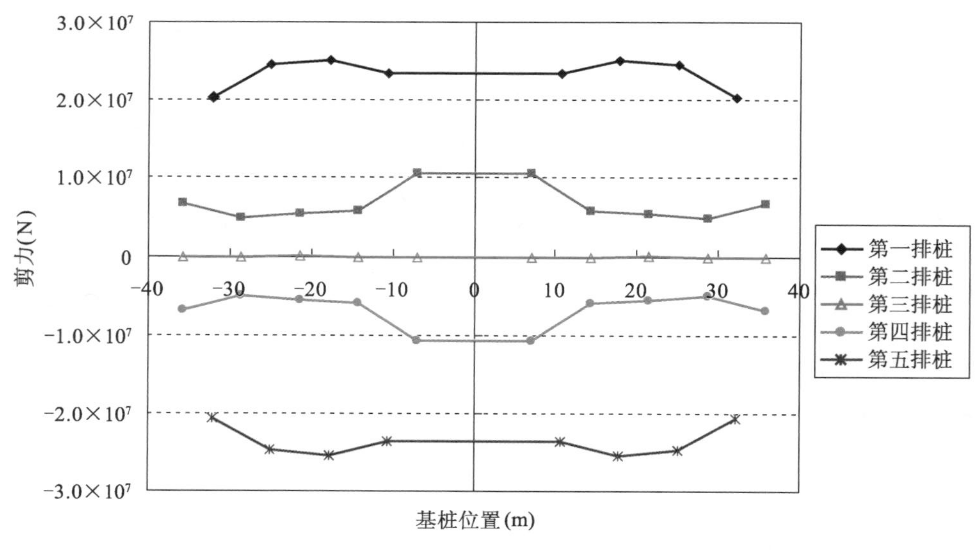

(a) 哑铃形群桩桩顶 Y 向剪力分布

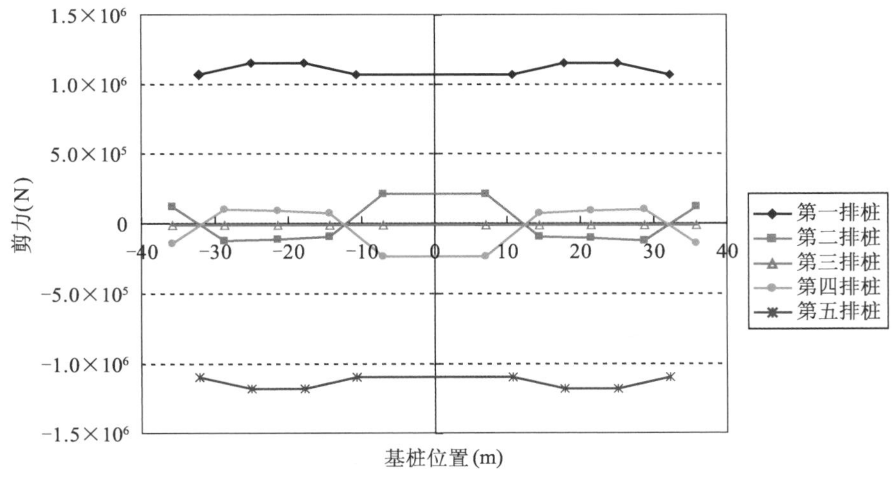

(b) 液化工况下哑铃形群桩桩顶 Y 向剪力分布

图 7-62　不液化和液化两种工况下各排桩桩顶 Y 向剪力分布

由 1-3 层土不液化和液化两种工况下哑铃形群桩桩顶 Y 向剪力分布对比可知，群桩外围基桩考虑液化影响的桩顶 Y 向剪力值较未考虑液化下同位置的桩明显减小，群桩第三排桩的内部基桩则刚好相反，说明液化对群桩桩顶 Y 向剪力分布影响较大。第一排和第五排桩桩顶 Y 向剪力较大，变化幅值也较大，如 4[#] 桩和 24[#] 桩在液化条件下桩顶 X 向剪力减小 22 512 kN(95.4%)，8[#] 桩和 34[#] 桩在液化条件下桩顶 X 向剪力减小 22 519 kN(95.4%)。第二排、第三排和第四排桩的部分内部基桩桩顶 Y 向剪力大小和方向均发生变化，只是其变化幅值不像第一排和第五排桩那么大。

(3) 桩的静弯矩分析

按照材料力学的基本原理，弯矩＝各个单元的截面力 × 受力点到局部坐标轴的距离。从图 7-63 可知，1-3 层土不液化和液化两种工况下群桩桩顶 X 向弯矩分布均具有对称特性，第一排和第五排桩所受的 X 向弯矩较大，第三排桩所受的 X 向弯矩较小，与 Y 向剪力图相似。各桩桩顶 Y 向弯矩分布如图 7-64 所示。1-3 层土不液化和液化两种工况下群桩桩顶 Y 向弯矩分布均具有对称特性，哑铃形群桩各排基桩桩顶 Y 向弯矩呈“N 形”分布，与 X 向剪力图相似。液化工况下，群桩桩顶的 X 向和 Y 向弯矩均明显减小。

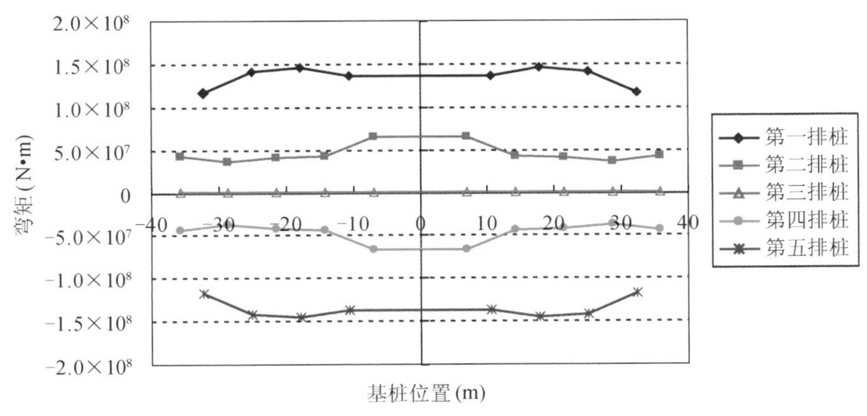

(a) 哑铃形群桩桩顶 X 向弯矩分布

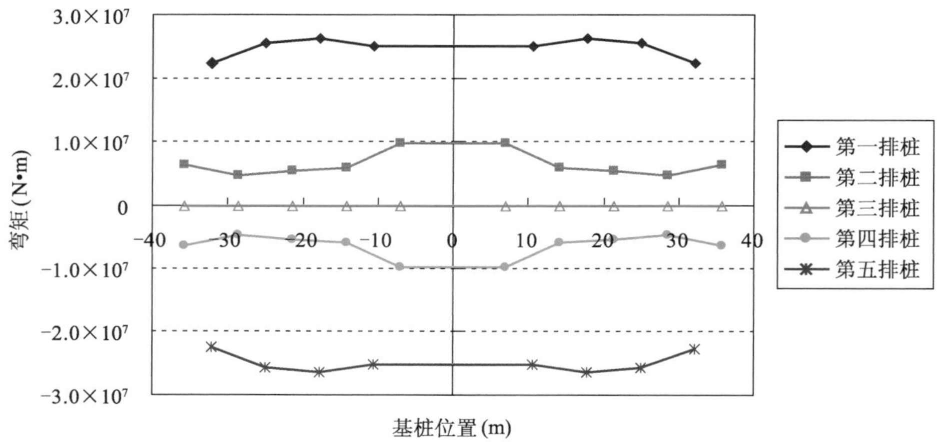

(b) 液化工况下哑铃形群桩桩顶 X 向弯矩分布

图 7-63　各排桩桩顶 *X* 向弯矩分布

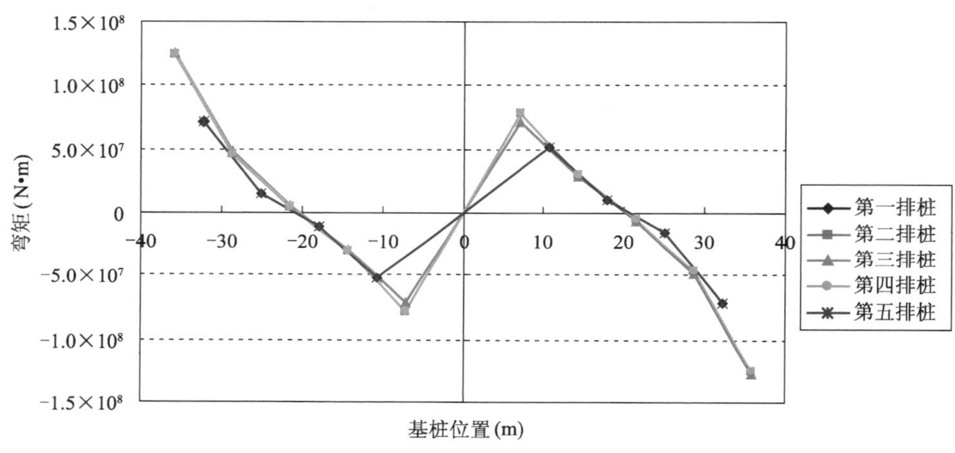

(a) 哑铃形群桩桩顶 Y 向弯矩分布

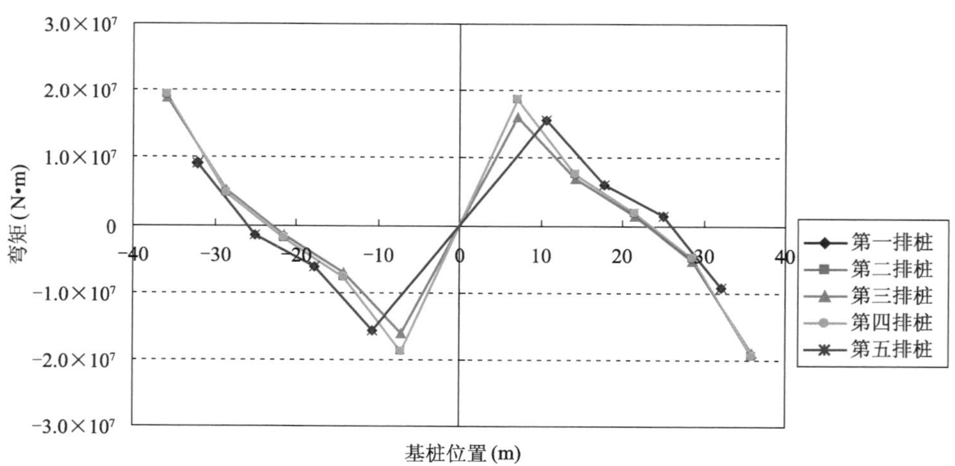

(b) 液化工况下哑铃形群桩桩顶 Y 向弯矩分布

图 7-64　各排桩桩顶 *Y* 向弯矩分布

2）群桩动位移场分析

模型计算之前已经分别在各桩中设置了监测点，用于记录节点位移随地震载荷的变化。群桩各桩桩顶 X 向位移随时间变化曲线如图 7-65 所示，图中横轴时间 3～58 s 与地震波的振动时间 0～55 s 相对应，下同。从图 7-65 中可以看出：存在与不存在（Presence/Absence）无限域地震波输入两种工况下的横向位移响应相近；哑铃形群桩各桩顶 X 向位移的变化规律基本相同；存在与不存在无限域地震波输入两种工况下的 X 向位移峰值分别为 9.7 cm 和 8.7 cm，均位于 13$^{\#}$ 桩，出现在地震动 5.0 s 时。两种工况下群桩各桩顶 Z 向位移随时间的变化曲线如图 7-66 和图 7-67 所示。从图中可以看出，哑铃形群桩左半部 1$^{\#}$—23$^{\#}$ 桩桩顶 Z 向位移的变化规律相近，右半部 24$^{\#}$—46$^{\#}$ 桩桩顶 Z 向位移的变化规律相近，而哑铃形群桩左、右两边的 Z 向位移的变化趋势却是相反的。外围桩的变化幅度较大，说明外部桩受地震影响大。另外，各桩桩顶位移曲线相近，说明哑铃形群桩整体抗震性能较好。

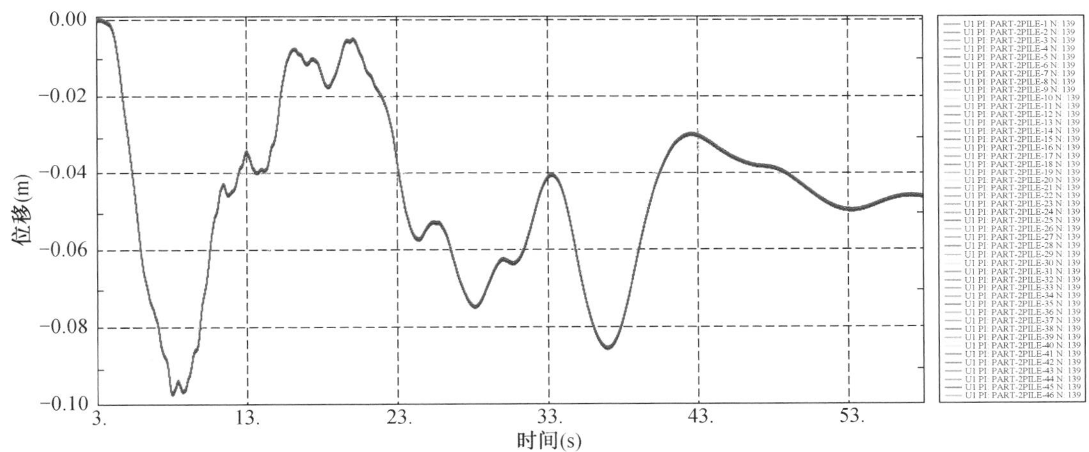

（a）存在无限域地震波输入

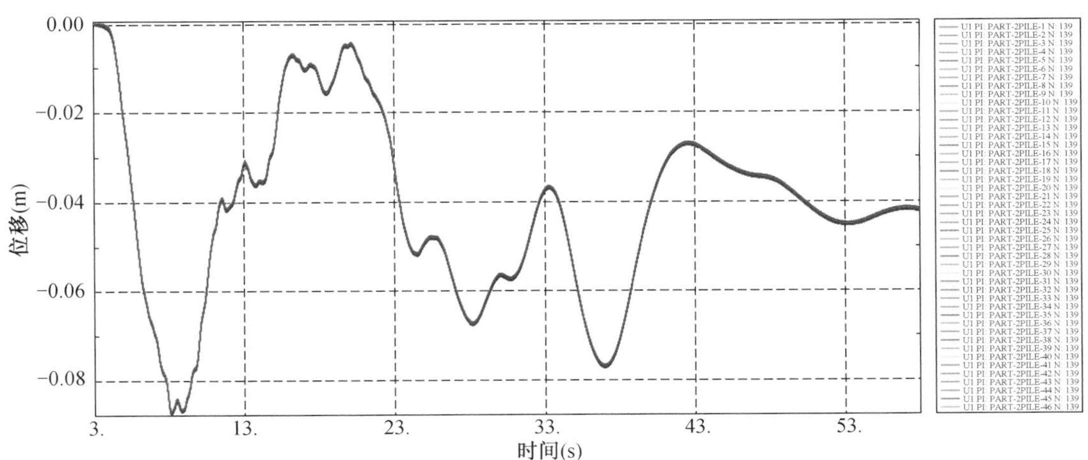

（b）不存在无限域地震波输入

图 7-65　1$^{\#}$—46$^{\#}$ 桩顶 X 向位移时程曲线

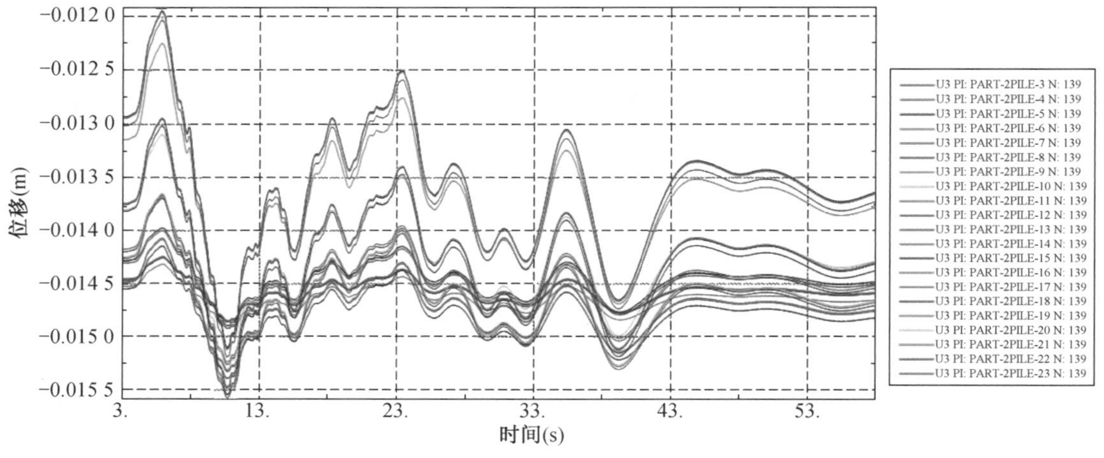

(a) 存在无限域地震波输入

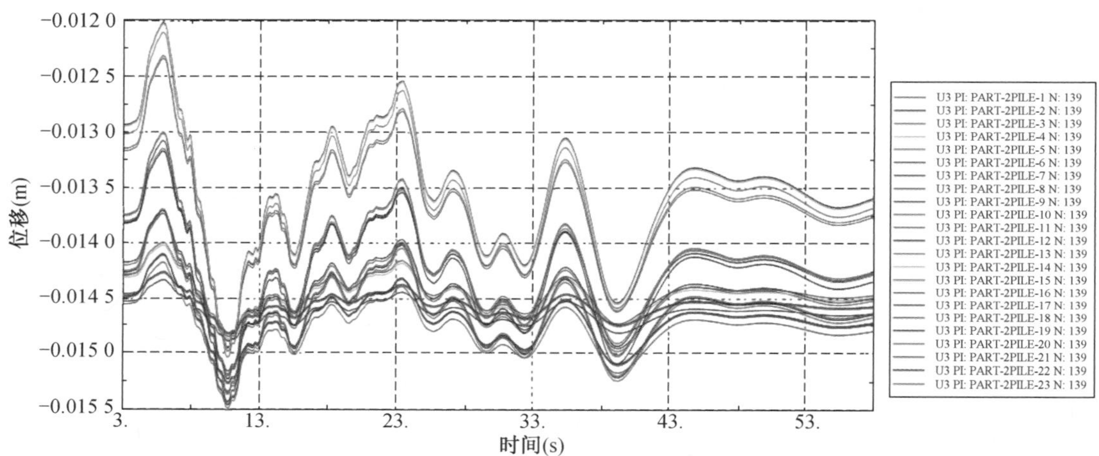

(b) 不存在无限域地震波输入

图 7-66　1# —23# 桩顶 Z 向位移时程曲线

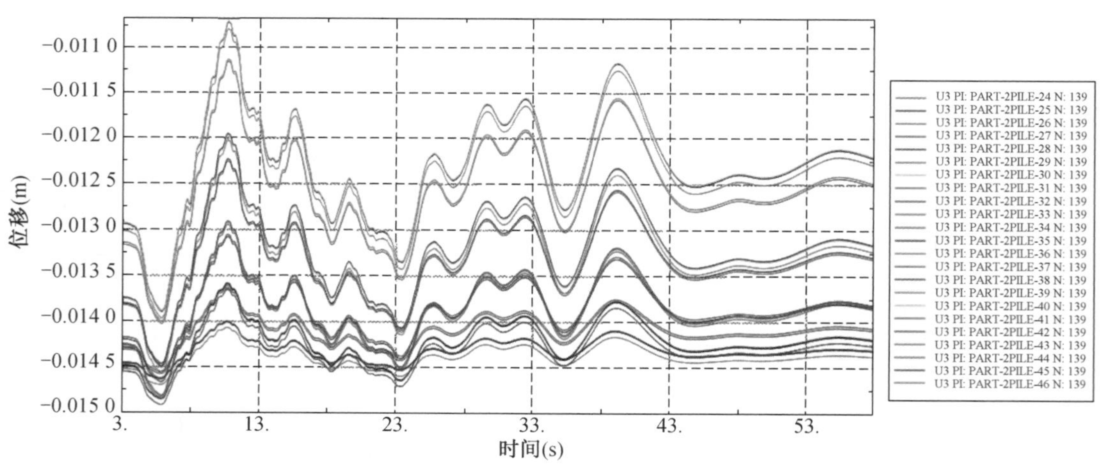

(a) 存在无限域地震波输入

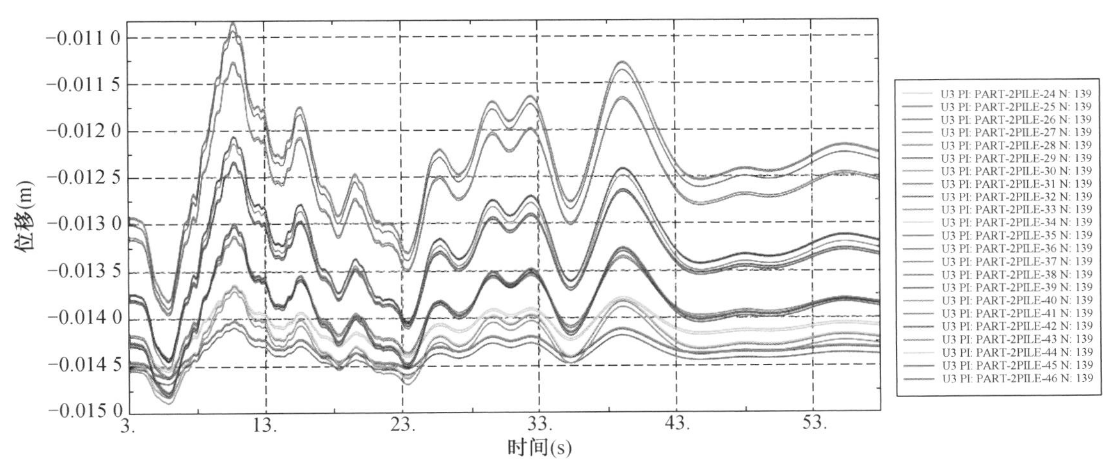

(b) 不存在无限域地震波输入

图 7-67　24# —46# 桩顶 Z 向位移时程曲线

相同地震动激励下，存在无限域地震波输入并考虑 1-3 层土体液化工况中，哑铃形群桩桩顶 X 向位移随时间变化曲线如图 7-68 所示。哑铃形群桩各桩顶 X 向位移的变化规律基本相同，最大动位移为 10.0 cm，位于 13# 桩，出现在地震动 5.0 s 时。

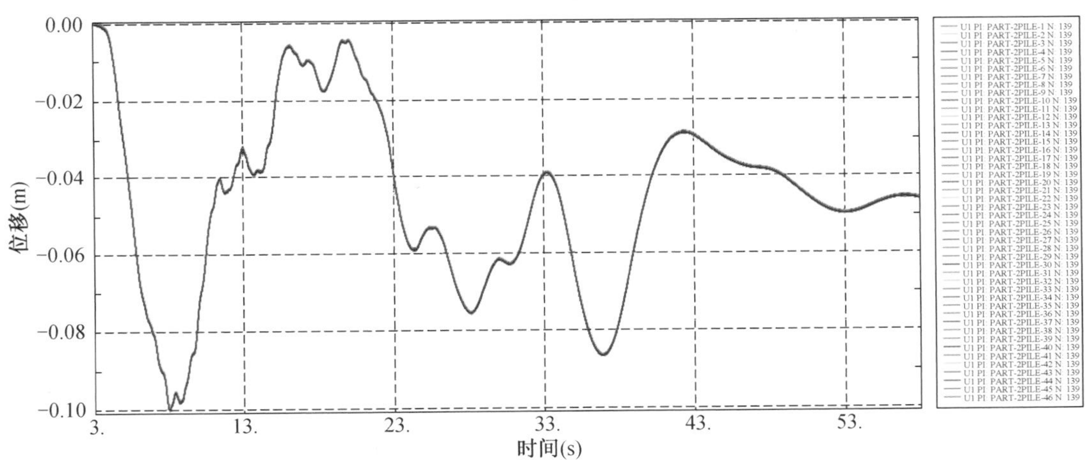

图 7-68　1# —46# 桩顶中心点 X 向位移时程曲线

3)“地基土-群桩-悬索桥”体系的抗震动力相互作用分析

在采用 ABAQUS 软件作桩土动力相互作用分析中，桩体是主接触面，而桩周土体表面为从属表面，与接触计算相关的变量，包括：接触压强(CPRESS)、接触剪力(CSHEAR1、CSHEAR2)、法向接触力(CFN)、剪切接触力(CFS)等。它们是接触计算分析中重要的场输出变量。

存在与不存在无限域地震波输入作用的不同工况下，哑铃形群桩各基桩与土的界面总摩阻力(即桩侧摩阻力之和)随时间的变化曲线，如图 7-69 和图 7-70 所示。从图可以看出，哑铃形群桩左半部 1# —23# 基桩侧摩阻力随时间的变化趋势相近，幅值不同，右半部 24# —46# 基桩侧摩阻力随时间的变化趋势接近，幅值不同，此种关系与图 7-66 和图 7-67 对比可以发现,桩侧摩阻力的变化与桩的 Z 向位移变化相对应。

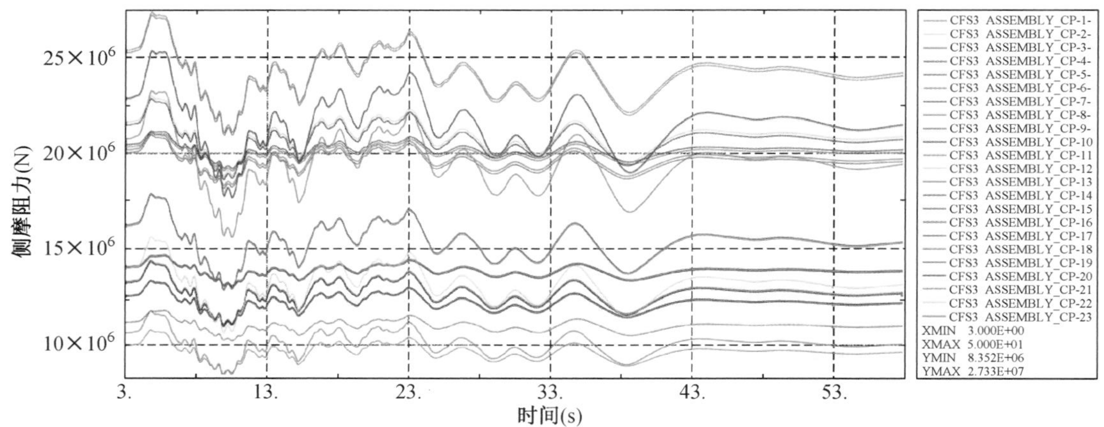

(a) 存在无限域地震波输入

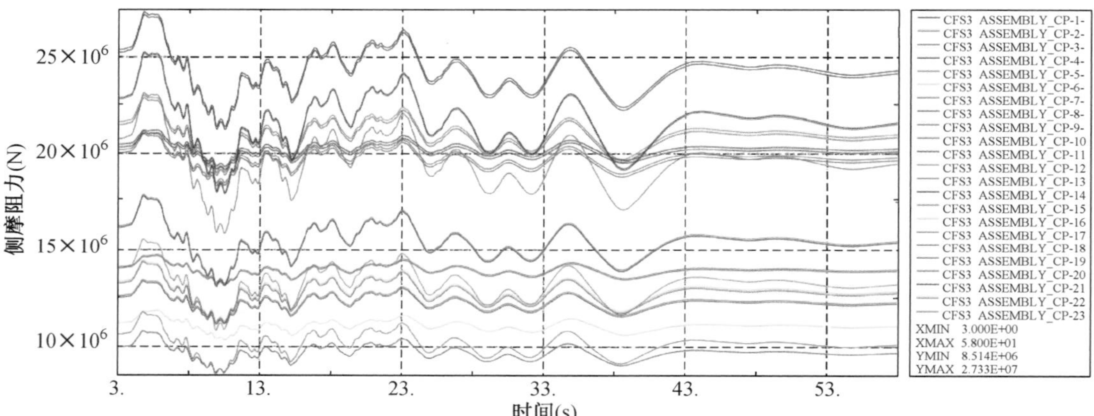

(b) 不存在无限域地震波输入

图 7-69　1#—23# 桩侧摩阻力变化曲线

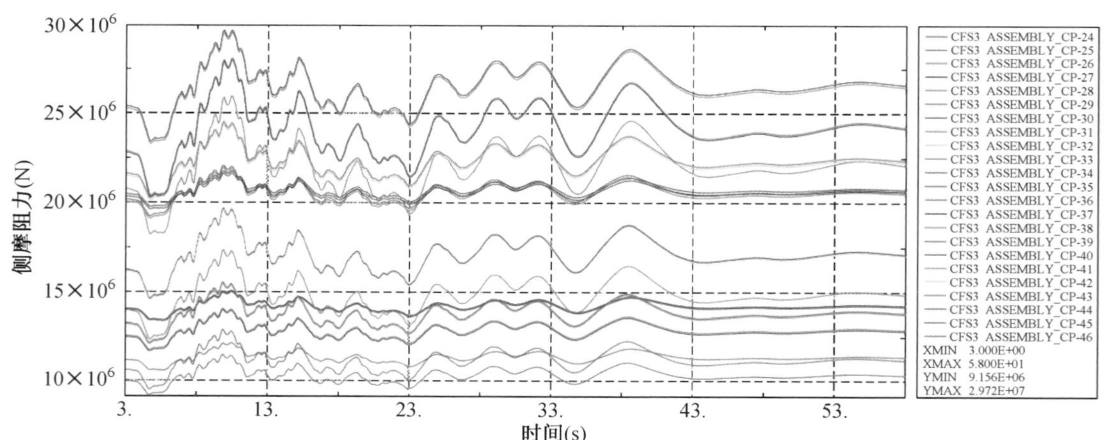

(a) 存在无限域地震波输入

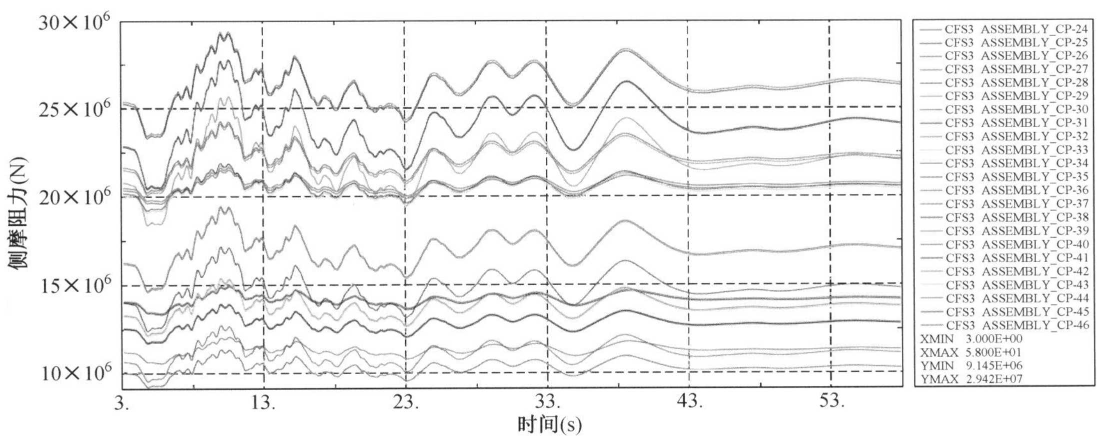

(b) 不存在无限域地震波输入

图 7-70　24# —46# 桩侧摩阻力变化时程曲线

从图 7-71 和图 7-72 四排桩各基桩的侧摩阻力对比可知，横向地震动作用下，第一排桩与第五排桩各基桩的桩侧摩阻力成对称关系，第二排桩与第四排桩各基桩的桩侧摩阻力成对称关系。另外，分析图 7-71—图 7-73 可知，哑铃形群桩左、右两个哑铃部分的基桩侧摩阻力成反对称关系，近似此消彼长的相互互补关系，且哑铃形群桩外围基桩与土之间的总摩阻力明显大于内部桩，这一点可以从图 7-74 和图 7-75 的进一步分析中较清楚地看出。分析存在无限域地震波输入作用工况，1#，11#，27# 和 31# 角桩侧摩阻力变化幅度分别达到 6 269 kN，6 273 kN，6 294 kN 和 6 298 kN。其中，27# 桩侧摩阻力峰值达到 29 722 kN(发生在地震动 7.0 s 左右)，如图 7-74 所示。内部基桩桩侧摩阻力小，变化幅度也较小，例如，地震动作用下，23# 桩变化幅度为 3 383 kN，桩侧摩阻力峰值仅为 11 735 kN(发生在地震动 1.8 s左右)，而 6# 桩侧摩阻力变化幅度为 1 549 kN，峰值仅为 11 758 kN(发生在地震动 2.8 s左右)。

分析不存在无限域地震波输入作用工况，同样 1#，11#，27# 和 31# 角桩侧摩阻力变化幅度稍大，分别达到 5 964 kN，5 968 kN，5 985 kN 和 5 990 kN，然其幅度分别较前一工况减小 305 kN，305 kN，309 kN 和 308 kN。其中，27# 桩侧摩阻力峰值最大达到 29 416 kN (发生在地震动 7.5 s 左右)，较前一工况幅值减小 306 kN。内部基桩桩侧摩阻力小，变化幅度也较小，如地震动作用下 23# 桩变化幅度为 3 221 kN，较前一工况幅值减小 162 kN，桩侧摩阻力峰值仅为 11 735 kN(发生在地震动 1.8 s 左右)，与前一工况相同，而 6# 桩侧摩阻力变化幅度为 1 489 kN，较前一工况幅值减小 60 kN，峰值仅为 11 758 kN(发生在地震动2.8 s 左右)，与前一工况相同。

相同地震动激励下，存在无限域地震波输入并考虑 1-3 层土体液化工况中，哑铃形群桩各基桩与土的界面总摩阻力(即桩侧摩阻力之和)随时间的变化曲线，如图 7-76 所示。与图 7-69 和图 7-70 对比可以发现，1-3 层土体液化使得大部分基桩侧摩阻力峰值减小(仅 22# 桩、23# 桩、41# 桩和 46# 桩侧摩阻力峰值增大)，但幅值变化较小，各基桩并未失稳，只是上部荷载在各基桩中的分担比发生变化。

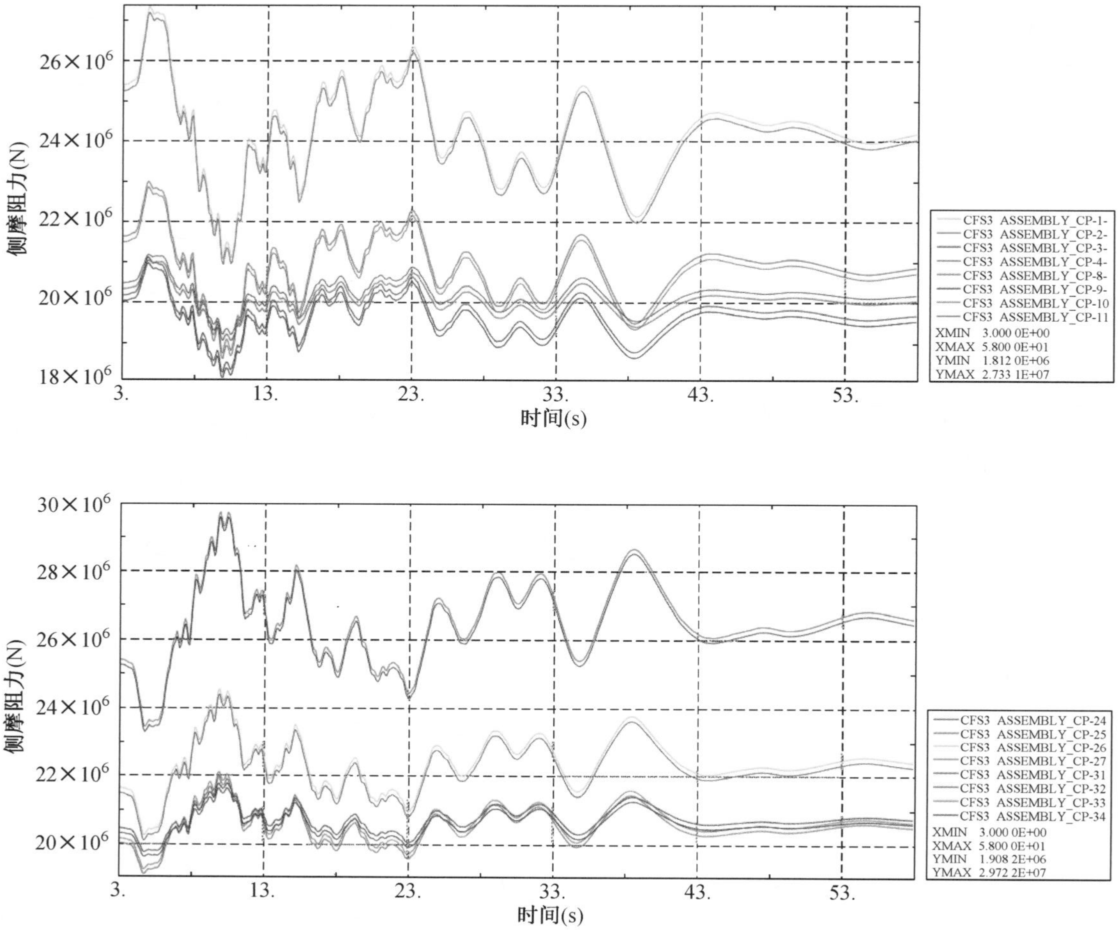

图 7-71　第一排桩与第五排桩侧摩阻力对比(存在无限域地震波输入)

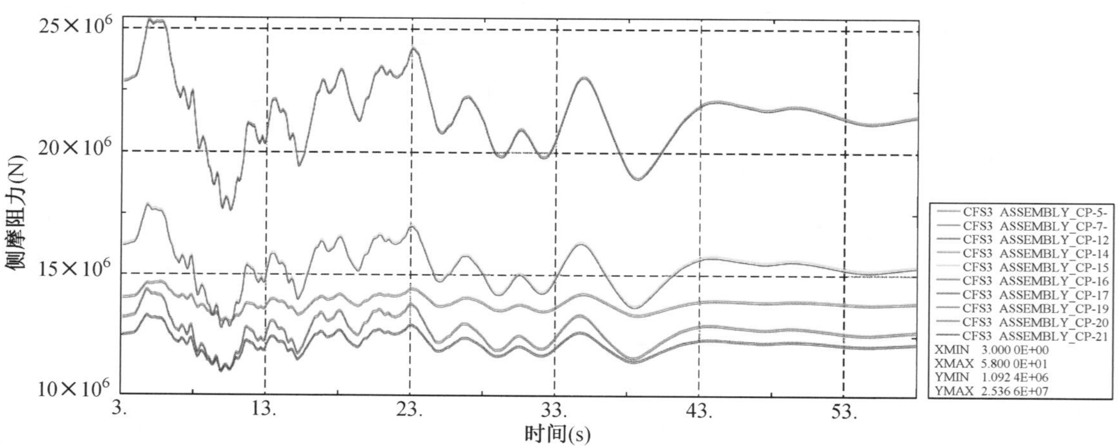

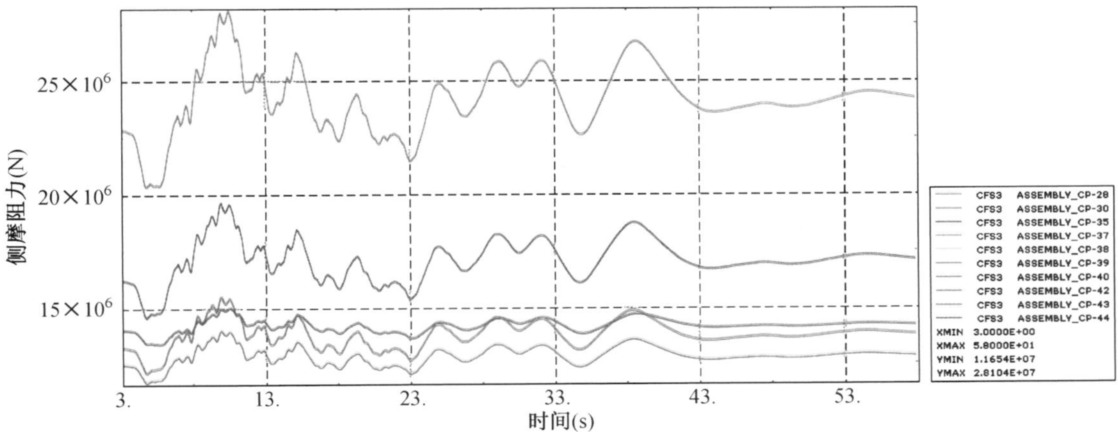

图 7-72　第二排桩与第四排桩侧摩阻力对比(存在无限域地震波输入)

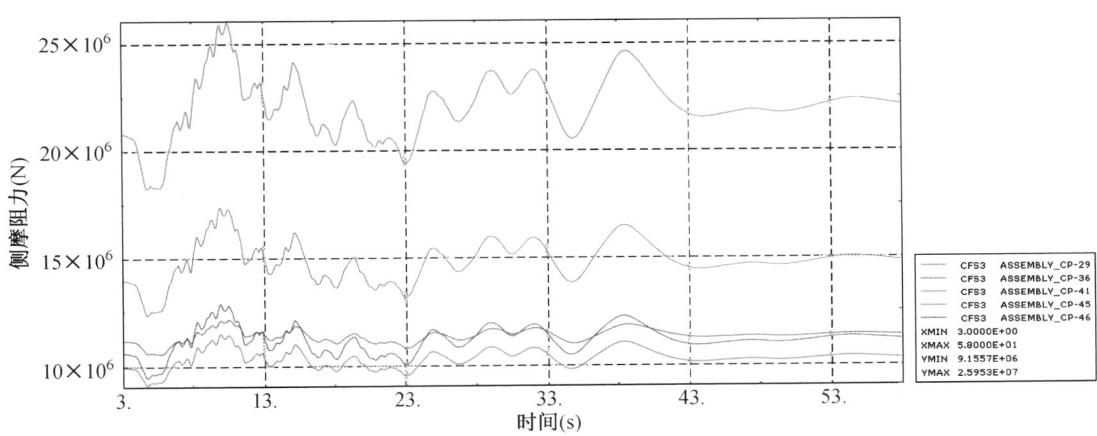

图 7-73　第三排桩侧摩阻力时程曲线(存在无限域地震波)

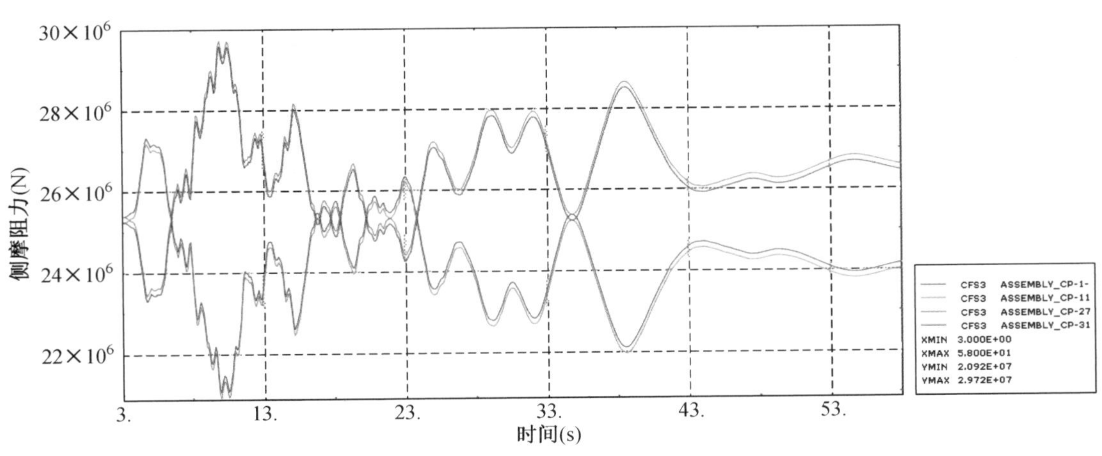

(a) 存在无限域地震波输入

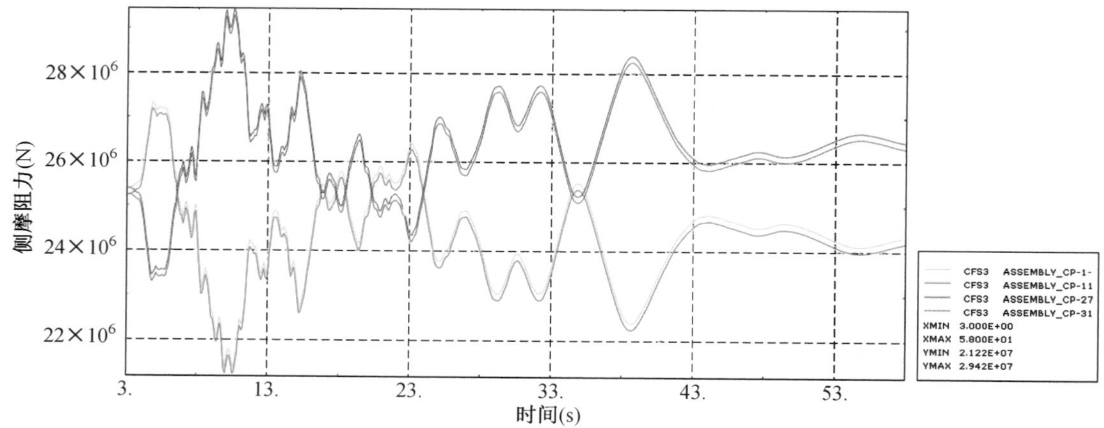

(b) 不存在无限域地震波输入

图 7-74　1# 桩、11# 桩、27# 桩和 31# 桩侧摩阻力变化曲线

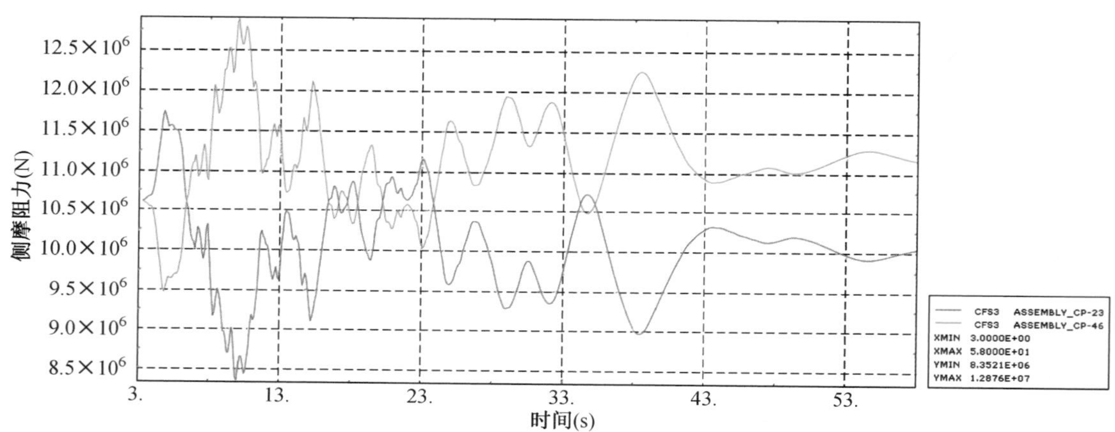

(a) 存在无限域地震波输入

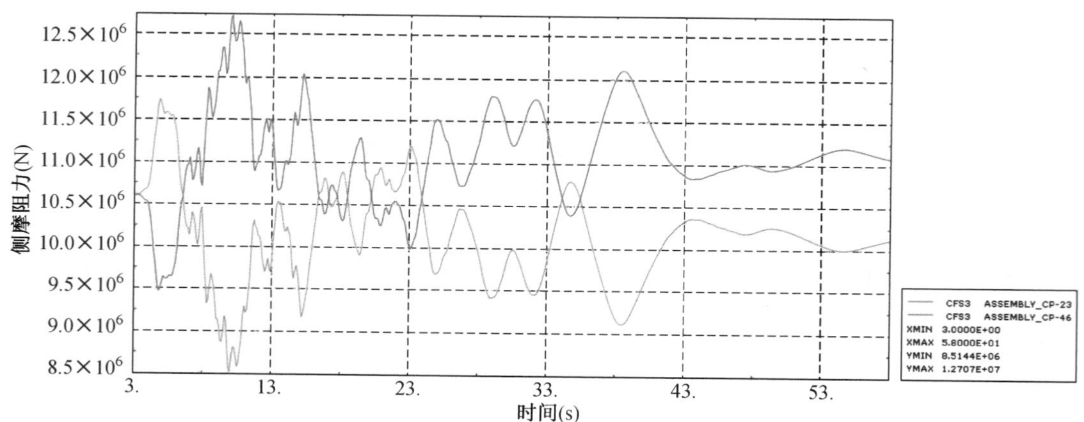

(b) 不存在无限域地震波输入

图 7-75　23# 桩和 46# 桩侧摩阻力变化曲线

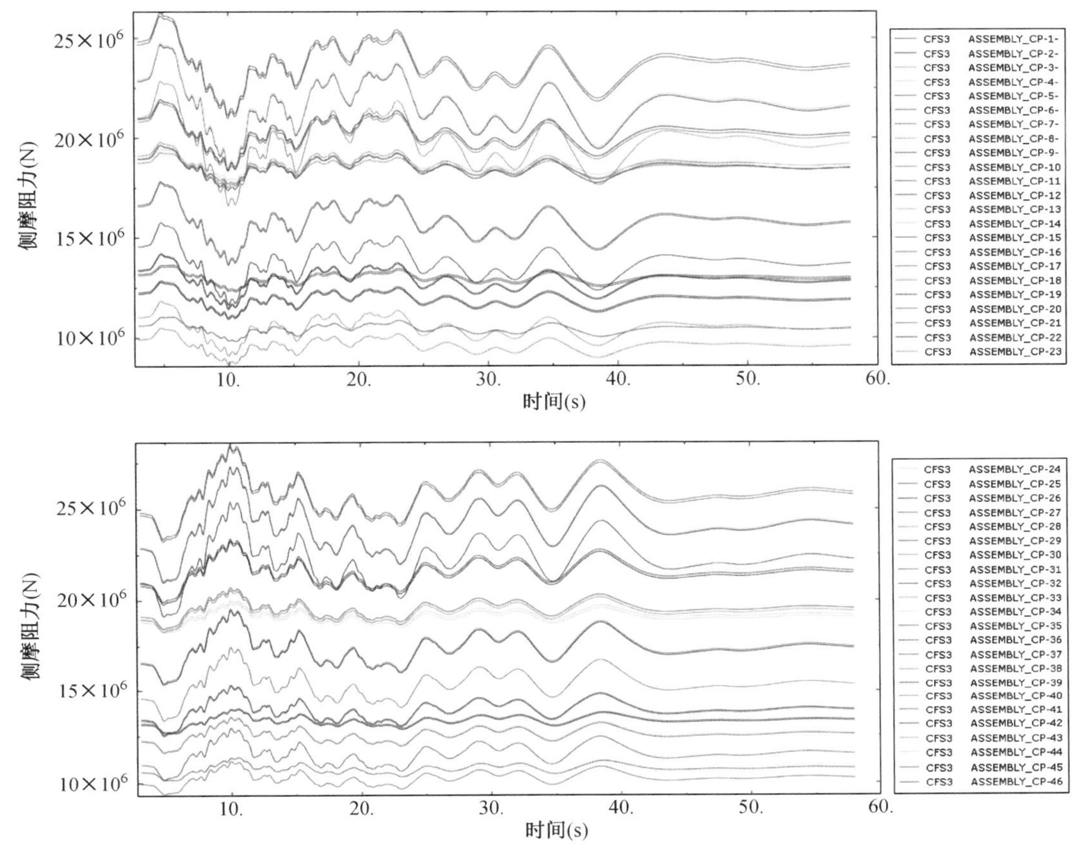

图 7-76　1# —46# 桩侧摩阻力变化曲线(存在无限域地震波并考虑 1-3 层土体液化)

下面将主要以存在无限域地震波输入及 1-3 层土体不液化和液化两种工况下计算得到的典型基桩内力为研究对象做进一步分析。

4) 1-3 层土体不液化工况下的桩侧摩阻力计算分析

通过第一排桩侧摩阻力分析可知,第一排桩左半部分在 1.8 s时桩侧摩阻力达到峰值,它们的桩侧摩阻力分布如图 7-77 所示,图中标识线为绘制 1# 桩侧摩阻力所取的路径,其他基桩采用相同方法取值。从图 7-77 中可以看出,不同部位基桩侧摩阻力发挥程度不同,1# 桩侧摩阻力发挥好,且其上段桩侧摩阻力发挥程度大于其他各桩。随着埋深增大,各基桩侧摩阻力发挥接近相同。而当第一排桩左半部分各基桩侧摩阻力最小时(7.0 s),如图 7-78 所示,此时各基桩侧摩阻力均明显减小,1# 桩侧摩阻力发挥程度仍大于其他各桩,但其差距已明显减小,另外,随着埋深增大,各基桩侧摩阻力逐渐增大。当地震作用结束时(55.0 s),如图 7-79 所示,各基桩侧摩阻力并未丧失,仍保持较好的承载性,且 1# 角桩侧摩阻力发挥程度仍较其他基桩好。

1# 桩和 27# 桩侧摩阻力对比如图 7-80 所示,0 s时两根基桩侧摩阻力基本相同,1.8 s时 1# 桩中上段桩侧摩阻力明显大于 27# 桩的中上段桩侧摩阻力,而 7.0 s时 1# 桩中上段桩侧摩阻力明显小于 27# 桩的中上段桩侧摩阻力,地震结束时 1# 桩中上段桩侧摩阻力仍小于 27# 桩的中上段桩侧摩阻力。如图 7-74 所示,1# 桩侧摩阻力在 0 s, 1.8 s, 7.0 s和 55 s的值分别为 25 383 kN, 27 331 kN(最大),21 062 kN(最小)和 24 165 kN, 27# 桩侧摩阻力在各个时刻的值分别为 25 383 kN，23 428 kN(最小)，29 722 kN(最大)和 26 593 kN。地震载荷的作用，使 1# 桩侧摩阻力减小 1 218 kN，而使与之对称的 27# 桩侧摩阻力增加 1 210 kN。这进一步验证了，横向地震动作用下，哑铃左、右两侧群桩各对称基桩侧摩阻力存在此消彼长的互补关系。

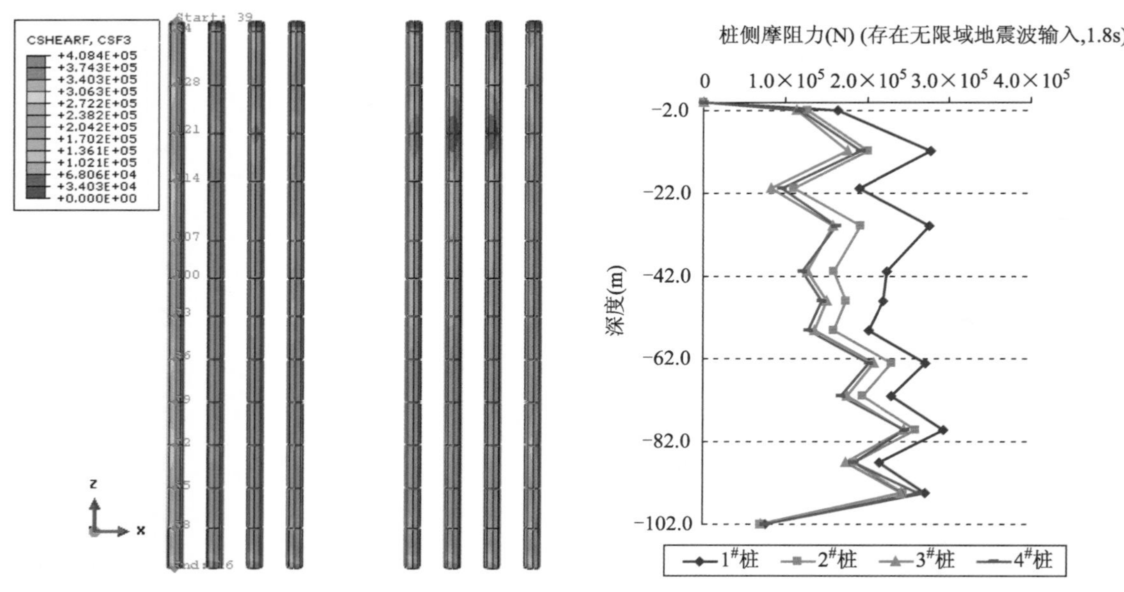

图 7-77　1.8 s 时第一排左半部桩侧摩阻力云图及典型桩侧摩阻力分布

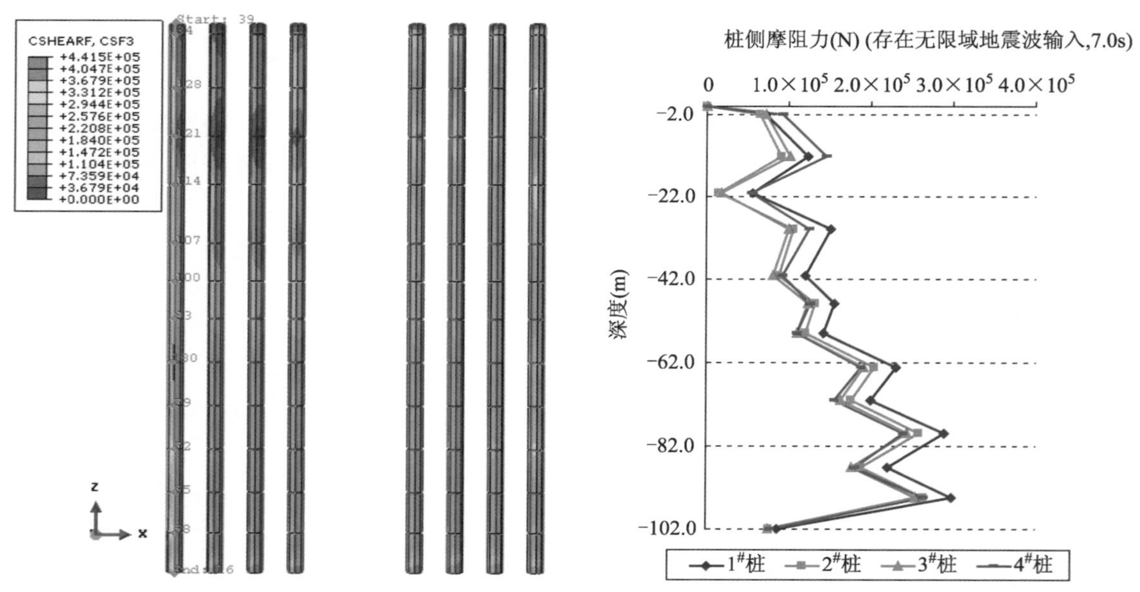

图 7-78　7.0 s 时第一排左半部桩侧摩阻力云图及典型桩侧摩阻力分布

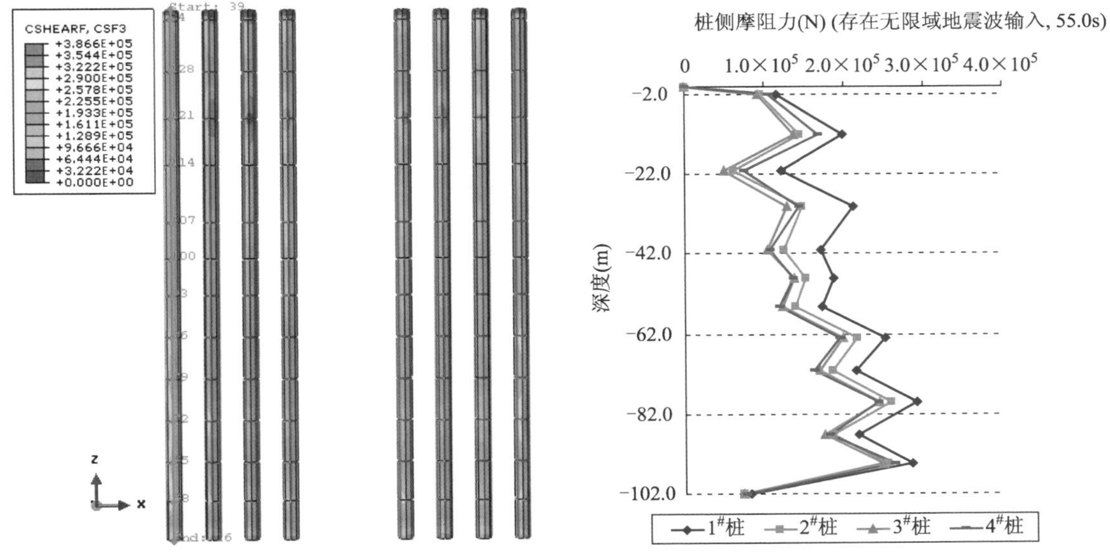

图 7-79 55.0 s 时第一排左半部桩侧摩阻力云图及典型桩侧摩阻力分布

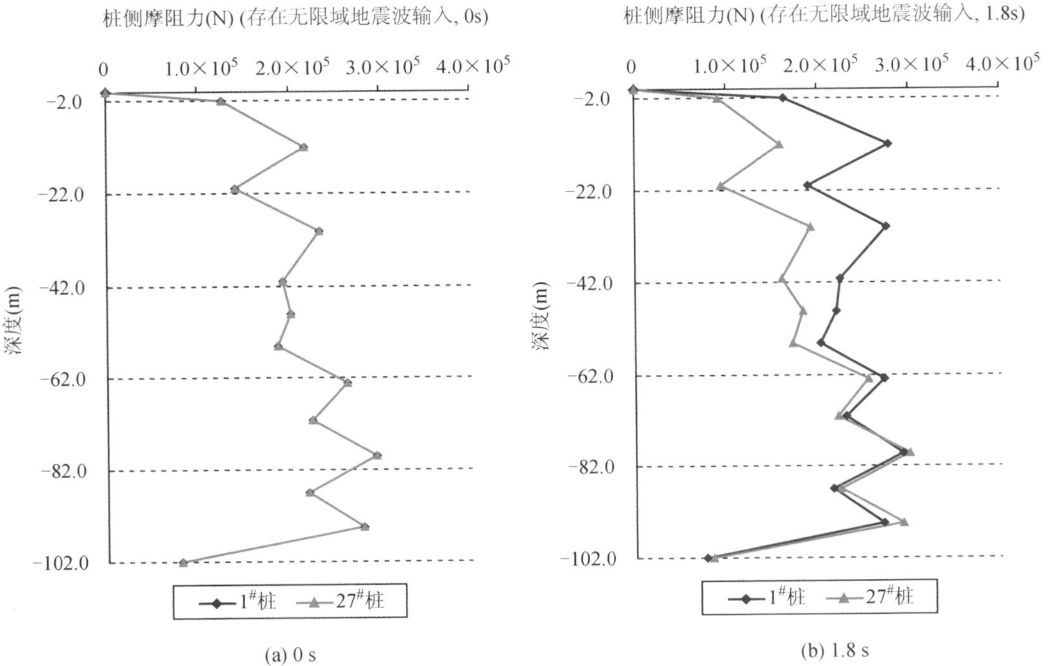

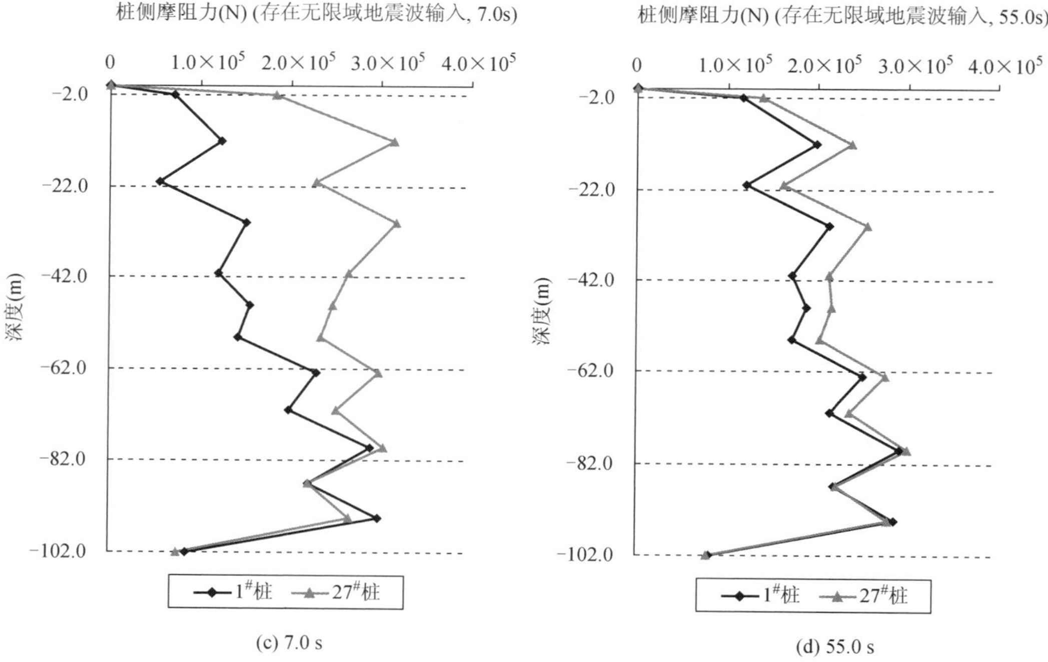

(c) 7.0 s

(d) 55.0 s

图 7-80　1# 桩和 27# 桩侧摩阻力分布对比

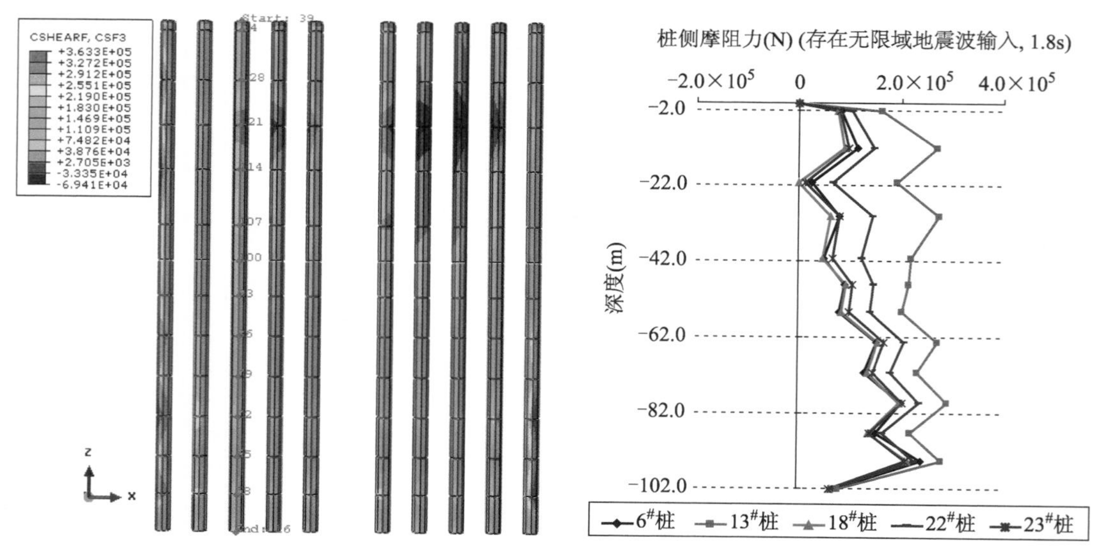

图 7-81　1.8 s 时第三排桩桩侧摩阻力云图及典型桩侧摩阻力分布

通过第三排桩桩侧摩阻力分析可知，第三排桩左半部分在 1.8 s 时桩侧摩阻力达到峰值，它们的桩侧摩阻力分布如图 7-81 所示，此时 18# 桩和 23# 桩在 −21 m 处出现负摩阻力，图中标识线为绘制 23# 桩侧摩阻力所取路径。从图 7-81 可以看出，不同部位基桩侧摩阻力发挥程度不同，13# 边桩侧摩阻力发挥程度明显大于其他各桩，23# 桩上段出现负摩阻力。随着埋深增大，各基桩侧摩阻力发挥接近相同。而当第三排桩左半部分各基桩侧摩阻力最小时(7.0 s)，如图 7-82 所示，此时各基桩侧摩阻力明显减小，6#，18#，22# 和 23# 桩上段均出现负摩阻力，仅 13# 边桩侧摩阻力为正，随着埋深增大，各基桩侧摩阻力发挥程度逐渐增大。23# 桩侧摩阻力最小时对应其桩侧负摩擦力最大，为 −65.5 kN(桩身 −21 m)，较初始时刻 −17 kN 增大 48.5 kN。当地震作用结束时(55.0 s)，如图 7-83 所示，各基桩侧摩阻力并未丧失，仍保持较好的承载性，且 13# 边桩侧摩阻力发挥程度仍较其他基桩好。

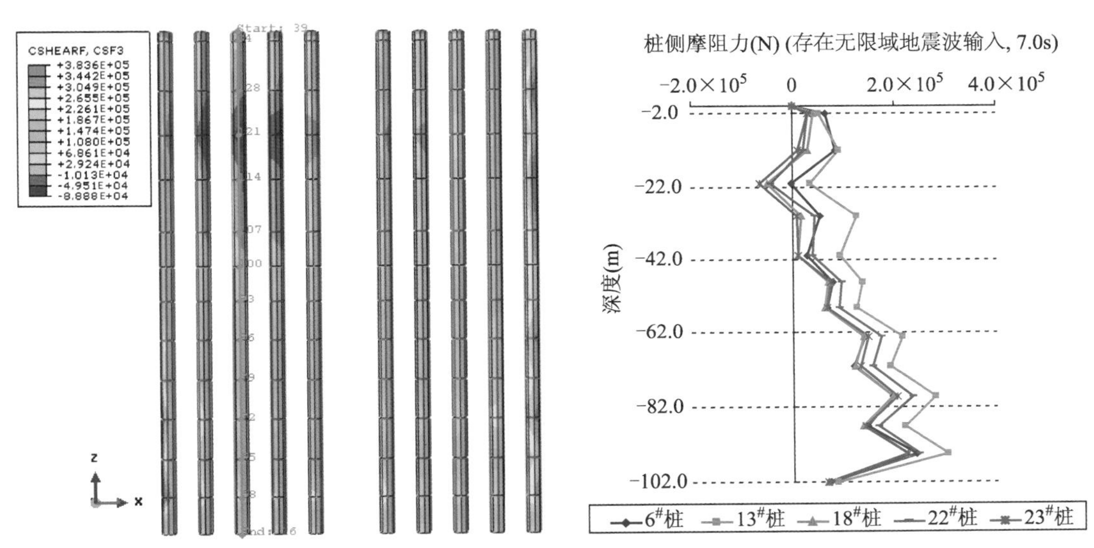

图 7-82　7.0s 时第三排桩桩侧摩阻力云图及典型桩侧摩阻力分布

由图 7-75 可知，23# 桩侧摩阻力在 0 s，1.8 s，7.0s 和 55.0s 各个时刻的值分别为 10 602 kN，11 735 kN(最大)，8 352.1 kN(最小)和 10 041 kN。46# 桩侧摩阻力在 0 s，1.8 s，7.0s 和 55.0s 各个时刻的值分别为 10 602 kN，9 464.9 kN(最小)，12 876 kN(最大)和 11 161 kN。地震载荷的作用，使 23# 桩侧摩阻力减小 561 kN，而使 46# 桩侧摩阻力增加 559 kN。这说明哑铃左、右两侧群桩各对称基桩侧摩阻力确实存在此消彼长的互补关系。

从上述分析可知，哑铃形群桩不同位置的基桩，桩侧摩阻力发挥程度不同，角桩(1#，11#，27# 和 31#)桩侧摩阻力发挥好，边桩(12#，14#，28# 和 30# 等)次之，中心部位基桩(6#，18#，22#，23#，36#，41#，45# 和 46# 等)桩身上段有负摩阻力出现。各排桩在地震中均没有发生失稳的情况，桩体与桩周土之间的摩擦力震后均得到了恢复。对群桩外侧的角桩和边桩言，因为地震动的影响，其摩擦力的变化幅度较大，但也都在可控的安全范围以内，可以基本上保证桩基的抗震安全。

5）1-3 层土体液化工况下的桩侧摩阻力计算分析

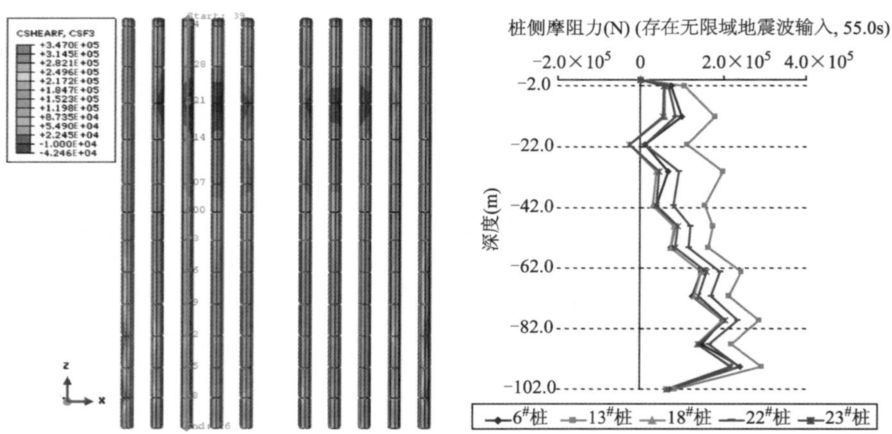

图 7-83　55.0s 时第三排桩桩侧摩阻力云图及典型桩侧摩阻力分布

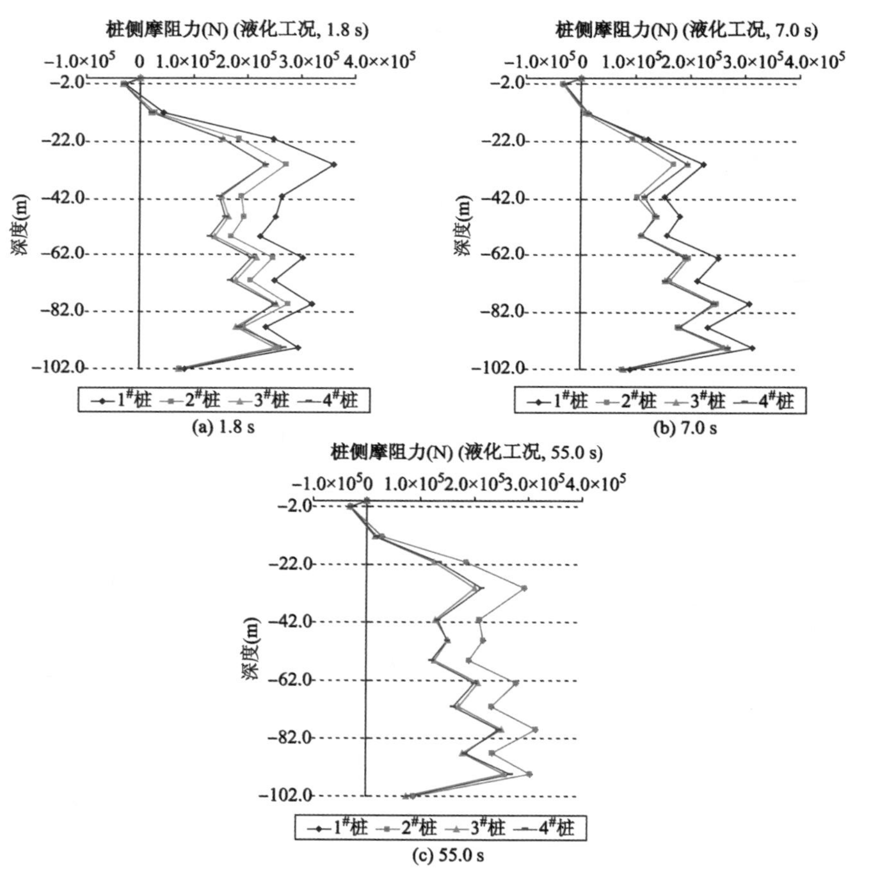

图 7-84　1.8 s、7.0 s 和 55.0 s 时第一排桩左半部分典型桩侧摩阻力分布

1-3 层土体液化工况下，第一排桩左半部分在 1.8 s 时桩侧摩阻力达到峰值，它们的桩侧摩阻力分布如图 7-84 所示。从图 7-84 可以看出，不同部位基桩侧摩阻力发挥程度不同，各基桩上段桩侧出现负摩阻力。随着埋深增大，各基桩侧摩阻力先增大后减小。而当第一

排桩左半部分各基桩侧摩阻力最小时(7.0 s)，各基桩侧摩阻力均明显减小，1# 桩侧摩阻力发挥程度仍大于其他各桩，但其差距已明显减小。另外，随着埋深增大，各基桩侧摩阻力逐渐增大。当地震作用结束时(55.0 s)，各基桩侧摩阻力并未丧失，仍保持较好的承载性，且 1# 角桩侧摩阻力发挥程度仍较其他基桩好。

1# 桩和 27# 桩侧摩阻力对比如图 7-85 所示，0 s 时，两根基桩侧摩阻力基本相同；1.8 s 时，1# 桩中上段桩侧摩阻力明显大于 27# 桩的中上段桩侧摩阻力；而 7.0 s 时，1# 桩中上段桩侧摩阻力明显小于 27# 桩的中上段桩侧摩阻力；地震结束时，1# 桩侧摩阻力仍小于 27# 桩侧摩阻力。查图 7-76 可知，1# 桩侧摩阻力在 0 s，1.8 s，7.0 s 和 55 s 的值分别为 24 818 kN，26 267 kN(最大)，21 117 kN(最小)和 23 706 kN，27# 桩侧摩阻力在各个时刻的值分别为 24 818 kN，23 363 kN(最小)，28 536 kN(最大)和 25 925 kN。地震载荷的作用，使 1# 桩侧摩阻力减小 1 112 kN，27# 桩侧摩阻力增加 1 107 kN。此种工况下，哑铃左、右两侧群桩各对称基桩侧摩阻力也发现此消彼长的互补现象。

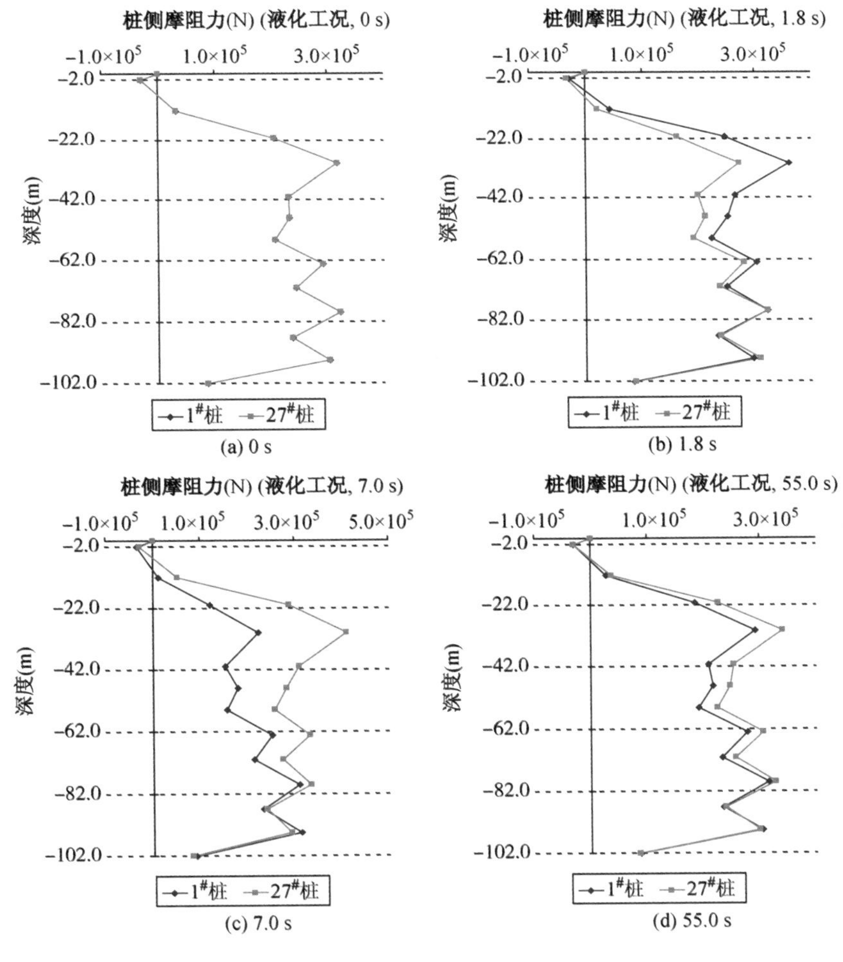

(a) 0 s　(b) 1.8 s　(c) 7.0 s　(d) 55.0 s

图 7-85　1# 桩和 27# 桩侧摩阻力分布对比

通过第三排桩桩侧摩阻力分析可知，第三排桩左半部分在 1.8 s 时桩侧摩阻力达到峰值，它们的桩侧摩阻力分布如图 7-86 所示，各个部位的基桩均有负摩阻力出现。从图7-86

可以看出，不同部位基桩侧摩阻力发挥程度不同，13# 边桩侧摩阻力发挥程度明显大于其他各桩。随着埋深增大，各基桩侧摩阻力发挥接近相同。而当第三排桩左半部分各基桩侧摩阻力最小时(7.0 s)，各基桩侧摩阻力明显减小，6#，18#，22# 和 23# 桩上段负摩阻力明显地增大，随着埋深增大，各基桩侧摩阻力发挥程度逐渐增大。当地震作用结束时(55.0 s)，各基桩侧摩阻力恢复，但仍较峰值时刻小，13# 桩侧摩阻力发挥程度仍较其他基桩好。

查图 7-76 知，23# 桩侧摩阻力在 0 s，1.8 s，7.0s 和 55.0s 各个时刻的值分别为 11 015 kN，11 852 kN(最大)，9 099.5 kN(最小)和 10 488 kN。46# 桩侧摩阻力在0 s，1.8 s，7.0s 和 55.0s 各个时刻的值分别为 11 016 kN，10 176 kN(最小)，12 954 kN(最大)和 11 542 kN。地震载荷的作用，使 23# 桩侧摩阻力减小 527 kN，而使 46# 桩侧摩阻力增加 526 kN。说明此种工况下，哑铃左、右两侧群桩各对称基桩侧摩阻力也存在此消彼长的互补关系。

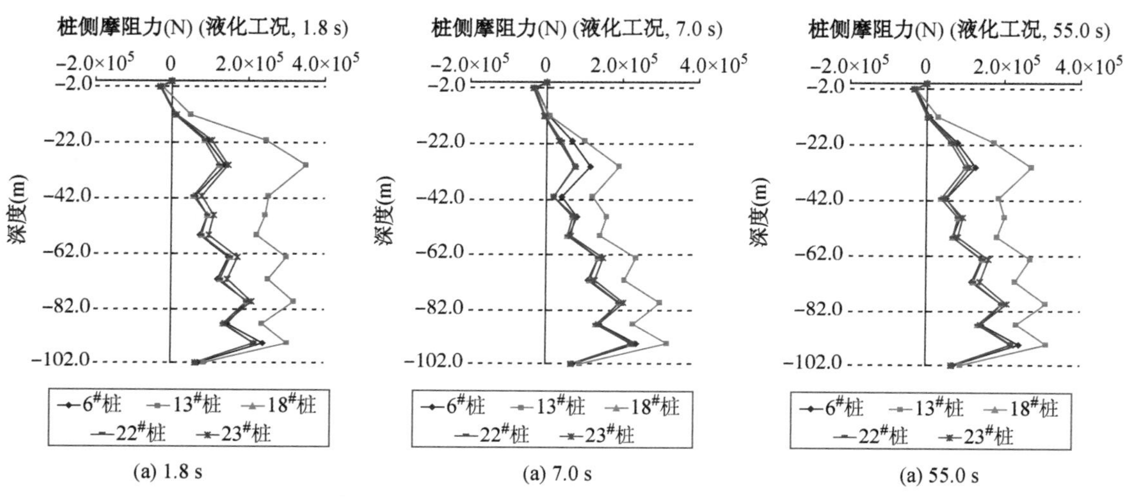

图 7-86　1.8 s、7.0 s 和 55.0 s 时第三排桩左半部分典型桩侧摩阻力分布

从上述分析可知，考虑液化工况下，哑铃形群桩不同位置的基桩，桩侧摩阻力发挥程度不同，角桩桩侧摩阻力发挥好，边桩次之，中心部位基桩桩侧摩阻力相对较小，各个基桩上段出现的负摩阻力，使得桩体产生了附加荷载。然而，各排桩在地震中均未发生失稳的情况，桩体与桩周土之间的摩擦力震后均得到了恢复，说明相同地震波激励下，1-3 层土体液化引起地基沉陷和土体滑移现象时，下部桩周土体的摩阻力得到进一步发挥，从而弥补了 1-3 层土体液化后的损失。对群桩外侧的角桩和边桩而言，因为地震液化的影响，其摩擦力的变化幅度较大，但也都在可控的安全范围以内，可以基本上保证桩基的抗震安全。

6) 桩和承台的动内力分析

(1) 桩的动轴力分析

① 第一排桩桩顶轴力峰值时刻与桩端阻力峰值时刻并不相同。在地震动作用下，哑铃形群桩左侧各基桩桩顶轴力和桩端阻力变化趋势相近，同样，右侧各基桩桩顶轴力和桩端阻力变化趋势也相近，且左、右两侧具有互补性。如图 7-87 和图 7-88 所示。

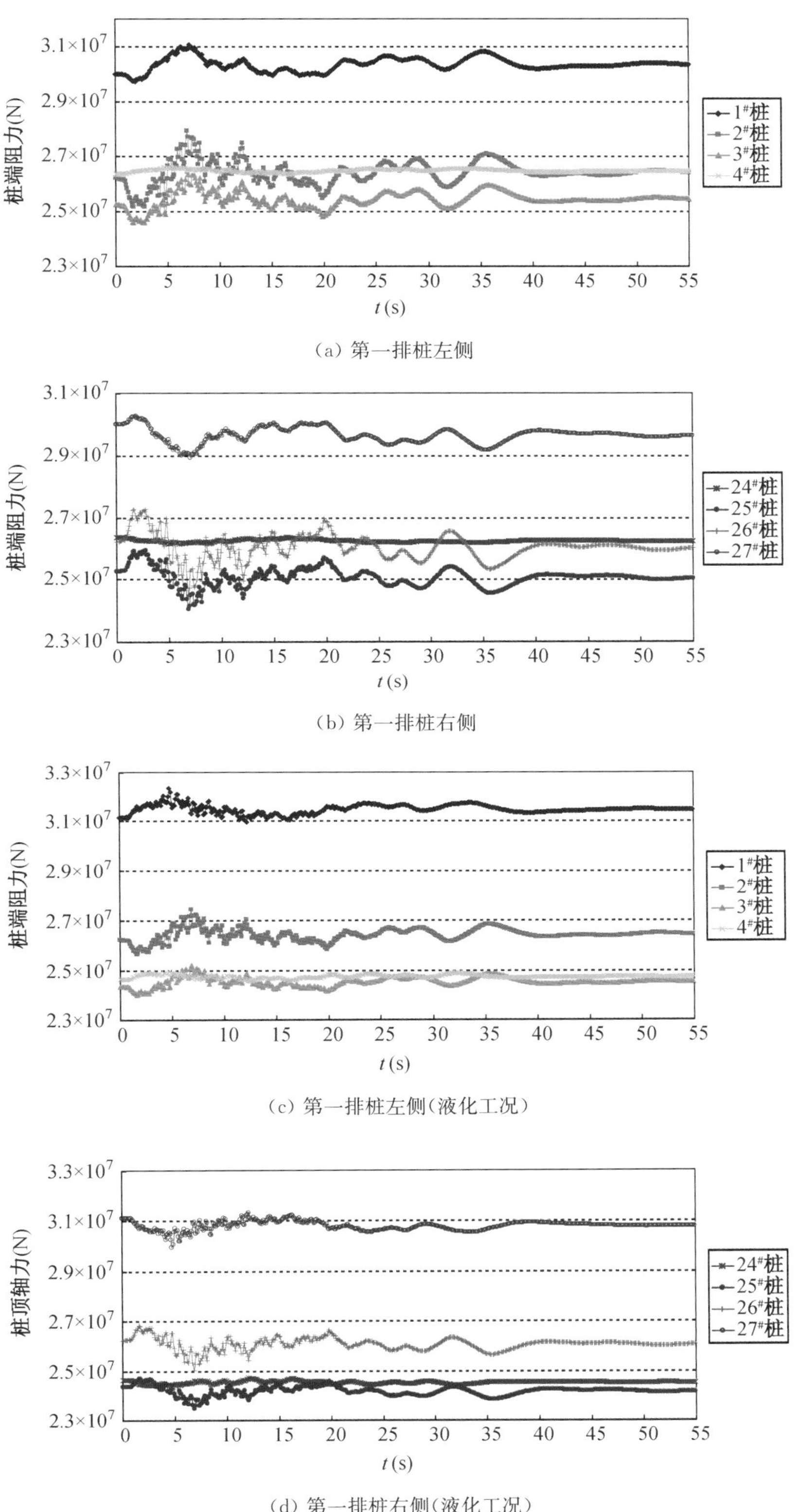

(a) 第一排桩左侧

(b) 第一排桩右侧

(c) 第一排桩左侧(液化工况)

(d) 第一排桩右侧(液化工况)

图 7-87　第一排桩桩顶轴力时程曲线

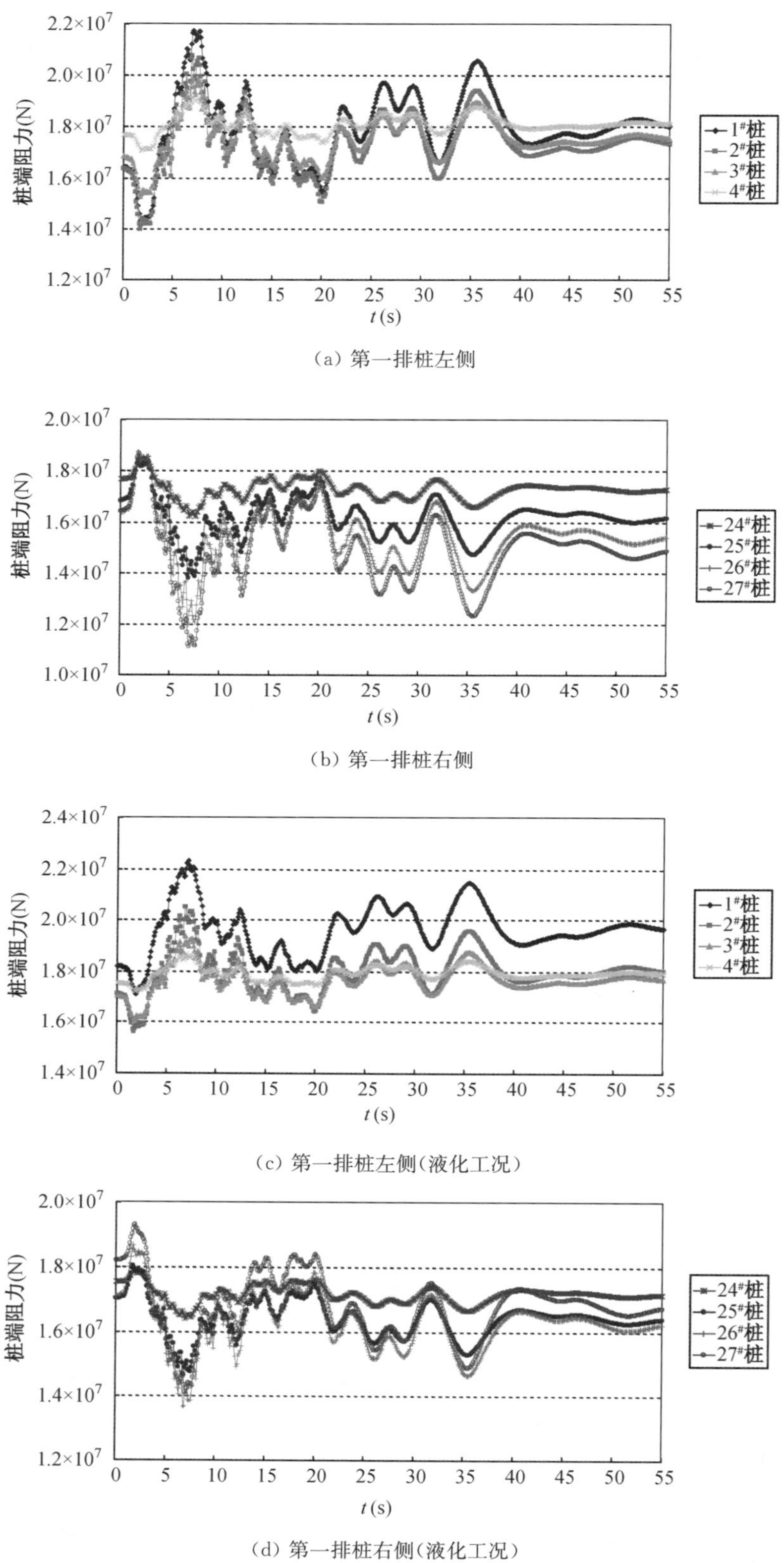

（a）第一排桩左侧

（b）第一排桩右侧

（c）第一排桩左侧(液化工况)

（d）第一排桩右侧(液化工况)

图 7-88　第一排桩桩端阻力时程曲线

表7-22给出了第一排桩各基桩桩顶轴力达到峰值时的分析，从表中可以看出，角桩桩顶轴力明显大于其他基桩，液化工况下的第一排基桩桩顶轴力峰值除1[#]和27[#]角桩外均小于未液化工况下。例如，1[#]桩顶轴力峰值分别为31 079 kN(未液化)和32 347 kN(液化)(差1 268 kN)，桩侧摩阻力与桩顶轴力比值分别为68.6%(未液化)和73.8%(液化)(差5.2%)，因此，哑铃形群桩抗震设计时应对角桩进行特别设计，保证其不失稳。再与表7-20对比可知，地震荷载作用下，第一排基桩桩端阻力较初始时刻变大，即桩侧摩阻力均较初始时刻减小，然而，未液化工况的基桩侧摩阻力较液化工况的基桩侧摩阻力变化幅度大。例如，1[#]桩侧摩阻力分别较初始时刻减小3 331 kN(未液化)和960 kN(液化)，桩侧摩阻力与桩顶轴力的比值分别较初始时刻减小16.0%(未液化)和5.9%(液化)。

表7-22 第一排桩各基桩桩顶轴力达到峰值时的分析

桩号	桩顶轴力(kN)		桩端阻力(kN)		桩侧摩阻力(kN)		桩侧摩阻力与桩顶轴力比		桩顶轴力最大时(s)	
	未液化	液化	未液化	液化	未液化	液化	未液化	液化	未液化	液化
1	31 079	32 347	21 624	20 329	21 312	23 858	68.6%	73.8%	7.1	4.8
2	27 939	27 455	20 669	20 547	19 093	18 751	68.3%	68.3%	6.8	6.8
3	26 485	25 245	19 778	19 364	18 507	17 696	69.9%	70.1%	6.8	6.8
4	26 604	24 995	18 139	18 034	20 261	18 772	76.2%	75.1%	4.7	4.8
24	26 372	24 730	17 279	17 009	20 851	19 527	79.1%	79.0%	16.5	12.1
25	25 962	24 710	18 299	17 962	19 426	18 545	74.8%	75.1%	2.8	1.6
26	27 287	26 840	18 550	18 553	20 494	20 105	75.1%	74.9%	2.8	1.6
27	30 294	31 334	18 707	16 117	23 484	27 057	77.5%	86.4%	1.9	12.2

表7-23给出了第一排桩各基桩桩端阻力达到峰值时的分析，从表中可以看出，角桩桩端阻力明显大于其他基桩，液化工况下的第一排基桩桩端阻力峰值除1[#]角桩外均小于未液化工况下。例如，1[#]桩端阻力21 768 kN(未液化)和22 352 kN(液化)(差584 kN)，桩侧摩阻力与桩顶轴力的比值分别为68.1%(未液化)和67.1%(液化)(差1.0%)，两者的差距较桩顶轴力达到峰值时缩小。再与表7-21对比可知，地震荷载作用下，第一排基桩桩端阻力较初始时刻变大，即桩侧摩阻力均较初始时刻减小，然而，未液化工况的基桩侧摩阻力较液化工况的基桩侧摩阻力变化幅度稍大。例如，1[#]桩侧摩阻力分别较初始时刻减小4 321 kN(未液化)和3 495 kN(液化)，桩侧摩阻力与桩顶轴力比值分别较初始时刻减小16.5%(未液化)和12.6%(液化)。

表7-23 第一排桩各基桩桩端阻力达到峰值时的分析

桩号	桩顶轴力(kN)		桩端阻力(kN)		桩侧摩阻力(kN)		桩侧摩阻力与桩顶轴力比		桩端阻力最大时(s)	
	未液化	液化	未液化	液化	未液化	液化	未液化	液化	未液化	液化
1	30 914	31 780	21 768	22 352	21 062	21 323	68.1%	67.1%	7.0	7.1
2	27 586	27 455	20 768	20 547	18 780	18 751	68.1%	68.3%	6.9	6.8

（续表）

桩号	桩顶轴力(kN)		桩端阻力(kN)		桩侧摩阻力(kN)		桩侧摩阻力与桩顶轴力比		桩端阻力最大时(s)	
	未液化	液化	未液化	液化	未液化	液化	未液化	液化	未液化	液化
3	26 293	25 110	19 875	19 380	18 292	17 542	69.6%	69.9%	6.9	6.9
4	26 636	24 734	19 159	18 678	19 194	17 875	72.1%	72.3%	7.0	7.0
24	26 070	24 464	18 352	17 888	19 773	18 407	75.8%	75.2%	1.9	1.9
25	25 592	24 602	18 460	18 046	19 222	18 424	75.1%	74.9%	1.8	1.8
26	26 818	26 642	18 784	18 667	20 240	19 923	75.5%	74.8%	1.8	1.8
27	30 294	30 799	18 707	19 327	23 484	23 469	77.5%	76.2%	1.9	2.0

表 7-24 给出了第一排桩各基桩侧摩阻力达到峰值时的分析，从表中可以看出，角桩侧摩阻力明显大于其他基桩，液化工况下的第一排基桩侧摩阻力峰值均小于未液化工况下。例如，1[#]桩侧摩阻力 27 331 kN(未液化)和 26 267 kN(液化)(差 1 064 kN)，桩侧摩阻力与桩顶轴力的比值分别为 91.8%(未液化)和 83.2%(液化)(差 8.6%)。再与表 7-21、表 7-22 和表 7-23 对比可知，地震荷载作用下，表 7-24 基桩桩侧摩阻力与桩顶轴力的比值也较表 7-21、表 7-22 和表 7-23 中相同基桩的大。

表 7-24　第一排桩各基桩侧摩阻力达到峰值时的分析

桩号	桩顶轴力(kN)		桩端阻力(kN)		桩侧摩阻力(kN)		桩侧摩阻力与桩顶轴力比		总侧摩阻力最大时(s)	
	未液化	液化	未液化	液化	未液化	液化	未液化	液化	未液化	液化
1	29 760	31 554	14 218	17 135	27 331	26 267	91.8%	83.2%	1.8	1.8
2	25 375	25 874	14 146	15 717	22 984	21 950	90.6%	84.8%	1.8	1.8
3	24 716	24 128	15 367	16 102	21 104	19 807	85.4%	82.1%	1.8	1.8
4	26 445	24 841	17 069	17 216	21 170	19 437	80.1%	78.2%	1.8	1.8
24	26 372	26 202	16 333	16 394	21 757	19 982	82.5%	76.3%	7.5	7.0
25	25 962	25 817	13 835	14 899	22 092	20 735	85.1%	80.3%	7.0	7.0
26	27 287	25 282	11 987	14 121	24 522	23 409	89.9%	92.6%	7.0	7.0
27	30 294	29 070	11 217	14 130	29 722	28 536	98.1%	98.2%	7.0	7.0

② 第二排桩桩顶轴力随地震动的变化情况，如图 7-89 所示，第二排桩桩端阻力如图 7-90所示，桩顶轴力峰值时刻与桩端阻力峰值时刻并不相同。在地震动作用下，哑铃形群桩左侧各基桩桩顶轴力和桩端阻力变化趋势相近，右侧各基桩桩顶轴力和桩端阻力变化趋势相近，且左、右两侧具有互补性。14[#]桩桩顶轴力明显大于其他基桩，桩侧摩阻力与桩顶轴力比值为 66.6%(未液化)和 65.9%(液化)，较初始时刻所占比例明显减小。

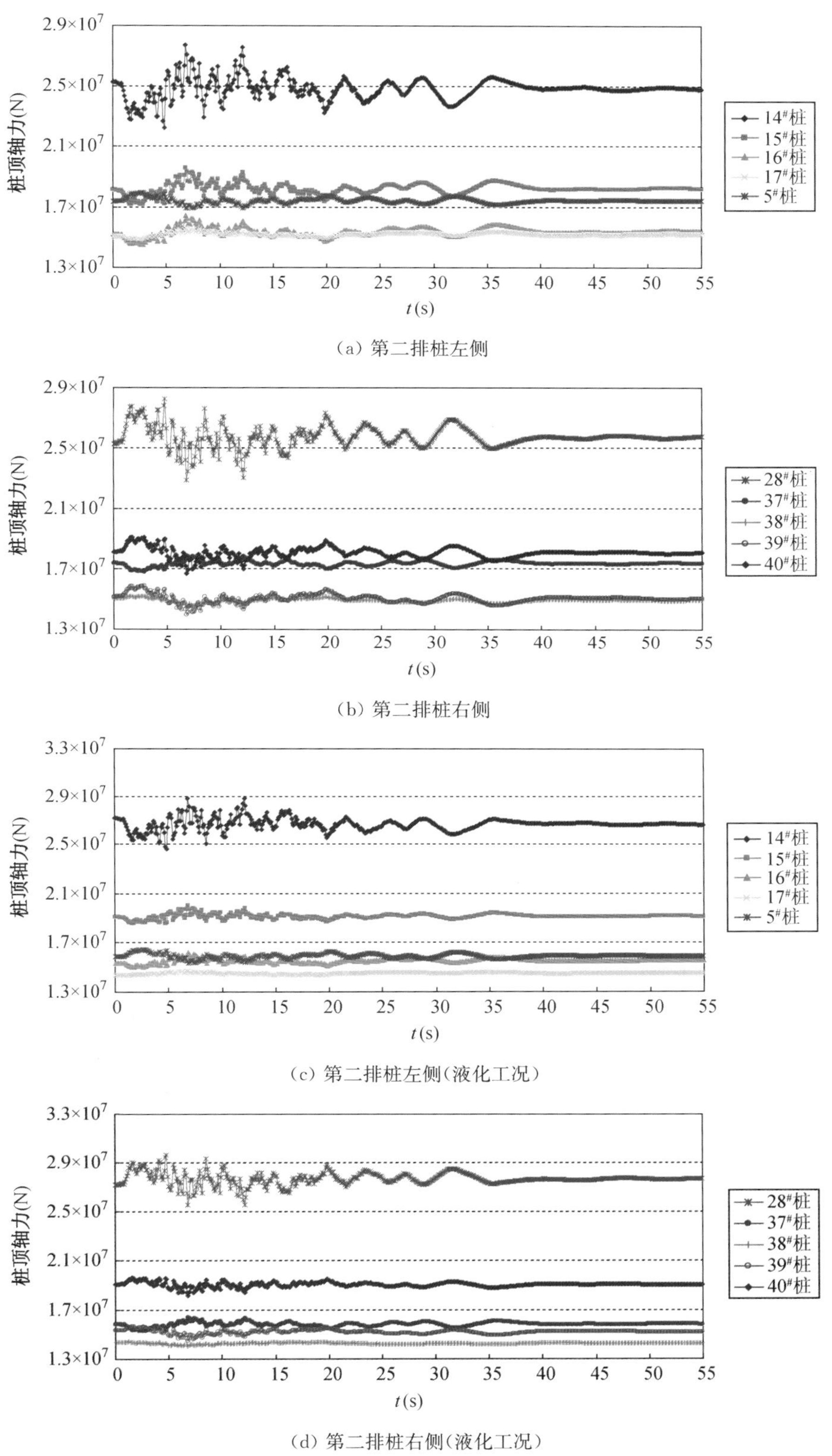

(a) 第二排桩左侧

(b) 第二排桩右侧

(c) 第二排桩左侧(液化工况)

(d) 第二排桩右侧(液化工况)

图7-89　第二排桩桩顶轴力时程曲线

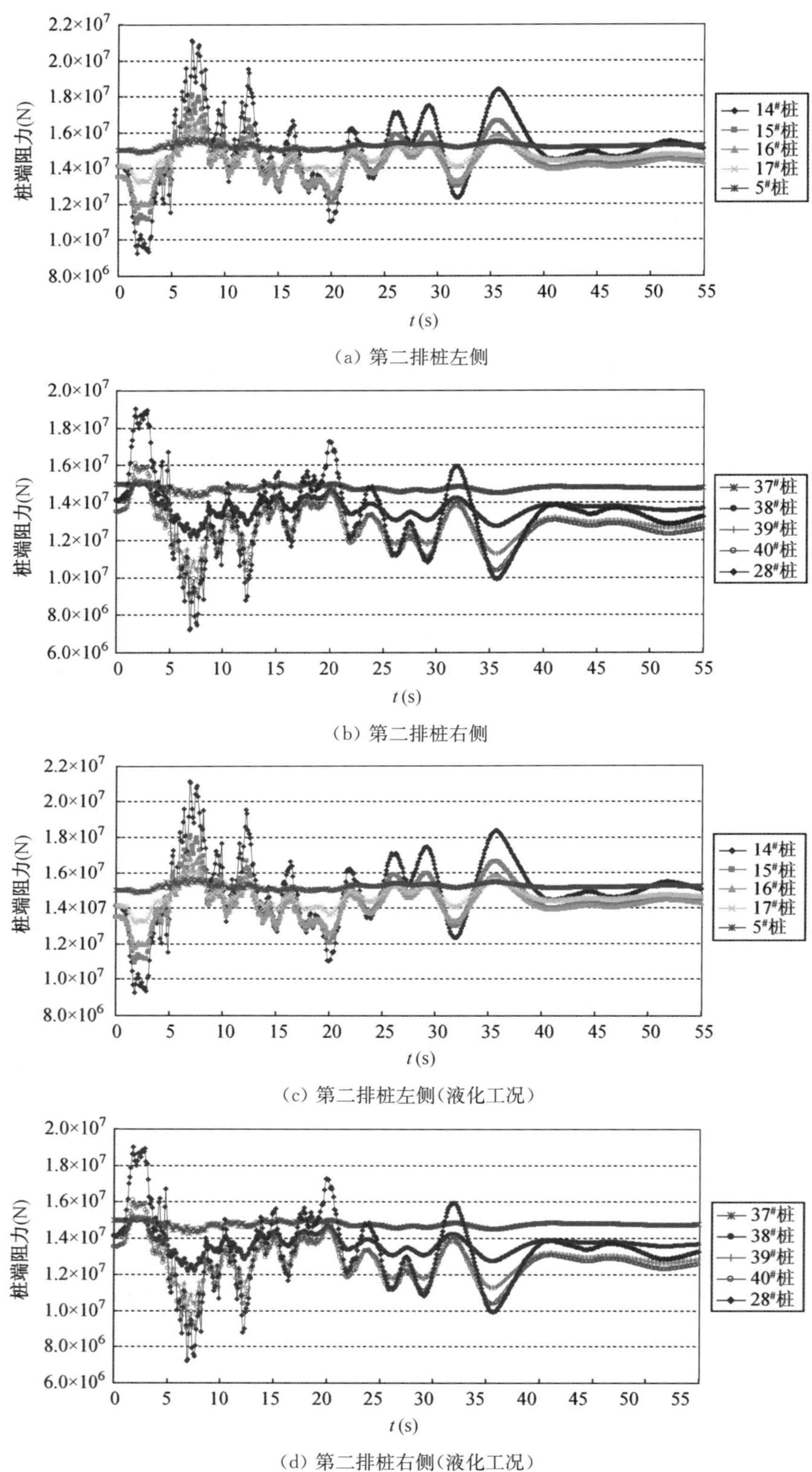

(a) 第二排桩左侧

(b) 第二排桩右侧

(c) 第二排桩左侧(液化工况)

(d) 第二排桩右侧(液化工况)

图 7-90 第二排桩桩端阻力时程曲线

表7-25给出了第二排桩各基桩桩顶轴力达到峰值时的分析，从表中可以看出，角桩桩顶轴力明显大于其他基桩，液化工况下的第二排基桩桩顶轴力峰值除14#，15#，40#和28#桩外均小于未液化工况下。例如，28#桩顶轴力峰值分别为28 194 kN(未液化)和29 632 kN(液化)，差1 438 kN，桩侧摩阻力与桩顶轴力比值分别为82.6%(未液化)和80.3%(液化)，差2.3%，28#桩顶轴力峰值较1#桩和27#桩桩顶轴力峰值小。再与表7-21对比可知，地震荷载作用下，第二排基桩桩端阻力较初始时刻增大，另外，未液化工况的基桩侧摩阻力较液化工况的基桩侧摩阻力变化幅度大。例如，14#桩侧摩阻力分别较初始时刻减小4 444 kN(未液化)和3 914 kN(液化)，桩侧摩阻力与桩顶轴力的比值分别较初始时刻减小24.0%(未液化)和18.4%(液化)，较1#桩侧摩阻力损失大。

表7-25　第二排桩各基桩桩顶轴力达到峰值时的分析

桩号	桩顶轴力(kN)		桩端阻力(kN)		桩侧摩阻力(kN)		桩侧摩阻力与桩顶轴力比		桩顶轴力最大时(s)	
	未液化	液化	未液化	液化	未液化	液化	未液化	液化	未液化	液化
14	27 662	28 826	19 110	20 236	18 425	18 997	66.6%	65.9%	6.8	6.8
15	19 528	19 973	17 029	17 100	13 282	14 021	68.0%	70.2%	6.8	6.8
16	16 362	16 121	16 096	15 712	11 294	11 693	69.0%	72.5%	6.8	6.8
17	15 554	14 667	15 645	15 000	11 246	11 161	72.3%	76.1%	6.8	6.8
5	17 917	16 392	14 937	14 465	14 688	13 641	82.0%	83.2%	2.8	2.8
37	17 823	16 342	14 614	14 069	14 871	13 881	83.4%	84.9%	6.8	6.8
38	15 225	14 393	15 006	13 942	12 182	12 013	80.0%	83.5%	2.8	1.3
39	15 874	15 658	15 117	14 432	12 322	12 714	77.6%	81.2%	2.8	1.6
40	19 076	19 617	15 843	15 449	14 901	15 627	78.1%	79.7%	2.8	1.6
28	28 194	29 632	15 733	17 114	23 291	23 786	82.6%	80.3%	4.8	4.8

表7-26给出了第二排桩各基桩桩端阻力达到峰值时的分析，从表中可以看出，角桩桩端阻力明显大于其他基桩，液化工况下的第二排基桩桩端阻力峰值除1#角桩外均小于未液化工况下。例如，14#桩端承力21 091 kN(未液化)和21 716 kN(液化)，差625 kN，桩侧摩阻力与桩顶轴力的比值分别为66.1%(未液化)和66.0%(液化)，差0.1%，二者的差距较桩顶轴力达到峰值时缩小。再与表7-21对比可知，地震荷载作用下，第二排基桩桩端阻力较初始时刻变大，即桩侧摩阻力均较初始时刻减小，然而，未液化工况的基桩侧摩阻力较液化工况的基桩侧摩阻力变化幅度稍大。例如，14#桩侧摩阻力分别较初始时刻减小6 940 kN(未液化)和5 622 kN(液化)，桩侧摩阻力与桩顶轴力比值分别较初始时刻减小24.5%(未液化)和18.3%(液化)。

表7-26　第二排桩各基桩桩端阻力达到峰值时的分析

桩号	桩顶轴力(kN)		桩端阻力(kN)		桩侧摩阻力(kN)		桩侧摩阻力与桩顶轴力比		桩端阻力最大时(s)	
	未液化	液化	未液化	液化	未液化	液化	未液化	液化	未液化	液化
14	27 048	28 144	21 091	21 716	17 869	18 572	66.1%	66.0%	6.9	6.9
15	18 651	19 679	18 075	17 691	12 840	13 745	68.8%	69.8%	7.0	6.9

（续表）

桩号	桩顶轴力(kN)		桩端阻力(kN)		桩侧摩阻力(kN)		桩侧摩阻力与桩顶轴力比		桩端阻力最大时(s)	
	未液化	液化	未液化	液化	未液化	液化	未液化	液化	未液化	液化
16	15 808	15 635	16 096	16 385	10 997	11 480	69.6%	73.4%	7.0	7.0
17	15 355	14 520	15 645	16 087	11 037	11 012	71.9%	75.8%	7.0	7.0
5	17 073	15 786	15 670	14 911	13 106	12 586	76.8%	79.7%	7.0	6.5
37	16 868	15 807	15 151	14 372	13 491	13 220	80.0%	83.6%	2.1	14.3
38	15 161	14 311	15 006	15 114	11 726	11 672	77.3%	81.6%	1.8	1.8
39	15 698	15 509	15 326	14 691	12 322	12 568	78.5%	81.0%	1.8	1.8
40	18 849	19 375	16 098	15 822	12 127	15 403	64.3%	79.5%	1.8	1.8
28	27 129	28 455	19 022	19 680	20 364	21 046	75.1%	74.0%	1.8	1.8

表 7-27 给出了第二排桩各基桩侧摩阻力达到峰值时的分析，从表中可以看出，角桩侧摩阻力明显大于其他基桩，液化工况下的第二排基桩侧摩阻力峰值均小于未液化工况下。例如，14# 桩侧摩阻力 25 366 kN(未液化)和 24 771 kN(液化)，差 595 kN，桩侧摩阻力与桩顶轴力的比值分别为 100.0%(未液化)和 95.7%(液化)，差 4.3%。再与表 7-21、表 7-25 和表 7-26 对比可知，表 7-27 中 14#、15#、39#、40# 和 28# 桩侧摩阻力与桩顶轴力的比值为 100.0%，即这些桩体在地震荷载作用下，桩顶轴力完全由桩侧摩阻力承担，变成了纯摩擦型桩。

表 7-27　第二排桩各基桩侧摩阻力达到峰值时的分析

桩号	桩顶轴力(kN)		桩端阻力(kN)		桩侧摩阻力(kN)		桩侧摩阻力与桩顶轴力比		桩侧摩阻力最大时(s)	
	未液化	液化	未液化	液化	未液化	液化	未液化	液化	未液化	液化
14	23 332	25 878	9 266	12 493	25 366	24 771	100.0%	95.7%	1.8	1.8
15	17 336	18 736	10 937	12 442	17 889	17 841	100.0%	95.2%	1.8	1.8
16	14 646	15 087	11 771	12 401	14 391	14 239	98.3%	94.4%	1.8	1.8
17	14 903	14 393	13 169	13 155	13 342	12 867	89.5%	89.4%	1.8	1.8
5	17 917	16 392	14 937	14 465	14 688	13 645	82.0%	83.2%	2.8	2.8
37	17 770	16 264	14 509	14 045	15 067	14 011	84.8%	86.1%	7.5	7.5
38	14 707	14 181	12 161	12 203	14 060	13 552	95.6%	95.6%	7.0	7.0
39	14 535	14 961	10 232	10 953	15 550	15 353	100.0%	100.0%	7.0	7.0
40	17 536	18 928	8 936	10 576	19 678	19 571	100.0%	100.0%	7.0	7.0
28	23 867	27 601	7 599	10 735	28 104	27 364	100.0%	99.1%	7.5	7.0

③ 第三排桩桩顶轴力随地震动的变化情况，如图 7-91 所示，第三排桩端阻力如图 7-92 所示，桩顶轴力峰值时刻与桩端阻力峰值时刻并不相同。在地震动作用下，哑铃形群桩左侧各基桩桩顶轴力和桩端阻力变化趋势相近，右侧各基桩变化趋势相近，且左、右两侧具有互补性。13# 桩桩顶轴力明显大于其他基桩，桩侧摩阻力与桩顶轴力比值为 66.1%，较初始时刻所占比例明显减小。

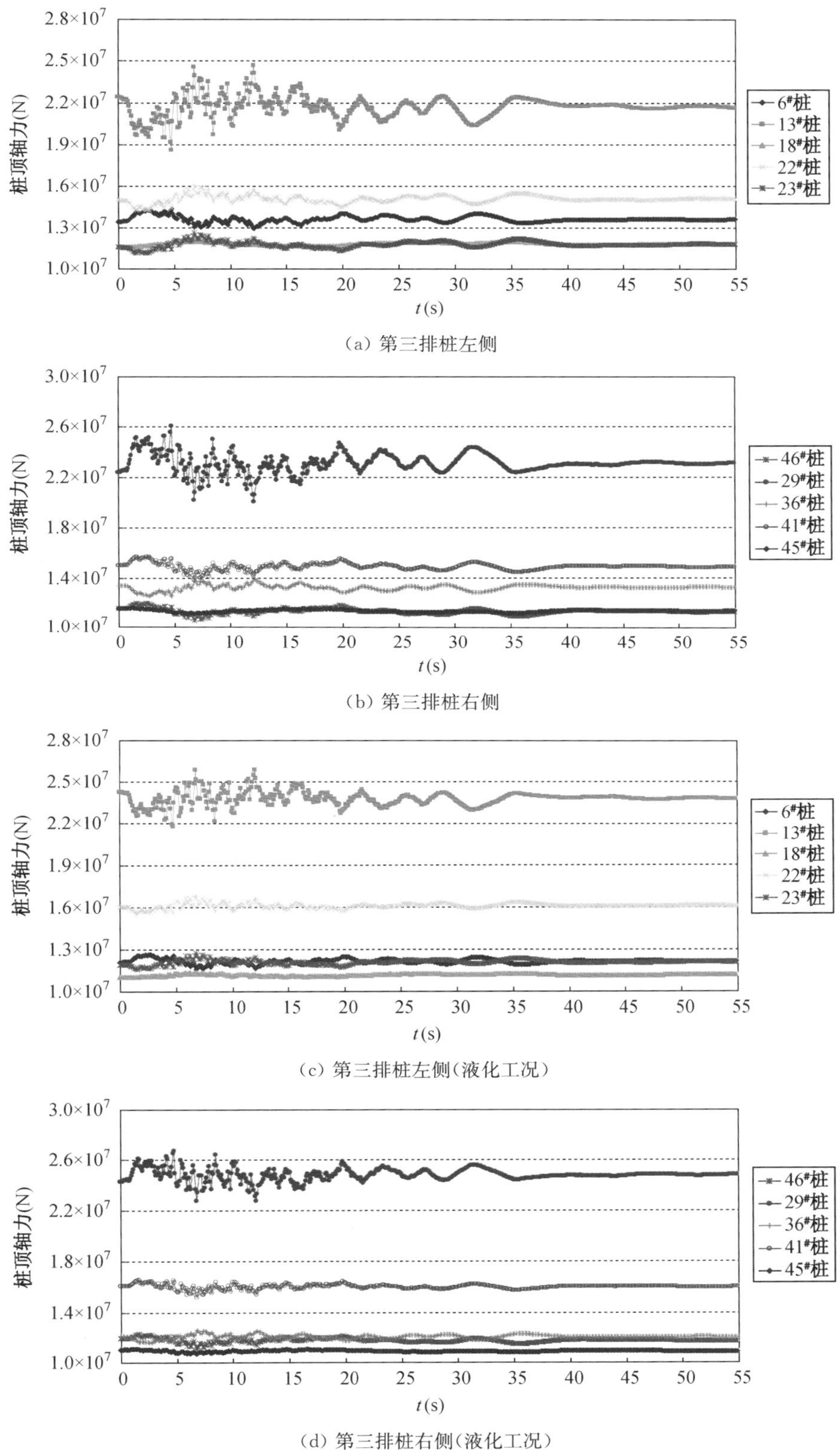

(a) 第三排桩左侧

(b) 第三排桩右侧

(c) 第三排桩左侧(液化工况)

(d) 第三排桩右侧(液化工况)

图 7-91　第三排桩桩顶轴力时程曲线

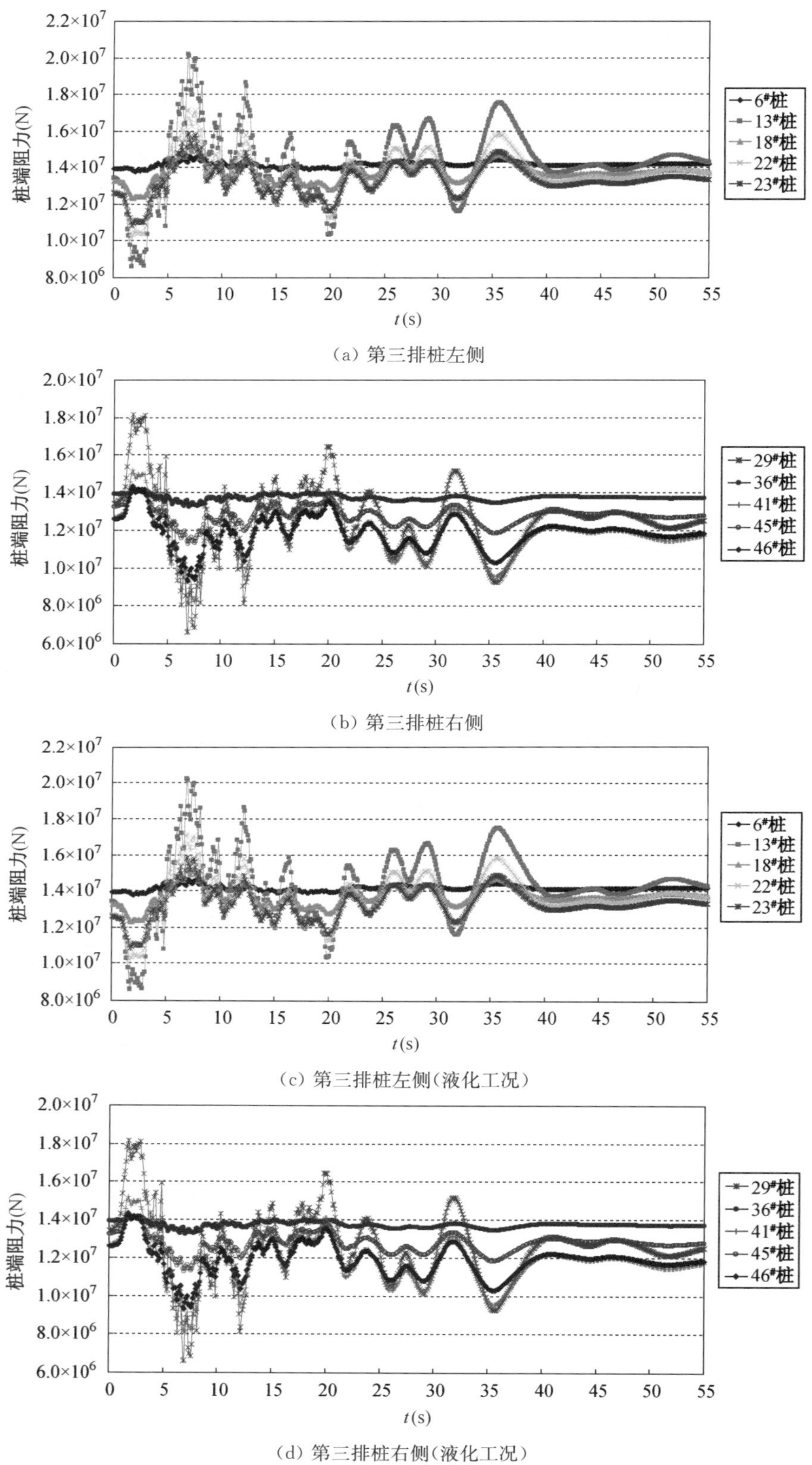

(a) 第三排桩左侧

(b) 第三排桩右侧

(c) 第三排桩左侧(液化工况)

(d) 第三排桩右侧(液化工况)

图 7-92 第三排桩桩端阻力时程曲线

由图 7-90 和图 7-92 可见，在同一桩墩下的各根桩体，从所测液化后的地震波形看是酷似的，肉眼基本上看不出区别；而同一根桩的左侧和右侧的地震波形是迥异的。这是因为，在地震形成的大域范围内，相近位置各处经受的地震响应是十分接近的；而迎波一侧和背波一侧的波形响应则会有很大的不同。

表 7-28 给出了第三排桩各基桩桩顶轴力达到峰值时的分析，从表中可以看出，边桩桩顶轴力明显大于其他基桩，液化工况下的第三排基桩桩顶轴力峰值除 13# 和 29# 桩外均小于未液化工况下。例如，13# 桩顶轴力峰值分别为 18 264 kN(未液化)和 19 177 kN(液化)，差 936 kN，两种工况下桩侧摩阻力与桩顶轴力比值相等，均为 66.1%，13# 桩顶轴力峰值较 1# 桩和 27# 桩桩顶轴力峰值小。再与表 7-21 对比可知，地震荷载作用下，第三排基桩桩端阻力较初始时刻增大，即桩侧摩阻力均较初始时刻减小，然而，未液化工况的基桩侧摩阻力较液化工况的基桩侧摩阻力变化幅度大。例如，13# 桩侧摩阻力分别较初始时刻减小 2 487 kN(未液化)和 1 828 kN(液化)，桩侧摩阻力与桩顶轴力的比值分别较初始时刻减小 26.5%(未液化)和 20.3%(液化)，较 1# 和 14# 桩侧摩阻力损失大。

表 7-28　第三排桩各基桩桩顶轴力达到峰值时的分析

桩号	桩顶轴力(kN)		桩端阻力(kN)		桩侧摩阻力(kN)		桩侧摩阻力与桩顶轴力比		桩顶轴力最大时(s)	
	未液化	液化	未液化	液化	未液化	液化	未液化	液化	未液化	液化
13	24 727	25 892	18 264	19 177	16 341	17 114	66.1%	66.1%	6.8	6.8
22	16 419	16 981	16 181	16 166	11 018	11 958	67.1%	70.4%	6.8	6.8
23	12 779	12 778	15 128	14 718	8 650	9 314	67.7%	72.9%	6.8	6.8
18	12 146	11 395	14 759	14 018	8 688	8 834	71.5%	77.5%	6.8	6.8
6	13 961	12 660	13 865	13 273	11 758	11 052	84.2%	87.3%	2.8	2.8
36	13 871	12 610	13 548	12 881	11 947	11 295	86.1%	89.6%	6.8	6.8
45	11 803	11 110	14 115	12 957	9 300	9 675	78.8%	87.1%	2.8	1.3
46	12 263	12 299	14 133	13 429	9 719	10 323	79.3%	83.9%	2.8	1.6
41	15 927	16 593	14 970	14 478	12 615	13 547	79.2%	81.6%	1.7	1.6
29	25 289	26 731	14 959	16 117	21 151	21 863	83.6%	81.8%	4.8	4.8

表 7-29 给出了第三排桩各基桩桩端阻力达到峰值时的分析，从表中可以看出，边桩桩端阻力明显大于其他基桩，液化工况下的第三排基桩桩端阻力峰值除 13# 和 29# 边桩外均小于未液化工况下。例如，13# 桩端阻力 20 208 kN(未液化)和 20 629 kN(液化)，差 421 kN，桩侧摩阻力与桩顶轴力的比值分别为 65.5%(未液化)和 80.1%(液化)，差 14.6%。再与表 7-21 对比可知，地震荷载作用下，第三排基桩桩端阻力较初始时刻变大，即桩侧摩阻力均较初始时刻减小，然而，未液化工况的基桩侧摩阻力较液化工况的基桩侧摩阻力变化幅度稍大。例如，13# 桩侧摩阻力分别较初始时刻减小 6 810 kN(未液化)和 5 518 kN(液化)，桩侧摩阻力与桩顶轴力比值分别较初始时刻减小 27.1%(未液化)和 6.3%(液化)。

表 7-29 第三排桩各基桩桩端阻力达到峰值时的分析

桩号	桩顶轴力(kN)		桩端阻力(kN)		桩侧摩阻力(kN)		桩侧摩阻力与桩顶轴力比		桩端阻力最大时(s)	
	未液化	液化	未液化	液化	未液化	液化	未液化	液化	未液化	液化
13	24 100	25 203	20 208	20 629	15 782	20 197	65.5%	80.1%	6.9	6.9
22	15 573	16 692	17 204	16 728	10 575	11 681	67.9%	70.0%	7.0	6.9
23	12 230	12 298	15 859	15 110	8 352	9 100	68.3%	74.0%	7.0	7.0
18	11 946	11 248	15 201	14 249	8 479	8 685	71.0%	77.2%	7.0	7.0
6	13 211	12 112	14 630	13 739	10 241	10 036	77.5%	82.9%	7.0	6.5
36	13 006	12 118	14 116	13 201	10 618	10 652	81.6%	87.9%	2.1	14.3
45	11 740	11 030	14 228	13 328	9 156	9 334	78.0%	84.6%	1.8	1.8
46	12 095	12 152	14 347	13 684	9 465	10 176	78.3%	83.7%	1.8	1.8
41	15 708	16 356	15 204	14 841	12 314	13 322	78.4%	81.5%	1.8	1.8
29	24 202	25 535	18 180	18 631	18 239	19 133	75.4%	74.9%	1.8	1.8

表 7-30 给出了第三排桩各基桩侧摩阻力达到峰值时的分析，从表中可以看出，边桩侧摩阻力明显大于其他基桩，液化工况下的第三排基桩侧摩阻力峰值均小于未液化工况下。例如，13# 桩侧摩阻力 23 256 kN(未液化)和 22 872 kN(液化)，差 384 k，桩侧摩阻力与桩顶轴力的比值分别为 100.0%(未液化)和 99.1%(液化)，差 0.9%。再与表 7-21、表 7-28 和表 7-29 对比可知，表 7-30 中 13#，22#，23#，45#，46#，41# 和 29# 桩侧摩阻力与桩顶轴力的比值为 100.0%，即这些桩体在地震荷载作用下，桩顶轴力完全由桩侧摩阻力承担，变成了纯摩擦型桩。

表 7-30 第三排桩各基桩侧摩阻力达到峰值时的分析

桩号	桩顶轴力(kN)		桩端阻力(kN)		桩侧摩阻力(kN)		桩侧摩阻力与桩顶轴力比		桩侧摩阻力最大时(s)	
	未液化	液化	未液化	液化	未液化	液化	未液化	液化	未液化	液化
13	20 585	23 090	8 603	11 575	23 256	22 872	100.0%	99.1%	1.8	1.8
22	14 298	15 818	10 155	11 572	15 612	15 770	100.0%	99.7%	1.8	1.8
23	11 074	11 759	10 822	11 025	11 735	11 852	100.0%	100.0%	1.8	1.8
18	11 472	11 105	12 279	12 169	10 765	10 527	93.8%	94.8%	1.8	1.8
6	13 961	12 633	13 865	13 244	11 758	11 056	84.2%	87.5%	2.8	2.7
36	12 930	12 534	14 056	12 855	12 130	11 417	93.8%	91.1%	2.8	7.5
45	11 261	10 883	11 070	11 015	11 470	11 204	100.0%	100.0%	7.0	7.0
46	10 937	11 611	9 278	9 970	12 876	12 954	100.0%	100.0%	7.0	7.0
41	14 433	15 951	8 128	9 679	17 379	17 484	100.0%	100.0%	7.0	7.0
29	22 264	24 822	6 663	9 860	25 953	25 438	100.0%	100.0%	7.0	7.0

④ 典型桩的桩身轴力分析。

未液化工况下，1# 角桩体轴力曲线为典型的上大下小斜直线形，当1# 桩顶轴力达到峰值时(7.1 s)，如图7-93所示，桩端阻力明显增大，从16 456 kN增大到21 624 kN，增加了5 168 kN，而桩顶轴力仅从30 015 kN增加到31 079 kN，增加了1 064 kN，说明地震作用下桩周摩阻力明显减小。

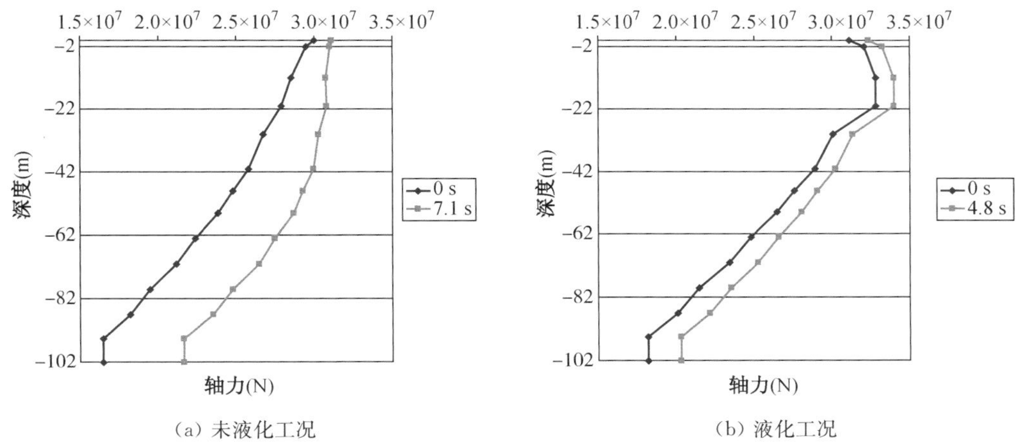

(a) 未液化工况　　(b) 液化工况

图7-93　1# 桩的轴力

液化工况下，1# 角桩顶轴力峰值出现在4.1 s，与前者不同，由于液化的影响，其桩身轴力变化曲线上段带有抛物线形，桩身轴力最大值出现在−21 m处，从初始时刻的32 811 kN增大到33 983 kN，增加了1 172 kN，桩顶轴力从31 150 kN增大到32 347 kN，增加了1 197 kN，桩端阻力从18 205 kN增大到20 329 kN，增加了2 124 kN，说明地震作用下桩周摩阻力虽然减小，但其幅度较未液化工况下的幅值小。

未液化工况下，13# 边桩体轴力0 s时为典型的上大下小斜直线形，而由于地震动的作用，6.8 s时变为抛物线形，如图7-94所示，桩顶轴力从22 405 kN增加到24 727 kN，增加了2 322 kN，当13# 桩身轴力最大时，桩端阻力明显增大，从13 398 kN增大到18 264 kN，增加了4 866 kN，大于桩顶的增大幅值，说明地震作用下桩周产生负摩阻力。

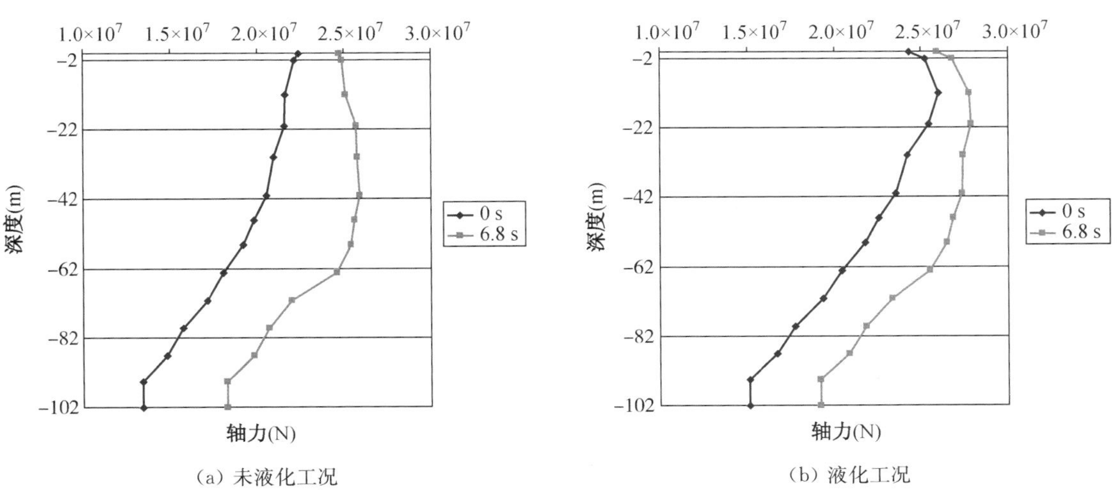

(a) 未液化工况　　(b) 液化工况

图7-94　13# 桩的轴力

液化工况下，13[#]边桩顶轴力峰值出现在6.8 s，与前者相同，由于液化的影响，其桩身轴力变化曲线为抛物线形，桩身轴力最大值从初始时刻的26 031 kN(−12 m)增大到27 882 kN(−21 m)，增加了1 851 kN，桩顶轴力从24 323 kN增大到25 892 kN，增加了1 569 kN，桩端阻力从15 111 kN增大到19 177 kN，增加了4 066 kN，说明地震作用下桩周摩阻力虽然减小，但其幅度较未液化工况下的幅值小。

未液化工况下，23[#]桩体轴力为典型的抛物线形，如图7-95所示，在地震载荷作用下，当23[#]桩体轴力达到峰值时，桩顶轴力从11 585 kN增加到12 567 kN，增加了982 kN，而桩端阻力明显增大，从12 582 kN增大到15 692 kN，增加了3 110 kN，大于桩顶的增大幅值，结合前述23[#]桩侧摩阻力分析可知地震作用下其桩周负摩阻力明显增大。

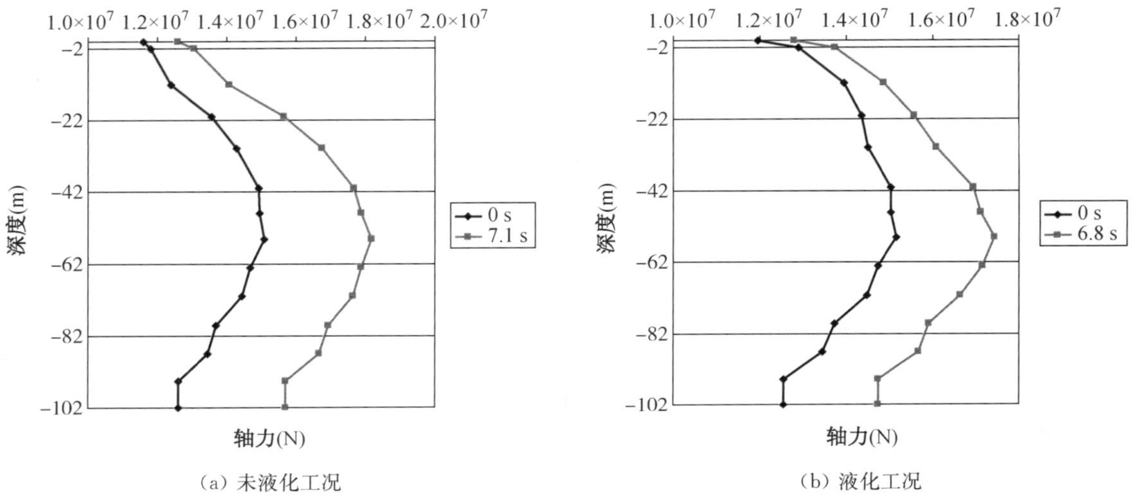

(a) 未液化工况　　(b) 液化工况

图7-95　23[#]桩的轴力

液化工况下，23[#]桩顶轴力峰值出现在6.8 s，与前者不同，由于液化的影响，其抛物线形桩身轴力变化曲线略显平滑，桩身轴力最大值从初始时刻的15 156 kN(−55m)增大到17 425 kN (−55m)，增加了2 269 kN，桩顶轴力从24 323 kN增大到25 892 kN，增加了823 kN，桩端阻力从12 553 kN增大到14 718 kN，增加了2 165 kN，说明地震作用下桩周摩阻力虽然减小，但其幅度较未液化工况下的幅值小。

未液化工况下，36[#]桩体轴力为典型的抛物线形，如图7-96所示，在地震载荷作用下，当36[#]桩体轴力达到峰值时，桩顶轴力从13 059 kN增加到13 439 kN，增加了380 kN，而桩端阻力明显增大，从16 372 kN增大到16 430 kN，增加了58 kN，地震作用下其桩周负摩阻力变化不大。

液化工况下，36[#]桩顶轴力峰值出现在6.8 s，与前者不同，由于液化的影响，其抛物线形桩身轴力变化曲线略显平滑，桩身轴力最大值从初始时刻的15 463 kN(−55 m)增大到15 464 kN (−55 m)，基本无变化，桩顶轴力从12 123 kN增大到12 610 kN，增加了487 kN，桩端阻力从13 168 kN减小为12 881 kN，减小了287 kN，说明地震作用下其桩周摩阻力得到进一步发挥。

以上分析可知，地震荷载作用下，哑铃形群桩各基桩最大轴力及其位置均有所变化，角桩、边桩轴力最大值位置较靠近桩顶，而内部桩则较靠近桩中。

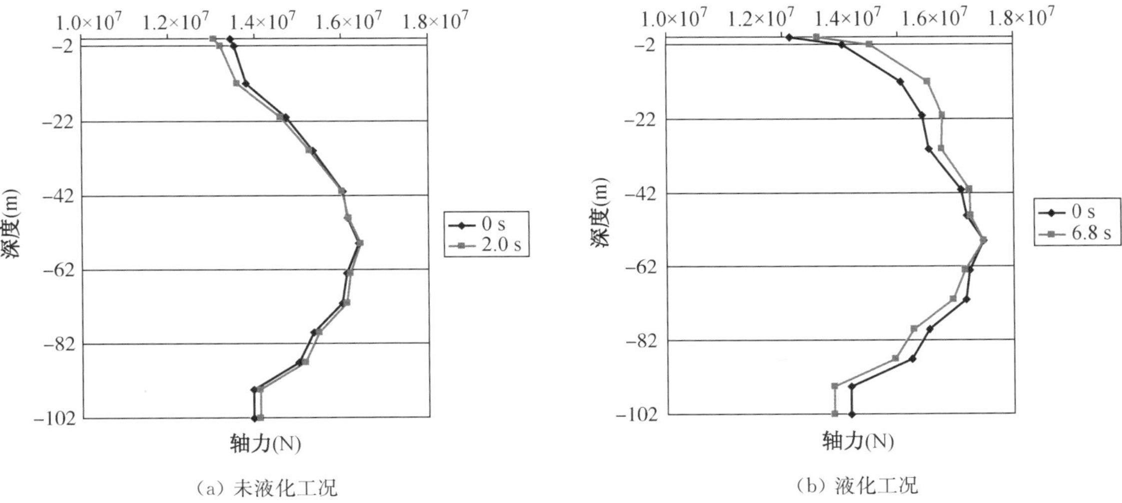

(a) 未液化工况　　(b) 液化工况

图 7-96　36# 桩的轴力

(2) 桩的动剪力分析

未液化工况下，通过提取的数据分析可知，哑铃形群桩最大 X 向动剪力位于边桩桩顶，分析边桩桩顶截面 X 向动剪力随时间的变化曲线得到：群桩左半部分桩顶 X 向最大动剪力为－26 800 kN，较初始时刻增大 3 984 kN，位于 12# 桩和 14# 桩，发生在 7.5 s，两根桩 X 向剪力的变化规律相似，如图 7-97 和图 7-98 所示；群桩右半部分桩顶 X 向最大动剪力为 26 461 kN，较初始时刻增大 3 652 kN，位于 28# 桩和 30# 桩桩顶，发生在 2.7 s，两根桩 X 向剪力的变化规律相似，如图 7-99 和图 7-100 所示。从四根桩的桩身 X 向动剪力图可知，桩身最大 X 向动剪力位于桩顶，地震动对桩身 X 向剪力有一定的影响。

此外，从图 7-97—图 7-100 可知，液化工况下，12#，14#，28# 和 30# 桩 X 向动剪力较未液化工况下的相同基桩桩顶 X 向动剪力明显减小。7.5 s 时，12# 桩顶 X 向动剪力为－1 685 kN；7.5 s 时，14# 桩顶 X 向动剪力为－1 687 kN；2.7 s 时，28# 桩顶 X 向动剪力为 1 538 kN；2.7 s 时，30# 桩顶 X 向动剪力为 1 538 kN。从图中还可以看出，各基桩桩顶、液化层与未液化层交界面、桩身上半段的 X 向剪力受地震动影响显著，桩身下段 X 向动剪力受地震动影响小，因此，其截面 X 向剪力变化小。

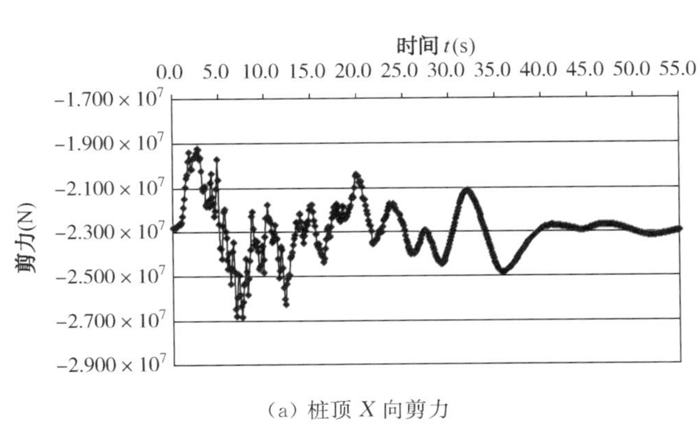

(a) 桩顶 X 向剪力

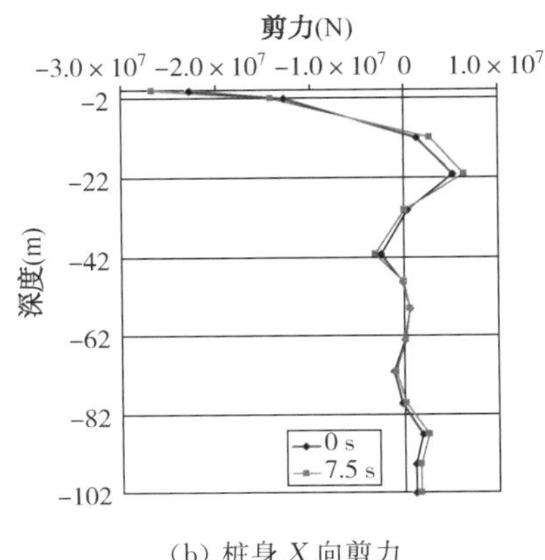

(b) 桩身 X 向剪力

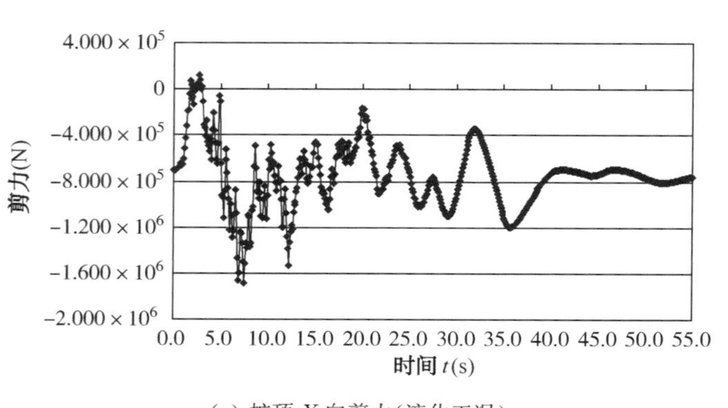

(c) 桩顶 X 向剪力(液化工况)

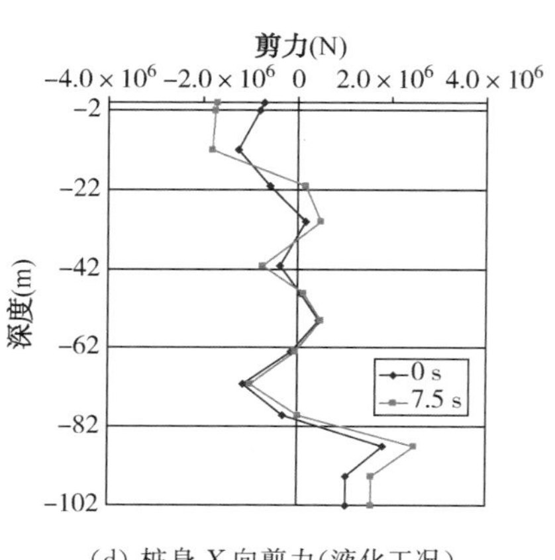

(d) 桩身 X 向剪力(液化工况)

图 7-97　12# 桩 X 向动剪力

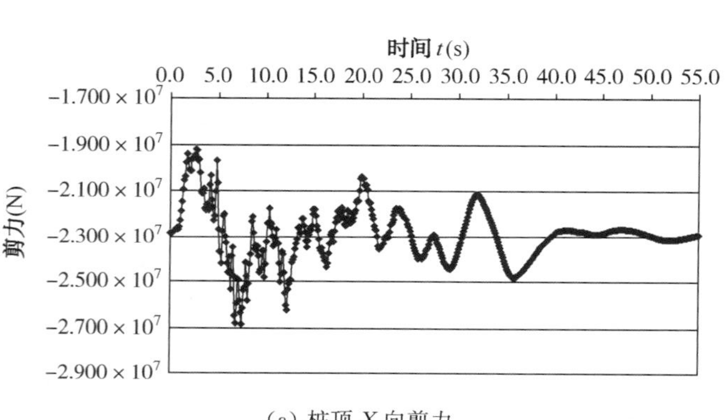

(a) 桩顶 X 向剪力

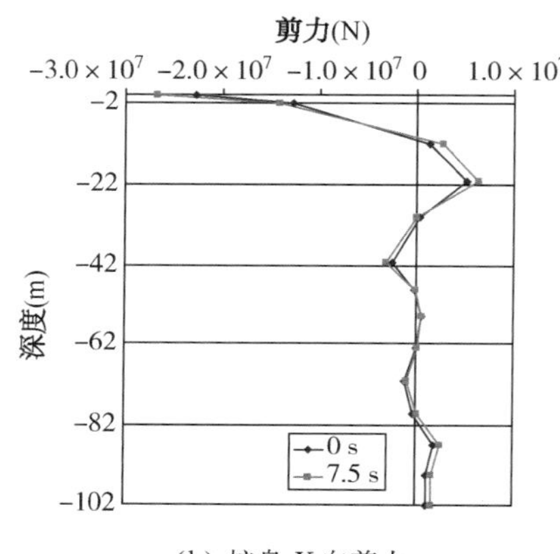

(b) 桩身 X 向剪力

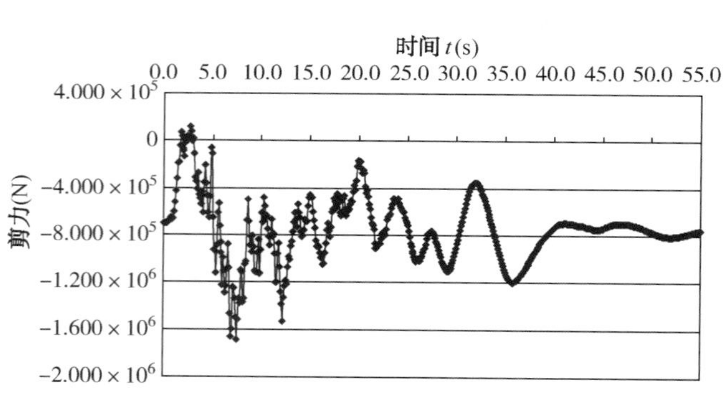

(c) 桩顶 X 向剪力(液化工况)

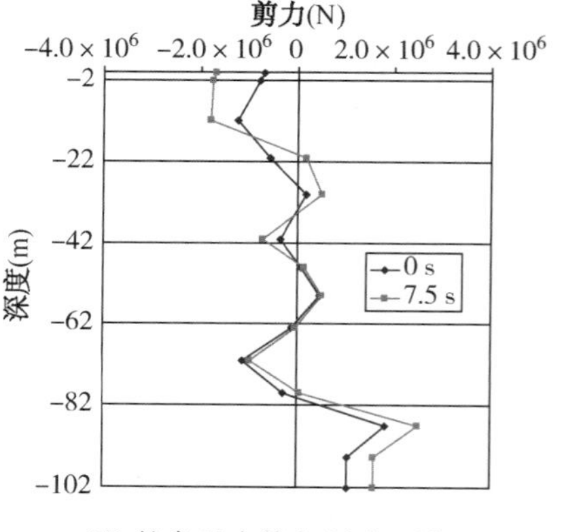

(d) 桩身 X 向剪力(液化工况)

图 7-98　14# 桩 X 向动剪力

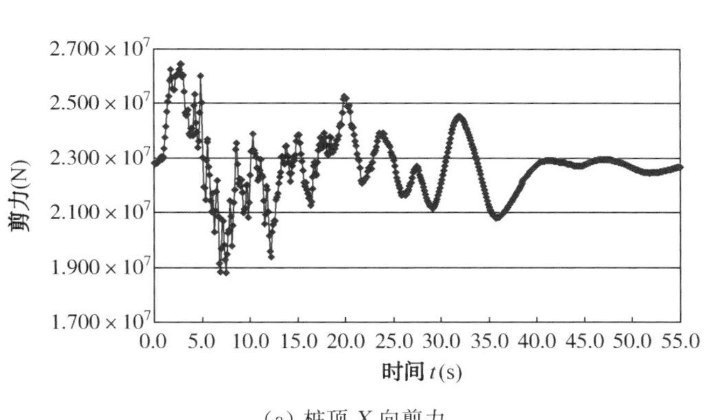

(a) 桩顶 X 向剪力

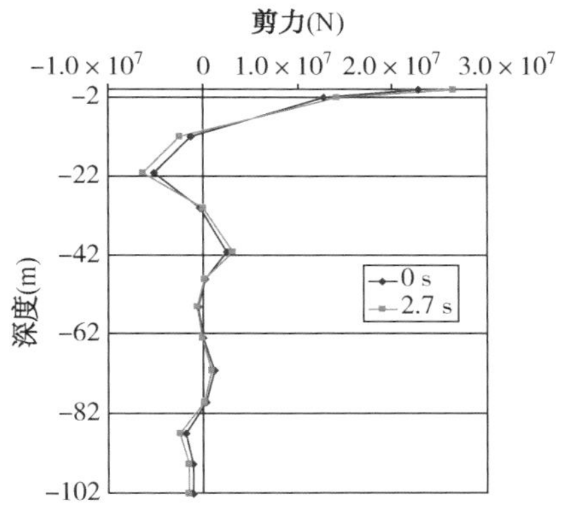

(b) 桩身 X 向剪力

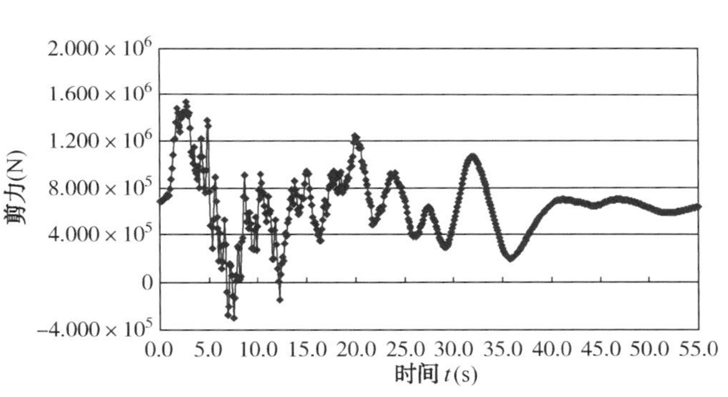

(c) 桩顶 X 向剪力(液化工况)

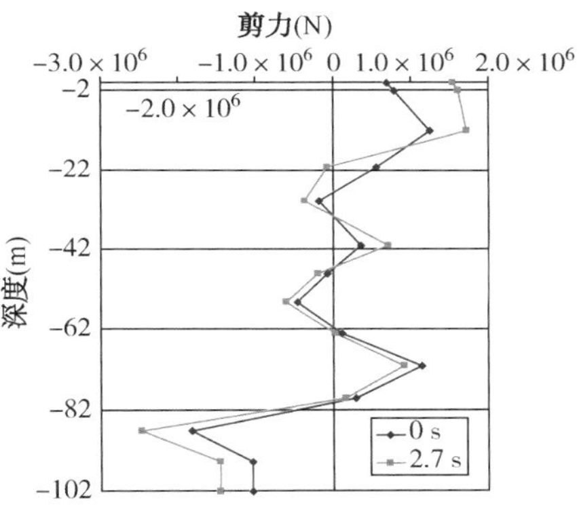

(d) 桩身 X 向剪力(液化工况)

图 7-99　28# 桩 X 向动剪力

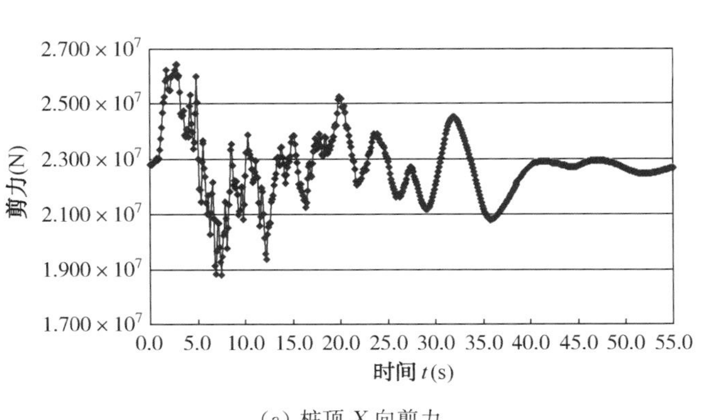

(a) 桩顶 X 向剪力

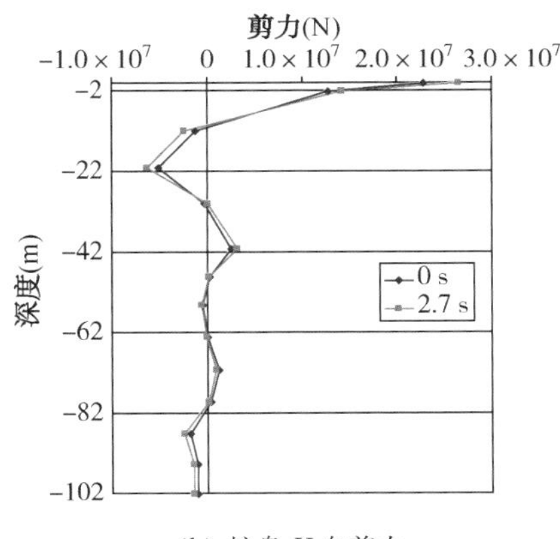

(b) 桩身 X 向剪力

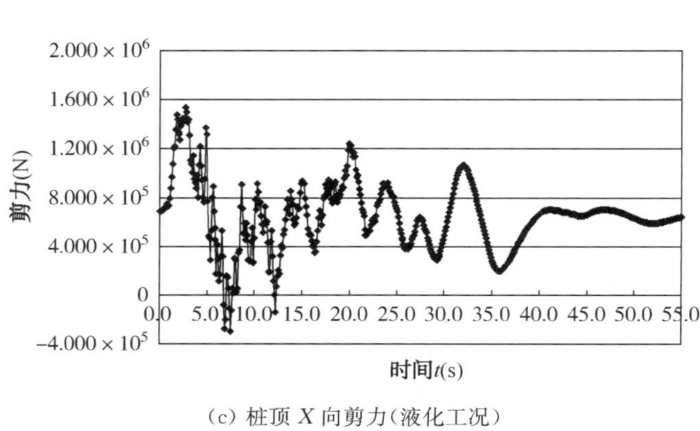

(c) 桩顶 X 向剪力(液化工况)

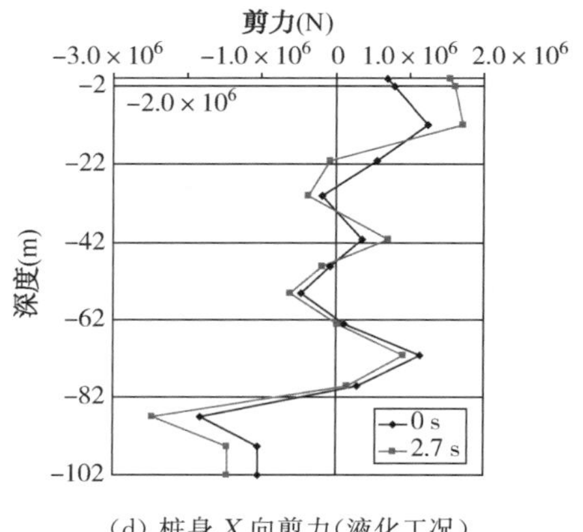

(d) 桩身 X 向剪力(液化工况)

图 7-100　30# 桩 X 向动剪力

未液化工况下,通过提取的数据分析可知,哑铃形群桩最大 Y 向动剪力位于边桩桩顶,分析边桩桩顶截面 Y 向动剪力随时间的变化曲线得到:群桩右半部分桩顶 Y 向最大动剪力为−25 530 kN,较初始时刻仅增大 214 kN,位于 33# 桩桩顶,出现在 6.8 s,如图 7-101 所示;群桩右半部分桩顶 Y 向最大动剪力为−25 500 kN,较初始时刻增大 184 kN,位于 9# 桩桩顶,出现在 4.8 s,如图 7-102 所示。另外,3# 桩顶和 25# 桩顶 Y 向最大剪力分别为 25 475 kN(4.8 s)和 25 506 kN(6.8 s),如图 7-103 和图 7-104 所示。从四根桩的桩身 Y 向动剪力图可知,桩身最大 Y 向动剪力位于桩顶,地震动对桩身 Y 向剪力影响较小。

此外,从图 7-101—图 7-104 可知,液化工况下,33#,9#,3# 和 25# 桩 Y 向动剪力较液化工况下的相同基桩桩顶 Y 向动剪力明显减小。6.8 s 时,33# 桩顶 Y 向动剪力为−1 339 kN;4.8 s 时,9# 桩顶 Y 向动剪力为−1 292 kN;4.8 s 时,3# 桩顶 Y 向动剪力为 1 273 kN;6.8 s 时,25# 桩顶 Y 向动剪力为 1 323 kN。从图中还可以看出,各基桩桩顶、液化层与未液化层交界面、桩身上半段的 Y 向剪力受地震动影响显著,桩身下段 X 向动剪力受地震动影响小,因此,其截面 Y 向剪力变化小。

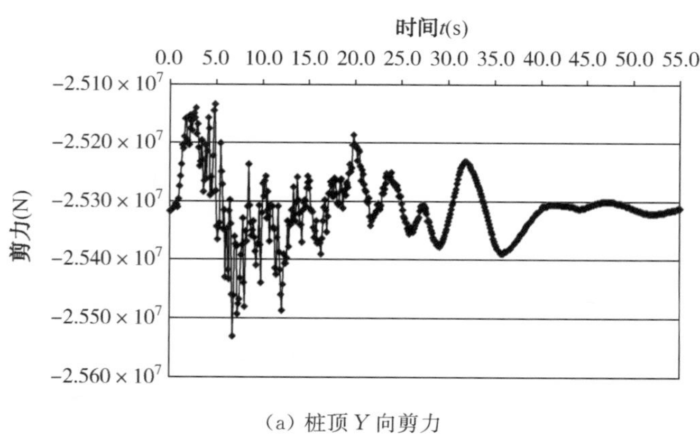

(a) 桩顶 Y 向剪力

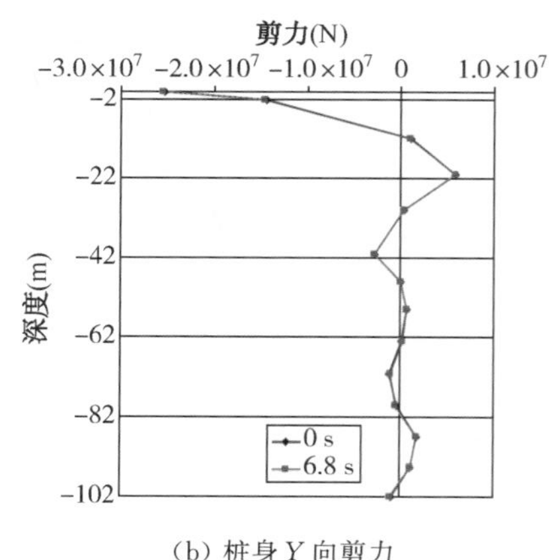

(b) 桩身 Y 向剪力

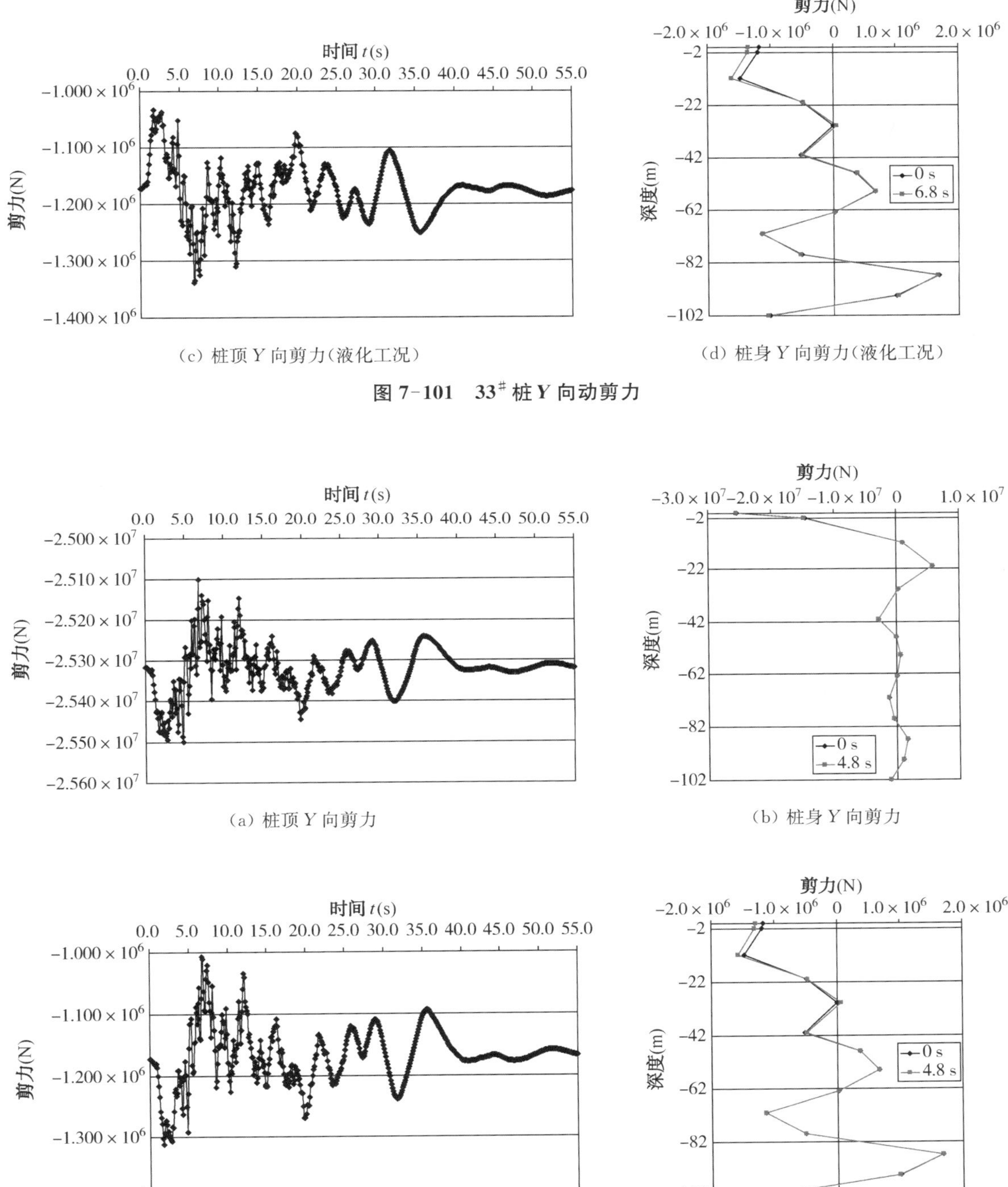

(c) 桩顶 Y 向剪力(液化工况)

(d) 桩身 Y 向剪力(液化工况)

图 7-101　33# 桩 Y 向动剪力

(a) 桩顶 Y 向剪力

(b) 桩身 Y 向剪力

(c) 桩顶 Y 向剪力(液化工况)

(d) 桩身 Y 向剪力(液化工况)

图 7-102　9# 桩 Y 向动剪力

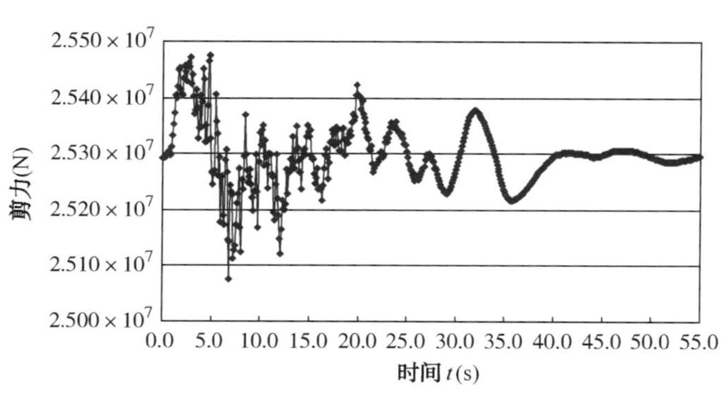

(a) 桩顶 Y 向剪力

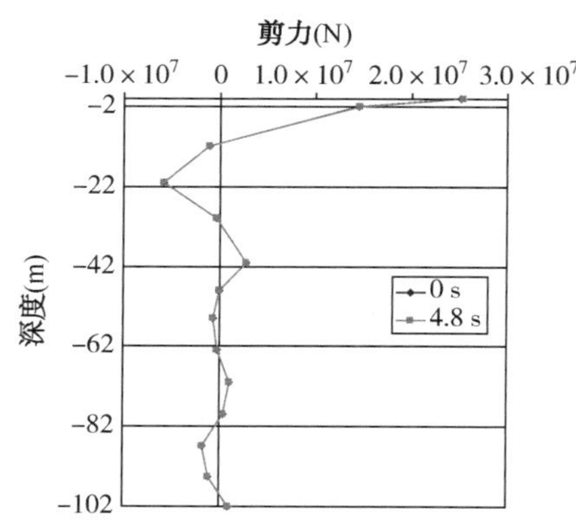

(b) 桩身 Y 向剪力

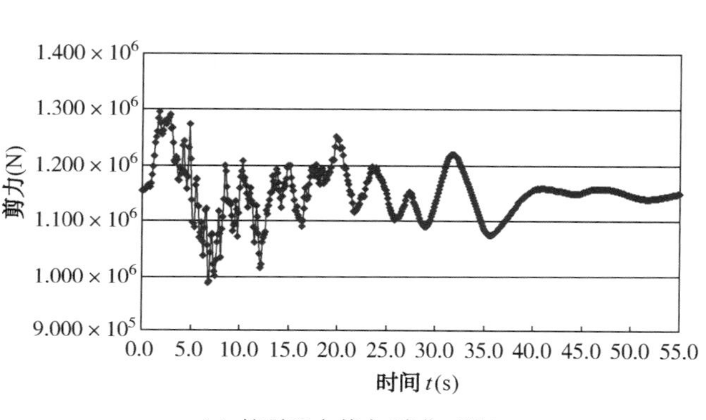

(c) 桩顶 Y 向剪力(液化工况)

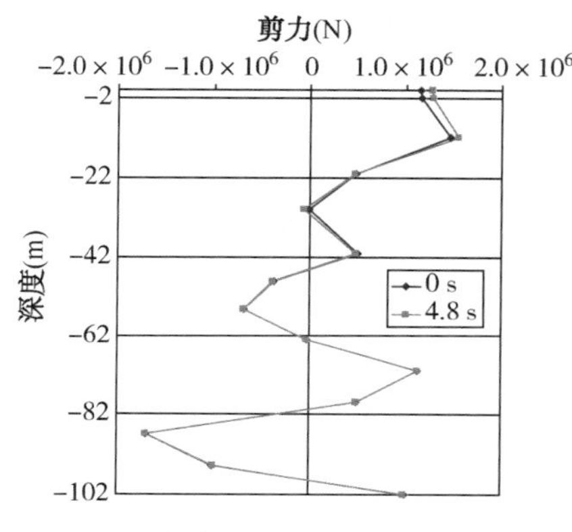

(d) 桩身 Y 向剪力(液化工况)

图 7-103　3[#] 桩 Y 向动剪力

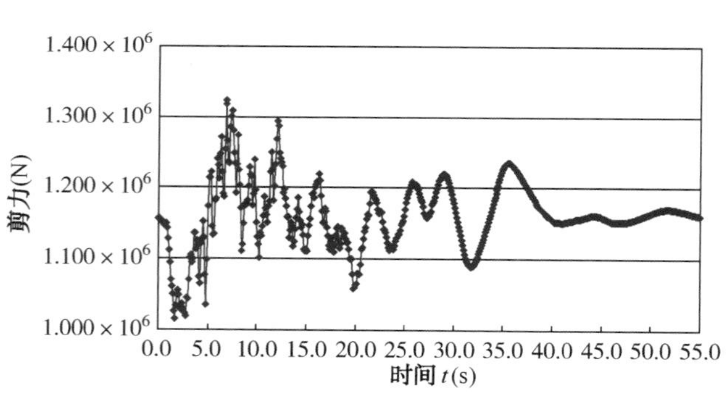

(a) 桩顶 Y 向剪力

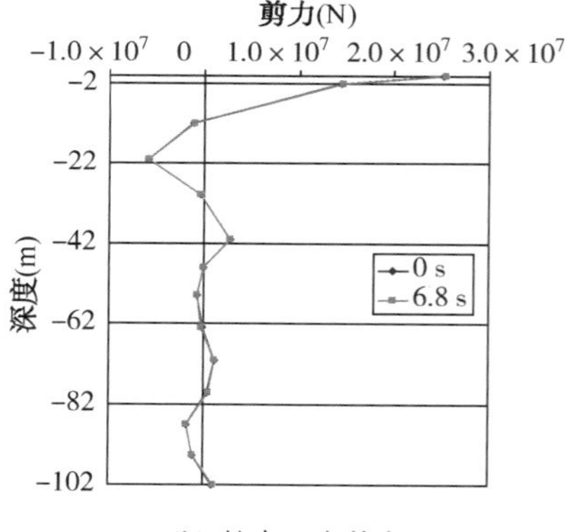

(b) 桩身 Y 向剪力

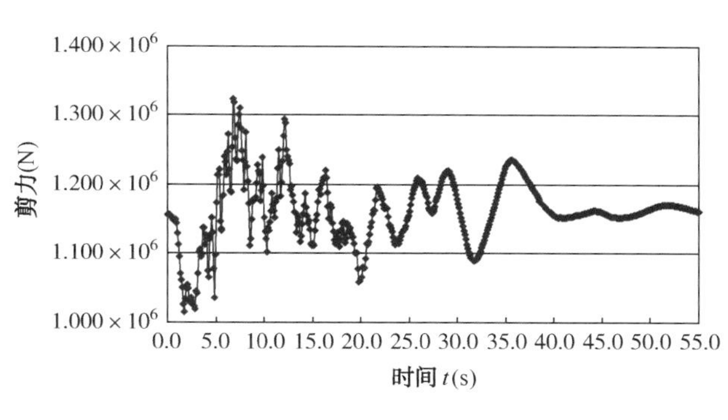

(c) 桩顶 Y 向剪力(液化工况)

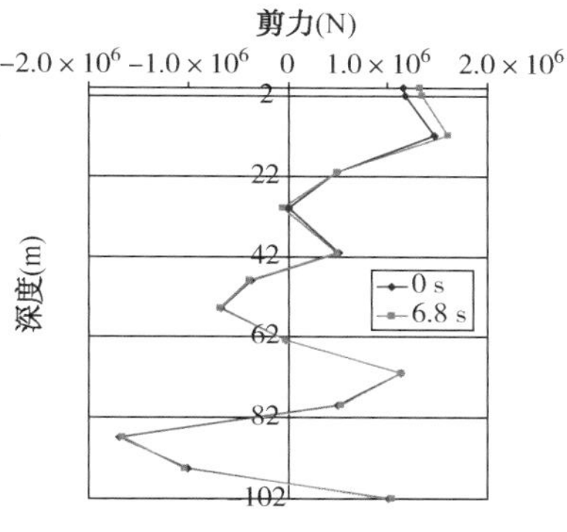

(d) 桩身 Y 向剪力(液化工况)

图 7-104　25# 桩 Y 向动剪力

根据提取的地震波峰值时桩体截面 X 向和 Y 向剪力判断：未液化工况下，桩体最大动剪力位于桩顶，同时可以判定的是桩体 X 向最大动剪力应位于群桩 X 向最外侧的边桩 12#—14# 和 28#—30# 桩，桩体截面 Y 向最大动剪力应位于群桩 Y 向最外侧的边桩 3#、9#、25# 和 33# 桩，且其 X 向动剪力变化大，Y 向动剪力变化小。液化工况下，桩体上段 X 向和 Y 向剪力明显减小，且相对地受地震影响显著，桩体下段 X 向和 Y 向动剪力受地震动影响小，因此，其截面 X 向和 Y 向剪力变化较小。

(3) 桩的动弯矩分析

进一步分析群桩弯矩随时间的变化曲线可知，边桩的弯矩最大，其次是角桩的弯矩，群桩的中心部分弯矩小。未液化工况下，群桩桩顶弯矩随时间的变化曲线，反映的规律性与上面谈到的桩体动剪力相对应，即群桩中 X 向最大动弯矩出现在 3#，9#，25# 和 33# 桩，Y 向最大动弯矩出现在 12#，13#，14#，28#，29# 和 30# 桩。经过对比后知，X 向最大动弯矩为 148 320 kN·m，位于 25# 边桩的桩顶，如图 7-105 所示，出现在 6.8 s。而 Y 向最大动弯矩为−135 010 kN·m，位于 29# 边桩的桩顶，如图 7-106 所示，出现在 6.8 s。

液化工况下，25# 边桩的桩顶 X 向动弯矩为 28 554 kN·m (6.8 s)，如图 7-105 所示，29# 边桩的桩顶 Y 向动弯矩为−24 395 kN·m(6.8 s)，如图 7-106 所示，均较液化工况的值明显减小。另外，从图 7-105 和图 7-106 可知，液化主要影响桩身上半段的弯矩大小，对下部影响较小，如 6.8 s 时 25# 边桩−87 m 深度 X 向动弯矩在未液化和液化两个工况下分别为−16 520 kN·m 和−16 366 kN·m，仅相差 154 kN·m。

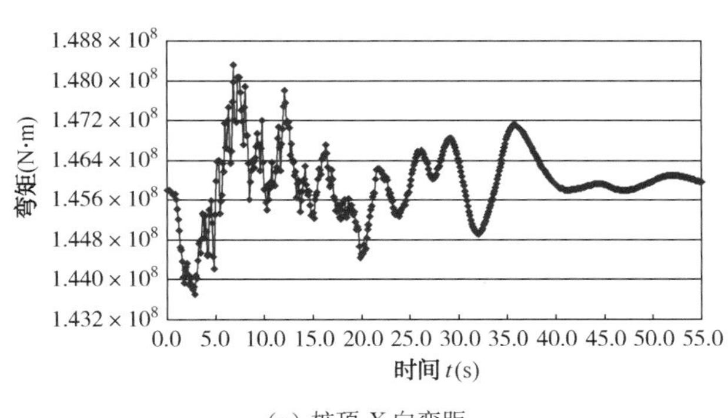

(a) 桩顶 X 向弯距

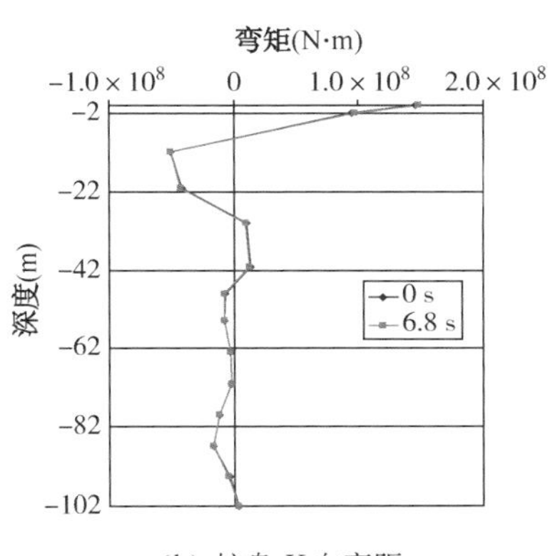

(b) 桩身 X 向弯距

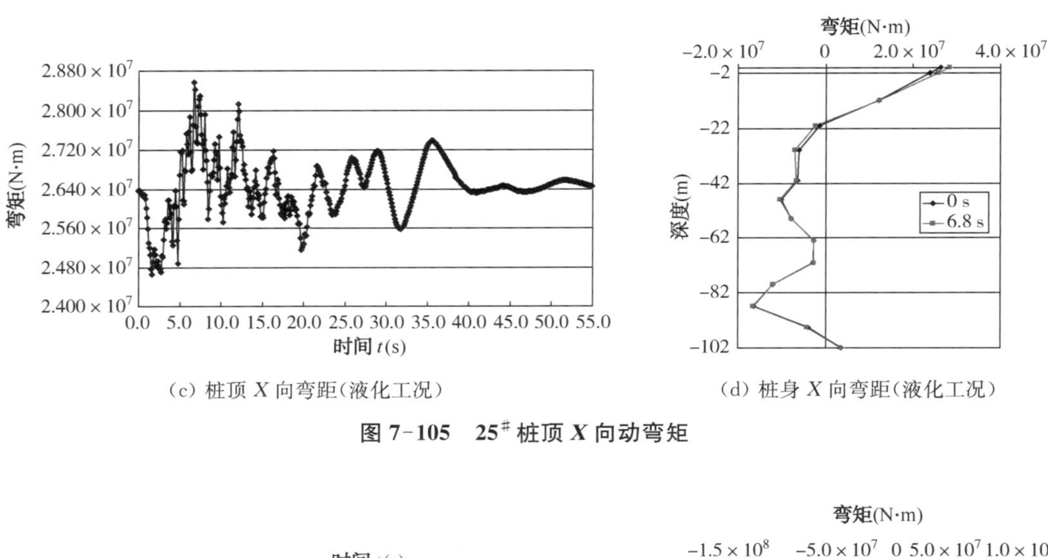

(c) 桩顶 X 向弯距(液化工况)　　(d) 桩身 X 向弯距(液化工况)

图 7-105　25[#] 桩顶 X 向动弯矩

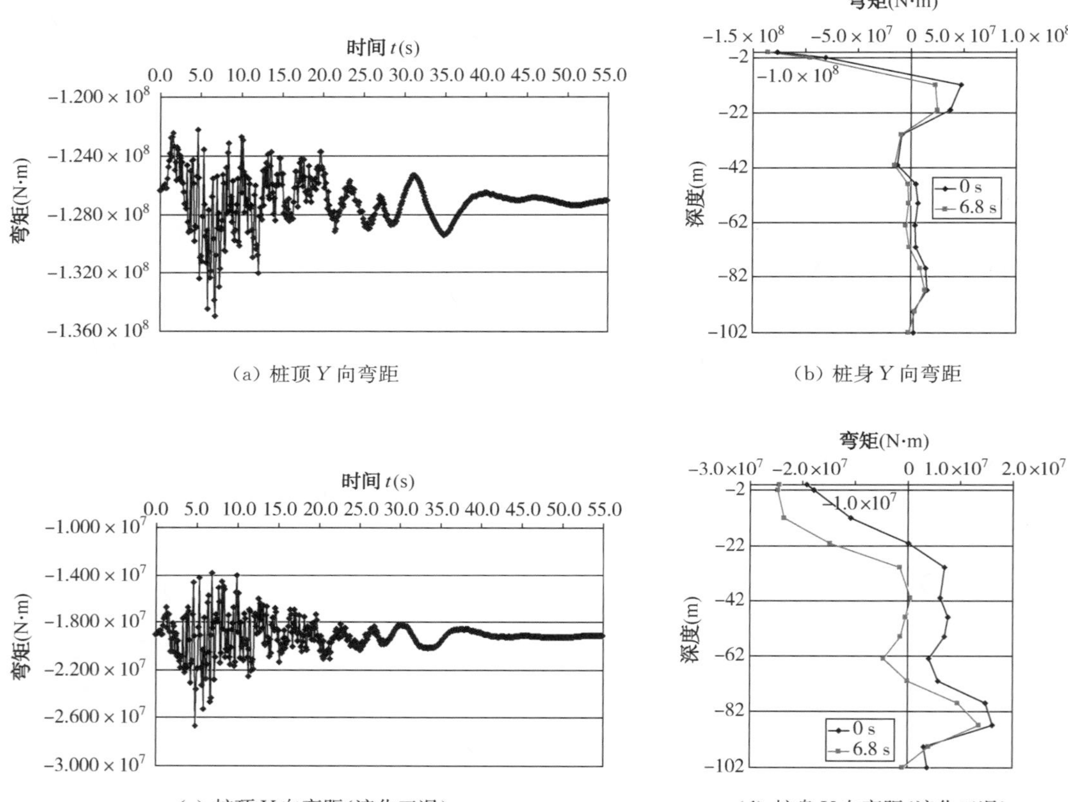

(a) 桩顶 Y 向弯距　　(b) 桩身 Y 向弯距

(c) 桩顶 Y 向弯距(液化工况)　　(d) 桩身 Y 向弯距(液化工况)

图 7-106　29[#] 桩顶 Y 向动弯矩

(4) 承台的动内力分析

承台动内力分析主要研究的是承台底面的轴力、剪力和弯矩随时间的变化情况，寻找其规律性。首先进行轴力分析，未液化工况下，承台轴力受地震载荷影响较小，基本无变化，地震过程中承台底面的轴力最大值为 887 010 kN，发生在 8. 6 s，轴力最小值为 887 010 kN，发生在 5. 9 s，波动幅值仅为 30 kN。液化工况下，轴力受地震载荷影响波动也较小，承台底面的轴力最大值为886 980 kN，轴力最小值为886 990 kN，波动幅值仅为10 kN。

承台底面 X 向剪力随时间的变化曲线，如图7-107所示，未液化工况下，承台底部 X 向动剪力峰值为7 324.8 kN，出现在4.9 s，此后剪力随着地震波的衰减而逐渐减小，最终衰减到一个较小值－216.9 kN（初始时刻为－1.7 kN）。液化工况下，承台底部 X 向动剪力峰值为8 222.4 kN，出现在4.9 s，此后剪力随着地震波的衰减而逐渐减小，最终衰减到一个较小值－222.6 kN（初始时刻为－1.7 kN）。两种工况下承台底部 X 向动剪力均有较大的变化幅度和一定的残余，其中液化工况剪力峰值较未液化工况大，残余剪应力也较后者为大。

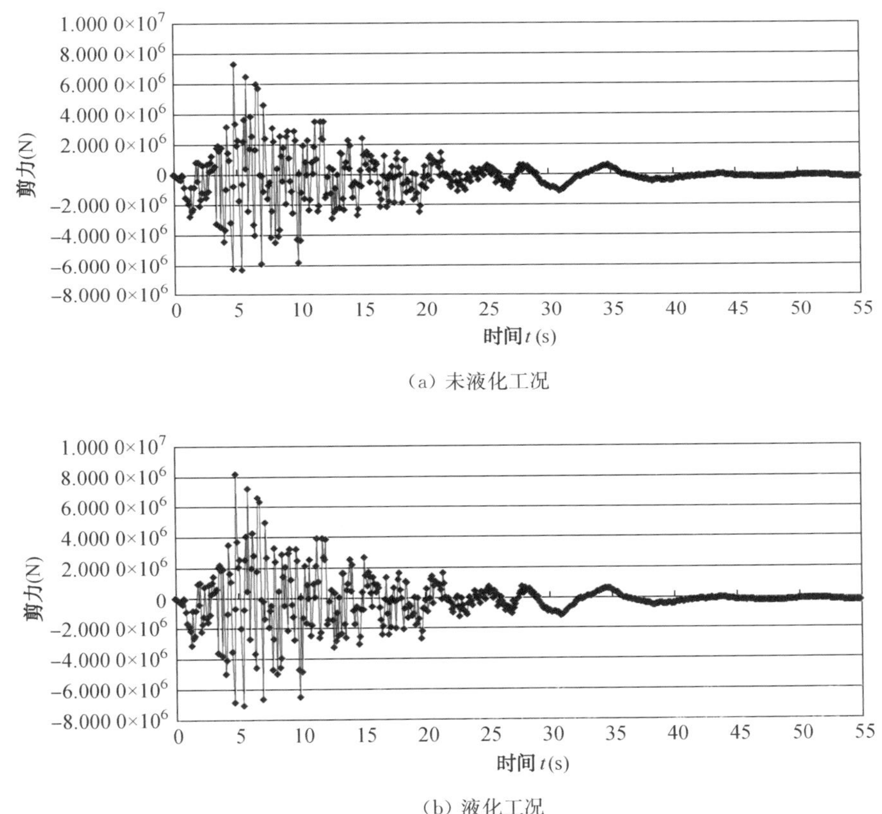

(a) 未液化工况

(b) 液化工况

图7-107　承台底面 X 向动剪力时程曲线

经分析承台底面 Y 向动剪力随时间的变化曲线，如图7-108所示，未液化工况下，承台底部 Y 向动剪力峰值为392.1 kN，出现在7.8 s，最终衰减到一个较小值390.1 kN（初始时刻为390.0 kN），剪力随着地震波的变化区间为[392.1，389]。液化工况下，承台底部 Y 向动剪力峰值为395.9 kN，出现在7.8 s，最终衰减到一个较小值391.9 kN（初始时刻为391.5 kN），剪力随着地震波的变化区间为[395.9，390.7]。两种工况下承台底部 Y 向动剪力明显小于 X 向动剪力，并且变化幅度均较小。Y 向动剪力随着地震动的结束而趋于稳定，基本无残余剪切应力产生。

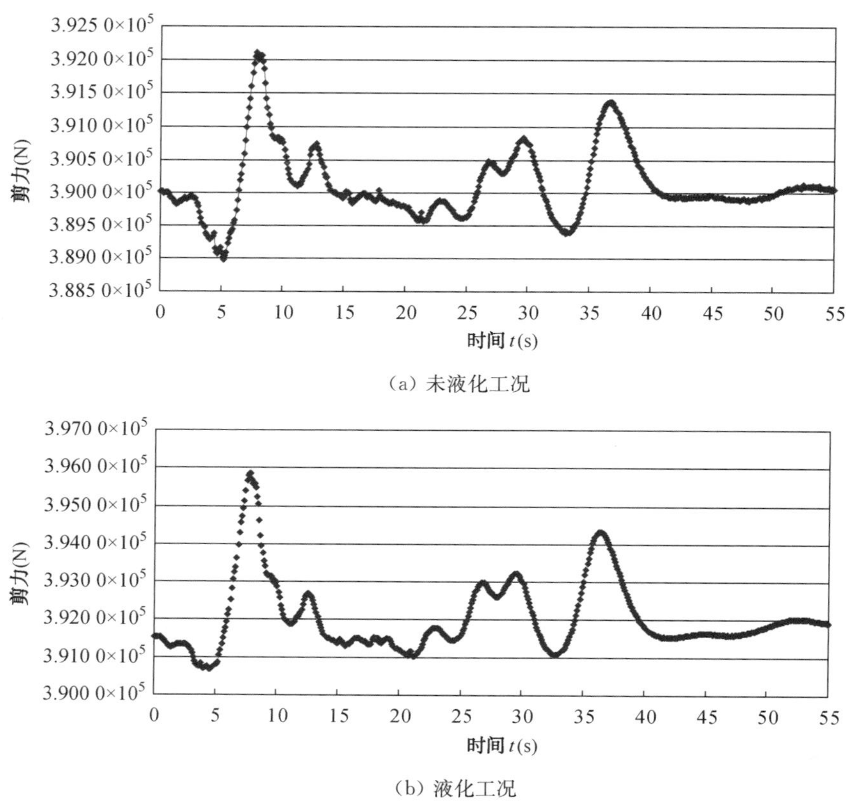

(a) 未液化工况

(b) 液化工况

图 7-108 承台底面 Y 向动剪力时程曲线

最后研究承台底面的弯矩变化。X 向动弯矩随时间的变化曲线，如图 7-109 所示，未液化工况下，承台底部 X 向动弯矩峰值为 42 044 kN · m，出现在 14.6 s，最终衰减到一个较小值 42 011 kN · m（初始时刻为 42 041 kN · m），X 向动弯矩随着地震波的变化区间为[42 044，41 861]，可见其变化幅度（183 kN · m）较小。液化工况下，承台底部 X 向动弯矩峰值为 42 378 kN · m，出现在 14.6 s，较前者稍有增大，最终衰减为 42 345 kN · m（初始时刻为 42 375 kN · m），X 向动弯矩随着地震波的变化区间为[42 378，42 189]，可见其变化幅度（189 kN · m）较前者稍大。两种工况下承台底部 X 向动弯矩变化幅度均较小，随着地震动的结束而趋于稳定，其值较初始弯矩减小。

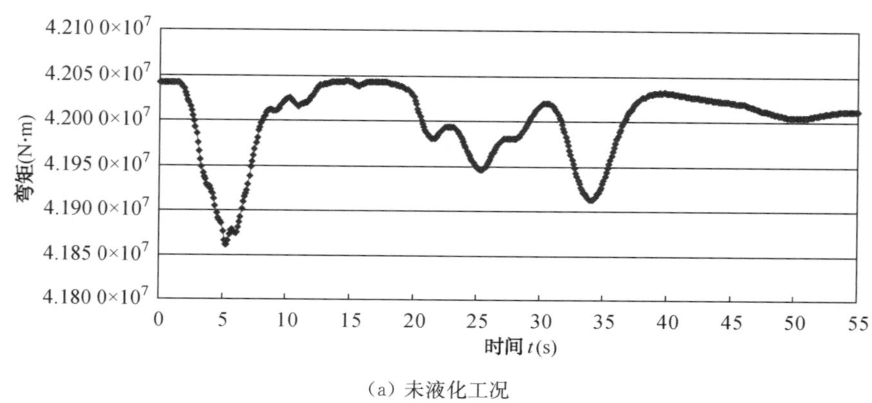

(a) 未液化工况

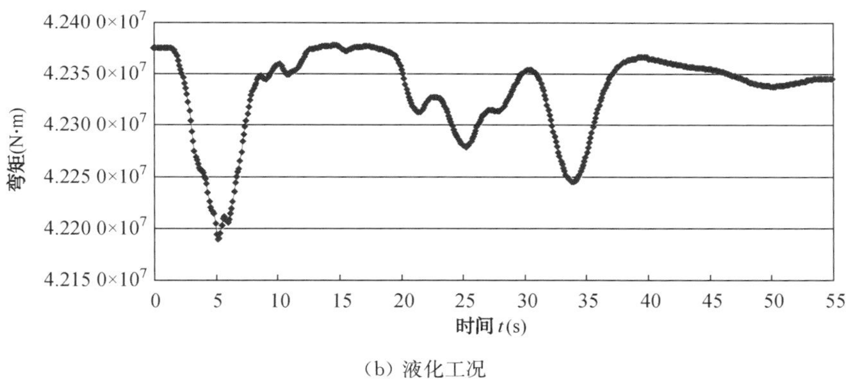

(b) 液化工况

图 7-109　承台底面 X 向动弯矩时程曲线

Y 向动弯矩随时间的变化曲线，如图 7-110 所示，未液化工况下，承台底部 Y 向动弯矩峰值为 143 770 kN・m，较 X 向动弯矩峰值大，出现在 8.5 s，此后动弯矩随着地震波的衰减而逐渐趋于稳定至 27 553 kN・m(初始时刻为 117.45 kN・m)。液化工况下，承台底部 Y 向动弯矩峰值为 162 060 kN・m，出现在 8.5 s，较前者明显增大，Y 向动弯矩随着地震波的变化区间为[162 060, −107 920]。此后动弯矩随着地震波的衰减而逐渐趋于稳定 27 929 kN・m(初始时刻为 117.21 kN・m)。两种工况下，由于地震作用使得 Y 向动弯矩明显增大，且有较大的残余弯矩产生。

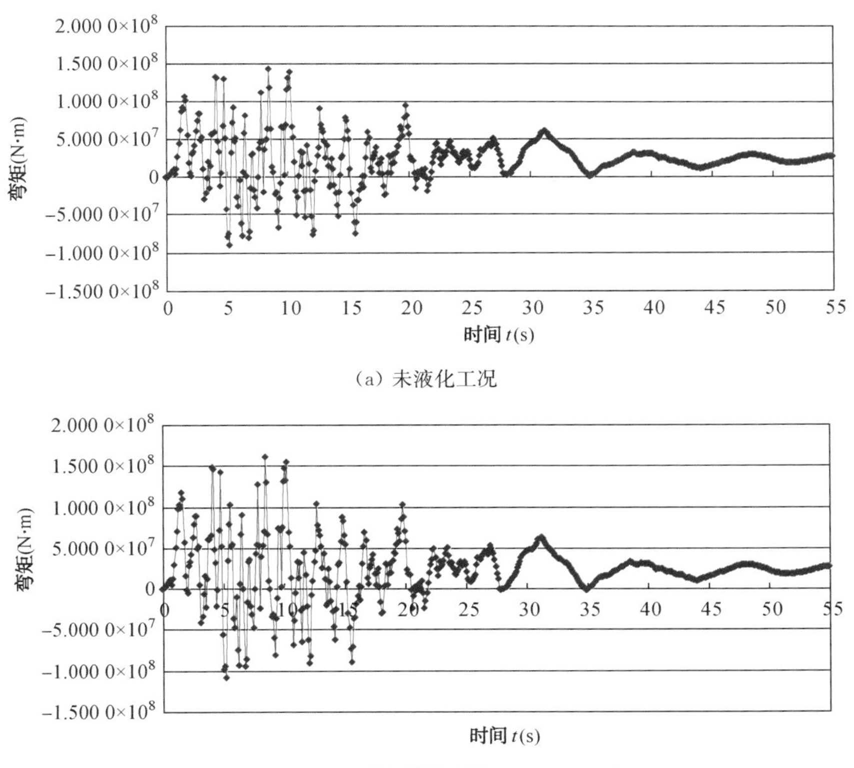

(a) 未液化工况

(b) 液化工况

图 7-110　承台底面 Y 向动弯矩时程曲线

经分析承台底面 Y 向动剪力及与之对应的 X 向动弯矩明显小于 X 向动剪力及与之对应的 Y 向动弯矩，变化幅度也非常小，说明“地基土-群桩-悬索桥”结构体系纵向抗震性能优于横向。两种工况下，由于地震作用使得 X 向动剪力及与之对应的 Y 向动弯矩明显增大，即使地震动结束后，仍有残余剪力和弯矩存在，说明桥桩体系虽然未失稳破坏，但是整个结构体中有较大的残余应力，对“地基土-群桩-悬索桥”结构体系构成了一定的危害。

7）工程安全性评价分析

如群桩为 M 列、N 行，则桩数为 $M\times N$，桩距为 S，群桩周长 U 可由 Seiler-Keeney 群桩效应公式计算(圆形桩)：

$$\omega=\left[1-\frac{11S}{7(S^2-1)}\cdot\frac{M+N-2}{M+N-1}\right]+\frac{0.3}{M+N} \tag{7-87}$$

式中：M 和 N——群桩中桩的行数和每行中的桩数，此处计算时分别取 5 和 10；

S——桩间距，此处计算取 7.2 m。

从式(7-87)计算得到 $\omega=0.81$。

(1) 按桩体钢筋混凝土材料强度确定竖向承载力

对于单桩，其竖向承载力可计算如下：

$$P=\varphi\gamma_b\left(\frac{1}{\gamma_c}R_aA+\frac{1}{\gamma_s}R'_gA'_g\right)-W \tag{7-88}$$

式中：P——计算的竖向承载力；

φ——纵向弯曲系数，对低承台桩基取 1.0；

R_a——混凝土抗压设计强度，此处计算取 14.3 N/mm^2；

A——验算截面处桩的截面面积，此处计算取 6.15 m^2；

R'_g——纵向钢筋抗压设计值，此处计算取 300 N/mm^2；

A'_g——纵向钢筋截面面积，此处计算取 $3.14\times0.018^2=0.03$ m^2；

γ_b——桩的工作条件系数，此处计算取 0.95；

γ_c——混凝土安全系数，此处计算取 1.25；

γ_s——钢筋安全系数，此处计算取 1.25；

W——桩自重。

从式(7-88)计算得到，北塔单桩竖向承载力为 64.3 MN。因此对于北塔群桩基础，其竖向承载力为 $nF\omega=46\times64.3\times0.81\approx2\,395.8$ MN。承台自重取 887.0 MN，上部荷载取 642.37 MN，其总和为 1 529.37 MN，则北塔整体群桩基础的安全裕度为 2 395.8/1 529.37 = 1.57。故知，按桩体钢筋混凝土材料强度如上计算所得的竖向承载力当有一定的富裕度。

(2) 按土体阻力确定的单桩极限承载力

根据该大桥指挥部提供的《北塔墩工程地质勘察报告》，按本报告推荐的持力层作为桩基持力层进行承载力估算。极限承载力计算公式为：

$$\begin{aligned}F&=U\sum_{i=1}^{n}\beta_iq_il_i+A\sigma_r-W\\ \sigma_r&=2m_0\lambda\{[\sigma_0]+k_2\gamma_2(h-3)\}\end{aligned} \tag{7-89}$$

式中：F——单桩轴向受压容许承载力(kN)；

U——桩的周长(m)；
A——桩端面积(m^2)；
n——土的层数；
β_i——第 i 层土桩侧阻力综合修正系数；
l_i——承台底面或局部冲刷线以下各土层的厚度(m)；
q_i——与 l_i 对应的第 i 层土与桩壁的极限摩阻力(kPa)；
σ_r——桩端处土的极限承载力(kPa)；
$[\sigma_0]$——桩端处土的容许承载力(kPa)；
h——桩端的埋置深度(m)；
k_2——地基土容许承载力随深度的修正系数，此处计算取6；
γ_2——桩端以上土的重度(kN/m^3)，此处计算取19.5 kN/m^3；
λ——修正系数，取0.7；
m_0——清底系数，取0.7；
W——桩自重。

从式(7-89)计算得到，北塔单桩极限承载力为73.517 MN。因此对于北塔整体群桩基础，其竖向承载力为 $nF\omega = 46 \times 73.517 \times 0.81 \approx 2\,739.24$ MN。承台自重取887.0 MN，上部荷载取642.37 MN，其总和为1 529.37 MN，则北塔整体群桩基础的安全裕度为2 739.24/1 529.37 = 1.79。故知，按土体阻力确定的单桩极限承载力当有一定的富裕度。

式(7-89)计算结果与ABAQUS计算结果的对比如表7-31所列，从表中可知，两种工况下，ABAQUS计算的基桩承载力均小于单桩极限承载力，最大的1#基桩31 079 kN(未液化)和32 347 kN(液化)也仅占到单桩极限承载力的42.3%(未液化)和44.0%(液化)，与单桩轴向受压容许承载力分别相差11 221.5 kN(未液化)和9 953.5 kN(液化)。另外，基桩最大桩端阻力和最大桩侧摩阻力也均超过单桩桩端总极限阻力和桩侧总极限摩阻力，因此7度地震下是安全的。

表7-31　计算结果对比

		单桩极限承载力(kN)	单桩轴向受压容许承载力(kN)	桩端总极限阻力(kN)	桩侧总极限摩阻力(kN)
按(7-89)式计算结果		73 517	42 300.5	33 807	50 794
数值模拟值	未液化工况	31 079(1#)		21 768(1#)	29 722(27#)
	液化工况	32 347(1#)		22 352(1#)	28 536(27#)

(3) 按简化的解析解计算的单桩极限承载力

以下再就计算退化(条件简化后)情况，使之将数值计算结果能够与现有解析解答的值二者作些比照验证。假定桩身为弹性地基梁，群桩中各桩的弹簧常数相等，桩基础为二维结构，引起桩顶水平位移的外力仅包括水平力及桩顶弯矩，则伸出地面桩的挠曲线微分方程式如下：

地上部分 $EI\dfrac{d^4y_1}{dx^4}=0$，土中部分 $EI\dfrac{d^4y_1}{dx^4}+p=0$，$p=kDy_2$；

桩顶位移，$\delta_{静}=\dfrac{(1+\beta h)^3+2}{12EI\beta^3}H$ (m)，$\delta_{动}=\dfrac{2(1+\beta h)^3+1}{3EI\beta^3}H$ (m)；

地面位移，$\delta_{地面}=\dfrac{1+\beta h}{4EI\beta^3}H$ (m)；

桩顶无转动，桩顶倾角 $\theta=0$；

桩顶剪力，$S_0=-H$ (N)，地面以下部分剪力沿桩体的分布 $S_2=-He^{-\beta x}(\cos\beta x-\beta h\sin\beta x)$；

桩顶弯矩，$M_0=\dfrac{1+\beta h}{2\beta}H$ (N·m)，桩在地面以上部分弯矩沿桩体的分布 $M_1=\dfrac{H}{2\beta}[-2\beta x+(1+\beta h)]$ (N·m)，桩在地面以下部分弯矩沿桩体的分布 $M_1=\dfrac{H}{2\beta}[-2\beta x+(1+\beta h)]$ (N·m)；

负弯矩最大位置 $l_m=\dfrac{1}{\beta}\tan^{-1}\dfrac{1}{\beta h}$ (cm)，土中 l_m 点处的弯矩 $M_m=-\dfrac{H}{2\beta}\sqrt{1+(\beta h)^2}\cdot e^{-\beta l_m}$)；

第一不动点的深度 $l=\dfrac{1}{\beta}\tan^{-1}\dfrac{\beta h+1}{\beta h-1}$ (cm)；

挠曲角为 0 时的深度 $L=\dfrac{1}{\beta}\tan^{-1}(-\beta h)$ (cm)。

上述公式中，H 为桩的水平力(N)，取最大动剪力 1.41×10^6 N，位于14# 桩顶；D 为桩径(m)，2.8 m；E 为桩的弹性模量(N/m^2)，取 30 GPa；I 为桩的断面惯性矩(m^4)，取为 3 m^4；k 为横向地基刚性系数(N/m^3)，取液化层下部土体 17 MN/m^3；h 为 H 的作用点距地面高(m)，去除液化层后为 12 m；$\beta=\sqrt[4]{kD/4EI}$ (m^{-1})，计算得 0.107 m^{-1}。

以未考虑液化影响工况下，X 向动剪力最大的 12# 桩为对象进行研究，有限元模拟值与解析解结果的对比如表 7-32 所示。

表 7-32　数值计算结果与解析解的对比

12# 桩	数值计算结果	解析解	误差
取桩顶剪力相等时	2.68×10^7 N	2.68×10^7 N	—
桩顶位移	6.1 cm	7.21 cm	1.11 cm，15.4%
桩顶弯矩	$1.250\,4\times10^8$ N·m	$1.575\,9\times10^8$ N·m	3 255 kN·m，20.65%

从以上计算退化的情况看，本书数值计算结果较解析解小，但相差不大，桩顶位移的相对误差为 15.4%，桩顶弯矩的相对误差为 20.65%，在同一数量级上，似可在一定程度上验证此处成果的可靠性。

7.6　本章主要结论

本章基于采用大型有限元法的 ABAQUS 软件作平台，以某跨江公路双跨连续悬索大桥的边塔墩桩基为工程背景，围绕该大桥桩基的抗震问题进行了研究探讨，取得的主要成果如下。

(1) 为了改善有限元计算方法的固有缺陷以解决天然无限域地基的数值模拟问题，本章提出并采用了“有限元-无限元组合”方法。该方法可以在不丧失计算精度的前提下，大大缩小计算规模和节约计算时间。在桥桩抗震动力计算分析中，动力无限元人工边界能很好模拟无限域地基的辐射阻尼，提供“quiet”边界。研究认为，改进的ABAQUS无限元人工边界的主要特点是：该法在静力分析中可用以模拟地基无限域对有限元计算区域的作用力，保持初始的地应力场平衡；而在动力分析中则能够模拟无限域地基的辐射阻尼，满足地震波的无穷远辐射传播条件，较之其他现有的各种人工边界将更加符合工程受力实际，实现了无限元静-动力统一人工边界在本项研究中的开发和应用。另外，还可用于分析解决外源地震波动输入问题。需要注意的是，这种边界需要邻接的有限单元具有线弹性解，所以它们应该与所研究的区域保持一定的距离。

(2) 在地震波输入方面，为了考虑外域地震波动的影响，本章探讨了以ABAQUS软件为平台的无限元法理论和计算方法，在此基础上对无限元人工边界进行了改进和完善，推导了相应的理论计算公式，为解决时空域内的外源地震波输入问题提供了一种可供借鉴的实用方法。研究认为，外源输入地震动产生的等效动应力，相当于在传统的沿用单一有限元预加地震动激励产生的应力场基础上再叠加一项附加应力场，用以平衡ABAQUS无限元在边界结点上产生的阻尼应力，并消除由于引入无限元人工边界所造成入射波的能量损耗。经过算例验证，考虑外域波动影响的无限元人工边界明显优于不考虑外域波动影响的无限元人工边界，其计算结果也较过去沿用的固定边界和黏弹性人工边界更为合理。本章提出的考虑外域自由场地震动输入的无限元人工边界的理论和方法经验证是可靠的，且具有更好的计算稳定性。

(3) 在对大桥北塔边墩地基场域所作的地震安全性分析中，着重研究了该场域ZK602场点的设计加速度反应谱形式，为后续的振动台试验和数值模拟提供了必要的场地地震动设计参数；此外，根据《公路工程抗震设计规范》和《建筑抗震设计规范》对所关心的大桥北塔墩场地土层按地震基本烈度为7度进行了砂土液化判别。其主要液化土层为1-3层粉砂，液化指数为10.77～26.18，为中等—严重液化等级，综合评价为严重液化等级。因此，在大桥群桩基础抗震动力分析中应计入砂土液化的不利影响。

(4) 采用大型振动台(系借用校际协作日本九州大学的相关实验设备)对“土-群桩-上部质量块”模型进行了动力响应试验研究。其中，得到了不同加速度峰值、不同频率正弦波和该大桥场域地震波入射条件下大桥桩基地震反应的一批实测数据，它对认识群桩动力反应规律和验证“地基土-群桩-上部结构”体系的相互耦合作用的分析理论和方法将起到相当的有益作用。

(5) 研究建立了“地基土-群桩-悬索大桥”结构体系的抗震动力相互作用理论计算模型，并研编了相应的大型三维非线性时域动力分析程序。针对该理论模型提出了一个基本研究框架，主要包括：地基土自重应力平衡分析，“地基土-群桩-悬索桥”结构体系的自振频率分析，自重静力作用下不同工况哑铃形群桩和承台内力的对比分析，静动力共同作用下三维群桩基础与桩周土的动力相互作用分析，分别对存在与不存在无限域地震波输入两种工况下静、动力共同作用的群桩土动力相互作用分析，以及桩体和承台的动内力分析。此处，还就存在无限域地震波输入条件下，分别对考虑与未考虑砂土液化影响两种工况，静、动力共同作用下的“群桩-土”动力相互作用分析，以及桩和承台的动内力分析等。研究成果为该大桥桩基工程的设计和施工提供了理论指导，具有重要的工程实际应用价值。

(6) 土体初始地应力场对于模拟材料屈服、特别是对具有围压依赖性和接触问题的正确分析尤为重要。在考虑地基土的成层性和连续性的情况下，研究了一种更具工程适用、方便的初始地应力场平衡方法。它较之传统方法运作简单、计算效率高、精度可控性好，更适于工程实际应用。

(7) 在江床下浅部土层振动液化条件下,“土-群桩-悬索桥跨”结构体系的动相互作用分析中,考虑了1-3层土体液化条件的不利影响。计入导致基础结构抗震性能的弱化情况,提出了采用场变量控制土体物理力学参数随地震动强度的增大而弱化的方式以模拟土体振动液化的方法,能够较好地模拟土体的液化,达到预期效果。

(8) 研究采用的“面面接触”单元,可以较好地模拟桩土之间的滑移、脱开和碰撞等接触问题存在的非线性特征。它较之将桩体视为杆系单元的计算精度要高,在桩土相互作用分析中反映出的物理现象也更为接近工程实际。

(9) 针对三维群桩基础的内力分析,研究中通过“单元面”输出截面积分的方法,可以实时输出桩体中各控制截面的轴力、剪力和弯矩,这为更好地进行三维桩基础的抗震计算分析奠定了基础,同样,该方法还可应用于承台内力的分析。

(10) 在基桩内力分析中,考虑了桩体自重的影响。认为基桩总轴力应由两部分组成,一部分力是由桩体自重引起的;而另一部分则是由上部外荷载引起的。提出了桩侧摩阻力的近似计算公式,从计算值与实际记录值的对比可知,它们之间的相对误差控制在5.4%之内,因此,该方法可以用于大直径超长钻孔灌注桩侧摩阻力的近似计算。

(11) 本书研究的哑铃形桩基础的群桩效应十分突出,群桩桩顶轴力分布具有明显的不均匀性,周边桩(尤其是角桩)的桩顶轴力明显大于内部桩的桩顶轴力。就各个桩排而言,桩顶轴力呈W形分布,尤以第三排桩的受力差异最为明显,即:哑铃形群桩两翼桩顶轴力较大,中间桩顶轴力次之,内部桩的桩顶轴力则较小;其中,23[#]中心桩和46[#]中心桩的桩顶轴力最小。另外,第一排桩与第五排桩桩顶轴力相当,要较其他基桩的桩顶轴力为大,第二排桩与第四排桩桩顶轴力相当,且具有对称性,第三排桩桩顶轴力相对较小。

群桩桩端阻力平面分布也具有明显的不均匀性,各桩排桩端阻力同样呈W形分布,各桩排桩端阻力也具有对称性。第三排桩桩端阻力相对较小,哑铃中部基桩端承力明显大于其他位置的基桩端承力。结合主塔哑铃形群桩基础的竖向位移分析,认为:中心部位基桩桩端竖向位移较周边桩的桩端竖向位移为大,因此,地基土对中心部位基桩桩端的反力较周边桩为大。

哑铃形群桩周边桩轴力明显地近似上部轴力大而下部轴力小的倾斜直线形,而内部基桩轴力则是典型的抛物线形,最大轴力位于桩身中部。分析认为,这是由于在基桩内力分析时,考虑了桩体自重影响的结果。

从受力机理上来讲,哑铃形群桩在桩距较小的情况下,基桩与土体相互作用导致各桩传递到桩端处的应力互相叠加,边桩由于其相邻的桩不多,桩端处的应力叠加程度相对不大,而承台内部基桩的桩端处应力叠加程度则相对比较大,因而具有较大的沉降趋势。在刚性承台的调节作用下,角桩、边桩将承担较多的荷载来平衡内部基桩的过大沉降。可以看出,正是由于这种群桩效应的影响,导致哑铃形群桩的桩顶轴力和桩端阻力呈不均匀分布。

(12) 采用“有限元-无限元组合”方法,对“地基土-群桩-悬索桥”结构体系模型进行地震动力学分析,得到了一些有益的研究成果,主要包括以下内容。

① 上述存在与不存在无限域地震波输入两种工况下的横向位移响应比较相近;哑铃形群桩各桩顶 X 向位移的变化规律基本相同;考虑无限域地震波输入工况下的基桩 X 向位移峰值所有增加(此处为1cm)。在水平动荷载作用下,群桩中各桩水平位移明显呈非线性特征,承台嵌固作用和桩与桩的相互作用使得群桩中各桩的桩身位移明显不同于单桩。哑铃形群桩左半部1[#]—23[#]桩桩顶 Z 向位移的变化规律相近;而右半部24[#]—46[#]桩,则其桩顶

Z 向位移的变化规律相近，但哑铃形群桩左右两边的 Z 向位移的变化趋势却完全相反向发展。外围桩的变化幅度较大，说明外部桩受地震影响更大。另外，各桩桩顶位移曲线相近，说明哑铃形群桩的整体抗震性能比较好。

② 桩侧摩阻力的变化与桩的 Z 向位移变化相对应。横向地震动作用下，各桩排的侧摩阻力成对称关系。例如，第一排桩与第五排桩各基桩的侧摩阻力呈对称关系；而哑铃形群桩左、右两个哑铃部分的基桩侧摩阻力则呈反对称关系，近似于此消彼长的互补关系。另外，哑铃形群桩外围基桩与土之间的总摩阻力明显大于内部桩。经对比分析后可知，存在无限域地震波输入工况较之不存在无限域地震波输入工况的桩侧摩阻力幅值的变化要大。相同地震动激励下，上述存在无限域地震波输入并考虑 1-3 层土体液化工况中，第 1-3 层土体液化使大部分基桩侧摩阻力峰值减小，但幅值变化较小，各基桩均并未因此失稳。

③ 桩侧摩阻力分析。在土体未液化和液化两种工况下，第一排和第三排桩左半部分均在 1.8 s 时其桩侧摩阻力达到峰值。哑铃形群桩不同位置处的基桩，桩侧摩阻力发挥程度不同，角桩桩侧摩阻力发挥好，边桩次之，中心部位基桩桩身上段有负摩阻力出现，哑铃左、右两侧群桩各对称基桩侧摩阻力也都存在此消彼长的互补关系。对群桩外侧的角桩和边桩言，因为地震动的影响，其摩擦力的变化幅度较大，但也都在可控的安全范围以内，可以基本上保证桩基的抗震安全。土体液化工况下，1[#] 桩和 27[#] 桩侧摩阻力较不考虑液化工况下有所减小，而 23[#] 桩和 46[#] 桩侧摩阻力较不考虑液化工况下则有所增大，各个基桩上段均有负摩阻力出现，使得桩体产生了额外的附加荷载。然而，各排桩在地震中均未发生失稳的情况，说明相同地震波激励下，1-3 层土体液化引起地基沉陷和有土体滑移现象时，下部桩周土体的摩阻力得到进一步发挥，从而弥补了 1-3 层土体液化后的损失。

④ 桩的动轴力分析。哑铃形群桩各桩排桩顶轴力峰值时刻与桩端阻力峰值时刻并不相同。在地震动作用下，哑铃形群桩左侧基桩各个桩顶的轴力和桩端阻力变化趋势相近；右侧各基桩的变化趋势也相近，且左、右两侧具有互补性。桩侧摩阻力与桩顶轴力的比值较初始时刻明显减小。由于外围桩受地震动影响较大，角桩、边桩的桩顶和桩端轴力以及桩侧摩阻力均明显大于中部基桩，因此，哑铃形群桩抗震设计时应对角桩、边桩进行更为妥慎的设计，保证在震害时不失稳定。由于地震动荷载作用，哑铃形群桩各桩的最大轴力及其位置均会发生变化，角桩、边桩轴力最大值位置较为靠近桩顶，而内部桩则较靠近桩体中部。

⑤ 从桩体的动剪力分析可知，根据提取的地震波峰值时桩体截面 X 向和 Y 向的剪力判断，在未液化工况下，桩体最大动剪力位于桩顶；液化工况下，则桩体最大动剪力位于桩身下部。分析认为，这是土层液化的影响导致桩体上部 X 向和 Y 向的剪力明显减小，故桩顶承受水平力的能力减弱。

⑥ 从桩体的动弯矩分析可知，边桩的弯矩最大，其次是角桩弯矩，群桩的中心部分弯矩最小。在未液化工况下，群桩桩顶弯矩随时间的变化曲线所反映出的规律性与上面述及的桩体动剪力相对应，即群桩桩顶 X 向和 Y 向的最大动弯矩出现在边桩，而靠近群桩中轴线上的桩、较远区边桩的动弯矩为小；液化工况下，群桩中各桩桩顶 X 向和 Y 向的动弯矩均较液化前工况的相应值有明显减小。砂土液化时主要影响桩身上半段的弯矩，对桩下部的影响则较小。

⑦ 从关于承台动内力的分析可知，在未液化与液化两种工况下，承台轴力受地震载荷影响均比较小，两种工况下承台底部 X 向的动剪力均有较大的变化，但尚保留其一定的残余值，其中液化工况时剪力峰值较未液化工况为大，残余剪应力也较后者为大。Y 向的动剪力明显小于 X 向动剪力，即横桥向所受地震水平力大于纵桥向，Y 向动剪力随着地震动的结

束而趋于稳定，基本上残余剪切应力已丧失殆尽。未液化工况下承台底部 X 向的动剪力峰值为 7 324.8 kN，小于液化工况下承台底部 X 向动剪力峰值 8 222.4 kN，说明土层液化虽然使部分基桩桩顶剪力峰值减小，但是反映在承台底部的剪力总和还是趋势增大，这一现象值得关注。经分析承台底面 Y 向的动剪力及与之对应的 X 向动弯矩明显小于 X 向动剪力及与之对应的 Y 向动弯矩，变化幅度也非常小，说明"地基土-群桩-悬索桥"结构体系纵向抗震性能优于横向。上两种工况下，由于地震作用使得 X 向动剪力及与之对应的 Y 向动弯矩均有明显增大，即使地震动结束后，仍有一定的残余剪力和弯矩存在，说明桥桩体系虽然震害中未失稳破坏，但是整个桩体结构系统中只保留有部分残余应力，它对"地基土-群桩-悬索桥"结构体系日后将构成可观的危害。

(13) 最后，从详尽的三维非线性动力数值模拟计算得到了基桩各部分的最大内力，采用多种方法对该跨江大桥群桩基础的工程安全性进行的综合评价分析后认为：大桥北塔群桩基础在设计地震烈度为 7 度条件下总体上是安全的。

从上述可见，基于 ABAQUS 软件平台研究编写的大型三维非线性时域抗震动力分析程序，能够较为合理地对"地基土-群桩-悬索桥"结构体系进行动力相互作用模拟分析。在研究了"地基土-群桩-悬索桥跨结构"体系受水平地震荷载作用时，较充分、真实地反映了该悬索大桥主跨北塔墩群桩基础的抗震性能，其中：计算中计入了桩身和承台体的自重、地震动力条件下的群桩效应，以及江床浅部松散砂性土层部分振动液化等不利因素对桩基础动力承载和变形性能的影响，得到了所期望的数值计算结果。本章研究方法和取得的以上各点成果对今后类似桥桩工程的抗震设计具有一定的参考和应用价值。

参考文献

[1] 王光海. 桥梁抗震研究[M]. 北京：中国铁道出版社，2007.

[2] 黄松涛，曹资. 现代抗震设计方法[M]. 北京：中国建筑工业出版社，1997.

[3] CLOUGH Ray W, PENZIRN Joseph. Dynamic of structures [M]. second edition. Columbus: McGraw-Hill, Inc., 1993.

[4] 门玉明，黄义. 土-结构动力相互作用问题的研究现状及展望[J]. 力学与实践，2000，22(4)：1-7.

[5] 李辉. 冷却塔考虑地基-基础-上部结构相互作用的地震反应分析[D]. 西安：西安理工大学，2010.

[6] POULOS H G, DAVIS E H. Pile foundation analysis and design[M]. New York: John Wiley & Sons Inc, 1980.

[7] BERRONES R F, WHITMAN R V. Seismic response of end-bearing piles[J]. Journal of Geotechnical Engineering Division, 1982, 108(4): 554-569.

[8] NOGAMI T. Soil-pile interaction model for earthquake response analysis of offshore pile foundations [C]. 2nd Int Conf on Recent Advances Geotech Eng and Soil Dyn, St Louis, 3(8): 2133-2137.

[9] PENZIEN J, SCHEFFY. C Seismic analysis of bridge on long piles[J]. Journal of Engineering Mechanics, 1964, 90(3): 223-254.

[10] MATLOCK H. Soil-pile interaction in liquefiable cohesionless soil during earthquake loading[C]// Proc. 1st Int. Conf. On Recent Advances in Geotech. Eng. and Soil Dyn., St. Louis, 2(4): 895-903.

[11] NAGGAR El, NOVAK M. Nonlinear lateral interaction in pile dynamics[J]. Soil Dynamics and Earthquake Engineering, 1995, 14(3): 141-157.

[12] NOVAK M, SHETA M. Approximate approach to contact effects of piles[J]. Dynamic Response of Pile Foundations: Analytical Aspects, 1978, 104(1): 53-79.

[13] NOGAMI T, KONAGI K. Time domain response of dynamically loaded single pile[J]. Engineering

Mechanics, 1988, 114(9): 1512-1525.

[14] BOULANGER R, CURRAS C, KUTTER B. Seismic soil-pile-structure interaction experiments and analysis[J]. Geotech. and Geoenvironmental Eng. , ASCE, 1999, 125(9), 750-759.

[15] KAGAWA T, MINOWA C, ABE. A. EDUS (Earthquake Damage to Underground Structure) project [C]// Proc, 12th World Conf Earthquake Eng New Zealand, No. 0329.

[16] MATLOCK H, RECSE L. Generalized solutions for laterally loaded piles[J]. J Soil Mechamcs and Foundation Div, 1960, 86(5): 63-91.

[17] DAVISSON M, GILL H. Laterally loaded piles in a layered system[J]. J Soil Mechamcs and Foundation Div, 1963, 89(5): 63-94.

[18] LYSMER J, UDAKA T. FLUSH-a computer program for approximate 3-D analysis of soil-structure interaction problems[J]. Earthquake Eng Research (Ctr, UNiv of California), 1972, Rep. No. UCB/EERC-75/30.

[19] BLANEY G, KAUSEL E, ROESSET J. Dynamic stiffness of piles[C]//Proc 2th int Conf Numerical Methods in Geomechanics, Blacksburg, 1976(2): 1001-1012.

[20] WOLF J, VON ARX G. Impedance functions of a group of vertical piles[C]// Proc ASCE Conf Earthquake Engineering and Soil Dynamics, Pasadena, 1978: 1024-1041.

[21] DESAI C, APPEL G. 3-D analysis of laterally loaded structures[C]// Proc 2th int Conf. Numerical Methods in Geomechanics,Blacksburg, 1976(2): 405-418.

[22] ANGELIDES D, ROESSET J. Nonlinear lateral dynamic stiffness of piles[J]. Journal of Geotechnical Engineering, ASCE, 1981, 107(11): 1443-1460.

[23] ETTOUNEY M M, BRENNAN J A, FORTE M F. Dynamic behavior of pile groups[J]. Journal of Geotechnical Engineering, 1983, 109(3): 301-317.

[24] 廖振鹏. 工程波动理论导论[M]. 北京:科学出版社,2002:136-187.

[25] MAMOON S, AHMAD S. Seismic response of piles to obliquely incident SH, SV and P waves[J]. Journal of Geotechnical Engineering, 1990, 116(2): 186-204.

[26] CUNDALL P A. A computer model for simulating progress large-scale movement in blocky rock system[C]// Proceedings of the symposium of the International Society of Rock Mechanics, Nancy, France, 1971(1): 1-8.

[27] 松谷辉雄,等. 兵库县南部地震中超高层钢筋混凝土建筑物振动特性评价[C]//第二届中日建筑结构技术交流会议论文集:上集,上海,1995:38-42.

[28] BETTESS P, ZIENKIEWICZ O C. Diffraction and refraction of surface waves using finite and infinite elements[J]. International Journal for Numerical Methods in Engineering, 1977, 11:1271-1290.

[29] BETTESS P, EMSON C, CHIAM T C. A new mapped infinite element for wxterior wave problems [C]// Lewis R W, et al, eds. Numerical methods in coupled systems. New York: John Wiley & Sons, 1984: 489-504.

[30] ZIENKIEWICZ O C, BANDO K, BETTESS P, et al. Mapped infinite elements for exterior wave problems[J]. International Journal for Numerical Methods in Engineering, 1985, 21: 1229-1251.

[31] BETTESS P. Infinite Element[M]. UK: Penshaw Press, 1992.

[32] BETTESS J A, BETTESS P. A new mapped infinite wave element for general wave diffraction problems and its validation on the ellipse diffraction problem[J]. Computer Methods in Applied Mechanics and Engineering, 1998, 164: 17-48.

[33] ASTLEY R J, EVERSMAN W. Finite element formulations for acoustical radlation[J]. Journal of Sound and Vibration, 1983, 88(1): 47-64.

[34] ASTLEY R J, EVERSMAN W. Wave envelope and infinite element schemes for fan noise radiation

from turbofan inlets[J]. AIAA-83-0709, 1983.

[35] CREMERS L, FYFE K R, COYETTE J P. A variable order infinite acoustic wave envelope element [J]. Journal of Sound and Vibration, 1994, 171(4): 483-508.

[36] CREMERS L, FYFE K R. On the use of variable order infinite wave envelop elements for acoustic radiation and scattering[J]. The Journal of the Acoustical Society of America, 1995, 97(4): 2028-2040.

[37] ASTLEY R J. Transient wave envelope elements for wave problems[J]. Journal of Sound and Vibration, 1996, 192(1): 245-261.

[38] BURNETT D S. A three-dimentional acounstic infinite element based on a prolate spheroidal multi-pole expansion[J]. The Journal of the Acoustical Society of America, 1994, 96(5): 2798-2816.

[39] BURNETT D S, HOLFORD R L. Prolate and oblate spheroidal acoustic infinite elements[J]. Computer Methods in Applied Mechanics and Engineering, 1998, 158: 117-141.

[40] BURNETT D S, HOLFORD R L. An ellipsoidal acoustic infinite element[J]. Computer Methods in Applied Mechanics and Engineering, 1998, 164: 49-76.

[41] CHOW Y K, SMITH I M. Static and periodic infinite solide element[J]. Int J Num Meth Eng, 1981 (17): 503-526.

[42] ZHANG C H, ZHAO C B. Coupling method of finite and infinite elements for strip foundation wave problems[J]. Earthquake Engineering and Structural Dynamics, 1987, 15: 839-851.

[43] YUN Chung-Bang, KIM Doo-Kie, KIM Jae-Min. Analytical frequency dependent infinite elements for soil-structure interaction analysis in two-dimensional medium[J]. Engineering Structures, 2000, 22: 258-271.

[44] 廖振鹏,李小军.推广的多次透射边界:标量波情形[J].力学学报,1995,27(1):69-78.

[45] 廖振鹏.透射边界与无穷远辐射条件[J].中国科学:E辑,2001,31(3):254-262.

[46] 刘晶波,吕彦东.结构-地基动力相互作用问题分析的一种直接方法[J].土木工程学报,1998,31(3):55-64.

[47] 刘晶波,王振宇,杜修力,等.波动问题中的三维时域黏弹性人工边界[J].工程力学,2005,22(6):46-51.

[48] 刘晶波,杜义秋,闫秋实.黏弹性人工边界及地震动输入在通用有限元软件中的实现[J].防灾减灾工程学报,2007,27(增):37-42.

[49] 赵建峰,杜修力,韩强,等.外源波动问题数值模拟的一种实现方式[J].工程力学,2007,24(4):52-58.

[50] 窦兴旺.重力坝-库水-地基动力相互作用研究及应用[D].南京:河海大学,1993.

[51] 戚玉亮,冯紫良,余俊,等.泰州大桥北塔群桩基础三维动力非线性抗震计算研究[J].岩石力学与工程学报,2010,29(增1):3071-3081.

[52] 戚玉亮."地基土-群桩-悬索大桥"体系抗震动力相互作用数值模拟[D].上海:同济大学,2011.

第8章　中等烈度地震江床浅层砂土局部液化及对桩基工程的影响研究

8.1　引言

液化是指物质由固体状态转变为液体状态的行为和过程，就地基工程而言，它是造成场地地震破坏的主要原因之一，地震引起的地基失效约50%都起因于砂土液化(他则多数反映为黏性土的震陷)。20世纪六七十年代发生了几次破坏性大地震，如1961年中国巴楚地震、1964年日本新潟大地震和美国阿拉斯加大地震、1966年中国邢台地震、1969年中国渤海湾地震、1971年美国圣费尔南多地震、1975年中国海城地震、1976年唐山大地震，以及2011年日本福岛发生了大地震等，不一而足，其中，均出现了因砂土液化导致堤防和其他建筑物破坏的现象，造成了巨大损失。为此引起了国内、外业界对饱和土(砂土、无黏性土和少黏性土)地震液化的严重关注，并加强了这方面的研究。研究人员对地基土体地震失稳破坏的原因及其机理、土体的抗震动力特性及饱和砂土液化等问题展开了广泛深入的探讨，在土体动力本构关系、饱和砂土液化、原位测试技术、室内试验、土与结构动力相互作用以及土动力数值分析方法等方面均取得了大量研究成果，其中，对饱和砂土液化的研究成果尤为突出。迄今，地震液化问题已成为土工抗震工程领域的一个热点研究课题，也是一个具有重大理论价值和实用意义的探讨难点。

近年来，随着地震调查研究手段的日益丰富，科研工作者积累了大量珍贵的宏观地震灾害资料，从而使饱和砂土地震液化触发之后的相关特性研究有了更进一步的深化。其中，砂土液化触发之后的一种新的破坏形式即砂土液化后引起的土体侧向大变形对地下结构(含桩基)地基土的破坏在多次大地震中均有表现，已被证实是液化区公路、铁路、桩基、隧道、码头、堤坝、房屋地基及各种生命线工程产生破坏、失稳的主要形式之一。

当地震烈度属中等程度(如6度～7度及其上下)情况，这在国内外最为常见，在这一震级的震害过程中，地表下浅层砂性土尚未有达到完全液化而尚保留一部分的残余抗剪强度，此处称之为局部液化。在局部液化条件下，砂土体丧失了一大部分强度而尚又保留有相当一部分的残余强度，其对结构物的影响也是严重的，但尚未达到破坏而失稳的程度，它是本章探讨的重点。上述的砂土地震局部液化与对液化后地基侧向大变形的评价，及其对桥梁巨型桩基的影响，是当前岩土抗震工程领域的难点和热点研究课题之一。

此外，本章研讨的另一侧重点是液化后地基土的侧向大变形。它是指饱和砂土地基在地震液化中其抗剪强度大幅降低后，在建(构)筑物荷载和土体自重作用下，地基土出现大的竖向沉降或大的水平向侧向变形的现象。与单纯的砂土液化相比，液化后大变形导致的破坏往往更为严重且发生又极为常见，几乎每次中、强地震导致的砂土液化都会伴有大变形的发生并导致灾难性的后果，如1964年日本新潟地震，Shinano河两岸大面积液化，因为地裂和地基最大水平位移达12 m，大多数钢桩和木桩护岸工程都遭到地基大变形破坏；同年的美国阿拉斯加地震，造成总计 250 座以上的桥梁被严重破坏，其中绝大多数都是因地层中的泥沙、砂砾液化而向河床扩展造成桥墩、支承桩等的水平向大的侧移所致；1975 年我国海城地震中可液化区桥梁桩基破坏严重，田庄台辽河桥地下砂层发生液化导致地基侧向滑动，使桥墩基础桩出现裂缝，造成桥台和桥墩水平向侧移转动，使表层土体滑移，推动桥墩、桥台变位倾斜，严重导致桥墩折断，桥面脱落，使地基大变形水平侧移导致严重后果。

本章内容将在前人研究成果的基础上，采用室内试验、理论分析与数值模拟相结合的方法较为系统地探讨在中等烈度情况下跨江大桥桩基饱和砂土地震局部液化与液化后大变形发生的规律性认识，并结合我国某跨江大桥主跨边塔墩桩基工程的实际，研究地震局部液化以及液化后侧向大变形对该大桥桩基工程安全稳定性的影响，得出了一些在工程实用和理论依据上有一定助益的成果。

8.2 饱和砂土动力特性试验

土的动力强度及液化特性的研究是土动力学领域的一项重要内容。在室内进行土的动力特性试验，主要包括两方面的内容：一是确定土的动强度，用于分析在大变形条件下地基和结构的稳定性对砂土的振动液化问题，可用于砂土液化的可能性判断，为液化后大变形的发生提供条件；二是确定剪切模量和阻尼比，用以计算在小变形条件下土体在一定范围内所引起的位移、速度、加速度或应力随时间的变化。目前，国内、外许多学者对不同地区砂土的动力特性进行了研究，并取得了相当进展。但是，对深水江床下浅表层粉细砂土的动力特性研究，在国内、外则鲜有报导。以长江中下游河段为例，江床段多位于饱和砂性土层内，其表层且又多为有相当厚度的松软、松散粉细砂层，在强震作用下，砂土发生液化将导致水下桩基工程的破坏，因此江床浅层饱和松散砂土液化是类似于长江大桥等重要工程必须加以足够重视的工程问题。

试验仪器采用 GDS 10 Hz/20 kN 双向振动三轴系统，由英国 GDS 公司研制生产，利用高速直流伺服马达施加动荷载（轴向和径向），根据电子荷重传感器和位移传感器的反馈对荷载和变形的大小进行计算机控制，其基本功能包括：①可在 10 Hz 范围内同时进行轴压和围压的循环加载（双向独立控制，并可以自定义波形，力控制式）；②可在 10Hz 范围内对试样施加循环的轴向变形（应变控制式）；③可模拟复杂的静、动应力路径；④可进行常规的三轴试验，包括拉伸和压缩试验，应力控制和应变控制；⑤可进行 K_0 固结和膨胀试验。

8.2.1 土体不同有效固结压力试验①

1）土的动弹性模量

土的动弹性模量是土动力分析中的重要参数，它可表征土体材料在弹性变形阶段的动应力-应变关系。循环动应力和动应变滞回圈是确定土的动弹性模量的基础。理想的应力-应变滞回圈如图 8-1 所示。

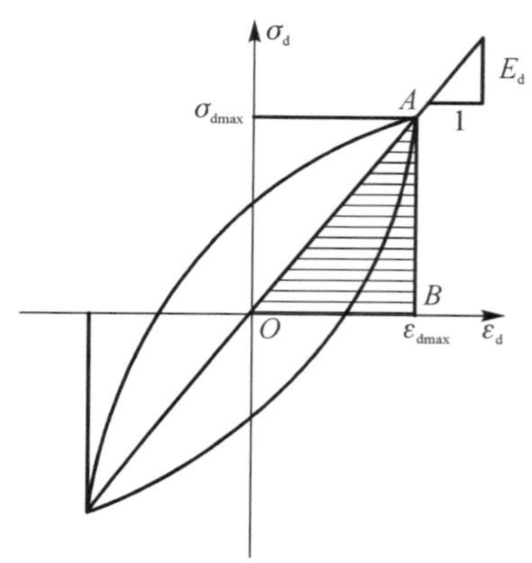

图 8-1 理想的应力-应变滞回圈

动弹性模量 E_d 定义为最大动应力与最大动应变之比，即：

$$E_d = \frac{\sigma_d}{\varepsilon_d} = \frac{\sigma_{dmax}}{\varepsilon_{dmax}} \tag{8-1}$$

① 本子项试验工作在浙江大学土动力试验室完成。

式中，σ_{dmax} 和 ε_{dmax} 分别为轴向最大动应力和轴向最大动应变。

目前，确定土动弹性模量的途径主要有两种：一种是根据试验结果，直接建立动弹性模量与动弹性应变之间的关系；另一种是通过所建立的骨干曲线，间接建立动弹性模量与动弹性应变之间的关系。

Hardin 等由试验得出土在周期循环荷载作用下的应力-应变关系曲线通常为双曲线型，即：

$$\sigma_d = \frac{\varepsilon_d}{\dfrac{1}{E_{dmax}} + \dfrac{\varepsilon_d}{\sigma_{dmax}}} \tag{8-2}$$

式中，E_{dmax} 和 σ_{dmax} 分别为轴向最大动弹性模量和轴向最大动应力。

令 $a=1/E_{dmax}$，$b=1/\sigma_{dmax}$，带入式(8-2)有：

$$\sigma_d = \frac{\varepsilon_d}{a + b\varepsilon_d} \tag{8-3}$$

联立式(8-1)与式(8-3)得：

$$E_d = \frac{\sigma_d}{\varepsilon_d} = \frac{1}{a + b\varepsilon_d} \tag{8-4}$$

图 8-2 给出了粉砂试样在不同围压下动弹性模量与动弹性应变的关系曲线。由图 8-2 可知，随着动弹性应变的逐渐增加，动弹性模量随之降低，出现刚度软化现象。在循环初期，曲线比较陡峭，刚度软化速率较快，之后随着动弹性应变的增加，曲线趋于平缓，刚度软化速率减小。对于同样的应变水平，当围压增大时，动弹性模量增加。动弹性模量有随围压增大而增大的趋势，是因为试样的孔隙比随围压的增大而减小，相对密度增大，土颗粒接触点增加，使得应力波在土中的传播更快，从而增大了动弹性模量。

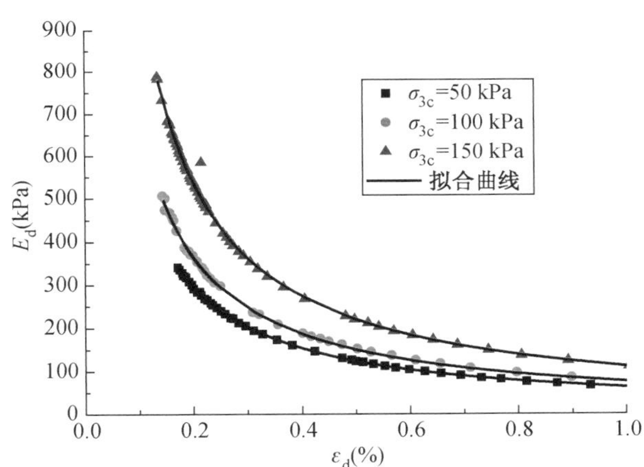

图 8-2　不同围压下粉砂 E_d—ε_d 关系曲线

同一围压下的动弹性模量与动弹性应变之间关系可用式(8-4)来表示，其中，E_d 为动弹性模量；ε_d 为动弹性应变；a 和 b 是与固结围压有关的拟合参数，其值列于表 8-1。

表 8-1　式(8-4)中参数 a 和 b 的取值

参数	围压(kPa)		
	50	100	150
a $(10^2\,kPa)^{-1}$	0.000 24	0.000 13	0.000 07
$b(kPa)^{-1}$	0.015 66	0.013 03	0.008 94

由表 8-1 可知，参数 a 和 b 均随着固结围压的增加而减小，并与固结围压之间近似为线性关系，由如图 8-3 和图 8-4 所示，即有：

$$a = -1.7 \times 10^{-6}\sigma_{3c} + 3.167 \times 10^{-4} \tag{8-5}$$

$$b = -6.72 \times 10^{-5}\sigma_{3c} + 1.926 \times 10^{-2} \tag{8-6}$$

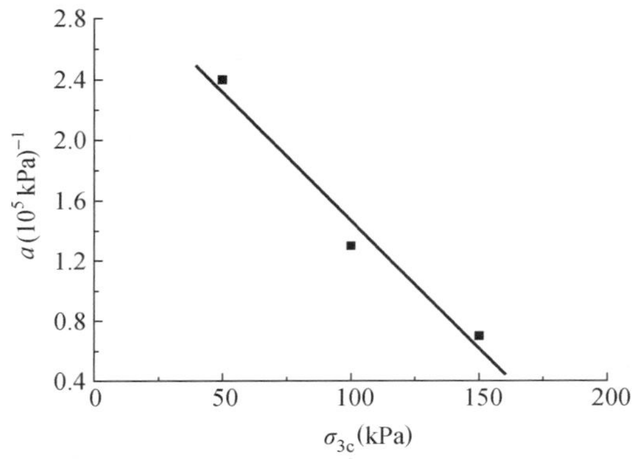

图 8-3　参数 a 与围压 σ_{3c} 的关系

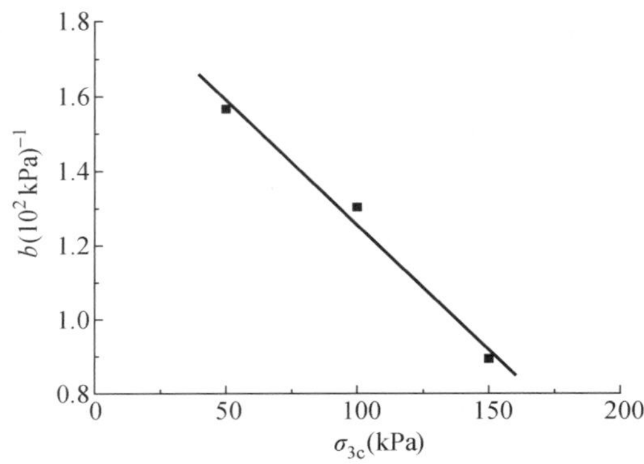

图 8-4　参数 b 与围压 σ_{3c} 的关系

2）阻尼比

土的阻尼比是土动力学中的另一重要特征参数，它反映了土动应力-应变关系的滞后性。阻尼比为实际的阻尼系数 C 与临界阻尼系数 C_{cr} 之比。土动力学研究中，一般的阻尼比计算公式为：

$$\lambda = \frac{A_0}{4\pi A_T} = \frac{1}{4\pi}\frac{\text{滞回圈的面积}}{\text{三角形 }OAB\text{ 的面积}} \tag{8-7}$$

式中，A_0 为滞回曲线的面积；A_T 为原点 O 与滞回曲线顶点 A 连线所构成的三角形面积，即图 8-1 中阴影部分的面积。

阻尼比的经典计算方法是先用椭圆曲线来拟合应力-应变滞回圈，再计算其面积。然而，根据试验所得到的试验结果，实测的滞回圈并不是标准的椭圆。因此，采用椭圆拟合的方法难免存在人为影响因素，难以准确测量，且误差很大，同时该计算方法繁琐，工作量大。为此，本章则采用本章后面的文献[3]提出的方法，将应力-应变滞回圈中各数据点的坐标与滞回圈面积建立起关系，从而使得阻尼比的计算工作变得精确和简便。

由空间解析几何知识可得，向量 a 和 b 所夹三角形的面积为二者叉积所得向量模的 1/2。

$$S_{OAB} = \frac{1}{2}a \times b = \frac{1}{2}\left(\begin{vmatrix} a_y & a_z \\ b_y & b_z \end{vmatrix} i - \begin{vmatrix} a_x & a_z \\ b_x & b_z \end{vmatrix} j + \begin{vmatrix} a_x & a_y \\ b_x & b_y \end{vmatrix} k\right) \tag{8-8}$$

对于二维平面，式(8-8)前两项为零，则图 8-5 中所示三角形 OAB 的面积为：

$$S_{OAB} = \frac{1}{2} \mid OA \times OB \mid = -\frac{1}{2}\begin{vmatrix} \varepsilon_{ad} & \sigma_{ad} \\ \varepsilon_{bd} & \sigma_{bd} \end{vmatrix} \tag{8-9}$$

式中，ε_{ad}，ε_{bd}，σ_{ad} 和 σ_{bd} 分别为点 A 和 B 的动应变与动应力，由于 $OA \times OB$ 是沿着顺时针方向旋转的，由右手法则可知式(8-9)中行列式为负值，故应乘以 −1。根据叠加法可知，图8-5

中所示的滞回圈可看成是多个三角形面积的叠加：

$$S=-\frac{1}{2}\left(\begin{vmatrix}\varepsilon_{1d} & \sigma_{1d}\\ \varepsilon_{2d} & \sigma_{1d}\end{vmatrix}+\begin{vmatrix}\varepsilon_{2d} & \sigma_{2d}\\ \varepsilon_{3d} & \sigma_{3d}\end{vmatrix}+\cdots+\begin{vmatrix}\varepsilon_{(n-1)d} & \sigma_{(n-1)d}\\ \varepsilon_{nd} & \sigma_{nd}\end{vmatrix}+\begin{vmatrix}\varepsilon_{nd} & \sigma_{nd}\\ \varepsilon_{1d} & \sigma_{1d}\end{vmatrix}\right) \tag{8-10}$$

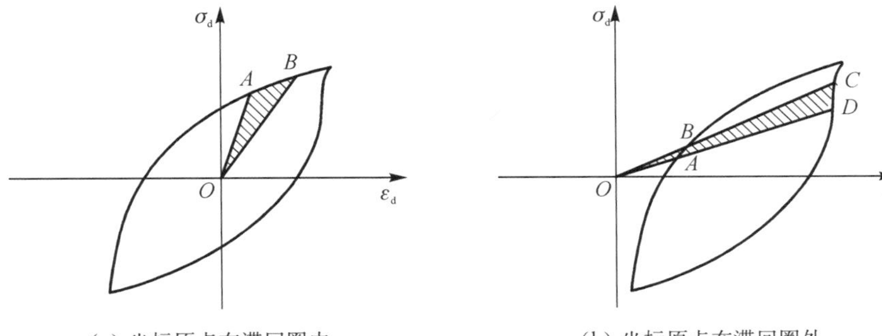

(a) 坐标原点在滞回圈内　　(b) 坐标原点在滞回圈外

图 8-5　计算方法示意图

图 8-6 为不同围压下阻尼比与动弹性应变的关系曲线。由图 8-6 可知，砂土的阻尼比随着动弹性应变的增加而增大。在微小应变时，阻尼比随动弹性应变的增加而迅速增长，此后曲线趋于平缓。这说明振动过程中应变的变化滞后于应力的变化是有限制的。同时可以看出，围压对砂土阻尼比的影响并不显著，但仍可看出阻尼比有随围压增大而减小的趋势，尤其在动弹性应变比较低的情况下表现更为明显。

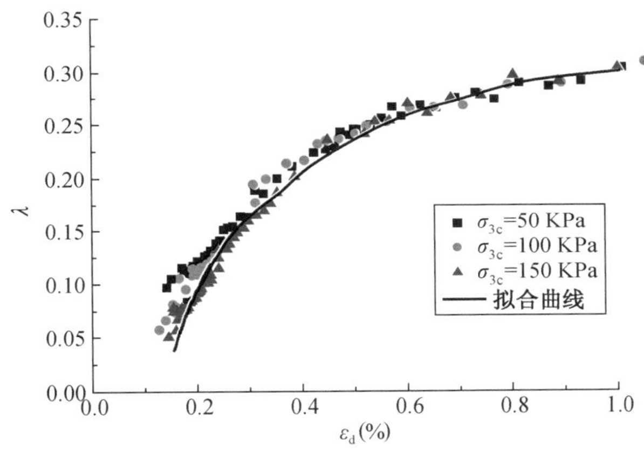

图 8-6　不同围压下粉砂 λ-ε_d 关系曲线

Hardin 等(1972)根据大量试验结果建立了阻尼比与动剪切模量的关系：

$$\lambda=\lambda_{max}\left(1-\frac{G_d}{G_{dmax}}\right) \tag{8-11}$$

在假定材料符合线弹性关系的条件下，可以得到：

$$\frac{G_d}{G_{dmax}}=\frac{E_d}{E_{dmax}} \tag{8-12}$$

则阻尼比和动弹模量之间的关系为：

$$\lambda=\lambda_{max}\left(1-\frac{E_d}{E_{dmax}}\right) \tag{8-13}$$

由于 E_d/E_{dmax} 本身是动弹性应变的函数，因此，不同围压下的阻尼比与动弹性应变的关系可借助阻尼比和动弹性模量之间关系来描述，即：

$$\lambda=\lambda_{max}\left(1-\frac{E_d}{E_{dmax}}\right)^m \tag{8-14}$$

其中，λ_{max}为最大阻尼比，可根据试验曲线确定，m 为与土性有关的试验常数，针对本文所用的粉砂，$\lambda_{max}=0.304$，m 可取 1；E_{dmax}为最大动弹性模量，与孔隙比 e 和有效平均固结压力 $\sigma'_c=(\sigma'_{1c}+2\sigma'_{3c})/3$ 有关，等压固结时，σ'_c即为有效围压 σ'_{3c}，本章中有效围压 σ'_{3c}均用 σ_{3c}表示。E_{dmax}可由式(8-15)和式(8-16)换算得到的。其中，μ 为泊松比，对于饱和不排水的情况体应变 ε_v，在轴对称应力条件下 μ 可取 0.5。

$$G_{max}=6\ 934\times\frac{(2.17-e)^2}{1+e}(\sigma'_c)^{0.5} \tag{8-15}$$

$$G_{max}=\frac{E_{max}}{2(1+\mu)} \tag{8-16}$$

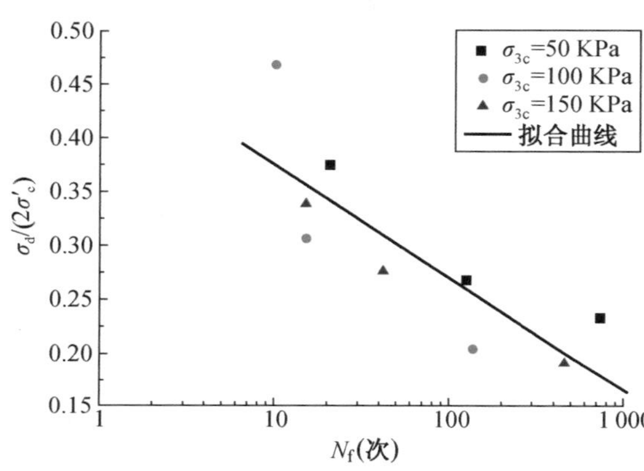

图 8-7　不同围压下粉砂的液化曲线

3）土体动强度特性

在等压固结条件下，改变围压进行动三轴试验，研究其对砂土动强度特性的影响，采用孔压等于围压为试验的破坏标准。图 8-7 为不同围压下粉砂破坏振次 N_f 和动剪应力比 $\sigma_d/(2\sigma'_c)$的关系曲线。由图 8-7 可知，在等压固结条件下，不同有效围压下粉砂的试验数据点皆分布在较窄的范围内，有效围压σ'_c对动剪应力比$\sigma_d/(2\sigma'_c)$的影响很小，可以近似地归一。在半对数坐标中，不同有效围压下粉砂的 $\sigma_d/(2\sigma'_c)$、N_f 关系可用式(8-17)表示，即：

$$\sigma_d/(2\sigma'_c)=A+B\lg N_f \tag{8-17}$$

式中，A 和 B 为土性参数，即图 8-7 中直线的截距和斜率，对本试验的粉砂试样，$A=0.466$，$B=-0.1$。

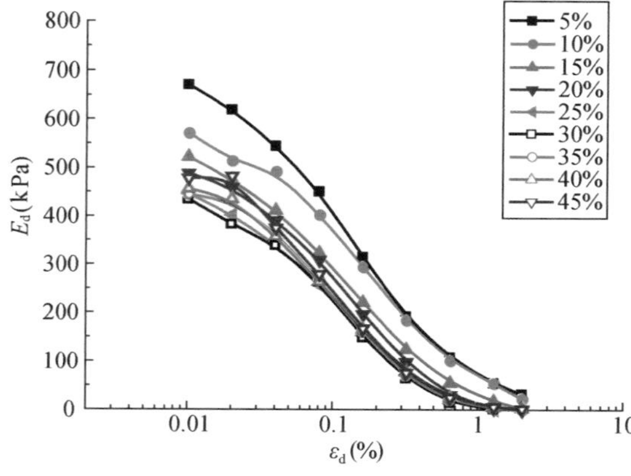

图 8-8　不同细粒含量砂土 $E_d-\varepsilon_d$ 关系曲线

8.2.2　土体不同细粒含量试验

1）土地动弹性模量

图 8-8 给出了不同细粒含量砂土动弹性模量与动弹性应变的关系曲线。由图 8-8 可知，随着动弹性应变的逐渐增加，动弹性模量随之降低，出现刚度软化现象。这一变化趋势与不同有效围压下的动弹性模量随动弹性应变的变化规律相一致。对于同样的应变水平，细粒含量对砂土动弹性模量的影响较大，其影响不是随着细粒含量的变化呈单调变化的趋势，当细粒含量增大时，动弹性模量逐渐减小，在细粒含量达到 30%时，动弹性模量也

达到最小值，随后，随着细粒含量的增加，砂土的动弹性模量又逐渐增加。

由以上分析可知，相同的动弹性应变水平下，不同细粒含量砂土的动弹性模量的大小不同，但它们的动弹性模量随动弹性应变的发展模式可以用同一模型来表示，不同细粒含量砂土的动弹性模量与动弹性应变之间关系仍可按前述表示，区别在于不同细粒含量的砂土，其拟合参数 a 和 b 不同，如表 8-2 所列。

表 8-2　式(8-4)中参数 a 和 b 的取值

参数	细粒含量(%)								
	5	10	15	20	25	30	35	40	45
$a(10^2\text{ka})^{-1}$	0.001 41	0.001 68	0.001 71	0.001 79	0.001 95	0.002 02	0.001 92	0.001 85	0.001 72
$b(\text{kPa})^{-1}$	0.011 09	0.011 15	0.018 61	0.021 19	0.027 81	0.027 94	0.026 19	0.025 73	0.025 50

由表 8-2 可知，参数 a 和 b 均先随着细粒含量的增加而增大，并在细粒含量为 30%时达到最大值，之后随着细粒含量的增加，参数 a 和 b 均又逐渐减小，不同的是参数 b 在细粒含量超过 30%后，其减少的趋势相对变缓，如图 8-9 和图 8-10 所示。

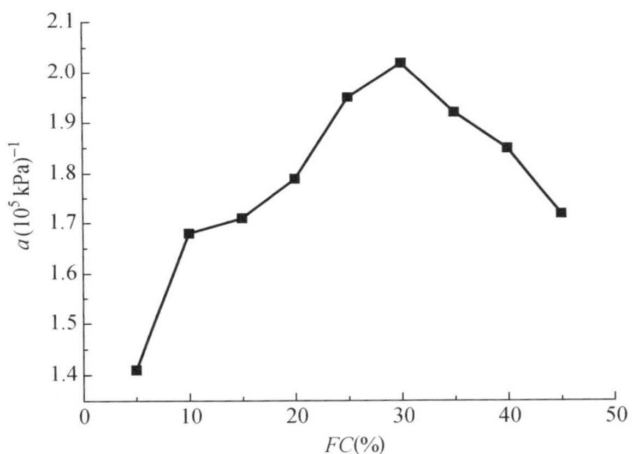

图 8-9　参数 a 与细粒含量 FC 的关系　　**图 8-10　参数 b 与细粒含量 FC 的关系**

2) 阻尼比

图 8-11 为不同细粒含量砂土阻尼比与动弹性应变的关系曲线。由图 8-11 可知，砂土的阻尼比随着动弹性应变的增加而增大，在微小应变时，阻尼比随动弹性应变的增加而迅速增长，此后曲线趋于平缓。这说明振动过程中应变的变化滞后于应力的变化是有限制的。同时可以看出，细粒含量的变化对砂土阻尼比同样存在一定影响，在相同的动应变水平下，阻尼比随着细粒含量的增加呈现出先增大后逐渐减小的趋势，这种趋势在高应变水平下更趋明显，在细粒含

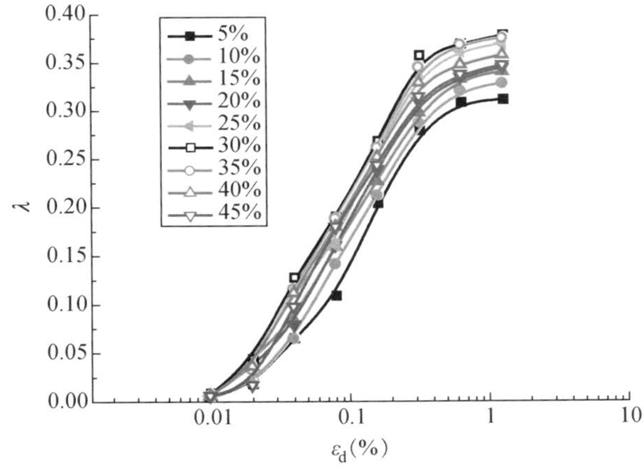

图 8-11　不同细粒含量砂土 λ-ε_d 关系曲线

量为 30%时，砂土的阻尼比达到最大值。说明在细粒含量逐渐增大的情况下，砂土对于动荷载反应的滞后性先增高随后又逐渐降低。

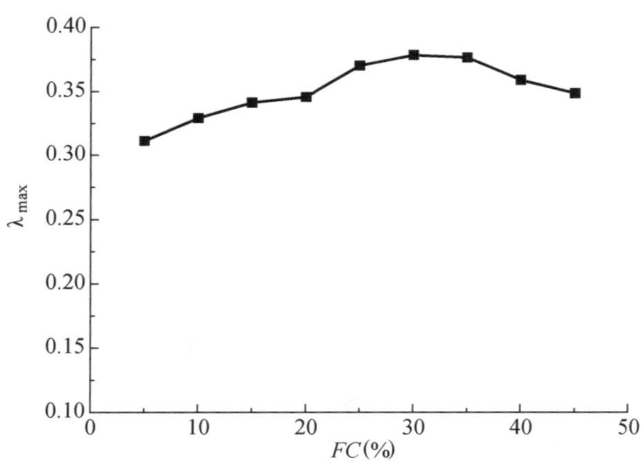

图 8-12　最大阻尼比 λ_{max} 与细粒含量 *FC* 的关系

不同细粒含量砂土的阻尼比与动弹性应变之间关系仍通过阻尼比与动弹性模量之间的关系式来表示，图 8-12 给出了 λ_{max} 随细粒含量的变化关系。由图 8-12 可知，在细粒含量从 5%到 45%的变化过程中，最大阻尼比的量值在 0.3 到 0.4 之间变化。最大阻尼比随着细粒含量的增大也呈现出先增大而后减小的趋势，并在细粒含量为 30%时达到最大值。参数 a 和 b 与式(8-4)中的意义相同。

3）土体动强度特性

图 8-13 给出了部分细粒含量试样液化振次 N_f 和动剪应力比 $\sigma_d/(2\sigma_c')$ 的试验曲线。从图 8-13 可以看出，细粒含量为 5%的试样，其相应的动剪应力比最大，即抗液化性能最好。细粒含量为 30%的试样，其相应的动剪应力比最小。为了解更多的颗粒分布对液化性能的影响，对图 8-13 进行一些处理，即在液化振次为 20 处切出一条线，可以得到液化振次为 20 的情况下细粒含量对动剪应力比的影响曲线，如图 8-14 所示。由图 8-14 可知，细粒含量确实对砂土液化性能影响很大，但并不是随着细粒含量的增加，抗液化强度单调变化，而是在细粒含量较小的情况下，砂土的抗液化强度随着细粒含量的增加而减小，在细粒含量为 30%时出现最小值，然后随着细粒含量的增加而逐渐增加。

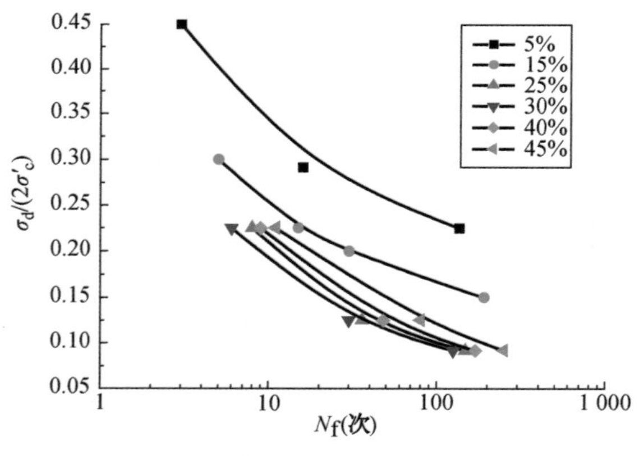

图 8-13　不同细粒含量砂土的液化曲线

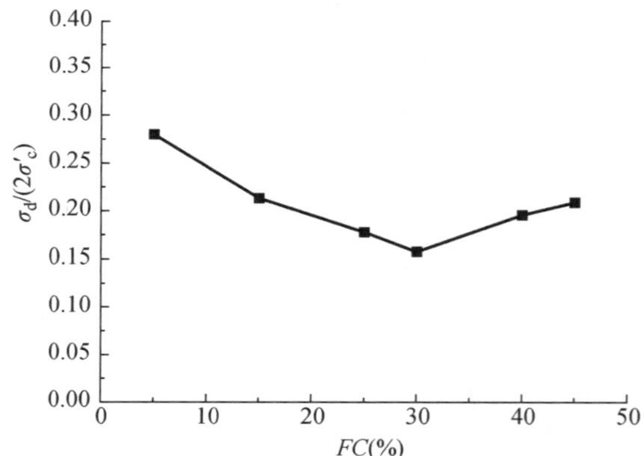

图 8-14　细粒含量对抗液化强度的影响

8.2.3　细粒含量对砂土动力特性影响的机理

由以上分析可知，细粒含量对砂土动力特性的影响不是单调变化的，无论是动弹性模量、阻尼比还是动强度，总存在一个界限含量，使含细粒砂土在界限含量前后的变化规律呈相反的变化趋势。对本次试验所用的含细粒砂土，临界细粒含量在 30%左右。

细粒含量对砂土动力特性的影响可从含细粒砂土的微观结构特征去解释。含细粒砂土的微观结构是非常复杂的，它是各种大小不一的土粒或粒团通过某种或多种连接方式形成的集合体。土粒之间不同的组合连接方式将导致砂土不同的宏观力学性态。Thevanayagam(2000)对该问题进行了简化分析，以 74 μm 为界将含细粒砂土颗粒划分为砂粒组和粉粒组，并认为含细粒砂土的微观结构主要可分为两大类：①含细粒砂土的骨架主要由粗颗粒(砂粒)之间相互接触形成，其宏观力学性状由砂粒控制为主，细粒为辅，如图 8-15(a)、(b)、(c)所示。在图 8-15(a)所示的结构中，细粒几乎完全存在于砂粒间的空隙内，对骨架的形成几乎不起作用，在图 8-15(b)所示的结构中，部分细粒存在于砂粒间的接触点上，部分参与骨架的形成。在图 8-15(c)所示的结构中，部分细粒起着分隔砂粒的作用。②含细粒砂土的骨架由细颗粒之间相互接触形成，其宏观力学性状由细粒控制为主，砂粒为辅，如图 8-15(d)所示。在整体孔隙比不变的情况下，随着细粒含量的增加，含细粒砂土的微观结构将从①过渡到②，土体性状相应地将由砂粒组控制转换为细粒组控制，在这一过程中存在细粒含量的转折点 FC_{th}，即临界细粒含量。下面将以临界细粒含量为依据，引入粒间状态参量对不同细粒含量砂土的动力特性进行分析。

(a) 砂粒形成骨架

(b) 部分细粒形成骨架

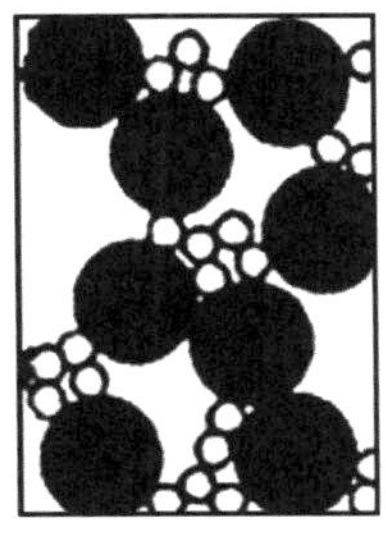
(c) 细粒分隔砂粒

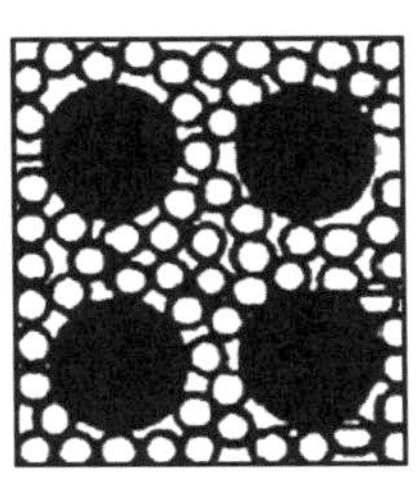
(d) 细粒形成骨架

图 8-15　土体二元微观结构示意图

1) 粒间孔隙比

图 8-16 为饱和含细粒砂土的两相示意图。为分析的方便，将其中各相分离开来。当细粒含量 $FC<FC_{th}$，细粒组对含细粒砂土力学性状的宏观表象并未起到作用，或作用较小，则它的力链占土粒间相互作用比例不大。此时的骨架孔隙比可按下式得到：

$$e_s=\frac{V_T G_s \rho_w}{M_t-M_f}-1 \tag{8-18}$$

式中，e_s 为骨架孔隙比(skeletal void ratio)，为统一在含细粒砂土中使用，称为粒间孔隙比；V_T 为试样总体积；ρ_w 为水的密度；M_t 为试样中固体颗粒总质量；M_f 为试样中细粒质量。

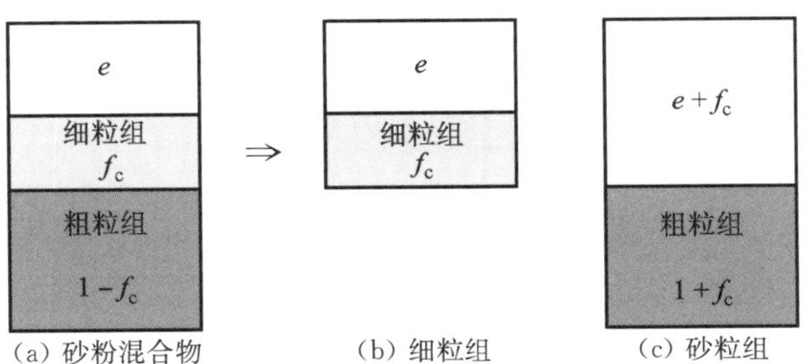

(a) 砂粉混合物　(b) 细粒组　(c) 砂粒组

图 8-16　饱和砂粉混合物两相示意图

这里，假定砂粒与细粒具有相同的土粒比重，即使显示其差别，但是它们的比值很小，对物理指标的定义影响也是甚微的。如图 8-16 所示，土体总孔隙体积为 e，细粒含量为 FC（质量百分比数），则粉粒体积为 $f_c = FC/100$，砂粒体积为 $1 - FC/100 = 1 - f_c$。故可将式(8-18)简化为：

$$e_s = \frac{e + f_c}{1 - f_c} \tag{8-19}$$

相应地，粒间相对密实度可定义为：

$$D_{rs} = \frac{e_{max,HS} - e_s}{e_{max,HS} - e_{min,HS}} \tag{8-20}$$

式中，$e_{max,HS}$为纯净砂的最大孔隙比；$e_{min,HS}$为纯净砂的最小孔隙比。

这里，纯净砂为无细粒含量的砂土，即 $f_c = 0$。粒间相对密实度反映了作为土体骨架的砂粒的密实状态，有别于通常所用的土体相对密度 D_r。由于粉粒的存在会出现 D_{rs}值小于 0 的情况，对应有 $e_s > e_{max,HS}$，如图 8-16(c)所示。这说明在低细粒含量时，细粒在土体整体力链中所起的作用尽管很小，但它们的存在却使砂粒间“有效”孔隙增大。对这种“增大”效应不可无限扩大而无视细粒的存在，即不能简单地由式(8-20)得到 $e_{s,max}$ 和 $e_{s,min}$，即 $e_{s,max} \neq e_{max,HS}$和 $e_{s,min} \neq e_{min,HS}$，这种“增大”效应是与颗粒间相互接触作用密切相关的。

2）细粒间孔隙比

当细粒含量 $FC > FC_{th}$时，土体内部力链的形成和相互作用力的传递逐渐为细粒所控制，砂粒被粉粒包围于其中而成为悬浮颗粒，故其相互不接触或接触很少，对土体性状的影响很小。尽管砂粒间的作用力可忽略不计，但其体积却是不可不计的。这种情形下细粒作为土体的主骨架[图 8-15(d)]，则细粒间孔隙比定义为：

$$e_f = \frac{e}{f_c} \tag{8-21}$$

式中，e_f 为细粒间孔隙比；e 为土体的孔隙比；f_c 为细粒含量。

3）基于粒间状态参量的含细粒砂土动力特性分析

试样采用同一个干密度（1.40 g/cm^3）进行配置，最大干密度和最小干密度随细粒含量的变化关系如图 8-17 所示。最大干密度随细粒含量的增加而逐渐增大，在细粒含量为 30%时出现最大值，之后随细粒含量的增加而略有降低，最小干密度的变化趋势与最大干密度相同，即在 30%时出现最大值。此时，不同细粒含量砂土的相对密实度在 0.296～0.714 之间，属疏松到中密状态，相对密实度随细粒含量的变化如图 8-18 所示。随着细粒含量的增加，相对密实度呈先减小后增大的趋势，且在细粒含量为 30%时出现最小值。这个变化趋势更进一步证实了本试验含细粒砂土的临界含量为 30%。表 8-3 给出了含细粒砂土动力特性（包括动弹性模量、阻尼比、动强度）在临界含量前后的变化规律。下面将就粒间状态参量逐一对其进行分析。

表 8-3　含细粒砂土动力特性在临界含量前后的变化规律

细粒含量	动弹性模量	阻尼比	动强度
$FC < 30\%$	减小	增大	减小
$FC > 30\%$	增大	减小	增大

当细粒加入到纯净砂中形成粉细砂时，由于细粒含量较少，粗粒含量较大，粗粒相互排列形成骨架孔隙，细粒并未占据砂粒间的孔隙，而是较多地游离在骨架孔隙内，砂土的动力特性主要由粗粒决定。在 $FC<30\%$ 的情况下，当细粒含量逐渐增加时，粗粒之间形成的骨架孔隙比 e_s 逐渐变大，如图 8-19 所示。此时，含细粒砂土的相对密实度也逐渐减小，这使得土颗粒之间的接触点减少，土体内部力链的相互作用力逐渐减小，相同应变水平下抵抗变形的能力也随之减小，从而使动弹模逐渐减小，试样的动强度也随之减小。同时，土颗粒间接触点的减小使得应力波在土中的传播变慢，从而使土体对动荷载反应的滞后性增加，阻尼比也增加。

在 $FC>30\%$ 的情况下，当细颗粒再进一步增加时，在细粒较多的情况下，细粒不但充满粗粒间的空隙并包裹粗粒料，粗骨料不能起到骨架作用，砂土的动力特性主要由细粒决定，而细粒间孔隙比 e_f 则随着细粒含量的增加而逐渐减小，如图 8-20 所示。此时，含细粒砂土的相对密实度又逐渐增大，这使得砂土的动力特性与 $FC<30\%$ 的情况呈相反的变化趋势。

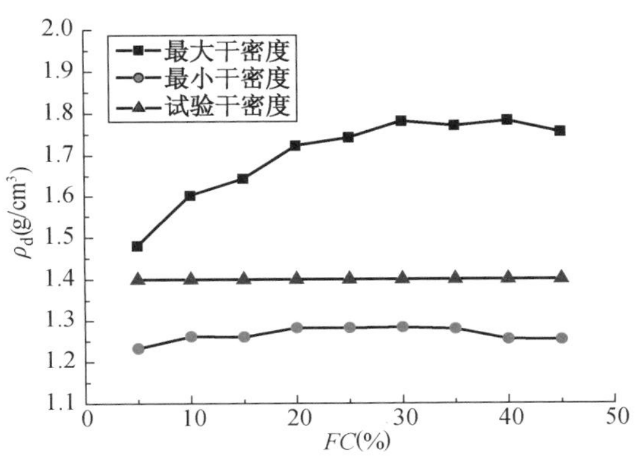

图 8-17　干密度随细粒含量的变化

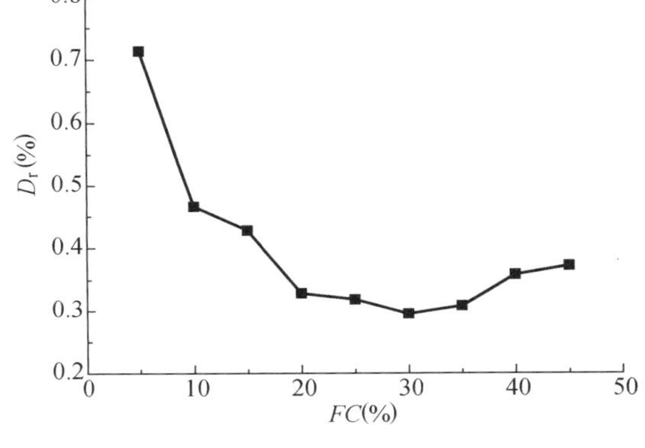

图 8-18　相对密度随细粒含量的变化

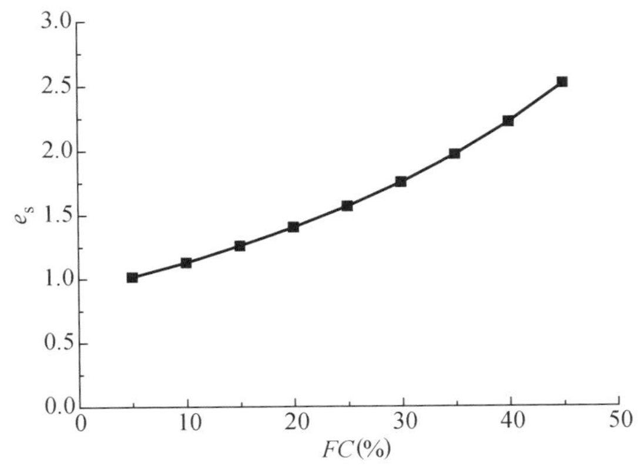

图 8-19　粒间孔隙比 e_s 随细粒含量的变化

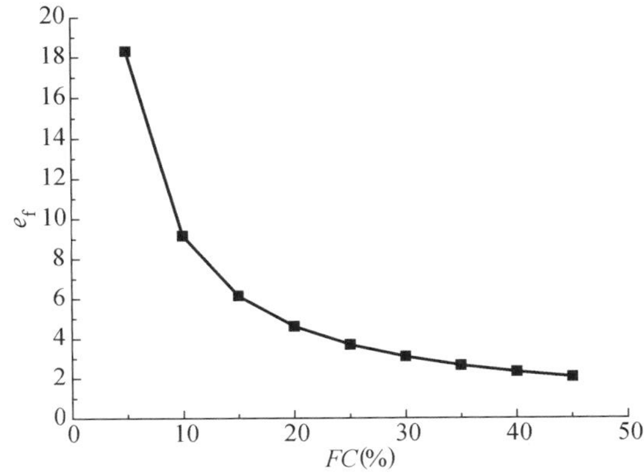

图 8-20　细粒间孔隙比 e_f 随细粒含量的变化

8.3　饱和砂土动孔压演化特性试验

饱和砂土是由土颗粒与孔隙水组成的多孔两相介质。饱和砂土的液化是在一定条件下由于荷载作用导致的孔隙水压力增长的结果。动荷载作用下孔隙水压力的变化是改变土体强度、引起土体变形的根本原因，也是应用有效应力法分析土体稳定性的关键影响因素。动孔压演化规律的研究日益受到人们的关注，Seed 等(1976)根据循环三轴试验，建立了适用于各向等压固结条件下土体孔隙水压力比与循环次数比的反正弦函数模式。利用 GDS 10Hz/20kN 双向振动三轴系统以及 GDS 单向循环三轴仪，对饱和砂土进行不排水动三轴液化试验；从孔隙水压力的演化机理出发，对饱和砂振动液化过程中的剪胀、剪缩、卸荷体缩等体积变化过程进行详细的分析，以此为基础，研究液化进程中动孔压的发展规律；分析了试样初始有效固结压力和细粒含量对饱和砂土液化过程中动孔压特性的影响。基于试验结果，寻求一种等压固结条件下简便的孔压应变模型，该模型直接和动力分析中应变幅联系起来，可以克服应力模型的不足，并为抗震稳定性分析提供依据。同时建立不同细粒含量影响的孔压应力发展模式，并对细粒含量对动孔压影响的机理进行了解释，研究结果可为估计同一地区不同细粒含量砂土的动孔压发展提供一定依据。

1) *动孔压演化规律及分析*

图 8-21 给出了循环荷载作用下典型的动三轴试验曲线，其中有效围压 σ_{3c} 为 150 kPa，循环剪应力比为 $\sigma_d/(2\sigma_c')=0.33$。由图 8-21 可以看到，加载初期，动孔压波动频繁并随时间逐步增长，轴向应变变化幅度较小。当动孔压接近围压时，孔压时程曲线在波峰附近出现不规则凹槽，轴向应变开始大幅度增加，随后试样发生破坏。

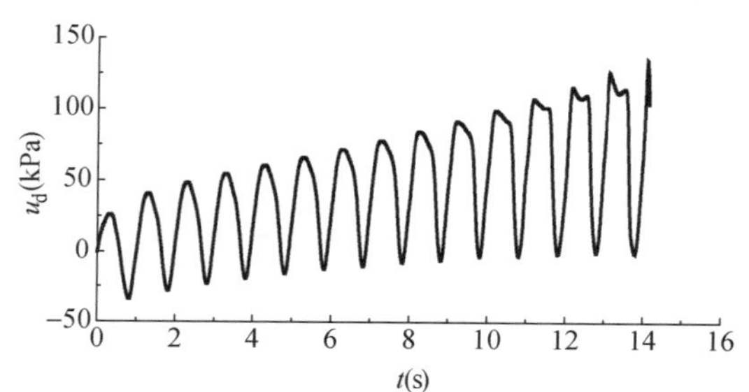

(a) 动孔压 u_d 与时间 t 关系

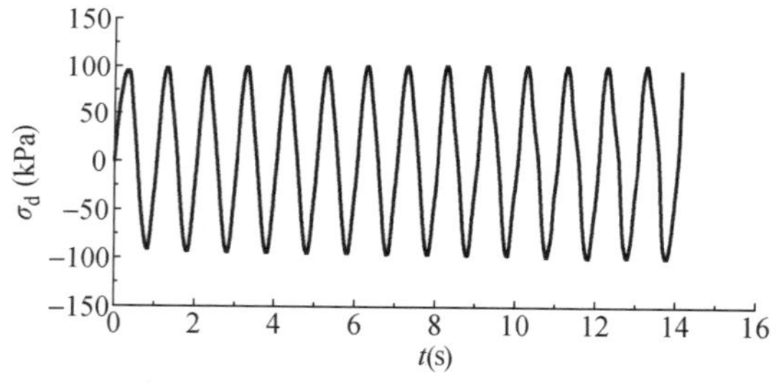

(b) 动应力 σ_d 与时间 t 关系

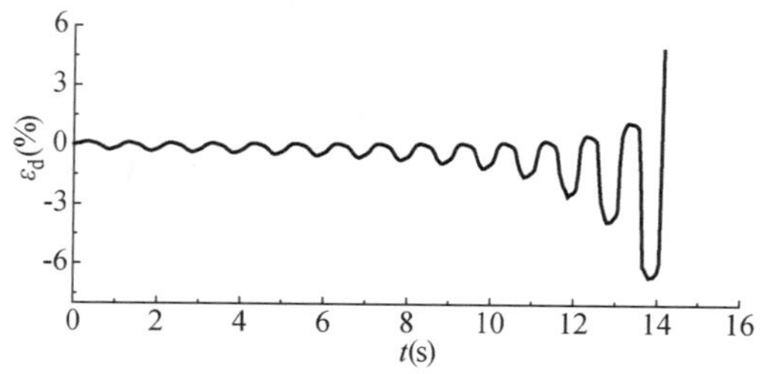

(c) 动应变 ε_d 与时间 t 关系

图 8-21 典型动三轴试验曲线

砂土在动荷载作用下颗粒之间发生相对错动和滑移，产生体变。体变包含两部分：由有效球应力变化引起的体变分量 ε_{vc} 和由剪应力作用引起的体变分量 ε_{vd}。假设砂土颗粒和孔隙水不可压缩，不排水条件下的体积相容条件为：

$$\varepsilon_{vc}+\varepsilon_{vd}=0 \tag{8-22}$$

由于在不排水振动过程中，作用在砂样上的固结应力始终维持不变，所以孔压的变化只能由剪切作用引起，即：

$$\Delta u=-K_t\Delta\varepsilon_{vc}=K_t\Delta\varepsilon_{vd} \tag{8-23}$$

式中，Δu 为动孔压的变化量，K_t 为土骨架的切线体积模量。

由式(8-23)可知，饱和砂土在循环荷载作用下，孔压变化规律与体应变密切相关。不排水条件下，孔隙水压力的变化能够反映出土的剪胀、剪缩、卸荷体缩等变化过程。

动载作用初始阶段，砂土结构在动应力作用下进行调整，颗粒间出现小范围的相对滑动与滚动，剪胀与剪缩同时存在；在不同的时刻和不同的区域，表现为剪缩与剪胀交替出现。当动载持续一定时间，轴向应变和孔压累积到一定程

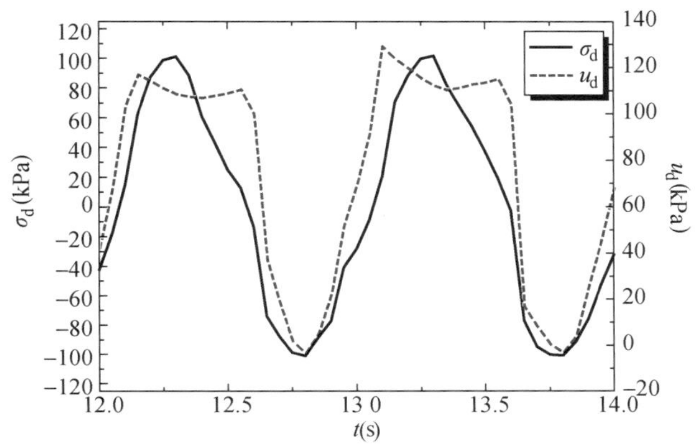

图 8-22　动应力 σ_d 和动孔压 u_d 之间的对应关系

度后，孔压时程曲线在波峰附近出现凹槽。图 8-22 为孔压曲线出现凹槽时动应力和动孔压之间的对应关系，由图 8-22 可知，动孔压随轴向压应力的增加逐步达到峰值，砂土体积收缩。当轴向压应力继续增加，在达到峰值的过程中，砂土孔压又会有小幅减小，呈现出凹槽形曲线，砂土表现为剪胀特性。轴向压应力在达到峰值后开始减小，孔压则又会有少许上升并在轴向压应力减小为零时，达到第二个峰值，这就是饱和砂土在循环剪切过程中所呈现的卸荷体缩特性；当轴向拉应力开始逐渐增加时，砂土体积回胀，使得孔压逐步下降，待轴向拉应力达到最大时，孔压跌至波谷，这就形成一个振动循环中砂土剪缩—剪胀—卸荷体缩交替出现的现象。这种前期累积体缩和后期加载剪胀与卸荷体缩的交替作用，形成了饱和砂土在循环剪切作用下的循环活动性。这种循环活动性的出现是由于砂颗粒在振动过程中相互滑移和错动，引起孔隙大小和分布的调整，使砂土的形状结构发生变化所引起的。

2）孔压的应变模型

孔压应变模型的特点是将孔压和轴向动应变联系起来，由典型动三轴试验曲线和上述动孔压的演化规律可知，在一个振动周期内，孔压变化的趋势与轴向应变变化的趋势基本一致，且循环荷载下饱和砂的孔压增长与轴向动应变有很好的相关性。这样就避免了孔压应力模型中无法解释偏应力发生卸荷时引起孔压增长的现象，即反向剪缩特性的不足。

在固结比为 1、有效围压 σ_{3c} 为 150 kPa 和循环剪应力比为 $\sigma_d/(2\sigma_c')=0.33$ 的条件下，得到一系列的试验结果，如图 8-23—图 8-25 所示，其中 N 为振次，ε_d 为相应振次的双幅轴向应变。其他试样的试验曲线与此类似，不再赘述。由图 8-23 可知：在应变超过 1% 时，试样开始进入大变形阶段，此时孔压也有一定程度的累积，液化指数已经接近 1，因此可将其变形过程分为两个阶段，第一阶段是应变小于 1% 时，此时应变随振次的增加缓慢呈线性增长，而孔压增长也很明显，第二阶段当应变大于 1% 时，孔隙水压力缓慢接近围压，直到等于围压而完全液化。

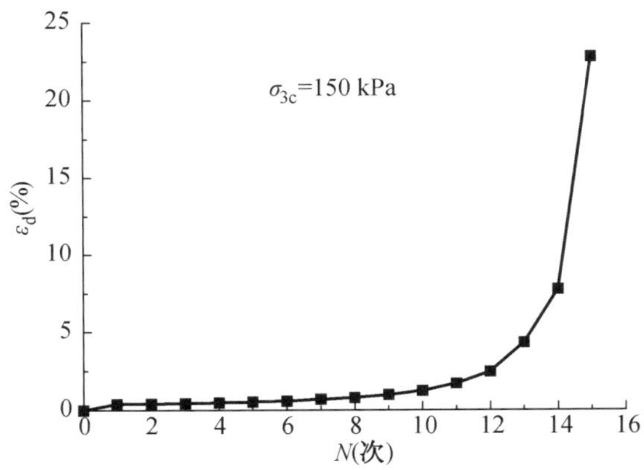

图 8-23　振次-双幅轴向应变曲线

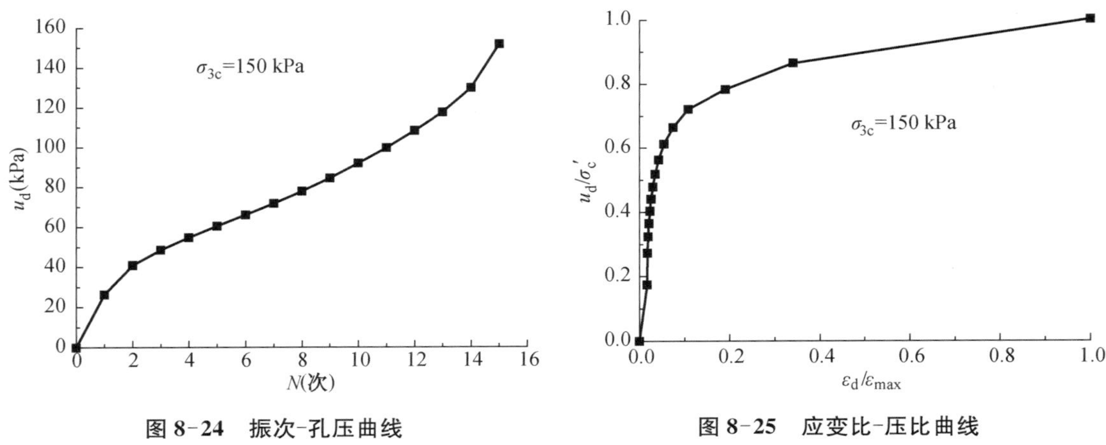

图 8-24　振次-孔压曲线　　**图 8-25　应变比-压比曲线**

由图 8-25 可知，动孔压比 u_d/σ'_c 与应变比 $\varepsilon_d/\varepsilon_{max}$ 之间的关系可用双曲线方程来表示：

$$\frac{u_d}{\sigma'_c}=\frac{\varepsilon_d/\varepsilon_{max}}{a+b(\varepsilon_d/\varepsilon_{max})} \tag{8-24}$$

式中，u_d 为振动 N 次的循环峰值振动孔压，σ'_c 为固结平均有效应力，等压固结条件下 σ'_c 等于固结围压 σ_{3c}，ε_d 为振动 N 次的双幅轴向应变，ε_{max} 为试样破坏时的最大双幅轴向应变，a 和 b 为双曲线参数。

式(8-24)可改写为如下形式：

$$\frac{\varepsilon_d/\varepsilon_{max}}{u_d/\sigma'_c}=a+b(\varepsilon_d/\varepsilon_{max}) \tag{8-25}$$

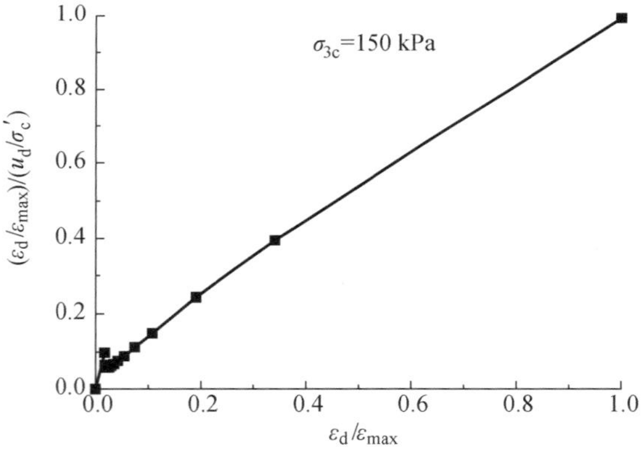

图 8-26　经坐标变换后的 u_d/σ'_c 与 $\varepsilon_d/\varepsilon_{max}$ 关系

将图的纵坐标改为 u_d/σ'_c，横坐标 $\varepsilon_d/\varepsilon_{max}$ 不变，则图 8-25 的双曲线将变成如图 8-26所示的直线形式。a 是 $u_d/\sigma'_c-\varepsilon_d/\varepsilon_{max}$ 曲线上初始切线斜率的倒数，b 是 $u_d/\sigma'_c-\varepsilon_d/\varepsilon_{max}$ 曲线上 u_d/σ'_c 渐近线的倒数。

等压固结时，不同动应力作用下动孔压比 u_d/σ'_c 与应变比 $\varepsilon_d/\varepsilon_{max}$ 之间的典型关系如图 8-27 所示。施加的动应力可用破坏振次 N_f 来隐现。不同固结围压 σ_{3c} 作用下，动孔压比 u_d/σ'_c 与应变比 $\varepsilon_d/\varepsilon_{max}$ 的关系见图 8-28。其中 u_d 为振动 N 次的循环峰值振动孔压，σ'_c 为固结平均有效应力，ε_d 为振动 N 次的双幅轴向应变，ε_{max} 为试样破坏时的最大双幅轴向应变。

由图 8-27 可知，在固结应力相同时，施加不同动应力得到 u_d/σ'_c 与 $\varepsilon_d/\varepsilon_{max}$ 关系图上试验点的离散性较小，说明动应力的变化对 u_d/σ'_c 与 $\varepsilon_d/\varepsilon_{max}$ 关系的影响相对较小，不同动应力下 u_d/σ'_c 与 $\varepsilon_d/\varepsilon_{max}$ 的关系曲线可以近似地归一。

由图 8-28 可知，在等压固结条件下，动孔压的产生和发展与围压的大小关系不大。在循环荷载施加的瞬间，孔隙水压力迅速升高，当 $\varepsilon_d/\varepsilon_{max}$ 达到 0.3 左右时，孔压的增加开始趋于缓慢，直到 $\varepsilon_d/\varepsilon_{max}$ 为 1 时，孔压达到围压而发生液化。

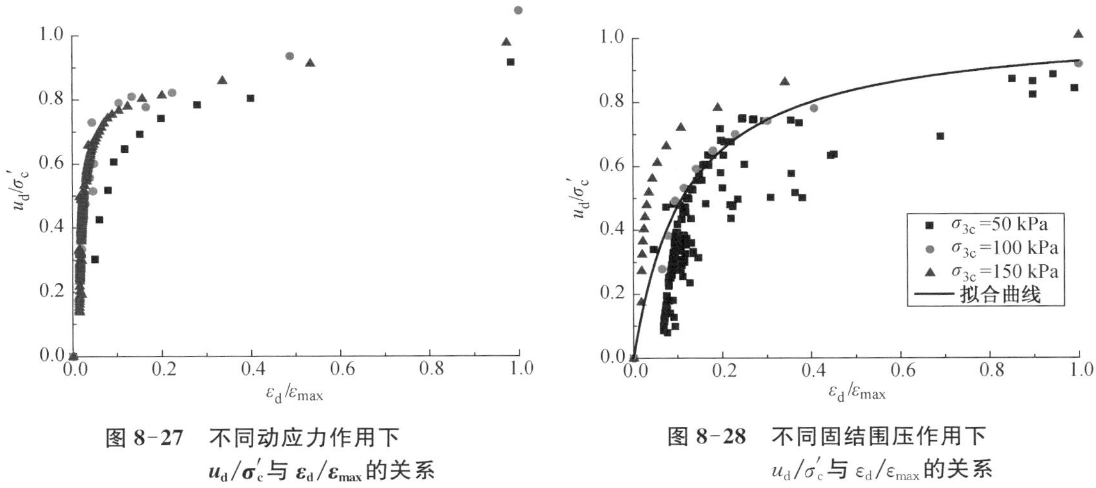

图 8-27　不同动应力作用下 u_d/σ_c' 与 $\varepsilon_d/\varepsilon_{max}$ 的关系

图 8-28　不同固结围压作用下 u_d/σ_c' 与 $\varepsilon_d/\varepsilon_{max}$ 的关系

根据试验结果，模型参数 a 取 0.96，b 取 0.115，将 a 和 b 代入式(8-24)，可得等压固结时不同围压下动孔压的应变模型。该模型简单实用，可以较好地描述饱和粉砂等压固结时动孔压的变化规律。

3）孔压的应力模型

孔压应力模型的特点是将孔压和施加的应力联系起来，施加的动应力可用破坏振次 N_f 来隐现，孔压的应力模型可用孔压比 u_d/σ_c' 和振次比 N/N_f 之间的关系来表示。在固结比为 1，有效围压 σ_{3c} 为 100 kPa 的条件下，不同动应力下动孔压比 u_d/σ_c' 与振次比 N/N_f 之间的典型关系如图 8-29 所示。不同固结围压 σ_{3c} 作用下动孔压比 u_d/σ_c' 与振次比 N/N_f 之间的关系如图 8-30 所示。由图可知，在等压固结条件下，动应力和围压的变化对 u_d/σ_c' 与 N/N_f 关系的影响都很小，在循环荷载施加的瞬间，孔隙水压力迅速升高，当 N/N_f 达到 0.15 左右时，孔压的增加趋缓；当 N/N_f 达到 0.75 左右时，孔压又开始快速增加；直到 N/N_f 为 1 时，孔压接近达到围压时，砂土发生液化。两种情况下 u_d/σ_c' 与 N/N_f 的关系曲线与以往研究提出

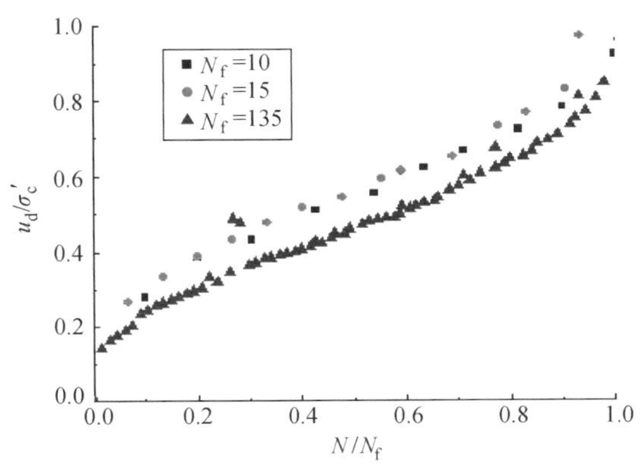

图 8-29　不同动应力作用下 u_d/σ_c' 与 N/N_f 的关系

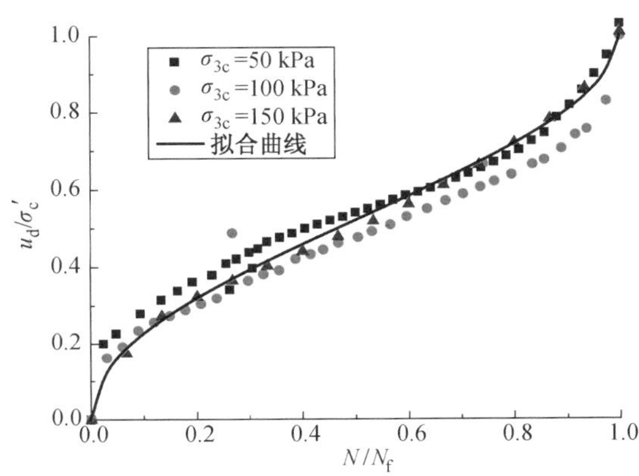

图 8-30　不同固结围压作用下 u_d/σ_c' 与 N/N_f 的关系

的孔压模型具有相同的变化形态，可近似地归一。其表达式为：

$$\frac{u_d}{\sigma'_0}=\frac{2}{\pi}\arcsin\left(\frac{N}{N_f}\right)^{\frac{1}{2\theta}} \tag{8-26}$$

式中，θ 为试验常数，取决于土类和试验条件，而与动应力和固结围压的大小无关。本次试验中 $\theta=1.061$ 时和试验结果较为吻合。因此，可用式(8-26)预测饱和粉砂等压固结时动孔压的变化情况。

4）细粒含量对动孔压的影响

图 8-31 给出了部分细粒含量试样孔压发展全过程的对比图。由图 8-31 可知，不同细粒含量砂土孔压增长量不同，在振动的初始阶段，孔隙水压力迅速升高，且随着细粒含量的增加，砂土孔压的增长量呈现出先降低后增加的趋势。在细粒含量为 30%时，孔压的增长量最小。当 N/N_f 达到 0.2 左右时，孔压的增加趋缓；当 N/N_f 达到 0.8 左右时，孔压又开始快速增加；直到 N/N_f 为 1 时，孔压接近达到围压时，砂土发生液化。不同细粒含量砂土的动孔压增长模式可用 Seed 提出的动孔压发展模式来表示，区别是不同细粒含量的影响体现在系数值的不同。

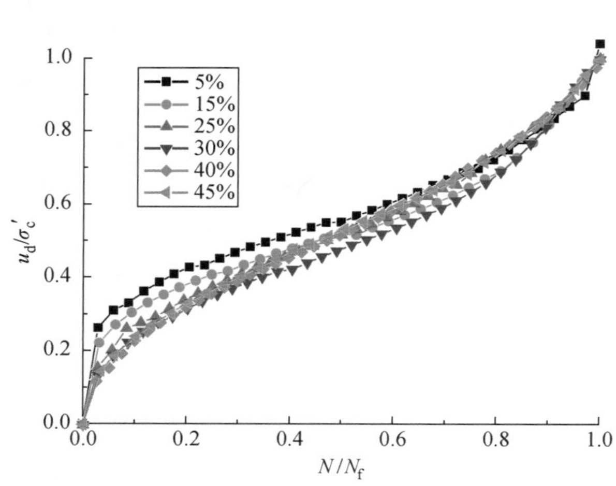

图 8-31　不同细粒含量砂土动孔压的发展曲线

图 8-32—图 8-37 给出了归一化处理后不同细粒含量砂土的动孔压发展试验曲线，并与 Seed 的拟合曲线对比，试验常数 θ 值如表 8-4 所列，其拟合关系分别表示为：

$$\text{当 } FC=5\% \text{ 时，}\frac{u_d}{\sigma'_c}=\frac{2}{\pi}\arcsin\left(\frac{N}{N_f}\right)^{\frac{1}{2\times1.506}} \tag{8-27}$$

$$\text{当 } FC=15\% \text{ 时，}\frac{u_d}{\sigma'_c}=\frac{2}{\pi}\arcsin\left(\frac{N}{N_f}\right)^{\frac{1}{2\times1.246}} \tag{8-28}$$

$$\text{当 } FC=25\% \text{ 时，}\frac{u_d}{\sigma'_c}=\frac{2}{\pi}\arcsin\left(\frac{N}{N_f}\right)^{\frac{1}{2\times1.187}} \tag{8-29}$$

$$\text{当 } FC=30\% \text{ 时，}\frac{u_d}{\sigma'_c}=\frac{2}{\pi}\arcsin\left(\frac{N}{N_f}\right)^{\frac{1}{2\times1.003}} \tag{8-30}$$

$$\text{当 } FC=40\% \text{ 时，}\frac{u_d}{\sigma'_c}=\frac{2}{\pi}\arcsin\left(\frac{N}{N_f}\right)^{\frac{1}{2\times1.135}} \tag{8-31}$$

$$\text{当 } FC=45\% \text{ 时，}\frac{u_d}{\sigma'_c}=\frac{2}{\pi}\arcsin\left(\frac{N}{N_f}\right)^{\frac{1}{2\times1.172}} \tag{8-32}$$

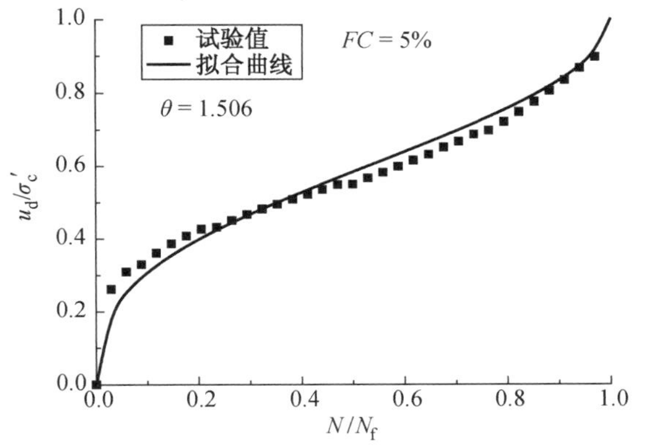

图 8-32　*FC* 为 5%时 u_d/σ_c' 与 N/N_f 的关系

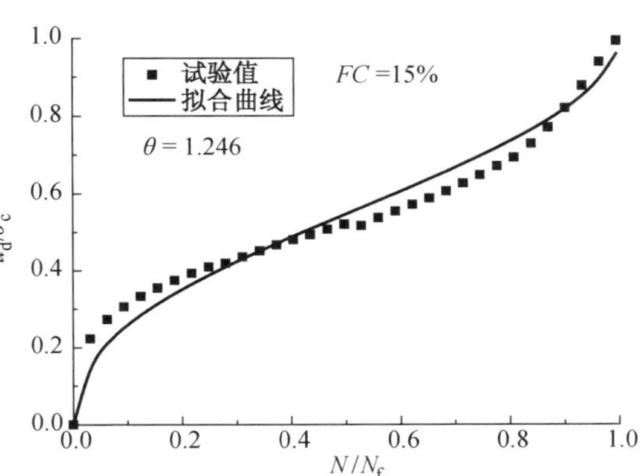

图 8-33　*FC* 为 15%时 u_d/σ_c' 与 N/N_f 的关系

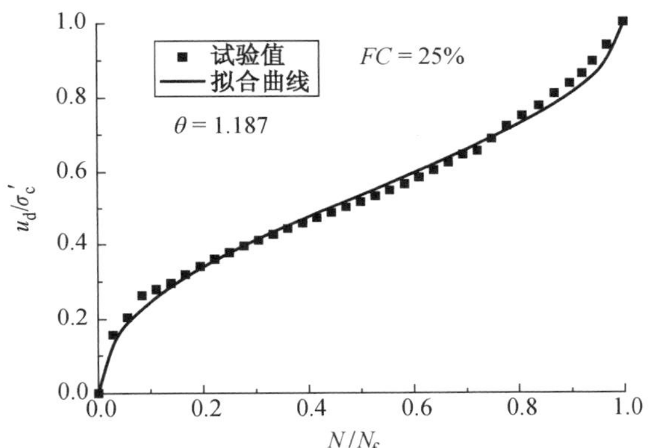

图 8-34　*FC* 为 25%时 u_d/σ_c' 与 N/N_f 的关系

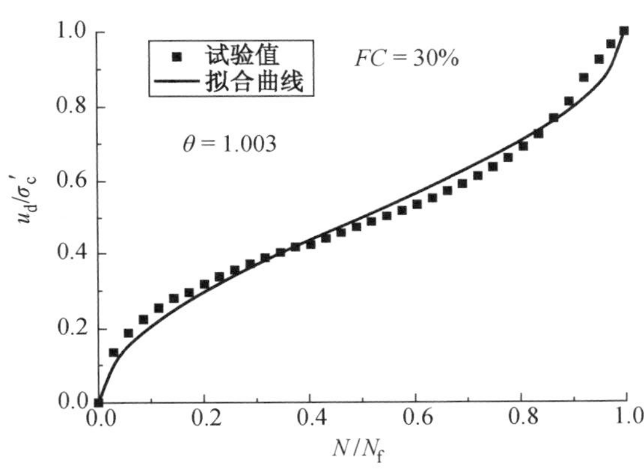

图 8-35　*FC* 为 30%时 u_d/σ_c' 与 N/N_f 的关系

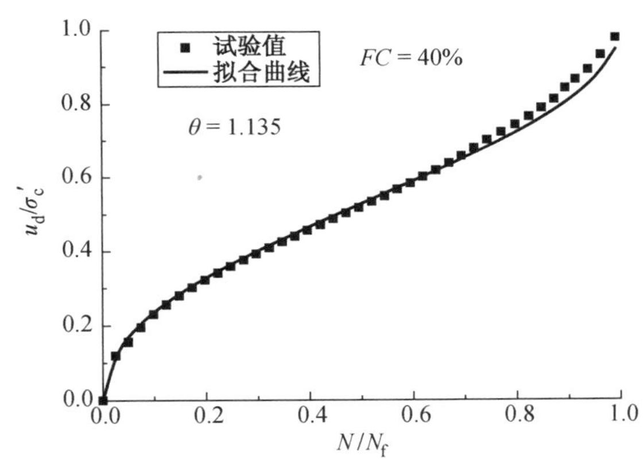

图 8-36　*FC* 为 40%时 u_d/σ_c' 与 N/N_f 的关系

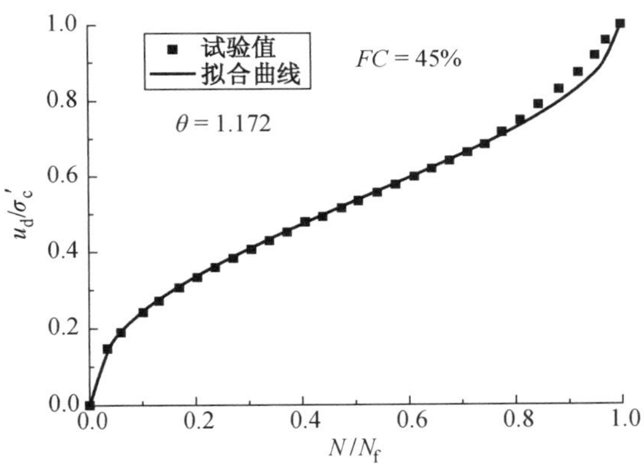

图 8-37　*FC* 为 45%时 u_d/σ_c' 与 N/N_f 的关系

表 8-4　细粒含量与 θ 的关系

系数	细粒含量(%)					
	5	15	25	30	40	45
θ	1.506	1.246	1.187	1.003	1.135	1.172

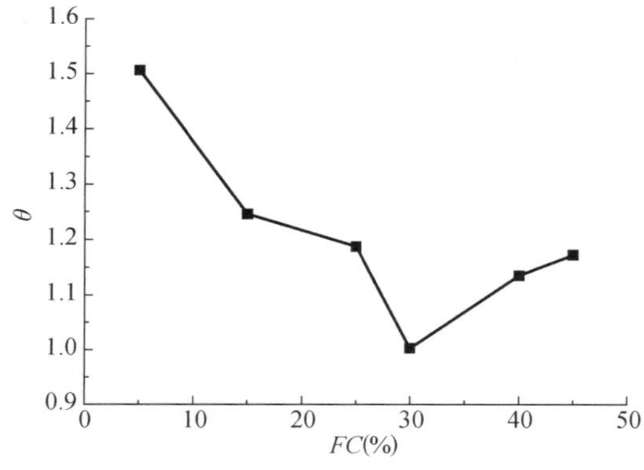

图 8-38　参数 θ 随细粒含量的变化关系

由表 8-4 可知，参数 θ 先随着细粒含量的增加而减小，并在细粒含量为 30%时达到最小值，之后随着细粒含量的增加又逐渐增加，不同的是参数 θ 在细粒含量超过 30%后，其增加的趋势相对平缓。参数 θ 随细粒含量的变化关系如图 8-38 所示。

由以上分析可知，细粒含量对砂土动孔压的影响不是单调变化的，而是存在一个界限含量 30%，使含细粒砂土的动孔压在界限含量前后的变化规律呈相反的变化趋势。含细粒砂土动孔压试验的结果进一步验证了临界细粒含量的存在，针对本文所用的砂土，临界含量为 30%左右。

细粒含量对砂土动孔压的影响仍可从含细粒砂土的微观结构特征去解释。由前述分析可知，在 $FC<30\%$ 的情况下，含细粒砂土的动力特性由粗粒组决定，当细粒含量逐渐增加时，粗粒之间形成的骨架孔隙比 e_s 逐渐变大，随着骨架孔隙比 e_s 的增大，砂土的振动孔压更易消散，发展得较慢，这是导致相同振次比作用下，含细粒砂土动孔压逐渐降低的原因。在 $FC>30\%$ 的情况下，当细颗粒再进一步增加时，在细粒较多的情况下，细粒不但充满粗粒间的空隙并包裹粗粒料，粗骨料不能起到骨架作用，砂土的动力特性主要由细粒决定，而细粒之间形成的骨架孔隙比 e_f 则随着细粒含量的增加而逐渐减小，随着骨架孔隙比 e_f 的减小，相同振次比作用下，砂土的振动孔压不易消散，因而发展较快，从而导致振次比相同的情况下，含细粒砂土的振动孔压又随细粒含量的增多呈逐渐变大的趋势。

8.4　饱和砂土局部液化后大变形试验

液化后大变形是指饱和砂土地基在地震液化后强度极低，在建筑物荷载或土体自重作用下，地表出现大的垂直向或侧向变形的现象。与单纯的液化相比，液化后大变形导致的破坏往往更为严重且发生极为普遍，几乎每次地震导致的砂土液化都会伴有大变形的发生，产生灾难性的后果。评价饱和砂土地震液化引起的大变形的关键在于考查地震液化后饱和砂土强度与变形特性的基本规律，并揭示隐藏在这种宏观规律背后的物理机制。在过去的一段时间里许多学者对砂土液化产生的原因和机理、影响因素、分析判别方法以及液化数值计算方法等方面的研究较多，而液化后的研究相对较少，尤其是颗粒组成及含量对砂土液化后强度与变形特性的研究就更少，虽然已有学者对饱和砂土液化后的应力应变特性进行了室内试验研究，但这些研究一般仅考虑了砂土液化后变形的低强度段和强度恢复段的初期，未考虑砂土液化后应变达到一定程度后的应力应变特性。为此，需开展多种影响因素下砂土液化后强度与变形特性试验研究，提出能较好描述饱和砂土液化后大变形的本构模型和简单实用的计算方法。

8.4.1　饱和砂土局部液化后其强度与变形特性试验

试验仪器采用同济大学岩土与地下工程教育部重点实验室的 GDS 循环三轴仪。影响饱水砂土地震液化后强度与变形特性的因素很多，砂土的颗粒特征、密度、成分含量、地震历史和饱和程度等因素均会对液化后强度与变形特性产生影响，这些因素可以认为属于土的性质方面的影响。同时饱和砂土液化后大变形特性还与土体的初始固结压力和所承受的地震荷载有关，主要表现在不同的初始固结压力、振动荷载幅值和破坏程度将使得砂土具有不同的液化后强度与变形特性。本章则在前人研究的基础上重点考虑砂土的颗粒特征及成分含量对液化后大变形特性的影响，并设计了如下试验条件来定量研究各主要因素对饱和砂土液化后强度与变形特性的影响：

（1）不同干密度：$\rho_d=1.30\ \mathrm{g/cm^3}$，$1.40\ \mathrm{g/cm^3}$，$1.50\ \mathrm{g/cm^3}$，$1.60\ \mathrm{g/cm^3}$。

（2）不同有效固结压力：$\sigma'_{3c}=50$ kPa，100 kPa，150 kPa。

（3）不同液化程度：$F_l=0.90$，0.9，1.05。

（4）不同细粒含量（无塑性粉粒）：$FC=5\%$，10%，15%，20%，25%，30%，35%，40%。

1）不同干密度的影响

本章中控制砂样的干密度 ρ_d 为 $1.30\ \mathrm{g/cm^3}$，$1.40\ \mathrm{g/cm^3}$，$1.50\ \mathrm{g/cm^3}$ 和 $1.60\ \mathrm{g/cm^3}$，有效固结压力均为 100 kPa 进行，液化后单调加载试验，以考查其他条件相同时干密度对液化后大变形的影响。

试样在循环荷载作用后，其残余应变可能处于拉伸或压缩两种状态，因此单调加载时的应力-应变关系应按试样所受的不同状态分别进行考虑。试验结果表明：不同干密度试样在同种状态下单调加载时的应力应变关系是相似的。图 8-39 和图 8-40 仅给出了干密度为 $1.50\ \mathrm{g/cm^3}$ 试样两种状态下液化后应力-应变关系的试验结果，同时还比较了试样的残余变形为拉伸、压缩两种状态下砂土在单调加载过程中孔隙水压力的变化规律，其中 q 表示偏应力，u 表示孔隙水压力，ε_a 表示轴向应变。

从图 8-39 和图 8-40 中可以看到，残余变形为拉、压两种状态的试样液化后应力-应变关系明显不同。残余变形为拉伸状态的试样，其液化后应力-应变曲线可以分为两个阶段：第一阶段即单调荷载加载初期，砂土的切线模量几乎从零发展到一个较小值，轴向应变以较大的速率增加，而偏应力几乎为零，孔隙水压力则基本保持在有效围压附近，此时砂土基本呈流体状而不能承受剪应力。

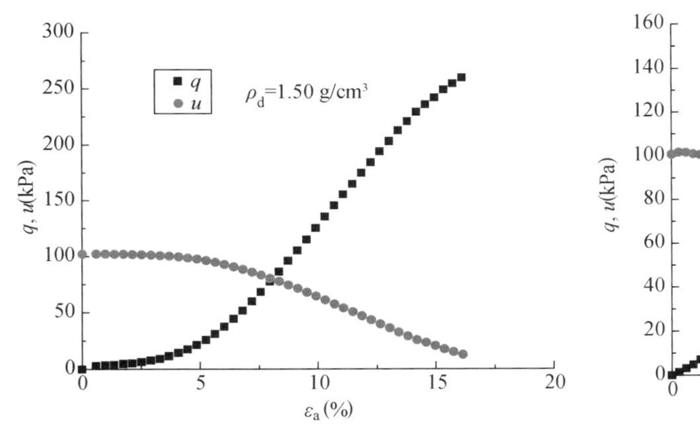

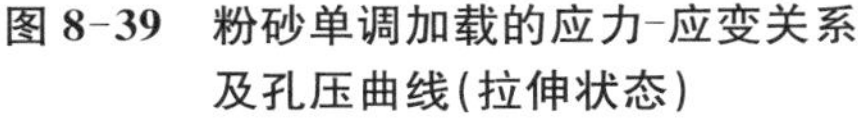
图 8-39　粉砂单调加载的应力-应变关系及孔压曲线（拉伸状态）

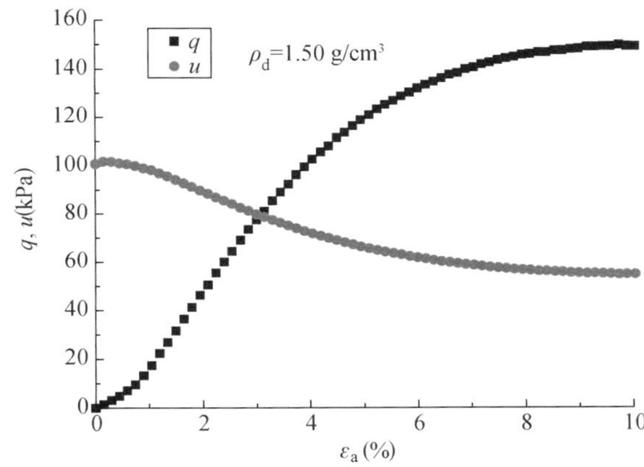

图 8-40　粉砂单调加载的应力-应变关系及孔压曲线（压缩状态）

第二阶段，当轴向应变增大到一定值时，水体由压缩状态恢复到自由状态，随着孔隙水压力不断降低，有效应力快速增加，强度逐渐得到恢复，砂土表现出剪胀特性。此阶段称为强度恢复段，发生的应变称为强度恢复段轴向应变 ε_d。此时的轴向应变 ε_d 与不可逆的体变分量相对应。该阶段又包括 2 个不同的变形阶段，即：砂土的切线模量随着应变的增加而增大，孔压曲线斜率亦随之增大，单位应变导致的孔压下降量随之变大，砂土的剪胀趋势愈加明显，应力-

应变曲线形状表现为下凸，此阶段称为超线性强度恢复段；随着应变的继续增加，砂土的切线模量逐渐减小，孔压曲线斜率亦随之减小，单位应变导致的孔压下降量随之变小，砂土的剪胀趋势逐渐平缓，应力-应变曲线形状表现为上凸，称为次线性强度恢复段。而对于从最大压缩变形开始加静荷载的试样，随着应变的增大，砂土的切线模量和孔压降低速率始终逐渐减小，砂土也表现出剪胀特性，其应力应变曲线则直接进入上凸段，即次线性强度恢复段。

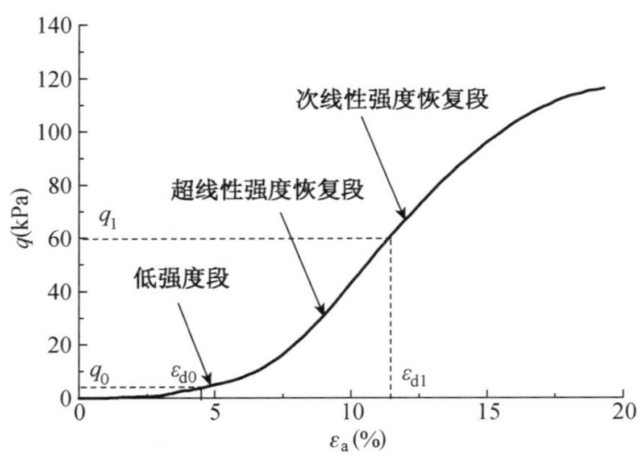

图 8-41　砂土液化后应力-应变关系分段示意图

图 8-41 为砂土液化后应力应变曲线的分段示意图，低强度段与强度恢复段的交点定义为(ε_{d0}，q_0)，强度恢复两阶段的交点定义为(ε_{d1}，q_1)。由以上分析可知，残余应变为压缩方向的试样其液化后应力-应变曲线是拉伸方向试样的一部分，所不同的只是试样受循环荷载后的状态，即单调加载前的应力历史不同，因此，可将液化后砂土的应力-应变关系采用统一的模型描述。由以上分析可知，砂土液化后从残余变形为拉伸状态开始单调加载的试样，其应力-应变曲线可以完整描述液化后的强度与变形特性，因此，以下几种影响因素的试验均是从最大拉伸变形状态开始进行的。

图 8-42 给出了不同干密度砂样液化后应力-应变关系曲线。由图 8-42 可知，在其他条件相同的情况下，干密度对试验的结果影响很大。干密度越小，液化后的低强度应变值 ε_0 越大。随着干密度的增加，液化后砂土的剪胀趋势也越明显，强度恢复段的斜率逐渐变大。

图 8-43 给出了不同干密度砂样液化后孔压曲线。由图 8-43 可知，孔压曲线与应力-应变曲线一一对应，应力-应变曲线上出现拐点的地方正是孔压曲线出现拐点的地方，在低强度段，孔压将保持在有效围压附近不变，直到进入强度恢复段，孔压则逐渐降下来，实际上二者也是紧密相关的。不同干密度试样孔压降低的速率不同，干密度大的试样，孔压降低较快，因此其强度恢复也快。

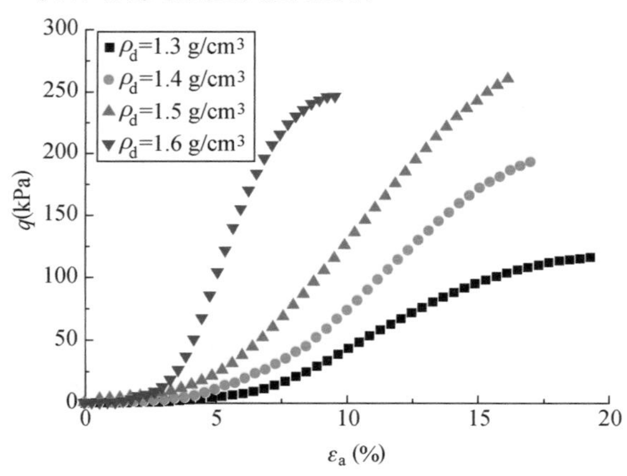

图 8-42　不同干密度砂土液化后应力-应变关系

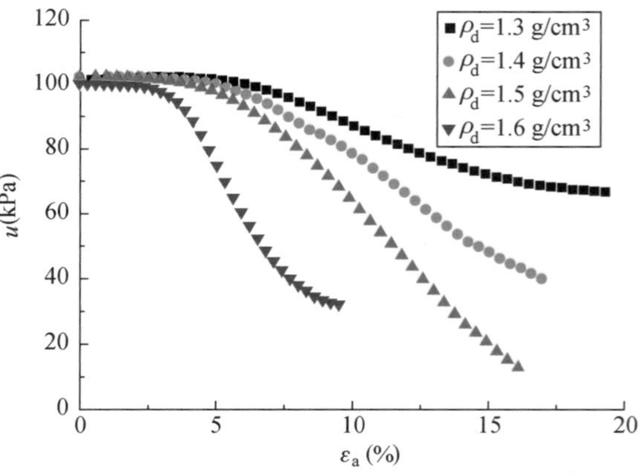

图 8-43　不同干密度砂土液化后孔压曲线

2）不同有效固结压力的影响

开展了不同初始有效固结压力下饱和粉砂液化后单调加载试验，粉砂试样的干密度为 1.50 g/cm^3，控制液化安全率、加载方式等其他影响因素均尽量保持相同，分别进行了初始有效固结压力 σ'_{3c}为 50 kPa，100 kPa 和 150 kPa 下的液化后单调加载试验。不同初始固结压力下液化后单调加载试验所得到的应力-应变关系曲线和孔压曲线分别如图 8-44 和图 8-45 所示。

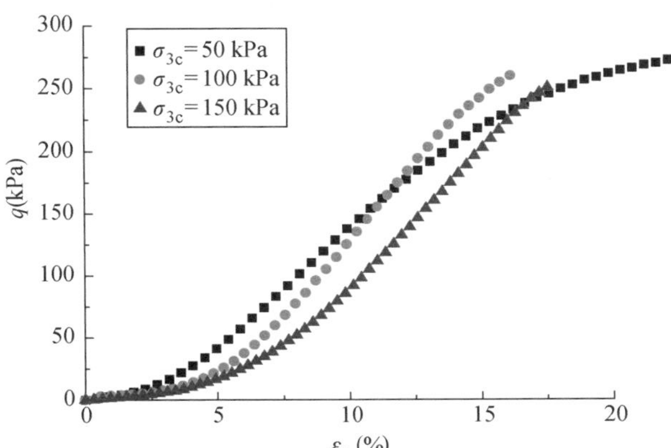

图 8-44　不同初始有效固结压力砂土液化后应力-应变关系

从图 8-44 和图 8-45 可以看出，三个不同初始有效固结压力下试样液化后的强度与变形特性和孔压变化的规律基本相同。其应力-应变关系曲线也分为低强度段、超线性强度恢复段和次线性强度恢复段三个阶段，不同初始有效固结压力下三个阶段的发展情况有所不同，这表明在其他条件相同的情况下，初始有效固结压力对液化后粉砂试样单调加载的变形特性有一定的影响。随着初始固结压力的增大，低强度段轴向应变值 ε_0 也越大，超线性强度恢复段和次线性强度恢复段所对应的应变范围均增大，导致孔压下降稳定所对应的应变量值也相应增大，同时液化后砂土单调加载时试样抵抗剪切变形的能力在超线性强度恢复段随着初始有效固结压力的增大而有所降低，而在次线性强度恢复段则随着初始有效固结压力的增大而增大。饱和砂土液化后应力-应变曲线在低强度段和超线性强度恢复段的变化情况与周云东(2006)的研究结果相一致，说明了在低强度段和超线性强度恢复段，其应力-应变关系与无扰动试样常规三轴排水和不排水试验时试样抵抗剪切变形的能力随初始有效固结压力增大而增强的规律有所不同，而在超线性强度恢复段，则与无扰动试样常规三轴试验的规律相同，反映了土体液化后在单调荷载作用下特殊的变形机理。

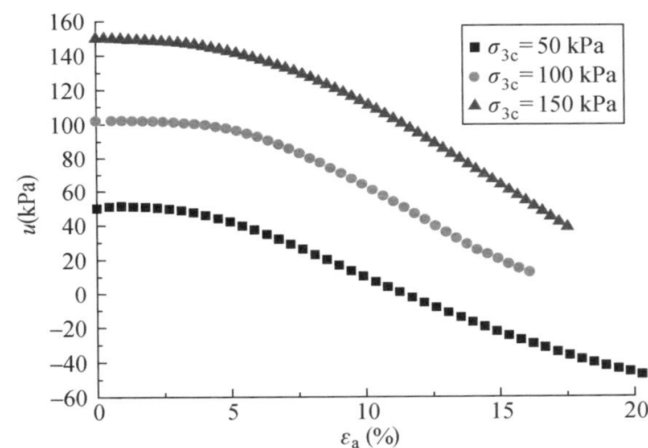

图 8-45　不同初始有效固结压力砂土液化后孔压曲线

3）不同液化程度的影响

现场条件下土体有局部液化和整体液化之分。液化首先是局部土体发生液化，液化区范围不断扩展，这样整个场地就有液化程度不同的土体存在，同时由于地震持续时间和距离震源的地点差异，土体的液化程度也会不同。液化程度不同的土体其液化后强度变形特性和孔压变化规律也有会有所不同。采用抗液化安全系数 F_l 来表示土体所遭受的液化程度，日本学者岩琦敏男(1978)在 Seed-Idriss 简化法基础上提出了抗液化安全系数 F_l 的概念，其定义为土的动强度与地震外力之比，之后 Yasuda(1995)给出了通过振次来定义抗液化安全系数的方法：若试样在某一动剪应力比作用下发生液化破坏的振次为 n 次，则相同动剪应力比的动荷载作用 m 次的抗液化安全系数可定义为：

$$F_l = \frac{n}{m} \tag{8-33}$$

本试验在一定的固结压力作用下施加同一动应力，则试样的液化程度可用不同的振动次数来控制。粉砂试样的干密度为 1.50 g/cm^3，初始有效固结压力 σ'_{3c} 为 100 kPa，加载方式等其他影响因素均尽量保持相同，通过改变同一动荷载作用下的振动次数来控制不同液化程度的液化后单调加载试验。不同液化程度即不同抗液化安全系数砂土液化后的应力-应变关系曲线和孔压关系曲线分别如图 8-46 和图 8-47 所示。

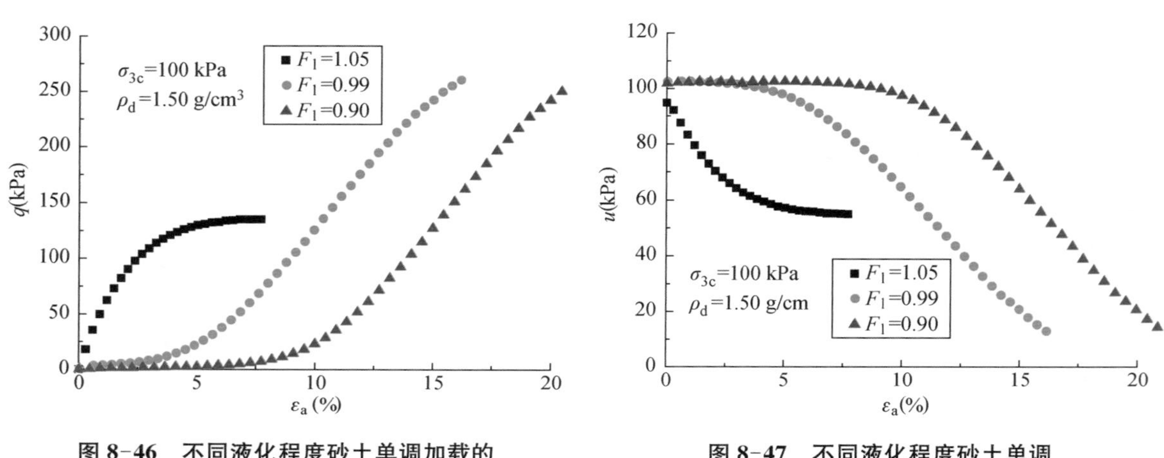

图 8-46　不同液化程度砂土单调加载的应力-应变关系

图 8-47　不同液化程度砂土单调加载孔压曲线

从图 8-46 和图 8-47 中可以看到，在其他条件相同的条件下，未液化试样和液化后试样单调加载的应力-应变曲线和孔压曲线明显不同，具体表现为未液化试样其单调加载的应力-应变关系与未扰动试样相似，其剪切模量随着轴向应变的增加而降低，其孔压降低速率也逐渐减小，应力-应变关系曲线上未出现低强度段；已液化试样在其他条件相同的条件下，不同液化程度试样液化后应力-应变关系曲线基本相似，表现为不同液化程度的砂土液化后应力-应变曲线在强度恢复段曲线相互平行。液化程度的影响主要体现在液化后低强度段，强度恢复段基本不受影响。液化程度越低，其低强度段应变越小，随着液化程度的增加液化后低强度段应变逐渐增加。孔压变化规律与应力相同，随着液化程度的增加，孔压开始下降的时间越长，即低强度段应变随液化程度变大也逐渐变大。

4）不同细粒含量的影响

试验采用直径为 39.1 mm，高度为 80 mm 的重塑土样。配置细粒含量（无塑性粉粒）FC（占试样总质量）分别为 5%，10%，15%，20%，25%，30%，35%和 40%。控制试样的干密度为 1.40 g/cm^3，试样的制备方法同前述。在初始固结压力 σ_{3c} 为 100 kPa、加载方式等其他影响因素均尽量保持相同条件下，分别进行了以上 8 种细粒含量砂土的液化后单调加载试验。不同细粒含量砂土液化后单调加载应力-应变关系曲线和孔压曲线分别如图 8-48 和图 8-49 所示。

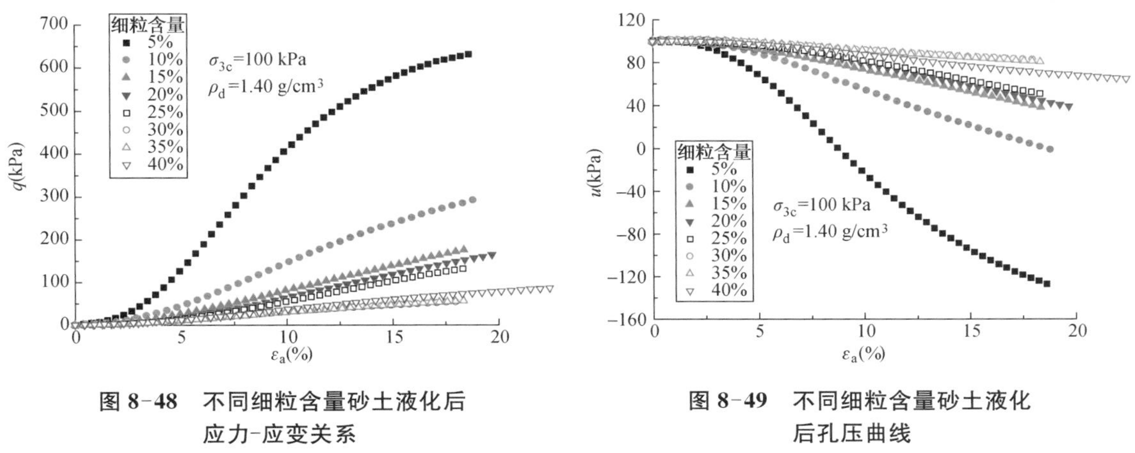

图 8-48　不同细粒含量砂土液化后应力-应变关系

图 8-49　不同细粒含量砂土液化后孔压曲线

从图 8-48 和图 8-49 中可以看到，在其他条件相同的条件下，不同细粒含量砂土液化后的强度与变形特性和孔压的规律基本相同。其应力-应变曲线也分为低强度段、超线性强度恢复段和次线性强度恢复段三个阶段，不同细粒含量砂土三个阶段的发展情况有所不同，这表明在其他条件相同的情况下，细粒含量对液化后粉砂试样单调加载的变形特性的影响很大。从图中还可以看出，细粒含量为 5%的试样，其应力-应变曲线在最上面，然后随着细粒含量的增加，曲线逐渐往下移；细粒含量为 30%和 35%的试样，其应力-应变关系和孔压曲线几乎重合，但仍可看出，30%砂样的应力-应变曲线最靠下。同时，随着细粒含量的增大，低强度段轴向应变值 ε_0 逐渐变大，超线性强度恢复段和次线性强度恢复段所对应的应变范围均增大，导致孔压下降稳定所对应的应变量值也相应增大，当细粒含量为 30%时，低强度段轴向应变值 ε_0 最大，之后又随着细粒含量的增加而逐渐减小。说明液化后含细粒砂土单调加载时试样抵抗剪切变形的能力在强度恢复段随着细粒含量的增加逐渐降低，在细粒含量达到 30%时最低，之后又随着细粒含量的增加逐渐增加。同时，随着细粒含量的增加，强度恢复的速率也呈先降低后增加的趋势。孔压的变化与应力的变化相对应，细粒含量为 5%的试样其孔压降低最快，其保持在有效围压的时间最短，因此强度恢复也最快，之后随着细粒含量的增加，其孔压降低逐渐变慢，在细粒含量为 30%时速率最慢，之后随着细粒含量的增加其孔压降低又逐渐加快，这使得细粒含量为 40%的砂样，其强度恢复相对加快。

由以上分析可知，无论是低强度段还是强度恢复段的强度和孔压随细粒含量的增加都不是单调变化的，总是存在一界限含量，使其在临界含量前后的变化趋势呈相反的趋势，针对本文所用的砂土其临界含量为 30%。细粒含量对砂土液化后强度与变形特性的影响可从含细粒砂土的微观结构特征去解释。其微观结构特征在第 8.2.3 节已进行了详细分析，含细粒砂土中只含有两种粒组，粗粒组和细粒组（细粒组主要为无塑性的粉粒）。一般来说，砂土的强度主要来源于固体颗粒间的滑动摩擦和咬合摩擦。在 $FC<30\%$的情况下，含细粒砂土的强度变形特性由粗粒组决定，当细粒含量逐渐增加时，粗粒之间形成的骨架孔隙比 e_s 逐渐变大，随着骨架孔隙比 e_s 的增大，固体颗粒之间的接触力和咬合力将逐渐减小，砂土抵抗剪切的能力也逐渐降低，这是导致轴向应变相同时，含细粒砂土强度随细粒含量的增加逐渐降低的原因。在 $FC>30\%$的情况下，当细颗粒再进一步增加时，在细粒较多的情况下，细粒不但充满粗粒间的空隙并且包裹粗粒料，粗骨料不能起到骨架作用，砂土的液化后强度特性主要由细粒决定，而细粒间孔隙比 e_f 则随着细粒含量的增加而逐渐减小，随着细粒间孔隙比 e_f 的减小，固体颗粒之间的相互接触力和摩擦力也逐渐增强，从而导致轴向应变相同时，含细粒砂土强度又随细粒含量的增多呈逐渐增强的趋势。

8.4.2 饱和砂土局部液化后其强度与变形特性分析

由以上分析可知，从最大拉伸变形开始加单调荷载的试样，应力-应变关系分为明显的三个阶段，即低强度段、超线性强度恢复段和次线性强度恢复段。其中，后两阶段均属于强度恢复段。按照 SHAMOTO、张建民(1999)对砂土液化后大变形的分析，认为其轴向应变由两个分量组成，一个为零有效应力状态时产生的应变分量 ε_0(低强度段轴向应变)，其大小依赖于循环荷载作用的应力历史；一个为非零有效应力状态时产生的应变分量 ε_d(强度恢复段轴向应变)，其大小依赖于单调荷载作用下偏应力的大小，即：

$$\varepsilon = \varepsilon_0 + \varepsilon_d \tag{8-34}$$

式中，ε_0 为低强度段的轴向应变(本文取偏应力为 5 kPa 对应的轴向应变值)，ε_d 为单调加载时强度恢复段的轴向应变。

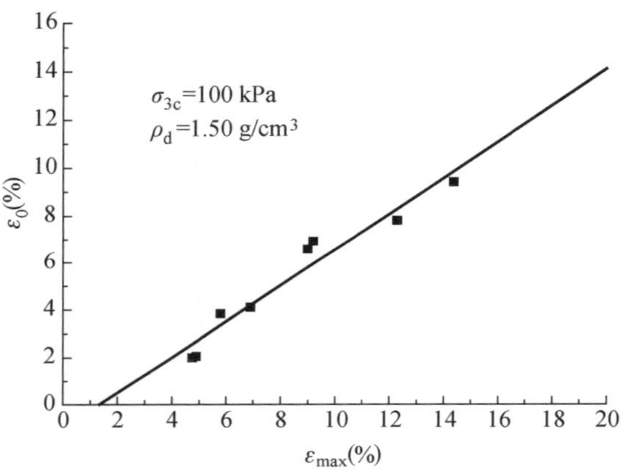

图 8-50 粉砂试样 $\varepsilon_0-\varepsilon_{max}$ 的关系

虽然不同条件下砂土液化后的应力-应变关系不同，但低强度轴向应变 ε_0 与循环荷载后的最大双幅轴向应变 ε_{max} 有很好的相关性，图 8-50 为干密度为 1.50 g/cm^3 的粉砂试样 $\varepsilon_0-\varepsilon_{max}$ 的关系。即：

$$\varepsilon_0 = 0.755\varepsilon_{max} - 1.013\% \tag{8-35}$$

即当 ρ_d=1.5 g/cm^3 时，

$$\varepsilon_0 = 0.755(\varepsilon_{max} - 1.342\%) \tag{8-36}$$

借鉴前人研究成果，得出饱和砂土液化后 γ_0 与 γ_{max} 有如下关系：

$$\gamma_0 = C(\gamma_{max} - \gamma_{entry})^m \tag{8-37}$$

式中，γ_0 为低强度段剪应变；γ_{max} 为最大双幅剪应变；γ_{entry} 为门槛剪应变，在同一干密度下仅与围压有关；C 为参数，在同一围压下，仅与干密度有关；m 为试验常数，在本文的试验中 m 可取 1。

对应于 ε_0 与 ε_{max}，则有：

$$\varepsilon_0 = C(\varepsilon_{max} - \varepsilon_{entry}) \tag{8-38}$$

式中，ε_0 为低强度段轴向应变；ε_{max} 为最大双幅轴向应变；C 为参数；ε_{entry} 为门槛轴向应变值，对围压为 100 kPa，干密度不同的砂土，ε_{entry} 均有相同值 0.982%。因此，围压为 100 kPa，不同干密度砂土液化后的 $\varepsilon_0-\varepsilon_{max}$ 有如下关系：

$$\varepsilon_0 = C(\varepsilon_{max} - 1.342\%) \tag{8-39}$$

当 ρ_d=1.3 g/cm^3 时，把 ε_{max}=5%，ε_0=4.993 7%带入上式，得 C=1.365。

当 ρ_d=1.4 g/cm^3 时，把 ε_{max}=5%，ε_0=4.007 4%带入上式，得 C=1.096。

当 ρ_d=1.6 g/cm^3 时，把 ε_{max}=5%，ε_0=2.045 1%带入上式，得 C=0.498。

由以上分析可知：

当 $\rho_d=1.3\ g/cm^3$ 时，

$$\varepsilon_0 = 1.365(\varepsilon_{max} - 1.342\%) \tag{8-40}$$

当 $\rho_d=1.4\ g/cm^3$ 时，

$$\varepsilon_0 = 1.096(\varepsilon_{max} - 1.342\%) \tag{8-41}$$

当 $\rho_d=1.6\ g/cm^3$ 时，

$$\varepsilon_0 = 0.498(\varepsilon_{max} - 1.342\%) \tag{8-42}$$

图 8-51 给出了有效固结压力为 100 kPa 时不同干密度与参数 C 的关系，由图 8-51 可知，在有效固结压力一定的情况下，参数 C 随干密度的增加逐渐降低，即：

$$C = -2.942\rho_d + 5.192 \tag{8-43}$$

当干密度一定时，ε_{entry} 仅取决于有效围压的大小，则当 $\rho_d=1.5\ g/cm^3$ 时，不同有效围压下砂土液化后的 $\varepsilon_0-\varepsilon_{max}$ 有如下关系：

$$\varepsilon_0 = 0.755(\varepsilon_{max} - \varepsilon_{entry}) \tag{8-44}$$

当有效围压 $\sigma_{3c}=50$ kPa 时，把 $\varepsilon_{max}=5\%$，$\varepsilon_0=1.536\ 6\%$ 带入上式，得 $\varepsilon_{entry}=2.964\ 8\%$。

当有效围压 $\sigma_{3c}=150$ kPa 时，把 $\varepsilon_{max}=5\%$，$\varepsilon_0=2.828\ 2\%$ 带入上式，得 $\varepsilon_{entry}=1.254\ 0\%$。

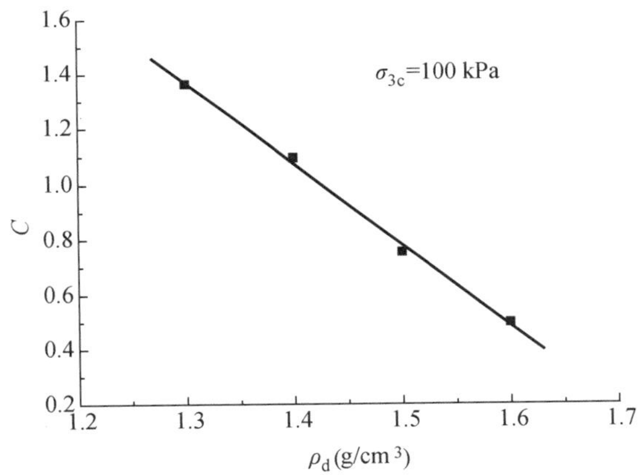

图 8-51　参数 C 与干密度 ρ_d 的关系

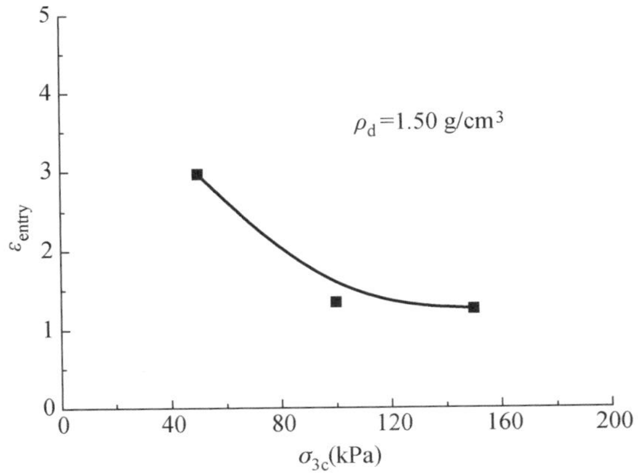

图 8-52　ε_{entry} 与有效围压 σ_{3c} 的关系

图 8-52 给出了干密度为 $\rho_d=1.5\ g/cm^3$ 时不同有效围压 σ_{3c} 与 ε_{entry} 的关系，由图 8-52 可知，在干密度一定的情况下，ε_{entry} 随有效围压的增加逐渐降低。

对于强度恢复段轴向应变 ε_d 来说，两阶段的应力-应变关系曲线是不同的。对超线性强度恢复段（$\varepsilon_0\leqslant\varepsilon_d\leqslant\varepsilon_{d1}$），其应力应变关系可用坐标变换后的双曲线表示，即：

$$\begin{cases}\varepsilon_d = \varepsilon_0 + \dfrac{(q-q_0)}{a+b(q-q_0)} \\ a = G_i \\ b = 1/\varepsilon_{ult}\end{cases} \tag{8-45}$$

式中，q_0 为砂土液化后应力-应变关系曲线上的临界应力值，根据试验结果，可取 5 kPa；ε_0 为低强度段轴向应变；G_i 为砂土液化后 ε_d-q 曲线上应变为 ε_0 时的切线模量；ε_{ult} 为砂土液化后 ε_d-q 曲线上的应变渐近值。

对于次线性强度恢复段（$\varepsilon_d > \varepsilon_{d1}$），其应力-应变关系可直接用双曲线表示，即：

$$\begin{cases} q = q_1 + \dfrac{c(\varepsilon_d - \varepsilon_{d1})}{d + (\varepsilon_d - \varepsilon_{d1})} \\ c = 1/G_i' \\ d = 1/q_{ult} \end{cases} \tag{8-46}$$

式中，q_1 为砂土液化后应力-应变关系曲线上的临界应力值，ε_{d1} 为应力 q_1 对应的轴向应变，均可由试验曲线确定；G_i' 为砂土液化后应力-应变曲线上应变为 ε_{d1} 时的切线模量；q_{ult} 为砂土液化后 ε_d-q 曲线上的应力渐近值。

对于从最大压缩变形开始加单调荷载的试样，其应力-应变关系可直接用次线性强度恢复段的应力-应变关系表示。

不同试验条件下，砂土液化后各特征物理量值如表 8-5 所列。可以看出其他条件相同的情况下，低强度段轴向应变 ε_0 随干密度的增大而减小，随围压和液化程度的增大而增大。

表 8-5 不同试验条件下砂土液化后应力-应变曲线特征物理量值

ρ_d(g/cm^3)	σ_0'(kPa)	ε_0	q_0(kPa)	ε_{d1}(%)	q_1(kPa)	F_1
1.3	100	4.993 7	5	10.853 5	53.576 6	0.99
1.4	100	4.007 4	5	10.606 3	85.931 6	0.99
1.5	100	2.056 1	5	10.109 9	130.560 9	0.99
1.6	100	2.045 1	5	5.066 9	103.916 2	0.99
1.5	50	1.536 6	5	10.370 6	145.621 3	0.99
1.5	150	2.828 2	5	10.922 5	108.454 5	0.99
1.5	100	6.898	5	14.060 1	103.827 7	0.90
1.5	100	—	—	0	0	1.05

不同细粒含量砂土液化后各特征物理量值如表 8-6 所示。在其他条件相同的情况下，细粒含量对砂土液化后低强度段轴向应变 ε_0 影响不是单调变化的，而是先随细粒含量的增加而增大，并在细粒含量为 35%时达到最大值，之后随着细粒含量的增加，低强度段轴向应变 ε_0 又逐渐减小，不同的是低强度段轴向应变 ε_0 在细粒含量超过 35%后，其减小的趋势相对变缓。此时得出的界限含量为 35%而非 30%，这可能是由于试验的误差造成的。

表 8-6 不同细粒含量砂土液化后应力-应变曲线特征物理量值

参数	细粒含量(%)							
	5	10	15	20	25	30	35	40
ε_0(%)	0.804 0	1.281 4	1.799 3	3.119 2	2.963 9	3.320 0	3.527 6	2.755 0
q_0(kPa)	5	5	5	5	5	5	5	5
ε_{d1}(%)	8.358 5	9.322 4	10.896 8	10.949 5	10.618 0	8.552 9	8.505 4	10.371 9
q_1(kPa)	325.770 5	130.401 5	91.459 6	74.593 0	61.065 5	25.137 7	23.464 5	38.035 7

8.4.3 模型验证

1）振后不同状态下模型的验证

为了验证本书模型的适用性，对干密度为 1.5 g/cm^3 细砂液化后所处拉伸和压缩两种状态下的试验结果进行了验证，试验曲线及预测曲线如图 8-53 所示。

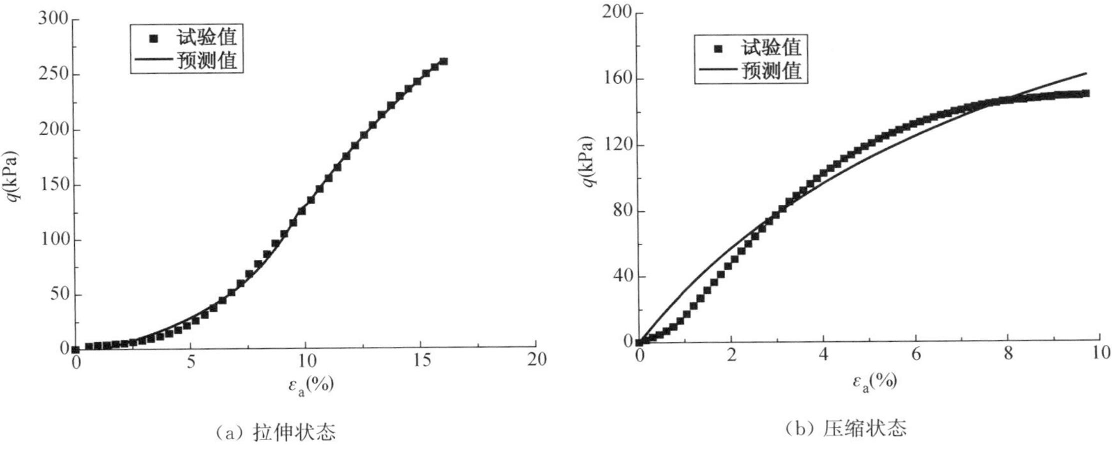

(a) 拉伸状态　　　(b) 压缩状态

图 8-53　粉砂试样的试验曲线与预测曲线

当 $\varepsilon_{max}=5\%$时，代入式(8-35)有

$$\varepsilon_0 = 0.755\varepsilon_{max} - 1.013\% = 2.762\% \tag{8-47}$$

当 $\varepsilon_d \geqslant 2.762\%$时，曲线由两段双曲线组成，砂土液化后的应力-应变关系满足式(8-45)和式(8-46)，其中 $a=0.606$ MPa，$b=7.921$，$c=0.352(\text{MPa})^{-1}$，$d=1.75(\text{MPa})^{-1}$。

从最大压缩变形开始加载的试样，其应力-应变关系满足式(8-47)，其中 $\varepsilon_{d1}=q_1=0$，$c=0.287\ (\text{MPa})^{-1}$，$d=3.24\ (\text{MPa})^{-1}$。

验证结果表明，计算值与试验值吻合得较好，且模型参数有明确的物理意义。对振后所处的拉伸状态的试样，液化后的低强度段和强度恢复段拟合得较好，而二者的过渡段拟合得较差，但这不影响整体液化后变形的计算结果。振后处于压缩状态的试样，其液化后应力-应变曲线是振后拉伸状态试样应力-应变曲线的一部分，可用次线性强度恢复段的应力-应变关系式表示。

2) 不同影响因素下模型的验证

采用上面的三阶段模型，对本文进行的砂土液化后单调加载试验进行了回归验证。图 8-54—图 8-57 分别为不同干密度、不同有效固结压力、不同液化程度和不同细粒含量砂土液化后试验曲线与预测曲线，从图中可以看出，模型能够较好地反应饱和砂土液化后应力-应变的变化趋势，液化后的低强度段、超线性强度恢复段和次线性强度恢复段拟合得较好，而二者的过渡段拟合得较差，但这不影响整体液化后变形的计算结果。

3) 不同影响因素下参数的变化规律

表 8-7 给出了不同干密度、不同有效固结压力和不同液化程度砂土液化后应力-应变预测曲线的参数值。由表 8-7 可知，参数 a 和 c 随干密度的增加呈单调且相反的变化趋势，参数 a 随干密度的增加而增加，参数 c 随干密度的增加而减小，参数 b 和 d 均随干密度的增加呈先减小后增大的趋势，且在干密度为 1.5 g/cm^{3}时达到最小值。参数 a 和 d 随有效固结压力的增加呈单调的变化趋势，均随有效围压的增加而减小，参数 b 和 c 随有效围压的增加呈相反的变化趋势，随着有效围压的增加，参数 b 呈先增大后减小的趋势，而参数 c 呈先减小后增大的趋势。参数 a 随液化程度的增加而减小，参数 b 随液化程度的增加而增大，参数 c 和 d 随液化程度的增大其变化不大。

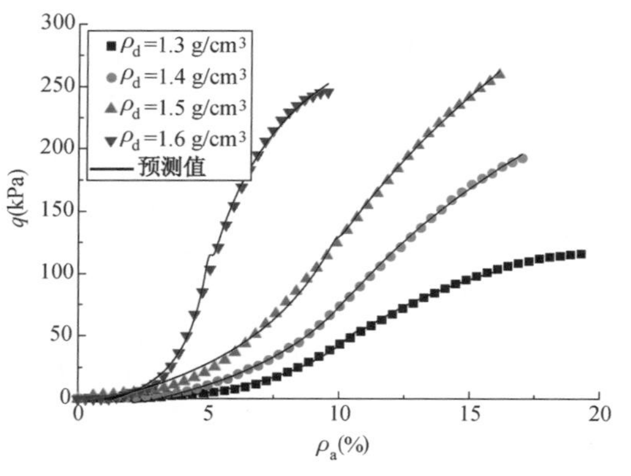

图 8-54　不同干密度砂土液化后应力-应变试验曲线与预测曲线

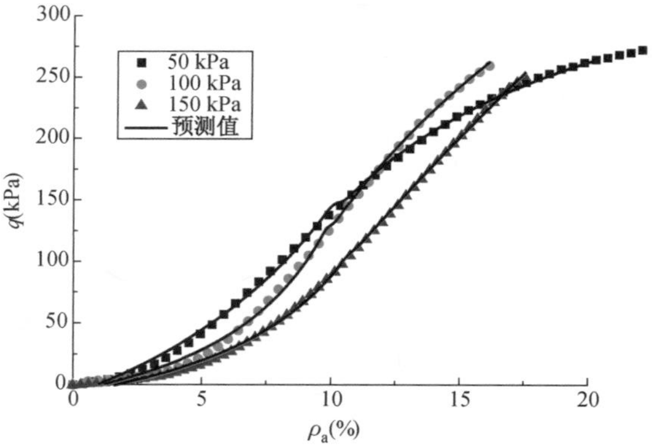

图 8-55　不同有效围压砂土液化后应力-应变试验曲线与预测曲线

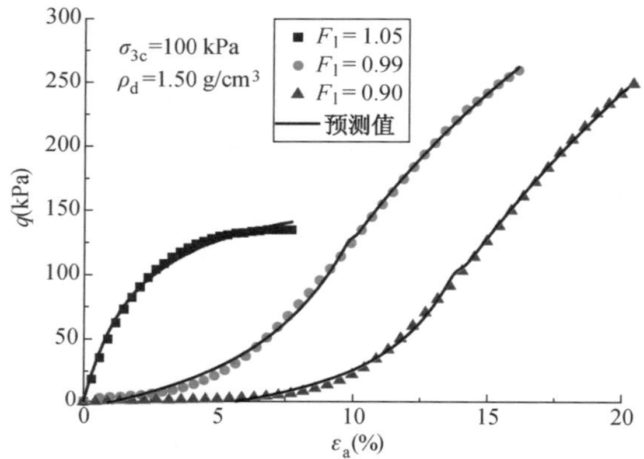

图 8-56　不同液化程度砂土液化后应力-应变试验曲线与预测曲线

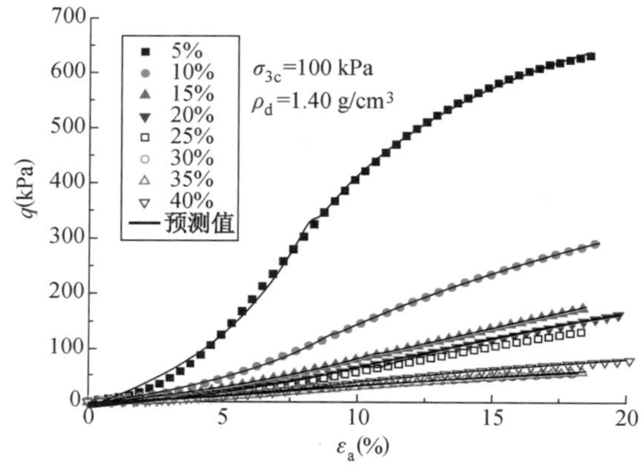

图 8-57　不同细粒含量砂土液化后应力-应变试验曲线与预测曲线

表 8-7　不同干密度、有效固结压力和液化程度砂土液化后应力-应变预测曲线参数值

ρ_d(g/cm³)	σ'_0(kPa)	a(MPa)	b	c[(MPa)$^{-1}$]	d[(MPa)$^{-1}$]	F_1
1.3	100	0.365	10.213	0.701	7.12	0.99
1.4	100	0.581	8.139	0.423	2.53	0.99
1.5	100	0.606	7.921	0.352	1.75	0.99
1.6	100	0.910	25.667	0.129	3.84	0.99
1.5	50	0.935	5.131	0.459	3.80	0.99
1.5	150	0.538	7.234	0.424	0.47	0.99
1.5	100	0.471	9.761	0.353	1.24	0.90
1.5	100	—	—	0.113	5.61	1.05

表 8-8 给出了不同细粒含量砂土液化后应力-应变预测曲线参数值，由表 8-8 可知，参数 a 随细粒含量的增加呈单调递减的变化趋势，参数 b、c 和 d 均随细粒含量的增加并非单调变化的，参数 b 随细粒含量的增加呈先减小而后增大的趋势，且在细粒含量为 30%时达到最小值，参数 c 和 d 均先随细粒含量的增大而增大，在细粒含量为 30%时达到最大值，之后随着细粒含量的增加而逐渐变小，且变小的趋势逐渐变缓。这可以从含细粒砂土的微观结构特征去解释，具体可参见本书第 8.2 小节细粒含量对砂土动力特性的影响。

表 8-8　不同细粒含量砂土液化后应力-应变预测曲线参数值

参数	细粒含量(%)							
	5	10	15	20	25	30	35	40
a(MPa)	1.999	0.829	0.593	0.597	0.551	0.359	0.305	0.282
b	7.483	6.210	4.407	4.386	4.913	0.944	3.835	4.881
c[$(\text{MPa})^{-1}$]	0.157	0.451	0.854	0.886	0.595	2.639	2.424	1.837
d[$(\text{MPa})^{-1}$]	1.67	1.46	0.39	1.02	3.39	7.50	5.68	5.56

8.5　考虑砂土局部液化影响的桩土动力相互作用分析

桩基础是深基础中最常见的一种形式，它能较好地适应各种地质条件及各种载荷情况，具有承载力大、稳定性好、沉降值小等特点。在建筑、厂房、桥梁、海港码头、采油平台以及核电站等工程中得到广泛应用。桩基础虽然比一般基础具有更好的抗震性能，但是从日本新潟地震(1964)、美国阿拉斯加地震(1964)、中国唐山地震(1976)、美国洛马普雷塔地震(1989)和日本阪神地震(1995)等几次大震的震害调查上可以看出，由于场地液化造成的桩基破坏很多。历次桩基震害调查和试验研究证实，强震条件下液化场地具有大变形和侧向流动等特点，桩基抗震性能受液化场地侧向流动和桩土动力相互作用的影响与控制，液化场地土体的侧向流动即为液化导致的侧向扩展，又称液化后永久侧向大变形。液化后地基侧向大变形也是导致桩基破坏的主要原因，由此导致桩基础的破坏在多次地震中已得到验证。研究液化后大变形对桩基的影响首先要弄清液化侧扩地基中桩的受力机理。液化侧扩地基中桩的受力分为两个阶段：在地震期间，桩基除了承受上部结构对桩顶的惯性力和土层位移对桩身产生的附加内力，还承受地面侧扩产生强迫位移对桩身产生的内力；在地震结束后，桩上虽然无地震力作用，但地面侧向位移可能继续增大，桩基主要受到液化后地面永久侧向位移的作用。

8.5.1　基于 FLAC 3D 软件的砂土液化非线性动力分析方法

FLAC 3D 采用了完全非线性分析方法考虑材料的动力非线性特性，在运算过程中始终遵循应力-应变之间的非线性特性。只要采用适当的非线性准则，便可以模拟阻尼比与剪切模量随应变水平变化的情况。以上两种方法各有利弊：等效线性方法在解释土体动力物理机理方面尚不够严谨，计算中采用随剪应变幅值变化的等效剪切模量和等效阻尼比只能近似地考虑土体的非线性和耗能特性；但是其模型简单、易于接受，且直接运用了循环剪切试验中的结果。后一种完全非线性方法则可以正确地解释土体非线性的物理机制，但是需要“全面”的土体本构模型用于模拟一些较为微观的动力响应现象。这一点却是在工程实践中和理论上都很难完全做到。相对于等效线性方法而言，完全非线性分析方法主要有以下特点：

(1) 该方法可以遵循任何指定的非线性本构模型。如果模型能够反映滞后特性，则程序不需要另外提供阻尼参数。如果采用 Rayleigh 阻尼或局部(Local)阻尼，则在动力计算中阻尼参数将保持不变。

(2) 采用非线性的材料定律，不同频率的波之间可以自然地出现干涉和混合，而等效线性方法做不到这一点。

(3) 可以自动计算永久变形，而等效线性模型采用黏弹性假定，因此不能计算永久变形。

(4) 采用合理的塑性方程，使得塑性应变增量与应力相联系。而等效线性方法中直接将应变张量(而非应变增量)与应力张量相联系。

(5) 可以方便地进行不同本构模型的比较。

(6) 可以同时模拟压缩波和剪切波的传播及两者耦合作用时对材料的影响。在强震作用下，这种耦合作用的影响很重要，比如在摩擦型材料中，法向应力可能会动态地减小从而降低土体的抗剪强度。

8.5.2 考虑砂土局部液化影响的桩土动力相互作用算例

1) 单桩情况

(1) 计算模型与参数

某三层土地基，地质情况如图 8-58 所示，上部和下部土层均为 5 m 厚黏土层，中间土层为可液化的砂土层，土层厚度为 10 m，单桩的直径为 1 m，桩入土深度 18 m。桩顶嵌固，计算输入地震波分别为 0.3g EI Centro 波，持续时间为 30 s(简称“工况 1”)；0.2g EI Centro 波，持续时间为 30 s(简称“工况 2”)；压缩 0.3g EI Centro 波，持续时间为 15 s(简称“工况 3”)，如图 8-59 所示，研究三种工况下可液化地基中单桩在地震荷载作用下的受力及变形情况。模型中土体、桩和承台的计算参数分别如表 8-9 所列。

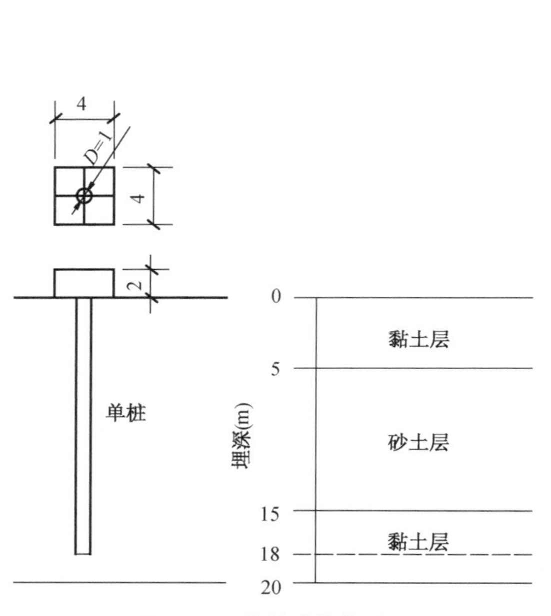

图 8-58 单桩计算模型图

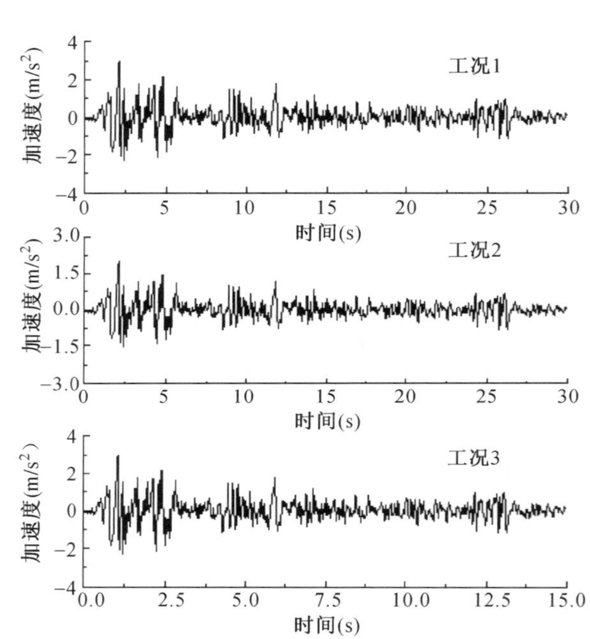

图 8-59 三种工况输入地震波加速度时程曲线

表 8-9 模型计算参数

材料	干密度 (kg/m³)	孔隙率	黏聚力 (kPa)	内摩擦角 (°)	体积模量 (MPa)	剪切模量 (MPa)	渗透系数 (cm/s)	液化参数
黏土层	1 250	0.52	25	16	12.20	4.07	1×10^{-8}	—
砂土层	1 500	0.42	0	28	6.67	4.00	5×10^{-3}	$C_1=0.80$ $C_2=0.79$ $C_3=0.45$ $C_4=0.73$
桩	2 500	—	—	—	1.39×10^4	1.04×10^4	—	—
承台	2 500	—	—	—	1.39×10^4	1.04×10^4	—	—

(2) 计算过程

采用FLAC3D有限差分软件分别对三种工况下的桩土体系进行动力反应分析，动力荷载以加速度时程的方式施加到模型底部的黏土层上，计算中考虑了动力计算中的最大网格尺寸的要求，模型的网格划分如图8-60所示，共划分4 008个单元。为了便于不同计算工况的比较，在计算中对可液化层中桩侧和自由场单元进行跟踪，分别记录该单元的超孔压比和动剪应力随动荷载时间的变化曲线。计算时，首先要进行静力计算，以获得动力计算前的初始应力场和初始孔压场，然后在模型底部施加x方向的加速度边界。静力计算时，所有土层均采用摩尔-库仑模型，动力计算时，中间可液化砂土层采用Finn模型，其他土层仍采用摩尔-库仑模型；为了吸收地震过程中地震波在边界上的反射，在动力计算中设置了自由场(free field)边界，设置自由场边界后，程序会自动在模型的四周生成一圈自由场网格，通过自由场网格与主体网格的耦合作用来近似模拟自由场地振动的情况；阻尼形式采用瑞利阻尼，为简化计算，土的阻尼比统一取为5%；计算结果主要分析单桩在地震过程中的受力变形情况及可液化砂土层的液化情况。

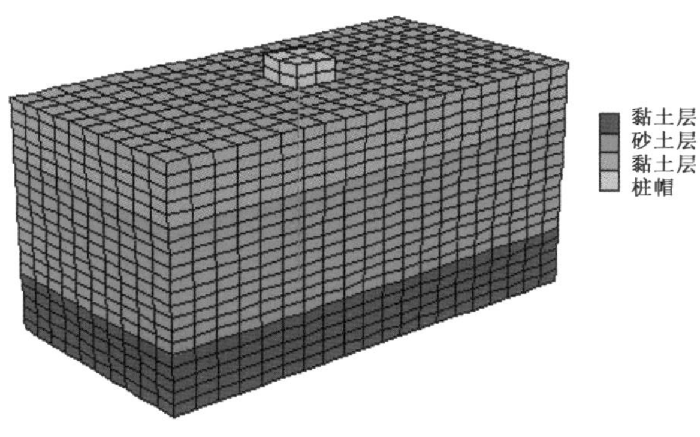

图8-60　模型的网格划分

(3) 计算结果与分析

①土层超孔压分析　三种工况下桩周砂土层沿桩身的超孔压比时程曲线如图8-61所示，由图8-61可知，三种工况下桩周砂土层超孔压反应规律基本一致。三种工况下桩周砂土层沿桩身各处的超孔压比均随振动时间逐步增大到峰值，且在随后的振动过程中基本维持在峰值左右，桩周砂土层的超孔压比沿桩身自上而下逐渐降低。不同的是三种工况下桩身各土层的峰值超孔压比大小不同，且砂土层液化范围也不相同。由图8-61(a)可知，在地震荷载作用下，工况1中桩周－10.0 m以上饱和砂土的超孔隙水压力比很快上升并达到1.0，且在振动过程中基本维持在1.0左右，桩周－10.0 m以上饱和砂土层发生液化，且最强液化时刻滞后于输入峰值加速度时刻。砂土层中－10.0 m以下土层的超孔压比随着深度增加而递减，说明上部土层相对容易液化。由图8-61(b)可知，在地震荷载作用下，工况2中桩周－6.0 m以上饱和砂土的超孔隙水压力比很快上升并达到1.0，且在振动过程中基本维持在1.0左右，－6.0 m以下土层的超孔压比均未达到1，桩周－6.0 m以上饱和砂土层发生液化。由图8-61(c)可知，在地震荷载作用下，工况3中桩周饱和砂土的超孔隙水压力比很快上升但均未达到1.0，因此，工况3中砂土层均未发生液化。

由以上的分析，可得出如下结论，地震的持续时间和强度均对砂土层的反应情况有较大影响：A. 在持续时间相同，强度不同(工况1和工况2)的地震作用下，地震强度越大，砂土层液化的范围也越大；B. 在持续时间不同，强度相同(工况1和工况3)的地震作用下，地震持续时间越长，土层发生液化的可能性越大。

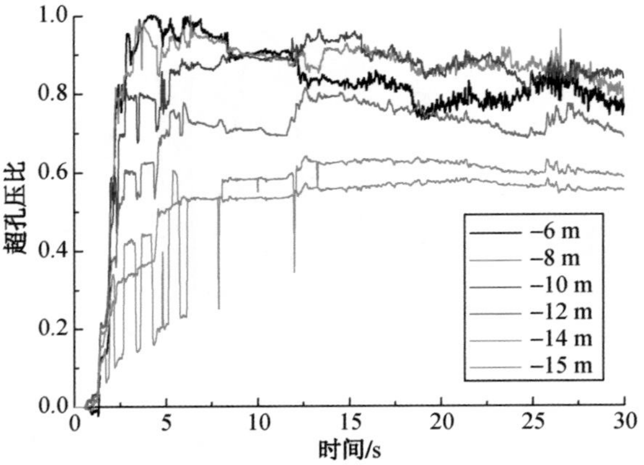

(a) 工况 1

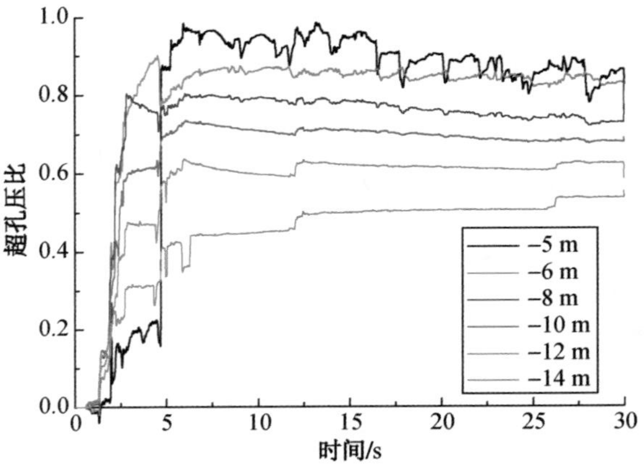

(b) 工况 2

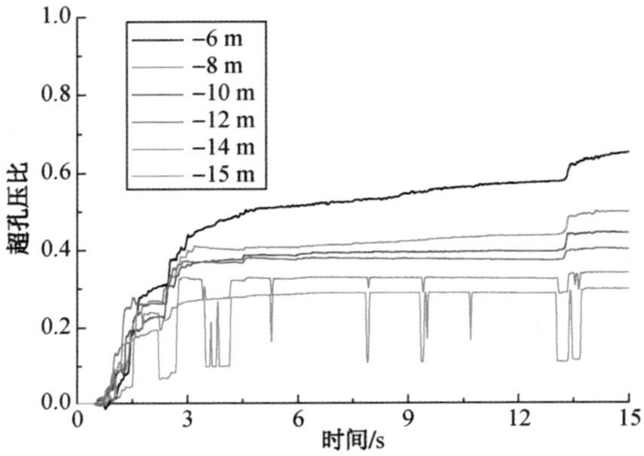

(c) 工况 3

图 8-61　三种工况下土层超孔压时程曲线

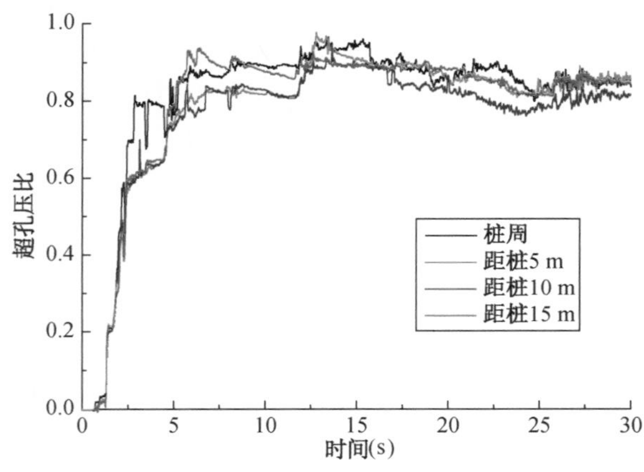

图 8-62　自由场和桩侧砂土中超孔压比时程曲线(工况 1)

图 8-62 是三种工况下自由场和桩侧 10.0 m 深度处砂土单元中的超孔隙水压力随时间的发展曲线。由图 8-62 可知，工况 1 中，在地震荷载作用下，上部饱和砂土的超孔隙水压力比达到 1.0 左右，−10.0 m 以上饱和砂土普遍发生液化。相对于自由场，桩侧附近土体的超孔压比上升速度要比同一深度的一般地基土快一些，这主要是由于桩土之间的动力相互作用，桩侧土体承受的地震动应力比天然地基土要更大些，故易于产生较高的超孔隙水压力。工况 2 和工况 3 中，自由场与桩侧相应深度砂土单元中的超孔隙水压力反应规律基本一致，在此不再赘述。

② 桩身侧向位移分析　图 8-63 是三种工况下桩身不同深度处的侧向位移时程曲线。由图 8-63 可知，在地震荷载作用的前期，三种工况下桩身各处的侧向位移随时间的变化规律基

本相同，之后则各自呈现不同的规律。

由图 8-63(a)可知，工况 1 中，桩身的侧向位移从 0 逐渐增大到峰值 0.114 m，方向为 x 负向，负向峰值出现在 3 s 附近。然后又逐渐减小，经过零点，又从 x 正向逐渐增大到峰值 0.189 m，时间在 4 s 附近，后随着地震持续时间的增加开始向 x 负向增加至地震荷载结束时的残余侧向变形 0.116 m 左右。

由图 8-63(b)可知，工况 2 中，在 0～4 s 的震动时间内，桩身的侧向位移时程曲线与工况 1 近乎相同，不同的是工况 2 中桩身侧向位移峰值相对较小。在 4 s 以后的震动时间内，工况 2 中桩身的侧向位移时程曲线不同于工况 1，而是随着震动时间的持续，其逐渐沿 x 正向波动上升，震动结束时最大的残余变形出现在桩顶，为 0.3 m。

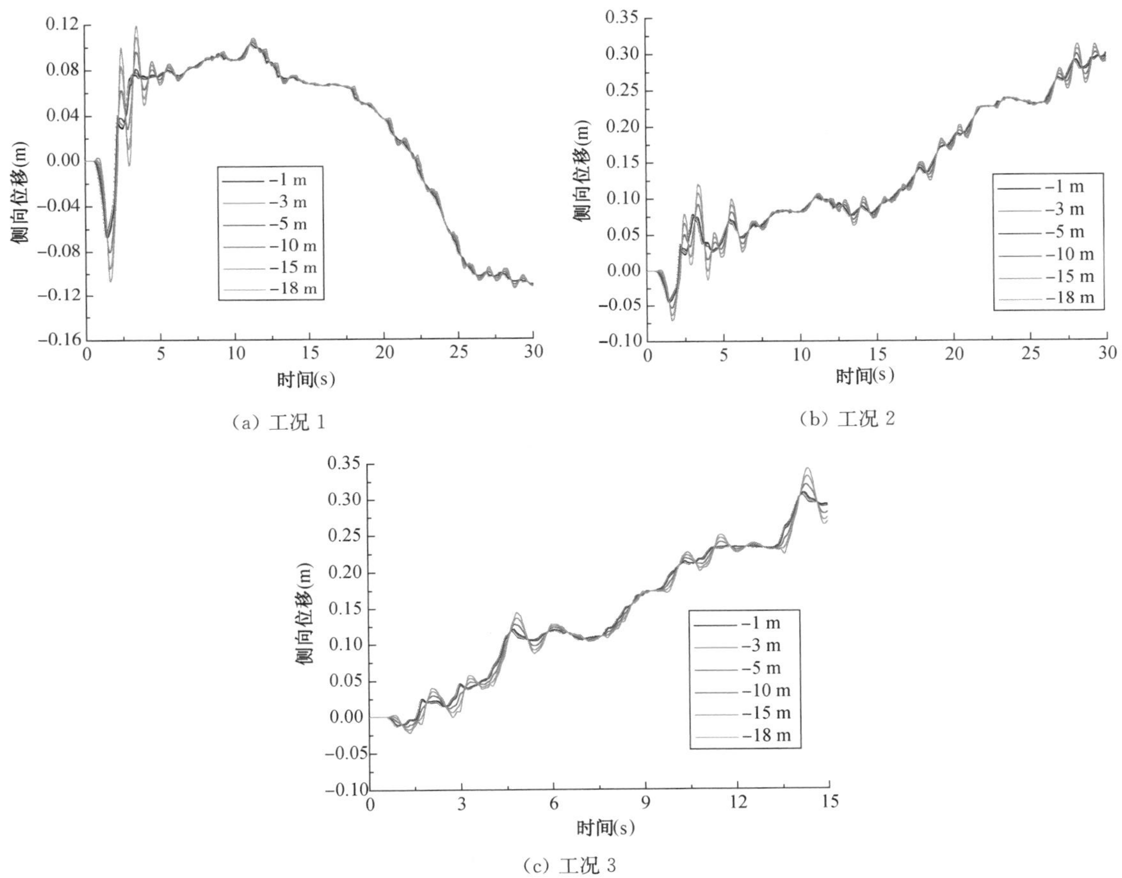

(a) 工况 1　　(b) 工况 2

(c) 工况 3

图 8-63　三种工况下桩身不同深度处的侧向位移时程曲线

由图 8-63(c)可知，工况 3 中，桩身的侧向位移时程曲线也不同于工况 1，却与工况 2 有相似的变化趋势。随着震动时间的持续，其逐渐沿 x 正向波动上升，震动结束时最大的残余变形出现在桩顶，为 0.306 m。

以上分析可得出以下结论：A. 砂土层的液化对桩身的侧向位移影响很大，不仅影响侧向位移的大小，还影响侧移的方向；B. 强度较大、持续时间较长的地震荷载作用下的桩身侧移却相对较小的原因可能与液化后的砂土层的减震效应密切相关，砂土层的液化导致了地震效应的减弱，因此当砂土液化较轻，地震惯性力对桩体的侧向变形仍起主要作用的情况下，导致了侧向位移的减小。目前，桩基抗震设计中未考虑砂土液化层的减震效应，此问题尚待进一步讨论。三种工况下地震荷载结束时桩身的残余侧向变形如图 8-64 所示，工况 1 中，桩身侧移自上而下，逐渐变大，工况 2 和工况 3 则与工况 1 相反，桩身侧移自上而下，逐渐减小。

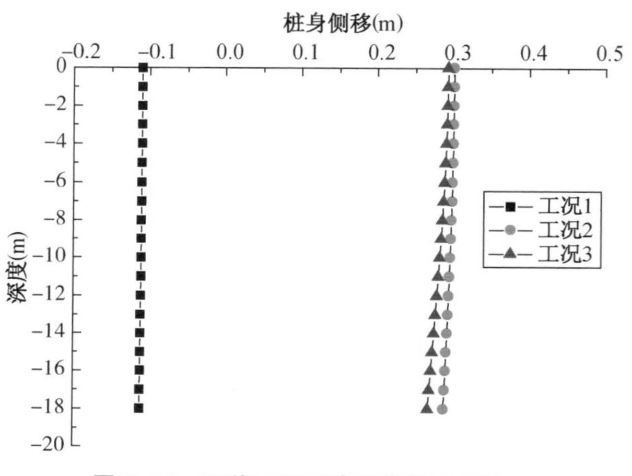

图 8-64　三种工况下地震荷载结束时桩身的残余侧向变形

③ 桩身截面弯矩分析　图 8-65 是三种工况下桩身不同深度处的弯矩时程曲线。由图 8-65 可知，在地震荷载作用的前期，三种工况下桩身各处的弯矩随时间的变化规律基本相同，之后则各自呈现不同的规律。在地震荷载作用的初期(工况 1 中砂层未发生液化的时候)，三种工况下桩身的弯矩随着震动的持续均从 0 增大到峰值弯矩，三种工况下桩身的峰值弯矩分布如图 8-66 所示。工况 1 的峰值弯矩均大于工况 2 和工况 3，这说明，地震强度越大，持续时间越长，地震作用引起的动弯矩越大。随后，工况 1 和工况 2 土层均有液化发生，可能由于液化砂土层的减震效应使得桩身的动弯矩小于工况 3。三种工况下地震荷载结束时桩身

(a) 工况 1

(b) 工况 2

(c) 工况 3

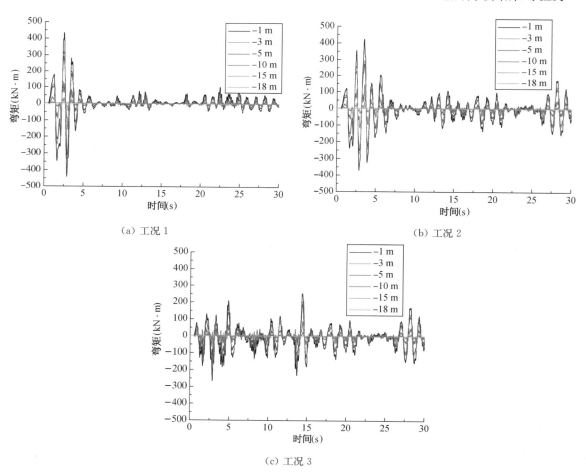

图 8-65　三种工况下桩身不同深度处的弯矩时程曲线

弯矩分布如图8-67所示，计算结果表明三种工况下桩顶部位的弯矩在整个桩的深度范围内是最大的，且工况1中桩的弯矩最小，工况3最大。

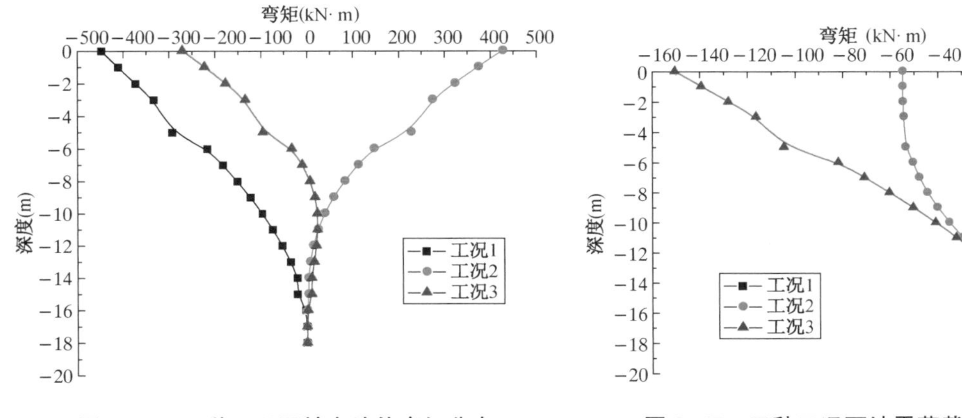

图8-66 三种工况下桩身峰值弯矩分布

图8-67 三种工况下地震荷载结束时桩身弯矩分布

2）*群桩情况*

(1) 计算模型与参数

某三层土地基，上部和下部土层均为5 m厚黏土层，中间土层为可液化的砂土层，土层厚度为10 m，地基中2×3群桩布置如图8-68所示，承台尺寸为12 m×8 m，单桩的直径为1 m，桩入土深度18 m，桩顶嵌固。计算输入地震波为0.3g EI Centro波，持续时间为20 s，如图8-69所示，研究地震荷载下可液化地基中群桩基础的受力及变形情况。模型中土体、桩和承台的计算参数与单桩基础相同，分别如表8-9所列。

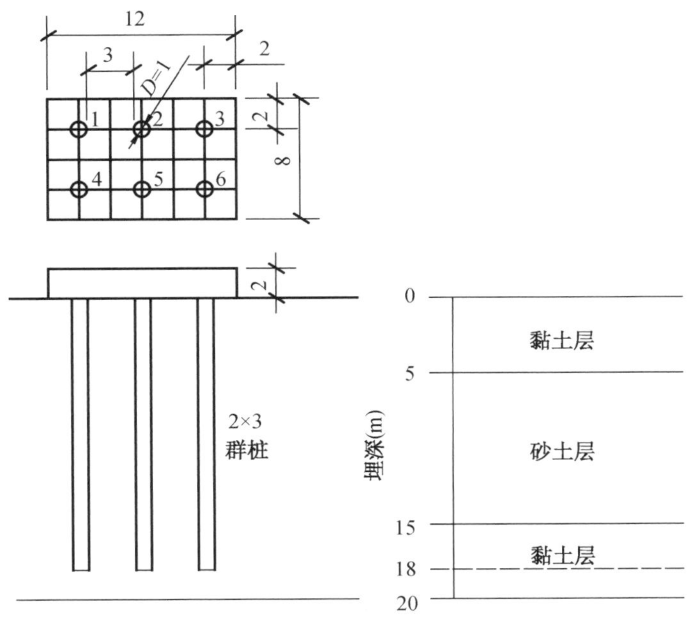

图8-68 群桩计算模型图

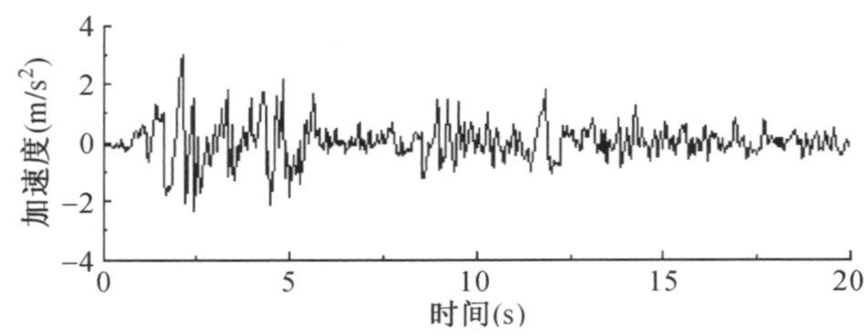

图 8-69　输入地震波加速度时程曲线

(2) 计算过程

采用 FLAC 3D 有限差分软件对图 8-68 所示的群桩体系进行动力分析，计算过程同单桩，动力荷载以加速度时程的方式施加到模型底部的黏土层上，计算中考虑了动力计算中的最大网格尺寸的要求，模型的网格划分如图 8-70 所示，共划分 4 048 个单元。计算时，首先要进行静力计算，以获得动力计算前的初始应力场和初始孔压场，然后在模型底部施加 x 方向的加速度边界。静力计算时，所有土层均采用摩尔-库仑模型，动力计算时，中间可液化砂土层采用 Finn 模型，其他土层仍采用摩尔-库仑模型；为了吸收地震过程中地震波在边界上的反射，在动力计算中设置了自由场边界；阻尼形式采用瑞利阻尼，为简化计算，土的阻尼比统一取为 5%。计算结果主要分析群桩中各单桩在地震过程中的受力变形情况及可液化砂土层的液化情况。由于对称性可知，桩 1、桩 2 和桩 3 的受力变形情况分别与桩 4、桩 5 和桩 6 相同，因此仅对桩 1、桩 2 和桩 3 的计算结果进行分析。

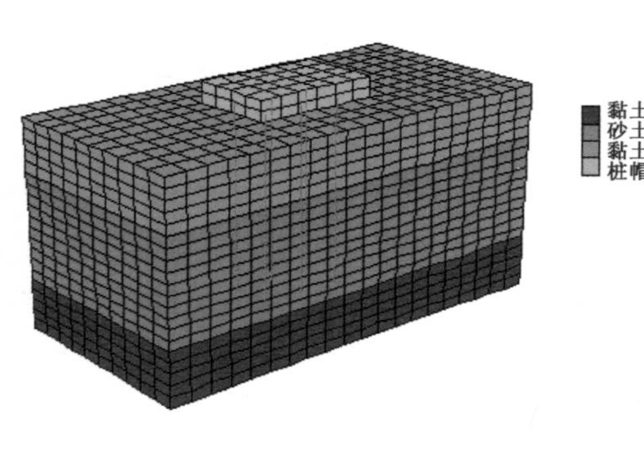

图 8-70　群桩模型的网格划分

(3) 计算结果分析

① 土层超孔压分析　桩 1、桩 2 和桩 3 周围土层不同深度的超孔压比时程曲线如图 8-71 所示。由图 8-71 可知，桩 1、桩 2 和桩 3 周围砂土层沿桩身各处的超孔压比变化趋势相似，均随振动时间逐步增大到峰值，且在随后的振动过程中基本维持在峰值左右，桩周砂土层的超孔压比沿桩身自上而下逐渐降低，且桩周 −10.0 m 以上饱和砂土层的超孔压比均达到 1，砂土层液化的范围相同。不同的是，三桩沿桩身各土层的峰值超孔压比大小不同，且液化的时刻不同，最强液化时刻均滞后于输入峰值加速度时刻。在地震荷载作用下，桩 1 和桩 3 周围 −10.0 m以上饱和砂土的超孔隙水压力比很快上升并达到 1.0，且在振动过程中基本维持在 1.0 左右，桩 2 周围砂土层液化时刻滞后于桩 1 和桩 3。三桩周 −10.0 m 以下土层的超孔压比均随着深度增加而递减，说明上部土层相对容易液化，这种现象与单桩的情况相同。

② 桩身侧向位移分析　桩 1、桩 2 和桩 3 不同深度的侧向位移时程曲线如图 8-72 所示。由图 8-72 可知，在地震荷载作用的前期，三桩桩身各处的侧向位移随时间的变化规律基本相同，三桩桩身的侧向位移均从 0 逐渐增大到峰值 0.114 m，方向为 x 负向，负向峰值出现在 1.7 s 附近。然后又逐渐减小，经过零点，又从 x 正向逐渐增大到峰值 0.12 m，

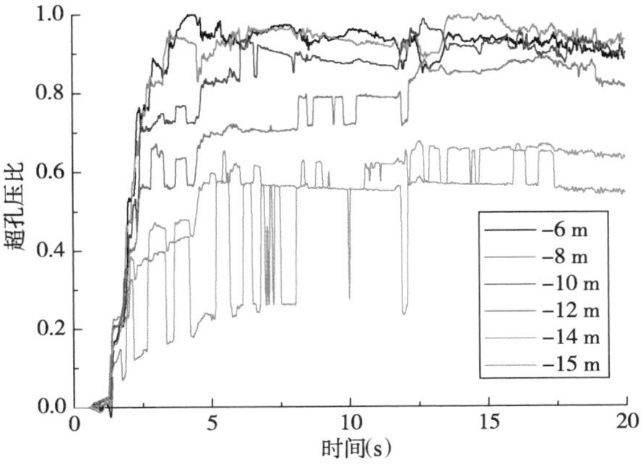

(a) 桩 1 周围土层

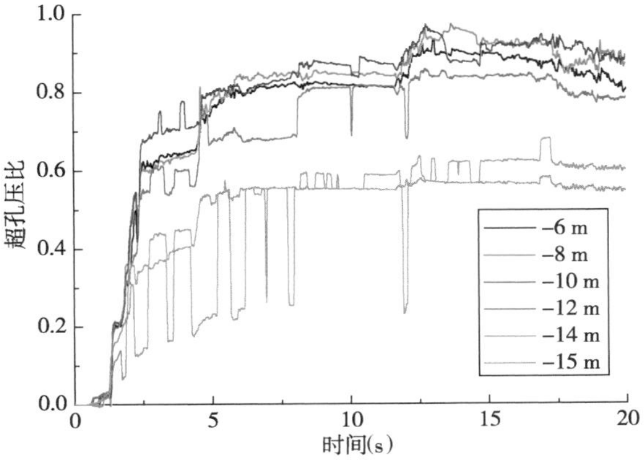

(b) 桩 2 周围土层

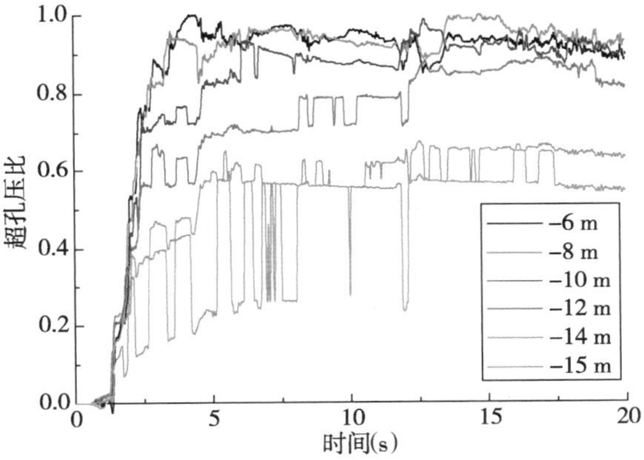

(c) 桩 3 周围土层

图 8-71　桩周土层超孔压比时程曲线

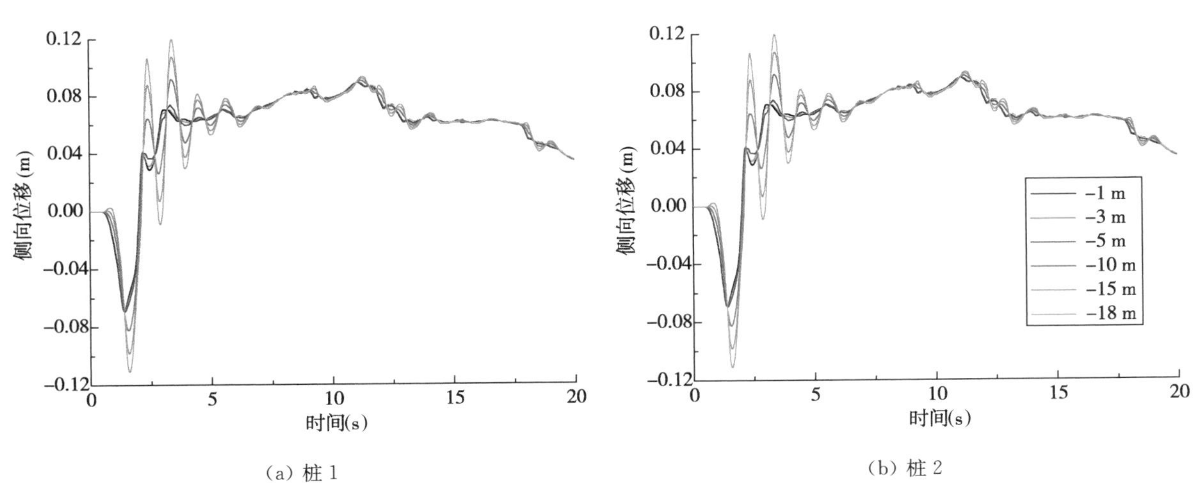

(a) 桩 1

(b) 桩 2

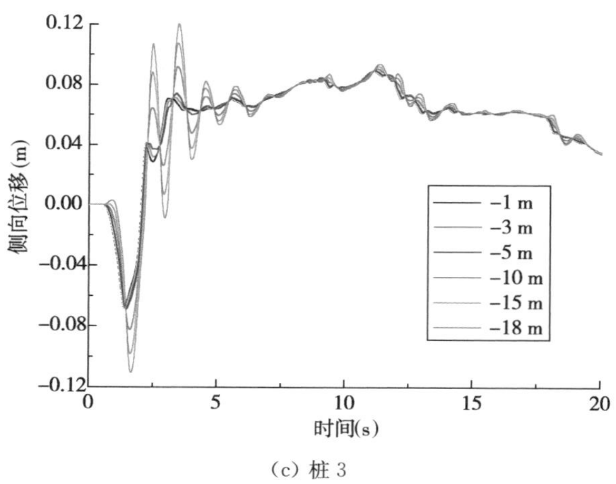

(c) 桩 3

图 8-72　桩体不同深度的侧向位移时程曲线

时间在 3.445 s 附近,之后随着地震持续时间的增加开始减小至地震荷载结束时的残余侧向变形 0.034 m 左右。三桩典型时刻沿桩身的侧向位移如图 8-73 所示。由图可知,在正向峰值时刻,桩顶侧移最大,桩底的侧移最小,在地震荷载结束时,桩顶侧移最小,桩底的侧移最大。

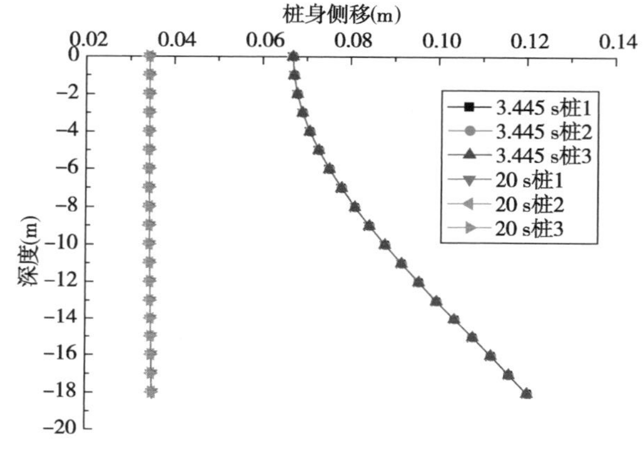

图 8-73　典型时刻桩身的侧向变形

③ 桩身截面弯矩分析　桩 1、桩 2 和桩 3 不同深度的弯矩时程曲线如图 8-74 所示。由图 8-74 可知,在地震荷载作用下桩身各处的弯矩随时间的变化规律基本相同,在地震荷载作用的初期,桩身的弯矩随着震动的持续均从 0 增大,在 2.955 s 时刻达到峰值弯矩,之后逐渐减小。典型时刻桩身弯矩分布如图 8-75 所示,计算结果表明,三桩在峰值和地震结束时刻桩身的弯矩分布均相同,且在峰值时刻,由于桩顶的嵌固作用桩顶部位的弯矩在整个桩的深度范围内是最大的。

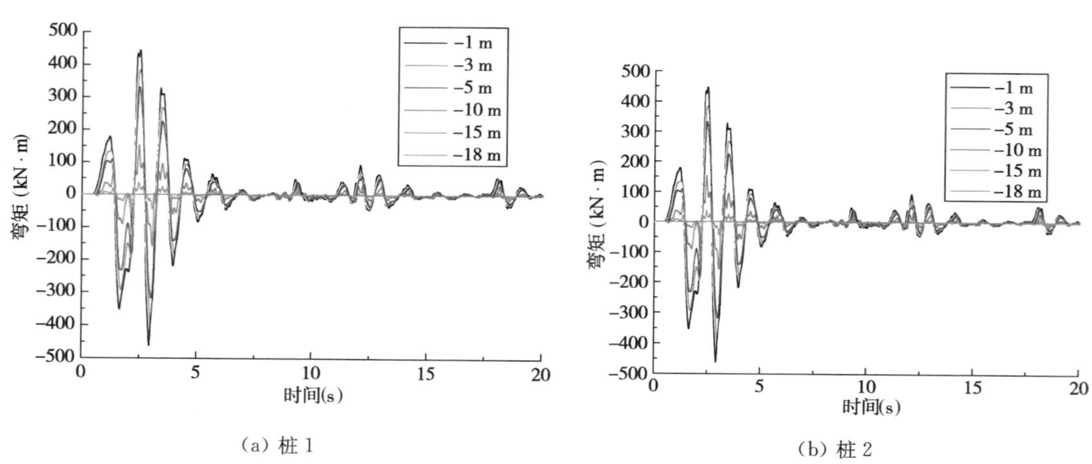

(a) 桩 1　　(b) 桩 2

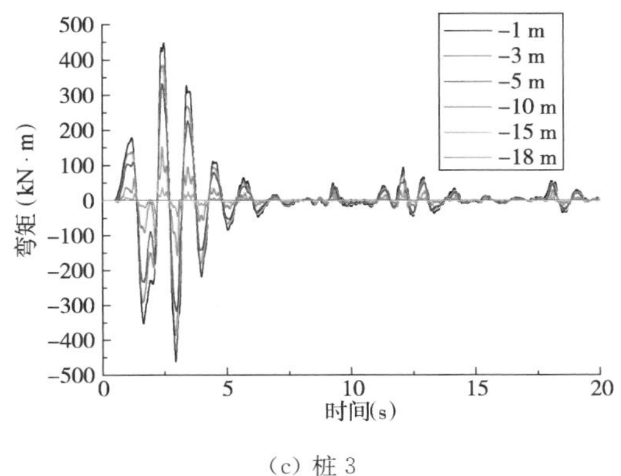

(c) 桩3

图8-74　桩体不同深度处的弯矩时程曲线

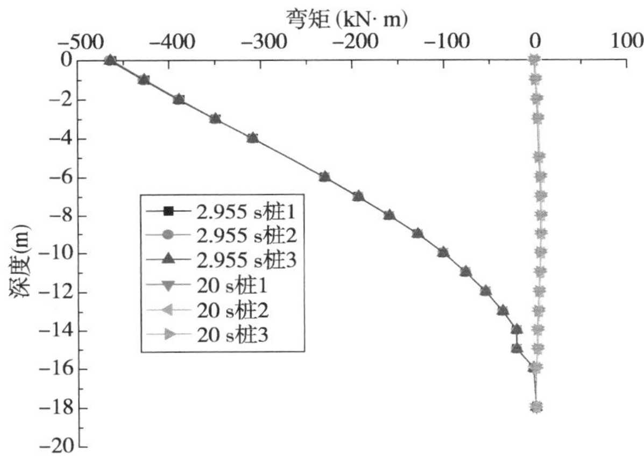

图8-75　典型时刻桩身的弯矩分布

8.6　砂土局部液化后大桥地基侧向大变形对桩基的影响

在目前的桩基础抗震设计中，通常将地震时上部结构物的动力响应对基础桩的影响简化为一个作用于基础桩顶部的水平力，这种方法仅考虑了上部结构对桩基础的影响，而忽略了地基水平侧移的影响，尤其是液化后地基侧向大变形的影响。在有液化侧扩地基中桩基的受力情况在地震期间和地震后是不同的：在地震期间，桩基承受桩-土-结构相互作用产生的附加动应力和土体侧移对桩身产生的附加静应力；在地震结束后，桩基仅承受液化后永久侧向位移对桩身产生的附加静应力。液化后永久侧移的大小直接受地震期间桩土动力相互作用的影响，前述已对液化场地桩土动力相互作用进行了分析，为液化后永久侧移对桩基影响的研究提供了计算前提并得出了一些有益的结论。本章则采用简化分析方法，考虑桩土共同工作的非线性关系，建立液化侧扩地基中桩基的有限差分计算模型，基于弹塑性地基反力法，推导液化侧扩地基中桩基的有限差分解的统一格式，编制相应的有限差分专用程序，并利用有限差分专用程序研究液化后地基永久侧移对桩基的影响。

8.6.1　水平荷载作用下大桥群桩的受力性状与计算

在实际工程中，大量的桩基都布置成群桩的形式。群桩在水平荷载作用下，桩与桩之间通过土体发生相互作用，在有承台的群桩中，桩与桩之间还通过桩顶承台发生相互作用。由于桩土互作用(又称遮拦效应),群桩中的各桩与独立的单桩表现出完全不同的性状。普遍认为在相同荷载作用下小间距群桩中的单桩比独立单桩有更大的侧向位移;群桩中的最大弯距比独立单桩的最大弯距大。目前,国内外水平力作用下群桩的分析方法大致有以下几种:①弹性理论法;②混合方法;③有限元法;④修正的 p-y 曲线法。

p-y 曲线法由于能考虑土体的大变形和非线性特性,成为目前分析水平受荷桩的主要分析方法。目前,随着单桩 p-y 曲线法的推广应用,出现了以单桩 p-y 曲线为基础,并对其进行修正的方法考虑水平荷载作用下群桩的受力特性。利用修正的 p-y 曲线法分析水平荷载作用下群桩的受力特性,其中最关键的问题就是确定群桩效应引起土体极限抗力的折减程度和荷载在各排桩中的分配,以确定群桩中各单桩的 p-y 曲线。

一般用 Brown(1988)建议的 p 因子(f_m)来考虑由于遮拦效应导致的群桩中各单桩土体极限抗力的衰减,如图 8-76 所示。一般来说群桩中各单桩的 p 因子各不相同,主要受群桩的桩间距 S、桩径 D、各排桩在群桩中的位置和土的性质等因素影响。国内、外许多学者对此进行了大量的数值、模型试验和现场试验研究,得出了不同的修正方法,一般认为,受荷方向上排列的中排桩、后排桩,在桩身变位相等的条件下,所受的土抗力比前排桩小。Mokwa 和 Duncan(2001)通过对 37 组室内和现场载荷试验结果的研究,得到了不同情况下考虑桩-土-桩之间的相互作用的 p 因子的推荐数值,建立了桩间距和桩排数的关系,并考虑了同一排桩中不同桩位的影响,具有重要的参考意义。如图 8-77 所示,受荷方向上前排桩比后排桩承担的荷载大,在各排内,边桩比中间桩承担的荷载大。p 因子随着桩排数的增加逐渐减小,随着桩间距的增加逐渐增加,当后排桩排数超过 3 时,后排桩的 p 因子与第 3 后排桩相同。当桩间距超过 6 倍桩径时,可以认为各排内的桩承担荷载相等,p 因子为 1。由以上方法计算出的前排角桩的剪力和弯矩要按表 8-10 进行调整。

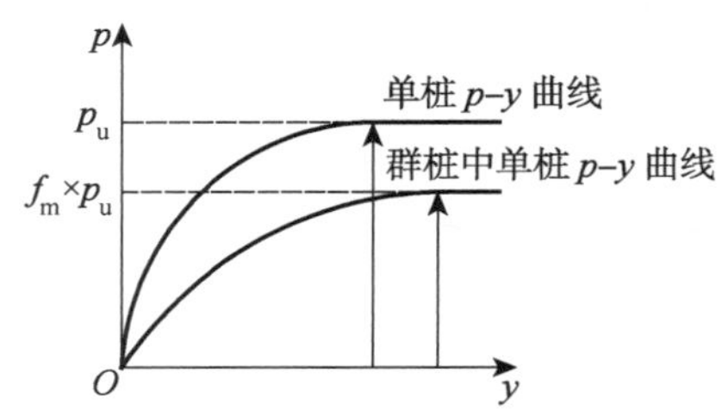

图 8-76　群桩中 p-y 曲线的折减示意图

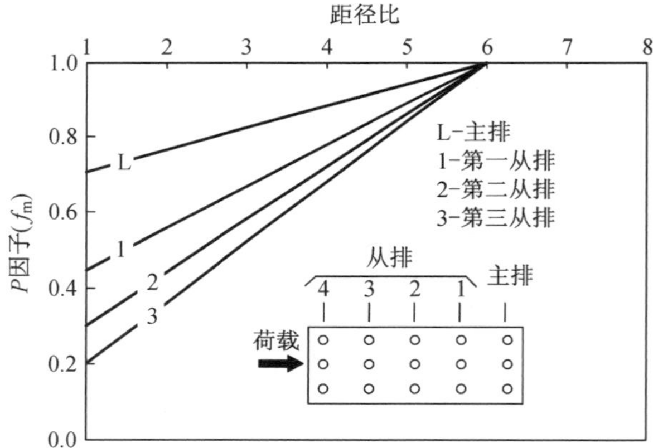

图 8-77　群桩中 p 因子的折减系数曲线

有了群桩中各单桩的 p-y 曲线后,就可通过前述的有限差分法分别求得群桩中各单桩沿桩身任意截面处的内力及变形。

表 8-10　前排角桩的弯矩剪力调整系数

桩边距	前排角桩剪力和弯矩的调整系数
$3D$	1.0
$2D$	1.2
$1D$	1.6

注:桩边距是指沿荷载方向桩与桩之间的净距离。

8.6.2 砂土局部液化后地基侧向大变形对桩基的影响

1) 液化侧扩地基中桩基的计算模型

在地震荷载结束后，桩基主要受到液化后永久侧向位移的作用。若液化后土体侧向位移为 y_s，引起桩的位移为 y，则地面侧移的作用下单桩的挠曲微分方程为：

$$EI\frac{d^4y}{dz^4}+E_s(y-y_s)=0 \tag{8-48}$$

在地震荷载作用的过程中，随着动孔压的上升，土层逐渐发生液化，液化后砂土的刚度在主震作用下降低，在规范规程或实际工程中通常采用简化计算方法来考虑液化土层对桩基的影响，由于考虑的角度不同对液化土地基反力模量的折减处理方法也不尽相同。日本建筑协会与道路协会在相应的规范中提出，液化土层中桩的水平抗力系数可按层位和液化安全系数之值进行折减，我国在相应的桩基抗震规范中也采用了对液化土层的桩周摩阻力和水平抗力系数作一定折减的做法，土层液化折减系数如表 8-11 所示。

表 8-11　土层液化折减系数

实际标贯击数 N_0/临界标贯击数 N_{cr}	深度 d_s	折减系数 Ψ_L
≤0.6	$d_s\leq10$	0
	$10<d_s\leq20$	1/3
>0.6～0.8	$d_s\leq10$	1/3
	$10<d_s\leq20$	2/3
>0.8～1.0	$d_s\leq10$	2/3
	$10<d_s\leq20$	1

考虑土层液化水平抗力系数折减后，方程(8-48)转换为：

$$EI\frac{d^4y}{dz^4}+\psi_L E_s(y-y_s)=0 \tag{8-49}$$

于是对式(8-49)做中心差分，得：

$$y_{i-2}-4y_{i-1}+\left(6+h^4\frac{\psi_L E_{si}}{EI}\right)y_i-4y_{i+1}+y_{i+2}=h^4\frac{\psi_L E_{si}}{EI}y_{si} \tag{8-50}$$

联合相应的边界条件，可得液化后侧向位移作用下单桩的位移差分方程：

$$[K'_p]\{y'\}=\{P'\}+[K_s]\{y_s\} \tag{8-51}$$

式中，$[K'_p]$为桩基的水平刚度矩阵，$\{y'\}$为侧向位移条件下桩基的水平位移列向量，$\{P'\}$为水平荷载列向量，$[K'_p]$，$\{y'\}$和$\{P'\}$可根据不同的边界条件确定。$\{y_s\}$为土体液化后的永久侧向位移列向量：

$$\{y_s\}=[y_{s,-2}\quad y_{s,-1}\quad y_{s,0}\quad \cdots\quad y_{s,i}\quad \cdots\quad y_{s,n}\quad y_{s,n+1}\quad y_{s,n+2}]' \tag{8-52}$$

$[K_s]$为土体水平向刚度矩阵，其值为：

$$[K_s]=\begin{bmatrix} k_{s,-2} & & & & & & & & \\ & k_{s,-1} & & & & & & & \\ & & k_{s,0} & & & & & & \\ & & & \ddots & & & & & \\ & & & & k_{s,i} & & & & \\ & & & & & \ddots & & & \\ & & & & & & k_{s,n} & & \\ & & & & & & & k_{s,n+1} & \\ & & & & & & & & k_{s,n+2} \end{bmatrix} \tag{8-53}$$

其中，$k_{s,i}=h^4\dfrac{\psi_L E_{si}}{EI}$，$(i=-2,\ -1,\ 0,\ \cdots,\ n+2)$，则：

$$\{y'\}=[K'_p]^{-1}(\{P'\}+[K_s]\{y_s\}) \tag{8-54}$$

对于群桩在液化后侧向变形作用下的求解方法，仍可采用修正的 p-y 曲线法。对其中关键的问题一，群桩效应引起土体极限抗力的折减程度，可按 Brown(1988) 建议的 p 因子 (f_m) 来考虑，具体可根据桩距、桩径采用表所示的 p 因子的推荐数值来进行计算。对于关键问题二，荷载在各排桩中的分配，即群桩中各桩位处液化后的永久侧向位移可按后文第 2) 小节所述方法确定。这样便得到群桩中各单桩的 p-y 曲线，建立群桩中各单桩在侧向变形下的位移差分方程。求解步骤可参见前述，上述计算过程已通过 MATLAB 软件编制成专用的有限差分程序，其计算速度非常快，并能通过软件方便地画出桩身各截面的内力变形曲线。

采用上述方法分析桩基在液化后侧向变形作用下的受力和变形特性，关键是地震液化后永久侧向变形的确定。

2) 液化后侧向变形分析

地震时由于液化引起的地面侧向大变形是常见的具有极大破坏力的震害现象之一。现有的大量震害调查资料以及室内模型试验结果均表明，液化后大变形主要是地震液化后土体在自重产生的静剪应力作用下发生的。静剪应力的大小会对液化后场地破坏的形式产生较大的影响，根据静剪应力的大小可将液化后的破坏形式分为侧向扩展和流滑。《实用桩基工程手册》中则指出："侧向扩展与流滑是可液化土在液化后沿着倾斜的液化层面产生土体水平滑动的现象，但侧向扩展是指土面倾斜在 5°以下的情况，而流滑则指土面倾斜在 5°以上的情况(如土坝、天然或人工的斜坡)。"因此，对于初始静剪应力较小的近水平场地一般发生有限的侧向扩展变形。

由前述饱和砂土液化后大变形的试验可知，液化后单调加载的试样，其变形由低强度段、超线性强度恢复段和次线性强度恢复段三部分组成。在低强度段，偏应力几乎为零而应变却大幅度增加，这段变形是液化后大变形的必经阶段；在强度恢复段，随着应变的发展土体的强度快速恢复，土体抵抗变形的能力逐渐增加。对于初始静剪应力较小的近水平场地，强度恢复段所产生的变形较为有限，与低强度段相比要小得多，因此，对于这种情况可以忽略强度恢复段产生的变形，液化后侧向变形主要由低强度的变形决定。由本章第 4 节的分析可知，低强度轴向应变 ε_0 与循环荷载后的最大双幅轴向应变 ε_{max} 密切相关，而最大双幅轴向应变 ε_{max} 与抗液

化安全系数 F_l 有很好的相关关系，当抗液化安全系数等于1时，试样刚好液化或达到预定的剪应变幅值，当其大于1时则说明试样未达到液化，当其小于1时，说明试样已经液化，且不同的抗液化安全系数值将会导致不同的最大双幅轴向应变。针对本书所用砂土，由饱和砂土动三轴液化试验得出该砂土抗液化安全系数与最大双幅轴向应变的关系，如图8-78所示，因此，只要能确定出一定地震荷载作用下抗液化安全系数沿液化土层的分布，即可确定出低强度段轴向应变 ε_0 沿液化土层的分布情况，计算时将轴向应变 ε 转化为剪应变 γ，具体转换如下所示：

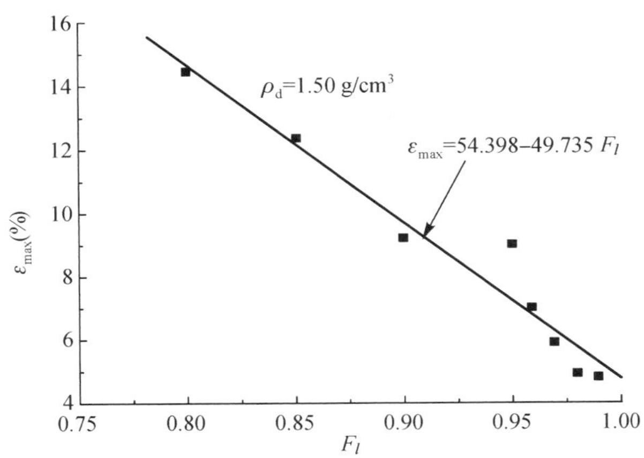

图8-78　抗液化安全系数与最大双幅轴向应变的关系

$$\gamma = (1+\mu)\varepsilon \tag{8-55}$$

其中 μ 为泊松比，对于饱和不排水的情况体应变 $\varepsilon_v=0$，在轴对称应力条件下，$\varepsilon_v=\varepsilon_1+2\varepsilon_3$，则 μ 可取0.5，即 $\gamma=1.5\varepsilon$。

采用分层总和法，由下面公式即可确定出液化后侧向变形沿液化土层的分布：

$$D_h=\int(\gamma_0+\gamma_d)\mathrm{d}h=\sum_{i=1}^{n}[C(\varepsilon_{max}-\varepsilon_{entry})+\gamma_d]H_i=\sum_{i=1}^{n}[C(\varepsilon_{max}-\varepsilon_{entry})H_i] \tag{8-56}$$

3）抗液化安全系数 F_l 的确定

抗液化安全系数 F_l 用来表示土体所遭受的液化破坏程度，可由土体动力反应分析法确定，基于前述地震期间桩土动力相互作用分析，可以得到土层相应剖面处的最大动剪应力 τ_{max} 的分布，平均剪应力 $\bar{\tau}=0.65\tau_{max}$，等效循环剪应力比 $\bar{\tau}/\sigma'_c$ 为平均剪应力 $\bar{\tau}$ 与各单元的平均主应力的比值，抗液化剪应力比 $\sigma_d/2\sigma'_c$ 与等效循环剪应力比 $\bar{\tau}/\sigma'_c$ 的比值即为抗液化安全系数 F_l，其中抗液化剪应力比 $\sigma_d/2\sigma'_c$ 可由室内动三轴试验确定，具体方法是根据等效循环周数与震级的关系，找出相应震级的地震等效循环周数 N_{eq}，即可在抗液化强度曲线上找出该等效循环周数相对应的抗液化剪应力比。

4）液化后侧向变形对桩基影响的分析步骤

前面已经对液化后侧向大变形对桩基影响研究中的关键问题进行了分析，假定非液化层的位移不随深度而改变，液化层与其上覆及下卧非液化层之间位移是连续的，本章的计算方法只针对液化土层进行考虑，液化后侧向变形对桩基影响的总体步骤如下：

（1）静力三轴试验。确定出地震前土体的静力分析参数。

（2）进行桩土静力有限元或有限差分分析。计算目的是为了求出地震前土体单元的应力状态，这是确定土体单元抗液化安全系数所必须的。

（3）室内动三轴试验。确定出土体的抗液化强度曲线和土体动力本构模型的计算参数。

（4）地震荷载作用下桩土动力相互作用分析。根据工程场地的情况及抗震设防的要求，选用合适的地震波进行桩土体系的地震反应分析，采用合适的动本构模型考虑土的非线性和动孔隙水压力的产生和变化，得出液化土层的分布和地震时土体各单元的地震剪应力。

(5) 确定抗液化安全系数。根据第(2)和第(3)步的结果得出抗液化安全系数沿液化土层的分布。

(6) 室内饱和砂土液化后静力再加载试验。根据砂土液化后的本构模型，得到低强度段轴向应变 ε_0 与最大双幅轴向应变 ε_{max} 的关系。

(7) 由抗液化安全系数 F_l 得到最大双幅轴向应变 ε_{max}，然后再由 ε_{max} 得到 ε_0，从而得到低强度段剪应变 γ_0。

(8) 得出液化后侧向变形沿液化土层的分布。

(9) 根据液化侧扩地基中桩基的计算模型，基于弹塑性地基反力法，即 p-y 曲线法，对于群桩则可采用修正的 p-y 曲线法，利用自编有限差分程序求解液化后地震永久侧移作用下单桩或群桩中单桩的挠曲微分方程，以研究震后永久侧向位移对桩基的影响，从而得到桩基在液化后永久侧向位移作用下的受力及变形特性。

8.6.3 砂土局部液化后大桥桩基侧向大变形作用算例

1) 计算模型与参数

某三层土地基，上部和下部土层均为 5 m 厚黏土层，中间土层为可液化的砂土层，土层厚度为 10 m，研究单桩和群桩在液化后侧向大变形条件下的受力和变形情况。单桩和群桩基础分别采用本章第 5 节计算模型，如图 8-79 所示。输入地震波和模型计算参数分别与上述相同。如前所述，液化是液化后大变形发生的前提，研究液化后大变形对桩基的影响首先要对地震期间液化场地桩土动力相互作用进行分析，为液化后大变形分析提供计算条件。

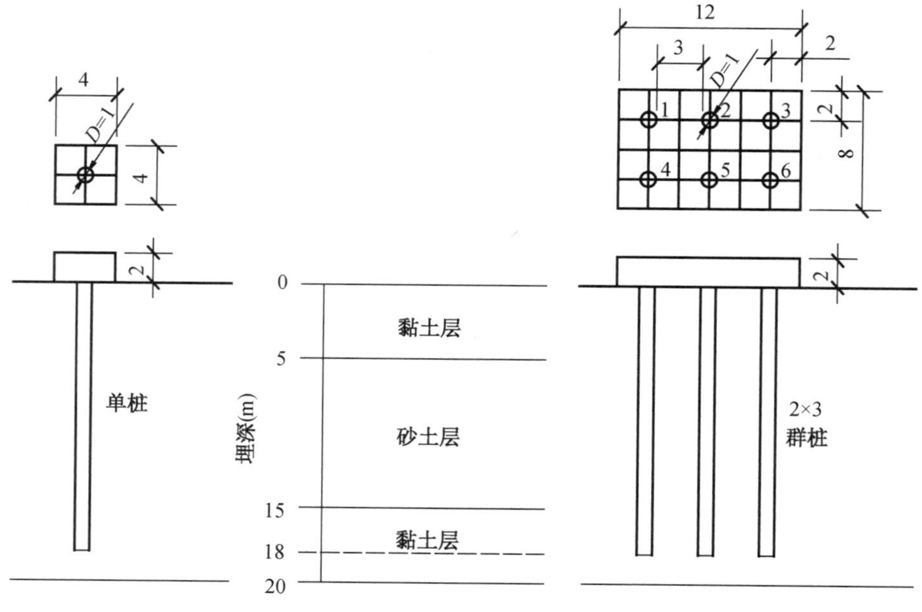

图 8-79 单桩和群桩的计算模型

根据地震前的桩土体系静力分析，得到动力计算前的初始应力场和初始孔压场，根据地震期间桩土动力相互作用分析，得出不同工况下单桩和群桩桩周土体单元的地震剪应力时程曲线，从而得到各单元的最大地震剪应力。图 8-80 是由室内动三轴试验确定的砂土的抗液化强度曲线。由 Seed 提出的震级和等效振次关系（表 8-12）可知：对单桩，工况 1 和工况 3 相当于 7.5 级地震，等效振次为 20，对应的抗液化强度为 0.22；工况 2 相当于 7 级地震，等效振次为 12，对应的抗液化强度为 0.24。对群桩，相当于 7.5 级地震，等效振次为 20，对应的抗液化强度为0.22。由前述确定出不同工况下桩侧砂土层抗液化安全系数 F_l。该砂土抗液化安全系数与最大双幅轴向应变的关系，如图 8-78 所示，即可得出液化后侧向变形沿液化土层的分布。工况 3 中各土层均未液化，故地震液化后土体侧向变形为零，工况 1 和 2 具体的计算结果如表 8-13 和表 8-14 所示。群桩中各单桩桩位处的液化后侧向变形如表 8-15—表 8-17 所列。

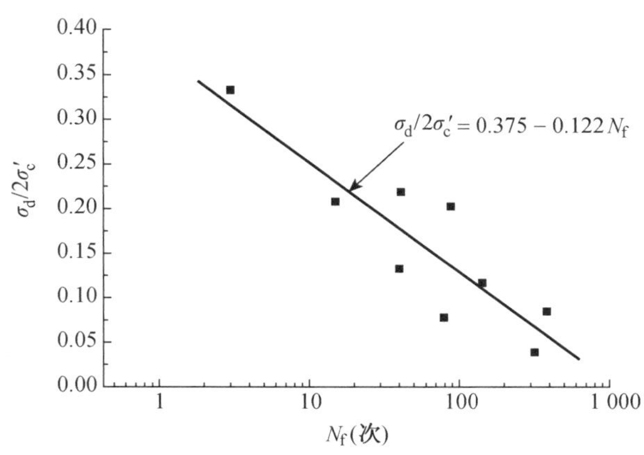

图 8-80　砂样的抗液化强度曲线

表 8-12　地震震级、地震烈度和等效振次的关系

地震震级	5.6～6	6.5	7	7.5	8
地震烈度	6	6.5	7	8	9
等效振次	5	8	12	20	30

由表 8-13—表 8-17 可知，由抗液化安全系数得出的液化土层的分布情况跟桩土动力相互作用分析中得到的液化土层分布情况相一致，工况 1 中－10 m 以上砂土层发生液化，工况 2 中只有－6 m 以上砂土层发生液化，且地震动越强，液化后侧向大变形就越大。对群桩，液化后桩 1 处的侧向变形最大，桩 2 处次之，桩 3 最小。

表 8-13　单桩基础地震液化后土体侧向变形（工况 1）

土层深度(m)	土层单元号	平均主应力(Pa)	最大地震剪应力(Pa)	平均地震剪应力比	抗液化安全率	最大双幅轴向应变(%)	低强度段剪应变(%)	侧向位移(cm)
－6	701	27 138	11 890	0.285	0.773	15.977	16.574	41.058
－7	651	32 065	12 230	0.228	0.966	6.334	5.654	24.484
－8	601	36 961	13 790	0.243	0.907	9.280	8.990	18.830
－9	551	41 860	14 400	0.224	0.984	5.465	4.669	9.841
－10	501	46 838	16 260	0.226	0.975	5.908	5.172	5.172
－11	451	51 895	17 130	0.215	1.025	—	—	—
－12	401	57 086	18 380	0.209	1.051	—	—	—
－13	351	62 424	19 340	0.201	1.092	—	—	—
－14	301	68 122	24 190	0.231	—	—	—	—
－15	251	74 933	25 800	0.224	—	—	—	—

表 8-14　单桩基础地震液化后土体侧向变形(工况 2)

土层深度(m)	土层单元号	平均主应力(Pa)	最大地震剪应力(Pa)	平均地震剪应力比	抗液化安全率	最大双幅轴向应变(%)	低强度段剪应变(%)	侧向位移(cm)
−6	701	27 138	10 090	0.242	0.992	5.007	4.151	4.151
−7	651	32 065	10 520	0.213	1.079	—	—	—
−8	601	36 961	12 000	0.211	1.090	—	—	—
−9	551	41 860	11 910	0.185	1.244	—	—	—
−10	501	46 838	13 440	0.187	1.233	—	—	—
−11	451	51 895	12 800	0.160	1.435	—	—	—
−12	401	57 086	13 300	0.151	1.519	—	—	—
−13	351	62 424	16 000	0.167	1.381	—	—	—
−14	301	68 122	17 680	0.168	1.363	—	—	—
−15	251	74 933	21 100	0.183	1.257	—	—	—

表 8-15　群桩基础地震液化后桩位处土体侧向变形(桩 1)

土层深度(m)	土层单元号	平均主应力(Pa)	最大地震剪应力(Pa)	平均地震剪应力比	抗液化安全率	最大双幅轴向应变(%)	低强度段剪应变(%)	侧向位移(cm)
−6	2 736	27 262	11 890	0.280	0.786	15.309	15.817	52.379
−7	2 686	32 668	12 230	0.267	0.825	13.391	13.645	36.562
−8	2 636	37 954	13 790	0.243	0.905	9.406	9.132	22.917
−9	2 586	43 206	14 400	0.233	0.942	7.536	7.015	13.785
−10	2 536	48 467	16 260	0.232	0.947	7.320	6.770	6.147
−11	2 486	53 756	17 130	0.213	1.033	—	—	—
−12	2 436	59 150	18 380	0.203	1.082	—	—	—
−13	2 386	64 803	19 340	0.199	1.106	—	—	—
−14	2 336	71 100	24 190	0.222	—	—	—	—
−15	2 286	79 009	25 800	0.223	—	—	—	—

表 8-16　群桩基础地震液化后桩位处土体侧向变形(桩 2)

土层深度(m)	土层单元号	平均主应力(Pa)	最大地震剪应力(Pa)	平均地震剪应力比	抗液化安全率	最大双幅轴向应变(%)	低强度段剪应变(%)	侧向位移(cm)
−6	701	27 084	11 730	0.282	0.781	15.530	16.068	44.124
−7	651	32 478	12 080	0.242	0.910	9.140	8.832	28.055
−8	601	37 852	13 850	0.238	0.925	8.393	7.985	19.223
−9	551	43 199	15 440	0.232	0.947	7.301	6.748	11.239
−10	501	48 556	16 650	0.223	0.987	5.307	4.490	4.490
−11	451	53 901	17 050	0.206	1.070	—	—	—
−12	401	59 503	17 420	0.190	1.156	—	—	—
−13	351	65 616	20 120	0.199	1.104	—	—	—
−14	301	72 456	21 990	0.197	1.115	—	—	—
−15	251	79 848	25 170	0.205	1.074	—	—	—

表 8-17　群桩基础地震液化后桩位处土体侧向变形(桩 3)

土层深度(m)	土层单元号	平均主应力(Pa)	最大地震剪应力(Pa)	平均地震剪应力比	抗液化安全率	最大双幅轴向应变(%)	低强度段剪应变(%)	侧向位移(cm)
−6	701	27 182	9 670	0.231	0.951	7.080	6.498	27.977
−7	651	32 464	11 700	0.234	0.939	7.691	7.190	21.478
−8	601	37 642	13 260	0.229	0.961	6.612	5.968	14.288
−9	551	42 750	14 610	0.222	0.990	5.142	4.304	8.320
−10	501	47 898	15 610	0.221	0.995	4.888	4.016	4.016
−11	451	53 092	16 130	0.197	1.114	—	—	—
−12	401	58 449	16 410	0.182	1.206	—	—	—
−13	351	64 135	19 140	0.194	1.134	—	—	—
−14	301	70 705	22 070	0.203	1.084	—	—	—
−15	251	78 195	23 910	0.199	1.107	—	—	—

2) 液化后土体永久侧向变形对桩基的影响分析

根据前述液化侧扩地基中桩基的计算模型，基于 p-y 曲线法，利用笔者自编的有限差分程序求解地震液化后永久侧移作用下桩的挠曲微分方程，以研究震后永久侧向位移对桩的影响。对于软黏土，使用 Matlock p-y 曲线；对于砂土，采用的 Reese p-y 曲线。两种曲线均被美国石油协会规范(API)采用。

Matlock 在 1970 年提出了适用于水下软黏土的 p-y 曲线计算方法。骨架曲线(图 8-81)的形式表达如下：

$$\frac{p}{p_u}=\begin{cases}0.5\left(\dfrac{y}{y_{50}}\right)^{\frac{1}{3}} & y<8y_{50}\\ 1 & y\geqslant 8y_{50}\end{cases} \tag{8-57}$$

$$y_{50}=A\varepsilon_{50}d \tag{8-58}$$

式中，p 为地面以下 x 深度处作用于桩上的水平土抗力(kPa)；p_u 为桩侧单位面积的极限水平土抗力(kPa)；y 为地面以下 x 深度处桩的侧向水平变形(mm)；y_{50} 为桩周土达极限土抗力之半时桩的侧向水平变形(mm)，ε_{50} 为三轴试验中最大主应力差一半时的应变；A 为与桩径有关的系数，d 为桩的宽度或直径(m)。各参数的计算公式及取值均可参见本章后文献[13]。

Reese 在 1974 年提出了适用于砂土的 p-y 曲线计算方法。骨架曲线(图 8-82)的形式表达如下：

$$\begin{cases}ok\text{ 段} & p=k_h y\\ km\text{ 段} & p=p_m\left(\dfrac{y}{y_m}\right)^{\frac{1}{n}}\\ mu\text{ 段} & p=\dfrac{(p_u-p_m)y+(p_m y_u-p_u y_m)}{y_u-y_m}\end{cases} \tag{8-59}$$

$$n=\frac{p_m(y_u-y_m)}{y_m(p_u-p_m)} \tag{8-60}$$

式中，p 为地面以下 x 深度处作用于桩上的水平土抗力(kPa)；p_u 为桩侧单位面积的极限水平土抗力(kPa)，y 为地面以下 x 深度处桩的侧向水平变形(mm)；k_h 为初始地基系数；k，m 和 u 各点的 p 和 y 的取值以及 p_u 计算公式可见本章后文献[13]。

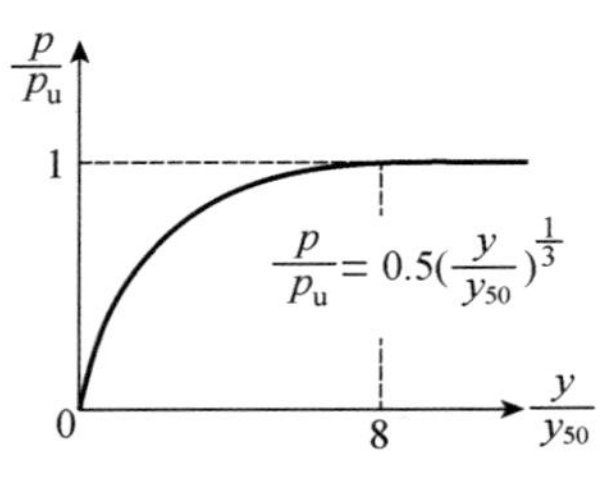

图 8-81　Matlock p-y 曲线

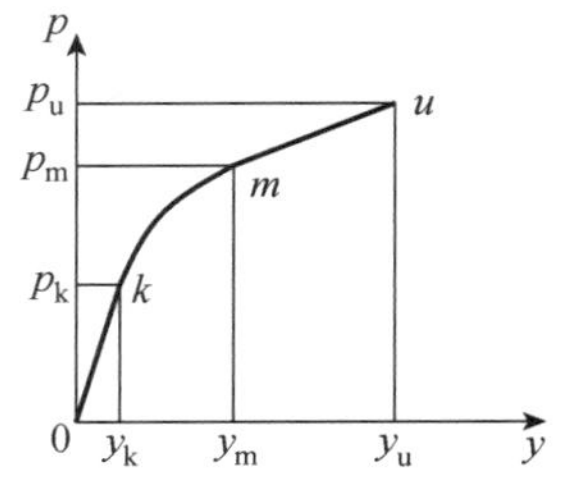

图 8-82　Reese p-y 曲线(砂土)

计算中液化层水平抗力系数按比例系数 1/3 进行折减。对于群桩，可按对相应桩位处的 p 因子进行折减，采用线性内插法，当 $S/D=4$ 时，对桩 1、桩 2 和桩 3，其 f_m 分别为 0.88，0.78，0.72。

3）计算结果分析

（1）单桩结果分析

图 8-83 给出了工况 1 和工况 2 中单桩地震液化后侧向变形引起的桩的附加侧向变形。由图 8-83 可知，对桩顶嵌固的桩而言，附加侧向变形在桩顶最大，并随深度增加而减小，且附加侧向变形的数值大于地震荷载作用时的峰值侧向变形。土层液化范围越大，附加变形的数值也越大。

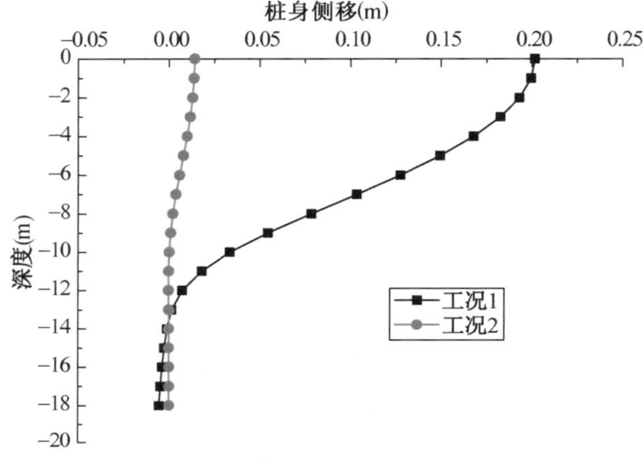

图 8-83　地震液化后侧向变形引起的单桩的附加侧向变形(工况 1 和工况 2)

图 8-84 给出了工况 1 和工况 2 中单桩地震液化后侧向变形引起的桩的附加静弯矩。由图 8-84 可知，对桩顶嵌固的桩而言，附加静弯矩沿桩身并非是单调变化的，而是在桩顶和液化土层与下部非液化土层的分界处都比较大，甚至液化土层与下部非液化土层的分界处的附加静弯矩大于桩顶的附加静弯矩，且附加静弯矩的数值远大于地震荷载作用时峰值动弯矩。同时也说明地震动越强，土层液化范围也越大，附加静弯矩的数值也越大。

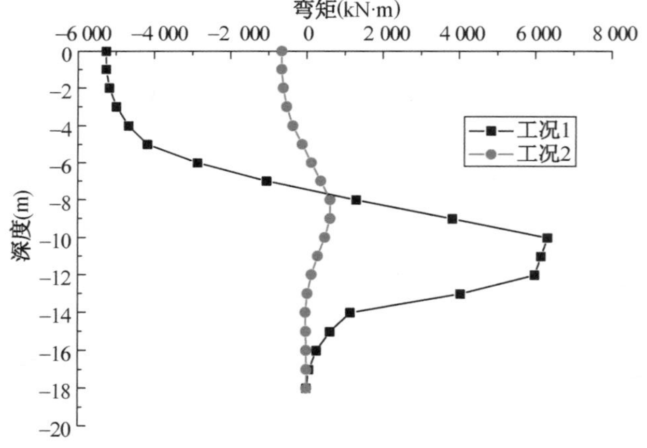

图 8-84　地震液化后侧向变形引起的单桩的附加静弯矩(工况 1 和工况 2)

（2）群桩结果分析

图 8-85 给出了群桩中各单桩地震液化后侧向变形引起的桩的附加侧向变形。由图

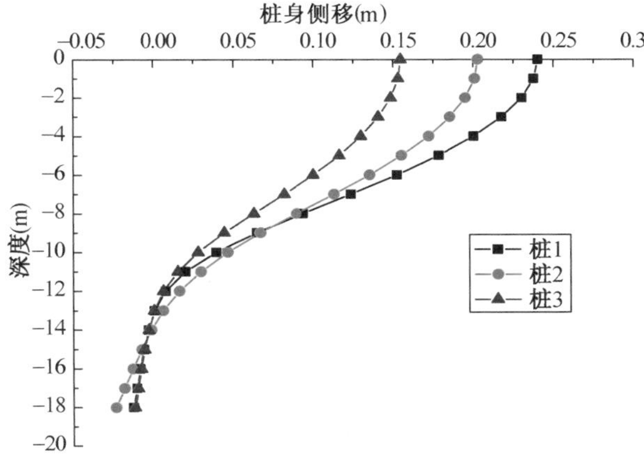

图 8-85　地震液化后侧向变形引起的群桩的附加侧向变形(桩 1,桩 2 和桩 3)

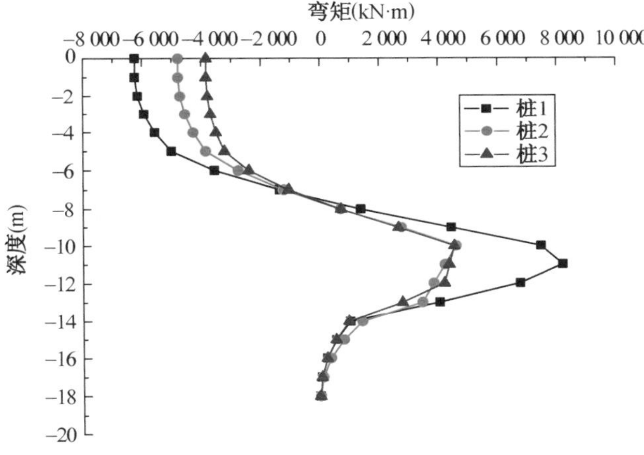

图 8-86　地震液化后侧向变形引起的群桩的附加静弯矩(桩 1,桩 2 和桩 3)

8-85可知,对桩顶嵌固的桩而言,附加侧向变形与单桩相似,都是在桩顶最大,并随深度增加而减小,且附加侧向变形的数值大于地震荷载作用时的峰值侧向变形。不同桩相比,桩 1 的侧向变形最大,桩 2 次之,桩 3 最小。

图 8-86 给出了群桩中各单桩地震液化后侧向变形引起的桩的附加静弯矩。由图 8-86 可知,对桩顶嵌固的桩而言,附加静弯矩沿桩身的变化情况与单桩相似,即在桩顶和液化土层与下部非液化土层的分界处都比较大,甚至液化土层与下部非液化土层的分界处的附加静弯矩大于桩顶的附加静弯矩,且附加静弯矩的数值远大于地震荷载作用时峰值动弯矩。不同桩相比,桩 1 的附加弯矩最大,桩 2 次之,桩 3 最小。

上述计算结果表明,地基的液化后侧向大变形是桩基震害不可忽视的一个因素,桩体的最大弯矩出现在可液化土层的上下界面处,此处是桩基发生破坏的关键部位,桩身可能承受了超出桩本身极限抗弯能力的弯矩,容易发生弯剪破坏,计算结果合理地解释了地震液化及液化后大变形对桩基产生破坏的实际震害情况,对有液化侧扩地基中桩基的设计,不能仅考虑上部结构震动的影响,地基的水平侧向变形对桩基的影响同样不容忽视。

8.7　工程实例分析

饱和砂土液化和液化后大变形的预测是当前岩土地震工程领域的前沿课题,液化侧扩地基中桩基的受力特性也是一个理论性和实践性都很强的复杂课题。本书在砂土液化及液化后试验的基础上建立了液化侧扩地基中桩土体系相互作用模型,并发展了相应的数值计算方法。前文分别对液化和液化后大变形条件下的单桩、群桩算例进行了分析,初步验证了程序的适用性,得出了一些有益的结论。本章以某公路大桥桩基工程为例,分析在场地土体液化及液化后大变形条件下桩基的抗震性能,为强震条件下桥梁工程的抗震设计与施工作出科学依据和指导,并可为同类型重大工程的地震安全性评价提供借鉴和参考。

8.7.1 工程概况

某公路大桥是目前国内、外最大跨径的三塔两跨悬索桥，主桥桥跨布置为 390＋1 080＋1 080＋390 m。其江心中塔塔基为沉井基础，边塔(南、北塔)基础采用变截面群桩基础。江床表层松散易液化的中细砂层占有相当比重，厚度深达二三十米不等，其位于西环太平洋地震带边缘，受外围地震影响较多，且桥址处于长江下游—黄海地震带，是华北地震区中的一个中强震活动带。地震作用下，浅层饱和松散砂土若发生液化将会引起桥梁塔基的破坏，进而严重威胁大桥的安全。考虑到南北塔墩具有很大的共性，在这里选取南塔墩作为主要分析对象。

由设计院提供的初步设计资料可知，南塔墩桩长 97 m，桩径 2.8 m，桥墩共 46 根桩，采用哑铃式分布，桩顶有 5 m 长的钢护筒，桩身为 C30 水下混凝土，纵向主筋从桩顶往下 67.4 m范围内为 30Φ36＋30Φ36，从此处至桩底为 30Φ36。承台长宽尺寸为 77.44 m×32.26 m，厚度为 6 m，混凝土为 C35，承台底部有 1.5 m 厚的水下 C25 封底混凝土，南塔钻孔灌注桩基础一般构造图如图 8-87 所示，南塔桩位编号平面布置示意图如图 8-88 所示。

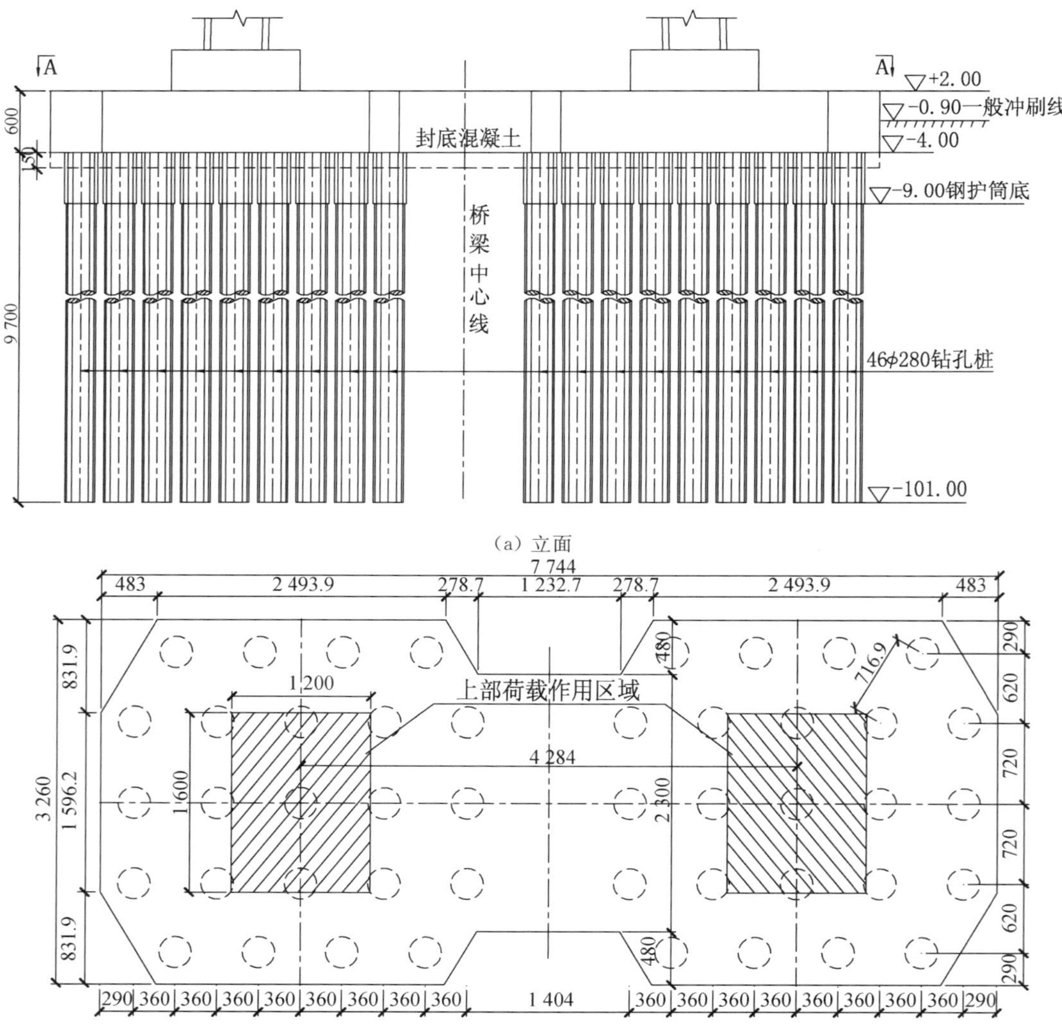

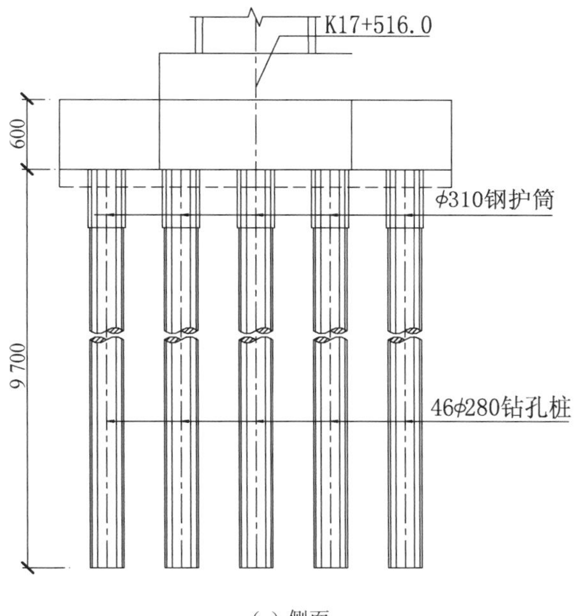

(c) 侧面

图 8-87　南塔钻孔灌注桩基础一般构造图(单位:cm)

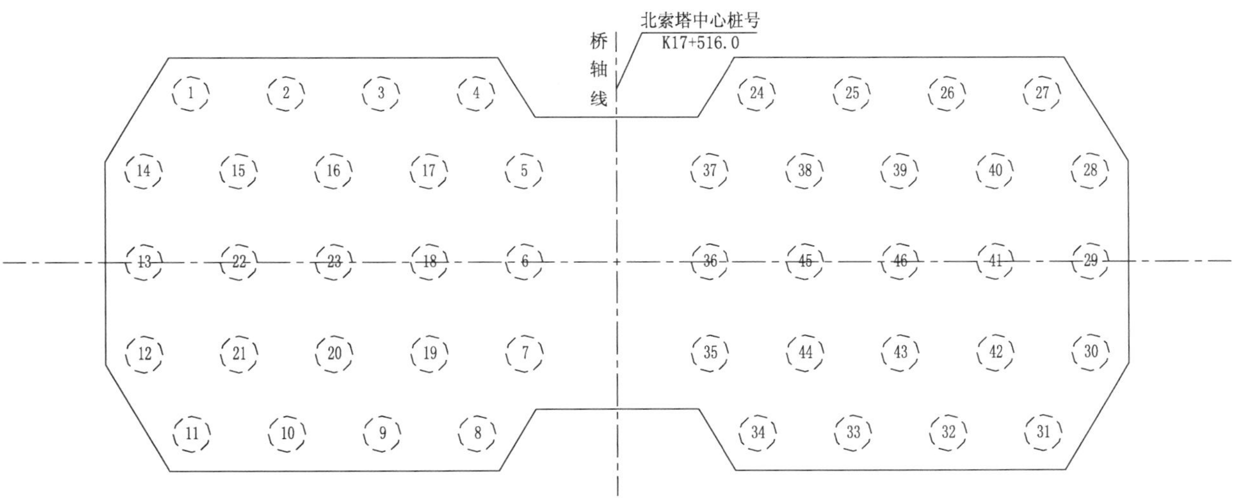

图 8-88　桩位编号示意图

8.7.2　地震砂土液化期间桩土体系动力相互作用分析

1) 计算模型与参数

计算采用的范围为:X 方向(即顺桥方向)边界取(−40 m,40 m);Y 方向(即顺河流方向)边界取(−80 m,80 m);考虑到建模的方便,将模型中 $Z=0$ 的位置设置在地下水水位处,Z 方向另一边界取地下水水位以下 −120 m。概化后的土层共有 5 层:①淤泥质亚黏土层,层厚 4 m;②粉砂层,层厚 28 m;③粉砂、细砂层,层厚 32 m;④砾砂、粗砂层层厚 36 m;⑤粉砂层层厚 20 m。其中,上部边界为自由边界,下部边界为固定边界,四周边界取为截断边界。计算中对承台和土体采用了三维实体单元模拟,共划分实体单元 26 096 个,网格节点 28 975 个;桩采用

FLAC 3D 中 pile 单元模拟，46 根桩，共有 1 150 个桩结构单元，其结构单元的节点数为 1 196 个。模型的网格如图 8-89 所示。计算中采用的力学参数如表 8-18 所列。

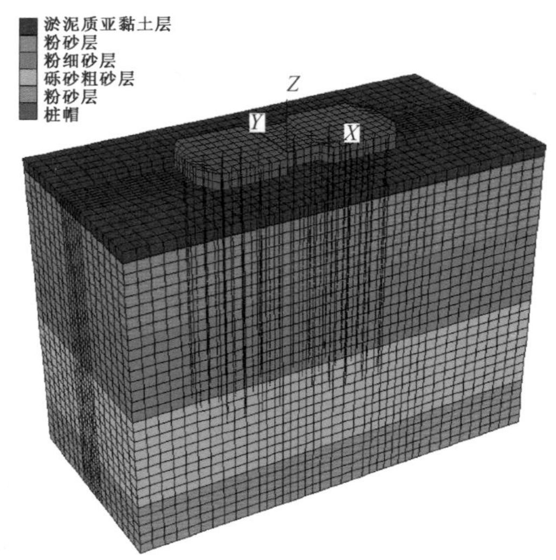

图 8-89 模型的网格划分

表 8-18 模型计算参数

材料	干密度 (kg/m³)	孔隙率	黏聚力 (kPa)	内摩擦角 (°)	体积模量 (MPa)	剪切模量 (MPa)	渗透系数 (cm/s)	液化参数
①淤泥质亚黏土层	1 298	0.525	17.8	5.1	3.18	0.54	1×10^{-8}	—
②粉砂层	1 500	0.420	0	28.0	6.67	4.00	5×10^{-3}	$C_1=0.80$ $C_2=0.79$ $C_3=0.45$ $C_4=0.73$
③粉砂、细砂层	1 555	0.417	8.2	32.8	7.5	4.50	1×10^{-3}	—
④砾砂、粗砂层	1 807	0.359	13.0	34.8	11.15	8.36	1×10^{-2}	—
⑤粉砂层	1 619	0.389	7.3	32.0	9.44	5.67	5×10^{-3}	—
桩	2 500	—	—	—	1.67×10^4	1.25×10^4	—	—
承台	2 500	—	—	—	1.75×10^4	1.31×10^4	—	—

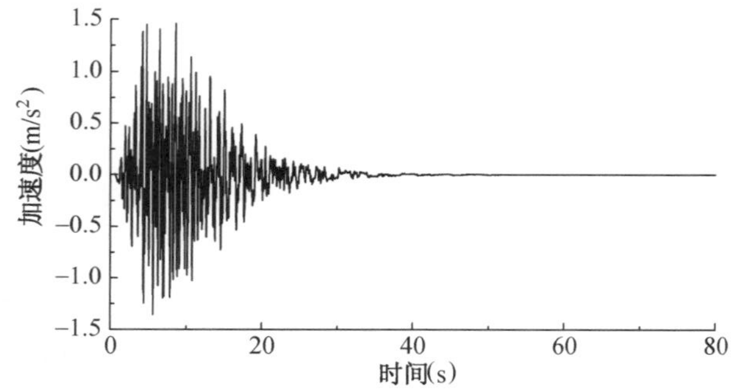

图 8-90 “ZK6051-1.B10”加速度时程曲线

2）输入地震波的选取与调整

该公路大桥工程场地地震安全性评价报告给出了北锚碇及引桥、双塔悬索桥北主墩、三塔悬索桥中间墩、双塔斜拉桥南主墩共 4 个场点，19 个层位，5 个概率水准（其中水中场点 3 个概率水准）的设计地震动峰值加速度以及典型位置水平向地震动加速度时程曲线图。根据上述原则，从中选取 100 年超越概率为 4%、加速度时程曲线“ZK6051-

1.B10”进行分析，此波的峰值加速度为 1.46 m/s^2，出现在 8 s 左右，40 s 以后的加速度近乎衰减为零，所以可取 t=40 s 进行分析，地震波形如图 8-90 所示。考虑到地震设防烈度不同，时程分析所用的加速度最大值也不同，具体可参照表 8-19，本章旨在分析液化及液化后大变形对桩基的影响，同时考虑到工程的重要程度，可将地震设防烈度调整到 9 度，按罕遇地震进行计算，故将其峰值加速度调整到 6.2 m/s^2。

表 8-19　时程分析所用地震加速度时程最大值　　(cm/s^2)

地震影响	6 度	7 度	8 度	9 度
多遇地震	18	35(55)	70(110)	140
设防地震	50	100(150)	200(300)	400
罕遇地震	120	220(310)	400(510)	620

3）模型加载过程

模型按照以下步骤进行加载。

(1)在动力分析之前首先要进行静力计算，以获得准确的初始应力场和初始孔压场。静力计算分三步：①设置各种材料为摩尔-库仑模型，不考虑群桩系统，使天然地基在重力作用下达到平衡，得到天然地基的初始应力场和初始孔压场；②模拟钻孔灌注桩及承台形成，使“承台-群桩-土体”系统在重力作用下达到平衡；③在承台顶部塔柱位置施加竖向荷载，按设计单位提供的南塔承台顶(标高+2.0 m)处的内力进行加载，具体操作时可将力转化成应力，使作用于承台顶部的荷载按比例分配到相应的节点上计算。

(2)施加动载荷，对模型进行动力学分析。在计算过程中，第②层粉砂层采用 Finn 模型，以模拟动孔压的上升，其他土层仍采用摩尔-库仑模型；为了吸收地震过程中地震波在边界上的反射，在动力计算中设置了自由场边界，设置自由场边界后，程序会自动在模型的四周生成一圈自由场网格，通过自由场网格与主体网格的耦合作用来近似模拟自由场地振动的情况。阻尼形式采用瑞利阻尼，为简化计算，土的阻尼比统一取为 5%；动荷载以加速度时程的方式由模型底面即－120 m 位置处输入，考虑模型的对称性，只对 y 轴正向分布的桩进行分析，计算过程中对可液化层中桩侧单元和典型桩进行跟踪，分别记录该单元的超孔压比和动剪应力以及典型桩的内力和变形随动荷载时间的变化曲线。计算结果主要分析群桩基础在地震过程中的受力变形情况及可液化砂土层的液化情况，并为液化后大变形条件下桩土相互作用分析提供计算条件。

4）动力计算结果分析

(1) 土层超孔压分析

由地震期间桩土动力相互作用可知，桩 4、桩 24、桩 27、桩 28、桩 23、桩 46 和桩 29 周围－4 m 处饱和砂土层的超孔压比达到 1，桩周砂土发生液化。典型桩－4 m 深度土层的超孔压比时程曲线如图 8-91 所示。由图可知，各桩周围砂土层沿桩身各处的超孔压比变化趋势相似，均随振动时间逐步增大到峰值，在随后的振动过程中基本维持在峰值左右，且液化的时刻不同，最强液化时刻均滞后

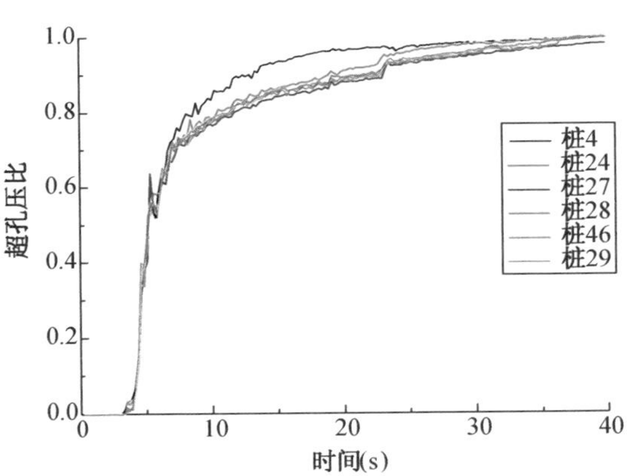

图 8-91　典型桩周－4 m 深度土层的超孔压比时程曲线

于输入峰值加速度时刻。图 8-92 给出了部分桩周土层沿桩身的超孔压比时程曲线，由图可知，桩周土层的超孔压比沿桩身自上而下逐渐降低。

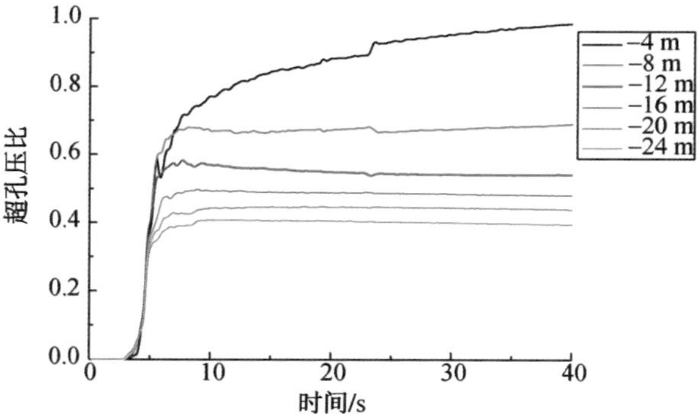

(a) 角桩 27

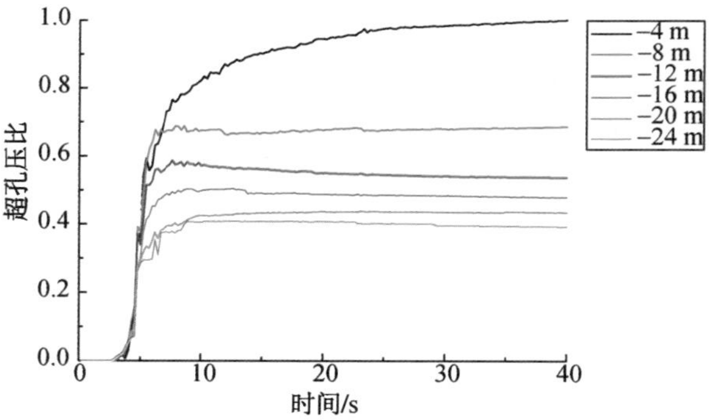

(b) 中间桩 46

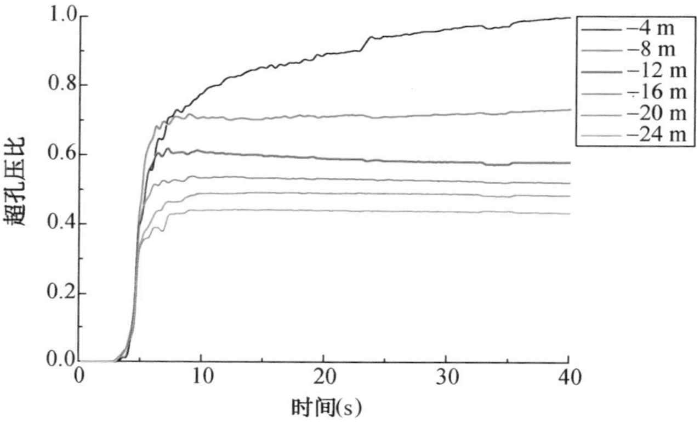

(c) 边桩 29

图 8-92　典型桩周土层超孔压比时程曲线

(2) 桩身侧向位移分析

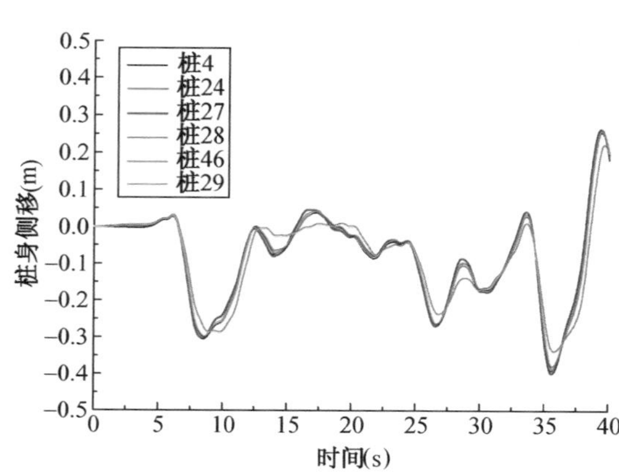

图 8-93　典型桩桩顶侧向位移时程曲线

典型桩桩顶的侧向位移时程曲线如图 8-93 所示。由图可知，各桩桩顶侧向位移随时间的变化规律基本相同，各桩桩顶的侧向位移均从零逐渐增大到峰值，方向为 x 负向，负向峰值出现在 38.5 s 附近，基本处于同一数量级—0.35 m 左右。图 8-94 给出了部分桩不同深度的侧向位移时程曲线，由图 8-94 可知，同一桩不同深度的侧向位移随时间的变化规律基本相同，但量值有所不同，同一桩沿不同深度的侧向位移由桩顶到桩底逐渐增大。不同桩相比，角桩(桩 27 为 0.397 3 m)的侧向位移较大，边桩(桩 29 为 0.361 9 m)次之，中间桩(桩 46 为 0.336 9 m)最小。

(a) 角桩 27

(b) 中间桩 46

(c) 边桩 29

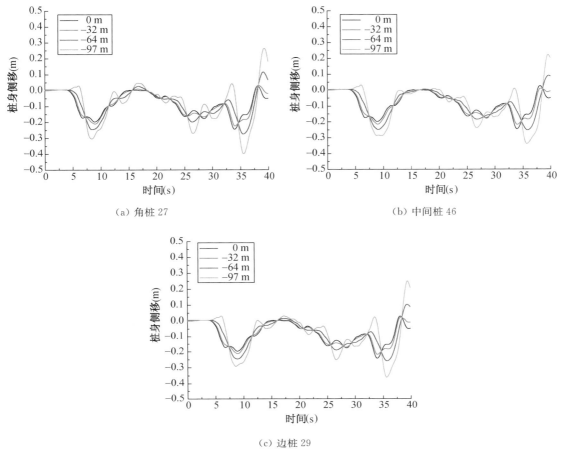

图 8-94　典型桩不同深度侧向位移时程曲线

(3) 桩身截面弯矩分析

典型桩桩顶截面的弯矩时程曲线如图 8-95 所示，由图 8-95 可知，在地震荷载作用下各桩桩顶的弯矩随时间的变化规律基本相同，在地震荷载作用的初期，桩身的弯矩随着震动的持续均从零增大，在 38.5 s 左右达到峰值弯矩，各桩桩顶峰值弯矩值相差不大，基本处于同一数量级 8 000 kN・m。此外，地震持时后期各典型桩桩顶截面的弯矩最大，这与液化土层中桩土承台的动力相互作用密切相关，随着地震荷载的持续，当砂土液化程度已经严重，液化土层的侧向位移对桩体弯矩的产生起主要作用，导致了后期桩体弯矩的增大。图 8-96 给出了部分桩不同深度截面的弯矩时程曲线，由图 8-96 可知，同一桩不同深度的弯矩随时间的变化规律基本相同，但量值有所不同，同一桩沿不同深度的弯矩由桩顶到桩底逐渐减小。这可能是由于桩顶的嵌固作用使桩顶部位的弯矩在

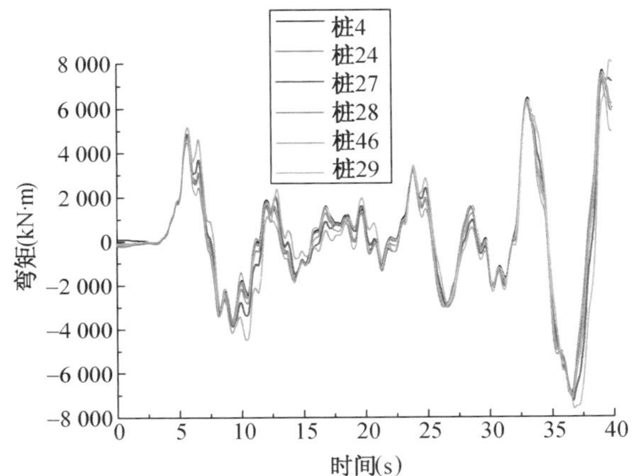

图 8-95　典型桩桩顶截面弯矩时程曲线

整个桩的深度范围内是最大的。不同桩相比，角桩(桩 27)的弯矩较小，基本处于同一数量级，边桩(桩 29)的弯矩值次之，中间桩(桩 46)弯矩值最大。这和典型桩的位移分布规律基本相反，即弯矩值中间桩较大，边桩次之，角桩较小。

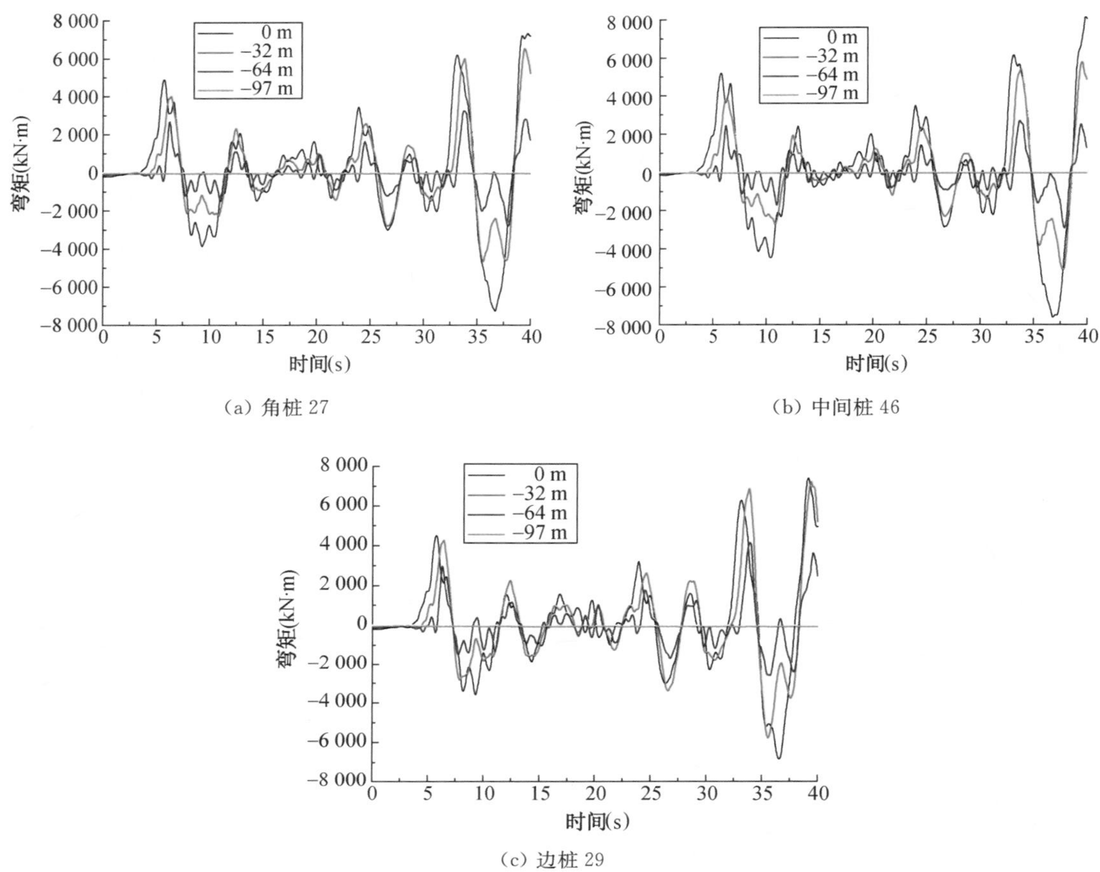

(a) 角桩 27

(b) 中间桩 46

(c) 边桩 29

图 8-96　典型桩不同深度截面弯矩时程曲线

8.7.3　砂土局部液化后地基侧向大变形对大桥桩基的影响

1) 局部液化后土体永久侧向变形的确定

根据地震期间桩土动力相互作用分析可知，9 度抗震烈度下，部分桩位处第②层粉砂顶部土层发生液化。由 Seed 提出的震级和等效振次关系可知，9 度地震烈度相当于 8 级地震，等效振次为 30，对应的抗液化强度为 0.19。根据桩土体系静力分析得到动力计算前的初始应力场和桩土地震期间桩侧土单元的最大地震剪应力，得到典型桩侧液化土单元的平均地震剪应力比，由前述砂土抗液化强度曲线，根据液化后侧向变形对桩基影响的分析步骤，得到典型桩位处液化土层液化后侧向变形如表 8-20 所列。

表 8-20　典型桩位处地震液化后土体侧向变形

桩号	土层 单元号	平均主 应力(Pa)	最大地震 剪应力(Pa)	平均地震 剪应力比	抗液化 安全率	最大双幅轴 向应变(%)	低强度段 剪应变(%)	侧向位移 (cm)
4	7 078	50 929	17 420	0.222	0.855	11.895	11.951	11.951
24	2 458	52 297	16 950	0.211	0.902	9.543	9.288	9.288
27	3 298	54 247	21 270	0.255	0.746	17.320	18.095	18.095

（续表）

桩号	土层单元号	平均主应力(Pa)	最大地震剪应力(Pa)	平均地震剪应力比	抗液化安全率	最大双幅轴向应变(%)	低强度段剪应变(%)	侧向位移(cm)
28	3 448	54 257	20 140	0.241	0.787	15.233	15.732	15.732
46	2 908	53 739	18 360	0.222	0.856	11.846	11.895	11.895
29	3 508	49 454	17 360	0.228	0.833	12.984	13.184	13.184

2) 局部液化后土体永久侧向变形对大桥桩基的影响

根据前述液化侧扩地基中桩基的计算模型，基于 p-y 曲线法到，利用笔者自编的有限差分程序求解地震液化后永久侧移作用下桩的挠曲微分方程，以研究震后永久侧向位移对桩的影响。将有限差分程序推广到多层土，对于①淤泥质亚黏土，采用 Matlock p-y 曲线。对②、③、④砂土层均采用 Reese p-y 曲线并根据土性选用不同的参数进行计算。计算中液化层水平抗力系数按比例系数 1/3 进行折减，液化场地上的多桩基础，若基础下的桩数不少于 5×5，平均桩距为 4 倍桩径以下，桩为打入桩或挤土桩，桩对土变形的遮拦效应有利于抗液化的作用，因此可暂不考虑由于遮拦效应引起的土体极限抗力的折减。

3) 静力计算结果分析

图 8-97 给出了群桩中典型桩地震液化后侧向变形引起的桩的附加侧向变形。由图 8-97 可知，对桩顶嵌固的桩而言，附加侧向变形与上节算例相似，都是在桩顶最大，并随深度增加而减小，且附加侧向变形的数值大于地震荷载作用时的峰值侧向变形。不同桩相比，角桩较大(桩 27)，边桩(桩 29)次之，中间桩(桩 46)较小。而本项目又有特殊之处，桩群是由两个桩群组成的哑铃型桩群，右侧群桩的侧向变形较左边群桩大。

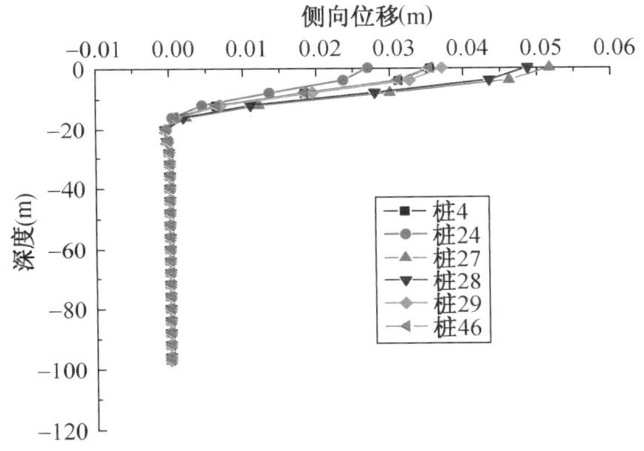

图 8-97　地震液化后侧向变形引起的典型桩的附加侧向变形

图 8-98 给出了群桩中各单桩地震液化后侧向变形引起的桩的附加静弯矩。由图 8-98可知，对桩顶嵌固的桩而言，附加静弯矩沿桩身的变化情况与单桩相似，即在桩顶和液化土层与下部非液化土层的分界处都比较大，甚至部分桩在液化土层与下部非液化土层的分界处的附加静弯矩大于桩顶的附加静弯矩，且附加静弯矩的数值远大于地震荷载作用时峰值动弯矩。不同桩相比，右角桩的附加弯矩较大(桩 27)，边桩(桩 29)次之，中间桩(桩 46)较小。左右群桩相比，右侧群桩的附加弯矩较左边群桩大。

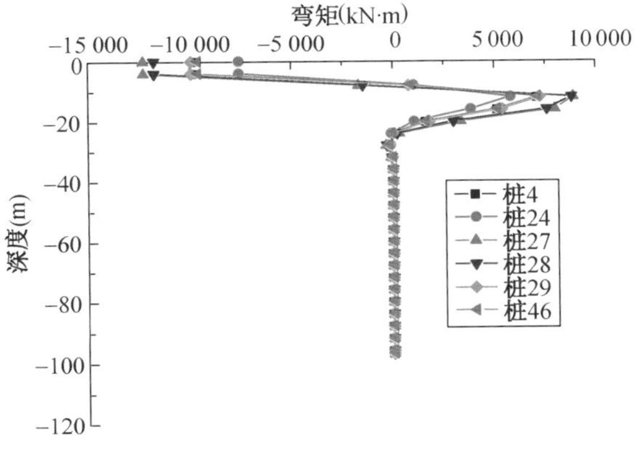

图 9-98　地震液化后侧向变形引起的典型桩的附加静弯矩

通过对地震期间和地震后大桥南塔桩基础的分析，在地震期间，地震荷载作用下，由于桩顶的嵌固作用，在桩顶承受较大的附加动弯矩和附加侧向变形，在地震后，由于受到液化后侧向变形的影响，在液化层及软硬交接处桩身承受很大的弯矩和剪力，容易在液化层及软硬交界处发生弯剪破坏。因此在液化侧扩基础上的桩基除对可液化地基进行预处理外，在桩身构造方面采取积极的措施，才能真正确保桩身的安全。在桩身构造方面，考虑到桩基础在地震期间和地震后受力变形形状的不同，需要在桩顶和液化土层与非液化土层的交界处对桩身进行预加固，增加桩身截面的配筋，以保证地震液化时桩身的安全。

8.8 本章主要结论

饱和砂土液化(含此处探讨的液化时仍保留有一定残余强度的局部液化)和液化后大变形的评价及其对桩基的影响是岩土抗震工程领域的难点和热点研究课题之一，对其展开深入而系统的研究具有重要的理论意义和工程实用价值。本章采用 GDS 多功能三轴仪对饱和砂土进行了一系列不排水动三轴试验和液化后静力再加载试验，重点研究了固结压力和细粒含量对饱和砂土动力特性和液化后强度与变形特性的影响。同时，在试验的基础上对液化侧扩地基中桩基的受力性状进行了研究，并结合某跨江大桥桩基工程实际，研究了地震液化以及液化后侧向大变形对该大桥桩基的影响，得出了一些有价值的认识。本章研究的创新点主要包括如下内容。

(1) 研究了细粒含量对饱和砂土动力特性的影响，包括对动弹性模量、阻尼比、动强度和动孔压的影响，并从微观结构特征出发，阐明了细粒含量对饱和砂土动力特性的影响机制。

(2) 研究了液化进程中砂土动孔压的发展规律，阐述了饱和砂土动孔压的演化机理。基于试验结果，得到了一种新的适用于饱和砂土的动孔压应变模型。该模型直接与抗震动力分析中的应变幅值相联系，能够弥补现有应力模型的不足。

(3) 进行了饱和砂土液化后静力再加载试验，从砂土受振动荷载结束后所处的拉伸、压缩两种状态出发，对饱和砂土液化后的强度与变形特性进行分析；还研究了干密度、有效围压、液化程度和细粒含量对饱和砂土液化后不排水变形特性的影响。在此基础上提出了统一描述振后试样处于拉伸、压缩两种不同受力状态下砂土液化后应力应变关系的三阶段模型，讨论了模型中参数的确定方法，并给出了干密度、固结压力、液化程度和细粒含量对模型诸有关参数力学响应的规律性认识。结合试验结果对模型进行了对比验证，该模型的预测值与试验值吻合较好，验证了模型的合理性和有效性。

(4) 采用有限差分数值方法，得到了一种新的液化侧扩地基中桩基的计算模型，基于弹塑性地基反力法，推导了液化侧扩地基中桩基有限差分解的统一格式，并编制了相应的有限差分专用程序，还分别给出了单桩和群桩在地震液化后地基侧向大变形作用下的分析方法和求解过程。基于砂土液化后大变形试验，对单桩和群桩桩位处的液化后侧向大变形进行了预测，并结合该跨江大桥桩基工程实例，研究了地震液化以及液化后侧向大变形对桩基的影响，可为液化侧扩地基中桥梁桩基的抗震设计和地震安全性评价提供借鉴和参考。

桩基作为预防地基失效的重要抗震措施，在桥梁工程中得到广泛应用。然而近些年强烈地震震害经验表明，砂土液化及相应产生的土体流动和大变形往往会加剧基础及桥梁的破坏。随着国内大规模基础设施的兴建，有关地震砂土液化以及由此引发的地基土层因液化而向一侧扩展的大变形(简称“液化侧扩地基”)对桩基影响的研究，已成为岩土工程领域的一个研究热点。在过去 30 年中，业界对地基振动液化的研究都主要集中在液化的影响因素、产生机理和条件、抗液化强度的确定以及液化产生的可能性评价等方面，而对地基受地震作用产生的液化后大变形及其对桩基影响方面的研究则相对较少，且研究历史短、深度也嫌不够。因此，开展地震荷载作用下地基液化后大变形的产生机理、预测方法以及对桩基础影响方面的研究就显得十分重要。本章基于室内土动力学试验较为深入研讨了砂土局部液化及液化后地基大变形对桩基的影响，探究液化侧扩地基中桩的力学反应特性和破坏机理，在此基础上建立了一种行之有效的数值模拟技术和实用的抗震设计分析方法。这对促进桩基抗震设计和我国桩基工程建设的发展都具有重要意义。

参考文献

[1] FINN W D L，FUIITA N. Piles in liquefiable soils：seismic analysis and design issues[J]. Soil Dynamics and Earthquake Engineering，2002(22)：731-742.

[2] ZHANG J F，ANDRUS R D，JUANG C H. Normalized shear modulus and material damping ratio relationships[J]. Journal of Geotechnical and Geoenvironmental Engineering，ASCE，2005，131(4)：453-464.

[3] 陈伟，孔令伟，朱建群. 一种土的阻尼比近似计算方法[J]. 岩土力学，2007，28(S1)：789-791.

[4] HARDIN B O，DRNEVICH V P. Shear modulus and damping in soils：design equations and curves [J]. Journal of the Soil Mechanics and Foundation Division，ASCE，1972，98 (6)：603-624.

[5] THEVANAYAGAM S，FIORILLO M，LIANG J. Effect of nonplastic fines on undrained cyclic strength of silty sands [M]// Pak R Y S，Yamamura J，eds. Soil Dynamics and Liquefaction 2000，Geotechnical Special Publication No. 107. New York：ASCE，2000：77-91.

[6] SEED H B，MARTIN P P，LYSMER J. Pore-water pressure changes during soil liquefaction[J]. Journal of Geotechnical Engineering Division，ASCE，1976，102(GT4)：323-346.

[7] 周云东. 地震液化引起的地面大变形的试验研究[D]. 南京：河海大学，2003.

[8] 岩崎敏男. 地盘流动化的判别方法[J]. 土木技术资料，1978，20(4)：1-13.

[9] YASUD S，YOSHIDA N，MASUDA T，et al. Stress-strain relationship of liquefaction sands[C]. 1st International Conference on Earthquake Geotechnical Engineering. Rotterdam：Balkema，1995：811-816.

[10] BROWN D A，MORRISON C，REESE L C. Lateral load behaviour of pile group in sand[J]. Journal of Geotechnical Engineering，ASCE，1988，114：1261-1276.

[11] MOKWA R L，DUNCAN J M. Laterally loaded pile group effects and p-y multipliers[M]// Geotechnical Special Publication No. 113. New York：ASCE，2001：728-742.

[12] MATLOCK H. Correlations for design of laterally loaded piles in soft clay[C]// Proceedings of the Second Offshore Technology Conference，Paper No. OTC 1204，Houston，Texas. 1970：577-594.

[13] 杨克己，韩理安. 桩基工程[M]. 北京：人民交通出版社，1992.

[14] REESE L C，COX W R，KOOP F D. Analysis of laterally loaded piles in sand[C]// Proceedings of the Sixth Offshore Technology Conference，Paper No. OTC 2080. 1974：473-485.

第9章　地下工程施工变形的智能预测与控制

9.1　引言

在当前日益增多的各大城市地下工程建设活动中，涉及环境土工方面的问题日益突出，这方面现已形成的认识主要有以下几个方面。

(1) 工程施工区周围环境的土工维护问题，就我国广大软土地区而言，主要是产生不允许的土层变形、位移和过大的地表沉降。

(2) 遇有许多复杂情况，上述的问题仍然十分突出，它是当前城市地下工程活动环境土工学研究的前沿热点。

(3) 城市地下工程活动其环境土工学问题的要点是：

① 在保证工程自身施工安全的同时，要求兼顾周围环境土工的安全，这已是业界共识。

② 工程施工活动对建(构)筑物浅置基础，道路路基和路面，已建地铁、轻轨与高架、立交，以及各类地下管线等市政设施产生的不利影响；当施工扰动过大时，将造成一定的土工危害——“环境损伤”。

③在工程施工扰动引起土层和地表的变形位移量达到规定的允许限值前，要求进行有效的预测、险情预报和施工变形控制。

④ 城市各项地下工程活动产生环境土工问题的主要场合，包括：

A. 深、大基坑开挖施工，因围护墙体变形和基底隆起引起坑周土体沉降；

B. 盾构掘进对周边土体产生施工扰动而地表隆起/沉降；

C. 预制打入桩和静压桩的挤土效应；

D. 浅埋、大直径顶管沿建筑物密集城区的浅层地下顶进施工（如合流污水干管）；

E. 后续地下工程施工或穿越，对已运营/已建建(构)筑物的不利影响；

F. 其他，诸如市区沉井(如地下泵房)下沉、施工降水、新建建(构)筑物施工对相邻老旧建(构)筑物的危害等。

(4) 对各类上述施工变形进行智能预测和预报，进而调整工程的诸施工参数并作出对施工变形的智能控制，以达到险情防治的目的。

就岩土和地下工程围岩而言，由于其客观上存在相当程度的离散性，如不同岩土介质在空间分布上的随机性和不均匀性；而计算分析手段在主观上又存在许多的模糊性，如，计算简化假设、计算模型和参数选取上的任意性和不确定性与不确知性等。故而，沿用传统的数学、力学方法，即使采用一些精确的数值仿真模拟等手段，但由于以上所述的各个方面作为其基本输入数据的不够准确，即使计算分析方法再为精细，也难以达到满意的效果。有的专家断言，对岩土类非确定性问题，目前只能是“七分靠经验，三分靠计算”，这是有一定道理和见地的。

近三十年来出现的反演分析，以及人工智能方法的出现，为解决上述长期困惑人们的难题找到了一条另辟蹊径的新路子，使这些问题的解决有了新的思路和不同于力学计算分析的另一种别开生面的手段与方法。

从本章所要讨论的人工智能方法来看，作为它的基本输入是先前已积累的大量施工监测数据，这在当前许多重大地下工程与长大隧道的施工期监测和日后运营时持续进行的长期健康监测工作中都可以有序获得。利用这些先前已获取的监测值，进而利用人工神经网络等自适应能力强的智能方法与手段，对地下工程施工变形进行有根据的预测及对其作出有效的变形控制，将成为现实可能。

早前，采用上述智能方法的一个困难是研究人员必须长年坚持在工地现场，就当天监测到的实测数据输入早前已编好的专用程序软件并作不断补充和修正，工作极为繁琐并容易出错；近年来，随着远程视频监控技术的发展和采用，使在室内进行这一研究成为现实可能，进而，将以上所得及时电传反馈工地现场，再按研究要求及时调整施工参数来达到对已接近临界预警阈值的变形量作出有效控制，从而避免后续发生过大的变形位移。这样，可以达到较为理想的预测和控制效果，它克服了沿用过去力学程序作分析计算时的上述困难和不足。

目前，人工智能神经网络系统在初期 BP(Back-propagation，反向传播)神经网络的基础上已派生了许多特性各异而又各具不同特色的分支子学科，其中，以遗传算法为代表的一支更有了长足发展。为了工程实用简便和运作上易于掌握，一般采用“一步预测法”，即一次性预测接下来一段时间内的变形。但以“多步滚动预测法”来取代以往的一次性预测，其优点是显而易见的。该滚动预测方法的实质是，以早前一两个月先已发生了的施工变形位移来预测今后 3～5 d 内将要发生的相应位移；当时间向后推移了一天后，补入当天实际监测到的位移以取代最前一天已经发生了的位移……以此类推。运作时的要点是：①不能指望用于预测更多的日后天数中将要发生的位移，而只能局限于对下步 3～5 d 内的位移进行预测，如预测的往后天数愈多、其预测值将愈不准确；②当以后工况或施工工序有了变化时，则必须从已制备的工程数据库中经查询和搜索找到相同或相近新工况的类同条件来进行调用；如果工程数据库中对新工况查找不到类同情况，则还需重新训练和测试新的样本，过程比较复杂和繁琐。此后，将新的样本再又补充、充实到工程数据库中，逐步完善数据库内的资料和数据。

本章所介绍的人工智能方法的主要优点之一，是在下一步工序可能出现的变形超过允许阈值的工程险情之前，可从预警值中及时发现险情征兆，据此调整原先的施工参数，而不需用另外压注灌浆等手段，也可减少由此产生的额外的巨额花费。通过与施工方面的多次联系，笔者得知，有了提前 3～5 d 的预警和告示时间，完全可以做到及时调整各个施工参数。以下试以基坑工程和盾构法施工的软土隧道二者为例，经过施工诸参数对施工变形值的影响程度以及调整时的便捷情况两方面的敏感性分析后，得出诸施工参数在调整中可供操作的先后排序为：

(1) 明挖基坑工程：

① 改先挖后撑为先撑后挖；

② 在未设定下一步内支撑之前，基坑的暴露天数；

③ 分部开挖的分层数；

④ 分部开挖中同一层的开挖步长；

⑤ 上、下层开挖的内支撑竖向间距；

⑥ 同一层开挖的同排内支撑水平间距；

⑦ 围护墙体内侧留设的土堤宽度；

⑧ 改变普通的混凝土内支撑为撑头处加设千斤匣(扁千斤顶)的预施应力支撑；等等。

(2) 盾构法施工软土隧道工程：

① 土舱或泥水舱内设定的土压/泥水压力值；

② 土舱进土量和进土速率；

③ 螺旋输送带的出土量和出土速率；

④ 盾构同步注浆的单、双液注浆量和浆压值；

⑤ 盾尾空隙的回填注浆量和浆压值；

⑥ 千斤顶顶力和顶进速度；等等。

不同的盾构机其性能各异，盾构施工参数的调控需采用的盾构机的类型不同，在试推进100～200 m 的试推阶段，采用实地测定方法就其对地面隆沉变形位移的影响程度来对盾构各施工参数的敏感性排序。

9.2 人工智能化方法基本理论简介

此节主要介绍后续研究将要用到的智能化方法的基本理论，主要内容包括人工神经网络、遗传算法和模糊控制。

9.2.1 人工神经网络(ANN)

神经网络是一种模拟人脑工作的信息处理系统，是由大量的神经元广泛连接而构成的网络。神经网络是一个非线性动力学系统，其特色在于信息的分布式存储和并行协同处理。

1) 神经元模型

神经元是神经网络的基本处理单元，每个构造起网络的神经元模型模拟一个生物神经元。人工神经元是对生物神经元的简化和模拟，是神经网络的基本处理单元。图 9-1 给出了一种简化的神经元结构。

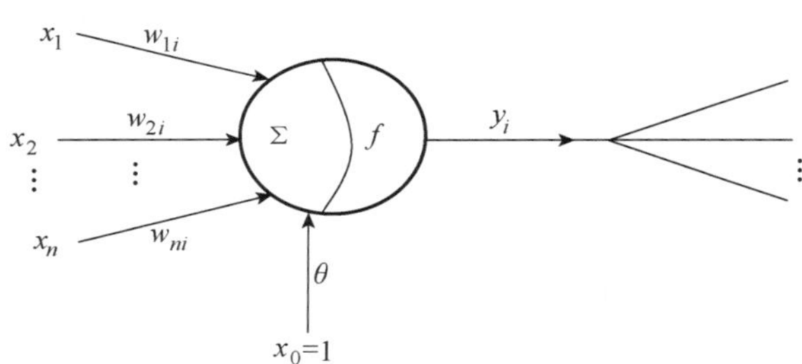

图 9-1 神经元结构模型

它是一个多输入、单输出的非线性元件，其输入输出关系可描述为：

$$I_i = \sum_{j=1}^{n} w_{ji} x_j - \theta_i \tag{9-1}$$

$$y_i = f(I_i) \tag{9-2}$$

其中，x_j($j=1, 2, \cdots, n$)是从其他细胞传来的输入信号；θ_i 为神经单元的偏置(阈值)；w_{ji} 表示从细胞 j 到细胞 i 的连接权值(对于激发状态，w_{ji} 取正值；对于抑制状态，w_{ji} 取负值)；n 为输入信号数目；y_i 为神经元输出；t 为时间；$f(\cdot)$为传递函数，也称为激发或激励函数。

传递函数可为线性函数，但通常为阶跃函数或 S 状曲线那样的非线性函数。常用的神经元非线性函数列举如下。

(1) 阈值型函数

当取 0 或 1 时，$f(x)$为阶跃函数：

$$f(x)=\begin{cases}1 & x\geqslant 0\\ 0 & x<0\end{cases} \tag{9-3}$$

（2）Sigmoid 型函数

该函数为在(0,1)或(−1,1)内连续取值的单调可微分的函数，其表达式为：

$$f(x)=\frac{1}{1+\exp(-\beta x)}(\beta>0) \tag{9-4}$$

或

$$f(x)=\tanh(\beta x) \tag{9-5}$$

当 β 趋于无穷时，Sigmoid 函数趋近于阶跃函数，通常情况下 β 取值为 1。

有时为方便起见，常把式(9-1)中的 $-\theta_i$ 也看做是对应恒等于 1 的输入量 x_0 的权值，这时式(9-1)又可写为：

$$I_i=\sum_{j=0}^{n}w_{ji}x_j \tag{9-6}$$

其中，$w_{0i}=-\theta_i$，$x_0=1$。

2）神经网络模型

神经网络是由大量的神经元广泛相互连接而成的网络。根据连接方式的不同，神经网络可分成两大类：没有反馈的前向网络和相互结合性网络。前向网络由输入层、中间层(或叫隐层)和输出层组成，中间层可有若干层，每一层的神经元只接受前一层神经元的输出。而相互连接型网络中任意两个神经元间都有可能连接，因此输入信号要在神经元之间反复往返传递，从某一初态开始，经过若干次的变化，渐渐趋于某一稳定状态或进入周期振荡等其他状态。

目前虽然已有数十种的神经网络模型，但可将其归纳为三大类，即前向网络(Feed-forward neural networks)、反馈网络(Feed-back neural networks)和自组织网络(Self-organizing neural networks)。

3）BP 神经网络

目前，BP 网络是应用最为广泛的神经网络之一，它是一种单向传播的多层前向网络，其结构如图 9-2 所示。网络除输入输出节点(或称为单元)外，还有一层或多层的隐层节点，同层节点中没有任何耦合。输入信号从输入层节点依次传过各隐层节点，然后传到输出节点，每一层节点的输出只影响下一层节点的输出。其节点单元特性(传递函数)通常为 Sigmoid 函数。

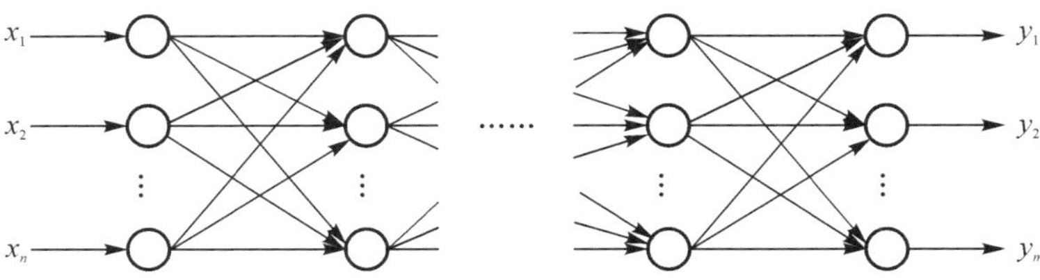

图 9-2　BP 网络

BP 网络可看做是一个从输入到输出的高度非线性映射，即 $F:R^n\to R^m$，$f(X)=Y$。这种网络不仅有输入节点和输出节点，而且还有一层或多层隐含节点。对于输入信息，要先向前传播到隐含层的节点上，经过各单元的特性为 Sigmoid 型的激活函数运算后，把隐含节点的输出信息传播到输出节点，最后给出输出结果。网络的学习过程由正向和反向传播两部分组成。在正向传播过程中，每一层神经元的状态只影响到下一层神经元网络。如果输出层不能得到期望输出，就是实际输出值与期望输出值之间有误差，那么转入反向传播过程，将误差信号沿原来的连接通路返回，通过修改各层神经元的权值，逐次地向输入层传播并进行计算，再经过正向传播过程。这两个过程的反复运用，使得误差信号最小。实际上，误差达到人们所希望的要求时，网络的学习过程就结束。

BP 算法是在导师指导下，适合于多层神经元网络的一种学习方法，它是建立在梯度下降法的基础上的，具体算法如下。

设含有共 L 层和 n 个节点的一个任意网络，每层单元只接受前一层的输出信息并输出给下一层各单元，各节点的特性为 Sigmoid 型。为简单起见，假设网络只有一个输出 y。设给定 N 个样本$(x_k, y_k)$$(k=1, 2, \cdots, N)$，任一个节点 i 的输出为 O_i。对某一个输入为 x_k，网络的输出为 y_k，节点 i 的输出为 O_{ik}，现在研究第 l 层的第 j 个单元，当输入第 k 个样本时，节点 j 的输入为：

$$net_{jk}^{l} = \sum_{j} w_{ij}^{l} O_{jk}^{l-1} \tag{9-7}$$

式中，O_{jk}^{l-1} 表示第 $l-1$ 层第 j 个单元在输入第 k 个样本时的输出，其值为：

$$O_{jk}^{l-1} = f(net_{jk}^{l-1}) \tag{9-8}$$

若按照下式定义误差函数，则：

$$E_k = \frac{1}{2} \sum_{i} (y_{jk} - \bar{y}_{jk})^2 \tag{9-9}$$

式中 $\bar{y}_{jk}$ 为单元的实际输出，则总误差为：

$$E = \frac{1}{2N} \sum_{k=1}^{N} E_k \tag{9-10}$$

于是

$$\frac{\partial E_k}{\partial w_{ij}^{l}} = \frac{\partial E_k}{\partial net_{jk}^{l}} \frac{\partial net_{jk}^{l}}{\partial w_{ij}^{l}} = \frac{\partial E_k}{\partial net_{jk}^{l}} O_{jk}^{l-1} \tag{9-11}$$

定义
$$\delta_{jk}^{l} = \frac{\partial E_k}{\partial net_{jk}^{l}}$$

下面分两种情况来讨论：

(1) 若节点为输出单元，即 $O_{jk}^{l} = \bar{y}_{jk}$，则：

$$\delta_{jk}^{l} = \frac{\partial E_k}{\partial net_{jk}^{l}} = \frac{\partial E_k}{\partial \bar{y}_{jk}} \frac{\partial \bar{y}_{jk}}{\partial net_{jk}^{l}} = -(y_k - \bar{y}_k) f'(net_{jk}^{l}) \tag{9-12}$$

(2) 若节点不是输出单元，则：

$$\delta_{jk}^{l} = \frac{\partial E_k}{\partial net_{jk}^{l}} = \frac{\partial E_k}{\partial O_{jk}^{l}} \frac{\partial O_{jk}^{l}}{\partial net_{jk}^{l}} = \frac{\partial E_k}{\partial O_{jk}^{l}} f'(net_{jk}^{l}) \tag{9-13}$$

式中，O_{jk}^{l} 是送到下一层$(l+1)$层的输入，计算 $\dfrac{\partial E_k}{\partial O_{jk}^{l}}$ 要从$(l+1)$层算回来。假设$(l+1)$层有 m

个单元，则：

$$\frac{\partial E_k}{\partial O_{jk}^l}=\sum_m \frac{\partial E_k}{\partial net_{jk}^{l+1}}\frac{\partial net_{jk}^{l+1}}{\partial O_{jk}^l}=\sum_m \frac{\partial E_k}{\partial net_{jk}^{l+1}}w_{mj}^{l+1}=\sum_m \delta_{mk}^{l+1}w_{mj}^{l+1} \tag{9-14}$$

由式(9-13)和式(9-14)可得：

$$\delta_{jk}^l=\sum_m \delta_{mk}^{l+1}w_{mj}^{l+1}f'(net_{jk}^l) \tag{9-15}$$

最后，反向传播算法的步骤可归纳如下：

(1) 选定权系数初值。

(2) 重复下述过程直到收敛：

① 对 $k=1$ 到 N，

正向计算过程：计算每层各单元的 O_{jk}^{l-1}，net_{jk}^l 和 $\bar{y}_k$，$k=2$，…，N；

反向计算过程：对每层各单元计算 δ_{jk}^l，$l=L-1$ 到 2。

② 修正权值：

$$w_{ij}=w_{ij}-\mu\frac{\partial E}{\partial w_{ij}}\quad \mu>0 \tag{9-16}$$

其中，μ 为步长，$\dfrac{\partial E}{\partial w_{ij}}=\sum_{k=1}^{N}\dfrac{\partial E_k}{\partial w_{ij}}$。

4) BP 网络的改进

具有三层 Sigmoid 非线性神经元的 BP 网络，虽然它可以以任意精度逼近任何连续函数，但对于一些复杂的问题，学习算法的收敛速率很慢，训练时间长，主要原因有：

① 由于 BP 算法本质上为梯度下降法，而问题的目标函数通常是复杂的非线性函数，使得在极值点附近收敛很慢，出现“锯齿形现象”。

② 网络的麻痹现象造成网络完全不能训练，其原因有：网络的学习参数选择不合理，使得网络训练中权值调整得过大，使激活函数的输入工作处于 S 型函数的饱和区，从而使得对网络权值的调节过程几乎停顿下来。

③ 易陷入局部极小。

可见，BP 网络的学习与泛化能力还不能令人满意，适应能力较差，网络构造困难。因此研究拓扑结构的优化设计与高效的学习算法已成为 BP 工程应用面临的两大问题。针对上述缺点，已有大量的文献提出了改进算法，主要有附加动量项、改进误差函数、采用自适应学习速率、改变变换函数等，但主要是就具体的问题而进行的改进。根据本课题的需要，对 BP 算法从如下方面进行改进。

(1) 自适应学习速率。

对于一个特定的问题，要选择适当的学习速率不是件容易的事情。一个较好的方法是通过调整学习速率，从而使训练误差降低更快。调整学习速率的准则是：检查权值的修正值是否真正降低了误差函数，如果确实如此，则说明所选取的学习速率值小了，可以对其增加一个量；若不是这样，而产生了过调，那么就应该减小学习速率的值。本文采取的一种自适应学习速率的调整公式为：

$$\eta(k+1)=\begin{cases}1.05\eta(k) & E(k+1)<E(k)\\ 0.7\eta(k) & E(k+1)>1.04E(k)\\ \eta(k) & \text{others}\end{cases} \tag{9-17}$$

初始的学习速率的选取有很大随意性，本文采用 0.2～0.5。

(2) 双极性 S 型函数。

一般情况下，S 型函数的输出范围为[0,1]，这对于大多数情况下的模式识别和聚类分析问题，问题的各种指标采用[0,1]范围内的数来进行编码是适用的。而多数问题的输入输出值可以为正数，也可以为负数，超出了一般 S 型函数的输出范围。另外从权值调节公式可知，权值的变化也正比于前一层的输出，而因输出值中有一半是趋向零的一边，这必然引起权值调节量的减少或不调节，从而加长了训练时间。为了解决这个问题，考虑到 BP 算法要求转换函数有连续可微分的非线性特性，将一般 S 型函数改为如下形式：

$$f(x)=\frac{2.0}{1.0+\mathrm{e}^{-x}}-1.0 \tag{9-18}$$

其一阶导数为

$$f(x)=2.0\times\frac{1.0-\dfrac{1.0}{1.0+\mathrm{e}^{-x}}}{1.0+\mathrm{e}^{-x}} \tag{9-19}$$

采用此方法平均可以减少收敛时间 30%～50%。

(3) 遗传算法搜索学习率和动量项以及神经网络隐层节点数。

利用遗传算法搜索神经网络的结构和学习参数，是神经网络发展的一个可行方向，实际应用表明该方法对改进学习和预测功能有很好的效果。

对于多层神经网络，其学习样本的误差平方和可作为适合度函数：

$$MSE=\sum_{p}\sum_{j}(y_{pj}-\bar{y}_{pj})^{2} \tag{9-20}$$

式中，y_{pj} 是第 p 个学习样本第 j 个输出节点的实际输出；$\bar{y}_{pj}$ 是第 p 个学习样本第 j 个输出节点的期望输出。神经网络的训练过程是调整权矩阵 W 和阈值矩阵 θ，使得 MSE 取最小值的过程。

5) 样本的前处理

神经网络有很强的适应性，但这绝不是说可以把乱七八糟的数据扔给它就行了。数据准备是否得当，直接影响训练时间和网络性能。

首先应对面临的问题进行分析，考虑此类问题能否用神经网络来解决，其次检查一下已有的资料和数据是否足够训练网络，数据中是否包含不重要的、甚至错误的信息，这些错误数据是否已经排除。如果解决的问题很大，数据很多，那么须考虑是设计一个网络来解决，还是分成几个网络来解决。只有对已有的资料充分了解，才可能准备好输入数据。

神经网络中，需要对原始数据进行处理，即变量必须依比例转换到处理单元传递函数所许可的范围。还应注意，输入网络的训练样本数据及检验样本数据必须用同样的比例进行转换。常用的处理方法有以下几种。

(1) 标准化

标准化(standardizing)是指从某向量的各分量中减去某一个量以后再被另一个量除。若某变量 x 中包含具有高斯分布律的随机值，可从该变量中减去其平均值，然后用标准差除之，从而得到一个平均值为零而标准差为 1 的标准归一化了的随机变量 S。

$$\bar{x} = \frac{\sum_{i=1}^{N} x_i}{N} \tag{9-21}$$

$$std = \sqrt{\frac{\sum_{i=1}^{N} (x_i - \bar{x})^2}{N-1}} \tag{9-22}$$

$$S_i = \frac{(x_i - \bar{x})}{std} \tag{9-23}$$

式中：x_i——原始输入变量，$i=1, 2, \cdots, N$；

N——样本数量；

$\bar{x}$——样本平均值；

Std——标准差；

S_i——标准化后的 x_i。

经此法标准化后，变量的平均值为零，当距平均值正好为标准正（负）偏差时，其值为＋1（－1）。

（2）归一化

归一化（normalizing）是指把某向量除以该向量的长度，而使其长度为 1，也即使网络输入的数值变量都在 0 和 1 之间。可按式（9-24）归一化：

$$T = T_{min} + \left[\frac{V - V_{min}}{V_{max} - V_{min}}(T_{max} - T_{min})\right] \tag{9-24}$$

式中，V_{max} 和 V_{min} 分别表示该变量可能达到的最大值和最小值。

T_{max} 和 T_{min} 分别为与 V_{max} 和 V_{min} 相对应的定标后的最大值和最小值，对单极性连续转移函数而言，为 0.9 和 0.1，此处取 0.8 和 0.2；T 为实际值 V 的定标值，即训练样本中输出的期望值。

运行时，再按式（9-25）将网络输出值还原为实际值。

$$V = V_{min} + \left[\frac{T - T_{min}}{T_{max} - T_{min}}(V_{max} - V_{min})\right] \tag{9-25}$$

式中，各符号意义同前。

此外，样本的处理通常还有对数及平方根转换等方法，不逐一介绍。本文根据盾构施工地表变形数据的特点（头部隆起部分变形数值较小，尾部沉降变形较大，相差数 10 倍），采用先标准化，再将标准化以后的数据转换到 [0.2, 0.8] 区间。

9.2.2　遗传算法

遗传算法（Genetic Algorithm，简称 GA），又称进化算法，是一种新兴的模拟自然界生物进化机制的搜索寻优技术。它是由美国密歇根大学的 J. Holland 教授于 1975 年首先提出的。它仿效生物的进化与遗传，从某一初始值群体出发，根据达尔文进化论中的“生存竞争”和“优胜劣汰”的原则，借助复制、杂交、变异等操作，不断迭代计算，经过若干代的演化后，群体中的最优值逐步逼近最优解，直至最后达到全局最优。遗传算法中用到一些术语，如表 9-1 所列。

表 9-1 遗传算法术语与作用

术　语	遗传算法中的作用
适者生存	在算法停止时，最优目标的值最有可能被留住
个体(individual)	解
染色体(chromosome)	解的编码(字符串，向量等)
基因(gene)	解中每一分量的特征(如各分量的值)
适应值(fitness)	适应函数值
群体(population)	选定的一组解(其中解的个数为群体的规模)
复制(reproduction)	根据适应函数值选取一组解的过程
杂交(crossover)	通过交配原则产生一组新解的过程
变异(mutation)	编码的某一个分量发生变化的过程

遗传算法的主要特点是采用群体搜索策略和群体中个体之间的信息交换，搜索不依赖于梯度信息。类似于自然进化，遗传算法通过作用于染色体上的基因，寻找好的染色体来求解问题。它对求解问题的本身一无所知，所需要的仅是对算法所产生的每个染色体进行评价，并基于适应值来选择染色体，使适应性好的染色体有更多的繁殖机会。遗传算法属于概率算法一类，尽管使用了直接、随机搜索的方法，但遗传算法和随机算法却是不同的。遗传算法比现在的直接搜索方法更强大。基于搜索的遗传算法的另一个重要的性质是它们维持一个潜在解的群体，而其他所有的方法都是处理搜索空间中的单个点。

对任一给定问题，遗传算法和任何演化程序一样必须经过下面的四个步骤：

(1) 对问题潜在解的遗传表达，即编码。

(2) 产生潜在解初始群体。

(3) 评价解的适应度的评价函数计算适应值。

(4) 改变后代组成的遗传操作。

遗传算法利用简单的编码技术和繁殖机制来表现复杂的现象，从而解决非常困难的问题。该算法能从离散的、多极值的高维问题中以很大的概率找到全局最优解；其次，由于它固有的并行性，遗传算法非常适用于大规模并行计算。

下面以一个例子进行说明。假设有一个待优化的问题：

$$F = f(x, y, z) \tag{9-26}$$

式中，x, y, z 是自变量，可以是数量、逻辑变量，甚至可以是任何符号。每一组 $x_i, y_i, z_i \in \Omega$，构成问题的一个解。所以，Ω 既可看成自变量 x_i, y_i, z_i 的定义域，也可看成问题所有可能的解构成的解空间。F 是属于实数域 R 的一个实数，也可看成对每一组解 $(x_i, y_i, z_i) \in \Omega$ 的质量优劣的度量。函数 f 表示由解空间 Ω 到实数域 R 的一个映射，对它的唯一要求是它必须有定义。

优化目标是找到 $(x_i, y_i, z_i) \in \Omega$，使得 $F = f(x, y, z) \to \max$(这里假设用求最大值问题作一般性描述)。

下面说明 GA 的基本步骤。

(1) 编码与基因码链：每一个自变量需进行编码。一般用一定比特数的二进制码代表一个自变量的各种取值。若将各自变量的二进码连成一串，得到一个二进制代码串，则它代表了自变量的一组取值所决定的一个解。例如，自变量 x, y, z 的一组取值可用 12 比特的二进码来表示：如“100010011110”。如果我们将每一个解看成是生物群体中的一个个体，那么上述代码则相当于表示该个体遗传特性的基因(gene)码链。

(2) 设定初值，产生祖先：由计算机按随机方法，产生一系列的二进码链，每个码链代表某一群体中的一位祖先，而一定数量(N)的祖先就构成员原始的群体。祖先的素质通常很差。GA 的任务是要从这些祖先出发，模拟进化过程，择优淘劣，最后找出非常优秀的群体与个体。

(3) 评价个体的优劣：按编码规则，将每一个体的基因码所对应的自变量取值(x，y，z)代入式(9-26)，算出其函数值 F，$i=1$, 2, …, N。F_i 愈大，表明第 i 个个体的质量愈好，即该个体更适应于由函数 f 所描述的生存环境。因而可以将 F_i 定义为第 i 个个体的适合度。

(4) 选种：从群体中随机选取一对个体，作为繁殖后代的双亲。选种规则是：适合度 F_i 较大的个体，赋予更大的选中概率 P_i。因此，适合度愈高的个体，有更多的机会繁殖后代，使其优良特性得以遗传和保留。

(5) 杂交：将随机选中的双亲进行杂交。最简单的杂交方法是：随机地选取一个裁断点，将双亲的基因码链在裁断点切开，然后，交换其尾部(此例为后面的 8 位数)，如下所示：

双亲　　　　　　后代

1000|10011110 →1000 11000110

0110|11000110 →0110 10011110

由杂交而得到的后代构成新一代群体，其中所含个体数仍为 N，该群体比上一代的要好。

(6) 突变：以一定概率 P_m 选取群体中若干个体。对已选取的每个个体，随机选取某一位，将该位的数码翻转(由 1 改为 0，或相反)，如：

1100|0|1011101 →1100 1 1011101

有利的突变将由于自然选择的作用，得以遗传与保留；而有害的突变，则将在逐代遗传中被淘汰。

用通过选种、杂交、突变得到的新一代群体代替其上一代群体，再回到以上的步骤(3)，对新群体的各个个体再进行评价；如此迭代下去，各代群体的优良基因成分逐渐积累，群体的平均适合度和最优个体适合度不断上升。直到迭代过程趋于收敛，即适合度趋于稳定、不再上升时，就找到了所需要的最优解。

9.2.3 模糊逻辑控制

1) 模糊集合基本理论

模糊集合的概念是由美国教授乍德(L. A. Zadeh)于 1965 年首先提出的。模糊集合理论的产生和发展到今天不过半个世纪的历史，但它已在众多的领域得到了广泛的应用，其中在控制领域(即模糊控制)的成功应用最为引人注目。

模糊集合理论采用隶属度函数来定义模糊集合。隶属度函数反映了模糊集合中的元素属于该集合的程度。与分明集合的定义函数类似，隶属函数 $\mu_A(x)$ 是从论域∪到闭区间[0,1]的一个映射：

$$\mu_A: \cup\ \Psi[0,1] \tag{9-27}$$

论域∪中的元素 x 越接近属于 A，则 $h_A(x)$ 的取值越接近 1，表示 x 属于 A 的程度越大；反之，$\mu_A(x)$ 的取值就越接近于 0。

一般地，根据乍德的模糊集合表示法，其数学形式表示如下：

$$A = \{(x, \mu_A(x)) \mid x \in X\} \tag{9-28}$$

2) 模糊关系

模糊关系是元素与元素之间的比较暧昧的、不确定的关系，例如“好友”关系、“大致相等”关系等。借助模糊集合理论，可以定量地来描述模糊关系。

(1) 模糊关系定义及其表示

定义:设 X 与 Y 为两个非空模糊集合,则其直积 $X\times Y$ 中的一个模糊子集 R 称为从 X 到 Y 的模糊关系,可表示为:

$$R_{X\times Y}=\{((x,y),\mu_R(x,y))\mid x\in X,y\in Y\} \tag{9-29}$$

(2) 模糊关系的合成

设 X,Y,Z 是模糊关系集,R 是 X 到 Y 的一个模糊关系,S 是 Y 到 Z 的一个模糊关系,则 R 到 S 的合成 T 也是一个模糊关系,记为 $T=R\cdot S$,它具有隶属度:

$$\mu_{R\cdot S}(x,z)=\bigvee_{y\in Y}(\mu_R(x,y)*\mu_S(y,z)) \tag{9-30}$$

其中,$\vee$ 是并的符号,它表示对所有 y 取极大值,“$*$”是二项积的符号。

模糊关系可用矩阵来表示,其复合运算类似于矩阵的乘法,只是将两数相乘用取最小值来代替,两数相加用取最大值来代替。如下例所示:

$$R\cdot S=\begin{bmatrix}0.7 & 0.5 & 0\\ 1.0 & 0 & 0\\ 0 & 1.0 & 0\\ 0 & 0.4 & 0.3\end{bmatrix}\cdot\begin{bmatrix}0.6 & 0.8\\ 0 & 1.0\\ 0 & 0.9\end{bmatrix}=\begin{bmatrix}0.6 & 0.7\\ 0.6 & 0.8\\ 0 & 1.0\\ 0 & 0.4\end{bmatrix}$$

3) 模糊命题与模糊逻辑

模糊命题:是指含有模糊概念或者是带有模糊性的陈述句,一般取“x is R”的形式。

模糊逻辑:是指研究模糊命题的逻辑,它是建立在模糊集合和二值逻辑概念基础上的一类特殊的多值逻辑,它将渐变的隶属度引入到模糊集合中来,能灵活处理不同事物间的差异。

4) 模糊控制系统

模糊控制系统是利用模糊集理论处理的控制系统。模糊控制系统一般由模糊控制器、输入输出接口、控制对象和传感器装置组成。模糊控制的核心为模糊控制器。模糊控制过程主要有:

(1) 通过 A/D 将采样转换为数字量,将该输入变量变为模糊量;

(2) 根据输入变量(模糊量)及模糊控制规则,按模糊推理合成规则计算控制量(模糊量);

(3) 通过反模糊化计算得到精确的控制量。

具体控制流程如图 9-3 所示。

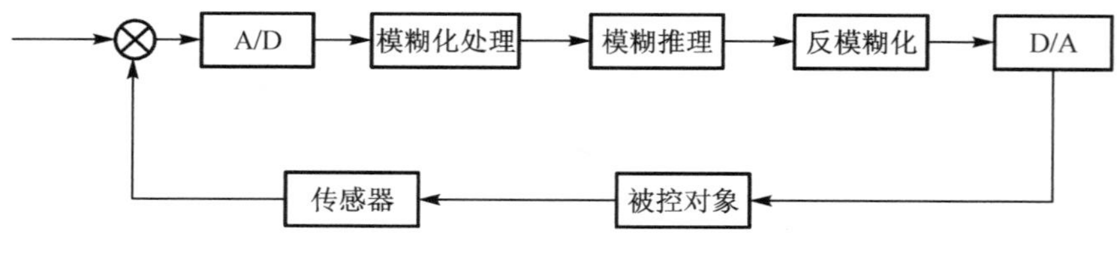

图 9-3 模糊控制的流程图

9.3 岩土工程施工变形预测与控制的智能方法

1) 传统方法存在的问题

沿用传统的力学和数值方法解决岩土工程问题,主要有以下困难:

(1) 岩土体为多相、非均质、各向异性介质,其计算参数给不准;

(2) 在岩土物理关系方面,岩土体的变形破坏特征极其复杂多变,而且多半是高度非线性的,尚无法建立能反映真实情况而又普遍适用的本构模型;

(3) 岩土体是一种不确定系统,既有客观上的不确定性,也有主观上的不确定性;

(4) 岩土体含有许多不确知性因素,在信息掌握上也有其不完全性;

(5) 工程开挖、施工扰动的影响,会不同程度地改变和恶化土性,使岩土力学参数发生变异。

故而,寻求合适的理论与方法对工程周近环境土体的变形作出有效的预测与控制是当务之急。

2) 人工智能方法是在信息化设计施工基础上的又一次新的提高

以对市区隧道与地下工程施工变形进行智能预测与控制方面为例,可采用人工神经网络方法进行施工变形预测和工程险情预报;并在变形接近或达到限定的警戒阈值时,采用模糊逻辑控制方法使变形始终约束 / 控制在容许的规定范围值之内。

这项研究的创意特色,主要反映在:

(1) 供作计算输入值的基本数据——“看得见、摸得着”:

① 工程地质与水文地质参数;

② 从工程现场监测所得的、大量而系统的土层和地表变形位移的实测值;

③ 该项特定工程(如:盾构、基坑)有关的各施工参数。

(2) 要求研制和开发由工程施工所积累的上项基本输入数据的信息库和工程数据库,以便搜索、查询和调用。

(3) 控制变形主要依靠调整施工参数,而不需投入巨额的地基处理、注浆加固等额外耗费。

(4) 是高一层次信息化施工的发展。

此处,以施工变形控制为目标,建立各等级的环境土工维护指标体系,及其变形的极限阈值和允许限值标准,要求与施工变形的控制配套进行。

3) 智能预测、控制方法在环境土工学研究中的应用

(1) 智能预测控制的意义在于:作为“另辟蹊径”的一种方法与工具,具有以知识科学、非数学的广义模型表示的混合控制过程,并从认知角度进行推理,以启发并引导求解过程。

(2) 选择采用基于知识的方法如人工神经网络、模糊逻辑法则等作智能预测和控制,经多年实践,认为是比较恰当的。

智能预测控制可为那些含有复杂性、信息不完全性、模糊随机性等诸多不确定、不确知因素,以及不存在现成算法的非数学过程,提供新的、有力的处理工具。上述方法的特征,特别适合于岩土力学与工程问题。

(3) 作为智能预测与控制的研究工具,主要包括以下学术内涵:

① 工程数据资料与逻辑推理的集成;

② 多领域、多学科知识的集成;

③ 多种信息介质(符号、图形图像、数值数字等)的集成;

④ 基于知识的研究方法:模糊技术、神经网络技术、遗传算法;等等。

(4) 基于人工智能和控制理论,对工程施工变形进行智能预测与控制,其研究对象的特征表现为以下几个方面。

① 模型的不确定性。传统的控制理论一般均属于对基于确定性模型的控制，该种模型包括控制对象，通常都是已知的或是经过过程辨识后就可以得到的；而此处智能控制的研究对象，则一般均存在高度的不确定性，即这种模型的参数为未知或知之甚少，或者其模型的结构与有关参数可能在很大范围内变化。

② 高度的非线性。所采用的智能控制方法，有望能较好地解决高度非线性系统中的控制问题，而非线性则正是有待研究问题的主要特点。

③ 复杂的任务要求。在传统的控制系统中，要求输出的控制量均为定值（“调节系统”）；或者是，要求输出量需依附并跟随所期望的运动轨迹（“跟踪系统”）。因此，其控制任务的要求只能是比较单一的。这样，上项系统将难以满足对土体环境作变形控制、对其施工问题作出自动诊断以及遇紧急工程险情时作自动处理等功能。而此处所述的智能控制系统的设计，则正是针对岩土工程复杂施工任务，能较好地满足上述要求。

4）智能研究方法的问题和不足

当前，在对施工环境土体变形预测与控制方面，智能研究方法主要存在以下问题和不足。

（1）智能预测与控制应用研究的目标和方向有待进一步明确。

作为应用研究和应用基础研究，智能控制研究在寻求有别于传统控制方法并能反映上节所述各点特征的、新的控制技术。

（2）智能预测控制要面向复杂系统。

对于一些较为简单而明了的系统，智能控制系统相较来说比较复杂，引入成本较高。

（3）要求研制新的预测、控制专用软件。

在智能控制系统中，当前还缺少较好的软件环境。Microsoft 公司的 Visual C＋＋提供了面向对象的智能开发框架，但这也要求应用的所有软件应该是面向对象的，或至少是以 C＋＋开发的；否则，开发整个系统的工作量将十分庞大。

但是，如果大多数基于神经网络的控制系统还停留在“仿真”的水平上，未能真正解决其实现问题，就难以为工程所用。此外，如提高程序运行速度、实现实时控制、提高对环境的感受和解释能力、设计模块传感器接口，以及改善信息识别和处理能力等问题，均有待能解决得更好。

5）本项研究工作的主要内容、方法和特色

（1）基于知识方法的应用。

设计过程与施工过程的控制问题分别隶属于不同的类型。设计过程的智能控制主要属于构造问题，而施工过程控制主要属于分类问题。因此，在本项研究中已将二者分开，分别采取了相应的方法进行研究。

① 设计过程的控制。进行领域知识的系统化组织，建立领域知识模型，进而利用人工智能工具 CLIPS 语言，建立工程土体环境控制的设计模型，最后是运行检测。

② 施工过程的控制。利用人工智能工具 CLIPS 语言，建立基于知识模型的工程施工监控器，主要用于解决检测数据的自动查错、变形的趋势预测和自动报警，以及具有自学习功能的施工应急措施。

（2）在土体环境预测与控制中应用了人工神经网络和模糊逻辑法则等智能方法。

此处采用了模糊逻辑技术。这是因为，在设计、施工过程中都存在一系列模糊的、不确知的因素，尤其是许多模糊的概念往往存在于专家知识的一些处理手段、观点和看法之中，而使用神经网络正是因为它所独具的自学习功能。

（3）完善了土层和地表变形控制指标体系和环境维护技术标准，如：

① 完善了对各类不同建(构)筑物环境维护的技术设防等级标准;

② 深大基坑开挖和隧道盾构掘进,对环境土体变形预测与控制的诸多施工参数,以及对变形的敏感性作层次分析(递阶分析);

③ 对隧道行进姿态作轴线纠偏控制;

④ 对不同建(构)筑物和各类地下管线,分别制定能安全承受不同种类变形位移和差异沉降的诸技术参数。

(4) 智能控制研究的数学工具,是上述设计控制和施工控制二者的交叉与结合。

① 符号推理。如基于知识方法作智能控制,它的上层是专家系统,采用人工智能的符号推理方法;下层则是沿用传统的控制系统,采用的是模糊逻辑推理法则。

② 神经网络技术。通过一些简单的人脑神经模拟关系来实现复杂的、非线性的变形预测系统,而并不依赖于物理模型。工程施工决策过程中存在许多难以建立传统数学模型的过程,即所谓"灰色问题",可以利用神经网络技术,通过学习该过程的输入与输出信息,建立"神经网络模型",即可预测该系统(或类似系统)将来的变形发展状况,从而为决策者提供分析论据。

③ 模糊集合。形式上是利用规则进行逻辑推理,但其逻辑取值(隶属度)可在0与1之间连续变化。采用数值方法而非符号的方法进行处理,这为处理诸如一些经验性的知识提供了方法和手段。

(5) 进一步研制并开发有关量测、监控数据的采集、信息贮存与管理以及工程水文和地质环境资料编录,建立多媒体视频监控设备的硬件与专用软件系统,完善工程施工计算机技术管理系统(EMS),是具体实现上述各项研究成果的关键。

(6) 现正在开发一种人工智能工程软件——采用新版的CLIPS平台作为智能开发的专家系统工具,它具有良好的可读性和应用广泛性,为支持研究工作的进一步深化实施提供了有力的工具。

9.4 地铁隧道盾构掘进施工变形的智能预测与控制研究

9.4.1 地铁盾构市区施工的环境土工问题

就广大软土地区而言,市区的工程环境土工问题主要是指:由于地铁区间隧道盾构掘进对土体的施工扰动,导致工程周边土体走动(变形位移)和过大的地表隆起/沉降。当其达到/超过规定的警戒阈值时,将对工程附近要求保护的地面/地下建(构)筑物造成一定的危害。于是,盾构机地下掘进,在保证工程自身安全的同时,应密切关注其周近土工环境的维护与安全,这已是业界人们的共识。一些年来,由于盾构机具的改进和施工经验的积累,上类环境土工问题在一般情况下均能满足"+1~-3"(cm)的要求;但由于复杂地质、水文条件的变化,遇盾构密封舱压和注浆量等控制不佳时的不少区段和场合,对盾构施工变形进行有效的预测与控制,仍是一项当务之急。这也是本节介绍的主题。

1) *盾构掘进施工的地层隆起/沉降及其影响因素*

(1) 盾构掘进中,上方地表的横向沉降槽/沉降盆,及其侧上方土体的水平位移,如图9-4所示。

(2) 沿盾构掘进纵向地表的隆起(盾构作业面前上方)和沉降(盾构通过时和通过后的后上方),如图9-5所示。

(3) 影响土体隆起/沉降的主导因素(盾构主要施工参数)。

① 密封舱土压(土压平衡盾构);
② 泥水压(加压泥水盾构);
③ 排土量;
} 关系到盾构前上方土层的隆起/沉降

④ 注浆量/注浆压力;
⑤ 地层后期蠕变形随时间的发展;
} 关系到盾构通过后的土层沉降

⑥ 盾构行进姿态不佳时的纠偏——由于能做到随偏随纠,已不构成对地层损失的主要因素。

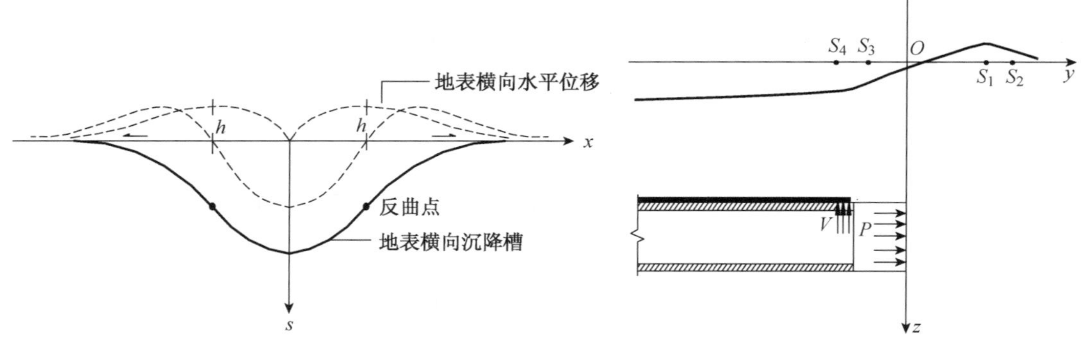

图 9-4 地表沉降槽与侧向土体水平位移

图 9-5 盾构掘进沿轴向上方地表的隆/沉位移

此外,其他因素还有如:千斤顶顶推力、盾构掘进速度等,均可归属于舱压值控制之内;同步注浆技术的采用使早年所说的注浆滞后情况不再出现,通常也不再作二次压密注浆,故此,这些因素现均已不另设为独立的盾构施工参数。

2) 盾构施工参数对地表隆/沉变形影响的现场测试成果分析

(1) 对于每台特定的盾构,其主要施工参数与土体变形位移间的变化关系都不完全相同,需要在盾构初推进的约 100 m 试验段内进行实验测定。

(2) 在盾构初推阶段,对地表沉降、土层走动、土压和孔压作分别测定,并通过施工参数优化,按测试结果对其进行调整修正。

3) 盾构隧道施工中,市区环境土工安全维护的技术管理及其变形控制标准

(1) 市区各类受保护建(构)筑物与不同地下管线的土工环境设防等级与标准,本书这里不再展开阐述。

(2) 各类建(构)筑物与地下管线能够安全承受施工扰动的允许限值要求,本书这里不再展开阐述。

(3) 盾构掘进施工中,土体受施工扰动的变形控制。

① 维护盾构开挖面稳定及其施工变形的控制方法——舱压控制。

取
$$\Delta p = |p_i - p_0| \cong 0.03\ \text{MPa};差值 \leqslant 3\% p_0 \tag{9-31}$$

式中,p_i 为密封舱泥土压;p_0 为盾构开挖面正前方静止土水压。

同时,为满足开挖面稳定而不使土体产生剪切破坏,还需

$$\frac{|p_i - p_0|}{C_u} \leqslant 5.5 \tag{9-32}$$

式中,C_u 为土体不排水抗剪强度。

② 排土量控制。

令
$$M-100=a\cdot|p_i-p_0| \tag{9-33}$$

式中，M 为排土量的变化率（%），为实际排土体积 Q 与理论开挖体积 V_e 之比，即 $M=\dfrac{Q}{V_e}$，$a=\dfrac{50}{E}$，$E=100C_u$。

则由式(9-32)和式(9-33)可得：

$$\Delta M\leqslant\pm 2.8\%$$

也即，控制开挖排土量的允许变化率 M 为土体开挖体积（理论值）的 2.8%。此值因变化范围很小，实践上较难掌握。

③ 同步注浆量的控制。

为考虑盾构纠偏使地层损失增加、跑浆和注浆材料失水收缩等因素，实用注浆量 Q 一般取理论注浆体积 V_e 的 1.4～2.0 倍，则：

$$V_e=\pi\cdot D\cdot l\cdot\delta$$

式中，D 为隧道管片外径；l 为管片环宽；δ 为建筑空隙厚度。

而
$$Q=(1.4\sim 2.0)V_e$$

对于 ϕ6340 地铁区间盾构，上海市常采用

$$Q=(2.5\sim 3.5)\mathrm{m}^3$$

注浆压力多取静止土水压力的 1.1～1.2 倍，上海市常采用(0.3～0.4)MPa。

9.4.2　地铁盾构隧道施工变形的智能预测与控制

1）盾构隧道施工监控系统数据库的研制

工程数据库的内容，包含以下 6 个主要方面的技术参数：

① 地铁施工沿线的工程地质与水文地质参数；

② 盾构隧道平面线形和纵横剖面主体尺寸参数；

③ 盾构机的各主要技术参数；

④ 从工程现场监测所得的盾构上方和侧面土层地表变形位移的量值及其变化；

⑤ 盾构掘进施工有关施工参数；

⑥ 隧道结构成形指标参数（管片环的偏心和圆度）。

同时，要求编制和开发以上各项作为智能预测与控制基本数据输入工程数据库，以便于搜索、查询和调用技术参数与有关数据。

要求数据库系统对多种查询方式及其查询结果，以不同方式显示，并针对不同的数据类别，研制与开发文字、表格、图形等多种功能的查询器，它也是盾构信息化施工管理的一种强有力的工具。

2）基于人工神经网络的盾构隧道施工变形智能预测

(1) 神经网络技术在土工环境预测与控制中的应用。

神经网络技术的基本内容可概括为：

① 控制等级指标体系的拟定；

② 结构、施工方案的选型；

③ 非线性函数的模拟。

(2) 做好样本的学习、训练与测试演练，是完成以人工神经网络作施工变形智能预测的必要前提。

(3) 此处采用的是由本文建议的“多步滚动预测”模型，其运作流程框图如图 9-6 所示。

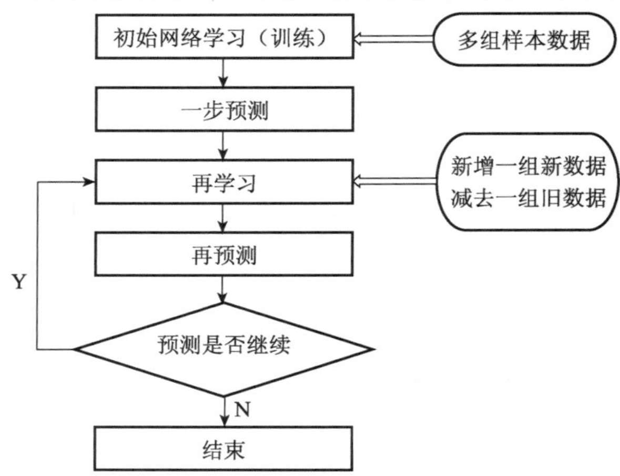

图 9-6　多步滚动预测流程框图

(4) 地表隆/沉变形的智能预测结果及与实测值的对比示例，如图 9-7—图 9-10 所示。

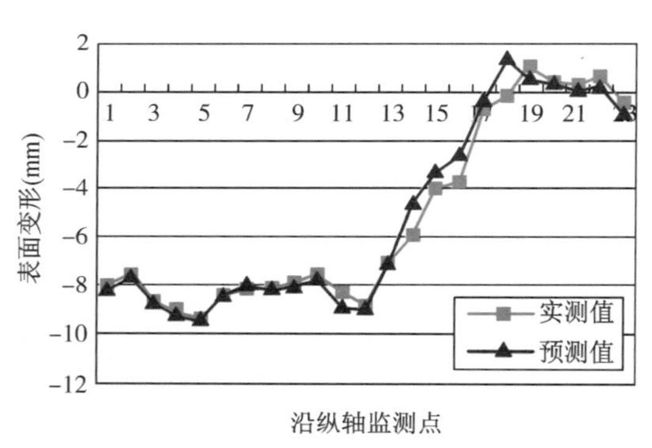

图 9-7　地表 5 月 19 日上午变形曲线

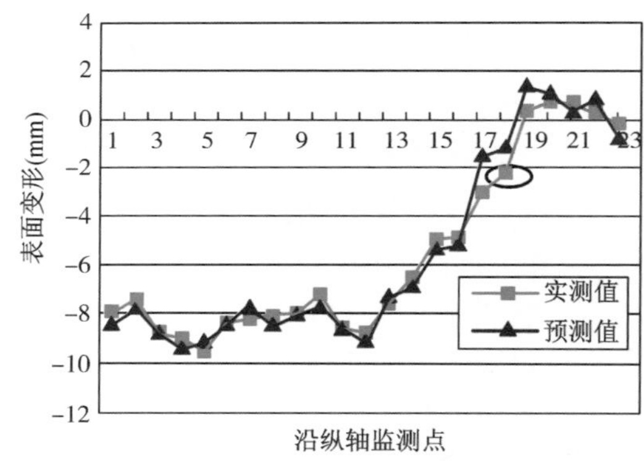

图 9-8　地表 5 月 19 日下午变形曲线

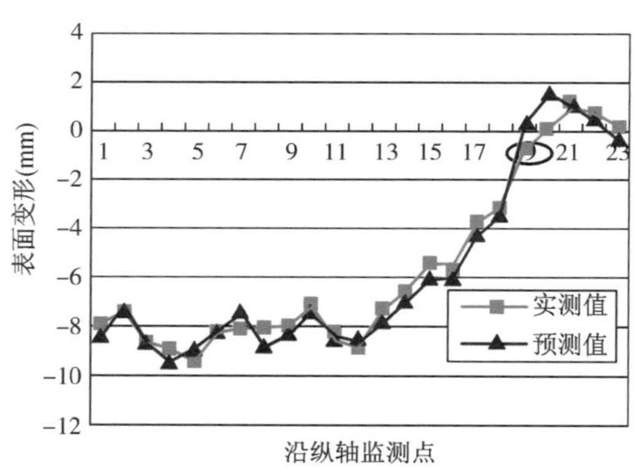

图 9-9　地表 5 月 20 日上午变形曲线

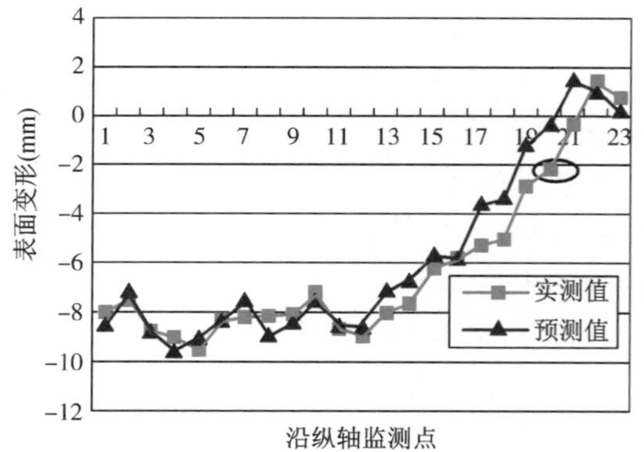

图 9-10　地表 5 月 20 日下午变形曲线

3）盾构法隧道施工变形的智能模糊控制

盾构操作工的技术经验（人工控制），现今仍然是实用而有效的盾构施工变形控制的主要手段。如何把人的认识和经验上升至理论高度并与之相结合，利用上节所述的智能预测的结果，有针对性地调整、修正盾构施工诸参数（主要是“舱压”和“注浆量”），按模糊逻辑法则，作盾构施工变形的智能控制，是此处研究的对象和目的。

盾构施工变形智能控制的运作框图、智能模糊控制系统的结构框图和盾构施工变形模糊控制系统的控制器结构框图见图 9-11—图 9-13。

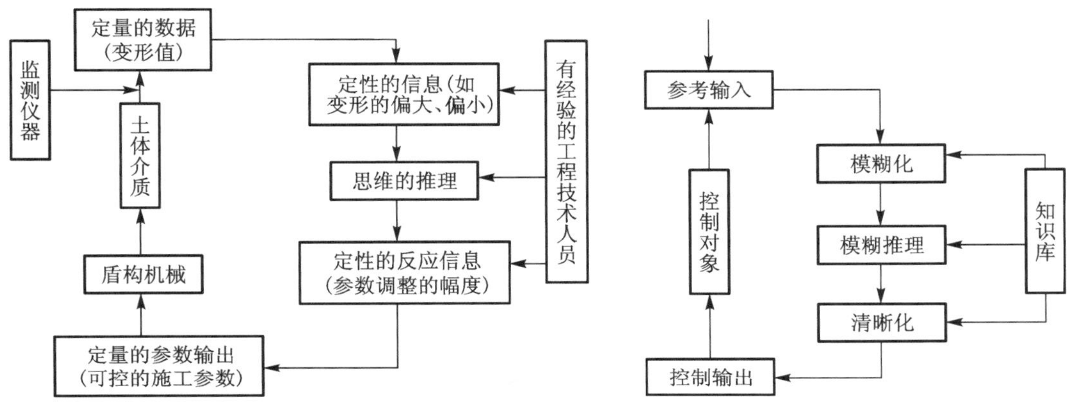

图 9-11　盾构施工变形智能控制的运作框图　　图 9-12　智能模糊控制系统结构框图

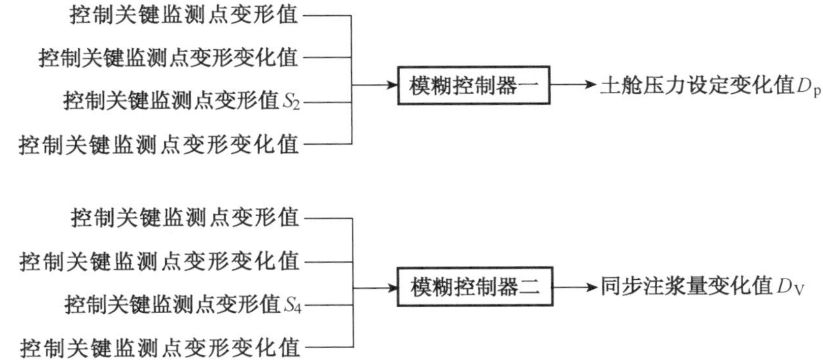

图 9-13　盾构施工变形模糊控制系统的控制器结构框图

4）工程采用实例

盾构作业面上前方地表隆起/沉降量与舱压值的关系、盾构尾部上后方地表沉降量与同步注浆量的关系见图 9-14 和图 9-15。

几年来，本项研究已经先后在以下 5 处盾构隧道施工现场进行了演示和试用，取得了一定的阶段成果：

（1）上海市轨道交通 2 号线“龙阳路—世纪公园”区间；

（2）上海市轨道交通 2 号线“江苏路—中山公园”区间右线；

（3）南京市地铁 1 号线“中华门—三山街”区间；

（4）上海市轨道交通 4 号线“临平北路—溧阳路”区间；

（5）上海市轨道交通 4 号线南浦大桥区间，上下近距离交叠隧道。

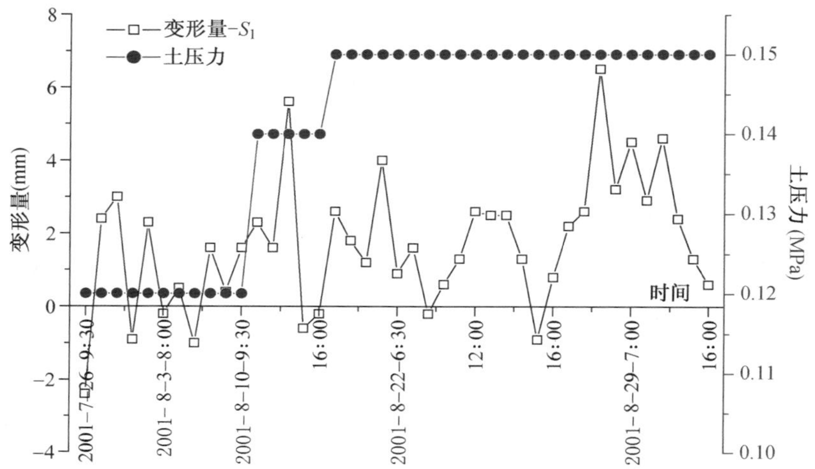

图 9-14 盾构上前方地表最大变形量 S_1 与土舱压力设定值 P 对比图

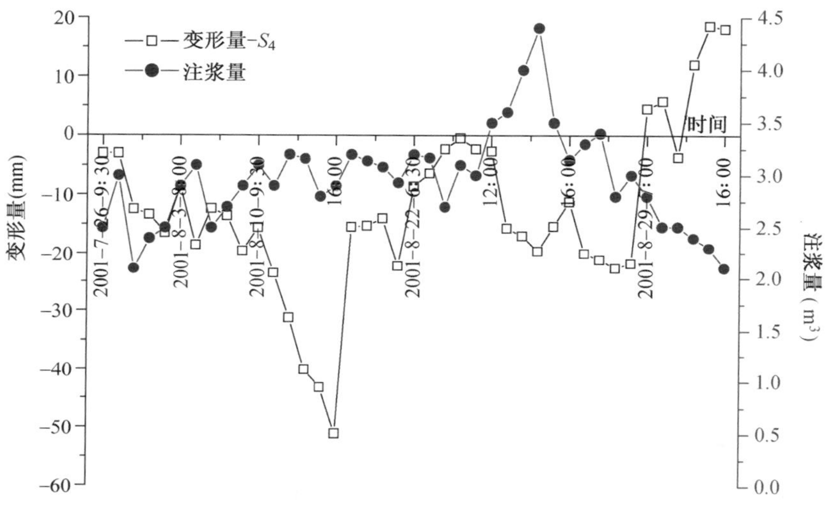

图 9-15 盾构尾部上后方关键监测点变形量 S_4 与同步注浆量 V 对比图

9.4.3 盾构隧道施工多媒体视频监控技术及其实施

1) 多媒体视频监控的重要性及其优越性

(1) 多媒体技术与视频监控技术的结合,彻底改变了传统的工程施工监控的工作方式。

(2) 通过与网络技术结合而成的远程监控,又可在现行视频监控中实现适时异地远程监控并发布指令,可获取更多信息进行反馈控制,是多媒体通信技术在工程中的具体应用。

(3) 地铁隧道盾构作业情况复杂多变,采集监控量测数据点数众多,对其进行施工网络多媒体视频监控,可将文字、图形图像、音频和视频等多媒体信息实时传输到控制平台,更高层次地实现信息化施工。

(4) 结合智能预测与控制技术,可通过施工监控及时防范突发事故和工程险情,识别和探测故障征兆与隐患,使盾构施工参数调整有的放矢,设备缺陷早期发现、早期诊断和整治,做到故障预处理。

2）研究的主要内容

（1）基于光纤通信和高清晰度视频监控技术与施工网络多媒体技术，建立盾构掘进施工监控半自动化系统，使之将数据采集、图形图像、声响监控与图文传输四者集于一体。

（2）建立多媒体数字和图像仿真以及计算机应用技术的三维动态人工实景仿真模拟系统，以可视化技术手段，在屏幕上动态、质感、连续、逼真而生动地以三维可视化方式提供施工全过程中每一工况的数据分析及其监测/监控结果。

（3）多媒体监控系统主要功能的实现：

① 借助光纤通信和视频监控技术，使该系统具有现场实景监控功能；

② 利用网络技术和多媒体技术，实现高速、高质量的数据与图像传输功能；

③ 借助人工智能控制方法，使所研制开发的盾构施工计算机技术管理软件具有自学习、自动诊断和遇紧急情况作自动处理的功能；

④ 利用数字仿真技术和三维可视化技术，使之具备施工变形预测并模拟施工过程中盾构开挖和管片支护各工况的变形控制，调整各有关盾构施工参数的功能；

⑤ 建立在各项控制指标安全管理值的基础上，可系统比较理论预测值与现场实测值之间的差别，如发现有异常危象和工程险情，可以采取先前已拟定的对策预案与相应的有效防治技术措施。

3）盾构施工多媒体监控硬件系统

（1）监控系统框架及其主要功能

监控系统框架包括：中央计算机网络、施工状态监控系统、设备监控、闭路电视等主要子系统。

系统由中央控制设备、矩阵主机、多画面分割器、长时间录像机、摄像机、监视器、电源及信号传输媒质等组成。信号传输媒质采用光缆加光端机方式传输，与数据传输系统共用一束光缆。

（2）图像监控的前端设备

电视图像监控的前端设备系统主要包括：摄像机、云台、防护罩和镜头等。

（3）图像监控系统的后端显示与记录，主要包括：

① 视频图像的切换与控制装置；

② 显示被监控图像的各类监视器；

③“浓缩”众多被监控图像于一屏的多画面分割器；

④ 能够记录和重放图像的各类录像机；

⑤ 高速及海量存储视频图像的数字硬磁盘驱动器；

⑥ 可将指定图像以多种方式输出的视频印像机；等等。

（4）通信网络的主要任务

通信网络的主要任务是传输如下一些视频信号。

① 图像信号：安装于盾构管片拼装机、出土机、地下控制室等部位的摄像机所采集的图像信息；

② 音频信号：盾构机不同部位设备运转的音频信号；

③ 数据信号：地下控制室盾构掘进管理计算机（FPC）所采集到的盾构施工参数信号；

④ 控制信号：地面指挥中心所发出的对地下设备控制的信号。

几年前，笔者主持的项目组曾在上海轨道交通2号线“江苏路一中山公园”区间右线隧道的盾构掘进作业面上，布设了摄像机探头、光端机、双通道数据信号放大器、监视器和光纤通讯等图像和数据处理与传输设备，能及时地将施工作业场景、盾构施工诸主要参数、地面隆/沉变形量值及其变化，以及可能出现的风险预报等信息，实时传送到地面，基本实现了施工信息的远程自动监控和指挥。

4）盾构隧道施工多媒体三维动态仿真软件系统

（1）仿真系统的开发环境。系统在开发过程中对软件环境的要求，主要是建立一个较适宜的科学计算可视化与计算机可视化开发环境，其操作系统要求能够运行高级图形图像处理与计算机动画软件。当时，鉴于 Borland Delphi 4.0 具有较强的图形图像处理能力、数据库管理能力和很高的代码质量与代码运算速度，系统以 Delphi 4.0 作为总体开发平台，并作为数据库管理、图形图像处理等的主要开发语言，综合集成 Microsoft Visual C++5.x 与 Fortran 等作为其科学计算的语言环境。

（2）仿真系统的整体结构，如图 9-16 所示。

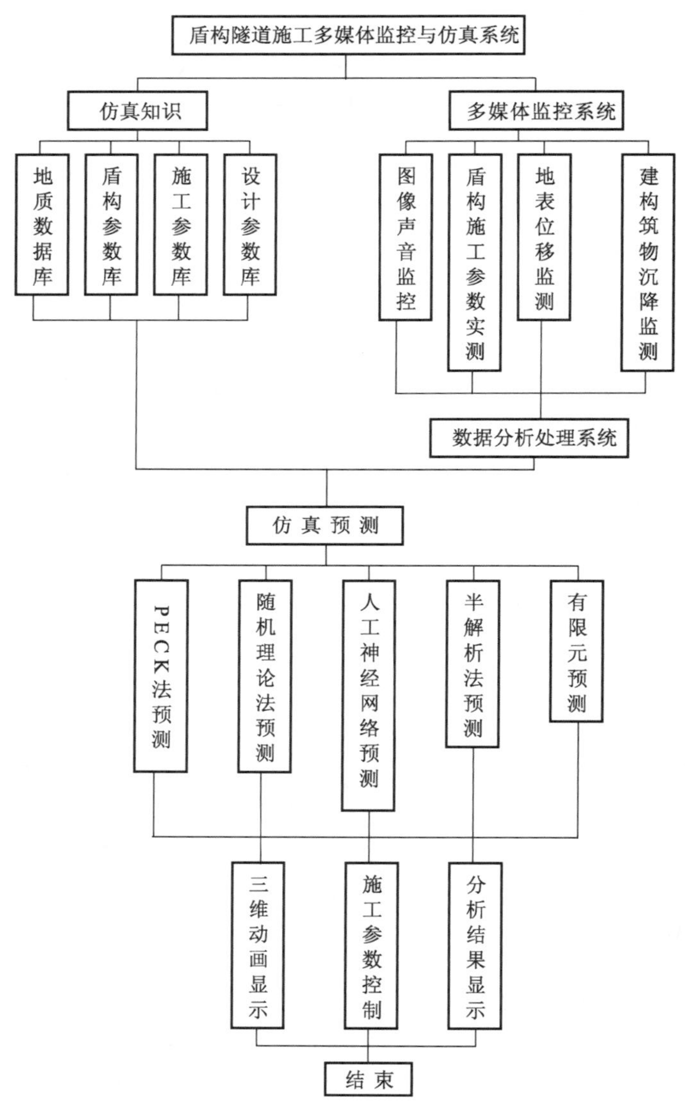

图 9-16　仿真系统总体结构框图

(3) 仿真系统集成与仿真试验。在完成了系统的整体设计、仿真知识库的建立、仿真预测、仿真结果的分析处理、仿真三维图像显示以及系统的界面设计后，利用 Delphi4.0 作为总体开发平台，可对整个系统进行集成调试和仿真模拟试验。

(4) 盾构掘进施工上方地表隆 / 沉曲面及其纵剖面地表沉降的可视化图形图像，如图 9-17和图 9-18 所示。

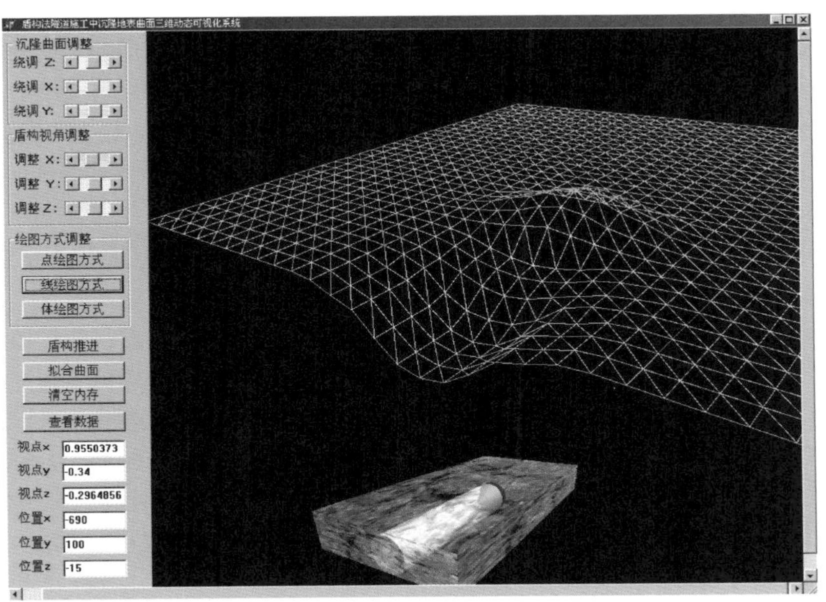

图 9-17　盾构掘进地面隆/沉曲面的三维动态可视化模拟

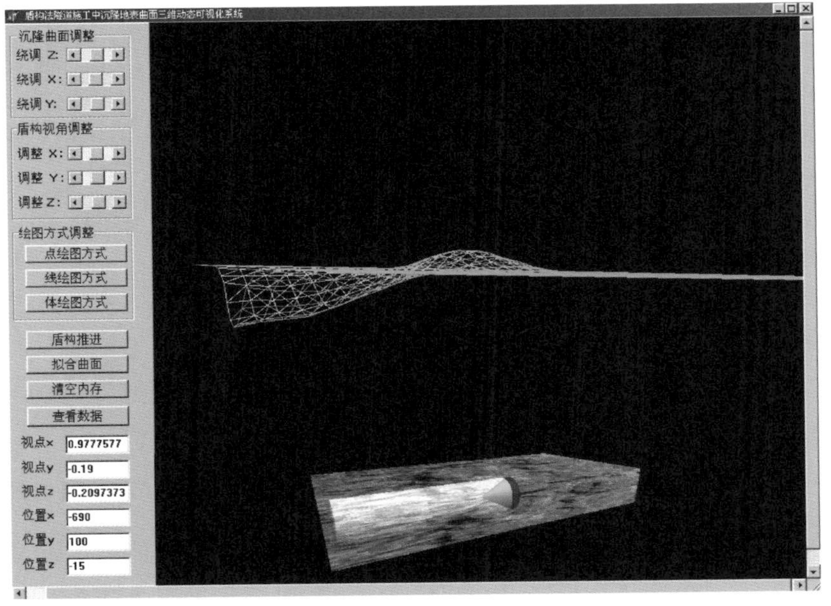

图 9-18　盾构掘进沿其纵向地面隆/沉曲线随时间增长变化的动态可视化模拟

9.5 悬索大桥锚碇深基坑施工变形的智能预测与控制研究

随着国民经济的高速发展,国内高层建筑、桥梁工程和地下交通也在蓬勃发展,这些工程建设的高速发展,使得大型深基坑工程在工程规模和技术难度上都有大幅度增加和提高。从近年来我国各地发生的多起基坑工程事故的分析可见,这些事故都与监测不力或险情预报不准确、不及时有关。因此,与深大基坑工程现场监测相互配套的施工变形预测与控制将愈显迫切和重要。通过对监测数据进行适时处理与分析,并对下一步的变形进行有根据的预测,可以指导后续基坑施工参数的选择,进而做出反馈设计,必要时可以变化施工步序或采取工程应急预案措施。但是由于岩土体是一个多相、非均质、各向异性的地质体,其固有性状的复杂性以及施工过程中的种种不确定因素,使得基坑的实际变形很难应用传统的数值方法计算得到,其变形量更表现出相当程度的随机性,为设计和施工带来很大的难度。而神经网络却可以抛弃土体的显性本构关系,将其蕴含于各神经元的权值和阈值之中,突破了传统岩土观念的瓶颈,为基坑的变形预测提供了一个新的方法。

因此,本研究针对某大桥的南锚碇特大型圆形深基坑工程,在系统进行施工监测的基础上,利用BP人工神经网络方法和模糊控制理论,对该基坑工程开展施工变形预测与控制研究,从现场监测的时间序列数据中寻找出蕴含于其中的基坑变形规律,从而利用先期的观测数据来预测其未来一个时段内随基坑土体开挖的变形发展动态,利用施工过程中的监测信息来预测可能引起的过量变形及由过量变形导致可能发生的失稳和破坏以及对周近长江防洪大堤安全的影响;并进而反馈于原设计,及时调整基坑施工参数,合理有效地采取应急对策与工程预案措施。

9.5.1 某悬索大桥锚碇深基坑工程概况

某悬索大桥总长10 km,桥长2 725 m,接线长7 275 m。其中,主桥为1 280 m单跨单孔双铰钢箱梁双塔悬索桥,双向六车道,桥面宽37.5 m,净宽33.0 m。南锚碇位于南岸防洪堤内,距防洪堤顶公路岸侧路缘168.5 m。南锚碇基础由地下连续墙、内衬、垫层、底板、填芯和顶板组成。如图9-19所示,南锚碇采用内径70.0 m、壁厚1.5 m的圆形地下连续墙作围护结构,底部嵌入弱风化砾岩1.0～2.5 m,底标高为－36.0～－39.0 m,总深度为54.5～60.5 m。圆形地下连续墙轴线直径为71.5 m,周长224.5 m。地下连续墙采用液压铣进行成槽施工,划分为50个槽段,Ⅰ期、Ⅱ期槽孔各25个,其中,Ⅰ期槽长6.7 m,分三铣成槽,Ⅱ期槽长2.8 m,一铣成槽。槽段连接采用铣接法。地下连续墙内侧面为环状内衬结构,内衬从上向下依次为:6.0 m深度内厚1.5 m,6.0～21.0 m深度内厚2.0 m,21.0～41.6 m深度内厚2.5 m。内衬顶标高为＋21.5 m(即帽梁顶标高)。基坑开挖至卵石(砾石)表面,标高为－20.0～－24.0 m,由垫层找平至－20.0 m。

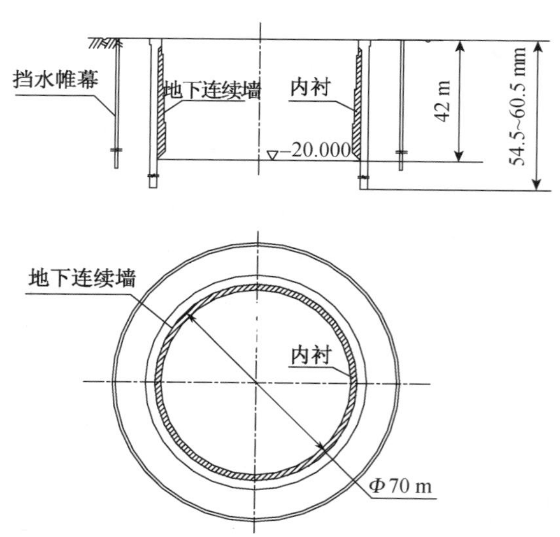

图9-19 某大桥南锚碇深基坑围护结构

为了加固基坑外侧土体，改善基坑受力条件，降低封水、排水风险和减少对长江防汛的影响，保证洪水期长江大堤的绝对安全，在地下连续墙外围设置挡水帷幕。该帷幕为壁厚0.8 m的自凝灰浆防渗墙，与圆形地下连续墙的净间距为 8.5 m，两墙在平面上呈同心圆环布置。外围挡水帷幕墙顶高程为 22.0 m，墙底进入强风化基岩 0.5～1.0 m，墙体平均深度 52.0 m。

9.5.2　工程地质条件

1）地质构造

南锚碇区覆盖层为厚 50.4～51.6 m 的第四系冲积亚黏土、淤泥质亚黏土、亚砂土、粉砂、细砂、含砾细中砂及圆砾，下伏砾岩。弱、微风化岩顶板高程为－30.3～－44.2 m，该层厚度较大，完整性较好。桥位区存在两条断裂带，F1 断裂带位于桩号 K80＋520，为正断层，走向 NW351°，倾向 SW261°，倾角 82°，在桥轴线方向上影响范围 15～20 m。另一条断层位于南锚碇以北，桩号为 K81＋850，倾角 75°，走向西北，规模较小，北距主跨 1 280 m 双塔单跨悬索桥南锚碇基础约 50 m。两条断层均为正断层，且为稳定断层。F2 断层对锚碇基础影响不大。

2）工程地质

南锚碇区域工程地质由第四系全新统冲积层、白垩-下第三系东湖群沉积岩、石灰系下统和洲组沉积岩、断层破碎带粗糜棱岩组成，该区工程地质柱状图见图 9-20。

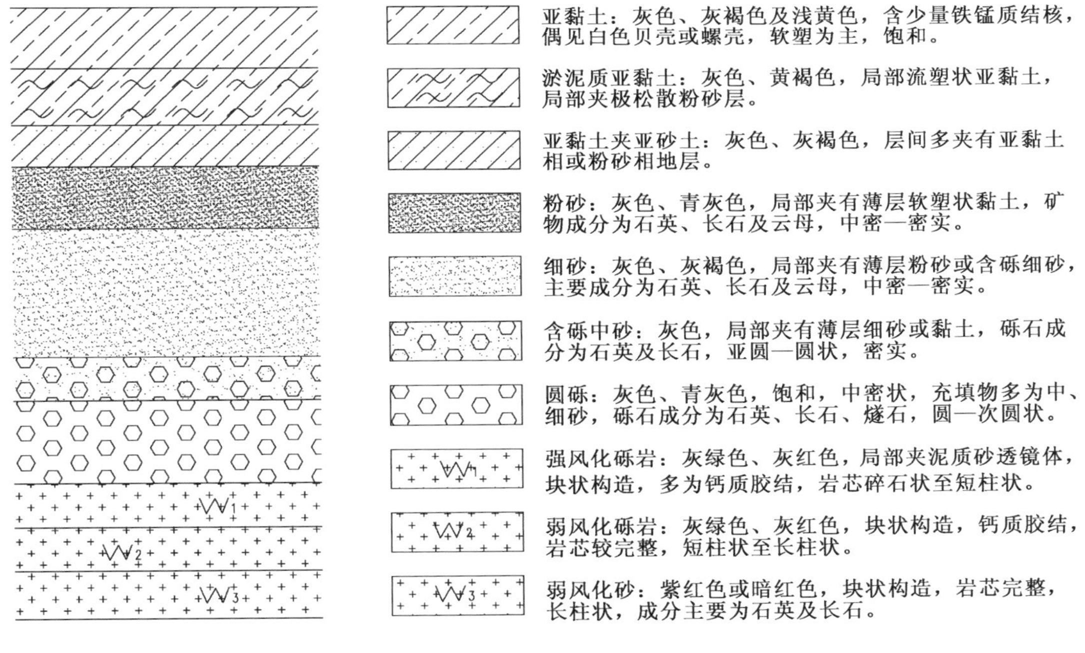

图 9-20　工程地质柱状图

（1）第四系全新统冲积层（Q_4^{al}）

① 亚黏性土层（2-2 层）：层厚 5.20～14.00 m，层底标高 7.20～16.29 m，该层在整个南锚碇区分布广泛，层位较连续。

② 淤泥质亚黏土层（2-3 层）：层厚 0～7.30 m，层底标高 8.27～13.49 m，该层在锚址区分布广泛，层位较连续。

③ 亚黏土夹亚砂土层（2-4 层）：层厚 0～9.40 m，层底标高－0.80～9.76 m，该层在锚址区分布广泛，相对较连续。

④ 粉砂层(2-5 层):层厚 0～17.80 m,层底标高 4.07～－9.05 m,该层与其下 2-6 层的细砂层多呈相变过渡。

⑤ 细砂层(2-6 层):层厚约 14.30～31.45 m 不等,层底标高－17.62～－25.03 m,该层层厚大,分布最广泛且连续,但该层与其上 2-5 层粉砂层界线呈模糊过渡。

⑥ 含砾中砂层(2-7 层):层厚 3.70～5.50 m,层底标高－25.31～－23.12 m,该层分布在南锚碇锚址区与长江大堤之间。

⑦ 圆砾层(2-8 层):分布于整个锚碇区,在锚址区层厚 4.60～10.40 m,层底标高－29.63～－28.59 m,分布广泛,层位稳定且连续。

(2) 白垩-下第三系东湖群沉积岩[(K－E)dn]

① 强风化泥质砾岩(5-1 层):该层位在锚址区分布广泛且连续,层厚 3.00～9.80 m,顶板标高即为碎石土层(2-8 层)的层底标高,底板标高－38.39～－32.43 m。

② 弱风化砾岩(5-2 层):该层在南锚碇锚址区广泛分布,厚度极大。

③ 弱风化砂岩(5-3 层):该层呈夹层状分布于弱风化砾岩、砾砂岩(5-2 层)中,层厚 5.30～7.80 m,顶板标高－50.83～－44.89 m,底板标高－58.63～－52.19 m,在锚址区中表现出从小桩号到大桩号方向层位逐渐抬升的特点。

(3) 石灰系下统河洲组沉积岩(C1h)

细砂岩(6-1 层):浅灰色、深灰色,具粉砂-细砂状结构,块状构造,主要成分为石英、方解石、长石、岩屑等,封闭裂隙较发育,隙间充填方解石脉。该层分布在锚碇区以南 90 m 以后地段,钻孔揭露为弱风化状,层面标高－54.97～－21.40 m,揭露最大厚度超过16.10 m。

(4) 断层破碎带粗糜棱岩

粗糜棱岩(7-1 层):灰、灰紫色,紫红色粗糜棱岩,母岩为灰岩、白云岩、含砾砂岩、砾岩等,受构造挤压(韧性剪切带)作用,岩体已经糜棱岩化,自上至下岩石胶结程度由松散逐渐过渡为较好,发育有较多闭合裂隙,隙间充填方解石脉,钻进过程中未发生漏浆现象,该岩层主要分布在 K81＋830—K81＋865 左右,离锚碇北缘约 60 m。

3) 水文地质

南锚碇区上部第四系覆盖层厚 51.30 m 左右,下伏基岩为白垩-下第三系东湖群沉积岩[(K-E)dn]、砾岩、含砾砂岩、砂岩。其中,覆盖层主要由黏性土和砂性土组成,黏性土厚 14.80 m,为相对隔水层,砂性土厚 37.50 m,为区内主要含水岩组,富水性强,水量丰富;下伏砾岩、含砂砾岩,砂岩岩质较好,完整性较好,为相对隔水层。

锚区内地下水含水岩组主要为松散岩类孔隙潜水含水岩组、松散岩类孔隙承压水含水岩组、碎屑岩类孔隙裂隙水含水岩组和弱透水非含水岩组。

(1) 松散岩类孔隙潜水含水岩组

其含水岩组为表层亚砂土及亚黏土,该类型地下水有统一自由水面,接受大气降水及地表水的垂直下渗补给,就近向低洼处排泄和越流排泄至下部孔隙承压水含水岩组,水量受降水量及地表排水量的调控,一般水量较小。其中亚砂土呈松散状,孔隙大,室内实验渗透系数 K＝0.43～0.87 m/d,为弱透水层,平均层厚 0.90 m。

(2) 松散岩类孔隙承压水含水岩组

其含水岩组为第四系全新统冲积的粉、细砂及圆砾(卵、砾石夹中细砂层),为南锚碇区的主要含水岩组,该类型地下水主要接受侧向径流的补给,与长江水具有密切的水力联系,呈互补互排关系。

① 粉、细砂含水岩组：分选好，粒度均一，泥质含量低，富水性强；在锚碇区的水平及垂直两个方向上均匀性较好，厚度较大，为强透水层，层面埋深 12.20～17.70 m，层面标高 3.99～9.47 m，平均厚度 31.90 m。

② 圆砾(卵、砾石夹中细砂层)含水岩组：分选性不好，粒度不均一，在水平及垂直两个方向上均匀性较差，以卵、砾石为主，不等量的充填中、细砂层，局部中细砂层厚度达 0.40 m，导致其富水性较纯卵、砾石层差，但较其上部粉、细砂层要好。在锚碇区分布不甚均匀，层面埋深 44.00～46.00 m，层面标高－25.03～－22.33 m，层厚 4.60～7.10 m，平均厚度 5.57 m。

(3) 碎屑岩类孔隙裂隙水含水岩组

其含水岩组为白垩-下第三系砾岩，在南锚碇区接受上部第四系孔隙承压水下渗补给及长江水的补给，与第四系孔隙承压水水力联系密切，具承压性。

砾岩、含砾砂岩含水层组分布在南锚碇下部，总体上岩质较硬，完整性较好，裂隙稍发育，为微透水—不透水层。该层组在锚碇区分布稳定，厚度大，层面埋深 51.00～51.30 m，层面标高－29.63～－29.23 m，最大揭露厚度 31.30 m。

(4) 弱透水非含水岩组

其含水岩组岩性为亚黏土，呈软塑状，局部间夹亚砂土薄层，使其具有水平渗透能力较垂直方向渗透能力强的特点，室内实验渗透系数 K＝0.14～0.15 m/d，为弱透水相对隔水层，其层面埋深 0.50～1.50 m，层面标高 20.27～21.12 m，层厚 11.70～16.50 m，平均厚度 13.65 m。

4) 工程地质及水文地质分析

(1)水文地质条件对锚碇超深基坑施工适宜性的评价

① 水文地质条件评价　南锚碇基坑为超深、大基坑，现地下水水位埋深部潜水为 0.40～0.60 m，下部承压水为 1.05～2.50 m，均高出锚碇底板几十米，基坑施工必须采取疏干措施。由于锚碇边界距长江武惠堤堤脚为 344 m，反推其水位降深为 9 m 左右，即在水位降深变至 9 m 的情况下，其影响半径已到长江堤脚。若降深加大，则影响半径外延至长江，得到长江水的“定头”补给，在这种情况下，加大降水量，水位降趋缓，难以满足锚碇基坑施工的要求。因此，采用单纯降水方案理论上是行不通的。

② 断层对锚碇的影响评价　南锚碇北侧 K81＋830—K81＋865 处发育一正断层，距锚碇边缘 60 m 左右，该层带内岩性受挤压破碎作用已糜棱岩化，根据现有的工作量判断该断层为非导水断层，但断层带及影响带裂隙较发育，而且与第四系孔隙承压水岩组之间无隔水层，因此断层带及其影响带裂隙中的地下水与第四系孔隙承压水的水力联系密切，基坑开挖后，断层带及影响带中裂隙水的静水压头有近 50 m，基坑设计过程中，必须考虑该断层及其影响带对基坑坑底和止水帷幕的影响。

(2) 基坑对长江大堤安全的影响评价

南锚碇基坑如采用大降深大流量群井降水，随着降水时间的延长，上部弱含水岩组(上部孔隙潜水含水岩组)垂直下渗越流补给强含水岩组(孔隙承压含水岩组)的补给量越大。这样，必将导致上部弱含水岩组孔隙水的疏干，在自身压力下将引起地面沉降，产生不良环境地质问题。在降深较大的长时间降水后必将诱发因沉降而造成的大堤开裂等不良影响。

(3) 减少超深基坑降水对环境负面影响的措施及建议

为减少基坑降水对环境的影响，基坑周围必须采取防渗止水措施，由于基坑深度大，地下水埋深浅，导致水压力大，根据该市深基坑止水的经验，采用单纯的深层搅拌、帷幕灌浆等防渗方法无法满足施工要求，设计采用距地下连续墙外侧约 10 m 处设自凝灰浆墙。

5）气象

该区处于华中地区亚热带气候区，主要具有大陆气象特色：温暖湿润，雨量充沛，光照时间长，光温水配合协调。其春季冷暖多变、阴雨绵绵；夏季酷热多雨；秋季气候干燥、天气凉爽；冬季气候寒冷干燥，一年四季分明。

据该地区气象资料，该区的年平均气温为16.3℃，最冷月份(1月)平均气温为2.8℃，极端最低气温为－17.3℃，最热月份(7月)平均气温为29.0℃，极端最高气温为42.2℃；年平均降雨量为1 271.0 mm，年最大降雨量为2 107.0 mm(1889年)，年最小降雨量为576.4 mm(1902年)，3—9月为雨季，其降雨量占全年的65%以上，每年10月至次年3月为干旱季节，降雨量小于蒸发量。本区冬季受寒潮影响，多为西北风，夏季多为南风，风向有明显的季节变化。历年平均风速为2.4 m/s，最大可达27.9 m/s，大于八级风的年平均天数为82 d，最多16 d，最少1 d。年平均雾日28.4 d，最多57 d，最少10 d。

6）工程主要施工特点和难点

(1) 该工程主要施工特点

① 南锚碇基础采用内径70 m、墙厚1.5 m、深60 m的地下连续墙作基坑开挖的围护结构，其内壁直径、墙体厚度、成槽深度在国内乃至国际上均较少见。

② 该工程工期紧，特别是必须确保基坑在2004年洪水期前实现基坑封底，对施工组织要求高。

③ 地下连续墙由两台型号为HF12000的液压铣槽机和一台型号为KL1500的机械抓斗等先进设备进行成槽施工，其槽段间采用锯齿状“铣接头”连接，接头可靠。

④ 基础支护结构——内衬采用逆作法由上而下施工。内衬施工和基坑开挖同步进行。

⑤ 基础开挖方量、顶底板、填芯混凝土浇筑总量及一次浇筑量均较大，施工组织要求较高、难度大。

⑥ 基础采用墙下灌浆帷幕、墙缝高压旋喷注浆处理、坑外自凝灰浆挡水帷幕、基坑内降水管井、砂砾渗井等层层措施，确保基坑开挖安全进行。

⑦ 由于支护结构力学机理的复杂性以及外界条件的多样性，采取严密的监测控制系统对基坑的运营情况及外界环境的影响变化实施监控。信息化手段施工、管理，确保基坑稳定安全。

⑧ 锚体混凝土大面积外观质量及超大体积混凝土内在质量要求高。

⑨ 锚体预应力系统定位精度要求高。

(2) 工程主要施工难点

① 南锚碇基础地基含有两条断裂层，且南锚碇距长江大堤较近，长江水渗透对南锚碇基坑围护结构影响较大，须采取层层措施，方能保证基坑的安全施工。

② 地连墙内径70 m、墙厚1.5 m、深60 m，施工工期仅3个月，施工组织要求高。

③ 基坑开挖规模较大，其垂直、水平运输以及开挖设备较多，平面交叉作业频繁，施工组织安排和安全施工的难度较大。

④ 内衬、顶底板、填芯及锚体均为大体积混凝土浇筑，其温控、防裂要求高。

⑤ 锚碇基础底部大深度混凝土浇筑，需保证混凝土的良好性能，采取合适的施工工艺。

⑥ 锚体后锚面伸入基础顶板中，顶板和锚体预应力施工难度增大。

⑦ 锚体的大面积外观质量和线型的高要求，需要采用可靠的模板体系和最优的混凝土配合比及浇筑工艺加以确保。

⑧ 必须采用可靠的定位系统进行锚体预应力系统的定位，确保其高精度要求。

7）地基工程地质性质

勘察中除对锚碇区岩土进行常规的物理力学试验外，还根据基坑设计的特殊要求对锚碇区第 2-3 层及 2-6 层组进行了静三轴剪切试验，通过试验获取了固结不排水条件下的总应力抗剪强度指标及有效应力抗剪强度指标，为查明场区抗力系数进行了扁铲侧胀实验。根据规范并结合武汉地区的勘察经验，获得的土层物理力学指标参见表 9-2 和表 9-3。

表 9-2 南锚碇覆盖层物理力学指标

层号及土名	重度 γ(kN/m^3)	总应力指标	
		c(kPa)	ϕ(°)
2-2 黏性土层	18.9	26.8	15.4
2-3 淤泥质土层	18.8	22.5	10
2-4 亚黏土夹亚砂土与粉砂层	19.0	26.0	15.0
2-5 粉砂层	19.0	0	33.5
2-6 细砂层	18.8	0	36.0
2-8 碎石层	23	—	—

表 9-3 基岩强度指标推荐值

岩石名称	重度 γ(kN/m^3)	岩石单轴极限压强 R_a(MPa)	容许承载力 $[\sigma_0]$(MPa)
全强风化砂岩、砾岩	21.5	0.31	980
弱风化砾岩	26.2	17.1	1 500
弱风化砂岩	24.7	7.8	1 000

9.5.3 神经网络预测模型的建立及其应用

在该大桥南锚碇基坑工程的变形预测研究中，应用 BP 人工神经网络方法和多步滚动预测思想，基于 Matlab 平台，编制了一套用于基坑变形预测的应用软件。运用这套软件，从基坑开挖开始至底板浇筑结束，对基坑的地下连续墙水平变形进行了超前预报，对圆形深大基坑的变形预测问题开展了研究。

1）预测模型的建立

(1) 输入层及输出层的设计

网络输入、输出层根据使用需要来设计。在本项研究中，欲对基坑地下连续墙的变形进行预测，因此输出层单元的输出项即为地下连续墙的水平位移。输入层的结构取决于影响地下连续墙变形的主要影响因素。对于该大桥南锚碇基坑地下连续墙变形，它的影响因素较多，包括围护结构的形式、基坑内外水土压力的变化情况、基坑开挖深度、施工顺序及地下连续墙的无支撑暴露时间等，这些影响因素同时作用于基坑系统。但由于施工的动态特性，其中一些因素参数的获得存在一定的难度，因此，以变形影响因素作为输入变量并不可行。而墙体变形蕴含了各因素与墙体变形的内在关系，综合反映了各因素对变形的影响，鉴于此，本章采用与墙体变形有关的串行控制变量，考虑用墙体变形的时间序列来进行预测分析，利用已有的地下连续墙变形监测资料，去预测今后一定时段内同一点位的墙体变形值；即：将前期墙体变形的监测值作为输入，以未来该点的变形作为输出。在该南锚碇基坑工程中，经反复试算、研究，最后确定(3+1)的输入、输出结构形式，即以墙体某一点过去三天的变形值来预测该点下一天的变形值。

(2) 隐含层数及隐含层单元数的选取

研究表明：一个具有 S 型单隐含层加上一个线性输出层的网络，能够逼近任何一切连续函数。虽然增加隐含层数可以提高网络的精度，但同时也使网络复杂化，会延长网络的学习时间，而依靠增加隐含层单元数同样可以提高网络的预测精度，因此一般情况下优先考虑依靠增加隐含层单元数来提高网络的预测能力。在该大桥南锚基坑工程中，就采用了具有单隐含层的网络模型。

对于隐含层单元的数量，若取得太少，网络精度低，容错性差；但隐含层单元数过多，又会导致网络的泛化能力降低，出现训练过度的情况，测试及预测误差反而增大。因此，隐含层单元数的选取是网络模型成败的关键。目前，关于隐含层单元数目的确定有几种方法，如金字塔法则，即当输入层和输出层结点数分别为 m 及 n 时，隐含层结点数可取为$\sqrt{mn}$；也有些采用$(2n+1)$个初始隐含层结点数的。对于该项工程的输入输出结构，隐含层结点数一般采用 510 个，针对不同的样本采用不同的数目，具体数目根据试算来确定。

(3) 训练样本数的确定

网络是靠对样本的学习来模拟输入、输出的内在关系，所以在训练网络时，训练数据应尽可能包含问题的全部特征，并且所有的输入变量应尽量相互独立而没有相关关系。为了使网络能学习到输入数据与输出数据间的一般特性而不是少量数据样本的一些不重要的特征，应采用大量的训练样本。网络所需样本数主要由两个因素决定：一是网络映射关系的复杂程度，二是数据中的噪声。为获得一定的映射精度，网络关系越复杂，要求提供的样本数量便越多；噪声越大，所需样本数也越多。

在处理上述该南锚碇基坑地下连续墙变形数据时，经反复试算、研究，最后选取预测时段前 40 d 左右的基坑地下连续墙变形监测数据作为训练样本和测试样本，网络训练好之后对同一点的墙体变形进行预测。

2) 多步滚动的构思

运用上面所述的 3 输入 1 输出形式的神经网络模型进行预测，属于短期单步跟踪预测，其预测精度相当高，主要用于跟踪控制基坑施工的稳定性。但由于其预测时步短，当预测结果接近、达到甚或超过变形警戒值、出现险情时，施工技术人员来不及采取措施以通过调整施工参数来控制基坑的变形，他们希望能更早了解基坑变形在未来一段时间内的变化趋势及变形量值，从而可根据变形情况来制定下一阶段的施工方案，达到变形控制的目的。为此，有必要对基坑变形进行多步预测，同时还需要保证预测结果的精度能满足工程的要求。

对基坑变形进行多步预测，有两种方法可以实现：一是采用多输入多输出的网络结构形式，一步可以预测出未来若干天的变形值；二是采用多输入单输出的网络结构形式，只提前一步的预测方法，分多步预测出未来各点的变形值。经分析研究，多输入多输出的网络结构形式预测效果不佳，误差较大。所以本项研究采用提前一步的预测方法，避免多输出产生较大误差，同时应用时间窗口滚动技术，实现基坑变形的多步预测，其结构示意图如图 9-21 所示。

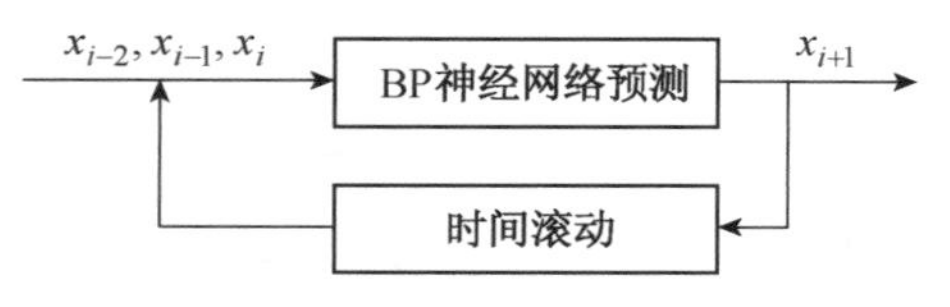

图 9-21　多步滚动预测结构示意图

多步滚动预测的具体过程如下：

(1) 对于 3 输入 1 输出的网络模型，首先利用前 3 天的变形值 x_1、x_2 及 x_3 经神经网络即可预测得到第 4 天的变形值 x_4；

(2) 将第 4 天的变形值 x_4 滚入到已知数据中，与 x_2 和 x_3 共同作为输入数据，再预测得到第 5 天的变形值 x_5；

(3) 再将第 5 天的预测变形值 x_5 滚入到已知数据中，即可继续预测第 6 天的变形值 x_6，如此循环下去，就可以预测得到未来若干天的基坑变形值。

9.5.4　锚碇基坑变形的智能预测

按照上述规则建成模型后，需对其进行训练和测试。网络经训练并测试达到要求以后，即可对基坑变形进行预测。值得注意的是，通过上述技术所获得的预测结果并不是唯一解，而是可行解，即同一预测模型可以有若干种预测结果，在这些预测结果中选取哪一组结果作为最后的预测结果，应根据已有的变形情况及施工工况按照经验来确定。

1) 预测内容及预测步长

自基坑开挖至底板施工结束，对 P01 孔墙体变形共进行了 5 次预测，对 P02—P04 孔的墙体变形共进行了 12 次智能滚动预测。参见图 9-22。

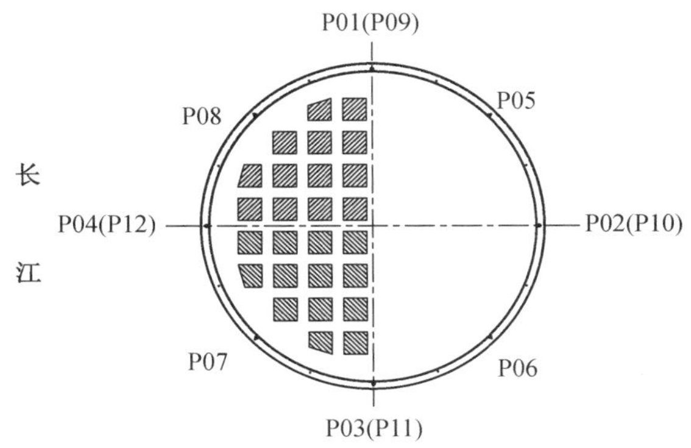

图 9-22　测斜孔布设示意图

由于 P01 孔变形的监测数据从 3 月 19 日起中断，后期无法对该孔变形进行预测，因此从第 06 次预测报告开始只对 P02，P03 和 P04 的变形进行预测，不再预测 P01 孔墙体的变形。进行第 01 次预测时，鉴于监测数据有限，学习样本数量相对较少，为保证预测精度，预测步长确定为 3 d，后来随着监测数据的增加，为了既保证预测精度，又能满足施工需要，经反复试算后，将预测步长定为 6 d，与基坑每层土体施工周期一致。

对 P01 孔、P03 孔及 P04 孔墙体始终选择了 2 个深度测点进行变形预测：变形最大点处和开挖面(或混凝土浇筑面)处。对 P02 孔第 01 次至第 07 次，也是选取墙体最大变形点处和开挖面处进行变形预测。到了后期，基坑最大变形点基本位于 P02 孔的32 m处，该孔变形代表了基坑最危险的状态，为了分析 P02 孔地连墙的变形发展情况及最大变形点位置的走势，从第 08 次变形预测开始，对 P02 孔整幅墙体的变形进行了多步滚动预测。

12 次变形滚动预测的预测点位置及预测时段如表 9-4 所示。

表 9-4　各次墙体变形预测的点位及预测时段

次数	预测点位				预测时段
	P01 孔	P02 孔	P03 孔	P04 孔	
第 01 次	2 m、16 m	20 m、30 m	6 m、16 m	6 m、20 m	2 月 16 日—2 月 18 日
第 02 次	2 m、18 m	26 m、18 m	6 m、18m	6 m、18 m	2 月 21 日—2 月 26 日
第 03 次	2 m、20 m	32 m、20 m	6 m、20 m	6 m、20 m	2 月 27 日—3 月 3 日
第 04 次	32 m、26 m	32 m、26 m	42 m、26 m	46 m、26 m	3 月 9 日—3 月 14 日
第 05 次	32 m、30 m	32 m、30 m	46 m、30 m	42 m、30 m	3 月 15 日—3 月 20 日
第 06 次	—	32 m、36 m	34 m、36 m	36 m、42 m	3 月 23 日—3 月 28 日
第 07 次	—	32 m、38 m	34 m、38 m	38 m、46 m	3 月 29 日—4 月 3 日
第 08 次	—	全墙	4 m、42 m	42 m、46 m	4 月 4 日—4 月 9 日
第 09 次	—	全墙	42 m、52 m	42 m、46 m	4 月 10 日—4 月 15 日
第 10 次	—	全墙	42 m、52 m	42 m、46 m	4 月 18 日—4 月 23 日
第 11 次	—	全墙	42 m、52 m	42 m、46 m	4 月 24 日—4 月 29 日
第 12 次	—	全墙	36 m、52 m	36 m、46 m	4 月 30 日—5 月 5 日

2）预测结果分析

从基坑开挖至底板浇筑完毕这段期间内进行的 12 次预测报告中，共包含预测结果 1 308个，有实测数据可供比较的预测结果共计 1 276 个。在这 1 276 个预测结果中，预测值与实测值的相对误差<10%的数据为 1 029 个，占预测总数的 80.6%，相对误差>10%的为 247 个，仅占 19.4%；绝对误差<1 mm 的有 1 001 个，占预测总数的 78.4%。从这些数字可以看出，地下连续墙的变形预测精度较高，误差基本控制在了许可范围之内，满足工程需要。

下面给出部分预测结果与实测变形的比较数字和比较曲线（图 9-23—图 9-27，表 9-5—表 9-8），从这些数字及曲线中亦可以看出预测精度是较高的，可以满足工程的需要。

表 9-5　第 02 次墙体变形预测值与实测值的比较分析

测　点	日期	预测值(mm)	实测值(mm)	绝对误差(mm)	相对误差	平均误差
P01-2 m	2 月 21 日	5.62	5.6	0.02	0.36%	7.85%
	2 月 22 日	5.63	5.3	0.33	6.23%	
	2 月 23 日	5.87	5.4	0.47	8.70%	
	2 月 24 日	6.06	5.5	0.56	10.18%	
	2 月 25 日	6.05	5.5	0.55	10.00%	
	2 月 26 日	6.14	5.5	0.64	11.64%	
P02-26 m	2 月 21 日	6.42	6.1	0.32	5.25%	−2.77%
	2 月 22 日	6.81	6.8	0.01	0.15%	
	2 月 23 日	6.86	6.8	0.06	0.88%	
	2 月 24 日	6.68	7.1	−0.42	−5.92%	
	2 月 25 日	6.67	7.0	−0.33	−4.71%	
	2 月 26 日	6.67	7.6	−0.93	−12.24%	
P03-6 m	2 月 21 日	8.97	9.1	−0.13	−1.43%	2.95%
	2 月 22 日	9.05	9.4	−0.35	−3.72%	
	2 月 23 日	9.16	8.9	0.26	2.92%	
	2 月 24 日	9.17	8.5	0.67	7.88%	
	2 月 25 日	9.2	8.6	0.60	6.98%	
	2 月 26 日	9.14	8.7	0.44	5.06%	
P04-6 m	2 月 21 日	8.06	8.3	−0.24	−2.89%	0.67%
	2 月 22 日	8.25	8.0	0.25	3.13%	
	2 月 23 日	8.1	8.2	−0.1	−1.22%	
	2 月 24 日	8.23	8.1	0.13	1.60%	
	2 月 25 日	8.16	7.9	0.26	3.29%	
	2 月 26 日	8.21	8.2	0.01	0.12%	

表 9-6　第 08 次 P02 孔变形预测值与实测值的比较分析　(mm)

深度(m)	4 月 4 日		4 月 5 日		4 月 6 日		4 月 7 日		4 月 8 日		4 月 9 日	
	预测	实测	预测	实测	预测	实测	预测	实测	预测	实测	预测	实测
0	6.00	6.0	6.21	6.0	5.99	6.0	6.01	6.0	6.01	6.0	6.00	6.0
2	7.72	7.5	7.76	7.5	7.89	7.6	7.79	7.8	7.85	7.6	7.81	7.1
4	10.00	9.8	10.03	10.0	10.16	9.6	10.05	10.0	10.11	10.0	10.07	9.4
6	12.75	12.5	12.58	12.8	12.72	11.8	12.81	12.4	12.74	12.6	12.68	11.7

（续表）

深度（m）	4月4日		4月5日		4月6日		4月7日		4月8日		4月9日	
	预测	实测	预测	实测	预测	实测	预测	实测	预测	实测	预测	实测
8	15.44	15.1	15.25	15.6	15.41	14.4	15.46	15.1	15.37	15.4	15.32	14.2
10	18.41	18.1	18.56	18.8	18.56	17.3	18.58	18.0	18.57	18.4	18.57	16.6
12	16.13	16.2	16.26	16.2	16.27	14.9	16.28	15.3	16.28	15.8	16.27	14.2
14	16.23	16.2	16.32	16.2	16.42	14.7	16.53	15.3	16.60	15.6	16.64	14.2
16	18.23	18.3	18.31	18.2	18.41	17.0	18.53	17.5	18.61	17.0	18.65	16.2
18	19.73	19.9	19.53	19.6	19.95	18.9	19.86	19.3	19.60	18.5	19.55	17.8
20	20.13	20.4	19.87	19.6	20.31	18.8	20.23	19.4	19.99	19.0	19.96	18.2
22	21.48	21.9	21.63	21.2	21.46	20.1	21.20	21.0	21.24	20.6	21.26	19.5
24	21.67	21.9	21.51	21.2	21.26	20.2	21.63	20.9	21.52	20.6	21.33	19.5
26	23.03	24.0	22.96	23.3	22.75	22.6	23.22	23.4	23.05	22.8	22.84	21.7
28	22.20	22.2	22.04	21.6	21.80	21.3	22.30	21.9	22.10	21.7	21.87	20.4
30	22.16	22.1	21.73	21.5	22.04	21.6	21.89	22.0	21.87	21.8	21.95	20.7
32	29.93	29.9	29.38	29.6	29.57	29.7	29.27	30.4	29.09	30.1	29.09	29.1
34	24.86	24.9	24.37	24.7	23.76	25.0	23.88	25.6	24.43	25.7	24.17	24.5
36	24.58	24.6	23.87	24.4	23.19	24.9	23.40	25.3	23.95	25.4	23.58	24.2
38	26.17	26.2	26.43	26.2	26.04	27.0	25.72	27.1	25.73	27.1	25.41	26.0
40	20.32	20.1	18.94	19.7	19.86	20.5	19.85	20.9	19.37	20.9	19.44	20.2
42	19.68	19.3	19.01	19.0	19.04	19.8	18.73	20.2	18.46	20.1	18.27	19.4
44	21.78	21.4	21.06	21.0	21.03	22.0	20.62	22.1	20.30	21.9	20.01	21.4
46	21.09	20.9	20.55	20.5	20.46	21.5	20.54	21.4	20.38	21.3	20.18	20.7
48	7.50	7.5	6.96	6.9	6.72	7.5	6.73	7.6	6.60	7.5	6.40	6.6
50	17.80	17.8	17.42	17.4	17.83	18.4	17.45	18.5	17.54	18.5	17.86	18.5
52	15.38	15.5	15.30	15.4	15.91	16.1	15.24	16.3	15.43	16.4	15.70	16.0
54	13.76	13.6	13.70	13.7	14.31	14.2	13.66	14.4	13.80	14.4	14.04	14.2
56	−2.17	−2.0	−1.71	−1.9	−2.03	−1.4	−1.81	−1.1	−1.95	−1.0	−1.86	−1.1
58	2.16	2.0	2.50	2.5	2.26	2.8	2.43	3.0	2.33	3.5	2.40	3.5
平均误差	0.79%		−0.21%		2.37%		0.42%		1.18%		5.06%	

表 9-7　第 08 次 P03 孔、P04 孔预测值和实测值的比较分析　　(mm)

测　点	日期	预测值	实测值	绝对误差	相对误差	平均误差
P03-4 m	4月4日	7.22	7.1	0.12	1.69%	6.08%
	4月5日	7.06	7.0	0.06	0.86%	
	4月6日	6.49	6.4	0.09	1.41%	
	4月7日	6.75	7.0	−0.25	−3.57%	
	4月8日	7.12	6.4	0.72	11.25%	
	4月9日	6.99	5.6	1.39	24.82%	
P04-46 m	4月4日	−13.00	−12.9	−0.1	0.78%	4.05%
	4月5日	−12.69	−12.9	0.21	−1.63%	
	4月6日	−12.75	−12.5	−0.25	2.00%	
	4月7日	−12.76	−12.6	−0.16	1.27%	
	4月8日	−12.52	−11.4	−1.12	9.82%	
	4月9日	−12.66	−11.3	−1.36	12.04%	

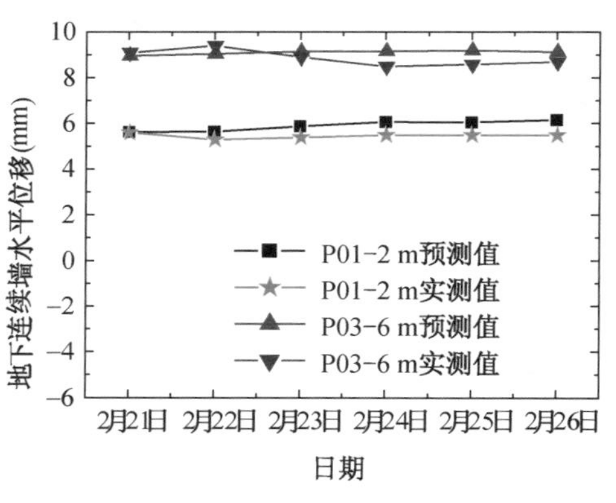

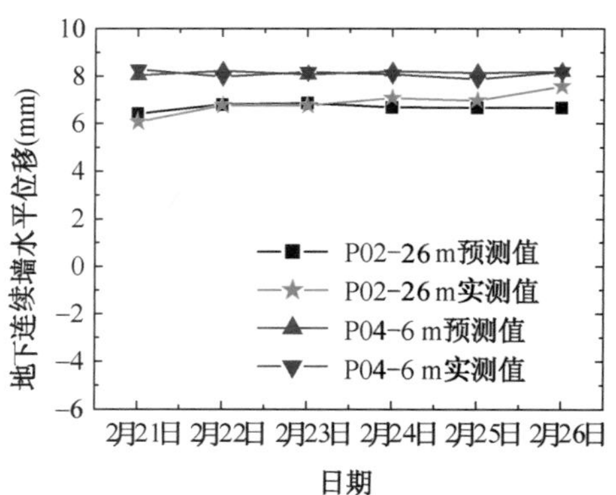

图 9-23　第 02 次墙体变形预测值与实测值的比较曲线

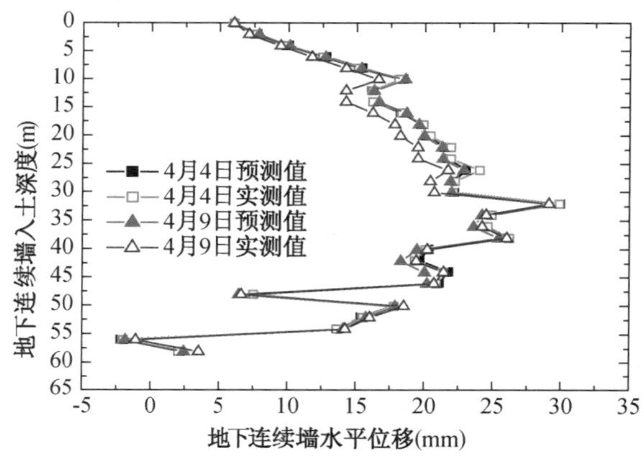

图 9-24　P02 孔墙体变形曲线

表 9-8　第 10 次 P02 孔墙体变形预测值与实测值的比较　(mm)

深度(m)	4 月 18 日		4 月 19 日		4 月 20 日		4 月 21 日		4 月 22 日		4 月 23 日	
	预测	实测	预测	实测	预测	实测	预测	实测	预测	实测	预测	实测
0	6.00	6.0	6.00	6.0	6.00	6.0	6.00	6.0	6.00	6.0	6.00	6.0
2	6.08	6.1	7.10	6.8	7.09	6.9	6.80	7.0	6.55	6.9	6.34	6.9
4	8.83	8.8	9.15	9.1	9.15	9.1	9.31	9.6	9.17	9.2	9.03	9.5
6	11.28	11.6	11.10	11.4	11.91	11.5	11.27	11.8	11.75	11.5	11.42	11.9
8	13.38	13.6	13.19	13.6	14.05	14.0	14.25	14.3	14.82	13.8	15.42	14.1
10	16.31	16.5	16.82	16.2	17.08	16.5	16.46	16.6	16.75	16.4	16.83	16.7
12	12.23	12.7	13.59	13.4	14.11	14.1	14.37	14.4	14.31	14.0	14.40	14.5
14	12.11	12.1	13.23	13.3	13.59	14.0	14.43	14.1	14.57	13.8	14.81	14.4
16	14.37	14.2	15.27	15.4	16.23	16.3	17.00	16.1	17.50	16.0	17.70	16.4
18	15.90	15.7	16.60	16.5	17.58	17.6	17.65	17.2	17.99	17.3	18.42	17.9
20	15.80	15.4	16.96	16.8	18.16	18.0	19.18	17.6	19.75	17.7	20.14	18.3
22	16.94	17.1	17.86	18.2	18.85	19.3	18.87	18.9	19.27	18.9	19.05	19.5
24	17.05	6.7	18.35	18.1	19.45	19.2	19.38	18.9	20.00	19.1	20.55	19.5
26	19.68	19.5	20.56	20.4	21.77	21.5	20.91	21.6	21.46	21.9	21.68	22.4
28	17.36	17.2	18.78	18.5	19.75	19.7	19.28	19.8	19.75	20.2	20.03	20.5
30	16.42	16.9	18.36	18.6	19.74	19.7	20.19	19.9	20.31	20.5	20.23	20.8

（续表）

深度（m）	4 月 18 日		4 月 19 日		4 月 20 日		4 月 21 日		4 月 22 日		4 月 23 日	
	预测	实测	预测	实测	预测	实测	预测	实测	预测	实测	预测	实测
32	26.25	26.6	27.18	27.7	27.97	28.3	28.85	28.8	28.97	29.3	28.80	29.5
34	21.84	21.8	22.44	23.2	23.05	23.8	24.69	24.3	24.31	24.7	24.32	24.9
36	21.70	21.9	22.98	22.9	23.15	23.4	23.52	24.3	23.58	24.4	23.88	24.6
38	24.05	23.7	24.76	24.8	25.29	25.3	26.15	26.1	25.48	26.1	25.44	26.4
40	16.11	16.5	18.35	18.4	18.88	19.2	19.34	19.9	19.46	19.5	19.76	20.1
42	16.25	15.8	17.16	17.3	18.16	18.1	18.96	18.8	19.84	18.5	20.49	19.2
44	17.86	17.6	19.46	19.4	19.70	20.0	20.79	20.7	21.47	20.5	21.87	21.1
46	16.93	16.9	18.77	18.7	19.16	19.2	19.14	19.9	19.09	19.7	19.30	20.2
48	3.15	2.9	4.17	4.3	4.86	4.6	5.48	5.3	5.42	5.2	5.66	5.7
50	15.36	15.3	15.94	16.3	16.73	16.7	17.61	17.4	17.75	17.3	17.34	18.0
52	13.78	13.9	14.67	14.9	15.34	15.2	15.03	16.0	15.18	15.8	15.34	16.5
54	11.86	11.9	12.75	12.8	13.27	13.1	12.97	14.0	13.08	13.6	13.26	14.4
56	−1.90	−1.8	−1.51	−1.5	−1.23	−1.2	−0.42	−0.4	0.21	−0.4	0.88	0.6
58	4.17	4.0	4.19	4.0	4.20	4.1	4.18	4.6	4.18	4.6	4.18	5.1
平均误差	0.51%		−0.06%		0.45%		−0.46%		−4.06%		0.44%	

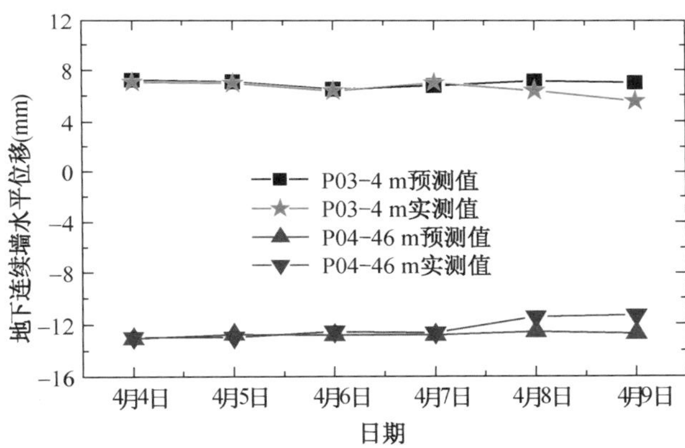

图 9-25　P03 孔、P04 孔墙体变形预测值与实测值的比较曲线

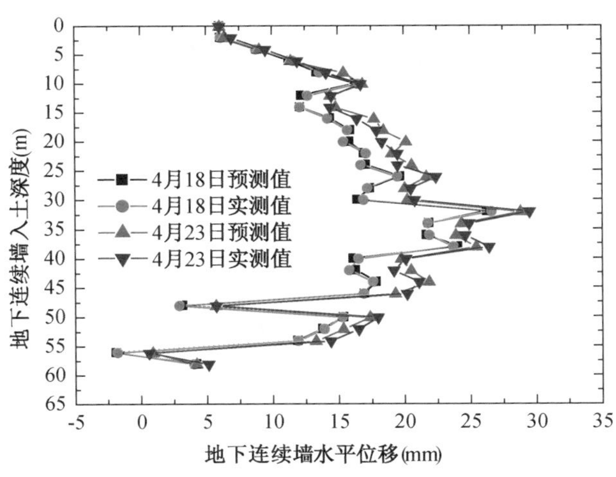

图 9-26　第 10 次 P02 孔墙体变形曲线

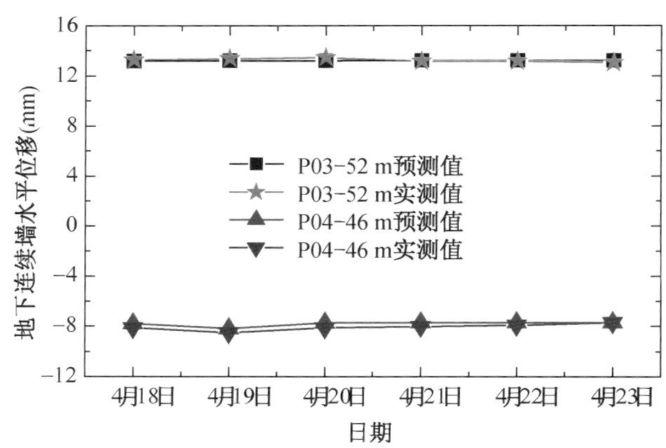

图 9-27　第 10 次 P03 孔、P04 孔墙体变形预测值与实测值的比较

9.5.5　锚碇基坑变形的控制研究

关于土建工程施工控制的概念，国内对地下工程施工环境控制的研究始于 20 世纪 90 年代，主要是围绕东部沿海城市深基坑开挖引起土工公害的环境效应而展开的，经历了强度控制、变形控制和系统控制三个阶段。目前，除强度控制理论已较成熟外，变形控制和系统控制还处于发展阶段。

现今，变形控制理论已逐渐取代传统的强度控制理论，并成为当前该领域研究的热点问题。目前已掌握的基坑变形控制手段有预注浆、跟踪注浆及工后注浆。预注浆是在基坑开挖前对基坑周围土体进行注浆处理，以改良土性，达到控制变形的目的。跟踪注浆是在基坑开挖过程中，当发现某处地层位移过大出现危险情况时，立即对危险地段注浆，加固土体，以控制基础变形。工后注浆一般是在施工结束之后，由于土体的流变特性，变形仍会继续发展，此时可以通过工后注浆以阻止土体变形的进一步发展。这三种控制方法都属于施工中的变形被动控制，需要花费巨额注浆费用，而且要延长或耽搁工期。为此，孙钧院士和袁金荣等提出了另一种控制策略——对基坑变形实行主动控制，即从岩土工程的时空效应理论出发，通过调整影响基坑变形的施工参数从而减小基坑的无支撑暴露时间和空间来达到控制基坑变形的目的。这种控制方法与基坑变形的超前预报相结合，当预测得到的未来几天的基坑变形值接近、达到甚或超过已制定的警戒阈值时，就可以事先调整施工参数，以减小基坑变形的发展趋势，从而达到控制基坑变形的目的。

1）主要施工参数对基坑变形的递阶分析

（1）基坑变形的影响因素

在该大桥南锚碇基坑工程中，影响其稳定和环境变形的因素很多，大致可分为以下三大类：

① 环境地质条件：在基坑形状、平面尺寸及开挖深度确定的情况下，基坑及其周围土体的各种物理力学指标对基坑变形有着显著的影响，此外该南锚碇基坑邻近长江，其水位情况对基坑变形也影响很大。

② 基坑围护结构的特性参数：包括围护结构的类型、支撑类型、桩墙入土深度及桩墙材料等，具体在该工程中体现为地下连续墙的入土深度、厚度、内衬高度及内衬厚度等。

③ 施工技术条件：主要是指施工参数、施工速度和施工技术措施等。施工参数主要包

括基坑开挖的分层厚度和采用岛式开挖法的周边挖土宽度等。

此外，气候原因对基坑变形也有一定的影响。当气温变化较大或有较大降雨发生时，其对基坑围护结构的内力会产生较大影响，进而影响到基坑的变形。

在基坑开挖过程中，上述各变形影响因素同时作用于基坑系统。为了控制基坑的变形，需要辨别这些因素对基坑变形影响程度的大小，以便为调整施工参数提供依据。由于岩土介质的复杂性及其本构关系的模糊性、离散性及随机性等，使得施工参数与基坑变形之间不存在显式的映射关系，是个"灰色"系统。因此，应用传统的数值方法确定施工参数对基坑变形的影响程度比较困难，而应用灰色系统理论的关联度分析方法，就可以根据因素之间发展态势的相似或相异程度，来衡量各施工参数对基坑变形的关联程度。

基于上述思想，下面运用灰色关联理论对其中主要施工参数进行递阶分析，为该大桥南锚碇基坑工程施工工艺参数的调整进而实现基坑变形控制提供理论依据。

(2) 灰色关联分析的基本原理

灰色关联分析法是研究事物之间、因素之间关联性的一种因素分析方法，它通过对几种曲线几何关系的比较来分析系统中多因素间的关联程度，曲线越接近，则因素发展变化态势越接近，相应序列之间的关联程度就越大，反之就越小。描述这种因素之间关联程度的参数有关联系数 $\xi_i(k)$ 和关联度 r_i。关联系数 $\xi_i(k)$ 是第 k 个时刻比较数列 x_i 与参考数列 x_0 的相对差值。但关联系数很多，信息过于分散，不便于比较，为此需要将各个时刻关联系数集中为一个值，求平均值便是作这种信息集中处理的一种方法。这个平均值即为关联度。关联度 r_i 越大，表示比较数列 x_i 对参考数列 x_0 的依赖性越强，两者之间的关联程度就越大、关系就越密切。

(3) 灰色关联度的计算方法

关联度的计算主要包括三个步骤：①将数列无量纲化；②求关联系数；③求关联度。

① 数列无量纲化　当各数列量纲不相同时，需要将其无量纲化，常用的方法有初值化和均值化。初值化是指所有数据均用第1个数据除，然后得到一个新的数列，这个新的数列即是各不同时刻的值相对于第一个时刻的值的百分比；而均值化处理则是用平均值去除所有数据，以得到一个占平均值百分比为多少的数列。

② 求关联系数　对于一个参考数列 x_0 和若干个比较数列 $x_1, x_2, \cdots, x_n$，关联系数 $\xi_i(k)$ 的表达式如下：

$$\xi_i(k)=\frac{\min\limits_i \min\limits_k |x_0(k)-x_i(k)|+\zeta \max\limits_i \max\limits_k |x_0(k)-x_i(k)|}{|x_0(k)-x_i(k)|+\zeta \max\limits_i \max\limits_k |x_0(k)-x_i(k)|} \tag{9-34}$$

式中，ζ 是分辨系数，在0与1之间选取，通常取为0.5；$\min\limits_i \min\limits_k |x_0(k)-x_i(k)|$ 是两个层次的最小差；第一层次最小差 $\Delta_i(\min)=\min\limits_k |x_0(k)-x_i(k)|$，是指在绝对差 $|x_0(k)-x_i(k)|$ 中按不同 k 值挑选其中最小者；第二个层次最小差 $\min\limits_i(\Delta_i(\min))=\min\limits_i(\min\limits_k |x_0(k)-x_i(k)|)$ 是在 $\Delta_1(\min)$，$\Delta_2(\min)$，…，$\Delta_n(\min)$ 中挑选其中最小者；同理定义两个层次的最大差 $\max\limits_i \max\limits_k |x_0(k)-x_i(k)|$。

③ 求关联度　得到关联系数后，可以用下式求出比较数列 x_i 对参考数列 x_0 的关联度 r_i：

$$r_i=\frac{1}{N}\sum_{k=1}^{N}\xi_i(k) \tag{9-35}$$

（4）主要施工参数对基坑变形的递阶分析

从上述分析可见，在那些变形影响因素中，有些是不可改变的，如土体的物理性质、天气状况等；有些参数在设计方案确定之后也是无法更改的，如基坑形状、尺寸、地下连续墙的入土深度、厚度以及围护结构的类型等；而有些参数按照信息化施工的理念是可依据施工变形的实际情况进行调整的，如基坑开挖的分层厚度、内衬厚度及采用岛式开挖时周边的挖土宽度等。

下面就运用灰色关联理论对可以改变的参数，如内衬厚度 B、分层厚度 H 和周边挖土宽度 L 进行递阶分析，研究它们对基坑变形的影响程度，以当需要控制基坑变形时，为其提供理论依据。基坑的平面图及剖面图如图 9-28 所示。

首先，运用有限元方法生成参考数列和比较数列。根据该大桥南锚碇圆形基坑的实际施工情况，选择了 5 种计算方案，这 5 种方案中包含 3 种内衬厚度 B(1.5 m，2.0 m 和 2.5 m)、2 种分层厚度 H(3 m 和 5 m)和 2 种周边挖土宽度 L(6 m 和 10 m)，计算各方案下地下连续墙的最大水平位移。各方案的具体参数组合及计算得到的地下连续墙最大水平位移如表 9-9 所示。

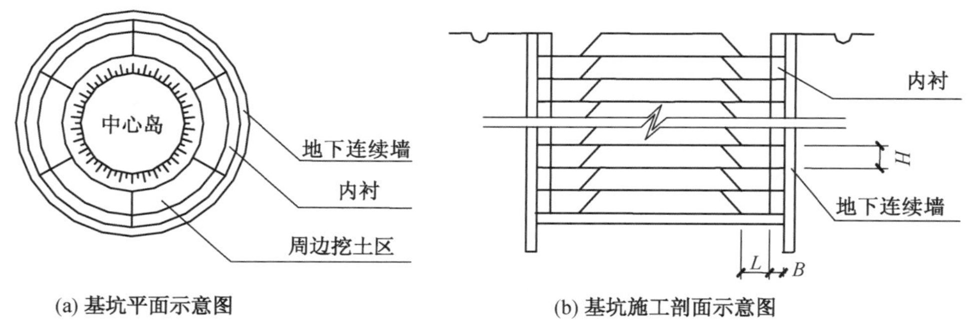

(a) 基坑平面示意图　　(b) 基坑施工剖面示意图

图 9-28　某大桥南锚碇基坑施工示意图

表 9-9　各方案的施工参数及地连墙最大变形

方案	内衬厚度 B(m)	周边挖土宽度 L(m)	分层厚度 H(m)	地下连续墙最大水平位移(cm)
1	1.5	6	3	6.17
2	2.0	6	3	5.85
3	2.5	6	3	5.62
4	1.5	10	3	6.78
5	1.5	6	5	7.04

由于表 9-10 中各数列量纲不同，需对其进行无量纲化，此处采用初值化方法，得到的初值化后的数列，如表 9-10 所示。

表 9-10　初值化后的施工参数及地下连续墙最大变形

方案	地下连续墙最大变形	内衬厚度 B	周边挖土宽度 L	分层厚度 H
1	1	1	1	1
2	0.948	1.333	1	1
3	0.911	1.667	1	1
4	1.099	1	1.667	1
5	1.141	1	1	1.667

以初值化后的地下连续墙最大变形为参考数列。内衬厚度 B、周边挖土宽度 L 和分层

厚度 H 分别为比较数列 x_1，x_2 和 x_3。由式 $\Delta_i = |x_0(k) - x_i(k)|$ 求差序列，得到各个时刻 x_i 与 x_0 的绝对差，如表 9-11 所列。然后，根据式(9-34)求出各数列在各方案的灰色关联系数，见表 9-12(分辨系数 ζ 取为 0.5)。

最后，将表 9-12 中的数据代入式(9-35)，求出各比较数列的关联度为：

$r_1 = 0.669\ 9$(基坑内衬厚度 B 对地下连续墙变形的关联度)；

$r_2 = 0.763\ 3$(周边挖土宽度 L 对地下连续墙变形的关联度)；

$r_3 = 0.779\ 9$(基坑分层厚度 H 对地下连续墙变形的关联度)。

表 9-11　绝对差序列表

方　案	Δ_1	Δ_2	Δ_3
1	0	0	0
2	0.385 2	0.051 9	0.051 9
3	0.755 8	0.089 1	0.089 1
4	0.098 9	0.567 8	0.098 9
5	0.141 0	0.141 0	0.525 7

表 9-12　关联系数表

方　案	$\xi_1(k)$	$\xi_2(k)$	$\xi_3(k)$
1	1	1	1
2	0.495 2	0.879 3	0.879 3
3	0.333 3	0.809 1	0.809 1
4	0.792 6	0.399 6	0.792 6
5	0.728 3	0.728 3	0.418 2

r_1，r_2 和 r_3 均大于 0.5，可见基坑内衬厚度 B、周边挖土宽度 L 及基坑分层厚度 H 对地下连续墙的变形都有显著影响，这三者与地下连续墙的变形是紧密相关的。比较 r_1，r_2 和 r_3，可以看出 $r_3 > r_2 > r_1$，分层厚度对地下连续墙变形的关联度最大，则分层厚度 H 与地下连续墙的变形关系最为密切，墙体变形对 H 最为敏感。r_2 略小于 r_3，基坑周边挖土宽度 L 对地下连续墙变形的影响仅次于基坑分层厚度 H，可见地下连续墙变形与周边挖土宽度 L 也是密切相关的。在这三个参数中，基坑内衬厚度 B 对地下连续墙变形的关联度最小，则内衬厚度 B 对地下连续墙变形的影响相对最小。

此外，比较方案 1、方案 2、方案 3，可以发现：当分层厚度 H 和挖土宽度 L 不变时，地下连续墙的变形随内衬厚度 B 的增大而减小(表 9-9)，可见地下连续墙变形与内衬厚度是负相关的。再看方案 1 和方案 4，二者内衬厚度 B 和分层厚度 H 相同，方案 4 的周边挖土宽度比方案 1 的大，而方案 4 的地下连续墙最大变形也比方案 1 的大，因此地下连续墙变形与周边挖土宽度 L 是正相关的。在方案 1 和方案 5 中，分层厚度不同，其他两个施工参数值完全相同，方案 1 的分层厚度为 3 m，方案 5 的分层厚度为 5 m，而方案 1 的地下连续墙最大变形为 6.17 cm，方案 5 的地下连续墙最大变形为 7.04 cm，由此可见，地下连续墙水平位移与分层厚度也是正相关的。

由上面分析可以看出，内衬厚度增加，是从支护结构刚度上增加稳定系数，从而减小地下连续墙体的水平位移；而减小基坑的分层厚度和周边挖土宽度是缩短基坑无支撑暴露的空间和时间，从而减小地下连续墙体的水平位移，这与基坑工程中时空效应理论是完全一致的。

由计算结果可知，减小分层厚度 H 或周边挖土宽度 L 对减小基坑挡墙变形比增加内衬厚度 B 更为有效，并且无需增加混凝土的使用量，从而能节省大量资金。因此，当需要对施工参数进行调整以减小地下连续墙变形时，可以首先考虑改变基坑的分层厚度 H 或周边挖土宽度 L。

2）基坑变形的模糊控制

当预测得到的基坑变形值接近、达到甚或超过变形警戒值时，则需要采取有效措施对这种将要发生的过大变形进行控制。如前所述，在本项研究中，摒弃“跟踪注浆”这种被动控制的方法，采取主动控制，按照上节基坑变形影响因素递阶分析的结果，编制模糊控制器，根据该控制器的指令调整部分施工参数，来达到控制基坑变形的目的。

由于该基坑变形自始至终其变形都很小（最大变形只有 3.08 cm），远没有达到事先设定的变形警戒值（4.2 cm），无需进行变形控制，因此，施工中未对基坑进行变形控制。

9.6 城市地道工程管幕-箱涵顶进施工变形的智能预测研究

9.6.1 工程概况

立交工程是城市的重要组成部分，它对改善交通拥挤状况，缓解中心城区交通压力，分流各环线业已饱和的交通流量具有重要意义。某城市下立交项目以马路北侧为起点，至另一马路的南侧为终点，线路全长 1 697.217 m。工程地处的整个地区环境特殊，文明施工要求很高。该工程拟建双向八车道下立交，施工方法为管幕法（工作井段）及明挖法，最大埋深约达 18.0 m。其中，穿越路段采用了目前国际先进的非开挖技术——管幕法施工。此施工方法在国内首次使用，其规模和难度世界罕见。管幕段长 125.00 m，结构宽度 36.23 m，高 9.97 m，内净宽 32.00 m，净高 5.15 m。该工程将开创我国使用全暗挖技术建造大断面地下空间的先河，为今后解决大都市地下过街道、地铁车站、立体交叉道路和地下停车场等建设中的技术难题积累经验。

管幕法是一种新型的地下工程暗挖技术，是在小型管幕的基础上构筑大跨度、大断面地下工程的施工方法。它以单管顶进为基础，各单管间依靠锁口在钢管侧面相接形成管排，并在锁口空隙注入止水剂以达到止水要求，管排顶进完成后，形成管幕。一般情况下通过对管幕内土体进行加固处理，随后在内部边开挖边支撑，直至管幕段开挖贯通，再浇注结构体。根据内部结构断面形状及土质，管幕可以为各种形状，包括半圆形、圆形、门字形、口字形等。管幕由相对刚性的钢管形成临时挡土结构，减少开挖时对邻近土体的扰动并相应减少周围土体的变形，达到开挖时不影响地面活动，并维持上部建（构）筑物与管线正常使用功能的目的。

管幕工法作为利用小口径顶管机建造大断面地下空间的施工技术，国外已有近 20 年的发展历程，在日本、美国、新加坡和中国台湾等应用于穿越道路、铁路、结构物、机场等，都取得了不错的效果，积累了一定的施工经验。总的来说，该工法主要具有以下优点：①施工时无噪声和震动，不必降低地下水和大范围开挖，不影响道路等地面及浅层地下公共设施的正常使用，并可有效地控制地面沉降及其对周围环境的影响；②可适用于填土、砂土、黏土、岩层等各种地层，在软土地层更具有明显的优越性。同时该工法由于其本身的施工特点，也有其某些方面的缺陷：①使用小型顶管机进行施工，要求顶管机具有较高的顶进精度和顶进速度；②埋入的钢管幕不能回收，建设成本相对较高。故对于穿越铁路、机场联络通道、高速公路，穿越繁忙的街道、建筑密集或者环境保护要求严格的大跨度、大断面地下通道等特殊条件下的地下工程施工，管幕工法相对其他工法具有一定的优势。

在我国，目前尚未见有相关工程的实例报道。

1）场地的工程地质条件

某城市地处长江三角洲，地表层主要由填土、淤泥、淤泥质黏土、亚砂土组成，饱和含水。施工场地位于该市西郊，属于典型的软土地基。

（1）场地地形、地貌和地面标高

场地地貌类型属滨海平原。拟建场区多为道路及两侧人行道，周围有较多的多层建筑，地势平坦。经实测各勘探点的高程为 3.59～4.34 m，高差 0.75 m。

（2）场地地基土层特征

经勘察，场区 50.5 m 深度范围内，按成因类型、土层结构及其性状特征可划分为 7 层。各土层的土性描述与特征详见表 9-13。

表 9-13　地基土的埋藏分布特性

层序	土层名称	层底标高(m)	层厚(m)	层底埋深(m)	土层描述
①	人工填土	3.03～1.62	0.70～2.10	0.70～2.10	均有分布，上部含碎砖、石块、垃圾植物根茎等，下部以素填土为主
②	褐黄色黏土	1.21～0.53	1.20～2.70	2.70～4.20	均有分布，可塑，尚均匀，含铁锰质结核及氧化铁锈斑，下部呈灰黄色，中压缩性
③	灰色淤泥质粉质黏土	−4.58～−1.85	2.10～4.90	6.00～8.40	均有分布，流塑，欠均匀，夹有薄层粉砂及团状粉砂，含云母及有机质，局部为淤泥质黏土，高压缩性
④	灰色淤泥质黏土	−12.23～−10.35	6.10～9.50	14.50～16.50	均有分布，流塑，尚均匀，夹极少量薄层粉砂或团状粉砂，具有水平层理，层底贝壳碎屑，局部为淤泥质粉质黏土，高压缩性
$⑤_1$	灰色黏土	−19.34～−14.85	3.00～8.50	19.00～23.50	均有分布，流塑—软塑，欠均匀，夹极薄层粉砂，含少量云母及贝壳碎屑，局部为淤泥质粉质黏土，高压缩性
$⑤_2$	灰色粉砂	−33.68～−22.95	6.80～18.00	27.00～37.50	均布，饱和，稍密—中密，欠均匀，夹少量薄层黏性土及砂质粉土，含少量云母及贝壳碎屑，局部夹较厚黏性土，中压缩性
$⑤_3$	灰色粉质黏土	−44.27～−33.03	7.30～19.00	37.00～47.50	均布，软塑—可塑，欠均匀，含少量云母及贝壳碎屑，夹少量薄层粉性土，局部砂性较重，高压缩性—中压缩性
$⑤_4$	灰绿色黏土	−40.94	2.60	44.70	仅 HG2 孔揭示，可塑性—硬塑性，均匀，含少量氧化铁及铁锰质斑点，中压缩性
⑦	灰色粉砂	−44.72～−36.46	10.00～11.00	40.00～50.50	局部孔揭示，饱和，中密—密实，尚均匀，含少量云母及贝壳碎屑，夹少量薄层黏性土，局部为砂质粉土，中压缩性
⑧	灰色黏土	未穿	未穿	未穿	均布，软塑—可塑，尚均匀，含少量云母及腐殖质，夹少量薄层粉性土，高压缩性—中压缩性

（3）场地地基土的物理力学性质指标

地基土的物理力学性质指标见表 9-14。

表 9-14　场地地基土的物理力学性质指标

层序	土层名称	层厚(m)	含水量 ω(%)	湿重度 ρ (kN/m³)	压缩系数 ($a_{v0.1-0.2}$) (MPa⁻¹)	侧压力系数(K_0)	压缩模量 $E_{s0.1-0.2}$ (MPa)	固快强度峰值		三轴 UU 试验		无侧限抗压强度		
								C(kPa)	ϕ(°)	C_u (kPa)	ϕ_u(°)	原状土 q_u(kPa)	扰动土 q'_u	灵敏度 S_t (kPa)
①	人工填土	0.70～2.10	—	—	—	—	—	—	—	—	—	—	—	—
②	褐黄色黏土	1.20～2.70	35.3	18.2	0.46	—	4.45	21.6	14.5	—	—	—	—	—
③	灰色淤泥质粉质黏土	2.10～4.90	45.6	17.3	0.96	0.59	2.36	14.4	13.0	—	—	30.7	—	—
④	灰色淤泥质黏土	6.10～9.50	48.1	16.9	1.15	0.63	1.97	14.0	10.5	26.0	0.0	40.2	6.10	7.15
⑤$_1$	灰色黏土	3.00～8.50	43.0	17.3	0.82	0.56	2.68	15.7	11.5	35.0	0.0	55.7	8.40	6.63
⑤$_2$	灰色黏砂	6.80～18.00	30.0	18.2	0.17	—	12.34	3.9	28.5	—	—	—	—	—
⑤$_3$	灰色粉质黏土	7.30～19.00	34.4	17.8	0.44	—	4.54	18.5	17.5	66.5	0.0	137.6	—	—
⑤$_4$	灰绿色黏土	2.60	25.2	19.3	0.28	—	6.09	35.0	17.0	—	—	—	—	—
⑦	灰色黏砂	10.00～11.00	29.1	18.2	0.23	—	8.35	4.4	29.0	—	—	—	—	—
⑧	灰色黏土	未穿	36.1	17.8	0.48	—	4.26	24.8	14.5	57.0	0.0	132.9	—	—

(4) 地震液化与液化等级的类别

工程沿线 15.0 m 深度范围内未发现饱和砂土、砂质粉土层，不存在液化问题。

(5) 地震基本烈度、场地类别与地基土分类

按《建筑抗震设计规程》(DGJ 08—92)有关规定，该场地属 IV 类场地，软弱地基土，地震基本烈度为 7 度。

(6) 水文地质条件

① 潜水　该场地浅部土层地下水属潜水类型，补给来源主要为大气降水与地表径流，水位动态为气象型。地下水埋深 0.50 m，地下水对混凝土无腐蚀性。

② 微承压水　该场地微承压水分布于⑤$_2$ 层中。⑤$_2$ 层粉细砂为微承压含水层，其层顶埋深为 19.00～23.50 m。

③ 承压水　承压水分布于⑦层中，为该地区第一承压含水层。

(7) 不良地质现象

① 未见暗浜填土。个别钻孔发现有少量沼气从孔口溢出现象。

② 该场区沿线 18 m 以上未揭示有砂质粉土、粉砂，不会发生流砂现象。

2) 管幕工程的主要施工特点

该工程管幕法箱涵推进施工是我国非开挖施工单位结合国外相近的管幕施工经验、以超大断面箱涵顶进替代管幕内隧道开挖支撑的新工艺，即在国内首次采用钢管幕围护、钢筋混凝土箱涵推进的施工方案。管幕法工艺是先在地下通道南北端各建 1 座大型工作井，南工作井宽 38.9 m、长 22 m、深 17.251 m，北工作井宽 39.4 m、长 23 m、深 16.426 m。工作井建成后，在工作井内用 ϕ970 泥水平衡掘进机，通过采用激光导向与计算机遥控操作，将 80 根(每根总长度 125 m)ϕ970 带有锁口的钢管向南工作井顶进，形成“口”字形矩形管幕。结构断面示意图如图 9-29 所示。

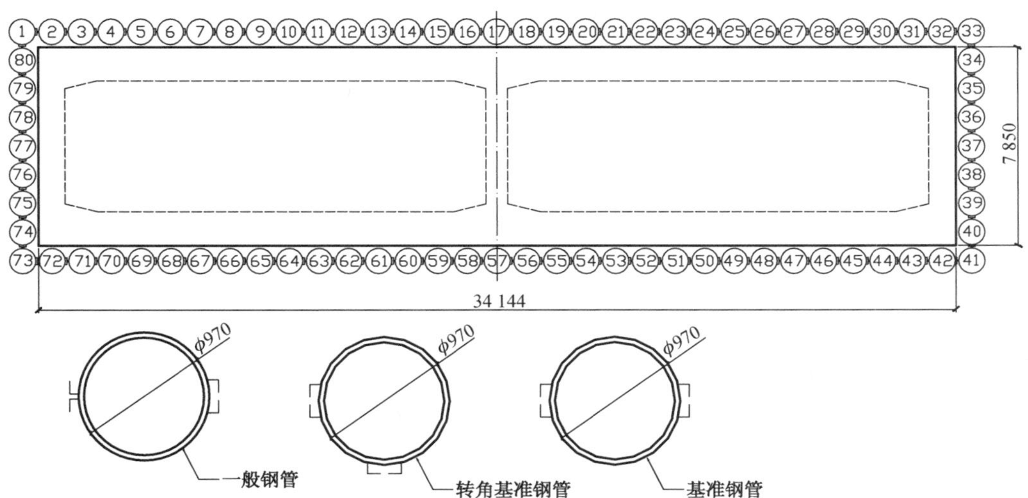

图 9-29　管幕段结构断面示意图(单位:mm)

在该工程中应用管幕法施工的主要优点是，可保护地下管线、地面重要建筑和维护地面道路交通，其工期要比隧道盾构工期短、工程风险小、占地面积少。但同时由于没有先前管幕工法在该软土地区的施工经验，特别是管幕内的隧道开挖方式以超大断面顶进代替了传统的随

开挖随支撑的方式，控制地表变形将成为该工法应用成功与否的关键所在。在该项目中采用全暗挖技术建造大断面地下空间的管幕工法施工，主要在该地区典型的$③_1$层(灰色淤泥质粉质黏土)和④层(灰色淤泥质黏土)软土中进行。管幕的管顶离地表最近距离仅约 4 m。大断面的工程结构、软弱的施工地层及高标准的周边环境保护要求均对该工程提出了严峻的挑战。

管幕工法虽然能较大地减少地表变形，但并不能完全避免地表变形，尤其在地表沉降方面。一般来讲，管幕工程施工对地表沉降的影响主要包括以下三个阶段：

① 管幕顶进阶段引起的地表沉降。管幕顶进时，犹如一台小型盾构机进行掘进，与一般盾构施工相同，开挖面土层损失、盾构四周土层损失及盾尾间隙等因素，均为造成顶进阶段引起地表沉降的主要原因。

② 管幕内隧道开挖支撑阶段引起地表沉降。

③ 结构体构筑阶段引起的地表沉降。

上述三个阶段引起的地表沉降，以第二阶段产生的沉降为最大，因此，地表沉降的控制主要取决于管幕内开挖支撑阶段，开挖顺序、支撑布置及开挖区域土体的加固处理等都影响着地表的沉降。

该项工程为降低施工成本、减少地面变形，决定以大断面箱涵推进的形式代替常规的管幕内支撑方法。整个管幕工程主要分两步：首先是钢管幕的顶进；其次就是大断面箱涵的顶进。两部分的施工特点及引起地表变形的程度也各不相同，现分述如下。

(1) 钢管幕的顶进

管幕段长等同于南北工作井间距，即 125 m。横断面内共布置 80 根 ϕ970、两侧带双角钢锁口的钢管。每根钢管分节顶进，分节长度为 16 m，分节之间采用焊接连接，管幕参数见表 9-15。实际形成的钢管幕如图 9-30 和图 9-31 所示。

表 9-15　钢管幕参数

项　　目	钢管幕段
钢管幕长度(m)	125
分节长度(m)	16
钢管外径(mm)	970
钢管壁厚(mm)	10,12
钢管及锁口材料	Q235A
管幕配置	顶底 33＋33，左右 7＋7，共 80 根
钢管锁口(mm)	L100×80×10，与钢管通过焊接连接
管幕立面外包尺寸(m)	36.284×9.99
管幕内部净尺寸(m)	34.344×8.05
管幕与箱涵间的空隙(cm)	上为 20，左、右为 10，下面没有

图 9-30　钢管幕锁口

图 9-31　钢管幕顶进后

钢管幕不同的顶进位置和顶进顺序将对管幕变形和地表沉降产生较大的影响。从宏观的力学角度看两排管幕的施工，则应先施工底排钢管幕，再施工侧壁和顶排管幕。众所周知，不管采用何种顶管机械，顶管施工都不可避免对土体产生扰动，在钢管周围形成塑性区，从而产生沉降。施工完底排管幕后，地面沉降已经产生，再施工顶排钢管则对底排管幕的影响很小。如先施工顶排管幕，周围土体受到扰动形成塑性区而产生沉降，在施工底排管幕时将再一次产生沉降，而这种沉降是不均匀的，从而会使顶排纵向不均匀变形加剧，影响钢管幕和箱涵之间的建筑空隙。

以上的宏观表现受每根钢管幕自身顶进引起的地层变形、相邻管幕顶进间的相互关系，以及顶进引起地层变形后的后续钢管顶进理想间隔时间等微观因素的影响而不同，它们对地表的最终变形实际上起了决定性的作用。而这正是目前在管幕工程中很少有人研究、却值得研究的课题。

但在实际施工中，往往没有过多地考虑这种影响关系，而更多地是在考虑施工的工期及本身的方便性。地表的实际变形也同这种顶进关系相对应。

(2) 管幕内箱涵顶进

目前，世界上所施工的管幕法工程中，管幕内土体强度都要求达到自立程度。而在软土地区箱涵顶进施工中，都对箱涵工具管开挖面前的土体进行加固，以保证在箱涵高度范围内的土体能够自立稳定。如 1989 年台北松山机场地下通道工程由日本铁建公司承建，采用管幕结合 ESA 箱涵推进工法施工，长 100 m，箱涵宽 22.2 m，高 7.5 m，水平注浆法加固管幕内土体。2000 年日本大池成田线高速公路下大断面箱涵，其长 47 m，宽 19.8 m，高 7.33 m，采用管幕结合 FJ 工法施工，注浆加固管幕内土体。在软土地层中，以上工法和工程如位于软土地层，均须对网格工具管开挖面前的土体进行加固以维持土体的平衡，网格工具管的主要作用是切割土体。而在该工程采用的管幕法箱涵推进中，箱涵截面高度 7.85 m、宽 34.14 m、长 125 m，是目前为止世界第一大断面、第二长的管幕法工程，也是我国大陆首例采用管幕法的地下工程。箱涵所处地层为高含水量、低强度的饱和软土。为降低工程造价和缩短工期，首次采用对管幕内土体不加固的箱涵推进施工方案，开挖面的稳定性将通过特殊设计的网格工具管来保证。箱涵的顶进断面示意图如图 9-32 所示。

管幕箱涵顶进过程中引起的地表变形主要决定于箱涵前方土体和稳定性。过大的土体开挖量将导致箱涵前方地表的沉降变形，反之则容易引起土体的隆起。

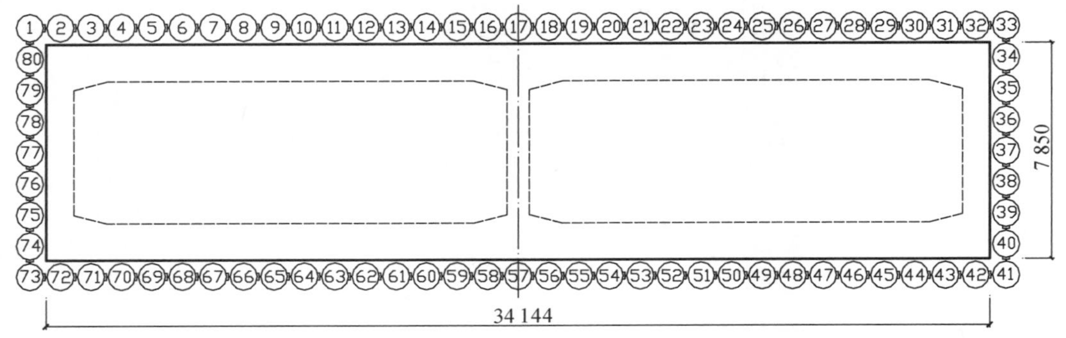

长度：126 m；钢管幕：ϕ970×10；根数：80 根

图 9-32　超大型“管幕—箱涵”横剖面和主体尺寸图(单位：mm)

综上所述，在管幕工程中引起地表变形的因素很多，因此，有必要在理论、模型试验、现场监测数据分析等方面对下立交管幕顶管开展系统的变形研究工作。通过理论研究和模型试验可以预知变形的发展规律，而通过实际监测数据的分析研究，特别是利用现有的软科学方法，从现场监测的时间序列数据中寻找出蕴含于其中的位移变形规律，从而可以利用先期的观测数据来预测系统未来的变形发展动态，即利用施工过程中的监测信息来预测(也就是本研究项目所采用的人工智能神经网络多步滚动预测方法)可能引起的过量变形及由于过量变形导致的系统可能发生的失稳、破坏，进而反馈于原设计，及时调整施工方案，或采取应急对策。

9.6.2　人工神经网络预测模型建立

前已述及，该工程研究采用的是相应于时间序列问题的神经网络滚动预测方法，即采用测点先前若干天的变形监测值来预测后几天的变形值。在实际项目应用中，一般包括以下四个阶段：①分析具体问题，选择合适的神经网络结构；②收集和处理训练样本以及测试样本；③设计、训练并测试神经网络模型；④应用已训练测试好的神经网络模型进行预测工作，并提交预测成果。

该项目所用的神经网络模型采用了基于 MATLAB 工具箱的 BP 网络形式，其网络设计主要包括：①网络的输入、输出变量的确定(即输入层和输出层的神经元数)；②网络隐层数及每个隐层的神经元个数。

1) 网络输入、输出层的设计

网络的输入、输出层神经元数完全根据使用者的要求来设计。网络运用的成功与否取决于对问题本身的了解程度，因此，在运用神经网络之前，首先要搞清楚用神经网络解决什么问题，然后考查已有的数据，要了解问题本身由哪些变量决定(输入变量)，需要求取哪些变量(输出变量)，这些变量的取值范围是什么，在此取值范围内，所得到的结果有哪些。考察数据时，重要的是数据本身，而不是它的单位。问题确定以后，则输入、输出层神经元数就定了。在设计中应注意尽可能减小系统的规模，使学习和系统的复杂性减小。但这也跟计算机本身的性能有关，现代计算机可以解决较大规模的网络模型运行问题。

本研究中拟解决的是管幕施工过程中的地表变形的预测预报问题，故确定输入、输出层的关键还是在于变形的监测数据。故对该项目而言，网络的输入层和输出层均是一种，即测点的变形值，但选用的个数，却需根据实际的测点情况来确定。该项目采用的是时间序列的预测方法，它所取用的输入、输出参数均为串行控制变量，即已有的历史变形值是各类影响因素的综合体现,某测点的变形值综合了影响管幕施工质量的各种因素:顶管本身的几何尺寸(如直径、埋深、顶进长度等);地质条件(主要有地下水位、土的强度等);施工工艺水平(如顶进压力、顶进速度、泥浆性能等),是这些因素在管幕施工过程中影响地表环境表象的综合反应。故实际预测也采用相同监测点的历史地表变形值(串形变量),去预测今后一定时间段内的变形值,这不仅符合预测的数学含义,而且可以有效地减小预测数据采用的困难程度,提高预测精度及可信度,使得预测的可操作性加强。事实上,在现场可以容易收集到的也是连续的地表变形监测值,而对于施工各种影响因素引起地表变形之间的内在关系,在一项工程中不易也不可能完全采集得到,它需要的是大量工程的统计整理。管幕工程本身在国内还是首次,在国际上也是很少采用,故想用考虑多因素的影响来实现对地表变形的预测几乎不太可能。

用历史的地表变形值来预测未来的地表变形值,涉及历史数据的长度确定问题。过长的时间段数据不仅增加计算的工作量及运行周期,而且对模型的响应性及可预测性均有较大的影响。经过大量反复的试算及比较并考虑已有的经验,选用 3+1 的输入、输出层结构,从预测精度、预测工作量、计算机耗时等方面均是比较合适的,即用前两天和当前时刻的位移数据,预测后一天的地表变形。

在实际研究工作过程中发现,管幕顶进施工中布设的监测数据很多,对每一个监测点进行预测显得不太现实。管幕的顶进又无规律可循,使得寻找变形较大的重点监测点进行预测工作也不能实现。而考虑到监测点本身的布设有一定的规律性(即一般都是按一定的断面布设的),且管幕顶进过程中对地表的影响范围极广,每个监测点均受其下或周围管幕顶进过程的影响,反过来表明地表布设的各监测点的变形也是有内在联系的。为充分利用计算机的强大数据处理功能和神经网络的模糊处理非线性问题的能力,本研究项目选用同一断面的所有监测点的前两天和当前一天的监测数据作为输入,而将同断面所有监测点后一天的变形作为输出,进行网络训练和应用,这在实际工作过程中是完全可行的。

网络仅有一天的输出并没有太多的实际工作意义,也没有显示多步滚动预测的优势。事实上,应用于网络训练的数据已经滞后于实际的监测工作。故在实际研究过程中对网络模型进行适当调整,将网络的输出改为后 6 天的地表变形值(此即该神经网络的预测步长)。以变形的发展趋势作为预测的重点,在实际工作中得到较好的应用。不同于多步滚动预测的是,实际工作中做的只是一次的多步预测,而没有进行多步滚动工作。这同实际的工作特性有很大关系。

2) 隐层数的确定

理论上已经证明:具有偏差和至少一个 S 型隐含层加上一个线性输出层的网络能够逼近任何有理函数。这实际上已经给了我们一个基本的设计 BP 网络的原则,增加层数主要可以更进一步的降低误差,提高精度,但同时也使网络复杂化,从而会增加网络权值的训练时间。而误差精度的提高实际上也可以通过增加隐含层中的神经元数目来获得,其训练效果也比增加层数更容易观察和调整。所以一般情况下,应优先考虑增加隐含层的神经元数。

对 BP 网络而言,隐层结点数的确定是成败的关键。若数量太少,则网络所能获得的用以解决问题的信息太少,训练的网络不强壮,不能识别以前没有看到过的样本,容错性差;但隐层结点数太多,不仅会使学习时间过长,更重要的是可能出现训练过度,即网络把训练集里的一些无关紧要的非本质的东西也学得“惟妙惟肖”,此时如果输入的是训练时用过的样本,性能将十分理想,然而,当输入非训练样本时,性能则极差。

由于隐层结点数的确定没有明确的解析式表示,所以隐层结点数的选择是一个十分复杂的问题。实际应用表明,增加隐层结点数可以减小训练误差,但超过某一隐层结点数之后,测试误差反而增大，即泛化能力下降。所以训练误差小并不一定意味着网络的泛化能力就强。

鉴于以上认识，管幕地表变形的预测网络模型，隐层数可取为1。为提高预测精度，需选择合适的隐层神经元数目。实际应用中，隐层节点数的上界为训练样本数，下界为输出单元数；有些采用所谓的金字塔法则，即若有一个单隐层网络，输入、输出层结点数分别为 n 和 m，则隐层结点数为$\sqrt{nm}$；也有些采用 $2n+1$ 个初始隐节点数。但一般情况下隐层节点数取6～13个，实际数目通过试算确定为10，应用效果良好。

3）训练、测试样本数的确定

由于网络是靠学习来记住问题应有的模式的，所以在训练网络时，训练数据应尽可能包含问题的全部模式：所有的输入变量应尽可能相互独立而没有相关关系。唯一可使网络学习到训练样本一般特征的方法是采用大量的训练样本，使网络不至于只学习到少量样本不重要的特征。如前所述，网络所需的样本数主要由两个因素决定：一是网络映射关系的复杂程度，为获得一定的映射精度，映射关系越复杂，要求提供的样本数便越多；二是数据中的噪声，为达到一定的映射精度，所需样本数随着噪声的增大而增多。一般训练样本数的选择方法是将网络中的计算权重数乘以2。

从上可知，神经网络的训练样本集的输入部分基本决定了原象空间的大小，因而也决定了解空间的范围。为使神经网络具有较为满意的外延性，合适的训练样本数的确定是神经网络方法应用的又一关键问题。在实际应用过程中，选取的样本数要跟实测的监测数据的连续性相匹配，且选取的也是合适数目的靠近预测时间段的样本(除保留的测试样本数外)。一般选取连续时间段内的30～45个监测点作为训练样本。

测试样本数是为检验网络训练的准确程度而用的，在实际研究中，网络训练的准确程度及测试效果也直接同训练的工作量及精度要求相对应。一般选用最靠近预测时间段的10个样本数作为测试样本。

9.6.3 预测成果分析

该立交管幕工程主要分钢管幕顶进和箱涵顶进两个分项施工过程，由于都属于地下工程非开挖技术，对地表的变形都会带来较大的影响。同时工程项目要通过车辆繁多、地下管线密布的道路和绿荫密布的某宾馆，较高的周边环境地表变形要求对工程施工提出了严峻的考验。监测单位也在施工现场布设了大量的监测点。神经网络的预测就是根据这些监测点已知的监测数据来预测今后一个阶段的预测变形值。

在该项目研究过程中，由于施工过程的不同及监测点受破坏本身条件的影响，监测数据在整个项目过程中是在不断改变的，故进行的神经网络预测也随之进行调整。总体上，进行神经网络预测可分为三大块：该条马路上的地表变形监测点数据、南工作井周围的管线监测点数据以及箱涵顶进前新布设的地表变形监测点。利用现有的计算机高速处理数据的能力，可以针对不同的施工时间段，对有效的监测点进行全部的神经网络预测，取得了较为明显的工程效果。

项目具体的研究过程如下：①监测数据的收集及数据库的建立；②建立训练样本、测试样本、预测样本数据文件；③对样本进行训练、测试，并建立预测模型；④进行数据的预测，并进行预测结果分析；⑤编制预测报告，提交至相关单位。

1）钢管幕顶进过程地表变形的人工神经网络滚动预测

（1）管幕顶进过程的人工神经网络一步预测

钢管幕的直径为 ϕ970 mm，相邻管幕间的间距为 1 100 mm，而地表变形监测点的布置间距达 4 m。考虑到施工需要，管幕的顶进是随机进行的，反映到地表上的变形也具有随机性。故根据神经网络滚动预测的特点，通过分析研究，决定对应于监测点的布设实际情况，对每个监测断面的所有监测点进行预测，顶进之初共有 8 个监测断面，每个断面有 6～11 个不等的监测点。对南工作井周围的管线监测点，则根据管线类型进行分类，共分 5 个断面，每个断面各有 5～8 个监测点。实际预测用的神经网络模型则成为多输入多输出模型。这种模型很适合用于时间序列的模糊输出网络模型。影响地表变形因素很多，如地层条件、地下结构要素、施工工艺等，但要想在一个工程项目中把地表变形同这些影响因素的对应关系一一找出来，显然是不现实的。而滚动预测则避开了去寻求这种对应关系，它只是将各种影响因素最终反应出来的表象（即地表变形）的内在规律进行分析，进而预测今后可能的变形发展规律，这种预测是相对客观的。从预测的结果来看也反映了这种事实。

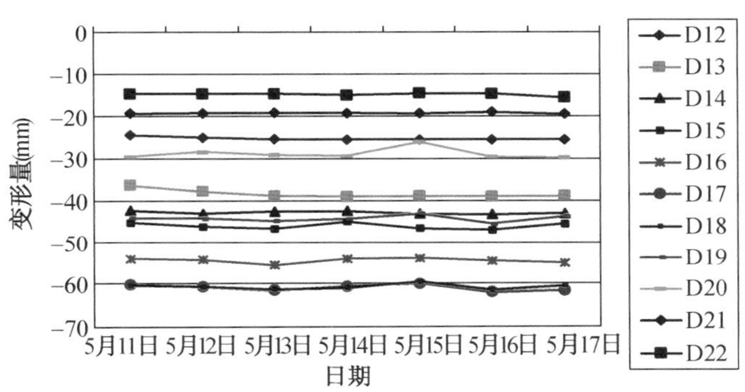

图 9-33　典型的多输出一步预测成果

如前所述，滚动预测一般也可分为一步预测和多步滚动预测。一步预测只是通过过去时间段的变形单步一次预测未来一段时间内若干多个时间点的值。而多步滚动预测则可多步滚动式动态预测出每一个后一天时间点的值。多步滚动预测由于预测用的数据均为实测数据，故预测精度较高，但因为每一天都需要做滚动预测，故实际工作量较大，特别是有大量监测数据需要预测时，一般难以实现在实际工程中的应用。而一步预测虽然预测精度相对较低，但每次预测的时间段较长，易于工程实际中应用，其变形的发展趋势一般可以满足工程实践的要求。所以在该工程实际中采用了一步预测法，在一定时间段内对所有的变形监测点进行预测。图 9-33 为典型的一次预测成果图。

各监测点的神经网络一步预测由于受训练时间、训练精度以及采集的样本数据本身的影响，也会存在相对较大的误差。但其整体的变形发展趋势则基本上是跟实测值相一致的，故能满足工程实践的要求。

图 9-34—图 9-39 是典型的几个监测点的变形预测值跟实测值的对比图。根据预测出来的变形发展趋势，即可采取针对性的措施以保证施工的正常进行。

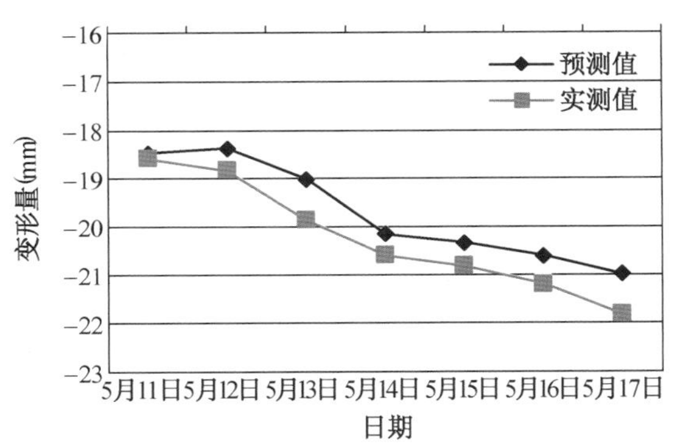

图 9-34　典型点的预测值与实测值对比之一

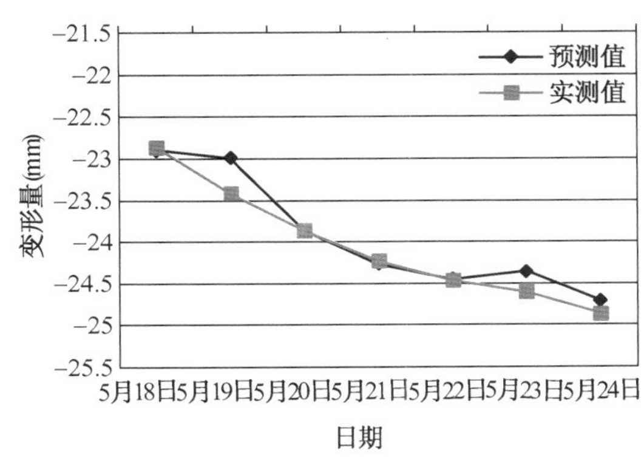

图 9-35　典型点的预测值与实测值对比之二

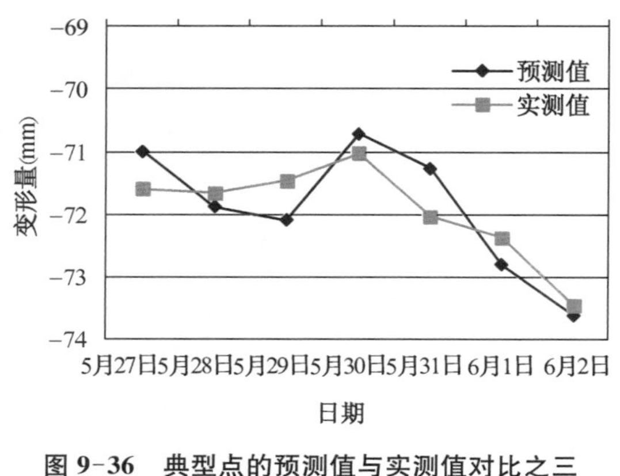

图 9-36　典型点的预测值与实测值对比之三

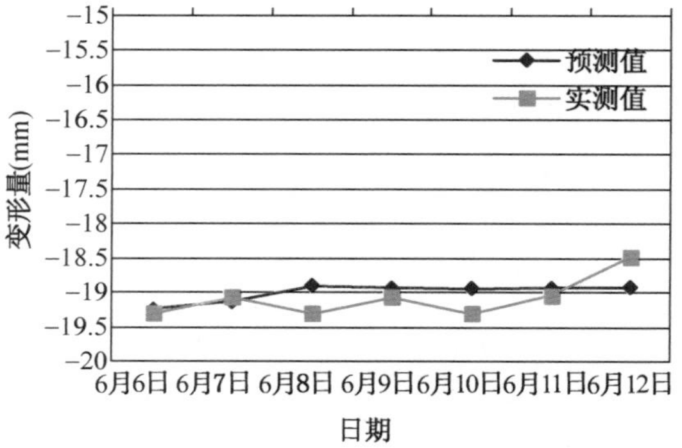

图 9-37　典型点的预测值与实测值对比之四

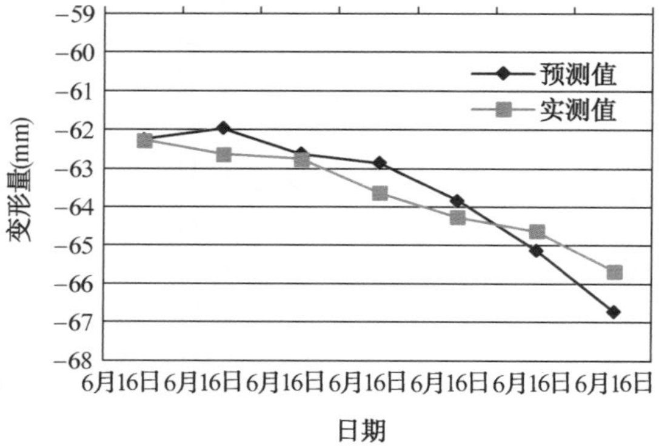

图 9-38　典型点的预测值与实测值对比之五

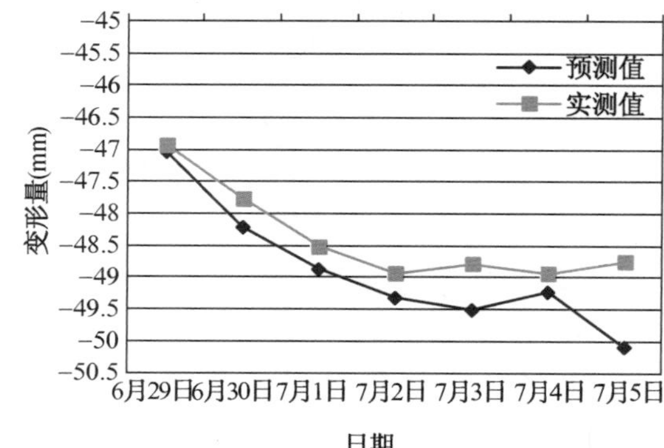

图 9-39　典型点的预测值与实测值对比之六

由于多输出的预测成果跟其输入的前阶段的变形监测数据有联系，故其中各个点的输出跟其他点的输入也存在关系。现实情况也验证了这种关系的存在。一个测点所表现出来的地表变形，事实上跟它周围测点的变形也存在着一定的联系，只不过这种联系无法进行定量的描述和分配罢了。基于时间序列的滚动预测方法正好可以表现这种模糊的内在联系。

(2) 管幕顶进过程的人工神经网络一步预测与多步滚动预测对比

虽然在实际工程中普遍采用一步预测的方法，但多步滚动预测方法在精度上却有明显的提升。

表 9-16 和表 9-17 是在管幕顶进过程中根据相同的监测数据用多步滚动预测法和一步预测法得到的预测 2002 年 5 月 28 日—6 月 2 日的同实测值的成果对比表。从两个表的对比可以看出，多步滚动方法得到的预测值与实测值的相对误差要远小于用一步预测法得到的相对误差。多步滚动方法得到的预测值与实测值的相对平均误差的总平均值为 1.84%，而一步预测法得到的则达 3.78%。各天的相对平均误差用曲线描绘如图 9-40 所示。图 9-41—图 9-44 则是典型测点实测值、多步滚动及一步预测值对比图。

表 9-16　多步滚动预测值与实测值对比　(mm)

测点	5 月 28 日		5 月 29 日		5 月 30 日		5 月 31 日		6 月 1 日		6 月 2 日	
	预测值	实测值	预测值	实测值	预测值	实测值	预测值	实测值	预测值	实测值	预测值	实测值
D57	−17.00	−17.300	−17.31	−17.430	−17.75	−17.740	−17.77	−18.030	−17.93	−18.300	−18.92	−18.940
D58	−19.55	−19.415	−19.76	−19.615	−19.27	−19.745	−19.96	−20.225	−19.89	−19.885	−20.19	−20.615
D59	−26.4	−26.025	−26.64	−26.635	−26.43	−27.505	−27.42	−27.855	−27.58	−28.045	−29.22	−30.245

（续表）

测点	5 月 28 日		5 月 29 日		5 月 30 日		5 月 31 日		6 月 1 日		6 月 2 日	
	预测值	实测值	预测值	实测值	预测值	实测值	预测值	实测值	预测值	实测值	预测值	实测值
D60	−26.98	−26.335	−27.12	−26.965	−26.87	−27.335	−27.78	−27.975	−27.48	−28.055	−28.7	−30.995
D61	−25.37	−25.730	−26.80	−26.450	−26.41	−26.730	−27.31	−26.900	−26.53	−26.930	−27.05	−28.240
D62	−33.73	−33.755	−35.43	−34.785	−34.92	−34.505	−35.45	−35.165	−34.89	−34.695	−36.08	−34.795
D63	−26.42	−25.560	−26.95	−26.720	−26.84	−27.510	−28.38	−27.920	−27.86	−28.660	−28.47	−28.920
D64	−23.15	−22.370	−23.23	−23.150	−23.3	−23.690	−24.02	−24.120	−23.95	−24.750	−25.12	−25.060
D65	−13.11	−13.310	−13.40	−13.940	−13.97	−14.580	−14.45	−14.940	−14.36	−14.850	−15.33	−15.250
D66	−11.88	−11.820	−12.59	−11.990	−12.46	−12.420	−12.81	−12.600	−12.37	−12.820	−13.28	−13.450
最小误差	0.074%		0.019%		0.056%		0.410%		0.025%		0.106%	
最大误差	3.49%		5.00%		4.18%		3.30%		3.51%		7.40%	
平均误差	1.67%		1.53%		1.91%		1.44%		2.06%		2.45%	

表 9-17　一步预测值与实测值对比　(mm)

测点	5 月 28 日		5 月 29 日		5 月 30 日		5 月 31 日		6 月 1 日		6 月 2 日	
	预测值	实测值	预测值	实测值	预测值	实测值	预测值	实测值	预测值	实测值	预测值	实测值
D57	−17.00	−17.300	−18.06	−17.430	−18.68	−17.740	−18.03	−18.030	−17.99	−18.300	−18.29	−18.940
D58	−19.55	−19.415	−20.22	−19.615	−20.70	−19.745	−20.88	−20.225	−20.51	−19.885	−20.61	−20.615
D59	−26.40	−26.025	−27.48	−26.635	−28.14	−27.505	−27.88	−27.855	−27.00	−28.045	−27.65	−30.245
D60	−26.98	−26.335	−28.56	−26.965	−28.62	−27.335	−28.69	−27.975	−27.42	−28.055	−27.65	−30.995
D61	−25.37	−25.730	−26.48	−26.450	−27.93	−26.730	−28.04	−26.900	−27.50	−26.930	−28.70	−28.240
D62	−33.73	−33.755	−35.31	−34.785	−35.70	−34.505	−36.46	−35.165	−36.93	−34.695	−37.13	−34.795
D63	−26.42	−25.560	−27.65	−26.720	−28.41	−27.510	−27.13	−27.920	−27.34	−28.660	−27.62	−28.920
D64	−23.15	−22.370	−24.08	−23.150	−24.81	−23.690	−23.83	−24.120	−24.12	−24.750	−24.02	−25.060
D65	−13.11	−13.310	−13.05	−13.940	−13.36	−14.580	−13.00	−14.940	−13.68	−14.850	−13.01	−15.250
D66	−11.88	−11.820	−12.37	−11.990	−12.51	−12.420	−11.79	−12.600	−12.34	−12.820	−12.97	−13.450
最小误差	0.074%		0.110%		0.720%		0		1.690%		0.024%	
最大误差	3.49%		6.38%		8.37%		6.42%		7.88%		8.58%	
平均误差	1.67%		3.45%		4.22%		3.73%		3.82%		5.81%	

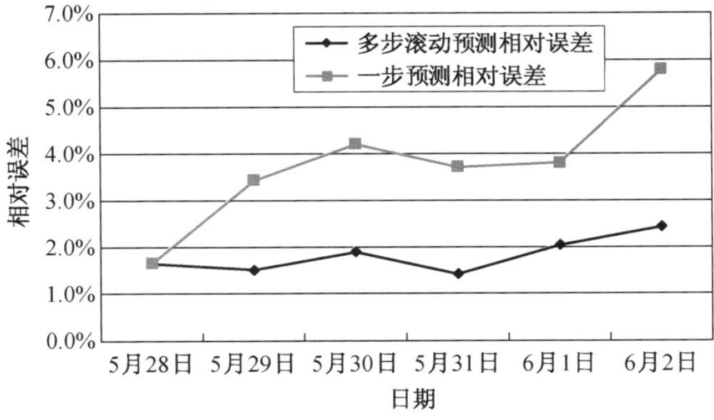

图 9-40　多步滚动预测与一步预测结果的相对误差对比图

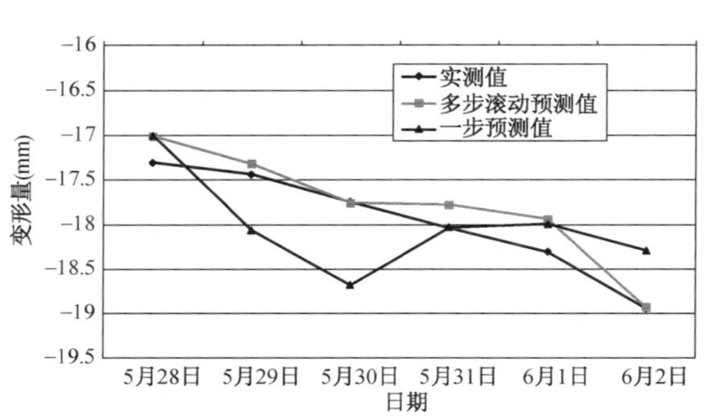

图 9-41 D57 测点实测值、多步滚动及一步预测值对比

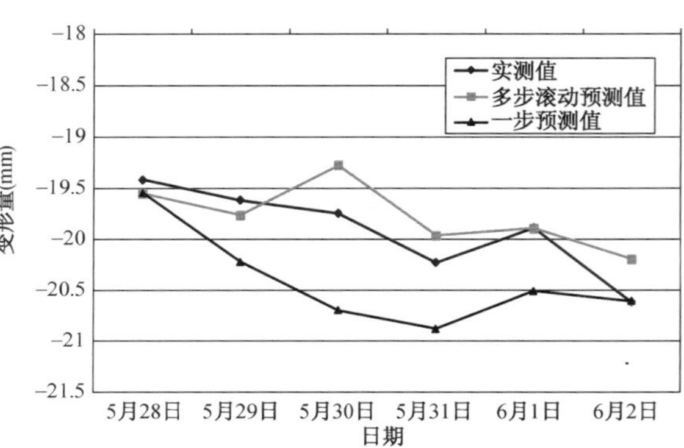

图 9-42 D58 测点实测值、多步滚动及一步预测值对比

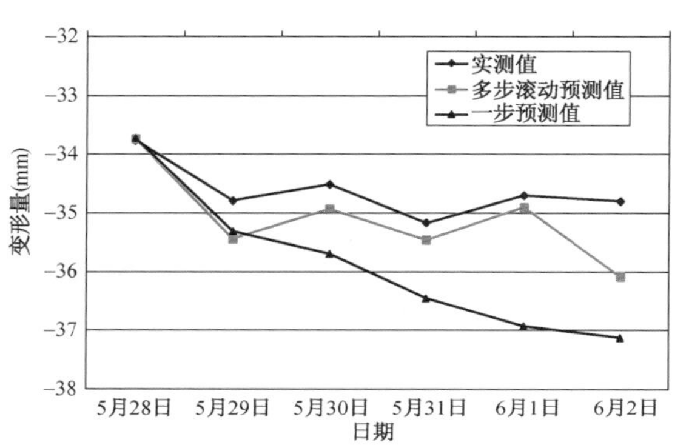

图 9-43 D62 测点实测值、多步滚动及一步预测值对比

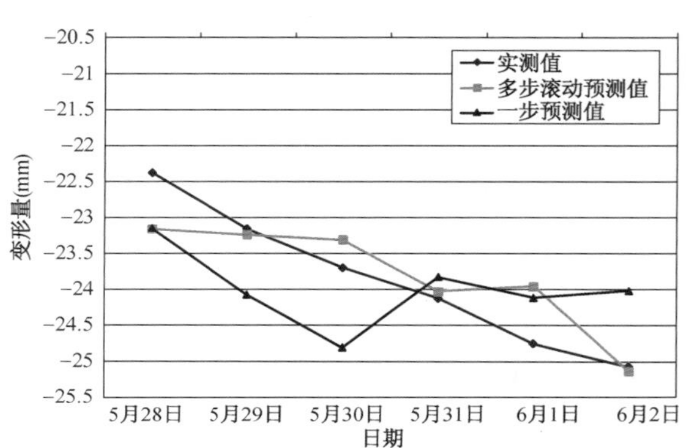

图 9-44 D64 测点实测值、多步滚动及一步预测值对比

2）箱涵顶进过程中地表变形的人工神经网络滚动预测

结合实际工程的人工神经网络滚动预测要同现场的监测工作相结合，地面有多个断面的监测点在管幕顶进过程中受到破坏而无法继续监测，故神经网络的预测工作在实际工作中也是在不断地调整。但箱涵顶进过程的神经网络预测不同于管幕顶进过程，也不仅仅局限于预测点本身的改变，还同箱涵的施工工序密切相关。

实践表明，箱涵顶进过程的地表变形受施工工艺的影响极为明显，箱涵在纯顶进的时间占用并不是很多，更多的则是箱涵的制作养护时间。所以地表的变形在顶进和制作养护的时候也是完全不同的。这对于人工神经网络的滚动预测提出了严格的要求。在实际工作中也是通过提供尽可能多的样本训练数据，并充分考虑相关的施工工序，进行人工神经网络的滚动预测。

总体来说，受施工工艺影响较大的箱涵顶进过程地表变形的人工神经网络预测，在相同的样本训练数据及预测方法的情况下，其预测精度要稍低于钢管幕顶进的过程。通过提高样本训练数据则可适当的提高预测精度。同样地，多步滚动预测同一步预测相对比，预测精度也要明显提高。以下通过对第五节箱涵顶进的地表变形进行的预测反应以上特点。其中，预测的样本训练数据多达 80 组，在实际工作中的应用将受一定的影响。图 9-45—图 9-47 为预测值同实测值的对比图。

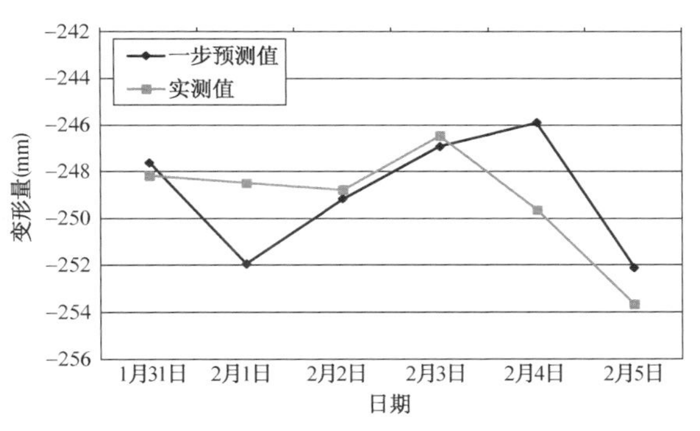

图 9-45　X23 测点一步预测值与实测值对比

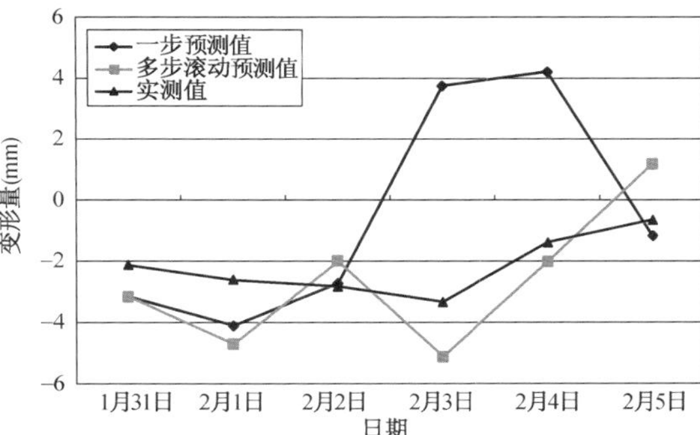

图 9-46　X18 测点实测值、多步滚动及一步预测值对比

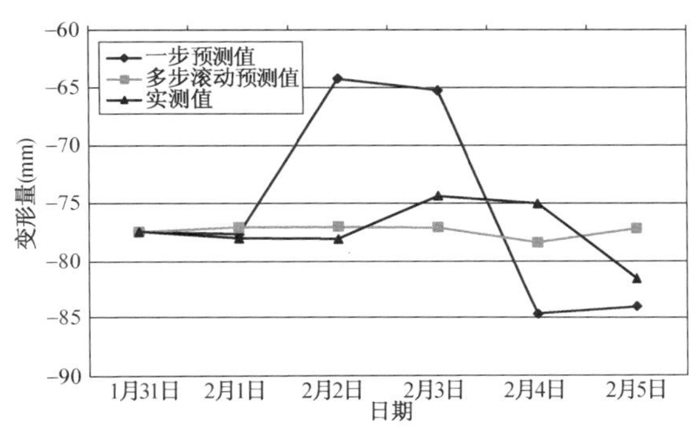

图 9-47　X16 测点实测值、多步滚动及一步预测值对比

传统的变形研究方法，不论是理论分析、数值计算还是模型试验等，都存在受岩土体不确定性影响的缺陷，是静态的分析研究方法。本章通过建立合适的人工神经网络模型，将蕴含于变形数值中各种因素用时间序列进行表达，对地表的变形进行了动态的分析研究。具体内容体现在以下几个方面：

(1) 系统地归纳了人工神经网络(特别是 BP 网络)工作的基本原理和研究方法，分析了分属于函数逼近问题和时间序列问题两种预测模型的不同应用。

(2) 分别建立了用于管幕工程钢管幕顶进过程引起的地表变形、箱涵顶进引起的地表变形以及城市浅埋暗挖施工引起的地表变形的滚动预测模型，并进行了对施工变形各阶段的智能预测研究。研究表明，滚动预测结果受施工的随机性影响较大，在施工工艺相对稳定的管幕工程钢管幕顶进过程中预测效果比较好。

(3) 详细研究了多步滚动预测与一步预测的区别。研究论证了多步滚动预测法对提高预测精度有明显的效果，但由于受预测点位数目的影响，难以在实际工程中得到有效采用，需要对预测点作优化选取。而一步预测则较易应用于实际工程，其预测精度也能基本满足一般工程上的预测要求。

9.7　本章主要结论

已如在本章前言中所述及的，在保证工程自身施工安全的同时，要求兼顾周边环境土工的安全，已成为业界的共识。这里研究的城市环境土工问题，主要是指城市地下工程施工活动对其周近建(构)筑物浅置基础、道路路基和路面、已建和正建地铁、高架、立交的桩基，以及各类地下管线等地下市政和电信设施等的环境土工危害。这类所谓的环境损伤（environment damage）问题在许多场合仍然是相当严重的。当前，我国各大城市都在纷纷兴建轨交地铁，而过江隧道的建设也在蓬勃进行。上述环境土工问题已日益突出，如何切实保证环境土工的安全维护是一项亟待研究解决的问题。

本章对上述城市环境土工学问题，采用人工智能方法对其施工变形所作的预测与控制进行了有一定开拓性的、较深入的、系统的研究。探讨了受施工扰动影响各类地下工程周近土体力学环境的变化，研究工程施工中对环境土体稳定及其变形位移的预测与控制的智能方法。结合上海等诸个大城市的多处深大基坑和地铁区间隧道、下穿城市道路的地下立交浅埋大跨通道等项地下工程施工活动，将研究成果分别具体应用在上述工程中，并研制了相应的专用程序软件，取得了相当的技术经济效益和社会效益。本节是上项成果的综合性研究总结，从中可归纳得到以下几点有益的结论和认识。

(1) 采用人工智能方法对处理有关岩土、地下工程等，其各种数据的随机性和离散性都比较大的所谓“灰箱”问题是比较适合的。本章以地下深大基坑和地铁区间隧道为例，在施工开挖期间的变形位移，采用人工智能神经网络方法进行了预测，并按模糊逻辑法则对预期将出现的过大变形进行了有效控制。按本书建议方法所编制的专用软件和变形预测、控制成果已应用于几处相应的工程实践，并均获得了成功，它弥补了沿用传统数值模拟力学手段进行计算的严重不足。

(2) 以人工神经网络为代表的人工智能方法，它不同于另一种“专家系统”(expert system)智能方法，除工程数据库外，后者还需要研制庞大的专家知识库。由于采访专家在口语表述时的条理性不足，很难将其编纂成相应的知识库软件，使便于查询和调用；加之，专家系统需要尽可能多地广泛搜集大量的其他相近和相类似的工程检测数据，在人力、财力以及目前工程界强调自主知识产权的实际情况下，这些海量数据将难以很好收集齐全。相反地，神经网络智能方法则可以仅限于需要调用自身工程随施工历时进展所有的施工变形位移监测数据，用先前已发生的变形位移对几天后将出现的相应各值进行预测，相比于上述专家系统就显得现实、易行得多。这是本章采用该类智能手段取得成效的主要体验。

(3) 本章所推荐的人工神经网络智能方法的基础输入数据，是工程项目先前已发生和随时程推移、陆续不断发生的大量各相应监测点位的施工变形监测数据，先将其与地质、水文资料一起，分别研发编成：①现场工程地质、水文资料数据库；②相应点位的施工变形位移监测数据库。就①和②二者所研发的两项专用软件，经短期培训后，研究人员就可以方便地熟悉、查询、搜索和调用。

(4) 上面所述及的，要求研编一套该项工程施工变形的工程数据库，其主要作用是供：①当下步工况与之前情况有了变异时，备作查询和调用之需；②当下步工况与之前情况并没有实质性的不同时，则尽可利用之前情况所反映出的相关性/规律性(尽管都是高度非线性的经验关系)，按神经网络的表征特色，就所采用的专用软件直接得出后续数日内施工变形发展的具体量值。

(5) 此处，样本的“训练”和“测试”，是方法成败的关键一步。研究人员在工作正式开始之前，要选取若干关键点位的某些监测数据，先编制成样本；然后与所搜集的实测值进行比照分析，谓之样本训练和样本测试。只有通过并完成严格训练和测试的样本之后，以此采用的专用程序软件才是可靠的和可以信赖采用的。样本训练和测试工作最好由先前对该方法已有实际运作经验的研究人员来完成。

(6) 在某些特定的情况下，岩土类问题涵盖两种情况，部分是完全清楚的，即谓之“白箱”；而另外部分则又是完全不清楚(不确知性)的或不完全清楚(不确定性)的，即相应地分别谓之“黑箱”或“灰箱”问题。对于“白箱”问题，可仍以沿用力学计算分析为主线进行；只是对于后述的“黑箱”和“灰箱”问题才不得已借用本章介绍的智能神经网络方法来求得问题的解决，它是一种另辟蹊径的新路子。上面提到的“力学”与“智能”两种可用手段和方法的有机结合，为今后这一领域问题进一步的深化探索，提出了新的研究思想和方向。

(7) 在本章和早前作者在其他处已介绍过的一些其他工程实例中，采用人口智能方法于城市地下工程施工变形的预测与控制，已在多处证实取得了实际成效，它的成果精度一般都能满足各工程设定的基本标准和要求。

参考文献

[1] 刘洪洲，孙钧. 软土隧道盾构推进中地面沉降影响因素的数值法研究[J]. 现代隧道技术，2001(6):24-28.

[2] 孙钧，袁金荣. 盾构施工扰动与地层移动及其智能神经网络预测[J]. 岩土工程学报，2001(3):261-267.

[3] 王穗辉，潘国荣. 人工神经网络在隧道地表变形预测中的应用[J]. 同济大学学报，2001(10):1147-1151.

[4] 吕金虎，陈益峰，张锁春. 基于自适应神经网络的边坡位移预测[J]. 系统工程理论与实践，2001(12):124-129.

[5] 贺可强，雷建和. 边坡稳定性的神经网络预测研究[J]. 地质与勘探，2001(6):72-75.

[6] ZHANG Q, SONG J, NIE X. Application of neural network models to rock mechanics and rock engineering[J]. Int J Rock Mech and Min Sci, 1991, 28(6):535-540.

[7] 赵其华，孙钧，徐伟. 地连墙变形的神经网络多步预测研究[J]. 成都理工学院学报，2002(5):581-585.

[8] HASHASH Y M A, MARULANDA C, GHABOUSSI J, et al. Systematic update of a deep excavation model using field performance data[J]. Computers and Geotechniques, 2003(30) :477-488.

[9] GOH A T C, WONG K S, AND B B. Estimation of lateral wall movements in braced excavations using neural networks[J]. Canadian Geotechnical Journal, 1995(32):1059-1064.

[10] 同济大学. 中环线北虹路管幕法隧道试验研究报告[R]. 上海：同济大学，2004.

[11] 孙钧，袁金荣. 深大基坑施工变形的智能预测与控制[J]. 地下工程与隧道，2002(4):12-23.

[12] 袁金荣，王文明，孙钧. 深大基坑施工变形的智能控制技术[J]. 岩土工程学报，2002,24(4):460-464.

[13] 熊晓波. 深大基础工程施工变形的智能预测与控制研究[D]. 上海：同济大学，2003.

[14] 安红刚. 交叠盾构隧道施工地表变形的智能预测及控制[D]. 上海：同济大学，2004.

[15] 孙钧，赵其华，熊孝波. 润扬长江公路悬索大桥北锚碇基础施工变形的智能预测——工程实录研究[J]. 上海建设科技，2003(S2):1-7.

[16] 赵其华. 深基坑变形的神经网络多步预测与控制研究——以润扬长江公路悬索大桥北锚碇基坑工程为例[D]. 上海：同济大学，2002.

[17] ADDENBROOKE T I, POTTS D M. Twin tunnel construction ground movement and lining behavior [M]// Mair R J, Taylor R N Eds. Geotechnical aspects of underground construction in soft ground. Rotterdam: Balkema, 1996:441-446.

[18] 刘建航，侯学渊. 盾构法隧道[M]. 北京：中国铁道出版让，1991.

[19] 孙钧. 城市地下工程活动的环境土工学问题[J]. 地下工程与隧道，1993(3):2-6.

第 10 章　悬索大桥锚碇结构数值计算与土工参数流变试验

10.1　引言

悬索大桥锚碇深基坑工程施工开挖及其围护结构设计时的有关影响因素众多，分析研究的难度比较大。同时，支护结构在基坑开挖施工过程中的受力状态及其力学机理非常复杂多变，是一个尚不严谨而又随机变化性大的课题。由于作为基础输入数据的诸有关土工参数存在较大的离散性和模糊性，计算结果只能是一个大致可能的数值，本章提出的按变形实测值作动态施工反演和智能预测，将不失为一种"另辟蹊径"而有别于传统力学分析的有效手段。

本章以两座跨江悬索大桥的锚碇结构为例，分别为特大埋深的圆形基坑和特大型矩形深埋基坑的地下连续墙围护结构及其内衬砌的变形和内力进行数值计算分析，并对后续将发展的施工变形进行了人工智能预测。据此，对围护结构的设计内力进行计算优化。

由于基坑开挖后的土体应力水平超出了相应土体的流变下限，为此，在对深大基坑围护结构内力和变形的分析计算中需要考虑其周边岩土介质的流变力学性态。本章对诸相关土工参数进行了必要的土性室内流变实验；进而，对锚碇基坑深大地下连续墙"围护-内支撑"结构考虑土体流变特性进行了黏弹性数值模拟计算，就有关诸土工参数变化对基坑施工的影响程度（支撑内力和墙体水平位移）作了敏感性层次（递阶）分析，并与该大桥锚碇基坑施工的实际监测值以及与设计采用的规范方法所得值，作了详细的对比分析与研究。

10.2　某悬索大桥圆形深大基坑工程的动态施工反演与变形预测

10.2.1　概述

本节工程项目与本书第 9 章提及的某悬索大桥锚碇深基坑工程为同一个项目，其工程概况可详见本书第 9.5.1 小节。该项目工程地质条件详见本书第 9.5.2 小节。

深基坑工程开挖是一项复杂的土体力学变化过程，随着土体的开挖和支护结构的不断加入，将会遇到诸多问题，如土压力合理计算问题、地下水影响问题、支撑与围护结构相互作用问题等。有限元数值分析方法作为变形控制设计的主要计算方法，能适用于各种施工过程的模拟分析，但由于土体参数难以确定，使得有限元的定量分析与实际不太一致。

利用训练好的神经网络能够替代有限元进行计算，将遗传算法和神经网络结合，既能利用神经网络的非线性映射、网络推理和预测功能，又能利用遗传算法的全局优化特性，因此在岩土工程中的应用越来越多。肖专文（1998）提出遗传算法与神经网络（GA-ANN 法）协同求解采矿工程中的优化问题。冯夏庭（1999）提出将遗传算法和神经网络结合生成进化神经网络方法用于位移反分析，并对三峡船闸高边坡开挖的变形特征进行了预测，其预测的趋势与实际测得的资料吻合得非常好。邓建辉(2001)从计算速度和可靠度方面探讨了 BP 网络和遗传算法在岩石边坡位移反分析中的应用,即用 BP 网络代替有限元提高计算效率,及用遗传算法代替常规的优化算法,使反分析的结果与初值无关。

就该大桥南锚圆形基坑而言,虽然由于有拱形效应,其基础稳定性相对来说要比矩形要大,但南锚碇工程地处武汉一级阶地地区,地质条件独特,给工程的施工带来了诸多困难。由于该地层分布具有典型的二元相结构,即上部为软弱黏性土(含填土),下部为含承压水的 29 m 厚的粉细砂层,再下覆卵石圆砾层与长江相连,水文地质条件较为复杂,防洪安全要求极高。因此,更有必要结合施工监测,运用有限元数值反分析方法预测下步施工中的内力和变形,综合分析预测趋势并进行判断,通过调整设计、施工参数以达到控制变形的目的,从而确保施工中基坑围护结构的整体稳定与安全。

10.2.2　参数敏感性分析及反演参数的确定

在反演之前,需要选择合适的有限元模型。考虑到施工的进度(平均 6 天开挖一层)和反演的效率,本研究建立了二维地层结构有限元模型。针对本项研究的工程实际,圆形地下连续墙厚度较大,加之施加圆形内支撑,结构的变形一般不大,地下连续墙基本上处于弹性变形阶段,因而采用弹性本构模型。

计算范围取侧边界与坑壁距离大于 2 倍的坑深,底边界则自坑底向下取 78 m,进入弱风化岩面 60 m。地层从上至下分别为亚黏土、亚黏土夹亚砂土、粉细砂(浅)和粉细砂(深)、砾石、强风化岩和弱风化岩。在基坑施工过程分析中,为了较好模拟墙体与土体之间的变形不协调,采用了 Goodman 接触面单元,地下连续墙以梁单元模拟,内衬以弹簧单元模拟。

计算模型及网格剖分如图 10-1 和图 10-2 所示,图示的模型分别对应于 P02 孔(25# 槽段)开挖之前和开挖完成后的情况。采用四边形划分单元,竖直边界施加水平约束,底边界施加固定约束,顶面自由。坑周施加超载为 30 kPa。二维计算采用同济曙光软件进行计算。计算模型中所取土层各项原始参数如表 10-1 所列。

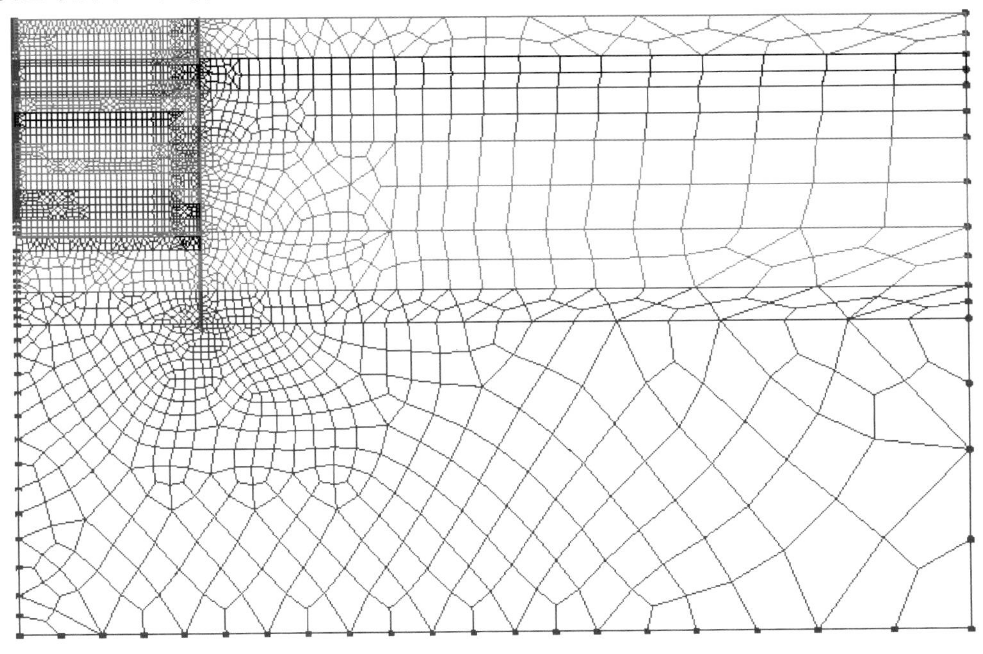

图 10-1　有限元计算模型

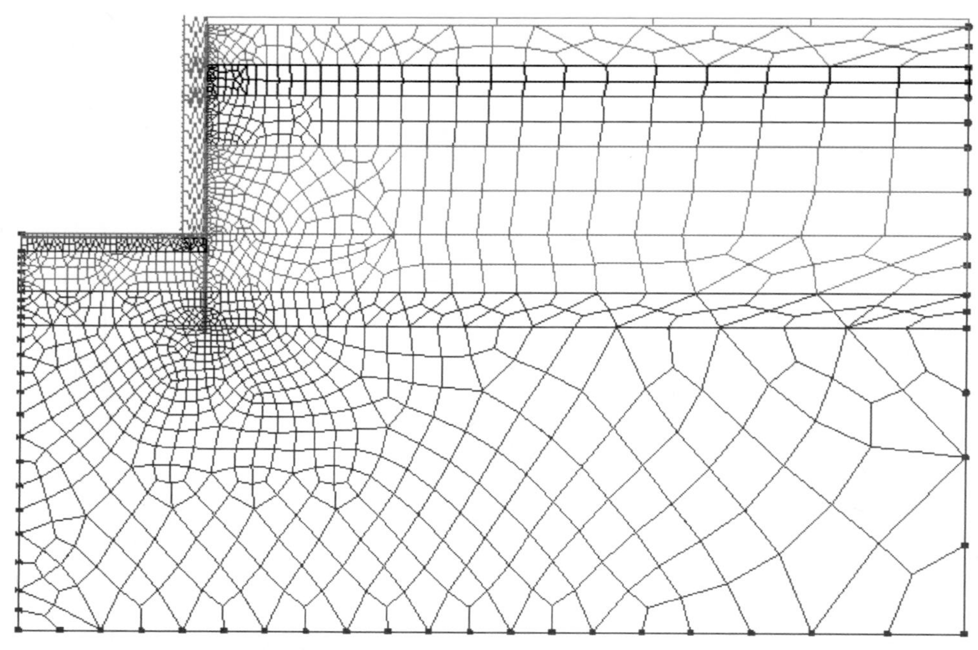

图 10-2　基坑开挖完成后的网格图

表 10-1　土层计算参数

材　料	弹性模量 E(MPa)	泊松比(μ)	重度 γ(kN/m³)	黏聚力 c(kPa)	内摩擦角 φ(°)
亚黏土	20	0.31	18.52	27.7	17.7
亚黏土夹亚砂土	21	0.40	18.42	12.4	9.1
粉细砂(浅)	35.5	0.30	19.5	0	35.1
粉细砂(深)	35.5	0.30	19.5	0	35.1
砾石	45	0.3	23	0	42
强风化岩层 5	2 500	0.3	21.07	3	20
弱风化岩层 6	8 500	0.31	25.68	15	30

内衬弹簧的刚度计算如下。

如图 10-3 所示，以 1.5 m 厚度内衬为例，假设单位高度上施加单位荷载 $p=100$ kN/m，产生的轴力为 N，位移为 $\Delta\delta$，沿圆周的总变形为 ΔL，则有：

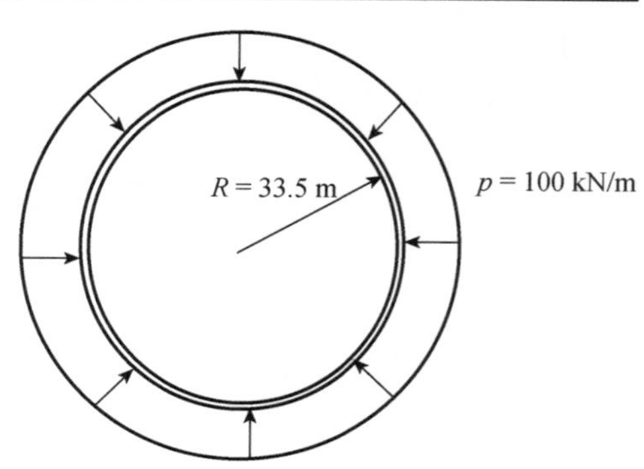

图 10-3　内衬等效刚度计算示意图

$$N = p \times \frac{D}{2} = 100 \times \frac{70}{2} = 3\ 500\ \text{kN}$$

$$\Delta L = N \times \frac{\pi D}{EA} = 3\ 500 \times \frac{3.141\ 59 \times 70}{3 \times 10^7 \times 1.5} = 0.017\ 1\ \text{m}$$

则得支撑刚度为：

$$k = \frac{p}{\Delta\delta} = p \times \frac{2\pi}{\Delta L} = 36\ 735\ \text{kN/m}^2$$

其余厚度的内衬刚度依此类似计算。

由于基坑稳定性的影响因素很多,需要根据各参数对稳定性的影响大小,着重反演有重要影响的因素。在进行动态反演预测之前,本研究对各层岩土体的力学参数(主要是弹性模量、泊松比)的不同取值进行了比较分析,得到了以下初步分析结果。

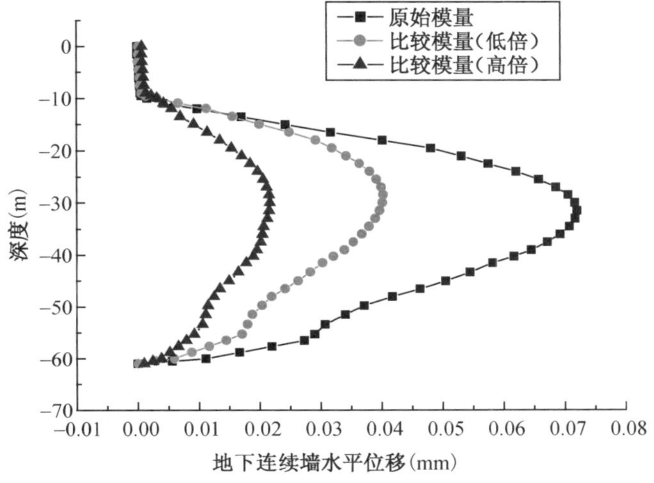

图 10-4　土体模量影响下地下连续墙水平位移对比

1) 土体模量的影响

在深基坑工程中,变形控制已成为普遍采用的稳定性控制手段。根据以往反演分析的经验可知,影响变形最大的力学参数是弹性模量。因而,本研究首先对该参数进行敏感性分析。在此取两种不同模量与原模量进行比较分析,即:①对黏性土弹性模量乘以 1.5 倍(第 1、2 层),对砂土、圆砾层乘以 2.0 倍进行计算[记为比较模量(低倍)];②对黏性土弹性模量乘以 3 倍(第 1、2 层),对砂土、圆砾层乘以 4.0 倍进行计算[记为比较模量(高倍)]。结果如图 10-4 和图 10-5 所示。

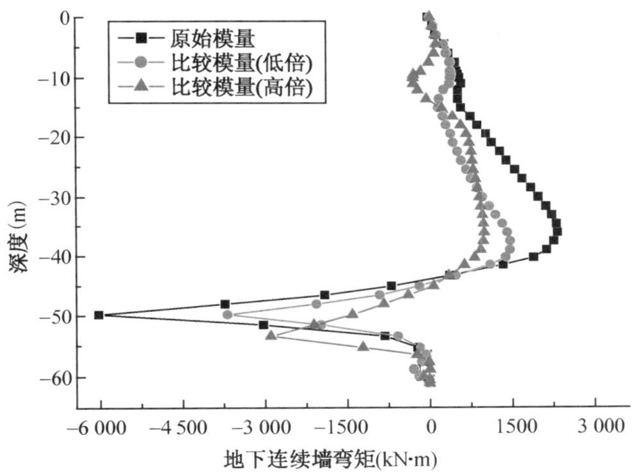

图 10-5　土体模量影响下地下连续墙弯矩对比

计算结果表明:随着弹性模量的增大,地下连续墙的水平位移和弯矩值均减小,特别是地下连续墙的位移明显减小,这三种模量情况下的最大变形分别是 72.1 mm, 40.4 mm和 21.8 mm。

2) 土体泊松比的影响

先将上面各层土体的泊松比取为 0.45,再依次降低为 0.25,结果见图 10-6—图 10-9。由图中可知,在原始模量和比较模量两种情况下,改变第 3 层土体的泊松比对地下连续墙的最大变形影响最大,而其他几层的泊松比对最大变形的影响很小;同时,第 3 层土体的泊松比的改变对弯矩的影响最大,其他各层对弯矩的影响较小,因此反分析中应对第三层泊松比参数予以重点考虑。

3) 岩体模量的影响

由于地质报告中没有反映岩体模量,在计算中取经验值与岩体模量偏大(乘以 10) 和偏小(除以 10)三种情况进行计算比较,岩体以上土体模量参数取原始模量和比较模量(高值)两种情况。结果如图 10-10—图 10-13 所示。

结果分析表明,岩体模量的改变对地下连续墙嵌岩段的弯矩影响较大,对变形的影响不大。

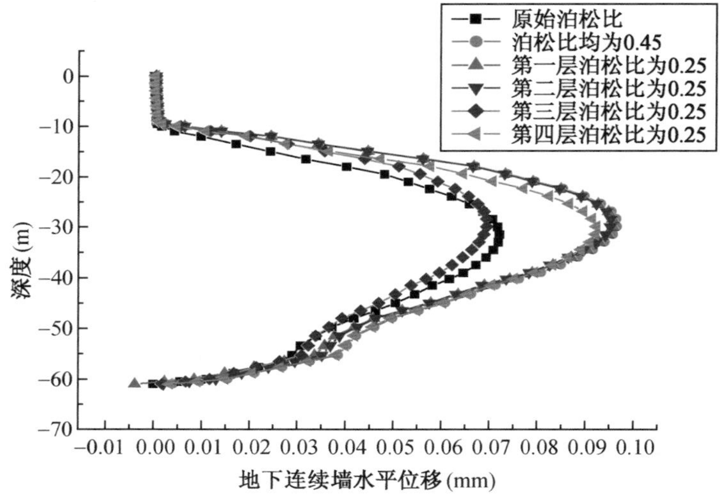

图 10-6 土体泊松比影响下地下连续墙水平位移对比(原始模量)

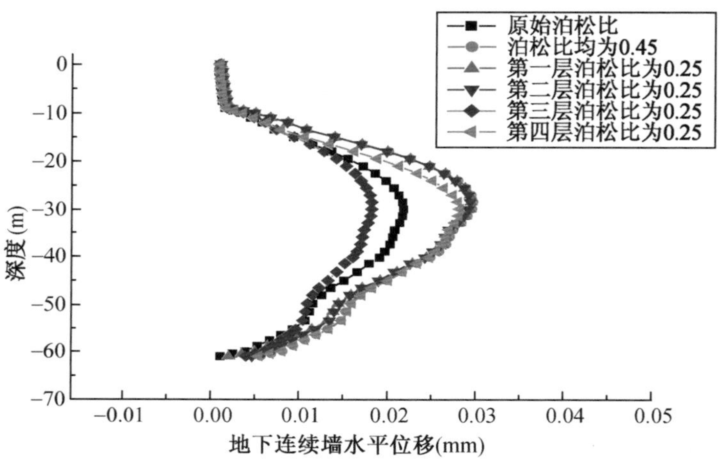

图 10-7 土体泊松比影响下地下连续墙水平位移对比(比较模量-高值)

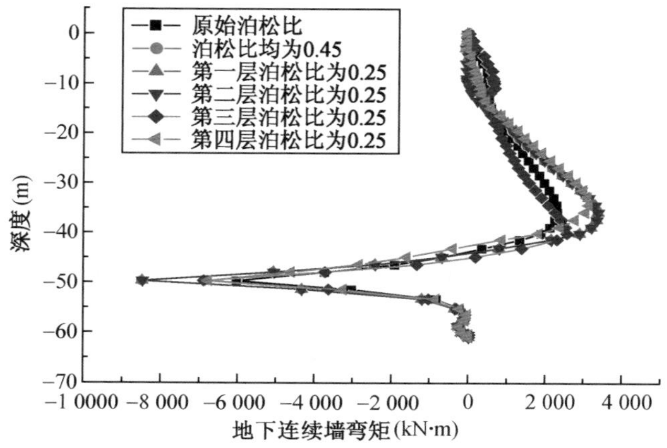

图 10-8 土体泊松比影响下地下连续墙弯矩对比(原始模量)

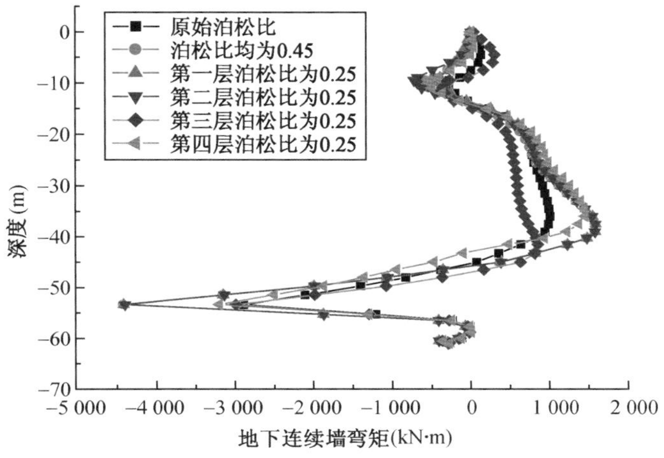

图 10-9　土体泊松比影响下地下连续墙弯矩对比(比较模量-高值)

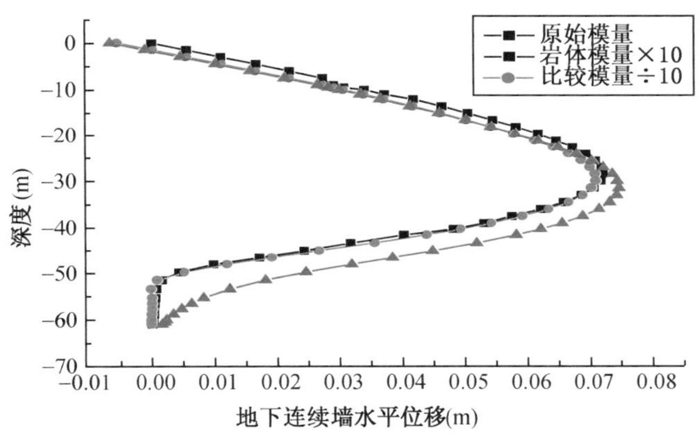

图 10-10　岩体模量影响下地下连续墙水平位移对比(原始模量)

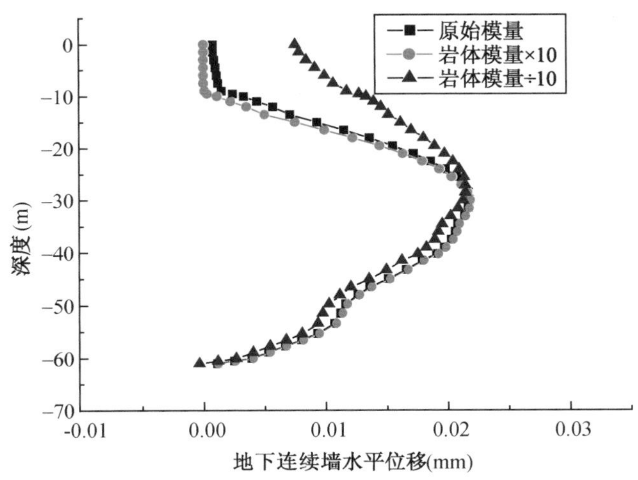

图 10-11　岩体模量影响下地下连续墙水平位移对比(比较模量-高值)

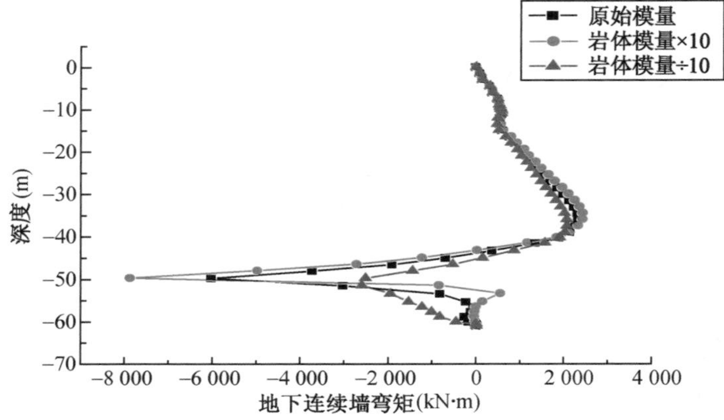

图 10-12　岩体模量影响下地下连续墙弯矩对比(原始模量)

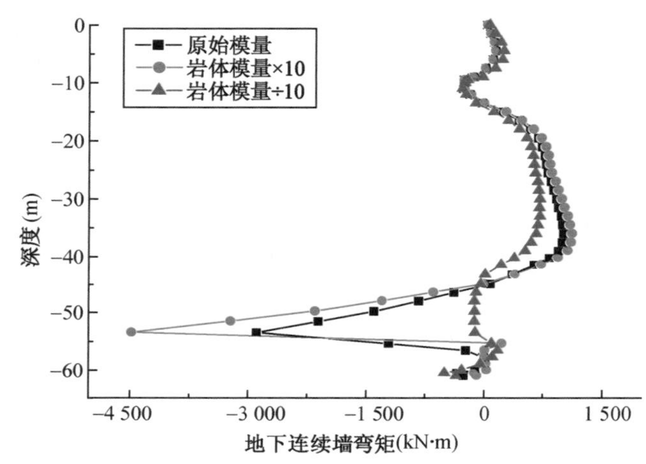

图 10-13　岩体模量影响下地下连续墙弯矩对比(比较模量-高值)

4）不同开挖方式的影响

本书主要比较了先开挖后支撑和先支撑后开挖方案对地下连续墙变形和弯矩的影响。在原始模量和比较模量两种情况下，改变支撑方式获得的结果如图 10-14—图 10-17所示。从图中可以看出，先挖后撑和先撑后挖的变形分别达到 9.12 cm 和 1.59 cm(对原始模量)以及 3.16 cm 和 0.54 cm[对比较模量(高值)]。开挖方式的改变导致变形的变化很大，分别达到 5.85 倍和 5.73 倍。同样，开挖方式的改变对弯矩的影响也是相当大的。

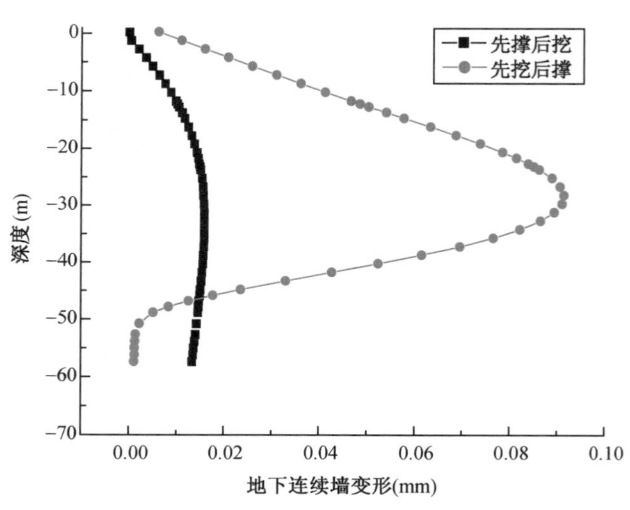

图 10-14　不同开挖方式下地下连续墙水平位移对比(原始模量)

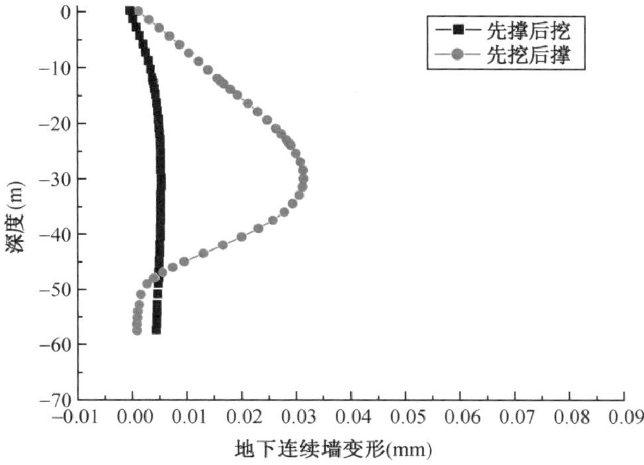

图 10-15 不同开挖方式下地下连续墙水平位移对比(比较模量-高值)

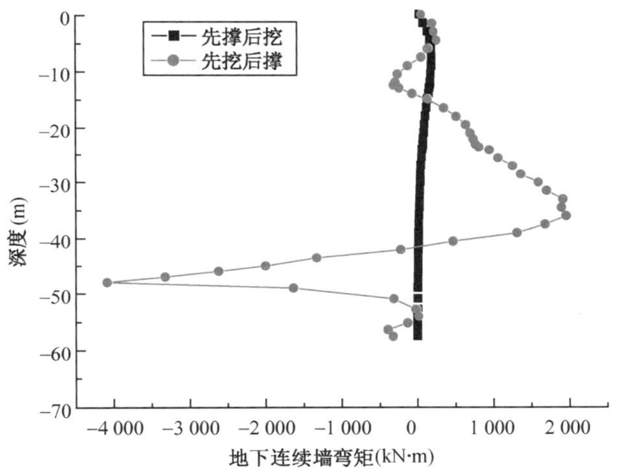

图 10-16 不同开挖方式地下连续墙弯矩对比(原始模量)

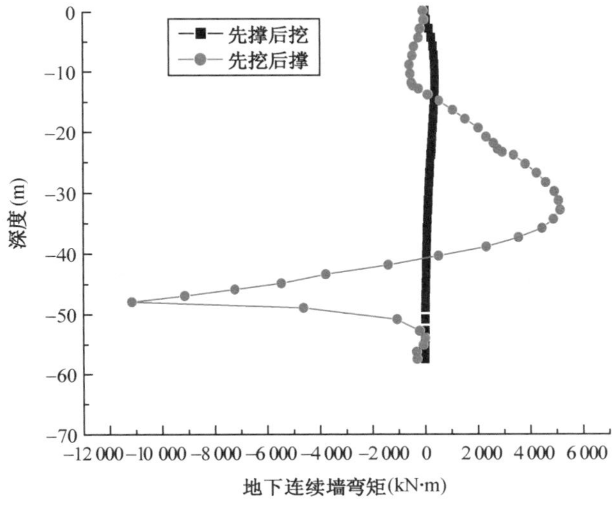

图 10-17 不同开挖方式地下连续墙弯矩对比(比较模量-高值)

综合以上分析结果，表明施工方案（开挖和支撑的先后顺序）对墙体位移的影响最大，其次基岩以上各层土体的弹性模量和第 3 层土体（砂性土层）的泊松比对地下连续墙侧向水平位移和弯矩有较大影响。根据工程实际情况，选取基岩以上各层土体的弹性模量进行反分析是合适的。

10.2.3 基于进化智能的动态施工反演分析及变形预测

1）反演的目标函数

由于基坑施工工序的特殊性，内力和变形等监测结果随着工况的变化而变化，呈现一种动态的响应过程。在常规的反演分析中，忽视了施工过程对反演计算结果的影响，人为地造成了一些计算上的误差。因此，有必要建立动态施工反演分析方法，根据现场量测信息反分析内衬及围护墙结构所受外力（土压力和水压力之和），辨识土体新的等效力学参数，用于预测下步施工中的内力和变形。通过对内力和变形的变化趋势进行综合分析判断，并提出调整设计和施工参数的建议，以达到控制变形的目的，从而确保施工中基坑围护结构的整体稳定与安全。

反演的目标函数为：

$$J(X)=\sum_{i=1}^{n}\frac{\omega_i J_i}{J_{i0}} \tag{10-1}$$

其中，n 为对应于目标函数的实测值数目，X 为未知量列阵，如土体弹性模量、初始侧压力系数等，J_i 分别为任意施工阶段水平位移、墙体弯矩、内衬内力的计算值和实测值之差的平方；J_{i0} 为上述因素的计算值的平方；ω_i 为加权常数，在[0，1]区间取值。

2）反分析优化方法研究

反分析的优化方法很多，较为传统的优化方法有共轭梯度法、单纯形法、复合形法、罚函数法及其改进等，由于复合形法多数情况下能给出满意解，收敛速度较快，工程应用中使用较普遍。但由于它受有限元正分析时间的限制，大多搜索效率不高。本书对有限元计算目标函数进行改进，采用神经网络学习获得计算模型，替代有限元进行目标函数的计算。流程如图 10-18 所示。

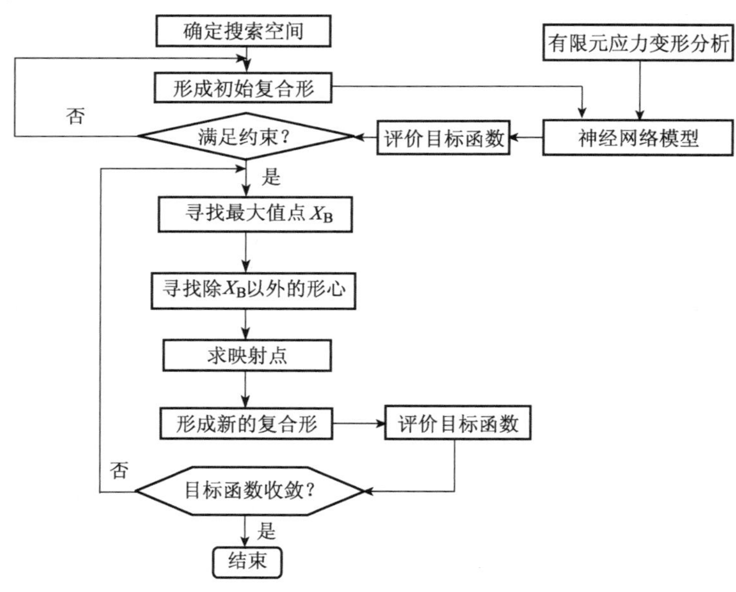

图 10-18 复合形神经网络优化流程

复合形法存在编程简单、使用方便的优点，但如前所述，该方法一般易陷入局部极小值，难以搜索到全局最优解。为了从根本上获得全局最优解，采用遗传进化搜索是一条新的途径，由此提出了下面的进化神经网络智能反演。

3）进化神经网络智能反演原理

根据前述的参数敏感性分析可知，施工方案对墙体位移的影响最大，其次第 3、第 4 层土体的弹性模量及泊松比对墙体位移和内力有较大影响。因此，在基坑开挖过程中取亚黏土、亚黏土夹亚砂土、粉细砂（浅）和粉细砂（深）四层土体的弹性模量进行反分析，并对下步变形和地下连续墙的内力进行预测。

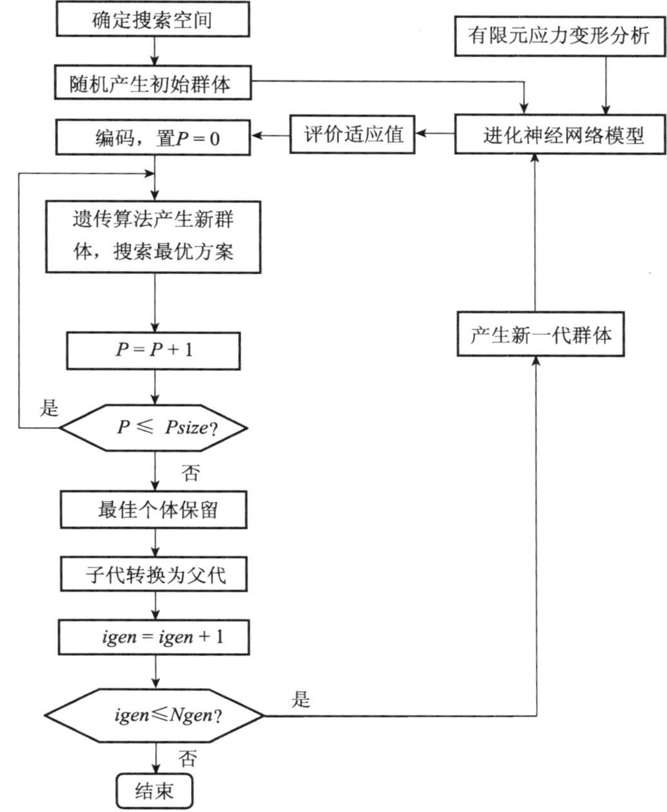

图 10-19　遗传算法优化搜索流程

反分析可选的优化方法很多。作为新近发展的智能科学，遗传算法因其自身具有的全局优化特性而令人瞩目，因此本研究采取遗传算法作为反分析的优化方法。反演流程如图 10-19 所示。图中，P 为当前个体号，$Psize$ 为群体规模，$igen$ 为当前代数，$Ngen$ 为最大搜索代数。

由于有限元分析通常计算量较大，需要耗费的时间较长，且土体力学参数、支护结构和开挖方案与最终形成的围护结构位移和内力之间的关系很难用显式数学表达式来描述，所以采用神经网络来描述深基坑工程复杂的映射关系。这种非线性映射关系用一个前向神经网络 $\mathrm{NN}(n,\ h_1,\ \cdots,\ h_p,\ m)$ 来描述。

$$\mathrm{N}(n,\ h_1,\ \cdots,\ h_p,\ m): R^n \to R^m \tag{10-2}$$

$$(\boldsymbol{Y}) = \mathrm{NN}(n,\ h_1,\ \cdots,\ h_p,\ m)(\boldsymbol{X}) \tag{10-3}$$

$$(\boldsymbol{Y}) = (y_1,\ y_2,\ \cdots,\ y_m),\ (\boldsymbol{X}) = (x_1,\ x_2,\ \cdots,\ x_n) \tag{10-4}$$

式中，y_i 为围护结构关键测点处的特征量（如最大位移或最大应力值），$i=1,2,\cdots,m$；x_j 为待反演的土体力学参数，$j=1,2,\cdots,n$，如 $(\boldsymbol{X})=\{E,\mu,c,\varphi,\cdots\}$，其中 E 为土体的弹性模量，μ 为土体的泊松比，c 和 φ 分别为土体的内聚力和内摩擦角。网络的输入节点为 $(\boldsymbol{X})=(x_1,x_2,\cdots,x_n)$，输出节点为 $(\boldsymbol{Y})=(y_1,y_2,\cdots,y_m)$，网络有 p 个隐含层，节点数分别为 $h_1,\ \cdots,\ h_p$。

为了建立这种映射关系，需要给出一组样本对神经网络模型进行训练，用以训练的样本可以通过数值计算和物理模型试验等方法获得。网络训练样本应具有典型代表性。根据正交试验设计和均匀设计各自的优点，本研究对神经网络的训练样本集中的学习样本采用正交试验设计法进行选取，而对测试样本采用均匀设计进行选取。这样既可以保证网络的学习、预测的准确性，又能减少试验的次数，从而大大节省计算工作量。

在每次反演计算中，利用有限元计算获得 9 个正交样本作为学习样本，7 个均匀设计样本进行测试，由此获得能替代有限元计算的神经网络模型。该网络的输入是土体弹性模量，输出为相应测点的变形。最后由遗传算法对目标函数[如式(10-1)]进行优化，得到反演结果。

4) 土体力学参数的反演分析

如上所述，取亚黏土、亚黏土夹亚砂土、粉细砂(浅)和粉细砂(深)四层土体的弹性模量进行反演分析，并对下步变形和地下连续墙的内力进行预测。采用遗传算法作为反分析的优化方法。

从监测报告可知，在开挖 1 至 5 层时，P03 孔(37# 地下连续墙槽段)的变形值总体上最大，因而该阶段选取该孔的变形进行反演。由于圆形结构变形和内力的自我调整，自开挖第 6 层土体(第 4 道内衬施工完成)起，P03 孔最大变形达到向坑内的最大值后开始下降；而 P02 孔(25# 地下连续墙槽段)向坑内的位移不断增大，此后最大变形值超过 P03 孔成为最大。因此，自第 2 次反演开始选取 P02 孔的变形进行反演。土体弹模的反演变化范围取值如表 10-2 所列。反演结果如表 10-3 所列。

表 10-2　土体弹性模量的反演变化范围　(MPa)

土层 \ 施工步	开挖 1～3 层	开挖第 10 层	开挖第 11 层	开挖第 13 层	开挖第 14 层	垫层浇筑	底板浇筑
亚黏土	8～16	8～16	8～16	9～16	9～16	9～16	9～16
亚黏土夹亚砂土	15～30	15～30	15～30	15～32	14～32	14～32	14～32
粉细砂(浅)	30～60	30～60	30～60	45～64	32～64	32～64	32～64
粉细砂(深)	60～120	60～120	60～120	50～100	50～100	50～100	50～100

表 10-3　反演后的土体等效弹性模量　(MPa)

土层 \ 施工步	开挖 1～3 层	开挖 4～9 层	开挖第 10 层	开挖第 11 层	开挖第 13 层	开挖第 14 层	垫层浇筑	底板浇筑
亚黏土	9	12	12.5	15.5	10	9	9	9
亚黏土夹亚砂土	18	22	27	26	15	16	16	16
粉细砂(浅)	36	46	36	32	48	48	48	48
粉细砂(深)	112	100	72	60	96	96	96	96

5) 地下连续墙变形和内力预测

在反演得到土体的等效弹性模量后，对下步施工中的地下连续墙变形和内力进行预测。预测结果分别如表 10-4、表 10-5 和图 10-20—图 10-34 所示。

表 10-4　预测与实测变形比较

施工步	最大变形实测值(mm)	最大变形预测值(mm)	绝对误差(mm)	相对误差(%)
开挖 1～3 层	9	10	1	11.1
开挖 4～9 层	17	14	3	17.6
开挖第 10 层	22.8	25.38	2.58	11.3
开挖第 11 层	26.8	27	0.2	0.75
开挖第 13 层	29.7	29.8	0.1	0.34

(续表)

施工步	最大变形实测值(mm)	最大变形预测值(mm)	绝对误差(mm)	相对误差(%)
开挖第 14 层	29.4	29.8	0.4	1.36
垫层浇筑	29.2	29.5	0.3	1.03
底板浇筑	31.0	31.0	0	0

表 10-5　地下连续墙弯矩预测值与实测值的比较

施工步	弯矩预测值(kN·m)	弯矩实测值(kN·m)
开挖 1～3 层(P03)	−475～640	−1 028～987
开挖 4～9 层	−2 417～921.4	−289～576
开挖第 10 层	−2 292～1 590	−356～946
开挖第 11 层	−2 265～1 647	−442～863
开挖第 13 层	−2 589～1 747	−341～1 110
开挖第 14 层	−3 375～1 748	−436～698
浇筑垫层	−3 260～1 717	−673～205

从最大变形预测与实测值的比较来看，预测最大变形发生位置和大小相当接近，预测有较高的准确度。最大相对预测误差为 17.6%，但绝对误差不大，为 3 mm；最小相对预测误差为 0.34%，其绝对误差为 0.1 mm。平均相对误差 6.2%，说明预测的总体效果是相当好的。

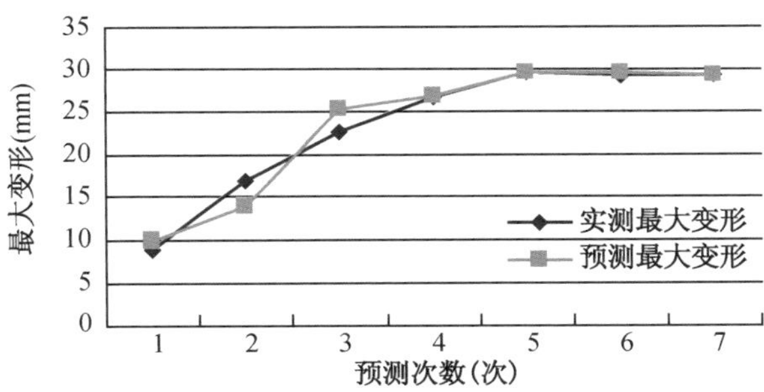

图 10-20　预测与实测比较

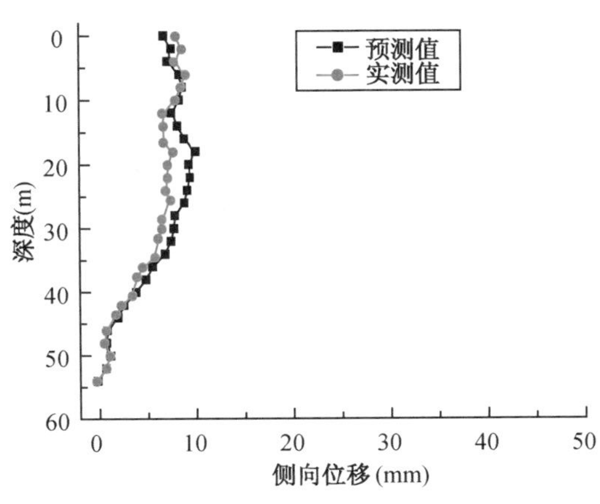

图 10-21　开挖第 4 层土体地下连续墙水平位移预测结果

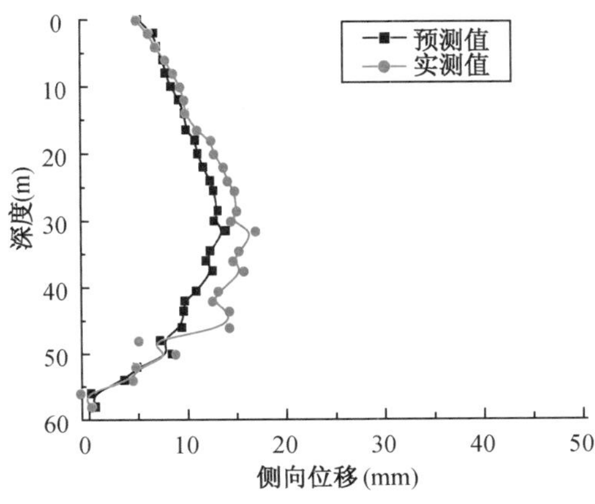

图 10-22　开挖第 9 层土体地下连续墙水平位移预测结果

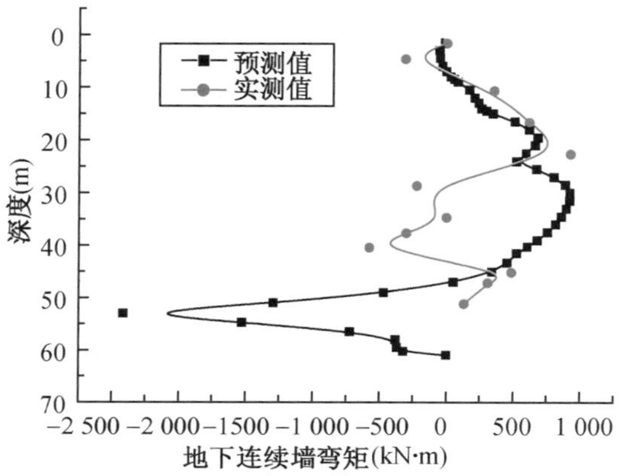

图 10-23　开挖第 9 层土体地下连续墙弯矩预测结果

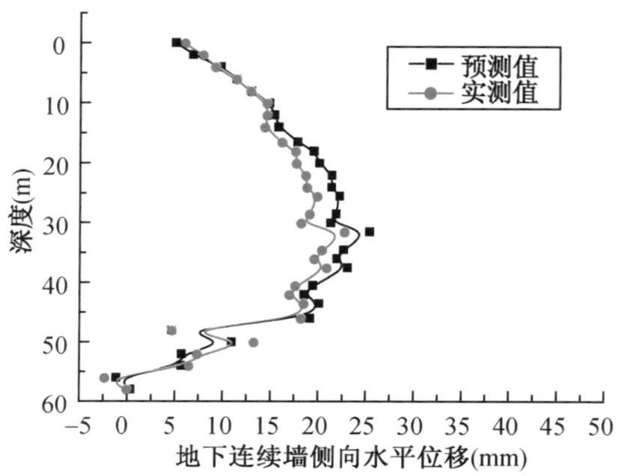

图 10-24　开挖第 10 层土体地下连续墙水平位移预测结果

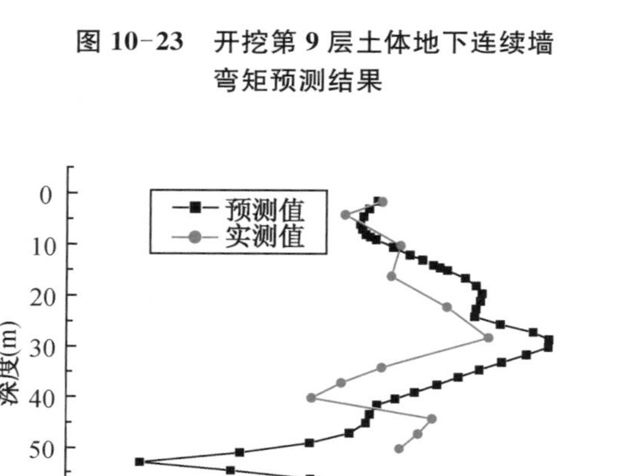

图 10-25　开挖第 10 层土体地下连续墙弯矩预测结果

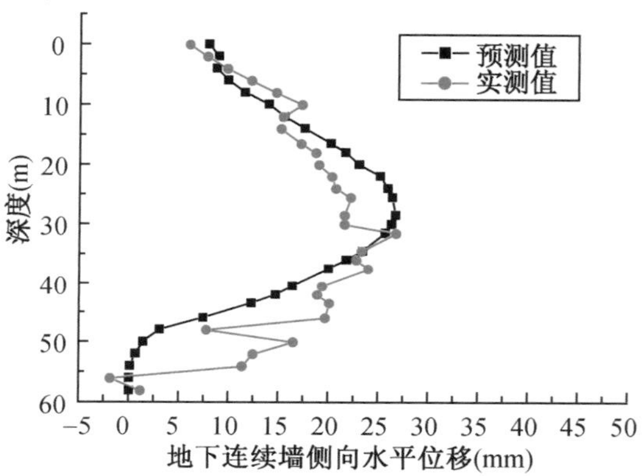

图 10-26　开挖第 11 层土体地下连续墙水平位移预测结果

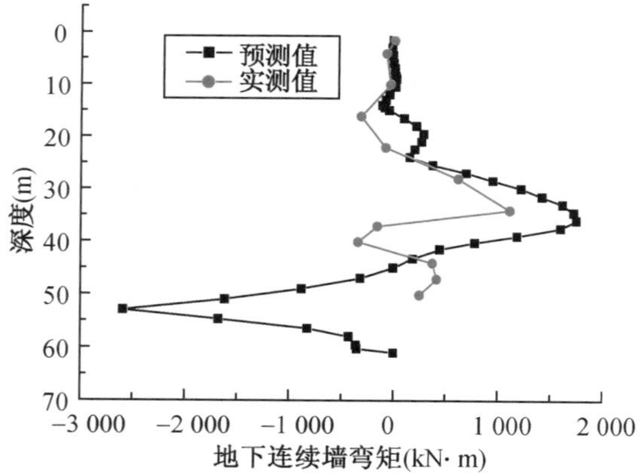

图 10-27　开挖第 13 层土体地下连续墙弯矩预测结果

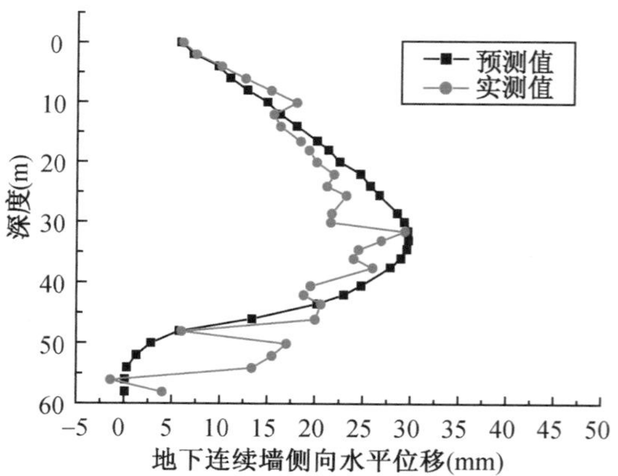

图 10-28　开挖第 14 层土体地下连续墙水平位移预测结果

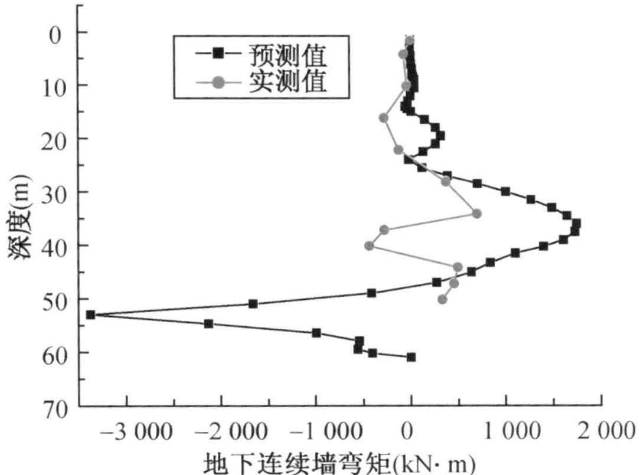

图 10-29　开挖第 14 层土体地下连续墙弯矩预测结果

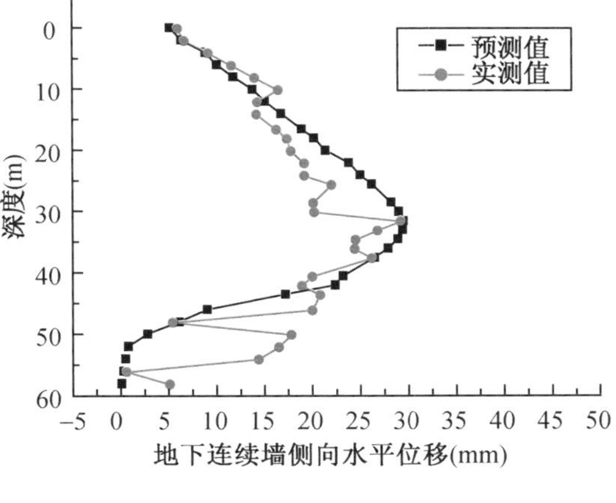

图 10-30　垫层浇筑完毕地下连续墙水平位移预测结果

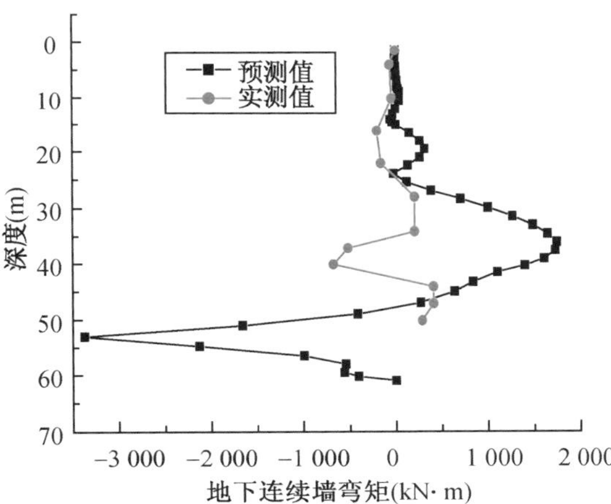

图 10-31　垫层浇筑完毕地下连续墙弯矩预测结果

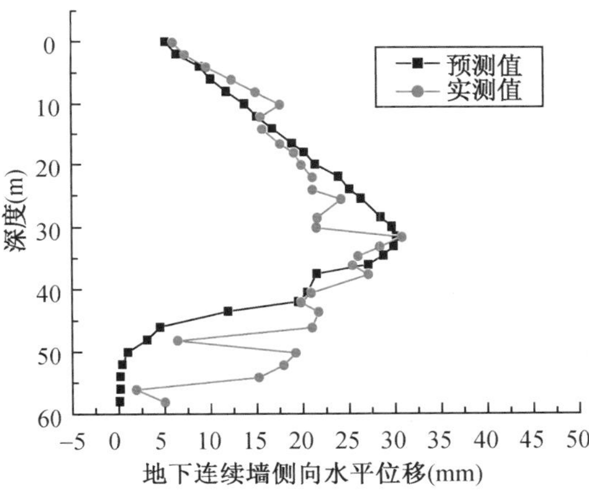

图 10-32　第 1 层(3 m)底板浇筑完毕地下连续墙水平位移预测与实测比较

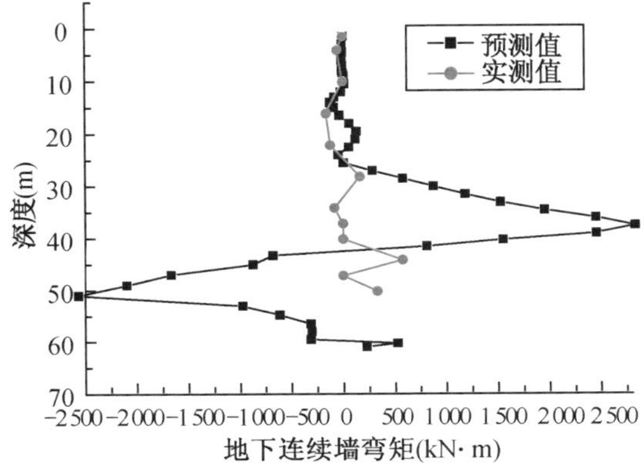

图 10-33　第 1 层(3 m)底板浇筑完毕地下连续墙弯矩预测与实测比较

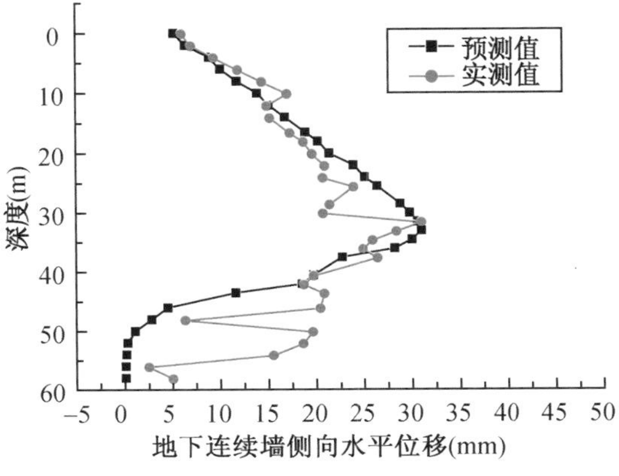

图 10-34　第 2 层(6 m)底板浇筑完毕地下连续墙水平位移预测与实测比较

10.3 某悬索大桥圆形深大基坑围护结构(地下连续墙和内衬)内力反演分析

10.3.1 钢筋应力计监测点布置

地下连续墙和内衬钢筋应力计监测点布置如图 10-35 所示。地下连续墙取 8 个断面监测(标记为 G1—G8),每个断面测试 11 个不同深度,分别为 4 m, 10 m, 16 m, 22 m, 28 m, 34 m, 37 m, 40 m, 44 m, 47 m 和 50 m。内衬取 4 个监测断面监测(标记为 WL1—WL4)。

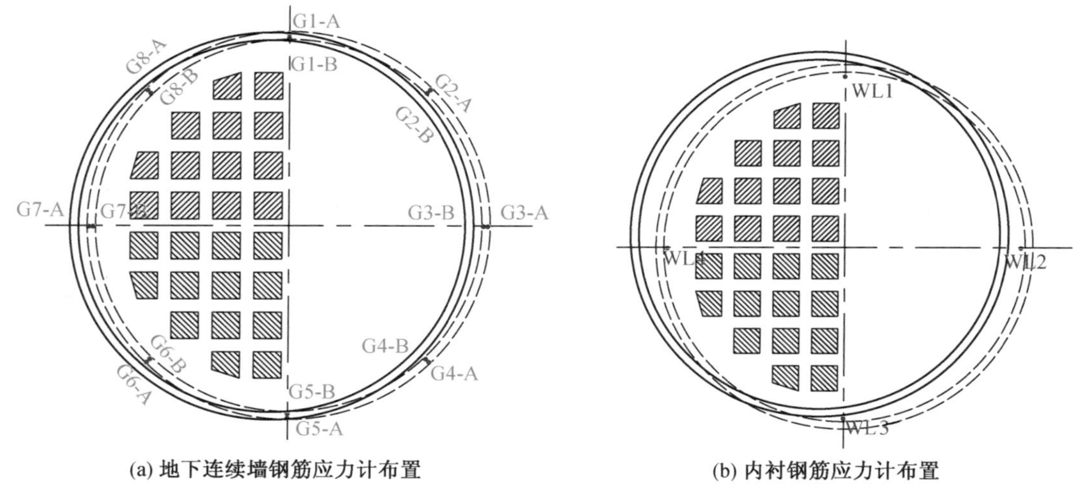

(a) 地下连续墙钢筋应力计布置　　(b) 内衬钢筋应力计布置

图 10-35　地下连续墙和内衬钢筋应力计布置图

10.3.2 围护结构的内力反演公式

由于监测单位提供的数据是围护结构主钢筋应力,因此需要根据实测数据反演围护结构(地下连续墙和内衬)的弯矩和轴力。然后,将每层土体开挖和内衬浇筑过程中的内力值与设计值进行比较,以确定围护结构的安全状态。另外在每次报告中都分析了内力的变化规律,并对开挖面附近地下连续墙和内衬的内力变化趋势进行了预测。

根据主筋的受力情况,分四种情况进行反演计算:①对内外侧主筋都受压的情况,既考虑钢筋的作用,又考虑受压混凝土的作用。②对于内侧主筋受拉、外侧主筋受压或者内侧主筋受压、外侧主筋受拉的情况,考虑钢筋的作用和压区混凝土的作用。由于混凝土受压区的计算公式不同,这实际上是两种情形。③内外侧主筋都受拉时,仅考虑钢筋的作用,而不考虑混凝土的作用。

以往的反演公式大多只考虑了一种情况,并将公式用之于所有情形,这显然是片面和错误的。本书分四种情形分别考虑,是对内力反演理论的完善和发展。

研究成果表明,反演理论符合实际,内力变化规律得到了后续施工的验证,内力预测结果正确。

1) 两侧主筋均受压

取主筋间距 b 为单元计算长度。将推导的公式除以 b,即得到每延米的计算公式。下同。

(1) 围护结构所受的轴力:

$$F_{N} = F_{Ns} + F_{Nc} \tag{10-5}$$

（2）围护结构的弯矩：

$$M = M_s + M_c \tag{10-6}$$

2）一侧主筋受拉，另一侧主筋受压

（1）外侧主筋受压，内侧主筋受拉：

$$M = \frac{1}{b}(M_c + M_{st} + M_{sc}) \tag{10-7}$$

$$F_N = \frac{1}{2}k_1k_3x_0^2 - \frac{1}{3}k_2k_3^2x_0^3 + \frac{1}{b}(\sigma_{s1} + \sigma_{s2})A(A_1 = A_2) \tag{10-8}$$

（2）外侧受拉，内侧受压：

$$\begin{aligned} M =& \frac{1}{b}\left[\sigma_{s1}A_{s1}\left(\frac{t}{2} - a_1\right) - \sigma_{s2}A_{s2}\left(\frac{t}{2} - a_2\right)\right] \\ & - \left[\frac{1}{3}(k_1k_3 - k_2k_3^2k_4)x_0^3 - \frac{1}{4}k_2k_3^2x_0^4 + \frac{1}{2}k_1k_3k_4x_0^2\right] \\ F_N =& \frac{1}{b}\left[b\int_0^{x_0}\sigma(\varepsilon)\mathrm{d}x + \sigma_{s1}A_{s1} + \sigma_{s2}A_{s2}\right] \\ =& \frac{1}{2}k_1k_3x_0^2 - \frac{1}{3}k_2k_3^2x_0^3 + \frac{1}{b}(\sigma_{s1}A_{s1} + \sigma_{s2}A_{s2}) \end{aligned} \tag{10-9}$$

3）内外两侧均受拉

计算公式为：

$$M = \frac{1}{b}\left[\sigma_{s1}A_{s1}\left(\frac{t}{2} - a_1\right) - \sigma_{s2}A_{s2}\left(\frac{t}{2} - a_2\right)\right] \tag{10-10}$$

$$F_N = \frac{1}{b}(\sigma_{s1}A_{s1} + \sigma_{s2}A_{s2}) \tag{10-11}$$

10.3.3　内力反演结果

将各个施工阶段各部位各深度的地下连续墙与内衬内力汇总，结果如表 10-6 所列。

表 10-6　各个施工阶段的地下连续墙与内衬内力汇总表

施工步	施工日期(混凝土浇筑/继续开挖)	地下连续墙内力		内衬内力	
		最大弯矩(kN·m)	最大轴力(kN)	最大弯矩(kN·m)	最大轴力(kN)
第 1 道	1 月 26 日—1 月 31 日/1 月 31 日—2 月 3 日	—	—	−2 063～−447	−2 481～−8 514
第 2 道	2 月 4 日—2 月 6 日/2 月 6 日—2 月 9 日	—	—	−1 970～116	−7 723～−656
第 3 道	2 月 10 日—2 月 12 日/2 月 12 日—2 月 15 日	−1 069～987	−2 744～239	−1 738～428	−1 6534～−222
第 4 道	2 月 15 日—2 月 17 日/2 月 17 日—2 月 20 日	−1 028～1 028	−3 921～239	−1 779～644	−12 900～−69
第 5 道	2 月 20 日—2 月 22 日/2 月 23 日—2 月 25 日	−1 069～1 576	−4 705～301	−2 624～823	−15 278～65
第 6 道	2 月 26 日—2 月 27 日/2 月 27 日—3 月 1 日	−1 069～1 504	−4 444～364	−2 471～640	−13 410～93

（续表）

施工步	施工日期(混凝土浇筑/继续开挖)	地下连续墙内力		内衬内力	
		最大弯矩(kN·m)	最大轴力(kN)	最大弯矩(kN·m)	最大轴力(kN)
第 7 道	3 月 2 日—3 月 4 日/3 月 4 日—3 月 7 日	−1 110～1 524	−4 182～390	−3 163～384	−20 602～97
第 8 道	3 月 7 日—3 月 9 日/3 月 9 日—3 月 12 日	−1 192～1 258	−4 377～415	−2 927～639	−22 002～88
第 9 道	3 月 13 日—3 月 14 日/3 月 15 日—3 月 18 日	−1 151～1 151	−4 313～402	−3 583～727	−23 110～79
第 10 道	3 月 18 日—3 月 20 日/3 月 20 日—3 月 24 日	−1 258～1 110	−4 444～427	−4 847～405	−20 336～96
第 11 道	3 月 24 日—3 月 26 日/3 月 26 日—3 月 29 日	−1 195～1 110	−6 403～440	−3 548～1 017	−19 248～92
第 12 道	3 月 30 日—3 月 31 日/3 月 31 日—4 月 5 日	−1 583～1 151	−6 142～452	−3 417～1 863	−19 922～69
第 13 道	4 月 6 日—4 月 8 日/4 月 8 日—4 月 12 日	−1 439～1 151	−6 273～452	−3 172～1 732	−18 999～67
垫层浇筑	4 月 12 日—4 月 21 日/4 月 21 日—4 月 28 日(绑扎钢筋)	−1 275～1 366	−6 273～452	−3 683～2 493	−19 977～44

10.3.4 内衬内力变化的特点

1）内衬弯矩

对开挖以来各道内衬钢筋的应力进行反演和汇总，结果如图 10-36—图 10-41 所示。

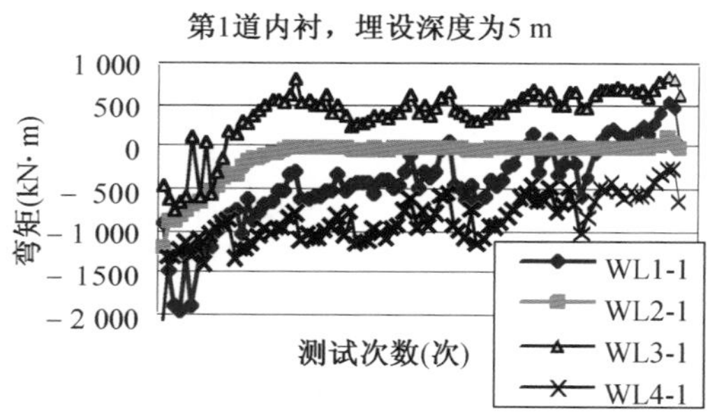

图 10-36 第 1 道内衬弯矩变化曲线

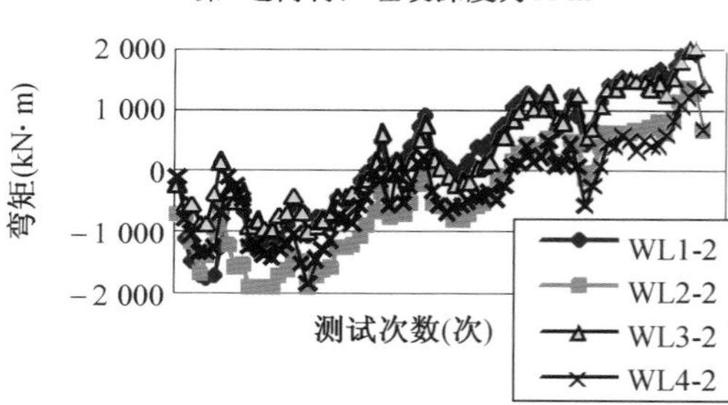

图 10-37 第 3 道内衬弯矩变化曲线

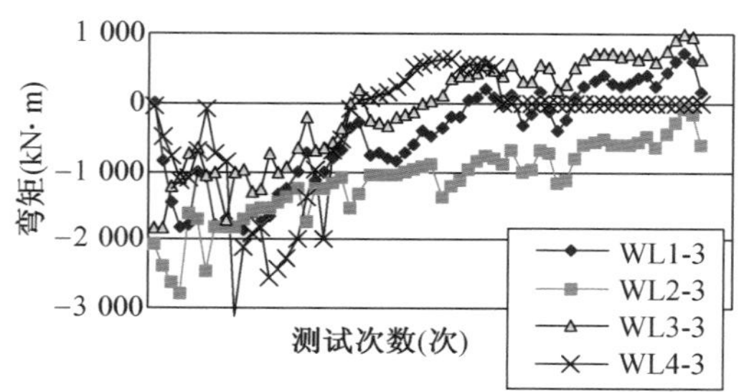

图 10-38 第 5 道内衬弯矩变化曲线

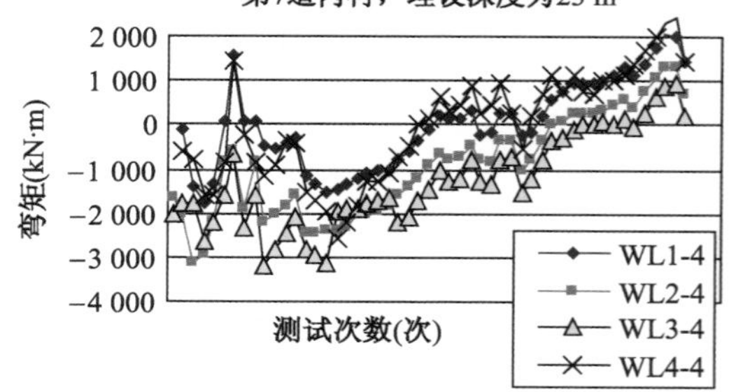

图 10-39 第 7 道内衬弯矩变化曲线

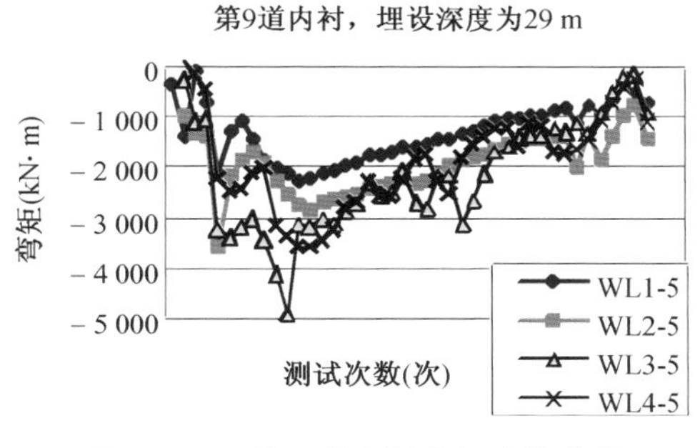

图 10-40　第 9 道内衬弯矩变化曲线

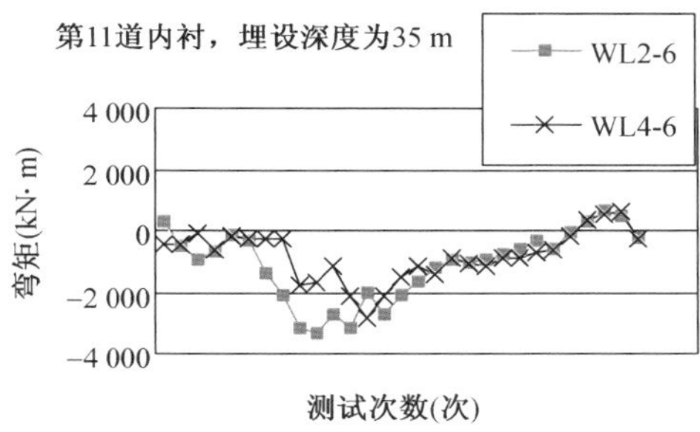

图 10-41　第 11 道内衬弯矩变化曲线

从内衬弯矩随时间的变化趋势来看，各道内衬的初期弯矩表现为较大的负弯矩。随着基坑开挖和内衬浇筑的周期性施工，内衬弯矩出现不同程度的波动，最后在－1 000～2 000 kN・m范围内波动变化。

将曲线的历次波动与内衬浇筑时间对应起来分析，可以看出内衬弯矩波动表现出了明显的规律性，即内衬某区域的混凝土浇筑完 1 d 后产生一个使上方内衬相同部位内侧钢筋受压的弯矩，弯矩的持续作用时间一般为 1～2 d。然后该弯矩的作用逐渐弱化。在弯矩图上反映出，每一道内衬的浇筑总会使上方各道内衬的弯矩变化曲线产生一个波峰，而且波峰上升段的出现时间与内衬分区浇筑时间有对应关系，即先浇筑区域上方各道内衬的弯矩曲线先出现上升趋势。

2）内衬轴力

在基坑开挖和内衬浇筑过程中，内衬轴力基本上表现为轴向压力，拉力很少且数值很小(最大拉力为 96.9 kN)。

从轴力的变化情况看，在混凝土浇筑初期钢筋承受－8 000 ～ －25 000 kN 的轴向压力。随着时间的延长，压力值逐渐稳定在 0～－20 000 kN 范围内。如图 10-42—图 10-47 所示。

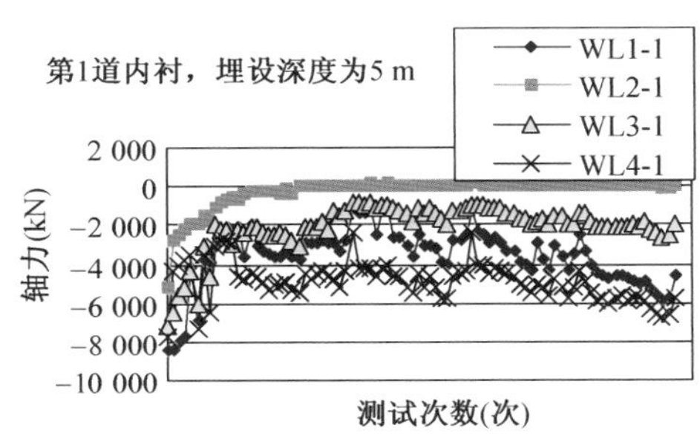

图 10-42　第 1 道内衬的轴力变化曲线

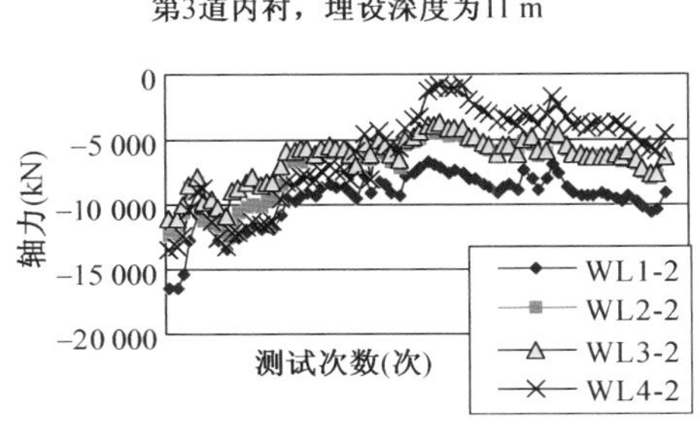

图 10-43　第 3 道内衬的轴力变化曲线

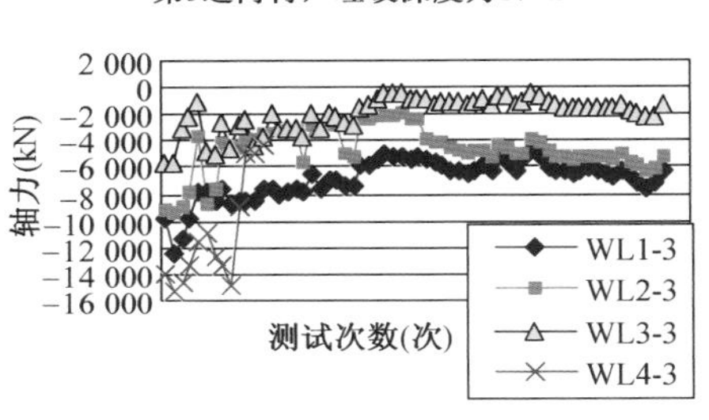

图 10-44　第 5 道内衬的轴力变化曲线

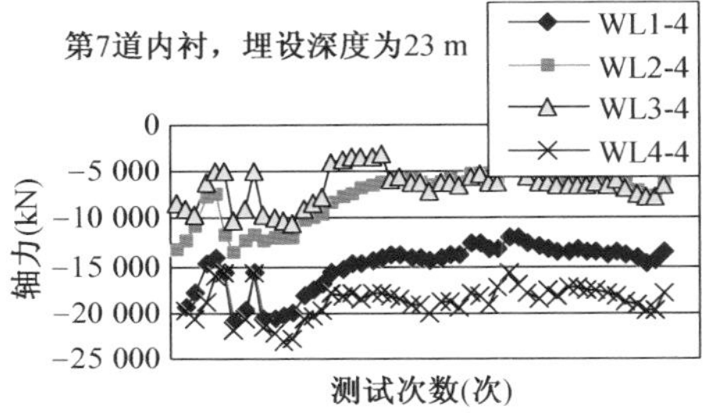

图 10-45　第 7 道内衬的轴力变化曲线

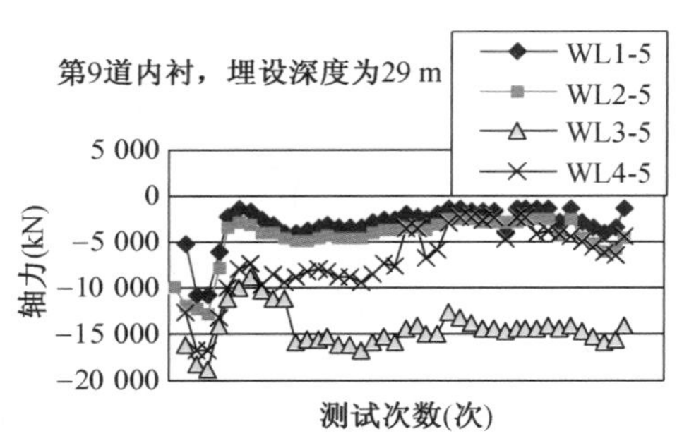

图 10-46　第 9 道内衬的轴力变化曲线

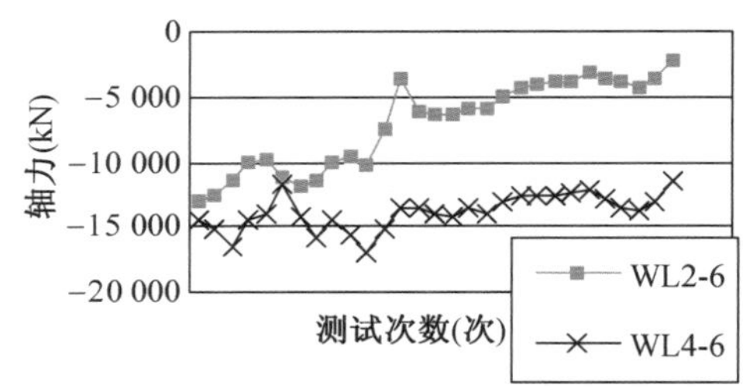

图 10-47　第 11 道内衬的轴力变化曲线

10.3.5　地下连续墙内力变化的特点

分析 G1—G7 各处的地下连续墙弯矩和轴力随时间的变化规律，结果如图 10-48 和图 10-49 所示。

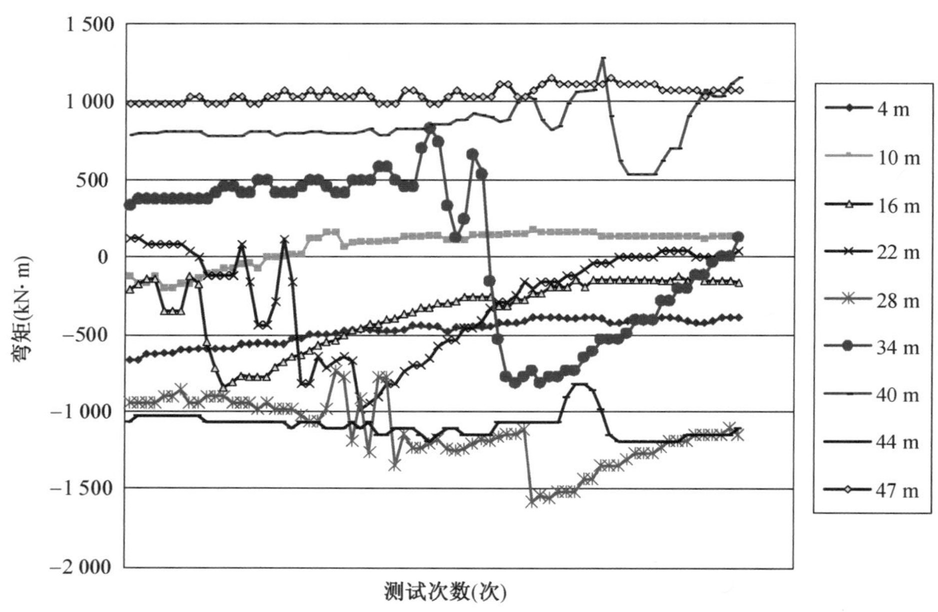

图 10-48　地下连续墙弯矩随时间变化曲线

结合各次反演报告可以看出：

(1) 随着基坑开挖和内衬浇筑的进行，各深度处地下连续墙的弯矩曲线依次呈现“先大幅波动、后平稳变化”的趋势，弯矩波动期一般为 8 d。待内衬施工深度超过相应的开挖面 2 m后才趋于平稳变化。

地下连续墙轴力曲线也出现大幅波动，但波动期为 2～3 d。从轴力数值看，内衬浇筑的总体效果是使地下连续墙所受的压力增大。

(2) 各深度地下连续墙的初期和后期的弯矩值分布范围大体相同，都在－1 000～1 000 kN·m。轴力表现为压力，且前期小后期大，垫层浇筑完毕后轴力大多为 0～－6 000 kN。

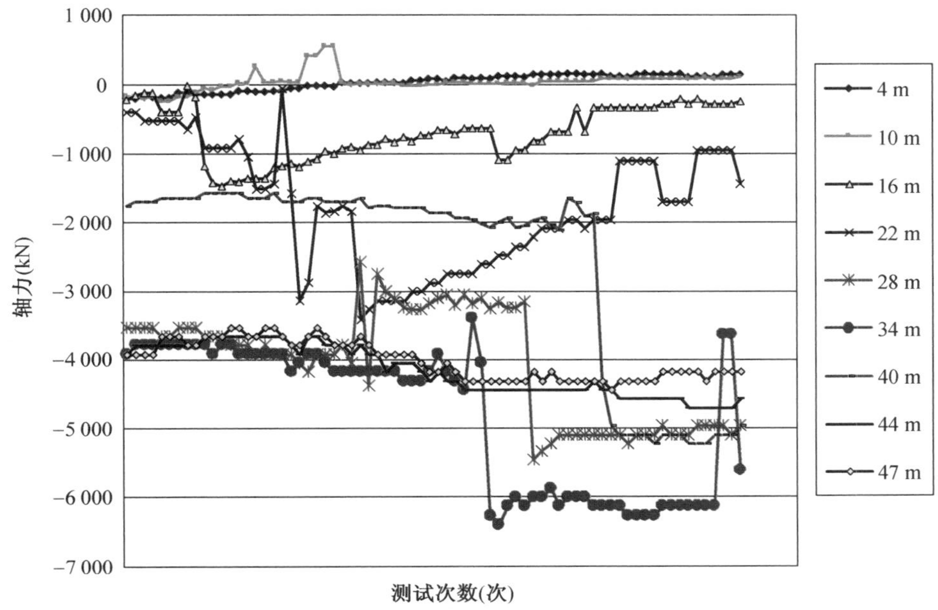

图 10-49　地下连续墙轴力随时间变化曲线

(3) 地下连续墙弯矩曲线的波动性与内衬浇筑和基坑开挖直接相关。当内衬浇筑 1 d 后即在地下连续墙上作用一个正弯矩，其持续作用时间为 1～2 d。当基坑继续向下开挖时，这一正弯矩的作用逐渐弱化。从弯矩图上反映出，每道内衬的浇筑都使地下连续墙弯矩曲线产生攀升，而随后的基坑开挖使弯矩曲线回落。两个施工步导致弯矩曲线出现峰值。这一规律与内衬弯矩曲线的变化规律相同。

10.3.6　施工因素与非施工因素对内力影响规律性的认识

施工因素是指基坑开挖、内衬浇筑和底板浇筑，非施工因素是指环境温度的影响。

1) 基坑开挖和内衬浇筑的影响

内衬浇筑使得地下连续墙和内衬弯矩出现波动，弯矩值出现攀升；基坑开挖使得弯矩曲线从波峰回落。

2) 底板浇筑的影响

按照设计要求，底板分两层浇筑，每层厚度 3 m。从反演数据来看，在两层底板浇筑期间，34～44 m 处的地下连续墙弯矩出现明显波动，40 m 以下的地下连续墙轴力出现增大迹象；各道内衬的弯矩曲线在每层底板浇筑期间均出现攀升和回落。

3) 环境温度对内力的影响

环境温度分为两个方面，一是内部温度，指的是混凝土水化放热使得围护结构内部升温；二是外部温度，指的是气温。

(1) 混凝土凝固以后，内部仍然发生的一系列物理化学变化不断放出大量水化热，使内衬温度升高，其结果是使内衬内部出现一个正弯矩，并导致上方各道内衬弯矩也出现一个大小不等的正弯矩，因此弯矩曲线出现攀升。从时间上看，弯矩曲线持续攀升的时间为 2～3 d，与混凝土材料的升温时间相吻合，说明这一解释是合理的。

另外，有几次内衬浇筑以后遇到了天气突变的情况，此时混凝土水化放热与环境温度同时作用。当气温升高时，二者作用相同，弯矩曲线的攀升更加明显；当气温降低时，二者的作用相反。但由于混凝土水化热导致的升温远大于环境温变,故此时内衬弯矩曲线仍表现为攀升。

(2) 选取垫层浇完至底板浇筑之前这段时间对气温的作用进行单独分析。这段时间内内衬弯矩不受其他因素的影响,有利于分析。结果如表 10-7 和图 10-50—图 10-55 所示。

表 10-7　某年 4 月 17 日～28 日的气温变化

日期	4月17日	4月18日	4月19日	4月20日	4月21日	4月22日	4月23日	4月24日	4月25日	4月26日	4月27日	4月28日
最低气温(℃)	15	15	20	20	20	21	19	14	13	16	16	17
最高气温(℃)	25	25	31	32	32	35	25	22	21	21	27	30

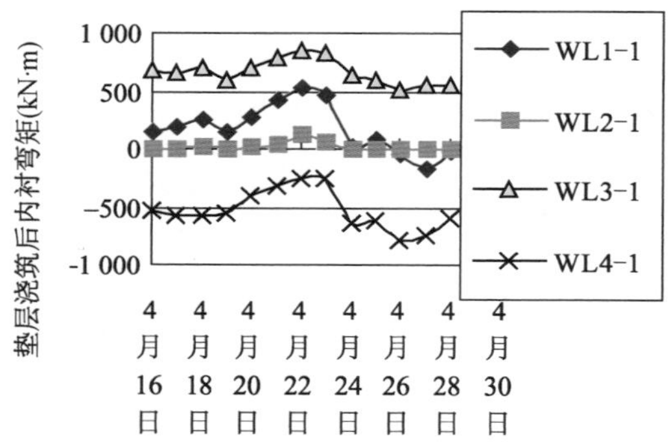

图 10-50　温度变化对第 1 道内衬弯矩的影响

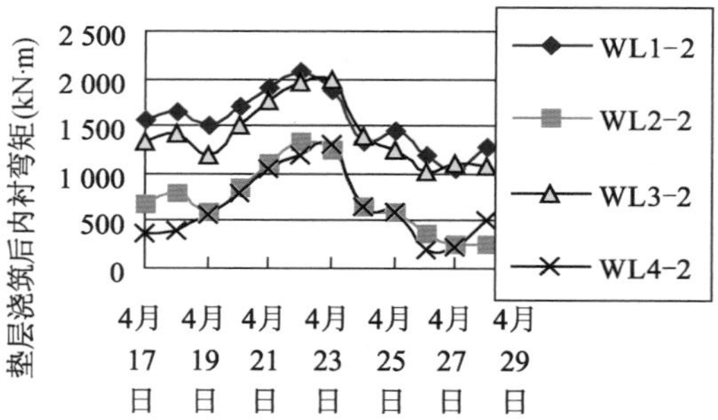

图 10-51　温度变化对第 3 道内衬弯矩的影响

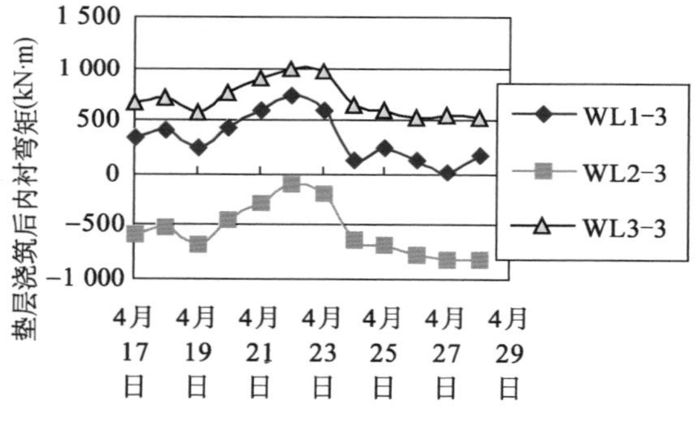

图 10-52　温度变化对第 5 道内衬弯矩的影响

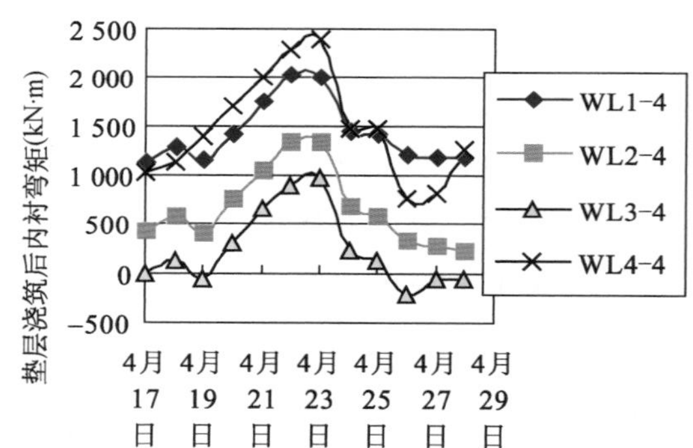

图 10-53　温度变化对第 7 道内衬弯矩的影响

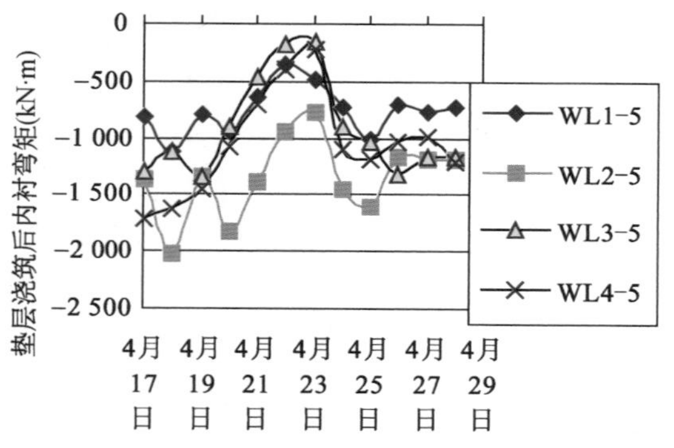

图 10-54　温度变化对第 9 道内衬弯矩的影响

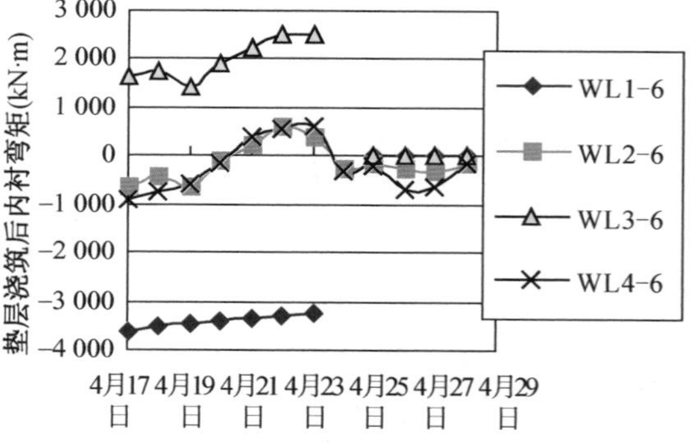

图 10-55　温度变化对第 11 道内衬弯矩的影响

从以上各图可以看出,温度升高在内衬中产生一个正弯矩,使得内衬弯矩曲线攀升,而温度降低使内衬中产生一个负弯矩,因而内衬曲线回落。

以上分析表明,不管是混凝土浇筑还是气温升高,只要其结果使得内衬温度升高,内衬中就会产生正弯矩,弯矩曲线就会攀升。这两个因素的作用在逻辑上是一致的。

10.3.7　不同工况水土压力与变形变化的对比分析

1）施工中土压力变化及对比分析

按照“黏性土进行水土合算、砂土进行水土分算”的原则,将基坑开挖初期、中期和后期至底板浇筑施工中的土压力实测值与理论计算值进行了对比,如表 10-8 和图 10-56—图 10-58所示。监测土压力取各工况一周的平均值。

表 10-8　土压力计算值与监测值对比　(kPa)

测孔编号	深度(m)	计算值			监测土压力(同一工况平均值)				
		静止	主动	被动	开挖初期(2 月 1 日)	开挖中期(3 月 9 日)	开挖后期(4 月 1 日)	垫层浇筑(4 月 10 日)	底板 3 m(4 月 24 日)
P02/T3	6	105.3	42.4	317.5	48.4	42.0	41.0	41.1	42.1
	12	190.6	111.5	311.3	98.1	92.5	96.0	97.0	100.6
	18	181.2	129.8	529.2	158.4	155.0	159.2	158.4	161.0
	24	324.3	204.4	529.2	239.6	247.8	252.7	252.4	254.1
	30	347.3	279.0	659.5	327.4	336.3	319.2	322.6	321.6
	36	430.3	353.7	1 569	441.0	421.8	372.2	375.0	370.4
	42	475.5	399.0	2 296	571.8	554.0	522.8	513.1	520.0
	48	555.2	471.0	317	676.8	656.0	614.7	605.1	602.4
P03/T5	6	105.3	42.4	317.5	29.9	26.3	25.2	26.4	28.0
	12	190.6	111.5	504.4	103.0	109.3	119.8	120.3	126.9
	18	193.9	142.7	1 162	220.4	220.5	209.8	208	210.9
	24	264.6	207.4	1 555	280.8	280.8	285.8	284.6	288.7
	30	346.9	281.4	1 823	343.5	350.0	353.5	351	355.3
	36	429.1	355.4	2 091	394.4	383.0	367.7	369.1	368.9
	42 上	511.4	429.4	2 359	473.8	471.8	464.7	457.4	463.6
	42 下	481.9	406.8	2 760	473.8	471.8	464.7	457.4	463.6
	48	541.4	478.8	3 074	630.3	593.5	530.7	512.3	508.3
P04/T7	6	105.3	42.4	317	44.6	37.5	39.3	41.1	44.3
	12 上	188.6	108.2	513	95.1	101.5	105.5	107.4	111.0
	12 下	190.3	111.3	503.9	95.1	101.5	105.5	107.4	111.0
	18	173.9	117.0	1 249.8	189.9	174.0	179.3	180.5	182.4
	24	400.5	341.3	688	257.0	235.3	217.2	215.1	217.0
	30	284.5	199.4	2 072	348.3	347.5	395.0	397.1	402.3
	36	367.5	274.0	2 330.8	399.9	392.5	376.0	375.7	372.3
	42	450.5	348.6	2 590.1	499.4	490.0	448.8	434.8	433.1
	48	484.6	385.4	3 496	654.4	649.3	561.3	572.3	572.4

为了与地下连续墙变形进行对照,在此选取与 P02，P03 和 P04 孔相对应的土压力测孔 T3，T5 和 T7 进行分析(P01 测斜孔因监测过程中被破坏而未考虑)。

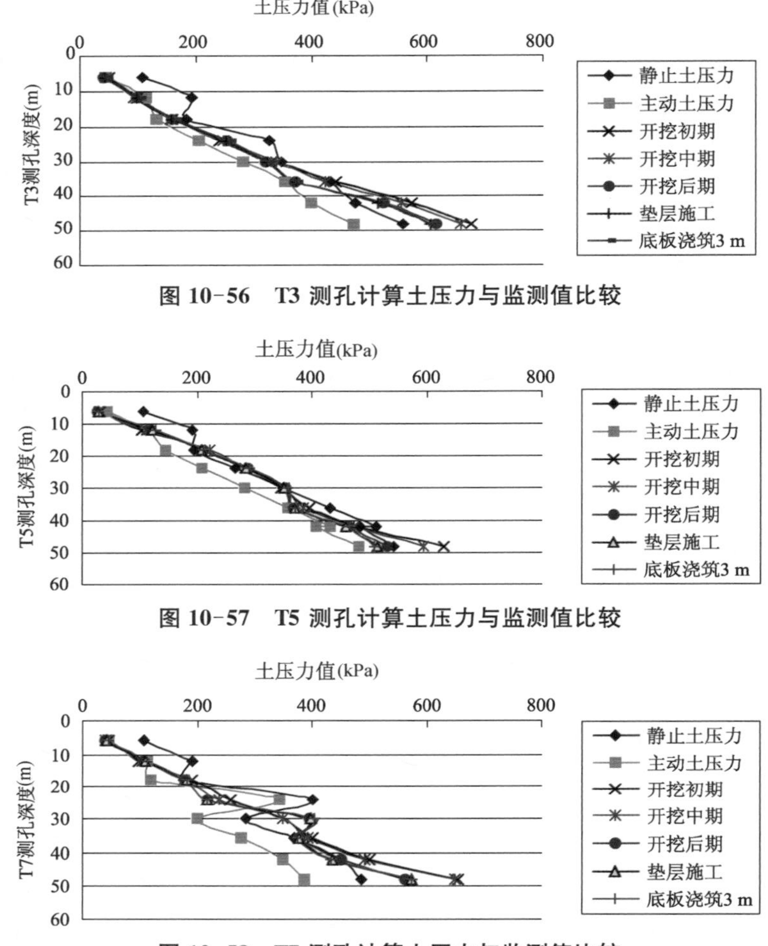

图 10-56　T3 测孔计算土压力与监测值比较

图 10-57　T5 测孔计算土压力与监测值比较

图 10-58　T7 测孔计算土压力与监测值比较

从上述图表中可以得到下述结论：

(1) 基坑开挖和垫层的浇筑过程中，墙外土压力值是逐渐减小的。其中，下部的减小幅度较上部要明显，开挖后期与开挖初期比较，T3，T5 和 T7 的 48 m 深处实测土压力分别减小 61 kPa，100 kPa 和 88 kPa。T3 和 T7 的土压力在 48 m 深处仍大于静止土压力，而 T5 则小于静止土压力。与垫层浇筑相比较，基坑底板浇筑期间，墙外 42 m 以上土压力值有所增大，48 m 左右土压力略有减小。开挖初期和中期的土压力值较为接近，垫层浇筑期间的土压力值与开挖后期相比较为接近。

(2) 对于上覆黏土层和淤泥质土层，其实测土压力值接近水土合算的主动土压力；对于 14 m 以下的砂土层，其实测土压力基本与静止土压力接近；对于 42 m 以下的卵石层，实测土压力超过静止土压力。

(3) 底板施工期间较垫层施工期间的平均最大变形有所增大，分别为 29.62 mm 和 27.48 mm。将地下连续墙所受土压力与变形一起比较可以看出，土压力增大对地下连续墙作用明显，二者此期间在变化趋势上是一致的。

(4) 从计算结果看，墙外土压力远未达到被动土压力。

2) 监测孔隙水压力与计算对比

垫层施工期间，坑外地下水位有一定上升，实测水压力也随之增长。通过比较可以发现，孔隙水压力的变化与计算出的静止水压力具有较好的一致性。表 10-9—表 10-11 列出了 K1—K3 孔的监测水压力和计算静止水压力及其比值，比值基本位于 0.9～1.1 之间。K2 孔 15 m 深处水压力实测和计算的比值多数位于 0.7 左右，可能是由于量测的水位不准（受现场抽水冲洗导管等的影响）造成的。表 10-9 中第 1 列表示了各道内衬及垫层施工的工况。

表 10-9　K1 孔监测水压力和计算对比　(kPa)

工况	测点深度											
	15 m			25 m			35 m			40 m		
	计算	实测	比值	计算	实测	比值	计算	实测	比值	计算	实测	比值
第 1 道内衬	48	67.3	1.402	148	165	1.115	248	260	1.048	298	304	1.02
第 2 道内衬	47.5	65.3	1.375	148	163	1.101	248	257	1.036	298	302	1.013
第 3 道内衬	51.3	61.8	1.205	151	159	1.053	251	254	1.012	301	298	0.99
第 4 道内衬	48.8	65	1.332	149	164	1.101	249	258	1.036	299	302	1.01
第 5 道内衬	50	60	1.2	150	159	1.06	250	254	1.016	300	297	0.99
第 6 道内衬	33	58.8	1.782	133	158	1.188	233	253	1.086	283	296	1.046
第 7 道内衬	57	59.4	1.042	157	160	1.019	257	252	0.981	307	297	0.967
第 8 道内衬	48.5	66	1.361	149	166	1.114	249	259	1.04	299	304	1.017
第 9 道内衬	60.8	74.2	1.22	161	175	1.087	261	268	1.027	311	313	1.006
第 10 道内衬	61	72.3	1.185	161	172	1.068	261	266	1.019	311	311	1
第 11 道内衬	53	70.3	1.326	153	171	1.118	253	264	1.043	303	310	1.023
第 12 道内衬	60	77.8	1.297	160	178	1.113	260	272	1.046	310	316	1.019
第 13 道内衬	65	79	1.215	165	180	1.091	265	274	1.034	315	313	0.994
垫层	69.3	84	1.121	169	185	1.095	269	278	1.033	319	324	1.016

表 10-10　K2 孔监测水压力和计算对比　(kPa)

工况	测点深度											
	15 m			25 m			35 m			40 m		
	计算	实测	比值	计算	实测	比值	计算	实测	比值	计算	实测	比值
第 1 道内衬	53	75.3	1.421	153	177	1.157	253	265	1.047	303	315	1.04
第 2 道内衬	97.4	71.8	0.737	153	175	1.144	253	261	1.032	303	311	1.026
第 3 道内衬	96.2	67.3	0.7	154	171	1.11	254	257	1.012	304	307	1.01
第 4 道内衬	97.6	72.5	0.743	152	176	1.158	252	262	1.04	302	311	1.03
第 5 道内衬	96	67.5	0.703	154	171	1.11	254	257	1.012	304	307	1.01
第 6 道内衬	105	66.8	0.636	145	170	1.172	245	246	1.004	295	305	1.034
第 7 道内衬	90	67.2	0.747	160	170	1.063	260	243	0.935	310	306	0.987
第 8 道内衬	101	73.5	0.728	149	177	1.188	249	249	1	299	312	1.043
第 9 道内衬	86	82.6	0.96	164	186	1.134	264	258	0.977	314	322	1.025
第 10 道内衬	87.3	86.3	0.989	163	190	1.166	263	261	0.992	313	326	1.042
第 11 道内衬	93	81	0.871	157	185	1.178	257	256	0.996	307	320	1.042
第 12 道内衬	87	79.3	0.911	163	183	1.123	263	255	0.97	313	318	1.016
第 13 道内衬	83	88	1.06	167	192	1.15	267	263	0.985	317	328	1.035
垫层	76.5	93	1.216	174	196	1.126	274	267	0.974	324	332	1.025

表 10-11 K3 孔监测水压力和计算对比 (kPa)

工况	测点深度											
	15 m			25 m			35 m			40 m		
	计算	实测	比值	计算	实测	比值	计算	实测	比值	计算	实测	比值
第 1 道内衬	53	81.5	1.538	153	159	1.039	253	183	0.723	303	207	0.683
第 2 道内衬	97	81	0.835	153	176	1.15	253	276	1.091	303	321	1.059
第 3 道内衬	97	81	0.835	153	177	1.157	253	268	1.059	303	318	1.05
第 4 道内衬	100	87.5	0.875	150	206	1.373	250	202	0.808	300	310	1.033
第 5 道内衬	96.4	85	0.882	154	—	—	254	—	—	304	307	1.01
第 6 道内衬	104	84.3	0.811	147	—	—	247	—	—	297	315	1.061
第 7 道内衬	90	85.6	0.951	160	—	—	260	—	—	310	309	0.997
第 8 道内衬	104	88.8	0.854	147	—	—	247	—	—	297	310	1.044
第 9 道内衬	86.8	93.2	1.074	163	—	—	263	—	—	313	315	1.006
第 10 道内衬	87	95.3	1.095	163	—	—	263	—	—	313	318	1.016
第 11 道内衬	92.5	92.3	0.998	158	—	—	258	—	—	308	312	1.013
第 12 道内衬	88	91.5	1.04	162	—	—	262	—	—	312	311	0.997
第 13 道内衬	83.5	96	1.15	167	—	—	267	—	—	317	320	1.009
垫层	77.4	99	1.279	173	—	—	273	—	—	323	327	1.012

3）地下连续墙变形监测数据分析

从监测数据可以看出，在内衬施工中，地下连续墙的侧向变形会受到一定影响。图 10-59—图 10-67 为自内衬施工到垫层施工期间 P02 孔地下连续墙各深度每天的侧向变形变化幅度曲线。

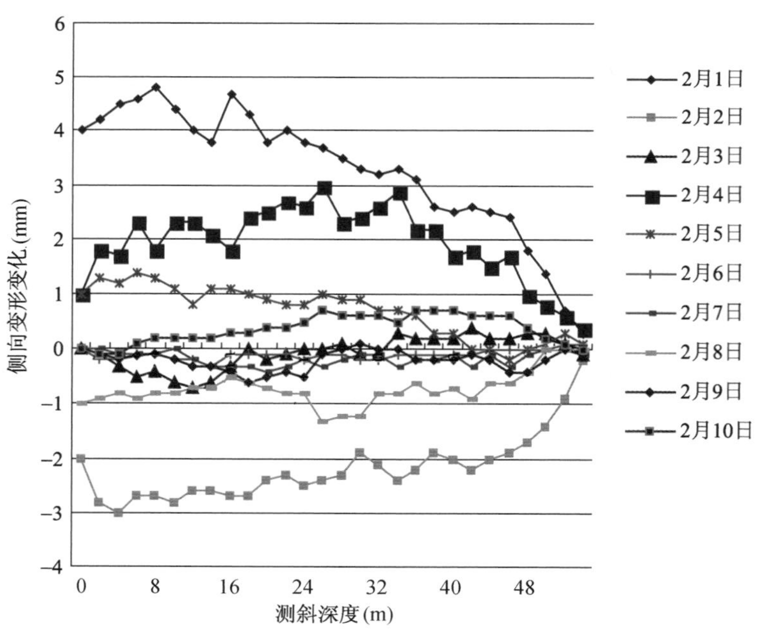

图 10-59 第 2 道内衬施工地下连续墙侧向变形变化幅度

现场实测数据的变形中包含各种施工因素（开挖顺序、内衬施工顺序、内衬浇筑水化膨胀、地面超载等）的影响。在上述主要的施工因素中，开挖顺序的影响可在有限元程序中加以模拟，而内衬浇筑水化膨胀的影响较难模拟。

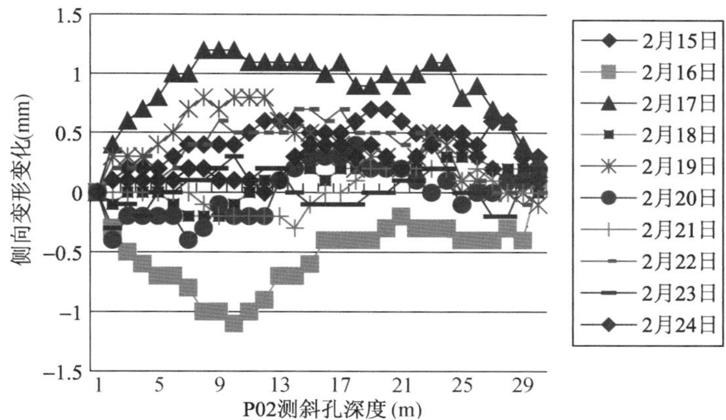

图 10-60　第 4～5 道内衬施工地下连续墙的侧向变形变化幅度

在地下连续墙上部施工第 1 道内衬时，混凝土水化膨胀对变形的影响较大，墙体向坑内坑外的水平向变形变化达到 7 mm之多；其后，下部施工第 2 道内衬时（图 10-59），这种非开挖因素导致的变形就小得多。若将墙体变形与混凝土浇筑时间对应起来看，微膨胀自密实混凝土在浇筑后短期内对地下连续墙的变形有一定影响。如图 10-60 及图 10-61 所示，在地下连续墙施工第 4～5 道内衬时，混凝土水化膨胀对变形的影响基本上位于±1 mm 之间，而 6～7 道内衬时影响要大，变化幅度在－1～＋2 mm 之间，其作用是使地下连续墙产生向坑外的位移。

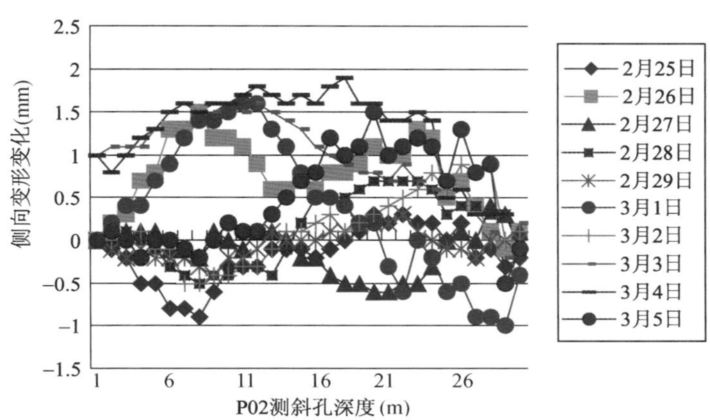

图 10-61　第 6～7 道内衬施工地下连续墙的侧向变形变化幅度

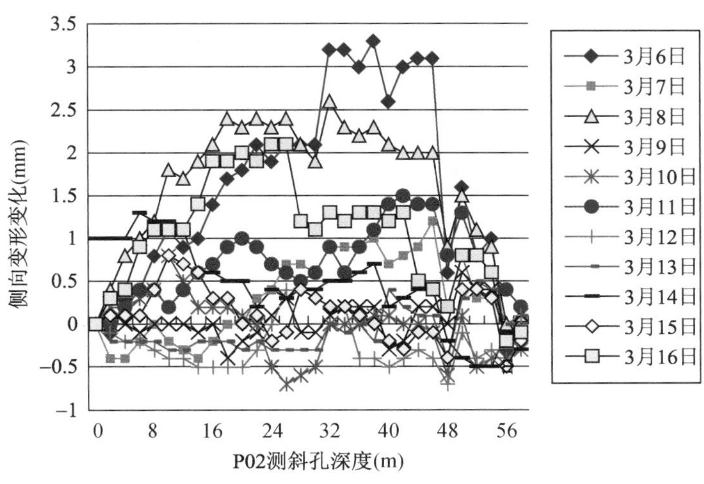

图 10-62　第 7～9 道内衬施工地下连续墙侧向变形变化幅度

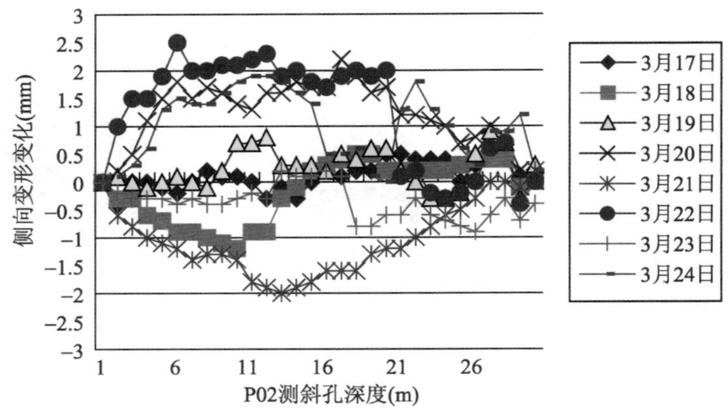

图 10-63　第 10 道内衬施工地下连续墙侧向变形变化幅度

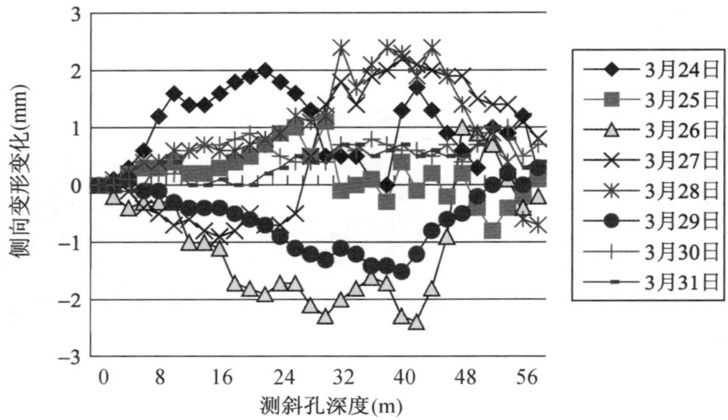

图 10-64　第 11 道内衬施工地下连续墙侧向变形变化幅度

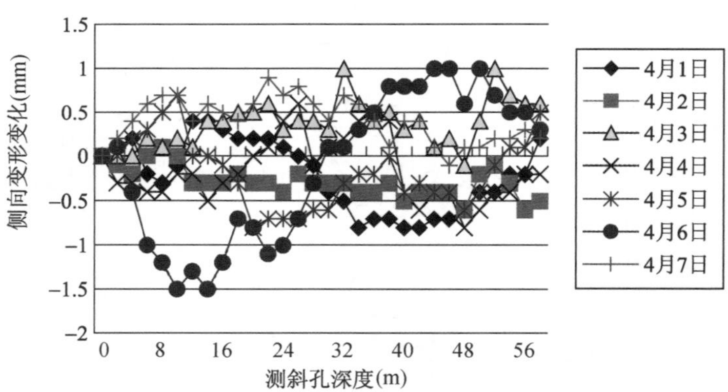

图 10-65　第 13 道内衬施工地下连续墙侧向变形变化幅度

在垫层施工期间，基坑内土体开挖和混凝土浇筑使地下连续墙产生的变形变化幅度在－4.5～4.6 mm，较内衬施工时的变化幅度要大很多，这与当时测斜仪的测试精度下降有一定关系。

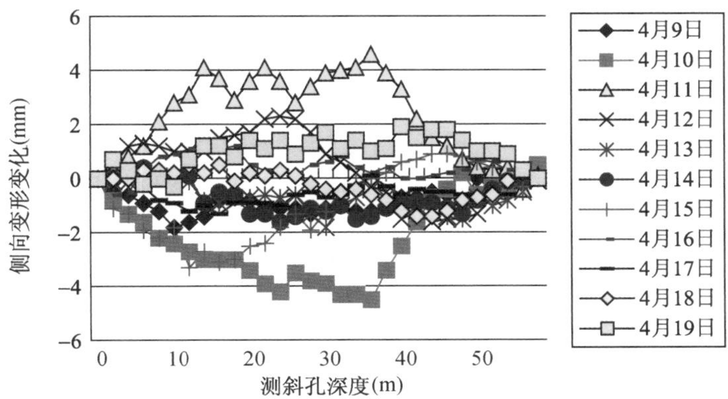

图 10-66　垫层施工期间地下连续墙侧向变形变化幅度

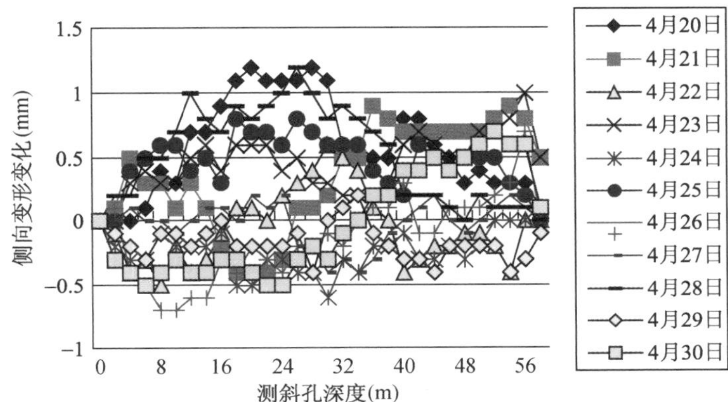

图 10-67　底板施工期间地下连续墙的侧向变形变化幅度

上述分析表明内衬施工不仅影响围护结构的内力，还导致地下连续墙的变形发生一定变化。从地下连续墙变形的变化幅度来看，基本上位于警戒值(±5 mm/日)内。

10.3.8　三维变形计算结果分析

采用三维的图像显示技术，可以将地下连续墙的变形放大显示出来。本研究采用开挖 33 m 深度时的变形数据进行显示，变形放大 100 倍。从图 10-68 中可以直观感受到监测时刻墙体变形情况。可以看出，墙体呈现一种类似“蛇形”的变形，即上部帽梁部分基本不动，往下 P01 和 P02 测孔处向坑内变形，P03 和 P04 测孔处向坑外变形，底部基岩部位由于嵌岩作用整圈地下连续墙体的变形很小。这表明圆形基坑的变形模式与矩形基坑有很大的区别，它是一个整体的变形，各幅墙的变形不是独立发展的，能影响到其他墙体的变形并相互调整。而矩形基坑各边的变形就相对独立得多，各边的变形也大体是中间向坑内鼓肚的。

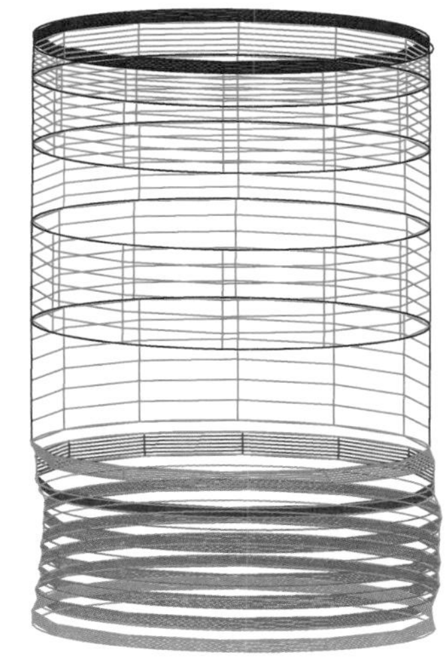

图 10-68　圆形基坑三维变形示意图

10.4 某悬索大桥矩形锚碇深基坑岩土介质室内流变试验

10.4.1 工程概况

某悬索大桥是一座跨江的公路大桥，其南汉悬索桥的跨度达 1 490 m，悬索桥北锚碇位于江心岛南大堤的内侧。北锚碇采用地下连续墙基础加混凝土支撑进行围护，在平面上呈长方形，外包主体设计尺寸为：69 m×51 m×48 m（长×宽×深），设计有 12 道支撑。土体主要的物理力学指标如表 10-12 所列。本次试验的研究对象为北锚碇基础下的土体。

根据勘察资料，北锚碇基础地层主要包括（自上而下）：

（1）表层的填筑土，厚约 1.45 m；

（2）淤泥质黏土层，该层厚度约 15 m，强度低，压缩性大；

（3）粉砂层，该层厚度约 33 m，灰色，饱和，中密，成分以石英、长石为主；

（4）弱（微）风化花岗斑岩，浅灰色，粗粒结构，块状构造，高倾角裂隙发育，裂隙面矿物风化变软；北锚碇基础地质剖面图如图 10-69 所示。

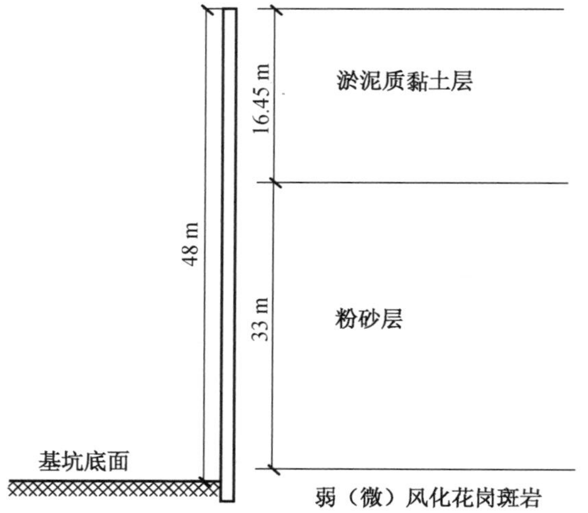

图 10-69 北锚碇基础地质剖面图

表 10-12 土层物理力学性质指标

土层	名称	厚度(m)	含水量(%)	重度(kN/m³)	黏聚力(kPa)	内摩擦角(°)
①	粉质黏土	17	32.8	19.8	—	—
②₋₁ₐ	砂土夹粉砂		42	18.3	—	—
②₋₁	淤泥质粉质黏土		33.6	18.1	13.8	5.4
②₋₂	淤泥质粉质黏土与粉砂互层		27.9	17.9	10.0	9.0
③₋₁	粉细砂	27	33.7	18.7	—	—
③₋₂	砾砂		34.5	18.4	—	—
④	粉细砂		30.2	19.7	—	—
④	砾砂		34.8	19.0	—	—
④	粉细砂		29.8	19.7	—	—

北锚碇基坑开挖平均深度为 48 m，深度为特深。在选择支挡结构形式时，经过比选，可以采用冻结法、沉井法、地下连续墙法，通过对矩形与圆形的对比，最后决定采用 1.2 m 厚的矩形地下连续墙方案。地下连续墙可以同时起到支挡结构和止土止水的作用，具有刚度大、变形小、结构可靠、止水和止土效果较好的优点，缺点是造价较高。考虑到工程的重要程度、安全以及质量等因素，采用地下连续墙结合 12 道水平钢筋混凝土内支撑以及 32 根钢管立

柱桩的围护与支撑体系。地下连续墙施工完成后，围护结构基坑自上而下分层开挖土方，逐层浇筑混凝土水平内支撑，直至岩面，清理基底后，完成底板浇筑。

地下连续墙按竖向弹性地基梁(板)的基床系数法计算。取单位宽度地下连续墙作为计算单元，钢筋混凝土内支撑作为弹性支撑，计算中考虑了支撑点的位移，施工工况和支撑刚度对钢管混凝土支撑立柱内力和变形影响，钢管混凝土内支撑按平面框架整体计算。荷载作用按水、土分别计算作用在基坑外地下连续墙上的作用力，土压力按主动土压力计算。地下水位：+3.00 m。坑周围地面超载：30 kPa/m^2。根据基坑开挖和钢筋混凝土内支撑的施工步骤，计算中考虑了 13 种工况。

北锚场区采用灌浆帷幕和带有可靠反滤设施的排水减压孔相结合的基底封水方案，设计水头 52 m，防渗标准为压水检查透水率小于 3 Lu。基坑土石方开挖及内衬混凝土施工期采用降水管井与砂砾渗井为主的降水、排水方案；锚碇混凝土施工期采用排水减压孔与排水盲沟为主的降水、排水方案。依靠灌浆帷幕封堵岩石中的断层、裂隙，可以有效地减少向锚碇施工基坑内的渗水量，延长渗径，控制逸出水力坡降小于断层破碎带及软弱夹层充填物的允许逸出坡降；控制锚碇混凝土施工期承受的扬压力和渗透压力，确保施工期锚碇混凝土的抗浮稳定性；还能确保锚区基坑开挖及混凝土浇筑干地施工。

地下连续墙接缝止水，采用高压摆喷方案，即沿地下连续墙外侧距槽段接缝 0.3 m 处布置 2 排摆喷钻孔。灌浆帷幕顶部包裹地下连续墙至−48 m 标高，帷幕嵌入透水率小于 1 Lu 的基岩以下 2 m。最大灌浆深度为 23.68 m，最小灌浆深度为 4.22 m，平均 15.13 m。另外，在距离地下连续墙 23 m 处采用高喷灌浆形成第 2 道封水结构。降水井的布置为基坑内 6 口深井，嵌入到基岩内，随着开挖面下移而同时往下降低地下水位；基坑外采用双排降水井，从 2001 年 2 月 15 日开始正式抽水，拟使坑外水位逐渐降低至地下 20 m 深度处，从而使基坑内外的水位差控制在 30 m 以内，降低坑外的水压力和土压力。

10.4.2　锚碇基坑土体流变室内试验

本次试验所采的土样均为用薄壁取土器取的 A 孔土，土样包括黏性土及砂性土。

根据要求及取样情况，本次试验分别对 A 孔的黏性土及砂性土进行了三轴压缩蠕变试验。

将试样制备成截面积为 12 cm^2、高为 8 cm 的土样，黏性土试样选取的是 A-2(下)和 A-3(下)；砂性土试样选取的是 A-6(下)、A-8(下)、A-9(下)、A-13(下)和 A-15(下)，共计 20 块土样。

流变试验仪器采用土体三轴蠕变试验仪。土样制备及完成的流变试验工作量见表 10-13。

表 10-13　土样制备及流变试验工作量

孔号	试样编号	取土深度(m)	原状土样(个)	备注
A 孔	A-2(下)	4.40～4.70	6	粉质黏土
	A-3(下)	6.60～6.90	3	粉质黏土
	A-6(下)	12.60～12.90	3	砂质粉土
	A-8(下)	19.37～19.67	2	砂质粉土
	A-9(下)	21.60～21.90	1	粉砂
	A-13(下)	33.60～33.80	3	粉砂
	A-15(下)	46.30～46.50	2	粉砂
合 计	—	—	20	—

在进行流变加载之前，对土样进行 K_0 固结，将其恢复到原状土；流变试验加荷时采用单级恒

载(试样 A-2、A-3、A-6、A-8、A-13 及 A-15)及分级加载形式(试样 A-9)。分级加载的试验曲线通常采用“坐标平移”的方法,即把每一加载的时刻作为这一级荷载下的蠕变曲线的初始时刻,而后的时间都从该时刻算起,即时间都往前推。这种方法的根据是假定土体满足线性叠加原理,即认为土体是线性流变化,任一时刻的流变量为前面时刻每级荷载增量在此时刻的流变量的总和。

各试样的固结及流变加载数据如表 10-14 所列。

试验自 2001 年 9 月 27 日始至 2002 年 2 月 4 日止,历时近 5 个月,共进行了 20 块试样的流变试验,其中黏性土 9 个土样,砂性土 11 个土样。

图 10-70—图 10-78 为各试样对应的黏性土三轴剪切蠕变试验的应变-时间曲线。图 10-79—图 10-89 为各试样对应的砂性土三轴剪切蠕变试验的应变-时间曲线。

表 10-14 流变试验参数表

试样编号		固结围压 σ_3(kPa)	固结竖向应力 σ_1(kPa)	流变围压 σ_3(kPa)	流变竖向应力 σ_1(kPa)
A-2 下	1#	64.8	165.2	112.7	322
	3#				
	4#				
	5#				
	6#				
	7#				
A-3 下	1#	64.8	165.2	112.7	322
	2#				
	4#				
A-6 下	1#	64.8	165.2	112.7	322
	3#				
	4#				
A-8 下	1#	124.2	414	250.8	842.5
	2#				
A-9 下	2#	124.2	414	250.8	792.5, 875
A-13 下	4#	124.2	414	250.8	875
	5#				
	6#				
A-15 下	1#	124.2	414	284.7	949
	2#				

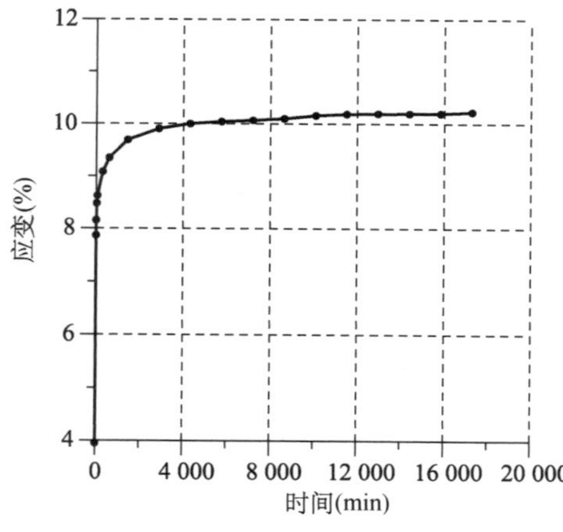

图 10-70 A-2-1# 的三轴蠕变试验曲线

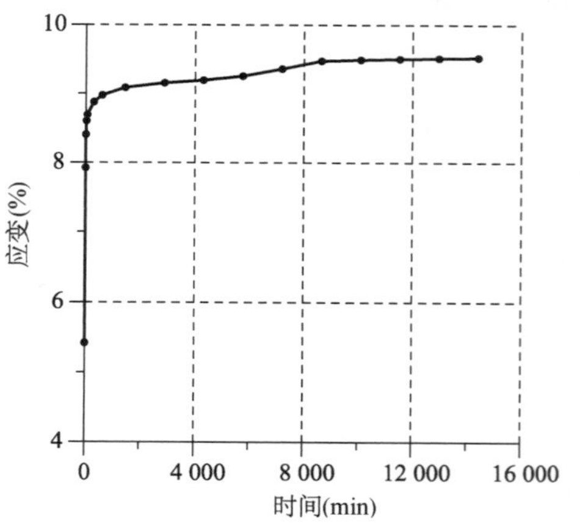

图 10-71 A-2-3# 的三轴蠕变试验曲线

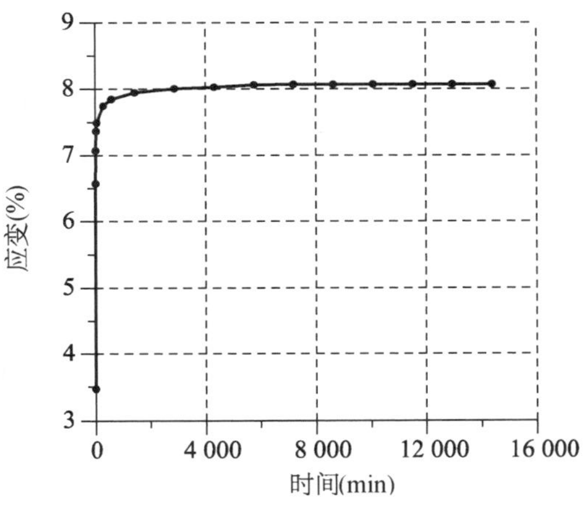

图 10-72　A-2-4# 的三轴蠕变试验曲线

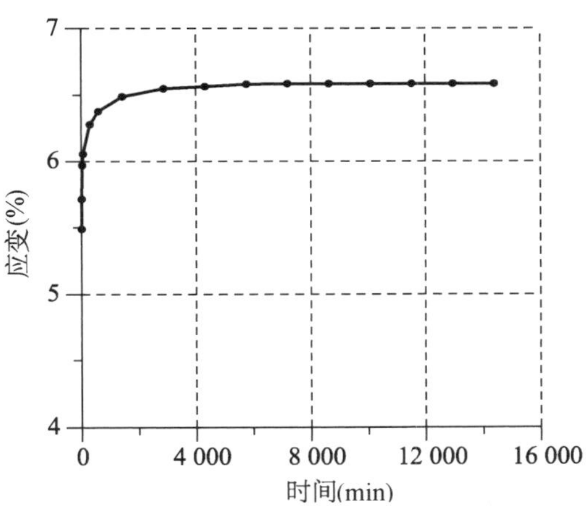

图 10-73　A-2-5# 的三轴蠕变试验曲线

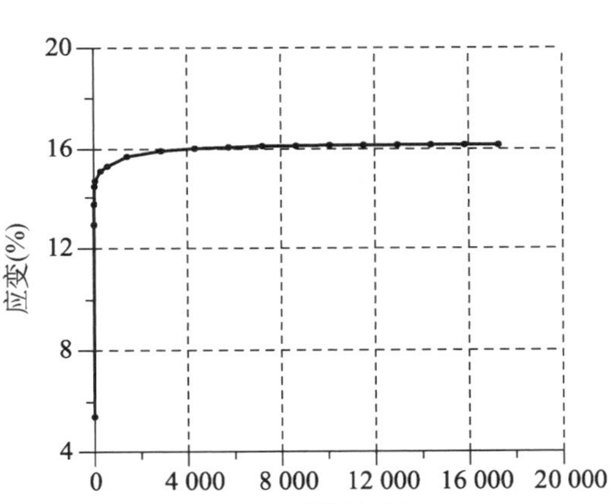

图 10-74　A-2-6# 的三轴蠕变试验曲线

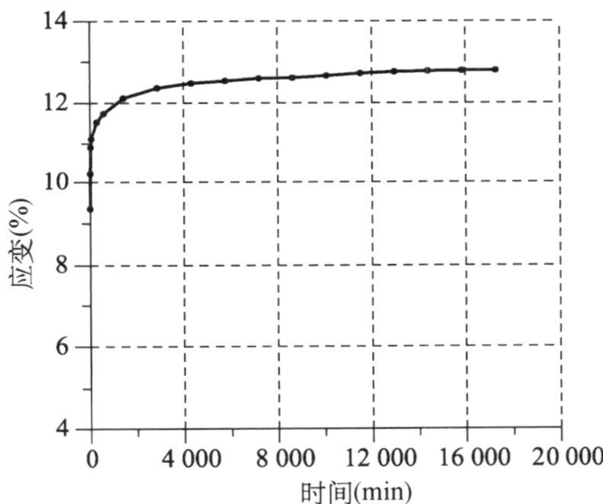

图 10-75　A-2-7# 的三轴蠕变试验曲线

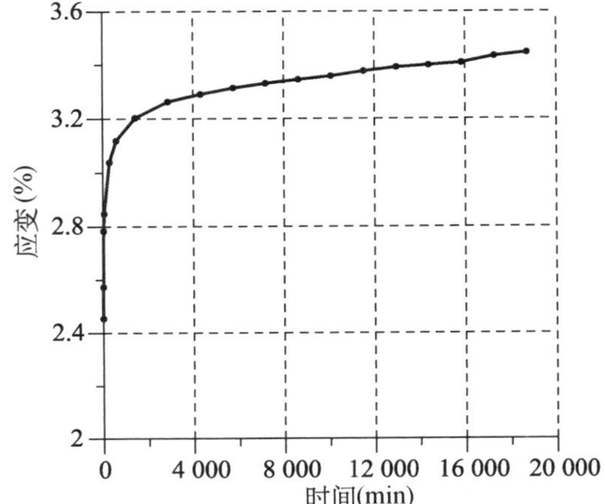

图 10-76　A-3-1# 的三轴蠕变试验曲线

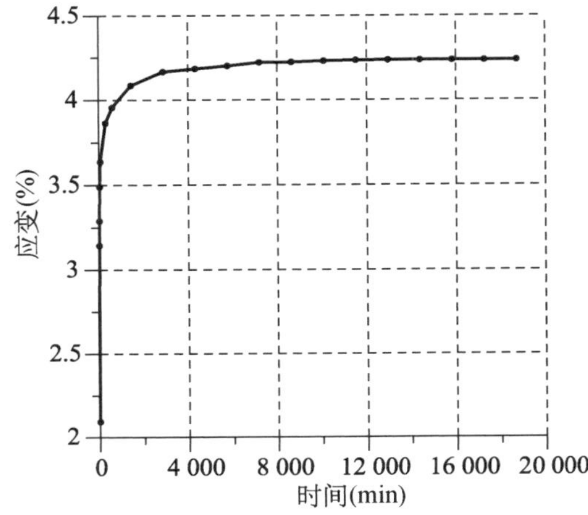

图 10-77　A-3-2# 的三轴蠕变试验曲线

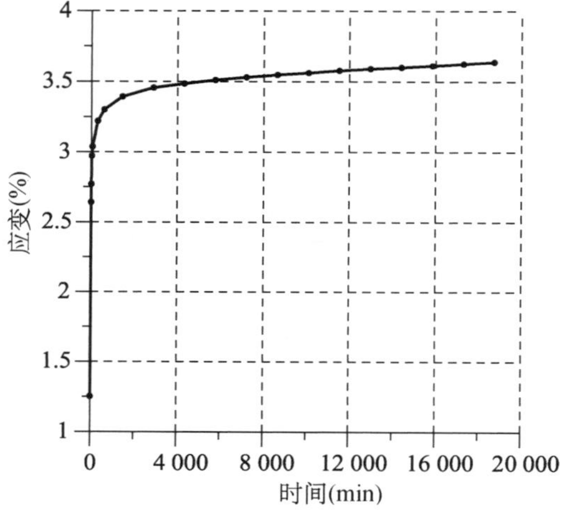

图 10-78　A-3-4# 的三轴蠕变试验曲线

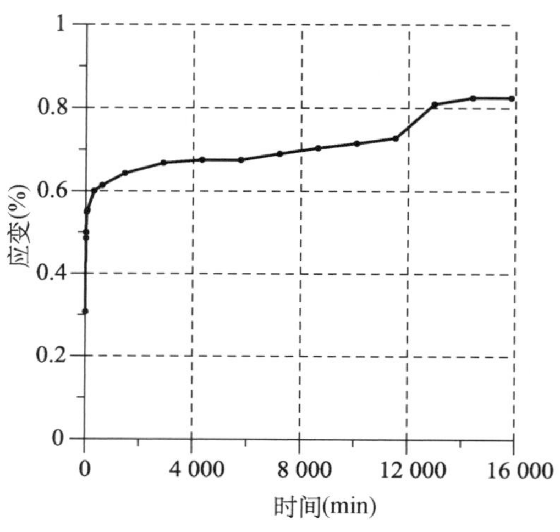

图 10-79　A-6-1# 的三轴蠕变试验曲线

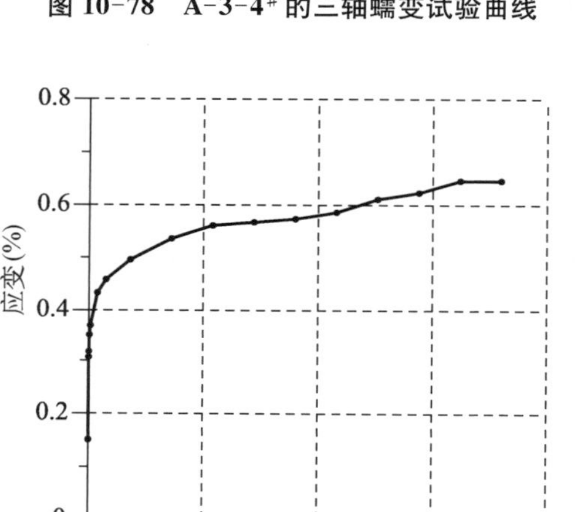

图 10-80　A-6-3# 的三轴蠕变试验曲线

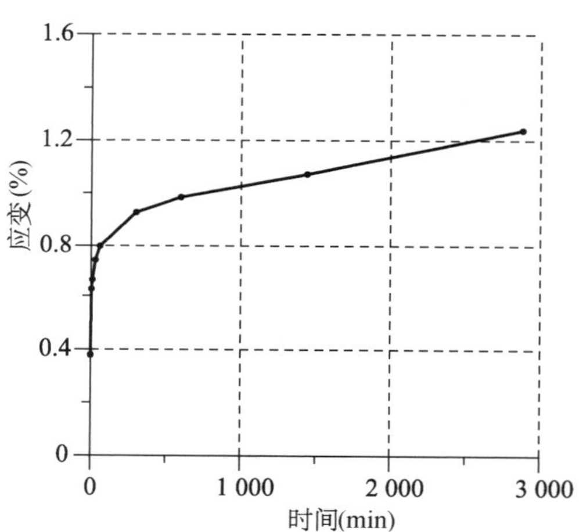

图 10-81　A-6-4# 的三轴蠕变试验曲线

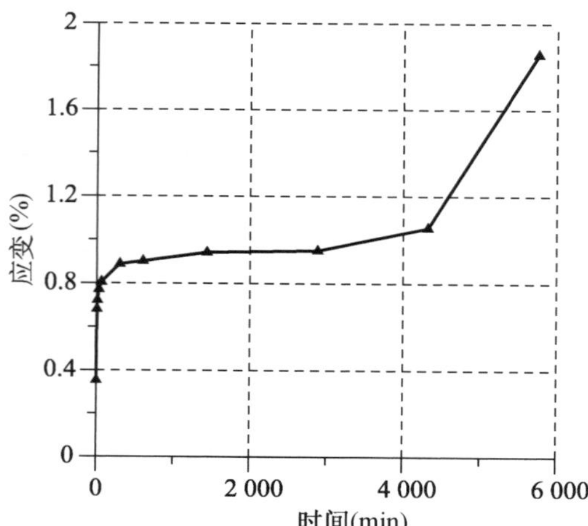

图 10-82　A-8-1# 的三轴蠕变试验曲线

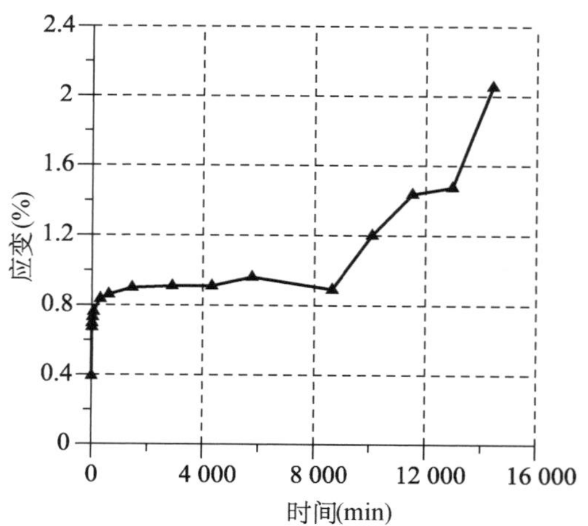

图 10-83　A-8-2# 的三轴蠕变试验曲线

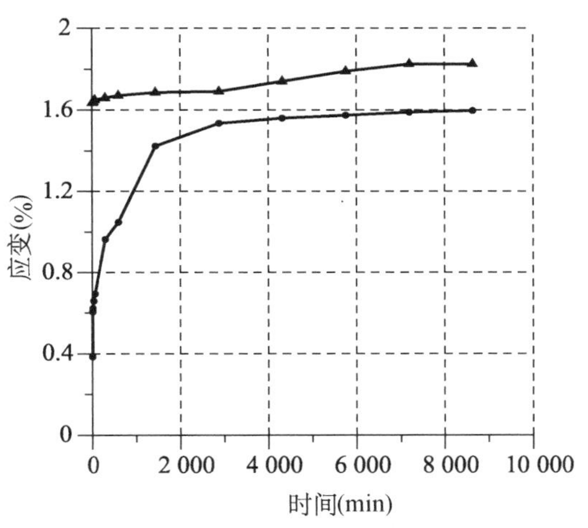

图 10-84　A-9-1# 的三轴蠕变试验曲线

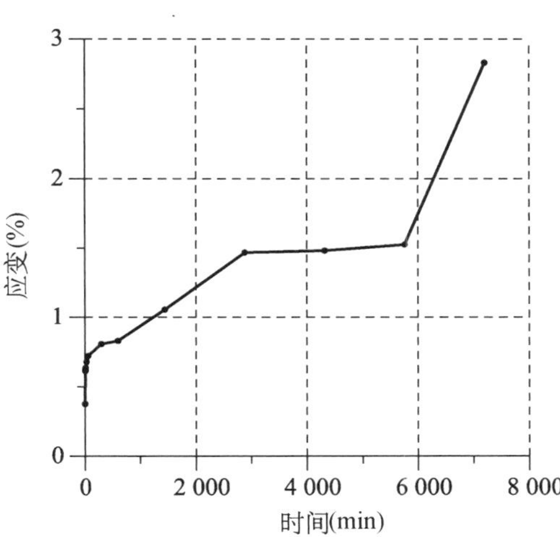

图 10-85　A-13-4# 的三轴蠕变试验曲线

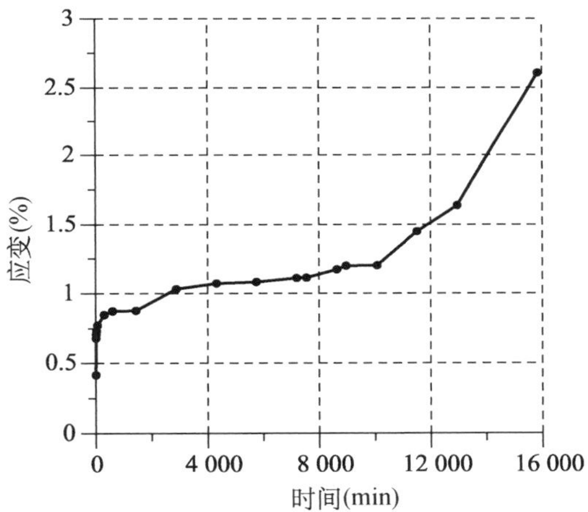

图 10-86　A-13-5# 的三轴蠕变试验曲线

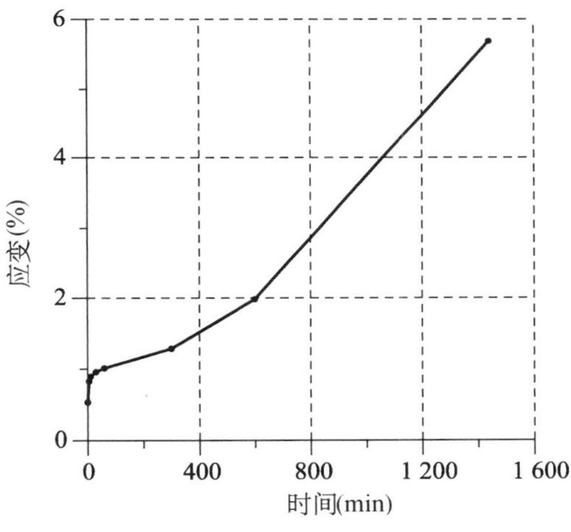

图 10-87　A-13-6# 的三轴蠕变试验曲线

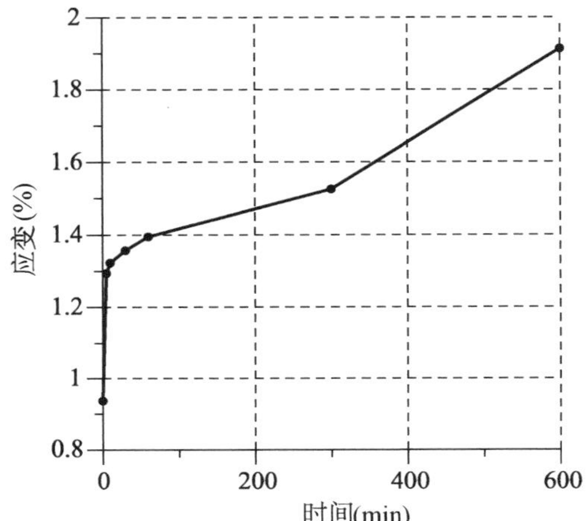

图 10-88　A-15-1# 的三轴蠕变试验曲线

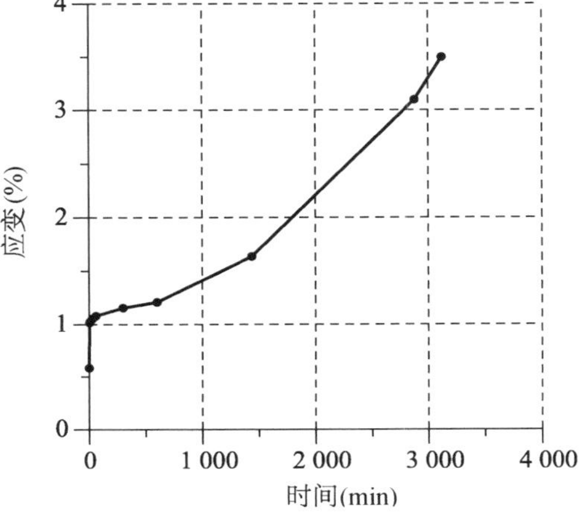

图 10-89　A-15-2# 的三轴蠕变试验曲线

1）黏性土的蠕变模型及参数拟合

模型分析就是要求从现有的流变力学模型中找出合适的力学模型，并求出符合土体变形的流变参数。

由于试验的时间较短及试样数量较少等因素，各试样只是在单级荷载下进行，所获取的数据有一定的局限性，对于数据的分析及模型的建立困难很大。通过比较本次试验黏性土所表现出的流变特性，拟采用B—K|V—H模型（亦称S-6模型）进行拟合分析。B—K|V—H模型元件如图10-90所示，它包括以下内容。

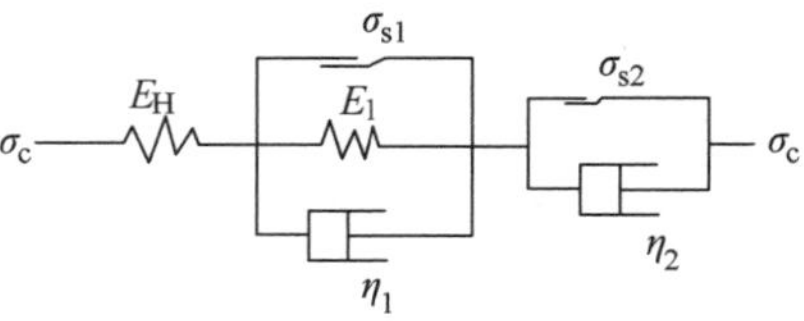

图 10-90　B—K|V—H 模型元件图

(1) 当 $\sigma_c < \sigma_{s1}$ 时，模型就是一个弹簧元件 E_H，$\varepsilon=\sigma_c/E_H$，没有流变。

(2) 当 $\sigma_{s1} \leqslant \sigma_c < \sigma_{s2}$ 时，模型退化为四元件的村山朔朗模型，其流变本构方程为：

$$-E_H\sigma_{s1} + (E_H + E_1)\sigma_c + \eta_1\dot{\sigma} = E_H E_1 + E_H \eta_1 \dot{\varepsilon} \tag{10-12}$$

蠕变柔量为：

$$J(t) = \frac{1}{E_H} + \frac{1}{E_1}\frac{\sigma_c - \sigma_{s1}}{\sigma_c}\left(1 - e^{\frac{-E_1 t}{\eta_1}}\right) \tag{10-13}$$

当 $t\to\infty$ 时，$\varepsilon(t)\to\dfrac{(\sigma_c-\sigma_{s1})}{E_1}+\dfrac{\sigma_c}{\sigma_H}$。

(3) 当 $\sigma_c \geqslant \sigma_{s2}$ 时，模型是由村山朔朗与Bingham体串联而成，其本构方程为：

$$\varepsilon(t) = \frac{\sigma_c}{E_H} + \frac{1}{E_1}(\sigma_c - \sigma_{s1})\left(1 - e^{\frac{-E_1 t}{\eta_1}}\right) + \frac{\sigma_c - \sigma_{s2}}{\eta_2}t \tag{10-14}$$

上式反映了第一阶段与第二阶段蠕变。

从试样A-2（下）及A-3（下）中各选取一个土样的试验曲线，按照该模型计算程序进行拟合，图10-91及图10-92分别为A-2-1#土样和A-3-1#土样的蠕变曲线的拟合曲线，图中实线表示拟合曲线，试验数据则用点表示。从图中可以看出，B—K|V—H模型从总体上反映了黏性土的蠕变特征，其拟合曲线与试验数据基本吻合。因此，B—K|V—H模型可以作为该工程黏性土的流变学本构模型。各试验曲线所对应的流变参数通过拟合计算得到，如表10-15和表10-16所列。

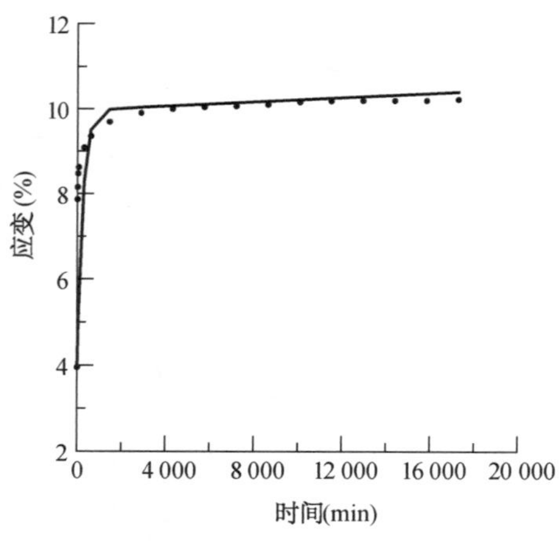

图 10-91　试样 A-2-1# 的模型拟合曲线

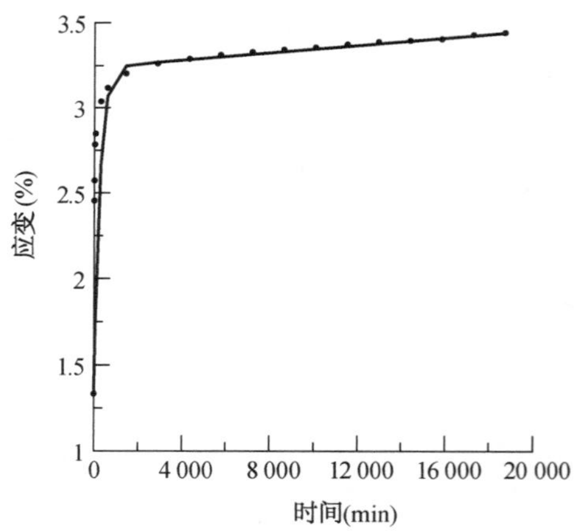

图 10-92　试样 A-3-1# 的模型拟合曲线

表 10-15　黏性土 A-2-1# 的 B—K|V—H 模型拟合参数值

试样编号	A-2-1#		对应的试验曲线图		图 10-91	
拟合相关系数			0.819 1			
偏应力水平(MPa)	E_H(MPa)	E_1(MPa)	η_1(d·MPa)	η_2(d·MPa)	σ_{s1}(MPa)	σ_{s2}(MPa)
0.105	2.659	0.95	0.111	68	0.03	0.08

表 10-16　黏性土 A-3-1# 的 B—K|V—H 模型拟合参数值

试样编号	A-3-1#		对应的试验曲线图		图 10-92	
拟合相关系数 R			0.857 3			
偏应力水平(MPa)	E_H(MPa)	E_1(MPa)	η_1(d·MPa)	η_2(d·MPa)	σ_{s1}(MPa)	σ_{s2}(MPa)
0.105	7.789	3.934	0.689	64	0.03	0.095

2) 砂性土的蠕变模型及参数拟合

通过不同深度下饱和砂性土的三轴流变试验，得到了土样在三向受力条件下变形随时间的变形曲线(蠕变曲线)。目前，常用的是三单元的广义 Kelvin 模型(图 10-93)和四单元的 Burgers 模型。广义 Kelvin 模型能够反映土样在第一阶段蠕变就趋于稳定的情况；广义 Kelvin 模型对三轴流变试验的拟合实际上是拟合 E_1，E_2 及 η 三个参数，其中 E_1 表示弹性变形模量，即刚施加 σ_1 时的变形模量；E_2 表示流变阶段变形的变形模量；η 则表示流变阶段变形趋于稳定的快慢，η 越小则趋于稳定的时间越短。下面将采用广义 Kelvin 模型对试验蠕变曲线进行拟合分析。

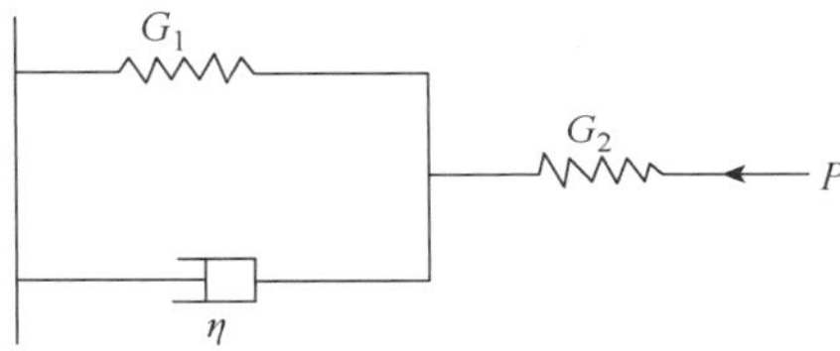

图 10-93　三单元的广义 Kelvin 模型

理论模型包括两项参数：线弹性力学参数和黏性力学参数，对于三向应力状态下的蠕变试验，描述弹性体变形用体积模量 K 和剪切模量 G，表达式为 $K=\dfrac{E}{3(1-\mu)}$，$G=\dfrac{E}{2(1+\mu)}$。

它反映了三向应力作用下由于偏应力而引起的弹性体形状变化的特性。而反映黏性的力学参数是黏滞系数，它反映在外力作用下黏弹性体随时间而产生的形状变化的变形速度。

广义 Kelvin 模型的变形计算公式为

$$\varepsilon(t)=\frac{2\sigma_{\mathrm{II}}}{9K}+\frac{\sigma_{\mathrm{I}}}{3G_1}+\frac{\sigma_{\mathrm{I}}}{3G_2}\left[1-e^{-\frac{G_2}{\eta}t}\right] \tag{10-15}$$

其中，$\sigma_{\mathrm{I}}=\sigma_1-\sigma_3$，$\sigma_{\mathrm{II}}=\sigma_1+2\sigma_3$。

广义 Kelvin 模型回归拟合：

在上式中，σ_{I}，σ_{II} 以及不同测试时间 t 和应变值 $\varepsilon(t)$ 为已知，需要拟合的参数为 K，G_1，G_2 及 η(或 μ，E_1，E_2 及 η 四个参数)。前人的研究表明，μ 值的大小对其他三个参数的影响不大，即相当于仅拟合 E_1，E_2 及 η 三个参数。拟合方法如下所述。

(1) 令 $t=0$，则：

$$\varepsilon_0=\frac{2\sigma_{\mathrm{II}}}{9K}+\frac{\sigma_{\mathrm{I}}}{3G_1} \tag{10-16}$$

由于 ε_0，σ_{I} 及 σ_{II} 均为已知，即可求得 K，G_1 及 E_1。

(2) 令 $t=\infty$，则：

$$\varepsilon_\infty = \frac{2\sigma_{\text{II}}}{9K} + \frac{\sigma_{\text{I}}}{3G_1} + \frac{\sigma_{\text{I}}}{3G_2} \tag{10-17}$$

联立式(10-15)和式(10-17)可得：

$$q = \varepsilon_\infty - \varepsilon(t) = \frac{\sigma_{\text{I}}}{3G_2}e^{-\frac{G_2}{\eta}t}$$

两边取对数得：

$$\ln q = \ln\frac{\sigma_{\text{I}}}{3G_2} - \frac{G_2}{\eta}t$$

该式即可按 $Y=A+BX$ 进行最小二乘回归，$A=\ln\frac{\sigma_{\text{I}}}{3G_2}$，$B=-\frac{G_2}{\eta}$，则可求得 G_2 及 η(或 E_2 及 η)。

按上述方法对饱和砂性土的流变力学模型进行拟合，结果如表 10-17 所列。对于同组试样(A-9-1#)在相同试验条件下，取不同的泊松比 μ 值进行拟合计算，得到的结果如表 10-18所列。由表 10-18 可知：E_1 值随着 μ 值增大而降低，E_2 值随 μ 值增大而增大。对于试样 A-9-1#，当 μ 值从 0.30 增加到 0.4 时(增加 33%)，而 E_1 变化 16%，E_2 仅变化 7%，考虑综合变形模量 E^* ($E^*=\frac{E_1\times E_2}{E_1+E_2}$)近似不变，该值变化仅 1%。

表 10-17　三轴流变广义 Kelvin 模型拟合结果表

试样编号	σ_3 (MPa)	σ_1 (MPa)	σ_{I} (MPa)	σ_{II} (MPa)	E_1 (MPa)	G_1 (MPa)	E_2 (MPa)	G_2 (MPa)	η(min·MPa)	相关系数 R
A-6-1#	0.113	0.322	0.209	0.547	88.31	31.54	104.29	37.25	146 001	0.813 2
A-6-3#	0.113	0.322	0.209	0.547	171.4	61.23	74.85	26.73	98 776	0.892 9
A-8-1#	0.251	0.843	0.591	1.344	207.1	73.96	49.14	17.55	204 809	0.725 6
A-9-1#	0.251	0.793	0.542	1.294	176.5	63.04	60.26	21.52	31 454	0.976 0

表 10-18　试样 A-9-1# 流变试验在不同 v 条件下的拟合结果

序号	μ	E_1(MPa)	E_2(MPa)	η(min·MPa)	$E_1\times E_2$	E^*
A-9-1#-1	0.30	211.8	55.96	31 454	11 852.3	44.264
A-9-1#-2	0.32	204.9	56.82	31 454	11 642.4	44.631
A-9-1#-3	0.34	197.8	57.69	31 454	11 411.1	44.463
A-9-1#-4	0.36	190.7	58.55	31 454	11 165.5	44.796
A-9-1#-5	0.38	183.6	59.41	31 454	10 907.7	44.885
A-9-1#-6	0.40	176.5	60.26	31 454	10 635.9	44.922

10.4.3　锚碇基坑岩石流变室内试验

基岩的常规力学参数如表 10-19 所列。锚碇基础抗拉力达 650 MN，嵌入微风化花岗斑岩，嵌入深度在 3 m 以内。本次试验的研究对象即为北锚碇基础下的岩石。

大量的实测及室内试验都表明，对于软弱岩石及含有泥质充填物和夹层破碎带的岩体，其流变属性都是非常明显的。即使是比较坚硬的岩体，由于多组节理或受到发育裂隙的切割，其蠕变也会达到较大的量值，因此在工程建设中经常会遇到岩体的变形随时间不断增长发展的现象。在岩体工程中，应研究这些现象的原因及其力学机制，在工程设计、施工、运营、稳定性和加固过程中，应充分考虑岩体的流体特性，以反映它的土工力学真实情况。

表 10-19　岩石的常规力学参数和岩性描述

岩石名称	单轴抗压强度(MPa)	岩 性 描 述
花岗斑岩	85	弱风化花岗斑岩，岩石呈浅灰色，带肉红色，粗粒结构、块状构造，高倾角裂隙发育，裂隙面矿物风化变软，岩样多呈 15 cm 以下短柱状及碎块状微风化，花岗斑岩发育有 60 度裂隙，岩样多呈 10～20 cm 柱状，少量为 10 cm 块状

由于本次岩石取样数量较少，而且普遍较短，满足径长比为 1∶(2～2.5)条件的岩样只有 4 块，因此本次试验只对这 4 块岩样进行单轴压缩蠕变试验。

岩样为圆柱形，将它们两端切割加工为平整面，试样端面与侧面的平整度控制在 0.000 3 cm 范围以内，试样的规格如表 10-20 所列。试验仪器采用长春试验机研究所生产的 CSS-1950 型岩石双轴流变试验机，试验环境的温度一般控制在(20±3)℃。

表 10-20　试验岩样规格描述

试样编号	取样深度(m)	试样直径(mm)	试样高度(mm)	试样截面积(mm^2)
1#	51.00～51.10	67.33	85.0	3 560.47
2#	49.76～50.06	67.64	122.37	3 593.33
3#	49.46～49.66	66.43	108.18	3 465.92
5#	50.80～51.00	67.05	108.01	3 530.91

试验过程中对试样 1#，2# 和 3# 采用单体分级加载方法进行。根据勘察报告提供的抗压强度值(85 MPa)，将拟施加的最大荷载分成若干等级，各岩样具体的加载分级情况如表10-21所列。然后在同一试件上由小到大逐级施加荷载，各级荷载所持续的时间根据试件的应变速率或应变速率变化情况予以确定。常规标准是，在试验中当观测到的位移增量小于0.001 mm/h 时，即认为因施加该级荷载所产生的蠕变已基本趋于稳定，可施加下一级荷载。

第 $n+1$ 级荷载施加后在 t 时刻所产生的蠕变值，为前 n 级荷载和第 $n+1$ 级荷载增量在相应时刻所产生蠕变的叠加值。由于在 n 级荷载施加过程中，试件已受到累积损伤或局部开裂，因而与多体一次加载试验方法相比，单体分级加载方法测得的蠕变量值有可能增大，按此计算得到的材料强度偏低。根据室内实测试验结果，其下降幅度一般在 10%左右，这对工程应用而言是偏于保守与安全的。由于单体分级加载方法能够在同一试件上观测得到不同应力的变形规律，可大大节省所需试件和观测仪器的数量，同时亦能避免因岩石性质不均匀导致的试验结果离散性等。

为了验证勘察报告所提供的岩样的力学参数(单轴抗压强度、轴向极限应变)，对试样 5# 进行了一次连续加载试验。

表 10-21 加载方式及轴向分级荷载

试样编号	加载方式	轴向荷载(MPa)	试验机编号
1#	分级加载	42，56，70，81，92.8	A号机
2#	分级加载	42，56，83	B号机
3#	分级加载	58，72，81，84，87，98.6	B号机
5#	一次连续加载	最终荷载强度为136.25	A号机

1) 试验结构数据分析

对于 1#，2# 和 3# 试件的单轴压缩蠕变试验结果，绘制其蠕变试验曲线，对应如图 10-94—图 10-96 所示；对于一次连续加载的 5# 试件的单轴压缩试验结果，绘制其负荷-时间曲线及蠕变试验曲线，对应如图 10-97 和图 10-98 所示。

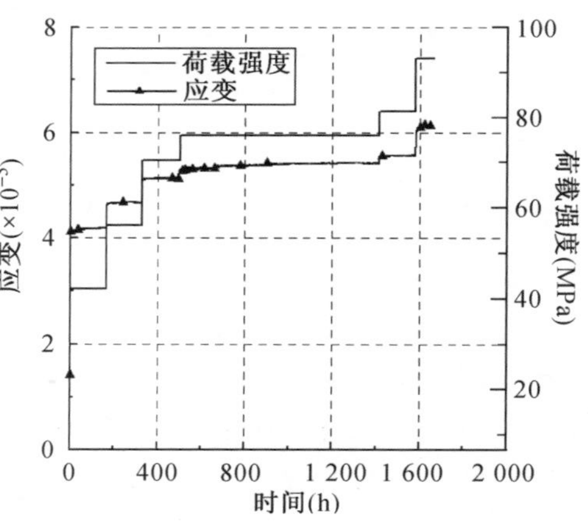

图 10-94 1# 试件单轴压缩应变-时间关系

(1) 1# 试件压缩蠕变试验

由图 10-94 分析可知，对 1# 试件施加的轴向荷载分别为：$\sigma=42$ MPa，$\sigma=56$ MPa，$\sigma=70$ MPa，$\sigma=76$ MPa，$\sigma=81$ MPa，$\sigma=92.8$ MPa，试件在各级荷载作用的瞬时轴向应变值分别为 4.054，4.569，5.013，5.253，5.525 和 5.813，与轴向荷载大小成比例增长。在轴向应力 $\sigma=42$ MPa 作用下，经过 168 h 后，其蠕应变值为0.137×10^{-3}，约为瞬时向应变的 3.4%；在轴向应力$\sigma=56$ MPa 作用下，经过168 h后，其蠕应变值为 0.101×10^{-3}，约为瞬时轴向应变的 2.2%；在轴向应力 $\sigma=70$ MPa作用下，经过 168 h 后，其蠕应变值为 0.149×10^{-3}，约为瞬时轴向应变的 3%；在轴向应力 $\sigma=76$ MPa作用下，经过 864 h 后，其蠕应变值为 0.169×10^{-3}，约为瞬时轴向应变的 3.2%；在轴向应力$\sigma=81$ MPa 作用下，经过 168 h 后，其蠕应变值为 0.037×10^{-3}，约为瞬时轴向应变的 0.7%；在轴向应力 $\sigma=92.8$ MPa 作用下，经过 108 h 后，蠕变并未呈稳定状态，这时其蠕应变值为 1.112×10^{-3}，约为瞬时轴向应变的 19.1%，并且岩石试样出现明显裂纹。

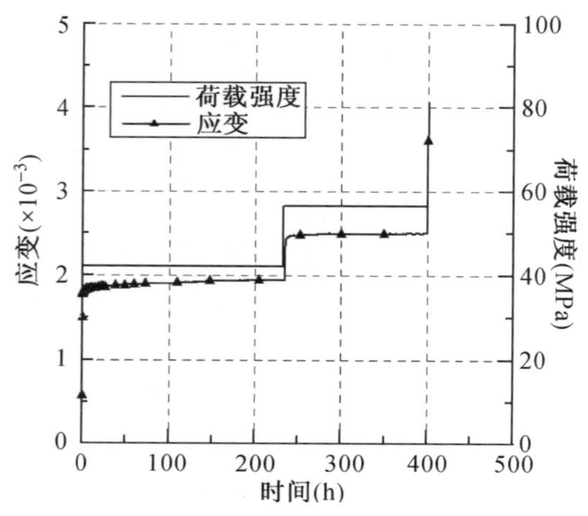

图 10-95 2# 试件单轴压缩应变-时间关系

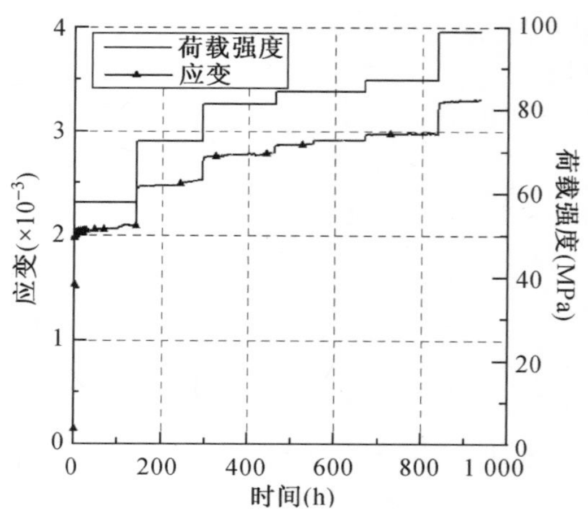

图 10-96 3# 试件单轴压缩应变-时间关系

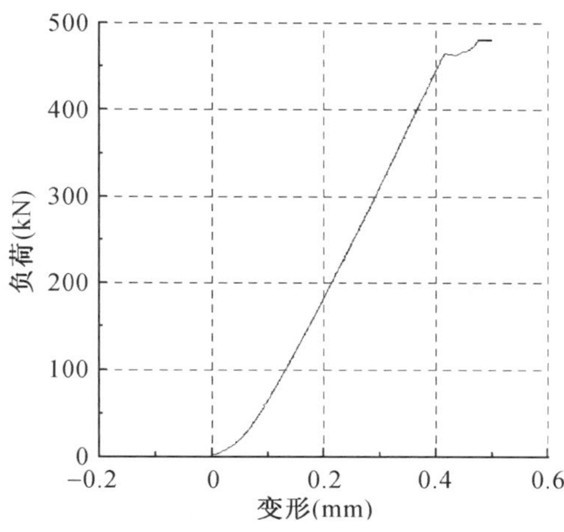

图 10-97　5# 试件单轴压缩负荷-变形关系

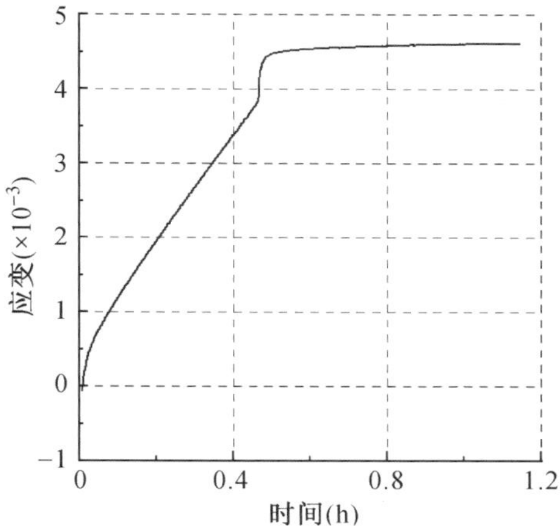

图 10-98　5# 试件单轴压缩应变-时间关系

(2) 2# 试件压缩蠕变试验

由图 10-98 分析可知，2# 试件在受轴向应力 $\sigma=42$ MPa，$\sigma=56$ MPa，$\sigma=83$ MPa 作用下，其瞬时轴向应变值分别为 1.736，2.343 和 3.429，与轴向荷载大小成比例增长。在轴向应力 $\sigma=42$ MPa 作用下，经过 228 h 后，其蠕应变值为 0.216×10^{-3}，约为瞬时轴向应变的 12.4%；在轴向应力 $\sigma=56$ MPa 作用下，经过 168 h 后，其蠕应变值为 0.154×10^{-3}，约为瞬时轴向应变的 6.6%；在轴向应力 $\sigma=83$ MPa 作用下，试样迅速破坏，其轴向极限应变值为 0.34%。在各级荷载作用下的应变值在瞬时应变值之后很快趋于稳定状态，这也反映出了试件的流变特性极其不明显。

(3) 3# 试件压缩蠕变试验

由图 10-99 分析可知，对 3# 试件施加的轴向荷载分别为：$\sigma=58$ MPa，$\sigma=72$ MPa，$\sigma=81$ MPa，$\sigma=84$ MPa，$\sigma=87$ MPa 和 $\sigma=98.6$ MPa，试件在各级荷载作用的瞬时轴向应变值分别为 1.932，2.403，2.709，2.849，2.969 和 3.209，与轴向荷载大小成比例增长。在轴向应力 $\sigma=58$ MPa 作用下，经过 138 h 后，其蠕应变值为 0.164×10^{-3}，约为瞬时轴向应变的 8.5%；在轴向应力 $\sigma=72$ MPa 作用下，经过 150 h 后，其蠕应变值为 0.125×10^{-3}，约为瞬时轴向应变的 5%；在轴向应力 $\sigma=81$ MPa 作用下，经过 162 h 后，其蠕应变值为 0.081×10^{-3}，约为瞬时轴向应变的 3%；在轴向应力 $\sigma=84$ MPa 作用下，经过 228 h 后，其蠕应变值为 0.064×10^{-3}，约为瞬时轴向应变的 2%；在轴向应力 $\sigma=87$ MPa 作用下，经过 138 h 后，其蠕应变值为 0.006×10^{-3}，约为瞬时轴向应变的 0.2%；在轴向应力 $\sigma=98.6$ MPa 作用下，经过 84 h 后，蠕变并未呈稳定状态，这时其蠕应变值为 0.089×10^{-3}，约为瞬时轴向应变的 2.8%，并且岩石试样出现明显裂纹。

(4) 5# 试件压缩蠕变试验

由图 10-97 和图 10-98 可知，在一次连续加载情况下，5# 试件在轴向应力 136.25 MPa 时达到破坏(历时 4 126 min)，这也表明其单轴抗压强度远远超过原勘察报告上的值(85 MPa)，当然这可能是由于各试样的节理裂隙发育不均匀所引起的。其轴向极限应变为 0.46%。

2) 蠕变速率计算

计算图 10-94—图 10-96 中的岩石蠕变曲线(1# 试件取轴向荷载 $\sigma=76$ MPa，2# 试件取轴向荷载 $\sigma=56$ MPa，3# 试件取轴向荷载 $\sigma=84$ MPa)对应的各时刻的斜率，即蠕变速率，可以得到岩石材料蠕变过程中蠕变速率与时间的关系曲线，对应如图 10-99—图 10-101 所示。

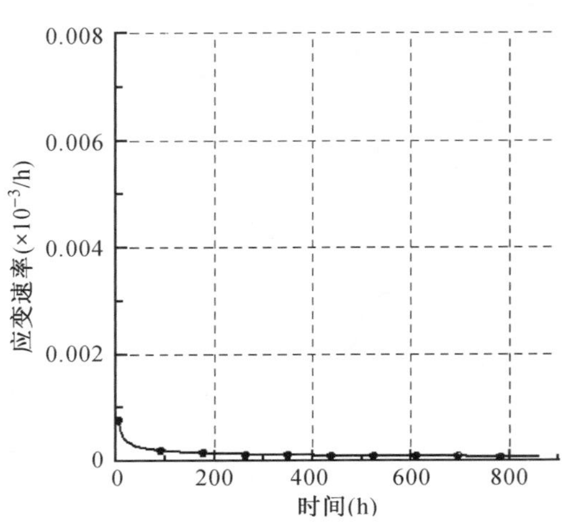

图 10-99　1# 试件蠕变速率-时间关系

由图 10-99 可知，1# 试件在荷载 σ=76 MPa 作用下，仅出现了蠕变速率下降段，很快衰减为零即保持不变，表明该试件的流变性能并不明显。

由图 10-100 可知，2# 试件在荷载 σ= 56 MPa作用下，仅出现了蠕变速率下降段，很快衰减为零即保持不变，表明该试件的流变性能并不明显。

由图 10-101 可知，3# 试件在荷载 σ= 84 MPa作用下，仅出现了蠕变速率下降段，很快衰减为零即保持不变，表明该试件的流变性能也并不明显。

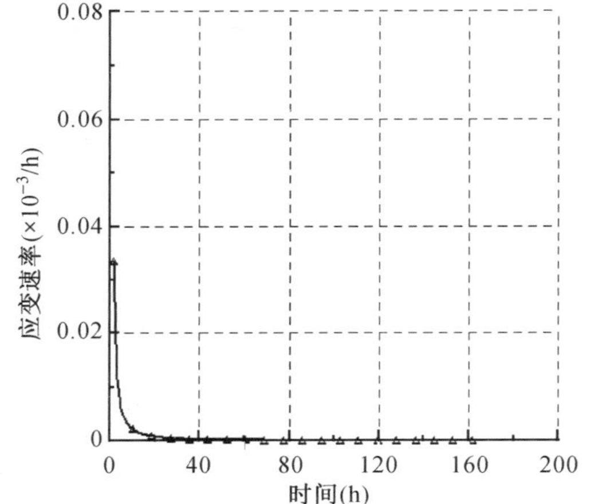

图 10-100　2# 试件蠕变速率-时间关系

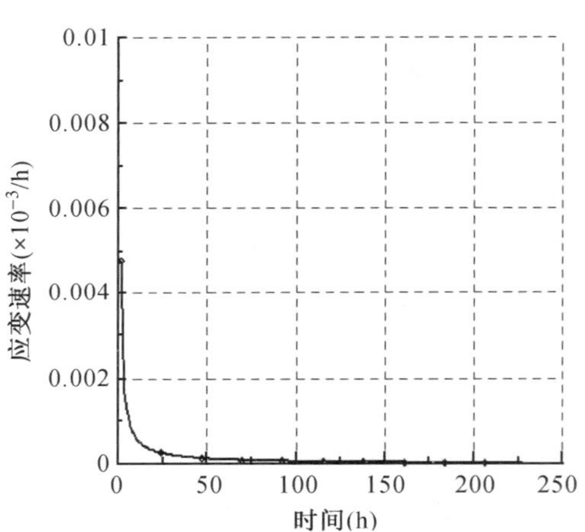

图 10-101　3# 试件蠕变速率-时间关系

3）蠕变模型及参数拟合

由 1# 试件、2# 试件和 3# 试件的蠕变试验结果曲线可知，岩石试样除具有弹性性质外，尚存在一定的黏弹性，这与广义的 Kelvin 模型或 Burgers 模型的特性较接近，这里用三单元的广义 Kelvin 模型对试验曲线进行拟合分析，以获得岩石试样的蠕变参数。

对岩石试样的流变力学模型进行拟合，得到岩石试样蠕变参数，如表 10-22—表 10-24 所列。

表 10-22　岩样(1# 试件)模型拟合蠕变参数值

竖向加载应力 σ(MPa)	E_1(10^5 MPa)	E_2(10^5 MPa)	η(10^8 h·MPa)	相关系数 R
42	0.104	3.066	0.382	0.869 7
70	0.139	4.697	0.033	0.965 4
76	0.145	4.886	1.272	0.978 5
81	0.146	5.208	1.357	0.801 1

表 10-23　岩样(2# 试件)模型拟合蠕变参数值

竖向加载应力 σ(MPa)	E_1(10^5 MPa)	E_2(10^5 MPa)	η(10^8 h·MPa)	相关系数 R
42	0.242	2.705	0.182	0.938 9
56	0.239	3.636	0.692	0.790 1

表 10-24　岩样(3# 试件)模型拟合蠕变参数值

竖向加载应力 σ(MPa)	E_1(10^5 MPa)	E_2(10^5 MPa)	η(10^8 h·MPa)	相关系数 R
58	0.300	5.273	0.251	0.864 0
72	0.300	5.760	0.467	0.893 6
84	0.295	7.924	0.295	0.794 0
87	0.307	11.079	0.706	0.845 1

10.5　某悬索大桥矩形锚碇地下连续墙围护-支撑结构考虑岩土流变特性的黏弹性数值分析

10.5.1　概述

岩土介质为天然地质体材料，在一定应力水平的持续作用下，如应力水平达到或超过岩土材料的流变下限，则将产生随时间而增长发展的蠕变现象，进而影响到围护结构体系的受力。从上述对北锚碇基础坑周岩、土试样进行的室内流变实验可知，该项工程在受力过程中其坑周黏性土、砂性土和风化基岩均将产生程度不同的流变。计入岩土流变属性后的结构内力计算值与不考虑岩土流变的常用设计计算情况将有一定程度的差异，因而，本研究将不仅充实研究的理论内涵，对该工程亦有较重要的实用价值。本研究的计算结果，还与按规范得出的结构设计内力值及现场相应处的施工监测值作了相互对比印证。

本书紧密结合该大桥北锚碇特大基础的设计、施工进行，借助于现场监测和室内流变实验，利用岩土流变学和结构黏弹(塑)性理论，采用现有 ANSYS 已开发的程序软件，借助接口补充并嵌入由笔者研制的流变分析模块，研究坑内降水和土方开挖、支撑施工全过程因岩土流变时效作用对围护结构的受力影响，以保证地下结构基础的稳定性和施工安全。

理论研究和工程实践均表明，软黏土地基具有明显的流变特性，因坑内施工降水和土体开挖卸载而发生的变形时效也是非常显著的。就大桥北锚碇超深、特大基坑而言，覆盖软土层厚达 48 m，施工总工期长，地下连续墙施工、坑土分层分部开挖—围檩—内支撑、封底、内部隔仓墙施工、填芯等工序之间的时间间隔长，总工期持续一年半左右，软弱土体和工程结构的变形时间效应显得更加突出。本书旨在考虑土体尤其是软黏土的蠕变性质进行了基坑开挖的数值计算，进而探究开挖施工因土体流变时效作用而对围护支撑结构体系内力和变形的影响程度。

10.5.2　考虑土体流变特性有限元法的计算原理和方法

此处所述的土体流变包括以下 7 个方面的内涵。

(1) 基坑内、外施工降水导致土体固结、孔隙比减小，同时，土体骨架产生黏弹塑性变形。

(2) 土体随时间增长发展的次固结——压缩流变。

(3) 由于墙体变形位移,坑外土体产生剪切流变。

(4) 土方因分部开挖而逐步递次性卸载变形的时间效应(从机理上而言,它不属于流变)。

(5) 当变形终止后,土体应力随时间而衰减直至收敛稳定的某一低限——应力松弛。

(6) 地下连续墙墙体嵌岩部分,在全、强风化和中风化岩体内,以及遇夹泥断层和破碎带处,均呈沿裂隙面较明显的剪切流变。

(7) 土体后期强度的持续降低,直至收敛的低限值。

对本研究土体流变不很明显的情况下,建议采用三元件的扩张型线黏弹性 Kelvin 模型来描述此类地下工程的流变问题是比较适宜的。

岩土体的流变效应不仅与当时的应力水平有关,而且还取决于整个应力历史。因此,在流变有限元求解方面多采用增量法计算,并以合适的时间步长逐步地进行拟合。借助于流变时效有限元法可逐次求得土体流变问题的逼近解,常用的数值求解手段是"时步—黏性初应变法"。线性流变问题的时步—黏性初应变法系将黏性应变看作为一项可变的初应变,对任意一个时步均叠加上相应的初应变,通过连续求解线弹性方程获得应力-应变随时间的变化。模型的初始应力状态——地应力场(此处只需考虑自重应力场)则通过有限元计算获取,并通过侧压力系数获取水平方向应力的大小。

从本项研究取岩、土试样所作室内流变试验的结果,论证了该基坑工程施工开挖中土体的流变属性只需针对浅层软黏土进行。为了方便计算,本书作了如下的简化和假定:

(1) 自上而下将土体简化为 3 层,即 16 m 厚的流塑状粉质黏土、32 m 厚的稍密粉细砂和 5 m 厚的风化花岗岩,直至岩面以下 30 m 的有限元网络底边为止;

(2) 忽略地下连续墙施工中及完工后土体原位应力的变化;

(3) 假定地下水位和地表面平齐,认为土体处于饱和状态;

(4) 地下连续墙和钢筋混凝土内支撑均用 C30 混凝土,并考虑 0.8 的折减系数;

(5) 开挖和内支撑等施工过程按照分步增量法模拟;

(6) 仅对黏性土体按三元件 Kelvin 线性黏弹性模型考虑,其余砂土和风化基岩、钢筋混凝土和地下连续墙内支撑均按线弹性材料考虑;

(7) 地下连续墙和土体之间用 Goodman 接触面单元模拟;

(8) 地下连续墙深入风化花岗岩 5 m,并且嵌合牢固;

(9) 支撑杆件自重及支撑面上的施工荷载忽略不计;

(10) 计算模型的边界条件:左右边界为零水平位移,下部边界为竖向约束,上部地表地下连续墙外围施工时考虑有 30 kPa 的地面超载。

有关研究表明,无论挖方还是填方,当下伏材料模量为上覆材料模量的 500~1 000 倍时,则在模型计算时可以将其处理为刚体材料,即以刚体材料作为底部界面。但是,由于实际工程中材料性质在界面处的渐变性致使此处边界并非截然分明的截面,本例中自上而下由粉质黏土层、粉细砂层进入全风化花岗岩、强风化花岗岩、中风化花岗岩、弱风化花岗岩和微风化花岗岩直至新鲜岩体。显然,理想的边界应确定在微风化花岗岩岩层以下,由于微风化层顶部变化大,标高−42.49~−56 m,呈现西北高东南低之势。最后确定设计基坑底面以下 30 m 作为底部边界,加上坑深 48 m,故模型总的计算高度为 78 m。自基坑壁面沿水平方向向外取 130 m 作为左右侧边界。基坑开挖前后按平面问题有限元计算全模型的计算域为 307.2 m×78 m,划分为 3 392 个单元(包括四边形单元、接触面单元和杆单元),3 885 个节点。共分为 12 个开挖-支撑步，在每步开挖到位后即设置各道支撑，支撑形式为杆系轴力件结构。

根据北锚碇地基岩土介质室内流变试验研究，可知：场区黏性土层的流变特性明显，在不同应力水平下出现了衰减蠕变和等速蠕变段，其流变规律可以用 S-6 模型比较准确地表述。

基坑开挖的计算步骤如表 10-25 所列。

表 10-25　基坑开挖的有限元计算步骤

阶段	开挖层厚(m)	基坑深度(m)	支撑情况	所需时间(d)	注释
1	4	4	无	7	开挖
			1 道支撑	7	支撑养护
2	4	8	1 道支撑	7	开挖
			2 道支撑	7	支撑养护
3	4	12	2 道支撑	7	开挖
			3 道支撑	7	支撑养护
……					
11	4	44	10 道支撑	7	开挖
			11 道支撑	7	支撑养护
12	4	48	11 道支撑	7	开挖
			12 道支撑	7	支撑养护

10.5.3　计算结果分析

1）基坑开挖引起的墙体水平位移和墙身竖向沉降随时间的发展变化

墙顶位移和不同深度处的墙身水平位移均伴随着第 8 道支撑发挥作用而趋于逐次收敛减小，其最大收敛值在 150 mm 左右，其位置在开挖全深的 2/3 附近，即约在地表之下 32 m 处。后续支撑因变形滞后作用而使趋稳时间亦向后延迟。随着基坑开挖和支撑的逐步向下深入，不同深度处的地下连续墙墙体位移随时间的变化规律都相近，先完成的支撑较后完成的支撑要承受较大的来自水平方向的挤入位移。从这一个角度看，尽可能缩短上、下两道相邻支撑之间的基坑暴露时间及其加撑间隔时间，有利于降低支撑杆的轴向变形量，减小支撑的形变压力和墙体变形量，提高支撑的安全储备和墙体稳定性。

地下连续墙体的垂直沉降与其水平位移具有相近的变化规律，但是位移量相差一个数量级，墙体最大水平位移超过 150 mm，而垂直沉降则最大仅为 15 mm 左右。可见，墙体自身的垂直沉降远不如其水平位移明显。基坑开挖中的监控重点放在墙体的水平位移控制方面是必要的。

2）基坑开挖引起的墙背土体水平位移和地表竖向沉降

计算发现，距离墙背分别为 0 m，4 m，12 m，24 m，40 m，88 m 等不同考察点的墙背土体水平位移随时间增加而趋于稳定，并在基坑施工的中间阶段，位移增长快速；其中，近墙背处的水平位移最大，如 0 m 处为 300 mm，4 m 处为 200 mm；而超过 12 m 之后，地面土体水平位移量很小，仅约为±50 mm。

距墙背 12 m 范围内的土体随施工过程呈先隆升后沉降的态势，最大值超过 150 mm。

这是由于土体开挖后坑底和坑周卸荷，墙体内、外压力差增大，水土合压导致墙体出现上升倾向，而墙体上升移动给基坑的稳定、地表沉降以及墙体自身的稳定性均带来一定的危害。如果墙体位移量较小，墙背与土体之间的摩擦力可以制约土体下沉，故靠近围护墙处沉降量很小，沉降范围小于 2 倍开挖深度；而当墙体位移量较大时，由于地层的补偿效应，地面最大沉降量与墙体位移量接近相等，此时墙背与土体间摩擦力已丧失对于墙后土体下沉的制约能力，所以最大沉降量发生在紧靠围护墙处，沉降范围大于 4 倍开挖深度。在施工后期相当长的一段时间内，基坑周围地层还产生处于缓慢收敛状态的土体固结沉降量。

计算还表明：基坑开挖后，围护墙开始受力变形，在基坑内侧卸去原有的土压力时，在墙外侧受到主动土压力，而在坑底的墙内侧则受到全部或部分的被动土压力。由于开挖在前，支撑在后，所以围护墙在开挖过程中，在安装每道支撑以前总是已发生了一定的先期变形。围护墙的位移使墙体主动压力区和被动压力区的土体发生位移。墙外侧主动压力区的土体向墙背方向水平位移，使背后的土体水平应力减小，如果剪力过大，则出现塑性区，而在基坑开挖面以下的墙内侧被动压力区的土体向坑内水平位移，使坑底土体水平应力加大，以致坑底土体剪应力增大，发生水平挤压和向上隆起的位移，导致在坑底处形成局部塑性区。

3）基坑开挖期间的坑底隆起

基坑开挖期间基底的最大隆起量约 360 mm，发生在第 7 分层开挖阶段。深大基坑的坑底隆起是由于垂直方向因开挖卸荷而改变坑底土体原始应力状态的反应。在开挖深度不大时，坑底土体在卸荷后发生垂直方向的弹性隆起。而随着开挖深度增加，基坑内外的土面高差不断增大，当开挖到一定深度，基坑内、外土面高差所形成的加载和地面各种超载的作用，使围护墙外侧土体产生向基坑内移动，使基坑坑底产生向上的塑性隆起，隆起量也逐渐由中部最大转变为两边大中间小的形式。同时，在基坑周围产生较大的土体塑性区，进而加剧了地面沉降。但计算又表明，当基坑下挖接近风化基岩时，基底隆起量又逐步趋于减小，到达岩面上时几乎接近于零，这是符合实际情况的。

4）基坑开挖期间地下连续墙的内力变化

从地下连续墙同一区段同一时刻不同内力的变化特点可知，厚度 1.2 m 的地下连续墙内外两侧承受的竖向轴力是不同的，在坑底部位均出现不同数值的轴向压力，而地下连续墙偏上部位出现先拉后压的特点，在中间部位则出现“拉-压-(拉)” 轴力变化特点。可见，地下连续墙内力是随基坑围护-内支撑体系的逐步完善而不断调整其内力的，随着支撑体系空间作用的不断增强，墙体内出现的内力性质也发生了变化。可以注意到一点，不同区段的起始受力均为拉力，随着施工逐步的深入，不同部位出现受压或受拉。从中，一方面可以断定墙体自身要承受分布未知的截面剪力(施工中仅仅对墙体内、外侧钢筋受力进行了监测)；另一方面，从地下连续墙底部出现的拉伸轴力来看，为防止出现基础在承受桥梁上部结构传递的拉伸力后被拉动，地下连续墙嵌岩后保持必要的深度是非常必要的。

位于不同深度的地下连续墙区段随着时间的增长变化和基坑开挖-支撑的逐步延续，其内力分布自上而下由单一的受压性质过渡为压-拉-压，在墙体近墙顶部位及其腹部出现了较大的拉伸区。在靠近坑底部位，钢筋中最终出现的最大拉力和压力分别为－1 355.7 kN 和 1 774 kN。

5）基坑开挖期间支撑的内力变化

在基坑深度较小的前 5 步开挖及支撑中，一直表现为第 1 道支撑轴力最大，反映了地下连续墙墙体水平位移呈三角形分布和第 1 道支撑轴向压缩量最大的特点。但是，自第 6 步开挖及支撑开始，表现为第 5 道支撑轴力最大，最终为 1 082 kN，但远小于设计警戒值6 052 kN；其次，依次为第 6、第 7、第 8 道支撑，其轴力分别为 894.82 kN，732.05 kN 和 646.31 kN，也都远小于设计警戒值 6 815 kN 和 7 409 kN。最终，第 1 道支撑和第 9 道支撑轴力相当，约为 540 kN。从第 63 d、第 112 d 和第 168 d 的支撑轴力分布来看，同样可以发现这一鼓肚形的分布规律。这反映了随着基坑开挖和支护向下延续，坑壁两侧土体压力差所产生的内支撑轴向作用力的分布及变化，另一方面也反映了不同土体的流变效应对内支撑轴力的间接影响。

10.5.4　考虑土体流变计算值与按规范设计值及与施工监测值的对比分析

表 10-26 列出了对地下连续墙墙顶（长边中点）水平位移的流变计算结果与设计院的设计计算值（以位置稍有不同的 1# 槽段和 28# 槽段作为对比），以及与 P10 孔、P11 孔相应的施工监测值三者的对比。

表 10-26　墙顶水平位移的流变有限元计算结果与设计值及监测位移值的对比

挖深(m)	考虑土体流变的墙顶水平位移计算值(mm)	设计计算值(mm)		实测值/最大值(mm)	
		1# 槽段	28# 槽段	长边中点(P10 孔)	短边中点(P11 孔)
2.3	40.7	11.6	11.7	14.7/17.3	8.6/9
6.3	55.4	14	14.1	22.7/26.6	17.5/19.6
10.3	33.6	18.5	18.9	37.1/43.6	31.1/32
14.3	13.8	24	24.7	64.6/74.3	45.4/46.7
18.3	64.8	29.6	30.4	85.3/99.7	62.9/64.3
22.3	137	34	34.9	114.1/128.6	81.6/82.9
26.3	194	38.7	39.3	127.8/134.6	92.6/93.8
30.3	235	44.5	44.8	132/139.8	92.6/94.2
34.3	262	50.3	50.4	107.6/112.9	82.9/84.2
38.3	278	55.8	56.1	85.3/89.4	60.69/61.9
42.3	288	58.9	60.6	42.5/45.1	32.4/34.8
46.1	294	60.5	63	3.5/10.2	7.5/7.5
46.73	296	60.7	63.9	实测值系封底完成时的值，最大值系截止到 5 月 13 日的最大监测数据	

由于设计中采用的是按规范方法取用的弹性地基梁，为文克尔假定的局部变形弹簧支承模型（弹簧刚度取值可能偏大），且未计入土体流变；与此处考虑土体流变的平面应变连续介质有限元法的计算结果相比，原先各设计值明显较低。但需要注意的是，这里取的是与地下连续墙长边位置不同的 1# 槽段和 28# 槽段进行对比。设计计算结果同时也比实际施工监测所得的墙体最大水平位移值要小，其最大值相差 1.5 倍左右。另外，针对地下连续墙墙顶位移而言，无论是考虑土体流变的有限元计算，还是模拟真实施工过程的三维数值模拟计算，基本上都表现出墙体水平位移随挖深增大而逐步增加的特点，但是实际监测发现基坑开挖到预定坑深的 1/2 偏下时其位移达到最大，之后却出现减小。同时，数值算法本身的一个本质缺陷是随着开挖步数、荷载增量数、时步数和迭代次数的增多，因误差积累其偏误将逐次增大，最终可能导致与实际值相去甚远。从计算来看，考虑土体流变时地下连续墙的墙顶水平位移值均比设计计算值和施工监测值的相应结果要大。

再以矩形地下连续墙的长边中点与连续墙外侧 0 m 处土体为例，以 2001 年 12 月 14 日到 2002 年 5 月的监测数据(截止到底板浇筑完成)为准,将计算结果和相对应的实测位移值进行对比,结果如表 10-27 所列。

表 10-27　流变有限元计算结果与相对应的施工监测位移值的对比

	实测值(mm)	计算值(mm)	相对比值	设计报警值(mm)
墙外侧 0 m 处土体水平位移(mm)	49	202	0.243	—
墙外侧 0 m 处土体沉降(mm)	97.5	88.2	1.105	50(累计)

注:表中实测值为 2002 年 3 月 3 日的监测数据。

若以基坑长边外侧土体的沉降和水平位移为例,从表中数据可以看出,地下连续墙外侧 0 m处土体沉降的计算值与监测值最为接近,墙外侧 0 m 处土体水平位移的计算值约为监测值的 1/4 左右,虽然都超过了 50 mm 的设计报警值,但是并未观察到围护结构出现任何破损迹象。

再以每道支撑中靠近长边中点的对撑 Z2 和 Z5 所受轴力为例,以 2001 年 12 月 14 日到 2002 年 5 月的监测数据为准,将流变计算结果和相对应的实测最大轴力值和设计值进行了对比,结果列于表 10-28。表中比值表示实测最大轴力值与本次流变有限元计算值之比。表 10-29 则列出了基坑开挖终了时各道支撑的设计轴力值与流变计算值的对比情况。

表 10-28　对撑的实测最大轴力值和设计值与流变有限元计算结果的对比

	实测轴力值(kN)	本次计算值(kN)	比值	实测最大值(mm)	设计计算值(mm)	报警值(kN)
Z2-1 道支撑	2 456(全为压)	540.8	8.7	4 705	2 012.2	1 610
Z2-2 道支撑	7 061(先拉后压)	383.9	23.19	8 904	3 413.7	2 731
Z2-3 道支撑	6 892(先拉后压)	356.09	24.82	8 839	4 661.5	3 729
Z2-4 道支撑	11 145(全为压)	393.80	31.70	12 843	5 325.2	4 381
Z2-5 道支撑	6 636(先拉后压)	1 082	7.847	8 490	7 564.6	6 052
Z2-6 道支撑	1 276(先拉后压)	894.82	2.016	1 804	8 518.6	6 815
Z2-7 道支撑	−3 262(拉)	732.05	−5.432	−3 977	9 260.8	7 409
Z2-8 道支撑	—	646.31	—	—	11 031.6	—
Z2-9 道支撑	—	536.20	—	—	13 116.8	—
Z2-10 道支撑	—	410.85	—	—	12 890.2	—
Z2-11 道支撑	—	301.50	—	—	8 630.8	—
Z2-12 道支撑	—	646.31	—	—	5 264.8	—
Z10.5 道支撑	11 951(压)	721.86	16.56	12 264	14 621.5	11 697
Z10.6 道支撑	6 520(压)	255.19	25.55	7 109	16 467.2	13 174
Z10.7 道支撑	5 266(压)	732.05	7.193	5 938	17 851.8	14 281
Z10.8 道支撑	11 121(压)	646.31	17.21	11 462	21 703.6	—
Z10.9 道支撑	−3 230(拉)	536.20	−6.02	−3 086	23 674.5	—
Z10.10 道支撑	1 933(压)	410.85	4.70	5 880	23 596.5	—
Z10.11 道支撑	−4 609(拉)	301.50	−15.29	26 582	17 013.8	—

注:对撑 Z2 的实测轴力及其最大值系截止到 2002 年 3 月 3 日的监测数据,对撑 Z5 的实测轴力及其最大值系截止到 2002 年 5 月 13 日的监测数据(前几道支撑的轴力数据缺)。

表 10-29　基坑开挖终了时各道支撑的设计轴力值与本次计算值的对比

	1# 槽段		28# 槽段		本次计算值	本次计算值相对于前两者包络值的大小
	开挖终了值	包络值	开挖终了值	包络值		
第 1 道撑	128.5	343.5	126.5	344.7	540.8	偏大
第 2 道撑	443.4	551.6	457.6	568.0	383.9	偏小
第 3 道撑	622.8	779.8	635.5	792.2	356.1	偏小
第 4 道撑	736.9	905.0	736.0	902.6	393.8	偏小
第 5 道撑	1 017.1	1 246.1	1 037.4	1 264.6	1 082.0	偏小
第 6 道撑	1 157.1	1 414.5	1 160.7	1 424.2	894.8	偏小
第 7 道撑	1 305.2	1 543.6	1 278.2	1 544.9	732.1	偏小
第 8 道撑	1 682.3	1 870.2	1 617.6	1 863.0	646.3	偏小
第 9 道撑	2 029.0	2 065.3	2 023.8	2 135.2	536.2	偏小
第 10 道撑	1 933.9	1 933.9	2 122.2	2 122.2	410.9	偏小
第 11 道撑	1 302.1	1 302.1	1 494.4	1 494.4	301.5	偏小
第 12 道撑	349.5	349.5	943.8	943.8	646.3	适中

注：1# 槽段位于地下连续墙西侧墙北端，28# 槽段位于地下连续墙南侧墙偏西，而考虑土体流变的计算取值则为位于东西侧墙中央的对撑轴力。

就对撑 Z2 而言，第 1 至第 5 道的轴力实测值大于设计计算值，更大于流变有限元计算值；而对撑 Z5 的第 5 至第 11 道支撑轴力实测值则均比设计计算值小，但比流变计算值大。从上述五道支撑来看，Z2-1 道和 Z2-4 道支撑，以及 10.5 道至 Z10.8 道支撑实测轴力均为压力，即基坑处于向内收敛状态；Z2-2 道支撑、Z2-3 道支撑和 Z2-5 道支撑均先经历初期受拉之后，逐渐稳定在受压状态。轴力实测值和相应的设计报警值相比，二者之比在 1.4～3.26之间，处于预报警和报警状态；而从同一时期的计算值来看，所有支撑均处于受压状态，实测最大值和计算值差值均很小；但由于此处轴力本身的值很小，差值成倍数增大也有自然可能的一面。尽管实际监测中提出了预报警和报警状态，但是现场察看表明支撑并未发生预期的破坏，外观上亦并未出现任何破坏征兆，这一方面说明设计所采用的以 0.8 倍设计值作为报警值，取值偏低，设计比较保守，而施工则偏于安全；另一方面，随着基坑内支撑结构体系的逐步完善，控制地下连续墙位移的三维空间效应逐渐显著，致使整个围护结构的整体稳定性增强。此外，基坑外围的地下连续墙和其后施工的注浆止水帷幕承受了来自周围的大部分水土压力。表 10-29 还表明，除了首道支撑轴力偏大和末道支撑轴力适中之外，考虑土体流变的此处有限元计算结果与设计计算值相比普遍较小。仅仅考虑了最上部黏性土层的流变特性的有限元计算似乎只对头几道支撑作用显著，这可能要归因于地下连续墙的整体刚度和围檩-支护体系刚度较大，墙体又嵌入基岩较深，以及地下连续墙外围的帷幕降水效果显著等缘故。尽管土体流变使首道支撑轴力增加，但仍远小于设计报警值 1 610 kN。对撑 Z2 的实测数据表明，首道支撑轴力最大值(4 705 kN)远小于其余各道支撑轴力中的最大值(12 843 kN)，前者达到设计报警值的 2.92 倍，后者达到设计报警值的 2.93 倍，但是均未发生破坏。

上述分析表明，按照目前围护方案进行基坑施工，考虑地表浅部 16 m 厚黏性土的线性黏弹性流变特性会导致地下连续墙墙顶水平位移增大和其他一些支撑轴力减小，但是不会因土体蠕变而引发基坑围护体系的失稳。由于黏性土下部为厚达 30 m 以上的砂性土层和风化基岩，它们的衰减蠕变特征愈益明显，因而黏性土流变不会给施工期间带来基坑稳定性的恶化。

10.5.5 深大基坑施工期间支撑内力与墙体位移的影响因素分析

基坑开挖导致和被移除土体紧邻的开挖面卸荷，从而使土体向上位移而隆起，地下连续墙自身在内、外压力差的作用下发生侧向水平位移，导致墙外土体发生水平位移和垂直沉降。

影响地层移动的因素很多，大致可以分为支护因素（地下连续墙刚度、支撑水平、垂向间距、墙体厚度、插入深度、支撑安装的施工方法和质量等）、开挖几何因素（分段、分层、坑内留设土坡坡度及开挖顺序等）和坑内外土体性能改善（如注浆、降水等）情况。从有限元计算角度来看，涉及模型范围的取舍、边界条件、土层分布及其厚度、土性参数尤其是流变参数的取值、土体的时效本构关系、开挖和支撑步数等。由于有限元计算理论及其关键参数获取的限制，目前在许多方面尚不能定量分析或取得令人满意的结果。尽管如此，半定量或定性分析一些因素的影响无疑有助于设计和施工方案的优化和取舍。

以下就几种主要影响因素作进一步的分析。

1）坑内施工降水对地层流变沉降的影响

坑内施工降水的目的是降低地下水位后便于坑内施工，它是安全施工的重要保证。但是又必须保证地下连续墙内、外地下水位差不致过大，以免导致连续墙背后承受很大的水压力，避免因水力梯度加大而可能诱发涌沙、管涌等事故。因此，做到降水与施工开挖过程的动态协调发展是至关重要的。从土体固结理论可知，土体降水可以与土样的排水实验相对应，即在荷载压力作用下随土体颗粒间水分和气体成分的逐渐排出，孔隙水压渐渐消散，孔隙比大大降低，土颗粒间间隙缩小，体积收缩，发生土体的主固结沉降；同时，随着压力增加，土体骨架受到越来越大的压缩，其颗粒组构随着时间增加而发生的黏弹塑性流变逐渐发挥和增强，宏观上表现为压缩流变量的缓慢增长，即进入次固结过程。但是，实际上，随着基坑开挖的施工卸载，土体流变和主固结是相依相随耦合作用的，只不过是在不同阶段二者所占的比例不同，即主次关系不同。一般设定开挖是瞬间完成的，则土体固结和流变主要发生在开挖间歇期内。主固结是伴随孔压消散发生的土颗粒相互靠近而导致的孔隙比减小，而土体流变则是颗粒架构随时间而发生的缓慢黏性形变。二者从机理上是相互独立的，从外在表现上则是相互耦合相互作用的。另一方面，随着基坑挖深增大，墙体的水平内移量明显，墙外土体因剪切力作用而产生剪切流变。实际上，软土中坑内施工是以人工降水为前提的，分层分段施工时土体垂直方向和侧向均属卸荷，支护侧移，土体侧胀，坑底土体回弹隆起，由此引起负的超静孔隙水压力；相对于砂性土而言，黏性土因渗透系数很低，达到变形收敛稳定所需时间较长，支护结构上荷载与抗力的大小和分布发生改变。而且，地下水位以上土体的毛细饱和区也有助于减低墙后土压力。

2）扰动土样加载实验与原位土卸载试验

目前，室内实验多数针对的是扰动土或重塑土，也多呈轴向应力增加的应力路径，由此建立的理论体系也只能适于上述对象。毫无疑问，实际中的基坑开挖是在原状土体中进行的，是围绕设计的围护外轮廓进行的现场原状试验，其应力路径多以侧向或垂直方向土体卸荷为主；且随着施工方式、分层和分块、支护类型、支护刚度不同而变化，是一种十分错综复杂的现象。鉴于土体扰动和卸载后其强度指标大大不同于原位土，以此进行的设计和施工事实上带有更大的随机任意性。这是由于：①原位土在漫长的地质作用下经受长期固结，颗粒间胶结、咬合及其相互之间的约束是远非室内重塑土所能反映和体现的；②常规三轴实验结果是在等围压情况下获得的,即忽略了中间主应力的作用;③实际土体的围压常较实验围压低,而研究表明,增大围压将导致土体强度被低估;④正常固结土在被卸除围压或减小上覆压力后,成为超/欠固结土,从而使强度包线提高,会增加被动土压力,减小主动土压力;⑤开挖过程中基坑土体残余应力的存在也会对支护结构体系产生一定影响;⑥与饱和度密切相关的非饱和土的基质吸力所表现的表观凝聚力是非常强烈的,并对无支护基坑的开挖深度增加贡献较大,会减轻作用于支护结构上的荷载,然而工程中这点往往被忽略。

3) 土层之间的拱效应与基坑围护-支撑体系的空间作用

该基坑长宽比为 1.353,长高比为 1.438,宽高比为 1.063,比值均不大,因此严格来讲,视为平面应变将存在一定偏差;土层界面之间(如黏性土和砂土互层或夹层)由于不同的水平位移产生摩擦力而出现拱效应,设有内支撑的三维围护结构体系将外侧土体压力转化为支撑轴力,这些对于提高支护结构的整体稳定性、约束基坑位移均有相当的贡献。支护结构和土体之间的摩擦力一般都有助于提高被动土压力并降低主动土压力。

10.6　某悬索大桥矩形锚碇深基坑支护监测

施工监测是信息化施工的重要组成部分,监测信息对合理地安排施工工序、采取施工措施、反分析设计,提高设计水平起着重要的作用。

10.6.1　深大基坑的监测内容

该工程进行的监测内容包括:①围护墙受力及位移监测:纵向变形监测(测斜)、钢筋应力监测;②支护结构监测:圈梁沉降及位移监测、支撑轴力监测、支撑体系钢筋应力监测;③立柱桩受力及沉降监测:沉降监测、钢管应力监测、混凝土应力监测;④土工监测:土压力监测、地基土沉降监测;⑤水工监测:坑内外地下混合水位监测、坑外孔隙水压力监测;⑥环境监测:坑外地基土沉降及水平位移监测、大堤变形监测。监测频率为开挖至底板每天 1 次,施工至地面每 3 天 1 次。

10.6.2　深大基坑监测实施

1) 水位、坑外土体沉降及水平位移监测

图 10-102 是基坑内外地下水水位的时程曲线。在土方开挖之前,坑内就开始进行降水。2002 年 2 月 26 日开挖至第 8 层,开挖面的标高为−32.8 m,地下水位也从−29.5 m 缓慢下降至−33.5 m(3 月 5 日)。基坑外侧与外围高喷之间 23 m 的环形区域内,从 2 月 15 日开始抽水,土压力和孔隙水压力在第二天就有明显的下降。开始仅仅是在靠近基坑一侧打了一圈降水井,坑外出水量也一直维持在 21 000 m^3 左右,但地下水位一直维持在−6.5 m 左右。从降水情况来看,原设计方案与实际地质特点不符,现有抽水设备难以进一步将水位降至预定标高,因此在外围又打了一排降水井,才逐渐地把水位降至−15 m 即位于地下−20 m 处。

基坑外土体沉降以及水平位移主要是由降水和围护结构(包括地下连续墙和内支撑)水平位移引起,图 10-103 为土体沉降的监测成果,从图中可以看出,刚开始的时候,由于基坑外没有进行降水,坑外土体的沉降及水平位移主要是由于土方坑开挖出现临空面,引起土体卸荷而变形。从 2 月 15 日开始进行坑外降水,随着基坑内外地下水位的不断下降,地面沉降不断增加,在水位稳定的时候沉降也趋于稳定。在第 4 道土方开挖完成之前,坑外土体的垂直沉降量较小,其平均沉降量仅为 30 mm,而最大沉降量为 56 mm;从第 6 道土方开挖起,坑外土体的沉降逐渐加大,并由大致均匀沉降演化为沉降槽型沉降,深基坑四周地裂缝很发育，最大沉降点位于基坑外 12 m 左右；基坑外降水从 2002 年 2 月 15 日开始，基本与第 7 层土方开挖时间一致，但坑外的土体沉降直到 2002 年 3 月 1 日后才有明显加速变形的趋势，即从 3 月 1 日后的土体沉降中开始包含因坑外降水而引起的垂直变形；在 3 月 1 日前，地下连续墙体的水平位移变位皆大于坑外土体的最大垂直沉降变形，之后由于基坑降水的影响，坑外土体的沉降变形累计量开始大于地下连续墙体的水平位移累计量。至 2002 年 5 月 13 日，坑外土体的最大沉降变形量已达 487 mm。

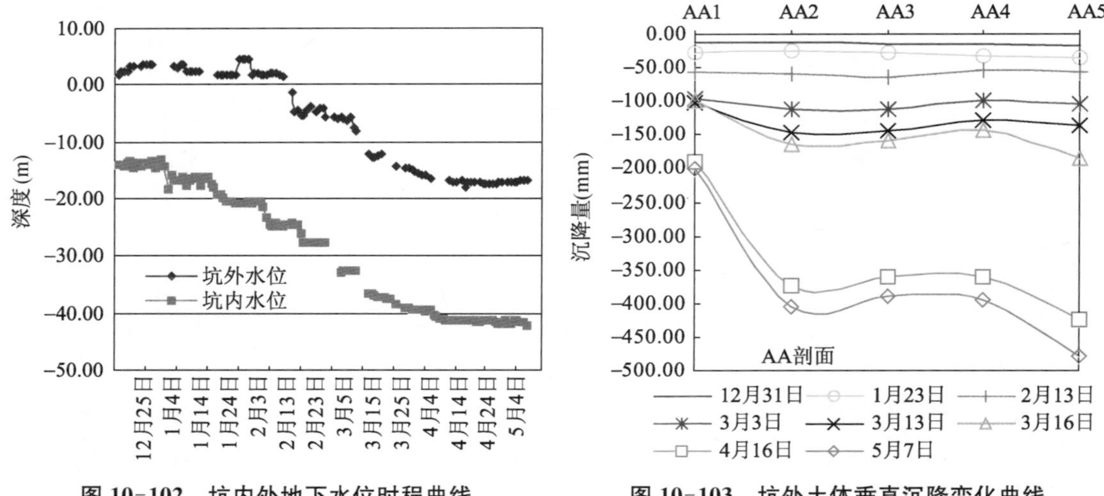

图 10-102　坑内外地下水位时程曲线

图 10-103　坑外土体垂直沉降变化曲线

2）地下连续墙位移监测

地下连续墙测斜即水平位移监测，主要是了解围护结构的水平变形，控制开挖工序。如图 10-104 所示，从监测资料来看。2002 年 1 月 22 日，第 5 层土方开挖中，东侧墙体（长边）的水平位移首次超过了总的开挖深度的设计计算值 63.9 mm，达到了 66.4 mm，深度为 19 m处。至 2002 年 3 月 3 日，第 8 层土体对撑区域开挖结束时，地下连续墙最大变形量发生在西侧中部（P10 孔）28 m 深度处，达到了 136.8 mm。

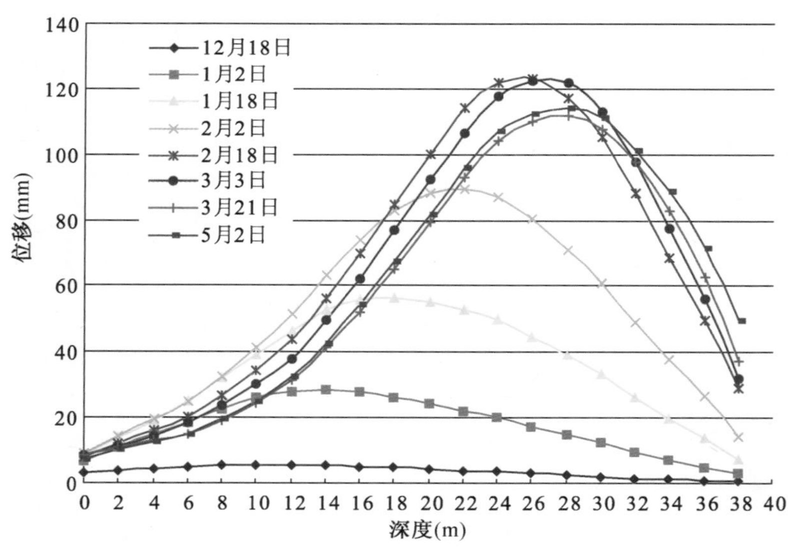

图 10-104　地下连续墙中部水平位移时空变化曲线

通过对监测资料的系统分析，可以得出如下几点规律：

(1) 随着基坑开挖深度的加大，墙体的水平位移累计值也不断加大。

(2) 不同工况下墙体水平位移变化量有明显的不同。在工况 1 至工况 6 中，水平位移的变化量有递增的趋势；而在工况 7 后，水平位移的变化量有递减的趋势，而在工况 8 后，地下连续墙的水平位移变化量在 0～3 mm 之间变化。

(3) 统计分析表明，当基坑开挖深度与围护墙体深度之比 a 小于 0.5 时，墙体最大水平位移出现的深度一般位于开挖面以下；当 $a=0.5$ 时，墙体最大水平位移出现的深度一般位于开挖面附近；当 $a>0.7$ 以后，最大水平位移出现的位置一般稳定在 0.58 倍墙体深度附近。

(4) 当进入工况 8 后，墙体的水平位移主要表现在上部数值的减小，中下部位移则继续小幅增加，且最大水平位移出现的位置基本稳定在 30 m 深度附近。墙体水平位移沿深度的分布具有中间大、上下两端小的特点。

3) 围檩及立柱沉降监测

从 2002 年 2 月 6 日开始，围檩和立柱的沉降变化量由下沉变为小幅上升，平均上升均为 2.5 mm。从 2002 年 2 月 13 日至 2002 年 2 月 25 日，第 1 道围檩和立柱的垂直位移均较大，平均上升 20.2 mm，较上一时间段上升速度明显加快。从 2002 年 2 月 23 日至 2002 年 3 月 3 日，第 1 道围檩和立柱的垂直位移平均上升 9.1 mm，较上一次时间段上升速度明显减缓。第 1 道围檩的水平位移除南侧墙体向坑外变形外，其他三侧均向坑内变形，并以北侧围檩向坑内的变位为最大，达到了 38 mm 左右。

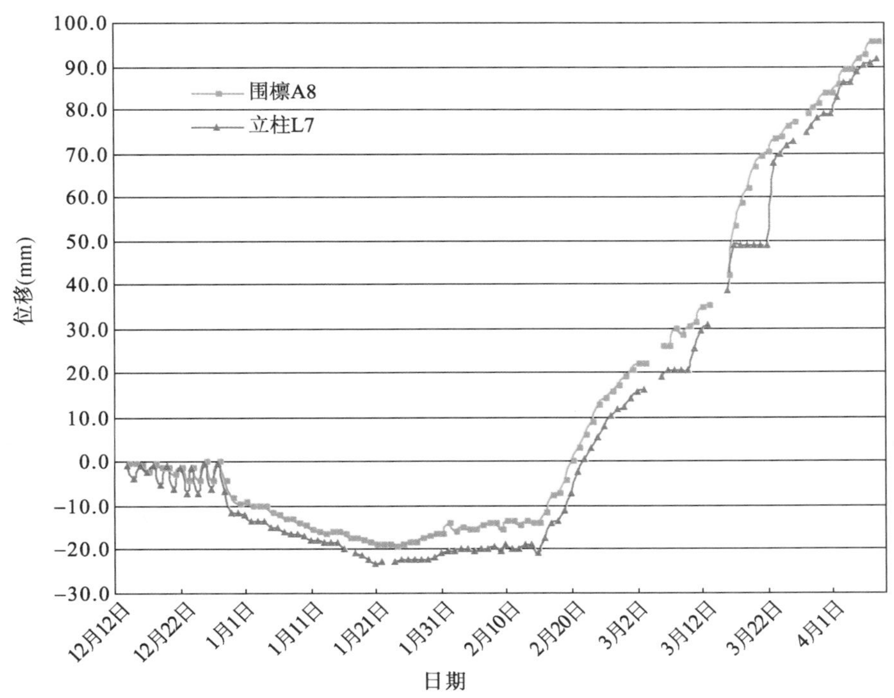

图 10-105　围檩及立柱位移时程变化曲线

总的看来，如图 10-105 所示，从 2001 年 12 月 15 日至 2002 年 1 月 25 日，围檩及立柱的垂直位移从－3 m 左右下降到－23 m 左右(最大值－27.5 m)；从 2002 年 1 月 26 日至 2002

年 2 月 15 日，开始整体抬升，但变化幅度小，比较平稳；从 2002 年 2 月 16 日至 2002 年 3 月 3 日，由于地下水位下降幅度较大，围檩及立柱的抬升量较大。

4）支撑轴力监测

支撑轴力的测试通常也是深基坑工程监测的重要内容之一，因此，支撑轴力的大小是了解围护结构受力特性、监测结构物安全性的最重要的依据。本次研究过程中，系统地开展了基坑支护结构的轴力监测资料的分析工作。图 10-106 是第 1—6 道对撑的轴力测试值随时间的变化曲线。

总的来看，随着基坑开挖施工的进行，基坑开挖深度的加大，支撑结构的支撑轴力逐渐加大，但各道支撑轴力的增加速率有明显不同。从第 1 道支撑开始，监测初期的支撑轴力实测值，均为负值（初始值在绘图时未计入，故图中无负值），且随深度加大，初期负值绝对值也加大；随着时间的推移，支撑轴力由负变正，即由理论上的轴向拉力变为轴向压力。但到 2002 年 5 月 16 日（底板已浇筑完成 12 d），第 9 和第 10 道支撑的实测轴力仍为负值，最大负值达到－23 964 kN，出现于第 9 道支撑的 Z16(Z2) 位置。从实测值与计算值的对比分析中可以看出，第 1，2，3，4，5，6，11 道支撑轴力的实测值的最大值分别为其设计计算值的 3.2，3，2.2，2.9，1.3，1.5，3.0 倍。

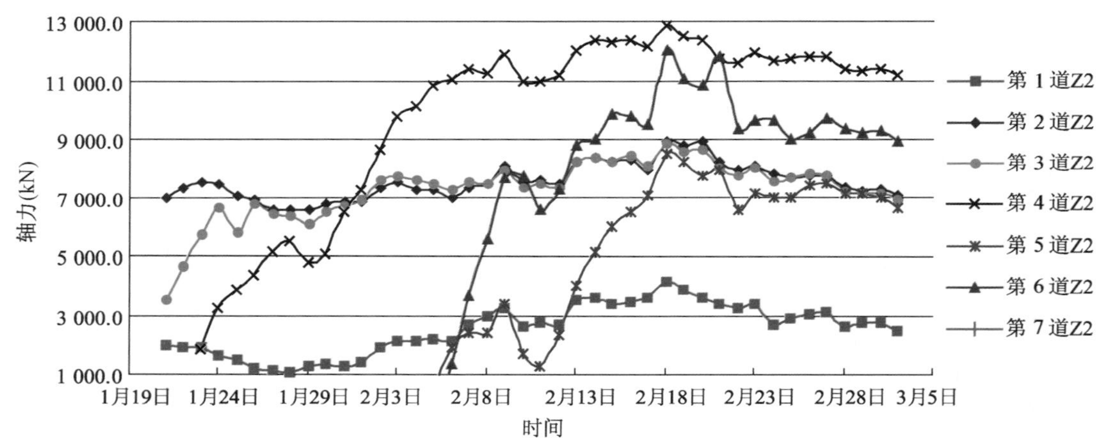

图 10-106　第 1—6 道支撑轴力变化时程曲线

5）坑外土压力及孔隙水压力监测

已有研究成果表明，随着基坑的开挖以及墙体水平位移的增加，墙外土压力将不断减小。图 10-107、图 10-108 是北锚碇深基坑水土压力随深度、时间关系曲线。坑外降水之前，坑外土压力和孔隙水压力在头两个月内的变化幅度很小。从图 10-107 可以看出，土压力值自 2002 年 2 月 16 日开始明显下降，降幅达到了 18%，从图 10-108 可以看出，孔隙水压力亦有同样的规律。

通过对北锚碇深基坑坑外土体水土压力的实测资料分析，有以下一些规律：

(1) 水土压力均具有随深度加大而增大的特点，但二者呈非线性关系，即在 16 m 以上和 16 m 以下具有不同的变化规律，大致与地层的分布特征对应。

(2) 在基坑外降水之前，随着基坑开挖深度的加大，土压力在 22 m 以上有小幅增加，而在 22 m 深度以下则有微量减小；孔隙水压力除浅层有局部加大外，均有微量减小，表明基坑开挖后坑外水位有小幅下降；坑外降水之后，水土压力均随坑外水位的降低，而逐渐减小。

(3) 坑外降水后,水土压力均有明显减小。土压力实测值在 2002 年 2 月 13 日达到最大值,这天实测土压力与土体重力的比值达到 0.414,随后由于坑外降水,土压力随之降低,并于 2002 年 4 月 5 日后基本稳定在 0.22 倍土体自重。

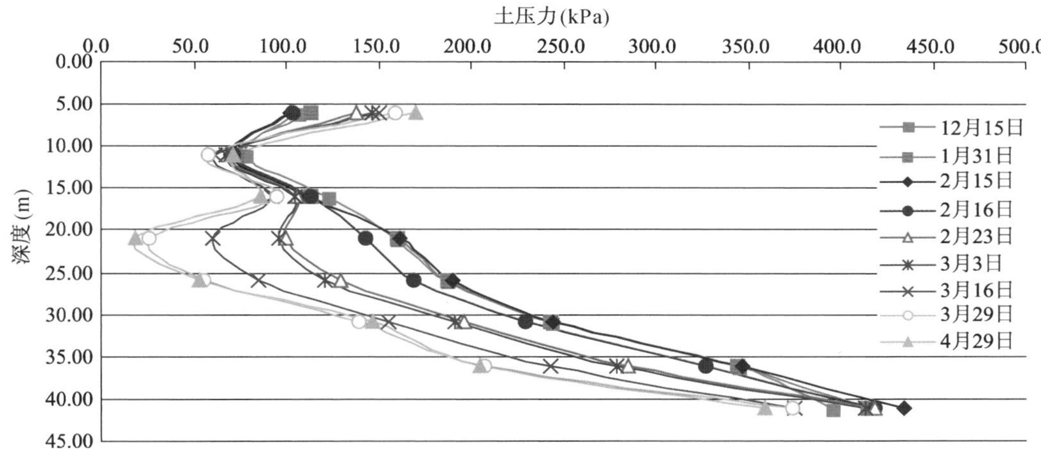

图 10-107　坑外土压力时空变化曲线

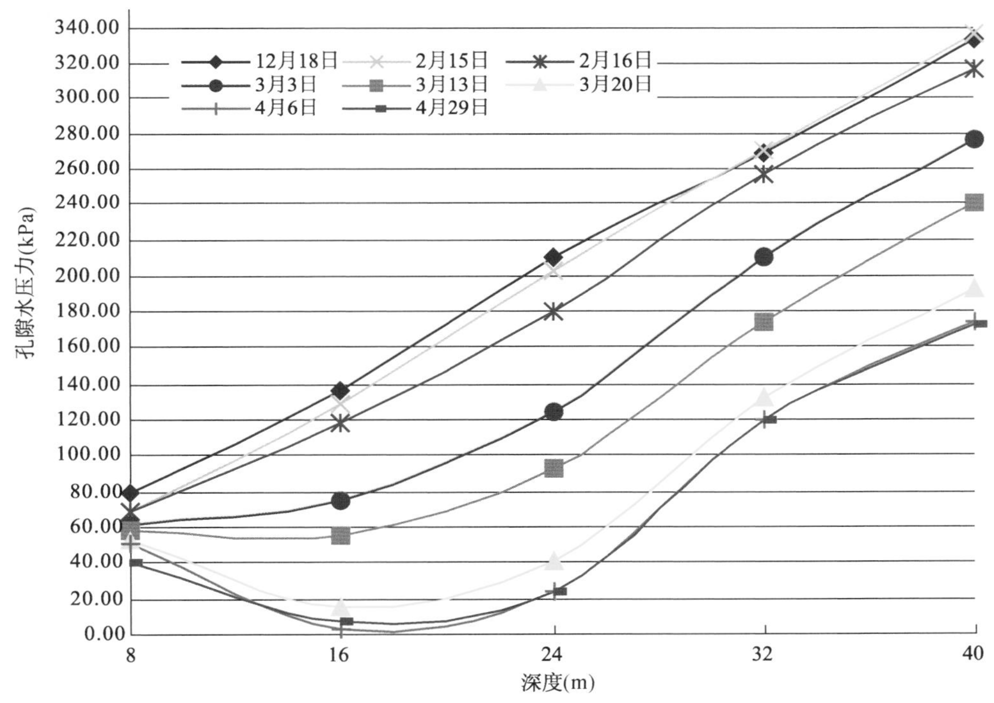

图 11-108　孔隙水压力时空变化曲线

10.6.3　监测结果分析

(1) 通过对已有监测资料的细致分析,深基坑墙体的水平变位总体与基坑开挖深度呈正相关变化,其日变化量又与基坑挖土的步长、一次开挖深度以及无支撑暴露时间等有关;尤其是与无支撑暴露时间关系更为密切。目前,基坑的水平位移量已远远大于设计计算值

（最大位移值达到了设计计算值的2倍以上），这一量值较同类型的基坑工程（类似深度）的变形量稍大，基本仍在围护结构的承受能力范围。

（2）基坑的变形一般与开挖深度、无支撑暴露时间以及降水等工况有明显的同步性，对应的土压力也明显减小；而支撑及围檩的轴力、应力变化则一般滞后1～2 d，并且随着轴力的提高，墙体变形的增加量明显减缓。支撑轴力尽管是设计计算值的2到3倍，但仍在结构强度的容许范围内，并有一定的安全储备。

（3）地下连续墙的变形与深基坑施工的工况有很大关系，其时空效应特征明显。例如，2002年1月22日，工况为第5层土方开挖，地下连续墙短边在小于8 m和大于35 m深度的变形出现回复，而在8～35 m的深度范围则继续缓慢地发展，即出现了两个拐点；而两条长边的水平位移则发展得较快，日变形量达6 mm。该周地下连续墙东、西侧基本上做到了对称开挖，但南、北侧的土方开挖不对称，前后时间的差距有2～3 d，并致使深基坑的无支撑暴露时间增大，这是造成深基坑墙体变形快速增长的主要原因。

（4）坑外降水减小水、土压力对控制地下连续墙变形起到了关键的作用。2002年2月15日实施坑外降水后，随着水、土压力的大幅度下降，近一个月，地下连续墙最大变形量在128～138 mm范围内变化，出现了多次的反弹现象。由于墙外高喷防水帷幕未达到预期效果，同年3月初，又在坑外打一圈降水井，使地下水降低至合适深度，达到了预期的效果。

（5）水土压力均具有随深度加大而增大的特点，但二者呈非线性关系，即在16 m以上和16 m以下具有不同的变化规律，大致与地层的分布特征对应。坑外降水后，水土压力均有明显减小。土压力实测值在2002年2月13日达到最大值，这天实测土压力与土体重力的比值达到0.414，随后由于坑外降水，土压力随之降低，并于2002年4月5日后基本稳定在0.22倍土体自重。

（6）统计分析表明，当基坑开挖深度与围护墙体深度之比$a<0.5$时，墙体最大水平位移出现的深度一般位于开挖面以下；当$a=0.5$时，墙体最大水平位移出现的深度一般位于开挖面附近；当$a>0.7$以后，最大水平位移出现的位置一般稳定在0.58倍墙体深度附近。

10.7 本章主要结论

（1）本章研究了特大型圆形锚碇基坑（直径70 m，墙端嵌岩）土工参数施工动态反演分析与其变形预测方法。结合施工全过程，深入探讨了施工中围护结构地下连续墙变形位移的各主要影响因素，并对墙体结构内力及其水平变位进行了位移反演。可得到以下几点主要结论。

① 建立了该圆形深大基坑动态施工的有限元模型，考虑了圆形二次整筑式内衬的支撑作用以及土体与墙体间的变形协调。进而，对影响基坑开挖变形的诸土工参数进行了敏感性层次（递阶）分析，结果表明：施工开挖方案的影响为最大；其次为土体参数，即亚黏土、亚黏土夹亚砂土、粉细砂（浅）和粉细砂（深）上下共4层土体的弹性模量变化对地下连续墙的水平位移和弯矩值均有较大程度的影响。

② 建立了根据施工变形量测信息、动态反演的进化神经网络模型，以有限元法分析获得学习样本集，由神经网络学习建立了土体弹性模量与相应测点变形之间的映射关系。最后，由遗传算法对目标函数进行搜索，获得了土体等效弹性模量，由于遗传算法的全局优化特性，能获得全局最优解并能大大提高搜索效率。

③ 针对该项基坑工程快速施工的特点（平均每6天开挖一层），选取了快速可靠的动态

反演分析方法和合适的计算模型，使运作反分析的节奏与施工进展得以节奏前后同步进行。

④ 采用人工智能方法对该深大圆形基坑进行了动态施工反演分析，大大提高了反演效率，并能获得非线性变形问题的全局最优解(真实解)。经过对施工过程进行的多次反演，从而得到了土体的等效弹性模量，利用该参数对下步开挖引起的地下连续墙水平位移和墙体弯矩进行预测，可得到与实测值基本吻合的预测结果。其中，最大相对预测误差为 17.6%，但移位值的绝对误差不大，仅为 0.3 mm；前 7 次的最小相对预测误差仅为 0.34%，其绝对误差则为 0.1 mm；最后一次预测最大变形的绝对误差为零。平均相对误差 5.44%，说明预测的总体效果是相当好的。由反演参数预测下步变形，预测值与实测的吻合良好。

⑤ 根据由应力计监测得到的应力反演围护结构(地下连续墙和内衬)的内力，结果表明：通过对圆形围护结构的内力反演，可得圆形基坑施工过程中其支撑体系的内力变化和发展规律；对内衬而言，截面水平弯矩在基坑开挖和内衬浇筑过程中均呈周期性波动，内衬轴力基本上表现为环向压力。对地下连续墙而言，各深度处的墙体弯矩和轴力变化曲线依次呈现“先大幅波动、后平稳变化”的逐渐收敛趋势。

(2) 考虑了黏性土体的线性黏弹性流变特性，对某跨江悬索大桥北锚碇特大矩形深基坑(56 m×62 m×48 m，墙端嵌岩)的施工开挖全过程进行了二维平面应变有限元法数值计算，并将结果与设计值及与实际监测值进行了对比分析。可得到以下几点主要结论。

① 锚碇基础黏性土的流变特性较为明显，在试验应力水平条件下，其在流变发展过程中依次出现了衰减蠕变阶段(第Ⅰ阶段)和等速蠕变阶段(第Ⅱ阶段)；砂性土的蠕变特性不很明显，在试验设定的应力水平作用下，大部分砂性土试样在该试验应力水平条件下很快就产生了剪切破坏；其蠕变曲线反映为，在初始瞬时弹性变形之后，即进入衰减蠕变阶段，随后试样产生剪切破坏。黏性土的流变规律可用 B—K|V—H 模型(亦称 S-6 模型)来描述，该模型能够比较准确地反映黏性土的蠕变特性；砂性土的流变本构模型基本上符合于三单元的广义 Kelvin 模型，模型参数拟合的相关系数比较好。风化基岩试件在各级荷载作用下仅出现了蠕变速率下降段，并很快衰减为零后即保持不变，表明试验对象所呈现出的流变性能也不明显。

② 第 1 道支撑轴力在该深大基坑施工过程中最为复杂多变，且对基坑的整体稳定性和后续工序施工起到关键性作用。因此，必须随时跟进测试结果，预测和监测信息，及时准确地把握该第 1 道支撑的设置时间和设置位置、支撑刚度等，以确保整个支撑围护体系既能整体上稳定安全，又能将施工造价控制在最低限度。

③ 基坑最底一层的土体开挖后，坑外侧土体出现显著的土体沉降增量，最大可达 179.9%，最大沉降量发生在地下连续墙后背外侧约 0.4H(H 为挖深深度) 距离处，值得关注。

④ 实际监测数据表明，无论支撑内力还是地下连续墙墙体内力，都随着基坑开挖施工进展自始至终处于不断调整的过程中，最终结果受到多种复杂的土工和施工因素的综合影响。

⑤ 相对于设计计算值和实测值而言，按照目前围护体系和施工方案进行施工，考虑地表浅部 16m 厚黏性土的线性黏弹性流变特性后可得出：地下连续墙墙顶水平位移值将增大而多数支撑轴力则比弹性计算值为小，但是不致因土体蠕变而使基坑施工的稳定性显著恶化，不会引发基坑支护体系因变形增大而失稳。

参考文献

[1] 肖专文,张奇志,赵文,林韵梅.遗传算法与神经网络协同求解采矿工程中的优化问题[J].中国矿业,1998(01):78-82.

[2] 冯夏庭,张治强,杨成祥,林韵梅.位移反分析的进化神经网络方法研究[J].岩石力学与工程学报,1999(05):529-533.

[3] 邓建辉,李焯芬,葛修润.BP网络和遗传算法在岩石边坡位移反分析中的应用[J].岩石力学与工程学报,2001(01):1-5.

[4] YIN J H, ZHU J G, GRAHAM J. A new elastic viscoplastic model for time-dependent behavior normally and overconsolidated clays[J]. Canadian Geotechnical Journal, 2002(39): 157-173.

[5] 孙钧.岩土材料流变及其工程应用[M].北京:中国建筑工业出版社,1999.

[6] 赵永辉,何之民,沈明荣.润扬大桥北锚碇岩石流变特性的试验研究[J].岩土力学,2003,24(4):583-586.

[7] 孙钧.岩石非线性流变特性及其在地下结构工程中的应用研究[R].上海:同济大学地下工程系,1990.

[8] 谢宁.软土非线性流变的理论、实验和应用研究[D].上海:同济大学,1993.

[9] 章根德,何鲜,朱维耀.岩石介质的流变学[M].北京:科学出版社,1999.

[10] 刘雄.岩石流变学概论[M].北京:地质出版社,1994.

[11] SALZER K, KONIETZKY H, GUNTHER R M. A new creep law to describe the transient and secondary creep phase[C]// Proceedings of the 4th European Conference on Numerical Methods in Ceotechnical Engineering. Udine, 1998:1-11.

[12] CHAN K S, MUNSON D E, BODNER S R. Creep deformation and fracture in rock salt[M]// ALIABADI M H. Fracture of Rock. Boston: WIT PRESS, 1999: 331-379.

[13] CHAN K S, BODNER S R, FOSSUM A F, et al. A constitutive model for inelastic flow and damage evolution in solids under tri-axial compression[J]. Mechanics of Materials, 1992,14(1):1-14.

[14] HUNSCHE U. Uniaxial and triaxial creep and failure tests on rock: Experimental technique and interpretation[M]// CRISTESCU N D, CIODA G. Visco-plastic behaviour of geomaterials. New York: Springer-Verlag, 1994:1-54.

[15] WANG G J. A new constitutive creep-damage model for salt rock and its characteristics[J]. Int J Rock Mechanics Mining Sciences, 2004,41(3):364.

[16] STOLLE D F E, VERMEER P A, BONNIER P G. A consolidation model for a creeping clay[J]. Canadian Geotechnical Journal, 1999, 36(4):754-759.

[17] YIN J H, GRAHAM J. Elastic viscoplastic modeling of the time-dependent stress-strain behavior of soils[J]. Canadian Geotechnical Journal, 1999, 36(4):736-745.

[18] 李军世,林咏梅.上海淤泥质粉质黏土的 Singh-Mitchell 蠕变模型[J].岩土力学,2000,21(4):363-366.

[19] 王祥秋,高文华,陈秋南,等.地基土非线性流变特性试验与归一化模型研究[J].湘潭矿业学院学报,2001,16(2):56-59.

第 11 章　悬索大桥选用多个根键式小沉井的组合式锚碇方案初探

11.1　引言

沉井基础是一种传统的桥梁基础形式，依靠其自身重力克服井壁与土体间的摩阻力，在井筒内挖土并使其缓慢下沉到设计标高，然后，经过水下混凝土封底并填充井孔，使其成为桥梁墩台、重力式锚碇(可视为悬索桥的桥台作用，而承受大桥主缆的拉力)。当然，也可用作其他结构物的基础。其特点是埋置深度可以很大、整体性强、稳定性好，有较大的承载面积，因而能承受较大的垂直荷载和水平荷载，这对用于承受悬索大桥高达数万吨计的主缆拉力是十分合适的。但巨型桥梁沉井的主要缺点是基础尺寸过大而又当下沉深度过深时，它的下沉施工速度慢，准确就位比较困难；此外，井筒内分隔墙多、日后充填工程量大；下沉施工中容易偏斜，其纠偏工作十分困难，导致基础标高不到位或出现超深和欠深等，工期长而质量又难以确切保证。

为了克服桥梁工程中采用单体巨型沉井的上述不足，在某跨江公路悬索大桥南锚碇方案设计中曾设想改用一种新型的沉井形式：以带根键的多个小沉井锚碇基础来取代上述的单个巨型沉井。根键式基础是在沉井井壁上预留多个顶推孔，待沉井下沉到达设计标高以后，再将预制好的钢筋混凝土根键从顶推孔顶入土中，采用小沉井的个数、根键截面尺寸和挑出长度等均可按设计确定。从施工角度而言，根式基础具有与土体接触面大、因沉井尺寸小而下沉相对便捷、就位和小的纠偏较为容易、工期短而又投资节约等优点，是具有一定创新意义的一种改良型的沉井基础形式，并已在工程现场实地试验成功。由于没有可供借鉴的成熟理论和经验，为此，非常有必要对带根键的井群锚碇基础作较为深入的结构分析，以研究其工程上的适应性、结构可靠性及其受力特征和实际工作性状与发现存在的问题等。

本章结合工地试验研究成果，对根键式井群大桥锚碇基础作了初步的竖向和水平向受力框算，得到了一些有益结论，可供采用该设计方案时参考。

11.2　根键式沉井基础构造

某跨江公路大桥南锚碇采用根键式多个沉井基础(图 11-1)，其外包主体尺寸：长 71 m、宽 59 m，由 18 根带根键小沉井和 8.5 m 厚的承台组成。其中，根键式沉井前、后分 5 排布置，从前往后依次为 4 根、3 根、4 根、3 根和 4 根。各井在平面上呈梅花形错开布置，纵向排距为 12 m，横向行距为 10 m，各井中心距约为 2.6 倍的井外径。承台为两级阶梯型，底层平面为 71 m×59 m 的矩形，高为 6 m；顶层平面为 59 m×63 m 的矩形，高为 2.5 m。承台底面高程为−1 m。

沉井群由带根键的圆形小沉井(图 11-2)组成，外径为 6 m，壁厚 0.8 m，高为 46.5 m，沉

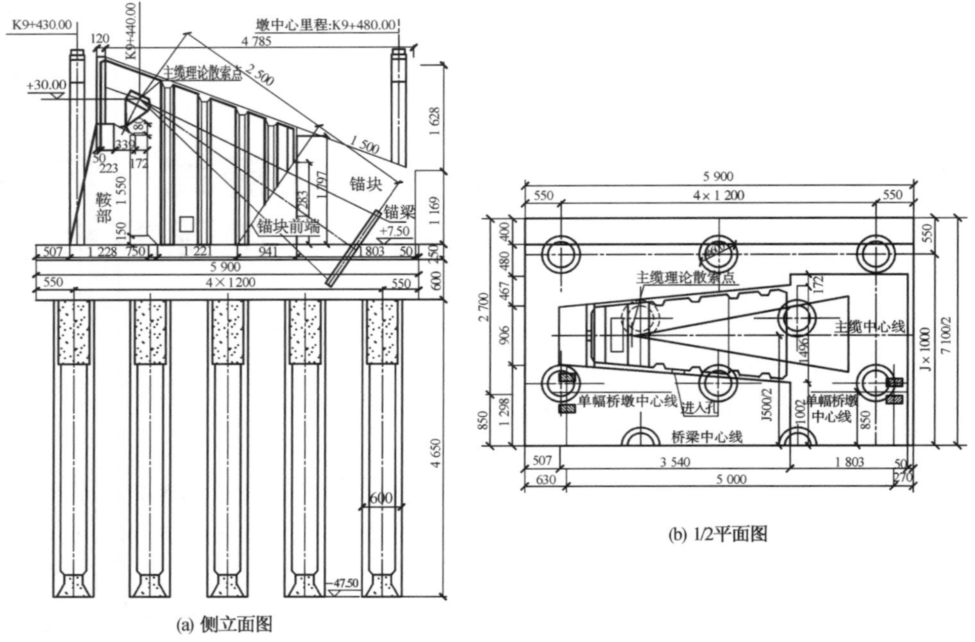

图 11-1 小沉井锚碇结构图

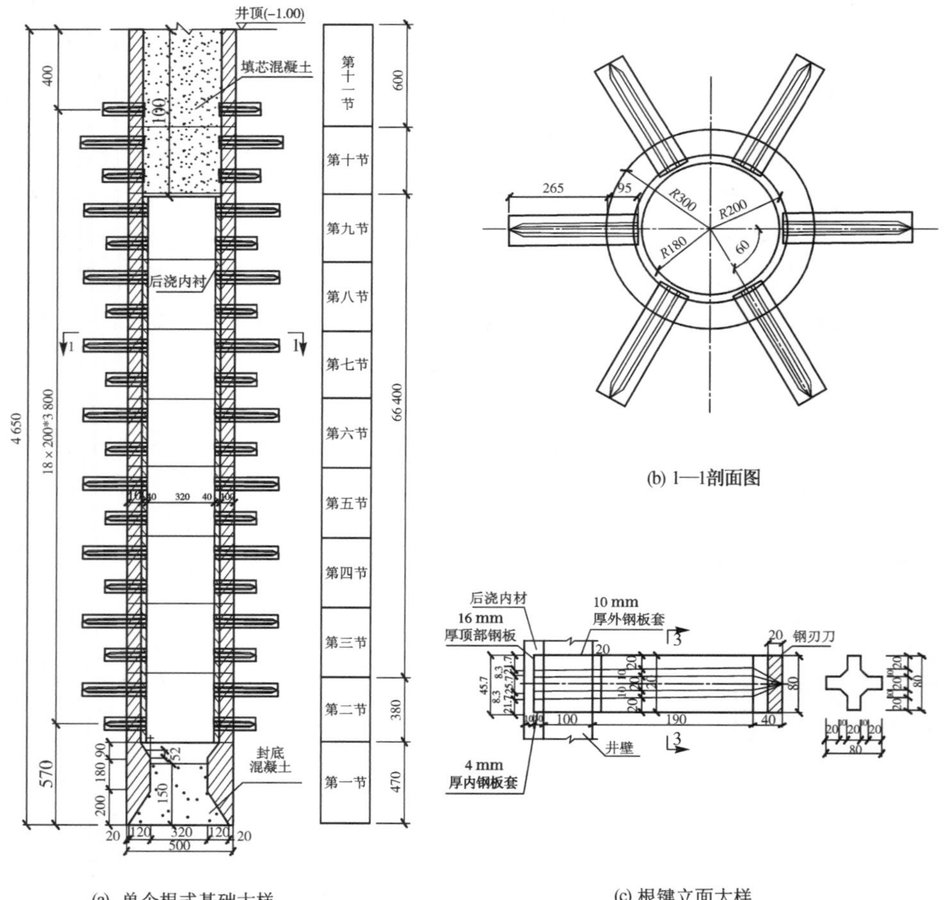

图 11-2 单个带根键小沉井基础构造图

井底高程为−47.5 m，井内封底混凝土厚 3.5 m，上部封顶混凝土厚 3 m。各井的根键沿井身共布置 19 层，每层水平向布置 6 根，底层根键距井底 5.5 m，顶层根键距井顶 6.5 m，各根键层间距 2 m，根键在井身各平面为梅花形布置；根键单根长 3.6 m，其横截面呈对称十字形，根键截面外轮廓尺寸为 0.8 m×0.8 m。

1）沉井材料

沉井井壁混凝土标号为 C30，封底水下混凝土标号为 C30，井壁混凝土轴心抗压强度设计值 $f_c=15.0\ \mathrm{N/mm^2}$，轴心抗拉强度设计值 $f_t=1.5\ \mathrm{N/mm^2}$。承台采用 C40 混凝土，其轴心抗压强度设计值 $f_c=19.5\ \mathrm{N/mm^2}$，轴心抗拉强度设计值 $f_t=1.80\ \mathrm{N/mm^2}$。

根键为钢筋混凝土预制构件，由井内向土层顶管法施工，就位后做止水措施，均已成功实现。

2）地质资料

锚碇位置处各土层的工程地质柱状图，如图 11-3 所示；各土层和沉井结构的物理力学指标，如表 11-1 所列。

3）设计工况及荷载

竖向计算，取“工况(5)——恒载＋车载＋附加载”(组合系数均为 1.0)控制。

水平向计算，取“工况(5)——恒载＋车载＋附加载”(组合系数均为 1.0)控制。

整个锚碇承台底中心荷载值，如表 11-2 所列。

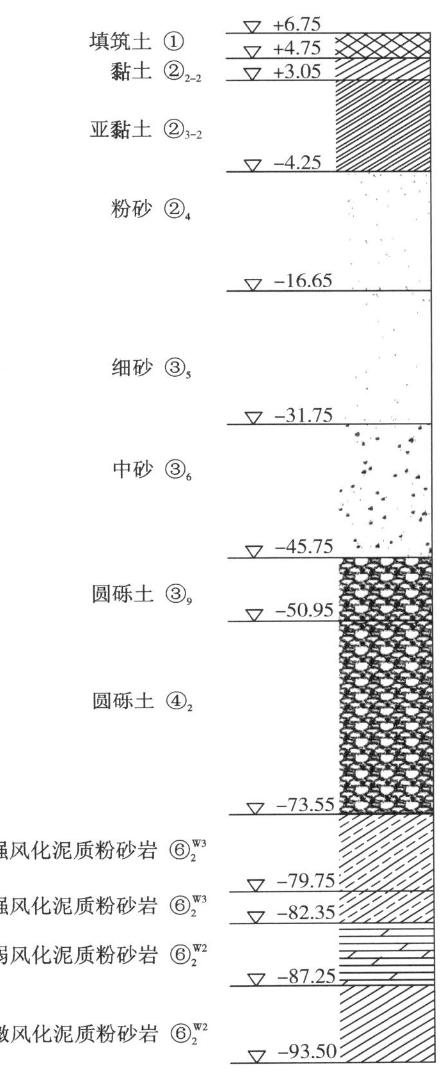

图 11-3　地质柱状图

表 11-1　土层及沉井材料的物理力学参数

土体分层	密度(kg/m³)	黏聚力(kPa)	摩擦角(°)	泊松比	弹性模量(MPa)	层厚(m)
①亚黏土等(含地表土)	1 900	10	10.0	0.30	8.0	11
②粉细砂	2 010	2	28.0	0.30	22.0	12.4
③细砂	1 980	—	30.0	0.30	30.0	15.1
④中粗砂	2 080	—	32.0	0.30	40.0	14
⑤圆砾土	2 100	—	35.0	0.25	150.0	1.75(井端插入深度)
承台	2 500	—	—	0.20	32 500.0	—
沉井	2 600	—	—	0.20	20 000.0	—

表 11-2　承台底中心计算荷载

组合类型	工况		竖向力(kN)	弯矩(kN·m)	水平力(kN)
施工阶段,组合系数 1.0	(1)	锚块+承台	1156 429	5 182 087	0
	(2)	(1) +压重+鞍部+大缆恒载	1 241 927	−1 851 630	303 137
组合系数均为 1.0	(5)	恒载+车载+附加载	1 265 870	−3 310 240	353 760

注:表中竖向力向下为正,弯矩以使锚碇后端受压为正,水平力以指向主桥方向为正。

11.3　对锚碇沉井基底和侧周土体流变属性的考虑

11.3.1　对群井式锚碇受力性态的评价

(1) 小沉井增设根键后的竖向和水平向承载力都有大幅增加(从单井现场试验来看,该两者均较不设根键的约增加 1.44 倍),竖向沉降量和水平侧移量则有大幅减小。故可认为沉井带根键后,它在受力条件和变形控制两方面都收效显著。

(2) 比较过去传统采用的大沉井,带根键小井施工简便、造价较低而工期大幅缩短,这种新型锚碇形式优点突出,值得选用。

(3) 改用多个小井(加根键)来代替过去惯用的大井,由于主缆力作用下各座小井间如何分担受力及其水平侧移和不均匀沉降等变位情况尚不够明确、也不均衡,使群井受力问题的复杂性和不确定性增加。

尽管小井群的总体承载力及其水平刚度要逊于整体式大井,但因过去大井这方面的安全度很大,因而,这并不说明改用小井群后就会有问题。由于改用小井群的设计施工缺乏实践经验,一些疑惑不清之处需要深入研究、论证和解决,其中,最感突出的是在计入土体流变效应后,“承台—碇结构”系统在水平侧移(使锚座散索鞍处的位移量增大)和基底不均匀沉降两个方面的掌控问题。

11.3.2　对采用根键式小沉井方案的基本构想

(1) 砂性土的流变下限值虽较软黏土的为高,但此处存在以下特定问题:

其一,南锚碇位置的浅表层为软塑状亚黏土和饱水松散粉、细砂层,其抗剪性能不佳;

其二,尽管砂土的 φ 值约等于 30°;但松散干砂的 c 值接近 0,使塑性屈服判别式中土体允许有效应力的理论值锐减,故受力后将会有一定范围的土体屈服区(三向压密条件下,实际上饱水砂性土的 c 值可望有一个不稳定的初始峰值);

其三,小沉井周边因与土体的接触面积小,其接触压强较整体大沉井的为大;而 10 余座小井,在承台顶弯矩作用下其反力分配不可能均匀;最前面几个井——2 号、5 号、7 号、10 号井等的受力和侧面接触压强都可能较整体大沉井的相应各值高出许多;

其四,由于上述的其三原因,在小井正面接触压力作用而向前位移的情况下,正前方土体容易向其左右外侧横移挤出而呈松动,不能越压越紧、提高抗力;

其五,小沉井不易克服周边摩阻力而下沉,需动用空气幕、真空负压助沉,致使下沉时侧壁摩阻力系数降低,事后,周边土的密实度只能部分恢复;而在克服土体阻力下沉的过程中,由于带动并扰动了周边土体,致使破裂棱体内的土体力学指标劣化。

(2) 基底下卧层层间砂土体因剪切变位而错动,是锚碇整体侧移过大的重要因素之一(现有的计算均未计及这一不利因素)。

(3) 此处小井埋深为 46.5 m,较已建、正建且情况相近的长江下游三座悬索大桥(江阴、润扬、泰州)的锚碇深度(55～58 m)为浅。

(4) 计入土体流变效应后,由于砂土的黏滞系数(主要的流变参数之一)η 值较小,而其流变下限值又较高,故锚碇可望在较短时期(3～5 个月内或稍长)内将趋于稳定的较小收敛值。收敛的流变变形(水平侧移/工后沉降量)折算到锚座散索鞍处(由于高程大而呈线性放大)后,希望能控制在 10 cm[含瞬时弹(塑)性变形]以内,这样对悬索桥柔性结构而言将是安全的;但如收敛值大于 10～15 cm,则对锚碇周边附近的部分土体和/或地基土需考虑要否注浆加固(主要只对上部的粉、细砂层;必要时再需对锚碇基底土体的前端部分)。

(5) 如有可能,设法增大锚碇正面上、中部分与该部分前方土体的接触面积(如加大上部根键的接触面尺寸等;也可用进一步优化带根键小沉井群的形式和变换小井数量等来做到),它是减小侧移的有效途径。

(6) 以上所述,均需要通过正确无误的土体流变试验(含流变模型辨识和模型参数测定)确认,并随后进行细致深入的时空理论计算,再作定论。

11.4　带根键沉井群锚碇基础力学性态的三维数值分析

11.4.1　概述

在采用小沉井群取代大的整体式沉井锚碇的可行性和合理性方面,如前所述,有必要进一步考察计入在主缆长期持续作用的水平拉力条件下,小沉井壁外周前方土体的流变力学性态(特别指主桥一侧前排的第 5 号、10 号、2 号、7 号各座小井)问题。若存在这方面的问题,则其不利的受力条件将反映在以下三个方面:

(1) 土体流变使锚体散索鞍点位处的水平位移增大,其值应控制在设计容许的不大于 10 cm 的规定基准值以内(过大的水平位移将在悬索桥主缆和桥跨大梁内产生不容许的过大附加应力和附加变形位移,危及大桥安全)。

(2) 由于沉井向主桥一侧产生井上部大、井底部小的流变位移而引起沉井井身纵向过大的弯曲变形,严重时会使井身外缘因受拉而产生沿周长的水平方向裂损。

(3) 为了防止和克服上述过大的水平向流变位移,要考虑在结构受力前在沿主桥一侧的上列各座小沉井的外周土体上先进行注浆加固等工程处理的可能性和经济性。

11.4.2　基本数据资料

该工程计算参数:承台高度 8.5 m,不设根键(数值计算时先按无根键情况作分析;在带根键条件下,再按现场实测值作修正)的沉井埋深 46.5 m,其中,沉井基础封底厚度为 4 m,沉井外径 D 为 6 m,内径 d 为 4.4 m,壁厚为 0.8 m。采用国际知名通用有限元软件 ABAQUS 进行计算分析。土体计算网格如图 11-4 所示,沉井和承台计算网格如图 11-5 所示,坐标系 x 轴为纵桥方向,y 轴为横桥(承台宽度)方向,z 轴指向沉井底。

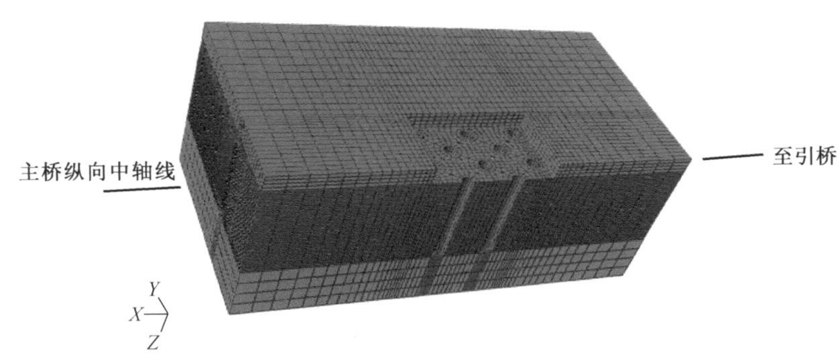

图 11-4　土体计算网格

先做简化框算。沉井-承台,沉井底与土

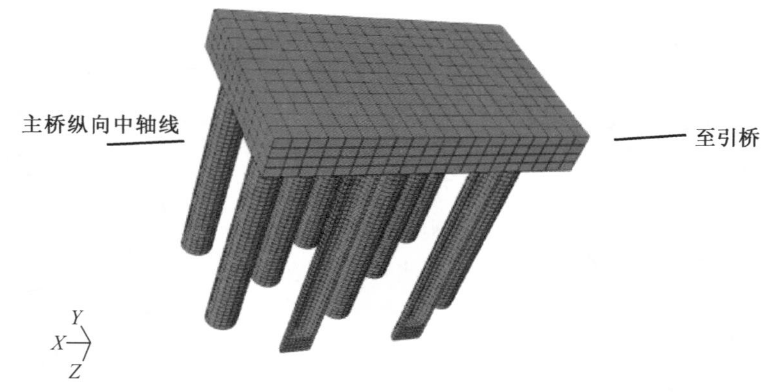

图 11-5　承台(右半)与沉井计算网格

体,均设定为绑定(tie),即不计及接触界面间的相对滑移;而土体-承台底及土体-沉井壁圆周侧,则采用接触(contact)单元,即计及二者界面间的相对滑移,进行计算。土体、沉井、承台均采用 HEX8 结点等参单元,纵向对称半幅的单元总数为 113 000,先暂均简化为线弹性材料。有关各计算参数如表 11-3 所列。

表 11-3　计算参数

	均化为细砂	圆砾土	沉井	承台
弹性模量(MPa)	30	150.0	2.0×10^4	3.25×10^4
泊松比	0.3	0.25	0.20	0.20
浮重度(kN/m^3)	9.20	11.0	16.0	15.0

模型土层分两层:沉井底以上均化为细砂;沉井底以下为圆砾土。考虑地下水与江水贯通,饱和水位最高时设地下水位与承台顶相齐平,此时土体、沉井和承台的重度均取浮重度。

11.4.3　计算荷载

计算取“工况(5)——恒载+车载+附加载”(组合系数均为 1.0),承台底中心荷载值如表 11-4 所列。

表 11-4　承台底中心计算荷载

组合类型	工况(5)	竖向力(kN)	弯矩(kN·m)	水平力(kN)
组合系数均为 1.0	恒载+车载+附加载	1 265 870	−3 310 240	353 760

为便于荷载计算,将承台底中心荷载等效至承台顶中心处荷载。为此需扣除承台的浮重以及水平力产生的部分弯矩。

承台的浮重为:$(71\times59\times6+63\times59\times2.5)\times1.5=51\ 639.75$ t

水平力换算至承台顶中心位置处引起的附加弯矩为:

$$353\ 760\times8.5=3\ 006\ 960\ \text{kN}\cdot\text{m}$$

竖向力换算至承台顶中心位置处,原先散索鞍处斜缆索的向上拉力与锚座重量抵消后,此处的轴力为压力,其值为:$1\ 265\ 870-516\ 397.5=749\ 472.5$ kN

换算至承台顶中心位置处的弯矩为:$-3\ 310\ 240+3\ 006\ 960=-303\ 280$ kN·m

由于本次计算仅取横桥向右侧一半的对称结构进行,故作用在一半结构上的以上荷载值,分别为:

竖向力：749 472.5/2.0＝374 736 kN；

水平力：353 760/2.0＝176 880 kN；

弯矩：－303 280/2.0＝－151 640 kN・m。

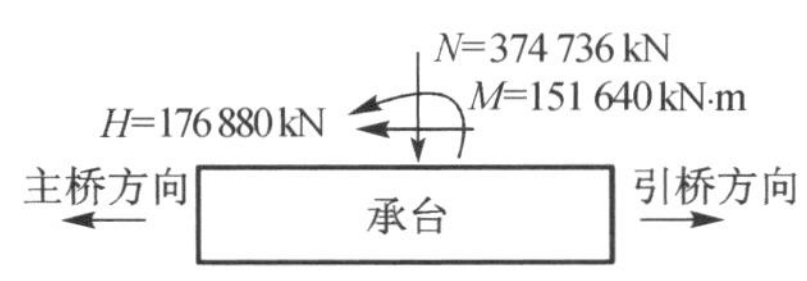

图 11-6　计算荷载

荷载计算简图如图 11-6 所示。其中，竖向力以向下为正，弯矩为纵向弯矩，以使锚碇后端受压为正，水平力以指向主桥方向为正。

11.4.4　按线弹性土体的井群三维最大、最小主应力计算

沉井群平面布置如图 11-7 所示。采用以上荷载及有关参数，进行了弹性三维数值计算，得到 1-1，2-2，3-3，4-4，5-5 各截面处的土体最大主应力(S，Max，Principal)、最小主应力(S，Min，Principal)云图，分别如图 11-8—图 11-19 所示。土体应力以受拉为正、受压为负。土体-承台底及土体-沉井侧均按接触问题计算，即接触面法向为硬接触，侧向接触摩擦系数暂取 μ＝0.3。为了初步考察土体流变问题，此处主要研究了靠近主桥一侧土体的应力计算。

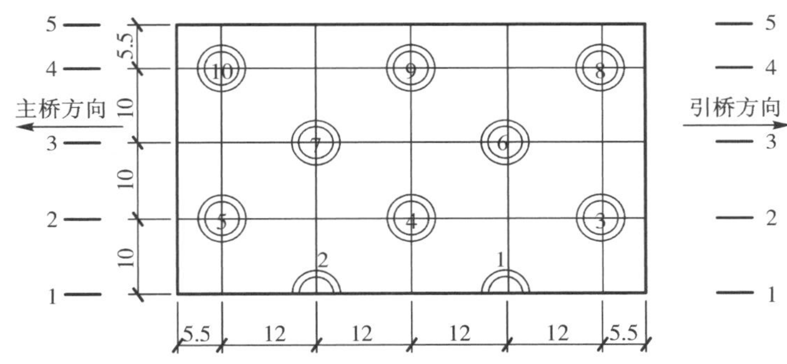

图 11-7　沉井群平面布置图

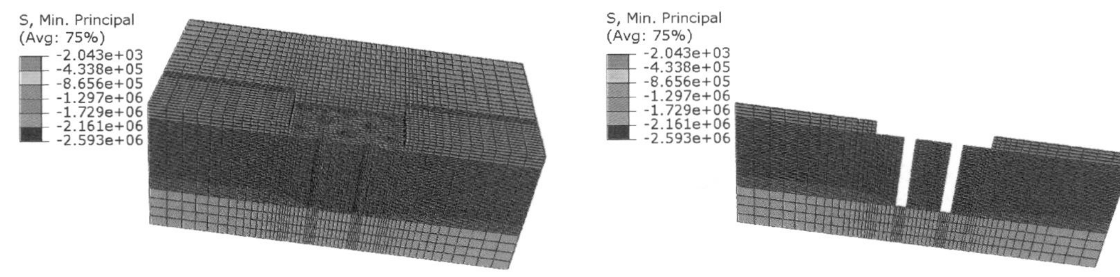

图 11-8　整个右半幅土体的最小主应力云图

图 11-9　1-1 断面土体的最小主应力云图

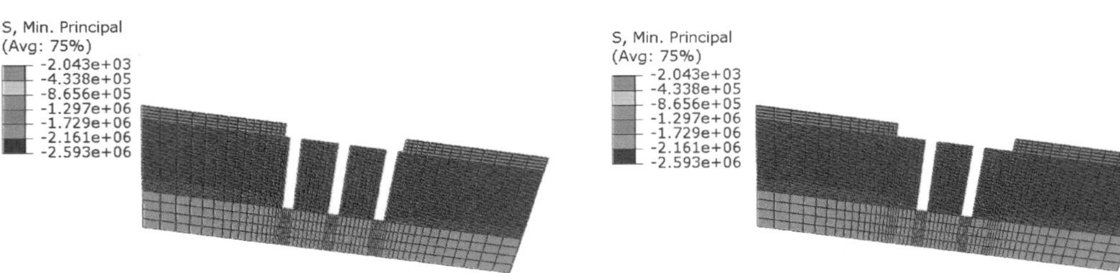

图 11-10　2-2 断面土体的最小主应力云图

图 11-11　3-3 断面土体的最小主应力云图

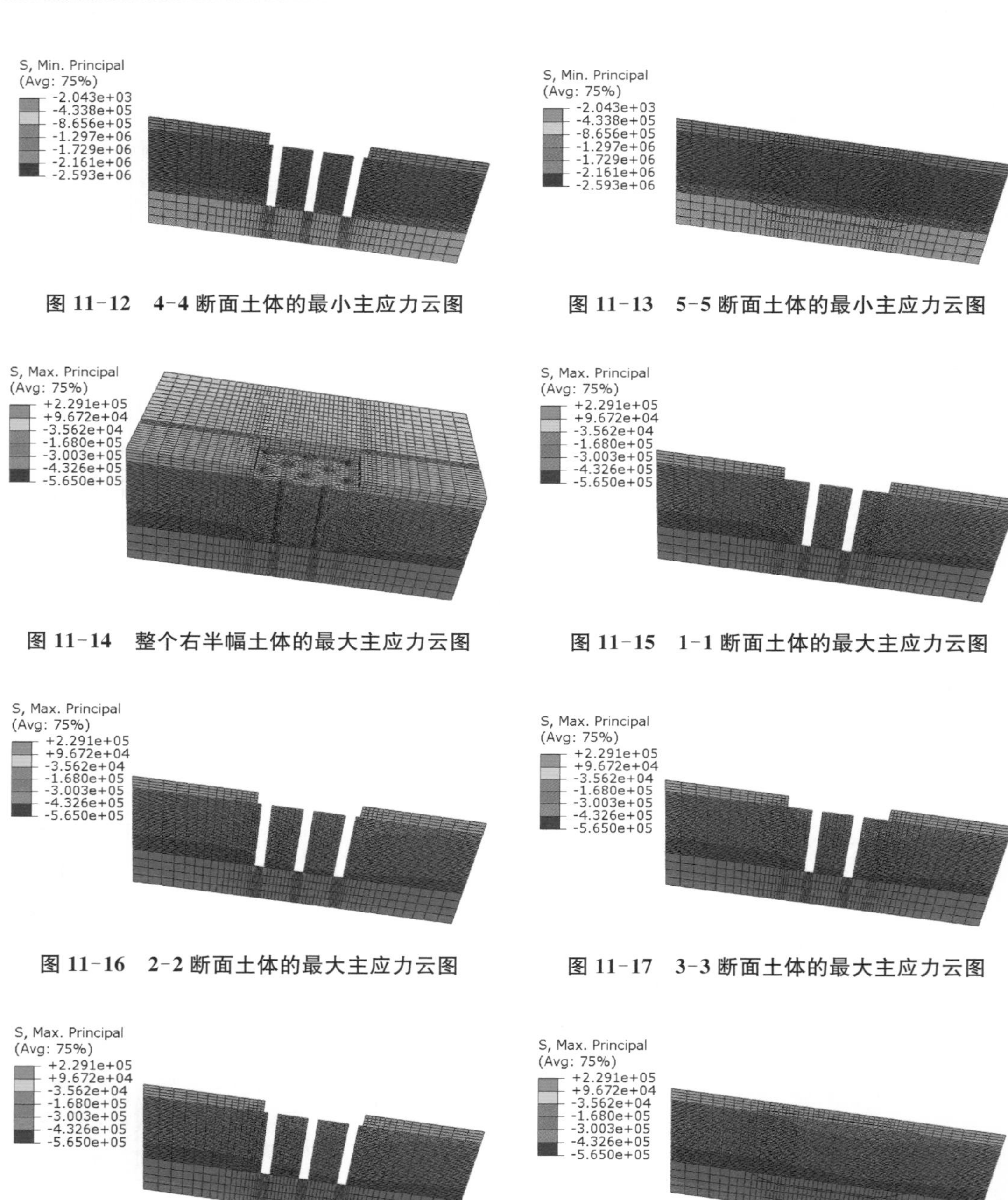

图 11-12　4-4 断面土体的最小主应力云图

图 11-13　5-5 断面土体的最小主应力云图

图 11-14　整个右半幅土体的最大主应力云图

图 11-15　1-1 断面土体的最大主应力云图

图 11-16　2-2 断面土体的最大主应力云图

图 11-17　3-3 断面土体的最大主应力云图

图 11-18　4-4 断面土体的最大主应力云图

图 11-19　5-5 断面土体的最大主应力云图

如图 11-7 所示，图中的 2 号、5 号、7 号和 10 号这几座靠近主桥一侧的沉井，在顺主桥纵向一侧与各自外周前方所接触的土体最大主应力、最小主应力以及最大剪应力值随深度的变化，可从以上各图的主应力云图中查找列出，如表 11-5 和表 11-6 所列。表中的最大计算剪应力值为相应点位最大主应力值与最小主应力值之差的一半，即：

$$\tau_{max} = (\sigma_{max} - \sigma_{min})/2 \tag{11-1}$$

式中，σ_{max}和 σ_{min}分别为同一点位的最大和最小计算主应力。

表 11-5　2 号和 5 号沉井顺主桥一侧的土体最大、最小主应力及最大剪应力

距承台底距离(m)	最大主应力(Pa)		最小主应力(Pa)		最大剪应力(Pa)	
	2 号	5 号	2 号	5 号	2 号	5 号
0	3.27×10^4	2.90×10^4	-2.87×10^4	-1.16×10^5	3.07×10^4	7.27×10^4
1	2.81×10^4	-7.42×10^2	-3.12×10^4	-9.00×10^4	2.97×10^4	4.46×10^4
2	2.21×10^4	-2.25×10^4	-3.73×10^4	-8.07×10^4	2.97×10^4	2.91×10^4
3	1.79×10^4	-2.62×10^4	-4.29×10^4	-8.62×10^4	3.04×10^4	3.00×10^4
4	1.43×10^4	-3.19×10^4	-4.98×10^4	-1.05×10^5	3.21×10^4	3.64×10^4
5	1.14×10^4	-3.65×10^4	-5.76×10^4	-1.23×10^5	3.45×10^4	4.32×10^4
6	9.42×10^3	-4.02×10^4	-6.65×10^4	-1.37×10^5	3.80×10^4	4.84×10^4
7	7.51×10^3	-4.39×10^4	-7.56×10^4	-1.48×10^5	4.16×10^4	5.23×10^4
8	5.46×10^3	-4.77×10^4	-8.47×10^4	-1.58×10^5	4.51×10^4	5.53×10^4
9	3.35×10^3	-5.16×10^4	-9.39×10^4	-1.67×10^5	4.86×10^4	5.78×10^4
10	1.17×10^3	-5.56×10^4	-1.03×10^5	-1.75×10^5	5.21×10^4	5.99×10^4
11	-1.08×10^3	-5.97×10^4	-1.12×10^5	-1.83×10^5	5.55×10^4	6.18×10^4
12	-3.37×10^3	-6.38×10^4	-1.21×10^5	-1.91×10^5	5.88×10^4	6.36×10^4
13	-5.68×10^3	-6.79×10^4	-1.30×10^5	-1.99×10^5	6.21×10^4	6.54×10^4
14	-8.01×10^3	-7.20×10^4	-1.39×10^5	-2.06×10^5	6.54×10^4	6.70×10^4
15	-1.03×10^4	-7.61×10^4	-1.47×10^5	-2.14×10^5	6.85×10^4	6.87×10^4
16	-1.26×10^4	-8.03×10^4	-1.56×10^5	-2.21×10^5	7.17×10^4	7.04×10^4
17	-1.49×10^4	-8.43×10^4	-1.65×10^5	-2.29×10^5	7.48×10^4	7.21×10^4
18	-1.71×10^4	-8.84×10^4	-1.73×10^5	-2.36×10^5	7.79×10^4	7.38×10^4
19	-1.93×10^4	-9.24×10^4	-1.81×10^5	-2.44×10^5	8.10×10^4	7.56×10^4
20	-2.14×10^4	-9.64×10^4	-1.89×10^5	-2.51×10^5	8.40×10^4	7.74×10^4
21	-2.35×10^4	-1.00×10^5	-1.98×10^5	-2.59×10^5	8.71×10^4	7.92×10^4
22	-2.55×10^4	-1.04×10^5	-2.06×10^5	-2.67×10^5	9.02×10^4	8.11×10^4
23	-2.75×10^4	-1.08×10^5	-2.14×10^5	-2.74×10^5	9.31×10^4	8.30×10^4
24	-2.94×10^4	-1.12×10^5	-2.22×10^5	-2.82×10^5	9.62×10^4	8.49×10^4
25	-3.13×10^4	-1.16×10^5	-2.30×10^5	-2.90×10^5	9.93×10^4	8.69×10^4
26	-3.31×10^4	-1.20×10^5	-2.38×10^5	-2.98×10^5	1.02×10^5	8.89×10^4
27	-3.49×10^4	-1.24×10^5	-2.46×10^5	-3.06×10^5	1.05×10^5	9.10×10^4
28	-3.67×10^4	-1.27×10^5	-2.54×10^5	-3.14×10^5	1.09×10^5	9.31×10^4
29	-3.84×10^4	-1.31×10^5	-2.62×10^5	-3.22×10^5	1.12×10^5	9.51×10^4
30	-4.01×10^4	-1.35×10^5	-2.70×10^5	-3.30×10^5	1.15×10^5	9.73×10^4
31	-4.18×10^4	-1.39×10^5	-2.78×10^5	-3.38×10^5	1.18×10^5	9.94×10^4
32	-4.34×10^4	-1.43×10^5	-2.87×10^5	-3.46×10^5	1.22×10^5	1.02×10^5
33	-4.50×10^4	-1.47×10^5	-2.95×10^5	-3.54×10^5	1.25×10^5	1.04×10^5
34	-4.66×10^4	-1.50×10^5	-3.04×10^5	-3.62×10^5	1.29×10^5	1.06×10^5
35	-4.83×10^4	-1.54×10^5	-3.13×10^5	-3.71×10^5	1.32×10^5	1.08×10^5

（续表）

距承台底距离(m)	最大主应力(Pa)		最小主应力(Pa)		最大剪应力(Pa)	
	2号	5号	2号	5号	2号	5号
36	-4.99×10^4	-1.58×10^5	-3.22×10^5	-3.81×10^5	1.36×10^5	1.11×10^5
37	-5.15×10^4	-1.62×10^5	-3.32×10^5	-3.92×10^5	1.40×10^5	1.15×10^5
38	-5.32×10^4	-1.67×10^5	-3.42×10^5	-4.05×10^5	1.44×10^5	1.19×10^5
39	-5.51×10^4	-1.71×10^5	-3.52×10^5	-4.17×10^5	1.49×10^5	1.23×10^5
40	-5.71×10^4	-1.75×10^5	-3.64×10^5	-4.27×10^5	1.53×10^5	1.26×10^5
41	-5.99×10^4	-1.80×10^5	-3.75×10^5	-4.35×10^5	1.58×10^5	1.28×10^5
42	-6.36×10^4	-1.84×10^5	-3.83×10^5	-4.42×10^5	1.60×10^5	1.29×10^5
43	-6.62×10^4	-1.88×10^5	-3.89×10^5	-4.43×10^5	1.62×10^5	1.28×10^5
44	-6.78×10^4	-1.91×10^5	-3.91×10^5	-4.37×10^5	1.61×10^5	1.23×10^5
45	-8.46×10^4	-1.77×10^5	-3.78×10^5	-4.19×10^5	1.47×10^5	1.21×10^5
46	-1.32×10^5	-1.39×10^5	-3.58×10^5	-4.25×10^5	1.13×10^5	1.43×10^5

表 11-6　7 号和 10 号沉井顺主桥一侧的土体最大、最小主应力及最大剪应力

距承台底距离(m)	最大主应力(Pa)		最小主应力(Pa)		最大剪应力(Pa)	
	7号	10号	7号	10号	7号	10号
0	2.40×10^4	2.01×10^4	-4.40×10^4	-1.28×10^5	3.40×10^4	7.41×10^4
1	1.84×10^4	-4.31×10^3	-4.54×10^4	-1.09×10^5	3.19×10^4	5.23×10^4
2	1.05×10^4	-1.94×10^4	-4.80×10^4	-1.10×10^5	2.92×10^4	4.53×10^4
3	3.37×10^3	-2.45×10^4	-5.04×10^4	-1.29×10^5	2.69×10^4	5.22×10^4
4	-3.85×10^3	-3.06×10^4	-5.40×10^4	-1.52×10^5	2.51×10^4	6.08×10^4
5	-1.10×10^4	-3.45×10^4	-6.01×10^4	-1.68×10^5	2.45×10^4	6.68×10^4
6	-1.80×10^4	-3.85×10^4	-6.98×10^4	-1.80×10^5	2.59×10^4	7.07×10^4
7	-2.42×10^4	-4.26×10^4	-8.11×10^4	-1.89×10^5	2.85×10^4	7.33×10^4
8	-2.97×10^4	-4.69×10^4	-9.22×10^4	-1.97×10^5	3.12×10^4	7.51×10^4
9	-3.51×10^4	-5.13×10^4	-1.03×10^5	-2.04×10^5	3.40×10^4	7.64×10^4
10	-4.02×10^4	-5.56×10^4	-1.14×10^5	-2.11×10^5	3.69×10^4	7.74×10^4
11	-4.53×10^4	-6.00×10^4	-1.25×10^5	-2.17×10^5	3.96×10^4	7.83×10^4
12	-5.02×10^4	-6.44×10^4	-1.35×10^5	-2.23×10^5	4.23×10^4	7.91×10^4
13	-5.51×10^4	-6.87×10^4	-1.45×10^5	-2.29×10^5	4.49×10^4	7.99×10^4
14	-5.99×10^4	-7.31×10^4	-1.55×10^5	-2.35×10^5	4.75×10^4	8.07×10^4
15	-6.47×10^4	-7.74×10^4	-1.65×10^5	-2.41×10^5	5.00×10^4	8.16×10^4
16	-6.94×10^4	-8.18×10^4	-1.74×10^5	-2.47×10^5	5.24×10^4	8.25×10^4
17	-7.40×10^4	-8.61×10^4	-1.84×10^5	-2.53×10^5	5.48×10^4	8.35×10^4
18	-7.85×10^4	-9.03×10^4	-1.93×10^5	-2.60×10^5	5.72×10^4	8.47×10^4
19	-8.30×10^4	-9.45×10^4	-2.02×10^5	-2.66×10^5	5.94×10^4	8.59×10^4
20	-8.74×10^4	-9.87×10^4	-2.11×10^5	-2.73×10^5	6.17×10^4	8.72×10^4

（续表）

距承台底距离(m)	最大主应力(Pa)		最小主应力(Pa)		最大剪应力(Pa)	
	7 号	10 号	7 号	10 号	7 号	10 号
21	-9.17×10^4	-1.03×10^5	-2.20×10^5	-2.80×10^5	6.39×10^4	8.86×10^4
22	-9.60×10^4	-1.07×10^5	-2.28×10^5	-2.87×10^5	6.61×10^4	9.00×10^4
23	-1.00×10^5	-1.11×10^5	-2.37×10^5	-2.94×10^5	6.82×10^4	9.15×10^4
24	-1.04×10^5	-1.15×10^5	-2.45×10^5	-3.01×10^5	7.03×10^4	9.30×10^4
25	-1.09×10^5	-1.19×10^5	-2.53×10^5	-3.08×10^5	7.24×10^4	9.47×10^4
26	-1.13×10^5	-1.23×10^5	-2.62×10^5	-3.16×10^5	7.45×10^4	9.63×10^4
27	-1.17×10^5	-1.27×10^5	-2.70×10^5	-3.23×10^5	7.65×10^4	9.80×10^4
28	-1.21×10^5	-1.31×10^5	-2.78×10^5	-3.31×10^5	7.85×10^4	9.97×10^4
29	-1.25×10^5	-1.35×10^5	-2.86×10^5	-3.38×10^5	8.06×10^4	1.01×10^5
30	-1.29×10^5	-1.39×10^5	-2.94×10^5	-3.46×10^5	8.26×10^4	1.03×10^5
31	-1.33×10^5	-1.43×10^5	-3.02×10^5	-3.53×10^5	8.46×10^4	1.05×10^5
32	-1.37×10^5	-1.47×10^5	-3.10×10^5	-3.61×10^5	8.66×10^4	1.07×10^5
33	-1.41×10^5	-1.51×10^5	-3.18×10^5	-3.69×10^5	8.86×10^4	1.09×10^5
34	-1.45×10^5	-1.55×10^5	-3.26×10^5	-3.77×10^5	9.07×10^4	1.11×10^5
35	-1.49×10^5	-1.59×10^5	-3.35×10^5	-3.85×10^5	9.28×10^4	1.13×10^5
36	-1.53×10^5	-1.64×10^5	-3.43×10^5	-3.95×10^5	9.49×10^4	1.16×10^5
37	-1.58×10^5	-1.67×10^5	-3.52×10^5	-4.06×10^5	9.70×10^4	1.19×10^5
38	-1.62×10^5	-1.72×10^5	-3.61×10^5	-4.17×10^5	9.93×10^4	1.23×10^5
39	-1.67×10^5	-1.76×10^5	-3.70×10^5	-4.26×10^5	1.02×10^5	1.25×10^5
40	-1.71×10^5	-1.80×10^5	-3.81×10^5	-4.34×10^5	1.05×10^5	1.27×10^5
41	-1.75×10^5	-1.84×10^5	-3.95×10^5	-4.42×10^5	1.10×10^5	1.29×10^5
42	-1.80×10^5	-1.88×10^5	-4.11×10^5	-4.49×10^5	1.16×10^5	1.30×10^5
43	-1.85×10^5	-1.91×10^5	-4.24×10^5	-4.49×10^5	1.20×10^5	1.29×10^5
44	-1.89×10^5	-1.94×10^5	-4.31×10^5	-4.43×10^5	1.21×10^5	1.24×10^5
45	-1.83×10^5	-1.78×10^5	-4.31×10^5	-4.23×10^5	1.24×10^5	1.23×10^5
46	-1.70×10^5	-1.38×10^5	-4.32×10^5	-4.30×10^5	1.31×10^5	1.46×10^5

各截面最大计算剪应力值随点位埋深的变化，如图 11-20 所示。从图中可以看出，沉井外侧土体的最大剪应力值均随各计算点位深度的增加而增大；靠近井端部位的土体最大剪应力值略有降低。

根据某长江大桥基础静载试验结果得出，其有关各实测值如表 11-7 所列。

由表 11-7 可知，带根键沉井的竖向和水平向承载力均是无根键沉井相应承载力的 1.44 倍。通过增设根键，沉井的承载力

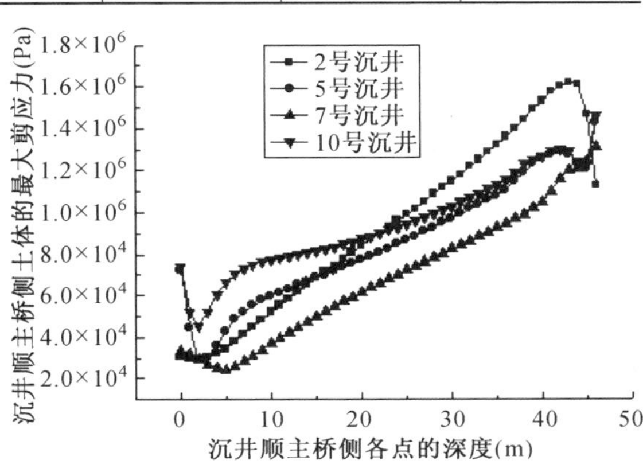

图 11-20　沉井顺主桥一侧的土体最大计算剪应力值

得到了提高，它反映了设置根键后将有效增加沉井壁与其外周土体的接触面积。在相同外力作用下，由于沉井与土体接触面积增加，而井外周土体内的主应力值将相应降低，土体的最大剪应力值也将相应减小。对线弹性计算，此处可近似地认为各相应点位的土体最大剪应力值亦均减小了 1.44 倍，即将表 11-5 和表 11-6 中的各个计算数据均相应减小1.44倍取用。

表 11-7　位移为确定值的条件下，单个沉井的承载力实测值　(kN)

	竖向承载力	水平承载力
无根键	113 565	18 000
带根键	163 784	26 000
带根键与无根键的承载力比值	1.44	1.44

11.4.5　沉井沿主桥一侧井壁前方土体流变的初步判识

由本章末参考文献[1]的试验结果，可查找获得砂土三轴流变试验在不同围压条件下的流变下限。在目前缺乏桥位土体流变试验的情况下，从文献中可查得，对此处砂土的流变下限值暂酌取为 0.16 MPa。由图 11-20 可知，此处需考虑计入土体流变效应的最大剪应力值应不小于 0.16 MPa，由此折算得到图中相应的最大剪应力值应不小于 $0.16\times1.44=0.23$ MPa，从表 11-5 和表 11-6 中的有关各值可见，桥位锚碇沉井外周土体的最大剪应力各值均小于砂土的流变下限，但尚需通过针对桥位砂土进行的流变试验，以求确切认证。

11.4.6　承台顶中心点和锚座散索鞍处的水平位移

数值计算得出，承台顶最大水平位移(*U*, *U*1)的计算值为 8.1 cm，最大竖向位移(*U*, *U*3)(沉降)则为 5.3 cm，分别如图 11-21 和图 11-22 所示。

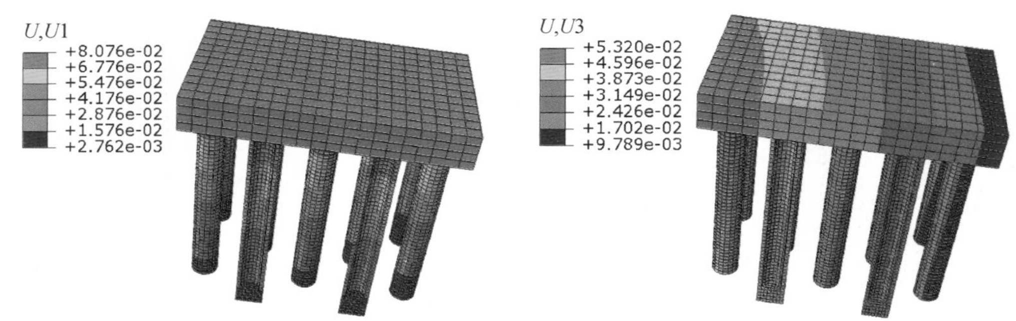

图 11-21　承台及沉井的水平位移云图　　**图 11-22　承台及沉井的竖向位移云图**

设考虑承台为刚性体，则可认为整个承台发生的水平位移都是相同的。对刚性承台而言，承台的水平位移是由整个承台平动及其刚性转动所引起。承台的转角，可以用承台顺桥纵向前后两端的竖向位移之差与承台顺桥向的长度之比来计算。为了此处仅作近似简化计算，在主缆拉力作用下，假设锚座上部主缆散索点位置到承台顶的整体锚座不发生弹性变形，也即假定承台以上的锚座部分亦为刚性体。这样，锚座散索点处的水平和竖向位移均可由承台的位移换算得到。在锚座设定为刚性体的条件下，散索点处的竖向位移与承台顶竖向位移是相同的，而散索点处的水平位移则为承台顶的水平位移与承台发生转角后引起散索点处附加的水平位移两者之和，即：

$$\delta_s=\delta_c+\theta_c\times h \tag{11-2}$$

式中：δ_s——散索点位置处的水平位移；

δ_c——承台顶中心位置处的水平位移，已从上计算得，为 8.1 cm；

θ_c——承台顶刚体转角，其值为承台前后两侧竖向位移值之差与沿桥长纵向承台长度的比值；

从以上计算已得，承台引桥侧一边的竖向位移为 1.3 cm；而承台主桥侧一边的竖向位移为 5.3 cm。承台顺桥向的纵向长度为 59m，则：

$$\theta_c = (5.3 - 1.3) \div 100 \div 59 = 6.8 \times 10^{-4}\ \text{rad}$$

h——散索点至承台顶的竖向高度，散索点标高为 30.00 m，承台顶标高为 7.5 m，则 $h=30-7.5=22.5$ m。

于是，由式(11-2)得：

$$\delta_s = 8.1 + 6.8 \times 10^{-4} \times 22.5 = 9.63\ \text{cm}$$

小于但已接近设计所允许的最大值 10 cm。

桥梁运营期间，长期静、活荷载组合作用下的锚碇位移值，如表 11-8 所列。

表 11-8　长期荷载组合作用下的锚碇位移计算值

位置	竖向位移(cm)	水平位移(cm)	承台转角(rad)
承台顶中心	3.3	8.1	6.8×10^{-4}
大缆理论散索点	3.3	9.63	—

2 号、5 号、7 号和 10 号沉井在顺主桥纵向侧与土体接触处沉井壁随计算点位深度的水平位移和竖向位移分别如表 11-9 所列。从表 11-9 中可以看出，各沉井的竖向位移沿其深度的变化范围不大；而沉井顶的水平位移值最大，沉井底水平位移值为最小。顺主桥侧沉井壁各点位随其深度变化的水平位移值，如图 11-23 所示。

表 11-9　2 号、5 号、7 号和 10 号各座沉井顺主桥侧与土体接触处沉井壁的水平和竖向位移

(cm)

距承台底距离(m)	2 号沉井		5 号沉井		7 号沉井		10 号沉井	
	水平位移	竖向位移	水平位移	竖向位移	水平位移	竖向位移	水平位移	竖向位移
0	7.50	4.46	7.48	5.13	7.50	4.31	7.46	4.88
1	7.41	4.46	7.39	5.15	7.41	4.34	7.37	4.92
2	7.32	4.47	7.29	5.16	7.32	4.35	7.26	4.94
3	7.22	4.48	7.18	5.17	7.22	4.37	7.13	4.95
4	7.12	4.49	7.06	5.18	7.11	4.38	7.00	4.97
5	7.01	4.50	6.94	5.19	7.00	4.39	6.86	4.98
6	6.89	4.51	6.81	5.19	6.87	4.40	6.71	4.98
7	6.77	4.51	6.67	5.19	6.75	4.41	6.56	4.98
8	6.64	4.52	6.53	5.19	6.61	4.42	6.40	4.98
9	6.51	4.52	6.39	5.19	6.48	4.42	6.24	4.98
10	6.37	4.52	6.24	5.19	6.33	4.42	6.07	4.98
11	6.23	4.52	6.09	5.18	6.19	4.42	5.90	4.97

（续表）

距承台底距离(m)	2号沉井		5号沉井		7号沉井		10号沉井	
	水平位移	竖向位移	水平位移	竖向位移	水平位移	竖向位移	水平位移	竖向位移
12	6.09	4.52	5.94	5.18	6.04	4.42	5.73	4.96
13	5.95	4.52	5.78	5.17	5.89	4.42	5.56	4.95
14	5.80	4.52	5.63	5.16	5.73	4.42	5.38	4.94
15	5.65	4.52	5.47	5.15	5.58	4.41	5.21	4.92
16	5.50	4.51	5.31	5.14	5.42	4.41	5.04	4.91
17	5.35	4.51	5.16	5.12	5.26	4.40	4.87	4.89
18	5.19	4.50	5.00	5.11	5.10	4.40	4.69	4.87
19	5.04	4.50	4.84	5.10	4.94	4.39	4.53	4.85
20	4.88	4.49	4.68	5.08	4.78	4.38	4.36	4.83
21	4.73	4.48	4.53	5.07	4.62	4.37	4.19	4.81
22	4.57	4.47	4.37	5.05	4.46	4.36	4.03	4.79
23	4.41	4.47	4.22	5.03	4.30	4.35	3.87	4.77
24	4.26	4.46	4.06	5.02	4.14	4.34	3.71	4.75
25	4.10	4.45	3.91	5.00	3.98	4.33	3.55	4.73
26	3.95	4.44	3.76	4.99	3.82	4.32	3.40	4.71
27	3.79	4.43	3.61	4.97	3.66	4.30	3.25	4.69
28	3.64	4.42	3.46	4.95	3.50	4.29	3.10	4.67
29	3.48	4.41	3.31	4.94	3.35	4.28	2.96	4.65
30	3.33	4.40	3.17	4.92	3.19	4.27	2.81	4.63
31	3.17	4.39	3.02	4.90	3.04	4.26	2.67	4.61
32	3.02	4.38	2.88	4.89	2.88	4.24	2.53	4.59
33	2.87	4.37	2.74	4.87	2.73	4.23	2.40	4.57
34	2.72	4.36	2.60	4.86	2.58	4.22	2.26	4.55
35	2.57	4.35	2.46	4.84	2.43	4.21	2.13	4.53
36	2.42	4.34	2.32	4.83	2.28	4.20	2.00	4.51
37	2.27	4.33	2.18	4.81	2.14	4.18	1.87	4.50
38	2.12	4.32	2.05	4.80	1.99	4.17	1.75	4.48
39	1.97	4.31	1.91	4.79	1.85	4.16	1.62	4.47
40	1.83	4.30	1.78	4.77	1.70	4.15	1.50	4.45
41	1.68	4.29	1.65	4.76	1.56	4.14	1.38	4.44
42	1.53	4.28	1.51	4.75	1.42	4.13	1.25	4.43
43	1.38	4.27	1.38	4.74	1.27	4.13	1.12	4.42
44	1.24	4.27	1.24	4.73	1.13	4.12	1.00	4.41
45	1.09	4.27	1.11	4.73	0.99	4.12	0.99	4.41
46	0.95	4.26	0.97	4.73	0.85	4.12	0.77	4.40

沉井底中心水平及竖向位移值如表11-10所列。

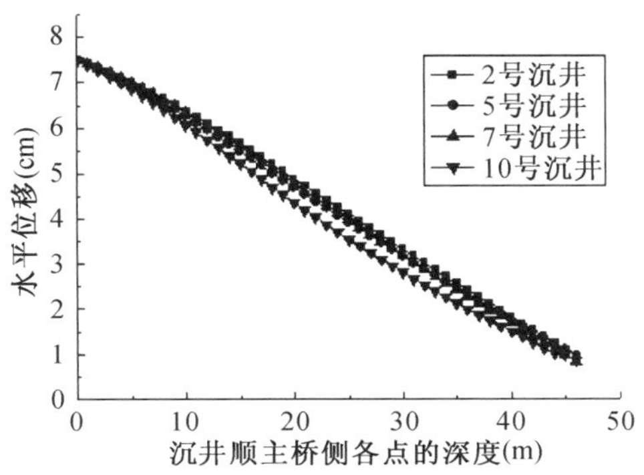

图 11-23　沉井顺主桥侧沉井壁随深度变化的水平位移

表 11-10　长期荷载组合作用下的各沉井底端中心处的位移计算值　(cm)

沉井标号	水平位移	竖向位移	沉井标号	水平位移	竖向位移
1	0.68	2.11	6	0.59	2.33
2	0.96	3.44	7	0.85	3.68
3	0.48	1.53	8	0.31	1.39
4	0.82	3.13	9	0.59	2.91
5	0.98	4.32	10	0.76	4.03

从表 11-9、表 11-10 和图 11-23 可见，沉井受力作用后，将产生随深度为上大下小的水平侧移，侧移差值过大时，产生的井身竖向弯矩将有可能导致井壁水平周向裂缝，需要关注。

11.4.7　考虑土体蠕变井群式锚碇基础结构的黏弹性分析计算

在长期荷载持续作用下，设定井周(前方)土体，将产生一定程度的流变变形，则此处可暂假设细砂土的流变特性符合广义 Kelvin 模型(Merchant 模型)，它是一种流变收敛型的线性黏弹性本构模型，如图 11-24 所示。其中，模型参数：土体瞬时模量 E_H 为 3.0 MPa，泊松比为 0.3，黏(弹)性模量 E_K 为 3.0 MPa，黏滞性系数 η_K 为 268 MPa・月。沉井、承台和圆砾土各有关参数仍沿用原计算参数值不变，详见表 11-3。以下分别再对承台、散索点处以及沉井底中心点处的水平位移和竖向位移，改按黏弹性程序进行计算，可以算出流变位移量值的大小及其达到稳定收敛值的时间。对于广义 Kelvin 模型，η_K 对蠕变稳定的计算时间影响较大，η_K 越大，蠕变达到稳定的计算时间越短。本次计算各井水平侧移达到完全稳定而蠕变收敛的时间约为 3～7 个月不等。

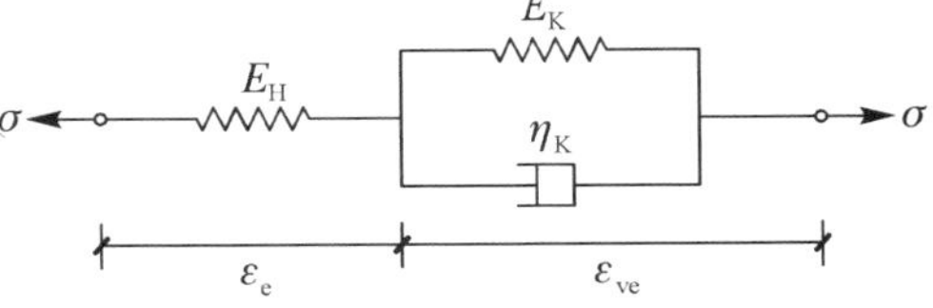

图 11-24　广义 Kelvin 元件模型

考虑土体蠕变后，2 号、5 号、7 号和 10 号各座沉井在顺主桥纵向侧与井壁所接触处的土体最大主应力、最小主应力以及最大剪应力值随计算点位所处深度的变化，如表 11-11 和表 11-12 所列。从表 11-11、表 11-12、表 11-5 和表 11-6 的比较可以看出，考虑土体蠕变后，2 号沉井侧土体的最大、最小主应力值变化不大；而 5 号、7 号和 10 号沉井侧土体的最大主应力增加较多，最小主应力则略有减小。从而，使得考虑土体蠕变后，除 2 号沉井侧土体的最大剪应力变化不大外，其他 5 号、7 号和 10 号沉井侧土体的最大剪应力均有所增大，这时的土体蠕变反应将趋明显。考虑土体蠕变后的各沉井侧土体的最大剪应力如图 11-25 所示。从图中可以看出，5 号、7 号和 10 号沉井侧土体的最大剪应力随深度的增加缓慢增加；而 2 号沉井侧土体的最大剪应力与图 11-20 相比，差异不大。

表 11-11　2 号和 5 号沉井顺主桥侧土体的最大、最小主应力及最大剪应力　(Pa)

距承台底距离(m)	最大主应力		最小主应力		最大剪应力	
	2 号	5 号	2 号	5 号	2 号	5 号
0	2.43×10^4	2.90×10^3	-3.29×10^4	-7.07×10^4	2.86×10^4	3.68×10^4
1	2.04×10^4	-1.45×10^4	-3.79×10^4	-7.87×10^4	2.91×10^4	3.21×10^4
2	1.48×10^4	-3.74×10^4	-4.73×10^4	-9.75×10^4	3.10×10^4	3.00×10^4
3	1.10×10^4	-5.12×10^4	-5.55×10^4	-1.13×10^5	3.32×10^4	3.08×10^4
4	7.73×10^3	-6.37×10^4	-6.39×10^4	-1.29×10^5	3.58×10^4	3.26×10^4
5	4.80×10^3	-7.41×10^4	-7.26×10^4	-1.42×10^5	3.87×10^4	3.40×10^4
6	2.35×10^3	-8.27×10^4	-8.26×10^4	-1.52×10^5	4.25×10^4	3.48×10^4
7	-1.97×10	-9.03×10^4	-9.24×10^4	-1.61×10^5	4.62×10^4	3.52×10^4
8	-2.29×10^3	-9.74×10^4	-1.02×10^5	-1.68×10^5	4.97×10^4	3.52×10^4
9	-4.46×10^3	-1.04×10^5	-1.11×10^5	-1.74×10^5	5.30×10^4	3.51×10^4
10	-6.56×10^3	-1.11×10^5	-1.19×10^5	-1.80×10^5	5.63×10^4	3.48×10^4
11	-8.62×10^3	-1.17×10^5	-1.28×10^5	-1.86×10^5	5.95×10^4	3.44×10^4
12	-1.06×10^4	-1.23×10^5	-1.36×10^5	-1.91×10^5	6.26×10^4	3.39×10^4
13	-1.26×10^4	-1.29×10^5	-1.44×10^5	-1.96×10^5	6.56×10^4	3.33×10^4
14	-1.45×10^4	-1.35×10^5	-1.52×10^5	-2.00×10^5	6.85×10^4	3.28×10^4
15	-1.64×10^4	-1.41×10^5	-1.59×10^5	-2.07×10^5	7.14×10^4	3.30×10^4
16	-1.83×10^4	-1.46×10^5	-1.67×10^5	-2.14×10^5	7.43×10^4	3.38×10^4
17	-2.01×10^4	-1.52×10^5	-1.74×10^5	-2.21×10^5	7.71×10^4	3.46×10^4
18	-2.19×10^4	-1.57×10^5	-1.82×10^5	-2.28×10^5	7.98×10^4	3.55×10^4
19	-2.36×10^4	-1.63×10^5	-1.89×10^5	-2.36×10^5	8.26×10^4	3.64×10^4
20	-2.54×10^4	-1.68×10^5	-1.96×10^5	-2.43×10^5	8.53×10^4	3.73×10^4
21	-2.70×10^4	-1.74×10^5	-2.03×10^5	-2.50×10^5	8.79×10^4	3.83×10^4
22	-2.86×10^4	-1.79×10^5	-2.10×10^5	-2.58×10^5	9.07×10^4	3.92×10^4
23	-3.04×10^4	-1.84×10^5	-2.17×10^5	-2.65×10^5	9.32×10^4	4.02×10^4
24	-3.18×10^4	-1.90×10^5	-2.24×10^5	-2.72×10^5	9.59×10^4	4.12×10^4
25	-3.34×10^4	-1.95×10^5	-2.31×10^5	-2.80×10^5	9.86×10^4	4.22×10^4
26	-3.50×10^4	-2.00×10^5	-2.38×10^5	-2.87×10^5	1.01×10^5	4.33×10^4
27	-3.65×10^4	-2.06×10^5	-2.45×10^5	-2.94×10^5	1.04×10^5	4.44×10^4
28	-3.80×10^4	-2.11×10^5	-2.52×10^5	-3.02×10^5	1.07×10^5	4.55×10^4
29	-3.95×10^4	-2.16×10^5	-2.59×10^5	-3.09×10^5	1.10×10^5	4.66×10^4
30	-4.10×10^4	-2.21×10^5	-2.67×10^5	-3.17×10^5	1.13×10^5	4.78×10^4
31	-4.24×10^4	-2.27×10^5	-2.74×10^5	-3.25×10^5	1.16×10^5	4.91×10^4
32	-4.39×10^4	-2.32×10^5	-2.83×10^5	-3.33×10^5	1.19×10^5	5.04×10^4
33	-4.54×10^4	-2.37×10^5	-2.91×10^5	-3.41×10^5	1.23×10^5	5.17×10^4

（续表）

距承台底距离(m)	最大主应力		最小主应力		最大剪应力	
	2 号	5 号	2 号	5 号	2 号	5 号
34	-4.69×10^4	-2.43×10^5	-3.00×10^5	-3.49×10^5	1.26×10^5	5.31×10^4
35	-4.83×10^4	-2.48×10^5	-3.09×10^5	-3.57×10^5	1.30×10^5	5.47×10^4
36	-4.99×10^4	-2.53×10^5	-3.18×10^5	-3.66×10^5	1.34×10^5	5.66×10^4
37	-5.14×10^4	-2.59×10^5	-3.28×10^5	-3.78×10^5	1.38×10^5	5.94×10^4
38	-5.30×10^4	-2.65×10^5	-3.39×10^5	-3.90×10^5	1.43×10^5	6.24×10^4
39	-5.48×10^4	-2.71×10^5	-3.50×10^5	-4.01×10^5	1.48×10^5	6.50×10^4
40	-5.67×10^4	-2.77×10^5	-3.62×10^5	-4.11×10^5	1.53×10^5	6.71×10^4
41	-5.94×10^4	-2.83×10^5	-3.75×10^5	-4.22×10^5	1.58×10^5	6.95×10^4
42	-6.30×10^4	-2.90×10^5	-3.85×10^5	-4.34×10^5	1.61×10^5	7.23×10^4
43	-6.68×10^4	-2.92×10^5	-3.93×10^5	-4.47×10^5	1.63×10^5	7.77×10^4
44	-7.33×10^4	-2.91×10^5	-3.96×10^5	-4.62×10^5	1.62×10^5	8.53×10^4
45	-8.98×10^4	-2.86×10^5	-4.07×10^5	-4.80×10^5	1.58×10^5	9.69×10^4
46	-2.12×10^5	-2.81×10^5	-3.97×10^5	-4.88×10^5	9.24×10^4	1.04×10^5

表 11-12　7 号和 10 号沉井顺主桥侧土体的最大、最小主应力及最大剪应力　(Pa)

距承台底距离(m)	最大主应力		最小主应力		最大剪应力	
	7 号	10 号	7 号	10 号	7 号	10 号
0	9.10×10^3	-1.86×10^3	-4.17×10^4	-7.64×10^4	2.54×10^4	3.73×10^4
1	2.30×10^3	-1.65×10^4	-4.68×10^4	-9.02×10^4	2.45×10^4	3.68×10^4
2	-7.71×10^3	-3.94×10^4	-5.45×10^4	-1.18×10^5	2.34×10^4	3.91×10^4
3	-1.63×10^4	-5.82×10^4	-6.09×10^4	-1.40×10^5	2.23×10^4	4.07×10^4
4	-2.50×10^4	-7.24×10^4	-6.79×10^4	-1.57×10^5	2.14×10^4	4.24×10^4
5	-3.40×10^4	-8.28×10^4	-7.62×10^4	-1.69×10^5	2.11×10^4	4.31×10^4
6	-4.31×10^4	-9.15×10^4	-8.65×10^4	-1.78×10^5	2.17×10^4	4.31×10^4
7	-5.18×10^4	-9.92×10^4	-9.67×10^4	-1.85×10^5	2.25×10^4	4.28×10^4
8	-5.98×10^4	-1.06×10^5	-1.06×10^5	-1.91×10^5	2.30×10^4	4.22×10^4
9	-6.75×10^4	-1.13×10^5	-1.14×10^5	-1.96×10^5	2.34×10^4	4.14×10^4
10	-7.50×10^4	-1.19×10^5	-1.22×10^5	-2.01×10^5	2.37×10^4	4.06×10^4
11	-8.22×10^4	-1.26×10^5	-1.30×10^5	-2.05×10^5	2.39×10^4	3.97×10^4
12	-8.93×10^4	-1.32×10^5	-1.37×10^5	-2.09×10^5	2.40×10^4	3.89×10^4
13	-9.62×10^4	-1.37×10^5	-1.44×10^5	-2.14×10^5	2.41×10^4	3.81×10^4
14	-1.03×10^5	-1.43×10^5	-1.52×10^5	-2.18×10^5	2.43×10^4	3.75×10^4
15	-1.10×10^5	-1.49×10^5	-1.59×10^5	-2.23×10^5	2.47×10^4	3.74×10^4
16	-1.16×10^5	-1.54×10^5	-1.67×10^5	-2.29×10^5	2.55×10^4	3.76×10^4
17	-1.22×10^5	-1.60×10^5	-1.75×10^5	-2.36×10^5	2.64×10^4	3.81×10^4
18	-1.29×10^5	-1.65×10^5	-1.83×10^5	-2.42×10^5	2.74×10^4	3.88×10^4

（续表）

距承台底距离(m)	最大主应力		最小主应力		最大剪应力	
	7号	10号	7号	10号	7号	10号
19	-1.35×10^5	-1.70×10^5	-1.92×10^5	-2.49×10^5	2.84×10^4	3.95×10^4
20	-1.41×10^5	-1.76×10^5	-2.00×10^5	-2.56×10^5	2.95×10^4	4.03×10^4
21	-1.47×10^5	-1.81×10^5	-2.08×10^5	-2.63×10^5	3.05×10^4	4.12×10^4
22	-1.52×10^5	-1.86×10^5	-2.15×10^5	-2.70×10^5	3.15×10^4	4.21×10^4
23	-1.58×10^5	-1.91×10^5	-2.23×10^5	-2.77×10^5	3.25×10^4	4.30×10^4
24	-1.64×10^5	-1.96×10^5	-2.31×10^5	-2.84×10^5	3.34×10^4	4.39×10^4
25	-1.70×10^5	-2.02×10^5	-2.38×10^5	-2.91×10^5	3.44×10^4	4.49×10^4
26	-1.75×10^5	-2.07×10^5	-2.46×10^5	-2.99×10^5	3.53×10^4	4.59×10^4
27	-1.81×10^5	-2.12×10^5	-2.53×10^5	-3.06×10^5	3.63×10^4	4.69×10^4
28	-1.86×10^5	-2.17×10^5	-2.61×10^5	-3.13×10^5	3.72×10^4	4.79×10^4
29	-1.92×10^5	-2.22×10^5	-2.68×10^5	-3.20×10^5	3.82×10^4	4.90×10^4
30	-1.97×10^5	-2.28×10^5	-2.76×10^5	-3.28×10^5	3.92×10^4	5.02×10^4
31	-2.03×10^5	-2.33×10^5	-2.83×10^5	-3.35×10^5	4.02×10^4	5.13×10^4
32	-2.09×10^5	-2.38×10^5	-2.91×10^5	-3.43×10^5	4.12×10^4	5.26×10^4
33	-2.14×10^5	-2.43×10^5	-2.99×10^5	-3.51×10^5	4.23×10^4	5.39×10^4
34	-2.20×10^5	-2.49×10^5	-3.07×10^5	-3.59×10^5	4.35×10^4	5.53×10^4
35	-2.26×10^5	-2.54×10^5	-3.15×10^5	-3.68×10^5	4.47×10^4	5.69×10^4
36	-2.32×10^5	-2.59×10^5	-3.24×10^5	-3.77×10^5	4.61×10^4	5.89×10^4
37	-2.38×10^5	-2.65×10^5	-3.33×10^5	-3.89×10^5	4.75×10^4	6.19×10^4
38	-2.44×10^5	-2.71×10^5	-3.42×10^5	-3.99×10^5	4.92×10^4	6.43×10^4
39	-2.50×10^5	-2.77×10^5	-3.52×10^5	-4.09×10^5	5.10×10^4	6.63×10^4
40	-2.57×10^5	-2.83×10^5	-3.63×10^5	-4.20×10^5	5.34×10^4	6.85×10^4
41	-2.63×10^5	-2.89×10^5	-3.78×10^5	-4.31×10^5	5.72×10^4	7.12×10^4
42	-2.71×10^5	-2.94×10^5	-3.95×10^5	-4.45×10^5	6.21×10^4	7.55×0^4
43	-2.79×10^5	-2.94×10^5	-4.13×10^5	-4.59×10^5	6.71×10^4	8.22×10^4
44	-2.84×10^5	-2.95×10^5	-4.33×10^5	-4.73×10^5	7.45×10^4	8.93×10^4
45	-2.86×10^5	-2.91×10^5	-4.58×10^5	-4.92×10^5	8.58×10^4	1.01×10^5
46	-2.90×10^5	-2.86×10^5	-4.69×10^5	-5.01×10^5	8.96×10^4	1.07×10^5

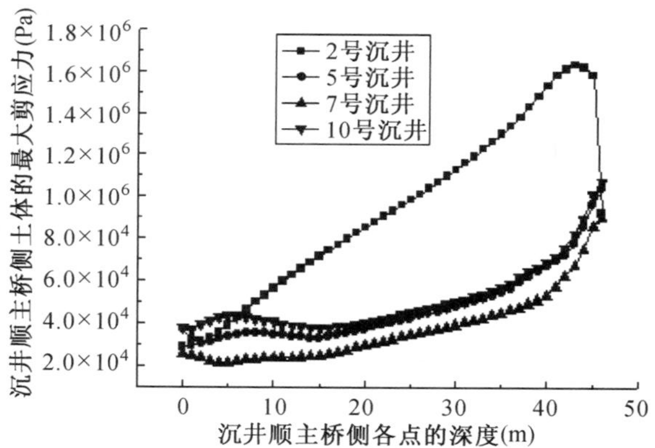

图 11-25　考虑土体蠕变后，沉井顺主桥侧土体的最大剪应力值

考虑土体产生蠕变形之后，长期荷载组合作用下的锚碇位移值的计算按上述黏弹性模型进行。

承台顶中，两点处的最大水平位移(U, $U1$)计算值为 13.8 cm，竖向最大位移(U, $U3$)(沉降)值为 7.7 cm，均较前面先按线弹性计算的值为大，分别如图 11-26 和 11-27 所示。

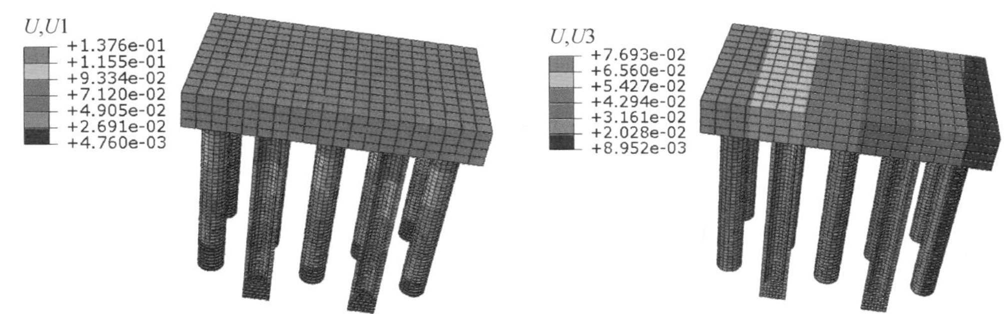

图 11-26　承台及沉井的水平位移云图　　**图 11-27　承台及沉井的竖向位移云图**

锚碇位移值如表 11-13 所列。

承台引桥侧一边的竖向位移计算值为 1.4 cm；而承台主桥侧一边的竖向位移则为 7.7 cm。由此得承台转角，为：

$$\theta_c = (7.7 - 1.4) \div 100 \div 59 = 10.7 \times 10^{-4} \text{ rad}$$

锚座散索点处的水平位移，为：

$$\delta_s = \delta_c + \theta_c \times h = 13.8 + 10.7 \times 10^{-4} \times 22.5 = 16.2 \text{ cm}$$

大于设计允许的最大值 10 cm。需另作研究处理。

表 11-13　长期荷载组合作用下的锚碇位移计算值

位置	竖向位移(cm)	水平位移(cm)	承台转角(rad)
承台顶中心	4.55	13.8	10.7×10^{-4}
大缆理论散索点	4.55	16.2	—

考虑土体蠕变后，2 号、5 号、7 号和 10 号各座沉井顺主桥纵向侧与土体接触处井壁的水平位移和竖向位移值如表 11-14 所列。从表 11-14 可以看出，各座沉井的竖向位移沿深度的变化范围不大；沉井顶的水平位移最大，沉井底端的水平位移最小。沉井顺主桥侧其井壁外侧随深度变化的水平位移如图 11-28 所示。

表 11-14　2 号、5 号、7 号和 10 号各座沉井顺主桥侧与土体接触处井壁的水平和竖向位移

(cm)

距承台底距离(m)	2 号沉井		5 号沉井		7 号沉井		10 号沉井	
	水平位移	竖向位移	水平位移	竖向位移	水平位移	竖向位移	水平位移	竖向位移
0	12.86	6.12	12.81	7.41	12.85	6.06	12.80	7.40
1	12.70	6.11	12.65	7.46	12.72	6.10	12.63	7.46
2	12.55	6.13	12.47	7.50	12.56	6.13	12.44	7.50

（续表）

距承台底距离(m)	2号沉井		5号沉井		7号沉井		10号沉井	
	水平位移	竖向位移	水平位移	竖向位移	水平位移	竖向位移	水平位移	竖向位移
3	12.38	6.15	12.27	7.53	12.39	6.16	12.23	7.53
4	12.20	6.18	12.06	7.56	12.21	6.18	12.01	7.56
5	12.01	6.20	11.83	7.58	12.02	6.21	11.77	7.58
6	11.81	6.22	11.59	7.60	11.82	6.23	11.52	7.60
7	11.60	6.24	11.35	7.61	11.61	6.25	11.26	7.62
8	11.37	6.25	11.09	7.63	11.39	6.26	10.99	7.63
9	11.14	6.26	10.82	7.64	11.15	6.27	10.71	7.64
10	10.91	6.27	10.55	7.64	10.92	6.28	10.42	7.64
11	10.66	6.28	10.26	7.64	10.67	6.29	10.13	7.64
12	10.41	6.29	9.98	7.64	10.42	6.30	9.83	7.64
13	10.16	6.30	9.69	7.64	10.16	6.31	9.53	7.63
14	9.89	6.30	9.39	7.63	9.89	6.31	9.22	7.63
15	9.63	6.30	9.09	7.62	9.62	6.31	8.91	7.61
16	9.36	6.30	8.79	7.61	9.35	6.31	8.60	7.60
17	9.08	6.30	8.49	7.60	9.07	6.31	8.29	7.58
18	8.81	6.30	8.19	7.59	8.79	6.30	7.98	7.56
19	8.53	6.29	7.89	7.57	8.51	6.30	7.68	7.54
20	8.25	6.29	7.58	7.55	8.22	6.29	7.37	7.52
21	7.96	6.28	7.28	7.53	7.93	6.28	7.06	7.50
22	7.68	6.27	6.98	7.51	7.65	6.28	6.76	7.47
23	7.40	6.26	6.68	7.49	7.36	6.27	6.46	7.45
24	7.11	6.26	6.39	7.47	7.07	6.26	6.16	7.42
25	6.82	6.25	6.09	7.44	6.78	6.24	5.87	7.39
26	6.54	6.23	5.80	7.42	6.49	6.23	5.58	7.36
27	6.25	6.22	5.52	7.39	6.20	6.22	5.29	7.33
28	5.96	6.21	5.23	7.37	5.91	6.20	5.01	7.31
29	5.68	6.20	4.95	7.34	5.62	6.19	4.73	7.28
30	5.39	6.18	4.67	7.31	5.33	6.18	4.46	7.25
31	5.11	6.17	4.40	7.29	5.04	6.16	4.19	7.22
32	4.83	6.16	4.13	7.26	4.76	6.14	3.92	7.19
33	4.55	6.14	3.86	7.23	4.47	6.13	3.66	7.16
34	4.27	6.13	3.60	7.21	4.19	6.11	3.40	7.13
35	3.99	6.11	3.34	7.18	3.91	6.10	3.15	7.10
36	3.71	6.10	3.08	7.16	3.63	6.08	2.90	7.07
37	3.43	6.08	2.83	7.13	3.35	6.06	2.65	7.05
38	3.16	6.07	2.58	7.11	3.07	6.05	2.40	7.02
39	2.88	6.05	2.34	7.08	2.80	6.03	2.16	7.00

（续表）

距承台底距离(m)	2号沉井		5号沉井		7号沉井		10号沉井	
	水平位移	竖向位移	水平位移	竖向位移	水平位移	竖向位移	水平位移	竖向位移
40	2.61	6.04	2.10	7.06	2.53	6.01	1.93	6.97
41	2.34	6.02	1.86	7.04	2.26	6.00	1.70	6.95
42	2.07	6.01	1.62	7.02	1.99	5.99	1.46	6.93
43	1.80	6.00	1.38	7.00	1.72	5.98	1.22	6.91
44	1.53	5.99	1.14	6.99	1.45	5.96	0.99	6.90
45	1.26	5.99	1.11	6.98	1.18	5.96	0.96	6.89
46	0.99	5.99	1.09	6.98	0.90	5.96	0.87	6.89

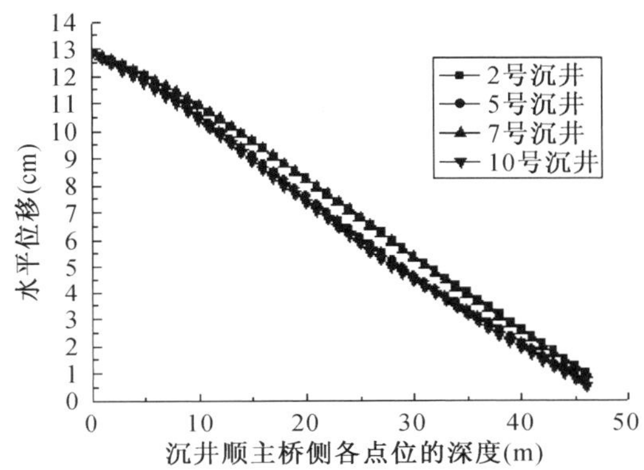

图 11-28　考虑土体蠕变后，沉井顺主桥侧井壁随深度变化的水平位移值

考虑土体蠕变后，长期荷载组合作用下沉井底端中心处的水平及竖向位移值，如表 11-15 所列。

表 11-15　长期荷载组合作用下各座沉井底端中心位移的计算值　(cm)

沉井标号	水平位移	竖向位移	沉井标号	水平位移	竖向位移
1	1.25	2.58	6	1.09	2.95
2	1.01	4.69	7	0.91	5.14
3	1.29	1.77	8	0.83	1.86
4	1.15	4.04	9	0.81	4.06
5	1.07	6.25	10	0.82	6.18

11.5　根键式沉井群的受力性态框算

11.5.1　根键式群井的受力特性

1）受力上的优点

可以认为，井壁外顶设多排根键，从结构受力上看主要具有以下三个方面的优点：

(1) 加大了根键平面处沉井的有效直径，使各井的竖向和水平向承载力增大；同时，能以土体的法向和水平向对井壁的支撑作用取代井壁外周土体的侧向摩擦作用，使基底和侧面地基土体的应力值减小。

(2) 在根键顶入土层的过程中,会对井壁附近的桩周土进行挤密加固,提高了地基土的承载力和桩侧摩阻力。

(3) 由以上两项可知,带根键式群井的基底沉降量和土体侧移值,均较不做根键小井时的相应值大大减小。

以上三点,均已为现场试验和理论计算所证实。

2) 受力上的不足

带根键小井较之习惯采用的大沉井,有其受力上的不足,具体表现为以下几个方面:

(1) 采用多个带根键小井来代替习惯采用的大井,在主缆拉力作用下由于承台下各小井间如何分担受力及各井的变位情况不够明确、也不均衡,使得问题的复杂性和不确定性增加。

(2) 较之大沉井言,小井的受力特性与群桩(带根键小井可认为是一种大型的异形桩)相似,其水平向抗弯刚度有嫌不足。

(3) 小沉井周边因与土体的接触面小,其接触压强较大沉井的大。该过江大桥共有 18 座小井,在弯矩作用下其反力分配不可能均匀,最前面几座井的受力和接触压强可能比大沉井的相应各值会高出许多。

(4) 由于上述(3)的原因,在小井正面接触压力作用、面向大桥一边侧移的情况下,井壁正前方土体容易向左右外侧横移而呈松动,不能越压越紧、提高抗力。

(5) 小沉井较难克服周边土体摩阻力而下沉,且动用空气幕、真空负压助沉,使下沉时侧壁摩阻力系数降低,之后只能部分恢复。在克服土体阻力下沉的过程中,由于带动并扰动了周边土体,致使破裂棱体范围内的土体力学指标劣化。

11.5.2 考虑根键作用的沉井竖向计算

1) 沉井、基土体系的荷载传递机理

(1) 不考虑根键作用

当竖向荷载逐步施加于单井井顶,井身上部受到压缩而产生相对于侧边土体的向下位移,与此同时,井侧表面受到土层向上的摩阻力作用。井身荷载通过所发挥出来的井侧摩阻力传递到井周土层中,致使井身截面荷载和井身压缩变形均随深度而递减。在井、土间的相对位移等于零处,其井侧土层摩阻力尚未开始发挥而等于零;随着荷载增加,井身压缩量和向下位移量增大,井身下部的摩阻力随之逐步被调动,而井底土层也因受到压缩而产生井端阻力。井端土层的压缩量加大了井土间的相对位移,从而使井身摩阻力进一步得到发挥。当井身摩阻力已全部充分发挥并达到其极限值后,若继续增加荷载,其荷载增量将全部由井端阻力承担。

(2) 考虑根键作用

井侧上部土层的摩阻力在受荷初期先一步发挥作用,井顶位移主要由井身弹性压缩变形和井土间的相对位移引起。当上部井身与土体发生相对位移,将使井侧摩阻力得以逐步发挥;随荷载的增加,侧摩阻力的发挥逐渐由上向下转移。在设置根键处,井身荷载的传递将重新分配,尽管在根键附近可能由于土体受顶入施工扰动而失去部分摩阻力,但是,根键可以起到类似端承的土体支撑作用,即由根键下土层的法向支撑作用取代原来沉井侧面土体的摩擦作用;加之,根键的存在对土体(尤其是对根键上、下方的土体)的挤密加固作用,使沉井轴力沿深度的传递在根键处产生突变(该处井截面的井身轴力将减小),井身轴力减小的部分由根键的法向支撑承担,因而使井身侧壁(包括根键)承担的荷载增大,而沉井端阻力得以减小，这对减小基底反力从而减小基础沉降有相当帮助。

可见，根键的存在更好地发挥了沉井与土体共同承力的作用，提高了沉井的侧摩阻力和根键的支撑阻力，减小了沉井的端阻力，从而使单个沉井原先（不设根键）的竖向承载力大幅度增加，而基底沉降则有了明显的减小。

现场该跨江大桥根式基础静载试验从试验角度也得出了同样的结论。

2）荷载分配

对该跨江大桥工程江心洲引桥区的 1 个根键式沉井（F# 基础）采用自平衡法进行了两次竖向承载力静荷载试验（在施作根键前、后各测一次）。

该长江大桥江心洲引桥区基础采用根式沉井基础，设计深度为 47.0 m，采用外径为 6.0 m的空心钢筋混凝土圆管，壁厚 0.8 m，根键封壁厚 0.25 m，底部封底厚 4.0 m。沉井管壁处布置了 17 层根键，按照梅花形布置，每层沿管壁周边均布置 6 根（这些参数同前面列出的沉井参数不尽相同，在以下的分析中忽略了它们两者的不同之处）。

根键式沉井基础参数如表 11-16 所列，荷载箱下方没有根键，此处假定荷载箱下部根式基础的加载值完全由沉井端部承担。

表 11-16　根键式沉井基础参数表

项目 / 序号	外径（m）	深度（m）	顶标高（m）	荷载箱位置
F# 根式基础	6	47	2	距底端 4.0 m

3）试验数据分析

（1）F# 根式基础压入根键前的极限承载力

取 27 000 kN 作为计算荷载箱顶板以上基础的加载极限承载力；取 90 000 kN 作为计算荷载箱底板以下基础的加载极限承载力。

荷载箱上部沉井井壁重量为 8 148 kN。

荷载箱顶板以上基础的加载极限承载力为 23 565 kN。

荷载箱底板以下基础的加载极限承载力为 90 000 kN。

F# 根式基础压入根键前的极限承载力则大于 113 565 kN。

（2）F# 根式基础压入根键后的极限承载力

取 85 000 kN 作为计算荷载箱顶板以上基础的加载极限承载力；取 90 000 kN 作为计算荷载箱底板以下基础的加载极限承载力。

荷载箱上部井壁重量为 10 180 kN。

井壁外部根键重量为 1 035.3 kN。

荷载箱顶板以上基础的加载极限承载力为 73 749 kN。

荷载箱底板以下基础的加载极限承载力为 90 000 kN。

F# 根式基础压入根键后的极限承载力则为 163 749 kN。

（3）F# 根式基础极限侧摩阻力、极限端阻力和根键极限支撑力

综上所述，可近似认为：

井壁的极限侧摩阻力取压入根键前荷载箱顶板以上基础的极限承载力，为 23 565 kN。压入根键后，虽然对井侧土体有压密加固作用使得摩阻力有所增强，但根键部位也损失了一

定的摩阻力，因此忽略根键对侧摩阻力的作用。

井底端部的极限承载力取压入根键后荷载箱底板以下基础的极限承载力，为90 000 kN。

根键极限支撑力取压入根键前、后荷载箱顶板以上基础极限承载力之差，为73 749－23 565＝50 184 kN。

从以上数据作计算可见，压入根键后，沉井承受极限竖向荷载时，侧摩阻力占14.4%，端阻力占55.0%，根键下部土层总的支撑力占30.6%。

根据《某长江公路大桥左汊主桥南锚碇基础方案》中的“单井竖向承载力计算”，井壁摩阻力为9 343 kN，井底承载力为98 960 kN，总计108 304 kN。按此计算则有：侧摩阻力占8.63%，端承力占91.37%。同样，按照《某长江公路大桥左汊主桥南锚碇基础方案》中提及的“不同竖向位移时单个沉井的竖向总的承载力”表中提及的井底压力和桩侧摩阻力的具体数值，可以计算得到端承力占总承载力的比例分别为75.9%，77.2%，77.7%和78.0%。

由此认为，此处估算得的井底端阻力似过大和井侧摩阻力似过小的结果并非是计算有误。这说明：因基底是质硬的圆砾土，且井身长度也嫌稍短，使土体侧摩阻力未能充分发挥所致。

11.5.3 沉井基底平面土层竖向应力框算

在本次的初步框算中，未及考虑“承台-沉井-基土”三者的相互作用，也不计入“群井效应”问题（与大桥桩基中的“群桩效应”相似，但此处因各井间距大，“群井效应”不会明显，一般可忽略）。由材料力学作简化求解，其计算步骤如下。

(1) 由已给定的承台底部中心处的竖向和水平荷载与弯矩，求解单个沉井顶部中心处的竖向荷载和水平荷载（竖向计算时，锚碇水平力的影响可以不计；但水平力对沉井井身各截面会产生弯曲，亦须分配到各个单井）的分配与分布。

(2) 结合试验内容和分析结果，将按上述(1)求得的竖向荷载，分配给井侧摩阻力、根键支撑力以及沉井端阻力。

(3) 由上述(2)求出的沉井端阻力的结果，计算出井端下方基底土体的反力，并再折算得出沉井基底平面处土层的竖向应力。

(4) 考虑井顶水平力和井身所受土体的主动与被动土压力在井端截面产生的弯矩，再折算得出沉井基底平面处土层的竖向应力。

(5) 将上述(3)和(4)的计算结果弹性叠加，得出沉井基底平面处的竖向应力分布情况，并绘制基底土体空间竖向应力展布示意图。

1) 承台底面中心的荷载

由承台底面中心的水平力、承台底面中心的竖向力和承台底面中心的倾覆弯矩，分别得：

$$F_x = 35\ 376.0\ \text{t} \approx 35\ 376.0 \times 10\ \text{kN} = 353\ 760\ \text{kN}$$

$$F_y = 126\ 587.0\ \text{t} \approx 126\ 587.0 \times 10\ \text{kN} = 1265\ 870\ \text{kN}$$

$$M_z = -331\ 024.0\ \text{t} \cdot \text{m} \approx -331\ 024.0 \times 10\ \text{kN} \cdot \text{m} = -3\ 310\ 240\ \text{kN} \cdot \text{m}$$

2) 沉井顶部作用荷载

在竖向力、水平力和弯矩联合作用下，任一沉井 i 的顶部竖向荷载和横向荷载分别为：

$$N_i = \frac{F_y}{n} \pm \frac{M_z x_i}{\sum x_j^2} \tag{11-3}$$

$$Q_i = \frac{F_x}{n} \tag{11-4}$$

式(11-3)和式(11-4)在以下四项假定下才成立，即：①承台为绝对刚性，受弯矩作用时呈平面转动，不产生挠曲；②沉井与承台为铰接相连，只传递竖向荷载和横向荷载，不传递弯矩；③各沉井的截面相同，刚度相等；④承台发生变位时，承台与土的接触面不承受法向抗力和切向抗力(摩阻力)，即相当于承台与地面不接触。

在本次初步框算中，假定①能得以满足；假定②不能满足，给计算带来一定的误差；假定③和实际条件相符；假定④使得计算偏于安全。

承台下方的沉井从主桥方向开始分 5 排布置，从前向后依次为 4 根、3 根、4 根、3 根和 4 根。各沉井编号如图 11-29 所示。

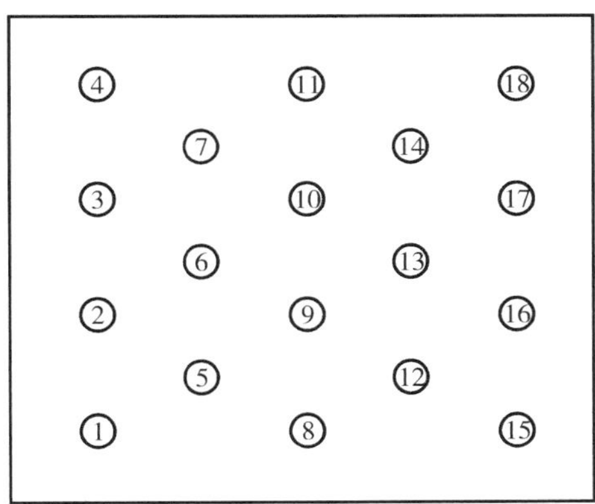

图 11-29　沉井编号示意图

本次初步框算中，假定同一排的各根沉井顶部作用荷载完全一致。

第一排沉井：

$$N_1 = \frac{F_y}{n} \pm \frac{M_z x_1}{\sum x_j^2} = \frac{1\ 265\ 870}{18} + \frac{3\ 310\ 240 \times 24}{2 \times (4 \times 24^2 + 3 \times 12^2)} = 84\ 844.71\ \text{kN}$$

第二排沉井：

$$N_2 = \frac{F_y}{n} \pm \frac{M_z x_2}{\sum x_j^2} = \frac{1\ 265\ 870}{18} + \frac{3\ 310\ 240 \times 12}{2 \times (4 \times 24^2 + 3 \times 12^2)} = 77\ 585.41\ \text{kN}$$

第三排沉井：

$$N_3 = \frac{F_y}{n} \pm \frac{M_z x_3}{\sum x_j^2} = \frac{1\ 265\ 870}{18} + 0 = 70\ 326.11\ \text{kN}$$

第四排沉井：

$$N_4 = \frac{F_y}{n} \pm \frac{M_z x_4}{\sum x_j^2} = \frac{1\ 265\ 870}{18} - \frac{3\ 310\ 240 \times 12}{2 \times (4 \times 24^2 + 3 \times 12^2)} = 63\ 066.81\ \text{kN}$$

第五排沉井：

$$N_5 = \frac{F_y}{n} \pm \frac{M_z x_5}{\sum x_j^2} = \frac{1\ 265\ 870}{18} - \frac{3\ 310\ 240 \times 24}{2 \times (4 \times 24^2 + 3 \times 12^2)} = 55\ 807.51\ \text{kN}$$

单个沉井的水平向剪力为：

$$H_i = \frac{F_x}{n} = \frac{353\ 760}{18} = 19\ 653.33\ \text{kN}$$

经计算，得到各沉井顶部作用荷载，如表 11-17 所列。

表 11-17　沉井下方各沉井顶部作用荷载

沉井编号	竖向力(kN)	水平力(kN)
1-4	84 844.71	19 653.33
5-7	77 585.41	
8-11	70 326.11	
12-14	63 066.81	
15-18	55 807.51	

3) 沉井自重

沉井井壁重量为：$\pi\times(3^2-1.95^2)\times47\times14.5=11\ 127.8$ kN；

沉井封顶、封底重量为：$\pi\times1.95^2\times(10+3.5)\times14.5=2\ 338.4$ kN；

井壁外部根键重量为：$(0.8\times0.2+0.6\times0.2)\times2.5\times14.5\times(6\times19)=1\ 157.1$ kN；

则，沉井自身重量为：$11\ 127.8+2\ 338.4+1\ 157.1=14\ 623.3$ kN。

4) 竖向荷载分配

假定总荷载按比例从现场测试结果，由极限侧阻力、根键极限支撑力和端阻力三者分担。沉井下方各沉井端阻力计算结果如表 11-18 所列。

表 11-18　沉井下方各沉井端阻力计算表

编号	顶部竖向力(kN)	自重(kN)	端阻力(kN)	基底土体应力(kPa)
1-4	84 844.71	14623.3	5 4707.4	1 934.9
5-7	77 585.41		50 714.8	1 793.7
8-11	70 326.11		46 722.2	1 652.5
12-14	63 066.81		42 729.6	1 511.2
15-18	55 807.51		38 736.9	1 370.0

5) 沉井顶部水平荷载引起的沉井端部竖向应力

保守起见，不考虑承台底面以上土体的水平向反力作用，也不计入承台底面土体的摩擦力。考虑水平荷载引起的沉井迎面土体的被动土压力、背面土体的主动土压力和水平荷载自身，三者在沉井端部截面产生的弯矩在沉井基底土体中产生的竖向应力，将之和前述计算得到的竖向应力相叠加，即认为是沉井基底土体的竖向应力。

计算作用在沉井井壁的土压力时采用下述近似的计算方法，以简化本次的初步框算。

(1) 计算高度从沉井顶部计起，承台底面以上的土体重量换算成均布荷载作用。

(2) 应用加权平均值计算法，将沉井穿越的分层土体简化成一层均质土，其 γ 和 φ 为分层土体的的加权平均值。

(3) 假定地下水位标高在承台底面处。

① 单根沉井迎面土体被动土压力。

承台底面以上土体重量折算成的均布荷载为：

$$q=\gamma H=1\ 900\times10\times(6.75+1)=147.25\ \text{kPa}$$

沉井穿越土层重度和内摩擦角的加权平均值为：

$$\gamma_{cp}=\frac{\gamma_1h_1+\gamma_2h_2+\gamma_3h_3+\gamma_4h_4}{h}$$
$$=\frac{900\times3.25+1\ 010\times12.4+980\times15.1+1\ 080\times15.75}{46.5}\times10$$
$$=10.16\ \text{kN/m}^3$$

$$\varphi_{cp}=\frac{\varphi_1h_1+\varphi_2h_2+\varphi_3h_3+\varphi_4h_4}{h}$$
$$=\frac{10\times3.25+28\times12.4+30\times15.1+32\times15.75}{46.5}=28.7^\circ$$

单根沉井计算宽度(本次初步框算中采用经验公式)为：

$b_0=0.9(d+1)=0.9\times7=6.3\ \text{m}$

由朗肯土压力理论计算土体被动土压力为：

$$K_p=\tan^2(45^\circ+\varphi_{cp}/2)=2.85$$

$$P_p=\frac{1}{2}\gamma_{cp}h^2K_p+qhK_p=31\ 305.1+19\ 514.3=50\ 819.4\ \text{kN/m}$$

② 单根沉井背面土体主动土压力。

由朗肯土压力理论计算土体主动土压力为：

$$K_a=\tan^2(45^\circ-\varphi_{cp}/2)=0.35$$

$$P_a=\frac{1}{2}\gamma_{cp}h^2K_a+qhK_a=3\ 844.5+2\ 396.5=6\ 241.0\ \text{kN/m}$$

③ 沉井顶部水平荷载和井侧土压力在沉井基底引起的弯矩。

沉井顶部水平荷载在沉井端部引起的弯矩为：

$$M_Q=-Qh=-19\ 653.33\times46.5=-913\ 879.8\ \text{kN}\cdot\text{m}$$

作用在沉井的郎肯土压力在沉井端部引起的弯矩为：

$$M_P=\left(\frac{1}{2}\gamma_{cp}h^2K_p-\frac{1}{2}\gamma_{cp}h^2K_a\right)\frac{h}{3}+(qhK_p-qhK_a)\frac{h}{2}$$
$$=(31\ 305.1-3\ 844.5)\times\frac{46.5}{3}+(19\ 514.3-2\ 396.5)\times\frac{46.5}{2}$$
$$=425\ 639.3+397\ 988.9=823\ 628.2\ \text{kN}\cdot\text{m}$$

水平荷载在沉井端部引起的弯矩为：

$$M=M_Q+M_Pb_0=-913\ 879.8+823\ 628.2\times6.3>0$$

这说明：在沉井顶部施加水平荷载后，在沉井端部产生的弯矩将同水平荷载在沉井端部产生的弯矩反号，这是不符合实际情况的。因此，我们认为水平荷载和井侧的土压力在沉井端部产生的弯矩相抵消。

同济大学和中国科学院武汉岩土力学研究所的研究结果表明，施加根键后的单根小沉井的端部并不是固结在地基中，也有微小的位移和转动。这也从侧面说明，沉井顶部的水平荷载并不能在沉井端部产生弯矩。

6) 井下竖向应力的空间展布

由上述分析可知,沉井基底的土体竖向应力主要由沉井端阻力引起,假设沉井端阻力均匀分布,则可得到5排沉井的井下竖向应力展布图,如图11-30所示。

7) 竖向计算结果的比较

此处的框算与采用ABAQUS软件数值计算的井底的承载力结果比较如表11-19所列,可见对于前排和中排的沉井吻合得较好,后排的沉井有20%的误差。

鉴于上述,可认为计算结果能满足初步框算的要求。

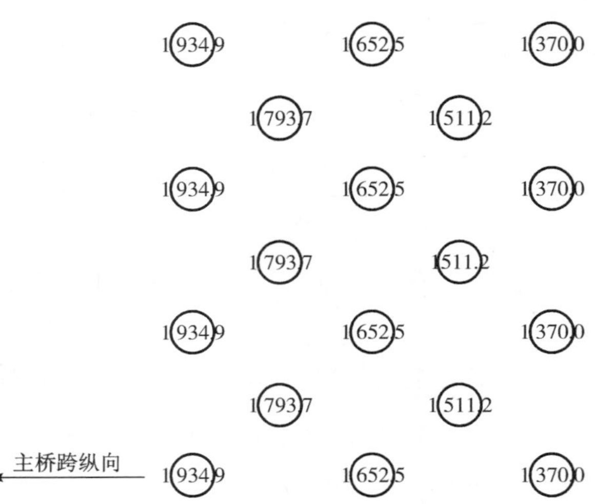

图11-30 井下竖向应力展布图(单位:kPa)

表11-19 此处的框算结果与有限元计算结果对比

沉井编号	3号	4号	7号	10号	11号	14号	17号	18号
框算结果(MPa)	1.93	1.93	1.79	1.65	1.65	1.51	1.37	1.37
有限元结果(MPa)	1.87	2.01	1.74	1.64	1.81	1.64	1.66	1.77
误差	3.2%	−4.0%	2.9%	0.6%	−8.8%	−7.9%	−17.5%	−22.6%

11.5.4 考虑根键作用的沉井水平向应力框算

1) 计算假定

(1) 将带根键的小沉井看做异形的弹性长桩,将土体在水平方向上的应力应变关系模拟为Winkler线弹性体,将小沉井作为竖直向放置在弹性地基上的梁,采用线弹性地基反力法(m法),求解土体的水平反力。

(2) 忽略井壁、根键与土之间的黏着力对抵抗水平力的作用。

(3) 忽略沉井端部与土的摩擦力对抵抗水平力的作用。

(4) 保守起见,本次初步框算中假定承台与地面不接触。

2) 根键的作用

可以认为根键的存在起到了以下两个方面的作用:

(1) 梅花形布置在井壁外侧的6根根键,增加了截面的惯性矩,从而使得单根沉井水平向的抗弯刚度增大;

(2) 与水平荷载垂直的2根根键(忽略其转动影响,不考虑其他4根根键的作用),对周边土体有一定的法向挤压作用,这就分担了部分水平向荷载,从而降低了沉井的变形。

本次验算中,以加权刚度的形式考虑根键的第(1)个作用,将第(2)个作用作为安全裕度不予以考虑。

3) 沉井正面土体地基反力

(1) 沉井顶部横向荷载

由前述可知单根沉井顶部受的横向荷载为:

$$Q_i=\frac{F_x}{n}=19\ 653.33\ \mathrm{kN}$$

(2) 沉井的计算宽度

不考虑根键对计算宽度的影响,按圆形沉井截面经验公式计算,有:

$$b_0=0.9(d+1)=0.9\times7=6.3\ \mathrm{m}$$

(3) m 值的确定

沉井中上部主要为粉、细砂,按此取 $m=6\ 000\ \mathrm{kN/m^4}$。

(4) 沉井截面抗弯刚度

沉井截面从顶部到底部有 6 种形式,即:圆形;圆形+短根键;圆形+长根键;圆环;圆环+短根键;圆环+长根键。本次简化计算中,取各截面刚度的加权平均值作为组合刚度。

① 圆形截面。

$$I_1=\frac{1}{64}\pi d^2=\frac{1}{64}\times\pi\times36=1.77\ \mathrm{m^4}$$

高度为:10+3.5=13.5 m

② 圆环截面。

$$I_2=\frac{1}{4}\pi D^2\ (1-\alpha)^2=\frac{1}{4}\times\pi\times36\times\left(1-\frac{4.8}{6}\right)^2=1.13\ \mathrm{m^4}$$

高度为:46.5−13.5=33 m

③ 与水平向荷载垂直的一对根键(十字形断面宽的矩形断面)。

$$I_3'=2\times\frac{1}{12}bh^3=\frac{1}{6}\times2.65\times0.8^3=0.23\ \mathrm{m^4}$$

④ 与水平向荷载斜交的两对根键(十字形断面宽的矩形断面)。

一根斜根键的惯性矩计算如下:

$$I_{x0}=\frac{1}{12}hb^3+\left(R+\frac{b}{2}\right)^2A=\frac{1}{12}\times0.8\times2.65^3+4.325^2\times2.65\times0.8$$
$$=40.90\ \mathrm{m^4}$$

$$I_{y0}=\frac{1}{12}bh^3=\frac{1}{12}\times2.65\times0.8^3=0.113\ \mathrm{m^4}$$

应用转轴公式:

$$I_y=\frac{I_{y0}+I_{x0}}{2}+\frac{I_{y0}-I_{x0}}{2}\cos2\alpha=\frac{0.113+40.90}{2}-\frac{0.113-40.90}{2}\times\frac{1}{2}$$
$$=30.20\ \mathrm{m^4}$$

所以 4 根斜根键的惯性矩为:$I''_3=4I_y=120.80\ \mathrm{m^4}$

根键总高度为:0.2×19=3.8 m

⑤ 和水平向荷载垂直的一对根键(十字型断面窄的矩形断面)。

由于现有资料未给出短根键伸出井壁长度,因此都按照长根键处理,则:

$$I'_4 = 2 \times \frac{1}{12}bh^3 = \frac{1}{6} \times 2.65 \times 0.2^3 = 0.0035\ \text{m}^4$$

⑥ 和水平向荷载斜交的两对根键(十字型断面窄的矩形断面)。

一根斜根键的惯性矩计算如下:

$$I_{x0} = \frac{1}{12}hb^3 + \left(R + \frac{b}{2}\right)^2 A = \frac{1}{12} \times 0.2 \times 2.65^3 + 4.325^2 \times 2.65 \times 0.2$$
$$= 10.2241\ \text{m}^4$$

$$I_{y0} = \frac{1}{12}bh^3 = \frac{1}{12} \times 2.65 \times 0.2^3 = 0.0018\ \text{m}^4$$

应用转轴公式:

$$I_y = \frac{I_{y0} + I_{x0}}{2} + \frac{I_{y0} - I_{x0}}{2}\cos 2\alpha = \frac{0.0018 + 10.2241}{2}$$
$$- \frac{0.0018 - 10.2241}{2} \times \frac{1}{2} = 7.6685\ \text{m}^4$$

所以 4 根斜根键的惯性矩为:$I''_4 = 4I_y = 30.67\ \text{m}^4$

根键总高度为:$0.6 \times 19 = 11.4$ m

组合惯性矩为:

$$I = \frac{I_1 \times h_1 + I_2 \times h_2 + I_3 \times h_3 + I_4 \times h_4}{h}$$
$$= \frac{1.77 \times 13.5 + 1.13 \times 33 + (0.23 + 120.80) \times 3.8 + (0.0035 + 30.67) \times 11.4}{46.5}$$
$$= \frac{23.895 + 37.29 + 459.914 + 349.6779}{46.5} = 18.73\ \text{m}^4$$

抗弯刚度为:

$$EI = 0.85E_c I_0 = 0.85 \times 3.0 \times 10^7 \times 18.73 = 4.78 \times 10^8\ \text{kN} \cdot \text{m}^2$$

水平变形系数为:

$$\alpha = \sqrt[5]{\frac{mb_0}{EI}} = \sqrt[5]{\frac{6000 \times 6.3}{4.78 \times 10^8}} = 0.15\ \text{m}^{-1}$$

沉井顶部处抗力不为零,设 $z_0 = 7.75$ m,沉井顶部剪力 $Q_0 = 19653.33$ kN,弯矩为零(本次初步框算的沉井与承台假定为铰接,不能传递弯矩)。

换算深度为:

$$\alpha h = 0.15 \times (7.75 + 46.5) = 8.1 > 4.0$$

因此,此处的小沉井可作为长桩处理。

当 $\alpha z_0 = 0.16 \times 8.5 = 1.4$ 时,有:

$$A_{mz_0} = 0.7650,\ B_{mz_0} = 0.6869,\ A_{qz_0} = -0.0659,\ B_{qz_0} = -0.4549$$

则

$$\Delta = A_{mz_0}B_{qz_0} - A_{qz_0}B_{mz_0} = 0.7650\times(-0.4549)+0.0659\times0.6869$$
$$=-0.303$$

$$Q_0' = \frac{1}{\Delta}(-Q_0B_{mz_0}) = \frac{1}{-0.303}\times(-19\,653.33\times0.6869) = 44\,554.0(\text{kN})$$

$$M_0' = \frac{1}{\Delta}\left(\frac{Q_0}{\alpha}A_{mz_0}\right) = \frac{1}{-0.303}\times\left(\frac{19\,653.33}{0.15}\times0.7650\right)$$
$$=-330\,798.6(\text{kN}\cdot\text{m})$$

由式 $Q_{z'}=Q_{0'}A_q+\alpha M_{0'}B_q$ 可以计算得到沉井剪力，如表 11-20 所列。

表 11-20　剪力及土体反力计算

z'(m)	$\alpha z'$	44 554.05 A_q	−330 798.6 αB_q	$Q_{z'}$(kN)	q(kPa)
0.00	0	44 554.00	0.00	445 54.00	—
6.67	1	12 876.11	17 396.70	30 272.80	340.03
8.00	1.2	4 522.23	20 512.82	25 035.05	623.54
9.33	1.4	−2 936.11	22 572.04	19 635.93	642.75
10.67	1.6	−9 160.30	23 509.86	14 349.55	629.33
12.00	1.8	−13 967.68	23 370.92	9 403.24	588.85
13.33	2	−17 304.77	22 284.25	4 979.47	526.64
14.67	2.2	−19 233.96	20 433.43	1 199.47	450.00
16.00	2.4	−19 893.36	18 016.95	−1 876.42	366.18
17.33	2.6	−19 447.82	15 248.16	−4 199.66	276.58
18.67	2.8	−18 106.75	12 330.52	−5 776.23	187.69
20.00	3	−16 070.63	9 452.57	−6 618.06	100.22
23.33	3.5	−8 901.89	828.65	−8 073.24	69.29

可见，在沉井的上部 10 m 附近的埋土深度处地基反力达到最大值，约 0.6 MPa。

11.6　本章主要结论

本章研究对悬索大桥根键式沉井锚碇基础的竖向和水平向受力状态进行了初步框算，得到了一些认识和有关情况，归结如下：

(1) 与采用不带根键的小沉井群相比，如在小直径沉井的井壁上设置多个根键，从井群受力状态而言，既有其显著的优点，也有其不足。其受力上的优点主要表现为：①加大了根键平面处的沉井有效直径，同时，能分别以根键之下和一侧土体的法向与水平向支撑力来增强井壁的竖向和水平的支撑作用，并加大井壁侧向摩擦作用；②在根键顶入土层的过程中，对井壁附近的桩周土体也同时进行了挤密加固，从而，在提高沉井承载力和减小井筒变形位移(水平侧移和基底沉降)两方面都收效显著。根键式沉井受力上的缺点，则反映在：①多座带根键的小沉井使沉井群间的受力分配上不够明确、也不均衡，加大了受力和变形问题上的复杂性和不确定性，此外，因顶推根键对土体的扰动较大，使周围土体破裂棱体范围内的土工力学指标劣化；②在小井正面与土体接触压力作用而向前侧移的情况下，正前方土体容易向左右外侧横移而呈松动，使井身产生上大、下小的弯曲变形。

(2) 此处先按线弹性问题计算的结果表明，井周土体的最大剪应力值尚在砂性土的流变下限值以内；但由于尚未做土体流变试验，各相关土体流变参数目前只能暂按过去相近资料借用，这是不确切、也是不可靠的。另外，就如有发生土体流变的设定情况下，此处又改为按线性黏弹性问题作计算，其结果表明：土体流变是历时收敛的、也是相对可控的。但因土体流变使承台顶（向主桥一侧）和锚座散索鞍处的水平位移量值骤然增大，分别达到了13.8 cm和16.2 cm，均超过了设计规定的限值10 cm。这一情况需作进一步深入探究，并应引起设计方和施工方关注。

（3）采用并参考现场单井试验成果，对带根键小沉井群进行了初步框算。经框算得到：压入根键后，沉井承受极限竖向荷载时，土体侧摩阻力占14.4%，井端土体正面阻力占55.0%，各排(层)根键直接下方土层的总的支撑力占30.6%；各沉井端部的土体应力值在1.37～1.93 MPa之间，呈现前排地基的应力较大、而后排较小的不均衡受力情况。

（4）采用弹性地基梁理论，对带根键沉井的水平向受力状态进行了初步框算，计算中忽略了井壁、根键与土体间的黏着力和沉井端部与土基间的摩擦力，二者对增大周围土体水平抗力的作用似不可忽略。对呈梅花形布置在井壁外侧的根键，将其作用折算成截面惯性矩的增大以后，经框算得到：在沉井上部10 m附近的埋土深度处，地基反力达到了其允许的最大值，约0.6 MPa。

由于本项计算只属初步框算，沿用的计算假设比较多，也未考虑“承台-沉井-地基土”三者的相互作用，初步框算所得的计算结果是近似的、简化的，未能详尽显现实际工况。但相信所用的近似和简化假设当能在初步框算所允许的范围以内。

以根键式井群设计方案取代过去传统采用的单一巨型沉井，并拟用之于悬索大桥锚碇基础结构一事，在该跨江大桥工程的专家评议会议上，原则上得到了认可；但专家们建议先在一些较小跨度桥梁上取得成功试点后，再用于大跨跨江悬索大桥更感妥慎。

参考文献

[1] 孙钧. 岩土材料流变及其工程应用[M]. 北京：中国建筑工业出版社，1999.

[2] 孙钧，赵其华，熊孝波. 润扬长江公路大桥北锚碇基础施工变形的智能预测——工程实录研究[J]. 岩土力学，2003(S2)：1-7.

[3] 孙钧. 岩石流变力学及其工程应用研究的若干进展[J]. 岩石力学与工程学报，2007，26(6)：1081-1106.

[4] 张雄文，董学武，李镇. 苏通大桥主塔墩基础群桩效应研究[J]. 河海大学学报：自然科学版，2006，34(2)：200-203.

[5] BANDYOPADHTYAYA Ranja，DAS Animesh，BASU Sumit. Numerical simulation of mechanical behaviour of asphalt mix [J]. Construction and Building Materials，2008，22：1051-1058.

[6] 孙钧，等. 受施工扰动影响的岩土环境稳定理论和控制方法[R]. 上海：同济大学岩土工程研究所，1999-2002.

[7] 孙钧，等. 地下工程安全的智能控制及三维仿真模拟系统研究 [R]. 上海：同济大学地下建筑工程系，2000-2002.

[8] 王东栋，许建聪，冯兆祥. 泰州长江大桥群桩基础工后沉降数值分析[J]. 解放军理工大学学报：自然科学版，2009，10(6)：570-574.

[9] ROLLINS K M，LANE J D，GGERBER T M. Measured and computed lateral response of a pile group in sand [J]. Journal of Geotechnical and Geoenvironmental Engineering，ASCE，2005，131(1)：103-114.

第 12 章　飞机跑道软基土沉降的固结与流变耦合三维黏弹塑性分析

12.1　引言

12.1.1　问题的提出

软基土是指在静水或缓慢的流水环境中沉积，经生物、化学作用长时期形成，一般处于软塑到流塑状态的黏性土。软土具有含水量大、压缩性强、强度低、触变性高和渗透性弱等特点。由于土体中大量孔隙水的存在，使得软土在荷载作用下的物理变化过程相当复杂：土体中孔隙水在荷载作用下逐渐排出，导致土体产生压缩变形，孔隙比减小而强度随之增高，这一过程即为土体的主固结(Biot 固结)过程；同时，土体组构本身又在荷载作用下发生其颗粒骨架的历时变形，即蠕变作用下使土体内部的应力场和位移场进一步发生时效性发展而持续变化，这一过程即为土体的次固结(流变)过程；此外，如果土体中因采取降水等工程措施而存在水位差，则还存在地下水渗流过程。地下水的渗流进一步影响土体内部应力场的分布，进而又反过来导致位移场的改变。可见土体的 Biot 固结、流变和地下水渗流作用三者是紧密相关、耦合并相互影响的。因此，饱和软土地基在荷载作用下的物理变化过程是复杂的主、次固结和渗流三者间相互作用的多场耦合过程。

当机场跑道等人工结构物位于滨海地带、冲积平原等软土发育地域时，其下卧地层多数为高含水量、高压缩性、低强度的土层，具有明显的固结(包含主固结和次固结)过程，不但会使地基产生显著的沉降，同时也决定了地基的沉降历时发展的过程是复杂的长期持续时效过程，并受多种因素耦合作用的影响。大量的研究资料表明，建设在软弱、高压缩性软基土体上的机场跑道等结构物的长期历时沉降有时是相当显著的。长期沉降的发展对运营中的工程而言，具有相当大的危险性：一方面，大的长期沉降将对工程所属的配套设施(如浅层地基土内排水管、地下电缆、地下照明管线等)产生不良影响；另一方面，大的长期沉降意味着工程运营中产生纵向不均匀差异沉降的几率增大，特别对于建于土性不均匀的软弱地层上的、对纵向差异沉降十分敏感的机场跑道等长条带形工程等的影响就更大。因此，多年来业界对软黏性土基时效性的蠕变试验和理论研究做了大量工作，包括软基土的“应力-应变-时间”黏性特征以及地下孔隙水运动特性等等。

工程实践表明，地基的沉降量越大，其不均匀的纵向差异沉降也必然越为明显，而地基差异沉降的直接作用结果是使该地基上结构的内力和变形分布发生改变。因此，结构物在建设期和运营期内的结构内力变化是与这期间地基沉降的历时发展过程密切联系、相互影响的。可见，软土地基结构物内力变化规律与地基固结、流变过程同步发展，同样是一种长期而复杂的过程。随着软基这一固结过程的时效发展，地基长期沉降持续增大，地基的差异沉降亦相应增加。以机场跑道为例,其纵向、横向内力分布将持续不断地产生变化。当跑道结构内力值或差异沉降量超过其设定的极限时,将导致道面和垫层产生纵、横向裂缝,或因差异沉降变形过大影响飞机起降的平稳性,从而影响结构的正常使用甚至危及飞行安全。对位于不均匀地层内并考虑软黏性土体的固结与流变耦合效应的黏性地基进行时效差异沉降分析以及机场跑道结构的纵向内力和变形分析是十分必要的,是对其长期安全运营的有效保证。

综上所述,饱和软土地基在荷载作用下经历了长期、复杂和多场耦合作用的物理过程,才可能最终达到变形的收敛稳定,这同时使地基上结构物的内力和变形也同样具有显著的时效持续性。换言之,饱和软土地基的这种长期变形/差异沉降随时间而持续发展,将导致其上覆结构的内力和变形也随之发生不断的重新分布,只有当地基的长期变形/差异沉降最终趋于稳定以后,结构的内力和变形才会随之趋于收敛的定值。此外,由于土层成因和其间受力的不同变化,沿纵向各地块土层一般也都不是均质的,其土力学特性更往往表现为各向异性。对于常见的各种沉积土层,一方面,由于沉积性状上的时间先后,在分布上表现出竖向间的成层性,其土性在各层内还比较均匀,而各层土之间的属性则差别较大;另一方面,由于组成土层的扁平颗粒在沉积过程中的取向关系,使得土体在成层平面内的力学性质与成层面法线方向有很大不同,而成层平面内多呈各向同性,故可视为力学上的带异性轴的横观各向同性体。处于江河口平原地区的一些城市,其土层大多数是由于沉积原因形成的,其层状横观各向同性特征呈现明显。因此,对于位于沉积土层环境中的结构(如本章所述的飞机跑道)工程,这类饱和软土层可采取层状横观各向同性的假定,相比均质各向同性假定更加合理,并在地基长期变形/差异沉降研究中采用。

本章研究以饱和软土地基 Biot 固结理论为基础,同时计入软土的蠕变特性和地下水渗流场三者间的耦合相互作用,通过研究其横观各向同性软土地基长期变形/差异沉降的历时发展,分析、预测该类地基纵向长期差异不均匀的沉降对软基跑道等长条状结构物的内力影响及其历时发展变化。研究成果在丰富学术内涵的同时,相信对工程实际的安全运营也将有相当助益。

12.1.2 工程概况

以某机场二期飞行区地基处理为工程依托进行分析,基本的工程概况为:飞行区位于围海促淤区内,地面初始标高为 3.0～4.0 m,场区地貌属滨海-砂口、砂嘴相地貌。根据场区表层土的土性特点把整个场区分成三个区域:①Ⅰ区为围海促淤形成的滩涂区域,该区域的土质松散且不均匀,含大量芦苇根;②Ⅱ区为人工挖填形成的沟、浜、塘区,由于受人工挖填的影响,该区层面起伏较大,且沟、浜、塘有淤积物存在;③Ⅲ区为耕地区,表层土有一定的固结,且有第②层“硬壳层”分布。整个场区内有两条古河道呈东西向穿过,一条位于场地中部,宽为 500～800 m,最深的淤积层厚约 65 m;另一条位于场地南部,宽约 600 m,最深的淤积层厚约 48 m。场区地层的突出特点是存在深、厚的黏土层,其含水量高,孔隙比大,强度低,压缩性高,渗透性差,极其不利于土体的固结,在附加应力作用下将产生较大的固结、流变变形。场区内存在 0～10 m 厚的浅部层组,由粉质黏土、砂质粉土等组成,其表层主要为围海促淤形成的,结构松散,处于欠固结状态,属于低强度土基。埋深、厚度较大的深层软土地层,具有含水量高、压缩性高等特点,特别是在场区内存在数量较多、赋存状态复杂的古河道,在结构荷载作用下的沉降量大,是场区内的主要工程地质问题。古河道的切割使土层在厚度变化上较大,土层不均匀。场区地基土层的物理力学性质指标如表 12-1 所示。

表 12-1　场区地基土层物理力学性质指标

土层	层号	含水量 w(%)	天然重度 ρ (kN/m³)	孔隙比 e	压缩系数 a (MPa⁻¹)	内摩擦角 φ(°)	黏聚力 c (kPa)
吹填土	①$_{-1}$	27.1	16.8	1.00	16.7	—	—
褐黄色粉质黏土	②$_{-1}$	37.0	17.9	1.05	—	—	—
	②$_{-2}$	35.5	18.0	1.01	0.40	34.3	3.0
	②$_{-3}$	31.3	18.4	0.89	0.18	—	—
灰色淤泥质粉质黏土	③$_{-1}$	39.4	17.6	1.12	0.63	20.3	4.0
	③$_{-2}$	30.3	18.3	0.91	0.15	—	—
灰色淤泥质黏土	④	52.0	16.6	1.47	1.15	16.4	9.0
灰色黏土	⑤$_{-1-1}$	38.8	17.8	1.09	0.58	18.5	10.0
	⑤$_{-1-2}$	37.4	17.6	1.10	0.50	25.0	13.0
灰色粉质黏土	⑤$_{-2}$	26.9	18.8	0.79	0.35	32.7	2.0
砂质粉土	⑦$_{-1}$	30.9	18. 7	0.85	0.14	—	—
粉细砂	⑦$_{-2}$	27.6	19.2	0.76	0.11	—	—

12.1.3　主要研究内容

针对沿海地区广泛分布的软土地层具有的特有属性，以土体横观各向同性假定为基础，同时考虑土体的 Biot 固结、流变作用和地下水流的渗流作用，研究饱和软土地基的长期沉降/差异沉降的发展变化规律，并采用数值计算的方法研究饱和软土地基上长条形结构内力随地基持续发展的沉降的变化规律。本章通过研究软土地基变形的时效性，来模拟软基上结构内力的时效性，以求准确预测出机场跑道等结构工后沉降规律及其对结构的危害。

鉴于饱和软土地基工程实践中通常采用高真空排水、井点降水等外部强制措施降低地基的地下水位，以及在土层内部普遍存在地下水渗流的实际情况，本章建立了地下水渗流模型，并采用可变网格法来搜索渗流自由面，模拟饱和软土地层中地下水有渗流自由面的稳定渗流场作用。

横观各向同性假定引入层状分布软土地层的分析模型，并结合广义的 Komamura-Huang 复合流变模型和有自由面的稳定渗流模型，笔者建立了层状土体在横观各向同性假定条件下的固结-流变-渗流耦合分析模型，并推导了相应的有限元方程；模拟分析了饱和软土地基在大面积堆载预压条件下地基的变形特性和孔压分布特性，通过分别模拟成层分布土体在横观各向同性假定条件下 Biot 固结作用过程、固结-流变耦合作用过程和固结-流变-渗流耦合作用过程，对比研究了饱和软土地基在不同计算模型条件下地基的沉降和孔压的时效特性；分析了在不同降水深度条件下地基沉降和孔压的变化，明确了降水对饱和软土地基固结过程的影响；并将部分计算结果与实测结果进行了对比分析，保证了计算的可靠性。

以某机场二期跑道工程为依托，假定跑道地基为分段均匀的，研究了地基工后长期沉降/长期差异沉降的时空域分布。

根据饱和软土地基长期沉降/长期差异沉降的时效发展，采用数值计算方法，求解了黏弹塑性地基结构板的内力变化，以模拟机场跑道地基长期差异沉降而导致的跑道结构层内力(纵向弯矩)变化。

采用模块化编程策略，编制了三维黏弹塑性 Biot 固结、三维渗流过程和三维应力场、位移场与渗流场三场耦合分析的有限元法程序软件。

12.2 饱和软土的固结流变理论及其有限元法解析

12.2.1 饱和软土的 Biot 固结理论

软土的流变固结理论是在 Biot 固结理论的基础上加以拓展的，因此岩土介质的 Biot 固结理论是基础，首先从各向同性的完全弹性岩土介质的 Biot 固结理论着手，然后逐渐拓展至横观各向同性土体的黏弹塑性固结理论。

完全弹性软土的各向同性 Biot 固结是建立在以下假定基础上的：

(1) 土体是完全饱和的弹性体。

(2) 土体的变形是微小的。

(3) 土体颗粒和孔隙水是不可压缩的。

(4) 孔隙水相对于土骨架的渗流运动服从 Darcy 定律，其惯性力可以忽略不计。

(5) 应力应变的正负号法则与弹性力学相反。

1) 土体的平衡方程

天然饱和土体是由土颗粒(固相)和孔隙水(液相)组成的两相体。土颗粒相互接触或胶接形成土骨架，孔隙水则存在于土骨架内(或土颗粒间)的空隙中。在荷载作用下，土体中将产生应力，土骨架将发生位移或运动，而孔隙水在伴随土骨架运动的同时还作相对于土骨架的渗流运动。取符合右手规则的坐标系，考虑土微元体的平衡。

考虑土体为静态，并且忽略土骨架的渗流运动惯性力，则可以建立土体的静力平衡方程：

$$\begin{aligned}&\frac{\partial \sigma_x}{\partial x}+\frac{\partial \tau_{yx}}{\partial y}+\frac{\partial \tau_{zx}}{\partial z}=0\\&\frac{\partial \sigma_y}{\partial y}+\frac{\partial \tau_{xy}}{\partial x}+\frac{\partial \tau_{zy}}{\partial z}=0\\&\frac{\partial \sigma_z}{\partial z}+\frac{\partial \tau_{xz}}{\partial x}+\frac{\partial \tau_{yz}}{\partial y}-\rho g=0\end{aligned}\tag{12-1}$$

上述分析中土体的应力采用总应力。

2) 土体的本构方程

土体的本构方程描述土骨架应力(土体的有效应力)与应变之间的关系，其一般的表达式为：

$$\{\sigma'\}=f(\{\varepsilon\})\tag{12-2}$$

式中，$\{\sigma'\}=[\sigma'_x\quad \sigma'_y\quad \sigma'_z\quad \tau_{xy}\quad \tau_{yz}\quad \tau_{zx}]^{\mathrm{T}}$，$\{\varepsilon\}=[\varepsilon_x\quad \varepsilon_y\quad \varepsilon_z\quad \gamma_{xy}\quad \gamma_{yz}\quad \gamma_{zx}]^{\mathrm{T}}$。

对于各向同性的弹性体，由胡克定律可以得到相应的物理方程：

$$\begin{aligned}\varepsilon_x&=\frac{1}{E}[\sigma'_x-\mu(\sigma'_y+\sigma'_z)]\\\varepsilon_y&=\frac{1}{E}[\sigma'_y-\mu(\sigma'_x+\sigma'_z)]\\\varepsilon_z&=\frac{1}{E}[\sigma'_z-\mu(\sigma'_y+\sigma'_x)]\\\gamma_{xy}&=\frac{\tau_{xy}}{G}\\\gamma_{yz}&=\frac{\tau_{yz}}{G}\\\gamma_{zx}&=\frac{\tau_{zx}}{G}\end{aligned}\tag{12-3}$$

式中，E 为土体的弹性模量；μ 为土体的泊松比；G 为土体的剪切模量。

上式采用矩阵表示为：

$$\{\sigma'\} = [D]\{\varepsilon\} \tag{12-4}$$

$[D]$为土体的弹性矩阵，即：

$$[D] = \begin{bmatrix} d_1 & & & & & \\ d_2 & d_1 & & \text{对} & & \\ d_2 & d_2 & d_1 & & \text{称} & \\ 0 & 0 & 0 & d_3 & & \\ 0 & 0 & 0 & 0 & d_3 & \\ 0 & 0 & 0 & 0 & 0 & d_3 \end{bmatrix} \tag{12-5}$$

式中，$d_1 = E_s$；$d_2 = \dfrac{\mu}{1-\mu}E_s = \dfrac{E\mu}{(1+\mu)(1-2\mu)}$；$d_3 = G = \dfrac{E}{2(1+\mu)}$；$E_s = \dfrac{E(1-\mu)}{(1+\mu)(1-2\mu)}$，$E_s$ 为土体的压缩模量。土体的基本常数 E 和 μ 需由排水试验获得。

3）土体的几何方程

根据小变形假定，并且应变以压缩为正，可得到土体的几何方程：

$$\begin{aligned} \varepsilon_x &= -\frac{\partial u}{\partial x} \\ \varepsilon_y &= -\frac{\partial v}{\partial y} \\ \varepsilon_z &= -\frac{\partial w}{\partial z} \\ \gamma_{xy} &= -\left(\frac{\partial u}{\partial y} + \frac{\partial v}{\partial x}\right) \\ \gamma_{yz} &= -\left(\frac{\partial w}{\partial y} + \frac{\partial v}{\partial x}\right) \\ \gamma_{zx} &= -\left(\frac{\partial u}{\partial z} + \frac{\partial w}{\partial x}\right) \end{aligned} \tag{12-6}$$

式中，u，v 和 w 分别为土体微元在 x，y 和 z 方向上的位移。

4）土体的有效应力原理

有效应力描述土体中总应力与有效应力、孔隙水压力以及孔隙气压力之间的关系。由于本文研究的是完全饱和土体，因此土体中的气压力为零。此时，根据有效应力原理：饱和土体中任一点的总应力为该点有效应力与孔隙水压力之和。具体的数学表达式为：

$$\begin{aligned} \sigma_x &= \sigma'_x + p \\ \sigma_y &= \sigma'_y + p \\ \sigma_z &= \sigma'_z + p \end{aligned} \tag{12-7}$$

式中，p 为土体中的孔隙水压力。

5）孔隙流体平衡方程

在土体平衡方程中，是将土体颗粒与孔隙水作为整体考虑的。此处要建立土体孔隙流体平衡方程，就需要将土体按照水力学中的渗流模型进行研究：认为渗流区全部空间场被流体所充满，不存在土骨架，仅仅考虑土骨架对渗流运动施加的阻力。在渗流区内取微元体，该微元体被孔隙水所充满。此处仅仅考虑土体处于静态状况下孔隙水平衡情况。假定孔隙流体以流速 v_x，v_y 和 v_z 作相对于土骨架的渗流运动。由于孔隙水的渗流速度很小，因此渗流惯性力忽略不计。从而作用在流体微元上的力有：孔隙水压力、重力导致的体力和土体骨架对渗流流体产生的阻力，作用方向与渗流方向相反。

由渗流力学，渗流阻力为：

$$f_x = \rho_w g i_x = \rho_w g \frac{v_x}{k}$$
$$f_y = \rho_w g i_y = \rho_w g \frac{v_y}{k} \tag{12-8}$$
$$f_z = \rho_w g i_z = \rho_w g \frac{v_z}{k}$$

式中，i 为渗流坡降，k 为土体的渗透系数。

由平衡状态下该流体微元体的平衡方程可以得到孔隙流体平衡方程(渗流运动方程)：

$$\frac{\partial p}{\partial x} + \rho_w g \frac{v_x}{k} = 0$$
$$\frac{\partial p}{\partial y} + \rho_w g \frac{v_y}{k} = 0 \tag{12-9}$$
$$\frac{\partial p}{\partial z} + \rho_w g \frac{v_z}{k} + \rho_w g = 0$$

6) 渗流连续方程

渗流连续方程是由同一时间内流出土体微元的水量等于该微元体的体积变化量这一连续条件而建立的。取土体微元体，并记 q_x，q_y 和 q_z 分别为单位时间内通过与 x，y，z 轴垂直的平面的渗流量，则有：

$$q_x = v_x \mathrm{d}y\mathrm{d}z$$
$$q_y = v_y \mathrm{d}x\mathrm{d}z \tag{12-10}$$
$$q_z = v_z \mathrm{d}y\mathrm{d}x$$

Δt 时间内从微元体流出的净水量为：

$$\Delta Q = \left(\frac{\partial q_x}{\partial x}\mathrm{d}x + \frac{\partial q_y}{\partial y}\mathrm{d}y + \frac{\partial q_z}{\partial z}\mathrm{d}z\right)\Delta t \tag{12-11}$$

将流量各式代入上式，可得：

$$\Delta Q = \left(\frac{\partial v_x}{\partial x} + \frac{\partial v_y}{\partial y} + \frac{\partial v_z}{\partial z}\right)\mathrm{d}x\mathrm{d}y\mathrm{d}z \cdot \Delta t \tag{12-12}$$

在 Δt 时间内微元体的体积变化量为：

$$\Delta V = \Delta \varepsilon \mathrm{d}x\mathrm{d}y\mathrm{d}z \tag{12-13}$$

式中，$\Delta\varepsilon$ 为土体的体积应变，并代入几何条件可得到：

$$\varepsilon_v = \varepsilon_x + \varepsilon_y + \varepsilon_z = -\left(\frac{\partial u}{\partial x} + \frac{\partial v}{\partial y} + \frac{\partial w}{\partial z}\right) \tag{12-14}$$

从而根据 $\Delta Q = \Delta V$ 有：

$$\left(\frac{\partial v_x}{\partial x} + \frac{\partial v_y}{\partial y} + \frac{\partial v_z}{\partial z}\right) = -\frac{\partial}{\partial t}\left(\frac{\partial u}{\partial x} + \frac{\partial v}{\partial y} + \frac{\partial w}{\partial z}\right) \tag{12-15}$$

式(12-15)即为土体的渗流连续方程。

根据土体的本构方程、几何方程、有效应力原理及平衡方程，可得到各向同性土体静态 Biot 固结方程：

$$\begin{aligned}
&d_1 \frac{\partial^2 u}{\partial x^2} + d_3\left(\frac{\partial^2 u}{\partial y^2} + \frac{\partial^2 u}{\partial z^2}\right) + (d_2 + d_3)\left(\frac{\partial^2 v}{\partial x \partial y} + \frac{\partial^2 w}{\partial x \partial z}\right) - \frac{\partial p}{\partial x} = 0 \\
&d_1 \frac{\partial^2 v}{\partial y^2} + d_3\left(\frac{\partial^2 v}{\partial x^2} + \frac{\partial^2 v}{\partial z^2}\right) + (d_2 + d_3)\left(\frac{\partial^2 u}{\partial y \partial x} + \frac{\partial^2 w}{\partial y \partial z}\right) - \frac{\partial p}{\partial y} = 0 \\
&d_1 \frac{\partial^2 w}{\partial z^2} + d_3\left(\frac{\partial^2 w}{\partial x^2} + \frac{\partial^2 w}{\partial y^2}\right) + (d_2 + d_3)\left(\frac{\partial^2 u}{\partial z \partial x} + \frac{\partial^2 v}{\partial z \partial y}\right) - \frac{\partial p}{\partial z} + \rho g = 0 \\
&k\left(\frac{\partial^2 p}{\partial x^2} + \frac{\partial^2 p}{\partial y^2} + \frac{\partial^2 p}{\partial z^2}\right) - \rho_w g \frac{\partial}{\partial t}\left(\frac{\partial u}{\partial x} + \frac{\partial v}{\partial y} + \frac{\partial w}{\partial z}\right) = 0
\end{aligned} \tag{12-16}$$

Biot 固结理论是能将土体的位移和孔隙水压力的消散结合在一起，并考虑其随时间变化的理论。

12.2.2　饱和软土流变模型理论

土体的流变模型是土体在受力过程中应力-应变-时间的数学表达，在土的流变研究中较为关键。任何一种材料的本构模型都必须能充分表达材料的内部结构及其物理力学特性，这样才能保证由模型所推导出来的本构方程能正确反映材料的特性。因此，如何建立土体流变本构模型成为土体流变研究中的关键所在，只有建立正确的土体流变本构模型，即应力-应变-时间关系，才能充分、准确地描述土体的流变特性，国内、外学者在这方面做了许多工作，建立了各类土体流变的模型。

土体的流变本构模型可以分别从土体的微观或者宏观表现出发来建立，或者把二者结合起来。从土体微观表现出发建立土的流变模型，一般是从土的内部微观角度来研究，认为土的流变特性是因土体颗粒骨架的微观变化引起的，从土的微观构造的变化机理出发，运用连续统计力学原理，或者借用金属、晶体的微观理论（如错位理论等），结合土体流变的宏观表现来建立土的流变模型。虽然从土的微观结构出发来建立土体流变的本构模型具有深远意义，可以反映土流变的宏观特性，能解释和揭示土体流变的内部机理，使人们对土体的流变有更深入的认识，但是这方面的研究工作还做得不多。从土体的宏观表现出发来建立土流变本构方程，相关的研究工作主要从两个方面入手：一是从土的流变特性（包括实际工程和室内流变试验等）出发，运用现有的流变理论，即黏弹塑性理论来建立土的流变本构模型；另一方面是从土的流变特性出发，直接总结出土流变的经验本构关系。

岩土流变的经验本构关系是在试验等基础上，针对确定材料甚至确定条件，直接给出土体流变方程的函数表达式。土体经验流变本构关系与模型理论本构关系相比，较缺乏理论指导，反映的只是流变外部表现，无法对流变的内部特性及机理进行研究，通用型比较差，对特定的土体，需要逐一总结出特定的、相适应的流变经验本构关系，在研究中具有诸多不便。模型理论是采用基本元件——弹簧、滑块、黏壶来分别表示土体的弹性、塑性和黏性性质，通过基本元件的组合来反映土体黏弹塑性特性。由模型理论得到的土体流变本构方程是一种微分形式的本构关系，通过本构方程的求解就可以得到蠕变方程、应力松弛方程等。模型理论的概念直观、简单，物理意义明确，因而为广大的工程研究人员所乐意采用。工程上对土体的流变研究一般都采用模型理论。

描述材料流变特性的理论有模型理论、遗传流变理论、老化理论和流动理论等，其中模型理论由于概念直观清晰、建立的模型形象以及可以全面反映流变介质的各种特性而得到广泛应用。采用线性黏弹塑性流变模型理论建立分析模型，这里所说的线性黏塑性指的是应力与黏塑性应变成线性关系。线性黏弹塑性模型理论是通过基本元件的串、并联而组合成流变模型。基本流变元件包括胡克体、牛顿体、圣维南体三种。

1）修正的 Komamura-Huang 模型

修正的 Komamura-Huang 模型是由一个 Kelvin 模型和一个 Bingham 模型串联而成，模型结构如图 12-1所示。模型反映的应力-应变关系为：

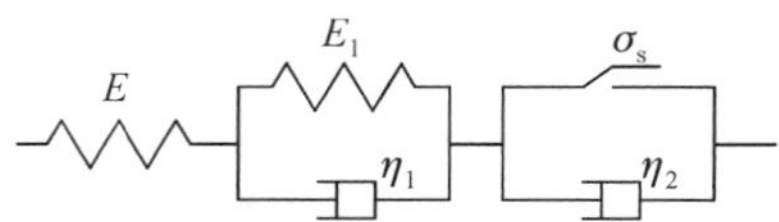

图 12-1　修正的 Komamura-Huang 模型

当 $\sigma_0 \leqslant \sigma_s$ 时，

$$\varepsilon(t) = \sigma_0\left\{\frac{1}{E} + \frac{1}{E_1}\left[1 - \exp\left(-\frac{E_1}{\eta_1}t\right)\right]\right\} \tag{12-17}$$

当 $\sigma_0 > \sigma$ 时，

$$\varepsilon(t) = \sigma_0\left\{\frac{1}{E} + \left(1 - \frac{\sigma_s}{\sigma_0}\right)\frac{t}{\eta_2} + \frac{1}{E_1}\left[1 - \exp\left(-\frac{E_1}{\eta_1}t\right)\right]\right\} \tag{12-18}$$

式中，σ_s 是滑块的屈服值，时间 t 以零为起点。式(12-18)前半部即为广义 Bingham 模型应变公式，后半部即为 Kelvin 模型应变公式，符合模型理论串、并联规则，复合成的模型的应变等于各个子部分应变的和。修正的 Komamura-Huang 模型是一个“弹-黏弹-黏塑性”模型，它是一个比较完整的模型，除了第三阶段蠕变不能反映外，其他的流变性态均能描述，而且当在低应力时，则认为是黏弹性性态，高应力时，认为是黏弹塑性性态。因此，该模型应用于描述岩土介质的黏弹塑性性态是一个比较符合实际的模型。

2）广义模型

虽然上述多元件组成的模型都可以用来描述岩土介质的流变特性，但在定量描述的准确性方面还有一定局限性。因为许多模型的曲线形式受到方程的限制。例如，蠕变曲线多为上升的指数形式，这种曲线的曲率变化比较小，难以使曲线与实际岩土介质的试验曲线很好吻合。因此，形成了多元件组合的广义模型，常用的有广义 Kelvin 模型、广义 Burgers 模型等。广义 Kelvin 模型组成如图 12-2 所示。广义 Kelvin 体的蠕变柔量 $J(t)$ 的表达式为：

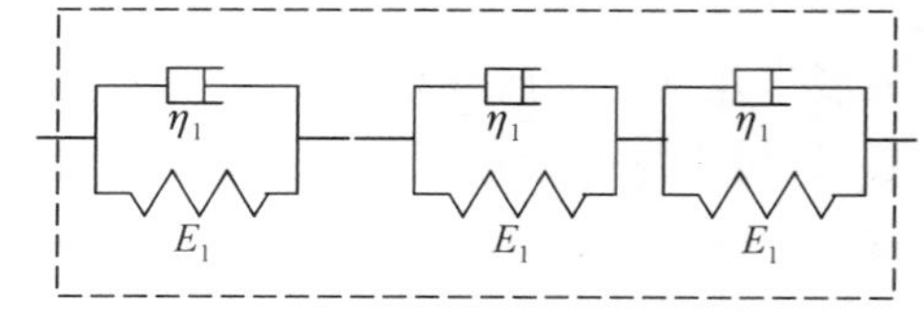

图 12-2　广义 Kelvin 模型

$$J(t) = \left\{\frac{1}{E_H} + \sum_{i=1}^{n}\frac{1}{E_i}\left[1 - \exp\left(-\frac{E_{it}}{\eta t}\right)\right]\right\}H(t) \tag{12-19}$$

式中，$H(t)$为阶跃函数，有：

$$H(t-t_0)=\begin{cases}1 & t>t_0\\ \dfrac{1}{2} & t=t_0\\ 0 & t<t_0\end{cases} \tag{12-20}$$

从蠕变柔量的表达式可以看出，元件数越多[即式(12－19)中 n 值越大]，方程的曲率越大，使得模型理论反映的流变特性更准确地反映岩土介质的真实特性。

3）修正的 Komamura-Huang 模型的改进

由上述分析可知，实际应用中通过在流变模型中增加某个模型体的数量，可以在相当程度上改进模型方程的曲率，使其更接近实际岩土介质的流变特性。同时，由于修正的 Komamura-Huang 模型在岩土工程研究和实际工程中较为常用，所以在原有模型基础上进行适当改进，在模型中串联一个 Kelvin 体，用以更加充分体现岩土介质的黏弹性。改进后的模型如图 12-3 所示。

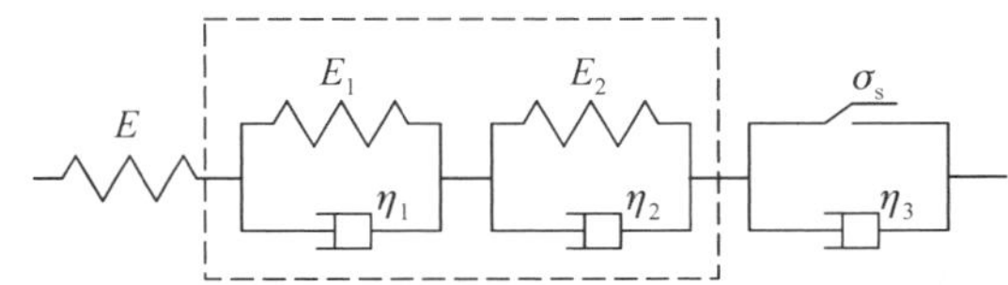

图 12-3　改进后的修正 Komamura-Huang 模型

其应力-应变关系推导过程与上面类似，在常应力作用化简下为：

当 $\sigma_0\leqslant\sigma_s$ 时，

$$\varepsilon(t)=\sigma_0\left\{\frac{1}{E}+\frac{1}{E_1}\left[1-\exp\left(-\frac{E_1}{\eta_1}t\right)\right]+\frac{1}{E_2}\left[1-\exp\left(-\frac{E_2}{\eta_2}t\right)\right]\right\} \tag{12-21}$$

当 $\sigma_0>\sigma_s$ 时，

$$\varepsilon(t)=\sigma_0\left\{\frac{1}{E}+\left(1-\frac{\sigma_s}{\sigma_0}\right)\frac{t}{\eta_3}+\frac{1}{E_1}\left[1-\exp\left(-\frac{E_1}{\eta_1}t\right)\right]+\frac{1}{E_2}\left[1-\exp\left(-\frac{E_2}{\eta_2}t\right)\right]\right\} \tag{12-22}$$

12.2.3　饱和土体线性流变的组成及其增量表示

在利用有限单元法计算中，采用初应变法计算由于黏性流变引起的虚拟结点荷载增量时，需要首先得到初应变的增量迭代计算公式。总应变$\{\varepsilon\}$分解成瞬时弹性应变分量$\{\varepsilon_e\}$、黏弹性分量$\{\varepsilon_{ve}\}$和黏塑性分量$\{\varepsilon_{vp}\}$之和。即：

$$\{\varepsilon\}=\{\varepsilon_e\}+\{\varepsilon_{ve}\}+\{\varepsilon_{vp}\} \tag{12-23}$$

1）瞬时弹性应变$\{\varepsilon_e\}$及其增量$\{\Delta\varepsilon_e\}$

(1) 各向同性岩土介质

根据广义胡克定律，各向同性介质本构方程为：

$$\{\sigma\}=[D]\cdot\{\varepsilon_e\} \tag{12-24}$$

或者表示为：

$$\{\varepsilon_e\}=[D]^{-1}\{\sigma\} \tag{12-25}$$

如果采用增量表示，可写为：

$$\{\Delta\sigma\}=[D]\cdot\{\Delta\varepsilon_e\} \tag{12-26}$$

同样可以表示为：

$$\{\Delta\varepsilon_e\} = [D]^{-1}\{\Delta\sigma\} \tag{12-27}$$

以上各个表达式中$[D]$为弹性矩阵。

（2）横观各向同性体

对于横观各向同性体，假设层理面定义为水平面 xOy，其法向为竖向 z，则以上各个表达式中的弹性矩阵$[D]$为：

$$[D] = \begin{bmatrix} d_1 & & & & & \\ d_2 & d_1 & & \text{对} & & \\ d_3 & d_3 & d_4 & & \text{称} & \\ 0 & 0 & 0 & d_5 & & \\ 0 & 0 & 0 & 0 & d_6 & \\ 0 & 0 & 0 & 0 & 0 & d_6 \end{bmatrix} \tag{12-28}$$

式中，$d_1=\lambda \cdot n(1-n\mu_{VH}^2)$；$d_2=\lambda \cdot n(\mu_{HH}+n\mu_{VH}^2)$；$d_3=\lambda \cdot n \cdot \mu_{VH}(1+\mu_{HH})$；

$d_4=\lambda \cdot (1-\mu_{HH}^2)$；$d_5=\dfrac{E_H}{2(1+\mu_{HH})}$；$d_6=G_V$；$\lambda=\dfrac{E_V}{(1+\mu_{HH})(1-\mu_{HH}-2 \cdot n \cdot \mu_{VH}^2)}$；$n=\dfrac{E_H}{E_V}$。其中，$E_H$ 为 xOy 水平面的弹性模量；E_v 为 z 向（竖向）的弹性模量；μ_{HH} 为水平向应力引起正交水平向应变的泊松比；μ_{VH} 为 z 向（竖向）应力引起水平向应变的泊松比；G_V 与 xOy 平面垂直的平面内的剪切模量。

2）黏弹性应变$\{\varepsilon_{ve}\}$及其增量$\{\Delta\varepsilon_{ve}\}$

饱和软黏土的黏弹性流变可用两个串联的 Kelvin 模型来模拟，它们各自应变叠加就是总的黏弹性应变，即：

$$\{\varepsilon_{ve}\} = \sum_{i=1}^{2}\{\varepsilon_{ve,i}\} \tag{12-29}$$

饱和软黏土在 $k+1$ 时步的黏弹性总应变为：

$$\{\varepsilon_{ve}\}_{k+1} = \sum_{i=1}^{2}\{\varepsilon_{ve,i}\}_k \cdot e^{-\frac{E_i}{\eta_i}\cdot\Delta t} + \frac{E}{E_i}\sum_{i=1}^{2}[D]^{-1} \cdot \{\sigma\} \cdot (1-e^{-\frac{E_i}{\eta_i}\cdot\Delta t}) \tag{12-30}$$

则 Δt 内的黏弹性应变增量为

$$\{\Delta\varepsilon_{ve}\} = \{\varepsilon_{ve}\}_{k+1} - \{\varepsilon_{ve}\}_k \tag{12-31}$$

3）黏塑性应变$\{\varepsilon_{vp}\}$及其增量$\{\Delta\varepsilon_{vp}\}$

材料内部任一点的应力状态$\{\sigma\}$达到塑性屈服应力状态$\{\sigma\}_s$后，该点便开始塑性变形，塑性变形将按照材料的流动法则和强化法则不断发展，直至破坏。对于瞬时塑性问题，塑性变形遵循列维-冯·密赛斯(Levy-Von Mises)流动法则，对于黏塑性流变问题，塑性变形将遵循黏塑性流动法则。

如果把时间划分为一系列时段，在时段 t 与 $t+\Delta t$ 时段内产生的线性黏塑性流变的应变增量，可采取差分法计算，差分公式如下：

$$\{\Delta\varepsilon_{vp}\} = \Delta t[(1-s)\{\dot{\varepsilon}_{vp}^{t}\} + s \cdot \{\dot{\varepsilon}_{vp}^{t+\Delta t}\}] \tag{12-32}$$

在式(12-32)中，若取 $s=0$，即为向前差分，应变增量完全取决于时刻 t 时的应变速率，称为显式解法；若取 $s=1$，即为向后差分，应变增量完全取决于时刻 $t+\Delta t$ 时的应变速率，称为隐式解法；若取 $s=1/2$，即为中间差分，应变增量取决于时刻 t 和 $t+\Delta t$ 时的应变速率，称为不完全隐式解法。

对式(12-32)作泰勒(Taylor)展开，并忽略高阶项，得：

$$\{\Delta\varepsilon_{\mathrm{vp}}\} = \{\dot{\varepsilon}_{\mathrm{vp}}\}\cdot\Delta t + [C]\cdot\{\Delta\sigma\} \tag{12-33}$$

式中：

$$[C] = s\cdot\Delta t\cdot[H] \tag{12-34}$$

$$\{\varepsilon_{\mathrm{vp}}\}_{k+1} = \{\varepsilon_{\mathrm{vp}}\}_{k} + \{\Delta\varepsilon_{\mathrm{vp}}\} \tag{12-35}$$

矩阵$[H]$为：

$$\begin{aligned}[H] &= \frac{\partial\{\dot{\varepsilon}_{l,\mathrm{vp}}\}}{\partial\{\sigma\}} = \begin{bmatrix}\dfrac{\partial\{\dot{\varepsilon}_{l,\mathrm{vp}}\}}{\partial\sigma_x} & \dfrac{\partial\{\dot{\varepsilon}_{l,\mathrm{vp}}\}}{\partial\sigma_y} & \cdots & \dfrac{\partial\{\dot{\varepsilon}_{l,\mathrm{vp}}\}}{\partial\tau_{zx}}\end{bmatrix} \\ &= \begin{bmatrix}\dfrac{\partial(\dot{\varepsilon}_{l,\mathrm{vp}})_x}{\partial\sigma_x} & \dfrac{\partial(\dot{\varepsilon}_{l,\mathrm{vp}})_x}{\partial\sigma_y} & \cdots & \dfrac{\partial(\dot{\varepsilon}_{l,\mathrm{vp}})_x}{\partial\tau_{zx}} \\ \dfrac{\partial(\dot{\varepsilon}_{l,\mathrm{vp}})_y}{\partial\sigma_x} & \dfrac{\partial(\dot{\varepsilon}_{l,\mathrm{vp}})_y}{\partial\sigma_y} & \cdots & \dfrac{\partial(\dot{\varepsilon}_{l,\mathrm{vp}})_y}{\partial\tau_{zx}} \\ \cdots & \cdots & \cdots & \cdots \\ \dfrac{\partial(\dot{\gamma}_{l,\mathrm{vp}})_{zx}}{\partial\sigma_x} & \dfrac{\partial(\dot{\gamma}_{l,\mathrm{vp}})_{zx}}{\partial\sigma_y} & \cdots & \dfrac{\partial(\dot{\gamma}_{l,\mathrm{vp}})_{zx}}{\partial\tau_{zx}}\end{bmatrix}\end{aligned} \tag{12-36}$$

最终可得：

$$[H] = \frac{1}{\eta_{\mathrm{M}}}\left(\Phi\cdot\frac{\partial\{a\}^{\mathrm{T}}}{\partial\{\sigma\}} + \frac{\mathrm{d}\Phi}{\mathrm{d}F}\cdot\{a\}\cdot\{a\}^{\mathrm{T}}\right) \tag{12-37}$$

只要将不同屈服准则的屈服函数代入式(12-37)，即可计算相应屈服准则下的$[H]$。

4) 黏塑性应力增量$\{\Delta\sigma\}$

在有限元增量方程中需要计算黏性应变增量引起的虚拟节点荷载增量，此时需要得到黏性应力增量。对于黏弹性应变引起的虚拟应力增量，可以由弹性矩阵和对应的应变相乘得到，而对于黏塑性应变增量，它是关于虚拟应力增量的函数。根据胡克定律的增量形式，得：

$$\{\Delta\sigma\} = [D]\cdot\{\Delta\varepsilon_{\mathrm{e}}\} = [D]\cdot(\{\Delta\varepsilon\} - \{\Delta\varepsilon_{\mathrm{vp}}\}) = [D]\cdot(\{\Delta\varepsilon\} - \{\Delta\varepsilon_{l,\mathrm{vp}}\} - \{\Delta\varepsilon_{\mathrm{n,vp}}\}) \tag{12-38}$$

将式(12-32)带入式(12-38)，得：

$$\{\Delta\sigma\} = [\hat{D}]\cdot(\{\Delta\varepsilon\} - \{\Delta\varepsilon_{\mathrm{n,vp}}\} - \{\dot{\varepsilon}_{l,\mathrm{vp}}\}\cdot\Delta t) \tag{12-39}$$

式中：

$$[\hat{D}] = ([I] + [D]\cdot[C])^{-1}\cdot[D] = ([D]^{-1} + [C])^{-1} \tag{12-40}$$

12.2.4　饱和软土黏弹塑性 Biot 固结有限元法方程

饱和岩土介质的重要特征是介质的变形与孔隙水压力的消散紧密相关，岩土介质变形的时效性反映为土体流变和固结的统一。Biot 固结理论在综合考虑土体变形和孔隙水压力消散的基础上，可以计算饱和弹性土体的主固结变形，但是不能考虑土体的次固结影响；土体的黏弹塑性模型及其相关流变分析过程无法反映土体介质的渗透性和孔隙水压力的消散过程。因此，对于饱和软土介质材料而言，只有考虑介质流变效应与 Biot 固结的耦合作用，才能充分模拟土体变形过程的主、次固结和孔隙水压力的消散。

考虑岩土介质的流变与 Biot 固结耦合，实际上是将 Biot 固结理论拓宽应用到土体流变过程。其中，耦合作用过程的孔隙水连续方程与 Biot 固结过程完全相同，可以直接应用，只需将土体平衡方程中反映土体应力-应变关系的矩阵改为黏弹塑性矩阵即可。由于无论是 Biot 固结方程，还是流变特性方程，要求得其解析解是相当困难的，几乎所有复杂边界和复杂受力条件下的相应方程的求解都借助于数值方法。目前，最为常用的数值计算方法便是有限单元法，下面针对所研究的岩土介质的黏弹塑性 Biot 固结方程建立起相应的有限元方程。

1）饱和岩土介质 Biot 固结有限元方程

与建立一般力学问题有限元方程相似，要建立固结问题有限元方程，首先应该选取合适的位移和孔隙水压力模式，然后采用加权系数法（Galerkin 法）形成有限元方程。

对于三维固结问题，采用空间等参单元对求解域进行离散，其位移和孔压模式为：

$$
\begin{aligned}
u &= \sum_{i=1}^{n} N_i \cdot u_i \\
v &= \sum_{i=1}^{n} N_i \cdot v_i \\
w &= \sum_{i=1}^{n} N_i \cdot w_i \\
p &= \sum_{i=1}^{n} N_i \cdot p_i
\end{aligned}
\tag{12-41}
$$

式中，u, v, w 和 p 分别为单元任意点的 x, y, z 方向上的位移以及该点的孔隙水压力（此处仅仅指由荷载产生的超静孔隙水压力）；N_i 为单元各结点的形函数；u_i, v_i, w_i 和 p_i 分别为单元各个结点的位移和超静孔隙水压力数值；n 为每个单元的结点数。为了简化计算，文中位移和孔隙水压力的形函数取用相同的形式。

将上式写为矩阵形式为：

$$
\{U\} = \begin{Bmatrix} u \\ v \\ w \end{Bmatrix} = [N]\{\delta\}^{e} \tag{12-42}
$$

$\{\delta\}^{e}$ 为单元结点位移向量：

$$
\{\delta\}^{e} = \{u_1 \quad v_1 \quad w_1 \quad u_2 \quad v_2 \quad w_2 \quad \cdots \quad u_n \quad u_n \quad u_n\}^{T} \tag{12-43}
$$

$$
[N] = \begin{bmatrix} N_1 & 0 & 0 & N_2 & 0 & 0 & \cdots & N_n & 0 & 0 \\ 0 & N_1 & 0 & 0 & N_2 & 0 & \cdots & 0 & N_n & 0 \\ 0 & 0 & N_1 & 0 & 0 & N_2 & \cdots & 0 & 0 & N_n \end{bmatrix} \tag{12-44}
$$

$$
\{P\} = [\overline{N}]\{p\}^{e} \tag{12-45}
$$

式中，$\{p\}^{e}$ 为单元结点超静孔隙水压力向量；$[\overline{N}] = [N_1 \quad N_2 \quad \cdots \quad N_n]$；$\{p\}^{e} = [p_1 \quad p_2 \quad \cdots \quad p_n]^{T}$。

事实上认为土体介质中任意一点的位移和超静孔隙水压力的数值是通过插值方法由单元结点的数值得到的,实际上是近似数值。

(1) 平衡方程的有限元离散

对于岩土介质,以有效应力表示的平衡方程有:

$$
\begin{aligned}
&\frac{\partial \sigma_x'}{\partial x}+\frac{\partial \tau_{yx}}{\partial y}+\frac{\partial \tau_{zx}}{\partial x}+\frac{\partial p}{\partial x}=0\\
&\frac{\partial \tau_{xy}}{\partial x}+\frac{\partial \sigma_y}{\partial y}+\frac{\partial \tau_{zy}}{\partial z}+\frac{\partial p}{\partial y}=0\\
&\frac{\partial \tau_{xz}}{\partial x}+\frac{\partial \tau_{yz}}{\partial y}+\frac{\partial \sigma_z'}{\partial z}+\frac{\partial p}{\partial z}+\rho g=0
\end{aligned}
\tag{12-46}
$$

采用加权余量法,以每一个形函数分别作为权函数,对上式消除余量。不妨以任意一个形函数 N_L 先作为试函数,依次对每个单元进行处理,使得其平衡方程的残差为零。假如对于试函数 N_L 的标号 L,与所考虑单元的结点号 K 相等,就取用 $N_L=N_K$。

$$
\iiint_\Omega N_L\cdot\begin{Bmatrix}\frac{\partial \sigma_x'}{\partial x}+\frac{\partial \tau_{yx}}{\partial y}+\frac{\partial \tau_{zx}}{\partial x}\\ \frac{\partial \tau_{xy}}{\partial x}+\frac{\partial \sigma_y}{\partial y}+\frac{\partial \tau_{zy}}{\partial z}\\ \frac{\partial \tau_{xz}}{\partial x}+\frac{\partial \tau_{yz}}{\partial y}+\frac{\partial \sigma_z'}{\partial z}\end{Bmatrix}\cdot \mathrm{d}\Omega+\iiint_\Omega N_L\cdot\begin{Bmatrix}\frac{\partial p}{\partial x}\\ \frac{\partial p}{\partial y}\\ \frac{\partial p}{\partial z}\end{Bmatrix}\cdot \mathrm{d}\Omega-\iiint_\Omega N_L\cdot\begin{Bmatrix}0\\0\\ \rho g\end{Bmatrix}\cdot \mathrm{d}\Omega=0
\tag{12-47}
$$

或者直接对以位移表示平衡方程运用加权余量法,得:

$$
\begin{aligned}
&\iiint_\Omega N_L\cdot\begin{Bmatrix}d_1\frac{\partial^2 u}{\partial x^2}+d_3\left(\frac{\partial^2 u}{\partial y^2}+\frac{\partial^2 u}{\partial z^2}\right)+(d_2+d_3)\left(\frac{\partial^2 v}{\partial x\partial y}+\frac{\partial^2 w}{\partial x\partial z}\right)\\ d_1\frac{\partial^2 v}{\partial y^2}+d_3\left(\frac{\partial^2 v}{\partial x^2}+\frac{\partial^2 v}{\partial z^2}\right)+(d_2+d_3)\left(\frac{\partial^2 u}{\partial y\partial x}+\frac{\partial^2 w}{\partial y\partial z}\right)\\ d_1\frac{\partial^2 w}{\partial z^2}+d_3\left(\frac{\partial^2 w}{\partial x^2}+\frac{\partial^2 w}{\partial y^2}\right)+(d_2+d_3)\left(\frac{\partial^2 u}{\partial z\partial x}+\frac{\partial^2 v}{\partial z\partial y}\right)\end{Bmatrix}\cdot \mathrm{d}\Omega+\\
&\iiint_\Omega N_L\cdot\begin{Bmatrix}\frac{\partial p}{\partial x}\\ \frac{\partial p}{\partial y}\\ \frac{\partial p}{\partial z}\end{Bmatrix}\cdot \mathrm{d}\Omega+\iiint_\Omega N_L\cdot\begin{Bmatrix}0\\0\\ \rho g\end{Bmatrix}\cdot \mathrm{d}\Omega=0
\end{aligned}
\tag{12-48}
$$

利用格林公式对上式进行处理,并将式(12-42)和(12-45)代入,最终可以得到:

$$
[K_e]\cdot\{\delta\}^e+[K_c]\cdot\{p\}^e=\{R_f\}^e \tag{12-49}
$$

右端项表示单元的体力分量、面力分量向结点的移置,也称为单元的等效结点力。

$$
\{R_f\}^e=\iiint_\Omega [N]^T\cdot\{F\}\cdot \mathrm{d}\Omega+\iint_D [N]^T\cdot\{T\}\mathrm{d}s \tag{12-50}
$$

式中,F 为单元受的体力分量,T 为单元受的面力分量。

$[K_e]$为单元刚度矩阵，则有：

$$[K_e]=\iiint_\Omega [B]^T\cdot[D]\cdot[B]\mathrm{d}\Omega \tag{12-51}$$

$[B]$为应变矩阵，有：

$$[B]=\begin{bmatrix}
\frac{\partial N_1}{\partial x} & 0 & 0 & \frac{\partial N_1}{\partial y} & 0 & \frac{\partial N_1}{\partial z}\\
0 & \frac{\partial N_1}{\partial y} & 0 & \frac{\partial N_1}{\partial x} & \frac{\partial N_1}{\partial z} & 0\\
0 & 0 & \frac{\partial N_1}{\partial z} & 0 & \frac{\partial N_1}{\partial y} & \frac{\partial N_1}{\partial x}\\
\frac{\partial N_2}{\partial x} & 0 & 0 & \frac{\partial N_2}{\partial y} & 0 & \frac{\partial N_2}{\partial z}\\
0 & \frac{\partial N_2}{\partial y} & 0 & \frac{\partial N_2}{\partial x} & \frac{\partial N_2}{\partial z} & 0\\
0 & 0 & \frac{\partial N_2}{\partial z} & 0 & \frac{\partial N_2}{\partial y} & \frac{\partial N_2}{\partial x}\\
\cdots & \cdots & \cdots & \cdots & \cdots & \cdots\\
\frac{\partial N_n}{\partial x} & 0 & 0 & \frac{\partial N_n}{\partial y} & 0 & \frac{\partial N_n}{\partial z}\\
0 & \frac{\partial N_n}{\partial y} & 0 & \frac{\partial N_n}{\partial x} & \frac{\partial N_n}{\partial z} & 0\\
0 & 0 & \frac{\partial N_n}{\partial z} & 0 & \frac{\partial N_n}{\partial y} & \frac{\partial N_n}{\partial x}
\end{bmatrix} \tag{12-52}$$

$[K_c]$为单元耦合矩阵：

$$[K_c]=\iiint_\Omega [B]^T\cdot\{M\}\cdot[\overline{N}]\mathrm{d}\Omega \tag{12-53}$$

式中向量$\{M\}$为：

$$\{M\}=\{1\quad 1\quad 1\quad 0\quad 0\quad 0\}^T$$

(2) 连续方程的空间离散

连续方程为：

$$\frac{1}{\gamma_w}\left(k_x\frac{\partial^2 p}{\partial x^2}+k_y\frac{\partial^2 p}{\partial y^2}+k_z\frac{\partial^2 p}{\partial z^2}\right)+\frac{\partial\varepsilon_v}{\partial t}=0 \tag{12-54}$$

对含有时间偏导数的$\frac{\partial\varepsilon_v}{\partial t}$采用差分法处理，取试函数为$N_L$，可得：

$$\iiint_\Omega N_L\cdot\left[\frac{1}{\gamma_w}\left(k_x\frac{\partial^2 p}{\partial x^2}+k_y\frac{\partial^2 p}{\partial y^2}+k_z\frac{\partial^2 p}{\partial z^2}\right)+\frac{\partial\varepsilon_v}{\partial t}\right]\cdot\mathrm{d}\Omega=0 \tag{12-55}$$

经过分部积分并忽略边界选项后可以得到：

$$[K_c]^T\frac{\mathrm{d}\{\delta\}^e}{\mathrm{d}t}-[K_s]\{p\}^e=0 \tag{12-56}$$

式中，$[K_s]$为单元渗流矩阵；$[K_s]=\dfrac{\Delta t}{\gamma_w}\iiint_{\Omega}[B_s][k][B_s]^T d\Omega$；

其中，$[B_s]=\begin{bmatrix}\dfrac{\partial N_1}{\partial x} & \dfrac{\partial N_1}{\partial y} & \dfrac{\partial N_1}{\partial z}\\ \dfrac{\partial N_2}{\partial x} & \dfrac{\partial N_2}{\partial y} & \dfrac{\partial N_2}{\partial z}\\ \cdots & \cdots & \cdots\\ \dfrac{\partial N_n}{\partial x} & \dfrac{\partial N_n}{\partial y} & \dfrac{\partial N_n}{\partial z}\end{bmatrix}$，$[k]=\begin{bmatrix}k_x & 0 & 0\\ 0 & k_y & 0\\ 0 & 0 & k_z\end{bmatrix}$（当为各向同性介质时，$k_x$，$k_y$ 和 k_z 相等）。

式(12-49)和式(12-56)联立，便组成 Biot 固结方程在空间的离散方程。

(3) 连续方程的时间域离散

$[K_c]^T\dfrac{d\{\delta\}^e}{dt}-[K_s]\{p\}^e=0$ 中含有对时间的微分，采用有限差分法对其进行时间域上的离散。为此，假设 t_n 和 t_{n+1} 为时域上的两点，时刻 t_n 的单元结点位移和孔压分别为$\{\delta\}_n^e$和$\{p\}_n^e$，时刻 t_{n+1} 的结点位移和孔压为$\{\delta\}_{n+1}^e$ 和$\{p\}_{n+1}^e$。对固结方程进行线性插值变换后得到：

$$\begin{aligned}\theta K_e\{\delta\}_{n+1}^e+\theta K_c\{p\}_{n+1}^e&=(\theta-1)K_e\{\delta\}_n^e+(\theta-1)K_c\{p\}_n^e+\{R_f\}\\ \theta K_c^T\{\delta\}_{n+1}^e-\theta^2\Delta tK_s\{p\}_{n+1}^e&=\theta K_c^T\{\delta\}_n^e-\theta(\theta-1)\Delta tK_s\{p\}_n^e\end{aligned}\tag{12-57}$$

如果假定$\{R_f\}$与时间无关，在第二个方程两边乘以 θ，就可以保证上式左边的对称性。θ 是显式或隐式计算方法控制参数，有：

$$\begin{aligned}&\theta=1,\text{隐式法}\\ &\theta=0,\text{显式法}\\ &\theta=\frac{1}{2},\text{混合法}\end{aligned}\tag{12-58}$$

采用隐式计算法时结果平滑，而如果采用显式或者混合法计算时则结果会出现振荡现象。因此，采用隐式法，以保证结果的平滑性，但这会使得计算过程中的内存以及计算耗时增加。隐式处理时有：

$$\begin{bmatrix}K_e & K_c\\ K_c^T & -\Delta tK_s\end{bmatrix}\begin{Bmatrix}\delta_{n+1}^e\\ p_{n+1}^e\end{Bmatrix}=\begin{bmatrix}0 & 0\\ K_c^T & 0\end{bmatrix}\begin{Bmatrix}\delta_n^e\\ p_n^e\end{Bmatrix}+\begin{Bmatrix}R_f\\ 0\end{Bmatrix}\tag{12-59}$$

对于线性问题，上述各式即为相应的有限元方程，$\{R_f\}$为总作用力。但是由于岩土介质具有明显的弹塑性性质，有限元系数矩阵是应力的函数，是典型的非线性问题。因非线性问题多采用增量法求解，而且实际工程中荷载是逐级施加的，所以相应的有限元方程采用增量表示。假定$\{\Delta R_f\}$为两次加载时的改变量，将式(12-59)采用增量表示为：

$$\begin{bmatrix}K_e & K_c\\ K_c^T & -\Delta tK_s\end{bmatrix}\begin{Bmatrix}\Delta\delta\\ \Delta p\end{Bmatrix}=\begin{Bmatrix}\Delta R_f\\ \Delta tK_s p_n\end{Bmatrix}\tag{12-60}$$

2) 黏弹塑性介质的 Biot 固结有限元方程

以上的推导都针对弹性 Biot 固结进行的，对于黏弹塑性 Biot 固结，必须按照相关的流变模型进行必要的修正，使上述有限元方程得以反映固结和流变的耦合作用。只要代入黏弹塑性条件下模型的本构方程，并利用“初应变法”求解黏性应变，可以得出：

$$\begin{bmatrix} K_e & K_c \\ K_c^T & K_s \end{bmatrix} \begin{Bmatrix} \Delta\delta \\ \Delta p \end{Bmatrix} = \begin{Bmatrix} \Delta R_f - R_t + \Delta R_{ve} + \Delta R_{vp} \\ \Delta t K_s p_n \end{Bmatrix} \tag{12-61}$$

式中，R_t 为 t 时刻有效应力已经平衡了的荷载，有：

$$R_t = \iiint_\Omega [B]^T [D] \{\Delta\varepsilon\} d\Omega \tag{12-62}$$

R_{ve} 和 R_{vp} 分别为由黏弹性应变增量和黏塑性应变增量引起的等效结点荷载，$R_{ve} = \iiint_\Omega [B]^T [D] \{\Delta\varepsilon_{ve}\} d\Omega$，$R_{vp} = \iiint_\Omega [B]^T [D] \{\Delta\varepsilon_{vp}\} d\Omega$。

12.2.5　地下水渗流场与应力场耦合问题的有限元法解析

采用有限元法求解应力场和渗流场耦合的问题目前有两种处理方式：一是先从渗流运动方程（即达西定律）和渗流连续方程（即质量守恒原理）及渗流边界条件、初始条件中得到任一时刻的水头分布，然后再将水头转换成渗流体积力，根据渗流-静力平衡耦合方程、几何方程、本构方程、应力边界条件和位移边界条件求出任一时刻的应力场和位移场；二是将渗流有关方程、静力平衡方程、几何方程、本构方程及边界条件融合成渗流固结方程，同时求解出各时刻的水头分布场、应力场和位移场，即目前常用的 Biot 渗流固结有限元的求解方法。因第一种方法可以采用已有的渗流有限元程序和流变固体力学有限元程序，同时便于对比分析考虑渗流与不考虑渗流时岩土介质应力场、位移场的差异，故采用第一种方法进行应力场与渗流场的耦合分析。

1）饱和岩土介质三维非稳定渗流的连续性方程

地下水运动的连续性方程，可以从质量守恒定律的原理出发来进行推证，即渗流场中水在某一单元体内的增减速率等于进出该单元体流量速率之差。现取一个微单元体，单元体积为 $dxdydz$，设土体在 x，y，z 三个方向的渗透速率分别为 v_x，v_y，v_z。

(1) 达西定律

由于岩土介质中地下水渗流速度很小，因此这里予以忽略，此时地下水水流的水头函数为：

$$H = z + \frac{p}{\gamma_w} \tag{12-63}$$

式中，γ_w 为水的容重；p 为孔隙水压力；z 为位置水头，z 轴是铅垂向上的。

对于各向异性介质，严格地说，某一流速分量不仅与相应的水力梯度分量成正比，还与水力梯度的其他分量成正比。但是通常为了简便起见，假定某一流速分量只与相应的水力梯度分量成正比。于是，当渗透向量的主方向和坐标系的坐标轴方向一致时，根据达西定律，在 x，y，z 方向的流速分量可分别表示如下：

$$\begin{aligned} v_x &= -k_x \frac{\partial H}{\partial x} \\ v_y &= -k_y \frac{\partial H}{\partial y} \\ v_z &= -k_z \frac{\partial H}{\partial z} \end{aligned} \tag{12-64}$$

写成矩阵形式，即：

$$\{v\} = -[k]\{H'\} \tag{12-65}$$

式中，$\{v\} = \{v_x \quad v_y \quad v_z\}^{\mathrm{T}}$，$[k] = \begin{bmatrix} k_x & 0 & 0 \\ 0 & k_y & 0 \\ 0 & 0 & k_z \end{bmatrix}$，$\{H'\} = \left\{\dfrac{\partial H}{\partial x} \quad \dfrac{\partial H}{\partial y} \quad \dfrac{\partial H}{\partial z}\right\}$。

对于横观各向同性体，$k_x = k_y$。

此时，式(12-64)应改为：

$$\begin{aligned} v_x &= -k_x \frac{\partial H}{\partial x} \\ v_y &= -k_x \frac{\partial H}{\partial y} \\ v_z &= -k_z \frac{\partial H}{\partial z} \end{aligned} \tag{12-66}$$

式中，k_x 为沿层状面 x 和 y 方向的渗透系数；k_z 为沿层状面法线方向的渗透系数。

(2) 渗流连续性方程

假定水不可压缩，而且土体内无水源，则由质量守恒原理和达西定律，可以得到非稳定渗流的连续性方程：

$$\frac{\partial}{\partial x}\left(k_x \frac{\partial H}{\partial x}\right) + \frac{\partial}{\partial y}\left(k_y \frac{\partial H}{\partial y}\right) + \frac{\partial}{\partial z}\left(k_z \frac{\partial H}{\partial z}\right) = S \cdot \frac{\partial H}{\partial t} \tag{12-67}$$

式中，S 为储水率，对于骨架不变形情况，$S=0$。

当 k_x, k_y, k_z 不随位置改变时，式(12-67)就变为：

$$k_x \frac{\partial^2 H}{\partial x^2} + k_y \frac{\partial^2 H}{\partial y^2} + k_z \frac{\partial^2 H}{\partial z^2} = S \cdot \frac{\partial H}{\partial t} \tag{12-68}$$

对于横观各向同性体，式(12-68)为：

$$k_x \frac{\partial^2 H}{\partial x^2} + k_x \frac{\partial^2 H}{\partial y^2} + k_z \frac{\partial^2 H}{\partial z^2} = S \cdot \frac{\partial H}{\partial t} \tag{12-69}$$

对于稳定渗流问题，式(12-68)和式(12-69)右端项为 0，即：

$$k_x \frac{\partial^2 H}{\partial x^2} + k_y \frac{\partial^2 H}{\partial y^2} + k_z \frac{\partial^2 H}{\partial z^2} = 0 \tag{12-70}$$

和

$$k_x \frac{\partial^2 H}{\partial x^2} + k_x \frac{\partial^2 H}{\partial y^2} + k_z \frac{\partial^2 H}{\partial z^2} = 0 \tag{12-71}$$

(3) 定解条件

定解条件包括初始条件和边界条件。边界条件包括水头边界和流量边界。

第一类边界条件：在边界 Γ_1 上水头已知

$$H_{\Gamma_1} = H_1 \tag{12-72}$$

第二类边界条件：在边界 Γ_2 上单位面积渗流量已知，即法向流速 v_n 已知

$$v_n = k_x \frac{\partial H}{\partial x} \cdot l_x + k_y \frac{\partial H}{\partial y} \cdot l_y + k_z \frac{\partial H}{\partial z} \cdot l_z = q \tag{12-73}$$

式中，l_x，l_y，l_z 分别为边界表面 Γ_2 向外法线在 x，y，z 方向的方向余弦；q 为单位时间单位面积上的水流补给量（流入为正，流出为负），对于隔水边界，$q=0$。

第三类边界条件，又称混合边界条件：在边界 Γ_3 上，水头 H 和法向流速 v_n 的线性组合已知

$$v_n = k_x \frac{\partial H}{\partial x} \cdot l_x + k_y \frac{\partial H}{\partial y} \cdot l_y + k_z \frac{\partial H}{\partial z} \cdot l_z = a \cdot H + q_3 \tag{12-74}$$

式中，a 和 q_3 分别为边界表面 Γ_3 上的已知函数。

初始条件常为对某一个选定的时刻（一般设定为 $t=0$）渗流区内各点给定的水头值，表达式为：

$$H(x,y,z,t)\big|_{t=0} = H_0(x,y,z) \tag{12-75}$$

2）饱和岩土介质三维非稳定渗流的连续性方程的空间离散

一般地，地基降水、基坑工程等的渗流问题可以用下述模型描述，即：

$$\begin{aligned} & k_x \frac{\partial^2 H}{\partial x^2} + k_y \frac{\partial^2 H}{\partial y^2} + k_z \frac{\partial^2 H}{\partial z^2} = S \cdot \frac{\partial H}{\partial t},(x,y,z \in \Omega) \\ & k_x \frac{\partial H}{\partial x} \cdot l_x + k_y \frac{\partial H}{\partial y} \cdot l_y + k_z \frac{\partial H}{\partial z} \cdot l_z \Big|_{\Gamma_2} = q \\ & H(x,y,z,t)\big|_{t=0} = H_0(x,y,z) \end{aligned} \tag{12-76}$$

这里，将流体单元与岩土介质采用同样的形函数，然后采用 Galerkin 余量法对式（12-76）在空间每个单元上进行有限元离散：

$$\begin{aligned} & \int_\Omega \begin{Bmatrix} N_1 \\ N_2 \\ \vdots \\ N_n \end{Bmatrix} \left(k_x \frac{\partial^2 H}{\partial x^2} + k_y \frac{\partial^2 H}{\partial y^2} + k_z \frac{\partial^2 H}{\partial z^2} - S \cdot \frac{\partial H}{\partial t} \right) \mathrm{d}\Omega \\ & - \int_\Gamma \begin{Bmatrix} N_1 \\ N_2 \\ \vdots \\ N_n \end{Bmatrix} \left(k_x \frac{\partial H}{\partial x} \cdot l_x + k_y \frac{\partial H}{\partial y} \cdot l_y + k_z \frac{\partial H}{\partial z} \cdot l_z - q \right) \mathrm{d}s = 0 \end{aligned} \tag{12-77}$$

对上式化简，并以矩阵形式表示为：

$$[K_p]^e \{H\}^e + [P]^e \frac{\partial \{H\}^e}{\partial t} = [F]^e \tag{12-78}$$

式中，$[K_p]^e$ 为传导矩阵，是一对称的矩阵。传导矩阵 $[K_p]^e$ 中的典型项为：

$$\int \left(k_x \frac{\partial N_i}{\partial x} \frac{\partial N_j}{\partial x} + k_y \frac{\partial N_i}{\partial y} \frac{\partial N_j}{\partial y} + k_z \frac{\partial N_i}{\partial z} \frac{\partial N_j}{\partial z} \right) \mathrm{d}\Omega \tag{12-79}$$

式(12-78)中各个分量的表示形式分别为：

$$[K_{\mathrm{p}}]^{\mathrm{e}} = \int_{\Omega} [T]^{\mathrm{T}} [K] [T] \mathrm{d}\Omega$$

$$[T] = \begin{bmatrix} \dfrac{\partial N_1}{\partial x} & \dfrac{\partial N_2}{\partial x} & \dfrac{\partial N_3}{\partial x} & \cdots & \dfrac{\partial N_n}{\partial x} \\ \dfrac{\partial N_1}{\partial y} & \dfrac{\partial N_2}{\partial y} & \dfrac{\partial N_3}{\partial y} & \cdots & \dfrac{\partial N_n}{\partial y} \\ \dfrac{\partial N_1}{\partial z} & \dfrac{\partial N_2}{\partial z} & \dfrac{\partial N_3}{\partial z} & \cdots & \dfrac{\partial N_n}{\partial z} \end{bmatrix}$$

$$[P]^{\mathrm{e}} = \iiint_{\Omega} [N]^{\mathrm{T}} [N] \mathrm{d}\Omega$$

$$\{F\}^{\mathrm{e}} = -\iint_{\Delta\Gamma_2} [N]^{\mathrm{T}} \mathrm{q} \cdot \mathrm{d}s$$

其中，$[P]^{\mathrm{e}}$ 为单元释水矩阵，$\{F\}^{\mathrm{e}}$ 为单元等效结点流量列阵，对于隔水边界，$\{F\}^{\mathrm{e}}=\{0\}$。

将各个单元在整个计算域上予以组装，则可以得到：

$$[K_{\mathrm{p}}]\{H\} - S \cdot [P] \cdot \{\dot{H}\} = \{F\} \tag{12-80}$$

3) 饱和岩土介质三维非稳定渗流连续性方程的时域离散化

观察式(12-80)知，方程左边含有一个关于时间的一阶微分项$\{\dot{H}\}$，故需要对其进一步在时域上离散，才能求解域上各节点的水头。

在时步 t 至 $t+\Delta t$ 内，取$\{H\}$为$\{H\}_t$ 和$\{H\}_{t+\Delta t}$的线性插值，即：

$$\{H\} = \theta \cdot \{H\}_{t+\Delta t} + (1-\theta) \cdot \{H\}_t \tag{12-81}$$

$\{\dot{H}\}$表示成如下形式：

$$\{\dot{H}\} = \frac{\{H\}_{t+\Delta t} - \{H\}_t}{\Delta t}$$

综合以上各式并整理后得：

$$\left(\theta \cdot [K_{\mathrm{p}}] - \frac{S}{\Delta t} \cdot [P]\right)\{H\}_{t+\Delta t} = -\left((1-\theta) \cdot [K_{\mathrm{p}}] + \frac{S}{\Delta t} \cdot [P]\right) \cdot \{H\}_t + \{F\} \tag{12-82}$$

上述各式中，θ 为积分常数，有：

$$\theta = \begin{cases} \theta = 0 & \text{向前差分，方程数值解有条件稳定} \\ \theta = 1/2 & \text{中间差分，方程数值解有条件稳定} \\ \theta = 1 & \text{向后差分，方程数值解无条件稳定} \end{cases}$$

采用向后差分，即采用隐式表示$\{H\}$，同时假定每次求解时$[K_{\mathrm{p}}]$，$[P]$，$\{F\}$均采用初始时刻 t 的值，此时式(12-82)为：

$$\left([K_{\mathrm{p}}]_t - \frac{S}{\Delta t} \cdot [P]_t\right)\{H\}_{t+\Delta t} = -\frac{S}{\Delta t} \cdot [P]_t \cdot \{H\}_t + \{F\}_t \tag{12-83}$$

式(12-83)即为渗流连续性方程在时域上的离散化方程。

对于稳定渗流情况，$\frac{\partial H}{\partial t}=0$，此时渗流连续方程中没有时间域离散项，此时式(12-80)即可简化为下式：

$$[K_p]\{H\}=\{F\} \tag{12-84}$$

由于稳定渗流情况下，方程中不存在时间项，因此，此时方程无需初始条件，求解时只需要代入边界条件即可。

在实际求解时，先对单元进行分析，应用高斯点积分法得到单元的相关矩阵$[K_p]^e$，$[P]^e$和$[F]^e$。然后在整个计算域上对单元进行组装，得到整体的矩阵$[K_p]$，$[P]$和$[F]$，进而得到矩阵方程。代入相应的边界条件，对第二类边界条件已在方程中自动满足，对第一类边界条件则需代入到已得到的矩阵方程中，求解该矩阵方程即可获得非稳定渗流场的水头值，由达西定律即可得到水力梯度和渗流速度。

4) 渗流自由面的处理

自由面又称为浸润面，自由面的追踪和确定是自由面渗流问题求解的关键和难点。土坝渗流、混凝土坝坝体渗流、各种闸坝的绕坝渗流、边坡渗流、地下水运动、地下洞室渗流、基坑开挖渗流以及地基降水渗流等一般都涉及渗流自由面问题。由于渗流域的自由面是待求的，渗流的作用范围是不断变化的，因而这类问题的分析是非线性的。

(1) 渗流自由面的近似模拟

事实上，自由面的概念对渗透性差的黏性土并不真实，由于孔隙很细，孔隙中的自由水会产生强烈的毛细作用，因而其孔隙内虽存在大的负孔隙水压力但仍然饱和。但是，为了处理问题的方便，对渗流自由面做近似处理，即不考虑孔隙中自由水的毛细作用影响，根据总水头 P 与位置水头 $\gamma_w z$ 的关系进行自由面的近似判断。当 $P=\gamma_w z$ 时，该点位于自由面处；当 $P<\gamma_w z$ 时或 $P>\gamma_w z$ 时，则该点分别位于自由面以上和自由面以下，对自由面的位置进行线性插值求得。

(2) 存在渗流自由面问题的耦合分析

为了便于问题的计算和分析，在这里做近似处理，即不考虑自由面以上孔隙水的非饱和渗流。对自由面以上的单元进行总应力分析，并对其孔压自由度进行约束，令其耦合矩阵和渗流(传导)矩阵为零；对于自由面以下单元进行有效应力分析；而对于与渗流自由面交叉的单元，则根据交叉情况做近似处理，如果单元的中心点在自由面以上则对该单元进行总应力分析，否则，则对该单元进行有效应力分析，尽管这样处理会带来一定的误差，但这也是一种探索性的研究，并且可以通过把可能出现渗流自由面的区域进行细分网格单元来减少误差。

(3) 渗流场自由面搜索技术

由于自由面的位置在求算之初是未知的，而渗流连续方程中的$[K_p]_t$，$\{F\}_t$ 又是自由面位置的函数[在确定某时刻得自由面位置时，不考虑该时刻骨架的变形，即认为 $S=0$，式(12-83)省去了含$[P]_t$ 的项]，所以方程(12-83)是非线性方程。渗流问题的求解需要根据自由面条件通过试算获得。

自由面上任意点满足如下两个条件，即：

$$\begin{aligned} H(x,y,z)&=z \\ v_n&=0 \end{aligned} \tag{12-85}$$

式中，z 为自由面上点的高程坐标(竖向坐标 z)。

采用有限元法求解无压渗流场时，通常有变网格法和固定网格法两种。由于此处计算仅仅考虑稳定渗流情况，并且在饱和软土地基降水深度不大情况下，变网格法重新划分网格时存在的单元畸变问题就不明显，对计算精度的影响相对也比较小。因此，拟采用变网格法完成渗流自由面的搜索。

5）降水附加荷载计算

降水引起土层的附加荷载按下式进行计算：

$$P_{\mathrm{d}}=(\gamma_0-\gamma')h_{\mathrm{d}} \tag{12-86}$$

式中，h_{d} 为降水深度；γ_0 为降水后土体的天然重度；γ'为降水前土体的有效重度。

6）流场与应力场耦合有限元方程

（1）渗流场与应力场耦合分析数学模型

渗流连续方程(12-67)右端表示成骨架体积应变的变化速率时，则可以得到渗流连续方程的另一种形式：

$$\frac{\partial}{\partial x}\left(k_x\frac{\partial H}{\partial x}\right)+\frac{\partial}{\partial y}\left(k_y\frac{\partial H}{\partial y}\right)+\frac{\partial}{\partial z}\left(k_z\frac{\partial H}{\partial z}\right)=\frac{\partial\varepsilon_{\mathrm{v}}}{\partial t} \tag{12-87}$$

式中，ε_{v}为体积应变，$\varepsilon_{\mathrm{v}}=\dfrac{\partial u}{\partial x}+\dfrac{\partial v}{\partial y}+\dfrac{\partial w}{\partial z}$。

结合边界条件和初始条件，即：

$$\begin{aligned}
&H(x,y,z,t)\big|_{\Gamma_1}=H_1(x,y,z,t),(x,y,z)\in\Gamma_1\\
&K\frac{\partial H}{\partial n}\bigg|_{\Gamma_2}=q(x,y,z,t),(x,y,z)\in\Gamma_2\\
&H(x,y,z,t)\big|_{t=0}=H_0(x,y,z),(x,y,z)\in 0
\end{aligned}$$

这里应该指出，Biot 固结方程中的渗流连续方程中的水压力为由外界荷载导致的超静孔隙水压力，式(12-67)中是压力水头的概念，不但与水的压力有关，而且还与空间点的位置有关。

（2）流场与应力场耦合分析有限元方程

综前所述，对黏弹塑性 Biot 固结有限元方程进行适当修正，即可得到考虑渗流作用时的相应有限元方程：

$$\begin{bmatrix}K_{\mathrm{e}} & K_{\mathrm{c}}\\ K_{\mathrm{c}}^{\mathrm{T}} & K_{\mathrm{s}}\end{bmatrix}\begin{Bmatrix}\Delta\delta\\ \Delta p\end{Bmatrix}=\begin{Bmatrix}\Delta R_{\mathrm{f}}-R_{\mathrm{t}}+\Delta R_{\mathrm{ve}}+\Delta R_{\mathrm{vp}}+\Delta R_{\mathrm{s}}\\ \Delta tK_{\mathrm{s}}p_{\mathrm{n}}\end{Bmatrix} \tag{12-88}$$

式中，ΔR_{s} 为考虑分级加载情况下，Δt 时段对应的渗流体积力的等效荷载。

（3）渗流场对应力场的影响

在渗流工程实际中，多孔岩土介质中在存在水头差的情况下，会引起其中水体的渗流运动，产生渗流的动水力以渗流体积力的形式作用于岩土介质，会使岩土介质应力场发生变化，应力场的改变造成岩土介质位移场的随之变化。目前，在对多孔岩土介质进行应力场的分析时常常忽略渗流场的影响，将渗流场中水体的影响常用静水压力来表示。由前述可以知道，水载荷即渗透体积力的大小与渗流场的分布情况关系密切，在其他条件不变的情况下，渗流场的分布和渗透体积力的分布一一对应，渗流场的变化必将引起渗透体积力分布的变化。

(4) 渗流体积力$\{\Delta R_s\}$计算

渗流体积力与水压力的梯度成正比，即：

$$\{P\}=\begin{Bmatrix}X\\Y\\Z\end{Bmatrix}=-\begin{Bmatrix}\dfrac{\partial p}{\partial x}\\\dfrac{\partial p}{\partial y}\\\dfrac{\partial p}{\partial z}\end{Bmatrix}=-\gamma_w\begin{Bmatrix}\dfrac{\partial H}{\partial x}\\\dfrac{\partial H}{\partial y}\\\dfrac{\partial H}{\partial z}\end{Bmatrix}=\gamma_w\begin{Bmatrix}J_x\\J_y\\J_z\end{Bmatrix}\tag{12-89}$$

式中，$\{P\}$为水压力。

因此，稳定渗流产生的渗流体积力引起的等效结点荷载为：

$$\{F_s\}\pm=\iiint_{\Omega}[N]^{\mathrm{T}}\cdot\{P\}\mathrm{d}\Omega\tag{12-90}$$

(5) 应力场对渗流场的影响

如前所述，渗流场产生的渗流体积力作用于岩土介质，会使岩土介质应力场和位移场发生变化。岩土介质应力状态的变化将改变其渗流性质，即应力场和位移场的改变使得岩土介质的孔隙比和孔隙率发生变化。同时，由于多孔介质的渗透系数与其孔隙的分布情况关系很大，孔隙比和孔隙率的变化必然引起介质渗透性能即渗透系数的改变，岩土介质的渗流场受到影响也会因此发生改变。所以说岩土渗流性质的变化又将改变渗流分布规律，同时也会改变岩土介质的渗透力；应力场对渗流场的影响的实质，是应力场改变了岩土介质中孔隙的分布状况，从而改变了岩土介质的渗透性特征。但为简便起见，此处忽略应力场对岩土介质渗透特性的影响。

12.2.6 饱和软土固结——流变耦合有限元法程序设计

为了拟合饱和软土工程的施工过程，充分考虑土体在外载作用下应力场、位移场和渗流场间的相互作用，反映呈层状分布的土体在外荷作用下变形、土体内应力及孔隙水压力发展规律，笔者开发了三维有限元程序——VEPCP3D。

VEPCP3D 有限元分析程序是采用 FORTRAN 95 语言编制，并在 COMPAQ VISUAL FORTRAN 6.5 编译器下编译完成。程序采用模块化思路，计算过程中可以按照实际需求，通过调用不同的程序模块完成分析。程序中主要的模块有：Biot 固结模块、流变分析模块和渗流模块，可以实现各向同性流变、固结分析，横观各向同性流变、固结分析，以及各向同性、横观各向同性、各向异性介质的渗流场分析等。

1) 程序的主要功能

(1) 利用有限元对考虑流变特性的软土地基固结问题进行分析，既考虑了固结过程中位移与孔隙水压力的相互影响，又考虑了土体变形时的黏弹-黏塑特性，使软土地基固结计算结果更接近实测结果。

(2) 程序中由于计算是按一个个 Δt 的时间间隔进行的，可以考虑施工增量加荷过程中的固结问题。

(3) 程序中位移同样是以增量形式表示的，故程序可以进行线性、非线性分析。众所周知，饱和软土具有显著的弹塑性和流变性，因此，增量处理便可完全适用于应力-应变关系是非线性的情况。实际分析过程中，反映应力-应变关系的矩阵[D]可以为弹性矩阵，也可以为弹塑性矩阵，还可以是黏弹性矩阵，或黏弹-黏塑性矩阵，所进行的分析分别称为线性弹性固结问题有限元分析、弹塑性固结问题有限元分析、黏弹性固结问题有限元分析、黏弹-黏塑性固结问题有限元分析。

(4) 由于蠕变分析模块和固结计算模块与渗流分析模块相互独立，因此可以方便地实现渗流过程与蠕变、固结过程的耦合作用。

(5) 独立的渗流分析模块，可以根据分析需求，实现稳定渗流状态下的流场分析。并且多孔介质可以是各向同性、横观各向同性和各项异性；可以是均质材料，也可以是非均质材料。

(6) 可以模拟介质与结构相互作用问题。程序中介质与结构既可以采用相同的单元类型，也可以采用不同的单元类型。对于多孔介质，可以采用三维 8 结点等参单元，也可以采用 20 结点三维等参单元；而对于结构，既可以采用 20 结点或者 8 结点等参实体单元，也可以采用 8 结点或者 4 结点等参板单元。刚度相差巨大的结构与多孔介质之间，插入无厚度的接触面单元，根据结构和介质所采用的单元形式，分别使用 8 结点或者 16 结点接触面单元。

2) 程序结构

有限元分析程序 VEPCP3D 主要由数据输入模块、等效荷载计算模块、总刚度矩阵组装模块、方程求解模块、相关项计算模块以及数据输出模块等组成。主程序中，对上述模块进行适当的组合调用，从而实现不同问题的分析。基本结构框图如图 12-4 所示(结构框图中的实体单元包括等参板单元)。VEPCP3D 程序的流程图如图 12-5 所示(此处为了便于了解程序内部结构，将部分模块予以分解)。

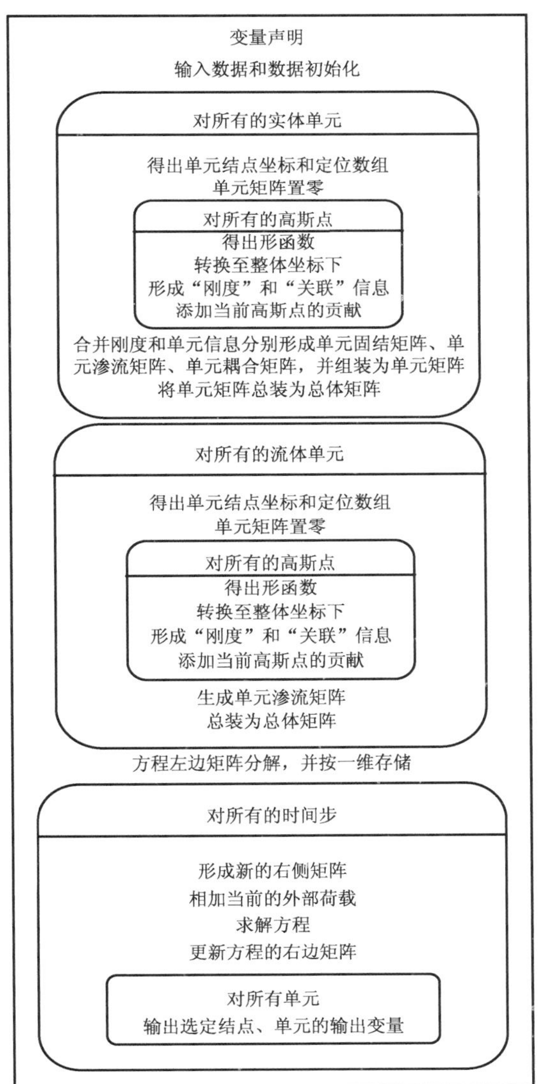

图 12-4　VEPCP3D 程序结构图

3) 三维稳定渗流场自由面流模块程序流程图

三维流体单元一般采用 8 结点单元即可满足计算精度要求。此处，为了便于计算，减少输入文件的工作量，使初始流体单元与实体单元保持一致，在三维固结分析中，采用 20 结点等参实体单元。因此，渗流模块也拟采用 20 结点等参流体单元，但是程序仍然兼容 8 结点分析功能。

自由面流渗流模块 SURFACE 采用变网格法，网格的顶部边界与自由面一致，其常见边界如图 12-6 所示。自由面流的分析过程以假定自由面的初始位置开始，通过求解拉普拉

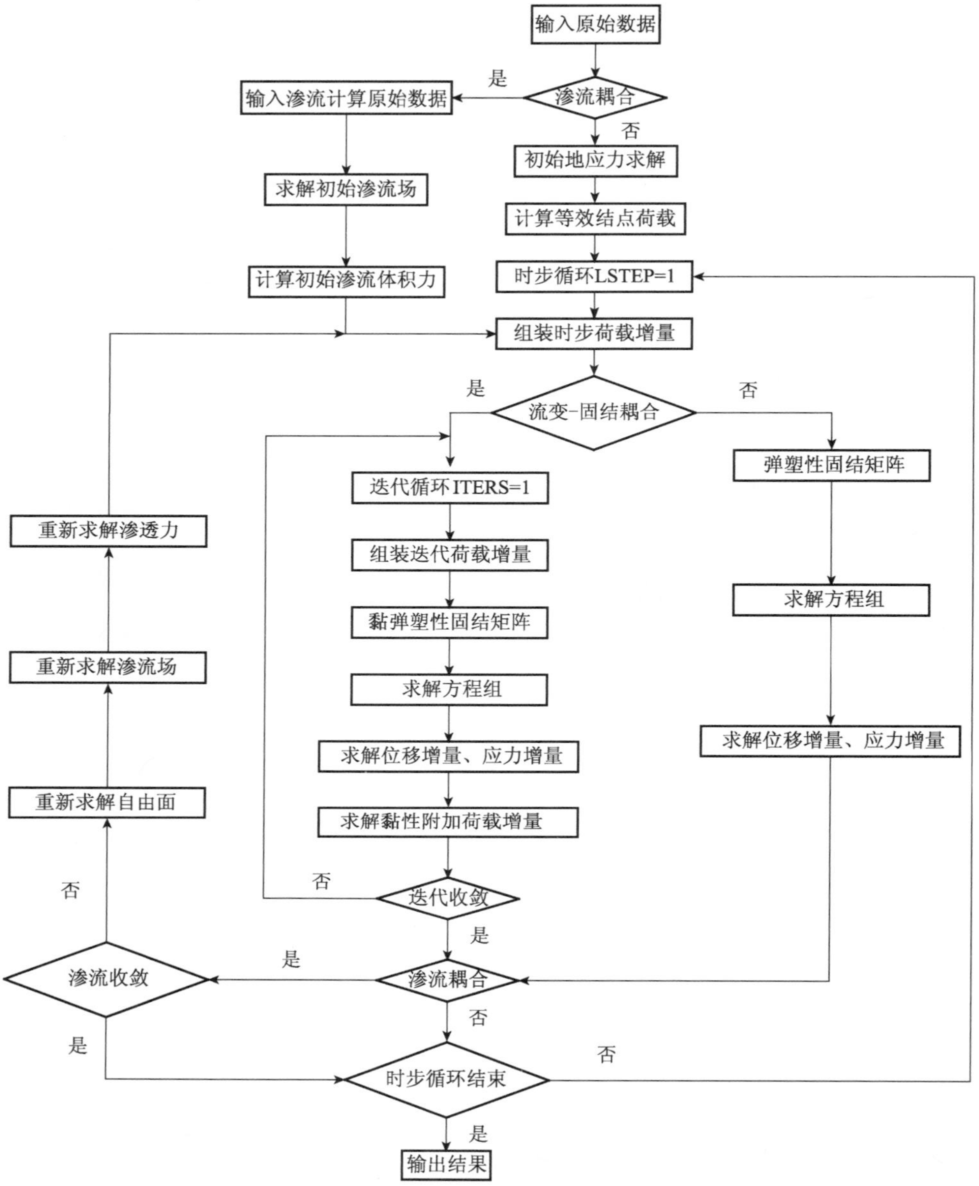

输入原始数据
渗流耦合
是
否
输入渗流计算原始数据
初始地应力求解
求解初始渗流场
计算等效结点荷载
计算初始渗流体积力
时步循环LSTEP=1
组装时步荷载增量
流变-固结耦合
是
否
迭代循环ITERS=1
弹塑性固结矩阵
重新求解渗透力
组装迭代荷载增量
黏弹塑性固结矩阵
求解方程组
重新求解渗流场
求解方程组
求解位移增量、应力增量
求解位移增量、应力增量
重新求解自由面
求解黏性附加荷载增量
否
迭代收敛
否
是
是
渗流收敛
渗流耦合
否
是
时步循环结束
否
是
输出结果

图 12-5　VEPCP3D 程序流程图

无渗流边界
位势＝高程
位势＝高程
上游位势恒定
下游位势恒定
无渗流边界

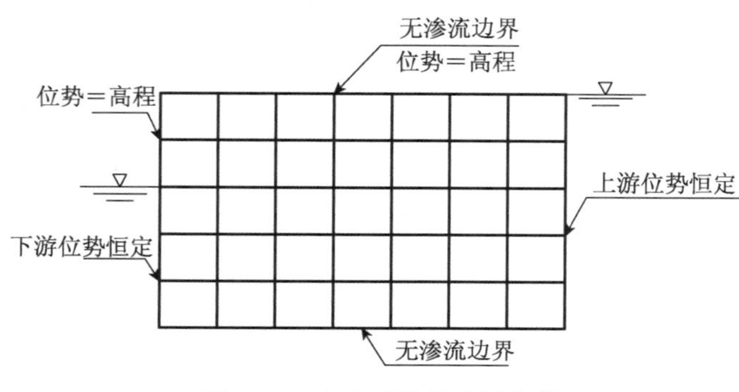

图 12-6　自由面流的边界条件

斯方程而得到结果。当然，为了尽可能减少工作量，给定的初始自由面位置以接近实际自由面位置为佳。因此，自由面搜索过程中，调整顶面上结点的高程，使之等于在其位置上的计算位势值。同时，为了避免单元的扭曲，分析过程中调用重新划分单元的子程序，经过特定处理，保证了顶面之下结点均匀分布。

收敛判定,是以相邻两次迭代计算出的位势变化量小于给定的误差容许值。

本程序的突出特点是,可以实现呈层状分布介质的自由面流分析以及各向异性介质自由面流问题分析。同时,程序采用的单元作为介质特性的承载体的结构形式便于不均匀介质的渗流分析,但是输入文件工作量相对比较大。

稳定渗流模块 surface 的程序流程图如图 12-7 所示。

4）黏弹塑性流变模块流程图

黏弹塑性模块以改进的 Komamura-Huang 模型为数学模型,很好地反映了饱和软土介质的黏滞性和弹塑性特性。程序中完全可以通过参数设置来模拟黏弹性介质的流变特性,以 Von Mises 屈服准则为例:如果需要模拟介质的黏弹性蠕变过程,在输入模型参数时,对介质参数 σ_y 取足够大的数值,保证在计算过程中不会出现塑性屈服,这样模型实质将退化为弹-黏弹性模型,可以用广义的 Kelvin 模型来模拟。黏弹塑性流变分析程序流程图如图 12-8 所示。

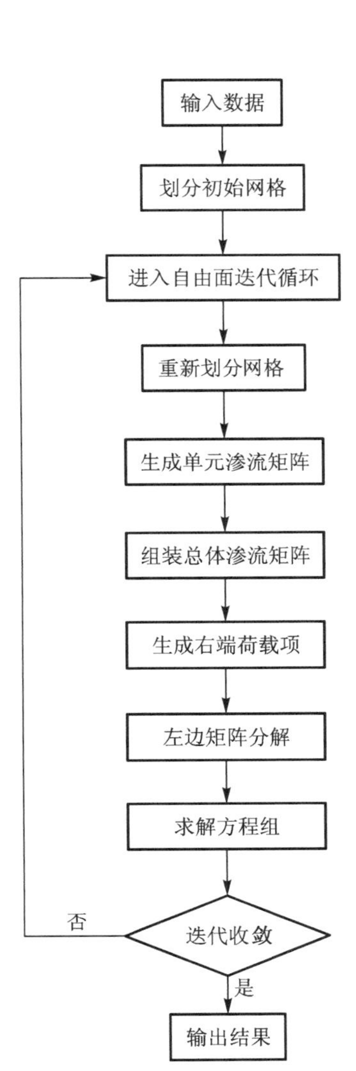

图 12-7　surface 程序流程图

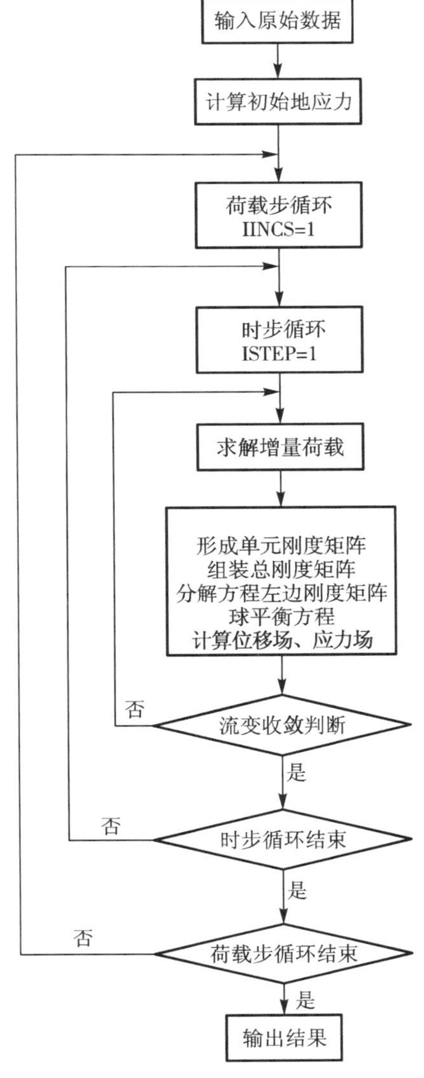

图 12-8　黏弹塑性流变分析程序流程图

12.3 饱和软土地基变形数值模拟

软土地基的变形分析，一直是岩土工程界的热点问题，众多学者先后建立起了软黏土地基的弹性/弹塑性模型、弹性/弹塑性 Biot 固结模型、黏弹塑性固结模型以及考虑饱和软土地基主、次固结耦合作用的黏弹塑性 Biot 固结模型等。随着边界元、有限元等数值分析方法应用至岩土工程领域，软土地基的变形研究也突破了以往方法的限制，达到全新的高度。但是，由于弹/弹塑性模型，实质上仅是一种瞬变模型，实践中无法描述土体变形的时间效应。为能更准确模拟土体变形的实际过程，真实反映变形随时间的变化规律，Biot 固结模型以及各种蠕变模型相继得以建立和发展，并且关于饱和软土的 Biot 固结与流变过程的关系等研究受到了岩土业界的广泛关注，并取得了相当进展。目前，对饱和软土变形受其孔隙水压力排出影响并与其蠕变过程紧密相关，已经成为共识，并进一步认识到两者之间的相互作用影响。因此，要科学地描述饱和软土地基的变形规律，就必须充分考虑软土地基的蠕变-固结耦合作用。此处，采用有限单元法，模拟饱和软土的固结、蠕变、渗流等多过程的共同作用，并考虑了土体本身由于历时年代的长期沉积作用导致显著的成层分布特性，研究了软土地基的变形随时间增长发展的规律性变化。

12.3.1 机场跑道工程实例概况

机场跑道场区地基处理采用“堆载预压”方案。预压设计采用 20%～30%超载预压，最初设计预压时间为 3～5 年，堆载区不设置竖向排水系统。堆载的材料为粉细砂。根据古河道的分布情况，将堆载预压场区分为古河道区段和一般区段，各个区段堆载的高度分别为：一般区段，堆载的顶标高为 7.1 m；古河道区段，堆载的顶标高为 7.5 m。根据跑道的实际标高情况，将一般区域 5.0 m 高度作为界限标高，古河道区域 5.5 m 定为界限标高。界限标高以上的土体，在堆载预压结束后将予以卸载，而界限标高以下土体则直接作为跑道地基。堆载施工于 2000 年 10 开始，2001 年 5 月底完成界限标高以下土体补土，2001 年 7 月完成主要区段的吹填工作。整个吹填工程区域长约 6 293 m，宽度在 230～747 m。后因为工程需要提前完工，原先设计的软基处理方案无法得到完全实施，预压期大大缩短。如果仍然仅仅按照预先设计的预压处理措施，在场区卸载时，地基变形及强度是无法满足工程需求的。经综合考虑各方意见以及多个软基处理方案，最终采用“堆载预压＋强夯＋冲击碾压”并辅助“高真空排水”以加快软基的竖向排水过程，加快地基沉降变形的发展。但是，由于场区深部有粉细砂层，具有较高的竖直和水平向渗透系数，高真空排水必须辅助以必要的隔水措施，才能保证达到设计的真空度。因此，高真空排水法代价较高，最终采用辅助井点降水法，以替代高真空排水。

12.3.2 地基堆载预压有限元法分析

根据整个地基处理场区的地表情形，可将地基沿跑道纵向划分为 8 个区段，依次为 S1—S8。分析时，考虑到三维计算的计算机存储空间约束以及计算时效，可以针对不同的区段分别予以计算，得出各个区段的地基变形规律。根据现场地层以及堆载施工过程，分析的一般区段的地基及填土分布横截面如图 12-9 所示。

1）计算域的确定

为了简化计算、节约存储空间，同时考虑到不同区段和该区段所施加的荷载具有基本对称特性，在分析时可以取计算区段的半幅予以分析。因此，对于不同区段，计算域的长度为该区段的长度。计算域深度，可以根据现场已有的实测数据确定。现场的监测数据显示，堆载的影响深度正常区域为30 m左右，古河道区域为 40～60 m。结合场区地层情况，正常区段计算深度取 90 m，古河道区域计算深度取 180 m。计算域的宽度，一般取计算深度的 3～4 倍和加载宽度的 2～2.5 倍二者间的较大者。以 S1 段为例，该段处于正常区段，该段长度约为 700 m，加载宽度约为 230 m，因此，S1 段计算深度取 90 m，计算宽度取 720 m。由于对称关系取其半幅，实际计算宽度取为 360 m，计算长度取 700 m。

2) 边界条件的确定

近似取计算域关于以过跑道中心线的竖直面对称，如图 12-10 所示，因此该面 x 固定，y 和 z 自由，该面不透水；右端面，在计算域宽度足够大的情况下，该面的排水条件和其他方向约束条件对计算结果几乎没有影响，如果考虑到计算效率，该面取为 x 和 z 限定且排水；底面取为固定，且不排水；顶面 z 自由且透水。

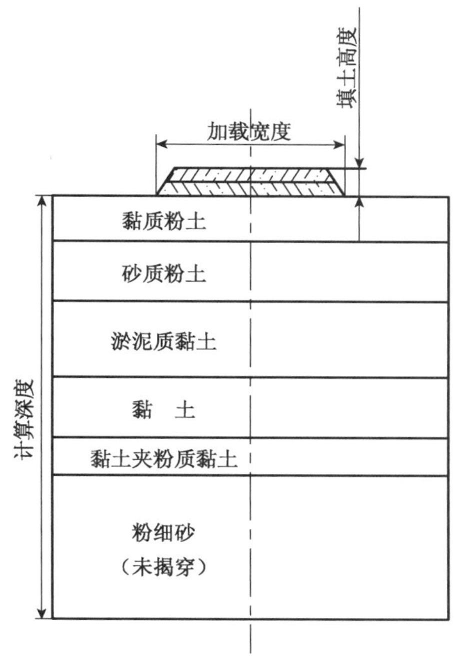

图 12-9　地基地层及填土分布

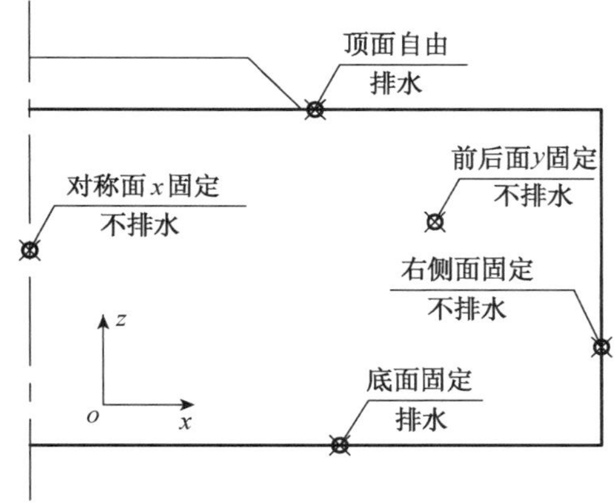

图 12-10　边界条件示意图

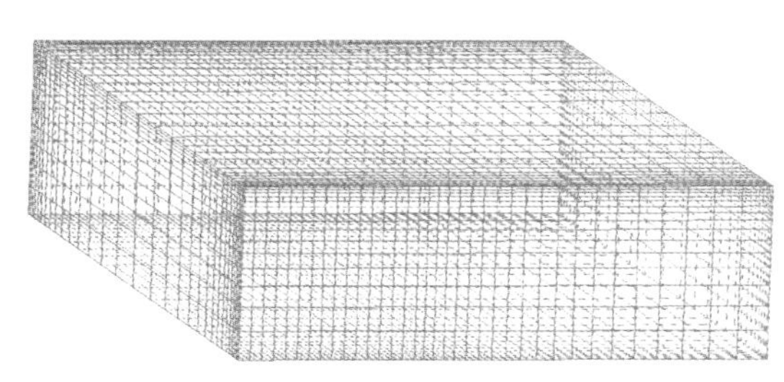

图 12-11　单元划分示意图

3) 计算域单元划分

计算域的单元剖分原则：孔压和变形变化大的区域，单元划分应相对较密，荷载区域以及靠近透水面区域单元划分也应该较密，其他部位则可适当稀疏，尽可能在保证计算精度的前提下，减小计算工作量、减小计算过程中计算机的内存需求量、提高计算效率。根据以上原则，单元划分沿 x 轴正方向，单元逐渐稀疏；沿深度方向（z 负方向）单元逐渐稀疏，在 y 限定的两个端面附近，单元相对密一些，向中心逐渐稀疏。单元划分结果如图 12-11 所示。

4) 计算时段划分

在固结有限元计算中，时间步长 Δt 不宜取得太小。因为总体固结矩阵中的渗流矩阵与 Δt 相关，如果 Δt 太小，则方程的渗流矩阵元素太小，这样容易形成病态矩阵，使得问题无法求得正确的解答。但在加荷开始阶段，如果 Δt 取得太大，又会使误差较大。Verruijt(1996)

建议用式(12-91)估计第一个 Δt 的数量级：

$$\Delta t=\frac{L^2}{\frac{k}{\gamma_w}\left(k'+\frac{4}{3}G\right)} \tag{12-91}$$

式中，L 为单元平均尺寸；k 为介质的渗透系数；k'为介质的体积模量；G 为介质的剪切模量。

加荷后期孔隙压力变化较小，可将 Δt 取较大。在计算过程中，可令 Δt 在荷载施加过程中保持较小的数值，而在持荷过程中，使得 Δt 逐步增大。

5）计算荷载的施加

实际施工过程中，预压荷载共分为两次施加，总的加荷过程为 10 个月，其中前 6 个月为第一层填土荷载施加期，剩余时间为第二层填土荷载施加期。考虑到施工时堆填物并非全场区一次施加，对于局部区段而言，总存在一加荷间隙期，即第一层填土荷载和第二层填土荷载之间存在持荷期。在逐级荷载施加计算中，对某一级荷载来说荷载是依次施加的。荷载初期由于来不及固结，有效应力很低，特别是新填筑的土层以及紧靠其下的土层。相应地，强度较低，弹性模量也较低。在某一级荷载增量较大时，则可能出现较大的变形，甚至许多单元达到破坏。但是，实际施工过程中，在一级内的荷载是逐步缓慢施加的，有足够的时间提高强度和模量，不会出现太大的变形。一般计算时，荷载施加过程如图 12-12 所示。因此，为了避免计算中出现过大的变形，实际计算中，将施加的该级荷载按照施工的时间予以细分，然后再逐步施加。综上所述，该工程施工中虽然采用两级填筑，但是每级荷载仍然采用多步加载过程，并且为计算过程高效、简便，两级荷载按照总的荷载数，均分为一定时段，均匀施加。

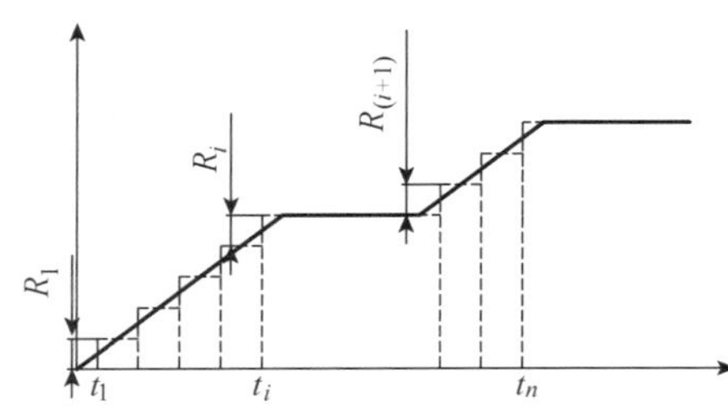

图 12-12　荷载逐步施加示意图

6）有限元计算参数选取

由于采用饱和软土地基弹性 Biot 固结分析、流变-固结耦合分析以及渗流-固结-流变耦合分析，因此此处给出程序中将要用到的参数分类。横观各向同性介质 Biot 固结参数(渗透性参数在渗流参数中给出)如表 12-2 所列；横观各向同性介质渗流参数如表 12-3 所列；流变参数如表 12-4 所列。这里所采用的参数包括基本土体物理力学参数、层状土体横观各向同性弹性参数以及蠕变参数。土体基本物理力学参数包括土体的弹性模量(变形模量)、泊松比、初始孔隙比、渗透系数和土体重度等。

表 12-2　横观各向同性介质 Biot 固结参数取值

土层名称	E_v(MPa)	E_h(MPa)	μ_{VH}	μ_{HH}	G_v(MPa)
②褐黄色粉质黏土	3.74	4.68	0.25	0.19	1.31
③灰色淤泥质粉质黏土	2.43	3.03	0.30	0.23	0.85
④灰色淤泥质黏土	1.22	1.52	0.42	0.32	0.43
⑤$_{-1}$灰色黏土	2.42	3.02	0.35	0.26	0.85
⑤$_{-2}$灰色粉质黏土	3.53	4.42	0.25	0.19	1.24
⑦$_{-1}$砂质粉土	11.30	12.38	0.25	0.19	5.53
⑦$_{-2}$粉细砂	14.01	14.74	0.22	0.18	6.50

表 12-3　渗流计算参数取值　(cm/s)

土层名称	渗透系数		土层名称	渗透系数	
②褐黄色粉质土	5.00×10^{-6}	3.00×10^{-6}	⑤$_{-2}$灰色粉质黏土	5.00×10^{-6}	5.00×10^{-6}
③灰色淤泥质粉质黏土	2.00×10^{-5}	8.00×10^{-6}	⑦$_{-1}$砂质粉土	6.00×10^{-4}	6.00×10^{-4}
④灰色淤泥质黏土	5.00×10^{-6}	8.00×10^{-7}	⑦$_{-2}$粉细砂	1.00×10^{-3}	1.00×10^{-3}
⑤$_{-1}$灰色黏土	1.00×10^{-6}	5.00×10^{-7}			

表 12-4　流变(广义 Komamura-Huang 模型)计算参数取值

参数	量纲	褐黄色粉质黏土	灰色淤泥质粉质黏土	淤泥质黏土	黏土	粉质黏土	粉细砂
E_H	kPa	2.30×10^3	2.70×10^3	0.70×10^3	1.63×10^3	2.167×10^3	8.80×10^3
E_1	kPa	2.5×10^3	5.23×10^3	1.23×10^3	2.65×10^3	2.597×10^3	10.95×10^3
E_2	kPa	1.105×10^4	8.15×10^3	1.786×10^3	7.58×10^3	2.062×10^3	16.25×10^3
η_1	kPa·d	4.139×10^4	2.0×10^4	1.667×10^4	2.23×10^4	0.107×10^4	7.0×10^4
η_2	kPa·d	1.285×10^4	1.5×10^4	1.146×10^4	1.87×10^4	0.854×10^3	5.8×10^4
η_M	kPa·d	5.0×10^4	6.25×10^4	5.210×10^4	4.97×10^4	0.750×10^4	1.5×10^5

12.3.3　有限元法计算结果分析

1）弹性 Biot 固结分析

首先，采用不考虑流变效应和降水导致的渗流场影响的弹性 Biot 固结方案，研究在此种条件下饱和软土地基变形。

（1）一般区域地基沉降变形分析

图 12-13 所示为不同深度处跑道中心线下点沉降历时曲线。由图可得，地基的沉降变形主要发生在地下 40 m 以上地层，在 40 m 以下，变形相对比较小，变形量约占全部沉降变形量的 10%左右。而且，在不同深度处地基变形历时曲线的斜率不尽相同：地基表面、地基表面下 5 m 处和地基表面下 16 m 处的地基变形历时曲线在加载结束时刻斜率发生突变，该时刻以后曲线斜率逐渐减小，曲线逐渐变得比较平滑。

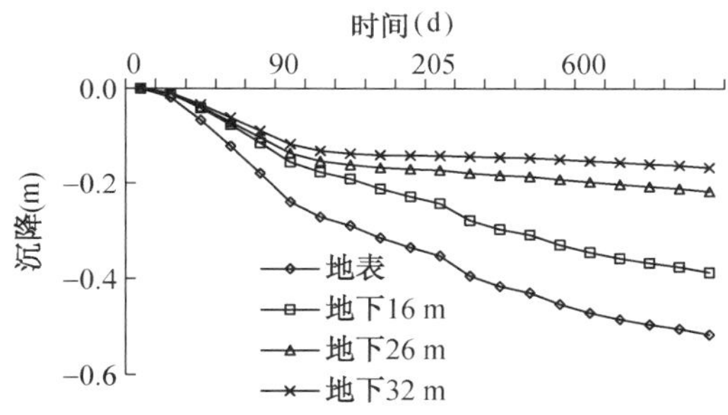

图 12-13　加载中心沉降历时曲线

图 12-14 所示为地表沉降分布曲线(其中，工况 1 代表第一级荷载加载完毕时刻；工况 2 代表第二级荷载加载完毕时刻；工况 3 代表堆载预压 600 d 时刻；工况 4 代表计算终止时刻)。由图可得，经加载 600 d 后，地基变形尚未收敛；而地基表面以下 26 m 处和 40 m 处，曲线在荷载施加结束时刻斜率发生突变，变形历时曲线几乎由两段折线组成。当加载完毕后，变形增加不大，几近收敛。地基沉降值随着地层深度的增加逐渐减小：在荷载施加阶段，曲线比较平滑，两条曲

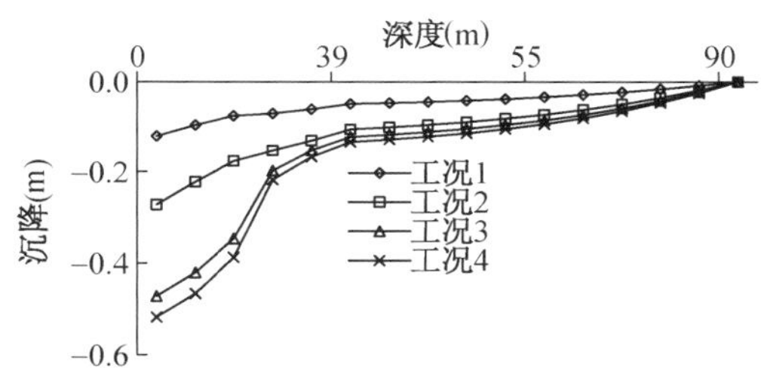

图 12-14　加载中心沉降随深度分布曲线

线该处斜率变化不太明显；在持荷阶段，曲线斜率变化较大。同样，在地表以下 26 m 处，曲线的斜率将发生改变，尤其地基表面 40 m 以下曲线几乎为直线。

因此，从上述分析可以看出，在大面积堆载预压条件下，一般区段饱和软土地基的沉降主要发生在地表下 40 m 范围内，40 m 以下地层的沉降量仅仅占到总沉降量的 10%左右。土体的主固结过程在地表下 30 m 深范围内最为明显，至近 30 m 深时，固结作用渐渐减弱。由 26 m 深处地基沉降历时曲线可以看出，在该深度处时，固结沉降量仅仅占此处总沉降量的 30%左右。因此，可以说，30 m 以下深度时，地基的沉降以弹性压缩为主，并且沉降量逐渐减小，即堆载使土体产生变形的影响深度一般在 30～40 m。

图 12-15 是地表沉降与水平向距离间的关系(其中，工况 1 代表第一级荷载加载完毕时刻；工况 2 代表第二级荷载加载完毕时刻；工况 3 代表堆载预压 600 d 时刻)。综合图 12-13、图 12-14 和图 12-15 可得，在均匀加载过程中，荷载不大时，地基的沉降比较小，图中第一级荷载施加完毕时，地基不同深度处的沉降都相对较小，而且沉降也比较均匀。当第二级荷载加载完毕后，沉降加大，而且堆载的坡角处的地表隆起随之加大。随着时间的发展，地基的沉降变形渐渐有趋于稳定的趋势：堆载范围内地基竖向变形(沉降)增加，但是在加载范围以外(地表隆起段)竖向变形却逐渐减小。堆载范围以外的地表隆起段，变形趋于稳定相对较快。由图 12-15 还可以得出，在第二级荷载施加完毕至加载 600 d 时段内，地表隆起的变化量很小。此外，综合各图，随着深度增加，地基沉降沿水平方向逐渐减小，并且减小趋势随深度增加愈发明显，最终在堆载坡角处附近开始产生隆起现象。

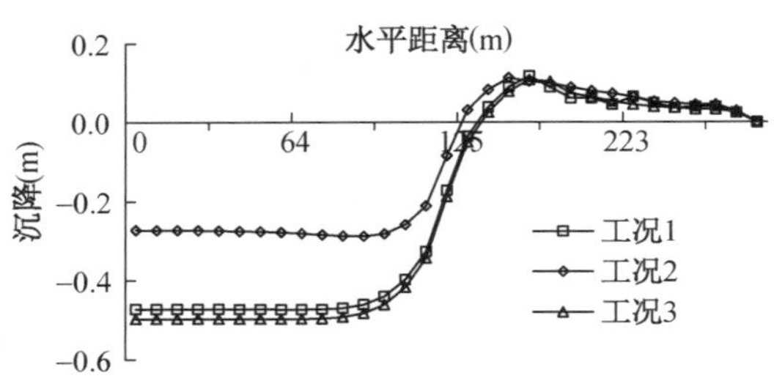

图 12-15　地表沉降分布曲线

(2) 地基内孔隙水压力分布特征

图 12-16 为加载中心下地层孔隙水压力的消散历时曲线，图 12-17 是加载中心处孔隙水压力随地层深度的变化曲线(其中，工况 1 代表第一级荷载加载完毕时刻；工况 2 代表第二级荷载加载完毕时刻；工况 3 代表堆载预压 600 d 时刻；工况 4 代表计算终止时刻)。由图可得，孔隙水压力随着深度先增加后逐渐减小，而且在地基表面下 25 m 以内时，孔隙水压力较高，而且变化幅度较大。但是在 30 m 以下深度时，孔隙水压力不但变化较小，同时消散非常迅速。在地表下 10 m 以内时，孔隙水压力随数值荷载的施加变化很大，但消散很快。究其原因，因为地层比较浅时，其固结过程较早完成。但是随着深度增加，在 10～30 m 范围时，孔隙水压力变化最大，随着加载过程沿深度方向迅速增加，在达到最大值后又产生激降。孔隙水压力在荷载加载完毕时达到最大，然后开始逐渐降低。在不同的深度处，孔压消散速率不尽相同，在30 m以内时，随着深度增加，孔隙水压力消散速率逐渐降低；但是 30 m 以下深度地层，超静孔隙水压力消散速率很大。这是由于深部地层为透水的粉细砂层，具有良好的渗透性，地层内的孔隙水可以迅速排出的缘故。

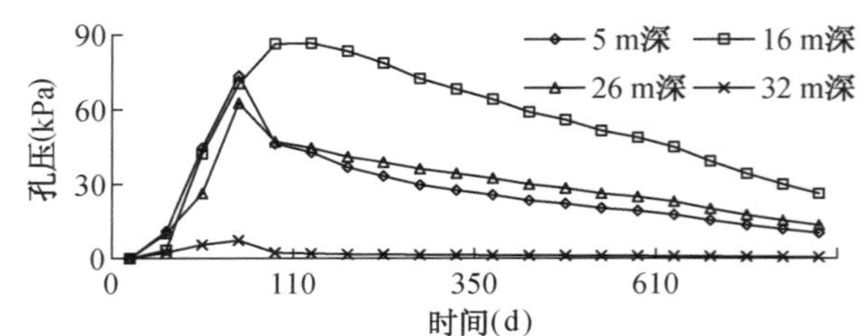

图 12-16　一般区域典型截面孔压历时曲线

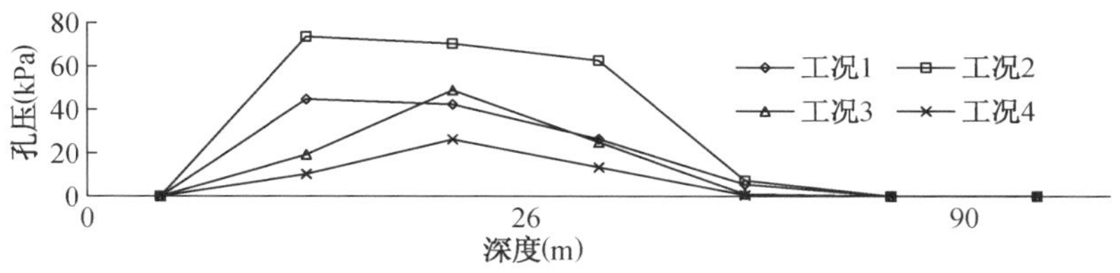

图 12-17　一般区域典型截面孔压沿深度分布曲线

(3) 古河道区域地基变形及孔压分布特征

古河道区域地层与一般区域(如上述的 S1 段)差异较大,地层呈高压缩性,软弱层埋藏更深,可达到 58～65 m 深,而且透水性差的黏土层较一般区域更加深、厚,一般区域缺失的⑤$_{-1-2}$层(黏土夹粉质黏土)厚达 27 m,会严重影响孔隙水的排出,必然使得固结过程更漫长,固结沉降更大。古河道区域的地基变形及孔压分布曲线如图 12-18 和图 12-19 所示。

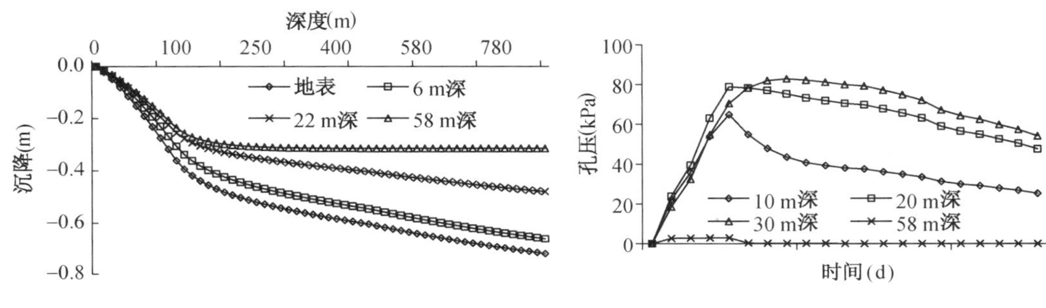

图 12-18　典型截面沉降历时曲线

图 12-19　典型界面孔压历时曲线

通过对比分析一般区域和古河道区域的地基沉降历时曲线,可以发现,古河道区域的固结变形影响深度要大于一般区域,一般区域在深度 26 m 左右时,固结变形就已经不是十分明显了,而古河道区域则在地下 50 m 左右时,固结变形才渐渐趋于平缓。在孔压历时曲线中,58 m 深处孔压历时曲线几乎与时间轴重合,这是由于该深度是黏土层与下部透水的粉细砂层交界处,由于粉细砂具有良好的透水性,孔隙水可以迅速通过粉细砂层排出,因此该面处孔隙水压力只是在加载过程中稍有变化,加载完成后便迅速消散。但是由图可以看出,在 20～30 m 深处,孔隙水压力在加载完成后,孔压历时曲线下降缓慢,明显较浅部层组缓慢,说明这部分地层(报告中命名为中部层组)的固结过程将极其漫长,是导致地基工后沉降的主要原因所在。

图 12-20 和图 12-21 分别为沉降以及超静孔隙水压力沿深度方向分布曲线(其中,工况 1 代表第一级荷载加载完毕时刻;工况 2 代表第二级荷载加载完毕时刻;工况 3 代表堆载预压 600 d 时刻;工况 4 代表计算终止时刻)。由图可得,深度在 40 m 范围以内地层,无论是孔隙水压力还是地基沉降,均变化比较大,在 58 m 以下深度,则变化趋于平缓或者几乎没有变化,说明在堆载预压荷载作用下,地基的沉降主要发生在 58 m 以上地层,该深度显然要大于一般区域的 30 m。因此,古河道区域的地基堆载必然要大于一般区域,以增加堆载的影响深度,保证深部地层的固结作用能有较快发展,以减小跑道的工后沉降和工后差异沉降。

2) 考虑流变作用时的地基变形特性

(1) 一般区域地基变形特性

考虑流变作用的地基变形特性采用前述改进的 Komamura-Huang 模型,计算域与 Biot 固结分析计算域相同。计算结果具体如下所述。

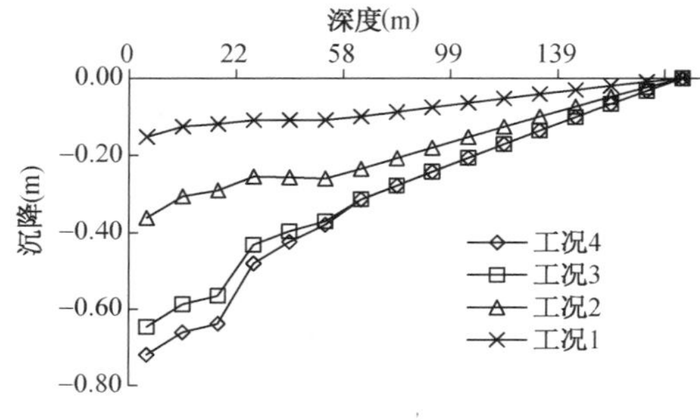

图 12-20　沉降沿深度分布曲线

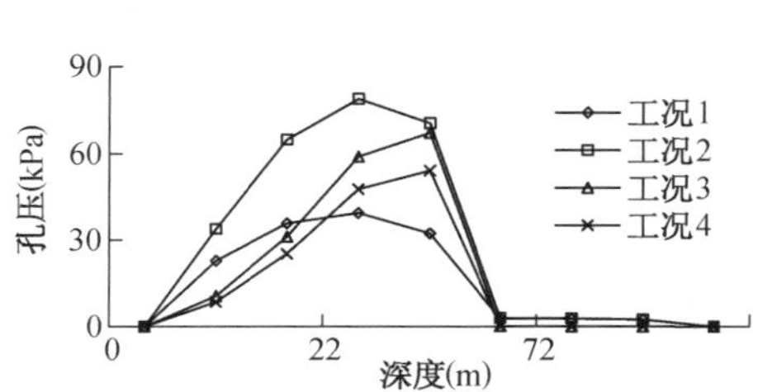

图 12-21　孔压沿深度分布曲线

在加载过程中，地层中的孔隙水压力逐渐升高，待加载完毕后，再逐渐降低。但是由图 12-22 可见，孔隙水压力的消散曲线较未考虑流变作用时平缓，说明消散过程非常缓慢，而且过程将很漫长。浅部地层的孔压变化较小，持荷阶段的残余孔压维持在较低水平，与不考虑流变作用时的迅速完全消散存在一定差异，说明流变作用在浅部地层即产生影响。

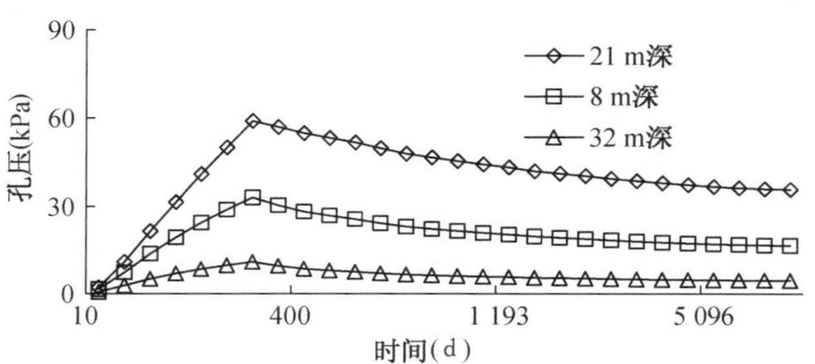

图 12-22　典型截面孔压历时曲线

图 12-23 所示为不同工况下加载中心沉降随深度变化曲线，图 12-24 所示为不同工况下加载中心孔压沿深度分布曲线。流变-固结变形同样主要发生在 30 m 深范围内，在该范围以下地层，流变、固结作用不太明显。但是，虽然在地下 32 m 处沉降变形不大，超孔隙水压力却一直近乎维持在确定值，只是缓慢降低，说明深层地层的固结过程极其缓慢，而且土体固结度较低。

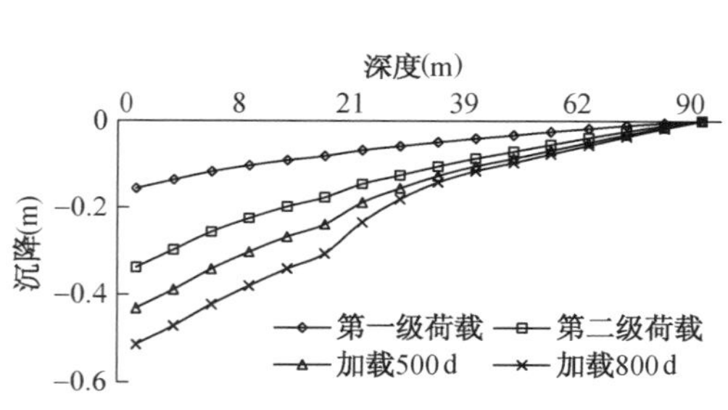

图 12-23　加载中心沉降随深度变化曲线

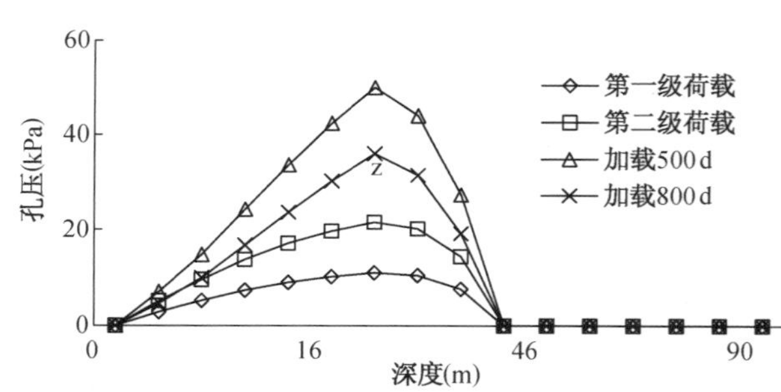

图 12-24　加载中心孔压沿深度分布曲线

图 12-25 所示为地表沉降随水平距离变化曲线，地表沉降在加载范围内比较均匀，只是在加载范围以外产生隆起，隆起量随水平距离变化比较大。隆起量随着时间发展，会发生部分恢复，该过程与地层

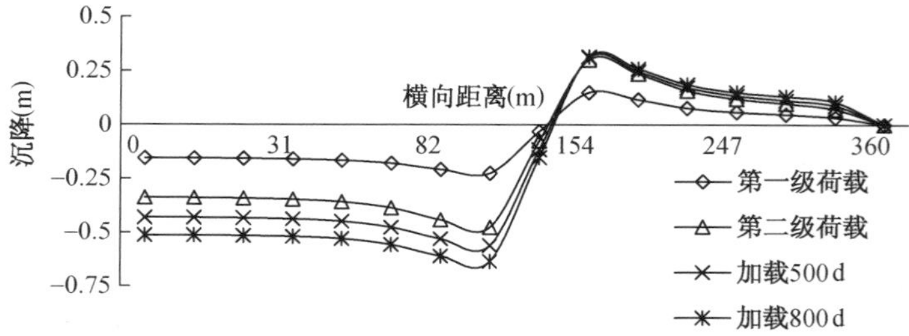

图 12-25　位移随水平距离变化曲线

的固结过程紧密相关。地基沉降量在坡角处最大。

（2）古河道区域地基变形特性

古河道区域的软土厚度较一般区域要大很多，因此地基的沉降量、固结历时等相对一般区域而言均要显著得多。古河道区域考虑土体流变-固结作用的地基变形分析结果如图 12-26—图 12-29 所示。

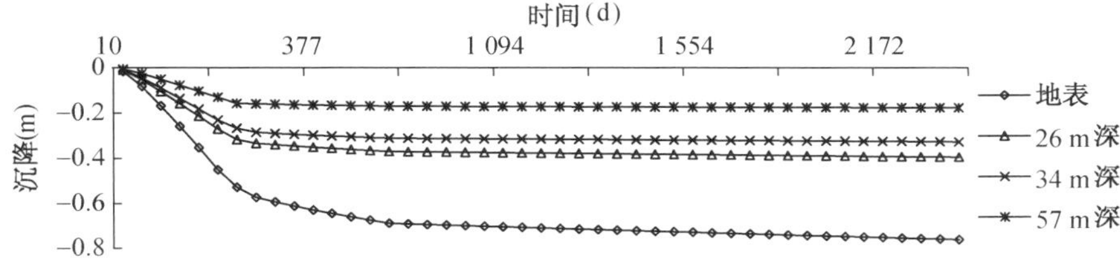

图 12-26　坡角处沉降历时曲线

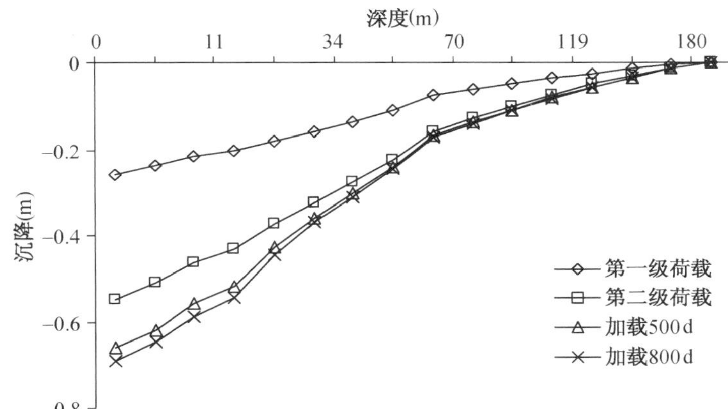

图 12-27　坡角处沉降随深度分布曲线

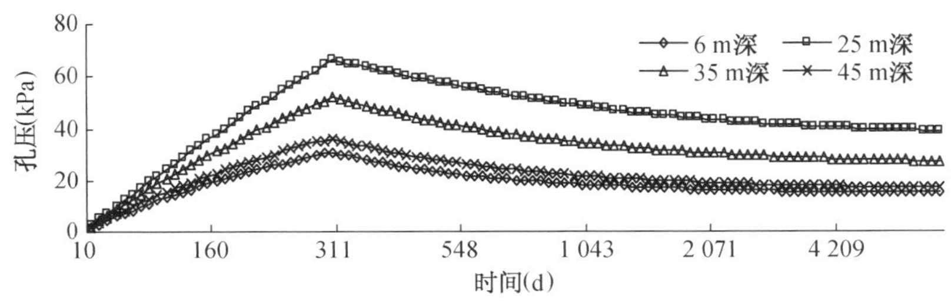

图 12-28　加载中心孔压历时曲线

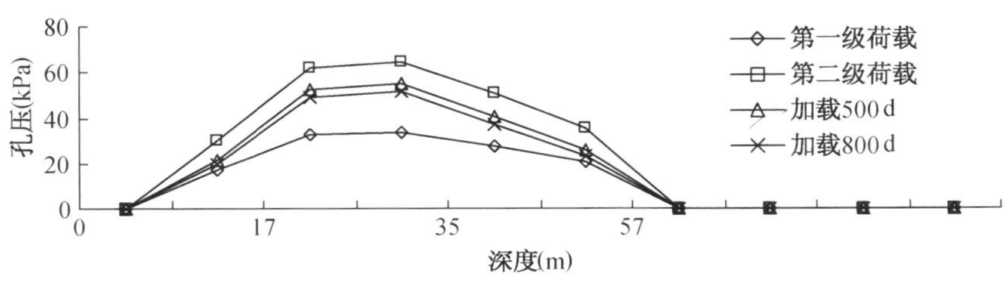

图 12-29　孔压沿深度分布曲线

由以上计算结果,可得:地表沉降发展规律与一般区域相似,但是地表沉降量较一般区域要大,而且影响深度要深。

超孔隙水压力消散,虽然在整个固结过程中发展趋势与一般区域相似,但是由图 12-28 可知,除了在地表以下较浅地层外,孔隙水压力消散过程极其缓慢,孔压的变化率明显小于一般区域。在持荷阶段的残余孔压也明显高于一般区域。这主要是由于地层性质影响所致,即:古河道区域的软土分布深达 58～65 m,土体内的排水路径较长,导致孔隙水排出较慢;同时,由于深厚软土层流变作用影响,土体的流变附加荷载增量比较大,也导致了孔隙水压力的消散过程减慢;同样,固结过程主要发生在软黏土层(图 12-29),深部层组由于具有良好的透水性,超静孔隙水压力消散很快,因此固结沉降将不明显,变形以压缩变形为主,同时也说明高渗透性地层的流变作用不明显。在计算过程结束时,中部层组(10～40 m)软弱土体内的残余孔隙水压力比一般区域要高,说明古河道区域地基同时期土体的固结度要低于一般区域,这将导致较大的工后差异沉降。

3) 考虑渗流场影响的地基变形特性

由于在堆载范围内采取降水措施加快土体中孔隙水的排出,必将在降水影响范围内外形成一定的水头差,使降水区域周围地下水发生激烈流动,地下水的渗流作用会改变土体内的应力分布,从而影响到地基的变形发展过程。存在于土体中的孔隙水压力的分布影响着土颗粒之间的平衡,并反映了土体力学作用与地下水渗流现象之间极为密切的共同作用,即地下水渗流影响土体应力状态,应力状态的改变又使孔隙介质中渗流空间变化并直接导致地下水流动的水力特征改变。在降水过程中,由于土体孔隙中水的排出,引起孔隙水应力的消散,而总的应力是不变的,必然使土体骨架承受的荷载增加,也就是有效应力增加,导致土体产生附加荷载,影响土体的固结作用过程。这实际上就是渗流场改变引起应力场改变,应力场改变引起位移场发生相应的改变的过程。

降水井点沿跑道纵向成排布置,并且根据加载的不同宽度,分别设置不同列数的井点管。分析中,为了数值模拟方便、简单,降水井点假定关于跑道中心线对称布置;当井点为单排时,假定井点沿跑道中心线布置。

对于降水井点的模拟,理想的情况是按实际井大小、深度和间距进行离散求解,以反映排水井的真实情况。但是这种方法的缺点是必须设置相当多的结点,计算工作量相当大,不适宜大面积降水模拟。目前,常用的方法是以排水沟代替降水井点带,并可以根据井点带的宽度,决定是设置有宽度排水沟代替井点管,还是采用无限窄排水沟。采用无限窄排水沟替代法如图 12-30 所示。对花管段所处的位置节点可按负压控制,但从偏于保守及计算方便考虑,通常按出渗段(零压)简化处理。

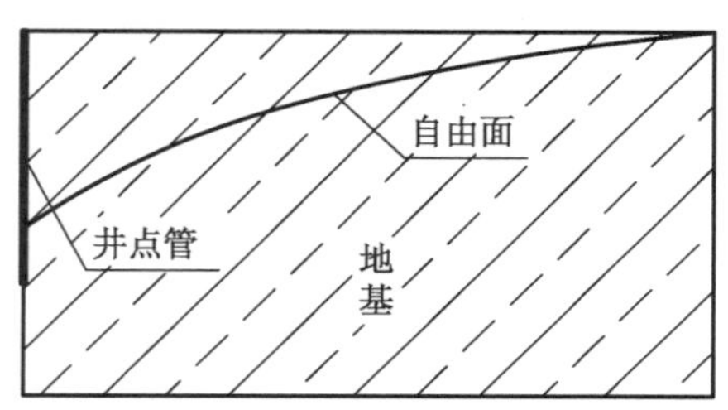

图 12-30　降水示意图

(1) 地基变形结果分析

考虑地下水流渗流场作用时,地基的沉降量较不考虑渗流影响时增大。由图 12-31 和图 12-32 可得,地基的沉降变形历时曲线可以分为三个阶段:第一阶段为堆载施工阶段,随着加载的进行,沉降量逐渐增加。当堆载施工完毕后,渗流附加荷载施加时,沉降曲线发生转折,直至渗流附加荷载施加完成。然后,随时间的增长,沉降曲线趋于平滑。与不排水条件下沉降历时曲线相比,考虑降水作用时的地基加载中心沉降历时曲线趋于稳定所需的时间较短，这是由于降水导致土体内的孔隙水压力消散较快，从而使得固结过程发展较快所致。由图 12-33 可知(图中，工况 1—工况 5 分别指的是第一级荷载施加完毕时刻、第二级荷载施加完毕时刻、渗流附加荷载施加完毕时刻、加载 500 d 时刻和加载 800 d 时刻)，在计算末期，土体内仍然存在一定的孔隙水压力，但是沉降曲线却同期变化缓慢，说明土体的流变作用尚在发展，流变作用导致的流变附加荷载使得土体的孔隙水压力保持有一定数值。

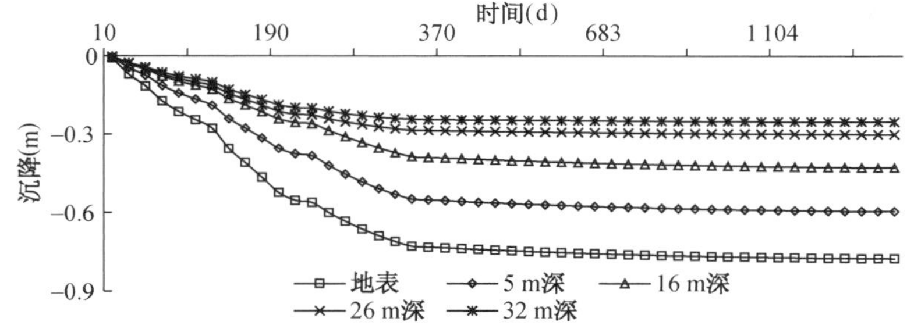

图 12-31　加载中心沉降历时曲线

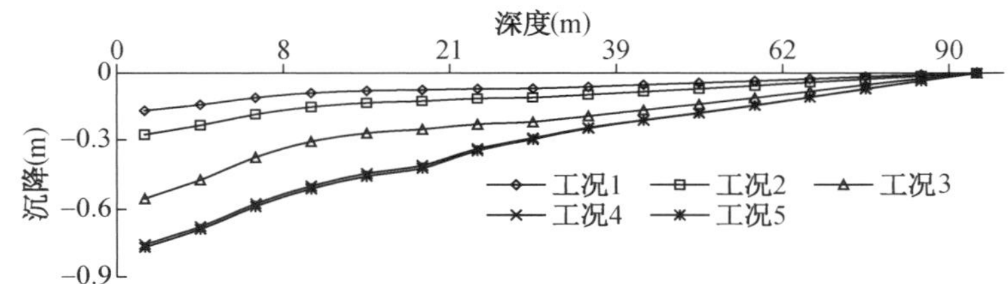

图 12-32　加载中心沉降随深度分布曲线

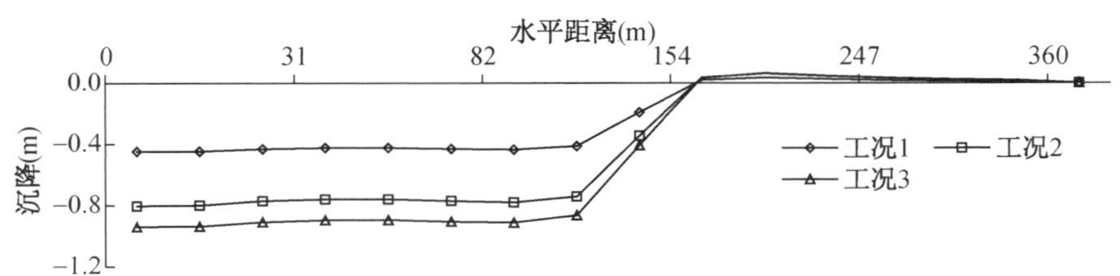

图 12-33　地基表面沉降沿水平向分布曲线

地基变形沿深度变化比较均匀，影响深度一直持续到计算边界。究其原因，主要是由于渗流场的作用存在于整个渗流发生区域范围内，虽然因降水导致有效应力增加的地层厚度受到自由水面影响，但是渗流体积力却存在于自由水面以下所有计算区域，从而使得变形区域均匀化。

相比不考虑渗流时的流变-固结作用，在渗流作用影响下，地表沉降在水平向的分布稍有不同，在加载中心处地表沉降最大，而不同于不考虑渗流时在坡角处地表沉降最大，主要是由于降水井管设置在加载中心，此处的孔隙水排出比较通畅，固结作用发展较快，从而增加了地表沉降量。但是在达到固结逐渐趋于稳定后，两者之间的差异随之减小。

从图 12-34 中可以得出，孔隙水压力仅在一定深度变化，其余段孔压很小。浅层孔压为零，是由于该段处于井点管插入深度范围，孔隙水压力直接与外部压力贯通，具有良好的排出通道，地层内的孔隙水可以及时排出，除了在加载过程中存在孔压变化外，其他时段孔压

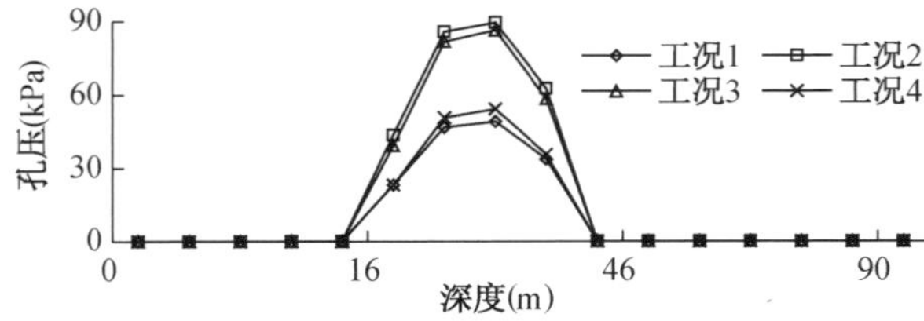

图 12-34　跑道中心孔压沿深度分布曲线

已经迅速消散的缘故；而深部地层，则是由于地层为粉、细砂层，具有较高的渗透性，孔隙水的排出也比较通畅所致。当然，距离井点管较远的区域孔隙水压力沿深度分布规律就与不考虑渗流时相近了。对比图 12-35 和图12-36后，在渗流作用初期，降水刚刚开始，地层内的孔压受降水影响尚且较小，此时地基内的超静孔隙水压力在地层的中部层组分布规律相近，浅部层组则由于降水管附近区域渗透性远大于普通地层的缘故，考虑渗流作用时的孔压很小，而不考虑渗流作用时孔压则是沿深度逐渐增大；当降水一定时间后，存在渗流作用情况下中部层组的孔压要小于无渗流作用时的同层孔压，说明渗流作用对加快地基的固结过程是相当有效的。同时对比两图，在降水井管花管端面以下深度地层，两者间的距离增加，孔压的差异逐渐减小。因此，如果抛开成本、技术因素，要加快深厚软土层的固结作用，降水井管应尽可能深入深部层组，以提高排水预压的效果。

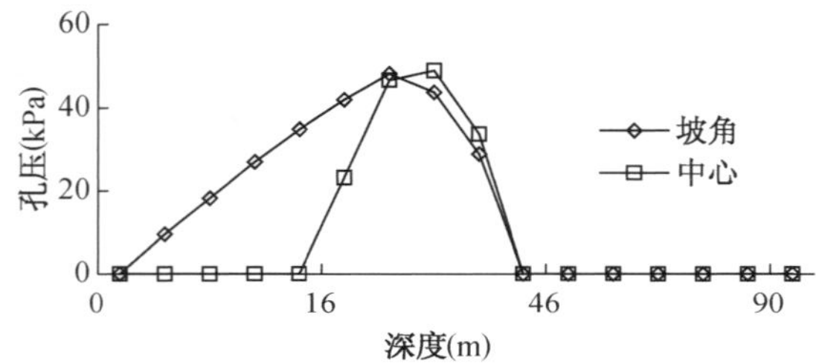

图 12-35　渗流作用初期孔压沿深度分布曲线

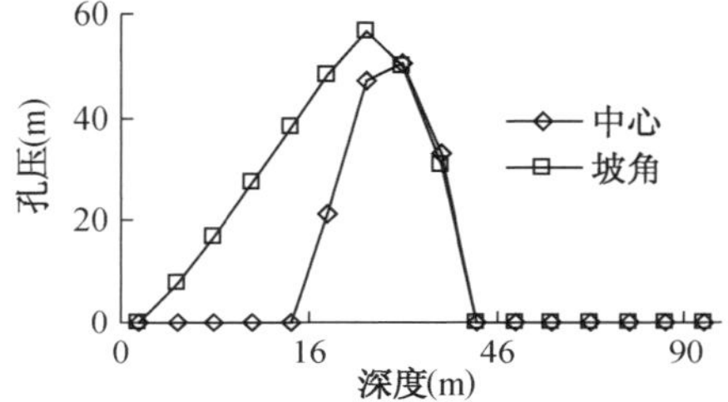

图 12-36　渗流过程中某时刻孔压沿深度分布曲线

古河道地基沉降变形规律与一般区域相近，只是地基沉降变形量较一般区域同期变形量要大。无论一般区域还是古河道区域，考虑渗流作用时，地基在降水初期，沉降变化比较大，在后期则趋于平稳。这是由于渗流作用初期，存在相当大的渗流附加荷载(附加有效应力)作用于土体，从而产生大的地基变形。当地下水位稳定后，地层承受的荷载也将趋于平稳。而且，降水作用在地下水位下降过程中，对地层内的超孔隙水压力的消散促进作用相当明显，加快了地基的固结作用过程。然而当地下水位趋于稳定后，超孔压的消散便同时趋于稳定，此时及以后超孔隙水压力的消散便完全依靠地下水流的自身渗流完成，而且地下水位稳定后，附加有效应力也不再增加，地层承受的荷载不再增加，使得地基的沉降速率减小。

(2) 降水深度对地基变形的影响

上述分析中提到，加深降水深度，将有利于地基固结，加快固结过程，从而可以减小地基的工后沉降量，当然也可以同时降低工后差异沉降对工程的影响。降水过程影响地基固结作用的实质：由于人为强制排出地基内部的孔隙水，使得降水影响范围内地下水自由水面下降，在影响范围内外形成一定的水头差，导致地下水的渗流作用发生。渗流作用将从地基内部改变其原有的应力场分布，地基应力变化直接导致其位移场的同比变化。因此，不同的降水深度，形成的渗流场强弱也将不同，对地基变形产生的影响效果也必将存在差异。

渗流场的分布与地下水的自由水面位置紧密相关，计算范围内的自由水面入渗端与出渗端的位势差，决定了渗流场的强弱。因此，降水过程中自由面的搜索是渗流场计算的关键。在不同降水深度下的自由水面分布、水力坡降变化分别如图 12-37—图 12-40 所示。

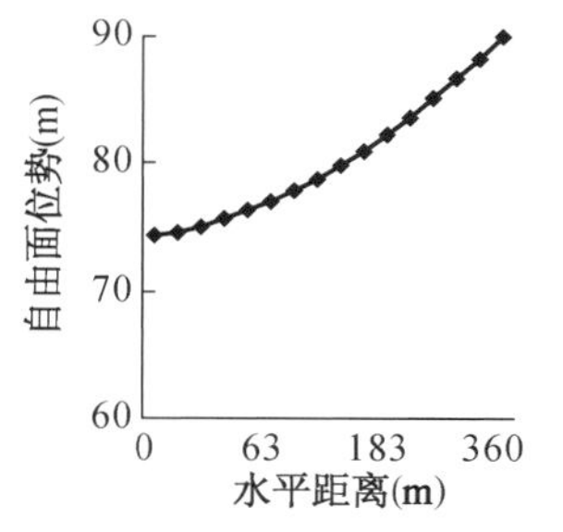

图 12-37　降水深度 15 m 时自由水面位置

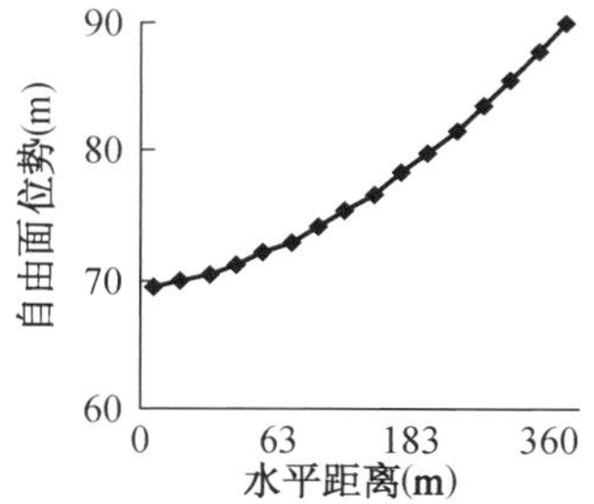

图 12-38　降水深度 21 m 时自由水面位置

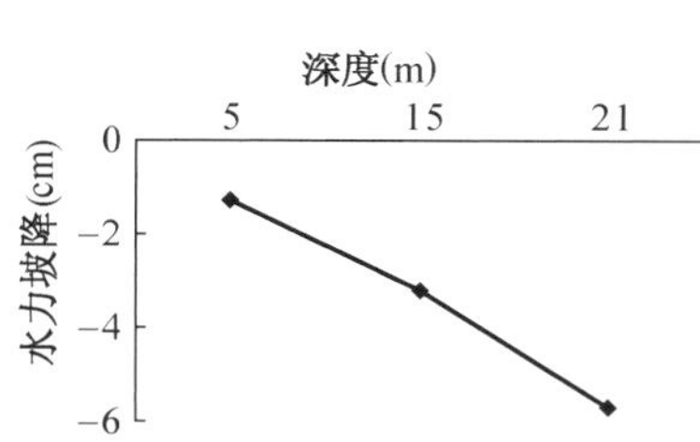

图 12-39　水力坡降沿深度变化曲线

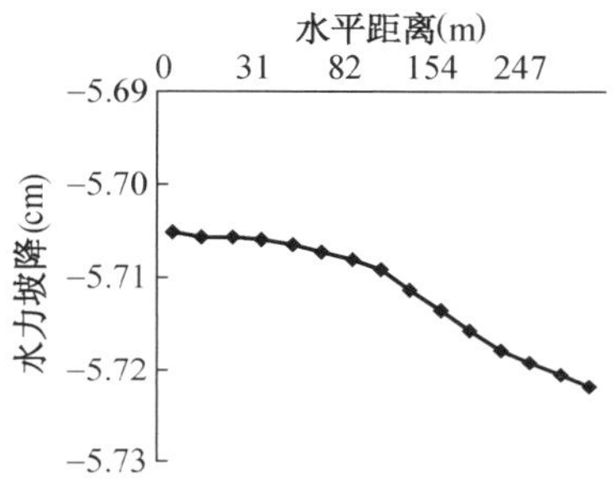

图 12-40　水力坡降水平向变化曲线

降水深度越大，地基中最终稳定的自由面越低，在入渗点和出渗点之间的位势差就必然越大，从而导致水力坡降随之增大。由图 12-39 可以看出，不同的降水深度间的水力坡降差异很大，这表明降水深度的变化对渗流场的影响很大，也必将对地基的固结过程产生大的促进作用。图 12-40 显示，沿入渗点向出渗点发展，水平向水力坡降逐渐减小，可见渗流场对地基的影响与井点管作用点处的位置密切相关，因此合理安排降水井点的位置相当重要，可以提高渗流场作用效率。图中的水力坡降为负值，是假定的坐标方向与实际渗流方向相反。

不同的降水深度，对地表沉降有着重要影响。如图 12-41 所示，分别在三种降水深度条件下，地基的沉降历时曲线差异较大：随着降水深度增加，地表沉降逐渐增大。由前边分析可知，随着降水深度增加，地下水渗流场逐渐变强，产生的渗流体积力同步增加；同时，降水附加荷载为 $\Delta P=\Delta\gamma\cdot\Delta h$，其中 $\Delta\gamma$ 为降水导致的地层重度差值，Δh 为降水深度。可见，随着降水深度增加，附加荷载随之增大。因此，地基沉降与降水深度呈正变化。

图 12-42 是加载中心下地层中部层组某深度处超静孔隙水压力随降水深度的变化曲线。随着降水深度的增加，超静孔隙水压力数值呈下降趋势。虽然深降水条件下，地层的附加荷载增加，将会导致大的瞬间超孔隙水压力增量，但是，由于外加的强排水措施，使得地层中的孔隙水在短时间内可以迅速排出，从而导致地层内的超孔隙水压力有较大降低。

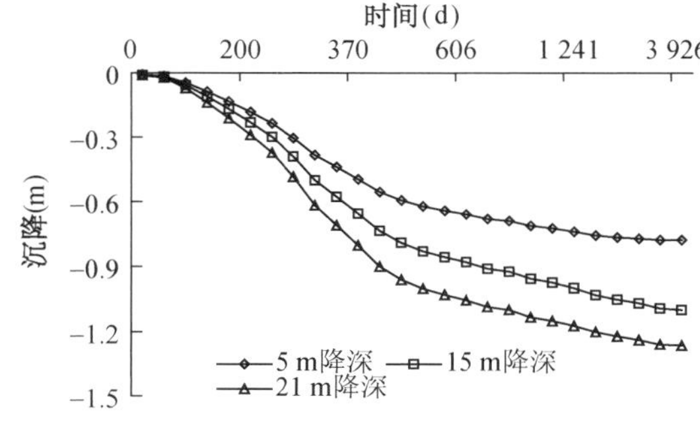

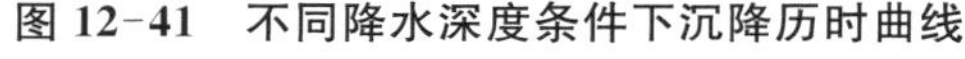
图 12-41　不同降水深度条件下沉降历时曲线

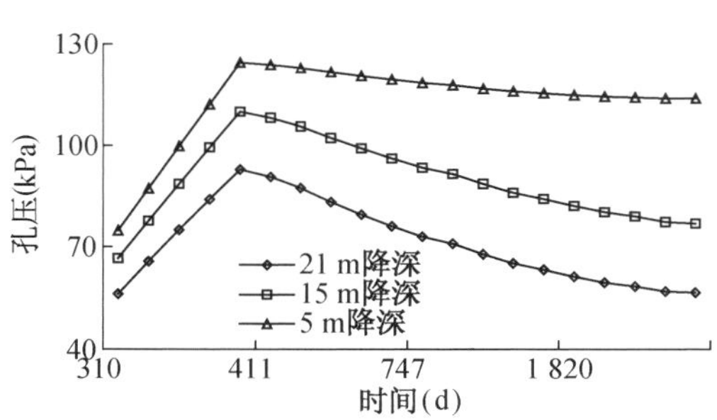

图 12-42　不同降水深度孔隙水压力历时曲线

4）计算结果与实测结果对比分析

（1）地基变形对比分析

由图 12-43 和图 12-44 可见，弹性 Biot 固结和考虑流变作用的 Biot 固结作用的地基沉降变形规律与实测数据比较接近。但是图中在加载初期，三条计算曲线与实测数据拟合情况较差，主要原因是实际施工的堆载过程是一个长期的过程，荷载须经过较长时间方可在地基中产生反映，但是有限元计算的过程中，荷载均是瞬间施加上去的，因此结果存在差异。当加载过程结束后，曲线的变化趋势则与实测情形吻合较好。

无论是一般区域还是古河道区域，考虑渗流时的地基沉降变化曲线与实测曲线差异很大，主要是原有的实测数据是在没有采用降水措施情况下测定的，如果不考虑有限元计算的荷载施加过程，仅仅从加载完成后（400 d 以后段曲线）曲线发展来看，沉降发展历时过程仍然符合地基的变化规律。之所以将渗流作用条件下的地基沉降变化曲线列入其中，主要是为了与其他曲线对比地基在不同过程作用下的发展趋势。

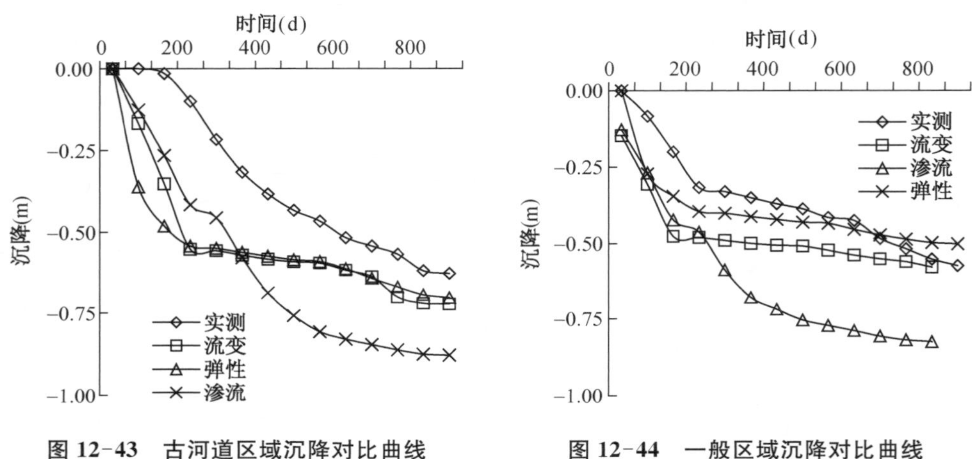

图 12-43　古河道区域沉降对比曲线　　图 12-44　一般区域沉降对比曲线

（2）地层内孔压分布比较

地层内的孔隙水压力的分布规律以及消散规律是地表沉降的直接影响因素，这里对比了未考虑渗流条件下地基内部超静孔隙水压力的实测结果和计算结果，如表 12-5 所列。当不考虑降水和流变作用时，仅仅弹性 Biot 固结与实测数据相比，孔压值稍小一些，而考虑流变作用时孔压则要大一些。弹性 Biot 固结结果的孔压小，是由于同等条件下，固结过程时间短，地层受到的附加作用力小所致。考虑流变作用时，由于流变附加荷载的作用，孔压数值不但要高，而且维持时间长，直至流变趋于稳定后，孔压方可慢慢完全消散。在考虑渗流作用时，在降水管附近的点，孔压极小；在降水作用不到的中部层组，降水早期孔压逐渐增加，并将远高于实测数值。但在地下水位稳定后，孔压增幅将显著减小，并随时间的发展而消散。孔压的消散过程相对而言要短于前两种情况。出现这种现象的根本原因是降水早期，土体有效应力逐渐增大，并作用有渗流体积力，使得附加荷载远大于前两种情况，从而导致孔压增幅较大；但随着时间发展，地下水位趋于稳定，水位下降导致的土体有效应力增量将趋于零，此时仅有预压堆载、渗流体积力和流变附加荷载继续作用，但是由于外部人为强制降水措施的存在，加快了固结作用过程。深部层组的计算结果与实测结果存在较大差异，主要是由于计算中假定粉细砂地层底板以下为完全透水地层，对超孔隙水压力的消散没有任何约束作用。实际由于粉细砂层以下地层在钻探取样时并未揭穿，具体地层信息不确定，同时深部地层必然对孔隙水的排出存在影响，因此导致计算结果与实测结果不完全相同。

表 12-5　地层内部孔压分布比较结果

<table>
<tr><td colspan="3">区段划分</td><td colspan="7">超孔隙水压力</td></tr>
<tr><td rowspan="6">古河道区段</td><td colspan="2">分类</td><td colspan="2">深度 0～10 m</td><td colspan="2">深度 10～40 m</td><td colspan="2">深度 45 m 以下</td><td>备注</td></tr>
<tr><td colspan="2">地层</td><td colspan="2">第②、③层</td><td colspan="2">第④、⑤$_{1-1}$、⑤$_{1-2}$层</td><td colspan="2">第⑤$_{1-2}$层以下（河道）、第⑤$_{1-1}$层以下（一般）</td><td rowspan="9">2002 年 12 月底的观测资料；

计算截止时间同样为 2002 年 12 月底</td></tr>
<tr><td rowspan="4">数据</td><td>实测</td><td>实测</td><td>计算结果</td><td>实测</td><td>计算结果</td><td>实测</td><td>计算结果</td></tr>
<tr><td>Biot</td><td rowspan="3">40～50 kPa</td><td>32 kPa</td><td rowspan="3">50～70 kPa</td><td>67 kPa</td><td rowspan="3">5～10 kPa</td><td>0.6 kPa</td></tr>
<tr><td>流变</td><td>61 kPa</td><td>88 kPa</td><td>0.9 kPa</td></tr>
<tr><td>渗流</td><td>25 kPa</td><td>114 kPa</td><td>0.2 kPa</td></tr>
<tr><td rowspan="4">一般区段</td><td rowspan="4">数据</td><td>实测</td><td>实测</td><td>计算结果</td><td>实测</td><td>计算结果</td><td>实测</td><td>计算结果</td></tr>
<tr><td>Biot</td><td rowspan="3">22～30 kPa</td><td>18 kPa</td><td rowspan="3">40～50 kPa</td><td>45 kPa</td><td rowspan="3">1～5 kPa</td><td>0.6 kPa</td></tr>
<tr><td>流变</td><td>34 kPa</td><td>59 kPa</td><td>0.9 kPa</td></tr>
<tr><td>渗流</td><td>20 kPa</td><td>91 kPa</td><td>0.2 kPa</td></tr>
</table>

12.4　机场跑道结构层地基梁/板数值分析实例

由于软基的固结和流变作用，地基变形是一个漫长的过程，从而导致地基、结构层的工后长期沉降/长期差异沉降也将有较大发展，因此，饱和软土地基工程的沉降控制，特别是对长期差异沉降的控制，是众多饱和软基工程所面临的关键问题之一。地基差异沉降的不断发展，必将导致地基上结构的内力分布发生改变，而当差异沉降导致的结构附加内力过大时，将使结构发生开裂而影响正常使用。为了避免由于地基差异沉降导致的结构开裂，主要有两个途径：一是合理控制地基的长期沉降/差异沉降，减小由之引发的附加内力，使附加内力在结构的容许范围内；二是强化结构设计并合理布置沉降缝，尤其针对危险截面，要提高结构的抗破坏能力。后者由于缺乏必要的理论支持，多按经验进行取值，不利于优化设计。因此，摸清结构因地基差异沉降引起的附加内力的变化，为结构设计提供必要的理论依据，使饱和软基结构的长期变形研究具有相当的重要意义。本节立足于饱和软基的变形时效特性，研究其上置结构的内力分布规律以及内力随时间的增长变化。

12.4.1　不考虑固结-流变耦合效应的弹性地基梁法

为了比较分析，先采用不考虑流变-固结作用的弹性地基梁法计算结构的内力，分析内力的分布规律。具体可以分别按照半无限体弹性地基梁理论进行分析。以某国际机场二期跑道为工程依托展开研究。机场跑道结构断面自下至上依次为：地基、底基层、基层、跑道面板。地基为前述的围海促淤形成的陆域地层。底基层为二灰稳定土，但是一般很薄，只是作为半刚性基层的过渡层，保证基层的防水性。基层为半刚性的二灰碎石层，要求基层必须能够承受荷载的反复作用，不会产生过多的残余变形，更不会产生疲劳弯拉破坏。虽然跑道面板（混凝土面板）由于纵横缝的存在和胀缝的存在，实际上是承受侧剪力的独立板块，板块的尺寸由纵横缝的位置决定，但是基层、底基层是连续体。这里的分析针对基层为主的结构层展开。

虽然 Winkler 弹性地基梁理论经过长期的发展，目前已经相当成熟，也具有了相当的实际应用经验，但是由于该理论固有的缺陷，即：只有在地基上部为较薄土层，下部为坚硬岩石时，地基的情况才与假定模型比较相近，这时计算结果才较为符合实际情况。但是对于地基为深厚土层情况时，则误差比较大。因此，本节基于半无限体假定，计算弹性地基梁的内力分布。具体的计算模型如图 12-45 所示。地基的模量取 $E_{地基}=12\ 000$ kPa。弹性地基梁的求解采用级数法，一般可根据计算精度情况确定级数的项数，为了简单起见，这里级数取 4 项。同时由于跑道结构层所受的荷载正对称，从而可将系数项减少一半，计算结果如图12-46—图 12-48 所示。

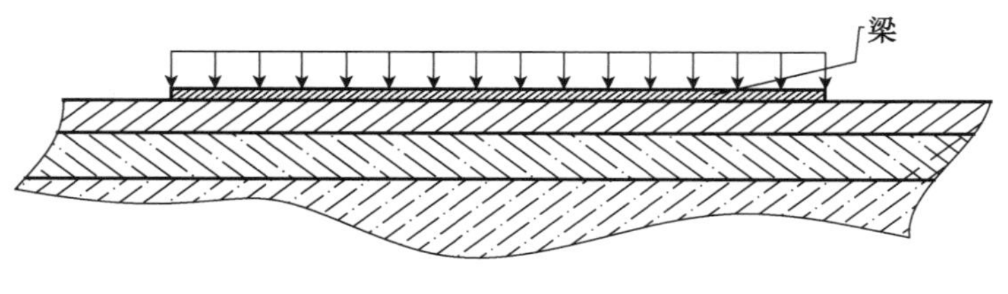

图 12-45　半无限体弹性地基梁计算模型

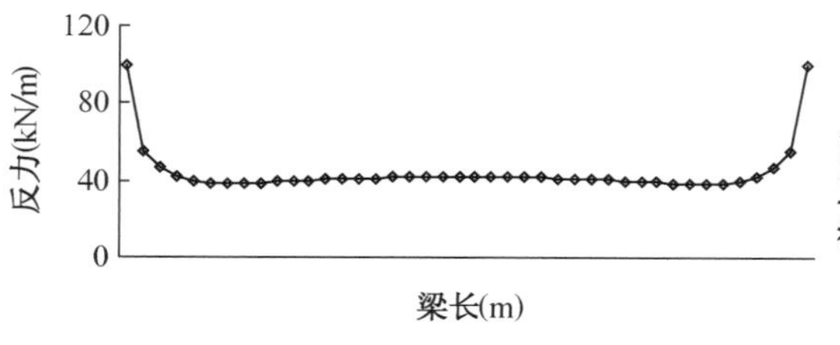

图 12-46　半无限体弹性地基梁反力曲线

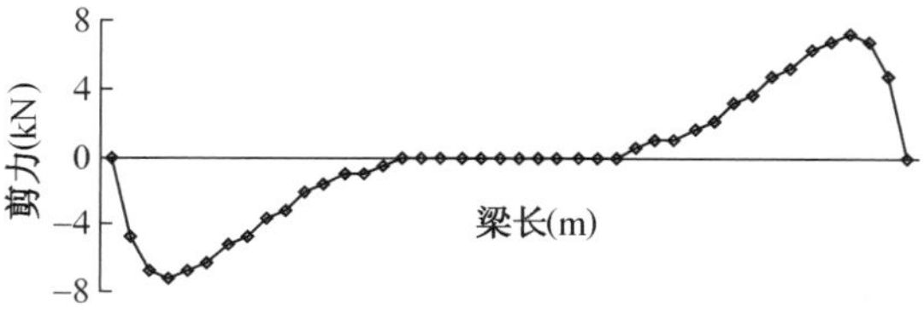

图 12-47　半无限体弹性地基梁的剪力分布曲线

图 12-46 是梁底地基的反力分布曲线。反力的分布在梁的两端相对较不均匀，而且两端的反力大于梁中部的反力。在梁的两端反力趋于无穷，自两端向梁中部，反力逐渐趋于稳定，并最终与梁所受到的均布作用力相等。在梁端部明显与实际不相符，虽然半刚性的跑道基层置于软基上，存在发生架空现象的可能性，但是由于地基变形的协调性，使得地基内应力分布发生变化，必然会反映在地基反力的表达上，因此实际中不可能发生梁的端部反力无穷大现象。这也是级数法求解弹性地基梁存在的缺陷。

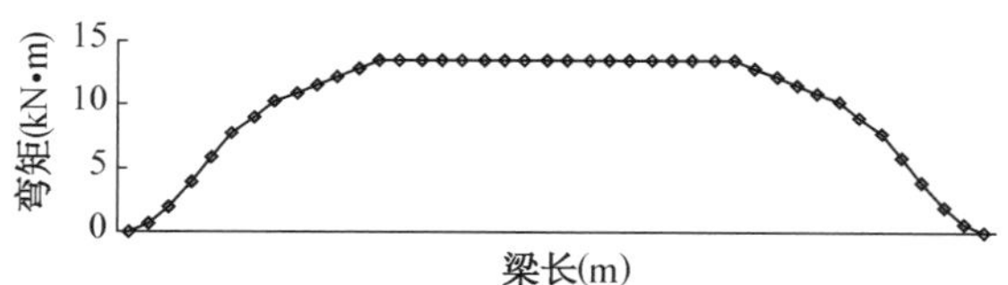

图 12-48　半无限体弹性地基梁的弯矩分布曲线

梁的剪力分布曲线如图 12-47 所示。剪力只存在于梁的端部，在远离梁端部时，剪力为零。梁的中部反力等于所承受的分布荷载，因此剪力为零。端部剪力分布则视梁参数而定，本例中梁符合无限长梁条件，因此在端部自由情况下剪力为零。

梁的弯矩分布如图 12-48 所示。在两端，由于梁端部自由，因此弯矩为零。由两端向梁中部，弯矩逐渐增大，并最终保持一恒定数值。可见，梁弯矩最大的部位出现在梁的中部。

梁的弯矩分布是均匀变化的，主要原因是半无限体弹性地基梁对地基沉陷的计算，是采用弹性力学基本假定，认为土体是均匀、连续的，因此地基在均布荷载作用下的沉降变形是均匀发展的，故此在考虑土-梁相互作用的分析中，梁的弯矩相对是均匀变化的。但是，因为地基反力的计算，在梁端结果出现无限大现象，与实际情况不符，从而导致梁的剪力在端部出现一定波动，但是当远离端部时，内力便恢复正常。

12.4.2　考虑流变作用的黏弹性地基板法数值分析

半无限体弹性地基梁理论，地基沉陷的计算都基于完全弹性假定，符合胡克定律。但是由于弹性过程是一瞬间过程，也就是说上述计算，地基的沉陷都是在荷载施加后瞬间完成的。当然上述假定与实际存在一定差距，土体变形的长期性已经在众多工程实践中得到印证，如何反映因地基沉陷的长期发展过程而导致地基上的梁/板（结构物）的内力变化过程，是众多软基结构物的现实问题。这里基于地基变形的长期性，研究地基工后沉降/差异沉降导致的结构物纵向弯矩的变化规律。没有分析结构的横向内力，是由于长条状结构物（如跑道结构、路面结构、长隧道结构等）横向刚度一般要远大于其纵向刚度，因此结构物的横向具有远高于纵向的抗弯能力；而且，在荷载作用相对较为均匀条件下，小范围内地基的差异沉降未必很明显，导致的横向附加内力也就不足以破坏结构体。

1）饱和软弱地基差异沉降变形

饱和软弱地基由于固结作用和流变作用，其沉降的发展是一个长期的过程，往往在工程运营后沉降仍然在持续发展。对于均匀的工后沉降，虽然不增加结构物的附加内力，能保证结构物的内力状态，但是也会影响工程配套的辅助装备的运行，甚至直接影响主体工程的正常应用功能。特别对于不良地质条件下的工程，大的工后沉降，必将导致大的工后差异沉降，进而使得地基上结构物的内力分布发生变化，严重的情况下可能会导致工程出现安全隐患。可见，工程的长期差异沉降是软弱地基处理所要考虑的关键。

（1）计算的假定

机场跑道采用“堆载预压＋高真空排水＋冲击碾压”法进行处理的地基，由于工期等原因，卸载提前，土体的预压过程受到影响，卸载时地基的固结作用尚未完成。为保证跑道地基的质量，卸载后采取强夯法进行浅层处理，希望改善表层填土的抗液化能力；同时也希望进一步加快地基沉降发展，减小跑道投入运营后的工后沉降；强夯形成的硬壳层可以有效减小地层中的峰值应力，从而改变地基的固结沉降和流变沉降。可以通过调整表层地层的参数，以模拟强夯形成的硬壳层对地基的影响，至于强夯形成的超孔隙水压力，认为在跑道基层和结构层施工过程中就已经全部消散，不对地基的长期沉降/长期差异沉降产生影响。

地基的长期差异沉降发生的主要原因，是地基固结变形、流变变形等在工程竣工后仍然持续发展，由于地层分布的不均匀，导致各个区域的长期变形存在差异，而且长期差异沉降将一直伴随地基的沉降变形持续发展。该工程场区的地质条件极为复杂，而且由于卸载提前，地基的固结、流变作用过程远未完成，工程必然存在工后长期沉降/长期差异沉降。对于差异沉降的模拟，将采取三维有限元黏弹塑性分析法，依据场区地质条件，模拟跑道各个不同地质条件区段的地基长期沉降/长期差异沉降，并研究地基存在不均匀沉降条件下的结构内力变化过程。根据场区的工程地质条件，沿跑道纵向将计算区域分为 8 个不同区段，各个区段具有不同的地层条件。

数值分析时，对跑道基层、强夯形成的硬壳层赋予较大的弹性模量，并且在跑道基层和地基之间设置间隙单元，以模拟地基与结构之间的相互作用。为了避免计算过程中出现单元嵌入现象，间隙单元的法向劲度系数取值保证足够大。地基的基层按照结构材料考虑，包括强夯层在内的地基按照一般土体材料考虑。这里没有考虑底基层底作用，由于一般底基层比较薄，如果考虑将其单独划分单元，不但不利于计算的高效性，而且可能导致病态矩阵的出现。这里计算时，将其归入强夯层一起考虑。结构材料的模拟，可以采用板单元，也可以采用实体单元（20 结点或者 8 结点），这里采用 8 结点板单元模拟结构材料。这样做的好处是可以避免采用六面体实体单元时，由于结构层的几何外形限制，单元在结构层附近划分比较密，影响计算效率。同时，由于结构层厚度较小，容易导致计算中产生病态矩阵，影响计算结果。在采用板单元的情况下，在划分单元时在结构层材料附近的地基单元划分稍密即可，然后逐渐过渡，单元边长逐步增大，这样可以有效减小单元数量，提高计算效率。

跑道结构层与土层接触面采用无厚度接触单元，单元取值统一。计算所采用材料参数如下：

跑道结构层：$E=5\times10^3$ MPa，$\mu=0.2$

其中：E——跑道结构层的弹性模量；

μ——跑道结构层的泊松比。

三维接触单元：$\lambda_s=100$ kN/m^3，$\lambda_n=2.0\times10^4$ kN/m^3

其中：λ_s——单元的切向刚度；

λ_n——单元的法向刚度。

(2) 考虑流变作用的地基变形分析

在跑道基层及面层施工过程中，早期地基预压、强夯采取的高真空排水措施不再使用，因此这里将不再考虑渗流作用的影响。

图 12-49 是跑道中心古河道区域和一般区域典型点的工后沉降历时曲线。工后过后，沉降要经历漫长时间方可能达到稳定。在工程竣工初期，工后沉降发展较快，但是工程运营过程中，工后沉降增幅逐渐减小，曲线逐渐平缓。一般区域和古河道区域的工后沉降历时曲线在初期比较接近，但是随着时间的发展，古河道区域工后沉降增量高于一般区域，并且古河道区域工后沉降较一般区域达到稳定经历时间更漫长。从结果上看，一般区域的工后沉降平均在 0.29 m 左右，而古河道区域的工后沉降平均在 0.37 m 左右。一般区域跑道工后沉降变形在 6 年后几乎已经达到稳定，其后的变形虽有发展，但是变化极其缓慢；而古河道区域同深度的沉降量较一般区域大，在 6 年时跑道工后沉降变形同期的沉降速率是一般区域的约 1.3 倍。

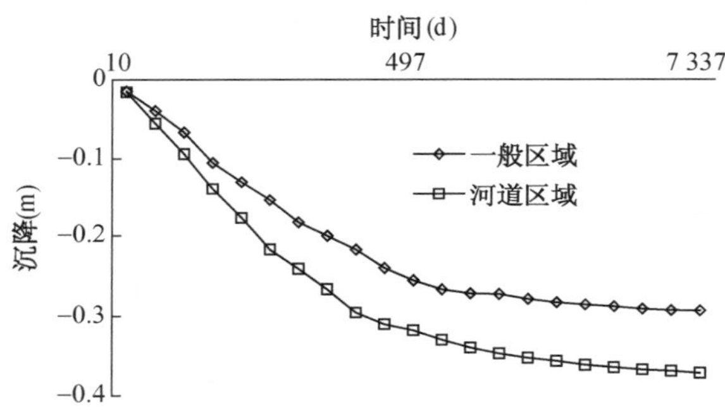

图 12-49 一般区域和古河道区域工后沉降历时曲线

图 12-50 是沿跑道纵向不同区域的沉降分布曲线(图中的工况 1 代表竣工后 180 d 时刻沉降纵向分布情况，工况 2 代表竣工后 360 d 时刻情况，工况 3 代表竣工后 6 年时刻的沉降纵向分布情况)。根据地质条件以及地表情况，计算中将整个跑道沿纵向分为 8 个区段，自北向南依次为狭长区 1、狭长区 2、滩涂区、古河道、滩涂区、鱼塘区、耕植区、南部狭长区。由计算结果可以得出，工后差异沉降在古河道附近最大，由于古河道区域具有更为深厚的软弱压缩层，流变以及固结效应作用极为明显，使得地基的沉降/工后沉降都较一般区域大。原鱼塘区域的工后沉降量除小于古河道区域外，较其他区域都大，说明由于原有水系影响，该区

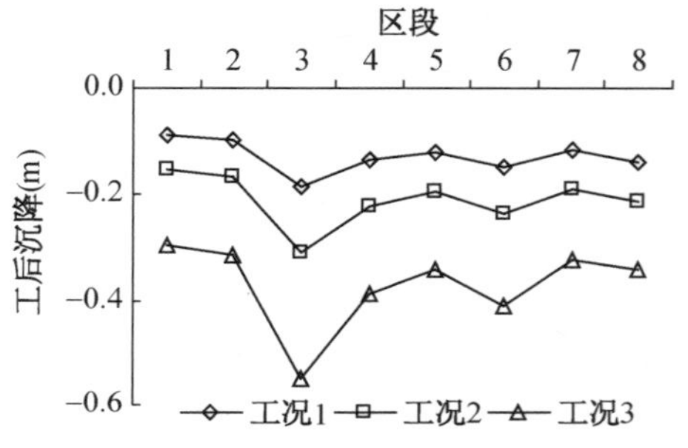

图 12-50 跑道纵向沉降分布曲线

域的地层工程性质较差，计算结果与地质条件相符。

图 12-51 是地基的工后差异沉降速率历时曲线。很明显，在工程竣工投入运营初期，地基的沉降速率最大，由于初期原有地基中存在较高的超孔隙水压力，而且地基的流变作用较为明显，因此沉降的发展较快。但是随着时间发展，地层中的超孔隙水压力逐渐消散，主固结过程将趋于完成，主固结沉降变形趋于稳定，地基由于主固结作用导致的沉降量便逐渐趋于零，而且同时土体的流变作用随着时间增长也将趋于稳定，流变导致的地基沉降必然越来越小。不均匀地基大的沉降量必然导致大的不均匀沉降量。因此，地基的不均匀差异沉降速率随着地基沉降量的减小而减小，也即随着时间发展而减小。

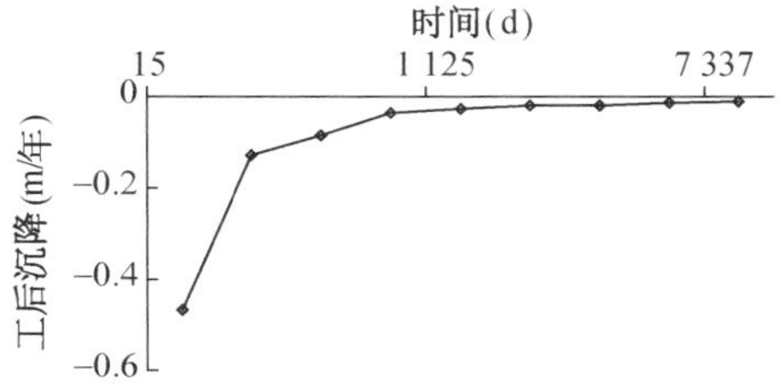

图 12-51　工后差异沉降率历时曲线

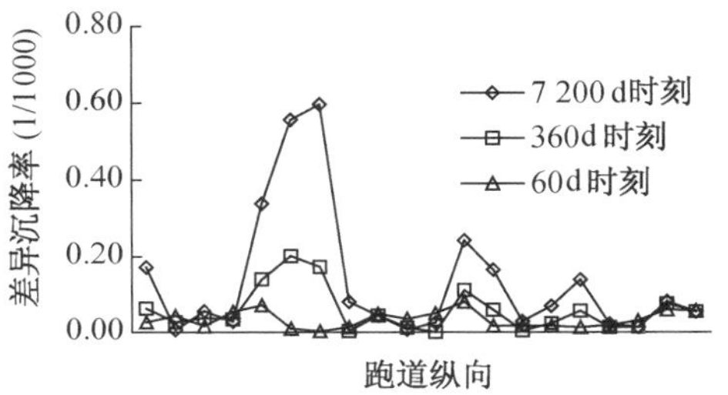

图 12-52　跑道差异沉降率纵向分布曲线

图 12-52 则是工后差异沉降率沿跑道纵向的分布曲线。由图可得，在竣工 60 d 后，虽然存在差异沉降，但是由于此时的地基沉降较小，差异沉降值并不高，因此沿着跑道纵向，差异沉降率变化很小。随着时间发展，地基沉降量增加，差异沉降量随着增加，导致地基的差异沉降率存在较大差异。图中差异沉降率最大的区段位于古河道区段，最大的差异沉降率为 0.6‰左右；原鱼塘区域次之，差异沉降率在 0.24‰左右。根据该机场跑道地基差异沉降控制要求，确保各处的差异沉降率不大于 1.5‰。因此，整个跑道区域的工后差异沉降满足设计要求。

2) *考虑流变作用的黏弹塑性地基上板变形数值分析*

由上述分析过程可得，由于跑道所在地层具有明显的固结、流变特点，地基的沉降具有长期性和不均匀性等特点，地基的工后差异沉降同样具有明显的时效性。由地基差异沉降导致的结构物内力分布变化规律具有一定的时效性。弹性地基上的梁的内力分析，可以简化为在外部主动荷载和地基反力共同作用下，考虑支座沉降的超静定梁的内力进行近似分析。但是，所求解出的梁的内力与时间项无关，无法反映内力随时间的变化规律。因此，为了模拟黏弹塑性地基上梁/板的内力(主要是弯矩)随时间的变化过程，采用数值计算方法，将跑道结构层按照黏弹塑性地基上的板来进行处理。

图 12-53 是不同时刻北端狭长区域跑道地基典型横截面沉降分布曲线。很明显，在工程建成初期，工后沉降很小，但是随着时间而逐渐增大。由图可得，工程建成 5 年内，跑道的沉降发展占总的工后沉降量的绝大部分。5 年时的分布曲线与 10 年时的分布曲线间差异很小，说明在工程建成 5 年时，地基的固结作用很弱，虽然次固结过程尚未完成，跑道的工后沉降仍在发展，但是沉降速率很小。

由图 12-53 和图 12-54 可得，不论在跑道中心区域还是跑道边缘区域，工后沉降区域稳定均要经历漫长的时间。在加载第一年期间，工后沉降的发展较为明显，随着时间的发展，工后沉降逐渐趋于平稳。由于大面积均布荷载的影响，跑道结构层边缘处，其沉降量要小于跑道中心处的沉降量。这里的沉降横向分布曲线与堆载预压时沉降曲线有所不同，堆载预压时，沉降曲线沿横向分布类似于马鞍形，加载中心处沉降量略小于坡角处，而这里由图 12-53可得，工后沉降横向分布曲线呈抛物线状。主要原因在于，堆载预压处理时考虑的荷载层类全刚性作用于地基,因此在加载边缘出现应力集中,使得沉降量较中心区域大。在工后沉降分析中,跑道结构层是半刚性的二灰碎石层和混凝土层,具有一定的适应变形能力,可以与地层协调变形;且地基经过强夯处理,极大提高了地基表层 6～9 m 深范围内土体的强度,所形成的硬壳层有效地分散了作用荷载,很大程度上弱化了结构层边缘应力集中现象,使得地基的沉降更加均匀。

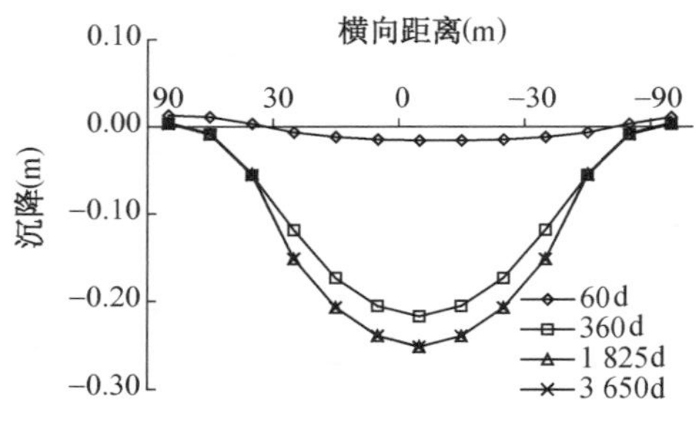

图 12-53 不同时刻跑道地基某典型横截面跑道工后沉降分布曲线

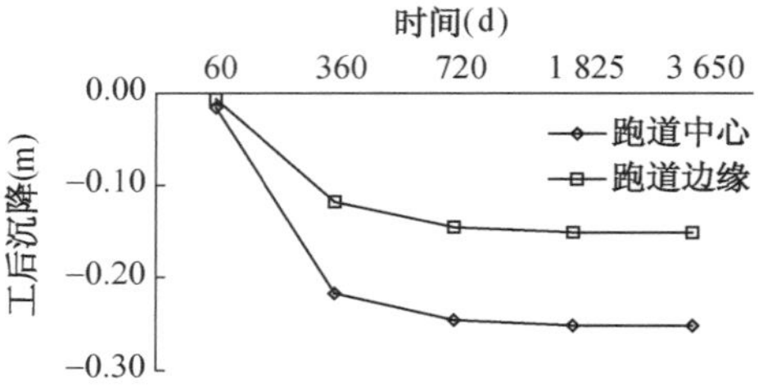

图 12-54 北端狭长区段跑道地基某典型横截面工后沉降历时曲线

如果结构不存在差异沉降,整个跑道结构层则完全处于刚性移动状态,并不产生附加的弯矩等内力;反之,地基的不均匀沉降会导致其上结构的内部应力场发生变化,以适应结构随地基的同步协调变形,此时结构层将表现为剪力、弯矩等随之改变。因此,工后差异沉降是结构层产生附加内力的直接和根本原因。图 12-55 是跑道某横截面处纵向弯矩历时曲线图,弯矩的历时曲线与工后沉降/工后差异沉降的历时曲线图(图 12-53)具有协调的相关性:在竣工初期,跑道的工后沉降/工后差异沉降很小,结构层的弯矩也很小;当沉降量随着时间而增长时,差异沉降量同步增大,于是结构层在外部荷载作用下,其内部应力重新分布,进而产生与结构层差异沉降相关的附加弯矩和附加剪力,随时间逐步增大。工后沉降经长期发展,最终将趋于稳定,工后差异沉降量随之也趋于稳定,此时结构层的附加内力也趋于稳定。弯矩值稳定在 180 kN · m 左右,此时的弯曲正应力达到最大,约为 0.4 MPa。根据相关规范要求,机场跑道基层、高等级公路基层二灰碎石层的强度须大于 0.8～1.1 MPa,因此跑道结构层的强度符合设计以及规范要求。

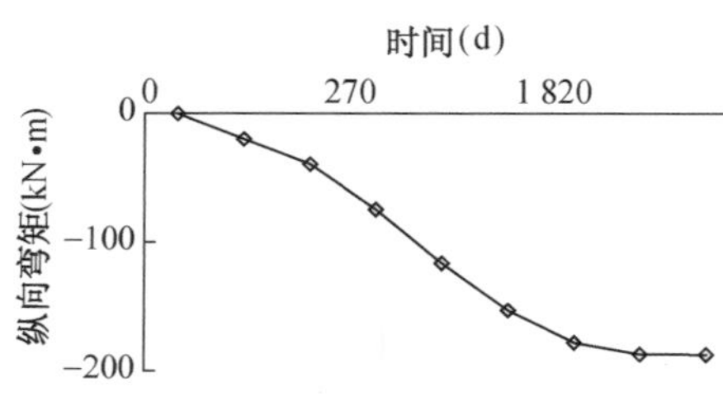

图 12-55 跑道纵向弯矩历时曲线

图 12-56 是跑道结构层纵向弯矩沿跑道纵向的分布曲线。由图可得,跑道的结构层纵向弯矩具有时效性和空间性。由于全长 6 000 m 的跑道分别经过不同的地质区域,使得地基工后沉降在不同区域具有较大差异。实质上可以将整个跑道地基看作分段均匀的,不同的分段具有不同的工后沉降特性,因此导致了跑道结构在不同区段具有不同的弯矩分布。初期,虽然场区不同区段存在地质条件差异,但是因工后沉降/工后差异沉降并不大,因此结构层的附加弯矩相应较小,而且各个区段差异不大。图中竣工 180 d 时,弯矩的分布曲线除在古河道区域有较大波动外,其余各段变化并不大。这说明,该时刻地基的差异沉降除古河道附近外,其余各段较为接近。古河道段与其余段交界处,弯矩出现反弯点,主要是由于交界处地基存在沉降差,情况类似于超静梁支座发生向上位移,在支座处存在反向弯矩。因

此，因不同区段交界处存在的沉降差/差异沉降，使得该处的地基反力较其他区域大，存在的反力差会对跑道结构层产生反弯矩，从而减小该点处的总弯矩数值。180 d 时刻工后沉降与其导致的结构层弯矩对应关系如图 12-57 所示，需要指出的是，图中的工后沉降为了在图中明了显示，均放大了 500 倍。由图中对比可知，在不同区段存在的沉降差，导致区段交界面处的弯矩减小，但是离开交界面部位后，由于沉降大的区段将会在结构层与地基间存在间隙，使得地基对结构层的反力显著减小，从而导致区段在外部荷载作用下的弯矩增加，而且随着时间的推移，如果沉降差持续增大，结构层的弯矩便同步显著增大，最终导致结构层断裂。图 12-58 是工后 3 620 d 时结构层弯矩和工后沉降对比图。对比分析图 12-57 和图 12-58，后者无论工后沉降还是弯矩，变化明显大于前者，说明随着时间的持续发展，跑道地基的差异沉降也在增长，直接导致结构层的弯矩随之发生较大变化。图 12-56 中，工后 1 825 d 时的弯矩在跑道南端各区段减小，说明虽然南部区段的工后沉降随着时间发展在增加，但是随着时间推移，其沉降差逐渐趋于平缓，结构层的弯矩随之重新分布。以上结果更显然说明，跑道结构层的内力变化，并不是与地基的绝对沉降量数值直接相关，而是与地基沉降差值紧密相关，结构层发生的均匀沉降，并不会导致结构层内部应力场发生改变，结构层的刚性位移对结构使用的影响只是在其辅助功能或者机场的配套系统方面，如跑道道面的排水、地下管道的安全、信号灯等的设置等。

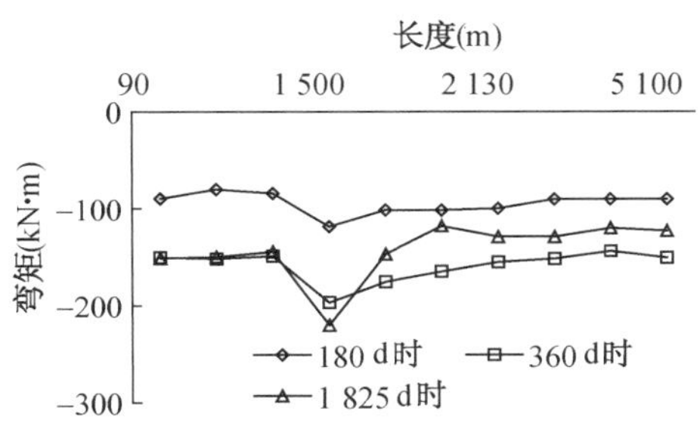

图 12-56　跑道结构层纵向弯矩分布曲线

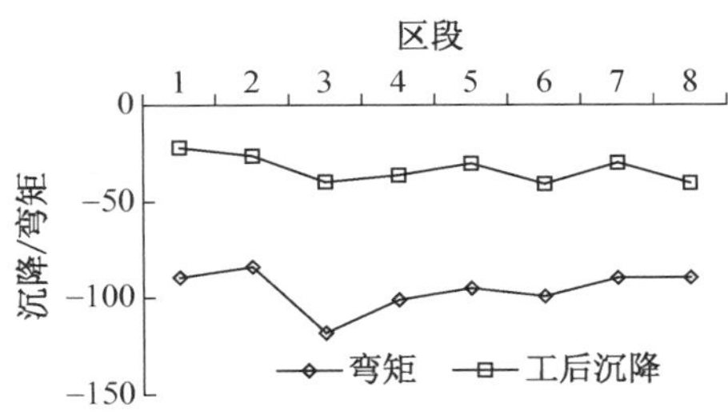

图 12-57　180 d 时弯矩与沉降对应曲线

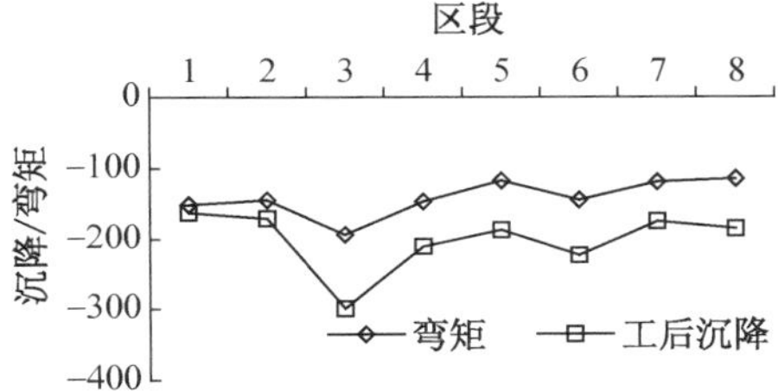

图 12-58　3 620 d 时弯矩与沉降对应曲线

考虑时间效应的跑道结构层的弯矩分布显然与仅仅考虑地基弹性沉陷的半无限体弹性地基梁的结果存在较大差异：后者除在跑道端部弯矩存在变化外，其余段弯矩是均匀分布的，端部的变化与假定梁的端部自由有关，并且弯矩与时间无关；而前者单从弯矩分布来看，则具有一定的波动性，并不是各个区段均匀分布，只是这种波动性与地基的差异沉降密切相关，同时随着时间发展，弯矩处于变化之中，直到地基的工后沉降/差异沉降趋于稳定，弯矩将会保持稳定。

综上所述，对于饱和软黏土地基上结构物，其内部应力场是随着时间而变化的，结构的内力并不是在时间、空间范围内均匀分布的，研究其内力的时间效应和空间效应有一定的实际应用意义。

12.5　本章主要结论

本章研究以土体弹性 Biot 固结理论为基础，通过建立固结、流变耦合模型并计入地下水渗流、固结、流变三者相互作用的分析方法，运用有限单元的自编专用程序软件，分别研究了饱和软基黏性土体在时效过程作用中沉降变形的规律性；并进一步探讨了分段均匀地基的长期工后沉降/纵向差异沉降的历时发展。结合岩土介质与上覆跑道(地基梁板)结构的相互作用理论和方法，依托沿海某机场跑道软弱地基工程(经过浅部轻井点降水并堆载处理加固)，研究并预测了该跑道结构层纵向弯矩的时效分布。已取得的研究成果和主要结论，可归结为以下各点。

1) *在横观各向同性土体介质渗流场、应力场、位移场的三场耦合分析方面*

本章研究以修正的 Komamura-Huang 模型为基础，建立了改进的流变模型，并将模型应用于 Biot 固结和渗流效应，建立了相应的耦合相互作用分析；为了充分模拟土体介质成层分布的特点，计算中引入了横观各向同性介质假定，并建立了横观各向同性介质的应力场、位移场、渗流场的三场耦合分析模型，推导了多场耦合分析的有限元法方程。对于高地下水位下的饱和软黏土地基，因人工强制排水措施而导致地下水流的动力作用下，运用所建立的地下水渗流模型并针对设定的稳定渗流场，采用可变网格法探讨了不同降水深度条件下的渗流场分布。

对分段均匀饱和软土地基，比较分析了 Biot 固结模型、固结-流变模型和渗流-固结-流变模型的地基沉降，以及土体超静孔隙水压力的变化。就弹性 Biot 固结分析而言，地基的沉降变形和孔压分布性状、对计入土体流变作用与否其二者间存在有较大差异；在不计及土体流变条件下，地基沉降量和土体孔压值都偏小，且此时孔压的消散过程明显快于考虑流变耦合作用时的情形，其地基沉降变形达到稳定状态也比较快，在堆载情况下其土体固结作用的影响深度比较小。土体固结-流变模型的计算结果与实测值间的吻合性则比较好，且更能反映土体变形的长期历时变化。相对地，比之 Biot 固结而言，其土基沉降的影响深度更深，而孔压的消散、地基沉降发展的历时变化时间上也都明显较长。在存在明显水头差的地基中，地下水渗流作用对地基沉降的影响是不可忽视的。考虑渗流场作用时，不但地基的沉降量显著增大，同时土体内部在渗流作用下其孔隙水压力的时效增量也明显增大。但是，在渗流作用早期，土体内孔压的历时消散比较快，而渗流后期则孔压的消散过程明显减缓。不同的降水深度对地基沉降和孔压的影响都很显著，随着降水深度的增加，地基沉降量明显增加，而地基内超孔隙水压力则同步降低，这加速了超孔压的消散进程，对于减小地基工后沉降具有相当的促进作用。

在地下排水管的影响范围内，土体中孔压的分布与其他区域明显不同，越靠近排水管位置，孔压的消散过程越快。合理设置排水管数量和布设花管的深度位置，对于排水和地基土固结的效果都有着重要影响。

在地下古河道区域，因软土层深厚，其地基沉降以及沉降的历时变化均大于其他区域，而且，古河道区域的荷载影响深度也较其他区域更加深。

2) *在地基工后沉降/不均匀差异沉降、长期流变时效特征的分析与预测方面*

以该机场跑道工程为依托，建立了跑道地基工后沉降的分析模型，并有针对性地取古河道区域和跑道北端狭长区域作对比分析。结果表明：古河道区域地基的工后沉降量大于北端狭长段地基的工后沉降量，其变形历时也更长；在竣工后的前两年内，地基工后沉降的发展较为显著，其后虽然沉降仍在持续发展，但沉降速率将随时间逐步减小。在古河道区域内，跑道地基沿纵向的工后沉降量比较大，在古河道南侧的滩涂区和鱼塘区则次之，而在古河道区域与两侧区段交界处其差异沉降量为最大。

工后差异沉降也随时间而变化。差异沉降量在竣工初期较大，差异沉降速率的历时发展则逐步降低，并最终趋于收敛的稳定值。

3）在机场跑道结构层纵向弯矩的长期流变时效特征分析与预测方面

在对跑道结构层纵向弯矩变化规律的研究中，考虑地基变形的时效性是非常必要的。通过对比分析，对采用不考虑时间效应的弹性地基梁模型而言，跑道结构层的纵向弯矩分布与按分段均匀分布的黏弹塑性地基结构模型相比较，其纵向弯矩分布呈现明显的不均匀性，差异沉降量大的区域其纵向弯矩也大，而差异沉降量小的区域则纵向弯矩也小。跑道结构层纵向弯矩与地基绝对沉降量无关，而对地基的差异沉降量则是相当敏感；结构纵向弯矩随时间的发展而持续变化，当地基的差异沉降呈现出在达到收敛稳定以后，结构层的弯矩亦将同步呈现出趋于收敛稳定的值。

4）在层状横观各向同性土体介质计及地下水渗流效应的固结-流变耦合分析有限元法专用程序软件研制与开发方面

采用模块化编程思路，本章分别阐述了笔者研发的三维自由面渗流模块、黏弹塑性分析模块、Biot 固结模块、大型矩阵分解模块和大型方程组求解模块等，并最终组成分析多场耦合作用的有限元法专用程序软件。

研发了适用于进行变网格法搜索自由面的渗流模块，并采用节点坐标法利用流体单元与实体单元的结点关系实现了耦合分析，开发了重新形成流体单元的平面和三维网格划分子程序模块，它对分别输入均匀水头和输入不均匀水头的两类不同情况均可适用。

参考文献

[1] LEE K M, JI H W, SHEN C K, et al. Ground response to the construction of Shanghai metro tunnel-line 2[J]. Soils and Foundations, 1999, 39(3):113-134.

[2] SHIRLAW J N. Observed and calculated pore pressures and deformations induced by an earth balance shield[J]. Canadian Geotechnical Journal, 1995(32):181-189.

[3] VERRUIJT A, BOOKER J R. Surface settlements due to deformation of a tunnel in an elastic half plane[J]. Geotechnique, 1996, 46(4): 753-756.

[4] BIOT M A. General theory of three-dimensional consolidation[J]. Journal of Applied Physics, 1941, 12(2):155-164.

[5] BIOT M A. Theory of elasticity and consolidation for a porous anisotropic solid[J]. Journal of Applied Physics, 1955, 26(2):182-185.

[6] 赵维炳，施建勇. 软土固结与流变[M]. 南京：河海大学出版社，1996.

[7] 张冬梅. 软黏土的时效特性分析及隧道长期沉降预测[D]. 上海：同济大学，2003.

[8] 丁洲祥. 连续介质固结理论及其工程应用[D]. 杭州：浙江大学，2005.

[9] 赖允谨. 饱和软土介质考虑渗流与流变非线性耦合的基坑工程三维有限元法分析[D]. 上海：同济大学，2003.

[10] 李西斌. 软土流变固结理论与试验研究[D]. 杭州：浙江大学，2005.

[11] 黄义，何芳社. 弹性地基上的梁、板、壳[M]. 北京：科学出版社，2005.

[12] 吴小建. 饱和黏弹塑性软土地基上梁/板数值分析[D]. 上海：同济大学，2006.

[13] KIM Y T, LEROUEI S I. Modeling the viscoplastic behavior of clays during consolidation: application to Berthierville clay in both laboratory and field conditions[J]. Can Geotech J, 2001, 38(3):484-497.

[14] Yin J H, Zhu J G, Graham J. A new elastic viscoplastic model for time-dependent behavior of normally and overconsolidated clays: theory and verification[J]. Can Geotech J, 2002, 39:157-173.

[15] 陈晓平，白世伟. 软黏土地基黏弹塑性比奥固结的数值分析[J]. 岩土工程学报，2001, 23(4):481-484.

[16] 李希元. 上海市区饱和软黏土的三维非线性黏弹塑性流变分析[J]. 工程力学，1997(增刊):443-452.

[17] 郑明榕，陆浩亮，孙钧. 软土工程中的非线性流变分析[J]. 岩土工程学报，1996, 18(5):1-13.

附录 作者近年来在各地重大桥、隧工程评审会议上的书面意见等摘引

与以上各章不同，本章内容汇录了晚近十余年来本书作者孙钧院士在国内一些重大桥隧工程专业会议上的书面意见；此外，还有在接受专业媒体采访时对某些技术性问题的认识和建议。由于国家工程建设事业的蓬勃发展，诸如：铁路、公路越岭隧道，城市地铁以及其他各类型的地下工程，特别是跨江、过海水底隧道等领域的专业技术问题此处都有所涉猎；在桥梁工程方面，本章有关各节所述多侧重于桥梁下部结构的设计施工，诸如：大桥墩基的巨型钻孔灌注长桩、悬索大桥锚碇深大基坑等的静、动力问题，不一而足。这些专业会议多数属对各种工程方案、"预可"和"工可"以及初步设计阶段的论证和评估，少数是竣工验收阶段的技术鉴定，它们关系到工程整体设计施工的成败，与本书主题探讨这些地下结构的理论和应用也都密切攸关，对今后相类似工程建设当有重要的借鉴和参考。为此，摘选了其中的 20 项，按每节一处工程对象为依托作撰述，以飨广大读者，并请业界同仁不吝赐正。

附 1 港珠澳大桥岛隧工程

1.1 第一次会议

1) 总体看法

(1) 自 1910 年美国底特律河采用沉管法修筑水下铁路隧道以来，100 多年来国内外交通水下隧道沉管已建成 130 余座，可谓已遍及 6 大洲、30 多个国家；国内大型交通沉管隧道亦已建成 4 条。一些技术指标多有超过此处珠海隧道的；但就海中管段的总长度而言，此处总长度达 5 700 m，居世界前茅。可以认为，国内、外已有不少成熟的经验做法，可资参考借鉴。

(2) 伶仃洋外海海床相对稳定，海床冲淤变化不大，潮流平均流速小，涨落潮的潮位差也小(它不似比利时 1980 年所建的某河下沉管，其最大河底流速达 3 m/s，潮位落差大于 9 m，困难就大多了，但也取得了成功)，此处隧位海上无风和小风的天数多，波平浪静，为常态情况，等等。这些都是此处修建沉管所具备的客观有利条件。在前几次的立项会议上，笔者已多次强调说到这方面的优势，认为此处沉管隧道不仅可行，而且也比建桥和用盾构法建隧更为经济合理。

2) 设计、施工难点和工程成功要害

(1) 海水最大深度处，水下开挖基槽底标高达一45 m，这样的深水、深槽作业，其质量难以掌握，且因随机变化因素多，风险控制难度也高。对此，国内外似仍感缺乏实践经验。就施工第一阶段(2011 年)的水下深槽开挖、清淤和基础处理的所用机械与自动探测设备等都要求慎酌后优选择用。

(2) 在外海海域要历经几年的长时期施工，突发热带气旋和强雷暴等恶劣气候均有可

能发生;如遇基槽浚挖,届时要防范坍槽而坑壁失稳塌滑;管段浮运、沉放作业时,则一定要避开强风暴雨、波高浪急。

(3) 沿隧址一线为通航要道,水上交通繁忙,对施工期航运组织,以及管段浮运、沉放作业时是否和可否短时间封航,届时对航运的影响程度如何,都要做到心中有数,并事先与港口、航运等相关部门取得共识,有文字协议就更好。

(4) 为浮运中管段干弦高度和定倾度要求,对海水容重和混凝土浇筑时的重度都要有严格控制。

(5) 22.5 m 一个节段为全断面、全节段连续浇筑情况下,对商品混凝土的持续不间断供应、混凝土多天连续浇捣作业中存在的问题和困难,都要有足够估计,遇困难和不测时要有事前估计到的技术预案。

(6) 海上作业要经历几个台风季节,又受人工岛和基槽开挖以及临时航道和浮运水道浚挖影响,施工水域的流态复杂多变,会影响管段沉放就位的准确性和精度。

(7) 要求在 36 个月内完成全部管段 5 700 m 就位安放,粗估似感工期十分紧迫,具有很大的挑战性。

3) 总体设计中的几个问题

(1) 综合勘察和环境侵蚀作用

① 为了管节的浮运沉放和系泊安全,要调查历年来的全年最大浪高和波高小于 0.6 m 的天数、出现的具体时间和出现频率;此外,在海床流速和流向方面,要调查涨急的最大和最小断面,涨急平均断面的流速以及涨、落潮时的平均流向。这些,不仅沉管施工作业时需要,对选择合适的基础处理方案和日后沉放对接也都是重要依据。

② 此处属具有一定高烈度的地震区,海床局部地段如遇浅部松散饱和粉细砂层(海床下 15 m 以上部位,尽管更浅部有薄层黏性土),均要探明其地震液化程度,它关系到地震时沉管场基的稳定性。从液化指数大小来判定“液化等级”、“局部液化范围”或“不液化”。

(3) 海水中 Cl^- 和 Mg^- 以及有否弱酸性 SO_4^-,对沉管混凝土内钢筋的腐蚀情况,这关系到沉管的耐久性。国内高校已有专用软件可以定量地预测隧道服务寿命(按①承载力全部丧失和②裂缝历时扩展到使用极限状态,两种准则作预测),预测值已可以做到八九不离十;另有半概率极限状态设计法作结构耐久性设计。此外,隧道内日后运营跑车,尾气 CO_2 和 CO 排放对沉管混凝土保护层的“碳化”剥落、进而侵蚀钢筋,想已立设专题作了这方面研究。

(2) 管节长度

对于管节长度,现确定用 180 m(分 8 节节段浇筑,间距 22.5 m)。一般按线路水中段的纵断面进行设计,以变坡点为界,综合计及各个影响因素,经优化比选后确定管节长度。其中,要重点关注海床水文因素:在浮运、沉放时,要受到水流对管段正面、侧面不同方向的冲击作用。国际隧道协会有统计:当浮运、沉放时流速约等于 1.5 m/s 后,管节长度不宜大于 140 m。此处,海床流速小,浮运、沉放一定会选在风平浪静之时,当不受这一因素控制,采用 8×22.5 m=180 m 可认为是合适的。在沉管隧道作纵向设计计算时,管节接头相当于一处沉降缝,故单节管段越长,其纵向弯矩将越大,沿纵长的弯矩分布也就越不均匀。此外,由于沿隧道纵轴线海床地质不均匀,管段长度大时结构纵向因地基不均匀沉降而对受力不利。但因沉管受浮力作用其基底沉降问题一般都不突出,上述情况也可能不明显。

(3) 沉管隧道的纵向设计

通常都把设计注意力关心在结构横断面计算,而对纵向分析计算用的心思感到还不太够。但纵向设计问题对沉管隧道而言却也同样十分重要，有必要在这里说明一下。

① 纵向不均沉降中的“强迫变形”问题。

这里，不是指因沉管自重、顶板覆土和水压力以及日后车行活载引起的荷载沉降，由于上浮力的作用，这种由荷载计算出的沉降值一般很小；故通常说法：任何松软地基都适合建造沉管基础。此处指的则是沉管地基基础的自我沉降，国外称之为“强迫变形”(forced deformation)；而把前面讲的则称之为“作用效应”(action effect)。

该沉管隧道，按上述“作用效应”计算，其沉降值仅 1 mm；而实际按地基局部沉降所引起的不均匀的“强迫变形”则实测值达 30 cm 以上。主要是因深基槽开挖使土体应力释放导致基底软土回弹，特别是深开挖基槽后因槽坡侧向上方土体向坑底槽内挤涌产生基底土体的塑性隆起，这个量值将达到可观的大值；待再承重沉管结构后，这些回弹和塑性隆起的地基土将又产生土体的再压实沉降；再则，是经受开挖施工扰动产生的基底土体松动下沉。这些沉降值往往很大，且沿纵向分布很不均匀，但也同样是可以计算预测并作设计控制的。

这种过量沉降，特别是沿纵向的差异沉降太大后，有可能使管段接头张开而致管内进水；同时，还会使洞内运行线路不平顺而车行颠簸。

不过，这次会议上不少评委担心沉管隧道日后的差异沉降会否过大的问题，我认为是不足为虑的；从国外大量的实践情况看，由于沉管有很大的上浮力作用，对地基土甚至无严格要求，也未见有过大差异沉降的报道。上文所述的“强迫变形”，在管段对接并落定的早期已经基本完成，笔者认为不致出现过大的后期沉降。

(2) 考虑接头有限刚度的“不完全铰”(半柔半刚)作用，可参见盾构管片衬砌的环缝接头刚度，意思差不多。计入这种接头刚度效应的沉管隧道纵向分析，可按三维有限元地基梁计算。接头抗弯刚度是非线性的，如有条件做试验得出，自然就更好，也有必要。由于沿纵向地基土性变异和上覆回填土厚度不等，以及沿纵向水深变化引起的纵向差异沉降与纵向内力是管段接头防水设计和纵向配筋的依据。

(3) 在上述采用三维有限元模型按弹性地基梁进行分析时，就上海外环线沉管过去的做法：管段结构体和接头均用 8 节点空间实体单元、接头间的橡胶支座采用仅能承压的压杆单元，而 GINA 止水带(指一种在单向水力压接时，当沉管沉放落床后相邻管节大接头间采用自然橡胶制作的一种专用的止水带)则改用非线性组合弹簧单元(其抗弯刚度随正、负弯矩而不同，并随其值的大小而变化，且竖向和水平向接头抗弯刚度的取值也不同(此处非线性弹簧的抗力不是常数，而需由接头刚度试验测得)；地基土采用弹簧单元或也划分有限元。PC 拉索采用仅能承拉的拉杆单元。由于(竖向和水平向)剪切键为空腔钢(或钢筋混凝土)结构，可采用等效剪切刚度原则来确定其抗剪模型的尺寸。这样，划分的单元数将十分可观，但均可由程序的前处理软件自动生成，需要用大内存的主机进行运算且耗时很长。模型两端为人工岛段主体结构，在纵向整体分析时作为边界条件来模拟。由于接头多，管节长度(180 m)有限，一般地，海中沉管段的纵向弯矩值不会很大；但在两端人工岛与暗挖段相连接处，由于底板下地基土性变异大，使这附近管段顶底板的弯矩值增大。截面剪力计算值也以端头管段接头处的剪力值为最大。主要是计算接头的沉降位移和接头张开量。问题重点是各该处的纵向挠曲变形大而不均匀，属大变形差异沉降；为减小该处纵向不均匀沉降，有否需要在海床段沉管两端与暗挖段连接管段端头接头部位的基底，局部打设短桩做人工基础？请酌。

(4) 关于沉管结构耐久性问题(此处设计的安全正常使用基准期，要求为 120 年)

管段混凝土采用防腐、抗渗性能好的 C50 高性能海工钢筋混凝土。混凝土采用“双掺”

技术，要控制其凝胶材料的最小用量，并限制水胶比；要研究海水浸渗混凝土中的最大 Cl^- 含量并控制入浸混凝土后的 Cl^- 扩散系数；要采用非碱活性骨料，控制混凝土中的最大碱含量，不使其超过水泥重所控制的最大比值；采用多种外加剂时要测定其相容性；还要控制混凝土入模温度(如<28℃)。要立设专题研究海洋环境下海工高性能混凝土沉管结构的防腐蚀工程措施(主要是降低海水中氯盐对混凝土的腐蚀以及 CO_2 和 CO 等洞内汽车尾气对隧道内侧沉管混凝土保护层的碳化)。

限于会议和发言时间，在本次会议讨论的内容中，以下只选取了：①沉管预制和混凝土裂控问题；②动水下深基槽浚挖与处理，这两个方面写述一点认识；其他方面的意见，容在下次开会时再交流。

3) 关于管节段预制时的混凝土裂控问题

(1) 对大体积混凝土以水化热温升为主控对象，而对长构件则以约束收缩为主，两者有关联却又不是一回事。

(2) 混凝土浇筑入模后，因自身水化学反应以及外界和其内部的温度与湿度变化，混凝土会产生收缩或膨胀(体积变化)。当温度收缩过程中受到内、外部的约束，而不能自由收缩变形则产生收缩拉应力，当其超过该龄期的混凝土早期(凝缩期)抗拉强度时即形成拉裂缝。这里有：

① 收缩裂缝：边界外约束——如底板先浇已终凝，再浇墙板，新浇墙板的收缩变形(凝缩)受到已结硬底板的约束而不能自由收缩变形，产生“约束收缩”(自收缩)的拉应力，此时，混凝土在凝缩阶段的早期抗拉强度低，从而会在长构件的中部形成沿墙厚贯穿性的拉力裂缝；

② 水化热裂缝：大体积混凝土，其内部和外表面间局部出现程度不均匀的收缩，外表面收缩变形大，而受到内部约束致产生拉应力，在混凝土内、外部的温差达 15～20℃时，在混凝土表面将产生因水化热引起的温度裂缝，属早期的表面裂缝；在混凝土后期干缩过程中温差变形会进一步向混凝土深部延展，有可能使裂缝向深部内扩，甚至形成沿层厚的穿透裂缝。

(3) 沉管制作中的墙板裂缝最为常见。它常见于脱模后的早期时段，往往是上述前者的约束收缩和后述的温差变形二者共同影响的结果。二者中以何者为主，则要视混凝土体积、外部约束条件(是整体还是分块浇筑)、构件长度(此处为 22.5 m 一节段，不长，情况较好)、环境气温和湿度条件、水泥品种、标号和用量、混凝土材料配合比，以及日后的养护情况等诸多因素而定。这里，前者所述容易被忽视，特别是沉管混凝土标号 C35～C50，后浇带(如果采用)用 C40～C50，比一般大坝混凝土的标号要高，这时水泥胶凝材料用量大、标号高，其约束自收缩的总量将会更大，问题似更显突出；掺加减水剂后可使混凝土总的收缩量有所减小，但早期凝缩量反而增大，对环境因素变化的影响也更为敏感；又若掺合料用量过大，虽因减少了水泥用量而降低了水化热，但混凝土泌水量增大，对此处管段有大面积暴露的顶、底板和外墙面，更容易因出现不均匀的表面收缩而开裂。

(4) 珠海年平均气温高、夏日时间长而湿度又大、管段预制历时长，很难安排避开不利气候条件。预制工期很长，各不同管节其混凝土浇筑的环境温度和湿度也难于控制到较理想状态。这些将是客观存在的不利条件，应引起关注。

(5) 裂控问题。

① 配制高性能海工混凝土，要注意水泥品种、用量和标号，合理掌控水胶比和含砂率。混凝土配合比现已有不少现成资料可经试验后参考采用；抗渗等级视水深确定，最小也应大

于 P10—P12。

② 外掺剂——磨细矿粉、粉煤灰等活性矿物掺合料，可以减小水泥用量以降低水化热温升，并使其具有较高的早期强度、浇捣时和易性好等优点，抗压强度仍可达到 C40 以上。

③ 适量掺加混凝土微膨胀剂，至少使收缩率降低；据资料报道，还可掺加聚丙烯纤维，它对提高混凝土早期抗拉强度，防止混凝土早期表面裂缝较为有效。

④ 监控混凝土内部最高温度宜在 62～65℃及以下，混凝土入模温度宜小于 28～30℃；夏日气温高时要用冰水作搅拌用水(香港)、水泥先自然冷却，尽可能晚上、甚或后半夜浇筑(但此处全管节 22.5 m 一次连续整浇，将耗时 1～2 个昼夜不间断，如希望选择温度低的时间，可能做不到)，构件内外温差宜控制不大于 25℃，混凝土升、降温速率也要有控制。

⑤ 养护中要保温(控制内外温差和降温速率)和保湿(减少混凝土早期凝缩)。

⑥ 要有先进、可靠的自动测温装置，以对混凝土从生产、运输、浇注到养护全过程作温度监控，使之可据此作实时调节与变动各项预案措施。

⑦ 在混凝土终凝前再次进行一次抹面，以减少因塑性收缩产生的表面龟裂纹。

⑧ 浇筑日程要尽可能安排在凉爽的秋季，以尽量降低混凝土入模温度；如各段管节可在 3 年内先后分几批出坞，则浇筑混凝土将可在时程上做到最佳优化。

⑨ 建立冷却水系统可加大混凝土早期的温降幅度，利用早龄期混凝土弹模低、温度应力还小和早龄混凝土应力松弛等特点，使混凝土在各个龄期的温度拉应力值均可掌控，使之小于相应龄期混凝土的抗拉强度，以减少拉裂缝产生。

上海外环线沉管的冷却水管分左右两排，钢管(ϕ32 mm)冷却水流方向由侧墙底部向顶部流动，待侧墙混凝土浇筑完毕及时通水(混凝土温升阶段要持续通水)；温降持续 5 h 后才可停供冷却水；如温度又回升，则重新再冷。

(6) 关于总体浇注方案。

如果难于实施全节段从下到上一次整浇，则底板一次浇筑后，因节段长仅 22.5 m，墙板与顶板不必再设后浇带，22.5 m 沿全长可考虑一次浇成(上海过去≤18 m)，只要此稿中上述的各项措施得当，我意约束收缩裂缝似可以避免。对此处体积不过大、散热面又多，为降低水化热温升，有可能时仍须设置冷却水外，对秋凉后期浇筑的一些管节，似也可考虑停歇不用循环冷却水系统。

4) 深水基槽开挖与清淤和基底垫层处理作业

(1) 此处采用了新型的定深平挖型抓斗，可使基槽精挖面较为平整，浮泥比较沿用传统抓斗时的要少，但为了确保管段沉放时的海水“容重”，其值需控制在所要求的范围内；在粗挖结束、精挖开始时，在水流冲击作用下，基槽内已淤积有一定量的泥沙，而随后，当精挖到基槽底面时，由于不可能立时将管段沉放就位，基床面上又会有相当多的再次回淤的浮泥，都必须用清淤船进行“清淤”作业。

(2) 基底处理方面，因基槽总长太长，近 5 700 m，而槽底宽 42 m，如此大深度的动水从 −16～−45 m 冲击下的大面积深槽，为使底面平整、结实，减少因开挖扰动造成的基底土腔空隙，此处按国内外先例，可择用：

① 先铺法，在管段沉放前，就已先铺好砂石垫层；

② 后填法，先将管段沉放在沟槽底面的临时支座上，再将不平整的基槽底面补填垫实。二者孰为优选，届时需视基底平整情况再定。

(3) 在上述基底处理方法上，在管段沉放之前，此处拟采用新型“碎石刮铺法”施作基础垫层。这样，如刮铺速度快，可以减少外海沉放作业的时间。该方法成功与否，在于采用的刮铺船设备和走行台车与刮铺管筒，其刮铺施工质量和精度应得到保证。碎石刮铺状态及其偏差，除刮铺船用 GPS 定位外，填料经刮铺筒的下端出料口另需设有超声波探测装置。这项设备不知对抛石平整度和密实度有否检查措施？不知是为此处工程新研制的，还是国内外已有用过？如属可行，就自然选用上述的“先铺法”，“后填法”一般都不易填塞密实，效果较差。

(4) 关于槽坑边坡坡率的探讨。

在海床动水作用下，水下深槽边坡的坡率，关系到槽坡的稳定性和槽坑的安全，也直接影响水下土方开挖量和管段回填覆盖量，同时，还会影响工期和造价。水下槽坡按土性和基槽挖深不同，多数在 1∶2.5(下部)～1∶4.5(5)(上部)之间；分台阶上、下层边坡的不同坡段间，要设 2～3 m 的马道平台。从理论计算和物模试验(能做离心机试验就更好)相结合，坡率优选可以通过分析研究确定。

对此处基本为非均质成层淤泥质黏土，具有一定的黏聚力，但其抗剪强度主要仍由砂土内摩擦力提供，在动水场中的水下边坡滑动面对黏性土常近似于圆弧滑面，可近似采用圆弧形滑面作分析；其时，应着重考虑海流动水压力与动水流场和地下渗透水动力场两方面因素、且呈相互耦合作用的影响，其抗滑安全系数可酌取 1.25，并注意区分边坡是处于海流的上游面还是下游面，二者的坡率可有所不同。上游面的坡率要求更缓坦些(这是由于该部位的出流水力坡降和流速都相对较大)；而下游面(入流水力坡降有利于下游面边坡的稳定，但受流速影响仍然会比较大)则可酌量用得稍陡一点。这方面的问题，前京沪高铁南京长江沉管隧道方案作比选研究时曾做过不少工作，可请参考。

1.2　第二次会议

1) 从听取介绍后，想到要问的几个问题

(1) 岛内、岛外沉管过渡段的淤泥质黏土软弱而层厚又大，经砂桩处理后，相邻段间的差异沉降将关系到：① 管段管节间的接头张开情况如何？会否危及 GINA 止水带的防水效果？② 相邻管段管节间接头剪力键的剪力值有多大？其安全系数值是多少？③ 在接头处行车的平稳顺畅性如何？各管段间相应沉降的协调情况怎样？如果以上 3 个问题解决好了，地基加固处理也就成功了。希望从已计算得到的差异沉降量可进而求解得上述 3 个相应的值，这在计算上是完全可以做到的，也不难计算，要做到心中有数。

(2) 研究中如何估计注浆碎石垫层相对于刚性助沉短桩两者间的相对刚度？如何做到两者刚度的基本匹配？如做到了则称之为“复合桩基”，它从广义上讲也是一种复合地基；反之，则只是刚性短桩。

(3) 挤密砂桩在海床浅部饱和淤泥中采用振冲法成型，似可借鉴上海洋山深水港的做法和经验，但其对周边淤泥土挤密和固结的效果，似需通过现场试验检验和论证。

(4) 单纯依靠超载预压而希望完成大部分的固结沉降，其历时将是很长的(浦东机场二期跑道对吹散砂、夹泥的早期处理实践)；需要结合“塑排”或抽“深井点”(真空井点)做真空预压降水。这方面，中交四航工程研究院在国内是领先的，是否咨询和请教过。

(5) 采用刚性短桩方案，其桩顶应力过大，达 700 kPa，则会因碎石受压破裂而将出现桩的刺入变形；更且，对桩周淤泥土和垫层(其 E 值仅 6 MPa，太小了)的加固是必须的；否则，钢桩的使用范围还得加宽，现在已用了 3 000 多根，似感耗费太大；更且，在海洋氯盐地下水环境中的氯离子(Cl^-)对钢材的腐蚀也是使桩体耐久性降低的不利因素。由于此处大气和土壤中的 CO_2 和 CO 含量不高,改用混凝土管桩(混凝土的“碳化”侵蚀可能不明显)似更好些。

(6) 认为桩基加固较用复合地基更感安全、保险的说法,我认为是片面的;早年,因振冲、水泥搅拌和旋喷等技术尚未开发,连“复合地基”的名称也还没有(挤密砂桩则是传统老方法),故而国外有些沉管采用了桩基。当今,施作复合地基已手段众多、技术成熟,经处理后可充分利用原地土层的抗力和抗沉能力,似更较合理、经济和实用。

2) 初步设想和建议的地基土的总体处理方案

(1) 中间段,为沉管的主体部分,占总长约 75%,只采用天然地基即可应对,将上覆软土清除后,用碎石垫层铺衬,并压浆使其固结为一整体。

(2) 过渡段,局部下卧深厚淤泥,强度过弱,需用振冲或更辅之以挤淤置换、换填;然后施作复合地基(似以“挤密砂桩”为首选);原方案建议辅之以水下作联合超载预压,不仅土体固结耗时日久,技术上难度也很大。但砂桩能在多大程度上有利于消除主固结沉降,需待试验验证。

(3) 岛内段,已经过大范围超载预压,历时数月,相信其工后沉降将趋小;并又经“塑排”降水,主固结似已基本完成,完全具备了做复合地基条件。只是单纯靠堆载预压,历时可能半年甚至更长,是其不足,故还需结合降水以加速固结沉降。

(4) 因此处主要只处理海床浅表层的海相沉积软黏土和淤泥土,在复合地基形成后再满铺或留槽垄沟铺设碎石垫层并压浆固结成整体。其处理层厚从国内实践有望最深达 30 m,认为是合适的;下卧软土层如深度在 30 m 以上的局部地段,当以局部改用桩基方案加固为唯一选择。此外,桥、隧过渡的局部地段也宜加打刚性桩以有效控制桥头的沉降差。

(5) 上海洋山深水港区前些年用振冲砂桩置换淤泥土,成效显著,进度也快。此处可用于振密并预压处理垫层而不采用水下强夯,可否请酌。

3) 几个值得关注的理论问题

(1) 沉管落底、上铺回填土和在泥沙回淤的过程中,甚至行车活载,都是主固结沉降形成的过程;上述各项荷载使土体孔压转嫁(使孔隙比减小)由固结土承担,并逐渐增厚了固结土的强度;而次固结/流(蠕)变则是土体骨架的黏弹塑性变形,构成了后续的历时沉降(此处由于基底承压力不大,相信后续次固结沉降尚不致构成影响)。

(2) 关注土体主固结与早期次固结(早期蠕变变形)的耦合相互作用,使总的固结沉降量会比现在的计算值为大。过去一般都认为,施工期土体只产生主固结变形,而运营期或结构合龙后才产生次固结,即所谓的后期工后时效流变(蠕变)。这样,把二者以时间先后割裂开的算法,一些年前经香港理工大学殷建华教授提出,认为是不恰当的,也是不正确的;他的这一论断也经过同济大学用试验确切证实:地基土只要有流变发生(当地应力水平≥土的流变下限值),则其早期流变在土体主固结变形的同时,将耦合并相互作用。因而,现在老的分割计算两者变形的算法,将使主固结变形沉降的计算值偏小,而偏于不安全。对此,我们现有将二者耦合计算的专用软件,在早年已出版的一本专著(《岩土材料流变及工程应用》,中国建筑工业出版社,1999 年 12 月出版,作者:孙钧)中也有详细论述。

(3) 基槽深挖成槽之初,由于槽边外侧内、外土压力严重失衡,将导致槽底过度的塑性隆起、甚或(个别情况下)引起槽底土体失稳,在国外不乏先例。进而会引起日后沉管落底时槽基土的再压缩变形问题(如附图 1-1 所示,如能借此提高槽底土的抗剪指标 φ',而增大槽

底土的被动土压力 $p_{被}$，则可大大缓解槽底土的塑性隆起）。它不同于基槽开挖卸载引起槽基土的“回弹”变形。

（4）关注震害中浅部砂土“局部”液化的疑虑和思考。在此处海床中间段、沉管下部的浅表以下，赋存有一层较深厚的砂土，而砂土层以上则为一层浅薄的沉积黏性土。这种地层分布在中、高烈度（7 度，8 度）的地震力作用下，海床下15 m以上部分的砂土将产生地震时的砂土“局部液化”现象，即震害发生时砂土的抗剪强度急剧降低。

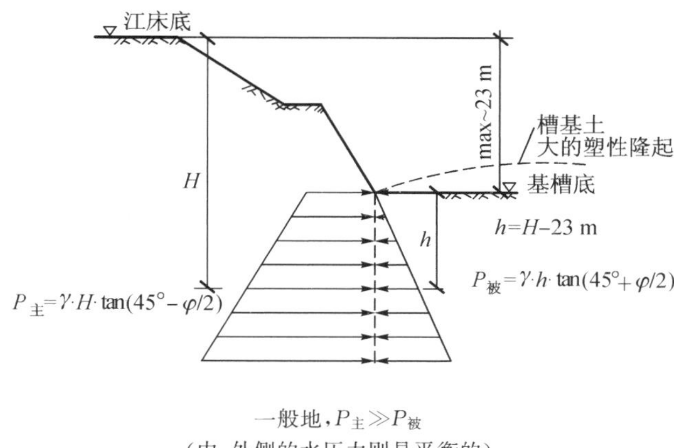

一般地，$P_{主} \gg P_{被}$
（内、外侧的水压力则是平衡的）

附图 1-1　深挖基槽坑底内外土压力分布图

附图 1-1 中未计及边坡水平段因土体压缩变形致侧向主动土压力值降低的有利影响。此处深槽开挖后槽底内、外侧土压力的严重失衡情况，导致槽底地基土产生大的塑性隆起；日后沉管落床时将有大的再压缩沉降变形，并因而会加剧差异沉降。

土体剪切强度虽尚不致完全丧失，但却有相当程度的降低，导致沉管管段移位、偏斜或下陷，节段间的渗漏、突水，甚或涌砂、突泥等情况将难以避免。同济大学近年来结合泰州长江大桥桩基抗震砂土局部液化的研究，进行过相应实验和采用 3D-FLAC 软件的计算分析探讨。这些资料，如有需要，我们可以提供参考。

1.3　第三次会议

具体意见已在会议上说了，现再简单归纳以下几点。

（1）沉管的薄弱环节及其建设成败的关键在于接头，而对接头变形的管控则又是接头设计施工的要害和重点。可以归结为：

接头不错位，变形要可控，水密性要保证，接头止水带的耐久性与沉管结构的（120 年或以上）要匹配。

（2）对本项研究阶段成果，粗读后总的印象是：

计算工况多、工况组合的门类也多，计算工作量巨大，要考虑的主要因素可谓已一应俱全，这是十分难能可贵的；最后得出的近 20 条结论（有些还待进一步考证）很宝贵，它对设计施工和日后监测的重点方面，都有重要的参考、借鉴作用。

（3）对土力学和土工问题，国内、外前辈早就留下了名言，至今适用，即：“对有关土工强度方面的计算，基本上还信得过，而对变形和沉降计算就没谱了。”为此，我认为只能要求：在“量级上”、“正负号上”和“变化规律上”，能够符合日后实际，就不错了；不能、也做不到要求其数值上能达到何计算精度。

（4）本项研究似需进一步深化、改进的若干方面，具体内容如下。

① 作为计算用到的基本数据输入，对其各有关参数（特别是有关计算变形最重要的参数：“模量”），选取的依据及其可靠程度要求逐一仔细推敲，慎重遴选，决不能看到哪里有的拿来就用，而不问这些数据的源头和依据。

② 在时间和经费允许的情况下，建议再用“弹性地基连续介质有限元法”作此处的接头变形分析，它似较现在研究中用的“常刚度地基弹簧法”（有较大的应用局限性和适用范围，

前人对该法都早有定论和共识)更符合此处实际。地基基床系数 k 不是常值,它是地基在该处局部变形 δ 的非线性函数,即 $k(\delta)$,所以即使在用“荷载结构法”计算时,也宜改用非线性弹性基床系数。

③ 接头刚度,指:接头抗弯(竖向和水平向挠曲转动)、双向抗剪、双向抗扭和抗拉、压变形的能力,它对接头变形计算的正确性,关系极大。要建立由接头刚度试验曲线回归成的经验多项式,进而建立“接头刚度模型”,使其作为专用模块,用接口串接上主程序进行分析。“接头刚度试验”亟待进行,我认为十分必要。

④ 各项接头变形的“控制指标值”的确定。围绕“接头承载后的最大张开量必须控制在GINA 止水带日后经过松弛、徐变和老化后剩余的最小预压量以内”,以这一要则为准绳,参照国内、外实践经验,妥慎而偏安全地确定。现在“报告”中拟定的“危险”、“预警”和“安全”的各个控制指标,有些不知其依据是什么。

⑤ 对计算成果的正确性、计算精度的检验和确认,不宜单只依靠下步“头四节管节沉放落座后的变形、沉降监测值”作相互对比验证,似还应该有以“工程类比法”为主的其他手段。不能认为是经过仔细计算出来的,就天经地义是它了。

1.4 第四次会议

1) 这次赴会,有以下几点深感振奋

(1) 工程进展一切顺利,筑岛围堰合龙、岛内地基加固处理已全面展开,暗挖段管节也在浇筑;管节预制厂已具规模并已投产,试验段管节出坞在望,等等。以前看到的,还停留在字面上、图纸上,甚至还只是口头上的东西,现在都逐一活生生地将实物摆在了面前。所有这些都令人高兴和赞叹。

(2) 检测报告确认了工程质量不错,安全事故为零,几十项风险预案正待演练,我要为这一切叫好,感到安心。

(3) 各种专用大型装备逐步到位,国内、外联合研制和开发的施工测控系统很先进。这些都是工程进行的有力保证。

2) 以下分别就本人认识到的几个问题,谈点看法

(1) 软基处理后的工后沉降与差异沉降,以及挤密砂桩的置换率问题

岛内正展开全面的地基加固,手段多种多样,诸如:超载预压 + 塑排降水;挤密砂桩;高压旋喷;施打 PHC 桩;等等。其中,“挤密砂桩”直径大,而有些处的置换率高达 70%。检测到土体加固后的固结度已大于 85%;而工后沉降的预测值为 13(15)cm 至 32 cm 不等,设定最大工后沉降应小于 50 cm ,现均未超过。

此处感到的问题在于:固结度比较满意,但砂桩置换率似过高(>50%),而工后沉降量设定值 50 cm 也感觉太高。

我们希望绝大部分沉降量都在施工期完成,沉管工程属纵向长度极大的条状地下构筑物,要求其差异沉降量要小,为此只有工后沉降小了才能保证差异沉降更小。前一周我应邀去中国建筑科学研究院地基所作学术介绍,提到港珠澳的工后沉降用到了 20 cm,那边几位权威地基专家都认为是“大胆之选”。我在报告时说起砂桩置换率高,“桩间土”可能被挤密得受不了了。事实上因为是由内向外打砂桩,恐怕被置换的相当数量桩间土是“向外侧移动而被挤出了加固范围”和“向上隆起变成了散土”。那边专家们则认为,与其如此,反不如把置换率降下来,到 50%甚或更低些,也便于振沉施工。从日本引进砂桩船时得知,日本的砂桩置换率有更大用到 80%的,则是否也会出现上面说到的“外挤、上隆”情况,这样新增用于

置换挤密的新砂可能并没有全部都振下去；若如此，现在实际砂桩与加固后桩间土的"密实度"(其与固结度还不完全是一回事)情况则是有疑虑的。此外，上层淤泥是不能被挤密的，需要挖除、用碎石垫层替换取代。

众所周知，除了在软基加固处理中，砂桩属一种"竖向排水体"，会产生第一阶段的土体主固结沉降；以后沉管落座而地基承载，先是全部由孔隙水压力承担，而后随即逐步转嫁到由土体骨架承载，这个转换过程也就是同时产生了第二阶段的主固结沉降的过程。第一和第二两阶段土体主固结各自完成的比例，将可由计算确定，不知是否仔细算过，从而了解总的工后沉降量？

这里需指出：在第二阶段的主固结过程中，只要地基内的应力水平大于土体流变下限，就将产生土体次固结沉降与蠕变，它不是只在主固结完成以后才出现的。土体早期蠕变是在主固结形成的同时与之一并产生，且二者是耦合相互作用的[前者属土体骨架的黏弹塑性时效变形(沉降)，而后者则是因孔隙水消散、孔压降低、孔隙比减小而产生的，二者将同时发生且相互耦合进行]。这样，预测的工后沉降量将可能较现在的计算值更大。上面提到的差异沉降，将在下面的沉管纵向设计中详述。

(2) 沉管纵向设计与管节接头刚度

① 差异沉降会导致相邻管节的接头受弯和受拉，在达到一定量值后将引起 GINA 止水带渗漏和破坏；当管节首、尾接头处的差异沉降量偏大时，则会使该管节底板因向下挠曲(≥50 mm后)而产生正弯矩裂缝，最终上延并贯穿底板全厚，形成通缝。缝宽应控制在不大于 0.15 mm；缝距应控制在不大于每米 3 条。

差异沉降量的计算，除与地基土性(经过处理加固后的)沿纵向的不均匀分布有关外，其与上节所述的第一、第二阶段土体主固结情况以及接头刚度(抗弯、抗剪、抗拉)密切相关，这方面的纵向设计是沉管结构设计的重要环节。此外，管节接头刚度将随接头截面弯矩的正、负号(正、负双向的抗弯刚度是不等的)和弯矩大小(弯矩值大时，抗弯刚度将锐减)而呈非线性变化，它不是一个稳定不变的常数值。对此，我上次在同济大学有关科研课题阶段成果评议会上也曾着重强调过：一定要委托高校等有实力单位补做大比尺的管节接头刚度试验。这事关结构和防水安全，请设计和科研主管方面给予关注。管节接头在地基沉降时还会发生水平和竖向的剪切错动力，要据此检算接头双向剪切键的受力安全。

② 沉管纵向设计中"计算模式"的选取也是一个重要的问题。我们对此的初步认识是，计算中要考虑并反映以下内容：

A. 管节接头属柔刚性接头，接头的抗弯、抗剪和抗拉刚度应先由上述的接头刚度试验得出，为一种"不完全铰"；

B. 纵向黏弹塑性地基为分段串结梁(用"不完全铰"做分隔串结)；

C. 接头可抗剪(水平、竖向)、有限抗弯和有限抗拉(因 GINA 止水带有一定的预压赋予量)；

D. 注意施工过程中各不同工况受力体系的转换；

E. 外部荷载，含抗震和沉船(这二者都作为特殊荷载处理)、温差变化、混凝土干缩；

F. 要计入地基土对沉管结构物轴向变形时沿水平纵向的摩阻抗力作用；

G. 要计入施工扰动对土性弱化的不利影响；

H. 要反映沉降变形历时发展变化的黏性时效响应，等等。

(3) 岛头暗挖沉管段墙板出现的早期收缩裂缝问题

项目介绍中说到：岛头做"暗挖"沉管段时，第一次先浇底板到墙板下半部分；第二次再续浇墙板的上半部分和顶板。这样，在第二次浇筑时上半部的墙板混凝土要凝缩（由于凝固期自由水要挥发，而使混凝土早期收缩），但它受下半部分墙板已基本结硬混凝土的变形约束而不能自由收缩变形，于是在上半部墙板混凝土中会产生“约束收缩”的收缩拉应力；由于混凝土的早期抗拉强度很低，从而导致在上部墙板的中间位置处会出现多条早期收缩竖向裂缝，并且全都是贯穿整个墙厚的通缝。

众所周知，混凝土的这种收缩拉应力/变形约束是与构件长度成正相关的。从上海市经验看，以当地采用的混凝土级配、水泥种类和用量、水灰比、外掺剂以及入仓温度和养护条件，当分段浇筑的墙板节段长度小于 18 m 时，是一般不会出现上述裂缝的上限；此处的节段长度达到 22.5 m，则以上海市条件比较，出现上项裂缝将自然是难免的。其解决方案：一是将分段长度减小到 18 m 或以下；二是从混凝土材料、入仓温度（已见上述）和养护方面着手改善，则混凝土早期收缩裂缝问题可不再出现。

早期修建的荷兰 MASS 沉管隧道，有对上述混凝土收缩问题的详细研究与文章报道，可请检索参考。

（4）深水基槽开挖的边坡设置与稳定分析

① 由于深水基槽边坡上部受海水流场的影响大，而边坡下部则承受的水压大；故无论是上游面或下游面边坡，边坡上部坡率与下部坡率的制定均应由稳定性计算结果作依据。分析研究表明：除土性外，边坡表面流速、坡体内渗透水压和海床底的海水流速三者是影响边坡稳定的主要因素。

② 与陆上挖槽不同，深水基槽边坡坡率的理论研究分析，要含：

A. 动水场条件下，水下边坡稳定性验算；

B. 水下基槽边坡土体滑动与抗滑作用力及其平衡/稳定条件；

C. 滑动土体上作用的动渗透压力；

D. 平衡方程的求解与抗滑稳定安全系数（一般仍沿用圆弧滑裂面验算）计算；

E. 最好能做基槽边坡稳定性的离心机模拟试验。

③ 进一步的深化探究表明，对以下各点尚需作更细致的研讨：

A. 地下水渗流场与海床中动水流场，以及边坡土体应力场三者间的耦合相互作用分析；

B. 离心机试验不能只做静水场，而应加做水下动水流场的变化影响；

C. 计算和试验重点应放在上游迎水面的上部，由于该部位的出流水力坡降和流速都相对最大，其边坡坡率也仍宜放坦些，下设马道过渡；而下游面边坡上部的入流水力坡降有利于坡体稳定，安全性较有保证。边坡下部由于水压大，且为了要平衡基槽内外侧土压力差异的作用，而需有较大的水平向投影长度，一般将坡率设置为 1∶3 是可行的。

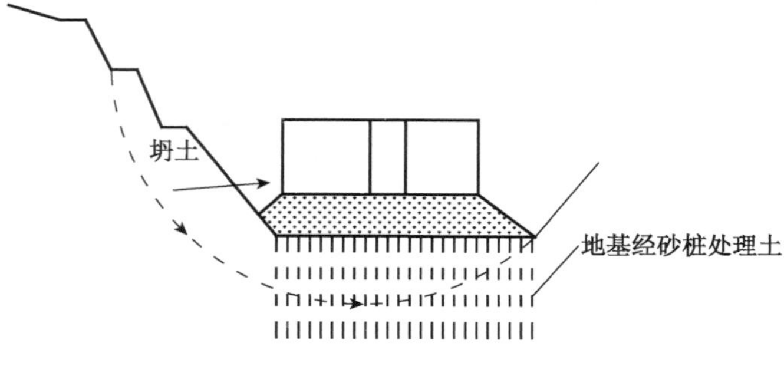

附图 1-2　挤密砂桩抗滑稳定性验算图

④ 在边坡抗滑稳定计算中，对采用挤密砂桩处理加固基底土体时，为保证散体抗剪砂桩复合地基整体抗剪稳定性的安全，由于侧面基槽开挖形成高边坡土体沿圆弧滑动面呈剪切受力时，按复合地基的计算抗剪强度进行验算（附图 1-2）。近似抗滑稳定检算公式，可写为：

$$\tau_{ps}=\eta\tau_p+(1-\eta)\tau_s \tag{1-1}$$

式中：τ_{ps}——复合桩基的抗剪强度；

τ_p——砂桩桩体自身的抗剪强度；

τ_s——桩间地基土的不排水抗剪强度；

η——桩对土的置换率。

由散粒加固桩身材料组成复合地基后的实际抗剪强度指标 τ_{ps}'，可按加固体材料的密实度，经土工试验确定。此种复合地基的抗水平剪切安全系数 $k=\tau_{ps}'/\tau_{ps}$，应不小于 1.2～1.25。

（5）岛隧过渡段软基处理中采用复合桩基和 PHC 深桩的问题

岛隧过渡段的地基加固似仍应以采用挤密砂桩为主要手段，上次讨论中我不建议用刚性助（减）沉桩做复合桩基的理由，概括地说，认为有以下三点不合适。

① 刚性短桩自身刚度大，与桩间软土因刚度小而严重失配，“桩间土”发挥复合地基的作用将不显着，即绝大部分承载力将仍由桩体担当，不够经济合理。

② 同济大学曾做过复合桩基离心机试验（其他学校如天津大学、浙江大学等也有类似报道），表明（附图 1-3）：在计算基槽抗剪圆弧滑动时，桩体呈倾侧/侧面倾倒，最后为弯曲破坏（长桩更呈两段弯折）或受拉伸破坏，而非剪坏；这样，桩体对抗剪切滑动的贡献为“承弯”而非“承剪”，与桩间土承剪不协调，在上项抗滑稳定演算中也不好处理，一般都只能按桩间土受挤密后增大了的抗剪强度作计算，所以也显得很不经济。

③ 桩尖接触压力大，而碎石垫层的模量小（刮铺时设置垄沟的垫层，其模量就更小），因此，桩尖刺入垫层现象势不可避免，这是很不利的。

再者，PHC 桩是一种“预应力高强度钢筋混凝土、长度大的预制管桩”，它自身承载力（强度）极高；而“沉管自重＋回填土重”，均采用水中浮容重，再又扣除水下深基槽挖除的土体重量后，其对地基的附加荷载将很小，一般承载力都没有问题，PHC 桩自身的强度远不能发挥，是完全不合理的。PHC 桩是承载桩，桩间土不能发挥分担承载作用，所以不能再称之为“复合桩基”。

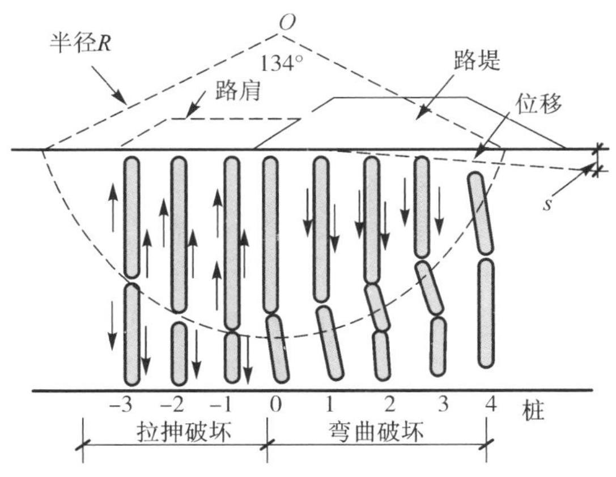

（a）路堤下刚性助沉桩的破坏模式
（此处为基槽边坡，情况相近）

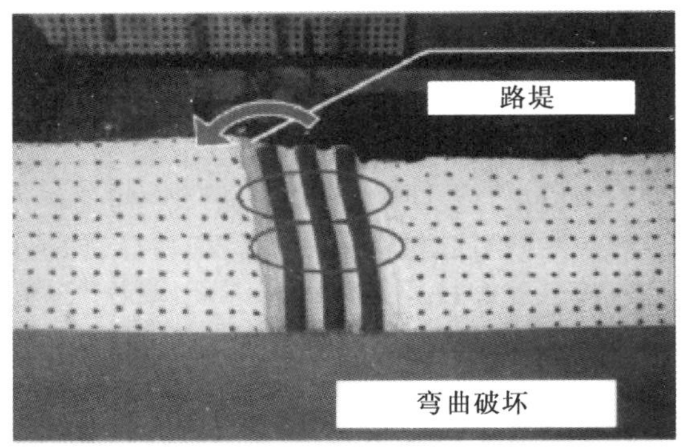

（b）路堤下刚性助沉桩的弯曲破坏
（此处为基槽边坡，情况相近）

附图 1-3 水平剪切条件下复合桩基（减/助沉桩）的受力机理

（6）首节水力压接法进行管节对接时，应关注 GINA 止水带预压量不足的问题

本项目的西人工岛岛头虽处深水区，但因岛隧过渡段是上坡段，首节管节与岛上暗挖段

接头处的海水深度浅,它比海床正常段管节接头的水头要小得多。这样,因首节水力压接的水压小,将导致管节接头 GINA 止水带的预压量比海床正常段的相应预压量小得多而显得预压量不足。这将导致日后首节管节接头的抗弯和抗拉刚度不足而容易引起接头渗漏。

过去,在国内、外的一些沉管作水力压接法对接施工中,也都出现过岸边浅水区首节管节接头这样相类似的问题。为此,国外的有些做法是:①专门为浅水区管节接头设计采用 GINA 止水带,天然橡胶采用较小的模量但仍保持深水接头止水带相同的形状、尺寸不变;②专门设计一种较小尺寸的止水带,而止水带的工作性能(弹性模量值)则仍保持不变。这个问题请斟酌。

(7) 关于沉管耐久性设计

这次会议时,我见到了刊印的港珠澳大桥的"耐久性设计指南"及其"技术条件和要求"材料(共两册),写得不错,比较实用。

地下结构的耐久性设计关系到结构的正常、安全使用 120 年(指:只需进行平日一般性的维护保养,而可不做"伤筋动骨"般的彻底大修)的确切保证。但现行耐久性设计中多只考虑了海洋外部环境氯盐、氯离子(Cl^-)和酸性地下水、土壤等硫酸根离子(SO_4^{2-})的腐蚀作用,而很少探究混凝土材料自身的历时老化以及在长期运营中工程维护、保养质量的好坏对耐久性的影响,应认为这是一项重大不足。

混凝土材料从水泥和粗细骨料选材、级配、养护,直到施工工艺各方面,诸如:其自身的碱骨料反应和活荷载(超载行车)的长期反复运行,特别是隧道内行车尾气(CO,CO_2)对沉管内壁面不利的碳化效应,这些都是对结构耐久性具有极为重要的自身内在因素的影响,它也直接关系到沉管的使用寿命(服役期限),前者则是混凝土自身具备抗受各种外部环境腐蚀因素的"免疫力"大小,它与耐久性寿命密切相关。问题的难点更在于:①混凝土自身素质的优劣;②运营期维护保养的好坏;③各种外部环境腐蚀因素,这三者是相互耦合作用的。似此种更深一层次的研究,国外还刚刚起步,国内同济大学笔者所在的研究组也正在试验探索中。据了解,港珠澳耐久性研究开题时,由于投入大,时限长,成果曾预期要达到国际领先水平。希望按上述方面进一步努力,特别在上述三个方面的耦合相互作用机理上能做出更加优异、有一定原创性的可喜成果。

1.5 第五次会议

(1) 软基隧道的纵向结构设计问题历来都是国内外业界关注的热点。盾构隧道的纵向计算已研究得比较透彻,而沉管隧道对此则相对较少,亟须仔细探讨。

(2) 沉管设计方面这次提出的:将纵向预应力筋在沉管落座后不再切断而保留为永久性的,以加强节段接头间的抗剪能力,不失为一种可供考虑的选择;在"预应力度"(按"报告"中的说法)方面,我认为值得进一步推敲。这一建议方案当可作为与临时性预应力筋(日后要切断的)原方案的一种比较,经仔细优选供下一步再最后定夺。这样做,我认为是合理的。

(3) 为了适应下卧软基的不均匀沉降(含:沉管就位后尚待继续完成的土体后续主固结以及土体流变引起的次固结),沉管沿纵向的竖向刚度要求能尽可能地与地基的纵向变形相协调,即沉管的纵向变形能随地基沿纵向不均匀沉降的发展,而相应地也更加协调一致地同步调整变化。这样,则沉管大、小接头(分别指:相邻管节间以及相邻节段间的接头)的张开(相邻管段在接头处的相对转角)和相互间错动(相邻管段在接头处的剪错)就都能达到最小,以保证接头最大程度的止水和受力安全。为此,要求大、小接头都应该设计成"柔性"的;但为了结构在接头处连接上的受力和构造需要,接头又必须具有一定的抗正负弯矩、抗双向

(竖向、水平向)剪切和抗扭(当接头的上、下、左、右受力不均匀时就会产生扭转)的刚度与强度。所以,更确切地说,应该是:大、小接头都应做到"刚、柔适度",而不能是完全柔性的("完全铰"),更不能是完全"刚性"的(当永久性预应力施加过度后,节段间就会基本上形成刚性接头)。同时,节段长度要尽可能地短,管节长度也不能过长。这里,现在的设计确定为22.5 m为一节段、全管节为 8×22.5 m 即 180 m,这些早前已经过论证,认定是合理的、恰当的。

(4) 小接头经预应力后,其抗弯、抗剪、抗拉和抗扭刚度都会有大的提高;极而言之,如果整个 180 m 长的管节因此成为了一个"准刚性体",则凡事有得必有失,其带来的主要问题是:

① 如因上述 8 个节段的接头在很大幅度上都已不再具有(或者说已基本缺失了)调节地基不均匀沉降的能力后,会导致整个管节的沉降变形将全部向大接头集中(主要反映在:相邻两大管节间产生大的相对翘起——指"转角",以及大的错移——指"剪切")。这样,相邻大接头间的相对转动和错移都将大幅加大,导致 GINA 止水带的预压缩量(190 mm)因松张而大大损失,以及 Ω 止水带承拉。这样,对大接头的止水及其受力的有效性都将构成严重威胁。

② 由于预应力作用使节段间小接头的刚度大幅增加,导致在地震工况下因整个管节沿纵向的刚度过大而与软基刚度严重失配,使沉管结构在水平地震力作用下产生裂损,或预应力筋过度超荷。这方面国外有具体的分析实例,可资参考借鉴。

③在降温收缩条件和水平剪切力作用下,节段接头 Ω 止水带因受拉、剪作用使其止水效果降低,以及节段接头间的剪切键受力超限。从此处已做的计算结果也已证实了这一点。

对以上三点,似均需做进一步的详细分析和核算,使最后能更有根据地确定需施加的最小永久预应力值的大小;或则否决不再施加永久预应力(即仍按原设计方案做即可)。

(5) 为避免产生上节所述的各点负面效应,此处对施加永久性预应力的必要性,似仍值得进一步确切论证。

考虑到过去国外绝大多数沉管隧道,都是在管节就位后就切断预应力筋的情况看,主要是因为:

① 认为管节接头经水力压接后,深水压接的巨大压力值将通过 GINA 止水带沿纵向全节长对所有节段的接头都挤压密实(扣除日后在高压应力持续作用下,橡胶材料的自松弛效应影响之后),当可保证在任何不利条件下其接头处的最小压强值均在 0.5 MPa 或以上,这样已足够抗受因相邻节段间差异沉降引起的小接头张开,或在任何竖向和水平向剪错力作用下产生对接头双向剪切键的破坏,并不需要再额外施加预应力。

② 认为及时清淤(尽管仍有"随清、随淤"现象)将不致出现如"报告"中所述淤积土层逐年累加、直至达到原先海床面的自然生态面平衡状态(压载竟高达 160 kPa)。如何减小淤土随清随淤的问题,似亟应与港航部门从长计议,谋求合理解决。

③ 有意采用柔性接头,使地基纵向不均匀沉降由各节段接头的弯、剪变形而分摊释放,不使产生上述沉降变形转向管节大接头而过于集中,导致相邻管节接头严重张开和剪错破坏。这样,当可确保 GINA 止水带的安全预压缩量。

④ 中碳/高碳预应力筋,在高应力状态下会产生"应力腐蚀"现象,这是在软钢钢筋中不致出现的另一种特殊腐蚀,它会导致预应力钢索/钢绞线突发性地脆性断裂,危害性极大;而在海水 Cl^- 腐蚀条件下,对无黏结预应力钢绞线的防腐耐久性也是一个难以解决的问题。

(6) 其他问题。

① 沉管纵向设计中,各管段大、小接头的刚度都是随受力大小而呈非线性变化的(指

$\pm M\text{-}\phi$, $\pm Q\text{-}\gamma$, $\pm N\text{-}\Delta$ 和 $\tau_{(扭)}\text{-}\theta$ 等曲线均呈非线性变化),特到是节段接头经永久预应力筋拉结后,它的“抗弯刚度”的大小与变化,对纵向分析计算更具有重要影响。似应加做这方面的接头刚度试验,再据试验值作计算,其结果将更切实际。(与盾构管片环向、纵向的接头刚度及其随变形量增长的非线性变化,对管片横截面设计以及隧道纵向设计均具有极重要的影响一样,切切不可忽视。)

② 此处深水、深埋沉管段位处海床中部区段,记得这部分区段的地质条件是比较好的,该区段内不存在深厚软弱土层,因而该区段地基为天然地基、碎石垫层,其下卧层并不需要采用复合地基作加固处理;故此,即使在大淤积压载的不利情况下,因地基承载力良好,相信这种地层的纵向不均匀差异沉降应不致过大,即各个节段间小接头又怎会出现因相邻节段在接头处的剪错力过大而致剪切键都不能承受(而需另由施加纵向预应力产生界面摩擦力来补充)的情况?盼请再进一步仔细核算。

③ 在降温工况下,若如上述,管顶上覆淤土压载很大,则使沉管与下卧地基及周边土体间的摩擦力也相应增大,国外资料认为此时沉管因收缩而滑移走动是不会发生的;这样,在此种“约束收缩”条件下,结构内将产生相当的拉伸应力而使节段接头承拉。这一不利工况值得详细分析并作计算验证。

1.6 第五次会议个人意见(会后补写)

1) 对“节段小接头”保留其一定的柔性

也即此处提出“半刚性节段”(指小接头)所考虑的必要性,可以理解如下。

(1) 在水力压接、GINA 止水带出现之前,早年的沉管隧道几乎无一例外地都采用了“刚性接头”。由于那时没有外加的沿纵轴向压力,如用“柔性接头”则是不可能的,它产生不了剪切抗力,那样柔性接头的漏水和节段间的剪切错动将不可避免。而相应地,当时为了解决刚性接头的水密性得不到保证,只能严格控制地基沉降量使其达到最小,为此,沉管隧道采用刚性桩基也就应运而生(那时还没有“复合地基”的概念)。这种不得已而为之的情况,先后经历了半个多世纪。然而,今天的情况已经大大改观了。所以,前次在珠海讨论“深厚软基加固”的会议上,我曾说过:沉管采用刚性接头和刚性桩基是有其一致性和时代性的,这个时代今天已经彻底过去了、过时了。

(2) 现在,国内、外的沉管隧道都普遍改用了“柔性接头”,而预应力索筋在地基沉降基本稳定之后就都要全部截断;预应力筋也多只布设在沉管底板(下缘)以适应沉管大管节在浮运和沉放过程中把多个管段相互串结并用以主要承受正向弯矩($+M$,呈向下凹形)作用。在地基沉降基本趋于稳定后,要求切断预应力筋的原因就是要保证管段间小接头的柔性,它能更好地沿隧道纵轴方向协调、分摊并适应软基后续的不均匀(差异)沉降,而不致使变形的绝大部分都只集中于管节间的“大接头”。

(3) 如果“小接头”设计得刚性过大,则在软基后续沉降(土体蠕变、次固结效应)时整个刚性管节的变形将都大部集中在“大接头”截面一处了。那样,将会造成以下的严重后果:

① 相邻管节大接头的转角过大,使 GINA 止水带的预压量被消耗大半、甚或超出而要承拉,造成大接头渗漏、甚至突水;

② 因大接头剪切键的竖向错移变形过大,而产生塑性剪移、甚至剪坏或脱开;

③ 相邻管节间在大接头处的相对转动超限后,致使大接头处的张角过大而接头被拉开造成渗漏,甚至突然涌水;

④ 如整个管节的刚度过大,将使管节中间部分各管段截面的弯矩以及前后靠近管节大

接头位置处管段截面的剪力，二者都会过大，导致沉管结构底、顶板混凝土出现弯、剪裂缝或被拉裂（这是因为，对整个管节言，此处仍属一般性的“地基梁”，并不是“深梁”$\left(\frac{h}{l}=\frac{约12\ \mathrm{m}}{180\ \mathrm{m}}=\frac{1}{15}\right)$，在结构自重和大回淤荷载作用下，仍会有较大的弯、剪受力。这是符合：梁的刚度大时，其弯/剪变形是小了，而截面的弯/剪内力却增大了，以致带来以上后果。

此次，清华大学和同济大学所做的计算结果表明，就定性和半定量上看，都完全证实了笔者的以上认识；但由于此处预应力索筋不切断，各处小接头截面内都保留有相当的预压应力，加之水力压接后产生的纵轴向压力，这使各小接头截面的抗弯和抗剪能力相应地有了一定小幅度的增大（“半刚性”），故虽出现了上述的各点问题，但从数据看一般还不至于像完全刚性管节那样如上述严重地出现，这使人比较放心。但保留的永久性预压应力值应一定要求控制在额定的尺度以内，真正做到是“半刚性管节”，以求还能一定程度地适应地基的纵向变形，这点切切要引起设计上的重视和关注。

2）关于 TEC 公司咨询中所提出的问题

笔者同意 TEC 公司咨询中所提出的几个重要方面，希望能采纳并在设计中参考和体现，主要有以下几个方面。

（1）目前，在设计中只能“以节段接头加固的结构措施”为主，而以“加强随淤随清”的手段为辅，来应对此处的大回淤水道。经计算明确：主要是因为开挖了深水基槽后的水道内回淤土压力荷载太大，节段如仍然套用全柔性接头，则在设计中的抗弯和抗剪问题存在不可克服的困难，而不得已需保留部分、甚至大部分作为永久性的预应力索筋，日后不再切断，以保证大回淤荷载作用下沉管节段小接头的抗剪和抗弯安全；而由水力压接产生的接头轴压力则作为额外附加的安全助力。我认为这是正确的和十分稳妥的。

（2）在设计计算中，正常情况下，节段小接头应该要求不允许它“张开”（由相邻管段在小接头处的相对转角过大所导致的），这可以由施加足够的预压应力并正确地布置索点来保证其实现（原先由水力压接得到的轴压力，计算中作为辅助性考虑并在必要时才适当计入）；只有在偶发地震时的特殊荷载作用下，才允许有额定允许的接头张开度，但其时仍应依靠 Ω 止水带来保证小接头地震中只丧失一定的水密性（允许地震时接头有少量渗水，而在震后得以进行整治恢复）。

（3）但设计中也要刻意防范，可能因：①参数取值不准；②模型用得不当；③计算中设定的假设和近似、简化条件不合适；特别是：④ 地基沿程和沿深度其纵向、竖向土力学属性的随机性变化。以上即所谓的岩土介质四大不确定性因素，致使设计结果往往会与实际情况有较大出入，从而造成某些接头日后运营中在上述这些设计时难以事先估计的不测或突发条件下，看来需作临时决断：切断截面内某些部位原先用于永久性保留的预应力索筋，可能是无可代替的解决方案。

（4）小接头抗剪安全的主力是“竖向”剪切键（“水平”向剪切键，则主要用于日后抗受水平地震力作用），并以相邻管段接触截面（小接头）处的摩擦阻力（由施加预压应力和水力压接二者产生的）为接头抗剪加固的主要措施；已如上述水力压接时产生的轴压力，只是在以上按保留的永久性预应力作计算时仍感有不足的情况下，一种可酌情采用作为附加的安全储备（这是由于后者的轴压值大小被认为不太可靠）。

（5）要十分重视沉管混凝土底板与下卧碎石垫层（甚或垫层内的碎石层面之间）界面上的摩阻力（这是由于混凝土干缩和降温，导致节段产生收缩变形而引起的），它致使原先设定的预压应力值会因而出现变化(预应力值降低)的不利影响。此时,隧道设计中所拟取用的、因产生上项结构纵向变形的量值,应该是取 20 mm 还是<10 mm? 笔者一时也无法确定。这之后,当然会因而激发并出现对预压应力降低产生上述不利影响的层间摩阻力。预压应力值受上述因素影响后将有所降低,自然也就相应地减小了接头截面的轴向压应力,使接头抗剪中的摩阻力相应地也有所降低。这是在设计中应予妥慎考虑计入的。上述取值的大小,在可能情况下望能再通过增加一些相应的试验以取得有根据的数据。

3) 关于 TEC 咨询所提的观点

笔者认为,对 TEC 咨询所提观点中,可作进一步商榷,最好再经更详细的论证后最后确认的,应注意:

关于日后运营时视接头变形的监测情况,发现如果有相邻管段在其接头接触面上有因相对转角过大而“张开”的情况时,要及时切断某些永久性预应力索筋。从理论层面来讲,这一措施当然是有必要的,但似应同时关注以下一些副作用和将会起到不利的负面影响。

(1) 部分永久性预应力筋切断后,各小接头截面的承剪能力也瞬间相应降低;更且,如果截面的上、下、左、右只是不对称地切断一部分索筋(一般来讲,从要求改善截面边缘张开部位的受力状态而言,就必须这样做),则还会因而出现附加的扭矩作用,并从而使沿边缘部位剪力键的负担加大;故此,TEC 在介绍时也提到,可能还会要增加一些新设置的剪力键,但是这在实际运作上将是不可能做到的。

(2) 切断预应力筋的依据,源自于根据监测到的接头出现有一定的张开量。由于接头张开处位于 Ω 止水带外面的截面边缘靠近土层一侧,依靠目前国内现有的量测手段,在检测精度(含视频远程观测)方面一时似尚难以做到。这样,为届时要下决心作出切断决策时,就欠缺明确、肯定的数据支持。

(3) “切断”对隧道结构及其运营都会带来一定的不利影响。由于猛然切断,会引起瞬间的冲击动力效应并对留存的预应力索筋产生应力重分布现象,且突发的振动力对隧道运营可能会有一定影响。这种冲击力效应甚至还会造成新的结构裂缝或使先前老裂缝出现新的向深部扩展和其缝宽加宽现象,这些都对结构不利。

(4) 与其事后要考虑可能在运营时做切断,则不如先就不保留这些拟日后再切断的筋束,即先就少留设一些永久性的预应力筋(我认为:完全可以用计算来事先就作出这种预测)。

4) 对切断永久性预应力索筋的再认识

(1) 在大会上我曾说到,预应力索筋的布置应使其截面内所保留的永久性预压应力的合力通过截面的形心。这样,则不致因预压应力分布不当而使截面任一边缘产生不该出现的拉应力而使接头边缘出现弯、拉裂缝,也不致出现因预应力筋布设不当致使节段小接头因相邻管段产生的正/负弯矩导致其相对转角过大而被拉开。

(2) 但是,上述说法的合理性应有以下条件为其限制:

截面预压应力①需大于由管节自重、洞内活载,特别是大回淤土压荷载使管节产生正弯矩而造成接头截面边缘处出现的最大拉应力②。

(3) 由于笔者未做过这方面的定量分析计算,不知道预压应力①和最大拉应力②的具体量值大小;如果计算出的 ②>①,则应对上述说法作以下调整,即:

适当加强、加大管节截面底板(下缘)内拟作为永久性保留的预应力索筋的布置数量及其预压应力值;并适当减弱、减小管节截面顶板(上缘)内拟作为永久性保留的预应力索筋的布置数量及其预应力值，使之可由预应力索筋人为地产生一定的截面负弯矩以平衡上述多种外荷载作用下产生的正弯矩。

(4) 即使这样，如果在运营期仍然发生了因地基沉降值难以准确预测而出现的小接头张开，则可以及时采取以下措施：

因以上荷载弯矩多为正弯矩(管段呈凹形)，只须经计算酌量切断顶板截面上缘的部分预应力筋，而使由截面内全部永久性预应力筋所产生的一定值负弯矩来平衡上述的荷载正弯矩。这样，张开的接头即会实时地重新闭合，不使持续出现渗漏水危象。

(5) 上述道理，可以用附图 1-4 来明示(均指小接头截面)。荷载产生 $+M$，管节下凹，下缘承拉，附图 1-4(a)所示。

(6) 不推荐 TEC 方面所提建议的，即：如果小接头出现拉开，其备选方案之一是切断“全部”永久性预应力筋。这样，不是又要返回到早先存在问题时的老状态了？这是不恰当的。采用附图 1-4 所示的处治方法，问题当可得到有效解决。

(7) 上面第(5)点提到的方法，其各个具体量值的大小，均可通过计算得出来，设计方自己就可以做。

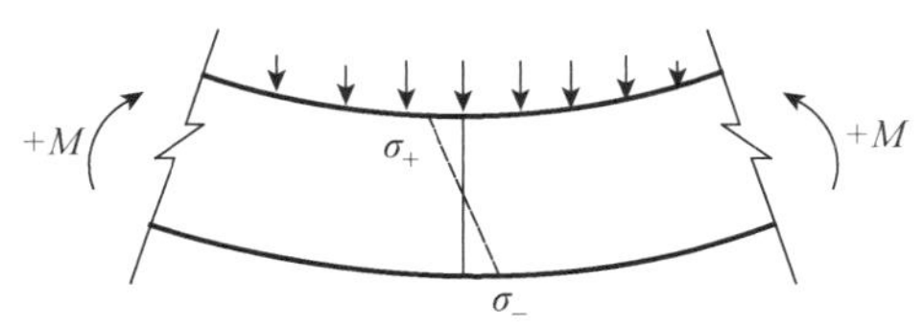

(a) 荷载产生 $+M$，管节下凹，下缘承拉

(如果 $\sigma_{-} > \sigma_{+}$)

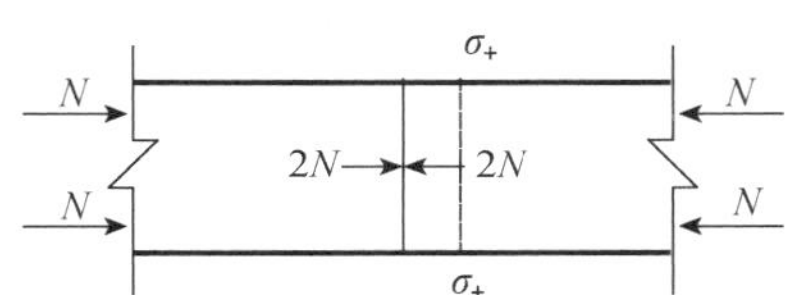

(b) 如上、下预应力为均衡施加，则只产生轴压力 $2N$

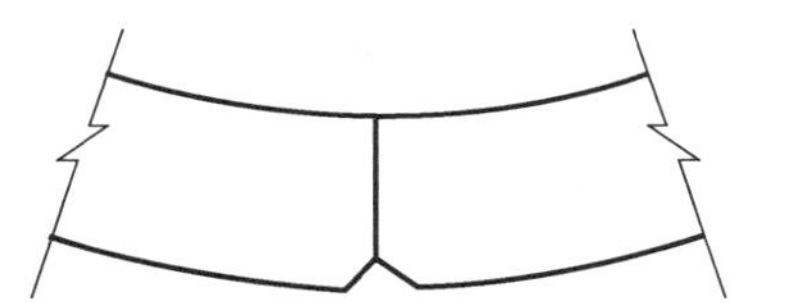
(c) 相邻管段间的小接头被拉开而渗漏水

($+M=-M$)

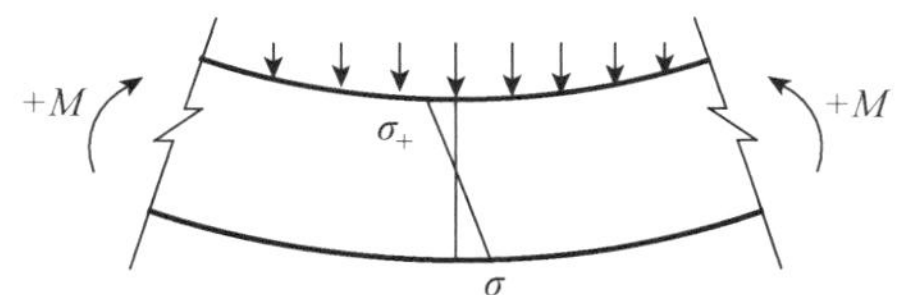

(d) 经过及时切断截面顶板(上缘)处的部分预应力筋以后，则荷载产生 $+M$，管节下凹，下缘承拉

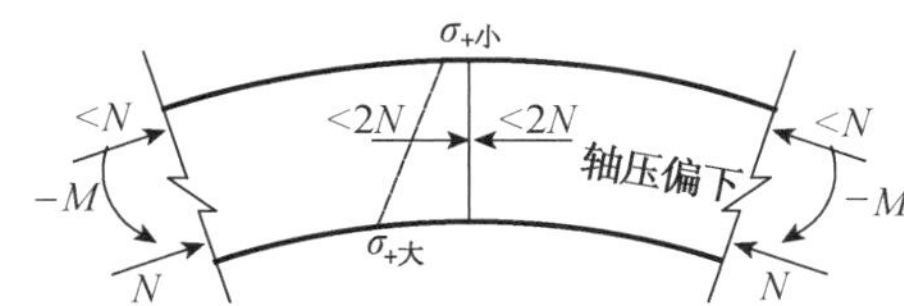

(e) 载面下缘预应力 σ_{+} 将大于上缘预应力 σ_{+}；此时截面产生人为的 $-M$，可通过计算使(d)、(e)两图的 $+M$ 与 $-M$ 做到相互平衡和对消

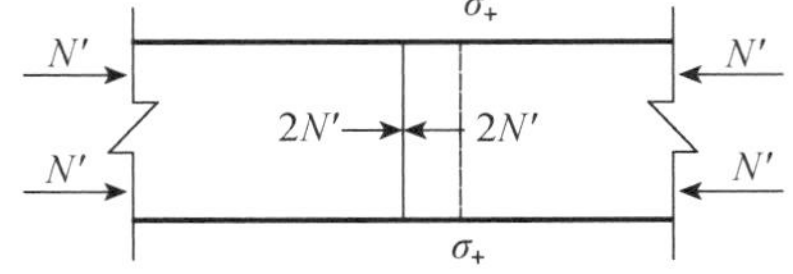

(f) 此后，相邻管段小接头截面原先下缘有拉开处，将重新闭合；经调整后，截面上、下缘的预压应力又重新趋于新的平衡，接头恢复安全

附图 1-4　应对小接头张开所采取措施示意图

5) 其他意见

(1) 视时间和经费可能，我建议宜再补充做大、小接头在有轴压力(由水力压接和永久性预应力产生的)条件下接头的弯、剪承载力及其抗弯、抗剪刚度试验，以求得出：$\pm M$-φ(φ 为接头转角)和 Q-γ(γ 为剪应变)的接头抗弯和抗剪刚度两组曲线，使之用于沉管隧道的纵向设计。我们在以往做盾构隧道的纵、横向设计时，以上实验表明：管片接头的抗弯刚度是

高度非线性的，它对结构纵、横向受力及变形位移的影响都十分可观而决不可忽视。对此处沉管隧道的纵向设计相信也同样具有重要的影响，只有接头试验才能有根据地得出计算中需要的各有关参数及其间复杂的非线性关系。

(2) 是否需加做以下两项补充验算和试验。

① 剪切键键槽之间有分布设置的橡胶垫，在接头受剪时它产生的塑性剪切变形对吸收接头剪切变形是十分有利的；可以帮助剪力键不受破坏和提高接头抗剪变形指标，计算时应予计入。

② 管段混凝土降温和干缩，对前述激发地基摩阻力情况的实验研究；以及沉管底板与碎石垫层界面间的水平抗力试验。

(3) 各项变形控制指标的制定(含:安全允许值、预警值、危险限值)，这些指标主要包括以下内容：

① 在接头弯、拉、剪受力时，GINA 止水带需永久留存的最小残余预压量(6～8 cm?)；

② 钢和钢筋混凝土剪力键抗剪变形的上限值(7～9 mm)；

③ 大、小接头各自额定的张开度和管段与大管节接头的上、下缘分别允许的张开量及其极限张开量(4 mm)。

④ 沉管结构弯曲裂缝的缝宽控制值(0.15～0.2 mm?)和最多允许的裂缝分布(≤2～3 条/m)；

⑤ 允许的地基工后沉降量和沿程不均匀、差异沉降量(5～7 mm/100 m)。

(4) 在东西航道疏浚后，航道内软基土体因疏浚挖土产生回弹和卸载，其回弹量可达五六十厘米或更大；这样，促使航道内、外过渡边缘地带地基的不均匀沉降有明显增大，似应引起注意并处理，而计入设计。

(5) 为考虑沉管隧道长期运营数十年后的耐久性问题，高强预应力索筋的张拉力不能过高，无论是钢绞线或是平行钢丝束，它都不是软钢，钢丝在高应力长年持续作用状态下，预应力混凝土构件中预应力筋的应力腐蚀(prestressed cable's erosion)产生突发性脆性断裂危险是一个严重现象。20 世纪 80 年代中期，据美国对其东、西海岸二战后(20 世纪 40 年代中后期)所建近千座预应力混凝土大、重型桥梁的勘查表明：不到 40 年，已有约 70%以上的这类桥梁其预应力筋受海洋氯离子(Cl^-)的严重腐蚀(“预应力腐蚀”)，其中 25%以上需要推倒重建，而其余的 45%也需作“大手术”修复。这一情况值得借鉴和关注。从这个角度看，大型预应力构件还是采用全长黏结型的会更好(这点，因非这次大会的讨论重点，此处就不做详述了)，对此，国内业界基本上也已有共识；但目前在预制厂中都已埋设好了塑料套管，即本项目已确定了采用无黏结型的，这就不容再做改动了。

1.7 第六次会议

1) 第 9 和第 10 节沉管接头对接的施工偏差值超限问题

听了有关方几位的介绍，一个突出的问题是第 10 节沉管着床后与相邻第 9 管节接头对接的施工偏差值超限[相对于第 9 节位置的水平偏移为(13－3)cm 即 10 cm，且整体位置经纠正后仍还有较小的偏斜，其允许值为 2 cm]。对这一问题，国内几家咨询公司和 TEC 咨询公司都论证了导致过大偏差的原因并提出了今后加强管控的意见。但是，对第 10 节管节现已存在的偏位，应该如何对待？我有以下几点意见(因对情况尚不够熟悉，说的很可能不切实际)：

(1) 尽管允许偏移值(20 mm)制定得一般都较保守，但目前该接头偏差相对于有 3 cm

移位值的第9节而言,已达10 cm,超限过多,是不容许的,应作处理,重点是大接头的止水要做好,它是整个沉管工程成败的"命根子"。

(2) 由于管节两侧面和上方的回土和覆土都已经做了,不似刚着床之初,如发现偏移过大,还来得及再脱开、并主动复浮,再拉合,重新再作水力压接。现在再复浮并再次重新落床就位,现实上已经不可能。

(3) 故此,现在只能迁就现状,在现在已有错位的情况下再"量身定做"大接头的止水,这里:

① 要检查GINA止水带在经受相邻管节接头接合面错位时,有否产生相对的横向水平剪错变形?特别是因第10节管节还有一定小值的整体偏斜、导致接合面从相互平行到目前因产生一定的相对倾斜而不再平行,使已压密的GINA止水带造成一定的扭曲和牵拉,所引起的GINA止水带预压量损失,以及该止水橡胶带的结构损伤;

② 要研究还未有安装的Ω止水带如何就目前接合面产生错位和倾斜(接合面不相平行)的情况下,重新量身定做,特别是在其转角处应作如何处理以确保它的体型,使不失止水安全;

③ 幸好剪切键都还没有安装,也需同样就当前接头的实际偏位情况,量身定制,不能使日后的竖向和水平向抗剪能力受到影响。

今后,后续的管节安装进一步走向深海、深槽,我认为应对以下两点进一步加强关注:

(1) 要强调人工潜水探摸的重要性。在目前尚缺乏水下探摸机器人代替潜水工的情况下,又要照顾潜水工身体条件(43.5 m水深时,4个多大气压,我国潜水人员就体质条件的安全工作时间仅20~30 min/d为限),而必须增加工人轮班班次(我同意省打捞局意见,有否可能增加到7~8个工作班?)。同时,似不宜依靠水质清澈,仅从10多米高度靠深水下目测来改替触摸,那样因水的散射作用会使目测走样,只有直接摸触才更实在、更可靠。

(2) 日后进入主航道内沉放作业,水深进一步增加到40 m以上,以及水底紊流使沉放中呈漂浮状态下的管节将产生一定的晃动,尽管有导向器也不易完全稳住,水深和紊流影响会导致沉放落床偏差较大,是客观存在的主要原因之一。

以上这两点要引起重视,谋求在下步沉放工艺、量测精度和加强监管几方面进一步改进和完善。

2) 其他问题

沉管管节从预制厂出坞直至水力压接作业完成,将8个管段串联对接成整体管节落床,要经过浮运、沉放、着床和对接,共4个大作业环节。其中的主要亮点、也就是技术难点,结合伶仃洋实际条件,主要有以下方面值得关注。这些难点的逐一解决,经验十分宝贵,将对国内、外的沉管业界作出一定的贡献。

(1) 第10节沉管已经紧贴主航道,安装处的海水深度已超过40 m。近30年前,美国旧金山的BART沉管隧道的水深超过了40 m(属当时世界最大水深沉管),国外专家当时把40 m水深作为沿用常规沉放作业方法的一个极限,认为:水深超过了40 m就要对沉管管节沉放改用另外一种方法,即"水下可移动的立柱式支架吊装法"进行沉放(BART隧道和韩国斧山沉管就都是这样做的),但它的技术复杂、投入巨大而进度又慢。这也成为后来在20世纪90年代初江苏江阴大桥讨论换用沉管隧道方案时的一项主要制约因素。这次沉放作业产生了较大的错位偏差,说明"海水过深"会在相当程度上影响沉放作业的准确就位。这次的施工偏差超限,可能与水深大有相当关系。

(2) 第 10 节沉管管节的 10 余艘拖航编队要穿过其邻近先已着床沉管的上部水域，这样，将会导致其邻接第 10 节沉管基槽上方的水流流速加快并可能出现上述的紊流。这就大大增加了对浮运船队定位上的管控难度，并使沉放中的管节在有一定程度的水平晃动情况下落床，这使施工偏差有所加大，掌控难度也相应增加。

(3) 180 m 管节重达 8 万 t，其吃水深，在外海潮汛波浪力作用下，如何掌控管节浮运中的干弦高度(是否一定需要设置此一限制，过去也存在疑议)及其侧倾度的大小，使能在浮运中做到“四平八稳”，理论上属风与波浪力相互作用的复杂水动力学问题而不易掌握，运作时当有相当难度。

(4) 管节到达应沉放就位的位置后，要先系泊定位。此时，第 10 节管节锚漂水面的回旋区域可能已侵入主航道，这对通航和沉放施工两者的安全性如何保证?

(5) 随着沉管后续管节的沉放就位作业将逐步走向深海，对管节的测控、定位，以及水下探摸与水力压接作业等工序的施工难度都会更为加大；钢端壳结构的安全度也将有所下降。因此宜及早妥慎研究，准备好克服以上各个难点的工程预案。

(6) 现已进入春、夏之交，季节交替更换时节海上阵风的强势作用，还有海上浓雾、强雷暴天气等突发自然恶劣气象灾害条件的变化定将加剧，又往往难以预测和预防。对此，是否已经有好的风险预案?

(7) 这次伶仃洋主航道的封航时间已从原计划 20 h 缩短为 14 h，缩短了将近 1/3，真是十分不易！除了各工序操作的熟练程度提高了之外，在沉放工艺上，这些管节实施下来又有了些什么变化和改进? 很想了解这边的实际经验，也盼加以很好地总结。

(8) 管节着床、安装就位后，其位置误差值允许有多大(20 mm?)，它是如何制定并管控的? 从这次错位偏移误差值的超限情况看，下步需进一步切实制定准确测读、及时发现并要有能主动施作反复脱开并复浮而又行之有效的可靠预案。

(9) 海外施工潮汛涨落和波浪力带来的问题(对沉管浮运中其复杂的“波浪水动力学”现象的粗浅认识)：

① 沉管浮运时作用在管节上的海水动力作用主要是黏性阻力，其中还包括波浪起漩涡时的附加阻力作用。水流阻力主要与流速及沉深有关；当流速和沉深过大时，管节正面和侧面的水流阻力将迅速增大。

此时，除了可由试验得出其稳态部分的阻力外，另会因上述的漩涡作用而对管节产生平旋摆动；故此，系泊力除稳态部分外，还应计入它的脉动部分。当浮运中的管节拖航值达到一定速度以后而再快时，上述脉动部分有可能占到拖航总阻力的很大比例，在管节浮运设计计算时值得关注。此外，如何控制管节在浮运中的纵向拖航速度也是一个值得关注的问题。

② 由建筑风洞试验和水池内大比尺水工模型试验，可以得到：浮运时水流对拖航管节的总阻力系数和黏性阻力系数(及其与流速间的关系)，以及拖速与风速及与拖航阻力间的关系，还可得到拖航时管节端封墙上的水压值及其分布。由于这方面成果此次未听到相关的介绍，不知以上两种试验是否做过?

③ 与在内河中沉管浮的情况不同，此处一般不要求管节必须在高潮位时下沉就位，但也需力争在一个潮期内沉放完成。否则，在无法做到时则要使管节保持在基槽内稳住，设法减小水流波动对管节冲击等的不利影响，直至等到后一个潮期时再沉放终了。此时，管节锚泊力要求能抗拒(大于)最大流速时因水流波动对整个锚泊系统总的水动力作用。

(10) 深水基槽经先前已粗挖成槽后，在沉管浮运并沉放着床作业之前，还要作精挖成型。这时,如何掌控清淤中最终成型基槽的精准度及其管控误差?如上所述,在目前缺乏水下触摸机器人的情况下,依靠潜水工水下探摸至关重要(其任务在下水前一定要具体、详细交代清楚),它是保证工程质量的重要环节。

1.8 第九次会议(管段最后接头与曲线段安装问题)

沉管接头是工程成败的"命根子",沉管"最终接头"较正常管节接头而言就更具特色,难点也更多。"整体预制、倒梯形双块体安装法"在过去国内外都未有做过,属原创性而缺乏实践经验。这次如要做得好,保证接头"滴水不漏",将是一项极具挑战性的艰巨任务。联合设计组对此的考虑十分周全,各种风险预案也已有事先的对策措施,质量和安全都有保证,值得庆幸。

(1) 说实在,对"最终接头",我更倾向的是干脆改用全钢结构来做接头块和 E29S8 与 E30S1 的两端邻接块。钢结构受力明确、实实在在,制作质量也更有保证,国内钢材价格又不贵;只是它重量轻,担心在基槽内落床就位、尚未及回填时,在海流和对流性超强大风的冲击下其稳定性可能不足,也用压舱混凝土作压重,是否可行?

就在此稿成文之后,又据悉:设计方面已就只单按钢壳结构独自受力(指腔内充填的混凝土仅只作为压舱混凝土作用,而不计及这二者的共同作用、按组合结构作计算),也足够满足要求;又悉:中交第四航务工程勘察设计院还就日本"三明治"方案结合深中通道工程做过试验。若真能如此,当然最好。是真的行吗?我还是有点半信半疑!此事关系重大,拟请再慎酌取舍。

(2) 以下还是想对施工图中建议的最终接头拟采用"三明治"式钢包混凝土做整体预制的方案问题,说点认识(就怕"百密难免总有一疏"。此处仅就粗阅材料和会上听介绍时意识到的几点,说些粗浅认识,很不成熟,仅供参考)。

① 国内过去尚少采用日本这种"三明治结构"来制作钢包混凝土(箱壳内不再配筋)的经验。由于这里是框架结构(以抗弯、剪为主,而不是承压,如:采用先浮运钢壳、再在下沉过程中现浇混凝土做大桥浮运沉井的桥墩基础的江苏泰州长江大桥的跨中主墩沉井桥基等为例),当要十分慎重:A. 壳内自密实混凝土与钢壳贴接面的共同受力是关键,需否考虑采用微膨胀混凝土/无收缩水泥?如何保证沿边长布设系列抗剪错的小扣件?其抗混凝土收缩的性能如何?分设纵、横向隔舱以减少混凝土收缩是个好主意,但隔板会削弱腔内混凝土的连续性和整体性。B. 高流动混凝土的含水量多,混凝土凝固过程中需要的"结合水"只是其中的一部分,多余的"自由水"需要在混凝土凝固的过程中在空气中挥发,并进而在结硬中形成混凝土强度。现在是密闭空腔,只靠周边一圈排气孔(ϕ5 cm)对水分需通畅地在空气中挥发是否足够?不然,造成的后果将是:混凝土凝固时间延长、更又达不到要求的 C50 混凝土强度。C. 框架结构内似仍需布设低配筋率的防收缩分布钢筋和在顶、底板与墙板节点附近的板内布设一定的抗剪箍筋。以上三点,请再酌。

② 最终接头两片倒梯形块,经临时预应力后"双拼"一次整体吊装,重量近 5 000 t。对只采用 8 个吊点的特重型框构而言,其顶、底板在吊装时会产生大的弯、剪变形,实在堪虞!对钢壳而言因属弹性变形,在落床就位后就会自动恢复,不成问题;但壳内素混凝土在大变形后会否产生拉剪裂缝,对其质量上有否影响,却心中无数,使人不放心。建议是否需在框架两个车行道的空腔内,在顶、底板中心位置处分别先加设临时性纵向小梁,再分别用人字撑和倒人字形拉杆作撑、拉状加固,则可大大减小吊装时顶、底板内的弯矩和剪力。这一做法有否必要,希经过计算作出决定。这都是不难做到的。

③ E29S8 和 E30S1 两相邻管段约 1.4 m 长的一段端头钢帽，此处也改用了钢包混凝土，使便于与最终接头的梯形块相互呈斜面刚性对接，这很好。但不知这里的钢包混凝土与其之后的钢筋混凝土管段之间的连接是如何结合和处理的。弄不好这二者间的结合面也会剪坏或拉开。

(3) 左右两片倒梯形最终接头块，在浮运和吊装中是用临时预应力夹紧为一体的；待落床就位后，用一圈(26 只)千斤顶将 GINA 止水带预压，形成临时止水，随后切断预应力钢索。这里的问题似在于：①切断预应力索会导致界面接触应力突发性地骤然松弛，它是一种冲击动力性的变形突然释放，其对 GINA 止水带将有一定的不利影响，至少会损失掉一定的预压变形量，得事前预先估计；②日后在东人工岛附近基槽大回淤情况下，左右两片梯形接头块的中间竖向接头缝处的抗剪错位移和抗弯曲产生的截面转角，竖缝接头能否足够承当？记得以前对正常管段间的小接头，为此就只能将预应力筋永久留置而不再切断，形成的管段小接头呈“半刚性接头”。而这里预应力筋是要切断的，对此又作怎样考虑？计算上有否问题？

(4) 左、右两片最终接头间的竖缝是靠剪切键承剪、用 GINA 止水带水力压接造成的预压力来承弯。但图中只见在框构两边侧墙和中墙上布设有竖向剪切键；“简本说明书”的图上未见到顶、底板处的水平剪切键；在会议上作介绍时放映出的 PPT 图的底板上见到了底板上有，但“顶板水平剪切键”却都缺失未见。可能设计认为：接头块长度短、与相邻 E29 和 E30 管段的 S8 和 S1 又是刚接，这里承受水平力已经足够。但我认为，日后在水平地震力作用和单向来自上游的波浪冲击力(因深埋地下，这后一情况会减弱不少)作用下，只顶板缺设水平剪切键将可能会产生接头处呈偏心扭转作用的水平向剪力和侧移，从而导致接头渗漏。为此，沿顶板布置水平剪切键似不可或缺。

此外，对邻接段 S8 和 S1 两处刚接处产生的水平弯矩(挑出的悬臂长 6 m+1.4 m)，均有可能达到不可承受的大值，需作验算(左右相邻两片接头块中间竖缝应视为可呈水平侧移滑动的活动铰支点)。

(5) 作为永久性止水，最终接头块分别与东、西相邻的 E30S1 和 E29S8 管段间做成刚性连接，这很好。对此我想说的是：沉管管段间刚性结合，在西方一直被认为其水密性是最差的，一些焊缝在强大的自然力作用下会显得完全无能为力而拉脱张开，从而造成渗漏(这就是为什么在 20 世纪水力压接法和 GINA 止水带出现前，因对管段间都普遍采用刚性接头而不得不相应地采用了桩基础，以抗受地基土层大的不均匀沉降，以防刚接头破坏；而自从有了水力压接和 GINA 止水带之后，则都已一律改用“柔性接头”)。只有柔性接头，使管段能与地基沉降相适应，从而管段也可随地基沉降、靠其两端柔性接头的变形来相互间作变形协调。这才是从理念上讲最先进、最适应，也是最恰当的。我这里只是想从上述的理解上讲明白；但此处因接头块短(一片长度仅 4.6～6.0 m)，采用与相邻管段间刚性接合，自然还是适当的。

(6) 接头各处都遍布纵、横向焊接缝。现在通过用冷焊技术，钢板的温度应力问题已不再突出了；但焊接产生的温度变形仍难以确切掌控，又不知要预留多大的焊接变形裕度，这将影响到因在接头处有多处贴接，其接合面间需要求精准对接的精度。该怎样计入考虑呢，似要请焊接专业人员做些指点吧。为此，我意在结构尺寸上应有规定的一定小幅值的微调，可能是比较现实可行的。

(7) 最终接头合龙口处海流相对紊乱而湍急，除落床就位这一时间窗口(连舾装、沉放，恐需 5 天～1 周时间)要尽可能避免不测的强风、暴雨、浓雾和大的潮汐落差外，加做基槽海工流场大比尺试验，似绝不可少。这类试验是“不可不信、也不可全信”，但终究还是不可或缺、一定要求做的。不知现在就是否已布置做了？如何较真实地模拟现场恶劣环境条件，也确乎是一个问题。

(8) 左、右两片最终接头块在整体吊放落床时，宜在其上、下游布设可以随时收紧和放松的多根缆风绳，视当时风力监测得到的接头动态及时作出调节；由于侧向(沿接头横截面方向)的挡风面大，风力作用下的晃动也是东、西方向更较激烈。此外，要否考虑在上游再加筑临时性导流围堰(以挡止海浪可能在龙口基槽内形生涌潮)的必要性和有效性。但导流堤工作量巨大，有否加用必要亦需慎酌再定。

(9) 曲线段的几节沉管(E33—E29)，因曲率半径大(R 约 5 500 m)而平曲线比较平缓，现采用“以折代曲”，端面按计算做成小角度斜面，使管节间相互密切贴接，当是最佳抉择。我想主要是如何加强测控精度问题。对此，因这方面材料未及细阅，对测量也不在行，就不能多说了。

总起来，我想说一句：只要“天随人意”，各位的这项精心佳作，在全体干部、员工全身心的不懈努力下，定将完美成功。预期明春三月末，我们再来看现场接头合龙、全隧贯通的喜讯吧。谨在此拭目以待！

用此拙笔，遥相致意，问候各位为国辛劳、担责，我们专家组将实地见证这“造福当代，惠泽千秋”的丰功伟业！

附 2　青岛胶州湾海底隧道工程

2.1　悠悠岛湾水，依依忆念情

玉兔迎新春，依靠广大建设者们的智慧和辛劳，辛卯年“五一”，在这阳光明媚的日子里，穿越青岛市黄岛区薛家岛的我国第二条海底城市隧道就将全线竣工通车了，实在可喜可贺！

自上世纪 90 年代初叶起，在青岛市委市政府的领导、市建设委员会和计划委员会的直接指导下，我有幸作为参加青黄通道工程早年论证、评议工作的一员，对该工程建设项目从工程线位、方案取舍、桥隧比选、建设可行性和经济性、合理性，到初步设计以及工程招投标……一路走来，目睹并参与了它的建设全过程。近 20 年了，往事历历如在眼前，转瞬沧桑巨变，令人感慨系之！今天，隧道已经全线竣工，缅念过去，写几句值得思考的点滴追忆，与同行读者们共享。

1) 隧位选择

早在 20 世纪 80 年代开始，我应青岛市建设委员会总工程师姜震老学长之邀，赴港城参加青岛地铁线路的总体规划研究，当时就有让地铁从市区团岛穿越胶州湾到黄岛的线位议案；其时，对另一条水底隧道的越江线位则曾比较了解：①在胶州湾内建隧(在与现在胶州湾大桥桥位相近的位置)，并建议过采用沉管法施工的水下浅埋方案；以及②由团岛穿越过海的两种方案。那时对薛家岛的隧道现址，由于距当时的黄岛市区比较远而未作重点考虑。后来，胶州湾内的隧道方案因为施工期要干扰湾内大片锚地而受到舆论的广泛问责，记得有一位海洋大学的老教授更在媒体上慷慨陈词，提出了尖锐的反对、批评意见，这些都使我记忆犹新。而选用团岛越海方案也是困难重重：其一，当地有海军水上机场，经交涉虽同意搬迁，可拆迁费很高；其二，黄岛一侧的隧道出入口段将不可避免地要经过黄岛近岸的油库区，油料属爆燃性强的危险品，专家们十分担心日后运营时的交通安全；其三，这条隧道线位将要斜向通过著名的沧口大断裂，该断裂带还有一定的地震活动性。似此各点原因，上述的两个隧位方案看来均不可行；当时还又比选了建桥方案，限于篇幅，这里就不展开了。

现在的薛家岛方案是后来才提出来的，它的优点是因距黄岛市中心区稍远，而有可能将过境车辆绕行市外，不致引入两岛内的主城区；此外，考虑到规划中的黄岛区中心不久将向东拓展，这样，在薛家岛过海势将更显方便和有利。

2）桥、隧比较

当然，如改为在薛家岛湾口处建桥也具有一些独特的优势，从而桥、隧之争就引起了上自政府、下到广大市民的热切关注。记得由于当时领导班子也意见不一，还想过要将桥和隧两个方案提请到市人大去讨论解决。在一次讨论会上，当时的青岛市委俞正声书记未作事先通知就率同市委常委班子一行人来旁听了（听完后就默默地离开了，他自己的想法一句都未谈，给在座许多人留下了极佳印象），他是想当面听取专家们的第一手看法。

我从事隧道工程研究许多年，对隧道专业的感情自然是深厚的，但我不只是对建隧的优点方面有比较全面深入的了解，且对它存在的缺点和不足也是最清楚的。在讨论建隧时，隧道的优缺点我客观地全都摆出来；如果隧道人只讲隧道好、桥梁人又只讲桥梁好，大家莫衷一是，议论不下，那叫领导如何下决心拍板呢。我总的想法是，在我有生之年能够见到，无论是建隧还是建桥，只要抉择正确，都是对国家的贡献，我都会同样地感到由衷的高兴——这就是我多年来的思想。此次在胶州湾这片国人瞩目以待的美丽土地上，要动工兴建这样大的工程建设项目，我也有自己坚定的想法。在一次现场踏勘后的评论会议上，我说："昨天傍晚大家都实地看了，湾口那西落的血红色夕阳和远天的一抹晚霞映漾着青碧色的茫茫大海，波光潋滟，艳丽照人！这太美了。从薛家岛隔海眺望，对岸远处青岛市区隐约朦胧的白色楼群，海上又轻帆点点，真是上天恩赐给青岛人最最可人、最最美丽的自然风貌啊。这种自然界的生态美是世界上无与伦比的美，任何人工建构筑物即使修造得再美，也只能是'画蛇添足'，无法与她原生的自然生态相匹比！这话可不是我乱说的，结构美哪能比得上原生的自然生态美啊！西方许多学人、专家也都有这样的共识。"我接着又进一步比方着说："我想还有一比，可能不很贴切，生态的自然美就好像一位年方十七、倚门边亭亭玉立的美丽而纯朴的村姑，她丽质天生，不施粉黛而楚楚动人，犹如养在深闺人未识时的杨贵妃；而如果给她涂脂抹粉，美倒也是美了，可那就变成了二十五六岁的美艳少妇了。各位说说是喜欢哪一位呢？"这意思自然是说，建隧不影响、更不会破坏胶州湾口那美丽动人的生态环境；而建桥即使造型再美观，也只能是'画蛇添足'罢了。但不料我话语刚罢，就有一位桥梁老专家抢着说："在这里建桥应该对环境生态是'画龙点睛'，美上添美。说实话我就是更喜欢美艳少妇。"这话引起了一阵哄堂大笑，也得到了一些赞成建桥专家们的掌声。我在会场休息时，面对几十年老熟人的那位桥梁专家，拍拍他的肩膀打趣地说："你这个老头子可给美艳少妇痴迷住了！哈哈！"而就在那天的现场，记得一位从加拿大回国、现在清华大学建筑系任教的中年教授也说他赞成建隧，但他的见解竟带有点迷信色彩。他调侃地笑着说："青岛的财源多数来自海外，每天从韩国、日本、秦皇岛、上海等地的进账可不少呀；如果建桥，讲风水就像在自己的大门口上了一条门杠，把要进来的财源都给堵在门外了，我看青岛人民不会答应！"他接着又说："如果从广东请一位风水先生来，他一定也会是这个看法。"又说："我这只是胡扯，不足为据的，今天媒体在不在？可别给我上报纸呀！"

上面说的，当然是些笑谈，但也可以看到当时对建桥还是建隧，专家们也还是有过不少争论的。下面说说后来市政府最终敲定建隧的主要理由。

(1) 摒弃建桥方案的4点主要理由是:

① 青岛胶州湾内港区和今后港内造船业的发展当时尚未有定论。这样,进出港区的远洋邮、货轮的吨位、吃水深度,特别是船上的塔桅高度一时都难以确定,进而影响了通航桥跨的大小,通航净高的具体尺寸和幅员也都一时定不下来。如以上海长兴岛浦东外高桥江段最终决定修建跨长江口特大型越江南港隧道的情况为例:坐落长兴岛上的由振华港机厂为国内外修造的拳头产品之一——水上浮吊,所要求的桥下净空达82 m、建桥净跨则要求2 000 m左右,这就为崇明越江长大水底隧道提出了客观的必要性。

② "湾口—青岛"一线的线位,其地质条件总体上大部分为坚硬致密、只有弱微风化的花岗岩地层,采用矿山法钻爆开挖施工隧道的造价将远比建造跨度超过千米的特大跨桥梁为低。

③ 特大型跨海桥梁遇台风、浓雾和暴雨等众多极端恶劣气候条件时,需要短时日封桥(每年预计可能有3～5 d)。

④ 大桥项目按目前高速公路收费标准测算的投资回收期约为15年,而隧道则为10年半左右。

(2) 建议修隧的主要理由,则基于以下5点:

① 隧道可以全天候通行,一年365天无论气候条件如何恶劣,仍然可以全天候畅行无阻。

② 隧道出入口两岸接线的占地量比较小,较修建高桥时的长引桥,两岸动拆迁工作量小。这在城市桥隧方案比较时是一项不容忽视的重要环节。

③ 在良好地质情况下,隧道开挖、支护作业相对便速而价廉、工期也更短,已有丰富的实践经验,技术上较海上修建特大跨桥梁更有把握。

④ 建隧不影响胶州湾良好的自然生态环境,对湾内港区日后发展和通航要求都没有任何干扰和影响。

⑤ 据青岛市工程咨询院(当年的前期论证负责单位)的调研测算资料:建隧投资合32亿元,而建桥投资则高达41亿元,隧要比桥节约造价28%。

(3) 但是,建隧方案的缺点和不足也是客观存在的,它们主要是:

① 隧道运营中由于洞内需日夜照明和人工通风,其他如通讯、监控和消防防灾等设备的需用量大,其耗用的电能大,隧道运营投入(含隧道维护、管理的人力、物力)也都较桥梁为高,年均营运成本估计在3 000万元左右。

② 相对在桥上行车,隧道内的行车条件比较差,洞内行车事故也比较多。

(4) 关于桥、隧二者的工程耐久性问题,其设计基准使用期在良好维护保养条件下均可满足安全使用100年,而事实上如有良好养护维修则均可望更长达120～150年以上;但在此处海水、海洋气候环境(氯离子侵蚀)和洞内汽车尾气等自然腐蚀条件下,何者更为坚固耐久(同样的经常维修和养护情况),这个问题国内外似尚无定论。

综上对比研究后,经缜密考虑最终抉择采用了海底隧道,我认为是正确的。施工实践也证实了这一点,但犹待在日后运营中进一步检验和考察,以积累海底隧道运营经验。

3) 服务隧道设置

国内外长大水底隧道和越岭隧道,许多都在左右两侧主隧道的中间位置加设了服务隧道,如:英吉利海峡隧道、我国厦门翔安海底隧道等。在对这一问题的评议中,就胶州湾海底隧道是否需要设置服务隧道,由于各方意见不一,经历了"设、不设、又再设"的几番反复,后来的施工实践证明了加设服务隧道还是划算的。这是因为：服务隧道不只是作为先行导洞（超前地质探洞）和增加开挖作业面（沿隧道纵向从服务隧道的左右横向增设几处施工平洞后可做到“长洞短打”）的需要（秦岭终南山高速公路隧道施工中，对上二者的优点有过深切的体会），它还能满足以下的其他各种功能，主要有：

① 用作施工进、排风管道布设，沟通作业面到洞外，风管不占主洞幅员；

② 用作运输施工机具、设备到洞内作业面的通道，而不致干扰主洞施工作业；

③ 用作运营通风时的风道和专用排烟道（火灾工况下）；

④ 用作洞内火灾时的消防救援通道；

⑤ 用作运营时主洞内冲洗污水的疏排泄水通道（服务隧道设置于左右主隧道居中的稍下方位置，在其最低点设地下泵房）；

⑥ 用作布设电缆、煤气管和其他专用管线设施的过海通道，等等，不一而足。

所以，服务隧道的功能如上述应该是多方面的，其中，用作施工先导的、对作业面塌方和突水的风险预警以及因增加作业面而缩短工期两个方面的积极效果更是十分突出的。

4）设计、施工、科研特色

紧扣设计施工进度，本工程曾进行了一系列既富理论内涵、又具工程实用价值的科学研究。据我了解，认为最有意义的似有以下各项课题，此处说的恐有遗漏，不一定全面。这些课题主要包含以下方面内容：

（1）在隧道开挖和支护设计中，进行了各种不同开挖方案（如上下台阶法、CD 工法、CRD 工法、侧壁导坑法、核心支撑法等）的施工力学数值分析，而不只满足于整个断面开挖完成和设置支护以后的力学效应。对软弱松散围岩而言，这种施工力学分析更显必要和重要。

（2）研究探讨了硬岩失稳的力学机制——块体分析和赤平投影设计方法，得出了导致硬岩失稳的“关键块体”及其多米诺骨牌式的硬质围岩塌方、失稳状态与其所在的具体部位。

（3）洞内不良地质缺陷地段的超前地质预报和工程险情预警。

（4）对软弱围岩施工变形的智能预测与控制。

（5）地下深层承压水的控制与防治。

（6）围岩预注浆加固的实施，与结合围岩构造和变形实际的新型防水材料的优选与采用，等等。

5）结语

我想用以下一首不成文的短句，来反映自己现在的万千思绪并庆贺隧道的胜利建成：

岛海风烟　春光好　天堑变通途
钻爆惊涛　忆峥嵘岁月稠
加鞭都为人民　揭海底奥秘　山河添色
日月辉映　千秋功业　好把丰碑刻
通车在望　慷慨大地遍泽

谨以上面的短句献给为青岛胶州湾海底隧道建设作出辛劳贡献的人们！感谢您们！

2.2 个人书面意见

以翔安隧道为例，2008 年 12 月中旬，中铁十八局施工的 F1 强风化深槽（该隧道最长 134 m风化槽）顺利穿越。行车洞开挖断面达 170 m^2（全长 6.15 km，双向 6 车道）。风化槽岩体遇水软化，易涌水、泥沙和塌方。施工中引进了三维激光扫描，全断面帷幕注浆以固结堵水 CRD 工法开挖，在分成 4 块的小断面内，自上而下将钢拱架分块拼成整环，开挖和初期支护同步施工，确保隧道安全掘进。

1）关于施工治水方式和方法

此处胶州湾隧道海底段总水头达 50～78 m，从选择治水方式看，属于全封堵和有限疏排两种方式间的临界状态。

（1）对限量排放而言：

① 初支和防水板间加设土工布排水层，将初支结构渗水引排入隧底排水沟。

② 因为只是限排，故而渗水量要有定量控制。这就需要事先对破碎岩体预注浆，使注浆后的围岩渗透系数控制在可排范围；且注浆材料要有耐久性要求。

③ 要关注引排系统的畅通不堵塞（经常冲洗）。

④ 要增加运营抽水费用，且有堵塞风险。其优点是：从渗漏量的多少发生变化，就可观察有否突发情况而可早作预防和处理。

（2）对全封堵而言：

① 改为在防水板与二衬间加设排水系统，将通过防水板薄弱失效处的少量渗水，引流入排水沟；

② 二衬设计要计入全水头高水压作用，为此，二衬厚度加大。

这里防水板要用无钉粘合工艺敷设，难度要求高。

在掌握上，要视开挖中地质预报和监测到的渗水条件和具体位置，选用防排水方案。一般做法：对Ⅳ级和Ⅴ级围岩和高水头区段，用全封堵方案，而对Ⅱ级、Ⅲ级围岩区段，用后注浆措施先控制渗水量到一定限值以后，采用限量排放方案。

采用硫酸盐水泥（特制）、普通水泥浆和超细水泥浆进行压注止水，使之将海水高压水头封堵在经过注浆加固后的围岩加固圈之外。在洞体的四周形成注浆加固堵水圈，该圈内基岩的原先输水裂隙与涌水空间要基本被封闭堵死。

初支形成后，在敷设防水板之前，要对初支有渗漏处再先进行补充注浆。

围岩注浆后，其改良目标值应落在规定的限值以下；检查孔的渗水量在 0.5 L/(s·m)以下。

压注材料有：普通水泥单液浆、超细水泥单液浆、特制硫酸水泥单液浆和水泥（高炉胶凝）水玻璃双液浆。限量疏排，指：除在渗水量不大、水压不高的情况下采用外，用限量排水疏导内衬后背的水压，不使水压过高聚集，而危及衬砌结构安全。

在全面封堵的前提下，一般地仍会有少量渗水；利用二衬后背的导排系统使引流到底部水沟，再汇集到集水井中抽排到洞外；在对围岩注浆、使围岩局部封闭后，剩余的渗水量和水压达到能够满足限量疏排的引流条件。详细阐述如下。

2）关于围岩注浆止水的进一步说明

（1）利用超前探孔进行渗水量和水压测量，用所得的水量和水压数据作超前预注浆设计；

（2）加强初期支护的防水能力，湿喷混凝土有 P8 级抗渗标号要求；如初喷混凝土内面有渗水情况，要即时先对初支后背进行回填注浆止水，并对初支内表渗漏水及时处理，以确保防水层在干燥无水环境下作业；

要制定对注浆结束时的注浆终压和终止注浆量的设计标准，终止注浆量一般用单孔进浆速度标定；

（3）二次内衬，为更好止漏、防渗，且为日后耐久性要求，要拌制高性能防水混凝土；

(4) 衬砌内钢筋由焊接改为机械连接，防止焊接作业灼伤防水板(2 mm 厚)；

(5) 为防止渗水沿隧道纵向串流，要对每两幅防水板循环沿其中线环向设置防渗肋条，使隔离成结构分区防水；

(6) 挪威海底隧道规范制定的最大允许渗漏量为 300 L/(km・min)。

青岛湾口隧道，海底段的总水头在 50～80 m 之间；而翔安隧道的静水压则为 0.5～0.7 MPa，二者大体相当；涌水量则视岩体破碎情况，各个作业面位置都不尽相同。

因海水下灌，造成突泥、涌水并导致坍塌、淹没作业面，也存在一定风险(如日本青函隧道)。

从超前地质预报，确定断裂、破碎带和风化深槽的具体位置后，先施工防水闸门及其连结两隧道间的横向联络通道，以策必要时人员逃生安全。

(7) 不良地质区段施工，采用“分循环开挖和分循环支护”方案进行，具体步骤如下：

① 每一循环施工，包括：拱腰以上超前大管棚预支护；全断面帷幕注浆；CRD 工法(Cross Diagram，指采用十字形纵横隔板作临时性支撑，将大跨隧道分隔，以便分部开挖和支护的一种施工方法)洞身开挖、支护；

② 第一循环作业长度稍长，约 30 m(这里含 5 m 厚作业面正前方的岩盘止浆墙)；先挖 20～25 m，预留 5 m，并做 3～3.5 m 厚的 C25 混凝土止浆墙；

③ 之后，约每一后续循环长度稍短，约为 25 m，也是挖 15～20 m，就留 5～10 m；

④ 注浆完成后，如岩体单轴压强已在 20 MPa 以上、岩体渗透系数减小到小于 10^{-4} cm/d时，可采用 CRD 法进行开挖、支护。

3) 关于综合勘探和全断面帷幕注浆问题

综合勘探几点说明如下：

(1) 开挖到不良地质带 100～50 m 之前，先用 TSP203 长距离探测其位置，特别是探测前方含水体和大裂隙带等不良地质缺陷；

(2) 在穿越不良地质构造缺陷区段时，要加大中、短距离预报密度，其时，主要以打设地质超前水平探水孔、地质雷达物探和红外探水为主，同时对 TSP 预报结果作核对验证；

(3) 全断面帷幕注浆，采用分段前进并结合后退式注浆方式进行。

第一循环注浆长度为 30 m，以后每循环注浆长度可改为均用 25 m。

径向注浆加固范围为开挖轮廓线之外 5 m；浆液扩散半径取 1.5～2.0 m，浆压取 1.5～3.0 MPa；注浆孔位取环向距 80 cm、径向距 100 cm；注浆花管为 ϕ89 mm；注浆材料一般可只用普通 32.5 水泥单液浆，也可用普通超细水泥平液浆、普通水泥-水玻璃双液浆和早强 HSC 浆。

钻孔采用 MDK-5 钻孔，注浆用 TEC-PH15 和 KBY-80/70 注浆机，地质缺陷区带(风化槽)的开挖用 CRD 工法进行。

先用超前小管棚注浆预支护和加固；每部循环用小进尺，0.6～1.2 m；短台阶上步开挖面超前下部开挖面为 1.0～1.5 倍的开挖宽度。

初支采取锚、网、喷、拱联合支护；永久性钢拱架支撑用 I 22 工字钢；临时支撑则用 I 20 工字钢，排距为 50 cm，挂双层 ϕ8@20 cm 钢筋网；C25 玻璃纤维喷混凝土。

根据注浆参数、注浆材料及地层等条件的不同，浆液在地层中的扩散主要可分为：充填注浆、渗透注浆、挤密注浆和劈裂注浆，共 4 种主要类型。不同注浆材料的性能和适用条件如附表 2-1 所列。

附表 2-1 不同注浆材料的性能对比及适用条件

材料名称	使用范围
普通水泥单液浆	适用于节理、裂隙、溶隙发育地层、岩溶管道以及中粗砂、砂砾石地层。主要在水量小、水压低、裂隙宽及砂层颗粒直径大等地质条件下注浆
超细水泥单液浆	适宜于各种地层的注浆加固,特别是致密的粉细砂层、黏土地层等充填性溶洞地层应采用该种注浆材料
超细型 HSC 浆	适宜于各种地层的注浆加固,特别是致密的粉细砂层、黏土地层等充填性溶洞地层应采用该种注浆材料
普通水泥-水玻璃双液浆	适用于临时堵水、加固围岩和控制注浆加固范围以及止浆墙渗漏时的快速封堵

4)特定条件下注浆材料的选用

高压、富水、深埋、充填型溶洞注浆材料的选择和确定如下:

(1) 超前帷幕注浆应以普通水泥浆、超细水泥浆和超细型 HSC 浆和 TGRM 浆为主,以水泥-水玻璃浆为辅,但水灰比应不大于 1.0,水泥和水玻璃的体积比应控制在 0.3~0.8 之间;

(2) 径向注浆应以超细水泥和超细型 HSC 浆和 TGRM 浆为主,而以普通水泥浆、水泥-水玻璃浆为辅,但水灰比应不大于 0.8,水泥和水玻璃的体积比应控制在 0.3~0.8 之间;

(3) 局部和补充注浆应以普通水泥浆为主,以超细水泥浆和超细型 HSC 浆和 TGRM 为辅,可少量使用水泥-水玻璃浆,但水灰比应不大于 0.8,水泥和水玻璃的体积比应控制在 0.3~0.8 之间;

(4) 为了调整浆液的凝胶时间和流动度,可少量使用外加剂,但外加剂的渗入不应降低材料强度和耐久性。

考虑到高压富水隧道施工的难度和危险程度,超前预注浆和径向注浆的加固范围选择如下:

超前预注浆的加固范围:$B=(2\sim3)D$;

超前注浆加固圈的厚度为:$B_1=(B-D)/2$;

径向注浆加固圈的厚度为:$B_2=(0.5\sim1.0)D$;

其中,D 为隧道开挖直径(m)。

渗透注浆为了达到理想的注浆效果,应进行低压慢注,注浆速度应控制在 5~15 m/min。

岩溶管道应实行大流量、驱水填充注浆,前期注浆速度应控制在 30~100 m/min,后期注浆速度应控制在 5~30 m/min。

挤密、劈裂注浆主要包括挤密注浆量和劈裂注浆量,在劈裂注浆过程中,如将宽度、高度、长度相近的浆脉称为同一类浆脉,则单孔单段的注浆量由现有公式计算。

挤密、劈裂注浆的注浆速度,其前期注浆速度应控制在 30~50 m/min,后期注浆速度则应控制在 5~30 m/min,注浆结束时,注浆速度应为 0。

对于节理、裂隙发育的破碎地层、断层破碎带及中、粗砂或砂砾层,普通水泥和普通水泥-水玻璃双液浆即可满足渗透注浆的要求。

对于高压、富水致密的黏土或粉细砂溶洞充填物,注浆机理以劈裂注浆为主,主要应根据溶洞地质特征和注浆加固及堵水要求,从强度、凝胶时间、耐久性、工艺可操作性及对环境污染情况综合考虑进行注浆材料选择。应以超细型注浆材料为主，并结合其他注浆材料综合使用(附表 2-2)。

附表 2-2　注浆材料适用条件

浆液名称	适用条件
新型注浆材料 HSC	水量和水压较大的岩溶管道或溶洞
普通水泥单液浆	一般溶隙地层，水量和水压不大
超细水泥单液浆	水压和水压不大的黏土或粉细砂充填型溶洞
TGRM 单液浆	水量和水压不大的岩溶管道或溶洞
水泥-水玻璃浆双液浆	水量较大、水压不大的一般溶隙地层
超细水泥-水玻璃双液浆	水量和水压较大的黏土或粉细砂充填型溶洞地层

5）注浆方案设计

注浆方法及其加固范围和适用条件具体如附表 2-3 所列。

附表 2-3　四种注浆方法

注浆方案	加固范围	适用条件
全断面超前注浆	正洞为开挖轮廓线外 8 m，平导开挖轮廓线外 5 m，同时包括开挖工作面	①地质预报判断可能发生严重突水、突泥等地段； ②探水孔流水量 $Q \geqslant 20\ m^3/h$； ③水孔水压 $P \geqslant 1.0$ MPa
全断面超前预注浆	正洞为开挖轮廓线外 5 m，平导为开挖轮廓线外 3 m，包括开挖工作面部分	①地质预报判断可能发生比较严重突水、突泥等地段； ②探水孔流水量为：$10\ m^3/h \leqslant Q < 20\ m^3/h$； ③探水孔水压为：$0.5\ MPa \leqslant P < 1.0$ MPa
开挖后全断面径向注浆	正洞注浆加固范围为开挖轮廓线外 5 m，平导为开挖轮廓线外 3 m	①一般富水区或节理、裂隙发育地段； ②岩体完整，探水孔流水量为：$2\ m^3/h \leqslant Q < 10\ m^3/h$； ③探水孔水压为：$0.1\ MPa \leqslant P < 0.5$ MPa； ④挖后局部流水或大面积渗漏水
局部和补充注浆	局部注浆可以进行超前预注浆，也可以径向注浆；补充注浆加固范围一般为初期支护背后 40～60 cm	①开挖过程中的局部出水地段； ②岩体完整，探水孔流水量 $Q < 2\ m^3/h$ 且水压力 $P < 0.1$ MPa； ③开挖后局部有较大渗漏水；不能满足结构防排水的等级或隧道限量排放标准

(1) 采用正洞全断面超前预注浆($B=8$ m)的注浆设计；

(2) 正洞全断面超前预注浆($B=8$ m)采用 MKD-5S 钻机成孔，开孔直径为 $\phi130$ mm，开孔深度为 2 m，开孔完成后安设 $\phi108$ mm 孔口管，之后，采用 $\phi90$ mm 钻头进行钻孔。若地层破碎，可采取前进式分段注浆工艺进行注浆施工，否则，可采取后退式分段注浆工艺进行注浆施工。注浆段长度 30 m，止浆墙厚度 8 m，注浆完成后开挖 22 m，余留 8 m 作为下一循环注浆施工的止浆岩墙。针对注浆盲区，应在超前帷幕注浆完成后，每开挖 2～3 m，隧道周边采取 3.5～5 m 超前小导管进行补充注浆，以提高注浆施工质量，确保开挖施工安全；

(3) 局部注浆和补充注浆方案。局部注浆是当探水孔出水量大于 $2\ m^3/h$ 而小于 $10\ m^3/h$时或出水浑浊时，对探水孔及附近围岩所采取的一种堵水和加固措施。局部注浆还包括隧道开挖完成后局部流水、股水、滴漏水、渗水部位的堵水和加固，注浆加固范围应根据实际情况进行动态调整。

在隧道对高压水的封堵和致密土层(或砂层)的注浆加固过程中，形成连续、均匀、高强的注浆加固圈十分重要，它不仅有利于提高结构的整体承载能力，而且可以提高结构的抗渗性能，增强堵水效果。

在一定的时间和成本内，单靠一种方法是难以实现的，应将超前注浆、径向注浆、局部和补充注浆方案结合起来，实行渐进注浆、层层堵水、分次加固，逐步达到设计要求；更重要的是在超前注浆过程中应采用高压、密孔、超细材料、反复强化的注浆方式，通过提高注浆压力，增加浆脉数量，通过密排布孔，减小注浆盲区，通过超细注浆材料，以增大浆液扩散半径和渗透能力；并通过严格检查，反复强化，局部和补充注浆，提高堵水率和围岩整体强度及稳定性。

注浆时，为了保证浆液在地层中有效地扩散，并防止从工作面漏浆，需要设置混凝土止浆墙，并将孔口管固定在止浆墙上，一方面作为钻孔导向，另一方面，通过安装在孔口管上的闸阀，可以防止钻孔中涌水、突泥，根据注浆工艺的不同，可在孔口止浆或孔内止浆。

为了防止钻孔注浆过程中涌水、突泥，确保钻注安全和改善注浆效果，在钻孔的孔口一般需安装比钻孔直径稍大的孔口管，在孔口管上安装高压闸阀，一旦出现高压涌水，可立即退出孔口管，关闭高压闸阀。

在深孔注浆过程中，为了改善注浆效果，应采用止浆塞实行分段注浆。根据目前国内外注浆现状，止浆塞主要分为机械式止浆塞、水囊式或气囊式止浆塞、皮碗式止浆塞等。在高压注浆的情况下，一般只能用机械式止浆塞或水囊(气囊)式止浆塞。

6）*注浆效果检验和评价*

注浆效果的检验和评定主要是评价地层加固和堵水情况，为隧道开挖和支护方法的选取提供依据。注浆效果的检验和评价方法主要包括分析法、钻孔检查法、取样测试法，此外还有弹性波法(包括声波、地震波或电磁波法等)，分析法主要分析注浆过程的压力和进浆速度、反算地层孔隙率、计算地层堵水率等；钻孔测试法主要测定钻孔的取芯率，并利用检查孔进行涌水量、压水试验、渗透系数测定等；取样检查法主要测试固结体力学指标。

附 3 琼州海峡跨海工程

3.1 工程建设的风险、主客观不利因素和成功实施的可行性

琼州跨海工程的实施将是一项规模宏伟而又技术高度复杂、施工历时漫长，应属举世无双的巨大建设项目。它的建设还将涉及政治、政策和工程规划、筹建投资和造价，以及客货交通运量预测、经济效益和社会效益等有可能发生许多变化的因素，还有后续施工期和运营期诸多有关海域自然条件和技术性方面的重大风险因素。这些都将在相当程度上决定该工程项目建设的成败、安全和经济。同时，研究交流国内外多年来已在类似或相近长大桥梁与深水海床下隧道工程建设中遇到的各种问题及所采取的应对策略，对该跨海通道项目将具有极为重要的、可供参考借鉴的现实意义。

琼州海峡跨海工程区域具有水深，气候条件恶劣(台风、巨浪、浓雾)，地质构造复杂，存在地震与火山活动且地震烈度高，通航要求高，生态环境敏感等诸多影响工程建设的不利因素。但感于我国数十年来在深水海域进行水上、水下工程建设的丰富实践经验，相信今后无论是建桥或建隧，技术上都有一定把握，通过技术革新、攻关研究和风险预案，对该通道工程

的设计施工均有十足的信心，它已具备完全的技术可行性。

3.2 地质条件

基于海床浅表第四纪土层和基岩工程地质、水文地质特征与综合地质勘察，目前工作就详勘要求而言似仍嫌不足，宜再加强以下方面。

1）陆、海域场址预见的水文地质条件

从可以基本预见到的情况，初步认为该项目的水文地质条件大体有以下特点：

(1) 在第四系全新统海积砂层中以及基岩(海床浅部约 115 m 以下为玄武岩层)浅部破碎和节理裂隙发育带内，其富水性好，分别赋存有饱和孔隙水和风化基岩孔隙/裂隙水。

(2) 从总体上而言，海域内深部区块整体、致密性好的基岩其富水性弱、渗透性差、为弱/微含水层，估计无明显的遍布含水层和透镜带。

(3) 受海水垂直入渗补给，并受海水高压力影响，海域含水土层和岩组地下水具有相当的承压性。

(4) 深部完整、致密的基岩基本上不渗水，其裂隙岩体的渗透性及其节理发育程度均随埋藏增大而急剧减弱。

(5) 尽管采用加压泥水盾构掘进(含，必要时辅加气压)，但作业面突/涌水问题仍应着重关注，其中：隧道作业面可能面临水压高、稳定流量大的地下涌/突水，且沿线呈随机分布，隐蔽性强而具突发性，是防范隧洞作业时突涌水事故的主要考虑因素。

2）海床地质特征调查

(1) 详尽的、准确度高的海床地质勘察信息和技术数据，是关系到桥隧工程建设可行性研究、设计和施工以及建设费用与工期等重大工程决策的主要因素。如以日本青函和英法海峡两座海底隧道过去进行的上述不同情况作进一步比照，就能充分说明这一问题(此处未及展开)。

(2) 施工前的地质勘察。

施工前，应做好的各项地质勘察工作，除已进行的外，似还有以下勘察工作需要展开：

① 海洋动力环境条件下，海上钻井取样设备及其配套工艺的改制与开发；

② 地震波测试等地球物理勘探——揭示各层土层之间以及与基岩的分界线和主要不良地质缺陷；

③ 声纳探测——海底地形、松散沉积物分布及其厚度；

④ 综合地质勘探。

3）复杂海床地质条件下的地质勘察项目

复杂海床地质条件下，为揭示不良地质体和涌/突水或泥，需做的综合地质勘察项目，大体有如下内容。

(1) 常规地质勘探。

(2) 超前综合物探：

① 采用震测法作隧道超前地质预报(TSP)；

② 地质雷达与遥感、遥测；

③ 水平震测剖面法 (HSP)声波反射法；

④ 电磁波物探勘察——跨孔电磁波 CT 扫描成像探测；等等。

(3) 红外线探水仪、超前水平探孔。

(4) 施工中的实时监测与相关参数快速测试——数字式全景钻孔摄像系统。

(5) 综合地质超前预报技术(将计算机数值模拟与综合分析预测相结合)。

(6) 水化学分析。

(7) 压水透水性试验,以验证岩土体质量与涌水量。

4) 下一步的地质和地震详勘工作

尚有待深入进行的有关地质和地震详勘工作主要有以下方面:

(1) 海峡海底及其两岸沿拟选线位轴线小比尺的地形地貌和水深测绘。

(2) 沿线位轴线海床浅、中部地层的地球物理勘探,重点调查第四系和上第三系的地质和海床水文地质条件。

(3) 地震、活动断裂和其他灾害性地质的调查研究。

(4) 岩土工程力学性质的现场和室内试验。

(5) 工程地震的数值模拟和试验研究。

3.3　海床桥基和隧洞设计施工的技术特色和若干关键方面的认识

(1) 深水海洋地质勘察的难度高、投入大,致使漏勘与情况失真的风险程度增大。

(2) 海床下浅层土体和高渗透性岩体施工开挖所引发涌/突水或泥的可能性大,且多数与海水有直接水力联系,对建隧施工而言,要求达到较高精度的施工探水预测预报和有效治水都十分困难。

(3) 海上施工竖井布设难度高,在此处甚或是不可能的,致使盾构连续单口掘进的长度达数十公里,其施工技术难度成数倍加大。

(4) 饱水岩土体强度软化,其有效应力降低,使桥基稳定条件恶化。

(5) 盾构全水压管片衬砌与限压/限裂衬砌结构的设计要求高。

(6) 受海水长期浸泡和腐蚀;以公路隧道而言,汽车尾气 CO_2 入渗混凝土;高性能、高抗渗衬砌混凝土配制工艺;结构的安全性、可靠性和耐久性等,这些方面的考验十分严峻,以及洞内装修与机电设施的防潮去湿要求严格。

(7) 长(大)跨海隧道的运营通风、防灾救援和交通监控,需有周密设计与技术措施保证。

做好上节所述的工程地质、水文勘察与施工中超前预报,着力提高遇险应变能力,得出与工程实际结合的、合理可行的技术措施和应对各种险情的工程预案,是此处深水跨海软基工程施工成败的关键。

3.4　工程实施的可行性和方案取舍

1) 工程选线

(1) 琼州海峡工程通道线路方案,从安全和经济上而言,通道最终将选位何处,重点在于线路位置的比选和优化。从目前的勘测资料看,中线方案线位顺直,跨海工程线路最短(桥梁方案全长约 22 km),海面宽 21 km,与两岸既有公路和铁路连接顺畅,主体大桥和引线工程投资相对较少,运行时间短、运营成本低,基本符合两岸城市规划要求;其制约因素是最大水深达 88 m,软弱深水桥基施工水下工程量大而难度高。西线方案海底较为平坦,最大水深仅约 55 m,但跨海工程线路长(桥梁方案全长达 32 km),与两岸既有公路和铁路的连接绕行也比较多,主体大桥和引线工程投资相对更大;此外,如选用桥梁线位还必须尽量绕避徐闻珊瑚礁国家级自然保护区的核心地块,是其不足。

这样,从上述可知,西线桥位和中线桥位似各具优势,在后续工程可行性研究评估阶段仍应作进一步比选。

(2) 西线方案线路走向可避开海峡中的深槽,海面宽约 33 km,平均水深约 44 m,海床面起伏较小,两岸间海床内没有明显陡坎,虽隧道走向穿过徐闻珊瑚礁国家自然保护区(约4 km),但对深置于海床以下几十至上百米的深埋隧道而言,问题一般不大。似此,隧道中、西线方案各具优势和困难与不足,似应在下步工程可行性研究评估研究阶段再作进一步比选。

(3) 东线桥位海底地形复杂,水深大,靠近历史上 1605 年大地震震中,受地震和断裂的影响要比西线和中线的为大,桥梁方案与海口港至海安港轮渡通道也有冲突;如采用隧道方案,东线方案隧道线路海面宽约 24 km,最大水深约 90 m。其主要问题是:东线位置与海口市规划不符,对城市影响也相对较大(我们初步认为,无论建桥或建隧,东线方案似均将予以舍弃)。因此,已如上小节所述,隧道线位同样宜只选择在中线和西线方案之间再作进一步研究比较。

2) 桥梁、隧道方案

中、西线线位似各具优势,在预可行性研究阶段,似一时尚难以明确定夺。

(1) 西线"桥位二"与西线"桥位一"的主要区别是绕避了灯楼角附近国家级珊瑚礁保护区的核心区及缓冲区,但海中桥梁长度增加约 9.8 km。中线桥位则其海中桥梁长度最短,线路走向顺直,是海口市规划穿越海峡较为理想的通道位置。

(2) 如采用公路隧道单建,受公路特长隧道运营通风和防灾要求的制约,海中段每 5～7 km需要修建一座通风竖井。由于中线隧道长度较西线短约 10 km,竖井数量少,工程造价低,有条件在水深约 50 m 的海上设置 2 座通风井似已可满足要求。因此,考虑铁、公路分建时,公路隧道单建方案似宜选用中线线位。

(3) 如采用铁路隧道并采用汽车背驮式运输的铁、公路隧道合建方案,从建设条件、线路顺畅、技术难易、生态环保等方面来比较,西线方案具有盾构施工难度较小、线路条件相对更好等优点;但中线方案线路短、日后运输效率高;它也不似桥隧结合方案,而无需在深水海床中修建工程难度大的人工岛,造价相对较低。因此,单建铁路隧道方案或用铁路兼顾汽车背驮式运输的隧道方案,均似宜推荐中线方案。

(4) 在桥隧结合方案中,考虑到桥隧结合西线方案比中线方案具有施工难度较小且可以大幅度缩短隧道长度等主要优势条件,因此,采用桥隧结合的跨海通道位置则宜推荐西线方案。

(5) 在公路中线隧道方案与西线桥隧结合方案的比选方面,前者避免了桥隧结合方案需要施工 2 座人工岛的难题和巨额投入,且又具有与路网衔接较好、绕行少、可全天候运营,其造价也较低,似宜建议选用中线全长单建隧道方案。

(6) 此处可作说明的是:上述各个线位的海床水文、地质条件都十分接近,在此处预可行性研究阶段,其对方案优选似不具对比因素,故在上项方案选位中未另突出水文、地质差异方面的比较。

3.5 多种桥、隧方案和铁、公路单建/合建方案的比选

对不同线位和桥、隧不同类型以及铁、公路单建/合建的多种工程方案进行以上综合比选后,似可认为,从建设条件而言,以上各种方案各有优劣,在预可行性研究阶段亦无需早作明确,似宜留待后续工程可行性研究阶段再作深化。

(1) 从气象水文条件而言,虽各方案的气象条件相同,但应注意热带气旋、龙卷风、浓雾等对各线位桥梁工程的不利影响可谓极大,而对隧道方案则基本上无影响,属其全天候运行

的独特优势条件。此外，水文潮汐、水流冲刷、波浪和深泓泥沙迁运等对桥梁软基也有一定的不利影响，而对隧道工程则也基本上没有影响。从这方面来讲，隧道方案当具突出优势。

其次，从地质地形条件来看，由于西线各方案海底地形较为平坦，水深也较小，因此就桥梁方案而言，西线方案海底地形条件要优于中线方案。海床底和两岸其历史上均有火山喷发，深水桥基似缺乏良好的持力层，隧道方案虽围岩条件较差，采用泥水加压盾构掘进穿越，施工作业没有特殊困难(局部深水地段可能需补加气压)；由于中线软土层深厚，易发生砂土液化和软土流滑。因此，就桥梁地基而言，西线方案似优于中线方案。

此外，隧道各方案对通航条件没有影响。尽管采用的桥梁主跨均可满足通航要求，但如因日后港口、航道和航务发展，现在一时尚难以确切论证，则桥下净空和跨宽各个方案对通航条件似仍有一定的不确定性影响。此外，尽管通过抗风设计，桥梁本身是安全的，但因恶劣气候(台风、浓雾等)对桥上车辆行驶不安全而一年内将会有多次、多天封桥。

再则，隧道方案对海峡内环境敏感区也基本无影响，而西线公铁合建桥梁和公路桥梁方案对环境敏感区的影响则似比较大。

就隧道工程而言，西线和中线各具优势。隧道施工受水深的影响比较小，而中线具有隧道长度较短、与两岸既有公路和铁路的连接顺畅方面的优势。因此，似宜再着重对中线隧道方案进行深化探究。

(2) 相对于桥梁而言，隧道方案的困难和不足也不少，主要有以下方面。

从目前沿用的定额作估算，建隧的造价一般较建桥要高出 20%左右，但由于我国对海上和海底工程的实践尚少，水下隧道更缺乏充分依据的评价定额和指标，估计数字的准确程度还很难说；同样，由于国内已建的海底隧道很少，其实践经验不足，建隧施工风险相对比较大，其不可预测因素也比较多(相对建桥的经验而言)；特长隧道日后长期运营的花费(通风、照明等)和维护管理的费用都相对较高；特长隧道内行车环境封闭不畅(铁路列车要好得多)，且在人工照明条件下，洞内行车条件相对比较差，司机容易视觉疲劳而偶生交通事故；此处特大型(～ϕ18 m)盾构在盾构机制作、深水海床下一次长距离推进中的刀盘和刀具现场维修与更换经验不足，技术难度也较高；深水风井和桥隧结合方案的人工岛构筑，特长隧道的运营通风、防灾(火)救援与交通监控(日后流量大时)，等等。以上这些，限于篇幅，就不展开阐述了。

(3) 公铁合建桥梁方案可充分利用通道资源，其西线方案水深较小，地质条件相对较好，设计和施工技术也都成熟可靠，投资也相对比较少，应该作为首选方案重点研究；中线公铁合建桥梁方案具有公路和铁路运营长度短、投资较少的比较优势，但目前国内外似均没有在该桥位深水(75 m)条件下施工大型深水桥基的成功先例，存在一定的工程风险和技术难度。西线修建公路桥梁与中线修建铁路隧道方案虽然投资较大，但可最大限度地利用通道资源，铁路隧道的运输距离短，更具全天候通行的优势，似可作进一步的分析研究。

3.6　铁、公路跨海峡通道的建设时机问题

似可进一步探究公铁合建桥梁方案是否进一步实施的可能性。根据经济社会发展和交通运输的需求并考虑必要的前期工作时间，如采用一步实施，并有望在 2012—2015 年间开工建设，则 2020—2025 年间当可建成运营。

如改用公路桥梁与铁路隧道组合分建方案，由于公路和铁路分建，因此客观上存在分步实施的可能性。如能在 2012～2015 年间先开工建设中线四线铁路隧道，估计 2020～2025 年间投入使用后，在后续一个时期内(2020～2030 年，约有 10 年)，先利用铁路隧道客货运的

富余能力背驮汽车往返海峡两岸；同时，利用海峡轮渡滚装的现状和能力，铁路采用客货共线，在 2030 年前当可满足公路运输的需要。如铁路采用客货分线，则估计能在 2030 年前暂可满足公路运输需要。因此，公铁分建方案建议公路和铁路通道分步实施。

3.7 隧道内交通运输工具的选择

近、中期内建议以铁路电气列车车辆背驮汽车上平板车方式穿越。

特长高速公路隧道的运营通风是个非常难以解决的问题，由于在深水海峡的海域地段不易甚或不可能设置永久性通风竖井，这使隧道通风问题更不好对付。特长隧道内高速行驶汽车，其大量废气和带毒害气体的及时疏排对通风设施的要求极高，处理上将十分困难；同时，隧洞内人工照明条件下长里程的跑车易因司机驾驶疲劳和紧张感造成其操作失误而引发交通事故；其三，高速公路车辆在特长隧道内的车速一般需控制在 80 km/h 以内，而如改用高速铁路列车，则其行车速度(受洞内风压控制)较大，英法海峡隧道经空气动力学研究并实践采用的列车，其减速后仍可达到 160～200 km/h 或以上，且受隧道内不利条件的影响程度也很小；其四，公路隧道内车辆密集情况下引发的火灾事故也远较铁路隧道情况高出许多倍，从洞内消防、防灾的角度看也是用铁路电气列车通过更为安全。关于公路、铁路车辆通风与防灾方面情况的两相比较和论证，可参见英法海峡隧道工程建设方面的有关介绍，此处不再展开阐述。

据此，对此处海峡隧道内交通运输工具的选择，在近、中期交通客货运量还不足够大时，初步建议可仿照英法海峡隧道情况采用以铁路车辆背驮汽车上平板列车运载穿越的方式。此处就借用英法海峡隧道这方面的一些情况稍作说明：公路车辆穿越隧道时，小轿车、公共交通车辆、货卡车和集装箱车，甚或十分必要运载的油罐等都由专用站台装载上铁路平板车上，从起讫点往返运行；当然，可以同时通过普通客货运火车列车车厢，由高马力电力机车拖运进出隧道。视交通运力发展需要，可以安排单向每小时运送 1 000～4 000 辆以上的各式汽车不等。如此按铁路隧道方式进行的洞内通风设计，已有英法海峡隧道的实践和经验(比此处更长，达 43 km)，当是比较方便和实际可行的。

3.8 特长隧道通风系统结构布置措施

通风系统结构布置可重点参考英法海峡隧道。英法海峡隧道通风系统由三条隧道组成，南、北各一条内径为 7.6 m 的行车主隧道，而中间是一个内径为 4.8 m 的服务隧道(已如上述可向行车隧道提供新鲜空气)。三条隧道之间每隔 375 m 设一内径 3.3 m 的横向人行通道相连(共 146 条)，可用以紧急事故避难和维修人员通行，同时还可以向运行隧道中提供新鲜空气。两条行车隧道每隔 250 m 由内径为 2 m 的泄压管道相连通(压力缓冲通道 PRD，共 194 个)，用来降低列车前后压差，以减轻行车隧道的活塞效应。列车前面高压区空气将通过列车前方的压力缓冲通道流入另一隧道，然后经过列车后面的压力缓冲通道流进列车后面的低压区，使可人为地形成环流。

对于特长海峡隧道而言，隧道空气动力学及通风问题解决得是否得当，在极大程度上对隧道建设的成败起着关键性作用。我们认为，应将特长隧道的结构方案与空气动力学问题、通风问题、环境问题、安全问题等结合起来研究，做好前期规划，是十分重要的。

3.9 海峡隧道工程的安全设计与安全作业

据国外的统计数字，海底隧道工程施工的事故频发率一般都远高于通常的建筑工程行业，仅稍次于采矿业，由于地下施工工程量庞大，而隧道在暗挖开掘过程中的施工风险更难以完全预见，故对其进行一系列的安全设计与作业是十分必要的。

最常见的洞内事故多数集中在：隧道火灾、施工水患和水淹、设备走电、围岩坍塌、毒雾窒息和机械损伤等。故此，在海底隧道施工和运营期间，各项辅助安全设施的设计应有针对性地布设显象监视、水患水害控制、火情预警、电气安全、通风除尘、车辆热轴探测（含刹车检查等）、消防逃离与救援等有关卫生和安全劳防等辅助性服务设施，这是必备的常用手段。其中，洞口中央控制室布置与及时的安全调度应该是最不可或缺的重要安全作业措施。

3.10　工程风险评估

在此处特长大跨海通道工程建设项目的实施中，存在许多不确定因素和潜在的各种风险，就工程建设方面的风险而言，有如：政策掌控、市场条件、投资造价、运量预测、环境生态影响、海域自然条件变化，以及在工程规划、勘测、设计、施工与日后桥、隧建成运营管理中的各种技术风险，都将不可避免地遇到，并在项目实施的全部周期内，各类风险都具有其存在的客观性和随机性。对其进行的风险预案与日后处治是否恰当，可能在相当程度上会左右工程施工和建成后的经济效益和社会效益，甚或关系到工程建设的成败。其中，对各项工程风险的分析和控制，进而完善现代化的风险管理，是当前开展此处跨海工程建设项目前期筹划工作的当务之急。

附 4　深圳—中山市珠江通道工程

4.1　方案研究

（1）送评材料分析细致，论证充分、有据，材料齐全，除通航标准（应该是主要大项）尚未完成会签外，其他内容和论述深度均能满足工程可行性研究阶段预评审各项要求。希尽早与有关方进一步协调，在通航标准上取得一致和共识，以便早日报送正式的工程可行性研究评审和立项。

（2）目前，由于通航要求尚待落实，以下只能暂按现有材料和会议上的介绍为据（通航净高 73.5 m，通航主跨 1 600 m）写一点不成熟的认识，供请参考。

（3）采用“东隧西桥”和“长隧”两个方案技术上都是可行的，工程这么大，当然存在风险、困难和问题，但经我国一些有实力、有施工经验的单位的努力，相信是能够克服和完成的。现在是要在优化、比选中找出最稳妥、安全且满足功能要求最好、工期短而又相对经济的抉择。

（4）如上所述，我初步的浅见是：如现定的净高 73.5 m 可行，采用“东隧西桥”应属第一选择。如果矾石水道日后不需作重大浚深的条件下（规划底高仍保持为 −21 m；沉管底为 −32 m），东隧用沉管，而西桥是采用 $L=1\ 620$ m 的特大跨悬索桥还是 $L=1\ 100\sim1\ 300$ m 的特大跨斜拉桥，仍值得再作深入对比；如果经论证后批复小于等于 1 200 m 的航宽可行，则后者似为更佳。

（5）上项论述主要基于以下认识：

长度为 1 620 m 的悬索桥，虽国外已有先例，国内舟山西喉门、虎门二桥和岳阳洞庭湖第二大桥等诸悬索大桥的跨径也相近，但究竟本项目跨度太大，桥高又在海面 75 m 以上，桥塔更高达 275 m，珠江下游为大台风高发区，其施工中的安全性似值得关注，其中：深水锚碇工程和施工中主缆、吊缆、主梁以及运营期的车辆抗台风、抗海上浓雾、抗地震的稳定性，都是很有难度的。对此，初步建议：

① 是否应加设纵向加劲桁架,以增大纵向抗弯刚度(含主桥满布活载);

② 主梁宜采用钢桁梁以利于透风,使之与桥面板叠合,呈各向异性板共同受力;

③ 8 车道桥宽过大,考虑中间是否再设一片主缆、吊缆而形成三索面,以增大侧向抗风刚度,也有利于减小纵向沉降;

④ 施工中需要用到的 8 车道大宽度的跨缆吊机(需新设计),其在工作中的稳定和吊重时的安全,值得关注;

⑤ 在深水中施工如此庞宏、巨型的重力式锚碇,无论是采用沉井、筑岛后用地下连续墙或是水下大开挖建造,困难都非常大。因此处岩盘埋藏较浅,可否有改用"隧道锚"的可能性,隧道锚在四川几处较小跨度的悬桥以及新建的宜万公路野三关四渡河大吊桥都已成功应用过。这样,石方量大大节约、工期有可能更短些,施工难度也相对较小。此外,海水中钢缆的耐久性(Cl^- 腐蚀防护)也是一个难题。

⑥ 对于长度小于等于 1 300 m 的斜拉桥,国内、外已论证其仍在斜拉桥经济跨度之内,采用由塔顶向两侧支开的斜扇型双索面,其抗风和抗扭刚度远较上述的长度接近 1 600 m 的悬索桥为优,且可以免去深水下庞大的巨型锚碇,值得一比;前提是通航净跨要能够满足。正在设计中的沪通大桥是公铁两用、长度为 1 100 m 的特大跨斜拉桥,其下层三个铁路车道再加上层双向 6 车道,活载比现在此处的要大得多。

⑦ 实体人工岛土石方量十分可观,且需进行软基处理加固,建造费时又耗资巨大,港珠澳大桥即如此(尽管采用了大直径圆筒围护,经优选成功,评为难得佳作)。建议是否可能改用过水型的全工厂化预制钢筋混凝土构件,再在现场组合,拼接(高强螺栓或水下电焊)成水下安装的预制框架型(水下闭箱型坡道,落坐在桩基之上),人工岛框架由桩基支撑于软基以下深处,其阻水面大大减少,工期和造价上都有望节约,可请作为备选方案,似值得一试。

(6) 在讨论"长隧"方案的技术可行性和存在的关键难题方面,我目前的初浅认识主要有以下几点。

① 特长隧道在海底开挖、掘进,以及运营期的防灾安全,国外已有数个相近的成功实例,相信我国业界完全有能力实现。风险是可以规避、可以克服的,就不详述了。我们应该有信心。

② "西隧"如采用沉管方案,缺点似感突出而明显,存在问题较多。其主要问题是:

A. 西隧受规划主航道底标高 −29.0 m 的限制,必然属"深埋",沉管底高,将在水下 −45 m左右,与港珠澳相近;水下深槽开挖,不仅土石方量庞大,更且因牵延时日过长而严重影响主航道航运,并污染海洋生态水环境,施工中对白海豚、白鹭鸟等的惊扰可能难以避免。

B. 隧道位处"大回淤"江段,这在港珠澳大桥沉管设计中造成的困难已经显现,现不得不为此施加永久性纵向预应力钢索,问题虽似已很好解决但尚未经日后实践考验。

C. 江床中设 2～3 座人工岛,使隧道纵向线路起伏多而高差大,对日后行车和油耗、轮耗均不利。建议改换成水中沉井(其上为通风竖井)代替人工岛,其阻流影响小,且线路可以顺直通过,这样就有条件分隔成 3 个江段平行沉放,可大大加速工期,似可作比选优化。

D. 干坞应选址在隧址下游,使浮运工作逆流而上,保证管节沉放落底时定位的稳定和安全。如能如上述平行分段沉放,则管段工厂预制进度会跟不上而须另外再选址一处干坞作补充。桂山岛预制厂是按 6 车道管宽设计,现在改为 8 车道,其作业线不能借用现在老的。目前拟选址龙穴岛建干坞,它在隧址上游,如上述,为顺流而下浮运,定位上有难度,可能是不合适的。如采用全隧道方案则沉管管段生产量大,以沿用下游不远处的港珠澳大桥沉管预制厂生产管段似更经济合理，此时厂内生产线因改为单管双4车道而需作变动。

③ 盾构方案的最大优点是它的“全暗挖”掘进，施工对海洋生态环境可谓无什么不利影响。但4车道大盾构，其直径在ϕ20 m左右，又绝大部分都要在中强风化甚至弱风化花岗岩中掘进通过，刀盘扭矩过大而刀具磨耗多，人员水下出舱（甚至带压）换刀作业，工作效率极低（参见南京纬三路过江隧道），可能会推一程、停一程，刀盘老被卡住不动，这点将会严重制约大盾构方案；而采用4个双车道ϕ14.0 m（含2.5 m故障车道）左右的中型盾构，不仅设备费用更高，施工中和运营期的通风、照明等经常维护费用都要较大直径盾构高，费用更贵（对此，国内、外业界已有共识）。采用超大直径盾构需要通过70%～90%的岩石地层，以及将穿越有多条断裂破碎带地层且破碎岩块间的胶结性差，赋存地下水量十分丰富，又与江水沟连，泥水盾构作业面抗突水稳定堪忧，这方面的难题处理国内实际经验不足，问题都实难克服。

④ 可以进一步考虑，也可能较有采用前景的是“矿山法”隧道（日本青函海峡隧道、我国厦门翔安与青岛胶州湾海底隧道均是其代表），其建筑安装费用最低、风险控制更有把握，有更多的成熟经验及处置突变事故的把握。为了找寻最佳地质条件，可能其埋藏还要更深一些，因而隧道总长会更长些。但为确保工程施工和运营安全，“矿山法”隧道应该仍将是一种优选抉择。日本青函隧道海水最深达100 m，隧道海床下最深处亦有100 m，虽似感保守，但仍可供参考。故此，我认为，长隧方案中采用4车道大尺寸（宽为21 m）洞室的矿山法施工掘进、开挖、支护应该反而是首选了。中交公路规划设计研究院在会议上提到的诸多困难和问题确实都存在，但我国数十年来在这方面积累的治水和防塌经验可谓非常丰富，其实力居世界前列。诸如：遇松散软弱地层，采用分部开挖的CD工法（指只在隧道毛洞的中部设置一道横隔板，使便于左、右分部开挖、支护的施工方法）和CRD工法；双侧壁导坑、先拱后墙法；留核心支撑法；仰拱先行、及时封闭法；长管棚、预注浆、预支护法等，手段不一而足。而遇富水地段，可采用长导管注浆、直至全断面帷幕注浆法等。近年来，尤其在地质超前预报、各种综合勘探手段、多媒体数字化视频监控等技术方面都有长足进展，可说办法多多。上述困难当可一一迎刃而解。钻进、爆破、排烟、出渣一体化机械，也都配套成龙。此处还建议：如果水量不最丰富，而岩块硬度又适中，则先采用直径8～10 m的TBM先行开挖核心部位，再用钻爆扩挖成型，这种事例早年在终南山秦岭铁路隧道复线已成功实施。对解决所提到的各种技术难题，应该是有信心解决的。

4.2　工程可行性研究

1）总体评价和认识

（1）三家分工所作的工程可行性（简称工可）报告内容丰硕，资料齐全，设计的方方面面均有详细交代，数据翔实可信，达到了重大工程项目工可阶段的研究水平，其研究的深度和广度都令人满意。

（2）但略感不足的是：有些叙述稍显“平铺直叙”，有点“眉毛胡子一把抓”面面俱到，反而不能更好地突出矛盾重点；对若干要害方面则似另需作些更进一步的深入剖析，以使论述更加令人信服。“报告”中文字交代的要求是：不只是说我是这样做的，更重要的是要说，我为什么要这样做。

就工程方案和技术标准两者而言，上段所提到的问题似主要有：

① 线位走向优选和两岸接线顺畅，是该项目与珠江三角洲地域路网规划有关功能定位和总体布局中是不可缺失的重要组成部分；

② 对适应主交通量需求(深圳至中山)的A线位,以及包括今后在分流虎门一、二两座大桥交通压力、缓解大客流流量方面的定量贡献及其估算,其所作的论证似尚稍欠深度;

③ 应对铁路(含深茂铁路和深珠城际轨道交通)、公路桥梁/隧道采用合建和分建进行比较,以及选择分建方案在其取舍上进行确切论证,而不只是如"报告"中所说:"因技术条件有差异、建设时序不一致"、"应各自分别选用对其最合理通道走廊位置"等,只是寥寥概括了几句,有感模糊和交代不清;

④ 其他如:建设规模和技术标准确定的依据和原则等,也希望能突出焦点,把各自的制约因素作为论述和介绍的重点,说深说够;而对一些具体细节问题,则似可留待日后做"扩初"时再深议。

(3) 对存在的困难和问题,希望能分清是"长痛"还是"短痛"(如对施工困难以及日后还可从长研究、协调解决的问题等),其对日后定将会造成难以克服的"长痛"问题,则一定要在规划和方案阶段就解决好,不留隐患和遗憾。

(4) 工可报告着重分析了"风险"。风险不等于危险,英文中就是两个不同的单词(risk和danger)。风险是可以设法克服和规避的,通过技术手段和加大投入,就可以在相当程度上加以化解,它是能够做到、也可以设法管控的(如介绍中谈到的盾构上、下行隧道间的横向联络通道,采用冻结法的施工风险等等),IV级风险及其项数就有可能蜕减,使之降低为III级甚至更小;但要求风险项数降低则要加大投入,但这也只是一种"短痛"。所以,风险级别是相对而言的,不是一成不变的。

(5) 望与港务、海事、水利、河工、航道、航运、道路、市政等相关部门进一步协调,化解矛盾,在诸制约因素的解决上尽早取得共识,通过"会签"确认(仅口头上、会议上认可,还不足作为日后确切互认的依据)。这样将有利于后续设计的顺利开展和进行。要认真听取各地方主管部门和县市政府的意见,切实尊重并解决好他们关切的问题和疑虑,他们是日后最直接的利益攸关方,也最深刻了解当地实际情况,如:广州市疑虑东隧西桥方案对南沙港和临港工业区的远期发展对伶仃洋东槽有不利影响,还对维护河势稳定不利,等等,都待及时加强彼此间的通气和工作协调。

2) 对若干具体关键技术的初浅认识

(1) "专题研究"中,对水文地质、工程地质、地震地质、场域地震效应、海床浅表软基处理以及施工期沉降和工后沉降、基岩浸水后的软化和崩解、深大基槽开挖稳定,以及对市内既有建(构)筑物在桥隧施工时的相互影响与环境维护等方面的问题,有的虽在"报告"中已有涉及和探讨,但在文字中则似都可引申、再细致些讲述,而它们有的更是工程施工成败的基础条件,如:场区承压孔隙水抽排、场地地下水稳定水位埋深、含水砂层的渗透性、地壳断裂的活动性程度、砂层的可液化性(地基液化等级)、地震安全性评价、下卧软基沉降、持力层承载力等,均需在各阶段的研究与设计中重点关切,必要时在"详勘"中还要做补充的海上勘探,尽量减少误勘和漏勘。对沉管而言,落潮流速、流向、安全航深、风浪、最大风速、台风、雷暴、浓雾等不利气象条件等也都将左右方案的顺利实施。

(2) 在桥、隧各个工程方案的比选中,现抉择采用 $A3$ 线(东隧西桥)方案(沉管隧道 $L=5.77$ km,双向8车道,基槽挖深最大32 m;有感主跨似过大,其刚度则有嫌不足),用 $A3$ 线笔者是赞同的,但认为这只是不得已而为之!桥隧合建的最大不足之处(或不尽如人意处)在于:在海床中要构筑两座巨型人工岛($L=625$ m),它对水流、行洪、航运都是很不利的,工程量也十分庞大,工期又长,前者应属于"长痛";但在现有诸多不可克服因素的制约下,尽管它并不是理想方案，但它确是可以解决现实困难的一种可行的选择，这就是为什么至今这种桥隧组合工程在国外迄今仍只有四座（最著名是东京湾的一座），国内也仅有港珠澳一座。它在最初采用时在西方资料中还被冠以“世界七大工程奇观之一”（one of the seven wonders in the world）。

如果能通过进一步深入协商、排除或改善现有的诸多客观上的重大制约因素，此处最理想的选择，笔者似感可先后排序为：

① 全桥方案。其第一优选是多跨斜拉桥，但如塔高因受空域限制而压低，使斜拉索角度小于 18°～20°后，则对受力不利；另外，如因通航净宽需大于 1 500 m，则只能改用 $L=$ 1 620 m的特大跨悬索桥。悬索桥的“命根子”在两端锚碇，特大跨悬索桥的锚碇结构应落底在岩盘上，在数万吨水平（分力）方向缆拉力长期持续作用下，当应力水平超出土体流变下限值后，将会出现软土蠕变而使锚碇持续向前蠕动，这会引起主缆和主梁大的附加内力和变形，设计上应予关注！此处台风每年接踵而至，对主缆、吊索和箱梁吊装施工将有许多不利影响；以后，特大跨悬索桥的横向抗风和抗震，以及上、下、左、右摇晃中的行车安全等都是重大考验。制约否决东桥方案的决定性因素似为：(i) 海上石油钻井平台需由矾石航道穿越；(ii) 航空限高小于 110 m 的要求；(iii) 大桥引桥与水流夹角过小而不利于排洪。

② 全隧方案。全长大于 14 km 的水下浅埋沉管隧道，它受海床深泓区砂土摆动和冲淤反复交替的影响是显著的，如果情况突出，则对沉管方案的可行性将起决定性影响。海床稳定性、年风平浪静的平均天数、风速和水底流速是制约它成功选用的关键。特长隧道的运营通风和防灾应该是关注重点，也是需切实解决的技术关键。其中，主航道中要求设置 2～3 座硕大的排风竖井，要征得航道、航运部门同意。隧道方案中沉管优于盾构，盾构由于埋深较大（$H\geqslant 1.0\ D$，它是有理论依据的，并不是经验值），较浅埋沉管深约 10 m，而使盾构隧道的纵长增大，其时盾构底盘将触及风化岩盘，要求复合盾构机水下出舱换刀；而如改用 4 管双向盾构，它对特长城市隧道则应加设紧急停车带而使直径加大等，都是制约它在此处采用的主要不利因素。据上海设计界曾有过的技术论证，认为 4 管盾构隧道，较之 2 管双向 8 车道的，其日后的通风、照明和维护管理费用都将更高。反之，沉管管节在工厂预制，质量和整体性都有保证，只要管节接头满足止水功能，当是较优抉择。采用全隧方案，则纵长达 14.7 km，在海中航道中也要设置 1～2 座硕大的进排风竖井，对航运有较大干扰；风井下局部地段的沉管地基要用深桩或挤密砂桩等复合地基加固成为人工深基础。如仅用东隧（$L=$ 5.77 km）则有望不设水中风井（上海崇明隧道盾构水中段 7.5 km 未设中间风井）。

③ 双隧方案，需在人工岛上车辆一上一下，这就大大加长了人工岛长度，可能由现在的 625 m 加长到 1 580 m，其阻水比在此处海床情况下（不同于海面宽阔的港珠澳大桥）恐将是不能允许的。

(3) 在沉管方案中，有以下两个不成熟的建议，可供参考：

① 沉管管节制作，建议不采用干坞而改为在预制工厂中全工业化预制，这就既节约大片干坞用地（城市用地紧张，一般要租用，且觅地困难），又可保证混凝土结构的制作质量。港珠澳大桥这项做法在国内属首例，因此处距港珠澳大桥管节生产基地不远，又是逆水而上、浮运到现场，可否届时协商利用它们的生产线做工厂预制，而不采用干坞内逐节现浇后出坞；临时锚地暂存待运，则仍是需要的。

② 人工岛摒弃不用传统的实体阻水型的庞然大物，它实在有点令人生畏；而可否改用“过水型的预制水下框架结构”，全部构件都在工厂预制，再水下拼装焊接成整体。笔者已绘

有这种新型预制框架式人工岛的草图可资参考。其特点是：

A. 它是过水型的，除为封闭用钢壳包裹的沉管管节外，基本上没有太大的阻水问题；

B. 它无需岛周围护结构，也不需坑内支撑和岛外抛石护坡；

C. 它无需做岛内软基处理(复合地基)，但需要施打预制 PHC 桩作为框架基础；

D. 潜水工水下焊接(或用高强螺栓)作业，工业化程度高。

上述的这般做法，在国内外均尚未有过，似值得期待。

(4) 对特大跨悬索桥而言，采用桁架式箱梁主梁，其透风性好，上浇正交各向异性混凝土桥面板，有利于迭合作用受力，也利于钢梁防腐；但因跨度过大，为加强竖向刚度，需否加设沿主桥纵长的通长加劲桁架，请酌(参见正修建中的沪通大桥)。此外，此桥处台风多发地区，悬索大桥的挂缆、水上吊装主梁等施工安全性要较斜拉桥采用悬臂法拼装在抗风上更为稳妥；为进一步增大其竖向刚度，对双向 8 车道宽桥尚可考虑加用为三索面(亦参见沪通大桥)。

(5) 如能与航务部门协商，使西桥桥跨压小到 $L=1\ 400$ m 左右，则改用双塔斜拉桥(分叉式斜缆)，当较 $L=1\ 620$ m 悬索大桥更显经济合理，它省却了庞大锚碇，有更好的抗扭刚度，对抗风和抗震也都更好；悬臂拼装时中跨加用临时墩，当可大大改善悬臂拼装施工中的稳定性。上述各点，盼能争取做到。特大桥的竖向和横向静、动力刚度往往不足，是一个值得重视的技术要害，一定要解决好。

附 5　南京纬三路过江隧道工程

5.1　北京研讨会议

截至 2010 年全国已建、在建和筹建的大型越江公路隧道约 30 条，累计掘进长度约 66 km。其中，用盾构法施工的超大直径长距离过江隧道已成为首选。

2003 年 11 月我国第一条双层隧道——上海复兴东路双层越江隧道贯通，它也是世界上第一条投入运营的双管、双层 6 车道隧道；此后，上海上中路隧道、南京长江隧道、上海长江隧道相继建成。上海长江隧道外径 15 m、内径 13.7 m，盾构隧道长度达 7.5 km，无论是断面尺寸，还是盾构一次掘进长度，均创世界之最。德国海瑞克公司制造的直径为 15 430 mm 的泥水气压平衡盾构掘进机在现场附近机械场组装，现已在海宁钱江隧道再次掘进。

1) 管片衬砌结构设计计算方面(尺寸大了以后的新问题，它不同于地铁区间隧道和单洞双线、一层隧道)

(1) 接头刚度非线性；

(2) 错缝拼装；

(3) 荷载结构法的弹簧刚度非线性；

(4) 渗流地应力与耦合效应(施工阶段的泥水盾构作业面上产生地下水渗流)；

(5) 纵向设计；

(6) 抗震动力分析与管片疲劳；

(7) 抗震列车浅表层砂土抗震局部“液化”(有残余强度)，以及列车行进的黏性软土“震陷”；

(8) 耐久性(服务寿命)设计软件(管片结构；接缝材料与螺栓)；半概率极限状态设计：①承载力使用极限；②裂缝控制极限。

2) 结构构造方面问题

(1) 双层隧道管片设牛腿的问题(与改用口字形结构相比照)

上海复兴东路双层隧道，施工中首次使用了牛腿管片，给管片结构设计、管片排片、盾构结构、管片拼装等都带来难度；盾构机需经改进，施工中对管片排片有不同要求，并要严格控制拼装技术。

(2) 管片结构设计楔形量介绍

左曲环与右曲环的楔形量，环宽最小的地方，最宽的地方，其楔形量总和为二者之和，曲线环标准拼装时的上、下宽度(L)取值相同，都有要求。

楔形量是按照 $R=250$ m 的平面线路曲率半径进行设计的，曲率半径最小为 500 m，平均每环所需楔形量为 33 mm，$R=500$ m 的曲率半径下，每环所需的平面调节量计算如下：

$$m = DL/R = 11\ 000 \times 1\ 500/500\ 000 = 33\ \text{mm}$$

用楔形量管片来调整隧道轴线完全可行。

(3) 衬砌连接

管片纵向和环向分别采用 32 根 M30、24 根 M36 的弯螺栓进行连接，环面为半弧形凹凸槽接缝，端面则是梯形凹凸槽接缝。半圆形凹凸槽与梯形凹凸槽分别允许有±6 mm 和±4.5 mm的施工偏差。

(4) 防水设计

环缝以及纵缝均采用厚 22 mm 的三元乙丙橡胶制作的框形弹性密封垫，再加过水膨胀橡胶进行止水。

环缝与纵缝之间靠近内弧面处还贴有缓冲材料，以减小管片之间直接接触带来的挤压损伤。另外，在纵缝之间贴有两道、厚度为 1.5 mm 的传力衬垫，材料为丁腈软木橡胶。

(5) 上、下超前控制

由于泥水盾构施工隧道脱出盾尾后有上浮现象，这种上浮的表现形式基本为管片的踏步。施工中，只有控制一定的上超量使得隧道轴线有向下的趋势，才能有效控制上浮对隧道抛高的影响，从而保持隧道轴线。所以管片超前量也必须控制好，一般性上超量控制在 4～6 cm为宜，当然特殊情况也可以变动；上超量的值与上浮量的值应该对应，上浮量大的时候，上超量需较大；而上浮量小的时候，上超量可以控制得比较小，这样才能保持隧道轴线以及均匀的盾尾间隙。

(6) 环面平整度控制

施工中通过整环贴 6 mm 的软木条来进行环面平整度的调整，往往只需 2～3 环即可纠正。

(7) 椭圆度控制

管片的椭圆度必须控制在 33 mm 以内，拼装人员可根据上一环管片的测量报表(包含四周的盾尾间隙)来决定当前环管片拼装是否要进行其圆度调整，并决定调整多少量(管片之间半圆形凹凸槽允许有±6 mm 的调整余地)。一般情况下，竖径大于横径的这种情况比较难拼。有时候还可根据盾构间隙来进行管片的平移，从而调整盾尾间隙的均匀性。

(8) 错缝拼装

采用错缝拼装管片，即通过调整管片位置来满足隧道设计轴线要求(曲线)，同时使隧道纵向连接缝不在同一直线上，以保证环面平整，错缝拼装时还具有渗水量相对通缝拼装的更小、整体性好等优点。在内力上要较通缝时的大；而变形位移则较通缝时为小。

施工过程中隧道轴线误差控制在±70 mm 以内。

3) 隧道不良地质对施工的影响及其应对措施

隧道处的不良水文地质条件主要是：

隧道主要穿越淤泥质粉质黏土，淤泥质粉质黏土加粉土、粉细砂、砾砂、原砾（卵石）地层。隧道局部土层变化较为复杂，其中有①高压缩性、高灵敏的软黏土层和②液化地层；③局部的承压含水层和④易形成流沙的地层；⑤局部段属强透水地层，渗透系数达到 10^{-3} cm/s；⑥江中段水压最大达 0.7 MPa。

（1）上穿承压含水层

在掘进过程中，承压水有可能会回灌到盾构开挖面，使刀盘切口水压发生突变，进而造成开挖面的失稳。

遇承压含水层的施工措施有：

① 严格控制切水压，防止水土压力的波动，影响开挖面的稳定；

② 重视泥浆质量的管理，使开挖面形成致密而稳定的泥膜，以有利于开挖面的稳定；

③ 采用盾尾紧急密封装置，保护好盾尾密封刷；等等。

（2）液化地层

隧道处地层$⑦_2$，属于典型的砂土液化地段，液化地层对开挖面的稳定及隧道管片的整体稳定性都有较大不利影响，隧址处出现局部小范围的液化现象，对其局部浅埋地段有条件的可以进行加固处理。

对液化地层的施工处理措施是：在江中深埋的液化地层可采用在盾构机上配置超前注浆设备，在隧道内通过盾构刀盘加固处理液化地层；对于深度较大的液化地层，盾构掘进中应该尽量减少对地层的扰动。

（3）透水性强地层

当隧道位处粉细砂层、砾砂层或圆砾层，黏粒含量少、黏聚力差、透水性强，垂直渗透系数和水平渗透系数都比较大。这样，在盾构开挖过程中，在水土压力的作用下，容易发生管涌和流沙现象。

对透水性强地层的施工处理措施有：粗颗粒含量多、地层黏聚力小、渗透性大，在盾构掘进过程中需要有更高质量的泥浆，并严格控制泥浆的密度、黏度等参数，使在盾构开挖面前形成较好的泥膜。此时，开挖面的平衡稳定非常关键，应防止流沙管涌的发生。

（4）江中浅覆土层

隧道江中浅覆土层厚仅为 9 m，为隧道内径的 0.6 倍，并且该处主要是⑧、⑨粉细砂层，黏粒含量少，黏聚力差，在盾构掘进时容易发生地层隆起/沉陷，开挖舱建立稳定的泥水压力的难度大，很容易发生泥水劈裂现象，造成泥水的外泄，有时江水会倒灌至盾构开挖面。

隧道穿越饱和土层，会受到水的浮力，隧道将上浮；而当管片脱离盾尾时，隧道被包围在壁后注浆的浆液中，受到浆液的浮力比在饱和土中受到的浮力还要大得多。同时，盾构推进挖出土方导致地基卸载，拼装好的隧道管片会受到地基回弹的作用向上偏离中心轴线。在浮力和地基回弹共同作用下，隧道上覆土体将产生塑性隆起；若最大隆起值得不到有效控制，覆土层将被顶裂，产生透水裂缝，河水沿透水裂缝涌入盾尾将严重影响隧道施工的安全。隧道上覆土抗剪强度不高且有一定的透水性，必须采取适当技术措施以避免风险，进行安全施工。对江底浅覆土区域必要时需进行加固处理。

（5）鹅卵石地层

隧道处具有大约长 500 m 范围的鹅卵石地层，最大卵石直径达 30 cm，盾构掘进过程中会对刀具产生较大的冲击和磨损；同时，在该地段，大量的鹅卵石积聚在开挖面附近，将使开挖面稳定的难度加大，并对盾构泥水环流系统中的泥水长距离输送带来相当的不利影响。

对鹅卵石地层的施工处理措施有：

采用多道防磨损刀具，安装刀具的磨损报警装置，具备常压下的刀具更换装置。防止刀具被卵石碰撞跌落，在磨损后需能及时更换。

在盾构机上安装破碎机，以处理较大块的卵石，防止管道被堵塞。还要根据实际情况优化掘进参数，尽量减少卵石对刀具的碰撞和冲击。

长江隧道大断面、高水压、复合地层，长距离盾构掘进中更要重视隧道的不良地质现象，通过合理的施工措施，应该能很好地规避风险，使盾构顺利掘进。

4）长距离、超大直径盾构施工中的若干技术关键

（1）施工技术关键

2001 年 11 月，从西方引进当时全球最大的“绿色心脏”（盾构名称），上海上中路隧道开始掘进，其直径达 14.87 m，施工中隧道平均掘进速度为 10 m/d。

直径 11 m 以上的盾构，大多采用泥水平衡盾构。现已基本解决了盾构开挖面稳定、刀盘驱动系统、大流量泥水输送和排放、高水压盾尾密封、掘进监控系统等技术关键。大直径泥水盾构成为集机、电、液（压）、控（制）于一体的先进隧道工程掘进设备，适用于各种复杂地层高水压、长距离盾构隧道工程的需求。

（2）同步施工技术（指盾构管片拼装作业与隧道内交通道路施工同步进行）

上海延安路隧道复线和上中路隧道、崇明长江隧道均采用了同步施工技术，它能有效地节约施工工期，及时输送管片和其他设备材料等到工作面。日本东京湾隧道也采用了该项技术。

同步结构的具体施工流程如下。

① 步骤 1：预制口字形构件安装前，先铺设底部砂浆；

② 步骤 2：预制口字形构件安装定位；

③ 步骤 3：底部压重块弧形板制作；

④ 步骤 4：两侧道路面板制作；

⑤ 步骤 5：两侧防撞侧石制作；

⑥ 步骤 6：道路路面素混凝土铺张层施工。

（3）建立高效的“物流”系统

长距离盾构隧道施工的洞内运输问题是影响工程进度的主要因素之一。考虑到某些超长距离隧道掘进过程中如果沿用全程电机车运输，对于隧道工期拖后的不利影响极大。为了进一步加快施工进度，在道路结构的同步施工中，随盾构掘进、在盾构与车架同步架设中间“口”字形预制构件作为运输通道。这样，隧道内水平运输都可以在口字结构内部使用专用卡车来完成，它不但消除了大坡度隧道中电机车易出轨等安全隐患，同时还大大提高了运输能力，进一步确保了工程的安全、高效。

（4）隧道火灾与火灾通风

在长距离隧道施工中，一旦隧道内发生“火灾”险情（有别于“灾情”），将给人员疏散及救援带来一定的难度，必须制订相关对策。

上述的道路同步施工结构可兼作人员紧急疏散通道，实现快速撤离。

为了驱散隧道中着火产生的烟雾，需要考虑合适的火灾通风系统。火灾发生时同时启动各种防灾设施以及通风系统使火灾损失降低至最小。由于隧道距离长，在推进一定距离后需设接力风机，应选用隧道专用通风机作为施工通风设备。

(5) 连接旁通道施工

上海大连路越江隧道、上海复兴路越江隧道、上海翔殷路越江隧道的江中双洞间的连接通道均采用冻结法加固土体后,采用类似矿山法开挖施工。但是特殊地质条件,如含盐地层和有利于地下水流动存在的地层中(当江底流速大于 1~2 m/s 时),采用冻结法施工将存在结冰温度降低、冻土强度降低、冻土帷幕交圈时间延长甚至无法交圈等问题。冻土融化固结沉降是冻结法难以避免的问题,它对隧道结构和环境安全会带来一定的破坏作用。

对于融沉控制有较高要求的冻结法工程,"地层改良冻结法"值得推广应用。它是通过对将要冻结的土体进行事先改良,降低土体透水性,有效地限制水分迁移,之后再施冻结,以达到从根本上控制冻胀、融沉的目的,不同于自然解冻和强制解冻这些对冻土融沉进行的补救措施。

(6) 关于洞口土体加固、泥水处理系统、同步单液注浆

由于盾构直径属超大型,达 ϕ15 m 以上,其所带来的施工技术困难也是巨大的。上海上中路隧道施工采用冻结法对洞口土体进行了加固,成功地确保了超大直径盾构顺利地出洞。施工中采用自行研发的 HS 系列泥水盾构专用处理剂,形成一种适合超大直径泥水盾构隧道施工的新型泥水体系,有效地解决了大盾构巨大的泥水处理技术难题。另外,由于盾构体积的庞大,其对周围土体的扰动也比 ϕ11 m 级盾构要大得多,相应地对地面沉降和隧道质量控制技术也非常高,盾构推进所使用的同步注浆系统采用自行研制的以砂浆为主的单液浆同步注浆体系,有效地解决了超大直径隧道的稳定性问题,由于技术应用得当,上中路盾构这台世界级超大型盾构胜利穿越了黄浦江江底不足 9 m 的超浅土层。

5.2 隧道盾构穿越复合地层和粉砂岩将遇到的问题与困难及其应对措施

1) 隧道盾构穿越复合地层

广州(2000 年始)、深圳(上海隧道股份 2001 年地铁标段)、沈阳(地铁)、福州(电厂过江取水的小隧道)等各地都曾遇到盾构穿越复合地层,多数是城市地铁土压平衡盾构,个别也有用复合式泥水平衡盾构穿越江河的例子。

此处与上述情况不同的是:以前大部分是地铁,其差别是:①过去是盾构外径达 6 m 多,而此处的外径达 15 m 多,尺寸要大得多;②过去是复合式土压平衡盾构,此处是加压泥水盾构;③此处硬岩的单轴抗压强度达 60~100 MPa;④过去是过内河,而此处则是过大江。

所以,此处料会遇到一些前所未见的新问题。

2) 复合盾构的设计

与软土地区修建城市地铁采用的盾构机相比,对此处复合地层、上软下硬地层(同一截面内)和硬岩地层,如只是更换一些不同刀具(由软土盾构的先行刀改为盘形滚刀),则严格来讲,还不能算是真正意义上的复合盾构。这是由于,此处的盾构直径过大(ϕ15.43 m),工艺技术上一时还难以实现。这里说的复合盾构,至少还应包括有以下一些专用设施,主要有:铰接装置、止转装置可以伸缩的软土刀盘(主要用于沿掘进纵向,软、硬地层交错出现的情况)、可伸缩的超挖滚刀,等等。这样,针对处理这类复合地层的技术对策,恐将在相当程度上受到一定制约,而只能是"摸着石头过河",要求边摸索,边积累经验,"到时看着办"。这就要求多留几手遇险对策的预案。

3) 与软土盾构的对比

与软土盾构相比,更有以下两点,为此处不易做到的难点。

(1) 对于软土盾构,由于土层相对说来其均匀性好,使可以通过盾构出井后先作试推进

(150～200 m)的方法来制定在该类地层内掘进时最合适的盾构施工参数，主要有：土仓仓压值、同步注浆量、千斤顶推力和盾构刀盘扭矩等。而此处如果也想采用试推进手段来先期由实践得出最佳的盾构掘进参数，则会由于地层变异的随机性大而变得不可能这样做。

(2) 软土盾构，其土仓仓压应设定与切削面前方的水、土压力值呈动态平衡管理，从而可以较准确地确定得出最佳仓压值(其误差允许为≤3%)；而此处，对复合地层而言，外周作用于切削面上的水、土压力，特别是呈复合型岩体的侧压力值则是十分不易确定的，其甚者如：对可以自稳的岩体而言，它的侧压力值甚至会减小到基本上趋于零。这样，此处设定的泥水仓压值较难有理论依据。

4) 复合盾构选型

(1) 关于盾构刀具

对软土和全风化岩层，选用先行刀(撕裂刀)和相应的切削软土刀具，而对强风化、中风化及其以上的硬岩，则要求改用滚刀和相应的切削刀，滚刀含中心滚刀和盘形滚刀，用于挤压破碎岩体。

(2) 关于复合式盾构

① 铰接装置。在硬岩地层中，为防止盾构“打转”并控制盾构轴线，需将盾构前方“铰接装置系统”的后面部分位置固定。先用铰接千斤顶向前掘进，待达到铰接千斤顶的最大行程(一般为 500 mm)时，将铰接千斤顶回缩；在前者回缩时，同时启动“掘进千斤顶系统”将掘进千斤顶顶出，直到铰接千斤顶全部回缩到头为止。两者这样前后循环往复，完成掘进过程。铰接盾构在地铁土压平衡盾构已多有采用，对此处大直径过江隧道的加压泥水盾构中的采用，则还有待进一步开发。

特别在遇到盾构沿曲线推进时，则更要利用铰接装置的“左铰、右铰”以控制平曲线偏差、利用铰接刀盘的“上铰、下铰”以控制竖曲线即坡度偏差，来先推进，并可用以扩大刀盘的切削范围，然后再用掘进千斤顶来向前掘进。这样，对平面曲线和坡度(竖曲线)就都能较好地控制盾构轴线运作。

② 止转装置。在硬岩中掘进时，盾构壳体所受的总的摩擦力要比软土的小，这时为防止刀盘转动时沿地层周边提供的反作用力不足，会使“盾构转角”过大。这样，在推进油缸和铰接油缸的中间部位最好要加设“止转装置”。当盾构用铰接系统推进时，给“止转千斤顶”加载，当加载压力值达到其最大值后停止加载，这时，止转装置就会像两只“触角”一样地伸出，可以将盾构牢牢地卡(支撑)在岩洞内稳住不动。而当铰接千斤顶达到其最大行程，或已经达到拼装一环管片的宽度后(此处为 2.0 m)，再给止转千斤顶卸载；当卸载压力达到其最大值后，此时止转千斤顶回缩(指示灯亮红灯)，说明止转千斤顶已全部缩回到头。

③ 可以伸缩的软土刀盘。在软、硬地层沿掘进方向交替出现时，盾构的刀盘结构也应采用复合式的。除了有固定的为切削硬岩用的滚刀刀盘外，还要在其后再加设可以伸缩的“软土刀盘”。它比硬岩滚刀刀盘要低 50 mm 左右，在切削硬岩时，将软土刀盘回缩不用，以避免软土刀盘和刀具在切削硬岩中损坏；而另外在复合土(软、硬兼有)地层中，当需要切削软土时，再将软土刀盘伸出 40 mm，以便切削复合土中的软土；而在全软土地层中，则将软土刀盘全部伸出(150 mm)，以便全断面切削软土。

④ 超挖滚刀(可伸缩)。盾构用于硬岩中切削时会使刀盘、刀具磨损加大，而其切削范围和进尺都变小，弄不好盾构壳体还会在地层内“卡壳”。故此，在滚刀刀盘周边，对称地设计两把可以伸缩的滚刀，滚刀伸出后可以扩大刀盘切削范围，又可避免盾构“卡壳”。它还具

有一定的超挖效果，最大超挖直径可达 250～300 mm。

(3) 要着重强调的事项

盾构机刀盘刀具的耐久性和可靠性是盾构技术经济效益好坏的关键，其掘进效率与地层地质条件的适应性(匹配性)，可谓息息相关，休戚与共。

在复合地层和硬岩中如仍沿用软土盾构，常可能导致以下问题：

① 中心区刀座变形增大，而要求不断换刀。

② 切入中风化及以上基岩的效率，如对岩石抗压强度估计上有大的偏误，则对刀具(特别是边刀)的磨损增大，做不到一次性不换刀或少换刀过江。其时，刀刃切口磨损检测装置一般有许多套，需事先安装调试好。

③ 刀盘设计的开口率，特别是中心部位的开口率 ，如设计不当，常导致仓口堵塞；开口率过大则会有石块(70 mm 或以上)进入泥土仓的风险。

5) 关于硬岩中掘进的问题和难点

(1) 在硬岩中的掘进模式，其特色之一是，有时作业面前方岩体能很好自稳，而切削面就不需用加压泥水来支护，即切削作业面已具有相当的自稳能力。这时泥水循环的作用只是将切削后进仓的碎石、石屑和渣土等通过泥水管路带到沉淀池，故切口水压可以设定得很小，有时仅 0.05 MPa 都已足够了。

(2) 掘进速度在硬岩中要求大幅减慢，甚至控制在 2(5)～10 mm/min(视岩石强度确定)。这是因为，使用盾构掘进时作业面上原岩的初始压应力和剪应力能在慢速掘进中得到充分、缓慢地释放，从而：①防止因掘进压力瞬间过大或过于应力集中，造成刀盘、滚刀受损破坏；同时，②利于盾构及时纠偏；③保证在掘进瞬间刀盘各个部位呈均匀受力；以及④减少对刀具的“偏磨”和盾构机因而产生的“下伏”现象，这些都需减缓掘进速度。愈硬愈密实的岩体愈要慢进，事实上因切削不动也不得不慢。

(3) 当切削面上如局部有江水渗出，或有泥水外漏，则管片会在同步注浆充分发挥作用前产生“上浮”。这将影响后续掘进和后面各环管片的拼装(会造成相邻纵环“错台”)。为控制管片上浮，可考虑采取以下措施：

① 对平面和竖向位差都应“随偏随纠”(每一环都在纠偏)，并尽量减小岩土超挖量；

② 提高同步注浆浆液的稠度，但又要具有好的流动性，浆液要及时充填管片外背的建筑空隙，均匀填充满管片全周；

③ 当隧道上浮量过大时，可在每 5～10 环内，同时再补压双液浆与用聚氨酯施作几道“环箍”充填成圈，间距 15～20 m 打筑一道，以避免泥水后窜，并防范已成型隧道的断面变形，导致稳定性受破坏，特别是管片上部要求补浆压密，不使继续上浮；

④ 加强隧道纵向变形和上浮情况的施工监测与控制(指注浆纠偏上浮)。

(4) 关于深水下带压入仓换刀。刀具必要时需要更换，换刀截面位置要选择在地层有较高承载力、不致失稳塌方的岩土体内进行。要先开仓检查，当滚刀刀刃磨损超过一定阈值(如≥15 mm)时，要及时予以更换。遇到正面开仓条件恶劣时(位处深水或地层稳定性不佳时)，采用加设的“钢质气闸墙”，在施加一定气压使之能平衡作业面外水土压力的条件下抓紧快速换刀。

(5) 关于大粒径片石堵塞排泥泵问题。切削入仓后的大片石(7～10 cm 或以上)，会有堵在排泥泵涡轮处的情况，排堵工作十分繁琐费事，严重影响进度。这就要求在排泥泵前先安装好一台“大体积石块分离器”，将大块石留置在分离器滤网上，而小石块、石屑经滤网通过筛网进入沉淀池，分离器要求拆装和清理方便。

6）盾构掘进遇上软、下硬复合地层

对于残积土层砾质黏土和砂质黏土或全风化土，此处是在断面上部；其下部为强风化，更下部则为中风化粉砂岩层。由于岩体次生裂隙导致岩体破碎，呈球状/囊状风化带，风化带厚度大，断裂构造发育情况比较常见。

（1）在这类风化带的盾构掘进施工中可能遇到的难点和风险

① 黏土黏性强，在刀盘面上和泥水仓内都会结“泥饼”。这是由于残积土中的黏土颗粒在刀具切削时的高温作用下将逐渐黏附在一起并硬化形成泥饼而包裹刀盘，这就加大了盾构机轴的扭矩而使盾构机切削能耗增大，而切削能力降低，掘进速度下降。

为清除大的结块泥饼，人员只得进入泥土仓内清除。而盾构较长时间停歇，洞外残积土在卸载和渗透外力作用下又会发生崩解而坍塌，造成一定范围的超挖，引起隧道上方地层沉降和过大变形，从而加大隧道的变形、沉陷。

② 在该类地层中掘进，刀具有较大磨损（因残粒中的砾砂造成的），过去发生过每隔几环就需换刀一次的情况，人员进舱换刀，时间较长会带来安全风险；人工进仓处理风化体时（事先难以勘察清楚），一时间处理不易，而长时间停歇会造成盾机沉降大，对管片受力也不利。

③ 在“上软下硬”地层中，盾构行进姿态难以控制，刀具易产生“偏磨”现象，掘进速度减慢而导致超挖，盾构出土量难以控制，出土过多、过快均会加大盾构机下沉和隧道已合拢管片环的变形。

（2）遇到这种情况常用的技术对策

① 通过详勘、补勘和现场与室内试验，将地层岩土性状摸清楚，需就针对性选配合适的刀具组合方面作出评价（其中，重型滚刀和切削刀是主体，要保证对强度高的中风化地层的破岩能力，配置适度又稍大的推力和扭矩，使刀盘转得动）。

② 尽可能做到“微扰动掘进”，即应连续、缓速、匀速掘进，其要点含：

A. 仔细保持泥水仓压力与作业面前方土水压力相对平衡，岩块有一定自稳能力时，要减小切口仓压；

B. 保持切削土体重量与排土重量相等，不使其过量超排；

C. 掘进姿态要优化，尽可能减小土体超、欠挖和过大扰动。

③ 采取“渣土改良”措施，以获得较理想的掘进效果：

A. 防止残积土在刀盘和土仓内“结饼”；

B. 改善全风化岩土体的和易性（要掺加外加剂）；

C. 降低土仓温度。

④ 同步注浆配比调整，注浆的浆压、注浆量（与建筑空隙相对应，必要时二次补浆，即压密注浆，第一次为充填注浆）和注浆方式（尽可能多点同步压注）优化。单液注浆（采用水泥基浆液为主），要根据掘进速度调整浆液凝固时间，尽可能早地使浆液具备强度。

⑤ 二次压密注浆，以填充同步注浆可能有残留的空隙，并改善管片外周土体性状，减小土体的固结变形沉降。

⑥ 加强自动化监测和信息化施工。

7）盾构过砂砾地层时常遇到的问题

（1）刀盘开口率（约25%）呈辐条形式布置。在辐条后的土仓内增设搅拌棒，使砂、土、砾石进舱时经搅拌而使其流动顺畅，不易堵塞。

(2) 卵石、块石对刀盘磨损大，可在刀盘前面和沿刀盘外缘加焊硬化表面材料；上述土仓内的搅拌棒也是通过焊接硬化表面来加以保护。

(3) 在刀具方面，可增加15～20个(或更多)的超耐磨"贝形刮刀"，以防止刀盘辐条和平面式刮刀过度磨损。此外，还可在刀盘周边一圈增加多把具有高强度、又耐磨的"先行刀"。

(4) 盾构施工参数调整(舱压，同步注浆量)优化。

(5) 在渣土输出系统中，再通过"加泥系统"，对盾构刀盘作业面前方土体进行改良。这是因为：

① 砂砾地盘中土体黏聚力小、和易性差(和易性是指对松散砂粒而言，能使之相聚合在一起的性能，和易性好才能排土顺畅而刀盘扭矩可减小)；含砂量大时，土体塑流性也变差。这样，刀盘对原先这类土体的切削效果也变差；

② 如土体未经改良，刀盘刀具磨损严重时，对能否实现连续、匀速、平稳推进且不换刀一次通过，要经受大的考验，不一定能顺利达到。

同时，要经试验比选后选择使用"钠基膨润土泥浆"添加剂作为土体改良剂，这种添加剂当其渗透进入砂砾层后，起到润滑且包裹砂砾的作用，使砂砾土也能具有好的流塑性。添加剂配比成分要由现场模拟试验来得出。

在施工中要对膨润土浆液质量进行严格动态管理，以达到预期的控制好塑流性的目标。

对加泥速度和泥浆加入量(例如，注浆率为20%)以及在注浆速率与盾构掘进速度(例如，40～60 mm/min)之间建立合适的经验关系。

(6) 要得出刀盘扭矩变化与加泥量间的经验关系曲线。

(7) 还要得出掘进速度和不同掘进段的加泥量与盾构推力变化三者之间的关系曲线。

(8) 有效预防并控制"喷涌"现象。

(9) 适当采取"欠土压"作施工控制，即以控制在理论土压值的75%～80%为佳。

(10) 控制同步注浆的浆压和注浆量；因砂砾土的渗透系数大，注浆量要高达理论值的160%～180%。

(11) 扭矩控制在最大总扭矩的55%(最大80%)；推力控制在最大总推力的40%～45%(最高75%)。这样，使可以保护刀盘连续平稳掘进。

附6　长沙市劳动西路湘江隧道工程

6.1　基本意见

(1) 从"钻爆"和"盾构"两种基本可行的暗挖隧道工法的比选上看，在施工把握性和工程造价掌控两方面，此处拟采用前者是合适的。遴选有好的资质和业绩的施工单位，做好切合工程实际的施工组织设计并具有较强的险情应变能力，是顺利实施隧道施工的关键。

(2) 隧道东段穿越渗水圆卵砾石夹砂类地层，其岩性属富水松散软弱围岩，其中：①对岩溶和地下水的超前预测和预报("探水")、②高水压富水区段围岩帷幕注浆("止水"、"防塌")和③这些洞段隧道的安全施工("开挖"、"支护")三者是此处施工中的技术关键；该三方面问题的处理上是否得当，是隧道施工顺利实施的要害。

(3) 在地下水与湘江水水力联系密切的情况下，采用"综合勘察法"进行施工探水是治水成败的关键。

采用长/中/短距离地质超前预报和物探与钻探相结合的施工探水是当前行之有效、已得到业界共识的做法。

此处与山区越岭隧道在治水上的不同处在于：后者一般宜“堵排结合而以疏排为主”，而此处对与江床水沟连处需以“封堵”为主的全断面帷幕预注浆为治水和地层加固的主要手段，而辅之以“限量疏排”则也是必要的。止水措施要做到刚柔结合，多道防线，因地制宜，综合治理。

(4) 围岩注浆是一项大的投入，但只要探水和监测工作(信息化施工)有成效(需要有经验的地质和水文地质技术人员常驻工地监护施工全过程)，“主动注浆”的费用当是可以掌控的；但如掌握不当，变成了“被动注浆”(这些年已不只是个别处情况了)，也出现过“无底洞”现象，延误工时，甚至作业面被淹，应切实防止和避免。

(5) 隧洞开挖时的围岩防塌(局部失稳)，国内已有许多成功经验，其中如：打设大(长)管棚、打设短管棚、设置系统锚杆、采用迈式锚杆(钻、注、锚三位一体，一次完成)和一些预支护、地层预加固等手段，都有不少成熟做法可资参考，可结合此处实际(地下工程不能只依靠钻探，即使是详勘，也有漏勘和误勘，都要求“打开了再看”)选用。

(6) 有必要进行注浆试验，一般在地面打孔注浆有时尚不能很好地反映日后洞内实际时须进行试验。若能改用在隧道所在位置作业面前方的超前探洞/导洞中进行注浆试验，将会更为有效和可靠，使之可直接应用于工程。

(7) 如能及早完成初步设计并早日进行施工招标，本节以下所述细节有的多属施工组织/施工技术设计方面的内容，当可由已中标的施工承包商来做。这样制订出的具体细节方案，才是切合日后施工单位自身经验及其设备条件的，将更为切实可行，且具有更好的操作性。

6.2　对几个重点技术关节的说明

(1) 施工前的地质和水文地质勘察，以及施工中超前地质预报的内涵，主要有：

① 江水动力环境条件下，钻井取样设备及其配套工艺有否要求另外改制和改装；

② 地震波测试等地球物理勘探，以揭示基岩分界线和主要不良地质缺陷；

③ 声纳探测，了解江床地形、松散沉积物分布及其厚度；

④ 综合地质勘探。

超前导洞和作为探洞的试验洞先行，是最好的超前地质勘察预报手段，其作用为：

① 对主隧道施工将遇到的不良地质区段，可从导洞/探洞中为主洞作业面前方先作注浆预加固和止水试验；

② 通过反演分析，必要时对原设计支衬参数再作调整和修正；

③ 对洞周施工变形进行智能预测与控制。

(2) 复杂江床地质条件下，为揭示不良地质体、涌/突水和泥砂，需做的综合地质勘察项目，主要有(可视情况和条件选用)：

① 常规地质勘探；

② 超前综合物探，含震测法隧道超前地质预报(TSP)、水平震测剖面法(HSP)、声波反射法和电磁波物探勘察——跨孔电磁波 CT 扫描成像探测；

③ 红外线探水仪、超前水平探水孔试验；

④ 洞内实时监测与相关参数的快速测试——数字式全景钻孔摄像系统，可将其应用于此处的地学探测；

⑤ 综合地质超前预报(将计算机数值模拟与综合分析预测相结合);

⑥ 地下水化学分析,并检定是否对混凝土有腐蚀性;

⑦ 压水透水性试验,以验证岩体质量与涌水量;等等。

(3) 水文地质评价,应综合以下各点:

① 岩性、水文地质结构、地形地貌特征、岩体产状和构造发育条件;

② 可溶岩地层的岩溶水力学特征,含:扩散流、管道/洞穴流特征,并兼有充水空间形态及其延伸和溶蚀裂隙充水及其连通性;

③ 涌水量和渗透压计算,对其所作的预测要贯彻勘测、施工和运营的全过程,并不断调整和修正。

(4) 在对高压突水、涌泥的综合处治中,重在应用上述的多种水文地质勘探手段作相互印证的综合勘探方法;可能条件下,还可补充遥感、地质雷达等综合物探。针对岸滩地,要调研地面水和地下水源补给及地表径流排放条件;针对可溶岩地层的发育情况,分段作出水文地质评价。

(5) 超前探水孔和预注浆封堵是工程治理的主要手段,此处需"管超前、严注浆、短进尺、弱爆破、强支护、勤量测、早封闭、快衬砌",进行信息化施工的动态技术管理,这是治水的基本要领。

(6) 难以预见的施工风险及其施工处理的要点有:

① 未及预见的高压涌水突泥,呈较大水力梯度沿层面运动的地下水;

② 原应先期作好预注浆,因决策迟缓或失误,造成被动注浆;

③ 未及预见的岩溶、暗河和涌水突泥;

④ 超前注浆效果不好,影响正常的掘进循环进尺原定计划;

⑤ 围岩较大范围塌方,处理费时;

⑥ 沿褶皱向斜构造和背斜转折端,静水贮量大而压力高,易因爆破而击穿隔水层。

同时在施工治水中,要求:

① 尽量采用CRD工法开挖;如经过比较后,仍沿用传统的短台阶开挖,要稳扎稳打,拱部预留核心土,边墙左、右错开,先后开挖;

② 水流归槽,避免岩体中夹带的泥砂和软土因受持续浸泡而软化;

③ 采用光面爆破,严格控制火药量,避免裂隙相对不发育的阻水岩层因受爆破扰动而失稳,引发大范围的突水涌泥;

④ 对高压富水部位的洞段,先打设超前大管棚,同时,在隧道作业面附近,架设临时仰拱和工字钢支撑,采用自进式锚杆或迈式锚杆,在高压富水洞段整筑钢筋混凝土衬砌;

⑤ 采用并二次研发高压突水超前信息综合处理与决策系统软件(如现行的MapGIS软件等),建立对高压突水、涌泥的预警机制及相应的工程预案;

⑥ 采用重型结构对突水或涌泥口进行封堵,通过从封堵墙施工钻孔,先对作业面前方进行超前注浆和止水预加固后,再行开挖;

⑦ 加强地下水化学成分及同位素的监测工作,通过化学成分的示踪作用以至同位素龄期的确定,可以分析地下水的补给源及期龄;

⑧ 弄清水压力在围岩加固圈(承载圈)以及衬砌之间的分配,为加固圈厚度设计及锚喷支护参数优化提供依据;

⑨ 除常用的常规注浆材料外,对低压小股水和中压、中股水流,均可采用单(双)液注

浆，低压大股水可考虑是否需改用聚氨酯材料，聚氨酯在遇水后膨胀变硬达到堵水的目的，对高压大股水流，则必要时应采用全隧洞截面满堂注浆止水帷幕作灌浆封堵，并采用高压泵灌浆。为改善注浆效果，可在浆液中掺加超细硅粉、高标号细磨水泥、膨胀剂和丙凝、水玻璃等化学材料。

(7) 上述全包防水系统的组成可归结为：①超前预报分析前方地质破碎带→②超前预注浆→③初期锚喷支护→④无纺布缓冲、排水倒滤层→⑤防水膜板→⑥模筑二次防水混凝土内衬；必要时，在防水板和内衬间再增设 50 mm 细石混凝土保护层。

(8) 需作疏排的区段和注浆后要排除地下渗水的区段，可采用设置排水盲沟、渗排水层和排水管等排放；要注意排水设施的检修和维护，以防日久堵塞。对不同的围岩区段，采取的防排水方案也应不同，不同分区段之间要采用分隔防水(沿防水板纵向分幅、设置环向隔水防渗肋条)措施，以防范遇防水板局部破坏后，地下水沿隧道纵向串流，全长渗漏。

(9) 限量疏排，指除在渗水量不大、水压不高的情况下采用外，用限量排水疏导内衬后背的水压，不使其过高聚集而危及衬砌结构安全。

① 在全面封堵的前提下，一般地仍会有少量渗水，利用二衬后背的导排系统使引流到底部水沟，再汇集到集水井中抽排到洞外。

② 在对围岩注浆、使围岩局部封闭后，剩余的渗水量和水压达到能够满足限量疏排的引流条件。

6.3　结合湘江隧道情况，再谈一点具体意见

(1) 穿越此处高水压、高渗透性的砂卵砾层等富水、松散及破碎地段的岩体防渗加固处理。

结合此处地层条件，可依砂卵砾层的粒径大小、级配的均匀度、渗透系数大小、密实度等地层情况来选择处理方案。因穿越湘江的隧道的部分围岩岩体风化破碎、松散(洞体暗挖段要穿越 3 条断层破碎带、圆砾和粉细砂岩层，结构松散，透水性强)，为考虑安全施工，建议采用全封闭防渗处理技术方案。经综合考虑，可选方案似有如下两种。

① 高压旋喷注浆方案。该方案在遇地层砂砾石粒径不大，密实度也不太高(N 值在中等以下)的条件下，可在隧洞两侧施作旋喷桩搭接成墙，墙下部进入基岩或相对隔水层，上部与水平防渗层相接。在隧洞上方则直接采用旋喷桩两两相接，形成一块水平防渗顶板，使其构筑为一道全封闭的防渗加固体系。

② 静压控制注浆方案。静压控制注浆的概念是通过在注浆材料(水泥、黏土或高分子化学材料)中加入不同比例的结构剂与固化剂，以调整浆液的流动性能，并通过对注浆压力、注入率与注入时间及注浆段长的控制，使浆液在地层中均匀地扩散成一理想圆柱体。如果地层粒径级配均匀及渗透系数较大，则可在隧洞两侧及顶部采用控制注浆技术同上述形成一道封闭的防渗加固体系。两种防渗结构形式如附图 6-1 所示。

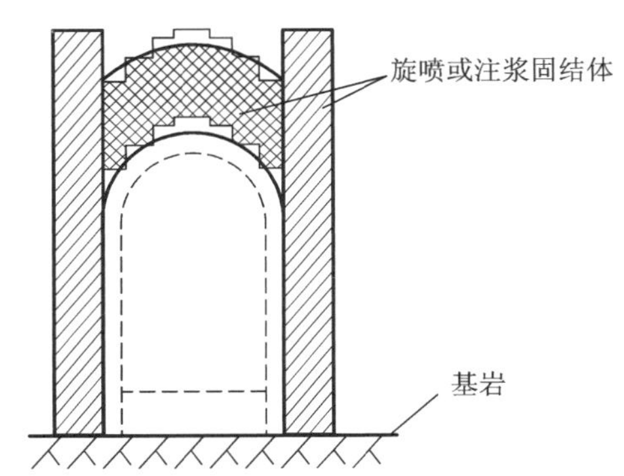

附图 6-1　防渗结构形式示意图

③ 以上两种注浆加固方案的比较：

A. 静压控制注浆的孔距可布置为 1.0～1.5 m，而高压旋喷的孔距则一般为 0.6～0.8 m，前者工作量较后者一般可减少 1/2 至 2/5；

B. 静压控制注浆的施工设备及施工场地布置等相对高压旋喷更为简单，其投资节省，施工难度也相对较小；

C. 高压旋喷桩墙防渗帷幕的完整性一般都优于静压控制注浆帷幕。

(2)目前，注浆材料大部分采用水泥浆材。据湖南宏禹水利水电岩土工程有限公司介绍，他们目前采用"黏土—水泥—结构剂"复合浆材，在岩溶或大孔隙地层已得到了较多应用，并已形成一套工艺方法。在材料性能上优于水泥浆，成本可节省 1/3 以上，可作推荐采用。在该工程中，似有以下两种方案可供比较：

① 隧洞内超前注浆防渗方案，可沿洞形前端成放射状布置，相对投资较节省，但存在一定风险，有时会影响进度；

② 在地面沿隧洞开挖边线两侧及洞顶布置注浆防渗帷幕，并形成封闭状，其优点是一次性完成工程防渗帷幕体系，且帷幕完整持续，较安全，不影响隧洞开挖进度，但相对超前注浆其成本略高。

(3) 就《长沙市劳动西路湘江隧道工程——隧道矿山法施工风险分析》报告中的问题，再提以下一些看法。

① 关于第 15 页的结构耐久性设计中，提及"可不考虑初期支护的长期作用"，似有不妥。合理的设计应考虑初期支护与二衬之间的长期相互作用关系，以便降低工程造价，避免浪费。

② 由于在砂卵砾地层中管棚和小导管不易施作、安全性较差，是否宜在富水、透水性好的砂卵砾地层中采用控制性好的上述全断面帷幕注浆进行防渗加固处理。

③ 关于第 16 页中述及的"施工工期"，对于砾岩层和白云岩层可考虑平均 60～80 m/月进尺；对于圆砾和断层破碎带可考虑平均 20～40 m/月进尺。

④ 第 22 页表 4.3-5 中圆砾层导管或管棚无法注浆加固的风险发生概率似应调整为 4，其风险后果为 4，风险水平则似应改为 5；表 4.3-5 施工风险中超前地质预报漏报溶洞、断层风险应调为 3。这样似比较合适。

⑤ 第 22 页"长大隧道的施工技术难度"风险水平≥3，但在报告中似没有看到有专门的预防措施和紧急预案。

⑥ 第 2 页对于层状砂砾岩风化带及断层破碎带，采用迂回导坑或利用横通道回避不良地质地带进行施工。对需作处理隧道的一侧已有经过防渗加固处理的双洞隧道的另一条主隧道或中间设有服务隧道的情况就更为经济和现实可行。

⑦ 第 27 页，既然可以"从地表采用钻孔灌注混凝土或粉细砂土填充后再由隧道内进行帷幕注浆处理"，为何不利用钻孔或预埋钢管进行帷幕注浆？在地表帷幕注浆的效果似会更好些。

⑧ 第 28 页表 4.4-1 中内容存在重复，请检查。

⑨ 第 28 页提到"穿越 3 条断裂破碎带"似有误，均请核对。

⑩"报告"的错别字比较多，语句也存在一些不通顺现象，文中多处公式编号明显有误。可请逐一修改、完善。

附 7　浙江省诸永高速公路两座长隧道运营期防火、排烟方案

7.1　对大比尺火灾排烟模型试验的看法

以下为对拟在已建隧道内设置顶隔板作为专用排烟道，以及准备进行大比尺火灾排烟

模型试验的基本看法。

（1）该两座长隧道原先的设计是按国内越岭隧道（含特长隧道）常用的防火方案，即：采用纵向射流式风机，就用主隧道作为火灾工况下的排烟通风。后来，由设计方面提出，为了提高火灾时的排烟效率，拟在两座隧道现均已开挖成洞、并已经设置了衬砌支护以后，再在隧道原有的内净空幅员之内另又沿纵向加设顶隔板，利用顶隔板上方的狭窄空间作为专用的纵向排烟道。为了论证其排烟功效，目前正在准备进行上述两种不同防火排烟方案的大比尺模型试验，以作分析对比后取舍。

（2）经过仔细考证并经再三慎酌后，本人认为：在公路长隧道通常的运营条件下，就沿用国内目前几无一例外地对长隧道都普遍采用的上述第一种防火排烟方案，一般地都已能很好地满足减灾要求（其不足处另见下文）；现在，在已基本建成的隧道幅员内，靠用压低隧道净空高度来再补设顶隔板，不仅耗资巨大，延误工时，更且不能收到预期效果，日后反而留有潜在隐患（如顶隔板被烧塌，国外已有多处教训），这是完全有可能的。这点，事实上已经在多次召开的隧道通风、防灾专家会议上得到了基本一致的共识。

（3）有关这方面具体得失的意见分析，请详见下文。

（4）最近，设计方面又提出，拟对上述两种方案进行试验比选，并已提交了一份试验大纲。本人认为，要想借火灾模型试验来对上述两种方案作取舍的设想是不合理的，也是达不到预期目的的，它的试验结果不能达到方案比选的目的；即使是为了提供设计需要的火工参数，则由于日后在其他长隧道中如要改用设置顶隔板来排烟，因为其隧道幅员是要另外作专门设计的（而不是这次在原有隧道幅员以内再人为地经过压低），今后的火工边界条件迥然不同，所以这次试验也不能收到提供确切的火工设计参数的预期目的，反而为了要等到试验结果出来后再定夺方案，而耽误了工期。故此，本人也不倾向于做这次试验。这方面的具体看法另请详见下文说明。

7.2　不建议改用设置顶隔板排烟方案的理由分析

对上述由设计方提出变更的排烟方案，本人认为是不必要的，主要原因如下所述。

1）从有否变更方案的必要性看

众所周知，与城市道路隧道或国外“讲究”（指隧道内壁面装饰要求高）隧道内要采用“豪华”饰面材料的情况迥然不同，在我国山区公路隧道，即使是按高标准设计的高速公路隧道，其隧道衬砌的贴面材料也都是只做很简朴的抹面，一般都不会采用耐火性能很低而又助燃性高的饰面材料，故而，因隧道内壁面那些非阻燃性装饰材料导致的、火势恶性地沿隧道纵向大面积燃烧蔓延的情况，一些年来在国内许多长大隧道中都从未有过（指大火成灾）；沥青路面层燃烧对火情的影响程度则有限。此外，隧道内电缆、管线和电气设备短路起火等，只要勤于和善于安检，从一些新建隧道的运营实践看，也极少发生。以上二者是酿致隧道内“大火成灾”的两项最主要原因。隧道内火灾的其他成因，如：多车连环追尾、行车变道时擦撞、化油器天热自燃、紧急刹车时制动器起火等，这些都不至于迁延到前述的两种可能引起大范围助燃的情况，故其火势将相对有限，绝大多数仅只是出现“火情”，而并不致燃起熊熊大火而成“灾”。这点，事实上已由国内众多公路隧道近年来的灾情统计数字充分说明。

至于人为纵火、施暴等恐怖破坏行为，以及油罐车和易燃易爆物资等进洞而导致的火灾事故，则是洞口检查疏漏和主控室监控失误（探头布置有盲点、监控人员失职）等导致火灾发生的主观因素，终究是极个别现象，也是可以避免的。故此，尽管一些年来，我国各地由于交通流量的急速增加，隧道内“火情”常年不断，但真正导致大火成“灾”（“火灾”）——指需要启用专设的排烟系统时才谓之"灾",终究是极小概率的偶发事件,可能仅多年一遇。故此,隧道"火情"与"火灾"二者决然不能等同对待,前者只需用洞内常备设置的灭火器材就能就地扑灭,根本用不上专用烟道。这时,沿用传统的并已有完善设计的"火灾工况条件下的防灾通风排烟"设计,一套经前人经验实践已证明是行之有效的方法,相信是值得信赖的。故可认为,就上述的这种情况,在土建已经基本竣工后再提出变更原设计,另外加设专用排烟道是完全不必要的。

2) 对增设顶隔板设置专用排烟道的分析

此处,在人为压低的已建隧道内幅员净空内,再增设顶隔板,使利用上部狭小空间为专用排烟道的变更方案,对其所存在主要问题的分析和意见具体如下。

在长隧道的中间区段(一般都扣除两端洞口以内各约 1.5 km 洞段的外口部分,因洞口附近车辆可以方便地向洞外逃生)的隧道上方、顶拱以下部位,沿纵向设置顶棚(顶隔板)式的专用纵向排烟道,在车流十分繁忙、火灾事故频发条件下的城市大跨隧道而言,也不失为一种可供比选的火灾排烟方案,过去在西欧各国和香港的几座市内隧道中均有采用。

这一方案的优点,主要是:因烟路在主隧道内停留的时间短,能够及时向上排烟入专用烟道,其效果会较好,有利于安全疏散和消防救援。此时隧道内火源部位的烟火流向,均由射流风机作正、反送风的风向控制。上海市外环线泰和路越江隧道,在隧道内局部火源区的两端用射流风机双向前后对吹,以约束烟火于一个小范围的空间以内,不使烟火向该范围之外扩散,取得了良好的试验论证。又如,崇明长江隧道和海宁钱江隧道等都有这类运用。

但应该着重指出,上述的这些隧道多为三车道,采用 $\phi 15$ m 圆形盾构隧道的大幅员,其上部原先就有较大的富余空间(排烟道的最大净高为 2.25 m,其排风断面也足够大,为 17.3 m^2),顶棚用预制板分左、右两片吊装和预埋件焊接,便于施工。计算的排烟通道内的烟火流速为不使其过大,可按隧道长度和最不利的火点位置经计算确定,其最大排烟流速(指顶棚式烟道内的烟火流速)宜控制在 11 m/s 以内。此外,由于与在岩石地层内开挖排烟洞的情况不同,盾构圆隧道在深水软土地层内的隧道外部如要另外构筑专用排烟道,则工程施工上将复杂和困难得多。

由于烟道板下方受高温烟火炙烤,而且高温烟火要在烟道内延续较长时间通过,沿隧道内衬与顶隔板内表面的混凝土一起,均需涂敷耐火涂层(对其在烟道过火时的有效性,上海市崇明隧道也进行了相关试验研究)。

但是,该方案如用于此处隧道,将有其严重的不足和问题,主要可归结为以下几点。

(1) "大火熊熊燃烧"、"烟气四散流动"和"高温传热效应"三者的火、烟、热效应,是隧道火灾的典型特征。更且在通风不良的条件下,燃烧释放的大量烟气会在火源上方形成一定范围的高温烟流区带,它控制着纵向风流与高温烟火流的混合,使流场变得相对稳定,因而将持续相当一段时间炙烤仅 20 cm 厚、只是空吊着的(还不似隧道衬砌)顶棚(特别是此处压低了顶隔板位置,其火、烟、热三者的效应会更盛),由此,火灾时将在顶棚内生成大量的混凝土裂纹、裂缝,而更又急速发展成混凝土剥落、掉块到烧穿崩塌。在排烟口密集布置的条件下,由于烟火流能够及时排放,顶棚下高温可有一定程度的缓解,但上述的基本不利情况,仍不会有太多实质性的变化。

(2) 火灾条件下加大通风量(由于燃烧耗氧,供应新风为遇灾人员逃生)后,新风在改善隧道火灾散热和供氧条件的同时,也会激化高温烟气的对流,由于热空气轻、走势向上,故而会进一步扩大顶棚温升及其范围;这样,在火灾持续一段时间后,将导致更大范围的顶棚结构被烧穿、钢筋折断而垮落破坏，终致排烟通道完全失效。据国外报道，瑞士、意大利和奥地利等多座早年采用的顶棚式专用排烟道，均有过这样的失事先例，故晚近一些年来该方案已未见采用；欧洲隧道防灾设计规范中，这一方案亦已未再列入，值得借鉴。

(3) 从设计资料中看到，在压低设置顶棚的长距离(3～5 km)隧道中部区段内，因受车辆净空限界约束而不能吊放风机，只靠竖井"烟囱效应"自然排风，这在平时和在火灾工况下，由于供风(补氧)需要，更是一个不好解决的难题(事实上，现在变更的通风设计中就取消了吊设射流风机。这点关键性要害，在几次会议上却都未正面提出，评议专家们当然未能意识和察觉到。在设计变更后的隧道顶隔板区段长度内不再吊设射流风机的问题，是我从设计文件中查阅到的，经询问证实)。

(4) 诸永高速两座长隧道，是在洞内幅员已经确定、其二次内衬已基本完工情况下再做的修改原设计，则由于排烟道净空不足(最高处仅 1.36 m)，排烟面积受限而烟流流速必然过高(经估算可能达到 20 m/s 以上)；顶棚压低后，由于高温炙烤而 20 cm 厚的空吊式顶棚又非耐火混凝土材料，连同二次衬砌和顶棚里面等直接通过烟火的接触面，均只用耐火涂料喷涂，其耐火极限将远远达不到要求连续工作 1.0 h 以上(250℃高温)；相应地，其火灾风机也要采用同上的耐高温射流风机，这些实践中都很难做到。

(5) 排风道内烟火流速高达 20 m/s 以上后，由于空吊式顶棚的线刚度过小，将有可能在高速烟火流通过时激发颤振而使顶棚动应力过大或振动变形过度，进而导致顶棚呈动力性失稳破坏。

(6) 其他采用顶棚存在的施工和运行维护等方面的问题是：

① 顶隔板施工和日后烟道清理都十分困难；

② 增设顶隔板要多耗资 2 亿元以上，工期拖后 8～10 个月，这些都不是小数目，且又会增加日后对顶棚的维护、管理费用。

故而，现在的顶隔板方案的"性价比"太低，完全得不偿失，不做不仅同样可以解决问题，且在经济和合理性方面，显然更为优越和可靠。

7.3　不赞同进行火灾排烟方案试验的理由分析

上述所提出的拟变更两座隧道原先的火灾排烟方案，改为采用在隧道现有内幅员的上方加设顶隔板，使之形成专用排烟道，以求提高火灾排烟效率。由于业界各方对此有不同意见(可请参见在北京和杭州市已召开过的几次研讨会"纪要")，设计方近日又提出拟先进行大比尺的、设置顶隔板与否的两种火灾模型对比试验，并据以定夺方案取舍。

本人认为，以上试验的目的是不可能达到的，其原因如下所述。

(1) 隧道内火灾排烟成败的控制关键，在于对洞内受灾人员的排险、施救和逃生，这是救灾中的第一重点；其次则是内部遇险车辆和物资的安全。而现在的模型试验中绝对不可能进人，甚至车辆也不会安排入内，只能另用备燃的材料来代替起火源。这样，就完全失去了必要的、与真实情况相似的可比性。

(2) 正如在本章第 7.4 小节第一小点中所述及的，现代隧道综合防灾减灾的理念是将各项防火技术措施视为综合性的、相互间有机联系的一个整体，而不能只是是否设置专用排烟道的单一问题。这里诸如，横向逃生通道的设置和在中央主控室与洞内设置周全的各种监测仪具仪表以及消防灭火与监控设施等，而所有这些在拟进行的试验中则都无法做到(因为模型隧道内人不可能进入操作)。这样，对需要真实模拟并反映日后发生的火灾实况也将无法实现。

故此，在上次(2008 年 1 月 18 日)为此专门召开的试验大纲论证会议上，专家们一致认为：这项试验只能为隧道防灾、消防设计中需要的火工设计参数提供资料和数据，并不能供作方案比选的依据。

对此，我也想谈一点如下的粗浅看法。

诚然，在国外，为了测定火工设计参数，使供作隧道火灾工况下的通风组织设计提供第一手的监测数据，而进行过一些类似的模型或现场火灾试验；德国近年来还制定有这方面的“技术规程”和“实用要则”(我处也有)。我国兴建秦岭隧道，因为在做防火减灾研究时(约在 20 世纪 90 年代后期)主隧道尚未建设，也曾进行过上项类同的火灾模型试验。当时的试验结果已显示，采用主隧道作火灾排烟是可行的，并在后来的防灾设计中作为选定的方案采用，而试验的作用则是采集了不少对以后设计有用的火工参数。从获取并选定火工设计参数而言，国内、外都已有了不少的前人试验成果可以作为借鉴。秦岭隧道火灾试验的耗资巨大，时间延续 2 年半，我们又何苦再去做完全是重复性的而又没有更多新意的“炒冷饭”工作？(我处现也有秦岭隧道做火灾模型试验的全套资料，完全可以参照，拿来用即可。)又如，正在建设中的上海崇明越江隧道，为了测定有关火工参数，曾由同济大学热能工程系通风研究所做过：在 1 000～1 200℃高温炙烤下，顶棚要连续经受 45 min 考验。需要指出，以上国内、外已进行的上项试验，由于上述两方面的原因局限，都仅能是为了提供火工设计参数，而决未涉及用于方案取舍。但是，即使为了如此有限的目的，本人认为，在这次试验中也是绝然不能做到的，这是因为：

诚如在上次会议上专家们提到的，希望这次试验能为今后其他处的长大隧道在有必要选用顶隔板时(如交通流量过大的城市隧道或者地铁与跨越江河的圆形盾构隧道等)，可为需要的火工设计参数提供第一手数据。但值得指出的是，其他处隧道如果从其防灾设计要求设置顶隔板，则将是另外一项新的设计，此时的隧道内幅员也将是一种计入了专用排烟道后先已扩大了的内净尺寸；此外，与此处在已建隧道内需压低位置的顶隔板，二者的空间边界条件将迥然不同。故而，这次试验所得的火工参数在日后设计中将起不到应有的指导意义。

本人认为，这次试验耗资粗估约 300 万元；更为要害的是，如果要等试验结果出来，则又要耽搁隧道工期至少一年，而得出来的试验参数又并无日后实用的参考意义和价值。故此，上项试验也完全是不必要进行的。

至于要求检测和论证的所用顶隔板材料的耐火性能，则完全可以改为只做局部性的、专门的材料耐火试验即可，花钱少而时间短，是划得来的。(上面的一些看法，已在 2008 年 1 月 18 日召开的试验大纲论证会议上陈述，并书写了自己的个人意见。)

7.4 对建议仍沿用长隧道自身作为火灾排烟方案的再认识

仍用两座隧道原先老的火灾排烟设计方案，不另作变更，考虑并施行长大隧道的“综合防灾减灾”，是当今国内、外最时尚推行的设计理念。

这里还有两点补充的想法，提出来以供请参考。

(1) 上面谈到所建议的隧道火灾排烟方案：采用沿隧道纵长布设射流风机(其中部分是火灾风机，平时不需启动)，就沿用隧道主体洞室作为火灾条件下的送风兼作排烟通道，在发生火灾区域，将射流风机逆转对吹，使在火源附近的隧道区段内形成增(正)压区；这样，可将火势严格控制并只局限在很短的局部区段范围，以便于集中扑灭。这样，在一般山区野外(不是市区和城郊隧道，车流量十分庞大)交通流量还不十分繁忙的条件下(有别于城市隧道的大交通量),极大多数情况已能安全满足防灾救灾要求,也是本人对此处两座长隧道建议的最优的可采用方案。此处更应该指出,现代化的长隧道综合防灾减灾理念认为:上项方案不应该只是孤立的,所谓的综合防灾减灾,还必须将以下各点不可或缺的技术措施相互有效结合,作统一的整体考虑,那才是最为行之有效的优选防灾救援佳作。这里所说的综合减灾措施主要是:

① 中央主控室的防灾自动监控系统,视条件可能、尽量做到周全和完善,使火灾苗子能及时消灭于其萌芽之初,而决不使其蔓延成灾。

② 洞内设置有效的火灾自动探测、报警系统和疏散逃生广播,有如:使用双波长火灾探测器等。该探测器能够捕捉火情发生初期火苗燃烧时火焰的跳动频率和光波分布特征以鉴别后续火灾的发生和蔓延;它可以安装在隧道边墙处,便于维修,且误报率很低,将大大提高洞内就近监控报警系统的效率[国内高速公路隧道中已较普遍采用一种差温式火灾监测器(紫铜管式)和感温电缆火灾探测器,但因受洞内不良环境影响,问题是误报率较高、维护较为困难,应予改进和完善]。

③ 注意组织进洞消防车辆、防灾救援和消防灭火系统等设施的经常维修保养。"养兵千日,用在一时",不使火灾通风、排烟和灭火系统等在遇有急用时故障失灵,一时发动不了,而导致大灾。

④ 做好事故通风情况下的风流组织模式与排烟、稀释废气和通风降温设计,等等,不一而足。

⑤ 事故通风(指发生火灾时的最不利事故工况)条件下,应主要满足以下要求。

A. 供应新风:风量、风压要求在火源一定距离外能将有害废气稀释到容许限值的浓度以下;

B. 排烟浓度:火源上游 300 m 开外,要求达到容许的规定上限值;

C. 降温:火源上游 250 m、下游 50 m 以内,仅短时间可能超过 80℃,嗣后迅速降温到容许的上限值以内。

⑥ 对已经设置沿主洞逃生措施的条件下,再需按设计要求适当补充设置若干横向联络通道(供人员和车辆就近向邻洞快捷逃生和疏散),以及洞内几处紧急停车带(视必要性设定),均要求结合具体实际条件作进一步论证。

双洞间设置横向联络(逃生)通道,使逃生人员和车辆进入其他通道的间距:对公路隧道,国外规定为 300～350 m;我国初步设定为 250～500 m。此处似可参照上一指标从长制定。

⑦ 油罐车、易燃、易爆和有毒等火灾危险品车辆,需在管理人员引导下,只能在午夜后慢速通过隧道。

⑧ 国外较完善的一种长大隧道的防灾救援系统流程框图,如附图 7-1 所示。

附图 7-1 所示的防灾救援方案,已有条件地部分采用于我国西安秦岭终南山高速公路特长隧道。

(2) 从国外一些长隧道的火灾模拟试验看(近年来,国内少数专业单位结合工程任务,也有做过),对长隧道而言,如车流量十分庞大时,上一方案的减灾效果还感不尽理想。主要原因如下所述。

① 因为就用主隧道空间作长距离排烟通道,车行风向即烟流走向,启动火灾风机后,因风机功率大其风速往往过高,对灭火初期由于"风助火势"火况蔓延扩散快,反而易由局部小火源迅速延展而酿成大灾;

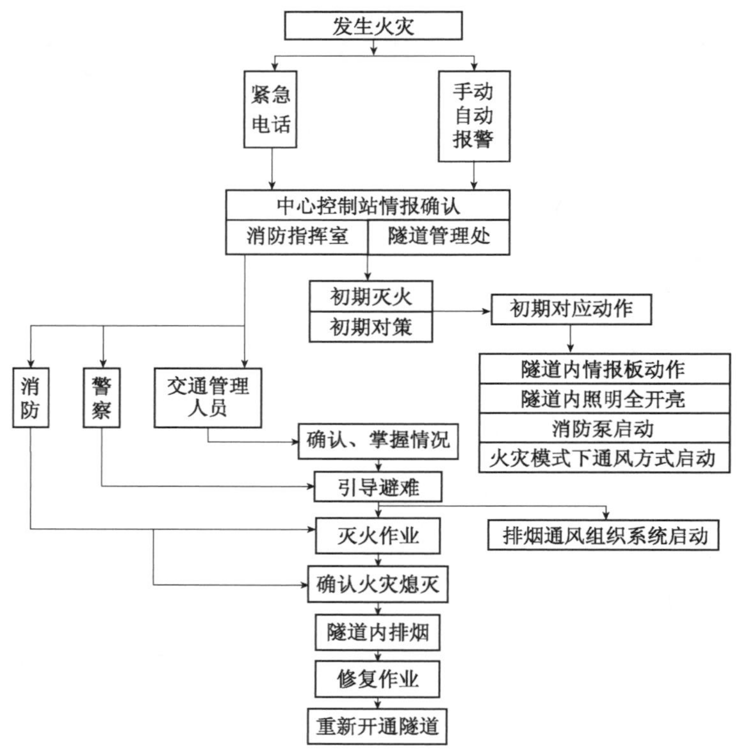

附图 7-1　隧道防灾救援系统流程图

② 烟雾在隧道内流动加快后，使"能见度"进一步降低而又空气稀薄（由于大火燃烧而耗氧快），不利于人员、车辆疏散和灭火救援；

③ 在火情严重的情况下，逆风向和逆烈火、烟流流向对人员进行长距离（除利用横向逃生联络道外）逃生施救，人们更易受烟火熏呛而窒息致死。

故此，从进一步提高救灾效率方面设想，且为改进所建议方案的上述不足，对此处两座长隧道，如能充分利用现有两座竖井，在隧道上方附近的围岩内再补充凿设少量短而小的排烟洞，使便于将隧道内烟火就近直接排放入两座竖井后宣泄，实现短距离分段排烟，则自当更为完善。我处有近年来竣工的乌池坝隧道所作的如上防灾方案可资借鉴。但因为这样就需要适当增加一定的凿洞工作量，其必要性（主要取决于交通量大小和火情严重情况预测）尚有待专家们进一步论证，通过后再妥慎议定。

附 8　临汾至吉县高速公路隧道穿越下伏煤矿采空区的工程处治

8.1　A 线隧道方案优于 E 线隧道方案

经综合考虑，A 线隧道似优于 E 线隧道。A 线隧道主要压覆主巷道的保安煤柱，但尚无须刻意预留过多的保安煤柱，故而可望减少压煤量，且对采空区的影响也较小。E 线隧道与主巷道纵面标高相距最近处仅为 12 m，处于巷道直接顶部冒落带范围之内，要经受主巷道开挖和采动应力重分布的不利影响；此外，E 线隧道爆破开挖时，其最大爆破影响半径估计可达 30 m 左右，将对主巷道周围已有的围岩破碎带产生比较大的扰动破坏，严重时将导致煤矿运输巷道局部坍塌或产生过大的永久性变形破坏。E 线隧道建成后的行车扰动，也有可能波及原已再次平衡的围岩应力体系，对主巷道产生不利影响。相比而言，A 线隧道与主巷道相距最小处为 21 m，则经过加固处理后会较为安全。另外，从 E 线隧道需另增加投资和运营费用、降低行车通行等级，以及给通风和运营带来安全隐患等方面考虑，也是以 A 线方案比较好。

总起来讲，A 线方案虽桥梁规模较大，桥墩较高，但与改变设计后的 E 线隧道方案相比，仍似应从上述以巷道和隧道的安全考虑为重，建议推荐 A 线隧道方案。

建议进行隧道线位选择时，应对沿线的煤矿采空区地段进行稳定性分区，并尽可能避免穿越煤矿采空区的不稳定区段。同时，应通过对该采矿区的历史调查、踏勘和航卫片解译，分析沿线采空塌陷区的范围及其历史变迁，特别是未来的变形发展趋势。要综合考虑煤矿采空区处治技术、施工工期、处治费用等主要相关因素，结合公路和隧道工程具体特征，充分考虑路线方案对煤炭资源的影响，对若干穿越采空塌陷区可能选用的路线方案进行必要的比选和论证，最后再合理而经济地推荐穿越采空塌陷区的隧道线路走廊带。

8.2 关于对隧道下伏煤层采空区的加固整治

煤层采空区位于隧道正下方时，当隧道底板(指下伏岩层)达到一定安全厚度后，即可基本忽略下伏采空区的影响，故而对隧道安全底板厚度的计算十分必要。此时，一般可由安全采深和采厚比来计算；再按采空区回填物的压缩量值对底板厚度进行验核。如果采空区对隧道安全有影响，则必须对底板进行换填或注浆处理。隧道下采空区注浆保护的宽度可按《建筑物、水体、铁路之下(即所谓“三下”)及主要井巷煤柱留设与压煤开采规程》第 53 条来确定：除隧道宽度外，其隧道两侧各需有约 5 m 的超宽范围。在处理措施方面，资料经验表明，隧道底板以下 5 m 以内的采空区，改用开挖换填方式处理更为经济，换填材料一般可用低标号片石混凝土；再下部分[5～15(20)m 深度范围]则采用注浆加固，而 15(20)m 深度以下的采空区通常可不作处理。设计要求在隧道运营初期一段时间(要特别关注重车动载行进中的振动扰动)，要监测位于采空区区段上方隧道内衬砌和道面的变形和沉降，以保证隧道和隧道内路面的长期稳定与安全。

在以下介绍的内容中，对其他 4 位专家所提的意见我也同意，此处不再赘述。

8.3 关于探明采空区范围及剩余煤层范围的多种手段和方法

对采空区范围及剩余煤层范围的探测，目前，国内外主要是以采矿地质情况调查、工程钻探、地球物理勘探为主，辅以变形观测和水文条件勘测、压水试验等。其中，美国、日本、欧洲等西方发达国家多以物探方法为主，而我国目前则以钻探为主，物探为辅。

国际上主要的物探手段有：电法、电磁法、微重力法、地球物理测井法、地质雷达、放射性测量、地震反射波法及地震 CT 技术等，这些目前我们国家来做，也都已具备条件。相关设备和技术同济大学就有，但如委托中国矿业大学(北京)做研究，可能更方便联系，也更有经验。

国内的地球物理勘探方法，主要有：电阻率法、瞬变电磁法、瑞利波法、地质雷达、弹性波 CT、超声成像测井、高分辨率地震和放射性测量等。

由于采空区对隧道的稳定性影响较大，在此建议采用采矿地质情况调查、物探与钻探结合的方法。首先，从地质角度出发，定性研究采空区的地层、岩性、构造、地形地貌、水文地质条件及各种物理地质现象。通过采矿地质情况调查来半定性地了解采空区三维空间地质结构、采矿方式、采出量和巷道分布等采空区的基本情况。其次，采用综合物探(即多种物探组合)的方法对沿线采空区进行探测,并使各种物探方法相互配合,发挥各自的优越性,以获得满意的效果及精度。综合物探方法中,应以地面物探为主,如高密度电阻率法、瞬变电磁法和地质雷达等。采矿地质情况调查和地球物理勘测往往只能提供定性的资料,有必要在此基础上再配之以钻探验证。钻探是最直观最有效的检测方法,各种物探方法所得到的结果都应该通过钻探结果来进行验证;而且,利用钻孔可进行井中物探工作(测井、钻孔电视等)及压水试验,一孔多用,从而对采空区进行更深入细致的研究。

单一的勘测手段,往往得出的只是片面的信息,只有把地勘、物探、钻探三者有机结合起来,才能起到事半功倍的实效。对此,我们从过去的一些实践看,有这方面体会。

8.4 关于采空区稳定性分析和“三带”问题

1) 关于采空区稳定性分析方法

关于采空区稳定性分析的方法主要有:

(1) 预测法,包括经验公式法、灰色预测方法、概率积分法、采空区矢量法、模糊数学法、神经网络法和波兰的 Budryk-Knothe 法等。

(2) 解析法,是对采空区进行适度简化后建立地质模型,再按一定的原则抽象为理想的数学物理力学模型,按照数值方法予以求解,如结构力学方法,就是计算采空区地下残留硐室和矿柱稳定性的一种常用方法,有单硐室或多硐室弹性地基上梁模型或拱模型等。

(3) 半预测半解析法,是预测法与解析法的结合,如 B. Dzezlli 教授在 Budryk-Knothe 理论基础上引入傅里叶二维积分变换形成的方法。

(4) 数值模拟法,包括有限元法、边界元法、离散元法及有限差分法等。其中,有限元方法在此类研究中发展较成熟,应用较广,尤其适应于对覆岩开采沉陷预测这类复杂大变形问题的求解。

在以上所述几种分析方法的基础上,公路隧道下伏采空区稳定性的评价,主要应通过计算地基承载力、地下残留空洞的稳定性、地表残余变形量及破坏范围等来进行。

针对上覆顶板岩层的采动影响和长期稳定性,建议在采空区综合物探和钻探的基础上做覆岩破坏实测研究。最传统的方法是钻孔冲洗液消耗量法和井下注水测漏法。钻孔冲洗液消耗量法,是利用采后地面到煤层顶板施钻,在钻孔各孔段的冲洗液消耗量及钻进过程中掉钻、卡钻、漏风等现象,确定覆岩破坏分带的分界。井下注水测漏法,即井下仰孔探测导水裂隙带技术,其钻孔避开冒落带而打在破裂带范围内,能及时观测到覆岩破裂发育的最大高度和形态。

钻孔探测必须根据现场条件确定合理的观测位置,对地面(井下上方)钻孔来说,是确定终孔位置与采空区边界的关系;而对井下仰孔探测,则是合理地确定钻窝位置、钻孔角度与钻孔长度。

覆岩破坏探测研究中的“井下仰孔注水测漏法”,是由山东科技大学发明的“钻孔双端封堵测漏装置”专利产品而发展起来的实用探测新技术,在此处似有采用价值。探测方法如附图 8-1 所示。

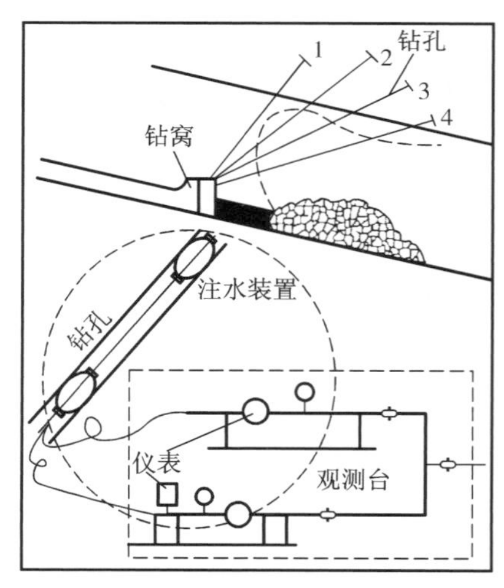

附图 8-1 探测方法

该方法的实质是在井下工作面的外围巷道或硐室中,向工作面内斜上方打小口径仰斜钻孔,钻孔穿过预计的覆岩破坏范围并超过预计顶界一定高度，采用钻孔双端堵水器对钻孔进行逐段封隔注水，测定各孔段漏失量变化情况，以此确定覆岩破坏规律。该技术被原煤炭部列为重点推广项目，并已在不同地质条件的多个矿区应用。现场探测发现，井下仰孔观测法立足于井下煤巷向上打钻，孔深较浅，施工快，在顶板冒落下沉后就可观测。钻孔避开冒落带打在破坏带范围内，能及时观测到覆岩破坏发育的最大高度和形态。该技术探测数据可靠、资料准确、速度快、时间短、工料省、费用低，还能避免地面施工占地及青苗赔偿等麻烦，尤其能连续监测，这是传统地面钻孔法所难以实现的。如需采用，我可以帮助向山东科技大学联系做相关研究。

2）关于“三带”范围的确定

当采深大于采高的25～30倍时，采用长壁垮落采煤法时，对采场上覆岩层按其破坏状态作预测计算，可分为冒落带、裂隙带及弯曲下沉带。该“三带”高度的确定与覆岩性质、煤层倾角、煤层厚度或厚煤层分层厚度、采空区尺寸、采煤方法及顶板管理方法，以及地质构造等有关。采用长壁垮落采煤法时，冒落带、裂隙带和弯曲下沉带的高度，可参照汪理全等所著的《煤层（群）上行开采技术》一书中的公式计算。这份材料我处有，如需要可以寄奉参考。

8.5　关于对采空区的合理加固宽度和巷道加固措施

1）采空区合理加固宽度

参照煤矿“三带”采煤的规范及铁路工程的有关规程，沿煤层走向采空区治理宽度的计算采用应力扩散角法进行。治理宽度为：路基宽度＋围护带宽度＋路基两侧按应力扩散角所确定的边界宽度。其相应的计算公式为

$$L \geqslant D + 2B + 2(H_1 \cot\alpha + H_2 \cot\beta)$$

式中：L——治理宽度（m）；

D——隧道（路基）设计净宽（m）；

B——围护宽带（m）；

H_1——设计标高至基岩面间松散物厚度（m）；

H_2——基岩面至采空区底板覆岩厚度（m）；

α——松散层（第四系）移动角；

β——采空区覆岩移动角（开采沉陷走向方向），取当地采矿经验值。

2）关于巷道加固措施

对于大断面巷道，可以采用的加固方法较多，主要有可缩性型钢支架支护、预应力锚索支护、加长高强度锚杆支护和注浆加固支护等。考虑到巷道担负生产运输任务，在加固施工时无法采用较大的设备，也不能停止运输，为此，建议采用注浆、内注式注浆锚杆（迈式锚杆）、加锚索补强的联合支护体系加固，通过改变或充分利用围岩的自承载能力，实现主动支护，以保证巷道的稳定性。通过注浆加固巷道围岩，有利于保持围岩的稳定性，提高围岩的自承和自稳能力，为锚杆和锚索提供可靠的着力基础。锚注式支护加锚索补强，可使巷道的变形量保证在设计允许的范围内，从而满足安全生产的要求。

注浆时应注意在顶、帮、底角加大注浆量，使围岩裂隙得到充分胶结，形成整体。在巷道特殊地段如交岔点、应力集中区、顶板淋水点、断层及围岩破碎带等处，均可考虑加喷混凝土浆。

8.6 关于围岩加固处治方法

为了保证隧道长期运营的持续稳定和可靠性，就围岩加固处治方案提出如下建议。

(1) 注浆加固和强化采空区围岩结构。

注浆充填采动区的覆岩断裂带和弯曲带岩土体离层、裂缝，使之形成一个刚度大而又整体性好的岩板结构，使之有效抵抗老采空区塌陷的向上发展，也可使地表只产生相对均衡的少量沉陷，以保证地表构筑物的安全。如果采空区埋深较浅，可采用从地表或从隧道底板进行预注浆的方法，加固隧底，以防止隧道下沉。在注浆结束几个月后，进行注浆孔钻探检查，按注浆孔的3%～5%控制抽检即可。

(2) 采取措施释放老采空区的沉降潜力。

在采空区地表未利用前，采取强制措施加速老采空区活化和覆岩沉陷过程，消除对地表安全有较大威胁的地下空穴，在沉陷基本稳定后再开发利用地表土地，常用方法有堆载预压法、高能级强夯法和水诱导沉降法等。

(3) 考虑到车辆行进、隧道掘进、爆破、地震或其他动荷载扰动下“三带”的附加移动和变形，可考虑适当加大隧道断面设计时的沉降量和预留量。

(4) 通常认为，隧道开挖后引起的围岩塑性区范围，为隧道开挖半径的3～5倍，因此，应对这一范围内的采空区加强支护以防止隧道产生过大变形，并避免破坏范围的持续扩大。在隧道掘进过程中，尤其在通过采空区或断层时，应采用临时支护及时跟进。

(5) 隧道穿越采空区工程施工及运营，均应注意可能存在的瓦斯问题。

为保证施工安全，应做到加强施工通风、加强瓦斯检查和监测、洞内机电设备改用防爆型、加强安全教育、设计整体密闭式支护和衬砌等。

(6) 注意施工监测控制。

在煤矿采空区施工过程中，通过对围岩和初期支护受力状态的量测，来监视围岩稳定情况和判断支护设计和施工方法是否正确。一般可设置隧道净空变形、拱顶下沉和锚杆拉拔力三项量测工作。为了确保及时、全面地了解围岩和初期支护的稳定情况，在实际操作中应加密测点和测量频率。

对采空区的特征和危害性认识不足和处理措施不当是造成受扰动隧道病害的重要原因，因此，重视隧址区采空区的勘测工作，设计时应对各种可能的处理方案进行综合比选，选定方案后还应关注施工中的动态设计和改进。

8.7 提请注意的其他方面问题

(1) 应进行2#煤层自燃和高温分布情况调查，及其对围岩承载力降低和变位下沉的不利影响研究。

(2) 从压水试验检测岩层渗透性指标，为注浆设计提供有关参数，确定注浆材料级配并检验注浆效果。

(3) 对场区内存在的断裂构造，要进一步探明其性质、规模和矿物质胶结与水力学属性，为隧道选线提供依据。

(4) 隧道开挖后，会造成围岩应力重分布，而由于采空区冒落充填带和裂隙破碎带的存在，将大大降低围岩的力学性能与完整性。应力重分布趋于稳定的时间，可能比通常的围岩条件下要长得多，故围岩松弛带流变的时间可能延长。

(5) 应进行地震及机械振动的影响分析，包括地震对老采空区重新“活化”的影响，车辆或施工机械动力冲击荷载的影响分析。

(6) 应进行采空区导水裂隙带与公路路堤荷载相互作用分析。

(7) 为了减小施工扰动,应就隧道掘进方案和爆破工艺做专项研究。

(8) 应进行地表水和地下水的影响分析,研究降水对当地民居的不利影响。

(9) 应进行详尽的交通量调查,找出24小时的流量分布规律,指导隧道运营通风设计与通风管理。

由于未去过现场,也未听有关方面的介绍,限于只从字面上了解情况(当然是很不够的),加之经验有限,上面所提各点,多有片面,不当之处请指正。

附9　青岛市地下铁道工程

9.1　地面沉降过大原因

若干车站/区间的地面沉降过大(特别是从施工通道进入车站主体开挖的区段,沉降量和沉降速率过大更为突出),现择其带普遍性且重要的方面,对产生的原因稍作分析如下。

(1) 浅埋、大跨,土体软弱破碎,是容易发生沉降变形大客观上存在的困难,北京经验与青岛不完全一样,有时难以照搬借鉴。

(2) 开挖揭露围岩时,有地勘失真并偏高情况。

(3) 多个工点、多工序的反复、连续性爆破,对围岩产生多次扰动,引起围岩应力和变形的调整幅度过大。

(4) 存在不同程度的超挖现象(>0.5 m)。

(5) 初支在开挖后,其发挥承力作用有一定的时间滞后,造成围岩过多的应力和变形释放。

(6) 开挖导致地下水流失,带走泥沙和黏粒,使覆土松动、产生空隙。

(7) 左、右导洞掌子面先后进尺的间距,其变化比较大。

(8) 监测数据虽不少,但似尚嫌缺乏仔细分析和论断,并未能及时采取应对、补救措施;而从现象看本质,从机理上作出解释,使工程处理手段更为有效、节约和合理,做得还不够。

9.2　在当前初支施工方面存在的问题与不足

(1) 初支背后有空洞,使拱架架空,形同虚设。

(2) 初支后背超挖部分的填充不密实,施工工艺不够合理。

(3) 初支骨架存在外凸、不平整,对受力不利。

(4) 钢拱架暴露,未及时喷混凝土封闭。

(5) 围岩与拱架密贴不足,底脚支座不实,虚渣未清除干净。

(6) 有些洞室线形不够合理,必要时用高拱矢比、曲墙、加设仰拱。

(7) 个别困难地段,未能更早施作“二衬”封闭。

9.3　沉降控制的应对措施

对软弱破碎围岩“控沉”、“防塌”(指减小初始地应力释放引起的围岩施工扰动)、“治水”的处理要决,过去,业界已脍炙人口的“三字经”(即早年所谓的8句话,每句3个字)。

经过我近年来许多次的参加和主持处理上类的工程实践,从经验积累中,又对上面老的“三字经”,作了较大幅度的补充和完善、调整和增补(增加了近年来新又出现的新问题,如:城市环境保护、由过去简单的量测转变为监控、位移反演分析的推广应用,以及信息化施工的普及，等等)，变成了由本人建议的“口头禅”——新的“三字经”，共 21 条(合共 3×21=63 字要诀)，戏谓之修建软弱隧道的“21 条”(下述的 21 条，此处可视情况和现实条件，选择采用，仅供参酌)：

(1) 明勘察(综合勘探，不限于一种手段)；

(2) 超前探(含探水、探不良地质缺陷)；

(3) 优开挖(优化开挖方案)；

(4) 控沉降(对市中心地段要求更严格)；

(5) 重反演(代替数值法作正算)；

(6) 短进尺(短台阶)；

(7) 弱爆破(减震爆破，小药量，控制震速小于 1～2 cm/s)；

(8) 控超挖；

(9) 填降水(防固结沉降)；

(10) 预注浆(属一种主动注浆，参考上海经验的“微扰动注浆”：其要点可归结为 14 个字，详见下文)；

(11) 堵渗漏(含涌水量大处，考虑做封水注浆帷幕)；

(12) 防流失(水土流失，带走泥沙黏粒)；

(13) 强支护(此处重点指“初支”，含先施作预支护超前管棚)；

(14) 清虚渣(含钢拱架、格栅都要支承牢固)；

(15) 抢时间(指开挖后与初支承力的时间差，要尽快缩短排烟和出渣时间及用人力上拱架的时间)；

(16) 快回填(初支后背与围岩面填实)；

(17) 密喷混凝土(指要密实，并有抗渗要求)；

(18) 早封闭(含临时仰拱)；

(19) 局加固(对局部点作加固处理，特别是拱脚部分)；

(20) 勤监控；

(21) 护建筑(含地面管线、地面道路、桥桩、保护性建筑、已建地下建构筑物、旧人防，等等)。

上述第 10 点，“微扰动注浆”的工艺要点，可归结为：“低压、慢速、均匀、少量、多次、多点、防沉”，共 14 个字；起到渗透和劈裂的双重作用，有充填、压密和咬合的三方面加固效果；用“双液”、“双泵”灌注。其中的“防沉”，是指一般注浆过程中经常会出现因注浆带来对地层扰动而产生的附加沉降，这是要防止和避免的。

做好了上面的 21 条，问题将可有所缓解和转机。

在会议上，只对其中的若干点，再结合此次青岛地铁某些车站、区间沉降控制的工程实际，作些说明。因已在会议上口述过，限于时间，此处就略写了(其中，上述的 21 条中有几条现在施工中做得还有一定的不足，亟待抓紧整改，就不再赘述)。

附 10　风化岩含水地层某浅埋暗挖隧道掘进的地面沉降

10.1　沉降过大问题

大跨暗挖隧道，遇风化岩土和含水地层条件下，会发生沉降过大问题，原因如下：

(1) 洞室施工开挖，使围岩应力重分布，开挖时导致一定的地层扰动，处理不当易引起隧道上方地层和地面较大的沉降。

(2) 施工降水,特别是采用辐射井降水,由于松散岩土的主固结,导致地面沉降。

(3) 隧基应力水平过大,岩土流变下限值又较低,因前者大于后者,会产生工程后期长期持续随时间增长发展的蠕变,从而造成地面沉降,并收敛很慢。

10.2　施工降水引起的沉降

(1) 北京地铁近期建设中,对地铁隧道穿越桥区、铁路、河流以及地下各种管线等复杂环境条件下,采用了"辐射井"降水施工方案。该降水方案可较好疏干上层滞水、层间水、潜水并有效降低承压水水位;此时,不仅降水层位多,且要求降深幅度也往往较大。如果大面积、大降深、长降水工期,则在大量这类辐射井的集水竖井和呈多眼辐射状分布的水平集水管井(有时有上、下两层)钻进施工(周围土体有扰动和土体有流失)和降水过程(一般降到隧底板 0.5 m 以下)中,都会产生岩土沉降,其对周近环境土工的影响程度以及能否安全控制沉降值在设计规定的允许限值以内,则是这项举措能否成功实施的关键。水平井钻进采用的循环泥浆带走了大量砂土和风化砂砾土,且钻井总长长、波及范围又大,影响面大。

降水沉降与开挖沉降二者的机理有所不同:辐射井开挖、钻进和降水引起沉降的范围大,但沉降量一般较小。其表现为地层主固结产生的较均匀的沉降。此时,遇浅置基础、短桩等都会因水位下降、拉动地基结构物产生向下的负摩擦力,而导致基础下沉;而隧道暗挖施工导致的沉降,则沉降范围小而沉降量则较大,且多呈不均匀沉降分布。

应指出,在降水和洞室开挖这二者同步施工过程中,二者间的相互影响和共同作用将对地面、地下基础结构物等产生更大的沉降影响。

(2) 降水对沉降的影响,分别有以下方面:

① 地面沉降;

② 民居短桩基沉降(大楼深长桩沉降影响很有限,可忽略);

③ 浅表扩大基础沉降(也多数反映在小区民宅房屋浅基础情况)。

这种降水沉降的影响,从降水漏斗中心向外将逐步减小。

桩周土对桩体因降水产生的负摩阻力,对桩基而言则可视为一项附加荷载,当持力层为软弱的可压缩性土层时,则迫使桩产生一定的沉降量;因民宅人工地基多为短桩,固结沉降涉及地基持力层,沉降影响会比较明显。

(3) 沉降量值预计。隧道开挖影响范围小,而沉降量值较大,对软弱土层可达 20 mm 以上;而降水影响沉降的范围大,但沉降量小,一般不大于 10 mm,也较易控制。

(4) 对降水沉降控制的主要工程措施。在了解地基土沉降原因的基础上,对沉降作有效控制使在允许限值以内则是研究的目的,主要措施不外乎要防止地层内砂土和砂砾土的进一步流失,则可以有:

① 遍布水平井眼的钻进作业,可改用双壁钻杆反循环泥浆施工工法。泥浆和钻进需要的高压水,可通过钻头由内管排出钻孔外。此时,钻杆外壁与地层间处于一种密封状态,主要是避免了高水压回流直接冲击孔壁,这样就能在相当程度上控制钻进过程中砂土的流失。

② 要进一步减小水平井降水过程中出水中带出的含砂量,这就要优选水平井的井管材质和不同的过滤水形式。工地对井管出水含砂量的试验证明,钢丝骨架缠土工织物的滤管能很好控制出水中的含砂量,对粉、细砂和粉土等含水地层效果更明显。

③ 加强降水全程的沉降监测与监控,对有超过标准允许规定的,要及时处治、更换。

10.3　以青岛地铁为例,对其沉降分析及工程处治的建议

现在地铁的地面沉降虽已渐趋收敛稳定,但在受到后续开挖施工的扰动影响,估计仍会

有新的沉降；更且，日后运营通车后，在列车循环往复高速行进的活载震动条件下，将还有持续的“震陷”病害。为此，对这次沉降作出有效控制和应对措施，是十分必要的。

首先，要明确产生此次沉降的原因。除了前面已讲到的三种情况外，此处对全风化岩体，由于勘探不足而采用了直墙拱，在巨大的围压下，墙端的承压力是过量的，因而导致出现了较大的沉降变形，并影响到地面。对这项补强方案，可视沉降量值的大小及其发展程度不同，建议选用以下两种方法的一种。

(1) 仅在墙脚以下的 45°角的下扩范围内，施作“微扰动灌浆”到一定深度止，使墙端压力可以扩散到更大范围和一定深度以下，以减小对墙基土体的压强。如附图 10-1 和附图 10-2所示。

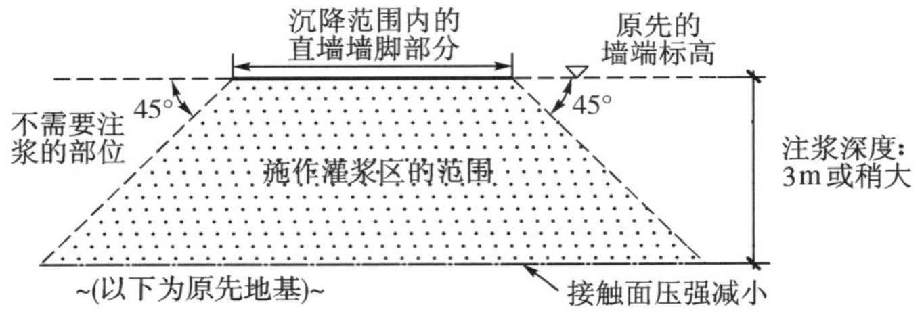

附图 10-1　墙脚下的灌浆作业

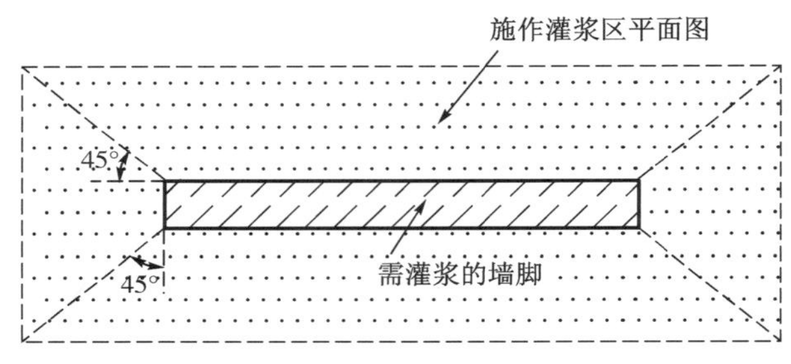

附图 10-2　灌浆作业平面示意图

(2) 如果沉降情况比较严重，则需要补充加设仰拱。此时，要十分注意仰拱与直墙墙端的顺畅连接平滑过渡，使拱圈构成一体而顺畅封闭，其衬砌结构受力的“力线”将能够自然地沿“拱圈→直墙→仰拱→地基”传递。如附图 10-3(b)所示。

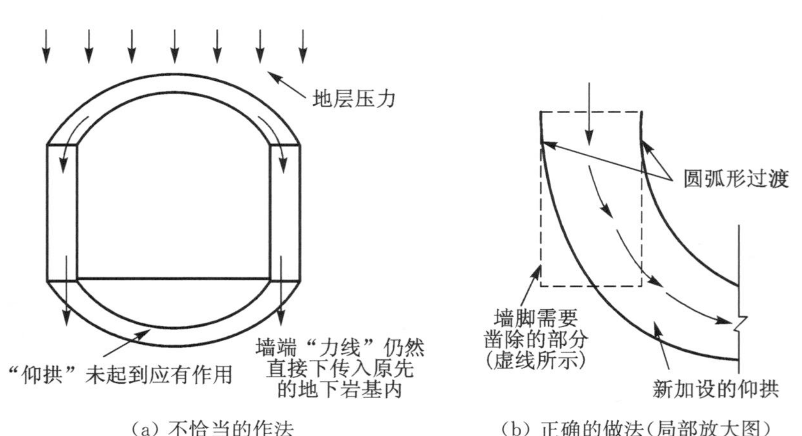

附图 10-3　加设仰拱后，封闭式拱圈衬砌的受力示意图

这时的施工步序建议为：

① 在需加设仰拱的区段，按其全部纵长分隔为 1/3，2/3，1/3，2/3，1/3，2/3，…以 1/3，2/3 相跳错开，按序先后施作仰拱；

② 先在第二批后做仰拱各跳开的 2/3 区段的墙端以下，按附图 10-1 的作法，施作“微扰动灌浆”；

③ 待浆液充分结硬、可以承力后，再如附图 10-3(b)所示开凿所跳开的各 1/3 区段到设计标高(如墙脚下 3 m 处)；

④ 如附图 10-3(b)所示，需要掏空并凿除原先墙脚，施作第一批各个 1/3 区段的仰拱(要设置受力钢筋)，由于仰拱与地基的接触面大，一般不另需灌浆，并等候达到混凝土设计强度；

⑤ 第二批，如附图 10-3(b)所示作法，同样施作各跳开的 2/3 区段的仰拱，并处理好 1/3 和 2/3 先后做仰拱各段之间的施工缝；

⑥ 左、右墙要同步进行，估计可在一两个月内完成全部补强加固施工。

10.4 “微扰动”注浆工艺

青岛地铁区间，先前对全风化岩石地段未采用全封闭的衬砌环圈，即未设置仰拱而采用了直墙拱，因拱圈墙脚承力不足而导致下沉，引起地面过大沉降。其加固处理方案，已如上节所述，可选用：

① 加设仰拱，封闭拱圈，使封闭式衬砌通过仰拱与地基的接触面增大，降低底压力；

② 因注浆对地基的扰动，将产生不利的附加沉降，需进一步采用“微扰动”的低压、慢速式注浆以加固拱底地基；对于拱圈衬砌的侧面和拱顶部分，视情况严重程度再确定注浆与否。

同时，应关注以下各点。

1) “微扰动”注浆工艺的实施

注浆的浆压过高或浆速过快，则在注浆过程中对岩体会形成新的注浆扰动，进而引起新的附加沉降；为此，为控制进一步的后续沉降，应实施浆压低、浆速慢的“微扰动”注浆。其工艺在上海已运营地铁隧道的软基防沉(过大的纵向差异沉降)中已成功应用，其工艺要点如下(上海隧道地基基础工程公司经验做法，由上海轨道交通维护保障中心牵头组织实施)。

(1) 该注浆实施要则，可归结为：“低压、慢速、均匀、少量、多次、多点、防沉”共 14 个字。

(2) 该注浆重点要害的关键，是要求达到：

① 要因地制宜地探索出以上 14 字的量化及经验指标；

② 对隧基软弱下卧土层，如何较为均匀地调整已呈不均匀差异沉降的隧道纵向线型。

(3) 该注浆要求还包括：确定注浆材料、选用设备机具、制订工艺要求及确定有关施工参数等。

2) 有关的几个问题

(1) 浆体材料和配比

浆体材料和配比需视土质情况确定。水泥浆和水泥黏土浆，价廉，但凝固慢、易跑浆，浆液入渗、固结效果均待检验；而水泥/水玻璃双浆液，价贵，但可克服上项缺点，其浆液流动范围也较易控制，注浆加固体质量较有保证，早期强度也较高，浆脉周围被挤密土体的再固结情况良好。然而其对青岛风化岩土的适应性有待通过试验验证，并具体确定双液浆的配合比。

（2）注浆设备

对防沉“微扰动”注浆，宜选用对加固土的注浆扰动相对较小的螺杆式/齿轮式、连续出浆、流量小的注浆机，以及打孔机、注浆泵、注浆流量记录仪、搅拌机、下管/拔管设备等辅助设备。

（3）注浆工艺的质量检验

现选择与需作加固土相似的外场土，作外场比选试验，待由试验论证注浆各参数并论定可保证质量后，再移向洞内。通过在土体内埋设垂直位移监测仪/多点位移计所反映的实测数据，来确定单次不同注浆深度所需的用浆量和各次注浆的均匀性、注浆半径以及注浆硬固后的土体强度和弹性模量等定量指标，进而优化注浆孔的合理布置。

（4）双泵（水泥浆泵/水玻璃泵）混合器的使用及其他

上海市采用双泵，将双液浆通过混合器使其充分混合，再从注浆芯管将浆液压入土体，起渗透和劈裂的双重作用；且有，注浆后在加固土中新形成的脉状浆体对其有充填、压密、咬合等多方面的加固作用。要加强注浆中和注浆后的监测和控制对策，设定注浆终止条件。有条件和必要时，如能将注浆深度进入相对稳固的持力下卧层则更为妥善、放心。全部注浆作业应由有注浆实际经验的工程人员完成。

详细的有关资料，可请参见由上海隧道股份有限公司冯师等人书写的书面材料，需要时可复印后寄奉。

附 11　浙江省海宁钱江隧道建设技术访谈录[①]

编者语：“八月十八潮，壮观天下无。”这是北宋大诗人苏东坡咏赞钱塘秋潮的千古名句。素有“天下第一潮”美誉的钱塘江潮，是由于天体引力和地球自转的离心作用使海洋水面发生周期性涨落的潮汐，加上杭州湾喇叭口的特殊地形，所造成的特大涌潮。每年农历八月十八，钱江涌潮最大。海潮来时，声如雷鸣，排山倒海，蔚为壮观。继 2010 年 12 月 28 日杭州庆春路过江隧道通车之后，穿越钱塘江的第二条公路隧道——钱江通道于 2014 年 4 月 16 日正式通车。杭州湾上再添便捷过江通道，不仅可有效缓解沪杭甬高速路特别是钱江二桥和下沙大桥的交通，同时大大缩短了杭州湾两岸的时空距离。在日前召开的 2014 第三届国际桥梁与隧道技术大会上，隧道网记者有幸采访到钱江通道的技术专家组组长——中国科学院孙钧院士，请他介绍了钱江通道建设中的关键性技术，回顾了钱江通道的建设过程。

11.1　建设钱江隧道缘起

钱江隧道原来的规划是钱江十桥。早在 2004 年，浙江省发展与改革委员会（简称发改委）和交通厅在杭州联合主持召开了《钱江十桥及接线工程预可行性报告》的预审查会议，已基本赞同了过江工程采用建桥方案。

然而，该项目北岸紧邻观潮胜地——海宁县盐官镇，桥位仅在观潮点上游约 2 km，千百年来钱江涌潮令人叹为观止，宝贵的自然奇观其价值不言而喻。在这里修建桥梁，一旦因桥墩回水的阻挡影响涌潮观赏，损失将不可估量。2005 年浙江省“两会”期间，部分人大代表提案，称建设钱江通道对区域经济发展有着十分重要的作用，但为了保护钱江涌潮的大好景观，建议改为采用水下隧道过江方案。

---

① 专家访谈：孙钧院士解读钱江隧道工程建设技术——写在钱江通道通车之际。

为此，当年业主单位一行六位负责人曾专程拜访了中国科学院孙钧院士，请教在此改建隧道的可能性。孙院士表示，此处建隧当然是可行的，不会对观潮造成任何不利影响，但是“强涌潮江段建设隧道，恐怕会对隧道施工安全造成一定困难，但又一时难以确切预测。”

经过再三的斟酌与比选，2006 年初，嘉兴、杭州和绍兴三地政府就过江方式采用隧道方案达成一致意见。2006 年 5 月 23 日，浙江省发改委和省交通厅在杭州联合组织了《钱江通道及接线工程补充预可行性研究报告》审查会议，确定了隧道方案。

钱江隧道是杭州钱江流域第一条超大直径盾构法隧道，隧道全长 4.45 km，进行一次折返式长距离掘进，采用一台直径 15.43 m 的超大型泥水气压平衡式盾构掘进机施工。西线隧道由南至北掘进，盾构在江北工作井内整体平移后再调头，东线隧道由北至南掘进。隧道具备长、大、深三个特点：长——盾构机一次连续掘进距离 3.2 km，中间不设检修井；大——隧道开挖直径达到 15.43 m；深——隧道在江底最深的埋深达到 39 m。隧道跨径大、里程长、技术难度高，且地质条件复杂，先后四次穿越古、新两道防洪大堤，是隧道盾构工程中的难点之一。

11.2　强涌潮条件下的盾构施工：作业面的稳定是工程成败的关键

国内、外已有不少大直径盾构开挖隧道的成功案例。在国内，其中就上海地区而言，具有代表性的有上海上中路隧道（盾构直径 14.87 m）、崇明长江隧道（盾构直径 15.43 m）等。可以说，对于 15 m 左右大直径盾构的运用，国内已积累了一定经验，但对于超大直径盾构隧道在砂性土、强涌潮且潮差大等复杂环境下的掘进施工则尚属首次。

对强涌潮下建设隧道，孙院士形象地形容为：“地上动一动，地下抖三抖。”钱江涌潮恢弘壮阔，但对于江底的盾构掘进却存在相当的风险。涌潮时，潮水来势凶猛，而退潮又迅速，一进一退，速度快、冲力足，所带来的冲击能量将非常可观，其冲击动能将造成水下盾构作业面前方和周边土体的颤振甚至晃动；而隧道盾构自身也将经受一定抖动，二者同时震晃，即使作业停止，也极易造成作业面塌陷失稳，突涌水砂进入泥土仓内的风险极大。

因此，在一连两三年的农历八月十五左右，涌潮最壮观的几天内，盾构施工必须完全停止作业，以防前方土体坍塌，甚或造成海水突涌，后果将不堪设想。然而，盾构长时间停工作业将引发整体下沉，造成管片过度变形，并难以控制隧道轴线姿态。“强涌潮下长时间停工可能引起的盾构下沉，进而带来隧道轴线标高难以管控”，此事使孙院士特别忧心。

建设单位针对上述涌潮的实地观测资料，专题研究了涌潮对河床冲刷的冲击动力作用以及对隧道结构受力的不利影响，在设计时确定了合适的隧道埋深；通过模型试验、理论分析以及实践验证的方式，研究了涌潮对盾构开挖面稳定的影响，指导施工中如何确定合适的盾构施工参数；施工中对潮水水位和江底变形加强了监测，适时指导施工参数的相应调整，从而确保了潮涌条件下盾构的顺利推进。此外，盾构设备自身运用了泥水压力和空气压力的双通道联合控制模式，掘进时通过控制单元调节工作舱内的压缩空气垫以稳定舱泥水液位达到平衡开挖舱面。

针对隧道轴线标高的控制，隧道股份公司研发了一种 STEC 自动导向系统（附图11-1），每隔一分钟可测量一次，辅以人工测量校核；管片选型时着重考虑盾构姿态与设计轴线及与管片姿态关系，纵环错缝拼装、管控管片外弧面与盾壳内弧面四周间隙，提高管片拼装精度；同步注浆系统采用单液可硬性浆液，同步注浆管采用内置式，每个注浆点可单独控制注浆压力和注浆量，施工时采取推进和注浆相联动的方式，按压力、注浆量双参数控制以保证填充效果。

通过上述的精心设计和精心施工，最终保证了工程在涌、退潮阶段的施工安全。

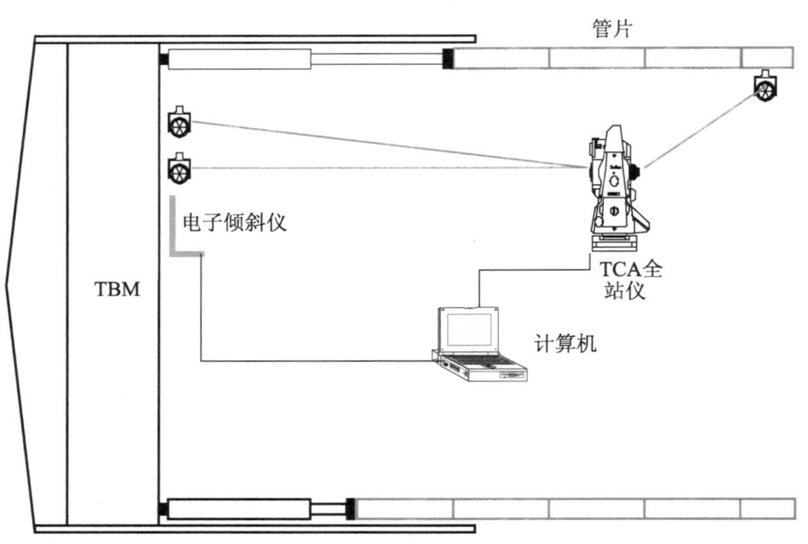

附图 11-1　STEC 自动导向系统

11.3　大盾构在井内整体“华丽转身”：充分利用旧盾构机，顺利平移、调头

据孙院士介绍，当初的上海崇明长江隧道使用了两台德国海瑞克公司生产的盾构机，两台机器的购置费用共 5.8 亿元，一条推上行线，一条推下行线，而钱江隧道此次使用的盾构机，正是崇明长江隧道施工用过后的其中一台(另一台用在上海长江西路隧道)。

孙院士说：“盾构机尽管属固定资产，但它的使用寿命还是有限度的，掘进中各个作业系统的损耗都比较大。通常来讲，一台盾构机在砂性土质中推进 10 km 以上就需要进厂大修保养；而在黏性土质中也一般约 20 km。”钱江通道使用的这台盾构机是在崇明长江隧道工程中已经一次性推进过 7.5 km 后的“二手货”。为保障盾构安全推进，在江中不发生故障，建设单位施工前对机器进行了全方位大修，下机组装前再次检修，提前做足功课，充分备好密封件等易损品，并做好了盾构机的日常维护。

孙院士感叹：“隧道股份的建设者对使用过的‘二手货’，在盾构机的刀盘、车架都没有更换的情况下，掘进中没有发生任何大的意外，为国家节省了大笔资金，真是非常难能可贵。”

由于只使用了一台盾构机，盾构需要在江北工作井进洞后，整体平移再调头进入东线隧道。钱江隧道盾构外径为 15.43 m，机身整体长度达 15.8 m，旋转直径为 22.084 m，总重量 1 800 t，因为重量荷载分布不均，重心靠近前段。工程采用了 PLC 整体同步顶升技术，通过调整可移位式盾构基座搁架，达到盾构机的下降调平、平移、旋转、顶升调坡的目的。这一系列工作完成后，车架由特制、超大型的 44 m 跨距 80 t 吊车从西线工作井分段吊出，再从东线隧道暗埋段上的预留孔吊入安装。在盾构调头期间，一切其他施工作业仍正常进行。

孙院士说，一台直径达 15.43 m 的大型盾构机要在一个长圆形井内平移、转身，完成一次性调头，其技术在上海乃至全中国都尚属首次。他在参观钱江通道工程时看到调头的情景，赞赏地称其为“大盾构的华丽转身”。

11.4　多个施工亮点终成“地下巨龙”

1）隧道四次穿越防汛大堤

钱塘江海塘是我国一项颇具特色的、伟大的古旧构筑物。为了抵御潮水冲击，修筑海塘千百年来都是宁绍平原沿岸地区的重点水利工程。根据盾构推进线路，钱江隧道将分别穿越：江南大堤、江北大堤，先后4次穿越。其中江北大堤为明清老海塘，穿越大堤时由于覆土厚度变化梯度大，盾构施工参数控制困难，隧道之间净距离小，两次扰动土层对大堤也会产生一定的不利影响。

为了确保大堤在盾构穿越时的安全，施工单位在大堤关键部位布设了监测断面，加密地面监测，信息及时反馈；根据埋深、地层、地下水等准确设定了切口水压及注浆量，并精确控制，同时，根据监测情况及时微调；全天采集监测数据，用来监测大堤的不均匀沉降。在大堤影响范围内设置剪力销管片，以增加隧道管片的整体性。过堤时盾构匀速、减速推进，一般控制在20 mm/min左右，推进过程中保持盾构机姿态稳定，减少盾构纠偏量和纠偏频率。为减少盾构机背部产生地面沉降，利用原盾构壳体的注浆孔对盾构壳体进行压注，在盾构推进时根据大堤变形的实际情况，向盾构上部压注一定量浆液以控制地面沉降。

通过科学的数据分析和多方努力，钱江隧道盾构机顺利通过大堤坝体，在整个施工过程中钱塘江北岸大堤的沉降严格控制在15 mm左右的安全范围内。江南大堤沉降：西线为25 mm，东线为23 mm；江北大堤实际沉降：西线为16.35 mm，东线为8 mm，盾构穿越施工对周边大堤环境降低到了最小。

2）大型泥水平衡盾构超浅覆土进出洞

处于浅覆土透水砂层中盾构进出洞，风险极大。主要穿越的土层：$③_2$粉砂、$④_2$粉质黏土；隧道坡度为2.8%，而大直径钱江隧道进出洞处的顶覆土仅9.5 m，属超浅覆土施工，覆土厚度小于盾构直径，对地面扰动影响突出，出现过大沉降的可能性高。其中，盾构进出洞是隧道施工中一项高风险控制点。

钱江隧道进出洞施工中的三个难点：一是覆土浅，且盾构大部分位于渗透性非常好的粉细砂层土中，易发生盾构正面土体坍塌或冒浆现象；二是对进出洞土体的加固质量及辅助降水提出了很高要求，稍有不慎易发生水砂突涌现象；三是洞门断面面积较大，洞门圈直径比盾构外径大0.57 m，给施工轴线控制和洞口止水工作带来较大难度。盾构进、出洞施工流程，如附图11-2所示。

施工过程中通过采取取芯和水平探孔检验土体加固质量、合理设置降水井将水位降至砂土层以下，并合理设置泥水压力、泥水指标、推进速度、同步注浆和环箍注浆等施工参数，以及进出洞段设置管片剪力销以提高隧道整体性等措施，安全顺利地完成了盾构进出洞施工。此外，盾构机进入工作井后，盾壳周围摩擦力的消失以及正面的水压力降低，使原来处于压紧状态的管片在止水橡胶条膨胀作用及盾尾刷的拉扯下，可能会出现松动。因此，在进洞最后10环，通过预应力将螺栓拉紧，管片也改用了一种预埋了预应力螺栓孔的特殊管片。

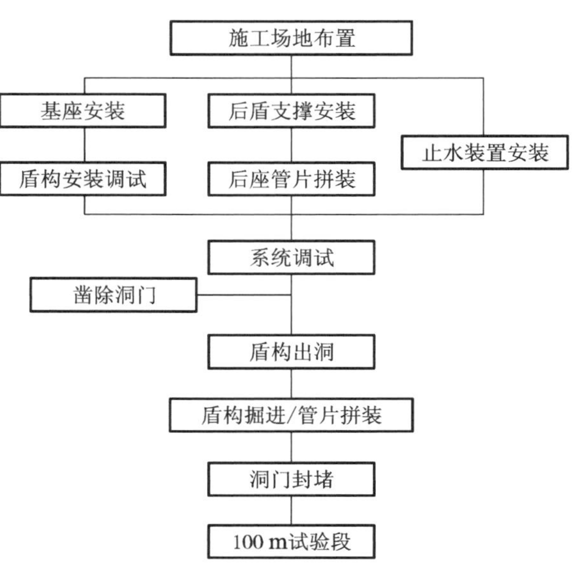

附图11-2　盾构出洞施工流程

3）钱塘江下盾构长距离单头掘进

钱江隧道采用一台直径达15.43 m的盾构一次掘进完成两条隧道，单条长

3 245 m。长距离掘进存在众多施工难点，如：大断面隧道抗浮，通风和运输，长距离掘进引发的测量偏差，盾尾钢丝刷和刀具磨损更换，等等。在盾构推进过程中，如处理不当，轻则耽误工期，重则危及整个工程安全。因此，施工单位采取了多种防范措施，以保证工程顺利施工。例如，在盾构设计阶段，设备增加了配重，通过盾构机内配置的车架来控制隧道上浮，随着车架前移，后续施工结构的跟进同样起到了压重的效果；盾构全程保环及备品备件、加强江底变形监测、根据水位监测数据调整切口水压、排泥接力泵、盾尾油脂压注、江底更换盾尾刷等应急预案，使盾构得以一次性往返两度过江，在其调头间隙期间更换刀具及盾尾刷，始终未出现盾尾漏水、漏沙现象。

4）采用“滑梯式逃生通道”

钱江隧道纵向呈 V 字造型，空间上分为 3 层，中间层为行车道，上层为专用排烟道，下层则是电缆等设备空间和逃生通道。经过专家反复多次论证，钱江隧道盾构段上、下行间不设横向联络通道，改用“滑梯式逃生通道”。逃生滑梯每 80 m 一个，主要用于人员在突发火灾情况下进入车道层下方进行疏散逃生；同时，每 240 m 设一处救援楼梯，主要用于救援人员从下方进入行车道进行救援，也可兼作人员向下层疏散逃生之用。另外，口字形件中间通道可行驶电瓶车，便于人员逃生和消防救援。

逃生滑梯和救援楼梯均位于隧道右侧，设带液压装置的钢盖板，只要把扳手拉起转一圈，便可轻松将钢板掀起，每块钢板附近都附有对操作方法的图示标注。当火灾等危险情况发生时，隧道里的人员可以快速进入地下一层的安全地带；救援人员也可通过这里进入行车道。这些逃生通道的设置为安全运营提供了有力保证。

11.5 地下空间的有效开发和利用，让生活更美好

耄耋之年的孙院士在交谈中仍然精神矍铄，思维敏捷，条理分析清晰。访谈过程中还不时妙语连珠。对于钱江通道的建设技术，孙院士颇为赞许，几次感叹施工过程“真的不容易啊”。他表示，在重重难点的困扰下，工程依然安全、稳步推进，施工中最高纪录为每天推进 22 m，而且在克服困难的过程中产生了很多技术上的创新，还撰写了一本工程实录，为今后相近工程施工提供了有益借鉴。

孙院士在当天的采访中还提到了我国近年来在建和拟建的若干座大型隧道的建设情况，如在建的港珠澳大桥岛、隧（沉管）工程，拟建的琼州海峡、渤海湾、大连湾以及深圳到中山的跨海通道等等，提出在当今地下空间开发的大好时代，需从开发理念、功能定位、新技术研发等方面更加提高一个层次，既造福当代，又为子孙千秋谋福祉。如何合理利用有限的地下资源，进一步使地上、地下开发一体化；有效采用绿色低碳、节能环保的技术、材料和工艺，让城市各类地下空间修建得更为舒悦和闲适，都是未来亟待完善和谋求更好解决的课题。

附 12 厦门第二西通道工程可行性研究

由中交第二公路勘察设计研究院承担研究的“工可”阶段成果，内容丰硕，数据翔实、可信，在建设必要性、交通量预测、各项主要技术标准，特别是建设方案比选问题上作了比较详尽的论述（这是“工可”阶段研究的一项重点内容），论证上客观有据，具有很好的说服力；此外，在投资估算与资金筹措以及方案实施等方面也都有明确交待。本人认为，“报告”完全达到并满足了该工程“工可”研究阶段的深度和广度要求，对这项“工可”成果是满意的。

我曾有机会参加过厦门东通道（国内第一座翔安海底隧道）建设的全过程，并承担过相关科研项目，先后历时近 10 年；在本项目西通道的方案和“预可”研究阶段，也去过两次并去

现场调研，为此，对情况比较了解。在听了郭院长介绍并经对 PPT 和“简本”粗阅过后，有以下不成熟浅见，除了在会议上口头说过外，在此再汇列简述如下，谨供业主和设计方参考、见教。

(1) 厦门主岛弹丸之地，岛内地块建设上已呈饱和。正如市交通局所说，“厦门中心城区的进一步拓展，只有向大陆延伸”，这应是该工程建设必要性方面的主要理由之一；此外，厦门属多自然灾害城市，台风、浓雾、海啸和雷暴、大雨天气频发，届时封桥当不可避免，除了东北侧通道已建成全天候通行的翔安隧道，使可以不中断地与大陆相互联系外，在其西侧再建第二西通道，以及日后开通本岛西南向的轨交地铁过海，使之分别与西侧的海沧和漳州广大地区相互间也采用可以全天候通行的隧道作相互联结，其对发展和沟通城市交通网络，使之与主岛构成为整个一体的城市后方屏障，也是十分必要的。在“建隧必要性和迫切性”方面，在“工可”报告中，上述两点似可更强调，可作进一步的补充论述。

(2) 在过隧交通量预测方面，本人近年间曾与从事城市交通规划的专家们交流过。他们认为：如在预见的 15 年内(视各地具体情况，年数上甚至会更短些，例如 12 年内)采用双向 6 车道已可满足设计基准期内隧道客、货流量的要求，则待 15 年后再另外新建一条通道，也是划得来的；如果现在就超前新建要待 15 年后才用得上的双向 8 车道，其投资超前显不划算。据此，本人意见，如上述年限条件对此处第二西通道合适，目前先建双向 6 车道的技术标准应是一项正确的抉择。

(3) 在“报告”中，对排除此处不拟建议造桥(桥塔高度受邻近高崎机场航行净高的制约，且两者的差值极大)，以及不拟采用盾构掘进或修建沉管隧道的理由，都是十分清楚而有据的，其理由且是“一票否决”的“长痛”(指不是日后可以设法克服的“短痛”)。除了此处建议采用的矿山钻爆法外，在上述各种桥、隧的选型上，还论证并否决了其他明显不合理和欠经济的一些方案。有如：此处盾构行进大部分通过的基岩为微风化花岗岩，盾构刀具、刀盘切削显属不可能，而改用 TBM 则因行程短、尺寸大，经济上又完全划不来；此处修建沉管将须考虑港务、免税区岸线、基槽开挖爆破和沉管浮运、落床时需要封航等因素的严重制约，此外，一些工序还会造成对白海豚驱离以及造价过高等条件限制等不可克服的困难。

我意，就“报告”中对沉管段与钻爆法隧道段各自的长度均为 7 km 左右，二者相差不多；加之，采用钻爆法施工对隧位海床地质、水文条件亦无重大困难的实际情况，单就上述这一项理由也排除了采用沉管在经济投入上的不合理性，这是十分清楚的常识。钻爆法在排除了日后不可预见的“被动注压浆”、其耗资巨大又难以确切估计的条件下，该法除造价最廉外，国内这方面施工技术当更为成熟，事故处理经验更为丰富，而遇临时突发风险时的排障预案和手段也更多，施工安全会更有保障。

(4) 洞子施工开挖中，要穿越两处海床下风化深槽(F1 和 F6)，“报告”中未见对它的岩性和含水量描述，好在宽度只在 100 m 以内，但它与良好基岩间定然还有岩性也较软弱破碎的过渡带也需要经处理后才能通过。从与翔安东通道所经过的 3 处风化槽、1 处风化囊的情况相比照，这部分岩体松散、破碎，其胶结性差，富水且与海水相沟连。采用全断面帷幕预注浆严实封堵，其时，不仅注浆量巨大、耗时多，而且隧道爆破、出渣和支衬作业均需全部停止，要等待浆液基本结硬后才能进行后续的微爆作业，这将严重耽误工期。此处，建议先更为详细地探明风化槽内的涌水量和水压大小，特别是岩石胶结情况和岩性中的矿物组分，在较好情况下就不一定全面进行全断面帷幕注浆封堵，可考虑能否改用“小导管预注浆”，其耗时和费用投入上当会少得多，而宁愿把钱用在预勘上，会更感心中有数而针对性措施也当更加具体、有效。希从翔安隧道的处理经验中做出更能结合此处当地实际的重要参考借鉴。

(5)“报告”中关于设置“服务隧道”的几点原因和优点，我都同意，它是完全必要的，翔安和青岛胶州湾两座海底隧道也是同样都设置的。它能增加作业面，“长洞短打”，更是缩短工期的好措施。在翔安隧道中，当时可能由于服务隧道的断面用得过小了，后来不能按原先计划由中铁隧和中铁十四局两家共用，而只归了中铁隧一家独用，中铁十四局只好另打了一处斜井，这想来是很不合适的。此处，要注意为了文中所述的各点用途而设计足够大的洞径。此处，似可再补充建议以下两点：

① “服务隧道”作为地质探洞，就能够在正式审批未下达之前，按“地质探洞”要先行的名义先期打设。这将为下步施打平洞、增加作业面争取不少时间，过去有过这样做法的先例。现在能否如上述通融办理，情况就不清楚了。可请了解清楚后再行事。

② 服务隧道还有两个辅助性功能，在以上建设理由中似可作些补充、列入：

A. 用于施工器材进入主洞的通道；

B. 其位置宜布设在左、右主洞间居中的稍下方一些，则运营期内可用之为主洞清扫污水时的排水通道；因为水下隧道的纵向都是呈倒八字形坡(与过山的洞子多为正八字形纵坡不同)，它不仅是排渣时需要重车上坡出洞，主洞排水，日后也需要在服务隧道底部沿纵向自下向上设置多级水泵抽排。

(6) 该城市道路隧道两岸(此处主要难点是东面主城区一侧)建隧后地面交通路网如何优化布置的问题，将是颇为费心的难点。西通道东侧中心城区的接线组织是否合理、顺畅，连同高架立交的设置等，都关系到市北区交通疏解能力的更好发挥。“报告”中重点说到的存在问题，主要是要求解决好：

① 在东接线施工期间，对市中心北区地面道路临时的封路造成拥堵、改线等诸多不利影响能减至最小。

② 隧道东面出入口与其他相邻交通网的优化衔接问题。由于本人对厦门城区交通组织和街市情况不熟悉；我又非从事该专业，也不很懂城市交通规划问题，对以上所述，一时不能提出具体的确切意见。

(7) 近海公路海底隧道，在海洋大气和海水氯盐环境下的抗 Cl^- 腐蚀和洞内行车尾气 CO_2 及 CO 排放对混凝土的碳化作用(特别是洞内车辆拥堵而汽车又不熄火时的情况尤甚)，尽管有风机排放，实测的碳化腐蚀仍然存在。为此，隧道结构耐久性设计和隧道在设计基准期内的服务寿命预测，就显得十分重要。需请立设耐久性专题进行细致定量研究；此外，在混凝土和钢筋选材、混凝土养护和日常维修保养以及改善施工工艺等方面，都有许多工作要做。我单位从事这项研究已十余年，也有这方面应用上较成熟可用的专用设计软件(已先后使用于5处海底和近海公路隧道工程的耐久性研究)，愿意承担这方面的后续深化研究任务。

上述各点，容多不当和有失偏颇之处，草写如上供请指正。

附13 汕头市苏埃“大直径盾构海底隧道管片衬砌结构抗震性能”专家评审个人意见

一些意见和建议已在会议上口述讲过，此处不再赘述。现在就理论层面的几点认识浅述如后，谨供参考、指正。

(1) 日本阪神大地震证实：软土地基对结构的地震响应有一定程度的“放大”、“增幅”作用，导致结构破坏程度加剧。此处为砂性土层和隧道衬砌，是否也适用，需请用研究作验证。

(2) 遇海床浅部的 15 m 以上为松散砂层，特别是砂层之上又覆盖有浅薄黏性土层的情况，对砂土抗震液化最为不利。这点，已由同济大学试验所证实。此处，海床中部地域正属上述地质条件，似应引起设计和研究中的注意，并用理论分析和实验进一步验证。

(3) 砂土地震液化，多数并不会是完全液化(指液化后、砂土将如同水体一样流动，如日本 2011 年福岛大震情况，致完全丧失了土体抗剪能力)；而是仍保留有相当部分的残余抗剪强度。由于土体 c, φ 值的降低，它仍将在一定程度上对隧道软基的稳定性和沉降控制造成困难，而亟需在设计中计入考虑。这种砂土局部液化现象在地下工程中带有相当的普遍性，其定量化数据均要求从土动三轴试验中妥慎得出。

(4) 从大类区分，隧道与地下结构物地震响应的计算分析，可择选采用：

① 波动法。以求解波动方程为基础，按波动方程求解隧道结构与其周围岩土介质动力相互作用的波动场(含变形动位移场)和应力场。

② 相互作用法。以实体结构为主要研究对象，将波动方程以振动方程来取代。常见的为有限元法，先在空域离散后、再时域离散；对非线性动力问题，用时步增量(Δt)迭代法，可得到稳定的收敛解。以结构运动方程为基础求解其地震响应，除“地震反应位移法”等直接法以外，还有“子结构法”，它对大型结构的抗震分析，已多有采用。

但相互作用法，我本人在 30 余年前已发现这种以振动方程取代波动方程的方法，有其不可克服的固有缺陷和不足，主要是：① 初始病态；② 超越现象；经过研究努力，虽部分地可有所改善，但却不能根本消除。对远场深层震源的入射地震波，应计入行波效应。此时，宜改用波动法作动力抗震分析。

就此处的圆形隧洞而言，其地震响应问题(主要是用于土体介质响应)，采用上述波动法是有成效的：对无限域内的圆形隧洞，对入射 p 波和 sv 波，以及对半无限域中圆形隧洞的入射 sh 波，均有封闭的解析解；而对半无限域中圆形隧洞的入射 p 波和 sv 波，则可得到以积分方程表示的离散解。但此处是具有“管片衬砌结构”的隧道，本人早年曾通过再加用复变函数和 FFT(快速傅里叶变换)方法得出了隧道衬砌结构的径向变形动位移和结构环向应力。此处似可参考采用。此外，采用波函数展开法，还可研究圆柱形隧道的波的绕射和动应力集中问题，等等，不一而足。

(5) 利用拉格朗日有限差分法求解动力平衡方程和土体动力固结方程，可建立一种用于隧道管片衬砌与周围土体地震响应动力相互作用时程分析的实用计算方法(采用 10%概率水准地震动输入)。

第(4)和第(5)两条所述方法，在此似更为完善些，也是本人过去用过后的体会。解析法解能够更清楚、严格地揭示计算的原理和推演步序，它不似有限元法只有结果而缺乏演绎过程，使人心中无数。

(6) 由于隧道结构与土体介质接触层面间两者位移的不协调性(这点早年已由本人试验证实)，建立一种适用于模拟地震动载作用下、“土体-管片衬砌结构”间能以反映其动力相互作用特征的、具有一定厚度的“接触面单元”是十分必要的(经本人过去对与不设置接触面单元的层间界面位移相协调的情况相比，后者也即该工程现在做的情况)，与不设置接触面单元的两相比较，得到了完全不同、差异十分明显的结果，而后者的结果已证实是不真实的。此时，可一般地由弹簧和抗拉元件组成法向单元，而以弹簧与滑片组成切向单元，对法向和切向弹簧的 σ-ε 和 τ-γ 关系，采用非线性弹性本构关系作数值模拟。

（7）就黏性土而言，其土体颗粒的粒径小，而对砂土（无论是中、粗砂，还是细粒砂），其颗粒粒径就要大得多，其时，“土体-结构”接触界面，紧贴结构外层表面的砂粒土会发生相当程度因“剪切带”导致的动力剪胀效应，致使在上述接触面模型和接触面单元中，需进一步考虑计入其沿法向 $\sigma-\varepsilon$ 与沿切向 $\tau-\gamma$ 关系间带来的相互“耦合”特性。这也需要做实验得出曲线后、再回归成经验表达式，并用于分析计算。这里与未有计及砂土剪胀效应（有如此处现在所做的情况）的相对比，结果是大相径庭的。对此，过去我们亦有些认识。

（8）过去我们比较过引入无/少边界反射的人工透射边界（transparent boundary）共 7 种。其中，一种较人工阻尼边界（该边界最多也只能吸收约 90%的人为反射波）为优的“迭合边界”，可以更好消除远场边界“虚拟”反射波对计算的无谓干扰。

（9）对此处富水/饱和软黏土/砂性土地基的动力特性进行土动三轴试验，是十分必要的，以求建立基于土体有效应力的弹塑性动力本构关系/本构模型。这些，相信研究部门都有条件做。

（10）虽衬砌结构在地震中仍属弹性变形的受力条件，但土体介质却已进入了塑性。在土体弹塑性 $\sigma-\varepsilon$，$\tau-\gamma$ 关系中，计入在地震动载作用下因其应力主轴发生旋转、致产生的附加塑性变形，进而建立应力增量与应变增量对弹塑性土体介质动力本构关系的影响和变化，问题不可小觑。

总体而言，本项研究似请在以下方面作进一步改进和完善：

隧道结构周边土体介质受地震响应时已进入塑性变形，它的弹塑性动力本构属性此处只用“非线性弹簧参数”来模拟是不够的，需进一步考虑土的弹塑性动力特性。这里的要领是：①其有关诸土工力学参数，要从土动三轴试验测得，并建立土的弹塑性动力本构关系，再采用实体有限元法与管片衬砌一起作分析计算；②隧道与土体介质的动力相互作用，也不是只用非线性弹簧来模拟土体对结构变形的约束抗力，那是不完善的；完整的相互作用问题，也要用将“土-结构”视为一体的实体三维有限元法来实现。

附 14　对拟建舟山海底隧道的一点浅见

2014 年 9 月 2 日上午，曾接待浙江省交通规划设计研究院从事“秀山-舟山”一线海底隧道工程前期研究工作的两位专家来上海我家访谈。当时听过他们的介绍后，已口述了一点看法。由于事忙，带来的两份材料一直未有时间翻阅，只好留待这几天国庆假期，抽空写述了以下几点浅见，谨供下步工作参考。

（1）工程地质勘察成果是建设隧道最重要的基础资料，目前这方面的工作似尚欠细致、深入，据此还难以确切决定隧道方案的取舍。在“报告”中暂先只是以早前已有的资料为主要依据；而且，在海洋地质勘察中，由于受海上恶劣条件和当前国内海上勘探设备和一些技术手段的制约，漏勘和误勘等情况都比较常见。下步宜加强多种手段的综合勘探，并似应选择对控制盾构掘进/钻爆法主要施工参数选用等有决定性影响的若干方面，并遴选有一级资质、经验相对更为丰富的勘察单位，区分重点进行（未及详述）。

（2）盾构法水底隧道在软土地层中的采用已有成熟经验，但在此处大直径盾构的硬岩中掘进，则将会带来不少困难，主要的有：①刀盘转动切削岩基时，因其主轴扭矩过大，有可能导致卡机甚至刀盘脱落而构成事故；②真正意义上的“复合式”盾构，目前国内还只限于在较小直径的地铁盾构（直径为 6 m 多）中采用，并多用于“上软下硬”（“硬”指风化破碎岩石），此处在硬岩掘进中刀具频频更换将不可避免，舱外常压换刀虽近年来已在南京纬三路过江隧道中实现,但此时功效低下、时推时停、工期难以把握,而财力物力又投入巨大;③盾构穿越中间海床的富水断层破碎带时,因水头高且与海水贯通,盾构泥水舱压力容易失控而导致作业面失稳。

(3) 似此处情况,技术上似以改用硬岩全断面隧道掘进机(TBM)更为合适可行,但对采用 TBM 法而言:①因此处掘进长度(3.5 km)有限,全套 TBM 设备进场和运行作业费用高昂,显不经济;②对海床中段的富水断层破碎带地段,因岩块坚硬而水压又高,此种条件下以前沿用 TBM 曾有过不少失利教训(如台湾最长的雪山隧道即为典型事例,最后只得弃用,仍改用了传统的钻爆法)。

(4) 从上述初步看来,似以选用钻爆法用于此处硬岩施工,相对地在国内隧道界更有实际经验,其应对上述各点困难也有更多的解决手段;但因钻爆法隧道的埋深加大而会增加隧道的总延长,在工期和造价上恐居劣势。更且,长隧道将使日后运营中的过海时间、轮耗和油耗,以及运营通风、照明等经常维护费用增加。所有这些,似应综合考虑后再作妥慎抉择。如果确定建隧,则钻爆法似相对现实可行。

(5) 本项研究暂未涉及评选采用沉管隧道方案。其原因可能是:①拟建隧址区域岛礁分布杂乱,使沉管布线困难;②潮流冲淤交替且形成多处深槽,致海床起伏大,海水深浅悬殊(在 10～60 m 之间),局部海槽更深达 80 m;③海水流速大、沉管浮运与沉放作业难度加大等等。这些都是制约修建沉管的诸多不利因素,希望能在研究中进一步论证并作出具体交代。

(6) 在上次口头介绍时,可能因时间关系,未能有重点谈及桥梁方案。但与就以上诸多制约修建海底隧道的不利因素相比较,在此处桥、隧方案比选中,似感修建桥梁更具一定优势:它修建速度快且造价较廉,海上施工作业风险也相对较小,经验更为成熟。只是海上台风和浓雾天数多,通车运营中届时有可能需要封桥;此外,海上空气潮湿,受海洋环境以及海水和海上大气中氯离子(Cl^-)对钢筋混凝土和钢材的腐蚀等,对钢缆维护要求高并需作定期抽换,还有对桥跨结构和桥面铺装的耐久性也均有不利影响。以上这些,在近年完建的舟山—宁波“五连岛工程”中均已有过详细论证,这里就不再赘述。

附 15　苏通大桥工程评审意见

15.1　第一次会议

1) *冲刷防护*

苏通大桥工程现在划分三个区。范围大,分三层,工程量可观,石料用量多,工效和质量保证似均应进一步论证,以得出更好根据。

(1) 补充墩位的局部冲刷试验研究

现在做的是常规的河工模型,是墩位处的一种正态物理模型试验。但为了研究局部冲刷的水力学机理及其局部冲刷的尺度和范围,以便最终确定采用何种护底结构及其护底范围,似还需补充进行“冲刷机理试验”;并再用几种有针对性的理论模型加以核对。为此具体建议如下(下述各点在近年来的长江口深水航道治理与护堤加固方面已用过,证明有效)。

① 利用地勘所得的土样泥芯,要求在专门设计的一种冲刷试验装置上得出原状土的起动穿切应力及其冲刷率沿深度的分布变化。

② 采用三维流场显示技术,来显示墩周附近涡流流态的三维流场结构,通过激光测定河床三维流场结构在形成局部冲刷时的变化。这样,就能得到局部冲刷坑其底部砂层的水

流摩阻流速及其起动值沿深度分布和变化，以便确定冲刷坑的平衡尺度。要求所设置的防护层能够全面覆盖三维涡系，使墩前的冲刷能够控制在安全范围之内，而使现在设置的三个防护区带（核心区、永久防护区、护坦区）的大小和层厚也更有依据。

③ 冲刷防护结构铺设质量标准及其定位精度检测，要早日制定，亦可借鉴长江口航道治理的实践经验。

(2) 护底结构

现在方案较传统的“柴排＋抛石”的护底结构有改进，但仍存在石料来源问题，且工效较低。一些年来，在长江口治理工程中采用土工织物合成材料为主体基料的“软体排”护底结构，过去多用于导流堤的护底（中交上海航道勘察设计研究院、航道局长江口航道建设有限公司），如在此处的护坦区采用，有可能在工期、护底质量和投资控制方面取得更好效益。现在一种针刺复合土工布和多层袋装沙包与反滤布复合施工工艺已经成功采用，它大量节约了碎石和上复护面块石的石材资源，并能快速施工，在造价上也有节约，似可一比。与之适应的、一种专用的铺排船只也已研制成功并采用（这就不能再用这里现用的舱底开口的抛石下料船）。对土工织物的抗老化和耐久性问题也都有一些探讨；软体排护底的效果及其质量检测等都较满意，已用了五年多了。铺排船可向上海航道局借用。

2) 船撞设计（不只做防撞方案研究，是否考虑作试验?）

(1) 船撞后果不只是墩子受损，其不利后果主要反映在（据国外资料，沪崇大通道方案征选评比时，曾作过一点探索）：

① 沿桥身横向水平冲击力，将使墩子晃动，从而引起高空塔顶（300 m 放大）产生不允许的横向水平动位移而会否使拉缆断裂（塔墩自身不会有问题，船撞并不是怕墩基滑动、倾覆或桩基反力成问题）；

② 船上人员伤亡和船只损毁；

③ 危及桥位水域局部环境污染（指油轮泄油，污染局部环境）。

(2)墩周防撞措施中，往往强调 VTS 的制定和执行，VTS 是指“船舶航行服务系统”，规定桥域江面上船只不能自由乱航，这当然是重要的。但这里的问题还有：此处说的“撞墩”是指“意外”（不是“正常航行”），“意外”指船只不能自主而“失控”，它来自以下三个方面，对此，VTS 也无能为力了：

① 操作失误，包括船上大副或二副精神系统方面一时出了毛病，自己也控制不住；

② 技术故障（航道灯、轮机等）；

③ 非人力可控的自然灾害（台风、地震；这里没有“海啸”，它仅指外海港口外的海湾大桥，就可能会有）。

所以，不能仅指望 VTS，而设置抗撞工程措施，才应是防护的重点。

非主墩（副航道孔墩）均用墩子自承船撞动载；但主墩如用墩子硬扛，即使对 5 万吨巴拿马级散装货轮，也将是难以承受的。对它的防护缓冲设施，可按大类分为二种，即：消能箱橡胶垫座和液压弹簧缓冲垫座。

日本明石大桥采用“活动型钢框构”防撞（有一次南京开会，日本专家也介绍过），它那里是国际航道，需设计承受 25 万吨级远洋巨轮冲撞，实际上也真的碰撞过几次。

现在设计方面建议用漂浮式消能箱橡胶护弦式的缓冲结构（floating buffer girder），环绕墩身一圈用漂浮式，它的好处是水深不限，消能能力强；但费用和维护费较昂贵，国外较少用，效果我想不错，但要求加做试验论证，并确定墩子经消能后的实际受力。

在动载计算方面。我前两年在参加沪崇通道大桥的防撞方案研究中，曾计算了：①对垂直于桥轴向的船头正撞荷载，含两种情况，即：最大装载条件下和满负荷压仓条件下；②侧向沿桥轴纵向船撞荷载。同时，应按主甲板和船底舱龙骨两处局部撞墩，沿塔墩的船撞力竖向分布等也都有具体规定；另外，防撞系统还要求考虑航道和江流的影响，包括江流流场和江流潮汐条件（涨、落潮）。

3）桥基和承台的设计问题，拟请补充立项研究

上次在墩基施工图评审会议上和会后，用书面意见对此问题已经提出过。现在科研方面立了一项“群桩设计”，在此项研究中希望再补加一个子项：“桩群在水平力（地震、船撞）作用下的三维空间计算”；另外，似可再加一项：“承台设计计算与配筋设计研究”，内容为改按厚板和深梁计算与配筋，以求有根据地减少承台配筋。现在钢筋太密了，不好浇注混凝土。此处就不再赘述了。

4）建议立项“大桥结构耐久性”专题研究

对大桥结构进行其安全可靠程度的评定和结构耐久性的分析，是设计、施工需密切关注的重要课题。桥梁结构按可靠度设计并进而作出确切的评价，不仅可使设计施工更为科学合理，而且有利于推动工程质量和施工技术水平的提高，取得更好的经济效益。研究桥梁结构的广义可靠度，除了分析结构的安全性以外，还要保证结构能有满足其功能要求的持续工作时间以及最小的维修加固费用，即其耐久性问题。因此，安全性和耐久性是广义可靠度的两个不同侧面；但一般情况下，目前所谓的结构可靠度，多只局限于从结构的安全角度考虑，而耐久性才关系到结构的使用寿命问题。此处，需从结构的安全可靠度和耐久性两个方面进行研究。

大桥工程建设要求保证 100 年的安全使用期，其耐久性方面的研究内容，可以分别地从材料、构件（如拉缆、主梁、塔墩、承台和桩基等）、结构整体三个层次来进行。目前，从材料和构件层次上进行的耐久性研究相对比较多，但是对从结构整体上进行耐久性研究则起步较晚，它要求找出各个关键部件，是保证结构整体耐久性的核心，从而为大桥结构的整体设计作出其耐久性评估。

上述内容，在设计中显难顾及，盼能增设新的专题，开展研究，以求进一步体现这一世界罕见重大工程的技术进步与创新。

15.2 第二次会议

可以讨论的问题很多，限于时间，现只对我自己过去曾做过一点工作的两个方面，谈些认识。

1）承台大体积混凝土施工中的温度控制问题

(1) 承台内外混凝土水化热温差导致裂缝出现，最引人关注。因混凝土的热传导性很差，大体积混凝土水化热将造成其内部温升过快，一方面由于混凝土外表面散热快而在混凝土内外部之间形成温度梯度；当承台变形受钢吊箱模壁和底板三面约束时，则将产生大的温度应力，因混凝土早期抗拉强度低，致发展为表面温度裂缝（大坝情况最为突出，此处也有）。

(2) 与其他一些大体积混凝土施工相比，此处情况有其有利的一面，但也有其不利的一面。

① 有利的是，4# 和 5# 主墩两个承台，预计今年年底前完成承台吊箱就位并混凝土封底，大体积混凝土浇筑是在明春 1、2 月到 4、5 月之间。届时气温还不高，避开了大热天，这很好。

② 不利的一面是：此处承台混凝土以分层、分块浇注的尺寸而言，其“散热表面积”与其“下层浇筑层混凝土的体积(方量)”(均以单个塔柱下一次分层、分块浇筑的数字计算)之比为 2 400 m^2/4 000 m^2＝0.6，这比之于一般的大坝只约合 0.35～0.5 而言，此处这一参数值要大不少(国外有这一指标)。这样，混凝土表面散热快，而混凝土内部则温度高，所形成的内外部温差大，因过大的热应力易导致混凝土表面早期温度裂缝。

③ 不利方面的其二，混凝土侧面温度变形受钢吊箱双层侧壁和双层底板的约束，使其温度变形完全受限制，可视侧面、底面为刚性约束，致混凝土内产生的热应力将更大。

(3) 对此，如何在混凝土浇筑面上层采取有效的保温措施，以延缓混凝土表面的热扩散，使其散热时间尽量长一些，以减小混凝土内外温差，应是施工中研究的重点。(现施工设计用 2～3 层塑料薄膜覆盖再在上面压盖草包，使隔热而不透风、漏气，不使水分挥发、散失带走表面热量；内部则用循环冷却水降温，此方法虽土但简便可行，我是赞成的。)

① 这方面有些理论分析计算方法，也有专用软件，主要是将大体积混凝土内部温度场视为等效于随时间、空间而发展变化的三维瞬时温度场，研究确定其温差走势与分布。但我意按类似工程经验作类比，从而得到有效的温控手段与措施，似更切工程应用的实际。

② 温控的目的是对大体积混凝土水泥水化热的散热速度和散热量进行有效控制，使其温升减缓，而散热时间则延长，从而防止混凝土开裂。

③ 技术关键是要求控制温控指标的以下各有关参数：

A. 混凝土内部的最高温度峰值(此处用 50℃，国内有最高达 55℃的实例，故而是可以的)。

B. 混凝土的内、外最大温差为小于 20～25℃，若过大，会导致表面裂缝，应争取做到。

C. 此处用混凝土最高温升为 32℃，似乎大了些，实际上因施工期天气凉爽，此指标值恐不会达到。

D. 分层浇注混凝土时，上、下层间要有间歇时间(一般用 4～5 d；规模较小时，更有仅 3 d的实例，而此处 5# 墩用 6～8 d，4# 墩用 10～12 d，似均太长，这将严重影响工期)。因为，此处水化热主要靠混凝土在浇注初期就用冷却水吸收热量，而不是主要靠层面混凝土临空面来散热，则层间间歇时间，现在的看法是可以不再作控制，这将大大加快施工进度。请再酌。

E. 上、下层的最大温差为 20～25℃，可以。

F. 混凝土入仓(入模)温度为 15～18℃，此处因施工期的气温不高，可以做到。

G. 混凝土浇筑温度不大于 20℃；似不应用定值，而改按浇筑期间的平均气温再加 3～4℃(未对混凝土作冷处理的情况)确定，它是个对降低混凝土内部温升起重要作用的参数，指混凝土入仓经捣固后的温度值。

H. 混凝土初凝时间不小于 30 h(约为 40 h)；坍落度 16～20 cm。要做到这两点，需要掺加高效混凝土缓凝减水剂，此处拟采用低水化热矿渣水泥(再掺粉煤灰)，但矿渣水泥收缩量大，易生“约束收缩”裂缝，是否可考虑改用重庆产的 525 中热水泥(其性能可参见其他文字材料)；在水泥材料选用上，选用一些如上品种的中热水泥，其 7 d 龄期的水化热，与同标号的普通水泥相比，水化热值可降低 30%以上，这在一些工程中已经实践证实，效果极好。

I. 水泥水化热的“散热速度”是一个重要的温控指标，放热时间长的，它造成混凝土内、外温差就小，产生的温度应力也相应地小。在混凝土配比中掺入少量的高效缓凝减水剂，可使混凝土初凝时间减慢达 10～12 h；还可掺加 10%～15%的粉煤灰代替水泥。我参加研究的三峡大坝经验，采用减水剂和粉煤灰，所谓“双掺”之后，对该大坝混凝土“降热”、“降峰”和“缓凝”三者所起的作用都非常显著。要进行混凝土表面覆盖养护，使保持混凝土表面温度而降低其内、外温差；同时，要进行温度监测及其适时控制，根据混凝土温升情况，调整通水时间和冷却水温。

(4) 施工工艺上，尽可能在每日的低温时段开始浇注混凝土，分层、分块浇注，分层厚2.0～3.8 m不等(三峡工程临时船闸2#坝段，因赶工需要，采用了4.5 m的厚层混凝土记录)；搅拌混凝土的骨料先用江水冷却，使混凝土入模温度降低，分层铺设冷却水管并保证其水压不低于1～1.5个大气压，要尽量缩短冷却水管的通水长度，使更有效作业。

(5) 1、2月份寒流多，气温骤降，对早龄混凝土因抗拉强度不足而极易导致表面收缩裂缝，对新浇混凝土要有保温措施(即与上述办法相结合、一举两得地进行)。

(6) 此处用ϕ32钢管和黑铁管作冷却水管，管间连接用黑橡胶管，并另外用螺旋套筒接长。可否改用聚乙烯PVC管。上海在预制大型混凝土结构工程中，其冷却水管采用了聚乙烯PVC管以取代钢管(外地许多地方也用)，其螺纹弯头可预先加工，接头用密封胶结，其铺设和循环冷却水都是随混凝土浇注进行，而不影响混凝土进度，此处特别要关注混凝土早期冷却，这是最重要的通水时间。

(7) 此处不应只关心承台大体积混凝土的水化热问题，对承台混凝土施工中，分层、分块呈大块状混凝土浇筑物[58 m×52 m×(2～3.8)m]的“约束收缩”导致收缩裂缝问题，在以往类似工程中时有发生，也应十分注意。除留设防收缩施工缝外，要从水泥品种、水泥标号、用量、配比、水灰比、坍落度，以至保持湿润养护条件等方面，寻求综合研究的解决决策。问题的实质是：地层已浇筑硬固的混凝土对新浇层收缩变形的约束，导致在新浇混凝土早期凝缩(干缩)时其内多余的自由水因挥发失水而产生收缩裂缝，它多隐蔽在上层混凝土中部，为竖向由下而上的垂直通缝(收缩量与浇筑长度成正比增长，一般用20 m左右为最佳浇筑段长)，需切切注意！

2) 大桥耐久性问题

在几份报告中都有提到大桥耐久性问题，但似均未有具体展开阐述。我以前做过一些这方面研究，也想说一点意见和想法。

(1) 所谓工程结构的耐久性，是指在正常维护的条件下，在规定的设计基准期(指不作彻底大修的使用期，例如100年)内，在所处的外部工作环境中能够保证结构满足设计制定的功能要求。这不是一句“百年大计”就算数的，要求作结构耐久性设计。

(2) 在选材上，采用高性能混凝土(HPC)是最关键的一步。高性能混凝土是采用超细矿物掺合料(如磨细粉煤灰、磨细碱矿渣、硅粉等)来代替一部分水泥，再掺加高效减水剂，来拌制成的一种新型混凝土。粉煤灰和矿渣粉是优良的胶凝材料，可以增加新拌混凝土的和易性，减少混凝土泌水和离析，改善混凝土的孔隙结构，降低混凝土的渗透性，尤其是可以提高抗氯离子渗透性，以减少氯盐对钢筋的锈蚀破坏。同时，还可以改善混凝土抗硫酸盐侵蚀，减少碱-集料反应破坏等。此外，高性能混凝土还具有很好的流动性、高密实度和低水化热，使混凝土避免早期裂缝，还能提高混凝土的后期强度，其优点是十分突出的。

虽然，粉煤灰等掺合料会降低混凝土的碱性，故对钢筋锈蚀有不利影响；但同时，如采用优质粉煤灰，可以提高混凝土的密实度，改善混凝土内部孔隙结构，阻止大气中氧和水分的侵入，这对防止钢筋锈蚀极有帮助。所以，综合地看，掺优质粉煤灰对混凝土耐久性还是有利的。

(3) 混凝土因钢筋锈蚀而胀裂使结构性能劣化，是影响其耐久性的主导因素。该桥似也属“准沿海港工结构物”，除遵循公路桥梁设计规范外，似还可参考对海洋环境结构适用的《海港工程混凝土结构防腐蚀技术规范》，特别是混凝土保护层厚度，以及对高性能混凝土所规定的一些质量标准，如：水胶比、每方混凝土胶凝物质总量、坍落度、标准硬化混凝土的强度等级和抗氯离子渗透性，等等。据国内、外对海工混凝土结构的使用经验，钢筋的锈蚀最严重的部位是“浪溅区”，其保护层厚度，对我国南方地区可用到 65 mm；预应力混凝土可加大到 90 mm。

厦门海沧大桥设计使用寿命为 100 年，采用了掺粉煤灰和高效减水剂的“双掺”高性能混凝土，其抗氯化物的渗透性，经检测有很大提高。

(4) 在以上业界所谓“消极、被动性的耐腐蚀控制”方面，还有在结构混凝土和钢筋表面采用无机或有机涂层(如用环氧树脂喷涂钢筋，还有在混凝土中掺合钢筋缓蚀剂和钢筋钝化剂等)。由于结构的腐蚀损伤是由于腐蚀性环境介质与结构材料间发生化学/电化学反应而形成的，在设计和使用中通过采用物理、化学或电化学方法来控制腐蚀反应，这就是一种称之为“积极的、主动性的耐腐蚀控制”方法，如主要有：阴极保护法、混凝土电化学碱化法和电化学除氯法等。这里就不详述了，可参见有关资料，均有详细介绍。

(5) 对斜拉桥钢绞线索的防腐，生产厂商都有许多措施，也就不赘述了。

(6) 此处所列对结构耐久性的一份专题研究计划，要到 2008 年 3 月份才结题，这时全桥已经竣工了，怎样使科研对设计、施工起指导性作用呢?

15.3 第三次会议

现今的工程设计不仅是按“正常使用阶段”，还要包括“施工阶段”(含风险设计)、“结构老化阶段”(耐久性设计)和“突发不利条件下的特定阶段”(天灾人祸)等四位一体的、大的工况，作出设计。苏通大桥自然更应是如此。

施工阶段的风险分析，主要是临时支撑设置不当，有的没有正确到位；其次则是人为的失误，造成责任事故。这在该桥的超高索塔施工中要引以为戒，慎之又慎。

现只对“300 m 超高索塔”在施工期中的“裸塔”阶段，其设计施工问题讲几点不成熟的意见。

(1) 在“汇报提纲”中写道(大意)：300 m 超高索塔的高质量建成，在其设计分析、施工技术与施工工艺以及对其所作的施工控制等各个方面，毫无疑问，将为今后世界特大跨径桥梁的设计施工提供极其丰富的经验、作出极大的贡献。我们苏通大桥人应该有这个胸怀和气魄！我为它叫好！

(2) 索塔施工工期为 2005 年 6 月—2006 年 9 月，避不开夏季台风和冬季大风季节。为此，施工期索塔的风振问题将很突出。其中主要要求深入研究的问题，大体上可能有以下几点。

① 施工时期呈“裸塔”的不利工况条件下的塔身动力特性研究。以往几座长江大桥这个问题曾遇到过，但现在塔高达到 300 m 以上，其动力特性会否有实质性的不同变化? 这方面，在后述我写了一点认识。

② 施工期索塔的减振技术措施与减振工艺试验研究(不知是否做过?)都是十分必要的。我还未见到这方面的专题研究报告。

③ 在索塔抗风动力设计计算中，要求计入“索塔－承台－群桩基础”、上部结构、下部结构与地基土的动力相互作用。这是一个比较复杂、困难的课题，在抗震方面可以用反应谱法

近似得出结果，但对抗风则尚未有先例可循。

④ 施工中对“裸塔”不利工况阶段的施工变形控制，含：

A. 塔身立面垂直控制，如，由于爬模和测量精度不理想而产生的塔身立面上发生偏斜和扭曲。

B. 横桥向，塔柱水平挠曲与水平移位的施工控制，主要是当拆除临时横撑时，单个塔柱将产生向内一侧的水平弯曲变形。

C. 塔身混凝土在自重下的弹性压缩和混凝土徐变（由于塔太高、自重大，这点似需计入），以及此处摩擦桩基的沉降变形控制。为此，要求在施工中设置一定量值的“预抛高”，这关系到以后钢锚箱的正确定位。

D. 液压爬模提升中定位精度的控制。这在后述，我也写了一点看法。

(3) 动力特性研究。苏通大桥索塔塔柱高度 300 m，属世界之最。对它的动力特性研究，包括以后的实测试验，这对索塔主桥上部索支承结构体系的抗震、抗风设计都具有重要的影响，对进一步建立大桥结构的安全健康监测与诊断系统，提供原始的指纹数据，也都十分必要。

日后的实测研究，需在严格符合各项技术规程的条件下，建议一般可以采用“环境激励法”来进行，按索塔结构的动力特性，对原设计计算的理论模型再作修正，并对采用的索塔数值模型进行模态分析（振型分析）；其自振特性，如高、低阶模态频率和顺桥、横桥两向以及弯曲、侧弯和扭转振型等，对完善设计将很有帮助；进而作出在各种自然灾害影响下的损伤预测与控制，就更能体现世界第一斜拉桥的设计水准。这项研究我看该做。

大家知道，索塔对索支承上部结构的动力特性而言，也有非常重要的影响。特别在横桥方向，索塔的自振频率对索支承结构的自振特性影响有时还很大。

现场测试中，要求选取较为平稳而可靠的数据段，在其时域和频域内进行索塔结构的自振动力特性分析。

江苏润扬长江大桥索塔结构所做的动力特性现场实测研究表明，外部约束条件对塔柱的侧向刚度将有相当影响，从而对索塔结构的动力特性也将产生影响，特别是对横桥向振型和扭转振型，可能其影响会更大些；此外，在动力模型中如何考虑施工脚手支撑、塔吊和施工电梯等外部约束的影响，值得研究；反过来，索塔风振时对这些施工结构物的影响，也同样不应忽视。

此外，在大桥桩基方面，桩周土壤对桩体的约束、各层不同土性的成层地基土壤的弹性/弹塑性变形，使桩基存在一定的侧向变形位移，它对索塔动力特性的影响（体系模态的变化）是个十分复杂、难解的固有难题。目前，在土动力学领域，对不同土质、不同土体约束条件下，桥基动力反应及其在索塔动力特性研究中有关参数的选取以及模型的选用上，多数还只是沿用响应谱法作分析，可以就此讨论索塔一桩基土系统相互（共同）作用下的动力参数和响应谱位移因不同地基约束条件变化的影响。

(4) 关于主桥索塔采用液压爬模浇筑混凝土施工。

这里的主要问题之一是在爬模滑升过程中的偏差控制与纠偏、防扭。

滑模中沿垂直度方面产生的偏差，主要有平移和偏转（扭曲）两种，施工中通过测量，要及时发现、及时纠偏调整。

水平度控制一般都采用限位器作自动调整；还可通过改变油路接头长度使千斤顶的进油压力和进油量保持均衡。

造成垂直度偏差的主要原因，有几个方面，如：各台千斤顶的出力不一致、不均衡，或不能同步顶升；施工平台上活荷载过分地呈不均匀分布，也有因浇筑混凝土的时间差过长或顺序安排不当，造成混凝土各个时间的强度差异过大而对模板的侧面阻力因此大小不一；还有，平台整体刚度不足够，甚至如夏日高温日照方向及风力作用方向等不确定因素等都会造成上述的偏差影响。爬模滑升中的垂直度调整主要依靠电动调平，主要是通过控制千斤顶的同步，使平台保持水平提升；但如因平台结构在滑升中逐渐产生变形位移，电动调平的效率将要大幅降低，则应根据中线测得的实际偏移情况，再辅之以“手动调平”，即：以手动操作平台呈微倾斜状上升（不是水平提升，这时，平台偏低一侧的千斤顶先微量提升一个高度，使平台向相反一侧倾斜；直至纠偏到平台重新水平为止）来控制和调节垂直度偏差，要求使索塔垂直度偏差在二三十毫米的允许限值以内。

对“扭曲”的施工控制则在于，对提升架采取斜拉措施，以保持提升架的稳定与正确位置，不使发生偏转而导致滑模失控，致使在提升中产生扭曲。

其他，如要求随时掌握施工时的气温条件，混凝土达到出模时强度所需的时间，以控制滑升速度；测定混凝土的初凝、终凝时间，通过试验绘制混凝土强度的时程增长曲线，等等，都是该做的。当混凝土出模强度过高时（如＞1～1.2 MPa），则混凝土对模板的摩阻力太大，易导致其表面被拉裂；随滑模平台上升、用高压水喷洒进行养护等也是十分必要的。

相信施工单位已有润扬大桥等桥塔的施工经验，当有能力确保滑模混凝土的施工质量。

所述各点意见，不一定对，均供参考、指正。

15.4 苏通大桥施工图审查会议

对苏通大桥主桥基础施工图阶段的一些设计计算问题，我在 6 月 22 日的南通会议上已经谈了一点认识。回沪后，现再就以下几个方面，补充写些不成熟意见，供参酌。

1) 承台和桩体的配筋量都过大可能影响日后混凝土浇筑质量的问题

我认为这个问题只有靠有根据地适量减少含钢量来求得解决。能够考虑的方面，想到的有以下方面。

(1) 在沿顺桥向水平力作用下，将承台与桩群视为变形受地基土约束的空间框架，采用杆系有限元的结构力学方法作计算分析，可得各根桩体的轴力以及弯矩和剪力分布，同时可得顺桥向的承台内力。此处，将承台视为框架梁，桩体则作为地基内的框架柱，桩顶与承台底为可整体转动的刚接节点。我建议采用该法，是由于：

① 因各根桩体的受力（M，N 和 Q）变化幅度大，桩群布置又不规则，如仍沿用“规范”建议的分桩排逐排合并简化为一根等截面柱的“等效平面框架”法计算，嫌过于粗略，结果的偏误将会很大，似不足取；

② 采用上述的空间框架结构力学法，比较现用的三维有限元（连续介质法）法作分析，由于简化假设少，其结论的可靠性与把握上会更好。

采用此法的关键是地基弹性/弹塑性抗力系数 K 的拟定，现已有这方面的不少研究，可供参考。

(2) 承台的受力条件（计算模式）与配筋设计计算。

承台上部承受由两座索塔底端下传的集中竖向力、水平力与弯矩作用；其下部则承受 131 根桩的桩顶竖向轴压反力、桩顶弯矩与横向水平剪力作用。承台本身实际上是一块“变截面的厚板”；如果不计中间细腰系梁段的牵拉作用，则分别是上、下游两块各自约 48.1 m×50.5 m×(5～13.3)m 的双向厚板。切横桥向截面看，承台为一根倒置的、两端双悬臂挑出、上部为双支座(索塔底脚)、受各根桩顶不均衡集中反力(M,N 和 Q,已由以上空间框架法求得)多点作用的"变截面深梁"(计算最大截面厚 13.3 m,应视为深梁截面)。故此,似应先按双向厚板计算承台内力(在顺桥向,承台抗弯、剪变形,可与上述按空间框架梁的计算值相比照);而承台截面强度则可按钢筋混凝土深梁验算其正截面抗弯和斜截面("剪压")抗剪,进行配筋设计计算。2002 年版钢筋混凝土规范也有深梁截面的配筋验算办法和有关公式,可以借鉴采用。

下面再列述一点有关上述两方面的计算条件,可见这里的情况是在深梁和双向厚板计算范围之内,是完全符合和适用的。

① 就变截面双向作用的厚板而言:

当平板按其厚度 d 与其最小边长 a 之比 $d/a \ll 1.0$(通常该比值可用 0.1)时,称为"薄板",否则为"厚板"(此处按平均板厚 $d=9$ m,$a=48.1$ m,则 $d/a=0.187>0.1$);又当 $a/b>0.5$ 时,应考虑双向板作用,b 为板的长边长(此处 $a/b=48.1/50.55=0.952>0.5$)。

众所周知,当按双向厚板作抗弯、抗剪配筋,因系双向分配受力,其配筋量比单向薄板(一般的梁)的配筋约可减少 25%～30%或更多,因而节约明显。

现已有厚板的计算分析方法可以采用。

② 梁跨度与截面高度之比 $l_0/h<5.0$ 时宜按"深受弯构件"(深梁)设计计算;而当该比值小于等于 2 时,则必须按深梁计算其截面抗弯和抗剪,并按此配筋。

此处双悬臂端的 l_0 各约为 20 m;中间承台部分的 l_0 约为 50 m,而 h_{max} 为 13.3 m。似此,双挑臂筒支承台梁的 $l_0/h=1.5\sim3.76$,适用于按深梁作钢筋混凝土截面配筋计算。

比之一般的梁,深梁在计算受力上的不同处在于:

A. 一般梁受弯后的平面变形假定不再适用;

B. 除弯曲外,必须考虑剪切变形和转动惯量对深梁的影响;

C. 正截面的抗弯配筋较之按一般梁计算的要小,自 $l_0/h=2\sim5$ 时,抗弯钢筋可减少 15%～35%。

我相信,如能改按上述各点,再作承台内力计算与配筋,承台的含钢量当会有相当程度的减少。这也是此次"专家审查意见"中所提"优化配筋"的要点所在。

(3) 承台配筋宜适量地改用劲性钢筋(桁架式型钢组合构件)和一种新投产的 HRB500 型热轧普通钢筋。

承台在抗地震或船撞力的组合荷载作用下,其含钢量都很大。建议可否适量地选用型钢混凝土组合构件,因此处的截面高度大,可以采用一种"桁架式型钢混凝土组合式梁"("规范"中有这种类型),在近年来国内的一些主框架结构大梁中已多有采用,在我国行业标准(JGJ138-2001,J130-2001)关于"型钢混凝土组合结构技术规程"中已有详细介绍和规定,可供采用。

此外,上海钢铁一厂近年来已投产对外供应的一种新型热轧普通钢筋 HRB500(直径≤40 mm,其强度标准值 $f_{yk}=500$ N/mm^2),其延性和可焊性与现在设计采用的三级钢筋(相当于 HRB400,$f_{yk}=400$ N/mm^2)差不多,而强度可提高 25%,市场现售价合 3 120 元/t,在此处承台和桩体钢筋混凝土中均适合采用。此新品尽管目前规范中还未及列入,但在国内钢筋市场上已多采用,上海钢铁一厂现有合格验收的生产证书和技术说明。

(4) 带有钢护筒的上半部段桩体,其核心混凝土的受力条件与配筋。

① 现有对钢管混凝土柱(桩)的设计资料:当柱(桩)径为 1 500 mm,管壁厚 $\delta=18$ mm

时，由于钢管混凝土考虑了其内部填芯的核心混凝土在受力后（含轴压、大小偏压和受弯、剪作用），其侧胀变形受到钢管壁的约束（有“侧限”），在采用螺旋箍筋（spiral）条件下（不是用一般的圆环式分支箍筋），其核心混凝土的抗压极限强度较之单轴（无“侧限”）受压的桩柱，约可提高 35%或更多（视压杆“细长比”打折而不同，有专门资料可查询）。

据此，此处带护筒的钻孔灌注桩（上半部段），除已考虑了钢护筒与钻孔桩的联合受力作用外，似还可计入因核心混凝土侧胀变形受钢管壁的约束而成为有“侧限”的混凝土，其混凝土的抗压强度将可有一定幅度的提高。有如，将 C35 提高到 C40，这是有理论依据的，当再由试验测定，进而节约桩身配筋量。

② 桩体的配筋设计。是否可全部或适量地改用上面所建议的 HRB500 型普通钢筋或部分采用双肢束筋和粗钢筋。双肢和三支束筋在润扬大桥北锚碇基坑围护结构地下连续墙设计中已获成功采用，并在大比尺室内台架试验中得到了受力验证，其墙体的钢筋保护层对束筋言也还是足够的（与此处同样，也是水下混凝土灌筑）。

2）承台中间系梁（哑铃的细腰部分）的受力条件与计算

此处的承台系梁，不只起到上、下游主承台两部分间的联系作用（“联系梁”），它也是承台受力的主要部位。在一些情况下，其受力条件还比较复杂和不利。除了需按承台整块板的受力作用，计算系梁的厚度和抗弯、剪配筋外，尚需考虑以下几种不利情况：

（1）上、下游两边主承台部分下方承力大的桩群组，因这部分桩体沉降，而将荷载转嫁到系梁下方的 7 根桩体上，而使系梁受力上顶。

（2）因上、下游两边（或单边）索塔下方的桩群下沉，使系梁截面有竖向作用的负向弯剪受力。

（3）沿顺桥向船撞集中力作用下，系梁截面承受水平向弯剪作用。

此外，从现在已作的三维空间有限元分析所得的承台板的应力状态，可见：系梁与索塔下方主承台部分有折角而宽度锐变的过渡板带处，将有一定程度的应力集中情况，而需加配钢筋。

3）桩群中心部位各根桩体的“摩擦成桩条件”及其周壁计算摩阻力的折减

现行“桥规”推荐的钻孔桩的桩侧极限摩阻力只是一个极其粗略的界定参考值，此次试桩中要求作进一步核实。众所周知，桩周摩阻力是要有桩周圈一定厚度的土层来提供的，相对于有挤土作用的打入桩言，对桩径大、受荷力也大的钻孔桩就更是如此。它不应只满足于桩间中距 $d \geqslant 2.5D$，对应于一定的桩径，其净间距 d_0 也需有一定的绝对值，来保证提供足够的土层摩阻力。

此处，想到的主要问题，似在于：从项目设计组的“汇报材料”中图 6.3 右下侧的桩距大样图 A 看（附图 15-1），群桩中心部位的桩间最小中心距为 641 cm，对于群桩的上半部段，由于有 $\delta=25$ mm 的钢护筒，桩内径又加大到 280 cm，则内部各桩的周间土层能提供摩阻力的土层厚度更减少（如果没有算错的话）为：$(641-280-2\times2.5)/2=178$ cm。因为桩径过大（ϕ280），为了周圈土体能够提供足够满足需要的土层厚度，更又处于基桩的上半部段（指最大冲刷线以下部分）摩阻力小，而桩体轴压力又大的不利部位，178 cm 这个厚度相对于 $D=280+2\times2.5=285$ cm 桩径的受力又很大来说，是否过于小了（未及去查找桩基设计规范“摩擦钻孔桩”一节对摩擦桩的成桩条件说明）。此处即使如只用桩间中心距 d 应$\geqslant 2.5D=2.5\times(280+2\times2.5)=712.5$ cm>641 cm（实际的桩中距），也是不够的。我还核算过 ϕ250 的下半部段，也有同样桩间土层净厚不足的问题。因这次试桩数太少（4 根一组），不会有这种中间桩所说的实际不利情况，此处中间桩的比例高，约占全部桩数的 70%，就更应引起注意。

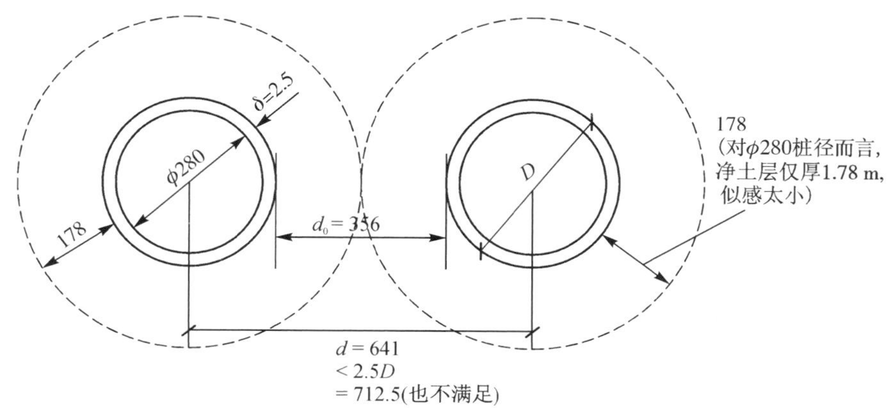

附图 15-1　桩距大样图

由于是摩擦桩，桩的承载力不是由桩体强度，而是由桩周摩阻和桩尖端承力来控制设计；为此，极而言之，如不能再扩大群桩面积，则宁愿拿掉一些桩，也要把桩间距(也就是桩间土层的净厚度)适量加大，以换取其能提供足够的摩阻力。此问题关系重大，宜请再妥慎细酌。从另一角度看，把此处中心部位桩体的摩阻力(因净距太小)作适当折减，看来是比较合理的，好在群桩总的承载力还是有富裕的。这样，计算书上就可以有个合理的交待。

4) 综上所述，我的一些想法

(1) 似此等史无先例的特大型高桩承台和钻孔灌注桩基，设计人员在认识上和做法上都不应仍完全拘泥于遵循现行规程而被框死、一成不变；事实上，“规范”也包不进这些新的内容。在有相当理论根据和试验论证的前提下，再结合专家们意见，是应该也需要有所突破的。一些行之有效的技术创新将为国家建设积累经验，新成果的采用也将为此桥增光添彩。

(2) 上述各个方面，如有问题和需要，可以与我联系和协助。意见定多欠妥不周，盼请指正。

附 16　沪通大桥工程方案评审

收到会议材料已一个星期了，结合这次论证会的主题是研究“公铁合建主航道跨的特大型斜拉桥方案”，现只重点看了“报告”中与上面主题直接有关的第 5 和第 7 两节，即“主桥方案设计”和“技术难点分析”两部分。对此，谈点不成熟的认识，请指正、参考。

16.1　关于“主航道桥桥型方案”研究

我赞同报告中第 5.1 节采用斜拉桥桥型，其理由和技术难点如下所述。

1) 斜拉桥与悬索桥桥型的比较

业界过去都认为，在能以更好适应特大跨度(指 1 200 m 或以上)而言，悬索桥优于斜拉桥。这是有失偏颇的，因为：

(1) 从国内外文献提到的桥下通过远洋巨轮所要求的越海大桥通航跨径看，一般都在 1 800～2 000 m 以内，而通航江河下游段的相应值则绝大多数更是在 1 200 m 之内。这些均处于采用斜拉桥的“最大经济跨径”(为 1 400 m，此稿的后面部分还要提到)范围。

(2) 由于结构处理上:①斜拉索从稀索(加劲梁以受弯为主)到密索(改为了受压为主)和②钢板叠合桥面与预应力混凝土箱梁的采用,以上这两项创新,使斜拉桥的跨径在设计上完全可以达到 1 200 m 及以上。

此外,更由于以下原因,使在(如上述)同样的适用跨径条件下,采用斜拉桥跨越似更显优越:

(1) 在跨径相近时,以 L 为 1 200 m 为例,斜拉桥的总造价一般都更较经济,有资料说比之悬索桥约可低 20%,甚至更多些。

(2) 斜拉桥的抗风刚度和抗扭空间刚度(特别是采用"倒丫字形"、"钻石形"桥塔或"扇形索面"时),以及竖向刚度和抗风颤振的稳定性都更高,如采用双锚体系(bi-anchor stayed system)大跨斜拉桥,其竖向刚度比之悬索桥将更具突出优势。

(3) 在塔高相同的条件下(悬索桥塔一般都稍低),斜缆钢索与悬索桥缆索(加吊杆)所用的钢材比,可节约 25%或更多。

(4) 已如"报告"所述,斜拉桥不需在深水软基、江床以下设置深埋地下的庞大锚碇,其耗资巨大而技术难度高;江中锚碇对河工和航道、水利、港口设施等也均有不利影响。

2) 对特大跨公铁斜拉桥设计的一些意见

特大跨(1 092 m)公铁两用斜拉桥,其特点和技术难点除"报告"中已说明的以外,在设计中有以下方面宜补充关注。

(1) 需请关注静、动力计算结果得出的竖向挠度、横向位移、主梁梁端纵向位移的绝对值均嫌过大,对桥上列车行进不利影响的程度。

(2) 铁路列车活载重,且又车速高,遇桥上刹车时的制动力也大,这些对柔性斜拉桥型不利,似需作仔细检算。

(3) 铁路快速列车要求桥上运行平稳,因大桥挠曲变形大而线路不平顺时,轮轨间长期磨损大,且不排除因过大振荡而卡轨直至出轨。

(4) 因列车迎风面大,遇横向风力作用时需否研究其对大桥结构抗风的不利影响,以及列车正面纵向对风流的阻力带来的附加影响。

(5) 要否研究 4 线铁路、当只有单一或上下行列车(相邻侧无客运专线列车)行进时,因偏压作用带来的主梁抗扭效应。

3) 其他要害问题

桥梁竖向和横向的变形刚度以及大桥的抗风稳定性,似应是问题的重点要害之一。

4) 开展设计和施工方面的前期研究工作

在采用公铁两用斜拉桥设计 1 092 m 的特大跨度已能以胜任的情况下(从"报告"中看,似未见若何技术上的特别困难和制约因素),由于"报告"中所述的各类原因,拟同意不再对"斜拉-悬索"组合的协作桥型作比选研究。

但鉴于这种复合桥型兼顾了斜拉、悬索两种单一桥型的优点又部分克服了它们的不足(见对广东伶仃洋大桥造型的有关文章),且考虑到今后我国必然还会兴建更大跨度的越海大桥和公铁两用桥的实际要求,建议大桥院能否及早开展对该类型桥梁设计、施工方面的前期研究,研制专用设计程序软件及其各个关键部位的细节构造,以备日后需用。

5) 大桥刚度控制方面

除了常规设计中必然要进行的设计内容外,由于跨度大,在大桥刚度控制方面可能会影响上述行车平稳性和安全性的若干方面,似还有以下几方面。

(1) 从各项计算结果看,似难以保证“报告”中的结论:“该大桥的行车运营条件将可等同于陆上路基上的运营条件”,退而之,如何确保列车运行的舒适性与安全性。

(2) 由列车高速行进产生的水平横向摆动,使沿桥轴水平向产生的横向振荡。

(3) 由于大桥端部将发生大的转角变位,现方案采用在大桥两端边侧部位增设辅助跨的办法来制约,希望对其可靠性和实际效果作进一步检验。

(4) 要求保持大桥与相邻边跨梁桥相连接钢轨的连续性,以保证线路平顺。

(5) 注意因列车运行中加劲桁架的挠度大,而出现线路向跨中倾斜而影响行车平稳。

(6) 目前的铁路活载标准为“普铁”,长远期后有否改为“高铁”(车速由 200 km/h 增大并超过 350 km/h)的可能性,并需否据此检算大桥的承受能力。

6) 循环动载的影响

在上、下行来往列车持续反复循环动载作用下,日久天长,斜拉索会否因缆索材料应力逾限(大于等于材料疲劳强度的时效下限值)而产生不可恢复的疲劳效应。

16.2　关于“大桥主梁”研究

对特大跨公铁两用斜拉桥而言,关于大桥桥面和主梁结构体系的比较,可用以比选的有两种方案:

第一种是混凝土或钢桥面板与钢桁梁相结合的结合桁梁体系;

第二种是“pc 箱钢桁叠合梁”体系。

此处“报告”中推荐了第一种,我认为在方案设计阶段,似宜再与第二种作些对比探讨,使之对最后的优化抉择更具说服力。现谈谈我的粗浅意见。

1) 对上述主梁结构体系第一种方案的认识

(1) 特大跨斜拉桥钢桁梁的主桁弦杆尺寸过大使设计困难,如采用正交异性钢桥面板(如“报告”中推荐的方案),使之与主桁结构共同受力,其力学属性和构造合理,又可减轻桥面重量。

(2) 据同济大学桥梁系 2003 年曾结合某 500 m 的公铁两用斜拉桥所进行的研究表明:为有效提高大桥的横向刚度(与传统的纵、横梁桥面系相比较),建议采用钢正交异性板的结合梁体系作为铁路和公路桥面。认为,钢正交异性板对主梁过大的弯矩有相当的分担作用,能有效降低铁路桥面纵、横梁的内力,主塔受力也将得到一定改善。此外,钢正交异性板还将明显降低主桁上、下弦杆的活载轴力、斜缆拉力、铁路桥面纵桁活载的竖向弯矩,以及主塔纵向弯矩和主塔活载的横向弯矩与轴力。这些结论可否与此处“报告”中的计算结果相互比照和验证,对此,我本人未及核对。

(3) 该方案存在养护、维修上的困难似在于:因钢桥面板虽经防腐处理仍易锈蚀而需反复更换,此时要中断行车。一种办法是在钢桥面上再浇注一层钢纤维混凝土防水耐磨层、上铺道砟,它既有利于防止钢板锈蚀又可参与受力,这对特大跨斜拉桥因柔度大、设计上通常受刚度条件控制的情况下也是需要的;混凝土面板可在增大主梁自身刚度的同时,由于增加了主梁重量而使斜缆相应地也增大了截面积,对提高原显不足的全桥竖向刚度也是很有效的。

(4) 在同济大学所做的上项研究中,还讨论了大桥“刚度的几何非线性”和“结构大变形效应”问题,结论认为:计入刚度的几何非线性对大桥竖向刚度会有一定影响,但不会很大;而其对横向刚度的影响则更不明显;计入大桥的大变形效应,则只是对主梁主跨的竖杆轴力和主跨跨中纵梁的竖向弯矩等局部杆件有一定影响,而对大部分杆件恒载内力的影响都比较小。

以上两个方面,可否再做些补充研究和论证。

2)对上述主梁结构体系第二种方案的认识("报告"中未提及该方案)

(1) 主梁在斜拉桥中要承受巨大轴压力和弯矩、而其剪力值则相对较小,为此,可否改用 pc 箱与钢桁相叠合,构成此处公铁两用特大跨斜拉桥主梁的截面形式。这一方案的特点是截面刚度大,又有大的自重,使之形成具有足够重力和很大刚度的承载体系,这样对前述的列车平稳与安全运行将最为有利。

(2) 对 pc 箱与钢桁相叠合方案,还基于以下的主要考虑,即:为提高大桥体系的整体刚度,最为有效的措施是尽可能增大斜拉索的刚度,但据国内某文献介绍,说:索缆材料属非线性弹性,即呈本构关系的物理非线性特征,其变形模量将随拉索应力水平的降低而衰减、且越来越减小的更快(待实验论证);故而,如仍维持原先的主缆拉力而单只增加主缆截面积,则因缆索截面应力值减小而模量值降低,仍达不到增大大桥竖向承载刚度的目的。要使增加的索面积能得到有效发挥,则必须使拉索承载后能达到所期望的应力水平值,达到缆索抗拉刚度 EA 值经优化后达到最大。这只有靠增大主梁重量。这是此处推荐以上方案 2)作比选方案的另一个主要考虑。

(3) pc 箱主梁叠合结构的恒载重量大、整体性又强,还具有良好的抗侧弯刚度和抗扭刚度;在承受"铁、公+城际客运交通"三方面活载最不利作用时,为了满足体系竖向刚度的严格要求,恐还要利用主桁桁高形成竖向抗弯刚度更大的组合截面。设计时拟考虑实现的设想,是:在体系转换过程中,让绝大部分的恒载轴压力由 pc 箱体承受;并使钢桁与 pc 箱相叠合,而由钢桁来承受活载和钢桁自重恒载。

(4) 此处,建议将斜拉索直接锚于 pc 箱体的两侧,使钢桁腹杆受力较小;且因钢桁与 pc 箱节点的剪力很小,钢桁与 pc 箱节点在构造处理上也较易实现。

(5) 这一方案的其他优点,可能还体现在:

① pc 箱体兼作桥面系构造,有利于铺设道砟(此处不建议用整体道床以降噪、减振);

② 由于恒/活载比增大,有利于降低斜拉索应力幅值的大的波动;

③ 日后桥面养护工作量可减小不少。

此处由于桥面宽度大,沿大桥纵向设置三片主桁我认为是必要为,故如大桥整体竖向和横向刚度都足够,现方案的结构透风性又最好,仍建议采用"报告"中推荐的全钢方案。

16.3 关于"斜拉桥的极限跨度"研究

(1) 斜拉桥有否"极限跨度"? 意大利曾为跨越墨西拿海峡设计过一座 Messina 钢斜拉桥,其方案为:公路 6 车道、双轨铁路,主跨长达 1 800 m。据文献介绍,设计时结构和力学上均未见若何制约性困难。

据上述,我认为,现时能够在实用上达到的最大通航跨条件下(一般 L 均<2 000 m 以内),对"极限跨度"似宜理解为"最大经济跨度"(而不必由"极限技术跨度"为其极限),可能更为妥贴。

(2) 多年前,国内曾有专家也仅从技术层面(指只从结构构造、力学和材料性能等三方面属性的技术因素作分析)上论证过,并经计算得出:公路钢斜拉桥的"极限技术跨度"为 2 904 m(接近 3 000 m),而预应力混凝土斜拉桥,则该一相应值为 1 175 m(接近 1 200 m);且认为"双锚体系"的极限技术跨度可望达 3 000 m 左右。但如果再引入经济层面的诸制约因素,"报告"中援引的文献报导,斜拉桥的极限跨度(指"最大经济跨度")将减小为 1 400 m 左右,我认为是合理和可信的。而"报告"中经过计算演引得出的大桥极限跨度的理论值竟然可达 9 400 m,如上所述,恐已失去工程实际意义,且此处只考虑了单一项制约因素,可能失之片面。

(3) 研究制约特大跨斜拉桥跨径界限的诸制约因素，很有现实意义，因可据此对各制约因素分别做深入研究，以求改进和完善，将有利于进一步拓宽和扩大斜拉桥在跨径问题上的适应范围。从另一角度看，所述的各个制约因素，应该就是当前本大桥应予加强研究的侧重点。对此，我想似可归结为以下几个方面：

① 从空气动力学观点，探讨大桥结构的气动稳定性，特别是运营期的横向风振稳定性；

② 在侧向强风作用下，主梁横向弯矩及其与轴压力的共同作用；

③ 长悬臂架设施工期间，风荷载的侧向抖振响应；

④ 在前述意见中强调过的，在列车高速桥上行进情况下，由于大桥刚度不足而产生的大挠度和大的横向振荡，对列车运行平稳性和安全性的不利影响；

⑤各项计算结果，除需满足设计规范的要求外，对规范未有明确规定、但仍须着重论证清楚的其他重要问题。

(4) 似可有效增强特大跨斜拉桥刚度的几个可能的途径：

① 从斜缆锚固方式上，由传统的自锚体系，改用双锚体系，同时，这也在相当程度上减小了主梁轴压力；

② 为强化大跨斜拉桥的空间效应，采用此处拟推荐的三索面、甚或空间四索面的斜拉索体系，再配合采用分离式箱梁；

③ 为减小主梁轴压力，需尽可能减小斜拉索长度(如，有否需要和可能改用顺桥向前倾出塔身平面的倒 V 字形主塔)，并设法加大长拉索的水平倾角，这同时，也就加大了斜缆的竖向吊重(主梁)能力；

④ 就大桥纵向体系言，必要时可研究改用"报告"中前已提及的，"斜拉-悬索"组合协作桥型方案；

⑤ 在特大跨斜拉桥的长悬臂长度(L)施工状态下，计算证明：从抗风稳定性考虑，希望做到"最大悬挑长度：桥面宽"<20：1；其时，再配合采用设置临时墩、临时缆风、用大块件吊装使缩短架设工期以避开风季等工程措施；

⑥ 在新材料方面，选用高强轻质混凝土、高强钢材、碳纤维斜拉索；等等。

附 17　广西龙门大桥初步设计评审

17.1　大桥设计特点和需关注的问题

海洋环境条件下(桥位居茅尾海出海口，经钦州湾至北部湾大海)，大跨桥梁属特大型海工构筑物，其设计特点和需关注的问题，主要反映如下。

(1) 受海水和海上大气中氯盐(Cl^-)腐蚀，其对钢材和混凝土组成的大桥耐久性问题是突出的，含：

① Cl^- 对钢材、混凝土和钢筋的腐蚀作用，此处，70 m 大跨预应力混凝土连续梁引桥，还有"应力腐蚀"问题，需请关注；

② 如何用普通硅酸盐水泥和一般性粗细骨料、外加掺合料，配置高性能耐腐海工混凝土；

③ 设计基准期(100～120 年)内大桥服役寿命(特别是钢筋起锈后、直至达到使用/承载力的极限状态)的预测与其抗腐对策措施(材料配比、制作和养护工艺、施工质量保证等)；

④ 基于可靠度理论的半概率极限状态法进行耐久性设计和专用软件研制。以上内容须请立设专项课题，开展结合本大桥实际的研究。

(2) 防城港区，地处北部湾海城，为台风频发区和高强台风带(5—10 月)，以及季风高发地带(11—4 月),如工期上不能完全避开,则在此期间内施作大桥挂缆和架梁(主缆、跨缆吊、钢箱梁三者),其抗风施工稳定性保证。

以下对上述第二个问题,再稍作展开。

17.2 关于斜拉桥方案

长度 $L=1\ 160$ m 和 915 m 两种不同主跨的悬索大桥值得一比;而既然 $L=660$ m的斜拉桥在通航要求上亦同样可行,则自然会经济很多,它与大跨悬索桥似无可比性。请酌。

17.3 台风期内架设钢箱梁问题

因为大桥全部有数十梁段的吊装任务,桥面最大风速达 38.5 m/s 以上,而风速取值是设计上的一项关键,对此有以下建议。

(1) 做风洞试验是必须的要项,从试验测定大桥风振特性、风振模态和风振响应。从实地观测认为,风洞试验结果通常偏大,虽保守但安全,但仍有待完善。

(2) 架梁阶段,在桥位高程处按 20 年重现期从平均最大风速和吊梁阶段的设计风速,要求得出不同架梁工况下的颤振检验风速与临界风速。

(3) 在架梁期间,要求进行台风期工况评价,并加强结构变位性态观测。桥位处早前如已有观测的相应数据,则可作重要参考和依循。

(4) 架设箱梁时的主要抗风措施,大体上有:

① 采用抗风稳定性相对较感稳妥的对称式架设方案(如是斜拉桥,则为悬臂式拼装,这点就做不到了);

② 台风期间,拼装中间梁段的数目要尽可能地少,以防止可能的颤振失稳事故;

③ 如有可能,可在拼装梁段上增设中央稳定板,以增加抗风安全储备;

④ 考虑须否加用螺杆以连接梁段,实现梁段间的准刚性结合;在风速小于某一临界值时,该措施的抗风效果在舟山西堠门大桥($L=1\ 650$ m)应用效果比较显著;

⑤ 要注意在风致振动产生大气紊流情况下,各施工阶段还有发生抖振的可能性;

⑥ 在主跨 8 分点处增设抗风拉缆,其抗风稳定效果要较在 4 分点处设抗风缆时为好;但仍须注意有否个别梁段在其吊梁和拼装阶段的抗颤振稳定性不足。

(5) 海域水深流急,风浪潮涌,波浪会激起漩涡,此时海流状态复杂多变,要同时关注运梁船体的就位和定位,设法加强抛锚定位作业。

(6) 已架设就位后的梁段,其抗风稳定性也要有设计和施工上的确切保证,其困难在于:

① 此时已架设梁段具有横向、竖向、纵向和扭转,号称 6 维空间的复合振动特征,由此形成的"弯-扭"振动是造致钢箱整体颤振失稳的主导振型。这点,用风洞试验可以定性和半定量地得出结果。

② 已架设完成梁段的主振型是横向振动,经采用上述的螺栓强化梁段结合成整体后,梁段横向风位移量有望大大减小。

③ 钢箱作竖向风振时,从箱梁上下游两端看,二者具有一定的竖向振幅差和时间先后方面的相位差。这样,强风作用时上、下游梁段间的钢箱将发生相当的竖向扭转;在作抗风分析时还应计入风攻角的不利影响,风攻角发生时会具有一定的风险性,为此可加设导流板以减小风攻角。

④ 台风过后,要及时放松梁段下的连接螺杆,恢复已架设梁段原先的无约束状态,防止梁段钢板因局部约束力过大而扭曲变形产生剪切破坏。

17.4　大跨主缆和跨缆吊机施工时的抗风稳定性

(1) 强风作用下，主缆风振分析应计入它所有的三维风振特征，即产生横、竖和纵向三个方向的复合振动，分析结果可与风洞试验的振动形态相互核对，以求放心。

(2) 两根主缆的上述三维(三向)振动中，其上、下游两缆都具有不同步特性。这种不同步的风振复杂性，据告：在桥梁抗风理论和风洞试验中均迄未很好解决。也似宜立设专题开展研究。

(3) 主缆的风振主振型也是横向振动。在设计风速下，横向风位移的最大值往往达到 2 m以上，要有配置的阻尼减震器，或在台风当天和前后的一两天内临时封桥，不走车。

(4) 台风期间，跨缆吊机的实测风速也会高达 20～30 cm/s，其时主缆横向震荡的振幅值有时会达到 100 cm 以上；其竖向振幅值虽较小，但也会有 20～30 cm。此时，一是吊机性能要可靠，另外还须有对吊机有效的抗风加固措施，对跨缆吊加固的重点为采用横向支撑系统以达到增强吊机支腿间的横向连接刚度，防止在两根主缆作反相位振动和异步振动中产生的横向侧移量过大，导致吊机倾翻与掉落事故。

(5) 是否须采用附加质量和装置阻尼减震器，以改变强振频率，拉大它与自振频率间不相接近，遏止出现共振的危险情况。

17.5　关于主缆和吊索(高强钢丝材质)的应力水平和截面设计问题

提高主缆和吊索的抗拉刚度(EF 值)是减小主桥结构变形位移的主要措施。但单纯加大主缆和吊索的截面(使 F 值增大)并不能解决问题；因为，如只将缆、索截面积加大，在主跨自重不变的情况下，缆和索的应力(σ 值)将降低。由于缆/索是一种高强平行钢丝材料，它的物理属性为非线性弹性材料，其 σ-ε 试验曲线呈下凹型。高强钢丝在应力水平 σ 值小时，其 E 值也小；只有在 σ 值大时，其 E 值才加大。故而，经优化的缆、索设计，为使其抗拉刚度 EF 的乘积达到较大的理想值，则在增大截面 F 的同时，还需加大其截面的拉应力水平 σ，从而使 F 值也大到它经优化后的理想值。这样，适当增大桥跨结构自重使 σ 值增大、进而提高 E 值，使 EF 的乘积经优化后达到理想的较大值就有其必要了。这是对中等跨径悬索桥和斜拉桥而言，许多场合都改用钢筋混凝土叠合板的组合式箱梁或预应力混凝土箱梁来取代钢箱梁的主要原因之一。它们的梁重虽大，但从上述，可认为是优点，而非如“报告”中说的“经济性差”的缺点。请酌。

17.6　关于改善大跨悬索大桥的行车条件

悬索大桥属柔性体系结构，当跨度大时，其梁端位移和转角往往都会过大，这恶化了桥上行车条件；此外，大跨悬索桥的横向和纵向刚度一般均有嫌不足，使行车时因振幅过大而影响舒适性，对行车安全有时也有不利影响。

关于桥端转角的合理控制问题，试从梁端转角位移的影响线看，梁端转角的大小主要取决于边墩与辅助墩之间的跨间结构刚度；而与主桥相接的大跨钢-混凝土组合梁的梁端转角位移值的大小则主要取决于边跨主梁的刚度。为此，为了减小主梁的梁端相对转角，其主要措施是：① 适当减小主桥边跨的跨度(它对桥跨结构的总体受力并不产生很大实质上的不利影响)；② 提高边跨主梁的抗弯刚度。就此，一般性的做法经常是：

对第①点，可以进一步优化边跨跨径，使其适当减小，使主梁与组合梁梁端相对转角减小到 0.4%～0.5%为宜，但也要考虑到边跨与中跨的协调；对第②点，因主梁高度和主梁跨度都已经确定，则此时提高边跨主梁刚度的方法有：①适当增加边跨主梁顶底板的钢板厚度;②在边跨钢箱内的底板上浇筑混凝土填充,约 30 cm 即可。这样还可同时满足边跨压重的需要。①和②两种择选其一即可。

17.7 关于索塔顶端钢锚箱锚固区的设计与试验

试验研究证明,索塔顶部的钢锚箱锚固结构中,主缆的水平和竖向分力为有钢锚箱和混凝土塔身来分担承受,因为钢锚箱锚固区结构的受力条件复杂,其中主缆索力的传递与上述两者间的分配受多种因素的影响,这方面目前设计尚未完善,也希望能立设专题进行研究,其设计要点可能是:

(1) 主缆索力在索塔和钢锚箱锚固区的传力机理与两者间的分配承力情况;

(2) 索塔与钢锚箱锚固区的剪力连接件的受力特性与承载力试验;

(3) 索塔钢锚箱节段 1 比(2.5~3.0)的大比尺缩尺模型试验。

17.8 钢桥面铺装结构的设计研究

(1) 钢桥面铺装与钢箱顶板组成叠合板,路面车辆活载作用将由上两者共同参与受力,据此按正交各向异性迭合板进行铺装层结构的强度设计,进而做出沥青混凝土路面材料的配合比和选材。

(2) 适当加大钢箱顶板厚度并适当减薄桥面铺装层在迭合板中的刚度贡献,看来是近年来提高正交异性板刚度的趋势,其中:

① 钢箱顶板厚度由 12 mm 增加到 14(16)mm;

② 在满足质量的前提下,对环氧沥青混凝土铺装层而言,由 55~60 mm,参照国内外做法,可否改薄些,减至 50 mm 甚至 40~45 mm(国外),或用改性沥青路面。

(3) 铺装材料的成品性能研究,是可以有所作为的,如:沥青混凝土的再生利用、石料多元化、层间界面(指铺装层与钢顶板结合面)高性能粘结材料及其构造配置方式、各种纤维掺合料性能及其配比研制等。其中,层间粘结材料中,值得研究的有:

① 耐南方地区高温;

② 抗老化、耐久;

③ 水密性要求(雨水入渗、干湿交替,易腐蚀下面钢梁顶板而起锈);

④ 层间界面抗剪强度的保证(它是起上、下层起迭合受力作用的关键);

⑤ 行车循环往复、长期持续作用下的钢材和钢板接缝疲劳;

⑥ 车行轮压,不使造成局部路面产生车辙印记等路面功能要求的满足,等等。

渗入铺装层内的雨水,孔隙水会对铺装和层间界面的粘结力造成破坏,完善铺装层的防排水功能是其要害,要求做好及时排泄孔隙水,研制低孔隙率的高品质沥青混凝土。

从上述抗腐耐久性言,改用组合式箱梁,这一问题将可得到有效解决。

上述各项,近年来已有许多有效性好的研究成果,可资此处参考和依循、借鉴。

广州虎门一桥,钢箱上翼缘板已有腐蚀锈烂现象,目前,因虎门二桥尚未及建成分流,不能拆换桥面作大修,目前仍将带伤运行 5~6 年,即是例子。

17.9 大直径钻孔水下灌注桩

(1) 要研究“群桩效应”,它真实反映了群桩的承载力和桩基沉降。按据单桩试桩结构做计算分析会有大的偏误,而且是偏于不安全方面的,值得关注。这方面情况可参酌我本人近年来结合泰州长江大桥所做研究所得的成果,并建议此处结合本工程的桩基实际,立设专题开展研究。

(2) 钻孔灌注桩从单桩承载力和参数选定方面的测桩基础是:需在桩体内和桩顶、桩底、桩周各处分别埋设测试元件和桩周摩阻土压力盒进行试桩。并建议采用“双对数法”进行试桩分析,似最感合适和有效。

(3) 成桩质量监测,采用“超声波法”来检查混凝土浇筑质量和桩身缺陷,它比之采用“大、小应变法”更为直观和可靠。

(4) 采用直接加载测桩的传统方法还是可行的和有效的,上海工程中心大厦基桩测试,经过与奥斯伯格测桩法的比较后,仍然放弃了后者,而沿用传统方法取得了有效的单桩测试数据,为工程所用。

17.10　重力式锚碇基础

(1) 重力式锚碇的要害,在于利用锚碇巨大的自重来达到其抗滑移和抗倾覆的要求,它是锚碇在万吨级主缆锚拉力长期持续作用下整体稳定性的保证,故此,我认为底高 −24 m 的地下连续墙深大基坑似为首选佳作,除锚室外,日后坑内隔板间的空隙均需回填压重。此处,如设想改用轻型、浅埋、加打桩基(桩长 L 为 30 m)的做法是不安全的,竖向桩体其抗锚缆巨大水平拉力的抗弯、剪刚度都很差(因桩身此时要承弯、剪作用),是其短板和严重不足。主体尺寸过小后,则锚碇正面与土体接触的面积也小,此时由于水平向正面土体的压强值就有可能超过“土体流变下限”而出现缓慢而又历时不断增长发展的“发散性蠕变”,锚碇将不断地向前蠕动,终将导致蠕变失稳。故此,现建议的轻型、小尺寸、浅埋、加竖向桩基的锚碇型式似不能成立,主要是以求防止并克服日后发生上述不测 。

(2) 将锚碇落座在坚实的中风化岩盘之上,且将锚碇底面做成台阶状,对抗滑和抗倾都最为有利。作为例外,江阴长江大桥地处长江下游江段,其软基深厚、岩盘埋藏在近百米以下而不可触及,不得已采用了中等埋深、落底在坚实沙层之上的沉井式大尺寸锚碇,也取得了成功,这是罕见的范例,仍应尽可能不用为好。

附 18　福州市平潭进岛通道工程方案评审意见

18.1　关于线位优选问题

由于本人对当地情况不熟悉,材料未及细阅,介绍时又讲得太快,提不出什么确切意见。只是认为:

几个线位的接线地域,地形平缓、处野郊开阔地带、附近多为农户私屋,动拆迁工作量相对不大。故而认为:选线余地比较大,可以:①尽量考虑线形顺直跨越海峡;②充分利用屿礁以节约水下基础工程量;③尽少干扰附近港区作业等为最优佳选。

18.2　关于桥、隧方案比选问题

目前设计基础资料,如:海床水文、航运港务、气象、沿线城镇规划,特别是地质(含工程地质、地震地质和水文地质),地勘方面的翔实数据匮缺,海上、水下勘探困难,易失真、偏误。对桥、隧方案孰优孰劣,一时尚很难得出确切意见。只是从所介绍的简况来看,有以下不成熟的认识。

(1)建议暂以桥梁跨越为第一选择。原因主要有:

① 主跨通航要求相对不高,净高为 50～70 m(以内);净宽小于 500 m 的桥跨容易布置,桥型选择也可多样化。

② 水深在 25～30 m 以内,岩盘埋藏又较浅,故水下浅基的工作量和难度都不大。

③ 有岛屿和间礁石可以利用为塔基;桥梁从海峡中间小岛内跨越可与岛上交通互通,

有利并带动岛区的开发建设。

(2) 在此处建桥的不利条件,也十分突出和明显,需请细致慎酌,主要是:

① 每年多次大台风,地面风级为 8 级,达 50 d 以上;而海上桥面高空的风力和风速会更大。杭州湾大桥设置人工“风障”,其效果仍待考验,此处风力更强。

② 雾天平均每年为 7～48 d,其中浓雾(影响桥上通行)天数待再究,它对车辆在海域行进将十分不利。

如果因台风、浓雾而每年封桥天数在 10 d 以上,将认为桥梁不能“全天候”通行,这也是国外不少处在海上另选海底隧道通行的主要原因。此事宜再深究。

18.3 桥隧结合方案

29 日下午听了会上各市政府专职部门负责同志的意见,其中港区和航道方面认为,日后海屿港区和海上通航发展,不确定因素很多,对在航区内设墩、建桥(通航净跨和净空取多大尚无把握),故此,我建议“桥隧结合方案”可为备选。主要原因如下所述。

(1) 对小跨引桥,当以桥梁穿越,其造价较廉;而通航大跨如跨径达 500 m 左右,采用“矿山法”爆破开挖隧道,有时(堵水、注浆费用可控时)似更为节约(而软土“盾构”和 TBM 隧道掘进机开挖,连建管片预制厂,则与桥比,桥跨要在 1 000 m 以上,才有造价优势)。对此在国外已有一些共识,可以参考。

(2) 利用屿礁为桥、隧结合过渡点,可以省免深水海床中建造人工岛的巨额耗费和施工难度。这是此处线位选用桥、隧结合的最大独特优越性。

(3) 由于只在通航主跨采用隧道,其长度将在 3.5～5.0 km 左右,则隧道运营通风问题自可顺利解决,在航域则不必再设通风竖井。

(4) 当然,改用隧道从海床下穿越航运区段,它对港航和海域生态、环保都无任何不利影响。

(5) 由于岩盘埋藏浅,当以矿山法开挖为首选(不必用 TBM);浅部出口段区段,用地基加固法解决,而不用盾构。

对上述全桥和桥隧结合两方案,就“全寿命周期”的总经济评价,容再需仔细论证。

18.4 全隧道方案

由于全隧道方案的隧道总长要在 20 km 以上,其洞内行车安全(司机疲劳)和运营通风问题复杂,看来航道内可能需设 2 座竖井,对航运造成不利影响,一时难以很好解决,该方案暂不拟推荐。

18.5 公路和铁路同建问题

在公路和铁路有在同一时间需要同步建设要求时,我意拟优先考虑采用合建方案。中铁第四勘察设计院在会上的论证意见,说明已够清楚明晰,我很同意;但因为有可能“先公后铁”,而时间差又在 5 年以上,则自以分头分建为佳选。

附 19 上海国际隧道峰会桥梁/隧道跨越江河湖海的方案比选意见

19.1 基本情况

1) 国内已建/在建水底隧道案例

(1) 以上海市黄浦江下游市区范围内所建水底隧道为代表,已建/在建的总数达 13 座(每座含上、下行两条,双向 4～6 车道),含地铁和磁悬浮过江。

(2) 早年,甬江和珠江上均建有沉管隧道。

(3) 早年和在建的穿越江河与湖下，采用钻爆法、明挖施工和新近采用盾构法掘进的，有：汾河、黄河、玄武湖、西湖、太湖、昆明湖和湘江长沙市区内的多座水底隧道，等等。

2) 国内已建跨江/跨海长大隧道案例

近年来，我国已有了跨越钱塘江、长江和港湾海口与湖口的越江/跨海城市/高速公路长大隧道许多座，如：

(1) 厦门翔安海底隧道；

(2) 青岛胶州湾海底隧道；

(3) 沪崇苏大通道(南隧北桥)的长江南港崇明隧道；

(4) 武汉、南京的长江隧道；

(5) 港珠澳大通道，其通航跨的海底隧道——首座桥隧结合、采用人工岛过渡的沉管隧道方案；

(6) 杭州市跨越钱塘江的庆春路、海宁钱江隧道；

(7) 苏州市跨越太湖湖口的太湖盾构法隧道；等等。

3) 沉管隧道成为港口大城市江河下游越江方案的首选

(1) 香港维多利亚港内的 3 座沉管隧道；

(2) 台湾高雄港沉管隧道；

(3) 广州珠江沉管隧道；

(4) 宁波市内的甬江和常洪隧道；

(5) 上海市黄浦江口(与长江交汇处)的外环线隧道；等等。

4) 其他水底隧道工程

令国人期待的琼州海峡和台湾海峡大通道，采用隧道或桥隧结合方案过海，已列为比选方案。

此外，沿海的同三国道渤海湾桥隧比选，甚或采用悬浮隧道方案，亦均在拟议中。

国外水底隧道我处亦有不少资料，限于时间，此处暂不作介绍。

5) 值得关注的几个问题

(1) 与已建桥梁的数量上相对比，为什么水底隧道仍然少之又少，而水底铁路隧道更是凤毛麟角？2008 年 6 月贯通的穿越城市河流、武广客运专线上全长约 10 km 的国内目前最长的高速铁路隧道——浏阳河隧道，可能是极少数几座铁路过江隧道中最具代表性的一座。最近，拟议中修建的沪通铁路过江通道，以及在琼州海峡大通道研究中，也都有铁路隧道越江过海的比选方案。

(2) 国外绝大多数水底隧道都修建在大江大河港湾城市的港口和下游市区与市郊一带，并且多数选用了沉管跨越。而远郊、开阔地域和丘陵山地就都没有用隧道越江的份儿。

(3) 有专家认为，选择建造水下隧道，只是在修桥方案受到一些人为或自然因素的制约，而这些约束因素又不可避免和难以克服的条件下才会作考虑。这样的论断有道理吗？所说的“建桥制约因素”又是些什么？

(4) 国内外的铁路水底隧道极为罕见，现在则也已提上了议事日程，这又是为何？

对上列几个方面的问题，在后述的讨论中将谈一点自己的初浅认识。

19.2　几个可供商榷的问题

1) 对选用水底隧道优缺点的再认识

(1) 优点方面：

① 适宜全天候通行(如厦门翔安隧道)；

② 不(或少)影响生态环境、维护环保(如青岛胶州湾隧道);

③ 不受/少受恶劣气象或不利水文条件的影响(如海宁隧道受钱江潮影响);

④ 战时条件下,有利于安全隐蔽和抗震害好;

⑤ 在建桥方案受制约的情况下(桥梁方案的制约因素)(如厦门在翔安建桥,青岛胶州湾外口和海宁建桥),建隧是唯一选择;等等。

(2) 缺点和不足:

① 造价较建桥为高;

② 施工风险较大,不可预测因素也比较多;

③ 隧道内部行车条件相对较差(含车速较慢);

④ 日后的长期运营和维护管理费用都比较高;

⑤ 市区隧道,顺沿江边交叉马路车辆进出洞受限制(如重庆朝天门隧道);等等。

2) 建桥方案的若干制约因素

① 自然灾害频发(多灾害城市)的制约条件(如厦门翔安隧道);

② 航空净空要求,制约了桥塔高度(如厦门翔安隧道);

③ 港口/航道、航运发展规划的不确定性,制约了桥跨大小和桥下净空难以确定(如青岛胶州湾大桥、上海崇明南港大桥);

④ 通航大江大河下游,修建铁路大桥将布墩过多,会增加船撞风险,压缩河床过水断面,以及加剧河床冲刷等困难,常难以征得港务、航道、水务和水文等有关专职部门的同意(如沪通铁路越江通道工程);

⑤ 市区内引桥过高、过长,制约了上、下匝道布置(如上海黄浦江下游市区);

⑥ 长引桥工程使市区两岸拆迁工作量过大,间接费用可观(如上海黄浦江下游市区岸线一带);等等。

3) 建隧方案的若干制约因素

① 长江下游不适合采用沉管隧道(如京沪高铁南京过江);

② 深水风井构筑施工(如崇明、琼州海峡隧道);

③ 特长隧道的运营通风、防灾和交通监控(市区和市郊交通流量大的情况);

④ 桥隧结合方案中深水人工岛建设(如琼州海峡、港珠澳大桥);

⑤ 在当年技术上还不具备的条件下,只能放弃比选(当年的江阴、苏通桥隧比选);

⑥ 显然不具备与桥梁比选优势的具体场合(杭州湾、金塘、泰州和其他的许多桥位)。

4) 其他方面问题

① 公/铁合建特长隧道,用铁路平板车背驮汽车车辆过江问题(琼海、台海);

② 长隧道的防火与救援(秦岭终南山、崇明);

③ 为什么水底铁路隧道极为罕见;

④ 关于悬浮隧道(floating tunnel)(西西里、对马海峡、渤海湾);

⑤ 对为什么隧道方案常沦为“陪客”的议论。

5) 对适合水下建隧方案作最佳抉择的浅见

① 港口大城市江河下游,通航要求又很高时;

② 建桥方案遇有防火与救援等重大制约因素的困难时;

③ 自然气象、水文、地质条件特别恶劣、又有全天候通行要求时;

④ 对自然景观、生态环保维护方面的要求特别高时。

19.3　结语

（1）作为一位年事已高的隧道工程研究人员，当年我自己就否定了采用隧道过江方案的就有：江阴长江大桥、杭州湾大桥、苏通大桥、泰州大桥和最近沪—瑞（瑞丽）高速"临湘—岳阳"段的洞庭湖大桥，等等。有人说我是"臂膀向外弯"；可是在另外一些场合，我又与人争得面红耳赤，不可开交（如厦门海沧大桥等）。

（2）我认为在讨论中要以专家个人身份讲意见，一是一、二是二，一定要撇开带着一些不应有、也不必有的偏见说话。隧道专家对隧道的优点比桥梁专家更了解，可能还带有些专业感情和爱好，这是可以理解的；但对隧道的缺点和不足也自然知道得更多、更具体，不说出来，有愧于职业道德和技术良心，也是不公正的。在我有生之年，能见到不论是桥、是隧，早日建成，并且是成功的、合理的，就是一种最大的乐趣和欣慰。

附 20　城市地下空间开发利用的环境岩土问题及其防治①

结合轨交地铁和大楼深基坑开挖、地下商场停车库、商业街、地下等城市地下空间开发利用中当前市政建设中的热点问题，在下文访谈中述及了地下工程施工中城市环境岩土公害及其防治对策。针对地下工程施工对周边土体扰动导致土工力学参数变异以及产生的地面变形位移，介绍了采用人工智能神经网络方法进行预测和控制的技术现状及其工程应用实绩；指出了盾构掘进与地铁车站深大基坑开挖等城市地下空间开发过程中的土工环境安全维护对策与技术途径。还就完善城市地下空间安全运营和使用中的防灾风险管理，面向低碳经济的城市地下空间节能减排与环保等诸多业界关注的一些前沿问题提出了对策建议。

本刊：上海是典型的软土地基地区，工程性地面沉降问题比较突出。而上海城市交通规划中未来还将建设多条地铁和越江隧道工程。请教孙院士，软土地区地下工程建设与施工，应如何防范和处置地质环境风险？当前主要的技术途径和关键环节是什么？

孙院士：我是搞结构的，这些年对于上海岩土工程的情况也比较熟悉，所以我想围绕城市深、大地下工程的开挖，包括地铁车站基坑和区间隧道盾构的掘进，谈谈地下施工中中心城区地带土工环境的维护。我不是地质专业出身，因此考虑问题的角度可能会有不同的侧重。

施工中城市土工环境的维护，这个问题在前些年是非常突出的。拿修建地铁来讲，当时为了抢上海世博会前要建成 420 km 的硬指标，最多时有 90 多台盾构在市区同时掘进作业；还有一二十座地下车站基坑也在同时开挖，在市区中心区段含已建的差不多 1 km 多就有一处车站。1965 年在衡山公园内上海第一个地铁车站扩大试验工程是我做的，那时车站长度才几十米，列车多长车站就只有多长。现在情况大不一样，列车的节数也多了，多的可以到八节，有几百米长的车站基坑，像徐家汇车站和人民广场站都长达数百米；坑的挖深达 20 多米，并且也越做越深，有些车站还是二线、三线甚至是四线共站换乘；深大基坑的开挖面积和坑周围护的地下连续墙深度也都在创纪录地增加。今后市区这类工程将相对比较少了，郊区则改用造价和运营费用都比较节约的高架轻轨，但是地铁还是继续在造。迄 2011 年，上海地铁已通车 11 条线路 425 km，还有几条正在陆续兴建或将先后开通。这十几条地铁线基本上在地下已连片成网了，在便利居民外出的同时，这些地下工程大规模、大范围地施工

①　摘引自《上海国土资源》学刊访谈录。

开挖,对工程周围环境土工的影响是一项必须要考虑的要害。但由于多年来已积累了丰富的实践经验,一些设计施工需用的工程专业软件、施工机械设备也都已基本齐备,可以认为目前市区土工开挖引起的环境问题已经缓解了许多。

这里说的施工环境,首先是处理好附近地面民房建筑的浅置基础和地下浅部已埋设的各种市政与信息管线,在经受施工扰动后的安全维护。对于地下自来水管,有时还可以临时吊挂起来,主要是怕地下污水管,污水管变形裂损后的漏点很难找;还有地下煤气管泄漏,电缆、光缆等市政和通讯管线,这些都分布在浅部地下,要先调查清楚并作好处治。老城区的旧民区,过去多数都是采用明挖法做的浅基础,容易受地下开挖施工影响而致倾侧和裂损。现在市区还有很多高架和立交道路,在基坑开挖或盾构掘进时,对高架桥桩基的不利影响一定要注意掌握。此外,在已经建成的地铁或地下人防工程的下面或侧旁再开挖和掘进作业,或者相邻的深基坑之间距离太近,同步开挖时也都有相互间的不利影响。前些年有关方面为此打官司,法院邀我去作证论定,说:“法官和律师们搞不清这些工程问题,这是你们专业技术上的事,您能不能在法庭上说一下是谁家的过错和应负的责任?”我回应说:“我可没有那么大的本事来论定这类过错,出现这类问题的情况都是十分错综复杂的,一般不能只归罪于某项单一的影响因素,不好说一定是哪家的过错。”他们又问:“据您看,这个到底是施工问题还是结构问题? 还是原来老房子的质量就不行?”但这些问题确实很复杂,有限的数据资料一般都是难以确切地作出客观评价的,所以我真的“有心无力”,一时无法给法院提供帮助。那时上海市区先后有几百个基坑在开挖,高层建筑都有一层、甚至两至三层的地下室,施工时不但有工程桩、围护桩,还要开挖地下连续墙,如果处理不当都会引起严重的环境土工问题。前些年几十台盾构同时在市区推进的那个时候,正值上海新一轮城市建设高峰期,城区工地遍布,可以说是最艰难的时期,国内外对此都缺乏经验,更少理论指导,问题当然十分突出和困难了。

目前这个问题还存在,但相对来说已经不是太突出了,最困难的时期就上海而言可以说已经过去。因为现在无论盾构掘进还是基坑开挖都做得很多了,积累了不少宝贵经验,可以说已经比较有把握了;而且设备与技术也有长足进步,比如盾构掘进,我们一般要求在市区其地面隆起不超过 1 cm、沉降不大于 3 cm,这个要求目前完全能够做到。但是在早年,20 世纪 60 年代在漕河泾做盾构(那时用的是网格式半机械化开胸盾构机)试推进时,地面沉降量竟达到 10～20 cm。后来盾构机械掌子面改用了网格气压式,现在又都进一步改用了土压平衡和泥水加压式(隧道穿越黄浦江底时要采用),控制地面变形量在 1～2 cm 以内就完全能够做到了。对于土压平衡式盾构,如果土舱压力较外面的水土压力过大了,土舱进土量不足,地面就会隆起;反之,如土舱压力不够,进土过多,地面就会沉降。而盾构经过后造成地面后续长期沉降的原因,主要是同步注浆不够及时和浆液量不足或浆压值过低了,以及后期软黏性土体的蠕变效应。但据我不完全的归纳,现时国内修建地铁的各大城市中,还是有十多种不利情况,盾构仍须战战兢兢小心地推,甚至要预注浆改良前方土层。注浆作为环境土工维护的基本手段,主要有三种:预注浆、跟踪注浆、工后注浆。比如上海地铁 2 号线,在南京路穿越当时已建成的一号线时,两线上下相距仅 10 多厘米呈斜交穿越,就得预注浆先把一号线给保护起来;跟踪注浆是随施工进度和沉降发展而不断地尾跟着注浆;而工后注浆则主要用于施工结束后防止地层后期沉降在事后才作的注浆作业。这三种注浆方式在上海地铁建设过程中都广泛使用过。现在采用刀盘开缝进土式盾构,土舱进土得以有效控制,以上问题解决得就更为理想了。

在深基坑开挖中，要严格控制尽可能只在坑内降水，并随开挖向深部进行，而逐步地随挖随降，不能一次就先降到坑内设计挖深所需的低水位；另外，在坑外附近有需作保护的建(构)筑物或有地下管线而又不加设防水帷幕的条件下，原则上不做坑外降水；细致地控制基坑开挖的"时空效应"作业，要求分层、分步开挖和及早支撑(先撑后挖，尽量缩短"无撑开挖"的暴露时间，对上海市区软黏土一般须约束在 48 h 以内)以进行深、大地下车站的基坑作业，并严格控制基坑各施工参数。这样，在多数情况下都能有效地控制基坑开挖变形引起的环境土工公害。

本刊：国内外很多大城市都位于沿海地区，地基土通常饱和、软弱。城市地下空间的开发利用，都将面临许多环境土工问题。请教孙院士，除了上面您讲到的，环境岩土方面目前存在的问题还反映在其他哪些方面？其作用过程的内在机制如何？

孙院士：地下工程施工扰动会引起环境土体土力学参数的变化，至今还没有看到国内外对此作系统研究的相关报导。过去，我们研究土体的"取样扰动"，这方面的探讨就比较多；而施工时工程周近土体也受到不同程度的扰动，我把它称为"受施工扰动影响的环境土"。许多年前，我用这个科学问题向国家自然科学基金委申请了一项重点基金项目，由同济大学牵头，联合浙江大学和北京交通大学协作完成，成果获得了教育部一等奖，并提名国家奖。这个基金项目的名称为"受施工扰动影响的土体环境稳定理论及其变形控制"。

受施工扰动影响的土体力学环境改变，可以归结为以下几个主要方面。其一是地下水渗流的影响。我们以前在计算水底隧道盾构管片的衬砌结构时是不考虑地下水渗流的，但这是指隧道工程已经完成之后的情况；而在盾构开挖掘进施工中，作业面上的泥水舱是用来进土的，但作业面前方的地下水也跟着流土一起进入舱内来了，这样就形成了地下水运动产生的渗流通道。这种情况只发生在盾构掘进和管片拼装施工期间，在作业面前方土层内的地下水跟着被切削而松动的土体一块进入舱内，因而在环境土层内形成了渗流，这时对管片结构作施工阶段计算时就得考虑土体应力场与地下水渗流场二者的耦合相互作用并作出相应分析。以往，我们在现场量测施工期间距作业面一定距离内的盾构管片衬砌结构，在其安装合拢后的应力应变，发现实测数据总比计算的值大不少，原因就是在先前的计算中没有计入这种地下水渗流效应对结构受力和变形的影响。这对过去的一些中小型工程而言，这个因素不考虑也不太要紧，因为其计算误差都已经在工程的安全系数中包含在内了；但现在的盾构工程规模要大得多，比如崇明长江隧道，盾构直径达 15.43 m，管片外径 ϕ15 m，这么大型的管片衬砌，如果仍不考虑施工中地下水在土体中的渗流因素，计算出的管片结构在施工过程中就可能出现裂缝，特别是管片接头张开引起的渗漏问题会呈现出来。我们现在把上述地下水渗流与地应力场的耦合效应考虑进来以后，在管片安装就位后再现场实测施工期的应力和变形，就与计算结果非常吻合。

再比如基坑降水。施工降水使土体孔隙水压力消散，所引起的是土体主固结，它是一种因土体内降水使孔隙比减小而引起的土体沉降；同时孔压值降低还导致土体颗粒相互间更为靠拢，使土体有效应力增大。因为土体总应力为孔隙水压力加上有效应力，而真正起到土体强度作用的是它的有效应力，这是太沙基原理。我们要研究的就是由于基坑降水土体发生主固结而引起的土体抗剪强度的变化，它的黏聚系数 c 和摩擦角 φ 值将增加，土体抗剪强度因而有一定的提高。所以，就不能再用原状土的相应指标来作计算。要使基坑降水的管理工作做到位，土体环境安全必须考虑。在基坑外围通过对坑外地下水位变化的监测，来控制坑内降水，必要时在坑外要实施回灌。反之，对自然边坡或人工开挖形成的岩土边坡，遇连日暴雨的条件下，岩土体内孔隙裂隙水压力急剧升高，而岩土内的有效应力则骤然降低，导致岩土体的抗剪强度指标 c 和 φ 值下降，这是引起边坡塌滑失稳的主要因素之一，在评价这类边坡暴雨期的稳定性时，应改用经如上修正、调低后的土工抗剪参数 c 和 φ 值作验算。从施工和学术角度来讲，这些都是城市环境岩土及其防治的问题。

还有抽排深层承压水的问题。地下潜水和微承压水问题比较小，而深层抽排高水头承压水就须慎酌。前几年，我们对上海地铁 4 号线某施工区段的修复工作就遇到过这个问题。那时，单是商议事故修复方案就花了足足一年，修复工程又用了近三年时间，耗资数亿。上海历史上集中抽汲深层地下水而导致广域性的地面沉降，在国内外都有一定影响；上海展览中心(原中苏友好大厦)的地基土沉降曾经十分明显、外滩防汛墙也因地表沉降过度而多次加高，都是典型的地面沉降过大引发的突出例子。

上海地层内有一层深厚的软质淤泥质黏土，在外荷载使土体的附加应力水平大于土体的流变下限值后，就发生有土体流变情况，由此产生随时间增长而长期持续发展的工后沉降，有的经过多年还不能稳定收敛。这里说到的工后沉降非常要紧。比如，我们做浦东机场的二期跑道，整条跑道长度超过 4 000 m，它对差异沉降和工后沉降都有很严格的要求，跑道如果纵向不平整，飞机的平稳起降都要受不利影响。工后沉降还对大跨桥梁(除简支梁桥等静定结构外)也非常重要，施工期间墩基的主固结沉降还可以控制和调整，因为桥跨结构都留有设计要求的预拱度，通过计算就容易处理，只要把桥跨结构中间抬高一些就可以抵消了；但桥跨合龙以后的工后沉降，加之因江面左、右两侧墩基下的土性不完全相同，不同墩基的工后沉降量值就有一定差异而引起不同程度的不均匀差异沉降。这样，在计算时就需要计入土体的次固结(一种随时间增长发展的土体压缩流变)以及桩周土的剪切流变。这里说的是指桥跨合龙以后再因后续铺设桥面板、桥面铺装材料等静荷载以及汽车/火车在桥上行驶时的动荷载所产生的附加沉降。这样，无论是斜拉桥还是拱桥和悬索大桥，在上部桥跨结构内都会有由此而产生大的附加应力和附加变形，这时上述的工后沉降和差异沉降量都必须着重考虑并加以控制。又如，码头堆场也有同样的问题，在宝钢马迹山矿石堆场，如地基土的工后沉降和差异沉降过大，就会使在轨道上送料运行的龙门吊车的轮、轨间摩损增大，甚至发生“卡轨”现象。

对工后沉降的计算分析，在于要考虑计入土体的流变和次固结。主固结沉降和流变次固结(确切地说，是土体蠕变变形和应力松弛，还要计入土体长期强度的历时降低)沉降的区别，前者是由于土体内孔隙水压力消散使其孔隙比减小而产生的沉降，而后者则是土体骨架的弹塑性变形导致的沉降。土体的颗粒骨架不是刚性的而是弹塑性的，现在再加上变形的时间效应，即所谓黏弹塑性，这里的“黏”就是要考虑时效变形，故而黏弹塑性变形是随时间增长而变化的。要重视研究本市地铁线建成后的后期持续沉降的发展，多条地铁线到现在还在沉降。按常理说，施工时挖掉土的重量较之加上去的管片结构重量要大得多，应该不是怕沉降而是怕上浮。事实上，地铁的长期沉降主要应归属于上述的土体黏弹塑性变形，也是一种地铁隧道运营期内的土体工后沉降和差异沉降，同样也要求在计算预测的基础上再作好沉降控制。这个问题现在一时还没有很好的办法来解决，在工程处理和整治上只能是靠沿隧底地基土进行多点、多次低压“无扰动”注浆作事后加固。

地铁列车在隧道内长年往复循环高速行进条件下，还有一个地基软黏性土层的“振陷”问题。软土“振陷”不同于差异沉降，它会在衬砌后背产生局部的空隙甚至空洞。如果空隙小，压浆就可处理；空洞大的话则还要用贫混凝土作充填，但是振陷的作用机理迄今还没有搞得十分清楚。地铁软基振陷，同济大学研究生已做了些研究。关于地铁列车运行引起软质黏土振陷的问题，我们已经出了两篇博士论文，现在还有一位博士生结合崇明长江隧道在做进一步的研究，因为长江隧桥 2015 年或再稍晚些计划要开通地铁由浦东外高桥直达崇明。待地铁列车运行多少个百万次以后，隧道下部某些地段的软黏土地基就可能会有振陷产生。隧基土振陷量的计算最大值，据上述的论文分析：在 20 年内可能积累达到 25 cm 甚或以上，这是一个不小的值，会使管片接头渗漏或发生管片裂缝。这属于一种列车运行对地基的扰动，值得业界关注。

再有的是，土基施工强夯引起的土工力学参数改变。一些机场的软基跑道，还有不少新建和需作整修的道路都是用“强夯法”施工的，跑道和道路路基先用强夯处理后再碾压，这些都会带来地基土体力学参数的改变，甚至因强夯过了头而导致砂性土部分液化(即抗剪强度一定程度地丧失)。再比如打桩，宝钢是在长江岸边空旷地段上兴建起来的，它的几期厂房建设用的都是预制贯入长桩，不是采用就地灌注桩。预制桩(含静力挤压桩)在下桩过程中将挤压周边土体，有明显的挤土效应，从而挤密和改善了桩周土质。沉井施工同样有类似问题，井筒下沉过程中其墙侧土体产生“破裂棱体”，棱体内的土质因土体受沉井下沉力的牵拉作用而发生破坏，即使采用助沉套也不能完全消除。这些都是地下施工导致周边土体力学环境的扰动、改变和恶化。上述的各种不同土工力学机理，值得进一步探究。

上面谈到过土体取样扰动。早年，我们工地用的取土器的壁厚大，当年与日本株式会社合作做上海某工程的勘测，他们一看勘察队用的是厚壁取土器就连说不行，说这样取出的土样扰动得太厉害，特别对砂性土。后来日本专家带来了自己的薄型取土器，现在国内这种取土器都已经用得比较普遍了。但即使是用这种薄型取土器获得的所谓“原状土”，实质上也无法真正保持其原状土的真实性状，第四纪的沉积土历经万千年，取样后应力释放是无法再恢复它的“应力历史”的，更不用说“应力路径”改变方面的考虑了。土样试验前先作“重塑”，也无非是把它的含水量、孔隙比、固结度等等尽量恢复到与原来的差不多，但特别对砂性土来说，取样后的扰动已经决难回复它的“原状”了。这些都需要在勘察报告中取选土力学常规参数的量值时结合进去考虑，并稍保守地取值。

不只是“回填土”才是改性的扰动土，上面说的，因为施工开挖、盾构掘进、下桩、降水、强夯和取样等等施工作业引起的土性和土工力学参数都会发生一定程度的改变，所以计算所用的土力学指标不能就以原状土来取用，而需改用经各种不同施工过程扰动影响后调整、修正过的参数。又比如，盾构掘进时，其作业面前方的土体已被刀盘、刀具切削而受到很大的扰动了，所以在设计管片衬砌时仍然取用原状土的参数显得有点过大了，实际上其有关的土力学参数经过刀具切削扰动已经降低了不少，为此我们做过一些试验进行论证。同济大学近年来因先后获国家“211”工程和“985”工程一二期的经费投入，土工实验室几年来新增加了不少十分需要的仪器设备，如土工离心机、中压固结仪、应力路径三轴仪、全自动三轴岩土流变试验系统、扭剪组合测试仪、霍普金斯杆、共振柱以及对室内人工气候环境的模拟，并创建了工程结构耐久性专业实验室等等。现在国家对教育科技投入增加的额度很大，极大地改善了我们做学问的条件，作为一名高校老师是既高兴又感谢。

本刊：孙院士，针对建设施工引起的土体性质改变以及工程建设活动对周边环境的影响，监测工作必不可少，在这方面有何先进技术和新的监测手段？

孙院士：监测是工程施工中一项重要的关键环节，是掌握施工信息动态和分析其变化规律的先决条件，是制定和实施变形控制方案的基础，也是检验实际控制效果不可或缺的手段，施工监测工作的作用是多方面的。

以地铁建设为例，近年来在上海已研制开发了一项“城市地铁区间隧道多台盾构同步掘进、施工网络多媒体视频监控与技术信息智能管理系统”，可以实现地铁盾构施工一体化监控信息系统的智能型综合集成。其功能主要包括：可控制盾构开挖作业面的稳定和匀速掘进；盾构行进姿态的连续监测、实时调整、纠偏与控制；市区掘进中地表隆起、沉降以及地表后续长期沉降的监测与施工变形控制，以维护土工环境的安全。其功能还进一步包括：盾构管片的智能拼装、盾构设备故障的自动报警和智能化排除，等等。

这套系统是通过现场数据交换机，实现地下作业面处盾构机的动态数据向现场地面计算机中心站的实时传送，并结合相关施工数据和其他工程资料的收集，在各个盾构施工现场与技术主管部门的主控室内各建立一套完整的盾构掘进施工数据库；运用公共广域网，将各盾构施工现场的数据实时、远程传输到设在主管公司总部的数据库服务器，由此汇总建立由各个盾构施工现场数据库组成的盾构隧道施工动态资料库；通过对内部数据库服务器的访问，使总部管理人员能对各施工工地进行远程实时的全面监控，实现盾构隧道的动态信息化施工；更可通过因特网异地访问设在总部的 Web 服务器，使即使出差在外的公司主管技术人员也能对任一盾构作业面处的施工现场数据进行远程实时搜索和查询，实现对多处盾构隧道施工的移动式办公管理；通过对计算机的数据处理能力及其图形功能的进一步开发，该系统还能自动生成盾构姿态控制、隧道轴线调整、地面隆起/沉降量及其历时变化的二维/三维曲线图形显示，以及各类电子报表，为实现盾构施工现场“无纸化”管理奠定基础。通过对该系统所采集的盾构日推进速度、隧道作业质量、盾构行进姿态和设备运行状态等数据的统计分析，可以智能判断得出各盾构作业面处的掘进施工状态，实现计算机辅助施工技术管理；利用该系统还可实现盾构施工最佳参数匹配的方案优选、隧道施工轴线控制与盾构姿态实时纠偏，以及盾构掘进引起地面过大沉降的预测及其防治与控制、盾构机运行状态评估及其维修作业等的技术咨询功能。此外，通过对总部服务器大量施工数据的二次开发，形成了一套经实践验证有效的盾构掘进作业新规则和新经验，为解决类似施工问题提供必要的知识储备，实现数据库向专家知识库的整合与转化。后续工作还包括在地铁运营期间的智能化计算机自动管理，含：研制开发了一项有关“高效智能化综合集成的地铁车站和区间隧道交通运营与设施安全一体化的监控信息系统”，也已经初步在投入试用中。我认为这是高一层次的信息化施工和运营上的技术管理，它体现了现代智能化监控手段在地铁建设中的采用。

这些监控技术与手段，能充分体现“一网打尽”、“一览无遗”、“足不出户”、“远程动态管理”等特点与优势，在上海、南京及新加坡等地铁工程中都得到了成功的初步应用，收效显著。

近年来，利用远程视频自动监测技术，只要在工地现场妥慎埋置好按设计需要的传感器和各种测试元件，经过调试，就可以在外地室内及时接收和传送监测与经处理后的施工变形控制信息，而不需监测人员整日待在工地进行这项监控工作。这种远程视频监控技术大大提高了监测技术的现代化水平，已经在基坑和岩土边坡开挖等许多工程中获得了成功采用。

本刊：监测是为控制服务的，现场获得的大量实测数据，如何进一步处理与分析，并在控制过程的信息互馈中更好地发挥作用？如何在施工过程中维护土工环境的安全？

孙院士：关于施工过程中土工环境的安全维护问题，不仅是对地铁施工关系密切，它还包括市区内各种不同使用类型的地下空间开发与利用。比如，上海人民广场、徐家汇、五角场等颇具规模的地下商业街和地下商场，开挖和支护的工程量都很大；再如，虹桥综合交通枢纽，占地约 50 万 m^2，基坑最深处达 29 m，共打设了 5 万根桩。现在我国各大城市地下空间的开发规模都很大，在工程施工期间怎样更好地维护土工环境的安全是业界关注的热点之一。

我们学力学的总习惯用计算和数值分析的方法作研究，现在意识到在处理这类地下施工中的不确定和不确知的“灰箱”问题时，力学分析方法虽可能仍然是一条须采用的主线，但也只是一种必要条件，它对解决工程实际问题终究是远不充分的；在具有必要条件的同时还需要有充分条件，数学上谓之“充要条件”，我们认为对这类问题仍仅采用力学的手段来作研究是不够的。在岩土工程中，目前一时还无法精确测得岩土的各种物理、力学参数，这些参数在客观上是离散的和呈随机变化的，不同测点间的土性存在着一定差异；主观上又有许多人为的假定和简化，特别是在选用岩土本构模型方面，现行反映土性的每一种非线性模型都有一定的适用范围，都有局限性，并不能完全适用于各个工程所有的特定条件和不同情况。在许多实际工况下，还有边界条件的合理取舍问题，所以只采用力学的手段以求解决这类综合性的复杂问题还是远不充分的。有些人讲有限元法很好，只要把网格剖分得足够精细就能获得很好的计算结果。但这只是针对弹性问题而言，特别是线弹性问题，借助有限元方法甚至就不需要再做实验了。但一旦涉及塑性和黏滞性等物理和几何非线性问题，有限元和边界元等连续介质方法也都有局限性了。

我这里想说的是，希望能够把现有的施工变形、位移等现场监测数据资料作为智能化预测的基本输入，每一大型工程施工可以说都有海量的监测数据，根据这些数据采用智能方法进行施工变形的预测并作变形控制分析，是有别于力学计算的一条另辟蹊径的新做法和新路子。智能系统在工程中应用，目前有“专家系统”和“人工神经网络”两大类别。专家系统前些年我们试用过，发现不太适合国内目前的现实情况，因为专家系统需要大量相近、相类的工程数据，还要具备专家们的实际经验和专业知识，这些事实上都很难收集和完备，特别是现在大家都有知识产权保护意识，这给高校开展科研和兄弟单位间参考借鉴和采用带来了不少困惑。我们现在改用“人工神经网络”方法，用电脑来模拟人脑思维，这种算法的自适应性和容错性都很强，这就使得岩土非确定性问题，也就是上面谈到的处理“灰箱问题”得以较好解决。我们都知道“白箱问题”很容易处理，比如求一个简支梁的弯矩和剪力，这种简单问题就不需要“人工智能”了，因为它完全有确定性的解答。而岩土问题大部分都是非确定性的，上面说过有主观上的不确定性和客观上的不确定性，还有一些是认知上的“不确知性”，就是我们目前还无法认知清楚的问题；有一些则更是“黑箱问题”，就是我们根本还不知道或未能察觉到的，哲学上谓之“必然王国”。“灰箱问题”是指有些问题可以确定，而有些还不好确定，它是“黑箱问题”和“白箱问题”的组合。我认为对这些岩土“灰箱问题”采用“人工神经网络”的处理方法，比如做施工变形的智能预测和控制就是更为适合的，得出的结论也都相对准确和可信。“人工神经网络”方法的优越性体现在：只需要这项工程早前的资料积累就可以了，它实现起来就容易得多，也就是它的可操作性强。从一开始就积累有关的施工变形监测资料和数据，可以从前几个施工循环中所量测得的数据来预测后一个工况的情况（如即将出现的后续施工变形、位移等）。在变形控制的特点方面，是只需要先采用递阶层次法、通过敏度分析来选择、调整工程开挖的主要施工参数，比如盾构掘进，它最主要的施工参数是前方作业面土舱内的舱压（土压或泥水压）和盾尾部位的同步注浆量和注浆压力，其特色是并不需要另外花钱投入更多的额外花费去作注浆处理或打设锚杆等进行预加固。这样，如采用“多步滚动预测”的 B. P. 神经网络对下步 3～5 天内的施工变形发展作出定量的预测值，一般都能做到工程实用上要求的精度。

这个方法需要先做“测试样本”和“训练样本”，还需要研制庞大的“工程数据库”，供搜索、查询和调用等需要。比如，盾构在开始掘进的初期，有约 200 m 是作“试推进”用的。就施工变形控制而言，在盾构试推进过程中要求测得盾构施工中的各有关施工参数与地面附近土体的沉降、隆起之间的经验关系。每一台盾构的这种经验关系都是不同的，只能在其试推进阶段实测得出。有了这些经验关系，就能建立这里说的智能网络模型，在后续的变形预测和控制中只要调用这些由经验关系得到的修正的施工参数就可以了。

我所在的研究团队当前研究的重点已不仅是作施工变形预测，而是把更大的注意力放在做施工变形控制方面。通过预测只是知道什么时候在什么地方将会产生什么样的工程危象和险情，但要把这些险情整治好，就需要靠做变形控制，这也才是研究所要求的最终目的。比如施工前方有一处需要重点保护的建筑物，就必须先期就控制住施工变形量始终落在规定的阈值范围以内。像上海市内党的“一大会址”，是一栋浅基础砖木建筑，属“一级”保护建筑物，决不容许因下方盾构掘进或附近基坑开挖而引起房屋裂损、破坏。在上海现有 100 多处这样的国家一级保护建(构)筑物和约 300 处的其他不同级别的保护建筑物，以及浅地表以下的各类市政和通讯管网、桩基、地下人防，还有在已建地铁附近再新修的地铁等等，真是“螺蛳壳里做道场”，碰到哪里都是环境土工问题，所以做好工程施工变形的控制是地下施工的关键环节。

人工神经网络是一种智能化的预测与控制手段，我们现在用的是一种模糊逻辑控制方法，实践已多次证明，这一方法的应用效果非常好。当年用这个方法做镇江—扬州长江段润扬大桥全国最大的桥梁锚碇基坑的变形预测与控制，预测曲线与实测变形吻合得几乎一致。那时我们与清华大学合作，他们做施工监测，我们则根据和利用这些监测资料来做基坑围护地下连续墙的施工变形预测与控制。有次我们在工地现场的一位老师打电话报告说：连续墙的实测变形已达到 13 cm，墙里的钢筋都要接近屈服了，问是否该再快速补加一排支撑？但如果另外再加设一排支撑就要多花 4000 多万元，况且还要赶在长江汛期到来之前完成基坑封底，时间上已经来不及了。我电话中问，我们下一时步的预测变形怎么样？回说预测值 13 cm已经是到顶了，预测以后的变形将逐渐趋小(因为是嵌岩墙)。我当时就说，要相信我们的智能软件，我倒想搏它一下，再等等看情况再说。隔天第二个电话打过来口气里非常高兴，说变形果然小下去了。由于这次维护墙体的施工变形控制效果非常好，非但未再增加支撑，还另外给工程后续开挖抽掉了一排撑，就此一项节约不说，还赶上了在汛期到来的 4 月底之前做好了基坑封底。还有一个例子，是在上海南浦大桥浦西桥头附近的盾构区间掘进，为了避开高架桥的桥桩，在同一处地铁区间内，两台盾构像拧麻花那样旋转了 90°：从上行车站出口的盾构区间为左右并排，而在另一站点的入口，则变成了上下盾构近距离叠合进站，即“上下近距离交叠盾构区间”，当时采用上面这种做法，盾构施工变形的预测和控制也取得了成功，其智能预测与后续实测的变形值十分吻合。

我上面说过，智能预测是一种更高一层次的信息化施工。该法利用施工监测数据，通过智能预测就能够知道当天和后续三五天内变形发展的定量值，并知道下一步该怎样采用调整施工参数的方法来作变形的智能控制；先作好预警预案，排除工程险情，以指导后续工程的安全施工。通常说的信息化施工，只能知道当天的变形监测情况，而对今后几天的变形数据则不能定量地预先给出，只能凭经验估计。现在采用上述神经网络智能方法却能给出今后三到五天施工变形预测的定量数据，如果那时出现超出规定阈值的过大变形位移，则会给出预警，以提醒施工单位实时调整、改变有关施工参数，而并不需要任何额外的投入花费。经与施工部门协商已经确认，三五天的提前预测量已足够做到工程施工上的及时调整处治，因而确保了后续施工的安全，这是该法显著优于传统信息化施工的方面。人工神经网络系统能做到这一点，就是具有一个庞大而完整的“工程数据库”在支撑；同时，努力作好“测试样本”和“训练样本”，也是该方法运用成功所不可或缺的。我们为了建立和完善这一工程数据库，两位博士后整整花了 4 年时间。深圳建设地铁也想套用这套系统，但因为土性和盾构都与上海的不一样，要重新研编一套对深圳适用的数据库，而不能就借用上海的，这样有点“远水救不了近火”。我另外建议他们改用“智能反分析”的方法，这种方法在上海没用过，但我们在厦门翔安海底隧道的应用效果也十分好，似值得一试。

在监测工作的技术进步方面，还反映在监测系统设计及其实施的改进上。对地下结构物历时沉降和变形的监测精度关系到工程施工和日后运营的安全，这方面的改进反映在：监测系统数据库的需求分析及其功能模块划分、库结构查询、搜集和调用规划，还有对监测系统 Wed 信息发布网站平台各个模块子页面的逻辑推理法则与功能实现，等等。近年来这些在上海地铁盾构界都有有益贡献。

本刊：大城市普遍面临人口集聚、土地资源稀缺的困扰，城市的立体化建设成为重要的应对举措。在此背景下，城市地下空间开发利用的程度日益提高。请教孙院士，如何加强和完善城市地下空间安全使用中的防灾预案与风险管理？

孙院士：地下空间不同于地面建筑物内的使用条件，它有一些特殊的地方。一是地下结构空间相对封闭；二是出入口有限，到处都碰到死角尽头。特别对地铁车站而言，上、下班短时间内站内人流集中，在这样的地下空间里，一旦发生火灾等突发事态，站内大客流的疏散、逃生，光靠自救是不行的，而需要有序引导。况且发生这种突发事件时往往会大面积断电，全地下漆黑一片，人们更会慌乱而踩踏。火灾除直接因为烧身而死伤外，大部分都是由于浓烟而窒息致死；供送给氧的新风，更又风助火势，地下空间内墙面的建筑装饰着火后，其迅速蔓延之势将十分了得，所以许多的城市道路隧道里都设有专用的排烟道。除了火灾，还有易燃易爆物导致的险情，如春节前带入站内的烟花爆竹等物品都是。此外，还很难说我国今后就能在全球恐怖袭击方面能独一幸免，所以香港的《南华早报》就提出过，大陆几座特大城市也应该及早出台防恐预案。在地下密闭的有限空间里一旦遇到这种灾祸，大家都缺乏实践经验。还有煤气、毒剂和高温气体泄露以及主汛期遇连续大暴雨时地铁出入口的防淹和由此引起的种种问题等。地铁和其他各种城市地下空间内的装修材料都是低阻燃的，燃点很低，容易引燃成一片火海。地铁与一般山区公路隧道不一样的地方，在于地铁里都有这些高级的装饰材料，其耐火承受能力很少得到考验而经受不起这类风险。

城市地下空间的安全使用管理工作，是城市综合安全体系的重要组成部分。目前，在城市大型地下空间的不同使用领域，都普遍装设了相当数量的安防设施，人们进入地下还得通过安检。但在新技术、高要求方面仍有许多工作有待提高。我们争取实现的目标是：要将地下空间安防系统融入城市应急预警大系统，组建完整的城市综合安防系统产业链，形成城市安防大系统。要做到技防、人防、物防，“三防”相互结合，确保事前、事发中、事后三个不同时段的险情预警。安保工作要实时到位，事后处理成功实施，保证城市安全体系的正常高效运转。

要逐步建立和健全城市地下空间安全使用中的风险管理机制。以地铁来说，地铁车站和区间运营使用中的安全管理，在地铁运营安全风险防范措施方面涉及城市环境岩土问题的，包括地铁线路选址、总平面走向规划、相邻和周边的人文地理环境，应分别从地质、水文、抗震、防火、抗爆、防台、防淹和抗受恶劣气象条件的能力等等诸多方面，综合制定运营安全风险防范的对策措施。

总体来说，城市地下空间安全使用与管理中的各类风险危机防范、监控整治与风险管理，在我国还属于一门新兴的技术学科，重点在于如何结合国情、市情作好技术预案。当前的主要工作和任务可能是：要研究提出面对现实具体项目安全使用管理问题的技术对策；要有能以反映并解决现实问题、适合国情和地方特色的一整套项目安全使用管理的办法和应对手段；对各种现行管理方法作出进一步的考证、演练和检验，不断开拓和更新其应用策略，并在实践中进一步改进与完善。

本刊：以地铁建设为代表的城市地下空间利用，应该属于一种比较“绿色”的土地集约化利用方式。可否请孙院士评述一下城市地下空间开发利用的综合环境效益和未来发展方向？

孙院士：现在面向低碳经济社会，如何节能、减排、环保，是需要我们亟切关注和处理的一个重要方面。有人说地铁是“电老虎”，这个不假，但是它在节能效益上的空间也非常大。首先，从广义上讲，建设地铁大大缓解了地面交通压力，人们乘坐地铁出行减少了市内道路的交通负荷和汽车尾气排放。前些年北京有个统计资料，地铁线路总延长向仅占城市公共交通路线全长的很低比例，但其疏散的客流量却占地面交通量大得多的比例，它的综合社会效益是非常显著而突出的。上海每年为民造福要做成“十大实事”，其中地铁建设的成就和贡献赢得了广大市民交口称颂，可谓赞誉声一片。

地下空间内基本上是恒温、恒湿的，这就节约了取暖以及空调降温、取暖所需的能源，减少了建筑能耗，所以说它具有天然的低碳排放条件。此外，它还减少了地面交通的油耗和汽车尾气排放，降低了城市噪声和晚间光污染，这些都“功不可没”，具有它独特的优越性。而地铁车站人流密集，温室气体排放问题较为突出，解决不易，这些又是其不利的方面。上海虹桥交通枢纽采用了光纤导入照明，有效地将天然阳光引入地下，是地面与地下空间有效结合的成功范例，也属国内外特大型城市地下空间工程之一，它在各个方面采用并体现了绿色策略与节能技术。此外，上海崇明城市公路隧道和世博会园区都大范围成功地使用了 LED 节能照明。欧洲首座光伏太阳能铁路隧道已于 2011 年 6 月在比利时投入运营，该“绿色隧道”属法国巴黎—荷兰阿姆斯特丹高铁的一部分，它在比利时境内的这条隧道长 3.2 km，列车运行所需的电力以及隧道里的照明、通风供电，全部由 16 000 块太阳能电池板提供，电池板设置在隧道越岭山体的表面。我国台湾的个别地铁车站也部分采用了太阳能光伏发电技术。太阳能是一种可再生的清洁能源。无锡的尚德电力公司总部大楼，总面积1.8 万 m^2，它把低能耗、功能型和生态化的概念引入到这座大楼建筑物里，大楼屋顶满布太阳能电池板，而大楼墙面全部选用了光伏玻璃幕墙，它是当今全球规模最大的光伏低能耗的绿色生态建筑之一，成为我国一处节能示范工程。地铁系统作为一个统一管理的大产业，我国有的城市似可试点先建立地铁光伏发电系统，再争取日后并入城市大电网。此外，对全国范围讲，地源热泵技术对于建筑物和地下空间也是环保节能的一项可考虑实施的途径。

从目前建设迅猛的我国城市地下空间的发展来看，采用低碳经济的发展战略，意义将十分重大。建立节能型的地下空间，有助于促进生态环境综合平衡下的新的发展模式，实现经济社会的可持续发展，其前景应该是十分广阔的。

饮食宜忌与食物搭配一本全

张彩山 / 编著

天津出版传媒集团
天津科学技术出版社

图书在版编目（CIP）数据

饮食宜忌与食物搭配一本全 / 张彩山编著 . -- 天津 : 天津科学技术出版社 , 2019.4（2024.3 重印）

ISBN 978-7-5576-6021-5

Ⅰ . ①饮… Ⅱ . ①张… Ⅲ . ①忌口 – 基本知识②食品营养 – 基本知识 Ⅳ . ① R155 ② R151.3

中国版本图书馆 CIP 数据核字（2019）第 030035 号

饮食宜忌与食物搭配一本全

YINSHI YIJI YU SHIWU DAPEI YIBENQUAN

策划编辑：杨　譞

责任编辑：孟祥刚

责任印制：兰　毅

出　　版：天津出版传媒集团
天津科学技术出版社

地　　址：天津市西康路 35 号

邮　　编：300051

电　　话：（022）23332490

网　　址：www.tjkjcbs.com.cn

发　　行：新华书店经销

印　　刷：德富泰（唐山）印务有限公司

开本 889 × 1 194　1/32　印张 22　字数 550 000

2024 年 3 月第 1 版第 2 次印刷

定价：39.80 元

前言

我国自古以来就讲究食物的搭配，重视饮食的宜和忌。食物的搭配不是一件简单的事情，搭配相宜会促进营养的吸收，对健康有益，如豆角与鸡肉同食可养胃润肺，韭菜与鸡蛋同炒有补肾、行气之效；搭配不当不仅会破坏营养价值、影响吸收，还会危害身体健康，严重者还会引发中毒或导致疾病，如两种寒性的食物搭配在一起会伤脾胃，虾与大枣或番茄同食可能会生成砒霜。正所谓“搭配得宜能益体，搭配失宜则成疾”，不是所有的食物都可以同时食用，因为每一种食物都有其独特的成分、性味归经和功效，不同的食物搭配在一起会产生或好或坏两种截然不同的效果。

饮食宜忌包含复杂而丰富的内容，不但包含食物之间的搭配，还包括食物与药物、季节、各类病症的相宜相克关系，即饮食的宜与忌。历代医家认为，食物本身有四气五味、升降沉浮之分，人有男女老少、强壮羸弱之别，病有寒热虚实、轻重急慢之异，时有春夏秋冬、严寒酷暑之殊。因此，应了解食物的性味归经及功用，同时也要考虑自己的体质、性别、年龄、疾病属性，有针对性地选择饮食。比如，服用阿司匹林期间，不宜食用酸性食物和茶，却适宜吃洋葱；阴虚体质者宜吃有滋阴生津作用的清补食物，忌吃香燥温热的上火温补食物；寒性胃痛者适宜吃羊肉、生姜等性热之物，不宜吃西瓜、螃蟹等性寒之品。食物的相宜相克原理对于治疗疾病也有重要意义，在患病期间，尤其要注意选择相宜的食物，避开禁忌的食物，汉代《金匮要略》中“所食之味，有与病相宜，有与身为害，若得宜则补体，害则成疾。”所说的就是这个道理。因此，只有了解了食物的宜和忌，我们才能够根据自身情况合理安排膳食，趋利避害，才能够吃得健康，吃得科学，吃得营养。

为帮助读者深入了解饮食宜忌与搭配，指导读者合理安排一日三餐，精心搭配食物，我们精心编撰了这部系统、全面且贴近日常生活的《饮食宜忌与食物搭配一本全》。本书体例简明，内容丰富、科学实用，系统总结了古今医家、养生学家以及民间有关饮食宜忌与搭配的宝贵经验，收集部分祖国医药学的基础知识和历代医药文献资料，并注入现代科学饮食的理念，是祖国传统饮食文化的普及读物，更是现代家庭必备的保健养生书。

需要说明的是，饮食的宜和忌是相对而言的。宜食之物要做到宜而有节，不可过量进食，忌食之物应忌而有当，不能盲目忌口。过分强调饮食宜忌，可能会引起营养摄入的不平衡，同样对健康不利。因此，读者在参照本书的同时，还应注意营养的均衡摄入，合理搭配饮食，才能永葆健康。

目录

第一章　饮食宜忌理论

第二章　日常食物饮食宜忌

第三章 常用药物饮食宜忌

第四章 常见病症饮食宜忌

男科疾病饮食宜忌……392

儿科疾病饮食宜忌……398

五官科疾病饮食宜忌……411

癌症饮食宜忌……425

第五章　不适宜搭配的食物

第六章　适宜搭配的食物

蔬菜类........................ 512

水产类 555

第七章　食物与药物的搭配宜忌

导致疾病的食物药物搭配 612

第一章

饮食宜忌理论

食物的特性

药食同源之说

1. 中国人的饮食养生之道

“民以食为天。”这句俗语足以说明饮食之于人类的重要意义以及人类对饮食的关注程度了。

不管是为了果腹，还是为了享受口腹之乐，人们把食物当作“天”，都是一种价值追求。追求的意义不同，所形成的饮食文化也就不同。中国人对食物的多层次的追求就形成了独具特色的中国饮食文化——不只停留在果腹，享受口腹之乐，体会玉盘珍馐、色香味全带来的快感，更看重食物的养生价值——通过饮食来调整人体内部的阴阳五行关系，通过饮食来补益人体之精气神，使人体达到系统和器官功能协调平衡，进而实现养生保健、延年益寿的愿望。这就是中国的饮食养生之道。

中国的饮食养生之道所遵循的原则是食饮有方，食饮有节。所谓的食饮有方，就是在饮食过程中要讲究饮食的合理配伍、五味调和、烹调得法、食宜清淡等。所谓的食饮有节，就是强调在饮食过程中要注意进食方法，并且进食还要有节制和节度，要做到因时以食、因时调节、饮食避忌、饮食所宜以及食后保养等。

中国人的饮食养生文化可谓源远流长，不但积累了极为丰富的内容和方法，还形成了一定的系统化的理论，堪称世界饮食文化中的瑰宝。

2. 中国饮食养生文化的历史追溯

中国古代先民已有养生意识。“神农尝百草之滋味，水泉之甘苦，令民知其避就。”这是《淮南子·修务训》中的一句话。这句话表明我国古代先民在饮食上通过主观能动性来注意避害就利，这种意识和行为显然已经超越了动物的择食本能，并包含了人类饮食养生文化的基本内涵。

商周时期的养生上升到理论化。传说商代宰相伊尹曾著《汤液经》，以论饮食调配烹饪养生之道。两周之时，饮食养生已经上升为一种以五行学说为构架的理论认识。

《黄帝内经》提出饮食养生的基本原则。《黄帝内经》作为中国古代养生学和医学理论思想的奠基者和集大成者，更将饮食文化置于一个极为重要的地位，总结并提出饮食养生的基本原则是“谨和五味”与“食饮有节”。

唐宋时期养生文化得到补充和完善。唐朝的张仲景、孙思邈以及崔浩、刘休等人，注意探究各种食物的养生宜忌价值，并特别讲究饮食卫生。宋元时期，陈直、忽思慧等人，强调食养食补食调之道。

元代开始重视饮食避忌问题。元代宫廷饮膳太医忽思慧，撰写了中国第一部饮食养生学和营养学专著《饮膳正要》，选收历代朝野食养食疗之精粹，重视饮食避忌问题。

明清时期养生名家层出不穷。明清时期，饮食养生的发展到了一个相当成熟的时期，饮食养生的名家层出不穷，明代李梴、龚廷贤，清代的曹庭栋、顾仲则……都是其中比较有影响力的名家。

3.“药食同源”的根源

成书于东汉的《神农本草经》记载：“上品120种为君，主养命以应天，无毒，多服久服不伤人，欲轻身益气不老延年者，本上经。中品125种为臣，主养性以应人，无毒有毒，斟酌其宜，欲遏病补虚羸者，本中经。下品125种为佐使，主治病以应地，多毒不可久服，欲除寒热邪气，破积聚愈积者，本下经。”在上品之中，就有大枣、葡萄、酸枣、海蛤、瓜子等22种食品。中品内有干姜、海藻、赤小豆、龙眼肉、粟米、螃蟹等19种常食之物。下品中也有9种可食物品。

这说明，在上古时期，食物与药物之间是很难严格区分的。这其实就是“药食同源”一说的根由。

这是可以理解的。处于最原始的生活状态的原始先民，是无法明确分辨药物和食物的，食物的药用功能和药物的实用功能都是在混沌不清的状态下被利用的。只不过时间长了，人们才有意识地关注哪种食物有什么药用功能，哪种食物不但能补养身体，填腹充饥，还能医治一些简单的病症。其实，很多中药最开始都是被人们当作食物来用的。

食物和药物是不分家的。事实上，就是在今天，仍有很多食物被医家当作中药来广泛使用，如大枣、百合、莲子、芡实、山药、白扁豆、茯苓、山楂、葱白、肉桂等。同样，也有不少中药，如枸杞子、首乌粉、冬虫夏草、薏仁米、金银花、西洋参等，被当作食品来服用。

4. 古代医家的食物药用

古代医家也常把食物的功用主治与药物等同起来，甚至一味食物当作一首名方来看待。

《韩氏医通》曾言：“黄牛肉补气，与绵黄芪同功。”意思就是牛肉作为食品，能补脾胃，益气血，所以可以将牛肉与中药黄芪画上等号。

古代医家认为：“补可去弱，人参、羊肉之属是也。”意思是羊肉甘温，益气补虚，所以，可以将羊肉与人参画等号。

近代的《五杂俎》论说：“其（狗肉）性温补，足敌人参，故曰海参。”也就是说，狗肉的功效完全可以和海参并列。

此外，甲鱼、鸭肉、燕窝也曾被喻为西洋参，鸡肉（或乌骨鸡）亦常被比作党参，鹌鹑还被俗称为“动物人参”。

一味食品当作一剂良药，古人也有一致的说法，比如清代名医张璐在《本经逢原》中说："西瓜能解太阳、阳明中渴及热病大渴，故有天生白虎汤之称。"意为西瓜可比作清热名方"白虎汤"。

清代名医王孟英曾说："甘蔗，榨浆名为天生复脉汤。"意为甘蔗汁可比作益气滋阴的名方"复脉汤"。

《随息居饮食谱》云："绞汁服，名天生甘露饮。"这里说的是梨。梨子甘寒生津，润燥止渴，堪称"天生甘露饮"。

◎《食疗歌》

盐醋防毒消炎好，韭菜补肾暖膝腰。
萝卜化痰消胀气，芹菜能降高血压。
胡椒祛寒又除湿，葱辣姜汤治感冒。
大蒜抑制胃肠炎，绿豆解暑最为妙。
梨子润肺化痰好，健胃补肾食红枣。
番茄补血美容颜，禽蛋益智营养高。
花生能降胆固醇，瓜豆消肿又利尿。
鱼虾能把乳汁补，动物肝脏明目好。
生津安神数乌梅，润肺乌发食核桃。
蜂蜜润肺化痰好，葡萄悦色人年少。
香蕉通便解胃火，苹果止泻营养高。
海带含钙又含碘，蘑菇抑制癌细胞。
白菜利尿排毒素，菜花常吃癌症少。

---

5. 食物和药物的区别

虽说"药食同源"，但食物和药物还是有着严格的区别的。为什么民间只说"是药三分毒"，而从不提食物的毒性呢？就是因为古人对食物和药物的区分是比较严格的。其实，古代的药都叫作毒，而这种毒本身就是草。《说文解字》中是这样解释的："毒，草往往而生。"我们现在所说的"是药三分毒"，这种毒指的实际上是药物的偏性。对于药物，我们是利用它的偏性去攻击邪气；对于食物，我们用的则是它的平和之气。所以说，药物在攻击邪气的同时对人的身体也是有害的，而食物则不会对身体造成伤害。

在《黄帝内经》中讲述了很多生病的原因，也提到了很多养生的方法，但却很少提及药物，其目的就是提醒我们要更多地关注自己的身体，而不要太过依赖药物。药物可以用来救急，但绝不能长期服用，而且药物不能补益元气。如果元气伤了，那么任何药物都是毫无办法的。奇经八脉是藏元气的地方，但没有一味药可以入奇经八脉。这就是说，没有一味药可以补益元气。能够补益元气的只有我们天天吃的食物，所以，只要我们通过食补将元气调养好，身体就不会生病，当然也就用不着药物了。

相对药补而言，食补具有很多优势。首先，食补所选用的食物取材方便，利于食用，而且价格低廉，在轻松享用美味的同时就可以滋补身体，是简单而实用的滋补办法。其次，食补的补益范围比较广。一般的药补都具有其特定的针对性，作用比较单一，而食补则是多种营养成分同时作用的结果，可以广泛地摄取。此外，食补可以作为一种生活方式，长期进行。因为摄取食物是人生存的本能，也是维持生命的基本条件，而在摄取食物的同时，又能滋补身体，可谓一举两得。药补则不具备这样的优势，药物价钱昂贵，而且具有毒副作用，所以不宜长期进补。最后，食物可烹制出各种美味佳肴，而药物则大多难以下咽，所以在人的感官上，更容易接受食补。

食补固然有很多好处，但食物却并不能代替药物。事实上，食物在滋补身体以及治疗轻微的症状时确实是优于药物的，但是在对急病、重病的治疗上，只通过食物来治疗是达不到治病目的的。这时只能把食物当作辅助治疗手段，而以药物治疗为主。虽然很多食物都具有药性，但是它们的药效毕竟没有办法和药物相比；虽然食物没有毒副作用，但是它只能作为预防疾病和强身健体的主要手段，而不能用来治疗已经形成的疾病。所以说，食物是不能代替药物的。而且食疗见效比较慢，有些疾病也是等不及的。

食物的四气五味

1. 食物的“四气”

中药有四气五味之说，食物也有四气五味之说。熟知食物的性味，对掌握和运用好食物的养生功效有着重要意义。

日常生活中，大家可能都有这样的生活体验：把一块薄荷糖放到嘴里，咽喉里就会有一种清凉的感觉；喝一口生姜茶，胃里面就有一种温热感。这说明薄荷具有清凉的作用，生姜具有温热的作用。这就是食物的“气”——食物本身所具有的寒、热、温、凉4种不同的性质，即四气，也可称为“四性”。其中寒、凉同性，温、热同性，但程度上却有差异，“凉”实为“微寒”，而“热”实为“大温”。

有人会说，食物中不仅有寒、热、温、凉4种特性，还有平和之性，介乎寒与热之间，即传统食养学所说的“平性”食物。的确有平和性质的食物，但却不是绝对的不寒不热，也就是说，要么稍稍偏温，要么稍稍偏凉。所以，中医对食物特性的描述，只有“四气”或“四性”，而不是“五气”或“五性”。

不懂得食物之性很难明白饮食宜忌的道理。比如，绿豆、芹菜、菊花脑、马兰头、枸杞头、柿子、梨子、香蕉、冬瓜、丝瓜、西瓜、鸭肉、螺蛳、金银花、胖大海等，为寒性或凉性食物，有清热、生津、解暑、止渴的作用，就不适合虚寒体质、阳气不足之人，而热性病症或者阳气旺盛、内火偏重者则可以适当多吃，且吃了还会对身体有益。

再如，同样的道理，食品中的羊肉、狗肉、雀肉、辣椒、生姜、茴香、砂仁、肉桂、红参、白酒等，皆为热性或温性食物，有温中、散寒、补阳、暖胃等功效，适合阳虚怕冷，虚寒病症，而热性病及阴虚火旺者就不宜食用。

2. 食物“四气”与养生

食物的四气是可以用来治病的。中医认为，能够治疗热证的药物，属于寒性凉性的药物；能够治疗寒证的药物，就是热性温性的药物。同样道理，凡属热性或温性的食物，对寒证或阳气不足的人十分有益，属于“疗寒以热药”；凡属寒性或凉性的食物，对热证和阳气过旺之人十分有利，属于“疗热以寒药”。或者说，寒证病者和阳气不足之人，不可多吃常吃性属寒凉的食物，因为寒凉性食物具有清凉、泻火、伤阳之弊；而热证和阳气过旺者，切勿多食常吃温热性质的食物，因为温热性食物有温补、壮阳、助火之力。

一般而言，寒凉食物具有清热泻火、凉血解毒、滋阴生津、平肝安神、通利二便等作用，如粟米、小麦、大麦、谷芽、薏苡仁、苹果、柿子、萝卜、梨、紫菜、茶、绿豆、草莓、罗汉果、茭白、冬瓜、丝瓜、茶油、蜂蜜、莴苣、芹菜、西瓜、苦瓜、黄瓜、羊肝、鸭肉、兔肉、蟹、黑鱼等，这类食物主要适用于临床表现为发热、口渴心烦、头晕头痛、小便黄赤、大便秘结等热性病症。此类食物也是素体阳热亢盛、肝火偏旺者首选的保健膳食。

温热食物具备温中散寒、助阳益气、通经活血等功效，如姜、葱、韭、蒜、糯米、西谷米、高粱、燕麦、白豆、甘薯、辣椒、酒、油菜、胡椒、南瓜、梅子、山楂、大枣、杨梅、生姜、鸡、黄鳝、带鱼、羊肉、海鳗等，适用于临床表现为喜暖怕冷、肢体不温、口不渴、小便清长、大便稀薄等寒性病症。此类食物还是平时怕冷、虚寒体质者适宜的保健膳食。

平性食物具备平补气血、健脾和胃、补肾等功效，无论寒证、热证均可食用，也可供脾胃虚弱者保健之用，如籼米、大豆、玉米、粳米、芝麻、豆油、面制酱、青菜、荠菜、卷心菜、茄子、冬瓜、橘子、人乳、猪肉、牛肉、鸽子、鲤鱼、鲫鱼等。

这就是为什么我们咽喉灼热疼痛时吃薄荷（清凉作用），胃部冷痛时喝生姜水（温热作用）能够缓解不适的原因。还有，夏季炎热，高热难熬，我们可以用绿豆汤、冬瓜汤、西瓜汁、甘蔗汁、菊花茶、金银花露等具有寒凉特性的食物清热泻火，祛暑解渴；冬季寒冷，我们可以吃羊肉、狗肉，喝补酒，以温补阳气，抵御外寒。这些都是利用食物的四气调养身体的例子。

再以呼吸系统的慢性病支气管扩张和支气管炎为例。

慢性支气管炎属寒性咳喘病，大多数是因受凉感冒后久久不愈，造成寒痰伏肺，遇寒即发，所以，饮食上就要多吃些生姜、干姜、金橘、佛手柑、羊肉、狗肉等温热性质的食物。而柿子、香蕉、荸荠、薄荷、蚌肉、螺蛳等大凉之物则绝对不可多吃。

支气管扩张多属阴虚火旺，或痰热蕴肺，所以，患支气管扩张疾病的人就应该常吃些荸荠、海蜇、萝卜、冬瓜等性凉清肺食物。而桂圆肉、荔枝、葱、姜、辣椒等性温热能助热上火加重病情的食物，则不可多吃。

从中医角度看，人体疾病大概可以分为两大类，即热证和寒证。正常情况下，人体需要通过产热和散热之间的平衡调节来保持体温的恒定。可是，当受到某些内外界因素影响后，人体内部就会产生产热和散热的不平衡，进而导致疾病的发生。产热多于散热，即为热证，则会出现发热、功能亢进等症状；散热多于产热，即为寒证，则会出现畏寒、功能衰退等症状。食物的四气可以调养身体就是以此为依据的。用寒凉性质的食物抑制人体的新陈代谢，减慢脏腑器官的活动和血液循环，进而可以调整热证；用温热性质食物增强人体的新陈代谢，加快脏腑器官的活动和血液循环，进而可以治疗寒证。

用食物的四气调养身体其实就是为了纠正疾病状态下人体的寒热失衡情况。

3. 食物的“五味”

五味，即分布在舌头上的味蕾对食物的感觉，包括酸味、苦味、甘味、辛味、咸味。

除了这五味，中医学上还把淡味，比如说白开水等没有特殊味道的食物，以及涩味，如芡实、莲子等，总有些涩嘴的感觉，包含在五味之中。无味在中医上叫作淡味，因为味道不显，而被并附于甘味。涩味在中医学上被认为与酸并存而类似，所以被并附于酸味。

从饮食养生角度看，食物不同的味道有着不同的作用和功效。请看下表：

味道	作用和功效
辛味	能行气，通血脉，能宣散；有促进胃肠蠕动，增强消化液分泌，促进血液循环和新陈代谢的作用；有祛散风寒，疏通经络的功能对受凉后胃胀腹胀，气滞不畅的人，或感受风寒的人，最为有益
甘味	补益强壮、补充气血；能消除肌肉紧张和解毒；有和缓、舒缓的作用，可以缓和拘急疼痛，消除肌肉紧张痉挛。凡气虚、血虚、阴虚、阳虚，以及五脏虚羸者，皆可食用味甘之物。但若过吃甘甜食物则易发胖，是很多血管疾病如动脉硬化症的诱因
酸味	有收敛、固涩作用，还能增进食欲、健脾开胃、增强肝脏功能，提高钙、磷吸收率。适宜久泄、久痢、久咳、久喘、多汗、虚汗、尿频、遗精、滑精等遗泄患者食用。但若过多食用酸味食物，又会导致消化功能紊乱
苦味	有泻火、燥湿等功效，内有实火、湿热之人，应当多食
咸味	能软坚，能散结，也能润下，结核、痞块、便秘等患者食之有益

上表已经对食物五味的作用和功能列举得很清楚，为了加深了解，我们具体说一说辛味、咸味和苦味。

很多人都有过这样的经验：一股辣气迎面扑来时，我们就会连打几个喷嚏；当我们受了风寒，鼻塞流涕时，喝上一碗生姜汤，再盖上被子出一身汗，就会感觉舒服多了。这些都说明了辛味的开通、发散的作用。

鉴于辛味的这些作用，外感风寒者，寒凝气滞的腹痛、胃痛、痛经患者以及风寒湿痹患者，就应该多吃辣味食品，如葱、姜、紫苏、茴香、砂仁、辣椒、荜拨、桂皮、白酒或药酒等，以宣散外寒、散寒止痛、温通血脉。

咸味食物，多为海产品及某些肉类，如海蜇、海带、猪肉等。

海蜇有清热、化痰、消积、润肠的作用，对痰热咳嗽、痰咳、痞积胀满、小儿积滞、大便燥结者，食之最宜；海带有软坚化痰作用，适宜瘿瘤瘰疬、痰火结核者服食；猪肉除能滋阴外，也能润燥，同样适宜热病津伤、燥咳、便秘之人食用。我们都知道大脖子病，现代医学叫甲状腺肿大，中医学称之为瘿瘤，是由于缺碘造成的，多吃海带、紫菜之类味咸的食物，有利于病情好转，甚至痊愈……这些说的都是咸能润下软坚的效果。

苦味食物中苦瓜是最有代表性的。苦瓜味苦性寒，用苦瓜炒菜，佐餐食用，有利于热病烦渴、中暑、目赤、疮疡疖肿者清泻、明目、解毒、泻火等。再如茶叶，也有清泻的功效，夏日饮用，能使人清利头目、除烦止渴、消食化痰。

4. 五味与五脏联系紧密

《黄帝内经·素问·五脏生成篇》说："是故多食咸，则脉凝泣而变色；多食苦则皮槁而毛拔；多食辛则筋急而爪枯；多食酸则肉胝皱而唇揭；多食甘则骨痛而发落，此五味之所伤也。"可见，食物五味直接关系到人体的健康长寿。

酸味可以入肝，苦味可以入心，甘味可以入脾，辛味可以入肺，咸味可以入肾。(《黄帝内经·素问·宣明五气篇》)

酸走筋，多食之令人癃；咸走血，多食之令人渴；辛走气，多食之令人洞心；苦走骨，多食之令人变呕；甘走肉，多食之令人悗心。(《黄帝内经·灵枢·五味论》)

辛走气，气病无多食辛；咸走血，血病无多食咸；苦走骨，骨病无多食苦；甘走肉，肉病无多食甘；酸走筋，筋病无多食酸。(《黄帝内经·素问·宣明五气篇》)

上面几句说明了五味和五脏的密切关系。这也是中医的一大发明。

据《太平惠民和剂局方》（宋代）记载，中医有个叫作"青娥丸"的补肾方，治疗肾虚腰痛很有效果，由胡桃仁、补骨脂、杜仲三味补肾药组成。原书中特别注明该药的服法是"盐汤下"，这其实就是借用咸味可以入肾的原理，以增强补肾药物的作用。由此有人推论出一个简便的治疗肾亏腰酸腰痛药方：胡桃肉，用淡盐水煮后，每天取食 3~5 颗，连续服用一个月。这是不是比吃中药方便多了？

可见，不同味道的食物，对人体具有不同功效。

牢记五味与五脏的关系，对调理疾病是有很大帮助的。比方说苦味能泻火，苦味又入心，所以，心火偏旺之人，心烦失眠，舌尖红或舌尖破碎疼痛，就可借用莲子心味苦入心、泻心火的作用来泡茶饮用。

鉴于食物五味的不同功效，以及五味与五脏的密切相关，我们在选择食物时务必要做到均衡，既不能因特别喜欢而多吃甘味食物，也不能偏爱多吃酸味或辛（辣）、咸味食物。过分偏嗜一味，会导致五脏功能受损，功能失调，甚至引起疾病，加重病情，难以康复。只有五味调和，脏腑得益，身体才能健康。

5. 五味失调的表现

当饮食偏于某一味时，身体就会出现不适。那么，五味失调究竟各有什么表现呢？《黄帝内经·灵枢·五味论》中是这样说的："五味入于口也，各有所走，各有所病。酸走筋，多食之，令人癃；咸走血，多食之，令人渴；辛走气，多食之，令人洞心；苦走骨，多食之，令人变呕；甘走肉，多食之，令人悗心。"也就是说，偏食酸味可使人小便不利；偏食咸味令人口渴；偏食辛味可使人内心空虚；偏食苦味可使人呕吐；偏食甘味可使人心中烦闷。

要做到五味调和，就一定要注意食物的搭配。现代人的饮食大多是以咸味和甜味为主，辛味和酸味次之。也就是说，在现代人的饮食中，最缺少的一味就是苦味。所以，为了改变五味失衡的状况，我们都应该多吃一些苦味食品。事实上，人体对五味的需求是大致相等的，我们应该均衡地摄入五味，注意各种味道的合理搭配，以保证五味调和。此外，五味一定要浓淡适宜，不可偏亢，以免伤及五脏。一般来说，清淡的饮食是比较有利于健康的，但如果身体处在某种特殊的状态下，则可以适当加重某一味。

食物归经和升降沉浮

1. 什么是食物归经

“食物是最好的药”是中医观点。中医对食物的认识比近代医学、营养学对食物的认识要早得多，而且不像营养学中对食物的认识那么片面和肤浅。除了食物的四气、五味与养生的关系，食物归经理论也同样表明了中医对食物调理养生的认识更加深入而科学。

所谓食物归经，指的是食物可以通过经络对人体不同部位产生不同的特殊功效，换句话说就是，食物的性能和功效对人体某些脏腑及其经络有明显选择性的特异作用，而对其他经络或脏腑作用较小或没有作用。

简而言之，食物归经就是把食物的功效与脏腑经络联系起来，以达到治疗作用。如生姜、桂皮能增进食欲，萝卜、西瓜能生津止渴，是因为这些食物的功效能入胃经；枸杞、猪肝能治夜盲、目昏，海蜇、茼蒿能治头晕目眩，是因为这些食物的功效能归属肝经；柿子、蜂蜜能养阴润燥、缓和咳嗽，就是因为它们能够作用到肺经；核桃仁、甜杏仁、香蕉等，既能润燥止咳，又能通利大便，则是因为这些食物可以归属肺与大肠二经。

2. 食物归经的中医解释

经络学说是中医的一大创造，神奇的食物归经理论就是经络学说的一项具体应用。我们先说经络的作用。人体的生命原生物——元阴与元阳，相互作用产生了气，气通过经络将生命原物质相互作用而产生的效能传递到脏腑，于是就有了脏腑的各种生理活动。也是缘于这一功效，经络还能起到通人体内外表里的作用——体表的疾病可以通过经络影响到内脏，内脏的病变也可以通过经络反映到体表，如肺经病变，每见气喘、咳嗽；肝经病变，每见胁痛、抽搐；心经病变，每见神昏、心悸等。因此，如果我们对经络加以细心观察，就会及时发现病变症候，并对身体健康有一个整体和宏观的把握。

我们再说食物归经。如果食物能增强或减弱气在某个路径上的传递，它就能实现对某个脏腑功能的改变，这也就是“归经”了。把五味与五脏的关系和归经理论相结合，那么五味能入五脏就意味着五味可以对气在不同的路径上的传导产生影响，如酸味入肝，是因为酸味可以影响气所携带的效能向肝脏传递；苦味入心，是因为苦味可以影响气所携带的效能向心脏传递；甘味入脾，是因为甘味可以影响气所携带的效能向脾传递；辛味入肺，是因为辛味可以影响气所携带的效能向肺传递；咸味入肾，是因为咸味可以影响气所携带的效能向肾传递。

这就是为什么肺虚咳喘者宜吃百合、山药、白果、燕窝、银耳、猪肺、蛤蚧或冬虫夏草等补品，而桂圆肉、栗子、芡实、莲子、大枣等就不宜吃的原因，因为前者皆入肺经，能养肺补肺润肺，后者皆不入肺经，食之于肺无补。同样，肾虚腰痛腰酸者宜吃栗子、胡桃、芝麻、山药、桑葚、猪腰、枸杞子、杜仲等，不宜吃百合、龙眼肉、大枣、银耳、人参等，也是因为前者能入肾经而补肾壮腰，后者皆不入肾经，食之于腰酸腰痛无补。这遵循的正是食物归经理论。

食物归经理论是前人在长期的医疗保健实践中，根据食物作用于机体脏腑经络的反应而总结出来的。如梨能止咳，故归肺经；核桃仁、芝麻有健腰作用，故归肾经；酸枣仁有安神作用，故归心经；芹菜、莴苣有降血压、平肝阳作用，故归肝经；山药能止泻，故归脾经。由此可见，食物归经理论是具体指出食物对人体的效用所在，是人们对食物选择性作用的认识。

3. 什么是食物的升降沉浮

除四气、五味和归经的自然特性外，食物还有一个特性，那就是升降浮沉。

食物的升、降、浮、沉是指食物的4种作用趋向。在正常情况下，人体的功能活动有升有降，有浮有沉。升与降、浮与沉的相互协调平衡就构成了机体的生理过程。反之，升与降、浮与沉相互失调和不平衡又导致了机体的病理变化。如当升不升，则表现为子宫下垂、久泻脱肛、胃下垂等下陷的病症；当降不降，则可表现为呕吐、喘咳等气逆的病症；当沉不沉，则可表现为在下、在里的病症；当浮不浮，则可表现为肌闭无汗等在表的病症。而能够协调机体升降浮沉的生理活动，或具有改善、消除升降浮沉失调病症的食物，就相对地分别具有升、降、浮、沉的作用。不仅如此，利用食物升降浮沉的作用，还可以因势利导，有利于祛邪。

4. 升降沉浮与四气五味

一般来说，食物的升降浮沉与食物的四气和五味有密切的关系，即食物的气味性质与其阴阳属性决定食物的作用趋向。

升，就是上升；降，就是下降；浮，就是外浮、发散；沉，就是下沉、潜纳，由于升和浮、降和沉这两类趋向性有一定的相似性，很难完全区分开，所以常合称为“升浮”与“沉降”。凡具有升浮特性的食物，都主上行而向外，有发汗、散寒、解表等作用；具有沉降特性的食物，都主下行而向内，有降逆、收敛、渗利、泻下等作用。

具体说，凡食性温热、食味辛甘淡的食物，其属性为阳，其作用趋向多为升浮，如姜、蒜、花椒、桃、樱桃、荜拨、肉桂等；凡食性寒凉、食味酸苦咸的食物，其属性为阴，其作用趋向多为沉降，如杏仁、梅子、莲子、冬瓜、绿豆、梨、茄子、丝瓜、黄瓜、茭白等。在常用食物中，沉降趋向的食物多于升浮趋向的食物。这是食物的四气与升降沉浮的关系。

再比如，辛能散，酸能收，苦能泻，甘能补，咸能软，淡味能渗湿。从升降沉浮角度考虑，六种味道所起的作用可分两类，一是升浮，二是沉降。就像《黄帝内经》总结的那样：“辛甘发散为阳，酸苦涌泄为阴，咸味涌泄为阴，淡味渗泄为阳。”阳的特性是升浮，阴的特性当然就是沉降。这是五味对食性升降浮沉的影响。

如何判断食物的升降浮沉

（1）花叶及质轻的食物，大都能升浮，如紫苏叶、荷叶、茶花类及浮小麦等。

（2）籽实及质重的食物，大都能沉降，如栗子、胡桃仁、黑芝麻、薏米、珍珠粉等。

（3）食物升降浮沉的特性，还可借助不同的烹调制作而实现。如，酒炒则升，姜汁炒则散，醋炒则收敛，盐水炒则下行。

以脏补脏说

1. 什么是以脏补脏理论

以脏补脏是指用动物的脏器来补养人体相应的脏腑器官，或治疗人体相应脏腑器官的病变，又称以形治形、以形补形、以脏治脏、脏器疗法等。如用猪肝、羊肝来补肝明目；用猪肾来补肾益肾；用胎盘治疗贫血体弱；用猪蹄筋骨及蹄爪治疗手足无力、颤抖之患者等。

以脏补脏理论与其他性能理论一样，也是前人在长期的医疗保健实践中归纳总结出来的。早在唐代，著名的医药学家兼养生学家孙思邈就发现，动物的内脏和人体的内脏无论在组织形态还是在生理功能上都十分相似。他在所著的《千金要方》和《千金翼方》中详细而系统地列述了大量动物脏器的主治功效，例如肾主骨，他就利用羊骨粥来治疗肾虚怕冷。男子阳痿，多责之命门火衰、肾阳不足，他就运用鹿肾医治阳痿。肝开窍于目，他就以羊肝来治疗夜盲症。夜盲症，欧洲在 1684 年维布利格斯始报告一例，直至 1923 年日本人毛利氏才用鸡肝和鳗鱼来治疗夜盲症，这较之孙氏要晚 1200 多年。

自孙思邈以后，许多医学家又发展了“以脏补脏”的具体运用，很多重要的医学著作中都记载了行之有效的“以脏补脏”疗法。宋《太平圣惠方》有用羊肺羹治疗消渴病的记载，《圣济总录》有用羊脊羹治疗下元虚冷的记载。元《饮膳正要》介绍了用牛肉脯治疗脾胃久冷，不思饮食的方法。明代李时珍主张“以骨入骨，以髓补髓”。清朝王孟英介绍了以猪大肠配合槐花治疗痔疮……

随着现代科学技术和医学的发展，“以脏补脏”的理论被运用得越来越广，内容也越来越丰富。例如，采取新鲜或冷冻的健康牛羊肝脏加工制成的肝精，治疗肝病及各类贫血。将猪胃黏膜加工制成的胃膜素，有保护人的胃黏膜的作用，可用于治疗胃或十二指肠溃疡。用动物睾丸制成的睾丸片，可治性功能减退症。采用猪、牛、羊的胎盘制成的胚宝片，神经衰弱、发育不良者均宜服食。也有用动物内脏提取的多酶片，内含淀粉酶、胰酶、胃蛋白酶等，治疗因消化酶缺乏引起的消化不良等症。更有从动物的内分泌腺中提取出的促性腺素、促皮质素、雌激素、雄激素、甲状腺素、胰岛素等，研制成各种激素类制剂，治疗内分泌功能低下症。一些民间医生会采用新鲜猪胰脏治疗糖尿病等。所有这些，都是对古代“以脏补脏”理论的进一步发展运用，并逐渐揭示和证实了“以脏补脏”学说的科学道理。

2. 吃什么绝对能补什么吗

“以脏补脏”理论有它的科学性，但也不是绝对的。比如，孙思邈曾用猪肝治疗夜盲症，于是，很多视力不好的人就对动物肝脏情有独钟。这是不对的，任何事情我们都应该辩证地看。以肝脏养眼就不适合高脂血症患者。动物肝脏中含有丰富的胆固醇，这对高脂血症患者无异于火上浇油。还有，有些肾结石引起肾绞痛的患者，以为多吃动物肾脏可以将肾结石消掉，或者能增强肾功能，这也是不可取的。这种误补不仅不能消除结石，反而会促使结石增大或增加结石复发的危险性，甚至会造成严重的肾积水、肾功能丧失。

再比如，根据“以脏补脏”的理论，猪脑就可起到补益大脑的作用。可是，这一点却不适合老年人。老年人常常存在不同程度的高血脂、动脉硬化等问题，过多食用猪脑会加重病情，甚至诱发中风等疾病。其实老年朋友在补脑时可以选择核桃、黑芝麻、鱼肉等食物来代替猪脑。

还有些性欲低下、性功能障碍等疾病的患者以为常食用动物睾丸、麻雀肉等势必对改善病情有所帮助。也有一些餐馆热捧“牛鞭汤”“羊鞭汤”的滋阴壮阳功效，甚至宣称可以治疗性欲低下、性功能障碍等疾病。其实不然，动物鞭类以及睾丸均为高蛋白质、低脂肪的食物，持续食用此类食物，对增强性欲和改善性生活有一定的帮助，但是一味依靠多吃动物鞭类及睾丸，并不能起到治疗的作用。

从动物器官功用考虑，这就很好理解了。我们知道动物的肝、肾和我们人类的一样，是解毒排毒的主要器官，无论是外来的还是体内产生的各种毒素，绝大多数要经肝、肾处理后转化为无毒、低毒物质或溶解度大的物质，再随胆汁到达肠道或经血液循环到肾脏，随粪便或尿液排出体外，鉴于此，我们切不可长期大量摄入此类食物。

有专家也称，并非所有的动物脏器都可以用来补养人体的脏器，特别是一些动物的腺体和淋巴组织，如猪的肾上腺、甲状腺等，或对人体有明显的损害，或有比较严格的用量限制，均不可作为食物食用。而且，由于人体的病症在每个人身上表现不同，治疗和食疗方法也不尽相同，“以脏补脏”不能机械地理解，更不能滥用，否则会有损健康。

食物的相克与相宜

发物

1. 何谓“发物”

在中国，对“发物”的认识已有千百年的历史。唐代孙思邈《千金食治》、元代贾铭《饮食须知》、吴瑞《日用本草》、明代李时珍《本草纲目》、清代王孟英《随息居饮食谱》等对“发物”都有所论述。

名医秦伯未在《中医对于病人的膳食问题》中曾说：“凡能引起口干、目赤、牙齿肿胀、大便秘结的韭菜、香菇、金花菜等，都有发热的可能，俗称‘发物’。”

从中医学角度说，“发物”就是指特别容易诱发某些疾病（尤其是旧病宿疾）或加重已发疾病的食物。不同的食物在性能（偏性）

上有差异，尽管都有其可食性和营养功能，但在患病服用中药时期，如果不了解“发物”和不重视“忌口”，饮食不当，则可能引起病变，产生不良反应和副作用，从而加重病情和引起严重后果。明太祖朱元璋就是利用“发物”治病这一原理害死徐达的。当时徐达正患有“发背”——发于背脊部的一种疔疮，相当于现代医学的急性蜂窝织炎，朱元璋命太监送去一只老肥鹅。徐达一见知道太祖想要他命——发背多由湿热火毒蕴积、气血瘀滞而成，而老鹅乃肥腻之品，易生痰湿，化热动火，能使火毒之邪更加旺盛，并四处扩散，甚至形成“疔毒走黄”。但圣命难违，徐达不敢抗旨，只好将鹅全部吃下，不久便病情恶化不治身亡。

“发物”禁忌在饮食养生、饮食治疗以及外科手术后减少创口感染和促进创口愈合中都有极为重要的意义。

2.“发物”的分类

“发物”按来源分为以下几类：

蔬菜类：香椿头、芸薹、芫荽、芥菜、菠菜、豆芽、莴苣、茄子、茭白、韭菜、竹笋、南瓜、慈姑、香蕈、蘑菇等。这类食物易诱发皮肤疮疡肿毒。

禽畜类：猪头肉、鸡肉、鸡蛋、驴肉、獐肉、牛肉、羊肉、狗肉、鹅肉、鹅蛋、鸭蛋、野鸡肉等，有时还将荤腥膻臊之类食品一概视为“发物”。这类食物主动而性升浮，食之易动风升阳，触发肝阳头痛、肝风脑晕等宿疾，此外，还易诱发或加重皮肤疮疡肿毒。

食用菌类：蘑菇、香菇等。过食这类食物易致动风生阳，触发肝阳头痛、肝风眩晕等宿疾，此外，还易诱发或加重皮肤疮疡肿毒。

海腥类：鲤鱼、鲢鱼、蹲鱼、鲚鱼、白鱼、黄鱼、乌贼鱼、鲳鱼、鲥鱼、鲈鱼、鲟鱼、鲩鱼、章鱼、比目鱼、鲦鱼、带鱼、鳙鱼、黄鳝、蚌肉、蚬肉、虾子、蟹等。这类食品大多咸寒而腥，对于体质过敏者，易诱发过敏性疾病发作如哮喘、荨麻疹症，同时，也易催发疮疡肿毒等皮肤疾病。

果品类：杏、李子、桃子、银杏、杧果、杨梅、樱桃、荔枝、甜瓜等。多食桃易生热，发痈、疮、疽、疖、虫疳诸患，多食杏生痈疖，伤筋骨。

调味品：葱、椒、姜、蒜之类辛辣刺激性食品；还有菜油、糟、酒酿、白酒、豌豆、黄大豆、豆腐、豆腐乳、蚕蛹等。

按性能分为以下几类：

发热之物：薤、姜、花椒、羊肉、狗肉等。

发风之物：虾、蟹、椿芽等。

发湿之物：饴糖、糯米、醪糟、米酒等。

发冷积之物：梨、柿及各种生冷之品。

发动血之物：辣椒、胡椒等。

发滞气之物：土豆、莲米、芡实及各类豆制品。

发现“发物”的食物排除法

一些未知的发物，得靠患者根据自身的情况自己去发现。以湿疹为例，在湿疹消退期，患者可先从最简单无过敏的饮食开始，比如仅吃大米及一两种蔬菜，观察两三周，如果没有“发”的现象，以后每周再增加一种食物。排查过程中要做好食谱记录。坚持一段时间之后，便可找到自己不适宜食用的，不易发现的“发物”，将其排除于食谱之外即可。

3.“发物”致病的原因和特点

日常生活经验告诉我们，同一种“发物”未必对每一个患者都能产生“发”的效果。同一种食物，有的患者原病复发，而有的患者则不会；有的患者可能食这种东西发，而有的患者可能吃另一种东西发。这说明，“发物”致病与人的体质、遗传、季节、年龄、食后受凉或发怒生气等多种因素有关，并不是绝对的发物，就对谁都“发”。

当然，某种食品既然被认定为“发物”，肯定有它成为发物的品质，比如说，以上所列“发物”中的动物性食品，它们中含有某些会促使人体内的某些功能亢进或代谢紊乱的激素，如糖皮质类固醇超过生理剂量时，就可以诱发感染扩散、溃疡出血、癫痫发作等，引起旧病复发。

再比如，某些食物含有可以成为过敏源的异性蛋白，能引起变态反应性疾病复发。如海鱼虾蟹往往引起皮肤过敏者荨麻疹、湿疹、神经性皮炎、脓疱疮、牛皮癣、过敏性紫癜、肠炎等顽固性皮肤病的发作。豆腐乳有时也会引起哮喘病复发。

还有，一些刺激性较强的食物，如酒类、葱蒜等辛辣刺激性食品，极易引起炎症病灶的感染和扩散、疔毒走黄。这就是中医所说热证实证忌吃辛辣刺激性发物的道理。

一般来说，凡是“发物”都具有发热、发疮、上火、动风、生痰、胀气、便秘、腹泻以及诱发痼疾等致病特点。

忌口

1. 什么是“忌口”

忌口是中医治病的重要饮食调护内容之一。俗话说的“病从口入”，其实包含两方面含义，一方面指饮食不洁，容易感染疾病；另一方面指饮食不节，寒温不适，造成脾胃损伤，进而致病。鉴于这两点，中医提倡“忌口”。

所谓的忌口，就是饮食禁忌——医生诊治疾病时，为保证其药效，常会嘱咐患者服药期间不要吃某些能减低药物功效并发生副作用的食物或药物，比如热性疾病患者，服药期间不能吃辣椒、喝白酒等，因辣椒、白酒等食物属性热，有腻滞生火、生痰作用，食后会助长病邪；服用解表、透疹药的患者，不能食用酸味与生冷食物，因为这些食物有收敛功能，将会直接影响药物的解表、透疹效果。

随着医学的推广与普及，现代人大多不讲究忌口了，甚至还有人指责中医的“发物”忌口不科学。真的是这样吗？不然，西医其实也讲忌口，比如：高血压和肝硬化腹水患者都要忌吃过咸的食物；糖尿病患者要忌吃糖及过甜的食物；痛风患者忌吃含有多量的嘌呤物质的豆腐、啤酒及动物内脏；肾炎水肿者应当忌盐；红斑狼疮患者忌饮白酒；支气管哮喘患者忌吃海腥食物；慢性荨麻疹患者忌吃虾子等。

换种说法，糖就是糖尿病患者的“发物”；豆制品就是痛风患者的“发物”；盐就是肾炎水肿患者的“发物”；白酒就是红斑狼疮患者的“发物”；海腥食物是支气管哮喘患者的“发物”；虾就是慢性荨麻疹患者的“发物”；海腥食品就是哮喘患者的“发物”；柿子、大蒜是胃及十二指肠溃疡患者的“发物”；竹笋、茭白是肾脏疾病和尿路结石患者的“发物”。

这就是西医的“忌口”观点，只是西医对“发物”的认识角度和说法不同罢了。

2. 哪些情况下需忌口

历代医药学家在长期的实践中发现，在医治病症的时候，不仅要强调辨证论治，还要讲究辨证食疗，即食补和食治。这就是我们平常所说的“药补不如食补”“食物是最好的药”。

食补和食疗都要根据自身的体质、营养状况、季节、所患疾病等因素来制定食补和食疗方案，其中尤其要注意忌口。

这是因为进行食补和食疗的食物，不管是不是药物，都各具不同的温热寒凉之性，自然会与人的不同体质产生相克或相宜，相宜最好，相克就是饮食禁忌。例如，平时火大的阴虚体质之人，就要忌食桂圆一类偏温热的食物；平时胃肠功能不好、吃了油腻食品就会腹泻的人，就要忌食核桃仁、芝麻等有油脂、易于引起滑肠的食物。

对于患者，讲究忌口、注意辨证论治就更好理解了。

这一点上文已经说过，许多疾病都有相克的食物，比如，胃、十二指肠球部溃疡与生冷食物相克，所以，该病患者就要忌食生冷食物，尤其在夏天要忌食冷饮。胆管感染、胆石症与油炸、油腻之品相克，故这些疾病的患者，就要禁食油炸、油腻之品。再比如，发热以后，余热不清，低热不退，患者常为口干、乏力、饮食不振，这时候就应该忌食鱼腥、肥肉一类食品；口腔溃疡患者，要想防虚火不退而致溃疡不愈合，则应当忌食巧克力类食品。

对于某些疾病，药物治疗配合食疗时，同样应该注意忌口，因为药物和食物同样存在相生相克。尤其当食物易与药物产生不良反应时要忌口。比如，食用黄连、甘草、苍耳子、乌梅、桔梗等药物时，要忌食猪肉，食用鳖甲时忌食苋菜，食用地黄、首乌时要忌食葱、蒜、萝卜等。食物与药物的相克表现：当食物的作用与药物作用一致时就会减弱、抵消药物疗效，甚至产生毒副作用，从而妨碍疾病的治疗。

此外，食物影响疾病的治疗，助邪伤正、添病益疾时以及食物对病后调整康复不利时，都要注意忌口。如荨麻疹、丹毒、湿疹、疮疖、中风、头晕目眩等症患者不宜食用鱼、虾、蟹、贝、猪头肉、鸡肉、鹅肉、鸡蛋等；各种出血性疾病患者，如崩漏带下、月经过多、吐血、咯血、鼻出血、皮下出血、尿血、痔疮等，不宜食用胡椒、羊肉、狗肉、烧酒等；溃疡病、慢性胃炎、消化不良等病症患者，不宜食用白酒、豆类、薯类等。大病初愈时，正气未复，消化能力差，此时如果饮食不当，就会使病情出现反复或变生他疾。患过敏性疾病者应避食鱼、虾、蟹、贝、椿芽、蘑菇以及某些禽畜肉、蛋等；高脂血症、高血压、冠心病、中风等患者病后则应避食油腻厚味之物，以清淡为宜。

3. 忌口的内容

中医最早的典籍《黄帝内经》中，对忌口的内容做过如下表述：

忌量：《黄帝内经》认为“饮食不节”，比如饮食过度或饥饿日久，都会使胃纳脾运的升降能力失去常度，从而变生各种病症。

忌偏：《黄帝内经·素问·五脏生成论》中明确指出，多食咸，则脉凝泣而变色；多食苦，则皮槁而色拔；多食辛，则筋急而爪枯；多食酸，则肉胼胝而唇揭；多食甘，则骨痛而发落。这是五味过度对人的伤害。《黄帝内经·灵枢·五味论》中提出了五禁，即“肝病禁辛，心病禁咸，脾病禁酸，肾病禁甘，肺病禁苦”。所以，在日常饮食中，我们要切忌对某种食物过贪，否则就会造成过量和过味，导致疾病。

忌病：《黄帝内经》认为，患病者一定要注意疾病与饮食的相生相克，如胃肠病出现寒象，应忌用生冷瓜果、油腻黏滞之食物；肾阴不足见虚热之时，应忌辛热、香燥伤阴之食物；而实热者，应忌食油腻、煎炸温热之物等，否则，不仅不利于病后康复，也会使病情出现反复。

4. 饮食宜忌的特点

饮食宜忌是中国饮食文化中非常重要的一项内容，它跟中国的传统医学一样有两大特点，即整体把握和辨证论治。

所谓的整体把握指的是不仅要把人本身当作一个完整的有机体来看待，还要把人和自然界结合起来看成一个整体，这样就能做到因人、因地、因时、因病进行饮食养生了。这就是所谓的“看人下菜碟”和“审因用膳”“辨证用膳”。这就是中医所讲的饮食的“宜”与“忌”。

整体把握非常重要。因为人的各个组织器官之间在结构上是紧密联系的，在功能活动上是密切协调的，在病理变化上，是相互影响的。饮食养生过程中，绝不可犯“盲人摸象”的错误，只看局部，不看整体。每一个人，每个常人和病人，饮食内容和模式都应该是不同的，具有针对性的。另外，人体的内环境也要时时处处受到外界自然环境变化，比如，春夏秋冬四季气候、东南西北地理变化以及生存条件状况、饮食风俗习惯等因素的影响，所以，饮食养生时就要做到因时因地制宜。

所谓的辨证论治其实就是在考虑多方面因素后对食物的辨证选择。这就是因人因病，辨证择食。这里所说的多方面因素包括食物的特性，比如四气、五味、性味归经、升降沉浮等，又包括人的自身特点，比如身体素质、性别年龄、疾病属性等，还包括气候、地域等因素。这就叫饮食宜忌的辩证观。

食物的科学配伍

1. 什么是食物配伍

每一种食物都有其独特的营养成分，所以我们应该摄取多种食物，以保证营养的均衡和全面。但是在食物的选择上，我们还应该注意食物的搭配问题。食物的搭配绝不是一件简单的事情，如果食物搭配得当，就会促进营养的吸收；如果搭配不当，不仅会影响营养物质的吸收，还会危害身体健康，严重者还可导致疾病，甚至死亡。“搭配得宜能益体，搭配失宜则成疾。”也就是说，并不是所有食物都可以同时食用的，食物之间也存在着“相生相克”的关系。

随着人们对健康的普遍关注，食物的营养问题也越来越受到重视。我们可能很清楚诸如“豆角可以补肾”“茄子可以清热活血”“萝卜可以健胃顺气”“菠菜可以补血”等，但是我们却往往忽略了食物之间的搭配问题。从现代营养学的观点来看，两种或两种以上的食物，如果搭配合理就可以起到营养互补、相辅相成的作用，进行食物之间的优化组合，往往可以达到事半功倍的效果，但是长期以来，这一点都被人们忽视了。关于食物搭配的重要性，早在两千多年前的中医里就有所论述。中医学认为，食物有四气（寒、热、温、凉）和五味（辛、甘、酸、苦、咸），通过其间的搭配，就可以达到食物的营养平衡，发挥食物对人体保健的最大功效。

只要食物搭配得当，健康将变得更加轻松、容易。几乎所有的营养学家都认为，掌握一定的食物搭配知识是十分必要的，这有利于促进我们的身体健康，避免因为食物搭配不当而引起疾病甚至死亡。关于食物搭配的知识，是非常繁杂的，但总体上来说应遵循这样的原则，那就是最大限度地保持膳食和营养的平衡，也就是吃多种不同种类的食物，而且所吃的食物的种属越远越好。

在日常的生活中，我们除了掌握饮食搭配原则以外，还应该多了解各种食物的属性，关注我们经常食用的食物有哪些搭配宜忌。多了解这方面的知识，多看一些食物的营养书籍、多听一些有关的讲座，对于我们改进饮食的质量是很有帮助的。

2. 食物搭配的几种情况

与药物的配伍同理，食物的配伍基本分为协同和拮抗两个方面。食物的协同配伍包括：相须、相使；拮抗方面包括相畏、相杀、相恶和相反。

相须是指同类食物相互配伍使用，起到相互加强的功效。如治疗阳痿的韭菜炒胡桃仁，韭菜与胡桃仁均有温肾壮阳之功，协同使用，则壮阳之力倍增；再如治肝肾阴虚型高血压的淡菜皮蛋粥中，淡菜与皮蛋共奏补肝肾、清虚热之功。

相使是指以一类食物为主，另一类食物为辅，使主要食物功效得以加强。如治疗类风湿性关节炎的桑枝桑葚酒中，辛散活血通经的酒，加强了桑枝的祛风湿作用；治风寒感冒的姜糖饮中，温中和胃的红糖，增强了生姜温中散寒的功效。相须相使是最为常用的食物配伍原则，如当归生姜羊肉汤，温补气血的羊肉与补血止痛的当归和温中散寒的生姜搭配，不仅去除了羊肉的膻味，而且还增强了补虚散寒止痛的功效。

相畏是指一种食物的不良作用能被另一种食物减轻或消除。如扁豆中植物血凝素的不良作用能被蒜减轻或消除。某些鱼类的不良作用，如引起腹泻、皮疹等，能被生姜减轻或消除。

相杀是指一种食物能减轻或消除另一种食物的不良作用。如河豚、螃蟹（大寒食物）等引起的轻微中毒和胃肠不适，可配伍橄榄或生姜以解其毒。绿豆或大蒜又可防治毒蘑菇中毒等。实际上相畏和相杀是同一配伍关系从不同角度的两种说法。

相恶是指在功能上互相牵制的食物搭配，如羊肉本是温补气血的食物，但是如果与绿豆、西瓜、鲜萝卜等凉性食物同食，就会降低其温补的作用；茶叶、山楂能破坏或降低人参的补气作用，因此吃人参时不能吃山楂、喝茶；再如养阴、生津、润燥的银耳、番茄、香蕉之类不应当与辣椒、生姜、大蒜一同配伍食用，否则的话，前者的功效会被后者减弱。同样的道理，有温补气血功效的羊肉、狗肉、鹿肉，也不适合配伍生萝卜、西瓜、地瓜等。

相反是指会产生毒性反应的食物搭配，如蜂蜜反生葱、黄瓜反花生、鹅肉反鸭梨等。

3. 什么是平衡饮食

在自然界，可供人类食用的食物有数百种，但没有一种食物含有人体所需要的全部营养素，为了满足机体的需要，人们总是将多种食物混合食用，这样只要食物搭配得合理，就能使膳食中所含的营养素种类齐全，数量充足，比例适当，从而保证人体正常的发育与健康。反之就可能造成某些营养素的不足或缺乏，引起营养素缺乏的各种疾病。

这就涉及了一个“平衡饮食”的概念。平衡饮食是人类最合理的饮食，它不仅让饮食中的食物达到了多样化，还让饮食中各种食物保持了合适的比例。

要使饮食得到平衡，就要做到酸性食物与碱性食物达成平衡；膳食中蛋白质的8种必需氨基酸含量比例与人体需要达成平衡；膳食中三大生热营养素要保持一定的比例平衡。

首先要说明的是，食物的酸性和碱性并非味觉上的酸味、碱味。酸味食物中含有有机酸类，如枸橼酸及其钾盐，在体内氧化后可生成二氧化碳和水排出体外，在体内留下碱性元素，而这恰恰是我们所说的碱性食物。

正常情况下，人的血液酸碱度呈弱碱性才有利于生理活动，可是，在日常生活中，由于各种食物经常搭配不当，又不注意饮食宜忌，很容易就会造成人体生理上的酸碱不平衡，酸性偏高。

其次要说的是，任何一种食物蛋白质的氨基酸组成，都不可能完全达到人体的需求。只有好几种食物混合食用，各种食物蛋白质的氨基酸组成在一起才会达到蛋白质的最佳比例，满足人体的需要，因此，为了使平衡膳食中蛋白质8种必需氨基酸的含量与比例符合人体所需，在膳食构成中要注意将动物性蛋白质、一般植物性蛋白质和大豆蛋白质进行适当的搭配，并保证优质蛋白质占蛋白质总供给量的1/3。

再次，膳食中蛋白质、脂肪和糖类这三大生热营养素除了提供人体所必需的能量外，还各具特殊的生理功能，它们彼此之间相互利用、相互制约、相互转化，处于一种动态平衡之中。三大生热营养素必须保持一定的比例，才能保证膳食平衡，达到保健、养生、防病的目的。

4. 各种食物的营养特点

欲达到饮食平衡，我们有必要了解各种食物的营养素含量、食用特点和如何合理利用等。

粮谷、薯类

我国居民最常食用的粮谷为稻类及小麦，次为玉米、小米、高粱、大麦、燕麦等，为热能主要来源（占全天总热能的60%~80%），还可提供膳食中约50%的蛋白质，故在膳食中举足轻重，称为“主食”。以肉类代替粮谷已被证明是错误的。“以素为主”“基本吃素”主要指粮谷。目前的问题是粮谷的加工使存在于其外表皮和胚芽中的主要营养如蛋白质、维生素和矿物质大量丢失了。例如每克糙米含B族维生素14微克，碾一次只剩下1.8微克，再碾一次便只剩1微克，碾五次只剩0.7微克了。小麦加工的后果也大抵如此。“饮食回归自然”，“吃粗吃糙”目前已流行。薯类如甘薯、马铃薯、山药、芋头等根茎类，食用价值很高，既可当主食，又可当副食，多富含钾盐、维生素C、胡萝卜素等，为粮食类所不及，在平时应注意适当多食。

豆类

豆类价格低廉，而营养价值很高，富含的赖氨酸可弥补粮谷类蛋白质的不足，还可增加膳食中的矿物质和B族维生素。应提倡粮豆混食，它虽已在我国居民膳食中占重要地位，但其作用需进一步发挥。大豆类（黄豆、青豆、黑豆等）含必需氨基酸，与动物性蛋白质相似且含量高，富含必需脂肪酸、维生素E、维生素B_1、烟酸以及矿物质；杂豆类（赤豆、绿豆、豇豆、豌豆、蚕豆、芸豆等）同样营养丰富，具有进一步开发价值，为近年提倡的“吃杂”内容。

坚果类

香酥可口，质感颇佳，受到广泛喜爱。其中花生、核桃、杏仁、松子、瓜子、玉米、葵花子等含脂肪及蛋白质均丰；栗子、莲子、菱角除碳水化合物丰富外，也含一些特有的矿物质、维生素。

果蔬

蔬菜可分为叶菜类（大白菜、小白菜、油菜、菠菜等绿叶蔬菜）、根茎类（马铃薯、芋头、胡萝卜、萝卜、苤蓝、葱头、蒜等）、鲜豆类（豇豆、扁豆、蚕豆等）、瓜茄类（冬瓜、黄瓜、苦瓜、南瓜、丝瓜、西葫芦、茄子、柿子椒、番茄等）、花菜类（菜花、黄花菜、各种豆芽等）。新鲜蔬菜含大量水分，碳水化合物、蛋白质、脂肪含量均少，但为人体矿物质以及膳食纤维的重要来源。近年来，在“饮食回归自然”的思潮下，除吃杂吃粗外，还吃“野”。各种野菜走俏，例如荠菜、马兰头、芦蒿、马齿苋等“八大野菜”，不仅家常享用，还被引入正席。

新鲜水果含大量水分，蛋白质、脂肪含量很低，碳水化合物主要为果糖、葡萄糖、蔗糖，所含矿物质和维生素一般不及新鲜蔬菜多，故水果不能代替蔬菜。新鲜水果均富含维生素 C，以柑橘类、猕猴桃、酸枣、草莓等含量最多。水果多生食，故维生素 C 损失较少。所含较多的钠、钾、镁等碱性元素，有利于维持体液的酸碱平衡，可中和动物脂肪等酸性食物；所含膳食纤维和果胶类物质有促进肠道蠕动和通便的作用。水果独具的芳香和鲜艳的色彩可增进食欲，稳定情绪，所含的柠檬酸、酒石酸、苹果酸等有机酸，可促进消化、吸收。

肉类

肉类包括家禽肉、马牛肉、动物内脏等，含优质蛋白质及脂肪。虽主张“以素食为王”，但“荤”也不可忽视。肉香味美来自肉中可溶于水的含氮浸出物，此物可刺激胃酸分泌。日常烧汤时，含氮浸出物溶于汤中，浸出物越多，汤味越浓厚鲜美。但肉类煮熟后蛋白质凝固，仅很少蛋白质水解为氧基酸而溶于汤中，大部分蛋白质仍在肉中。因此，不能“只喝汤不吃肉”，应汤肉兼食。动物内脏（各种动物的肝、肾、心、肚、舌等）富含优质蛋白质，较一般肉类矿物质含量多，脂肪含量较低，因此营养价值较肉类为高，所含丰富的维生素 A、维生素 B_1、维生素 B_2、烟酸、维生素 B_{12}、叶酸等亦为其他肉类所不及。

鱼类

其氨基酸组成与肉类相似，也是优质蛋白质食物。其肌肉纤维相对含水较多，肉质细嫩柔软，较肉类易消化、吸收。鱼油富含维生素

A、维生素 D、不饱和脂肪酸，矿物质以磷、钾较多，并含有铜。

蛋类

禽蛋营养成分大致相同，含天然食物中最优质的蛋白质，蛋黄中富含脂肪，呈乳融状，很容易消化吸收，还含有大量磷脂和胆固醇以及矿物质。含钙量不及乳类，但含铁量远较乳类多。蛋黄中还含有维生素 A、维生素 D、维生素 B_1 和维生素 B_2。

乳类

所含营养素较为完全，且易消化吸收，最常食用者为牛奶。牛奶的蛋白质中有人体必需氨基酸、必需脂肪酸、卵磷脂、维生素 A、维生素 D、维生素 B_2、矿物质（钙、磷、钾）和微量元素（锌、碘、硅）等。其中钙不仅含量多，且易吸收，是儿童和老人的首选食物。

烹调油类

可分为动物脂肪（猪油、牛油、黄油等）和植物脂肪（豆油、花生油、菜油、茶油、棉籽油、芝香油等）两类，为纯脂肪，可供给丰富的热能，延长食物在胃中停留的时间，从而产生饱腹感，同时可增加食物的色、香、味，有助于食物的保温，是烹调食物的重要原料，但不宜多用。目前提倡的“无油菜”不是不用油，而是少用油，且油温不宜高，这样既可减少厨房污染，又利于减少心脑血管病和防止肥胖，为饮食养生新潮流。

饮料、调味品

饮料包括水饮类、乳类、茶、酒以及各种清凉饮料。饮料中所含营养成分和各自含量的多少有差别，须根据身体情况选择饮用，以达到营养强身的目的，切莫跟着广告和感觉走。

调味类，又称调料，它在饮食营养中的作用有两种：一是调味品自身的性味功能可以纠正食物的性味之偏，并防止可能产生的毒性；二是祛除某些食品的腥、膻、躁、臭味，增添良好的色、香、味，也就是俗话所说的“佳肴增香，作料显贵”。

5. 药膳配伍原则

所谓的药膳，就是药材与食材相配伍而做成的美食。药物与食物二者相辅相成，相得益彰，既可提高营养价值，又可防病治病、保健强身、延年益寿。

药膳的科学配伍是以中医学、烹饪学和营养学理论为基础的，必须严格按药膳配方，将中药与某些具有药用价值的食物结合起来。所以，“寓医于食”的药膳是中国传统的医学知识与烹调经验相结合的产物，它既不同于一般的中药方剂，又有别于普通的饮食，是一种兼有药物功效和食品美味的特殊膳食。

药膳配伍时，既要考虑性能功效类似的药物、食物配伍，即中药配伍中的相须为用，以增强疗效，烹调时还须考虑色、香、味。如滋补气血的黄芪鳝鱼羹，加食盐、生姜调味，配以生姜既和胃调中，提高滋补效能，又能去黄鳝的腥膻，色香味俱全。

药膳配伍时，也可以采用相使为用的配伍方法，即选用性能上并非完全相似，以一种食物或药物为主，另一种食物或药物可辅助主食、主药。如滋补药膳杞枣鸡蛋，是治慢性肝炎的佳膳。

还有一点要注意的是药膳配伍的禁忌。药膳的配伍禁忌无论是古代和现在都是十分严格的。中药和食物具体的相克相宜情况见第三章的相关内容。

6. 何为食物相克

食物相克是指食物之间（包括各种营养素、化学成分）、食物与药物之间、食物与疾病之间等存在着相互拮抗、制约的关系，若搭配不当，会引发副作用。当然，由此引发的副作用大多是慢性的，往往是在人体的消化吸收和代谢过程中，降低营养物质的生物利用率，导致营养缺乏，代谢失常，产生或加重疾病。

相克的说法，来源于中医五行学说，即借用金、木、水、火、土 5 种物质之间的相生相克关系，来说明食物之间存在的相互制约和协同的现象。中医认为，食有五色（白、青、黑、红、黄），五味（辣、酸、咸、苦、甘），根据五行相生相克的原理，食物之间显然存在着相生相克的关系。

具体说，食物相克存在以下 3 种情况：

第一种：两种（或两种以上）食物所含的营养物质在吸收代谢过程中，发生拮抗作用，互相排斥，一方阻碍另一方的吸收或存留，久而久之，导致某些营养物质缺乏。

第二种：两种（或两种以上）食物在机体内分解消化吸收过程中，产生不利于机体新陈代谢的有害物或毒物，如富含维生素C的食物与河虾同食，可使河虾体内本来无毒的五价砷还原为有毒的三价砷，而引起中毒。

第三种：两种（或两种以上）食物同食后，在机体内共同产生寒凉或温热效应，进而破坏机体的动态平衡，如进食同属寒凉之性，或温热之性的食物；同属滋腻之性，或火燥之性的食物，食后会令人生热，生寒，起燥或多痰。

深入探讨食物之间存在的各种制约关系，有利于人们在安排膳食时趋利避害，合理配餐，避免食物相克，防止食物中毒，提高食物营养素在人体内的生物利用率，对确保身体健康有极其重要的意义。

饮食养生要顺应季节

1. 养生要顺应天时

一年中有四个季节、二十四个节气，我们生活在大自然中，就一定要顺应大自然的规律，顺应季节和节气的交替变化。只有顺应了天时，才能保证人的身体健康。早在古代，中医理论中就有“天人合一”的思想，将大自然的规律与人的生理、病理紧密地联系起来，认为自然界的变化与人的健康是息息相关的。《黄帝内经》有云：“故智者之养生也，必须顺四时而适寒暑……如是，则僻邪不至、长生久视。”也就是说，我们的饮食要与当时的气候条件相适应，达到天与人的协调统一，只有这样才能使人更健康、更长寿。早在两千多年前成书的《周礼·天官》中就对四季饮食宜忌做了具体的说明，如认为夏季多汗，应多进食羹汤类饮食，冬季多寒，应适当多用些辛辣的饮料等。

此外，食性还要与四时气候相适应。《素问·六元正纪大论》指出:“用凉远凉，用寒远寒，用温远温，用热远热，食宜同法，此其道也。”这就是说，寒冷季节要少吃寒凉性食物，炎热高温季节要少吃温热性食物，食物要随四季气温而变化。我们在夏天的时候喜欢喝绿豆粥以消暑解热，冬天的时候喜欢吃涮羊肉以御寒暖体等，就是这个道理。

2. 四季养生原则

春季是万物复苏的季节，天气由寒转暖，阳气开始生发，所以春季养生应以平补、清补为宜。由于春季的气温变化比较大，所以在饮食上，应以高热量的食物为主。此外，冷热刺激可加速人体内的蛋白质分解，所以还应该注意补充足够的优质蛋白质。春季，各种细菌和病毒都开始繁殖，很容易侵犯人体而导致疾病。所以，我们一定要保证摄入充足的维生素和矿物质，增强抵抗力，防止病毒和细菌的入侵。

春季是“百草回芽，百病发作”的季节，很容易导致旧病复发，因此身体虚弱的人更应该特别注意。祖国医学认为:“春日宜省酸增甘，以养脾气。”古人云，春应在肝。春季是肝气最旺盛的季节，肝亢则伤脾，所以人在春季特别容易出现脾胃虚弱的症状。酸食可使肝功能偏亢，所以不宜食用，应食用一些具有辛甘升散作用的食品，不但可以健脾益气，还可防止肝气过盛。

夏季烈日炎炎，气候炎热潮湿，是阳气最盛的季节，应以清淡、苦寒、有营养、易消化的食物为主。由于夏季的气温比较高，所以特别容易出汗，可是在流汗的过程中，大量的钾也随着汗液排出了体外。而且大多数人在夏季的时候都没有什么食欲，所摄入的钾也就相对减少，这样就很容易造成人体缺钾。我们所出现的精神不振、四肢无力、头昏眼花等症状都是由于缺钾所引起的，严重者还可出现呼吸困难、心搏骤停等症状，甚至威胁生命。

夏季是病毒和细菌繁殖最快、活动力最强的季节，也是胃肠道疾病的多发季节，因此要特别注意饮食的卫生与质量问题。此外，在高温环境下，人体内的蛋白质代谢加快，能量消耗增大，所以应该适量地补充蛋白质。营养学家还建议，高温季节最好每人每天能补充维生素 B_1、维生素 B_2 各 2 毫克，钙 1 克，这样可减少体内糖类和组织蛋白的消耗，有益于人体健康。

秋季天高云淡，气候干燥，气温逐渐下降，天气忽冷忽热，属于阳消阴长的过渡阶段，因此应以润燥益气为养生要点。由于秋季气候干燥，因此要特别注意补充水分，以防止皮肤干裂，邪火上侵。秋季的干燥可以分为两种：一是夏末秋初的温燥，二是秋末冬初的凉燥。温燥应以清热滋润的饮食为主，凉燥应以祛寒滋润的饮食为主。此外，秋季的干燥很容易使肺受到伤害，发生肺炎、哮喘等病症，所以要特别注意保持肺的滋润。

冬季天气寒冷，在饮食上应以温热、滋补的食物为主，以达到驱寒保暖的目的。俗话说得好："三九补一冬，来年无病痛。"这句话虽然有些夸张，却也有一定的道理。这是因为在冬季进补可以调节体内的物质代谢，使营养物质转化的能量最大限度地储存在体内，为第二年的身体健康打好基础。

在冬季，由于受到寒冷天气的影响，人的甲状腺和肾上腺等分泌腺的分泌量都有所增加，以促使机体产生热量来抵抗严寒。所以，我们一定要保证能量的供给，适当增加高热量的食物。医学研究表明，人怕冷与体内缺少矿物质有关，所以保证矿物质的充足也是很重要的。

3. 四季与疾病

因为四季的特点各不相同，因此，不同季节的易发疾病也是不同的。每个季节都有一个相应的脏腑主事，如春季肝脏为主脏、夏季心脏为主脏、长夏脾脏为主脏、秋季肺脏为主脏、冬季肾脏为主脏。如果人体在某个季节受到外邪的侵犯，那么最先发生病变的一定是与这个季节相应的主脏。

此外，四季不同的气候条件也决定了易发疾病的不同。如春季多风，因此多发风病；夏季炎热，故多发暑病；长夏湿气最重，因此多发湿病；秋季天气干燥，故多发燥病；冬季寒冷，故寒病比较常见。了解每个季节的易发疾病，就可以采取恰当的预防措施，减少自己的患病概率。

季节与疾病

季节	易发病的部位	易发病的种类
春季	肝	风病
夏季	心	暑病
长夏	脾	湿病
秋季	肺	燥病
冬季	肾	寒病

对于那些患有慢性病的人来说，了解各个季节的易发疾病显然更加重要。有些疾病可能仅在某个特定的季节发病，对于这种季节性疾病，就可以根据四季所主之气推断出发病的季节，并根据四季与疾病的关系，顺应四季采取有效的治疗措施。

病人在一天之内的病情是不稳定的，这种病情的起伏也与一天之中的四时变化有关。《黄帝内经 · 灵枢 · 顺气一日分为四时》中记载了黄帝和岐伯的对话，黄帝问:“夫百病者，多以旦慧，昼安，夕加，夜甚。何也？”意思是病人大多在早晨的时候病情较轻，神智比较清醒，白天也比较安静，但到傍晚的时候就开始加重，夜晚的时候更加严重，这是什么原因呢?

岐伯答道:“以一日分为四时，朝则为春，日中为夏，日入为秋，夜半为冬。朝则人气始生，病气衰，故旦慧；日中人气长，长则胜邪，故安；夕则人气始衰，邪气始生，故加；夜半人气入藏，邪气独居于身，故甚也。”

意思是将一天分为四时，早晨有如春天，中午有如夏天，傍晚有如秋天，夜晚有如冬天。早晨是人体阳气初生的时候，此时病气衰微，因此病人的神智比较清醒，病情也较轻；中午是人体阳气增长的时候，阳气可以战胜病气，所以比较安稳；傍晚时人体的阳气开始衰弱，病气开始上涨，因此病情有所加重；到了半夜，人体的阳气收藏起来，只有病气独存于体内，因此病情是最为严重的。

4. 四季的饮食宜忌

了解了四季的气候特点，我们就可以根据不同时期的不同状况，来进行饮食的调理与进补，顺应天时而促进健康。下面是四季的饮食宜忌，以供参考。

春季：宜食用花生、豆类、乳制品等热量较高的食物；宜食用奶类、蛋类、鱼类等富含优质蛋白质的食物；宜食用青菜和水果等维生素含量较高的食物；宜食用大枣、虾仁、香菜、葱、姜等具有辛甘升散作用的食物；忌食生冷油腻食品和酸食。

夏季：宜食用苦瓜、芹菜、莴笋、绿茶等苦寒的食物；宜食用水果和蔬菜等富含维生素和矿物质的食物；宜食用草莓、荔枝、李子等富含钾的食物；忌食肥甘厚味及燥热的食物；忌食生冷的食物。

秋季：宜食用黄瓜、梨等清凉多汁的蔬菜和水果；宜食用豆类等高蛋白植物性食物；宜食用蜂蜜、芝麻、银耳、香蕉等补肺润燥的甘润食物；忌食葱、蒜、姜、辣椒等辛味食品；忌食烧烤。

冬季：宜食用羊肉、牛肉、狗肉、鸡肉等温热的肉食；宜食用萝卜、香菜、黄豆、葱、蒜、大枣、橘子、桂圆等蔬菜和水果；忌食生冷或过腻的食物。此外，冬季可多食用一些汤，如羊肉萝卜汤等。

第二章

日常食物饮食宜忌

蔬菜类饮食宜忌

菠菜

别名：赤根菜、鹦鹉菜、波斯菜、角菜、菠棱菜。

性味归经：性凉，味甘、辛。无毒。归肠、胃经。

功效：菠菜具有促进肠道蠕动的作用，利于排便，对于痔疮、慢性胰腺炎、便秘、肛裂等病症有食疗作用，能促进生长发育，增强抗病能力，促进人体新陈代谢，延缓衰老。

注解：菠菜原产地为波斯，为一年生植物，但全年皆可取得。菠菜含有丰富的铁，常吃菠菜，不易患缺铁性贫血。另外，菠菜还含有大量的胡萝卜素，也是维生素 B_6、叶酸和钾元素的极佳来源。

烹调宜忌

【宜】菠菜宜焯水后再进行烹调，以降低草酸含量。

【忌】爆炒会令菠菜里的营养大量流失。

食用宜忌

【宜】电脑工作者、爱美的人应常食菠菜；糖尿病患者，尤其是 2 型糖尿病患者，经常吃些菠菜有利于血糖保持稳定；菠菜还适宜高血压、便秘、贫血、坏血病、皮肤粗糙、过敏者食用。

【忌】菠菜草酸含量较高，一次食用不宜过多；肾炎、肾结石患者不适宜吃菠菜；脾虚便溏者不宜多食菠菜。

油菜

别名：芸苔、青江菜、上海青、油白菜、苦菜。

性味归经：性温，味辛。无毒。归肝、肺、脾经。

功效：油菜具有活血化瘀、消肿解毒、促进血液循环、润便利肠、美容养颜、强身健体的功效，对游风丹毒、手足疖肿、乳痈、习惯性便秘、老年人缺钙等病症有食疗作用。

注解：油菜属十字花科草本植物，其茎鲜嫩，叶呈深绿色，帮与白菜相似，质地脆嫩，略有苦味。油菜主要有芥菜型、白菜型、甘蓝型三种类型，原产我国，南北广为栽培，四季均有供产。油菜的营养价值及食疗价值比较高，其食用方法也多种多样，可以做主菜，也可用作配菜。

烹调宜忌

【宜】宜现做现切，可使其营养成分不被破坏。

【忌】忌用小火慢炒。

食用宜忌

【宜】特别适宜口腔溃疡、口角湿白、齿龈出血、牙齿松动、瘀血腹痛、癌症患者。

【忌】孕早期妇女、小儿麻疹后期、患有疥疮和狐臭的人要少食用油菜。

芹菜

别名：蒲芹、香芹。

性味归经：性凉，味甘、辛。无毒。归肺、胃、肝经。

功效：芹菜有清热除烦、平肝、利水消肿、凉血止血的作用，对高血压、头痛、头晕、暴热烦渴、黄疸、水肿、小便热涩不利、妇女月经不调、赤白带下、瘰疬、痄腮等病症有食疗作用。

注解：芹菜属伞形科植物，有水芹、旱芹两种，其功能相近，药用以旱芹为佳。旱芹香气较浓，又名“香芹”，亦称“药芹”。芹菜含有多种营养素，不仅有丰富的胡萝卜素、维生素C和粗纤维，还含有大量的钙、磷、铁、钾、钠等矿物质，有“厨房里的药物”之称。

烹调宜忌

【宜】烹饪时先将芹菜放沸水中焯烫，焯水后马上过凉水，除了可以使成菜颜色翠绿，还可以减少炒菜的时间，减少油脂对蔬菜“入侵”的时间。

【忌】择菜时不要把能吃的嫩叶扔掉，因为芹菜叶中所含的胡萝卜素和维生素 C 比茎多。

食用宜忌

【宜】芹菜特别适合高血压、动脉硬化、高血糖、缺铁性贫血者及经期妇女食用。

【忌】芹菜性凉质滑，故脾胃虚寒、肠滑不固者食之宜慎；婚育的男性应注意适量少食。

包菜

别名：圆白菜、卷心菜、结球甘蓝、洋白菜、莲花白。

性味归经：性平，味甘。无毒。归脾、胃经。

功效：包菜有补骨髓、润脏腑、益心力、壮筋骨、利脏器、祛结气、清热止痛、增进食欲、促进消化、预防便秘的功效，对睡眠不佳、多梦易睡、耳目不聪、皮肤粗糙、皮肤过敏、关节屈伸不利、胃脘疼痛等病症有食疗作用。

注解：包菜是十字花科、芸薹属植物，二年生草本，矮且粗壮，一年生茎肉质，不分枝，绿色或灰绿色。基生叶多数，质厚，层层包裹成球状体，扁球形，直径为 10~30 厘米或更大，乳白色或淡绿色。包菜起源于地中海沿岸，16 世纪开始传入我国，在我国各地普遍栽培，是我国东北、西北、华北等地区春、夏、秋季的主要蔬菜之一。

烹调宜忌

【宜】做炝炒包菜时，注意锅热、油多、火猛，趁油热入锅，猛火颠炒几下，能炒出香辣脆嫩的包菜。

【忌】包菜不宜用水煮、烫。炒包菜时，不应烧烂，以三五成熟为好，以免水分损失。

食用宜忌

【宜】患慢性习惯性便秘、伤风感冒、肺热咳嗽、喉发炎、腹胀及发热者适宜食用。

【忌】包菜性平养胃，诸无所忌。

生菜

别名：叶用莴笋、鹅仔菜、莴仔菜、莜麦菜。

性味归经：性凉，味甘。

功效：生菜因其茎叶中含有莴苣素，故味微苦，具有镇痛催眠、降低胆固醇、改善神经衰弱等功效；生菜中含有甘露醇等有效成分，有利尿和促进血液循环的作用；生菜中膳食纤维较多，有助于消除多余脂肪，可用于减肥。

注解：生菜原产欧洲地中海沿岸，由野生种驯化而来。古希腊人、罗马人最早食用生菜，其因能生食而得名。生菜味甘甜微苦，颜色翠绿，口感脆嫩清香，有球形的包心生菜和叶片皱褶的奶油生菜（花叶生菜）两大类。生菜含有糖类、蛋白质、莴苣素和丰富的矿物质，尤以维生素 A、维生素 C 和钙、磷的含量较高。

烹调宜忌

【宜】生菜很有可能残留农药化肥，吃前一定要洗净。

【忌】若要生吃，忌直接入口，最好先用微波炉消毒。

食用宜忌

【宜】生菜特别适宜胃病、肥胖、高胆固醇、神经衰弱、肝胆病、维生素 C 缺乏者食用。

【忌】生菜性寒凉，尿频、胃寒者应少吃。

蕨菜

别名：拳菜、龙头菜、如意菜。

性味归经：性寒，味甘、寒。微毒。归大肠、膀胱经。

功效： 蕨菜具有清热、利湿、止泻利尿、滑肠、益气、养阴、扩张血管、降低血压、解毒、杀菌消炎的功效。

注解： 蕨菜喜生于浅山区向阳地块，多分布于稀疏针阔混交林，是野菜的一种，其食用部分是未展开的幼嫩部位。蕨菜被称为“山菜之上”，用其烹制的菜肴色泽红润、质地软嫩、清香味浓。除了鲜食外，蕨菜还经常被加工成干菜、用来做馅、腌渍成罐头等。

烹调宜忌

【宜】鲜品在食用前应先在沸水中浸烫 3 分钟左右后过凉，以清除其表面的黏质和土腥味。

食用宜忌

【宜】蕨菜中的粗纤维可促进肠道蠕动，是肥胖者的理想食品。

【忌】脾胃虚寒者慎用。

苋菜

别名： 长寿菜、刺苋菜、野苋菜、赤苋、雁来红。

性味归经：

性凉，味微甘。归肺、大肠经。

功效： 苋菜富含易被人体吸收的钙质，对牙齿和骨骼的生长可起到促进作用，并能维持正常的心肌活动，防止肌肉痉挛（抽筋）。它含有丰富的铁、钙和维生素 K，具有促进凝血、增加血红蛋白含量，并提高携氧能力、促进造血等功能。常食苋菜还可以减肥轻身，促进排毒，防止便秘。

注解： 苋菜为苋科植物苋的茎叶，主要产于广东、广西和长江流域的一些地区，生长于荒地、林旁、路旁、沟边。苋菜外形高大，分支较少，叶呈卵形或棱形，菜叶有绿色或紫红色，茎部纤维一般较粗，咀嚼时会有渣。苋菜菜身软滑而菜味浓，入口甘香，是夏季主要叶菜之一。

烹调宜忌

【宜】苋菜食用前最好用开水焯烫，以去除所含植酸以及菜上的农药。

【忌】苋菜炒制时间不宜过长，以免菜中营养流失。

食用宜忌

【宜】苋菜尤其适合老人、儿童、女性、减肥者食用。

【忌】消化不良、腹满、肠鸣、大便稀薄等脾胃虚弱者要少吃或不吃苋菜。

荠菜

别名：假水菜、地地菜、护生草、鸡腿草、清明草、银丝芥。

性味归经：性凉，味甘、淡。归肝、胃经。

功效：荠菜有健脾利水、止血解毒、降压明目、预防冻伤的功效，并可抑制眼晶状体的醛还原为酶，对糖尿病、白内障有食疗作用，还可增强大肠蠕动，促进粪便排泄。

注解：荠菜是十字花科草本植物荠菜的嫩茎叶，原产我国，目前遍布世界。我国自古就采集野生荠菜食用，早在公元前300年就有关于荠菜的记载。其叶质脆嫩，风味鲜美，营养丰富，是人们喜爱的一种野菜。

烹调宜忌

【宜】宜凉拌，操作简单，维生素、矿物质等营养成分不易损失。

【忌】烹调荠菜时，最好不要加蒜、姜、料酒来调味，以免破坏荠菜本身的清香味。

食用宜忌

【宜】痢疾、水肿、淋病、乳糜尿、吐血、便血、血崩、月经过多、目赤肿痛等病症患者宜食荠菜，高脂血症、高血压、冠心病、肥胖症、糖尿病、肠癌及痔疮等病症患者也宜食荠菜。

【忌】便清泄泻及阴虚火旺者不宜食用荠菜。此外，患有疮疡、热感冒等病症者或素日体弱者也不宜食用荠菜。

莼菜

别名：马蹄菜、湖菜、露葵、水葵、水荷叶。

性味归经：性寒，味甘。归肝、脾经。

功效：莼菜有清热解毒、补血、润肺、健胃、止泻、抑制细菌的生长等功效，还可以增强机体的免疫功能，预防疾病的发生。

注解：莼菜主要分布于黄河以南的池沼湖泊中。莼菜自古被视为珍贵蔬菜，它含有丰富的胶质蛋白、碳水化合物、脂肪、多种维生素和矿物质。莼菜的幼叶与嫩茎中含有一种胶状黏液，食用时有一种细柔滑润、清凉可口的感觉，并有一种沁人心脾的清香，口感极好，风味独特，深得人们喜爱。

烹调宜忌

【忌】不要用铁锅烹制，否则莼菜易变黑。

食用宜忌

【宜】莼菜滑软细嫩，特别适合老年人、儿童、消化能力弱者食用。

【忌】莼菜性寒而清，脾胃虚寒的人不宜多食。另外，女性月经期及妇女产后应少食。

空心菜

别名：藤藤菜、通心菜、无心菜、瓮菜、空筒菜、竹叶菜。

性味归经：性寒，味甘。无毒。归肝、心、大肠、小肠经。

功效：空心菜有促进肠蠕动、通便解毒、清热凉血、利尿的功效，可用于防暑解热，对食物中毒、吐血鼻衄、尿血、小儿胎毒、痈疮、疔肿、丹毒等症状也有一定的食疗作用。

注解：空心菜为蔓性草本，全株光滑，地下无块根。其梗中心是空的，故称“空心菜”。其叶互生，椭圆状卵形或长三角形，开白色喇叭状花，也有紫红色或粉红色。空心菜原产东亚，主要分布于亚洲温热带地区，对土壤要求不严，适应性广，无论旱地水田，还是沟边地角都可栽植。夏季炎热高温，它仍能生长，但其不耐寒，遇霜茎叶枯死，高温无霜地区可终年栽培。

烹调宜忌

【宜】空心菜买回后，很容易因为失水而发软、枯萎，炒菜前将它在清水中浸泡约半小时，就可以令其恢复鲜嫩、翠绿的质感。炒空心菜时宜大火快炒，以免营养流失。

【忌】因快炒时间短，茎部的老梗会生涩难咽，所以择取时要记得择去。

食用宜忌

【宜】高血压、头痛、糖尿病、鼻血、便秘、淋浊、痔疮、痈肿患者尤其宜食。

【忌】空心菜性寒滑利，故体质虚弱、脾胃虚寒、大便溏泄者不宜多食。

薤白

别名：小根蒜、山蒜、苦蒜、小么蒜、小根菜、小根菜、大脑瓜儿、野蒜。

性味归经：性温，味辛、苦。归经、肺、心、胃、大肠经。

功效：薤白具有理气、宽胸、通阳、散结、导滞的功效，对胸痹心痛彻背、脘痞不舒、干呕、泻痢后重、疮疖有食疗作用。

注解：薤白为百合科植物小根蒜或薤的鳞茎。呈不规则的卵圆形。大小不一，上部有茎痕；表面黄白色或淡黄棕色，半透明，有纵沟与皱纹，或有数层膜质鳞片包被，揉之易脱。质坚硬，角质，不易破碎，断面黄白色。有蒜臭，味微辣。

烹调宜忌

【宜】可炒食，盐渍或糖渍。

食用宜忌

【宜】冠心病、心绞痛、胸闷、急慢性肠炎痢疾、小儿疳积患者食用有极大好处。

【忌】气虚者慎用。

韭菜

别名：韭、丰本、扁菜、懒人菜、起阳草。

性味归经：性温，味甘、辛。无毒。归肝、肾经。

功效：韭菜含有蛋白质、脂肪、糖类、钙、磷、胡萝卜素、硫胺素、核黄素、抗坏血酸等营养成分，具有温中下气、补肾益阳等功效，还有很好的消炎杀菌作用。

注解：韭菜原产于我国，早在2000年前的汉代，我国就已提出利用温室生产韭菜的技术。韭菜于9世纪传入日本，后逐渐传入东亚各国。韭菜在我国几乎所有的省份都有栽培，是我国栽培地域最广的蔬菜之一。它开白色花卉，其嫩叶和柔嫩的花茎、花、嫩子等都可供人们食用，被现代人称之为蔬菜中的“伟哥”。

烹调宜忌

【宜】韭菜可炒食，与荤素搭配皆宜，还可做馅，风味独特。

【忌】由于韭菜切开遇空气后味道会加重，故应即切即炒。

食用宜忌

【宜】腰膝无力、肾虚者可常吃韭菜炒河虾。

【忌】消化不良或者肠胃功能较弱的人，吃韭菜会烧心难受，不可多食；眼疾、胃病患者也不宜多食。

芥蓝

别名：白花芥蓝。

性味归经：性平，味甘。归肝、胃经。

功效：芥蓝具有利尿化痰、解毒祛风、清心明目、降低胆固醇、软化血管、预防心脏病的作用，不过久食也会抑制性激素的分泌。

注解：芥蓝为十字花科、芸薹属甘蓝类两年生草本植物。其栽培历史悠久，起源于我国的南方，主要产区有广东、广西、福建和台湾等，沿海及北方大城市郊区有少量栽培，是我国的特产蔬菜之一。芥蓝的菜薹柔嫩、鲜脆、清甜、味鲜美，可炒食、汤食，或作配菜。

烹调宜忌

【宜】芥蓝清淡爽脆，爽而不硬，脆而不韧，以炒食最佳。其稍有苦涩味，炒时要放少量豉油、糖调味，起锅前加入少量料酒。凉拌时可先用沸水焯熟。

食用宜忌

【宜】特别适合食欲不振、便秘、高胆固醇患者。

【忌】吃芥蓝应适量，数量不要太多，次数不要太频繁，否则有耗人真气的副作用，还会抑制性激素的分泌。

芦笋

别名：青芦笋。

性味归经：性凉，味苦、甘。归肺经。

功效：芦笋具有补虚、抗癌、减肥的功效，对高血压病、高脂血症、癌症、肾炎水肿等疾病有食疗作用。

注解：芦笋原产于地中海东岸及小亚细亚，17世纪传入美洲，18世纪传入日本，20世纪初传入中国。世界各国都有栽培，以美国最多。芦笋为百合科植物石刁柏的嫩茎，是一种高档而名贵的蔬菜，被誉为“世界十大名菜之一”，在国际市场上享有“蔬菜之王”的美称。芦笋以嫩茎供食用，质地鲜嫩，风味鲜美，柔嫩可口。

烹调宜忌

【宜】芦笋烹调前先切成条，用清水浸泡20~30分钟，可以去苦味。

食用宜忌

【宜】高血压、高血脂、癌症、动脉硬化患者宜食用，同时也是体质虚弱、气血不足、营养不良、贫血、肥胖、习惯性便秘者及肝功能不全、肾炎水肿、尿路结石者的首选食物之一。

【忌】患有痛风者不宜多食。

绿豆芽

别名： 绿豆菜。

性味归经： 性凉，味甘。归胃、三焦经。

功效： 绿豆芽具有清暑热、通经脉、解诸毒的功效，还可用于补肾、利尿、消肿、滋阴壮阳、调五脏、降血脂、软化血管。

注解： 绿豆芽，即绿豆的芽。绿豆在发芽过程中，维生素 C 含量会增加很多，而且部分蛋白质也会分解为各种人体所需的氨基酸，可达到绿豆原含量的 7 倍，所以绿豆芽的营养价值比绿豆更高。

烹调宜忌

【宜】绿豆芽烹调时应配上一点姜丝来中和它的寒性，十分适合于夏季食用。绿豆芽菜下锅后要迅速翻炒。

【忌】烹调时油盐不宜太多，要尽量保持其清淡的性味和爽口的特点。

食用宜忌

【宜】绿豆芽适合于湿热郁滞、食少体倦、热病烦渴、大便秘结、小便不利、目赤肿痛、口鼻生疮等患者。

【忌】绿豆芽纤维较粗，不易消化，且性质偏寒，所以脾胃虚寒之人不宜多食。

黄豆芽

别名： 如意菜。

性味归经： 性凉，味甘。归脾、大肠经。

功效： 黄豆芽具有清热明目、补气养血、消肿除痹、祛黑痣、治疣赘、润肌肤、防止牙龈出血及心血管硬化以及降低胆固醇等功效，对脾胃湿热、大便秘结、寻常疣、高血脂等症有食疗作用。

注解： 黄豆芽是由黄豆发芽而成。在黄豆发芽过程中，其营养成分会发生变化。

研究发现，黄豆芽既保留有黄豆的营养特点，同时也生出许多新的营养素。黄豆经 3~4 天发芽，这时蛋白质、脂肪含量基本不变，但是黄豆中原来不易被吸收的物质起了变化，甚至变得非常有利于被人体吸收利用。由于对人体有益的成分不断出现或增加，使黄豆中更多的磷、锌等矿物质被释放出来，维生素含量的变化最大，胡萝卜素增加 2~3 倍，维生素 B_2 增加 2~5 倍，烟酸增加 2.5 倍多，维生素 B_{12} 增加 9~10 倍。

烹调宜忌

【宜】 烹调黄豆芽时加少量食醋，这样能使 B 族维生素不减少。烹调过程要迅速，或用油急速快炒，或用沸水略焯后立刻取出调味食用。

【忌】 烹调黄豆芽不可加碱。

食用宜忌

【宜】 黄豆芽适宜胃中积热、妇女妊娠高血压、癌症、癫痫、肥胖、便秘、痔疮患者食用。

【忌】 黄豆芽性寒，慢性腹泻及脾胃虚寒者忌食。

茼蒿

别名： 蓬蒿、菊花菜、蒿菜、同蒿菜、艾菜。

性味归经： 性温，味甘、涩。归肝、肾经。

功效： 茼蒿具有平补肝肾、缩小便、宽中理气的作用，对心悸、怔忡、失眠多梦、心烦不安、痰多咳嗽、腹泻、脘胀、夜尿频繁、腹痛寒疝等病症有食疗作用。

注解： 茼蒿为一年生或二年生草本植物，属浅根性蔬菜，根系分布在土壤青层。其茎圆形，绿色，叶长形，叶缘波状或深裂，叶肉厚，头状花序，花黄色，瘦果，褐色。茎叶嫩时可食，亦可入药。欧洲将茼蒿作为花坛花卉。茼蒿具特殊香味，幼苗或嫩茎叶供生炒、凉拌、做汤食用。

烹调宜忌

【宜】适于茼蒿的烹饪方法是焯烫或凉拌。

食用宜忌

【宜】茼蒿适合慢性肠胃病和习惯便秘者食用，是儿童和贫血患者的必食佳品。

【忌】茼蒿蒿气浊、易上火，一次忌食过量；茼蒿辛香滑利，胃虚泄泻者不宜多食。

山药

别名：怀山药、淮山药、土薯、山薯、玉延。

性味归经：性平，味甘。归肺、脾、肾经。

功效：山药具有健脾补肺、益胃补肾、固肾益精、聪耳明目、助五脏、强筋骨、长志安神、延年益寿的功效，对脾胃虚弱、倦怠无力、食欲不振、久泄久痢、肺气虚燥、痰喘咳嗽、肾气亏耗、腰膝酸软、下肢痿弱、消渴尿频、遗精早泄、带下白浊、皮肤赤肿、肥胖等病症有食疗作用。

注解：山药为多年生草本植物，茎蔓生，常带紫色，块根圆柱形，叶子对生，卵形或椭圆形，花乳白色，雌雄异株，块根含淀粉和蛋白质，可以吃。

烹调宜忌

【宜】做山药泥时，将山药先洗净，再煮熟去皮，这样不麻手，而且山药洁白如玉。削皮的山药可以放入醋水中，以防止变色。

食用宜忌

【宜】山药适宜糖尿病腹胀、病后虚弱、慢性肾炎、长期腹泻者食用。

【忌】山药有收涩的作用，故大便燥结者不宜食用。

土豆

别名：山药蛋、洋番薯、洋芋、马铃薯。

性味归经：性平，味甘。归胃、大肠。

功效：土豆具有和胃调中、健脾益气、补血强肾等多种功效。土豆富含维生素、钾、纤维素等，可预防癌症和心脏病，帮助通便，并能增强机体免疫力。

注解：土豆为多年生草本，但作一年生或一年两季栽培。其地下块茎呈圆、卵、椭圆等形，有芽眼，皮红、黄、白或紫色；地上茎呈棱形，有毛；奇数羽状复叶；聚伞花序顶生，花白、红或紫色；浆果球形，绿或紫褐色；种子肾形，黄色。土豆多用地下块茎繁殖，可供烧煮，作粮食或蔬菜。

烹调宜忌

【宜】土豆切块，冲洗完之后要先晾干，再放到锅里炒，这样它就不会粘在锅底了。煮土豆时，先在水里加几滴醋，土豆的颜色就不会变黑了。

食用宜忌

【宜】一般人都可食用，妇女白带者、皮肤瘙痒者、急性肠炎等肠胃不适者更适合食用。

【忌】腹胀者不适宜食用土豆。

胡萝卜

别名：红萝卜、金笋、丁香萝卜。

性味归经：性平，味甘、涩。无毒。归心、肺、脾、胃经。

功效：胡萝卜有健脾和胃、补肝明目、清热解毒、壮阳补肾、透疹、降气止咳等功效，对于肠胃不适、便秘、夜盲症、性功能低下、麻疹、百日咳、小儿营养不良等症状有食疗作用。

注解：胡萝卜是伞形科胡萝卜属二年生草本植物，以肉质根作蔬菜食用，原产亚洲西南部，阿富汗为最早演化中心，栽培历史在2000年以上。胡萝卜的品种很多，按色泽可分为红胡萝卜、黄胡萝卜、白胡萝卜、紫胡萝卜等数种，我国栽培最多的是红、黄两种。

烹调宜忌

【宜】胡萝卜素是一种脂溶性物质，消化吸收率极差，烹调时应用食油烹制。

【忌】烹制胡萝卜时最好不要放醋，否则会使胡萝卜中的胡萝卜素遭到破坏。

食用宜忌

【宜】一般人都可食用，更适宜癌症、高血压、夜盲症、干眼症、营养不良、食欲不振、皮肤粗糙者。

【忌】脾胃虚寒者，不可生食胡萝卜。

白萝卜

别名：莱菔、罗菔。

性味归经：性凉，味辛、甘。归肺、胃经。

功效：白萝卜是地道的保健食品，能促进新陈代谢、增进食欲、化痰清热、帮助消化、化积滞，对食积胀满、痰咳失音、吐血、消渴、痢疾、头痛、排尿不利等症有食疗作用。常吃白萝卜可降低血脂、软化血管、稳定血压，还可预防冠心病、动脉硬化、胆石症等疾病。

注解：白萝卜为十字花科草本植物白萝卜的根茎，根肉质，长圆形、球形或圆锥形。白萝卜起源于欧亚温暖海岸的野萝卜，由中亚传入中国后，经过长期选育，形成大型的中国萝卜，在欧洲则被培育成小型的四季萝卜。白萝卜在中国已有2000多年的栽培历史。白萝卜价格低廉，但营养价值甚高，是普通百姓的养生食品。常言说得好："冬吃萝卜夏吃姜，一年四季保安康。"

烹调宜忌

【宜】白萝卜宜于切丝、条，快速烹调。

【忌】空心的萝卜不宜选。

食用宜忌

【宜】头屑多、头皮痒、咳嗽、鼻出血者适宜食用白萝卜。

【忌】白萝卜为寒凉蔬菜，阴盛偏寒体质者、脾胃虚寒者不宜多食。胃及十二指肠溃疡、慢性胃炎、单纯甲状腺肿、先兆流产、子宫脱垂等患者少食白萝卜。

藕

别名：水芙蓉、莲根、藕丝菜。

性味归经：性凉（熟者偏于微温），味辛、甘。归肺、胃经。

功效：莲藕具有滋阴养血的功效，可以补五脏之虚、强壮筋骨、补血养血。生食能清热润肺、凉血化瘀，熟食可健脾开胃、止泻固精。

注解：藕原产于印度，很早便传入我国。在南北朝时期，藕的种植就已相当普遍了。藕微甜而脆，可生食，也可做菜，而且药用价值也相当高。它的根叶、花须果实，无不为宝，都可滋补入药。在清咸丰年间，藕被钦定为御膳贡品。

烹调宜忌

【宜】藕切片后放入烧开的水中片刻，捞出后放在清水中冲洗，可使藕不变色，还能保持爽脆。炒藕片时速度要快，爆炒几下即可出锅。

【忌】煮藕忌选铁锅、铁器。

食用宜忌

【宜】老幼妇孺、体弱多病者皆宜，特别适宜高热病人、吐血者以及高血压、肝病、食欲不振、缺铁性贫血、营养不良者食用。

【忌】藕性偏凉，产妇不宜过早食用；藕性寒，生吃清脆爽口，但碍脾胃。脾胃消化功能低下，大便溏泄者不宜生吃。

洋葱

别名：玉葱、葱头、洋葱头、圆葱。

性味归经：性温，味甘、微辛。归肝、脾、胃、肺经。

功效：洋葱具有散寒、健胃、发汗、祛痰、杀菌、降血脂、降血压、降血糖、抗癌之功效。常食洋葱可以长期稳定血压、降低血管脆性、保护人体动脉血管，还能帮助防治流行性感冒。

注解：洋葱为百合科草本植物，原产于中亚，在埃及是一种古老的蔬菜，消费历史已有5000多年了。它的适口性好，具有突出的防病保健功能。洋葱含有植物广谱杀菌素，且含有挥发性硫化丙烯，能杀菌抑菌，对害虫有驱避作用，因而极少有病虫害，是一种比较洁净的绿色食物。

烹调宜忌

【宜】切洋葱前把刀放在冷水里浸一会儿，再切洋葱就不会刺眼睛了。

食用宜忌

【宜】高血压、高血脂、动脉硬化、糖尿病、癌症、急慢性肠炎、痢疾等病症患者以及消化不良、饮食减少和胃酸不足者适宜食用。

【忌】洋葱一次不宜食用过多，容易引起目糊和发热。同时凡有皮肤瘙痒性疾病、患有眼疾以及胃病、肺胃发炎者少吃。另外洋葱辛温，热病患者应慎食。

茄子

别名：茄瓜、白茄、紫茄、昆仑瓜、落苏矮瓜。

性味归经：味甘，性凉。归脾、胃、大肠经。

功效：茄子具有活血化瘀、清热消肿、宽肠之效，适用于肠风下血、热毒疮痈、皮肤溃疡等。茄子含黄酮类化合物，具抗氧化功能，可防止细胞癌变，同时也能降低血液中胆固醇含量，预防动脉硬化，可调节血压，保护心脏。紫皮茄子对高血压、咯血、皮肤紫斑病患者益处很大。

注解：茄子颜色多为紫色或紫黑色，也有淡绿色或白色品种，形状上也有圆形，椭圆，梨形等各种。茄子是少有的紫色蔬菜，营养价值也是独一无二。它含多种维生素以及钙、磷、铁等矿物质元素。特别是茄子皮中含较多的维生素P，其主要成分是芦丁及儿茶素、橙皮苷等，吃茄子建议不要去皮。

烹调宜忌

【宜】茄子切成块或片后，由于氧化作用会很快由白色变褐色。如果将切成块的茄子立即放入水中浸泡起来，待做菜时再捞起滤干，就可避免茄子变色。

食用宜忌

【宜】茄子适宜发热、咯血、便秘、高血压、动脉硬化、坏血病、眼底出血、皮肤紫斑症等容易内出血的人食用。

【忌】凡是虚寒腹泻、皮肤疮疡、目疾患者以及孕妇忌食。

菜花

别名：花菜、花椰菜、球花甘蓝。

性味归经：性凉，味甘。归胃、肝、肺经。

功效：菜花有爽喉、开音、润肺、止咳的功效。菜花是含有类黄酮最多的食物之一，可以防止感染，阻止胆固醇氧化，防止血小板凝结成块，从而减少心脏病与中风的危险。常吃菜花还可以增强肝脏的解毒能力，提高机体的免疫力。

注解：菜花指油菜所开的黄色花；属十字花科，是甘蓝的变种，花茎可食，原产地中海沿岸，其产品器官为洁白、短缩、肥嫩的花蕾、花枝、花轴等聚合而成的花球，是一种粗纤维含量少、品质鲜嫩、营养丰富、风味鲜美的蔬菜。

烹调宜忌

【宜】菜花虽然营养丰富，但常有残留的农药，还容易生菜虫，所以在吃之前，可将菜花放在盐水里浸泡几分钟，菜虫就跑出来了，还可有助于去除残留农药。菜花焯水后，应放入凉开水内过凉，捞出沥净水再用。

【忌】烧煮和加盐时间不宜过长，否则会丧失或破坏防癌抗癌的营养成分。

食用宜忌

【宜】天气炎热，口干口渴，消化不良，食欲不振，大便干结者宜食；癌症患者宜食；肥胖者、少年儿童也宜食用。

【忌】尿路结石者不宜吃花椰菜。

西葫芦

别名：茭瓜、白瓜、番瓜、瓢子、美洲南瓜。

性味归经：性寒，味甘。归肺、胃、肾经。

功效：西葫芦具有除烦止渴、润肺止咳、清热利尿、消肿散结的功效。对烦渴、糖尿病、水肿腹胀、疮毒以及肾炎、肝硬化腹水等症具有辅助治疗的作用，还能增强免疫力，发挥抗病毒和肿瘤的作用。

注解：西葫芦夜开花，果实长圆形，绿白花，是南瓜的一种变种。西葫芦原产北美洲南部，19世纪中叶中国开始栽培，在世界各地均有分布，欧洲、美洲最为普遍。

烹调宜忌

【宜】炒西葫芦片时，放入炒锅后，立即淋几滴醋，再加一点西红柿酱，可使西葫芦片脆嫩爽口。

【忌】烹调时不宜煮得太烂，以免营养损失。

食用宜忌

【宜】西葫芦营养丰富，含钠盐较低，糖尿病患者可以多食、常食。

【忌】不宜生吃；脾胃虚寒的人应少吃。

黄瓜

别名：胡瓜、青瓜。

性味归经：性凉，味甘。有小毒。归肺、胃、大肠经。

功效：黄瓜具有除湿、利尿、降脂、镇痛、促消化之功效。尤其是黄瓜中所含的纤维素能促进肠内腐败食物排泄，而所含的丙醇、乙醇和丙醇二酸还能抑制糖类物质转化为脂肪，对肥胖者和高血压、高血脂患者有利。

注解：黄瓜原产于喜马拉雅山南麓的热带雨林地区，最初为野生，瓜带黑刺，味道非常苦，不能食用，后经长期的栽培、改良，才成为现在脆甜可口的黄瓜。中国各地普遍栽培，初春育苗后移栽，或春季、夏季直接播种，也可温室栽培。黄瓜食用部分为幼嫩子房。果实颜色呈油绿或翠绿。鲜嫩的黄瓜顶花带刺，果肉脆甜多汁，具有清香口味。

烹调宜忌

【忌】黄瓜尾部含有较多的苦味素，苦味素有抗癌的作用，所以不宜把黄瓜尾部全部丢掉。

食用宜忌

【宜】适宜热病患者、肥胖、高血压、高血脂、水肿、癌症、嗜酒者多食。黄瓜还是糖尿病患者首选的食品之一。

【忌】脾胃虚弱、腹痛腹泻、肺寒咳嗽者都应少吃，因黄瓜性凉，胃寒患者食之易致腹痛泄泻。

冬瓜

别名：白瓜、白冬瓜、枕瓜。

性味归经：性凉，味甘、淡。归肺、大肠、小肠、膀胱经。

功效：冬瓜具有清热解毒、利水消肿、减肥美容的功效；能减少体内脂肪，有利于减肥。常吃冬瓜，还可以使皮肤光洁；另外对慢性支气管炎、肠炎、肺炎等感染性疾病有一定的治疗效果。

注解：冬瓜为葫芦科草本植物冬瓜的果实。其形状如枕，原产于中国。冬瓜很早就被人们种植食用。在《神农本草经》中就有关于冬瓜的记载，称之为“水芝”。冬瓜皮、肉、子、瓤都有药用价值。冬瓜多为春种秋收，秋冬上市，南方多在5月上市，是夏秋季节的主要蔬菜。

烹调宜忌

【宜】冬瓜是一种解热利尿比较理想的日常食物，连皮一起煮汤，效果更明显。

食用宜忌

【宜】夏天气候炎热，心烦气躁，闷热不舒服时宜食；热病口干烦渴，小便不利者宜食。

【忌】冬瓜性寒凉，脾胃虚弱、肾脏虚寒、久病滑泄、阳虚肢冷者忌食。

丝瓜

别名：布瓜、绵瓜、絮瓜、天丝瓜、天吊瓜、倒阳菜。

性味归经：性凉，味甘。归肝、胃经。

功效：丝瓜有清暑凉血、解毒通便、祛风化痰、润肌美容、通经络、行血脉、下乳汁、调理月经不顺等功效，还能用于治疗热病身热烦渴、痰喘咳嗽、肠风痔漏、崩漏、带下、血淋、疔疮痈肿、妇女乳汁不下等病症。

注解：丝瓜为葫芦科攀援草本植物，原产于印度尼西亚，大约在唐宋时期传入中国。丝瓜中所含各类营养在瓜类食物中较高，所含皂苷类物质、丝瓜苦味质、黏液质、木胶、瓜氨酸、木聚糖和干扰素等特殊物质具有一定的特殊作用。

烹调宜忌

【宜】丝瓜易发黑是因为容易被氧化，减少发黑要快切快炒，也可以在削皮后用水淘一下，用盐水过一过，或者是用开水焯一下。

食用宜忌

【宜】月经不调者，身体疲乏、痰喘咳嗽、产后乳汁不通的妇女适宜多吃丝瓜。

【忌】体虚内寒、腹泻者不宜多食。

南瓜

别名：麦瓜、番瓜、倭瓜、金冬瓜。

性味归经：性温，味甘。归脾、胃经。

功效：南瓜具有润肺益气、化痰、消炎止痛、降低血糖、驱虫解毒、止喘、美容等功效。可减少粪便中毒素对人体的危害，防止结肠癌的发生，对高血压及肝脏病变的预防和治疗有一定的食疗作用。另外，南瓜中类胡萝卜素含量较高，可保护眼睛。

注解：南瓜为葫芦科南瓜属一年生草本植物。起源于美洲，2000 年前已有栽培。现广泛分布于全世界和中国各地。南瓜嫩果味甘适口，是夏秋季节的瓜菜之一。老瓜可作饲料或杂粮，所以有很多地方又称为饭瓜。在西方南瓜常用来做成南瓜派，即南瓜甜饼。南瓜瓜子可以做零食。

食用宜忌

【宜】糖尿病、前列腺肥大、动脉硬化、胃黏膜溃疡、脾胃虚弱、营养不良、肋间神经痛、痢疾、蛔虫病、下肢溃疡、烫灼伤等症患者宜食；肥胖者和中老年人便秘者适宜吃。

【忌】有脚气、黄疸、时病疳症、下痢胀满、产后痧痘、气滞湿阻病症患者忌食。

菜瓜

别名：梢瓜、生瓜、越瓜、白瓜。

性味归经：性寒，味甘。归肠、胃经。

功效：菜瓜具有清热、利尿、解渴、除烦、涤胃、清暑、益气等功效，对烦热口渴、小便不利有食疗作用，还可用于解酒毒。

注解：菜瓜为葫芦科甜瓜属甜瓜种中适于酱渍的变种。分布中近东、南亚及中国。果实棒状，浅绿色，表面光滑，常弯曲，长 30～100 厘米，果肉致密，绿白，质脆肉厚，口味清爽。

烹调宜忌

【宜】宜食嫩瓜，烹、炒、酱、腌均可。

食用宜忌

【宜】适宜心烦气躁、闷热不舒、热病口干作渴、小便不利之人食用。

【忌】菜瓜性寒，平素脾胃气虚、腹泻便溏、胃寒疼痛之人忌食生冷菜瓜；女子月经来潮期间和有寒性痛经者忌食生菜瓜。

紫苏

别名：白苏、赤苏、红苏、香苏、黑苏、白紫苏、青苏、野苏、苏麻。

性味归经：性温，味辛。归肺、脾经。

功效：紫苏有发汗解表、理气宽中、解鱼蟹毒的功效，对风寒感冒、头痛、咳嗽、胸腹胀满等有食疗作用。

注解：紫苏为唇形科植物紫苏的干燥地上部分，既可入药，亦是餐桌上的调味品。中国种植紫苏约有 2000 年的历史，主要用于药用、油用、香料、食用等方面，其叶（苏叶）、梗（苏梗）、果（苏子）均可入药，嫩叶可生食、做汤，茎叶可腌渍。

烹调宜忌

【宜】干紫苏可以用来加工酱菜，在晒酱时加点紫苏可以去腥防腐。

食用宜忌

【宜】紫苏适宜感冒风寒、恶寒发热、咳喘气喘、胸腹胀满、肠鸣腹泻、食欲不振、脚气病患者食用；还适宜胎动不安的孕妇食用。

【忌】体质虚弱、自汗多汗者不宜食用。

秋葵

别名：羊角豆、咖啡黄葵、毛茄。

性味归经：性凉，味甘、辛。无毒。归心、肾、膀胱经。

功效：秋葵能帮助消化、增强体力、保护肝脏、健胃整肠、强肾补虚、防止血管硬化、防毛发脱落、防癌抗癌、延长青春期、增强内脏功能，对男性器质性疾病有食疗作用。此外秋葵还能使皮肤美白、细嫩。

注解：秋葵原产于非洲，20世纪初由印度引入我国。目前黄秋葵已成为人们所热追高档营养保健蔬菜，风靡全球。它的可食用部分是果荚，又分绿色和红色两种，其脆嫩多汁，滑润不腻，香味独特，深受百姓青睐。

烹调宜忌

【宜】秋葵可凉拌、热炒、油炸、炖食、做沙拉、汤菜等；在凉拌和炒食之前必须在沸水中烫三五分钟以去涩。

食用宜忌

【宜】尤其适合胃炎、癌症、胃溃疡、贫血、消化不良食用；青壮年、运动员、护肤女士更应该多吃。

【忌】秋葵属于性味偏于寒凉的蔬菜，胃肠虚寒、功能不佳、经常腹泻的人不可多食。

苦菜

别名：天香菜、荼苦荬、甘马菜、老鹳菜、无香菜。

性味归经：性寒，味苦。无毒。

功效：苦菜具有清热、凉血、解毒、明目、和胃、止咳的功效，对痢疾、黄疸、血淋、痔瘘、疔肿、蛇咬伤、咳嗽、支气管炎、疳积有食疗作用。

注解：苦菜为菊科植物苦定菜的嫩叶。从外形上看，苦菜茎直立，叶呈披针形或圆形，通常羽状深裂，边缘有不规则的尖齿。头状花序顶生，花冠黄色。民间食用苦菜已有2000多年的历史，亦常用作草药。

烹调宜忌

【宜】将苦菜入沸水锅略焯可以去除苦味。

食用宜忌

【宜】营养丰富，一般人均可食用。

【忌】脾胃虚寒者不宜吃。

荷兰豆

别名：菜豌豆、毕豆、青豌豆、青小豆、留豆、国豆、甜豆。

性味归经：性寒，味甘。

功效：荷兰豆具有调和脾胃、利肠、利水的功效，还可使皮肤柔润光滑，并能抑制黑色素的形成，有美容的功效。荷兰豆富含的膳食纤维，能预防直肠癌，并降低胆固醇，它还能抗癌、防癌，对脚气病、糖尿病、产后乳少都有很好的辅疗效果。

注解：荷兰豆是豆科属一年生攀缘草本植物，豌豆的一个变种。原产地中海沿岸和亚洲中部，传入我国的时间较早，为张骞出使西域时引进，现南北方均有栽培。它以肥嫩多汁的嫩荚供食，口感清脆、鲜嫩香甜、营养丰富。

烹调宜忌

【宜】荷兰豆可直接炒食，也可凉拌、炖煮、做汤。

食用宜忌

【宜】尤其适合脾胃虚弱、小腹胀满、呕吐泻痢、产后乳汁不下、烦热口渴者食用。

【忌】诸无禁忌。

菊苣

别名：欧洲菊苣、比利时苣买菜、法国苣买菜、苞菜、苦白菜。

性味归经：性寒，味苦。

功效：菊苣有清热解毒、利尿消肿的功效，对湿热黄疸、肾炎水肿、胃脘胀痛、食欲不振有食疗作用。

注解：菊苣为菊科菊苣属中的多年生草本植物，是以嫩叶、叶球、叶芽为蔬的野生菊苣的一个变种。原产地中海、亚洲中部和北非。菊苣有结球类型和需经软化栽培后收获芽球的散叶类型两大种，是欧洲市场上极受欢迎的高档蔬菜。菊苣的种植以意大利、法国、比利时、荷兰等国较多。

烹调宜忌

【**宜**】菊苣可炒、可凉拌。

【**忌**】切忌高温煮、炒，经高温后即变黑褐色。

食用宜忌

【**宜**】一般人均可食用。

肉禽类饮食宜忌

猪肉

别名：豕肉、豚肉、彘肉等。经阉割过的猪的肉又叫豮猪肉。

性味归经：性温，味甘、咸。归脾、胃、肾经。

功效：滋阴润燥，补虚养血，对消渴羸瘦、热病伤津、便秘、燥咳等病症有食疗作用。猪肉既可提供血红素（有机铁）和促进铁吸收的半胱氨酸，又可提供人体所需的脂肪酸，所以能从食疗方面来改善缺铁性贫血。若烹调得宜，可滋养脏腑、健身长寿。猪肉经过长时间高温炖煮后，所含不饱和脂肪酸会有所增加，从而可降低人体胆固醇。

注解：猪是哺乳类家畜，头大、鼻长、眼小、耳大、脚短、身肥，大约在8000年前由野猪驯化而成。猪几乎全身都是宝，它的各个部位，包括猪血，都极富营养，可以制成各种各样的美味食品。猪肉含蛋白质、脂肪、碳水化合物、磷、钙、铁、维生素 B_1、维生素 B_2、维生素 B_{12}、烟酸等成分，是肉类中含B族维生素最多的，相当于牛肉、羊肉的7倍。猪肉是人体所需动物类脂肪和蛋白质的主要来源之一。

烹调宜忌

【宜】猪肉要斜切，剔除猪颈等处灰色、黄色或暗红色的肉疙瘩。

【忌】不宜长时间泡水，烹调前勿用热水清洗。

食用宜忌

【宜】一般人都可食用，尤其适宜燥咳无痰的老人、产后乳汁缺乏的妇女、青少年、儿童及阴虚、头晕、贫血、大便秘结、营养不良之人食用。

【忌】体胖、多痰、舌苔厚腻者慎食；猪肉的热量和脂肪含量较高，患有冠心病、高血压、高血脂者忌食肥肉；凡风邪偏盛之人忌食猪头肉。烧焦的猪肉不要吃。

猪心

性味归经：性平，味甘、咸。无毒。归心经。

功效：能养血安神，对心虚多汗、惊悸恍惚有一定的食疗效果。

注解：猪心为猪科动物猪的心脏，是补益食品。猪心含大量蛋白质、脂肪、维生素 B_1、维生素 B_2、烟酸等成分，具有滋养血液、养心安神的作用。

烹调宜忌

【宜】可煮食或做成卤制品。

【忌】加热不彻底。

食用宜忌

【宜】猪心适宜失眠多梦、精神分裂症、癫痫、癔病患者食用。

【忌】高胆固醇患者忌食。

猪肾

别名：猪腰子。

性味归经：性平，味甘、咸。

功效：猪肾可以强腰、益气，有养阴补肾之功效。

注解：猪肾含有锌、铁、铜、磷、维生素 A、B 族维生素、维生素 C、蛋白质、脂肪、碳水化合物等成分。

烹调宜忌

【宜】剖开，去筋膜洗净，煮食。

食用宜忌

【宜】猪肾适宜由肾虚引起的腰酸腰痛、遗精、盗汗者食用；适宜肾虚热、性欲较差的女性食用；适宜肾虚、耳聋、耳鸣的老年人食用。

【忌】高血脂、高胆固醇患者忌食，因猪肾中胆固醇含量较高。

猪肝

别名：有“营养库”的美称。

性味归经：性温，味甘、苦。归肝经。

功效：常食猪肝可预防眼睛干涩、疲劳，可调节和改善贫血病人造血系统的生理功能，还能帮助去除机体中的一些有毒成分。猪肝中含有一般肉类食品中缺乏的维生素 C 和微量元素硒，能增强人体的免疫力、抗氧化、防衰老，并能抑制肿瘤细胞的产生。

注解：猪肝为猪科动物猪的肝脏。猪肝中淀粉的含量比瘦肉高，容易水解为葡萄糖，其含铁量为猪肉的 18 倍。猪肝蛋白质含量高，脂肪含量少，还含有维生素 A、维生素 B_1、维生素 B_2、烟酸、维生

素 B_{12}、维生素 C 及微量元素等营养成分。

烹调宜忌

【宜】由于猪肝中有毒的血液分散存留在数以万计的肝血窦中，因此，买回猪肝后要在自来水龙头下冲洗一下，然后置于盆内浸泡 1~2 小时消除残血，注意水要完全浸没猪肝。若急于烹饪，则可视猪肝大小切成 4~6 块，置盆中轻轻抓洗一下，然后盛入网篮中在自来水下冲洗干净即可。

【忌】炒猪肝不要一味求嫩，否则既不能有效去毒，又不能杀死病菌、寄生虫卵。

食用宜忌

【宜】适宜气血虚弱、面色萎黄、缺铁者食用；对经常在电脑前工作的人尤为适合；也适宜癌症患者放疗、化疗后食用。

【忌】因为猪肝中胆固醇含量高，所以患有高血压、肥胖症、冠心病及高血脂的人忌食猪肝。

猪肚

别名：猪胃。

性味归经：性微温，味甘。

功效：猪肚具有补脾益胃、安五脏、补虚损功效。

注解：猪肚为猪科动物猪的胃。猪肚中含有大量的钙、钾、钠、镁、铁等元素和维生素 A、维生素 E、蛋白质、脂肪等成分。

烹调宜忌

【宜】猪肚烧熟后，切成长条或长块，放入碗中，加点汤水，放进锅中蒸，猪肚会涨厚，鲜嫩好吃。

【忌】猪肚忌在蒸的过程中放盐，蒸好后才加盐调味。

食用宜忌

【宜】猪肚适宜虚劳羸弱、脾胃虚弱、中气不足、气虚下陷、小儿疳积、腹泻、消渴、胃痛、下痢、遗精、小便频数者食用。

【忌】湿热痰滞内蕴者慎食；感冒期间忌食。

猪蹄

别名：猪脚、猪手、猪爪。

性味归经：性平，味甘、咸。

功效：猪蹄具有补虚弱、填肾精等功效，对延缓衰老和促进儿童生长发育具有特殊的作用，对老年人神经衰弱（失眠）等有良好的改善作用，是老人、女性和失血者的食疗佳品。

注解：人们把猪蹄称为“美容食品”和“类似于熊掌的美味”。猪蹄中含有较多的蛋白质、脂肪和碳水化合物，并含有钙、磷、镁、铁以及维生素 A、维生素 D、维生素 E、维生素 K 等有益成分。它含有丰富的胶原蛋白质，不含胆固醇。

食用宜忌

【宜】适宜血虚、老年体弱、产后缺奶、腰脚软弱无力、痈疽疮毒久溃不愈者食用。

【忌】猪蹄油脂较多，动脉硬化及高血压患者少食为宜；感冒期间忌食。另外，痰盛阻滞、食滞者也应慎食。猪蹄若作为通乳食疗，少放盐，不放味精。临睡前不宜吃猪蹄，以免增加血黏度。每次食 1 只猪蹄为宜。

猪血

别名：血豆腐。

性味归经：性平，味咸。无毒。归肝、脾经。

功效：猪血含有人体容易吸收的血红素铁，对青少年的健康发育有较大帮助。猪血是天然的润肠通便食品，猪血中的矿物元素对延缓肿瘤的生长有食疗作用。常食猪血能延缓机体衰老，提高免疫功能，清除人体新陈代谢所产生的“垃圾”。女性常吃猪血，可有效地补充体内消耗的铁质，是防止缺铁性贫血的食疗佳品。

注解：猪血通常被制成血豆腐，是最理想的补血食品之一。人们把它称为“液体肉”。猪血含有丰富的铁、钾、钙、磷、锌、铜等10余种矿物元素。其中含铁量较高，每百克内高达45毫克，比猪肝高20倍，比鸡蛋高18倍，且猪血中的铁离子和人体内铁离子的化合价相同，摄入后更易为人体吸收利用。

猪皮

别名：猪肤。

性味归经：性微寒，味甘、咸。

功效：猪皮有滋阴补虚、清热利咽的功效。猪皮中含有大量的胶原蛋白和弹性蛋白，能改善人体组织细胞的贮水功能，起到保健美容的作用。

注解：猪皮是猪科动物猪身上的皮肤。猪皮营养丰富，所含蛋白质是猪瘦肉的1.5倍，碳水化合物是猪瘦肉的4倍，脂肪为猪瘦肉的79%，和猪瘦肉所产生的热量相差无几。

食用宜忌

【宜】经常食用猪皮能延缓机体细胞老化。尤其适宜阴虚内热，出现咽喉疼痛、低热等症的患者食用。

【忌】感冒发热、咳嗽痰多或痰稠者及虚寒者忌食。

牛肉

别名：黄牛肉。

性味归经：性平，味甘。归脾、胃经。

功效：牛肉补脾胃，益气血，强筋骨。对虚损羸瘦、消渴、脾弱不运、癖积、水肿、腰膝酸软、久病体虚、面色萎黄、头晕目眩等病症有食疗作用。多吃牛肉，对肌肉生长有好处。

注解：牛肉是牛科动物黄牛或水牛的肉，黄牛平均体长1.5~2.0米，体重250千克左右，体格健壮结实。牛肉含蛋白质、脂肪、维生素B_1、维生素B_2、钙、磷、铁，还含有多种特殊成分，如肌醇、黄嘌呤、次黄质、牛磺酸、肽类（如肌肽、鹅肌肽）、氨基酸（如丙氨酸、谷氨酸、天门冬氨酸、亮氨酸）、尿酸、尿素氨等。营养价值十分高。

烹调宜忌

【宜】炒牛肉片之前，先用啤酒将面粉调稀，淋在牛肉片上，拌匀后腌 30 分钟，可增加牛肉的鲜嫩程度；炖牛肉要使用热水，不要加冷水，热水可以使牛肉表面的蛋白质迅速凝固，防止肉中氨基酸外浸，保持肉味鲜美；牛肉不易熟烂，烹制时放一个使其易烂入味；如果牛肉过油，油量要多，火要大，搅拌速度要比猪肉过油更快，1 分钟左右即可熄火，沥干油分，否则牛肉的肉质很快就会变老；先将牛肉放到冰箱中去冷冻，使之冻结后再切再腌，这样更好切，且腌渍效果更好；牛肉除了牛柳、牛脊肉之外，大部分的纤维较粗糙，筋又多，因此处理牛肉的第一步就是先去筋；牛肉的纤维比较粗，可先整块用塑料袋包好，用刀背敲打，使纤维断裂后再切；切丝时必须垂直纹路切，切薄一点，以便能迅速炒熟，保持牛肉应有的鲜嫩口感。

【忌】牛肉加腌料时不可用盐调味，因为盐会使牛肉出水，失去肉汁而使肉质变韧。

食用宜忌

【宜】患高血压、冠心病、血管硬化和糖尿病的人应常食用牛肉；老年人、儿童、身体虚弱及病后恢复期的人吃牛肉也非常适宜食用牛肉。

【忌】内热者忌食；皮肤病、肝病、肾病患者慎食；服氨茶碱时忌食。牛肉不易多吃，最好一周一次，每次 80 克左右。

牛肾

别名：牛腰子。

性味归经：性平，味甘。归肾经。

功效：牛肾益精，补益肾气，去湿痹。

注解：牛肾为牛科动物黄牛或水牛的肾脏。牛肾的营养素含量很高，有蛋白质、维生素 B_1、维生素 B_2、镁、铁、钙、脂肪、烟酸等。

食用宜忌

【宜】肾虚、阳痿气乏者应常食用牛肾。

【忌】痛风患者少食为好。

牛肚

别名：牛百叶、牛胃。

性味归经：性平，味甘。归脾、胃经。

功效：有补虚、益脾胃的作用；对病后虚羸，气血不足，消渴，风眩有食疗作用。

注解：牛肚为牛科动物黄牛或水牛的胃。牛肚含蛋白质、脂肪、钙、磷、铁、维生素 B_1、维生素 B_2、烟酸等营养物质。

烹调宜忌

【宜】可爆炒、煨汤。

食用宜忌

【宜】一般人都可食用，尤适宜于病后虚羸、气血不足、营养不良、脾胃薄弱之人。

【忌】无所忌。

羊肉

别名：古称之为肉、羝肉、羯肉。

性味归经：性热，味甘。归脾、胃、肾、心经。

功效：寒冬常吃羊肉可益气补虚，促进血液循环，使皮肤红润，增强御寒能力。羊肉还可增加消化酶，保护胃壁，帮助消化。中医认为，羊肉还有补肾壮阳的作用。

注解：羊天性耐寒，主要产于寒冷的高原地区。羊肉为牛科动物山羊和绵羊的肉，是主要肉类食品之一。羊肉肉质细嫩，含有丰富的蛋白质和维生素。它比猪肉和牛肉的脂肪、胆固醇含量都少。

多吃羊肉能提高身体素质，增强对疾病抵抗的能力，而不会有其他副作用，所以人们常说：“要想长寿，常吃羊肉”。

烹调宜忌

【宜】萝卜去膻法：在白萝卜上戳几个洞，放入冷水中和羊肉同煮，滚开后将羊肉捞出，再单独烹调，即可去除膻味；米醋去膻法：将羊肉切块放入水中，加点米醋，待煮沸后捞出羊肉，再继续烹调，也可去除羊肉膻味；绿豆去膻法：煮羊肉时，若放入少许绿豆，可去除或减轻羊肉膻味；料酒去膻法：生羊肉用冷水浸洗几遍，切片、丝或小块装盘，再用适量料酒、小苏打、食盐、白糖、味精、清水拌匀，待羊肉充分吸收调料后，再取蛋清3个、淀粉50克上浆，腌几小时，料酒和小苏打可充分去除羊肉中的膻味。

食用宜忌

【宜】一般人都可以食用。尤其适宜体虚胃寒者、反胃者、中老年体质虚弱者食用。冬季食用还可以达到进补和御寒的双重效果。

【忌】羊肉温热，吃时最好辅以性味甘平的凉菜，不宜多吃。感冒发热以及患有高血压、肝病、急性肠炎和其他感染病者忌食。

羊肾

别名：羊腰子。

性味归经：性微温，味甘、咸。

功效：羊肾对补肾壮阳、生精益脑有食疗功效。

注解：羊肾为羊的肾脏。羊肾含有蛋白质、脂肪、碳水化合物、胆固醇，另外还含有维生素A、维生素B_1、维生素B_2、烟酸、维生素C、维生素E、钾、磷、镁、铁、锰、锌、铜、钙等，营养价值非常高。

烹调宜忌

【宜】适合煮食，或与中药材加工成丸、散剂。

食用宜忌

【宜】头晕耳鸣、遗精、阳痿、腰酸腰痛、消渴、尿频者宜食。

【忌】感冒发热者忌食。

羊肝

性味归经：归肝经。

功效：羊肝养肝，明目，益血。

注解：羊肝为羊的肝脏。羊肝中含蛋白质、脂肪、碳水化合物、钙、磷、铁、维生素 A、维生素 B_1、维生素 C、烟酸。

烹调宜忌

【宜】采取煎炒的方式最能保存羊肝的湿润。烹饪的时间尽量长一点，至少在急火中炒 5 分钟以上，使羊肝完全变成灰褐色，无血丝。

【忌】未烹制熟透。

食用宜忌

【宜】羊肝适宜眼干枯燥者、夜盲症患者、维生素 A 缺乏者、贫血者食用。

【忌】高血脂、急慢性肝炎、肝癌及肝硬化、急慢性肾炎、肾衰竭、痛风患者不宜食用。

狗肉

别名：犬肉、地羊肉。

性味归经：性温，味咸、酸。归胃、肾经。

功效：狗肉有温肾助阳、壮力气、补血脉的功效，可以增强机体的抗病能力。

注解：狗肉是犬科动物狗的肉。狗肉是膳食中的珍品。俗语说"狗肉滚三滚，神仙站不稳。"它和羊肉都是冬季的大补之品。狗肉含有丰富的蛋白质和脂肪，还含有维生素 A、维生素 B_2、维生素 E、氨基酸和铁、锌、钙等矿物元素。

烹调宜忌

【宜】用姜片、白酒反复搓揉狗肉，在用稀释的白酒泡 1~2 小时，清水冲洗后入油锅微炸再烹调，可有效降低其腥味。

【忌】忌吃半生不熟的狗肉，以防寄生虫感染。

食用宜忌

【宜】狗肉适宜肾阳虚所致的腰膝冷痛、小便清长、小便频数、水肿、阳痿等患者食用。

【忌】狗肉属热性食物，凡患咳嗽、感冒、发热、腹泻和阴虚火旺等非虚寒性疾病的人均不宜食用。不宜在夏季食狗肉，而且一次不宜多吃。忌食疯狗肉。

马肉

性味归经：性寒，味甘、酸。

功效：马肉有补中益气、补血、补肝肾、强筋骨的功效，可以增强人体免疫力。马肉的脂肪和胆固醇的含量比较低，可以预防动脉硬化。

注解：马体长 1.5~2.5 米，高 1.0~1.5 米，毛色随种类而不同。马文化历史悠久，5000 年前人们已经用马驾车。马肉为马科动物马的肉，是我国南方一些地区比较流行的肉食。马肉含有十几种氨基酸和人体所必需的维生素和钙、磷、钾、钠等营养成分。

烹调宜忌

【宜】肌肉纤维比较粗，一般加工成卤制品，也可以清水煮食。

【忌】马肝不可食用；马肉忌炒食。

食用宜忌

【宜】马肉可以长筋骨、强腰膝，适宜营养不良者、老年人、肥胖者和高血压、肝病、心血管患者食用。

【忌】孕妇忌食；下痢者及患有疮疡之人忌食。

驴肉

别名：毛驴肉。

性味归经：性凉，味甘、酸。归心、肝经。

功效：驴肉可补虚、补气。常食有补益食疗作用。

注解：驴肉是马科动物驴身上的肉，肉质细嫩，是牛肉、羊肉无法比的。民间谚语“天上龙肉、地上驴肉”就是对其之赞誉。驴肉富含蛋白质、钙、磷、铁及人体必需的多种氨基酸，具有低脂肪、低热量、高蛋白、高铁等特点。

烹调宜忌

【宜】买新鲜驴肉要选当天宰杀的，最好当天煮食。用驴肉做菜时，可用少量苏打水调和，这样可去除驴肉的腥味。制作驴肉时，可配一些蒜汁、姜末，既能杀菌，又可去腥味。

食用宜忌

【宜】脾虚肾亏、身体羸弱者及贫血症患者宜食。

【忌】孕妇忌食，慢性肠炎、腹泻患者及瘙痒性皮肤病患者忌食。

鸡肉

别名：家鸡肉、母鸡肉。

性味归经：性平、温，味甘。归脾、胃经。

功效：鸡肉具有温中益气、补精填髓、益五脏、补虚损、健脾胃、强筋骨的功效。冬季多喝些鸡汤可提高自身免疫力，流感患者多喝点鸡汤有助于缓解感冒引起的鼻塞、咳嗽等症状。鸡皮中含有大量胶原蛋白，能补充人体所缺少的水分和弹性，延缓皮肤衰老。

注解：鸡肉营养价值很高，民间有“济世良花”的美称。鸡肉是高蛋白、低脂肪的食物，富含钙、磷、铁、维生素 B_1、维生素 B_{12}、烟酸以及钾、钠、氯、硫等。

烹调宜忌

【宜】鸡肉用药膳炖煮，营养更全面。带皮的鸡肉含有较多的脂类物质，所以较肥的鸡应该去掉鸡皮再烹制。

食用宜忌

【宜】鸡肉适宜虚劳瘦弱、营养不良、气血不足、面色萎黄者食用；孕妇产后体质虚弱或乳汁缺乏、妇女体虚水肿、月经不调、白带清稀频多、神疲无力者应多食用鸡肉。鸡肉富含维持神经系统健康、消除烦躁不安的维生素 B_{12}。因此，晚上睡不好、白天总感觉疲惫的人可多吃点鸡肉。

【忌】凡内火偏旺和痰湿偏重，患有感冒发热、胆囊炎、胆石症、肥胖症、热毒疖肿、高血压、高血脂、尿毒症、严重皮肤疾病者禁食；服用铁剂时暂不宜食用鸡肉；老年人不宜常喝鸡汤；鸡的臀尖是细菌、病毒及致癌物质的“仓库”，绝忌食用；多龄鸡头要忌吃。

鸡肝

性味归经：性微温，味甘、苦。

功效：鸡肝具有补肝血、明目之功效。

注解：鸡肝是雉科动物家鸡的肝脏，经烹饪之后营养丰富。鸡肝富含蛋白质、脂肪、碳水化合物、钙、磷、铁、维生素 A、维生素 B_1、维生素 B_2、烟酸、维生素 C 等。

烹调宜忌

【宜】为了彻底去除有毒物质，在煮食前要认真反复清洗，再放入盆中浸泡 1 小时左右，然后再进行烹制。宜卤、炸。

食用宜忌

【宜】适宜肝虚目暗、视力下降、夜盲症、小儿疳眼（角膜软化症）、佝偻病、妇女产后贫血、肺结核及孕妇先兆流产者食用。

【忌】鸡肝养血明日，诸无所忌。但是，有病鸡肝和变色变质鸡肝切勿食用。

鸭肉

别名：鹜肉、家凫肉、扁嘴娘肉、白鸭肉。

性味归经：性寒，味甘、咸。归脾、胃、肺、肾经。

功效：鸭肉具有养胃滋阴、清肺解热、大补虚劳、利水消肿之功效，用于治疗咳嗽痰少、咽喉干燥、阴虚阳亢之头晕头痛、水肿、小便不利。鸭肉不仅脂肪含量低，且所含脂肪主要是不饱和脂肪酸，能起到保护心脏的作用。

注解：鸭是主要家禽之一。鸭喜合群，胆怯。母鸭好叫，公鸭则嘶哑，无飞翔力，善游泳，主食谷类、蔬菜、鱼、虫等。鸭肉是鸭科动物家鸭的肉。鸭肉营养价值很高，富含蛋白质、B 族维生素、维生素 E 以及铁、铜、锌等微量元素。

烹调宜忌

【宜】炖制老鸭时，加几片火腿或腊肉，能增加鸭肉的鲜香味。

食用宜忌

【宜】鸭肉适宜营养不良、体内有热、上火和水肿的人食用；尤其适合低热、虚弱、食少、妇女月经少、大便秘结、癌症、糖尿病、肝硬化腹水、肺结核、慢性肾炎水肿等患者食用。

【忌】阳虚脾弱、外感未清、便泻肠风者都不宜食用。

鹅肉

别名：家雁肉。

性味归经：性平，味甘。归脾、肺经。

功效：鹅肉具有暖胃生津、补虚益气、和胃止渴、祛风湿、防衰老之功效，用于治疗中气不足，消瘦乏力，食少，气阴不足的口渴、气短、咳嗽等，是中医食疗中的好原料。天气寒冷时吃鹅肉，可以防治感冒和急慢性气管炎，老年糖尿病患者常食鹅肉，还有控制病情发展和补充营养的作用。

注解：鹅肉为鸭科动物鹅的肉。鹅浑身是宝。鹅翅、鹅蹼、鹅舌、鹅肠、鹅肫是餐桌上的美味佳肴，鹅油、鹅胆、鹅血是食品工业、医药工业的主要原料。鹅肝营养丰富，鲜嫩味美，可促进食欲，是世界三大美味营养食品，被称为“人体软黄金”。鹅肉富含蛋白质、矿物质和维生素 E 等。

烹调宜忌

【宜】鹅肉要逆着纹路切，才不会嚼不烂。如果鹅肉带有很多油就要切除一点，尤其是喜欢清淡口味的人。

食用宜忌

【宜】适宜身体虚弱、气血不足、营养不良之人食用，也适宜天气寒冷时食用。

【忌】凡患有高血压病、高脂血症、动脉硬化、湿热内蕴、舌苔黄厚而腻、顽固性皮肤疾患、皮肤生疮毒者、淋巴结核、痈肿疔毒及各种肿瘤等病症者不宜食用。

鸽肉

别名：家鸽肉。

性味归经：性平，味咸。归肝、肾经。

功效：鸽肉具有补肾、益气、养血之功效。鸽血中富含血红蛋白，能使术后伤口更好地愈合。而女性常食鸽肉，可调补气血、提高性欲。此外，乳鸽肉含有丰富的软骨素，经常食用，可使皮肤变得白嫩、细腻。常食鸽肉对脱发、白发也有很好的疗效。

注解：鸽子是一种常见的鸟，翅膀宽大，善于飞翔，羽色有雨点、灰、黑、绛、白等多种，足短矮，嘴喙短，食谷类植物的籽实。鸽肉中蛋白质最为丰富，而脂肪含量极低，消化吸收率高达 95% 以上。此外，鸽肉所含的维生素 A，维生素 B_1，维生素 B_2，维生素 E 及造血用的微量元素与鸡、鱼、牛、羊肉相比非常丰富。

烹调宜忌

【宜】鸽肉以清蒸或煲汤为最好，这样能使营养成分保存得最为完好；想炸出皮脆肉嫩的乳鸽是有一定秘诀的，就是炸前要用姜、葱、料酒、生抽和老抽腌渍；炸制时要用大火和七成的热油，放入乳鸽后需端离火，利用油热浸至刚熟，而后再将油锅回炉，大火热油将乳鸽炸至大红。

食用宜忌

【宜】鸽肉适宜体虚、头晕、毛发稀疏脱落、头发早白、未老先衰、神经衰弱、记忆力减弱、贫血、高血压病、高脂血症、冠心病、动脉硬化、腰酸、妇女血虚经闭、习惯性流产、孕妇胎漏、男子不育、精子活动力减退、睾丸萎缩、阴囊湿疹瘙痒等病症患者食用。鸽肉营养丰富，易于消化，对老年人、体虚病弱者、孕妇及儿童有恢复体力、增强脑力和视力的食疗作用。

【忌】食积胃热、先兆流产、尿毒症、体虚乏力患者不宜食用。

兔肉

别名：菜兔肉、野兔肉。

性味归经：性凉，味甘。归肝、脾、大肠经。

功效：兔肉可滋阴凉血，益气润肤，解毒祛热。兔肉还含有丰富的卵磷脂。卵磷脂有抑制血小板凝聚和防止血栓形成的作用，还有保护血管壁、防止动脉硬化的功效。卵磷脂中的胆碱能提高记忆力，防止脑功能衰退。

注解：兔肉为兔科动物家兔、东北兔、高原兔、华南兔等的肉。在日本，兔肉被称为“美容肉”，它受到年轻女子的青睐，常作为美容食品食用。兔肉是一种高蛋白、低脂肪的食物，既有营养，又不会令人发胖，是理想的“美容食品”。兔肉蛋白质含量高达21.5%，几乎是猪肉的2倍，比牛肉多出18.7%，而脂肪含量为3.8%，是猪肉的1/16，牛肉的1/5。

烹调宜忌

【宜】顺着纤维纹路切。在烧兔肉的汤中加三汤匙浓咖啡，可使菜的味道更加鲜美。

食用宜忌

【宜】兔肉适宜儿童和老年人及营养不良、气血不足之人食用，还适宜肝病、心血管病、糖尿病患者食用。性凉，宜夏天食用。

【忌】孕妇忌食，有阳虚症状的人忌食。冬天不宜吃兔肉。

鹿肉

性味归经：性温，味甘。

功效：鹿肉具有补五脏、调血脉、壮阳气、强筋骨之功效。

注解：鹿肉为鹿科动物梅花鹿或马鹿的肉，鹿胎、鹿肾、鹿血皆可食用。中国对驯鹿的记载古已有之，梅花鹿肉和马鹿肉，二者均为中国特产。鹿肉含有丰富的蛋白质、脂肪、无机盐、糖和一定量的维生素，且易于被人体消化吸收。其中，每100克鹿肉中，含粗蛋白约19.77克，粗脂肪1.92克。

食用宜忌

【宜】宜冬季食用。鹿肉适宜中老年性体质虚弱、阳气不足、气血两亏、四肢不温、腰脊冷痛者食用；适宜妇人产后缺奶者食用。

【忌】炎夏季节忌食。鹿肉性温纯阳，壮阳补火，凡发热者、阳气旺者、火毒盛者及阴虚火旺者皆不宜食。

青蛙肉

别名：田鸡肉、水鸡肉。

性味归经：性凉，味甘。

功效：青蛙肉具有清热解毒、消肿止痛、补肾益精、养肺滋肾之功效。

注解：青蛙是黑斑蛙、虎纹蛙和金线蛙的统称。在分类上属于两栖纲，无尾目，蛙科。青蛙肉肉质细嫩、脂肪少、糖分低，富含蛋白质、碳水化合物、钙、磷、铁、维生素A、B族维生素、维生素C及多种激素。

食用宜忌

【宜】青蛙肉适宜身体虚弱、营养不良、气血不足、精力不足、虚劳咳嗽、肝硬化腹水、脚气病水肿、体虚水肿、低蛋白血症、高血压病、冠心病、动脉硬化、高脂血症、糖尿病患者食用；也适宜病后、产后虚弱、肺痨咳嗽吐血、盗汗不止、神经衰弱者服食。

【忌】脾虚、便泻、痰湿、外感初起咳嗽者不宜食用。青蛙肉吃多了可能染上寄生虫病，而寄生虫一旦侵入眼球，会引起各种炎症，导致角膜溃疡、视力下降，严重者会导致双目失明。

牛蛙

注解：牛蛙是一种高蛋白质、低脂肪、胆固醇极低、味道鲜美的食品，具有滋补解毒和治疗某些疾病的功效，可以促进人体气血旺盛、精力充沛，有滋阴、壮阳、养心、安神补气的功效。

烹调宜忌

【宜】牛蛙肉质细嫩，所以烹制时间不宜过长，否则牛蛙肉会老韧。

食用宜忌

【宜】食蛙肉能开胃，胃弱或胃酸过多的患者最宜吃蛙肉。

【忌】脾虚、腹泻、咳嗽、虚弱畏寒者不宜多食。

蛇肉

别名：乌蛇肉、蟒蛇肉、水蛇肉。

性味归经：性平，味甘、咸。

功效：蛇肉具有祛风活血、除痰去湿之功效。蛇胆能祛风除湿、清火明目、止咳化痰。临床上应用于治疗风湿性关节炎、胃痛、眼赤目糊、咳嗽痰多、小儿惊风、半身不遂、痔疮红肿等。蛇鞭含有雄性激素、蛋白质等成分，具有补肾壮阳、温中安脏的功效，可治疗阳痿、肾虚耳鸣、慢性睾丸炎、妇女宫冷不孕等。泰国人认为眼镜蛇是一种“最猛烈的催情药”，能促进性功能。

注解：蛇有着悠久的食用历史。广州人特别爱吃蛇，且擅长蛇肴烹饪的高手很多，烹调方法也层出不穷。蛇肉富含蛋白质、脂肪、糖类、钙、磷、铁及维生素 A、维生素 B_1、维生素 B_2 等。蛇油含有的亚油酸、亚麻酸等非饱和脂肪酸达 22 种之多。

食用宜忌

【宜】蛇肉适宜体质虚弱、气血不足、四肢麻木、营养不良、骨结核、关节结核、淋巴结核、风湿痹痛、风湿及类风湿性关节炎、脊柱炎、过敏性皮肤病、末梢神经麻痹者等病症患者食用。

【忌】孕妇慎用。蛇肉可能含有细菌和寄生虫，可能会威胁胎儿健康。

菌类饮食宜忌

黑木耳

别名：树耳、木蛾、黑菜。

性味归经：性平，味甘。归肺、胃、肝经。

功效：黑木耳具有补血气、活血、滋润、强壮、通便之功效，对痔疮、胆结石、肾结石、膀胱结石等病症有食疗作用。黑木耳可防止血液凝固，有助于减少动脉硬化，经常食用则可预防脑溢血、心肌梗死等致命性疾病的发生。

注解：黑木耳生长于栎、杨、榕、槐等 120 多种阔叶树的腐木上，单生或群生。在我国主要分布于黑龙江、吉林、福建、台湾、湖北、广东、广西、四川、贵州、云南等地。目前人工培植以椴木的和袋料的为主。黑木耳色泽黑褐，质地柔软，味道鲜美，营养丰富，可素可荤。

烹调宜忌

【宜】将黑木耳放入温水中，加点盐，浸泡半小时可以让木耳快速变软。将黑木耳放入温水中，再加入两勺淀粉，然后搅拌，用这种方法可以去除黑木耳中细小的杂质和残留的沙粒。

【忌】泡发后的黑木耳不宜长时间放置不用。

食用宜忌

【宜】适合心脑血管疾病、结石症患者食用，特别适合缺铁的人士、矿工、冶金工人、纺织工、理发师食用。

【忌】有出血性疾病、腹泻者的人应不食或少食，孕妇不宜多吃。

银耳

别名：白木耳、雪耳、银耳子。

性味归经：性平，味甘。归肺、胃、肾经。

功效：银耳含有丰富的胶质、多种维生素、无机盐、氨基酸，具有强精补肾、滋肠益胃、补气和血、强心壮志、补脑提神、美容嫩肤、延年益寿的功效。银耳还含有酸性异多糖，能增强机体巨噬细胞的吞噬功能，抑制癌细胞生长。

注解：银耳为真菌类银耳科银耳属植物，有“菌中之冠”的美称，夏秋季生于阔叶树腐木上，分布于我国浙江、福建、江苏、江西、安徽等十几个省份。目前，国内人工栽培银耳使用的树木为椴木、栓皮栎、麻栎、青刚栎、米槠等100多种。

烹调宜忌

【宜】银耳宜用开水泡发，泡发后应去掉未发开的部分，特别是那些呈淡黄色的东西。银耳主要用来做甜汤。

食用宜忌

【宜】一般人都可食用，尤其适合阴虚火旺、老年慢性支气管炎、心脏病、免疫力低下、体质虚弱、内火旺盛、虚痨、癌症、肺热咳嗽、肺燥干咳、月经不调、胃炎、大便秘结者食用。

【忌】外感风寒、出血症、糖尿病患者慎用。

竹荪

别名：竹参、面纱菌、竹姑娘、竹菌、雪裙仙子。

性味归经：性凉，味甘、微苦。归肺、胃经。

功效：竹荪具有补气养阴、润肺止咳、清热利湿、健脾益胃、止痛、减少腹壁脂肪的聚积、降血压、降血脂等功效，常吃可清嗓、治咳嗽。

注解：竹荪是著名的食用菌，幼时呈卵状球形，后伸长，菌盖钟形，柄白色，中空，壁海绵状，孢子椭圆形。自然繁殖的竹荪主要产于中国四川、云南、贵州等地。

烹调宜忌

【宜】干品的竹荪烹制前应先用淡盐水泡发，并剪去菌盖头（封闭的一端），否则会有怪味。

食用宜忌

【宜】肥胖者、脑力工作者，失眠、高血压、高血脂、高胆固醇、免疫力低下、肿瘤患者可以常食。

【忌】竹荪性凉，脾胃虚寒之人不要吃得太多。

草菇

别名：稻草菇、脚苞菇。

性味归经：性平，味甘。归胃、脾经。

功效：草菇具有清热解暑、养阴生津、降血压、降血脂、滋阴壮阳、增加乳汁等功效，可预防坏血病，促进创伤愈合，护肝健胃，增强人体免疫力。

注解：草菇起源于广东韶关的南华寺中，300 年前我国已开始人工栽培，在 20 世纪 30 年代由华侨带出中国，走向世界各地，是一种重要的热带、亚热带菇类，是世界上第三大栽培食用菌。我国草菇产量居世界之首，主要产地在华南地区。

烹调宜忌

【宜】草菇适于做汤或素炒。

【忌】无论是鲜品草菇还是干品草菇，都不宜长时间浸泡。

食用宜忌

【宜】草菇适宜高血压、高血脂、动脉硬化、冠心病、癌症、糖尿病患者，以及体质虚弱、气血不足、营养不良、食欲不振者食用。

【忌】草菇性寒，平素脾胃虚寒之人忌食。

香菇

别名：菊花菇、合蕈。

性味归经：性平，味甘。归脾、胃经。

功效：香菇具有化痰理气、益胃和中、透疹解毒之功效，对食欲不振、身体虚弱、小便失禁、大便秘结、形体肥胖、肿瘤疮疡等病症有食疗功效。

注解：香菇是世界第二大食用菌，也是我国特产之一，在民间素有“山珍”之称。香菇是一种生长在木材上的真菌，味道鲜美、香气沁人、营养丰富，有“植物皇后”的美誉。

烹调宜忌

【宜】烹饪前，香菇在水里（冬天用温水）提前浸泡1天，经常换水并用手挤出杆内的水，这样既能泡发彻底，又不会造成营养大量流失。

食用宜忌

【宜】香菇中含有嘌呤、胆碱、酪氨酸、氧化酶以及某些核酸物质，适宜血压高、胆固醇高、血脂高的人食用，可预防动脉硬化、肝硬化等疾病。

【忌】香菇为发物，脾胃寒湿、气滞者和患有顽固性皮肤瘙痒症者不宜食用。

平菇

别名：侧耳、糙皮侧耳、蚝菇、黑牡丹菇。

性味归经：性微温，味甘。归脾、胃经。

功效：平菇具有补虚、抗癌之功效，能改善人体新陈代谢、增强体质、调节自主神经。此外，平菇对肝炎、慢性胃炎、胃及十二指肠溃疡、软骨病、高血压等病症有食疗功效，对降低血液中的胆固醇含量、预防尿道结石也有一定效果。对女性更年期综合征可起调理作用。

注解：平菇是种相当常见的灰色食用菇。平菇营养丰富，在唐宋时期，它是宫廷菜，名曰天花菜、天花蕈。

烹调宜忌

【宜】平菇可以炒、烩、烧，口感好、营养高、不抢味。

【忌】鲜平菇烹饪时出水较多，易被炒老，炒老后既影响口感又破坏营养，所以烹饪鲜平菇时必须掌握好火候，切忌炒老。

食用宜忌

【宜】更年期妇女，体弱者，肝炎、消化系统疾病、软骨病、心血管疾病、尿道结石症患者及癌症患者尤其适宜食用。

【忌】对菌类食品过敏者不宜食用。

红菇

别名：正红菇、真红菇、大红菇、红椎菌、大红菌、大朱菇。

性味归经：味甘，性微温。

功效：红菇具有养颜护肤、补血提神、滋阴补阳之功效，是产后妇女不可缺少的营养食品。此外，红菇还有解毒、滋补的功效。

注解：野生红菇多生长于密林之中。红菇菌肉色白、厚实，所以常被虫吃。菌褶白色，老后变为乳黄色，近盖缘处可带红色，稍密至稍稀，常有分叉，褶间具横脉。菌柄长 3.5~5 厘米，粗 0.5~2 厘米，白色，一侧或基部带浅珊瑚红色，圆柱形或向下渐细，中实或松软。

烹调宜忌

【宜】红菇蒸、炖、炒、烩均可，如与鸡、鸭等肉类同烹则味道更佳。清洗红菇要很细心，一定要先用大量的水泡开，然后撒些盐浸泡，这样能够清洗净红菇表面的黏液，再装在滤水篮子里浸泡到盆里，一边淋水一边顺一个方向转动，这样，菇上的泥沙很容易掉落沉淀下来。

【忌】清洗红菇时不能揉搓，那样会将其洗烂。

食用宜忌

【宜】红菇营养丰富，老少皆宜，诸无所忌。

猴头菇

别名：猴菇菌、猴头菌、羊毛菌、刺猬菌。

性味归经：性平，味甘。归脾、胃、心经。

功效：猴头菇具有健胃、补虚、抗癌之功效，对胃癌、食管癌等消化道恶性肿瘤，以及胃溃疡、胃窦炎、消化不良、胃痛腹胀、神经衰弱等病症有一定的食疗作用。

注解：猴头菇是中国传统的名贵菜肴，肉嫩、味香、鲜美可口。猴头菇菌伞表面长有毛茸状肉刺，长 1~3 厘米；子圆而厚，新鲜时白色，干后变浅黄至浅褐色，基部狭窄或略有短柄，上部膨大，直径为 3.5~10 厘米，远远望去似金丝猴头，故称“猴头菇”。

烹调宜忌

【宜】干猴头菇适宜用水泡发而不宜用醋泡发，泡发时应先将猴头菇洗净，然后放在热水或沸水中浸泡 3 小时以上。在烹制的时候可加入料酒或白醋中和一部分猴头菇本身带有的苦味。

食用宜忌

【宜】低免疫力人群、高脑力人群都适宜吃猴头菇，有心血管疾病、胃肠疾病的患者更应食用猴头菇。

【忌】对菌类食品过敏者慎用。

金针菇

别名：冬蘑、金钱菌、冻菌、金菇。

性味归经：性凉，味甘滑。归脾、大肠经。

功效：金针菇具有补肝、益肠胃、抗癌之功效，对肝病、胃肠道炎症、溃疡、肿瘤等病症有食疗作用。金针菇中锌含量较高，对预防男性前列腺疾病较有助益。金针菇还是高钾低钠食品，可防治高血压，对老年人也有益。

注解：金针菇分布广泛，中国、日本、俄罗斯、欧洲、北美洲、澳大利亚等地均有分布。金针菇菌盖小巧细腻，黄褐色或淡黄色，菌肉为白色，质地细软而嫩、润而光滑，菌干形似金针，故名金针菇。

烹调宜忌

【宜】将鲜金针菇水分挤开，放入沸水锅内焯一下捞起，凉拌、炒、炝、熘、烧、炖、煮、蒸、做汤均可，亦可作为荤素菜的配料使用。

食用宜忌

【宜】适合气血不足、营养不良的老人、儿童，及癌症患者、肝脏病患者，胃、肠道溃疡，心脑血管疾病患者也可食用。

【忌】脾胃虚寒者不宜吃得太多。

鸡枞

别名：鸡宗、鸡松、鸡脚菇、蚁枞。

性味归经：性寒，味甘。

功效：鸡枞具有健脾胃、养血润燥、提高机体免疫力、抑制癌细胞生长的功效，并含有可辅助食疗糖尿病的有效成分，对降低血糖有明显效果。

注解：鸡枞是一种美味山珍，被称之为“菌中之王”，其肉肥硕壮实、质细丝白、鲜甜脆嫩、清香可口，可与鸡肉媲美，故名鸡枞。在中国，鸡枞仅在西南、东南几省及台湾省的一些地区出产，其中以云南所产为佳。鸡枞以黑皮和青皮的最好，其次是白皮、花皮、黄皮、土堆鸡枞。

烹调宜忌

【宜】鸡枞吃法很多，生、熟、炒、煮、煲汤皆可食，味道极鲜美。

食用宜忌

【宜】是老年人、儿童、妇女、体质虚弱者的理想滋补食品。

【忌】患有感冒或肠胃不适的人应少吃或不吃鸡枞。

鸡腿蘑

别名：毛头鬼伞、毛鬼伞、刺蘑菇。

性味归经：性平，味甘。

功效：鸡腿蘑能益胃清神、增进食欲、消食化痔，还具有调节体内糖代谢、降低血糖之功效，并能调节血脂，对糖尿病和高血脂患者有保健作用。

注解：鸡腿蘑常在春、夏、秋季雨后生于田野、林园、路边，甚至茅屋屋顶上。子实体群生，成熟时菌褶变黑，边缘液化。蕾期菌盖圆柱形，连同菌柄状似火鸡腿，“鸡腿蘑”由此得名。鸡腿蘑幼时肉质细嫩、鲜美可口，色、香、味皆不亚于草菇。

烹调宜忌

【宜】适宜炒食、炖食、煲汤，久煮不烂，滑嫩清香，且适合与肉菜搭配食用。

食用宜忌

【宜】鸡腿蘑性味甘干，营养丰富，皆无所忌，尤其适合食欲不振者、糖尿病患者、痔疮患者食用。

松蘑

别名：松菇、松蕈、鸡丝菌、松口蘑。

性味归经：性温，味淡。归肾、胃二经。

功效：松蘑具有强身、益肠胃、止痛、理气、化痰等功效。松蘑中含有丰富的铬和多元醇，对糖尿病有食疗作用。所含的抗氧化物质还可以抑制癌细胞生长。

注解：松蘑是目前不能人工培养的野生菌之一。松蘑的生长环境，除具备一般蘑菇生长条件外，还必须与松树生长在一起，与松树根共生。松蘑肉质肥厚，味道鲜美滑嫩，不但风味极佳、香味诱人，而且是营养丰富的食用菌，有“食用菌之王”的美称。

食用宜忌

【宜】营养丰富，老少皆宜。松蘑以鲜食最佳。

【忌】每次不能食用太多，以30克为宜。

口蘑

别名：白蘑、蒙古口蘑、云盘蘑、银盘。

性味归经：性平，味甘。归肺、心二经。

功效：口蘑能够防止过氧化物损害机体，帮助治疗因缺硒引起的血压升高和血黏度增加，调节甲状腺，提高免疫力，可抑制血清和肝脏中胆固醇上升，对肝脏起到良好的保护作用。它还含有多种抗病毒成分，对病毒性肝炎有一定食疗效果。所含大量膳食纤维可以防止便秘、促进排毒、预防糖尿病及大肠癌。另外，口蘑属于低热量食品，可以防止发胖。

注解：口蘑原是生长在蒙古草原上的一种白色伞菌属野生蘑菇，一般生长在有羊骨或羊粪的地方，味道异常鲜美。因为蒙古口蘑以前都通过河北省张家口市输往全国各地，所以被称为“口蘑”。由于产量不大而需求量大，所以口蘑价格昂贵，是目前中国市场上最为昂贵的蘑菇之一。

烹调宜忌

【宜】口蘑最好食用新鲜的。宜配肉菜食用。

【忌】以口蘑为原材料制作菜肴时，不用放味精或鸡精，以免破坏口蘑特有的鲜味。

食用宜忌

【宜】口蘑既可炒食，又可焯水后凉拌，是一种较好的减肥美容食品。

【忌】市场上有泡在液体中的袋装口蘑，食用前一定要多漂洗几遍，以去掉某些化学物质。

地耳

别名：地木耳、地见皮、地踏菜。

性味归经：性凉，味甘。

功效：地耳具有清热明目、收敛益气之功效，对目赤红肿、夜盲、久痢、脱肛等病症有食疗作用。地耳还具有补虚益气、滋养肝肾的作用。另外，因为地耳能清热解毒，可辅助治疗烧伤、烫伤及疮疡肿毒。

注解：地耳为蓝藻门念珠藻科植物葛仙米的藻体，生长范围广，适应性很强。它生长在地上，形、色皆似木耳，故谓之“地耳”。它似木耳之脆，但比木耳更嫩；如粉皮之软，但比粉皮为脆，润而不滞、滑而不腻，有一种特有的爽适感。

烹调宜忌

【宜】食用方法很多，可炒食、凉拌、熘、烩、做羹等。

食用宜忌

【宜】地耳适宜高血压、头痛头昏、丹毒、皮肤红斑赤热、夜盲症、目赤红肿患者食用。宜与生姜同食。

【忌】平素脾胃虚寒、腹泻便溏之人不可食用。妇人产后、寒性痛经以及女子月经来潮期间不宜食用。

榛蘑

别名：蜜环菌、蜜色环蕈、蜜蘑、栎蘑、根索蕈、根腐蕈。

性味归经：性温，味甘。

功效：榛蘑具有清目、利肺、益肠胃等功效，常食用对预防眼病、皮肤病、胃肠疾病有益，并能增强人体对呼吸道、消化道传染病的抵抗力。

注解：榛蘑为真菌植物门真菌蜜环菌的籽实体，是迄今为止为数不多的被人们所认知但仍然无法人工培育的野生菌类之一，堪称名副其实的“山珍”。榛蘑呈伞形，淡土黄色，老后棕褐色。榛蘑7~8月生长在针阔叶树的干基部、代根、倒木及埋在土中的枝条上。一般多生在浅山区的榛柴岗上，故而得名“榛蘑”。

烹调宜忌

【宜】榛蘑可鲜食、炒、做汤、凉拌等。

食用宜忌

【宜】榛蘑食疗效果显著，营养丰富，食无所忌。尤其适合用眼过度、眼炎、夜盲症、皮肤干燥、高血脂、高血压、动脉硬化、腰腿疼痛、免疫低下、癌症、呼吸道疾病、消化道病的患者食用。

水产类饮食宜忌

鲤鱼

别名：白鲤、黄鲤、赤鲤。

性味归经：味甘，性平。

功效：鲤鱼具有健胃、滋补、催乳、利水之功效，对水肿、乳汁不通、胎气不长等症有食疗作用。男性吃雄性鲤鱼，有健脾益肾、止咳平喘之功效。此外，鲤鱼眼睛有黑发、悦颜、明目效果。鲤鱼肉味甘，性平，有下水气、利尿消肿的功效；入药有开脾健胃、利小便、消腹水、消水肿、止咳镇喘、安胎通乳、清热解毒及发乳等疗效。鱼肉的脂肪主要是不饱和脂肪酸，有促进大脑发育的作用，还能很好地降低胆固醇，对于防治动脉硬化、冠心病有很好的食疗作用，多吃鲤鱼可以健康长寿。

注解：鲤鱼因鳞有十字纹理，故得鲤名。原产亚洲的温带性淡水鱼，喜欢生活在平原上的湖泊中或水流缓慢的河川里。鲤鱼背鳍的根部长，通常口边有须，但有的也没有须。口腔的深处有咽喉齿，用来磨碎食物。鲤鱼肉质十分细嫩可口，易被消化和吸收。鲤鱼肉富含蛋白质、碳水化合物、脂肪、多种维生素、组织蛋白酶A、组织蛋白酶B、组织蛋白酶C、钙、磷、铁、谷氨酸、甘氨酸、组氨酸以及挥发性含氮物质、挥发性还原性物质、组胺等成分。

烹调宜忌

【宜】鲤鱼两侧皮内有一条似白线的筋，在烹制前要把它抽出，这样可去除它的腥味。抽筋时，应在鱼的一边靠鳃后处和离尾部约3厘米处各横切一刀至脊骨，再用刀从尾向头平拍，使鳃后刀口内的筋头冒出，用手指尖捏住筋头一拉便可抽出白筋。烹调鲤鱼的方法较多，以红烧、干烧、糖醋为主。

食用宜忌

【宜】鲤鱼适宜食欲低下、工作太累和情绪低落者食用，尤其适宜患心脏性水肿、营养不良性水肿、脚气水肿、妇女妊娠水肿、肾炎水肿、黄疸肝炎、肝硬化腹水、胎动不安、咳喘等病症者食用。活鲤鱼和猪蹄炖汤服用，可治产妇少乳。

【忌】患有红斑狼疮、痈疽疔疮、荨麻疹、支气管哮喘、小儿腮腺炎、血栓闭塞性脉管炎、恶性肿瘤、淋巴结核、皮肤湿疹等病症者不宜食用。鲤鱼胆汁有毒，吞食生、熟鱼胆都会中毒，引起胃肠症状、脑水肿、中毒性休克，严重者可致死亡。

草鱼

别名：混子、草鲩、白鲩、鲩鱼、油鲩。

性味归经：性温，味甘。无毒。归肝、胃经。

功效：草鱼具有暖胃、平肝、祛风、活痹、截疟、降压、祛痰及轻度镇咳等功能，是温中补虚的养生食品。此外，草鱼对增强体质、延缓衰老有食疗作用。而且，多吃草鱼还可以预防乳腺癌。草鱼具有补中、利尿、平肝、祛风的作用，对心肌发育及儿童骨骼生长有特殊作用，它还具有截疟祛风的功效，对疟疾日久不愈、体虚头痛患者有一定食疗效果。

注解：草鱼体型较长，略呈圆筒形，腹部无鳞；头部平扁，尾部侧扁；口呈弧形，口边无须。草鱼广泛分布于中国除新疆和青藏高原以外的平原地区。草鱼喜食狼尾草、狗尾草、麸皮等。草鱼富含蛋白质、脂肪、钙、磷、铁、维生素 B_1、维生素 B_2、烟酸等。

烹调宜忌

【宜】烹调草鱼时，可以不放味精，味道也很鲜美；炒鱼肉的时间不能过长，要用低温油炒至鱼肉变白即可。

【忌】鱼胆有毒不能吃；草鱼要新鲜，煮时火候不能太大，以免把鱼肉煮散。

食用宜忌

【宜】老少皆宜。冠心病、血脂高患者，小儿发育不良者，水肿、肺结核患者、产后乳少等患者适宜食用；凡体虚气弱者，可作滋补食疗品。

【忌】草鱼不宜大量食用，否则会诱发各种疮疥。同时，女子在月经期不宜食用。此外，胆汁有毒，需慎用。

鲢鱼

别名：鲢、鲢子、边鱼、白脚鲢。

性味归经：性温，味甘。归脾、胃经。

功效：鲢鱼具有健脾、利水、温中、益气、通乳、化湿之功效。对于治疗咳嗽、气喘、脾胃虚弱、水肿等病症有食疗作用，尤其适用于治疗胃寒疼痛或由消化不良引起的慢性胃炎。

另外，鲢鱼的鱼肉中含蛋白质、脂肪酸很丰富，能促进智力发育，对于降低胆固醇和血液黏稠度，预防心脑血管疾病、癌症等具有明显的食疗作用。

注解：鲢鱼属淡水鱼，全身银白色，个头肥大，体厚侧扁，一般有红色润斑。鲢鱼分布很广，在中国自南到北都能生长。鲢鱼富含蛋白质及氨基酸、脂肪、烟酸、钙、磷、铁、糖类、灰分、维生素 A、维生素 B_1、维生素 B_2，维生素 D 等营养成分。

烹调宜忌

【宜】鲢鱼适用于烧、炖、清蒸、油浸等烹调方法，尤以清蒸、油浸最能体现出鲢鱼清淡、鲜香的特点。清洗鲢鱼的时候，要将鱼肝清除掉，因为其中含有毒质。将鱼去鳞剖腹洗净后，放入盆中倒一些黄酒，就能除去鱼的腥味，并能使鱼滋味鲜美。鲜鱼剖开洗净，在牛奶中泡一会儿既可除腥，又能增加鲜味。

食用宜忌

【宜】鲢鱼适宜脾胃气虚、营养不良、肾炎水肿、小便不利、肝炎患者食用。鲢鱼能提供丰富的胶质蛋白，既能健身，又能美容，是女性滋养肌肤的理想食品。它对皮肤粗糙、脱屑、头发干脆易脱落等症均有疗效，是女性美容不可忽视的佳肴。

【忌】鲢鱼肉不宜多吃，吃多了容易口渴。此外，由于鲢鱼可使炎症增强，故甲亢病人要忌食；患有感冒、发热、痈疽疔疮、无名肿毒、瘙痒性皮肤病、目赤肿痛、口腔溃疡、大便秘结、红斑狼疮等病症者不宜食用。

鳙鱼

别名：花鲢、大头鱼、胖头鱼、包头鱼、黑鲢。

性味归经：性温，味甘。

功效：鳙鱼具有补虚弱、暖脾胃、祛头眩、益脑髓、疏肝解郁、健脾利肺、祛风寒、益筋骨之功效。此外，鳙鱼富含磷脂，可改善记忆力，特别是头部脑髓含量很高，经常食用，能祛头眩、益智商、助记忆、延缓衰老。同时，用鱼头入药可治风湿头痛、妇女头晕。

注解：鳙鱼属于鲤科，是著名的四大家鱼之一，其身体侧扁较高，背面暗黑色，有不规则的小黑斑；其头大而肥，肉质雪白细嫩，深受人们喜爱，主要栖息在水的中上层，以浮游生物为食。鳙鱼属于高蛋白、低脂肪、低胆固醇的鱼类。另外，鳙鱼还含有维生素C、维生素B_2、钙、磷、铁等营养物质。

烹调宜忌

【宜】适用于烧、炖、清蒸、油浸等烹调方法，尤以清蒸，油浸最能体现出鳙鱼清淡、鲜香的特点；鳙鱼头大且头含脂肪，胶质较多，故还可烹制“砂锅鱼头”；鳙鱼肉质细，纤维短，极易破碎，切鱼时应将鱼皮朝下，刀口斜入，最好顺着鱼刺，切起来更干净利落。剖开洗净后用牛奶泡一会儿，这样既可以除去腥味，又可以增鲜。

食用宜忌

【宜】一般人都宜食用，尤其体质虚弱、脾胃虚寒、营养不良者食用更佳。经常食用还能够润泽皮肤。咳嗽、水肿、肝炎、眩晕、肾炎、小便不利等症患者也宜食。

【忌】鳙鱼不宜食用过多，否则容易引发疮疥。此外，患有瘙痒性皮肤病、内热、荨麻疹、癣病等病症者不宜食用。而且，鱼胆有毒不要食用。

鲫鱼

别名：鲋鱼。

性味归经：性平，味甘。归脾、胃、大肠经。

功效：鲫鱼具有健脾、益气、利水、通乳之功效。鲫鱼是产妇的催乳补品。鲫鱼油有利于增强心血管功能，降低血液黏度，促进血液循环。

注解：鲫鱼属淡水鱼系，体型侧扁，上脊隆起。鲫鱼长20多厘米，是鱼类中的小不点，但生命力强，在江、河、湖中分布广泛。鲫鱼富含蛋白质、脂肪、钙、铁、锌、磷等矿物质以及各种维生素。其中锌的含量很高。

烹调宜忌

【宜】在熬鲫鱼汤时，可以先用油煎一下，再用开水小火慢熬，鱼肉中的嘌呤就会逐渐溶解到汤里，整个汤呈现出乳白色，味道更鲜美。煎鱼时，先要在鱼身上抹一些干淀粉，这样既可以使鱼保持完整，又可以防止鱼被煎煳。

食用宜忌

【宜】慢性肾炎水肿，肝硬化腹水、营养不良性水肿、孕妇产后乳汁缺少以及脾胃虚弱、饮食不香、小儿麻疹初期、痔疮出血、慢性久痢等病症者适宜食用，可以补充营养，增强抗病能力。

【忌】鲫鱼性平，但需要注意的是感冒发热期间不宜多吃；鲫鱼子含胆固醇较高，中老年高脂血症患者不宜多吃。

青鱼

别名：螺蛳鱼、乌青鱼、青根鱼。

性味归经：性平、味甘。归脾、胃经。

功效：青鱼具有补气、健脾、养胃、化湿，祛风、利水等功效，对脚气湿痹、烦闷、疟疾、血淋等症有较好的食疗作用。由于青鱼还含丰富的硒、碘等微量元素，故有抗衰老、防癌作用。

注解：青鱼富含蛋白质、脂肪、灰分、钙、磷、铁、维生素B_1、维生素B_2、烟酸等，还含丰富的硒、碘等微量元素。

烹调宜忌

【宜】青鱼可红烧、干烧、清炖、糖醋或切段熏制，也可加工成条、片、块制作各种菜肴。收拾青鱼的窍门：右手握刀，左手按住鱼的头部，刀从尾部向头部用力刮去鳞片，然后用右手大拇指和食指将鱼鳃挖出，用剪刀从青鱼的口部至脐眼处剖开腹部，挖出内脏，用水冲洗干净，腹部的黑膜用刀刮一刮，再冲洗干净。

食用宜忌

【宜】青鱼适宜患有各类水肿、肝炎、肾炎、脚气、脾胃虚弱、气血不足、营养不良、高脂血症、高胆固醇血症、动脉硬化等病症者食用。

【忌】青鱼甘平补虚，但是，患有癌症、红斑性狼疮、淋巴结核、支气管哮喘、痈疖疔疮、皮肤湿疹、疥疮瘙痒等病症者不宜食用。

鲈鱼

别名：四鳃鱼、花鲈、鲈板。

性味归经：性平、淡，味甘。

功效：鲈鱼具有健脾益肾、补气安胎、健身补血等功效，对慢性肠炎、慢性肾炎、习惯性流产、胎动不安、妊娠期水肿、产后乳汁缺乏、手术后伤口难愈合等有食疗作用。鲈鱼中丰富的蛋白质等营养成分，对儿童和中老年人的骨骼组织也有益。

注解：鲈鱼在咸水、淡水中均可生存，属鮨科，是肉食性鱼类，无毒，口大，鳞细。鲈鱼在中国沿海一带、河口和江河及江南水乡各地均有分布。鲈鱼富含蛋白质、脂肪、碳水化合物、维生素 B_2、烟酸和微量维生素 B_1、磷、铁等营养成分。

烹调宜忌

【宜】鲈鱼鱼肉质白嫩、清香，没有腥味，肉为蒜瓣形，最宜清蒸、红烧或炖汤。也可腌制食用，腌食以“鲈鱼脍”最出名。

食用宜忌

【宜】鲈鱼肉易消化，贫血头晕、慢性肾炎、习惯性流产、妇女妊娠水肿、胎动不安、产后乳汁缺乏者宜食。

【忌】皮肤病疮肿患者忌食。此外，由于鲈鱼是肉食性鱼类，其鱼肝不宜食用。

黄颡鱼

别名：黄刺鱼。

性味归经：性平，味甘。归肺、肾经。

功效：黄颡鱼具有利小便、消水肿、发痘疹、醒酒之功效。

注解：黄颡鱼是河龟的一种，主要生活在江河、湖泊中，白天栖于湖水底层，夜则浮于水面觅食。黄颡鱼富含蛋白质、脂肪、碳水化合物及各种矿物质和有机酸等营养成分。

食用宜忌

【宜】一般人都适宜食用，患有肝硬化腹水、肾炎水肿、脚气水肿和营养不良性水肿以及小儿痘疹初期等病症者更适宜食用。

【忌】由于黄颡鱼为“发物”，故患有支气管哮喘、淋巴结核、癌肿、红斑狼疮以及顽固瘙痒性皮肤病等病症者不宜食用。

鳝鱼

别名：黄鳝、长鱼。

性味归经：性温，味甘。

功效：鳝鱼具有补气养血、去风湿、强筋骨、壮阳等功效，对降低血液中胆固醇的浓度，预防因动脉硬化而引起的心血管疾病有显著的食疗作用，还可用于辅助治疗面部神经麻痹、中耳炎、乳房肿痛等病症。

注解：鳝鱼属温热带鱼类，体圆，细长，呈蛇形，因其肤色呈黄色，所以也被称作黄鳝。鳝鱼富含蛋白质、钙、磷、铁、烟酸等多种营养成分，其钙、铁含量在常见的淡水鱼类中居第一位，还含有多种人体必需氨基酸和对人体有益的不饱和脂肪酸，也含有少量的脂肪、维生素 B_1、维生素 B_2 等成分，是一种高蛋白低脂肪的食物。

烹调宜忌

【宜】将鳝鱼背朝下铺在砧板上，用刀背从头至尾拍打一遍，这样可使烹调时受热均匀，更易入味。鳝鱼肉紧，拍打时可用力大些。

食用宜忌

【宜】老少皆宜。身体虚弱、气血不足、风湿痹痛、四肢酸痛、高血脂、冠心病、动脉硬化等患者宜经常食用。鳝鱼含脂肪极少，是糖尿病患者的理想食品。

【忌】瘙痒性皮肤病、痼疾宿病、支气管哮喘、淋巴结核、红斑性狼疮等患者应忌食。

带鱼

别名：裙带鱼、海刀鱼、牙带鱼、刀鱼、鞭鱼、白带鱼、油带鱼。

性味归经：性温，味甘。归肝、脾经。

功效：带鱼具有暖胃、泽肤、补气、养血、健美以及强心补肾、舒筋活血、消炎化痰、清脑止泻、消除疲劳、提精养神之功效。

注解：带鱼鱼身特长，约 70 厘米，呈带状，其肉厚刺少，营养丰富。在中国的黄海、东海、渤海一直到南海都有分布，数量甚多，且和大、小黄鱼及乌贼并称为中国的四大海产。带鱼富含脂肪、蛋白质、维生素 A、不饱和脂肪酸、磷、钙、铁、碘等多种营养成分。

烹调宜忌

【宜】带鱼腥气较重，不适合清蒸，最好是红烧或糖醋。

食用宜忌

【宜】带鱼富含人体必需的多种矿物元素以及多种维生素，实为老人、儿童、孕产妇的理想滋补食品，尤其适宜气短乏力、久病体虚、血虚头晕、营养不良以及皮肤干燥者食用。此外，孕妇吃带鱼有利于胎儿脑组织发育；少儿多吃带鱼有益于提高智力；老人多吃带鱼则可以延缓大脑萎缩、预防老年痴呆；女性多吃带鱼，能使肌肤光滑润泽，长发乌黑，面容更加靓丽。

【忌】带鱼属动风发物，凡患有疥疮、湿疹等皮肤病或皮肤过敏者、癌症及红斑性狼疮、痈疖疔毒和淋巴结核、支气管哮喘等病症者不宜食用。此外，服异烟肼时以及身体肥胖者不宜多食。不要贪食带鱼，否则易伤脾肾，诱发旧病。

鲦鱼

别名：白漂子、参鱼、白条。

性味归经：性温，味甘。归肠、胃、心经。

功效：鲦鱼具有暖胃、补虚之功能。

注解：鲦鱼是一种营养丰富的海鱼，并且具有很高的药性价值。鲦鱼富含蛋白质、脂肪、有机酸及各种维生素和矿物质。

烹调宜忌

【宜】宜与生姜、胡椒等温中健胃之品煮汤服，亦可煎熟食。

食用宜忌

【宜】老少皆宜，尤其体虚胃弱、营养不良的人更适宜食用。

【忌】患有皮肤感染及皮肤病等病症者不宜食用。

鳟鱼

别名：赤眼鱼、红目鳟、红眼鱼。

性味归经：性温，味甘。归胃经。

功效：鳟鱼具有补虚、暖胃、健脾之功效。

注解：鳟鱼是河鱼的一种，主要分布在中国除西北、西南外的南北各江河湖泊中。鳟鱼富含碳水化合物、蛋白质、脂肪及各种维生素和矿物质。

烹调宜忌

【宜】适合于煮、烤、煎、炸等烹调方法。

食用宜忌

【宜】老少皆宜，营养不良、气血不足、体质衰弱、脾胃虚寒之人更适宜食用。

【忌】患有瘙痒性皮肤疾患之人不宜食用。

鳕鱼

别名：大口、大头腥。

功效：鳕鱼的肉、骨、鳔、肝均可入药，对于跌打损伤、脚气、咯血、便秘、褥疮、烧伤、外伤的创面及阴道、子宫颈炎等有一定食疗效果。鳕鱼胰腺富含胰岛素，对糖尿病也有一定的辅助功效。鳕鱼的肝油品质较高，具有抑制结核杆菌、杀灭传染性创伤中存在的细菌、迅速液化坏疽组织等功效。

注解：鳕鱼是海水鱼类，属深海鱼类，一般生活在水温较低的海水里。大部分分布在太平洋、大西洋北方水温0~16℃的寒冷海域，在中国主要分布在黄海、渤海及东海北部。鳕鱼富含大量胰岛素和鱼油。

烹调宜忌

【宜】辨别鳕鱼是否炸熟，可在油炸过程中用竹筷轻插鱼身，如果竹筷拔出时沾带鱼肉，表示未熟；反之则表示内部已熟。

食用宜忌

【宜】鳕鱼是高营养、低胆固醇的食物，易被人体吸收，是老少皆宜的食品。便秘、脚气、咯血等患者宜多食。每次50~100克。

【忌】幼儿、处于生育年龄的女性、哺乳期女性应慎食。

黄鱼

别名：石首鱼、黄花鱼。

功效：黄鱼具有益气填精、健脾开胃、安神止痢之功效，对头晕、食欲不振、贫血、失眠及女性产后体虚等病症有显著的食疗作用。

注解：黄鱼营养丰富，有大、小黄鱼之称。大黄鱼成体长约40~50厘米，小黄鱼30厘米以下，体背黄色，头大，尾巴狭窄，栖息在外海，春季游回近海产卵，鳔能发声。黄鱼富含蛋白质、脂肪、磷、铁、维生素B_1、维生素B_2、烟酸等。

烹调宜忌

【宜】清洗黄鱼不必剖腹，可以用筷子从口中搅出肠肚，再用清水冲洗几遍即可。煎鱼时，先把锅烧热，再用油滑锅，当油烧至有清烟时，油已达到八成热，这时放入鱼，不易粘锅。

食用宜忌

【宜】老少皆宜，每次80~100克。患有贫血、头晕及体虚等病症者更适宜食用。

【忌】患哮喘、过敏等病症者不宜食用；黄鱼不能与中药荆芥同食，也不可用牛、羊油煎炸。黄鱼属于近海鱼，易受污染，所以尽可能地不要吃或少吃鱼头、鱼皮和内脏。

白鲞

别名：石首、鱼鲞。

性味归经：性平，味甘。

功效：白鲞具有开胃消食、健脾补虚之功效。

注解：白鲞为大黄鱼或小黄鱼的干制品。白鲞富含蛋白质、脂肪、维生素 B_1、维生素 B_2 及各种矿物质等营养成分。

食用宜忌

【宜】老少皆宜，食欲不振、病后产后体质虚弱、脾胃气虚、食积腹胀、泄泻下痢之人更加适宜食用。

【忌】白鲞营养丰富，滋养身体，补虚益精，诸无所忌。

武昌鱼

别名：团头鲂。

性味归经：性温，味甘。

功效：武昌鱼有调治脏腑、开胃健脾、增进食欲之功效，对于贫血症、低血糖、高血压和动脉血管硬化等疾病有一定的食疗作用。

注解：武昌鱼是鳊鱼的一种。体高，侧扁，呈菱形，肉味腴美，脂肪丰富，为上等食用鱼类。原产于鄂州樊口，樊口为梁子湖入江处，古称武昌，所以樊口鳊鱼也称武昌鱼，是梁子湖的特产，其他地方只有长春鳊、三角鲂，没有团头鲂。武昌鱼富含维生素A、维生素B_1、维生素B_2、烟酸、维生素C、维生素E、蛋白质、脂肪、胆固醇、钙、镁、铜、磷、铁、锌、钠、硒等。

烹调宜忌

【宜】武昌鱼肉质细嫩，清蒸、红烧、油焖、花酿、油煎均可，尤以清蒸为佳。

食用宜忌

【宜】老少皆宜，武昌鱼高蛋白、低胆固醇，经常食用可预防贫血症，低血糖、高血压和动脉血管硬化等疾病。与火腿、香菇、冬笋共食是孕妇理想的进补菜肴。

【忌】营养丰富，皆食无忌。

罗非鱼

别名：吴郭鱼、越南鱼、非洲鲫鱼。

性味归经：性平，味甘。

功效：罗非鱼具有开胃健脾、增进食欲之功效。

注解：罗非鱼原产于非洲，形似本地鲫鱼，最早从新加坡引进到中国台湾省。目前中国养殖的主要有尼罗罗非鱼、莫桑比克罗非鱼和奥利亚罗非鱼。罗非鱼含蛋白质、脂肪、钙、钠、磷、铁、维生素B_1、维生素B_2。

烹调宜忌

【宜】罗非鱼味道鲜美，肉质细嫩，骨刺少，没有肌间小刺，无论是红烧还是清蒸，味道俱佳。此外，也可做全鱼、鱼片、鱼丸，可蒸、煮、炸、烤、做汤或微波烹饪。

食用宜忌

【宜】老少皆宜，每次100克左右。

【忌】营养丰富，皆食无忌。

沙丁鱼

功效：沙丁鱼含有丰富的EPA、DHA，可以降低血液中胆固醇的浓度，从而预防心肌梗死，而且，EPA还可以扩张血管，降低血液黏稠度。沙丁鱼的鱼肉中含有一种具有5个双键的长链脂肪酸，可以防止血栓形成，对治疗心脏病有特效。

注解：沙丁是一些鲱鱼的统称，身体侧扁平，银白色，成年的沙丁鱼体长约26厘米，主要分布于西北太平洋的日本周围及朝鲜半岛沿岸海域。沙丁鱼中富含的二十二碳六烯酸（DHA），能够提高智力，增强记忆力，因此沙丁鱼又被称为“聪明食品”。沙丁鱼富含蛋白质、维生素B_6、核酸、二十碳五烯酸（EPA）、不饱和脂肪酸、大量的维生素A和钙、铁等。尤其是Ω-3脂肪酸的含量很高。

烹调宜忌

【宜】石斑鱼常用烧、爆、清蒸、炖汤等方法成菜，也可制肉丸、肉馅等。代表菜有清蒸石斑鱼。

食用宜忌

【宜】老少皆宜。沙丁鱼可以清蒸、红烧、油煎及腌干蒸食，均味美可口。

【忌】患有肝硬化的病人不宜食用，主要是因为肝硬化患者体内较难产生凝血因子，容易出血，如果再食用沙丁鱼，会使病情急剧恶化。此外，病人处于感染发热阶段也不宜食用，以免加重症状。

金枪鱼

功效：金枪鱼具有补虚壮阳、除风湿、强筋骨、调节血糖之功效，对于治疗性功能减退、糖尿病、虚劳阳痿、风湿痹痛、筋骨软弱等症均有显著效果。此外，金枪鱼眼具有促进儿童大脑发育、延缓老人记忆衰退的作用。

注解：金枪鱼呈纺锤形，鱼雷体形，有强劲的肌肉及新月形尾鳍。金枪鱼肉中富含蛋白质、脂肪、大量维生素D以及钙、磷和铁等矿物质，此外，鱼背含有大量的 EPA，前中腹部含丰富的 DHA。

烹调宜忌

【宜】金枪鱼好像都是西餐或日式料理中多见，生吃的方法是经典的。用拇指、食指压住鱼块，斜向切入，可切成较大断面，并防止鱼肉碎裂。

食用宜忌

【宜】老少皆宜，经常食用有助于牙齿和骨骼的健康。金枪鱼肉低脂肪、低热量，还有优质的蛋白质和其他营养素，是减肥者的理想选择。常食金枪鱼，能够保护肝脏，提高肝病的排泄功能，降低肝病发病率。

【忌】金枪鱼营养丰富，基本无所忌。但是孕妇、肝硬化病人不宜食用。

三文鱼

别名：撒蒙鱼、萨门鱼。

功效：三文鱼中含有丰富的不饱和脂肪酸，能有效降低血脂和血胆固醇，防治心血管疾病。它所含的 Ω-3 脂肪酸更是脑部、视网膜及神经系统必不可少的物质，有防治老年痴呆和预防视力减退的功效。三文鱼还能有效地预防糖尿病，促进机体对钙的吸收，有利于生长发育。

注解：三文鱼是一个统称，三文鱼是英语 Salmon 的音译，其英语词义为“鲑科鱼”，所以准确地说三文鱼是鲑鳟鱼。三文鱼能具有很高的营养价值，享有“水中珍品”的美誉。

烹调宜忌

【宜】三文鱼的做法有很多种，可以煎着吃、烧了吃，还可以生吃。生食三文鱼，可能很多人不太习惯，但是三文鱼确实是以生吃为主。如果非要熟吃的话，最好采取快速烹饪的办法，煮、蒸、煎都可以。

【忌】通常在高温下，三文鱼中的有益脂肪就会被破坏，因为是多不饱和脂肪酸，所以在高温下也容易氧化，长时间高温烹饪，连三文鱼中的维生素也会变得荡然无存。所以三文鱼不需要做得特别烂，只要烧至七八成熟即可，这样既味道鲜美，又可去除腥味。

食用宜忌

【宜】适合老年人、心脑血管病患者和脑力劳动者食用。

鱿鱼

功效：鱿鱼具有补虚养气、滋阴养颜等功效，可降低血液中胆固醇的浓度、调节血压、保护神经纤维、活化细胞，对预防血管硬化、胆结石的形成、补充脑力、预防老年痴呆症等有一定食疗功效。此外，鱿鱼还有助于肝脏的解毒、排毒，可促进身体的新陈代谢，具有抗疲劳、滋阴养颜、延缓衰老等功效。

注解：鱿鱼是有名的海味珍品，属海洋头足类软体动物，体细长，嘴边有八条长触手和两条短触手，鳍呈三角形或圆形，还有一个退化的内壳。鱿鱼中富含蛋白质、钙、牛磺酸、磷、维生素 B_1 等多种人体所需的营养成分，且含量极高。此外，脂肪含量极低。

烹调宜忌

【宜】鱿鱼干要先用清水泡几小时，再刮去体表上的黏液，然后用热碱水泡发。出锅前，放入非常稀的水淀粉，可以使鱿鱼更有滋味。

食用宜忌

【宜】男女老少皆宜。鱿鱼可鲜食，也可制成干品。鱿鱼的脂肪含量少，属于高蛋白质、低脂肪、低量食物，对减肥者来说，吃鱿鱼是一种不错的选择。

【忌】内分泌失调、甲亢、皮肤病患者应慎食。鱿鱼性凉，脾胃虚寒者少吃。鱿鱼是发物，皮肤病患者忌食。

海参

别名：刺参、海鼠。

性味归经：性温，味咸。

功效：海参具有补肾、滋阴、养血、益精之功效，对于高血压、冠心病、动脉硬化都有比较好的预防作用。另外，海参还有补肾滋阴、养颜乌发的作用，可以抗衰老。

注解：海参是一种名贵海产品，外形像黄瓜，体表的肉质突起，形体呈黑褐色。海参富含蛋白质、碳水化合物、脂肪，维生素E、钙、硒、碘、磷、铁等营养成分。

烹调宜忌

【宜】干海参要用凉水泡发，并要清洗干净。

【忌】泡发海参时，切莫沾染油脂、碱、盐，否则会妨碍海参吸水膨胀，降低出品率；甚至会使海参溶化，腐烂变质。发好的海参不能再冷冻，这样做会影响质量，故一次不宜发得太多。

食用宜忌

【宜】虚劳羸弱、气血不足、营养不良、病后产后体虚、肾阳不足、阳痿遗精、小便频数、高血压病、肝炎、肾炎、糖尿病、血友病、高脂血症、冠心病、动脉硬化等病症患者以及癌症病人放疗、化疗、术后与年老体弱之人适宜食用。

【忌】患感冒、咳痰、气喘、急性肠炎、菌痢及大便溏薄等病症者不宜食用。

海蜇

性味归经：性平、味咸。

功效：海蜇具有清热解毒、化痰软坚、降压消肿等功效。此外，海蜇能扩张血管，降低血压，防治动脉粥样硬化，同时也可预防肿瘤的发生，抑制癌细胞的生长。

注解：海蜇属钵水母纲，是一种腔肠动物。海蜇呈伞形，伞部称为“蜇皮”，口腔称为“蜇头”，按产地分，以福建、浙江产的最好。海蜇的胶质较坚硬，通常为青蓝色，触手乳白色，广泛分布于中国各海域中，尤其是浙江沿海最多。海蜇富含蛋白质、脂肪、糖类、钙、磷、铁、维生素 B_1、维生素 B_2、烟酸、碘、胆碱等。

烹调宜忌

【宜】买来的海蜇常有泥沙。先把海蜇切成细丝，泡入浓度约50%的盐水中，用手搓洗片刻后捞出，把盐水倒掉，再用盐水泡，反复三次，就能把夹在海蜇皮里的泥沙全部洗净。海蜇煮、清炒、水汆、油汆皆可，切丝凉拌效果最佳，清脆爽口。先投入沸水中略滚即捞出，沥干水分后，迅即倒入冰水，令其爽脆。

【忌】新鲜海蜇不宜食用。因为新鲜的海蜇含水多，皮体较厚，含有毒素。

食用宜忌

【宜】老少皆宜，多痰、哮喘、头风、风湿关节炎、高血压、溃疡病、大便燥结者适宜多食用海蜇。海蜇有滋润皮肤作用，皮肤干燥者常食有益。

【忌】海蜇性平，营养丰富，诸无所忌。但新鲜海蜇有毒，将其毒素排干净才可食用。

鲍鱼

别名：鳆鱼、镜面鱼、九孔螺、明目鱼。

功效：鲍鱼具有调经止痛、清热润燥、利肠通便等功效。鲍鱼还是抗癌佳品，可以破坏癌细胞必需的代谢物质。此外，鲍鱼的贝壳也是一味中药，叫石决明，具有清肝，明目等功效，对高血压和目赤肿痛等有食疗作用。

注解：鲍鱼生活在海中，是海产贝类，不是鱼类，属软体动物，有椭圆形贝壳。肉细嫩柔滑，肉质鲜美，可鲜食，也可制成干品。有许多用鲍鱼烹饪的名菜佳肴，如红烧鲍鱼、青炒鲍鱼、扒鲍鱼、麻酱鲍鱼、青串鲍鱼等很有特色。鲍鱼中蛋白质的含量极高，鲜品中含 20%，干品含量高达 40%，并富含 8 种人体所必需的氨基酸。

烹调宜忌

【宜】鲍鱼要在冷水中浸泡 48 小时。将干鲍四周刷洗干净，彻底去沙，否则会影响到鲍鱼的口感与品质，然后先蒸后炖。食用的鲍鱼，应软硬适度，咀嚼起来有弹牙之感，伴有鱼的鲜味，入口软嫩柔滑，香糯粘牙。

【忌】烹制鲍鱼，忌过软或过硬，过软如同食豆腐，过硬如同嚼橡皮筋，都难以品尝到鲍鱼真正的鲜美味道。

食用宜忌

【宜】老少皆宜。高血压病患者吃鲜鲍鱼可促进新陈代谢与血液循环，糖尿病患者吃鲜鲍鱼可促进胰岛素分泌。

【忌】营养丰富，诸无所忌。

干贝

别名：江瑶柱、马甲柱、角带子、江珧柱。

性味归经：性平，味甘、咸。

功效：干贝具有滋阴、补肾、调中之功效。干贝有助于降血脂、降胆固醇，还具有破坏癌细胞生长的作用。

注解：干贝为江珧科扇贝的闭壳肌，略呈圆柱形。其鲜品或干品，是一种高蛋白低脂肪的保健营养食物。干贝富含蛋白质、脂肪及多种维生素及钙、磷等矿物质。

食用宜忌

【宜】营养不良、食欲不振、消化不良或久病体虚、脾胃虚弱、气血不足、五脏亏损、脾肾阳虚、老年夜尿频多、高脂血症、动脉硬化、冠心病等病症者与各种癌症患者放疗化疗后以及糖尿病、红斑性狼疮、干燥综合征等阴虚体质者适宜食用。

【忌】干贝味平，营养丰富，诸无所忌。

扇贝

别名：帆立贝、海扇、带子。

功效：扇贝具有滋阴补肾、和胃调中、抗癌、软化血管、防治动脉硬化的功效，对头昏目眩、咽干口渴、脾胃虚弱等症有食疗作用，常食有助于降血压、降胆固醇、补益健身。

注解：扇贝属软体动物，壳略为扇形，色彩多样，是著名的海产品之一，营养丰富，其味道、色泽、形态与海参、鲍鱼等不相上下。扇贝富含蛋白质、碳水化合物、维生素 B_2，和钙、磷、铁等多种营养成分。蛋白质含量是鸡肉、牛肉的 3 倍。

食用宜忌

【宜】老少皆宜，每次 50~100 克。扇贝多用于煲粥、煲汤、清炖。此外，干贝在烹调前应用温水泡发，或用少量清水加黄酒、姜、葱，隔水蒸软，然后烹制入肴。

【忌】儿童痛风病患者不宜食用；由于扇贝富含蛋白质，过量食用会影响脾胃的消化功能，导致食积，还可能引发皮疹或旧症；扇贝所含的谷氨酸钠是味精的主要成分，可分为谷氨酸和酪氨酸等，在肠道细菌的作用下，转化为有毒、有害物质，随血液流到脑部后，会干扰大脑神经细胞正常代谢，所以不宜多食。

鱼鳔

鱼肚、白鳔、鱼胶。

性味归经：性平，味甘。归肾经。

功效：鱼鳔具有补肾益精、滋养筋脉之功效。

注解：鱼鳔为黄鱼或鳇鱼等鱼的鱼鳔，取得鱼鳔后，剖开，除去血管及黏膜，洗净，压扁，晒干，或洗净鲜用。鱼鳔富含蛋白质及各种矿物质等营养成分。

食用宜忌

【宜】患有食管癌、胃癌、脑震荡后遗症、肾亏腰膝酸痛、痔疮以及肾虚的人，滑精遗精、带下、产后血晕等病症者适宜食用。

【忌】由于鱼鳔味厚滋腻，所以胃呆痰多、舌苔厚腻以及感冒未愈者不宜食用。

甲鱼

别名： 鳖、团鱼、元鱼、水鱼、脚鱼、乌龟、王八。

性味归经： 性平、味甘。归肝经。

功效： 甲鱼具有益气补虚、滋阴壮阳、益肾健体、净血散结等功效，对降低血胆固醇、高血压、冠心病具有一定的辅助疗效。此外，甲鱼肉及其提取物还能提高人体的免疫功能，对预防和抑制胃癌、肝癌、急性淋巴性白血病和防治因放疗、化疗引起的贫血、虚弱、白细胞减少等症功效显著。

注解： 甲鱼是一种无鳃，用肺呼吸的水生爬行动物。在中国的各大河流、湖泊、池沼中均有分布。甲鱼味美鲜香，营养丰富，是滋补的佳品，可清炖、蒸煮、烧卤、煎炸等。甲鱼富含蛋白质、无机盐、维生素 A、维生素 B_1、维生素 B_2、烟酸、碳水化合物、脂肪等多种营养成分。

烹调宜忌

【宜】杀甲鱼时，要将它的胆囊取出，将胆汁与水混合，再涂于甲鱼全身，稍等片刻，用清水把胆汁洗掉，然后烹调就可除去腥味。

【忌】烹制甲鱼一定要选用鲜活的，现吃现宰，不要用死甲鱼，否则对身体有害。

食用宜忌

【宜】腹泻、疟疾、痨热、肺结核有低热，骨结核、贫血、脱肛、子宫脱垂、崩漏带下等症患者宜食，身体虚弱的人也适合食用，每次 30 克。

【忌】孕妇、产后泄泻、脾胃阳虚、失眠者，肠胃炎、胃溃疡、胆囊炎等消化系统疾病患者不宜食用；忌食已死的甲鱼，以免发生中毒。

螃蟹

别名：螯毛蟹、梭子蟹、青蟹。

性味归经：性寒，味咸。

功效：蟹肉具有舒筋益气、理胃消食、通经络、散诸热、清热、滋阴之功，对跌打损伤、筋伤骨折、过敏性皮炎有食疗作用。此外，蟹肉对于高血压、动脉硬化、脑血栓、高血脂及各种癌症有较好的食疗效果。

注解：螃蟹属甲壳类动物。其品种大体分为两种：一是海蟹，二是河蟹。河蟹又分辽水系、黄河水系、长江水系三种。螃蟹肉富含维生素 A 及钙、磷、铁、维生素 B_1、维生素 B_2、维生素 C、谷氨酸、甘氨酸、组氨酸、精氨酸、烟碱酸等。

烹调宜忌

【宜】螃蟹体内常有沙门菌，烹制时一定要彻底加热，否则易导致急性胃肠炎或食物中毒，甚至危及人的生命。在煮食螃蟹时，宜加入一些紫苏叶、鲜生姜，以解蟹毒，减其寒性。

食用宜忌

【宜】蟹肉适宜跌打损伤、筋断骨碎、瘀血肿痛的人食用；适宜产妇胎盘残留，或临产阵缩无力者食用，尤以蟹爪为好。螃蟹肉含脂质和糖分较少，属于减肥食品。饮酒时食用螃蟹肉，可有效预防酒精对肝脏的不良影响。

【忌】蟹肉性寒，不宜多食，患伤风、发热、胃痛以及腹泻、慢性胃炎、胃及十二指肠溃疡、脾胃虚寒等病症者不宜食用。忌食死螃蟹。因为螃蟹喜食动物尸体等腐烂性物质，故其胃肠中常带致病细菌和有毒物质，一旦死后，这些病菌会大量繁殖。另外，螃蟹体内还含有较多的组氨酸，组氨酸易分解，可在脱羧酶的作用下产生组胺和类组胺物质，尤其是当螃蟹死后，组氨酸分解更迅速，随着螃蟹死的时间越长，体内积累的组氨酸越多，而当组胺酸积蓄到一定数量时即会造成中毒。

虾

别名：虾米、开洋、曲身小子、河虾、草虾、长须公、虎头公。

性味归经：性温，味甘、咸。归脾、肾经。

功效：虾具有补肾、壮阳，通乳之功效，属强壮补精食品。其可治阳痿体倦、腰痛、腿软、筋骨疼痛、失眠不寐，产后乳少以及丹毒、痈疽等症；所含有的微量元素硒能有效预防癌症。

注解：虾按出产来源不同，分为海水虾和淡水虾两种。海虾又叫红虾，包括龙虾、对虾等，其中以对虾的味道最美，为食中上味，海产名品。虾富含蛋白质、脂肪、碳水化合物、谷氨酸、糖类、维生素 B_1、维生素 B_2、烟酸和钙、磷、铁、硒等矿物质，其中谷氨酸含量最多。

烹调宜忌

【宜】烹调虾之前，先用泡桂皮的沸水把虾冲烫一下，味道会更鲜美。煮虾的时候滴少许醋，可让煮熟的虾壳颜色鲜红亮丽，吃的时候，壳和肉也容易分离。

食用宜忌

【宜】患肾虚阳痿、男性不育症、腰脚虚弱无力、小儿麻疹、水痘、中老年人缺钙所致的小腿抽筋等病症者适宜食用。虾肉中含有丰富的钙质和维生素，是准妈妈不可多得的营养食品。此外，孕妇常吃虾皮，可预防缺钙抽搐症及胎儿缺钙症等。

【忌】患高脂血症、动脉硬化、皮肤疥癣、急性炎症和面部痤疮及过敏性鼻炎、支气管哮喘等病症者不宜多食。虾黄的味道虽然鲜美，但是胆固醇含量相对较高，患有心血管疾病者和老人不宜多吃。

田螺

别名：黄螺、田中螺。

性味归经：性寒，味甘。归脾、胃、肝、大肠经。

功效：田螺肉无毒，可入药，具有清热、明目、解暑、止渴、醒酒、利尿、通淋等功效，主治细菌性痢疾、风湿性关节炎、肾炎水肿、疔疮肿痛、尿赤热痛、尿闭、痔疮、黄疸、佝偻病、脱肛、狐臭、胃痛、胃酸、小儿湿疹、妊娠水肿、妇女子宫下垂等多种疾病。

注解：田螺属于软体动物，门腹足纲田螺科，在中国长江南北的江河、湖泊、水库、泥塘、沟壑、水田、沼泽等地方均有分布。田螺肉质细嫩，味道鲜美。田螺肉富含人体必需的8种氨基酸、碳水化合物、矿物质、维生素A、维生素B_1、维生素B_2、维生素D，营养十分丰富。

烹调宜忌

【宜】食用螺类应该烧煮10分钟以上，以防止病菌和寄生虫感染。只有螺口上部很小的部分是可食用的螺肉，应丢掉下部的五脏。

食用宜忌

【宜】患肥胖症、高脂血症、冠心病、动脉硬化、脂肪肝、黄疸、水肿、糖尿病、癌症、干燥综合征、小便不通、痔疮便血、脚气、风热目赤肿痛等病症者以及醉酒之人适宜食用。

【忌】患有脾胃虚寒、风寒感冒、便溏腹泻、胃寒病等病症者不宜食用；女子行经期间及妇人产后也不宜食用。

五谷杂粮类饮食宜忌

大麦

别名：牟麦、倮麦、饭麦、赤膊麦。

性味归经：味甘，性凉。归脾、胃经。

功效：大麦有和胃、宽肠、利水的功效。对食滞泄泻、小便淋痛、水肿、汤火伤等病症有食疗作用。

注解：因为大麦含谷蛋白（一种有弹性的蛋白质）量少，所以不能做多孔面包，可做不发酵食物，在北非及亚洲部分地区尤喜用大麦粉制作麦片粥，大麦是这些地区的主要食物之一。珍珠麦（圆形大麦米）是经研磨除去外壳和麸皮层的大麦粒，加入汤内煮食，见于世界各地。大麦麦秆柔软，多用作牲畜铺草，也大量用作粗饲料。大麦的营养成分丰富，有淀粉（含量略低于大米、小麦）、脂肪、蛋白质、碳水化合物、钙、磷、铁、钾、钠、镁、B族维生素等均远高于大米、小麦；还含有多种酶类，如淀粉酶、水解酶、蛋白分解酶及尿囊素，缬氨酸、亮氨酸、异亮氨酸、色氨酸、苏氨酸、苯丙氨酸、蛋氨酸、组氨酸、赖氨酸、精氨酸、胱氨酸等氨基酸。

食用宜忌

【宜】胃气虚弱、消化不良者宜食；肝病、食欲缺乏、伤食后胃满腹胀者及妇女回乳时乳房胀痛者宜食大麦芽。

【忌】因大麦芽可回乳或减少乳汁分泌，故妇女在怀孕期间和哺乳期内忌食。

小麦

别名：麦子。

性味归经：性凉，味甘。归心经。

功效：小麦具有养心神、敛虚汗、生津止汗、养心益肾、镇静益气、健脾厚肠、除热止渴的功效，对于体虚多汗、舌燥口干、心烦失眠等病症患者有一定辅助疗效，特别是浮小麦（小麦用水淘，不沉于水的叫“浮小麦”），它有补心、敛阴、止汗的效果，治疗自汗盗汗的功效更好，对治疗腹泻、血痢、无名毒疮、丹毒、盗汗、多汗等症有较好的食疗作用。

注解：小麦可以说全身都是宝。磨面粉后剩余的麦麸（即麦皮）有缓和神经紧张的功效，能除烦、解热、润脏腑。小麦麸含有丰富的维生素B和蛋白质，对脚气病，末梢神经炎有食疗功效。小麦胚芽有丰富的维生素E和人体必需的不饱和脂肪酸。能加速伤口愈合，有效消除眼睑水肿、眼袋及黑眼圈现象。

小麦的种子经过加工，磨制成面粉后可以食用。小麦是中国人民的主要粮食之一，也是世界上分布最广、栽培面积最大的粮食作物之一。小麦分为普通小麦、密穗小麦、硬粒小麦、东方小麦等品种。每100克小麦粉中含水分12.7克，蛋白质11.2克，粗纤维2.1克，脂肪1.5克，碳水化合物71.5克，硫胺素0.28毫克，烟酸2毫克，核黄素0.08毫克，钾190毫克，磷188毫克，锌1.64毫克，镁50毫克，铁3.5毫克，钠3毫克，钙31毫克，锰1.5毫克、硒5.36微克。此外还含糖、淀粉酶、蛋白分解酶、麦芽糖酶、卵磷脂、尿囊素等成分。

食用宜忌

【宜】心血不足、心悸不安、多呵欠、失眠多梦、喜悲伤欲哭以及脚气病、末梢神经炎、体虚、自汗、盗汗、多汗等症患者适宜食用。此外，妇人回乳也适宜食用。

【忌】小麦含有少量的氮化物，起类似镇静剂作用，慢性肝病患者不宜食用，否则引起患者嗜睡甚至昏迷。患有糖尿病等病症者不宜食用。

小麦不要碾磨得太精细，否则谷粒表层所含的维生素、矿物质等营养素和膳食纤维大部分流失到糠麸之中。

小麦胚芽

别名：麦芽粉、胚芽。

性味归经：味甘，性微温。归脾、胃、肝经。

功效：小麦胚芽具有消食化积、疏肝回乳的功效。对于食积不消，脘腹胀满，呕吐，泄泻，食欲缺乏，乳汁郁积，乳房胀痛等病症有一定的食疗作用。小麦胚芽具有抗癌、降低胆固醇、降血糖、补虚养血等功效。其所含谷胱甘肽可在硒元素的参与下生成氧化酶，能使体内化学致癌物质失去毒性，并且能保护大脑、促进婴幼儿生长发育。它所含锌元素及膳食纤维等有降低胆固醇及预防糖尿病的功效；而且小麦胚芽对肠内有益菌群的发育起着促进作用。此外小麦胚芽油还被用于减肥、祛斑、按摩、护发等。

注解：小麦胚芽是小麦中营养价值最高的部分，因含有多种矿物质而被称为“人类天然营养宝库”。人们曾片面地追求“精粉”，加工小麦时将小麦胚芽随着麦麸去掉而白白浪费了。现在，小麦胚芽的价值得到了认识和肯定。小麦胚芽是一种谷物，它集中了小麦的营养精华，富含维生素E、亚油酸、亚麻酸、二十八碳醇及多种生理活性组分，是宝贵的功能食品，具有很高的营养价值。特别是维生素E含量为植物之冠，已被公认为一种颇具营养保健作用的功能性油脂。小麦胚芽蛋白质含量约占30%以上，是面粉蛋白质的4倍。含人体必需的8种氨基酸，特别是一般谷物中短缺的赖氨酸，每100克含赖氨酸205毫克，比大米、面粉均高出几十倍。赖氨酸可以有效地促进幼儿生长和发育。小麦胚芽中含钙、铁、镁、锌、钾、磷、铜、镁等元素含量较丰富，每100克小麦胚芽中含铁量在12毫克左右，这些微量元素对促进儿童生长发育有重要作用。

食用宜忌

【宜】一般人都可以食用，每餐大约40克。小麦胚芽是儿童、老年人、脑力劳动者的保健佳品，可以制成冲剂食用，也可以直接用于煮粥、蒸饭，制作面包、馒头、面条等。

【忌】小麦胚芽营养丰富，诸无所忌。

青稞

别名：油麦、青稞麦、元麦、裸麦。

性味归经：性平，味咸。归脾、胃经。

功效：青稞具有补脾、养胃、益气、止泻、强筋力之功效。

注解：青稞是高寒地区大麦的一种，是中国西北、华北及内蒙古、西藏地区栽培的一种常见粮食，当地群众以它为粮食。

食用宜忌

【宜】脾胃气虚、倦怠无力、腹泻便溏等病症患者适宜食用。

【忌】青稞养胃，诸无所忌。

燕麦

别名：野麦、雀麦。

性味归经：性温，味甘。

功效：燕麦具有健脾、益气、补虚、止汗、养胃、润肠的功效。燕麦不仅对预防动脉硬化、脂肪肝、糖尿病、冠心病，而且对便秘以及水肿等有很好的辅助治疗作用，可增强人的体力、延年益寿。此外，它还可以改善血液循环、缓解生活工作带来的压力；含有的钙、磷、铁、锌等矿物质也有预防骨质疏松、促进伤口愈合、预防贫血的功效，是补钙极品。而且，燕麦中极其丰富的亚油酸，对老年人增强体力，延年益寿也是大有裨益的。

注解：燕麦属于一年生草本植物，是谷类作物的田间杂草，它的叶子细长而尖，花绿色，小穗上有细长的芒，籽实可以食用。以燕麦为原料精加工而成的膨化燕麦料、麦片、麦饼干糕点、速食燕麦片等已风靡全球。

燕麦主要含有大量的皂苷、脂肪、氨基酸、淀粉、蛋白质、燕麦精、脂肪酸等，另外还含有维生素 B_1、维生素 B_2 和少量的维生素 E、钙、磷、铁等。据营养专家分析，燕麦蛋白质、脂肪的含量和释放的热量，在白面、高粱粉、大米、小米、玉米粉等 9 种粮食中居首位，特别是脂肪的含量是白面、大米的 4~5 倍，人体必需的 8 种氨基酸和维生素 E 的含量也高于白面和大米。此外，燕麦中含有极其丰富的亚油酸，可占全部不饱和脂肪酸的 35%~52%。

烹调宜忌

【宜】对于免煮型的燕麦食品，除加入牛奶、豆奶等液体食品外，也可以根据自己平时的喜好加入一些自己身体需要的食品如水果、坚果甚至和一些营养饮品搭配，如阿华田、椰汁。这种复合燕麦中包含了多种营养成分，易于机体吸收。

【忌】烹调燕麦片的一个关键是避免长时间高温烹煮。燕麦片煮的时间越长，其营养损失就越大。

食用宜忌

【宜】脂肪肝、糖尿病、水肿、习惯性便秘、体虚自汗、多汗、盗汗、高血压、高脂血症、动脉硬化等病症患者宜食用；也适宜产妇、婴幼儿以及空勤、海勤人员食用。

【忌】燕麦一次不宜食用太多，否则会造成胃痉挛或腹胀；而且过多也容易滑肠、催产，所以孕妇更应该忌食。

莜麦

别名：铃铛麦、裸燕麦。

性味归经：味甘，性寒。

功效：莜麦具有降血糖、降胆固醇、清热解毒、补虚养心等功效，能有效辅助治疗糖尿病、冠心病、高胆固醇等病症。

注解：莜麦主要产于中国山西北部、内蒙古和东北的部分地区，晋东北的灵丘地区，气候寒冷，无霜期短，出产的莜麦质量上乘。莜麦叶片扁平而软，成熟时籽粒与稃分离。民间常说："莜麦面的包子，看着黑，吃着香。"莜麦是一种高热能食物，主要含有碳水化合物、蛋白质、脂肪、粗纤维、赖氨酸、亚油酸、多种维生素及微量元素。

烹调宜忌

【宜】加工莜麦面有特殊要求，须先淘洗，后炒熟，再磨面；炒时要掌握火候，食用时要用沸水和面，称为冲熟，做成的食品必须蒸熟，如三熟中一熟不到，会影响食用。

晋西北人在长期生活实践中摸索了花样繁多的莜面吃法。在面板上可推成刨花状的"猫耳朵窝窝"；可搓成长长的"鱼鱼"；用熟山药泥和莜面混合制"山药饼"；用熟山药和莜面拌成小块状再炒制成"谷垒"；将生山药蛋磨成糊状和莜面挂成丝丝的"圪蛋子"；小米粥煮拨鱼鱼的"鱼钻沙"；莜面包野菜的"菜角"；更直接地将莜面炒熟加糖或加盐的"炒面"，等等，各具风味。

【忌】炒时要掌握火候，不宜过生或过熟。

食用宜忌

【宜】莜麦适宜糖尿病、动脉粥样硬化、冠心病等患者食用。

【忌】虚寒症患者忌食。

大米

性味归经：味甘，性平。

功效：大米有补中益气、健脾养胃、通血脉、聪耳明目，止烦、止渴、止泻的功效。大米中富含的维生素E有消融胆固醇的神奇功效。大米含有优质蛋白，可使血管保持柔软，能降血压。大米中含有水溶性食物纤维，经常食用可预防动脉硬化。

注解：大米稻、禾（小米）、稷（高粱）、麦、菽（豆）称为“五谷”。（稻即是未加工的大米）大米被誉为“五谷之首”，是我国的主要粮食作物，约占粮食作物栽培面积的四分之一。世界上有一半人口以大米为主食。

烹调宜忌

【宜】大米淘洗好，先往锅中滴入几滴植物油再煮，这样米饭不会粘锅。

【忌】熬米粥时一定不要加碱。碱会破坏大米中最为宝贵的营养素。

食用宜忌

【宜】米汤有益于婴儿的发育和健康，用米汤冲奶粉或作为辅食，对婴儿成长很有好处。预防动脉硬化，适合老年人食用。

【忌】喝粥忌温度过高或过低：米粥过烫，会伤害黏膜；米粥过凉，会影响疗效。

小米

别名：粟米、谷子、黏米。

性味归经：性凉，味甘、咸，陈者性寒，味苦。归脾、肾经。

功效：小米有健脾、和胃、安眠等功效。小米含蛋白质、脂肪、铁和维生素等，消化吸收率高，是幼儿的营养食品。小米中富含人体必需的氨基酸，是体弱多病者的滋补保健佳品。小米含有大量的碳水化合物，对缓解精神压力、紧张、乏力等有很大的作用。小米富含维生素 B_1、维生素 B_{12} 等，对消化不良及口角生疮有食疗功效。

小米熬成粥后，可滋阴补虚，是老、幼、孕妇最适宜的补品。此外，发芽的小米中含有大量酶，有健胃消食的作用。

注解：小米是禾本科植物粟的种子，米粒颗粒很小，呈黄色或黄白色，是中国北方人民的主粮之一。小米可以酿醋、酿酒，山西陈醋的主要原料就是小米，五粮液、汾酒以及南方人喜欢喝的小米黄酒主要原料也是小米。

小米的种植面积在中国居首要地位，小米在中国已有7000多年的种植历史，由于它的适应能力强，在干旱贫瘠的土地上也可顽强生长，所以自古以来就是中国北方干旱和半干旱地区种植的主要粮食作物之一，也被称之为大旱之年老百姓的“救命粮”。

烹调宜忌

【宜】小米煮粥营养十分丰富，有“代参汤”之美称。小米宜与动物性食品或豆类搭配，可以提供人体更为完善、全面的营养。

食用宜忌

【宜】小米适宜脾胃虚弱、反胃呕吐、体虚胃弱、精血受损、食欲缺乏等患者食用。小米粥是上好的滋补佳品，很容易消化，常用来作为病人和孕妇的膳食。适宜于失眠、体虚、低热者食用；还适宜脾胃虚弱、食不消化、反胃呕吐、泄泻者食用。

【忌】小米不宜作为妇女产后主食来食用，主要由于它所含赖氨酸过低而亮氨酸又过高，故要注意饮食搭配，以免缺乏其他营养。

糯米

别名：元米、江米。

性味归经：性温，味甘。归脾、肺经。

功效：能够补养体气，主要功能是温补脾胃，还能够缓解气虚所导致的盗汗，妊娠后腰腹坠胀，劳动损伤后气短乏力等症状。糯米适宜贫血、腹泻、脾胃虚弱、神经衰弱者食用。不适宜腹胀、咳嗽、痰黄、发热患者。

注解：糯米是糯稻脱壳的米，在中国南方称为糯米，而北方则多称为江米。是制造小吃的主要原料，如粽、八宝粥、各式甜品。同时也是酿造醪糟（甜米酒）的主要原料。糯米含有蛋白质、脂肪、糖类、钙、磷、铁、维生素 B_1、维生素 B_2、烟酸及淀粉等，营养丰富，为温补强壮食品，具有补中益气，健脾养胃，止虚汗之功效，对食欲不佳，腹胀腹泻有一定缓解作用。

烹调宜忌

【宜】在蒸煮糯米前要先浸两个小时。蒸煮时的时间要控制好，煮过头的糯米就失去了糯米的香气；若煮得时间不够长的话，糯米便会过于生硬。

【忌】糯米较难消化，放置较长时间后会变硬，烹调时不宜过量。

食用宜忌

【宜】糯米最适合在冬天食用，因为吃后会周身发热，有御寒、滋补的作用。糯米能滋补脾胃，对脾胃气虚、常常腹泻者有很好的治疗效果。

【忌】糯米黏滞、难于消化，所以吃时要适量。儿童消化能力弱，最好别吃。

糯米年糕无论甜咸，其碳水化合物和钠的含量都很高，对于有糖尿病、体重过重或其他慢性病如肾脏病、高血脂的人要适可而止。

薏米

别名：六谷米、药玉米、薏苡仁、菩提珠。

性味归经：性凉，味甘、淡。

功效：薏米具有利水渗湿、抗癌、解热、镇静、镇痛、抑制骨骼肌收缩、健脾止泻、除痹、排脓等功效，还可美容健肤，对于治疗扁平疣等病症有一定食疗功效。薏米有增强人体免疫功能、抗菌抗癌的作用可入药，用来治疗水肿、脚气、脾虚泄泻，也可用于肺痈，肠痈等病的治疗。

薏米煮粥食，可作为防治癌症的辅助性食疗法。此外，薏米宜与粳米煮粥食用，经常食用有益于解除风湿、手足麻木等症，并有利于皮肤健美。

注解： 薏米是禾本科植物薏苡的种仁。薏苡属多年生植物，茎直立，叶披针形，它的籽实卵形，白色或灰白色。薏米的营养价值很高，被誉为“世界禾本科植物之王”，在欧洲，它被称为“生命健康之友”。薏米大多种于山地，武夷山地区就有着悠久的栽培历史。古代人把薏米看作自然之珍品，用来祭祀，现代人把薏米视为营养丰富的盛夏消暑佳品，既可食用，又可药用。薏米的主要成分是固醇、多种氨基酸、薏苡仁油、薏苡仁酯、碳水化合物、B 族维生素等。

烹调宜忌

【宜】 薏米煮粥前用清水浸泡半个小时，然后小火慢煮。

食用宜忌

【宜】 薏米营养丰富，老少皆宜。泄泻、湿痹、水肿、肠痈、肺痈、淋浊、慢性肠炎、阑尾炎、风湿性关节痛、尿路感染、白带过多等病症患者宜食。薏米对抗癌有比较显著的作用。特别适合癌症患者在放疗、化疗后食用。

【忌】 便秘、尿多者及怀孕早期的妇女不宜食用。

粳米

别名： 大米、硬米。

性味归经： 性平，味甘。归脾、胃经。

功效： 具有养阴生津、除烦止渴、健脾胃、补中气、固肠止泻的功效，而且用粳米煮米粥时，浮在锅面上的浓稠液体俗称米汤、粥油，具有补虚的功效，对于病后产后体弱的人有良好食疗疗效。

此外，将粳米、枸杞子和适量白糖一起熬粥，长期服用可以滋补肝肾，益精明目。其适用于糖尿病以及肝肾阴虚所致的头晕目眩、视力减退、腰膝酸软、阳痿、遗精等。

注解：粳米是大米的一种，其粥有“世间第一补”之美称。粳米的主要成分是蛋白质、淀粉、脂肪、乙酸、苹果酸、柠檬酸、葡萄糖、琥珀酸、甘醇酸、果糖、麦芽糖、磷等，粳米含钙量比较少。

食用宜忌

【宜】妇女产后、老年人体虚、高热、久病初愈、婴幼儿消化力减弱、脾胃虚弱、烦渴、营养不良、病后体弱等病症患者都适宜食用，而且适合煮成稀粥。

【忌】糖尿病、干燥综合征、更年期综合征属阴虚火旺和痈肿疔疮热毒炽盛者不宜食用爆米花，否则易伤阴助火。

籼米

别名：根据稻谷收获季节，分为早籼米和晚籼米。

性味归经：性微温，味甘。归脾、胃经。

功效：籼米具有补气养心、养肝滋体之功效。其糖分含量低，对预防糖尿病有一定的功效。

注解：籼米是米的一个特殊种类，米粒是长椭圆或细长形，米色较白，透明度比其他米较差。煮食籼米时，因为它吸水性强，容易膨胀，所以出饭率相对较高。籼米口感干松，所以适合做米粉、萝卜糕或炒饭。籼米富含蛋白质、脂肪、各种维生素和矿物质以及少量的糖等成分。

食用宜忌

【宜】老少皆宜，每餐食用60克为佳。而且，籼米煮熟后，黏性低，米粒间较松散，口感粗硬，但这种米容易被消化吸收，所以老人和儿童十分适宜食用。

【忌】籼米不宜与马肉、蜂蜜同食。

糙米

别名：胚芽米、玄米。

性味归经：味甘、性温。

功效：糙米具有提高人体免疫力、加速血液循环、消除烦躁、促进肠道有益菌繁殖、加速肠道蠕动、软化粪便等功效。对于预防心血管疾病、贫血症、便秘、肠癌等病症效果著，而且对治疗糖尿病、肥胖症有很好的食疗作用。此外，糙米中的膳食纤维还能与胆汁中的胆固醇结合，促进胆固醇的排出，进而帮助高脂血症患者降低血脂。

注解：稻谷脱壳后保留着一些外层组织（如皮层、糊粉层和胚芽），有这些外层组织的米叫作糙米。糙米的主要成分是B族维生素和维生素E。另外，糙米中还含有钾、镁、锌、铁、锰等矿物质。由于口感较粗，质地紧密，煮起来也比较费时；但是糙米的营养价值比精白米高。与全麦相比，糙米的蛋白质含量虽然不多，但是蛋白质质量较好，主要是米精蛋白，氨基酸的组成比较完全，人体容易消化吸收，但赖氨酸含量较少，含有较多的脂肪和碳水化合物，短时间内可以为人体提供大量的热量。

食用宜忌

【宜】糙米老少皆宜。每顿饭最适宜食用50克左右。煮糙米前宜淘洗干净后用冷水浸泡过夜，然后连浸泡的水一起煮，这样药用效果更好。

【忌】糙米营养丰富，诸无所忌。

香米

别名：香禾米、香稻。

性味归经：性平、味甘。

功效：香米具有养心补虚、益气强身、健脾开胃等功效。

注解：香米的种类有很多，有天然茉莉香米、竹香米、枣香米等，但都颗粒细长晶莹，透明如玉，米香飘溢，营养丰富。香米含有丰富的B族维生素、维生素C、蛋白质、铁等营养素。

食用宜忌

【宜】香米味道芳香浓郁，适合煮食，适合所有人食用。每餐大约60克。

【忌】香米不宜过度淘洗，否则营养和口感欠佳。

黑米

别名：血糯米。

性味归经：性平，味甘。归脾、胃经。

功效：黑米具有健脾开胃、补肝明目、滋阴补肾、益气强身、养精固混的功效，是抗衰美容、防病强身的滋补佳品。同时，黑米所含B族维生素、蛋白质等，对于脱发、白发、贫血、流感、咳嗽、气管炎、肝病、肾病患者都有医疗保健作用。而且，经常食用黑米，对慢性病人、康复期病人及幼儿有较好的滋补作用，能明显提高人体血色素和血红蛋白的含量，有利于心血管系统的保健，有利于儿童骨骼和大脑的发育，并可促进产妇、病后体虚者的康复。

注解：黑米是稻米的一种，形状比普通大米略扁，是中国稻米中的珍品。黑米在古代是专供内廷的“贡米”。黑米色泽乌黑，内质色白，煮成粥是深棕色，味道浓香，营养价值非常高，有多种药物作用。如果用黑米和红枣一同煮粥，更是味美甜香，被人们称之为“黑红双绝”。黑米的主要成分是B族维生素、蛋白质、脂肪、钙、磷、铁、锌等。

烹调宜忌

【宜】只有用小火长时间熬才能熬出黑米的醇香和营养。黑米的米粒外有一层坚韧的种皮包裹着，不容易煮烂，可事先浸泡一夜再煮。

【忌】泡米水不要倒掉，否则营养会随水而流失。

食用宜忌

【宜】黑米营养丰富，老少皆宜。黑米宜配上芝麻、白果、银耳、核桃、红枣、冰糖、莲子等煮成八宝粥，对头昏、眩晕、贫血、白发、眼疾、咳嗽等症疗效特别显著。产妇多吃黑米食品，身体可早日得到恢复。

【忌】不宜食用未煮烂的黑米，主要是因为没有煮烂的黑米不容易被胃酸和消化酶分解消化，会引起急性肠胃炎及消化不良；火盛热燥者更要忌食黑米。

紫米

别名：紫糯米、接骨糯、紫珍珠。

性味归经：性平，味甘。归脾、胃经。

功效：紫米有补血益气、暖脾胃的功效，对于胃寒痛、消渴、夜尿频密等症有一定食疗作用。紫米饭清香、油亮、软糯可口，营养价值和药用价值都比较高，具有补血、健脾、理中及治疗神经衰弱等功效。

注解：紫米是特种稻米的一种，素有“米中极品”之称。紫米粒细长，且表皮呈紫色，分皮紫内白非糯性和表里皆紫糯性两种。民间喜在年节喜庆时做成八宝饭食用，味香微甜，黏而不腻。紫米的主要成分是赖氨酸、色氨酸、维生素 B_1、维生素 B_2、叶酸、蛋白质、脂肪等多种营养物质，以及铁、锌、钙、磷等人体所需矿物质。

食用宜忌

【宜】紫米是一种老少皆宜的食品，可以煮粥食用，也可加工成副食品。

【忌】营养丰富，皆无所忌。

西谷米

别名：西国米、莎木面、西米、沙孤米。

性味归经：性温，味甘。

功效：具有清热解毒、健脾、补肺、止咳化痰的功效，能有效治疗肺虚、肺结核、咳嗽等病症。

注解：西谷米是印度尼西亚特产，西谷米有的是用木薯粉、麦淀粉、苞谷粉加工而成，有的是由棕榈科植物提取的淀粉制成，是一种加工米，形状像珍珠。有小、中、大三种，经常被用于粥、羹和点心当中。

西谷米主要成分是淀粉，有温中健脾，治脾胃虚弱、消化不良的功效。西谷米还有使皮肤恢复天然润泽的功能。

食用宜忌

【宜】西谷米对于体质虚弱、产后病后虚弱、消化不良、神疲乏力、肺气虚、肺结核、肺痿咳嗽等症都有显著疗效。

【忌】糖尿病患者不宜食用。

赤小豆

别名：红豆，红饭豆、米赤豆、赤豆。

性味归经：性平，味甘、酸。归心、小肠经。

功效：具有止泻、消肿、滋补强壮、健脾养胃、利尿、抗菌消炎、解除毒素等功效。而且赤小豆还能增进食欲，促进胃肠消化吸收。用赤小豆与红枣、桂圆一起煮可用来补血。此外，赤小豆可用于治疗肾脏病、心脏病所导致的水肿；同时赤小豆因含有多种 B 族维生素，可用于治疗脚气病，但宜少放糖。赤小豆的花可以解酒毒，食用后可以多喝不醉。

注解：赤小豆与相思子二者外形相似，都有“红豆”的别名。相思子产于广东，外形特征是半粒红半粒黑，若误把相思子当作赤小豆服用会引起中毒，千万不可混淆。赤小豆的主要成分有蛋白质，脂肪、碳水化合物、粗纤维以及矿物元素钙、磷、铁、铝、铜等，并含有维生素 A、B 族维生素、维生素 C 等营养成分。

食用宜忌

【宜】肾脏性水肿、心脏性水肿、肝硬化腹水、营养不良性水肿以及肥胖症等病症患者适宜食用。如能配合鲤鱼或黄母鸡同食，消肿效果更好；同时产后缺奶和产后水肿的妇女也宜食，用赤小豆煎汤喝或煮粥食用。

【忌】尿多之人不宜食用，主要是由于赤小豆具有利水的功能。久食则令人黑瘦结燥。蛇咬者百日内忌之。

中药另有一种红黑豆，系广东产的相思子，特点是半粒红半粒黑，请注意鉴别，切勿误用。

绿豆

别名：青小豆。

性味归经：性凉，味甘。归心、胃经。

功效：绿豆具有降压、降脂，滋补强壮、调和五脏、保肝、清热解毒、消暑止渴、利水消肿的功效，对于肿胀、痱子、疮癣、口腔炎、各种食物中毒等都有疗效，也能解斑蝥中毒，敌敌畏、有机磷农药中毒。常服绿豆汤对接触有毒、有害化学物质（包括气体）而可能中毒者有一定的防治效果。绿豆还能够防止脱发、使骨骼和牙齿坚硬、帮助血液凝固。此外，绿豆皮的清热解毒功效较强，用于治疗眼病，有明目退翳的作用。

注解：绿豆是豆科植物绿豆的种子。绿豆因豆皮是绿色而得名，其营养丰富，具有一定的药物价值。绿豆的营养价值很高，富含蛋白质、脂肪、碳水化合物以及蛋氨酸、色氨酸、赖氨酸等完全蛋白质等球蛋白类及磷脂酰胆碱、磷脂酰乙醇胺、磷脂酸和多种矿物质等营养成分。

绿豆蛋白质的含量几乎是大米的 3 倍，多种维生素、钙、磷、铁等无机盐都比大米多，其赖氨酸含量更是大米和小米的 1~3 倍，因此，它不但具有良好的食用价值，还具有非常好的药用价值，有“济世之食谷”的美称。

烹调宜忌

【宜】老少皆宜，四季均可。绿豆煮前浸泡，可缩短煮熟的时间。

【忌】煮绿豆忌用铁锅，因为豆皮中所含的单宁质遇铁后会发生化学反应，生成黑色的单宁铁，并使绿豆的汤汁变为黑色，影响味道及人体的消化吸收。

绿豆不宜煮得过烂，以免使有机酸和维生素遭到破坏，降低清热解毒的功效。

绿豆必须煮熟，否则腥味强烈，食后易恶心、呕吐。

食用宜忌

【宜】绿豆适宜暑热天气或中暑时烦躁闷乱、咽干口渴，有疮疖痈肿、丹毒等热毒所致的皮肤感染及高血压病、水肿、红眼病等病症患者食用且疗效显著；同时也适宜食物、农药、煤气、药草、金石、磷化锌等中毒时应急解救时食用。此外，绿豆非常适宜眼病患者食用。

【忌】绿豆性属寒凉，平素脾胃虚寒、肾气不足、易泻者不宜食用；此外，绿豆不宜与榧子、鲤鱼等一起食用。

绿豆具有解毒的功效，体质虚弱和正在吃中药者不要多吃。

蚕豆

别名：罗泛豆、胡豆、马齿豆、南豆、大豌豆。

性味归经：性平，味甘。归脾、胃经。

功效：蚕豆性平味甘，具有健脾益气、祛湿、抗癌等功效。对于脾胃气虚、胃呆少纳、不思饮食、大便溏薄、慢性肾炎、肾病水肿、食管癌、胃癌、宫颈癌等病症有一定辅助疗效。

注解：蚕豆属于豆科植物蚕豆的成熟种子，蚕豆从嫩苗起到老熟的种子都可作为蔬菜食用。由于它的豆荚形状像老蚕，又成熟于养蚕季节，所以叫蚕豆。蚕豆荚果大而肥厚，种子椭圆扁平。相传蚕豆是张骞出使西域时带回的豆种。蚕豆含蛋白质、碳水化合物、粗纤维、磷脂、胆碱、维生素 B_1、维生素 B_2、烟酸和钙、铁、磷、钾等多种矿物质，尤其是磷和钾含量较高。蚕豆中含有大脑和神经组织的重要组成成分磷脂，并含有丰富的胆碱，能增强记忆力，特别适合脑力工作者食用。蚕豆中的蛋白质可以延缓动脉硬化，蚕豆皮中的粗纤维有降低胆固醇，促进肠蠕动的作用。

烹调宜忌

【宜】生蚕豆应多次浸泡或用水焯过后再进行烹制。老蚕豆适宜剥成豆瓣炒着吃，或者放在米中烧豆饭吃。制成蚕豆芽，其味更鲜美。

蚕豆粉是制作粉丝、粉皮等的原料，也可加工成豆沙，制作糕点。蚕豆可蒸熟加工制成罐头食品，还可制酱油、豆瓣酱、甜酱、辣酱等。又可以制成各种小食品。

蚕豆去壳：将干蚕豆放入陶瓷或搪瓷器皿内，加入适量的碱，倒上开水闷1分钟，即可将蚕豆皮剥去，但去皮的蚕豆要用水冲除其碱味。

【忌】蚕豆不可生吃，应将生蚕豆多次浸泡焯水后再进行烹制。

食用宜忌

【宜】嫩者宜作蔬菜，味极鲜美，老者宜煮食或作糕，可以代粮食用。不思饮食，脾胃气虚、胃呆少纳、大便溏薄、慢性肾炎、肾病水肿、食管癌、胃癌、宫颈癌等病症患者适宜食用。此外，蚕豆含有植物凝集素，具有消肿退瘤、防癌抗癌作用。老人、考试期间学生、脑力工作者、高胆固醇、便秘者可以多食用。

【忌】蚕豆性味平和，健脾益气。但蚕豆不易消化，故脾胃虚弱者不宜多食，一般人也不宜过食，以免损伤脾胃，引起消化不良。

蚕豆不宜生吃，有些人生吃蚕豆或吸入蚕豆花粉后，会发生急性溶血性贫血，又称“蚕豆黄病”，产生眩晕、休克、黄疸等症状，应尽快送医院救治。这是由所含的巢莱碱苷引起的。所以，必须将蚕豆煮熟后再食用。同时，中焦虚寒者不宜食用，发生过蚕豆过敏者一定不要再吃。

有遗传性血红细胞缺陷症者，患有痔疮出血、消化不良、慢性结肠炎、尿毒症等病人要注意，不宜进食蚕豆。

患有蚕豆病的儿童绝不可进食蚕豆。

豇豆

别名：豆角、江豆、腰豆、裙带豆。

性味归经：性平，味甘。归脾、胃经。

功效：具有健脾养胃、理中益气、补肾、降血糖、促消化、增食欲、提高免疫力等功效，对尿频、遗精及一些妇科功能性疾病有辅助功效。

豇豆含有易为人体所吸收的优质蛋白质，一定量的碳水化合物、维生素以及钙、磷、铁等矿物质，有利于人体新陈代谢；豇豆所含B族维生素能使机体保持正常的消化腺分泌和胃肠道蠕动的功能，平衡胆碱酯酶活性，有帮助消化、增进食欲的功效；所含维生素C能促进抗体的合成，抑制病毒，提高机体的免疫能力。

注解：豇豆属于豆科植物豇豆的种子，原产于印度和缅甸，主要分布于热带、亚热带和温带地区，是世界上最古老的蔬菜作物之一。豇豆在中国主要产地为山西、山东、陕西等地。

豇豆成熟后呈肾脏形，有黑、白、红、紫、褐等各种颜色。富含脂肪、碳水化合物、蛋白质、钙、铁、锌、磷、胡萝卜素、维生素 B_1、维生素 B_2、维生素C及烟酸、膳食纤维等成分。其中磷的含量最丰富。

烹调宜忌

【宜】豇豆分为长豇豆和饭豇豆两种。长豇豆一般作为蔬菜食用，既可热炒，又可焯水后凉拌。

嫩豆荚肉质肥厚，炒食脆嫩，也可烫后凉拌或腌泡。

干豆粒与米共煮可作主食，也可作豆沙和糕点馅料等。

【忌】长豇豆不宜烹调时间过长，长时间烹煮会造成营养损失。

食用宜忌

【宜】豇豆含有能促进胰岛素分泌的磷脂，可以参与糖代谢的作用，是糖尿病患者的理想食品。脾胃虚弱、消化不良、食积腹胀、口渴、多尿、妇女带下、肾虚、肾功能衰弱、脚气病、尿毒症等病症者以及老年人适宜食用。

此外，豇豆煮熟再加适量调味品，消化不良者最适宜食用，而且疗效显著。

【忌】豇豆性味平和，但不宜多食，尤其气滞便结之人更应慎食。此外，豇豆与粳米一起煮粥食用不宜过量，应分次食用，以防产气腹胀。

黄豆

别名：大豆、黄大豆。

性味归经：性平，味甘。

功效：具有健脾、益气、宽中、润燥、补血、降低胆固醇、利水、抗癌之功效，可用于治疗疳积，泻痢、腹胀羸弱、脾气虚弱、消化不良、妊娠中毒、癌症、疮痈肿毒、外伤出血、前列腺疾病等症，有一定食疗作用。

黄豆中含有抑胰酶，对糖尿病患者有益。黄豆中的各种矿物质对缺铁性贫血者有益，而且能促进酶的催化、激素分泌和新陈代谢；而且，黄豆中所含钙、磷对预防小儿佝偻病、老年人易患的骨质疏松症及神经衰弱有效；所含的高密度脂蛋白有助于去掉人体内多余的胆固醇，所以经常食用黄豆可预防心脏病、冠状动脉硬化；此外，黄豆中所含异黄酮能抑制一种刺激肿瘤生长的酶，阻止肿瘤的生长，防治癌症，尤其是乳腺癌、结肠癌；所含的植物雌激素可以调节更年期妇女体内的激素水平，防止骨骼中钙的流失，可以缓解更年期综合征、骨质疏松症。

注解：黄豆属于豆科草本植物大豆的黄色种子。黄豆在中国分布广泛，除了高寒地区外，各地均有栽培。中国是世界上栽培黄豆最早的国家，又是第一个制作豆制品的国家。

黄豆富含蛋白质及矿物元素铁、镁、钼、锰、铜、锌、硒等，以及人体 8 种必需氨基酸和天门冬氨酸、卵磷脂、可溶性纤维、谷氨酸和微量胆碱等营养物质，营养价值很高。据测定，每100克干黄豆中，蛋白质含量可达40~50克，这些物质对脑细胞发育、增强记忆力有好处。

烹调宜忌

【宜】将豆炒熟，磨成粉后即可食用，可以加牛奶、蜂蜜冲泡。煮黄豆前，先把黄豆用水泡一会儿，这样容易熟，煮的时候放进去一些盐，比较容易入味。

食用宜忌

【宜】动脉硬化、高血压、冠心病、高血脂、糖尿病、气血不足、营养不良、癌症等病症患者适宜食用。此外，黄豆适宜煮熟后食用，尤其适宜少年儿童生长发育时期食用。黄豆中的大豆纤维可以加快食物通过肠道的时间，适合减肥者食用。

【忌】黄豆不宜生吃。消化功能不良、胃脘胀痛、腹胀等有慢性消化道疾病的人应尽量少食，主要是由于黄豆不易消化吸收，会产生大量的气体造成腹胀。

黑豆

别名：乌豆、黑大豆、稽豆、马料豆。

性味归经：性平，味甘。归心、肝、肾经。

功效：具有补脾、利水、解毒之功效，对于各种水肿、体虚、中风、肾虚等病症有显著疗效。

注解：黑豆味甘性平，具有活血、祛风解毒、乌发等功效。黑大豆优质蛋白质含量丰富，含有人体不能自身合成的多种氨基酸；不饱和脂肪酸含量也很高，可丰富磷脂，增强细胞活力。黑豆所含的多种微量元素对人体的生长发育，新陈代谢，内分泌活性，神经结构，免疫功能等有重要的作用。黑豆因其富含抗氧化成分，如异黄酮素、花青素等，能延缓老化，丰富维生素E，能除去体内的自由基，减少皮肤皱纹，养颜美容。

烹调宜忌

【宜】用水轻洗黑豆数次后捞起，将杂质去除，将水沥干后即可食用烹调。如果是要打成汁饮用的，可以先将黑豆浸泡一夜，这样比较易于搅拌；如果是要烹煮的话，可先浸泡 2~4 小时。

【忌】黑豆过水后会脱色，水色加深，烹调前忌不经加工直接烹饪。

食用宜忌

【宜】体虚、脾虚水肿、脚气水肿、小儿盗汗、自汗、热病后出汗、小儿夜间遗尿、妊娠腰痛、腰膝酸软、老人肾虚耳聋、白带频多、产后中风、四肢麻痹者适宜食用。豆类的嘌呤含量较高，尿酸过高者不宜一次食用太多。

【忌】不宜多食炒熟后的黑豆，主要由于其热性大，多食易上火，尤其是小儿不宜多食。

扁豆

别名： 菜豆、季豆。

性味归经： 性平，味甘。归脾、胃经。

功效： 具有解渴健脾、补肾止泄、益气生津、解毒下气的功效。

注解： 扁豆中维生素、矿物质和植物蛋白的含量比大部分根茎菜的瓜菜都高。扁豆含有的维生素 B、维生素 C 及烟酸等，具有增强免疫能力和防癌的功效，还有润肤、明目的作用。

烹调宜忌

【宜】扁豆中含有皂素和植物血凝素两种有毒物质，必须在高温下才能被破坏，烧熟煮透后，有毒蛋白质就失去毒性，可放心大胆食用，否则会引起呕吐、恶心、腹痛、头晕等毒性反应。

【忌】忌未煮熟生食。

食用宜忌

【宜】皮肤瘙痒、急性肠炎者更适合。糖尿病患者由于脾胃虚弱，经常感到口干舌燥，平时最好多吃扁豆。

【忌】患寒热病者，患疟者不可食。

芸豆

别名：菜豆、四季豆、刀豆。

性味归经：性平，味甘。

功效：芸豆具有温中下气、利肠胃、益肾、补元气等功效。

注解：芸豆是草生植物，茎蔓生，小叶阔卵形，花白色、黄色或带紫色，荚果较长，种子近球形。芸豆富含蛋白质、氨基酸、维生素，粗纤维等营养成分，以及钙、铁等多种微量元素，钾、镁的含量高而钠的含量很低，可提高机体新陈代谢，促进机体排毒，对皮肤、头发很有好处。芸豆还含有皂苷、尿毒酶和多种球蛋白等独特成分，能提高人体免疫能力，增强抗病能力，有抑制肿瘤细胞的作用。

食用宜忌

【宜】芸豆有高钾、高镁、低钠的特点，特别适合心脏病、动脉硬化、高血脂、低血钾和忌盐患者食用。食用芸豆必须煮熟煮透，消除其毒性。

【忌】不宜生食或者食用半生不熟芸豆，主要由于鲜芸豆中含皂苷和细胞凝集素，皂苷存于豆荚表皮，细胞凝集素存于豆粒中，食后容易中毒，导致头昏、呕吐，甚至致人死亡。芸豆在消化过程中易产生胀气，有消化功能不良、慢性消化道疾病者应少吃。

荞麦

别名：净肠草。

性味归经：性凉，味甘。归脾，大肠经。

功效：具有健胃、消积、止汗之功效，能有效辅助治疗胃痛胃胀、消化不良、食欲缺乏、肠胃积滞、慢性泄泻等病症。同时荞麦能帮助人体代谢葡萄糖，是防治糖尿病的天然食品；而且荞麦秧和叶中含多量芦丁，煮水经常服用可预防高血压引起的脑出血。荞麦所含的纤维素可使大便恢复正常，并预防癌症。

注解：荞麦为蓼科植物荞麦的种子，在中国各地均有分布和栽培，特别是以北方最多。荞麦中富含蛋白质、脂肪、维生素以及多种矿物质等营养成分。

食用宜忌

【宜】荞麦适宜食欲缺乏、饮食不香、肠胃积滞、慢性泄泻等病症患者食用；对出黄汗、夏季痧症者、糖尿病患者更适宜；荞麦的蛋白质中缺少精氨酸、酪氨酸，与牛奶搭配食用为好。

【忌】体质敏感的人食用时要谨慎，主要由于荞麦中含有大量蛋白质及其他易导致过敏的物质，所以可引起或加重过敏者的过敏反应。而且荞麦内含红色荧光色素，食后可导致对光敏感症，出现耳、鼻、咽喉、支气管、眼部黏膜发炎及肠道、尿路的刺激症状。此外，体虚气弱、癌症、肿瘤患者，脾胃虚寒者等不宜食用；同时荞麦忌与野鸡肉、猪肉等一同食用。

高粱

别名：蜀秫、芦粟、木稷。

性味归经：性温，味甘、涩。归脾、胃经。

功效：具有凉血、解毒、和胃、健脾、止泻的功效，可用来防治消化不良、积食、湿热下痢和小便不利等多种疾病。尤其适宜加葱、盐、羊肉汤等煮粥食用，对于阳虚盗汗有很好疗效。

注解：高粱为禾本科草本植物蜀黍的种子。它的叶和玉米相似，但较窄，花序圆锥形，花长在茎的顶端，籽实红褐色。在中国，高粱是酿酒的重要原料，茅台、泸州特曲、竹叶青等名酒都是以高粱籽粒为主要原料酿造的。而且，高粱自古就有“五谷之精、百谷之长”的盛誉。高粱米含有碳水化合物、钙、蛋白质、脂肪、磷、铁等，尤其是赖氨酸含量高，而单宁含量较低。

烹调宜忌

【宜】主要是为炊饭或磨制成粉后再做成其他各种食品，比如面条、面鱼、面卷、煎饼、蒸糕、年糕等。

加工成的高粱面，能做成花样繁多、群众喜爱的食品，近年已成为迎宾待客的饭食。除食用外，高粱可制淀粉、制糖、酿酒做醋和制酒精等。

食用宜忌

【宜】高粱米营养丰富，可用来蒸饭、煮粥；慢性腹泻患者常食高粱米粥有益。

【忌】大便燥结者应少食或不食高粱。

米皮糠

别名：米糠、杵头糠、细糠。

性味归经：性平，味甘苦。归大肠、胃经。

功效：具有通肠、开胃、下气，消积之功效，对于辅助治疗消化道癌症、膈气、脚肿行迟等病症效果显著。

注解：米皮糠中富含糖、纤维素、油脂、蛋白质、胆碱、维生素 A、B 族维生素、维生素 E，此外还含有一种抗肿瘤物质。

食用宜忌

【宜】米皮糠适宜患有膈气、脚肿、食管肿瘤等病症以及妊娠妇女脚气水肿者食用。

【忌】米皮糠营养丰富，诸无所忌。

玉米

别名：苞米、苞谷、珍珠米。

性味归经：性平，味甘。归脾、肺经。

功效：玉米具有益肺宁心、健脾开胃、防癌、降胆固醇、健脑、平肝利胆、泄热利尿、止血降压的功效。

玉米油中富含维生素 A、维生素 E、卵磷脂及矿物元素镁和硒、亚油酸等，长期食用对于降低胆固醇、防止动脉硬化、减少和消除老年斑和色素沉着斑、抑制肿瘤的生长有一定食疗作用。

此外，镁元素还可舒张血管，防止缺血性心脏病，维持心肌正常功能，适宜治疗高血压、冠心病、脂肪肝等病症患者食用。

玉米中含有健脑作用的谷氨酸，它能帮助和促进脑细胞呼吸，在生理活动过程中，能清除体内废物。

玉米中富含的纤维素，可吸收人体内的胆固醇，将其排出体外，可防止动脉硬化，还可加快肠壁蠕动、防止便秘、预防直肠癌的发生。

注解：玉米是一种常见的粮食作物，主要生产于北方，有黄玉米、白玉米两种，其中黄玉米含有较多的维生素A，对人的视力十分有益。

玉米主要成分是蛋白质、脂肪、维生素E、钾、锰、镁、硒及丰富的胡萝卜素、B族维生素、钙、铁、铜、锌等多种维生素及矿物元素。玉米胚中脂肪含量仅次于大豆，蛋白质、脂肪含量都高于大米，玉米还含有胶蛋白。

玉米中的纤维素含量很高，为精米面的6~8倍，具有刺激胃肠蠕动，加速粪便排泄的特性。因此，常吃新鲜玉米能使大便通畅，防治便秘和痔疮，还能减少胃肠病的发生。玉米作为食疗素材还有开胃及降血脂的功效。玉米含有黄体素、玉米黄质，尤其后者含量丰富，是抗眼睛老花的极佳食物。新鲜玉米还能抑制肿瘤细胞的生长，对治疗癌症有辅助作用。

食用宜忌

【宜】玉米对治疗食欲缺乏、水肿、尿道感染、糖尿病、胆结石等症有一定的作用。脾胃气虚、气血不足、营养不良、动脉硬化、高血压、高脂血症、冠心病、肥胖症、脂肪肝、癌症、习惯性便秘、慢性肾炎水肿、维生素A缺乏症等疾病患者适宜食用。黄体素、玉米黄质，可以预防老年黄斑性病变的产生。新鲜玉米中的维生素A，对防治老年常见的眼干燥症、气管炎、皮肤干燥等症以及白内障有一定的辅助治疗作用。

【忌】霉坏变质的玉米有致癌作用，不宜食用，患有干燥综合征、糖尿病、更年期综合征且属阴虚火旺之人不宜食用爆玉米花，否则易助火伤阴。

蛋奶类饮食宜忌

鸡蛋

别名：鸡卵、鸡子。

性味归经：性平，味甘。

功效：鸡蛋清性微寒而气清，能益精补气、润肺利咽、清热解毒，还具有护肤美肤的作用，有助于延缓衰老；蛋黄性温而气浑，能滋阴润燥、养血息风。

注解：鸡蛋是母鸡的卵，营养丰富。蛋清中富含大量水分、蛋白质；蛋黄中富含脂肪，其中约10%为磷脂，而磷脂中又以卵磷脂为主，另外还含胆固醇、钙、磷、铁、无机盐和维生素A、维生素D和维生素B_2等。

烹调宜忌

【宜】做炒鸡蛋时，将鸡蛋顺一个方向搅打，并加入少量水，可使鸡蛋更加鲜嫩。

【忌】生鸡蛋不宜吃，这主要是因为经常吃生鸡蛋会抑制人体吸收生物素，而缺乏这种营养素，可能出现皮肤湿疹、疲劳、食欲不佳、秃头等问题。鸡蛋煮得时间过长，蛋黄表面会形成灰绿色硫化亚铁层，很难被人体吸收。蛋白质老化会变硬变韧，影响食欲，也不易消化。炒鸡蛋和炸鸡蛋含油量高，胆囊炎或胆结石患者千万不要多吃，最好是不吃。

食用宜忌

【宜】蛋黄是婴幼儿铁的良好来源；体质虚弱、营养不良、贫血、妇女产后病以及老年高血压、高血脂、冠心病等病症者适宜食用鸡蛋。

【忌】患有肝炎、高热、腹泻、胆石症、皮肤生疮化脓等病症者不宜食鸡蛋；老年人，尤其是血脂紊乱的人和肝炎病人最好不吃蛋黄，可多吃蛋清；肾炎患者肾功能和新陈代谢减退，尿量减少时，体内代谢产物不能全部由肾脏排出体外，若再过多地食用鸡蛋，体内尿素增多，易使病情加重，甚至出现尿毒症。所以，任何肾病患者当出现肾功能衰竭时忌食鸡蛋。鸡蛋的胆固醇含量高，也不宜多吃，青少年每天 2 个为佳，老年人以每天 1 个为宜。

鸭蛋

别名：鸭卵。

性味归经：性微寒，味甘、咸。

功效：鸭蛋具有滋阴清肺、止痢之功效，对喉痛、牙痛、热咳、胸闷、赤白痢等症有食疗作用。对水肿胀满等有一定的食疗功效，外用还可缓解疮毒。

注解：鸭蛋为母鸭的卵，营养丰富，味道鲜美。鸭蛋富含蛋白质、脂肪、维生素 B_2、铁和钙等。鸭蛋的营养成分与鸡蛋相似，只是蛋白质含量不如鸡蛋高。

烹调宜忌

【宜】做腌鸭蛋时，可以先将鸭蛋放在白酒中浸泡片刻，再捞出，均匀撒上一层盐，然后放入透明的塑料食品袋中密封，放在阴凉干燥处，10 天后就可吃到美味的咸鸭蛋了。

食用宜忌

【宜】患肺热咳嗽、咽喉痛、泻痢等症者适宜食用。鸭蛋较适宜用盐腌透后食用。

【忌】鸭蛋性偏凉，这一点不如鸡蛋性平，所以寒湿下痢、脾阳不足、食后气滞痞闷以及患有癌症、高脂血症、高血压病、动脉硬化、脂肪肝等病症者不宜吃鸭蛋；肾炎病人、生病期间的病人不宜食皮蛋。

鹅蛋

别名：鹅卵。

性味归经：性微温，味甘。

功效：鹅蛋具有降压功效，对于防治高血压有一定疗效。鹅蛋含有的卵磷脂能帮助消化。

注解：鹅蛋是母鹅的卵，营养丰富，味道鲜美。鹅蛋中富含蛋白质和人体所需的 8 种氨基酸，而且其含量都比鸡蛋和鸭蛋高，还含有维生素 A、维生素 B_1、维生素 B_2、烟酸、维生素 E、胆固醇、钾、钠、钙、镁、铁、锰、锌、磷、硒等。

食用宜忌

【宜】营养丰富，老人、儿童、体虚贫血者宜经常食用。

【忌】鹅蛋含有一种碱性物质，对内脏有损坏。每天别超过 2 个，以免伤到内脏。

鸽子蛋

别名：鸽子卵。

性味归经：性平，味甘、咸。

功效：鸽子蛋具有改善血液循环、清热解毒、改善皮肤细胞活力、增强皮肤弹性等功效。

注解：鸽子蛋是鸽子的卵，营养丰富，药用价值高。鸽子蛋富含优质蛋白质、磷脂、维生素 A、维生素 B_1、维生素 B_2、维生素 D 以及铁、钙等营养成分，被人称为“动物人参”。

食用宜忌

【宜】老年人、儿童、体虚、贫血者的理想营养食品，由于脂肪含量较低，适合高脂血症患者食用；钙、磷的含量在蛋类中相对较高，非常适于婴幼儿食用，常吃可预防儿童麻疹；有贫血、月经不调、气血不足的女性常吃鸽蛋，不但有美颜滑肤作用，还可能治愈疾病，身体变得强壮。

【忌】食积胃热者、性欲旺盛者及孕妇不宜食。

鹌鹑蛋

别名：鹑鸟蛋、鹌鹑卵。

性味归经：性平，味甘。

功效：鹌鹑蛋具有强筋壮骨、补气益气、除风湿的功效，为滋补食疗品。其对胆怯健忘、头晕目眩、久病或老弱体衰、气血不足、心悸失眠、体倦食少等病症有食疗作用。鹌鹑蛋它所含的丰富的卵磷脂和脑磷脂，是高级神经活动不可缺少的营养物质，具有健脑的作用。

注解：鹌鹑蛋是鹌鹑的卵，营养丰富，味道好，药用价值高。鹌鹑蛋虽然体积小，但它的营养价值与鸡蛋一样高，是天然补品，在营养上有独特之处，故有“卵中佳品”之称。鹌鹑蛋富含蛋白质、维生素P、维生素B_1、维生素B_2、铁和卵磷脂等营养成分。鹌鹑蛋被认为是“动物中的人参”“卵中佳品”。宜常食为滋补食疗品。

烹调宜忌

【宜】鹌鹑蛋一般要先煮熟，然后剥掉外壳，再与其他食材搭配做成菜肴。

食用宜忌

【宜】鹌鹑蛋营养丰富，老少皆宜。鹌鹑蛋还是心血管病患者的理想补品。

【忌】脑血管病人不宜多食鹌鹑蛋。

麻雀蛋

别名：麻雀卵。

性味归经：性温，味甘、咸。归肾经。

功效：麻雀蛋具有滋补精血、壮阳固肾之功效，对于四肢不温、怕冷、精血不足以及由肾阳虚所致的阳痿和精血不足所致的头晕、面色不佳、闭经等症有食疗作用。常吃能够起到增强性功能、健体养颜等作用。

注解：麻雀蛋是麻雀的卵，营养丰富，药性价值高。麻雀蛋富含优质蛋白质、维生素 A、维生素 B_1、维生素 B_2、维生素 D、卵磷脂、铁、磷、钙等。

烹调宜忌

【宜】煮食。

食用宜忌

【宜】麻雀蛋营养丰富，老少皆宜。

【忌】由于麻雀蛋能温肾壮阳，所以，凡阴虚火旺者，包括结核病、红斑性狼疮、性功能亢进等，皆不宜食。

咸鸭蛋

别名：腌蛋、味蛋、盐蛋、青果。

性味归经：性凉，味甘。归心、肺、脾经。

功效：咸鸭蛋具有清肺热、降阴火的功效。儿童多食蛋黄油可缓解疳积，外抹可缓解烫伤、湿疹。

注解：咸鸭蛋是经过腌制的鸭蛋。品质优良的咸鸭蛋具有“鲜、细、松、沙、油、香”六大特点，煮后切开断面，黄白分明，蛋白质质地细嫩，蛋黄呈橙黄或朱红色起油，周围有露状油珠，中间无硬心，味道鲜美。咸鸭蛋富含脂肪、蛋白质以及人体所需的各种氨基酸和钙、磷、铁等各种矿物质。而且，咸鸭蛋中含钙量很高，约为鲜鸡蛋的 10 倍。

烹调宜忌

【宜】咸鸭蛋的腌制方法有两种：一种是用食盐溶于清水中，把鸭蛋放在盐水中浸泡；另一种是将食盐开水化后与黄泥拌成糊状，将鸭蛋放入其中，1 个月后可煮食。

食用宜忌

【宜】咸鸭蛋中含钙量很高，特别适宜骨质疏松的中老年人食用。

【忌】孕妇、脾阳不足、寒湿下痢者不宜食用；高血压、糖尿病患者、心血管病、肝肾疾病患者应少食。一般人也少食为宜。

松花蛋

别名：皮蛋、变蛋、灰包蛋。

性味归经：性寒，味辛、涩、甘、咸。归胃经。

功效：松花蛋对于高血压、耳鸣、眼痛、牙痛、眩晕等疾病有食疗作用。

注解：松花蛋是以鸭蛋为主原料，再用生石灰、黄丹粉、茶叶末、纯碱、草木灰和食盐等加上调和稀泥包裹加工而成。松花蛋营养丰富，久食不腻，有一定的药用价值。松花蛋富含氨基酸，而且其含量是新鲜鸭蛋的 11 倍。

烹调宜忌

【宜】松花蛋有一股碱涩味，食用时要加入适量姜醋汁，这样不但能消除碱涩味，去掉腥气，而且还能解毒、杀菌、帮助消化。

食用宜忌

【宜】松花蛋营养丰富，老少皆宜。

【忌】松花蛋不宜多食，否则会引起中毒，中毒的症状主要是恶心、呕吐、头疼、头晕、腹痛、腹泻，若出现上述症状，应立刻去医院对症治疗。这主要是因为松花蛋中含有极微量的铅，铅是一种累积性毒素，排出体外速度很慢，容易形成慢性中毒，也可沉积在内脏和骨髓中。

茶叶蛋

别名：茶鸡蛋。

功效：茶叶蛋虽然好吃，但是茶叶煮鸡蛋会影响健康。茶叶中含有生物酸碱成分，在烧煮时会渗透到鸡蛋里，与鸡蛋中的铁元素结合；这种结合体，对胃有很强的刺激性，久而久之，会影响营养物质的消化吸收，不仅没有主治功效，反而不利于人体健康。

注解：茶叶蛋是用大量茶叶加上作料泡制而成的鸡蛋，是中国的传统食物之一，可以做餐点，闲暇时又可当零食。茶叶蛋含有蛋白质、脂肪和一些矿物质。

烹调宜忌

【宜】煮鸡蛋前，可以先用勺子轻轻敲打鸡蛋，轻敲鸡蛋的目的在于使每个蛋都有裂缝时，这样烹煮时容易入味，熬煮时间也不用太久。

煮鸡蛋时加入盐可以使有裂缝鸡蛋的蛋液不会溢出，这样茶叶蛋会煮得十分完整。

【忌】煮的过久口感不佳。

食用宜忌

【宜】老少皆宜，1 次 1 个为佳。

【忌】茶叶蛋不宜多食、常食，且一次不宜超过 1 个。这主要是由于茶叶中的茶叶碱会与鸡蛋的蛋黄结合形成硫化铁，影响人体对于铁质的吸收和利用，造成贫血症状。

毛鸡蛋

别名：死胎蛋、鸡胚蛋。

功效：毛鸡蛋由受精蛋孵化而成，其形成过程中破坏了鸡蛋中某些氨基酸的结合体，几乎没有滋补作用。

注解：毛鸡蛋大多是用于孵化小鸡的鸡蛋，因温度、湿度不当或感染病菌而发育停止、死于蛋壳内的“鸡胚蛋”。毛鸡蛋的滋味虽好，但吃多了对健康极为不利。

鸡蛋本身富含蛋白质、脂肪、糖类、无机盐和维生素等营养成分，但是，在孵化过程中绝大多数营养已被胚胎的发育利用而消耗掉了，即使能留一点营养成分也无法与鲜蛋相比较。若胚胎死亡时间较长，还会产生大量的硫化氢、胺类等有毒物质。

烹调宜忌

【宜】毛鸡蛋吃的时候可以煮或者油炸，然后蘸着椒盐吃。

【忌】未彻底煮熟。

食用宜忌

【宜】少食为好。

【忌】由于毛鸡蛋里激素的含量较高，所以，不宜常食或多食。尤其对于儿童、青少年来说，如果经常吃毛鸡蛋，有可能会影响到身体发育。经药物专家测定，毛鸡蛋几乎100%含有病菌，如大肠杆菌、葡萄球菌、伤寒杆菌、变形杆菌等。

另外，不要食用孵化过程中剔除的死胎蛋，而且，也忌食用不新鲜的毛鸡蛋，因为食用后易发生中毒，引发痢疾、伤寒、肝炎等疾病。尤其是小儿由于胃肠道功能较弱，食用这种蛋更易发生食物中毒。

牛奶

别名：牛乳。

性味归经：性平，味甘。归心、肺、肾、胃经。

功效：牛奶具有补肺养胃、生津润肠之功效，对人体具有镇静安神作用，对糖尿病久病、口渴便秘、体虚、气血不足、脾胃不和者有益；喝牛奶能促进睡眠安稳，泡牛奶浴可以治失眠；牛奶中的碘、锌和卵磷脂能大大提高大脑的工作效率；牛奶中的镁元素会促进心脏和神经系统的耐疲劳性；牛奶能润泽肌肤，经常饮用可使皮肤白皙、光滑，增加弹性；基于酵素的作用，牛奶还有消炎、消肿及缓和皮肤紧张的功效；儿童常喝鲜奶有助于身体的发育，因为钙能促进骨骼发育；老人喝牛奶可补足钙质需求量，减少骨骼萎缩，降低骨质疏松症的发生概率，使身体柔韧度增加。

注解：牛奶富含蛋白质、脂肪、碳水化合物、维生素A、乳糖、卵磷脂、胆甾醇、色素等。

烹调宜忌

【宜】袋装牛奶不要加热饮用。因为经过高温灭菌，在保质期内，牛奶都不会产生细菌。如果高温加热反而会破坏牛奶中的营养成分，牛奶中添加的维生素也会遭到破坏。若是不喜欢喝太凉的牛奶，可以用100℃以下的开水烫温奶袋，使牛奶温热。

食用宜忌

【宜】体质羸弱、气血不足、营养不良、病后体虚、噎嗝以及患有食管癌、老年便秘、糖尿病、干燥综合征、高血压病、冠心病、动脉硬化、高脂血症等病症者适宜食用；儿童生长发育期适宜食用。此外，吸烟的人易受支气管疾病的困扰，多喝牛奶可以使吸烟带来的危害得到一定程度的减轻。

【忌】儿童不要空腹喝奶，缺铁性贫血儿童忌喝牛奶；胃肠手术后不宜喝牛奶；患有流性食管炎、急性肾炎、胆囊炎、胰腺炎和患溃疡性结肠炎等病症者以及平素脾胃虚寒、腹泻便溏、痰湿积滞等人不宜食用；服四环素期间不宜食牛奶，这是因为牛奶中含有钙，四环素遇钙离子就会发生络合反应，生成金属络合物，可影响四环素在体内吸收，从而降低四环素抗菌效力。

牛初乳

性味归经：性平，味甘。归心、肺、肾、胃经。

功效：牛初乳能抑制病菌繁殖，是一种能增强人体免疫力、促进组织生长的健康功能性食品。牛初乳含有生长因素，能促进大脑活力，增加大脑警觉性和注意力；牛初乳中含有大量的抗原蛋白质、碳水化合物以及免疫球蛋白组成的化合物，能抑制呼吸系统疾病，抵抗流感病毒；牛初乳含有抗感染物质，有助于减少和消除肿痛，包括割伤、烧伤及手术伤口，防治牙龈疾病。

注解：牛初乳特指乳牛产犊后3天内所分泌的乳汁。牛初乳富含优质蛋白质、维生素和矿物质以及免疫球蛋白、生长因子等活性功能成分。

食用宜忌

【宜】牛初乳老少皆宜，特别适宜婴幼儿、孕产妇、老年人、手术后及烧伤病人、糖尿病、癌症、心血管病及慢性病患者饮用。

【忌】牛初乳营养丰富，药用价值高，诸无所忌。

羊奶

别名：羊乳。

性味归经：性温，味甘。

功效：羊奶具有益气补虚、养血润燥、润肺止咳等功效。对人体具有镇静安神作用，可有效滋补体虚、气血不足、糖尿病久病、口渴便秘、脾胃不和者。每天早晨空腹饮250~500毫升鲜羊奶，连服1个月，可缓解慢性肾炎、干呕反胃；羊奶外涂患处，可缓解口疮。

注解：羊奶与牛奶一样有很高的营养和医疗价值。羊奶是最接近人奶的高营养乳品，羊奶的脂肪颗粒细小，仅为牛奶的1/3。羊奶富含蛋白质、脂肪、钙、磷、维生素C等营养成分。

食用宜忌

【宜】羊奶营养丰富，老少皆宜。尤其适宜营养不良、虚劳羸弱、消渴反胃、肺痨（肺结核）咳嗽咯血以及慢性肾炎等病症患者食用，也可作为幼儿、老人以及病弱者的营养食品。

【忌】结肠炎患者忌食。

马乳

别名：马奶。

性味归经：性凉，味甘。

功效：马乳具有补血、润燥、清热、止渴之功效。此外，经常饮用马奶酒，能健脾开胃，帮助消化，促进造血功能，强身健体，使人面色红润、耳聪目明、精力旺盛。

注解：马乳是母马的乳汁，营养丰富，药性价值高。马乳富含蛋白质、维生素和各种矿物质。

烹调宜忌

【宜】煮沸。

食用宜忌

【宜】马乳宜煮沸后饮用。体质羸弱、气血不足、营养不良、血虚烦热、虚劳骨蒸、口干渴、病后产后调养以及患有糖尿病、坏血病、脚气病等病症者适宜食用。

【忌】患者不宜食用生冷马乳，尤其是脾胃虚寒、腹泻便溏者更不宜食用。此外，马乳不可与鱼类一起食用。

酸奶

别名：酸牛奶。

性味归经：性平，味酸、甘。

功效：酸奶具有生津止渴、补虚开胃、润肠通便、降血脂、抗癌等功效。它是一种功能独特的营养品，能调节机体内微生物的平衡；经常喝酸奶可以防治癌症和贫血，并可改善牛皮癣和缓解儿童营养不良；酸奶能促进消化液的分泌，增加胃酸，因而能增强人的消化能力，促进食欲；老人每天喝酸奶可矫正由于偏食引起的营养缺乏；妇女更年期时常饮还可以抑制由于缺钙引起的骨质疏松症的发生。

注解：酸奶是以新鲜的牛奶为原料，加入一定比例的蔗糖，经过高温杀菌冷却后，再加入纯乳酸菌种培养而成的一种奶制品，口味酸甜细滑，营养丰富。其营养成分优于鲜牛奶和各种奶粉。酸奶富含牛奶因子以及鲜牛奶的一切营养成分。

烹调宜忌

【忌】加热后再喝。酸奶刚生产出来时，里面都是活菌，只有冷藏才能将活菌很好地保留下来。

食用宜忌

【宜】老、弱、病、妇人及幼儿适宜食用；身体虚弱、气血不足、营养不良、皮肤干燥、肠燥便秘以及患有高胆固醇血症、动脉硬化、冠心病、脂肪肝、消化道癌症等病症者适宜食用；使用抗生素者和年老体弱者宜常喝酸奶，此外，其还可作为美容食品食用。

【忌】酸奶滋阴补虚，诸无所忌。但胃酸过多之人不宜多吃。

奶酪

别名：起司、干酪、起士。

性味归经：性平，味甘、酸。

功效：奶酪能提高人体抵抗疾病的能力，促进新陈代谢，增强活力，保护眼睛，并可保持肌肤健美；奶酪中的脂肪和热能都比较多，但是其胆固醇含量却比较低，对保持心血管健康也很有利；奶酪有利于维持人体肠道内正常菌群的稳定和平衡，防治便秘和腹泻；吃奶酪能大大增加牙齿表层的含钙量，从而起到抑制龋齿发生的作用。

注解：奶酪是一种将奶放酸之后增加酵素或细菌制作的呈乳白色或金黄色食品。奶酪通常是以牛奶为原料制作的，但是也有用山羊、绵羊奶或水牛奶做的奶酪。奶酪是牛奶经浓缩、发酵而成的奶制品。它基本上排除了牛奶中大量的水分，保留了其中营养价值极高的精华部分，被誉为乳品中的“黄金”。每千克奶酪制品浓缩了 10 千克牛奶的蛋白质、钙、磷等人体所需的营养素。

烹调宜忌

【宜】奶酪一般用于西餐之中，和面包、糕点搭配，增加口感。

食用宜忌

【宜】对于孕妇、中老年人及青少年来说，奶酪是最好的补钙食品之一，每次 20 克为宜。

【忌】奶酪热量较高，多吃容易发胖，儿童可吃全脂奶酪，成年人宜吃低脂奶酪；服用单胺氧化酶抑制剂的人应避免吃奶酪。

奶粉

别名：牛奶粉。

功效：奶粉具有补肺养胃、生津润肠之功效，对人体具有镇静安神作用。

注解：奶粉是以新鲜牛奶为原料，用冷冻或加热的方法，除去乳中几乎全部的水分，干燥后添加适量白砂糖加工而成的食品。奶粉冲调容易，携带方便，营养丰富。速溶奶粉比普通奶粉颗粒大而疏松，湿润性好，分散度高，冲调时，即使用温水也能迅速溶解。奶粉富含优质蛋白质、脂肪、各种维生素以及钙、磷、铁等矿物质。

烹调宜忌

【宜】自来水烧开冲服。

【忌】用矿泉水冲牛奶易导致婴儿便秘。

食用宜忌

【宜】老少皆宜，老年人、儿童及病弱者更适宜饮用，每天200毫升左右即可。此外，肥胖者最好选择脱脂奶粉。

【忌】奶粉营养丰富，滋补身体，诸无所忌。

黄油

别名：白脱油、乳脂。

功效：黄油具有滋补体虚的功效，对于气血不足、脾胃不和者有食疗作用。适量食用天然黄油可有效改善贫血症状。

注解：黄油是将牛奶中的稀奶油和脱脂乳分离后，使稀奶油成熟并经搅拌而成的。优质黄油色泽浅黄，质地均匀、细腻，切面无水分渗出，气味芬芳。黄油富含脂肪，其含量远高于奶油，脂肪约占80%，剩下的主要是水分、胆固醇，还含有多种脂溶性维生素，基本不含蛋白质。

食用宜忌

【宜】老少皆宜，每次10~15克即可。黄油通常适宜用作烹调食物的辅料。

【忌】孕妇、肥胖者、糖尿病患者等不宜食用黄油；男性不宜多食，因为摄入过多可能导致前列腺肥大。

奶片

功效：奶片具有生津润肠之功效，可滋补体虚，对气血不足、脾胃不和者有良好的食疗效果。

注解：奶片是在脱水工艺下加入某些凝固剂加工而成的，其主要配料是奶粉和麦芽糖。奶片可随身携带，无须冷藏保存，无须加热食用。奶片含有碳水化合物、脂肪等营养成分。

食用宜忌

【宜】奶片作为新鲜牛奶的补充，可适当食用，每次1~2片即可。

【忌】肥胖者以及患有冠心病、高血压、高胆固醇血症、动脉硬化等病症者不宜食用。千万不能过量，因为奶片在消化过程中，要消耗体内的水分，如果过量食用就会造成脱水。

水果类饮食宜忌

苹果

性味归经：味甘、微酸，性凉。归脾、肺经。

功效：苹果具有润肺、健胃、生津、止渴、止泻、消食、顺气、醒酒的功能，而且对于预防癌症的有食疗作用。苹果中含有大量的纤维素，常吃可以使肠道内胆固醇含量减少，缩短排便时间，能够减少直肠癌的发生。

注解：苹果形、质、色、香、味俱佳，有“水果之王”的美誉。西方传统膳食观念认为：“一天一个苹果，不用看医生。”现代医学也认为苹果是病人用来补充食物营养的重要水果。苹果的营养成分十分丰富。鲜苹果含水量为85%。苹果中含有丰富的糖类、维生素和微量元素。尤以维生素A和胡萝卜素的含量较高。苹果含有丰富的水溶性食物纤维——果胶。果胶有保护肠壁、活化肠内有用的细菌、调整胃肠功能的作用，还有吸收水分、消除便秘、稳定血糖、美肤、吸附胆汁和胆固醇的作用，能够有效地防止高血脂、高血压、高血糖，清理肠道，预防大肠癌。另外，果胶能促进胃肠道中的铅、汞、锰及铍的排出。不管是在接触铅之前还是在接触铅之中，食用苹果均能起到防止铅中毒的作用。苹果中的苹果酸和柠檬酸能够提高胃液的分泌，促进消化。苹果酸还可以稳定血糖，预防糖尿病，因此糖尿病患者宜吃酸味苹果。苹果中的钾含量丰富，钾能够使促发高血压的钠从肾脏排出量增加，使细胞中钠的含量降低，从而降低血压。

烹调宜忌

【宜】可以生吃，可以任何形式进行烹调。

【忌】不宜削皮食用。苹果中的维生素和果胶等有效成分多含在皮和近皮部分，所以应该把苹果洗干净食用，尽量不要削去表皮。

食用宜忌

【宜】苹果有酸有甜。糖尿病患者宜吃酸苹果，防治心血管病和肥胖症，应选甜苹果吃，治疗便秘时应选熟苹果吃；结肠炎引起的腹泻，宜吃擦成丝的生苹果；睡前吃苹果可以消除口腔内的细菌；治咳和治疗嗓子哑，宜喝苹果汁；治疗贫血，无论生吃或烧熟了吃，都有益。苹果中的苹果酸和柠檬酸能够提高胃液的分泌，促进消化。苹果中的可溶性纤维可调节机体血糖水平，预防血糖的骤升骤降。苹果中含有大量的槲皮苷和黄酮类抗氧化剂，可保护肺免受污染和烟的影响。

苹果适宜慢性胃炎、消化不良、气滞不通、慢性腹泻；神经性结肠炎患者食用；也适宜便秘、高血压、高脂血症和肥胖症患者以及癌症患者，贫血和维生素C缺乏者食用；饮酒后食用可起到解酒作用。苹果有着天然的怡人香气，具有明显的消除压抑感的作用。

【忌】患有胃寒病者忌食生冷苹果；苹果含果糖和果酸，对牙齿有较强的腐蚀作用，吃后最好及时漱口刷牙。糖尿病患者忌食。此外，吃苹果宜在饭后 2 小时或饭前 1 小时。饭后立即吃苹果，不但不会助消化，反而会造成胀气和便秘。

梨

别名： 沙梨、白梨。

性味归经： 性寒，味甘、微酸。归肺、胃经。

功效： 梨味甘性寒，有止咳化痰，清热降火，养血生津，润肺去燥，润五脏等功效。梨有清热消痰，降低血压，镇静安神的作用，对高血压，心脏病、口渴便秘、头昏目眩、失眠多梦患者，有良好的辅助作用，同时，对肝炎、肝硬化患者来说，更是良好的保健食品。梨含有木质素，是一种不可溶纤维，能在肠子中溶解，形成像胶质的薄膜，能在肠中与胆固醇结合而排出。梨含有硼可以预防妇女骨质疏松症，当硼充足时，记忆力、注意力、心智敏锐度也会提高。可预防便秘及消化性疾病，也有助于预防结肠和直肠癌。

注解： 梨多汁，既可食用，又可入药，为“百果之宗”，绞为梨汁，名为“天生甘露饮”。中国特优品种有鸭梨、雪花梨、苹果梨、南果梨、库尔勒香梨等。梨含有蛋白质、脂肪、糖类、粗纤维、灰分、镁、硒、钾、钠、钙、磷、铁、胡萝卜素、维生素 B_1、维生素 B_2、维生素 C 及膳食纤维素等。其中糖类包括葡萄糖、果糖和蔗糖。

食用宜忌

【宜】 梨适宜热病后期、津伤口干烦渴之时食用；适宜肺热咳嗽、痰稠或无痰、咽喉发痒干痛、音哑、急慢性支气管炎、肺结核患者食用；适宜高血压、心脏病、肝炎、肝硬化患者食用：适宜习惯性便秘、小儿百日咳患者以及演唱人员食用；适宜鼻咽癌、喉癌、肺癌患者放疗后食用；适宜饮酒之后或宿醉未解者食用；适宜维生素 C 缺乏、低血钾者食用。

梨既可生食，也可熟食，捣烂饮汁或切片煮粥，煎汤服均可，梨除了鲜食外，还可以制成罐头，果酒等各类加工品。“梨膏糖”就是用梨加蜂蜜熬制成的，梨皮的润肺止咳作用最好，因此生吃时，可将皮洗净，带皮一起吃。梨味甘性寒，有润肺止咳的作用，故适合于肺燥及阴虚所致的干咳无痰或痰少不易咳出的患者。

【忌】梨属性凉多汁水果，脾虚便溏、慢性肠炎、胃寒病、寒痰咳嗽或外感风寒咳嗽以及糖尿病患者忌食。妇女生产之后亦忌食生梨。女子月经来潮期间以及寒性痛经者忌食生梨。

柑

别名：柑果、金实、柑木、奴瑞、金奴、蕉柑。

性味归经：性凉，味甘、酸。归脾、胃、膀胱经。

功效：具有润肺、止咳、化痰、利肠、止痛、清热和胃、生津止渴、醒酒利尿的功效。

注解：柑为芸香科植物多种柑类的成熟果实。果皮较厚，易剥离，果实比橘子大，橙黄色。柑是世界上最重要的水果之一。中国是世界柑橘类果树的原产中心，自长江两岸到闽、浙、两广、云贵、台湾等省区都产柑橘，各有佳种问世。据古籍《禹贡》记载，4000年前的夏朝，柑已列为贡税之物。柑含丰富的维生素C，还有维生素B_2、烟酸、蛋白质、糖、粗纤维、钙、磷、铁等。

食用宜忌

【宜】肠胃有热、口干烦渴、醉酒、水肿者宜食。一般人都宜食用。

【忌】柑橘性凉，胃、肠、肾、肺功能虚寒，久病痰寒者不宜吃；老人不可多吃，以免诱发腹痛、腰膝酸软等症状；常人也不宜过量食用，吃多了容易上火，引起口角生疮、目赤肿毒，诱发痔疮。

佛手柑

别名：福寿柑、五指柑、蜜萝柑。

性味归经：性温，味辛、苦、酸。归肝、脾、胃经。

功效：具有芳香理气、健胃止呕、化痰止咳的功效。

注解：佛手柑为芸香科植物佛手的果实。佛手柑含大量碳水化合物、粗纤维、灰分、柠檬油素、二甲氧基香豆精、三羟基二甲氧基黄酮、柠檬苦素、丙烯酸、棕榈酸、少量香叶木苷、橙皮苷等。

食用宜忌

【宜】佛手柑适宜消化不良、胸闷气胀、呕吐、肝胃气痛（包括慢性胃炎、神经性胃痛）以及传染性肝炎、舌苔厚腻者食用；适宜气管炎、咳嗽、多痰者食用，又宜于醉酒之人。

【忌】阴虚内热和体质虚弱之人应忌食。

橘子

别名：福橘、蜜橘、大红袍、黄橘。

性味归经：性平，味甘、酸。

功效：橘子具有开胃理气、生津润肺、化痰止咳等功效，可用于脾胃气滞、胸腹胀闷、呃逆少食、胃肠燥热、肺热咳嗽等症。橘子有抑制葡萄球菌的作用，可以升高血压、兴奋心脏、抑制胃肠和子宫运动，还可降低毛细血管的脆性。橘子富含维生素 C 与柠檬酸，具有美容作用和消除疲劳的作用。红橘由于含有抗癌的类黄酮和限制胆固醇的松烯，可用于预防癌症、早衰、冠状动脉硬化等症。

注解：橘俗作“桔”，果皮较薄，橙色或红色。中国南部地区民众把橘子视为吉利果品，新年时节，人们互赠橘子，表示祝福。橘子不仅富有营养，它的外皮阴干之后，就是常用的中药陈皮，可化湿去痰，解毒止咳，治疗腰痛乳痈等症。橘子含有蛋白质、碳水化合物、钙、磷、铁、钾、胡萝卜素、维生素 B_1、维生素 B_2、烟酸、维生素 C 等营养成分，还含有葡萄糖、果糖、蔗糖、苹果酸、柠檬酸等。

食用宜忌

【宜】橘子中的多种有机酸和维生素对调节人体新陈代谢等生理功能大有好处，老年心血管病患者宜食。橘子对治疗急慢性支气管炎、老年气喘也有好的效果。

【忌】风寒咳嗽、多痰以及糖尿病患者忌食。饭前或空腹时不要吃橘子，以防有机酸刺激胃黏膜。橘子不宜食用过多，多食则湿热内生，特别是儿童更容易“上火”，使抵抗力下降，容易引发口腔炎、牙周炎、咽炎。橘子不可一次吃得过多，患有口疮、食欲不振、大便秘结的人食之会加重病情。咳嗽多痰者不宜多食，多吃橘子会加重咳嗽。过多食用柑橘类水果还会引起“橘子病”，出现皮肤变黄等症状。

大肠泻痢者禁用。此外，橘子不可与螃蟹、獭肉或槟榔同食。

金橘

别名：夏橘、金弹寿星柑、金橘饼、给客橙、金蛋、罗浮。

性味归经：性温，味辛、甘、酸。归肝、肺、脾、胃经。

功效：金橘有生津消食、化痰利咽、醒酒的作用，是腹胀、咳嗽多痰、烦渴、咽喉肿痛者的食疗佳品。金橘对防止血管破裂、减少毛细血管脆性、减缓血管硬化有很好的作用，高血压、血管硬化及冠心病患者食之非常有益。常食金橘还可增强机体的抗寒能力，防治感冒。

注解：金橘为芸香科植物金橘或金弹的成熟果实。皮色金黄、皮薄肉嫩、汁多香甜，洗净后可连皮带肉一起吃下。果肉含蛋白质、脂肪、膳食纤维、碳水化合物、胡萝卜素、维生素 B_1、维生素 B_2、烟酸、维生素 C、维生素 E、钾、钠、钙、镁、锌、铁、磷，并含有有机酸等。果皮亦含丰富维生素 C、松柏苷、丁香苷等。

食用宜忌

【宜】金橘适宜胸闷郁结、不思饮食或伤食饱满、醉酒口渴之人食用；适宜急慢性气管炎、肝炎、胆囊炎、高血压、血管硬化者食用。

【忌】脾弱气虚者不宜多食，糖尿病患者忌食。金橘性温，口舌生疮、齿龈肿痛者不宜食用。吃金橘前后一小时不可喝牛奶，因牛奶中之蛋白质遇到金橘中之果酸会凝固，不易消化吸收，会腹胀难过；饭前或空腹时亦不宜多吃金橘，因所含有机酸会刺激胃壁黏膜，胃部会有不适感；喉痛发痒、咳嗽时，喝金橘茶时不宜加糖，糖放多了易生痰。

橙子

别名： 黄果、香橙、蟹橙、金球。

性味归经： 性凉，味酸。归肺经。

功效： 橙子有化痰、健脾、温胃、助消化、增食欲、增强毛细血管韧性、降低血脂等功效，对高血压患者有补益作用。果皮可作为健胃剂、芳香调味剂；经常食用能保持皮肤湿润，强化免疫系统，有效防止流感等病毒的侵入。常吃橙子有助于维持大脑活力、提高敏锐度、集中注意力、缓解视力疲劳。

注解： 橙子分酸、甜两种。酸橙味酸带苦，不宜食用。甜橙则颜色鲜艳，酸甜可口，外观整齐漂亮。橙子含有丰富的维生素 C、β－胡萝卜素、柠檬酸、橙皮苷以及醛、醇、维生素 A、B 族维生素、烯类等物质，还含有镁、锌、钙、铁、钙、磷、钾等矿物质，以及纤维与果胶。橙子可降低毛细血管脆性，防止微血管出血。对人体新陈代谢有明显的调节和抑制作用，可增强机体免疫力，具有疏肝理气、促进乳汁通行的作用，是治疗乳汁不通，乳房红肿胀痛的佳品。橙子果肉能解除鱼、蟹中毒，对酒醉不醒者有良好的醒酒作用。橙皮具有抑制胃肠道（及子宫）平滑肌运动的作用，从而能止痛，止呕、止泻等；促进肠道蠕动，加速食物通过消化道；宽胸降气，止咳化痰，对慢性气管炎有良效，且无中枢抑制现象。

烹调宜忌

【**宜**】煎汤，生食，或绞汁饮。

【**忌**】忌直接连皮食用。橙子表皮可能有各种残留物，用清水洗后再食用。

食用宜忌

【**宜**】橙子适宜胸膈满闷、恶心欲吐以及瘿瘤之人食用；适宜饮酒过多、宿醉未消之人食用。

【忌】糖尿病患者忌食。

不宜与萝卜一起吃，以免诱发甲状腺肿大；饭前或空腹时不宜食用；橙子性凉，味酸，一次不宜多食。过多食用橙子等柑橘类水果会引起中毒，出现手、足乃至全身皮肤变黄，严重者还会出现恶心、呕吐、烦躁、精神不振等症状，也就是老百姓常说的“橘子病”，医学上称为“胡萝卜素血症”。一般不需治疗，只要停吃这类食物即可好转。

柚子

别名：文旦、气柑。

性味归经：性寒，味甘、酸。归肺、脾经。

功效：有助于下气、消食、醒酒、化痰、健脾、生津止渴、增食欲、增强毛细血管韧性、降低血脂等，对高血压患者有补益作用。此外，柚子有独特的降血糖的功效，还可以美容。

注解：柚橘属常绿果树，乔木，大多在10~11月份果实成熟时采摘，果实小的如柑或者橘，大的如瓜，黄色的外皮很厚，食用时需要去皮吃其瓤粒，果肉较粗，味道酸甜可口，有的略带苦味。柚子多见于南方，各省区均有栽种，其中福建的“坪山柚”“文旦柚”，广西的“沙田柚”是驰名中外的优良品种，它们与泰国的“罗柚”一起并称为“世界四大名柚”。

据传说，在清朝皇宫里就有专人采集柚花，用以提炼香精制成美容的油脂，供妃嫔们化妆时使用。柚子还是中秋佳节亲人欢聚共赏明月的必备果品，是象征亲人团圆、生活美满幸福的仙果。柚子含大量的苷类物质，还含有胡萝卜素、维生素 B_1、维生素 B_2、维生素C、烟酸，亦含丰富的钙、磷、铁。另外，新鲜柚子汁中含有类胰岛素的成分，可降低血糖。

食用宜忌

【宜】柚子适宜消化不良者食用；适宜慢性支气管炎、咳嗽、痰多气喘者食用；适宜饮酒过量后食用，酒后鲜食柚子，可使唇齿留香。

【忌】因其性寒，故气虚体弱之人不宜多食。柚子有滑肠之效，故腹部寒冷、常患腹泻者宜少食。

高血压患者服药时莫吃柚子，否则可产生血压骤降等严重的毒副反应。

柚子不能与某些药品同服。服抗过敏药时吃柚子，病人轻则会出现头昏、心悸、心律失常、心室纤维颤动等症状，严重的还会导致猝死。如冠心病常用的钙离子拮抗剂、降血脂药，消化系统常用的西沙必利及含咖啡因的解热镇痛药物等。柚子中含有大量的钾，肾病患者服用要在医生指导下才可以。

柚子中含有的活性物质，对人体肠道的一种酶有抑制作用，使药物正常代谢受到干扰，令血液浓度明显增高。影响肝脏解毒，使肝功能受到损害，还可能引起其他不良反应，甚至发生中毒。患肝功能疾病的人慎用。

柠檬

别名：益母果、柠果、黎檬。

性味归经：性微温，味甘酸。归肺、胃经。

功效：具有生津祛暑、化痰止咳、健脾消食之功效，可用于暑天烦渴、孕妇食少、胎动不安、高血脂等症。柠檬富含维生素C，对于预防癌症和一般感冒都有帮助。柠檬汁含大量维生素C，内服用于治疗坏血病，外用是美容洁肤的佳品，这是因为柠檬酸具有防止和消除皮肤色素沉着的作用，可使皮肤光洁细腻。

注解：柠檬，因其味极酸，孕妇喜食不厌，故有“益母果”之称。柠檬有“柠檬酸仓库”之美誉，含有丰富的柠檬酸，果实汁多肉嫩，有浓郁的芳香气。柠檬含有糖、钙、磷、铁和维生素A，维生素B_1、维生素B_2以及丰富的维生素P，特别是内含大量的维生素C，还含有丰富的有机酸和类黄酮、香豆精类、类固醇、挥发油、橙皮苷、草酸钙、果胶等成分。

烹调宜忌

【宜】因太酸而不适合鲜食，可以用来配菜、榨汁。柠檬富有香气，能解除肉类、水产的腥膻之气，并能使肉质更加细嫩。

食用宜忌

【宜】柠檬适宜暑热口干烦渴、消化不良、胃呆呃逆者食用；适宜维生素 C 缺乏者食用；适宜孕妇胎动不安时食用，故又有“宜母果”之名；适宜肾结石者食用；适宜高血压、心肌梗死患者食用，可起到保护血管、改善血液循环的效果。

【忌】柠檬味极酸，易伤筋损齿，不宜食过多。牙痛者忌食，糖尿病患者亦忌。另外，胃及十二指肠溃疡或胃酸过多患者忌用。

草莓

别名： 洋莓果、红莓、蛇莓、鸡冠果、蚕莓、龙吐珠、狮子尾。

性味归经： 性凉，味酸甘。归肺、脾经。

功效： 草莓具有生津润肺、养血润燥、健脾、解酒的功效，可以用于干咳无痰、烦热干渴、积食腹胀、小便浊痛、醉酒等。草莓中果胶和维生素很丰富，可治疗便秘、痔疮、高血压、高胆固醇血症等。草莓中还含有一种胺类物质，对白血病、再生障碍性贫血等血液病也有辅助治疗作用。草莓中所含的胡萝卜素是合成维生素 A 的重要物质，具有明目养肝作用。

注解： 草莓为蔷薇科植物，原产于南美，中国各地也有栽培。草莓果呈圆形或心脏形，果皮为深红色，肉质纯白多汁，味甘甜鲜美，香味浓郁，或带有特殊的麝香味，是水果中难得的色、香、味俱佳者，是世界上七大水果之一。草莓含果糖、蔗糖、蛋白质、柠檬酸、苹果酸、水杨酸、氨基酸以及钙、磷、铁、钾、锌、铬等物质，此外，还含有多种维生素，尤其是维生素 C 含量非常丰富。

烹调宜忌

【宜】首先用流动自来水连续冲洗几分钟，把草莓表面的病菌、农药及其他污染物除去大部。然后用淡盐水浸泡 10 分钟，清水冲洗，即可食用。

【忌】在洗草莓前不要把草莓蒂摘掉，以免在浸泡过程中让农药及污染渗入果实内，反而造成污染。

食用宜忌

【宜】草莓适宜风热咳嗽、咽喉肿痛、声音嘶哑、夏季烦热口干或腹泻如水者食用。鼻咽癌、肺癌、扁桃体癌、喉癌患者也宜食用。坏血病、动脉硬化、冠心病、脑溢血等患者常食有益。

【忌】草莓中含有较多的草酸钙，尿路结石病人不宜多吃。草莓性凉，脾胃虚弱、肺寒腹泻者忌食。草莓中有一种草酸性物质会导致孕妇胎儿的毛细血管的发育不良，孕妇应少吃。

葡萄

别名：草龙珠、山葫芦、蒲桃。

性味归经：性平，味甘微酸。归肺、脾、肾经。

功效：葡萄具有滋补肝肾、养血益气、强壮筋骨、生津除烦、健脑养神之功效。葡萄中含较多酒石酸，有助消化。葡萄中所含天然聚合苯酚，能与细菌及病毒中的蛋白质化合，使之失去传染疾病能力，对于脊髓灰白质病毒及其他一些病毒有良好杀灭作用。葡萄中所含白藜芦醇有保护心血管系统的功效。葡萄中钙含量很高，有益于更年期妇女维持体内雌激素水平，预防骨质疏松症。医学研究证明，葡萄汁是肾炎病人喜好的食品，可以降低血液中的蛋白质和氯化钠的含量。葡萄汁对体弱的病人、血管硬化和肾炎病人的康复有辅助疗效。

注解：葡萄皮薄而多汁，酸甜味美，营养丰富，有“晶明珠”之美称。葡萄原产西亚，据说是汉朝张骞出使西域时经丝绸之路带入中国的，在中国种植的历史已有 2000 年之久。葡萄含有蛋白质、脂肪、碳水化合物、葡萄糖、果糖、蔗糖及铁、钙、磷、钾、硼、胡萝卜素、维生素 B_1、维生素 B_2、烟酸、维生素 C、酒石酸、草酸、柠檬酸、苹果酸等营养成分。

烹调宜忌

【宜】清洗葡萄一定要彻底，先把果粒都摘下来，用清水泡5分钟左右，再逐个清洗。

食用宜忌

【宜】葡萄适宜冠心病、脂肪肝、癌症、肾炎、高血压、水肿患者食用；适宜神经衰弱，过度疲劳、体倦乏力、形体羸瘦、未老先衰者食用；适宜肺虚咳嗽、盗汗者食用；适宜风湿性关节炎、四肢筋骨疼痛者食用；适宜儿童孕妇和贫血患者食用，葡萄干含糖量与含铁量较鲜葡萄多。

【忌】糖尿病患者及便秘者不宜多吃。阴虚内热、津液不足者忌食。肥胖之人也不宜多食。便秘者，脾胃虚寒者，少食。忌与海鲜、鱼、萝卜、四环素同食，服用人参者忌食。吃后不能立刻喝水，易引发腹泻。孕妇少吃，食用过多的酸会影响钙的吸收，而且葡萄含糖高，会使肚中的羊水增多。

桑葚

别名：桑粒、桑果。

性味归经：性寒，味甘。归心、肝、肾经。

功效：具有补肝益肾、生津润肠、乌发明目等功效。桑葚可以促进血红细胞的生长，防止白细胞减少，常食桑葚可以明目，缓解眼睛疲劳干涩的症状。桑葚有改善皮肤（包括头皮）血液供应、营养肌肤、使皮肤白嫩等作用，并能延缓衰老；桑葚对脾脏有增重作用，对溶血性反应有增强作用，可防止人体动脉硬化、骨骼关节硬化，促进新陈代谢。桑葚具有生津止渴、促进消化、帮助排便等作用，适量食用能促进胃液分泌，刺激肠蠕动及解除燥热。

注解：因桑树特殊的生长环境，使桑葚具有天然生长、无任何污染的特点，所以桑葚又被称为“民间圣果”。桑葚富含葡萄糖、蔗糖、琥珀酸、苹果酸、柠檬酸、酒石酸、维生素A、维生素B_1、维生素B_2、维生素C及烟酸、活性蛋白、胡萝卜素、矿物质等成分，营养是苹果的5~6倍，是葡萄的4倍，具有多种功效，被医学界誉为“21世纪的最佳保健果品”。

食用宜忌

【宜】糖尿病、贫血、高血压、高血脂、冠心病、神经衰弱等病症患者，女性、中老年人及过度用眼者适合食用。桑葚更适宜肝肾阴血不足之人，诸如腰酸、头晕、耳鸣、耳聋、神经衰弱失眠以及少年白发者食用；适宜产后血虚、病后体虚、老人肠燥、习惯性便秘者食用。每次20~30颗（30~50克）。桑葚宜采紫黑熟透者食用，并适宜选用瓷器熬食。

【忌】糖尿病患者以及平素大便溏薄、脾虚腹泻者忌食；少年儿童不宜多吃桑葚。因为桑葚内有较多的胰蛋白酶抑制物鞣酸，会影响人体对铁、钙、锌等物质的吸收。桑葚熬膏时忌铁器。未成熟的青桑葚不宜食，是因为桑葚有大量鞣酸。

西瓜

别名：寒瓜、夏瓜。

性味归经：性寒，味甘。归心、胃、膀胱经。

功效：西瓜具有清热解暑、除烦止渴、降压美容、利水消肿等功效。西瓜富含多种维生素，具有平衡血压、调节心脏功能、预防癌症的作用，可以促进新陈代谢，有软化及扩张血管的功能。常吃西瓜还可使头发秀美稠密。

注解：西瓜原产于非洲，是夏季最主要的瓜果之一，是瓜果中汁液最多者。西瓜含人体所需的各种营养，含糖、蛋白质、维生素、维生素B_1、维生素B_2、维生素C以及矿物元素钙、铁、磷和有机酸等。西瓜瓤除含有大量水分外，还包含了人体所必需的各种营养，葡萄糖、果糖、蔗糖、维生素、胡萝卜素、蛋白质及各种氨基酸、果酸和钙、磷、铁等矿物质，具有消暑清热、除烦止渴、利尿消肿的功效，对治疗中暑、高血压、肾炎、尿路感染、口疮、醉酒等病有较好的食疗效果。西瓜还有助于预防高血压，降低胆固醇及防止心脏病的出现。

烹调宜忌

【宜】西瓜做菜的最佳部位是瓜皮。西瓜皮又名翠皮或青衣，削去表层老皮后可切成丝、片、块，采用烧、煮、炒、焖、拌等方法烹调。

【忌】西瓜性寒凉，因此体质虚弱者、月经过多者、消化力弱的慢性胃炎者、年纪老迈者等，皆不宜多食。西瓜含有约5%的糖分，糖尿病患者吃西瓜过量，还会导致血糖升高、尿糖增多等后果，严重的还会中毒昏迷。如果一次吃25~50克西瓜，对糖尿病患者影响不大。

食用宜忌

【宜】西瓜中所含的蛋白酶，可把不溶性蛋白质转变为可溶性蛋白质，因此慢性肾炎、高血压患者在夏季多吃西瓜为宜。此外，西瓜也适宜黄疸肝炎、胆囊炎、膀胱炎以及水肿患者食用；适宜盛夏酷暑、发热烦渴或急性病高热不退、口干多汗、口疮等症患者食用。

【忌】西瓜属寒性果品，吃多了容易伤脾胃，引起腹痛或腹泻。因此，脾胃虚寒、寒积腹痛、小便频数、小便量多以及平常有慢性肠炎、胃炎、胃及十二指肠溃疡等属于虚冷体质的人均不宜多吃；糖尿病患者忌食，因西瓜中含有多量的果糖、葡萄糖、蔗糖，多吃西瓜会使血糖升高，加重病情；病后、产后以及妇女行经期间忌食。立秋之后忌食。炎夏之际冰西瓜也不宜多食。

木瓜

别名：番木瓜、蓬生瓜、万寿果、铁脚梨、海棠梨。

性味归经：性平、微寒，味甘。归肝、脾经。

功效：有健脾胃、助消化、通两便、清暑解渴、解酒毒、降血压、解毒消肿、通乳、驱虫等功效。木瓜还可治疗各种过敏、出血、灼伤、便秘等症，能强壮筋骨、舒筋活络、祛风除湿等。它独有的木瓜碱具有抗肿瘤功效，并能阻止人体致癌物质亚硝胺的合成，对淋巴性白血病细胞具有强烈抗癌活性。用番木瓜擦脸、洗手可去除蛋白质、油质和污秽，是一种良好的皮肤清洁剂。此外，青木瓜丰胸效果好，为女士美容美体佳品。

注解：木瓜是世界 3 大草本果树之一，是人们喜爱吃的肉质清香且四季上市的热带鲜果。原产美洲的墨西哥南部，17 世纪初中国引入栽培。木瓜果皮光滑美观，果肉厚实、香气浓郁、甜美可口、营养丰富，有“百益之果”“水果之皇”“万寿瓜”之雅称。木瓜果实含丰富的糖分、有机酸、苹果酸、酒石酸、枸橼酸、皂苷、类黄酮、氧化氢酶、木瓜蛋白酶、脂肪酶、粗纤维以及维生素 B_1、维生素 B_2、维生素 C 和钙、铁等营养成分。

烹调宜忌

【宜】食用木瓜是产于南方的番木瓜，可以生吃，也可作为蔬菜和肉类一起炖煮。

【忌】治病多采用宣木瓜，也就是北方木瓜，又名皱皮木瓜，不宜鲜食。

食用宜忌

【宜】木瓜适宜慢性萎缩性胃炎、胃痛口干、消化不良、舌苔少者食用；木瓜又有催奶作用，故产妇宜食；木瓜能缓解平滑肌和四肢肌肉痉挛，故对痉挛性胃肠痛和腓肠肌痉挛者有治疗作用；适宜风湿筋骨痛、跌打扭挫伤、暑湿伤人、吐泻交作、筋脉挛急（转筋），以及脚气患者食用。也是消化不良、心脏病、高血压、糖尿病患者的理想食品。木瓜、鲜奶、蜂蜜、椰子汁同食，能有效消除疲劳，对消化不良者也颇有裨益。

【忌】小便淋涩疼痛患者忌食木瓜。木瓜不宜多食。木瓜不可与鳗鲡同食，忌铁铅器皿。

香蕉

别名：蕉果。

性味归经：性寒，味甘。归脾、胃经。

功效：具有清热、通便、解酒、降血压、抗癌之功效。钾能降低机体对钠盐的吸收，故有降血压的作用。纤维素可使大便软滑松软，易于排出，对便秘、痔疮患者大有益处。维生素 B_6 与维生素 C 是天然的免疫强化剂，可抵抗各类感染。

香蕉含热量较高，但不含脂肪，可解饥饿又不会使人发胖，还可使人皮肤柔嫩光泽、眼睛明亮、精力充沛、延年益寿。

注解：香蕉果实长而弯，果肉软，味道香甜，香蕉是岭南四大名果之一，在中国已有 2000 多年的历史。

"梅花点"香蕉，皮色金黄，皮上布满褐色小黑点，香味浓郁，果肉软滑，品质最佳。

香蕉肉含有蛋白质、果胶、钙、磷、铁、胡萝卜素、维生素 B_1、维生素 B_2、维生素 C、粗纤维等营养成分，含钾量较高。另外，其还含有丰富的镁。

食用宜忌

【宜】香蕉营养丰富，老少皆宜，是减肥者的首选。其适宜发热、口干烦渴、喉癌、大便干燥难解、痔疮、肛裂、大便带血、癌症病人及放疗、化疗后食用；适宜上消化道溃疡、肺结核、顽固性干咳者食用；适宜饮酒过量而酒醉未解者食用；适宜高血压、冠心病、动脉硬化者食用；适宜脂肪痢和中毒性消化不良者食用。

【忌】慢性肠炎、虚寒腹泻、经常大便溏薄者忌食；急性和慢性肾炎者忌食，风寒感冒咳嗽者忌食；香蕉中含糖量较高，故糖尿病患者忌食；胃酸过多者忌食；关节炎或肌肉疼痛患者忌食，因为香蕉可使局部血液循环减慢，代谢产物堆积，使关节和肌肉疼痛加重；在患者需要测定尿中吲哚或儿茶酚胺时，忌食香蕉，否则会影响检测结果的准确性；女子月经来潮期间及有痛经者忌食。

空腹时不宜大量吃香蕉，因为它含有大量的镁，空腹过多服食后可造成体液中镁与钙的比值改变，使血中的镁大幅度增加，对心血管系统产生抑制作用，引起明显的肌肉麻痹，出现嗜睡乏力等症状。

猕猴桃

别名：狐狸桃、野梨、洋桃、藤梨、猴仔梨。

性味归经：性寒，味甘酸。归胃、膀胱经。

功效：生津解热、调中下气、止渴利尿、滋补强身之功效。其含有硫醇蛋白酶的水解酶和超氧化物歧化酶，具有养颜、提高免疫力、抗癌、抗衰老、软化血管、抗肿消炎功能。猕猴桃含有的血清促进素具有稳定情绪、镇静心情的作用；所含的天然肌醇有助于脑部活动膳食纤维，能降低胆固醇，促进心脏健康；猕猴桃碱和多种蛋白酶，具有开胃健脾、助消化、防止便秘的功能。此外，猕猴桃还有乌发美容、娇嫩皮肤的作用。

注解：因猕猴桃是猕猴喜爱的一种野生水果，故名猕猴桃。它是中国的一种特产，因此又称中华猕猴桃。果呈卵圆形，披棕黑色毛，熟时酸甜清香。猕猴桃含多种维生素及脂肪、蛋白质、解元酸和钙、磷、铁、镁、果胶等，其中维生素 C 含量很高，每 100 克猕猴桃含维生素 C400~430 毫克。

食用宜忌

【宜】猕猴桃适宜胃癌、食管癌、肺癌、乳腺癌、高血压病、冠心病、黄疸肝炎、关节炎、尿道结石患者食用；适宜食欲不振、消化不良者食用；适宜航空、航海、高原、矿井等特种工作人员和老弱病人食用。情绪不振、常吃烧烤类食物的人也宜食猕猴桃。

【忌】平素脾胃虚寒、腹泻便溏者、糖尿病患者忌食。猕猴桃有滑泻之性，先兆性流产和妊娠的妇女应忌食。

菠萝

别名：凤梨、番梨、露兜子。

性味归经：性平，味甘、微涩。归脾、胃经。

功效：具有清暑解渴、消食止泻、补脾胃、固元气、益气血、消食、祛湿等功效。菠萝含有丰富的菠萝朊酶，能分解蛋白质，帮助消化，尤其是过食肉类及油腻食物之后，吃些菠萝更为适宜。此外，菠萝中所含的糖、酶有一定的利尿作用，对肾炎和高血压者有益，对支气管炎也有辅助疗效。

注解：菠萝是一种原产于中、南美洲热带果树的果实，在16世纪由巴西传入中国。菠萝汁多，香甜，营养丰富，与香蕉、荔枝、柑橘同称为华南四大名果。菠萝肉含脂肪、蛋白质、碳水化合物、粗纤维、钙、磷、铁、胡萝卜素、维生素B_1、维生素B_2、维生素C、烟酸和有机酸。

烹调宜忌

【宜】食用时先将菠萝切片放在淡盐水中浸泡一下再吃，便可以杀灭蛋白酶，避免口腔刺痛的现象。或者将菠萝去皮和果丁后，切成片或块，放在开水里煮一下再吃。菠萝蛋白酶在45~50℃就开始变性失去作用，至100℃，90%以上都被破坏。苷类也同时可被破坏消除，5-羟色胺则溶于水中。经煮沸后口味也得到改善。

【忌】忌不加处理直接食用。

食用宜忌

【宜】菠萝中所含糖、盐类和酶有利尿作用，适当食用对肾炎、高血压病患者有益。伤暑、身热烦渴、肾炎、高血压、支气管炎、消化不良者宜食用；宜炎热夏季食用。菠萝宜饭后食用，食前先用盐水浸泡一下。

【忌】胃寒、寒咳、虚咳者不宜生食或生饮菠萝汁，可煎煮后食用。菠萝含有蛋白酶，有过敏体质的人食之会引起菠萝中毒。由于“菠萝朊酶”有溶解阻塞于组织中的纤维蛋白质和血凝块的作用，因此有溃疡病、肾脏病、凝血功能障碍者应禁食菠萝。发热及患有湿疹、疥疮者不宜多吃。菠萝过敏者忌食。

荔枝

别名：妃子笑、丹荔。

性味归经：性温，味甘、酸。归心、脾经。

功效：食鲜荔枝能生津止渴、和胃平逆；干荔枝水煎或煮粥食用有补肝肾、健脾胃、益气血的功效，是病后体虚、年老体弱、贫血、心悸、失眠等患者的滋补果品。荔枝富含铁元素及维生素 C，铁元素能提高血红蛋白的含量，使人面色红润，而维生素 C 能使皮肤细腻富有弹性。

注解：荔枝是中国特产的一种水果。荔枝属亚热带精品名优水果，被誉“岭南果王”，驰名中外。荔枝的果实为圆形或心形，外皮有鳞状突起物，呈鲜红、紫红、青绿或清白色，果肉为半透明状的凝脂物，柔软多汁。荔枝营养丰富，果肉中含葡萄糖、果糖、蔗糖、苹果酸及蛋白质、脂肪、维生素 A、B 族维生素、维生素 C、磷、铁及柠檬酸等成分。

食用宜忌

【宜】荔枝适宜体质虚弱、病后津液不足、贫血者食用适宜脾虚腹泻或老年人五更泄、胃寒疼痛者食用；也适宜口臭者食用。

【忌】荔枝性热，出血病患者、妇女妊娠以及小儿均应忌食。凡属阴虚火旺体质者忌食；糖尿病患者忌食。荔枝不可多食，多食发热；老年人多食荔枝可加重便秘。长青春痘、生疮、伤风感冒或有急性炎症时，也不适宜吃荔枝，否则会加重病症。

鲜荔枝不宜空腹食用，鲜荔枝荔枝含糖量很高，空腹食用会刺激胃黏膜，导致胃痛、胃胀。而且空腹时吃鲜荔枝过量会因体内突然渗入过量高糖分而发生“高渗性昏迷”。

枇杷

别名：芦橘、芦枝、金丸、炎果、焦子。

性味归经：性平，味甘酸。

功效：枇杷具有生津止渴、清肺止咳、和胃除逆之功效，主要用于治疗肺热咳嗽、久咳不愈、咽干口渴、胃气不足等症，有一定食疗功效。B 族维生素的含量也很丰富，对保护视力，保持皮肤滋润健康，促进胎儿发育有重要作用。

注解：枇杷，古名天夏扇，为蔷薇科枇杷属，常绿小乔木，树高3~5米，叶子大而长，厚而有茸毛，呈长椭圆形，状如琵琶。枇杷果肉含糖类、脂肪、纤维素、蛋白质、果胶、鞣质及胡萝卜素、B族维生素、维生素C、矿物质等。其中胡萝卜素的含量在水果中占第3位。

食用宜忌

【宜】枇杷适宜肺痿咳嗽、胸闷多痰以及劳伤吐血者食用；适宜坏血病患者食用。枇杷宜成熟后食用。

【忌】糖尿病患者忌食。枇杷仁含氢氰酸，有毒，故吃枇杷时忌食枇杷仁。尚未成熟的枇杷也忌食。

石榴

别名：甜石榴、酸石榴、安石榴。

性味归经：性温，味酸。归脾、胃经。

功效：具有生津止渴、涩肠止泻、杀虫止痢的功效。石榴含有石榴酸等多种有机酸，能帮助消化吸收，增进食欲；石榴有明显收敛、抑菌、抗病毒的作用，对痢疾杆菌有抑制、杀灭作用，对体内寄生虫有麻痹作用；石榴所含有的维生素C和胡萝卜素都是强抗氧化剂，可防止细胞癌变，能预防动脉粥样硬化石榴叶子可制作石榴茶，能润燥解渴，如用以洗眼，还可明目，消除眼疾。

注解：石榴原产于西域，汉代时传入中国，其色彩鲜艳、子多饱满，具有象征多子多福、子孙满堂的含义，常被用做喜庆水果。石榴的主要营养成分有碳水化合物、蛋白质、钙、磷、维生素B_1、维生素B_2、维生素C等。

食用宜忌

【宜】石榴有帮助消化的作用，适宜老人和儿童食用；适宜发热患者口舌干燥食用；适宜慢性腹泻患者，大便溏薄、肠滑久痢、妇女白带清稀频多者食用；适宜夏天烦热口干、酒醉烦渴、口臭者和患扁桃体炎者食用。

【忌】石榴中糖分较多，多食会损伤牙齿，其汁液的色素能染黑牙齿，还会助火生痰损肺气。因此，不能多食。龋齿疼痛者亦忌之。石榴中含有大量的鞣质，有收敛作用，大便秘结、糖尿病患者要忌食。患有急性盆腔炎、尿道炎，以及感冒者也忌食石榴；肺气虚弱者及肺病患者，如肺痿、矽肺、支气管哮喘、肺脓疡等，切忌多食。石榴不可与西红柿、螃蟹、西瓜、土豆同食。若与土豆同时服用，可用韭菜泡水喝下去解毒。

杧果

别名：檬果、望果、羡仔、忙果、庵罗果。

性味归经：性平，味甘。

功效：杧果有生津止渴、益胃止呕、利尿止晕的功效。杧果能降低胆固醇，常食有利于防治心血管疾病，有益于视力，能润泽皮肤。杧果有明显的抗氧化和保护脑神经元的作用，能延缓细胞衰老、提高脑功能。它可以明显提高红细胞过氧化氢酶活力和降低红细胞血红蛋白氧化率。杧果所含膳食纤维，能使粪便在结肠内停留时间缩短，有通便的作用，因此食杧果可防治结肠癌。

注解：杧果，原产印度。果实形态有椭圆形、肾脏形及倒卵形等。成熟果之果皮有绿色、黄色，而至紫红色，果肉为黄色或橙黄色，果汁及纤维因品种而异。杧果果实椭圆滑润，果皮呈柠檬黄色，味道甘醇，形色美艳。杧果是著名的热带水果，被誉为“热带水果之王”。在中国，主要产于台湾、广东、广西、海南以及福建、云南、四川等省区。杧果维生素 A 含量高，比杏多出 1 倍。维生素 C 的含量也超过橘子、草莓，另外含有糖、蛋白质及钙、磷、铁等营养成分。

食用宜忌

【宜】患慢性咽喉炎、音哑者，用杧果煎水，代茶饮用，可去炎消哑。生食能止呕，治晕船，可用于眩晕症、梅尼尔综合征、高血压晕眩等，孕妇胸闷作呕时，可吃杧果肉或以杧果煎水进食。

【忌】杧果性质带湿毒，皮肤病或肿瘤患者应避免进食。肾炎患者应该少食。此外，糖尿病、肠胃虚弱、消化不良、感冒以及风湿病患者不宜食用。饱饭后不可食用杧果。杧果不可与大蒜等辛辣物质共食，可能引起发黄病。每天吃杧果最好不要超过200克，因为杧果是富含蛋白的水果，多吃易饱。

杏

别名：杏子。

性味归经：性微温，味酸、甘。

功效：杏有生津止渴、润肺定喘的功效，可用于治疗热伤津、口渴咽干、肺燥喘咳等。鲜食杏肉可促进胃肠蠕动，开胃生津。杏仁是一味常用于止咳平喘的中药。苦杏仁经酶水解后产生氢氰酸，对呼吸中枢有镇静作用，可止咳喘，但具有毒性，需注意用法及用量，不能当食品用。杏仁油有降低胆固醇的作用，有利于防治心血管疾病。

注解：杏成熟后为黄色或橘红色，味酸甜或纯甜，又名甜梅，原产中国，长江以北栽培较多。南太平洋上的岛国斐济盛产杏，人们都喜欢吃，该国是世界上独一无二的"无癌之国"，未曾出现死于癌症者，而且居民的寿命都很长，素有"长寿国"之称。据科学家分析，斐济人经常吃杏，可能是他们无癌长寿的主要原因之一。

杏含较多的糖、蛋白质，还含有钙、磷，另含一定的胡萝卜素和维生素 B_1、维生素 B_2、维生素C和维生素P等。杏营养丰富，含有多种有机成分和人体所必需的维生素及无机盐类，是一种营养价值较高的水果。杏仁的营养更丰富，含蛋白质23%~27%、粗脂肪50%~60%，糖类10%，还含有磷、铁、钾等无机盐类及多种维生素，是滋补佳品。杏果有良好的医疗作用，在中草药中居重要地位，主治风寒肺病，生津止渴，润肺化痰，清热解毒。未熟果实中含类黄酮较多。类黄酮有预防心脏病和减少心肌梗死的作用。因此，常食杏脯、杏干，对心脏病患者有一定好处。杏是维生素 B_{12}

含量最为丰富的果品，而维生素 B_{12} 又是极有效的抗癌物质，并且只对癌细胞有杀灭作用，对正常健康的细胞无任何毒害。杏仁还含有丰富的维生素 C 和多酚类成分，这种成分不但能够降低人体内胆固醇的含量，还能显著降低心脏病和很多慢性病的发病率。杏仁富含维生素 E，有美容功效，能促进皮肤微循环，使皮肤红润光泽。

食用宜忌

【宜】杏可生食，也可以用未熟果实加工成杏脯、杏干等。未熟果实中含类黄酮较多。类黄酮有预防心脏病和减少心肌梗死的作用。因此，常食杏脯、杏干对心脏病患者有一定好处。甜杏仁有润肺、止咳、滑肠之功效，适合干咳无痰、肺虚久咳及便秘等症；苦杏仁对于因伤风感冒引起的多痰、咳嗽气喘、大便燥结等症疗效显著。

【忌】杏虽好吃，但不可过多。杏仁有甜、苦之分。其中苦仁有毒，需要用凉水浸泡后才能食用。成人吃 40~60 粒，小孩吃 10~20 粒，就有中毒的危险。因为所含物质苦杏仁苷，可被酶水解产生氢氰酸和苯甲酸，而过多的氢氰酸与组织细胞含铁呼吸酶结合，可阻止呼吸酶递送氧，从而使组织细胞窒息，严重者会抑制延髓中枢，导致呼吸麻痹，甚至死亡。但是，加工咸的杏脯、杏干，有害的物质已经挥发或溶解掉，可以放心食用。平时在家里，可将杏制成杏汁饮料或浸泡水中数次后再吃，不但卫生还有益健康。

杏肉味酸、性热，有小毒。过食会伤及筋骨、勾发老病，甚至会落眉脱发、影响视力，若产、孕妇及孩童过食还极易长疮生疖。同时，由于鲜杏酸性较强，过食不仅容易激增胃里的酸液伤胃引起胃病，还易腐蚀牙齿诱发龋齿。而对于过食伤人较大的杏，每次食 3~5 枚视为适宜。

李子

别名：嘉庆子、李实、嘉应子。

性味归经：李子味甘酸，性凉。归肝、肾经。

功效：具有清热生津、泻肝涤热、活血解毒、利水消肿之功效。适用于治疗胃阴不足、口渴咽干、大腹水肿、小便不利等症，还可用于内伤痨热、肝病腹水等病症。饭后食李，能增加胃酸，帮助消化；在暑热时食李，有生津止渴、去暑解热的功效。

注解：李树是樱桃属蔷薇科落叶果树，果实呈圆形，果皮呈紫红色、青绿或者黄绿色，果肉为绿色或暗黄色，近核部为紫红色，玲珑剔透，形态美艳，口味鲜甜。李是夏季的主要水果之一。李子富含碳水化合物及多种氨基酸、钙、磷、铁、胡萝卜素、维生素 B_1、维生素 B_2、烟酸、维生素 C 等。

食用宜忌

【宜】李子适宜发热、口渴、虚劳骨蒸、肝病腹水、消渴欲饮者食用；可促进血红蛋白再生，适合贫血者适度食用；适宜教师、演员音哑或失音者食用；与冰糖炖食，有润喉开音作用；每天吃 2~3 个甜李，对慢性肝炎、肝硬化疗效较佳；适度食用李子还有美颜乌发的神效，头皮多屑而痒者宜食。李子宜熟透后食用。

【忌】李子生痰、助湿，故脾胃虚弱者、胃酸过多者、胃及十二指肠溃疡患者、体虚气弱者不宜多食。肠胃消化不良者应少吃，食用过量会引起轻微的腹泻；李子含有氢氰酸，多食会引起中毒。多食易生痰湿、伤脾胃，又损齿。故脾虚痰湿及小儿不宜多吃。未成熟而苦涩的李子不可食；李子忌与獐肉、雀肉、蜂蜜、鸭蛋一同食用。

桃子

别名：佛桃、水蜜桃。

性味归经：性温，味甘、酸。归肝、大肠经。

功效：桃子性热，味甘酸，具有补心、解渴、充饥、生津之功效，含较多的有机酸和纤维素，能促进消化液的分泌，增加胃肠蠕动，增加食欲，有助于消化。

注解：桃肉含蛋白质、脂肪、碳水化合物、粗纤维、钙、磷、铁、胡萝卜素、维生素 B_1，以及有机酸（主要是苹果酸和柠檬酸）、糖分（主要是葡萄糖、果糖、蔗糖、木糖）和挥发油。桃中除了含有多种维生素和果酸以及钙，磷等无机盐外，它的含铁量为苹果和梨含铁量的4~6倍，是缺铁性贫血患者的理想食疗佳果。此外，桃子含钾多，含钠少，适宜水肿患者食用。桃子有化血去瘀、润燥滑肠的功效，能去痰，对于呼吸器官有镇静作用，可止咳平喘。桃仁有去血管栓塞的作用，所以可用于血管栓塞引起的半身不遂。临床上常用于闭经不通，月经痛、血压过高、慢性阑尾炎和跌打损伤引起的瘀血肿痛等症状。

食用宜忌

【宜】桃子适宜低血糖者以及口干饥渴之时食用；适宜低血钾和缺铁性贫血者食用；适宜肺病、肝病、水肿患者食用；适宜消化力弱者食用。桃子味甘、酸性热，有补心、解渴、消积、润肠的功效。所以适合低血糖、肺病、虚劳喘咳的患者作辅助食疗的水果。桃子还补气养血，生津止渴，润肠通便。用于便秘、虚劳喘咳、贫血、高血压等病症辅助调养。夏天食桃，可养阴生津，润肠燥。

【忌】桃子性热，有内热生疮、毛囊炎、痈疖和面部痤疮者忌食。糖尿病患者忌食。桃子忌与甲鱼同食；烂桃切不可食，否则有损健康。多吃桃子会使人腹胀，因此胃肠功能不良者及老人、儿童均不宜多吃。

柿子

别名：大盖柿、红柿。

性味归经：性寒，味甘、涩。归心、肺、脾经。

功效：柿子有涩肠、润肺、止血、和胃的功效，可以医治小儿痢疾，有益心脏健康，还有预防心脏血管硬化的功效。青柿汁可治高血压。柿子中含碘丰富，对预防缺碘引起的地方性甲状腺肿大有帮助。

注解：柿树多生长在中国北方山区，10月成熟，甜腻可口，营养丰富。柿子含糖量较高，还含有碳水化合物、单宁、柿胶粉、蛋白质、脂肪、维生素C和胡萝卜素等多种营养成分。另外，柿子的钾、磷、铁、锌、铜、钙、碘等矿物元素的含量也很高。

食用宜忌

【宜】柿子为优良的降血压食品，适宜高血压患者食用；适宜痔疮出血、大便秘结者食用；因为鲜柿中含碘量很高，适宜缺碘所引起的甲状腺疾病患者食用；还适宜饮酒过量或长期饮酒者食用。

【忌】慢性胃炎、消化不良等胃功能低下者以及外感风寒咳嗽患者不宜食柿子；体弱多病者、产妇、月经期间女性，均忌食柿子；熟柿含较多糖类，包括蔗糖、葡萄糖、果糖等。糖尿病患者忌食。此外，不宜空腹多食柿子，不宜吃生柿，食柿子时要去皮，食柿后不宜再进酸性食物。不要与含高蛋白的蟹、鱼、虾等食品一起吃。中医学中，螃蟹与柿子都属寒性食物，故而不能同食。从现代医学的角度来看，含高蛋白的蟹、鱼、虾在鞣酸的作用下，很易凝固成块，即胃柿石。柿子不能与红薯、菠菜同食。

樱桃

别名：莺桃、含桃、荆桃、樱株、车厘子。

性味归经：性热，味甘。归脾、胃经。

功效：具有益气、健脾、和胃、祛风湿之功效。常食樱桃可补充体内对铁元素的需求，促进血红蛋白再生，既可防治缺铁性贫血，又可增强体质，健脑益智，还能养颜驻容，使皮肤红润嫩白，去皱消斑。

注解：樱桃是一种乔木果实，号称“百果第一枝”，由于其艳丽的外形和甜美的口感被人们称为“果中之珍”。其果实虽小如珍珠，但色泽红艳光洁，味道甘甜而微酸，既可鲜食，又可腌制或作为其他菜肴食品的点缀。樱桃鲜果中含糖分、蛋白质、钙、铁、胡萝卜素，维生素C，其中含铁量居水果之首。樱桃中丰富的钾含量可以促进血液循环、稳定心律。富含维生素 A、B 族维生素、维生素 C、蛋白质、脂肪、纤维、糖类、钙、镁、磷、铁、锌、钾等。

烹调宜忌

【宜】用清水加少许盐浸泡一会儿，就能保证果皮表面无残留物。

食用宜忌

【宜】樱桃适宜消化不良、饮食不香者食用；适宜瘫痪、四肢麻木、风湿腰腿痛者食用；樱桃水尤适宜小儿麻疹透发不出者，还适宜体质虚弱、面色无华、软弱无力者食用。此外，常食樱桃，对头发健美有益。

【忌】樱桃性热，热性病及虚热咳嗽者忌食，糖尿病患者亦忌。樱桃因含铁多，再加上含有一定量的氰苷，若食用过多会引起铁中毒或氢氧化物中毒，因此要适量。樱桃多吃容易上火，所以患有便秘、痔疮、高血压、喉咙肿痛者少吃为宜。樱桃补气养血，不过每天的食用量不能超过 200 克。

榴梿

别名：韶子。

性味归经：性热，味辛、甘。归肝、肾、肺经。

功效：榴梿所具有的特殊气味有开胃、促进食欲之功效，其中的膳食纤维还能促进肠蠕动。

注解：榴梿是驰名的优质佳果。成熟果肉淡黄，黏性多汁，酥软味甜，吃起来具有陈乳酪和洋葱味，初尝似有异味，续食清凉甜蜜，回味甚佳，故有“流连（榴梿）忘返”的美誉。它原产东南亚，被称为“万果之王”。榴梿成熟后自己落下，通常都是在深夜或清晨掉落。榴梿营养价值极高，含淀粉、糖、蛋白质，另含维生素、铁、钙等。因此榴梿在水果中有“一个榴梿抵得上 10 只老母鸡”之说。

烹调宜忌

【宜】用刀把榴梿底部的凸起部位切离，就可以看见里面的纹路了，然后用刀顺着纹路切一道，再用手掰开，取出榴梿肉瓣食之即可。食后9小时内禁忌饮酒。用榴梿壳煮水喝可以降榴梿的热气。

【忌】不可一次吃得太多，不然容易导致身体燥热，其丰富的营养还会因肠胃无法完全吸收而引起上火。消除燥热的方法是在吃榴梿的同时喝些淡盐水或吃些水分比较多的水果来平衡，梨、西瓜都是很好的选择。不过，榴梿的最好搭档是被称为水果皇后的山竹，只有它才能轻易降伏水果之王的火气，保护身体不受损害。

食用宜忌

【宜】体质偏寒者宜食。病后及女性产后宜用之来补养身体。每天不超过100克。

【忌】榴梿属于燥热水果，不宜多吃，多吃容易上火；榴梿的含糖量较高，糖尿病患者宜少吃；有痔疮的人也不宜多吃；它还含较高的钾，肾病及心脏病患者应少吃。

此外，实热体质的人代谢旺盛，产热多，交感神经占优势，容易发热，经常脸色红赤、口渴舌燥，喜欢吃冷饮，易烦躁，常便秘，这样的人不宜吃。

山竹

别名：莽吉柿。

性味归经：性平，味甘、微酸。

功效：山竹有降燥、清凉解热之功效；对体弱、营养不良及病后的调养效果明显。

注解：山竹原产于东南亚，一般种植10年才开始结果，其幽香气爽，滑润而不腻滞，与榴梿齐名，号称"果中皇后"。山竹富含蛋白质、膳食纤维和脂类及钾等多种矿物质。

烹调宜忌

【宜】食用方法一般为压破掰开，吃里面白色的果肉部分，其他不可以吃。

【忌】剥果壳时必须小心翼翼，格外留神，注意不要将紫色或红色的果壳汁液染在肉瓣上，因为它会影响口味，沾到衣服上也极难洗脱。

食用宜忌

【宜】老少皆宜，尤其体弱、病后的人更适宜食用，每天不多于3个。

【忌】山竹含钾量较高，所以肥胖、肾病、心脏病、糖尿病患者忌食。忌多食，过多食用山竹会引起便秘。另外，山竹属寒性水果，所以体质虚寒者少吃尚可，多吃不宜，切勿和西瓜、豆浆、啤酒、白菜、芥菜、苦瓜、冬瓜荷叶汤等寒凉食物同吃，若不慎吃过量，可用红糖煮姜茶解之。

莲雾

别名：蒲桃、洋蒲桃。

性味归经：性寒，味甘。

功效：莲雾老少皆宜，主治肺燥咳嗽、呃逆不止、痔疮出血、胃腹胀满、肠炎痢疾等症。

注解：莲雾是一种热带水果。外形像一个挂着的铃铛，放在地上又像一个莲台，所以就称为莲雾。其果色鲜艳，果味清甜。莲雾富含铁、锌、钼、维生素 B_1、维生素 B_2 等矿物质和维生素。

烹调宜忌

【宜】莲雾底部比较容易藏有脏东西，要用水冲洗干净，略泡些盐水后再吃更好，吃的时候可以将果实底部的果脐切掉。

【忌】吃莲雾千万不要剖半，要整颗咬，咬出清脆声响，而且要从尖端咬起越吃越甜。

食用宜忌

【宜】莲雾所含糖分和热量都很低，糖尿病和高血压患者也可适量食用。由于其脂肪含量低，所以食用不会发胖。

【忌】胃寒的人不宜多吃。

西番莲

别名：鸡蛋果。

性味归经：性温，味苦。

功效：西番莲香气浓郁，甜酸可口，能生津止渴、提神醒脑，食用后能增进食欲，促进消化液分泌。果实中含有多种维生素等营养成分，能降低血脂，防治动脉硬化，降低血压，对防治心血管疾病有积极的作用，而且能防治细胞老化、癌变，有抗衰老、养容颜的功效。

注解：西番莲是集杧果、菠萝、荔枝、香蕉等数十种水果香味于一身的水果，在台湾省被称为“白香果”，国外则称之为“果汁之王”。它果形如鸡蛋，果汁像蛋黄，所以又名鸡蛋果。

西番莲所含化合物多达 165 种、氨基酸 17 种和抗癌有效成分及多种维生素。

食用宜忌

【宜】老少皆宜，每次 1 个（30~40 克）。

【忌】西番莲不宜鲜食，对西番莲过敏者忌食。

槟榔

别名：干枣、儿槟。

性味归经：性温，味甘、微苦涩。

功效：具有消食、醒酒、宽胸腹、止呕恶之功效。槟榔肉浸液在试管内对堇色毛癣菌等皮肤真菌有不同的抑制作用。煎剂和水浸剂对流感病毒有一定抑制作用。嚼食槟榔能使胃肠平滑肌张力升高，增强肠蠕动，促进胃液的分泌，故可帮助消化、增进食欲。

注解：中国海南省及台湾省南部盛产槟榔，广西、福建、云南南部亦有产，它的未成熟果实即枣儿槟榔，热带民族多用来当茶果供宾客。槟榔含水分、蛋白质、脂肪、生物碱，其生物碱主要为槟榔碱、槟榔次碱等；其脂肪油中含月桂酸、棕榈酸、硬脂酸、油酸、亚油酸等；此外，还含有槟榔红色素、儿茶精、花白素及其聚合物等。

食用宜忌

【宜】槟榔适宜患有肠道寄生虫病、胸膈满闷、痞胀呕吐、脚气病，以及青光眼、眼压增高者食用；适宜过食肥甘油腻、醉酒之人食用。

【忌】中虚气弱以及病后、产后者忌食。泻后、疟后虚痢患者切不可用。

大枣

别名：红枣、大红枣、姜枣、良枣、干枣、刺枣。

性味归经：性温，味甘。

功效：具有益气补血、健脾和胃、祛风之功效，对治疗过敏性紫癜、贫血、高血压、急慢性肝炎和肝硬化患者的血清转氨酶增高以及预防输血反应等均有理想的效果；大枣含有三萜类化合物及环磷酸腺苷，有较强的抑癌、抗过敏作用；枣中含有抗疲劳作用的物质，能增强人的耐力；枣还具有减轻毒性物质对肝脏损害的功能；枣中的黄酮类化合物，有镇静降血压作用。

注解：大枣是一种药食兼用之品，营养价值很高，目前有300多个品种，有红枣、南枣、圆枣、金丝枣、布袋枣、扁枣、相枣、脆枣、大糖枣、无核枣等。婴幼儿吃枣泥，老弱者吃大枣，比吃其他果品好。大枣富含多种氨基酸、糖类、有机酸、黏液质和维生素A、维生素 B_2。特别是维生素C的含量比柑橘高7~10倍，比梨高140倍，冠于百果之首，故红枣有“天然维生素丸”之称。此外，还含有钙、磷、铁等。

食用宜忌

【宜】大枣老少皆宜，尤其是中老年人、青少年、女性的理想天然保健食品，也是病后调养的佳品。特别适宜慢性肝病、胃虚食少、心血管疾病、脾虚便溏、过敏性紫癜、支气管哮喘、荨麻疹、过敏性湿疹、过敏性血管炎、气血不足、营养不良、心慌失眠、贫血头晕等患者食用；此外，还适宜肿瘤患者放疗、化疗而致骨髓抑制不良反应者食用。

【忌】湿热内盛者、小儿疳积和寄生虫病儿、齿病疼痛、痰湿偏盛之人及腹部胀满者、舌苔厚腻者忌食。此外，糖尿病患者不宜多食；而且鲜枣不易多食，否则易生痰、助热、损齿。

榆钱

别名：榆子、榆仁。

性味归经：性平、味甘、微辛。归肺、脾、心经。

功效：具有健脾安神、止咳化痰、清热利水、杀虫消肿之功效，可健脾和胃，治食欲不振，有清热解毒，杀虫消肿的作用，可杀多种人体寄生虫，同时，榆钱还可通利小便而消肿。

注解：榆钱是榆科植物榆树的果实或种子。榆钱果实含蛋白质、脂肪、碳水化合物、粗纤维、钙、磷、铁、胡萝卜素、维生素 B_1、维生素 B_2、烟酸、维生素 C 等。

烹调宜忌

【宜】①生吃。将刚采下来的榆钱洗净，加入白糖，味道鲜嫩脆甜，别具风味。若喜吃咸食，可放入盐、酱油、香醋、辣椒油、葱花、芫荽等作料。

②煮粥。将葱花或蒜苗炒后加水烧开，用大米或小米煮粥，米将熟时放入洗净的榆钱继续煮 5~8 分钟，加适量调料即成。榆钱粥吃起来滑润喷香，味美无穷。

③笼蒸。将洗净的榆钱拌上面粉，搅拌均匀，直接上笼蒸熟，再放入调料。

④做馅。将榆钱洗净、切碎，加虾仁、肉或鸡蛋调匀后，包水饺，蒸包子，卷煎饼都可以，味道清鲜爽口。

食用宜忌

【宜】失眠、食欲不振、小便不利、水肿、小儿疳热羸瘦、烫火伤、疮癣等病症患者宜食。

【忌】胃及十二指肠溃疡患者不宜食用。

薜荔果

别名：牛奶子、木莲、牛奶柚、王不留行。

性味归经：性平，味甘。

功效：薜荔果具有祛风利湿、清热解毒、补肾固精、活血通经、催乳消肿之功效，主治风湿痹痛、小便淋浊、泻痢、闭经、疝气、乳汁不下等病症。薜荔果中含有多种有机酸、脱肠草素、芦丁、蒲公英赛醇、乙酸酯等，具有清热凉血、活血消肿的效果，可用于治疗痈肿疮疖、跌打损伤等病症。薜荔果含有大量的酸性物质，具有收涩之功，可治疗因肾虚精室不固而导致的遗精、阳痿等病症。

注解：薜荔果是桑科植物薜荔的果实。薜荔果富含水分、蛋白质、脂肪、纤维、碳水化合物、维生素 B_1、维生素 B_2、烟酸、钙、磷、铁、脱肠草素、佛手柑内酯等。

食用宜忌

【宜】薜荔果适宜产妇乳汁不下、产后腰痛、腰肌劳损扭伤疼痛，以及男子阳痿、遗精者食用；适宜各种肿瘤患者经常食用。

【忌】脾胃功能较差者忌多食，胃及十二指肠溃疡患者不宜食。

干果类饮食宜忌

白果

别名：鸭脚子、银杏果。

性味归经：性平，味甘、苦涩。

功效：白果酸等有抑菌、杀菌作用，可治疗呼吸道感染性疾病，具有敛肺气、定喘咳的功效。白果有收缩膀胱括约肌的作用。白果还可以辅助治疗心脑血管疾病。入药后用来主治哮喘、痰嗽、梦遗、白带、白浊、小儿腹泻，以及疥癣、漆疮、白癜风等病症。白果中含有的白果酸、白果酚，经实验证明有抑菌和杀菌作用，可用于治疗呼吸道感染性疾病。食用白果，对虚症有补益作用；对肺病久咳、气喘乏力者，有补肺止喘的作用；对年老力衰、夜间尿多者，也有补肾缩尿的作用。

注解：白果是银杏科，银杏属植物银杏的果实。于每年秋末冬初采摘，置于通风处吹干保存。白果果仁富含淀粉、粗蛋白、脂肪、蔗糖、矿物元素、粗纤维，并含有银杏酚和银杏酸，有一定毒性。白果为我国特有树种，浙江天目山有野生，全国各地广为栽培。主产区江苏、广西、四川、河南、山东、湖北、辽宁等。数江苏邳州最多，以广西产品为最佳，销往全国，并出口。

食用宜忌

【宜】白果味甘苦涩，具有敛肺气、止喘咳的功效，对于肺病咳嗽、老人虚弱体质的哮喘及各种哮喘痰多者，均有辅助食疗作用。

【忌】白果不宜生食。因含有氢氰酸，过量食用可出现呕吐、发热烦躁、呼吸困难等中毒病症，严重时可中毒致死，故不可多食。消化不良、腹胀、发热者不宜食用白果。白果每次食用量以10~20粒为宜，多吃可能会中毒。

栗子

别名：毛栗、瑰栗、凤栗、板栗。

性味归经：性温，味甘、平。归脾、胃、肾经。

功效：具有养胃健脾、补肾强腰之功效，可防治高血压病、冠心病、动脉硬化、骨质疏松等疾病，是抗衰老、延年益寿的滋补佳品。常吃板栗，还可有效治疗日久难愈的小儿口舌生疮和成人口腔溃疡。

注解：栗子是干果中糖类含量比较丰富的果品，栗子中的不饱和脂肪酸能有效地预防和治疗高血压、冠心病、动脉硬化等心血管疾病。栗子中富含碳水化合物、蛋白质、脂肪、维生素 B_1、维生素 B_2、维生素 C、膳食纤维、单宁酸、胡萝卜素以及磷、钙、钾、铁等营养元素。

烹调宜忌

【宜】烹制宜前用淡盐水浸泡 5 分钟，以去除表面的残留物。

【忌】栗子容易变质，且不宜消化，烹调时忌过量。

食用宜忌

【宜】高血压、冠心病、动脉硬化患者宜食用。适用于肾虚所致的腰膝酸软、腰脚不遂、小便多和脾胃虚寒引起的慢性腹泻及外伤骨折、瘀血肿痛、皮肤生疮、筋骨痛等症。老人肾虚者、中老年人腰酸腰痛、腿脚无力、小便频多者尤宜；也适宜气管炎咳喘、内寒泄泻者食用。

【忌】栗子不易消化，不宜过量食用，否则容易发生滞气。糖尿病患者忌食；婴幼儿、脾胃虚弱、消化不良者、患有风湿病的人不宜多食。此外，变质的栗子不能吃。

莲子

别名：莲肉、白莲子、建莲子、湘莲子、石莲肉。

性味归经：鲜者性平，味甘、涩；干者性温，味甘、涩。归脾、肾、心经。

功效：莲子有补脾止泻、益肾涩精、养心安神的功用；还有促进凝血，使某些酶活化，维持神经传导性，维持肌肉的伸缩性和心跳的节律等作用；且能帮助机体进行蛋白质、脂肪、糖类代谢，并维持酸碱平衡；此外还有显著的强心作用，能扩张外周血管，降低血压。莲子心有很好的祛心火的功效，可以治疗口舌生疮。

注解：莲子是睡莲种植物莲的果实。有很好的滋补作用，常被用做制冰糖莲子汤、银耳莲子羹和八宝粥，古人认为经常服食，百病可祛。莲子中钙、磷和钾含量非常丰富，还含莲心碱、芸香、牛角花糖苷、鸟胺、淀粉、棉子糖、蛋白质、脂肪及铁盐等成分。

烹调宜忌

【宜】莲子一定要先用热水泡一阵再烹调，否则硬硬的不好吃，还会延长烹调时间。火锅内加入莲子，有助于均衡营养。

食用宜忌

【宜】老少皆宜，体虚、失眠、食欲不振、心慌、遗精者更宜；脑力劳动者经常食用，可以健脑，增强记忆力，提高工作效率，并能预防老年痴呆的发生癌症病人放疗化疗后，妇女脾肾亏虚、白带过多的人也宜食用。每次30~50克。莲子芯每次3克。

【忌】外感初起、大便干结、腹胀、疟疾、疳积患者不宜食用。

葵花子

别名：天葵子、望日葵子、向日葵子、瓜子。

性味归经：性平，味甘。

功效：具有补虚损、降血脂、抗癌之功效。丰富的钾元素对保护心脏功能，预防高血压有颇多裨益，而维生素E可促进血液循环，抗氧化，防衰老；所含植物固醇和磷脂能够抑制人体内胆固醇的合成，防止血浆胆固醇过多，可防止动脉硬化。此外，多食可以美发。

注解：葵花子富含不饱和脂肪酸、蛋白质，钾、磷、铁、钙、镁元素，维生素A、维生素B_1、维生素B_2、维生素E、维生素P的含量也很高。

食用宜忌

【宜】葵花子适宜蛲虫病、癌症、高脂血症、动脉硬化和高血压及神经衰弱的失眠者食用，每天不超过60克。

【忌】肝炎患者最好不嗑葵花子。因为它会损伤肝脏，引起肝硬化。不能一次吃得太多，以免上火。葵花子中的蛋白质含有抑制睾丸成分，男性食用太多，可引发睾丸萎缩，造成不育，育龄男性不宜多吃。

西瓜子

别名：西瓜籽。

性味归经：性平，味甘。归肺、胃经。

功效：西瓜子有降低血压的功效，并有助于预防动脉硬化，因此高血压病人可以常食；西瓜子有清肺化痰的作用，对咳嗽痰多和咯血等症有辅助疗效；西瓜子富含油脂，有健胃、通便的作用。

注解：西瓜子是深受人们欢迎的休闲食品之一。可加工成多种味道，有利肺、健胃、降压等医疗功效。

食用宜忌

【宜】老少皆宜，每次约 50 克。患咳嗽痰多和咯血等症的病人宜多食。此外，食欲不振和便秘患者也宜食用。

西瓜子含有不饱和脂肪酸，有助于预防动脉硬化、降低血压，适合高血压病人。

【忌】咸瓜子吃得太多会伤肾。尽量不要给婴幼儿吃，以免吸入气管发生危险。

不宜长时间嗑瓜子，会伤津液而引起口舌干燥，甚至磨破、生疮，且伤胃。

南瓜子

别名：南瓜仁、白瓜子。

性味归经：性温，味甘。归脾、胃经。

功效：南瓜子能帮助维持人体细胞健康，促进身体发育，多吃可以促进骨骼发育；南瓜子可以缓解静止性心绞痛，并有降压、驱肠道寄生虫的作用。

注解：南瓜子是南瓜的种子，取出晒干后可食用。南瓜子富含脂肪酸、胡萝卜素、B 族维生素、镁、锌等。

烹调宜忌

【宜】研粉主用，以新鲜者良。用于绦虫证，每与槟榔同用，可增强疗效。如验方驱绦方，即用本品研粉，冷开水调服 60~120 克，两小时后，服槟榔 60~120 克的水煎剂，再过半小时，服玄明粉 15 克，促使泻下，以利虫体排出。此外，南瓜子用治血吸虫病，需较大剂量服用。

食用宜忌

【宜】南瓜子适宜蛔虫病、蛲虫病、绦虫病、钩虫病、吸虫病、糖尿病、前列腺肥大及产后手足水肿和缺乳之人食用。

【忌】南瓜子甘平无毒，但是，过多食用南瓜子会导致头昏。另外胃热病人要少吃，否则会感到脘腹胀闷。

花生

别名：长生果、长寿果、落花生。

性味归经：性平，味甘。归脾、肺经。

功效：花生含有一般杂粮少有的胆碱、卵磷脂，可促进人体的新陈代谢、增强记忆力，可益智、抗衰老、延寿。花生具有强化表皮组织及防止细菌入侵的功效，可用于防治皮肤老化、湿疹、干癣及其他皮肤病。花生具有止血功效，其外皮含有可对抗纤维蛋白溶解的成分，可改善血小板的质量，加强毛细血管的收缩功能，可用于防治血友病、原发性或继发性血小板减少性紫癜，对手术后出血、肿瘤出血及肠胃等内脏出血也有防治的功效。花生含不饱和脂肪酸、胆碱、卵磷脂等营养成分，可增加毛细血管的弹性，对于预防心脏病、高血压、脑溢血的产生，防止胆固醇在血管中沉淀、堆积而引起的动脉硬化有食疗作用。

注解：花生是豆科植物落花生的种子，因为是在花落以后，花茎钻入泥土而结果，所以又称“落花生”，又由于营养价值高，吃了可延年益寿，故又称为“长寿果”。花生含有蛋白质、脂肪、糖类，维生素 A、维生素 B_6、维生素 E、维生素 K，以及矿物质钙、磷、铁等营养成分，可提供 8 种人体所需的氨基酸及不饱和脂肪酸，含卵磷脂、胆碱、胡萝卜素、粗纤维等有利于人体健康的物质，它的营养价值绝不低于牛奶、鸡蛋或瘦肉。

烹调宜忌

【宜】在花生的诸多吃法中以炖吃为最佳。这样既避免了招牌营养素的破坏，又具有了不温不火、口感潮润、入口好烂、易于消化的特点，老少皆宜。

【忌】花生炒熟或油炸后，性质热燥，不宜多食。

食用宜忌

【宜】病后体虚、手术病人恢复期以及女性孕期、产后进食花生均有补养效果。花生适宜营养不良、食欲不振、咳嗽痰喘、脚气病、产后乳汁缺少、高血压病、高脂血症、冠心病、动脉硬化，以及各种出血性疾病患者食用；适宜儿童、青少年及老年人食用，能提高儿童记忆力，有助于老人滋补保健；若经常食用，适宜水煮，炸炒花生易生火气。

【忌】花生能增进血凝、促进血栓形成，故血黏度高或有血栓的人不宜食用；花生含油脂多，消化时需要多耗胆汁，故胆病患者不宜食用；阴虚内热者，忌食炒花生，以免助热起火；花生霉变后忌食，因为霉变后会产生致癌性很强的黄曲霉素。不可直接给幼儿吃花生，因其难以消化，应煮烂再食用。

核桃

别名：胡桃、英国胡桃、波斯胡桃。

性味归经：性温，味甘。归肺、肾经。

功效：核桃仁具有滋补肝肾、强健筋骨之功效，可用于治疗由于肝肾亏虚引起的症状，如腰腿酸软、筋骨疼痛、牙齿松动、须发早白、虚劳咳嗽、小便清冷、妇女月经和白带过多。核桃油中油酸、亚油酸等不饱和脂肪酸高于橄榄油，饱和脂肪酸含量极微，是预防动脉硬化、冠心病的优质食用油。核桃能润肌肤、乌须发，并有润肺强肾、降低血脂的功效，长期食用还对癌症具有一定的预防效果。

注解：核桃的故乡是亚洲西部的伊朗，汉代张骞出使西域后带回中国。按产地分类，有陈仓核桃、阳平核桃；按成熟期分类，有夏核桃、秋核桃；按果壳光滑程度分类，有光核桃、麻核桃；按果壳厚度分类，有薄壳核桃和厚壳核桃。核桃富含蛋白质、脂肪、膳食纤维、钾、钠、钙、铁、磷等人体必需的营养元素。

烹调宜忌

【宜】先把核桃放在蒸屉内蒸上三五分钟，取出即放入冷水中浸泡三分钟，捞出来用锤子在核桃四周轻轻敲打，破壳后就能取出完整核桃仁。

食用宜忌

【宜】生吃、水煮、烧菜样样皆可，老少均宜食用，每次 20 克。

【忌】核桃不能与野鸡肉、鸭肉同食。核桃含有较多脂肪，多食会影响消化，所以不宜一次吃得太多。此外，食用时为保存营养也不宜剥掉核桃仁表面的褐色薄皮。

腰果

别名：肾果、树花生、鸡腰果。

性味归经：性平，味甘。

功效：由于富含多种维生素及矿物质，故腰果既可补养身心，又可增强食欲。

注解：腰果是世界四大干果之一，果实为肾形，原产热带美洲，主要生产国是巴西、印度，中国于 50 多年前引进种植。腰果富含脂肪、蛋白质、淀粉、糖以及少量矿物质和维生素 A、维生素 B_1、维生素 B_2 等成分。

烹调宜忌

【宜】食用前最好将洗净的腰果放在水中浸泡 5 个小时。

【忌】不宜久存。

食用宜忌

【宜】老少皆宜，每次 10~15 粒。腰果可炒食、油炸，亦可与鸡肉或猪肉同炒，均香酥可口。

【忌】腰果果壳中含某种油脂，如果误食会造成嘴唇和脸部发炎，煮腰果时，应避免锅盖敞开而触及蒸汽，否则有可能中毒。因腰果含油脂丰富，故不适合胆功能严重不良者食用。

开心果

别名： 无名子、阿月浑子。

性味归经： 性平，味甘。归脾、胃二经。

功效： 开心果果仁抗衰老、润肠通便，能增强体质，有利于机体排毒，被古代波斯国的国王视为“仙果”。

注解： 开心果主要产于叙利亚、伊拉克、伊朗、俄罗斯西南部和南欧，中国仅在新疆等边远地区有栽培。开心果富含维生素E、油脂等，而且含蛋白质、糖分等。

食用宜忌

【宜】 老少皆宜，每次50克左右。富含精氨酸，它不仅可以缓解动脉硬化的发生，有助于降低血脂，还能降低心脏病发作危险，降低胆固醇，缓解急性精神压力反应等。开心果紫红色的果衣，含有花青素，这是一种天然抗氧化物质，而翠绿色的果仁中则含有丰富的叶黄素，它不仅仅可以抗氧化，而且对保护视网膜也很有好处。

【忌】 储藏时间太久的开心果不宜再食用；怕胖的人、血脂高的人应少吃。

松子

别名： 松子仁、海松子，红松果、罗松子。

性味归经： 性平，味甘。归肝、肺、大肠经。

功效： 松子有强阳补骨、和血美肤、润肺止咳、滑肠通便等功效，可用于风痹、头眩、燥咳、吐血、便秘等症的治疗。松子对大脑和神经大有裨益作用，是学生和脑力劳动者的健脑佳品，可以预防老年痴呆症；松子含有油脂，可滋养肌肤、提高机体免疫功能、延缓衰老、消除皮肤皱纹、增强性功能等。

注解： 松子是松树的种子，通常被视为“长寿果”，又被称为

“坚果中的鲜品”。松子富含蛋白质、脂肪、不饱和脂肪酸，碳水化合物、挥发油、维生素 E、磷和锰等多种成分。

烹调宜忌

【宜】松子以炒食、煮食为主。

食用宜忌

【宜】食欲不振、疲劳感强、遗精、盗汗、多梦、体虚、阴茎缺乏勃起力度者宜食。松子有很好的软化血管、延缓衰老的作用，是中老年人的理想保健食物。

【忌】松子油性比较大，不宜大量进食；存放时间久的松子会产生“油哈喇”味，不宜食用。此外，胆功能严重不良、精滑及多痰患者应慎食。

榛子

别名：山板栗、棰子、尖栗。

性味归经：性平，味甘。归脾、胃经。

功效：有补脾胃、益气、明目的功效，并对消渴、盗汗、夜尿频多等肺肾功能不足之症颇有益处。榛子本身富含油脂，使脂溶性维生素更易为人体所吸收，有益于体弱、病后虚弱、易饥饿者的补养，还能有效地延缓衰老、防治血管硬化、润泽肌肤。

注解：榛子属桦木科植物，其果实形似栗子，外壳坚硬，果仁肥白而圆，有香气。油脂含量很高，可食，其味如栗，特别香美，因此成为最受人们欢迎的坚果类食品之一，有“坚果之王”的称呼，与扁桃、核桃、腰果并称为“四大坚果”。榛子富含蛋白质、脂肪、糖类，还含有多种维生素和矿物质，钙、磷、铁含量高于其他坚果。榛子还含有人体所需的 8 种氨基酸，且含量远远高过核桃。

食用宜忌

【宜】榛子适宜脾胃气虚、腹泻便溏之人食用；适宜胃口不开、食少乏力、慢性痢疾之人食用。

【忌】榛子性平，补脾，但是不宜食用存放时间较长的榛子；而且榛子含有丰富的油脂，胆功能严重不良者应慎食。

榧子

别名：玉山果、香榧。

性味归经：性平，味甘、涩。归肺、胃、大肠经。

功效：具有杀虫消积、润肺滑肠之功效。

注解：榧子属红豆杉科植物，食用时选择个大、壳薄、不泛油、不破碎及种仁黄白色者为好。榧子富含脂肪油，以及棕榈酸、硬脂酸、油酸、亚油酸，又含草酸、葡萄糖、多糖挥发油、鞣质等。

食用宜忌

【宜】榧子适宜多种肠道寄生虫病患者食用，诸如小儿蛔虫、钩虫、蛲虫、姜片虫、绦虫等；适宜便秘、痔疮、疝气、小便频数、小儿疳积和夜盲症患者食用。

【忌】榧子性平无毒，但忌与绿豆一同食用。

杏仁

别名：核仁、杏子、木落子、苦杏仁、杏梅仁、杏、甜梅。

性味归经：味苦、性温。归肺、脾、大肠经。

功效：能发散风寒，下气除喘，通便。苦杏仁对于因伤风感冒引起的多痰、咳嗽气喘、大便燥结等症状疗效显著。甜杏仁有润肺、止咳、滑肠之功效，适用于干咳无痰、肺虚久咳及便秘等症，还有益于心脏。此外，杏仁有一定的补肺作用，还有美容功效，能促进皮肤微循环，使皮肤红润光洁。

注解：杏仁为杏的种仁，有苦杏仁和甜杏仁两种。杏仁营养丰富，含蛋白质、脂肪、钙、磷、铁，并含有多种维生素。

食用宜忌

【宜】癌症患者以及术后放疗、化疗的人宜食用，宜将杏仁制成饮料或浸泡水中数次后再吃。杏仁温油炸制为佳。

【忌】产妇、幼儿、糖尿病患者不宜食用。杏仁中的苦仁苷经酶或酸水解后，释放出氢氰酸与苯甲酸。过多的氢氰酸与组织细胞含铁呼吸酶结合，可阻止呼吸酶递送氧，从而使组织细胞窒息，严重的会抑制延髓中枢，导致呼吸麻痹，甚至死亡，所以在食用杏仁时应慎重，不宜过量。

乌梅

别名：青梅、熏梅。

性味归经：性平，味酸。

功效：具有生津止渴、开胃涩肠、消炎止痢的功效。梅酸能够软化血管，延缓血管硬化，具有防老抗衰作用。

注解：乌梅是未成熟果实青梅或成熟的果实黄梅，经烟火熏制而成。乌梅富含钾等多种矿物质和梅酸等有机酸。

食用宜忌

【宜】乌梅适宜虚热口渴、胃呆食少、胃酸缺乏、消化不良、慢性痢疾肠炎、孕妇妊娠恶阻者、胆道蛔虫者以及肝病患者食用；适宜夏季与砂糖煎水做成酸梅汤饮料以清凉解暑。

【忌】感冒发热、咳嗽多痰、胸闷者忌食；菌痢、肠炎初期忌食。此外，妇女正常月经期以及产前产后忌食。

饮品类饮食宜忌

水

别名：无根水。

性味归经：性轻清，味甘淡。

功效：水能帮助机体消化、吸收营养、排出废物、参与调节体内酸碱平衡和体温，并在各器官之间起润滑作用。清晨喝一杯白开水，可以促进新陈代谢，加强免疫功能；还可以通过稀释血液，预防脑出血和心肌梗死等心脑血管病，对便秘、皮肤粗糙、痤疮等也有很好的辅助治疗作用。此外，白开水还是美容佳品，常用白开水洗脸，可使脸部皮肤细腻而富有弹性，因为它和人体中的细胞水相似，能迅速渗入人体细胞。

注解：水是体液的主要组成部分，是构成细胞、组织液、血浆等的重要物质。水作为体内一切化学反应的媒介，是各种营养素和物质运输的平台。矿泉水、井水中一般含有微量的钙、钾、硫等矿物质、杂质及其他矿物元素，其中镁的含量特别高。镁元素最大的作用是促使人体情绪稳定。

食用宜忌

【宜】水是人体不可缺少的物质，老少皆宜。需要注意的是，吃高蛋白膳食时要适当多喝些水；尿酸高而肾功能正常的人应适当多喝些水。

【忌】饭后忌大量饮水，因为水会把肠胃中的消化液冲淡，降低消化能力，影响健康；忌在渴了之后才喝水，以免一次喝水过多；忌长期饮用纯净水。

红茶

别名：祁红、滇红等。

性味归经：味甘。

功效：红茶具有暖胃养生、提神益思、消除疲劳、消除水肿、止泻、抗菌、增强免疫等功效。红茶有助于胃肠消化，能促进食欲，可有效防治心肌梗死、强壮心肌的功能、降低血糖值与高血压、预防蛀牙与食物中毒等。

注解：红茶属全发酵茶，是以适宜的茶树新芽叶为原料，经萎凋、揉捻（切）、发酵、干燥等一系列工艺过程精制而成的茶。萎凋是红茶初制的重要工艺，红茶在初制时称为“乌茶”。红茶因其干茶冲泡后的茶汤和叶底色呈红色而得名。中国红茶品种主要有：祁红、霍红、滇红、越红、苏红、川红、吴红等，尤以祁门红茶最为著名。

红茶富含胡萝卜素、维生素A、钙、磷、镁、钾、咖啡因、异亮氨酸、亮氨酸、赖氨酸、谷氨酸、丙氨酸、天门冬氨酸等多种营养元素。红茶在发酵过程中多酚类物质的化学反应使鲜叶中的化学成分变化较大，会产生茶黄素、茶红素等成分，其香气比鲜叶明显增加，形成红茶特有的色、香、味。

烹调宜忌

【宜】饮红茶前，先准备好茶具，如煮水的壶，盛茶的杯或盏等。同时，还需备洁净的水用于以清洁，以免污染。冲泡一杯红茶的分量，约需一个茶包、一茶匙或3克的茶叶。当量茶入杯后，冲入沸水。如果是高档红茶，那么，以选用白瓷杯为宜，以便观其色泽。通常冲水至八分满为止。如果用壶煮，那么，先应将水煮沸，而后放茶配料。水温宜维持在90~100℃的水温。

红茶经冲泡后，通常经3分钟后，即可先闻其香，再观察红茶的汤色。叶片细小者浸泡2~3分钟，叶片较大则宜闷置3~5分钟，当茶叶绽开，沉在壶底，并不再翻滚时，即可享用。如果品饮的红茶属条形茶，一般可冲泡2~3次。如果是红碎茶，通常只冲泡一次。

食用宜忌

【宜】红茶偏温，老少皆宜，尤适合胃寒之人饮用。冬季宜多饮红茶。经常饮用加糖的红茶、加牛奶的红茶，能消炎、保护胃黏膜，对溃疡也有一定治疗效果。

【忌】夏季应少饮。新茶不宜多喝，存放不足半个月的新茶更不要喝。新茶中还含有较多的咖啡因、活性生物碱以及多种芳香物质，这些物质还会使人的中枢神经系统兴奋，有神经衰弱、心脑血管病的患者应适量饮用，而且不宜在睡前或空腹时饮用。红茶不宜放凉饮用，会影响暖胃效果，还可能因为放置时间过长而降低营养含量。

不要用红茶送服药物；服药前后1小时内不要饮茶。忌饮浓茶解酒；饭前不宜饮茶；饭后忌立即喝茶。

绿茶

别名：苦茗。

性味归经：性凉，味甘、苦。归心、肺、胃经。

功效：常饮绿茶可消脂去腻、清热解毒、利尿排毒、坚固牙齿、提神醒脑、强心抗癌、减肥健美，可增强肾脏和肝脏的功能、防止恶性贫血和胆固醇增高，对肝炎、肾炎、白血病等具有辅助功效。此外，常饮绿茶还能增强辨色力，防治夜盲症。

注解：绿茶属不发酵茶，以适宜茶树新梢为原料，经杀青、揉捻、干燥等一系列工艺制作而成。绿茶因其干茶呈绿色、冲泡后的茶汤呈碧绿、叶底呈翠绿色而得名。绿茶一般分为炒青、烘青、晒青和蒸青4种，以形美、色翠、清香、味和四绝著称。绿茶以将鲜叶内的天然物质较多地保留为其特性，其茶叶中的茶多酚、咖啡因就保留了鲜叶的85%以上，叶绿素保留了50%左右，维生素损失也较其他茶要少。有名的绿茶品种有西湖龙井、黄山毛峰、洞庭碧螺春等。

绿茶中富含叶绿素，儿茶素、茶氨酸、咖啡因、茶多酚、维生素A、维生素C、胡萝卜素、钙、磷、钾、镁、氟等成分，儿茶素有较强的抗自由基作用，可防治癌症。

食用宜忌

【宜】高脂血症、糖尿病、高血压、白血病、贫血、冠心病、肝炎、肾炎、肠炎腹泻、夜盲症、嗜睡症、动脉粥样硬化、心动过缓、肥胖症及人体各部位的癌症等症患者宜食；长期吸烟饮酒过多、发热口渴、头痛目昏、小便不利及进油腻饮食或奶类食品过多者也宜食。饮茶应以饮清淡温热为宜，热茶进入胃中可促进胃液分泌，有助于对食物的消化。常饮绿茶还能防癌和降血脂，帮助电脑族抵御电脑辐射的作用。吸烟者多饮绿茶可减轻尼古丁对身体的伤害。

【忌】失眠、胃寒、孕妇及产妇在哺乳期者忌饮绿茶；临睡前忌饮浓茶；忌用茶水送服茯苓、威灵仙、人参、西洋参、安眠药和含铁质补血的药。此外，饮茶应忌多、忌浓、忌冷、忌隔夜。低血糖患者慎用。忌饮浓茶解酒；饭前不宜饮茶；饭后忌立即喝茶。

花茶

别名：熏花茶、香花茶、香片。

性味归经：性微凉、味甘、入肺、肾、经。

功效：花茶不仅有茶的功效，而且花香也具有良好的药理作用，有益人体健康。花茶具有清肝明目、生津止渴、通便利尿、止痰治痢、固齿防龋、降血压、益气力、强心、防辐射损伤、抗癌、抗衰老等功效，对痢疾、疮毒、腹痛、结膜炎等病症具有很好的消炎解毒的作用。常饮花茶，可使人延年益寿。

注解：花茶是以绿茶、红茶、乌龙茶的茶坯及符合食用需求、能够吐香的鲜花为原料，用茶叶和香花进行混合，采用窨制工艺制作而成的茶叶。花茶是集茶味与花香于一体，茶叶吸收花香，花增茶味而制成的香茶，既保持了茶叶原有的醇厚爽口，又有馥郁芬芳的花香。花茶是中国主要茶产品之一，上品茶都具有鲜香纯正、浓郁爽口、汤色清亮艳丽的特点。

花茶由茶叶和香花混合而成，其营养成分与绿茶大体相同，富含叶绿素、儿茶素、茶氨酸、咖啡因、茶多酚、维生素A、维生素C、维生素E、胡萝卜素、钙、磷、钾、亮氨酸、赖氨酸、苯丙氨酸、谷氨酸、丙氨酸、天门冬氨酸等多种营养元素。

烹调宜忌

【忌】冲泡时间不宜过长，不宜用保温杯泡茶。饮茶不宜过浓，隔夜茶勿饮。

食用宜忌

【宜】春季适宜饮用花茶。长期饮用花茶有祛斑、润燥、明目、排毒、养颜、调节内分泌等功效。

【忌】花茶忌多饮，喝多了容易体虚、过敏、咳嗽。不要饮用过量，若以茶代水，喝太多的茶，会造成胃痛，贫血等症状。

菊花茶

别名：甜菊花、茶菊花。

性味归经：性微寒，味甘苦。

功效：具有清热祛火、疏风散热、养肝明目、抗衰老和调节心血管等功效，可防治口干、火旺、目涩，消除眼睛疲劳、促进胆固醇的分解和排泄、防治心血管疾病等。

注解：菊花不以外观的可人而为上品，花朵白皙且朵大的菊花反而不如颜色泛黄且又小又丑的菊花品质高。菊花有很多类型，以浙江桐乡的杭白菊、安徽亳县的亳菊和黄山脚下的黄山贡菊（徽州贡菊）品质最佳。

菊花茶是将菊花的头经干燥处理后而制成的茶，菊花茶是不加茶叶的，只是将菊花经干燥处理后即可用水冲泡或水煮饮用。

菊花富含挥发油，主要有龙脑、樟脑、菊酮，另外含腺嘌呤、氨基酸、胆碱、水苏碱、硒、铬、镍、锰、维生素A、维生素B_1、维生素E、芹菜素、刺槐苷、木樨草苷、大波斯菊苷、葡萄糖苷、菊苷等。其中杭白菊中维生素E的含量较高。

食用宜忌

【宜】菊花茶适宜中老年人饮用。口干目赤、头晕目眩、高血压、头痛、冠心病、眼疾等症患者可经常饮用；夏季也宜多饮。此外，菊花还宜用于预防流行性结膜炎。

【忌】体质虚寒、胃寒者忌饮；青年女性应慎饮；味苦的野菊花忌饮。

桂花茶

别名：九里香、木樨花、岩桂。

性味归经：性温，味辛。

功效：具有温中散寒、活血益气、健脾胃、助消化、暖胃止痛等功效。桂花的香气则具有平衡情绪、缓和身心压力、消除烦闷、提升情欲等功效。

注解：桂花叶为椭圆形，花小，黄或白色，味极香，含多种芳香物质，常用于糖渍蜜饯加工食品，民间百姓多以之泡茶或浸酒饮用。桂花茶是由精制绿茶与鲜桂花窨制而成的一种名贵花茶，香味馥郁持久，茶色绿而明亮。

桂花茶中富含维生素A、维生素C、维生素E、胡萝卜素、钙、磷、钾、亮氨酸、赖氨酸、苯丙氨酸、谷氨酸、丙氨酸、天门冬氨酸等多种营养成分。

食用宜忌

【宜】胃寒疼痛、咳痰气喘、慢性气管炎、口腔异味、牙痛、心绪烦躁者宜食。

【忌】桂花香味强烈，忌过量饮用。

茉莉花茶

别名：末丽花、抹丽花。

性味归经：性温，味辛、甘。

功效：茉莉花茶具有提神醒脑、解郁散结、行气止痛、抗菌消炎等功效，可安定情绪、舒解郁闷、缓解胸腹胀痛、降血压、抑制细菌、止痛，对痢疾、便秘、肝炎、慢性支气管炎、角膜炎、疮疡、皮肤溃烂、白翳病等病症具有辅助治疗之效。

注解：茉莉花佛书名曼华，原产于印度和阿拉伯一带，是菲律宾的国花。茉莉花为白色小花，香气袭人，被誉为花卉中的佳品。茉莉花茶是将采摘来的含苞待放的茉莉鲜花与经加工干燥过的绿茶混合窨制而成的再加工茶。茉莉花茶兼有绿茶和茉莉花的香味，其香气鲜灵持久、滋味醇厚鲜爽、色泽黑褐油润，外形条索紧细匀整。茉莉花茶兼有绿茶和茉莉花的营养成分，富含叶绿素、儿茶素、茶氨酸、咖啡因、茶多酚、维生素A、维生素C，维生素E、胡萝卜素、钙、磷、钾、亮氨酸、赖氨酸、苯丙氨酸、谷氨酸，丙氨酸、天门冬氨酸等多种营养元素。

烹调宜忌

【宜】特种茉莉花茶的冲泡，宜用玻璃杯，水温80~90℃为宜。其他茉莉花茶，如银毫、特级、一级等，宜选用瓷盖碗茶杯，水温宜高，接近100℃为佳，通常茶水的比例为1 ∶ 50，每泡冲泡时间为35分钟。泡饮茉莉花茶，有不少人喜欢先欣赏一下茉莉花茶的外形，通常取出冲泡一杯的茉莉花茶数量，摊于洁白的纸上，饮者先观察一下茉莉花茶多姿多彩的外形，闻一下茉莉花茶的香气。茉莉花茶的泡饮方法，以能维持香气不致无效散失和显示特质美为原则，这些都应在冲泡时加以注意。

食用宜忌

【宜】宜选择7月前后开花的茉莉花朵晒干而制成的茉莉花茶冲泡饮用。

【忌】忌过量饮用。平时情绪容易激动或比较敏感、睡眠状况欠佳和身体较弱的人，晚上还是以少饮或不饮茶为宜。喝茶的时间最好在晚饭之后，因为空腹饮茶会伤身体，尤其对于不常饮茶的人来说，会抑制胃液分泌，妨碍消化，严重的还会引起心悸、头痛等“茶醉”现象。

金银花茶

别名：二宝花、双苞花、忍冬花、双花。

性味归经：性寒，味苦，归肝、大肠二经。

功效：金银花具有清热解暑、解毒抗炎、疏咽利喉、降压、降低血清胆固醇、增加冠脉血流量、提高人体耐缺氧自由基、增强记忆、改善微循环、清除过氧化脂肪沉积、促进新陈代谢、润肤祛斑、抗衰防癌等功效；可辅助治疗泻痢、流感、暑热症、疮疖肿毒、牙周炎、急慢性扁桃体炎、冠心病和心绞痛等病症。

注解：金银花是忍冬科植物忍冬的花蕾，性寒，味微苦，气味清香。金银花茶是每年5~6月间在晴天清晨露水刚干时摘取的花蕾制成的干品，金银花的茶汤芳香、甘凉可口。金银花中富含木樨草素、皂苷、肌醇、鞣质等多种人体必需的元素和化学成分，具有轻身健体的良好功效。

食用宜忌

【宜】口干舌燥、头昏脑涨、多汗烦闷、皮肤感染、外伤感染、腮腺炎、扁桃体炎、肠炎、肺炎、乳腺炎、阑尾炎、痈疽疔疮、丹毒、菌痢、麻疹、流脑、败血症患者宜食。宜于夏季饮用。

【忌】脾胃虚寒、慢性骨髓炎、慢性淋巴结核者及妇女月经期内不宜饮用。此外，金银花茶药性偏寒，不宜长期饮用。

玫瑰花茶

别名：徘徊花。

性味归经：性温，味甘、微苦，属肝、脾二经。

功效：具有疏肝利胆、理气解郁、柔肝醒脾、活血散瘀、调经止痛、促进胆汁分泌等功效，对胸闷、胃脘胀痛、月经不调及经前乳房胀痛等病症具有辅助治疗之效。此外，玫瑰花还具有美容养颜的功效，对治疗面部黄褐斑、痤疮、粉刺具有一定作用，可使面部的皮肤光滑柔嫩。

注解：玫瑰属蔷薇科，玫瑰花具有甜美的香气，是食品、化妆品的主要添加剂，也是红茶窨花的主要原料。玫瑰花茶用玫瑰的花瓣或花苞窨制而成，气味芳香，药性平和。经沏泡过的玫瑰花茶，会散发出沁人的芳香，给人神清气爽的感觉。

玫瑰花富含维生素C、木糖、葡萄糖、蔗糖、苹果酸等多种营养成分，还有香叶醇、橙花醇、苯乙醇、香茅醇等多种挥发性香气成分。

烹调宜忌

【宜】喝热茶必须将茶杯先行温热，以防止温度迅速下降，这样才能使茶香充分的飘散出来。

食用宜忌

【宜】玫瑰花有很强的行气活血、化瘀、调和脏腑的作用。女士脸上长斑、月经失调、痛经等症状，都和气血运行失常，瘀滞于子宫或面部有关。玫瑰花有助于面色红润、身体健康，气血运行正常。气虚者可加入大枣 3 枚，或西洋参 9 克；肾虚者可加入枸杞子 15 克。泡玫瑰花的时候，可以根据个人的口味，调入冰糖或蜂蜜，以减少玫瑰花的涩味，加强功效。

【忌】玫瑰花最好不要与茶叶泡在一起喝。因为茶叶中有大量鞣酸，会影响玫瑰花舒肝解郁的功效。此外，由于玫瑰花活血散瘀的作用比较强，月经量过多的人在经期最好不要饮用。

速溶茶

功效：速溶茶中含的氟是人体必需的微量元素，它能促进骨骼发育、预防蛀牙。

注解：速溶茶是一种能迅速溶解于水的固体饮料茶。以成品茶、半成品茶、茶叶副产品或鲜叶为原料，通过提取、过滤、浓缩、干燥等工艺过程，加工成一种易溶于水而无茶渣的颗粒状、粉状或小片状的新型饮料，具有冲饮携带方便，不含农药残留等优点。分为纯茶与调料调配茶两类，纯茶常见的有速溶红茶、速溶乌龙茶、速溶茉莉花茶等。添料调配茶有含糖的红茶、绿茶、乌龙茶以及柠檬红茶、奶茶、各种果味速溶茶。速溶茶主要含有氟化物。

烹调宜忌

【宜】速溶茶质地疏松，溶解性特别好，热溶冷溶都行。

食用宜忌

【宜】宜夏季食用。一般人都可饮用，每日 200 毫升为佳。

【忌】许多速溶茶里的氟化物含量超标，过量的氟化物会使人体骨骼密度过高、骨质变脆，从而导致疼痛、韧带钙化、骨质增生、脊椎黏合、关节行动不便等症状，所以过量饮用会引发骨骼疼痛。因此日常不要大量饮用速溶茶和砖茶为佳。如果出现骨骼疼痛，要马上停止饮用。

麦乳精

别名：乐口福。

功效：麦乳精具有养脾健胃、助消化等功效，还有助于产妇回乳。

注解：麦乳精是以乳粉、炼乳、麦糠、可可粉为主体，添加了蛋粉、奶油、柠檬酸、砂糖、葡萄糖、维生素等成分，经真空或喷雾干燥制成的一种速溶含乳饮料。麦乳精富含蛋白质、麦芽糖、麦芽粉、脂肪、碳水化合物及多种维生素和矿物质等营养成分。其中的麦芽糖、麦芽粉是从麦芽中提取的成分，既具有营养价值又具药用价值。

食用宜忌

【宜】老少皆宜。每天1杯，约200毫升。冲泡麦乳精宜用40~50℃的温开水，否则会破坏其中的营养成分。此外，麦乳精是痛风患者可食用的低嘌呤食物之一。

【忌】哺乳期妇女忌食，麦乳精虽有回乳功能，但产妇在哺乳期内饮用会影响乳汁分泌。此外，婴幼儿忌过多饮用。

冰激凌

别名：冰淇淋，雪糕。

功效：冰激凌香甜味美、口感细腻、冰凉爽口、种类繁多，饮用后不仅可降温解暑、补充水分，还可为人体补充一些营养，因此在炎热季节里备受人们的青睐。冰激凌可以为身体提供足够的热量，可补充钙质，还可以收缩血管，有助于快速止住手术后的出血。对胃和腹腔出血也有一定的疗效。此外，由于在食用冰激凌时，皮肤的毛孔会张大，皮肤因此能摄取更多的营养。

注解：冰激凌是以蛋或蛋制品、乳或乳制品、香味剂、甜味剂、稳定剂、食用色素为原料，经冷冻加工后而制成的冰品。冰激凌富含优质蛋白质、乳糖、钙、磷、钾、钠、氯、硫、铁、氨基酸、维生素A、维生素C、维生素E等多种营养成分以及其他对人体极为有益的生物活性物质，具有调节生理功能、平衡人体渗透压和酸碱度的功能。

食用宜忌

【宜】多数人宜适量食用。每天1份，70~100克即可。

【忌】冰激凌都含有较多的糖，糖尿病患者不可贪嘴。不要一次进食过多。小儿吃得太多易引起腹痛；中老年人多食易引发心绞痛；一般人多食易引起胃肠炎、喉痉挛、声哑失音等病症。长期大量食用甚至代替正餐食物则会导致营养缺乏症，并有可能损坏牙齿。不能进食过快，以免刺激内脏血管，使局部出现贫血，减弱胃肠道的消化功能和杀菌能力，促使胃肠炎、胆囊炎甚至肝炎的发生。有的人还会出现三叉神经痛和头痛。已患有上述疾病的人应慎食冰淇淋。

咖啡

性味归经：性温，味甘苦。

功效：具有强心、利尿、兴奋、提神醒脑之功效。咖啡中含有咖啡因，有刺激中枢神经、促进肝糖原分解、升高血糖的功能。适量饮用可使人暂时精力旺盛、思维敏捷。运动后饮用，有消除疲劳、恢复体力、振奋精神之功效。淡咖啡能养肝，对保护肝脏有一定的作用，而且有较好的解酒效果。

注解：咖啡是由咖啡豆磨制成粉、用热水冲泡而成的饮品。其味苦，却有一种特殊的香气，是西方人的主要饮料之一。它原产于非洲热带地区，如今在中国云南、广东等省亦有栽培，其种子称“咖啡豆”，炒熟研粉可作饮料，即咖啡茶。

咖啡主要含有咖啡因、蛋白质、碳水化合物、脂肪、无机盐和维生素等营养成分。

食用宜忌

【宜】神疲乏力、精神萎靡不振、嗜睡多睡以及春困时适宜饮用；也适宜患有肺气肿、肺源性心脏病、慢性支气管炎等病症者以及酒醉者饮用。

【忌】患有冠心病、胃病、消化道溃疡等病症者不宜饮用；孕妇、失眠者或临睡觉之前不宜饮用。

饮咖啡时不宜过多地吃蛋糕、糖果等高糖食物；不宜边喝咖啡边吸烟，咖啡因和香烟中的尼古丁等易使身体中的某些组织产生变异，甚至导致癌细胞的产生。

不宜放糖太多，糖进入人体后迅速分解，会造成血糖迅速升高，而又很快降低，一旦血糖过低，会出现心悸、头晕、嗜睡等低血糖症状。

不宜浓度过高，浓度过高的咖啡可导致心跳加快，血压明显上升，并出现紧张不安、焦躁、耳鸣等异常现象。

在服用呋喃唑酮（痢特灵）、异烟肼等单胺氧化酶抑制剂后，不宜再饮用咖啡，否则容易出现恶心、呕吐、腹泻、腹痛、头痛、头晕、心律失常等症状。

碳酸饮料

功效：碳酸饮料中含有大量的二氧化碳，而足量的二氧化碳在饮料中能起到杀菌、抑菌的作用，还能通过蒸发带走体内热量，能有效消暑解渴。

注解：碳酸饮料的泡沫和刺激味道来自二氧化碳，饮料内的二氧化碳用量取决于特定的口味和品牌。碳酸饮料富含热量，除此之外，很少有营养成分。碳酸饮料主要含有糖、色素、香料及碳酸水等成分。

食用宜忌

【宜】老少皆宜，每天1杯（约200毫升）为佳。

【忌】糖尿病患者不宜饮用；吃饭前后、用餐中部不宜喝碳酸饮料；不宜多饮，因为饮用过多会抑制人体内的有益菌，破坏消化系统的功能；长期饮用易引起肥胖等疾病；过多饮用碳酸饮料也会增加心肾负担，使人产生心慌、乏力、尿频等症状，同时胃液的消化、杀菌能力也会因此而降低，容易造成胃肠疾病。

此外，大量饮用还会导致骨质疏松，这是由于大部分碳酸饮料中都含有磷酸，这种磷酸会极大地影响人体对于钙质的吸收并引起钙质的异常流失；碳酸饮料可能增加患食管癌的危险，这是因为碳酸饮料使胃扩张，这样会导致引发食管癌的食物反流；不宜过量饮用冰饮料，否则会导致脏腑功能紊乱，发生胃肠黏膜血管收缩、胃肠痉挛、分泌减少等一系列病理改变，引起食欲下降等疾病。

豆浆

别名：豆腐浆。

性味归经：性平，味甘，归心、脾、肾经。

功效：豆浆具有清火润肠、降脂降糖、化痰补虚、防病抗癌、增强免疫等功效，常饮鲜豆浆对高血压、糖尿病、冠心病、慢性支气管炎、便秘、动脉硬化及骨质疏松等患者大有益处。

注解：豆浆是用大豆与水按一定比例配制后，研磨而成的饮品。豆浆营养价值极高。民间有“一杯鲜豆浆，天天保健康”的说法。豆浆富含钙、铁、磷、锌、硒等矿物元素及多种维生素，含有人体所需的优质植物蛋白和8种氨基酸，并含有可有效降低人体胆固醇及抑制体内脂肪发生过氧化现象的大豆皂苷等物质，不含胆固醇。

烹调宜忌

【宜】煮沸后饮用。

【忌】生食豆浆对人体有害。黄豆中含有皂角素，能引起恶心、呕吐、消化不良；还有一些酶和其他物质，如胰蛋白酶抑制物，能降低人体对蛋白质的消化能力；细胞凝集素能引起凝血；脲酶毒苷类物质会妨碍碘的代谢，抑制甲状腺素的合成，引起代偿性甲状腺肿大。但经过烧熟煮透，这些有害物质都会全部破坏，使豆浆对人体没有害处。预防豆浆中毒的办法就是将豆浆在100℃的高温下煮沸，破坏有害物质。需要注意的是：在烧煮豆浆的时候，常会出现“假沸”现象，必须用匙充分搅拌，直至真正地煮沸。

食用宜忌

【宜】一般人均宜食用。尤其是中老年体质虚弱、营养不良者宜经常食用。

【忌】胃寒、腹泻、腹胀、慢性肠炎、夜尿频多、遗精患者忌食。此外，豆浆忌未煮沸，忌一次食用过量，忌冲红糖，忌冲鸡蛋。

橙汁

性味归经：性凉，味甘、酸。

功效：柑橘类水果汁，特别是橙和橘子汁中的黄酮能有效抑制乳腺癌、肺癌等细胞的增生。经常饮用橙汁也可以有效预防某些慢性疾病、维持心肌功能以及降低血压。研究显示，每天喝 3 杯橙汁可以增加体内高密度脂蛋白（HDL）的含量，从而降低患心脏病的可能。

注解：橙汁是以新鲜柑橘类水果榨取的汁液为主料制成的饮品，既解渴又富含维生素 C、钙、钾、橙皮苷、柠檬酸等多种营养成分，并含有醛，醇、烯类物质，是老少皆宜的营养饮料。

食用宜忌

【宜】一般人都适合饮用。每天 1 杯，约 200 毫升。橙汁最好在尽快喝完，包装好的橙汁在拆封后半小时喝完为宜。

【忌】忌在饭前或空腹时饮用橙汁；忌一次饮用过量橙汁，否则会引起中毒；忌在喝橙汁或橘子汁前后 1 小时内喝牛奶；忌以橙汁代替水果。

柠檬汁

性味归经：味酸。

功效：柠檬汁具有止咳化痰、生津健脾、改善人体血液循环、降低胆固醇、预防心血管疾病、增强免疫力等功效。此外，柠檬汁还有祛斑美肤的功效，经常食用可令肌肤细腻光洁。

注解：柠檬汁是新鲜柠檬榨取的汁液，其味极酸，并伴有淡淡的苦味和清香味。柠檬汁为常用饮品，亦是上等调味品，常用于西式菜肴和面点的制作。

柠檬汁富含维生素 B_1、维生素 B_2、烟酸、维生素 C、糖类、钙、磷、铁、钾等营养成分。

烹调宜忌

【宜】柠檬汁能够去除腥味及食物本身的异味，无论是肉类中的腥味、海鲜腥味、蛋腥味、洋菇中的涩味及洋葱的味道，只要加入少许柠檬汁，可减少这些味道而增加食物的风味。

食用宜忌

【宜】感冒、贫血、高血压、糖尿病、骨质疏松、肾结石患者宜适量食用。用于烹饪中，柠檬汁能有效减轻食物的腥味及食物本身的异味，它也能减少原料中维生素 C 的流失。柠檬汁用于调味时，一般 1~2 汤匙。

【忌】胃及十二指肠溃疡和胃酸过多者忌食；柠檬汁作为饮料饮用时忌一次过量。

甘蔗汁

别名：竹蔗、竿蔗、干蔗、薯蔗。

性味归经：甘蔗汁生饮性寒，味甘。

功效：具有补充水分及热量、生津润燥、解热止渴、利尿通便等功效，可用于口干舌燥、肺燥咳嗽、津液不足、身热尿赤、小便不利、大便秘结、反胃呕吐、消化不良等病症。甘蔗汁加热则性转温，具有助脾健胃、和中宽膈、益气补脾等功效。

注解：甘蔗汁主要是由新鲜甘蔗经压榨而制成的汁液。

甘蔗汁富含蔗糖、果糖、葡萄糖、钙、磷、铁、维生素 B_1、维生素 B_2、维生素 B_6 等营养元素。甘蔗汁中还含有天门冬素、天门冬氨酸、丙氨酸、柠檬酸等多种氨基酸成分。

食用宜忌

【宜】老少皆宜。每天 1 杯，约 200 毫升。阴虚内热者宜饮生甘蔗汁；术后身体虚弱、脾胃虚寒、胃寒胃痛者宜热饮甘蔗汁。此外，口臭、口腔发炎疼痛者，可用甘蔗汁含漱后吞下；反胃呕吐者，可将 7 份甘蔗汁与 1 份生姜汁调和，慢慢少量饮用。

【忌】体质虚寒、寒咳者忌饮生甘蔗汁；喉痛热盛者忌多饮皮色深紫近黑的黑皮甘蔗。此外，甘蔗忌与酒同食；忌食发霉、有酒味、酸化的甘蔗，否则会引起中毒。

杏仁露

功效：杏仁露具有润肺止咳、调节血脂、防止动脉硬化、降低人体内胆固醇的含量、调节非特异性免疫功能等功效，还能有效预防和降低心脏病和很多慢性病的发病危险。此外，杏仁露还有美容养颜的功效，能促进皮肤微循环，使皮肤红润光泽。

注解：杏仁露是以天然野生杏仁为原料，配以矿泉水制成的植物蛋白饮料，细腻如玉、洁白如奶、香味独特。杏仁露富含蛋白质、亚麻酸、18 种氨基酸和钾、钙、锌、铁、硒、碘等矿物质及多种维生素；杏仁露还富含黄酮类和多酚类成分。

食用宜忌

【宜】老幼皆宜。每天 1 杯，约 200 毫升。冬季宜加热饮用，可祛寒。

【忌】糖尿病患者慎饮。忌一次饮用过量。

黄酒

功效：黄酒具有舒筋活血、延年益寿、增加速胃肠吸收、抗衰老、美容等功能。

凉喝黄酒，具有消食化积、镇静之功效，对消化不良、厌食、心跳过速、烦躁等症有疗效。

黄酒烫热喝，具有祛寒祛湿之功效，能有效治疗腰背痛、手足麻木、风湿性关节炎及跌打损伤。

注解：黄酒多用糯米或黄米等原料制成。

黄酒按原料、酿造方法不同可分为3类：即绍兴酒、以山东为代表的黍米黄酒和以福建、浙江、台湾为代表的红曲黄酒。

按风味特点和甜度的差别也可分为3类：即甜型黄酒、半甜黄酒和干黄酒。

按颜色不同也分为3类：褐色黄酒、黄色黄酒和浅色黄酒。

黄酒的营养价值超过了啤酒和营养丰富的葡萄酒。黄酒中除含有乙醇和水等主要成分之外，还富含8种人体不能合成的氨基酸、乳酸、葡萄糖、麦芽糖、琥珀酸、少量醛、多种维生素以及钙、铁、钾、钠、锌、铜、镁、硒等常量和微量元素，所以，有人又将黄酒称之为“液体蛋糕”。

烹调宜忌

【宜】一般黄酒烫热喝较常见。原因是黄酒中还含有极微量的甲醇、醛、醚类等有机化合物，对人体有一定的影响，为了尽可能减少这些物质的残留量，人们一般将黄酒隔水烫到60~70℃再喝，因为醛、醚等有机物的沸点较低，一般在20~35℃，即使对甲醇也不过65℃，所以其中所含的这些极微量的有机物，在黄酒烫热的过程中，随着温度升高而挥发掉，同时，黄酒中所含的脂类芳香物随温度升高而蒸腾，从而使酒味更加甘爽醇厚，芬芳浓郁。

食用宜忌

【宜】健康成年人可以直接饮用，以30毫升左右为宜，每日最多不超过200毫升；也适宜老年人和妇女食用，能够起到抗衰老和美容的作用。

此外，黄酒酒精度低且酒性和顺，香浓而不冲，可直接饮用，可以冰镇、添加糖块或兑水后饮用，冬夏皆宜；更适宜烫热喝，因为烫热能够把黄酒中极微量的甲醇、醛、醚等有机化合物挥发掉，更有利于身体健康。

【忌】夏季不宜饮用；烹调菜肴时不要放得过多，以免料酒味太重而影响菜肴本身的滋味；此外，酒质较差和已经变质的黄酒不可用，这种黄酒主要表现为酒精味突出，酒体显得粗糙、有辣味。

糯米酒

别名： 甜酒、酒酿、江米酒、醪糟。

性味归经： 性温，味甘涩，归脾胃经。

功效： 糯米酒具有提神解乏、解渴消暑、促进血液循环、润肤、助消化、增食欲之功效。

注解： 糯米酒以糯米为主要原料，乙醇含量极少。糯米酒富含多种氨基酸、葡萄糖及各种维生素和矿物质等营养成分。

烹调宜忌

【宜】冬天多用温饮，放在热水中烫热或隔火加温后饮用；夏天多用冷饮，即不作处理，开瓶倒入杯中饮用；也有采用冰镇法，在玻璃杯中放些冰块，注入少许糯米酒，再加水稀释饮用；还有将糯米酒冲入适量汽水等饮料作汽酒饮用。

【忌】糯米酒酒精含量低，但“后劲”足，不可贪杯。

食用宜忌

【宜】烹调时一般添加 10~30 毫升为佳。若直接饮用以每次大约 200 毫升为宜。中老年人、孕产妇和身体虚弱者更适宜饮用。此外，宜用糯米酒炖制肉类，能使肉质更加细嫩、易于消化。

【忌】饮用糯米酒不可贪杯，否则也会醉倒，主要是因为它有十足的“后劲”。此外，糯米酒不易久存，开瓶后最好 3 天内用完。

啤酒

别名： 生啤、黑啤、低醇啤，元醇啤、运动啤。

功效： 啤酒具有消暑降温、生津止渴、强心、健胃、降低血压、改善血液循环、利尿消肿、增进食欲、帮助消化、解除肌肉疲劳、镇痛之功效；对高血压、心脏病及结核病都有较好的辅助疗效。

啤酒特别是黑啤酒可使动脉硬化和白内障的发病率降低，并对心脏病有抵抗作用。此外，经常饮用啤酒，可以减少得骨质疏松症的概率。

注解：啤酒以大麦芽、大米为原料，加入少量酒花，经糖化、低温发酵制成，被称为“液体面包”，是一种低浓度酒精饮料。啤酒乙醇含量最少，故喝啤酒不但不易醉人伤人，少量饮用反而对身体健康有益处。

啤酒富含糖、蛋白质、二氧化碳、维生素 B_1、维生素 B_2、维生素 B_6、泛酸、叶酸、维生素 C 以及硒、锌、铬等微量元素。

烹调宜忌

【宜】肉丝或肉片在炒食前，用淀粉加啤酒调糊挂浆，会更加鲜嫩爽口。

腌制酱菜时，加一点啤酒可使酱菜更鲜美。

如果在火锅中加少许啤酒，火锅里的肉会变得滑嫩而不老。

食用宜忌

【宜】一般人饮用啤酒以每天 300 毫升为佳。啤酒尤其对患有高血压、心脏病、消化不良、贫血、失眠和神经衰弱等病症者更为适宜。

【忌】啤酒的饮用量一般每天最多不超过 1.2 升。过量饮啤酒会破坏细胞功能，发生乙醇中毒。

患有胃炎、肝病、痛风、糖尿病、心脏病、泌尿结石和溃疡病等病症者以及肥胖者、孕妇等不宜饮啤酒。

此外，经常大量饮用啤酒会导致肥胖（啤酒肚），会使胃肠黏膜和肝脏受损，并对生育有很大影响，甚至会导致癌症。

白酒

别名：烧酒、白干儿。

性味归经：性温，味甘、苦、辛，入心、肝、肺、胃经。

功效：具有散寒气、助药力、活血通脉、增进食欲、消除疲劳，御寒提神之功效。适量饮酒能够降低心血管疾病和某些癌症的发生概率。饮用少量白酒特别是低度白酒可以扩张小血管，促进血液循环，延缓胆固醇等脂质在血管壁的沉积。

注解：白酒是用高粱、米糠、玉米、红薯、稗子等粮食或其他果品发酵、蒸馏而成，因没有颜色，所以叫白酒。可分为清香型、浓香型、酱香型、米香型和其他香型。

白酒中除含有极少量的钠、铜、锌外，几乎不含维生素和钙、磷、铁等，有的仅是水和乙醇。此外，在酿制白酒的过程中，还会产生一些有毒物质，包括杂醇油，甲醇、醛、铅和氰化物，对人体健康有害。

食用宜忌

【宜】一般人每天的饮酒量以 75 克（1.5 两）为佳，且每周饮酒不应超过 3 次。每天下午两点以后饮酒较安全。白酒尤其适宜患有风寒湿性关节炎者饮用，也可以作为调味品在烹调时酌加，味香气浓。

【忌】白酒不宜在空腹、睡前、感冒或情绪激动时饮用，以免心血管受损。也不宜大量饮用，过量饮酒可引起急、慢性酒精中毒，从而导致慢性胃炎、营养不良、神经炎、肝硬变、胰腺炎、心脏病、动脉硬化、食管癌、肝癌等疾病的发生。

而且，白酒、啤酒、葡萄酒、果酒等不能混杂饮。阴虚、湿热偏重，患有高血压病、高血脂、痛风、血管硬化、冠心病、心动过速、癌症、肝炎、肝硬变、糖尿病、食管炎、溃疡等病症者忌饮；肥胖者、体弱的老年人、儿童、新婚夫妇或孕妇也应忌饮白酒。

此外，不宜喝冷酒。主要由于酒中除了含有酒精外，还掺杂着一些甲醇、甲醛等少量影响视力的有害物质。而这些有害物质的酒精溶液和水溶液混合后的沸点低于 60℃。如果将酒加热，酒中的这些有害物质基本上就能挥发掉。所以，要喝温酒。

红葡萄酒

性味归经：性平，味甘，归肠、胃二经。

功效：红葡萄酒具有降低胆固醇、软化血管、保护心脏、降血压、降血脂、抗衰老等功效。红葡萄酒中丰富的单宁酸可预防蛀牙及防止辐射伤害；葡萄酒中含有的抗氧化成分和丰富的酚类化合物可防止动脉硬化和血小板凝结，保护并维持心脑血管系统的正常生理功能；红葡萄酒中含有较多的抗氧化剂，能消除或对抗氧自由基，具有抗老防病的作用，经常饮用还可预防老年痴呆症；女性饮用葡萄酒可养气活血，使皮肤富有弹性；葡萄皮中含有白藜芦醇，可以防止正常细胞癌变，并能抑制癌细胞的扩散。

注解：红葡萄酒是选择皮红肉白或皮肉皆红的酿酒葡萄，采用皮汁混合发酵，然后进行分离陈酿而成的葡萄酒，这类酒的色泽呈自然宝石红色、紫红色、石榴红色等。它的酒精含量在8%~20%，是营养丰富，味道甘甜醇美，并能防治多种疾病的饮料，最早盛行于法国，在欧美和世界各地都很流行。

红葡萄酒中富含葡萄糖、果糖、单宁酸、B族维生素、维生素C以及抗氧化成分和丰富的酚类化合物等。

烹调宜忌

【宜】红葡萄酒在室温下饮用即可，不需冰镇，最好在开启1小时，酒水充分呼吸空气后再饮用。

【忌】在葡萄酒中兑入雪碧、可乐等碳酸类饮料是不正确的。这样一方面破坏了原有的纯正果香，另一方面也因大量糖分和气体的加入影响了原有的营养和功效。

加冰块饮用也是不正确的。因为加冰之后葡萄酒被稀释，不太适合胃酸过多和患溃疡病的消费者饮用。

食用宜忌

【宜】红葡萄酒适宜健康成年人饮用，女性更适宜，每次50~100毫升为宜，每天不宜超过200毫升。红葡萄酒可降低心血管病及癌症罹患率，特别是对身体虚弱、患有睡眠障碍者及老年人有好处，是一种理想的滋补和辅助治疗饮品。此外，比较贵重的红葡萄酒一般要先冰镇约 1 小时，而且需要在饮用前 1~2 小时开瓶，让酒呼吸一下，这叫作“醒酒”。

【忌】每天饮用不宜超过 50~100 毫升。糖尿病和严重溃疡病患者不宜饮葡萄酒。葡萄酒不宜与海鲜、醋、辛辣食品一起食用，同时不宜在葡萄酒中兑入雪碧、可乐等碳酸类饮料。此外，酒瓶摆放时要横放，或者瓶口向上倾斜 15 度。不宜倒置。

调料类饮食宜忌

醋

别名：苦酒、醋酒、淳酢、酢、米醋。

性味归经：性温，味酸、苦。归肝、胃经。

功效：醋具有活血散瘀、消食化积、解毒的功效。用醋熏空气可以预防流感、上呼吸道感染。适当饮醋既可杀菌，又可促进胃消化功能，还可降低血压、防治动脉硬化。此外，食醋能滋润皮肤，改善皮肤的供血，对抗衰老。

注解：醋是用得较多的酸性调味料。醋有米醋、陈醋、香醋、麸醋、酒醋、白醋、各种果汁醋、蒜汁醋、姜汁醋、保健醋等。因原料和制作方法的不同，成品风味迥异。我国著名的醋有山西老陈醋、镇江香醋、保宁醋及红曲米醋。据说，醋是由古代酿酒大师杜康的儿子黑塔发明而来，因黑塔学会酿酒技术后，觉得酒糟扔掉可惜，由此不经意酿成了“醋”。

烹调宜忌

【忌】烹调用的器具不能用铜制的，因为醋能溶解铜，易引起“铜中毒”。

食用宜忌

【宜】醋适宜患有慢性萎缩性胃炎、胃酸缺乏、流感、流脑、白喉、麻疹、肾结石、输尿管结石、膀胱结石、癌症、高血压、小儿胆道蛔虫症、传染性肝炎等症者食用，也适宜吃鱼蟹类过敏、发风疹、醉酒者食用。

【忌】醋不宜喝多，而且不适合在空腹时喝醋，免得刺激分泌过多胃酸，伤害胃壁。另外，脾胃湿甚、痿痹、筋脉拘挛及外感初起忌服。

酱油

别名：红酱油、白酱油、生抽、老抽。

性味归经：性寒，味咸。归脾、胃、肾经。

功效：酱油具有除热、解毒、调味开胃的功效，对暑热烦闷、疔疮初起、妊娠尿血等症有食疗作用。另外，酱油含有异黄醇，这种特殊物质可降低人体胆固醇，降低心血管疾病的发病率。

注解：酱油起源于中国。中国的酱油在国际上享有极高的声誉。三千多年前祖先就会酿造酱油了。最早的酱油是用牛、羊、鹿和鱼虾肉等动物性蛋白质酿制的，后来才逐渐改用豆类和谷物的植物性蛋白质酿制。将大豆蒸熟，拌和面粉，接种上一种霉菌，让它发酵生毛。经过日晒夜露，原料里的蛋白质和淀粉分解，就变化成酱油。

烹调宜忌

【宜】提倡出锅后放酱油，这样能够将酱油中的有效的氨基酸和营养成分能够保留。

【忌】烹调酱油不要用作佐餐凉拌用。

食用宜忌

【宜】酱油适宜作为调味品食用，常人皆可食。

【忌】服用治疗血管疾病、胃肠道疾病的药物时，应禁止食用酱油烹制的菜肴，以免引起恶心、呕吐等副作用。

红糖

别名：砂糖、赤砂糖、紫砂糖、片黄糖。

性味归经：性温，味甘甜。无毒。归肝、脾经。

功效：红糖具有补中舒肝、止痛益气、调经和胃、活血化瘀、健脾暖胃的功效，对风寒感冒、脘腹冷痛、月经不调、产后恶露不尽、喘嗽烦热、妇人血虚、食即吐逆等症有食疗作用。红糖中含有较为丰富的铁质，有良好的补血作用。

注解：红糖一般是指甘蔗经榨汁，通过简易处理，经浓缩形成的带蜜糖。红糖按结晶颗粒不同，分为赤砂糖、红糖粉、碗糖等，因没有经过高度精炼，它们几乎保留了蔗汁中的全部成分，除了具备糖的功能外，还含有维生素和微量元素，如铁、锌、锰、铬等，营养成分比白砂糖高很多。

烹调宜忌

【宜】红糖的吃法多种多样，糖水鸡蛋、姜糖水、厨房佐料等。

食用宜忌

【宜】红糖适合年老体弱、大病初愈的人吃，也适合月经不调和刚生完孩子的妇女吃。

【忌】阴虚内热者、消化不良者和糖尿病患者不宜食用红糖。此外，在服药时，也不宜用红糖水送服。

白糖

别名：白洋糖、糖霜。

性味归经：性平，味甘。归脾、肺经。

功效：白糖能润肺生津、补中益气、清热燥湿、化痰止咳、解毒醒酒、降浊怡神，对中虚脘痛、脾虚泄泻、肺燥咳嗽、口干燥渴以及脚气、疥疮、盐卤中毒、阴囊湿疹等病症有食疗作用。此外，白糖有抑菌防腐的作用。

注解：白糖是由甘蔗和甜菜榨出的糖蜜制成的精糖。白糖色白，干净，甜度高，主要分为两大类，即白砂糖和绵白糖。我国根据白砂糖精炼程度的不同，将其划分为四个级别，分别是精制白砂糖、优级白砂糖、一级白砂糖、二级白砂糖。绵白糖分为三个级别，分别是精制绵白糖、优级绵白糖、一级绵白糖。

烹调宜忌

【宜】在制作酸味的菜肴汤羹时，加入少量食糖，可以缓解酸味，并使口味和谐可口；炒菜时不小心把盐放多了，加入适量白糖，就可解咸。

食用宜忌

【宜】肺虚咳嗽，口干燥渴，以及醉酒者宜食；低血糖病人宜食。

【忌】糖尿病患者、痰湿偏重者、肥胖症患者忌食；晚上睡前不宜吃糖，特别是儿童，最容易坏牙。

冰糖

性味归经：性平，味甘。归肺、脾经。

功效：冰糖具有补中益气、和胃润肺、止咳化痰，祛烦消渴、清热降浊、养阴生津、止汗解毒等功能，对中气不足、肺热咳嗽、咯痰带血、阴虚久咳、口燥咽干、咽喉肿痛、小儿盗汗、风火牙痛等病症有食疗作用。

注解：冰糖是砂糖的结晶再制品。自然生成的冰糖有白色、微黄、淡灰等色，此外市场上还有添加食用色素的各类彩色冰糖（主要用于出口），比如绿色、蓝色、橙色、微红、深红等多种颜色。由于其结晶如冰状，故名冰糖。冰糖的成分是含结晶水的葡萄糖，与白糖在体内分解的成分一样，所以，冰糖可以代替白糖。

烹调宜忌

【宜】冰糖可以烹羹炖菜或制作甜点。

食用宜忌

【宜】老少皆宜，特别是肺燥咳嗽、干咳无痰、咯痰带血者宜适量食用冰糖，对缓解症状有一定帮助。

【忌】一般人不宜过量食用，每天 20 克左右，尤其患有高血压、动脉硬化、冠心病者以及孕妇、儿童宜少食；糖尿病、高血糖患者必须忌食。

蜂蜜

别名：石蜜、石饴、食蜜、蜜糖、沙蜜、蜂糖。

性味归经：性平，味甘。归脾、胃、肺、大肠经。

功效：蜂蜜具有补虚、润燥、解毒、保护肝脏、营养心肌、降血压、防止动脉硬化等功效，对中气亏虚、肺燥咳嗽、风疹、胃痛、口疮、水火烫伤、高血压、便秘等病症有食疗作用。

注解：蜂蜜是昆虫蜜蜂从开花植物的花中采得的花蜜在蜂巢中酿制的蜜。蜜蜂从植物的花中采取含水量约为 80% 的花蜜或分泌物，存入自己第二个胃中，在体内转化酶的作用下经过 30 分钟的发酵，回到蜂巢中吐出，蜂巢内温度经常保持在 35℃左右，经过一段时间，水分蒸发，成为水分含量少于 20% 的蜂蜜。

烹调宜忌

【宜】蜂蜜应以温水冲服，

【忌】不可用沸水冲，更不宜煎煮。

食用宜忌

【宜】尤其适宜老人、小孩、便秘患者、高血压患者、支气管哮喘患者食用。

【忌】不适宜糖尿病患者、脾虚泻泄及湿阻中焦的脘腹胀满、苔厚腻者食用。

食盐

别名：盐巴、盐、咸鹾。

性味归经：性寒，味咸。无毒。归胃、肾、肺、肝、大肠、小肠经。

功效：盐具有清火解毒、凉血滋肾、通便的功效。食盐渗透力强，可以解腻，除膻去腥，并能保持食物原味，使食物易于消化，可以促进全身皮肤的新陈代谢，对防治某些皮肤病有食疗作用。夏天喝浓度为0.5%的盐水能预防中暑。

注解：食盐是一种调料，是海水或盐井、盐池、盐泉中的盐水经煎晒而成的结晶，无色或白色。它的香味有很强的渗透力，能提出各种原料中的鲜味，调制出许多类型的香味，有"百味之王"的美称。

烹调宜忌

【宜】食盐不能吃太多，世界卫生组织的推荐用量为每人每天6克。

食用宜忌

【宜】食盐适宜急性胃肠炎者、呕吐腹泻者，炎夏中暑多汗烦渴者、咽喉肿痛、口腔发炎、齿龈出血者以及胃酸缺乏引起消化不良、大便干结和习惯性便秘者食用。

【忌】咳嗽消渴、水肿病人不宜食用；而高血压、肾脏病、心血管疾病患者应限制摄入量。

味精

别名：味素、味粉、谷氨酸钠。

性味归经：性平，味酸。

功效：味精具有很好的鲜味，故可增进人的食欲。味精还能补充人体的氨基酸，有利于增进和维持大脑功能。另外，味精中的主要成分谷氨酸钠还对慢性肝炎、神经衰弱、癫痫病、胃酸缺乏等病有食疗作用。

注解：味精成品为白色柱状结晶体或结晶性粉末，是目前国内外广泛使用的增鲜调味品之一。其主要成分为谷氨酸和食盐。我们每天吃的食盐用水冲淡400倍，已感觉不出咸味，普通蔗糖用水冲淡200倍，也感觉不出甜味了，但谷氨酸钠盐，用于水稀释3000倍，仍能感觉到鲜味，因而得名"味精"。

烹调宜忌

【宜】适宜在菜或汤将熟时加入食用。

【忌】不宜在酸性食物中添加味精，如糖醋鱼、糖醋里脊等。味精呈碱性，在酸性食物中添加会引起化学反应，使菜肴走味；加入味精后忌高热久煮。

食用宜忌

【宜】老少皆宜，尤其适宜神经衰弱、大脑发育不全、精神分裂症、严重肝功能不全、胃及十二指肠溃疡及胃液缺乏、智力不足及脑出血后遗症的记忆障碍、癫痫小发作及精神运动性发作、胃纳欠佳、食欲不振等患者食用。

【忌】不宜过多食用味精，因为多食会出现头昏眼花、眼球突出、上肢麻木、下颌发抖、心慌气喘、晕眩无力等症状。

鸡精

别名：鸡粉。

性味归经：性平，味酸。

功效：鸡精具有开胃、助消化之功效，所含营养价值比味精更高。

注解：鸡精仅是味精的一种，其主要成分都是谷氨酸钠发展而来，鲜度是谷氨酸钠的 2 倍以上。由于鸡精中含有鲜味核苷酸作为增鲜剂，具有增鲜作用，纯度低于味精。鸡精是一种复合鲜味剂，是日常使用的调味品。鸡精由于是复合调味品，所以相对保质期为 1~2 年，而 95% 纯度味精保质期为 3 年。

烹调宜忌

【宜】鸡精要在菜肴快出锅时加入，作凉拌菜时宜先溶解后再加入。

【忌】不宜在酸性食物中添加鸡精，如糖醋鱼、糖醋里脊等。高汤、鸡肉、鸡蛋、水产制出的菜肴中不用再放鸡精。

食用宜忌

【宜】一般人皆可食用，烹饪时应酌量加入，每次 5~10 克即可。

【忌】属于动物性高嘌呤的食品，凡是高血压、痛风、肾脏病等的慢性病患者都不宜。

葱

别名：芤、鹿胎、莱伯、四季葱、和事草、葱白、大葱。

性味归经：性温，味辛。归肺、胃二经。

功效：葱含有挥发性硫化物，具特殊辛辣味，是重要的解腥调味品。中医学上葱有杀菌、通乳、利尿、发汗和安眠等药效，对风寒感冒轻症、痈肿疮毒、痢疾脉微、寒凝腹痛、小便不利等病症有食疗作用。

注解：百合科葱属多年生宿根草本。以叶鞘和叶片供食用。中国的主要栽培种为大葱。叶片管状，中空，绿色，先端尖，叶鞘圆筒状，抱合成为假茎，色白，通称葱白。茎短缩为盘状，茎盘周围密生弦线状根。伞形花序球状，位于总苞中。花白色。葱在东亚国家以及各处华人地区中，常作为一种很普遍的香料调味品或蔬菜食用。

烹调宜忌

【宜】根据主料的不同，可切成葱段和葱末掺和使用。

【忌】不宜煎、炸过久。

食用宜忌

【宜】伤风感冒，发热无汗，头痛鼻塞，咳嗽痰多者宜食；腹部受寒引起的腹痛腹泻者宜食；胃寒之食欲不振，胃口不开者宜食；孕妇宜食；头皮多屑而痒者宜食。

【忌】患有胃肠道疾病特别是溃疡病的人不宜多食；葱对汗腺刺激作用较强，有腋臭的人在夏季应慎食；表虚、多汗者也应忌食；过多食用葱还会损伤视力。

姜

别名：生姜。

性味归经：性微温，味辛。归脾、胃、肺经。

功效：姜具有发汗解表、温中止呕、温肺止咳、解毒的功效，对外感风寒、胃寒呕吐、风寒咳嗽、腹痛腹泻、中鱼蟹毒等病症有食疗作用。

注解：姜为姜科姜属植物，姜在热带能开花，花黄绿色或红色，很少结果，以根茎繁殖。根茎肉质，肥厚，扁平，有芳香和辛辣味。根茎鲜品或干品可以作为调味品。

烹调宜忌

【宜】生姜重要的调料品，因为其味清辣，只将食物的异味挥散，而不将食品混成辣味，宜作荤腥菜的矫味品，亦用于糕饼糖果制作，如姜饼、姜糖等。

食用宜忌

【宜】适宜伤风感冒、寒性痛经、晕车晕船者食用。

【忌】阴虚内热及邪热亢盛者忌食。

蒜

别名：葫、葫蒜。

性味归经：性温，味辛。归脾、胃、肺经。

功效：蒜含有大量对人体有益的活性成分，可防病健身。蒜能杀菌，促进食欲，调节血脂、血压、血糖，可预防心脏病，抗肿瘤，保护肝脏，增强生殖功能，保护胃黏膜，抗衰老，还可防止铅中毒。

注解：蒜为一年生或二年生草本植物，以其鳞茎、蒜薹、幼株供食用。蒜分为大蒜、小蒜两种。中国原产有小蒜，蒜瓣较小，大蒜原产于欧洲南部和中亚，最早在古埃及、古罗马、古希腊等地中海沿岸国家栽培，汉代由张骞从西域引入中国陕西关中地区，后遍及全国。中国是世界上大蒜栽培面积和产量最多的国家之一。

烹调宜忌

【宜】大蒜可生食、捣泥食、煨食、煎汤饮。

食用宜忌

【宜】蒜适宜糖尿病患者，或经常接触铅或有铅中毒倾向者，或肺结核患者，或钩虫、蛲虫患者，或百日咳患儿，或痢疾、肠炎、伤寒患者，或胃酸减少及胃酸缺乏者食用。

【忌】胃肠道疾病，如胃炎、胃溃疡患者忌食；肝病患者不宜多食；阴虚火旺者，常见面红、午后低热、口干便秘、烦热者忌食；目疾、口齿喉舌疾者勿食。

辣椒

别名：番椒、海椒、辣子、辣角、秦椒。

性味归经：性热，味辛。归脾、胃、心经。

功效：辣椒含丰富的辣椒素，对消化道有较强的刺激作用，有刺激胃液的分泌，加速新陈代谢的功效，并能减轻一般感冒症状，此外，辣椒还有促进消化、改善食欲、增强体力及杀菌防癌的功效。

注解：辣椒是一种茄科辣椒属植物。辣椒属为一年或多年生草本植物。果实通常成圆锥形或长圆形，未成熟时呈绿色，成熟后变成鲜红色、黄色或紫色，以红色最为常见。辣椒原产于中拉丁美洲热带地区，原产国是墨西哥。15世纪末，哥伦布发现美洲之后把辣椒带回欧洲，并由此传播到世界其他地方。于明代传入中国。

烹调宜忌

【宜】在切辣椒时，先将刀在冷水中蘸一下，再切就不会辣眼睛了。

【忌】辣椒中含有丰富的维生素C，因维生素C不耐热，易被破坏，在铜器中更是如此，所以避免使用铜质餐具。

食用宜忌

【宜】食欲不振者、胃寒者、贫血者及坏血病患者宜适量食用；风湿性关节炎及冻疮患者宜食用或外擦。

【忌】不宜多食，过食可引起头昏、眼干，口腔、腹部或肛门灼热，疼痛，腹泻，唇生疱疹等；凡阴虚火旺、咳嗽、咯血、吐血、便血、目疾、疮疖和消化道溃疡的病人不宜服用。

花椒

别名：香椒、大花椒、川椒、红椒、红花椒、麻椒。

性味归经：性温，味辛。有小毒。归脾、胃、肾经。

功效：花椒有芳香健胃、温中散寒、除湿止痛、杀虫解毒、止痒解腥之功效，对呕吐、风寒湿痹、齿痛等症有食疗作用。

注解：花椒属芸香科植物，是中国特有的食用辛香料之一，主要分布于陕西、甘肃、河北、四川、山东等地，其味香、麻、辣，是著名的辛香料“八大味”之一。

烹调宜忌

【宜】炒菜时，在锅内热油中放几粒花椒，发黑后捞出，留油炒菜，菜香扑鼻；把花椒、植物油、酱油烧热，浇在凉拌菜上，清爽可口。

食用宜忌

【宜】花椒适宜胃寒冷痛、食欲不振、呕吐清水、肠鸣便溏者，或哺乳期妇女断奶者、

风湿性关节炎患者、蛔虫病腹痛患者、肾阳不足、小便频数者食用。

【忌】花椒性热，阴虚火旺者或孕妇勿食。

辣根

别名：西洋葵菜、山葵萝卜。

性味归经：性温，味辛。归胃、胆、膀胱经。

功效：辣根有消食和中、利胆、利尿的功效，对消化不良、小便不利、胆囊炎、关节炎等有食疗作用。

注解：辣根为十字花科多年生直立草本植物。原产欧洲东部和土耳其，已有2000多年的栽培历史。中国的青岛、上海郊区栽培较早，其他城郊或蔬菜加工基地有少量栽培。是一种调味品蔬菜，主要以保鲜或加工脱水后出口为主。根有特殊辣味，磨碎后干藏，备

作煮牛肉及奶油食品的调料，或切片入罐头中调味。

烹调宜忌

【宜】以温开水搅拌成糊状，常温下经过1~2小时闷制，待发出辛辣气味即可。

食用宜忌

【宜】胃不好、消化不良的人尤其适合食用。

【忌】尽量使用新鲜的辣根，一次不可服用太多，否则会引起腹泻及大量出汗。

芥末

别名：芥子末、山葵、辣根、西洋山芋菜、芥辣粉。

性味归经：性温，味辛。归肺经、胃经。

功效：芥末具有温中散寒、通利五脏、利膈开胃、健胃消食等功效。它还有很强的解毒功能，能解鱼蟹之毒，故生食海鲜时经常会配上芥末。芥末呛鼻的主要成分是异硫氰酸盐，它不但可预防蛀牙，而且对预防癌症，辅助治疗气喘等也有食疗作用，还有预防高血脂、高血压、心脏病，减少血液黏稠度等功效。

注解：芥末是芥菜的成熟种子碾磨成的一种粉状调料。芥末微苦，辛辣芳香，对口舌有强烈刺激，味道十分独特，芥末粉润湿后有香气喷出，具有催泪性的强烈刺激性辣味，对味觉、嗅觉均有刺激作用。可用作泡菜、腌渍生肉或拌沙拉时的调味品。亦可与生抽一起使用，充当生鱼片的美味调料。

烹调宜忌

【宜】在芥末中添加些糖或食醋，能缓冲辣味，使其风味更佳。

【忌】烹调时可酌量添加，注意一次不要放太多，以免伤胃。

食用宜忌

【宜】高血脂患者、高血压患者、心脏病患者、食欲不振者适宜食用。

【忌】胃炎、消化道溃疡患者忌食；眼睛有炎症者、孕妇不宜食用。

咖喱

别名：咖哩。

功效：咖喱中含有辣味香辛料，能促进唾液和胃液的分泌，增加胃肠蠕动，增进食欲。咖喱还能促进血液循环，达到发汗的目的。咖喱内所含的姜黄素具有激活肝细胞并抑制癌细胞的功能，对于肝病和癌症能起到一定的预防作用。咖喱还具有加速伤口愈合，预防老年痴呆症等功效。

注解：咖喱是由多种香料调配而成的酱料，主要由新鲜或干燥香料以油炒香，并加入洋葱泥，大蒜，姜一起熬煮。其中香料并没有一定限制，大多有辣椒、小茴香、香菜及姜黄等。常见于印度菜、泰国菜和日本菜等，一般伴随肉类和饭一起吃。咖喱起源于印度。“咖喱”一词来源于坦米尔语，是“许多的香料加在一起煮”的意思。

食用宜忌

【宜】老少皆宜，每次大约 20 克。

【忌】胃炎、溃疡病患者少食；患病服药期间不宜食用。

贮藏宜忌

【宜】咖喱应密封保存，以免香气挥发散失。

八角

别名：大料、中国大茴香、大茴香。

性味归经：性温，味甘辛。归脾、肾经。

功效：八角具有强烈香味，有驱虫、温中理气、健胃止呕、祛寒、兴奋神经等功效，对寒呕逆、寒疝腹痛、肾虚腰痛、脚气等症有食疗作用。

注解：八角是八角茴香科八角属的一种植物。其同名的干燥果实是中国菜和东南亚地区烹饪的调味料之一。主要分布于中国大陆南方。果实在秋冬季采摘，干燥后呈红棕色或黄棕色。气味芳香而甜。全果或磨粉使用。

烹调宜忌

【宜】八角主要用于煮、炸、卤、酱及烧等烹调加工中，常在制作牛肉、兔肉的菜肴中加入，可除腥膻等异味，增添芳香气味，并可调剂口味，增进食欲。

食用宜忌

【宜】胃寒呃逆、寒疝腹痛、心腹冷痛、小肠疝气痛、肾虚腰痛、脚气患者宜食。

【忌】阴虚火旺的眼病患者和干燥综合征、更年期综合征、活动性肺结核、支气管哮喘、痛风、糖尿病、癌症患者（热盛者）忌食；过量食用容易伤目、长疮。

桂皮

别名：山肉桂、土肉桂、土桂、山玉桂、山桂皮。

性味归经：性温，味辛、甘。归脾、胃、肝、肾经。

功效：桂皮有温脾胃、暖肝肾、祛寒止痛、散瘀消肿的功效，对脘腹冷痛、呕吐泄泻、腰膝酸冷、寒疝腹痛、寒湿痹痛、瘀滞痛经、血痢、肠风、跌打肿痛等有食疗作用。

注解：桂皮为樟科植物天竺桂、阴香、细叶香桂、肉桂或川桂等树皮的通称。本品为常用中药，又为食品香料或烹饪调料。

烹调宜忌

【忌】用量不宜太多，香味过重反而会影响菜肴本身的味道。

食用宜忌

【宜】桂皮适宜腰膝冷痛、阳虚怕冷、风寒湿性关节炎、四肢发凉、胃寒冷痛、食欲不振、呕吐清水、腹部隐痛、肠鸣泄泻、妇女产后腹痛、月经期间小腹冷痛和闭经、慢性溃疡、心动过缓、脉象沉迟、血栓闭塞性脉管炎、雷诺氏症者食用；还适合肾虚、遗尿患者食用；每次 5 克左右即可。

【忌】内热较重、内火偏盛、阴虚火旺、舌红无苔、大便燥结、痔疮、患有干燥综合征、更年期综合征者忌食；孕妇忌食。

丁香

别名：公丁香、百结、丁子香、鸡舌香。

性味归经：性温，味辛。无毒。归肾、胃二经。

功效：丁香具有温胃散寒、止呕逆、开胃之功效。

注解：丁香以花蕾和其果实入药。花蕾称公丁香或雄丁香，果实称母丁香或雌丁香。在花蕾开始呈白色，渐次变绿色，最后呈鲜红色时可采集。将采得的花蕾除去花梗晒干即成，状似圆头钉子，其香味浓烈，口感苦，烹饪之后变得温和。

烹调宜忌

【宜】丁香主要用于肉类、糕点、腌制食品、炒货、蜜饯、饮料的制作配制调味品。

食用宜忌

【宜】寒性胃痛、反胃呃逆、呕吐者、口臭者宜食。

【忌】胃热引起的呃逆或兼有口渴、口苦、口干者不宜食用；热性病及阴虚内热者忌食。

孜然

别名：安息茴香、野茴香。

性味归经：性温，味辛。

功效：孜然可以祛腥解腻，令其肉质更加鲜美芳香，增加人的食欲。孜然还具有醒脑通脉、降火平肝等功效，能祛寒除湿，理气开胃，祛风止痛，对消化不良、胃寒疼痛、肾虚便频者均有食疗作用。

注解：孜然为伞形花科孜然芹一年生草本植物。“孜然”是维吾尔语，原产埃及一带，中国新疆引进栽培。孜然大都呈黄绿色，气味芳香而浓烈，为重要调味品。

烹调宜忌

【**宜**】孜然适宜肉类烹调时用。

食用宜忌

【**宜**】老少皆宜，每次 3~8 克即可。

【**忌**】孜然性热，所以夏季应少食；便秘或患有痔疮者应少食或不食。

茴香

别名：怀香、香丝菜，小茴香。

性味归经：性温，味辛。归肾、膀胱、胃经。

功效：茴香具有理气开胃、解毒之功效，它能刺激胃肠神经血管，促进消化液分泌，增加胃肠蠕动，排出积存的气体。

注解：茴香原产欧洲地中海沿岸，新鲜的茎叶具特殊香辛味，可作为蔬菜食用。种子是重要的香料之一，也是常用的调料。

食用宜忌

【**宜**】尤其适宜小肠疝气痛、寒气腹痛、胃寒恶心、呃逆呕吐、睾丸肿痛、睾丸鞘膜积液、妇女产后乳汁缺乏者、女子月经期间小腹冷痛、肾虚腰痛、嗜卧疲弱、小便夜多者食用。

【**忌**】忌多食，多食容易伤目、长疮；结核病、糖尿病、干燥综合征、更年期综合征等阴虚内热者忌食；发霉的茴香不宜吃。

甜面酱

别名：甜酱、面酱。

功效：甜面酱经历了特殊的发酵加工过程，含有多种风味物质和营养物，不仅滋味鲜美，而且可以丰富菜肴营养，增加可食性，具有开胃助食的功效。

注解：甜面酱是以面粉为主要原料，经制曲和保温发酵制成的一种酱状调味品。其味甜中带咸，同时有酱香和酯香，适用于烹饪酱爆和酱烧菜。

烹调宜忌

【宜】甜面酱适用于烹饪酱爆和酱烧菜，还可蘸食大葱、黄瓜、烤鸭等菜品。

食用宜忌

【宜】老少皆宜，每餐 50 克左右。

【忌】由于甜面酱含有一定量的糖和盐，因此糖尿病、高血压患者慎食。

豆瓣酱

别名：蚕豆酱。

功效：豆瓣酱有消食去腻、补中益气、健脾利湿、止血降压、涩精止带的功效，对中气不足、倦怠少食、高血压、咯血、衄血、妇女带下等病症有食疗作用。

注解：豆瓣酱是由各种微生物相互作用，产生复杂生化反应，而酿造出来的一种发酵红褐色调味料，它以大豆和面粉为主要生产原料，同时，又根据消费者的习惯不同，在生产过程中配制了香油、豆油、味精、辣椒等原料，而增加了豆瓣酱的品种。

烹调宜忌

【宜】豆瓣酱可以做蘸料直接吃、也可做炒菜的作料等。

食用宜忌

【宜】一般人都可食用，每次 30 克左右；尤其是前列腺增生症及肠癌患者的食疗佳品。

【忌】高血压患者、肾病患者应少食。

番茄酱

别名：茄膏。

功效：番茄的茄红素是优良的抗氧化剂，有利尿及抑制细菌生长的功效，对乳腺癌、肺癌、子宫内膜癌具有抑制作用，亦可对抗肺癌和结肠癌。番茄酱比新鲜番茄更容易被人体消化吸收，有促进食欲、预防便秘、美容养颜之功效。

注解：番茄酱是鲜番茄的酱状浓缩制品。呈鲜红色酱体，具番茄的特有风味，是一种富有特色的调味品，一般不直接入口。番茄酱由成熟红番茄经破碎、打浆、去除皮和籽等粗硬物质后，经浓缩、装罐、杀菌而成。番茄酱常用作鱼、肉等食物的烹饪佐料，是增色、添酸、助鲜、郁香的调味佳品。

烹调宜忌

【宜】使用时，必须用油炒一下，因为番茄酱较稠浓，含有生果汁味，并略带一点酸涩味，一经用油炒后，即可去除此味；炒时加盐、糖为好。

食用宜忌

【宜】番茄酱适合动脉硬化、高血压、冠心病、肾炎患者食用，每次 15~30 克为宜。

【忌】急性肠炎、细菌性痢疾及溃疡活动期病人忌食；正在减肥的人慎食。

芝麻酱

别名：麻酱。

性味归经：性平，味甘。归肝、肾、大肠经。

功效：芝麻酱富含蛋白质、卵磷脂、氨基酸及多种维生素和矿物质，有很高的保健价值，可防止头发过早变白或脱落，能增加皮肤弹性，令肌肤柔嫩健康。此外经常食用芝麻酱还有防癌作用。

注解：芝麻酱是采用优质白芝麻或黑芝麻等加工而成，成品为泥状，有浓郁炒芝麻香味，既是调味品，又有独特的营养价值。

食用宜忌

【宜】老少皆宜，尤其适合骨质疏松症、缺铁性贫血、便秘患者食用。

【忌】由于芝麻酱热量、脂肪含量较高，因此不宜多吃，一天食用 10 克左右即可。

蚝油

别名：牡蛎油。

功效：蚝油富含牛磺酸，具有防癌、抗癌、增强人体免疫力等多种保健功能。

注解：蚝油是用鲜蚝（牡蛎）熬制而成的，具有天然的牡蛎风味，气味芳香，酸甜适口，既可烹制各种蔬菜和肉类，又可调拌各种面食和凉菜，还可以直接佐餐食用。广东菜系中就有风味独特的蚝油菜式。

烹调宜忌

【宜】凡是咸食均可用蚝油调味，如拌面、拌菜、煮肉、炖鱼、做蚝油鸡翅汤等；在菜肴即将出锅前或出锅后趁热立即加入蚝油调味为宜。

【忌】忌加热过度。

食用宜忌

【宜】尤其适合缺锌人士及生长发育期的儿童。

【忌】无特殊禁忌。

色拉油

别名：沙拉油。

功效：色拉油中不含致癌物质黄曲霉素和胆固醇，对机体有保护作用。其中含有丰富的亚油酸等不饱和脂肪酸，具有降低血脂和胆固醇的作用，在一定程度上可以预防心血管疾病。另外，它还含有一定的豆类磷脂，有益于神经、血管、大脑的发育生长。

注解：色拉油是指各种植物原油经脱胶、脱色、脱臭（脱脂）等加工程序精制而成的高级食用植物油。主要用作凉拌油或作蛋黄酱、调味油的原料油。气味清淡，色泽澄清透亮，加热不变色，无泡沫，很少有油烟。

烹调宜忌

【**宜**】色拉油可用于煎、炒、炸、凉拌菜肴；进行烧烤时在铁板、石锅、烧烤网上涂刷，可以辅助烧烤。

食用宜忌

【**宜**】老少皆宜，每天 40 克左右。

【**忌**】应避免经高温加热后的油反复使用。

豆油

别名：大豆油。

性味归经：性温，味辛、甘。归大肠经。

功效：豆油有润肠通便、驱虫解毒的功效。

注解：大豆油取自大豆种子，大豆油是世界上产量最多的油脂。大豆毛油的颜色因大豆种皮及大豆的品种不同而异，一般为淡黄、略绿、深褐色等，精炼过的大豆油为淡黄色。

烹调宜忌

【**忌**】应避免反复使用经高温加热后的油。

食用宜忌

【**宜**】适宜血管硬化、高血压、冠心病、高脂血症患者食用；适宜患糖尿病、肝胆病、胃酸增多、大便干燥难解、蛔虫性肠梗阻等病症者食用；适宜在冬季寒冷地区及冷冻仓库等场所工作者食用；也适宜从事繁重体力劳动者食用。

【忌】菌痢、急性胃肠炎、腹泻患者，由于胃肠功能紊乱不宜多食豆油；不要食用放置时间太久的油；此外，豆油食用过多对心脑血管还是会有一定负面影响的，而且容易发胖。

香油

别名：芝麻油、麻油。

性味归经：性温，味甘、辛。

功效：香油具有补虚、润肠通便、润嗓利咽之功效。香油有助于促进消化、增强食欲；香油中含丰富的维生素E，能够促进细胞分裂；它还富含亚油酸、油酸、亚麻酸等不饱和脂肪酸，对防治心血管疾病有食疗作用。

注解：香油是小磨香油和机制香油的统称，亦即具有浓郁或显著香味的芝麻油。在加工过程中，芝麻中的特有成分经高温炒料处理后，生成具有特殊香味的物质，致使芝麻油具有独特的香味，有别于其他各种食用油，故称香油。

食用宜忌

【宜】老少皆宜，每次2~4克即可。习惯性便秘患者早晚空腹喝一口香油，能润肠通便；也适宜患有血管硬化、高血压、冠心病、高脂血症、糖尿病、大便干燥难解、蛔虫性肠梗阻者等病症者食用；还适宜从事繁重体力劳动者以及有抽烟习惯和嗜酒的人食用。

【忌】患有菌痢、急性胃肠炎、腹泻等病症者忌多食香油。

猪油

别名：大油、荤油。

性味归经：性微寒，味甘。无毒。

功效：猪油有补虚、润燥、解毒的作用，对脏腑枯涩、大便不利、燥咳、皮肤皲裂等症有食疗作用。

注解：猪油为由猪肉提炼出，初始状态是略黄色半透明液体的食用油。

食用宜忌

【宜】寒冷地区的人适合多食。

【忌】老年人、肥胖和心脑血管病患者、外感诸病、大便滑泻者都不宜食用。

玉米油

别名：粟米油、玉米胚芽油。

功效：玉米油所含的亚油酸在人体内可与胆固醇相结合，有防治动脉粥样硬化功效；较多的植物固醇可预防血管硬化，促进饱和脂肪酸和胆固醇的代谢；含丰富的维生素 E，有降低血中胆固醇、增进新陈代谢、抗氧化的作用。

注解：玉米油是在玉米精炼油的基础上经过脱磷、脱酸、脱胶、脱色、脱臭和脱蜡精制而成的。在欧美国家，玉米油被作为一种高级食用油而广泛食用，享有“健康油”“放心油”等美称。

烹调宜忌

【宜】玉米油色泽金黄透明，清香扑鼻，特别适合快速烹炒和煎炸食品。

【忌】不宜加热至冒烟，因为开始冒烟即开始劣化；勿重复使用，一冷一热容易变质。

食用宜忌

【宜】老少皆宜，每天约 40 克。

【忌】玉米油无黄曲霉素等有害物质，诸无禁忌。

橄榄油

性味归经：性平，味甘、淡。归心、脾、肾经。

功效：橄榄油能够促进血液循环、保护皮肤、提高内分泌系统功能、防癌、防辐射、抗衰老、预防心脑血管疾病。而且，它能增进消化系统功能，激发人的食欲，并易于被消化吸收；它具有良性的“双向调节”作用，可降低血黏度，有预防血栓形成和降低血压的作用。

注解：可供食用的高档橄榄油是用初熟或成熟的油橄榄鲜果通过物理冷压榨工艺提取的天然果油汁，是世界上唯一以自然状态的形式供人类食用的木本植物油。橄榄油在地中海沿岸国家有几千年的历史，在西方被誉为“液体黄金”“植物油皇后”“地中海甘露”。

烹调宜忌

【**宜**】橄榄油带有橄榄果的清香，特别适合制作沙拉和凉拌菜。

【**忌**】不太适合煎炸食物，因为高温会增加橄榄油香味，盖过食物本身的味道。

食用宜忌

【**宜**】橄榄油老少皆宜，每天 40 克左右。极适宜婴幼儿食用。

【**忌**】菌痢患者、急性肠胃炎患者、腹泻者以及胃肠功能紊乱者不宜多食。

第三章

常用药物饮食宜忌

中药饮食宜忌

人参

别名：黄参、血参、人衔、鬼盖、神草、土精、地精。

性味归经：性平，味甘、微苦。归脾、肺经。

功效：人参具有大补元气、复脉固脱、补脾益肺、生津止渴、安神益智的功效。

注解：人参，多年生草本植物，喜阴凉、湿润的气候，多生长于昼夜温差小的海拔 500~1100 米山地缓坡或斜坡地的针阔混交林或杂木林中。由于根部肥大，形若纺锤，常有分叉，全貌颇似人的头、手、足和四肢，故而称为人参。

烹调宜忌

【忌】无论是煎服还是炖服，忌用五金炊具。

食用宜忌

【宜】人参适宜气血不足、慢性腹泻、喘促气短、身体瘦弱、劳伤虚损、脾胃气虚、食少倦怠、大便滑泄、体虚、惊悸、健忘、头昏、贫血、神经衰弱、男子阳痿、女子崩漏者食用。

【忌】①人参不可滥用。因人参是一种补气药，如没有气虚的病症而随便服用，是不适宜的。一般来说：秋冬季节天气凉爽，进食比较好；而夏季天气炎热，则不宜食用。

②实证、热证而正气不虚者忌服。

③服用人参后忌吃萝卜（含胡萝卜、白萝卜和青萝卜）和各种海味。

④服人参后，不可饮茶，易使人参的作用受损。

⑤人参忌与葡萄同吃，会导致营养受损，葡萄中含有鞣酸，极易与人参中的蛋白质结合生成沉淀，影响吸收而降低药效。

使用宜忌

【忌】反藜芦、畏五灵脂、恶皂荚，应忌同用。

西洋参

别名：广东人参、花旗参、西洋人参、西参、洋参、佛兰参、正光结参。

性味归经：性凉，味甘、微苦。归心、肺、肾经。

功效：西洋参具有补气养阴，清热生津的功效。可用于气虚阴亏，内热，咳喘痰血，虚热烦倦，消渴，口燥咽干。西洋参还具有抗疲劳、抗氧化、抗应激、抑制血小板聚集、降低血液凝固性的作用。另外，对糖尿病患者还有调节血糖的作用。

注解：西洋参是人参的一种，原产于美国北部到加拿大南部一带。通常按照产地分成（一般所称的）花旗参与加拿大参；两者虽然同种，但因为气候影响，前者的参面横纹比后者更明显，有效成分含量也较高。服用方法有煮、炖、蒸食，也可切片含化或研成细粉冲服。

食用宜忌

【宜】适用于气阴虚而有火之症；多用于有肺热燥咳、气短懒言、四肢倦怠、烦躁易怒、热病后伤阴津液亏损等人群。

【忌】①不适宜畏寒、肢冷、腹泻、胃有寒湿、脾阳虚弱、舌苔腻浊等阳虚体质者食用。

②食用后不要饮茶，因茶叶中含有多量的鞣酸，会破坏西洋参中的有效成分，必须在服用西洋参 2~3 日后才能喝茶。

③不要吃萝卜。

使用宜忌

【忌】不宜与藜芦同用。

党参

别名：上党人参、防风党参、黄参、防党参、上党参、狮头参、中灵草。

性味归经：性平，味甘。归脾、肺经。

功效：党参具有补中益气、健脾益肺的功效。生党参片常用于气津两伤或气血两亏。

注解：党参呈长圆柱形，稍弯曲，其表面为黄棕色至灰棕色，皮部淡黄白色至淡棕色，木部淡黄色。

食用宜忌

【宜】①可用于中气不足的体虚倦怠、食少便溏等症，常与补气健脾除湿的白术、茯苓等同用。对肺气亏虚的咳嗽气促，语声低弱等症，可与黄芪、蛤蚧等品同用，以补益肺气，止咳定喘，其补益脾肺之功与人参相似而力较弱，临床常用以代替古方中的人参，用以治疗脾肺气虚的轻证。

②党参既能补气，又能补血，常用于气虚不能生血，或血虚无以化气，而见面色苍白或萎黄，乏力，头晕。

③党参对热伤气津之气短口渴，亦有补气生津作用，适用于气津两伤的轻证。

太子参

别名：孩儿参、童参、双批七、四叶参、米参。

性味归经：性平，味甘、微苦。归脾、肺经。

功效：太子参具有补气益血、生津、补脾胃的功效。可用于病后体虚、肺虚咳嗽、脾虚腹泻、小儿虚汗、心悸、口干、不思饮食。

注解：太子参为石竹科多年生草本植物异叶假繁缕的块根，分布于华东、华中、华北、东北和西北等地，药材主产于江苏、山东，安徽等地亦产，目前已被卫生部确定列“可用于保健食品的中药材名单”。

食用宜忌

【宜】①适于脾气虚弱、胃阴不足的食少倦怠者食用，能益脾气，养胃阴，常配山药、石斛等同用。

②适于气虚津伤的肺虚燥咳及心悸不眠、虚热汗多者食用，能益气生津。

③适于小儿夏季久热不退、饮食不振、肺虚、咳嗽、心悸等虚弱之症以及小儿病后体弱无力、盗汗等症。

丹参

别名：赤参、红丹参、紫丹参。

性味归经：性微寒，味苦。无毒。归心、脾二经。

功效：丹参具有活血调经、祛瘀止痛、凉血消痈、清心除烦、养血安神的功效。

注解：丹参为多年生草本植物，为唇形科鼠尾草属植物丹参的干燥根及根茎。主产于安徽、河南、陕西等地。丹参具有养血安神的功效，是活血补血的传统药材之一。

食用宜忌

【宜】①可用于胸肋胁痛、风湿痹痛、症瘕结块、疮疡肿痛、跌仆伤痛、月经不调、经闭痛经、产后瘀痛等。

②可用于温病热入营血、身发斑疹、神昏烦躁。

③可用于心悸怔忡、失眠，常与酸枣仁、柏子仁等药配合同用。

【忌】①孕妇慎用。

②丹参活血也会引起大出血，服用抗凝结药物的心脏病人，如同时服用丹参，小心引起严重出血。

③丹参与醋等酸性食物不宜同食。醋味甘酸、性温，凡酸味之物，多属温热之性，而丹参性微寒，能活血化瘀，扩张血管，二者功用不和，故忌同食。

④丹参与羊肝不宜同食。羊肝中的铁、钙、镁等离子可与丹参分子中的酮基氧、羟基氧发生反应而形成络合物，从而使药效降低，

故服丹参时忌食羊肝。

使用宜忌

【忌】不宜与藜芦同用。

北沙参

别名：辽沙参、沙参、北条参、银条参、条参、莱阳参。

性味归经：性微寒，味甘、微苦。归胃、肺经。

功效：北沙参具有养阴清肺、益胃生津的功效。可用于肺热燥咳、劳嗽痰血、热病津伤、口渴等病症。还可增强正气、减少疾病、预防癌症的产生。

注解：北沙参为伞形科植物珊瑚菜的干燥根。产自山东、河北、辽宁、江苏等地。夏秋二季采挖，除去须根，洗净，稍凉，置沸水中烫后，除去外皮，干燥，或洗净直接干燥。呈细长圆柱形，偶有分枝，表面淡黄白色，粗糙，质坚硬而脆，易折断，气特异。

烹调宜忌

【宜】煎服或煲汤。

食用宜忌

【宜】适宜肺热燥咳、热病津伤等患者食用。

【忌】风寒作咳及肺胃虚寒者宜食。

南沙参

别名：白沙参、白参、空沙参、沙参、泡参、文虎、橘参。

性味归经：性微寒，味甘。归肺、胃经。

功效：南沙参具有养阴清肺、化痰、益气的功效。可用于肺阴虚的燥热咳嗽，症见干咳少痰、痰黏不易咯出、热病后气津不足或脾胃虚弱等。

注解：南沙参是桔梗科轮叶沙参或杏叶沙参的根。产自安徽、江苏、浙江、贵州等地。本品呈圆锥形或圆柱形，表面黄白色或淡棕黄色，体轻，质松泡，易折断，断面不平坦，无臭，味微甘。

南沙参含有三萜皂苷、生物碱、鞣质等，具有提高细胞免疫和非特异性免疫，抑制体液免疫，调节免疫平衡的功能。还可提高淋巴细胞转换率，另还具有祛痰、强心、抗真菌作用。

烹调宜忌

【宜】煎服或切薄片泡服。

食用宜忌

【宜】沙参具有滋阴生津、清热凉血之功，配合放、化疗用于肿瘤患者，尤其是对晚期肿瘤病人血枯阴亏、肺阴虚之肺癌、消化道肿瘤术后气阴两虚或因放疗而伤阴引起的津枯液燥者，具有较好的疗效。

【忌】风寒咳嗽者忌食。

使用宜忌

【忌】不能与含藜芦制品同用。

玄参

别名：乌玄参、黑玄参、元参。

性味归经：性微寒，味甘、苦、咸。归肺、胃、肾经。

功效：玄参具有凉血滋阴、泻火解毒等功效。可用于热病伤阴、舌绛烦渴、温毒发斑、津伤便秘、骨蒸劳嗽、目赤、咽痛、瘰疬、白喉、痈肿疮毒。玄参还具有降低血压、扩张血管和强心、镇表、抗惊厥的作用。

注解：玄参是玄参科植物玄参的干燥根。主产于我国长江流域及陕西、福建等地。本品呈类圆柱形，中间略粗或上粗下细，表面灰黄色或灰褐色，质坚实，不易折断，断面黑色，微有光泽。气特异似焦糖，味甘、微苦。玄参富含玄参素、环烯醚萜苷类，还含挥发油、生物碱等。

食用宜忌

【宜】咽喉肿痛有外感风热所致者，有阴虚、虚火上炎所引起者，这两类咽喉肿痛，尤其适宜食用玄参。

【忌】本品性寒而滞，脾胃虚寒、食少便溏者不宜服用；如正服用含藜芦制品禁服本品。

白芍

别名：将离、金芍药、杭芍、东芍、芍药。

性味归经：性凉，味苦、酸。归肝、脾经。

功效：白芍具有养血柔肝、缓中止痛、敛阴收汗的功效。可用于胸腹胁肋疼痛、泻痢腹痛、自汗盗汗、阴虚发热、月经不调、崩漏、带下等症。

注解：白芍为双子叶植物药毛茛科植物芍药（栽培种）的根。

食用宜忌

【宜】①血虚阴虚之人胸腹胁肋疼痛、肝区痛、胆囊炎胆结石疼痛者宜食。

②泻痢腹痛、妇女行经腹痛者宜食。

③自汗、易汗、盗汗者宜食。

④腓肠肌痉挛、四肢拘挛疼痛不安者宜食。

【忌】①白芍性寒，虚寒性腹痛泄泻者忌食。

②小儿出麻疹期间忌食。

使用宜忌

【忌】①虚寒之证不宜单独应用。

②反藜芦。

甘草

别名：国老、国老草、蜜草、蜜甘、美草、棒草、甜甘草、甜草、甜草根、甜根子、红甘草、粉甘草、粉草、灵通。

性味归经：性平，味甘。归十二经。

功效：甘草有解毒、祛痰、止痛、解痉、抗癌等药理作用。在中医上，甘草补脾益气，滋咳润肺，缓急解毒，调和百药。临床应用分“生用”与“蜜炙”之别。生用主治咽喉肿痛、痈疽疮疡、胃肠道溃疡以及解药毒、食物中毒等。蜜炙主治脾胃功能减退、大便溏薄、乏力发热以及咳嗽、心悸等。

注解：甘草是一种补益中草药。药用部位是根及根茎，药材性状根呈圆柱形，长 25～100 厘米，直径为 0.6～3.5 厘米。外皮松紧不一，表面红棕色或灰棕色。根茎呈圆柱形，表面有芽痕，断面中部有髓。甘草富含甘草酸、甘草次酸等有效成分。

食用宜忌

【宜】①血小板减少性紫癜患者以及阿狄森氏病、尿崩症、支气管哮喘、先天性肌强直、血栓性静脉炎等病症患者适宜食用。

②脾胃虚弱、食少便溏、胃及十二指肠溃疡等病症患者适宜食用。

③心悸怔忡、神经衰弱病症患者适宜食用。

④妇人脏燥、喜悲伤、欲哭、多欠伸等病症患者适宜食用。

【忌】①腹部胀满病症患者不宜食用。

②不可与鲤鱼同食，同食会中毒。

使用宜忌

【忌】不宜与京大戟、芫花、甘遂、海藻同用。

当归

别名：秦归、云归、西当归、岷当归。

性味归经：性温，味甘、辛。归肝、心、脾经。

功效：当归具有补血活血、调经止痛、润肠通便的功效。可用于血虚萎黄、眩晕心悸、月经不调、经闭痛经、虚寒腹痛、肠燥便秘、风湿痹痛、跌扑损伤、痈疽疮疡等症。

注解：由于当归既能补血养血，又能通经活络，许多妇科疾病都须用当归治疗，所以，当归被称为“妇科专用药”“女性人参”。在当归的化学成分中，有抗贫血的有效成分维生素 B_{12}，有抗衰老作用的维生素 E 和硒等微量元素，有解痉作用的藁本内脂，有增强身体免疫功能的多糖和阿魏酸，有能对抗肝昏迷的精氨酸等。

食用宜忌

【宜】女性产后出血过多、恶露不下、腹胀疼痛、月经不调、痛经闭经、崩漏、血虚体弱、气血不足、头痛头晕、老年肠燥便秘等病症者适宜食用。

【忌】①慢性腹泻、大便溏薄等人不宜食用。

②热盛出血患者禁服，湿盛中满者慎服。

使用宜忌

【忌】①忌用量过大。口服常规用量的当归煎剂、散剂偶有疲倦、嗜睡等反应，停药后可消失。

当归挥发油穴位注射可使病人出现发热、头痛、口干、恶心等反应，可自行缓解。临床使用当归不可过量，服药后也应注意有无不良反应。

②可能有过敏反应。有报道复方当归注射液穴位注射引起过敏性休克。

③忌用药不当。当归辛香走窜，月经过多、有出血倾向、阴虚内热、大便溏泄者均不宜服用。用药不当会加重出血、腹泻等症状。

牛膝

别名：百倍、牛茎、脚斯蹬、铁牛膝、杜牛膝、怀牛膝。

性味归经：性平，味苦、酸。归肝、肾经。

功效：牛膝具有补肝肾、强筋骨、活血通经、利尿通淋的功效。可用于腰膝酸痛、下肢痿软、血滞经闭、痛经、产后血瘀腹痛、徵瘕、胞衣不下、热淋、血淋、跌打损伤、痈肿恶疮、咽喉肿痛。牛膝所含生物碱还具有镇痛、降压及兴奋子宫作用，并能扩张血管。

注解：牛膝为苋科牛膝属的植物。分布于非洲、俄罗斯、越南、印度、马来西亚、菲律宾、朝鲜以及中国除东北外全国各地等地，生长于海拔 200 米至 1750 米的地区，常生长在山坡林下。

食用宜忌

【忌】①凡中气下陷、脾虚泄泻、下元不固、梦遗失精、月经过多者及孕妇均忌服。

②牛膝不宜与牛肉一同食用。牛膝入肝、肾二经，以宜导下行为主，而牛肉甘温，补气助火，所以在服用牛膝中草药时，要忌食牛肉。

茯苓

别名：云苓、松苓、茯灵。

性味归经：性平，味甘、淡。归心、肺、脾经。

功效：茯苓具有渗湿利水、健脾和胃、宁心安神的功效。可用于小便不利、水肿胀满、痰饮咳逆、呕逆、恶阻、泄泻、遗精、健忘等症。

注解：茯苓为寄生在松树根上的菌类植物，形状像甘薯，外皮黑褐色，里面白色或粉红色。其原生物为多孔菌科真菌茯苓的干燥菌核，多寄生于马尾松或赤松的根部。产于云南、安徽、湖北、河南、四川等地。它功效非常广泛，可与多种药物配伍，辅助治疗多种疾病。

食用宜忌

【宜】适宜水肿、尿少、痰饮眩悸、脾虚食少、便溏泄泻、心神不宁、惊悸失眠者食用。

【忌】阴虚而无湿热、虚寒滑精者忌食。

百部

别名：白部根。

性味归经：性微温，味甘、苦。归肺经。

功效：百部具有润肺下气、止咳、杀虫的功效。可用于新久咳嗽、肺痨咳嗽、百日咳等；外用于头虱、体虱、蛲虫病、阴部瘙痒。

注解：百部是百部科多年生草本植物百部的块根，是一种常用的中草药。百部含有的主要成分包括霍多林碱、直立百部碱、对叶百部碱和原百部碱等生物碱。

食用宜忌

【宜】老少皆宜，每次5~10克为佳。

【忌】大便溏泻者不宜使用。

麦冬

别名：忍凌、不死草、麦门冬、忍冬、阶前草。

性味归经：性微寒，味甘、微苦。归心、肺、胃经。

功效：麦冬具有养阴生津、润肺清心的功效。可用于肺燥干咳、虚痨咳嗽、津伤口渴、心烦失眠、内热消渴、肠燥便秘、咽白喉、吐血、咯血、肺痿、肺痈、消渴、热病津伤、咽干口燥等症。

注解：麦冬是一种常用的中草药，是百合科植物麦冬的块根。

食用宜忌

【宜】麦冬性寒质润，滋阴润燥作用较好，适用于有阴虚内热、干咳津亏之象的病症。

【忌】①凡脾胃虚寒泄泻，胃有痰饮湿浊及暴感风寒咳嗽者均忌服。

②麦冬不宜与鲤鱼、鲫鱼一起食用，主要是由于麦冬为养阴生津、清化痰热药；鲤鱼、鲫鱼皆能利水消肿。用麦冬者，多为肺肾不足，意在滋阳，鲤鱼、鲫鱼则利水消肿，与麦冬功能不协。

仙茅

别名：地棕、独茅、山党参、仙茅参、海南参。

性味归经：性温，味辛，有毒。归肾、肝经。

功效：仙茅具有温肾阳、壮筋骨的功效。可用于阳痿精冷、小便失禁、崩漏、心腹冷痛、腰脚冷痹、痈疽、瘰疬、阳虚冷泻、阳痿精寒、腰膝风冷、筋骨痿痹等症。

注解：仙茅是一种常用的中草药，但有毒，所以使用时要谨慎。仙茅的根状茎中含有生物碱、黏液质（由甘露糖、葡萄糖、葡萄糖醛酸组成）以及树脂、脂肪及淀粉。

食用宜忌

【宜】适宜肾阳不足之阳痿、腰膝冷痛、老年遗尿及胃腹冷痛、食欲不振者食用。

【忌】①凡阴虚火旺者忌服。

②仙茅不宜与牛肉、牛奶一起食用，主要是因为仙茅辛热，牛肉甘温助阳。用仙茅时再吃牛肉，会更加助长火热之性。

白茅根

别名：茅草跟、甜草根、寒草根、地节根。

性味归经：性寒，味甘。归肺、胃、小肠经。白茅根能清肺胃之热，常作辅助药应用。

功效：白茅根具有清热、利尿、凉血、止血的功效。

注解：白茅根是一种常用的中草药。其内含有木糖、蔗糖、枸橼酸、葡萄糖、果糖、草酸、苹果酸、钾盐等。

食用宜忌

【宜】①急性肾炎、膀胱炎、尿道炎等泌尿系感染者宜食。

②咯血、鼻出血、小便出血者宜食。

③高血压病人宜食。

④急性发热性病人烦热口渴者宜食。

⑤急性传染性黄疸肝炎者宜食。

⑥小儿麻疹者宜食。

⑦可用于水肿、热淋、黄疸等症。

【忌】茅根性寒，平素脾胃虚寒、腹泻便溏者不宜食用。

芦根

别名：芦茅根、苇根、芦头、芦柴根、芦菇根、顺江龙、芦通、苇子根、芦芽根、甜梗子。

性味归经：性寒，味甘。归肺经、胃经。

功效：芦根具有清热泻火、生津止渴、除烦、止呕、利尿的功效。可用于热病烦渴、胃热呕吐、肺热咳嗽、肺痈吐脓、热淋涩痛等症。同时可以预防白喉、乙型脑炎、流行性感冒等病症，而且还可以解河豚中毒及其他鱼蟹中毒。

注解：芦根为单子叶植物禾本科芦苇的新鲜或干燥根茎，是一种常用的中草药。含有各种微量元素、枸橼酸、葡萄糖、果糖、草酸等成分。

食用宜忌

【忌】平素脾胃虚寒、腹泻便溏患者不宜食用。

板蓝根

别名：靛青根、蓝靛根、大青根。

性味归经：性寒，味苦。归肝、胃经。

功效：板蓝根具有清热、解毒、凉血、利咽的功效。可用于温毒发斑、高热头痛、大头瘟疫、舌绛紫暗、烂喉丹痧、丹毒、痄腮、喉痹、疮肿、痈肿、水痘、麻疹、肝炎、流行性感冒、流脑、乙脑、肺炎、神昏吐衄、咽肿、火眼、疮疹等症，可防治流行性乙型脑炎、急慢性肝炎、流行性腮腺炎、骨髓炎。

注解：板蓝根为十字花科植物菘蓝的根，是常用的药材。板蓝根内含有多种矿物质及抗病毒物质。板蓝根具有体外广谱抗菌作用（包括痢疾细菌、沙门氏细菌、溶血性链形菌），是抗菌消炎、止痛、退热的传统中草药。此外，板蓝根内含有多种抗病毒物质，对感冒病毒、腮腺炎病毒、肝炎病毒及流脑病毒等有较强的抑制和杀灭作用。板蓝根与贯众、金银花、野菊花等合用，用于治疗某些传染病及热性病。

食用宜忌

【宜】一般人都可以使用，每次 5~10 克为佳。

【忌】①儿童不宜长期或超量服用。

②体虚而无实火热毒者忌服。

大黄

别名：将军、黄良、火参、肤如、蜀大黄、锦纹大黄、牛舌大黄、锦纹、生军、川军。

性味归经：性寒，味苦。归胃、大肠、肝、脾经。

功效：大黄具有攻积滞、清湿热、泻火、凉血、祛瘀、解毒的功效。主治实热便秘、热结胸痞、湿热泻痢、黄疸、淋病、水肿腹满、小便不利、目赤、咽喉肿痛、口舌生疮、胃热呕吐、吐血、咯血、衄血、便血、尿血、蓄血、经闭、产后瘀滞腹痛、症瘕积聚、跌打损伤、热毒痈疡、丹毒、烫伤。

注解：大黄是中医最常用的药物之一，也是藏医、蒙医常用的良药。大黄以其根茎入药，根茎呈萝卜形，肥大粗壮，内部为黄色，表面呈棕褐色，故名为“大黄”。大黄含有蒽醌衍生物的苷类和鞣酸及其相关物质。

食用宜忌

【宜】一般人每次1~5克比较适宜。

【忌】①凡表证未罢、血虚气弱、脾胃虚寒、无实热、无积滞、无瘀结者应慎服。

②哺乳妇女服用后，婴儿吮食乳汁，可能引起腹泻，因此哺乳期妇女不宜服用。

③本品能活血行瘀，故妇女胎前产后及月经期间也必须慎用。

④不能超量服用，更不可长期服用。

黄精

别名：老虎姜、鸡头参。

性味归经：性平，味甘。归肺、脾、肾经。

功效：黄精具有补气养阴、健脾、润肺、益肾的功效。可用于脾胃虚弱、体倦乏力、口干食少、肺虚燥咳、精血不足、内热消渴等症。对于糖尿病也很有疗效。

注解：黄精以根茎入药，属于百合科植物，古代养生学家以及道家视之为补养强壮食品，更是一种常用的中草药。其主要成分是黏液质、醌类、强心苷、淀粉及糖类。

食用宜忌

【忌】①平素脾胃虚寒以及腹泻便溏的患者不宜食用。

②痰湿痞满气胀、食欲不振以及舌苔厚腻之人不宜食用。

肉苁蓉

别名：大芸、金笋。

性味归经：性温，味甘、咸。归肾、大肠经。

功效：肉苁蓉具有补肾阳、益精血、润肠通便的功效。可用于肾阳虚衰、精血亏损、阳痿、遗精、腰膝冷痛、耳鸣目花、带浊、尿频、崩漏、不孕不育、肠燥便秘。

注解：肉苁蓉属列当科濒危种，是一种寄生在梭梭、红柳根部的寄生植物，对土壤、水分要求不高。分布于内蒙古、宁夏、甘肃和新疆，素有“沙漠人参”之美誉，具有极高的药用价值，是我国传统的名贵中药材，也是历代补肾壮阳类处方中使用频度最高的补益药物之一。肉苁蓉富含多种维生素和矿物质。

烹调宜忌

【忌】忌用铜、铁器烹煮。

食用宜忌

【宜】①适宜性功能衰退的男子食用。

②适宜月经不调、不孕、四肢不温、腰膝酸痛的女性食用。

③适宜体质虚弱的老年人、高血压患者食用。

④适宜肠燥便秘者。

⑤对患有子宫肌瘤的患者有显著效果。

【忌】①阴虚火旺及大便泄泻者忌服。

②性功能亢进者不宜食用。

石斛

别名：林兰、禁生、杜兰、金钗花、千年润、黄草、吊兰花。

性味归经：性微寒，味甘。归肾经。

功效：石斛具有养阴清热、益胃生津的功效。可用于热伤津液、低热烦渴、舌红少苔、胃阴不足、口渴咽干、呕逆少食、胃脘隐痛、舌光少苔、肾阴不足、视物昏花。

注解：石斛含有石斛星碱、石斛因碱、石斛碱、石斛胺、石斛次碱等 10 多种生物碱和黏液质、淀粉等。

食用宜忌

【宜】①干燥综合征、糖尿病等阴虚内热者及声音嘶哑、失音者以及教师、歌唱家、播音员等适宜食用。

②慢性萎缩性胃炎之人胃液不足、胃中虚热者适宜食用。

③高热病后津伤口干、烦渴、虚热不退者适宜食用。

④在炎夏天热时煎水代茶饮用，可起到清热解毒、生津止渴的效果。

【忌】热病早期阴未伤者、湿温病未化燥者、脾胃虚寒者（指胃酸分泌过少者）、舌苔发白者均禁服。

天麻

别名：赤箭芝、独摇芝、离母、合离草、神草、鬼督邮、木浦、明天麻、定风草、白龙皮。

性味归经：性平，味甘。入肝经。

功效：具有祛风湿、止痛、行气活血的功效。还有平肝息风的功能，可用于头痛眩晕、肢体麻木等症。

注解：天麻为多年生草本植物，分布于全国大部分地区。其干燥块茎亦称天麻，是一味常用而较名贵的中药。天麻富含天麻素、天麻多糖、维生素 A、苷类、生物碱、香荚兰醇、香草醛、琥珀酸、β-谷甾醇、黏液质等，其中天麻素和天麻多糖是主要成分。

烹调宜忌

【宜】天麻不宜合久煎。天麻的主要成分为天麻苷，遇热极易挥发。天麻与他药共煎会因热而失去镇静镇痛的有效成分。所以，天麻最好先用少量清水润透，待软化后切成薄片，晾干或晒干研末，用煎好的汤药冲服，或研末入丸、散服用。

食用宜忌

【宜】半身不遂、神经衰弱、眩晕眼花、天旋地转、头风头痛、肢体麻木、血管神经性头痛、脑动脉硬化、老年性痴呆、突发性耳聋、中心性视网膜炎、颈椎病、美尼尔氏综合征等病症患者均适宜食用。

【忌】①血液衰少及非真中风者忌用。

②凡病人见津液衰少，血虚、阴虚等，均慎用天麻。

使用宜忌

【忌】天麻不可与御风草根同用，否则有令人肠结的危险。

白术

别名：于术、冬术、冬白术。

性味归经：性温，味苦、甘。归脾、胃经。

功效：白术具有健脾益气、燥湿利水、止汗、安胎的功效。用于脾虚食少、腹胀泄泻、痰饮眩悸、水肿、自汗、胎动不安。另外，白术能加快血液循环、降低血糖，使胃肠分泌旺盛蠕动增强，而且还能防止肝糖原减少，对肝脏有保护作用。

注解：白术多年生草本，喜凉爽气候，以根茎入药，具有多项药用功能。白术含有挥发油、苍术醇、苍术酮以及对身体有补益作用的维生素 A。

贮存宜忌

【宜】置阴凉干燥处，防蛀。

食用宜忌

【宜】①自汗易汗、虚汗以及小儿流涎等病症患者适宜食用。

②脾胃气虚、不思饮食、倦怠无力、慢性腹泻、消化吸收功能低下等病症患者也适宜食用。

【忌】阴虚燥渴、胃胀腹胀、气滞饱闷等病症患者不宜食用。

川芎

别名：抚芎、台芎。

性味归经：性温，味辛。归肝、胆、心包经。

功效：川芎具有活血行气、祛风止痛的功效。用于安抚神经、正头风头痛、症瘕腹痛、胸胁刺痛、跌扑肿痛、头痛、风湿痹痛。

注解：川芎是一种中药植物，为伞形科植物川芎的根茎。含有多种抗体、多糖等营养成分。可浸酒服、泡茶饮，或炖鸡煨肉食用。

食用宜忌

【宜】风寒头痛、风热头痛、偏头痛、血管神经性头痛等病症患者均适宜食用。

【忌】①高血压性头痛、脑肿瘤头痛、肝火头痛等患者不宜食用。

②阴虚火旺、上盛下虚及气弱之人忌服。

③月经过多、孕妇亦忌用。

川贝母

别名：象贝母、板贝、川贝。

性味归经：性微寒，味苦甘。归肺、心经。

功效：川贝母具有降压、清热化痰、甘凉润肺、散结开郁等功效，适用于治疗干咳少痰、阴虚痨嗽、瘰疬、疮痈肿毒、乳痈、肺痈、肺热燥咳和咯痰带血等症，常与天冬、沙参、麦冬合用。

注解：川贝母为百合科多年生草本植物的地下球形鳞茎，产于四川一带。为润肺止咳的名贵中药材，应用历史悠久，疗效卓著。贝母根据产地，性状不同，分为浙贝母和川贝母，浙贝母比川贝母体形偏大。川贝母富含贝母碱、去氢贝母碱及多种生物碱等成分。

贮存宜忌

川贝母易虫蛀，受潮后发霉、变色。宜低温、干燥贮存。

食用宜忌

【宜】一般人滋补只适宜每次用 3~10 克。

【忌】脾胃虚寒、寒痰、湿痰等病症患者不宜食用。

使用宜忌

【忌】不宜与乌头类药材同用。

肉桂

别名：玉桂、牡桂、菌桂、筒桂、大桂、辣桂、桂。

性味归经：性大热，味辛、甘。归肾、脾、心、肝经。

功效：肉桂具有补火助阳、引火归源、散寒止痛、活血通经的功效。可用于阳痿、宫冷、心腹冷痛、虚寒吐泻、经闭、痛经等症。

注解：肉桂既是一味常用中药，同时也是一味常用的肉食品佐料，其性温热，故只宜少用而不可多用。肉桂含有少量乙酸桂皮酯、乙酸苯丙酯、鞣质、黏液等，尤其富含挥发性桂皮油，其主要成分为桂皮醛。

食用宜忌

【宜】适宜畏寒怕冷、四肢手脚发凉、胃寒冷痛、食欲不振、呕吐清水、腹部隐痛喜暖、肠鸣泄泻、妇女产后腹痛、月经期间小腹冷痛和闭经、腰膝冷痛、阳虚怕冷、手脚不温、风寒湿性关节炎、慢性溃疡、心动过缓、脉象沉迟、血栓闭塞性脉管炎、雷诺氏症等人群食用。

【忌】①内热较重、内火偏盛、阴虚火旺、舌红无苔、干燥综合征、更年期综合征、平素大便燥结、痔疮以及出血性疾病患者不宜食用。

②妇女怀孕期间要忌食。

③中医认为肉桂辛热，本草有“小毒”之记载，所以用量不宜过大。

使用宜忌

【忌】畏赤石脂。

锁阳

别名： 锈铁锤、地毛球、锁燕。

性味归经： 性温，味甘。归脾、肾、大肠经。

功效： 锁阳具有补肾虚、润肠燥的功效。可用于阳痿、尿血、血枯便秘、腰膝痿弱等症。

注解： 本品为锁阳科植物锁阳的干燥肉质茎。一种常用的中药，生长在干燥多沙地带，多寄生于白刺的根上，主要分布在宁夏、甘肃、内蒙古、新疆等地。锁阳含有滋阴壮阳的多种成分。

贮存宜忌

【宜】置通风干燥处。

食用宜忌

【宜】中老年人肾虚阳痿、早泄、遗精、腰膝软弱无力以及老年人大便燥结等患者适宜食用。

【忌】①大便溏薄者不宜食用。

②性功能亢进之人更不宜食用。

厚朴

别名： 川朴、川厚朴、姜厚朴、姜朴、厚皮。

性味归经： 性温，味辛。归脾、胃、大肠经。

功效： 厚朴具有行气化湿、温中止痛、降逆平喘的功效。可用于食积气滞、腹胀便秘、湿阻中焦、脘痞吐泻、痰壅气逆、胸满喘咳等症。

注解： 厚朴是一种常用的中草药。在厚朴的皮中含挥发油，其主要成分为厚朴酚，并且含少量生物碱、木兰箭毒碱、鞣质及微量烟酸。厚朴煎剂对葡萄球菌、链球菌、赤痢杆菌、巴氏杆菌、霍乱弧菌有较强的抗菌作用；而且对横纹肌强直也有一定缓解作用。

食用宜忌

【宜】适宜食积气滞、腹胀便秘者食用。

【忌】①孕妇慎用。

②厚朴不宜与豆类一起食用，因为厚朴中含有鞣质，豆类食物中富含蛋白质，二者相遇会起化学反应，形成不易消化吸收的鞣质蛋白。另外，二者所含有机成分都比较复杂，同食可能还会产生其他不良化学反应，致使豆类难以消化，形成气体充塞肠道，导致腹胀。

③厚朴不可食用过多，否则有损健康。

半夏

别名：地文、守田、羊眼半夏、蝎子草、麻芋果、三步跳、和姑。

性味归经：性温，味辛，有毒。入脾、胃经。

功效：半夏具有燥湿化痰、和胃止呕、消肿散结等功效，对湿痰咳喘、风痰眩晕、痰厥头痛、呕吐反胃、胸脘痞闷等病症有一定疗效；外用可消痈疽肿毒。

注解：半夏属天南星科植物半夏的块茎，是中国中药宝库中的一种重要药材，产地只有中国和日本。半夏有水生和陆生两种，即所谓水半夏和旱半夏，旱半夏的药用价值强于水半夏。半夏含 β-谷甾醇及其葡萄糖苷，又含辛辣醇类，三萜烯醇、胆碱和多种氨基酸、生物碱。此外，其尚含微量挥发油、棕榈酸、异油酸、亚麻油酸、硬脂酸、淀粉及黏液质。

食用宜忌

【宜】适宜风痰眩晕、呕吐反胃者食用。

【忌】①半夏忌药用剂量过大、生服、误服。半夏有一定的毒性，药用剂量过大、生服、误服，可产生口腔、咽喉、胃肠道黏膜及对神经系统的毒性，如口干舌麻、胃部不适、恶心、胸前有压迫感、口腔有烧灼疼痛感、呼吸困难、痉挛甚至窒息等症状，尤其是生半夏不能内服，只可外用。

②半夏忌与羊肉、羊血同食。羊肉、羊血中的某些有机成分易与半夏所含的醇类、生物碱、有机酸等产生不良的化学反应，从而引起身体不适，此外，由于羊肉苦甘大热，半夏性温而辛燥，同食则易损阴而伤津。

③半夏忌与饴糖同食，饴糖性温，味甘，易生痰动火，半夏性温而辛燥，就药用功能来看，半夏与饴糖不相和，故忌同食。

杜仲

别名：杜仲、丝楝树皮、丝棉皮、棉树皮、胶树。

性味归经：性温，味甘。归肝、肾经。

功效：杜仲具有降血压、补肝肾、强筋骨、安胎气的功效。可用于治疗腰脊酸疼、足膝痿弱、小便余沥、阴下湿痒、胎漏欲坠、胎动不安、高血压等症。

注解：杜仲为杜仲科植物杜仲的干燥树皮，是一种常用的中草药。富含木脂素、维生素C以及杜仲胶、杜仲醇、杜仲苷、松脂醇二葡萄糖苷等，其中松脂醇二葡萄糖苷为降低血压的主要成分。

食用宜忌

【宜】①高血压、中老年人肾气不足、腰脊疼痛、腿脚软弱无力、小便余沥者以及小儿麻痹后遗症、小儿行走过迟、两下肢无力等病症患者适宜食用。

②妇女体质虚弱、肾气不固、胎漏欲坠、习惯性流产者保胎时适宜食用。

【忌】阴虚火旺者慎服。

玉米须

别名：玉麦须。

性味归经：性平，味甘、淡。归肾、肝、胆经。

功效：玉米须具有利尿消肿、平肝利胆的功效。可用于水肿、小便淋沥、黄疸、胆囊炎、胆结石、高血压病、糖尿病、乳汁不通等症。

注解：玉米须是一种常用的药物。含有皂苷、生物碱、脂肪油、树胶样物、谷甾醇等成分。

食用宜忌

【宜】一般人群均可食用。

菊花

别名：寿客、金英、黄华、秋菊、陶菊。

性味归经：性微寒，味辛、甘、苦。归肺、肝经。

功效：菊花具有平肝明目、散风清热、消咳止痛的功效，可用于头痛眩晕、目赤肿痛、风热感冒、咳嗽等病症。

注解：菊花种类繁多，可分为杭菊、怀菊、贡菊、滁菊、野菊等，约有3万多种。菊花分布广泛，生命力、适应力比较强，世界上绝大多数地区都有它的踪迹。菊花含有水苏碱、刺槐苷、木樨草苷、大波斯菊苷、腺嘌呤、胆碱、葡萄糖苷等成分，尤其富含挥发油，并且油中主要为菊酮、龙脑、龙脑乙酸酯等物质。

食用宜忌

【宜】适宜外感风热、头痛、眩晕、目赤、咳嗽及老年人常见的动脉硬化、高血脂、高血压、冠心病、脑溢血、脑血栓患者食用。

【忌】菊花性凉，气虚胃寒、食少泄泻者慎服。

韭菜子

别名：韭子、炒韭菜子。

性味归经：性温，味辛、甘。归肾、肝经。

功效：韭菜子具有温补肝肾、壮阳固精的功效。可用于阳痿遗精、腰膝酸痛、遗尿尿频、白浊带下等症。

注解：百合科植物韭菜的干燥成熟种子。秋季果实成熟时采收，晒干，搓出种子，除去杂质。本品呈半圆形或半卵圆形，略扁，长

2~4毫米，宽1.5~3毫米。表面黑色，一面凸起，粗糙，有细密的网状皱纹，另一面微凹，皱纹不甚明显。顶端钝，基部稍尖，有点状突起的种脐。质硬。气特异。

韭菜子含有左旋肉碱、皂苷及丰富的纤维素，其中左旋肉碱具有抗机体疲劳、衰老作用，还能促进生长发育，预防心血管疾病、肾病及糖尿病，达到延年益寿的目的。它所含的纤维素能够促进肠胃的蠕动，有通便的作用。

食用宜忌

【宜】尤其适宜阳痿、遗精、白带白淫、遗尿、小便频数、腰膝酸软、冷痛等人群食用。

【忌】阴虚火旺者忌服。

阿胶

别名：驴皮胶、二泉胶、傅致胶、盆覆胶。

性味归经：性平，味甘。归肺、肝、肾经。

功效：阿胶具有补血、止血、滋阴润燥的功效。可用于眩晕、心悸失眠、久咳、咯血、衄血、吐血、尿血、便血、崩漏、月经不调等症。阿胶可促进细胞再生，升高失血性休克者之血压，改善体内钙平衡，防止进行性营养障碍，提高免疫功能。临床上能发挥养血、补血益气等多种功效，对老年久病、气血不足、体质虚弱者，有减轻疲劳、延年益寿等多种效果。阿胶具有促进健康人淋巴细胞转化作用，同时也能提高肿瘤患者的淋巴细胞转化率，用以治疗肿瘤可使肿瘤生长减慢，症状改善，寿命延长。阿胶还能迅速增加人体红细胞和血红蛋白。

注解：阿胶是马科驴的皮。皮经煎煮，浓缩制成的固体胶。呈长方形或方块形，黑褐色，有光泽。质硬而脆，断面光亮，碎片对光照视呈棕色半透明。气微，味微甘。10%的水溶液呈淡棕红色，有少量类白色物析出，液面有少量油滴。灰化后残渣呈淡棕色，质疏松，呈片状或棉絮状团块，不与坩埚黏结。味淡，口尝无异物感。

阿胶含多种氨基酸，如赖氨酸、精氨酸、组氨酸、色氨酸及明胶原、骨质原、灰分、铁、锌、钙、硫等物质。

烹调宜忌

【宜】烊化兑服。

食用宜忌

【宜】适宜血虚萎黄、眩晕心悸者食用，是治血虚的主药。患吐血、便血、崩漏、阴虚咳嗽、阴虚发热等症的人群也可食用。

【忌】本品性滋腻，有碍消化，胃弱便溏者不宜用。

熟地黄

别名：熟地、伏地。

性味归经：性微温，味甘。归肝、肾经。

功效：熟地黄具有滋阴补血、益精填髓的功效。可用于肝肾阴虚、腰膝酸软、骨蒸潮热、盗汗遗精、内热消渴、血虚萎黄、心悸怔忡、月经不调、崩漏下血、眩晕、耳鸣、须发早白等症。

注解：熟地黄为生地加黄酒拌蒸至内外色黑、油润，或直接蒸至黑润而成。本品为不规则的块片，表面乌黑色，有光泽，黏性大。质柔软而带韧性，不易折断，断面乌黑色，有光泽。无臭，味甜。熟地黄含有梓醇、地黄素、维生素 A 等成分，具有抗焦虑作用。

食用宜忌

【宜】熟地能补血滋阴而养肝益肾，凡血虚阴亏、肝肾不足所致的眩晕，均可应用。也适用于肾阴不足所引起的各种病症，常与山茱萸、丹皮等配伍应用。

【忌】脾胃虚弱、气滞痰多、腹满便溏者忌服。

龟甲

别名：玄武版、龟腹甲、龟下甲、龟版、龟板、拖泥板、坎甲。

性味归经：性寒，味甘、咸。归肝、心、肾经。

功效：龟甲具有滋阴潜阳、益肾健骨、固经止血、养血补心的功效。可用于肾虚骨痿、阴虚血热、冲任不固的崩漏、月经过多、心虚惊悸、失眠、健忘、阴虚内热等症。

注解：龟甲是龟科乌龟的背及腹甲。龟甲含的主要成分是骨胶原、碳酸钙、磷酸钙、维生素 D 等。维生素 D 可使肠道对钙的吸收从被动变为主动。

烹调宜忌

【宜】煎服，宜先煎。

食用宜忌

【宜】尤其适宜于阴虚潮热、骨蒸盗汗、头晕目眩、虚风内动、筋骨痿软、心虚健忘者食用。

【忌】脾胃虚寒者、孕妇忌食。

海狗肾

别名：腽肭脐。

性味归经：性热，味咸。归肝、肾经。

功效：海狗肾具有暖肾壮阳、益精补髓的功效。可用于元阳不固、身体虚弱、精神疲乏、腰腿酸软、肾亏精冷、性欲减退、失眠健忘等症。

注解：海狗肾是海豹科海豹或海狗的阴茎或睾丸。在我国渤海、黄海沿岸偶见。

海狗肾含有雄性激素、蛋白质、脂肪等，具有温肾补阳作用，对于肾阳虚的机体具有显著补益功能，可明显增强机体的性功能和性行为。同时具有强大的抗疲劳和适应原样作用，可提高机体对多种有害环境因素（寒冷、过热、剧烈运动、放射线、异体血清、细菌、毒品、麻醉品、激素、药物等）的抵抗能力，迅速恢复体能、消除疲劳。

食用宜忌

【宜】尤其适宜肾亏精冷、性欲减退者食用。

【忌】阴虚火炽、脾胃有寒湿者忌食。

女贞子

别名：女贞树子、白蜡树子、鼠梓子、冬青子。

性味归经：性凉，味甘、苦。归肝、肾经。

功效：女贞子具有滋补肝肾、明目乌发的功效。可用于眩晕耳鸣、腰膝酸软、须发早白、目暗不明等症。

注解：女贞子是木樨科植物女贞的干燥成熟果实。产自浙江、江苏、湖南、福建、四川等地。女贞子含有齐墩果酸、多种糖类，可以增加实验动物的冠状动脉血流量，有降脂、降血糖、降低血液黏度的作用，有抗血栓和防治动脉粥样硬化的作用，对放疗、化疗所引起的白细胞减少有升高作用。根据衰老的脂质过氧化学说，女贞子具有一定的抗衰老作用。

食用宜忌

【宜】①肝肾阴虚，头昏目眩、遗精耳鸣、腰膝酸软、须发早白者宜食。

②老年人大便虚秘者宜食。

③冠心病、高脂血症、高血压、慢性肝炎者宜食。

【忌】脾胃虚寒泄泻及阳虚者忌服。

菟丝子

别名：吐丝子、菟丝实、黄藤子、龙须子、豆须子、黄网子。

性味归经：性温，味甘。归肾、肝、脾经。

功效：菟丝子具有滋补肝肾、固精缩尿、安胎、明目、止泻的功效。可用于阳痿遗精、尿有余沥、遗尿尿频、腰膝酸软、目昏耳鸣、肾虚胎漏、胎动不安、脾肾虚泻等症。外用可治白癜风。菟丝子中含黄酮类化合物，具有强壮机体、抗氧化、抗白内障、抗衰老等作用，能提高免疫功能，降低血压。

注解：菟丝子是旋花科植物菟丝子的干燥成熟种子。

食用宜忌

【宜】菟丝子有壮阳作用，尤其适宜于阳痿遗精者食用。

【忌】脾虚火旺、阳强不痿及大便燥结者忌食。

玉竹

别名：肥玉竹、葳蕤、女蕤、西竹。

性味归经：性微寒，味甘。归肺、胃经。

功效：玉竹具有养阴润燥、生津止渴的功效。可用于肺胃阴伤、燥热咳嗽、咽干口渴、内热消渴等症。玉竹还具有延缓衰老、延长寿命的作用。还有双向调节血糖作用，使正常血糖升高，又降低实验性高血糖。还可加强心肌收缩力，提高抗缺氧能力，抗心肌缺血，降血脂及减轻结核病变。

注解：玉竹是百合科植物玉竹的干燥根茎。秋季采挖，除去须根，洗净，晒至柔软后，反复揉搓，晾晒至无硬心；或蒸透后，揉至半透明，晒干。本品呈长圆柱形，略扁，表面黄白色或淡黄棕色，半透明，质硬而脆或稍软，易折断，气微，味甘，嚼之发黏。

食用宜忌

【宜】①玉竹药性甘润，能养肺阴，并略能清肺热，适宜于患阴虚肺燥有热的干咳少痰、咳血、声音嘶哑人群食用，常与沙参、麦冬、桑叶等品同用。

②玉竹滋阴而不碍邪，与疏散风热之薄荷、淡豆豉等品同用，适宜于阴虚之体感受风温及冬温咳嗽、咽干痰结等症患者食用。

③玉竹能养胃阴，清胃热，可治燥伤胃阴、口干舌燥、食欲不振等症，常与麦冬、沙参等品同用。

【忌】痰湿气滞者禁服，脾虚便溏者慎服。

五味子

别名：五梅子、北五味子、辽五味子、南五味子、西五味子、玄及。

性味归经：性温，味酸、甘。归肺、心、肾经。

功效：五味子具有收敛固涩、益气生津、补肾宁心的功效。可用于肺虚喘嗽、自汗、盗汗、慢性腹泻、痢疾、遗精、神经衰弱、失眠健忘、四肢乏力、急慢性肝炎、视力减退以及孕妇临产子宫收缩乏力等症。

现代医学研究表明，五味子含有挥发油、有机酸、鞣质、维生素、糖及树脂等，具有镇咳祛痰、调整血压、调节胃液分泌及促进胆汁分泌、兴奋中枢神经系统、兴奋脊髓、提高大脑皮层的作用。此外，五味子尚有较强的抗菌消炎作用，能抑制结核杆菌、绿脓杆菌、肺炎球菌、葡萄球菌、伤寒杆菌，并能增强肌体内非特异性抵抗力，还对肝脏、心血管系统、中枢神经系统、抗衰老等具有良好的保健作用。

注解：五味子是木兰科植物五味子或华中五味子的干燥成熟果实。主产东北、西南及长江流域以南各省。

食用宜忌

【宜】五味子适用于滋肾生津，有助治疗盗汗、烦渴及尿频问题，而且在治疗尿失禁和早泄方面也很有帮助。尤其适宜于有这些疾患的人食用。

【忌】五味子有小毒，能兴奋呼吸中枢，使呼吸频率及幅度增加。食用时需特别注意。

山茱萸

别名：芋肉、萸肉、山萸肉、枣皮、蜀枣、肉枣、药枣、鸡足。

性味归经：性微温，味酸、涩。归肝、肾经。

功效：山茱萸具有补益肝肾、涩精固脱的功效。可用于眩晕耳鸣、腰膝酸痛、阳痿遗精、遗尿尿频、崩漏带下、大汗虚脱、内热消渴等症。

注解：山茱萸是山茱萸科植物山茱萸的干燥成熟果肉。主要产于浙江、安徽、河南、陕西、山西等地。山茱萸呈不规则的片状或囊状，表面紫红色至紫黑色，质柔软。

食用宜忌

【宜】尤其适宜于肝肾不足、头晕目眩、耳鸣、腰酸、遗精、遗尿、小便频数及虚汗不止者食用。

【忌】素有湿热、小便淋涩，不宜应用。

桑螵蛸

别名： 桑蛸、螳螂子、赖尿郎、硬螵蛸（长螵蛸）、软螵蛸（团螵蛸）、短螵蛸（黑螵蛸）。

性味归经： 性平，味甘、咸。归肝、肾、膀胱经。

功效： 桑螵蛸具有益肾固精、缩尿、止浊的功效。可用于遗精滑精、遗尿尿频、小便白浊等症的治疗。桑螵蛸含有碳酸钙、壳角质、黏液质及少量氯化钠、磷酸钙、镁等，有抗尿频和收敛作用，其所含磷脂有减轻动脉粥样硬化，促进红细胞发育及其他细胞膜合成的作用。

注解： 螳螂科昆虫大刀螂、小刀螂或巨斧螳螂的干燥卵鞘，分别习称“团螵蛸”“长螵蛸”及“黑螵蛸”。主产于辽宁、江苏、浙江等地。

食用宜忌

【宜】尤其适宜于肾虚遗尿、尿频、小便失禁者食用。

【忌】阴虚火旺者忌食。

海螵蛸

别名： 乌贼鱼骨、乌骨、墨鱼骨、鱼古、淡古。

性味归经： 性温，味咸、涩。归肝、肾经。

功效： 海螵蛸具有收敛止血、涩精止带、制酸、敛疮的功效。可用于溃疡病、胃酸过多、吐血衄血、崩漏便血、遗精滑精、赤白带下、胃痛吞酸；外治损伤出血，疮多脓汁。海螵蛸主要成分为蛋白质、脂肪、铁、钙、胡萝卜类色素。它是全身性止血药，可以用于消化道出血、功能性子宫出血和肺咳血的治疗。

注解：海螵蛸是乌贼科动物无针乌贼或金乌贼的干燥内壳。

食用宜忌

【忌】本品助阳固涩，故阴虚多火、膀胱有热而小便频数者忌用。

桑叶

别名：冬桑叶、霜桑叶。

性味归经：性寒，味甘、苦。归肺、肝经。

功效：桑叶具有疏散风热、清肺润燥、清肝明目的功效，可用于风热感冒、肺热燥咳、头晕头痛、目赤昏花。桑叶富含黄酮、酚类、氨基酸、有机酸、胡萝卜素、维生素及多种人体必需的微量元素，这对改善和调节皮肤组织的新陈代谢，特别是抑制色素沉着的发生和发展均有积极作用。

注解：桑叶是桑科植物桑的干燥叶。桑叶多皱缩、破碎。完整的有柄，上表面黄绿色或浅黄棕色，有的有小疣状突起；下表面颜色稍浅，叶脉突出，质脆。气微，味淡、微苦涩。

食用宜忌

【宜】桑叶外用煎水洗治结膜炎，桑叶蜜炙能增强润肺止咳的作用，故肺燥咳嗽多用蜜桑叶。

【忌】肝燥者忌食。

防己

别名：广防己、粉防己、汉防己、寸己。

性味归经：性微温，味苦。归膀胱、肺、脾经。

功效：防己具有利水消肿、祛风止痛的功效。可用于水肿脚气、小便不利、湿疹疮毒、风湿痹痛、高血压等症。防己主要成分为防己甲素、防己乙素。防己甲素为钙通道的阻滞剂，具有解热镇痛、降压、抗菌、抗癌等药理作用。

注解：防己是防己科植物粉防的干燥根。主要产于广东、广西等地。防己呈不规则圆柱形、半圆柱形或块状，多弯曲。表面淡灰黄色，体重，质坚实，断面平坦，灰白色，富粉性，气微，味苦。

食用宜忌

【宜】尤其适宜于小便不利、高血压者食用。

【忌】本品大苦大寒，易伤胃气，脾胃虚寒、胃纳不佳者慎用。

蚕沙

别名：蚕矢。

性味归经：性温，味甘、辛。归肝、脾、胃经。

功效：蚕沙具有祛风燥湿、清热活血的功效。可用于风湿、皮肤不仁、关节不、急剧吐泻转筋、筋骨不遂、腰脚痛、腹内瘀血、头风赤眼等症。

注解：蚕沙是蚕蛾科蚕蛾幼虫的粪便。江苏、浙江的产量最多。蚕沙呈长椭圆形，色黑，表面粗糙不平，质轻，易捻碎，断面不平，气微，味淡。

食用宜忌

【宜】适宜风湿痹痛、湿浊内阻的吐泻转筋之人食用。

【忌】血不养筋、手足不遂者忌食。

桑枝

别名：桑条、嫩桑枝。

性味归经：性平，味微苦。归肝经。

功效：桑枝具有祛风湿、利关节的功效。可用于肩臂、关节酸痛麻木等症。桑枝中所含 α－糖苷酶抑制剂类活性成分。通过竞争性的抑制小肠黏膜刷状缘葡萄糖苷酶，使肠道内的葡萄糖生成、吸收延缓，从而有效降低餐后血糖和空腹血糖。另还具有降低血压、抗肿瘤的功效。

注解：桑枝是桑科植物桑的干燥嫩枝。主要产于江苏、河南、山东等地。桑枝呈长圆柱形，少有分枝，表面灰黄色或黄褐色，质坚韧，不易折断，断面纤维性。气微，味淡。

食用宜忌

【宜】尤其适宜肩周炎患者食用。

桑寄生

别名：广寄生、北寄生、槲寄生、寄屑。

性味归经：性平，味苦、甘。归肝、肾经。

功效：桑寄生具有补肝肾、强筋骨、祛风湿、安胎的功效。可用于风湿痹痛、腰膝酸软、筋骨无力、崩漏经多、妊娠漏血、胎动不安、高血压症。

注解：桑寄生是桑寄生科植物桑寄生或槲寄生的干燥带叶茎枝。主要产于广东、广西、河北、内蒙古、河南等地。桑寄生茎枝呈圆柱形，表面红褐色或灰褐色，质坚硬，表面黄褐色，幼叶被细绒毛，先端钝圆，基部圆形或宽楔形，全缘，革质。无臭，味涩。

食用宜忌

【宜】桑寄生含广寄生苷等黄酮类，可扩张冠状动脉，改善心肌营养血流，降低心肌耗氧量，促进心肌梗死的修复和降低血压，尤其适宜于冠心病心绞痛之人服用。

何首乌

别名：首乌、地精、赤敛。

性味归经：性微温，味苦、甘、涩。归肝、肾经。

功效：何首乌具有养血滋阴、润肠通便、截疟、祛风、解毒的功效。可用于血虚头昏目眩、心悸、失眠、肝肾阴虚之腰膝酸软、须发早白、耳鸣、遗精、肠燥便秘、久疟体虚、风疹瘙痒、疮痈、瘰疬、痔疮。

注解：何首乌为蓼科多年生缠绕藤本植物。根细长，末端成肥大的块根，外表红褐色至暗褐色。《本草图经》："何首乌，今在处有之。以西洛嵩山及南京柘城县者为胜。春生苗叶，叶相对如山芋而不光泽。其茎蔓延竹木墙壁间。夏、秋开黄白花，似葛勒花。结子有棱似荞麦而细小，才如粟大。秋冬取根，大者如拳，各有五棱瓣，似小甜瓜。”植物的块根、藤茎及叶均可供药用。

烹调宜忌

【忌】何首乌忌在铁器中煮食。

食用宜忌

【宜】①何首乌适宜须发早白、血虚头晕、神经衰弱、病后产后、肠燥便秘、高血压、高血脂、肝肾功能不足、头昏眼花、腰膝软弱、动脉硬化、慢性肝炎、冠心病、糖尿病、皮肤瘙痒症等患者食用。

②何首乌与当归、枸杞子、菟丝子等同食，能治精血亏虚，腰酸脚弱、头晕眼花、须发早白及肾虚无子。

【忌】①平素大便溏薄者要忌食。

②何首乌与猪肉、羊肉、萝卜、葱、蒜不宜搭配食用，需要特别注意。

葛根

别名：葛条、粉葛、甘葛、葛藤、葛麻。

性味归经：性凉，味甘、辛。归脾、胃经。

功效：葛根具有解表退热、生津、透疹、升阳止泻的功效。可用于外感发热头痛、高血压颈项强痛、口渴、消渴、麻疹不透、热痢、泄泻。还具有滋身健体、抗衰老、降压、降糖、降脂、增加皮肤弹性、润肤等功效。葛根中所含异黄酮具有滋润皮肤、恢复皮肤弹性的作用，还可以减缓骨骼组织细胞的老化，有助于钙质的吸收，减少骨钙丢失，增加骨密度并阻止骨骼的中空消融，从而远离骨质疏松。葛根中的活性成分能够预防乙脑血管等疾病以及有效调节内分泌水平，营养卵巢，还能有效缓解更年期综合征，又能延年益寿、增进健康。

注解：葛根为豆科植物野葛，是中国南方一些省区的一种常食蔬菜，常作煲汤之用。其主要成分是淀粉，此外含有约12%的黄酮类化合物，包括大豆（黄豆）苷、大豆苷元、葛根素等10余种；并含有胡萝卜苷、氨基酸、香豆素类等。可作为药物应用。

食用宜忌

【宜】老少皆宜，特别适用下列人群：高血压、高血脂、高血糖及偏头痛等心脑血管病患者、更年期妇女、易上火人群（包括孕妇和婴儿）、常用烟酒者、女性滋容养颜，中老年人日常饮食调理等。

田七

别名：三七。

性味归经：性温，味甘、微苦。归肝、胃经。

功效：田七具有散瘀止血、消肿止痛的功效，可用于治疗衄血、便血、崩漏、咯血、吐血、外伤出血、胸腹刺痛等症。

注解：田七是五加科植物三七的干燥根。其主根呈类圆锥形或圆柱形，表面灰褐色或灰黄色，有断续的纵皱纹及支根痕：顶端有茎痕，周围有瘤状突起；体重，质坚实，断面灰绿色、黄绿色或灰白色，木部微呈放射状排列。田七中含有谷甾醇、人参皂苷、胡萝卜苷、黄酮苷、淀粉、蛋白质、油脂等成分。

田七是名贵中药材，生用可止血化瘀、消肿止痛，是云南白药主要成分，同棵植物的花叶也能入药，当茶饮。

食用宜忌

【宜】①要按需按量用药，其他无所禁忌。

②对冠心病、心绞痛有预防和治疗作用。

巴豆

别名：巴菽。

性味归经：性热，味辛，有大毒。归胃、大肠经。

功效：巴豆具有温肠泻积、逐水消胀、宿食积滞以及涤荡肠胃中的沉寒痼冷的功效。可用于外疗疮疡、破积解毒等症。此外，巴豆油对皮肤黏膜有刺激，内服有峻泻作用，有很强的杀虫抗菌能力。

注解：巴豆是一种常用的中草药。巴豆仁中含巴豆油为40%~60%，有强烈的致泻作用，另外，含巴豆毒素（一种毒性蛋白）、巴豆苷、精氨酸、赖氨酸、解酯酶、生物碱等。

食用宜忌

【**宜**】适宜宿食积滞者食用。

【**忌**】①无寒实积滞、体虚及孕妇忌用。

②巴豆不宜与野猪肉一起食用。野猪肉甘平无毒，能滋补肌肤，有益于五脏，烤熟能治疗肠风泻血，具有平补的性质；而巴豆辛热峻泻，与猪肉功用相悖。

③巴豆不宜与酱豉、冷水一起食用。酱豉咸寒冷利，冷水性寒凉，巴豆为大热药，服用巴豆治疗疾病时，如果食用酱豉，或者喝冷水，都往往会降低疗效。巴豆的特性是得热则助泻，遇冷则泻止。

④巴豆不宜与菰笋、芦笋一起食用。菰笋即茭白，性味甘冷而滑。芦笋，味甘微苦性冷。两者皆性冷，而巴豆辛热，所以不宜一同食用，否则会产生严重后果。

决明子

别名：草决明、马蹄草、马蹄决明、假绿豆。

性味归经：性微寒，味苦、甘、咸。入肝、肾、大肠经。

功效：决明子具有益肾清肝、明目通便之功效，常用于治疗白内障、青光眼、视网膜炎、视神经萎缩、眼结膜炎等疾病。还能抑制葡萄球菌生长及降压、降血脂、降胆固醇、收缩子宫，对防治血管硬化与高血压也有明显的效果。

注解：决明子为常用之明目保健药。富含决明素、决明内酯、维生素 A、大黄酚、大黄素、大黄酸、大黄素蒽酮等。

食用宜忌

【宜】肾虚、便秘、体胖以及用眼较多者、长期面对电脑工作者适宜饮用决明子茶，一般每次5~15克即可。

【忌】脾胃虚寒、体质虚弱、大便溏泄等病症患者切忌少食。

枸杞子

别名：苟起子、枸杞红实、甜菜子、西枸杞、狗奶子、红青椒、枸蹄子。

性味归经：性平，味甘。

功效：枸杞子具有补精气、坚筋骨、滋肝肾、止消渴、明目、抗衰老以及降血脂、降血压、降血糖、防止动脉硬化、保护肝脏、抑制脂肪肝、促进肝细胞再生以及提高机体免疫功能、抗恶性肿瘤的功效。

注解：枸杞子为茄科植物枸杞或宁夏枸杞的成熟果实。其浆果为红色，春天里枸杞的嫩茎梢及嫩叶称为枸杞头，既是一种蔬菜，也是一种营养丰富的保健品。枸杞既可作为坚果食用，又是一味功效卓著的传统中药材。枸杞子内富含维生素B_1、维生素B_2、维生素C、甜菜碱、胡萝卜素、玉蜀黄素、烟酸钙、磷、铁、有机锗、β－谷甾醇、亚油酸、酸浆果红素以及14种氨基酸等成分。

食用宜忌

【宜】①枸杞子无毒副作用，可在日常膳食中配餐时随意搭配。久服枸杞子可强筋壮骨、益寿延年。枸杞子还有兴奋大脑神经、促进胃肠蠕动等作用。

②肝肾阴虚、血虚、腰膝酸软、慢性眼病、头晕目眩、虚劳瘦弱、糖尿病、高血压、高脂血症、动脉硬化、慢性肝炎、脂肪肝等病症患者以及癌症患者放疗、化疗后适宜食用。

③一切虚性亢进的热证，诸如肺结核后期、消渴病阴虚内热、小儿麻疹后虚热不退等病症患者适宜食用。

【忌】①脾虚泄泻者不宜食用。

②感冒发热患者在患病期间不宜食用。

胖大海

别名：大海、大海子、大洞果、大发、通大海。

性味归经：性寒，味甘。有小毒。归肺、大肠经。

功效：胖大海具有清热润肺、利咽解毒的功效。可用于肺热声哑、干咳无痰、咽喉干痛、热结便闭、头痛目赤。

注解：胖大海生于热带地区，分布在越南、印度尼西亚、马来西亚、泰国等地。主要含半乳糖和阿拉伯糖等成分。

食用宜忌

【宜】①肺热咳嗽、牙龈肿痛、目赤、咽喉疼痛以及急性扁桃体炎、慢性便秘、痔疮、干咳无痰、声音嘶哑、大便出血、骨蒸内热、三焦火症、吐血下血等病症患者适宜食用。

②可以在炎夏之季当作清热解暑饮料食用。

【忌】胖大海性凉，风寒咳嗽者不宜食用。

薄荷

别名：番荷菜、升阳菜、野薄荷、夜息香、南薄荷。

性味归经：性凉，味甘、辛。归肺、肝经。

功效：薄荷具有疏散风热、清利头目、发汗退热、祛风止痒、芳香辟秽的功效，可用于治疗风热感冒、头痛、口疮、风疹、麻疹、目赤、喉痹、胸肋胀闷等病症。

注解：薄荷是一种常用的中药，应用广泛。薄荷叶主要含有挥发油，其中含有薄荷醇、薄荷酮、乙酸薄荷酯、柠檬烯、异薄荷酮、蒎烯、薄荷烯酮、树脂、鞣质、迷迭香酸等成分。

食用宜忌

【宜】①外感风热、头痛目赤、咽喉肿痛、口疮口臭、牙龈肿痛、风热瘙痒等病症患者适宜食用。

②在炎热酷暑之季为防暑宜当作清凉饮料食用。

【忌】汗多表虚、阴虚血燥体质者不宜食用腹泻便溏、平素脾胃虚寒者不宜多食久食。

金银花

别名：忍冬、忍冬花、金花、银花、二花、密二花、双花、双苞花、二宝花、金藤花。

性味归经：性寒，味甘。入肺、心、胃经。

功效：金银花具有清热解毒、抗炎、补虚疗风的功效，可用于胀满下疾、温病发热、热毒痈疡和肿瘤等症。其对于头昏头晕、口干作渴、多汗烦闷、肠炎、菌痢、麻疹、肺炎、乙脑、流脑、急性乳腺炎、败血症、阑尾炎、皮肤感染、痈疽疔疮、丹毒、腮腺炎、化脓性扁桃体炎等病症。

注解：金银花是忍冬科植物忍冬的花蕾，于每年5~6月间，在晴天清晨露水刚干时摘取花蕾，摊席上晾晒或阴干而成。金银花含有异氯原酸、番木鳖苷、木樨草素、氯原酸、肌醇等成分，并富含挥发油，油中成分主要是双花醇、芳樟醇等。

食用宜忌

【宜】适宜呼吸道感染、流行性感冒、肺炎、冠心病、高血脂患者食用。

【忌】①平素脾胃虚寒、腹泻便溏以及阴寒脓肿如慢性骨髓炎、慢性淋巴结核、阴疽等病症患者要忌食。

②金银花茶不宜长饮，体弱之人须慎用，主要是由于金银花性寒。

知母

别名：毛知母、光知母、肥知母、知母肉、连母、芪母、穿地龙、羊胡子根。

性味归经：性寒，味苦、甘。归肺经。

功效：知母具有清热泻火、生津润燥的功效。可用于外感热病、高热烦渴、肺热燥咳、骨蒸潮热、内热消渴、肠燥便秘。

现代研究发现知母还具有抗炎、抗菌、抗肿瘤的作用，有解热、镇痛、增强记忆力的功效。知母所含新甾体皂苷对实验性肝炎有一定的抑制活性；知母中的烟酸有维持皮肤与神经健康及促进消化道功能作用；知母果苷有利胆作用。

注解：知母是百合科植物知母的干燥根茎。主要产于河北、山西及东北等地。春、秋二季采挖，除去须根及泥沙，晒干；或除去外皮，晒干。本品呈长条状，微弯曲，略扁，表面黄棕色至棕色。质硬，易折断，断面黄白色。气微，味微甜、略苦，嚼之带黏性。

烹调宜忌

【宜】煎服。清热泻火宜生用，滋阴降火宜炙用。

食用宜忌

【宜】适宜于内热伤津、消渴者食用。

【忌】本品性寒质润，具滑肠之功，脾虚便溏者忌服。

黄连

别名：川连、川黄连、雅连、野黄连、云连、云黄连、王连、支连。

性味归经：性寒，味苦。归心、脾、胃、肝、胆、大肠经。

功效：黄连具有清热燥湿、泻火解毒的功效。可用于肠胃湿热、泻痢呕吐、热盛火炽、高热干燥、痈疽疔毒、耳目肿痛等症。黄连炒用能降低寒性；姜炙用清胃止呕；酒炙用清上焦火；猪胆汁炒用泻肝胆实火。

注解：黄连是毛茛科植物黄连、三角叶黄连或云连的干燥根茎。黄连含小檗碱、黄连碱、黄柏酮、黄柏内酯等多种生物碱，对金黄色葡萄球菌、溶血链球菌、肺炎链球菌、霍乱弧菌、炭疽杆菌、痢疾杆菌等均有较强抗菌作用，对白喉、枯草、百日咳、布氏、结核等杆菌也有抑制作用。

食用宜忌

【忌】本品大寒大苦，过服、久服易伤脾胃，脾胃虚寒者忌用，苦燥伤津、阴虚津伤者慎用。

蒲公英

别名：黄花地丁草、黄花苗、地丁、婆婆丁、仆公英、蒲公草。

性味归经：性寒，味苦、甘。归胃、肝经。

功效：蒲公英具有清热解毒、消肿散结、利尿通淋等功效。可用于疔疮肿毒、乳痈、瘰疬、目赤、咽痛、肺痈、肠痈、湿热黄疸、热淋涩痛等症。蒲公英可抗肿瘤，缓解慢性胆囊痉挛及结石症。此外，还有利尿健胃、轻泻等作用，还能提高白细胞的吞噬功能，增加白细胞数目，提高淋巴细胞的转化能力。

注解：蒲公英是菊科植物蒲公英、碱地蒲公英或同属数种植物的干燥全草。蒲公英所含的蒲公英甾、蒲公英素、蒲公英苦素有抗菌作用，对金黄色葡萄球菌、溶血性链球菌、脑膜炎球菌、绿脓杆菌、变形杆菌、皮肤真菌、钩端螺旋体等有抑制作用。

食用宜忌

【**忌**】用量过大可致缓泻。阳虚外寒、脾胃虚弱者忌用。

辛夷

别名：辛夷花、春花、木笔花。

性味归经：性温，味辛。归肺、胃经。

功效：辛夷具有祛风通窍的功效。可用于鼻炎头痛、鼻塞流浊涕、齿痛。

注解：辛夷是木兰科植物望春花玉花或木兰的花蕾。主要产于河南、四川、安徽、浙江、江苏等地。干燥花蕾呈倒圆锥状，形如毛笔头，苞片表面密被黄绿色柔软长毛，内表面平滑，棕紫色。质脆易破碎，有特殊香气，味辛凉而稍苦。

食用宜忌

【**宜**】尤其适宜于身体寒热、风头脑痛、面皯者食用。

【忌】阴虚火旺者忌服。

食用大黄

别名：大王、西宁大黄、蛋吉。

性味归经：性寒，味苦。归脾、胃、大肠、肝、心包经。

功效：食用大黄具有泻热通肠、凉血解毒、逐瘀通经等功效。可用于实热便秘、积滞腹痛、泻痢不爽、湿热黄疸、血热吐衄、目赤、咽肿、肠痈腹痛、痈肿疔疮、血闭、跌打损伤、上消化道出血，外治水火烫伤。

注解：食用大黄是蓼科植物掌叶大黄、唐古特大黄的干燥根及根茎。主要产于青海、甘肃、四川等地。呈类圆柱形、圆锥形、卵圆形或不规则块状，质坚实，气清香，味苦而微涩，嚼之黏牙，有沙粒感。

食用宜忌

【宜】①适宜于大便燥结、积滞泻痢以及热结便秘、壮热苔黄者食用。与芒硝、厚朴、枳实等配伍。

②适宜于火热亢盛、迫血上溢以及目赤暴痛、热毒疮疖者食用。配黄连、黄芩、丹皮、赤芍等同用。

③适宜于产后瘀滞腹痛、瘀血凝滞、月经不通以及跌打损伤、瘀滞作痛者食用。在使用时须配合活血行瘀的药物，如桃仁、赤芍、红花等同用。此外，食用大黄又可清化湿热而用于黄疸，临床多与茵陈、栀子等药配伍应用；如将本品研末，还可作为烫伤及热毒疮疡的外敷药，具有清热解毒的作用。

【忌】本品苦寒，易伤胃气，脾胃虚弱者慎用；妇女怀孕、月经期、哺乳期应忌用。生食用大黄内服可能发生恶心、呕吐、腹痛等副反应，一般停药后即可缓解。

西药饮食宜忌

青霉素

别名：青霉素G、盘尼西林、配尼西林、青霉素钠、苄青霉素钠、青霉素钾、苄青霉素钾。

功效：青霉素主要用于以下病症的治疗：

①溶血性链球菌感染，如咽炎、扁桃体炎、猩红热、丹毒、蜂窝织炎和产褥热等。

②肺炎链球菌感染如肺炎、中耳炎、脑膜炎和菌血症等。

③炭疽、破伤风、气性坏疽等梭状芽孢杆菌感染。

④梅毒（包括先天性梅毒）。

⑤回归热。

⑥白喉。

⑦青霉素与氨基糖苷类药物联合用于治疗草绿色链球菌心内膜炎。

⑧流行性脑脊髓膜炎。

此外，还可用于放线菌病、淋病、樊尚咽峡炎、莱姆病、多杀巴斯德菌感染、鼠咬热、李斯特菌感染、除脆弱拟杆菌以外的许多厌氧菌感染等病症的治疗。风湿性心脏病或先天性心脏病患者进行口腔、牙科、胃肠道或泌尿生殖道手术和操作前，可用青霉素预防感染性心内膜炎发生。

注解：青霉素是抗生素的一种，是指从青霉菌培养液中提制的分子中含有青霉烷、能破坏细菌的细胞壁并在细菌细胞的繁殖期起杀菌作用的一类抗生素，是第一种能够治疗人类疾病的抗生素。青霉素类抗生素是β－内酰胺类中一大类抗生素的总称。

食用宜忌

【忌】①口服或注射给药时忌与碱性药物配伍，以免分解失效。

②婴儿、肝、肾功能减退者慎用，妊娠末期产妇慎用，哺乳期妇女忌用。

红霉素

别名：威霉素、福爱力、新红康。

功效：临床主要用于链球菌、肺炎球菌、耐药金葡菌的严重感染，如脓毒败血症、化脓性脑膜炎、骨髓炎等症。

此外，红霉素对支原体、放线菌、螺旋体、立克次体、衣原体、奴卡菌、少数分枝杆菌和阿米巴原虫也有抑制作用。金黄色葡萄球菌对本品易耐药。

注解：红霉素，由链霉素所产生，是一种碱性抗生素。其游离碱供口服用，乳糖酸盐供注射用。此外，尚有其琥珀酸乙酯（琥乙红霉素）、丙酸酯的十二烷基硫酸盐（依托红霉素）供药用。

食用宜忌

【忌】①不宜饭后立即服用。

②孕妇及哺乳期妇女慎用。

③服用红霉素期间，忌食酸性食物与饮料，如酸味水果、橘子汁、柠檬汁、酸梅汤、醋制品等。因为红霉素在酸性溶液中易被破坏，在碱性环境中抗菌功能增强，故服用红霉素时，不宜大量进食酸性食物及酸性饮料，以免降低药物疗效。

④服用红霉素期间，忌食富含钙、磷、镁的食物，如牛奶、豆类、豆制品、骨头汤、黑木耳、海带、紫菜、黄花菜等，以免延缓药效或减少药物的吸收，降低药物的灭菌作用。

⑤本品可引起肝脏损害。服用红霉素期间，忌饮酒，红霉素对肝脏的毒性较强，服用时饮酒，可使毒性更为强烈，对肝脏的损害加重。

⑥本品与林可霉素和 β－内酰胺类药物应避免联用。

氯霉素

功效：氯霉素是广谱抗生素，通过抑制细菌蛋白质合成而产生抑菌作用；对大多数革兰氏阴性和阳性细菌有效，而对革兰阴性菌作用较强；特别是对伤寒、副伤寒杆菌作用最强；对流感杆菌、百日咳杆菌、痢疾杆菌的作用亦强；对大肠杆菌、肺炎杆菌、变形杆菌、绿脓杆菌亦有抑制作用；对立克次体、沙眼衣原体也有效；对革兰氏阳性细菌的作用不及青霉素和四环素。因有严重的毒副作用，氯霉素一般不用于轻度感染，主要用于伤寒、副伤寒和其他沙门氏菌属感染，可与氨苄西林合用于流感嗜血杆菌性脑膜炎。

注解：氯霉素是由委内瑞拉链丝菌产生的抗生素。氯霉素的化学结构含有对硝基苯基、丙二醇与二氯乙酰胺三个部分，分子中还含有氯。其抗菌活性主要与丙二醇有关。氯霉素的抗菌作用机制是与核蛋白体 50S 亚基结合，抑制肽酰基转移酶，从而抑制蛋白质合成。

食用宜忌

【忌】①氯霉素的不良反应有粒细胞及血小板减少、再生障碍性贫血等。久用可致视神经炎、共济失调及二重感染等。

②新生儿可致灰婴综合征，忌用。

③精神病人可致严重反应，忌用。

④肌注易致严重反应。

⑤肾功能不良者需减小剂量。

⑥怀孕、哺乳期妇女应慎用。

⑦用药时间不宜过长，一般不超过 2 个月，能达到防止感染复发即可，避免重复疗程。

阿莫西林

别名：安莫西林、安默西林。

功效：阿莫西林可用以治疗伤寒、其他沙门菌感染和伤寒带菌者，敏感细菌所致的尿路感染及肺炎球菌、不产青霉素酶金葡菌、溶血性链球菌和流感杆菌所致的耳、鼻、喉感染和软组织感染等。

注解：阿莫西林是一种最常用的青霉素类广谱 β－内酰胺类抗生素，为一种白色粉末，半衰期约为61.3分钟。在酸性条件下稳定，胃肠道吸收率达90%。阿莫西林杀菌作用强，穿透细胞壁的能力也强。是目前应用较为广泛的口服青霉素之一，其制剂有胶囊、片剂、颗粒剂、分散片等等。青霉素过敏及青霉素皮肤试验阳性患者禁用。

食用宜忌

【宜】①宜饭后服用，以减轻胃肠道反应。

②可以在空腹或餐后服药，并可以与牛奶等食物同服。

【忌】①在服用此药期间不要吃高纤维食品，如燕麦、芹菜、胡萝卜等。

②青霉素过敏及青霉素皮肤试验阳性患者禁用。

③传染性单核细胞增多症病人不宜使用此药。

阿司匹林

别名：醋柳酸、巴米尔、力爽、塞宁、东青。

功效：阿司匹林主要有以下功效：

①阿司匹林可缓解轻度或中度的钝疼痛，如头痛、牙痛、神经痛、肌肉痛及月经痛，也用于感冒、流感等退热。

②阿司匹林为治疗风湿热的首选药物，用药后可解热、减轻炎症，使关节症状好转，血沉下降，但不能去除风湿的基本病理改变，也不能预防心脏损害及其他并发症。

③可用于治疗类风湿性关节炎，可改善症状，为进一步治疗创造条件。此外，本品用于骨关节炎、强直性脊椎炎、幼年型关节炎以及其他非风湿性炎症的骨骼肌肉疼痛，也能缓解症状。

④对血小板聚集有抑制作用，阻止血栓形成，临床可用于预防暂时性脑缺血发作、心肌梗死、心房颤动、人工心脏瓣膜、动静脉瘘或其他手术后的血栓形成。也可用于治疗不稳定型心绞痛。

⑤长期规律的使用阿司匹林可以大大降低胃肠道肿瘤的发生率。

注解：阿司匹林是一种历史悠久的解热镇痛药，诞生于1899年3月6日。是医药史上三大经典药物之一。

食用宜忌

【宜】应与食物同服或用水冲服，以减少对胃肠的刺激。

【忌】①10岁以下儿童患流感或水痘者忌用本品，可诱发瑞氏综合征（症状为肝损害、肝性脑昏迷等），严重者可致死亡。

②妊娠期妇女避免使用。哺乳期妇女慎用，因大量长期使用可对婴儿产生不良影响。

③剖腹产或流产患者禁用阿司匹林。

④新生儿、幼儿和老年人似对阿司匹林影响出血特别敏感。

⑤特异质、有过敏史或哮喘病者禁用。

⑥痛风、肝肾功能减退、心功能不全或高血压患者慎用。

⑦有出血性溃疡病或其他活动性出血者禁用。

⑧血友病或血小板减少症者禁用。

⑨老年体弱者，解热时宜用小剂量，以免大量出汗引起虚脱。

⑩胃及十二指肠溃疡者应慎用或不用。如需用应与抗酸药同服或应用肠溶片。

⑪阿司匹林不宜与富含糖的水果一同食用。阿司匹林与含糖多的水果，如椰子、甜石榴、桃、葡萄、香蕉等同食，容易形成复合体，从而减少初期药物的吸收速率。

⑫阿司匹林不宜与咸鸭蛋一同食用。咸鸭蛋含有一定量的亚硝基化合物，服用解热、镇痛药时，药物中氨基比林可与咸鸭蛋中的亚硝基化合物生成有致癌作用的物质，容易诱发癌症。

⑬阿司匹林不宜与酸性食物一同食用。因为阿司匹林对胃黏膜有直接刺激作用，与酸性食物（醋、酸菜、咸肉、鱼、山楂、杨梅等）同服，可增加对胃的刺激。

⑭阿司匹林忌与果汁一起食用。果汁或清凉饮料中的果酸容易导致药物提前分解或溶化，不利于药物在小肠内的吸收而降低药效。另外，阿司匹林本来就对胃黏膜有刺激作用，果酸则更加剧了阿司

匹林对胃壁的刺激，甚至可造成胃黏膜出血。

头孢菌素

别名：先锋霉素。

功效：头孢菌素类为杀菌药，抗菌作用机理与青霉素类相似，抗菌谱广，对多数革兰阳性细菌如葡萄球菌、肺炎球菌、链球菌、白喉杆菌、炭疽杆菌、梭状芽孢杆菌等均有较强的抑制作用，但肠球菌常耐药。

注解：头孢菌素类抗生素是一种广谱半合成抗生素。问世于1945年，目前已发展到第四代，共有近60个品种。虽然头孢菌素不良反应少，安全性较高，但由于其品种繁多，仍需警惕其毒性反应，并及时防范，肾脏损害是需要主要防范的毒性反应之一。头孢霉素是半合成的氧头孢烯类抗生素，抗菌性能与第三代头孢菌素相近。其为白色或淡黄白色粉末或块状物，无臭，易溶于水和甲醇，微溶于乙醇，几乎不溶于丙酮、乙醚、氯仿、醋酸乙酯或已烷等非极性溶剂中。

食用宜忌

【忌】①服用头孢菌素期间，忌饮酒或酒精性饮料，否则会产生或增强毒性反应。

②头孢菌素忌与食物同服，头孢菌素与食物同服时的疗效仅为空腹服用时的50%~75%，降低了药物的疗效。

头孢拉定

别名：先锋瑞丁、头孢拉丁、头孢雷定、已环胺菌素、头孢环己烯、环己烯胺头孢菌素、环烯头孢菌素。

功效：头孢拉定适用于敏感菌所致的急性咽炎、扁桃体炎、中耳炎、支气管炎和肺炎等呼吸道感染、泌尿生殖道感染及皮肤软组织感染等，为口服制剂，不宜用于严重感染。临床主要用于头孢拉定敏感细菌所致呼吸道、泌尿道、皮肤和软组织等的感染，也常用于预防外科术后感染。精氨酸盐型注射剂，用于心、肾功能不全者，此剂型不易导致钠潴留。

注解：头孢拉定为广谱、高效、低毒抗生素，对革兰氏阳性及阴性菌均有杀菌作用。本品不受青霉素酶的影响，对大多数产生青霉素酶的金黄色葡萄球菌和大肠杆菌亦有显著活性。性状：本品为头孢拉定和精氨酸混合的白色或类白色粉末、易溶于水。

食用宜忌

【忌】①对头孢菌素过敏者及有青霉素过敏性休克或即刻反应史者禁用本品。

②本品可透过胎盘屏障进入胎儿血循环，也可进入乳汁，孕妇及哺乳期妇女慎用。

③有青霉素类药物过敏性休克史者不可应用本品。

④肾功能不全患者应酌情减量。

⑤本品使用时可能出现尿糖试验假阳性。

依诺沙星

别名：氟啶酸。

功效：依诺沙星适用于脓疱疮、毛囊炎、疖肿、烧烫伤创面感染及足癣合并细菌感染等各种皮肤软组织细菌性感染的治疗。

注解：依诺沙星属于喹诺酮类药物。为类白色、微黄色片或薄膜衣片。依诺沙星是杀菌剂，通过作用于细菌 DNA 螺旋酶的 A 亚单位，抑制 DNA 的合成和复制而导致细菌死亡。

食用宜忌

【忌】①对本品及氟喹诺酮类药过敏者禁用。

②与食物同服可能影响本品的口服吸收，故宜空腹服用或进餐前至少 1 小时，餐后至少 2 小时服用本品；胃酸的减少也可能使本品的口服后吸收减少。

③由于目前大肠埃希菌对氟喹诺酮类药物耐药者多见，应在给药前留取尿培养标本，参考细菌药敏结果调整用药。

④本品大剂量应用或尿 pH 值在 7 以上时可发生结晶尿，为避免

结晶尿的发生，宜多饮水，保持 24 小时排尿量在 1200 毫升以上。

⑤肾功能减退者，需根据肾功能调整给药剂量，应用氟喹诺酮类药物可发生中、重度光敏反应，应用本品时应避免过度暴露于阳光下，如发生光敏反应需停药。

⑥肝功能减退时，如属重度（肝硬化腹水）可减少药物清除，血药浓度增高，肝、肾功能均减退者尤为明显，均需权衡利弊后应用，并调整剂量。

⑦原有中枢神经系统疾患者，例如癫痫及癫痫病史者均应避免应用，有指征时需仔细权衡利弊后应用。

⑧本品在婴幼儿及 18 岁以下青少年的安全性尚未确定，但本品用于数种幼龄动物时，可致关节病变，因此不宜用于 18 岁以下的小儿及青少年。

⑨老年患者常有肾功能减退，因本品部分经肾排出，需减量应用。

⑩妊娠期及哺乳期妇女禁用。

诺氟沙星

别名：力醇罗片、淋克小星、力醇罗、氟哌酸、淋沙星、淋克星。

功效：诺氟沙星适用于敏感菌所致的尿路感染、淋病、前列腺炎、肠道感染和伤寒及其他沙门菌感染。

注解：本品为氟喹诺酮类抗菌药，具广谱抗菌作用，尤其对需氧革兰阴性杆菌的抗菌活性高。诺氟沙星体外对多重耐药菌，亦具抗菌活性。对青霉素耐药的淋病奈瑟菌、流感嗜血杆菌和卡他莫拉菌亦有良好抗菌作用。诺氟沙星为杀菌剂，通过作用于细菌 DNA 螺旋酶的 A 亚单位，抑制 DNA 的合成和复制而导致细菌死亡。

食用宜忌

【宜】①本品宜空腹服用，并同时饮水 250 毫升。

②本品大剂量应用或尿 pH 值在 7 以上时可发生结晶尿，为避免结晶尿的发生，宜多饮水，保持 24 小时排尿量在 1200 毫升以上。

③肾功能减退者，需根据肾功能调整给药剂量。

④老年患者常有肾功能减退，因本品部分经肾排出，宜减量应用。

【忌】①对本品及氟喹诺酮类药过敏的患者禁用。

②应用氟喹诺酮类药物可发生中、重度光敏反应，应用本品时应避免过度暴露于阳光，如发生光敏反应需停药。

③葡萄糖-6-磷酸脱氢酶缺乏患者服用本品，极个别可能发生溶血反应。

④喹诺酮类包括本品可致重症肌无力症状加重，呼吸肌无力而危及生命，重症肌无力患者应用喹诺酮类包括本品应特别谨慎。

⑤原有中枢神经系统疾病患者，例如癫痫及癫痫病史者均应避免应用，有指征时需仔细权衡利弊后应用。

⑥本品不宜用于孕妇。

⑦哺乳期妇女应避免应用本品或于应用时停止哺乳。

⑧本品不宜用于18岁以下的小儿及青少年。

甲硝唑

别名：灭滴灵、甲硝哒唑、甲硝基羟乙唑、灭滴唑。

功效：甲硝唑用于治疗阿米巴病，对组织内及肠腔内阿米巴滋养体有很强的杀灭作用，同时甲硝唑也是一味良好的抗厌氧菌类药物，对所有致病厌氧菌均有明显的抗菌作用，甲硝唑能与病菌蛋白质结合，干扰蛋白质的合成，从而起到杀菌作用。甲硝唑临床用途广泛，目前已有片、针、霜、栓等多种剂型，可口服、静脉注射、皮肤涂搽及阴道、肛门塞置等。

注解：甲硝唑的化学品为白色或微黄色结晶或结晶性粉末；有微臭，味苦而略咸。在乙醇中略溶，在水或氯仿中微溶，在乙醚中极微溶解。

食用宜忌

【忌】①经肝代谢，肝功能不足者药物可蓄积，应酌情减量。

②应用期间应减少钠盐摄入量，如食盐过多可引起钠滞留。

③服药期间禁酒。

④可诱发白色含珠菌病，必要时可并用抗念珠菌药。

⑤可引起周围神经炎和惊厥，遇此情况应考虑停药（或减量）。

⑥可致血象改变、白细胞减少等，应予注意。

⑦孕妇禁用。

⑧有活动性中枢神经系统疾患和血液病者禁用。

磺胺药

功效：磺胺药物抗菌谱较广，对于多种球菌如脑膜炎双球菌、溶血性链球菌、肺炎球菌、葡萄球菌、淋球菌及某些杆菌如痢疾杆菌、大肠杆菌、变形杆菌、鼠疫杆菌都有抑制作用，对某些真菌（如放线菌）和疟原虫也有抑制作用。临床上应用于治疗流行性脑脊髓膜炎、上呼吸道感染（如咽喉炎、扁桃体炎、中耳炎、肺炎等）、泌尿道感染（如急性或慢性尿道感染、轻症肾盂肾炎）、肠道感染（如细菌性痢疾、肠炎等）、鼠疫、局部软组织或创面感染、眼部感染（如结膜炎、沙眼等）、疟疾等。

注解：磺胺药为比较常用的一类药物，具有抗菌谱广、可以口服、吸收较迅速，有的能通过血脑屏障渗入脑脊液、较为稳定、不易变质等优点。

食用宜忌

【忌】①必须严格掌握用药的适应证和禁忌证，磺胺药物过敏者、巨幼细胞贫血患者应禁止使用。孕妇、哺乳期妇女应当避免使用；不足 2 个月的婴儿也属于绝对禁用范围；老年患者应当避免使用，如确有指征，则须权衡利弊后应用。

②磺胺药也常与抗生素配伍应用。严重的全身感染应首选抗生素，磺胺药只能作为次选药；磺胺药特别是复方增效磺胺制剂，不能与多种药物如青霉素、四环素类、碳酸氢钠、氯化钙、氯丙嗪、维生素 C、维生素 B_1、复方氯化钠溶液等配伍，须单独使用。

③磺胺药物可抑制 B 族维生素在肠内的合成，所以使用磺胺药

物一周以上者，应当同时给予 B 族维生素以预防其缺乏。

④由于磺胺药物可使少数患者出现头晕、头痛、乏力、萎靡和失眠等精神症状，因此在用药期间，不应从事高空作业和驾驶。

⑤磺胺药在尿液中的溶解度较低，特别是在酸性尿液中能生成一种溶解度更低的物质结晶析出，而出现尿液有结晶、排尿困难以及血尿。该药还能抑制大肠杆菌的生长繁殖，从而影响正常的大肠杆菌合成 B 族维生素，儿童使用易出现食欲不振、口角炎、神经炎等。

⑥磺胺类药物不宜与酸性食物、糖类、果汁类食物一起使用，主要表现为：磺胺类药物在碱性环境下，可增加其溶解度，而酸性食物茭白、大头菜、芥菜、醋、酸菜、番茄、咸肉、鱼、山楂、杨梅、柠檬、葡萄、杏、李子等容易使磺胺类药物析出结晶，从而增强不良反应。糖类分解代谢后，可产生大量酸性成分，可使磺胺类药物在泌尿系统形成结晶而损害肾脏。磺胺类药物在碱性环境下，溶解度增大，对肾脏的不良反应减轻，而果汁等酸性饮料易使磺胺类药物析出结晶，增强对肾脏的损害，引起血尿、少尿、尿闭等。

呋喃唑酮

别名：痢特灵。

功效：呋喃唑酮主要用于敏感菌所致的细菌性痢疾，肠炎、霍乱，也可以用于伤寒、副伤寒、贾第鞭毛虫病、滴虫病等。与制酸剂等药物合用可治疗幽门螺杆菌所致的胃窦炎。

注解：呋喃唑酮是治疗痢疾、肠炎的常用药，为呋喃类合成抗生素。用于治疗急性肠胃炎有时一片即能见效，价廉效高、广受欢迎。但它像许多药物一样，有过敏、中毒等多种副作用。

呋喃唑酮为杂环类合成药物，纯品为黄色或黄色结晶粉末，无臭、微苦。在 pH 值为 6 时，水中溶解度为 60 毫克 / 升。本品也是单胺氧化酶抑制剂，有抑制乙酰辅酶 A 干扰细菌糖代谢的作用。

食用宜忌

【忌】①孕妇及哺乳期妇女禁用。

②服用呋喃唑酮的同时要忌食牛奶、奶酪、猪肝、腌鱼、腊肉、香肠、酵母制品、豆腐、酒类、酱油、扁豆、蚕豆、香蕉、菠萝、巧克力等富含酪胺的食物。

③呋喃唑酮不可与茶、咖啡一起服用，呋喃唑酮口服后，抑制人体内各组织中的单胺氧化酶，致使去甲肾上腺素等单胺类神经递质不能被破坏，贮存在神经末梢下。呋喃唑酮若与茶、咖啡同时服，茶中所含的咖啡因可刺激神经末梢，使去甲肾上腺素大量释放，可出现恶心、呕吐、腹泻、腹痛，头痛、心律失常、心肌梗死、神志不清等症状。

④服呋喃唑酮须禁酒。患者如果在服药期间同时饮酒，可出现“双硫仑样反应”，主要表现为面部潮红、心动过速、腹痛、恶心、呕吐及头痛等不适症状。

⑤凡对呋喃唑酮过敏的人，终身不要再用这类药物，包括内服治疗泌尿系感染的呋喃妥因和外用治疗皮肤感染的呋喃西林。

⑥婴儿腹泻忌服用“呋喃唑酮”，婴儿腹泻的发病率较高，而且多数是单纯腹泻，用治疗细菌性肠道疾病的呋喃唑酮显然是不当的。

利福平

别名：甲哌利福霉素、力复平、利米定。

功效：利福平对结核杆菌和其他分枝杆菌（包括麻风杆菌等），在宿主细胞内外均有明显的杀菌作用，对脑膜炎球菌、流感嗜血杆菌、金黄色葡萄球菌、表皮链球菌、肺炎军团菌等也有一定的抗菌作用，对某些病毒、衣原体也有效。也可用于消除脑膜炎球菌或肺炎嗜血杆菌引起的咽部带菌症，也可用于厌氧菌感染。外用可治疗沙眼及敏感菌引起的眼部感染。

注解：从利福霉素 B 得到的一种半合成抗生素。能抑制细菌 DNA 转录合成 RNA。除作为抗生素应用外，在分子生物学中可用做从细菌中去除质粒的试剂。

食用宜忌

【宜】①本品与其他抗结核药联合适宜各种结核病的初治与复治。

②本品与其他药物联合适宜麻风、非结核分枝杆菌感染的治疗。

③本品与万古霉素（静脉）可适宜甲氧西林耐药葡萄球菌所致的严重感染。

【忌】①对本品或利福霉素类抗菌药过敏者禁用。

②肝功能严重不全、胆道阻塞者和3个月以内孕妇禁用。

③利福平可致恶心、呕吐、食欲不振、腹泻、胃痛、腹胀等胃肠道反应，还可致白细胞减少、血小板减少、嗜酸细胞增多、肝功能受损、脱发、头痛、疲倦、蛋白尿、血尿、心律失常、低血钙等反应，还可引起多种过敏反应；如药物热、皮疹、急性肾功能衰竭、胰腺炎、剥脱性皮炎和休克等，在某些情况下尚可发生溶血性贫血。

④服药后尿、唾液、汗液等排泄物均可显橘红色。

⑤利福平有酶促作用，可使双香豆素类抗血凝药、口服降糖药、洋地黄类、皮质激素、氨苯砜等药物加速代谢而降效。长期服用本品，可降低口服避孕药的作用而导致避孕失败。

⑥利福平与乙胺丁醇合用有加强视力损害的可能。

多酶片

功效：多酶片可用于消化不良、食欲缺乏。

注解：多酶片是复方药品，其主要成分为：胰蛋白酶不少于160国际单位，胰脂肪酶不少于200国际单位，胰淀粉酶不少于1900国际单位，胃蛋白酶不少于48国际单位。辅料为淀粉、糊精、硬脂酸镁、蔗糖。多酶片为肠溶衣与糖衣的双层包衣片，内层为胰酶，外层为胃蛋白酶。多酶片能分解脂肪，降低血液中甘油三酯水平，加速胆固醇的酯化，或分解为胆酸，促进胆汁排泄，从而降低血液中胆固醇的含量，以防止脂肪肝发展，且能延缓动脉粥样硬化。

食用宜忌

【宜】①有降低血压作用，对脑动脉硬化、脑出血后遗症以及心绞痛、高血压、肢端动脉痉挛症、偏头痛等，均有一定疗效。

②多酶片还可用于消化不良、食欲不振，胰酶中含有胰脂肪酶、

胰淀粉酶、胰蛋白酶、胰脂肪酶能使脂肪分解为甘油及脂肪酸，胰淀粉酶能使淀粉转化为糖，胰蛋白酶能使蛋白质转化为蛋白胨；胃蛋白酶能使蛋白质转化为蛋白朊及蛋白胨。二者合用，可促进消化，增进食欲。

【忌】①对本品过敏者禁用。

②本品酸性条件下易破坏，故服用时切勿嚼碎，且最好不要与酸性食物同食，因为多酶片在偏碱性环境中作用较强，若在服药期间过食醋、酸菜、咸肉、山楂、杨梅、果汁等酸性食物，会使其疗效减弱。

③忌食富含鞣酸食物如茶、咖啡、柿子、苹果等。

④忌与动物肝脏同用，肝中含有丰富的铜元素，如果服用胰酶、肾蛋白酶的同时食用肝类，肝中所含的铜便可与酶蛋白质、氨基酸分子结构上的酸性基因形成不溶性的沉淀物，降低药物的疗效。所以服用酶制剂药物时不应食用动物肝脏。

⑤铝制剂可能影响本品疗效，故不宜合用。

胰岛素

功效：胰岛素可用于治疗各种类型糖尿病、糖尿病酸中毒症和糖尿病性昏迷等疾病。同葡萄糖合用，静注，可防治严重消耗性疾病，重度感染等疾病。

注解：胰岛素是由胰岛 β－细胞受内源性或外源性物质如葡萄糖、乳糖、核糖、精氨酸、胰高血糖素等的刺激而分泌的一种蛋白质激素。胰岛素是机体内唯一降低血糖的激素，也是唯一同时促进糖原、脂肪、蛋白质合成的激素。

食用宜忌

【忌】①使用不当可发生酮症酸中毒。

②少数患者可有过敏反应、荨麻疹、血管神经性水肿等。

③低血糖、肝硬化、溶血性黄疸、胰腺炎、肾炎等患者忌用。

维生素 A

别名：视黄醇。

功效：维生素 A 能保持身体内部和外部皮肤健康所必需的营养物质，可以防止感染。是一种抗氧化剂，并可以增强免疫系统。能够预防多种形式的癌症。是夜视必需的营养物质。

维生素 A 有抗呼吸系统感染作用，有助于免疫系统功能保持正常，能保持组织或器官表层的健康，有助于祛除老年斑；促进发育，强壮骨骼，维护皮肤、头发、牙齿、牙床的健康。外用有助于对粉刺、脓包、疖疮，皮肤表面溃疡等症的治疗，有助于肺气肿、甲状腺功能亢进症的治疗。

注解：维生素 A 是所有 β－紫萝酮衍生物的总称。一种在结构上与胡萝卜素相关的脂溶性维生素。有维生素 A_1 及维生素 A_2 两种。与类胡萝卜素不同，具有很好的多种全反式视黄醇的生物学活性。为某些代谢过程，特别是视觉的生化过程所必需。

食用宜忌

【忌】①忌与米汤同食。因为米汤中含有一种脂肪氧化酶，能溶解和破坏脂溶性维生素 A。

②忌与黑木耳同食。黑木耳中含有多种人体易吸收的维生素，服用维生素时再食用黑木耳可造成药物蓄积，此外，木耳中所含的某些化学成分对合成的维生素也有一定的破坏作用。

③忌与酒类同用。嗜酒者易发生夜盲症，这是由于乙醇对维生素 A 所转化的视黄醇形成作用的竞争性抑制所造成的。

④忌与糖皮质激素一同服用。因维生素 A 与糖皮质激素（如强的松、可的松等）有药理性拮抗作用，故二者不宜并用。

⑤忌与矿物质油同用。

⑥忌与新霉素、卡那霉素、巴龙霉素等药物一同服用。新霉素能干扰胆酸的生理活性，从而减少维生素 A 的吸收。新霉素也可抑制胰脂肪酶，并能引起小肠黏膜的形态学改变，从而干扰维生素 A 的吸收。同样与新霉素相类似的药物（如卡那霉素、巴龙霉素）也

会发生类似影响。

⑦忌与考来烯胺（消胆胺）同用。因考来烯胺可降低胆固醇，影响维生素 A 的吸收，故二者不宜同用。

维生素 B_1

别名：硫胺素、抗神经炎素。

功效：维生素 B_1 能够积极参与机体正常糖代谢，帮助消化，特别是碳水化合物的消化，改善精神状况，维持神经组织、肌肉、心脏活动的正常，减轻晕机、晕船，可缓解牙科手术后的痛苦，有助于对带状疱疹的治疗。

本品可用于维生素 B_1 缺乏的预防和治疗（如“脚气病”），周围神经炎及消化不良，妊娠或哺乳期，甲状腺功能亢进，烧伤，长期慢性感染，重体力劳动，吸收不良综合征伴肝胆疾病，小肠系统疾病及胃切除后维生素 B_1 的补充。

注解：维生素 B_1 由嘧啶环和噻唑环结合而成的一种 B 族维生素。为白色结晶或结晶性粉末；有微弱的臭味，味苦，有引湿性，露置在空气中，易吸收水分。在碱性溶液中容易分解变质。酸碱度在 3.5 时可耐 100℃高温，酸碱大于 5 时易失效。遇光和热效价下降。故应置于遮光，凉处保存，不宜久贮。在酸性溶液中很稳定，在碱性溶液中不稳定，易被氧化和受热破坏。

食用宜忌

【忌】①不宜过量食用。因正常剂量对正常肾功能者几无毒性，大剂量静脉注射时，可能发生过敏性休克，大剂量用药时，可干扰测定血清茶碱浓度，测定尿酸浓度可呈假性增高。

②不宜饭前服。饭后服用维生素 B_1 有利于其吸收，因为维生素 B_1 是水溶性的，空腹服用后会被快速吸收入血，在人体利用之前经肾脏等排出体外，使药物不能充分发挥作用。

③忌与生鱼、蛤蜊一同食用。主要由于生鱼、蛤蜊等鱼贝类食物中含有破坏维生素 B_1 的分解酶。维生素 B_1 分解酶加热后或遇酸

时也易被破坏，因此在食用贝类食物时可多蘸些醋或用开水焯一下，使维生素 B_1 分解酶减弱或失去分解能力。

④不宜饮酒。酒精可损伤胃肠道黏膜，妨碍肠黏膜运转功能，减少维生素 B_1 的吸收利用。

⑤忌与茶同用。茶中含有大量鞣质，因为鞣质可与维生素 B_1 结合产生沉淀，不易被吸收利用，影响维生素 B_1 的吸收而使其疗效降低。

⑥不宜与阿司匹林合用。阿司匹林在胃中水解为水杨酸。维生素 B_1 可使胃液 pH 值降低，使阿司匹林对胃黏膜的刺激加剧。故两者不可同时服用。

⑦不宜与氨茶碱（碱性药物）合用。维生素 B_1 在碱性环境中不稳定，并会很快分解，使之遭受破坏，药力降低或失效。

⑧不宜与含鞣质的中成药合用。中成药四季清片、虎杖浸膏片、复方千日红片、感冒片、七厘散等含鞣质，可与维生素 B_1 结合产生沉淀，使之不易被吸收利用，并可使维生素 B_1 变质而降低药效。

⑨不宜与口服避孕药并用。口服避孕药可加速维生素 B_1 的代谢，降低维生素 B_1 在血液中的浓度，长期口服避孕药者应适当补充维生素 B_1，以防维生素 B_1 缺乏。

维生素 B_2

别名：核黄素、维他命 B_2。

功效：维生素 B_2 能促进生长发育；它参与细胞的生长代谢，是机体组织代谢和修复的必须营养素：还可以强化肝功能、调节肾上腺素的分泌，保护皮肤毛囊黏膜及皮脂腺的功能。临床上用于治疗维生素 B_2 缺乏所引起的疾病，如口角炎、舌炎、脂溢性皮炎、阴囊炎等。

注解：维生素 B_2 为黄色或橙黄色结晶性粉末，味微苦，水溶性，容易消化和吸收，在乙醇和水中溶解度均小。维生素 B_2 为两性化合物，易溶于酸和碱，在碱性溶液中或受光影响极易变质。但耐热性能较强，加热至 120℃，经 6 小时，仅有轻微分解。

食用宜忌

【忌】①忌与多纤维素一起食用。维生素 B_2 在肠道中被吸收的部位是小肠近端，在肠道中有食物的情况下，维生素 B_2 吸收增加，因为它可在吸收部位停留较长时间，而多纤维素食物会加快肠内容物通过的速度，降低维生素 B_2 的吸收。

②忌与高脂肪食物合用。高脂肪食物可加快肠内容物的通过速度，导致肠蠕动增强或腹泻，降低维生素 B_2 的吸收。另外，因为高脂肪食物将大大提高维生素 B_2 的需要量，使其相对缺乏。

维生素 B_6

别名：吡哆素。

功效：维生素 B_6 可用于动脉硬化、秃头、胆固醇过高、膀胱炎、面部油腻、低血糖症、精神障碍、肌肉失调、神经障碍、怀孕初期的呕吐、超体重、手术后呕吐、紧迫、对太阳光敏感等病症的治疗。在临床上也可用维生素 B_6 制剂防治妊娠呕吐和放射病呕吐。

注解：维生素 B_6 是一种水溶性维生素，遇光或碱易破坏，不耐高温。一种含吡哆醇或吡哆醛或吡哆胺的 B 族维生素。1936 年定名为维生素 B_6。维生素 B_6 为无色晶体，易溶于水及乙醇，在酸液中稳定，在碱液中易破坏，吡哆醇耐热，吡哆醛和吡哆胺不耐高温。维生素 B_6 在酵母菌、肝脏、谷粒、肉、鱼、蛋、豆类及花生中含量较多。维生素 B_6 为人体内某些辅酶的组成成分，参与多种代谢反应，尤其是和氨基酸代谢有密切关系。

食用宜忌

【忌】①本品忌与氯霉素、环丝氨酸、乙硫异烟胺、盐酸肼酞嗪、免疫抑制剂（包括肾上腺皮质激素、环磷酰胺、环孢素、异烟肼、青霉胺等药物）一同服用，因为这些药物可拮抗维生素 B_{12} 或增加维生素 B_6 经肾排泄，甚至可以引起贫血或周围神经炎。

②本品忌与含硼的食物一起食用，维生素 B_6 实际上包括 3 种衍生物，即吡哆醇、吡哆醛、吡哆胺，三者都具有同等的活性，均易

被胃肠道吸收，吸收后吡哆醛、吡哆胺转变为吡哆醇，三者可相互转化。后者与硼酸作用可生成络合物，茄子、南瓜、胡萝卜、萝卜缨等含硼较多，这些食物中的硼与体内消化液相遇，再遇上维生素 B_6，则可能生成络合物，就会影响维生素 B_6 的吸收与利用，从而降低药效。

③本品忌与雌激素一起服用。雌激素的转化产物可与维生素 B_6 竞争酶蛋白，从而促进维生素 B_6 的排泄，降低其疗效，雌激素还可使色氨酸氧化酶活性增加，使色胺代谢中维生素 B_6 的需要量增大，因而导致体内维生素 B_6 的相对不足。

④不宜应用大剂量维生素 B_6 来治疗未经证实有效的疾病。

⑤孕妇接受大量维生素 B_6，可致新生儿产生维生素 B_6 依赖综合征。

⑥本品忌与青霉胺、左旋多巴一同服用。

维生素 B_{12}

别名：钴胺素、氰钴胺。

功效：维生素 B_{12} 的主要生理功能是参与制造骨髓红细胞，防止恶性贫血；防止大脑神经受到破坏。以辅酶的形式存在，可以增加叶酸的利用率，促进碳水化合物、脂肪和蛋白质的代谢：具有活化氨基酸的作用和促进核酸的生物合成，可促进蛋白质的合成，对婴幼儿的生长发育有重要作用。它是神经系统功能健全不可缺少的维生素，参与神经组织中一种脂蛋白的形成。

注解：自然界中的维生素 B_{12} 都是微生物合成的，高等动植物不能制造维生素 B_{12}。维生素 B_{12} 是需要一种肠道分泌物（内源因子）帮助才能被吸收的一种维生素。有的人由于肠胃异常，缺乏这种内源因子，即使膳食中来源充足也会患恶性贫血。植物性食物中基本上没有维生素 B_{12}。它在肠道内停留时间长，大约需要 3 小时（大多数水溶性维生素只需要几秒钟）才能被吸收。

食用宜忌

【忌】①注射过量的维生素 B_{12} 可出现哮喘、荨麻疹、湿疹、面部水肿、寒战等过敏反应，也可能引发神经兴奋、心前区痛和心悸。

②维生素 B_{12} 摄入过多还可导致叶酸的缺乏。

③忌与硒及含酒精饮料同用。酒精能损伤胃黏膜，干扰肠黏膜的运转功能，消耗很多体内的 B 族维生素，同时降低维生素 B_{12} 的作用。

④忌与雌激素同用。雌激素的转化产物可与维生素 B_6 竞争酶蛋白，从而促进维生素 B_{12} 的排泄，降低其疗效，雌激素还可使色氨酸氧化酶活性增加，使色氨酸代谢中维生素 B_{12} 的需要量增大，因而导致维生素 B_{12} 的相对不足。

⑤忌与氯霉素、阿司匹林一起服用。因氯霉素、阿司匹林都有可能减少维生素 B_{12} 的利用，可使维生素 B_{12} 的疗效降低。

⑥忌与氯化剂或还原剂及维生素 C 同用。维生素 B_{12} 遇氧化剂或还原剂能被分解而失效。维生素 C 与维生素 B_{12} 同时使用时，能使维生素 B_{12} 生物利用度下降，故需要二者利用时服药时间应间隔 2~3 小时。

⑦忌与苯乙双胍（苯乙双胍）一同服用。因为苯乙双胍能抑制酶系统，与维生素 B_{12} 合用可使其吸收减少。

⑧忌与考来烯胺一同使用。因为考来烯胺与维生素 B_{12} 二者合用，可导致维生素 B_{12} 的吸收减少。

维生素 C

别名： L– 抗坏血酸。

功效： 维生素 C 可用于防治坏血病、各种急慢性传染性疾病及紫癜等辅助治疗。也可用于慢性铁中毒、特发性高铁血红蛋白血症、肝硬化、急性肝炎等病症的治疗。

维生素 C 对缺铁性贫血的治疗有重要作用；对巨细胞性贫血有一定作用。由于维生素 C 参与机体的新陈代谢，能增加机体的抵抗力，在防治坏血病和抵抗感染方面均有良好效果。

注解： 维生素 C 是一种水溶性维生素。食物中的维生素 C 被人体小肠上段吸收。一旦吸收，就分布到体内所有的水溶性结构中，正常成人体内的维生素 C 代谢活性池中约有 1500 毫克维生素 C，最高储存峰值为3000毫克维生素C。正常情况下，维生素C绝大部分在体内经代谢分解成草酸或与硫酸结合生成抗坏血酸-2-硫酸由尿排出；另一部分可直接由尿排出体外。

食用宜忌

【宜】①适宜容易疲倦的人。

②适宜在污染环境工作的人。体内维生素C高的人，几乎不会再吸收铅、镉、铬等有害元素。

③适宜嗜好抽烟的人。番茄和柑橘富含维生素C，能增强细胞的抵抗力，保持血管的弹性，消除体内的尼古丁。

④适宜从事剧烈运动和高强度劳动的人。这些人因流汗过多会损失大量维生素C，应及时予以补充。

⑤适宜坏血病患者。此病是因饮食中缺乏维生素C，使结缔组织形成不良，毛细血管壁脆性增加所致，应多食含维生素C丰富的食物。

⑥适宜脸上有色素斑的人。维生素C有抗氧化作用，补充维生素C可抑制色素斑的生成，促进其消退。

⑦适宜长期服药的人，服用阿司匹林、安眠药、抗癌变药、四环素、钙制品、避孕药、降压药等，都会使人体维生素C减少，并可引起其他不良反应，应及时补充维生素C。

⑧适宜白内障患者食用，维生素C是眼内晶状体的营养要素，维生素C的摄入量不足，是导致白内障的因素之一，患者应多补充维生素C。

【忌】①维生素C以空腹服用为宜，但要注意患有消化道溃疡的病人最好慎用，以免对溃疡面产生刺激，导致溃疡恶化、出血或穿孔。

②肾功能较差的人不宜多服维生素C，若长期超剂量服用维生素C有可能引起胃酸过多，胃液反流，甚至导致泌尿系统结石。尤其是肾亏的人更应少服维生素C。

③大量服用维生素C后不可突然停药，如果突然停药会引起药物的戒断反应，使症状加重或复发，应逐渐减量直至完全停药。

④维生素C不宜与异烟肼、氨茶碱、链霉素、青霉素及磺胺类药物合用，否则，会使上述药物因酸性环境而疗效降低或失效。

⑤维生素C对维生素A有破坏作用。尤其是大量服用维生素C以后，会促进体内维生素A和叶酸的排泄，所以，在大量服用维生素C的同时，一定要注意维生素A和叶酸的服用量要充足。

⑥维生素C与阿司匹林肠溶片合用会加速其排泄而降低疗效。

⑦服用维生素C的同时，不要服用人参。

⑧维生素C与叶酸合用也会减弱各自的作用，若治疗贫血必须使用时，可间断使用，不能同时服用。

⑨维生素C片剂应避光在阴凉处保存，以防止变质失效。

⑩服用维生素C忌食动物肝脏，维生素C易氧化，如遇铜离子，可加速氧化速度，动物肝脏含铜量很高，如在服用维生素C期间食用动物肝脏，维生素C就会迅速氧化而失去生物功能。

维生素E

别名：生育酚。

功效：维生素E主要具有抗氧化功效。作为机体内的脂类抗氧化剂，它可以预防脂肪在组织中产生有毒的脂类过氧化物。维生素E能抑制不饱和脂肪酸的过氧化物的过氧化作用，从而起到抗衰老作用。维生素E的抗氧化作用还表现在它能增强机体对氧的利用率及心肌对低氧的耐受性，因此对动脉粥样硬化，冠心病具有良好的疗效。维生素E又能防止维生素A和维生素C的氧化，有利于它们在体内被充分吸收，从而加强他们的疗效。此外，维生素E对月经过多、外阴瘙痒、夜间性小腿痉挛、痔疮等症具有辅助治疗作用。

维生素E能促进性激素分泌，使男子精子活力和数量增加；使女子雌性激素浓度增高，提高生育能力，预防流产，还可用于防治男性不育症、烧伤、冻伤、毛细血管出血、更年期综合征、美容等方面。近来还发现维生素E可抑制眼睛晶状体内的过氧化脂反应，使末梢血管扩张，改善血液循环，预防近视发生和发展。

注解：维生素E是一种脂溶性维生素，是最主要的抗氧化剂之一。溶于脂肪和乙醇等有机溶剂中，不溶于水，对热、酸稳定，对碱不稳定，对氧敏感，对热不敏感，但油炸时维生素E活性明显降低。

食用宜忌

【宜】①饮用以氯消毒的自来水的人必须多摄取维生素E。

②服用避孕药、阿司匹林、酒精、激素的人要补充维生素E。

③心血管病、帕金森症患者、孕妇和中老年人要补充维生素E。

④儿童发育中的神经系统对维生素E缺乏很敏感，维生素E缺乏的时候如不及时使用维生素E补充治疗，可迅速发生神经方面的症状。

【忌】①本品忌与无机铁一同服用。因为无机铁（硫酸亚铁）会破坏维生素E，所以不能同时服用。

②本品忌与含不饱和脂肪酸的食物一起食用。在使用维生素E治疗疾病时，应适当控制富含不饱和脂肪酸的食物如豆油、葵花子油、亚麻油、蛋黄油等的摄取量，因为不饱和脂肪酸会破坏维生素E，影响人体对维生素E的吸收，而达不到治疗的目的。

第四章

常见病症饮食宜忌

内科疾病饮食宜忌

胃炎

胃炎是胃黏膜炎症的统称，是一种常见病，可分为急性和慢性两类，发病者通常存在饮食上的不良习惯。

病因

急性胃炎为病毒感染、大量饮酒、食物过敏、过量服用水杨酸类药物等。慢性胃炎致多由饮食不节、喜食酒辣生冷、精神状态不佳等不良生活习惯引起。也有因其他胃肠道疾病导致的，如胃炎、溃疡等。

症状

急性胃炎一般为上腹部不适或疼痛、肠绞痛、食欲减退、恶心和呕吐，严重可导致发热、畏寒、头痛、脱水、酸中毒、肌肉痉挛和休克等。慢性胃炎主要分为浅表性胃炎、慢性萎缩性胃炎和肥厚性胃炎三类。其中浅表性胃炎主要表现为上腹部不适、胃胀、胃部疼痛、食欲减退、恶心、呕吐等症状；萎缩性胃炎除上述症状外，还能导致体重减轻、贫血、腹泻等症。需要注意，有些患者虽病情严重，但无临床表现。

膳食调补宜忌

【宜】病情较轻者可食用米汤、藕粉、果汁、清汤，建议每日摄入总量不超过1800毫升，分5~7次食用，这样可减轻对胃的刺激；治疗后期应食用清淡少渣的半流食，随病情的逐渐好转过渡到软食和一般食物。少量多餐有助于康复；伴有贫血和蛋白质—热能营养不良者，应多吃些高蛋白食物及高维生素食物；萎缩性胃炎患者宜饮用酸奶，有保护胃黏膜的作用；口服抗生素药物的时候，应饮用酸奶，可缓解肠道菌群失调现象。

【忌】腹部不适或持续性呕吐者应忌食，稍有好转不宜食用易产气的食物，如蔗糖、牛奶及豆制品。慢性胃炎患者应忌食肥肉、奶油、油炸食品、辣椒、洋葱、胡椒、芥末、茶、咖啡等，胃酸过多者还不宜食用浓汤。

消化性溃疡

消化性溃疡简称溃疡病，其中常见的为胃溃疡及十二指肠，两者经常合称为“胃十二指肠溃疡”，溃疡病多见于青壮年。

病因

发病原因包括幽门螺旋杆菌感染、胃酸及胃蛋白酶的影响，还与精神紧张、饮食失调、长期吃刺激性食物或某些药物造成胃黏膜损伤及胃液分泌功能失调有关。严重的溃疡病可以导致出血、穿孔、幽门梗阻和癌变等并发症。

症状

溃疡病有上腹痛、泛酸、嗳气、恶心、呕吐等症状，有规律性、周期性、季节性的特点。

膳食调补宜忌

【宜】应食用富含高蛋白、维生素C、维生素A及B族维生素的食物，能够加快溃疡面的愈合；适量饮用些牛奶，能够中和过多的胃酸，有助于止血；应食用些香蕉或蜂蜜，以防止因摄入含纤维素较少的食物而导致便秘；患病期间的饮食要定时定量、少食多餐，这样有利于病情好转。

【忌】患病时应忌食粗粮（糙米、高粱米、小米等）、豆类、多纤维蔬菜（芹菜、韭菜、萝卜、芥蓝、竹笋等）、油炸食品、有刺激性的调味品、各类饮料（包括酒）等。

吸收不良综合征

小肠是吸收各种营养物质的主要场所。由于各种原因引起的营养物质尤其是脂肪不能被小肠充分吸收，从而导致腹泻、营养不良、体重减轻等，就叫作吸收不良综合征。

病因

胆汁或胰液分泌不足、小肠内细菌过度繁殖、小肠运动障碍、小肠血循环或淋巴循环障碍、小肠本身的病变以及小肠黏膜丧失等。

症状

腹泻和腹痛是本病最主要的症状。腹泻一般多为“脂肪泻”，脂肪泻的特点是大便量多，色淡棕或黄色、灰色，便不成形，味恶臭，表面有油腻状的光泽或如泡沫状，因便中含大量脂肪，因此大便常可漂浮在便盆表面。由于吸收不足，导致营养不良，常见体重减轻、倦怠乏力。

膳食调补宜忌

消化吸收不良的病人，由于腹泻、腹痛、消瘦、贫血及全身性营养不良等症状，因此，饮食调养对改善上述症状，促进病人康复有十分重要的作用。

①供给充足的热能和蛋白质。由于长期慢性病程，机体消耗大，应供给充足的热能，以防止体重继续下降。可供给高蛋白、高热能、低脂、半流质饮食或软饭，蛋白质 100 克 / 天以上，脂肪 40 克 / 天，总热能为 10460 千焦 / 天（2500 千卡 / 天），选择脂肪含量少且易消化的食物，严重者可采用静脉高营养或要素饮食及匀浆饮食，以保证热能及正氮平衡。

②补充足够的维生素。除食物补充外，必要时补给维生素制剂。结合临床症状，重点补充相应的维生素，如维生素 A、复合 B 族维生素、维生素 C、维生素 D、维生素 K 等。

③注意电解质平衡。严重腹泻时电解质的补充极为重要，早期可静脉补充。饮食中给予鲜果汁、无油肉汤、蘑菇汤等。缺铁性贫

血者可进食含铁丰富的食物，如动物肝脏等，必要时，口服铁剂。

④少量多餐。选择细软易消化的食物，既保证足够营养，又不致加重肠道负担。在烹调上尽量使食物细、碎、软烂，以煮、烩、烧、蒸等方法为宜，避免油煎、油炸、爆炒等，以减少脂肪供给量。应注意食物的色、香、味、形，想方设法提高病人食欲。每日以6~7 餐为宜。

反流性食管炎

反流性食管炎是较常见的食管疾病。主要是由于胃内容物反流入食管，刺激食管黏膜而引起的炎症。正常人食管下端括约肌在不进行吞咽活动的时候是紧闭的，防止胃内容物向食管反流，但在一些诱因的作用下，此处括约肌不能正常地关闭，从而导致酸性的胃液或碱性的肠液反流入食管，并刺激、腐蚀食管黏膜，就引起反流性食管炎。

病因

主要是食管下端括约肌的不适当弛缓或经常处于松弛状态，致使胃食管反流。反流物中的胃酸、胃蛋白酶等物质损伤食管黏膜，而致食管炎。

症状

①烧灼感：餐后 1 小时胸骨后、剑突下或上腹部烧灼感或疼痛，可向颈、肩、背扩散，平卧或躯干前屈、弯腰时加重，而站立或坐位时或服用抗酸药物后可缓解。

②胃内容物反流：反胃常伴随烧灼感同时出现，酸性或含胆汁的胃内容物溢入口腔，当躯干前屈或卧床时易出现，睡眠时由于反流液被吸入气管可引起呛咳或吸入性肺炎。

③吞咽困难：由于食管炎引起继发性食管痉挛，多呈间歇性，持续性者常提示食管狭窄。

④出血：由于食管黏膜损伤，可有慢性、少量出血。

膳食调补宜忌

【宜】反流性食管炎的一般治疗应避免精神刺激，少食多餐，选择低脂肪、清淡饮食，避免刺激性食物。

【忌】不宜吃得过饱，特别是晚餐；睡前不要吃东西；忌烟、酒和咖啡，餐后不要立即躺平。

急性胰腺炎

急性胰腺炎是多种病因导致胰酶在胰腺内被激活后引起胰腺组织自身消化、水肿、出血甚至坏死的炎症反应。临床以急性上腹痛、恶心、呕吐、发热和血胰酶增高等为特点。病变程度轻重不等，轻者以胰腺水肿为主，临床多见，病情常呈自限性，预后良好。

病因

发病机理为胰腺产生的胰酶异常，从而导致胰腺组织受损。引起急性胰腺炎的常见原因有饮食不当，暴饮暴食，特别是进食油腻食物、饮酒。胰管结石、肿瘤、胆道疾病等也易引起急性胰腺炎。

症状

本病分二型，急性水肿型主要有腹痛，多位于中上腹或偏左，发热，恶心呕吐，部分病人有黄疸等表现。出血坏死型则病情严重，表现为剧烈腹痛，高热不退，常出现腹膜炎和休克，可致命。患者血清淀粉酶、尿淀粉酶检查结果高于正常。脂肪酶检查等也有助于诊断。本病的治疗原则是减少及抑制胰腺分泌，纠正水电解质紊乱，维持有效血容量及防止和治疗并发症。有必要时可考虑手术治疗。

膳食调补宜忌

【宜】宜吃清淡有营养、流质的食物，如米汤、菜汤、藕粉、蛋花汤、面片等。待腹痛、呕吐基本消失，白细胞淀粉酶减至正常后可给以不含脂肪的纯碳水化合物流食，内容包括：米汤、稀藕粉、杏仁茶、果汁、果冻等糖类食物。对胰腺外分泌无刺激作用，故可作为急性胰腺炎的主要热能补充。宜适当增加蒸蛋清，少量南豆腐汤食品。选用植物性油脂，多采用水煮、清蒸、凉拌、烧、烤、卤、炖等方式烹调。

【忌】禁酒，一般痊愈需2~3个月，预防复发，仍须相当长的时间内避免食用富含脂肪的食物。油腻食物不易消化，并能促进胆汁分泌，而胆汁又能激活胰腺中的消化酶，可使病情加重。因此，含脂肪较多的食物，如肥肉、花生、芝麻、油酥点心、油炸食品等均应禁止食用。禁用肉汤、鱼汤、鸡汤、奶类、蛋黄等含脂肪的食物。忌辛辣刺激调味品，如辣椒、花椒粉、咖喱粉等。

慢性胰腺炎

慢性胰腺炎是由急性胰腺炎迁延所致的复发性胰腺炎。指胰腺腺泡和胰管慢性进行性炎症、破坏和纤维化的病理过程，常伴有钙化、假性囊肿及胰岛细胞减少或萎缩。临床上有慢性复发性胰腺炎和慢性持续性胰腺炎两种类型。

病因

胆道疾病（结石、炎症、蛔虫）的长期存在为引发此病的主要原因。

症状

腹痛最常见，多位于上腹部或脐周，呈间歇性或持续性，饮酒和进食可诱发加重，夜间常痛醒，俯卧或坐位时疼痛减轻，一般止痛剂无效。胰腺内外分泌功能障碍，出现消化不良，食欲减退，厌油腻，体重减轻和脂肪泻、糖尿病。

膳食调补宜忌

【宜】宜吃清淡，富含营养的食物，如鱼、瘦肉、蛋白、豆腐等，米、面等碳水化合物。蔬菜可多吃菠菜、青花菜和花椰菜、萝卜，但须煮熟吃，将纤维煮软，防止增加腹泻。水果可选桃子、香蕉等没有酸味的水果。

【忌】严禁酒、高脂食物。饮酒和吃高脂肪大肥大肉的食物是引起慢性胰腺炎急性发作或迁延难愈的重要原因，因此一定要禁酒，禁吃大肥大肉。盐也不宜多，多则增加胰腺充血水肿。调味品不宜太酸、太辣。因为能增加胃液分泌，加重胰腺负担。易产气使腹胀的食物不宜吃，如炒黄豆、蚕豆、豌豆、红薯等。

便秘

便秘是指排便次数减少，每 2~3 天或更长时间一次，无规律性，粪质干硬，常伴有排便困难感，是一种临床常见的症状。

病因

引起便秘的原因有肠道病变、全身性病变和神经系统病变，其中肠激综合征是很常见的便秘原因。经常服用某些药物易引起便秘，如止痛剂、肌肉松弛剂、抗惊厥剂、抗抑郁剂、抗帕金森病药、抗胆碱药、某些降压药、利尿剂，以及含钙、铝、铋的止酸剂等。

症状

急性便秘多由肠梗阻、肠麻痹、急性腹膜炎、脑血管意外、急性心肌梗死、肛周疼痛等急性疾病引起，主要表现为原发病的临床表现；慢性便秘多无明显症状，但神经过敏者，可见食欲减退、口苦、腹胀、嗳气、发作性下腹痛、排气多等胃肠症状，还可伴有头昏、头痛、易疲劳等神经官能症症状，由于粪便干硬，或呈羊粪状，患者有下腹部痉挛性疼痛、下坠感等不适感觉。有时左下腹可触及痉挛的乙状结肠。

膳食调补宜忌

【宜】宜多吃些富含膳食纤维的蔬菜和水果，如芹菜、韭菜、菠菜、橘子、香蕉等；粗粮和豆制品等富含 B 族维生素的食物，有利于消化液的分泌；脂肪有润肠的作用，可以适量食用，如花生、芝麻等；易于产气的食物也有利于排便，如洋葱、萝卜等。

【忌】便秘期间应忌食茶、酒、咖啡、辣椒等刺激性食品。

腹胀

腹胀即腹部胀大或胀满不适。可以是一种主观上的感觉，感到腹部的一部分或全腹部胀满，通常伴有相关的症状，如呕吐、腹泻、嗳气等；也可以是一种客观上的检查所见，发现腹部一部分或全腹部膨隆。

病因

①食物发酵：正常情况下，回肠下端和升结肠有大量细菌存在。如果食糜在这段肠子里，因某种原因停留时间过长，在细菌的作用下，可以引起食糜发酵，产生大量的气体，引起腹胀。

②吸入空气：吃东西时因讲话或饮食习惯不良吸入大量空气，而引起肠胀气。

③胃肠道中气体吸收障碍：正常情况下，腹腔内大部分气体，经肠壁血管吸收后，由肺部呼吸排出体外。有些疾病，肠壁血液循环发生障碍，影响肠腔内气体吸收，从而引起腹胀。

症状

一般说来胃肠气胀均有腹部膨隆。局限于上腹部的膨隆多见于胃或横结肠积气所致。小肠积气腹部膨隆可局限于中腹部，也可为全腹部膨隆。结肠积气腹部膨隆可局限于下腹部或左下腹部。幽门梗阻时，上腹部可有胃型及蠕动波，肠梗阻时可见肠型及肠蠕动波，肠鸣音亢进或减弱。腹膜炎患者可有压痛及肌紧张。

膳食调理宜忌

【宜】金橘、佛手柑、槟榔、胡荽、青菜、豇豆、山楂、杨梅、啤酒花、紫苏叶、砂仁、白豆蔻、大麦芽、胡萝卜、橘子皮、刀豆、大白菜、芹菜、蕹菜、冬瓜、瓠子、番茄、苦瓜、茴香、薤白、橙子及茶叶等。

【忌】番薯、糯米、蚕豆、菱角、栗子、黄豆、芋头、含气的食物、蛋奶类、汽水。

腹泻

腹泻是一种常见症状，是指排便次数明显超过平日习惯的频率，粪质稀薄，水分增加，每日排便量超过200克，或含未消化食物或脓血、黏液。腹泻常伴有排便急迫感、肛门不适、失禁等症状。腹泻分急性和慢性两类。

病因

①细菌感染人们在食用了被大肠杆菌、沙门菌、志贺氏菌等细菌污染的食品，或饮用了被细菌污染的饮料后就可能发生肠炎或菌痢，会出现不同程度的腹痛、腹泻、呕吐、里急后重、发热等症状。

②病毒感染：人体通过食物或其他途径感染多种病毒后易引起病毒性腹泻，如：感染轮状病毒、诺瓦克病毒、柯萨奇病毒、埃可等病毒后，出现腹痛、腹泻、恶心、呕吐、发热及全身不适等症状。

③食物中毒：是由于进食被细菌及其毒素污染的食物，或摄食未煮熟的扁豆等引起的急性中毒性疾病。变质食品、污染水源是主要传染源，不洁手、餐具和带菌苍蝇是主要传播途径。其特点是：患者出现呕吐、腹泻、腹痛、发热等急性胃肠道症状。

④饮食贪凉：夏天，很多人喜欢吃冷食，喝凉啤酒，结果可导致胃肠功能紊乱，肠蠕动加快，引起腹泻。

⑤消化不良：夏天饮食无规律、进食过多、进食不易消化的食物，或者由于胃动力不足导致食物在胃内滞留，引起腹胀、腹泻、恶心、呕吐、返酸、烧心、嗳气（打嗝）等症状。

⑥着凉腹泻：夏季炎热，人们喜欢待在空调房内或开着空调睡觉，腹部很容易受凉，致使肠蠕动增加而导致腹泻。

症状

便意频繁，每次粪量不多并有里急后重感者，病变多在直肠或乙状结肠；小肠病变则无里急后重感。腹痛在下腹或左下腹，排便后腹痛可减轻者，往往为乙状结肠或直肠病变。小肠病变腹泻，疼痛多在脐周，排便后疼痛多不缓解。

膳食调补宜忌

【宜】蔬菜类：蔬菜嫩叶、菜泥、马铃薯、冬瓜、黄瓜、苋菜、油菜、香菜。

水果类：香蕉、葡萄、西瓜、橘子、经过滤的果汁。

肉类：鸡、鱼、牛肉、嫩猪肉、动物内脏。

五谷、根茎类：大米及其制品、面粉及其制品。

其他：盐、糖、蜂蜜、茶、豆浆、豆花、米。

【忌】蔬菜类：荠菜、韭菜、芹菜、洋葱、丝瓜、青椒、毛豆、生菜、榨菜、金针菜、四季豆、苦瓜。

水果类：番石榴、梨、菠萝、阳桃、柿饼、生冷瓜果。

肉类：经油煎、油炸的肉类、蛋、火腿、香肠、腌肥肉。

五谷、根茎类：黑面包、麸皮面包、玉米、糙米饭、芋头等。

其他：含粗纤维的核果、干果、烈酒、油煎炸食物、过甜糕点、果冻。

痢疾

痢疾为急性肠道传染病之一，临床以发热、腹痛、里急后重、大便脓血为主要症状。若感染疫毒，发病急剧，伴突然高热，神昏、惊厥者，为疫毒痢。痢疾初起，先见腹痛，继而下痢，日夜数次至数十次不等。

病因

痢疾主要是由饮食不节或误食不洁之物，伤及脾胃，湿热疫毒趁机入侵、壅滞肠胃、熏灼脉络，致使气血凝滞化脓而发病。

症状

中医把痢疾分为以下四种类型：湿热性痢疾主要表现为腹痛、腹泻、里急后重、下痢脓血、肛门灼热、小便短赤等；疫毒痢（中毒性痢疾）表现为发病急骤、高热口渴、腹痛烦躁、里急后重、便下紫色脓血，甚至神志不清等；寒湿痢疾表现为腹痛、里急后重、便下赤白、白多红少或纯白黏液、纳少脘胀、精神倦怠等；休息痢（慢性痢疾）表现为痢疾时止时作、临厕腹痛、里急后重、大便夹有黏液、精神倦怠、食少畏寒等。多发于夏秋季节。

膳食调补宜忌

【宜】急性发病阶段应给予清淡的流质或半流质饮食；病情稳定的时候，可食用些营养丰富、易于消化的半流质食物；患病期间要补充淡盐水，以维持体内电解质的平衡。

【忌】急性发病阶段应忌食油腻、辛辣食物；恢复期间不要暴饮暴食，仍然要选择容易消化的食物；不要选择膳食纤维含量过多的食物，以免刺激胃肠道。

肝炎

肝炎是常见的严重传染病之一。肝炎是指一组病毒性疾病，即通常所说的甲、乙、丙、丁、戊等型肝炎，也包括由于滥用酒精、使用药物或摄入了环境中毒物引起的肝炎。

病因

许多病原微生物如病毒、细菌、真菌、立克次氏体、螺旋体及某些原虫和寄生虫的感染都可能引起肝脏发炎；各种毒物（如砒霜）、毒素（细菌的内、外毒素）和某些药物的中毒都可引起中毒性肝炎。由药物中毒引起的有时也可称为药物性肝炎；由细菌引起的肝炎可称为细菌性肝炎；由病毒引起的肝炎，就称为病毒性肝炎。

症状

特征是感染肝脏并引起肝脏发炎，分为有明显临床症状的显性感染和无临床症状的隐性感染两类。成人感染后多表现为显性感染，而儿童或老人则易表现为隐性感染。

膳食调补宜忌

【宜】肝炎急性期如果食量正常，无恶心呕吐，可进清淡饮食。争取每日每千克体重给予蛋白质 11.5 克。脂肪可按平时的量供给，在不影响食欲和消化的原则下，不必限制脂肪的供给量。适当补充一些糖及B族维生素和维生素C。糖不宜给予太多，给予大量的糖不但没有好处，反而有害。

急性期消化道症状明显，有恶心呕吐者，黄疸明显或不断加重者，可由静脉补充葡萄糖、维生素及其他营养物质和药物。慢性肝炎病人可进食较多蛋白质，但病情反复或加重、有肝昏迷表现者，应限制蛋白质的摄入量。慢性肝炎患者不宜进过高热量饮食及过量的糖，以免导致脂肪肝的发生及并发糖尿病。

【忌】肝炎病人应忌酒，即使少量饮酒对肝炎病人也是不适宜的。肥胖者在疑有脂肪肝时尤其不宜吃或应少吃甜食，并应限制食量，且不应进食高脂肪及富含胆固醇的饮食。疑有并发糖尿病的肝炎病人，应在医生指导下调配饮食。

肝硬化

肝硬化是指由于多种有害因素长期反复作用于肝脏，导致肝组织弥漫性纤维化，以假小叶生成和再生结节形成特征的慢性肝病。

病因

引起肝硬化的病因很多，不同地区的主要病因也不相同。我国以肝炎病毒性肝硬化多见，其次为血吸虫病肝纤维化，酒精性肝硬化亦逐年增加。长期嗜酒、饮食不节、病毒性肝炎、营养不良、大量用药等也是常见的病因。

症状

主要表现为肝功能损害、门静脉高压，后期出现消化道出血、肝性脑病、继发感染等并发症。

膳食调补宜忌

【宜】饮食宜细软、清淡、易消化、无刺激、少量多餐；由于维生素C直接参与肝脏代谢、促进肝糖原的合成并促进肝细胞再生，因此足量摄入维生素C有助于改善肝硬化患者的病情；多吃些含锌、镁丰富的食物，如瘦肉、蛋类、鱼类、绿叶蔬菜、谷类、乳制品等，以补充肝硬化患者所缺少的锌；应多吃淀粉类食物，如地瓜、土豆等，有利于人体储备肝糖原；应采用低脂肪、低膳食纤维的膳食，有利于消化吸收，同时又能提供人体热量；要合理摄入蛋白质，有利于肝细胞的修复，可选择奶酪、鸡肉、鱼肉、蛋类等。

【忌】伴有水肿和腹水的肝硬化患者，应限制盐的摄入，馒头、挂面、咸菜、酱菜等均应忌食；肝功能严重损害时或出现肝昏迷先兆时，应限制蛋白质的摄入，以减轻肝脏负担并降低血中氨的浓度。

慢性胆囊炎

慢性胆囊炎是最常见的一种胆囊疾病，病人一般同时有胆结石，但无结石的慢性胆囊炎病人在我国也不少见。慢性胆囊炎有时可为急性胆囊炎的后遗症，但大多数病人过去并没有患过急性胆囊炎，由于胆囊长期发炎，胆囊壁会发生纤维增厚，疤痕收缩，造成胆囊萎缩，囊腔可完全闭合，导致胆囊功能减退，甚至完全丧失功能。

病因

因为胆囊结石引起急性胆囊炎反复小发作而成，也就说，慢性胆囊炎和急性胆囊炎是同一疾病不同阶段的表现。

症状

慢性胆囊炎的临床表现多不典型，亦不明显。平时可能经常有右上腹部隐痛、腹胀、嗳气、恶心和厌食油腻食物等消化不良症状，有的病人则感右肩胛下，右季肋或右腰等处隐痛。在站立、运动及冷水浴后更为明显。病人右上腹肋缘下有轻度压痛，或压之有不适感。

膳食调补宜忌

【宜】选择去脂的乳制品、鸡肉、鱼肉、虾肉、兔肉、瘦肉（猪、牛、羊）、蛋清、果汁、豆制品、植物油、葡萄糖等，这些食物营养丰富，能促进肝细胞的修复，还不会加重肝脏负担；病发时，应选清淡、流质、低脂、低胆固醇、高碳水化合物的食物，尤其要注意蛋白质的摄入，摄入过多可刺激胆汁分泌，摄入过少则不利于组织修复；烹饪方法应选煮、烧、卤、蒸、烩、炖、焖等方法。

【忌】粗粮、全脂牛奶、鸭肉、鱼子、肥肉、动物内脏、蛋黄、洋葱、萝卜、莴笋、油脂等要少食或忌食；过冷或过热的食物均不利于胆汁的排出，因此食物温度要适当；烹饪方法不要选择熘、炸、煎等，容易导致胆道痉挛急性发作。

高血压

高血压是以体循环动脉压增高为主要表现的临床综合征，是最常见的心血管疾病。可分为原发性及继发性两大类。

病因

在绝大多数患者中，高血压的病因不明，称之为原发性高血压，占总高血压患者的95%以上；在不足5%患者中，血压升高是某些疾病的一种临床表现，本身有明确而独立的病因，称为继发性高血压。总的来说，机体内长期反复的不良刺激致大脑皮质功能失调、内分泌的失调、肾缺血、遗传、食盐过多、胰岛素抵抗的影响等，这是导致高血压的最大可能。

症状

高血压早期多无症状或症状不明显，常见的症状有：

①头晕：有些是一过性的，常在突然下蹲或起立时出现，有些是持续性的。

②头痛：多为持续性钝痛或搏动性胀痛，甚至有炸裂样剧痛。常在早晨睡醒时发生，起床活动及饭后逐渐减轻。疼痛部位多在额部两旁的太阳穴和后脑勺。

③烦躁、心悸、失眠：高血压病患者性情多较急躁、遇事敏感，易激动。心悸、失眠较常见，失眠多为入睡困难或早醒、睡眠不实、梦多、易惊醒。这与大脑皮层功能紊乱及自主神经功能失调有关。

④注意力不集中，记忆力减退：早期多不明显，但随着病情发展而逐渐加重。

⑤肢体麻木：常见手指、足趾麻木或皮肤如蚊行感或项背肌肉紧张、酸痛。

膳食调补宜忌

【宜】要选择膳食纤维含量高的，如糙米、玉米、小米等，可以加速胆固醇的排出；膳食种类要丰富，主要以清淡为主，但是不要长期素食，那样对健康不利；含钾高的食物有降血压的功效，如芦笋、豌豆苗、莴笋、芹菜、丝瓜、茄子等；海藻类、菌类和水果中含有丰富的维生素和矿物质元素，有利于脂类的代谢。

【忌】应忌食地瓜、干豆类等容易产气的食物，以免使血压升高；应限制动物蛋白的摄入，以免引起血压波动；应少食或忌食腌、熏、卤、酱等钠含量较高的食物；应忌烟忌酒，酒和烟中的尼古丁能刺激心脏、加速心跳、收缩血管，从而使血压升高，还可导致动脉粥样硬化。

高血压急症急救法

①病人突然心悸气短，呈端坐呼吸状态，口唇发绀，肢体活动失灵，伴咯粉红泡沫样痰时，要考虑有急性左心衰竭，应吩咐病人双腿下垂，采取坐位，如备有氧气袋，及时吸入氧气，并迅速通知急救中心。

②血压突然升高，伴有恶心、呕吐、剧烈头痛、心慌、尿频、甚至视线模糊，即已出现高血压脑病。家人要安慰病人别紧张，卧床休息，并及时服用降压药，还可另服利尿剂、镇静剂等

③病人在劳累或兴奋后，发生心绞痛，甚至心肌梗死或急性心力衰竭，心前区疼痛、胸闷，并延伸至颈部、左肩背或上肢，面色苍白、出冷汗，此时应叫病人安静休息，服一片硝酸甘油或一支亚硝酸戊酯，并吸入氧气。

④高血压病人发病时，会伴有脑血管意外，除头痛、呕吐外，甚至意识障碍或肢体瘫痪，此时要让病人平卧，头偏向一侧，以免意识障碍，或剧烈呕吐时将呕吐物吸入气道，然后通知急救中心。

冠心病

冠状动脉粥样硬化性心脏病，简称冠心病，是由于冠状动脉粥样硬化病变致使心肌缺血、缺氧的心脏病。

病因

冠心病是多种致病因素长期综合作用的结果，不良的生活方式在其中起了非常大的作用。当人精神紧张或激动发怒时，容易导致冠心病；肥胖者容易患冠心病；吸烟是引发冠心病的重要因素；久坐不运动也会导致冠心病。

症状

发作性胸骨后疼痛、心悸、呼吸困难、原发性心脏骤停、心绞痛、心肌梗死、心律失常等。

膳食调补宜忌

【宜】适合吃植物油、蔬菜、水果、脱脂牛奶、海水鱼类、豆及豆制品等；应少量多餐，避免血压升高；要控制单糖和双糖的摄入，多吃些杂粮、蔬菜、水果等膳食纤维含量较高的食物；还要注意膳食中要补充含镁、锌、钙、硒较多的食物，如玉米、枸杞、桂圆、瘦肉、牡蛎等。

【忌】忌食或少食动物性脂肪、动物内脏、酒类、咖啡、茶、刺激性食物等。

肺炎

肺炎是指肺泡腔和间质组织的肺实质感染，可由多种病原体引起，如细菌、真菌、病毒、寄生虫，或放射线、化学物质、过敏因素。

病因

①接触到顽固性病菌或病毒。

②身体抵抗力弱，如长期吸烟。

③上呼吸道感染时，没有正确处理。例如没有正确地看医生、没有正确地服药，又或者是滥用止咳药止咳以至痰和菌愈积愈多。

④心肺有其他病变，如癌病、气管扩张、肺尘埃沉着病等。

⑤工作环境有问题。注意改善空气流通、冷气系统。

症状

发热，呼吸急促，持久干咳，可能有单边胸痛，深呼吸和咳嗽时胸痛，有小量痰或大量痰，可能含有血丝。幼儿患上肺炎，症状常不明显，可能有轻微咳嗽或完全没有咳嗽。应注意及时治疗。

膳食调补宜忌

【忌】①肺炎患者适量的多饮水和进食水果对疾病的康复是有利的，多数水果对本病有益，但不宜吃甘温的水果，如桃、杏、李子、橘子等，以免助热生痰。即使是一些寒性水果，也非多多益善。如果过量的吃一些寒凉性质的水果，可损伤到脾胃的阳气，有碍运化功能，不利于疾病的康复。

②忌辛辣油腻食物：肺炎属急性热病，消耗人体正气，影响脏腑功能，易于导致消化功能降低，食物应以高营养、清淡、易消化为宜，不要吃大鱼、大肉、过于油腻之品，以免中焦受遏，运化不利，营养反而不足。油腻之品大多性属温热，可以生内热，湿滞为痰，不利于肺气的早日康复。

哮喘

哮喘是一种慢性支气管疾病，病者的气管因为发炎而肿胀，呼吸管道变得狭窄，因而导致呼吸困难。

病因

食物、情绪和生活环境均能触发哮喘。哮喘可以分为外源性及内源性两类：外源性哮喘是患者对致敏原产生过敏的反应，致敏原包括尘埃、花粉、动物毛发、衣物纤维等，除致敏原外，情绪激动或者剧烈运动都可能引起发作；内源性哮喘的患者以成年人和女性居多，病发初期一般都没有十分明显的特征，而且症状往往与患上伤风感冒等普通疾病类似，有时甚至在皮肤测试中也会呈阴性反应。

一般来说，内源性哮喘对药物治疗并没有外源性哮喘那样理想，而且即使经治疗后呼吸管道也不容易恢复正常。

症状

外源性哮喘常伴有发作先兆，如发作前先出现鼻痒、咽痒、流泪、喷嚏、干咳等，发作期出现喘息、胸闷、气短、平卧困难等；内源性哮喘一般先有呼吸道感染，咳嗽、吐痰、低热等，后逐渐出现喘息、胸闷、气短，多数病程较长，缓解较慢。

膳食调补宜忌

【宜】高脂膳食可减少对呼吸系统的负担，在发作期可适量多摄入，以保证能量供给及病情恢复；发病期要补充维生素和矿物质，可适量食用杏仁、豆腐、生姜、大枣。

【忌】忌食辣椒、辣酱、辣油、韭菜、大葱等辛辣食物。这类食品可助火生痰，并使体内的部分炎症加重，导致哮喘病的发作。忌食海鲜。忌多盐，因为过多的钠会增加支气管的反应性。忌酒，因为饮酒后酒精进入血液会使心跳加快，肺的呼吸功能降低。

糖尿病

糖尿病是由遗传因素、免疫功能紊乱、微生物感染及其毒素、自由基毒素、精神因素等各种致病因子作用于机体导致胰岛功能减退、胰岛素抵抗等而引发的糖、蛋白质、脂肪、水和电解质等一系列代谢紊乱综合征，临床上以高血糖为主要特点，典型病例可出现多尿、多饮、多食、消瘦等表现，即“三多一少”症状。

病因

导致糖尿病的原因有很多种，除了遗传因素以外，大多数都是由不良的生活和饮食习惯造成的，如饮食习惯的变化、肥胖、体力活动过少和紧张焦虑都是糖尿病的致病原因。

症状

①多食：由于大量尿糖丢失，如每日失糖500克以上，机体处

于半饥饿状态，能量缺乏需要补充引起食欲亢进，食量增加。同时又因高血糖刺激胰岛素分泌，因而病人易产生饥饿感，食欲亢进，老有吃不饱的感觉，甚至每天吃五六次饭，主食达 1~1.5 千克，副食也比正常人明显增多，还不能满足食欲。

②多饮：由于多尿，水分丢失过多，发生细胞内脱水，刺激口渴中枢，出现烦渴多饮，饮水量和饮水次数都增多，以此补充水分。

③多尿：尿量增多，每昼夜尿量达 3000~5000 毫升，最高可达 10000 毫升以上。排尿次数也增多，一两个小时就可能小便 1 次，有的病人甚至每昼夜可达 30 余次。糖尿病患者血糖浓度增高，体内不能被充分利用，特别是肾小球滤出而不能完全被肾小管重吸收，以致形成渗透性利尿，出现多尿。血糖越高，排出的尿糖越多，尿量也越多。

④消瘦（体重减少）：由于胰岛素不足，机体不能充分利用葡萄糖，使脂肪和蛋白质分解加速来补充能量和热量。其结果使体内碳水化合物、脂肪及蛋白质被大量消耗，再加上水分的丢失，病人体重减轻、形体消瘦，严重者体重可下降数十斤，以致疲乏无力，精神不振。同样，病程时间越长，血糖越高；病情越重，消瘦也就越明显。

膳食调补宜忌

【宜】主食要尽量选择粗粮，研究表明，粗粮的血糖指数要比精制的米面低；要适量食用瘦肉；要常吃富含矿物质、维生素、膳食纤维的蔬菜，如白菜、菠菜、西红柿、冬瓜等。

【忌】要少食糖，严重的可用木糖醇等代糖代替；动物内脏和其他胆固醇含量较高的食物应忌食；要谨慎食用水果，如果病情较轻，可在两餐之间或临睡觉前适量食用。

甲状腺功能亢进

甲状腺功能亢进症简称“甲亢”，它是由于甲状腺分泌过多的甲状腺激素，引起人体氧化过程加速、代谢率增高的一种疾病。

病因

甲状腺分泌过多的病理生理作用是多方面的，但其作用原理尚未明确。据目前所知，甲亢病的诱发与自身免疫、遗传和环境等因素有密切关系，其中以自身免疫因素最为重要。

症状

甲状腺功能亢进症的患者早期常有头昏头痛、心情烦恼、心悸、胸闷及睡眠障碍等类似神经衰弱的症状，加之早期体检不易发现眼球突出和甲状腺肿大等阳性体征，而广大基层医疗单位又不能作放射免疫学检查，故常易误诊为神经衰弱。甲状腺功能亢进症患者还可有怕热、出汗、食欲亢进、心率快及消瘦等代谢旺盛的临床表现。

膳食调补宜忌

【宜】要提供足够的热量，一般较正常人多50%~70%；碳水化合物的摄入量要适量增加、蛋白质比例不变、脂肪适量少一些；蛋白质来源要尽量选择植物性蛋白质，对身体刺激小一些；要注意摄入钙、磷、钾等矿物质元素，能缓解腹泻等症。

【忌】不要一次吃得太多，增加身体负担，少量多餐最好；膳食纤维含量高的食物要少食，以免加重腹泻等症；要忌食辛辣等刺激性食物，以免增加神经兴奋性。

甲状腺功能减退

简称甲减，是由于甲状腺激素的合成，分泌或生物效应不足而引起的一种综合征。病因较复杂，以原发性者多见，其次为垂体性者，其他均属少见。患者可能会出现四肢无力、内分泌功能减退、低血压、眩晕、肌性肌无力、体型异常、呼吸异常等症状。

病因

是由于甲状腺激素的合成、分泌或作用不足所引起的临床综合征。

症状

起病缓慢，早期有乏力、疲劳、体重增加、不能耐寒。继而嗜睡，反应迟钝、声音变低而粗，颜面虚肿，皮肤干糙，毛发脱落，腹胀，便秘，面色蜡黄，性欲下降，不育不孕，月经紊乱等。

膳食调补宜忌

【宜】海带、紫菜、蛋类、乳类、鱼类、肉类、豆制品、动物肝脏、新鲜蔬菜、水果等均宜食用。

【忌】应忌食各种促甲状腺肿的食物，如圆白菜、白菜、油菜、木薯、核桃等；应忌食富含胆固醇的食物，如蛋黄、奶油、动物脑及部分内脏等；要少吃坚果、芝麻酱、火腿、五花肉等高脂肪的食物。

失眠

失眠，指无法入睡或无法保持睡眠状态，导致睡眠不足，是以经常不能获得正常睡眠为特征的一种病症，为各种原因引起入睡困难、睡眠深度或频度过短（浅睡性失眠）、早醒及睡眠时间不足或质量差等。

病因

环境原因方面，常见的有睡眠环境的突然改变。个体因素方面，不良的生活习惯，如睡前饮茶，饮咖啡，吸烟等；精神因素包括因某个特别事件引起兴奋，忧虑所至的机会性失眠。

情绪失控可引起的心境上的改变，这种改变特别会在情绪不稳时表现出来，它可以是由某些突发事件引起，如特别的喜事或特别的悲伤、生气等都可导致失眠。

症状

入睡困难，不能熟睡，睡眠时间减少；早醒、醒后无法再入睡；频频从噩梦中惊醒，自感整夜都在做噩梦；睡过之后精力没有恢复；发病时间可长可短，短者数天可好转，长者持续数日难以恢复；容易被惊醒，有的对声音敏感，有的对灯光敏感；很多失眠的人喜欢胡思乱想；长时间的失眠会导致神经衰弱和抑郁症，而神经衰弱患者的病症又会加重失眠。

失眠会引起人的疲劳感、不安、全身不适、无精打采、反应迟缓、头痛、注意力不能集中，它的最大影响是精神方面的，严重一点会导致精神分裂和抑郁症、焦虑症、自主神经功能紊乱等功能性疾病，以及各个系统疾病，如心血管系统、消化系统等。

膳食调补宜忌

【忌】睡前勿猛吃猛喝。在睡觉前大约两个小时吃少量的晚餐，不要喝太多的水，因为晚上不断上厕所会影响睡眠质量；晚上不要吃辛辣的富含油脂的食物，因为这些食物也会影响睡眠。睡前远离咖啡和尼古丁，建议睡觉前三小时不要喝咖啡。

神经衰弱

神经衰弱属于心理疾病的一种，是一类精神容易兴奋和脑力容易疲乏、常有情绪烦恼和心理生理症状的神经症性障碍。

病因

①神经系统功能过度紧张，长期心理冲突和精神创伤引起负性情感体验，生活无规律，过分疲劳得不到充分休息等都可以成本病起因。尤以要求特别严格，注意力需要高度集中的脑力工作，更容易引起过度紧张和疲劳。

②感染、中毒、营养不良、内分泌失调、颅脑创伤和躯体疾病等也可成为本病发生的诱因。

③长期的心理冲突和精神创伤引起的负性情感体验是本病另一种较多见的原因。学习和工作不适应，家庭纠纷，婚姻、恋爱问题处理不当，以及人际关系紧张，大都在患者思想上引起矛盾和内心冲突，成为长期痛苦的根源。又如亲人突然死亡，家庭重大不幸，生活受到挫折等，也会引起悲伤、痛苦等负性情感体验，导致神经衰弱的产生。

④生活忙乱无序，作息规律和睡眠习惯的破坏，以及缺乏充分

的休息，使紧张和疲劳得不到恢复，也为神经衰弱的易发因素。

症状

脑力易疲乏，工作和学习时间稍长，就感到头胀、头昏和头痛，注意力不集中，掌握不住书里的中心内容，记忆差，学习活动效率下降，有力不从心感；脑力易兴奋，回忆联想增多，学习工作不专心，对光和噪声敏感，易激惹；头胀痛或紧张性头痛，无固定部位，有恶心，无呕吐，学习时头痛加剧，如果情绪松弛或经过充分休息，头痛明显减轻；自主神经功能紊乱，心动过速，血压波动，多汗，厌食，便秘，腹泻，尿频等；继发性反应，过分关注自己的症状，产生疑病，焦虑不安，使症状恶化，形成恶性循环；睡眠障碍，出现入睡困难，难以睡熟，早醒，醒后不易再睡，梦多，因噩梦而苦恼。

膳食调补宜忌

【宜】神经衰弱患者在饮食疗法方面应特别注意食用下列对脑有营养价值的食物。

①富含脂类的食物：如肝、鱼类、蛋黄、黄油、大豆、玉米、羊脑、猪脑、芝麻油、花生及核桃等。

②富含蛋白质的食物：如猪瘦肉、羊肉、牛肉、牛奶、鸡、鸭、鱼、蛋及豆制品等。

③富含糖的食物：如白糖、红糖、蜂蜜、甘蔗、萝卜、大米、面粉、红薯、大枣、甜菜及水果等。

④富含 B 族维生素、维生素 PP（烟酸与烟酰胺）和维生素 E 的食物：如酵母、肝、包菜及海藻等。

⑤富含维生素 C 的食物：如水果和蔬菜。

⑥富含微量元素的食物：如动物肝、肾脏与牡蛎、粗粮、豆制品、鱼肉、菠菜、大白菜等。

尿频

正常成人白天排尿 4~6 次，夜间 0~2 次，次数明显增多称尿频。尿频是一种症状，并非疾病。由于多种原因可引起小便次数增多，但无疼痛，又称小便频数。

病因

①尿量增加：在生理情况下，如大量饮水，由于进水量增加，尿量也会增多，排尿次数亦增多，便出现尿频。

在病理情况下，如部分糖尿病、尿崩症患者饮水多，尿量多，排尿次数也多。

②炎症刺激：急性膀胱炎、结核性膀胱炎、尿道炎、肾盂肾炎、外阴炎等都可出现尿频。

在炎症刺激下，可能尿频、尿急、尿痛同时出现，被称为尿路刺激征。

③非炎症刺激：如尿路结石、异物等。

④膀胱容量减少：如膀胱占位性病变、妊娠期增大的子宫压迫、结核性膀胱挛缩或较大的膀胱结石等。

⑤精神神经性尿频。需要到医院进一步详细检查明确原因，针对性进行有效的治疗。

症状

排尿次数增多而每次尿量正常，因而全日总尿量增多。

膳食调补宜忌

【宜】①温补固涩食物，如糯米、鸡内金、鱼鳔、山药、莲子、韭菜、黑芝麻、桂圆、乌梅等。

②清补食物。肝胆火旺者宜食，如粳米、薏米、山药、莲子、鸡内金、豆腐、银耳、绿豆、赤豆、鸭肉等。

③动物性食物。宜吃猪腰、猪肝和猪肉等食物。

肾炎

系指蛋白尿、血尿、高血压、水肿为基本临床表现，起病方式各有不同，病情迁延，病变缓慢进展，可以不同程度肾功能减退，最终将发展为慢性肾衰竭的一组肾小球病。

病因

肾炎的病因多种多样，临床所见肾小球疾病大部分属于原发性，小部分为继发性，如糖尿病、过敏性紫癜、系统性红斑狼疮等引起的肾损害。我们常说的肾炎属原发性，病因尚未完全阐明。

症状

①水肿：在整个疾病的过程中，大多数患者会出现不同程度的水肿。水肿程度可轻可重，轻者仅早晨起床后发现眼眶周围、面部肿胀或午后双下肢踝部出现水肿。严重的患者，可出现全身水肿。

②高血压：有些患者是以高血压症状来医院求治的，医生要他们化验小便后，才知道是慢性肾炎引起的血压升高。

③尿异常改变：尿异常几乎是慢性肾炎患者必有的现象，包括尿量变化和镜检的异常。有水肿的患者会出现尿量减少，且水肿程度越重，尿量减少越明显，无水肿患者尿量多数正常。

膳食调补宜忌

【宜】宜食米饭、馒头、麦淀粉（即小麦粉加水反复揉搓，提取了面筋剩余下来的淀粉）加工的食品，藕粉、牛奶、鸡蛋、猪肉末、鸡肉、鸭肉、鱼类、新鲜果蔬。

【忌】盐腌食品。有持续少尿和高血钾时，避免吃含钾高的食品，如各种水果等。肾功能不全时，应控制各种动物蛋白质的摄入。

急性肾功能衰竭

急性肾功能衰竭是一种由多种病因引起的急性肾损害，可在数小时至数天内使肾单位调节功能急剧减退，以致不能维持体液电解质平衡和排泄代谢产物，而导致高血钾、代谢性酸中毒及急性尿毒症综合征。

病因

急性肾功能衰竭是因肾循环衰竭或肾小管的变化而引起的一种突发性肾功能几乎完全丧失，因此肾脏无法排出身体的代谢废物的疾患。当肾脏无法行使正常功能时，会导致毒素、废物和水分堆积在体内，而引起急性肾功能衰竭。

症状

全身症状：发热、呕吐、疲劳、水肿、血压高；呼吸短促、咯血及呼吸有尿味；皮疹、肝衰竭。

中枢神经系统：嗜睡、头痛、抽搐、震颤、不安、神志不清、昏迷等。

根据临床和病理生理学，急性肾功能衰竭分为3个时期：少尿或无尿期，此期由于肾血流灌注减少，引起了肾小管破坏而少尿；利尿期，由于溶质利尿，髓质浓缩尿能力降低，对抗利尿激素不敏感和肾单位减少，尿大量排出，尿比重仍在等渗尿范围，此期可引起严重脱水；恢复期，是损伤的肾单位修复时期，常由于损伤程度不同，恢复期持续的时间也不同。

膳食调补宜忌

【宜】食用牛奶、鸡蛋、瘦肉、麦淀粉面条、麦片、饼干或其他麦淀粉点心、果汁、茶、青菜水、水果、蔬菜等。补充丢失的水分和钾，提供分解代谢所需的蛋白质和能量，预防维生素K及水溶性维生素的缺乏。少尿期可用葡萄糖、蔗糖、鲜柠檬汁等；多尿期可用各种饮料如果汁、茶、可可、青菜水等。

【忌】按病情限量进食蛋类、乳类，按病情限量进食牛奶、鸡蛋或瘦肉等，忌用刺激性食品如酒、咖啡、辣椒等，忌用油脂类及高蛋白食品。

慢性肾功能衰竭

慢性肾功能衰竭（俗称尿毒症）是指肾脏因各种急性或慢性伤害造成功能的丧失，导致体内代谢废物堆积，而干扰了器官组织的正常运转与功能发挥。

病因

尿毒症是指肾脏慢慢被破坏且无法恢复，最后造成肾功能几乎全部受损，导致体内废物及多余的水分在体内堆积而引起水分及电解质的不平衡，如果不立即接受透析治疗，将会引起致命的危险。尿毒症之病因如下：

①肾小球肾炎：是一种非细菌感染之肾炎，患者会有蛋白尿及血尿。依肾小球肾炎的种类不同，可能经过数月甚至10年、20年后，才会变成慢性肾功能衰竭。

②糖尿病：在洗肾的病人当中，有20%~25%病人是因糖尿病而引起肾功能衰竭，至于其确实导因目前尚不清楚，但是医师们认为，良好的血糖控制可以减缓肾功能恶化之速度。

③高血压：高血压会造成肾脏的血管硬化，所以长期及严重的高血压会导致慢性肾功能衰竭。

④多囊肾：是一种遗传病，肾脏本身会有很多囊泡，大部分的病人要到40~50岁才会引起肾脏衰竭。

⑤其他系统性疾病，如红斑性狼疮、阻塞性肾病变、先天性发育不良与恶性肿瘤等皆可引起肾功能衰竭。

症状

呕吐、食欲不振、体重减轻、全身倦怠、皮肤瘙痒、抽搐、脸色苍白、心律不齐、口腔有尿味、呼吸不顺畅、意识改变。

膳食调补宜忌

【宜】应限制蛋白质的摄入量，以低磷低钾奶粉或牛奶、鸡蛋及瘦肉类含高质量蛋白质的食品，作为蛋白质的主要来源；土豆、白薯、藕、荸荠、山药、芋头，宜经常食用。

【忌】应忌食动植物蛋白含量高的食物，如豆类及其制品、坚果等。

流感

流感是流感病毒引起的急性呼吸道感染，也是一种传染性强、传播速度快的疾病。其主要通过空气中的飞沫、人与人之间的接触或与被污染物品的接触传播。

病因

主要由呼吸道病毒引起，其中以冠状病毒和鼻病毒为主要致病病毒。

症状

突然起病，恶寒、发热（常高热）、周身酸痛、疲乏无力，同一地区、同一时期发病人数剧增并且症状类似。四季均有，以春季最多。以年老体弱者多见。

膳食调补宜忌

【宜】选择具有抗炎、抗病毒为主，辅以清热、生津作用的食物，可多食清淡、易消化的米粥、藕粉及新鲜蔬菜。

【忌】忌食辛辣刺激、油腻油脂食物，如桂圆、大枣、荔枝、樱桃、狗肉、羊肉、胡椒、花椒、鸡蛋、海参、鸡肉、鹅肉、牛肉。

高温中暑

高温中暑是在气温高、湿度大的环境中，从事重体力活动，发生体温调节障碍，水、电解质平衡失调，心血管和中枢神经系统功能紊乱为主要表现的一种综合征。病情与个体健康状况和适应能力有关。

病因

人体受高温及阳光的直接照射，使体温调节功能失常而发生排汗困难，又以外界气温太高而身体无法散温，因而体温急速上升。如长时间暴露于高温之日光下，可引起脑膜高度充血而使中枢神经系统失去体温调节作用。

症状

感觉烦热难受，体温升高（往往超过 40℃），皮肤潮红，但干燥无汗，继而意识模糊，头晕虚弱，畏光，恶心呕吐，血压降低，脉搏快而弱，终至昏迷（可于数小时内致死）。患者以高温作业者为多。

膳食调补宜忌

【宜】①可食用具有清热解暑、生津止渴作用的食物。

②清淡多汁的凉性水果、蔬菜适合高温中暑者。

【忌】①勿食辛辣刺激性、性温助热食物。

②勿食煎炸炒爆、香燥助火、过咸的食物。

外感头痛

外感头痛是因受寒而生的一种病，一般病情明显，患者有强烈反应。四季都有，以春夏季最多。

病因

感受外邪，多因起居不慎，坐卧当风，感受风寒湿热等外邪上犯于头，清阳之气受阻，气血不畅，阻遏络道而发为头痛。

症状

一般发病较急，病势较剧，多表现掣痛、跳痛、胀痛、重痛，痛无休止，多因外邪所致。多见于感冒病人。

膳食调补宜忌

【宜】应选择具有散寒清热、疏风止痛作用的食物。给以清淡半流食，可进葱姜热汤面、香菜肉末粥等具发散解表作用的食物。

【忌】忌油腻煎炸食物，还应忌食葡萄、生萝卜、螺蛳、田螺、蛤蜊、柿饼、生藕、生地瓜、生菜瓜、生冷荸荠、生黄瓜、香蕉、西瓜、绿豆芽、蕺菜、莼菜、芹菜等食物。

内伤头痛

内伤头痛是因脏腑、气血损伤，或内邪上扰所致的头痛。一般起病较缓，时作时止，遇劳累受风，或情志刺激则常易发作，并有脏腑气血不足或内邪证候。以虚证居多。

病因

内伤不足，先天禀赋不足，或劳欲伤肾，阴精耗损，或年老气血衰败，或久病不愈，产后、失血之后，营血亏损，气血不能上营于脑，髓海不充则致头痛。此外，外伤跌扑，或久病之人络行不畅，血瘀气滞，脉络失养也易致头痛。

症状

一般起病缓慢，痛势较缓，多表现为隐痛、空痛、昏痛，痛势悠悠，遇劳则剧，时作时止。

膳食调补宜忌

【宜】应选择具有益气升清、滋阴养血、益肾填精、息风潜阳、化痰活血作用的食物，如糙米、樱桃、杨梅、梨、梅子、芦笋、甜菜、绿色叶菜类、豆荚、节瓜、树薯粉以及芋头等。

【忌】忌食乳制品（包括脱脂或全脂牛奶、羊奶、乳酪、优酪乳等）、巧克力、鸡蛋、柑橘类水果、肉类（包括牛肉、猪肉、鸡肉、火鸡肉、鱼肉等）、小麦（精制的面包、面食）、核果类和花生、番茄、洋葱、玉米、苹果、香蕉、含酒精的饮料（特别是红葡萄酒）、含咖啡因的饮料（咖啡、茶和可乐）、谷氨酸钠、代糖和亚硝酸盐等。

急性支气管炎

急性支气管炎是病毒或细菌等病原体感染所致的支气管黏膜炎症。是婴幼儿时期的常见病、多发病，往往继发于上呼吸道感染之后，也常为肺炎的早期表现。秋、冬两季为发病季节，人群不分性别年龄，但是小儿最常见。

病因

由细菌感染或物理、化学刺激引起。

症状

起病时较急，很像感冒，病人感到疲倦、头痛、发热、全身酸痛，有刺激性干咳，伴胸骨后不适感或钝痛，1~2 天后即咳痰，初为白色黏稠样，以后为黏液脓性，偶有痰中带血。这症状通常在 1 周后逐渐消失。

膳食调补宜忌

【宜】①饮食以清淡为主，可多食桔梗、紫苏、蜂蜜、黄瓜、冬瓜、丝瓜、大葱、芥菜、萝卜、生梨、青菜、菠菜、大白菜、刀豆、猪瘦肉、鸡蛋等。

②注意大量饮水，水是痰液的最好的生理稀释剂，每日最少饮 2 升水。如有发热，在此基础上还需增加。

【忌】忌油腻的食物。

慢性支气管炎

慢性支气管炎是由于感染或非感染因素引起气管、支气管黏膜及其周围组织的慢性非特异性炎症。其病理特点是支气管腺体增生、黏液分泌增多。临床出现有连续两年以上，每持续 3 个月以上的咳嗽、咳痰或气喘等症状。早期症状轻微，多在冬季发作，春暖后缓解；晚期炎症加重，症状长年存在，不分季节。

病因

外邪犯肺或脏腑功能失调，病及于肺，皆能所致。

症状

清晨、夜间较多痰，呈白色黏液或浆液泡沫性，偶有血丝，急性发作并细菌感染时痰量增多且呈黄稠脓性痰。初咳嗽有力，晨起咳多，白天少，睡前常有阵咳，合并肺气肿咳嗽多无力。见于喘息型，支气管痉挛伴有哮鸣音者。以老年人多见。

膳食调补宜忌

【宜】应选择健脾养肺、补肾化痰的食物，多食花生、橘饼、金橘、百合、佛手柑、白果、柚子、山药、猪肺、羊肉、狗肉、生姜、大葱、萝卜、冰糖、红糖、银耳等。

【忌】①勿食油腥黏糯、助湿生痰、性寒生冷之物。

②应当戒烟。

③长期大量咯痰者蛋白质消耗较多，宜给予高蛋白、高热量、

多维生素、易消化的饮食，要控制食盐，避免刺激性食品。

支气管扩张

支气管扩张为一支或多支近端支气管和中等大小支气管管壁组织破坏造成不可逆性扩张，它是呼吸系统常见的化脓性炎症。

病因

由于支气管感染和阻塞损害了支气管壁的各层组织，削弱了其弹性，或使管腔狭窄，压迫增加，最后导致支气管扩张。

症状

以慢性咳嗽，反复继发细菌感染，咯大量脓痰为主要特征。部分病人反复咯血，有的是痰中夹血，甚至为满口鲜血。一年四季皆有发病，多发生于青年和儿童。

膳食调补宜忌

【宜】应当选择具有清肺化痰、养阴降火的食物，给予高蛋白、高热量、多维生素、易消化的饮食，补充机体消耗，提高机体抗病的能力，多食梨、柿子、枇杷、荸荠、萝卜、生藕、菊花脑、茼蒿、青菜、空心菜、海蜇、紫菜、发菜、竹笋、丝瓜等。

【忌】勿食辛辣温热、炒爆煎炸、肥腻温补、助热上火的食物，如狗肉、羊肉、鸡肉、鹅肉、猪头肉、胡桃、樱桃、山楂、桃子、辣椒、香菜、大蒜、大葱、酒等。

胃、十二指肠溃疡

胃、十二指肠溃疡是极为常见的疾病。它的局部表现是位于胃十二指肠壁的局限性圆形或椭圆形的缺损。

患者有周期性上腹部疼痛、返酸、嗳气等症状。本病易反复发作，呈慢性病程。

病因

感受外邪，内伤饮食，情志失调，劳倦过度，伤及于胃则胃气失和，气机郁滞（气滞血瘀，宿食停滞，胃气郁滞）则为胃络失于温养，胃阴不足。如果胃失濡养，则脉络拘急，气血运行不畅。

症状

上腹部疼痛，疼痛可以是钝痛、烧灼痛、胀痛或饥饿不舒服，多位于中上腹。典型疼痛有节律性。发病季节为秋冬或冬春季之交。病发人群年龄多在 40~60 岁。

膳食调补宜忌

【宜】应选择具有理气和胃、止痛作用的食物，多食面食（馒头、肉包）、米饭、米粥、鸡蛋羹、牛羊肉、豆制品、莲子、大枣、胡萝卜、白扁豆、鲫鱼、墨鱼等。

【忌】①勿食辛辣刺激、煎炸、生冷食物，少摄入酒、咖啡、酸泡菜、浓醋、辣椒、胡椒、浓茶、老竹笋、老白菜、芥菜、芹菜、韭菜等。

②忌暴饮暴食。

③以易消化的食物为主，避免刺激性物质，吃七分饱，维持规律、正常的饮食习惯。

④限制烟酒的摄入。

胃下垂

胃下垂是指站立时，胃的下缘达盆腔，胃小弯弧线最低点降至髂嵴连线以下，称为胃下垂。

轻度胃下垂多无症状，中度以上者常出现胃肠动力差，消化不良的症状。临床诊断以 X 线、钡餐透视、B 超检查为主，可以确诊。

病因

先天禀赋不足，体质虚弱；后天饮食失节，情志所伤，脾胃失和；大病久病之后，耗伤中气，从而升举无力。

症状

感到腹胀（食后加重，平卧减轻）、恶心、嗳气、胃痛（无周期性及节律性，疼痛性质与程度变化很大），偶有便秘、腹泻，或交替性腹泻及便秘。

膳食调补宜忌

【宜】应选择具有健脾、益气、升提作用的食物，如葱、姜、肉桂、小茴香、胡椒粉、鸡肉、鱼肉、猪瘦肉、牛奶、豆腐、豆奶红枣、蘑菇、香菇、猪肚等。

【忌】①勿食辛辣刺激、煎炸、生冷食物，忌暴饮暴食。

②饮食定时定量，少食多餐。每天3~5餐，每次吃七八成饱，要细嚼慢咽。

③胃下垂患者因受摄入量和食物种类的限制，容易缺乏营养，所以膳食要富于蛋白质且容易消化。

④忌食不易消化的食物，如油炸、油煎的肉类。

⑤饭后不能剧烈运动，忌久站不卧。

急、慢性肠炎

肠炎是细菌、病毒、真菌和寄生虫等引起的胃肠炎、小肠炎和结肠炎。部分病人可有发热及里急后重感觉，故亦称感染性腹泻。肠炎按病程长短不同，分为急性和慢性两类。

病因

暴饮暴食，过食生冷食物，食用腐败变质食物，滥用抗生素及腹部受凉，使胃肠道的分泌、消化吸收和蠕动功能发生障碍所致。

症状

腹痛、腹泻，一日数次至十余次，呈黄色水样便，一般无黏液脓血，腹痛多位于脐周，呈阵发性钝痛或绞痛，可伴恶心呕吐、上腹部不适等。并有发热头痛，四肢无力，重者可脱水、酸中毒等休克。

膳食调补宜忌

【宜】应选择具有清肠、止泻、补中、消食作用的食物。

【忌】勿食辛辣刺激、煎炸、生冷食物，如酒、咖啡、酸泡菜、浓醋、辣椒、胡椒、浓茶、生姜、韭菜等。忌暴饮暴食。重症吐泻剧烈者，可暂禁食。

慢性结肠炎

慢性结肠炎属于肠道疾病的一种，以结肠、乙状结肠和直肠为发病部位的肛肠病，有慢性、反复性、多发性的特点。

病因

西医认为是肠道感染了细菌、霉菌等病毒，使肠道长期处于炎症状态，二是由于人的身体过度疲劳、长期处于营养不良的状态，以及情绪容易激动等，这些因素都可以诱发慢性结肠炎的发生。中医认为慢性结肠炎是虚寒性下利的一种表现，它与脾胃、肝、肾功能的失调有着密切关系。

症状

腹泻、腹痛、黏液便及脓血便、里急后重，甚则大便秘结，数日内不能通大便，时而腹泻时而便秘，常伴有消瘦乏力等，多反复发作。

膳食调补宜忌

【宜】应选择具有健脾补肺、调理胃肠作用的食物，如白术、肉豆蔻、五倍子、诃子、黄芪、党参、柿子、石榴、苹果、栗子、菱角、扁豆等。

【忌】①勿食性凉生冷、荤腥油腻食物。

②不能进食豆类及豆制品、麦类及面制品，以及易产气食物。

便血

血液从肛门排出，大便带血，或全为血便，颜色呈鲜红、暗红或柏油样，均称为便血。便血的颜色取决于消化道出血的部位、出血量与血液在肠道停留的时间。

病因

胃虚寒或胃肠积热，胃肠脉络受损，血液下渗肠道所致。

症状

便软而成形或硬结，鲜血附着于粪便表面，有的先血后便，有的先便后血，血色大多鲜红，也有的黯红混浊。血量多时淋漓不尽，大便后肛口疼痛加重。

膳食调补宜忌

【宜】多食具有清肠热、滋润营养黏膜、通便止血作用的食品，如三七、槐米、梨汁、藕汁、荸荠汁、芦根汁、芹菜、萝卜黄瓜、菠菜、蛋黄、苹果、香蕉、黑芝麻白木耳等。

【忌】忌食辛热、油腻、粗糙、多渣的食品，少摄入烟酒、咖啡、葱、蒜、薤白、韭菜、辣椒和炒蚕豆、炒黄豆、炒花生等。

呕吐

呕吐是胃内容物反入食管，经口吐出的一种反射动作。可将咽入胃内的有害物质吐出，是机体的一种防御反射，有一定的保护作用，但大多数并非由此引起，且频繁而剧烈地呕吐可引起脱水、电解质紊乱等并发症。

病因

由于外感六淫，内伤饮食，情志失调，脏腑虚弱等原因所致胃失和降，胃气上逆。

症状

以呕吐为主症，常伴有恶寒、发热、脉实有力，或伴精神萎靡、倦怠乏力、面色萎黄，脉弱无力等。

膳食调补宜忌

【宜】应选择具有祛邪、和胃降逆作用的食物，如淡豆豉、竹茹、生姜、陈皮、蛋羹、蛋花、鲫鱼汤、鸡汤、红枣汤、莲子汤、墨鱼、猪腰、猪肚、猪肺、藕粉、稀粥、面片、牛奶。

【忌】勿食甘味、油腻、坚硬不易消化食物及生冷食物，少吃洋葱、柿子、槟榔、荸荠、苦瓜、豆蔻、蚕豆、胡椒、大蒜、薄荷、螺蛳、芥菜、辣椒、花椒、茴香等。

呃逆

呃逆即打嗝，指气从胃中上逆，喉间频频作声，声音急而短促。是一个生理上常见的现象，由横膈膜痉挛收缩引起的。

病因

胃失和降，膈间气机不利，胃气上逆动膈，或寒热宿食，燥热内盛，或情志不和，气郁痰阻，脾胃虚弱，皆影响胃气的顺降因而形成呃逆。

症状

气逆上冲，喉间呃呃连声，声短而频，不能自制。其呃声或高或低，或疏或密，间歇时间不定。胸膈痞闷，脘中不适等。

膳食调补宜忌

【宜】①应选择具有理气和胃、降逆止呃作用的食物，如竹茹、生姜、核桃、狗肉、羊肉、鸡肉、猪肉、红枣、

②多吃富含纤维素的蔬菜、芝麻、木耳、香蕉、生姜、胡椒、鲫鱼、甘蔗汁、荔枝、刀豆、柿饼、萝卜、皮蛋、鸡蛋黄等。

③膳食中应有适当汤汁类食物同进，否则，干硬、黏稠的食物会刺激食管或胃肠道，或促使随食物裹挟进体内的气体上逆而致呃逆。

【忌】①不吃或少吃山芋、黄豆、蚕豆、豌豆、炒货零食、牛奶、白糖、苦瓜、无花果、柿子、梨、荸荠马兰头、螃蟹、猕猴桃等。

②不宜同进冷饮、热食。

③大汗久渴、久病体虚者，不宜过量饮水，否则会损伤脾胃，导致肺胃之气逆而下降，呃逆频发。

中风后遗症

中风后遗症是指中风（即脑血管意外）经治疗后遗留下来的口眼歪斜，语言不利，半身不遂等症状的总称。常因本体先虚，阴阳

失去平衡，气血逆乱，痰瘀阻滞，肢体失养所致。

病因

中风后气虚，脉络瘀阻，风痰阻络，或肝肾均亏，精血不足，筋骨失养所致。

症状

轻重不等的半身不遂，言语不利，口眼歪斜等症状。

膳食调补宜忌

【宜】应选择具有益气、化瘀、通络作用的食物，推荐食用冬瓜、决明子、玉米、无花果、大蒜头、香蕉、苹果、金针菇、猴头菇、平菇、草菇、海带、紫菜、奶制品、蜂蜜等。

【忌】勿食高脂肪、高胆固醇食物；勿食烟酒；切勿饮食过饱。

动脉硬化

动脉硬化是动脉的一种非炎症性病变，可使动脉管壁增厚、变硬，失去弹性、管腔狭小。

动脉硬化是随着人年龄增长而出现的血管疾病，其规律通常是在青少年时期发生，至中老年时期加重、发病。

男性较女性多，近年来本病在我国逐渐增多，成为老年人死亡主要原因之一。

病因

多因饮食不节，损伤脾胃，劳倦过度，损伤心脾，年老体虚，肾体虚，肾元不足等所致。

症状

为体力与脑力的衰退，并可出现胸闷、心悸及心前区闷痛，头痛头晕，记忆力减退。

膳食调补宜忌

【宜】应选择具有益气和血、化浊通络作用的食物，如山药、番薯、南瓜、山楂、橘子、草莓、香蕉、洋葱、竹笋、青芦笋、冬瓜、紫菜、海蜇、羊奶、酸奶、蜂王浆、香醋、牡蛎、青鱼、何首乌等。

【忌】忌食高脂肪、高胆固醇等食物，不饮或少饮酒。

贫血

在一定容积的循环血液内红细胞计数、血红蛋白量以及红细胞比容均低于正常标准者称为贫血。其中以血红蛋白最为重要，成年男性低于120克/升（12.0克/分升），成年女性低于110克/升（11.0克/分升），一般可认为贫血。贫血是临床最常见的表现之一，然而它不是一种独立疾病，可能是一种基础的或有时是较复杂疾病的重要临床表现，

病因

因气虚血不生，肾脾功能受损所致。

症状

头晕、眼花、耳鸣、面部及耳轮色泽苍白、心慌、心速、夜寐不安、疲乏无力，指甲变平凸而脆裂，注意力不集中，食欲不佳，月经不调。妇女发病较多。

膳食调补宜忌

【宜】①应选择具有补血作用的食物，常吃些高铁、高蛋白质、高维生素的食物，多吃些补气、补肾和补脾的食物。

②给富于营养和高热量、高蛋白、多维生素、含丰富无机盐的饮食，以助于恢复造血功能。缺铁性贫血可多吃动物的内脏。

③巨幼红细胞性贫血在疗程后期可能出现相对缺铁现象，要注意及时补充铁剂。

【忌】勿食生冷性凉的食物，如荸荠、大蒜、海藻、草豆蔻、荷叶、薄荷、菊花、槟榔、生萝卜、白酒等。

偏瘫

偏瘫又叫半身不遂，是指一侧上下肢、面肌和舌肌下部的运动障碍，它是急性脑血管病的一个常见症状。

病因

偏瘫病因多样复杂，总的来说多与血脂增高，血液黏稠度增高等疾病有不可分割的关系。

任何导致大脑损伤的原因都可引起偏瘫，脑血管病是引起偏瘫最常见的原因之一。

症状

除一侧肢体随意运动减退、消失外，还有腱反射亢进，肌张力增高，言语功能障碍等。轻度偏瘫病人虽然尚能活动，但走起路来，往往上肢屈曲，下肢伸直，瘫痪的下肢走一步划半个圈，这种特殊的走路姿势，叫作偏瘫步态。严重者常卧床不起，丧失生活能力。

膳食调补宜忌

【宜】①适量增加蛋白质：由于膳食中的脂肪量下降，就要适当增加蛋白质。可由瘦肉、去皮禽类提供，可多食鱼类，特别是海鱼，每日要吃一定量的豆制品，如豆腐、豆干，对降低血液胆固醇及血液黏滞有利。

②注意烹调用料：为了增加食欲，可以在炒菜时加一些醋、番茄酱、芝麻酱。食醋可以调味外，还可加速脂肪的溶解，促进消化和吸收，芝麻酱含钙量高，经常食用可补充钙，对防止脑出血有一定好处。

③科学饮食：偏瘫患者应供给营养丰富和易消化的食品，满足蛋白质、矿物质和总热能的供给。多饮水并常吃半流质食物。

【忌】

①忌饮浓茶、酒类、咖啡和辛辣刺激性食物。

②限制精制糖和含糖类的甜食，包括点心、糖果和饮料的摄入。

③脑血栓的病人食盐的用量要小，要采用低盐饮食，每日食盐 3 克，不宜多食味咸的食物。

胆结石

胆结石病又称胆系结石病或胆石症，是胆道系统的常见病，是胆囊结石、胆管结石（又分肝内、肝外）的总称。胆结石应以预防为主，发病后应即时治疗，一般有非手术及手术治疗两类治疗手段。

病因

肝胆郁滞，气机升降失常，横逆犯脾，中焦健运失职，湿热内生，煎熬胆汁所致。

症状

胆绞痛，中上腹或右上腹剧烈疼痛，坐卧不安，大汗淋漓，面色苍白，恶心，呕吐，甚至出现黄疸和高热。

膳食调补宜忌

【宜】应当选择富含食物纤维素的清淡蔬菜，富含维生素的新鲜瓜果，富含蛋白质和糖类的食物；常吃各种豆类和豆制品及植物油。按时进餐，避免胆汁在胆囊内潴留时间过长。

【忌】勿食或少食高脂肪高胆固醇食物、动物油和各种禽蛋；少吃油腻煎炸、辛辣刺激性食物。

水肿

水肿是指血管外的组织间隙中有过多的体液积聚，为临床常见症状之一。水肿是全身气化功能障碍的一种表现，与肺、脾、肾、三焦各脏腑密切相关。

病因

因感受外邪，劳倦内伤，或饮食失调，使气化不利，津液输布失常，导致水液潴留，泛溢于肌肤所为。

症状

头面、眼睑、四肢、腹背甚至全身浮肿。

膳食调补宜忌

【宜】应选择具有健脾利水、益气消肿的食物，如冬瓜、赤小豆、黑大豆、西瓜皮、冬瓜皮、西瓜、黄瓜、葫芦、胡萝卜、鲫鱼、鲤鱼、泥鳅、鲮鱼、蛙肉、鸭肉、鲢鱼、荠菜、山药、白扁豆、芹菜、玉米须、薏米仁、白茯苓等。

【忌】勿食过咸的食物，忌吃性寒滋腻、海腥发物和刺激性食物。咸肉、咸鱼、腌菜、咸板鸭、咸鸭蛋、皮蛋、带鱼、黄鱼、雪里蕻、虾、螃蟹、猪头肉、鹅肉、辣椒、胡椒、白酒等。

慢性疲劳综合征

疲劳综合征名称起源于工业发达国家，属于现代文明病。现代都市白领职员由于激烈竞争，长期精神紧张，身心的巨大压力可导致一系列临床综合征。

病因

中医认为导致疲劳综合征的病因为七情内伤，喜、怒、忧、思、悲、恐、惊，这些情志过激，以致阴阳失调，气血紊乱。通过手穴治疗，可达到调畅情志，平衡阴阳，调气行血的目的。且方法简便，坚持自我治疗将大有裨益。

症状

主要表现为重度疲乏（往往超超过 6 个月），焦虑，抑郁，心悸，气短，可伴有淋巴结肿大甚至疼痛，喉痛、头痛、关节痛、腹痛、肌肉痛，低热和认知困难，尤其是难以集中注意力和入眠困难。

膳食调补宜忌

【宜】①多吃新鲜蔬菜：为了增强免疫系统的功能和加快康复，可以选择含 50%生菜及鲜果汁的均衡饮食。它们主要包括蔬菜、水果、全麦等谷类、种子及核果、去皮的火鸡肉、深海鱼，这些食物提供各种补充体力及强化免疫力所需的营养。

②多喝绿色饮料，多喝水：多喝蔬菜汁以补充维生素，如萝卜、

汁、胡萝卜汁、青菜汁或小麦草汁等，也可服用叶绿素片。

③少吃多餐：为了保持一个好的血糖平衡和更高能量水平，一整天吃 4~6 餐小量食物，避免任何一餐吃得过饱。建议选择好的蛋白质来源，包括低脂奶酪、豆腐、小扁豆和其他豆制品。

【忌】①戒烟、戒咖啡。抽烟会阻碍氧气输送到各组织，其结果便是疲劳。咖啡虽能提神，但会消耗体内与神经、肌肉协调有关的 B 族维生素。

②少吃甜食。糖分会过度激活胰岛素，使血糖变化，让人产生疲劳，坐立难安，还会引发肥胖问题。

③勿食贝类。

血证

血证是指由多种原因引起火热熏灼或气虚不摄，致使血液不循常道，或上溢于口鼻诸窍，或下泄于前后二阴，或渗出于肌肤所形成的疾患，统称为血证。也就是说，非生理性的出血性疾患，称为血证。在古代医籍中，亦称为血病或失血。

病因

血热妄行，虚火灼络，脾不摄血或瘀血伤络所致。

症状

鼻中流血，或牙龈出血，或咯出鲜血或痰中带血，多夹有泡沫痰；或呕吐液呈咖啡色或暗红色，吐血量多者或呈鲜红色，多夹有食物残渣，混有胃液；或血液随大便而下，或血与粪便夹杂，或下纯血。血证是指由多种原因引起火热熏灼或气虚不摄，致使血液不循常道，或上溢于口鼻诸窍，或下泄于前后二阴，或渗出于肌肤所形成的疾患，统称为血证。也就是说，非生理性的出血性疾患，称为血证。在古代医籍中，亦称为血病或失血。

膳食调补宜忌

【宜】应选择具有清肺泄热、清胃凉血、清肝泻火作用，富含维生素C的食物，如马兰头、萝卜缨、藕节、西瓜、冬瓜、番茄、空心菜、地耳、黑木耳、荸荠、梨、苹果、柿子、白菊花、槐花、米醋等。

【宜】勿食辛辣温热、香燥助火的食物，如爆米花、炒花生、炒黄豆、炒蚕豆、羊肉、狗肉、鹅肉、公鸡、胡椒、辣椒、花椒、生姜、芥末、桂皮、人参等。勿食烟酒。

外科、骨科疾病饮食宜忌

骨折

所谓骨折，顾名思义，就是指骨头或骨头的结构完全或部分断裂。多见于儿童及老年人，中青年也时有发生。病人常为一个部位骨折，少数为多发性骨折。

病因

发生骨折的主要原因是外伤，如打伤、撞伤、挤压、跌伤；其次是由全身性疾病及骨头本身的疾病所引起，如软骨瘤、坏血病、骨软化症、骨肿瘤、骨囊肿、急慢性骨髓炎等；部分骨折与疲劳及职业有关，如过于劳累可导致足部骨折、机床工作者多出现手部骨折等。

症状

骨折发生后，病人表情痛苦，局部疼痛；小儿哭闹不止；骨折局部可出现肿胀，瘀血，变形和功能障碍；触摸局部可感觉骨头变形，压痛明显，有异常活动及骨茬摩擦音。

膳食调补宜忌

【宜】骨折的病人由于疼痛、卧床不活动、消化功能不好，可引起身体代谢的变化，最明显的是蛋白质的负平衡（即蛋白质的消耗大于饮食中蛋白质的摄入)。外伤所致的失血也是体内营养的损失。骨折的愈合、软组织的修复，都需要充足的营养物质供应，如果饮食调节不好，营养跟不上，不仅影响病人对骨折、软组织损伤的耐受力，而且还会影响骨骼和伤口的愈合及病体的康复。骨折病人需要吃些易消化、富有营养、清淡的食物，宜采用高热量、高蛋白、高维生素饮食，要多食用些动物的肝、肚、排骨汤、鸡、蛋、鱼肉及豆制品、牛奶，并且多吃些蔬菜、水果等。

【忌】煎、炸、爆、炒、油腻、辛辣、刺激性食物不利于病情恢复，应忌食。

骨折分类

按骨折与外界是否相通可分为：

①开放性骨折：骨折端与外界相通。

②闭合性骨折：骨折端不与外界相通。

按骨折形态与稳定性可分为：

①稳定性骨折：如青枝骨折、压缩性骨折及嵌插型骨折等。

②不稳定性骨折：如粉碎性骨折、斜形骨折及螺旋形骨折等。

原发性骨质疏松症

原发性骨质疏松症是老年人的一种常见的全身性骨病。主要是骨量低和骨的微细结构有破坏，导致骨的脆性增加和容易发生骨折。骨组织的矿物质和骨基质均有减少。女性较男性多见，常见于绝经后妇女和老年人，在轻微外伤或无外伤的情况下都容易发生骨折，尤其75岁以上的妇女骨折发生率高达80%以上。

病因

此病和内分泌因素、遗传因素、营养因素、废用因素等有关。

症状

骨质疏松者，钙丢失量30%左右来自脊柱，25%左右来自股骨，因此，病人常因脊柱骨折或股骨上段骨折就诊。脊柱骨折多以胸、腰椎压缩性骨折多见，轻微外伤或无外伤时便可发生。股骨骨折多见于股骨上段骨折和粗隆间骨折两种类型，老年女性腕关节周围骨折也不少见，常常摔倒时发生。除易骨折外，还可见弥漫性脊柱疼痛；腰骶关节、骶髂关节、膝关节疼痛；颈、腰椎、膝关节、足跟骨骨质增生等。

膳食调补宜忌

【宜】应多吃含钙高的食物，如牛奶、鱼类、虾蟹、青菜、乳制品等；应多吃富含维生素 D 的食物，如沙丁鱼、鳜鱼、青鱼、鸡蛋等。

【忌】咖啡中的咖啡因能阻碍钙的吸收，因此应忌饮咖啡；高磷酸盐食物添加剂、内脏等含有大量的磷，应忌食。

继发性骨质疏松症

继发性骨质疏松症是以骨组织显微结构受损，骨矿成分和骨基质等比例减少，骨质变薄，骨小梁数量减少，骨脆性增加和骨折危险度升高的一种全身性骨病。继发性骨质疏松症又可分为绝经后骨质疏松症和老年性骨质疏松症。

病因

继发性骨质疏松症是由其他疾病或药物等因素所诱发的疾病。随年龄的增长，钙调节激素的分泌失调致使骨代谢紊乱，也容易导致继发性骨质疏松；老年人由于牙齿脱落及消化功能降低，进食少，多有营养缺乏，使蛋白质、钙、磷、维生素及微量元素摄入不足；随着年龄的增长，户外运动减少也是老年人易患继发性骨质疏松症的重要原因；近年来分子生物学的研究表明，继发性骨质疏松症与维生素 D 受体基因变异有密切关系。除此之外，酗酒、吸烟、内分泌疾病、癌症及发炎性肠疾患者也容易患上继发性骨质疏松症。

症状

以疼痛最为常见，多为腰背酸疼，其次为肩背、颈部或腕踝部，可因坐位、立位、卧位或翻身时疼痛，时好时坏；还可导致脊柱变形、弯腰、驼背、身材变矮；易骨折，常见骨折部位是脊椎骨（压缩性、楔型）、腕部（桡骨头）和髋骨（股骨颈）。

膳食调补宜忌

【宜】要多食用含钙丰富的食物，如牛奶、豆浆、鱼、虾皮、豆制品、骨汤、小米等；含维生素D丰富的食物，如牛奶、蛋黄、酵母等，也有利于缓解病情。

【忌】要少吃含磷较多的食物，如动物肝脏、虾、蟹、蚌等；应忌食咖啡或含咖啡因较多的饮料和食物，如可乐、巧克力、茶等。

类风湿性关节炎

类风湿性关节炎是一种全身性结缔组织疾病的局部表现，呈多发性、对称性。如果经久不治，可能导致关节内软骨和骨的破坏，关节功能障碍，甚至残废。

病因

一般认为，类风湿性关节炎起因于机体内免疫系统发生问题，产生许多不必要的抗体（如类风湿性因子RF），不仅会杀死病菌，同时也破坏身体正常的结构。最常侵犯的部位是四肢小关节，其次是肌肉、肺、皮肤、血管、神经、眼睛等。

症状

（1）关节外表现

全身表现：最初只有低热、乏力、食欲不振、体重减轻及手足麻木、指端动脉痉挛现象。

皮肤表现：约1/4的患者出现皮下结节，常见于肘的伸肌腱，手和足的伸、屈肌腱，跟腱。皮下结节与关节病变的严重程度及类风湿因子阳性有关。

（2）关节表现

开始只有关节僵硬，以早晨起床后最明显，称为晨僵，活动后减轻，以后逐渐出现对称性手的小关节及腕、足等关节炎，关节周围的结构也常受累，受累的关节异常肿胀，伴疼痛、潮红、压痛及僵硬，特别是近端指端关节呈对称性梭状肿胀，晨起重，活动后减轻。到后期，关节肿胀减轻，发展为不规则形，显著贫血。病变关节因关节软骨及软骨下受侵蚀，关节腔破坏，上下关节面融合，发生纤维化性强直，甚至骨化，最后变成强硬和畸形。手指、腕关节固定于屈位，手指及掌关节形成特征性的尺侧偏向畸形，关节周围肌肉萎缩。仅有10%~30%患者出现皮下结节，此结节多出现在关节的隆突部位，直径数毫米，质硬，略压痛，圆形或椭圆形的出现往往提示病情发展到较重的时期。多数病人还可出现淋巴结肿大、心瓣膜病变、肺间质性纤维化、胸膜炎等关节外表现。

膳食调补宜忌

【宜】饮食中应增加蛋白质和维生素的摄入，以提供丰富的营养。可适量多食动物血、蛋、鱼、虾、豆类制品、土豆、牛肉、鸡肉及牛“腱子”肉等富含组氨酸、精氨酸、核酸和胶原的食物等。

【忌】脂肪在体内氧化过程中能产生对关节有较强刺激性作用的酮类物质，因此应忌食肥腻食物；应忌食海鲜等容易产生尿酸的食物，以免加重关节症状。要少食牛奶、羊奶等奶类和花生、巧克力、小米、干酪、奶糖等含酪氨酸、苯丙氨酸和色氨酸的食物。少饮酒和咖啡、茶等饮料，注意避免被动吸烟，因其都可加剧关节炎恶化。

痛风

痛风是由于嘌呤代谢紊乱导致血尿酸增加而引起组织损伤的一组疾病。多发人体最低部位的关节剧烈疼痛，痛不欲生的“痛”，一般17天后痛像“风”一样吹过去了，所以叫“痛风”。

病因

痛风是一种慢性代谢紊乱疾病，它的主要特点是体内尿酸盐生成过多或肾脏排泄尿酸减少，从而引起血液中尿酸盐浓度升高，临床上称为高尿血酸症。尿酸是嘌呤代谢的终末产物，而嘌呤是由人体细胞分解代谢产生的。血尿酸升高到一定程度后就会在组织，尤其是关节及肾脏中沉积而引起关节炎的反复发作。严重者会造成关节活动障碍或畸形，临床上称为痛风性关节炎。尿酸在肾脏沉积后形成尿酸性肾结石及肾实质损害，临床上称为尿酸性肾病，又叫痛风性肾病，可引起肾绞痛发作、血尿、肾盂积水及肾功能损害，严重者可发生肾功能衰竭及尿毒症，是导致痛风病人死亡的主要原因之一。

症状

无症状期表现为有高尿酸血症而无临床症状。发病时主要表现为痛风性关节炎、痛风结节（常见于耳轮和关节周围，呈大小不一的降起赘生物，可向皮肤破溃，排出白色的尿酸盐结晶）、肾脏病变、发热和头痛等全身症状。

膳食调补宜忌

【宜】要多吃碱性的蔬菜和水果，以中和过量的尿酸；要多喝水，以降低血中尿酸的浓度；应多吃富含 B 族维生素和维生素 C 的食物，这样有利于组织内尿酸的溶解。

【忌】应限制蛋白质的摄入，以降低嘌呤类物质的摄入；应限制热量和脂肪的摄入。

烧伤

烧伤是机体直接接触高温物体或受到强的热辐射所发生的变化，为日常生活、生产劳动中常见的损伤，烧伤不仅是皮肤损伤，还可深达肌肉、骨骼，严重者可引起一系列的全身变化，如休克、感染等。烧伤的程度由温度的高低、作用时间的长短而不同。临床经验证明，烧伤达全身表面积的三分之一以上时则可有生命危险。

病因

主要是由于火焰、蒸汤、热水、热油、电流、放射线、激光或强酸、强碱等化学物质作用于人体所引起的。

症状

一度烧伤表现为皮肤轻度红、肿、热、疼痛，感觉过敏，表皮干燥，无水疱；浅二度烧伤表现为受伤皮肤剧痛、感觉过敏、有水疱，疱皮脱后可见创面均匀发红、潮湿、水肿明显；深二度烧伤表现为痛觉迟钝，可有或无水疱，基底苍白，间有红色斑点，创面潮湿，拔毛时痛，数日后，若无感染发生，可出现网状栓塞血管；三度烧伤表现为皮肤痛觉消失、无弹性、干燥、无水疱、如皮草状、蜡白、焦黄或炭化，拔毛不痛，数日后，出现树枝状栓塞血管。

膳食调补宜忌

【宜】要摄入种类丰富的食物，以提供人体全面的营养；要提高热量及蛋白质摄取量，因为受伤后初期，体内处于高代谢速率的情况下，对热量及蛋白质需求量较高；要补充富含维生素 A、维生素 C 及 B 族维生素食物，有益伤口愈合；锌有助于伤口愈合，应多食用牡蛎、肝脏、荚豆类、花生酱等；饮食应多变换菜色，以提高食欲。

【忌】应忌酒，因为酒能影响多种营养物质的吸收。

烧伤的家庭急救——冷疗

冷疗是在烧伤后将受伤的肢体放在流动的自来水下冲洗或放在大盆中浸泡，若没有自来水，可将肢体浸入井水、河水中。冷疗可降低局部温度，减轻创面疼痛，阻止热力的继续损害及减少渗出和水肿。冷疗持续的时间多以停止冷疗后创面不再有剧痛为准，大约为 0.5~1 小时。水温一般为 15~20℃，有条件者可在水中放些冰块以降低水温。及时冷疗可中和侵入身体内的余热，阻止热力的继续渗透，防止创面继续加深，减轻组织烧伤深度。

痤疮

痤疮是美容皮肤科的最常见的病种之一，又叫青春痘、毛囊炎，除儿童外，多发于面部。

病因

痤疮的发生原因较复杂，与多种因素有关，如饮食结构不合理，精神紧张，内脏功能紊乱，生活或工作环境不佳，某些微量元素缺乏，遗传因素，大便秘结等。但主要诱因是青春期发育成熟，体内雄性激素水平升高，刺激皮脂及毛囊脱落的上皮细胞，聚集成黄白色物质栓塞在毛孔内，即形成粉刺。此外毛囊管腔内还存在着大量病菌，将皮脂分解成不饱和脂肪酸，造成毛囊及其周围发生不同程度的炎症，而出现化脓，结节，囊肿或粉瘤等，长期反复的炎症会在脸上留下难愈的瘢痕，使皮肤不平，粗糙难看，而皮脂的分泌不畅和反复炎症，又会加重刺激皮脂的分泌，形成恶性循环。

症状

初起皮损多为位于毛囊口的粉刺，分白头粉刺和黑头粉刺两种，在发展过程中可产生红色丘疹、脓疱、结节、脓肿、囊肿及疤痕；皮损好发于颜面部，尤其是前额、颊部、颏部，其次为胸背部、肩部皮脂腺丰富区，对称性分布，偶尔也发生在其他部位。

膳食调补宜忌

【宜】要改变饮食习惯，多吃蔬菜水果；常用温热水、肥皂洗涤患处。

【忌】应少吃脂肪、糖类及刺激性食物；避免用手挤挖；避免使用含油脂较多的化妆品和长期使用碘化物、溴化物及皮质类固醇激素等药物。

黄褐斑

黄褐斑又名肝斑、面尘，是发生于面部的黄褐或深褐色斑片。黄褐斑夏季颜色加深，多见于女性，男性也可发生。

病因

病因不明确，常认为与内分泌功能改变有关。见于妇女妊娠期或口服避孕药者及其他因素。妇女妊娠期的黄褐斑开始于妊娠3~5个月，分娩以后色素斑渐渐消失。面部色素沉着可能是由于雌激素与黄体酮联合作用，刺激黑色素细胞，而孕激素促使黑素体的转运和扩散，增加了黑色素的生成促使色素沉着。

也见于慢性胃肠疾病、肝病、结核、癌瘤、恶性淋巴瘤和慢性酒精中毒等。长期应用某些药物如苯妥英钠、避孕药均可发生黄褐斑。此外，强烈的日晒、化妆品的应用也可诱发黄褐斑。黄褐斑也见于未婚、未孕的正常女性或男性，其原因不明。

症状

斑片大小不定，形状不规则，边界清楚，基本对称，常分布于颧、颈、鼻或口周，无任何自觉症状，但可以影响美观。

膳食调补宜忌

【宜】注意合理的营养搭配，适当地补充维生素A、维生素C、维生素E及锌等微量元素，有助于恢复；维生素C能抑制皮肤内多巴醌的氧化作用，可抑制黑色素的形成。多喝水，多吃蔬菜和水果，如西红柿、黄瓜、草莓、桃等，经常摄入富含维生素C的食物，如柑橘类水果、山楂、鲜枣、新鲜绿叶菜等。

【忌】不宜食用刺激性食品；油炸食品、腌制品、酒、浓茶、咖啡等可加重色素沉着，应忌食。

治疗方法

现代医学对本病还没有满意的疗法，主要采用内服维生素C、外用软膏等脱色剂治疗。中医治疗效果较好，祛斑玉肤丸就是针对以上病理研发的中药藏药合成精品，其药效补血活血、疏肝理气、滋阴生津、补益肝肾，主治鱼鳞病、黄褐斑、雀斑、老人斑等各种色素沉着病，在临床应用上治疗黄褐斑效果显著。

荨麻疹

荨麻疹，俗称风团或鬼风疙瘩，是由各种因素致使皮肤黏膜血管发生暂时性炎性充血与大量液体渗出，造成局部水肿的一种常见皮肤病。其迅速发生与消退、有剧痒，可有发热、腹痛、腹泻或其他全身症状。

病因

可由各种内源性或外源性的复杂因素引起，但很多情况下不能确定具体的病因。食物、药物、感染、吸入异物（花粉、灰尘、动物皮屑、烟雾、羽毛等）、动物及植物因素（如昆虫叮咬、毒毛刺入）、精神因素（精神紧张或兴奋）、遗传因素、内脏和全身性疾病（如风湿热、类风湿性关节炎、系统性红斑狼疮）都可能引发荨麻疹。

症状

皮肤瘙痒，随即出现风团，呈鲜红、苍白或皮肤色，少数病例亦有水肿性红斑。部分患者可伴有恶心、呕吐、头痛、头胀、腹泻等。急性变态反应，有时可伴有休克的症状。

膳食调补宜忌

【宜】宜多食营养丰富、清淡、易消化的食物，如瘦肉、豆制品等；宜多饮用具有清热化湿、利尿通便的饮品，有利于过敏源排出体外；多食用些富含维生素 C 的食物，有利于改善皮肤功能。

【忌】要忌食油炸和脂肪含量过高的食物，以免上火或聚湿生热；海参、海虾、海蟹、甲鱼、带鱼等属发物，极易导致过敏，加重病情；辛辣食品易诱发荨麻疹，因此应忌食。

湿疹

湿疹是由多种内、外因素引起的浅层真皮及表皮炎。其临床表现具有对称性、渗出性、瘙痒性、多形性和复发性等特点。也是一种过敏性炎症性皮肤病以皮疹多样性，对称分布、剧烈瘙痒反复发作、易演变成慢性为特征。可发生于任何年龄任何部位，任何季节，但常在冬季复发或加剧有渗出倾向，慢性病程，易反复发作。

病因

患者的过敏体质是患病的重要因素，与遗传有关，可随年龄、环境改变，神经因素如忧虑、紧张、情绪激动、失眠、劳累等也可能导致；内分泌，代谢及胃肠功能障碍，感染病灶等与发病也有关系；日光、湿热、干燥、搔抓、摩擦、化妆品、肥皂、皮毛、燃料、人造纤维等均可诱发湿疹。

症状

中医一般将湿疹分为四个类型：湿热型特点为发病迅速，皮肤灼热红肿，或见大片红斑，丘疹，水疱，渗水多，甚至黄水淋漓，黏而有腥味，结斑后如松脂，可因搔痒太甚而使皮肤剥脱一层。大便偏干，小便黄或赤，舌质红，苔黄或黄腻，脉滑带数；血风型表现为全身起红丘疹，搔破出血，渗水不多，剧烈瘙痒可见搔痕累累，尤以夜间为主，舌质红，苔薄白或薄黄，脉弦带数；脾湿型表现为皮肤黯淡不红，搔痒后见渗水，后期干燥脱屑，造成伤阴耗血，皮肤浸润，干燥脱屑，瘙痒剧烈。

膳食调补宜忌

【宜】应吃些营养丰富、易消化、清淡的食物；宜饮用具有清热除湿作用的饮料，有助于排出过敏源。

【忌】应忌食辛辣、油腻、海产品等，否则易加重病情；酒、咖啡、浓茶等可刺激大脑皮层，不利于病情康复。

银屑病

银屑病俗称“牛皮癣”，是一种有特征鳞屑性红斑的复发性、慢性皮肤病，中医称为“松皮癣”。本病较常见，在自然人群中的发病率为 0.1%~3%。其特征是出现大小不等的丘疹，红斑，表面覆盖着银白色鳞屑，边界清楚，好发于头皮、四肢伸侧及背部。男性多于女性。春冬季节容易复发或加重，而夏秋季多缓解。

病因

多数患者在冬季加剧，夏季减轻。病因不明，可能与病毒和链球菌感染、遗传、脂肪代谢障碍以及内分泌腺或胸腺功能障碍有关。季节改变、精神创伤、外伤、预防接种等能诱发本病。

症状

初起为红色丘疹，扩大后形成大小不等的斑片，上面有银白色鳞屑，层层相叠如云母状。如将鳞屑刮去，基底露出鲜红、平滑光亮的薄膜，再刮即有点状出血现象。皮疹呈滴状、钱币状、地图状等多种形态。好发于头皮、四肢伸侧，尤其膝关节伸侧及其附近，常呈不对称分布。除皮肤损害外，也可侵犯指甲和黏膜。

膳食调补宜忌

【宜】饮食应以易消化、营养丰富为原则，宜多吃些水果和蔬菜，能补充大量的维生素和矿物质元素，有利于疾病的恢复。

【忌】忌食辛辣、油腻的食物，以免加重病情。蔬菜水果类忌吃如生姜、芫荽、大头菜、香椿、尖椒等。少喝或不喝酒类，包括白酒、啤酒、葡萄酒。肉食类忌吃如牛肉、驴肉、羊肉、狗肉、鸽子肉，各类海鲜如各种鱼类（包括鳖等）、螃蟹、虾等也少吃为宜。

鉴别诊断

银屑病好发于头皮、四肢伸侧、肘膝关节或尾骶部，刚开始为淡红色或红色丘疹或斑丘疹，表面有多层银白色鳞屑，刮去鳞屑，露出淡红色的半透明薄膜，刮去薄膜可见露水样的筛状出血等。皮损形态多为点滴状，并不断增大，可融合成形态不同的斑片，如钱币状、环状、地图状。头发呈束发状，但不脱落。

与慢性湿疮相鉴别：慢性湿疮多发生于肢体的屈侧，剧烈瘙痒，鳞屑少不呈银白色，皮肤肥厚，苔藓样变及色素沉着等同时存在。

与白癜风相鉴别：白癜风损害边界不清，基底部淡红，鳞屑少而呈油腻性，带黄色，刮去后不呈点状出血。好发于头皮及颜面部，无束发状，日久有脱发现象。

痱子

痱子又称“热痱”“红色粟粒疹”，是由于在高温闷热环境下，出汗过多，汗液蒸发不畅，导致汗管堵塞、汗管破裂，汗液外渗入周围组织而引起。主要表现为小丘疹、小水疱。好发于夏季，多见于排汗调节功能较差的儿童和长期卧床病人。由于瘙痒而过度搔抓可致继发感染，发生毛囊炎、疖或脓肿。

病因

本病为炎热夏季的常见病和多发病，是外界气温高和湿度大，出汗过多，不易蒸发，汗管和汗孔闭塞，汗液潴留所产生的丘疹或丘疱疹。中医认为痱子是由于盛夏时节，暑热夹湿、蕴结肌肤、毛窍郁塞，乃生痱疱。热盛汗出，以冷水洗浴，毛孔骤闭热气都于皮腠之间亦生此病。

症状

急性发病时皮肤出现红斑，不久发生密集的针尖大小的丘疹、丘疱疹或小水疱，自觉很痒或烧灼感。好发于后背、肘窝、颈部、胸背部、腰部、女性乳房下部、小儿头面部及臀部。本病往往成批发生，一批消退，一批再发。气候凉爽时，数日内皮疹消退，轻微脱屑而愈。

膳食调补宜忌

【宜】应以汤、羹、汁等汤水较多的食物为主；要多吃蛋白质和膳食纤维含量高的食物，少吃富含脂肪和糖的食物。可进食清凉解暑药膳，如绿豆糖水、绿豆粥、清凉糖水等。

【忌】油腻、煎炸食物要少吃。

痔疮

痔疮是一种最常见的肛门疾病，包括内痔、外痔、混合痔，是肛门直肠底部及肛门黏膜的静脉丛发生曲张而形成的一个或多个柔软的静脉团的一种慢性疾病。

病因

通常当排便时持续用力，造成此处静脉内压力反复升高，静脉就会肿大。妇女在妊娠期，由于盆腔静脉受压迫，妨碍血液循环常会发生痔疮，许多肥胖的人也会罹患痔疮。外痔有时会脱出或突现于肛管口外。但这种情形只有在排便时才会发生，排便后它又会缩回原来的位置。无论内痔还是外痔，都可能发生血栓。在发生血栓时，痔中的血液凝结成块，从而引起疼痛。

症状

外痔的症状以疼痛瘙痒为主。而内痔则以流血及便后痔疮脱出为主，内痔依严重程度再分为四期：仅有便血情形的为第 I 期；无论有无出血，便后有脱垂情形，但能自行回纳者为第 II 期；脱垂严重，必须用手推回肛门的为第 III 期；最严重的第 IV 期为痔疮平时也脱垂于肛门外，无法回纳肛门内。

膳食调补宜忌

【宜】应多吃些清淡及具有养血、润肠、通便功效的食物，有利于降低患病概率。

【忌】辣椒、大蒜、葱、姜、烟、酒、羊肉、狗肉等辛辣刺激、油腻及热性食物不宜多食。引用咖啡、辛辣食物、啤酒及可乐，不宜过量。

白癜风

白癜风是一种原发性的皮肤色素脱失性疾病，主要表现为局部皮肤异样，全身多处都可能发生，一般无不适感。

病因

中医认为主要是因血热、外受风湿之邪，停留在肌肤，导致气血失调，血不营养肌肤，毛窍因子闭塞死亡，气滞则形成白癜风。白癜风也是一种常见的原发性皮肤色素脱失病，在西医中，白癜风病因主要是缺乏多巴（DOPA）及铜离子和酪氨酶造成黑色素缺陷，白色素过多造成恶性循环，形成皮肤表皮白斑存在。

症状

白癜风在全身任何部位都可以发生，皮损部位颜色减退、变白。好发于颜面部（如眉间、眉毛内侧、鼻根及颊部内侧相连部位、耳前及其上部，包括前额以及唇红部）、颈部、腰腹部（束腰带处）、女士胸部（束胸罩处）、骶尾部、前臂伸面与手背部等。躯干与阴部亦常发生。白斑多数对称分布，初期多为指甲大或钱币大，近圆形、椭圆形或不规则形，也有起病时为点状减色斑，边界多明显。有的边缘绕以色素带。在少数情况下白斑中混有毛囊性点状色素增殖。白癜风患处没有鳞屑或萎缩等变化。白斑上的毛发也可完全变白（少数患者也有不变现象）。本病一般没有什么感觉。只是有些病例在发病时或发病前，或者白斑发展时局部有刺痒感。

膳食调补宜忌

【宜】白癜风患者平时可多食用些核桃仁、苦瓜、黑米、芝麻、冬瓜、西芹、玉米、高粱米、面食、甲鱼血等食物，有利于改善皮肤功能。

【忌】白癜风患者应该少吃或忌食辛辣等刺激性食物，如海鲜（虾、蟹、带鱼等）、辣椒、花椒、胡椒、白酒、芹菜、西红柿、橘子等，以免加重病情。

脱发

脱发是指头发脱落的现象。正常脱落的头发都是处于退行期及休止期的毛发，由于进入退行期与新进入生长期的毛发不断处于动态平衡，故能维持正常数量的头发，以上就是正常的生理性脱发。病理性脱发是指头发异常或过度的脱落，其原因很多。

病因

①病理性原因：a. 主要由于病毒细菌高热使毛母细胞受到损伤，抑制了毛母细胞的正常分裂，原因是毛囊处于休克状态而导致脱发，如带炎症的皮肤病、急性传染病、长期服用某种药物等。b. 头部水痘、带状疱疹病毒、人类免疫缺陷病毒、麻风杆菌、结核杆菌、梅毒苍白螺旋体，以及各种真菌引起的头癣均可引起脱发，局部皮肤病变如脂溢性皮炎或感染霉菌寄生虫等也会造成此类病理性原因的脱发。

②物理性原因：空气污染物堵塞毛囊，有害辐射等原因导致的脱发，如X光，长期戴帽子，头部清洗不够，长期的电脑使用等。另外此类脱发还包括发型性的脱发，局部摩擦刺激性脱发等机械性脱发，灼伤脱发和放射性损伤脱发如编辫子等，日光中紫外线过度照射，经常使用热吹风没头发也容易变稀少，放射性损伤均可引起脱发。

③化学性原因：有害化学物质对头皮组织。毛囊细胞的损害导致脱发。如肿瘤病人接受抗癌药物治疗。长期使用某些化学制剂引起的脱发，烫发剂，染发剂等美发化妆品也是导致脱发最常见的原因。

④营养性原因：这种状况通常都是患者消化吸收功能障碍造成的营养不良导致脱发。很多不健康的减肥方法或患者有，慢性消耗性疾病都是此类脱发的高危人群。

症状

脱发的主要症状是头发油腻，如同擦油一样，亦有焦枯发蓬，缺乏光泽，有淡黄色鳞屑固着难脱，或灰白色鳞屑飞扬，自觉瘙痒。若是男性脱发，主要是前头与头顶部，前额的发际与鬓角往上移，前头与顶部的头发稀疏、变黄、变软，终使额顶部一片光秃或有些茸毛；女性脱发在头顶部，头发变得稀疏，但不会完全成片的脱落。

膳食调补宜忌

【宜】①应多喝生水或含有丰富铁质的食品，瘦肉、鸡蛋的蛋白、菠菜、包心菜、芹菜、水果等都是很好的治疗食物。脱发或秃头的人，头皮都已硬化，上述的食物有助于软化头皮。

②多吃含碱性物质的新鲜蔬菜和水果。脱发及头发变黄的因素之一是由于血液中有酸性毒素，原因是体力和精神过度疲劳，长期过食纯糖类和脂肪类食物，使体内代谢过程中产生酸毒素。

③补充碘质。头发的光泽与甲状腺的作用有关，补碘能增强甲状腺的分泌功能，有利于头发健美。可多吃海带、紫菜、牡蛎等食品。

④补充维生素E。维生素E可抵抗毛发衰老，促进细胞分裂，使毛发生长。可多吃鲜莴苣、卷心菜、黑芝麻等。

【忌】①忌烟、酒及辛辣刺激食物，如葱、蒜、韭菜、姜、花椒、辣椒、桂皮等。

②忌油腻、燥热食物（肥肉、油炸食品）。

③忌过食糖和脂肪丰富的食物，如肝类、肉类、洋葱等酸性食物。

④肝类、肉类、洋葱等食品中的酸性物质容易引起血中酸毒素过多，所以要少吃。

肩周炎

肩周炎是肩关节周围肌肉、肌腱、滑囊和关节囊等软组织的慢性无菌性炎症。炎症导致关节内外粘连，从而影响肩关节的活动。其病变特点是广泛，即疼痛广泛、功能受限广泛、压痛广泛。

病因

因年老体衰，全身退行性变，活动功能减退，气血不旺盛，肝肾亏虚，复感风寒湿邪的侵袭，久之筋凝气聚，气血凝涩，筋脉失养、经脉拘急而发病。

症状

肩部疼痛难忍，尤以夜间为甚，睡觉时常因肩怕压而取特定卧位，翻身困难，影响入睡。肩关节活动受限，影响日常生活，病人不能梳头、洗脸、洗澡。端碗用筷以及穿衣提裤也感到困难等。病重时生活不能自理，日久者可见患肢肌肉萎缩，患肩比健肩略高耸、短窄，肩周有压痛点。局部肌肉粗钝变硬，肩关节活动范围明显受限，甚至不能活动。此病好发于50岁左右的中年老人，女性多于男性。

膳食调补宜忌

【宜】在发病期间，应选择具有温通经脉、祛风散寒、除湿镇痛作用的食物；而在静止期间则应以补气养血，或滋养肝肾等扶正法为主，以巩固疗效，以善其后，或增强体质以防其复发。适宜食用薏米仁、木瓜、桂皮、葱白、花椒、豆卷、桑葚、葡萄、樱桃、栗子、黄鳝、羊骨、红枣、牛肝、阿胶、豆浆等。

【忌】勿食生冷性凉的食物，如香蕉、花红、柿子、西瓜、豆薯、豆腐、绿豆、海带、蚌、田螺等。

风湿性关节炎

风湿性关节炎是一种常见的急性或慢性结缔组织炎症，可反复发作并累及心脏。临床以关节和肌肉游走性酸楚、疼痛为特征，属变态反应性疾病，是风湿热的主要表现之一，多以急性发热及关节疼痛起病。

病因

为机体正气虚，阳气不足，卫气不能固表，以及外在风、寒、湿三邪相杂作用于人体，侵犯关节所致。

症状

肢体关节、肌肉、筋骨发生疼痛、酸麻、沉重、屈伸不利，受凉及阴雨天加重，甚至关节红肿、发热等。一年四季均有，阴雨天会加重。

膳食调补宜忌

【宜】①应选择具有清热利尿作用的食物、碱性食物、富含维生素和钾盐的瓜果蔬菜，如木瓜、赤小豆、青菜、芹菜、丝瓜、瓠子、土豆、番茄、番薯、大白菜、绿豆、梨、葡萄、苹果、甘蔗、牛奶、玉米、芦根、花椰菜等。

【忌】勿食含嘌呤多的食物、高热量和高脂肪的食物、辛辣温补性食物，如狗肉、牛肉、动物内脏、鹌鹑、螃蟹、虾、杏、荔枝、桂皮、茴香、花椒、咖啡、白酒、啤酒、人参、鹅肉等。

冻疮

冻疮是由于寒冷引起的局限性炎症损害。冻疮是冬天的常见病，据有关资料统计，我国每年有两亿人受到冻疮的困扰，其中主要是儿童、妇女及老年人。冻疮一旦发生，在寒冷季节里常较难快速治愈，要等天气转暖后才会逐渐愈合。

病因

中医认为冻疮是由于暴露部位御寒不够，寒邪侵犯，气血运行，凝滞引起，且与患者体弱少动或过度劳累有关。西医认为是由于冬季气候寒冷，外露的皮肤受到寒冷的侵袭，皮下小动脉发生痉挛收缩，造成血液瘀滞，使局部组织缺氧，导致组织细胞受到损害。

症状

冻疮初起为局部性蚕豆至指甲盖大小紫红色肿块或硬结，边缘鲜红，中央青紫，触之动脉冰冷，压之退色，去压后恢复较慢，自觉局部有胀感、瘙痒，遇热后更甚，严重者可有水疱，破溃后形成溃疡，经久不愈。如果肢端血运不好，手足容易出汗以及慢性营养不良者更容易发生。本病多发生在深秋初冬和早春时节，常见于儿童、妇女或久坐不动、周围血液循环不良者和工作在低温潮湿环境中的人。

膳食调补宜忌

【宜】应选择具有温中散寒、活血散结、消肿止痛作用的食物，如羊肉、狗肉、生姜、白酒、丁香、胡椒、花椒、辣椒、龙眼、茴香、韭菜、鹿肉、肉桂等。

【忌】勿食生冷、性寒的食物，如西瓜、生黄瓜、香蕉、花红、柿子、豆薯、绿豆、海带、蚌、田螺、螃蟹、蚬等。

神经性皮炎

神经性皮炎又名慢性单纯性苔藓，是一种局限性皮肤神经功能障碍性皮肤病，又叫慢性单纯苔藓，和中医所谓的牛皮癣、摄领疮相似，是以阵发性瘙痒和皮肤苔藓化为特征的慢性皮肤炎症。

病因

西医认为与精神因素、胃肠道功能障碍、内分泌功能紊乱、体内慢性感染和局部的外来刺激有关。中医认为其由风湿蕴肤、经气不畅所致。

症状

本病初发时，仅有瘙痒感，而无原发皮损，由于搔抓及摩擦，皮肤逐渐出现粟粒至绿豆大小的扁平丘疹，圆形或多角形，坚硬而有光泽，呈淡红色或正常皮色，散在分布。因有阵发性剧痒，患者经常搔抓，丘疹逐渐增多，日久则融合成片，肥厚、苔藓样变，表现为皮纹加深、皮嵴隆起，皮损变为暗褐色，干燥，有细碎脱屑。斑片样皮损边界清楚，边缘可有小的扁平丘疹，散在而孤立。皮损斑片的数目不定，可单发或泛发周身，大小不等，形状不一。好发于颈部两侧、颈部、肘窝、骶尾部、腕部、踝部，亦见于腰背部、眼睑、四肢及外阴等部位。本病多见于青年或成年人，老年人较少见，儿童一般不发病。

膳食调补宜忌

【宜】应选择具有清热解毒、清热泻火、清利湿热作用的食物，如马兰头、芹菜、枸杞头、马齿苋、苦瓜、菜瓜、丝瓜、冬瓜、黄瓜、西瓜、空心菜、螺蛳、田螺、蚌、蚬、蛤蜊、金银花、白菊花、生地、芦根等。

【忌】勿食性热助火、温补助邪、辛辣刺激性的食物；勿食肥甘厚腻，助湿生热之物；勿食温热发物食品。

淋巴结核

神经性皮炎与牛皮癣相类似，因风湿蕴肤，经气不畅所致。好发于颈部、四肢、腰骶，以对称性皮肤粗糙肥厚，剧烈瘙痒为主要表现的皮肤性疾病。为常见多发性皮肤病，多见于青年和成年人，儿童一般不发病。夏季多发或季节性不明显。

病因

情志不畅，肝气郁结，气郁化火，炼液为痰，凝阻经络，久则肾水亏耗而肝火愈亢，痰火互结形成结核，渐至血瘀肉腐而溃烂不收。

症状

好发于颈部、颌下、腋下、腹股沟等处。因其结核累累如串珠状，初起一粒或数粒不等，小的如枣核，大的如梅子。皮色不变，按之坚硬，推之能动，不热不痛。病久则瘰疬逐渐增大，与表皮粘连，有的数个相互成串，推之不能活动，微觉疼痛。将溃时皮肤渐转暗红，疼痛亦加剧，滞之后脓水清稀，夹有败絮样物质。儿童、青壮年多见，全年均可发病，但以冬春为主。

膳食调补宜忌

【宜】应选择高蛋白质、高维生素的食物、含钙量高、具有软坚散结、化痰去瘀或滋阴清热、益气扶正作用的食物，如芋头、荸荠、海蜇、马铃薯、蛤蜊、龟肉、甲鱼、猪瘦肉、牛肉、牛奶、豆浆、豆绿豆、鸡蛋、蜂蜜、槐花、黄精等。

【忌】勿食辛辣刺激性、动火伤阴食品及发物，如鹅肉、猪头肉、公鸡、鸡爪、鸡翅、鸭蛋、羊肉、螃蟹、鲤鱼、鲈鱼、鲚鱼、鲳鱼、南瓜、菠菜、香菜、莴苣茴香、酒类等。

妇科疾病饮食宜忌

月经失调

月经失调，也称月经不调，为妇科常见病。表现为月经周期或出血量的异常，或是月经前、经期时的腹痛及全身症状。

病因

①情绪异常：情绪异常长期的精神压抑、生闷气或遭受重大精神刺激和心理创伤，都可导致月经失调或痛经、闭经。这是因为月经是卵巢分泌的激素刺激子宫内膜后形成的，卵巢分泌激素又受脑下垂体和下丘脑释放激素的控制，所以无论是卵巢、脑下垂体，还

是下丘脑的功能发生异常，都会影响到月经。

②寒冷刺激：据研究，妇女经期受寒冷刺激，会使盆腔内的血管过分收缩，可引起月经过少甚至闭经。

③节食过度：专家研究表明，少女的脂肪至少占体重的17%，方可发生月经初潮，体内脂肪至少达到体重22%，才能维持正常的月经周期。过度节食，由于机体能量摄入不足，造成体内大量脂肪和蛋白质被耗用，致使雌激素合成障碍而明显缺乏，影响月经来潮，甚至经量稀少或闭经，因此，追求身材苗条的女性，切不可盲目节食。

④嗜烟酒：嗜好酒烟烟雾中的某些成分和酒精可以干扰与月经有关的生理过程，引起月经不调。在吸烟和过量饮酒的女性中，有25%~32%的人因月经不调而到医院诊治。每天吸烟1包以上或饮高度白酒100毫克以上的女性中，月经不调者是不吸烟喝酒妇女的3倍。故妇女应不吸烟，少饮酒。

症状

表现为月经周期或出血量的紊乱有以下几种情况：

①不规则子宫出血。包括：月经过多或持续时间过长。常见于子宫肌瘤、子宫内膜息肉、子宫内膜增殖症、子宫内膜异位症等；月经过少，经量及经期均少；月经频发即月经间隔少于25天；月经周期延长即月经间隔长于35天；不规则出血，可由各种原因引起，出血全无规律性。以上几种情况可由局部原因、内分泌原因或全身性疾病引起。

②功能性子宫出血。指内外生殖器无明显器质性病变，而由内分泌调节系统失调所引起的子宫异常出血。是月经失调中最常见的一种，常见于青春期及更年期。分为排卵性和无排卵性两类，约85%病例属无排卵性功血。

③绝经后阴道出血。指月经停止6个月后的出血，常由恶性肿瘤、炎症等引起。

④闭经。指从未来过月经或月经周期已建立后又停止3个周期以上，前者为原发性闭经，后者为继发性闭经。

膳食调补宜忌

【宜】①宜食主食及豆类的选择小麦、小米、玉米、紫糯米等及豆制品。

②肉、蛋、奶类中选择猪肉、猪皮、牛肉、羊肉、动物内脏、兔肉、鸡肉、鱼类、蛋类、奶及奶制品等。

③蔬菜中选择油菜、小白菜、卷心菜、菠菜、苋菜、芹菜、藕、芥菜、青蒜、菜花、柿子椒、西红柿、胡萝卜、香菇、鲜蘑等。

④水果中选择富含维生素、糖分、水分和矿物质的。除月经期不宜过食生冷瓜果外，平时则应多食，如苹果、梨、香蕉、橘子、山楂、荸荠、甘蔗、桃、李、杏、石榴、柿子、杨梅等。

【忌】①忌食辛燥食物忌食姜、酒、辣椒等辛燥食物。

②忌油腻食物本病患者往往伴有胃纳不佳或消化不良，饮食应以易消化，开胃醒脾为主，忌伤胃之物。

③忌寒凉食物寒性食物有：螃蟹、海螺、蚌肉、黄瓜、莴苣、西瓜、冰镇冷饮等。

④女性在月经来潮前应忌食咸食。因为咸食会使体内的盐分和水分贮量增多，在月经来潮之前，孕激素增多，易于出现水肿、头痛等现象。月经来潮前10天开始吃低盐食物，就不会出现上述症状。

痛经

痛经是指妇女在经期及其前后，出现小腹或腰部疼痛，甚至痛及腰骶。每随月经周期而发，严重者可伴恶心呕吐、冷汗淋漓、手足厥冷，甚至昏厥，给工作及生活带来影响。

病因

①子宫异常：子宫颈管狭窄，月经外流受阻，引起痛经；子宫发育不良，容易合并血液供应异常，造成子宫缺血、缺氧而引起痛经；若妇女子宫位置极度后屈或前屈，可影响经血通畅而致痛经。

②精神、神经因素部分：妇女对疼痛过分敏感。

③遗传因素女儿发生痛经与母亲痛经有一定的关系。

④妇科病如子宫内膜异位症、盆腔炎、子宫腺肌症、子宫肌瘤等。子宫内放置节育器（俗称节育环）也易引起痛经。

⑤少女初潮，心理压力大、久坐导致气血循环变差、经血运行不畅、爱吃冷饮食品等造成痛经。

⑥经期剧烈运动、受风寒湿冷侵袭等，均易引发痛经。

⑦空气不好受某些工业或化学性质气味刺激，比如汽油等造成痛经。

症状

表现为妇女经期或行经前后，大多开始于月经来潮或在阴道出血前数小时，周期性发生下腹部胀痛、冷痛、灼痛、刺痛、隐痛、坠痛、绞痛、痉挛性疼痛、撕裂性疼痛，疼痛延至骶腰背部，甚至涉及大腿及足部，历时1~22小时。疼痛部位多在下腹部，重者可放射至腰骶部或股内前侧。约有50%以上病人伴有全身症状：乳房胀痛、肛门坠胀、胸闷烦躁、悲伤易怒、心惊失眠、头痛头晕、恶心呕吐、胃痛腹泻、倦怠乏力、面色苍白、四肢冰凉、冷汗淋漓、虚脱昏厥等症状。

膳食调补宜忌

【宜】①补充富含维生素E的食物。维生素E，又名生育酚，有维持生殖器官正常功能和肌肉代谢的作用，其含量高的食物有谷胚、麦胚、蛋黄、豆、坚果、叶菜、香油等，我们应适当多吃些这类食物。

②对证进行食物调理：根据痛经不同的症候表现，分别给予温通、化瘀、补虚的食品。寒凝气滞、形寒怕冷者，应吃些温经散寒的食品，如栗子、荔枝、红糖、生姜、小茴香、花椒、胡椒等。气滞血瘀者，应吃些通气化瘀的食物，如芹菜、荠菜、菠菜、香葱、香菜、空心菜、生姜、胡萝卜、橘子、橘皮、佛手、香蕉、苹果等。身体虚弱、气血不足者，宜吃些补气、补血、补肾之品，如核桃仁、荔枝、桂圆、大枣、桑葚、枸杞子、山药、各种豆类等。

③可以多吃豆类、鱼类等高蛋白食物，并增加绿叶蔬菜、水果，

也要多饮水，以保持大便通畅，减少骨盆充血。

【忌】①浓茶、柿子：妨碍铁吸收。茶叶中含鞣酸容易与铁离子结合，大大妨碍身体对铁的吸收，这在经期可不是好现象。柿子也一样，柿子中的鞣酸一点不比茶叶中的少。

②含咖啡因的饮料：刺激神经，加重疼痛。含有咖啡因，可刺激神经和心血管，让你情绪紧张加重疼痛，或者导致经血过多，如咖啡、可乐、茶等经期应不喝或少喝。而温热的白开水是最安全、最舒服的选择。

③碳酸饮料：影响营养摄入，降低身体抵抗力。有的碳酸饮料中含有磷酸盐，同样会妨碍铁的吸收。而碳酸氢钠遇到胃液后会发生中和反应，月经期间本来就食欲不振，如果影响饮食营养摄入，缺乏抵抗力，痛经会更嚣张。

④啤酒、过量白酒：影响经期的整体状态。酒精与B族维生素格格不入，身体缺乏B族维生素，会严重影响经期身体的整体状态。葡萄酒味辛甘性温，可以散寒祛湿，活血通经，可适当少喝一点。

⑤奶酪类甜品：影响镁的吸收。芝士、黄油、奶油、酵母乳等甜食，最大问题是会影响到身体对镁的吸收，而痛经与体内缺镁也有关，镁能激活体内多种酶，抑制神经兴奋，镁缺乏可直接导致情绪紧张。

⑥寒性海鲜：寒性食品，加重痛经。海鲜中的螃蟹和贝类都为寒性食物，如果你本就体寒，切忌不要在经期吃这些海鲜，以免加重经痛。

女性性功能障碍

性功能障碍是指不能进行正常的性行为或者在正常性行为中不能得到性满足的一类障碍，会对双方的生活和谐造成阻碍。

病因

现代医学认为有90%的原因源于身体，主要有以下几个方面：

①尚未进入绝经期的女性因为手术、怀孕、生育、哺乳、精神

性等因素会出现性功能障碍。

②糖尿病、椎骨的损伤、高血压、高脂血症等心血管疾病会导致性功能障碍。

③抗忧郁药物、抗高血压药、精神性药物和毒品等药物很有可能导致性功能障碍。

④随着年龄的增长，发生阴道肿瘤的可能性也增加，这不利于夫妻性生活。

⑤手术、怀孕、生育、绝经、年老等原因，对性能力有影响。

⑥夫妻性生活时，由于阴道壁和阴茎的摩擦减少，导致性快感的减少，这也会导致性功能障碍。

症状

①性欲减退：是指全面的性抑制，没有性欲冲动，性欲唤起困难，对性生活无任何要求，表现出无所谓的态度。

②性厌恶：对性活动或性生活思想的一种持续性憎恶的反应。

③性兴奋障碍：指没有性兴奋或者性兴奋经常地或持续地延迟或缺乏，女性仅能获得低水平的性快感。

④性高潮障碍：指女性虽有性要求，性欲正常或较强，但在性活动时受到足够强度和足够时间的有效性刺激并出现正常的兴奋期反应之后，性高潮仍经常地或持续地延迟或缺乏。

⑤性交疼痛：成因有前庭炎、阴道萎缩、阴道炎等医学上的因素和生理、心理因素。

膳食调补宜忌

【宜】应多吃些狗肉、羊肉、鹿肉、鹿茸、韭菜、芹菜等具有滋阴补肾作用的食物。

【忌】高脂肪的食物对性功能有一定的抑制作用，应少食。

急性乳腺炎

急性乳腺炎是乳腺的急性化脓性感染，是乳腺管内和周围结缔组织炎症，多发生于产后哺乳期的妇女，尤其是初产妇更为多见。

病因

致病原因主要有两种，一是乳头有破裂口或哺乳时乳头被婴儿咬破，细菌趁机而入，引起乳腺发炎；二是初产妇缺乏哺乳经验，哺乳时往往不让婴儿将乳汁吸尽，细菌从乳头上的输乳管开口处侵入并上行到乳腺处，而乳腺内剩余的乳汁正好为细菌提供了丰富的营养，给细菌的生长繁殖创造了条件，这样容易引起乳腺发炎。

症状

起病时常有高热、寒战等全身中毒症状，患侧乳房体积增大，局部变硬，皮肤发红，有压痛及搏动性疼痛。如果短期内局部变软，说明已有脓肿形成，需要切开引流。患侧的腋淋巴结常有肿大，白细胞计数增高。

脓肿的临床表现与其位置的深浅有关，位置浅时，早期有局部红肿、隆起，而深部脓肿早期时局部表现常不明显，以局部疼痛和全身性症状为主。脓肿可以单个或多个；可以先后或同时形成；有时自行破溃或经乳头排出，亦可以侵入乳腺后间隙中的疏松组织，形成乳腺后脓肿。

膳食调补宜忌

【宜】宜多吃些具有清热通乳作用的食物，如橘子、丝瓜、西红柿、菊花等。味甘淡，性平类蔬菜水果有胡萝卜、卷心菜、马铃薯、木耳、银耳、香菇、无花果、葡萄、石榴、苹果等。味甘、淡、苦，性凉的蔬菜水果有白萝卜、白菜、黄瓜、海带、紫菜、发菜、苦瓜、荸荠、罗汉果、甘蔗、番茄、香蕉、梨子等，这些食品有益胃生津、清热除烦、润肠通便的功能，对乳腺的炎症性疾病在热毒蕴盛期尤为适用。

【忌】发病期间应忌食荤腥油腻及辛辣刺激的食物；有助火生热作用的食物要少食，如海鲜等，以免病情加重。温性类的蔬菜水果有韭菜、辣椒、香菜、荔枝、桂圆等，对体质偏热或有阴虚内热者如乳房结核、急性乳腺炎等各种炎症性乳房疾病都不适用。

带下病

带下病是指带下绵绵不断，量多腥臭，色泽异常，并伴有全身症状者，称“带下病”，为妇科常见病。带下病症见从阴道流出白色液体，或经血漏下挟有白色液体，淋沥不断，质稀如水者，称之为“白带”，还有“黄带”“黑带”“赤带”“青带”等。

病因

带下病的病因病机主要是脏腑功能失常，湿从内生，或下阴直接感染湿毒虫邪，致使湿邪损伤任带，使任脉不固，带脉失约，带浊下注胞中，流溢于阴窍，发为带下病。

症状

带下病的辨证有虚实之分。临床以实证较多，尤其合并阴痒者更为多见。一般带下量多、色白、质清无臭者，属虚；带下量多，色、质异常有臭者，属实。

膳食调补宜忌

【宜】应多吃些具有补脾、温肾、固下作用的食物，如山药、扁豆、莲子、坚果、豇豆、海参等。

【忌】应忌食生冷寒凉食物，如蛤蜊、蛏子、蚌、螺等，否则容易加重带下症状。

盆腔炎

盆腔炎是以小腹或少腹疼痛拒按或坠胀，引及腰骶，或伴发热，白带增多等为主要表现的妇科疾病。

病因

①女性生殖器的特殊结构：女性外生殖器的外露部分有开口，与深藏于盆腔的内生殖器又是相通的，病原体很容易由此直接或间接上行感染而引发盆腔炎。

②女性生殖器的自然防御机制容易受到破坏：月经期、分娩、妇科手术、过度而不洁的性活动、不良的卫生习惯等因素均可以使

女性生殖系统原有的自然保护机制受到破坏。

③医源性感染：广谱抗生素的大量或长期使用，皮质激素、抗代谢药物的应用，放疗、化疗的强度增加，各种妇科手术及计划生育手术均可以因为病人的防御能力下降而使盆腔内受到感染。

④性行为：性生活过于频繁的人以及同性恋者容易患盆腔炎。

⑤其他因素：结核病、阑尾炎、外科手术、子宫内膜异位症、妇科肿瘤等疾病和因素也容易导致盆腔炎的发生。

症状

急性盆腔炎多有高热、畏寒、下腹剧疼及压痛。慢性盆腔炎多表现为：

①全身症状多不明显，有时可有低热，易感疲劳。病程时间较长，部分患者可有神经衰弱症状。

②慢性炎症形成的瘢痕粘连以及盆腔充血，可引起下腹部坠胀、疼痛及腰骶部酸痛，常在劳累、性交、月经前后加剧。

③由于盆腔瘀血，患者可有月经增多，卵巢功能损害可有月经失调，输卵管粘连阻塞时可致不孕。

膳食调补宜忌

【宜】①需食清淡易消化食品，如赤小豆、绿豆、冬瓜、扁豆、马齿苋等，应食具有活血理气散结之功效食品，如山楂、桃仁、果丹皮、橘核、橘皮、玫瑰花、金橘等。适当补充蛋白质，如猪瘦肉、鸭、鹅和鹌鹑等。

②补充营养，多吃高热量、高蛋白、易消化的食物，如黄豆、豌豆、花生、豆腐、豆浆、面筋、动物肝脏、鱼类、胡桃、甜瓜、燕麦等。

③急性盆腔炎患者应多饮水，给予半流质饮食，如米汤、藕粉、葡萄汁、苹果汁、汽水、酸梅汤等。

【忌】①禁食生冷之物如冷饮、瓜果等。

②忌食辛辣温热、刺激性食物如辣椒、羊肉、狗肉、公鸡等。

③不宜食肥腻、寒凉黏滞食品。如肥肉、蟹、田螺、腌腊制品等。

④禁烟酒。

阴道炎

阴道炎是阴道黏膜及黏膜下结缔组织的炎症，是妇科门诊常见的疾病。临床上以白带的性状发生改变以及外阴瘙痒灼痛为主要临床特点，性交痛也常见，感染累及尿道时，可有尿痛、尿急等症状。

病因

正常健康妇女，由于解剖学及生物化学特点，阴道对病原体的侵入有自然防御功能，当阴道的自然防御功能遭到破坏时，则病原体易于侵入，导致阴道炎症。幼女及绝经后妇女由于雌激素缺乏，阴道上皮菲薄，细胞内糖原含量减少，阴道 pH 值高达 7 左右，故阴道抵抗力低下，比青春期及育龄妇女易受感染。

症状

①非特异性阴道炎：外阴、阴道有下坠和灼热感，阴道上皮大量脱落，阴道黏膜充血，触痛明显。严重时出现全身乏力、小腹不适，白带量多、呈脓性或浆液性，白带外流刺激尿道口，可出现尿频、尿痛。

②霉菌性阴道炎：也叫阴道念珠球菌感染。突出症状是白带增多及外阴、阴道奇痒。严重时坐卧不宁、痛苦异常，还可有尿频、尿痛、性交痛。

③滴虫性阴道炎：白带增多且呈黄白色，偶带黄绿色脓性，常带泡沫，有腥臭，病变严重时会混有血液；伴有腰酸、尿频、尿痛、外阴瘙痒、下腹隐痛。阴道黏膜红肿，有散在的出血点或草莓状突起，偶尔会引起性交疼痛。

④老年性阴道炎：白带增多且呈黄水样，感染严重时分泌物可转变为脓性并有臭味，偶有点滴出血症状。有阴道灼热下坠感、小腹不适，常出现尿频、尿痛。阴道黏膜发红、轻度水肿、触痛，有散在的点状或大小不等的片状出血斑，有时伴有表浅溃疡。

膳食调补宜忌

【宜】饮食宜清淡，以免酿生湿热或耗伤阴血。注意饮食营养，增强体质，以驱邪外出。

【忌】应忌食生冷、辛辣温热、刺激之物，如肥肉、蟹、螺、辣椒、羊肉、狗肉等物，否则不利病情康复。

不孕症

不孕症是指婚后有正常性生活，未避孕，同居2年而未能怀孕者，一般指女性而言。目前也有将期限定为一年的说法。

病因

生理原因：女子经、带、胎、产以肝为枢纽：女性在生理上有月经、胎孕、产育和哺乳等，与五脏中肾、肝、脾胃的功能最为密切。但三者之中又以肝为枢纽。肾精虽是月经产生的根本，且有“经水出诸肾”之说，但精必须化以为血，藏之于肝，注之于冲脉，始能转化为月经。同时，精虽能化血，而肾精的充盛，亦赖肝血的滋生，而胞宫行经和胎孕的生理功能，恰是以血为用的。因此，肝对胞宫的生理功能有重要的调节作用。脾胃虽是气血生化之源，但脾气上升，胃气下降，均有赖于肝的疏泄功能正常。

病理基础：

①女子多肝郁之证：女子属阴，以血为本，在生理上有经、带、胎、产之特点；同时，又屡伤于血，使机体处于“有余于气，不足于血”的生理欠平衡状态。妇科疾病亦自然从这几方面反映出来，有余于气则肝气易郁易滞，不足于血则肝血易虚，情绪易于抑郁，导致肝功能失常的病变。

②肝郁化火之证：肝郁则气盛，气盛则化火，火性炎上，肝火旺盛，则肝气容易上逆。

③气滞血瘀：长期肝郁必然导致血瘀，瘀阻胞脉、冲脉，以致经隧不通。

④肝郁乘脾：脾之化源不足则脾虚血少，冲任失养，若肝郁脾

虚，则水湿不化，湿热内生。

症状

不孕症临床分原发性和继发性两种，婚后未避孕而从未受孕为原发性不孕；曾有过妊娠而后并未避孕，连续2年以上不孕，称为继发性不孕。

膳食调补宜忌

【宜】应多吃些富含蛋白质、维生素和矿物质元素的食物。

【忌】应忌食胡萝卜，胡萝卜可引起闭经并抑制卵巢的排卵功能，因此可降低育龄妇女的怀孕概率。酒和咖啡都对受孕有着很大的不良影响。另外，现代女性中有很多人为追求窈窕身材，经常节食，从而造成身体缺乏某些营养素，而卵子是否能够受精，与它们的活力有很大关系；如果营养不足，会使卵子的活力下降，或月经不正常，导致难以受孕，所以不能过度节食。

外阴瘙痒

外阴瘙痒是外阴各种不同病变所引起的一种症状，但也可发生于外阴完全正常者，一般多见于中年妇女，当瘙痒加重时，患者多坐卧不安，以致影响生活和工作。

病因

因肝肾阴虚，精血亏损，外阴失养而致阴痒，或因肝经湿热下注，带下浸渍阴部，或湿热生虫，虫蚀阴中以致阴痒所致。

症状

外阴及阴道瘙痒，甚则痒痛难忍，坐卧不宁，或伴带下增多。

膳食调补宜忌

【宜】可内服中药，并用外用药熏洗。食物方面，应选择具有调补肝肾、滋阴降火、清热利湿、解毒止痒的食物，如牛奶、豆类、鱼类、蔬菜、水果、粳米、糯米、莲子、百合、红枣、桂圆肉、栗子、黑芝麻、蚌肉、核桃仁、动物肝脏、蛋类等。

【忌】勿食辛辣温燥、性热助火的食物，如虾、蟹等水产品，猪油、肥猪肉、奶油、牛油、羊油、巧克力、糖果、甜点心、奶油蛋糕、酒等。

妊娠呕吐

妊娠呕吐是指孕妇在早孕期间经常出现择食、食欲不振、轻度恶心呕吐、头晕、倦怠，称为早孕反应，一般于停经40天左右开始，孕12周以内反应消退，对生活、工作影响不大不需特殊处理。而少数孕妇出现频繁呕吐，不能进食，导致体重下降，脱水，酸碱平衡失调，以及水、电解质代谢紊乱，严重者危及生命。发病率为0.1%~2%，且多见于初孕妇，早孕时多见极少数症状严重，可持续到中、晚期，妊娠预后多不良。

病因

此病为冲脉之气上逆，循经犯冒，胃失和降所致。

症状

妇女怀孕后出现呕吐，厌食油腻，头晕乏力，或食入即吐。

膳食调补宜忌

【宜】少食多餐，可多吃些过酸或过咸的食物，要可口，营养价值要高。选择的食物要容易消化和吸收，也可以防吐。可食用生姜、砂仁、豆蔻、紫苏叶、萝卜、冬瓜、橘皮、柠檬、甘蔗、苹果、芦根等。

【忌】避免食用大麦芽、燕麦、山楂、茄子、慈姑、胡椒、花椒、白酒、咖啡、糖果、酒酿、蜜饯、白糖、冰糖、龙眼、荔枝、大枣、黄芪、人参等。

妊娠水肿

妊娠后，肢体面目等部位发生浮肿，称“妊娠水肿”，亦称“妊娠肿胀”。如在妊娠晚期，仅见脚部浮肿，且无其他不适者，为妊娠后期常见现象，可不必作特殊治疗，多在产后自行消失。若在早中期发生，则需谨慎对待。

病因

脾肾亏虚，水湿内停所致。

症状

妊娠后，肢体面目发生肿胀，先从下肢开始，逐渐蔓延，伴尿量减少，体重增加。

膳食调补宜忌

【宜】应选择具有补脾益气、利水消肿作用的食物，多吃些高蛋白质和富含 B 族维生素的营养滋补性食物，如赤小豆、乌鱼、鲤鱼、鲫鱼、鲈鱼、牛奶、羊奶、乌骨鸡、鸭肉、冬瓜、黑豆、玉米须等。

【忌】勿食过咸食物，避免摄入大麦芽、燕麦、薏苡仁、山楂、茄子、马齿苋、落葵、慈姑、胡椒、花椒、白酒、咖啡、酱油、醋、火腿、咸肉、咸鸭蛋、酱瓜、豆腐乳等。多吃一些有利于利尿消肿的食品，少吃生冷、油腻和不易消化食物，防止进一步损伤脾胃而湿聚水泛。

胎动不安

妊娠期出现腰酸腹痛，胎动下坠，或阴道少量流血者，称为“胎动不安”，又称“胎气不安”。是临床常见的妊娠病之一，经过安胎治疗，腰酸、腹痛消失，出血迅速停止，多能继续妊娠。

病因

多由气虚、血虚、肾虚、血热、外伤使冲任不固，不能摄血养胎及其他损动胎元、母体而致。

症状

指怀孕以后，先感胎动下坠，腰酸腹痛或坠胀不适，继而或有阴道少量出血。

膳食调补宜忌

【宜】①选择具有益气养血安胎、补肾固中安胎、健脾和中安胎、疏肝理气安胎、清热凉血安胎的食物，如紫苏叶、白术、黄芪、桑寄生、砂仁、艾叶、菟丝子、杜仲、芡实、淡菜、鸡肫、海参、牛肉、鸡蛋、牛奶、鸡肉、葡萄、苹果、猕猴桃、黑芝麻、核桃仁等。

②多饮水，保持大便畅通，便质以偏烂为宜。

【忌】①忌食生冷、油腻、辛辣、坚硬及粗糙食物，如蒜、胡椒、咖喱、肉桂、酒、山楂、咖啡、桃子、蛏子、田螺、河蚌、蟹、韭菜、荠菜、海带、马齿苋、鹿肉、兔肉、鸽肉、雀肉、鱼鹰肉、甲鱼、海马、白鳝、酒等。

②宜少食多餐，勿过饱。

习惯性流产

习惯性流产通常为自然流产连续3次以上者，每次流产往往发生在同一妊娠月份，中医称为“滑胎”。

病因

肾虚或元气未恢复所致。

症状

为阴道少许出血，或有轻微下腹隐痛，出血时间可持续数天或数周，血量较少。

膳食调补宜忌

【宜】应选择具有补肾安胎、益气养血作用的食物，如鸡肝、鸡蛋黄、鸽肉、海参、阿胶、牛肉、鸡肉、葡萄、红枣、银耳、栗子、莲子、花生、山药、芡实、杜仲、枸杞、党参、黄芪等。

【忌】勿食香燥耗气、活血滑胎的食物，如菠菜、菊花脑、芹菜、西瓜、豆薯、绿豆、田螺、螺蛳、柿子、香蕉、萝卜、槟榔、金橘、肉桂、辣椒、芥末、茴香等。

产后恶露不绝

产后恶露持续3周以上仍淋沥不断者，称为产后恶露不绝。恶露，即产后子宫内排出的余血浊液，杂浊浆水，宜露不宜藏，初为暗红，继之淡红，渐于3周内应干净（剖宫产可1月左右始净）。西医所称的子宫复旧不良所致的晚期产后出血，可属该病范围。

病因

多为冲任为病，气血运行失常所致。

症状

产后超过3星期，恶露仍不净，量或多或少，色或淡红或深红或紫暗，或有血块，或有臭味或无臭味，并伴有腰酸痛，下腹坠胀疼痛，有时可见发热、头痛、关节酸痛等。

膳食调补宜忌

【宜】应选择具有补气摄血、养阴、清热、止血、活血化瘀等功效的食物，如牛肉、牛奶、羊肉、猪肉、各种内河鱼、豆制品、荠菜、燕窝、大米、龙眼肉、胡桃、生姜、莲藕、肉桂、红糖。

【忌】勿食性寒、生冷、辛辣耗气的食物，如各种冷饮、冷冻饮料、凉拌菜、梨、甘蔗、柿子、各种瓜及绿豆、螃蟹、粽子、糯米糕、辣椒、胡椒、大蒜、酒及煎炸类、浓茶、大麦及麦制品等。

产后腹痛

产后腹痛，是妇女下腹部的盆腔内器官较多，出现异常时，容易引起产后腹痛，包括腹痛和小腹痛，以小腹部疼痛最为常见。

病因

由于分娩时失血过多，冲任空虚，胞脉失养，或因血少气弱，运行无力，以致血流不畅，迟滞而痛。或因产后正气虚弱，起居不慎，寒邪入侵胞脉，血为寒凝，肝气郁结，疏泄失常，气机不宣，恶露当下不下，以致腹痛。

症状

腹部疼痛剧烈，而且拒绝触按，按之有结块，恶露不肯下，或疼痛夹冷感，热痛感减轻，恶露量少，色紫有块。

膳食调补宜忌

【宜】宜选择具有活血、散寒、止痛作用的食物，如猪蹄、鲫鱼、鸡、瘦肉、鸡蛋、大枣、阿胶、山楂、当归、猪肝、木耳、莲子、胡萝卜、苹果、香蕉、燕窝、海参、骨头汤、黑芝麻、龙眼、鳝鱼等。

【忌】勿食生冷性寒的食物，如山芋、黄豆、蚕豆、豌豆、炒货零食、牛奶、白糖、苦瓜、西瓜、黄瓜、藕、绿豆、草莓、无花果、柿子、梨、荸荠、竹笋、生菜瓜、马兰头、螃蟹、蚌、蚬、猕猴桃、各种冷饮等。

缺乳

产后乳汁很少或全无，称为“缺乳”，亦称“乳汁不足”。妊娠、分娩、哺乳是女性生理特点，是女性激素的一种正常调节。不哺乳不但影响婴儿的健康成长，也不利于产妇的康复，甚至会增加乳腺病的机会。因此，应大力提倡产后正常哺乳，对缺乳者给以治疗。

病因

缺乳的发生主要与精神抑郁、睡眠不足、营养不良、哺乳方法不当有关。从中医上来讲，分为两个方面：

①气血虚弱：素体气血虚弱，复因产时失血耗气，气血亏虚，或脾胃虚弱，气血生化不足，以致气血虚弱无以化乳，则产后乳汁甚少或全无。

②肝郁气滞：索性抑郁，或产后七情所伤，肝失条达，气机不畅，气血失调，以致经脉涩滞，阻碍乳汁运行，因而缺乳。

症状

缺乳的程度和情况各不相同：有的开始哺乳时缺乏，以后稍多但仍不充足；有的全无乳汁，完全不能喂乳；有的正常哺乳，突然高热或七情过极后，乳汁骤少，不足于喂养婴儿。乳汁缺少，证有虚实。如乳房柔软，不胀不痛，多为气血俱虚；若胀硬而痛，或伴有发热者，多为肝郁气滞。

膳食调补宜忌

【宜】应摄入充足的热量和水，多吃些清淡而富有营养且容易消化的食物；对于肝气郁滞、情志不畅的产妇，要选择疏肝解郁、通络下乳的食物，如萝卜、陈皮等。

【忌】应忌食寒凉或辛辣刺激性食物，以免影响乳汁分泌。

辨证分析

乳汁由气血化生，赖肝气疏泄与调节，故缺乳多因气血虚弱、肝郁气滞所致，也有因痰气壅滞导致乳汁不行者。

缺乳首辨虚实。虚者，乳汁清稀，量少，乳房松软不胀，或乳腺细小；实者，乳汁稠浓，量少，乳房胀满而痛。治疗缺乳以通乳为原则，虚者补而通之，实者疏而通之。

产后出血

胎儿娩出后 24 小时内阴道流血量超过 500 毫升者称为产后出血，多发生于胎儿娩出至胎盘娩出和产后 2 小时内，是分娩严重并发症，是产妇死亡的重要原因。

病因

产后出血的原因可有子宫收缩乏力、软产道损伤、胎盘因素及凝血功能障碍四大类。其中以子宫收缩乏力最常见，约占产后出血的 70%，而引起宫缩乏力的原因，多见于因产妇精神过度紧张；分娩过程过多使用镇静剂、麻醉剂；子宫过度膨胀，如双胎、巨大儿、羊水过多，使子宫肌纤维过度伸展；异常胎位或其他阻塞性难产，致使产程延长，产妇衰竭；产妇子宫纤维发育不良；产妇贫血、妊高征等均可影响宫缩。产道损伤多系宫颈或阴道损伤，胎盘因素多为胎盘滞留（胎盘与宫壁粘连异常不易剥脱）或残留（少部未剥落）。凝血功能障碍多见于产科播散性血管内凝血（多由难产及并发症引起），部分见于全身性出血疾病及肝脏疾病。

症状

产后出血临床表现与流血量和速度有关，出血量在500毫升以下，健康妇女可以代偿而无明显症状，但已有贫血者则可较早表现症状。早期表现为头晕、口渴、打哈欠、烦躁不安、脉搏呼吸加快，若未及时处理，紧接出现面色苍白、四肢冰凉潮湿、脉搏快而弱、呼吸急促、意识模糊昏迷等严重休克症状。

膳食调补宜忌

【宜】应多吃新鲜蔬菜，以补充缺失的维生素和矿物质元素；脾虚气弱者可在饮食中添加些温补性的食物，如羊肉、狗肉；阴虚火旺者可食用甲鱼等具有滋阴补虚功效的食物。

【忌】应忌食辛辣或寒凉等刺激性食物，否则不利于身体恢复。

功能性子宫出血

功能性子宫出血，简称“功血”，是一种常见的妇科疾病，是指异常的子宫出血，经诊查后未发现有全身及生殖器官器质性病变，而是由于神经内分泌系统功能失调所致，通常表现为月经周期不规律、不规则出血等。

病因

肾虚不固，冲任失调，瘀阻胞中，血失常度而致。

症状

月经量多，经色淡，质稀，面色苍白，气短懒言，倦怠无力，或动则汗出，小腹空坠，舌质淡，苔薄白，脉虚弱无力或经血非时突然而下，量多势急或量少淋漓，血色鲜红而质稠，心烦潮热，苔薄黄，脉细数。

膳食调补宜忌

【宜】西医认为应迅速止血和止血后调整建立正常月经周期，防止复发及改善一般情况，食用具有止血、补血、补益脾肾、凉血的食物，如荷叶、鲜藕、生萝卜、螺蛳、苦瓜、西瓜、鸭肉、兔肉、无花果、香蕉、冬瓜、槐花、菊花等。

【忌】忌食刺激性食物，如辣椒、胡椒、花椒、桂皮、砂仁、茴香、生姜、葱、芥末、爆米花、炒花生、炒黄豆、炒蚕豆、黄芪、白酒、浓茶等。

女性更年期综合征

更年期综合征是由雌激素水平下降而引起的一系列症状。更年期妇女，由于卵巢功能减退，垂体功能亢进，分泌过多的促性腺激素，引起自主神经功能紊乱，从而出现一系列程度不同的症状，如月经变化、面色潮红、心悸、失眠、乏力、抑郁、多虑、情绪不稳定，易激动，注意力难于集中等，称为更年期综合征。

病因

一般认为，妇女进入更年期后，家庭和社会环境的变化都可加重其身体和精神负担，使更年期综合征易于发生或使原来已有的某些症状加重。有些本身精神状态不稳定的妇女，更年期综合征就更为明显，甚至喜怒无常。更年期综合征虽然是由于性生理变化所致，但发病率高低与个人经历和心理负担有直接关系。对心理比较敏感的更年期妇女来说，生理上的不适更易引起心理的变化，于是出现了各种更年期症状。

症状

①月经紊乱：是更年期妇女最普遍、最突出的表现。月经经常延迟，甚至几个月才来潮一次，经量也逐渐减少。当雌激素越来越少，已不能引起子宫内膜变化时，月经就停止了，称为绝经。

②阵热潮红：是更年期主要特征之一，部分妇女在更年期内由

于雌激素的水平下降，血中钙水平也有所下降，会有一阵阵地发热、脸红、出汗，伴有头晕、心慌，持续时间为一两分钟或12~15分钟不等。

③心血管及脂代谢障碍：可能会出现冠心病、糖尿病。

④神经、精神障碍：有的妇女，血压上下波动较明显，可能有情绪不稳定，易激动，性格变化、记忆力减退等。

⑤运动系统退化：出现腰、背四肢疼痛，部分妇女出现肩周炎、颈椎病。

膳食调补宜忌

【宜】①补充蛋白质。最好采用生理价值高的动物性蛋白质，如牛奶、鸡蛋、动物内脏和瘦的牛、羊、猪肉等，因为这些食物不仅含有人体所必需的氨基酸，还含有维生素A、维生素B_1、维生素B_2等。特别是猪肝，含有丰富的铁及维生素A、维生素B_{12}、叶酸等，是治疗贫血的重要食物。木耳加红糖炖服可治疗妇女月经过多。

②多吃新鲜水果和绿叶菜。如苹果、梨、香蕉、橘子、山楂、鲜枣以及菠菜、油菜、甘蓝、太古菜、西红柿、胡萝卜等。这些食物不仅含有丰富的铁和铜，还含有叶酸、抗坏血酸和胡萝卜素，对防治贫血有较好的作用，维生素C还能促进铁的吸收利用。

③食欲较差不宜食用油腻食物时，可用红枣、桂圆加红糖，做成红枣桂圆汤。或用红枣、赤小豆、江米做成红枣小豆粥，亦可用红枣、莲子、糯米煮粥食用，均可收到健脾、益气、补血的效益。

【忌】①禁吃刺激性食物，如酒、可可、咖啡、浓茶以及各种辛辣调味品如葱、姜、蒜、辣椒、胡椒粉等，以保护神经系统。

②限制胆固醇高的食物，例如动物脑、鱼子、蛋黄、肥肉、动物内脏等，都应尽量少吃或不吃。蛋白质食物可用牛奶、瘦肉、鱼虾、豆制品等。最好多吃鱼和豆制品，因豆制品中除含有丰富的蛋白质外，还有多种无机盐和脂肪酸，能改变脂蛋白的结构，增加高密度脂蛋白的比值，促进脂蛋白的代谢，预防动脉硬化的形成，所以应为更年期首选的食品。

男科疾病饮食宜忌

阳痿

阳痿是指男性阴茎勃起功能障碍，表现为男性在有性欲的情况下，阴茎不能勃起或能勃起但不坚硬，不能进行性交活动而发生性交困难。

病因

引起阳痿的原因很多，一是精神方面的因素，如夫妻间感情冷漠，或因某些原因产生紧张心情，可导致阳痿。如果手淫成习，性交次数过多，使勃起中枢经常处于紧张状态，久而久之，也可出现阳痿。阴茎勃起中枢发生异常，可致阳痿。一些重要器官如肝、肾、心、肺患严重疾病时，尤其是长期患病，可能会影响到性生理的精神控制。患脑垂体疾病、睾丸因损伤或疾病被切除以后，患肾上腺功能不全或糖尿病的病人，都会发生阳痿。还有人因酗酒、长期过量接受放射线、过多地应用安眠药和抗肿瘤药物或麻醉药品，也会导致阳痿，但在临床较少见。

症状

不论何种阳痿均不能完成性交，阴茎完全不能勃起者称为完全性阳痿；阴茎虽能勃起但不具有性交需要的足够硬度者称为不完全性阳痿；从发育开始后就发生阳痿者称原发性阳痿。

膳食调补宜忌

【宜】在日常饮食中，除加强一般营养外，宜多用一些具有益肾壮阳的食品，如狗肉、羊肉、鹿肉、鹿肾、麻雀肉、麻雀卵、鹌鹑、韭菜、茴香、核桃等；伴有失眠和神经衰弱者，还要通过饮食调节神经和睡眠，白天可饮用茶水、咖啡类的饮料以保持旺盛精力，吃饭后宜饮用有安神作用的饮料，如酸枣仁汤、五味子饮等，以保证睡眠。

【忌】应忌酒，酒精会降低性能力。

早泄

一般认为，早泄是指男子在阴茎勃起之后，未进入阴道之前或正当纳入以及刚刚进入而尚未抽动时便已射精，阴茎也自然随之疲软并进入不应期的现象。

病因

早泄多半是由于大脑皮层抑制过程的减弱、高级性中枢兴奋性过高、对脊髓初级射精中枢的抑制过程减弱以及骶髓射精中枢兴奋性过高所引起。

症状

早泄一般有几种类型：其一是习惯早泄，症状有性欲旺盛，阴茎勃起有力，交媾迫不及待，大多见于青壮年人；其二是年老性早泄，是由性功能减退引起；其三是偶见早泄，大多在身心疲惫，情绪波动时发生。

膳食调补宜忌

【宜】在日常饮食中应合理调配有温肾壮阳作用的药膳，以保证肾精的充满，应多食用壮阳益精类食品，如韭菜、核桃、蜂蜜、蜂王浆、狗肉、羊肉、羊肾、狗肾、鹿肉、鹿鞭、牛鞭及猪和羊的外肾；还应保证蔬菜、水果的供给，以保证维生素的需要，特别是维生素 B_1 能维持神经系统兴奋与抑制的平衡。

【忌】应忌酒，酒精会降低性能力。

遗精

一种生理现象，是指不因性交而精液自行泄出，有生理性与病理性的不同。中医将精液自遗现象称遗精或失精。有梦而遗者名为

“梦遗”，无梦而遗，甚至清醒时精液自行滑出者为“滑精”。多由肾虚精关不固，或心肾不交，或湿热下注所致。

病因

病理性遗精比较复杂，诸多病因均可引起。常见病机有肾气不固、肾精不足而致肾虚不藏。病因可由劳心过度、妄想不遂造成相火偏亢。饮食不节、酗酒厚味、积湿生热、湿热下注也是重要成因。滑精者及部分梦遗者属此类。

症状

梦遗是指睡眠过程中，在睡梦中遗精，梦遗可以是性梦引发的结果，也可以是由被褥过暖、内裤过紧，衣被对阴茎直接刺激的结果；滑精又称“滑泄”，指夜间无梦而遗或清醒时精液自动滑出的病症，滑精是遗精的一种，是遗精发展到了较重的阶段，精液滑泄是由肾虚、精关不固所致；生理性遗精是指未婚青年或婚后分居，无性交的射精，一般2周或更长时间遗精1次，阴茎勃起功能正常，可以无梦而遗，也可有梦而遗。

膳食调补宜忌

【宜】遗精的饮食疗法有汤、粥、煲、炖、蒸、煮等，宜食高蛋白、营养丰富的食品。

【忌】禁食过于肥甘、辛辣之品；不酗酒，不饮浓茶、咖啡；不要妄服温阳补肾之保健品。

男性不育症

男性不育症是指夫妇婚后同居2年以上，未采取避孕措施而未受孕，其原因属于男方者，亦称男性生育力低下，有原发性和继发性两种。

病因

引起男性不育的常见原因包括先天发育异常、遗传、精液异常、精子不能入阴道、炎症、输精管阻塞、精索静脉曲张、精子生成障碍、纤毛不动综合征、精神心理性因素和免疫、营养及代谢性因素等。

症状

原发性男性不育是指一个男子从未使一个女子受孕。继发性男性不育是指一个男子曾经使一个女子受孕，而近12个月有不避孕性生活史而未受孕，这种不育有较大的可能性恢复生育能力。

膳食调补宜忌

【宜】要摄入补肾益精的食物，如山药、鳝鱼、银杏、海参、冻豆腐、豆腐皮、花生、核桃、芝麻等；有些食物能够提高性欲，增加生育能力，如大枣、蜂蜜、葡萄、莲子、食用菌类、狗肉、羊肉和动物的鞭类；西医认为足量的蛋白质和维生素可以促进精子的产生，维生素A和B族维生素、维生素E都能增加生殖功能，此外一些微量元素如锌、锰、硒等对男子的生育能力也会产生重要影响；锌能参与男性生殖生理过程中的睾酮的合成与运载以及精子的活动与受精等；如果体内缺锰，可使男子发生精子成熟障碍，导致少精或无精。

【忌】应忌烟酒。

治疗方法

①内分泌治疗。

②生殖道炎症的治疗：目前主张联合应用抗生素与抗炎类药物，治疗的效果较好。

③免疫治疗：应用外科手术切除生殖管道局部的损伤病灶，减少抗精子抗体的产生，同时使用免疫制剂，可取得较好疗效。

④外科治疗：现已广泛用于临床的有，输精管的显微外科吻合术、附睾管与输精管的显微外科吻合术。

⑤人工授精：应用各种物理和生物化学技术处理精液，提高精子受孕能力，进行人工授精。

前列腺肥大

前列腺肥大是一种退行性病变，一般成年男性 30~40 岁时，前列腺就开始有不同程度的增生，50 岁以后就出现症状。性激素水平下降，神经内分泌失调及饮食因素为其发病原因，它是由机械因素引起的尿路梗阻性疾病。前列腺肥大可引起暂时性的性欲亢进，55 岁以后男性几乎都有程度不同的前列腺肥大，在前列腺肥大开始阶段，病人可出现与年龄不相符的性欲增强，或者一贯性欲正常，却突然变得强烈起来。

病因

这是由于前列腺组织增生，使前列腺功能紊乱，反馈性引起睾丸功能一时性增强所致。性生活会加重前列腺肥大，性生活本身会使前列腺长时间处于充血状态，引起和加重前列腺肥大。

症状

①尿频、尿急，是一种早期症状。日间及夜间排尿次数增多，且逐步加重。如果膀胱有炎症、结石等并发症，可使尿频症状加重，并出现尿急尿痛等。

②排尿困难。这也是一种早期表现，开始表现排尿踌躇，要等待好久才能排出，以后随梗阻的加重，发展成排尿困难、尿流变细或排尿中断、尿未淋漓、尿意不尽、尿不能成线而为点滴状。

③尿失禁。多为晚期症状，特别是夜间患者熟睡时，盆底骨骼松弛，更易使尿液自行流出，所以患者有时出现夜间遗尿现象。

④血尿。膀胱颈部的充血或膀胱伴发炎症、结石肿瘤，可出现不同程度的镜下或肉眼血尿，伴血块的形成与堵塞，会使排尿困难及尿潴留更加严重，还会引起剧烈疼痛。

膳食调补宜忌

【宜】①绿豆不拘多寡，煮烂成粥，放凉后任意食用，对膀胱有热、排尿涩痛者食疗尤为适用。

②多食新鲜水果、蔬菜、粗粮及大豆制品，多食蜂蜜以保持大

便通畅，适量食用牛肉、鸡蛋。

③服食种子类食物，可选用南瓜子、葵花子等，每日食用，数量不拘。

【忌】①禁饮烈酒，少食辛辣肥甘之品，少饮咖啡，少食柑橘、橘汁等酸性强的食品，并少食白糖及精制面粉。

②不能因尿频而减少饮水量，因为多饮水可稀释尿液，防止引起泌尿系感染及形成膀胱结石。饮水应少饮浓茶，以凉开水为佳。

不射精

不射精症通常是指阴茎虽然能正常勃起和性交，但就是达不到性高潮和获得性快感，不能射出精液；或是在其他情况下可射出精液，而在阴道内不射精。

病因

精液亏虚，精道不通，精关开阖失司所为。

症状

不射精症通常是指阴茎虽然能正常勃起和性交，但就是达不到性高潮和获得性快感，不能射出精液；或是在其他情况下可射出精液，而在阴道内不射精。

膳食调补宜忌

【宜】应选择具有温补下元、益精兴阳作用的食物，如狗肉、羊肉、狗肾、羊肾、海参、虾、淡菜、泥鳅、蚕蛹、鹌鹑蛋、韭菜子、人参、鹿茸、胡桃、冬虫夏草、花椒、牛鞭等。

【忌】勿食性寒生冷的食物，如小米、绿豆、海带、绿豆芽、苦瓜、西红柿、黄瓜、香蕉、西瓜、甜瓜、冬瓜、茭白、紫菜、荸荠、柿子、猪肠、猪脑、猪髓、桑葚、猕猴桃。

儿科疾病饮食宜忌

厌食

厌食是指小儿较长时期见食不贪、食欲不振，甚至拒食的一种常见病症。如果长期得不到矫正，会引发营养不良和法语迟缓、畸形。

病因

①不良的饮食习惯。过多地吃零食是造成厌食的主要原因之一，经常吃零食使胃肠不停地工作，打乱了消化活动的正常规律，长久下去就会使小儿没有食欲。另外还有的小儿边吃边玩，家长拿着碗追着孩子喂。吃饭时不专心，食物的色、香、味对感觉器官的刺激作用减弱，使大脑对进食中枢的支配作用减弱，消化系统功能降低，对进食缺乏兴趣和主动性。

②饮食结构不合理。主副食中的肉、鱼、蛋、奶等高蛋白食物多，蔬菜、水果、谷类食物少，冷饮、冷食、甜食吃得多。如孩子经常以巧克力、奶油蛋糕等食品为主，孩子血液中糖含量高，没有饥饿感，所以就餐时没有胃口。餐间再次饥饿，又再以点心糖果充饥，形成恶性循环。

③家长照顾孩子进食的方法态度不当。幼儿时期生长速度比婴儿时期减慢，孩子食量相对减少，如果孩子精神和一般情况良好，这是正常现象，家长不要紧张。如此时有的家长采用强迫、催促、许愿，甚至打骂等方法强求孩子进食，也可造成孩子精神性厌食。

④疾病的影响。如反复感冒或反复腹泻、佝偻病、缺铁性贫血、锌缺乏等疾病，因病未愈或服用药物也影响胃口。

症状

临床以不思饮食、食量较同龄正常儿童明显减少、对进食表示反感、病程一般持续 2 个月以上为特征。城市儿童发病率较高，一般经治疗后可好转。少数长期不愈者可影响儿童的生长发育，也可为其他疾病的发生发展提供条件。

膳食调补宜忌

【宜】要养成定时进餐的习惯，使生活规律化；因患其他疾病而出现食欲不振者，应及时治疗原发疾病。

【忌】应纠正小儿偏食、吃零食等不良的饮食习惯。

营养不良

小儿营养不良是由于摄食不足，或由于食物不能充分吸收利用，以致不能维持正常能量代谢，使机体消耗自身组织，出现体重不增加或减少、生长发育停滞、脂肪减少、肌肉萎缩的一种慢性营养缺乏症。营养不良多发生在3岁以内的婴幼儿中，中医称为“疳证”。

病因

①喂养方法不当：人工喂养时，配奶方法不对，放入水分过多，热量、蛋白质、脂肪长期供应不足。母乳喂养的婴儿，没有及时增添辅食，都可使小儿发生营养不良。

②疾病因素：孩子体质差，反复发生感冒、消化不良、慢性消耗性疾病（寄生虫、长期腹泻、慢性痢疾），会增加机体对营养物质的需要量，作为父母的又不懂得补充必要的营养素。

③孩子生长发育过快，而各种营养物质又不能供应上，造成供不应求。

症状

①情绪变化：当孩子情绪发生异常时，应警惕体内某些营养素缺乏。

②行为反常：孩子不爱交往，行为孤僻，动作笨拙，多为体内缺乏维生素C的结果；行为与年龄不相称，较同龄孩子幼稚可笑，表明体内氨基酸摄入不足；夜间磨牙、手脚抽动、易惊醒，常是缺乏钙质的一种信号；喜吃纸屑、煤渣、泥土等，多与缺乏铁、锌、

锰等元素有关。

③过度肥胖：部分肥胖孩子是起因于挑食、偏食等不良饮食习惯，造成某些微量营养素摄入不足所致。

④其他：早期营养不良症状还有恶心、呕吐、厌食、便秘、腹泻、睡眠减少、口唇干裂、口腔炎、皮炎、手脚抽搐、共济失调、舞蹈样动作、肌无力等。

膳食调补宜忌

【宜】①蛋白质和热量的摄入一定要达到生理所必需的量，应选择乳类、乳制品、蛋类和肉类，

②及时给婴幼儿添加富含维生素 D 和钙的辅助食品，如蛋黄、肝泥、鱼肝油制剂、虾皮、菜末、果汁、米汤等。

③对 1 岁以上的幼儿，应全面提高饮食质量．每天固定摄食牛奶、鸡蛋、豆腐、绿叶蔬菜、食糖以及主食。宜多吃米粥、牛奶、鸡肉、鸭肉、鸡肝、山楂、鳗鱼、鹌鹑、银鱼之类食物。

④饮食要软、烂、细，以利消化吸收。

【忌】①应忌食寒凉和不易消化的食物，否则容易导致小儿腹泻，加重营养不良症状。

②为了预防营养不良的发生，幼儿要少吃豆类、花生、玉米等坚硬难以消化的食物。

③忌食煎、炸、熏、烤和肥腻、过甜的食物。

④少用芝麻、芝麻油、葱、姜和各种香气浓郁的调味料。

流涎

流涎亦称小儿流涎，是幼儿最常见的疾病之一。多见于 1 岁左右的婴儿，常发生于断奶前后，是一种以流口水较多为特征的病症。

病因

流涎的原因很多，一般分为生理性和病理性两大类。

现代医学认为，当患口腔黏膜炎症以及神经麻痹、延髓麻痹、脑炎后遗症等神经系统疾病时，因唾液分泌过多，或吞咽障碍所致者，

为病理现象。由于婴儿的口腔浅，不会节制口腔的唾液，在新生儿期，唾液腺不发达，到第五个月以后，唾液分泌量增加，六个月时，牙齿萌出，对牙龈三叉神经的机械性刺激使唾液分泌也增多，以致流涎稍多，均属生理现象，不应视作病态。随着年龄的增长，口腔深度增加，婴儿能吞咽过多的唾液，流涎自然消失。

病理性流涎是指婴儿不正常地流口水，常见有口腔炎、面神经麻痹，伴有小嘴歪斜、智力低下等。另外，唾液分泌功能亢进、脾胃功能失调、吞咽障碍、脑膜炎后遗症等均可引起病理性流涎。

症状

主要表现为流口水较多。

膳食调补宜忌

【宜】对脾胃积热证的患儿应选清热养胃、泻火利脾的食物，如绿豆汤、丝瓜汤、芦根汁、雪梨汁、西瓜汁、金银花露等；脾胃虚寒证的患儿应选具有温中健脾作用的食物，如虾、海参、羊肉、韭菜、花生、核桃等。

【忌】脾胃积热证的患儿应避免食用刺激性的食物。

小儿腹泻

小儿腹泻是各种原因引起的以腹泻为主要临床表现的胃肠道功能紊乱综合征。发病年龄多在 2 岁以下，1 岁以内者约占 50%。

病因

非感染性因素包括：小儿消化系统发育不良，对食物的耐受力差，不能适应食物质和量的较大变化；小儿机体防御能力较差，血液和胃肠道中的免疫球蛋白均较低，对进入胃内的细菌杀灭能力弱；小儿未建立正常的肠道菌群或由于使用抗生素等引起肠道菌群失调；气候突然变化，小儿腹部受凉使肠蠕动增加或因天气过热使消化液分泌减少，因而诱发腹泻。

感染性因素是指由多种病毒、细菌、真菌、寄生虫引起的，这些病原微生物多随污染的食物或水进入消化道，也可通过污染的日用品、手、玩具或带菌者传播。

症状

轻微的腹泻多数由饮食不当或肠道感染引起，病儿精神较好，无发热和精神症状；较严重的腹泻多为致病性大肠杆菌或病毒感染引起，大多伴有发热、烦躁不安、精神萎靡、嗜睡等症状。

膳食调补宜忌

【宜】在饮食方面一定要遵循少量多餐的原则，食物要营养丰富，易于消化，要温热；注意合理喂养，添加辅食应采取逐渐过渡的方式，遵循从少到多、由稀到稠、由细到粗、由一种到多种的原则，并且在婴儿身体健康、消化功能正常时添加。

【忌】应该避免高脂肪和含单糖多的食物，以免加重腹泻；提倡母乳喂养，不宜在夏季断乳。增添辅食不宜太快，品种不宜太多，喂食注意定时定量。注意饮食卫生。避免小儿受凉，尤其是腹部更须注意。

小儿多汗

小儿多汗即汗腺分泌量过多，无故流汗量大，甚至在安静状态下大量流汗。可分生理性多汗和病理性多汗。

病因

生理性多汗多见于天气炎热、室温过高、穿衣或盖被过多、婴儿于寒冷季节包裹过多或体内供热和产热过多（如快速进热食、剧烈运动后）等等。病理性多汗多见于佝偻病、结核病、内分泌疾病、结缔组织病、苯丙酮尿症。

症状

小儿时期（新生儿期例外）由于代谢旺盛、活泼好动，出汗常比成人量多；身体虚弱的小儿在白天过度活动，晚上入睡后往往多汗，但深睡后汗逐渐消退；病理性多汗往往在儿童安静状态出现，也可见全身或大半身大汗淋漓或出汗不止。

膳食调补宜忌

【宜】应该多吃一些具有健脾作用的食品，如粳米、薏米、山药、扁豆、莲子、大枣等，这些既能健脾益气，又能和胃，可以煮粥食用；要多吃一些具有养阴生津的食物，如小米、麦粉及各种杂粮和豆制品，牛奶、鸡蛋、瘦肉、鱼肉等，水果、蔬菜也应多吃，特别是要多吃苹果、甘蔗、香蕉、葡萄、山楂、西瓜等含维生素多的水果。

【忌】不要吃生冷冰镇的食品和坚硬不易消化的食物；要忌煎、炸、烤、熏、油腻不化的食物和辛辣食物等。

遗尿

遗尿系指3周岁以上的小儿，睡中小便自遗，醒后方觉的一种病症，俗称“尿床”。

从临床角度看，遗尿包括两种情况，一则指遗尿病，即俗称的尿床；二则指遗尿症，即不仅是将尿液排泄在床上，同时也在非睡眠状态或清醒时将尿液排泄在衣物或其他不宜排放的地方。

病因

①遗传因素：遗尿患者常在同一家族中发病，其发生率为20%~50%。

②睡眠机制障碍：异常的熟睡抑制了大脑排尿中枢的功能。

③泌尿系统解剖或功能障碍：泌尿通路狭窄梗阻、膀胱发育变异、尿道感染、膀胱容量及内压改变等均可引起遗尿。

④控制排尿的中枢神经系统功能发育迟缓。

症状

多数患儿易兴奋、性格活泼、活动量大、夜间睡眠过深、不易醒，遗尿在睡眠过程中一夜发生1~2次或更多。醒后方觉，并常在固定时间。主要类型分两种，一种为遗尿频繁，几乎每夜发生；另一种遗尿可为一时性，可隔数日或数月发作一次或发作一段时间。

膳食调补宜忌

【宜】肾气不足者宜食具有温补固涩功效的食物，如糯米、鸡内金、鱼鳔、山药、莲子、韭菜、黑芝麻、桂圆、乌梅等；肝胆火旺者宜食具有清补功效的食物，如粳米、薏米、山药、莲子、鸡内金、豆腐、银耳、绿豆、赤豆、鸭肉等；患儿晚餐宜吃干饭，以减少摄水量；宜吃猪腰、猪肝和肉等食物。

【忌】饮食中牛奶、巧克力和柑橘类水果过量，是造成小儿夜间遗尿的主要原因，应少食；在膳食中应忌辛辣、刺激性食物，因为小儿神经系统发育不成熟，易兴奋，若食用这类食物，可使大脑皮质的功能失调，易发生遗尿；忌食多盐、糖和生冷食物，多盐多糖皆可引起多饮多尿，生冷食物可削弱脾胃功能，对肾无益，故应禁忌；玉米、薏苡仁、赤小豆、鲤鱼、西瓜，这些食物因味甘淡，利尿作用明显，可加重遗尿病情，故应忌食。

麻疹

麻疹是儿童最常见的急性呼吸道传染病之一，其传染性很强，在人口密集而未普种疫苗的地区易发生流行（2~3 年发生一次大流行）。临床上以发热、上呼吸道炎症、眼结膜炎等而以皮肤出现红色斑丘疹和颊黏膜上有麻疹黏膜斑及疹退后遗留色素沉着伴糠麸样脱屑为特征。

病因

麻疹是由于感染麻疹病毒所引起的，其潜伏期为 11 天左右。引起麻疹的病因为麻毒时邪从口鼻吸入，侵犯肺脾。

症状

主要症状有发热、上呼吸道炎、眼结膜炎等。而以皮肤出现红色斑丘疹和颊黏膜上有麻疹黏膜斑为其特征。典型麻疹的临床过程可概括为“烧三天，出疹三天，退热三天”。此病传染性极强，在人口密集而未普种疫苗的地区易发生。现在麻疹改变了以往冬季流行的规律，成为全年散发的疾病，发病年龄也从5岁以下的婴幼儿转向主要以8个月以内的婴儿及14岁以上的青少年为主，这与麻疹疫苗的接种年龄有关。

膳食调补宜忌

【宜】①发热或出疹期间，饮食宜清淡、少油腻，可进食流质饮食，如稀粥、藕粉、面条及新鲜果汁、菜汁等；退热或恢复期，逐步进食容易消化、吸收，且营养价值高的食物，如牛奶、豆浆、猪肝泥、清蒸鱼、瘦肉、汆丸子、烩豆腐、西红柿炒鸡蛋、嫩菜叶及新鲜的蔬菜水果等。

②有并发症时，可用高热流质及半流质饮食，多食牛奶、鸡蛋、豆浆等易消化的蛋白质和含丰富维生素C的果汁和水果等；疹发不畅时，可食香菜汁、鲜鱼、虾汤、鲜笋汤等；出疹期间及恢复期宜用荸荠、甘蔗汁、金针菜、莲子、大枣、萝卜等煮食。

【忌】①忌滋腻的发物，以免食后使病情加重、延长病期。

②忌生冷瓜果，因为生冷之物会使周身毛细血管收缩，影响麻疹的透发。

③忌辛燥食物，麻疹为温热之病，最忌辛燥伤阴之物，如辣椒、花椒、芥末、咖喱、茴香、桂皮等物都能助火伤津。

④忌油煎、油炸及不消化之物，如油条、油饼、麻球、炸猪排、炸牛排、油汆花生、油汆豆板、油酥饼及海中贝壳类食物，如蛤蜊、蚌肉、蚶子、牡蛎肉等，这些食物都不易消化，食入后会造成消化不良。

流行性腮腺炎

流行性腮腺炎，俗称“痄腮”，是由腮腺炎病毒引起的急性呼吸道传染病，冬春季节可发生流行，老幼均可发病，但是其中有90%是2~15岁的儿童，病后可获得免疫，具备一定的抵抗能力，再患者很少见。

病因

腮腺炎病毒侵入人体后，在局部黏膜上皮细胞和淋巴结中复制并进入血流，播散至腮腺和中枢神经系统引起炎症。病毒在此复制后再次侵入血流，并侵犯其他尚未受累的器官，临床上出现不同器官的相继病变，因此腮腺炎实质上是一种多器官受累的疾病。腮腺因非化脓性炎症而肿胀，腮腺导管阻塞唾液淀粉酶贮留并经淋巴管入血流，使血、尿中淀粉酶增高。睾丸、卵巢、胰腺甚至脑也可产生非化脓性炎症改变。

症状

临床特征为发热及腮腺非化脓性肿痛，并可侵犯各种腺组织或神经系统及肝、肾、心脏、关节等器官。本病潜伏期 8~30 天，平均 18 天，起病大多较急，无前驱症状。开始发病时，轻者不发热，常是一侧以耳垂为中心的弥漫性肿大、疼痛，咀嚼食物时更痛，肿胀部位有灼热感，1~2 天可累及对侧。从外表看，腮腺肿胀多不发红，只是皮肤紧凑、发亮。一般在 4~5 天后肿胀消退并恢复到正常。较重的患者有发热、怯冷、头痛、咽痛、食欲不佳、恶心、呕吐等症状，1~2 天后出现腮腺肿胀，肿胀部一般不会化脓。但是，如果治疗不及时或护理不当，可并发脑膜炎、睾丸炎、卵巢炎。

膳食调补宜忌

【宜】饮食应吃清淡易消化的食物，多吃水果、蔬菜等；主食要吃富有营养、易消化的半流食或软饭。

【忌】不要给病儿吃酸、辣、甜味及干硬的食品，这些食品刺激腮腺分泌增多，会加重疼痛和肿胀。

水痘

水痘是由水痘带状疱疹病毒初次感染引起的急性传染病。传染率很高。主要发生在婴幼儿，以发热及成批出现周身性红色斑丘疹、疱疹、痂疹为特征。冬春两季多发，其传染力强，接触或飞沫均可传染。易感儿发病率可达 95% 以上，学龄前儿童多见。临床以皮肤黏膜分批出现斑丘疹、水疱和结痂，而且各期皮疹同时存在为特点。

病因

水痘带状疱疹病毒属疱疹病毒科，病毒先在上呼吸道繁殖，小量病毒侵入血中在单核吞噬系统中繁殖，再次大量进入血液循环，形成第二次病毒血症，侵袭皮肤及内脏，引起发病。

症状

潜伏期：7~17 天。

前驱期：起病急，幼儿前驱期症状常不明显，开始即见皮疹。年长儿常有发热，可达 39~40℃，常伴有全身不适，食欲不振，可见前驱疹如猩红热或麻疹样皮疹，24 小时消失。

发疹期：在起病当日或第 2 日出现，初起为红色斑丘疹，数小时后很快变为水疱疹，直径 0.3~0.8 毫米水滴状小水疱，其周围有红晕。24 小时内水疱液体变混浊，易于破损，疱疹持续 3~4 天后结痂，痂盖于 5~10 日脱落，短期内留有椭圆形浅疤。水痘皮疹一般在起病的 3~5 日内分批出现，每批皮疹的发展均有以上的过程，因此，同时可见到斑丘疹、水疱疹与结痂。皮疹有瘙痒感，主要见于躯干与头面部，四肢远端较少，手掌足底更少，呈向心性分布，为水痘发疹的特征之一。皮疹数量不一，少为数十个，多可达数百个。黏膜水痘疹可发生于口腔、眼结合膜、外阴部等，破溃后可成浅溃疡，迅速愈合。若疱疹发生在角膜，则对视力有潜在危险。

少数患者呈重型，见于体质虚弱幼小婴儿，免疫缺陷患儿，或正在进行激素等免疫抑制剂治疗的患儿（如风湿热或肾病患儿）。患水痘时常可加重病情，偶可致命，临床表现疱疹数量多，密布全身，往往融合形成大疱型疱疹，或出血性皮疹，或伴有严重的血小板减少。

膳食调补宜忌

【宜】①宜给予易消化及营养丰富的流质及半流质饮食。宜饮绿豆汤、银花露、小麦汤、粥、面片、龙须鸡蛋面等。

②以多食新鲜的水果和蔬菜，以补充体内的维生素。

③宜多饮开水。

【忌】①发之物：水痘与麻疹虽都为发疹性热病，麻疹贵于透解，需用发物。而水痘则宜清热，不可运用发物，食用发物后会使水痘增多、增大，从而延长病程，故疾病初期禁食发物，如芫荽（香菜）、酒酿、鲫鱼、生姜、大葱、羊肉、雄鸡肉、海虾、鳗鱼、南瓜等。

②食辛辣之物：水痘与其他热性病一样，忌食辛辣之品，辛辣之品可助火生痰，使热病更为严重，这类食品如辣椒、辣油、芥末、咖喱、大蒜、韭菜、茴香、桂皮、胡椒等。

③油腻之物：水痘患儿常因发热而出现食欲减退、消化功能不良等情况，故忌食油腻之物，如油煎、油炸的麻球、巧果、麻花、炸猪排、炸牛排、炸鸡等各种油腻碍胃之品，这类食品难以消化，会增加胃肠道的负担。

④热性食品：水痘的治疗宜用清热解毒为主，故食物中属热性的不可服用，这类食品有狗肉、羊肉、鹿肉、雀肉、蚕豆、蒜苗、韭菜、龙眼肉、荔枝、大枣、粟米等。

⑤禁用补药和热药，如人参、鹿茸、附子、茴香、肉桂、仙灵脾等。

百日咳

百日咳是急性呼吸道传染病，病人是唯一的传染源，潜伏期2~23天。传染期约一个半月。呼吸道传染是主要的传播途径。人群普遍易感，以学龄前儿童为多。

病因

百日咳杆菌为鲍特杆菌属，侵入呼吸道黏膜在纤毛上皮进行繁殖，使纤毛麻痹，上皮细胞坏死，坏死上皮、炎性渗出物及黏液排出障碍，堆聚潴留，不断刺激神经末梢，导致痉挛性咳嗽。支气管阻塞也可引起肺不张或肺气肿。

症状

本病可分为三期：前驱期，仅表现为低热、咳嗽、流涕、喷嚏等上呼吸道感染症状；7~10 天后转入痉咳期，表现为阵发性痉挛性咳嗽，发作日益加剧，每次阵咳可达数分钟之久，咳后伴一次鸡鸣样长吸气，若治疗不善，此期可长达 2~6 周；恢复期阵咳渐减甚至停止，此期 2 周或更长。若有呼吸道感染可再致疼咳，病程可 2~3 月，故有“百日咳”之称。

膳食调补宜忌

【宜】应选择细、软、烂、易消化吸收，且易吞咽的半流质或软食。因病程较长，对人体能量消耗较大，应注意选择热能高，含优质蛋白质、营养丰富的食物。

【忌】①辛辣油腻食物：姜、蒜、辣椒、胡椒等辛辣食物对气管黏膜有刺激作用，可加重炎性改变；肥肉、油炸食品等油腻食物易损伤脾胃，使其受纳运化功能失常，可使病情加重。故本病患儿应食清淡、营养丰富的食物。

②海鲜发物：百日咳对海腥、河鲜之类食物特别敏感，咳嗽期间食入海腥之物，会导致咳嗽加剧，这类食物包括海虾、梭子蟹、带鱼、蚌肉、淡莱、河海鳗、螃蟹等。

③生冷食物：生冷食物往往损伤脾胃，导致脾胃运化失调而使机体康复功能减弱，并且使痰量增多。百日咳患儿往往在食入生冷食物后咳嗽加剧，特别是棒冰、冰冻汽水、冰淇淋，这些食品是又冷又甜，吃下去后痉咳加剧是常见的事情。再则食物必须煮熟煮烂，使之易于消化，百日咳患儿病程较长，食物宜以熟、烂、易于消化为主。在冬季发病时。应忌吃火锅。

④温补类药物：本病炎症期和痉咳期忌用温补类药物，如红参、生姜、丁香、菟丝子、淫羊藿等，以免助阳生火，导致病情加重。即使在恢复期也应视病情而定，非极度虚弱一般以不用为好。

儿童多动症

儿童多动症，又名儿童注意缺陷与多动障碍，是一种儿童最常见的行为障碍，在校学生患病率为 5%~20%。

病因

目前对儿童多动症的病因和发病机制还不完全清楚，不过国内外学者认为本病是由多种因素引起的，归纳起来有遗传因素、轻微脑损伤、脑发育不成熟、工业污染、营养因素、家庭和环境因素、药物因素等。

症状

①活动过多：这类孩子不论在何种场合，都处于不停活动的状态中，如上课不断做小动作，敲桌子，摇椅子，咬铅笔，切橡皮，撕纸头，拉同学的头发、衣服等。

②注意力不易集中：这类孩子的注意力很难集中，或注意力集中时间短暂，不符合实际年龄特点，如上课时，常东张西望，心不在焉，或貌似安静，实则“走神”“溜号”，听而不闻。做作业时，边做边玩，随便涂改，马马虎虎，潦潦草草，错误不少。

③冲动任性：这类孩子由于自控力差，冲动任性，不服管束，常惹是生非。当玩得高兴时，又喊又叫，又唱又跳，情不自禁，得意忘形；当不顺心时，容易激怒，好发脾气。这种喜怒无常，冲动任性，常使同学和伙伴害怕、讨厌他，对他敬而远之。

④学习困难：这类孩子由于注意力不集中，上课不注意听讲，对教师布置的作业未听清楚，以致做作业时，常常发生遗漏、倒置和理解错误等情况。

膳食调补宜忌

【宜】缺铁、缺锌、缺维生素可能是引起儿童多动症的诱因，因此，儿童的食品要选择含铁、锌、维生素丰富的食物。

【忌】人工食品中的色素、添加剂、香料、防腐剂等食用过多可能诱发儿童多动症，或者使多动症状加重，因此在儿童的食品中，尽可能不加食品添加剂；应限制食用含甲基水杨酸盐类较多的食物，如西红柿、苹果、橘子等。

五官科疾病饮食宜忌

夜盲

夜盲亦称“昼视”“雀目”“月光盲”，是一种夜间视力失常的疾病。为对弱光敏感度下降，暗适应时间延长的重症表现。

病因

夜盲症为视网膜的视杆细胞功能紊乱而引起的暗适应障碍。在光的作用下，视杆细胞内的视紫红质（由顺—视黄醛和视蛋白相结合而成）漂白，分解为全反—视黄醛和视蛋白。全反—视黄醛在视黄醛还原酶和辅酶I的氧化作用下，又还原为无活性的全反—维生素A。它经血液入肝，转变为顺—维生素A。顺—维生素A经血流入眼内，经视黄醛还原酶和辅酶的氧化作用，成为有活性的顺—视黄醛，以后再和视蛋白合为视紫红质。在暗处，视紫红质的再合成，能提高视网膜对暗光的敏感性。凡是影响足量的维生素A供应，正常的杆体细胞功能及视网膜色素上皮功能等阻碍视紫红质光化学循环的一切因素，均可导致夜盲。

症状

主要表现为白天视力较好，入夜或于暗处则视力大减，乃至不辨咫尺，见于维生素A缺乏和某些眼底疾病。根据发病原因可分为遗传性夜盲和后天性夜盲，遗传性夜盲是通过双亲生殖细胞而获得的夜盲症状，治疗往往难以奏效；后天性夜盲是由于后天性全身疾病或眼病所致的夜盲，可针对病因给予不同治疗。

膳食调补宜忌

【宜】应补充含丰富的维生素A和胡萝卜素的食物。含维生素A丰富的食品有肝、奶及其制品（未脱脂）和禽蛋等；富含胡萝卜素的食品主要是黄绿色植物性食品如胡萝卜、西红柿、菠菜、豌豆苗、红心甜薯、青椒、南瓜、小米、玉米等。研究发现，铜和锌的缺乏可能导致夜盲，因此要吃些牡蛎、动物肝脏、坚果等食物。

【忌】应忌食辛辣等刺激性食物，如辣椒、芥末等，还应戒烟忌酒。

鼻窦炎

鼻窦炎是鼻窦黏膜的非特异性炎症，为一种鼻科常见病。以鼻塞、多脓涕、头痛为主要表现，可伴有轻重不一的鼻塞、头痛及嗅觉障碍。

病因

本病一般分为急性和慢性两类，其原因很多，比较复杂。急性鼻窦炎多由急性鼻炎导致；慢性鼻窦炎常因急性鼻窦炎未能彻底治愈或反复发作而形成。另外，游泳时污水进入鼻窦，邻近器官感染扩散，鼻腔肿瘤妨碍鼻窦引流，以及外伤等均可引起鼻窦炎。

症状

①头痛：急性鼻窦炎所引起的头痛较重，可位于额部、面部或枕后部。低头、用力、咳嗽时头痛加重。发病后数日，由于鼻窦开口处黏膜肿胀减轻，鼻窦内分泌物得以排出，于是头痛有所缓解。慢性鼻窦炎头痛不明显，一般仅表现头部沉重、压迫感。

②鼻塞：急性鼻窦炎患者常有较重的鼻塞，擤去鼻涕后，鼻通气可暂时改善，但不久又觉鼻阻。慢性鼻窦炎患者也可有鼻阻感，如伴有鼻中隔偏曲或鼻甲肥大，则鼻阻加重。

③流涕：鼻窦炎患者常诉鼻涕较多，有些可向前擤出；有些向后鼻孔流入鼻咽部，导致病人常诉“痰多”。

④嗅觉障碍：部分患者可有嗅觉减退或缺失。这一症状大多为暂时性。但鼻窦炎合并萎缩性鼻炎者，嗅觉障碍多不易恢复。

⑤鼻道积脓：鼻道积脓是鼻窦炎的重要体征之一。因各个鼻窦开口位置不同，积脓位置也有差异。额窦、上颌窦以及前组筛窦均开口于中鼻道。后组筛窦开口于上鼻道，而蝶窦开口于蝶筛隐窝。

所以根据脓液所在位置，对诊断某一鼻窦发炎有一定价值。如检查未发现脓液，还须进行体位引流或多次反复检查。

膳食调补宜忌

【宜】饮食宜清淡，如选食莲藕、冬瓜、茄子、白菜等；应多吃粗粮、豆类和坚果，以摄取B族维生素，有助于维持正常的免疫功能；要多吃新鲜水果和蔬菜，以摄取足够的维生素C；柑橘类水果、葡萄和黑莓含有生物类黄酮，这种物质配合维生素C可保持微血管的健康并具有消炎作用，应多吃。

【忌】应忌食油腻、辛辣食物，以免助热。

咽炎

咽炎是一种常见的上呼吸道炎症，急性期若未及时治疗，往往转为慢性。患者出现咽痛、咽痒、声嘶、咽异物感、频繁干咳。

病因

①病原微生物：包括细菌、病毒、螺旋体、立克次体等，是急性咽炎的主要致病因素。

②物理或化学性刺激：如讲话过多、喜食辛辣烫热饮食、烟酒过度、化学性气体、粉尘等空气污染，均可损伤咽部黏膜上皮和腺体，破坏局部防御体系。

③气候、季节因素：寒冷可造成咽部黏膜血管收缩，吞噬细胞数目减少，局部抵抗力下降；干燥可影响咽部黏液分泌和纤毛蠕动，降低对空气的清洁、加湿作用，直接对咽部黏膜造成刺激和损害。

④邻近器官疾病：鼻腔、鼻窦、口腔、牙齿、牙龈、喉、气管、支气管等邻近器官的急、慢性炎症，沿着黏膜、黏膜下组织、局部淋巴和血液循环侵犯到咽部，或炎性分泌物反复刺激咽部，或鼻病呼吸受阻而被迫张口呼吸等，均可导致咽炎。

⑤全身疾病：过敏体质或患有全身疾病，如风湿热、痛风、糖尿病、心脏病、贫血、肾炎、气管炎、慢性支气管炎、肺气肿、支气管扩张、结核、肝硬化及消化系统疾病造成的营养不良、便秘等，

均可导致全身抵抗力下降、咽部血液循环障碍，进而引发咽炎。

症状

起病急，初起时咽部干燥、灼热，继而疼痛，吞咽唾液时咽痛往往比进食时更为明显；可伴发热、头痛、食欲不振和四肢酸痛；侵及喉部，可伴声嘶和咳嗽。口咽及鼻咽黏膜呈急性充血，咽后壁淋巴滤泡和咽侧索也见红肿，间或在淋巴滤泡中央出现黄白色点状渗出物；颌下淋巴结肿大并有压痛，重者可累及会厌及杓状会厌襞，发生水肿。

膳食调补宜忌

【宜】①尽量多食用含维生素 C 较多的水果和蔬菜，如苹果、香橙、西红柿等。

②平时要注意多饮水，因为水可以帮助体内进行排毒，让身体各个部位都运行顺畅。

③可以从饮食方面对咽喉部进行养护，例如用金银花、野菊花和胖大海三味中药泡茶就是一剂非常好的润喉良药。另外，如咽喉含片、枇杷膏之类也能起到较好的辅助治疗效果。

【忌】①少食用熏制、腊制及过冷过热食品。

②不宜多食辛辣之品，如蒜、芥、姜、椒之类。

③不宜多食炒货零食，如瓜子、花生之类。

④还应戒烟酒，因烟酒刺激很容易使咽喉黏膜发炎。

中耳炎

中耳炎是累及中耳（包括咽鼓管鼓室鼓窦及乳突气房）全部或部分结构的炎性病变绝大多数为非特异性安排炎症，尤其好发于儿童，是一种常见病，常发生于 8 岁以下儿童，其他年龄段的人群也有发生，它经常是普通感冒或咽喉感染等上呼吸道感染所引发的疼痛并发症。

病因

中医将本病称为“耳脓”“耳疳”，认为是因肝胆湿热、（火）邪气盛行引起。病菌进入鼓室，当抵抗力减弱或细菌毒素增强时就产生炎症。慢性中耳炎可由急性中耳炎、咽鼓管阻塞、机械性创伤、热灼性和化学性烧伤及冲击波创伤所致。根据穿孔类型，可分为两大类，由紧张部良性的中央性穿孔和由较危险的鼓膜紧张部边缘性或松弛部的上鼓室穿孔所引起。

症状

主要表现为耳内疼痛（夜间加重）、发热、恶寒、口苦、小便红或黄、大便秘结、听力减退等。如鼓膜穿孔，耳内会流出脓液，疼痛会减轻，并常与慢性乳突炎同时存在。急性期治疗不彻底，会转为慢性中耳炎，随体质、气候变化，耳内会经常性流脓液，时多时少，迁延多年。

膳食调补宜忌

【宜】多食有清热消炎作用的新鲜蔬菜，如芹菜、丝瓜、茄子、荠菜、茼蒿、黄瓜、苦瓜等。

【忌】忌食辛辣、刺激食品，如姜、胡椒、酒、羊肉、辣椒等；忌服热性补药，如人参、肉桂、附子、鹿茸、牛鞭、大补膏之类。

西医疗法介绍

（1）治疗中耳炎感染

中耳炎有一部分是病毒引起的，因不容易和细菌性中耳炎区分，所以目前治疗时，如果是急性中耳炎必须使用抗生素治疗一疗程。

（2）外科方式：当内科治疗失败或是有慢性中耳炎时，可以考虑手术方式。

耳膜切开术：耳膜上切一小口，可缓解耳朵疼痛，引流出分泌物做细菌培养。

耳膜造口术：如果中耳积水超过3个月，就要考虑手术治疗。因为积水过久会破坏听小骨，引起听力障碍。将耳膜打个小洞，放一个引流小管，一般建议应放置6~8个月或直到自然掉落为止。耳管放置期间最好不要去游泳。

耳鸣

耳鸣是指人们在没有任何外界刺激条件下所产生的异常声音感觉，常常是耳聋的先兆，因听觉功能紊乱而引起。由耳部病变引起的常与耳聋或眩晕同时存在。由其他因素引起的，则可不伴有耳聋或眩晕。

病因

造成耳鸣的原因，最常见的有 3 种：

①外耳或中耳的听觉失灵，不能吸收四周围的声音，内耳所产生的“副产品”就会变得清晰。

②内耳受伤，失去了转化声音能量的功能，“副产品”的声量就会变得较强，即使在很嘈杂的环境中都能听到。

③来自中耳及内耳之外的鸣声干扰。一些肾病患者，耳朵听觉器官附近头部或颈部的血管，血液的质量因肾病的影响而较差，使到血液供应和流通不太顺畅，就会产生一些声音，吸烟者血管变窄，使血液流通受到一定程度的阻碍，也会造成同样的后果。年老者也会因身体衰竭血液质量较差而出现这样的问题。因为靠近耳朵，这些因血液不通畅而产生的声音，对耳朵来说会被听得一清二楚，成了耳鸣。

症状

一般可分为生理性耳鸣和病理性耳鸣，前者如因体位关系而突然听到自身的脉搏性耳鸣，改变体位后消失，后者则因病变如炎性刺激、机械性刺激、电化学反应引起的神经过敏等因素而引起的耳鸣。一般都属于主观性耳鸣，如果由于耳部或腭帆的肌肉阵挛引起的耳鸣多是“咯咯”声，他人可以听及，故可称为客观性耳鸣。耳鸣的音调有高音性和低音性，前者多属神经性耳鸣，后者多属气导性耳鸣，如中耳病变常有蝉声性耳鸣。耳鸣最好和脑鸣稍加区别，因后者可能和神经科有关；此外还应和幻听相鉴别，因此为精神性症状，应由精神内科诊治。

膳食调补宜忌

【宜】多补充富含蛋白质和维生素类食物。多食含锌食物。多饮牛奶。老年性耳聋病人可适当多吃鱼类食物，尤其是青鱼。常吃豆制品。

【忌】要限制脂肪的摄入，大量摄入脂类食物，会使血脂增高，血液黏稠度增大，引起动脉硬化。内耳对供血障碍最敏感，出现血液循环障碍时，会导致听神经营养缺乏，从而产生耳聋，因此，少吃动物脂肪及富含胆固醇的食品，如蛋黄、动物内脏、对虾、奶油等，烹调方法尽量选用炖、煮，避免油炸、煎。

齿衄

齿衄又称牙宣，是指血液自牙缝或牙龈渗出的症状，多由胃火上炎、灼伤血络或肾阴亏虚，虚火内动，迫血妄行所致。

病因

牙齿属肾、牙龈属脾胃，所以脾胃和肾不健康就能影响到牙齿和牙龈。齿衄多因长期过食脂肪、辛辣、糖类食物或疲劳过度、肾阴受伤、虚火上炎以及饮食不节、脾虚不统所致。

症状

以齿龈出血为主要表现，临床上分以下几型：

①风火（热）犯齿证：牙齿痛，牙龈红肿，患处得冷则痛减，受热则痛增，或有发热恶寒，口渴，舌红，苔白干，脉浮数。宜疏风清热固齿。

②胃火燔齿证：齿衄量多、血色鲜红，齿龈红肿疼痛，头痛，口臭，牙痛剧烈，口渴咽干，大便秘结，小便黄赤，舌红苔黄，脉洪数。宜清胃泻火、凉血止血。

③火毒犯龈证：齿衄血色鲜红，齿龈红肿疼痛，牙痛，头痛，或患处有脓溢出，腮肿连颊，口臭，大便秘结，小便黄赤，舌红苔黄，脉洪数。宜清热解毒。

④虚火灼龈证：时有齿衄、量少色红，牙痛隐隐，齿龈微红、微肿，牙齿松动，午后痛甚，五心烦热，小便短黄，舌质红嫩，苔少而干，脉细数。宜滋阴润齿、降火止痛。

⑤心脾气血两虚证：齿龈色淡，血液渗出、量多、色淡，面色无华，神疲纳少，心悸少寐，舌淡，脉弱。宜补益心脾气血。

鉴别诊断

①以齿龈出血为主要表现。当与口腔、咽喉、肺、气管、食管及胃脘部的出血而见咯血、呕（吐）血、鼻出血等相鉴别。

②根据临床需要，可进行必要的检查，如血常规检查、出凝血时间、血小板计数、X 摄片、CT 扫描、病理切片等，以明确诊断。

膳食调补宜忌

【宜】应多食用维生素 C 含量丰富的食物，维生素 C 可增强血管的韧性，能预防出血。

【忌】应忌食辛辣、刺激、动火的食物，如辣椒、生姜、洋葱、胡椒等；虾、蟹等海鲜、河鲜为发物，应忌食；烟酒、油腻和生硬食物也应避免，以免生热助火。

龋齿

龋齿是一种由口腔中多种因素复合作用所导致的牙齿硬组织进行性病损，表现为无机质脱矿和有机质分解，随病程发展而从色泽改变到形成实质性病损的演变过程。它可以继发牙髓炎和根尖周炎，甚至能引起牙槽骨和颌骨炎症。

病因

①微生物和牙菌斑因素：细菌的代谢产物可以破坏牙齿和牙周组织，酸能使牙齿的无机物脱矿、有机物溶解，形成窝洞，成为龋齿。

②食物因素：食物是细菌致龋的物质基础，糖类（碳水化合物）是诱导龋齿最重要的食物，尤其是蔗糖、精致糖类，通过细菌代谢作用产生酸，进而引起牙齿破坏。

③口腔环境因素：包括牙齿和唾液两大方面。牙齿因素包括牙齿的组织结构、牙冠外部形态和牙齿的排列情况。重叠排列或拥挤的牙齿在咀嚼过程中，不容易自洁，其食物残渣滞留区往往是龋的好发区域。唾液的质和量、缓冲能力、抗菌能力等都与龋齿的发生有关，唾液减少容易使龋齿发展迅速。

症状

龋病容易发生于牙齿的隐蔽部位，龋损导致牙齿的颜色、形态、质地发生变化，牙齿硬组织的损害不能自身修复，临床上根据牙齿的龋坏程度，分为浅龋、中龋和深龋。

浅龋即牙釉质龋，牙齿上未形成龋洞，病变仅限于牙釉质内，牙齿病变部位多由半透明的乳黄色变为浅褐色或黑褐色，此时不会产生什么主观症状，但牙颈部浅龋多已破坏到牙本质，应注意。

中龋病变破坏到了牙本质浅层，牙齿已有龋洞形成，牙齿对酸甜食物较为敏感，特别是冷刺激尤为明显，刺激去除后，症状消失。

深龋病变破坏到了牙本质深层，牙齿有较深的龋洞形成，温度刺激、化学刺激以及食物进入龋洞后均引起疼痛，但在这种情况下，不产生自发性疼痛。

膳食调补宜忌

【宜】①龋齿的人应该在饮食中要多吃富含维生素D、钙、维生素A的食物，如乳、肝、蛋、肉、鱼、豆腐、虾皮、菠萝、胡萝卜、红薯、青椒、山楂、橄榄、柿子、沙果等。含氟较多的食物有鱼、虾、海带、海蜇等。

②儿童为龋齿多发人群，应该注意儿童的饮食习惯，按时增加各种辅食，多吃粗糙、硬质和含纤维质的食物，对牙面有摩擦洁净的作用，减少食物残屑堆积。硬质食物需要充分咀嚼，既增强牙周组织，又能摩擦牙齿咬面，可能使窝沟变浅，有利减少窝沟龋。

【忌】①酸性食品：因酸性食物在口腔乳酸杆菌的作用下能产生更多的乳酸，而乳酸在已受到破坏的牙龋洞里进一步脱钙，使龋齿面积增大，病情进一步加重。这类食物有石榴、杨梅、酸枣、醋等。

②过冷过热食物：龋齿患者的牙齿完整性多受到损坏，牙髓的神经末梢显露出来，使它对凉热刺激的敏感明显增加，食用过冷过热的食物时，因刺激暴露的神经末梢，便会产生剧烈的疼痛。

③酒类和兴奋性饮料：酒类含有酒精，能刺激神经系统，尤其是高浓度的烈性酒，对肝、胃肠道等消化系统均有害无益；兴奋性饮料如咖啡、可可等也有类同作用，而龋齿患者，尤其需要安静，故不能食用，发热、头痛患者尤不适宜。

④甜腻之品：尤其是蔗糖，它的致龋作用最显著，使局部的硬组织发生坏死、脱矿，透明度改变，牙釉质变色，局部软化、疏松，形成龋洞。日久牙齿动摇，故忌食。

失音

失音是指神清而声音嘶哑，甚至不能发出声音的病症，失音又称"喑""喉喑"，与中风舌强不语之"舌喑"完全不同。

病因

失音虽属喉咙、声道的局部疾患，实与肺肾有密切关系。因为声音出于肺系而根于肾。肺主气，肾藏精，故肾精充沛，肺气旺盛，则气出于会厌而声音响亮，如果肺肾有病，皆能导致失音。

症状

①风寒袭咽证：猝然声音不扬，甚则失音，咽痛喉痒，吞咽不利，或兼咳嗽，胸闷，鼻塞流清涕，恶寒发热，头痛，无汗，苔薄白，脉浮紧。

②风热侵咽证：喉内不适，干痒而咳，声音不利甚或失音，或灼热，疼痛，发热恶寒，头痛，舌微红，苔白或兼黄，脉浮数。

③火毒攻喉证：咽喉灼热，声音嘶哑，喉痛剧烈，吞咽困难，发热，口渴欲饮，口臭，小便黄赤，大便秘结，舌质红，苔黄厚，脉洪数。

④气滞痰凝咽喉证：声音嘶哑，喉间痰鸣，如物梗阻，胸闷呕恶，腹胀脘痞，舌暗，苔白腻，脉滑。

⑤气滞声门证：声音嘶哑，语音不畅，发音困难或不能发音，胁下痞胀，神情抑郁，嗳气叹息，脉弦。

⑥瘀阻咽喉证：声音嘶哑，咽喉梗阻，疼痛如刺，舌紫暗，舌下络脉曲张，脉涩。

⑦气虚咽喉失充证：声音嘶哑，咽喉不利，少气懒言，神疲乏力，舌淡，脉弱。

⑧阴虚咽喉失濡证：声音嘶哑，咽干口燥，喉痒，干咳无痰，颧红，虚烦不寐，手足心热，盗汗，舌红干少苔，脉细数无力。

膳食调补宜忌

【宜】失音患者一般都伴有咽喉肿胀现象，所以要选择稀软的食物；风寒引起的失音，可选择具有辛温散寒、疏风解表、宣肺开音作用的食物；风热引起的失音，可选择具有疏风清热、利咽开音作用的食物；慢性喉喑者，应选用一些具有补益功效的食物；暴喑者应多食生津的食物，如绿色蔬菜、新鲜水果；久喑者宜食用滋阴生津的食物。

【忌】油腻、辛辣、苦寒的食物应忌食，煎、炒、炙类的食物也应少吃，以免伤害咽喉。

口臭

口臭是指因机体内部失调而导致口内出气臭秽的一种病症，就是人口中散发出来的令别人厌烦、使自己尴尬的难闻的口气。它会使人（尤其是年轻人）不敢与人近距离交往，从而产生自卑心理，影响正常的人际、情感交流，令人十分苦恼。

病因

①口腔不卫生：不刷牙、不漱口或刷牙马马虎虎的人。口内食物残渣长期积存，在细菌的作用下发酵腐败分解，产生吲哚硫氢基及胺类等物质，发出一种腐烂的恶臭。

②有些戴假牙的人不注意假牙的清洁，口腔内也会有气味，这是最常见的口臭原因。

③口腔疾病：龋坏的牙齿中的腐物，牙周疾病使牙龈经常处于炎

症状态，脓肿出血，溃烂流脓，也易产生一种腐败的恶臭气味。

④身体疾病：有些口臭是由于身体其他部位的疾病引起，如消化不良、化脓性支气管炎、肺脓肿等，都会经呼吸道排出臭味，表现为口臭。此外，邻近器官的疾病，如鼻咽部及鼻腔疾病，如化脓性上颌窦炎、萎缩性鼻炎等，也可导致口臭。

⑤特殊食物癖好：有人特别爱食用大蒜、大葱等，口、胃中都会有令人不快的气味。

症状

多表现为呼气时有明显异味，刷牙、漱口均难以消除病症，使用清洁剂也难以掩盖，是一股发自内部的臭气。中医上还分为以下几型：

①肺胃郁热，外邪凝滞，肺胃郁热上攻，而致口臭，鼻干燥，咽红肿疼痛，涕黄，苔少，舌红，脉细数。

②胃火灼盛：症见口臭，口干，牙龈红肿，消谷善饥，舌红苔黄少津，脉滑数。

③肠腑实热：症见便秘口臭，小便短赤，心烦，舌红苔黄或黄燥，脉滑数。

④肾阳不足：口臭，形体消瘦，腰膝酸软，口燥咽干。

膳食调补宜忌

【宜】要注意口腔卫生，多吃清淡食品和蔬菜、水果，平时适当饮用一些绿茶、菊花茶、佩兰茶等。

【忌】要少吃油腻、辛辣食品，如大蒜、洋葱、臭豆腐、芥末等。

结膜炎

结膜炎俗称红眼病，是眼科的常见病，但是其发病率目前尚未确定。由于大部分结膜与外界直接接触，因此容易受到周围环境中感染性（如细菌、病毒及衣原体等）和非感染性因素（外伤、化学物质及物理因素等）的刺激，而且结膜的血管和淋巴组织丰富，自身及外界的抗原容易使其致敏。

病因

中医认为多因外感风热之邪上犯，或因肝经火热上注于目，或因过食烟酒辛辣物品，以致内热上冲所致。西医认为是机械性损伤、眼睑外伤、结膜外伤、眼内异物刺激、倒睫、眼睑内翻，化学性药物刺激、石灰粉、氨气及各种有刺激性的化学消毒药液及洗浴药液误入眼内所致。

症状

羞明流泪、结膜充血、眼睑痉挛疼痛。结膜炎初期，结膜潮红、肿胀、充血、流出水样分泌液，内眼角下面被毛变湿，眼睛半闭。随着炎症的发展，眼睑肿胀明显，眼分泌物变成黏液性或脓性，上下眼睑被脓性分泌物黏合在一起，眼角上被黄白色的分泌物覆盖。打开眼睑检查可见眼球上及结膜上有大量的脓性分泌物积存。如不注意，会影响视力。多逢春夏暖和季节发病，秋凉后自行缓解，翌年春夏季又复发。多为青少年，男多于女。

膳食调补宜忌

【宜】应当选择具有疏风散热、清泻肝火作用的凉肝食物和清淡的蔬菜瓜果，如田螺、螺蛳、蚌、苦瓜、旱芹、菊花脑、地耳、马兰头、白菊花、金银花、槐花、荷叶、薄荷、决明子等。

【忌】勿食性热上火、辛辣香燥、肥腻助邪的食物，如羊肉、鹅肉、虾、鲢鱼、鳗鱼、爆米花、炒花生、荔枝、大枣、胡椒、茴香、桂皮、人参、黄芪、冬虫夏草、白酒等。

青光眼

青光眼是一种发病迅速、危害性大、随时导致失明的常见疑难眼病。特征就是眼内压间断或持续性升高的水平超过眼球所能耐受的程度而给眼球各部分组织和视功能带来损害，导致视神经萎缩、视野缩小、视力减退，失明只是时间的迟早而已，在急性发作期24~48小时即可完全失明。青光眼属双眼性病变，可双眼同时发病，或一眼起病，继发双眼失明。

病因

各种原因导致气血失和，经脉不利，目中玄府闭塞，神水瘀积所致。

症状

急性闭角型青光眼发病急骤，表现为患眼侧头部剧痛，眼球充血，视力骤降的症状。亚急性闭角型青光眼患者仅轻度不适，甚至无任何症状，可有视力下降，眼球充血，经常在傍晚发病，经睡眠后缓解。慢性闭角型青光眼患者自觉症状不明显，发作时轻度眼胀、头痛，阅读困难，常有虹视。发作时患者到亮处或睡眠后可缓解，一切症状消失。原发性开角型青光眼发病隐蔽，进展较为缓慢，非常难观察，故早期一般无任何症状，当病变到一定程度时，可出现轻度眼胀、视力疲劳和头痛，视力一般不受影响，而视野逐渐缩小。晚期视野呈管状时，出现行动不便和夜盲。

膳食调补宜忌

【宜】①饮食应选择具有活血通络、利水消肿的食物。

②勿食过咸、易渴的食物。

③肉类食物以煮牛肉最好，配菜可以用白菜。

④鸡蛋只能吃煮的，每周最多3个。

【忌】①要尽量避免浓咖啡和茶，饮酒绝对不能过量，否则会对血管造成刺激。

②少摄入咸肉、咸鱼、腌菜、咸板鸭、咸鸭蛋、皮蛋、带鱼、黄鱼、雪里蕻、虾、螃蟹、猪头肉、鹅肉、辣椒、胡椒、白酒等。

白内障

凡是各种原因如老化、遗传、局部营养障碍、免疫与代谢异常、外伤、中毒、辐射等，都能引起晶状体代谢紊乱，导致晶状体蛋白质变性而发生混浊，称为白内障。此时光线被混浊晶状体阻挠无法投射在视网膜上，就不能看清物体。世界卫生组织从群体防盲、治盲角度出发，对晶状体发生变性和混浊，变为不透明，以至影响视力，而矫正视力在0.7或以下者，才归入白内障诊断范围。

病因

中医认为多为肝肾阴不足、脾气精血亏损、眼珠失养而致。西医认为本病患者血液中锌含量偏低。

症状

无痛楚下视力逐渐减弱，对光敏感，经常需要更换眼镜镜片的度数、复视。需在较强光线下阅读，晚上视力比较差，看到颜色褪色或带黄。在早期，还常有固定不飘动的眼前黑点，亦可有单眼复视或多视。发病人群以老年人为最多，南方地区多于北方。

膳食调补宜忌

【宜】多吃些富含天然维生素C的新鲜蔬菜和水果，选择具有益精、退翳、明目、清肝作用的食物，如芹菜、白菜、青菜、番茄、草莓、柑橘、鲜枣、胡萝卜、西红柿、葡萄、柠檬、香蕉、杏子、羊肝、猪肝、牛肝、鸡肝、兔肝、鸭肝、红枣、甲鱼，还要经常吃些含钙食物。

【忌】勿食辛辣香燥、性热助火的食物，如酒、红糖、冰糖、砂糖、猪肉、羊肉、狗肉、牛肉、辣椒、胡椒、大蒜、花椒、桂皮、大葱、芥菜等。

癌症饮食宜忌

颅内肿瘤

颅内肿瘤系指生于颅内的脑瘤，又称脑肿瘤。在小儿发病率比较高，发病年龄以5~8岁居多。肿瘤的类型与年龄、性别等因素有一定关系。

病因

中医认为，本病属脑髓病变，究其病因病理，不外邪毒蕴于脑及精血不荣于脑两种，毒邪入脑不散，日久成气滞、血瘀、痰凝、湿阻，淤而不去，结而成瘤；脑为髓海，无论何种原因导致的精血不足，可以使脑髓失养，进而促进脑瘤的生长。总之，外因是变化的条件，内因是变化的根据，外邪与内伤多相因为病。现代医学认为，由于神经组织中某些刺激因素所激活，引起异常的生长和发展。各类颅内肿瘤因生长部位和性质的不同而有不同的病理特点。

症状

头痛是颅内肿瘤出现最早和最多的症状，见于82%~90%的病人，程度较剧烈，开始为阵发性，早晨和晚间出现，继而加重而为持续性，一般止痛剂无效，脱水剂治疗效果明显。

膳食调补宜忌

【宜】①食抗脑瘤的食物，如小麦、薏米、荸荠、海蜇、芦笋、炸壁虎、炸全蝎、炸蜈蚣、炸蚕蛹、鲎、海带。

②宜吃具有保护颅内血管作用的食物：芹菜、荠菜、菊花脑、茭白、葵花子、海带、海蜇、牡蛎、文蛤。

③宜吃具有防治颅内高压作用的食物：玉米须、赤豆、核桃仁、紫菜、鲤鱼、鸭肉、石莼、海带、蟹、蛤蜊。

④宜吃具有保护视力的食物：菊花、马兰头、荠菜、羊肝、猪肝、鳗鲡。

⑤宜吃具有防护化疗、放疗副作用的食物：香菇、银耳、黑木耳、黄花菜、核桃、芝麻、葵花子、猕猴桃、羊血、猪血、鹅血、鸡血、莲子、绿豆、薏米、鲫鱼、青豆、鲟鱼、鲨鱼、梅子、杏仁、佛手。

【忌】①忌咖啡、可可等兴奋性饮料。

②忌辛辣刺激性食物，如葱、蒜、韭菜、花椒、辣椒、桂皮等。

③忌发霉、烧焦食物，如霉花生、霉黄豆、烧焦鱼肉。

④忌油腻、腌腊鱼肉、油煎、烟熏食品。

⑤忌过咸食品。

⑥忌烟、酒。

乳腺癌

乳腺癌是乳腺导管上皮细胞在各种内外致癌因素的作用下，细胞失去正常特性而异常增生，以致超过自我修复的限度而发生癌变的疾病。

病因

与乳腺癌病因有关的因素较多，常见的危险因素有：

①年龄：在女性中，发病率随着年龄的增长而上升，在月经初潮前罕见，20岁前亦少见，但20岁以后发病率迅速上升，45~50岁较高，但呈相对的平坦，绝经后发病率继续上升，到70岁左右达最高峰。死亡率也随年龄而上升，在25岁以后死亡率逐步上升，直到老年时始终保持上升趋势。

②遗传因素。

③家族的妇女有第一级直亲家族的乳腺癌史者，其乳腺癌的危险性是正常人群的2~3倍。

④其他乳房疾病。

⑤月经初潮年龄：初潮年龄早于13岁者发病的危险性为年龄大于17岁者的2.2倍。

⑥绝经年龄：绝经年龄大于55岁者比小于45岁的危险性增加。

⑦第一次怀孕年龄：危险性随着初产年龄的推迟而逐渐增高，初产年龄在35岁以后者的危险性高于35岁之前者。

⑧绝经后补充雌激素：在更年期长期服用雌激素可能增加乳腺癌的危险性。

⑨口服避孕药。

⑩长期饮酒过量。

症状

早期常无明显的临床症状，或仅表现为轻微的乳房疼痛，性质多为钝痛或隐痛，少数为针刺样痛，常呈间歇性且局限于病变处，疼痛不随月经周期而变化。至晚期，癌肿侵犯神经时则疼痛较剧烈，可放射到同侧肩、臂部。

膳食调补宜忌

【宜】饮食宜清淡、有节制，过度营养及肥胖对治疗乳腺癌有不利影响。

①卵巢功能失调可用海马、海参、乌鸡、蜂乳、哈什蚂。

②增强免疫力、抗复发，可用牛蒡、桑葚、猕猴桃、芦笋、南瓜、虾皮、蟹、青鱼、大枣、洋葱、韭菜、大蒜、西施舌、对虾、薏米、菜豆、山药、蛇、香菇。

③抗感染、抗溃疡，可用甲鱼、鲫鱼、鲨鱼、青鳞鱼、珠母贝、刀鱼、带鱼、海鳗、江豚、海蚯蚓、茄子、金针菜、芜菁、白果、葡萄、马兰头、苋菜、油菜、香葱。

④消水肿，可用薏米、丝瓜、赤豆、鲫鱼、鲮鱼、海带、泥鳅、黄颡鱼、芋艿、葡萄、田螺、红花、荔枝、荸荠。

⑤止痛、防乳头回缩，可用茴香、大蝼蛄虾、海龙、橘饼、榧子、柿、橙、鲎。

【忌】切忌暴食暴饮；忌烟、酒、咖啡；忌辛辣等刺激性食物；忌油炸、腌制食品；忌发物。

宫颈癌

宫颈癌与营养宫颈癌是最常见的女性生殖器官恶性肿瘤，多发于20~60岁之间。早婚、早育、多产及性生活紊乱的妇女有较高的患病率。

病因

宫颈癌的确切病因不明。根据普查和临床资料分析，发病似与早婚、早育、多育、性生活紊乱及慢性宫颈炎有关。近年的研究发现生殖道疱疹Ⅱ型病毒（HSV-Ⅱ）及人类乳头状瘤病毒（HPV）、人类巨细胞病毒（CMV）感染可能为宫颈癌的特异性致病因素，亦有人认为突变精子的异常DNA进入宫颈上皮细胞的染色体可诱发肿瘤形成。

症状

①阴道出血：不规则阴道出血，尤其是接触性出血（即性生活后或妇科检查后出血）和绝经后阴道出血是宫颈癌患者的主要症状。菜花状宫颈癌出血现象较早，出血量较多。

②阴道分泌物增多：白带稀薄，水样、米泔样或血性，有腥臭味。当癌组织破溃感染时，分泌物可为脓性，伴恶臭。

③晚期表现：由于癌肿的浸润、转移，可出现相应部位乃至全身的症状。如尿频，尿急，肛门坠胀、秘结，下肢肿痛，坐骨神经痛，肾盂积水，肾功能衰竭，尿毒症等，最终致全身衰竭。

膳食调补宜忌

【宜】①宫颈癌早期对消化道功能一般影响较小，以增强患者抗病能力，提高免疫功能为主，应尽可能地补给营养物质，蛋白质、糖、脂肪、维生素等均可合理食用。当患者阴道出血多时，应食用些补血、止血、抗癌的食品，如藕、薏苡仁、山楂、黑木耳、乌梅等。当患者白带多水样时，宜滋补，如甲鱼、鸽蛋、鸡肉等。当患者带下多黏稠，气味臭时，宜食清淡利湿之品，如薏苡仁、赤小豆、白茅根等。

②手术后，饮食调养以补气养血，生精填精之膳食，如山药、桂圆、桑葚、枸杞、猪肝、甲鱼、芝麻、阿胶等。

③放疗时，饮食调养以养血滋阴为主，可食用牛肉、猪肝、莲藕、木耳、菠菜、芹菜、石榴、菱角等；若因放疗而出现放射性膀胱炎和放射性直肠炎时，则应给予清热利湿、滋阴解毒作用的膳食，如西瓜、薏米、赤小豆、荸荠、莲藕、菠菜等。

④化疗时，饮食调养以健脾补肾为主，可用山药粉、薏米粥、动物肝、胎盘、阿胶、甲鱼、木耳、枸杞、莲藕、香蕉等。出现消

化道反应如恶心、呕吐、食欲不振时，应以健脾和胃的膳食调治，如蔗汁、姜汁、乌梅、香蕉、金橘等。

⑤宫颈癌晚期，应选高蛋白、高热量的食品，如牛奶、鸡蛋、牛肉、甲鱼、赤小豆、绿豆、鲜藕、菠菜、冬瓜、苹果等。

【忌】①宫颈癌由气血瘀滞、痰湿凝聚、毒热蕴结而致。用膳应禁忌肥腻甘醇、辛辣香窜、油煎烤炸等生湿、生痰、燥热、易致出血的食品。

②患者白带多水样时，忌食生冷、瓜果、冷食以及坚硬难消化的食物；带下多黏稠，气味臭时，忌食滋腻之品。

卵巢肿瘤

卵巢肿瘤是妇科常见病之一，其种类之多在全身各器官的肿瘤中居首位，其在妇科疾病中患病率为1.3%~23.9%，其中恶性肿瘤约占10%。卵巢肿瘤可发生在任何年龄，大多数发生在生育年龄，良性卵巢肿瘤大多发生在20~44岁，恶性卵巢肿瘤多发生在40~50岁，青春期或幼女也可患卵巢肿瘤，常为恶性，而绝经后期患卵巢肿瘤也多为恶性。

病因

与众多的肿瘤一样，卵巢肿瘤的病因目前仍然不清楚，不过可能与以下因素有关：不孕与少孕，外源性雌激素接触史，初潮年龄偏早，自身乳腺癌病史，环境因素，如接触滑石粉、石棉、放射性物质，以及家族卵巢、乳腺、结肠、子宫内膜肿瘤史，即遗传性卵巢癌综合征（简称HOCS）。

症状

①下腹不适感多为最初症状，由于肿瘤本身重量或肿瘤移动时牵扯韧带，致使下腹有坠胀感。

②盆腔内肿物：患者发现下腹肿物或感到腹部胀大而就医。

③月经紊乱：多数卵巢肿物并不引起月经紊乱，少数具内分泌功能肿瘤可引起月经紊乱。

④腹痛：多在肿瘤发生蒂扭转或破裂时出现腹痛，尤其是突然腹疼。此外，恶性卵巢肿瘤晚期多引起腹痛、腿痛。

⑤压迫症状：巨大卵巢肿瘤可压迫横膈引起呼吸困难、心悸。如合并大量腹水，或麦格氏综合征均可引起压迫症状。

⑥恶病质：晚期恶性卵巢肿瘤可出现重病容，显著消瘦，面部痛苦，贫血及衰竭状态。

膳食调补宜忌

【宜】①宜多吃具有抗肿瘤作用的食物：鲎、海马、鳖、龙珠茶、山楂。

②出血宜吃羊血、螺蛳、淡菜、乌贼、荠菜、藕、蘑菇、马兰头、石耳、榧子、柿饼。

③感染宜吃鳗鱼、文蛤、水蛇、鲤鱼、芹菜、芝麻、荞麦、油菜、香椿、赤豆、绿豆。

④腹痛、腹胀宜吃猪腰、杨梅、山楂、橘饼、核桃、栗子。

【忌】①忌烟、酒。

②忌葱、蒜、椒、桂皮等刺激性食物。

③忌肥腻、油煎、霉变、腌制食物。

④忌羊肉、狗肉、韭菜、胡椒等温热食物。

前列腺癌

前列腺癌是男性生殖系统常见的恶性肿瘤。前列腺是位于膀胱下方的一个栗子状的腺体，有尿道从中间通过。它分泌的液体是精子的营养液，也是精液的一个组成部分。前列腺癌约占泌尿生殖系统肿瘤的4%。在男性高龄老人中是较常见的癌症之一。

病因

前列腺癌的产生可能与年龄、高脂肪、输精管切除、遗传因素、吸烟、接触重金属、不适当的性生活及性病有关。

症状

前列腺癌几乎均发生在前列腺的外侧部，呈潜伏性缓慢生长，因此，肿瘤很小时无任何临床表现。而良性的前列腺肿大和前列腺炎产生的症状和癌症相似。

膳食调补宜忌

【宜】平时饮食方面应以植物蛋白和植物脂肪为主，多吃水果、蔬菜、豆类和谷类。

【忌】少吃动物脂肪和动物蛋白，如猪油、香肠、烤排骨、动物内脏、黄油、冰激凌、全脂牛奶、鸡、鸭、牛、羊等，以降低血液中二氢睾酮的含量，降低患前列腺癌的可能性。

鼻咽癌

鼻咽癌的发病率以中国的南方较高，如广东、广西、湖南等省，特别是广东的中部和西部的肇庆、佛山、广州地区更高。

病因

对其发病原因研究较多，但至今尚未完全查明，可能与遗传、EB 病毒感染、环境化学致癌因素等有关。

症状

由于鼻咽位置隐蔽，检查不易，同时鼻咽癌的早期症状比较复杂，缺乏特征，故容易被人忽视，延误诊断和治疗，所以必须提高警惕性。常见症状有：

①出血：主要是吸鼻后韧中带血，或鼻出带血鼻涕。开始常为少量血丝，容易被忽视，及至出血量较多时，往往病变已入中、晚期。

②头痛：早期就可有头痛，而且多偏向一侧，呈间歇性；晚期则出现持续性剧烈头痛，容易误认为神经性偏头痛。

③颈部淋巴结肿大：一侧或双侧颈部出现肿块，无脓，质较硬，活动度差，常易误认为淋巴结核或淋巴结炎。

④其他症状：除表现上述某一个或所有症状外，还可出现鼻塞、耳闭、耳鸣、面部麻木、复视、上睑下垂等症状。晚期癌肿易向颅内侵犯及骨、肝、肺等远处转移。

膳食调补宜忌

①多选用清热、解毒、养阴生津的食物，并能归入肺、肝经的中药食疗。不论何期、何证，均应注意食品的多样及烹调的考究，以利于患者摄入足够的营养素。

②配餐辅食应少用生湿化痰、黏腻重浊、肥甘醇酿，可选用有化痰散结功效的食品，如海带、紫菜、龙须菜、海蜇等。出现头晕目眩、耳聋口苦、急躁易怒等肝火上炎症状时，宜选清肝泄热、滋阴潜阳之品以减轻症状，如菊花代茶，炒决明子代咖啡，食用苦丁茶、黄花菜、苦瓜、枸杞苗、李子、鲍鱼、芥菜等。

③放疗期间要鼓励病人多饮水，喝淡饮料、果汁、牛奶等。主食应以半流食或软烂食物为好，副食方面要多吃新鲜蔬菜、水果，尤其要多吃胡萝卜、荸荠、白萝卜、番茄、莲藕和白梨、柑橘、柠檬、山楂等果品。饮食口味要清淡甘润，又不宜过饮生冷，以免生寒伤胃，口含话梅、罗汉果、橄榄、青果等，可刺激唾液分泌，减轻干燥症状。

④晚期病人多属气血不足，毒火上炎，食欲极差，所以开胃化食、刺激食欲、增加摄入是保证治疗的根本措施。故宜选易消化、营养充足、色香味俱佳的食品，如粥、羹、汤、汁等。调配饮食又应以滋润适口、芳香化浊为好，如冰糖薏米粥、香菜清炖大鲤鱼、鲜石榴、鲜乌梅、广柑、香橼、菠萝、青梅、菱角、荸荠、白梨等。平时口含藏青果和鲜山楂，有消炎杀菌、清咽生津的作用。

喉咽癌

喉咽癌包括咽后壁、梨状窦、环状软骨后及会厌皱襞等部位的癌症，病理检查大多为鳞状细胞癌。占头颈部恶性肿瘤的前列，以50~60岁多见。

病因

病因仍不清楚。可能与长期大量吸烟和饮酒等慢性刺激有关。据国外报道96%的喉咽癌患者有吸烟史，93%有饮酒史。女性患者可能与绝经期内分泌功能紊乱有关。

症状

早期表现为吞咽时疼痛，逐渐发展为吞咽困难；肿瘤侵犯声室或因水肿导致发音功能障碍，出现声嘶；因咽下组织水肿或僵硬固定，食物容易误入气管，而引起呛咳；甲状软骨受肿瘤及水肿组织的压迫、推挤，其两翼被推开，使甲状软骨增宽；坏死组织或食物误入呼吸道，可引起吸入性肺炎；晚期可发生颈部淋巴结转移及远处纵隔、肺、肝、骨髓等转移。

膳食调补宜忌

【宜】①宜多食具有抗喉咽癌作用的食物，如马兰头、豆豉、杏仁、丝瓜、橄榄、酱茄、梅、蚕蛹、薏米。

②宜食具有抗感染和溃疡作用的食物，如梅、橄榄、杧果、罗汉果、荸荠、蜂蜜、莼菜、黄瓜、苦菜、猪皮、泥螺、蛏子、鲎、黄颡鱼。

③宜多食提高免疫力的食物：鳗、鲨鱼、海参、猪脊髓、牛脊髓、牛乳、羊乳、猪肝、猪腰、鹅喉管、牛喉管、乌龟、甲鱼、青鱼、牡蛎、芡实、芝麻、猕猴桃、香菇。

④宜多吃具有改善声音嘶哑作用的食物：梨、萝卜、杏仁、白果、梅、罗汉果、牛蒡。

⑤宜吃具有防护化疗、放疗作用的食物，如茄子、无花果、核桃、绿豆、赤豆、葵花子、油菜、柿饼、乌梅、西瓜、黄瓜、南瓜、芦笋、柠檬、大枣、泥鳅、塘虱、蟹、黄颡鱼、鳗鱼、鲨鱼、青鱼、鲎、海蜇、猪脑、羊脑、鸡血、鹅血、鸭血、马鲛鱼、海参。

【忌】①忌烟、酒及辛辣刺激食品。

②忌肥腻、烟熏、腌制食物。

③咯血时忌燥热性食物，如韭菜、葱、蒜、桂皮及油炸、烧烤

食物等。

食管癌

食管癌是较常见的一种恶性肿瘤。我国北方较南方多见，男多于女，发病年龄大多在 40 岁以上。

病因

食管癌的确切病因不明。食管癌的发生与亚硝胺慢性刺激、炎症与创伤、遗传因素以及饮水、粮食和蔬菜中的微量元素含量有关。显然，环境和某些致癌物质是重要的致病因素。

症状

早期症状：

①咽下哽噎感：最多见，可自行消失和复发，不影响进食。常在病人情绪波动时发生，故易被误认为功能性症状。

②胸骨后和剑突下疼痛：较多见。咽下食物时有胸骨后或剑突下痛，其性质可呈烧灼样、针刺样或牵拉样，在咽下粗糙、灼热或有刺激性食物时最为明显。

③食物滞留感染和异物感：咽下食物或饮水时，有食物下行缓慢并滞留的感觉，以及胸骨后紧缩感或食物黏附于食管壁等感觉，食毕消失。

④咽喉部干燥和紧缩感：咽下干燥粗糙食物时尤为明显，此症状的发生也常与病人的情绪波动有关。

后期症状：

①咽下困难：进行性咽下困难是绝大多数患者就诊时的主要症状，但却是本病的较晚期表现。

②食物反应：常在咽下困难加重时出现，反流量不大，内含食物与黏液，也可含血液与脓液。

③其他症状：当癌肿压迫喉返神经可致声音嘶哑；侵犯膈神经可引起呃逆或膈神经麻痹；压迫气管或支气管可出现气急和干咳；侵蚀主动脉则可产生致命性出血。

膳食调补宜忌

【宜】食管癌术后须禁饮食，一般3~4天后，肠蠕动恢复，拔除胃管，第五天可进无渣流质饮食。以水为主，每次50毫升，每2小时一次。第六天进流质饮食，以米汁为主，每3小时一次，每次100毫升。第七天以鸡蛋汤、稀饭为主，每次200毫升，每4小时一次。一般于术后第十二天进半流质饮食，以清淡、易消化的食物为主。食管癌病人手术后饮食应循序渐进、少量多餐，促进消化功能的恢复。

胃癌

胃癌是我国常见的恶性肿瘤之一，在我国其发病率居各类肿瘤的首位。在胃的恶性肿瘤中，腺癌占95%。它也是最常见的消化道恶性肿瘤，乃至名列人类所有恶性肿瘤之前茅。

病因

（1）个体因素，即体质因素，如：

①血型因素中，A型血发病率高。

②胃癌有家庭聚集性。

③精神因素。

④患有慢性萎缩性胃炎、胃溃疡、胃息肉等疾病。

（2）环境因素，如：

①化学性因素中的微量元素缺乏或过高。

②微生物污染因素，如真菌、细菌等污染。

③饮食因素，如多食高淀粉、重盐、腌渍、熏炸食品及不良饮食行为。

症状

胃癌的发生演变要经过20年以上的过程，早期仅有一般消化不良症状，因而容易被忽视而延误诊治。胃脘疼痛是胃癌最早出现的症状，早期往往不明显，仅有上腹部不适、饱胀感或重压感，或隐隐作痛，常被误诊为胃炎、胃溃疡、胃肠神经官能症。肿瘤发展到一定程度，疼痛加剧或持续不缓解。还有恶心、呕吐、呕血、便血、食欲减退、进行性消瘦、腹泻。晚期因肿瘤消耗及畏食等，常出现恶液质，病人极度消瘦。后期在上腹部能触及包块，压痛，肿物可活动也可固定，坚硬有时呈结节状。

膳食调补宜忌

【宜】①多吃能增强免疫力、抗胃癌作用的食物，如山药、扁豆、薏米、菱角、金针菜、香菇、蘑菇、葵花子、猕猴桃、无花果、苹果、沙丁鱼、蜂蜜、鸽蛋、牛奶、猪肝、沙虫、猴头菇、鲍鱼、针鱼、海参、牡蛎、乌贼、鲨鱼、老虎鱼、黄鱼鳔、海马、甲鱼。

②宜多吃高营养食物，防治恶病质，如乌骨鸡、鸽子、鹌鹑、牛肉、猪肉、兔肉、蛋、鸭、豆豉、豆腐、鲢鱼、鲩鱼、刀鱼、塘虱鱼、青鱼、黄鱼、乌贼、鲫鱼、鳗、鲮鱼、鲳鱼、泥鳅、虾、淡菜、猪肝、鲟鱼。

③恶心、呕吐宜吃莼菜、柚子、橘子、枇杷、粟米、核桃、玫瑰、阳桃、无花果、姜、藕、梨、冬菜、杧果、乌梅、莲子。

④便血宜吃淡菜、龟、鲨鱼、鱼翅、马兰头、金针菜、猴头菇、蜂蜜、荠菜、香蕉、橄榄、乌梅、木耳、羊血、蚕豆衣、芝麻、柿饼、豆腐渣、螺等。

⑤腹泻宜吃鲨鱼、扁豆、梨、杨梅、芋艿、栗子、石榴、莲子、芡实、青鱼、白槿花。

⑥腹痛宜吃金橘、卷心菜、比目鱼、鲎、沙虫、海参、乌贼、黄芽菜、芋头花。

⑦防治化疗副作用的食物有：猕猴桃、芦笋、桂圆、核桃、鲫鱼、虾、蟹、山羊血、鹅血、海蜇、鲩鱼、塘虱、香菇、黑木耳、鹌鹑、薏米、泥螺、绿豆、金针菜、苹果、丝瓜、核桃、龟、甲鱼、乌梅、杏饼、无花果。

【忌】①忌烟、酒。

②忌辛辣刺激性食物，如葱、蒜、姜、花椒、辣椒、桂皮等。

③忌霉变、污染、坚硬、粗糙、多纤维、油腻、黏滞不易消化

的食物。

④忌煎、炸、烟熏、腌制、生拌的食物。

⑤忌暴饮暴食、硬撑硬塞。

大肠癌

大肠癌包括结肠癌和直肠癌，是常见恶性肿瘤之一；大肠癌发病部位依次为直肠、乙状结肠、盲肠、升结肠、降结肠、横结肠。随着年龄的增长，发病率有所增高。由于人类寿命有所延长，老龄患者越来越多，大肠癌的发病率及死亡率在我国乃至世界有逐渐上升的趋势，是常见的十大恶性肿瘤之一。

病因

①饮食因素如高脂肪饮食、低纤维饮食、动物蛋白、食物中亚硝胺及其衍生物含量高；摄入酒精、维生素 A 及微量元素缺乏等。

②大肠的某些良性病变如慢性溃疡性结肠炎、大肠腺瘤与家族性结肠腺瘤病、血吸虫病等。

③遗传因素如家族性腺瘤性息肉病、遗传性非息肉病性结直肠癌等。

症状

大肠癌首先要注意的是肛门出现的症状。大部分患者在排便时感觉到肛门深处疼痛，或有异常感，或觉得排便困难，经常有残便感，且频频产生便意等。此外，排便习惯也会改变，腹泻或便秘，或腹泻、便秘交替出现，时有里急后重、肛门坠痛，并有腹部隐痛。病久则出现慢性不完全性机械性肠梗阻的表现，先腹部不适、腹胀，然后出现阵发性腹痛、肠鸣亢进、便秘或粪便变细以至排气排便停止。晚期会出现腹部包块、贫血、发热、全身无力、消瘦等症状。到后期会引起局部侵袭，出现骶部疼痛；穿孔时会发生急性腹膜炎，腹部脓肿。

膳食调补宜忌

【宜】①宜多吃具有抗大肠癌作用的食物，如甲鱼、鲎、羊血、鹌鹑、石花菜、核桃、薏米、慈姑、芋艿、无花果、菱角、芦笋、胡萝卜。

②里急后重宜吃刺猬肉、野猪肉、大头菜、芋艿、乌梅、杨梅、无花果、丝瓜、苦瓜。

③宜多吃具有增强免疫力的食物：西红柿、蜂蜜、甜杏仁、胡萝卜、芦笋、刀豆、扁豆、山药、鲟鱼、海鳗、鲳鱼、鲩鱼、黄鱼、海参、虾蟹、龙虾、香菇、黑木耳。

④宜多吃具有排脓解毒作用的食物：丝瓜、冬瓜、甜杏仁、桃仁、荞麦、莼菜、油菜、大头菜、鱼腥草、核桃、朝鲜蓟、蛇肉、猪腰、乌鸦肉、鲫鱼、蛤、蜗牛肉。

⑤腹痛、便血、腹泻、便秘、食欲差诸症，参考小肠肿瘤有关内容。

⑥减轻化疗毒性反应的食物：甲鱼、乌龟、鸽、鹌鹑、鹅血、田螺、塘虱鱼、泥鳅、鲑鱼、鲩鱼、猕猴桃、无花果、苹果、橘子、绿豆、赤豆、黑大豆、薏米、核桃、香菇、丝瓜。

【忌】①忌烟、酒。

②忌葱、蒜、花椒、辣椒等辛辣刺激性食物。

③忌霉坏、盐腌食物。

④忌油腻、煎炸、烧烤食物。

肺癌

肺癌是指原发生于支气管上皮细胞的恶性肿瘤，肺癌扩散转移的方式一般可归纳为局部浸润、血道转移、淋巴道转移和种植转移四种。局部浸润是指肿瘤向邻近器官或组织侵犯。血道转移的主要部位是肝、骨、脑、肾上腺和肺本身。淋巴道转移是肺癌转移的重要途径，尤其是小细胞未分化癌，可较早地发生淋巴道转移。种植性转移是肿瘤直接种植在某处进行生长形成新的病灶，可发生在任何部位。

病因

肺癌的确切病因至今尚欠了解。经过多年的大量调查研究，目前公认下列因素与肺癌的病因有密切关系。

①吸烟：有吸烟习惯者肺癌发病率比不吸烟者高10倍，吸烟量大者发病率更高，比不吸烟者高20倍。

②大气污染：工业发达国家肺癌的发病率高，城市比农村高，厂矿区比居住区高。

③职业因素：长期接触铀、镭等放射性物质及其衍化物、致癌性碳氢化合物、砷、铬、镍、铜、锡、铁、煤焦油、沥青、石油、石棉、芥子气等物质，均可诱发肺癌，主要是鳞癌和未分化小细胞癌。

④肺部慢性疾病：如肺结核、硅肺、尘肺等可与肺癌并存。这些病例癌肿的发病率高于正常人。

⑤人体内的因素：如家族遗传，以及免疫功能降低，代谢活动、内分泌功能失调等也可能对肺癌的发病起一定的促进作用。

症状

肺癌的四大主要症状是咳嗽、咯血、发热、胸痛。咳嗽为肺癌必有的症状，并且是大多数病人的首发症状，初起为呛咳、干咳、少痰，后期如果发生感染则痰量增多，血痰与咯血较常见。

膳食调补宜忌

【宜】①宜多食具有增强机体免疫、抗肺癌作用的食物，如薏米、甜杏仁、菱角、牡蛎、海蜇、黄鱼、海参、茯苓、山药、大枣、四季豆、香菇、核桃、甲鱼。

②咳嗽多痰宜吃白果、萝卜、芥菜、杏仁、橘皮、枇杷、橄榄、橘饼、海蜇、荸荠、海带、紫菜、冬瓜、丝瓜、芝麻、无花果、松子、核桃、淡菜、罗汉果、桃、橙、柚等。

③发热宜吃黄瓜、冬瓜、苦瓜、莴苣、茄子、发菜、百合、苋菜、荠菜、蕹菜、石花菜、马齿苋、梅、西瓜、菠萝、梨、柿、橘、柠檬、橄榄、桑葚子、荸荠、鸭、青鱼。

④咯血宜吃青梅、藕、甘蔗、梨、海蜇、海参、莲子、菱角、海带、荞麦、黑豆、豆腐、荠菜、茄子、牛奶、鲫鱼、龟、鲩鱼、乌贼、黄鱼、甲鱼、牡蛎、淡菜。

⑤胸痛宜吃鲎、油菜、丝瓜、猕猴桃、核桃、荞麦、阳桃、杏仁、茄子、桃、芥菜、鹌鹑、金橘、蟹、橙、麦、鲫鱼。

⑥宜吃减轻放疗、化疗副作用的食物：蘑菇、桂圆、黄鳝、核桃、甲鱼、猕猴桃、莼菜、金针菜、大枣、葵花子、苹果、鲤鱼、绿豆、黄豆、虾、蟹、泥鳅、鲩鱼、马哈鱼、绿茶。

【忌】①忌烟、酒。

②忌辛辣刺激性食物如葱、蒜、韭菜、姜、花椒、辣椒、桂皮等。

③忌油煎、烧烤等热性食物。

④忌油腻、黏滞生痰的食物。

原发性肝癌

原发性肝癌是指肝细胞或肝内胆管细胞发生的癌肿，简称肝癌。是我国常见恶性肿瘤之一，死亡率高，在恶性肿瘤死亡顺位中仅次于胃、食道而居第三位，在部分地区的农村中则占第二位，仅次于胃癌。

病因

原发性肝癌是肝脏常见的一种恶性肿瘤。可能与肝硬化、乙型肝炎，以及某些有毒物质如黄曲霉素有关。

症状

①起病隐匿：早期都缺乏典型症状，当体检偶尔发现时，可无任何症状和体征。

②肝区疼痛：半数以上有肝区疼痛，多呈持续性胀痛或钝痛。当肝表面癌结节破裂，坏死的癌组织和血液流入腹腔时，可突然引起剧痛，从肝区开始迅速波及全腹，产生急腹症表现。如出血量大，则可引起晕厥和休克。

③肝大：肝呈进行性肿大，质地坚硬，表面凹凸不平，常有不同程度的压痛。

④肝硬化表现：大部分的原发性肝癌都在肝硬化基础上发生。一旦肝硬化恶变后，肝硬化原有的症状，如脾肿大、腹水、腹壁静脉曲张、黄疸、出血倾向等都将更加明显。

膳食调补宜忌

【宜】日常饮食要定时、定量、少食多餐以减少胃肠道的负担；多吃含维生素A、维生素C、维生素E的食品，多吃绿色蔬菜和水果；常吃含有抑癌作用的食物，如芥蓝、包心菜、胡萝卜、油菜、植物油、鱼等；坚持吃低脂肪、高蛋白、易消化食物，如瘦肉、鸡蛋及酸奶、鲜果汁、鲜菜汁；要保持大便通畅，便秘病人应吃富有纤维素的食物及每天喝一些蜂蜜。

①宜多吃具有软坚散结、抗肝癌作用的食物，如赤豆、薏米、大枣、海白菜、海带等。

②宜多吃具有护肝作用的食物：桑葚、香菇、蘑菇、刀豆、蜂蜜等。

③腹水宜吃赤小豆、鹌鹑蛋、海带等。

④黄疸宜吃甘薯、茭白、荸荠、金针菜、橘饼、金橘等。

⑤出血倾向宜吃乌梅、柿饼、马兰头、荠菜等。

【忌】①忌烟、酒。

②忌暴饮暴食、油腻食物，忌盐腌、烟熏、火烤和油炸的食物，特别是烤煳焦化了食物。

③忌葱、蒜、花椒、辣椒、桂皮等辛辣刺激性食物。

④忌霉变、腌醋食物，如霉花生、霉黄豆、咸鱼、腌菜等。

⑤忌多骨刺、粗糙坚硬、黏滞不易消化及含粗纤维的食物。

⑥忌味重、过酸、过甜、过咸、过冷、过热以及含气过多的食物。

⑦腹水忌多盐多水的食物。

⑧凝血功能低下，特别是有出血倾向者，忌蝎子、蜈蚣以及具有活血化瘀作用的食物和中药。

第五章

不适宜搭配的食物

引起中毒的食物搭配

肉、禽、蛋、奶类

猪肉 + 乌梅

乌梅酸温平涩，去痰治疟瘴，敛肺涩肠，止久嗽泻痢。猪肉酸冷滋腻，滑肠助湿。故凡以乌梅配方用以涩肠止泻、敛肺止咳者，应忌食猪肉。这是因为高温炖煮猪肉时所散发出的化学物质，与乌梅结合起来不仅会大大降低食疗的效果，甚至会引起中毒。

若同食两者引起中毒，可以用地浆水治疗。

猪肉 + 芝麻花

由于猪肉所含的脂肪是饱和脂肪酸，胆固醇较高，与芝麻花中的某些物质成分会结合成具有收敛性的鞣酸蛋白质，使肠蠕动减慢，延长粪便在肠道中的滞留时间；粪便滞留时间过长经过再次发酵，会产生有毒物质，严重者会引起急性血管中毒。

若同食猪肉和芝麻花中毒，可吃空心菜汁二两加以治疗。

猪肝 + 鹌鹑肉

新鲜猪肝与鹌鹑肉同炒，会生成不利于人体的物质，影响正常代谢，破坏人体必需的维生素，从而引起不良反应。新鲜的猪肝与鹌鹑肉混合烹炒中，各自所含的尚未失活性的酶与其他生物营养素、微量元素，可能发生复杂的化学反应（酶需加热到一定温度才失活），产生一些不利于人体的物质。某些物质进入人体后，干扰了微量元素（如铁、铜）的代谢，影响了某些酶的形成与激活，或破坏了一些必需的维生素以致引起不良生理效应，产生色素沉着。这种相克关系李时珍在《本草纲目》中亦有记载："猪肝合鹌鹑食面生墨干。"墨干即枯焦黔黑之意。可见二者一起烹调食用，不但会降低彼此的营养价值，而且会产生对身体不利的毒素。

牛肉 + 鲶鱼

牛肉与鲶鱼都会产生强筋壮骨之效果，但是同吃则会产生有害于人体的物质，易引起中毒反应。

牛肉 + 韭菜

韭菜和牛肉都属于大温之物，同时食用会导致发热动火，引起牙龈肿痛、咽喉肿痛等疾病，主要表现为头晕、恶心、腹胀、腹泻等，严重者可产生中毒反应。《本草纲目》记载："牛肉合猪肉及黍米酒食，并生寸白虫；合韭薤食，令人热病，合生姜食损齿。"因牛肉甘温，补气助火；韭菜、薤、生姜等食物皆大辛大温之品，如将牛肉配以韭菜、薤、生姜等大辛大温的食物烹调食用，容易助热生火，以致引发口腔炎症、肿痛、口疮等。

羊肉 + 西瓜

现在很多人在吃完涮羊肉后喜欢再吃上两片西瓜，认为爽口除腻，其实是错误的认识。羊肉是忌西瓜的，同食会伤元气，容易出现腹泻、呕吐、胃痛等症状。这是因为羊肉性味甘热，而西瓜性寒，属生冷之品，进食后不仅大大降低了羊肉的温补作用，且有碍脾胃。对于患有阳虚或脾虚的患者，还极易引起脾胃功能失调。因此，吃完羊肉后不宜大量进食西瓜、黄瓜等寒性食物。

若中毒可用甘草煎水服用。

羊肝 + 红豆

羊肝和红豆这两者如果单独吃的话，都是很好的美味，但如果同食，羊肉和红豆中的某些物质成分相混合就会产生一种对人体有害的毒素，有害人体的健康。

驴肉 + 金针菇

中医认为驴肉味甘性凉，无毒，有补气养血、滋阴壮阳、安神去烦、止风狂之功效。从营养学和食品学的角度看，驴肉比牛肉、猪肉口感好、营养高。形态优美的金针菇是食药兼用蕈菌，味道鲜美，在日本被誉为“益智菇”“增智菇”。金针菇菌柄中含有丰富的蛋白质、粗纤维、B 族维生素等，金针菇含有的一种蛋白可以抑制哮喘、鼻炎、湿疹等过敏病症，没有患病的人吃金针菇可增强免疫力。金针菇中的赖氨酸和精氨酸含量特别丰富，且含锌量较高，两者都能促进儿童的智力发育和成长，还能有效增强机体的生物活性、促进新陈代谢、加速营养的吸收和利用，能有效预防和治疗肝部疾病和胃肠道溃疡，同时还有抵抗疲劳、抗菌消炎、清除重金属中毒等功能。

驴肉的营养非常丰富，金针菇含有多种生物活性物质，但是如果二者同时食用易诱发心绞痛，严重者会致命。

鸡肉 + 鲤鱼

鸡的肉质内含有谷氨酸钠，会与鲤鱼中的某些物质成分相互混合产生有毒物质，危害人体健康。

鸡肉 + 芝麻

鸡肉为食疗上品，以母鸡和童子鸡为佳。鸡肉蛋白质含量较高，且易被人体吸收和利用，有增强体力、强壮身体的作用。鸡肉还可用于虚损羸瘦、病后体弱乏力、脾胃虚弱、食少反胃、脘部隐痛、腹泻、气血不足、头晕心悸、疲乏无力等，或头晕目暗、面色萎黄、产后乳汁缺乏、肾虚所致的小便频数、遗精、耳鸣耳聋、月经不调、脾虚水肿、疮疡久不愈合等。鸡汤内含胶质蛋白、肌肽、肌酐和氨基酸等，不但味道鲜美，而且易于吸收消化，对身体大有裨益，适用于营养不良、消化性溃疡、慢性胃炎、月经不调、病后虚弱者食用。

芝麻味甘、性平，入肝、肾、肺、脾经。《神农本草经》说芝麻可“补五内、益气力、长肌肉、填精益髓”。芝麻含有大量的脂肪和蛋白质，还有糖类、维生素 A、维生素 E、卵磷脂、钙、铁、镁等营养成分；芝麻中的亚油酸有调节胆固醇的作用；丰富的维生素 E 能防止过氧化脂质对皮肤的危害，抵消或中和细胞内有害物质游离基的积聚，可使皮肤白皙润泽，并能防止各种皮肤炎症；芝麻还具有养血的功效，可以治疗皮肤干枯、粗糙，令皮肤细腻光滑、红润光泽。芝麻有黑白两种，食用以白芝麻为好，补益药用则以黑芝麻为佳。

芝麻与鸡肉同食会引发中毒，严重的可导致死亡。

鸭肉 + 李子

鸭肉性寒，味甘、咸，归脾、胃、肺、肾经。

李子味甘、酸，性凉。

性寒的鸭肉和性凉的李子同食，会损伤五脏，尤对于素体虚寒者可引起中毒反应。

鸭肉 + 杨梅

鸭肉营养丰富，特别适宜夏秋季节食用，既能补充过度消耗的营养，又可祛除暑热给人体带来的不适。鸭肉适用于体内有热、上火的人食用；发低热、体质虚弱、食欲不振、大便干燥和水肿的人，食之更佳。同时适宜营养不良、产后病后体虚、盗汗、遗精、妇女月经少、咽干口渴者食用；还适宜癌症患者及放疗化疗后、糖尿病、肝硬化腹水、肺结核、慢性肾炎浮肿者食用。

杨梅别名树梅、珠红，杨梅有生津止渴、健脾开胃之功效。

杨梅性温热，与鸭肉同食，会产生有害于人体的物质，过量食用容易引起中毒。

鹅肉 + 柿子

鹅肉味甘平，有补阴益气、暖胃开津、祛风湿防衰老之效，是中医食疗的上品。鹅肉曾于 2002 年被联合国粮农组织列为 21 世纪重点发展的绿色食品之一。它具有益气补虚、和胃止渴、止咳化痰、解铅毒等作用。

中医认为，柿子味甘、涩，性寒，归肺经。《本草纲目》记载“柿乃脾、肺、血分之果也。其味甘而气平，性涩而能收，故有健脾涩肠，治嗽止血之功。”同时，柿蒂、柿霜、柿叶均可入药。柿果味甘涩、性寒、无毒；柿蒂味涩，性平，入肺、脾、胃、大肠经，有清热去燥、润肺化痰、软坚、止渴生津、健脾、治痢、止血等功能，可以缓解大便干结、痔疮疼痛或出血、干咳、喉痛、高血压等症。

柿子不宜与含蛋白质丰富的鹅肉同食，否则会引起腹痛、呕吐、腹泻等中毒症状，严重者可致胃出血而危及生命。

鹅肉 + 鸭梨

梨含有苷及鞣酸等成分，鹅肉属于高蛋白质食物。当蛋白质碰到鞣酸就会凝固变成鞣酸蛋白，不易被机体消化并且使食物滞留于肠内发酵，继而出现呕吐、腹痛、腹泻等类似食物中毒现象，二者同吃也会严重影响肾脏。

兔肉 + 芥菜

兔肉属高蛋白质、低脂肪、少胆固醇的肉类，质地细嫩，味道鲜美，营养丰富，与其他肉类相比，具有很高的消化率（可达 85%）。兔肉富含大脑和其他器官发育不可缺少的卵磷脂，有健脑益智的功效；兔肉中所含的脂肪和胆固醇，低于所有其他肉类，而且脂肪又多为不饱和脂肪酸，常吃兔肉，可强身健体，女性食之，可保持身体苗条，因此，国外妇女将兔肉称为“美容肉”；兔肉中含有多种维生素和8种人体所必需的氨基酸，含有较多人体最易缺乏的赖氨酸、色氨酸。因此，兔肉极受消费者的欢迎。

芥菜为十字花科植物芥菜的嫩茎叶，又名雪里蕻，出自《中华本草》，性味辛，入肺、胃、肾经，主治寒饮内盛、咳嗽痰滞、胸膈满闷、耳目失聪、牙龈肿烂、寒腹痛、便秘等病症。

中医理论认为，兔肉味甘酸，性平或凉，芥菜温热之性，芥菜与兔肉不能同时吃，以免食物中毒。

兔肉 + 鸡肉

兔肉在国外被称为“美容肉”。其性味甘凉，含有丰富的蛋白质、脂肪、糖类、矿物质、维生素A、维生素B_1、维生素B_2等成分，具有补中益气、滋阴养颜、生津止渴的作用，可长期食用，又不引起发胖，是肥胖者的理想食品。

因鸡肉性温热，兔肉属凉性，二者同食冷热杂进，易致泻痢。且鸡、兔肉各含不同的激素与酶类，进入人体后生化反应复杂，有不利人体且含有毒素的化合物产生，所以二者不宜同食。

鹿肉 + 鲶鱼

鹿肉性温和，有补脾益气、温肾壮阴的功效。鹿肉具有高蛋白、低脂肪、低胆固醇等特点，含有多种活性物质，对人体的血液循环系统、神经系统有良好的调节作用。

鲶鱼即“鲇鱼”，营养丰富，每100克鱼肉中含水分64.1克、蛋白质14.4克，并含有多种矿物质和微量元素，特别适合体弱虚损、营养不良之人食用。鲶鱼不仅像其他鱼一样含有丰富的营养，而且肉质细嫩、美味浓郁、刺少、开胃、易消化，特别适合老人和儿童食用。鲶鱼是催乳的佳品，并有滋阴养血、补中气、开胃、利尿的作用，是妇女产后食疗滋补的必选食物。

陶弘景曰：“鲇鱼不可合鹿肉食，令人筋甲缩。”因鲶鱼寒而有毒，含酶类和其他生物活性物质，会与鹿肉中的某些酶类和激素产生不利于人体的生化反应，产生有毒的化学物质，其产物影响周围神经系统。

鸡蛋＋白糖

鸡蛋中含有大量的维生素和矿物质及有高生物价值的蛋白质。鸡蛋含丰富的优质蛋白，两只鸡蛋所含的蛋白质大致相当于50克鱼或瘦肉的蛋白质，且消化率在牛奶、猪肉、牛肉和大米中也是最高的。鸡蛋还有其他重要的微营养素，如钾、钠、镁、磷、DHA（不饱和脂肪酸）和卵磷脂等人体所需的营养物质，被人们誉为“理想的营养库”。

糖是人体主要营养来源之一，人体的消耗要以糖氧化后产生的热能来维持，人体活动所需的能量大约有70%是靠糖供给的。

鸡蛋是人们常吃的食物，很多人都知道它的营养价值很高，却忽略了吃鸡蛋的饮食禁忌，很多地方有吃糖水荷包蛋的习惯。其实，鸡蛋和白糖同煮，会使鸡蛋所含蛋白质中的氨基酸形成果糖基赖氨酸的结合物，这种物质不易被人体吸收，会对健康产生不良作用，而且会产生中毒反应。在煎鸡蛋时也不可放糖精，食则中毒。

鸭蛋＋甲鱼

鸭蛋营养丰富，可与鸡蛋媲美，鸭蛋含有蛋白质、磷脂、维生素A、维生素B_2、维生素B_1、维生素D、钙、钾、铁、磷等营养物质。鸭蛋性味甘、凉，具有滋阴清肺的作用，适用于病后体虚、燥热咳嗽、咽干喉痛、高血压、泄泻痢疾等病患者食用。

甲鱼肉性平、味甘，归肝经，具有滋阴凉血、补益调中、补肾健骨、散结消痞等作用；可防治身虚体弱、肝脾肿大、肺结核等症。

鸭蛋和甲鱼都属寒凉之物，同食会引起肠胃不适，胃寒的人同食后果更严重。

牛奶 + 生鱼

牛奶味甘，性平，入心、脾、肺、胃经，是最古老的天然饮料之一。

生鱼性寒、味甘，归脾、胃经，能“补心养阴，澄清肾水，行水渗湿，解毒去热”，具有补脾利水、去瘀生新、清热等功效，主治水肿、湿痹、脚气、痔疮、疥癣等症。生鱼肉中含蛋白质、脂肪、18种氨基酸等，还含有人体必需的钙、磷、铁及多种维生素。生鱼适用于身体虚弱、低蛋白血症、脾胃气虚、营养不良、贫血之人食用。

牛奶中的蛋白质，主要是酪蛋白、乳白蛋白和乳球蛋白，而酪蛋白的含量最多，占牛奶蛋白的83%。生鱼含有大量的钙质，吃生鱼时如果喝牛奶，过多的钙离子就会与OCK-酪蛋白和β-酪蛋白结合，产生对人体有害的物质成分。

水产海鲜类

鲫鱼 + 芥菜

医学认为，鲫鱼性味甘、平、温，入胃、肾经，具有和中补虚、除湿利水、补虚羸、温胃进食、补中生气之功效，尤其是活鲫鱼汆汤在通乳方面有其他药物不可比拟的作用；适用于脾胃虚弱、少食乏力、呕吐或腹泻、脾虚水肿、小便不利、气血虚弱、乳汁不通、便血、痔疮出血、臃肿、溃疡等症。

芥菜性温、味辛，归肺、胃经，有宣肺豁痰、利气温中、解毒消肿、开胃消食、温中利气、明目利膈的功效。

鲫鱼和芥菜营养都很丰富，在日常生活中还有一道菜是鲫鱼芥菜。但实际上鲫鱼的食物药性属甘温，其功能之一是消水肿，解热毒，若与芥菜同食，反而会引发水肿，甚至是中毒反应。

鲫鱼＋冬瓜

鲫鱼可健脾利湿、除湿利水，主治脾胃虚弱、小便不利、痢疾、便血、水肿、淋病痈肿、溃疡等。

冬瓜味甘、淡、性凉，入肺、大肠、小肠、膀胱经，有润肺生津、化痰止渴、利尿消肿、清热祛暑、解毒排脓的功效。

鲫鱼味甘性温，冬瓜性寒，利小便，同食会使身体脱水，产生严重危害。

鲫鱼＋蜂蜜

鲫鱼肉味鲜美，肉质细嫩，营养全面，含蛋白质多，脂肪少，鲫鱼汤不但味香汤鲜，而且具有较强的滋补作用，非常适合中老年人和病后虚弱者食用，也特别适合产妇食用。

据《神农本草经》记载，蜂蜜又称岩蜜、石蜜、石饴和蜂糖。蜂蜜含有与人体血清浓度相近的多种矿物质和维生素、铁、钙、铜、锰、钾、磷等多种有机酸和有益人体健康的微量元素，以及果糖、葡萄糖、淀粉酶、氧化酶、还原酶等，具有滋养、润燥、解毒之功效。

鲫鱼忌和蜂蜜同食，二者在煎煮的过程中，蜂蜜会破坏鲫鱼的营养价值，而且蜜蜂在花中采蜜时，难免会将一些有毒、有害的植物花粉也采集在内。鲫鱼和蜂蜜同吃容易引起腹泻、腹胀、恶心、呕吐等中毒反应。

鲤鱼＋南瓜

鲤鱼性温，主要成分为水分、蛋白质、脂类等，此外，每 100 克新鲜脑组织含维生素 C 8.30 毫克。鱼鳞是皮肤的真皮生成的骨质，其基质由胶原变来，化学上属于一种硬蛋白，主治散血，止血。

南瓜因产地不同，叫法各异，又名麦瓜、番瓜。《本草纲目》注，南瓜性温味甘、入脾、胃经。具有补中益气、消炎止痛、化痰排脓、解毒杀虫功能、生肝气、益肝血、保胎。

鲤鱼和南瓜均属温性食物，同吃会产生不利于人体健康的有害物质，最好是 2 个小时之内不要同食，否则会引起中毒反应。

鳗鲡肉 + 梅肉

鳗鲡，出自《名医别录》，别名白鳝、蛇鱼、风鳗、鳗鱼等。鳗鲡肉质细嫩，味美，尤含有丰富的蛋白质、脂肪、钙、磷、铁、维生素 A、维生素 B_1、维生素 B_2、维生素 C 和烟酸、多糖等成分，维生素 A 的含量特别高，具有相当高的营养价值。

中医认为，梅肉味酸，性温、平、涩，无毒，有除热烦满、安心止痛、生津、利筋脉之功效；现代医学研究认为，梅肉能治疗消化不良、调理脾胃平衡，有止咳、止血、消肿的作用。

梅肉中含有苦杏仁苷，和鳗鲡同时食用会引起中毒，因为二者同吃会将梅肉分解成氢氰酸和苯甲醛两种有毒物质，引起中毒的可能性较高，危害人体健康。

鳗鱼 + 银杏

《日用本草》中记载："银杏同鳗鲡鱼食，患软风。"银杏即白果，性温有小毒，具有敛肺定喘、燥湿止带、益肾固精、镇咳解毒之功效。鳗鱼性平，味甘，《本草纲目》引述："鳗鱼肉性味甘平有毒。"二者均有较复杂的生物活性物质，同食可产生不利于人体的生化反应。此外，银杏本身含有毒性物质，多食令人"气壅胪胀昏顿"，小儿更应禁忌同食。

鳗鱼 + 醋

《名医别录》中说，醋味酸、甘，性平，归胃、肝经。醋含有丰富的维生素、叶酸、泛酸、烟酸、生物素、胡萝卜素等。醋可以消除疲劳，调解血液的酸碱平衡，预防衰老，增强肠胃道的杀菌能力，增强肝脏功能，防止心血管疾病、糖尿病的发生，美容护肤等。

鳗鱼和醋不可同吃，因为在消化吸收或代谢过程中，二者会进行不利于机体的分解、化合，产生有害物质或有毒物质，危害人体健康。

毛蟹 + 蜂蜜

毛蟹，又称螃蟹、清水大闸蟹等，性咸寒，肉味鲜美，营养丰富。毛蟹营养丰富，含有蛋白质、脂肪、碳水化合物、维生素A、硫胺素、核黄素、烟酸、维生素E、钙、磷、钾、钠、镁、铁、锌、硒、铜、锰等。

蜂蜜是一种天然食品，味甘，性平，含大量葡萄糖和果糖、少量蔗糖、蛋白质等营养素。蜂蜜能改善血液的成分，促进心脑血管功能；对肝脏有保护作用，能促使肝细胞再生；能迅速补充体力，增强对疾病的抵抗力；可以润肠通便、护肤美容等。

属寒的螃蟹和温性的蜂蜜可能会产生毒素，引起恶心、呕吐、腹痛、腹泻等中毒现象，严重者可发生脱水、电解质紊乱、抽搐，甚至休克、昏迷、败血症等。

螃蟹 + 柿子

每年螃蟹大量上市的季节也正是柿子成熟的季节，但螃蟹与柿子却是餐桌上的“冤家”。《饮膳正要》:“柿梨不可与蟹同食。”从食物药性看，柿蟹皆为寒性，二者同食，寒凉伤脾胃，素质虚寒者尤应忌之。《本草图经》记载:“凡食柿子不可与蟹同，令人腹痛大泻。”苏颂云:“凡柿同蟹食，令人腹痛作泄泻，二物俱寒也。”蟹肉中富含蛋白质，而柿子中含有大量的鞣酸，二者同食，柿子中的鞣酸可使蟹肉中的蛋白质凝固成块状物，食后难以消化，长时间停留在肠道内还会发酵腐败，引起恶心、呕吐、腹痛、腹泻等食物中毒现象。

螃蟹 + 泥鳅

泥鳅性平、味甘，入脾、肝经，具有补中益气、除湿退黄、益肾助阳、祛湿止泻、暖脾胃、疗痔、止虚汗之功效。泥鳅肉质鲜美，营养丰富，富含蛋白质，所含脂肪成分较低，胆固醇更少，属高蛋白低脂肪食品，且含一种类似廿碳戊烯酸的不饱和脂肪酸，有利于人体抗血管衰老，还有多种维生素，并具有药用价值。

螃蟹与泥鳅相克，不宜同吃。《本草纲目》云："泥鳅甘平无毒，能暖中益气，治消渴饮水，阳事不起。"可见性温补，而蟹性冷利，功能与此相反，故二者不宜同吃，否则会引起中毒。

田螺 + 石榴

石榴性味甘、酸涩、温，入肺、肾、大肠经，具有杀虫、收敛、涩肠、止痢等功效。石榴的营养特别丰富，含有多种人体所需的营养成分，果实中含有维生素 C 及 B 族维生素，有机酸、糖类、蛋白质、脂肪，以及钙、磷、钾等矿物质。其中维生素 C 的含量比苹果高出很多，而脂肪、蛋白质的含量较少。石榴汁含有多种氨基酸和微量元素，有助消化、抗胃溃疡、软化血管、降血脂和血糖，降低胆固醇等多种功能。

田螺价廉物美，含有较丰富的蛋白质和钙，深受人们喜爱。值得提醒的是，田螺忌和石榴一起食用。因为石榴含有较多的鞣酸。二者同时食用，鞣酸和钙及蛋白质结合，将会影响食物的消化吸收，导致胃部不适甚至产生中毒现象。

虾 + 大枣

大枣营养丰富，富含蛋白质、脂肪、糖类、胡萝卜素、B 族维生素、维生素 C、维生素 P 以及磷、钙、铁等成分，其中枣含有的维生素 C 比苹果、梨、葡萄、桃、山楂、柑、橘、橙、柠檬等水果均高，维生素 C 的含量在果品中名列前茅。

虾肉嫩味美，是一种高蛋白、低脂肪、营养丰富的海产品，但是虾的体内均含有化学元素砷，一般情况下含量很小，但日益严重的环境污染可能使这些动物体内砷的含量达到较高水平。高剂量的维生素 C（一次性摄入维生素 C 超过 500 毫克）和五价砷经过复杂的化学反应，会转变为有毒的三价砷，即我们常说的"砒霜"。因此，虾和大枣不要同吃。

虾 + 番茄酱

番茄酱焖大虾是人们餐桌上常见的一道菜肴，但是很多人不知道其实虾是忌和番茄酱在一起烹制的。因为番茄酱是鲜番茄的酱状浓缩制品，而番茄含有丰富的胡萝卜素、维生素 C 和 B 族维生素。美国芝加哥大学的研究员通过试验证明虾等软壳类食品含有大批浓度较高的砷酸酐化合物。这种物质本身对人体并无毒害作用，但是在和富含维生素 C 的蔬菜、水果结合后，就会使本来无毒的砷酸酐还原为有毒的三钾砷（即亚砷酸酐），即俗称的砒霜，有剧毒。所以虾不宜与番茄酱一起烹制。

海鱼 + 南瓜

海鱼，性平，味咸，包括带鱼、金枪鱼、大黄花鱼、小黄花鱼、鲅鱼及三文鱼、多宝鱼、红杉、海鲈、仓鱼、沙尖、鳕鱼、马鲛、鲷鱼等。海鱼含有丰富的蛋白质、脂肪、微量元素、矿物质、钙、磷、铁、碘、氨基酸等，尤其含有卵磷脂和多种不饱和脂肪酸。

南瓜又名麦瓜、番瓜、倭瓜、金冬瓜，南瓜味甘，性温，具有补中益气、消痰止咳的功能，可治气虚乏力，肋间神经痛，痢疾等症。南瓜营养成分较全，营养价值也较高，含有丰富的糖类、淀粉、蛋白质、脂肪、胡萝卜素、维生素 B_1、维生素 B_2，此外还含有一定量的铁、磷、人体必需的 8 种氨基酸和儿童必需的组氨酸、可溶性纤维、叶黄素和磷、钾、钙、镁、锌、硅等微量元素。

由于南瓜含有维生素 C 分解酶，与海鱼同吃，会降低营养成分，严重者还可引起中毒。

海鲜 + 水果

很多人爱吃海鲜，尤其喜欢吃完海鲜大餐之后马上吃水果，这种搭配其实是不利于身体健康的。海鲜中的鱼、虾、蟹等都含有丰富的蛋白质和钙等营养物质，大量进食海鲜本来就可以引起腹泻。而海鲜和水果都属“寒凉性”食物，如果把它们与水果尤其是含有鞣酸的水果，如葡萄、石榴、山楂、柿子等同食，不仅会降低蛋白质的营养价值，而且容易使海味中的钙质与鞣酸结合成一种新的不易消化的物质。这种物质刺激肠胃，便会引起人体不适，轻者出现呕吐、头晕、恶心和腹痛、腹泻等症状，重者胃肠出血。尤其是现在海鲜河鲜往往被污染，其中富集了一些砷。本来五价砷毒性较小，但是如果被维生素 C 之类的还原剂还原成三价砷，即砒霜，毒性急剧上升，有中毒危险。一般吃完海鲜后最好隔一小时左右再吃水果。

水果、蔬菜、杂粮类

红豆 + 羊肚

羊肚性味甘温，可补虚健胃，治虚劳不足、手足烦热、尿频多汗等症。《随息居饮食谱》谓其可补胃益气、生肌、解渴耐饥、行水汗。羊肚各种营养成分较为均衡，含蛋白质、脂肪、维生素 A、烟酸、维生素 E、钾、锌、硒等。一般人群均可食用，尤适宜体质羸瘦、虚劳衰弱之人食用。

红豆性平，味甘酸，可健脾止泻，利水消肿。红小豆中的皂素对消化道黏膜有刺激作用，能引起黏膜水肿、充血。

羊肉和红豆性味功能相悖，同食可能会中毒，出现食欲不振、恶心、呕吐等症状。

萝卜 + 人参

萝卜性平，味辛、甘，入脾、胃经，具有消积滞、化痰清热、下气宽中、解毒等功效。在我国民间有“小人参”之美称，也有“萝卜上市、医生没事”，“萝卜进城，医生关门”，“冬吃萝卜夏吃姜，不要医生开药方”，“萝卜一味，气煞太医”之说，还有一个俗语表现了萝卜的益处:“吃着萝卜喝着茶，气得大夫满街爬”。古人称赞萝卜的功效说“熟食甘似芋，生吃脆如梨。老病消凝滞，奇功真品题”;《本草纲目》说萝卜能“大下气、消谷和中、去邪热气。”

人参性味甘、微苦，微温，归脾、肺经，主治劳伤虚损、食少、倦怠、反胃吐食、大便滑泄、虚咳喘促、自汗暴脱、健忘、眩晕头痛、阳痿、尿频、消渴、妇女崩漏、小儿慢惊及久虚不复，一切气血津液不足之证。人参具有大补元气、养阴等功效；可用于体虚欲脱、肢冷脉微、脾虚食少、肺虚喘咳、津伤口渴、内热消渴、久病虚羸、惊悸失眠、阳痿宫冷、心力衰竭、心源性休克等。

人参与萝卜的药理作用完全不同，所以禁忌同时服用。因为服用人参可大补元气，假如同时服用萝卜却会破气。此一补一破，人参就起不到任何滋补作用。

另外，萝卜有利尿消食作用，吃了萝卜会加快人参有效成分的流失，直接妨碍对人参的吸收。两者功能相悖，同时食用还易导致腹胀甚至中毒。

萝卜 + 蛇肉

蛇肉性味甘咸平，含有蛋白质、脂肪、多种矿物质、糖类、钙、磷、铁、锌及维生素 A、维生素 B_1、维生素 B_2 等成分；具有补气血、祛风邪、通经络的作用。

萝卜除含葡萄糖、蔗糖、果糖、多缩戊糖、粗纤维、维生素 C、矿物质和少量粗蛋白外，还含多种氨基酸。萝卜含有能诱导人体自身产生干扰素的多种微量元素，可增强机体免疫力，并能抑制癌细胞的生长，对防癌、抗癌有重要意义。萝卜中的芥子油和膳食纤维可促进胃肠蠕动，有助于体内废物的排出。

蛇肉中经常会含有一些细菌或寄生虫，在消化吸收或代谢过程中，和性偏寒凉的萝卜同吃，会进行不利于机体的分解、化合，产生有害物质或有毒物质。

南瓜 + 虾肉

南瓜中对人体的有益成分有多糖、氨基酸、活性蛋白、类胡萝卜素及多种微量元素等。

虾肉嫩味美，是一种高蛋白、低脂肪、营养丰富的海产品，还含有丰富的钾、碘、镁、磷等矿物质及维生素 A、氨茶碱等成分。

虾肉中含有多种微量元素，与南瓜同时食用，能与其中的果胶反应，生成难以消化吸收的物质，可导致痢疾甚至中毒。

冬笋 + 龟肉

冬笋是一种富有营养价值并具有医药功能的美味食品，质嫩味鲜，清脆爽口，含有蛋白质和多种氨基酸、维生素，以及钙、磷、铁等微量元素以及丰富的纤维素，能促进肠道蠕动，既有助于消化，又能预防便秘和结肠癌的发生。它所含的多糖物质，还具有一定的抗癌作用。冬笋含有较多草酸钙，患尿道结石、肾炎的人不宜多食。

龟肉味咸、性寒，具有滋阴降火、潜阳退蒸、补肾健骨等功效。龟肉含有丰富的蛋白质、脂肪、糖类、多种维生素、磷、铁微量元素等。其中蛋白质含量达 16.64%，必需氨基酸占氨基酸总量的 49.16%。

由于冬笋含有较多草酸钙，可与龟肉的脂肪、磷、铁等形成金属缔合物，产生不溶性钙皂等，使人体产生恶心、呕吐等中毒反应。

冬笋与龟肉食则中毒，甘草二两煎水服可解救。

竹笋 + 羊肉

羊肉较牛肉的肉质要细嫩，较猪肉和牛肉的脂肪含量都要少，胆固醇含量少。羊肉味甘、性热，营养丰富，高蛋白、低脂肪、含磷脂多，容易消化。

竹笋，在我国自古被当作“菜中珍品”，中医认为竹笋味甘、微寒，无毒。由于具有低脂肪、低糖、多纤维等特点，在药用上具有清热化痰、益气和胃、治消渴、利水道、利膈爽胃等功效。

性热的羊肉和微寒性的竹笋最好分开吃，否则可能会引起中毒。

苋菜＋甲鱼

苋菜富含易被人体吸收的钙质，对牙齿和骨骼的生长可起到促进作用，并能维持正常的心肌活动，防止肌肉痉挛（抽筋）。它含有丰富的铁、钙和维生素K，具有促进凝血，增加血红蛋白含量并提高携氧能力，促进造血等功能。

甲鱼肉性平、味甘，归肝经，性寒，味咸，营养成分有蛋白质、脂肪、铁、钙、动物胶、角质白及多种维生素等。它具有滋阴凉血、补益调中、补肾健骨、散结消痞等作用；可防治身虚体弱、肝脾肿大、肺结核等症。

苋菜含有大量去甲基肾上腺素、多量钾盐和一定量的二羟乙胺，其中的二羟乙胺与甲鱼肉是相克的。因为二羟乙胺具有使得血小板聚集的作用，如果与二羟乙胺相遇会损害胃，导致消化不良，严重的还会引发中毒，出现全身发红块、胸闷、咳嗽等症状。

西红柿＋虾

虾营养极为丰富，所含蛋白质是鱼、蛋、奶的几倍到几十倍，还含有丰富的钾、碘、镁、磷等矿物质及维生素A、氨茶碱等成分。

由于虾含有比较丰富的蛋白质和钙等营养物质，西红柿含有鞣酸，鞣酸和蛋白质结合，不仅会降低蛋白质的营养价值，而且鞣酸和钙离子结合会形成不溶性结合物刺激肠胃，引起人体不适，出现呕吐、头晕、恶心和腹痛腹泻等症状。因此虾最好不要和西红柿同吃。

柑橘＋鸡蛋

柑橘含有丰富的糖分、果酸和多种维生素。据测定，无核蜜橘含糖9.3%，柠檬酸0.6%。鸡蛋中含有大量的维生素和矿物质及有高生物价值的蛋白质。

鸡蛋中的蛋白质遇到柑橘里的果酸，会快速凝固成块，使人体产生腹胀、腹痛和腹泻等症状，因此不可同食。

红枣 + 虾皮

虾皮味甘、咸，性温，具有补肾壮阳、理气开胃之功效。它是海产小毛虾经过煮熟、晒干等工序加工而成的一种食品。虾皮便宜、实惠、味道鲜美，含有丰富的碘等营养物质，是含钙量最高的食品之一。虾皮的另一大特点是矿物质数量、种类丰富，除了含有陆生、淡水生物缺少的碘元素，铁、钙、磷的含量也很丰富，每 100 克虾皮钙和磷的含量分别为 991 毫克和 582 毫克。所以，虾皮素有“钙库”之称。

红枣又名大枣，最突出的特点是维生素含量高，每 100 克果实中含维生素 C 499 毫克，有“天然维生素丸”的美誉。但是红枣含有鞣酸，和含有丰富蛋白质和钙的虾结合，会引起呕吐、头晕、恶心和腹痛腹泻等中毒症状。

调料及其他

蜂蜜 + 葱

蜂蜜含大量葡萄糖和果糖、少量蔗糖、蛋白质、柠檬酸、苹果酸、琥珀酸、甲酸、乙酸、维生素 B_1、维生素 B_2、维生素 B_6、维生素 C、维生素 K 和泛酸、烟酸、胡萝卜素、淀粉酶、转化酶、脂酶，微量的镁、硫、磷、钙、钾、钠、碘等多种盐类，为良好的营养剂。它对大肠杆菌、痢疾杆菌、伤寒杆菌、副伤寒杆菌、葡萄球菌、链球菌等有较强的抑制作用。

葱能解热，祛痰；葱的挥发油等有效成分，具有刺激身体汗腺，达到发汗散热之作用；葱中所含大蒜素，具有明显的抵御细菌、病毒的作用，尤其对痢疾杆菌和皮肤真菌抑制作用更强。香葱所含果胶，可明显地减少结肠癌的发生，有抗癌作用，葱内的蒜辣素也可以抑制癌细胞的生长。

《金匮要略》:“生葱不可共蜜食之，杀人。”《本草纲目》:“生葱同蜜食作下痢。”蜂蜜的营养成分比较复杂，葱蜜同食后，蜂蜜中的有机酸、酶类遇上葱中的含硫氨基酸等，会发生有害的生化反应或产生有毒物质，刺激肠胃道而导致腹泻。

啤酒 + 熏肉

熏肉一般先用盐腌，因此熏肉中含有大量的亚硝酸盐，同啤酒食用易促进亚硝酸盐在体内的沉淀。亚硝酸盐为强氧化剂，进入人体后，可使血中低铁血红蛋白氧化成高铁血红蛋白，失去运氧的功能，致使组织缺氧，出现青紫而中毒。由亚硝酸盐引起食物中毒的概率较高，食入 0.3 ~ 0.5 克的亚硝酸盐即可引起中毒甚至死亡。因此二者不可同食。

亚硝酸盐中毒症状有以下 3 点:

(1) 头痛、头晕、乏力、胸闷、气短、心悸、恶心、呕吐、腹痛、腹泻、腹胀等。

(2) 全身皮肤及黏膜呈现不同程度青紫色。

(3) 严重者出现烦躁不安、精神萎靡、反应迟钝、意识丧失、惊厥、昏迷、呼吸衰竭，甚至死亡。

在误食两者后出现以上症状应及时就医。

白酒 + 汽水

白酒和汽水同食会引起中毒。汽水中含有大量的二氧化碳，它能促进胃对酒精的吸收，使人很快就出现酒醉的症状，当酒和汽水在人体内掺和以后，会使酒精很快散布到人的全身，并且产生大量的二氧化碳，对人的肠胃、肝脏、肾脏器官都有损害。患有肠胃病的人如饮酒后又大量喝汽水，还会造成胃和十二指肠大出血。血压不正常的人可因此促使酒精迅速渗透到中枢神经，导致血压迅速上升。因此，在饮白酒时切勿与汽水同饮，也不能先喝汽水再饮白酒。

饮醉后，更不能用汽水来解酒。

白酒 + 胡萝卜

胡萝卜中丰富的胡萝卜素和酒精一同进入人体就会在肝脏中产生毒素，从而损害肝脏功能，引起肝不舒服甚至肝病，所以人们要改变胡萝卜下酒的传统吃法。胡萝卜不宜做下酒菜，饮酒时也不要服用胡萝卜素营养剂，特别要注意的是饮用胡萝卜汁后不要马上饮酒，以免危害健康。

醋 + 牛奶

牛奶中的蛋白质主要是酪蛋白、白蛋白、球蛋白、乳蛋白等，所含的 20 多种氨基酸中有人体必需的 8 种氨基酸，牛奶蛋白质是全价的蛋白质，它的消化率高达 98%。牛奶营养丰富、容易消化吸收、物美价廉、食用方便，是最“接近完美的食品”，人称“白色血液”，是最理想的天然食品。

醋富含丰富的蛋白质、糖、维生素、醋酸及多种有机酸（如乳酸、琥珀酸、柠檬酸、葡萄酸、苹果酸等）。醋中的曲霉分泌蛋白酶，将原料中的蛋白质分解为各种氨基酸。其性酸温，能消肿活血，杀菌解毒。

因醋中含有大量的醋酸，在胃中与牛奶中的蛋白质易结合生成硬块，导致腹泻、腹痛和消化不良等。因此在吃过醋味较重的菜后不宜立即喝牛奶。

茶 + 肉类

有的人在吃肉食、海味等高蛋白食物后不久就喝茶，以为能帮助消化。殊不知，茶叶中的大量鞣酸既容易形成便秘，又会增加有毒和致癌物质被人体吸收的可能性。酸与蛋白质结合，会生成具有收敛性的鞣酸蛋白质，使肠蠕动减慢，从而延长粪便在肠道内滞留的时间，引起便秘。两者大量同食，大量的鞣酸可能会引起肝脏中毒，致人恶心、呕吐。因此，二者不可同食。

茶 + 白糖

茶中含有多种维生素和氨基酸，其中的赖氨酸能在加热的条件下与糖反应生成糖基赖氨酸。这种化合物会破坏茶中的氨基酸成分，对健康有害，能致人中毒，而服用过量会死亡。

茶 + 螃蟹

很多人喜欢喝茶，尤其是在吃完海鲜比如螃蟹、虾之后，喜欢习惯性地喝点茶水，以为这样可以助消化，消除油腻。其实这样做恰恰会引起消化不良。因为吃螃蟹再饮茶水，会冲淡胃液，妨碍消化吸收，降低胃液的杀菌作用，不利于身体健康。另外，茶水和柿子一样，也含有鞣酸，与蟹肉中的蛋白质凝固成块状物，食后难以消化，长时间停留在肠道内还会发酵腐败，易引发腹痛、腹泻等中毒反应。

味精 + 醪糟

味精是调味料的一种，主要成分为谷氨酸钠。味精的主要作用是增加食品的鲜味，在中国菜里用得最多，也可用于汤和调味汁。

醪糟也叫酒酿、酒娘、酒糟、米酒、甜酒、甜米酒、糯米酒、江米酒、伏汁酒，是由糯米或者大米经过酵母发酵而制成的一种风味食品，其产热量高，富含碳水化合物、蛋白质、B 族维生素、矿物质等，这些都是人体不可缺少的营养成分。

醪糟里含有少量的酒精，而酒精可以促进血液循环，有助消化及增进食欲的功能。

味精的主要成分是谷氨酸，同醪糟食用会发生复杂的化学反应，生成对健康不利的物质，因此不能共用。

蒜 + 葱

大蒜性温，《随息居饮食谱》曰："生者辛热，熟者甘温，除寒湿，辟阴邪，下气暖中，消谷化肉，破恶血，攻冷积。治暴泻腹痛，通关格便秘，辟秽解毒，消痞杀虫。外灸痈疽，行水止衄。"大蒜可行滞气、暖脾胃、消症积、解毒、杀虫，主治饮食积滞、脘腹冷痛、水肿胀满、泄泻、痢疾、疟疾、百日咳、痈疽肿毒、蛇虫咬伤。

葱性温，味辛平，入肺、胃二经；可发汗解表、散寒通阳、解毒散凝；主治风寒感冒轻症、痈肿疮毒、痢疾脉微、寒凝腹痛、小便不利等病症。

大蒜和大葱都是气味辛热的，两者共用会伤及脾胃，还容易导致腹泻。

导致疾病的食物搭配

肉、禽、蛋、奶类

猪肉 + 鳖肉

猪肉的肥肉主要含脂肪，并含少量蛋白质、磷、钙、铁等；瘦肉主要含蛋白质、脂肪、维生素 B_1、维生素 B_2，磷、钙、铁等，后者含量较肥肉多。

鳖肉，为鳖科动物中华鳖的肉，又名团鱼肉、甲鱼肉、元鱼肉等；它滋阴凉血，益气升提，主治肝肾阴虚、头晕眼花、腰膝酸软、遗精、脾虚气陷、脱肛、身倦乏力、饮食减少、冲任不固、月经量多色淡、淋漓不尽等。

猪肉和鳖肉都属于寒性食物，二者同食易引起肠胃不适，又损健康。

猪肉＋羊肝

羊肝养肝，明目，补血，清虚热。羊肝有膻气，与猪肉同烹调易生怪味，从烹调角度讲也不宜搭配。《金匮要略》载，“猪肉共羊肝和食之，令人心闷”。《饮膳正要》亦云，“羊肝不可与猪肉同食”。

猪肉＋驴肉

猪肉味甘、咸，性微寒，归脾、胃、肾经，可补肾滋阴；主治肾虚羸瘦、血燥津枯、燥核、消渴、便秘、虚肿。猪肉酸冷滋腻，滑肠助湿。

中医认为驴肉味甘性凉，无毒，有补气养血、滋阴壮阳、安神去烦、止风狂之功效。从营养学和食品学的角度看，驴肉比牛肉、猪肉口感好、营养高。

驴肉性凉，且不易消化。猪肉肥腻，与驴马肉同食易导致腹泻。《金匮要略》载，“驴马肉和猪肉食之成霍乱”。

猪肉＋马肉

马肉味甘、酸，性寒，入肝、脾二经，有补中益气、补血、滋补肝肾、强筋健骨之功效。

马肉味辛苦，性冷而有小毒，属凉性，且不易消化。猪肉肥腻，且有滑肠助湿的功效，与马肉同食易导致腹泻。

猪肉＋鲫鱼

鲫鱼有健脾利湿、和中开胃、活血通络、温中下气之功效，对脾胃虚弱、水肿、溃疡、气管炎、哮喘、糖尿病有很好的滋补食疗作用。

猪肉性味酸冷微寒，鲤鱼甘温，性味功能略不相同。如作为两样菜，偶食无妨，若合煮或同炒，则不相宜。两者的生化反应不利于健康，令人滞气。同时，鱼类皆有鱼腥，一般不与猪肉配食。这在《饮膳正要》也有记载："鲫鱼不可与猪肉同食。"

牛肉 + 田螺

牛肉味甘，性温，无毒，有安中益气、养脾胃、补益腰脚、止渴之功效；现代医学研究认为，牛肉中含有丰富的蛋白质，而且氨基酸的组成更适合人体的需要，能提高机体免疫能力、改善微循环。

田螺味甘，性大寒，无毒，有止渴、醒酒、利便之功效，主治肝热目赤、小便不通、手足浮肿；现代医学研究认为，田螺含有丰富的维生素 A、铁和钙，而且所含热量较低，是理想的减肥食品。

田螺与牛肉气味相悖，同时食用对胃肠道的刺激较大，极易导致腹痛、腹泻和消化不良。

牛肝 + 鳗鱼

鳗鱼与牛肝被香港《中国民历》所附的《食物相克中毒图解》列为相克食物。《本草纲目》中说鳗鱼肉有毒，主要是指其中某些生物活性物质，会对人体产生一定的不良作用。牛肝营养丰富，所含生物活性物质极为复杂，二者同食更易产生不利人体之生化反应，偶尔食之可能无妨，多食常食，必然有害。

羊肉 + 螃蟹

中医认为羊肉味甘，性温热，无毒，入脾、肾、心经，主治肾虚腰疼、阳痿精衰、形瘦怕冷、病后虚寒、产妇产后大虚或腹痛、产后出血、产后无乳或带下。《本草纲目》曰："羊肉味苦其大热、无毒而湿，羊性热属火，故配于苦，羊之齿骨五脏皆温平唯肉性大热也。"

羊肉性味甘热，而螃蟹性寒，二者同食后不仅大大减低了羊肉的温补作用，且有碍脾胃，对于素有阳虚或脾虚的患者，极易因此而引起脾胃功能失常，进而影响人体健康。

羊肉 + 南瓜

羊肉可以补虚，是大热之物，南瓜可以补中益气，二者同食，易造成胸闷腹胀，肠胃不舒。中医古籍中有羊肉不宜与南瓜同食的记载。这主要是因为羊肉与南瓜都是温热食物，如果放在一起食用，极易“上火”。同样的道理，在烹调羊肉时也应少放点辣椒、胡椒、生姜、丁香、茴香等辛温燥热的调味品，特别是阴虚火旺的人更应格外注意。为了防止“上火”，不妨适当放点凉性的食物，如涮羊肉时可放点豆腐。若与南瓜同食，还易导致黄疸和脚气病。

羊肝 + 茶叶

茶叶的化学成分主要有：茶多酚类、植物碱、蛋白质、氨基酸、维生素、果胶素、有机酸、脂多糖、糖类、酶类、色素等。无机矿物元素主要有：钾、钙、镁、钴、铁、锰、铝、钠、锌、铜、氮、磷、氟、碘、硒等。

羊肝中含有丰富的蛋白质，茶叶中含有大量的鞣酸，鞣酸可与蛋白质结合，生成有收敛作用的鞣酸蛋白，使胃肠道蠕动减慢，大便秘结。还可使有毒物质及致癌物吸收增加，对健康有害。

鸡肉 + 李子

中医认为，鸡肉味酸，性微温，无毒，有下气、安五脏除邪、利小便、解毒之功效；现代医学研究认为鸡肉中蛋白质含量较高，而且容易吸收，有增强体力、强壮身体的作用，主治营养不良、月经不调、畏寒怕冷、乏力贫血等症。

李子能促进胃酸和胃消化酶的分泌，有增加肠胃蠕动的作用，因而食李能促进消化，增加食欲，为胃酸缺乏、食后饱胀、大便秘结者的食疗良品；可清肝利水。新鲜李子肉中含有多种氨基酸，如谷酰胺、丝氨酸、氨基酸、脯氨酸等，生食之对于治疗肝硬化腹水大有助益；有降压、导泻、镇咳之效。李子核仁中含苦杏仁苷和大量的脂肪油，药理证实，它有显著的利水降压作用，并可加快肠道蠕动，促进干燥的大便排出，同时也具有止咳祛痰的作用；《本草纲目》记载，李花和于面脂中，有很好的美容作用，可以“去粉滓黑黯”，“令人面泽”，对汗斑、脸生黑斑等有良效。

陶弘景曰：“鸡肉不可合葫、蒜、芥、李食。”李子为热性之物，具有生津利水、活血化瘀、益肝坚肾之功效。鸡肉乃温补之品，若将二者同食，恐助火热，无益于健康。

鸡肉 + 蒜

在烹饪鸡肉的时候，不少人会将大蒜作为配料与鸡肉同炒共煮，这样也确实可增加其味道之鲜美。其实，鸡肉不宜配以大蒜食用，这一说法早在《金匮要略》中已有记载：“鸡不可合葫蒜食之，滞气。”大蒜原称“葫”，其性辛温，有毒，具有下气消谷、除风、杀毒之功效。朱丹溪曰：“大蒜属火，性热喜散”；而鸡肉甘酸温补。由此可知，二者功能相左，所以鸡肉不宜与大蒜同食。

野鸡 + 木耳

野鸡味甘，性平，能补脾益气，润燥止渴，含蛋白质、脂肪、钙、磷、铁、维生素 A、维生素 B_1、维生素 B_2、维生素 C 等成分。野鸡适用于脾胃虚弱、少食腹泻、消渴口干、小便频数等症。

木耳含糖类、蛋白质、脂肪、热量、氨基酸、维生素和矿物质等多种营养成分，有益气、充饥、轻身强智、止血止痛、补血活血等功效。

据《食辣本草》指出：“野鸡与木耳、菌子同食，发五痔、立下血。”菌子包括蘑菇、香蕈等食用真菌。由于野鸡在春夏摄食范围较广，进食虫类使体内生物活性物质有所变化，此时若与木耳同食，不仅使木耳的止血作用不能发挥，反而会增加其破血活血作用，引起痔疮的复发。所以，二者不宜同食。

鸭肉 + 甲鱼

鸭肉含有丰富的脂肪、B族维生素和维生素E，对心血管有一定的保护作用。鸭肉蛋白质含量比畜肉含量高得多，脂肪含量适中且分布较均匀，脂肪酸熔点低，易于消化。鸭肉所含B族维生素和维生素E较其他肉类多，能有效抵抗脚气病，神经炎和多种炎症，还能抗衰老。

中医认为，甲鱼肉味甘，性平，无毒，主治伤中益气、热气湿痹、腹中激热；现代医学研究认为，甲鱼肉中含有能够抑制肝癌、胃癌、急性淋巴性白血病的物质，还有降低血胆固醇的作用。

甲鱼肉中含有多种生物活性物质，鸭肉中含有丰富的蛋白质和脂肪，同时食用可导致腹痛、腹泻和营养不良。

兔肉 + 橘子

中医认为，橘子具有润肺、止咳、化痰、健脾、顺气、止渴的药效，是男女老幼（尤其是老年人、急慢性支气管炎以及心血管病患者）皆食的上乘果品。橘子可谓全身都是宝：不仅果肉的药用价值较高，其皮、核、络、叶都是“地道药材”。橘皮入药称为“陈皮”，具有理气燥湿、化痰止咳、健脾和胃的功效，常用于防治胸胁胀痛、疝气、乳胀、乳房结块、胃痛、食积等症。其果核叫“橘核”，有散结、止痛的功效，临床常用来治疗睾丸肿痛、乳腺炎性肿痛等症。橘络，即橘瓤上的网状经络，有通络化痰、顺气活血之功效，常用于治疗痰滞咳嗽等症。因为橘络含有丰富的维生素P，所以能有效防治高血压，老年人多食，有益健康。橘叶具有疏肝理气、消肿散毒之功效，为治胁痛、乳痛的要药。橘皮刮掉白色的内层，单留表皮称为“橘红”，具有理肺气、祛痰等功效，临床多用于治疗咳嗽、呃逆等症。

兔肉味甘，性凉。《本草求真》：“入肝，大肠。”可补中益气，凉血解毒，主治消渴羸皮、胃热呕吐、便血。

兔肉酸冷，食兔肉后，不宜马上食橘子，否则会引起肠胃功能紊乱，而致腹泻。

兔肉＋鸡蛋

兔肉味甘，性凉，有补中益气，凉血解毒之功；主治消渴羸皮、胃热呕吐、便血。

鸡蛋性味甘平，能补阴益血、除烦安神、补脾和胃；用于血虚所致的乳汁减少，或眩晕、夜盲、病后体虚、营养不良、阴血不足、失眠烦躁、心悸、肺胃阴伤、失音咽痛或呕逆等。

鸡蛋不能与兔肉同吃。《本草纲目》中说："鸡蛋同兔肉食成泻痢。"兔肉性味甘寒酸冷，鸡蛋甘平微寒，二者都含有一些生物活性物质，共食会发生反应，刺激肠胃道，引起腹泻。

雀肉＋李子

麻雀肉性温助热，味甘，入肾经。雀肉能壮阳益精，主治肾阳虚弱、阳痿早泄、腰膝酸冷疝气、小便频数、崩漏或闭经、带下等。

李子性平，味甘、酸，入肝、肾经。具有生津止渴、清肝除热、利水的功效；主治阴虚内热、骨蒸痨热、消渴引饮、肝胆湿热、腹水、小便不利等病症。

《饮膳正要》指出："雀肉不可与李同食。"因李子其性助热升火，而雀肉性甘温助阳，二者同食，火热之性相互助长，损人身体。所以，吃麻雀肉后切勿立即吃李子。

马肉＋仓米

马肉味甘、酸，性寒，入肝、脾二经；马肉性冷，有小毒，可除热、下气、长筋骨、强腰脊、治寒热痿痹。

仓米为仓库中久储之米，也指久储之粳米。《千金代食治》："味咸酸，微寒，无毒。"但是陈仓米中，多含黄曲霉素；黄曲霉素中含毒醇，毒性较强，可引起急慢性中毒，即损害肝脏又可致癌。

两者不可同食，从食物药性上讲，马肉性冷有毒，仓米性凉，不可同食。《食疗本草》载："马肉不可与仓米同食，必卒得恶疾，十有九死。"《饮膳正要》云："马肉不可与仓米同食。"

牛奶 + 柑橘

牛奶是补钙的最好食品，它富含蛋白质，而且消化率很高，能降低心脑血管疾病的发病率。柑橘富含维生素 C 和柠檬酸，能增强机体免疫力，同时它还有抗癌的作用。

柑橘不宜与牛奶同食，因为牛奶中含有的大量蛋白质，能和橘子中的果酸和维生素 C 发生反应形成硬块，影响消化吸收，同时会导致腹胀、腹泻。因此，在喝完牛奶一小时后才能吃柑橘。

牛奶 + 巧克力

巧克力中含有草酸，与牛奶中所含的蛋白质、钙质结合后会产生草酸钙，一些人食用后会发生腹泻现象。

水产海鲜类

鲫鱼 + 野鸡

野鸡肉含蛋白质、脂肪、钙、磷、铁、镁、钾、钠、维生素 A、维生素 B_1、维生素 B_2、维生素 C、维生素 E 和烟酸等成分。野鸡肉脂肪含量较少，其中含有高度不饱和脂肪酸，另含胆固醇、组氨酸；可用于虚损羸瘦、病后体弱乏力、脾胃虚弱、食少反胃、腹泻、气血不足、头晕心悸，或产后乳汁缺乏、肾虚所致的小便频数、遗精、耳鸣耳聋、月经不调、脾虚水肿、疮疡久不愈合等。

《本草纲目》指出："鲫鱼同雉肉（野鸡）、鸡肉、鹿肉、猴肉、猪肝同食，生痈疽。"根据现代营养化学的观点，野鸡肉与鱼肉中均含酶类、激素、各种氨基酸、金属微量元素，同烹或同食，其生化反应极为复杂，对人体健康不利。所以，二者不宜同食。

鲫鱼 + 猪肝

鲫鱼中含有多种生物活性物质，和猪肝同时食用，可降低猪肝的营养价值，并容易导致腹痛、腹泻。

鲤鱼 + 醋

鲤鱼的蛋白质不但含量高，而且质量也佳，人体消化吸收率可达96%，并能供给人体必需的氨基酸、矿物质、维生素 A 和维生素 D；鲤鱼的脂肪多为不饱和脂肪酸，能很好地降低胆固醇，可以防治动脉硬化、冠心病，因此，多吃鲤鱼可以健康长寿。

醋不但是我们生活中的调味佳品，还有很多其他的功效，主要有：消除疲劳，尤其是保健醋效果更佳；调解血液的酸碱平衡；帮助消化，利于吸收，能帮助人有效摄入钙质；预防衰老；增强肠胃道的杀菌能力；增强肝脏功能；扩张血管，防止心血管疾病、糖尿病的发生；增强肾功能；还可以美容护肤。

做鲤鱼的时候加醋则会对身体产生不利的物质。因醋中含有大量的醋酸，在胃中与鲤鱼中的蛋白质易结合生成硬块，导致腹泻、腹痛和消化不良等。

鲤鱼 + 咸菜

鱼类的肉属于高蛋白食品。咸菜在腌制过程中，其含氮物质部分转变为亚硝酸盐，当咸菜与鱼一起烧煮时，鱼肉蛋白质中的胺与亚硝酸盐化合为亚硝胺，这是一种致癌物质，可引起消化道癌肿，故鱼与咸菜不宜配食。

鲶鱼 + 红枣

鲶鱼营养丰富，每 100 克鱼肉中含水分 64.1 克、蛋白质 14.4 克，并含有多种矿物质和微量元素，特别适合体弱虚损、营养不良之人食用。除鱼子有杂味不宜食用以外，鲶鱼全身是宝。鲶鱼是名贵的营养佳品，早在史书中就有记载，它可以和鱼翅、野生甲鱼相媲美，它的食疗作用和药用价值是其他鱼类所不具备的，强精壮骨和益寿作用是它独具的亮点。

红枣含有蛋白质、脂肪、糖类、有机酸、维生素 A、维生素 C、微量钙、多种氨基酸等丰富的营养成分。

鲶鱼肉中含有大量的蛋白质和生物活性物质，与大枣中丰富的维生素 C 同食会发生化学反应，对人体不利。

黑鱼 + 南瓜

黑鱼性寒、味甘，归脾、胃经，可疗五痔，治湿痹，面目浮肿，能够“补心养阴，澄清肾水，行水渗湿，解毒去热”；具有补脾利水、去瘀生新、清热等功效，主治水肿、湿痹、脚气、痔疮、疥癣等症。黑鱼肉中含蛋白质、脂肪、18 种氨基酸等，还含有人体必需的钙、磷、铁及多种维生素，适用于身体虚弱，低蛋白血症、脾胃气虚、营养不良，贫血之人食用。

南瓜性寒，味甘，具有下气平喘，清热利痰之功效。南瓜除了有人体所需要的多种维生素外，还含有易被人体吸收的磷、铁、钙等多种营养成分。

黑鱼和南瓜都是性寒之物，两者同食对身体不利；此外，南瓜与黑鱼都含有复杂的生物活性物质与酶类，若二者同食，可产生不利于人体健康的生化反应。

章鱼 + 柿子

章鱼气味甘，性寒，药性冷而不泄，可养血益气；柿子甘涩，性寒。二者皆为寒性之物，若同食，易损肠胃，可导致腹泻。此外，章鱼为高蛋白食物，与柿子中的鞣酸相遇，容易凝结成鞣酸蛋白，聚于肠胃中，可引起呕吐、腹痛、腹泻等症状。

鳝鱼 + 菠菜

鳝鱼，味甘大温，补中益气，除腹中冷气，菠菜性甘冷而滑，下气润燥，性味功能皆不相协调。且鳝鱼油煎多脂，菠菜冷滑，同食易致腹泻。

海蟹 + 柑橘

海蟹性寒，味咸；中医认为螃蟹有清热解毒、补骨添髓、养筋活血、利肢节、滋肝阴、充胃液之功效；对于瘀血、黄疸、腰腿酸痛和风湿性关节炎等有一定的食疗效果。

柑橘甘酸性温，甘能润肺，酸能聚痰，能开胃、止消渴，故不能多食。多食令人肺冷生痰，脾冷发痼癖，大肠泻痢。

蟹性寒冷，柑橘药性虽有偏温偏寒之别，但都有聚湿生痰的弊端，两者同食，会导致痰凝而气滞；有气管炎的人，切不可同食。

蟹肉 + 花生

蟹肉性寒、味咸，归肝、胃经，有清热解毒、活血祛痰、利湿退黄、滋肝阴、充胃液之功效。

花生味甘、平，入脾、肺，有扶正补虚、悦脾和胃、润肺化痰、滋养调气、利水消肿、止血生乳、清咽止疟的作用。《本草纲目》载：“花生悦脾和胃润肺化痰、滋养补气、清咽止痒。”《药性考》载：“食用花生养胃醒脾，滑肠润燥。”

花生中含有大量油脂，脂肪含量高达45%，油腻之物遇性冷之物易致腹泻。而蟹肉寒冷，同时食用易导致腹痛、腹泻。

蟹肉 + 桃子

螃蟹性寒、味咸，归肝、胃经，有清热解毒、补骨添髓、养筋接骨、活血祛痰、利湿退黄、利肢节、滋肝阴、充胃液之功效；对于瘀血、黄疸、腰腿酸痛和风湿性关节炎等有一定的食疗效果。

桃子味甘、酸，性平，能养阴生津，润肠燥。桃有补益气血、养阴生津的作用，可用于大病之后，气血亏虚，面黄肌瘦，心悸气短者。桃的含铁量较高，是缺铁性贫血病人的理想辅助食物。桃含钾多，含钠少，适合水肿病人食用。桃仁有活血化瘀、润肠通便作用，可用于闭经、跌打损伤等的辅助治疗。桃仁提取物有抗凝血作用，并能抑制咳嗽中枢而止咳。桃还能使血压下降，可用于高血压病人的辅助治疗。

蟹性寒冷、利湿滋阴，桃子生津润肠，两者同吃，可能会引起腹痛、腹泻。

蟹肉＋甜瓜

甜瓜味甘，性寒、滑，有小毒，有止渴、除烦热、利小便、通气、解暑之功效；现代医学研究认为，甜瓜对人体的造血功能有一定的改善作用，对呼吸道疾病也有很好的预防作用，能有效增强机体免疫力。甜瓜含大量碳水化合物及柠檬酸等，且水分充沛，可消暑清热、生津解渴、除烦；甜瓜中的转化酶可将不溶性蛋白质转变成可溶性蛋白质，能帮助肾脏病人吸收营养；甜瓜蒂中的葫芦素B能保护肝脏，减轻慢性肝损伤；现代研究发现，甜瓜子有驱杀蛔虫、丝虫等作用；甜瓜营养丰富，可补充人体所需的能量及营养素。

蟹肉味咸，性寒，有小毒，有解结散血、养筋益气、治胃气、理经脉之功效；现代医学研究认为，螃蟹富含优质蛋白质和多种微量元素，滋补作用明显。

甜瓜与蟹肉均属于寒性食物，同时食用对胃肠道刺激很大，会导致腹泻。

蟹肉＋梨

梨味甘微酸、性凉，入肺、胃经，因其鲜嫩多汗，酸甜适口，有“百果之宗”“天然矿泉水”之称。梨中含有丰富的B族维生素，能保护心脏，减轻疲劳，增强心肌活力，降低血压；可防止动脉粥样硬化，抑制致癌物质亚硝胺的形成；梨中果胶含量很高，有助于消化、通利大便；含有较多糖类物质和多种维生素，易被人体吸收；苷及鞣酸等成分，能祛痰止咳，对咽喉有养护作用。

梨味甘微酸性寒，陶弘景《名医别录》云："梨性冷利，多食损人，故俗谓之快果。"蟹肉和梨均属于寒性食物，同时食用会刺激胃肠道，导致腹痛、腹泻和消化不良。

田螺＋猪肉

田螺肉味甘、性寒，具有清热、明目、利尿、通淋等功效，主治尿赤热痛、尿闭、痔疮、黄疸等。明代龚延贤在《药性歌括四百味》中就有这样的记载：田螺性寒，利大小便，消食除热，醒酒立见。

猪肉味甘，咸，性微寒，归脾、胃、肾经，可益气、消肿、补肾滋阴，主治肾虚羸瘦、血燥津枯、燥核、消渴、便秘、虚肿。

猪肉酸冷寒腻，田螺大寒，二物同属凉性，且滋腻易伤肠胃，故不宜同食。

田螺＋冰

田螺性寒，利大小便，消食除热。很多人喜欢在吃完海鲜后吃一些冰饮，以为有利于消化积食。其实田螺性寒，而冰制品能降低人的肠胃温度，削弱消化功能。食田螺后饮冰水，易致消化不良或腹泻。

田螺＋蛤

蛤味咸，性冷，无毒，入胃经，有润五脏、消渴、开胃、去寒热、消妇人血块之功效。蛤不仅味道鲜美，而且营养也比较全面，是物美价廉的海产品。其肉质被称为"百味之冠"，它含有蛋白质、脂肪、碳水化合物、铁、钙、磷、碘、维生素、氨基酸和牛磺酸等多种成分，是一种低热能、高蛋白的理想食品。现代医学研究认为，蛤含有能够降低血清中胆固醇的物质，能抑制胆固醇在肝脏中的合成，可预防心脑血管疾病。蛤有多种，如海蛤、文蛤、蛤蜊等，性味大多咸寒或咸冷，不宜与螺配食，亦不宜多食。

虾 + 南瓜

虾肉味甘，性温，有小毒，有吐风痰、下乳汁、壮筋骨之功效；现代医学研究认为，虾肉中含有丰富的优质蛋白质、多种维生素和微量元素，而且易于消化吸收，对人体有很好的补益作用。

南瓜鲜嫩清香，松脆爽口，是家庭、饭店、宾馆中色香味俱佳的上等菜肴，享有“植物海蜇”之美誉。

南瓜不仅味美可口，而且营养丰富，除了有人体所需要的多种维生素外，还含有易被人体吸收的磷、铁、钙等多种营养成分，又有补中益气、消炎止痛、解毒杀虫的作用，对老年人高血压、冠心病、肥胖症等，亦有较好的疗效。

虾具有补肾壮阳、健胃补气、祛痰抗癌等功效；而南瓜性寒，味甘，具有下气平喘、清热利痰之功效。二者性味功效相左，不宜同食。此外，若二者混合配食，由于其生化成分复杂，会产生一些生化反应，对身体有一定的损害。

甲鱼 + 兔肉

甲鱼肉味甘，性平，无毒，主治伤中益气、热气湿痹、腹中激热；有凉血滋阴作用，属于清补食品，滋腻之物，多食久食则有碍脾之运化功能，引起消化不良，食欲不振。尤其是脾胃素虚之人，应当忌食之，正如《本草从新》中所告诫：“脾虚者大忌。”

兔肉味辛，性平，无毒，有补中益气、除热湿痹、止渴健脾、解毒、利大肠之功效；兔肉补中益气，凉血解毒。治消渴羸皮、胃热呕吐、便血。《纲目》：“凉血，解热毒，利大肠。”

甲鱼和兔肉均属于寒性食物，同时食用会加重寒性，引起腹痛、腹泻，建议脾胃虚寒者不要食用。

水果、蔬菜、杂粮类

竹笋 + 海鲜

竹笋含有丰富的蛋白质、氨基酸、脂肪、糖类、钙、磷、铁、胡萝卜素、维生素 B_1、维生素 B_2、维生素 C。人体必需的赖氨酸、色氨酸、苏氨酸、苯丙氨酸，以及在蛋白质代谢过程中占有重要地位的谷氨酸和有维持蛋白质构型作用的胱氨酸，竹笋中都有一定的含量，为优良的保健蔬菜。

海鲜中含有丰富的蛋白质和钙，而竹笋含有较多的草酸。食物中的草酸会分解、破坏蛋白质，还会使蛋白质发生沉淀，凝固成不易消化的物质。

洋葱 + 海鲜

洋葱营养丰富，据测定，洋葱具有发散风寒的作用，是因为洋葱鳞茎和叶子含有一种称为硫化丙烯的油脂性挥发物，具有辛简辣味，这种物质能抗寒，抵御流感病毒，有较强的杀菌作用。

海鲜中的钙会与洋葱中的草酸结合成一种不溶性的复合物，这种复合物不仅会刺激胃肠黏膜，损害黏膜上皮细胞，影响人体的消化吸收功能，还可能沉积在泌尿道，形成草酸钙结石。所以，海味最好不与洋葱、菠菜、竹笋同食。如果要一同烧菜，最好先把洋葱、菠菜、竹笋焯一下，草酸就会减少一大部分，这时再来烧菜就无妨了。

萝卜 + 柑橘

萝卜不宜与橘子同食。临床实验发现，萝卜等十字花科蔬菜摄食到人体后，可迅速产生一种叫硫氰酸盐的物质，并很快代谢产生另一种抗甲状腺的物质——硫氰酸，该物质产生的多少与蔬菜的摄入量成正比。此时，如果同时摄入过多的橘子，其中的类黄酮物质在肠道被细菌分解，转化成羟苯甲酸及阿魏酸，这两种物质可加强硫氰酸抑制甲状腺的功能，从而诱发或导致甲状腺肿。因此，这两种食物同食不宜，尤其在甲状腺肿流行的地区，或患有甲状腺肿的人，更应注意。

萝卜 + 桃子

桃的果肉中富含蛋白质、脂肪、糖、钙、磷、铁和 B 族维生素、维生素 C 及大量的水分，对慢性支气管炎、支气管扩张症、肺纤维化、矽肺、肺结核等出现的干咳、咳血、慢性发热、盗汗等症，可起到养阴生津、补气润肺的保健作用。

桃不宜与萝卜同吃，萝卜营养价值高，但与桃同吃可能会诱发甲状腺肿大。

人们食用萝卜等十字花科蔬菜后，经代谢很快会产生一种抗甲状腺的物质——硫氰酸。此时，如果摄入含大量植物色素的桃，果肉中的类黄酮物质在肠道被细菌分解，转化成羟苯甲酸等，可加强硫氰酸的作用，从而诱导或导致甲状腺肿瘤的发生。因此，吃完胡萝卜及其他的十字花科蔬菜后应间隔 4 小时再吃桃等含有丰富色素的水果。

黄瓜 + 花生

黄瓜切小丁，和煮花生米一起调拌，作为一道爽口凉菜，是人们夏季常吃的食物之一。其实，这样搭配不是十分妥当。因为这两种食物搭配可能会引起腹泻。

中医认为，花生有扶正补虚、健脾和胃、润肺化痰、滋养调气、利水消肿、止血生乳、清咽止疟之功效；现代医学研究认为，花生含有不饱和脂肪酸，有降低胆固醇的作用，对于防治心血管疾病有很好的疗效。

黄瓜性味甘寒，常用来生食，而花生中含有大量的油脂。一般来讲，如果性寒食物与油脂相遇，会增加其滑利之性，同时食用可导致腹泻。

香菜＋猪肉

香菜又名芫荽，可去腥味，其性味辛温，能发汗解表，宣肺透疹，为风寒外束，疹出不畅可用。

芫荽辛温，耗气伤神。猪肉滋腻，助湿热而生痰。古书有记载："凡肉有补，唯猪肉无补。"一耗气，一无补，故二者配食，对身体有损害。

土豆＋雀肉

中医认为，土豆味甘、辛，性寒，有小毒，有补益肠胃、解毒、止饿之功效；现代医学研究认为，土豆是高蛋白、低脂肪、低热量的健康食品，是肥胖症患者、心脑血管病患者、糖尿病患者的理想食品。土豆具有以下功效：和中养胃、健脾利湿：土豆含有大量淀粉以及蛋白质、B 族维生素、维生素 C 等，能促进脾胃的消化功能；宽肠通便：土豆含有大量膳食纤维，能宽肠通便，帮助机体及时排泄代谢毒素，防止便秘，预防肠道疾病的发生；降糖降脂、美容养颜：土豆能供给人体大量有特殊保护作用的黏液蛋白，能促进消化道、呼吸道以及关节腔、浆膜腔的润滑，预防心血管系统的脂肪沉积，保持血管的弹性，有利于预防动脉粥样硬化的发生。土豆还是一种碱性蔬菜，有利于体内酸碱平衡，有一定的美容、抗衰老作用。

雀肉为麻雀的肉，含有蛋白质、脂肪、矿物质、维生素、激素及酶类。其甘温无毒，功能为益精髓、起阳道、暖腰膝、缩小便、壮阳益气，可治疗血崩带下、肾冷偏坠等。雀肉含有多种人体必需的氨基酸和大量优质的蛋白质，能增强机体免疫力。

土豆的营养成分十分丰富全面，雀肉中含多种生物活性物质，同时食用会使面部产生色素沉着，对人体不利。

菠菜＋豆腐

菠菜味甘、滑，性冷，无毒，有利五脏、通肠胃热、解酒毒、通血脉、开胸膈、下气调中、止渴润燥之功效；菠菜茎叶柔软滑嫩、味美色鲜，含有丰富维生素C、胡萝卜素、蛋白质，以及铁、钙、磷等矿物质，也含有大量草酸。

豆腐营养丰富，含有铁、钙、磷、镁等人体必需的多种微量元素，还含有糖类、植物油和丰富的优质蛋白，素有“植物肉”之美称。豆腐的消化吸收率达95%以上。两小块豆腐，即可满足一个人一天钙的需要量。

豆腐里含有氯化镁、硫酸钙这两种物质，而菠菜中则含有草酸，两种食物遇到一起可生成草酸镁和草酸钙。这两种白色的沉淀物不能被人体吸收，不仅影响人体吸收钙质，而且还容易导致结石症。

茄子＋蟹肉

茄子含蛋白质、脂肪、糖、矿物质（钙、磷、铁等）以及维生素（维生素A原、维生素B、维生素C、维生素P）、纤维素、植物碱等。茄性味甘寒、滑利，功能有散血止痛、宽肠去瘀、消肿利尿，治肠风下血、热毒疮痈、跌扑青肿。

蟹肉性味咸寒，茄子甘寒滑利，二物同属寒性，共食有损肠胃，会导致腹泻，虚寒人尤应忌食。

荞麦面＋羊肉

荞麦含19种氨基酸，人体必需的8种氨基酸均齐且丰富，还含有对儿童生长发育有重要作用的组氨酸和精氨酸。荞麦含有丰富的维生素B_1、维生素B_2、维生素B_6、维生素C、维生素P和胆碱，还有丰富的无机元素磷、镁、铁、钾、钙、钠。由于荞麦的营养物质含量丰富，因此它对人体有极大的保健作用，对许多疾病有明显的防治效果。茎叶入药能益气力、续精神、利耳目、降气、宽肠、健胃，治噎食、痈肿、止血。

荞麦粉作为保健食品，能防治糖尿病、高血脂、牙周炎、牙龈出血和胃病。

据《本草纲目》载，荞麦气味甘平，性寒，能降压止血，清热敛汗；而羊肉大热，从药性上讲，两者功能彼此相反，所以不宜同食，否则会令身体不适。

韭菜＋牛肉

韭菜味辛、微酸、性温热，能补虚益阳；韭菜含有挥发性精油及硫化物等特殊成分，散发出一种独特的辛香气味，有助于疏调肝气，增进食欲，增强消化功能；韭菜的辛辣气味有散瘀活血，行气导滞作用，适用于跌打损伤、反胃、肠炎、吐血、胸痛等症；韭菜含有大量维生素和粗纤维，能增进胃肠蠕动，治疗便秘，预防肠癌。牛肉味甘、性平，归脾、胃经，具有补脾胃、益气血、强筋骨、消水肿等功效。

牛肉甘温，补气助火，韭菜辛辣温热，二者搭配，易使人发热动火，导致牙龈炎、口疮等症状。

韭菜＋白酒

韭菜味辛、微酸、性温热，能补虚益阳、温中下气、止泄精、暖腰膝、壮肾阳、消瘀血。酒性辛热，有刺激性，能扩张血管，使血流加快，又可引起胃炎和溃疡复发。

韭菜性亦属辛温，能壮阳活血，食生韭饮白酒，好比火上加油，久食动血，因此两者不可同食。尤其是有出血性疾病的患者，尤为禁忌。

菌类＋鹌鹑肉

食用菌的特点为高蛋白、无胆固醇、无淀粉、低脂肪、低糖、多膳食纤维、多氨基酸、多维生素、多矿物质。食用菌集中了食品的一切良好特性，营养价值达到植物性食品的顶峰，被称为长寿食品。

鹌鹑肉适宜于营养不良、体虚乏力、贫血头晕、肾炎浮肿、泻痢、高血压、肥胖症、动脉硬化症等患者食用。所含丰富的卵磷，可生成溶血磷脂，抑制血小板凝聚的作用，可阻止血栓形成，保护血管壁，阻止动脉硬化。磷脂是高级神经活动不可缺少的营养物质，具有健脑作用。

香菇、木耳等菌类不宜与鹌鹑肉同食，否则易面生黑斑。崔禹锡《食经》记载："(鹌鹑肉)合菌子食，令人发痔。"香菇、木耳等与鹌鹑肉混合烹炒，各自所含的尚未失活性的酶与其他生物营养素、微量元素，可能发生复杂的化学反应（酶需加热到一定温度才失去活性），产生一些不利于人体的物质。某些物质进入人体后，会干扰微量元素（如铁、铜）的代谢，影响某些酶的形成与激活，或破坏一些必需的维生素以致引起不良生理效应，产生色素沉着。

甘蔗＋牡蛎

甘蔗味甘、性寒、归肺、胃经，具有清热、生津、下气、润燥、补肺益胃的特殊效果。甘蔗可治疗因热病引起的伤津、心烦口渴、反胃呕吐，肺燥引发的咳嗽气喘。引外，甘蔗还可以通便解结，饮其汁还可缓解酒精中毒。

牡蛎，别名蛎蛤、海蛎子壳、海蛎子皮、左壳蛎黄。其性咸，微寒，归肝、胆、肾经。牡蛎味道鲜美，营养丰富，含糖原、多种氨基酸，维生素A、维生素B_1、维生素B_2、维生素D、维生素E、铜、锌、锰、钡、磷、钙等成分。素有"海底牛奶"之美称。牡蛎主治眩晕耳鸣、手足震颤、心悸失眠、烦躁不安、惊痫癫狂、瘰疬瘿瘤、乳房结块、自汗盗汗、遗精尿频、崩漏带下、吞酸胃痛、湿疹疮疡。

《医学衷中参西录》记载，牡蛎"亦治热病日久，灼烁真阴，虚风内动，四肢抽搐之症，常与生地黄、龟甲、鳖甲等养阴、息风止痉药配伍。"

牡蛎中含有丰富的铜，能促进人体的新陈代谢，过量食用蔗糖能降低牡蛎的营养价值，并会阻碍铜的吸收，甚至发生凝聚和沉淀，不易被消化吸收，易引起消化不良或腹泻等。

李子 + 青鱼

李子性平、味甘、酸，入肝、肾经，具有生津止渴、清肝除热、利水的功效；主治阴虚内热、骨蒸痨热、消渴引饮、肝胆湿热、腹水、小便不利等病症。

青鱼肉细嫩鲜美，蛋白质含量超过鸡肉，是淡水鱼中的上品。青鱼肉性味甘、平，无毒，有益气化湿、和中、截疟、养肝明目、养胃的功效；主治脚气湿痹、烦闷、疟疾、血淋等症。

青鱼肉含蛋白、脂肪、碳水化合物、维生素 B_1、烟酸等；矿物质有钙、磷、铁等。其性味甘平，功能益气化湿，养胃醒脾。但李子多酸温多汁，助湿生热，所以，食青鱼后，不宜多食李子。尤其是脾胃虚弱、消化不良、血热患者，更应忌食。

石榴 + 螃蟹

石榴性味甘、酸涩、温，具有杀虫、收敛、涩肠、止痢等功效。石榴的营养特别丰富，含有人体所需的多种营养成分，果实中含有维生素 C 及 B 族维生素、有机酸、糖类、蛋白质、脂肪，以及钙、磷、钾等矿物质。其中维生素 C 的含量比苹果高出很多，而脂肪、蛋白质的含量较少。

螃蟹富含优质蛋白质和多种微量元素。螃蟹如与含鞣酸较多的石榴同时食用，不仅会降低蛋白质的营养价值，还会使螃蟹中的钙质与鞣酸结合成一种新的不易消化的物质，刺激胃肠，出现腹痛、恶心、呕吐等症状。所以石榴不宜与螃蟹等海味食品同时食用。

柿子 + 白薯

柿子味甘、性寒，能清热生津、润肺，内含蛋白质、糖类、脂肪、果胶、鞣酸、维生素及矿物质等营养物质。白薯味甘、性平，补虚益气，强肾健脾，内含大量糖类等营养物质，两者若分开食用对身体有益无害，若同时吃，却对身体不利。因为吃了白薯，人的胃里会产生大量盐酸，如果再吃上些柿子，柿子在胃酸的作用下会产生沉淀，沉淀物积结在一起，会形成不溶于水的结块，既难于消化，又不易排出，人就容易得胃结石，严重者还需手术。因此，柿子不宜与白薯同食。

干果、调料及其他

糖＋鲫鱼

鲫鱼，又称鲫瓜子、鲫皮子，为我国重要食用鱼类之一，我国古医籍《本草经疏》对鲫鱼有极高评价："诸鱼中唯此可常食。"鲫鱼是高蛋白、低脂肪的动物性食品，含有丰富的钙、铁等矿物质和维生素，肉质细嫩，肉味甜美。

糖有白砂糖和红片（粉）糖、冰糖等品种。糖味甘甜、温润、无毒，入肝、脾经，具有润心肺、和中助脾、缓肝气、解酒毒等功效；适用于心腹热胀、口干欲饮、咽喉肿疼、肺热咳嗽、心肺及大小肠热等。助脾、补血、祛寒、破瘀入药多用红糖；清热、消炎、润肺多用白糖或冰糖。

鲫鱼和糖对身体都是有益的，但是最好不要同食。因糖含有多种酶类（淀粉酶、蛋白分解酶、脂化酶、转化糖酶等），与鲫鱼同煮（烹）食，会与鱼肉中的酶及活性物质发生复杂的生化反应，不仅会大大降低鲫鱼的鲜味和各自的营养价值，还容易令人胀闷、生痰、损齿、生疳虫、消肌肉。

糖＋牛奶

经常喝牛奶对健康好处多多，但食物总有互相抵触发生反应的时候，在日常生活中我们要留点神，记住哪些食物不可一起食用，以免危害你的身体健康。

把糖与牛奶加在一起加热，牛奶中的赖氨酸就会与糖在80~100℃的高温下产生反应，生成有害物质糖基赖氨酸。这种物质不仅不会被人体吸收，还会危害健康。因此，应先把煮开的牛奶凉到温热，40~50℃，再将糖放入牛奶中溶解。

红糖 + 皮蛋

蛋类制品由于进行了各种不同的加工处理，而使其中某些营养素随之发生了很大的变化。例如皮蛋，由于经过一段时间的腌制，其营养素便有显著的变化，蛋白质含量明显减少，脂肪含量明显增多，碳水化合物含量变化更大，矿物质保存较好，钙的含量则大大提高。

红糖与皮蛋混合食用会使人产生呕吐的感觉，因此切记红糖一定不能与皮蛋同食。

醋 + 羊肉

《本草纲目》称："羊肉同醋食伤人心。"酸味的醋具有收敛作用，不利于体内阳气的生发，与羊肉同吃会让它的温补作用大打折扣。

醋性甘温，并含有多种有机酸、醋酸、维生素、蛋白质、糖类等，能与羊肉中的蛋白质起反应，生成对人体有害的物质。两物同煮，易生火动血。因此羊肉汤中不宜加醋。心脏功能不好及血液病患者更应注意。

茶叶 + 羊肉

羊肉营养丰富，肉香味美，御寒能力强，我国历来有"冬吃羊肉"的习惯。中医认为，羊肉是助元阳、补精血、治肺虚、益劳损之妙品，是一种良好的滋补强身食物。由于羊肉含钙、铁丰富，所以常吃羊肉对肺结核、气管炎、哮喘、贫血、产后气血两虚及一切虚寒病症最为有益。

茶叶中含有许多营养成分和药效成分，具有抗氧化、抗突然异变、抗肿瘤、降低血液中胆固醇及低密度脂蛋白含量、抑制血压上升、抑制血小板凝集、抗菌、抗产物过敏等功效。

茶水是羊肉的“克星”，切忌吃羊肉时饮茶。这是因为羊肉中蛋白质含量丰富，而茶叶中含有较多的鞣酸，吃羊肉时喝茶，会产生鞣酸蛋白，这种物质对肠道有一定的收敛作用，使肠的蠕动减弱，大便水分减少，进而诱发便秘。便秘患者及老年人更应该注意。

赤小豆＋鲤鱼

赤小豆为豆科植物赤小豆或赤豆的种子。赤小豆甘、酸，平，归心、小肠经，有利水消肿、解毒排脓的功效；用于水肿胀满、脚气肢肿、黄疸尿赤、风湿热痹、痈肿疮毒、肠痈腹痛。鲤鱼性味甘平无毒，能利水消肿、安胎通乳，治呃逆上气、反胃吐食、妊娠水肿、胎动不安。

赤小豆甘酸咸冷，能下水肿利小便，解热毒散恶血，而鲤鱼亦能利水消肿，二者同煮，利水作用更强，食疗中以鲤鱼赤小豆汤治肾炎水肿，是对病人而言，正常人不可服用。

蜂蜜＋韭菜

蜂蜜与韭菜不宜同食，这是因为韭菜含维生素C丰富，容易被蜂蜜中的矿物质铜、铁等离子氧化而失去作用，大大降低韭菜的营养价值。另外，蜂蜜可通便，韭菜富含纤维素而导泻，两者同食容易引起腹泻。

蜂蜜＋莴苣

蜂蜜为良好的营养剂，还对大肠杆菌、痢疾杆菌、伤寒杆菌、副伤寒杆菌、葡萄球菌、链球菌等有较强的抑制作用。

莴苣可分为叶用和茎用两类。莴苣的名称很多，在本草书上称作“千金菜”“莴苣”和“石苣”。叶用莴苣又称春菜、生菜，茎用莴苣又称莴笋、香笋。莴苣茎叶中含有莴苣素，味苦，高温干旱环境生长的莴苣苦味更浓；莴苣能增强胃液，刺激消化，增进食欲，并具有镇痛和催眠的作用。

蜂蜜有润肺润肠、通便的效果；当蜂蜜和能增强胃液、刺激消化的莴苣同食时，易导致腹泻。

蜂蜜 + 豆腐

豆腐营养丰富，有“植物肉”之称。其蛋白质消化率在 90% 以上，比除豆浆以外其他豆制品高，故受到普遍欢迎。豆腐除直接或烹调食用外，又可进一步做成豆腐乳食，最宜于病人佐餐食。豆腐味甘性微寒，能补脾益胃、清热润燥、利小便、解热毒；用以补虚，可将豆腐做菜食，如砂锅豆腐、鱼香豆腐、番茄烧豆腐、麻辣豆腐等；若治喘咳，可加生萝卜汁、饴糖；若膀胱有热，不便短赤不利，可略加调味品食并饮汁（豆腐点成后，锅中凝块以外的水）。

蜂蜜甘凉滑利，豆腐味甘、咸，性寒，能清热散血，二物同食，易致泄泻。同时，蜂蜜中含多种酶类，豆腐中又含有多种矿物质、植物蛋白及有机酸，二者混食易产生不利于人体的生化反应。故食豆腐后，不宜食蜂蜜，更不宜同食。

蜂蜜 + 李子

李子性平、味甘、酸，入肝、肾经，具有生津止渴、清肝除热、利水的功效；主治阴虚内热、骨蒸痨热、消渴引饮、肝胆湿热、腹水、小便不利等病症。《本草纲目》：“（李花）苦、香、无毒。令人面泽，去粉滓黑黯。”《随息居饮食谱》：“多食生痰，助湿发疟痢，脾弱者尤忌之。”

《食疗本草》：“李合蜜食，损五脏。”《饮膳正要》：“李子、菱角不可与蜜同食。”这是因为蜂蜜含多种酶类，李子的生化成分也很复杂，二者同食后会产生各种生化反应，对身体有害。

蒜 + 蜂蜜

大蒜不宜与蜂蜜同时食用。古人吴谦在《医宗金鉴》中已有记载：“葱蒜皆不可共蜜食。若共食令人利下。”大蒜辛温小毒，性热，其所含辣素与葱相近，其性质亦与蜜相反。二者同食伤身无益。所以，大蒜不宜与蜜共食。

生姜 + 牛肉

生姜味辛，性温，能开胃止呕、化痰止咳、发汗解表。生姜含挥发油，主要为姜醇、姜烯、水芹烯、柠檬醛、芳樟醇等；又含辣味成分姜辣素，分解生成姜酮、姜烯酮等。口嚼生姜，可引起血压升高。姜辣素对口腔和胃黏膜有刺激作用，能促进消化液分泌，增进食欲。吃姜可使肠张力、节律和蠕动增加，并可促进血液循环。实验表明，生姜对伤寒杆菌、霍乱弧菌有明显的抑制作用。因此生姜多用于脾胃虚寒、食欲减退、恶心呕吐、痰饮呕吐、胃气不和的呕吐、风寒或寒痰咳嗽、感冒风寒、恶风发热、鼻塞头痛等症。

生姜具有特殊的香辣味，常作为烹调菜肴的作料。但牛肉不宜加生姜作为作料。因为生姜性温，味辛，一般阴虚内热者应忌之。生姜若与性味甘温的牛肉搭配，无疑是火上浇油，导致体内热生火盛，出现各种热痛病症。

生姜 + 兔肉

兔肉能够滋阴润燥，补中益气，清热凉血；主治阴液不足、烦渴多饮、大便秘结、形体消瘦、脾胃虚弱、食少纳呆、神疲乏力、面色少华等。

兔肉性凉、味甘，入脾、胃、大肠经。刘纯《治例》云，“反胃结肠，甚者难治，常食兔肉，则便自行，又可证其性之寒利矣。”

兔肉与姜不可同食。因为兔肉酸冷，干姜、生姜辛辣性热。二者味性相反，寒热同食，易致腹泻。所以，烹调兔肉时不宜加姜。

生姜 + 马肉

姜性味辛温，具有发汗解表、温中散寒、降逆止呕祛痰、杀菌解毒之功效；马肉性辛冷，能清热解毒、通经活络、温经壮阳、养筋利尿。一辛温解表，一除热下气，二者性味相反，功用亦不协同，故二者不宜共食。此外，生姜含有挥发油和姜辣素，具有刺激性，二者同食会引起咳嗽。

芥末 + 鸡肉

中医认为，芥末性温，能温中利窍、通肺豁痰、利膈开胃。芥末微苦，辛辣芳香，对口舌有强烈刺激，味道十分独特，芥末粉润湿后有香气喷出，具有催泪性的强烈刺激性辣味，对味觉、嗅觉均有刺激作用。芥末可用作泡菜、腌渍生肉或拌沙拉时的调味品，亦可与生抽一起使用，充当生鱼片的美味调料。

鸡肉与芥末同食会伤元气。因芥末是热性之物，鸡属温补之品，恐助火热，无益于健康。

杏仁 + 猪肉

杏仁味苦，性温，有小毒，有下气、安神、解毒、润心肺之功效；现代医学研究认为，杏仁中含有很多的黄酮类物质，可预防心脏病、心肌梗死、癌症，同时可治疗肺病。

猪肉味酸、冷，无毒，有解热毒、补体虚、补肾益气之功效；现代医学研究认为，猪肉含有大量优质的蛋白质和人体必需的脂肪酸，能促进铁的吸收，改善缺铁性贫血。

杏仁中含有黄酮类物质，和猪肉同时食用易导致腹痛。

酒 + 柿子

酒味苦、甘，性辛、大热，有毒，有通血脉、润皮肤、散湿气、养脾气之功效。现代医学研究认为，经常少量饮用低度酒有利于扩张小血管、促进血液循环，能够预防动脉硬化等疾病。

柿子味甘，性寒、涩，无毒，有通耳鼻气、调理肠胃、解酒毒、除胃热、止口干之功效；现代医学研究认为，柿子的营养成分在水果中名列前茅，能够预防心血管疾病、地方性甲状腺肿大等疾病。

酒和柿子不能同食，因为酒精能刺激胃肠道蠕动，并与柿子中的鞣酸反应生成柿石，导致肠道梗阻。所以两者之间食用时应相隔一段时间，否则对身体不利。

酒＋牛肉

酒味苦、甘、辛，性大热，有毒，有通血脉、润皮肤、散湿气、养脾气之功效；少量饮用低度酒有利于扩张血小管、促进血液循环。

牛肉味甘，性温，无毒，有安中益气、养脾胃、补益腰脚、止渴之功效；现代医学研究认为，牛肉中含有丰富的蛋白质，而且氨基酸的组成更适合人体的需要，能提高机体免疫能力、改善微循环。

牛肉有很好的补益作用，酒也是大热之物，同时食用易导致便秘、口角发炎、目赤、耳鸣等症状。

酒＋咖啡

酒忌与咖啡同喝。酒中含有的酒精具有兴奋作用，而咖啡所含咖啡因，同样具有较强的兴奋作用。两者同饮，对人产生的刺激甚大。如果是在心情紧张或是心情烦躁时这样饮用，会加重紧张和烦躁情绪；若是患有神经性头痛的人如此饮用，会立即引发病痛；若是患有经常性失眠症的人，会使病情恶化；如果是心脏有问题，或是有阵发性心跳过速的人，将咖啡与酒同饮，其后果更为不妙，很可能诱发心脏病。一旦将二者同时饮用，应饮用大量清水或是在水中加入少许葡萄糖和食盐喝下，可以缓解不适症状。

啤酒＋猪肚

猪肚即猪胃，洗净滑腻污物后用，味甘，微温。《本草经疏》说:“猪肚，为补脾之要品。脾胃得补，则中气益，利自止矣……补益脾胃，则精血自生，虚劳自愈。”故补中益气的食疗方多用之。猪肚用于虚劳消瘦、脾胃虚腹泻、尿频或遗尿、小儿疳积，常配其他的食疗药物，装入猪胃，扎紧，煮熟或蒸熟食。如治小儿消瘦，脾虚少食，便溏腹泻，可配伍党参、白术、薏苡仁、莲子、陈皮煮熟食。

猪肚的嘌呤含量很高，再配上高嘌呤又含酒精的啤酒，会产生过高的尿酸，易引发痛风。

啤酒 + 白酒

啤酒忌与白酒同喝。啤酒中含有大量的二氧化碳，容易挥发，如果与白酒同饮，就会带动酒精渗透。有些人常常是先喝了啤酒再喝白酒，或是先喝白酒再喝啤酒，这样做实属不当，因为酒精在体内存储过多容易伤胃伤肝。若想减少酒精在体内的驻留，最好是多饮一些水，以助排尿。

啤酒 + 海鲜

海鲜是一种含有嘌呤和苷酸两种成分的食物，而啤酒中则富含分解这两种成分的重要催化剂——维生素 B_1。如果吃海鲜时饮啤酒，会促使有害物质在体内的结合，增加人体血液中的尿酸含量，从而形成难排的尿路结石。如果自身代谢有问题，吃海鲜的时候喝啤酒容易导致血尿酸水平急剧升高，诱发痛风，以至于出现痛风性肾病、痛风性关节炎等。

乳酸饮料 + 火腿、培根

常常吃三明治搭配优酪乳当早餐的人要小心，三明治中的火腿、培根等和乳酸饮料（含有机酸）一起食用，容易致癌。因为，为了保存香肠、火腿、培根、腊肉等加工肉制品，食品制造商会添加硝酸盐来防止食物腐败及肉毒杆菌生长。当硝酸盐碰上有机酸（乳酸、柠檬酸、酒石酸、苹果酸等）时，会转变为一种致癌物质——亚硝胺。因此，不要常常食用这类加工肉制品，以免增加致癌风险。

由于火腿及腌制品中含有硝酸盐，在乳酸菌的作用下可还原成亚硝酸盐，在唾液中硫氰酸根催化下，产生致癌物，可能引起胃肠、肝等消化器官癌变。因此，吃含有硝酸盐的食物前后 1 小时不宜饮乳酸饮料。

不利于消化的食物搭配

肉、禽、蛋、奶类

猪肝 + 红酒

红酒的成分相当复杂，最多的是水分，占 80% 以上，其次是酒精，一般为 10%~30%，剩余的物质超过 1000 种，比较重要的有 300 多种。红酒还有其他重要的成分，如酒酸、矿物质和单宁酸等。

猪肝中铁的含量是猪肉的 18 倍，人体的吸收利用率也很高，因此不宜和含有单宁酸的红酒共食。因为单宁酸会同铁产生反应，不利于人体对铁的吸收。

猪肝 + 雀肉

猪肝中铁质丰富，是补血食品中最常用的食物。猪肝中还具有一般肉类食品不含的维生素 C 和微量元素硒，能增强人体的免疫反应、抗氧化、防衰老，并能抑制肿瘤细胞的产生，也可治急性传染性肝炎。猪肝中也含有丰富的维生素 A，具有维持正常生长和生殖功能的作用，能保护眼睛，维持正常视力，防止眼睛干涩、疲劳，维持健康的肤色，对皮肤的健美具有重要意义。

雀肉含有蛋白质、脂肪、碳水化合物、矿物质及维生素 B_1、维生素 B_2 等。据《增补食物秘方》记载，雀肉能“补五脏，益精髓，暖腰膝，起阳道，缩小便，又治妇人血崩带下，十月后正月前宜食”。

猪肝味甘、苦，性温，归肝经，和雀肉都属于温性食物。但是猪肝中含有的铜、铁、锌等微量元素，能破坏雀肉中的蛋白质，二者同时食用会大大降低营养价值。

牛肉 + 粳米

粳米中的蛋白质虽然只占7%，但因食用时所用量很大，所以仍然是蛋白质的重要来源。粳米所含的人体必需氨基酸也比较全面，还含有脂肪、钙、磷、铁及B族维生素等多种营养成分。粳米米糠层的粗纤维分子，有助胃肠蠕动的功效，对胃病、便秘、痔疮等疗效很好；粳米能提高人体免疫功能，促进血液循环，从而减少高血压的发病率；粳米能预防糖尿病、脚气病、老年斑和便秘等疾病。牛肉含有丰富的蛋白质，氨基酸组成比猪肉更接近人体需要，能提高机体抗病能力。

二者都含有蛋白质，但此二者中蛋白质所需要的消化液和消化时间不同，同食会导致消化不良。

鸡肝 + 茶叶

鸡肝含有丰富的蛋白质、钙、磷、铁、锌、维生素A、B族维生素。鸡肝中铁质丰富，是补血食品中最常用的食物。

茶叶的化学成分主要有：茶多酚类、植物碱、蛋白质、氨基酸、维生素、果胶素、有机酸、脂多糖、糖类、酶类、色素等。

鸡肝中铁的含量多，茶水中含有单宁酸，吃鸡肝同时喝茶，会降低人体对铁的吸收。

鸭肉 + 柠檬

鸭肉中的蛋白质比畜肉含量高得多，脂肪含量适中且分布较均匀，十分美味。肉中的脂肪酸熔点低，易于消化。所含B族维生素和维生素E较其他肉类多，能有效抵抗脚气病、神经炎和多种炎症，还能抗衰老。鸭肉中含有较为丰富的烟酸，它是构成人体内两种重要辅酶的成分之一，对心肌梗死等心脏疾病患者有保护作用。

柠檬是世界上有药用价值的水果之一，它富含维生素C、柠檬酸、苹果酸、高量钾元素和低量钠元素等，对人体十分有益。

鸭肉和柠檬不可同食，因为柠檬中的柠檬酸易与鸭肉中的蛋白质结合，使蛋白质凝固，而不利于人体吸收。

鸡蛋＋茶叶

鸡蛋含有丰富的蛋白质、脂肪、维生素和铁、钙、钾等人体所需要的矿物质。茶叶中除生物碱外，还有酸性物质单宁酸，这些化合物与鸡蛋中的铁元素结合，对胃有刺激作用，且不利于消化吸收。因此茶叶蛋不可多吃。

鸡蛋＋豆浆

鸡蛋含有丰富的蛋白质、脂肪、维生素和铁、钙、钾等人体所需要的矿物质，蛋白质为优质蛋白，对肝脏组织损伤有修复作用；所含DHA和卵磷脂、卵黄素，对神经系统和身体发育有利，能健脑益智，改善记忆力，并促进肝细胞再生；鸡蛋中含有较多的B族维生素和其他微量元素，可以分解和氧化人体内的致癌物质，具有防癌作用。

豆浆是将大豆用水泡后磨碎、过滤、煮沸而成。豆浆营养非常丰富，含有丰富的植物蛋白、磷脂、维生素B_1、维生素B_2、烟酸和铁、钙等矿物质，尤其是铁的含量，比其他任何乳类都丰富。豆浆还是防治高血脂、高血压、动脉硬化等疾病的理想食品。多喝鲜豆浆可预防老年痴呆症，防治气喘病。豆浆对于贫血病人的调养，比牛奶作用要强，以喝热豆浆的方式补充植物蛋白，可以使人的抗病能力增强，调节中老年妇女内分泌系统，减轻并改善更年期症状，延缓衰老，减少青少年女性面部青春痘、暗疮的发生，使皮肤白皙润泽。

人们经常食用豆浆冲鸡蛋，认为两者都富含蛋白质，食之对身体有益，但从科学饮食角度讲，两者不宜同食。因为生豆浆中含有胰蛋白酶抑制物，它能抑制人体蛋白酶的活性，影响蛋白质在人体内的消化和吸收，鸡蛋的蛋清里含有黏性蛋白，可以同豆浆中的胰蛋白酶结合，使蛋白质的分解受到阻碍，从而降低人体对蛋白质的吸收。

牛奶 + 柠檬

牛奶除了含有丰富的蛋白质外，也含有一定的矿物质和微量元素，而且它们都是溶解状态，各种矿物质的含量比例，特别是钙、磷的比例比较合适，很容易消化吸收。

柠檬中含有维生素 B_1、维生素 B_2、维生素 C 等多种营养成分，还含有丰富的有机酸、柠檬酸。柠檬是高度碱性食品，具有很强的抗氧化作用，对促进肌肤的新陈代谢、延缓衰老及抑制色素沉着等十分有效。柠檬汁中还含有大量柠檬酸盐，能够抑制钙盐结晶，从而阻止肾结石形成，甚至已成之结石也可被溶解掉，所以食用柠檬能防治肾结石，使部分慢性肾结石患者的结石减少、变小。

喝牛奶前后不要吃柠檬，因为柠檬所含的化学成分影响钙的消化吸收。

水产海鲜类

海带 + 柿子

海带是一种营养价值很高的蔬菜，每百克干海带中含粗蛋白 8.2 克，脂肪 0.1 克，糖 57 克，粗纤维 9.8 克，矿物质 12.9 克，其中钙 2.25 克，铁 0.15 克，以及胡萝卜素 0.57 毫克，硫胺素（维生素 B_1）0.69 毫克，核黄素（维生素 B_2）0.36 毫克，烟酸 16 毫克，能提供 262 千卡热量。与菠菜、油菜相比，除维生素 C 外，其粗蛋白、糖、钙、铁的含量均高出几倍、几十倍。

柿子营养价值很高，含有丰富的蔗糖、葡萄糖、果糖、蛋白质、胡萝卜素、维生素C、瓜氨酸、碘、钙、磷、铁。柿子富含果胶，它是一种水溶性的膳食纤维，有良好的润肠通便作用，对于改善便秘，保持肠道正常菌群生长等有很好的作用。

海带中含有钙离子，柿子中含有较多的鞣酸，二者相遇，海带中的钙离子可与柿子中的鞣酸结合，生成不溶性的结合物，影响营养成分的消化吸收，导致胃肠道不适。

田螺+黑木耳

中医认为，田螺肉味甘、性寒、无毒，可入药，具有清热、明目、利尿、通淋等功效，主治尿赤热痛、尿闭、痔疮、黄疸等。明代龚延贤在《药性歌括四百味》中就有这样的记载：田螺性寒，利大小便，消食除热，醒酒立见。

黑木耳味甘、性平，归胃、大肠经。木耳中的胶质可把残留在人体消化系统内的灰尘、杂质吸附集中起来排出体外，从而起到清胃涤肠的作用。同时，它还有帮助消化纤维类物质的功能，对无意中吃下的难以消化的头发、谷壳、木渣、沙子、金属屑等异物有溶解与烊化作用，对胆结石、肾结石等内源性异物也有比较显著的化解功能。

田螺性寒，木耳滑利，二者同食不利于消化，还可能会导致腹痛、腹泻等不良症状。

海鱼+洋葱

海鱼一般指生活在海里的鱼，又叫咸水鱼，家庭常吃的品种有黄鱼、带鱼、鲐鱼、鳕鱼。多食海鱼对身体好，海鱼鱼肉中蛋白质含量丰富，其中所含必需氨基酸的量和比值最适合人体需要，因此，是人类摄入蛋白质的良好来源。其次，海鱼鱼肉中脂肪含量较少，而且多由不饱和脂肪酸组成，人体吸收率可达95%，具有降低胆固醇、预防心脑血管疾病的作用。再次，鱼肉中含有丰富的矿物质，如铁、磷、钙等；鱼的肝脏中则含有大量维生素A和维生素D。另外，鱼肉肌纤维很短，水分含量较高，因此肉质细嫩，比畜禽的肉更易吸收。与营养价值很高但不易吸收的食物比起来，鱼肉对人们的健康更为有利。

洋葱和海鱼不能一起吃，因为洋葱中含有的草酸会分解和破坏海鱼中丰富的蛋白质，并使之沉淀，使蛋白质不易被人体消化吸收。因此两者不可同食。

水果、蔬菜、杂粮类

西红柿 + 鱼

西红柿富含维生素 A、维生素 C、维生素 B_1、维生素 B_2 以及胡萝卜素和钙、磷、钾、镁、铁、锌、铜和碘等多种元素，还含有蛋白质、糖类、有机酸、纤维素。西红柿含中的维 C 含量多，每 100 克西红柿含维生素 C 14 毫克。据营养学家研究测定：每人每天食用 50~100 克鲜西红柿，即可满足人体对几种维生素和矿物质的需要。

鱼类含有丰富的营养价值，鱼肉是很好的蛋白质来源，鱼的肝脏和鱼油含有丰富的维生素 A、维生素 D，维生素 B_6、维生素 B_{12}、烟碱酸及生物素，鱼体内还含有丰富的促进脑力的 DHA。鱼鳞中含有多种不饱和脂肪酸和丰富的微量矿物质，其中钙、磷含量较高，鱼体内的卵磷脂，有增强人脑记忆力，延缓细胞衰老的作用。

西红柿中的维生素 C 会对鱼肉中所含铜元素的释放产生抑制作用，不利于人体吸收。

西红柿 + 红薯

西红柿是低热量水果，它含有番茄红素，有助消化和利尿的作用，同时对肝脏有保护作用，还能提高机体免疫能力、改善机体微循环。

红薯含有丰富的淀粉、膳食纤维、胡萝卜素、维生素 A、维生素B、维生素C、维生素E以及钾、铁、铜、硒、钙等10余种微量元素和亚油酸等，营养价值很高；红薯含有大量膳食纤维，在肠道内无法被消化吸收，能刺激肠道，增强蠕动，通便排毒。红薯被营养学家们称为营养最均衡的保健食品。

西红柿中含有大量的酸类物质，能与红薯在胃中形成不易消化的物质，极易导致腹痛、腹泻和消化不良。

韭菜+牛奶

韭菜的营养价值很高，每100克可食用部分含蛋白质2~2.85克，脂肪0.2~0.5克，碳水化合物2.4~6克，纤维素0.6~3.2克，还有大量的维生素，如胡萝卜素0.08~3.26毫克，核黄素0.05~0.8毫克，烟酸0.3~1毫克，维生素C 10~62.8毫克。韭菜含的矿质元素也较多，如钙10~86毫克，磷9~51毫克，铁0.6~2.4毫克。此外，韭菜含有挥发性的硫化丙烯，因此具有辛辣味，有促进食欲的作用。

牛奶中含有丰富的活性钙，是人类最好的钙源之一，1升新鲜牛奶所含活性钙约1250毫克，居众多食物之首，约是大米的101倍、瘦牛肉的75倍、猪瘦肉的110倍，它不但含量高，而且牛奶中的乳糖能促进人体肠壁对钙的吸收，吸收率高达98%，从而调节体内钙的代谢，维持血清钙浓度，增进骨骼的钙化。

吸收好对于补钙是尤其关键的。故“牛奶能补钙”这一说法是有其科学道理的。

喝牛奶前后不可吃韭菜，因为韭菜中含有大量的草酸，同牛奶食用会形成白色沉淀物草酸钙，这种化合物人体不吸收，从而也会阻碍人体对钙质的吸收。

柠檬+鸡肉

柠檬是世界上最有药用价值的水果之一，它富含维生素C、柠檬酸、苹果酸、高量钾元素和低量钠元素等，对人体十分有益。柠檬含有烟酸和丰富的有机酸，其味极酸，柠檬酸汁有很强的杀菌作用，对食品卫生很有好处，实验显示，酸度极强的柠檬汁在15分钟内可把海贝壳内所有的细菌杀死。

鸡肉味酸，性微温，无毒，有下气、安五脏、调中除邪、利小便、解毒之功效；现代医学研究认为，鸡肉中蛋白质含量较高，而且容易吸收，有增强体力、强壮身体的作用；主治营养不良、月经不调、畏寒怕冷、乏力贫血等症。

鸡肉中的蛋白质与柠檬中的醋酸、鞣酸结合，会形成不利于人体消化的物质。

核桃＋野鸡肉

核桃的药用价值很高，中医应用广泛。中医认为核桃性温、味甘、无毒，有健胃、补血、润肺、养神等功效。《神农本草经》将核桃列为久服轻身益气、延年益寿的上品。

野鸡肉质细嫩鲜美，野味浓，其蛋白质含量高达30%，是普通鸡肉、猪肉的2倍，是高蛋白质、低脂肪的野味食品。野鸡肉能补中益气、止泻痢、除消渴。

核桃仁味甘，性温热，能温肺润肠、乌发、利小便、壮肾补脑、强筋健骨。另外，核桃仁富含脂肪，野鸡肉不易消化，二者同食容易导致腹泻。

其他

生豆浆＋蛋清

《本草纲目》记载蛋清："甘，微寒，无毒。"蛋清可润肺利咽、清热解毒，适用于治咽痛、目赤、咳逆、疟疾、烧伤、热毒肿痛。

人们经常食用豆浆冲鸡蛋，认为两者都富含蛋白质，食之对身体有益，但从科学饮食角度讲，两者不宜同食。因为生豆浆中含有胰蛋白酶抑制物，它能抑制人体蛋白酶的活性，影响蛋白质在人体内的消化和吸收，鸡蛋的蛋清里含有黏性蛋白，可以同豆浆中的胰蛋白酶结合，使蛋白质的分解受到阻碍，从而降低人体对蛋白质的吸收率。

豆浆＋蜂蜜

豆浆含有丰富的植物蛋白和磷脂，还含有维生素 B_1、维生素 B_2 和烟酸。此外，豆浆还含有铁、钙等矿物质，尤其是其所含的钙，虽不及豆腐，但比其他任何乳类都高，非常适合于老人、成年人和青少年。

蜂蜜含大量葡萄糖和果糖、少量蔗糖、蛋白质、柠檬酸、苹果酸、琥珀酸、甲酸、乙酸、维生素 B_1、维生素 B_2、维生素 B_6、维生素 C、维生素 K 和泛酸、烟酸、胡萝卜素、淀粉酶、转化酶、脂酶，微量的镁、硫、磷、钙、钾、钠、碘等。《神农本草经》把蜂蜜列为有益于人体的上品。

豆浆中的蛋白质含量比牛奶还高，而蜂蜜含少量有机酸，两者冲兑时，有机酸与蛋白质结合产生变性沉淀，不能被人体吸收。

豆浆＋红糖

红糖通常是指带蜜的甘蔗成品糖，一般是指甘蔗经榨汁，通过简易处理，经浓缩形成的带蜜糖。红糖按结晶颗粒不同，分为赤砂糖、红糖粉、碗糖等，因没有经过高度精炼，它们几乎保留了蔗汁中的全部成分，除了具备糖的功能外，还含有维生素和微量元素，如铁、锌、锰、铬等，营养成分比白砂糖高很多。

红糖里的有机酸能够和豆浆中的蛋白质结合，产生沉淀物，对身体不利。因此，不宜在食用豆浆时加入红糖。

第六章

适宜搭配的食物

谷物类

大米＋小米

大米属阴性，小米属阳性，因此，大米小米搭配在一起营养丰富又互补，在食用大米时加入少量小米，可大大提升氨基酸的利用率，适合脾胃不好与身体虚弱的人食用。

大米＋黑米

我国民间就有“逢黑必补”之说。黑米所含锰、锌、铜等矿物质大都较大米高 1~3 倍，更含有大米所缺乏的维生素 C、叶绿素、花青素、胡萝卜素及强心苷等特殊成分，因而黑米比普通大米更具营养。多食黑米具有开胃益中、健脾暖肝、明目活血、滑涩补精之功，对于少年白发、妇女产后虚弱、病后体虚以及贫血、肾虚均有很好的补养作用。

黑米本身营养丰富，与大米一同食用，可开胃益中、暖肝脾、活血明目、滑涩添精。

粳米＋绿豆

粳米为禾本科植物粳稻的种仁，即今人常吃的稻米。粳米中的蛋白质虽然只占 7%，但因食用时用量很大，所以仍然是蛋白质的重要来源。粳米所含人体必需氨基酸也比较全面，还含有脂肪、钙、磷、铁及 B 族维生素等多种营养成分。粳米中的蛋白质、脂肪、维生素含量都比较多，多吃能降低胆固醇，减少心脏病发作和中风的概率。

绿豆味甘性寒，具有清热解毒、止渴消暑、利尿润肤的功效。

粳米与绿豆共煮能增强绿豆祛暑除烦、生津止渴、解毒消水肿之功效，特别适合老人和儿童食用。

谷类＋黄豆

谷类食物如大米、小麦、小米、玉米、高粱等是含碳水化合物很多的食物，是供给机体热能的最主要来源。但是这类食物的蛋白质含量相对较低，质量较差，蛋白质所含的必需氨基酸不完全，尤其是缺乏赖氨酸，营养价值较动物蛋白质低。因此，谷类食物不是理想的蛋白质来源。

而黄豆中含有价值很高的营养素，包括蛋白质、异黄酮、皂角苷和植物甾醇类。黄豆蛋白还能为人体提供必需氨基酸，其中含有的黄豆皂苷，可以提高人体免疫力，还有黄豆中含有的可溶性纤维，既可通便，又能降低胆固醇含量。

与谷物一起食用时，黄豆所提供的蛋白质可与动物蛋白相媲美。黄豆的脂肪含量较低，而且不含胆固醇，可以增强体质和机体的抗病能力，还有降血压和减肥的功效，并能补充人体所需要的热量，亦可治疗便秘，极适宜老年人食用。

粳米＋黑芝麻

黑芝麻含有的多种人体必需氨基酸在维生素E、维生素B_1的作用参与下，能加速人体的代谢功能。黑芝麻含有的铁和维生素E是预防贫血、活化脑细胞、消除血管胆固醇的重要成分；它含有的脂肪大多为不饱和脂肪酸，有延年益寿的作用。中医中药理论认为，黑芝麻具有补肝肾、润五脏、益气力、填脑髓的作用，可用于治疗肝肾精血不足所致的眩晕、须发早白、脱发、腰膝酸软、四肢乏力、五脏虚损、皮燥发枯、肠燥便秘等病症，在乌发养颜方面的功效，更是有口皆碑。

粳米与黑芝麻同煮能补益肝肾，滋养五脏。每日两次，早、晚餐食用，适于中老年体质虚弱者选用，并有预防早衰之功效。

糯米 + 藕

在块茎类食物中，藕含铁量较高，故对缺铁性贫血的病人颇为适宜。藕的含糖量不算很高，又含有大量的维生素 C 和膳食纤维，对于肝病、便秘、糖尿病等一切有虚弱之症的人都十分有益。藕中所含丰富的维生素 K，具有收缩血管和止血的作用，对于瘀血、吐血、衄血、尿血、便血的人以及产妇极为适合。鲜藕汁可治疗烦渴、泌尿系感染、鼻血不止，煮烂食用可治疗乳汁不下。

糯米灌藕是江、浙两省民间的食疗方。该方制成后清香微甜，别具一格，具有健脾补胃、舒畅肺气、补血、止血、散瘀血等功能。对虚寒性慢性胃炎，胃及十二指肠溃疡和胃下垂患者均相宜。有肠胃道出血史者食之尤佳。

玉米 + 菜花

菜花与补中健胃、除湿利尿的玉米搭配，有健脾益胃、补虚、助消化的作用。

玉米笋 + 木瓜

玉米笋为禾本科玉米属一年生草本植物。晚春玉米苞叶和花丝未授粉的果穗，去掉苞叶及发丝，切掉穗梗，即为玉米笋。其形状如嫩竹笋尖，它含有丰富的维生素、蛋白质、矿物质、磷、钙，还含有多种人体必需的氨基酸，营养含量丰富，有强身、健脑、通便之功效。并具有独特的清香，口感甜脆、鲜嫩可口，且适口性好。

木瓜能帮助消化及清理肠胃，可以抗癌、防衰老和降血压。玉米笋含有多量的脂肪、维生素等，它的膳食纤维更有助于肠胃蠕动，二者同食营养丰富，且对防治慢性肾炎和冠心病、糖尿病也有疗效。

地瓜 + 白菜

地瓜味甘性温，能滑肠通便，健胃益气。白菜性味甘平，有清热除烦、解渴利尿、通利肠胃的功效，经常吃白菜可防止维生素 C

缺乏症（坏血病）。两者搭配不仅营养丰富，还能增强食欲，预防感冒，并能起到降低血糖的作用。

黄豆＋香菜

香菜含有丰富的维生素 C 和胡萝卜素，具有发汗、祛风解毒的功效；黄豆则含有丰富的植物蛋白质，具有健脾、宽中的功效。二者搭配煮汤，具有健脾宽中、祛风解毒的功效。常食可以增强免疫力、防病抗病、强壮身体，还可以扶正祛邪，适宜于小儿风寒感冒者食用。民间用以治疗风寒感冒、流行性感冒及发热头痛等症。

红豆＋南瓜

红豆又名红小豆、米豆、赤豆、赤小豆。其中富含淀粉，因此又被人们称为“饭豆”，它具有“津津液、利小便、消胀、除肿、止吐”的功能，被李时珍称为“心之谷”。

南瓜中含有丰富的微量元素钴和果胶。钴的含量较高，是其他任何蔬菜都不可相比的，它是胰岛细胞合成胰岛素所必需的微量元素，常吃南瓜有助于防治糖尿病。果胶则可延缓肠道对糖和脂质的吸收。

红豆南瓜煮粥，不仅口感清润，还有降糖温中、安神定志之功效。

绿豆＋南瓜

南瓜有补中益气的功效，并且富含维生素，是一种高纤维食品，能降低糖尿病病人的血糖。绿豆有清热解毒、生津止渴的作用，与南瓜同煮有很好的保健作用。

绿豆＋芹菜

绿豆搭配芹菜具有平肝、祛风利湿、清热解毒、滋阴润燥的功效，还能有效缓解头晕、头痛、口干、喉咙痛，并有降压降脂的功效。二者同食对人体十分有益。

毛豆＋丝瓜

毛豆富含蛋白质、维生素和人体所需的矿物质，丰富的卵磷脂有利于大脑发育，丰富的膳食纤维可以润肠排毒。毛豆中的钾含量很高，夏天常吃，可有助于弥补因出汗过多而导致的钾流失，消除疲劳，排解因暑热引发的焦躁情绪。

丝瓜又叫菜瓜，能够生津止渴、解暑除烦，是夏季清热利肠的良品。中医认为，丝瓜味甘，性平，无毒，有除热利肠、祛风化痰、凉血解毒、通经络、行血脉之功效；现代医学研究认为，丝瓜中含有多种维生素，能消除面部色素沉着，有美容养颜之功效。丝瓜的做法很多，可炒可烩，也可用丝瓜煮食汤菜。

毛豆烩丝瓜或煮汤，口感清润，可清热去痰，防止便秘、口臭及周身骨痛，还能改善头昏脑涨、精神不济、胃口不佳、肠胃不调等症状。

糯米＋红枣

糯米味甘性微温，其中含有丰富的B族维生素和一定量的矿物质，能补脾胃，益气血。

红枣味甘性温、归脾胃经，有补中益气、养血安神、缓和药性的功能。红枣是补气养血的圣品，又物美价廉，善用红枣即可达到健脾益胃、补气养血、养生保健的功效。

糯米红枣搭配煮粥或做糕点，具有补脾胃、益气血之功效，适于胃及十二指肠溃疡患者食用，对治疗脾胃虚弱效果尤佳。

黄豆＋红枣

经常食用黄豆及豆制品之类的高蛋白食物，能营养皮肤、肌肉和毛发，使皮肤润泽细嫩，富有弹性，使肌肉丰满而结实，使毛发乌黑而光亮。

红枣中富含钙和铁，它们对防治骨质疏松和贫血有重要作用。中老年人更年期经常会发生骨质疏松，正在生长发育高峰的青少年和女性也容易发生贫血，红枣对他们会有十分理想的食疗作用，其效果通常是药物不能比拟的，对病后体虚的人也有良好的滋补作用。

黄豆红枣搭配能健脾养胃、通经活络、祛风散湿、活血化瘀，对治疗脚气有很好的效果。

小米 + 桑葚

小米味甘、咸、性凉，具有健脾和胃、补益虚损、和中益肾、除热、解毒之功效。小米营养丰富，它不仅可以强身健体，而且还可防病去恙。桑葚营养价值较高，具有滋肝肾、补血、祛风寒、健步履、清虚火等功效。

桑葚与小米煮粥补肝益肾，养血润燥。还可消除脑力疲劳，常吃有利于记忆力减退、精力不集中、多梦、失眠等症状的改善。

粳米 + 松子

粳米具有补中益气、益脾胃的功效，是病后肠胃功能减弱、烦渴、虚寒、痢泄等症的食疗佳品。松子不仅营养丰富，还有良好的食疗作用。其所含的脂肪多是人体所必需的亚油酸、亚麻油酸等不饱和脂肪酸，具有软化血管的作用，能够增强血管弹性，维护毛细血管的正常状态，具有降低血脂，预防心血管疾病以及通便润肠的作用。松子含有大量矿物质如钙、铁、磷等，能给机体组织提供丰富的营养成分，强壮筋骨，消除疲劳。

松子煮粳米粥能滋阴润肠通便，适用于排便困难、粪质干硬等亚健康状态。

薏米 + 板栗

薏米中含有丰富的蛋白质分解酵素，能使皮肤角质软化，对皮肤赘疣、粗糙不光滑者，长期服用也有疗效。

板栗又叫栗子，是一种补养治病的保健品。栗子含有丰富的营养成分，包括糖类、蛋白质、脂肪、多种维生素和矿物质。栗子对高血压、冠心病、动脉粥样硬化等具有较好的防治作用。老年人常食栗子，对抗老防衰、延年益寿大有好处。中医学认为，栗子性味甘温，有养胃健脾、补肾壮腰、强筋活血、止血消肿等功效。

板栗与薏米搭配，具有补益脾胃、补肾利尿、利湿止泻的功效，可作为脾胃虚弱、心烦、消渴、食少乏力、脾胃虚损、水肿和癌症等患者的辅助食疗方。

粳米 + 桑葚

桑葚营养价值较高，具有滋肝肾、补血、祛风寒、健步履、清虚火等功效。与粳米煮粥补肝益肾，养血润燥。还可消除脑力疲劳，常吃有利于记忆力减退、精力不集中、多梦、失眠等症状的改善。

粳米 + 莲子

中医认为粳米有治诸虚百损、强阴壮骨、生津、明目、长智的功能。粳米煮粥可以补中益气、健脾养胃、益精强志、强壮筋骨、和五脏、通血脉、聪耳明目、止烦、止渴、止泄，是人间第一补物。

莲子是常见的滋补之品，有很好的滋补作用。古人认为经常服食，百病可祛，因它“享清芳之气，得稼穑之味，乃脾之果也”。莲子中的钙、磷和钾含量非常丰富，除构成骨骼和牙齿的成分外，还有促进凝血，使某些酶活化，维持神经传导性，镇静神经，维持肌肉的伸缩性和心跳的节律等作用。

粳米莲子煮粥，有清热、止呕之功效，主治小儿胃热而引起的呕吐等症。

红薯 + 莲子

红薯含有丰富的糖质、维生素和矿物质、膳食纤维等。红薯中的胡萝卜素、维生素 B_1 等多种维生素，为维持人体健康所必需。红薯中的淀粉加热后呈糊状，使得不耐热且易溶于水的维生素 C 得到了很好的保护。其中的矿物质对于维持和调节人体功能，起着十分重要的作用：钙和镁可预防骨质疏松症，钾具有降低血压的作用。

莲子有养心安神的功效。中老年人特别是脑力劳动者经常食用，可以健脑，增强记忆力，提高工作效率，并能预防老年痴呆的发生。莲子芯味道极苦，却有显著的强心作用，能扩张外周血管，降低血压。莲子心还有很好的去心火功效，可以治疗口舌生疮，并有助于睡眠。

红薯、莲子做成粥，适宜于大便干燥、习惯性便秘、慢性肝病、癌症患者等食用。而且此粥还具有美容功效。

黑豆 + 柿子

黑豆营养全面，含有丰富的蛋白质、维生素、矿物质，有活血、利水、祛风、解毒之功效。

柿子的招牌营养素十分丰富，与苹果相比，除了锌和铜的含量苹果高于柿子外，其他成分均是柿子占优。外国俗语说“一日一苹果，医生远离我”。但是，要论预防心血管硬化，柿子的功效远大于苹果，堪称“有益心脏健康的水果王”。所以“每日一苹果，不如每日一柿子”。

黑豆性平、味甘，归脾、肾经；柿子有养肺胃、清燥火的功效。两者搭配能清热止血，对尿血、痔疮出血有疗效。

毛豆 + 花生

毛豆配花生吃得到的卵磷脂的含量极高，而卵磷脂进入胃肠道后被分解成胆碱，迅速经小肠黏膜吸收进入血管再入脑，发挥健脾益智的作用，补充卵磷脂后记忆力与智力都有明显提高。

红薯 + 猪肉

红薯含有丰富的淀粉，具有生津、健肠、止泻等功效，猪肉有丰富的营养价值和滋补作用。二者搭配食用，对保健和预防糖尿病有较好的作用。

蔬菜类

苦瓜＋辣椒

苦瓜具有清热消暑、养血益气、补肾健脾、滋肝明目之功效，对治疗痢疾、疮肿、热病烦渴、中暑发热、痱子过多、眼结膜炎、小便短赤等病有一定的作用。因苦瓜性寒，故脾胃虚寒者不宜多食。辣椒含有较多抗氧化物质，可预防癌症及其他慢性疾病，也可以使呼吸道畅通，用以治疗咳嗽、感冒。辣椒还能杀抑胃腹内的寄生虫。

两者同食有解除疲劳、清心明目、益气壮阳、延缓衰老的作用。

苦瓜＋茄子

苦瓜，性味苦、寒，维生素C含量丰富，有除邪热、解疲劳、清心明目、益气壮阳的功效。

茄子的营养也较丰富，含有蛋白质、脂肪、碳水化合物、维生素以及钙、磷、铁等多种营养成分。茄子富含的生物类黄酮（维生素P）等营养物质能增强人体细胞的黏着力，增强毛细血管的弹性，降低毛细血管的脆性及渗透性，防止微血管的破裂出血，使血小板保持正常功能，并有预防坏血病以及促进伤口愈合的功效。因此常吃茄子对防治高血压、动脉粥状硬化、咯血、紫斑症及坏血病等有一定预防作用。

两者同食有清心明目、益气壮阳、延缓衰老、去痛活血、清热消肿、解痛利尿等功效，是心血管病人的理想菜品。

黄瓜＋黄花菜

黄瓜中含有丰富的维生素E，可起到延年益寿，抗衰老的作用；黄瓜酶有很强的生物活性，能有效促进机体的新陈代谢；黄瓜中所含的丙氨酸、精氨酸和谷胺酰胺对肝脏病人，特别是对酒精性肝硬化患者有一定辅助治疗作用，可防治酒精中毒；黄瓜中所含的丙醇二酸，可抑制糖类物质转变为脂肪。此外，黄瓜中的纤维素对促进人体肠道内腐败物质的排出和降低胆固醇有一定作用，能强身健体。黄瓜还含有维生素 B_1，它对改善大脑和神经系统功能有利，能安神定志，辅助治疗失眠症。

黄花菜性味甘凉，有止血、消炎、清热、利湿、消食、明目、安神等功效，对吐血、大便带血、小便不通、失眠、乳汁不下等有疗效，可作为病后或产后的调补品。

两者同食可补虚养血，利湿消肿。

茭白 + 西红柿

茭白的有机氮素以氨基酸状态存在，能提供硫元素，且味道鲜美，营养价值较高，易为人体所吸收。中医认为，茭白有祛热、止渴、利尿的功效，夏季食用尤为适宜。茭白通退黄疸、通乳汁，对于黄疸型肝炎和产后乳少有益。茭白含有丰富的有醒酒作用的维生素，有解酒的功用。

西红柿色泽艳丽，形态优美，甜酸适口，营养丰富，既可作水果生食，又可烹调成鲜美菜肴，堪称菜中之果。中医认为，西红柿性味酸甘，有生津止渴、健胃消食、清热解毒功效。对热性病口渴、过食油腻厚味所致的消化不良、中暑、胃热口苦、虚火上炎等病症有较好的治疗效果。在炎热的夏天，人们食欲减退，常吃些糖拌西红柿、西红柿汤，可解暑热，增进食欲，帮助消化。

二者搭配，具有清热解毒、利尿降压的作用，适合于辅助治疗热病烦躁、黄疸、痢疾以及高血压、水肿等病症。

萝卜 + 荸荠

萝卜含有能诱导人体产生干扰素的多种微量元素，可增强机体免疫力，并能抑制癌细胞的生长，对防癌抗癌有重要意义。萝卜中的B族维生素和钾、镁等矿物质可促进肠胃蠕动，有助于体内废物的排出。吃萝卜可降血脂、软化血管、稳定血压，预防冠心病、动脉硬化、胆结石等疾病。

荸荠具有很好的医疗保健效果，其苗秧、根、果实均可入药。据《中药大辞典》记载：荸荠味甘、微寒、无毒，有温中益气、清热开胃、消食化痰之功效。中医认为：荸荠性味甘寒，功效清热化痰、生津开胃、明目清音、消食醒酒。临床上可用于热病烦渴、痰热咳嗽、咽喉疼痛、小便不利、便血、疣等症。

两者共食可健脾消积滞，生津解毒，对于食积胀满、痰嗽失音、肝炎、糖尿病、消渴、痢疾、小便不利等都有一定的疗效。

胡萝卜 + 香菜

胡萝卜性良味甘，可消积滞、化痰清热、下气宽中、解毒。东北胡萝卜能够有效调节体内酸碱平衡，对痛风患者十分有利。

香菜又名芫荽，做汤加上香菜可增加汤的清香；烹制畜肉类菜肴时加些香菜，能除腥膻气味。香菜还具有促进周围血液循环的作用，寒性体质者适当吃点香菜能改善手脚发凉的症状。中医认为，香菜辛温香窜，内通心脾，外达四肢，辟一切不正之气，为温中健胃养生食品。日常食之，有消食下气，醒脾调中，壮阳助兴等功效，适于寒性体质、胃弱体质以及肠腑壅滞者食用，可用来治疗胃脘冷痛、消化不良、麻疹不透等症状。

二者同食可清热利肠，健美轻身，适用于单纯性肥胖症。

胡萝卜 + 菠菜

胡萝卜内含琥珀酸钾，有助于防治血管硬化，降低胆固醇，对防治高血压有一定效果。

菠菜叶中含有一种类胰岛素样物质，其作用与胰岛素非常相似，能使血糖保持稳妥。菠菜中丰富的维生素能够防治口角炎、夜盲等维生素缺乏症的发生。

二者同食可以明显降低中风的危险，并有降压、降糖功效。

土豆 + 豆角

土豆的营养价值很高，含有丰富的维生素 A 和维生素 C 以及矿物质，优质淀粉含量约为 16.5%，还含有大量木质素等，中医认为土豆性平味甘无毒，能健脾和胃、益气调中、缓急止痛、通利大便，对脾胃虚弱、消化不良、肠胃不和、脘腹作痛、大便不畅的患者效果显著。

常见的豆角有扁豆、刀豆、豌豆、豇豆等，大部分人只知道它们含有较多的优质蛋白和不饱和脂肪酸（有益脂肪），矿物质和维生素含量也高于其他蔬菜，却不知道它们还具有重要的药用价值。中医认为，豆角的共性是性平、有化湿补脾的功效，对脾胃虚弱的人尤其适合。

豆角的营养成分能使人头脑宁静，两者同食可调理消化系统，清除胸膈胀满。还可防治急性肠炎、呕吐腹泻等。

豆腐 + 韭菜

韭菜不仅有丰富的营养价值，同时还有一定的药用效果，韭菜中的硫化物具有降血脂的作用，适用于治疗心脑血管病和高血压，韭菜中含有大量的膳食纤维，可增加肠胃蠕动，使胃肠道排空时间加快，减少食糜中的胆固醇和胆酸同细菌作用时间，减少致癌有毒物质在肠道里滞留及吸收机会，对便秘、结肠癌、痔疮等都有明显疗效。另外，中医认为韭菜食味甘温，有补肾益阳、散血解毒、调和脏腑、暖胃、增进食欲、除湿理血等功效。

豆腐、韭菜两者同食对阳痿、早泄、遗尿、妇女阳气不足，大便干燥、癌症等有一定疗效，能促进血液循环，增进体力，提高性功能，健胃提神，宽中益气，清热散血，消肿利尿，润燥生津。

豆腐＋白菜

大白菜味甘，性平，有养胃利水、解热除烦的功效，可用于治感冒、发热口渴、支气管炎、咳嗽、食积、便秘、小便不利、冻疮、溃疡出血、酒毒、热疮。由于其含热量低，还是肥胖病及糖尿病患者很好的辅助食品；大白菜含有的微量元素钼，能阻断亚硝胺等致癌物质在人体内的生成，是防癌佳品。

白菜具有补中、消食、利尿、通便、消肺热、止痰咳等功效；豆腐提供植物蛋白质和钙、磷等营养成分。二者同食，适宜于大小便不利、咽喉肿痛、支气管炎等患者食用。

南瓜＋莲子

南瓜味甘、性温，入脾、胃经，具有补中益气、消炎止痛、解毒杀虫、降糖止渴的功效，尤其适宜肥胖者、糖尿病患者和中老年人食用。南瓜中含有丰富的锌，参与人体内核酸、蛋白质的合成，是肾上腺皮质激素的固有成分，为人体生长发育的重要物质。

莲子有养心安神的功效，中老年人特别是脑力劳动者经常食用，可以健脑，增强记忆力，提高工作效率，并能预防老年痴呆的发生。莲子中央绿色的芯，称莲子芯，含有莲心碱、异莲心碱等多种生物碱，味道极苦，有清热泻火之功能，还有显著的强心作用，能扩张外周血管，降低血压。

二者同食适宜于糖尿病、冠心病、高血压、高血脂等患者食用，也适宜肥胖、便秘者食用。

黄瓜＋莲子

黄瓜中含有的葫芦素C具有提高人体免疫功能的作用，可达到抗肿瘤目的。此外，该物质还可治疗慢性肝炎和迁延性肝炎，对原发性肝癌患者有延长生存期作用。黄瓜中所含的葡萄糖苷、果糖等不参与通常的糖代谢，故糖尿病患者以黄瓜代淀粉类食物充饥，血糖非但不会升高，甚至会降低。

莲子善于补五脏不足，通利十二经脉气血，使气血畅而不腐，莲子所含氧化黄心树宁碱对鼻咽癌有抑制作用，这使得莲子具有防癌抗癌的营养保健功能。

两者搭配能有效降低血压，并有抵抗肿瘤和防癌的作用。

胡萝卜＋红枣

胡萝卜含有大量胡萝卜素，有补肝明目的作用，可治疗夜盲症。胡萝卜素转变成维生素A，有助于增强机体的免疫功能，在预防上皮细胞癌变的过程中具有重要作用。维生素A还是骨骼正常生长发育的必需物质，有助于细胞增殖与生长，是机体生长的要素，对促进婴幼儿的生长发育具有重要意义。胡萝卜中的木质素也能提高机体免疫机制，间接消灭癌细胞。

红枣中所含的维生素C是一种活性很强的还原性抗氧化物质，参与体内的生理氧气还原过程，防止黑色素在体内慢性沉淀，可有效地减少色素老年斑的产生。红枣中所含的糖类、脂肪、蛋白质是保护肝脏的营养剂。它能促进肝脏合成蛋白，增加血清红蛋白与白蛋白含量，调整白蛋白与球蛋白比例，有预防输血反应、降低血清谷丙转氨酶水平等作用。

胡萝卜与红枣共食适用于气管炎属肺气虚者。

南瓜＋红枣

南瓜内含有维生素和果胶，果胶有很好的吸附性，能黏结和消除体内细菌毒素和其他有害物质，如重金属中的铅、汞和放射性元素，能起到解毒作用。南瓜含有丰富的钴，钴能活跃人体的新陈代谢，促进造血功能，并参与人体内维生素B_{12}的合成，是人体胰岛细胞所必需的微量元素，对防治糖尿病、降低血糖有一定的疗效。

红枣有补中益气、养血安神之功效。红枣中所含的糖类、脂肪、蛋白质是保护肝脏的营养剂。它能促进肝脏合成蛋白，增加血清红蛋白与白蛋白含量，调整白蛋白与球蛋白比例，有预防输血反应、降低血清谷丙转氨酶水平等作用。

两者同食具有补脾益气、解毒止痛功效，可以防治糖尿病、动脉硬化、胃及十二指肠溃疡等病症。

冬瓜 + 红枣

冬瓜含维生素 C 较多，且钾盐含量高，钠盐含量较低，高血压、肾脏病、浮肿病等患者食之，可达到消肿而不伤正气的作用。冬瓜中所含的丙醇二酸，能有效地抑制糖类转化为脂肪，加之冬瓜本身不含脂肪，热量不高，对于防止人体发胖具有重要意义，还有助于体形健美。但要注意冬瓜性凉，不宜生食。

红枣有健脾养胃之功能。“脾好则皮坚”，皮肤容光焕发，毛发则有了安身之处，所以常食营养丰富的红枣可以防止头发脱落，而且可长出乌黑发亮的头发。中医常用红枣养胃健脾。如在处方中遇有药力较猛或有刺激性药物时，常配用红枣，以保护脾胃。红枣中所含有的糖类、蛋白质、脂肪、有机酸，对大脑有补益作用。

冬瓜配红枣煮汤具有补脾和胃、益气生津、调营卫、解药毒的作用。

西红柿 + 红枣

西红柿含丰富的维生素 C，一克西红柿中约有 25 毫克维生素 C，其中的维生素 C 由于得到有机酸保护，煮时不易被破坏，故容易被人体吸收。此外，西红柿能降压，可作为高血压患者的辅助食疗方；西红柿能开胃，尤其是夏天，可刺激幼儿食欲。

红枣具有补虚益气、养血安神、健脾和胃等功效，是脾胃虚弱、气血不足、倦怠无力、失眠等患者良好的保健营养品。大枣对急慢性肝炎、肝硬化、贫血、过敏性紫癜等症有较好疗效。大枣含有三萜类化合物及环磷酸腺苷，有较强的抑癌、抗过敏作用。

西红柿红枣汤甜香微酸，营养丰富，是夏季极好的补品，能生津止渴，健胃消食。

菠菜＋花生

菠菜营养丰富，含有较多的蛋白质，还含有较为丰富的钙、铁、维生素E以及尼克等。菠菜具有一定的补血作用，菠菜中所含的酶类物质能够促进胃和胰腺的分泌功能。但由于它含草酸较多，吃起来有点发涩。草酸容易和食物中的钙结合形成不溶性的草酸钙，妨碍人体对钙的吸收。

花生含有丰富的蛋白质、不饱和脂肪酸、维生素E、烟酸、维生素K、钙、镁、锌、硒等营养元素，有增强记忆力、抗老化、止血、预防心脑血管疾病、减少肠癌发生的作用；其性平，味甘，入脾、肺经，具有醒脾和胃、润肺化痰、滋养调气、清咽止咳之功效。

菠菜、花生同食对于营养不良调理，秋季养生调理以及贫血调理有很好的作用。

西红柿＋猕猴桃

西红柿含有丰富的维生素C等营养素，被誉为“维生素C的仓库”。西红柿有很不错的平衡油脂功效，还有清洁、美白与镇静效果。

猕猴桃又叫藤梨、阳桃、猕猴梨。猕猴桃中含多种氨基酸和矿物质，含维生素C尤多。常吃猕猴桃可使人容光焕发，神清气爽，并有助消化、增强食欲的功效。猕猴桃性味甘酸而寒，有解热、止渴、通淋、健胃的功效，可以治疗烦热、消渴、黄疸、呕吐、腹泻、关节痛等疾病，而且还有抗衰老的作用。

西红柿与猕猴桃同食瘦身效果非常明显。

芹菜＋核桃

芹菜含有丰富的维生素C、铁及植物纤维素。核桃仁含有胡萝卜素、维生素B、维生素E。两者搭配有润发、明目、养血的作用。

黄瓜 + 醋

黄瓜含有胡萝卜素、抗坏血酸及其他对人体有益的矿物质，硫胺素、核黄素的含量高于番茄。老黄瓜中含有丰富的维生素 E，可起到延年益寿、抗衰老的作用；黄瓜中的黄瓜酶，有很强的生物活性，能有效地促进机体的新陈代谢。用黄瓜捣汁涂擦皮肤，有润肤，舒展皱纹的功效。

醋能帮助消化，有利于食物中营养成分的吸收；还能抗衰老，抑制和降低人体衰老过程中过氧化物的形成；具有很强的杀菌能力，可以杀伤肠道中的葡萄球菌、大肠杆菌、嗜盐菌等。

二者同食可减肥，清热解毒，并对治疗高脂血症有一定的作用。

莴苣 + 蒜

莴苣既是一种营养食品，又是一种医疗价值高的药品。莴苣中碳水化合物的含量较低，而矿物质、维生素的含量较丰富，尤其是含有较多的烟酸。烟酸是胰岛素的激活剂，糖尿病患者经常吃些莴苣，可改善糖的代谢功能。莴苣中的钾离子含量丰富，是钠盐含量的 27 倍，有利于调节体内盐的平衡。莴苣对于高血压、心脏病等患者，具有利尿、降低血压、预防心律失常的作用。

大蒜可促进胰岛素的分泌，增加组织细胞对葡萄糖的吸收，提高人体葡萄糖耐量，迅速降低体内血糖水平，并可杀死因感染诱发糖尿病的各种病菌，从而有效预防和治疗糖尿病。大蒜中的微量元素硒，通过参与血液的有氧代谢，清除毒素，减轻肝脏的解毒负担，从而达到保护肝脏的目的。

莴苣跟大蒜同食，则降血压、降血脂、降血糖、调节肠胃的功效比较显著。

生菜 + 蒜

蒜具有杀菌、消炎作用，还能降血脂、降血压、降血糖，甚至还可以补脑。

生菜中含有膳食纤维和维生素C，有消除多余脂肪的作用，故又叫减肥生菜；因其茎叶中含有莴苣素，故味微苦，具有镇痛催眠、降低胆固醇、辅助治疗神经衰弱等功效；生菜中含有甘露醇等有效成分，有利尿和促进血液循环的作用。而且生菜中含有一种“干扰素诱生剂”，可刺激人体正常细胞产生干扰素，从而产生一种“抗病毒蛋白”抑制病毒。

两者同食可清理内热，具有杀菌、消炎、防止牙龈出血及坏血病等功效。

韭菜＋葱

韭菜食用部分为叶片。韭菜内含有较多的营养物质，尤其是纤维素、胡萝卜素、维生素C等含量都较高。韭菜中还具有挥发性的硫代丙烯，具香辛味，可增进食欲，还有散瘀、活血、解毒等功效。韭菜的叶、子、根皆可入药。

葱的主要营养成分是蛋白质、糖类、维生素A原（主要存在于绿色葱叶中）、膳食纤维以及磷、铁、镁等矿物质等。生葱和洋葱、大葱一样，含烯丙基硫醚。而烯丙基硫醚会刺激胃液的分泌，且有助于食欲的增进。

由于韭菜内含纤维素多能促进肠道蠕动，保持大便畅通。它与葱一起食用时，能增强食欲，缓解疲劳。

豆腐＋蒜

豆腐是适合男女老少的最家常的养生食物，尤其对于女性而言，是保健身体、减肥、细腻皮肤、延缓衰老的好东西。

大蒜可有效抑制和杀死引起肠胃疾病的幽门螺杆菌等细菌病毒，清除肠胃有毒物质，刺激胃肠黏膜，促进食欲，加速消化。大蒜中的锗和硒等元素还可抑制肿瘤细胞和癌细胞的生长。美国国家癌症组织认为，全世界最具抗癌潜力的植物中，位居榜首的是大蒜。

豆腐与大蒜同食能加快消化，开胃健脾，增强食欲。

豆腐＋姜

豆腐为补益清热养生食品，常食之，可补中益气、清热润燥、生津止渴、清洁肠胃，还可以预防和抵制伤风及流行性感冒。

生姜中含有蛋白质、多种维生素、胡萝卜素、钙、铁、磷等。其味辛性温，长于发散风寒、化痰止咳，又能温中止呕、解毒，临床上常用于治疗外感风寒及胃寒呕逆等证，前人称之为“呕家圣药”。生姜中的姜辣素进入体内后，能产生一种抗氧化本酶，它有很强的对付氧自由基的本领，比维生素E还要强很多。所以，吃姜能抗衰老，长期食用有美容的效果，老年人常吃生姜可除“老年斑”。

豆腐与生姜同食对外感风寒、鼻子不通气、流清鼻涕、头痛发热有比较好的疗效。

莲藕＋生姜

莲藕生用性寒，有清热凉血作用，可用来治疗热性病症；莲藕味甘多液、对热病口渴、衄血、咯血、下血者尤为有益。莲藕还含有鞣质，有一定健脾止泻作用，能增进食欲，促进消化，开胃健中，有益于胃纳不佳、食欲不振者食用。

生姜为芳香性辛辣健胃药，有温暖、兴奋、发汗、止呕、解毒等作用，特别对于鱼蟹毒，半夏、天南星等药物中毒有解毒作用，适用于外感风寒、头痛、痰饮、咳嗽、胃寒呕吐。在遭受冰雪、水湿、寒冷侵袭后，急以姜汤饮之，可增进血行，驱散寒邪。

两者同食能发汗解表，温中止呕，排毒养颜。

洋葱＋咖喱

洋葱营养丰富，且气味辛辣。能刺激胃、肠及消化腺分泌，增进食欲，促进消化。而且洋葱不含脂肪，其精油中含有可降低胆固醇的含硫化合物的混合物，可用于治疗消化不良、食欲不振、食积内停等症；洋葱具有发散风寒的作用，是因为洋葱鳞茎和叶子中含有一种称为硫化丙烯的油脂性挥发物，具有辛辣味，这种物质能抗寒，抵御流感病毒，有较强的杀菌作用。

咖喱的主要成分是姜黄粉、川花椒、八角、胡椒、桂皮、丁香和芫荽籽等含有辣味的香料，能促进唾液和胃液的分泌，增加胃肠蠕动，增进食欲；咖喱能促进血液循环，达到发汗的目的；美国癌症研究协会指出，咖喱所含的姜黄素具有激活肝细胞并抑制癌细胞的功能。

洋葱与咖喱搭配不仅能开胃健脾，增进食欲，还有预防风寒的作用。

冬瓜 + 猪肉

冬瓜中所含的丙醇二酸，能有效地抑制糖类转化为脂肪，加之冬瓜本身不含脂肪，热量不高，对于防止人体发胖具有重要意义，还有助于体形健美。

猪肉为人类提供优质蛋白质和必需的脂肪酸。猪肉可提供血红素（有机铁）和促进铁吸收的半胱氨酸，能改善缺铁性贫血。猪肉如果调煮得宜，它亦可成为“长寿之药”。猪肉经长时间炖煮后，脂肪会减少 30%~50%，不饱和脂肪酸增加，而胆固醇含量会大大降低。

两者同食不仅清香、酥软，还可利尿，对治疗前列腺炎有疗效。

萝卜 + 猪肉

萝卜含有能诱导人体自身产生干扰素的多种微量元素，可增强机体免疫力，并能抑制癌细胞的生长，对防癌、抗癌有重要意义。萝卜中的芥子油和膳食纤维可促进胃肠蠕动，有助于体内废物的排出。常吃萝卜可降低血脂、软化血管、稳定血压，能有效预防冠心病、动脉硬化等疾病。

猪肉是日常生活的主要副食品，具有补虚强身、滋阴润燥、丰肌泽肤的作用。凡病后体弱、产后血虚、面黄羸瘦者，皆可用之作为营养滋补之品。猪肉为人类提供优质蛋白质和必需的脂肪酸，还可提供血红素（有机铁）和促进铁吸收的半胱氨酸，能改善缺铁性贫血。

萝卜煮猪肉，健脾开胃，适宜胃满肚胀、食积不消、饮酒过量、便秘及癌症患者。

白菜＋猪肉

白菜含多种维生素、较高的钙及丰富的纤维素，不但能起到润肠、促进排毒的作用又刺激肠胃蠕动，促进大便排泄，帮助消化，还对预防肠癌有良好作用。秋冬季节空气特别干燥，寒风对人的皮肤伤害极大。白菜中含有丰富的维生素 C、维生素 E，多吃白菜，可以起到很好的护肤和养颜效果。

猪肉为常吃的滋补佳肴，有滋阴润燥等功能。其性味甘咸平，含有丰富的蛋白质及脂肪、碳水化合物、钙、磷、铁等成分。

两者同食可治疗营养不良、贫血、头晕、大便干燥等。

洋葱＋猪肉

洋葱对预防所谓“富贵病”颇有益处，它含有黄尿丁酸，可使细胞更好地利用糖分，从而降低血糖。洋葱还含有前列腺素，可扩张血管，减少外周血管阻力，促进钠的排泄，使增高的血压下降。洋葱中还含有二烯丙基硫化物，有预防血管硬化、降低血脂的功能。

猪肥肉主要含脂肪，并含少量蛋白质、磷、钙、铁等；瘦肉主要含蛋白质、脂肪、维生素 B_1、维生素 B_2，瘦肉中磷、钙、铁等的含量也较肥肉多。猪肉可用于温热病后、热退津伤、口渴喜饮、肺燥咳嗽、干咳痰少、咽喉干痛、肠道枯燥、大便秘结、气血虚亏、羸瘦体弱等症。

洋葱与猪肉搭配具有温中健体、辛香开胃的功效，适用于胃阳不足，纳果食少，体虚易于外感等病症。

泡菜＋猪肉

泡菜，是指为了利于长时间存放而经过发酵的蔬菜。一般来说，只要是纤维丰富的蔬菜或水果，都可以被制成泡菜。泡菜含有丰富的维生素和钙、磷等无机物，既能为人体提供充足的营养，又能预防动脉硬化等疾病。

猪肉主治热病伤津、消渴羸瘦、肾虚体弱、产后血虚、燥咳、便秘、补虚、滋阴、润燥等。猪肉煮汤饮下可急补由于津液不足引起的烦躁、干咳、便秘和难产。

泡菜与猪肉同食可补充丰富的蛋白质、脂肪及钙、磷、铁等矿物质，特别适合妊娠早期食用。

黄花菜 + 猪肉

黄花菜味鲜质嫩，营养丰富，含有丰富的花粉、糖、蛋白质、维生素 C、钙、脂肪、胡萝卜素、氨基酸等人体所必需的养分，其所含的胡萝卜素甚至超过西红柿的几倍。黄花菜性味甘凉，有止血、消炎、清热、利湿、消食、明目、安神等功效，对吐血、大便带血、小便不通、失眠、乳汁不下等有疗效，可作为病后或产后的调补品。黄花菜还有抗菌免疫功能，具有中轻度的消炎解毒功效，并在防止传染方面有一定的作用。

黄花菜配猪肉常吃能滋润皮肤，增强皮肤的韧性和弹力，可使皮肤细嫩饱满、润滑柔软、皱褶减少、色斑消退。

菜花 + 猪肉

菜花的营养较一般蔬菜丰富，它含有蛋白质、脂肪、碳水化合物、膳食纤维、维生素 A、B 族维生素、维生素 C、维生素 E、维生素 P、维生素 U 和钙、磷、铁等矿物质。菜花质地细嫩，味甘鲜美，食后极易消化吸收，其嫩茎纤维，烹炒后柔嫩可口，适宜于中老年人、小孩和脾胃虚弱、消化功能不强者食用。尤其在暑热之际，口干渴、小便呈金黄色，大便硬实或不畅通时，用菜花 30 克煎汤，频频饮服，有清热解渴、利尿通便的功效。

菜花与猪肉同食具有润肤、延缓衰老的作用。

竹笋 + 猪肉

竹笋一年四季皆有，但唯有春笋、冬笋味道最佳。烹调时无论是凉拌、煎炒还是熬汤，均鲜嫩清香，是人们喜欢的佳肴之一。食用前应先用开水焯过，以去除笋中的草酸。竹笋中植物蛋白、维生素及微量元素的含量均很高，有助于增强机体的免疫功能，提高防病抗病能力。笋有祛热化痰、解渴益气、爽胃等功效。肥胖症、脂肪肝、皮脂腺囊肿患者宜常吃。竹笋对糖尿病、水肿、积食、便秘、积痰、咳嗽、疮疡等症有辅助疗效。

猪肉对保健和预防糖尿病也有较好的作用。

两者同食效果更佳。

茄子 + 猪肉

茄子的营养较丰富，含有蛋白质、脂肪、碳水化合物、维生素以及钙、磷、铁等多种营养成分。吃茄子建议不要去皮，它的价值就在皮里面，茄子皮中含有 B 族维生素，B 族维生素和维生素 C 是一对很好的搭档。人体摄入充足的维生素 C，维生素 C 的代谢过程中需要 B 族维生素的支持的。茄子还含有维生素 E，有防止出血和抗衰老功能，常吃茄子，可防止血液中胆固醇水平增高，对延缓人体衰老具有积极的意义。

茄子和猪肉搭配含丰富的蛋白质和维生素，是人体蛋白质的补充来源。

雪里蕻 + 猪肉

雪里蕻有解毒之功，能抗感染和预防疾病的发生，抑制细菌毒素的毒性，促进伤口愈合，可用来辅助治疗感染性疾病。雪里蕻腌制后有一种特殊的鲜味和香味，能促进胃肠消化功能，增进食欲。雪里蕻组织较粗硬，含有胡萝卜素和大量食用纤维素，故有明目与宽肠通便作用，可作为眼科患者的食疗佳品；还可防治便秘，尤宜于老年人及习惯性便秘者食用。但要注意雪里蕻含大量粗纤维，不易消化，小儿消化功能不全者不宜多食。

雪里蕻与肉搭配口味鲜美，具有明目除烦、解毒清热之功效，适于眼睛红肿热痛者服食，习惯性便秘、食欲不佳、心情烦躁者尤宜食。

芋头＋猪肉

芋头中富含蛋白质、钙、磷、铁、钾、镁、钠、胡萝卜素、烟酸、维生素C、B族维生素、皂角苷等多种成分，所含的矿物质中，氟的含量较高，具有洁齿防龋、保护牙齿的作用。其口感细软，绵甜香糯，营养价值近似于土豆，又不含龙葵素，易于消化而不会引起中毒，是一种很好的碱性食物。它既可作为主食蒸熟蘸糖食用，又可用来制作菜肴、点心是人们喜爱的根茎类食品。

芋头含有丰富的淀粉，具有生津、健肠、止泻等功效。猪肉有丰富的营养价值和滋补作用，对保健和预防糖尿病有较好的作用。两者搭配食用对保健和预防糖尿病有较好的作用。

丝瓜＋猪肉

丝瓜中含有丰富的营养元素，有能防止皮肤老化的B族维生素，增白皮肤的维生素C最多，能保护皮肤、消除斑块，使皮肤洁白、细嫩，是不可多得的美容佳品。

另外，丝瓜所含各类营养在瓜类食物中较高，其中的皂苷类物质、丝瓜苦味质、黏液质、木胶、瓜氨酸、木聚糖和干扰素等特殊物质具有抗病毒、抗过敏等特殊作用。

猪肉含有丰富的优质蛋白质和必需的脂肪酸，并提供血红素（有机铁）和促进铁吸收的半胱氨酸，能改善缺铁性贫血；具有补肾养血、滋阴润燥的功效；猪精肉含有丰富的优质蛋白，脂肪、胆固醇较少，一般人群均可适量食用。

丝瓜与猪肉搭配食用，能清热解毒，并对营养不良及补血有良好的功效。

南瓜 + 猪肉

南瓜中含有丰富的微量元素钴和果胶，钴的含量是其他任何蔬菜都不可相比的，它是胰岛细胞合成胰岛素所必需的微量元素，常吃南瓜有助于防治糖尿病。果胶则可延缓肠道对糖和脂质的吸收。其次，南瓜中维生素 A 含量胜过绿色蔬菜。吃南瓜可以预防高血压以及肝脏和肾脏的一些病变。所以南瓜有解毒、保护胃黏膜、帮助消化、防治糖尿病、降低血糖、消除致癌物质、促进生长发育等众多功效。

南瓜与猪肉同食能促进儿童第二性征发育，有抗贫血、抗癌、促胰岛素分泌的功效。

南瓜 + 牛肉

南瓜中含有丰富的微量元素钴和果胶。其中钴的含量较高，是其他任何蔬菜都不可相比的，它是胰岛细胞合成胰岛素所必需的微量元素，常吃南瓜有助于防治糖尿病。果胶则可延缓肠道对糖和脂质的吸收。

牛肉蛋白质含量高，而脂肪含量低，所以味道鲜美，受人喜爱，享有“肉中骄子”的美称。牛肉含有丰富的蛋白质，氨基酸组成比猪肉更接近人体需要，能提高机体抗病能力，对生长发育及手术后、病后调养的人在补充失血、修复组织等方面特别适宜。

南瓜牛肉汤具有润肺消痈、祛毒排脓的功效。

土豆 + 牛肉

土豆能供给人体大量有特殊保护作用的黏液蛋白，能促进消化道、呼吸道以及关节腔、浆膜腔的润滑，预防心血管和系统的脂肪沉积，保持血管的弹性，有利于预防动脉粥样硬化的发生。土豆同时又是一种碱性蔬菜，有利于体内酸碱平衡，中和体内代谢后产生的酸性物质，从而有一定的美容、抗衰老作用。

牛肉有补中益气、滋养脾胃、强健筋骨、化痰息风、止渴止涎之功效，适宜于中气下隐、气短体虚、筋骨酸软、贫血久病及面黄目眩之人食用。水牛肉能安胎补神，黄牛肉能安中益气、健脾养胃、强筋壮骨。

牛肉营养价值高，有健脾胃的作用，但牛肉纤维粗，有时会影响胃黏膜。土豆与牛肉同煮，不仅味道好，且土豆含有叶酸，可保护胃黏膜。

洋葱 + 牛肉

洋葱被誉为“蔬菜皇后”，它所含的微量元素硒是一种很强的抗氧化剂，能清除体内的自由基，增强细胞的活力和代谢能力，具有防癌抗衰老的功效。洋葱中含有植物杀菌素如大蒜素等，因而有很强的杀菌能力，生嚼洋葱可以预防感冒。它是蔬菜中唯一含前列腺素 A 的，能扩张血管，降低血液黏度，因而会产生降血压、增加冠状动脉的血流量，预防血栓形成作用。

牛肉含有丰富的蛋白质，含有的氨基酸组成比猪肉更接近人体需要，能提高机体抗病能力，对生长发育及手术后、病后调养的人在补充失血、修复组织等方面特别适宜。牛肉含脂肪和胆固醇较低，因此，特别适合胖人和高血压、冠心病、血管硬化和糖尿病病人适量食用。

两者同食营养价值高，有清热解毒、康胃健脾、止咳止痢及防治夜盲症、眼病、皮肤干燥等功效，还有祛风发汗、消食、治伤风、杀菌及诱导睡眠的作用。

芥菜 + 牛肉

芥菜有解毒消肿之功，能抗感染和预防疾病的发生，抑制细菌毒素的毒性，促进伤口愈合，可用来辅助治疗感染性疾病。芥菜还有开胃消食的作用，因为芥菜腌制后有一种特殊的鲜味和香味，能促进胃肠消化功能，增进食欲，可用来开胃，帮助消化。

芥菜性温味辛，既能散寒解表又能利气豁痰；牛肉性平味甘，有补脾益气的作用。两者搭配营养丰富，还能清热去火，健脾开胃。

芹菜 + 牛肉

牛肉补脾胃，滋补健身，营养价值高。芹菜清热利尿，有降压、降胆固醇的作用。芹菜还含有大量的粗纤维，两者相配既能保证正常的营养供给，又不会增加人的体重。两者同食适宜妇女产褥期食用，帮助子宫收缩，清热利水，消肿解毒，有利于产后腹痛的缓解。

白萝卜 + 牛肉

白萝卜是老百姓餐桌上最常见的一道美食，含有丰富的维生素A、维生素C、淀粉酶、氧化酶、锰等元素。另外，所含的糖化酶素，可以分解其他食物中的致癌物亚硝胺，从而起到抗癌作用。对于胸闷气喘，食欲减退、咳嗽痰多等都有食疗作用。

白萝卜富含多种维生素，有清热解毒、康胃健脾、止咳止痢及防治夜盲症、眼病、皮肤干燥等功效。牛肉补脾胃，滋补健身，营养价值高。两者搭配同食能降低体内胆固醇，减少高血压和冠心病的发生，具有防癌作用，有较好的益智健脑作用，可为人体提供丰富的蛋白质、维生素C等营养成分，具有补五脏、益气血的功效。

白菜 + 牛肉

白菜与牛肉素荤相配，互为补充，营养全面、丰富，具有健脾开胃的功效，特别适宜虚弱病人经常食用。对于体弱乏力、肺热咳嗽者有辅助疗效。

菠菜、西红柿 + 牛肝

牛肝中铁质丰富，是补血食品中最常用的食物；牛肝中维生素A的含量远远超过奶、蛋、肉、鱼等食品，具有维持正常生长和生殖功能的作用；能保护眼睛，维持正常视力，防止眼睛干涩、疲劳；维持健康的肤色，对皮肤的健美具有重要意义。经常食用动物肝还能补充维生素B_2，这对补充机体重要的辅酶，完成机体对一些有毒成分的去毒有重要作用。

牛肝、菠菜和西红柿一起做汤，菠菜嫩滑、柔软，西红柿酸甜止渴，颜色和谐，清淡不油腻，且营养丰富，可补血润肤、醒目养肝，并且对皮肤干燥、贫血、脸色不佳、视力下降、动脉硬化等病症有治疗作用。

豆腐+羊肉

羊肉性温热，常吃容易上火。中医讲究“热则寒之”的食疗方法。因此，吃羊肉时要搭配凉性和甘平性的蔬菜，这样能起到清凉、解毒、去火的作用。凉性蔬菜一般有冬瓜、丝瓜、油菜、菠菜、白菜、金针菇、蘑菇、莲藕、茭白、笋、菜心等，而红薯、土豆、香菇等是甘平性的蔬菜。

吃羊肉时最好搭配豆腐，它不仅能补充多种微量元素，其中的石膏还能起到清热泻火、除烦、止渴的作用。

莲藕+羊肉

藕的营养价值很高，富含铁、钙等微量元素，植物蛋白质、维生素以及淀粉含量也很丰富，有明显的补益气血，增强人体免疫力作用。

羊肉历来被当作冬季进补的重要食品之一。寒冬常吃羊肉可益气补虚，促进血液循环，增强御寒能力。羊肉还可增加消化酶、保护胃壁、帮助消化，一般人都可以食用，尤其适用于体虚胃寒者。莲藕与羊肉两者同食具有益胃健脾、养血补益、生肌、止泻的功效。

香菜+羊肉

羊肉含有蛋白质、脂肪、碳水化合物等多种营养物质，具有益气血、固肾壮阳、开胃健力等功效。香菜具有消食下气、壮阳助兴等功效。两者同食适宜于身体虚弱、阳气不足、性冷淡、阳痿等症者食用。

洋葱 + 鸡肉

洋葱中含有植物杀菌素如大蒜素等，因而有很强的杀菌能力，嚼生洋葱可以预防感冒。

它是唯一含前列腺素 A 的蔬菜，前列腺素 A 能扩张血管、降低血液黏度，从而降血压、增加冠状动脉的血流量、预防血栓形成。经常食用洋葱对高血压、高血脂和心脑血管病人都有保健作用。

鸡肉含有对人体生长发育有重要作用的磷脂类，是中国人膳食结构中脂肪和磷脂的重要来源之一。

洋葱与鸡肉同食有抗癌、抗动脉硬化、杀菌消炎、降血压、降血糖血脂、延缓衰老、滋养肝血、增加体液、滋润身体、暖胃、强腰健骨等作用。

菜花 + 鸡肉

菜花是含有类黄酮最多的食物之一。类黄酮除了可以防止感染，还是最好的血管清理剂，能够阻止胆固醇氧化，防止血小板凝结成块，而减少心脏病与中风的危险。菜花丰富的维生素 C 可增强肝脏解毒能力，并能提高机体的免疫力，可防止感冒和坏血病的发生。

鸡肉的蛋白质中富含全部必需氨基酸，而且消化率高，很容易被人体吸收利用，有增强体力、强壮身体的作用。

两者搭配常吃可增强肝脏的解毒作用，提高免疫力，并能有效防治消化道溃疡。

绿豆芽 + 鸡肉

绿豆芽为豆科植物绿豆的种子浸泡后发出的嫩芽。食用芽菜是近年来的新时尚，芽菜中以绿豆芽最为便宜，而且营养丰富，是自然食用主义者所推崇的食品之一。

绿豆芽与鸡肉同食可以降低心血管疾病及高血压病的发病率。

竹笋＋鸡肉

竹笋味甘，微寒，有清热消痰、健脾胃的功效。竹笋配鸡肉可暖胃、益气、补精、填髓。两者搭配食用还具有低脂肪、低糖、多纤维的特点，适合体态较胖的人食用。

豆角＋鸡肉

豆角含有较多的优质蛋白和不饱和脂肪酸（有益脂肪），矿物质和维生素含量也高于其他蔬菜。豆角还具有重要的药用价值。中医认为，豆类蔬菜的共性是性平、有化湿补脾的功效，对脾胃虚弱的人尤其适合。

鸡肉含有对人体生长发育十分重要的磷脂类，是中国人膳食结构中脂肪和磷脂的重要来源之一。鸡肉对营养不良、畏寒怕冷、乏力疲劳、月经不调、贫血、虚弱等症有很好的食疗作用。

两者同食益气养胃润肺、降脂减肥、活血调经效果显著。

辣椒＋鸡肉

辣椒含有丰富的维生素等，食用辣椒，能增加饭量，增强体力，改善怕冷、冻伤、血管性头痛等症状。

鸡肉的肉质细嫩，滋味鲜美，适合多种烹调方法，并富有营养，有滋补养身的作用。鸡肉的营养高于鸡汤。鸡屁股是淋巴最为集中的地方，也是储存病菌、病毒和致癌物的仓库，应弃掉不要。痛风症病人不宜喝鸡汤。

辣椒与鸡肉同食营养价值很高，富含蛋白质、矿物质和维生素，对儿童的生长发育很有帮助。

油菜＋鸡翅

油菜中所含的植物激素，能够增加酶的形成，对进入人体内的致癌物质有吸附排斥作用，故有防癌功能。此外，油菜还能增强肝脏的排毒机制，对皮肤疮疖、乳痈有治疗作用。

鸡翅含有大多量可强健血管及皮肤的成胶原及弹性蛋白等，对于血管、皮肤及内脏的保健颇具效果。翅膀内所含大量的维生素 A，远超过青椒。鸡翅对视力、上皮组织及骨骼的发育、精子的生成和胎儿的生长发育都很有好处。

油菜搭配鸡翅对强化肝脏及美化肌肤非常有效。

菠菜＋鸡血

菠菜叶中含有铬和一种类胰岛素样物质，其作用与胰岛素非常相似，能使血糖保持稳定。

菠菜中含有大量的抗氧化剂如维生素 E 和硒元素，具有抗衰老、促进细胞增殖作用，既能激活大脑功能，又可增强青春活力，有助于防止大脑的老化，防治老年痴呆症。

鸡血中含铁量较高，而且以血红素铁的形式存在，容易被人体吸收利用。处于生长发育阶段的儿童和孕妇、哺乳期妇女多吃些有动物血的菜肴，可以防治缺铁性贫血。同时，由于动物血中含有微量元素钴，故对其他贫血病如恶性贫血也有一定的防治作用。鸡血具有利肠通便作用，可清除肠腔的沉渣浊垢，对尘埃及金属微粒等有害物质具有净化作用，以避免积累性中毒。因此它是人体污物的“清道夫”。

菠菜搭配鸡血食用可净化血液，清除污染物而保护肝脏，既养肝又护肝，患有慢性肝病者尤为适宜。

洋葱＋鸡蛋

洋葱不仅甜润嫩滑，而且含有维生素 B_1、维生素 B_2、维生素 C 和钙、铁、磷以及植物纤维等营养成分，特别是洋葱还含有“芦丁”成分，能维持毛细血管的正常功能，具有强化血管的作用。从食物的药性来看，洋葱性味甘平，其有解毒化痰、清热利尿的功效，且含有蔬菜中极少见的前列腺素。

鸡蛋是人们最常食用的蛋品，因其所含的营养成分全面且丰富，而被称为“人类理想的营养库”，营养学家则称它为“完全蛋白质模式”。

洋葱与鸡蛋搭配，不仅可为人体提供极其丰富的营养成分，而且，洋葱中的有效活性成分还能降低鸡蛋中胆固醇对人体心血管的负面作用。二者搭配适合作为高血压高血脂等心血管病的辅助食疗方。

苋菜 + 鸡蛋

苋菜含有丰富的维生素 C、赖氨酸和铁，我国民间一向视苋菜为补血蔬菜。苋菜能清热解毒、补血止血、通利小便。

鸡蛋能滋阴润燥、养血安胎。苋菜与鸡蛋搭配同食，具有滋阴润燥、清热解毒的功效，适合于肝虚头昏、目花、夜盲、贫血等病症，对人体生长发育有益，还能提高人体防病抗病的能力。两者搭配食用可治疗热毒烦闷、声音嘶哑、目赤咽痛、尿道炎、小便涩痛、赤白二痢等病症。

韭菜 + 鸡蛋

韭菜性温，味辛，具有补肾起阳作用，故可用于治疗阳痿、遗精、早泄等病症。

有实验证明，鸡蛋防治动脉粥样硬化，可获得出人意料的效果。鸡蛋中含有较多的维生素 B_2，它可以分解和氧化人体内的致癌物质，鸡蛋中的微量元素也都具有防癌的作用。

两者同炒，可以起到补肾、行气、止痛的作用，对治疗阳痿、尿频、肾虚、痔疮及胃痛亦有一定疗效。

肉、禽、蛋类

鹿肉＋鸡肉

鹿肉为肉类之极品，肉质细嫩、味道美、瘦肉多、结缔组织少，营养价值比牛、羊、猪肉都高得多，可烹制多种菜肴。鹿肉含有较丰富的蛋白质、脂肪、矿物质、糖和一定量的维生素，且易于被人体消化吸收。鹿肉对抗癌、防治心血管疾病、降低胆固醇有特效。

鹿肉和鸡肉同食可改善缺铁性贫血，具有温中益气、补虚填精、健脾胃、活血脉、强筋骨的功效。

猪肉＋鸭舌

猪肉含有丰富的优质蛋白质和必需的脂肪酸，并提供血红素（有机铁）和促进铁吸收的半胱氨酸，能改善缺铁性贫血；具有补肾养血、滋阴润燥的功效。但由于猪肉中胆固醇含量偏高，故肥胖人群及血脂较高者不宜多食。

鸭舌又名鸭条。鸭舌的质地比较特别，清炖口感比较柔糯，酱烧吃起来比较有韧劲，嚼起来很有滋味。鸭舌营养价值高，蛋白质含量比畜肉高得多，具有通畅脾胃、补血、祛湿、解毒之功效。

两者搭配能清热解毒、滋阴养胃，并对便秘有一定的食疗作用。

猪心＋猪肺

猪心为猪的心脏，是补益食品，常用于心神异常之病变。猪心配合镇心化痰之药应用，效果明显。猪心含蛋白质、脂肪、硫胺素、核黄素、烟酸等成分，具有营养血液、养心安神的作用。猪心能补心，治疗心悸、心跳、怔忡。

猪肺属于食饵性药物，李时珍《本草纲目》记载，猪肺味甘，微寒，能补肺，疗肺虚咳嗽，治肺虚咳血。猪肺做汤最鲜香，但现在的人总认为肺比较脏，其实只要在吃肺前反复洗揉，直到雪白为止就没有问题了。再者就是要挑新鲜健康的猪肺买。

两者同食最适于治疗肺结核咳嗽痰中带血、小儿疳积、肺燥咳嗽等病症，还适于治疗消渴、体虚、乏力、营养不良、面黄肌瘦等病症。

羊肉＋鹌鹑

羊肉为绵羊或山羊的肉，是我国人民主要的食用肉类之一。羊肉肉质细嫩，味道鲜美，是一种优质蛋白质食物，历来受到人们的喜爱。其主要营养成分有蛋白质、脂肪、糖类、钙、磷、铁、钾、钠、镁、锌、铜、锰、硒、维生素A、维生素E、维生素B_1、胡萝卜素、烟酸等。羊肉所含的蛋白质及钙、铁高于猪肉，而胆固醇含量却是肉类食品中最低的。

俗话说，“要吃飞禽，还数鹌鹑”，可见其肉质和味道为人们所称道。鹌鹑肉营养丰富，主要含有脂肪、蛋白质、糖类、维生素A、B族维生素、维生素E、烟酸及钾、钠、钙、镁、铁、锌、铜、磷、硒等。此外，还含有卵磷脂和多种人体必需氨基酸。

二者搭配，用于老年人或病后体虚、血虚头晕、身体瘦弱、面色萎黄等气血两亏之症。

猪肉＋鸡蛋

鸡蛋含有丰富的蛋白质、脂肪、维生素和铁、钙、钾等人体所需要的矿物质，蛋白质为优质蛋白，对肝脏组织损伤有修复作用，其富含DHA和卵磷脂、卵黄素，对神经系统和身体发育有利，能健脑益智，改善记忆力，并促进肝细胞再生。

中医认为，猪肉性平味甘，有润肠胃、生津液、补肾气、解热毒的功效，主治热病伤津、消渴羸瘦、肾虚体弱、产后血虚、燥咳、便秘、补虚、滋阴、润燥、滋肝阴、润肌肤、利小便和止消渴。猪肉煮汤饮下可急补由于津液不足引起的烦躁、干咳、便秘和难产。

两者同食具有养心安神、补血、滋阴润燥之功效。

羊肉 + 鸡蛋

羊肉性热，味甘，无毒，入肝、脾、心、肾、胃经，具有补虚祛寒、温中暖下、益肾补衰、开胃健脾、通乳治带、助元益精之功效；主治肾虚腰痛、阳痿精衰、虚劳羸瘦、久病虚寒、产后阳虚及腹痛、产后出血、产后中风、产后无乳或带下等症。羊肉与其他原料搭配，还可治疗反胃、疟疾、脾虚呕吐、水肿及阴虚遗尿等病症。

鸡蛋适宜体质虚弱、营养不良、贫血及妇女产后病后调养；适宜婴幼儿发育期补养；患高热、腹泻、肝炎、肾炎、胆囊炎、胆石症之人忌食；老年高血压、高血脂、冠心病人，宜少量食用鸡蛋，一般每日不超过 1 个，不宜多食，这样限量食用，既可补充优质蛋白质，又不影响血脂水平。

羊肉与鸡蛋搭配食用，不但滋补营养，而且能够促进血液的新陈代谢，延缓衰老。适宜营养不良、久病体虚等患者食用。

牛肉 + 鸡蛋

牛肉有水牛肉和黄牛肉，以黄牛肉为好。其主要营养成分有蛋白质、脂肪、糖类、钙、磷、铁、钾、钠、镁、锌、铜、锰、硒、维生素 A，维生素 E、维生素 B_2、维生素 C 及烟酸等。其蛋白质的含量尤为丰富，比猪肉和羊肉还高，脂肪含量比猪肉和羊肉少。

鸡蛋含人体所需的几乎所有营养物质，每天吃一个鸡蛋是不少长寿者延年益寿的经验之一。挑选新鲜鸡蛋的方法是看蛋壳是否完整，有无光泽，新鲜的鸡蛋表面有一层白色粉末，手摸蛋壳有粗糙感，轻摇鸡蛋没有声音，对鸡蛋哈一口热气，用鼻子凑近蛋壳可闻到淡淡的生石灰味，放入水中，蛋会下沉。

牛肉与鸡蛋搭配食用，营养丰富而且全面，并能促进血液的新陈代谢，有延缓衰老的功效，适宜久病体虚、贫血消瘦及营养不良者食用。

猪肉 + 苹果

苹果味道酸甜适口，营养丰富，有“智慧果”“记忆果”的美称。人们早就发现，多吃苹果有增进记忆、提高智能的效果。苹果不仅含有丰富的糖、维生素和矿物质等大脑必需的营养素，而且更重要的是富含锌元素。

猪肉与苹果同食既可吸收猪肉中丰富的蛋白质，又摄入了苹果中的果胶，能保证血浆胆固醇不至于升高，既营养又科学。

猪肉 + 猕猴桃

猪肉纤维较为细软，结缔组织较少，肌肉组织中含有较多的肌间脂肪，因此，经过烹调加工后肉味特别鲜美。猪肉为人类提供优质蛋白质和必需的脂肪酸，并可提供血红素（有机铁）和促进铁吸收的半胱氨酸，能改善缺铁性贫血。

猕猴桃是猕猴桃科植物猕猴桃的果实。因猕猴桃是猕猴最爱的一种野生水果，故名猕猴桃。因其维生素 C 含量在水果中名列前茅，一颗猕猴桃能提供一个人一日维生素 C 需求量的两倍多，被誉为“维 C 之王”。猕猴桃还含有良好的可溶性膳食纤维。

猪肉与猕猴桃搭配适宜阴虚不足、头晕、贫血、老人燥咳无痰、大便干结，以及营养不良者食用，但湿热偏重、痰湿偏盛、舌苔厚腻之人，忌食猪肉。

猪肝 + 菊花

猪肝中含有丰富的维生素 A，具有维持正常生长和生殖功能的作用，能保护眼睛，维持正常视力，防止眼睛干涩、疲劳，维持健康的肤色，对皮肤的健美具有重要意义；猪肝中还具有一般肉类食品所没有的维生素 C 和微量元素硒，能增强人体的免疫反应、抗氧化、防衰老，并能抑制肿瘤细胞的产生，也可治急性传染性肝炎。

菊花中含有挥发油、菊苷、腺嘌呤、氨基酸、胆碱、水苏碱、小檗碱、黄酮类、菊色素、维生素、微量元素等物质，可抗病原体，增强毛细血管抵抗力。其中的类黄酮物质已经被证明对自由基有很强的清除作用，而且在抗氧化、防衰老等方面卓有成效。从营养学角度分析，植物的精华在于花果。菊花花瓣中含有17种氨基酸，其中谷氨酸、天冬氨酸、脯氨酸等含量较高。此外，还富含维生素及铁、锌、铜、硒等微量元素。

菊花具有散风清热、平肝明目、调理血脉的作用。菊花与猪肝相配成汤菜，有滋养肝血、养颜明目的功效。

猪肝＋榛子

猪肝中含有丰富的维生素A，具有维持正常生长和生殖功能的作用，能保护眼睛，维持正常视力，防止眼睛干涩、疲劳，维持健康的肤色，对皮肤的健美具有重要意义；适宜气血虚弱、面色萎黄、缺铁性贫血者食用，也适宜肝血不足所致的视物模糊不清、夜盲、眼干燥症、小儿麻疹病后角膜软化症、内外翳障等眼病者食用。

榛子营养丰富，果仁中除含有蛋白质、脂肪、糖类外，胡萝卜素、维生素B_1、维生素B_2、维生素E含量也很丰富；榛子中人体所需的8种氨基酸样样俱全，其含量远远高过核桃；榛子中各种微量元素如钙、磷、铁含量也高于其他坚果。每天在电脑前工作的人群多吃点榛子，对视力有一定的保健作用。

猪肝与榛子同食有补肝、明目、养血的功效。

猪肝＋松子

猪肝中具有一般肉类食品所没有的维生素C和微量元素硒，能增强人体的免疫反应、抗氧化、防衰老，并能抑制肿瘤细胞的产生，也可治疗急性传染性肝炎。猪肝适宜气血虚弱、面色萎黄、缺铁性贫血者和癌症患者放疗、化疗后食用。

松子中的脂肪成分主要为亚油酸、亚麻油酸等不饱和脂肪酸，有软化血管和防治动脉粥样硬化的作用。因此，老年人常食用松子，有防止因胆固醇增高而引起心血管疾病的作用。另外，松子中含磷较为丰富，对人的大脑神经也有益处。它对老年慢性支气管炎、支气管哮喘、便秘、风湿性关节炎、神经衰弱和头晕眼花患者，均有一定的辅助治疗作用。

猪肝配松子有软化血管、延缓衰老的作用，是中老年人的理想保健食物，也是女士们润肤美容的理想食物。

猪蹄 + 仙人掌

猪蹄含有丰富的胶原蛋白质，脂肪含量也比肥肉低，近年在对老年人衰老原因的研究中发现，人体中胶原蛋白质缺乏，是人衰老的一个重要因素。胶原蛋白质能防治皮肤干瘪起皱、增强皮肤弹性和韧性，对延缓衰老和促进儿童生长发育都具有特殊意义。为此，人们把猪蹄称为“美容食品”和“类似于熊掌的美味佳肴”。

菜用仙人掌适口性较好，若切成细丝、通体碧绿透明，清香爽口，具有多种保健功效。它含有人体所需的 18 种氨基酸和多种微量元素，以及抱壁莲、角蒂仙、玉芙蓉等珍贵成分，不仅对人体有清热解毒、健胃补脾、清咽润肺、养颜护肤等诸多作用，还对肝癌、糖尿病、支气管炎等病有明显治疗作用。

猪蹄与仙人掌搭配适宜血虚者、年老体弱者、产后缺奶者、腰脚软弱无力者和痈疽疮毒久溃不敛者食用。

猪肚 + 莲子

猪肚含有蛋白质、脂肪、碳水化合物、维生素及钙、磷、铁等，具有补虚损、健脾胃的功效，适用于气血虚损、身体瘦弱者食用，可用于虚劳羸弱、泻泄、下痢、消渴、小便频数、小儿疳积等症。

莲子中的钙、磷和钾含量非常丰富，除可以构成骨骼和牙齿的成分外，还有促进凝血，使某些酶活化，维持神经传导性，镇静神经，维持肌肉的伸缩性和心跳的节律等作用。莲子有养心安神的功效。中老年人特别是脑力劳动者经常食用，可以健脑，增强记忆力，提高工作效率，并能预防老年痴呆的发生。

猪肚有补虚损、健脾胃等功效。莲子可补脾止泻、益肾固精。二者搭配，适宜气血虚弱者食用。两外，此搭配健脾益胃、补虚益气、易于消化，产妇也可常食。

猪蹄 + 无花果

猪蹄中含有胶原蛋白，具有通乳、滋润皮肤、防衰抗癌的作用，其催乳作用是久负盛名的。

无花果性味甘平，含有多种糖类、有机酸、酶、维生素 C 等，具有健胃清肠、消肿解毒、助消化的功效，常用以治疗肠炎、便秘、痢疾、痔疮等病症，民间还常用它来催发乳汁。

无花果炖猪蹄，适合于产后缺乳者食用，常食还可以润肤、美容。

猪肠 + 无花果

猪大肠具有润肠治燥、调血痢脏毒的功效，适合于治疗大肠出血、内痔便血及肛裂便血等。

无花果的果实含有果糖和葡萄糖，极易为人体吸收利用。无花果中还含有枸橼酸、醋酸等有机酸。因此不仅对消化有利，而且具有清热润肠、止泻痢、治五痔等功能，还有驱虫、消炎、消肿生肌等作用。

猪肠与无花果同食具有清热解毒、通经下乳的功效、适用于肝郁气滞、虚火上窜、乳汁不下、食欲不佳、气血虚亏、神经衰弱所致诸症。两者搭配更适合于治疗痔疮、便血等病症。

排骨 + 山楂

排骨不仅好吃，更有很高的营养价值，排骨炖煮后，其可溶性的钙、磷、钠、钾等，大部分溢入汤中。钙、镁在酸性条件下易被解析，从而更好地被人体吸收利用，因而糖醋排骨可以提高排骨的营养吸收率，非常适合给老人、孩子和孕妇补钙。但由于猪肉中胆固醇含量偏高，故肥胖人群及血脂较高者不宜多食。

老年人常吃山楂制品能增强食欲，改善睡眠，保持骨和血中钙的恒定，预防动脉粥样硬化，使人延年益寿，故山楂被人们视为“长寿食品”。山楂有活血化瘀的功效，有助于解除局部瘀血状态，对跌打损伤有辅助疗效。

排骨与山楂同食有健胃消食、祛斑消瘀功能，特适合老年人食用。

肘子 + 红枣

猪肘子又称膀，皮较厚，富含胶原蛋白，对身体的皮肤、筋、软骨、骨骼及结缔组织都有重要的作用，故对延缓机体衰老有特殊意义。

红枣味甘性温，归脾胃经，有补中益气、养血安神、缓和药性的功能。现代药理研究发现，红枣能使血中含氧量增强、滋养全身细胞，是一种药效缓和的强壮剂。脾胃虚弱、腹泻、倦怠无力的人，每日吃红枣 7 颗，或与党参、白术共用，能补中益气、健脾胃，达到增加食欲、止泻的功效；红枣和生姜、半夏同用，可治疗饮食不慎所引起的胃炎如胃胀、呕吐等症状。

两者同食具有益气养肾、补血养颜、补肝降压、安神壮阳、治虚劳损之功效。

牛肉 + 无花果

无花果熟时软烂，味甘甜如柿而无核，营养丰富而全面，除含有人体必需的多种氨基酸、维生素、矿物质外，还含有柠檬酸、延胡索酸、琥珀酸、奎宁酸、脂肪酶、蛋白酶等多种成分，具有很好的食疗功效。无花果所含的苹果酸、柠檬酸、脂肪酶、蛋白酶、水解酶等，有助于人体对食物的消化，促进食欲，又因其含有多种脂类，故具有润肠通便的效果。

牛肉含有丰富的蛋白质，氨基酸组成比猪肉更接近人体需要，能提高机体抗病能力，对生长发育及手术后、病后调养的人在补充失血、修复组织等方面特别适宜。西方现代医学研究认为，牛肉属于红肉，含有一种恶臭乙醛，过多摄入不利健康。患皮肤病、肝病、肾病的人应慎食。

两者搭配食用，可用于便秘、干咳、脾胃虚弱，或面部褐斑、面疱、雀斑、吸烟引起的口臭等症。经常同食有美容、保护声带之功效。

牛肉 + 仙人掌

寒冬食牛肉，有暖胃作用，为寒冬补益佳品。中医认为，牛肉有补中益气、滋养脾胃、强健筋骨、化痰息风、止渴止涎的功效，适于生长发育、术后、病后调养、中气下隐、气短体虚、筋骨酸软、贫血久病之人食用。

仙人掌含有人体所需的18种氨基酸和多种微量元素，以及抱壁莲、角蒂仙、玉芙蓉等珍贵成分，不仅对人体有清热解毒、健胃补脾、清咽润肺、养颜护肤等诸多作用，还对肝癌、糖尿病、支气管炎等病有明显治疗作用。

牛肉与仙人掌搭配食用能健脾和胃，活血止血。适用于溃疡出血。

牛筋 + 花生

牛筋中含有丰富的胶原蛋白质，脂肪含量也比肥肉低，并且不含胆固醇、能增强细胞生理代谢，使皮肤更富有弹性和韧性，延缓皮肤的衰老。牛筋有强筋壮骨之功效，对腰膝酸软、身体瘦弱者有很好的食疗作用，有助于青少年生长发育和减缓中老年妇女骨质疏松的速度。

花生又名落花生、地果、唐人豆，长于滋养补益，可延年益寿，所以民间又称“长生果”。它和黄豆一样被誉为“植物肉”“素中之荤”，因为其营养价值比粮食类高，可与鸡蛋、牛奶、肉类等一些动物性食品媲美，它含有大量的蛋白质和脂肪，特别是不饱和脂肪酸的含量很高，很适宜制造各种营养食品。

牛筋配花生米能补中和胃、益气强筋，适用于神经衰弱属气血不足者，症见精神不振、容易疲劳、腰膝乏力，或妇女哺乳期间乳汁缺乏等。

羊肉＋柠檬

俗话讲："美食要配美器，药疗不如食疗。"羊肉性温热，有补气滋阴、暖中补虚、开胃健力之功效，在《本草纲目》中被称为补元阳益血气的温热补品。羊肉比牛肉的肉质要细嫩，较猪肉的脂肪含量少，是防寒温补之物。中医认为它既可食补又可药补，有益气补虚、温中暖下、补肾壮阳、生肌健力、抵御风寒之功。现代分析测定它与猪、牛肉相比，含铁、钙最多，热量最高，蛋白质优良。

柠檬的营养价值极高，它不但含有丰富的维生素，还含有许多人体必需的微量元素如钙、铁、锌、镁等，以及柠檬油、柠檬酸。柠檬富有香气，能祛除肉类、水产品的腥膻之气，并能使肉质更加细嫩，柠檬还能促进胃中蛋白分解酶的分泌，增加胃肠蠕动，柠檬在西方人的日常生活中，经常被用来制作冷盘凉菜及腌食等。

用柠檬清炖羊肉既不像用药材炖那样大补，且开胃健脾，还能去除羊肉的膻味儿，可谓一道味美汤鲜的佳肴。

羊肉＋杏仁

羊肉性温味甘，既可食补，又可食疗，为优良的强壮祛疾食品，有益气补虚、温中暖下、补肾壮阳、生肌健力、抵御风寒之功效。

杏仁含有丰富的蛋白质、维生素及钙、镁、锌、硒等营养元素，还含有丰富的黄酮类和多酚类成分，这种成分不但能够降低人体内胆固醇的含量，还能显著降低心脏病和很多慢性病的发病率。杏仁还有美容功效，能促进皮肤微循环，使皮肤红润光泽。

两者同食具有补气血、暖肾阳之功效，适用于气血不足、虚弱羸瘦、肾虚阳痿及虚寒体质者食用。热性体质者不宜食用。

羊肝＋菊花

羊肝味甘、苦，性凉，入肝经，有益血、补肝、明目的作用，用于血虚萎黄羸瘦、肝虚目暗昏花、雀目、青盲、障翳；可治疗夜盲、贫血，补肺气、调水道，治疗肺虚咳嗽、小便不利等症。羊肝中还含有丰富的维生素A，可防止夜盲症和视力减退，有助于对多种眼疾的治疗。

菊花能清热明目。据现代科学研究发现，菊花含有腺素、胆碱、维生素A等多种重要成分，主治头痛眩晕、眼结膜炎等症。菊花也是色香味俱全的养生保健佳品。

羊肝与菊花煮汤，既可作为菜肴，又可治疗并保健眼睛。

鸡肉＋柠檬

鸡肉性平、温，味甘，入脾、胃经，有益五脏、补虚亏、健脾胃、强筋骨、活血脉、调月经和止白带等功效。

柠檬味酸甘、性平，入肝、胃经，有化痰止咳、生津、健脾的功效。

在烤鸡肉的表面刷上一层柠檬，柠檬的酸味能促进食欲，而柠檬的清香配以烤鸡的香味更能令人食欲大增，并且能为人体提供丰富的营养。

鸡腿＋柠檬

鸡腿肉中蛋白质的含量比例较高，种类多，而且消化率高，很容易被人体吸收利用，有增强体力、强壮身体的作用。

柠檬含有烟酸和丰富的有机酸，其味极酸，柠檬酸汁有很强的杀菌作用，对食品卫生很有好处，实验显示，酸度极强的柠檬汁在15分钟内可把海贝壳内所有的细菌杀死。

两者同食有补气、消水肿、补虚养身、通乳及治疗月经不调的功效。

鸡肉＋柑橘

鸡肉中蛋白质的含量比例较高，种类多，而且消化率高，很容易被人体吸收利用，有增强体力、强壮身体的作用。另外含有对人体生长发育十分重要的磷脂类，是中国人膳食结构中脂肪和磷脂的重要来源之一。鸡肉对营养不良、畏寒怕冷、乏力疲劳、月经不调、贫血、虚弱等有很好的食疗作用。

柑橘营养丰富，色香味兼优，既可鲜食，又可加工成以果汁为主的各种制品。柑橘中的胡萝卜素（维生素A原）含量仅次于杏，比其他水果都高。柑橘还含多种维生素，此外，还含镁、硫、钠、氯和硅等元素。

两者搭配有温中益气、健脾胃、活血脉、强筋骨的功效。

鸡肉＋栗子

鸡肉对营养不良、畏寒怕冷、乏力疲劳、月经不调、贫血、虚弱等症有很好的食疗作用。

栗子含有丰富的营养，每百克含糖及淀粉62~70克，蛋白质5.1~10.7克，脂肪2~7.4克，尚含有维生素A、维生素B_1、维生素B_2、维生素C及矿物质。现代医学认为，栗子所含的不饱和脂肪酸和多种维生素，对高血压、冠心病和动脉硬化等疾病，有较好的预防和治疗作用。老年人如常食栗子，可达到抗衰老、延年益寿的目的。

两者搭配，优势互补。鸡肉能补脾造血，栗子健脾，这有利于鸡肉中营养成分的吸收，造血功能也会随之增强。用老母鸡炖栗子效果更佳。一般人都不爱吃肉粗骨硬的老母鸡，其实老母鸡补气补血功效更佳，加上健脾的栗子肉，文火熬汤，最适宜贫血体弱、消化不良者食用。

鸡肉＋莲子

莲子含钙、磷、钾特别高，每100克莲子含钙高达89毫克，其所含氧化黄心树宁碱有抑制鼻咽癌的作用，所含β－谷甾醇及其他物质有镇静、强心和抗衰老的作用，中医认为莲子有益心、补肾、健脾、止泻、固精和安神之效。

以新鲜的莲子入汤或肴则有清热作用，能辅助治疗心悸、失眠和烦躁不安。鸡肉能补益五脏，营养价值很高。鸡肉与莲子搭配，适合久病体虚、心烦不眠、产后体虚及脾虚等患者食用。

鸡肉 + 红枣

鸡肉中含有较多的 B 族维生素，具有消除疲劳、保护皮肤的作用；大腿肉中含有较多的铁质，可改善缺铁性贫血；翅膀肉中含有丰富的骨胶原蛋白，具有强化血管、肌肉、肌腱的功能。

红枣中富含钙和铁，它们对防治骨质疏松和贫血有重要作用。中老年人经常会发生骨质疏松，正在生长发育高峰的青少年和女性容易发生贫血，红枣对他们会有十分理想的食疗作用，其效果通常是药物不能比拟的。红枣对病后体虚的人也有良好的滋补作用。

鸡肉与红枣搭配不仅可改善慵懒的体质，还可增强体力，适用于血虚诸症，症见肌肤不泽、面部色素斑沉着、皮肤干燥无华或心悸失眠、头晕目眩、形瘦体弱及产后虚弱诸症。

鸡肉 + 松子

松子中富含不饱和脂肪酸，如亚油酸、亚麻油酸等，能降低血脂，预防心血管疾病。松子中所含大量矿物质如钙、铁、磷、钾等，能给机体组织提供丰富的营养成分，可强壮筋骨、消除疲劳，对老年人保健有极大的益处。松子中维生素 E 含量高达 30%，有很好的软化血管、延缓衰老的作用。

鸡肉中含有较多的 B 族维生素、铁、骨胶原蛋白等，具有消除疲劳，保护皮肤，补血，强化血管、肌肉、肌腱的功能。

鸡肉与松子搭配营养丰富，尤其是中老年人的理想保健食物，也是女士们润肤美容的理想食物。

鸭肉 + 芦笋、白果

鸭肉色白油润，肉质酥烂鲜香，具有滋阴养胃、利水消肿、定喘咳之功效。

芦笋富含多种氨基酸、蛋白质和维生素，其含量均高于一般水果和蔬菜，特别是芦笋中的天冬酰胺和微量元素硒、钼、铬、锰等，具有调节机体代谢，提高身体免疫力的功效，在对高血压、心脏病、白血病、血癌、水肿、膀胱炎等疾病的预防和治疗中，具有很强的抑制作用和药理效应。

白果是银杏的俗称，被称作植物中的活化石。白果含白果醇、白果酸，具有杀菌功能，有化痰、止咳、补肺、通经、止浊、利尿等疗效。

三者搭配同食滋阴养胃、利水消肿、定喘止咳。

鹅肉 + 柠檬

鹅肉蛋白质的含量很高，富含人体必需的多种氨基酸、多种维生素、微量元素，并且脂肪含量很低。鹅肉营养丰富，脂肪含量低，不饱和脂肪酸含量高，对人体健康十分有利。根据测定，鹅肉蛋白质含量比鸭肉、鸡肉、牛肉、猪肉都高，赖氨酸含量比肉仔鸡高。鹅肉味甘平，有补阴益气、暖胃开津、祛风湿防衰老之效，是中医食疗的上品。

柠檬味酸甘、性平，入肝、胃经，有化痰止咳、生津、健脾的功效，主治支气管炎、百日咳、维生素 C 缺乏症、中暑烦渴、食欲不振、怀孕妇女胃气不和、嗳气等。

鹅肉与柠檬搭配，可提供更多的蛋白质、脂肪、多种维生素、烟酸。此搭配有健胃开脾的功效，适合中年人食用，老人少食为好。

鸡肉 + 杏仁

鸡肉中有一种叫蛋氨酸的物质，对头发、皮肤和指甲的健康都很重要。如果缺少它，头发就会变得脆弱，容易分叉，没有光泽。所以，要想获得健康的秀发，每周至少应该吃 3 次鸡肉。

杏仁富含维生素 E，维生素 E 被称作细胞膜的“秘密武器”，它通过修复、巩固细胞壁，能使指甲变得坚韧而富有光泽。此外，维生素 E 也被证明有抗衰老、提高免疫力等功效。

鸡肉与杏仁同食不仅能养发护发，还有很好的美容护肤的效果。

乌鸡 + 桃仁

乌鸡肉富含多种矿物质，除含有丰富的铁、锌之外，还含有磷、钙、镁、铜、锰离子等。其中，铁、锌、钙、镁的含量较丰富。此外，蛋白质及维生素 A、B 族维生素、维生素 C 等含量也很高，烟酸的含量亦较丰富。乌鸡肉还含有人体必需的赖氨酸、蛋氨酸、组氨酸等，被认为是最理想的保健食品之一。

桃仁营养丰富，富含亚硝酸甘油酯，还有强肾补脑的功效，常食可令人长寿。桃仁含苦杏仁苷、24– 亚甲基环木菠萝烷醇、野樱苷、β – 谷甾醇和菜油甾醇等，还含绿原酸、3– 咖啡酰奎宁酸、苦杏仁酶、挥发油及脂肪油。桃仁煎剂有抗炎作用，所含脂肪油有润肠缓下作用，提取物有扩张血管作用，醇提取物有抑制血液凝固作用。桃仁还可抗过敏、镇咳、镇痛，促进初产妇子宫收缩、止血等。

乌鸡肉与桃仁搭配食用，能大大提升补锌功效，适宜儿童及女性怀孕期间食用。

鹌鹑肉 + 核桃

医界认为，鹌鹑肉适宜于营养不良、体虚乏力、贫血头晕、肾炎浮肿、泻痢、高血压、肥胖症、动脉硬化症等患者食用。其所含丰富的卵磷，可生成溶血磷脂，抑制血小板凝聚，可阻止血栓形成，保护血管壁，阻止动脉硬化。磷脂是高级神经活动不可缺少的营养物质，具有健脑作用。

核桃仁可健脑，因其含有较多的蛋白质及人体营养必需的不饱和脂肪酸，这些成分皆为大脑组织细胞代谢的重要物质，能滋养脑细胞，增强脑功能。

鹌鹑肉与核桃搭配食用营养丰富，具有健脑作用，适宜于营养不良者，尤其适宜儿童食用。

鹿肉＋红枣

鹿肉性温，味甘，能补五脏、调血脉。《医林纂要》谓之“补脾胃，益气血，补助命门，壮阳益精，暖腰肾”。《本草纲目》谓之“养血，治产后风虚辟僻”。

红枣含有大量的糖类物质，主要为葡萄糖，也含有果糖、蔗糖，以及由葡萄糖和果糖组成的低聚糖、阿拉伯聚糖及半乳醛聚糖等。红枣中还含有大量的维生素C、核黄素、硫胺素、胡萝卜素、烟酸等多种维生素，具有较强的补养作用，能提高人体免疫功能，增强抗病能力。

鹿肉佐以大枣，补脾胃、调营卫、生津液，能治疗五脏虚损。命门火衰、阳虚精亏、腰脊冷痛之病人，常食能强身。鹿肉和红枣、山药三者同食，有抗衰老、降低血脂、增加免疫力等功效。

鹿肉＋核桃

鹿肉含有较丰富的蛋白质、脂肪、矿物质、糖和一定量的维生素，且易于被人体消化吸收。鹿肉有润五脏、调血脂的功效，可治虚劳羸疲、产后无乳。

核桃仁含有的大量维生素E，经常食用有润肌肤、乌须发的作用，可以令皮肤滋润光滑，富于弹性。而且核桃仁含有较多的蛋白质及人体必需的不饱和脂肪酸，这些成分皆为大脑组织细胞代谢的重要物质，能滋养脑细胞，增强脑功能。

鹿肉与核桃同食具有补肾壮腰的功效，故有防治肾亏腰膝酸软的作用；可用于阳痿、早泄、腰背酸痛、畏寒怕冷，或妇女月经不调等症。

兔肉＋松子

兔肉具有极高的营养价值，是一种保健肉，也是一种“美容肉”。

松子中所含大量矿物质如钙、铁、磷、钾等，能给机体组织提供丰富的营养成分，强壮筋骨，消除疲劳，对老年人保健有极大的益处；松子中维生素 E 高达 30%，有很好的软化血管、延缓衰老的作用，是中老年人的理想保健食物，也是女士们润肤美容的理想食物。

两者搭配同食不仅营养丰富，而且美容保健效果明显。

鹌鹑蛋 + 银耳

银耳又称白木耳，其性味甘、平，具有滋阴生津、强精补肾、止嗽、益胃、润肺、补脑、轻身、强志、活血、润肠、解酒之功效，为滋补强壮性食品。据现代研究，银耳含有多种蛋白质、碳水化合物、维生素 B_1、维生素 B_2、粗纤维、脂肪和硫、铁、镁、钙、钾、钠等元素，因此人们称银耳为“山珍”。银耳有防止血液中胆固醇沉积和凝结的作用，能防止血管动脉硬化。

鹌鹑蛋因营养价值高，被营养学家公认为天然食物中之佼佼者。100 克鹌鹑蛋中含蛋白质 12.8 克，维生素 B_1 11 毫克，卵磷脂比鸡蛋高 5~6 倍。中医认为，鹌鹑蛋有补气益血、强身健脑、降脂降压之功效。

银耳与鹌鹑蛋同食，能使强精补肾、益气养血、健脑强身的功效更为显著，对贫血、妇婴营养不良、神经衰弱、血管硬化、心脏病等病人，均有补益作用。常吃还能防治老年性疾病，并延年益寿。

鸭蛋 + 银耳

鸭蛋中的蛋白质含量和鸡蛋相当，而矿物质总量远胜于鸡蛋，尤其铁、钙含量极为丰富，能预防贫血，促进骨骼发育。中医认为鸭蛋有大补虚劳、滋阴养血、润肺美肤的功效。

银耳能提高肝脏解毒能力，起保肝作用；银耳对老年慢性支气管炎、肺源性心脏病有一定疗效；银耳富含维生素 D，能防止钙的流失，对生长发育十分有益；因富含硒等微量元素，它可以增强机体抗肿瘤的免疫力；银耳还富有天然植物性胶质，加上它的滋阴作用，长期服用可以润肤，并有祛除脸部黄褐斑、雀斑的功效；银耳中的有效成分酸性多糖类物质，能增强人体的免疫力，调动淋巴细胞，加强白细胞的吞噬能力，兴奋骨髓造血功能。

银耳、鸭蛋同煮共食，可治疗肺阴不足所致的咽喉干燥、声嘶、干咳等症，对阴虚、头晕和皮肤干燥所引起的瘙痒也有一定的作用。

鸭肾 + 银耳

银耳同其他“山珍”一样，不仅是席上的珍品，而且在医学宝库中也是久负盛名的良药，质量上乘者称作雪耳。银耳中含丰富的胶质、多种维生素和 17 种氨基酸及肝糖。银耳中含有一种重要的有机磷，具有消除肌肉疲劳的功能。

银耳中的膳食纤维可助胃肠蠕动，减少脂肪吸收，从而达到减肥的效果。银耳富有天然植物性胶质，加上它的滋阴作用，长期服用可以润肤，并有祛除脸部黄褐斑、雀斑的功效。

鸭肾补肾，健体，配银耳同食有养阴益气、润肺生津的功效。

猪脑 + 银耳

银耳性味甘平，是滋补强身食品。它含有多种营养物质，具有阻止血液中胆固醇沉积和凝结的作用。银耳能提高肝脏解毒能力，起保肝作用，对老年慢性支气管炎、肺源性心脏病也有一定疗效。

猪脑含有丰富的矿物质，食用后对人体大有裨益，一些人将猪脑弃之不用实在可惜，其实只要将猪脑表面的血筋除去即可食用。方法是：将猪脑浸入冷水中浸泡，直至看到有明显的血筋粘在猪脑表面时，只要手抓几下，即可将血筋抓去。食用猪脑时，无论是蒸还是炖，均十分美味。猪脑性味甘寒，可治头风、止眩晕、益肾补脑，适合治疗肾虚、髓海不足所致的眩晕、耳鸣、健忘等症。

猪脑与银耳同煮熬汤食用，可滋肾补脑，对用脑过度、头昏、记忆力减退等病症都有一定的疗效。

猪肉 + 草菇

猪肉如果调煮得宜，亦可成为“长寿之药”。猪肉经长时间炖煮后，脂肪会减少 30%~50%，不饱和脂肪酸增加，而胆固醇含量会大大降低。草菇的维生素C含量高，能促进人体新陈代谢，提高机体免疫力，增强抗病能力。

草菇含有一种异种蛋白物质，有消灭人体癌细胞的作用。所含粗蛋白超过香菇，其他营养成分与木质类食用菌大体相当，同样具有抑制癌细胞生长的作用，特别是对消化道肿瘤有辅助治疗作用，还能加强肝肾的活力。

两者同食，具有滋阴润燥、补脾益气的功效，对痰多胸闷、身体虚弱、不思饮食等症有辅助作用，对保健和预防糖尿病也有较好的作用。

猪肚 + 金针菇

猪肚含有蛋白质、脂肪、碳水化合物、维生素及钙、磷、铁等，具有补虚损、健脾胃的功效，适用于气血虚损、身体瘦弱者食用。猪肚烧熟后，切成长条或长块，放在碗里，加点汤水，放进锅里蒸，会涨厚一倍，又嫩又好吃，但注意不能先放盐，否则猪肚就会紧缩。

金针菇中含锌量比较高，有促进儿童智力发育和健脑的作用，在日本等许多国家被誉为“益智菇”和“增智菇”。金针菇能有效地增强机体的生物活性，促进体内新陈代谢，有利于食物中各种营养素的吸收和利用，对生长发育也大有益处。经常食用金针菇，不仅可以预防和治疗肝脏病及胃肠道溃疡，而且也适合高血压患者、肥胖者和中老年人食用，这主要是因为它是一种高钾低钠食品。

二者搭配食用，有消食开胃作用，适宜消化不良、食欲不振、肠胃不适等患者食用。

猪腰 + 黑木耳

猪腰含有蛋白质、脂肪、碳水化合物、钙、磷、铁和维生素等，有健肾补腰、和肾理气之功效。猪腰子具有补肾气、通膀胱、消积滞、止消渴之功效，可用于治疗肾虚腰痛、水肿、耳聋等症。

耳有黑、白木耳，但通常我们称白木耳为雪耳或银耳，木耳专指黑木耳。从古到今，木耳一直被人们所推崇，有多种药用价值，被认为是珍贵的药材和食材。现代的木耳多为人工栽培，不像以前稀罕了，但功效还有。木耳能补气益智、润肺补脑、活血止血、预防白发多生等。与银耳相比，木耳有更浓稠的滑润黏液，能将留在人体内的杂物粘住带出体外，简单地讲就是能排毒，因此现在已成为受追捧的美容养颜食材之一。

猪腰补肾利尿，黑木耳健胃补气、润肺止血。两者同食，可帮助消化，对于腰酸背痛、久病体虚有很好的辅助治疗作用。猪腰有补肾利尿作用。

鸡肉＋金针菇

鸡肉肉质细嫩，蛋白质含量较高、种类多，消化率高，易被人体吸收利用，有增强体质的作用，并含有对人体生长发育起重要作用的磷脂类。

金针菇中含锌量比较高，有促进儿童智力发育和健脑的作用。金针菇能有效地增强机体的生物活性，促进体内新陈代谢，有利于食物中各种营养素的吸收和利用，对生长发育也大有益处。

金针菇可抵抗疲劳，鸡肉可补益气血，同食，可滋补养身。妇女产后体虚者可食用。金针菇与鸡肉搭配食用，还可防治肝脏和胃肠疾病，能益智及增强记忆力。

水产类

虾仁＋鲤鱼

虾仁营养丰富，所含蛋白质是鱼、蛋、奶的几倍到几十倍；还含有丰富的钾、碘、镁等矿物质及维生素 A、氨茶碱等成分。虾仁具有丰富的镁，镁对心脏具有重要的调节作用，能很好地保护心血管系统，它可减少血液中胆固醇含量，防止动脉硬化，同时还能扩张冠状动脉，有利于预防高血压及心肌梗死。虾仁还富含磷、钙，对儿童尤其有补益功效。

鲤鱼的蛋白质不但含量高，而且质量也好，人体消化吸收率可达 96%，并能供给人体必需的氨基酸、矿物质、维生素 A 和维生素 D；鲤鱼的脂肪多为不饱和脂肪酸，能很好地降低胆固醇，可以防治动脉硬化、冠心病，因此，多吃鱼有助于健康长寿。

二者相配能很好地防治动脉硬化、冠心病。

虾 + 海带

虾味甘、咸，性温，有壮阳益肾、补精、通乳之功。凡是久病体虚、气短乏力、饮食不思、面黄羸瘦的人，都可将它作为滋补食品。

海带除含丰富的维生素 C 外，还含有丰富的钙，可防止人体缺钙。海带中的碘极为丰富，它是体内合成甲状腺素的主要原料，而头发的光泽就是由于体内甲状腺素发挥作用形成的。

二者相配能壮阳益肾、补钙补碘。

煎鱼 + 玉米糠

玉米糠中含有大量的营养保健物质，除了含有碳水化合物、蛋白质、脂肪、胡萝卜素外，玉米糠中还含有核黄素等营养物质。玉米糠对冠心病、动脉粥样硬化、高脂血症及高血压等都有一定的预防和治疗作用。维生素 E 还可促进人体细胞分裂，延缓衰老。

煎鱼有很好的开胃促消化效果，二者相配能促进营养吸收，对冠心病、动脉粥样硬化有很好的作用。

鲤鱼 + 黑豆

鲤鱼的脂肪多为不饱和脂肪酸，能很好地降低胆固醇，可以防治动脉硬化、冠心病，因此，多吃鱼可以健康长寿。

黑豆营养全面，含有丰富的蛋白质、维生素、矿物质，有活血、利水、祛风、解毒之功效；黑豆中的微量元素如锌、铜、镁、钼、硒、氟等的含量都很高，而这些微量元素对延缓人体衰老、降低血液黏稠度等非常重要；黑豆皮为黑色，含有花青素，花青素是很好的抗氧化剂来源，能清除体内自由基，尤其是在胃的酸性环境下，抗氧化效果好，可养颜美容，增加肠胃蠕动。

二者相配能降低胆固醇、养颜美容、延缓衰老。

甲鱼＋香菜

甲鱼的肉具有鸡、鹿、牛、羊、猪5种肉的美味，故素有“美食五味肉”的美称。在它的身上，找不到丝毫的致癌因素。吃适量甲鱼有利于产妇身体恢复及提高母乳质量。

香菜辛、温，归肺、脾经，具有发汗透疹、消食下气、醒脾和中的功效，主治麻疹初期，透出不畅及食物积滞、胃口不开、脱肛等病症。

二者相配有很好的开胃效果，并可补充营养。

鱿鱼＋黄瓜

鱿鱼富含钙、磷、铁元素，利于骨骼发育和造血，能有效治疗贫血；鱿鱼除富含蛋白质和人体所需的氨基酸外，还含有大量的牛磺酸，可抑制血液中的胆固醇含量、缓解疲劳、恢复视力、改善肝脏功能；其所含多肽和硒有抗病毒、抗射线作用。

黄瓜中含有的葫芦素C具有提高人体免疫功能的作用，可达到抗肿瘤的目的。鱿鱼和黄瓜相配能抑制血液中的胆固醇含量，缓解疲劳，恢复视力，改善肝脏功能。

鱿鱼＋竹笋

鱿鱼的营养价值很高，富含人体必需的多种氨基酸，且必需氨基酸组成接近全蛋白，是一种极富营养且风味很好的水产品。

竹笋中所含的蛋白质比较优越，人体所需的赖氨酸、色氨酸、苏氨酸、苯丙氨酸、谷氨酸、胱氨酸等，都有一定含量。另外，竹笋具有低脂肪、低糖、高纤维素等特点，食用竹笋，能促进肠道蠕动、帮助消化、促进排便，是理想的减肥佳蔬。

二者相配能帮助消化、促进排便、抑制血液中的胆固醇含量。

鲍鱼＋竹笋

鲍鱼含有丰富的蛋白质，还有较多的钙、铁、碘和维生素A等营养元素；鲍鱼营养价值极高，富含丰富的球蛋白；鲍鱼的肉中还含有一种被称为“鲍素”的成分，能够破坏癌细胞必需的代谢物质；鲍鱼能养阴、平肝、固肾，可调整肾上腺分泌，具有双向性调节血压的作用；鲍鱼有调经、润燥利肠之效，可治月经不调、大便秘结等疾患；此外，鲍鱼具有滋阴补养功效，且是一种补而不燥的海产，吃后没有牙痛、流鼻血等副作用，多吃也无妨。

竹笋具有低糖、低脂的特点，且富含植物纤维，可降低体内多余脂肪，消痰化瘀滞，治疗高血压、高血脂、高血糖症，且对消化道癌肿及乳腺癌有一定的预防作用；竹笋中植物蛋白、维生素及微量元素的含量均很高，有助于增强机体的免疫功能，提高防病抗病能力。

二者相配有滋阴补养的功效，能治疗高血压、高血脂、高血糖症，有助于增强机体的免疫功能，提高防病抗病能力。

鳗鱼＋芦笋

鳗鱼富含多种营养成分，具有补虚养血、祛湿、抗结核等功效，是久病、虚弱、贫血、肺结核等病人的良好营养品；鳗鱼体内含有一种很稀有的西河洛克蛋白，具有良好的强精壮肾功效，是年轻夫妇、中老年人的保健食品；鳗鱼富含钙质，经常食用，能使血钙值有所增加，使身体强壮；鳗的肝脏含有丰富的维生素A，是夜盲者的优良食品。

芦笋味甘、性寒，归肺、胃经，有清热解毒、生津利水的功效。

芦笋有鲜美芳香的风味，膳食纤维柔软可口，能增进食欲，帮助消化，经常食用对心脏病、高血压、心率过速、疲劳症、水肿、膀胱炎、排尿困难等病症有一定的疗效。同时芦笋对心血管病、血管硬化、肾炎、胆结石、肝功能障碍和肥胖均有益。

二者相配能促进消化、清热解毒、强身健体。

虾＋白菜

虾味甘、咸，性温，有壮阳益肾、补精、通乳之功。凡是久病体虚、气短乏力、饮食不思、面黄羸瘦的人，都可将它作为滋补食品。

白菜微寒、味甘、性平，归肠、胃经，有解热除烦、通利肠胃、养胃生津、除烦解渴、利尿通便、清热解毒的功效；可用于肺热咳嗽、便秘、丹毒、漆疮。白菜含有丰富的粗纤维，不但能起到润肠、促进排毒的作用，又可刺激肠胃蠕动，促进大便排泄，帮助消化，对预防肠癌有良好作用。

二者相配能促进消化，对久病体虚、气短乏力、饮食不思、面黄羸瘦的人有很好的补养效果。

虾＋豆苗

豆苗性清凉，是燥热季节的清凉食品，对清除体内积热也有一定的功效，原因是豆苗性滑、微寒，对因多吃煎炒热气食物及烟酒过度而引致口腔发炎、牙龈红肿、口气难闻、大便燥结、小便金黄等情况都有一定的改善作用。

虾味甘、咸，性温，豆苗清凉败火，二者相配可清热解毒、消炎止痛、清火去虚。

虾仁＋韭菜花

虾仁营养丰富，所含蛋白质是鱼、蛋、奶的几倍到几十倍；还含有丰富的钾、碘、镁等矿物质及维生素 A、氨茶碱等成分。虾仁具有丰富的镁，镁对心脏具有重要的调节作用，能很好地保护心血管系统，它可减少血液中胆固醇含量，防止动脉硬化，同时还能扩张冠状动脉，有利于预防高血压及心肌梗死。虾仁还富含磷、钙，对儿童尤有补益功效。

韭菜花富含水分、蛋白质，脂肪，糖类，矿物质钙、磷、铁，维生素 A 原，维生素 B_1，维生素 B_2，维生素 C 和膳食纤维等。韭菜花适宜夜盲症、眼干燥症之人食用，因为韭菜花中所含大量的维生素 A 原可维持视紫质的正常效能。

二者相配能很好地保护心血管系统，且营养价值更高。

虾仁 + 油菜

油菜为低脂肪蔬菜，且含有膳食纤维，能与胆酸盐和食物中的胆固醇及甘油三酯结合，并从粪便排出，从而减少脂类的吸收，故可用来降血脂。油菜还能增强肝脏的排毒机制，对皮肤疮疖、乳痈有治疗作用。油菜中含有大量的植物纤维素，能促进肠道蠕动，增加粪便的体积，缩短粪便在肠腔停留的时间，从而治疗多种便秘，预防肠道肿瘤。

虾仁和油菜搭配可促进消化，促进肠道蠕动，预防肠道肿瘤。

虾仁 + 卷心菜

虾仁含有丰富的镁，镁对心脏具有重要的调节作用，能很好地保护心血管系统，它可减少血液中胆固醇含量，防止动脉硬化，同时还能扩张冠状动脉，有利于预防高血压及心肌梗死。

卷心菜性甘平，无毒，有补髓、利关节、壮筋骨、利五脏、调六腑、清热、止痛等功效。卷心菜含有天然多酚类化合物中的吲哚类化合物，是一种天然的防癌良药。卷心菜能提高人体免疫力，预防感冒。卷心菜是糖尿病和肥胖患者的理想食物，也是重要的美容蔬菜，经常食用卷心菜能防止皮肤色素沉淀，减少青年人的雀斑，延缓老年斑的出现等。

二者相配可清热解毒、美容护肤，还能预防高血压及心肌梗死。

虾米 + 丝瓜

丝瓜性平味甘，有通经络、行血脉、凉血解毒的功效。李时珍在《本草纲目》中则更详细地记载了“其有凉血解热毒，活血脉，通经络，祛痰，祛风化痰，除热利肠和下乳汁等妙用”。现代科学研究也证实，丝瓜的确具有活血、凉血、通络、润肤、解毒、消炎等功效。女性如果有月经不调的困扰，包括月经经期及周期不规律、经量异常、生理期间身体不适等，都可通过平时多吃丝瓜，来对体质进行养护，以改善月经不调。

虾味甘、咸，性温，有壮阳益肾、补精、通乳、通经络、行血脉、凉血解毒之效，二者相配对女性月经不调，产后少乳是很好的滋补品。

虾米 + 茄子

茄子味甘、性凉，入脾、胃、大肠经，具有清热止血、消肿止痛的功效，用于热毒痈疮、皮肤溃疡、口舌生疮、便血、衄血等。

虾米有很好的益气补肾作用，二者相配能促进消化，清热止血。

虾米 + 芹菜

芹菜含铁量较高，能补充妇女经血的损失，是缺铁性贫血患者的佳蔬，食之能避免皮肤苍白、干燥、面色无华，而且可使目光有神，头发黑亮。

虾米对气血虚弱、体倦乏力、产妇乳汁不下、产后缺乳或无乳有很好的作用。二者相配是女性很好的滋补品。

虾米 + 白菜

白菜含有丰富的粗纤维，不但能起到润肠、促进排毒的作用，又可刺激肠胃蠕动，促进大便排泄，帮助消化，对预防肠癌有良好作用。

二者相配能很好地促进消化，排毒养颜。

虾仁＋豆腐

虾仁营养丰富，所含蛋白质是鱼、蛋、奶的几倍到几十倍；还含有丰富的钾、碘、镁、磷等矿物质及维生素A、氨茶碱等成分。豆腐中蛋白质的含量较高，且质量比粮食中的蛋白质好，与肉类的蛋白质接近。

二者相配能很好地补充蛋白质，并减少血液中胆固醇含量，防止动脉硬化。

鱼头＋荠菜

鱼头肉质细嫩，除了含蛋白质、钙、磷、铁、维生素B_1之外，它还含有卵磷脂，可增强记忆、思维和分析能力，使人变得更聪明；鱼头含丰富的不饱和脂肪酸，它对人脑的发育尤为重要，可使大脑细胞异常活跃，使推理、判断力极大增强，因此，常吃鱼头不仅可以健脑，而且还可延缓脑力衰退。

鱼鳃下边的肉呈透明的胶状，里面富含胶原蛋白，能够增强身体活力，修补人体细胞组织。

荠菜具有健脾利水、止血解毒、降压明目等功效，主治痢疾、水肿、淋病、乳糜尿、吐血、便血、血崩、月经过多、目赤肿痛。荠菜所含的荠菜酸，是有效的止血成分，能缩短出血及凝血时间；荠菜还含有香味木苷，可降低毛细血管的渗透性，起到治疗毛细血管性出血的作用；荠菜含有乙酰胆碱、谷甾醇和季胺化合物，不仅可以降低血中及肝中的胆固醇和甘油三酯的含量，而且还有降低血压的作用。

二者相配能增强记忆、思维和分析能力，使人变得更聪明，还能降低血压。

鲫鱼 + 韭菜

鲫鱼有健脾利湿、和中开胃、活血通络、温中下气之功效，对脾胃虚弱、水肿、溃疡、气管炎、哮喘、糖尿病有很好的滋补食疗作用。给产后妇女炖食鲫鱼汤，既可以补虚，又有通乳催奶的作用。

韭菜不仅有丰富的营养价值，同时还有一定的药用效果，韭菜中的硫化物具有降血脂的作用，适用于治疗心脑血管病和高血压，韭菜中含有大量的膳食纤维，可增加肠胃蠕动，使胃肠道排空时间加快，减少食糜中的胆固醇和胆酸同细菌作用时间，减少致癌物质在肠道里的滞留及吸收机会，对便秘、结肠癌、痔疮等都有明显疗效。

二者相配能促进消化、补虚通乳、增进食欲。

鲫鱼 + 西红柿

西红柿性味酸甘，有生津止渴、健胃消食、清热解毒功效，对热性病口渴、过食油腻厚味所致的消化不良、中暑、胃热口苦、虚火上炎等病症有较好的治疗效果。此外，西红柿对维护皮肤和神经健康亦有重要作用。

鲫鱼对脾胃虚弱、水肿、溃疡、气管炎、哮喘、糖尿病有很好的滋补食疗作用。鲫鱼搭配西红柿，对消化不良有很好的促进作用，是很好的滋补品。

鲤鱼 + 冬瓜

鲤鱼中的蛋白质不但含量高，而且质量也好，人体消化吸收率可达96%，并能供给人体必需的氨基酸、矿物质、维生素A和维生素D；鲤鱼的脂肪多为不饱和脂肪酸，能很好地降低胆固醇，可以防治动脉硬化、冠心病，因此，多吃鱼有助于健康长寿。

冬瓜味甘淡，性微寒，它含有蛋白、糖类、胡萝卜素、多种维生素、粗纤维和钙、磷、铁，且钾盐含量高。冬瓜可清热解毒、利水消痰、除烦止渴、祛湿解暑，用于心胸烦热、小便不利、肺痈咳喘、肝硬化腹水、高血压等。

二者相配对于降低胆固醇效果更为显著。

鲤鱼 + 白菜

白菜含有丰富的粗纤维，可润肠、排毒、通便，促消化，对预防肠癌有良好作用。白菜和鲤鱼搭配，能很好地促进消化、清热解毒、补充营养。

鲢鱼 + 丝瓜

鲢鱼味甘、性温，入脾、胃经，有健脾补气、温中暖胃、散热的功效，尤其适合冬天食用；可治疗脾胃虚弱、食欲减退、瘦弱乏力、腹泻等症状；还具有暖胃、补气、泽肤、乌发、养颜等功效。

丝瓜性平味甘，有通经络、行血脉、凉血解毒的功效。李时珍在《本草纲目》中有详细记载："其有凉血解热毒，活血脉，通经络，祛痰，去风化痰，除热利肠和下乳汁等妙用"。

二者相配可健脾消食，调理体虚。

鲢鱼 + 萝卜

鲢鱼是温中补气、暖胃、泽肌肤的养生食品，适用于脾胃虚寒体质、溏便、皮肤干燥者，也可用于脾胃气虚所致的乳少等症。鲢鱼能提供丰富的胶质蛋白，既能健身，又能美容，是女性滋养肌肤的理想食品。

萝卜含有能诱导人体产生干扰素的多种微量元素，可增强机体免疫力，并能抑制癌细胞的生长，对防癌抗癌有重要意义。

二者相配能美容护肤，增强机体免疫力，是很好的滋补品。

鲢鱼头 + 豆腐

鲢鱼头的肉质细嫩、营养丰富，除了含蛋白质、脂肪、钙、磷、铁、维生素 B_1，它还含有鱼肉中所缺乏的卵磷脂，该物质被机体代谢后能分解出胆碱，最后合成乙酰胆碱，乙酰胆碱是神经元之间化学物质传送信息的一种最重要的“神经递质”，可增强记忆、思维和分析能力，让人变得聪明。鲢鱼头还含丰富的不饱和脂肪酸，它对脑的发育尤为重要，可使大脑细胞异常活跃，故使推理、判断力极大增强，因此，常吃鲢鱼头不仅可以健脑，还可延缓脑力衰退。鲢鱼鱼鳃下边的肉呈透明的胶状，里面富含胶原蛋白，能够对抗人体老化及修补身体细胞组织。

豆腐蛋白质的含量较高，且质量比粮食中的蛋白质好，与肉类的蛋白质接近。

二者相配可增强记忆、思维和分析能力，让人变得聪明。

青鱼 + 韭菜

青鱼中除含有丰富的蛋白质、脂肪外，还含丰富的硒、碘等微量元素，故有抗衰老、抗癌作用；鱼肉中富含核酸，这是人体细胞所必需的物质，核酸食品可延缓衰老，辅助疾病的治疗。

韭菜中含有大量的膳食纤维，可增加肠胃蠕动，使胃肠道排空时间加快，减少食糜中的胆固醇和胆酸同细菌作用时间，减少致癌物质在肠道里的滞留时间及吸收机会，对便秘、结肠癌、痔疮等都有明显疗效。另外、中医认为韭菜食味甘温，有补肾益阳、散血解毒、调和脏腑、暖胃、增进食欲、除湿理血等功效。

二者相配可增加肠胃蠕动，促进消化，延缓衰老，辅助疾病的治疗。

带鱼 + 苦瓜

带鱼的脂肪含量高于一般鱼类，且多为不饱和脂肪酸，这种脂肪酸的碳链较长，具有降低胆固醇的作用，带鱼含有丰富的镁元素，对心血管系统有很好的保护作用，有利于预防高血压、心肌梗死等心血管疾病。常吃带鱼还有养肝补血、泽肤养发健美的功效。

苦瓜性寒，味苦。青嫩者能清暑明目、除热解毒；成熟者能益气养血。苦瓜可用于热病烦渴、中暑、肠炎、痢疾、热毒疮疖等。

两者相配能很好地补肝养血，泽肤美容，降低身体中胆固醇的含量。

蛤蜊 + 豆腐

蛤蜊具有高蛋白、高微量元素、高铁、高钙、少脂肪的营养特点；蛤蜊肉含一种具有降低血清胆固醇作用的代尔太 7– 胆固醇和 24– 亚甲基胆固醇，它们兼有抑制胆固醇在肝脏合成和加速排泄胆固醇的独特作用，从而使体内胆固醇下降。

二者相配对降低胆固醇效果更为显著。

草鱼 + 豆腐

草鱼含有丰富的不饱和脂肪酸，对血液循环有利，是心血管病人的良好食物；草鱼含有丰富的硒元素，经常食用有抗衰老、养颜的功效，而且对肿瘤也有一定的防治作用；对于身体瘦弱、食欲不振的人来说，草鱼肉嫩而不腻，可以开胃、滋补。

豆腐蛋白质的含量较高。

二者同食对血液循环有利，是心血管病人的良好食物。

泥鳅 + 豆腐

泥鳅所含脂肪成分较低，胆固醇更少，属高蛋白低脂肪食品，且含一种类似廿碳戊烯酸的不饱和脂肪酸，有利于人体抗血管衰老。

豆腐中蛋白质的含量较高，且质量比粮食中的蛋白质好，与肉类的蛋白质接近。泥鳅和豆腐同烹，具有很好的进补和食疗功用；二者相配是高蛋白质低胆固醇食品，有益于老年人及心血管病人。

鳝鱼 + 藕

鳝鱼富含 DHA 和卵磷脂，它是构成人体各器官组织细胞膜的主要成分，而且是脑细胞不可缺少的营养；鳝鱼含降低血糖的“鳝鱼素”，且所含脂肪极少，是糖尿病患者的理想食品。

莲藕生用性寒，有清热凉血作用，可用来治疗热性病症；莲藕味甘多液、对热病口渴、衄血、咯血、下血者尤为有益。藕的营养价值很高，富含铁、钙等微量元素，植物蛋白质、维生素以及淀粉含量也很丰富，有明显的补益气血的作用。

二者相配能促进新陈代谢，补益气血，增强人体免疫力作用。

鳝鱼 + 青椒

青椒辛温，能够通过发汗而降低体温，并缓解肌肉疼痛，因此具有较强的解热镇痛作用。

青椒强烈的香辣味能刺激唾液和胃液的分泌，增加食欲，促进肠道蠕动，帮助消化；青椒所含的辣椒素，能够促进脂肪的新陈代谢，防止体内脂肪积存，有利于降脂减肥防病。

二者相配能促进食欲，清热镇痛，促进新陈代谢。

黄鱼 + 雪菜

中医认为，黄鱼有健脾开胃、安神止痢、益气填精之功效，对贫血、失眠、头晕、食欲不振及妇女产后体虚有良好疗效。

雪菜的维生素含量丰富，还富含芥子油，具有特殊的香辣味，其蛋白质水解后又能产生大量的氨基酸。腌制加工后的雪菜色泽鲜黄、香气浓郁、滋味清脆鲜美。

二者相配能健脾开胃、促进食欲、益气填精。

黄鱼 + 荠菜

荠菜所含的橙皮苷能够消炎抗菌，有增强体内维生素 C 含量的作用，还能抗病毒，预防冻伤，并含有抑制眼晶状体的醛还原酶，对糖尿病性白内障病人有疗效。荠菜含有丰富的胡萝卜素，其含量与胡萝卜相当，而胡萝卜素为维生素 A 原，是治疗眼干燥症、夜盲症的良好食物。

黄鱼含有丰富的微量元素硒，能清除人体代谢产生的自由基，能延缓衰老，并对各种癌症有防治功效。黄鱼搭配芥菜能延缓衰老，对各种癌症有防治功效。

黄鱼＋莼菜

莼菜的黏液质含有多种营养物质及多缩戊糖，有较好的清热解毒作用，能抑制细菌的生长，食之清胃火，泻肠热，捣烂外敷可治痈疽疔疮。莼菜中含有丰富的锌，为植物中的“锌王”，是小儿最佳的益智健体食品之一，可防治小儿多动症。莼菜含有一种酸性杂多糖，能明显地促进巨噬细胞吞噬异物，是一种较好的免疫促进剂，可以增强机体的免疫功能，预防疾病的发生。

黄鱼含有丰富的蛋白质、微量元素和维生素，对人体有很好的补益作用，对体质虚弱者和中老年人来说，食用黄鱼会收到很好的食疗效果；黄鱼含有丰富的微量元素硒，能清除人体代谢产生的自由基，能延缓衰老，并对各种癌症有防治功效。

二者相配可补充蛋白质、微量元素和维生素，并能提高人体抵抗力。

鳜鱼＋白菜

鳜鱼含有蛋白质、脂肪、少量维生素、钙、钾、镁、硒等营养元素，肉质细嫩，极易消化。对儿童、老人及体弱、脾胃消化功能不佳的人来说，吃鳜鱼既能补虚，又不必担心消化困难；鳜鱼肉的热量不高，而且富含抗氧化成分，对于贪恋美味、想美容又怕肥胖的女士是极佳的选择。

白菜微寒、味甘、性平，归肠、胃经，有解热除烦、通利肠胃、养胃生津、除烦解渴、利尿通便、清热解毒的功效，可用于肺热咳嗽、便秘、丹毒、漆疮。

二者相配有解热除烦、通利肠胃、润肠、促进排毒的作用。

海参 + 菠菜

海参性温，味咸，入心、肝、肾经，能补肾益精、养血润燥，主治肾精亏虚、阳痿遗精、小便频数、腰酸乏力、阴血亏虚、形体消瘦、潮热咳嗽、咯血、消渴等。

菠菜含有大量的植物粗纤维，具有促进肠道蠕动的作用，利于排便，且能促进胰腺分泌，帮助消化，对于痔疮、慢性胰腺炎、便秘、肛裂等病症有治疗作用；菠菜中所含的胡萝卜素，在人体内转变成维生素 A，能维护正常视力和上皮细胞的健康，增加预防传染病的能力，促进儿童生长发育；

菠菜中含有丰富的胡萝卜素、维生素 C、钙、磷及一定量的铁、维生素 E 等有益成分，能供给人体多种营养物质；其所含铁质，对缺铁性贫血有较好的辅助治疗作用；菠菜提取物具有促进培养细胞增殖的作用，既抗衰老又能增强青春活力。

二者相配能补肾益精、养血润燥，是很好的壮阳食品。

海参 + 竹笋

竹笋甘寒通利，其所含有的植物纤维可以增加肠道水分的潴留量，促进胃肠蠕动，降低肠内压力，减少粪便黏度，使粪便变软利于排出，用于治疗便秘，预防肠癌；竹笋含有一种白色的含氮物质，构成了竹笋独有的清香，具有开胃、促进消化、增强食欲的作用，可用于治疗消化不良，脘痞纳呆之病症。

海参能补肾益精，养血润燥，主治肾精亏虚、阳痿遗精、小便频数、腰酸乏力、阴血亏虚、形体消瘦、潮热咳嗽、咯血、消渴等。

二者相配补肾益精、开胃、促进消化、增强食欲、增强机体的免疫功能。

海带 + 冬瓜

冬瓜味甘淡，性微寒，它含蛋白、糖类、胡萝卜素、多种维生素、粗纤维和钙、磷、铁，且钾盐含量高，钠盐含量低，可清热解毒、利水消痰、除烦止渴、祛湿解暑，用于心胸烦热、小便不利、肺痈咳喘、肝硬化腹水、高血压等。

二者相配有清热解毒、利水消痰，是很好的降血压食品。

海带 + 豆腐

豆腐蛋白质的含量较高，且质量比粮食中的蛋白质好，与肉类的蛋白质接近。豆腐脂肪含量比较高，达15%~20%，还含有丰富的钙和B族维生素，特别是维生素B_2含量比较多。豆腐富含磷、钠及钾等元素，是矿物质的良好来源。

海带富含钙，二者相配对骨骼发育有很好的补养作用。

螃蟹 + 荷叶

螃蟹味咸、寒、有小毒，入肝、胃经，有养筋益气、理胃消食、散诸热、通经络、解结散血的功效，对于瘀血、黄疸、腰腿酸痛和风湿性关节炎等有一定的食疗效果。螃蟹含有丰富的蛋白质及微量元素，对身体有很好的滋补作用。

荷叶味苦涩，性平，归肝、脾、胃、心经，有清暑利湿、升发清阳、凉血止血等功效，对脾虚气陷、大便泄泻者，也可将荷叶加入补脾胃药中同用。在冬季，老人血脂偏高，可以通过食用荷叶来降脂。

两者相配可健脾开胃，且有一定的降压降脂功效。

螃蟹 + 芹菜

芹菜有平肝降压作用，主要是因为芹菜中含酸性的降压成分，临床对于原发性、妊娠性及更年期高血压均有效。芹菜含铁量较高，能补充妇女经血的损失，是缺铁性贫血患者的佳蔬。常吃芹菜，尤其是吃芹菜叶，对预防高血压、动脉硬化等都十分有益，并有辅助治疗作用。

二者相配能平肝降压、补血益气、清热解毒。

螃蟹 + 冬瓜

螃蟹性寒味咸，蟹肉有清热、散血结、续断伤、理经脉和滋阴等功用，其壳可清热解毒、破瘀清积止痛。

冬瓜味甘淡，性微寒，它含蛋白、糖类、胡萝卜素、多种维生素、粗纤维和钙、磷、铁，且钾盐含量高，钠盐含量低冬瓜有清热解毒、利水消痰、除烦止渴、祛湿解暑的功效，可用于心胸烦热、小便不利、肺痈咳喘、肝硬化腹水、高血压等。

二者相配有很好的清热祛湿效果，对高血压有很好的治疗效果。

乌鱼 + 黄瓜

乌鱼肉中含蛋白质、脂肪、18 种氨基酸等，还含有人体必需的钙、磷、铁及多种维生素，适用于身体虚弱、低蛋白血症、脾胃气虚、营养不良、贫血之人食用。

黄瓜味甘、性凉，无毒，入脾、胃、大肠经，具有除热、利水、解毒、清热利尿的功效，主治烦渴、咽喉肿痛、火眼、烫伤。

二者相配对脾胃气虚、营养不良、贫血之人有更为显著的疗养效果。

海蜇 + 荸荠

海蜇的营养极为丰富，其营养成分独特之处是脂肪含量极低，蛋白质和矿物质类等含量丰富，尤其含有人们饮食中所缺的碘，是一种高蛋白、低脂肪、低热量的营养食品。海蜇有清热解毒、化痰软坚、降压消肿等功能，对气管炎、哮喘、高血压、胃溃疡等症均有疗效。此外，海蜇有阻止伤口扩散的作用和促进上皮形成、扩张血管、降低血压、消痰散气、润肠消积等功能。

荸荠质嫩多津，可治疗热病津伤口渴之症，对糖尿病尿多者，有一定的辅助治疗作用。荸荠水煎汤汁能利尿排淋，对于小便淋沥涩通者有一定治疗作用，可作为尿路感染患者的食疗佳品。近年来研究发现荸荠含有一种抗病毒物质可抑制流脑、流感病毒。

二者相配对糖尿病、高血压有很好的治疗效果。

鳕鱼＋辣椒

鳕鱼味甘、性平，能活血止痛、通便。鳕鱼具有高营养、高蛋白、低脂肪、低胆固醇、易于被人体吸收等优点，且刺少，是老少皆宜的营养食品。鳕鱼鱼脂中含有球蛋白、白蛋白及磷的核蛋白，还含有儿童发育所必需的各种氨基酸，其比值和儿童的需要量非常相近，又容易被人消化吸收，还含有不饱和脂肪酸和钙、磷、铁、B族维生素等。

辣椒强烈的香辣味能刺激唾液和胃液的分泌，增加食欲，促进肠道蠕动，帮助消化。辣椒所含的辣椒素，能够促进脂肪的新陈代谢，防止体内脂肪积存，有利于降脂减肥防病。

两者相配能促进消化、活血止痛、降脂减肥。

鲍鱼＋豆豉

鲍鱼有较高的食用价值和药用价值，肉质细嫩，味道鲜美，营养十分丰富。鲍肉含蛋白质40%，肝醣33.7%，脂肪0.9%，并含多种维生素和微量元素。从鲍肉中提取的鲍灵素能够较强地抑制癌细胞生长，有显著的抗癌效果。

中医认为豆豉性平，味甘微苦，入肺、胃二经，有疏风、解表、清热、除湿、祛烦、宣郁、解毒的功效，可治疗外感伤寒热病、寒热、头痛、烦躁、胸闷、食物中毒等病症。豆豉有开胃增食、消食化滞、发汗解表、除烦平喘、祛风散寒、治水土不服、解山岚瘴气等功效。豆豉中过氧化物歧化酶、过氧化氢酶、蛋白酶、淀粉酶、脂酶等多种对人体有益的酶类，可清除体内致癌物质、提高记忆力、护肝美容、促进食物消化、延缓衰老。

二者相配可开胃促消化，还有显著的抗癌效果。

章鱼＋玉竹

章鱼含有丰富的蛋白质、矿物质等营养元素，还富含抗疲劳、抗衰老、能延长人类寿命的重要保健因子——天然牛磺酸。

章鱼性平、味甘咸，入肝、脾、肾经，具有补血益气、治痈疽肿毒的作用。玉竹能养阴、润燥、除烦、止渴，可治热病阴伤、咳嗽烦渴、虚劳发热、消谷易饥、小便频数。二者相配能补血益气，还能起到延年益寿的作用。

章鱼＋藕

藕的营养价值很高，富含铁、钙等微量元素，植物蛋白质、维生素以及淀粉含量也很丰富，有明显的补益气血、增强人体免疫力作用。藕含有大量的单宁酸，有收缩血管的作用，可用来止血。藕还能凉血、散血，中医认为其止血而不留瘀，是热病血症的食疗佳品。

章鱼性平、味甘咸，入肝、脾、肾经，具有补血益气、治痈疽肿毒的作用。章鱼与藕相配能清热解毒、益气补血。

田螺＋白菜

螺肉具有清热明目、利水通淋等功效，对目赤、黄疸、脚气、痔疮等疾病有食疗作用。

白菜微寒、味甘、性平，归肠、胃经，有解热除烦、通利肠胃、养胃生津、除烦解渴、利尿通便、清热解毒。白菜含有丰富的粗纤维，可润肠通便，促进排毒，对预防肠癌有良好作用。

二者相配有清热解毒的功效，促进大便排泄，帮助消化。

甲鱼＋红枣

甲鱼富含动物胶、角蛋白、铜、维生素 D 等营养素，能够增强身体的抗病能力及调节人体的内分泌功能，也是提高母乳质量、增强婴儿的免疫力及智力的滋补佳品。

红枣是营养丰富的滋补品，它除含有丰富的碳水化合物、蛋白质外，还含有丰富的维生素和矿物质，对孕妇和胎儿的健康都大有益处。尤其是维生素C，它可增强母体的抵抗力，还可促进孕妇对铁质的吸收。

甲鱼与红枣搭配非常适合产妇食用，具有补虚养身、滋阴补阳的作用。

甲鱼＋桂圆

甲鱼的味道鲜美，营养价值极高，由于其具有诸多滋补药用功效，有清热养阴、平肝息风、软坚散结之功效，对肝硬化、肝脾肿大、小儿惊痫等也有一定的疗效。

甲鱼不仅是餐桌上的美味佳肴，上等筵席的优质材料，还可作为重要的中药材料入药。甲鱼还能“补劳伤，壮阳气，大补阴之不足”。

桂圆可补心脾、补气血、安神，还有治脾虚泄泻虚肿、失眠、健忘、惊悸等功效，适宜于老年人、产后体虚、气血不足或营养不良、贫血之人食用；也适合神经衰弱及其引起的健忘、记忆力下降、失眠等。

两者搭配有滋阴潜阳、散结消肿、补阴虚、清血热的功效。

鳜鱼＋荸荠

鳜鱼富含各种营养成分，且肉质细嫩，极易消化，对儿童、老人及体弱、脾胃消化功能不佳的人来说，吃鳜鱼既能补虚，又不必担心消化不良。鳜鱼肉的热量不高，而且富含抗氧化成分。

荸荠可清热止渴、利湿化痰、降血压，可用于热病伤津烦渴、咽喉肿痛、口腔炎、湿热黄疸、高血压病、小便不利、麻疹、肺热咳嗽、矽肺、痔疮出血。儿童和发热病人最宜食用，咳嗽多痰、咽干喉痛、消化不良、大小便不利及癌症患者也可多食；对于高血压、便秘、糖尿病尿多者、小便淋沥涩痛者、尿路感染患者均有一定功效，而且还可预防流脑及流感的传播。

鳜鱼与荸荠搭配同食对于老幼、妇女、虚弱者尤为适合，能健胃消食、补气养血。

鲫鱼 + 花生

鲫鱼营养价值极高，特点是营养素全面，含糖分多，脂肪少，所以吃起来既鲜嫩又不肥腻，还有点甜丝丝的感觉。先天不足，后天失调，以及手术后、病后体虚形弱者，经常吃一些鲫鱼是很有益的。肝炎、肾炎、高血压、心脏病、慢性支气管炎等疾病的患者也可以经常食用，以补充营养，增强抗病能力。鲫鱼子能补肝养目，鲫鱼脑有健脑益智作用。

花生中钙含量极高，钙是构成人体骨骼的主要成分，故多食花生，可以促进人体的生长发育。花生蛋白中含十多种人体所需的氨基酸，其中赖氨酸可使儿童提高智力，谷氨酸和天门冬氨酸可促使细胞发育和增强大脑的记忆能力。

鲫鱼与花生搭配特别适合儿童食用，营养全面，可促进生长发育，而且有健脑益智之效。

鲤鱼 + 红枣

鲤鱼有补中益气、利水通乳的功效，大枣有治疗全身浮肿的作用。鲤鱼与红枣同食对孕妇妊娠手足发肿或患有寒冷症、手足冰冷者有一定的治疗效果。

鳝鱼 + 松子

鳝鱼中含有丰富的DHA和卵磷脂，卵磷脂是构成人体各器官组织细胞膜的主要成分，而且是脑细胞不可缺少的营养物质。根据美国试验研究资料，经常摄取卵磷脂，记忆力可以提高20%。故食用鳝鱼肉有补脑健身的功效。

松子中维生素 E 的含量高达 30%，有很好的软化血管、延缓衰老的作用，是中老年人的理想保健食物，也是女士们润肤美容的理想食物。

松子中的磷和锰含量丰富，对大脑和神经有补益作用，是学生和脑力劳动者的健脑佳品，对老年痴呆也有很好的预防作用。

鳝鱼与松子搭配非常适合中老年人食用，两者搭配可补脑健身，防治心血管疾病。

海带 + 芝麻

中医认为，海带味咸，性寒，无毒，有催生、治妇人病之功效。现代医学研究认为，海带含有丰富的生物活性物质，能够为人体提供多种必需的营养成分，可有效预防佝偻病、骨质疏松症和缺碘引起的甲状腺肿大等疾病。

芝麻可提供人体所需的维生素 E、维生素 B_1、钙质，特别是它的“亚麻仁油酸”成分，可去除附在血管壁上的胆固醇。

芝麻中含有大量的油脂，有美容、养颜、抗衰老的作用；与海带同时食用能改善血液循环，并能净化血液、降低胆固醇。常吃芝麻和海带还可改善血液循环、促进新陈代谢。

带鱼 + 木瓜

木瓜是“天然消化酶”，木瓜中的酶相似于人体所分泌的胃蛋白酶和胰蛋白酶，能消化蛋类、牛奶、肉类及其他营养成分，同时有助于哺乳期女性的乳汁分泌。

带鱼含有多种营养成分，可以缓解脾胃虚弱，消化不良。

新鲜的带鱼与木瓜搭配，既营养又美味。这款菜清香、味美，除了能帮助产妇增加乳汁分泌外，还可以帮助消化，有助于营养的充分吸收。

菌类

银耳＋黑木耳

银耳是我国的名贵营养滋补品，同时又是扶正强壮的中药。其性平，味甘、淡，无毒，具有强心健脑、益气安神、润肺生津、滋阴养胃、嫩肤、延年益寿、提神、强精、壮身、补肾、生津、润肠、润肺、和血、美容之功效；银耳对阴虚火旺不受参茸等温热滋补的病人是一种良好的补品。银耳可用于治胃炎、妇女月经不调、肺燥干咳、肺热咳嗽、大便秘结等病症。

黑木耳味甘、性平，归胃、大肠经，具有益气、润肺、补脑、轻身、凉血、止血、涩肠、活血、强志、养容等功效；主治气虚或血热所致腹泻、崩漏、尿血、齿龈疼痛、脱肛、便血等病症。黑木耳中铁的含量极为丰富，故常吃木耳能养血驻颜，令人肌肤红润，容光焕发，还可防治缺铁性贫血；胡萝卜素进入人体后，转变成维生素 A，有润泽皮肤毛发的作用。卵磷脂可使体内脂肪呈液质状态，有利于脂肪在体内完全消耗，带动体内脂肪运动，使脂肪分布合理，形体匀称。黑木耳中的纤维素可促进肠蠕动，促进脂肪排泄，有利于减肥。

二者相配能润肺、滋阴、益胃、强心、润滑肠道等，是上好的滋补佳肴。

口蘑＋平菇

口蘑含有大量植物纤维，具有防止便秘、促进排毒、预防糖尿病及大肠癌、降低胆固醇含量的作用。

平菇性微温，味甘，具有滋养、补脾、养胃、除湿驱寒、舒筋活络、和中润肠，增进食欲，提高人体免疫力等功效。常食平菇有祛风祛湿、抗肿瘤、降血压等食疗作用。

二者相配有开胃进食，驱寒温胃之效。

草菇＋豌豆

豌豆中的蛋白质含量丰富，质量好，包括人体所必需的各种氨基酸，经常食用对生长发育大有益处。豌豆与一般蔬菜有所不同，它含有止杈酸、赤霉素和植物凝素等物质，具有抗菌消炎、增强新陈代谢的功能。在豌豆荚和豆苗的嫩叶中富含维生素C和能分解体内亚硝胺的酶，可以分解亚硝胺，具有抗癌防癌的作用。

草菇的维生素C含量高，能促进人体新陈代谢，提高机体免疫力。它还具有解毒作用。草菇搭配豌豆食用效果更佳。

黑木耳＋黄豆

黄豆性味甘、平，归脾、胃、大肠经。黄豆含有丰富的蛋白质，以及多种人体必需的氨基酸，可以提高人体免疫力；黄豆中的卵磷脂可除掉附在血管壁上的胆固醇，防止血管硬化，预防心血管疾病，保护心脏。卵磷脂还具有防止肝脏内积存过多脂肪的作用，从而有效地防治因肥胖引起的脂肪肝；黄豆中含有的可溶性纤维，既可通便，又能降低胆固醇含量；黄豆中含有一种抑制胰酶的物质，对糖尿病有治疗作用。

黑木耳具有益气强身、滋肾养胃、活血等功能，二者相配对心血管疾病有很好的疗效。

平菇＋豌豆

平菇具有滋养、补脾、养胃、除湿驱寒、舒筋活络、和中润肠、增进食欲、提高人体免疫力等功效。

豌豆中的蛋白质含量丰富，质量好，包括人体所必需的各种氨基酸，经常食用对生长发育大有益处。中医认为豌豆有理中益气、补肾健脾、和五脏、生精髓、除烦止渴的功效。

二者相配是除湿驱寒、理中益气、补肾健脾的很好补品。

鸡腿菇＋毛豆

鸡腿菇营养丰富、味道鲜美、口感极好，经常食用有助于增进食欲、促进消化、增强人体免疫力的功效。鸡腿菇还是一种药用蕈菌，味甘性平，有益脾胃、清心安神、治痔等功效，经常食用可助消化、增进食欲和治疗痔疮。

毛豆中的脂肪含量明显高于其他种类的蔬菜，但其中多以不饱和脂肪酸为主，如人体必需的亚油酸和亚麻酸，它们可以改善脂肪代谢，有助于降低人体中甘油三酯和胆固醇；毛豆中的卵磷脂是大脑发育不可缺少的营养之一，有助于改善大脑的记忆力和智力水平；毛豆中还含有丰富的膳食纤维，不仅能改善便秘，还有利于血压和胆固醇的降低；毛豆中的钾含量很高，夏天常吃，可以弥补因出汗过多而导致的钾流失，从而缓解由于钾的流失引起的疲乏无力和食欲下降。

二者相配有很好的益脾养胃、清心安神、促进消化效果。

香菇＋毛豆

香菇有提高脑细胞功能的作用。如《神农本草》中就有服饵菌类可以“增智慧”“益智开心”的记载。现代医学认为，香菇的增智作用在于含有丰富的精氨酸和赖氨酸，常吃可健体益智。

毛豆营养丰富均衡，含有有益的活性成分。毛豆中的铁易于吸收，可以作为儿童补充铁的食物之一；毛豆还具有养颜润肤、有效改善食欲不振与全身倦怠的功效。经常食用，对女性保持苗条身材作用显著；对肥胖、高血脂、动脉粥样硬化、冠心病等疾病有预防和辅助治疗的作用。

二者相配对均衡营养，改善食欲不振与全身倦怠有很好的效果。

蘑菇＋豌豆

蘑菇中含有人体难以消化的粗纤维、半粗纤维和木质素，可保持肠内水分平衡，还可吸收余下的胆固醇、糖分，将其排出体外，对预防便秘、肠癌、动脉硬化、糖尿病等都十分有利；蘑菇含有酪氨酸酶，对降低血压有明显效果。

豌豆中的蛋白质含量丰富，质量好，包括人体所必需的各种氨基酸，经常食用对生长发育大有益处。

二者相配可促进肠道水分平衡，有益于生长发育。

草菇 + 豆腐

草菇的维生素 C 含量高，能促进人体新陈代谢。草菇还能消食去热、滋阴壮阳、增加乳汁、防止坏血病、促进创伤愈合、护肝健胃、增强人体免疫力，是优良的食药兼用型的营养保健食品。

豆腐中蛋白质的含量较高，且质量比粮食中的蛋白质好，与肉类的蛋白质接近。豆腐中脂肪含量比较高，达 15%~20%，还含有丰富的钙和 B 族维生素，特别是维生素 B_2 含量比较多，豆腐中亦富含磷、钠及钾等元素，是矿物质的良好来源。

二者相配可促进人体新陈代谢，增强免疫力。

蘑菇 + 荸荠

荸荠味甘、性寒，可清肺热，又因富含黏液质，有生津润肺、化痰利肠、通淋利尿、消痈解毒、凉血化湿、消食除胀的功效。荸荠主治热病消渴、黄疸、目赤、咽喉肿痛、小便赤热短少、外感风热、痞积等病症。儿童和发热病人最宜食用，咳嗽多痰、咽干喉痛、消化不良、大小便不利、癌症患者也可多食。

蘑菇的有效成分可增强 T 淋巴细胞功能，从而提高机体抵御各种疾病的免疫力。二者相配对咽干喉痛、消化不良有很好的效果。

蘑菇 + 腐竹

蘑菇（鲜蘑）中含有人体难以消化的粗纤维、半粗纤维和木质素，可保持肠内水分平衡，还可吸收余下的胆固醇、糖分，将其排出体外，对预防便秘、肠癌、动脉硬化、糖尿病等都十分有利；蘑菇含有酪氨酸酶，对降低血压有明显效果。

腐竹中含有丰富的蛋白质，营养价值较高；其含有的卵磷脂可除掉附在血管壁上的胆固醇，防止血管硬化，预防心血管疾病，保护心脏。

蘑菇与腐竹搭配食用，可以降低身体内的胆固醇，还可降压、防止血管硬化、保护心脏。

蘑菇＋油菜

蘑菇（鲜蘑）中含有人体难以消化的粗纤维、半粗纤维和木质素，可保持肠内水分平衡、润肠通便、防治便秘。

油菜中含有大量的植物纤维素，能促进肠道蠕动，增加粪便的体积，缩短粪便在肠腔停留的时间，从而治疗多种便秘，预防肠道肿瘤。油菜含有大量胡萝卜素和维生素 C，有助于增强机体免疫能力。油菜所含钙量在绿叶蔬菜中为最高，一个成年人一天吃 500 克油菜，即可满足人体对钙、铁、维生素 A 和维生素 C 的需求。

两者相配能促进肠道蠕动，有很好的助消化作用。

蘑菇＋冬瓜

蘑菇（鲜蘑）中含有人体难以消化的粗纤维、半粗纤维和木质素，可保持肠内水分平衡，还可吸收余下的胆固醇、糖分，将其排出体外，对动脉硬化、糖尿病等都十分有利；蘑菇含有酪氨酸酶，对降低血压有明显效果。

冬瓜味甘、性寒，有清热、利水、消肿的功效。冬瓜含钠量较低，对动脉硬化症、肝硬化腹水、冠心病、高血压、肾炎、水肿膨胀等疾病，有良好的治疗作用。冬瓜还有解鱼毒、酒毒的功能，经常食用冬瓜，能去除体内多余的脂肪；也适用于糖尿病患者食用。夏季中暑烦渴，食之能起到显著解暑止渴的效果。

两者相配对糖尿病、高血压、高脂血症、动脉硬化有很好的治疗效果。

蘑菇 + 茭白

茭白甘寒，性滑而利，既能利尿祛水，辅助治疗四肢浮肿、小便不利等症，又能清暑解烦而止渴，夏季食用尤为适宜。茭白含较多的碳水化合物、蛋白质、脂肪等，能补充人体的营养物质，具有健壮机体的作用。茭白能退黄疸，对于黄疸型肝炎有益。

蘑菇中含有人体难以消化的粗纤维、半粗纤维和木质素，可润肠通便。蘑菇与茭白搭配食用，可清热利尿通便，对动脉硬化、糖尿病有很好的效果。

菌菇 + 生菜

菌菇口味好，蛋白质组分合理，人体必需的氨基酸和有益矿物质元素含量丰富，又具有滋补和医疗保健作用。菌菇所含多种真菌多糖、糖蛋白、糖肽、腺苷、三萜类、甾醇、脂肪酸等具有活性的生物大分子。现代科学研究还证明，食用菌能够抗肿瘤、降血压、降血脂、降胆固醇、清除血液垃圾、软化血管、预防血管内壁粥样硬化、抗血栓、保肝、健胃、补肾、促进肠虫蠕动、加速排毒、减缓艾滋病症状发展等诸多功能和作用。

生菜中含有丰富的微量元素和膳食纤维，有钙、磷、钾、钠、镁及少量的铜、铁、锌、多种矿物质，常吃生菜能改善胃肠血液循环，促进脂肪和蛋白质的消化吸收。生菜还能保护肝脏、促进胆汁形成、防止胆汁瘀积、有效预防胆石症和胆囊炎。另外，生菜可清除血液中的垃圾，具有血液消毒和利尿作用，还能清除肠内毒素，防止便秘。

二者相配对降血压、降血脂、降胆固醇有很好的效果。

香菇 + 荸荠

香菇性味甘、平、凉，入肝、胃经，有补肝肾、健脾胃、益气血、益智安神、美容养颜之功效。香菇还可化痰理气、益胃和中、解毒、抗肿瘤、托痘疹，主治食欲不振、身体虚弱、小便失禁、大便秘结、形体肥胖、肿瘤疮疡等病症。

荸荠味甘、性寒，可有清肺热，又富含黏液质，有生津润肺、化痰利肠、通淋利尿、消痈解毒、凉血化湿、消食除胀的功效。

二者相配可生津润肺，促进消化。

香菇＋油菜

香菇性寒、味微苦，有利肝益胃的功效。香菇类食品有提高脑细胞功能的作用。香菇还有增智作用，其含有丰富的精氨酸和赖氨酸，常吃可健体益智。香菇还能抗感冒病毒，因为香菇中含有一种干扰素的诱导剂，能诱导体内干扰素的产生，干扰病毒蛋白质的合成，使其不能繁殖，从而使人体产生免疫作用。

油菜中含有大量的植物纤维素，能促进肠道蠕动，增加粪便的体积，缩短粪便在肠腔停留的时间，从而治疗多种便秘，预防肠道肿瘤。油菜还含有大量胡萝卜素和维生素 C，有助于增强机体免疫能力。

二者相配能促进肠道蠕动，增强消化，提高免疫力。

香菇＋菜花

菜花具有防癌的功效，长期食用可以减少乳腺癌、直肠癌及胃癌等癌症的发病率。菜花是类黄酮含量最多的食物之一，类黄酮除了可以防止感染，还是最好的血管清理剂，能够阻止胆固醇氧化，防止血小板凝结成块，从而减少心脏病与中风的危险；多吃菜花还会使血管壁加强，不容易破裂。菜花的维生素 C 含量极高，不但有利于人体的生长发育，更重要的是能提高人体免疫功能，促进肝脏解毒，增强人的体质。

香菇中含有一种干扰素的诱导剂，能诱导体内干扰素的产生，干扰病毒蛋白质的合成，使其不能繁殖，从而使人体产生免疫作用。二者相配能增加抗病能力，提高机体免疫功能。

香菇＋莴笋

香菇性凉，可化痰理气、益胃和中，主治食欲不振、身体虚弱、小便失禁、大便秘结、形体肥胖、肿瘤疮疡等病症。

莴笋含钾量较高，有利于促进排尿，减少对心房的压力，对高血压和心脏病患者极为有益。莴笋含有少量的碘元素，它对人的基础代谢、心智和体格发育甚至情绪调节都有重大影响。因此莴笋具有镇静作用，经常食用有助于消除紧张，帮助睡眠。不同于一般蔬菜的是，它含有非常丰富的氟元素，可参与牙和骨的生长。莴笋能改善消化系统的肝脏功能，刺激消化液的分泌，促进食欲，有助于抵御风湿性疾病和痛风。

香菇性寒、味微苦，有利肝益胃的功效。二者相配可很好地促进消化，增强食欲。

香菇＋西蓝花

西蓝花中的营养成分，不仅含量高，而且十分全面，主要包括蛋白质、碳水化合物、脂肪、矿物质、维生素C和胡萝卜素等。西蓝花最显著的特点就是具有防癌抗癌的功效，尤其是在防治胃癌、乳腺癌方面效果尤佳。西蓝花还含有丰富的抗坏血酸，能增强肝脏的解毒能力，提高机体免疫力。而其中一定量的类黄酮物质，则对高血压、心脏病有调节和预防的功用。同时，西蓝花属于高纤维蔬菜，能有效降低肠胃对葡萄糖的吸收，进而降低血糖，有效控制糖尿病的病情。

香菇和西蓝花二者相配食用，对高血压、心脏病有调节和预防的功用，还能提高身体的免疫力。

香菇＋丝瓜

现代营养和药理研讨发现，香菇中含有蘑菇核糖核酸，它能刺激人体网状组织细胞和白细胞释放干扰素，而干扰素能消灭人体内的病毒，加强人体对流行性感冒病毒的抵御功能。所以在秋季吃些香菇，对预防感冒很有帮助。

丝瓜既有清热解毒的作用，又是鲜甜的瓜蔬，以香菇滚丝瓜汤鲜美清润可口，同时又是秋日家庭预防感冒的保健汤。

冬菇＋冬笋

冬菇味甘，药性平，有补气益胃、托疮排毒功效，可治疗体虚食少、咽炎、气管炎、贫血、神经衰弱、肾炎水肿、高血压、胆固醇增高症、腰腿酸痹等症。冬菇嫩滑香甜，干菇美味可口，香气横溢，烹、煮、炸、炒皆宜，荤素佐配均能成为佳肴。此外，冬菇还是防治感冒、降低胆固醇、防治肝硬化和具有抗癌作用的保健食品。

冬笋含有蛋白质和多种氨基酸、维生素，钙、磷、铁等微量元素以及丰富的纤维素，同时还含多糖物质以及草酸钙。冬笋所含的多糖物质，还具有一定的抗癌作用。

二者相配能促进肠道蠕动，降低胆固醇，具有抗癌作用。

洋菇＋西蓝花

洋菇含有 B 族维生素、维生素 C 与难得的锗元素，可调节生理功能，增强体力，还能帮助身体吸收钙质。西蓝花含有丰富的抗坏血酸，能增强肝脏的解毒能力，提高机体免疫力。二者相配对高血压、心脏病有调节和预防的功用。

金针菇＋萝卜

金针菇中含锌量比较高，有促进儿童智力发育和健脑的作用。金针菇能有效地增强机体的生物活性，促进体内新陈代谢，有利于食物中各种营养素的吸收和利用，对生长发育也大有益处。经常食用金针菇，不仅可以预防和治疗肝脏病及胃、肠道溃疡，而且也适合高血压患者、肥胖者和中老年人食用，这主要因为它是一种高钾低钠食品。金针菇可抑制血脂升高，降低胆固醇，防治心脑血管疾病。食用金针菇具有抵抗疲劳、抗菌消炎、抗肿瘤的作用。

萝卜含有能诱导人体产生干扰素的多种微量元素，可增强机体免疫力，并能抑制癌细胞的生长，对防癌抗癌有重要意义。吃萝卜还可降血脂、软化血管、稳定血压，预防冠心病、动脉硬化、胆结石等疾病。

二者相配可抑制血脂升高，降低胆固醇，防治心脑血管疾病。

金针菇 + 豆腐干

豆腐干营养丰富，含有大量蛋白质、脂肪、碳水化合物，还含有钙、磷、铁等多种人体所需的矿物质。豆腐干中含有丰富的蛋白质，而且豆腐蛋白属完全蛋白，不仅含有人体必需的8种氨基酸，而且其比例也接近人体需要，营养价值较高；豆腐干含有的卵磷脂可除掉附在血管壁上的胆固醇，防止血管硬化、预防心血管疾病、保护心脏。

金针菇是一种高钾低钠食品。金针菇可抑制血脂升高，降低胆固醇，防治心脑血管疾病，适合高血压患者、肥胖者和中老年人食用。

二者相配可防止血管硬化，预防心血管疾病，保护心脏。

金针菇 + 绿豆芽

金针菇能有效增强机体的生物活性，促进体内新陈代谢，有利于食物中各种营养素的吸收和利用，对生长发育也大有益处。金针菇是一种高钾低钠食品，经常食用金针菇可以预防和治疗肝脏病及胃、肠道溃疡，还可降低血压，抑制胆固醇。

绿豆芽中含有丰富的维生素C，有清除血管壁中胆固醇和脂肪的堆积、防止心血管病变的作用。绿豆芽中含有核黄素，口腔溃疡的人很适合食用。它还富含纤维素，是便秘患者的健康蔬菜，有预防消化道癌症（食道癌、胃癌、直肠癌）的功效。

二者相配可以预防和治疗肝脏病及胃、肠道溃疡，对防治消化道癌症有一定功效，还可降低体内的胆固醇。

银耳＋菠菜

银耳有嫩肤、延年益寿、提神、补脑、强精、壮身、补肾、生津、润肠、润肺、滋阴、益胃、强心、和血、补气、美容之功效；银耳对阴虚火旺不受参茸等温热滋补的病人是一种良好的补品。

菠菜性凉无毒，可补血止血、利五脏、通血脉、止渴润肠、滋阴平肝、助消化，主治高血压、头痛、目眩、风火赤眼、糖尿病、便秘等病症。菠菜中的含氟－生齐酚、6－羟甲基蝶陡二酮及微量元素，能促进人体新陈代谢，增进身体健康。大量食用菠菜，可降低中风的危险。菠菜提取物具有促进培养细胞增殖的作用，既抗衰老又增强青春活力。我国民间以菠菜捣烂取汁，每周洗脸数次，连续运用一段时间，可清洁皮肤毛孔，减少皱纹及色素斑，保持皮肤光洁。

二者相配可滋阴补肾，促进新陈代谢，提高免疫力。

凤尾菇＋木瓜

凤尾菇含有的一些生理活性物质，具有诱发干扰素的合成，提高人体免疫功能，亦具有防癌、抗癌的作用。凤尾菇含脂肪、淀粉很少，因此还有降低胆固醇的作用。

木瓜中含有大量水分、碳水化合物、蛋白质、脂肪、多种维生素及多种人体必需的氨基酸，可有效补充人体的养分，增强机体的抗病能力。木瓜果肉中含有的番木瓜碱具有缓解痉挛疼痛的作用，对腓肠肌痉挛有明显的治疗作用。

二者相配是糖尿病和肥胖症患者的理想食品。

口蘑＋冬瓜

口蘑是一种较好的减肥美容食品，它所含的大量植物纤维，具有防止便秘、促进排毒、预防糖尿病及大肠癌、降低胆固醇含量的作用，而且它是一种低热量食品，可以防止发胖。

冬瓜含钠量较低，对动脉硬化症、肝硬化腹水、冠心病、高血压、肾炎、水肿膨胀等疾病，有良好的治疗作用。冬瓜还有解鱼毒、酒毒的功能，经常食用冬瓜，能去除体内多余的脂肪。夏季中暑烦渴，食之能起到显著的解暑止渴效果。

二者相配能降低胆固醇，除掉体内多余的脂肪，有一定减肥效果。

平菇＋韭黄

平菇性微温，味甘，具有滋养、补脾、养胃、除湿驱寒、舒筋活络、和中润肠、增进食欲、提高人体免疫力等功效。常食平菇有驱风祛湿、抑抗肿瘤、降血压等食疗作用。

韭黄含有膳食纤维，可促进排便，并含有一定量的胡萝卜素，对眼睛以及人体免疫力都有益处；其味道有些辛辣，可促进食欲；韭黄还含有多种矿物质，是营养丰富的蔬菜。从中医理论讲，韭黄具有健胃、提神、保暖的功效。

二者相配对妇女产后调养和生理不适有很好的效果。

黑木耳＋蒜薹

蒜薹含有糖类、粗纤维、胡萝卜素、维生素A、维生素B_2、维生素C、烟酸、钙、磷等成分，其中含有的粗纤维，可预防便秘。蒜薹中含有的丰富的维生素C具有明显的降血脂及预防冠心病和动脉硬化的作用，并可防止血栓的形成。它能保护肝脏，诱导肝细胞脱毒酶的活性，可以阻断亚硝胺致癌物质的合成，从而预防癌症的发生。

黑木耳具有益气强身、滋肾养胃、活血等功能，二者相配可保肝护肝。

黑木耳＋卷心菜

黑木耳具有益气强身、滋肾养胃、活血等功能，还能降低血黏度，软化血管，使血液流动顺畅，减少心血管病发病率。黑木耳还有较强的吸附作用，经常食用利于使体内产生的垃圾及时排出体外。黑木耳对胆结石、肾结石也有较好的化解功能，这是因为它所含的植物碱具有促进消化道、泌尿道各种腺体分泌的特性，植物碱能协同这些分泌物催化结石，润滑肠道。

卷心菜中含有一定量的维生素U，这是它的最大特点，它具有保护黏膜细胞的作用，对胃炎及胃溃疡的防治有较好的临床效果。它还具有较强的抗氧化作用，医学上把这种防止体内氧化过程的作用称作“抗氧化”过程，也是抗衰老的过程。

二者相配对胃炎及胃溃疡的防治有很好的效果。

黑木耳＋豆腐

黑木耳具有益气强身、滋肾养胃、活血等功能，并能抗血凝、抗血栓、降血脂；黑木耳还有较强的吸附作用，经常食用利于使体内产生的垃圾及时排出体外；它所含的植物碱具有促进消化道、泌尿道各种腺体分泌的特性，植物碱能协同这些分泌物催化结石，润滑肠道。

豆腐中蛋白质的含量较高，且质量比粮食中的蛋白质好，与肉类的蛋白质接近。豆腐中脂肪含量比较高，达15%~20%，还含有丰富的钙和B族维生素，特别是维生素B_2含量比较多。又富含磷、钠及钾等元素，是矿物质的良好来源。豆腐为补益清热的养生食品，常食之，可补中益气、清热润燥、生津止渴、清洁肠胃。

黑木耳与豆腐搭配具有益气强身、清洁肠胃等功能。

黑木耳＋黄瓜

黄瓜味甘，性凉、苦、无毒，入脾、胃、大肠经，具有除热、利水、解毒、清热利尿的功效、主治烦渴、咽喉肿痛、火眼、烫伤。黄瓜中含有的葫芦素C具有提高人体免疫功能的作用，可达到抗肿瘤的目的。黄瓜中的黄瓜酶，有很强的生物活性，能有效促进机体的新陈代谢。

黑木耳有较强的吸附作用，经常食用利于使体内产生的垃圾及时排出体外。二者相配可清热解毒，促进人体新陈代谢，还可预防癌症的发生。

黑木耳＋四季豆

四季豆性甘、淡、微温，归脾、胃经。它化湿而不燥烈，健脾而不滞腻，为脾虚湿停常用之品，有调和脏腑、安养精神、益气健脾、消暑化湿和利水消肿的功效。四季豆富含蛋白质和多种氨基酸，常食可健脾胃，增进食欲。四季豆种子可激活肿瘤病人淋巴细胞，产生免疫抗体，对癌细胞有伤害与抑制作用，即有抗肿瘤作用。

四季豆与豆腐搭配可使其效果更为显著。

黑木耳＋荸荠

荸荠味甘、性寒，可清肺热，又富含黏液质，有生津润肺、化痰利肠、通淋利尿、消痈解毒、凉血化湿、消食除胀的功效，主治热病消渴、黄疸、目赤、咽喉肿痛、小便赤热短少、外感风热、痞积等病症。儿童和发热病人最宜食用，咳嗽多痰、咽干喉痛、消化不良、大小便不利、癌症患者也可多食。

黑木耳有较强的吸附作用，经常食用利于使体内产生的垃圾及时排出体外。二者相配能生津润肺、化痰利肠，对大小便不利、癌症疗效更佳。

黑木耳＋莴笋

黑木耳有较强的吸附作用，经常食用利于使体内产生的垃圾及时排出体外。它所含的植物碱具有促进消化道、泌尿道各种腺体分泌的特性，植物碱能协同这些分泌物催化结石，润滑肠道。

莴笋含钾量较高，有利于促进排尿，减少对心房的压力，对高血压和心脏病患者极为有益。莴笋含有少量的碘元素，它对人的基础代谢、心智和体格发育甚至情绪调节都有重大影响，因此莴笋具有镇静作用，经常食用有助于消除紧张，帮助睡眠。不同于一般蔬菜的是，它含有非常丰富的氟元素，可参与牙和骨的生长。莴笋还能改善消化系统的肝脏功能，刺激消化液的分泌，促进食欲，有助于抵御风湿性疾病和痛风。

二者相配可更好地改善消化系统的肝脏功能。

黑木耳 + 草鱼

草鱼含有丰富的不饱和脂肪酸，对血液循环有利，是心血管病人的良好食物；草鱼含有丰富的硒元素，经常食用有抗衰老、养颜的功效，而且对肿瘤也有一定的防治作用；

黑木耳具有益气强身、滋肾养胃、活血等功能，它能抗血凝、抗血栓、降血脂，还能降低血黏度、软化血管、使血液流动顺畅、减少心血管病发生率。黑木耳中铁的含量极为丰富，故常吃木耳能养血驻颜，令人肌肤红润、容光焕发，还可防治缺铁性贫血。其中所含的胡萝卜素进入人体后，转变成维生素 A，有润泽皮肤毛发的作用。黑木耳还可促进脂肪排泄，有利于减肥。

二者相配有很好的抗衰老、养颜的功效，可促进血液循环，适合心血管病人食用。

黑木耳 + 泥鳅

泥鳅味甘，性平，有调中益气、祛湿解毒、滋阴清热、通络、补益肾气等功效。泥鳅所含脂肪中有类似二十碳五烯酸的不饱和脂肪酸，其抗氧能力强，有助于人体抗衰老。

黑木耳具有益气强身、滋肾养胃、活血等功能，与泥鳅相配能清热解毒、补肾益气、抗衰老。

黑木耳 + 鱿鱼

鱿鱼富含钙、磷、铁元素，利于骨骼发育和造血，能有效治疗贫血；除富含蛋白质和人体所需的氨基酸外，鱿鱼还含有大量的牛黄酸，可抑制血液中的胆固醇含量，缓解疲劳，恢复视力，改善肝脏功能；其所含多肽和硒有抗病毒、抗射线作用。

果品类

核桃仁 + 山楂

核桃仁含有较多的蛋白质及人体必需的不饱和脂肪酸，这些成分皆为大脑组织细胞代谢的重要物质，能滋养脑细胞，增强脑功能；核桃对癌症患者有镇痛、提升白细胞及保护肝脏等作用；核桃仁含有大量维生素 E，经常食用有润肌肤、乌须发的作用，可以令皮肤滋润光滑，富于弹性；当感到疲劳时，嚼些核桃仁，还有缓解疲劳和压力的作用，此外，核桃仁有防止动脉硬化，降低胆固醇的作用。

山楂能消食化积、活血化瘀，并有扩张血管、增强冠状动脉血流量、降低胆固醇、强心及收缩子宫的作用。

核桃仁与山楂合用，相辅相成，具有补肺肾、润肠燥、消食积的功效，适合于治疗肺虚咳嗽、气喘、腰痛、便干等病症，也可以作为冠心病、高血压、高血脂及老年性便秘等病患者的食疗佳品。

核桃仁 + 黑芝麻

核桃味甘、性温，入肾、肺、大肠经，可补肾、固精强腰、温肺定喘、润肠通便；主治肾虚喘嗽、腰痛脚弱、阳痿遗精、小便频黑木耳与鱿鱼两者相配能很好地改善肝脏功能，提高免疫力。

蘑菇＋鲫鱼

蘑菇味甘、性凉，归胃、大肠经，有益神开胃、化痰理气、补脾益气之功效、主治精神不振、食欲大减、痰核凝聚、上呕下泻、尿浊不禁等症。蘑菇的有效成分可增强T淋巴细胞功能，从而提高机体抵御各种疾病的免疫力。

鲫鱼所含的蛋白质质优、齐全，容易消化吸收，是肝肾疾病、心脑血管疾病患者的良好蛋白质来源。给产后妇女炖食鲫鱼汤，既可以补虚，又有通乳催奶的作用。先天不足、后天失调以及手术后、病后体虚形弱者，经常吃一些鲫鱼是很有益的。肝炎、肾炎、高血压、心脏病、慢性支气管炎等疾病的患者也可以经常食用，以补营养，增强抗病能力。

二者相配能调理病后体虚形弱，通乳催奶。

金针菇＋鳝鱼

金针菇能有效增强机体的生物活性，促进体内新陈代谢，有利于食物中各种营养素的吸收和利用，对生长发育也大有益处。金针菇还可抑制血脂升高，降低胆固醇，防治心脑血管疾病。

鳝鱼富含DHA和卵磷脂，是构成人体各器官组织细胞膜的主要成分，而且是脑细胞不可缺少的营养物质；鳝鱼特含降低血糖和调节血糖的“鳝鱼素”，且所含脂肪极少，是糖尿病患者的理想食品；

数、石淋、大便燥结。核桃仁含有较多的蛋白质及人体营养必需的不饱和脂肪酸，这些成分皆为大脑组织细胞代谢的重要物质，能滋养脑细胞，增强脑功能；核桃仁含有的大量维生素E，经常食用有润肌肤、乌须发的作用，可以令皮肤滋润光滑，富于弹性；当感到疲劳时，嚼些核桃仁，有缓解疲劳和压力的作用。

黑芝麻含有的多种人体必需氨基酸在维生素E、维生素B_1的作用下，能加速人体的代谢功能，其中含有的铁和维生素E是预防贫血、活化脑细胞、消除血管胆固醇的重要成分；黑芝麻含有的脂肪大多为不饱和脂肪酸，有延年益寿的作用。

将核桃仁与黑芝麻研碎后混合食用，可增加皮脂分泌，改善皮肤弹性，保持皮肤细腻，延缓衰老，并迅速补充体力。

栗子＋大枣

祖国医学认为，栗子性味甘温，有养胃、健脾、补肾、壮腰、强筋、活血、止血和消肿等功效，适用于肾虚所致的腰膝酸软、腰脚不遂、小便多和脾胃虚寒引起的慢性腹泻及外伤骨折、瘀血肿痛、皮肤生疮和筋骨痛等症。

大枣，又名红枣。自古以来就被列为“五果”（桃、李、梅、杏、枣）之一，历史悠久。大枣最突出的特点是维生素含量高，有“天然维生素丸”的美誉。

大枣能提高人体免疫力，并可抑制癌细胞。药理研究发现，红枣能促进白细胞的生成，降低血清胆固醇、提高人血白蛋白，保护肝脏。

栗子与大枣搭配，适宜肾虚、腰酸背痛、腿脚无力及尿频患者食用。

梨＋冰糖

梨汁冰糖是近年来出现的新型多晶体冰糖，属于功能保健型冰糖的一种，通过在多晶体冰糖生产过程中添加梨汁成分，可增加冰糖的功效。

梨汁和冰糖是中医传统配伍，梨润肺清热、生津止渴，与冰糖同用，可增强润肺止咳作用，可用于治疗肺燥咳嗽、干咳无痰、唇干咽干。

莲子 + 龙眼

中老年人特别是脑力劳动者经常食用莲子，可以健脑、增强记忆力、提高工作效率，并能预防老年痴呆的发生。莲子中央绿色的芯，称莲子芯，含有莲心碱、异莲心碱等多种生物碱，味道极苦，有清热泻火之功能，还有显著的强心作用，能扩张外周血管，降低血压。莲子还补脾止泻、益肾涩精、养心安神。

龙眼肉富含葡萄糖、核黄素、钾、镁、磷、碘，其中硒含量尤为突出，还含较多蔗糖、酒石酸、烟酸、胆碱、蛋白质和膳食纤维。有报道说，龙眼肉很可能还含有延缓衰老的物质。因此，日常生活中适量食用龙眼肉，对身体有补益。

莲子与龙眼同食健脾安神，补益气血，适宜于血虚心悸、健忘失眠、气血不足、脾虚泄泻、浮肿以及妇女因气血两虚引起的病症和心脏病患者。

苹果 + 银耳

苹果酸甜可口，营养价值和食疗价值都很高，被人称为“大夫第一药”“全方位的健康水果”或“全科医生”。苹果主要含有糖，果胶，有机酸，多种维生素，钙、磷、镁等矿物质，膳食纤维等。苹果中的维生素 C 是心血管的保护神，胶质和矿物质可以降低胆固醇，特有的香气可以缓解压力过大造成的不良情绪，还有提神醒脑之功。苹果可以养颜除斑，使肌肤润泽有弹性。

银耳能提高肝脏解毒能力，起保肝作用，对老年慢性支气管炎、肺源性心脏病也有一定疗效；银耳富含维生素 D，能防止钙的流失，对生长发育十分有益；因富含硒等微量元素，它可以增强机体抗肿瘤的免疫力；银耳富有天然植物性胶质，加上它的滋阴作用，长期服用可以润肤，并有祛除脸部黄褐斑、雀斑的功效；银耳中的有效成分酸性多糖类物质，能增强人体的免疫力，调动淋巴细胞，加强白细胞的吞噬能力，兴奋骨髓造血功能。

两者同食可减少心脏病与中风的危险，对老年性慢性支气管炎、肺源性心脏病、慢性胃炎均有较好疗效。

荔枝 + 糯米

糯米是一种温和的滋补品，有补虚、补血、健脾暖胃、止汗等作用，适用于脾胃虚寒所致的反胃、食欲减少、泄泻和气虚引起的汗虚、气短无力、妊娠腹坠胀等症。糯米富含 B 族维生素，能温暖脾胃、补益中气，对脾胃虚寒、食欲不佳、腹胀腹泻有一定的缓解作用。

荔枝含有丰富的糖分、蛋白质、多种维生素、脂肪、柠檬酸、果胶以及磷、铁等，是有益人体健康的水果。荔枝所含丰富的糖分具有补充能量、增加营养的作用，研究证明，荔枝对大脑组织有补养作用，能明显改善失眠、健忘、神疲等症。

两者同食可治神经衰弱、风湿性心脏病、心悸不眠。

红枣、枸杞 + 猪心

猪心营养丰富，其味甘咸、性平，归心经，可用于治心脏病、惊、怔忡、自汗、不眠等症。

红枣味甘性温、归脾胃经，有补中益气、养血安神、缓和药性的功能。现代的药理学则发现，红枣含有蛋白质、脂肪、有机酸、维生素 A、维生素 C、微量钙、多种氨基酸等丰富的营养成分。现代的药理学同时还发现，红枣能提高体内单核吞噬细胞系统的吞噬功能，有保护肝脏、增强体力的作用。

枸杞性味甘平，有滋补肝肾、养肝明目、消除疲劳的功效。

三者同食能补心安神，清热除烦，适用于心脑血管疾病。

饮品类

蜂蜜＋茶

蜂蜜是一个好东西，和白砂糖相比，蜂蜜的糖分更容易被转换成热量而消耗掉，所以在喝热红茶或者药草茶时，最好以蜂蜜代替砂糖。这样不仅可以保暖身体，还能补充矿物质。加入蜂蜜时要注意茶水的温度，一般不要超过60℃，温度过高会破坏蜂蜜的营养保健功效。

茶＋粳米水

茶中含有的多酚类物质，尤其是儿茶素，能抑菌、消炎、抗氧化，可阻止脂褐素的形成，并将人体内含有的黑色素等毒素吸收之后排出体外。茶叶中的绿原酸亦可保护皮肤，使皮肤变得细腻、白润、有光泽。茶叶中的茶多酚、脂多糖、维生素C、胡萝卜素等能通过综合作用捕捉放射性物质，减少辐射对皮肤的伤害。

粳米水是治疗虚证的食疗佳品。

茶与粳米水搭配具有防治心血管病、胃肠道传染病及减肥美肤等功效。

豆浆＋荸荠

荸荠中含的磷是根茎类蔬菜中较高的，能促进人体生长发育和维持生理功能的需要，对牙齿骨骼的发育有很大好处，同时可促进体内的糖、脂肪、蛋白质三大物质的代谢，调节酸碱平衡，因此荸荠适于儿童食用。“荸荠英”，这种物质对黄金色葡萄球菌、大肠杆菌、产气杆菌及绿脓杆菌均有一定的抑制作用，对降低血压也有一定效果。这种物质还对癌肿有防治作用。

荸荠汁清热凉血、生津止渴，豆浆润燥补虚、清肺化痰，两汁合用则清润之功更强，用于肠热便秘、肺热咳嗽、胃热口渴、血痢便血、血淋尿血等症，有一定疗效；此外，荸荠尚能降压，豆浆还可补虚，故本方亦适用于高血压及体虚有热之人饮用。

白酒 + 荸荠

白酒不同于黄酒、啤酒和果酒，除了含有极少量的钠、铜、锌，几乎不含维生素和钙、磷、铁等，所含有的仅是水和乙醇（酒精）。饮用少量低度白酒可以扩张小血管，促进血液循环，延缓胆固醇等脂质在血管壁的沉积，对循环系统及心脑血管有利。

白酒搭配荸荠可清热、凉血、止血，用于大便痔疮出血。

牛奶 + 带鱼

带鱼的脂肪含量高于一般鱼类，且多为不饱和脂肪酸，这种脂肪酸的碳链较长，具有降低胆固醇的作用；带鱼全身的鳞和银白色油脂层中还含有一种抗癌成分 6—硫代鸟嘌呤，对辅助治疗白血病、胃癌、淋巴肿瘤等有益；经常食用带鱼，具有补益五脏的功效；带鱼含有丰富的镁元素，对心血管系统有很好的保护作用，有利于预防高血压、心肌梗死等心血管疾病。常吃带鱼还有养肝补血、泽肤养发健美的功效。牛奶与带鱼一起食用，对心血管系统有很好的保护作用。

红糖 + 猪皮

在日常生活中，不少人买回带皮的猪肉时，总习惯把皮切掉弃之。殊不知扔掉的是很好的营养保健品。肉皮不但便宜，又有益于健康，还能养颜美发。近年来，科学家们发现，经常食用猪皮或猪蹄有延缓衰老和抗癌的作用。因为猪皮中含有大量的胶原蛋白，能减慢机体细胞老化。经常食用肉皮，可使皮肤丰润饱满，富有弹性，平整光滑，防瘪减皱。

红糖所含有的葡萄糖释放能量快，吸收利用率高，可以快速补充体力。有中气不足、食欲不振、营养不良等问题的孩童，平日可适量饮用红糖水。受寒腹痛、月经来时易感冒的人，也可用红糖姜汤祛寒。对老年体弱，特别是大病初愈的人，红糖亦有极佳的疗虚进补作用，老人适量吃些红糖还能散瘀活血、利肠通便、缓肝明目。

猪皮和红糖搭配有滋阴补虚、养血益气之功效，可用于治疗心烦、咽痛、贫血及各种出血性疾病。

冰糖＋绿豆

冰糖有生津润肺、清热解毒、止咳化痰、利咽降浊之功效，可用于治疗食欲不振、肺燥咳嗽、哮喘、口干烦渴、咽喉肿痛、高血压等症。

绿豆具有消暑益气、清热解毒、润喉止渴的功效，能预防中暑。但是体质虚弱的人，不要多喝。绿豆性凉，脾胃虚寒、肾气不足、腰痛的人不宜多吃。从中医的角度看，寒证的人也不要多喝。由于绿豆具有解毒的功效，所以正在吃中药的人也不要多喝。

绿豆与冰糖搭配性凉，能消暑解毒，有效抑制发热。

白糖＋海带

海带具有软坚散结、消痰平喘、通行利尿、降脂降压等功效，所以常吃海带对身体健康有利。海带拌白糖能治咽炎。

取水发海带 500 克，洗净切块，煮熟捞出，加白糖 250 克拌匀，腌 24 小时后食用，每次服 50 克，日服二次，可治慢性咽炎。

茶叶＋粳米

茶叶含丰富的营养成分和药物成分。茶叶中的药物成分分别属于生物碱、茶多酚和脂多糖类等。生物碱中的咖啡因能兴奋中枢神经，消除疲劳。

粳米所含人体必需氨基酸较全面，还含有脂肪、钙、磷、铁及 B 族维生素等多种营养成分。粳米中的蛋白质、脂肪、维生素含量都比较多，多吃能降低胆固醇，减少心脏病发作和中风的概率。

茶叶水加入到粳米中同煮成粥，具有较丰富的营养和茶香风味，有消积化痰、兴奋醒神、除烦止渴、清热止痢的功效，适于食积不消、过食油腻、口干烦渴、嗜睡不醒、饮酒过量等。

调料类

醋＋大蒜

食醋约含有21%的醋酸，具有收敛抑制细菌的作用，甚至能杀死食物里的部分细菌。痢疾杆菌的适宜生活环境偏碱性，食用食醋后，可将痢疾杆菌的环境变为酸性，将其杀死，故食醋对痢疾有治疗作用。

大蒜含有植物杀菌素——“硫化丙烯”，它对痢疾、伤寒、葡萄球菌、链球菌等十多种细菌和阿米巴原虫有强烈杀灭作用。试验证明，一小瓣大蒜放在嘴里细嚼，可以杀死口腔里的全部细菌，把大蒜去皮压碎放在一滴含有很多细菌的生水里，一分钟左右时间里，细菌全部死亡。紫皮大蒜比白皮大蒜疗效更好。

大蒜在酸性的环境里功效能提高4倍，如与醋合用，对治疗痢疾、肠炎效果更佳。喜欢吃凉拌食品的人要记得，大蒜和醋一起搭配有助食品消化又能杀菌。

碱＋玉米

在煮玉米渣粥、玉米糊、制作窝窝头等玉米制品时，宜添加少量碱。这是因为玉米里含有的烟酸很高，但是有63%~74%是不能被人体吸收利用的结合型烟酸，长期食用这种玉米食品可能发生烟酸缺乏症——糙皮病、皮炎、腹泻和痴呆。初期症状包括慵懒无力、食欲不振、唇部干裂、舌头红肿疼痛等。如病情持续发展，会使在日光下的皮肤发生皮炎，脸部、手脚皮肤将出现发红、长水疱、脱皮、褐色素沉淀、粗糙及生皱纹等症状。为避免这种情况，最好的方法是在玉米食品中加点碱，这样就可以使玉米中的结合型烟酸释放出来，变成游离型烟酸，加碱的玉米食品一般烟酸释放率可达37%~43%，并且还能保存维生素 B_1 和维生素 B_2，对营养很有好处。

醋 + 草鱼

草鱼含有丰富的不饱和脂肪酸，对血液循环有利，是心血管病人的良好食物；草鱼含有丰富的硒元素，经常食用有抗衰老、养颜的功效，而且对肿瘤也有一定的防治作用；对于身体瘦弱、食欲不振的人来说，草鱼肉嫩而不腻，可以开胃、滋补。

醋可以开胃，促进唾液和胃液的分泌，帮助消化吸收，使食欲旺盛，消食化积。醋有很好的抑菌和杀菌作用，能有效预防肠道疾病、流行性感冒和呼吸道疾病。醋还可软化血管、降低胆固醇，是高血压等心血管病人的一剂良方。

两者同食健脾开胃，尤其适宜于食欲不振者。

咖喱 + 鳕鱼

咖喱粉主要以姜黄、辣椒、八角、肉桂、花椒、白胡椒、小茴香、丁香、砂仁、芫荽子、甘草、芥子、干姜、孜然芹、肉豆蔻、葫芦巴等十余种香辛料，选取适当分量配制而成，并在烹制时加入新鲜的麻绞叶。咖喱能促进血液循环，达到发汗的目的。美国癌症研究协会指出，咖喱所含的姜黄素具有激活肝细胞并抑制癌细胞的功能；咖喱还具有协助伤口复合，预防老年痴呆症的作用。

鳕鱼含丰富的蛋白质、维生素 A、维生素 D、钙、镁、硒等营养元素，营养丰富、肉味甘美；鱼肉中含有丰富的镁元素，对心血管系统有很好的保护作用，有利于预防高血压、心肌梗死等心血管疾病；其肉还有活血祛瘀的功效；鳔有补血止血的作用；骨能治脚气；肝油能敛疮清热消炎。

咖喱与鳕鱼搭配能活血化瘀，促进血液循环，尤其适合老年人食用；还有补脾健胃、利水消肿、通乳、清热解毒、止嗽下气的功效。

生葱＋牛肉

牛肉中含有丰富的蛋白质，氨基酸组成比猪肉更接近人体需要，能提高机体抗病能力，对生长发育及手术后、病后调养的人在补充失血、修复组织等方面特别适宜，寒冬食牛肉可暖胃。牛肉有补中益气、滋养脾胃、强健筋骨、化痰息风、止渴止涎之功效，适宜于中气下隐、气短体虚、筋骨酸软、贫血久病及面黄目眩之人食用；水牛肉还能安胎补神，黄牛肉能安中益气、健脾养胃、强筋壮骨。牛肉中的肌氨酸含量比任何其他食品都高，这使它对增长肌肉、增强力量特别有效。

生葱像洋葱、大葱一样，含烯丙基硫醚。而烯丙基硫醚会刺激胃液的分泌，且有助于食欲的增进。葱叶部分要比葱白部分含有更多的维生素 A、维生素 C 及钙。

两者搭配适宜于气血双补，补虚养身，有健脾开胃的功效。

第七章

食物与药物的搭配宜忌

能够引起中毒的食物药物搭配

洋地黄 + 含钙食物

洋地黄，别名毛地黄，又名毒药草、紫花毛地黄、吊钟花，可治疗各种原因引起的慢性心功能不全、阵发性室上性心动过速和心房颤动、心房扑动等。洋地黄排泄缓慢，易蓄积中毒，故用药前应详询服药史，原则上 2 周内未用过慢效洋地黄者，才能按常规给予，否则应按具体情况调整用量。

过量食用含钙食物如牛奶、奶制品、虾皮、海带、黑木耳、芹菜、豆制品等，可增强心肌收缩力，抑制钠 – 钾 –ATP 酶，从而增强洋地黄的作用和毒性，故应注意。

洋地黄 + 酒

洋地黄大多都有剧毒且溶于醇类。服药前后喝酒，酒中的乙醇会加强这些药物的毒性，导致严重后果。

朱砂 + 鲤鱼

朱砂主要成分为硫化汞并混有氧化铁黏土及少量有机杂质等，而硫化汞有毒，会与鲤鱼中某些有机成分起生化反应，生成难以吸收的或有毒的物质，故应注意。

朱砂 + 猪血

《饮膳正要》记载:“有朱砂勿食血。”朱砂主要成分为硫化汞，硫化汞与铁起化学反应，会使朱砂失去药理作用，并且毒性增加。

猪血中富含铁，故二者不宜同食。

朱砂 + 碘盐

朱砂是中医临床中最常用的一味中药，它是很多著名中成药的主要成分，如安宫牛黄丸、牛黄清心丸、朱砂安神丸、七厘散、苏合香丸、至宝丹、紫雪丹、天王补心丹、冰硼散、小儿金丹片、桃花散、牛黄抱龙丸、保赤万应散、利心丸、定心丹、磁朱丸、康氏牛黄解毒丸等均含朱砂。

朱砂的主要成分为硫化汞。硫化汞中的汞与碘盐中的碘接触发生化合反应后可生成碘化汞。碘化汞不仅毒性比硫化汞强，而且对肠黏膜有害，可刺激、损害、腐蚀肠黏膜，从而导致病人出现腹痛、腹泻、肠黏膜溃烂、拉脓血便等药物性肠炎症状。这种情况一旦出现，常会被医生误诊误治。所以服用含朱砂的药物时，必须严禁食用加碘盐。

吴茱萸 + 猪肝

吴茱萸，别名吴萸、茶辣、漆辣子、臭辣子树、左力纯幽子、米辣子等。通常分大花吴茱萸、中花吴茱萸和小花吴茱萸等几个品种。吴茱萸及其变种的接近成熟的果实为常用中药。其性热味苦寒，有散热止痛、降逆止呕之功，用于治疗肝胃虚寒、阴浊上逆所致的头痛或散寒止痛，降逆止呕，助阳止泻，有不错的效果，也可用于疝痛、脚气、痛经、脘腹胀痛、呕吐吞酸、口疮等症。

服用中药吴茱萸时食用猪肝，会使药物的疗效减弱，甚至出现毒副作用，所以二者不宜同食。

百合 + 猪肉

百合，名称出自于《神农本草经》。百合因其根茎由多数肉质鳞片抱合，和可治百病而得名。又因其形似蒜，其味似薯而名蒜脑薯等。它具有养阴润肺止咳功效，用于肺阴虚的燥热咳嗽，痰中带血，如百花膏；可治肺虚久咳、虚烦惊悸、失眠多梦、精神恍惚、劳嗽咯血，如百合固金汤。百合还有清心安神功效，用于热病余热未清，虚烦惊悸，失眠多梦等。药用时煎服，每次10~30克。清心宜生用，润肺蜜炙用。

食用百合时，不能进食猪肉，否则会引起中毒。若同食中毒可以用韭菜汁治疗。

维生素C+虾

维生素C又称为抗坏血酸，它具有增强人体抵抗力、延缓衰老、美白皮肤等作用，是家庭小药箱中的常备药物。然而，具有高度还原性的维生素C是维生素家族中颇为活跃的一员，性质非常不稳定，容易与多种食物或药物发生化学反应，使其疗效降低或失效，严重时甚至还可产生有毒物质。

近些年，由于工业废水处理不当、杀虫农药使用不当，造成地面水和海水的污染，使水中含砷量增加。水中的虾和海带等部分动植物中，砷的含量也明显升高。砷又分为三价砷和五价砷，五价砷基本无毒，三价砷毒性剧烈，人们熟知的剧毒品砒霜就是三价砷。而在河虾或海虾等软甲壳类食物中，因环境污染，含有浓度很高的五价砷化合物。

五价砷虽然无毒，但若与维生素C，特别是大剂量维生素C同时服用时，由于维生素C具有还原作用，可将虾体内的五价砷还原为三价砷，会严重危及人体的健康。因此，因病情需要服用大剂量维生素C的朋友，应与虾类食物划清界限。

安眠药+酒

少量的酒精是“提神”的物质，它会让大脑皮层快速活跃兴奋起来，而这正好与安眠药让大脑镇定的作用背道而驰，所以二者同时进行，产生了“正负抵消”的效果，安眠药就失灵了。过量的酒精则还有激发安眠药中毒的可能。

安眠药和酒精对大脑都有抑制作用，酒后服用安眠药，还可产生双重抑制作用，使人反应迟钝、昏睡，甚至昏迷不醒，呼吸及循环中枢也会受到抑制，出现呼吸变慢、血压下降、休克甚至呼吸停止而死亡。所以服用安眠药切忌同时饮酒。

催眠药＋酒

催眠药是能诱导睡意、促使睡眠的药物。常用的催眠药对中枢神经系统有抑制作用，小剂量引起镇静，过量导致全身麻醉。催眠药正常服用有利人体健康，它能避免失眠对人体的严重危害，治疗失眠病，提高睡眠质量。催眠药安全性较高，不良反应较少，但儿童和孕妇不宜服用。

催眠药和酒精对人的大脑都有抑制作用，易使人反应迟钝、昏睡，甚至昏迷不醒，呼吸及循环中枢也会受到抑制，出现呼吸变慢、血压下降、休克甚至呼吸停止而死亡。两者同服会产生不良后果，严重者能致人死亡。

巴比妥类药＋酒

当今世界，人们的生活变得繁忙，并且充满了紧张和压力。许多人由于无法应对日益增加的压力，不得不求助于酒精和毒品。越来越多的人陷入失眠，并开始滥用称为巴比妥酸的药物。巴比妥类药物可诱导睡眠，并让人感觉平静。在医学术语中，巴比妥酸是一种对中枢神经系统产生影响的药物，可引起昏睡，并有控制抽搐的作用。

巴比妥类药物有一定毒性，服用时饮酒或饮酒后服用巴比妥类药物，就能大大增加此类药物的吸收量而增强其毒性，即使在常规用量下也不安全。

消炎片＋鸡蛋

消炎片抗菌消炎，用于呼吸道感染、发热、肺炎、支气管炎、咳嗽有痰、疖肿等。

鸡蛋含有丰富的蛋白质、脂肪、维生素和铁、钙、钾等人体所需要的矿物质，蛋白质为优质蛋白，对肝脏组织损伤有修复作用。

鸡蛋的主要成分为蛋白质，多数炎症的引发者就是一些蛋白质，若鸡蛋与消炎药同时服用，消炎药将失去作用，严重的还会中毒。牛奶也不能与消炎药同时服用。

水杨酸钠 + 盐

水杨酸钠主要用于活动性风湿病、类风湿性关节炎及急、慢性痛风等。

水杨酸钠与双香豆素类抗凝药、甲磺丁料类降血糖药合用，可提高它们的血中游离浓度，增强其毒性。与阿司匹林相似，对胃肠道刺激性较大，加用等量碳酸钙可减轻之。治疗痛风时，可与等量碳酸氢钠同服，使尿呈碱性，防止尿酸在肾小管中沉积。肝功能不全及溃疡病患者忌用。

盐能调节人体内水分均衡的分布，维持细胞内外的渗透压，参与胃酸的形成，促使消化液的分泌，能增进食欲；同时，还保证胃蛋白酶作用所必需的酸碱度，维持机体内酸碱度的平衡和体液的正常循环。

伴有心脏疾病的风湿病患者使用水杨酸钠期间，应限制盐的食用量，过量可能会引起钠中毒，严重者危及生命。因为钠可促发或加重充血性心力衰竭，导致病重。

磺胺药 + 含醇饮料

磺胺药物抗菌谱较广，对于多种球菌如脑膜炎双球菌、溶血性链球菌、肺炎球菌、葡萄球菌、淋球菌及某些杆菌如痢疾杆菌、大肠杆菌、变形杆菌、鼠疫杆菌都有抑制作用，对某些真菌（如放线菌）和疟原虫也有抑制作用。临床上应用于治疗流行性脑脊髓膜炎、上呼吸道感染（如咽喉炎、扁桃体炎、中耳炎、肺炎等）、泌尿道感染（如急性或慢性尿道感染、轻症肾盂肾炎）、肠道感染（如细菌性痢疾、肠炎等)、鼠疫、局部软组织或创面感染、眼部感染(如结膜炎、沙眼等)、疟疾等。

磺胺药物能增加乙醇的毒性，服用磺胺药期间饮含醇饮料容易发生乙醇中毒反应。故在服用磺胺药期间，不能饮白酒和啤酒等含醇饮料。

甲硝唑 + 酒

甲硝唑为白色或微黄色结晶或结晶性粉末，微臭，味苦而略咸。在乙醇中略溶，在水或氯仿中微溶，在乙醚中极微溶解，熔点为159~163℃。它具有广谱抗厌氧菌和抗原虫的作用，临床主要用于预防和治疗厌氧菌引起的感染，如呼吸道、消化道、腹腔及盆腔感染，以及脆弱拟杆菌引起的心内膜炎、败血症及脑膜炎等，此外还广泛应用于预防和治疗口腔厌氧菌感染。

甲硝唑的副作用以消化道反应最为常见，包括恶心、呕吐、食欲不振、腹部绞痛，一般不影响治疗；神经系统症状有头痛、眩晕，偶有感觉异常、肢体麻木、共济失调、多发性神经炎等，大剂量可致抽搐。少数病例可发生麻疹、潮红、瘙痒、膀胱炎、排尿困难、口中金属味及白细胞减少等，均属可逆性，停药后自行恢复。

在服用甲硝唑治疗期间，若饮酒，酒精中的乙醇会加速对甲硝唑的吸收，使甲硝唑的副作用增强。而服药饮酒最大的伤害是甲硝唑会造成患者乙醇中毒。

因此服用甲硝唑要绝对禁忌饮酒。

头孢菌素 + 酒

头孢菌素抗菌谱广，作用强，适用于治疗敏感菌所致的呼吸道感染、尿路感染、肝胆系统感染、皮肤软组织感染以及眼、耳、鼻、喉科感染和败血症、骨髓炎等，其毒性低，疗效好，在临床上应用较为广泛，极少发生过敏性休克。头孢菌素与青霉素相比具有抗菌谱较广，耐青霉素酶，疗效高、毒性低，过敏反应少等优点，在抗感染治疗中占有十分重要的地位。但是头孢菌素类药与酒相克，会引起中毒。

头孢菌素与乙醇合用时，可使人体内乙醇蓄积而呈“醉酒状”。患者大多在喝酒后5~40分钟出现面色猩红、头部血管扩张等症状，严重者还出现呼吸困难、恶心、呕吐、出汗、口干、心跳加快（可达每分钟120次）、血压下降、心绞痛等，或发生急性肝损伤、烦躁不安、视觉模糊、精神错乱，甚至休克等中毒性反应。轻者可自行缓解，较重者需吸氧以及接受对症治疗，严重者必须抢救。

临床亦证实，服用头孢菌素类药物及停药后7天内饮酒（包括白酒、啤酒、含酒精的饮料及糖果），口服或静脉应用含乙醇的药品，甚至用乙醇进行皮肤消毒或擦洗降温，均可产生戒酒硫样反应，且症状的轻重与酒的浓度相关。患者在服用头孢菌素类药物或用此类药物输液期间及停药后7~10天内不应饮酒，也不能服用含乙醇的药品。患者如有饮酒史，在就诊时最好告诉医生，以免医生误用头孢菌素类药物，尤其是使用头孢菌素类药物静脉滴注，极易致患者出现心动过速及其他心脏症状，严重时甚至会致死。

苯乙双胍＋酒

苯乙双胍用于成人2型糖尿病及部分1型糖尿病。对于经磺山料类治疗无效的多数幼年型糖尿病、瘦型糖尿病，应用本品后亦可降低血糖，减少血糖波动性。

治疗成年型及稳定型糖尿病，可与磺山料类合用，效果较两药单用为佳。对一些不稳定型或幼年型的糖尿病，可与胰岛素合用，较易控制血糖。对肥胖型糖尿病患者，尚可利用其抑制食欲及肠吸收葡萄糖而减轻体重。

酒精进入人体后，将被氧化成乙醛，进而继续氧化成乙酸，而降糖类药物在人体内具有妨碍乙醛氧化的作用，使体内乙醛蓄积，引起恶心、呕吐、头痛、呼吸困难等中毒症状。

抗抑郁药物＋酒

所有抗抑郁药物和绝大部分辅助治疗药物都通过肝脏代谢并可能影响肝功能，而酒也通过肝脏代谢并影响肝功能，两者联用会导致肝脏负担加重，导致肝功能损害加重；酒抑制大脑皮层功能，可与安定类药物产生协同作用，导致呼吸抑制作用和镇静作用加强，对已有呼吸功能损害的病人，可导致严重的不良反应；酒干扰脑细胞功能，影响治疗效果，亦可导致病情复发。

红霉素＋酒

红霉素对肝脏的毒性较强，而酒也是通过肝脏代谢并影响肝功的，服用红霉素时饮酒，可使毒性加强，对肝脏的损害加重。因此患者在用红霉素治疗期间不可饮酒。

驱虫药物＋猪肉

驱虫药是能将肠道寄生虫杀死或驱出体外的药物，驱虫药可麻痹或杀死虫体，使虫排出体外。一般常根据寄生虫的种类选择药物。驱虫药一般应于清晨空腹时服用，以使药物充分接触虫体，增强驱虫药力。虫积腹痛剧烈时，当以安虫止痛为主，腹痛缓解后，再行驱虫。有些驱虫药有毒，当严格用量，中病即止，以免损伤正气，或过量中毒，孕妇及老弱者更当慎用。

服用驱虫药物时忌食猪肉，因为驱虫药物只有在肠道里达到高浓度时才能发挥作用，而猪肉可促进驱虫药物的吸收，若驱虫药物在肠道里被大量吸收，不仅会降低药物的疗效，而且还会增强药物的毒性对人体的损害，严重者会出现中毒症状。因此两者不可同食。

异烟肼＋组胺量高的食物

异烟肼抑制单胺氧化酶，使组胺不易分解，可发生组胺中毒反应（头痛、心悸、皮肤瘙痒、潮红、胸闷等），故服用异烟肼期间不宜服用含组胺较多的鲐鱼、金枪鱼、鲣鱼、沙丁鱼等。

导致疾病的食物药物搭配

白术 + 李子

白术为菊科植物白术的干燥根茎。性味苦、甘，温，归脾、胃经，功能主治健脾益气、燥湿利水、止汗、安胎、脾虚食少、腹胀泄泻、痰饮眩悸、水肿等。

白术用于补脾胃可与党参、甘草等配伍；消痞除胀可与枳壳等同用；健脾燥湿止泻可与陈皮、茯苓等同用；治寒饮可与茯苓、桂枝等配伍；治水肿常与茯苓皮、大腹皮等同用。本品与黄芪、浮小麦等同用，有固表止汗之功，可治表虚自汗。本品又可用于安胎，治妊娠足肿、胎气不安等症，有内热者，可与黄芩等配伍；腰酸者可与杜仲、桑寄生等同用。

李子性味甘酸，性热，多食令人生火。而白术也是苦温燥湿的药物，在药方中用白术时，进食李子，会使药物温热加燥，干扰药效，产生不良作用。

白术 + 大蒜

白术具有健脾益气、安胎等功效，可用于脾虚食少、腹胀泄泻、痰饮眩悸、水肿、自汗、胎动不安等。大蒜辛温香窜，含挥发油类，容易同白术中的挥发油互相融合而干扰，改变其药性，使白术药性变得燥烈，对身体无益。

苍术 + 猪肉

苍术为菊科多年生草本植物，有浓郁的特异香气，有健脾、燥湿、解郁、辟秽之效。

猪肉与苍术不可同食。因为猪肉滋腻生痰，而苍术正好是燥湿健脾、祛风除湿，两者功效相反，且同食易产生不良反应。

苍术＋白菜

白菜微寒、味甘、性平，归肠、胃经，有解热除烦、通利肠胃、养胃生津、除烦解渴、利尿通便、清热解毒的功效；可用于肺热咳嗽、便秘、丹毒、漆疮。

苍术味辛、微苦，性温，健脾、燥湿，解郁；而白菜性凉生津，与苍术性味相反，两者相克，忌同食。

苍术＋桃

桃味甘酸，性温，有生津润肠、活血消积、丰肌美肤作用，可用于强身健体、益肤悦色及治疗体瘦肤干、月经不调、虚寒喘咳等诸症。《随息居饮食谱》中说："补血活血，生津涤热，令人肥健，好颜色。"桃子虽好，也有禁忌：一是未成熟的桃子不能吃，否则会腹胀或生疖痈；二是即使是成熟的桃子，也不能吃得太多，太多会令人生热上火；平时内热偏盛、易生疮疖的人，也不宜多吃。

苍术为苦温燥湿的药，桃子可生热，两者同食会使苍术药性更温燥，对人体不利。

苍术＋李子

李子性平、味甘、酸，入肝、肾经，具有生津止渴、清肝除热、利水的功效；主治阴虚内热、骨蒸痨热、消渴引饮、肝胆湿热、腹水、小便不利等病症。发热、口渴、肝病腹水者，教师、演员音哑或失音者，慢性肝炎、肝硬化者尤益食用。李子含高量的果酸，过量食用易引起胃痛，溃疡病及急、慢性胃肠炎患者忌服，还易生痰湿、伤脾胃，又损齿，故脾虚痰湿者及小儿不宜多吃。

苍术为"味辛主散，性温而燥"的药物，与同是性温的李子同吃，可使药物温性加剧，对人体产生不良作用。

薄荷＋甲鱼

薄荷，土名叫“银丹草”，为唇形科植物。“薄荷”即同属其他干燥全草，多生于山野湿地河旁，根茎横生地下。全株青气芳香，叶对生，花小淡紫色，唇形，花后结暗紫棕色的小粒果。薄荷是辛凉性发汗解热药，治流行性感冒、头疼、目赤、身热、咽喉、牙床肿痛等症。外用可治神经痛、皮肤瘙痒、皮疹和湿疹等。

薄荷辛凉，其气香烈，有解热发汗之功效；甲鱼属于鱼类，有强烈的腥味，与薄荷气味互相干扰。薄荷更主散，甲鱼具有滋阴凉血、补益调中、补肾健骨、散结消痞等作用，是以二者功用不相协调。除药理不相配外，两者之间的化学成分也有相克，能生成有害物质。

厚朴＋豆类

厚朴性味苦，辛，温，归脾、胃、肺、大肠经。其功效为燥湿消痰，下气除满，主治湿阻中焦、脘腹胀满。本品苦燥辛散，能燥湿，又下气除胀满，为消除胀满的要药。《本草汇言》说“厚朴，宽中化滞，平胃气之药也。凡气滞于中，郁而不散，食积于胃，羁而不行，或湿郁积而不去，湿痰聚而不清，用厚朴之温可以燥湿，辛可以清痰，苦可以下气也。”

厚朴中含鞣质，豆类食物富含蛋白，二者相遇起化学反应，形成不易消化吸收的鞣质蛋白。此外，二者所含有机成分甚为复杂，可能还会产生其他不良化学反应，使豆类难以消化，形成气体充塞肠道，以致腹胀。

丹参＋醋

丹参性味苦，微寒，归心、肝经。其功效有活血调经、祛瘀止痛、凉血消痈、清心除烦、养血安神，主治月经不调、经闭痛经、症瘕积聚、胸腹刺痛、热痹疼痛、疮疡肿痛、心烦不眠、肝脾肿大、心绞痛。《本草新编》曰：“专调经脉，理骨筋酸痛，生新血，去恶血，落死胎，安生胎，破积聚症坚，止血崩带下。脚痹软能健，眼赤肿可消。辟精魅鬼祟，养正祛邪，治肠鸣亦效。仅可佐使，非君臣之药，用之补则补、用之攻乃攻，药笼中所不可缺也。其功效全在胎产之前后，大约产前可多加，产后宜少用。”

醋味甘酸性温，凡酸味之物，在五行属木，木能生火，多属温热之性，又皆收敛。丹参微寒，能活血化瘀，扩张血管，故就性味功能而言，丹参与醋皆不可相合。此外，二者化学成分皆甚复杂，也不宜同食，久食对身体不利。

甘草＋海带

甘草性平，味甘，归十二经，有解毒、祛痰、止痛、解痉以至抗癌等药理作用。中医认为，甘草补脾益气，滋咳润肺，缓急解毒，调和百药。临床应用分“生用”与“蜜炙”之别。生用主治咽喉肿痛、痛疽疮疡、胃肠道溃疡以及解药毒、食物中毒等；蜜炙主治脾胃功能减退、大便溏薄、乏力发热以及咳嗽、心悸等。西医药理发现，甘草剂有抗炎和抗变态反应的功能，因此在西医临床上主要作为缓和剂。甘草或甘草次酸有去氧皮质酮类作用，对慢性肾上腺皮质功能减退症有良好功效；甘草制剂能促进胃部黏液形成和分泌，延长上皮细胞寿命，有抗炎活性，常用于慢性溃疡和十二指肠溃疡的治疗；甘草的黄酮具有消炎、解痉和抗酸作用；甘草还是人丹的主要原料之一。

海带性味咸寒，甘草性平味甘，两者性味功效相反，若同时食用，药效则会因各自互相抵触而减弱；而且含碘海菜如海带、石莼、紫菜、石花、鹿角菜等，都属咸寒冷滑、含碘丰富的食物，能与甘草中某些成分发生不良反应。因此建议在做药膳时避免同时食用。

甘草＋猪肉

甘草具有补脾益气、清热解毒、祛痰止咳、调和诸药的功效，可用于脾胃虚弱、倦怠乏力、心悸气短、咳嗽痰多、缓解药物毒性等。

猪肉酸冷，有滋腻阴寒之性，且富脂肪，难吸收，不利于肠胃消化。

若以甘草补益脾胃时，显然应忌食猪肉。两者性味不同，而且药性相反，多食无益。

麦冬 + 鲫鱼

麦冬又名沿阶草、书带草、麦门冬，性味甘、微苦，微寒，归心、肺、胃经；能够养阴生津，润肺清心。麦冬入药用于肺燥干咳、虚痨咳嗽、津伤口渴、心烦失眠、内热消渴、肠燥便秘。

麦冬为养阴生津，清化痰热之药；鲫鱼能利水消肿。服用麦冬者，多为肺肾之阴不足，意在滋养阴液。鲤鱼、鲫鱼则利水消肿，与麦冬功能不协。

天冬 + 鲫鱼

天冬又名天门冬，性寒，味甘，微苦，具有养阴清热，润肺滋肾的功效，用于治阴虚发热、咳嗽吐血、肺痈、咽喉肿痛、消渴、便秘等病症。天冬含天门冬素、B—固甾醇、甾体皂苷、黏液质、糠醛衍生物等成分。实验证明，天冬有升高血细胞、增强网状内皮系统舌噬功能和延长抗体存在时间的作用。《名医别录》载“去寒热，养肌肤，益气力”。《日华子本草》载“镇心，润五脏，益皮肤，悦颜色”。

天冬为养阴生津、消化痰热之药；鲫鱼能利水消肿。两者功能不相协调。

北沙参 + 鲫鱼

北沙参是伞形科植物珊瑚菜的根，以根入药。北沙参是临床常用的滋阴药，养阴清肺，祛痰止咳，主治肺燥干咳、热病伤津、口渴等症，主产于山东、河北、辽宁等地。北沙参性甘，苦，味淡，微寒。《中药志》：“养肺阴，清肺热，祛痰止咳。治虚劳发热，阴伤燥咳，口渴咽干。”

北沙参具有养阴清肺、益胃生津的作用；而鲫鱼可利水消肿，与北沙参的功效正好相反。因此服用北沙参时，不宜同时食用鲫鱼，否则会引起不良反应。

桔梗＋猪肉

桔梗味苦、辛，性微温，入肺经，能祛痰止咳，并有宣肺、排脓作用；主治咳嗽痰多、咽喉肿痛、肺痈吐脓、胸满胁痛、痢疾腹痛、小便癃闭。本品性升散，凡气机上逆、呕吐、呛咳、眩晕、阴虚火旺、咳血等不宜用；胃及十二指肠溃疡者慎服。用量过大易致恶心呕吐。

猪肉性味甘、咸、微寒、无毒；功效为滋养脏腑、滑润肌肤、补中益气。凡病后体弱、产后血虚、面黄羸瘦者，皆可用之作营养滋补之品。

桔梗味苦性温，猪肉味甘性寒，两者性味功效相反，不宜同食。同食会导致腹泻。

茱萸＋猪肉

《本草纲目》载，猪肉“和百合、吴茱萸同食发痔疾”。吴茱萸味辛、苦，性热，猪肉味甘性平，两者性味相反，因此不宜同食，同食会产生不良反应。

苍耳＋马肉

苍耳味苦、辛，性温，而马肉甘酸性寒，两者性味相反。服用苍耳时，不能同时食用马肉，同食会引起身体不适。

半夏＋羊肉

从药性来看，半夏辛温，燥湿，降逆止呕，为窃阴之品。羊肉性热，两热相加，损阴而伤津，容易导致火热病变。

另外，羊肉中的某些有机成分能与半夏中的醇类、有机酸、生物碱等发生不良反应，故《本草经集注》说：“有半夏、菖蒲勿食羊肉。”

石菖蒲 + 羊肉

石菖蒲辛，温，归心，脾经。石菖蒲主要治疗痰蒙清窍，神志不清。本品不但有开窍醒神之功，且兼具化湿，豁痰，辟秽之效。从药性而言，石菖蒲为辛温燥湿之物，亦为窃阴之品，能开窍除痰、醒神健脑、化湿健胃，上述功能主要因为石菖蒲含有芳香性挥发油。

羊肉性热且有腥膻气，极易干扰石菖蒲芳香性挥发油的作用；而且两热相加，容易导致火热病变，故《本草经集注》载：“有半夏、菖蒲勿食羊肉。”

地黄 + 动物血

地黄为玄参科多年生草本植物，因其地下块根为黄白色而得名地黄，其根部为传统中药之一，最早出典于《神农本草经》。依照炮制方法在药材上分为：鲜地黄、干地黄与熟地黄，炮制方法不同，其药性和功效也有较大的差异，按照《中华本草》功效分类：鲜地黄为清热凉血药；熟地黄则为补益药。

地黄味甘，苦，性寒。《本草纲目》记载：“地黄忌诸血、葱、蒜、萝卜。”羊血、牛血、猪血皆咸平，咸为阴寒之味，而地黄也是性味苦寒，两寒相加对身体不利。李时珍曰“服地黄、何首乌诸血忌之，能损阳也。”动物的血均含有复杂的有机成分，能与地黄中的生物活性成分发生不良反应，故二者不宜搭配食用。

黄连 + 猪肉

黄连味苦，寒，归心、脾、胃、肝、胆、大肠经；有清热燥湿、泻火解毒之功；可用于湿热痞满、呕吐吞酸、泻痢、黄疸、高热神昏、心火亢盛、心烦不寐、血热吐衄、目赤、牙痛、消渴、痈肿疔疮；外治湿疹、湿疮、耳道流脓。酒黄连善清上焦火热，用于目赤、口疮。姜黄连清胃和胃止呕，用于寒热互结、湿热中阻、痞满呕吐。萸黄连舒肝和胃止呕，用于肝胃不和、呕吐吞酸。

黄连苦寒，猪肉多脂、酸寒滑腻；黄连燥湿，猪肉滋阴润燥；同食降低药效，且易致腹泻。

氢氯噻嗪＋胡萝卜

氢氯噻嗪主要抑制远曲小管近端对氯化钠的重吸收，使肾脏对氯化钠的排泄增加而产生利尿作用，是一种中效利尿药。本品还有降压作用，与李氏药贴、降压申贴或罗布麻等中药合用可加强降血压效果。它还有抗利尿的作用，可用于治疗尿崩症。

氢氯噻嗪为中效利尿药，服药后可使尿中排钾明显增多，应食用含钾的食物。而胡萝卜中所含的“琥珀酸钾盐”的成分具有排钾作用，二者同用，可导致低血钾症，表现为全身无力、烦躁不安、胃部不适等症状。

吲哚美辛＋茶

吲哚美辛主要功能有：解热、缓解炎性疼痛作用明显，故可用于急、慢性风湿性关节炎、痛风性关节炎及癌性疼痛；也可用于滑囊炎、腱鞘炎及关节囊炎等；能抗血小板聚集，故可防止血栓形成，但疗效不如阿司匹林；退热效果好；用于胆绞痛、输尿管结石引起的绞痛有效；对偏头痛也有一定疗效，也可用于月经痛。

吲哚美辛副作用很多，它对胃肠道有明显的刺激和诱发溃疡作用，并有引起胃肠黏膜糜烂和溃疡出血的危险。发生机理除药物直接刺激外，还有吲哚美辛抑制了前列腺的合成，胃黏膜屏障受到破坏而导致黏膜发生炎症、坏死及溃疡。因此有胃、肠道病史者不宜服用吲哚美辛。对需长期使用吲哚美辛的患者应定期做大便潜血试验，另外，吲哚美辛还会引起暂时性的黄疸、转氨酶升高，但程度较轻。

吲哚美辛若用茶水来送服，会加重吲哚美辛对胃的损害。因为茶叶中含有鞣酸、咖啡因及茶碱等成分，而咖啡因有促进胃酸分泌的作用，对吲哚美辛的副作用有加重效果。因此不可用茶水送服吲哚美辛；在吃吲哚美辛前后也不可喝茶。

吲哚美辛 + 果汁

果汁中的果酸可使吲哚美辛提前分解或溶化，不利于药物在小肠内的吸收，从而大大降低药效。另外，吲哚美辛对胃有刺激性，而果酸则可加剧本品对胃壁的刺激，甚至可造成胃黏膜出血。

吲哚美辛 + 酒

吲哚美辛对胃肠道有明显的刺激和诱发溃疡作用，并有引起胃肠黏膜糜烂和溃疡出血的危险。吲哚美辛和酒合用会加重对胃黏膜的损害，导致胃出血。这是因为酒精能增加胃酸分泌，并且两者都能促使胃黏膜血流加快。

吲哚美辛 + 酸性食物

酸性食物（醋、酸菜、咸肉、鱼、山楂、杨梅等）会刺激胃黏膜，增加胃酸的分泌。吲哚美辛与酸性食物同服，可增强对胃的刺激，对胃黏膜不利，久食可能会破坏胃黏膜，对胃不利。因此在服药前后不宜吃或少吃酸性水果和菜类等。

乙酰螺旋霉素 + 果汁

乙酰螺旋霉素为一大环内酯类抗生素，抗菌谱和螺旋霉素相似，口服后即脱乙酰基而显示抗菌作用，不良反应较少。很多对红霉素耐药的金葡菌对本品敏感。它主要用于金葡菌、链球菌、肺炎球菌、脑膜炎球菌、淋球菌、白喉杆菌、支原体、梅毒螺旋体及大肠杆菌等引起的感染，如扁桃体炎、咽炎、支气管炎、肺炎、猩红热、中耳炎及各种皮肤软组织感染等。

用果汁或酸性饮料来送服乙酰螺旋霉素，会加速药物溶解，损伤胃黏膜，增强乙酰螺旋霉素对胃肠道的副作用，重者可导致胃黏膜出血。

索米痛片 + 咸鱼

索米痛片具有解热、镇痛及抗风湿作用，适用于发热、头痛、神经痛、牙痛、月经痛、肌肉痛以及风湿痛、类风湿性关节炎等。

本品长期服用，可导致肾脏损害，严重者可致肾乳头坏死或尿毒症，甚至可能诱发肾盂癌和膀胱癌。因此不宜长久使用，以免发生中性粒细胞缺乏，用药超过1周要定期检查血象。其中含有的氨基比林在胃酸下与食物发生作用，可形成致癌性亚硝基化合物，特别是亚硝胺，因此有潜在的致癌性。

咸鱼、咸菜等腌制食物与索米痛片所含的氨基比林相作用，可形成致癌物质亚硝胺，从而严重损害人体健康。

葡萄糖酸锌 + 酸多食物

葡萄糖酸锌为补锌药，主要用于少儿及老年人、妊娠妇女因缺锌引起的生长发育迟缓、营养不良、厌食症、复发性口腔溃疡、皮肤痤疮等症。葡萄糖酸锌口服后主要由小肠吸收，血清锌浓度于1小时后达高峰，约2小时开始下降，能广泛分布于肝、肠、脾、胰、心、肾、肺、肌肉及中枢神经系统、骨骼等。本药不良反应是会引起胃部不适，恶心或呕吐等消化道刺激症状，空腹服则上述反应加重。

与牛奶、面包及植物酸多的食物同服，可增加本品的不良反应，如芹菜、菠菜、韭菜、柠檬等。因为这些食物可加速葡萄糖酸锌在胃里的溶解速度，加重本药对胃部的刺激，使不良反应增强。

阿司匹林 + 茶

阿司匹林是一种历史悠久的解热镇痛药，可用于发热、头痛、神经痛、肌肉痛、风湿热、急性风湿性关节炎及类风湿性关节炎等，为风湿热、风湿性关节炎及类风湿性关节炎首选药，可迅速缓解急性风湿性关节炎的症状。对急性风湿热伴有心肌炎者，可与皮质激素合用。此外，还可用于治疗痛风，预防心肌梗死、动脉血栓、动脉粥样硬化，治疗胆道蛔虫病（有效率90%以上）等。粉末外用，可治足癣。

阿司匹林可引起胃黏膜糜烂、出血及溃疡等。多数患者服中等剂量阿司匹林数天，即见大便隐血试验阳性；长期服用本药者溃疡病发生率高。除药物的酸性直接致胃黏膜损伤外，注射用药亦可发生。阿司匹林能透过胃黏膜上皮脂蛋白膜层，破坏脂蛋白膜的保护作用，于是胃酸就可逆地弥散到组织中损伤细胞，致毛细血管破损而出血。近来发现前列腺素对于维护胃黏膜具有一定的作用，而阿司匹林已证明能阻止前列腺素的合成，使胃黏膜上皮脱落增加并超过更新速度，加重溃疡的程度，使胃黏液减少。为此，阿司匹林最好饭后服用或与抗酸药同服，溃疡病患者应慎用或不用。

茶叶中含有鞣酸、咖啡因及茶碱等成分，而咖啡因有促进胃酸分泌的作用，可加重阿司匹林对胃的损害。因此不可用茶水吃本药，在吃药前后也不可饮茶水。

阿司匹林＋酸性食物

因为阿司匹林对胃黏膜有直接刺激作用，与酸性食物（醋、酸菜、咸肉、鱼、山楂、杨梅等）同服，可加速药物的溶解，加重阿司匹林的副作用；两者同用对胃的刺激更甚。因此在服药期间不可吃酸性食物。

阿司匹林＋果汁

果汁或清凉饮料中的果酸容易导致药物提前分解或溶化，不利于药物在小肠内的吸收而降低药效。另外，阿司匹林本来就对胃黏膜有刺激作用，果酸则会加剧其对胃壁的刺激，甚至可造成胃黏膜出血。

阿司匹林 + 酒

阿司匹林可引起胃黏膜糜烂、出血及溃疡等。酒精对胃黏膜的危害很大，会使胃黏膜变稀。酒精能直接破坏胃黏液屏障，使胃腔内的氢离子反弥散进入胃黏膜，引起胃黏膜充血、水肿、糜烂。如果服药期间喝酒，会加重胃黏膜的损害，导致胃出血。服药时忌饮酒及含有酒精的食物。

阿司匹林 + 咸鸭蛋

咸鸭蛋含有一定量的亚硝基化合物，服用阿司匹林时，药物中的氨基比林可与咸鸭蛋中的亚硝基化合物生成有致癌作用的亚硝胺，容易诱发癌症。

阿司匹林 + 丹参

阿司匹林具有抑制血小板聚集的作用，常被作为冠心病患者治疗的基本药物。小剂量的阿司匹林可以起到治疗作用，大剂量的阿司匹林则有可能导致出血时间延长。

研究发现，丹参也具有抑制血小板聚集、抗凝、降低血黏稠度的作用。将丹参和阿司匹林一起服用，这相当于加大了阿司匹林的药物剂量，容易导致出血。

拜糖平 + 糖类食物

拜糖平，药物名称为阿卡波糖。它是一种新型口服降糖药，可降低多糖及蔗糖分解成葡萄糖，使糖的吸收相应减缓，因此可具有使饭后血糖降低的作用。一般单用，或与其他口服降血糖药，或胰岛素合用。也可配合餐饮，治疗胰岛素依赖型（1 型）或非依赖型（2 型）糖尿病。

阿卡波糖因糖类在小肠内分解及吸收缓慢，停留时间延长，经肠道细菌的酵解而产气增多，因此可引起腹胀、腹痛及腹泻等。而糖类食物可以促进肠道的蠕动，若与糖类食物（甘蔗、甜菜等）同服，则容易引起腹部不适，甚至腹泻。

磺胺药 + 醋

磺胺类药物是人工合成的应用最早的化学药品之一，这类药物有抗菌谱广、可以口服、吸收较迅速的特点，有的（如磺胺嘧啶）能通过血脑屏障渗入脑脊液、较为稳定、不易变质。除了用于呼吸系统感染外，磺胺类药物还可用于肠道感染、泌尿系统感染等。另外，因为可以通过血脑屏障渗入脑脊液，磺胺类药物对某些感染性疾病（如流脑）具有较好的疗效。

服用磺胺类药物可能会造成肝肾损害，故肝肾功能不全的患者不宜服用。磺胺类药物在酸性环境中容易析出结晶，所以服用磺胺类药物一定要多喝水，否则容易在肾脏或输尿管中形成结石，堵塞输尿管。另外，还可以喝一些苏打水，苏打水可以碱化尿液，防止结晶出现。孕妇和婴幼儿也不宜服用磺胺类药物。

因为醋酸能改变人体内局部环境的酸碱度，从而使某些药物不能发挥作用，磺胺药物在酸性环境中易在肾脏形成结晶，损害肾小管。因此服用此类药物期间不可食过量的醋。

磺胺药 + 果汁

磺胺在碱性环境下，溶解度增大，对肾脏不良反应减少。而果汁中含有大量的果酸，刺激胃酸的分泌，易使磺胺药析出结晶，使磺胺药的副作用增大，损害肝肾。

磺胺药 + 糖

糖类分解代谢后可产生大量酸性成分，这些酸性成分会改变人体内部的酸碱平衡，而过多的酸性成分则可使磺胺药物在泌尿系统形成结晶而损害肾脏。

磺胺药 + 猪肉

服用磺胺药物忌食酸性食物，因为磺胺在酸性条件下会结晶，形成泌尿系结石。猪肉为酸性食物，故二者不宜同食。

复方新诺明 + 酸性食物

复方新诺明为磺胺类药物中抗菌最强而且较常用的复方制剂，除用于抗感染外，还可用于肠道感染、心内膜炎、急慢性支气管炎、淋病、骨髓炎、婴儿腹泻、旅游中腹泻、败血症等的治疗；也用于治疗肺包子虫病，常与戊烷米合用。

磺胺类药物如呋喃唑酮（痢特灵）、复方新诺明等不宜食用醋、果汁等酸性食物。因为在酸性条件下，磺胺类药物的溶解度下降，可在尿路中形成磺胺结晶析出，引起尿闭或血尿，严重损害健康。

地塞米松 + 含糖高的食物

地塞米松，又叫德沙美松、氟甲强，是糖皮质类激素类药，具有抗炎、抗过敏、抗风湿、免疫抑制作用，主要用于治疗严重细菌感染和严重过敏性疾病、各种血小板减少性紫癜、粒细胞减少症、严重皮肤病、器官移植的免疫排斥反应、肿瘤治疗等。

由于地塞米松是糖皮质激素类药物，能促进糖原异生，并能减慢葡萄糖的分解，有利于中间代谢产物如丙酮酸和乳酸等在肝脏和肾脏再次合成葡萄糖，增加血糖的来源，亦减少机体组织对葡萄糖的利用，从而导致血糖升高。因此服用糖皮质激素时要限制糖及含糖量多的食品如甘蔗、藕粉、西瓜、甘薯、山药等，否则易导致血糖升高和出现一些不良反应。

可的松 + 含糖高的食物

可的松是肾上腺皮质激素类药，主要应用于肾上腺皮质功能减退症及垂体功能减退症的替代治疗，亦可用于过敏性和炎症性疾病。

本品可迅速由消化道吸收，在肝脏组织中转化为具有活性的氢化可的松而发挥效应，口服后能快速发挥作用，而肌内注射吸收较慢。其药理作用与泼尼松类似，但疗效较差。可的松可引起心肌损伤和ECG（心电图）的变化，也有引起颅内压增高的危险。

可的松也是糖皮质激素的一种。如果服药期间摄入含糖多的食物，会引起血糖升高。

可的松＋高盐食物

糖皮质激素对水和电解质代谢有较弱的保钠排钾作用，长期大量应用时，作用较明显，其能增加肾小球滤过率和拮抗抗利尿激素的作用，减少肾小管对水的重吸收。

患者在服用糖皮质激素类药物可的松时，尤其是长期服用者，不可食用高盐食物。因为高盐食物中含有大量的氯化钠，在糖皮质激素保钠排钾的作用下，人体血管内的钠含量会增加，易引起水肿。

单胺氧化酶抑制剂＋酪胺食物

单胺氧化酶抑制剂主要是某些肼类和非肼类化合物，它们抑制单胺氧化酶，表现出抗抑郁作用，它们是肼类的苯乙肼、异卡波肼、尼拉米，非肼类的反苯环丙胺。本类药物通过抑制单胺氧化酶，减少儿茶酚胺的代谢灭活，促使突触部位的儿茶酚胺含量增多，产生抗抑郁作用，并有降压作用。

这类药物除抑制单胺氧化酶，对肝脏的药物代谢酶也有抑制作用，这类药物的副作用较多，可产生中枢兴奋，诱使精神病发作，引起体位性低血压。

含酪胺的食品、酵母食品和酒类进入机体后，必须靠肝内单胺氧化酶进行脱胺氧化，如单胺氧化酶受到抑制，则会引起血压升高，高血压病人则易造成脑溢血等。因此抑郁症患者在服用此药治疗期间，不要进食含酪胺的食物。

富含酪胺的食物和贮藏过久或发过酵的食品有：牛奶、奶酪、乳酪、猪肝、腌鱼、香肠、酵母制品、豆腐、酒类、酱油、扁豆、蚕豆、香蕉、菠萝、巧克力等。

那么，究竟哪些药是单胺氧化酶抑制剂呢？具体如下：治疗抑郁症的苯乙肼、异卡波肼、异丙肼、苯环丙胺、吗氯贝胺、溴法罗明、尼亚拉胺、托洛沙酮、德弗罗沙酮；治疗帕金森病的司立吉兰；治疗高血压的帕吉林；抗菌药物呋喃唑酮、灰黄霉素、异烟肼；抗肿瘤药物丙卡巴肼；复方药物益康宁（主要由普鲁卡因、肌醇和维生素 B_6 组成）。值得注意的是，某些中药也有单胺氧化酶抑制作用，如靛红、鹿茸、山楂、何首乌等。

降压灵＋酒

降压灵为降压药，含有利舍平、萝芙木甲素等多种生物碱，有缓慢而持久的降低血压作用，也有镇静作用。用于早期轻度高血压。与降压申贴、悬压贴等外用中药贴合用可加强降血压效果。降压灵的副作用为鼻塞、四肢无力、疲倦、嗜睡、胃肠道障碍等，长期大量服用可出现精神忧郁。

降压灵溶于乙醇，但乙醇对此药有协同作用，会使血管骤然扩张，血压急剧下降。因此在吃药期间应忌酒，以免引起不良反应。

利舍平＋酒

利舍平能降低血压和减慢心率，作用缓慢、温和而持久，对中枢神经系统有持久的安定作用，是一种很好的镇静药。高血压患者用利舍平治疗时与降压申贴、悬压贴等外用中药贴合用可加强降血压效果。

利舍平不良反应较多，其常见不良反应有鼻塞、口干、抑郁、胃酸增多、腹泻、皮疹等，大剂量使用可出现面红、心律失常、心绞痛样综合征，心动过缓，偶可产生帕金森综合征。应注意，有精神抑郁性疾病或病史者，有溃疡病病史者、急性局限性肠炎、溃疡性结肠炎、帕金森综合征者禁用。

利舍平微溶于乙醇，但乙醇对此药有协同作用，同降压灵一样会使血管骤然扩张，血压急剧下降。因此，服用利舍平治疗期间应戒酒。

异烟肼+咖啡、茶

咖啡中含有大量的咖啡因，可以提神。茶中含有大量的茶碱和鞣酸，对人体有着很好的保健作用。但是在服用异烟肼期间饮用茶、咖啡可发生失眠和高血压，这些不良反应不利于患者病情的康复，因此在服用异烟肼治疗期间不要过多地喝咖啡和茶。

帕吉林+酪胺食物

帕吉林临床上主要用于重度高血压，尤其是服用其他降压药疗效不满意者，自觉症状较多，特别是精神及情绪均较差者以及对利舍平有较严重不良反应者。轻度高血压不宜用本品，高中等度高血压可单用本品，或与口服利尿药合用。

服用帕吉林期间，不能食用含酪胺较高的食物，否则会导致血压异常升高，并能引起恶心、呕吐、腹痛、腹泻、呼吸困难、头晕、头痛等不良症状。因为酪胺进入人体后，在肝内靠单胺氧化酶进行氧化脱氨处理，完成代谢过程。如果单胺氧化酶受到抑制，则造成酪氨蓄积，导致机体释放内源性去甲肾上腺素，引起血压升高。重度高血压和中度高血压患者应忌食。含酪胺高的食物有扁豆、蚕豆、黄酱、香蕉、奶酪、啤酒、咸鱼等。

呋喃唑酮+酪胺食物

呋喃唑酮为抗菌谱类似呋喃因，对大肠杆菌、痢疾杆菌等最敏感，但口服时肠道不易吸收。它可用于菌痢和肠炎，也可用于泌尿道感染。

呋喃唑酮可以在人体内产生抗菌作用，但同时也可抑制单胺氧化酶发挥作用。服用此药治疗时，不可食用含有高酪胺的食物。

因为单胺氧化酶是肝脏中的一种物质，具有对酪胺、多巴胺等单胺类所含有毒物质的解毒作用，可把食物中单胺类有毒物质变为氨气排出体外。食物中单胺类有毒物质，如果得不到及时的解毒和处理，大量蓄积在体内，轻者可引起头痛头昏、恶心呕吐、腹痛腹泻，严重者可致呼吸困难，甚至可引起脑血管病变而危及生命。

富含酪胺、多巴胺等单胺类的食物有：动物内脏、牛肉、乳酪、香肠、鱼类、大豆类、啤酒、巧克力、发酵食品以及菠萝、香蕉、茶等。资料表明，呋喃唑酮抑制单胺氧化酶的作用，一般在停药半月内才能完全消失。也就是说，在服用呋喃唑酮期间及停药半个月内，应尽量少吃或不吃上述食物，以免因单胺氧化酶作用被抑制，大量单胺类有毒物质积蓄而引起中毒。

降低药效的食物药物搭配

乌头 + 豆豉

乌头为毛茛科植物，母根叫乌头，为镇静剂，可治风庳、风湿神经痛。侧根（子根）入药，叫附子。乌头别名有乌喙、草乌头、土附子、奚毒、耿子、毒公、金鸦，其味辛甘，性大热，有毒，有回阳救逆、补火助阳、逐风寒湿邪的功能。它可用于亡阳虚脱、肢冷、脉微、虚寒痹痛、阳虚水肿、心力衰竭、慢性肾炎、阴寒水肿等症。

豆豉是以大豆或黄豆为主要原料，利用毛霉、曲霉或者细菌蛋白酶的作用，分解大豆蛋白质，达到一定程度时，用加盐、加酒、干燥等方法，抑制酶的活力，延缓发酵过程而制成。豆豉的种类较多，按加工原料分为黑豆豉和黄豆豉，按口味可分为咸豆豉和淡豆豉。我国长江以南地区常用豆豉作为调料，也可直接蘸食。豆豉味苦、性寒，入肺、胃经，有疏风、解表、清热、除湿、祛烦、宣郁、解毒的功效；可治疗外感伤寒热病、寒热、头痛、烦躁、胸闷等症。

服用乌头时不能食用豆豉、豉汁、盐豉等食物。乌头味甘、性大热，豆豉味苦、性寒，药性相反，同时影响各自的疗效，对身体也不利。

威灵仙 + 茶

威灵仙辛咸，温，有毒，有祛风除湿、通络止痛、消痰水、散癖积之效；主治痛风顽痹、风湿痹痛、肢体麻木、腰膝冷痛、筋脉拘挛、屈伸不利、脚气、疟疾、症瘕积聚、破伤风、扁桃体炎、诸骨鲠咽。本品辛散走窜，久服易伤正气，气血虚弱，无风寒湿邪者慎服。《本草经疏》：“凡病非风湿及阳盛火升，血虚有热，表虚有汗，痃疟口渴身热者，并忌用之。”《本草汇言》：“凡病血虚生风，或气虚生痰，脾虚不运，气留生湿、生痰、生饮者，咸宜禁之。”

威灵仙辛温善通经达络，可驱在表之风，能化在里之湿，为风寒湿痹要药。而茶味苦性寒，清心降火，饮用时必以水浸泡，饮茶者，增加水湿。威灵仙除湿，茶增湿，二者药理相反，同食会降低威灵仙的药效。因此在服用含有威灵仙的药剂前后不可饮茶。

细辛 + 生菜

细辛又名细参、烟袋锅花，属马兜铃科，多年生草本植物，为常用中药。《神农本草经》中将其列为上品。因其根细、味辛，故得名。《药性论》：“味苦辛。”《用药心法》：“辛，热。”细辛具有散寒解表、温肺止咳、化饮通窍等功效，可用于风寒感冒、头痛、牙痛、痹痛、寒痰停饮等病症。

生菜味甘、性凉，具有清热爽神、清肝利胆、养胃的功效。

细辛味苦性热，生菜味甘性凉，两者性能相反，故细辛不宜与生菜同食，否则对人身体不利且影响药效。

附子 + 豉汁

附子是毛茛科植物乌头的子根。根据加工方法不同而分成“盐附子”“黑顺片”和“白附片”。附子性味辛、甘，大热，有毒，归心、肾经，功效有回阳救逆、补火助阳、散寒止痛；可用于阴盛格阳、大汗亡阳、吐泻厥逆、肢冷脉微、心腹冷痛、冷痢、脚气水肿、风寒湿痹、阳痿、宫冷、虚寒吐泻、阴寒水肿、阳虚外感、阴疽疮疡以及一切沉寒痼冷之疾。

豉汁为淡豆豉加入椒、姜、盐等加工制成。《本草拾遗》:“大除烦热。”附子味辛、性大热，豆豉味苦、性寒，药性相反，同时影响各自的疗效，对身体也不利。

苍术 + 大蒜

苍术有浓郁的特异香气，味辛、微苦，入脾、胃二经，可健脾、燥湿，解郁，辟秽。味辛主散，性温而燥，燥可去湿，专入脾胃，主治风寒湿痹，山岚瘴气，皮肤水肿等。

大蒜味辛、性温，入脾、胃、肺经；具有温中消食、行滞气、暖脾胃、消积、解毒、杀虫的功效；主治饮食积滞、脘腹冷痛、水肿胀满、泄泻、痢疾、疟疾、百日咳、痈疽肿毒、白秃癣疮、蛇虫咬伤以及钩虫、蛲虫等病症。

二者不可同食。大蒜辛温，含有挥发油类，容易同苍术中的挥发油融合，使苍术药性趋于燥烈，不利于药效的发挥，应忌食。

苍术 + 香菜

香菜味辛性温。中医认为，香菜辛温香窜，内通心脾，外达四肢，辟一切不正之气，为温中健胃养生食品。日常食之，有消食下气、醒脾调中、壮阳助兴等功效，适于寒性体质。胃弱体质以及肠腑壅滞者食用，可用来治疗胃脘冷痛、消化不良、麻疹不透等症状。

香菜中的挥发油类易与苍术中的挥发油互相融合，使药性更为燥烈，不宜同食。

茯苓 + 醋

茯苓，俗称云苓、松苓、茯灵，为寄生在松树根上的菌类植物，形状像甘薯，外皮黑褐色，里面白色或粉红色。茯苓渗湿利水、健脾和胃、宁心安神；主治小便不利、水肿胀满、痰饮咳逆、呕吐、脾虚食少、泄泻、心悸不安、失眠健忘、遗精白浊。

醋味酸温，含多种有机酸，服用茯苓时，食醋中的有机酸会削弱茯苓的药效。

丹参＋牛奶

丹参味苦，性微寒，能活血化瘀、凉血、安神，含丹参酮、原儿茶醛、原儿茶酸、丹参素、维生素E等。

丹参能扩张冠状动脉，增加冠脉流量，改善心肌缺血、梗死和心脏功能，调节心律，并能扩张外周血管，改善微循环；能提高机体耐缺氧能力；有抗凝血，促进纤溶，抑制血小板凝聚，抑制血栓形成的作用；能降低血脂，抑制冠脉粥样硬化形成；能抑制或减轻肝细胞变性、坏死及炎症反应，促进肝细胞再生，并有抗纤维化作用；能缩短红细胞及血色素的恢复期，使网织细胞增多，能促进组织的修复，加速骨折的愈合；有抗肿瘤作用；能增强机体免疫功能；能降低血糖；对结核杆菌等多种细菌有抑制作用。

服丹参片的冠心病患者不宜喝牛奶，因为丹参分子结构上的羟基氧、酮基氧可与牛奶中的钙离子结合成络合物，降低丹参的药效。所以喝了牛奶后要间隔最少45分钟，再服丹参片。

丹参＋羊肝

羊肝能养肝、明目、补血、清虚热。《随息居饮食谱》："诸般目疾，并可食之。"《现代实用中药》："适用于萎黄病，妇人产后贫血，肺结核，小儿衰弱及维生素A缺乏之眼病（疳眼、夜盲等）。"

丹参分子结构上的羟基氧、酮基氧可与羊肝中的钙、镁离子等形成络合物，降低丹参的疗效和羊肝的营养价值。故服用丹参或静脉滴注丹参时，不宜食用羊肝。

丹参＋猪肝

丹参分子结构上的羟基氧、酮基氧，可与猪肝中的钙、镁离子等形成络合物，降低丹参的疗效和猪肝的营养价值。故服用丹参或静脉滴注丹参时，不宜食用猪肝。

丹参＋驴肉

驴肉是一种高蛋白、低脂肪、低胆固醇肉类。中医认为，驴肉性味甘凉，有补气养血、滋阴壮阳、安神去烦功效，治远年劳损。煮汁空心饮，疗痔引虫。驴肾，味甘性温，有益肾壮阳、强筋壮骨功效，可治疗阳痿不举、腰膝酸软等症。

丹参味苦，性微寒，能活血化瘀、凉血、安神。但丹参与驴肉同食，驴肉补气养血，丹参活血凉血，功效不同，还会降低丹参的疗效，有可能产生不良反应。

白术＋雀肉

白术苦、甘，温，归脾、胃经，有健脾益气、燥湿利水、止汗、安胎之功，可用于脾虚食少、腹胀泄泻、痰饮眩悸、水肿、自汗、胎动不安。

雀肉甘温，可壮阳补肾。《饮膳正要》:“有术勿食雀肉、青鱼等物。”两者相克的原因在于术类中所含苍术酮、苍术炔、苍术醇、β－桉油醇等物质与雀肉中的某些成分起不良反应，同食对人体有害或降低白术的药效。

紫苏＋鲤鱼

药用植物紫苏可发汗解表、理气宽中、解鱼蟹毒；可用于风寒感冒、头痛、咳嗽、胸腹胀满、鱼蟹中毒。紫苏全株均有很高的营养价值，有低糖、高纤维、高矿质元素等特点。紫苏种子中含大量油脂，出油率高达45%左右，油中含亚麻酸62.73%、亚油酸

15.43%、油酸 12.01%。种子中蛋白质含量占 25%，内含 18 种氨基酸，其中赖氨酸、蛋氨酸的含量都很高。此外还有谷维素、维生素 E、维生素 B_1、缁醇、磷脂等。

紫苏辛温芳香，以气胜，亦忌腥膻气味干扰；鲤鱼有腥气，干扰紫苏的疗效。鲤鱼含组织蛋白酶及十几种游离氨基酸，还有一些生物活性物质，易与紫苏中的某些成分起生化反应，妨碍药效发挥。

威灵仙 + 面汤

威灵仙属于药用植物，药材基源来源较多，《开宝本草》《本草图经》《救荒本草》等记载的威灵仙，为玄参科植物；据《滇南本草》所载威灵仙系菊科植物，而当今多以《中华本草》所载毛茛科植物威灵仙、棉团铁线莲等为准。威灵仙主治痛风顽痹、风湿痹痛、肢体麻木、腰膝冷痛、筋脉拘挛、屈伸不利、脚气、疟疾、症瘕积聚、破伤风、扁桃体炎、诸骨鲠咽。

威灵仙不适宜与面汤同食。这是因为威灵仙辛温走窜，通行十二经脉，以发挥其追风逐湿作用。而湿面、面汤多食则湿气重，如果加以盐豉酱类更增加其咸寒，属于湿气的食物，服用威灵仙等药时，食面汤将影响疗效。

何首乌 + 猪血

何首乌为蓼科多年生缠绕藤本植物。根细长，末端成肥大的块根，外表红褐色至暗褐色。其味苦、甘、涩，性微温。归肝、肾经；可养血滋阴、润肠通便、截疟、祛风、解毒；主治血虚头昏目眩、心悸、肝肾阴虚之腰膝酸软、须发早白、耳鸣、遗精、肠燥便秘、久疟体虚、风疹瘙痒、疮痈、瘰疬、痔疮。

《本草纲目》记载：“何首乌、地黄忌一切血、葱、蒜、萝卜。”猪血中含有较多的铁，而何首乌含有较多的有机酸及鞣质，能与铁反应生成沉淀物，造成猪血的营养成分及何首乌的药效降低，二者同食还会引起身体不适，如头晕、头痛、乏力等症。

何首乌＋萝卜

萝卜性平，味辛、甘，入脾、胃经；具有消积滞、化痰清热、下气宽中、解毒等功效；主治食积胀满、痰嗽失音、吐血、衄血、消渴、痢疾、偏头痛等。中医认为萝卜有消食、化痰定喘、清热顺气、消肿散瘀之功能。大多数幼儿感冒时出现喉干咽痛、反复咳嗽、有痰难吐等上呼吸道感染症状，多吃点爽脆可口、鲜嫩的萝卜，不仅开胃、助消化，还能滋养咽喉，化痰顺气，有效预防感冒。

何首乌的功用在于补益肝肾，滋阴养血；萝卜是辛辣破气的食物。与萝卜同食，会降低何首乌的药效。

何首乌＋葱、蒜

何首乌的功用在于补益肝肾，滋阴养血，葱、蒜为辛辣动火的食物，与何首乌的功能相悖，同食会降低药效。

厚朴＋鲫鱼

厚朴、苍术均为化湿药，性辛、苦，味温，具有燥湿之功，常相须为用，治疗湿阻中焦之证。但厚朴以苦味为重，苦降下气消积除胀满，又下气消痰平喘，既可除无形之湿药，又可消有形之实满，为消除胀满的要药。

鲫鱼有健脾利湿、和中开胃、活血通络、温中下气之功效，对脾胃虚弱、水肿、溃疡、气管炎、哮喘、糖尿病有很好的滋补食疗作用。

厚朴苦降下气消积除胀满、除湿，鲫鱼补湿、和中开胃，两者功能相反，同食会抵消药效。因此在药膳中不宜同食。

龙骨＋鲤鱼

龙骨具有平肝潜阳、镇静安神、收敛固涩等作用，可用于治疗癫狂、怔忡健忘、失眠多梦、自汗盗汗、遗精淋浊、吐衄便血、崩漏带下、泻痢脱肛等症；锻研外用，对湿疮流水、日久不愈症有效。

鲤鱼性味甘平，能利水消肿，其性偏于通利，而龙骨则重在收涩固脱，药理相反。此外，鱼中多含组织蛋白酶，会与龙骨中的某些成分起不良化学反应，从而削弱药效。

牛膝 + 牛肉

牛膝主治腰膝酸痛、下肢痿软、血滞经闭、痛经、产后血瘀腹痛、癥瘕、胞衣不下、热淋、血淋、跌打损伤、痈肿恶疮、咽喉肿痛。《纲目》:“牛膝所主之病，大抵得酒则能补肝肾，生用则能去恶血，二者而已。其治腰膝骨痛、足痿、阴消、失溺、久疟、伤中少气诸病，非取其补肝肾之功欤。其治症瘕、心腹诸痛、痈肿恶疮、金疮折伤、喉齿淋痛、尿血、经候胎产诸病，非取其去恶血之功欤。”

牛膝入肝肾二经，以宣导下行为主，除活血通经，舒筋利痹外，还可以治血热上炎之咽喉肿痛、吐血、衄血、高血压头痛等症。而牛肉甘温，补气助火，两者不宜同食。

人参 + 茶

人参性平、味甘、微苦，微温，归脾、肺经；能大补元气、复脉固脱、补脾益肺、生津止渴、安神益智；主治劳伤虚损、食少、倦怠、反胃吐食、大便滑泄、虚咳喘促、自汗暴脱、惊悸、健忘、眩晕头痛、阳痿、尿频、消渴、妇女崩漏、小儿慢惊及久虚不复等一切气血津液不足之证。

服人参后，不可饮茶。因茶叶中含有大量的鞣酸，鞣酸遇到人参中的蛋白质容易结合生成白色沉淀物，这种物质人体不宜消化吸收，也会使人参的作用受损。

人参 + 含鞣酸的水果

人参含有丰富的蛋白质和钙等营养成分，而葡萄、柿子、山楂、石榴、青果等水果中含有较多的鞣酸。蛋白质和鞣酸结合可以生成鞣酸蛋白，不利于消化吸收，也会降低人参原有的食疗价值。

生地黄＋葱、蒜

生地黄也叫生地，玄参科多年生草本植物地黄的新鲜或干燥的块根。生地黄有清热凉血、益阴生津之功效。李时珍对生地黄的评价是：“服之百日面如桃花，三年轻身不老。”

地黄有强心利尿、解热消炎以及促进血液凝固和降低血糖的作用。而葱、蒜中皆含蒜辣素，气味辛辣，其性燥热，能耗津动火，伤阴化燥，与地黄药理作用相反，同吃会降低药效。

生地黄＋萝卜

生地黄具有清热凉血功效，用于温热病热入营血，壮热神昏，口干舌绛。

萝卜性平，味辛、甘，入脾、胃经，具有消积滞、化痰清热、下气宽中、解毒、消肿散瘀等功效。

萝卜辛甘性平，辛能发散、下气消谷、宽胸化积，生地黄滋阴补血，性味功能皆不相合。此外，萝卜中含多种酶类，而生地黄中所含梓醇与酶相遇则发生分解而失效。

补骨脂＋猪血

补骨脂主要功能为补肾助阳，纳气平喘，温脾止泻。《玉楸药解》：“温暖水土，消化饮食，升达脾胃，收敛滑泄、遗精、带下、溺多、便滑诸证。”补骨脂通过调节神经和血液系统，促进骨髓造血，增强免疫和内分泌功能，从而发挥抗衰老作用。

《本草纲目》记载：“补骨脂忌诸血、芸苔。”补骨脂性温助阳，猪血咸寒损阳，故二者不合。

仙茅＋牛肉

仙茅为仙茅科植物仙茅的根茎。仙茅味辛，性温，有小毒，归肝、肾、脾经；它辛香温散，降而有升，具有温肾壮阳、散寒除湿的功能；主治阳痿精冷、遗精滑泄、小便失禁、脘腹冷痛、腰膝酸痛、筋骨软弱、挛痹不行。

仙茅辛热，牛肉甘温助阳。服仙茅时食牛肉，能增火热之性。因仙茅辛热性猛，阳过盛则伤阴；再者，牛肉为高蛋白食物，仙茅中含有鞣质，二者相遇则形成鞣酸蛋白，仙茅药效降低，牛肉营养损失，故二者不宜同食。

荆芥 + 鱼、蟹

荆芥原名“假苏”，土名“姜芥”，是唇形科植物，入药用其干燥茎叶和花穗。鲜嫩芽用于小儿镇静最佳。荆芥味平，性温，无毒，清香气浓。荆芥为发汗，解热药，是中华常用草药之一，具有祛风解表、透疹止血等功效，可用于感冒发热、头痛、咽喉肿痛、中风口噤、吐血、衄血、便血、崩漏、麻疹等症。表虚自汗、阴虚头痛忌服荆芥。《苇航纪谈》:“凡服荆芥风药，忌食鱼。”《本草经疏》:“病人表虚有汗者忌之；血虚寒热而不因于风湿风寒者勿用；阴虚火炎面赤，因而头痛者，慎勿误入。”

荆芥含挥发油辛温芳香，鱼类海味气味腥，用酱豉咸寒的调料烹调，必然削弱其药效。蟹肉性寒与荆芥尤不相容。所以，服用荆芥等中药时，都不应食用以上食物。

滋补药 + 牛奶

生活中，有些老人为了贪图方便，在喝牛奶的同时服用滋补药品。这种方法表面省事儿，其实利少弊多。牛奶里含有大量的钙、磷、铁等矿物质，也含有大量的蛋白质、氨基酸、脂肪和多种维生素，而滋补药品的有效成分有糖、多糖及其衍生物，还有蛋白质、多肽与氨基酸类，其他有机成分如维生素、挥发油、有机酸等，微量元素也不少。如果将牛奶与滋补药同时服用，牛奶中的钙、磷、铁容易和滋补药品中的有机物质发生化学反应，生成难溶稳定的物质，使牛奶和滋补药中的有效成分遭到破坏。另外，一些中药中的生物碱也容易与牛奶中的氨基酸发生化学反应而使中药失去疗效，牛奶也会失去本身的营养价值。因此，滋补药及一些中药不宜同牛奶一同服用。

小檗碱＋茶

小檗碱是一种重要的生物碱，是我国应用很久的中药，可从黄连、黄柏、三颗针等植物中提取，它具有显著的抑菌作用。

小檗碱在临床中一直作为非处方药用于治疗腹泻，但是现代药理学研究证实小檗碱具有显著的抗心力衰竭、抗心律失常、降低胆固醇、抗制血管平滑肌增殖、改善胰岛素抵抗、抗血小板、抗炎等作用，因而在心血管系统和神经系统疾病方面有广泛、重要的应用前景，日益受到重视。常用的盐酸黄连素又叫盐酸小檗碱。小檗碱能对抗病原微生物，对多种细菌如痢疾杆菌、结核杆菌、肺炎球菌、伤寒杆菌及白喉杆菌等都有抑制作用，其中对痢疾杆菌作用最强，常用来治疗细菌性胃肠炎、痢疾等消化道疾病，临床主要用于治疗细菌性痢疾和胃肠炎，它无抗药性和副作用。

小檗碱与茶水同时服用会与茶叶中含有的鞣酸、咖啡因及茶碱等成分发生不良反应，从而减低药效。

维生素 A+ 酒

服用维生素 A 时，不宜喝酒。这是因为酒精中的乙醇，与维生素 A 转化过程中所需转化酶有较强的竞争性作用，两者同服将使维生素 A 转化过程受阻，影响身体对维生素 A 的吸收，降低药效。

维生素 A+ 米汤

维生素 A 食物来源主要是胡萝卜、白萝卜等蔬菜，以及黄色水果、蛋类、牛奶、奶制品、动物肝、鱼肝油等。

维生素 A 不可与热米汤同食，米汤中含有一种脂肪氧化酶，能溶解和破坏脂溶性维生素 A。

维生素 A+ 黑木耳

黑木耳中含有维生素 A、维生素 B_1、维生素 B_2 及各种无机元素和金属元素，营养价值很高。

黑木耳不可以和维生素 A 同食，因为黑木耳中含有多种人体易吸收的维生素，服用维生素时再食用黑木耳可造成药物蓄积。此外，木耳中所含的某些化学成分对合成的维生素也有一定的破坏作用。

维生素 B_1+ 茶

维生素 B_1 又称硫胺素或抗神经炎素，是由嘧啶环和噻唑环结合而成的一种 B 族维生素，为白色结晶或结晶性粉末；有微弱的特臭，味苦，有引湿性，露置在空气中，易吸收水分。酸碱度在 3.5 时可耐 100℃高温，酸碱大于 5 时易失效。本品遇光和热效价下降，故应置于遮光、阴凉处保存，不宜久贮。在酸性溶液中很稳定，在碱性溶液中不稳定，易被氧化和受热破坏。

茶中含有大量鞣质，而鞣质与维生素 B_1 结合产生沉淀，不易被吸收利用，从而影响维生素 B_1 的吸收，使其疗效降低。

维生素 B_1+ 酒

含乙醇的饮用食物，包括白酒、啤酒等都忌与维生素 B_1 同服，这是因为酒中所含乙醇易损害胃肠黏膜，可影响维生素 B_1 的吸收。

维生素 B_2+ 高脂肪食物

维生素 B_2 又称核黄素，是人体必需的 13 种维生素之一。作为 B 族维生素的成员之一，它微溶于水，可溶于氯化钠溶液，易溶于稀的氢氧化钠溶液。维生素 B_2 是机体中许多酶系统的重要辅基的组成成分，参与物质和能量代谢。维生素 B_2 的功能有：促进发育和细胞的再生；促使皮肤、指甲、毛发的正常生长；帮助消除口腔内、唇、舌的炎症；增进视力，减轻眼睛的疲劳；和其他的物质相互作用来帮助碳水化合物、脂肪、蛋白质的代谢。奶类及其制品、动物肝脏与肾脏、蛋黄、鳝鱼、胡萝卜、酿造酵母、香菇、紫菜、茄子、鱼、芹菜、橘子、柑、橙等含有丰富的维生素 B_2。

高脂肪食物可加快肠内容物通过速度，导致肠蠕动增强或腹泻，降低维生素 B_2 的吸收；另外，高脂肪膳食将大大提高维生素 B_2 的需要量，使人体的维生素 B_2 相对缺乏。

维生素 B_6+ 含硼的食物

维生素 B_6 又称吡哆素，是一种水溶性维生素，遇光或碱易破坏，不耐高温。维生素 B_6 在酵母菌、肝脏、谷粒、肉、鱼、蛋、豆类及花生中含量较多。维生素 B_6 为人体内某些辅酶的组成成分，参与多种代谢反应，尤其是和氨基酸代谢有密切关系。临床上应用维生素 B_6 制剂防治妊娠呕吐和放射病呕吐。

茄子、南瓜、胡萝卜、萝卜缨等含硼较多，这些食物中的硼，与体内消化液相遇，再遇上维生素 B_6，则可能生成络合物，就会影响维生素 B_6 的吸收与利用，从而降低药效。

维生素 C+ 牛奶

维生素 C 又叫 L- 抗坏血酸，是一种水溶性维生素。食物中的维生素 C 被人体小肠上段吸收，一旦吸收，就分布到体内所有的水溶性结构中。

牛奶中富含维生素 B_2，维生素 B_2 具有一定的氧化性，在服用维生素 C 治疗疾病时，若多食富含维生素 B_2 的食物，则维生素 C 易被维生素 B_2 氧化。被氧化的维生素 C 的药效大大降低，长期缺乏维生素 C 会使身体内的胶原蛋白减少，引起一些病症。

维生素 C+ 鸡肝

维生素 C 具有解毒、护肝、抗过敏、促进创口愈合、增加机体对感染的抵抗力、阻止致癌物质等作用，可用于多种疾病的治疗。

鸡肝中含有较多的铜、铁离子，能氧化破坏维生素 C，使其疗效降低。故二者不宜同食。

维生素 C+ 碱性食物

含钾、钠、钙、镁等矿物质较多的食物，在体内最终的代谢产物常呈碱性，如蔬菜、水果、乳类、大豆和菌类食物等。与碱性食物适当搭配，有助于维持体内酸碱平衡。

维生素 C 属于酸性药物，服用维生素 C 期间过食碱性食物，会使酸碱中和从而降低维生素 C 的疗效。

维生素 E+ 富含不饱和脂肪酸的食物

维生素 E 是一种脂溶性维生素，又称生育酚，是最主要的抗氧化剂之一。它溶于脂肪和乙醇等有机溶剂中，不溶于水，对热、酸稳定，对碱不稳定，对氧敏感，对热不敏感，但油炸时维生素 E 活性明显降低。生育酚能促进性激素分泌，使男子精子活力和数量增加；使女子雌性激素浓度增高，提高生育能力，预防流产；还可用于防治男性不育症、烧伤、冻伤、毛细血管出血、更年期综合征、美容等。

近来还发现维生素 E 可抑制眼睛晶状体内的过氧化脂反应，使末梢血管扩张，改善血液循环，预防近视发生和发展。

在使用维生素 E 治疗疾病时，应适当控制富含不饱和脂肪酸的食物如豆油、葵花籽油、亚麻油、蛋黄油等的摄取量，因为不饱和脂肪酸会破坏维生素 E，影响人体对维生素 E 的吸收，从而达不到治疗的功效。

维生素 D+ 米汤

维生素 D 为固醇类衍生物，具抗佝偻病作用，又称抗佝偻病维生素。维生素 D 家族成员中最重要的成员是维生素 D_2 和维生素 D_2。植物不含维生素 D，但维生素 D 原在动、植物体内都存在。维生素

D 是一种脂溶性维生素，有五种化合物，与健康关系较密切的是维生素 D_2 和维生素 D_3。

维生素 D 的主要功能是调节体内钙、磷代谢，维持血钙和血磷的水平，从而维持牙齿和骨骼的正常生长发育。研究证明，维生素 D_3 能诱导许多动物的肠黏膜产生一种专一的钙结合蛋白（CaBP），增加动物肠黏膜对钙离子的通透性，促进钙在肠内的吸收。儿童缺乏维生素 D，易发生佝偻病，过多服用维生素 D 将引起急性中毒。

米汤中含有一种脂肪氧化酶，能溶解和破坏脂溶性维生素。如果服用维生素 D 时与米汤同服，或用米汤冲服维生素 D，就容易破坏维生素 D 而失去服用维生素 D 的意义。所以，服用维生素 D 时，不能用米汤冲服。

维生素 D+ 黑木耳

黑木耳中含有人体易吸收的多种维生素，服用维生素 D 时同食黑木耳，不仅会造成药物蓄积而不易吸收，而且黑木耳中所含的某些化学成分对合成的维生素也有一定的破坏作用。

维生素 K_3+ 山楂

中医认为，山楂具有消积化滞、收敛止痢、活血化瘀等功效；主治饮食积滞、胸膈痞满、疝气血瘀闭经等症。山楂中含有山萜类及黄铜类等药物成分，具有显著的扩张血管及降压作用，有增强心肌、抗心律不齐、调节血脂及胆固醇含量的功能。

维生素 K_3 为止血药，山楂为活血药，山楂中所含的维生素 C 可使维生素 K_3 分解破坏，不利于维生素 K_3 的止血作用。

维生素 K_3+ 兔肉

维生素 K_3 是维生素 K 中一种水溶性，且由人工合成的维生素，其主要作用，一是用于缺乏维生素 K 引起的出血性疾病，阻塞性黄疸、胆瘘、慢性腹泻、广泛肠切除所致肠吸收功能不良病人，早产儿、新生儿低凝血酶原血症，香豆素类或水杨酸类过量以及其他原因所致凝血酶原过低等引起的出血。二是用于镇痛，如由胆石症、胆道蛔虫症引起的胆绞痛。三是用来解救杀鼠药“敌鼠钠”中毒，此时宜用大剂量。

兔肉含卵磷脂较多，卵磷脂有较强的抑制血小板凝聚、防止凝血的作用，如使用维生素 K_3 止血时，食用兔肉将使止血药的作用减弱。

维生素 K_3+ 酒

酒的化学成分是乙醇，一般含有微量的杂醇和酯类物质，食用白酒的浓度在 60 度（即 60%）以下，白酒经分馏提纯至 75% 以上为医用酒精，提纯到 99.5% 以上为无水乙醇。酒是以粮食为原料经发酵酿造而成的。

酒精可以抑制凝血因子，对抗止血药物，与维生素 K_3 同服，会使维生素 K_3 的止血作用大大降低。

维生素 K_3+ 白菜

白菜含有丰富的粗纤维，不但能起到润肠、促进排毒的作用，又可刺激肠胃蠕动，促进大便排泄，帮助消化，对预防肠癌有良好作用。白菜中含有丰富的维生素 C 和维生素 E，多吃白菜，可起到很好的护肤和养颜效果。

白菜富含维生素 C，维生素 C 含有丰富的抗坏血酸成分，可降低止血药物维生素 K_3 的疗效。其他富含维生素 C 的食物如卷心菜、芥菜、香菜、萝卜及水果等，切记勿与维生素 K_3 同食。

维生素 K_3+ 黑木耳

维生素 K_3 具有促凝血作用，而黑木耳中有妨碍血液凝固的成分，可使维生素 K_3 凝血作用减弱甚至完全丧失。

阿司匹林＋多糖食物

阿司匹林是一种历史悠久的解热镇痛药，用于发热、头痛、神经痛、肌肉痛、风湿热、急性风湿性关节炎及类风湿性关节炎等，为风湿热、风湿性关节炎及类风湿性关节炎首选药，可迅速缓解急性风湿性关节炎的症状。但阿司匹林的副作用也很明显，可引起胃黏膜糜烂、出血及溃疡等。

阿司匹林与含糖多的食品，如椰子、甜石榴、桃、葡萄、香蕉等同食，容易形成复合体，从而减少初期药物的吸收速度，降低药效。服用阿司匹林期间，应少食或不食含糖多的水果和食物。

氨茶碱＋牛肉

氨茶碱可用于缓解支气管哮喘、喘息型支气管炎、阻塞性肺气肿等疾病的喘息症状；也可用于心力衰竭的哮喘（心脏性哮喘）。氨茶碱为茶碱与二乙胺复盐，其药理作用主要来自茶碱，乙二胺使其水溶性增强，功效为松弛支气管平滑肌，也能松弛肠道、胆道等多种平滑肌，对支气管黏膜的充血、水肿也有缓解作用。此外氨茶碱还可增加心排出量，扩张输出和输入肾小动脉，增加肾小球滤过率和肾血流量，抑制远端肾小管重吸收钠和氯离子；增加离体骨骼肌的收缩力；在慢性阻塞性肺疾患情况下，改善肌收缩力。

牛肉的高蛋白能降低氨茶碱的疗效，故服用氨茶碱时，应禁食牛肉。摄入大量的蛋白质会使人体呈现微酸的环境，这会影响氨茶碱的药性，促进茶碱类药物的排出。同时在某些情况下茶碱可干扰蛋白质、微量元素的吸收，尤其是微量元素如钙、锌、铁等与茶碱同时存在时，吸收率明显下降，这也降低了牛肉的营养价值。

氨茶碱＋兔肉

兔肉属高蛋白质、低脂肪、低胆固醇的肉类，质地细嫩，味道鲜美，营养丰富，与其他肉类相比较，具有很高的消化率（可达85%），因此，兔肉极受人们的欢迎。

在用氨茶碱治疗时不可以吃兔肉。兔肉的高蛋白能促进茶碱类药物的排出，降低疗效。

氨茶碱＋鸭肉

鸭肉蛋白质含量很高，脂肪含量适中且分布较均匀，十分美味。肉中的脂肪酸熔点低，易于消化。所含 B 族维生素和维生素 E 较其他肉类多，能有效抵抗脚气病、神经炎和多种炎症，还能抗衰老。

而鸭肉属于高蛋白食品，服用氨茶碱治疗期间食用鸭肉，会降低氨茶碱的疗效，因为鸭肉能促进茶碱类药物的排出。故二者不宜同食。

氨茶碱＋鹌鹑肉

鹌鹑可与"补药之王"人参相媲美，誉为"动物人参"。医界认为，鹌鹑肉适宜于营养不良、体虚乏力、贫血头晕、肾炎浮肿、泻痢、高血压、肥胖症、动脉硬化症等患者食用。其所含丰富的卵磷，可生成溶血磷脂，有抑制血小板凝聚的作用，可阻止血栓形成，保护血管壁，阻止动脉硬化。磷脂是高级神经活动不可缺少的营养物质，具有健脑作用。

高蛋白食物能促进茶碱类药物的排出，降低药物的疗效。而鹌鹑肉属于高蛋白食品，故二者不宜同食。

氨茶碱＋干贝

干贝富含蛋白质、碳水化合物、核黄素和钙、磷、铁等多种营养成分，蛋白质含量高达 61.8%，为鸡肉、牛肉、鲜对虾的 3 倍。矿物质的含量远在鱼翅、燕窝之上。干贝含丰富的谷氨酸钠，味道极鲜。与新鲜扇贝相比，腥味大减。干贝具有滋阴补肾、和胃调中功能，能治疗头晕目眩、咽干口渴、虚痨咳血、脾胃虚弱等症，常食有助于降血压、降胆固醇、补益健身。据记载，干贝还具有抗癌、软化血管、防止动脉硬化等功效。

干贝中含有的蛋白质会与氨茶碱起反应，降低氨茶碱的药性。

氨茶碱 + 瓜子

瓜子本身营养就很高，维生素、蛋白质、油类含量都属佼佼者。每天吃一把瓜子对安定情绪、防止老化、预防成人疾病有益。瓜子还能治失眠，增强记忆力，预防癌症、高血压、心脏病等疾病。饭后嗑瓜子好，因为葵花子与西瓜子都富含脂肪、蛋白质、锌等微量元素及多种维生素，可增强消化功能。嗑瓜子能够使整个消化系统活跃起来。瓜子的香味可刺激舌头上的味蕾，味蕾将这种神经冲动传导给大脑，大脑又反作用于唾液腺等消化器官，使含有多种消化酶的唾液、胃液等的分泌相对旺盛。

瓜子中含有丰富的蛋白质，蛋白质进入人体后生成酸性物质，这会降低氨茶碱的药效。故氨茶碱与瓜子不可同食。

地塞米松 + 豆腐

地塞米松，又叫德沙美松，是肾上腺糖皮质激素类药。它具有抗炎、抗过敏、抗风湿、免疫抑制作用，主要用于治疗严重细菌感染和严重过敏性疾病、各种血小板减少性紫癜、粒细胞减少症、严重皮肤病、器官移植的免疫排斥反应、肿瘤治疗及对糖皮质激素敏感的眼部炎症等。

豆腐有高蛋白、低脂肪的特点和降血压、降血脂、降胆固醇的功效。豆腐营养丰富，含有糖类、植物油和丰富的优质蛋白，以及铁、钙、磷、镁等人体必需的多种微量元素。两小块豆腐，即可满足一个人一天的钙需要量，是生熟皆可、老幼皆宜、养性摄生、益寿延年的美食佳品。

但在服用地塞米松期间食用豆腐，则会降低其药性。地塞米松是磷酸盐，遇到氯化钙时易出现浑浊或沉淀，使药物失效。而豆腐含有丰富的钙质，因此与地塞米松不可同食。

地塞米松＋牛奶

牛奶含有多种微量元素及丰富的蛋白质，各种维生素的含量也很高，每 100 克牛奶含钙 120 毫克，磷 93 毫克，铁 0.2 毫克，维生素 A 140 国际单位，维生素 B_1 0.04 毫克，维生素 B_2 0.13 毫克，维生素 C 1 毫克。常喝牛奶对人体的健康大有好处。

牛奶中丰富的钙质遇到地塞米松易出现浑浊或沉淀，使药物失效。因此在服用地塞米松期间，不可以喝牛奶，更不能用牛奶送服此药。

哌嗪＋茶

哌嗪具有麻痹蛔虫肌肉的作用，临床用于肠蛔虫病及蛔虫所致的不完全性肠梗阻和胆道蛔虫病绞痛的缓解期，此外亦可用于驱除蛲虫。

茶水有强心、利尿的功效，但茶中有大量的鞣酸，它能与哌嗪生成一种不溶于水的沉淀物，阻碍人体对药物的吸收，使哌嗪不能发挥驱虫作用，所以在服用驱蛔灵前后不要喝茶。

环丙沙星＋茶

环丙沙星为合成的第二代喹诺酮类抗菌药物，具广谱抗菌活性，杀菌效果好，对肠杆菌、绿脓杆菌、流感嗜血杆菌、淋球菌、链球菌、军团菌、金黄色葡萄球菌具有抗菌作用；临床主要用于敏感菌所致的呼吸道、泌尿道、消化道、皮肤软组织等的感染及胆囊炎、胆管炎、中耳炎、副鼻窦炎、淋球菌性尿道炎等。

环丙沙星与茶水同时服用会与茶叶中含有的鞣酸、咖啡因及茶碱等成分发生不良反应，从而减低药效。

环丙沙星＋豆浆

豆浆是将大豆用水泡后磨碎、过滤、煮沸而成。豆浆营养非常丰富，有丰富的植物蛋白、磷脂、维生素 B_1、维生素 B_2、烟酸和铁、钙等矿物质，尤其是铁的含量，比其他任何乳类都丰富。多喝鲜豆浆可预防老年痴呆症，防治气喘病。豆浆是防治高血脂、高血压、动脉硬化、缺铁性贫血、气喘等疾病的理想食品。

环丙沙星与豆浆同时服用会与豆浆中的成分发生不良反应，从而减低药效。

环丙沙星 + 生菜

生菜富含水分，每 100 克食用部分含水分高达 94%~96%，故生食清脆爽口，特别鲜嫩。每 100 克食用部分还含蛋白质 1~1.4 克、碳水化合物 1.8~3.2 克、维生素 C 10~15 毫克及一些矿物质。生菜中膳食纤维和维生素 C 较白菜多，有消除多余脂肪的作用，故又叫减肥生菜。

生菜中的膳食纤维和维生素 C 会破坏环丙沙星的疗效，在服药期间，不要进食生菜。

磺胺药 + 蛋黄

蛋黄中的脂肪以单不饱和脂肪酸为主，其中一半以上正是橄榄油中的主要成分——油酸，对预防心脏病有益。磺胺类药物在酸性环境中容易析出结晶，所以服用磺胺类药物一定要多喝水，否则容易在肾脏或输尿管中形成结石，堵塞输尿管。磺胺药不可和蛋黄同食。因为蛋黄中的某些成分会与磺胺药生成反应，会降低磺胺药的抗菌作用。

磺胺药 + 核桃

核桃不仅味美，营养价值也很高，被誉为“万岁子”“长寿果”。据测定，每 100 克核桃中，含脂肪 20~64 克，其中 71% 为亚油酸，12% 为亚麻酸，蛋白质为 15~20 克，蛋白质亦为优质蛋白，核桃中脂肪和蛋白是大脑最好的营养物质。核桃中还含有钙、磷、铁、胡萝卜素、核黄素（维生素 B_2）、维生素 B_6、维生素 E、胡桃叶醌、磷脂、鞣质等营养物质。

磺胺药不可和核桃同食，核桃中的磷脂、鞣质等营养物质会破坏磺胺药的药效。

可的松 + 高钙食物

可的松是肾上腺皮质分泌的激素之一，主要影响糖和蛋白质代谢，而对水盐代谢影响较小，所以称为糖皮质激素。它对机体的作用广泛而复杂，且随剂量不同而异。超生理剂量，除影响物质代谢外，还有消炎、抗毒、抗免疫和抗休克等作用。

服用可的松期间，不宜食用高钙食物如牛奶、奶制品、精白面粉、巧克力、坚果等，否则会降低药物疗效。因为可的松会与这些食物中的钙起反应，生成难以溶解和吸收的沉淀物，降低可的松的药效。

利福平 + 茶

利福平对结核杆菌和其他分枝杆菌（包括麻风杆菌等），在宿主细胞内、外均有明显的杀菌作用。对脑膜炎球菌、流感嗜血杆菌、金黄色葡萄球菌、表皮链球菌、肺炎军团菌等也有一定的抗菌作用，对某些病毒、衣原体也有效。主要用于肺结核和其他结核病，也可用于麻风和对红霉素耐药的军团菌肺炎，还可与耐酶青霉素或万古霉素联合治疗表皮链球菌或金黄色葡萄球菌引起的骨髓炎和心内膜炎，用于消除脑膜炎球菌或肺炎嗜血杆菌引起的咽部带菌症。外用治疗沙眼及敏感菌引起的眼部感染。利福平可使双香豆素类抗血凝药、口服降糖药、洋地黄类、皮质激素、氨苯砜等药物加速代谢而降效。

若用茶水送服利福平，茶叶中所含的鞣酸会与上述药物发生反应而降低药效。

利福平 + 牛奶

牛奶营养丰富、容易消化吸收、物美价廉、食用方便，是最“接近完美的食品”，人称“白色血液”，是最理想的天然食品。

利福平若与牛奶等食物同时服用，会延缓人体对利福平的吸收，从而达不到应有的效果。如果需要喝牛奶补充钙质，吃药后相隔 4 个小时后再喝牛奶即可。

利舍平 + 含酪胺食物

含酪胺的食物如蚕豆与利舍平同吃，可使利舍平的降压作用减弱。因此利舍平不可与蚕豆同食。富含酪胺的食物很多，如酸奶、乳酪、乳饼、啤酒、红葡萄酒等发酵类食物；腌鱼（尤其是腌青鱼）、腌肉、腊肠、腊肉等腌制类食物；动物肝脏；坚果类食物；豆制品。

利舍平 + 茶

服用利舍平时，不宜喝茶。因为茶叶中含鞣质，可与降压药利舍平发生反应，茶叶易和药物结合形成沉淀，降低药物效果，故服降压药时忌用茶水送服。

异烟肼 + 含乳糖的食物

异烟肼对结核杆菌有良好的抗菌作用，疗效较好，用量较小，毒性相对较低，易为病人所接受。异烟肼主要用于各型肺结核的进展期、溶解播散期、吸收好转期，尚可用于结核性脑膜炎和其他肺外结核等。

乳糖是儿童生长发育的主要营养物质之一，对青少年智力发育十分重要，特别是新生婴儿绝对不可缺少的。在自然界中只有哺乳类动物的奶中含有乳糖，在各类植物性食物中是找不到乳糖的。乳糖的主要功能是为人体供给热能，而儿童和成人的生长发育、新陈代谢、组织的合成，维持正常体温以及体育锻炼、劳动工作都需要大量的热能。

含乳糖类食物有糖果、面包、玉米浓汤、沙拉酱、饼干、冰激凌、牛奶、奶油等。这类食物会完全阻碍异烟肼在消化道内的吸收。同样，吃饭后即服用该药，其吸收率也明显降低，应在饭后两小时口服。

异烟肼 + 富含碘的食物

海带、海藻、紫菜等含碘丰富的海产品不可搭配异烟肼食用。因为在胃肠道内碘与异烟肼发生氧化反应，使异烟肼丧失抗菌活性，起不到治病效果。但在吃药前后间隔两小时，就互不影响了。

头孢菌素 + 果汁

头孢菌素又称先锋霉素，是一类广谱半合成抗生素，第一个头孢菌素在20世纪60年代问世。头孢菌素与青霉素相比具有抗菌谱较广、耐青霉素酶、疗效高、毒性低、过敏反应少等优点，在抗感染治疗中占有十分重要的地位。头孢菌素已从第一代发展到第四代，其抗菌范围和抗菌活性也不断扩大和增强。

果汁中保留有水果中相当一部分营养成分，例如维生素、矿物质、糖分和膳食纤维中的果胶等，口感也优于普通白开水。比起水和碳酸饮料来说，果汁的确有相当的优势。但是大部分果汁之所以"好喝"，是因为加入了糖、甜味剂、酸味料、香料等成分调味后的结果。

果汁中含有的果酸容易导致头孢菌素提前分解或溶化，不利于药物在肠内的吸收，从而大大降低药效。

果导片 + 辛辣食物

果导片用于治疗习惯性顽固性便秘。长期服用果导片，可导致营养物质的丢失，会引起贫血、水电解质失衡、体重过低、抵抗力下降、营养不良等并发症。年轻女性更不能随便使用果导减肥，因为长期服用果导还能造成内分泌功能紊乱，甚至影响女性生育功能，导致不孕症的发生。

果导片是一种泻下类药物，服用时对辛辣之品如辣椒、生姜、葱、蒜、花椒等应慎食。否则会影响疗效和导致一些不良后果。

甲丙氨酯＋茶

甲丙氨酯（又叫安宁）是白色结晶性粉末。甲丙氨酯是弱安定药，用于治疗烦躁、焦虑和神经衰弱性失眠等症，副作用少，毒性低；主要用于神经官能症的紧张、焦虑状态，轻度失眠及破伤风所致肌肉紧张状态。

茶叶内所含的咖啡因、茶碱和可可碱等，都具有兴奋中枢神经，强心利尿的作用，和甲丙氨酯有相反作用。

氯氮＋茶

氯氮具有镇静、抗焦虑、肌肉松弛、抗惊厥作用，常用于治疗焦虑性和强迫性神经官能症、癔病、神经衰弱病人的失眠及情绪烦躁、高血压头痛等，以及酒精中毒和痉挛（如伤风和各种脑膜炎所致的抽搐发作）。与抗癫痫药合用，还可抑制癫痫大发作，对小发作也有效。

氯氮是一种镇定神经的药物，而茶叶中的咖啡因、茶碱和可可碱有兴奋中枢神经、强心利尿的作用，服用氯氮时饮茶，将影响药物的治疗作用。

硝酸甘油＋酒

硝酸甘油可松弛血管平滑肌，特别是小血管平滑肌，使全身血管扩张，外周阻力减少，静脉回流减少，减轻心脏前后负荷，降低心肌耗氧量、解除心肌缺氧。它可用于心绞痛急性发作，也可用于急性左心衰竭。药物不良反应有头痛、头晕，也可出现体位性低血压；长期连续服用，有耐受性。青光眼、冠状动脉闭塞及血栓形成、脑出血、颅内压增高者忌用。

服硝酸甘油期间，饮酒易导致血压下降，大量饮酒会增加药物的副作用或使药物失去疗效。

阿托品 + 蜂王浆

阿托品是从颠茄和其他茄科植物提取出的一种有毒的白色结晶状生物碱，主要用于解除痉挛、减少分泌、缓解疼痛、散大瞳孔；可治疗胃肠道功能紊乱，但对胆绞痛、肾绞痛效果不稳定；还用于急性微循环障碍，治疗严重心动过缓，晕厥合并颈动脉窦反射亢进以及Ⅰ度房室传导阻滞；也可减轻帕金森症患者强直及震颤症状，并能控制其流涎及出汗过多；阿托品对虹膜睫状体炎有消炎止痛之效。

蜂王浆中含有两种类似乙酰胆碱的物质，实验研究表明，这两种物质所产生的作用可与抗胆碱药物阿托品所对抗，因此与蜂王浆同时服用会明显降低抗胆碱类药物的疗效。

乐得胃 + 酸性食物

乐得胃用于治疗胃及十二指肠溃疡、胃炎、胃酸过多、神经性消化不良、胃灼热及痉挛等。

服用乐得胃期间，不宜食用酸性食物。含有酸性成分的食物如山楂、乌梅等被人体食用后在体内呈碱性，与制酸药同用会发生酸碱中和反应而影响疗效。

健胃片 + 茶

健胃片具有健胃止痛的功能，用于胃弱食滞引起的胃脘胀痛、嗳气食臭、大便不调，可调节胃酸分泌，以调和胆汁来促进消化系统功能。服用健胃片时不应饮茶，因为健胃片与茶中的鞣酸会引起分解反应从而失去药效。

吉他霉素 + 酸性食物

吉他霉素抗菌性能与红霉素相似，对革兰阳性菌有较强的抗菌作用，对葡萄球菌、化脓性链球菌、绿色链球菌、肺炎链球菌、等均有作用，对勾端螺旋体、立克次体、支原体等也有效。本品可作为红霉素的替代品，用于上述敏感菌所致的口咽部、呼吸道、皮肤和软组织、胆道等感染。

服用吉他霉素期间，过食酸菜、咸肉、鸡、鱼、山楂和杨梅等酸性食物，会降低药效。因为酸性食物大都会刺激胃酸的分泌，胃酸会破坏吉他霉素，影响吉他霉素的药性。

吉他霉素 + 海产品

海鲜一向是受人们欢迎的食物，其具有蛋白质高、低胆固醇、富含各种微量元素等特点，与肉类相比对人的营养补充和健康更为优越。许多海产品，包括生蚝、龙虾、海胆、海参、鱼卵、虾卵等，因为富含锌、蛋白质等营养素，还有壮阳、强精的效果。

服用吉他霉素期间，如果过食螺、蚌、蟹、甲鱼等海味食品，会降低药物疗效。因为这些食品中富含的钙、镁、铁、磷等金属离子会和吉他霉素结合，容易形成一种难溶解又难吸收的物质。

吉他霉素 + 蛋黄

蛋黄中有大量的磷和铁，蛋黄对孩子补铁有益，对孩子的大脑发育也有益。蛋黄里含有的叶黄素和玉米黄素还可帮助眼睛过滤有害的紫外线，延缓眼睛的老化，预防视网膜黄斑变性和白内障等眼疾。

但服用吉他霉素期间，如果过食蛋黄，蛋黄中大量的铁、磷与吉他霉素结合，会生成一种难以溶解和吸收的物质，降低药物疗效。

吉他霉素 + 核桃

据测定，每 100 克核桃中，含脂肪 20~64 克，核桃中的脂肪 71% 为亚油酸，12% 为亚麻酸，糖类为 10 克，蛋白质为 15~20 克，蛋白质为优质蛋白，其中的脂肪和蛋白是大脑最好的营养物质。此外，核桃中还含有钙、磷、铁、胡萝卜素、核黄素（维生素 B_2）、维生素 B_6、维生素 E、胡桃叶醌、磷脂、鞣质等营养物质。

核桃中的钙、磷、铁会和吉他霉素结合，容易形成一种难溶解又难吸收的物质，降低吉他霉素的药效。因此服吉他霉素期间忌食核桃。

吉他霉素＋花生

花生含丰富的脂肪油，油中含多种脂肪酸的甘油酯，其不饱和脂肪酸占80%以上；又含较丰富的蛋白质，多种人体必需的氨基酸、卵磷脂、嘌呤、胆碱、胡萝卜素、维生素B_1、维生素B_2、维生素E、泛酸、钙、磷、铁、甾醇、三萜皂苷、纤维素。其种皮含脂质、甾醇、鞣质等。花生中的钙、磷、铁会和吉他霉素结合，形成一种难溶解又难吸收的物质，降低吉他霉素的药效。服药期间最好少吃或不吃花生，以免延缓治疗。

红霉素类药物＋海带

红霉素，由链霉素所产生，是一种碱性抗生素，适用于支原体肺炎、沙眼衣原体引起的新生儿结膜炎、婴儿肺炎、生殖泌尿道感染（包括非淋病性尿道炎）、军团菌病、白喉（辅助治疗）及白喉带菌者、皮肤软组织感染、百日咳、敏感菌（流感杆菌、肺炎球菌、溶血性链球菌、葡萄球菌等）引起的呼吸道感染（包括肺炎）、链球菌咽峡炎、李斯德菌感染、空肠弯曲菌肠炎，以及淋病、梅毒、痤疮等。

海带的营养价值很高，每百克干海带中含粗蛋白8.2克，脂肪0.1克，糖57克，粗纤维9.8克，矿物质12.9克，钙2.25克，铁0.15克，以及胡萝卜素0.57毫克等等。与菠菜、油菜相比，除维生素C外，其粗蛋白、糖、钙、铁的含量均高出几倍、几十倍。

服用红霉素期间，若食用海带这种富含钙、磷、镁的食物，会延缓药效或减少药物的吸收，降低药物的灭菌作用。在服用红霉素治疗的时候不要吃或少吃含有海带的食物。

红霉素＋海鲜

服用红霉素期间，若同时食螺、蚌、蟹、甲鱼、海带等海味食品，会降低药物疗效。因为这些食品中富含的钙、镁、铁、磷等金属离子会和红霉素结合，容易形成一种难溶解又难吸收的物质。

土霉素 + 牛奶

土霉素为抗生素的一种，对多种球菌和杆菌有抗菌作用，对立克次体和阿米巴病原虫也有抑制作用，用来治疗上呼吸道感染、胃肠道感染、斑疹伤寒、恙虫病等。

牛奶这类食物含钙丰富，能与土霉素族类药物结合成一种牢固的络合物，破坏食物的营养，降低药物的灭菌作用。故服用土霉素期间，不能进食牛奶及奶制品。

链霉素 + 鱼、蛋、乳制品

链霉素是一种氨基葡萄糖型抗生素，是一种从灰链霉菌的培养液中提取的抗生素，属于氨基糖苷碱性化合物，有杀灭或者抑制结核杆菌生长的作用。由于链霉素肌肉注射的疼痛反应比较小，适宜临床使用，只要应用对象选择得当，剂量又比较合适，大部分病人可以长期注射（一般 2 个月左右）。所以，应用数十年来它仍是抗结核治疗中的主要用药。

链霉素在碱性环境中作用较强，但鱼、蛋、乳制品与素食混合即可酸化尿液，降低本品疗效。因此用链霉素治疗的患者要注意饮食的搭配。

左旋多巴 + 高蛋白食物

左旋多巴为白色或类白色的结晶性粉末，无臭，无味。本品在水中微溶，在乙醇、氯仿或乙醚中不溶，在稀酸中易溶，主治肝昏迷、震颤麻痹等。严重心血管病、器质性脑病、内分泌失调及精神病患者禁用。本品不良反应较多，主要是由于外周产生的多巴胺过多引起的。胃肠反应有恶心、呕吐、食欲不振，治疗初期，约 80% 病人产生此类不良反应。用药 3 个月后可出现不安、失眠、幻觉等精神症状，此外尚有体位性低血压、心律失常及不自主运动等。患者应注意调整剂量，必要时停药。

服用左旋多巴时忌食含蛋白多的食物，因为蛋白多的食物在肠道内会产生大量阻碍左旋多巴吸收的氨基酸，使药效下降。故服用左旋多巴时不宜同食猪肝、羊肝等高蛋白食物，以免降低药效。

富含蛋白质的食物有腐竹、黄豆、干口蘑、冬菇、猪肝、猪血、羊血、牛肝、羊肝、牛蹄筋、猪皮等。瘦牛肉、红烧牛肉、鸡肉、青鱼、带鱼、黄花鱼、鸡蛋、鸭蛋，还有乳类等，也富含人体必需的完全蛋白质。

食物与药材相宜

白果＋鸡肉

白果果仁含有多种营养元素，除蛋白质、脂肪、糖类之外，还含有钙、磷、铁、钾、镁等微量元素，以及银杏酸、白果酚、五碳多糖等成分。白果具有益肺气、治咳喘、止带虫、护血管、增加血流量等食疗作用和医用效果。经常食用白果，可以滋阴养颜抗衰老，扩张微血管，促进血液循环。

鸡肉中蛋白质的含量比例较高，种类多，而且消化率高，很容易被人体吸收利用，有增强体力、强壮身体的作用。鸡肉对营养不良、畏寒怕冷、乏力疲劳、月经不调、贫血、虚弱等有很好的食疗作用。中医学认为，鸡肉有温中益气、补虚填精、健脾胃、活血脉、强筋骨的功效。

白果鸡肉粥鲜美营养，有止咳平喘之效。

白果＋鱼肝油

白果能润肺定喘、止咳，其中所含白果酸等对结核杆菌有抑制作用；鱼肝油可增强抵抗力，有利于结核病灶钙化（愈合）。鱼肝油

（或生菜油）浸泡白果吃，对肺结核病所致的发热、咳嗽、乏力等有一定疗效。

白术 + 猴头菇

白术具有健脾益气、燥湿利水、止汗、安胎的功效，可用于脾虚食少、腹胀泄泻、痰饮眩悸、水肿、自汗、胎动不安。

猴头菇含有的不饱和脂肪酸，有利于血液循环，能降低血胆固醇含量，是高血压、心血管疾病患者的理想食品。它能提高机体免疫功能，延缓人体衰老。

现代医学研究发现，猴头菇能抑制癌细胞中的遗传物质的合成，从而可以预防消化道癌症和其他恶性肿瘤。猴头菇对胃溃疡、十二指肠溃疡、胃炎等消化道疾病的疗效令人瞩目。经过蒸煮于睡前食用，对患有气管、食道及平滑肌组织疾病的患者有保健作用，可安眠平喘，增强细胞活力和抵抗力。

二者同食对降低血胆固醇，除胃热，强脾胃都有一定的疗效。

白术 + 鳝鱼

白术具有健脾益气、燥湿利水、止汗、安胎的功效，用于脾虚食少、腹胀泄泻、痰饮眩悸、水肿、自汗、胎动不安。《医学启源》记载："除湿益燥，和中益气，温中，去脾胃中湿，除胃热，强脾胃，进饮食，止渴，安胎。"

鳝鱼中含有丰富的卵磷脂，它是构成人体各器官组织细胞膜的主要成分，而且是脑细胞不可缺少的营养。鳝鱼有很强的补益功能，特别对身体虚弱、病后以及产后之人更为明显。它的血还可以治疗口眼歪斜。中医学认为，它有补气养血、温阳健脾、滋补肝肾、祛风通络等医疗保健功能。

二者相配可调养脾胃、气血双补、调养肝肾等。

白术＋兔肉

白术具有健脾益气、燥湿利水、止汗、安胎的功效，可用于脾虚食少、腹胀泄泻等。

兔肉属高蛋白质、低脂肪、少胆固醇的肉类，质地细嫩，味道鲜美，营养丰富，与其他肉类相比较，具有很高的消化率（可达85%）。兔肉富含大脑和其他器官发育不可缺少的卵磷脂，有健脑益智的功效；经常食用可保护血管壁，阻止血栓形成，对高血压、冠心病、糖尿病患者有益处，并可增强体质，健美肌肉，维护皮肤弹性。

两者搭配有利于脾胃的健康，还可促进消化、增强体质等。

白术＋芋头

白术性味苦、甘，温，归脾、胃经，用于脾虚食少、腹胀泄泻、痰饮眩悸、水肿、自汗、胎动不安。

芋头的营养价值很高，块茎中的淀粉含量达70%，既可当粮食，又可做蔬菜，是老幼皆宜的滋补品，秋补素食一宝。芋头还富含蛋白质、钙、磷、铁、钾、镁、钠、胡萝卜素、烟酸、维生素C、维生素B_1、维生素B_2、皂角苷等多种成分。中医学认为，芋头性甘、辛、平，入肠、胃经，具有益胃、宽肠、通便散结、补中益肝肾、添精益髓等功效。对辅助治疗大便干结、甲状腺肿大、瘰疬、乳腺炎、虫咬蜂蜇、肠虫癖块、急性关节炎等病症有一定作用。

二者同食对促进消化，通便散结有一定作用，还能和胃安脾。

百合＋绿豆

绿豆又叫青小豆，是我国人民的传统豆类食物。绿豆蛋白质的含量几乎是粳米的3倍，维生素及钙、磷、铁等矿物质都比粳米多。绿豆性味甘凉，有清热解毒之功。夏天在高温环境工作的人出汗多，水液损失很大，体内的电解质平衡遭到破坏，用绿豆煮汤食用是最理想的补益方法，能够清暑益气、止渴利尿，不仅能补充水分，而且还能及时补充矿物质，对维持水液电解质平衡有着重要意义。绿豆还有解毒作用。

二者搭配做成的汤对解暑热、消烦渴有很好的效果。

百合 + 沙参

百合鲜品含黏液质，具有润燥清热作用，中医用之治疗肺燥或肺热咳嗽等症常能奏效。百合入心经，性微寒，能清心除烦，宁心安神，用于热病后余热未消、神思恍惚、失眠多梦、心情抑郁、喜悲伤欲哭等病症。

沙参有很好的药用价值，其性味甘凉，主要功能有清热养阴、润肺止咳，主治气管炎、百日咳、肺热咳嗽、咯痰黄稠。

百合和沙参搭配对清热解毒、润肺止咳、滋阴润燥、清心安神有很好的效果。

百合 + 鸭蛋

鸭蛋营养丰富，含有蛋白质、磷脂、维生素 A、维生素 B_2、维生素 B_1、维生素 D、钙、钾、铁、磷等营养物质。鸭蛋中的蛋白质含量和鸡蛋相当，而矿物质总量远胜鸡蛋，尤其铁、钙含量极为丰富，能预防贫血，促进骨骼发育。鸭蛋味甘、咸，性凉，入肺、脾经，有大补虚劳、滋阴养血、润肺美肤的功效，用于膈热、咳嗽、喉痛、齿痛、泄痢。

用性凉的鸭蛋配合养肺阴的百合，可滋肺阴、祛虚火，对慢性咽炎等疾患有益。

半夏 + 佛手瓜

半夏味辛、苦，性温，有毒，归脾、胃、肺经，性燥体滑，可散可降，具有燥湿化痰、降逆止呕、散结消肿的功效；主治咳喘痰多、头痛眩晕、夜卧不安、呕吐反胃、胸脘痞满、瘿瘤痰核、梅核喉痹、疟疾、痈疽肿毒、遗精带下。

佛手瓜富含维生素、氨基酸及矿物元素。佛手瓜的糖类和脂肪含量较低，蛋白质和粗纤维含量较高，具有高蛋白、低脂肪、低热量的特性，具有良好的保健价值，可预防心血管方面的疾病、含有丰富的氨基酸、种类齐全、配比合理，并且，在各种氨基酸中谷氨酸含量最高。谷氨酸具有健脑作用，能促进脑细胞的呼吸，有利于脑组织中氨的排出，有防癫痫、降血压等作用。

二者相配可治疗咳喘痰多，头痛眩晕，有防癫痫、降血压等作用。

党参＋猪腰

党参具有补中益气、健脾益肺的功效。猪腰含有蛋白质、脂肪、碳水化合物、钙、磷、铁和维生素等，有健肾补腰、和肾理气之功效。

二者相配可健肾补腰、和肾理气，对脾、肺、肾大有好处。

地黄＋藕

藕粉除含淀粉、葡萄糖、蛋白质外，还含有钙、铁、磷及多种维生素。中医认为藕能补五脏、和脾胃、益血补气。生藕性味甘凉，加工成藕粉后其性也由凉变温，既易于消化，又有生津清热、养胃滋阴、健脾益气、养血止血之功效。

二者相配可益血，止血，调中，开胃。

地黄＋芋头

芋头味甘麻，含维生素 B_2（核黄素）较多，可消疬散结、治瘰疬、肿毒、腹中癖决、牛皮癣、汤火伤，也可治中气不足，久服补肝肾，添精益髓，能促进新陈代谢，润滑肠道，可以辅助减肥。

二者相配可清热凉血，消除咽喉肿痛等。

冬虫夏草＋鸭肉

冬虫夏草具有补肺益肾、止血化痰的功效，用于久咳虚喘、劳嗽咯血、阳痿遗精、腰膝酸痛。冬虫夏草还具有调节机体免疫、平喘、保护肾脏功能、增强造血功能、延缓衰老等作用。

鸭肉中的脂肪酸熔点低，易于消化。所含B族维生素和维生素E较其他肉类多，能有效抵抗脚气病，神经炎和多种炎症，还能抗衰老。鸭肉中含有较为丰富的烟酸，它是构成人体内两种重要辅酶的成分之一，对心肌梗死等心脏疾病患者有保护作用。

两者炖服，有补虚扶弱、抗衰老之效。

冬虫夏草＋猪肉

猪肉性平味甘，有润肠胃、生津液、补肾气、解热毒的功效，主治热病伤津、消渴羸瘦、肾虚体弱、产后血虚、燥咳、便秘、补虚、滋阴、润燥、滋肝阴、润肌肤、利小便和止消渴。猪肉煮汤饮下可急补由于津液不足引起的烦躁、干咳、便秘和难产。

两者相配，可补虚扶弱，增强造血功能、降血糖等。

冬笋＋鲈鱼

冬笋味甘、性微寒，归胃、肺经，具有滋阴凉血、和中润肠、清热化痰、解渴除烦、清热益气、利膈爽胃、利尿通便、解毒透疹、养肝明目、消食的功效。

冬笋是一种高蛋白、低淀粉食品，对肥胖症、冠心病、高血压、糖尿病和动脉硬化等患者有一定的食疗作用。冬笋所含的多糖物质具有一定的抗癌作用。冬笋能促进肠道蠕动，既有助于消化，又能预防便秘和结肠癌的发生。

鲈鱼富含蛋白质、维生素A、B族维生素、钙、镁、锌、硒等营养元素，具有补肝肾、益脾胃、化痰止咳之效，对肝肾不足的人有很好的补益作用；鲈鱼还可治胎动不安、少乳等症，准妈妈和产后妇女吃鲈鱼是一种既补身、又不会造成营养过剩而导致肥胖的营养食物。鲈鱼血中还有较多的铜元素，铜元素缺乏的人可食用鲈鱼来补充。

二者相配是健身补血、健脾益气和益体安康的佳品。

杜仲 + 猪腰

杜仲有降压、利尿作用，临床使用杜仲浸剂，能使高血压患者血压有所降低，并可改善头晕、失眠、肝肾亏虚、肾气不固等症状，用于慢性关节疾病、骨结核、痛经、功能失调性子宫出血、慢性盆腔炎等疾病而出现肝肾亏虚征候者。

猪腰含有蛋白质、脂肪、碳水化合物、钙、磷、铁和维生素等，有健肾补腰、和肾理气之功效。

两者搭配可补肾养血，并可改善头晕失眠。

茯苓 + 鲤鱼

茯苓性味甘淡平，入心、肺、脾经，具有渗湿利水、健脾和胃、宁心安神的功效，可治小便不利、水肿胀满、痰饮咳逆、呕逆、恶阻、泄泻、遗精、淋浊、惊悸、健忘等症。

鲤鱼性甘味平，可利水、消肿、下气、通乳，治水肿胀满、脚气、黄疸、咳嗽气逆、乳汁不通。鲤鱼的蛋白质不但含量高，而且质量佳，人体吸收率可达 96%，并能供给人体必需的氨基酸、矿物质、维生素 A 和维生素 D。鲤鱼的脂肪多为不饱和脂肪酸，能很好地降低胆固醇，可以防治动脉硬化、冠心病，因此多吃鲤鱼可以长寿。

两者相配可利水消肿，对小便不利有一定功效。

甘草 + 冬瓜

甘草补脾益气，清热解毒，祛痰止咳，缓急止痛，调和诸药，可用于脾胃虚弱、倦怠乏力、心悸气短、咳嗽痰多、脘腹、四肢挛急疼痛、痈肿疮毒，缓解药物毒性、烈性，还可用于心气虚、心悸怔忡、脉结代，以及脾胃气虚、倦怠乏力等。

冬瓜味甘、性寒，有清热、利水、消肿的功效。冬瓜含钠量较低，对动脉硬化症、肝硬化腹水、冠心病、高血压、肾炎、水肿膨胀等疾病，有良好的治疗作用。冬瓜还有解鱼毒、酒毒的功能，经常食用冬瓜，能去除体内多余的脂肪，也适用于糖尿病患者食用。

夏季中暑烦渴，食之能起到显著解暑止渴的效果。

二者相配是清热解毒、补脾养血的佳品。

甘草 + 蜂蜜

蜂蜜可护肤美容、抗菌消炎、促进组织再生、促进消化、提高免疫力、促进长寿、改善睡眠、还能保肝、抗疲劳、促进儿童生长发育、保护心血管、润肺止咳。

二者相配可治疗气喘咳嗽。

甘草 + 花生

甘草补脾益气、清热解毒、祛痰止咳，可用于脾胃虚弱。

花生味甘性平、入脾、肺，可润肺、和胃，治燥咳、反胃、脚气、乳妇奶少。花生还有扶正补虚、悦脾和胃、润肺化痰、滋养调气、利水消肿、止血生乳、清咽止疟的作用。

二者搭配可滋养调气、悦脾和胃、化痰止咳。

枸杞 + 兔肉

兔肉属高蛋白质、低脂肪、少胆固醇的肉类，质地细嫩，味道鲜美，营养丰富，与其他肉类相比较，具有很高的消化率（可达85%），食后极易被消化吸收。兔肉富含大脑和其他器官发育不可缺少的卵磷脂，有健脑益智的功效；经常食用可保护血管壁，阻止血栓形成，对高血压、冠心病、糖尿病患者有益处，并可增强体质，健美肌肉；它还能保护皮肤细胞活性，维护皮肤弹性；兔肉中含有多种维生素和 8 种人体所必需的氨基酸，含有人体最易缺乏的赖氨酸、色氨酸，因此，常食兔肉可防止有害物质沉积，让儿童健康成长，助老人延年益寿。

枸杞有抗衰老、抗突变、抗肿瘤、降血脂的作用，二者搭配对高血压、冠心病、糖尿病患者有益处，也可抗衰老，还能助老人延年益寿。

枸杞＋羊肉

羊肉性温热，补气滋阴，在《本草纲目》中被称为补元阳益血气的温热补品。不论是冬季还是夏季，人们适时地多吃羊肉可以去湿气、避寒冷、暖心胃。羊肉含有很高的蛋白质和丰富的维生素。羊的脂肪熔点为47℃，因人的体温为37℃，就是吃了也不会被身体吸收，所以不容易发胖。羊肉肉质细嫩，容易被消化，多吃羊肉可以提高身体素质，提高抗疾病能力。羊肉还可增加消化酶，保护胃壁，帮助消化。

二者搭配可补气滋阴、暖中补虚、开胃健力，还能提高抗疾病能力。

枸杞＋竹笋

竹笋甘寒通利，其所含有的植物纤维可以增加肠道水分的潴留量，促进胃肠蠕动，降低肠内压力，减少粪便黏度，使粪便变软利排出，用于治疗便秘，预防肠癌；竹笋中植物蛋白、维生素及微量元素的含量均很高，有助于增强机体的免疫功能，提高防病抗病能力；竹笋含有一种白色的含氮物质，构成了竹笋独有的清香，具有开胃、促进消化、增强食欲的作用，可用于治疗消化不良、脘痞纳呆之病症。

二者相配能开胃、促进消化、增强食欲，还能治疗高血压、高血脂、高血糖症。

枸杞叶＋羊肝

枸杞可分为三个部分来使用：枸杞叶可用来泡“枸杞茶”饮用；红色果实“枸杞子”可用于做菜或泡茶；枸杞根又称为“地骨皮”，一般当作药材使用。现代药理学研究表明：长期食用枸杞，有延缓衰老、增强免疫力等作用，对开发儿童智力也有显著作用。枸杞叶代茶常饮，能显著提高和改善老人、体弱多病者和肿瘤病人的免疫功能和生理功能，具有强壮机体和延缓衰老的作用。

羊肝含铁丰富，铁质是产生红细胞必需的元素，一旦缺乏便会感觉疲倦，面色青白，适量进食可使皮肤红润；羊肝中富含维生素 B_2，维生素 B_2 是人体生化代谢中许多酶和辅酶的组成部分，能促进身体的代谢；羊肝中还含有丰富的维生素 A，可防止夜盲症和视力减退，有助于对多种眼疾的治疗。

二者搭配可排毒养颜，提高新陈代谢。

桂花 + 鸭肉

桂花性味辛、温，可化痰、散瘀，治痰饮嘲咳、肠风血痢、疝瘕、牙痛、口臭。

鸭肉性寒、味甘、咸，归脾、胃、肺、肾经；可大补虚劳、滋五脏之阴、清虚劳之热、补血行水、养胃生津、止咳自惊、清热健脾、虚弱浮肿；治身体虚弱、病后体虚、营养不良性水肿。

二者相配滋五脏之阴、清虚劳之热，是上好的补品。

何首乌 + 鸡肉

何首乌性味甘、涩，性微温，能补肝肾，益精血；能促进红细胞生成，增强免疫功能，降低血糖；对心肌有兴奋作用，能减慢心率，增加冠状动脉血流量；可降低胆固醇，减轻动脉硬化；有促进肠管蠕动的作用。

鸡肉肉质细嫩，滋味鲜美，由于其味较淡，因此可使用于各种料理中。蛋白质的含量颇多，可以说是蛋白质最高的肉类之一，属于高蛋白低脂肪的食品。钾硫酸氨基酸的含量也很丰富，因此可弥补牛及猪肉的不足。

二者相配能增强免疫功能，降低血糖，补充营养。

何首乌 + 乌鸡

何首乌能促进红细胞生成，增强免疫功能，降低血糖；对心肌有兴奋作用，能减慢心率，增加冠状动脉血流量；可降低胆固醇，减轻动脉硬化；有促进肠管蠕动的作用。

乌鸡有10种氨基酸，其蛋白质、维生素B_2、烟酸、维生素E、磷、铁、钾、钠的含量更高，而胆固醇和脂肪含量则很少，乌鸡是补虚劳、养身体的上好佳品。

食用乌鸡可以提高生理功能、延缓衰老、强筋健骨，对防治骨质疏松、佝偻病、妇女缺铁性贫血症等有明显功效。《本草纲目》认为乌鸡有补虚劳羸弱，益产妇，治妇人崩中带下及一些虚损诸病的功用。著名的乌鸡白凤丸，是滋养肝肾、养血益精、健脾固冲的良药。

二者相配对增强免疫力、降低胆固醇、妇女缺铁性贫血有很好的功用。

何首乌 + 菠菜

何首乌有补肝肾、益精血、乌须发、强筋骨之功效，可促进造血功能，提高机体免疫功能，降血脂，抗动脉粥样硬化，保肝，延缓衰老，影响内分泌功能，润肠通便。

菠菜不仅含有大量的β胡萝卜素和铁，也是维生素B_6、叶酸、铁和钾的极佳来源。

如果你的脸色不佳就请常吃菠菜。它对缺铁性贫血有改善作用，能令人面色红润、光彩照人，因此被推崇为养颜佳品。菠菜叶中含有铬和一种类胰岛素样物质，其作用与胰岛素非常相似，能使血糖保持稳定。丰富的B族维生素含量使其能够防止口角炎、夜盲症等维生素缺乏症的发生。

菠菜与何首乌同食具有补血功效，适于患缺铁性贫血病的中老年人食用，常服必得良效。

槐花 + 猪肠

槐花清热、凉血、止血，治肠风便血、痔血、尿血、血淋、崩漏、衄血、赤白痢下、风热目赤、痈疽疮毒，并用于预防中风。

猪大肠性寒，味甘，有润肠、去下焦风热、止小便数的作用。猪大肠有润燥、补虚、止渴止血之功效，可用于治疗虚弱口渴、脱肛、痔疮、便血、便秘等症。用猪大肠治疗大肠病变，有润肠治燥、调血痢脏毒的作用。

二者相配对便秘便血有一定效果，还能润肠治燥。

黄精＋冰糖

黄精可用于治疗脾胃虚弱、体倦乏力、食欲不振、心悸、气短、肺虚燥咳、津伤口渴、消渴病、肾虚精亏、腰膝酸软；外用治脚癣。

冰糖味甘，性平，无毒，归入脾、肺二经，能补中益气、和胃润肺、止咳嗽、化痰涎。

二者相配对肺虚燥咳、津伤口渴有不错的效果。

黄连＋鲢鱼

黄连能清热燥湿，泻火解毒，用于湿热痞满、呕吐吞酸、泻痢、黄疸、高热神昏、心火亢盛、心烦不寐、血热吐衄、目赤、牙痛、消渴、痈肿疔疮；外治湿疹、湿疮、耳道流脓。

鲢鱼能提供丰富的胶质蛋白，既能健身，又能美容，是女性滋养肌肤的理想食品。它对皮肤粗糙、脱屑、头发干脆易脱落等症均有疗效，是女性美容不可忽视的佳肴。

二者相配是温中补气、暖胃、泽肌肤的佳品。

黄芪＋白酒

黄芪有增强免疫的功能，能增强机体耐缺氧及应激能力，促进机体代谢，改善心功能，降压保肝，调节血糖，抗菌及抑制病毒等；还可补气固表、利尿托毒、排脓、敛疮生肌；多用于气虚乏力、食少便溏、中气下陷、久泻脱肛、便血崩漏、表虚自汗、气虚水肿。

白酒味苦、甘、辛，性温，有毒，入心、肝、肺、胃经；可通血脉，御寒气，醒脾温中，行药势；主治风寒痹痛、筋挛急、胸痹、心腹冷痛；有活血通脉、助药力、增进食欲、消除疲劳、陶冶情志、使人轻快、御寒提神的功能；还可以扩张小血管，促进血液循环，延缓胆固醇等脂质在血管壁沉积。

二者相配可抗菌杀毒，保肝活血。

黄芪 + 鸡肉

鸡肉肉质细嫩，滋味鲜美，由于其味较淡，因此可使用于各种料理中。鸡肉蛋白质的含量颇多，是蛋白质最高的肉类之一，属于高蛋白低脂肪的食品。

黄芪有增强免疫的功能，能增强机体耐缺氧及应激能力，促进机体代谢，改善心功能，降压保肝。二者相配可补充人体所需的蛋白质，是很好的补品。

人参 + 鸡肉

人参内服不仅强身也会起到抗衰老及护肤美容作用，有补益元气之效的人参与温中益气、填精补髓、活血调经的鸡肉共制成汤菜，具有补气、补血、增乳的功效，适于产后气血虚弱所致乳汁不足者食用。

人参 + 鸡蛋

人参味甘、微苦，性微温，归脾、肺、心、肾经，具有补气固脱、健脾益肺、宁心益智、养血生津的功效；适宜身体虚弱者、气血不足者、气短者、贫血者、神经衰弱者。

鸡蛋是人类最好的营养来源之一，鸡蛋中含有大量的维生素和矿物质及有高生物价值的蛋白质。对人而言，鸡蛋的蛋白质品质最佳，仅次于母乳。一个鸡蛋所含的热量，相当于半个苹果或半杯牛奶的热量，鸡蛋还有其他重要的营养素，如钾、钠、镁、磷。

人参与鸡蛋搭配能益气养阴，补气养血，特别适合产妇食用。

人参 + 甲鱼

人参具有补气固脱、健脾益肺、宁心益智、养血生津的功效；能大补元气，拯危救脱，为治虚劳第一要品。

甲鱼肉性平、味甘，归肝经，具有滋阴凉血、补益调中、补肾健骨、散结消痞等作用；可防治身虚体弱、肝脾肿大、肺结核等症。

甲鱼与人参同食是补肾健骨的滋补良品。

人参果 + 猪肉

人参果味甘，性温，入脾、胃二经，有强心补肾、生津止渴、补脾健胃、调经活血的功效；主治神经衰弱、失眠头昏、烦躁口渴、不思饮食。

猪肉味甘咸、性平，入脾、胃、肾经，具有补肾养血、滋阴润燥之功效；主治热病伤津、消渴羸瘦、肾虚体弱、产后血虚、燥咳、便秘等。

两者相配对肾虚体弱、产后血虚有很好的效果。

肉苁蓉 + 羊肉

肉苁蓉性味甘、咸、温，归肾、大肠经，能补肾阳、益精血、润肠通便；用于肾虚阳痿、遗精早泄及腰膝冷痛、不孕、腰膝酸软、筋骨无力、肠燥便秘。

羊肉性味甘热。含有蛋白质、脂肪、糖类、矿物质核黄素、烟酸、胆甾醇、维生素 A、维生素 C、烟酸等成分；具有补气滋阴、生肌健力、养肝明目的作用。

两者相配对补气滋阴、生肌健力有很好的效果。

肉桂 + 鸡肝

肉桂味辛、甘，性热，归肾、心、脾、肝经，具有温肾助阳、引火归原、散寒止痛、温经通脉的功效；主治肾阳不足、畏寒肢冷、腰膝酸软、阳痿遗精、宫冷不孕、小便不利或尿频、遗尿。

鸡肝含有丰富的蛋白质、钙、磷、铁、锌、维生素 A、B 族维生素。鸡肝中铁质丰富，是补血食品中最常用的食物，可使皮肤红润。

二者相配对脾肾虚寒、脘腹冷痛有一定效果，还能补血生肤。

三七 + 乌鸡

三七味甘、微苦，性温，归肺、心、肝、大肠经，既能止血，又能活血散瘀，为止血良药。此外，三七有比较好的降低胆固醇和甘油三酯的作用。

乌鸡内含丰富的黑色素、蛋白质、B 族维生素等，烟酸、维生素 E、磷、铁、钾、钠的含量均高于普通鸡肉，胆固醇和脂肪含量却很低。常食乌鸡可以提高生理功能、延缓衰老、强筋健骨。

三七与乌鸡同食，有补脾益气、养阴益血的功效，对身体虚弱、面色萎黄苍白等症有较好的补益作用。

桑寄生 + 乌鸡

桑寄生味苦、甘，性平，能补肝肾、强筋骨、祛风湿、安胎，有镇静、降压和利尿作用。

乌骨鸡性平、味甘，具有滋阴清热、补肝益肾、健脾止泻等作用。食用乌鸡，可提高生理功能、延缓衰老、强筋健骨，对防治骨质疏松、佝偻病、妇女缺铁性贫血症等有明显功效。

二者同食对风湿痹痛、腰膝酸软、筋骨无力、妊娠下血、胎动不安有很好的效果。

沙参 + 猪肉

猪肉味甘咸、性平，入脾、胃、肾经，具有补肾养血、滋阴润燥之功效；主治热病伤津、消渴羸瘦、肾虚体弱、产后血虚、燥咳、便秘。

沙参具有滋阴生津、清热凉血之功，两者同补可更好的补肾养血，滋阴润燥。

砂仁 + 鲫鱼

砂仁味辛，性温，归脾、胃、肾经，可用于脾胃气滞引起的脘腹胀痛、不思饮食，还可用于安胎。

鲫鱼有健脾利湿、和中开胃、活血通络、温中下气之功效，对脾胃虚弱、水肿、溃疡、气管炎、哮喘、糖尿病有很好的滋补食疗作用；产后妇女炖食鲫鱼汤，可补虚通乳。

两者同食是中老年人、病后虚弱者和妇女很好的开胃补品。

山药 + 鸭肉

山药含有淀粉酶、多酚氧化酶等物质，有利于脾胃消化吸收功能，是一味平补脾胃的药食两用之品。不论脾阳亏或胃阴虚，皆可食用。临床上常用治脾胃虚弱、食少体倦、泄泻等病症。

鸭肉性寒、味甘、咸，归脾、胃、肺、肾经，可大补虚劳、滋五脏之阴、清虚劳之热、补血行水、养胃生津；治身体虚弱、病后体虚、营养不良性水肿。

山药搭配鸭肉，对病后体虚有很好的滋补作用。

山药 + 甲鱼

山药具有健脾补肺、益胃补肾、固肾益精、强筋骨、长志安神、延年益寿的功效。山药含有多种营养素，有强健机体、滋肾益精的作用。山药含有皂苷、黏液质，有润滑、滋润的作用，可益肺气、养肺阴、治疗肺虚痰嗽久咳之症。山药含有黏液蛋白，有降低血糖的作用，可用于治疗糖尿病，是糖尿病患者的食疗佳品。

甲鱼肉性平、味甘，归肝经，具有滋阴凉血、补益调中、补肾健骨、散结消痞等作用；

可防治身虚体弱、肝脾肿大、肺结核等症。

两者相配能健脾补肺、益胃补肾、固肾益精，是体弱者上好的补品。